참고자료 1쪽

대수

산술 연산

$$a(b+c)=ab+ac \qquad \frac{a}{b}+\frac{c}{d}=\frac{ad+bc}{bd}$$

$$\frac{a+c}{b}=\frac{a}{b}+\frac{c}{b} \qquad \frac{\frac{a}{b}}{\frac{c}{d}}=\frac{a}{b}\times\frac{d}{c}=\frac{ad}{bc}$$

지수와 근호

$$x^m x^n = x^{m+n} \qquad \frac{x^m}{x^n}=x^{m-n}$$

$$(x^m)^n = x^{mn} \qquad x^{-n}=\frac{1}{x^n}$$

$$(xy)^n = x^n y^n \qquad \left(\frac{x}{y}\right)^n=\frac{x^n}{y^n}$$

$$x^{1/n}=\sqrt[n]{x} \qquad x^{m/n}=\sqrt[n]{x^m}=\left(\sqrt[n]{x}\right)^m$$

$$\sqrt[n]{xy}=\sqrt[n]{x}\,\sqrt[n]{y} \qquad \sqrt[n]{\frac{x}{y}}=\frac{\sqrt[n]{x}}{\sqrt[n]{y}}$$

특수 다항식 인수분해

$$x^2-y^2=(x+y)(x-y)$$
$$x^3+y^3=(x+y)(x^2-xy+y^2)$$
$$x^3-y^3=(x-y)(x^2+xy+y^2)$$

이항정리

$$(x+y)^2=x^2+2xy+y^2 \qquad (x-y)^2=x^2-2xy+y^2$$
$$(x+y)^3=x^3+3x^2y+3xy^2+y^3$$
$$(x-y)^3=x^3-3x^2y+3xy^2-y^3$$
$$(x+y)^n=x^n+nx^{n-1}y+\frac{n(n-1)}{2}x^{n-2}y^2+\cdots+\binom{n}{k}x^{n-k}y^k+\cdots+nxy^{n-1}+y^n$$

여기서 $\binom{n}{k}=\dfrac{n(n-1)\cdots(n-k+1)}{1\cdot 2\cdot 3\cdot\cdots\cdot k}$

2차방정식의 근의 공식

$ax^2+bx+c=0$이면 $x=\dfrac{-b\pm\sqrt{b^2-4ac}}{2a}$이다.

부등식과 절댓값

$a<b$이고 $b<c$이면 $a<c$.

$a<b$이면 $a+c<b+c$.

$a<b$이고 $c>0$이면 $ca<cb$.

$a<b$이고 $c<0$이면 $ca>cb$.

$a>0$이면

$|x|=a$는 $x=a$ 또는 $x=-a$를 의미한다.

$|x|<a$는 $-a<x<a$를 의미한다.

$|x|>a$는 $x>a$ 또는 $x<-a$를 의미한다.

기하

기하학적 공식

넓이 A, 원둘레 C, 부피 V에 대한 공식

삼각형	원	부채꼴
$A=\frac{1}{2}bh$	$A=\pi r^2$	$A=\frac{1}{2}r^2\theta$
$=\frac{1}{2}ab\sin\theta$	$C=2\pi r$	$s=r\theta$ (θ의 단위는 라디안)

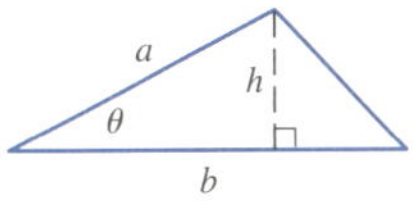

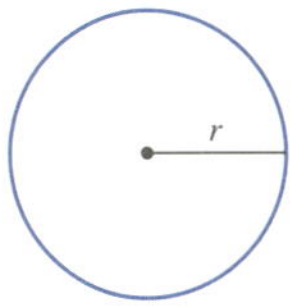

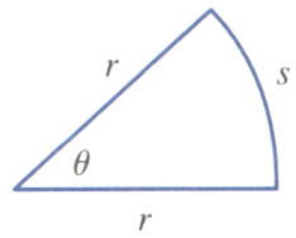

구	원기둥	원뿔
$V=\frac{4}{3}\pi r^3$	$V=\pi r^2 h$	$V=\frac{1}{3}\pi r^2 h$
$A=4\pi r^2$		$A=\pi r\sqrt{r^2+h^2}$

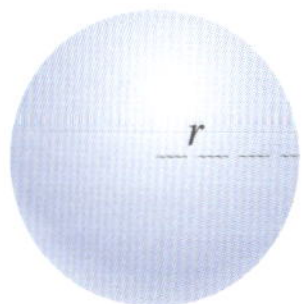

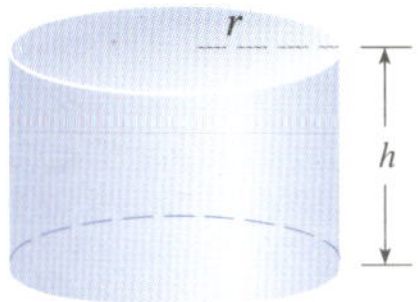

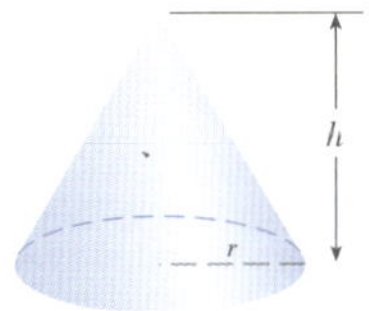

거리와 중점 공식

$P_1(x_1, y_1)$와 $P_2(x_2, y_2)$ 사이의 거리

$$d=\sqrt{(x_2-x_1)^2+(y_2-y_1)^2}$$

$\overline{P_1P_2}$의 중점: $\left(\dfrac{x_1+x_2}{2}, \dfrac{y_1+y_2}{2}\right)$

직선

$P_1(x_1, y_1)$과 $P_2(x_2, y_2)$를 지나는 직선의 기울기

$$m=\frac{y_2-y_1}{x_2-x_1}$$

$P_1(x_1, y_1)$을 지나고 기울기가 m인 직선의 점-기울기 방정식

$$y-y_1=m(x-x_1)$$

기울기가 m이고 y절편이 b인 직선의 기울기-절편 방정식

$$y=mx+b$$

원

중심이 (h, k)이고 반지름이 r인 원의 방정식

$$(x-h)^2+(y-k)^2=r^2$$

참고자료 2쪽

삼각법

각의 측정

π라디안 $= 180°$

$1° = \dfrac{\pi}{180}$라디안 　　 1라디안 $= \dfrac{180°}{\pi}$

$s = r\theta$

(θ의 단위는 라디안)

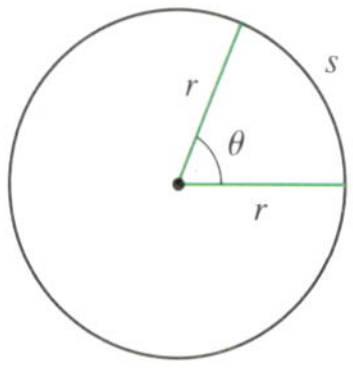

직각삼각형에서 삼각비

$\sin\theta = \dfrac{b}{c}$ 　　 $\csc\theta = \dfrac{c}{b}$

$\cos\theta = \dfrac{a}{c}$ 　　 $\sec\theta = \dfrac{c}{a}$

$\tan\theta = \dfrac{b}{a}$ 　　 $\cot\theta = \dfrac{a}{b}$

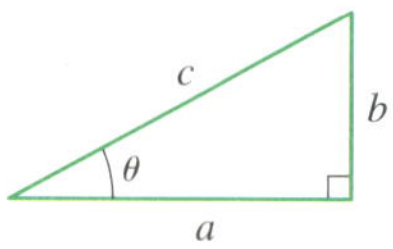

삼각함수

$\sin\theta = \dfrac{y}{r}$ 　　 $\csc\theta = \dfrac{r}{y}$

$\cos\theta = \dfrac{x}{r}$ 　　 $\sec\theta = \dfrac{r}{x}$

$\tan\theta = \dfrac{y}{x}$ 　　 $\cot\theta = \dfrac{x}{y}$

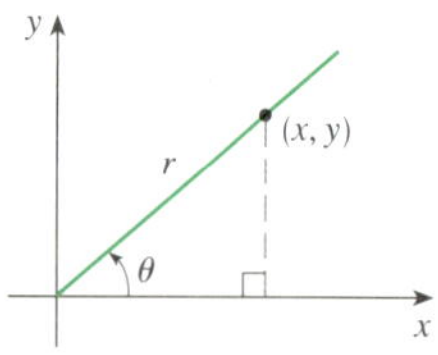

삼각함수의 그래프

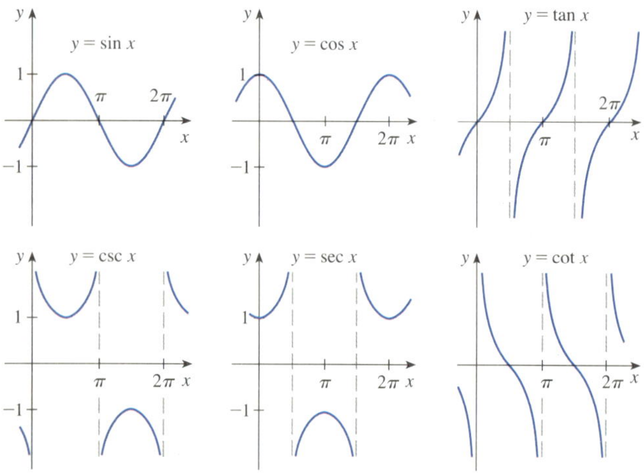

특수각의 삼각함숫값

θ	라디안	$\sin\theta$	$\cos\theta$	$\tan\theta$
$0°$	0	0	1	0
$30°$	$\pi/6$	$1/2$	$\sqrt{3}/2$	$\sqrt{3}/3$
$45°$	$\pi/4$	$\sqrt{2}/2$	$\sqrt{2}/2$	1
$60°$	$\pi/3$	$\sqrt{3}/2$	$1/2$	$\sqrt{3}$
$90°$	$\pi/2$	1	0	—

기본 항등식

$\csc\theta = \dfrac{1}{\sin\theta}$ 　　 $\sec\theta = \dfrac{1}{\cos\theta}$

$\tan\theta = \dfrac{\sin\theta}{\cos\theta}$ 　　 $\cot\theta = \dfrac{\cos\theta}{\sin\theta}$

$\cot\theta = \dfrac{1}{\tan\theta}$ 　　 $\sin^2\theta + \cos^2\theta = 1$

$1 + \tan^2\theta = \sec^2\theta$ 　　 $1 + \cot^2\theta = \csc^2\theta$

$\sin(-\theta) = -\sin\theta$ 　　 $\cos(-\theta) = \cos\theta$

$\tan(-\theta) = -\tan\theta$ 　　 $\sin\left(\dfrac{\pi}{2} - \theta\right) = \cos\theta$

$\cos\left(\dfrac{\pi}{2} - \theta\right) = \sin\theta$ 　　 $\tan\left(\dfrac{\pi}{2} - \theta\right) = \cot\theta$

사인 법칙

$$\frac{\sin A}{a} = \frac{\sin B}{b} = \frac{\sin C}{c}$$

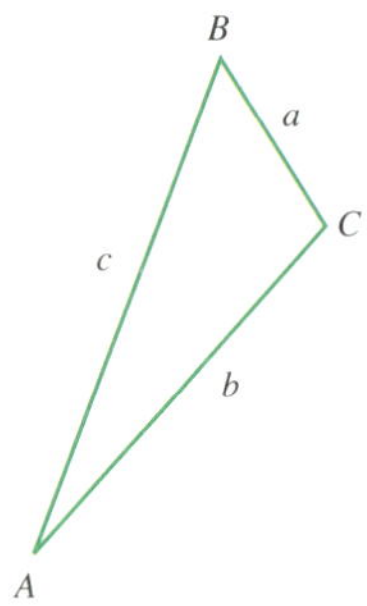

코사인 법칙

$a^2 = b^2 + c^2 - 2bc\cos A$

$b^2 = a^2 + c^2 - 2ac\cos B$

$c^2 = a^2 + b^2 - 2ab\cos C$

덧셈과 뺄셈 공식

$\sin(x + y) = \sin x\cos y + \cos x\sin y$

$\sin(x - y) = \sin x\cos y - \cos x\sin y$

$\cos(x + y) = \cos x\cos y - \sin x\sin y$

$\cos(x - y) = \cos x\cos y + \sin x\sin y$

$\tan(x + y) = \dfrac{\tan x + \tan y}{1 - \tan x\tan y}$

$\tan(x - y) = \dfrac{\tan x - \tan y}{1 + \tan x\tan y}$

2배각 공식

$\sin 2x = 2\sin x\cos x$

$\cos 2x = \cos^2 x - \sin^2 x = 2\cos^2 x - 1 = 1 - 2\sin^2 x$

$\tan 2x = \dfrac{2\tan x}{1 - \tan^2 x}$

반각 공식

$\sin^2 x = \dfrac{1 - \cos 2x}{2}$ 　　 $\cos^2 x = \dfrac{1 + \cos 2x}{2}$

CALCULUS

METRIC VERSION 9E Early Transcendentals

핵심 미분적분학

제9판

James Stewart · Daniel Clegg · Salcom Watson 지음

수학교재편찬위원회 옮김

KM 경문사

Cengage

Australia • Brazil • Canada • Mexico • Singapore • United Kingdom • United States

Cengage

Calculus: Early Transcendentals, Metric Edition, Brief Edition,
Ninth Edition

James Stewart
Daniel K. Clegg
Saleem Watson

Original edition © 2021 Brooks Cole, a part of Cengage Learning.
Calculus: Early Transcendentals, Metric Edition, 9th Edition
by James Stewart, Daniel K. Clegg, and Saleem Watson
ISBN: 9780357113516

This edition is translated by license from Brooks Cole, a part of Cengage Learning, for sale in Korea only.

ISBN-13: 979-11-6073-412-6

Cengage Learning Korea Ltd.
14F YTN Newsquare 76 Sangamsan-ro
Mapo-gu Seoul 03926 Korea

Cengage is a leading provider of customized learning solutions with employees residing in nearly 40 different countries and sales in more than 125 countries around the world. Find your local representative at: **www.cengage.com**.

To learn more about Cengage Solutions, visit **www.cengageasia.com**.

Every effort has been made to trace all sources and copyright holders of news articles, figures and information in this book before publication, but if any have been inadvertently overlooked, the publisher will ensure that full credit is given at the earliest opportunity.

Printed in Korea
Print Number: 05 Print Year: 2026

목차

서문

위대한 발견은 큰 문제를 해결하지만, 작은 발견도 어떤 문제의 해결을 가능하게 한다. 당신의 문제는 대단하지 않을 수도 있다. 하지만 그 문제에 호기심을 가지고 도전하고 창의적인 능력을 발휘한다면, 그리고 그 문제를 자신만의 방법으로 해결한다면 긴장감과 함께 발견의 기쁨을 즐길 수 있을 것이다.

조지 폴리아

마크(Mark Van Doren)는 가르침의 기술은 발견을 돕는 기술이라고 말했다. 이번 제9판 메트릭 버전에서 앞의 모든 버전에서처럼 학생들이 미적분학의 실제적인 힘과 놀라운 아름다움을 발견하는 데 도움을 주는 책을 쓰는 전통을 이어가고 있다. 우리는 미적분학의 유용함을 학생들에게 전달하고 과학 기술 능력의 개발을 촉진하는 것을 목표로 한다. 동시에 미적분학의 본질적인 아름다움에 대해 어느 정도 공감을 줄 수 있도록 노력한다. 뉴턴은 위대한 발견을 했을 때 의심할 여지 없이 큰 기쁨을 경험했다. 우리는 학생들이 그 기쁨의 일부를 나누기를 원한다.

중요한 것은 개념을 이해하는 것이다. 거의 모든 미적분학 교사는 개념적 이해가 미적분학 강의의 궁극적인 목표가 되어야 한다는 데 동의할 것이다. 이 목표를 실행하기 위해 기본적인 주제들을 그래픽으로, 수치적으로, 대수적으로, 언어적으로 제시한다. 시각화, 수치 및 그래픽 실험, 구두 설명은 개념 이해를 매우 쉽게 해준다. 게다가 개념적 이해와 기술력은 서로 관련되며, 서로 보완할 수 있다.

다른 형태의 좋은 가르침이 있고 미적분을 가르치고 배우는 데는 다양한 접근법이 있다는 것을 잘 알고 있기 때문에, 자세한 설명과 문제 풀이는 다양한 가르침과 학습 스타일을 담을 수 있도록 설계하였다. 프로젝트 및 역사적 이해 부분은 기본적인 개념과 핵심적인 여러 기술 향상에 도움을 준다. 우리의 목표는 교사들과 학생들이 미적분학을 발견하기 위한 각자의 길을 만드는 데 필요한 도구를 제공하는 것이다.

목차

진단평가 이 책은 기본 대수, 해석기하, 함수, 삼각함수의 4가지 진단평가로 시작한다.

미적분학 미리 보기 미적분학에 대한 개요이며 공부에 동기를 부여하기 위한 질문들을 포함한다.

1. 함수와 모델 처음부터 함수의 다중표현(언어적, 수치적, 시각적, 대수적)이 강조된다. 수학 모델에 대한 논의는 이 네 가지 관점으로부터 지수함수와 로그함수를 포함한 표준함수의 검토로 이어진다.

2. 극한과 도함수 극한에 대한 내용은 접선 및 속도 문제에 대한 이전 논의에 의해 동기가 부여된다. 극한

은 서술적, 그래프적, 수치적, 대수적 관점에서 다루어진다. 2.6절과 2.7절은 제3장에서 미분법을 다루기 전에 도함수(그래프 및 수치적으로 정의되는 함수에 대한 도함수를 포함)를 다룬다. 여기에 나오는 예제와 연습문제에서 다양한 맥락의 도함수 의미를 탐구한다. 고계 도함수는 2.7절에서 소개된다.

3. 미분법 지수함수, 로그함수, 역삼각함수 등 모든 기본함수를 여기서 미분한다. 후자의 두 함수는 역함수의 도함수에 초점을 맞춘 한 절에서 다루고 있다. 응용 상황에서 도함수를 계산할 때 학생들에게 그 의미를 설명하도록 한다. 기하급수적인 성장과 붕괴가 이 장에 포함되어 있다.

4. 미분의 응용 곡선의 극값과 형태에 관한 기본적인 사실들은 평균값 정리로부터 추론된다. 미분을 이용하여 그래프를 그려서 주어진 함수의 곡선을 분석한다. 무지개 꼭대기를 보기 위해 왜 42° 고개를 들어야 하는지에 대한 설명을 포함한 풍부한 최적화 문제들이 있다.

5. 적분 넓이 문제와 거리 문제는 시그마 표기법을 도입하게 하고 또한 정적분을 하게 한다. 다양한 맥락에서 적분의 의미를 설명하고 그래프와 표로부터 적분값을 추정하는 데 중점을 둔다

6. 적분의 응용 이 장에서는 특별한 적분 기법 없이도 무리 없이 할 수 있는 적분의 적용 분야(넓이, 부피, 일, 평균값)를 제시한다. 일반적인 방법이 강조된다. 목표는 학생들이 넓이를 작은 조각으로 나누고, 리만 합으로 추정하고, 적분으로서 극한을 인식하게 하는 것이다.

7. 적분법 모든 기본적 방법을 다루고, 주어진 상황에 적합한 방법이 무엇인지 생각해본다.

8. 적분의 추가 응용 이 장은 생물학, 경제학 및 물리학(수압 및 질량의 중심)에 대한 응용뿐만 아니라 모든 적분 기법(호의 길이 및 곡면 넓이)을 사용할 수 있는 적분의 응용을 포함한다. 주어진 과정에서 이 많은 응용을 다루기는 현실적으로 어려울 것이다. 교사들은 자신의 학생에게 적합하고 그들이 열정을 갖게 할 응용을 선택할 수 있다.

9. 매개방정식과 극좌표 이 장에서는 매개곡선과 극곡선을 소개하고 그것에 미적분법을 적용한다. 매개곡선은 컴퓨터 프로그램으로 그래프를 그려야 하는 프로젝트에 매우 적합하다. 여기에 제시된 두 곡선은 일반 곡선과 베이지 곡선의 계열을 포함한다.

10. 수열, 급수, 멱급수 수렴 판정에는 공식적인 증명뿐만 아니라 직관적으로 타당한 이유가 있다. 급수의 합에 대한 수치적 추정치는 수렴을 증명하기 위해 어떤 판정을 사용했는지에 기초한다.

11. 벡터와 공간기하학 3차원 해석 기하학 및 벡터에 관한 내용은 이 장과 다음 장에서 다룬다. 여기서 벡터, 내적, 벡터곱, 선, 평면 및 곡면을 다룬다.

12. 벡터함수 이 장에서는 벡터함수, 벡터함수의 도함수와 적분, 공간 곡선의 길이와 곡률, 공간 곡선을 따라서 속도와 가속도를 다룬다.

13. 편도함수 이변수 이상의 함수는 언어적, 수치적, 시각적 및 대수적 관점에서 연구된다.

14. 다중적분 등고선 지도와 중점 법칙은 주어진 지역의 평균 강설량과 평균 온도를 추정하는 데 사용된다. 이중 및 삼중적분은 곡면의 넓이 및 부피와 (프로젝트 내) 세 원기둥의 겹치는 부피, 초구의 부피를 계산하는 데 사용된다. 원기둥좌표와 구면좌표는 삼중적분을 계산하는 맥락에서 도입된다. 질량, 전하 및 확률 계산을 포함한 여러 가지 응용을 고려한다.

15. 벡터미분적분학 벡터장은 샌프란시스코 항만의 바람 패턴을 보여주는 속도장의 그림을 통해 소개된다. 선적분의 기본정리, 그린 정리, 스토크스 정리, 발산 정리 사이의 유사성을 강조한다.

저자들에 대해

다니엘 클레그와 살림 왓슨은 20년 이상 제임스 스튜어트와 함께 수학책을 썼다. 그들은 수학을 가르치고 쓰는 데 공통 관점을 가지고 있었기 때문에 생산적인 작업을 할 수 있었다. 제임스 스튜어트는 2014년 인터뷰를 통해 "우리는 같은 방식으로 생각한다는 것을 알았고 …… 거의 모든 것에 동의했습니다."라고 말하기도 했다.

다니엘과 살림은 서로 다른 방식으로 스튜어트를 만났지만, 각각의 첫 만남은 긴 교제의 시작이 되었다. 스튜어트는 어느 수학 학회에서 우연히 다니엘을 만났는데, 그가 가르치는 데 재능이 있음을 알게 되었고, 이후 그에게 미분적분학 새 개정판에 대한 원고를 검토하고 다변수 미분적분학의 풀이를 작성할 것을 부탁했다. 그때부터 다니엘은 스튜어트 미분적분학 책의 여러 개정판을 만드는 데 더 참여하게 되었다. 다니엘과 스튜어트는 응용 미분적분학 교재도 공동저술하였다. 살림은 학생이었을 때 대학원 강의실에서 스튜어트와 처음 만났다. 후에 스튜어트는 살림이 강사로 있는 펜실베니아 주립대학교에서 연구년을 보내며 연구하였다. 스튜어트는 살림과 (역시 스튜어트의 학생인) 로타 레드린에게 기초 미분적분학 교재 시리즈를 쓰는 데 참여할 것을 제안했고, 여러 해에 걸쳐 이 책들의 개정판을 공동 작업하였다.

제임스 스튜어트는 맥매스터 대학교와 토론토 대학에서 다년간 수학 교수였다. 제임스는 스탠퍼드 대학교와 토론토 대학교에서 공부했으며 이어 런던 대학교에서 연구하였다. 연구 분야는 조화해석학이고 수학과 음악의 연결성에 관해서도 연구하였다.

다니엘 클레그는 남부 캘리포니아의 팔로마 대학의 수학 교수이다. 풀러턴 캘리포니아 주립대학에서 학부 과정과 UCLA에서 대학원 과정을 마쳤다. 다니엘은 UCLA에서 대학원생이었던 때부터 지금까지 수학을 가르치고 있는 유능한 교사이다.

살림 왓슨은 캘리포니아 롱비치 대학의 명예교수이다. 그는 미시간의 앤드루 대학의 학부 과정과 댈하우지 대학교와 맥매스터 대학교에서의 대학원 과정을 마쳤다. 바르샤바 대학교에서의 연구원이었으며 캘리포니아 롱비치 대학교 수학과에 오기 전까지 펜실베니아 주립대학교에서 여러 해 가르쳤다.

스튜어트와 클레그는 응용 미분적분학 요약을 출판하였다.

스튜어트와 레드린, 왓슨은 기초미분적분학(미분적분학, 대학 대수학, 삼각함수, 대수학과 삼각함수)을, 필리스 팬맨과 대학 대수학(개념과 문맥)을 출판하였다.

학생 독자에게

미분적분학 책을 읽는 것은 신문이나 소설책과는 다르다. 교재의 내용을 이해하기 위해 몇 번씩 읽는 것이 전혀 이상하지 않다는 것이다. 종이와 연필을 가지고 그림을 그려보고, 복잡한 계산을 하기 위해 계산기를 사용할 준비를 해야 한다.

어떤 학생들은 숙제로 주어진 연습문제를 먼저 풀려고 하다가 막히는 경우에만 본문 내용을 읽으려고 한다. 연습문제를 풀려고 하기 전에 그 연습문제에 해당하는 본문 내용을 먼저 읽고 이해하는 것이 훨씬 더 좋은 공부 방법이다. 특히 다양한 용어의 정확한 의미를 파악하기 위해 항상 정의를 주의 깊게 공부해야 한다. 그리고 각각의 예제를 읽기 전에, 예제의 답을 가리고 스스로 문제를 풀어보기를 바란다. 이렇게 해보면 답을 보면서 문제를 풀 때는 알지 못했던 많은 것을 얻게 될 것이다.

이 교재를 사용하는 미분적분학 강좌의 주요 목적 중 하나는 여러분이 논리적으로 사고할 수 있도록 훈련시키는 것이다. 아무 연관성 없는 식이나 공식을 나열하여 연습문제의 답을 적지 말고, 설명식 문장으로 단계별로 서로 논리적으로 연관되도록 답을 적는 법을 배우기 바란다.

이 책의 뒤에는 연습문제의 답이 일부 있다. 어떤 연습문제는 문장을 사용하는 설명이나 해석, 기술을 필요로 한다. 이런 연습문제의 경우 단 한 가지 답만 있는 것이 아니기 때문에, 제시된 답과 여러분의 답이 조금 다르다고 너무 걱정하지 않아도 된다. 이와 더불어 값이나 대수식으로 답을 나타내는 방식에는 여러 가지가 있기 때문에, 여러분의 답이 답지의 답과 다르다고 해서 그 답이 틀렸다고 단정 짓지 말기 바란다. 예를 들어, 이 책의 답지에는 답이 $\sqrt{2} - 1$이고 여러분의 답은 $1/(1 + \sqrt{2})$일 때 분모 유리화를 하면 같은 모양이 되므로 여러분의 답도 맞는 것이다.

연습문제 앞에 표시된 아이콘 은 그래핑 계산기나 컴퓨터의 그래핑 소프트웨어를 사용해야 함을 나타낸다. 이 아이콘이 없는 연습문제라고 해서 그래핑 도구를 사용하여 여러분의 답이나 풀이를 점검할 수 없다는 뜻은 아니다. 기호 T는 연습문제를 푸는 데 단순한 그래프 이상의 기술적 도움이 필요함을 뜻한다.

또 기호가 있는데, 실수를 범하기 쉽다는 점을 경고하는 것이다. 이 기호는 많은 학생이 똑같은 실수를 저지르는 경향이 있는 곳에 표시해 두었다.

많은 문제에 숙제용 연습문제 힌트(Homework Hints)를 이용할 수 있다. 이 힌트는 StewartCalculus.com의 WebAssign에서 찾을 수 있다. 숙제용 힌트는 문제의 답을 제시하지 않고 답을 구할 수 있도록 질문을 던지는 형식이다. 만약 어떤 특정한 힌트가 주어진 문제를 해결하는 데 충분한 도움을 주지 못한다면 그다음 힌트를 클릭하면 된다.

미적분 과목을 다 배운 후에도 이 책을 참고 서적으로 가지고 있으라고 권하고 싶다. 자세한 내용은 잊어버리기 쉽기 때문에, 차후에 미적분을 사용해야 할 경우가 생기면 이 책이 유용한 길잡이가 될 것이다. 그리고 이 교재는 어느 한 과목에서 다룰 수 있는 것보다 훨씬 많은 내용을 담고 있으므로, 현직 과학자나 공학자에게도 소중한 참고자료가 될 것이다.

미적분학은 인간 지성의 가장 위대한 업적 중의 하나로 놀라움과 흥분을 불러일으키는 과목이다. 여러분도 미분적분학이 유용한 학문일 뿐만 아니라 내면적으로 아름답다는 사실을 발견하기를 바란다.

진단평가

미적분학을 성공적으로 공부하기 위해서는 대수, 해석기하, 함수, 삼각함수 등의 선행하는 수학 지식을 알고 있어야 한다. 다음 평가는 이런 영역에서의 실력을 진단하는 의도에서 비롯되었다. 주어진 답과 여러분의 답을 확인해본 다음, 필요하다면 제공되는 복습 도구들을 이용하여 여러분의 수학 실력을 다시 확인하기 바란다.

A 진단평가: 대수

1. 계산기를 사용하지 않고 각 표현의 값을 구하여라.

(a) $(-3)^4$ (b) -3^4 (c) 3^{-4}

(d) $\dfrac{5^{23}}{5^{21}}$ (e) $\left(\dfrac{2}{3}\right)^{-2}$ (f) $16^{-3/4}$

2. 다음 표현을 간단히 하여라. 음의 지수 없이 답을 적어보아라.

(a) $\sqrt{200} - \sqrt{32}$

(b) $(3a^3b^3)(4ab^2)^2$

(c) $\left(\dfrac{3x^{3/2}y^3}{x^2y^{-1/2}}\right)^{-2}$

3. 다음을 전개하고 간단히 하여라.

(a) $3(x + 6) + 4(2x - 5)$ (b) $(x + 3)(4x - 5)$

(c) $(\sqrt{a} + \sqrt{b})(\sqrt{a} - \sqrt{b})$ (d) $(2x + 3)^2$

(e) $(x + 2)^3$

4. 다음을 인수분해하여라.

(a) $4x^2 - 25$ (b) $2x^2 + 5x - 12$

(c) $x^3 - 3x^2 - 4x + 12$ (d) $x^4 + 27x$

(e) $3x^{3/2} - 9x^{1/2} + 6x^{-1/2}$ (f) $x^3y - 4xy$

5. 다음 유리함수를 간단히 하여라.

(a) $\dfrac{x^2 + 3x + 2}{x^2 - x - 2}$ (b) $\dfrac{2x^2 - x - 1}{x^2 - 9} \cdot \dfrac{x + 3}{2x + 1}$

(c) $\dfrac{x^2}{x^2 - 4} - \dfrac{x + 1}{x + 2}$ (d) $\dfrac{\dfrac{y}{x} - \dfrac{x}{y}}{\dfrac{1}{y} - \dfrac{1}{x}}$

6. 다음을 유리화하여라.

(a) $\dfrac{\sqrt{10}}{\sqrt{5} - 2}$ (b) $\dfrac{\sqrt{4 + h} - 2}{h}$

7. 다음을 완전제곱 꼴로 다시 써라.

(a) $x^2 + x + 1$ (b) $2x^2 - 12x + 11$

8. 방정식을 풀고 실근만 구하여라.

(a) $x + 5 = 14 - \frac{1}{2}x$ (b) $\dfrac{2x}{x+1} = \dfrac{2x-1}{x}$

(c) $x^2 - x - 12 = 0$ (d) $2x^2 + 4x + 1 = 0$

(e) $x^4 - 3x^2 + 2 = 0$ (f) $3|x - 4| = 10$

(g) $2x(4 - x)^{-1/2} - 3\sqrt{4 - x} = 0$

9. 부등식을 풀고 구간의 형태로 답을 써라.

(a) $-4 < 5 - 3x \leqslant 17$ (b) $x^2 < 2x + 8$

(c) $x(x - 1)(x + 2) > 0$ (d) $|x - 4| < 3$

(e) $\dfrac{2x-3}{x+1} \leqslant 1$

10. 각 식이 맞는지 말하여라.

(a) $(p + q)^2 = p^2 + q^2$ (b) $\sqrt{ab} = \sqrt{a}\sqrt{b}$

(c) $\sqrt{a^2 + b^2} = a + b$ (d) $\dfrac{1 + TC}{C} = 1 + T$

(e) $\dfrac{1}{x - y} = \dfrac{1}{x} - \dfrac{1}{y}$ (f) $\dfrac{1/x}{a/x - b/x} = \dfrac{1}{a - b}$

진단평가 A : 대수 정답

1. (a) 81 (b) -81 (c) $\frac{1}{81}$
(d) 25 (e) $\frac{9}{4}$ (f) $\frac{1}{8}$

2. (a) $6\sqrt{2}$ (b) $48a^5b^7$ (c) $\dfrac{x}{9y^7}$

3. (a) $11x - 2$ (b) $4x^2 + 7x - 15$
(c) $a - b$ (d) $4x^2 + 12x + 9$
(e) $x^3 + 6x^2 + 12x + 8$

4. (a) $(2x - 5)(2x + 5)$ (b) $(2x - 3)(x + 4)$
(c) $(x - 3)(x - 2)(x + 2)$ (d) $x(x + 3)(x^2 - 3x + 9)$
(e) $3x^{-1/2}(x - 1)(x - 2)$ (f) $xy(x - 2)(x + 2)$

5. (a) $\dfrac{x+2}{x-2}$ (b) $\dfrac{x-1}{x-3}$
(c) $\dfrac{1}{x-2}$ (d) $-(x + y)$

6. (a) $5\sqrt{2} + 2\sqrt{10}$ (b) $\dfrac{1}{\sqrt{4+h} + 2}$

7. (a) $\left(x + \frac{1}{2}\right)^2 + \frac{3}{4}$ (b) $2(x - 3)^2 - 7$

8. (a) 6 (b) 1 (c) $-3, 4$
(d) $-1 \pm \frac{1}{2}\sqrt{2}$ (e) $\pm 1, \pm\sqrt{2}$ (f) $\frac{2}{3}, \frac{22}{3}$
(g) $\frac{12}{5}$

9. (a) $[-4, 3)$ (b) $(-2, 4)$
(c) $(-2, 0) \cup (1, \infty)$ (d) $(1, 7)$
(e) $(-1, 4]$

10. (a) 틀림 (b) 맞음 (c) 틀림
(d) 틀림 (e) 틀림 (f) 맞음

이 문제들을 풀기 어려웠다면 웹사이트 StewartCalculus.com의 Review of Algebra를 참고하여라.

B 진단평가: 해석기하

1. 점 (2, −5)를 지나고 다음 각각의 조건을 만족하는 직선의 식을 구하여라.
(a) 기울기가 −3이다.
(b) x축과 평행하다.
(c) y축과 평행하다.
(d) 직선 $2x - 4y = 3$과 평행하다.

2. 중심이 (−1, 4)이고 점 (3, −2)를 지나는 원의 방정식을 구하여라.

3. 원 $x^2 + y^2 - 6x + 10y + 9 = 0$의 중심과 반지름을 구하여라.

4. 평면 위에 두 점 $A(-7, 4)$와 $B(5, -12)$가 있다.
(a) 두 점 A와 B를 포함하는 직선의 기울기를 구하여라.
(b) A와 B를 지나는 직선의 방정식을 구하여라. 절편은 무엇인가?
(c) 선분 AB의 중점을 구하여라.
(d) 선분 AB의 길이를 구하여라.
(e) 선분 AB의 수직이등분선의 방정식을 구하여라.
(f) 선분 AB가 지름인 원의 방정식을 구하여라.

5. 다음 방정식이나 부등식으로 정의되는 영역을 xy평면에 그려라.
(a) $-1 \leqslant y \leqslant 3$ (b) $|x| < 4, |y| < 2$
(c) $y < 1 - \frac{1}{2}x$ (d) $y \geqslant x^2 - 1$
(e) $x^2 + y^2 < 4$ (f) $9x^2 + 16y^2 = 144$

진단평가 B: 해석기하 정답

1. (a) $y = -3x + 1$ (b) $y = -5$
(c) $x = 2$ (d) $y = \frac{1}{2}x - 6$

2. $(x + 1)^2 + (y - 4)^2 = 52$

3. 중심은 (3, −5), 반지름은 5

4. (a) $-\frac{4}{3}$
(b) $4x + 3y + 16 = 0$, x절편은 −4, y절편은 $-\frac{16}{3}$
(c) (−1, −4)
(d) 20
(e) $3x - 4y = 13$
(f) $(x + 1)^2 + (y + 4)^2 = 100$

5.

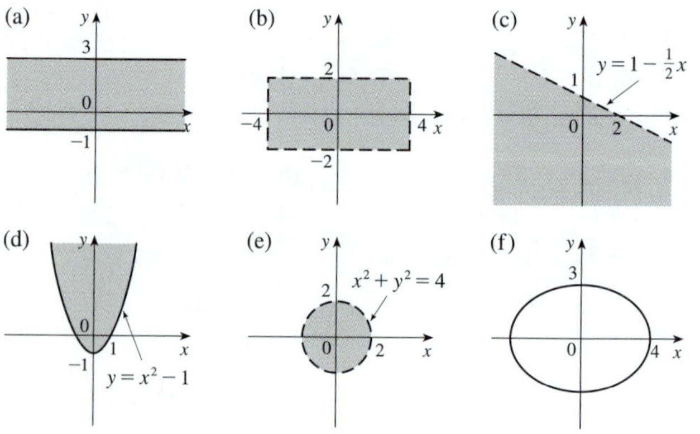

C 진단평가: 함수

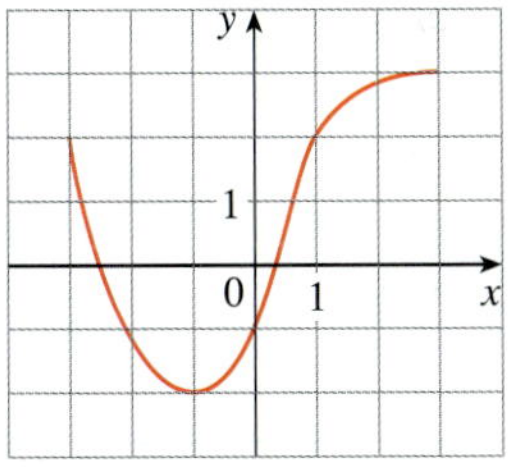

문제 1의 그림

1. 함수 f의 그래프가 왼쪽에 주어져 있다.

(a) $f(-1)$을 구하여라.

(b) $f(2)$를 추정하여라.

(c) $f(x) = 2$인 x는 무엇인가?

(d) $f(x) = 0$인 x를 추정하여라.

(e) f의 정의역과 치역을 말하여라.

2. $f(x) = x^3$일 때 차분몫 $\dfrac{f(2+h) - f(2)}{h}$를 구하고 이를 간단히 하여라.

3. 다음 함수의 정의역을 구하여라.

(a) $f(x) = \dfrac{2x+1}{x^2+x-2}$ (b) $g(x) = \dfrac{\sqrt[3]{x}}{x^2+1}$ (c) $h(x) = \sqrt{4-x} + \sqrt{x^2-1}$

4. f의 그래프로부터 다음의 그래프는 어떻게 얻어지는가?

(a) $y = -f(x)$ (b) $y = 2f(x) - 1$ (c) $y = f(x-3) + 2$

5. 계산기를 사용하지 않고 다음 그래프의 개형을 그려라.

(a) $y = x^3$ (b) $y = (x+1)^3$ (c) $y = (x-2)^3 + 3$

(d) $y = 4 - x^2$ (e) $y = \sqrt{x}$ (f) $y = 2\sqrt{x}$

(g) $y = -2^x$ (h) $y = 1 + x^{-1}$

6. $f(x) = \begin{cases} 1 - x^2, & x \leq 0 \\ 2x + 1, & x > 0 \end{cases}$일 때

(a) $f(-2)$와 $f(1)$을 구하여라. (b) f의 그래프를 그려라.

7. $f(x) = x^2 + 2x - 1$이고 $g(x) = 2x - 3$일 때 다음 함수를 구하여라.

(a) $f \circ g$ (b) $g \circ f$ (c) $g \circ g \circ g$

진단평가 C: 함수 정답

1. (a) -2 (b) 2.8

(c) $-3, 1$ (d) $-2.5, 0.3$

(e) $[-3, 3]$, $[-2, 3]$

2. $12 + 6h + h^2$

3. (a) $(-\infty, -2) \cup (-2, 1) \cup (1, \infty)$

(b) $(-\infty, \infty)$

(c) $(-\infty, -1] \cup [1, 4]$

4. (a) x축에 대해 대칭시켜 얻을 수 있다.

(b) 수직으로 2배만큼 늘리고 아래로 1만큼 이동시켜 얻을 수 있다.

(c) 오른쪽으로 3만큼, 위로 2만큼 이동하여 얻을 수 있다.

5.

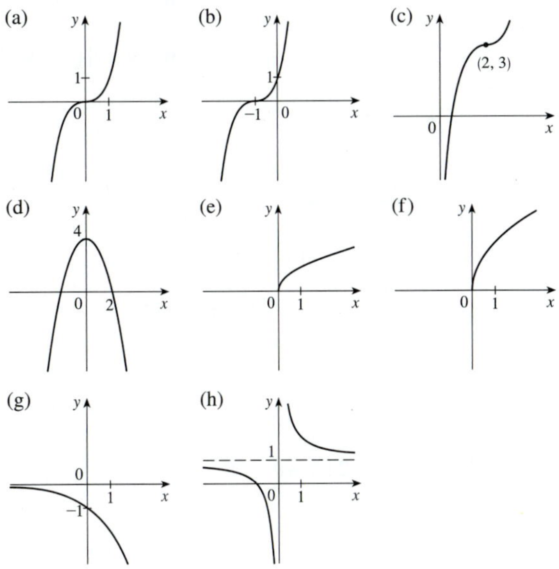

6. (a) $-3, 3$

(b)

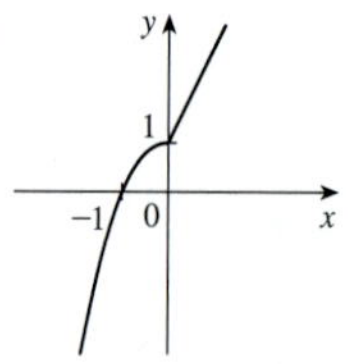

7. (a) $(f \circ g)(x) = 4x^2 - 8x + 2$
(b) $(g \circ f)(x) = 2x^2 + 4x - 5$
(c) $(g \circ g \circ g)(x) = 8x - 21$

이 문제들을 풀기 어려웠다면 이 책의 1.1~1.3절을 참고하여라.

D 진단평가: 삼각함수

1. 각도를 라디안으로 바꾸어라.
(a) $300°$ (b) $-18°$

2. 라디안을 각도로 바꾸어라.
(a) $5\pi/6$ (b) 2

3. 중심각이 30°이고 반지름이 12cm인 부채꼴의 호의 길이를 구하여라.

4. 다음의 정확한 값을 구하여라.
(a) $\tan(\pi/3)$ (b) $\sin(7\pi/6)$ (c) $\sec(5\pi/3)$

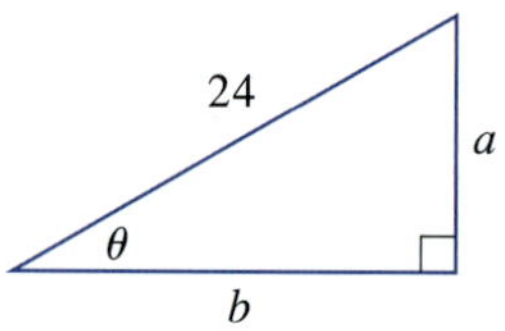

문제 5의 그림

5. 그림에서 길이 a와 b를 θ를 이용하여 표현하여라.

6. $\sin x = \frac{1}{3}$이고 $\sec y = \frac{5}{4}$일 때 x와 y가 0과 $\frac{\pi}{2}$ 사이에 있다면 $\sin(x + y)$를 구하여라.

7. 다음 등식을 증명하여라.
(a) $\tan\theta \sin\theta + \cos\theta = \sec\theta$ (b) $\dfrac{2\tan x}{1 + \tan^2 x} = \sin 2x$

8. $\sin 2x = \sin x$이고 $0 \leqslant x \leqslant 2\pi$인 x의 값을 모두 구하여라.

9. 계산기를 사용하지 않고 함수 $y = 1 + \sin 2x$의 그래프를 그려라.

진단평가 D: 삼각함수 정답

1. (a) $5\pi/3$ (b) $-\pi/10$

2. (a) $150°$ (b) $360°/\pi \approx 114.6°$

3. 2π cm

4. (a) $\sqrt{3}$ (b) $-\frac{1}{2}$ (c) 2

5. $a = 24\sin\theta,\ b = 24\cos\theta$

6. $\frac{1}{15}(4 + 6\sqrt{2})$

8. $0, \pi/3, \pi, 5\pi/3, 2\pi$

9.

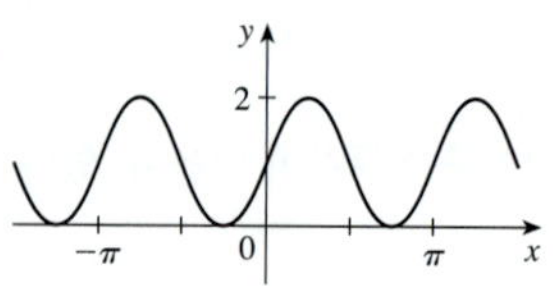

이 코스를 마칠 때쯤이면 여러분은 조종사가 원활한 착륙을 위해 하강을 시작해야 하는 위치를 결정하고, 세인트루이스에 있는 게이트웨이 아치를 디자인한 곡선의 길이를 구하고, 야구 방망이로 공을 칠 때 방망이에 가해지는 힘을 계산하고, 경쟁하는 포식자-먹이 종들의 개체수를 예측하며, 벌들이 최소한의 밀랍을 사용하여 벌집을 만드는 방식을 알고, 로켓을 궤도에 진입시키는 데 필요한 연료의 양을 추정할 수 있을 것이다.

Top row: Who is Danny / Shutterstock.com; iStock.com / gnagel; Richard Paul Kane / Shutterstock.com
Bottom row: Bruce Ellis / Shutterstock.com; Kostiantyn Kravchenko / Shutterstock.com; Ben Cooper / Science Faction / Getty Images

미적분학 미리 보기

A Preview of Calculus

미적분학은 이전에 여러분이 공부한 수학과는 근본적으로 다르다. 다시 말해, 미적분학은 정적이기보다는 매우 동적으로, 변화와 움직임에 관련되어 있으며 어떤 양에 접근하는 양을 다룬다. 그래서 미적분학을 집중적으로 공부하기 전에 전체를 살펴보는 것이 필요하다. '미리 보기'에서는 다양한 문제를 해결하려고 할 때 **극한** 개념이 어떻게 사용되는지를 통해 미적분학의 주요 아이디어들을 소개하고자 한다.

■ 미적분학이란?

우리 주변의 세계는 인구가 증가하고 커피 한 잔이 식고 돌이 떨어지고 화학 물질이 서로 반응하고 통화 가치가 변동하는 등 계속해서 변하고 있다. 지속적인 변화를 겪고 있는 수량이나 공정을 분석할 수 있기를 바란다. 예를 들어, 돌이 매초 10피트 떨어진다면 언제든지 얼마나 빨리 떨어지고 있는지 쉽게 알 수 있으나, 이것은 일어나지 **않는** 일이다. 돌은 점점 더 빨리 떨어지고 속도는 매 순간 변한다. 미적분학을 공부하면서 순간적으로 변하는 과정을 모델링(또는 설명)하는 방법과 이러한 변화의 누적 효과를 찾는 방법을 배운다.

미적분학은 대수 및 해석 기하학에서 배운 것을 기반으로 하며 이러한 아이디어를 훌륭하게 발전시킨다. 그 용도는 거의 모든 인간 활동 분야로 확장된다. 이 책 전체에서 미적분의 수많은 응용을 접하게 될 것이다.

미적분학은 함수 그래프와 관련된 두 가지 핵심 문제(**넓이 문제**와 **접선 문제**)와 두 문제 간의 예기치 않은 관계를 중심으로 진행된다. 함수 그래프 아래의 영역과 함수 그래프에 대한 접선은 다양한 맥락에서 중요한 해석을 많이 갖기 때문에 이러한 문제를 해결하는 것이 유용하다.

■ 넓이 문제

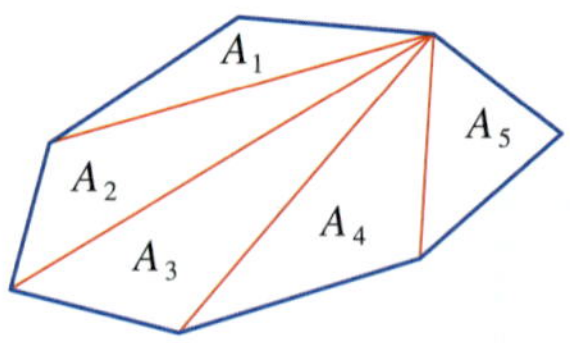

$A = A_1 + A_2 + A_3 + A_4 + A_5$

그림 1

미적분학의 기원은 적어도 2500년 전의 고대 그리스로 거슬러 올라가는데, 그들은 '소진법(method of exhaustion)'을 사용하여 넓이를 구했다. 임의의 다각형의 넓이 A를 구할 때, 이 다각형을 그림 1처럼 삼각형으로 나누어, 이 삼각형의 넓이를 더하였다.

곡선으로 둘러싸인 영역의 넓이를 구하는 것은 훨씬 더 어려운 문제이다. 고대 그리스 사람들이 사용한 소진법은 그 영역을 다각형으로 내접시키고, 외접시키는 것이다. 그러고 나서 다각형의 변의 수를 증가시킨다. 그림 2는 곡선으로 둘러싸인 영역의 특수한 경우인 원에 대해 정다각형으로 내접시키는 과정을 보여준다.

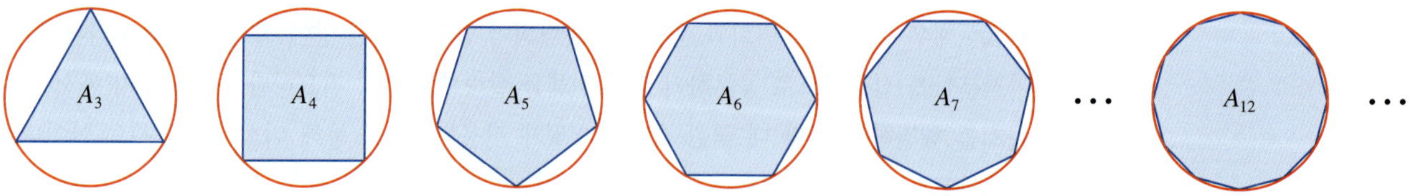

그림 2

A_n을 내접한 n각형의 넓이라 하자. n이 증가함에 따라 A_n은 원의 넓이에 점점 더 접근하게 된다. 이때 내접한 다각형의 넓이의 **극한**(limit)을 원의 넓이라 하고,

$$A = \lim_{n \to \infty} A_n$$

으로 쓴다. 그리스 사람들은 극한을 분명하게 사용하지는 않았다. 그러나 간접적 논리로 에우독소스(Eudoxus, 기원전 5세기)는 소진법을 사용하여 원의 넓이 공식 $A = \pi r^2$을 증명하였다.

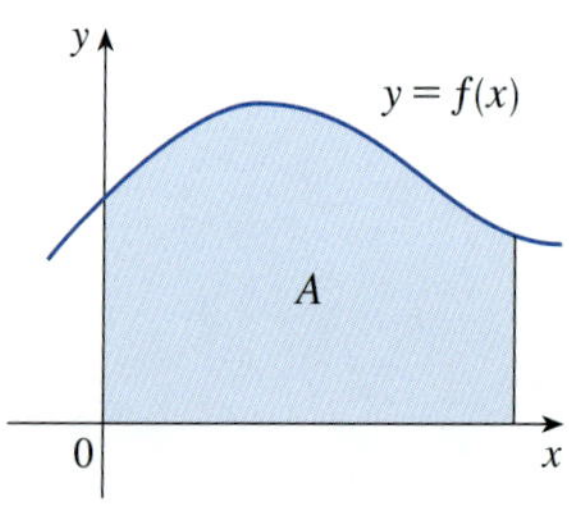

그림 3
f의 그래프 아래 영역의 넓이 A

5장에서 그림 3과 같은 영역의 넓이를 구하기 위하여 이와 비슷한 아이디어를 사용할 것이다. 넓이 A를 그림 4처럼 직사각형들의 넓이로 근사시킨다. 직사각형의 너비를

줄인 다음, 직사각형들의 넓이의 합의 극한으로 A를 구할 수 있게 된다.

넓이 문제는 미적분학의 중요한 문제로 적분(integral calculus)이라고 부른다. 넓이를 구하기 위한 5장의 내용은 물체의 부피, 곡선의 길이, 댐을 미는 물의 힘, 막대의 무게 와 중력 중심, 탱크로부터 물을 퍼내는 데 한 일 등을 계산하는 데도 적용된다. 만약 n개의 직사각형 $R_1, R_2, \ldots, R_n$을 사용하여 f의 그래프 아래 영역 A의 넓이를 근사시킬 수 있다면 그 근사 넓이는

$$A_n = R_1 + R_2 + \cdots + R_n$$

이다.

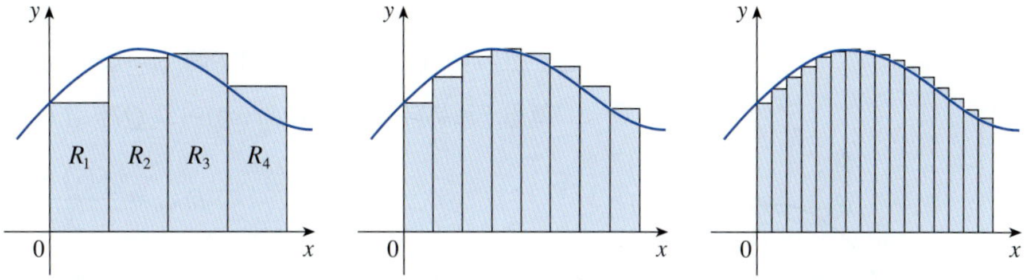

그림 4 직사각형을 이용한 넓이 A의 근사

각 직사각형의 폭을 줄여 직사각형의 수를 늘리는 것을 상상하고 직사각형 넓이의 합의 극한으로써 극한값 A를 계산할 수 있다.

$$A = \lim_{n\to\infty} A_n$$

5장에서 극한을 어떻게 계산하는지 배울 것이다.

넓이 문제는 **적분학**이라는 미적분학 분야에서 중심이 되는 문제이다. 함수의 그래프 아래 넓이는 함수가 나타내는 것에 따라 해석이 다르기 때문에 매우 중요하다. 실제로 우리가 넓이를 구하기 위해 개발하는 기술은 입체의 부피, 곡선의 길이, 댐에 대한 물의 힘, 막대기의 질량과 중심, 탱크에서 물을 퍼내는 일의 양, 그리고 로켓을 궤도로 보내는 데 필요한 연료량을 계산할 수 있게 할 것이다.

■ 접선 문제

방정식 $y = f(x)$로 주어진 곡선 위의 점 P에서 접선 ℓ의 방정식을 구하는 문제를 생각해 보자. (접선의 명확한 정의는 2장에서 내린다. 지금은 그림 5에서와 같이 P에서 곡선과 만나는 직선으로 생각하면 된다.) 점 P가 접선 위에 있으므로, 이 접선의 기울기 m을 알면 ℓ의 방정식을 구할 수 있다. 그런데 기울기를 구하기 위해서는 두 점이 필요한데 ℓ 위의 단 한 점 P만을 알고 있다는 것이 문제이다. 먼저 곡선 위에 가까이 있는 점 Q를 잡고 할선 PQ의 기울기 m_{PQ}를 계산하여 m의 근삿값을 구하자.

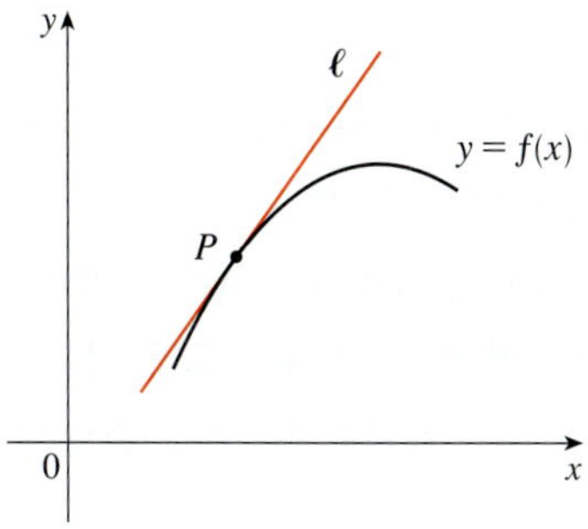

그림 5
P에서의 접선

이제 그림 6에서와 같이 점 Q가 곡선을 따라 점 P로 움직인다고 생각하자. 그러면 할선이 접선에 접근하는 것을 알 수 있다. 이것은 할선의 기울기 m_{PQ}가 접선의 기울기 m에 점점 더 가깝게 접근한다는 것을 의미한다. 이를

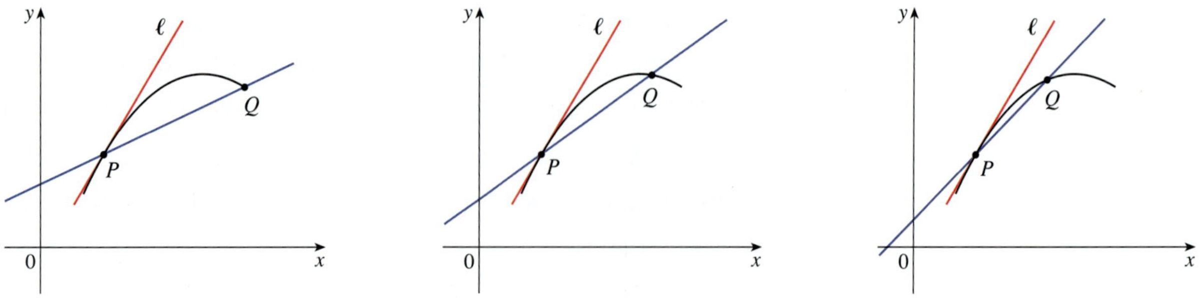

그림 6 Q가 P로 가까이 갈 때 할선이 접선에 가까워진다.

$$m = \lim_{Q \to P} m_{PQ}$$

로 쓰고, m을 Q가 곡선을 따라 P에 접근할 때 m_{PQ}의 극한이라고 한다.

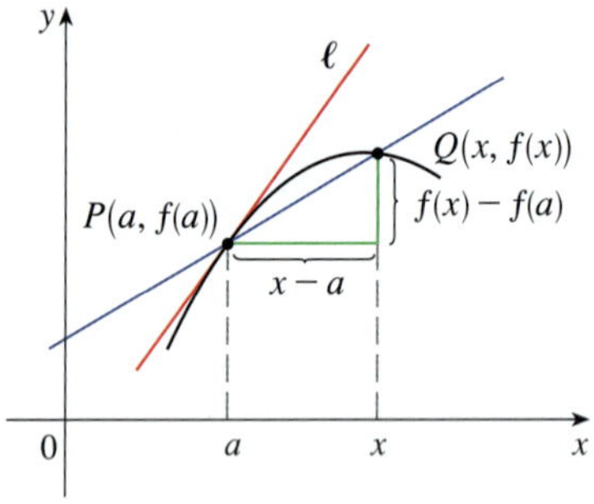

그림 7
할선 PQ

그림 7로부터 P가 점 $(a, f(a))$이고 Q가 점 $(x, f(x))$이면

$$m_{PQ} = \frac{f(x) - f(a)}{x - a}$$

임을 알 수 있다. Q가 P에 접근할 때 x가 a에 접근하기 때문에 접선의 기울기에 대한 식은 다음과 같다.

$$m = \lim_{x \to a} \frac{f(x) - f(a)}{x - a}$$

3장에서는 이러한 극한을 계산하는 규칙을 배운다.

접선 문제는 **미분**이라는 미적분의 분야를 생기게 했다. 함수 그래프에 대한 접선의 기울기는 맥락에 따라 다른 해석을 가질 수 있으므로 중요하다. 예를 들어 접선 문제를 해결하면 떨어지는 돌의 순간 속도, 화학 반응의 변화 속도 또는 매달린 체인에 작용하는 힘의 방향을 찾을 수 있다.

■ 넓이와 접선 문제의 관계

넓이 문제와 접선 문제는 매우 다른 문제인 것처럼 보이지만 놀랍게도 두 문제는 밀접하게 관련되어 있다. 사실 두 문제는 매우 밀접하게 관련되어 있어 그중 하나를 해결하면 다른 문제를 해결할 수 있다. 두 문제의 관계는 5장에서 소개한다. 그것은 미적분학의 가장 중요한 발견이며 그에 걸맞게 미적분학의 기본 정리라고 불린다. 아마도 가장 중요한 것은 기본 정리가 넓이 문제의 해결을 크게 단순화하여 직사각형으로 근사시키지 않고도 넓이를 구하고 관련 극한을 계산할 수 있도록 한다는 것이다.

뉴턴(Isaac Newton, 1642~1727)과 라이프니츠(Gottfried Leibniz, 1646~1716)는 미적분학의 기본 정리의 중요성을 인식하고 실제 문제를 해결하는 도구로 활용하는 것을 최초로 창안하여 인정받았다. 미적분을 공부하면서 이러한 강력한 결과를 스스로 발견하게 될 것이다.

■ 요약

극한의 개념은 영역의 넓이를 찾고 곡선에 대한 접선의 기울기를 찾을 때 발생한다. 미적분학을 다른 수학 영역과 구분 짓는 것은 극한에 대한 기본적인 생각이다. 사실 미적분을 극한을 다루는 수학의 한 분야로 정의할 수 있다. 곡선 아래 넓이와 곡선에 대한 접선의 기울기는 다양한 맥락에서 다양한 해석을 가진다고 언급했다. 마지막으로 넓이 문제와 접선 문제가 밀접하게 관련되어 있음을 논의했다.

뉴턴은 미적분학을 고안한 후 이를 사용하여 태양 주위의 행성들의 움직임을 설명함으로써 태양계를 설명하기 위해 수 세기 동안 탐구한 것에 확실한 답을 주었다. 오늘날 미적분은 위성과 우주선의 궤도를 결정하고, 인구 규모를 예측하고, 날씨를 예측하고, 심장박출량을 측정하고, 경제 시장의 효율성을 측정하는 등 매우 다양한 맥락에서 적용된다.

미적분의 힘과 다양성을 느낄 수 있도록 미적분을 사용하여 답할 수 있는 몇 가지 질문을 제시하며 마무리한다.

1. 안전하고 부드러운 승차감을 위해 롤러코스터를 어떻게 디자인할 수 있는가?
   (3.1절 뒤에 나오는 응용 프로젝트 참조)
2. 조종사가 착륙할 공항으로부터 얼마나 떨어진 지점에서 하강을 시작해야 하는가?
   (3.4절 뒤에 나오는 응용 프로젝트 참조)
3. 관찰자로부터 무지개의 가장 높은 지점을 올려본 각이 항상 42°라는 사실을 어떻게 설명할 수 있는가?
   (4.1절 뒤에 나오는 응용 프로젝트 참조)
4. 발사체는 지구의 중력에서 벗어나기 위해 어떤 속도로 발사되어야 하는가?
   (7.5절 연습문제 55 참조)
5. 레이저 프린터에서 문자를 나타내는 모양을 디자인하기 위해 어떻게 곡선을 맞추어야 하는가?
   (9.2절 뒤에 나오는 발견 프로젝트 참조)
6. 행성과 위성이 타원 궤도를 따라 움직인다는 사실을 어떻게 설명할 수 있는가?
   (12.4절 뒤에 나오는 응용 프로젝트 참조)

풍력발전기가 생산하는 전력량은 몇 가지 인자의 수학적 함수를 이용하여 추정할 수 있다. 1.2절의 연습문제 25에서 이 함수를 살펴보고, 다양한 풍속에 대하여 특정 발전기가 생산하는 예상 전력량을 계산해볼 것이다.

chaiviewfinder / Shutterstock.com

1 함수와 모델

Functions and Models

미분적분학에서 다루는 가장 근본적인 대상은 함수이다. 1장은 함수, 함수의 그래프, 함수의 변환과 합성 방 법 등에 관한 기본적인 아이디어를 살펴봄으로써 미분적분학 공부를 위한 준비를 하는 장이다. 함수는 여러 가지 방법으로, 다시 말해 식으로, 표로, 그래프로, 또는 말이나 문장으로 나타낼 수 있다는 점이 중요하다. 이 장에서는 미분적분학에 나오는 많은 종류의 함수들을 다루고, 실세계 현상에 대한 수학적 모델로 이 함수들을 사용하는 과정을 설명하고자 한다.

1.1 함수를 표현하는 네 가지 방법

■ 함수

함수는 한 가지 양이 다른 양에 따라 결정될 때마다 생긴다. 다음 네 가지 경우를 생각해 보자.

A. 원의 넓이 A는 원의 반지름 r에 영향을 받는다. r과 A를 연결하는 법칙은 방정식 $A = \pi r^2$로 주어진다. 각각의 양수 r에 대하여 A의 값이 하나로 결정되므로 A는 r의 함수라고 한다.

B. 세계인구 P는 연도 t에 영향을 받는다. 표는 특정연도 t에 대한 세계인구 $P(t)$를 대략적으로 보여준다. 예를 들면,

$$t = 1950\text{일 때} \qquad P \approx 2{,}560{,}000{,}000$$

이다. 각각의 연도 t에 대하여 대응되는 P의 값이 하나 있으므로 P는 t의 함수라고 한다.

표 1 세계 인구

연도	인구 (백만)
1900	1650
1910	1750
1920	1860
1930	2070
1940	2300
1950	2560
1960	3040
1970	3710
1980	4450
1990	5280
2000	6080
2010	6870

C. 편지 한 통을 우편으로 보내는 요금 C는 편지의 무게 w에 따라 결정된다. 비록 w와 C 사이의 관계를 보여주는 간단한 공식은 없지만, 우체국은 w에 따라 C를 결정하는 규칙을 가지고 있다.

D. 지진이 일어났을 때 지진계에 의해 측정된 수직지반 가속도 a는 경과한 시간 t의 함수이다. 그림 1은 1994년 로스앤젤레스 노스리지에서 지진이 일어났을 때 생성된 그래프이다. 주어진 t의 값에 대하여 그래프는 a의 값을 나타낸다.

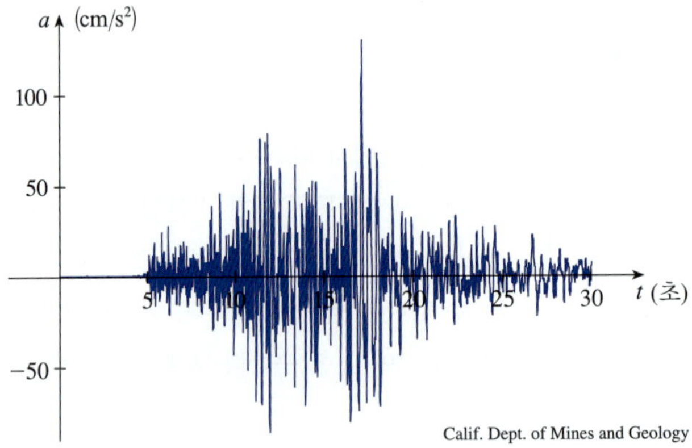

그림 1
노스리지 지진의 수직지반 가속도

각 예는 주어진 수(예 **A**의 r)에 다른 수(A)가 정해지는 규칙을 설명한다. 각각의 경우에 두 번째 수가 첫 번째 수의 함수라고 한다. 예 **A**에서 f가 r에 A를 대응시키는 규칙을 나타낸다면, 이를 **함수 표기법** $A = f(r)$로 표시한다.

> **함수** f는 집합 D의 각 원소 x를 집합 E에 있는 오직 한 원소 $f(x)$에 대응시키는 규칙이다.

보통 집합 D와 E가 실수인 함수를 생각한다. 집합 D를 함수의 **정의역**(domain)이

라 하고 $f(x)$를 **x에서 f의 함숫값**이라 한다. f의 **치역**(range)은 x가 정의역에서 변할 때 $f(x)$의 모든 값들의 집합이다. 함수 f의 정의역에서 임의의 수를 나타내는 x를 **독립변수**(independent variable)라 하고 f의 치역에 있는 수를 나타내는 $f(x)$를 **종속변수**(dependent variable)라 한다. 예를 들면, 위의 예 **A**에서 r은 독립변수이고 A는 종속변수이다.

그림 2 함수 f의 기계도표

함수를 **기계**로 생각하면 도움이 된다(그림 2 참조). 함수 f의 정의역에 있는 x가 기계에 들어가면 기계는 이것을 **입력**으로 받아들인다. 그리고 기계는 함수의 법칙에 따라 **출력** $f(x)$를 산출한다. 따라서 정의역은 모든 가능한 입력의 집합으로, 치역은 모든 가능한 출력의 집합으로 생각할 수 있다. 계산기에 미리 프로그램된 기능은 함수 기계의 좋은 예이다. 예를 들면, 숫자를 입력하고 제곱키를 누르면, 계산기는 입력된 숫자의 제곱수를 표시하여 준다.

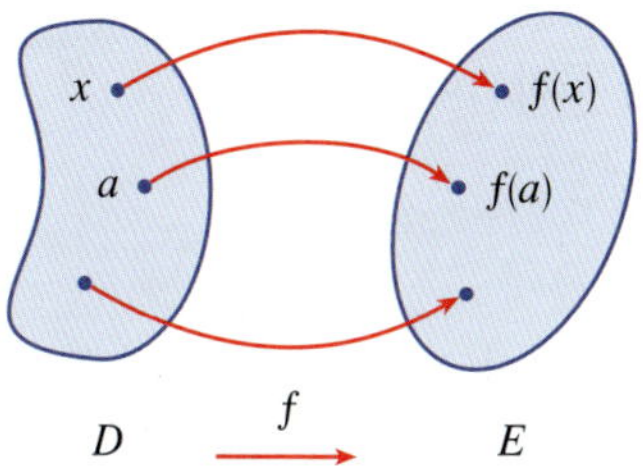

그림 3 f의 화살 도표

함수를 그림으로 나타내는 다른 방법은 그림 3과 같은 **화살 도표**이다. 각각의 화살표는 D의 한 원소와 E의 한 원소를 연결한다. 화살표는 $f(x)$는 x, $f(a)$는 a와 연관되어 있음을 나타낸다.

함수를 시각화하는 가장 보편적인 방법은 그래프이다. f가 D를 정의역으로 갖는 함수이면 그 함수의 **그래프**는 다음과 같은 순서쌍들의 집합이다.

$$\{(x, f(x)) \mid x \in D\}$$

(이것은 입력-출력 쌍이다). 다른 말로 표현하면, f의 그래프는 x가 f의 정의역에서 있을 때 $y = f(x)$인 좌표평면상에 있는 모든 점 (x, y)로 구성되어 있다.

함수 f의 그래프는 이 함수의 성질이나 움직임을 그림으로 잘 보여준다. 그래프 위의 임의의 점 (x, y)의 y성분은 $y = f(x)$이므로, 점 x 위의 그래프의 높이인 $f(x)$의 값을 읽으면 y성분의 값이다(그림 4 참조). f의 그래프는 또한 그림 5처럼 x축에 f의 정의역을, y축에 f의 치역을 나타낼 수 있다.

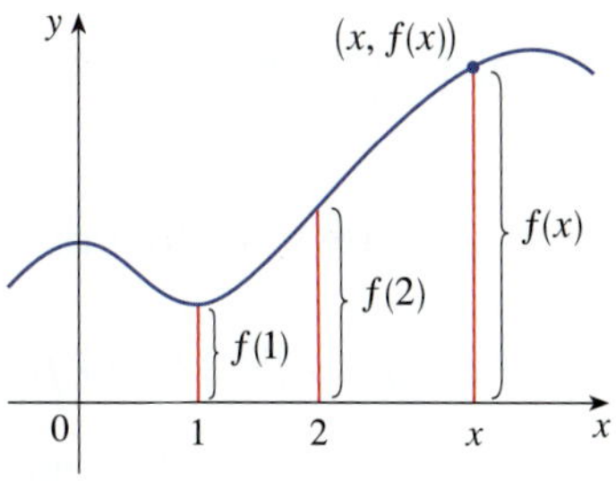

그림 4

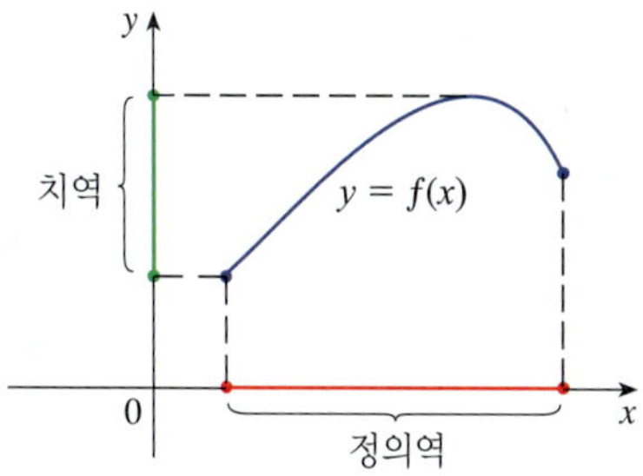

그림 5

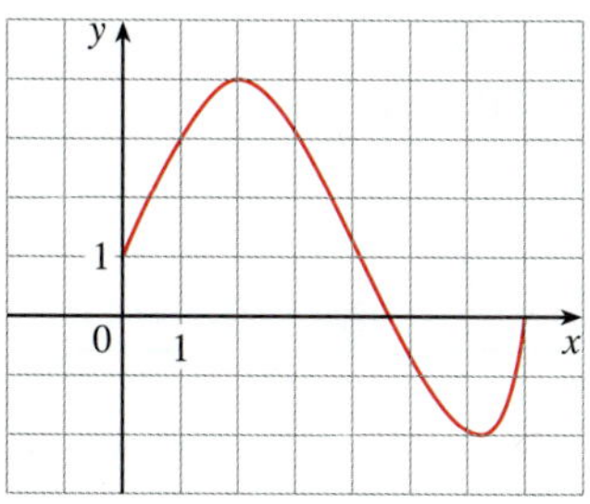

그림 6

예제 1 함수 f의 그래프가 그림 6과 같다고 하자.

(a) $f(1)$과 $f(5)$의 값을 구하여라.

(b) f의 정의역과 치역을 구하여라.

풀이

(a) 그림 6으로부터 점 $(1, 3)$이 f의 그래프 위에 놓여 있음을 볼 수 있다. 그래서 1에서 f의 값은 $f(1) = 3$이다(다르게 말하면 $x = 1$일 때 그래프의 점은 x축에서 3칸 위에 있

다). $x = 5$일 때, 그래프는 x축에서 약 0.7칸 밑에 있다. 그래서 $f(5) \approx -0.7$임을 추정할 수 있다.

(b) $f(x)$가 $0 \leqslant x \leqslant 7$일 때 정의됨을 알 수 있다. 따라서 f의 정의역은 폐구간 $[0, 7]$이다. 그때 $f(x)$는 -2에서 4까지의 모든 값을 취하고 있으므로 f의 치역은

$$\{y \mid -2 \leqslant y \leqslant 4\} = [-2, 4]$$

이다. ■

미분적분학에서 함수를 정의하는 가장 일반적인 방법은 대수방정식으로 나타내는 것이다. 예를 들어, 방정식 $y = 2x - 1$은 y를 x의 함수로 정의하고 기호 $f(x) = 2x - 1$로 나타낸다.

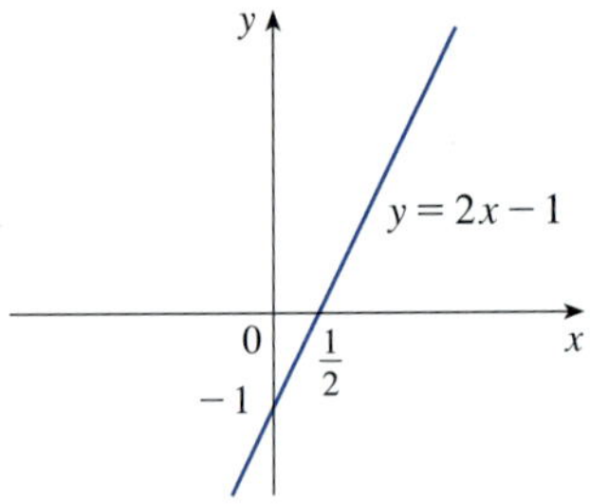

그림 7

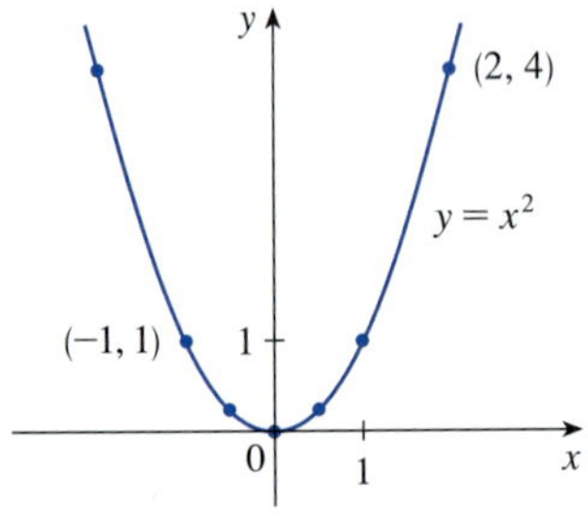

그림 8

예제 2 다음 각 함수의 그래프를 그리고 정의역과 치역을 구하여라.

(a) $f(x) = 2x - 1$ (b) $g(x) = x^2$

풀이

(a) 그래프의 방정식은 $y = 2x - 1$이다. 이것은 기울기가 2이고, y절편이 -1인 직선의 방정식임을 알 수 있다. (기울기-절편형의 직선의 방정식은 $y = mx + b$임을 상기하자.) 따라서 그림 7에 있는 f의 그래프를 그릴 수 있다. 식 $2x - 1$은 모든 실수에 대하여 정의되므로 f의 정의역은 모든 실수 집합이고, 이를 $\mathbb{R}$로 표시한다. 그래프에 의하면 치역도 또한 $\mathbb{R}$임을 알 수 있다.

(b) $g(2) = 2^2 = 4$이고 $g(-1) = (-1)^2 = 1$이므로 점 $(2, 4)$와 $(-1, 1)$을 그래프상에 있는 다른 몇 개의 점과 함께 점을 찍을 수 있다. 그리고 이 점들을 연결하여 그래프를 그릴 수 있다(그림 8). 그래프의 방정식이 $y = x^2$이므로 포물선을 나타낸다. g의 정의역은 $\mathbb{R}$이다. g의 치역은 $g(x)$의 모든 값, 즉 x^2형의 모든 수로 구성되어 있다. 그러나 모든 수 x에 대하여 $x^2 \geqslant 0$이고, 임의의 양의 수 y는 x의 제곱이다. 따라서 g의 치역은 $\{y \mid y \geqslant 0\} = [0, \infty)$이다. 그림 8에서도 알 수 있다. ■

예제 3 $f(x) = 2x^2 - 5x + 1$이고 $h \neq 0$일 때, $\dfrac{f(a+h) - f(a)}{h}$를 구하여라.

풀이 먼저 $f(x)$에서 x 대신 $a + h$를 대입하여 $f(a + h)$를 구하자.

$$\begin{aligned} f(a+h) &= 2(a+h)^2 - 5(a+h) + 1 \\ &= 2(a^2 + 2ah + h^2) - 5(a+h) + 1 \\ &= 2a^2 + 4ah + 2h^2 - 5a - 5h + 1 \end{aligned}$$

이제 이것을 주어진 식에 대입하여 간단하게 하자.

$$\begin{aligned} \frac{f(a+h) - f(a)}{h} &= \frac{(2a^2 + 4ah + 2h^2 - 5a - 5h + 1) - (2a^2 - 5a + 1)}{h} \\ &= \frac{2a^2 + 4ah + 2h^2 - 5a - 5h + 1 - 2a^2 + 5a - 1}{h} \\ &= \frac{4ah + 2h^2 - 5h}{h} = 4a + 2h - 5 \end{aligned}$$

■

예제 3의

$$\frac{f(a+h) - f(a)}{h}$$

의 표현은 미분적분학에서 자주 나오는 것으로 **차분몫**(difference quotient)이라 부른다. 2장에서 이것은 $x = a$와 $x = a + h$ 사이의 평균변화율을 나타낸다.

함수의 표현

함수를 표현하는 네 가지 방법이 있다.

- 말: 언어로 된 설명
- 수치: 값들의 표
- 시각: 그래프
- 대수: 명확한 공식

하나의 함수가 네 가지 방법 모두로 표현이 가능하면, 그 함수에 대한 또 다른 특성을 알기 위해서 한 가지 표현에서 다른 표현으로 바꾸는 것이 때로는 유익하다(예를 들어, 예제 2에서 대수적인 식으로 주어진 함수의 그래프를 얻었다). 그러나 어떤 함수는 한 가지 표현 방법만으로도 충분히 잘 표현되는 경우도 있다. 더불어 이 절의 시작에서 생각한 네 가지 상황을 다시 살펴보자.

표 2 세계 인구

t (1900년 이후의 연도)	인구 (백만)
0	1650
10	1750
20	1860
30	2070
40	2300
50	2560
60	3040
70	3710
80	4450
90	5280
100	6080
110	6870

A. 반지름의 함수로서 원의 넓이는 표를 만드는 것도 가능하고 그래프(반포물선)를 그리는 것도 가능하지만, 가장 유용한 표현은 대수적 공식 $A = \pi r^2$ 또는 함수 기호 $A(r) = \pi r^2$일 것이다. 원의 반지름은 양수이므로 정의역은 $\{r \mid r > 0\} = (0, \infty)$이고 치역 또한 $(0, \infty)$이다.

B. 함수의 설명이 말로 주어졌다. $P(t)$는 연도 t일 때의 세계 인구이다. 표 2는 세계 인구수로 함수의 편리한 표현이다. 이 값들을 점으로 찍으면, 그림 9에 있는 그래프(**산점도**라 한다)를 얻는다. 이것 또한 유용한 표현으로 그래프는 모든 데이터를 동시에 받아들일 수 있도록 한다. 공식은 어떠한가? 물론 임의의 연도 t일 때 정확한 인구수 $P(t)$를 나타내는 공식을 만드는 것은 불가능하다. 그러나 $P(t)$에 근접한 함수의 식을 찾는 것은 가능하다. 사실 1.4절에 설명한 방법을 사용하면 인구 P에 대하여 근사함수

$$P(t) \approx f(t) = (1.43653 \times 10^9) \cdot (1.01395)^t$$

을 얻을 수 있다. 그림 10은 이 함수식이 잘 "맞다"는 것을 보여준다. 이 함수 f를

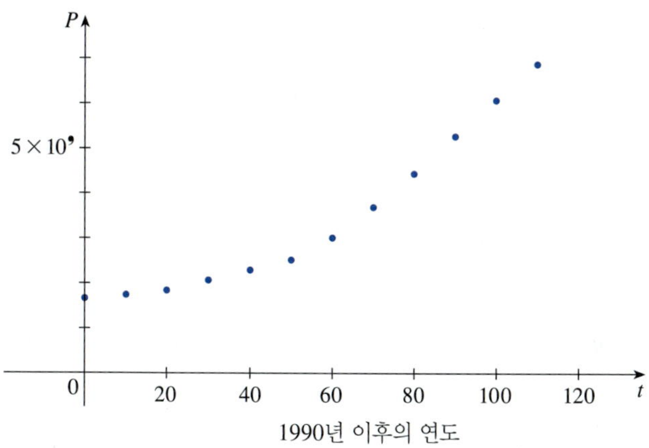

그림 9

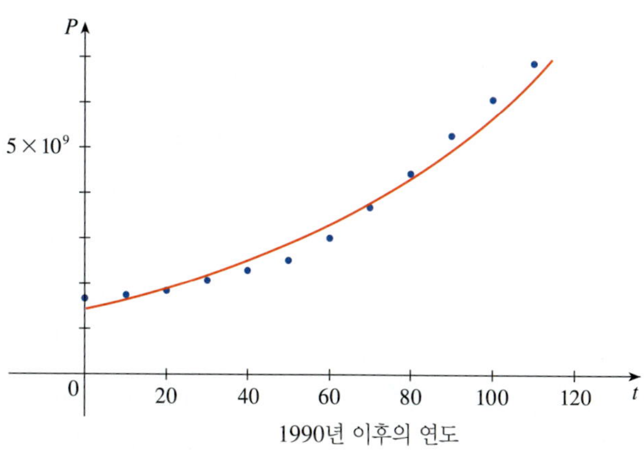

그림 10

인구 증가에 대한 **수학적 모델**이라 부른다. 다시 말하면, 위의 식을 보면 분명한 공식으로 표현되는 함수 $f(t)$가 주어진 함수 $P(t)$에 근사함을 알 수 있다(그림 10). 그러나 미분적분학의 아이디어는 꼭 공식에만 적용되는 것이 아니라 표에도 적용될 수 있다.

함수 P는 미분적분학을 실세계에 응용하려고 할 때 생기는 대표적인 형태의 함수이다. 먼저 말로 함수를 기술한다. 그런 다음 함숫값을 표로 만든다. 설령 모든 함숫값을 모르더라도, 그러한 함수에 관해 미분적분학을 적용할 수 있다는 것을 이 책을 통해서 알게 될 것이다.

값들의 표로 정의된 함수를 표함수라 부른다.

C. 위의 예처럼 이 예도 함수가 말로 기술되어 있는데, $C(w)$는 무게 w인 소포를 우송하는 요금이다. 2019년 미국 우편요금은 다음과 같다. 무게 25g까지는 1달러이며, 350g까지는 25g이 추가될 때마다 15센트씩 증가한다. 이 함수는 그래프를 그려 나타낼 수도 있지만(예제 10 참조), 요금표로 나타내는 방법이 가장 편리하다(표 3).

표 3

w (그램)	$C(w)$ (달러)
$0 < w \leq 25$	1.00
$25 < w \leq 50$	1.15
$50 < w \leq 75$	1.30
$75 < w \leq 100$	1.45
$100 < w \leq 125$	1.60
⋮	⋮

D. 그림 1에 나타낸 그래프는 수직지반 가속도 함수 $a(t)$를 가장 잘 나타낸 것이다. 표를 만들 수 있는 값이 더 많을수록, 정확한 공식을 만드는 것이 가능하다. 그러나 지질학자들이 알고 싶어 하는 모든 것, 즉 진폭과 유형은 그래프로부터 쉽게 알 수 있다(비슷한 예로 심장질환자의 심전도나 거짓말 탐지를 위한 거짓말 탐지기에서 보이는 패턴도 그래프로 나타내면 쉽게 알 수 있다).

다음 예제는 말로 정의된 함수의 그래프를 그리는 것이다.

예제 4 온수용 수도꼭지를 틀었을 때 물의 온도 T는 물이 얼마나 오래 흘렀는지에 좌우된다. 수도꼭지를 틀고 난 후에 경과한 시간 t에 관한 함수로서 T의 대략적인 그래프를 그려라.

풀이 흐르는 물의 초기 온도는 실온에 가까운데 이것은 물이 파이프 안에서 한동안 있었기 때문이다. 물이 뜨거운 물탱크로부터 나오기 시작하면 T는 급격히 증가한다. 다음 단계에서는 T가 탱크에서 더워진 물의 온도로 일정하게 유지된다. 탱크에서 물이 모두 빠지면 T는 탱크에 공급되는 물의 온도로 떨어진다. 그림 11과 같이 t에 관한 함수로서 T의 대략적인 그래프를 그릴 수 있다. ■

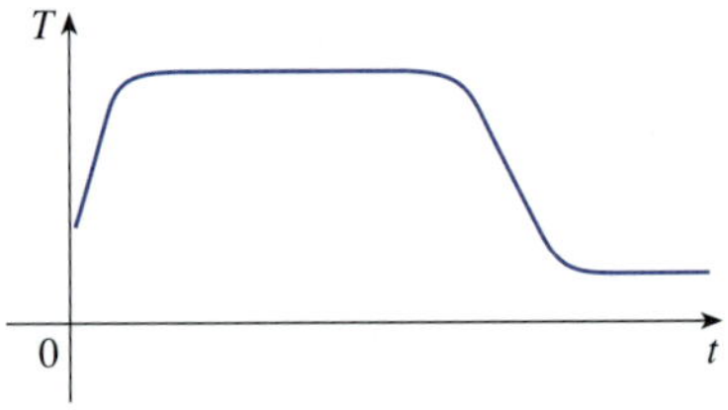

그림 11

다음 예제에서는 말로 설명된 물리현상을 수식으로 표현한다. 이렇게 하는 것은 어떤 양의 최댓값이나 최솟값을 구하는 미분적분학 문제를 푸는 데 중요하다.

예제 5 부피가 10m^3인 지붕이 없는 직육면체 모양의 저장 컨테이너가 있다. 바닥의 길이가 너비의 두 배이다. 바닥의 재료는 제곱미터당 10달러이고 벽의 재료는 제곱미터당 6달러이다. 재료의 비용을 바닥의 너비에 관한 함수로 표현하여라.

풀이 그림 12와 같이 그림을 그리고 바닥의 너비와 길이를 각각 w, $2w$라 하고, 높이를 h라 하자. 바닥의 넓이는 $(2w)w = 2w^2$이므로 바닥의 재료 가격은 $10(2w^2)$달러이다. 두 벽은 넓이가 wh이고, 다른 두 벽은 넓이가 $2wh$이다. 따라서 옆면을 위한 재료 비용은 $6[2(wh) + 2(2wh)]$이다. 그러므로 전체 비용은

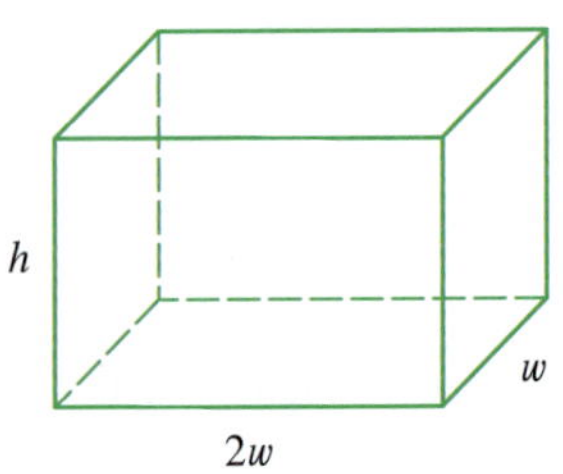

그림 12

$$C = 10(2w^2) + 6[2(wh) + 2(2wh)] = 20w^2 + 36wh$$

이다. C를 w만의 함수로 표현하기 위해서 h를 소거해야 하는데, 부피가 10m^3라는 사실을 이용하면

$$w(2w)h = 10$$

이므로

$$h = \frac{10}{2w^2} = \frac{5}{w^2}$$

이다. 이것을 식 C에 대입하면,

$$C = 20w^2 + 36w\left(\frac{5}{w^2}\right) = 20w^2 + \frac{180}{w}$$

을 얻는다. 따라서 방정식

$$C(w) = 20w^2 + \frac{180}{w} \qquad w > 0$$

은 C를 w의 함수로 표현한 것이다. ■

다음 예제에서는 대수적으로 정의된 함수의 정의역을 구하게 된다. 함수가 수식으로 주어지고 정의역이 분명하게 언급되어 있지 않을 때, 정의역은 수식이 의미 있게 되는 모든 실수의 집합으로 하는 **정의역에 대한 관례**(domain convention)를 따른다.

예제 6 각 함수의 정의역을 구하여라.

(a) $f(x) = \sqrt{x + 2}$ (b) $g(x) = \dfrac{1}{x^2 - x}$

풀이

(a) 음수의 제곱근은 (실수로) 정의되지 않기 때문에 f의 정의역은 $x + 2 \geqslant 0$을 만족하는 모든 x값으로 이루어져 있다. 이것은 $x \geqslant -2$와 동치이므로 정의역은 구간 $[-2, \infty)$이다.

(b) 분모를 인수분해하면

$$g(x) = \frac{1}{x^2 - x} = \frac{1}{x(x - 1)}$$

이고, 0으로 나눌 수 없기 때문에, $g(x)$는 $x = 0$이나 $x = 1$일 때 정의되지 않는다. 그래서 g의 정의역은

$$\{x \mid x \neq 0, x \neq 1\}$$

이고, 이것은 구간 표현하면 다음과 같다.

$$(-\infty, 0) \cup (0, 1) \cup (1, \infty)$$ ■

■ 조각마다 정의된 함수

다음 네 개의 예제에 있는 함수는 정의역의 각 부분에서 서로 다른 수식으로 정의되어 있다. 이런 함수를 **조각마다 정의된 함수**(piecewise defined function)라 한다.

예제 7 함수 f는

$$f(x) = \begin{cases} 1 - x, & x \leq -1 \\ x^2, & x > -1 \end{cases}$$

로 정의되어 있다. $f(-2)$, $f(-1)$, $f(0)$의 값을 구하고 그래프를 그려라.

풀이 함수는 하나의 규칙임을 기억하자. 이 함수에 대한 규칙은 다음과 같다. 먼저 입력 x의 값을 조사한다. $x \leq -1$이면 $f(x)$의 값은 $1 - x$이다. 반면에 $x > -1$이면, $f(x)$의 값은 x^2이다. 두 개의 다른 식을 사용하였지만, f는 **하나의** 함수이지 두 개의 함수가 아니다.

$$\begin{aligned} -2 \leq -1\text{이므로} \quad & f(-2) = 1 - (-2) = 3 \\ -1 \leq -1\text{이므로} \quad & f(-1) = 1 - (-1) = 2 \\ 0 > -1\text{이므로} \quad & f(0) = 0^2 = 0 \end{aligned}$$

f의 그래프를 어떻게 그릴까? $x \leq -1$이면, $f(x) = 1 - x$이다. 그래서 직선 $x = -1$의 왼쪽에 있는 f의 그래프는 직선 $y = 1 - x$과 일치한다. 이 직선의 기울기는 -1이고, y절편은 1이다. $x > -1$이면, $f(x) = x^2$이므로 직선 $x = -1$의 오른쪽에 있는 f의 그래프는 포물선 $y = x^2$의 그래프와 일치한다. 이것으로 그림 15에 있는 그래프를 그릴 수 있다. 닫힌 점은 점 $(-1, 2)$가 그래프에 포함되어 있음을 나타내고, 열린 점은 점 $(-1, 1)$이 그래프에서 제외되어 있음을 나타낸다. ■

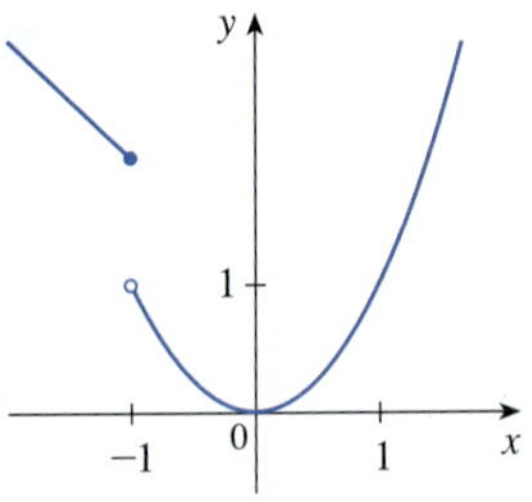

그림 15

조각마다 정의된 함수에 관한 다음 예제는 절댓값 함수이다. 수 a의 **절댓값**은 $|a|$로 표시되고, $|a|$는 실직선에서 0에서 a까지의 거리이다. 거리는 언제나 양수이거나 0이므로

$$\text{모든 수 } a\text{에 대하여 } |a| \geq 0$$

이다. 예를 들면,

$$|3| = 3 \qquad |-3| = 3 \qquad |0| = 0 \qquad |\sqrt{2} - 1| = \sqrt{2} - 1 \qquad |3 - \pi| = \pi - 3$$

이다. 일반적으로

$$\begin{aligned} |a| &= a, \quad & a \geq 0\text{인 경우} \\ |a| &= -a, \quad & a < 0\text{인 경우} \end{aligned}$$

이다(a가 음수이면 $-a$는 양수임을 유의하여라).

예제 8 절댓값 함수 $f(x) = |x|$의 그래프를 그려라.

풀이 앞의 설명으로부터

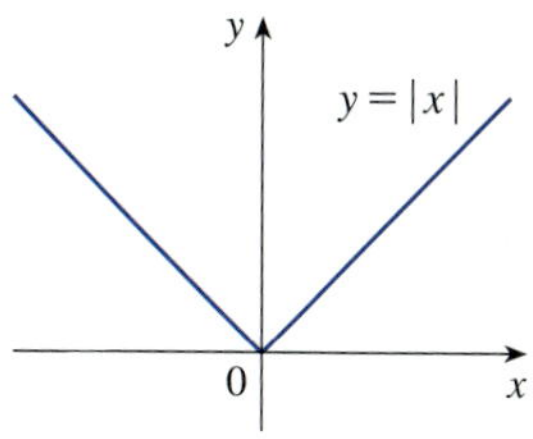

그림 16

$$|x| = \begin{cases} x, & x \geq 0 \\ -x, & x < 0 \end{cases}$$

임을 알고 있다. 예제 7과 같은 방법을 사용하면 f의 그래프는 y축의 오른쪽에서는 직선 $y = x$와 같고, y축의 왼쪽에서는 직선 $y = -x$와 같다(그림 16 참조). ■

예제 9 이 절 시작의 예제 **C**에서 무게가 w인 소포의 우편요금 $C(w)$를 생각했다. 이것은 조각함수이며, 표 3으로부터

$$C(w) = \begin{cases} 1.00, & 0 < w \leq 25 \\ 1.15, & 25 < w \leq 50 \\ 1.30, & 50 < w \leq 75 \\ 1.45, & 75 < w \leq 100 \\ \quad\vdots & \end{cases}$$

를 얻는다. 그래프는 그림 17과 같다. ■

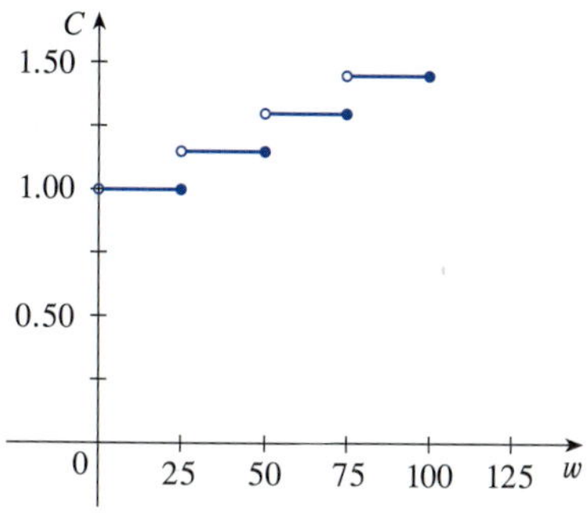

그림 17

그림 17을 보면 예제 9와 같은 함수를 **계단 함수**(step function)라 부르는 이유를 알 수 있다.

■ 우함수와 기함수

함수 f가 정의역에 있는 모든 x에 대하여 $f(-x) = f(x)$를 만족하면, f를 **우함수**(짝함수, even function)라 한다. 예를 들면, 함수 $f(x) = x^2$은 우함수인데

$$f(-x) = (-x)^2 = x^2 = f(x)$$

이기 때문이다. 우함수의 기하학적 의미는 그래프가 y축에 대하여 대칭이라는 점이다(그림 18 참조). 이것은 f의 그래프를 $x \geq 0$에 대해서만 그리면, y축에 관하여 반사시킴으로써 전체 그래프를 얻을 수 있다는 것을 의미한다.

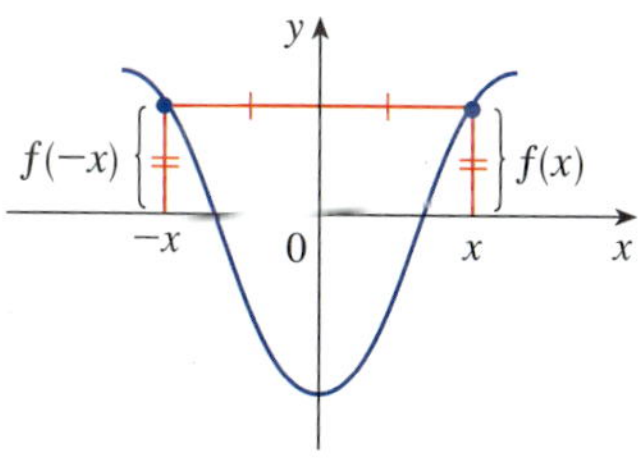

그림 18 우함수

f가 정의역에 있는 모든 x에 대하여 $f(-x) = -f(x)$를 만족하면, f를 **기함수**(홀함수, odd function)라 한다. 예를 들면, 함수 $f(x) = x^3$은 기함수인데

$$f(-x) = (-x)^3 = -x^3 = -f(x)$$

이기 때문이다. 기함수의 그래프는 원점에 대하여 대칭이다(그림 19 참조). $x \geq 0$에 대한 f의 그래프만 알면 원점을 중심으로 180° 회전함으로써 전체 그래프를 얻을 수 있다.

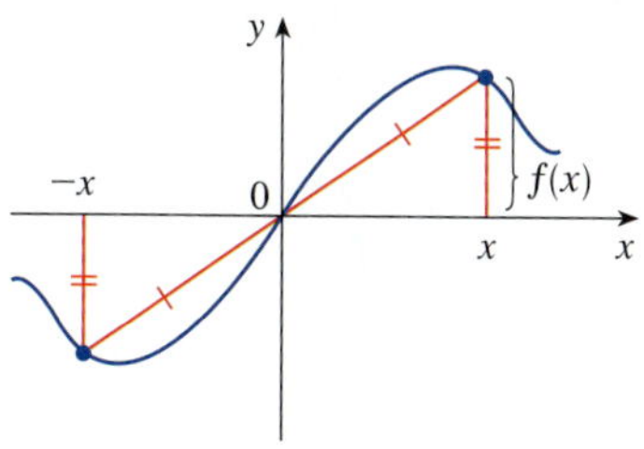

그림 19 기함수

예제 10 다음 함수가 우함수인지 기함수인지, 또는 둘 다 아닌지를 결정하여라.

(a) $f(x) = x^5 + x$ (b) $g(x) = 1 - x^4$ (c) $h(x) = 2x - x^2$

풀이

(a) $f(x)$에 x 대신 $-x$를 대입하면

$$\begin{aligned} f(-x) &= (-x)^5 + (-x) = (-1)^5x^5 + (-x) \\ &= -x^5 - x = -(x^5 + x) \\ &= -f(x) \end{aligned}$$

이므로 f는 기함수이다.

(b) $g(x)$에 x 대신 $-x$를 대입하면

$$g(-x) = 1 - (-x)^4 = 1 - x^4 = g(x)$$

이므로 g는 우함수이다.

(c) $h(x)$에 x 대신 $-x$를 대입하면

$$h(-x) = 2(-x) - (-x)^2 = -2x - x^2$$

이므로 $h(-x) \neq h(x)$이고 $h(-x) \neq -h(x)$이다. 따라서 h는 우함수도 기함수도 아니다. ■

예제 10의 함수의 그래프는 그림 20에 있다. h의 그래프가 y축에 대하여도 원점에 대하여도 대칭이 아님을 볼 수 있다.

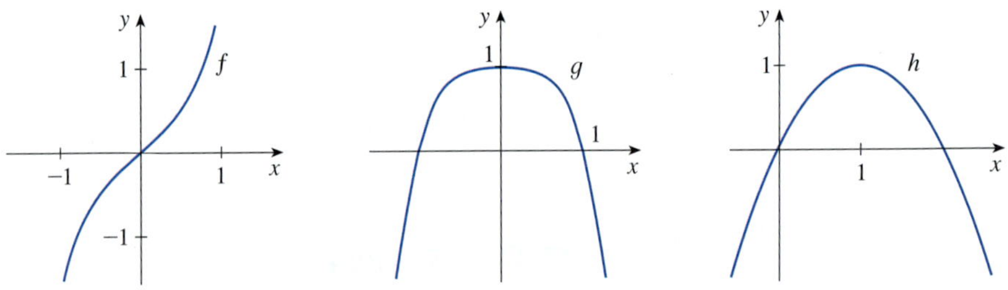

그림 20 (a) (b) (c)

■ 증가함수와 감소함수

그림 21의 그래프는 A에서 B까지는 올라가고, B에서 C까지는 내려가고 다시 C에서 D까지는 올라간다. 이때 함수 f는 구간 $[a, b]$에서 증가하고, $[b, c]$에서 감소하고, 다시 $[c, d]$에서 증가한다고 말한다. a와 b 사이의 임의의 두 수 x_1과 x_2가 $x_1 < x_2$를 만족하면 $f(x_1) < f(x_2)$임을 알 수 있다. 이 성질을 이용하여 증가함수를 정의할 수 있다.

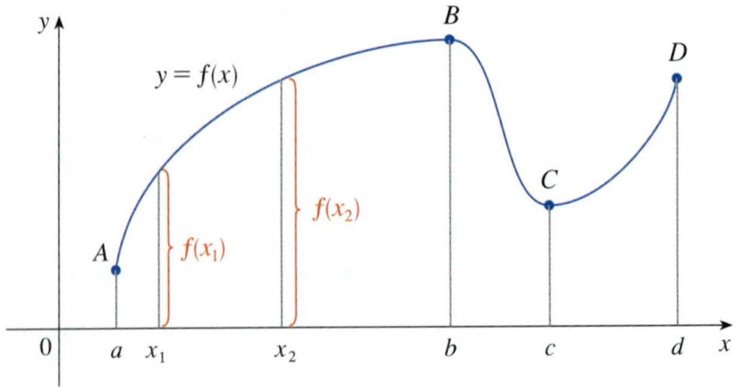

그림 21

구간 I에 속하는 모든 x_1, x_2에 대하여

$$x_1 < x_2 \text{이면,} \quad f(x_1) < f(x_2)$$

일 때 함수 f는 I에서 **증가함수**라 한다. 구간 I에 속하는 모든 x_1, x_2에 대하여

$$x_1 < x_2\text{이면,} \quad f(x_1) > f(x_2)$$

일 때 함수 f는 I에서 **감소함수**라 한다.

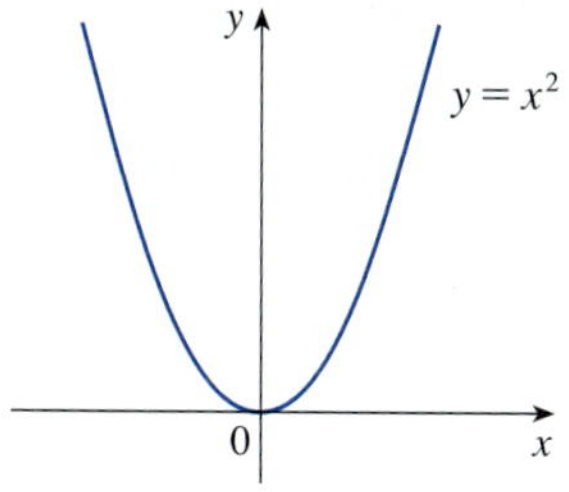

그림 22

증가함수의 정의에서 부등식 $f(x_1) < f(x_2)$는 x_1, x_2가 I에 속하고 $x_1 < x_2$를 만족하는 모든 쌍에 대하여 만족하여야 한다는 사실이 중요하다.

그림 22로부터 함수 $f(x) = x^2$은 구간 $(-\infty, 0]$에서는 감소하고, 구간 $[0, \infty)$에서는 증가함을 알 수 있다.

1.1 연습문제

1. $f(x) = x + \sqrt{2-x}$이고, $g(u) = u + \sqrt{2-u}$일 때, $f = g$인가?

2. $f(x) = \dfrac{x^2 - x}{x - 1}$이고, $g(x) = x$일 때, $f = g$인가?

3. 아래 그래프로 주어진 함수 f와 g에 대하여 나음을 구하여라.

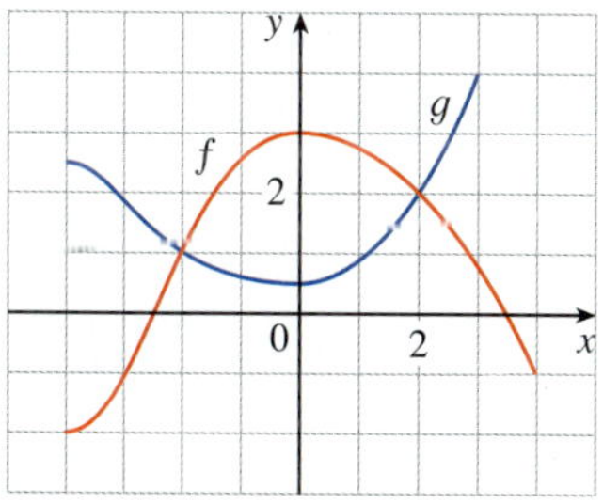

(a) $f(-4)$와 $g(3)$의 값을 구하여라.
(b) $f(-3)$과 $g(-3)$ 중 더 큰 값은 어느 것인가?
(c) $f(x) = g(x)$를 만족하는 x의 값은 얼마인가?
(d) $f(x) \leqslant g(x)$를 만족하는 구간을 구하여라.
(e) 방정식 $f(x) = -1$의 해를 구하여라.
(f) f가 증가하는 구간을 구하여라.
(g) f의 정의역과 치역을 구하여라.
(h) g의 정의역과 치역을 구하여라.

4. 이 절에서는 실생활의 예에 대해 다루고 있다. 인구는 시간의 함수이고, 우편 요금은 무게의 함수이고, 물의 온도는 시간의 함수이다. 실생활에서 함수의 다른 세 가지 예를 들고 이에 대해 논의하여라. 예로 든 각 함수의 정의역과 치역에 대해 어떻게 설명할 수 있는가? 만약 가능하다면 각 함수의 대략적인 그래프를 그려라.

5-10 다음의 식이나 표에 의해 y가 x의 함수가 되는지 조사하여라.

5. $3x - 5y = 7$

6. $x^2 + (y-3)^2 = 5$

7. $(y+3)^3 + 1 = 2x$

8. $2x - |y| = 0$

9.

x 키(cm)	y 신발 치수
180	12
150	8
150	7
160	9
175	10

10.

x 연도	y 수업료($)
2016	10,900
2017	11,000
2018	11,200
2019	11,200
2020	11,300

11-14 아래 곡선이 x에 대한 함수의 그래프인지 결정하여라. 만약 그렇다면 함수의 정의역과 치역을 구하여라.

11.

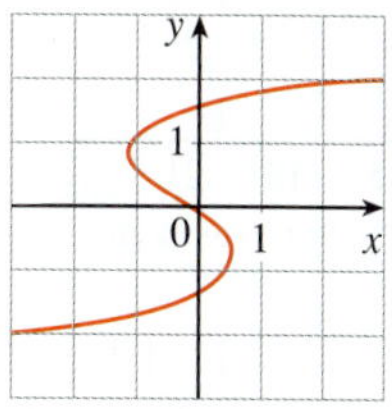

12.

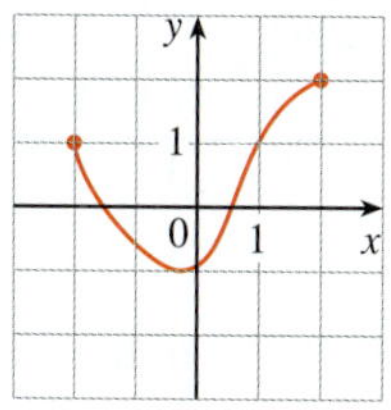

13.

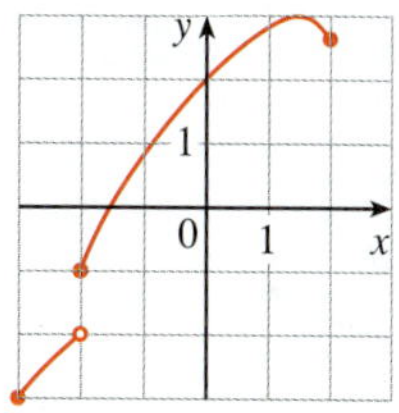

14.

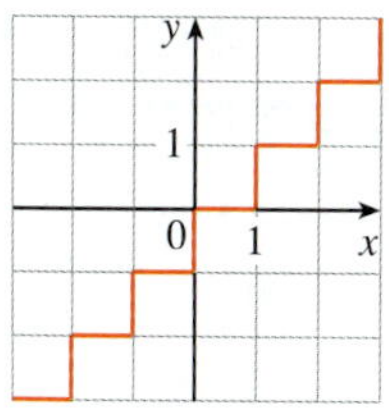

15. 아래는 20세기 지구의 평균기온 T의 그래프이다. 다음 값을 추정하여라.

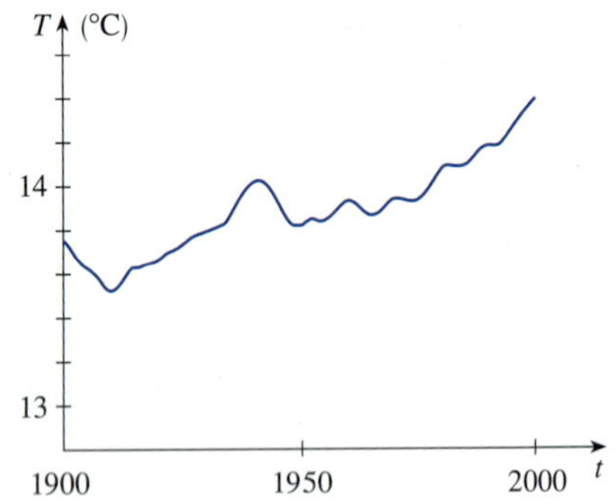

(a) 1950년 지구의 평균기온
(b) 평균기온이 14.2°C인 해
(c) 온도가 가장 낮은 해와 가장 높은 해
(d) T의 치역

16. 유리잔에 얼음을 몇 개 넣고 찬물로 잔을 채운 후 테이블 위에 올려놓자. 시간이 지남에 따라 물의 온도가 어떻게 변하는지 묘사하여라. 시간의 흐름에 대한 물의 온도 함수의 그래프를 대략적으로 그려보자.

17. 아래 그래프는 9월 어느 날 샌프란시스코의 전력소비량을 나타내는 그래프이다(P는 메가와트로 측정되었고, t는 자정에서 시작하여 한 시간 단위로 측정되었다).
(a) 오전 6시와 오후 6시의 전력소비량은 얼마인가?
(b) 전력소비량이 가장 낮을 때는 언제인가? 가장 높을 때는 언제인가? 그 이유를 추측해보아라.

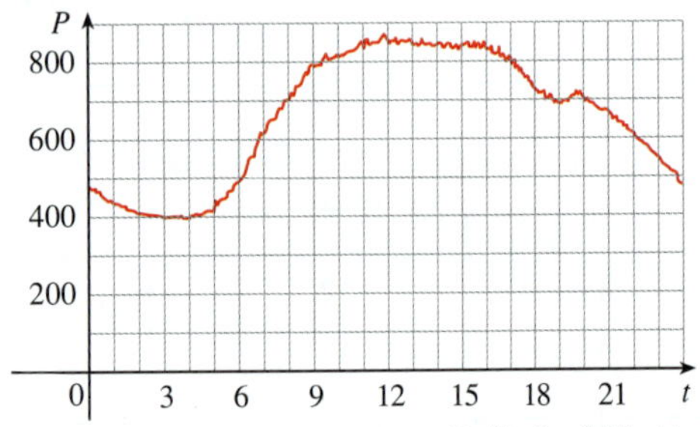

Pacific Gas & Electric

18. 세 명의 선수가 100미터 달리기를 하고 있다. 아래 그래프는 각 선수의 시간에 대한 거리 함수의 그래프이다. 그래프를 보고 이 경기에 대해 묘사하여라. 경기에서 누가 이겼는가? 각 선수는 결승점까지 도착했는가?

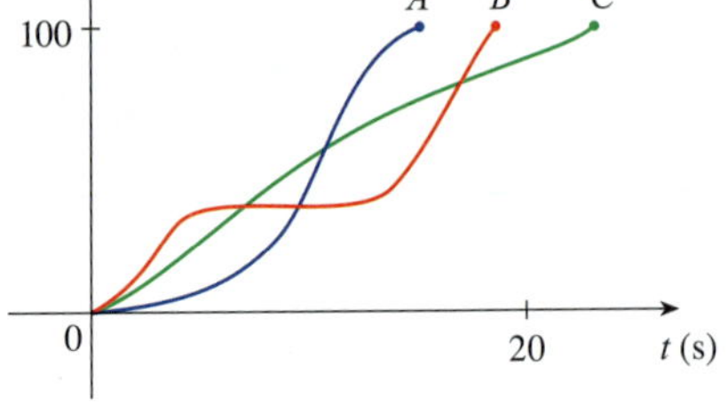

19. 보통의 봄날 하루 동안 시간에 대한 실외 온도 함수의 그래프를 대략적으로 그려라.

20. 커피 가격에 대해 가게에서 판매되는 특정한 브랜드의 커피 판매량 함수의 그래프를 대략적으로 그려라.

21. 비행기가 공항에서 이륙하여 한 시간 후에 650km 떨어진 다른 공항에 착륙한다. 비행기가 공항을 출발할 때부터의 시간(초)을 t라 하면, $x(t)$는 비행한 수평 거리이고, $y(t)$는 비행기의 고도이다.
(a) $x(t)$의 그래프를 그려라.
(b) $y(t)$의 그래프를 그려라.
(c) 수평 방향의 속도의 그래프를 그려라.
(d) 수직 방향의 속도의 그래프를 그려라.

22. 아래의 표는 6월 어느 날 애틀랜타에서 자정부터 오후 2시까지 두 시간마다 측정된 온도 T(°C)이다. t는 자정 이후의 시간을 나타낸다.

t	0	2	4	6	8	10	12	14
T	23	21	20	19	21	26	28	30

(a) t의 함수 T의 그래프를 대략적으로 그려라.
(b) 그래프를 이용하여 오전 9시의 온도를 추정하여라.

23. $f(x) = 3x^2 - x + 2$일 때, $f(2)$, $f(-2)$, $f(a)$, $f(-a)$, $f(a+1)$, $2f(a)$, $f(2a)$, $f(a^2)$, $[f(a)]^2$, $f(a+h)$의 값을 구하여라.

24-25 주어진 함수의 차분몫을 구하고 간단히 하여라.

24. $f(x) = 4 + 3x - x^2$, $\quad \dfrac{f(3+h) - f(3)}{h}$

25. $f(x) = \dfrac{1}{x}$, $\quad \dfrac{f(x) - f(a)}{x - a}$

26-29 아래에 주어진 함수의 정의역을 구하여라.

26. $f(x) = \dfrac{x+4}{x^2 - 9}$

27. $f(t) = \sqrt[3]{2t - 1}$

28. $g(t) = \sqrt{3 - t} - \sqrt{2 + t}$

29. $h(x) = \dfrac{1}{\sqrt[4]{x^2 - 5x}}$

30. 함수 $h(x) = \sqrt{4 - x^2}$의 정의역을 구하고, 함수의 그래프를 그려라.

31-32 아래에 조각마다 정의된 함수에 대하여 $f(-3)$, $f(0)$, $f(2)$의 값을 구하고 함수의 그래프를 그려라.

31. $f(x) = \begin{cases} x^2 + 2, & x < 0 \\ x, & x \geq 0 \end{cases}$

32. $f(x) = \begin{cases} 5, & x < 2 \\ \frac{1}{2}x - 3, & x \geq 2 \end{cases}$

33-36 아래 함수의 그래프를 그려라.

33. $f(x) = x + |x|$

34. $g(t) = |1 - 3t|$

35. $f(x) = \dfrac{|x|}{x}$

36. $f(x) = \begin{cases} |x|, & |x| \leq 1 \\ 1, & |x| > 1 \end{cases}$

37-41 주어진 곡선의 그래프를 가지는 함수의 식을 구하여라.

37. 두 점 $(1, -3)$, $(5, 7)$을 지나는 직선

38. 포물선 $x + (y - 1)^2 = 0$의 아래쪽 반

39. 원 $x^2 + (y - 2)^2 = 4$의 위쪽 반

40.

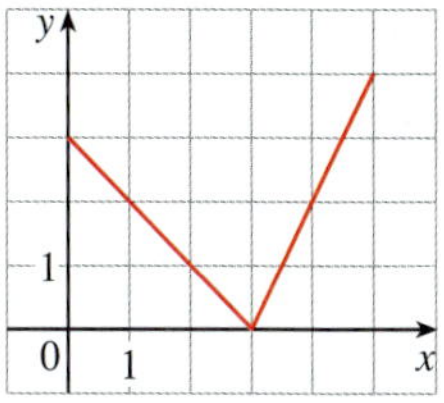

41.

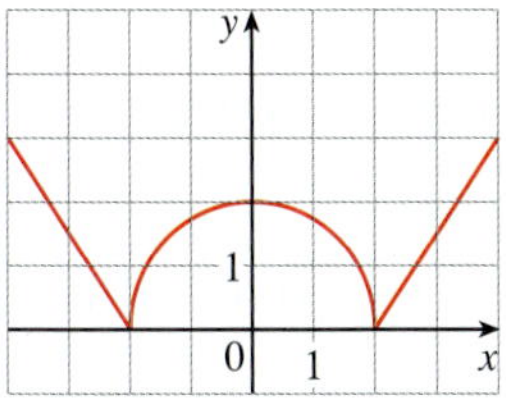

42-44 아래와 같이 설명된 함수의 식을 구하고 정의역을 구하여라.

42. 둘레가 20m인 직사각형이 있다. 한 변의 길이에 대한 넓이의 함수를 구하여라.

43. 한 변의 길이에 대한 정삼각형의 넓이의 함수를 구하여라.

44. 밑면이 정사각형이고 부피가 2m^3인 뚜껑이 없는 직육면체 상자가 있다. 밑면의 한 변의 길이에 대한 상자의 겉넓이의 함수를 구하여라.

45. 그림과 같이 30cm × 50cm인 판자의 네 귀퉁이를 한 변의 길이가 x인 정사각형으로 잘라내어 만든 뚜껑이 없는 상자가 있다. x에 대한 상자의 부피 V의 함수를 구하여라.

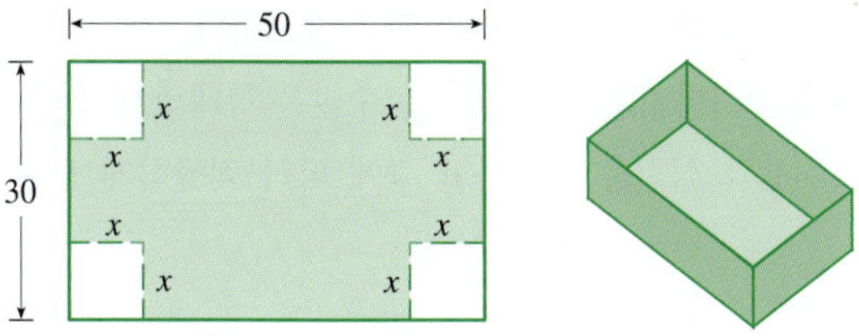

46. 노르만 양식의 창문은 직사각형에 반원을 위에 얹은 모양이다. 창문의 둘레가 10m일 때, 창문의 가로 폭 x에 대한 창문의 넓이 A의 함수를 구하여라.

47. 어느 주의 고속도로에서 허용되는 최대 속도는 100km/h이고 최저 속도는 60km/h이다. 이 한도를 위반하면 최고 속도 이상 또는 최저 속도 미만 1km/h일 때마다 15달러의 벌금을 낸다. 주행 속도 x의 함수로 벌금 F의 양을 표현하고 $0 \leq x \leq 150$에 대해 $F(x)$의 그래프를 그려라.

48-49 함수 f와 g의 그래프가 있다. 각 함수가 우함수인지, 기함수인지 결정하여라. 그리고 그 이유를 설명하여라.

48.

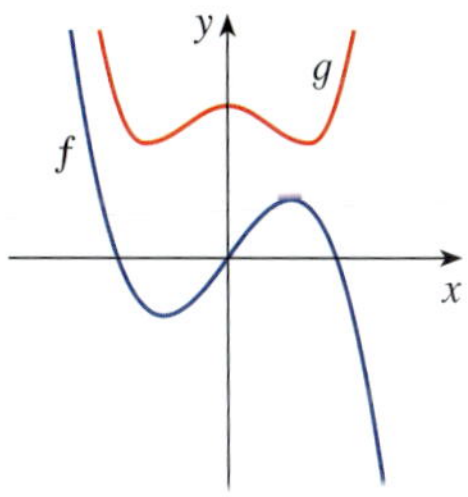

49.

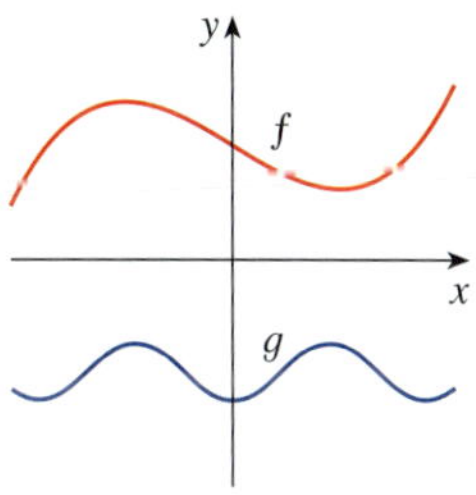

50-51 아래 그래프는 $x \geq 0$에서 정의된 함수의 그래프이다. (a) 우함수 또는 (b) 기함수가 되도록 $x < 0$에서의 그래프를 완성하여라.

50.

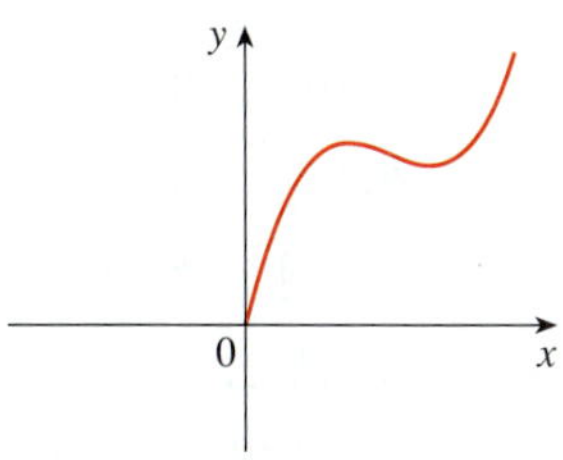

51.

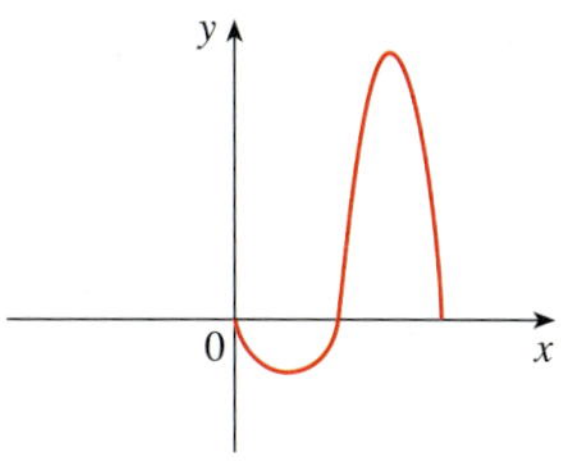

52-55 함수 f가 우함수인지, 기함수인지를 결정하여라. 만약 그래핑 계산기 또는 컴퓨터를 가지고 있다면 그것을 사용하여 답을 확인하여라.

52. $f(x) = \dfrac{x}{x^2 + 1}$

53. $f(x) = \dfrac{x}{x + 1}$

54. $f(x) = x|x|$

55. $f(x) = 1 + 3x^2 - x^4$

1.2 수학적 모델

수학적 모델은 매연 방출량 감소에 드는 비용, 사람의 평균수명, 화학 반응에서 생성물의 응고, 떨어지는 물체의 속도, 상품의 수요, 인구의 크기와 같은 실제 현상에 대한 수학적인 설명이다(종종 함수 또는 방정식으로 표현된다). 모델의 목적은 현상을 이해하고 미래를 예측하는 것이다.

실제 문제가 주어지면, 첫 번째 작업은 독립변수와 종속변수를 알아내어 이름을 붙이고 수학적으로 다루기 쉽게 현상을 단순화하는 가정을 만들어 수학적 모델을 식으로 나타내는 것이다. 물리적 상황에 대한 지식과 수학적인 기능을 사용해서 이 변수들에 관한 방정식을 세운다. 적용할 물리적 법칙이 없을 때는 자료를 수집하고(도서관 또는 인터넷 및 직접 실험으로) 수집한 자료에서 특별한 패턴을 찾기 위해 표를 만들어서 자료를 조사한다. 함수의 수치 자료로부터 그래프를 구하기도 한다. 어떤 경우에는 그래프로부터 대수적인 식을 얻을 수도 있다.

두 번째 단계는 수학적 결론에 도달하기 위해 식으로 표현한 수학적 모델에 우리가 이미 알고 있는 수학을 적용하는 것이다(이 책에서 공부하는 미분적분학). 그리고 세 번째 단계로서 수학적 결론을 내리고 해석하여 실제 현상에 대한 설명이나 예측을 제시한다. 마지막 단계는 이 예측을 사용하여 새로운 실제 자료에 적용해 보면서 예측을 시험한다. 만약 예측이 실제와 잘 맞지 않는다면, 모델을 개선하든가 새로운 모델을 만들어서 이 과정을 다시 시작한다. 그림 1은 수학적 모델링의 과정을 보여주고 있다.

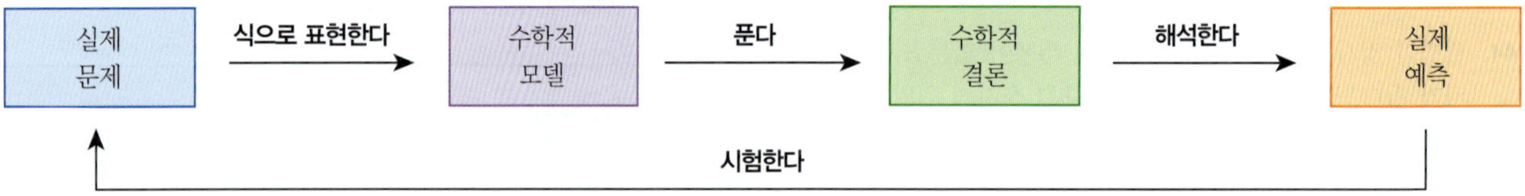

그림 1 모델링 과정

수학적 모델은 물리적 상황을 완벽하고 정확하게 표현할 수는 없다. 그것은 이상적인 상황일 뿐이다. 좋은 모델은 수학적 계산이 가능하도록 실제를 단순화하지만, 가치 있는 결론을 도출하도록 정확해야 한다. 모델의 한계를 깨닫는 것은 중요하다.

현실 세계에서 관찰한 관계를 모델화하기 위해 이용되는 수많은 형태의 함수가 있다. 아래에서는 이러한 함수들의 그래프와 성질을 공부하고 그에 따라 적절하게 모델화된 상황의 예들을 살펴보고자 한다.

■ 선형모델

y가 x의 1차함수라는 말은 그 함수의 그래프가 직선임을 의미하며, 직선방정식의 기울기-절편 형식을 이용하여

$$y = f(x) = mx + b$$

로 쓸 수 있다. 여기서 m은 직선의 기울기이고 b는 y절편이다.

1차함수의 특징은 일정한 비율로 증가한다는 것이다. 예를 들면, 그림 2는 1차함수 $f(x) = 3x - 2$의 그래프와 함숫값을 몇 개 나타낸 표이다. x가 0.1씩 증가할 때마다

$f(x)$의 값은 0.3씩 증가함에 주목하자. $f(x)$는 x의 3배의 빠르기로 증가한다. 그러므로 $y = 3x - 2$의 그래프의 기울기 3은 x에 대한 y의 변화율로 해석할 수 있다.

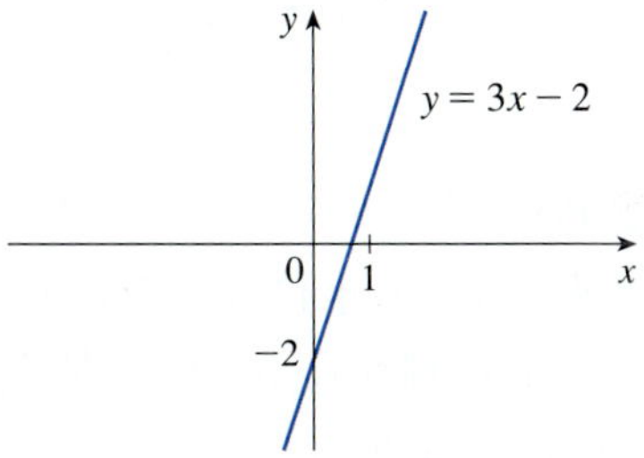

그림 2

x	$f(x) = 3x - 2$
1.0	1.0
1.1	1.3
1.2	1.6
1.3	1.9
1.4	2.2
1.5	2.5

예제 1 (a) 건조한 공기가 위로 올라가면, 팽창하고 온도는 낮아진다. 만약 지상의 온도가 20°C이고 1km의 높이에서 온도가 10°C라면, 선형모델이 적당하다고 가정할 때, 온도 T(°C)를 높이 h(km)의 함수로 표현하여라.

(b) (a)의 함수의 그래프를 그려라. 기울기는 무엇을 의미하는가?

(c) 높이가 2.5km일 때의 온도는 얼마인가?

풀이

(a) T를 h의 1차함수로 가정하고 있기 때문에

$$T = mh + b$$

이다. $h = 0$일 때 $T = 20$이므로

$$20 = m \cdot 0 + b = b$$

즉, y절편은 $b = 20$이다.

또한 $h = 1$일 때 $T = 10$이므로

$$10 = m \cdot 1 + 20$$

그러므로 직선의 기울기는 $m = 10 - 20 = -10$이고, 구하는 1차함수는

$$T = -10h + 20$$

이다.

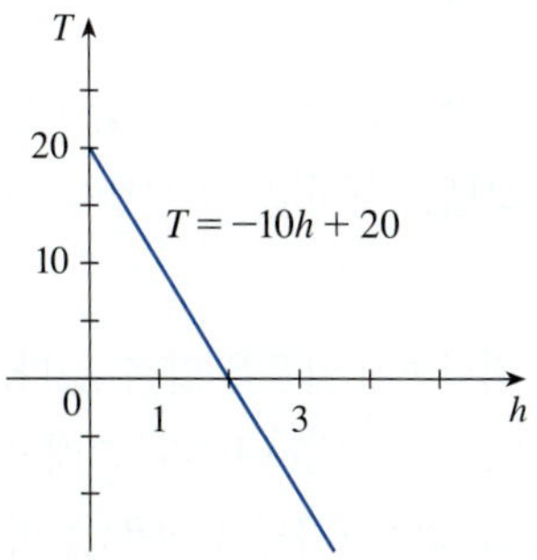

그림 3

(b) 그래프는 그림 3을 보라. 기울기는 $m = -10$°C/km이고 높이에 따른 온도의 변화율을 나타낸다.

(c) 높이 $h = 2.5$km에서 온도는 $T = -10(2.5) + 20 = -5$°C이다. ■

■ 다항식

미지수 x에 대하여 P가

$$P(x) = a_n x^n + a_{n-1} x^{n-1} + \cdots + a_2 x^2 + a_1 x + a_0$$

로 표현되면 P를 **다항식**(polynomial)이라고 한다. 여기서 n은 음이 아닌 정수이고 a_0, $a_1, a_2, \ldots, a_n$은 상수들로서 다항식의 **계수**(coefficients)라고 한다. 모든 다항식의 정

의역은 $\mathbb{R} = (-\infty, \infty)$이다. 최고차항 계수가 $a_n \neq 0$이면, 다항식의 **차수**(degree)는 n이다. 예를 들면, 함수

$$P(x) = 2x^6 - x^4 + \tfrac{2}{5}x^3 + \sqrt{2}$$

는 6차 다항식이다.

1차 다항식은 $P(x) = mx + b$ 형식을 가지므로 일차함수이다. 2차 다항식은 $P(x) = ax^2 + bx + c$ 형식을 가지며 **이차함수**라고 한다. 이 그래프는 포물선 $y = ax^2$을 이동시켜 얻은 포물선임을 1.3절에서 알 수 있다. 포물선은 $a > 0$일 때 아래로 볼록이고, $a < 0$이면 위로 볼록이다(그림 4 참조).

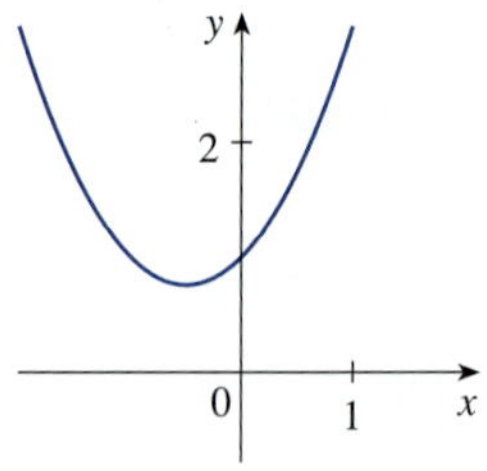

(a) $y = x^2 + x + 1$

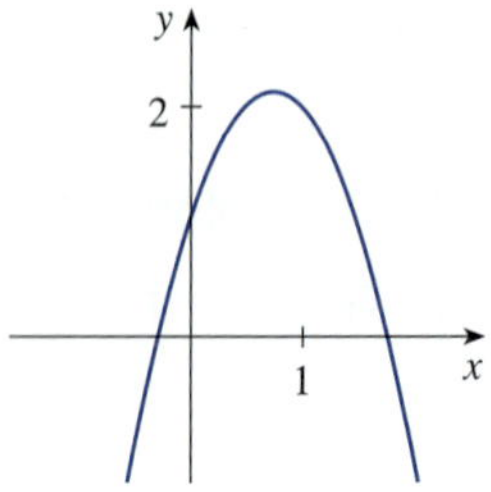

(b) $y = -2x^2 + 3x + 1$

그림 4
이차함수의 그래프는 포물선이다.

3차 다항식의 형태는

$$P(x) = ax^3 + bx^2 + cx + d \qquad a \neq 0$$

이며 **3차함수**라 한다. 그림 5의 (a)는 3차함수의 그래프이고, (b)와 (c)는 4차와 5차 다항식의 그래프를 나타낸 것이다. 그래프가 왜 이러한 형태가 되는지는 나중에 알아보기로 하자.

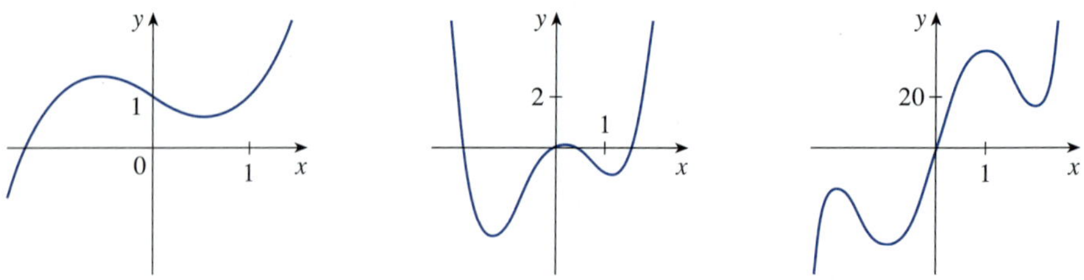

그림 5 (a) $y = x^3 - x + 1$　(b) $y = x^4 - 3x^2 + x$　(c) $y = 3x^5 - 25x^3 + 60x$

다항식은 자연과학과 사회과학에서 발생하는 다양한 양을 모델화하는 데 사용된다. 다음 예제에서는 공의 낙하를 모델화하기 위해 이차함수를 사용한다.

예제 2 지상으로부터 450m 위에 있는 CN타워 관측소에서 공이 떨어졌다. 공의 높이는 h이며 표 1에 1초 간격으로 높이가 기록되어 있다. 적합한 모델을 구하고, 그 모델을 이용하여 언제 공이 땅에 닿을지 예측하여라.

표 1

시간 (초)	높이 (m)
0	450
1	445
2	431
3	408
4	375
5	332
6	279
7	216
8	143
9	61

풀이 그림 6처럼 자료의 산점도를 그리고 보면 선형모델은 적합하지 않음을 알 수 있다. 그러나 자료점들이 포물선 위에 놓일 것처럼 보이므로 이차모델을 시도해보자. 그래핑 계산기나 컴퓨터 대수체계(CAS, Computer Algebra System; 최소제곱법을 이용)를 이용하면 다음의 이차모델을 얻는다.

1
$$h = 449.36 + 0.96t - 4.90t^2$$

그림 7은 방정식 **1**의 그래프와 자료점을 함께 표시한 것으로 방정식 **1**의 이차모델이 자료에 적합함을 알 수 있다.

공이 땅에 닿을 때 $h = 0$이므로, 2차방정식

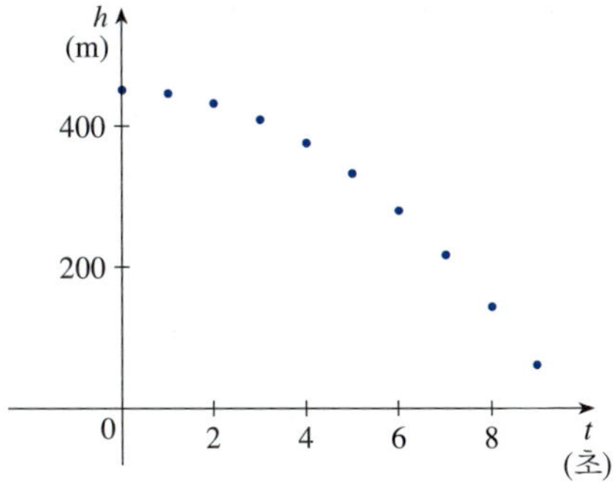

그림 6 떨어지는 공의 산점도

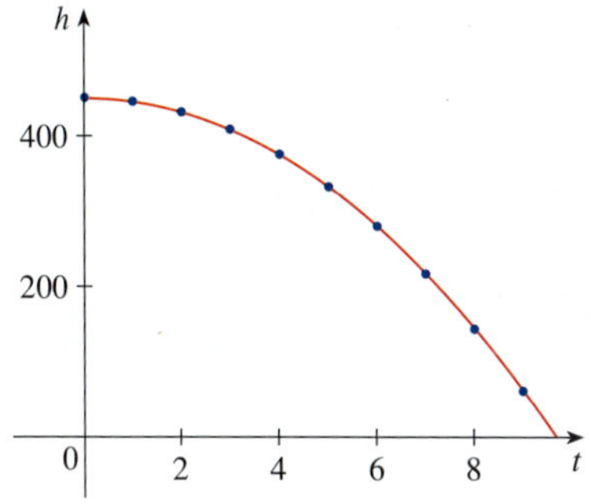

그림 7 떨어지는 공의 이차모델

$$-4.90t^2 + 0.96t + 449.36 = 0$$

을 푼다. 2차방정식의 근의 공식을 쓰면

$$t = \frac{-0.96 \pm \sqrt{(0.96)^2 - 4(-4.90)(449.36)}}{2(-4.90)}$$

이다. 양의 근은 $t \approx 9.67$이므로 약 9.7초 후에 공이 땅에 닿는다고 예측할 수 있다. ■

■ 거듭제곱함수

a가 상수일 때 $f(x) = x^a$ 형식의 함수를 **거듭제곱함수**(power function)라고 한다. 몇 개의 경우를 생각해보자.

(i) $a = n$, n은 양의 정수

$n = 1, 2, 3, 4, 5$일 때 $f(x) = x^n$의 그래프는 그림 8에 나타나 있다(이것들은 오직 한 개의 항을 갖는 다항식이다). $y = x$(기울기 1인 원점을 지나는 직선)와 $y = x^2$ [포물선, 1.1절의 예제 2(b) 참조]의 그래프 형태는 이미 알고 있을 것이다.

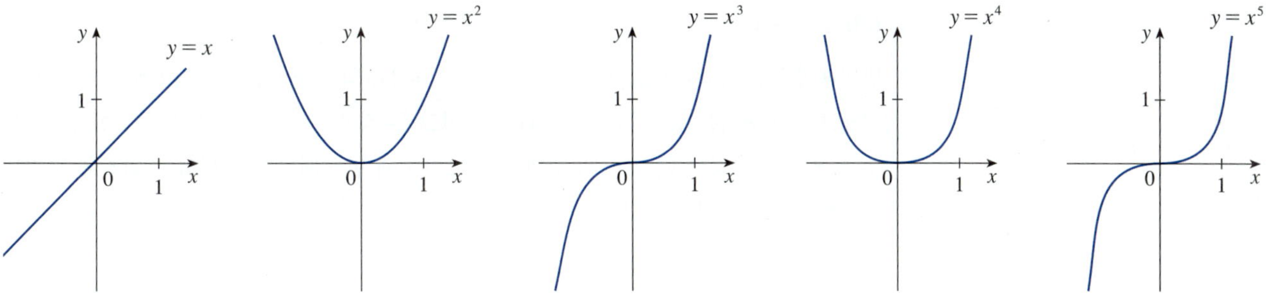

그림 8 $n = 1, 2, 3, 4, 5$일 때 $f(x) = x^n$의 그래프

$f(x) = x^n$의 그래프의 일반적 형태는 n이 짝수인지 홀수인지에 달려 있다. 만약 n이 짝수이면, $f(x) = x^n$은 우함수(짝함수)이고 그래프는 포물선 $y = x^2$과 유사하다. 만약 n이 홀수라면, $f(x) = x^n$은 기함수(홀함수)이고 그래프는 $y = x^3$의 그래프와 유사하다. 그러나 그림 9에서 주목할 것은, n이 증가함에 따라의 그래프는 0의 근방에서 더 평평

해지고, $|x| \geqslant 1$일 때는 더 가파르게 된다는 것이다(만약 x가 0에 가까운 값이면, x^2은 더 작고, x^3은 조금 더 작으며, x^4은 그보다 더욱 작다. ⋯)

방정식이 서로 관련이 있는 함수들의 모임을 **함수족**(family of functions)이라 한다. 그림 9에는 두 종류의 거듭제곱 함수족이 있다. 하나는 짝수제곱함수족이고 다른 하나는 홀수제곱함수족이다.

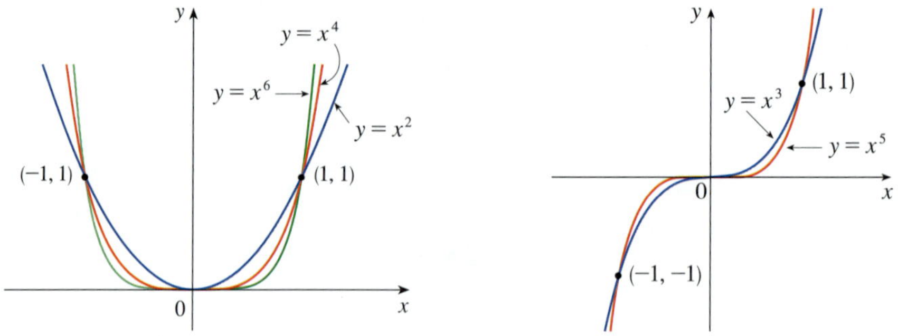

그림 9

(ii) $a = 1/n$, n은 양의 정수

함수 $f(x) = x^{1/n} = \sqrt[n]{x}$는 **제곱근함수**(root function)이다. $n = 2$일 때 $f(x) = \sqrt{x}$는 정의역은 $[0, \infty)$이고 그래프는 포물선 $x = y^2$의 상반부이다[그림 10(a) 참조]. n의 또 다른 짝수 값에 대해서, $y = \sqrt[n]{x}$의 그래프는 $y = \sqrt{x}$와 유사하다. $n = 3$일 때 $f(x) = \sqrt[3]{x}$의 정의역은 $\mathbb{R}$(모든 실수는 세제곱근을 갖는다)이고 그래프는 그림 10(b)이다. n이 홀수$(n > 3)$인 $y = \sqrt[n]{x}$의 그래프는 $y = \sqrt[3]{x}$의 그래프와 유사하다.

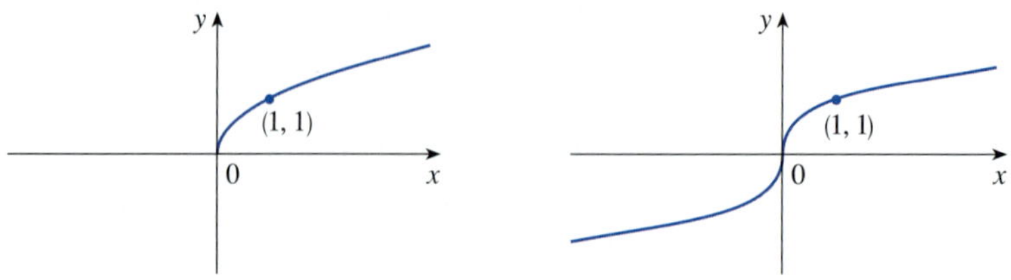

(a) $f(x) = \sqrt{x}$ (b) $f(x) = \sqrt[3]{x}$

그림 10
제곱근함수의 그래프

(iii) $a = -1$

반비례함수(reciprocal function) $f(x) = x^{-1} = 1/x$의 그래프는 그림 11에 나타나 있다. 그래프의 방정식은 $y = 1/x$ 또는 $xy = 1$이고 두 좌표축이 점근선인 쌍곡선이다. 이 함수는 온도가 일정할 때 가스의 부피 V는 압력 P에 반비례한다는 보일의 법칙에 관련된 물리학이나 화학에서 나타난다.

$$V = \frac{C}{P}$$

여기서 C는 상수이다. 그러므로 P에 관한 함수로서 V의 그래프(그림 12 참조)는 그림 11의 우측 부분과 같은 일반적인 모양을 갖는다.

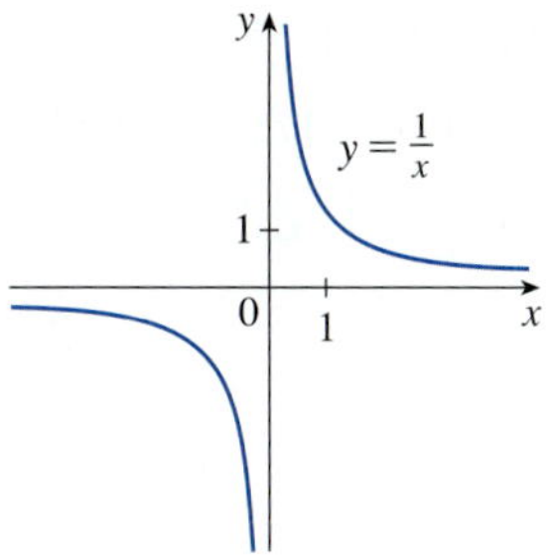

그림 11
반비례함수

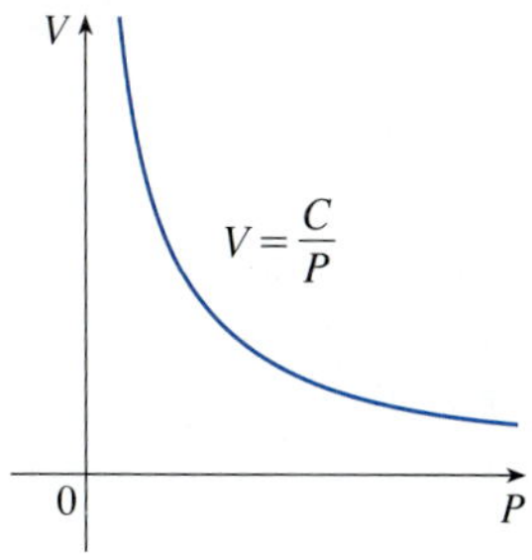

그림 12
일정한 온도에서 압력의 함수인 부피

(iv) $a = -2$

지금까지 다루지 않은 지수가 음수인 거듭제곱함수 $f(x) = x^a$ 중에서, $a = -2$인 경우가 가장 중요한 함수이다. 많은 자연법칙에서 한 양은 다른 양의 제곱에 반비례한다. 즉, 첫 번째 양은 $f(x) = C/x^2$ 형태의 함수로 모델링되고, 이것을 **역제곱 법칙**(inverse square law)이라고 한다. 예를 들어, 광원에 의한 어떤 물체의 밝기 I는 광원으로부터의 거리 x의 제곱에 반비례한다.

$$I = \frac{C}{x^2}$$

여기서 C는 상수이다. x의 함수로서 I의 그래프(그림 14 참조)는 그림 13의 오른쪽 부분과 같은 유형이다.

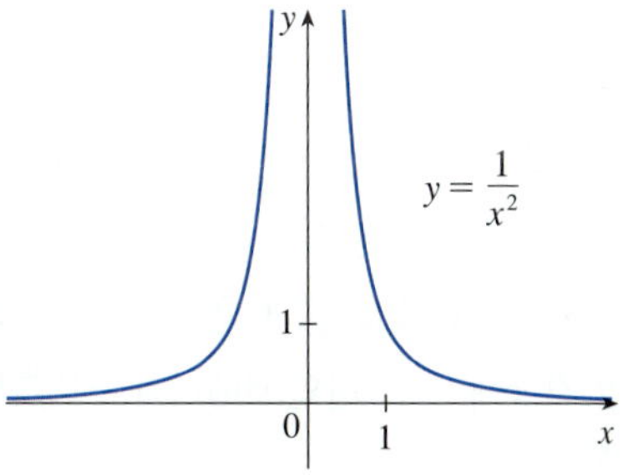

그림 13 제곱함수의 역수

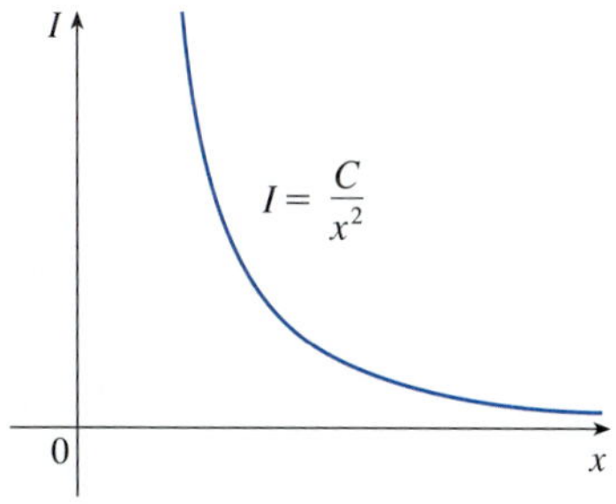

그림 14 광원으로부터의 거리에 대한 함수인 빛의 밝기

역제곱 법칙은 중력, 소리의 크기 및 두 하전 입자 사이의 정전기력을 모델링한다.

거듭제곱함수는 동물의 종 수와 활동 영역의 넓이, 태양으로부터의 거리에 대한 함수로 표현되는 행성의 공전주기(연습문제 24)를 모델링하는 데에도 사용된다.

■ 유리함수

유리함수(rational function) f는 다음과 같이 두 다항식의 비를 말한다.

$$f(x) = \frac{P(x)}{Q(x)}$$

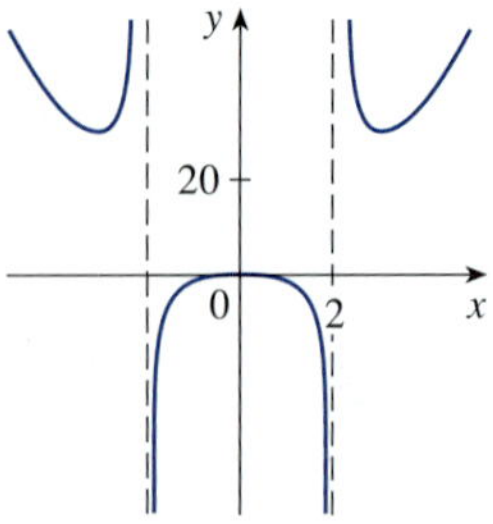

그림 15 $f(x) = \dfrac{2x^4 - x^2 + 1}{x^2 - 4}$

여기서 P와 Q는 다항식이다. 정의역은 $Q(x) \neq 0$인 모든 x의 값으로 이루어진다. 유리함수의 간단한 예는 $f(x) = 1/x$로서 정의역은 $\{x \mid x \neq 0\}$이다. 이것은 반비례함수로서 그림 11의 그래프를 갖는다. 함수

$$f(x) = \frac{2x^4 - x^2 + 1}{x^2 - 4}$$

은 정의역이 $\{x \mid x \neq \pm 2\}$인 유리함수이다. 그림 15에 그래프가 있다.

■ 대수함수

함수 f가 **대수함수**(algebraic function)라는 것은 다항식에 대수적인 연산(덧셈, 뺄셈, 곱셈, 나눗셈 그리고 제곱근을 취하는 것)을 적용하여 만든 것을 말한다. 모든 유리함수는 대수함수이다. 여기 두 개의 예가 있다.

$$f(x) = \sqrt{x^2 + 1} \qquad g(x) = \frac{x^4 - 16x^2}{x + \sqrt{x}} + (x - 2)\sqrt[3]{x + 1}$$

대수함수의 예는 상대성 이론에서도 찾을 수 있다. 속도 v인 입자의 질량은

$$m = f(v) = \frac{m_0}{\sqrt{1 - v^2/c^2}}$$

이다. 여기서 m_0는 입자의 질량이고 $c = 3.0 \times 10^5$ km/s는 진공에서 빛의 속도이다.

삼각함수, 지수함수 및 로그함수 등 대수함수가 아닌 함수를 **초월**(transcendental)함수라 한다.

■ 삼각함수

참고자료가 책의 앞뒤에 있다.

삼각법과 **삼각함수**(trigonometric function)는 책 앞쪽의 참고자료 2쪽에서 다시 볼 수 있다. 미분적분학에서는 관습적으로 **라디안(호도) 단위**를 항상 사용한다(별도로 명시하는 경우를 제외하고). 예를 들면, 함수 $f(x) = \sin x$를 사용할 때, $\sin x$가 의미하는 것은 라디안 값인 각 x에 관한 사인(sin)이다. 사인함수와 코사인함수의 그래프는 그림 16에 나타나 있다.

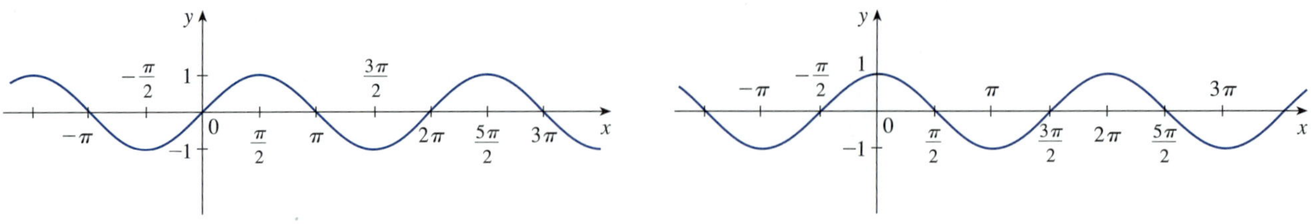

(a) $f(x) = \sin x$

(b) $g(x) = \cos x$

그림 16

사인과 코사인함수의 정의역은 모두 $(-\infty, \infty)$이며 치역은 모두 폐구간 $[-1, 1]$이다. 그러므로 모든 x의 값에 대해

$$-1 \leqslant \sin x \leqslant 1 \qquad -1 \leqslant \cos x \leqslant 1$$

이다. 또는 절댓값 표현으로

$$|\sin x| \leqslant 1 \qquad |\cos x| \leqslant 1$$

이다.

사인과 코사인함수의 중요한 성질은 주기함수로서 2π의 주기를 갖는다는 것이다. 즉, 모든 x에 대해

$$\sin(x + 2\pi) = \sin x \qquad \cos(x + 2\pi) = \cos x$$

이다. 이러한 함수들의 주기적 성질은 조수, 떨리는 스프링, 음파와 같이 주기적으로 반복되는 자연 현상의 모델링에 적합하다.

예제 3 함수 $f(x) = \dfrac{1}{1 - 2\cos x}$의 정의역을 구하여라.

풀이 분모를 0으로 만드는 값을 제외한 모든 x값에 대해 함수가 정의된다. 그런데

$$1 - 2\cos x = 0 \iff \cos x = \frac{1}{2} \iff x = \frac{\pi}{3} + 2n\pi \text{ 또는 } x = \frac{5\pi}{3} + 2n\pi$$

이다. 여기서 n은 임의의 정수이다. 왜냐하면 고사인의 주기는 2π이기 때문이다. 따라서 함수 f의 주기는 위의 x값을 제외한 모든 실수의 집합이다. ■

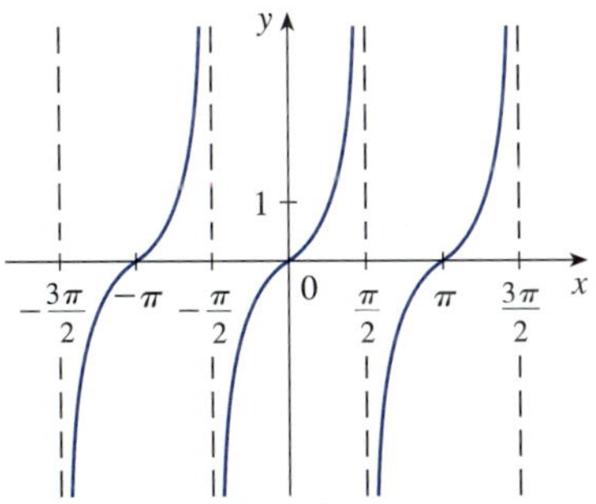

그림 17 $y = \tan x$

탄젠트함수는 방정식

$$\tan x = \frac{\sin x}{\cos x}$$

에 의해 사인과 코사인함수와 연관되어 있다. 그래프는 그림 17에 나타나 있다. $x = \pm\pi/2, \pm 3\pi/2, \ldots$일 때 $\cos x = 0$이므로 탄젠트함수는 정의되지 않는다. 치역은 $(-\infty, \infty)$이다. 탄젠트함수는 주기가 π이고 정의역의 모든 x에 대해

$$\tan(x + \pi) = \tan x$$

이다. 나머지 세 삼각함수(코시컨트, 시컨트, 코탄젠트)는 각각 사인, 코사인, 탄젠트함수의 역수이다.

■ 지수함수

지수함수(exponential function)는 밑 b가 양수일 때, $f(x) = b^x$ 형태의 함수이다. 그림 18에는 $y = 2^x$과 $y = (0.5)^x$의 그래프가 나타나 있다. 두 가지 경우 모두 정의역은 $(-\infty, \infty)$이고, 치역은 $(0, \infty)$이다.

지수함수는 1.4절에서 공부할 것이며, 인구 증가($b > 1$) 또는 감소($b < 1$)와 같은 많은 자연현상의 모델링에 유용함을 알 수 있을 것이다.

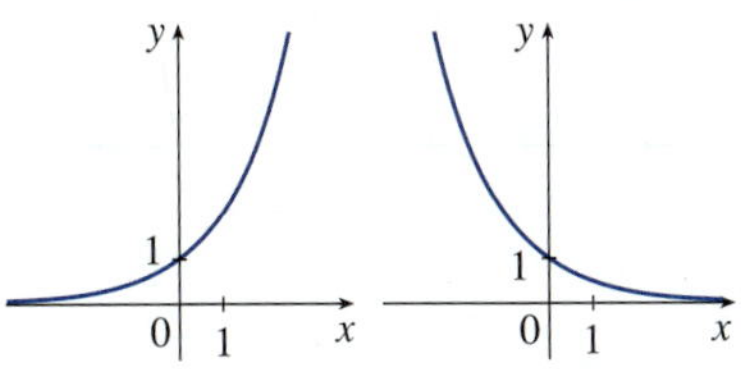

(a) $y = 2^x$ (b) $y = (0.5)^x$

그림 18

■ 로그함수

로그함수(logarithmic function)는 밑 b가 양수일 때, $f(x) = \log_b x$ 형태의 함수이다. 이것은 지수함수의 역함수이며 1.5절에서 공부할 것이다. 그림 19는 여러 가지 밑에 따른 네 개의 로그함수의 그래프이다. 모두 정의역은 $(0, \infty)$이고, 치역은 $(-\infty, \infty)$이며 $x > 1$일 때 함수는 서서히 증가한다.

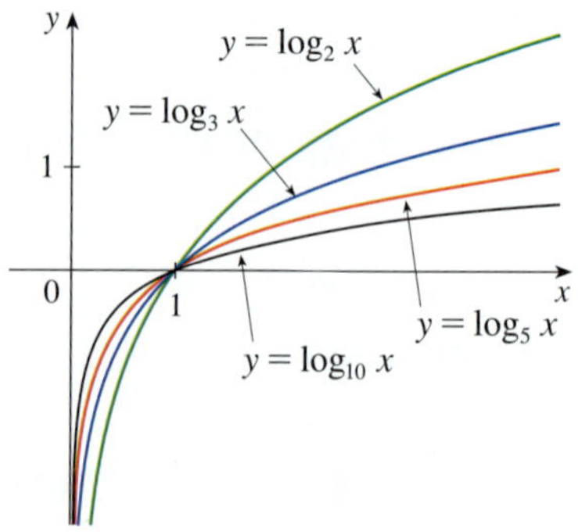

그림 19

예제 4 아래 함수를 앞에서 공부한 함수 중 하나의 형태로 분류하여라.

(a) $f(x) = 5^x$ (b) $g(x) = x^5$

(c) $h(x) = \dfrac{1 + x}{1 - \sqrt{x}}$ (d) $u(t) = 1 - t + 5t^4$

풀이

(a) $f(x) = 5^x$은 지수함수이다. (x는 지수)

(b) $g(x) = x^5$은 거듭제곱함수이다. (x는 밑) 또한 5차 다항식으로 생각할 수도 있다.

(c) $h(x) = \dfrac{1 + x}{1 - \sqrt{x}}$는 대수함수이다(분모가 다항함수가 아니므로 유리함수 아님).

(d) $u(t) = 1 - t + 5t^4$은 4차 다항식이다. ■

표 2는 자주 사용할 주요 함수와 그래프 요약이다.

표 2 주요 함수와 그래프

1차함수 $f(x) = mx + b$	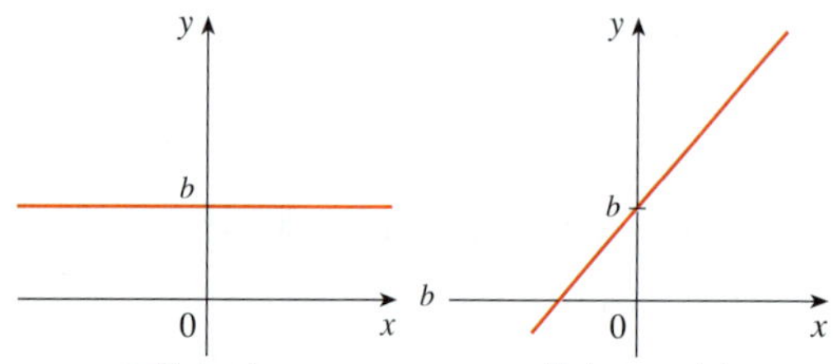 $f(x) = b$ $f(x) = mx + b$
거듭제곱함수 $f(x) = x^n$	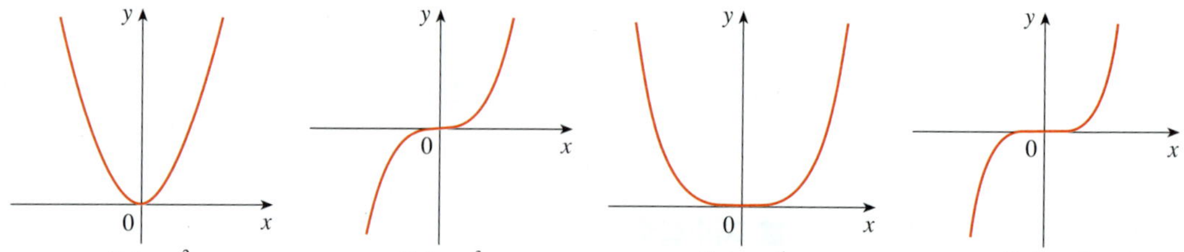 $f(x) = x^2$ $f(x) = x^3$ $f(x) = x^4$ $f(x) = x^5$
제곱근함수 $f(x) = \sqrt[n]{x}$	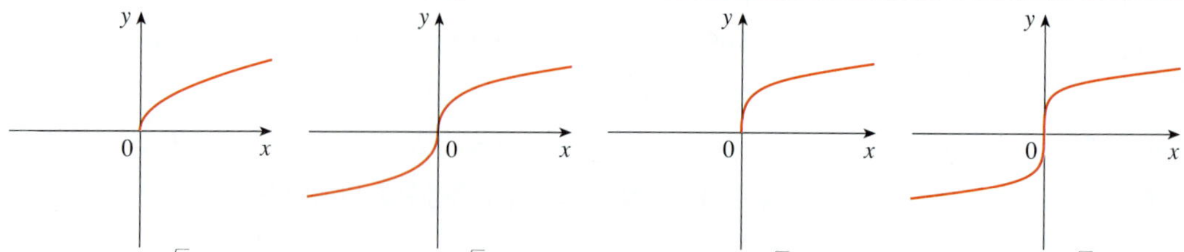 $f(x) = \sqrt{x}$ $f(x) = \sqrt[3]{x}$ $f(x) = \sqrt[4]{x}$ $f(x) = \sqrt[5]{x}$

표 2 (계속)

함수	그래프
반비례함수 $f(x) = \dfrac{1}{x^n}$	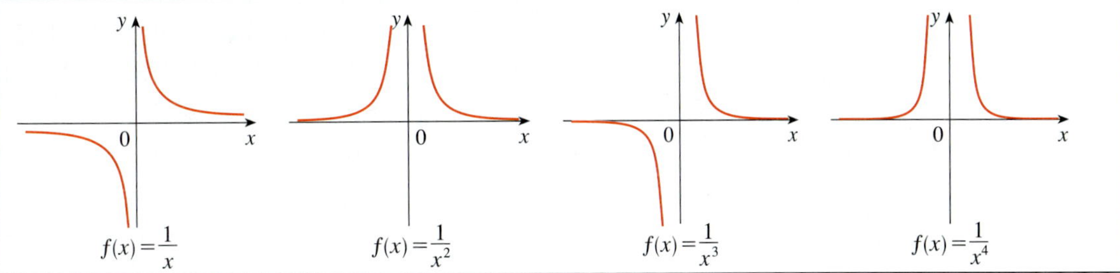
지수함수와 로그함수 $f(x) = b^x$ $f(x) = \log_b x$	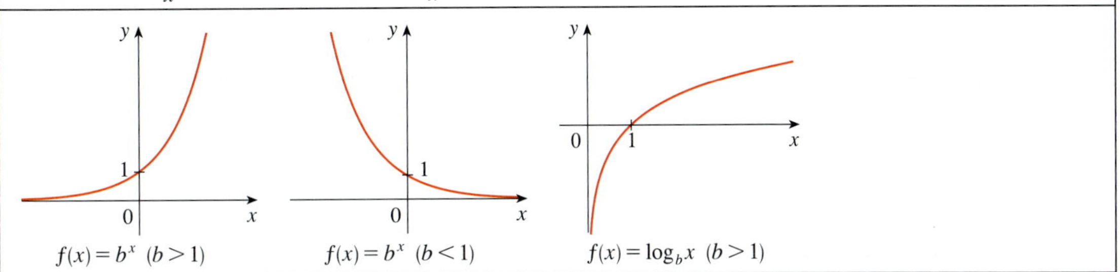
삼각함수 $f(x) = \sin x$ $f(x) = \cos x$ $f(x) = \tan x$	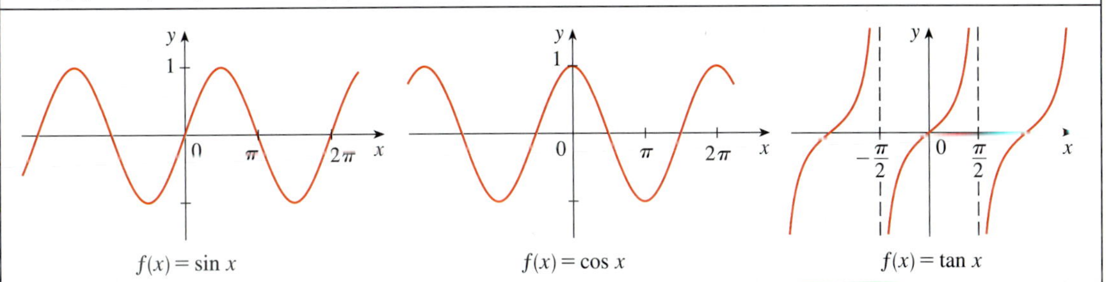

1.2 연습문제

1-2 아래 함수를 거듭제곱함수, 무리함수, 다항식(차수를 적어라), 유리함수, 대수함수, 삼각함수, 지수함수, 로그함수로 분류하여라.

1. (a) $f(x) = x^3 + 3x^2$ (b) $g(t) = \cos^2 t - \sin t$
(c) $r(t) = t^{\sqrt{3}}$ (d) $v(t) = 8^t$
(e) $y = \dfrac{\sqrt{x}}{x^2 + 1}$ (f) $g(u) = \log_{10} u$

2. (a) $f(t) = \dfrac{3t^2 + 2}{t}$ (b) $h(r) = 2.3^r$
(c) $s(t) = \sqrt{t + 4}$ (d) $y = x^4 + 5$
(e) $g(x) = \sqrt[3]{x}$ (f) $y = \dfrac{1}{x^2}$

3-4 각 방정식에 맞는 그래프를 찾고 그 이유를 설명하여라. (컴퓨터나 그래핑 계산기를 사용하지 마라.)

3. (a) $y = x^2$ (b) $y = x^5$ (c) $y = x^8$

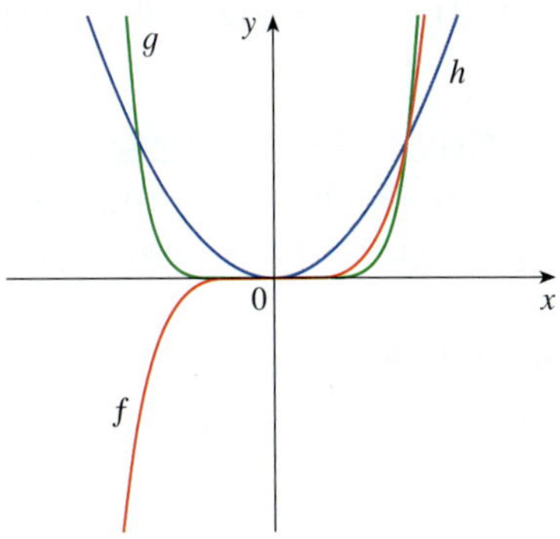

4. (a) $y = 3x$ (b) $y = 3^x$
(c) $y = x^3$ (d) $y = \sqrt[3]{x}$

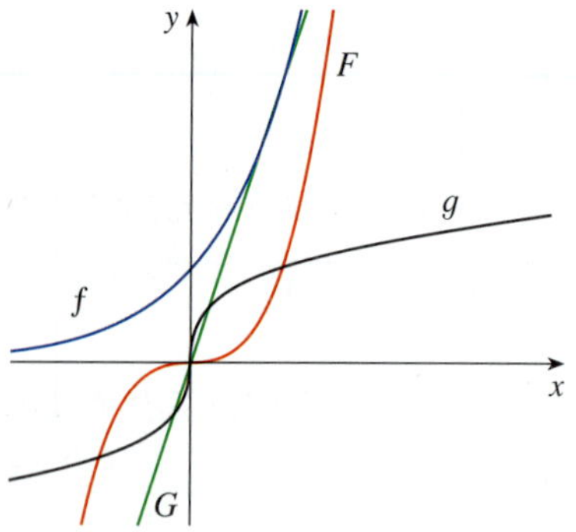

5-6 다음 함수의 정의역을 구하여라.

5. $f(x) = \dfrac{\cos x}{1 - \sin x}$ **6.** $g(x) = \dfrac{1}{1 - \tan x}$

7. (a) 기울기가 2인 1차함수족의 방정식을 구하고 몇 개의 그래프를 그려라.

(b) $f(2) = 1$을 만족하는 1차함수족의 방정식을 구하고 몇 개의 그래프를 그려라.

(c) 두 족에 모두 포함되는 함수가 있는가?

8-9 그래프가 아래와 같은 2차함수의 식을 구하여라.

8.

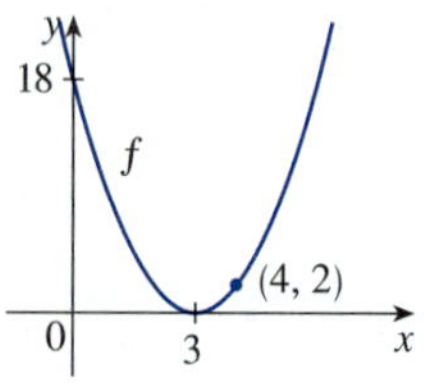

9.

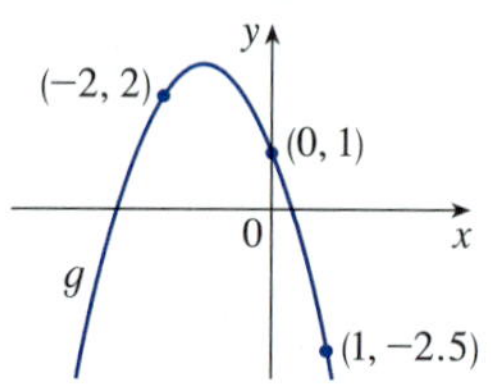

10. $f(1) = 6$, $f(-1) = f(0) = f(2) = 0$을 만족하는 3차함수를 구하여라.

11. 최근 연구에 의하면 지구의 평균 표면온도가 꾸준히 상승하고 있다. 몇몇 과학자들은 1차함수 $T = 0.02t + 8.50$으로 온도변화를 모델화하고 있다. 여기서 t는 1900년 이후의 햇수를 나타내고, T는 온도 °C이다.

(a) 기울기와 T절편은 얼마인가?

(b) 방정식을 사용하여 2100년 지구의 평균 표면온도가 얼마인지 예측하여라.

12. 어떤 약의 성인 1회 복용량을 D(mg)라 할 때, 나이가 a세인 어린이의 적절한 복용량은 $c = 0.0417D(a + 1)$이다. 성인 복용량이 200mg이라고 가정하자.

(a) c의 그래프의 기울기를 구하여라. 이것은 무엇을 의미하는가?

(b) 신생아의 복용량은 얼마인가?

13. 화씨(F)와 섭씨(C) 사이의 관계는 1차함수 $F = \frac{9}{5}C + 32$로 나타난다.

(a) 함수의 그래프를 그려라.

(b) 그래프의 기울기는 얼마인가? 이것은 무엇을 의미하는가? F절편은 얼마이며 이것은 무엇을 의미하는가?

14. 제이드와 그녀의 룸메이트 제리는 매일 아침 I-10 도로를 타고 서쪽으로 출근한다. 어느 날 제이드는 오전 6시 50분에 출발하고, 제리는 10분 뒤에 출발하였다. 둘 다 일정한 속도로 운전하였다. 그래프는 오전 7시 이후 t분일 때 두 사람이 I-10을 타고 이동한 거리(km)를 나타낸다.

(a) 누가 더 빠르게 이동하는가?

(b) 각자의 속도(km/h)를 구하여라.

(c) 시간 t(분)의 함수로서 제이드와 제리의 이동거리를 나타내는 1차함수 f와 g를 구하여라.

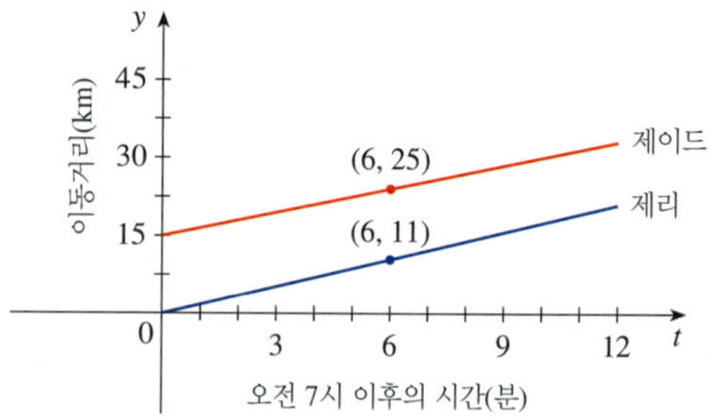

15. 매월 차를 운전하는 데 드는 비용은 운전한 거리에 의해 결정된다. 린은 770km를 운전한 5월에 380달러의 비용이 들었고, 1290km를 운전한 6월에 460달러의 비용이 들었다.

(a) 운전한 거리 d에 대한 매월 드는 비용 C의 함수를 구하여라. 1차함수로 표현하는 것이 적당하다고 가정하자.

(b) (a)를 사용하여 2,400km를 운전했을 때 한 달에 드는 비용을 구하여라.

(c) 1차함수의 그래프를 그려라. 기울기는 무엇을 의미하는가?

(d) C절편은 무엇을 의미하는가?

(e) 이 상황을 1차함수로 표현하는 것이 왜 적당한 것인가?

16. 해수면에서 물의 압력과 물 위의 공기의 압력은 1.05kg/cm^2으로 같다. 해수면 아래에서 물의 압력은 3m 내려갈 때마다 0.3kg/cm^2씩 증가한다.

(a) 해수면 아래 깊이에 대한 물의 압력의 함수를 구하여라.

(b) 압력이 7kg/cm^2일 때, 깊이는 얼마인가?

17. 일정 온도에서 압축된 산소 가스의 압력 P는 가스의 부피 V와 반비례 함수식 $P = k/V$로 관련되어 있다.

(a) 온도 293K(켈빈 척도에 의한 절대 온도)에서, 산소 가스의 부피가 0.671m^3이고 압력은 39kPa이다. 이때 주어진 모델에서 k를 구하여라.

(b) 부피가 0.916m^3으로 확장되었을 때, 압력을 구하여라.

18. 풍력발전기의 출력은 여러 요인에 따라 달라진다. 풍력발전기가 생산하는 전력은 $P = kAv^3$으로 모델링됨을 물리 법칙으로 증명할 수 있다. 여기서 v는 풍속, A는 발전기 날개가 훑고 지

나가는 넓이이고, k는 공기 밀도, 장치의 효율 및 발전기 날개의 디자인과 관련된 상수이다.

(a) 풍속이 2배가 되면, 출력은 몇 배가 되는가?

(b) 날개의 길이가 2배가 되면, 출력은 몇 배가 되는가?

(c) 어떤 풍력발전기의 날개 길이가 30m이고, $k = 0.214\text{kg/m}^3$이다. 풍속이 각각 10m/s, 15m/s, 25m/s일 때, 출력(단위는 와트 $\text{W} = \text{m}^2 \cdot \text{kg/s}^3$)을 구하여라.

19. 천문학자들은 다음의 슈테판-볼츠만 법칙을 이용하여 별들의 방사발산도[radiant exitance, 단위면적당 방사속(radiant flux)]를 추정한다.

$$E(T) = (5.67 \times 10^{-8})T^4$$

여기서 E는 단위표면적당 방출된 에너지(와트, W)이고, T는 켈빈 척도에 의한 절대온도(K)이다.

(a) 온도 T가 100K와 300K 사이에 있을 때 함수 E의 그래프를 그려라.

(b) 온도 T의 증가에 따른 에너지 E의 변화량을 그래프를 이용하여 설명하여라.

20-21 각 산점도에 대해 자료의 모델로 어떤 함수를 선택해야 하는지 결정하여라. 그 이유를 설명하여라.

20. (a)

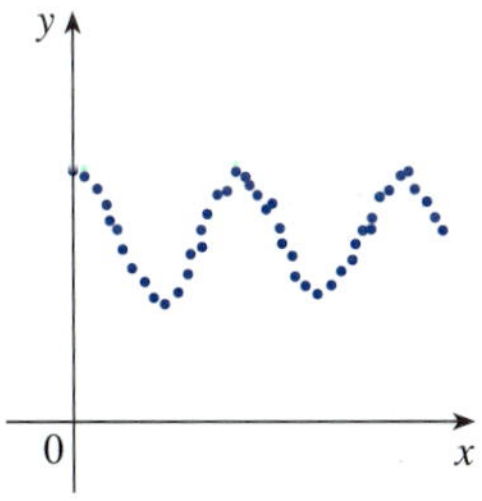

(b)

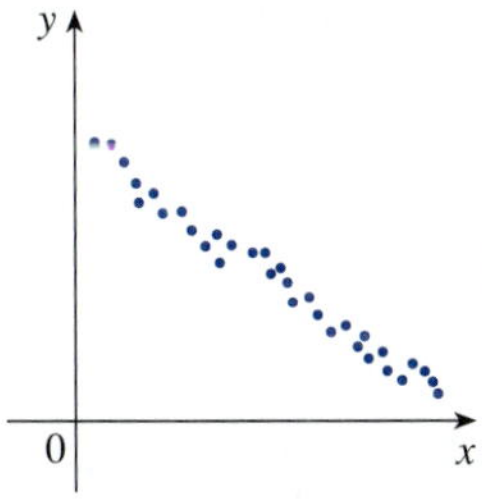

21. (a)

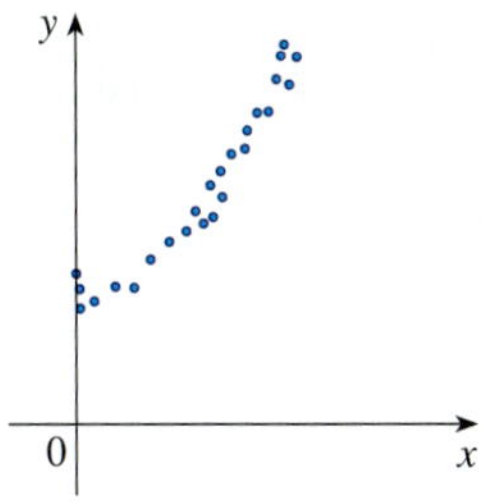

(b)

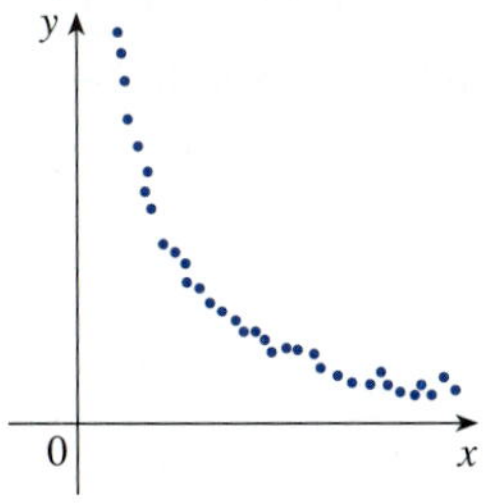

T **22.** 아래 표는 2000년부터 2016년까지 미국의 가정용 전기의 평균 요금을 나타낸 것이다. 단위는 1kw를 1시간(h) 동안 사용한 금액(cents)인 cents/kwh이다.

(a) 산점도를 그리고, 선형모델이 적합한지 결정하여라.

(b) 회귀직선을 구하고 그래프를 그려라.

(c) (b)에서 구한 선형모델을 이용하여 2005년과 2017년의 평균 요금을 추정하여라.

2000년 이후의 연도	전기료	2000년 이후의 연도	전기료
0	8.24	10	11.54
2	8.44	12	11.88
4	8.95	14	12.52
6	10.40	16	12.90
8	11.26		

Source: US Energy Information Administration

T **23.** 아래 표는 1985년부터 2015까지 전 세계의 하루 석유 평균 소비량을 천 배럴 단위로 나타낸 것이다.

(a) 산점도를 그리고 선형모델이 적합한지 결정하여라.

(b) 회귀직선을 구하고 그래프를 그려라.

(c) 선형모델을 이용하여 2002년과 2017년의 석유 소비량을 추정하여라.

1985년 이후의 햇수	하루 석유 소비량 (천 배럴)
0	60,083
5	66,533
10	70,099
15	76,784
20	84,077
25	87,302
30	94,071

Source: US Energy Information Administration

T **24.** 아래 표는 태양으로부터 행성이 떨어진 거리의 평균 d(태양과 지구의 거리를 1이라고 할 때)와 그의 주기 T(1년에 공전하는 횟수)를 나타내고 있다.

(a) 자료에 알맞은 거듭제곱함수를 구하여라.

(b) 행성의 움직임에 대한 케플러의 제3법칙은

"행성의 공전 주기의 제곱은 행성이 태양으로부터 떨어진 거리의 평균의 세제곱에 비례한다"

이다. 위에서 찾은 거듭제곱함수가 케플러의 제3법칙에 잘 부합하는가?

행성	d	T
수성	0.387	0.241
금성	0.723	0.615
지구	1.000	1.000
화성	1.523	1.881
목성	5.203	11.861
토성	9.541	29.457
천왕성	19.190	84.008
해왕성	30.086	164.784

1.3 알고 있는 함수에서 새 함수로

이 절에서는 1.2절에서 논의한 기본 함수에서 시작해서 그래프를 평행이동, 확장, 대칭이동하여 새로운 함수를 얻어낼 것이다. 또한 연산과 합성에 의해 어떻게 함수들을 결합하는가를 보여준다.

■ 함수의 변환

주어진 함수의 그래프를 적절히 변환하여 이 함수와 관련된 함수의 그래프를 얻을 수 있다. 이 방법은 손으로 많은 그래프를 빠르게 그릴 수 있게 해준다. 또한 주어진 그래프의 방정식도 표현할 수 있게 한다.

먼저 **평행이동**을 생각해보자. c가 양수이면, $y = f(x) + c$의 그래프는 $y = f(x)$의 그래프를 위 방향으로 c만큼 이동시킨 것이다(각 y좌표는 같은 수 c만큼씩 증가하기 때문이다). 반면에 $c > 0$일 때 $g(x) = f(x - c)$라면 x에서의 g의 값은 $x - c$에서의 f의 값과 같다(c만큼 x의 왼쪽으로). 그러므로 $y = f(x - c)$의 그래프는 $y = f(x)$의 그래프를 c만큼 오른쪽으로 이동시킨 것이다(그림 1 참조).

수직과 수평 이동 $c > 0$이라고 하자.
$y = f(x) + c$의 그래프는 $y = f(x)$의 그래프를 c만큼 위 방향으로,
$y = f(x) - c$의 그래프는 $y = f(x)$의 그래프를 c만큼 아래 방향으로,
$y = f(x - c)$의 그래프는 $y = f(x)$의 그래프를 c만큼 오른쪽으로,
$y = f(x + c)$의 그래프는 $y = f(x)$의 그래프를 c만큼 왼쪽으로 이동시킨 것이다.

이제 **확장**과 **대칭 변환**에 대해 생각해보자. 만약 $c > 1$이라면 $y = cf(x)$의 그래프는 $y = f(x)$의 그래프를 수직방향으로 c만큼 늘인 것이다(각 y좌표는 같은 수 c를 곱해서 얻는다). $y = -f(x)$의 그래프는 점 (x, y)가 점 $(x, -y)$로 대치되었기 때문에 $y = f(x)$의 그래프를 x축에 관하여 대칭시킨 것이다(그림 2와 다음 도표에는 또 다른 확장, 압축,

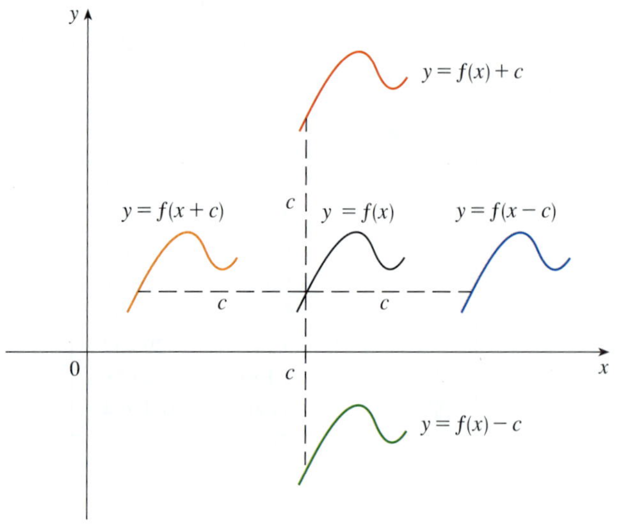

그림 1 f의 그래프의 평행이동

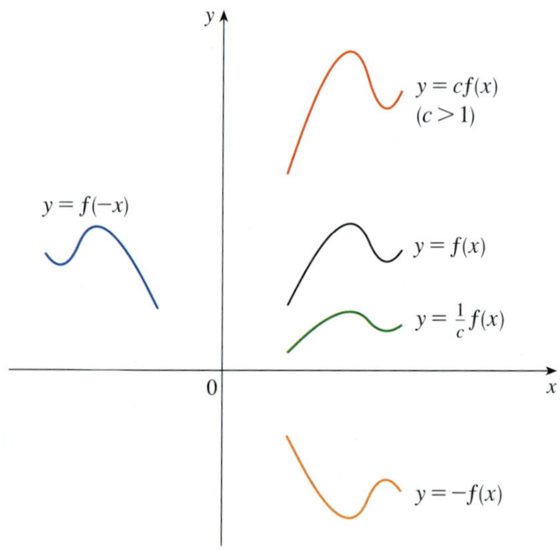

그림 2 f의 그래프의 확장과 대칭

대칭변환의 결과가 주어져 있다).

수직과 수평 확장과 대칭 $c > 1$이라고 생각하자.

$y = cf(x)$의 그래프는 $y = f(x)$의 그래프를 c만큼 수직으로 늘인 것이다.

$y = (1/c)\,f(x)$의 그래프는 $y = f(x)$의 그래프를 c만큼 수직으로 압축한 것이다.

$y = f(cx)$의 그래프는 $y = f(x)$의 그래프를 c만큼 수평으로 압축한 것이다.

$y = f(x/c)$의 그래프는 $y = f(x)$의 그래프를 c만큼 수평으로 늘인 것이다.

$y = -f(x)$의 그래프는 $y = f(x)$의 그래프를 x축에 대하여 대칭시킨 것이다.

$y = f(-x)$의 그래프는 $y = f(x)$의 그래프를 y축에 대하여 대칭시킨 것이다.

그림 3은 코사인함수에 $c = 2$를 적용시킨 확장 변환을 보인 것이다. 예를 들어, $y = 2\cos x$의 그래프는 $y = \cos x$의 그래프의 각 점의 y좌표에 2를 곱한 것이다. 이것은 $y = \cos x$의 그래프를 2만큼 수직으로 늘인 것을 의미한다.

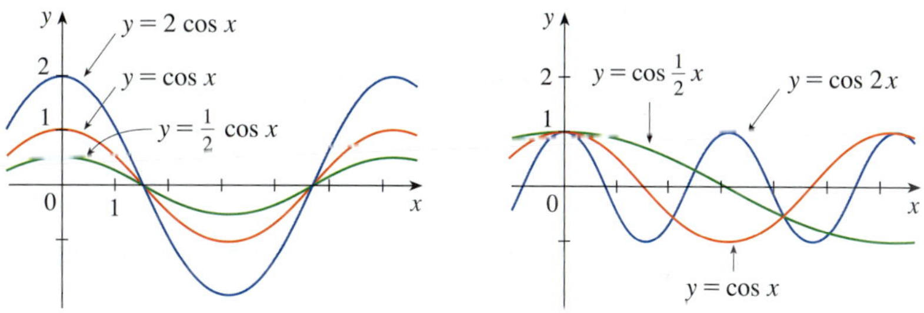

그림 3

예제 1 $y = \sqrt{x}$의 그래프가 주어져 있다. 변환을 이용하여 $y = \sqrt{x} - 2$, $y = \sqrt{x - 2}$, $y = -\sqrt{x}$, $y = 2\sqrt{x}$, $y = \sqrt{-x}$의 그래프를 그려라.

풀이 제곱근함수 $y = \sqrt{x}$의 그래프는 그림 4(a)에서 나타난 것처럼 1.2절의 그림 10(a)로부터 얻을 수 있다. 두 칸 아래로 이동하여 $y = \sqrt{x} - 2$, 두 칸 오른쪽으로 이동하여 $y = \sqrt{x - 2}$, x축에 대한 대칭으로 $y = -\sqrt{x}$, 2를 곱한 수직 확장으로 $y = 2\sqrt{x}$, y축에 대한 대칭으로 $y = \sqrt{-x}$의 그래프를 그릴 수 있다.

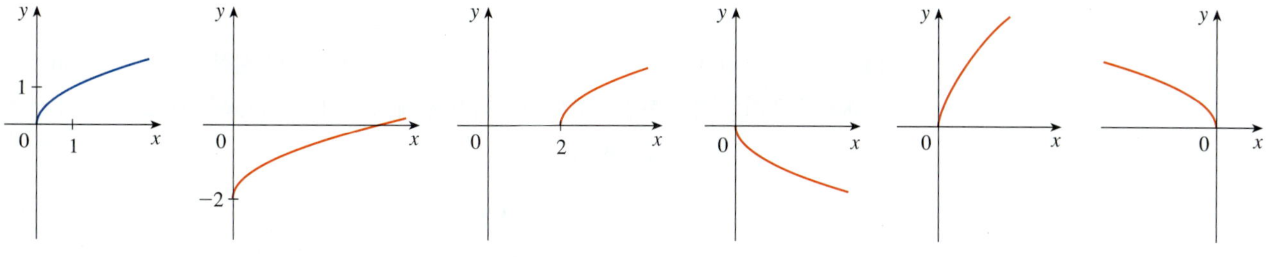

(a) $y = \sqrt{x}$ (b) $y = \sqrt{x} - 2$ (c) $y = \sqrt{x - 2}$ (d) $y = -\sqrt{x}$ (e) $y = 2\sqrt{x}$ (f) $y = \sqrt{-x}$

그림 4 ■

예제 2 함수 $f(x) = x^2 + 6x + 10$의 그래프를 그려라.

풀이 완전 제곱으로 바꾸면 방정식은 다음과 같다.

$$y = x^2 + 6x + 10 = (x+3)^2 + 1$$

원하는 그래프는 포물선 $y = x^2$의 그래프를 3칸 왼쪽으로, 1칸 위쪽으로 이동하여 얻을 수 있다(그림 5 참조).

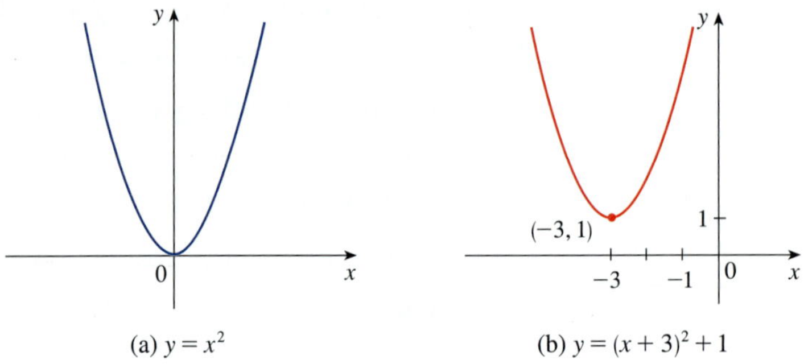

그림 5 ■

예제 3 다음 함수의 그래프를 그려라.

(a) $y = \sin 2x$　　　　(b) $y = 1 - \sin x$

풀이

(a) $y = \sin x$의 그래프를 수평으로 2만큼 압축하여 $y = \sin 2x$의 그래프를 얻는다(그림 6과 그림 7 참조). 그러므로 $y = \sin x$의 주기가 2π인 반면에 $y = \sin 2x$의 주기는 $2\pi/2 = \pi$이다.

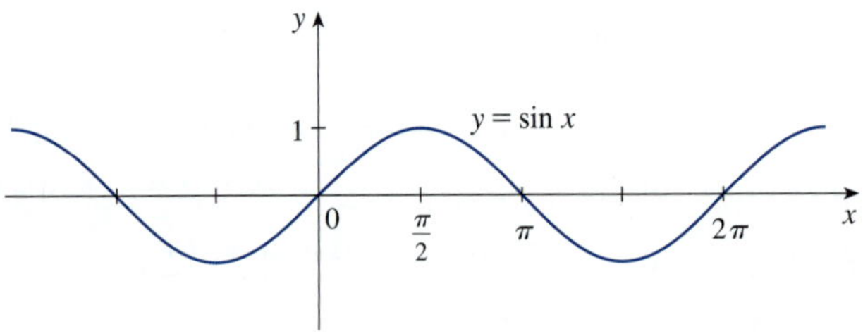

그림 6

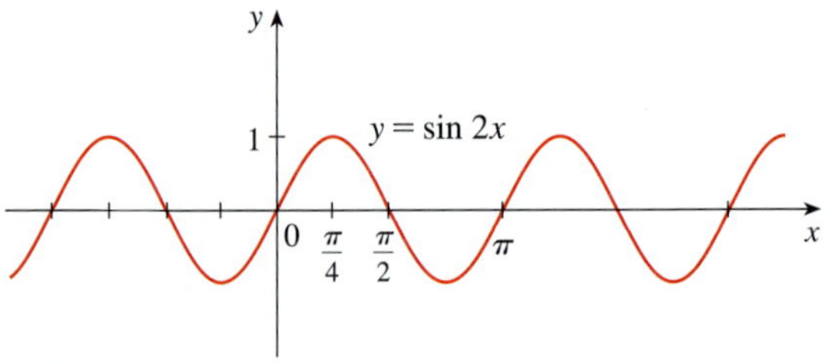

그림 7

(b) $y = 1 - \sin x$의 그래프를 얻기 위해 다시 $y = \sin x$부터 시작하자. $y = -\sin x$의 그래프를 얻기 위해 x축에 대하여 대칭시킨 후에, $y = 1 - \sin x$의 그래프를 얻기 위해 1칸 위로 이동한다(그림 8 참조).

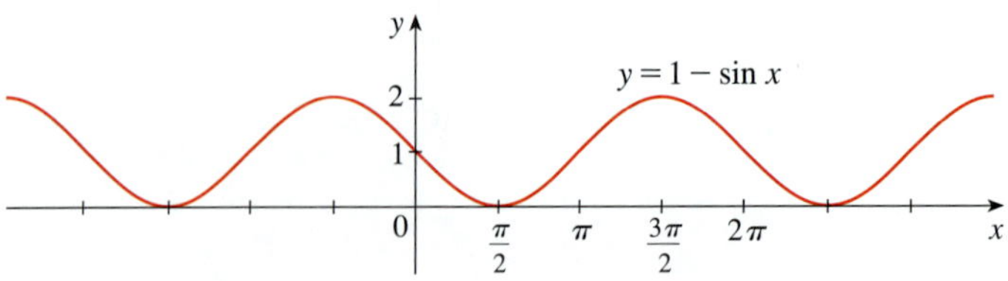

그림 8 ■

또 다른 관심이 가는 변환은 함수에 **절댓값**을 붙이는 것이다. $y = |f(x)|$이면, 절댓값의 정의에 의해 $f(x) \geq 0$일 때는 $y = f(x)$이다. $f(x) < 0$일 때는 $y = -f(x)$이다. 이것은 $y = f(x)$의 그래프로부터 어떻게 $y = |f(x)|$의 그래프를 얻는지를 알려준다. x축 위에 위치한 그래프의 부분은 같게 그대로 놓아둔다. x축 아래에 위치한 부분은 x축에 대해 대칭시킨다.

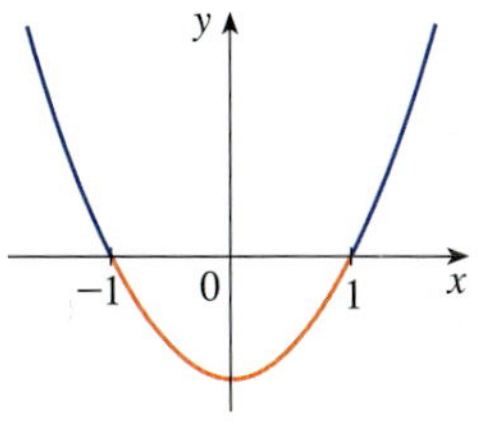

(a) $y = x^2 - 1$

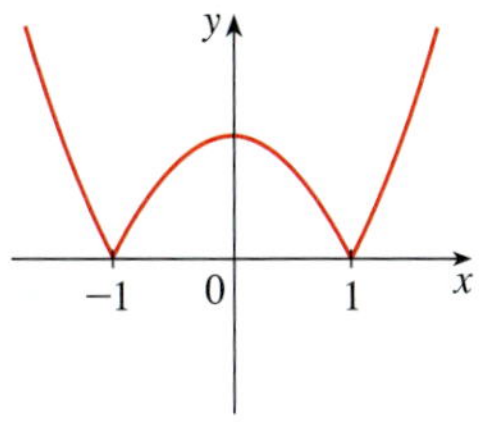

(b) $y = |x^2 - 1|$

그림 9

예제 4 함수 $y = |x^2 - 1|$의 그래프를 그려라.

풀이 먼저 포물선 $y = x^2$의 그래프를 1칸 아래로 이동시켜 그림 9(a)와 같은 $y = x^2 - 1$의 포물선을 그린다. $-1 < x < 1$일 때 그래프는 x축 밑에 위치하므로, 그림 9(b)와 같은 $y = |x^2 - 1|$의 그래프를 얻기 위해서 x축에 관하여 그 부분을 대칭시킨다. ■

■ 함수의 결합

두 함수 f와 g는 실수의 덧셈, 뺄셈, 곱셈, 나눗셈과 유사한 방법으로 결합하여, 새로운 함수 $f + g$, $f - g$, fg, f/g를 만들 수 있다.

정의 두 함수 f와 g에 대하여 **합**, **차**, **곱**, **몫**의 함수는 다음과 같이 정의된다.

$$(f+g)(x) = f(x) + g(x) \qquad (f-g)(x) = f(x) - g(x)$$

$$(fg)(x) = f(x)\,g(x) \qquad \left(\frac{f}{g}\right)(x) = \frac{f(x)}{g(x)}$$

f의 정의역이 A이고, g의 정의역이 B라면 $f + g$의 정의역은 $f(x)$와 $g(x)$가 모두 정의되어야 하기 때문에 교집합 $A \cap B$이다. 예를 들면, $f(x) = \sqrt{x}$의 정의역은 $A = [0, \infty)$이고, $g(x) = \sqrt{2 - x}$의 정의역은 $B = (-\infty, 2]$이므로 $(f + g)(x) = \sqrt{x} + \sqrt{2 - x}$의 정의역은 $A \cap B = [0, 2]$이다.

또한 fg의 정의역은 $A \cap B$이다. 0으로는 나눌 수 없기 때문에 f/g의 정의역은 $\{x \in A \cap B \mid g(x) \neq 0\}$이다. 예를 들면, $f(x) = x^2$이고 $g(x) = x - 1$이면 유리함수 $(f/g)(x) = x^2/(x - 1)$의 정의역은 $\{x \mid x \neq 1\}$ 또는 $(-\infty, 1) \cup (1, \infty)$이다.

새로운 함수를 얻기 위해 두 개의 함수를 결합하는 또 다른 방법이 있다. 예를 들면, $y = f(u) = \sqrt{u}$이고 $u = g(x) = x^2 + 1$이라고 하자. 순서대로 y는 u의 함수이고 u는 x의 함수이므로, y는 궁극적으로는 x의 함수이다. 이것을 대입하여 계산하면

$$y = f(u) = f(g(x)) = f(x^2 + 1) = \sqrt{x^2 + 1}$$

이다. 주어진 두 함수 f와 g를 합성하여 새로운 함수를 만들기 때문에 이 절차를 **합성**이라고 부른다.

일반적으로 임의의 두 함수 f와 g가 주어지면, g의 정의역에 있는 수 x부터 시작해서 상 $g(x)$를 구한다. 만약 $g(x)$가 f의 정의역에 들어간다면 $f(g(x))$의 값을 계산한다. 그 결과가 g를 f에 대입해서 얻은 새로운 함수 $h(x) = f(g(x))$이다. 이것을 f와 g의 **합성**이라고 부르며 $f \circ g$로 표시한다("f 서클 g"라고 읽는다).

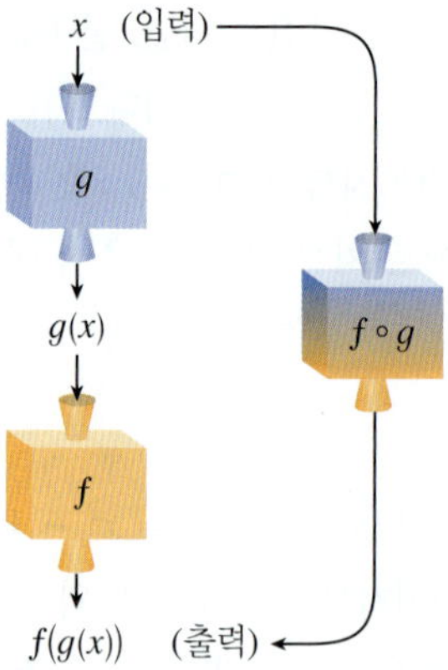

그림 10 $f \circ g$ 기계는 g 기계(먼저)에 다 f 기계를 결합시키는 것이다.

정의 두 함수 f와 g에 대하여 **합성함수** $f \circ g$ (f와 g의 **합성**이라고 부른다)는

$$(f \circ g)(x) = f(g(x))$$

로 정의한다.

$f \circ g$의 정의역은 $g(x)$가 f의 정의역에 포함되는 동시에 g의 정의역에 있는 모든 x의 집합이다. 다시 말하면 $g(x)$와 $f(g(x))$ 둘 다 정의될 때 $(f \circ g)(x)$가 정의된다는 것이다. 그림 10은 기계 도표로 $f \circ g$를 그리는 방법을 보여준다.

예제 5 $f(x) = x^2$이고 $g(x) = x - 3$일 때, 합성함수 $f \circ g$와 $g \circ f$를 구하여라.

풀이 합성함수의 정의에 의하여 다음과 같다.

$$(f \circ g)(x) = f(g(x)) = f(x - 3) = (x - 3)^2$$

$$(g \circ f)(x) = g(f(x)) = g(x^2) = x^2 - 3$$ ■

NOTE 예제 5에서 알 수 있듯이 일반적으로 $f \circ g \neq g \circ f$이다. $f \circ g$의 기호는, 함수 g를 먼저 적용하고 f를 두 번째로 적용한다는 것을 반드시 기억해야 한다. 예제 5에서 $f \circ g$는 먼저 3을 뺀 다음 제곱을 한 함수이고, $g \circ f$는 제곱을 먼저 한 후 3을 뺀 함수이다.

예제 6 $f(x) = \sqrt{x}$, $g(x) = \sqrt{2 - x}$일 때 다음 함수와 그 정의역을 구하여라.

(a) $f \circ g$ (b) $g \circ f$ (c) $f \circ f$ (d) $g \circ g$

풀이

(a) $$(f \circ g)(x) = f(g(x)) = f(\sqrt{2 - x}) = \sqrt{\sqrt{2 - x}} = \sqrt[4]{2 - x}$$

$f \circ g$의 정의역은 $\{x \mid 2 - x \geqslant 0\} = \{x \mid x \leqslant 2\} = (-\infty, 2]$이다.

(b) $$(g \circ f)(x) = g(f(x)) = g(\sqrt{x}) = \sqrt{2 - \sqrt{x}}$$

$\sqrt{x}$가 정의되기 위해서 $x \geqslant 0$이어야 한다. $\sqrt{2 - \sqrt{x}}$가 정의되기 위해서는 $2 - \sqrt{x} \geqslant 0$이어야 하므로 $\sqrt{x} \leqslant 2$ 즉 $x \leqslant 4$이다. 그러므로 $0 \leqslant x \leqslant 4$이다. 그래서 $g \circ f$의 정의역은 폐구간 $[0, 4]$이다.

$0 \leqslant a \leqslant b$이면 $a^2 \leqslant b^2$이다.

(c) $$(f \circ f)(x) = f(f(x)) = f(\sqrt{x}) = \sqrt{\sqrt{x}} = \sqrt[4]{x}$$

$f \circ f$의 정의역은 $[0, \infty)$이다.

(d) $$(g \circ g)(x) = g(g(x)) = g(\sqrt{2 - x}) = \sqrt{2 - \sqrt{2 - x}}$$

이 식은 $2 - x \geqslant 0$일 때 정의되므로 $x \leqslant 2$이다. 또한 $2 - \sqrt{2 - x} \geqslant 0$이어야 하므로 $\sqrt{2 - x} \leqslant 2$ 즉 $2 - x \leqslant 4$와 동치이므로 $x \geqslant -2$이다. 그러므로 $-2 \leqslant x \leqslant 2$이고 $g \circ g$의 정의역은 폐구간 $[-2, 2]$이다. ■

세 개 또는 그 이상의 함수의 합성도 가능하다. 예를 들면, 합성함수 $f \circ g \circ h$는 다음과 같이 h, g, f 순서로 적용해서 구한다.

$$(f \circ g \circ h)(x) = f(g(h(x)))$$

예제 7 $f(x) = x/(x+1)$, $g(x) = x^{10}$, $h(x) = x + 3$일 때 $f \circ g \circ h$를 구하여라.

풀이

$$\begin{aligned}(f \circ g \circ h)(x) &= f(g(h(x))) = f(g(x+3)) \\ &= f((x+3)^{10}) = \frac{(x+3)^{10}}{(x+3)^{10}+1}\end{aligned}$$ ■

지금까지 간단한 함수들로부터 복잡한 함수들을 만드는 데 합성을 사용했다. 그러나 미분적분학에서는 종종 다음 예제와 같이 복잡한 함수를 간단한 함수로 분해하는 것이 유용하다.

예제 8 $F(x) = \cos^2(x+9)$에 대하여 $F = f \circ g \circ h$가 되는 함수 f, g, h를 찾아라.

풀이 $F(x) = [\cos(x+9)]^2$이므로 먼저 9를 더하고, 그 결과에 코사인을 취한 후 마지막으로 제곱을 하는 것이다. 그래서

$$h(x) = x + 9 \qquad g(x) = \cos x \qquad f(x) = x^2$$

으로 두면 다음과 같다.

$$\begin{aligned}(f \circ g \circ h)(x) &= f(g(h(x))) = f(g(x+9)) = f(\cos(x+9)) \\ &= [\cos(x+9)]^2 = F(x)\end{aligned}$$ ■

1.3 연습문제

1. f의 그래프가 주어졌다고 하자. f의 그래프를 아래와 같이 변환하여 생기는 그래프의 방정식을 구하여라.

(a) 위로 3칸 이동
(b) 아래로 3칸 이동
(c) 오른쪽으로 3칸 이동
(d) 왼쪽으로 3칸 이동
(e) x축 대칭이동
(f) y축 대칭이동
(g) 수직으로 3배 늘리기
(h) 수직으로 3배 줄이기

2. $y = f(x)$의 그래프가 주어져 있다. 각 그래프의 함수를 결정하고 그 이유를 설명하여라.

(a) $y = f(x-4)$ (b) $y = f(x) + 3$
(c) $y = \frac{1}{3}f(x)$ (d) $y = -f(x+4)$
(e) $y = 2f(x+6)$

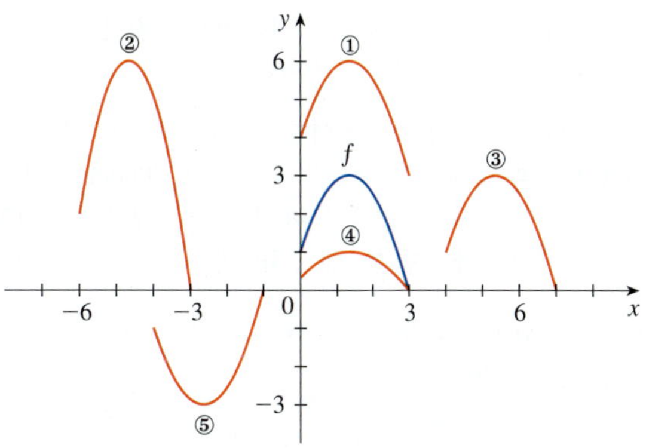

3. 함수 f의 그래프가 아래와 같을 때, 다음 함수의 그래프를 그려라.

(a) $y = f(2x)$　　(b) $y = f\left(\frac{1}{2}x\right)$

(c) $y = f(-x)$　　(d) $y = -f(-x)$

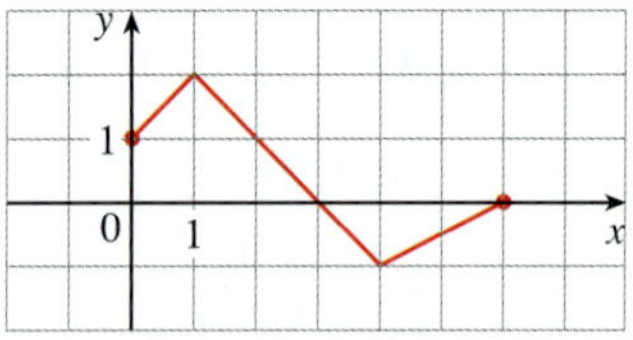

4-5 $y = \sqrt{3x - x^2}$의 그래프가 주어져 있다. 변환을 이용하여 아래에 주어진 그래프를 갖는 함수를 구하여라.

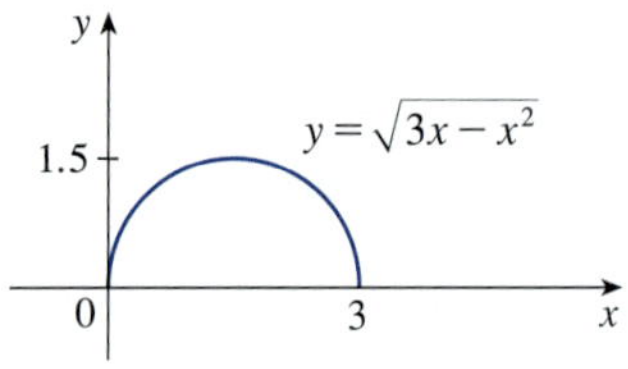

4.

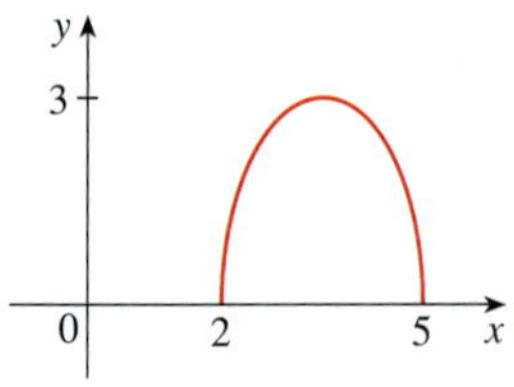

5.

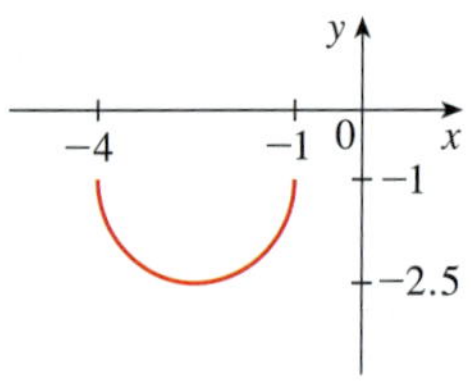

6. (a) $y = 1 + \sqrt{x}$의 그래프와 $y = \sqrt{x}$의 그래프는 어떤 관계가 있는가? 그림 4(a)와 이 대답을 이용하여 $y = 1 + \sqrt{x}$의 그래프를 그려라.

(b) $y = 5 \sin \pi x$의 그래프와 $y = \sin x$의 그래프는 어떤 관계가 있는가? 그림 6과 이 대답을 이용하여 $y = 5 \sin \pi x$의 그래프를 그려라.

7. 변광성은 밝기가 교대로 증가하고 감소한다. 세페우스자리 델타와 같이 관찰 가능한 대부분의 변광성은 최대 밝기의 주기가 5.4일이고, 별의 평균밝기(광도)는 4.0이며, 이 밝기의 값은 ±0.35광도로 변한다. 세페우스자리 델타의 시간에 대한 밝기의 함수로 적절한 모델을 구하여라.

8. 정상적인 호흡에서 폐로 들어가고 나오는 공기의 부피는 500 mL이다. 폐 속에 남아있는 공기의 양은 약 2000mL이고, 사람이 한 번 호흡하는 데는 평균 4초가 걸린다. 폐 속의 공기의 부피 $V(t)$를 시간에 대한 함수로 구하여라.

9-10 함수 (a) $f + g$, (b) $f - g$, (c) fg, (d) f/g를 구하고 각각의 정의역을 구하여라.

9. $f(x) = \sqrt{25 - x^2}$,　$g(x) = \sqrt{x + 1}$

10. $f(x) = \dfrac{1}{x - 1}$,　$g(x) = \dfrac{1}{x} - 2$

11-14 함수 (a) $f \circ g$, (b) $g \circ f$, (c) $f \circ f$, (d) $g \circ g$를 구하고 각각의 정의역을 구하여라.

11. $f(x) = x^3 + 5$,　$g(x) = \sqrt[3]{x}$

12. $f(x) = \dfrac{1}{\sqrt{x}}$,　$g(x) = x + 1$

13. $f(x) = \dfrac{x}{x + 1}$,　$g(x) = 2x - 1$

14. $f(x) = \dfrac{2}{x}$,　$g(x) = \sin x$

15-18 $f \circ g \circ h$를 구하여라.

15. $f(x) = 3x - 2$,　$g(x) = \sin x$,　$h(x) = x^2$

16. $f(x) = |x - 4|$,　$g(x) = 2^x$,　$h(x) = \sqrt{x}$

17. $f(x) = \sqrt{x - 3}$,　$g(x) = x^2$,　$h(x) = x^3 + 2$

18. $f(x) = \tan x$,　$g(x) = \dfrac{x}{x - 1}$,　$h(x) = \sqrt[3]{x}$

19-22 아래 함수를 $f \circ g$의 형태로 나타내어라.

19. $F(x) = (2x + x^2)^4$　　**20.** $F(x) = \cos^2 x$

21. $F(x) = \dfrac{\sqrt[3]{x}}{1 + \sqrt[3]{x}}$　　**22.** $v(t) = \sec(t^2)\tan(t^2)$

23-24 아래 함수를 $f \circ g \circ h$의 형태로 나타내어라.

23. $R(x) = \sqrt{\sqrt{x} - 1}$

24. $S(t) = \sin^2(\cos t)$

25. 주어진 표를 사용하여 아래의 값을 구하여라.

x	1	2	3	4	5	6
$f(x)$	3	1	5	6	2	4
$g(x)$	5	3	4	1	3	2

(a) $f(g(3))$　　(b) $g(f(2))$

(c) $(f \circ g)(5)$　　(d) $(g \circ f)(5)$

26. 주어진 함수 f와 g의 그래프를 이용하여 아래의 값을 구하거나 값이 정의되지 않는다면 그 이유를 설명하여라.

(a) $f(g(2))$ (b) $g(f(0))$

(c) $(f \circ g)(0)$ (d) $(g \circ f)(6)$

(e) $(g \circ g)(-2)$ (f) $(f \circ f)(4)$

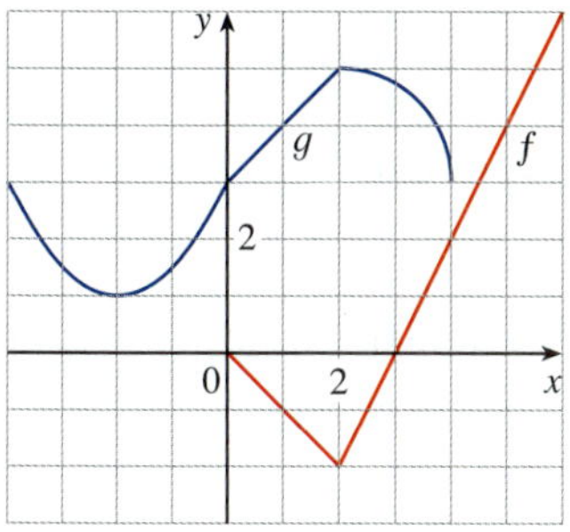

27. 돌이 연못에 떨어지면 60cm/s의 속도로 퍼지는 원 모양의 물결이 생긴다.

(a) 시간 t(초)에 대한 원의 반지름 r의 함수를 구하여라.

(b) 반지름에 대한 원의 넓이 A의 함수에 대해 $A \circ r$을 구하고 의미를 설명하여라.

28. 해안선과 평행하게 30km/h의 속도로 움직이는 배가 있다. 이 배는 해안으로부터 6km 떨어져 있고, 정오에 등대를 지나갔다.

(a) 배가 정오부터 여행간 거리 d에 대한 배와 등대 사이의 거리 s의 함수를 구하여라. 즉 $s = f(d)$를 만족하는 f를 구하여라.

(b) 정오로부터의 시간 t에 대한 d의 함수를 구하여라. 즉, $d = g(t)$를 만족하는 g를 구하여라.

(c) $f \circ g$를 구하여라. 이 함수는 무엇을 의미하는가?

29. **헤비사이드 함수**(Heaviside function) H는 다음과 같이 정의된다.

$$H(t) = \begin{cases} 0, & t < 0 \\ 1, & t \geq 0 \end{cases}$$

이것은 순간적으로 스위치를 켰을 때 전압이나 전류가 갑자기 밀려드는 것을 표현하는 것으로, 전기회로를 연구하는 데 사용된다.

(a) 헤비사이드 함수의 그래프를 그려라.

(b) $t = 0$초일 때 스위치를 켰고 순간 허용 전압이 120볼트일 때 전압 $V(t)$의 그래프를 그려라. $V(t)$를 $H(t)$를 이용하여 나타내어라.

(c) $t = 5$초일 때 스위치를 켰고 순간 허용 전압이 240볼트일 때 전압 $V(t)$의 그래프를 그려라. $V(t)$를 $H(t)$를 이용하여 나타 내어라. (참고: 변환을 이용하여 $t = 5$에서 시작하여라.)

30. f와 g가 $f(x) = m_1x + b_1$, $g(x) = m_2x + b_2$로 표현되는 1차 함수일 때, $f \circ g$는 1차함수인가? 이 그래프의 기울기는 얼마인가?

31. 매년 복리 4%의 이자를 주는 상품에 x달러를 투자했다면 1년 후 투자액 $A(x)$는 $A(x) = 1.04x$이다. $A \circ A$, $A \circ A \circ A$, $A \circ A \circ A \circ A$를 구하여라. 합성이 의미하는 것은 무엇인가? A를 n번 합성했을 때의 식을 구하여라.

32. (a) $g(x) = 2x + 1$, $h(x) = 4x^2 + 4x + 7$일 때, $f \circ g = h$를 만족하는 함수 f를 구하여라. (h의 식이 되려면 g에 어떤 식의 연산을 수행해야 하는지 생각해 보아라.)

(b) $f(x) = 3x + 5$, $h(x) = 3x^2 + 3x + 2$일 때, $f \circ g = h$를 만족하는 함수 g를 구하여라.

1.4 지수함수

함수 $f(x) = 2^x$은 변수 x가 지수이기 때문에 **지수함수**(exponential function)라고 부른다. 이것은 변수가 밑인 제곱함수 $g(x) = x^2$과 혼동하면 안 된다.

■ 지수함수와 그래프

일반적으로 **지수함수**는

$$f(x) = b^x$$

의 형태이며, 이때 b는 양의 상수이다. 이 의미를 다시 한번 되새기자.

$x = n$(n은 양의 정수)이면,

$$b^n = \underbrace{b \cdot b \cdot \cdots \cdot b}_{n\text{개}}$$

$x = 0$이면, $b^0 = 1$이고 양의 정수 n에 대하여 $x = -n$이면,

$$b^{-n} = \frac{1}{b^n}$$

x가 유리수이면, 정수 p, $q(q > 0)$에 대하여 $x = p/q$이므로

$$b^x = b^{p/q} = \sqrt[q]{b^p} = \left(\sqrt[q]{b}\right)^p$$

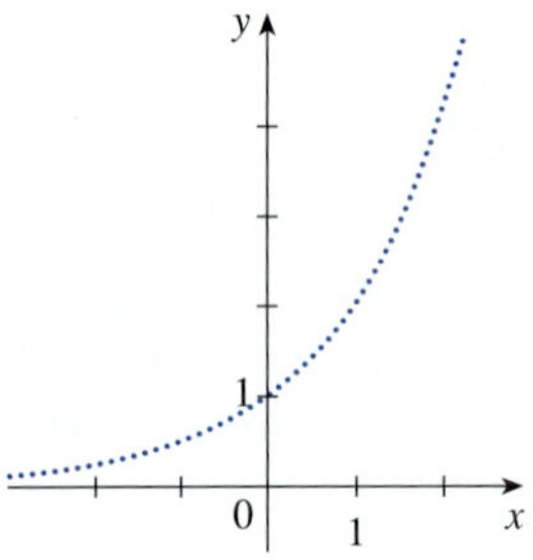

그림 1
x가 유리수일 때 $y = 2^x$의 그래프

이다. 그러나 x가 무리수라면 b^x의 의미는 무엇인가? 예를 들면, $2^{\sqrt{3}}$ 또는 5^{π}의 의미는 무엇인가?

이 질문의 답에 도움을 주기 위해, 먼저 x가 유리수인 함수 $y = 2^x$의 그래프를 살펴보자. 이 함수의 그래프는 그림 1과 같다. $y = 2^x$의 정의역이 유리수와 무리수를 모두 포함하도록 확장해 보자.

그림 1에는 x의 무리수 값에 대응되는 그래프는 비어 있다. $x \in \mathbb{R}$일 때 빈 곳이 채워져서 f가 증가함수가 되도록 $f(x) = 2^x$을 정의하자. 예를 들어, 무리수 $\sqrt{3}$은 $1.7 < \sqrt{3} < 1.8$을 만족하므로

$$2^{1.7} < 2^{\sqrt{3}} < 2^{1.8}$$

이고, 1.7과 1.8이 유리수이기 때문에 $2^{1.7}$과 $2^{1.8}$이 무엇을 의미하는지는 알고 있다. 비슷한 방법으로 $\sqrt{3}$의 좀 더 정확한 근삿값을 사용하면, $2^{\sqrt{3}}$의 좀 더 정확한 근삿값을 얻을 수 있다.

$$\begin{aligned}
1.73 < \sqrt{3} < 1.74 \quad &\Rightarrow \quad 2^{1.73} < 2^{\sqrt{3}} < 2^{1.74} \\
1.732 < \sqrt{3} < 1.733 \quad &\Rightarrow \quad 2^{1.732} < 2^{\sqrt{3}} < 2^{1.733} \\
1.7320 < \sqrt{3} < 1.7321 \quad &\Rightarrow \quad 2^{1.7320} < 2^{\sqrt{3}} < 2^{1.7321} \\
1.73205 < \sqrt{3} < 1.73206 \quad &\Rightarrow \quad 2^{1.73205} < 2^{\sqrt{3}} < 2^{1.73206} \\
\vdots \qquad\quad \vdots \qquad\quad & \qquad\qquad \vdots \qquad\qquad \vdots
\end{aligned}$$

따라서

이것에 대한 증명은 J. Marsden과 A. Weinstein의 《*Calculus Unlimited*》(Menlo Park, CA, 1981) 참조.

$$2^{1.7}, \quad 2^{1.73}, \quad 2^{1.732}, \quad 2^{1.7320}, \quad 2^{1.73205}, \quad \ldots$$

보다는 크고

$$2^{1.8}, \quad 2^{1.74}, \quad 2^{1.733}, \quad 2^{1.7321}, \quad 2^{1.73206}, \quad \ldots$$

보다는 작은 단 하나의 수가 존재함을 보일 수 있다. 이 수를 $2^{\sqrt{3}}$으로 정의한다. 이러한 근삿값 과정을 사용하여 소수 여섯째 자리까지 정확하게 계산하면 다음과 같다.

$$2^{\sqrt{3}} \approx 3.321997$$

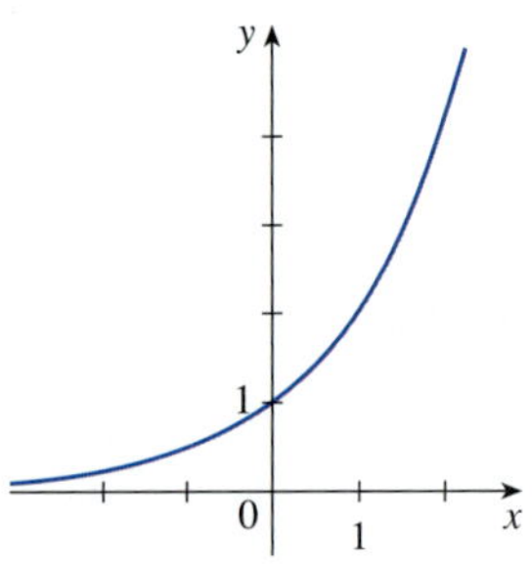

그림 2 $y = 2^x$, x는 실수

같은 방법으로 x가 어떤 무리수일지라도 2^x(또는 $b > 0$일 때 b^x)를 정의할 수 있다. 그림 2는 x가 실수일 때 함수 $f(x) = 2^x$의 완성된 그래프로서 그림 1의 빈 곳이 모두 채워진 것을 볼 수 있다.

그림 3은 밑 b의 몇 가지 값에 대한 함수 $y = b^x$의 그래프이다. $b \neq 0$일 때 $b^0 = 1$

이기 때문에 모든 그래프가 같은 점 (0, 1)을 지난다. 또한 밑 b가 커질수록 지수함수는 더 급격하게 커진다($x > 0$일 때).

만약 $0 < b < 1$이면 x가 커질 때 b^x은 0에 접근하고, 만약 $b > 1$이면 b가 음수이면서 작아짐에 따라 b^x은 0에 접근한다. 두 경우 모두 x축이 수평점근선이다. 이것은 2.6절에서 다룰 것이다.

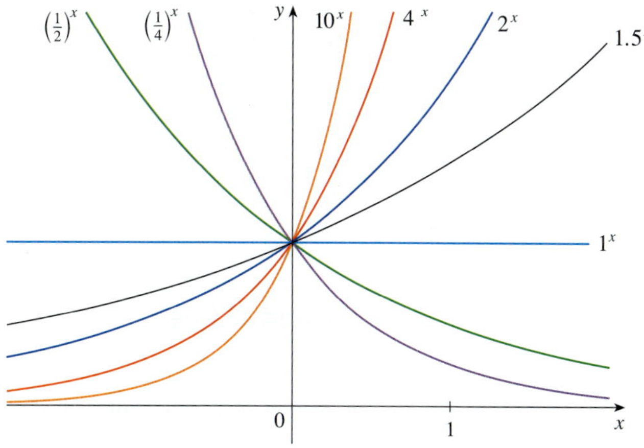

그림 3

그림 3에 기본적으로 세 종류의 지수함수 $y = b^x$의 그래프가 있다. $0 < b < 1$이면 지수함수는 감소하고, $b = 1$이면 상수이며, $b > 1$이면 증가한다. 이 세 가지 경우는 그림 4에 나타나 있다. $b \neq 1$인 경우를 관찰해보면, 지수함수 $y = b^x$의 정의역은 $\mathbb{R}$이고 치역은 $(0, \infty)$이다. 또한 $(1/b)^x = 1/b^x = b^{-x}$이므로, $y = (1/b)^x$의 그래프는 단지 $y = b^x$의 그래프를 y축에 대하여 대칭이동시킨 것임을 알 수 있다.

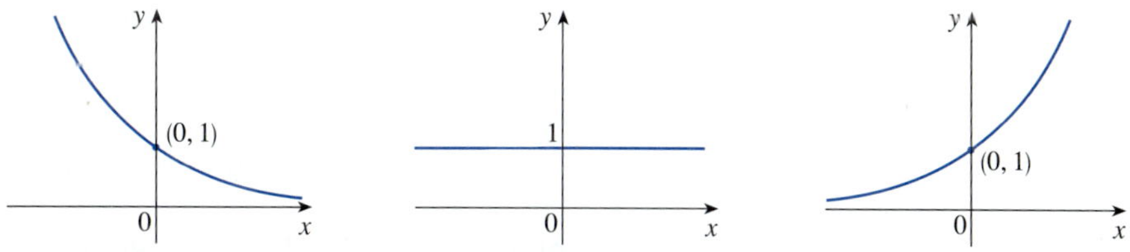

그림 4 (a) $y = b^x,\ 0 < b < 1$ (b) $y = 1^x$ (c) $y = b^x,\ b > 1$

지수함수가 중요한 이유는 다음과 같은 성질을 갖기 때문이다. x와 y가 유리수라면 초등 대수학에서 잘 알려진 법칙이다. 임의의 실수 x와 y에 대해서도 성립함을 증명할 수 있다.

www.StewartCalculus.com
지수법칙을 연습해보기 위해서는 *Review of Algebra*를 클릭하여라.

지수법칙 a와 b가 양수이고, x와 y가 임의의 실수라면,

1. $b^{x+y} = b^x b^y$ **2.** $b^{x-y} = \dfrac{b^x}{b^y}$ **3.** $(b^x)^y = b^{xy}$ **4.** $(ab)^x = a^x b^x$

예제 1 함수 $y = 3 - 2^x$의 그래프를 그리고, 정의역과 치역을 결정하여라.

대칭과 평행이동되는 그래프는 1.3절을 보라.

풀이 먼저 그림 5(b)의 $y = -2^x$의 그래프를 얻기 위해 그림 2와 5(a)에 있는 $y = 2^x$의 그래프를 x축에 대하여 대칭이동시킨다. 그 후 그림 5(c)의 $y = 3 - 2^x$의 그래프를 얻기 위해 $y = -2^x$의 그래프를 위로 3칸 이동시킨다. 정의역은 $\mathbb{R}$이고 치역은 $(-\infty, 3)$이다.

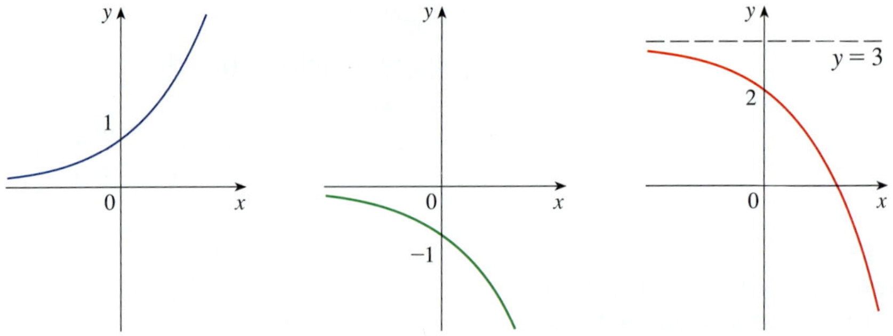

그림 5 (a) $y = 2^x$ (b) $y = -2^x$ (c) $y = 3 - 2^x$

■ 지수함수의 응용

지수함수는 자연과 사회의 수학적 모델에서 매우 자주 발생한다. 여기서는 간단하게 이것이 어떻게 인구증가와 방사성 붕괴의 설명에서 나타나는지 살펴보자. 이후의 장에서는 이러한 응용과 다른 응용을 아주 상세하게 공부할 것이다.

먼저 균등하게 영양분이 제공되는 환경에서 박테리아 수에 대해 생각해보자. 어떤 구간에서 개체수는 한 시간 후에 2배가 된다고 가정하자. 시간 t를 x축으로 하고, 시간 t일 때 박테리아 수를 $p(t)$, 초기의 개체수를 $p(0) = 1000$이라고 하면

$$p(1) = 2p(0) = 2 \times 1000$$
$$p(2) = 2p(1) = 2^2 \times 1000$$
$$p(3) = 2p(2) = 2^3 \times 1000$$

이다. 이런 형태로부터, 일반적으로

$$p(t) = 2^t \times 1000 = (1000)2^t$$

이다. 이 개체함수는 지수함수 $y = 2^t$의 상수배이고 그림 2에서 관찰했던 것처럼 빠른 증가를 보이고 있다. 이상적인 조건하에서(무제한의 공간과 양분, 질병과 무관한 상태) 지수 증가는 자연에서 실제로 발생하는 전형적인 것이다.

표 1 세계 인구

t (1900년 이후의 햇수)	인구 P (백만)
0	1650
10	1750
20	1860
30	2070
40	2300
50	2560
60	3040
70	3710
80	4450
90	5280
100	6080
110	6870

예제 2 표 1은 20세기 세계인구의 자료이고, 그림 6은 그에 대응된 산점도이다.

그림 6의 자료점의 유형은 지수적 증가이고, 지수적 회귀계산이 가능한 그래핑 계산기를 사용하고 최소제곱법을 적용하여 지수적 모델을 다음과 같이 얻는다.

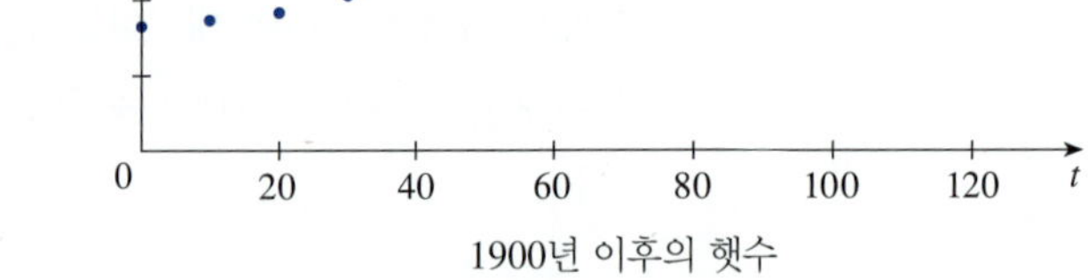

그림 6
세계 인구 증가의 산점도

$$P(t) = (1.43653 \times 10^9) \cdot (1.01395)^t$$

여기서 $t = 0$은 1900년에 해당한다. 그림 7은 이런 지수함수의 그래프와 원래의 자료점을 함께 나타내고 있다. 지수곡선이 자료점과 적당하게 부합하는 것을 알 수 있다. 비교적 인구 증가가 둔화된 기간의 설명은 두 번의 세계대전과 1930년대의 대공황 때문이다.

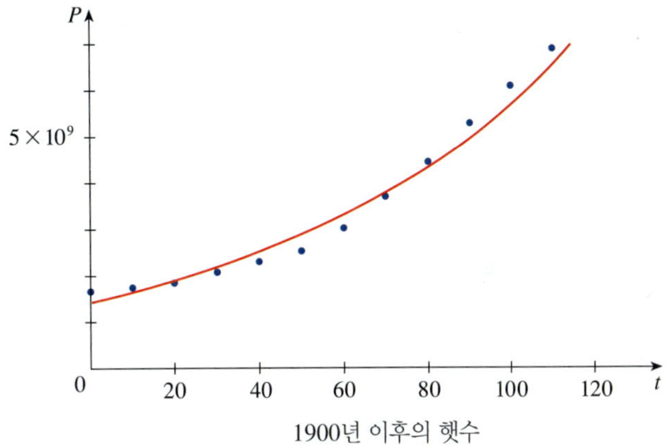

그림 7
세계 인구 증가의 지수 모델

■ 수 e

지수함수의 밑 중에서 미분적분학에 가장 편리한 것이 있다. 밑 b의 선택에 따라 $y = b^x$의 그래프가 y축을 지날 때의 진로(기울기)가 달라진다. 그림 8과 9는 점 (0, 1)에서 $y = 2^x$과 $y = 3^x$의 그래프의 접선을 보이고 있다(2.6절에서 접선을 상세히 정의할 것이다. 지금은 한 점에서의 접선은 그래프와 오직 한 점에서 접하는 선으로 생각하자.) 만약 점 (0, 1)에서 이 접선들의 기울기 m을 측정한다면, $y = 2^x$일 때 $m \approx 0.7$ 그리고 $y = 3^x$일 때 $m \approx 1.1$이다.

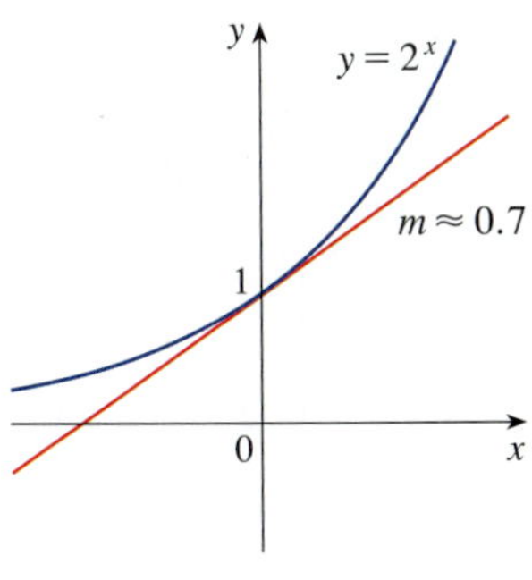

그림 8

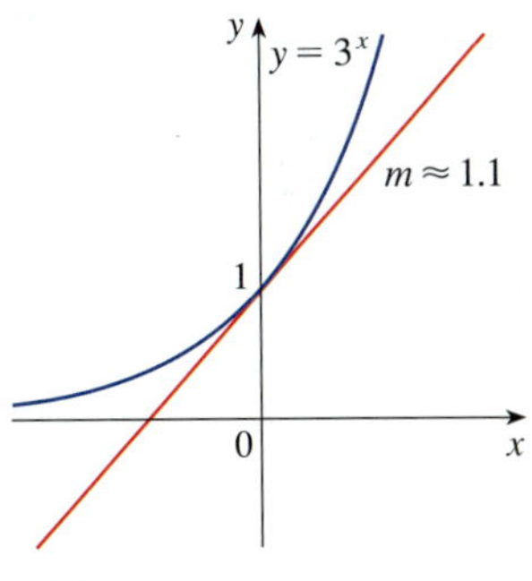

그림 9

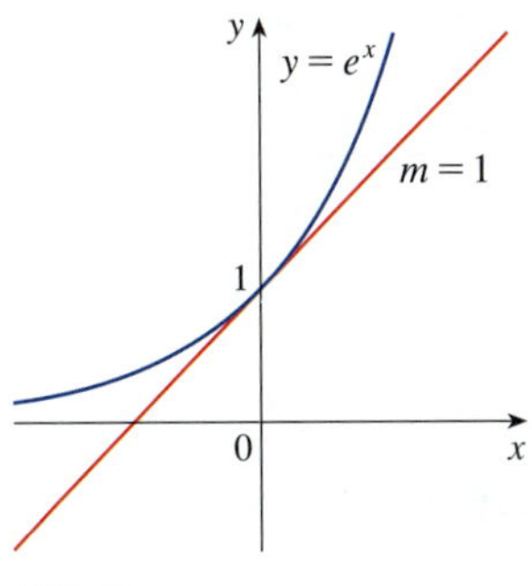

그림 10

3장에서 알게 되겠지만, 점 (0, 1)에서 $y = b^x$의 접선의 기울기가 1이 되도록 b를 선택한다면 몇 개의 미분적분학의 공식을 아주 간결하게 표현할 수 있다(그림 10 참조). 사실 그러한 수 b가 존재하고 문자 e로 나타낸다. [이 기호는 1727년에 스위스의 수학자 오일러가 선택한 것인데, 그 이유는 아마 **지수**(exponential)의 첫자이기 때문일 것이다.] 그림 8과 9에 의하여 수 e가 2와 3 사이에 있고 $y = e^x$의 그래프가 $y = 2^x$과 $y = 3^x$

의 그래프 사이에 위치하는 것은 놀랄 일이 아니다(그림 11 참조). e의 값이 소수 다섯째 자리까지는 정확하게

$$e \approx 2.71828$$

인 것은 3장에서 배운다. 이 함수 $f(x) = e^x$를 **자연지수함수**(natural exponential function)라 한다.

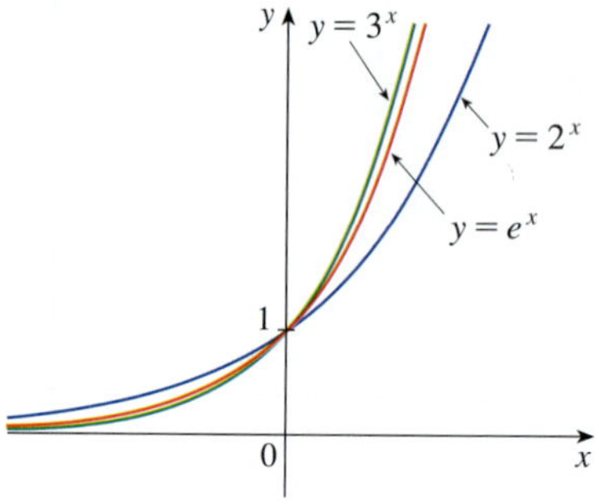

그림 11
$y = e^x$의 그래프는 $y = 2^x$과 $y = 3^x$의 그래프 사이에 있다.

예제 3 함수 $y = \frac{1}{2}e^{-x} - 1$의 그래프를 그리고 정의역과 치역을 구하여라.

풀이 그림 12(b)의 $y = e^{-x}$의 그래프를 얻기 위해 그림 10과 12(a)의 $y = e^x$의 그래프를 y축에 대해 대칭시킨다. (y축을 지날 때의 기울기는 -1임을 유의하라.) 그런 후 그림 12(c)의 $y = \frac{1}{2}e^{-x}$의 그래프를 얻기 위해 수직으로 2배 압축한다. 마지막으로 그림 12(d)의 원하는 그래프를 얻기 위하여 아래로 한 칸 이동시킨다. 정의역은 $\mathbb{R}$이고 치역은 $(-1, \infty)$이다.

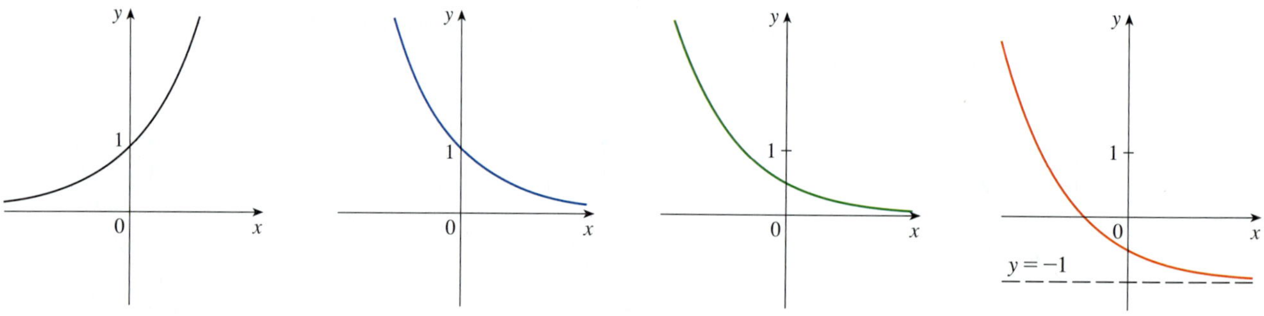

(a) $y = e^x$ (b) $y = e^{-x}$ (c) $y = \frac{1}{2}e^{-x}$ (d) $y = \frac{1}{2}e^{-x} - 1$

그림 12

■

1.4 연습문제

1. 지수법칙을 이용하여 다음을 간단히 하여라.

(a) $\dfrac{\sqrt[3]{4}}{\sqrt[3]{108}}$ (b) $27^{2/3}$ (c) $2x^2(3x^5)^2$

(d) $(2x^{-2})^{-3}x^{-3}$ (e) $\dfrac{3a^{3/2} \cdot a^{1/2}}{a^{-1}}$ (f) $\dfrac{\sqrt{a\sqrt{b}}}{\sqrt[3]{ab}}$

2. (a) 밑 $b > 0$일 때, 지수함수의 정의를 적어라.

(b) 이 함수의 정의역은 무엇인가?

(c) $b \neq 1$일 때, 이 함수의 치역은 무엇인가?

(d) 각 경우에 지수함수의 그래프의 일반적인 모양을 그려라.

(i) $b > 1$ (ii) $b = 1$ (iii) $0 < b < 1$

3-4 주어진 함수의 그래프를 같은 좌표평면 위에 그리고 그래프가 어떤 관련이 있는지 설명하여라.

3. $y = 2^x, \quad y = e^x, \quad y = 5^x, \quad y = 20^x$

4. $y = 3^x, \quad y = 10^x, \quad y = \left(\frac{1}{3}\right)^x, \quad y = \left(\frac{1}{10}\right)^x$

5-8 계산기를 사용하지 말고 함수의 그래프의 대략적인 모양을 그려라. 1.3절을 이용하여 그래프를 그려라.

5. $g(x) = 3^x + 1$

6. $h(x) = 2\left(\frac{1}{2}\right)^x - 3$

7. $y = -e^{-x}$

8. $y = e^{|x|}$

---

9. $y = e^x$의 그래프를 아래와 같이 시행한 그래프의 방정식을 적어라.
(a) 아래로 2만큼 이동
(b) 오른쪽으로 2만큼 이동
(c) x축에 대하여 대칭
(d) y축에 대하여 대칭
(e) x축에 대하여 대칭한 다음 y축에 대하여 대칭

10-11 다음 함수의 정의역을 구하여라.

10. (a) $f(x) = \dfrac{1 - e^{x^2}}{1 - e^{1-x^2}}$ (b) $f(x) = \dfrac{1 + x}{e^{\cos x}}$

11. (a) $g(t) = \sqrt{10^t - 100}$ (b) $g(t) = \sin(e^t - 1)$

12-13 다음 그래프를 보고 지수함수 $f(x) = Cb^x$을 구하여라.

12.

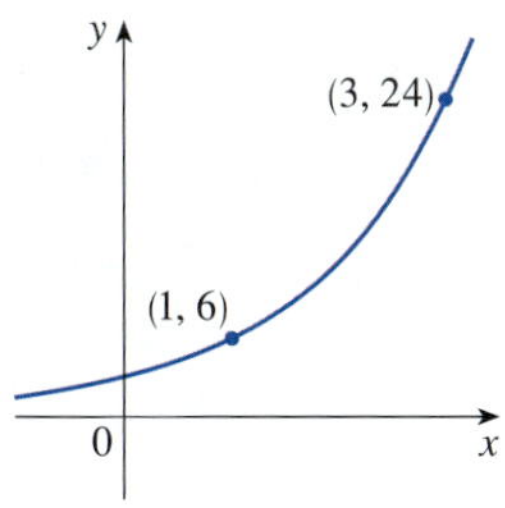

13.

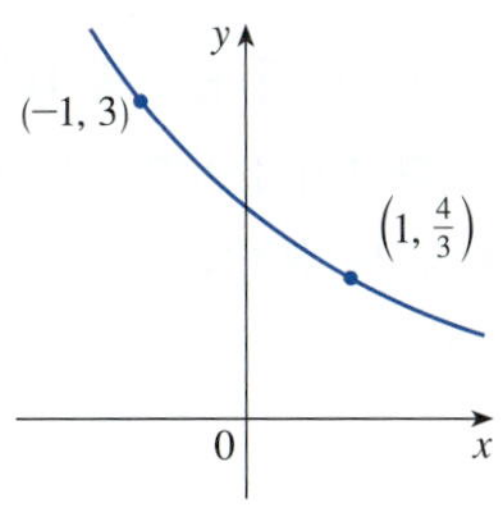

---

14. $f(x) = 5^x$일 때, $\dfrac{f(x+h) - f(x)}{h} = 5^x\left(\dfrac{5^h - 1}{h}\right)$임을 보여라.

15. 3cm 단위로 눈금이 그어져 있는 좌표평면에 함수 $f(x) = x^2$과 $g(x) = 2^x$의 그래프가 그려져 있다고 하자. 원점으로부터 오른쪽으로 1m 간 지점에서 f의 높이는 15m이지만 g의 높이는 약 419km임을 보여라.

16. 어떤 연구원이 람블편모충의 개체수가 두 배가 되는 데 걸리는 시간을 조사하고 있다. 그는 배양액에서 박테리아를 배양하면서 네 시간마다 개체수를 측정하여 아래와 같은 표를 만들었다.

시간(시)	0	4	8	12	16	20	24
박테리아 수 (CFU/mL)	37	47	63	78	105	130	173

(a) 자료의 산점도를 그려라.
(b) 그래핑 계산기를 이용하여 t시간 후 박테리아 개체수를 나타내는 지수함수 $f(t) = a \cdot b^t$을 구하여라.
(c) (b)에서 구한 함수의 그래프와 (a)의 산점도를 같이 그리고, 박테리아의 개체수가 두 배가 되는 데 걸리는 시간을 예측하여라.

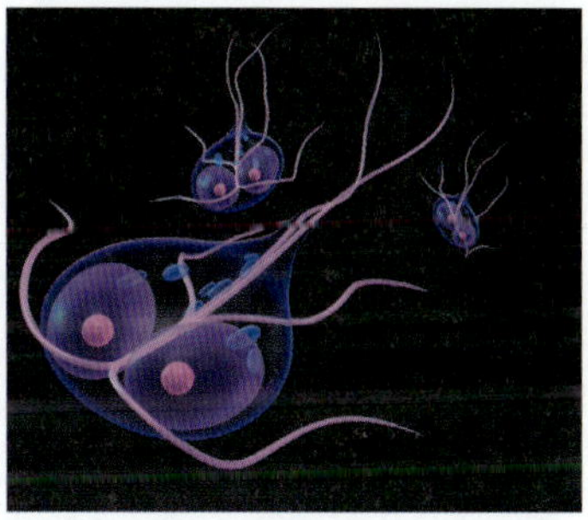

Sebastian Kaulitzki / Shutterstock.com

람블편모충

17. 처음 박테리아가 500마리였고 30분마다 두 배로 늘어난다.
(a) 3시간 후에 박테리아의 수는?
(a) t시간 후에 박테리아의 수는?
(c) 40분 후에 박테리아의 수는?
(d) 박테리아 수에 대한 함수의 그래프를 그리고 박테리아가 100,000마리가 될 때까지의 시간을 예측하여라.

18. 함수 $f(x) = \dfrac{1 - e^{1/x}}{1 + e^{1/x}}$의 그래프를 그리고 f가 기함수임을 증명하여라.

19. $a > 0$일 때 함수족

$$f(x) = \frac{a}{2}\left(e^{x/a} + e^{-x/a}\right)$$

에 대해 몇 개의 그래프를 그려라. a가 증가할 때 그래프는 어떻게 변하는가?

1.5 역함수와 로그

■ 역함수

표 1은 제한된 영양 환경에서 100마리의 박테리아로 시작한 박테리아 배양실험에서 얻은 자료이다. 박테리아 개체수를 시간마다 기록하였다. 박테리아 수 N은 시간 t의 함수이므로 $N = f(t)$로 나타낼 수 있다.

그런데 생물학자가 관점을 바꾸어 개체 수가 다양한 수준에 도달하는 시간을 구하려고 한다고 생각해보자. 다시 말하면 t를 N의 함수로 생각하는 것이다. 이러한 함수를 f의 역함수라고 부르고, f^{-1}로 나타내고 "f의 역"이라 읽는다. 그러므로 $t = f^{-1}(N)$은 개체수가 N에 도달하기 위해 필요한 시간이다. f^{-1}의 값은 표 1을 오른쪽에서 왼쪽으로 읽거나, 표 2를 이용해서 구할 수 있다. 예를 들면, $f^{-1}(550) = 6$이다. 그 이유는 $f(6) = 550$이기 때문이다.

표 1 t의 함수로서 N

t (시간)	$N = f(t)$ = 시간 t일 때 개체수
0	100
1	168
2	259
3	358
4	445
5	509
6	550
7	573
8	586

표 2 N의 함수로서 t

N	$t = f^{-1}(N)$ = 박테리아의 수가 N이 되는 데 걸리는 시간
100	0
168	1
259	2
358	3
445	4
509	5
550	6
573	7
586	8

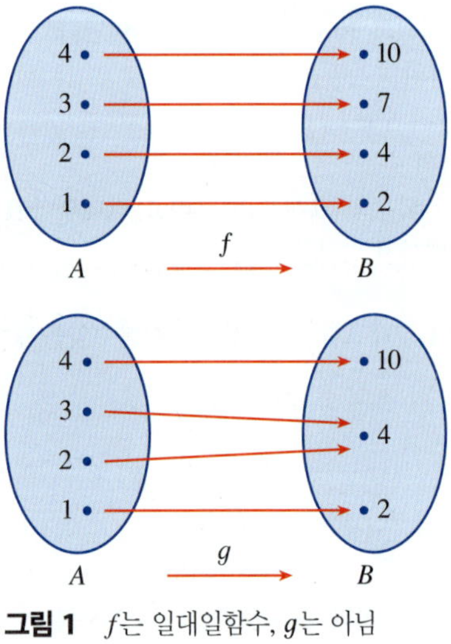

그림 1 f는 일대일함수, g는 아님

모든 함수가 역함수를 갖는 것은 아니다. 그림 1에서 함수 f와 g를 비교해보자. f는 같은 값을 절대 두 번 갖지 않는다(A에서 어떠한 두 개의 값을 입력해도 다른 출력값을 얻는다). 반면에 g는 같은 값을 두 번 취한다(2와 3 모두 같은 출력값 4를 갖는다). 기호로 나타내면

$$g(2) = g(3)$$

이지만 f는

$$x_1 \neq x_2\text{일 때,} \qquad f(x_1) \neq f(x_2)$$

를 만족한다. 이러한 성질을 갖는 함수를 일대일함수라고 부른다.

입력값과 출력값의 언어로 정의 1을 설명하면 각 출력값에 대해 오직 하나의 입력값이 대응될 때 f가 일대일함수라는 것이다.

1 정의 만약 함수 f가 같은 값을 두 번 이상 취하지 않는다면 **일대일함수**(one-to-one function)라고 부른다. 즉,

$$x_1 \neq x_2\text{일 때,} \qquad f(x_1) \neq f(x_2)$$

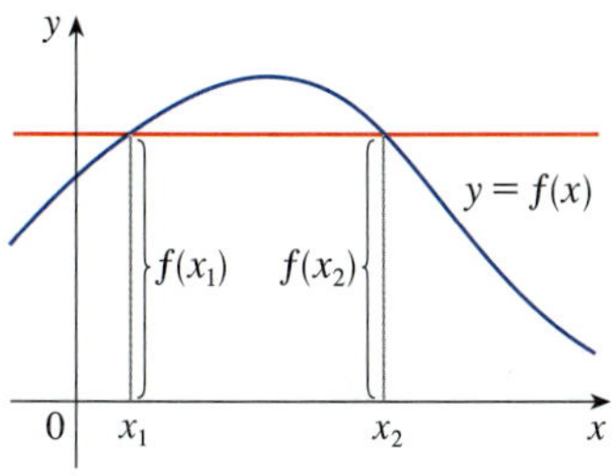

그림 2 $f(x_1) = f(x_2)$이므로 이 함수는 일대일이 아니다.

만약 어떤 수평선이 f의 그래프와 두 점 이상에서 만난다면 그림 2로부터 $f(x_1) = f(x_2)$를 만족하는 수 x_1과 x_2가 존재함을 알 수 있다. 이것은 f가 일대일이 아님을 의미한다. 그러므로 함수가 일대일인지 아닌지는 다음의 기하적 방법으로 판정할 수 있다.

> **수평선 판정법** 함수가 일대일이 될 필요충분조건은 그래프가 모든 수평선과 두 번 이상 만나지 않는 것이다.

예제 1 함수 $f(x) = x^3$은 일대일함수인가?

풀이 1 $x_1 \neq x_2$이면 $x_1^3 \neq x_2^3$이다(두 개의 다른 수는 같은 세제곱을 갖지 않는다). 그러므로 정의 **1**에 의해 $f(x) = x^3$은 일대일함수이다.

풀이 2 그림 3에서 알 수 있는 것처럼 $f(x) = x^3$의 그래프와 두 번 이상 교차하는 수평선은 없다. 따라서 수평선 판정법에 의해 $f(x)$는 일대일함수이다.

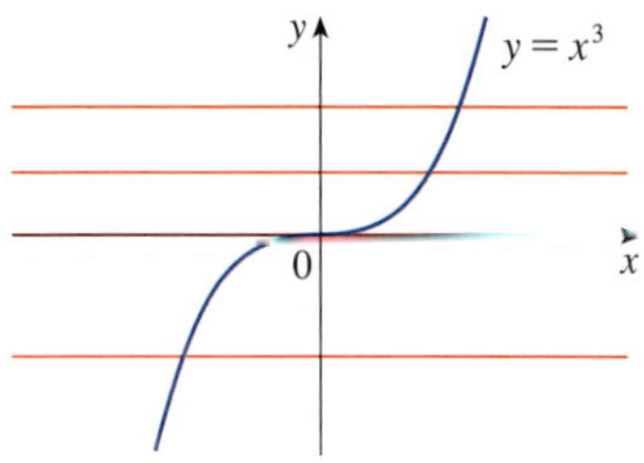

그림 3
$f(x) = x^3$은 일대일함수다.

■

예제 2 $g(x) = x^2$은 일대일함수인가?

풀이 1 이 함수는 일대일함수가 아니다. 예를 들면,

$$g(1) = 1 = g(-1)$$

이므로 1과 -1은 같은 함숫값을 갖는다.

풀이 2 그림 4에서 알 수 있는 것처럼 g의 그래프와 두 번 이상 만나는 수평선이 있다. 그러므로 수평선 판정법에 의해 g는 일대일함수가 아니다. ■

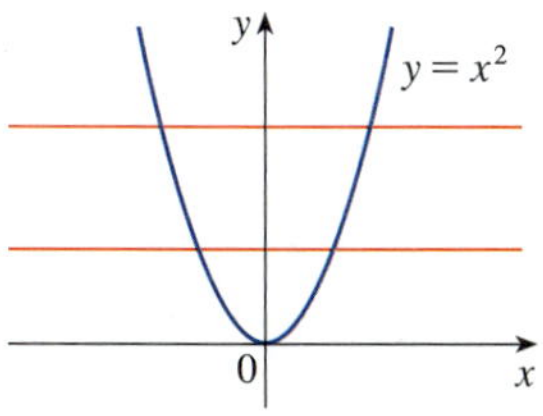

그림 4
$g(x) = x^2$은 일대일함수가 아니다.

일대일함수는 다음 정의에 따라 역함수를 갖는 함수이기 때문에 중요하다.

> **2 정의** f는 정의역 A와 치역 B를 갖는 일대일함수라 하자. 그러면 f의 **역함수** f^{-1}는 정의역 B와 치역 A를 가지며 B의 임의의 y에 대하여
>
> $$f^{-1}(y) = x \iff f(x) = y$$
>
> 로 정의된다.

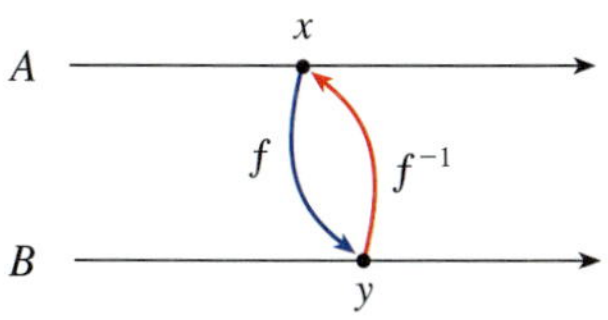

그림 5

이 정의가 말하는 것은 만약 f가 x를 y로 보낸다면, f^{-1}는 y를 다시 x로 보낸다는 것이다(f가 일대일이 아니면, f^{-1}는 유일하게 정의되지 않는다). 그림 5의 화살표가 나타내는 것은 f^{-1}는 f의 결과를 역행으로 대응시킨다는 것이다.

f^{-1}의 정의역 $=$ f의 치역
f^{-1}의 치역 $=$ f의 정의역

예를 들면, $f(x) = x^3$의 역함수는 $f^{-1}(x) = x^{1/3}$이다. 왜냐하면 $y = x^3$이라 하면

$$f^{-1}(y) = f^{-1}(x^3) = (x^3)^{1/3} = x$$

이기 때문이다.

주의 f^{-1}의 -1을 지수로 오해해서는 안 된다. 따라서

$$f^{-1}(x)\text{는} \quad \frac{1}{f(x)}$$

을 의미하는 것이 아니다.

역수 $1/f(x)$는 $[f(x)]^{-1}$로 표기한다.

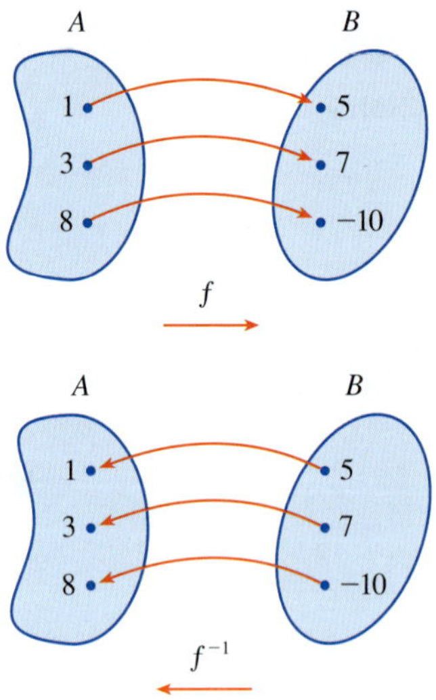

그림 6 역함수는 입력과 출력을 바꾼다.

예제 3 $f(1) = 5, f(3) = 7, f(8) = -10$일 때 $f^{-1}(7), f^{-1}(5), f^{-1}(-10)$의 값을 구하여라.

풀이 f^{-1}의 정의로부터

$$\begin{aligned} f(3) = 7\text{이므로} &\qquad f^{-1}(7) = 3 \\ f(1) = 5\text{이므로} &\qquad f^{-1}(5) = 1 \\ f(8) = -10\text{이므로} &\qquad f^{-1}(-10) = 8 \end{aligned}$$

이다. 그림 6은 f^{-1}가 어떻게 f의 결과를 역으로 대응시키는지 보여준다. ■

전통적으로 문자 x를 독립변수로 사용했는데, f보다 f^{-1}에 관심을 집중할 때는 정의 **2**에서 보통 x와 y의 역할을 바꾸고,

3 $$f^{-1}(x) = y \iff f(y) = x$$

로 나타낸다. 정의 **2**와 **3**에서 y를 소거하면 각각 다음과 같은 **소거방정식**(cancellation equation)을 얻는다.

4
A의 모든 x에 대하여 $f^{-1}(f(x)) = x$
B의 모든 x에 대하여 $f(f^{-1}(x)) = x$

첫 번째 소거방정식은 x부터 시작해서 f를 작용시킨 후 f^{-1}를 작용시키면 x로 되돌아오는 것을 말한다(그림 7의 기계도표를 보라.) 그러므로 f^{-1}는 f가 작용된 것을 푸는 것이다. 두 번째 방정식은 f^{-1}가 작용된 것을 f가 푸는 것이다.

그림 7

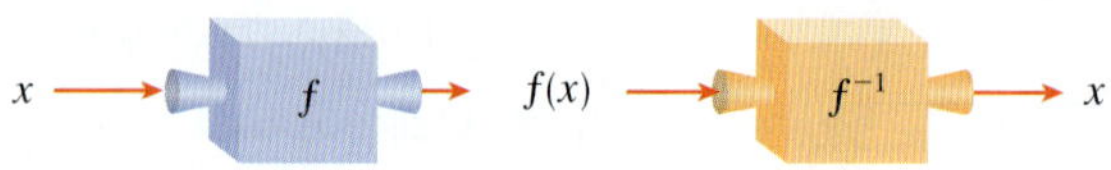

예를 들면, $f(x) = x^3$이면, $f^{-1}(x) = x^{1/3}$이고 소거방정식은

$$f^{-1}(f(x)) = (x^3)^{1/3} = x$$
$$f(f^{-1}(x)) = (x^{1/3})^3 = x$$

가 된다. 이 방정식은 세제곱함수와 세제곱근함수는 연속으로 작용될 때는 서로 소거되는 것을 보여준다.

이제 어떻게 역함수를 계산하는지 알아보자. $y = f(x)$란 함수가 있고 이 방정식을 y에 대한 식으로 x를 풀 수 있다면, 정의 **2**에 의해 $x = f^{-1}(y)$이다. x를 독립변수로 하려면 x와 y를 교환해서 방정식 $y = f^{-1}(x)$를 얻을 수 있다.

5 일대일함수 f의 역함수 구하기

1단계 $y = f(x)$라고 쓴다.

2단계 이 방정식을 (가능하다면) x를 y의 식으로 푼다.

3단계 f^{-1}를 x의 함수로 표현하기 위해 x와 y를 바꿔서 $y = f^{-1}(x)$를 얻는다.

예제 4 $f(x) = x^3 + 2$의 역함수를 구하여라.

풀이 **5**에 의해 먼저 $y = x^3 + 2$로 쓰고, 이것을 x에 대하여 푼다.

$$x^3 = y - 2, \text{ 즉 } x = \sqrt[3]{y - 2}$$

예제 4에서 f^{-1}가 f의 효과를 어떻게 뒤집는지 주의하라. 함수 f는 "세제곱하고 2를 더하라"이고, f^{-1}는 "2를 뺀 후 세제곱근을 구하라"이다.

마지막으로 x와 y를 바꾼다.

$$y = \sqrt[3]{x - 2}$$

그러므로 역함수는 $f^{-1}(x) = \sqrt[3]{x - 2}$이다. ■

x와 y를 교환하는 것은 f의 그래프로부터 f^{-1}의 그래프를 얻는 방법을 알려준다. $f(a) = b$의 필요충분조건은 $f^{-1}(b) = a$이므로 점 (a, b)가 f의 그래프 위에 있을 필요충분조건은 점 (b, a)가 f^{-1}의 그래프 위에 있는 것이다. 여기서 점 (b, a)는 점 (a, b)를 직선 $y = x$에 대해 대칭시킨 것이다(그림 8 참조).

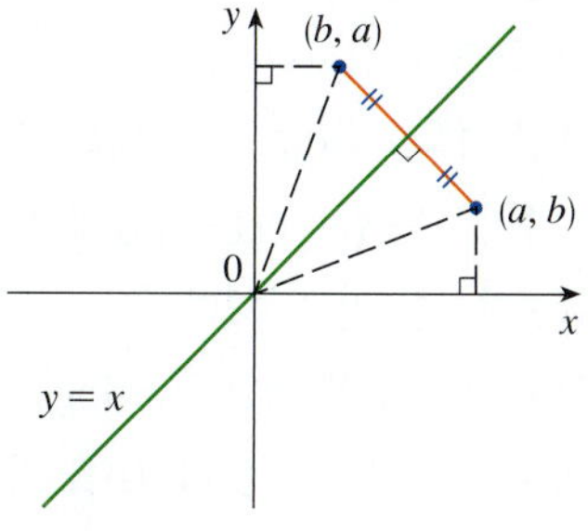

그림 8

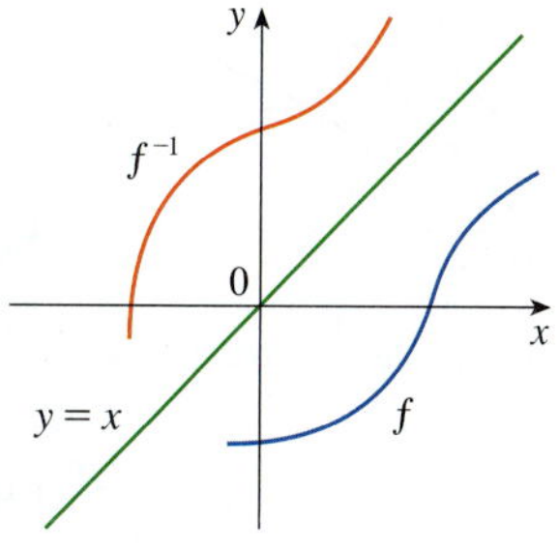

그림 9

그러므로 그림 9에서처럼

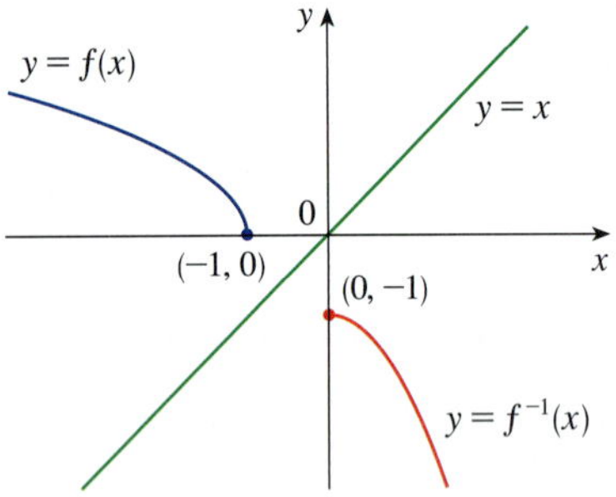

그림 10

> f^{-1}의 그래프는 f의 그래프를 직선 $y = x$에 대해 대칭시켜 얻는다.

예제 5 $f(x) = \sqrt{-1 - x}$와 역함수의 그래프를 같은 좌표축에 그려라.

풀이 먼저 곡선 $y = \sqrt{-1 - x}$를 그리고(포물선 $y^2 = -1 - x$ 즉 $x = -y^2 - 1$의 상반부) f^{-1}의 그래프를 얻기 위해 직선 $y = x$에 대하여 대칭시킨다(그림 10 참조). f^{-1}의 식이 $x \geqslant 0$에 대하여 $f^{-1}(x) = -x^2 - 1$이므로 f^{-1}의 그래프는 포물선 $y = -x^2 - 1$의 오른쪽 절반이고 그림 10에서 이것이 합리적임을 알 수 있다. ■

■ 로그함수

$b > 0$이고 $b \neq 1$이면 지수함수 $f(x) = b^x$은 증가하거나 감소하고 수평선 판정법에 의해 일대일함수이다. 그러므로 이것은 $\log_b$로 나타내면서 **밑 b를 가지는 로그함수**(logarithmic function)로 불리는 역함수 f^{-1}를 가진다. **3**에 있는 다음의 역함수의 식을 이용하면 다음과 같다.

$$f^{-1}(x) = y \iff f(y) = x$$

6

$$\log_b x = y \iff b^y = x$$

그러므로 $x > 0$이면, $\log_b x$는 밑 b에 몇 제곱을 해야 x가 되는지를 뜻한다. 예를 들면 $10^{-3} = 0.001$이므로 $\log_{10} 0.001 = -3$이다.

소거방정식 **4**를 $f(x) = b^x$과 $f^{-1}(x) = \log_b x$에 적용하면

7

$$\log_b(b^x) = x, \text{ 모든 } x \in \mathbb{R}$$
$$b^{\log_b x} = x, \text{ 모든 } x > 0$$

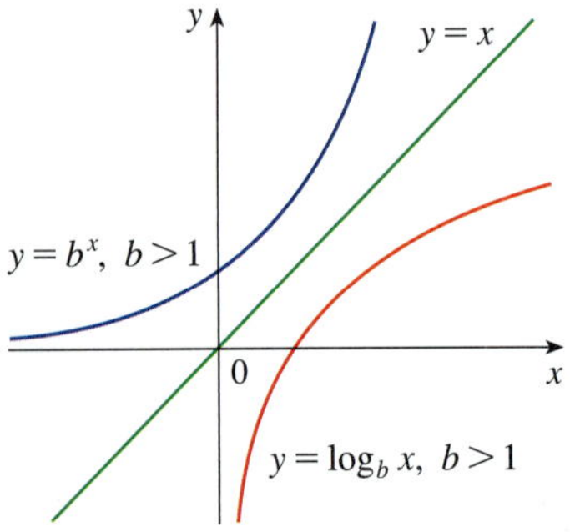

그림 11

이 된다. 로그함수 $\log_b x$는 정의역 $(0, \infty)$과 치역 $\mathbb{R}$을 가지고, 그래프는 직선 $y = x$에 대하여 $y = b^x$의 그래프를 대칭시킨 것이다.

그림 11은 $b > 1$인 경우이다(중요한 로그함수들은 $b > 1$이다). $y = b^x$은 $x > 0$에 대해 아주 급격하게 증가하는 함수라는 사실에서 $y = \log_b x$가 $x > 1$에 대해 아주 천천히 증가하는 함수라는 사실을 알 수 있다.

그림 12는 밑 b의 다양한 값에 대한 $y = \log_b x$의 그래프를 나타낸 것이다. $\log_b 1 = 0$이므로 모든 로그함수의 그래프는 점 $(1, 0)$을 지난다.

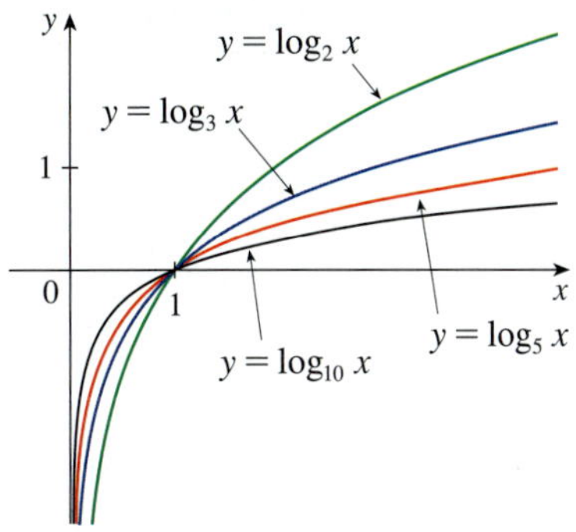

그림 12

다음 로그함수의 성질들은 1.4절에 주어진 지수함수의 성질로부터 쉽게 알 수 있다.

로그법칙 x와 y가 양수일 때

1. $\log_b(xy) = \log_b x + \log_b y$

2. $\log_b\left(\dfrac{x}{y}\right) = \log_b x - \log_b y$

3. $\log_b(x^r) = r\log_b x$ (r은 임의의 실수)

예제 6 로그법칙을 이용하여 $\log_2 80 - \log_2 5$를 계산하여라.

풀이 $2^4 = 16$이므로 법칙 2를 이용하여 다음과 같이 구할 수 있다.

$$\log_2 80 - \log_2 5 = \log_2\left(\frac{80}{5}\right) = \log_2 16 = 4$$ ■

■ 자연로그

대부분의 미분적분학과 과학책뿐만 아니라 계산기에서도 $\ln x$를 자연로그, $\log x$를 "상용로그" 기호로 사용하고 있다. 그러나 더 상급의 수학과 과학책 그리고 컴퓨터 언어에서는 자연로그의 기호로 $\log x$를 사용하고 있다.

로그의 모든 가능한 밑 b 중에서 3장에서는 1.4절에서 정의된 수 e를 선택하는 것이 가장 편리하다는 것을 알 수 있다. 밑이 e인 로그는 **자연로그**(natural logarithm)라고 부르고

$$\log_e x = \ln x$$

라는 특별한 기호로 나타낸다. 만약 $b = e$로 두고 $\log_e$를 "ln"으로 바꾸면 자연로그함수를 정의하는 성질은 6과 7에서

8 $$\ln x = y \iff e^y = x$$

9 $$\ln(e^x) = x \quad x \in \mathbb{R}$$
$$e^{\ln x} = x \quad x > 0$$

이 된다. 특히 $x = 1$로 두면 다음 식을 얻는다.

$$\ln e = 1$$

성질은 9 와 법칙 3을 결합하면

$$x^r = e^{\ln(x^r)} = e^{r\ln x} \qquad x > 0$$

와 같이 쓸 수 있다. 그러므로 x의 거듭제곱은 지수 형식으로 표현할 수 있으며, 자주 사용하게 될 것이다.

10 $$x^r = e^{r\ln x}$$

예제 7 $\ln x = 5$일 때 x를 구하여라.

풀이 1 8 로부터

$$\ln x = 5\text{는 } e^5 = x$$

이다. 그러므로 $x = e^5$이다.

("ln" 기호를 쓰는 게 어렵다면 $\log_e$로 바꾸면 된다. 그러면 방정식은 $\log_e x = 5$가 되어 로그의 정의에 의해 $e^5 = x$가 된다.)

풀이 2 방정식 $\ln x = 5$에 대해 방정식의 양변에 지수함수를 작용시킨다.

$$e^{\ln x} = e^5$$

그러면 9 의 두 번째 소거방정식에 의해 $e^{\ln x} = x$이므로 $x = e^5$이다. ■

예제 8 방정식 $e^{5-3x} = 10$을 풀어라.

풀이 방정식의 양변에 자연로그를 취하고 9 를 이용하면

$$\ln(e^{5-3x}) = \ln 10$$
$$5 - 3x = \ln 10$$
$$3x = 5 - \ln 10$$
$$x = \tfrac{1}{3}(5 - \ln 10)$$

이다. 계산기를 사용하여 소수 넷째 자리까지 해의 근삿값을 계산하면 $x \approx 0.8991$이다.

■

예제 9 로그법칙을 이용하여 $\ln \dfrac{x^2\sqrt{x^2+2}}{3x+1}$를 계산하여라.

풀이 로그법칙 1, 2, 3을 이용하면 다음과 같다.

$$\ln \frac{x^2\sqrt{x^2+2}}{3x+1} = \ln x^2 + \ln \sqrt{x^2+2} - \ln(3x+1)$$
$$= 2\ln x + \tfrac{1}{2}\ln(x^2+2) - \ln(3x+1)$$ ■

예제 10 $\ln a + \frac{1}{2}\ln b$를 하나의 로그로 나타내어라.

풀이 로그법칙 3과 1을 이용하면 다음과 같다.

$$\begin{aligned}\ln a + \tfrac{1}{2}\ln b &= \ln a + \ln b^{1/2} \\ &= \ln a + \ln\sqrt{b} \\ &= \ln\left(a\sqrt{b}\right)\end{aligned}$$ ■

다음 공식은 로그의 밑이 무엇이든 간에 자연로그로 표현 가능하다는 것이다.

11 밑변환 공식 어떤 양수 $b(b \neq 1)$에 대해서도

$$\log_b x = \frac{\ln x}{\ln b}$$

증명 $y = \log_b x$라고 하자. 그러면 6으로부터 $b^y = x$이다. 이 방정식의 양변에 자연로그를 취하면, $y \ln b = \ln x$이다. 그러므로

$$y = \frac{\ln x}{\ln b}$$ ■

공식 11은 어떤 밑을 가지는 로그의 계산이라도 계산기를 사용하는 것을 가능하게 해준다(다음 예제에서 알 수 있는 것처럼). 마찬가지로 공식 11은 그래핑 계산기나 컴퓨터로 어떠한 로그함수의 그래프라도 그릴 수 있게 해준다(연습문제 40과 41 참조).

예제 11 $\log_8 5$를 소수 여섯째 자리까지 정확하게 계산하여라.

풀이 공식 11에 의해

$$\log_8 5 = \frac{\ln 5}{\ln 8} \approx 0.773976$$ ■

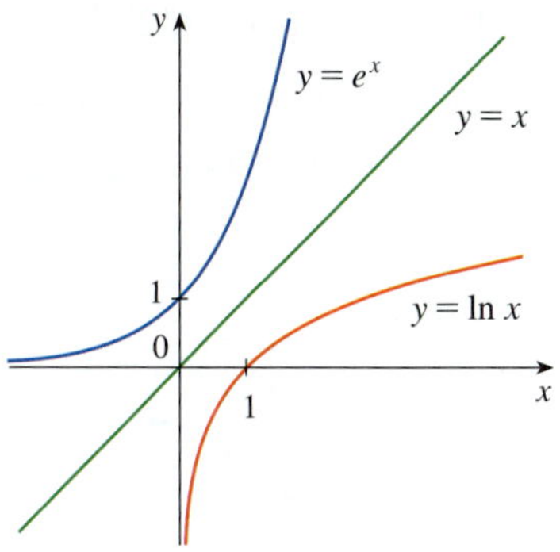

그림 13 $y = \ln x$의 그래프는 $y = e^x$의 그래프를 $y = x$에 대해 대칭시킨 것이다.

■ 자연로그함수의 그래프와 증가

그림 13에는 지수함수와 그 역함수인 자연로그함수의 그래프가 그려져 있다. 밑이 1보다 큰 다른 로그함수처럼 자연로그함수도 $(0, \infty)$에서 증가함수이고 y축을 수직점근선으로 가진다(이것은 x가 0에 가까워질수록 $\ln x$의 값은 점점 더 큰 음수가 됨을 의미한다).

예제 12 함수 $y = \ln(x-2) - 1$의 그래프를 그려라.

풀이 그림 13에 있는 $y = \ln x$의 그래프에서 시작한다. 1.3절의 변형을 이용하여, $y = \ln(x-2)$의 그래프를 얻기 위해 두 칸 오른쪽으로 이동하고 $y = \ln(x-2) - 1$의 그

래프를 얻기 위해 아래로 한 칸 이동한다(그림 14 참조).

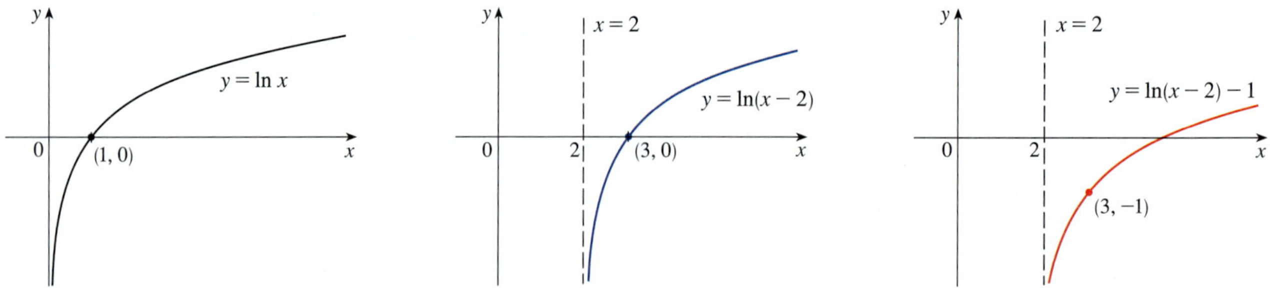

그림 14

$\ln x$가 증가함수이지만 $x > 1$일 때 매우 천천히 증가한다. 사실 $\ln x$는 x의 어떤 양의 제곱근함수보다도 더 천천히 증가한다. 이 사실을 설명하기 위해, 그림 15와 16에서 함수 $y = \ln x$와 $y = x^{1/2} = \sqrt{x}$의 그래프를 그렸다. 초기에는 두 그래프가 비슷한 속도로 증가하지만 결국에는 제곱근함수가 로그함수보다 훨씬 큰 값을 가짐을 알 수 있다.

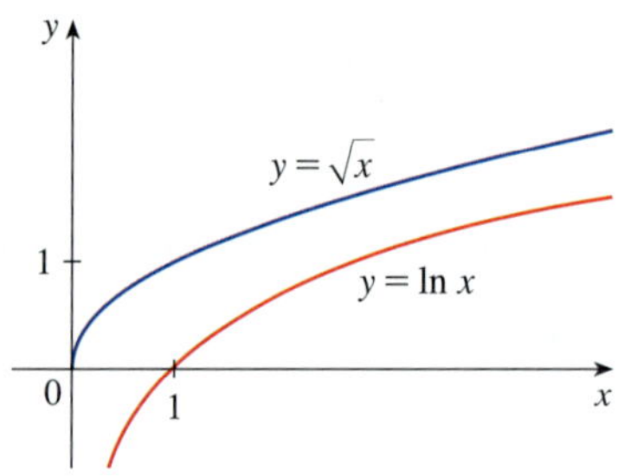

그림 15

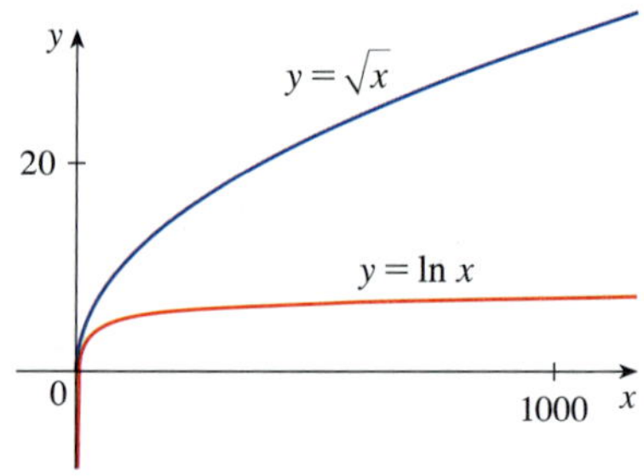

그림 16

역삼각함수

역삼각함수를 구하기는 쉽지 않은데, 그 이유는 삼각함수는 일대일함수가 아니므로 역함수를 갖지 않기 때문이다. 그러나 함수들이 일대일함수가 되도록 정의역을 제한하여 이 문제를 해결할 수 있다.

그림 17에서 사인함수 $y = \sin x$는 일대일이 아님을 알 수 있다(수평선 판정법을 이용하라). 그러나 정의역을 구간 $[-\pi/2, \pi/2]$로 제한하면 $y = \sin x$는 일대일이다(그림 18 참조). 정의역이 제한된 사인함수 f의 역함수는 존재하고 $\sin^{-1}$ 또는 arcsin으로 나타낸다. 이것을 **역사인함수**(inverse sine function) 또는 **아크사인함수**(arcsine function)라 부른다.

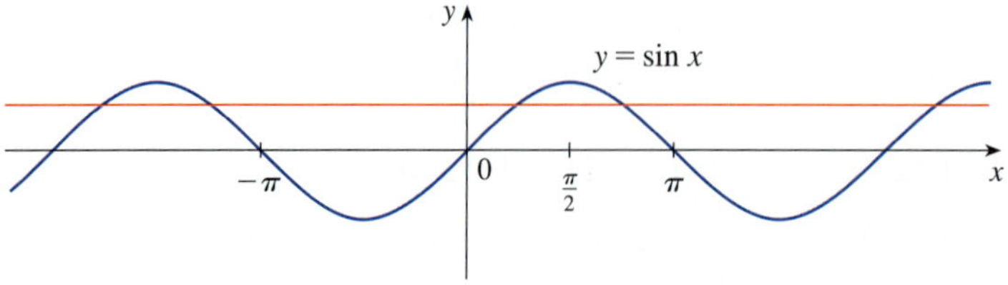

그림 17

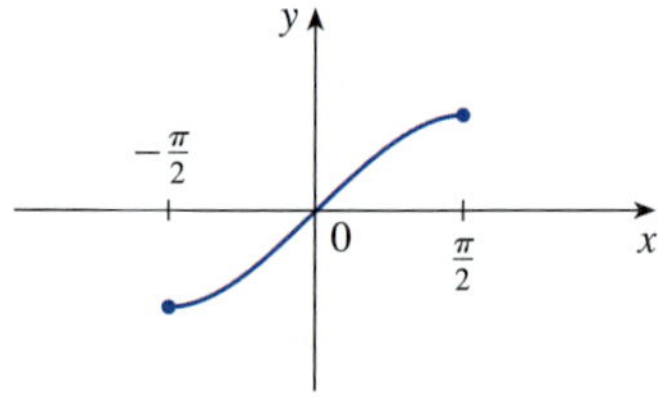

그림 18 $y = \sin x,\ -\frac{\pi}{2} \leq x \leq \frac{\pi}{2}$

역함수의 정의는

$$f^{-1}(x) = y \iff f(y) = x$$

이므로

$$\sin^{-1}x = y \iff \sin y = x \quad \text{and} \quad -\frac{\pi}{2} \leqslant y \leqslant \frac{\pi}{2}$$

$\sin^{-1}x \neq \dfrac{1}{\sin x}$

이다. 그러므로 $-1 \leqslant x \leqslant 1$이면 $\sin^{-1}x$는 $-\pi/2$와 $\pi/2$ 사이의 수이다.

예제 13 (a) $\sin^{-1}\left(\frac{1}{2}\right)$과 (b) $\tan\left(\arcsin \frac{1}{3}\right)$을 계산하여라.

풀이

(a) $\sin(\pi/6) = \frac{1}{2}$이고 $\pi/6$는 $-\pi/2$와 $\pi/2$ 사이에 속하므로

$$\sin^{-1}\left(\tfrac{1}{2}\right) = \frac{\pi}{6}$$

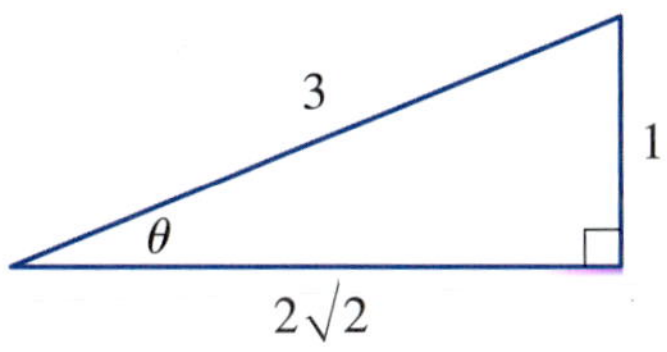

그림 19

(b) $\theta = \arcsin \frac{1}{3}$이라 하면 $\sin\theta = \frac{1}{3}$이다. 그림 19에서 각 θ를 갖는 직각삼각형을 그리고 피타고라스 정리에 의해 세 번째 변의 길이 $\sqrt{9-1} = 2\sqrt{2}$를 구할 수 있다. 삼각형으로부터

$$\tan\left(\arcsin \tfrac{1}{3}\right) = \tan\theta = \frac{1}{2\sqrt{2}}$$

을 얻는다. ■

사인함수에 관한 역함수의 소거방정식은 다음과 같다.

$$\sin^{-1}(\sin x) = x, \qquad -\frac{\pi}{2} \leqslant x \leqslant \frac{\pi}{2}$$
$$\sin(\sin^{-1}x) = x, \qquad -1 \leqslant x \leqslant 1$$

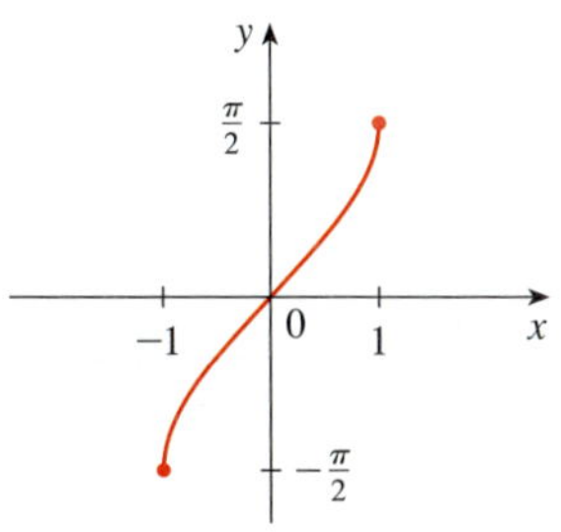

그림 20 $y = \sin^{-1} x = \arcsin x$

역사인함수 $\sin^{-1}$은 정의역은 $[-1, 1]$이고 치역은 $[-\pi/2, \pi/2]$이며, 그림 20의 그래프는 제한된 사인함수의 그래프(그림 18)를 직선 $y = x$에 대하여 대칭시켜 얻는다.

역코사인함수(inverse cosine function)도 같은 방법으로 정의한다. 정의역이 제한된 코사인함수 $f(x) = \cos x$, $0 \leqslant x \leqslant \pi$는 일대일이고(그림 21 참조) 역함수가 존재하며 $\cos^{-1}$ 또는 arccos으로 나타낸다.

$$\cos^{-1}x = y \iff \cos y = x \text{이고} \quad 0 \leqslant y \leqslant \pi$$

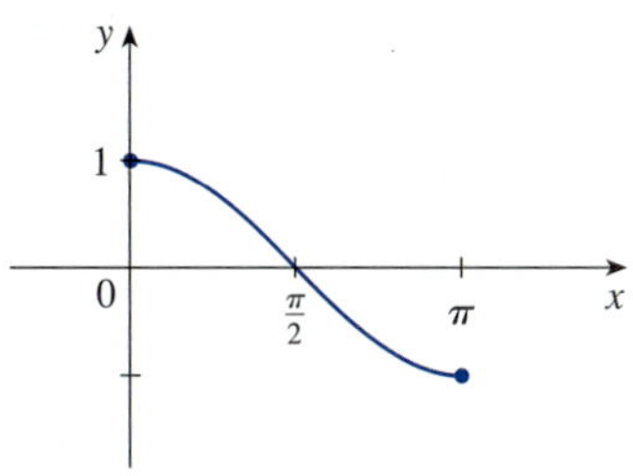

그림 21 $f(x) = \cos x$, $0 \leqslant x \leqslant \pi$

소거방정식은 다음과 같다.

$$\cos^{-1}(\cos x) = x, \qquad 0 \leqslant x \leqslant \pi$$
$$\cos(\cos^{-1}x) = x, \qquad -1 \leqslant x \leqslant 1$$

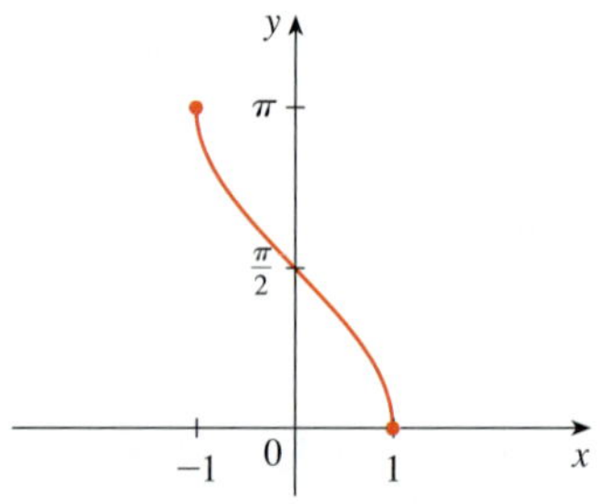

그림 22 $y = \cos^{-1} x = \arccos x$

역코사인함수 $\cos^{-1}$의 정의역은 $[-1, 1]$이고 치역은 $[0, \pi]$이다. 그래프는 그림 22와 같다.

탄젠트함수는 정의역을 $(-\pi/2, \pi/2)$로 제한하면 일대일함수가 된다. 그러므로 **역탄젠트함수**는 함수 $f(x) = \tan x$, $-\pi/2 < x < \pi/2$의 역함수이다(그림 23 참조). 그것을 $\tan^{-1}$ 또는 arctan로 나타낸다.

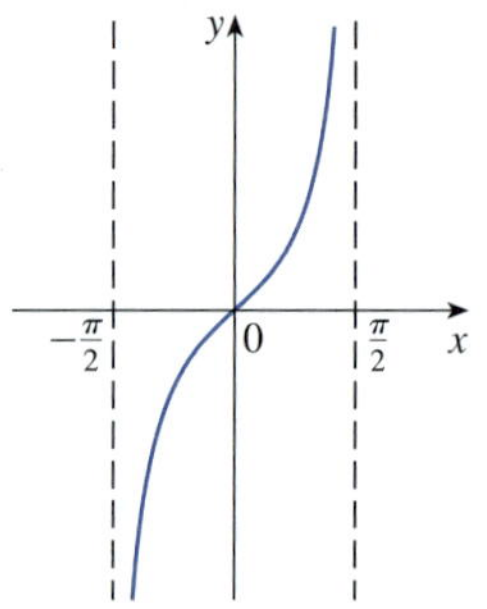

그림 23 $y = \tan x, -\frac{\pi}{2} < x < \frac{\pi}{2}$

$$\tan^{-1}x = y \iff \tan y = x\text{이고} \quad -\frac{\pi}{2} < y < \frac{\pi}{2}$$

예제 14 $\cos(\tan^{-1}x)$를 간단히 나타내어라.

풀이 1 $y = \tan^{-1}x$라 하자. 그러면 $\tan y = x$이고 $-\pi/2 < y < \pi/2$이다. $\cos y$를 구해야 하지만 $\tan y$를 알고 있으므로 먼저 $\sec y$를 다음과 같이 구하는 것이 좀 더 쉽다.

$$\sec^2 y = 1 + \tan^2 y = 1 + x^2$$

$-\pi/2 < y < \pi/2$에서 $\sec y > 0$이므로

$$\sec y = \sqrt{1 + x^2}$$

이다. 따라서

$$\cos(\tan^{-1}x) = \cos y = \frac{1}{\sec y} = \frac{1}{\sqrt{1 + x^2}}$$

이다.

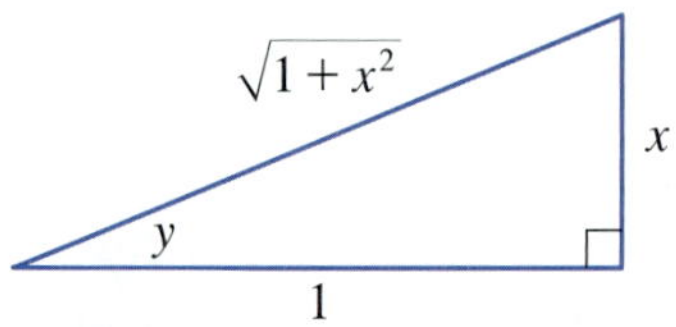

그림 24

풀이 2 풀이 1에서와 같이 삼각항등식을 이용하는 대신에 그림을 이용하는 것이 더 쉽다. $y = \tan^{-1}x$이면 $\tan y = x$이고 그림 24로부터($y > 0$)

$$\cos(\tan^{-1}x) = \cos y = \frac{1}{\sqrt{1 + x^2}}$$

이다. ■

역탄젠트함수 $\tan^{-1} = \arctan$는 정의역이 $\mathbb{R}$이고 치역이 $(-\pi/2, \pi/2)$이다. 그래프는 그림 25에 있다.

직선 $x = \pm\pi/2$는 탄젠트함수의 그래프의 수직점근선이다. $\tan^{-1}$의 그래프는 정의역이 제한된 탄젠트함수의 그래프를 직선 $y = x$에 대하여 대칭시켜 얻는다. 직선 $y = \pi/2$와 $y = -\pi/2$는 $\tan^{-1}$의 그래프의 수평점근선이다.

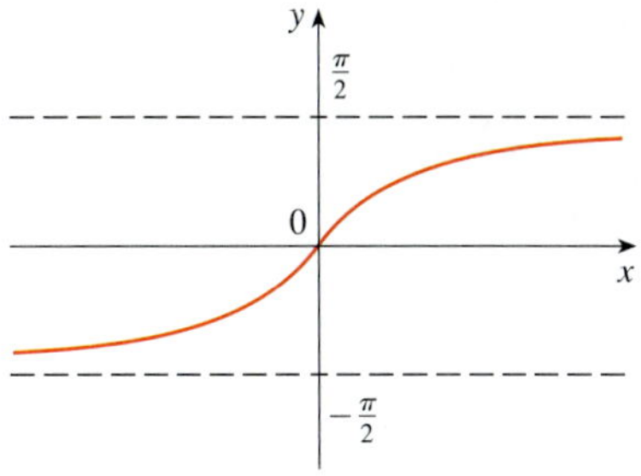

그림 25
$y = \tan^{-1}x = \arctan x$

나머지 역삼각함수는 자주 사용하지 않으나 다음과 같다.

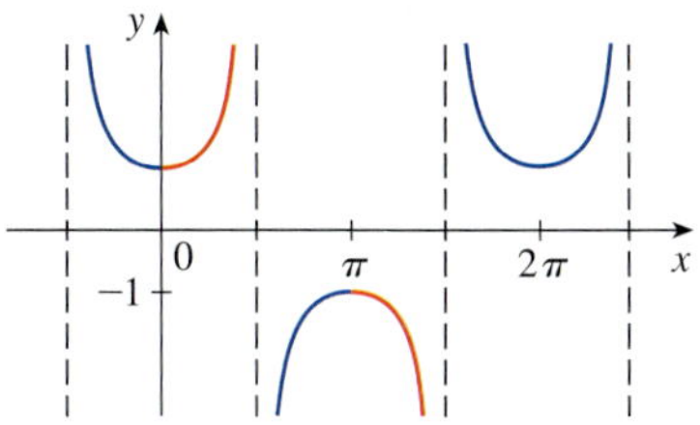

그림 26 $y = \sec x$

12 $y = \csc^{-1}x \ (|x| \geqslant 1) \iff \csc y = x$이고 $y \in (0, \pi/2] \cup (\pi, 3\pi/2]$

$y = \sec^{-1}x \ (|x| \geqslant 1) \iff \sec y = x$이고 $y \in [0, \pi/2) \cup [\pi, 3\pi/2)$

$y = \cot^{-1}x \ (x \in \mathbb{R}) \iff \cot y = x$이고 $y \in (0, \pi)$

$\csc^{-1}$와 $\sec^{-1}$의 정의에서 y에 대한 구간의 선택은 항상 위와 같은 것은 아니다. 예를 들면, 어떤 저자는 $\sec^{-1}$를 정의할 때 $y \in [0, \pi/2) \cup (\pi/2, \pi]$를 사용한다(그림 26에 나타난 시컨트함수의 그래프로부터 이 선택과 **12**에 있는 것 중 어느 것을 선택해도 문제가 없음을 알 수 있다).

1.5 연습문제

1-14 아래에 표, 그래프, 식, 말로 표현된 함수가 있다. 이 함수가 일대일인지 결정하여라.

1.

x	1	2	3	4	5	6
$f(x)$	1.5	2.0	3.6	5.3	2.8	2.0

2.

x	1	2	3	4	5	6
$f(x)$	1.0	1.9	2.8	3.5	3.1	2.9

3.

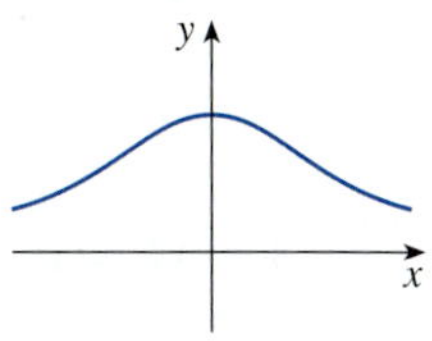

4.

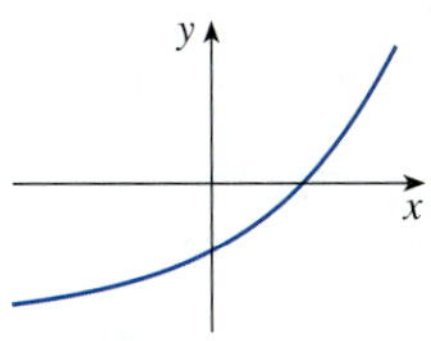

5.

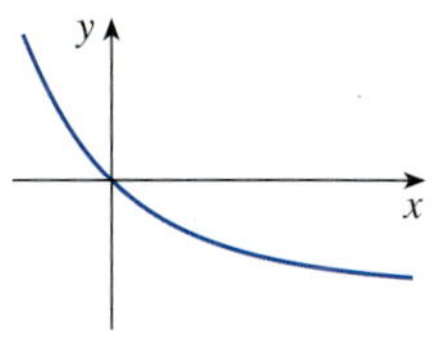

6.

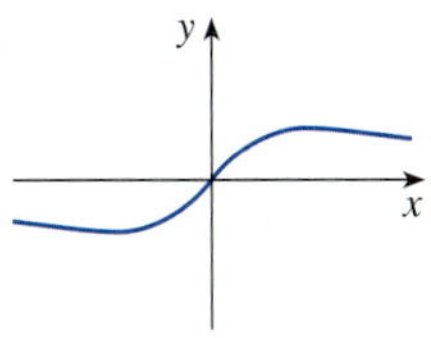

7. $f(x) = 2x - 3$

8. $f(x) = x^4 - 16$

9. $r(t) = t^3 + 4$

10. $g(x) = \sqrt[3]{x}$

11. $g(x) = 1 - \sin x$

12. $f(x) = x^4 - 1, \quad 0 \leqslant x \leqslant 10$

13. $f(t)$는 공을 차고 t초 후 높이이다.

14. $f(t)$는 t살일 때 키이다.

15. f가 일대일함수라고 하자.

(a) $f(6) = 17$일 때 $f^{-1}(17)$은 얼마인가?

(b) $f^{-1}(3) = 2$일 때 $f(2)$는 얼마인가?

16. $f(x) = x^5 + x^3 + x$에 대해 $f^{-1}(3)$, $f(f^{-1}(2))$의 값을 구하여라.

17. $g(x) = 3 + x + e^x$에 대해 $g^{-1}(4)$의 값을 구하여라.

18. 함수 f의 그래프가 아래와 같다.

(a) 함수 f는 왜 일대일인가?

(b) f^{-1}의 정의역과 치역을 구하여라.

(c) $f^{-1}(2)$의 값은 얼마인가?

(d) $f^{-1}(0)$의 값을 추측하여라.

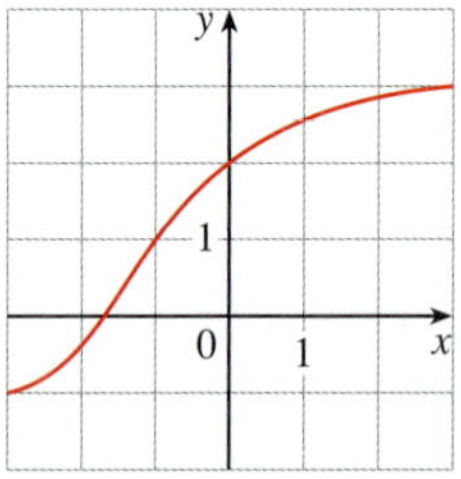

19. $C = \frac{5}{9}(F - 32)$, $F \geq -459.67$은 화씨온도 F에 대한 섭씨온도 C의 공식이다. 역함수의 함수식을 찾고, 절편을 구하여라. 역함수의 정의역은 어떻게 되는가?

20. 상대성 이론에서 속도 v에 대한 입자의 질량은

$$m = f(v) = \frac{m_0}{\sqrt{1 - v^2/c^2}}$$

이다. 이때 m_0는 입자의 정지 질량이고, c는 진공상태에서의 빛의 속도이다. f의 역함수를 찾고 그 의미를 설명하여라.

21-26 다음 함수의 역함수를 구하여라.

21. $f(x) = 1 - x^2, \quad x \geq 0$

22. $g(x) = 2 + \sqrt{x + 1}$

23. $h(x) = \dfrac{6 - 3x}{5x + 7}$

24. $y = e^{1-x}$

25. $y = 3\ln(x - 2)$

26. $y = \dfrac{1 - e^{-x}}{1 + e^{-x}}$

27-28 f^{-1}의 함수식을 찾고, 이것을 이용하여 f^{-1}, f, $y = x$의 그래프를 같은 좌표평면 위에 그려라. 함수 f와 f^{-1}가 직선에 대해 대칭인지 확인하여라.

27. $f(x) = \sqrt{4x + 3}$

28. $f(x) = 1 + e^{-x}$

29-30 주어진 함수 f의 그래프를 이용하여 f^{-1}의 그래프를 그려라.

29.

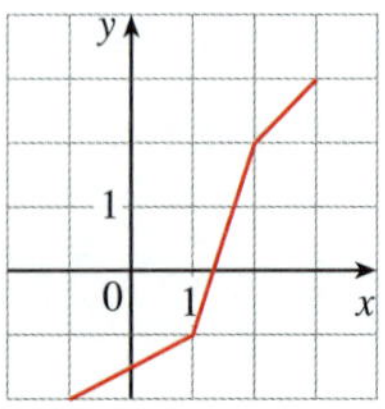

30.

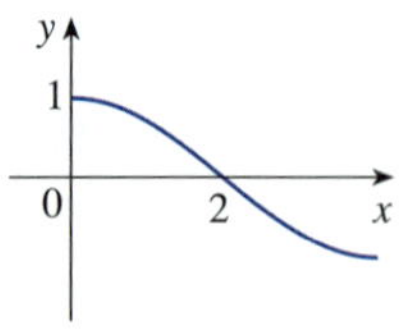

31. $f(x) = \sqrt{1 - x^2}$, $0 \leq x \leq 1$이라 하자.

(a) f^{-1}을 구하여라. f와 어떤 관련이 있는가?

(b) f의 그래프를 확인하고 (a)의 답에 대해 설명하여라.

32-35 다음 식의 정확한 값을 구하여라.

32. (a) $\log_3 81$ (b) $\log_3\left(\frac{1}{81}\right)$ (c) $\log_9 3$

33. (a) $\ln \dfrac{1}{e^2}$ (b) $\ln \sqrt{e}$ (c) $\ln\left(\ln e^{e^{50}}\right)$

34. (a) $\log_2 30 - \log_2 15$

(b) $\log_3 10 - \log_3 5 - \log_3 18$

(c) $2\log_5 100 - 4\log_5 50$

35. (a) $e^{3\ln 2}$ (b) $e^{-2\ln 5}$ (c) $e^{\ln(\ln e^3)}$

36-37 로그법칙을 이용하여 각 식을 전개하여라.

36. (a) $\log_{10}(x^2y^3z)$ (b) $\ln\left(\dfrac{x^4}{\sqrt{x^2 - 4}}\right)$

37. (a) $\ln\sqrt{\dfrac{3x}{x - 3}}$ (b) $\log_2\left[(x^3 + 1)\sqrt[3]{(x - 3)^2}\right]$

38-39 주어진 식을 하나의 로그로 표현하여라.

38. (a) $\log_{10} 20 - \frac{1}{3}\log_{10} 1000$ (b) $\ln a - 2\ln b + 3\ln c$

39. (a) $3\ln(x - 2) - \ln(x^2 - 5x + 6) + 2\ln(x - 3)$

(b) $c\log_a x - d\log_a y + \log_a z$

40. 식 11을 사용하여 각 로그의 값을 소수 여섯째 자리까지 정확하게 계산하여라.

(a) $\log_5 10$ (b) $\log_{15} 12$

41-42 식 11을 사용하여 주어진 함수의 그래프를 같은 좌표평면 위에 그려라. 그래프들은 어떤 관계가 있는가?

41. $y = \log_{1.5} x$, $y = \ln x$, $y = \log_{10} x$, $y = \log_{50} x$

42. $y = \ln x$, $y = \log_8 x$, $y = e^x$, $y = 8^x$

43. 단위가 1센티미터인 좌표평면에 함수 $y = \log_2 x$를 그렸다. 곡선의 높이가 25cm가 되려면 원점의 오른쪽으로 몇 킬로미터 움직여야 하는가?

44-45 계산기를 사용하지 말고 각 함수의 그래프를 간략하게 그려보아라. 그림 12와 13에서 주어진 그래프를 이용하여라. 필요하다면 1.3절을 참고하여라.

44. (a) $y = \log_{10}(x + 5)$ (b) $y = -\ln x$

45. (a) $y = \ln(-x)$ (b) $y = \ln|x|$

46-47
(a) f의 정의역과 치역은 무엇인가?
(b) f의 그래프에서 x절편은 얼마인가?
(c) f의 그래프를 그려라.

46. $f(x) = \ln x + 2$ **47.** $f(x) = \ln(x - 1) - 1$

48-49 x에 대한 각각의 방정식을 풀어라. 참값을 구하고 근삿값은 소수 셋째 자리까지 구하여라.

48. (a) $\ln(4x + 2) = 3$ (b) $e^{2x-3} = 12$

49. (a) $\ln(\ln x) = 0$ (b) $\dfrac{60}{1 + e^{-x}} = 4$

50-51 다음 부등식을 x에 관하여 풀어라.

50. (a) $\ln x < 0$ (b) $e^x > 5$

51. (a) $1 < e^{3x-1} < 2$ (b) $1 - 2\ln x < 3$

52. (a) $f(x) = \ln(e^x - 3)$의 정의역을 구하여라.
(b) f^{-1}을 찾고 정의역을 구하여라.

53. (a) $e^{\ln 300}$과 $\ln(e^{300})$의 값은 얼마인가?
(b) $e^{\ln 300}$과 $\ln(e^{300})$의 값을 계산기를 이용하여 계산하여라. 무엇을 알게 되었는가? 계산기에서 왜 오류가 생겼는지 설명하여라.

T **54.** (a) $g(x) = x^6 + x^4$, $x \geq 0$에 대해 CAS를 이용하여 $g^{-1}(x)$를 구하여라.
(b) (a)의 표현을 사용하여 $y = g(x)$, $y = x$, $y = g^{-1}(x)$의 그래프를 같은 화면에 그려라.

55. 박테리아의 개체수가 100마리이고, 세 시간마다 두 배가 된다고 한다면 t시간 후에 박테리아 수는 $n = f(t) = 100 \cdot 2^{t/3}$이다.
(a) 이 함수의 역함수를 찾고 그것의 의미를 설명하여라.
(b) 박테리아 개체수가 50,000이 될 때는 언제인가?

56-59 각 식의 정확한 값을 찾아라.

56. (a) $\cos^{-1}(-1)$ (b) $\sin^{-1}(0.5)$

57. (a) $\tan^{-1}\sqrt{3}$ (b) $\arctan(-1)$

58. (a) $\csc^{-1}\sqrt{2}$ (b) $\arcsin 1$

59. (a) $\cot^{-1}(-\sqrt{3})$ (b) $\sec^{-1} 2$

60. $\cos(\sin^{-1} x) = \sqrt{1 - x^2}$임을 증명하여라.

61-62 다음 식을 간단히 하여라.

61. $\tan(\sin^{-1}x)$ **62.** $\sin(\tan^{-1}x)$

63-64 주어진 함수를 같은 좌표평면 위에 그려라. 그래프들은 어떤 관계가 있는가?

63. $y = \sin x$, $-\pi/2 \leq x \leq \pi/2$; $y = \sin^{-1}x$; $y = x$

64. $y = \tan x$, $-\pi/2 < x < \pi/2$; $y = \tan^{-1}x$; $y = x$

65. 아래 함수의 정의역과 치역을 구하여라.

$$g(x) = \sin^{-1}(3x + 1)$$

66. (a) 함수 $f(x) = \sin(\sin^{-1}x)$의 그래프를 그리고 그래프의 모양을 설명하여라.
(b) 함수 $g(x) = \sin^{-1}(\sin x)$의 그래프를 그리고 그래프의 모양을 설명하여라.

우리는 물체가 높은 곳에서 떨어질 때 더 빠르다는 것을 안다. 갈릴레오는 물체가 떨어지는 거리가 경과된 시간의 제곱에 비례한다는 것을 발견했다. 미적분을 이용하면 물체의 정확한 속도를 계산할 수 있다. 2.6절 연습문제 9에서는 절벽에서 다이버가 바다로 뛰어드는 속도를 알아본다.

Icealex / Shutterstock.com

2 극한과 도함수

Limits and Derivatives

앞의 '함수와 모델'장에서 다양한 상황을 수학적으로 표현하는 방법과 실생활문제를 해결할 때 필요한 여러 가지 함수에 대하여 살펴보았다. 이 장에서는 본격적으로 이런 함수의 미적분에 대하여 알아보기 위하여 함수의 극한과 그 성질에 대하여 알아본다. 또 무한대에서의 극한과 같은 특별한 유형의 극한을 통하여 미분의 핵심 아이디어인 도함수를 다루고자 한다.

2.1 접선과 속도 문제

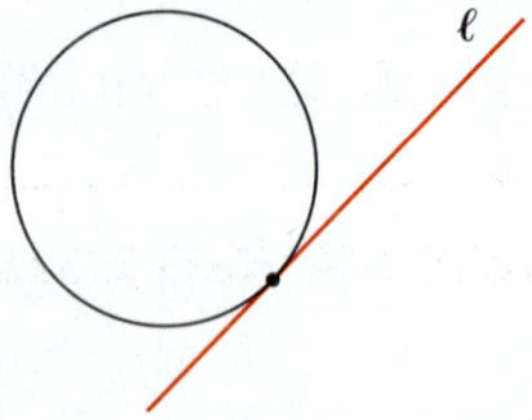

(a)

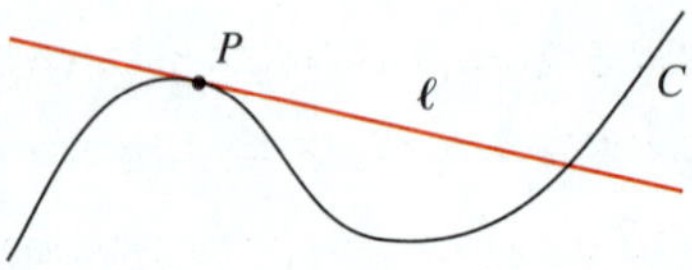

(b)

그림 1

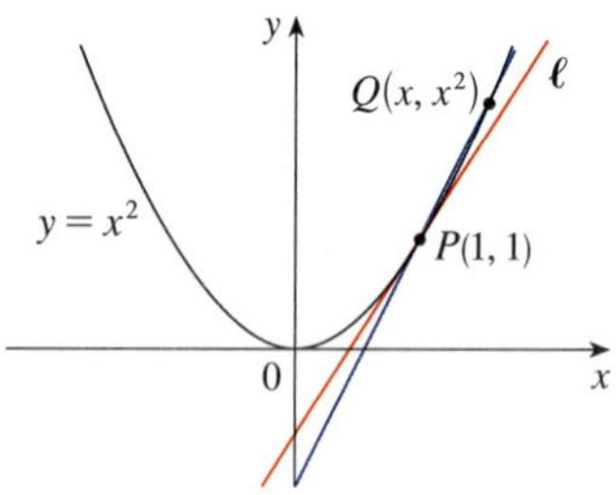

그림 2

x	m_{PQ}
2	3
1.5	2.5
1.1	2.1
1.01	2.01
1.001	2.001

x	m_{PQ}
0	1
0.5	1.5
0.9	1.9
0.99	1.99
0.999	1.999

이 절에서는 곡선의 접선 또는 물체의 속도를 구할 때 극한이 어떻게 사용되는지 알아보자.

■ 접선 문제

접선이란 단어는 '접촉'이란 뜻의 라틴어 tangens에서 유래했다. 따라서 곡선의 접선은 곡선과 접하는 직선이다. 즉, 접선은 접점에서 곡선과 같은 방향을 가져야 한다. 이 개념을 어떻게 엄밀하게 만들 수 있을까?

유클리드의 정의에 따라 원에서 접선은 그림 1(a)에서와 같이 원과 오직 한 점에서 만나는 직선 ℓ이라 할 수 있다. 하지만 복잡한 곡선에서는 이 정의가 부적절하다. 그림 1(b)에서 직선 ℓ은 점 P에서 곡선 C의 접선이지만 C와 두 점에서 만난다.

분명히 하기 위하여 포물선 $y = x^2$의 접선 ℓ을 구하는 다음 예제를 살펴보자.

예제 1 점 $P(1, 1)$에서 포물선 $y = x^2$의 접선의 방정식을 구하여라.

풀이 접선 ℓ의 기울기 m을 구하면 접선의 방정식을 구할 수 있을 것이다. 기울기를 구하기 위해서는 두 점이 필요하지만, ℓ 위의 오직 한 점 P만을 알고 있어서 어려움이 있다. 그러나 그림 2와 같이 포물선 위의 가까운 점 $Q(x, x^2)$을 잡고 할선 PQ의 기울기 m_{PQ}를 구하여 m의 근삿값을 구할 수 있다. [**할선** secant line은 라틴어의 '자른다'를 뜻하는 secans에서 나온 용어로 곡선을 한 번 이상 자르는(지나는, 만나는) 직선을 말한다.]

$Q \neq P$가 되도록 $x \neq 1$를 잡자. 그러면

$$m_{PQ} = \frac{x^2 - 1}{x - 1}$$

이다. 예를 들어, 점 $Q(1.5, 2.25)$에 대하여

$$m_{PQ} = \frac{2.25 - 1}{1.5 - 1} = \frac{1.25}{0.5} = 2.5$$

이다. 옆의 표는 1과 가까운 x의 값들에 대한 m_{PQ}의 값들을 나타낸 것이다. Q가 P에 가까워질수록 x는 1과 가까워지고, 표에 나타나듯이 m_{PQ}는 2에 가까워진다. 이는 접선 ℓ의 기울기가 $m = 2$임을 암시한다.

접선의 기울기가 할선의 기울기의 **극한**이라는 것을 말하고, 이것을 기호로

$$\lim_{Q \to P} m_{PQ} = m \quad \text{그리고} \quad \lim_{x \to 1} \frac{x^2 - 1}{x - 1} = 2$$

로 나타낸다.

접선의 기울기가 2라면 직선의 방정식의 점-기울기 형태를 사용하여 (1, 1)을 지나는 접선의 방정식을 구할 수 있다.

$$y - 1 = 2(x - 1) \quad \text{즉} \quad y = 2x - 1$$

■

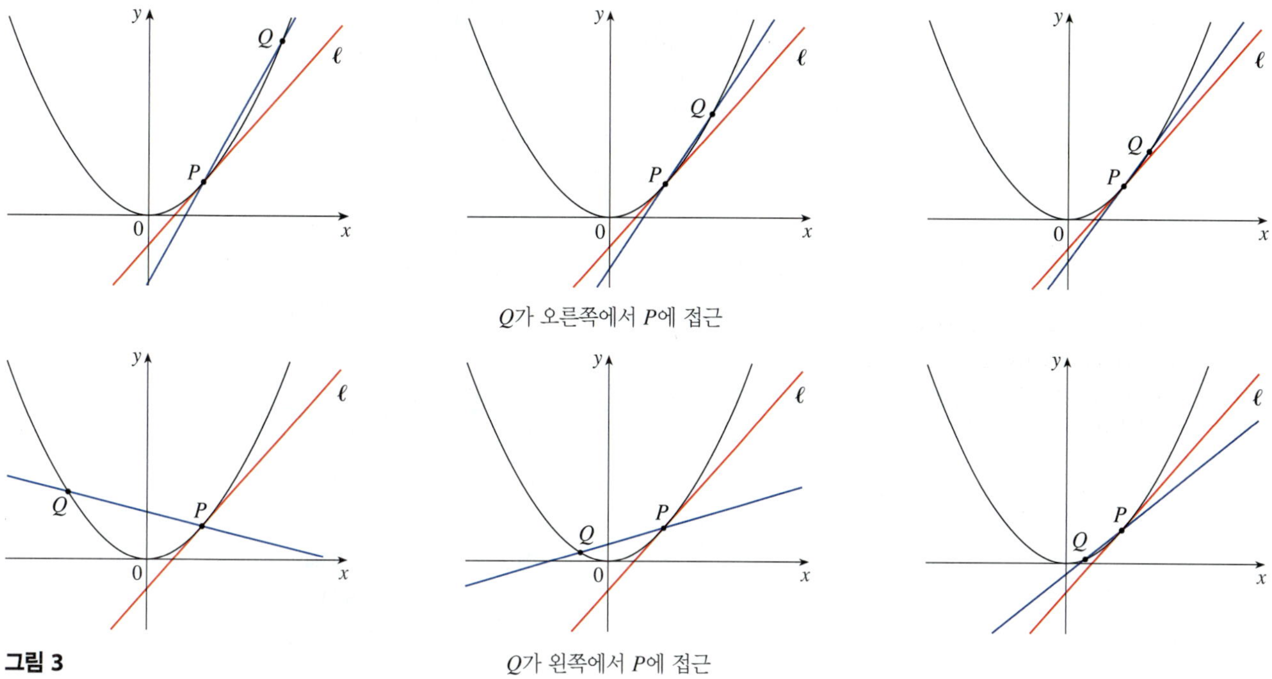

그림 3

그림 3은 이 예제의 극한 과정을 설명한다. Q가 포물선을 따라 P에 가까워질 때 대응하는 할선은 P를 중심으로 회전하면서 접선 ℓ에 접근한다.

■ 속도 문제

달리는 차의 속도계를 보면 바늘이 잠시도 멈춰서 있지 않음을 알 수 있다. 다시 말해서 차의 속도가 일정치 않음을 보여준다. 속도계를 보고 차가 각 순간에 일정한 속도를 가지고 있다고 가정하지만, '순간적인' 속도는 어떻게 정의하는가?

직선 경로를 따라 움직이는 물체의 위치를 알고 있는 경우 특정 시간에 순간속도를 구하는 **속도 문제**를 고려해보자. 다음 예제에서는 떨어지는 공의 속도를 살펴본다. 4세기 전 갈릴레오는 실험을 통해 자유낙하된 물체의 떨어진 거리는 경과된 시간의 제곱에 비례함을 밝혀냈다(공기저항은 무시). t초 후 떨어진 거리를 $s(t)$미터라고 하면 갈릴레오 법칙에 의해

토론토에 있는 CN타워

$$s(t) = 4.9t^2$$

이 된다.

예제 2 토론토에 있는 지상 450m 높이의 CN 타워 전망대에서 공을 떨어뜨릴 때 5초 후의 공의 속도를 구하여라.

풀이 5초 후 속도를 구하기 위해서는 5초 전이나 후의 짧은 시간구간을 잡는 것이 필요하다. $t = 5$에서 $t = 5.1$까지 1/10초 사이의 평균 낙하속도를 구해보면

$$\text{평균속도} = \frac{\text{움직인 거리}}{\text{경과한 시간}} = \frac{s(5.1) - s(5)}{0.1} = \frac{4.9(5.1)^2 - 4.9(5)^2}{0.1} = 49.49\text{m/s}$$

이다. 아래 표는 시간구간을 더욱 짧게 했을 때 같은 방법으로 평균속도를 계산한 것이다.

시간구간	평균속도(m/s)
$5 \leqslant t \leqslant 5.1$	49.49
$5 \leqslant t \leqslant 5.05$	49.245
$5 \leqslant t \leqslant 5.01$	49.049
$5 \leqslant t \leqslant 5.001$	49.0049

이 표에서 시간구간이 짧을수록 평균속도가 49m/s에 가까워짐을 알 수 있다. $t = 5$일 때의 **순간속도**(instantaneous velocity)는 $t = 5$로부터의 시간구간을 더욱더 줄여나갔을 때 평균속도의 극한으로 정의된다. 따라서 5초 후의 (순간)속도는 $v = 49$m/s이다. ■

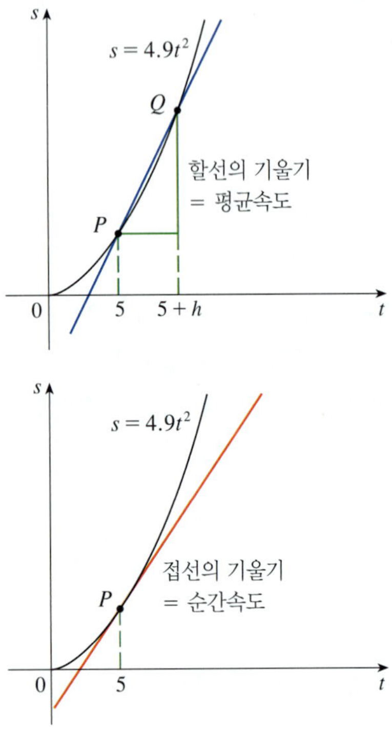

그림 4

이 문제를 풀 때 이용한 계산 과정은 앞에서 접선을 구할 때 사용했던 방법과 매우 유사하다. 실제로 접선 문제와 속도를 구하는 문제 사이에는 밀접한 관련이 있다. 그림 4와 같이 공의 거리함수의 그래프상에 두 점 $P(5, 4.9(5)^2)$과 $Q(5 + h, 4.9(5 + h)^2)$을 잡았을 때 할선 PQ의 기울기

$$m_{PQ} = \frac{4.9(5 + h)^2 - 4.9(5)^2}{(5 + h) - 5}$$

은 시간구간 $[5, 5 + h]$에서의 평균속도와 같다. 그러므로 $t = 5$일 때의 속도(h가 0에 접근할 때 평균속도의 극한)는 점 P에서의 접선의 기울기(할선의 기울기의 극한)와 같게 된다.

예제 1과 예제 2에서 알 수 있듯이 접선과 속도 문제를 해결하기 위해서는 극한을 구해야 한다. 다음 다섯 개의 절에서 극한 계산을 하는 방법을 공부한 후 2.6절에서 다시 접선과 속도를 구하는 문제를 다룰 것이다.

2.1 연습문제

1. 한 학생이 스마트워치를 구입하여 하루 동안 걷는 걸음 수를 측정하였다. 아래 표는 시계를 처음 착용한 날 오후 3시 이후 t분에 기록된 걸음 수를 기록한 것이다.

t (분)	0	10	20	30	40
걸음 수	3438	4559	5622	6536	7398

(a) 다음 시간 구간에서 할선의 기울기를 구하여라. 이 기울기가 의미하는 바는 무엇인가?

(i) [0, 40]　(ii) [10, 20]　(iii) [20, 30]

(b) 두 할선의 평균을 계산하여 오후 3:20에 학생의 분당 걸음 수를 추정하여라.

2. 점 $P(2, -1)$은 곡선 $y = 1/(1 - x)$ 위에 있다.

(a) 점 $Q(x, 1/(1 - x))$에 대해 x의 값이 다음과 같을 때, 할선 PQ의 기울기를 (소수 여섯째 자리까지 정확하게) 계산하여라.

(i) 1.5　(ii) 1.9　(iii) 1.99　(iv) 1.999

(v) 2.5　(vi) 2.1　(vii) 2.01　(viii) 2.001

(b) (a)의 결론을 이용하여 점 $P(2, -1)$에서 곡선의 접선의 기울기를 추측하여라.

(c) (b)에서 구한 기울기를 이용하여 점 $P(2, -1)$에서 곡선의 접선의 방정식을 구하여라.

3. 강물 위로 80미터 높이에 있는 다리에서 조약돌을 떨어뜨렸을 때 t초 후 강물로부터 조약돌의 높이가 $y = 80 - 4.9t^2$으로 주어진다.

(a) $t = 4$일 때 아래의 시간 경과에 따른 조약돌의 평균속도를 구하여라.

(i) 0.1초　(ii) 0.05초　(iii) 0.01초

(b) $t = 4$일 때 순간속도를 추정하여라.

4. 아래 표는 오토바이 타는 사람의 위치를 나타낸 것이다.

t (초)	0	1	2	3	4	5	6
s (미터)	0	1.5	6.3	14.2	24.1	38.0	53.9

(a) 아래의 시간구간에서 평균속도를 구하여라.

(i) [2, 4]　(ii) [3, 4]　(iii) [4, 5]　(iv) [4, 6]

(b) t에 대한 s의 함수의 그래프를 그려서 $t = 3$일 때 순간속도를 계산하여라.

5. 점 $P(1, 0)$은 곡선 $y = \sin(10\pi/x)$ 위에 있다.

(a) $Q(x, \sin(10\pi/x))$에 대해 $x = 2, 1.5, 1.4, 1.3, 1.2, 1.1, 0.5, 0.6, 0.7, 0.8, 0.9$일 때, 할선 PQ의 기울기를 (소수 넷째 자리까지 정확하게) 계산하여라. 극한에 접근하면서 어떤 기울기가 나타나는가?

(b) (a)에서 할선의 기울기가 점 P에서의 접선의 기울기와 가까워지지 않는 이유를 그래프를 이용하여 설명하여라.

(c) 적당한 할선을 선택하여 점 P에서의 접선의 기울기를 추정하여라.

2.2 함수의 극한

앞 절에서는 접선이나 속도를 구할 때 극한이 어떤 역할을 하는지 살펴보았다. 이 절에서는 일반적인 함수의 극한과 그것을 계산하는 방법에 대해서 알아보자.

■ 수치와 그래프로 극한 찾기

$f(x) = (x - 1)/(x^2 - 1)$일 때 $x = 1$ 근방에서 함수 f의 움직임을 조사해보자. 아래 표는 1에 가까운 x의 값들에 대한 $f(x)$의 값을 나타낸 것이다.

$x < 1$	$f(x)$	$x > 1$	$f(x)$
0.5	0.666667	1.5	0.400000
0.9	0.526316	1.1	0.476190
0.99	0.502513	1.01	0.497512
0.999	0.500250	1.001	0.499750
0.9999	0.500025	1.0001	0.499975
↓ 1	↓ 0.5	↓ 1	↓ 0.5

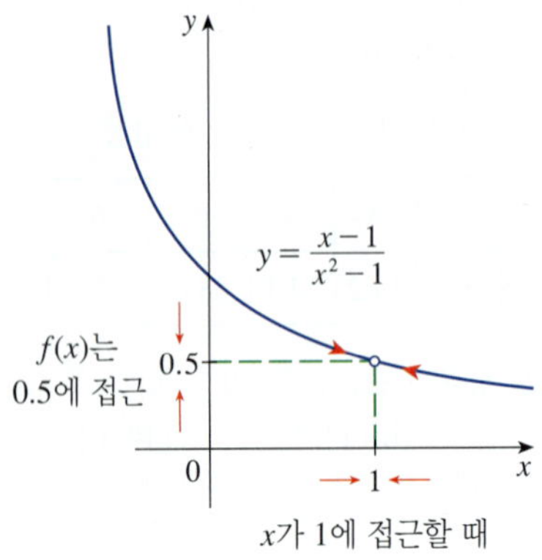

그림 1

표와 그림 1의 f의 그래프로부터 x가 1에 가까워질수록(어느 쪽으로든) $f(x)$는 0.5에 가까워짐을 알 수 있다. 실제로 x를 1에 충분히 가깝게 잡으면 $f(x)$의 값을 원하는 만큼 0.5에 가깝게 잡을 수 있을 것으로 보인다. 이것을 "x가 1에 접근할 때 $f(x) = (x - 1)/(x^2 - 1)$의 극한은 0.5이다"라고 말하고

$$\lim_{x \to 1} \frac{x - 1}{x^2 - 1} = 0.5$$

로 나타낸다. 극한의 일반적인 정의는 다음과 같다.

1 정의 수 a의 근처에 있는 x에 대하여 $f(x)$가 정의된다고 하자(a를 제외한 a의 열린구간에서 f가 정의됨을 의미한다). a와 같지는 않지만 a에 충분히 가까운 x를 잡으면(a의 어느 쪽이든) L에 얼마든지 가까운(L에 원하는 만큼 가까운) $f(x)$값을 얻을 수 있을 때

$$\lim_{x \to a} f(x) = L$$

로 나타내고 "x가 a에 접근할 때 $f(x)$의 극한은 L이다"라고 한다.

위의 정의는 x가(a의 어느 쪽으로든) a에 가까워질수록(단 $x \neq a$) $f(x)$값은 점점 더 L에 가까워진다는 것을 의미하고 있다. 또한

$$\lim_{x \to a} f(x) = L$$

은
$$x \to a\text{일 때 } f(x) \to L$$

로 나타내기도 하고 "x가 a에 접근할 때 $f(x)$는 L에 접근한다"라고 읽는다.

극한의 정의에서 "단 $x \neq a$"라는 문구에 유의하여라. 이것은 x를 a에 접근시킬 때 $x = a$를 고려하지 않겠다는 의미이다. 실제로 $f(x)$는 $x = a$에서 정의될 필요가 없고, a 근방에서 f가 어떻게 정의되어 있느냐가 관심일 뿐이다.

그림 2는 세 함수의 그래프를 보여준다. (b)에서는 $f(a)$가 정의되지 않았고, (c)에서는 $f(a) \neq L$임에 주의하라. 그러나 a에서 어떻게 되었든 간에 모두 $\lim_{x \to a} f(x) = L$이다.

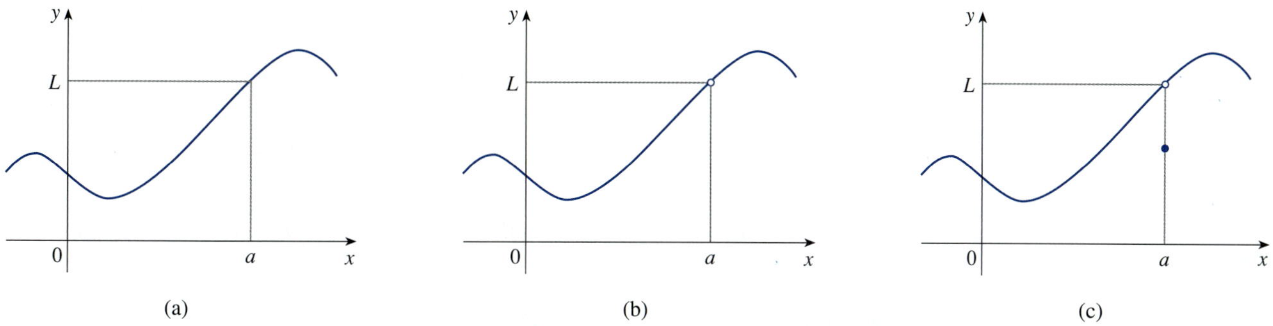

그림 2 세 경우 모두 $\lim_{x\to a} f(x) = L$이다.

예제 1 $\lim_{t\to 0} \dfrac{\sqrt{t^2+9}-3}{t^2}$을 구하여라.

풀이 다음 표는 0의 근방에서 t의 값들에 대한 함숫값을 구한 것이다.

t	$\dfrac{\sqrt{t^2+9}-3}{t^2}$
±1.0	0.162277 . . .
±0.5	0.165525 . . .
±0.1	0.166620 . . .
±0.05	0.166655 . . .
±0.01	0.166666 . . .

t가 0에 접근함에 따라 함숫값은 0.1666666⋯에 접근하므로

$$\lim_{t\to 0} \frac{\sqrt{t^2+9}-3}{t^2} = \frac{1}{6}$$

로 추정할 수 있다. ■

t	$\dfrac{\sqrt{t^2+9}-3}{t^2}$
±0.001	0.166667
±0.0001	0.166670
±0.00001	0.167000
±0.000001	0.000000

예제 1에서 t의 값을 더욱더 작게 잡으면 어떻게 될까? 옆의 표는 계산기를 사용하여 계산된 수치들인데 여기서 특이한 결과를 발견하게 된다.

계산기로 이 계산을 할 때 t를 충분히 작게 하면 함숫값은 결국 0이 된다. 그렇다면 이 문제의 해답은 $\frac{1}{6}$ 대신 0일까? 그렇지 않다. 다음 절에서 보일 것처럼 극한값은 $\frac{1}{6}$이다. 문제는 t가 아주 작을 때 $\sqrt{t^2+9}$가 3에 매우 가깝기 때문에 계산기가 틀린 값을 주는 것이다(사실 t가 아주 작을 때 $\sqrt{t^2+9}$의 계산기 값은 계산기가 계산할 수 있는 소수 아래 자릿수가 아무리 많더라도 그 값은 3.000⋯이다).

www.StewartCalculus.com
계산기가 틀린 값을 주는 것에 대한 이유의 설명은 *Lies My Calculator and Computer Told Me*를 클릭하라. 특히 *The Perils of Subtraction*절을 참조하라.

이와 같은 잘못은 예제 1의 함수

$$f(t) = \frac{\sqrt{t^2+9}-3}{t^2}$$

의 그래프를 그래핑 계산기나 컴퓨터로 그릴 때도 나타날 수가 있다. 그림 3의 (a)와 (b)는 자취모드를 이용한 f의 정확한 그래프이고 이때 극한은 $\frac{1}{6}$로 추정된다. 그러나 (c)나 (d)와 같이 너무 지나치게 확대하면 뺄셈에 문제가 생겨 부적합한 그래프가 그려진다.

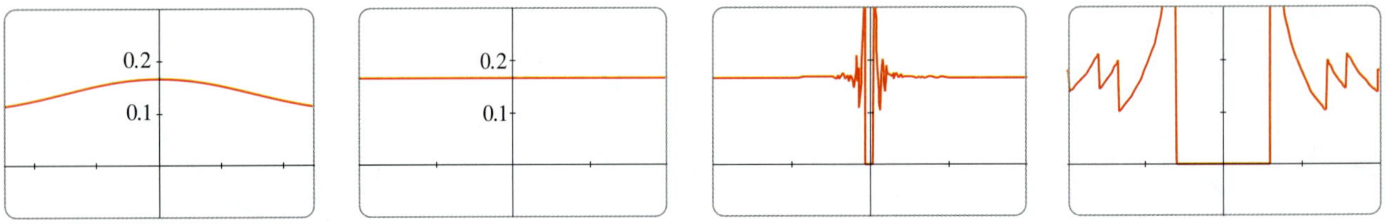

(a) $-5 \leqslant t \leqslant 5$ (b) $-0.1 \leqslant t \leqslant 0.1$ (c) $-10^{-6} \leqslant t \leqslant 10^{-6}$ (d) $-10^{-7} \leqslant t \leqslant 10^{-7}$

그림 3

예제 2 $\displaystyle\lim_{x\to 0}\frac{\sin x}{x}$의 값을 추측하여라.

풀이 함수 $f(x) = (\sin x)/x$는 $x = 0$에서 정의되지 않는다. ($x \in \mathbb{R}$이면 $\sin x$는 라디안으로 측정된 x값의 sine을 의미한다.) 계산기를 사용하여 함숫값을 소수 여덟째 자리까지 구하면 옆의 표와 같다. 표와 그림 4로부터

$$\lim_{x\to 0}\frac{\sin x}{x} = 1$$

임을 추측할 수 있다.

x	$\dfrac{\sin x}{x}$
±1.0	0.84147098
±0.5	0.95885108
±0.4	0.97354586
±0.3	0.98506736
±0.2	0.99334665
±0.1	0.99833417
±0.05	0.99958339
±0.01	0.99998333
±0.005	0.99999583
±0.001	0.99999983

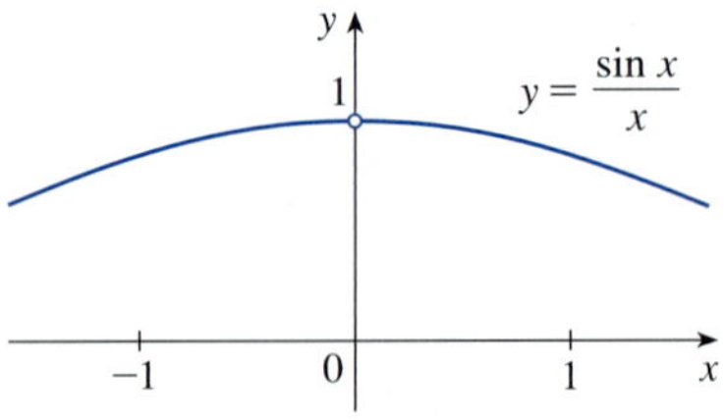

그림 4

예제 3 $\displaystyle\lim_{x\to 0}\left(x^3 + \frac{\cos 5x}{10{,}000}\right)$를 구하여라.

풀이 함숫값을 구하여 표를 만든다. 첫 번째 표로부터 극한이 0일 것이라 생각된다.

x	$x^3 + \dfrac{\cos 5x}{10{,}000}$
1	1.000028
0.5	0.124920
0.1	0.001088
0.05	0.000222
0.01	0.000101

x	$x^3 + \dfrac{\cos 5x}{10{,}000}$
0.005	0.00010009
0.001	0.00010000

그러나 x의 값을 더욱 작게 한 두 번째 표를 보면 극한이 0.0001일 가능성이 더 높다. 2.4절에서 $\lim_{x\to 0}\cos 5x = 1$임을 알게 되어 이 극한은

$$\lim_{x\to 0}\left(x^3 + \frac{\cos 5x}{10{,}000}\right) = \frac{1}{10{,}000} = 0.0001$$

임을 알 수 있다. ■

■ 한쪽 극한

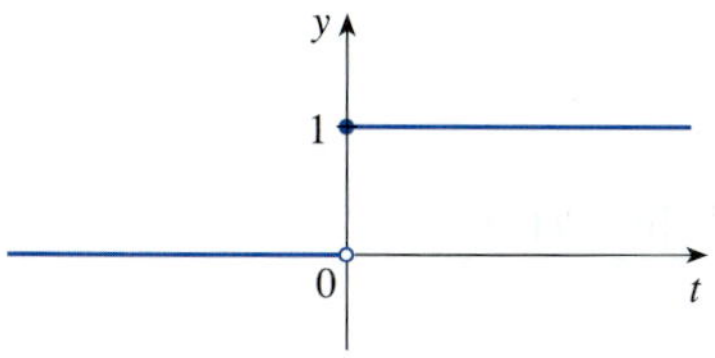

그림 5 헤비사이드 함수

헤비사이드(Heaviside) 함수 H는

$$H(t) = \begin{cases} 0, & t < 0 \\ 1, & t \geq 0 \end{cases}$$

로 정의된다. [이 함수는 전기 기술자 헤비사이드(Oliver Heaviside, 1850~1925)로부터 비롯되었고, 시간 $t = 0$에서 스위치를 켤 때의 전류를 나타내는 데 사용된다.] 이 함수의 그래프는 그림 5와 같다.

t가 0에 접근할 때 $H(t)$는 하나의 값에 접근하지 않으므로 $\lim_{x \to 0} H(t)$의 값은 존재하지 않는다. 그러나 t가 왼쪽에서 0에 접근할 때 $H(t)$는 0에 접근하고, t가 오른쪽에서 0에 접근할 때 $H(t)$는 1에 접근한다. 이 경우 기호로

$$\lim_{t \to 0^-} H(t) = 0 \quad \text{그리고} \quad \lim_{t \to 0^+} H(t) = 1$$

과 같이 나타내고 **한쪽 극한**이라고 부른다. "$t \to 0^-$"은 t가 0보다 작은 값만 고려한다는 것을 나타낸다. 마찬가지로 "$t \to 0^+$"은 t가 0보다 큰 값만 고려한다는 것을 나타낸다.

2 한쪽 극한의 정의 a보다 작으면서 a에 충분히 가깝도록 x를 택하면 $f(x)$의 값이 원하는 만큼 얼마든지 L에 가까워질 때,

$$\lim_{x \to a^-} f(x) = L$$

과 같이 나타내고 x가 a에 접근할 때 $f(x)$의 **좌극한**(또는 x가 **왼쪽에서** a에 접근할 때 $f(x)$의 극한)은 L이라 한다.

a보다 크면서 a에 충분히 가깝도록 x를 택하면 $f(x)$의 값이 원하는 만큼 얼마든지 L에 가까워질 때

$$\lim_{x \to a^+} f(x) = L$$

로 나타내고 x가 a에 접근할 때 $f(x)$의 **우극한**(또는 x가 a의 **오른쪽에서** 접근할 때 $f(x)$의 극한)은 L이라 정의한다.

따라서 "$x \to 5^-$"는 $x < 5$, "$x \to 5^+$"는 $x > 5$만 고려한다는 의미이다. 정의 2는 그림 6에서 설명된다.

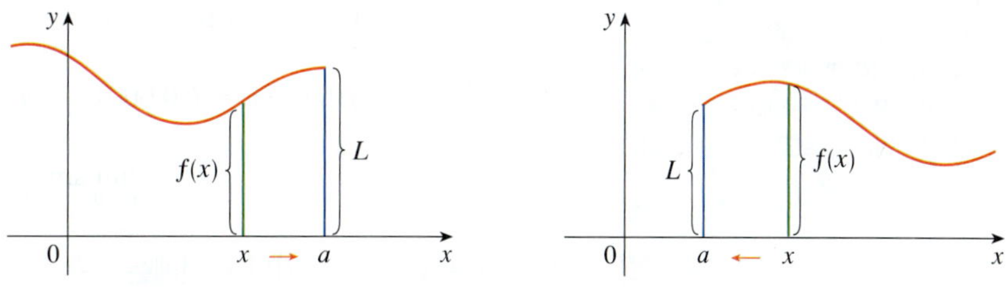

그림 6 (a) $\lim_{x \to a^-} f(x) = L$ (b) $\lim_{x \to a^+} f(x) = L$

정의 2는 x가 a보다 작아야(또는 커야) 한다는 점에서 정의 1과 다르다. 한쪽 극한의 정의와 정의 1을 비교하면 다음 성질을 얻게 된다.

3 $\lim_{x \to a} f(x) = L \iff \lim_{x \to a^-} f(x) = L$이고 $\lim_{x \to a^+} f(x) = L$

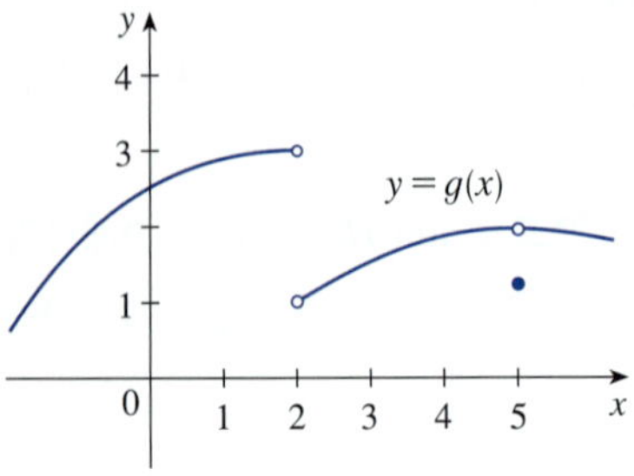

그림 7

예제 4 함수 g의 그래프는 그림 7과 같다. 그래프를 이용하여 다음 극한이 존재하면 구하여라.

(a) $\lim_{x \to 2^-} g(x)$ (b) $\lim_{x \to 2^+} g(x)$ (c) $\lim_{x \to 2} g(x)$

(d) $\lim_{x \to 5^-} g(x)$ (e) $\lim_{x \to 5^+} g(x)$ (f) $\lim_{x \to 5} g(x)$

풀이 그래프에서 x가 왼쪽에서 2에 접근할 때 $g(x)$의 값은 3에 접근하지만, x가 오른쪽에서 2에 접근할 때 $g(x)$는 1에 접근하다. 따라서

(a) $\lim_{x \to 2^-} g(x) = 3$이고 (b) $\lim_{x \to 2^+} g(x) = 1$

(c) 좌극한과 우극한이 다르므로 3으로부터 $\lim_{x \to 2} g(x)$는 존재하지 않는다.

(d) $\lim_{x \to 5^-} g(x) = 2$이고 (e) $\lim_{x \to 5^+} g(x) = 2$

(f) 좌극한과 우극한이 같으므로 3에 의해

$$\lim_{x \to 5} g(x) = 2$$

이다. 이 사실에도 불구하고 $g(5) \neq 2$임에 주의하여라. ■

■ 극한이 어떻게 존재하지 않을 수 있나?

a에서 좌극한과 우극한이 같지 않으면(예제 4에서와 같이) 극한이 존재하지 않는 것을 확인했다. 다음 두 예제는 극한이 존재하지 않을 수 있는 다른 방식을 보여준다.

예제 5 $\lim_{x \to 0} \sin \dfrac{\pi}{x}$를 조사하여라.

풀이 함수 $f(x) = \sin(\pi/x)$는 $x = 0$에서 정의되지 않는다. 몇 개의 작은 x값들에 대해 함숫값을 구하면

$$f(1) = \sin \pi = 0 \qquad f(\tfrac{1}{2}) = \sin 2\pi = 0$$

$$f(\tfrac{1}{3}) = \sin 3\pi = 0 \qquad f(\tfrac{1}{4}) = \sin 4\pi = 0$$

$$f(0.1) = \sin 10\pi = 0 \qquad f(0.01) = \sin 100\pi = 0$$

이다. 마찬가지로 $f(0.001) = f(0.0001) = 0$이다. 이 정보에 기초하여

$$\lim_{x \to 0} \sin \frac{\pi}{x} = 0$$

이라고 추측할 수도 있지만 이번에는 추측을 잘못했다. 임의의 정수 n에 대해서 $f(1/n) = \sin n\pi = 0$이지만, 0에 접근하는 x의 무수히 많은 값들(2/5 또는 2/101 등)에 대해

극한과 컴퓨터

컴퓨터 대수시스템(CAS)을 비롯한 일부 소프트웨어 응용 프로그램을 사용하여 극한을 계산할 수 있다. 예제 1, 3, 5에서와 같은 오류를 피하기 위해서 이러한 응용 프로그램은 수를 대입하여 극한을 구하기보다는 무한급수를 이용하는 좀 더 정교한 방법을 사용한다. 이 절의 예제에서 극한을 계산하고 이 장의 연습문제에 대한 답을 확인하려면 이러한 프로그램 중 하나를 사용하는 것이 좋다.

서 $f(x) = 1$이다. 그림 8은 f의 그래프이다.

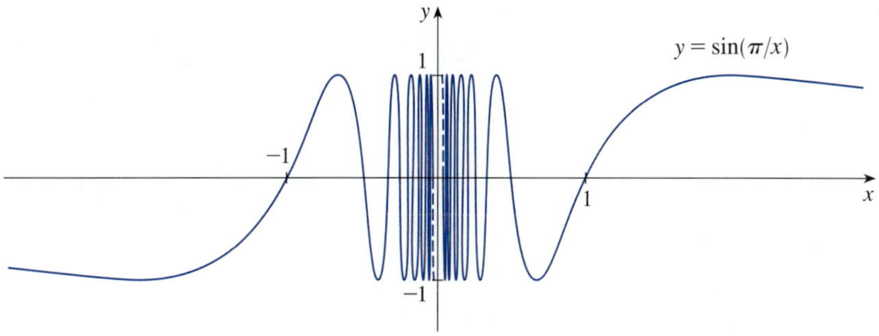

그림 8

y축 근처의 그래프의 점선 부분은 x가 0에 접근할 때 $\sin(\pi/x)$의 값이 한없이 1과 −1 사이에서 진동하고 있음을 나타낸 것이다.

x가 0에 접근할 때 $f(x)$의 값은 어떤 특정한 수에 접근하지 않으므로

$$\lim_{x\to 0} \sin\frac{\pi}{x}\text{는 존재하지 않는다.}$$ ■

예제 3과 5는 극한값을 추측하는 데 함정이 있음을 보여준다. 부적절한 x의 값을 사용했을 때 잘못된 극한을 추측하기는 쉽지만 언제 계산을 멈춰야 하는지 판단하기는 어렵다. 그리고 예제 1 아래의 설명에서 보인 것처럼 때때로 계산기나 컴퓨터가 틀린 값을 주기도 한다. 다음 절에서 극한을 정확하게 계산하는 방법을 배우게 된다.

a에서 극한이 존재하지 않는 또 하나의 경우는 x가 a로 접근할 때 함숫값(절댓값)이 무한히 커지는 것이다.

예제 6 $\lim_{x\to 0} \dfrac{1}{x^2}$의 값이 존재하면 구하여라.

x	$\frac{1}{x^2}$
±1	1
±0.5	4
±0.2	25
±0.1	100
±0.05	400
±0.01	10,000
±0.001	1,000,000

풀이 x가 0에 가까워지면 x^2도 0에 가까워지므로 $1/x^2$은 아주 커진다(옆의 표 참조). 실제로 그림 9에서 함수 $f(x) = 1/x^2$의 그래프는 x가 충분히 0에 가까워질 때 $f(x)$는 한없이 커진다. 따라서 $f(x)$가 어떤 일정한 값에 접근하지 않으므로 $\lim_{x\to 0}(1/x^2)$은 존재하지 않는다. ■

■ 무한극한: 수직점근선

예제 6에서 본 움직임을 나타내기 위하여

$$\lim_{x\to 0} \frac{1}{x^2} = \infty$$

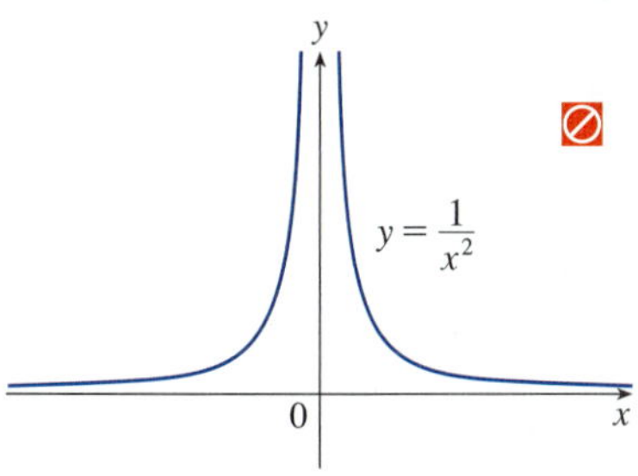

그림 9

라는 기호를 사용한다. 여기서 ∞를 숫자로 인정한다는 의미는 아니다. 또한 극한이 존재한다는 것을 의미하지도 않는다. 이것은 단지 x를 0에 충분히 가깝게 택하면 $1/x^2$을 원하는 만큼 크게 만들 수 있어 극한이 존재하지 않는다는 것을 표현한 것이다.

일반적으로 x가 a에 점점 더 가까이 갈 때 $f(x)$의 값이 점점 더 커지는(또는 "제한 없이 증가하는") 것을 기호로

$$\lim_{x\to a} f(x) = \infty$$

로 나타낸다.

> **4 무한극한의 정의** f가 a의 양쪽에서(a 자신은 제외 가능) 정의된 함수라 하자.
>
> $$\lim_{x \to a} f(x) = \infty$$
>
> 는 x를 a에 충분히 가깝게 잡을 때($x \neq a$), $f(x)$값을 임의로 크게(원하는 만큼 크게) 할 수 있음을 의미한다.

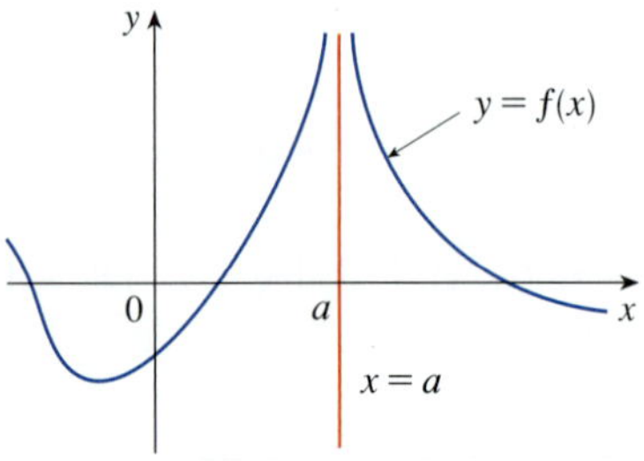

그림 10 $\lim_{x \to a} f(x) = \infty$

$\lim_{x \to a} f(x) = \infty$는

$$x \to a\text{일 때 } f(x) \to \infty$$

로 나타내기도 한다. 기호 ∞는 수는 아니지만, $\lim_{x \to a} f(x) = \infty$의 표현은 자주

"x가 a에 접근할 때 $f(x)$의 극한은 무한대이다"

또는 "x가 a에 접근할 때 $f(x)$는 무한대가 된다"

또는 "x가 a에 접근할 때 $f(x)$는 한없이 증가한다"

등으로 읽는다. 이 정의는 그림 10의 그래프로 설명된다.

어떤 수가 '음으로 커진다'는 것은 그 수의 부호가 음수이면서 큰 값(절댓값)이라는 뜻이다.

x가 a에 접근할 때 음으로 커지는 함수에 대한 비슷한 종류의 극한은 정의 **5**에 정의되어 있고 그림 11로 설명된다.

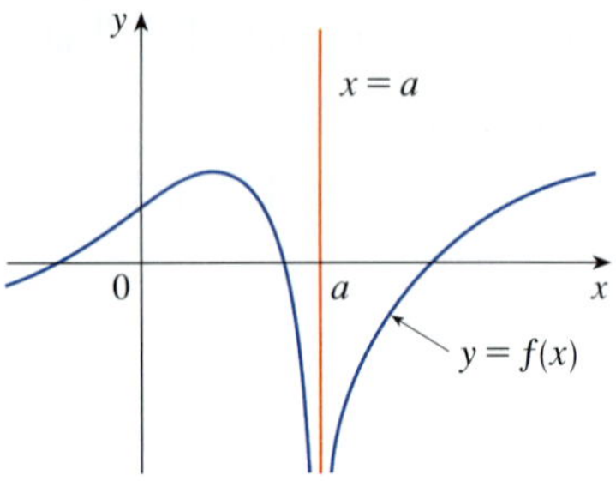

그림 11 $\lim_{x \to a} f(x) = -\infty$

> **5 정의** f가 a의 양쪽에서(a 자신은 제외 가능) 정의된 함수라 하자.
>
> $$\lim_{x \to a} f(x) = -\infty$$
>
> 는 x를 a에 충분히 가깝게 잡을 때($x \neq a$), $f(x)$값을 임의로 작게 할 수 있음을 의미한다.

기호 $\lim_{x \to a} f(x) = -\infty$는 "$x$가 a에 접근할 때 $f(x)$의 극한은 음의 무한대이다" 또는 "x가 a에 접근할 때 $f(x)$는 제한없이 감소한다"라고 읽을 수 있다. 예를 들면

$$\lim_{x \to 0} \left(-\frac{1}{x^2}\right) = -\infty$$

이다.

한쪽 무한극한에 대해서도 "$x \to a^-$"는 a보다 작은 x에 대해서만 생각한다는 의미이고, "$x \to a^+$"는 $x > a$인 경우만 생각한다는 의미임을 상기해서 위와 비슷하게

$$\lim_{x \to a^-} f(x) = \infty \qquad \lim_{x \to a^+} f(x) = \infty$$

$$\lim_{x \to a^-} f(x) = -\infty \qquad \lim_{x \to a^+} f(x) = -\infty$$

를 정의할 수 있다. 그림 12는 이들 네 경우를 설명하고 있다.

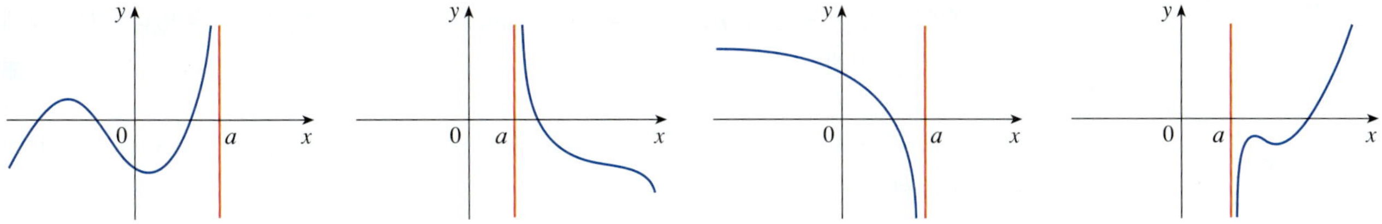

(a) $\lim_{x \to a^-} f(x) = \infty$ (b) $\lim_{x \to a^+} f(x) = \infty$ (c) $\lim_{x \to a^-} f(x) = -\infty$ (d) $\lim_{x \to a^+} f(x) = -\infty$

그림 12

> **6 정의** 다음 명제들 중 적어도 하나가 참이면 직선 $x = a$를 곡선 $y = f(x)$의 **수직점근선**(vertical asymptote)이라 한다.
>
> $$\lim_{x \to a} f(x) = \infty \qquad \lim_{x \to a^-} f(x) = \infty \qquad \lim_{x \to a^+} f(x) = \infty$$
>
> $$\lim_{x \to a} f(x) = -\infty \qquad \lim_{x \to a^-} f(x) = -\infty \qquad \lim_{x \to a^+} f(x) = -\infty$$

예를 들면, $\lim_{x \to 0} (1/x^2) = \infty$이므로 y축은 곡선 $y = 1/x^2$의 수직점근선이다. 그림 12에서 직선 $x = a$는 네 경우 모두 수직점근선이다. 일반적으로 수직점근선을 아는 것은 그래프를 그릴 때 매우 유용하다.

예제 7 $y = \dfrac{2x}{x-3}$에 수직점근선이 있는가?

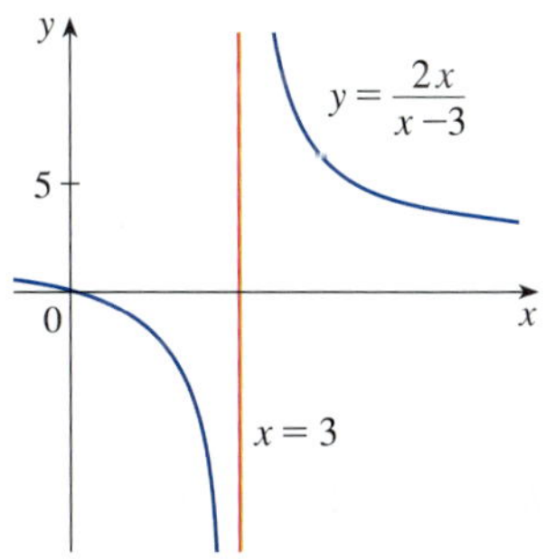

그림 13

풀이 x가 3보다 큰 쪽에서 3에 가까울 때, 분모 $x - 3$은 작은 양수가 되고, $2x$는 6에 가까워진다. 따라서 $2x/(x-3)$는 큰 양수가 된다. [예를 들어, $x = 3.01$이면 $2x/(x-3) = 6.02/0.01 = 6.02$.] 그러므로 직관적으로

$$\lim_{x \to 3^+} \frac{2x}{x-3} = \infty$$

임을 알 수 있다. 마찬가지로 x가 3보다 작은 쪽에서 3에 가까울 때, $x - 3$은 작은 음수이지만 $2x$는 여전히 6에 가까운 양수이다. 따라서 $2x/(x-3)$는 큰 음수가 된다. 따라서

$$\lim_{x \to 3^-} \frac{2x}{x-3} = -\infty$$

이다. 그림 13은 곡선 $y = 2x/(x-3)$의 그래프이고, 직선 $x = 3$은 수직점근선이다. ■

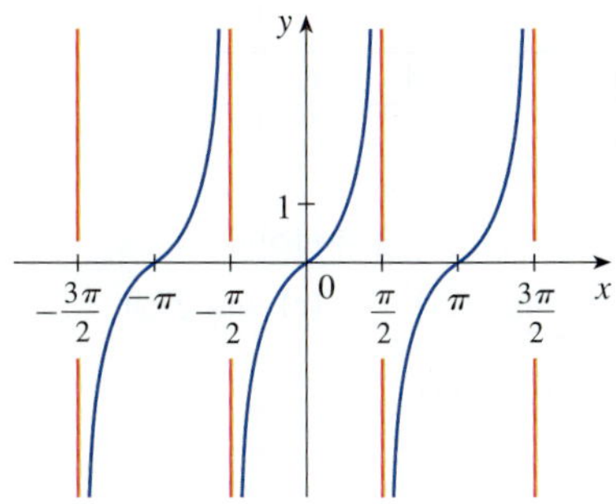

그림 14 $y = \tan x$

예제 8 $f(x) = \tan x$의 수직점근선을 구하여라.

풀이 $\tan x = \dfrac{\sin x}{\cos x}$이므로 $\cos x = 0$일 때 수직점근선이 있을 수 있다. 실제로 $x \to (\pi/2)^-$일 때 $\cos x \to 0^+$, $x \to (\pi/2)^+$일 때 $\cos x \to 0^-$이다. 반면에 $\sin x$는 x가 $\pi/2$에 가까울 때 1 근처의 양수이므로

$$\lim_{x \to (\pi/2)^-} \tan x = \infty \text{이고} \quad \lim_{x \to (\pi/2)^+} \tan x = -\infty$$

이다. 이것은 직선 $x = \pi/2$가 수직점근선임을 보여준다. 비슷한 추론으로부터 n이 정

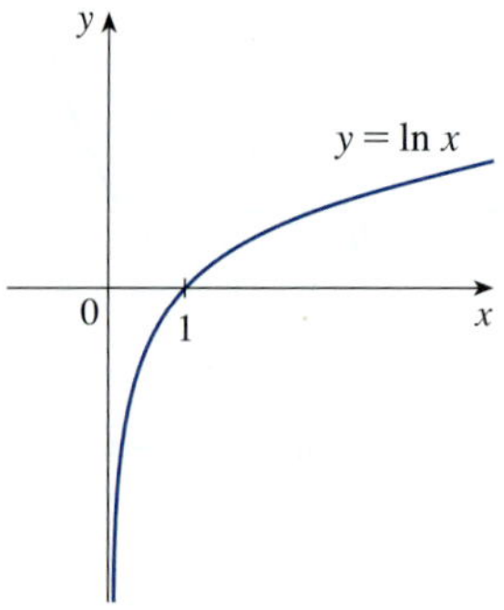

그림 15 y축은 자연로그함수 $y = \ln x$의 수직점근선이다.

수일 때 $x = \pi/2 + n\pi$가 모두 $f(x) = \tan x$의 수직점근선임을 알 수 있다. 그림 14에서 이를 확인할 수 있다. ■

그래프가 수직점근선을 갖는 함수의 다른 예는 자연로그함수 $y = \ln x$이다. 그림 15로부터

$$\lim_{x \to 0^+} \ln x = -\infty$$

임을 알 수 있으므로 직선 $x = 0$(y축)은 수직점근선이다. 실제로 $b>1$이면 $y = \log_b x$에 대해서도 똑같이 성립한다(1.5절의 그림 11과 12 참조).

2.2 연습문제

1. 다음 방정식의 뜻이 무엇인지 문장으로 설명하여라.

$$\lim_{x \to 2} f(x) = 5$$

이 문장이 참이면서 $f(2) = 3$일 수 있는가? 설명하여라.

2. 다음 방정식의 뜻이 무엇인지 문장으로 설명하여라.

$$\lim_{x \to 1^-} f(x) = 3, \ \lim_{x \to 1^+} f(x) = 7$$

위의 상황에서 $\lim_{x \to 1} f(x)$가 존재하는가? 설명하여라.

3. 아래의 의미를 설명하여라.

(a) $\lim_{x \to -3} f(x) = \infty$ (b) $\lim_{x \to 4^+} f(x) = -\infty$

4. 아래의 함수 f의 그래프를 이용하여 다음 값을 구하여라. 존재하지 않는다면 그 이유를 설명하여라.

(a) $\lim_{x \to 2^-} f(x)$ (b) $\lim_{x \to 2^+} f(x)$ (c) $\lim_{x \to 2} f(x)$

(d) $f(2)$ (e) $\lim_{x \to 4} f(x)$ (f) $f(4)$

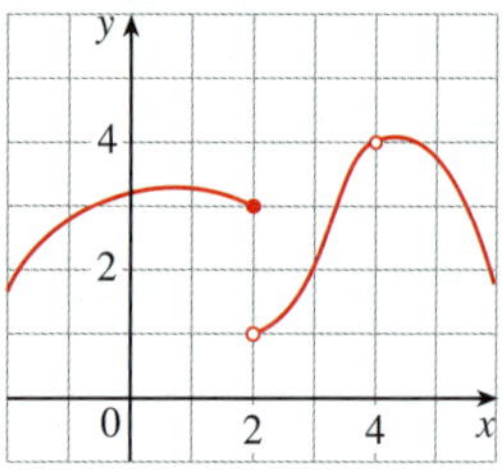

5. 아래의 함수 f의 그래프에서 다음 값이 존재하면 구하고, 존재하지 않으면 그 이유를 설명하여라.

(a) $\lim_{x \to 1} f(x)$ (b) $\lim_{x \to 3^-} f(x)$ (c) $\lim_{x \to 3^+} f(x)$

(d) $\lim_{x \to 3} f(x)$ (e) $f(3)$

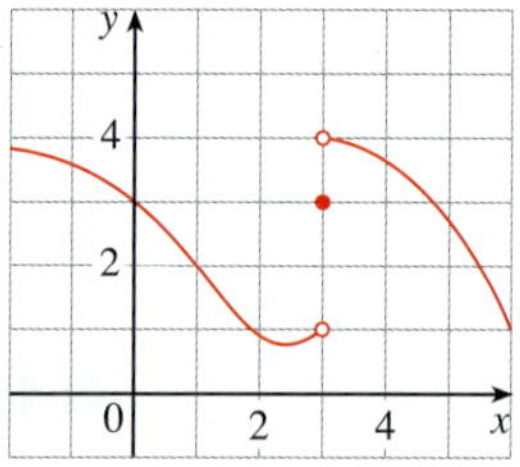

6. 아래의 함수 h의 그래프에서 다음 값이 존재하면 구하고, 존재하지 않으면 그 이유를 설명하여라.

(a) $\lim_{x \to -3^-} h(x)$ (b) $\lim_{x \to -3^+} h(x)$ (c) $\lim_{x \to -3} h(x)$

(d) $h(-3)$ (e) $\lim_{x \to 0^-} h(x)$ (f) $\lim_{x \to 0^+} h(x)$

(g) $\lim_{x \to 0} h(x)$ (h) $h(0)$ (i) $\lim_{x \to 2} h(x)$

(j) $h(2)$ (k) $\lim_{x \to 5^+} h(x)$ (l) $\lim_{x \to 5^-} h(x)$

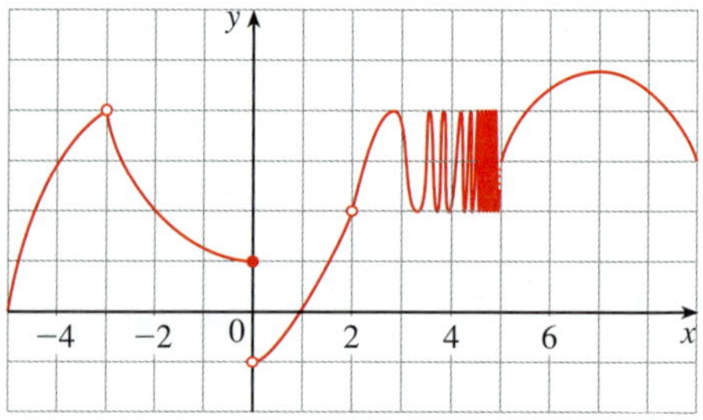

7. 아래의 함수 f의 그래프에서 다음 값을 구하여라.

(a) $\lim_{x \to -7} f(x)$ (b) $\lim_{x \to -3} f(x)$ (c) $\lim_{x \to 0} f(x)$

(d) $\lim_{x \to 6^-} f(x)$ (e) $\lim_{x \to 6^+} f(x)$

(f) 수직점근선의 방정식

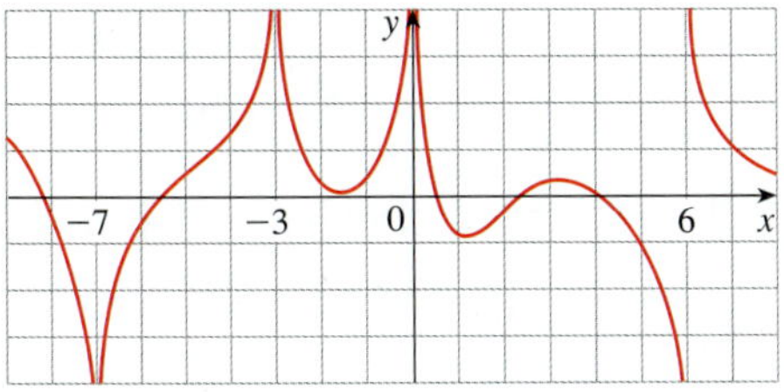

8. 환자는 4시간마다 150mg의 주사를 맞는다. 아래 그래프는 t시간 후에 혈액 속에 남아 있는 약물의 양 $f(t)$를 나타낸 것이다. $\lim_{t\to 12^-} f(t)$와 $\lim_{t\to 12^+} f(t)$를 구하고 우극한과 좌극한의 의미에 대해 설명하여라.

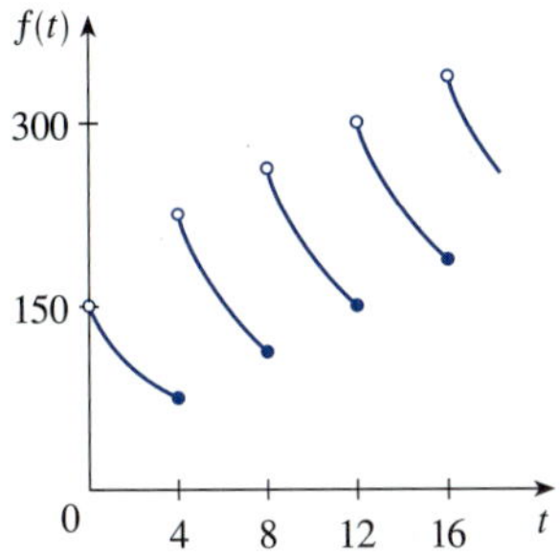

9. 함수 f의 그래프를 그리고 그래프를 이용하여 $\lim_{x\to a} f(x)$가 존재하는 a의 값을 구하여라.

$$f(x) = \begin{cases} e^x, & x \leqslant 0 \\ x-1, & 0 < x < 1 \\ \ln x, & x \geqslant 1 \end{cases}$$

10-11 함수 f의 그래프를 이용하여 아래의 극한값이 존재하면 구하고, 존재하지 않으면 그 이유를 설명하여라.

(a) $\lim_{x\to 0^-} f(x)$ (b) $\lim_{x\to 0^+} f(x)$ (c) $\lim_{x\to 0} f(x)$

10. $f(x) = x\sqrt{1+x^{-2}}$ **11.** $f(x) = \dfrac{e^{1/x}-2}{e^{1/x}+1}$

12-13 다음 조건을 만족하는 함수 f의 그래프의 예를 들어라.

12. $\lim_{x\to 1^-} f(x) = 3$, $\lim_{x\to 1^+} f(x) = 0$, $f(1) = 2$

13. $\lim_{x\to -1^-} f(x) = 0$, $\lim_{x\to -1^+} f(x) = 1$, $\lim_{x\to 2} f(x) = 3$, $f(-1) = 2$, $f(2) = 1$

14-15 주어진 수에서 함숫값을 계산(소수 여섯째 자리까지)하여 극한값(존재한다면)을 추측하여라.

14. $\lim_{x\to 3} \dfrac{x^2-3x}{x^2-9}$,

$x = 3.1, 3.05, 3.01, 3.001, 3.0001,$
$2.9, 2.95, 2.99, 2.999, 2.9999$

15. $\lim_{h\to 0} \dfrac{(2+h)^5-32}{h}$,

$h = \pm 0.5, \pm 0.1, \pm 0.01, \pm 0.001, \pm 0.0001$

16-23 다음 무한극한을 구하여라.

16. $\lim_{x\to 5^+} \dfrac{x+1}{x-5}$ **17.** $\lim_{x\to 5^-} \dfrac{x+1}{x-5}$

18. $\lim_{x\to 2} \dfrac{x^2}{(x-2)^2}$ **19.** $\lim_{x\to 1^+} \ln(\sqrt{x}-1)$

20. $\lim_{x\to 0^+} \ln(\sin x)$ **21.** $\lim_{x\to(\pi/2)^+} \dfrac{1}{x}\sec x$

22. $\lim_{x\to 0} (\ln x^2 - x^{-2})$ **23.** $\lim_{x\to 0^+} \left(\dfrac{1}{x} - \ln x\right)$

24. 아래 함수의 수직점근선을 구하여라.

$$f(x) = \frac{x-1}{2x+4}$$

25. (a) 아래 함수의 수직점근선을 구하여라.

$$y = \frac{x^2+1}{3x-2x^2}$$

(b) 함수의 그래프를 그려서 (a)의 답을 확인하여라.

26. 아래와 같은 방법으로 $\lim_{x\to 1^-} \dfrac{1}{x^3-1}$과 $\lim_{x\to 1^+} \dfrac{1}{x^3-1}$의 값을 구하여라.

(a) 오른쪽에서, 그리고 왼쪽에서 x가 1로 가까이 갈 때 $f(x) = 1/(x^3-1)$의 값을 계산하여라.

(b) 예제 7과 같은 방법으로 구하여라.

(c) 함수 f의 그래프를 그려서 구하여라.

27. (a) $0 \leqslant x \leqslant 5$에서 함수 $f(x) = e^x + \ln|x-4|$의 그래프를 그려라. 그래프가 함수 f를 정확하게 표현하고 있다고 생각하는가?

(b) f를 더 잘 표현하려면 어떻게 그래프를 그려야 하는가?

28. 그래프를 이용하여 다음 곡선의 모든 수직점근선을 구하여라.

$$y = \tan(2\sin x), \quad -\pi \leqslant x \leqslant \pi$$

그리고 점근선의 정확한 방정식을 찾아라.

29. 상대성 이론에서 속도 v인 입자의 질량 m은

$$m = \frac{m_0}{\sqrt{1-v^2/c^2}}$$

이다. 이때 m_0는 입자의 정지상태 질량이고, c는 빛의 속도이다. $v \to c^-$일 때, 어떤 일이 일어나는가?

2.3 극한법칙을 이용한 극한 계산

■ 극한의 성질

2.2절에서는 계산기와 그래프를 사용하여 극한값을 추정하였다. 그러나 이 방법은 정확한 해답을 얻는 데는 한계가 있다. 이 절에서는 **극한법칙**이라고 부르는 극한에 관한 다음 성질들을 사용하여 극한을 구해보자.

극한법칙 c가 상수이고 두 극한 $\lim_{x\to a} f(x)$와 $\lim_{x\to a} g(x)$가 존재하면 다음이 성립한다.

1. $\lim_{x\to a} [f(x) + g(x)] = \lim_{x\to a} f(x) + \lim_{x\to a} g(x)$
2. $\lim_{x\to a} [f(x) - g(x)] = \lim_{x\to a} f(x) - \lim_{x\to a} g(x)$
3. $\lim_{x\to a} [cf(x)] = c \lim_{x\to a} f(x)$
4. $\lim_{x\to a} [f(x)g(x)] = \lim_{x\to a} f(x) \cdot \lim_{x\to a} g(x)$
5. $\lim_{x\to a} \dfrac{f(x)}{g(x)} = \dfrac{\lim_{x\to a} f(x)}{\lim_{x\to a} g(x)}$ 단, $\lim_{x\to a} g(x) \neq 0$

이 다섯 법칙들은 다음과 같은 말로 나타낼 수 있다.

합의 법칙 1. 합의 극한은 극한의 합과 같다.

차의 법칙 2. 차의 극한은 극한의 차와 같다.

상수배의 법칙 3. 함수의 상수배의 극한은 극한의 상수배와 같다.

곱의 법칙 4. 곱의 극한은 극한의 곱과 같다.

몫의 법칙 5. 몫의 극한은 극한의 몫과 같다. (단, 분모의 극한은 0이 아님)

이 법칙들은 모두 참임을 쉽게 확인할 수 있다. 예를 들면, $f(x)$가 L에 가까워지고 $g(x)$가 M에 가까워지면 $f(x) + g(x)$는 $L + M$에 가까워진다고 결론짓는 것이 합리적이다. 이것이 법칙 1이 참이라 믿는 직관적인 근거이다.

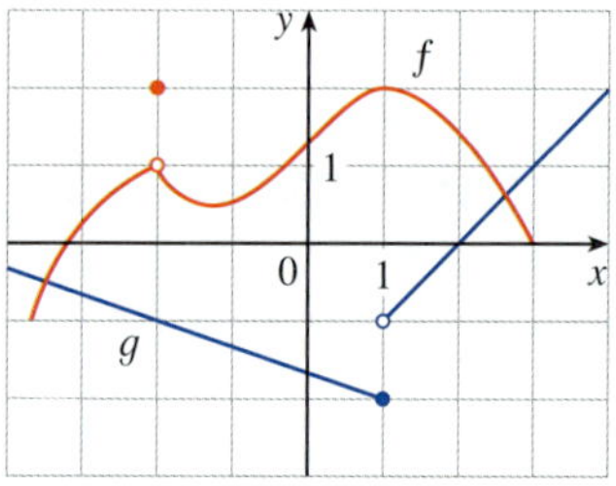

그림 1

예제 1 극한법칙과 그림 1에 나타난 f와 g의 그래프를 이용하여 다음 극한이 존재하면 구하여라.

(a) $\lim_{x\to -2} [f(x) + 5g(x)]$ (b) $\lim_{x\to 1} [f(x)g(x)]$ (c) $\lim_{x\to 2} \dfrac{f(x)}{g(x)}$

풀이 (a) f와 g의 그래프로부터

$$\lim_{x\to -2} f(x) = 1\text{이고} \quad \lim_{x\to -2} g(x) = -1$$

이다. 따라서

$$\begin{aligned}\lim_{x\to -2} [f(x) + 5g(x)] &= \lim_{x\to -2} f(x) + \lim_{x\to -2} [5g(x)] \quad \text{(법칙 1)}\\ &= \lim_{x\to -2} f(x) + 5\lim_{x\to -2} g(x) \quad \text{(법칙 3)}\\ &= 1 + 5(-1) = -4\end{aligned}$$

(b) $\lim_{x \to 1} f(x) = 2$이다. 하지만 $\lim_{x \to 1} g(x)$는 좌극한과 우극한이 다르므로 즉

$$\lim_{x \to 1^-} g(x) = -2, \quad \lim_{x \to 1^+} g(x) = -1$$

이므로 존재하지 않는다. 따라서 법칙 4를 사용할 수 없다. 그러나 한쪽 극한에 대해서는 다음과 같이 법칙 4를 적용할 수 있다.

$$\lim_{x \to 1^-} [f(x)g(x)] = \lim_{x \to 1^-} f(x) \cdot \lim_{x \to 1^-} g(x) = 2 \cdot (-2) = -4$$

$$\lim_{x \to 1^+} [f(x)g(x)] = \lim_{x \to 1^+} f(x) \cdot \lim_{x \to 1^+} g(x) = 2 \cdot (-1) = -2$$

좌극한과 우극한이 같지 않으므로 $\lim_{x \to 1} [f(x)g(x)]$는 존재하지 않는다.

(c) 그래프에서

$$\lim_{x \to 2} f(x) \approx 1.4\text{이고} \quad \lim_{x \to 2} g(x) = 0$$

이다. 따라서 분모의 극한이 0이므로 법칙 5를 사용할 수 없고, 주어진 극한은 분자는 0이 아닌 수에 접근하지만 분모가 0에 접근하므로 존재하지 않는다. ■

곱의 법칙을 $f(x)$에 반복적으로 적용하여 다음 법칙을 얻게 된다.

거듭제곱의 법칙

6. $\lim_{x \to a} [f(x)]^n = \left[\lim_{x \to a} f(x)\right]^n$, n은 양의 정수

유사한 다음의 법칙이 성립하고, 2.4절의 연습문제 51에서 증명한다.

근호 법칙

7. $\lim_{x \to a} \sqrt[n]{f(x)} = \sqrt[n]{\lim_{x \to a} f(x)}$, n은 양의 정수

(n이 짝수이면 $\lim_{x \to a} f(x) > 0$라 가정한다.)

이들 일곱 개의 극한법칙들을 적용할 때 다음 두 개의 특별한 극한이 필요하다.

8. $\lim_{x \to a} c = c$ **9.** $\lim_{x \to a} x = a$

이 극한들은 직관적인 관점에서 명백하다(이들을 말로 설명하거나 또는 $y = c$와 $y = x$의 그래프를 그려보아라).

법칙 6에서 $f(x) = x$라 놓고 법칙 9를 이용하면 또 다른 유용하고 특별한 다음 극한을 얻는다.

10. $\lim_{x \to a} x^n = a^n$, n은 양의 정수

법칙 7에서 $f(x) = x$라 놓고 법칙 9를 이용하면 제곱근에 대하여도 유사한 극한을 얻는다.

11. $\lim_{x \to a} \sqrt[n]{x} = \sqrt[n]{a}$, n은 양의 정수

(n이 짝수이면 $a > 0$라 가정한다.)

예제 2 다음 극한을 구하고 각 단계마다 근거를 제시하여라.

(a) $\lim_{x \to 5} (2x^2 - 3x + 4)$ (b) $\lim_{x \to -2} \dfrac{x^3 + 2x^2 - 1}{5 - 3x}$

풀이

(a)
$$\begin{aligned}\lim_{x \to 5} (2x^2 - 3x + 4) &= \lim_{x \to 5} (2x^2) - \lim_{x \to 5} (3x) + \lim_{x \to 5} 4 && \text{(법칙 2와 1)}\\ &= 2 \lim_{x \to 5} x^2 - 3 \lim_{x \to 5} x + \lim_{x \to 5} 4 && \text{(법칙 3)}\\ &= 2(5^2) - 3(5) + 4 && \text{(법칙 10, 9, 8)}\\ &= 39\end{aligned}$$

(b) 법칙 5를 사용하지만 이 법칙은 마지막 단계에서 분자와 분모의 극한이 존재하고 분모의 극한이 0이 아님을 알아야 사용할 수 있다.

$$\begin{aligned}\lim_{x \to -2} \frac{x^3 + 2x^2 - 1}{5 - 3x} &= \frac{\lim_{x \to -2} (x^3 + 2x^2 - 1)}{\lim_{x \to -2} (5 - 3x)} && \text{(법칙 5)}\\ &= \frac{\lim_{x \to -2} x^3 + 2 \lim_{x \to -2} x^2 - \lim_{x \to -2} 1}{\lim_{x \to -2} 5 - 3 \lim_{x \to -2} x} && \text{(법칙 1, 2, 3)}\\ &= \frac{(-2)^3 + 2(-2)^2 - 1}{5 - 3(-2)} && \text{(법칙 9, 8, 7)}\\ &= -\frac{1}{11}\end{aligned}$$

■

뉴턴과 극한

아이작 뉴턴은 갈릴레오가 죽던 해인 1642년 크리스마스에 태어났다. 1661년 그가 케임브리지 대학에 입학했을 때 뉴턴은 수학에 대해 많이 알지 못했지만, 유클리드와 데카르트의 책을 읽고 배로의 강의를 들으면서 수학을 빠르게 배웠다. 흑사병 때문에 1665년과 1666년 케임브리지 대학이 문을 닫자 뉴턴은 집으로 돌아와 배운 것들을 다시 연구하였다. 이 두 해 동안 그는 네 가지 중요한 발견을 하는 놀라운 성과를 거두었다. (1) 이항정리를 포함하여 함수를 무한급수로 나타내는 방법, (2) 미분적분학에 관한 연구, (3) 운동법칙과 만유인력법칙, (4) 빛과 색의 성질에 대한 프리즘 실험들이다. 뉴턴은 논쟁과 비평을 두려워하여 그가 발견한 내용을 발표하는 데 주저해오다가 천문학자 핼리의 권유로 1687년에서야 《프린키피아》를 출간하였다. 역사상 가장 위대한 과학논문인 이 책에서 뉴턴은 미분적분학에 대한 독자적인 이론을 창시하였고, 이를 이용하여 역학, 유체역학, 파동, 행성과 혜성의 운동을 설명하였다.

미분적분학의 시작은 에우독소스와 아르키메데스 같은 고대 그리스학자들의 넓이와 부피에 대한 계산에서였다. 극한의 개념은 그들의 '구분구적법'에 함축되어 있었지만 에우독소스와 아르키메데스는 극한의 개념을 결코 명확하게 공식화시키지 못했다. 마찬가지로 미분적분학의 발달에 있어 뉴턴 바로 앞 선각자들인 카발리에리, 페르마, 배로와 같은 수학자들은 실제로 극한을 이용하지 못했다. 극한에 대해 처음으로 명확하게 언급한 사람은 뉴턴이었다. 그는 극한 이면에 있는 핵심개념이 "어떤 주어진 차보다 더욱 가까이 접근하는 양"이라고 말했다. 뉴턴은 극한이야말로 미분적분학의 기본개념이라고 주장했지만, 극한에 대한 그의 개념을 분명하게 한 것은 코시와 같은 후세 수학자들이었다.

■ 직접 대입하여 극한 구하기

예제 2(a)에서 $f(x) = 2x^2 - 3x + 4$일 때 $\lim_{x \to 5} f(x) = 39$라 하였다. $f(5) = 39$임을 주목하라. 즉 예제 2(a)의 극한은 x에 5를 대입하여 구해도 된다. 마찬가지로 (b)의 극한도 직접 대입해서 구할 수 있다. 예제 2의 함수들은 각각 다항식과 유리함수이고 이 함수들에 대해서는 극한법칙에 의한 극한과 직접 대입하여 구한 값이 같게 된다. 이 사실을 정리하면 다음과 같다.

직접대입성질 f가 다항식이거나 유리함수이고 a가 f의 정의역 안에 있으면

$$\lim_{x \to a} f(x) = f(a)$$

직접대입성질을 갖고 있는 함수를 a에서 **연속**이라고 하고 2.4절에서 공부하게 된다. 그러나 다음 예제에서 보는 바와 같이 모든 극한을 직접대입으로 구할 수 있는 것은 아니다.

예제 3 $\lim_{x \to 1} \dfrac{x^2 - 1}{x - 1}$을 구하여라.

풀이 $f(x) = (x^2 - 1)/(x - 1)$이라 하자. $f(1)$이 정의되지 않기 때문에 $x = 1$을 대입해서 극한을 구할 수는 없다. 대신에 대수적 계산이 필요하다. 분자를 인수분해하면

$$\frac{x^2 - 1}{x - 1} = \frac{(x - 1)(x + 1)}{x - 1}$$

이다. 분자와 분모가 공통인수 $x - 1$을 가지고 있다. x가 1에 접근할 때는 $x \neq 1$, 즉 $x - 1 \neq 0$이다. 따라서 공통인수를 약분하여 다음과 같이 극한을 구할 수 있다.

$$\lim_{x \to 1} \frac{x^2 - 1}{x - 1} = \lim_{x \to 1} \frac{(x - 1)(x + 1)}{x - 1}$$

$$= \lim_{x \to 1} (x + 1) = 1 + 1 = 2$$

이 예제의 극한 계산은 2.1절의 예제 1에서 점 (1, 1)에서의 포물선 $y = x^2$에 대한 접선을 구할 때 나왔다. ■

NOTE 예제 3에서 주어진 함수 $f(x) = (x^2 - 1)/(x - 1)$ 대신에 같은 극한을 갖는 더 간단한 함수 $g(x) = x + 1$로 극한을 계산할 수 있었다. 왜냐하면 $x = 1$일 때를 제외하면 $f(x) = g(x)$이고, x가 1에 접근할 때의 극한은 $x = 1$일 때의 함숫값과는 상관없기 때문이다. 일반적으로 다음과 같이 유용한 사실을 얻는다.

> $x \neq a$일 때 $f(x) = g(x)$이면 $\lim_{x \to a} f(x) = \lim_{x \to a} g(x)$이다(극한이 존재하는 한).

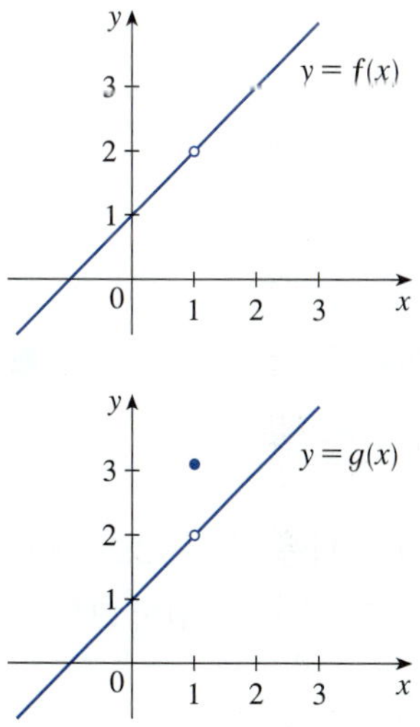

그림 2
예제 3과 4의 함수 f와 g의 그래프

예제 4 $g(x) = \begin{cases} x + 1, & x \neq 1 \\ \pi, & x = 1 \end{cases}$일 때 $\lim_{x \to 1} g(x)$를 구하여라.

풀이 여기서 g는 $x = 1$에서 정의되어 있고 $g(1) = \pi$이다. 그러나 x가 1에 접근할 때 극한값은 1에서의 함숫값에 의존하지 않는다. $x \neq 1$일 때 $g(x) = x + 1$이므로

$$\lim_{x \to 1} g(x) = \lim_{x \to 1} (x + 1) = 2$$

이다. ■

예제 3과 4의 함숫값들은 $x = 1$일 때를 제외하고는 같으므로(그림 2 참조) x가 1에 접근할 때 같은 극한을 갖게 된다.

예제 5 $\lim_{h \to 0} \dfrac{(3 + h)^2 - 9}{h}$를 구하여라.

풀이 $F(h) = \dfrac{(3 + h)^2 - 9}{h}$라 놓으면 예제 3과 같이 $F(0)$이 정의되지 않으므로 $F(h)$에 $h = 0$을 대입하여 $\lim_{h \to 0} F(h)$를 계산할 수 없다. 대수적으로 $F(h)$를 간단히 하면

$$F(h) = \frac{(9 + 6h + h^2) - 9}{h} = \frac{6h + h^2}{h} = \frac{h(6 + h)}{h} = 6 + h$$

이다. (h가 0으로 접근할 때 $h \neq 0$임을 기억하자.) 따라서

$$\lim_{h \to 0} \frac{(3 + h)^2 - 9}{h} = \lim_{h \to 0} (6 + h) = 6$$

이다. ■

예제 6 $\lim_{t \to 0} \frac{\sqrt{t^2 + 9} - 3}{t^2}$을 구하여라.

풀이 분모의 극한이 0이므로 바로 몫의 법칙을 적용할 수 없다. 여기서 분자를 유리화하면

$$\begin{aligned}
\lim_{t \to 0} \frac{\sqrt{t^2 + 9} - 3}{t^2} &= \lim_{t \to 0} \frac{\sqrt{t^2 + 9} - 3}{t^2} \cdot \frac{\sqrt{t^2 + 9} + 3}{\sqrt{t^2 + 9} + 3} \\
&= \lim_{t \to 0} \frac{(t^2 + 9) - 9}{t^2\left(\sqrt{t^2 + 9} + 3\right)} \\
&= \lim_{t \to 0} \frac{t^2}{t^2\left(\sqrt{t^2 + 9} + 3\right)} \\
&= \lim_{t \to 0} \frac{1}{\sqrt{t^2 + 9} + 3} \\
&= \frac{1}{\sqrt{\lim_{t \to 0} (t^2 + 9)} + 3} \qquad \text{(극한법칙 5, 1, 7, 8, 10)} \\
&= \frac{1}{3 + 3} = \frac{1}{6}
\end{aligned}$$

이 계산 결과는 2.2절의 예제 1에서의 추정이 맞음을 보여준다. ■

■ 한쪽 극한 사용

어떤 극한은 좌 · 우극한을 먼저 구함으로써 잘 계산할 수 있다. 다음 정리는 2.2절에서 논의했던 것임을 상기하자. 극한이 존재하기 위한 필요충분조건은 한쪽 극한이 모두 존재하고 그것이 같은 것이다.

1 정리 $\lim_{x \to a} f(x) = L \iff \lim_{x \to a^-} f(x) = L = \lim_{x \to a^+} f(x)$

한쪽 극한을 계산할 때 한쪽 극한에 대해서도 극한법칙은 성립한다는 사실을 사용한다.

예제 7 $\lim_{x \to 0} |x| = 0$임을 보여라.

풀이 절댓값의 정의에 의하여

$$|x| = \begin{cases} x, & x \geqslant 0 \\ -x, & x < 0 \end{cases}$$

이다. $x > 0$일 때 $|x| = x$이므로

$$\lim_{x \to 0^+} |x| = \lim_{x \to 0^+} x = 0$$

$x < 0$일 때 $|x| = -x$이므로

$$\lim_{x \to 0^-} |x| = \lim_{x \to 0^-} (-x) = 0$$

따라서 정리 1에 의해

$$\lim_{x \to 0} |x| = 0$$

■

예제 7의 결과는 그림 3으로부터 그럴듯하게 보인다.

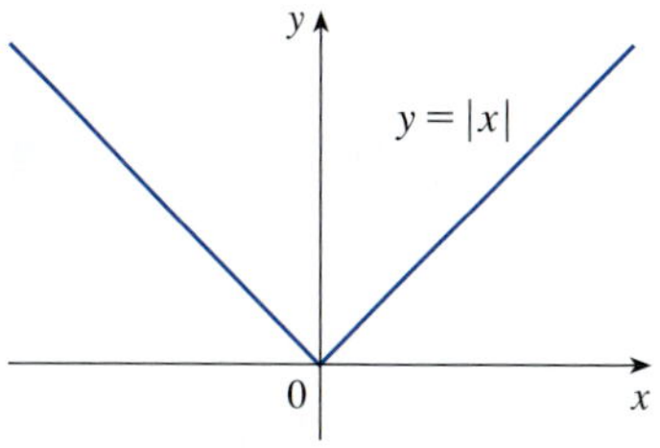

그림 3

예제 8 $\lim_{x \to 0} \dfrac{|x|}{x}$는 존재하지 않음을 증명하여라.

풀이 $x > 0$일 때 $|x| = x$이고 $x < 0$일 때 $|x| = -x$이므로

$$\lim_{x \to 0^+} \frac{|x|}{x} = \lim_{x \to 0^+} \frac{x}{x} = \lim_{x \to 0^+} 1 = 1$$

$$\lim_{x \to 0^-} \frac{|x|}{x} = \lim_{x \to 0^-} \frac{-x}{x} = \lim_{x \to 0^-} (-1) = -1$$

이다. 좌 · 우극한이 다르기 때문에 정리 1에 의해 $\lim_{x \to 0} |x|/x$는 존재하지 않는다. 그림 4는 함수 $f(x) = |x|/x$의 그래프이며, 위에서 구한 한쪽 극한이 맞음을 보여준다. ■

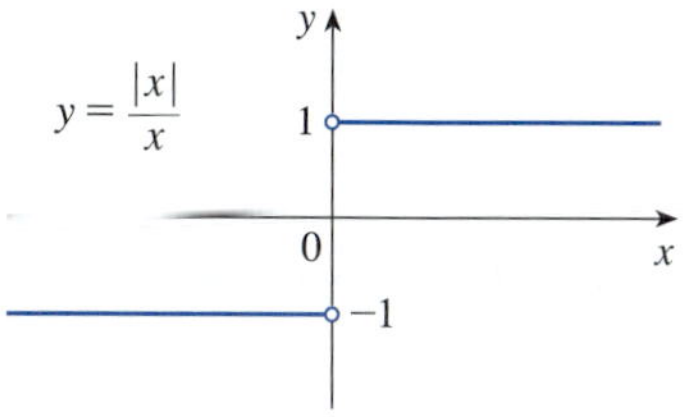

그림 4

예제 9 $f(x) = \begin{cases} \sqrt{x - 4}, & x > 4 \\ 8 - 2x, & x < 4 \end{cases}$일 때 $\lim_{x \to 4} f(x)$가 존재하는지를 판단하여라.

풀이 $x > 4$일 때 $f(x) = \sqrt{x - 4}$ 이므로

$$\lim_{x \to 4^+} f(x) = \lim_{x \to 4^+} \sqrt{x - 4} = \sqrt{4 - 4} = 0$$

$\lim_{x \to 0^+} \sqrt{x} = 0$은 2.4절의 예제 4에서 증명한다.

이고, $x < 4$일 때 $f(x) = 8 - 2x$이므로

$$\lim_{x \to 4^-} f(x) = \lim_{x \to 4^-} (8 - 2x) = 8 - 2 \cdot 4 = 0$$

이다. 좌 · 우극한이 같으므로 극한이 존재하고

$$\lim_{x \to 4} f(x) = 0$$

이다. f의 그래프는 그림 5에 있다. ■

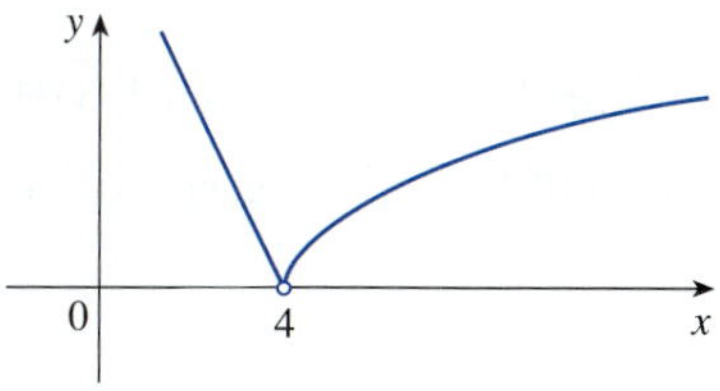

그림 5

예제 10 최대정수함수(the greatest integer function) $[\![x]\!]$는 'x보다 작거나 같은 가장 큰 정수'라고 정의한다(예를 들면, $[\![4]\!] = 4$, $[\![4.8]\!] = 4$, $[\![\pi]\!] = 3$, $[\![\sqrt{2}]\!] = 1$, $[\![-\frac{1}{2}]\!] = -1$). $\lim_{x \to 3} [\![x]\!]$는 존재하지 않음을 보여라.

$[\![x]\!]$의 다른 기호는 $[x]$ 또는 $\lfloor x \rfloor$이다. 최대정수함수는 '계단함수'라고도 부른다.

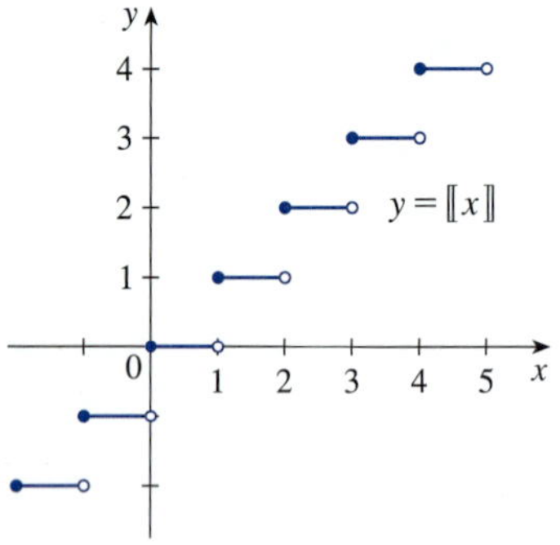

그림 6 최대정수함수

풀이 최대정수함수의 그래프는 그림 6에 있다. $3 \le x < 4$에 대하여 $[\![x]\!] = 3$이므로

$$\lim_{x \to 3^+} [\![x]\!] = \lim_{x \to 3^+} 3 = 3$$

이고, $2 \le x < 3$에 대하여 $[\![x]\!] = 2$이므로

$$\lim_{x \to 3^-} [\![x]\!] = \lim_{x \to 3^-} 2 = 2$$

이다. 좌 · 우극한이 다르므로 정리 **1**에 의해 $\lim_{x \to 3} [\![x]\!]$는 존재하지 않는다. ■

■ 조임정리

아래의 두 정리는 어떤 함수의 함숫값이 다른 함수의 함숫값보다 크거나 같을 때 두 함수의 극한 사이의 관계를 설명해준다.

> **2 정리** x가 a 근방에서(a는 제외할 수 있음) $f(x) \le g(x)$이고 x가 a에 접근할 때 f와 g의 극한이 모두 존재하면
>
> $$\lim_{x \to a} f(x) \le \lim_{x \to a} g(x)$$

> **3 조임정리** x가 a 근방에서(a는 제외할 수 있음) $f(x) \le g(x) \le h(x)$이고
>
> $$\lim_{x \to a} f(x) = \lim_{x \to a} h(x) = L$$
>
> 이면 $$\lim_{x \to a} g(x) = L$$

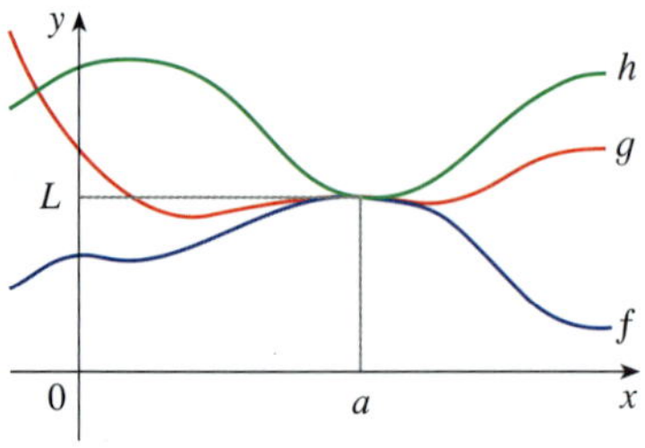

그림 7

그림 7은 샌드위치정리 또는 압축정리라고도 불리는 조임정리를 나타내고 있다. $g(x)$가 a 근방에서 $f(x)$와 $h(x)$ 사이에 끼어 있고, a에서 f와 h가 같은 극한 L을 갖는다면 g도 a에서 같은 극한 L을 갖게 된다는 것을 말한다.

예제 11 $\lim_{x \to 0} x^2 \sin \dfrac{1}{x} = 0$임을 보여라.

풀이 극한 $\lim_{x \to 0} \sin(1/x)$이 존재하지 않기 때문에(2.2절 예제 5 참조), 문제의 극한은 $\lim_{x \to 0} x^2$과 $\lim_{x \to 0} \sin(1/x)$의 곱으로 나타낼 수 없다.

조임정리를 이용하여 극한을 구하자. 조임정리를 이용하려면 $g(x) = x^2 \sin(1/x)$보다 작은 함수 f와 g보다 큰 함수 h를 찾아야 한다. 또 $x \to 0$일 때 $f(x)$와 $h(x)$는 0으로 수렴하여야 한다. 사인함수의 값은 -1과 1 사이이므로

4 $$-1 \le \sin \frac{1}{x} \le 1$$

이다. 양변에 양수를 곱하면 부등호의 방향은 변하지 않으므로 **4**의 각 변에 x^2을 곱하면 그림 8과 같이

$$-x^2 \le x^2 \sin \frac{1}{x} \le x^2$$

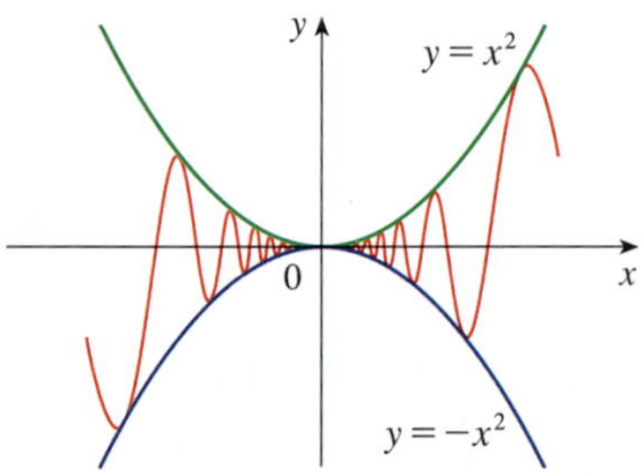

그림 8 $y = x^2 \sin(1/x)$

이다. 그런데 $\lim_{x\to 0} x^2 = 0$이고 $\lim_{x\to 0} (-x^2) = 0$이다. $f(x) = -x^2$, $g(x) = x^2 \sin(1/x)$, $h(x) = x^2$이라 놓으면 조임정리에 의해

$$\lim_{x\to 0} x^2 \sin\frac{1}{x} = 0$$

이다. ■

2.3 연습문제

1. f와 g의 그래프가 아래와 같을 때 다음 극한이 존재한다면 극한값을 계산하여라. 극한이 존재하지 않는다면 그 이유를 설명하여라.

(a) $\lim_{x\to 2} [f(x) + g(x)]$ (b) $\lim_{x\to 0} [f(x) - g(x)]$

(c) $\lim_{x\to -1} [f(x)g(x)]$ (d) $\lim_{x\to 3} \dfrac{f(x)}{g(x)}$

(e) $\lim_{x\to 2} [x^2 f(x)]$ (f) $f(-1) + \lim_{x\to -1} g(x)$

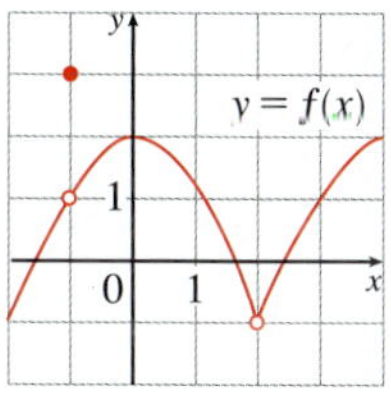

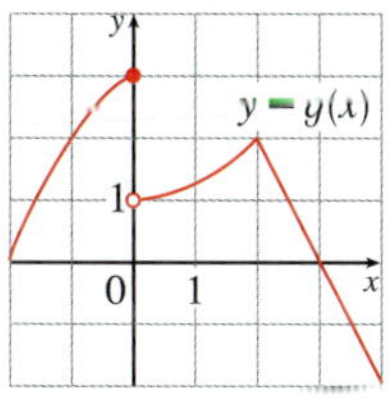

2. (a) 다음 방정식은 무엇이 잘못되었는가?

$$\frac{x^2 + x - 6}{x - 2} = x + 3$$

(b) (a)를 고려해서, 다음 방정식이 왜 옳은지 설명하여라.

$$\lim_{x\to 2} \frac{x^2 + x - 6}{x - 2} = \lim_{x\to 2} (x + 3)$$

3-20 극한이 존재한다면 그 값을 구하여라.

3. $\lim_{x\to -2} (3x - 7)$

4. $\lim_{t\to 4} \dfrac{t^2 - 2t - 8}{t - 4}$

5. $\lim_{x\to 2} \dfrac{x^2 + 5x + 4}{x - 2}$

6. $\lim_{x\to -3} \dfrac{x^2 + 3x}{x^2 - x - 12}$

7. $\lim_{x\to -2} \dfrac{x^2 - x - 6}{3x^2 + 5x - 2}$

8. $\lim_{t\to 3} \dfrac{t^3 - 27}{t^2 - 9}$

9. $\lim_{u\to -1} \dfrac{u + 1}{u^3 + 1}$

10. $\lim_{h\to 0} \dfrac{(h - 3)^2 - 9}{h}$

11. $\lim_{x\to 9} \dfrac{9 - x}{3 - \sqrt{x}}$

12. $\lim_{h\to 0} \dfrac{\sqrt{9 + h} - 3}{h}$

13. $\lim_{x\to 3} \dfrac{\frac{1}{x} - \frac{1}{3}}{x - 3}$

14. $\lim_{h\to 0} \dfrac{(-2 + h)^{-1} + 2^{-1}}{h}$

15. $\lim_{t\to 0} \dfrac{\sqrt{1 + t} - \sqrt{1 - t}}{t}$

16. $\lim_{t\to 0} \left(\dfrac{1}{t} - \dfrac{1}{t^2 + t}\right)$

17. $\lim_{x\to 16} \dfrac{4 - \sqrt{x}}{16x - x^2}$

18. $\lim_{t\to 0} \left(\dfrac{1}{t\sqrt{1 + t}} - \dfrac{1}{t}\right)$

19. $\lim_{x\to -4} \dfrac{\sqrt{x^2 + 9} - 5}{x + 4}$

20. $\lim_{h\to 0} \dfrac{(x + h)^3 - x^3}{h}$

---

21. (a) 함수 $f(x) = x/(\sqrt{1 + 3x} - 1)$의 그래프를 그려 다음 값을 계산하여라.

$$\lim_{x\to 0} \frac{x}{\sqrt{1 + 3x} - 1}$$

(b) x가 0으로 가까이 갈 때 $f(x)$의 값을 나타내는 표를 만들고 극한값을 추측하여라.

(c) 극한법칙을 사용하여 추측이 옳은지 증명하여라.

22. 조임정리를 사용하여 $\lim_{x\to 0} x^2 \cos 20\pi x = 0$임을 보여라. 함수 $f(x) = -x^2$, $g(x) = x^2 \cos 20\pi x$, $h(x) = x^2$의 그래프를 같은 화면에 그려라.

23. 조임정리를 사용하여 다음을 보여라.

$$\lim_{x\to 0} \sqrt{x^3 + x^2} \sin\frac{\pi}{x} = 0$$

(조임정리의) 함수 f, g, h의 그래프를 같은 화면에 그려라.

24. $x \geq 0$에 대해 $4x - 9 \leq f(x) \leq x^2 - 4x + 7$일 때, $\lim_{x\to 4} f(x)$의 값을 구하여라.

25. 모든 x에 대해 $2x \leqslant g(x) \leqslant x^4 - x^2 + 2$일 때, $\lim_{x \to 1} g(x)$의 값을 구하여라.

26. $\lim_{x \to 0} x^4 \cos \frac{2}{x} = 0$을 증명하여라.

27-32 극한값이 존재하면 구하고, 존재하지 않으면 그 이유를 설명하여라.

27. $\lim_{x \to -4} (|x + 4| - 2x)$

28. $\lim_{x \to -4} \frac{|x + 4|}{2x + 8}$

29. $\lim_{x \to 0.5^-} \frac{2x - 1}{|2x^3 - x^2|}$

30. $\lim_{x \to -2} \frac{2 - |x|}{2 + x}$

31. $\lim_{x \to 0^-} \left(\frac{1}{x} - \frac{1}{|x|}\right)$

32. $\lim_{x \to 0^+} \left(\frac{1}{x} - \frac{1}{|x|}\right)$

---

33. 부호함수는 sgn이라고 나타내는데 다음과 같이 정의된다.

$$\operatorname{sgn} x = \begin{cases} -1, & x < 0 \\ 0, & x = 0 \\ 1, & x > 0 \end{cases}$$

(a) 이 함수의 그래프를 그려라.

(b) 아래의 극한값을 구하거나 존재하지 않는다면 그 이유를 설명하여라.

(i) $\lim_{x \to 0^+} \operatorname{sgn} x$ (ii) $\lim_{x \to 0^-} \operatorname{sgn} x$

(iii) $\lim_{x \to 0} \operatorname{sgn} x$ (iv) $\lim_{x \to 0} |\operatorname{sgn} x|$

34. $g(x) = \frac{x^2 + x - 6}{|x - 2|}$에 대해

(a) (i) $\lim_{x \to 2^+} g(x)$, (ii) $\lim_{x \to 2^-} g(x)$의 값을 구하여라.

(b) $\lim_{x \to 2} g(x)$의 값이 존재하는가?

(c) g의 그래프를 그려라.

35. $B(t) = \begin{cases} 4 - \frac{1}{2}t, & t < 2 \\ \sqrt{t + c}, & t \geqslant 2 \end{cases}$라 할 때,

$\lim_{t \to 2} B(t)$가 존재하는 c의 값을 구하여라.

36. $g(x) = \begin{cases} x, & x < 1 \\ 3, & x = 1 \\ 2 - x^2, & 1 < x \leqslant 2 \\ x - 3, & x > 2 \end{cases}$에 대해

(a) 다음 값이 존재한다면 구하여라.

(i) $\lim_{x \to 1^-} g(x)$ (ii) $\lim_{x \to 1} g(x)$ (iii) $g(1)$

(iv) $\lim_{x \to 2^-} g(x)$ (v) $\lim_{x \to 2^+} g(x)$ (vi) $\lim_{x \to 2} g(x)$

(b) g의 그래프를 그려라.

37. (a) 기호 $[\![\ ]\!]$은 예제 10에서 정의된 최대정수함수를 나타낸다. 다음 값을 구하여라.

(i) $\lim_{x \to -2^+} [\![x]\!]$ (ii) $\lim_{x \to -2} [\![x]\!]$ (iii) $\lim_{x \to -2.4} [\![x]\!]$

(b) n이 정수일 때 다음 값을 구하여라.

(i) $\lim_{x \to n^-} [\![x]\!]$ (ii) $\lim_{x \to n^+} [\![x]\!]$

(c) $\lim_{x \to a} [\![x]\!]$가 존재하는 a의 값은 얼마인가?

38. $f(x) = [\![\cos x]\!]$, $-\pi \leqslant x \leqslant \pi$에 대해

(a) f의 그래프를 그려라.

(b) 다음 값이 존재한다면 구하여라.

(i) $\lim_{x \to 0} f(x)$ (ii) $\lim_{x \to (\pi/2)^-} f(x)$

(iii) $\lim_{x \to (\pi/2)^+} f(x)$ (iv) $\lim_{x \to \pi/2} f(x)$

(c) $\lim_{x \to a} f(x)$가 존재하는 a의 값은 얼마인가?

39. 상대성 이론에서 로렌츠 수축 공식 $L = L_0\sqrt{1 - v^2/c^2}$은 c가 빛의 속도이고 L_0가 운동하지 않는 물체의 길이일 때 관찰자로부터 움직이는 속도 v에 대한 물체의 길이 L을 나타낸다. $\lim_{v \to c^-} L$의 값을 구하고 그 결과를 설명하여라. 좌극한이 필수적인 이유는 무엇인가?

40. $\lim_{x \to 1} \frac{f(x) - 8}{x - 1} = 10$일 때 $\lim_{x \to 1} f(x)$를 구하여라.

41. $f(x) = \begin{cases} x^2, x \in Q \\ 0, x \in Q^c \end{cases}$ (Q는 유리수 집합)일 때 $\lim_{x \to 0} f(x) = 0$임을 증명하여라.

42. $\lim_{x \to a} f(x)$와 $\lim_{x \to a} g(x)$가 모두 존재하지 않아도 $\lim_{x \to a} [f(x) + g(x)]$가 존재할 수 있는 예를 들어라.

43. $\lim_{x \to a} f(x)$와 $\lim_{x \to a} g(x)$가 모두 존재하지 않아도 $\lim_{x \to a} [f(x)g(x)]$가 존재할 수 있는 예를 들어라.

44. 방정식 $(x - 1)^2 + y^2 = 1$로 고정된 원 C_1과 반지름이 r이고 원점을 중심으로 하는 줄어드는 원 C_2가 있다. 점 P의 좌표는 $(0, r)$이고, 점 Q는 두 원의 교점 중 위에 있는 점, 점 R은 직선 PQ와 x축과의 교점이라고 하자. C_2가 줄어들 때, 즉 $r \to 0^+$일 때 R은 어떻게 되는가?

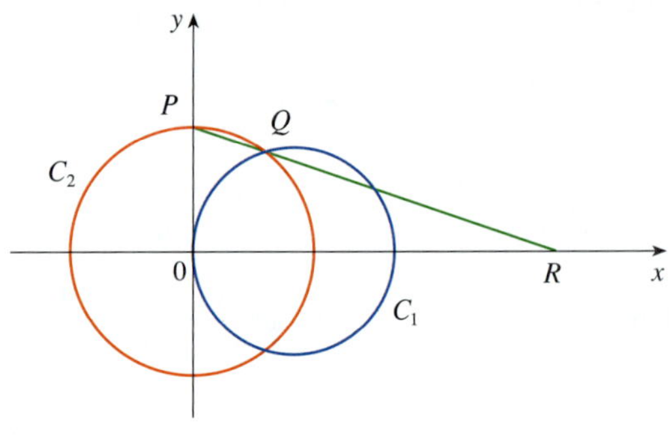

2.4 연속성

■ 함수의 연속성

그림 1과 같이 f가 연속이면 곡선 위의 점 $(x, f(x))$는 곡선을 따라 점 $(a, f(a))$에 접근한다. 곡선이 끊어져 있지 않다.

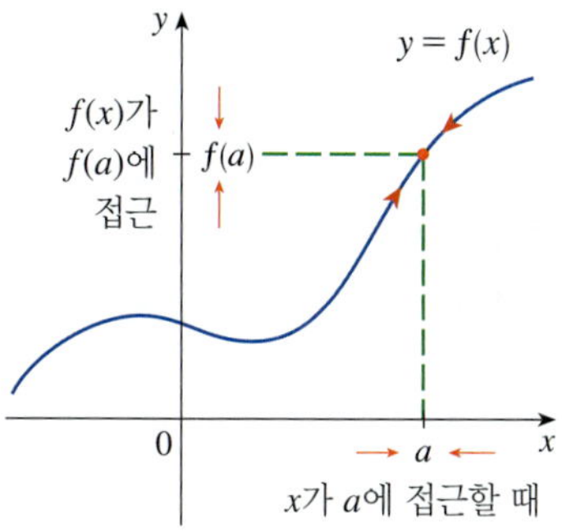

그림 1

2.3절에서 x가 a에 접근할 때 함수의 극한은 가끔 a에서의 함숫값을 계산해서 간단하게 구할 수 있었다. 이러한 성질을 갖는 함수들을 a에서 **연속**이라 한다. 연속(continuity)의 수학적 정의는 일상용어로 쓰고 있는 **연속**이라는 말의 의미와 밀접한 관련을 갖고 있다(연속적인 과정은 중단이 없다는 것을 의미한다).

> **1 정의** $$\lim_{x\to a} f(x) = f(a)$$
> 일 때 함수 f는 ***a*에서 연속**이라 한다.

f가 a에서 연속일 때 정의 1은 함축적으로 다음 세 가지 조건을 포함하고 있다.

1. $f(a)$가 정의된다(즉, a는 f의 정의역 안에 있다).
2. $\lim_{x\to a} f(x)$가 존재한다.
3. $\lim_{x\to a} f(x) = f(a)$

이 정의는 x가 a에 접근할 때 $f(x)$가 $f(a)$에 접근하면 f는 a에서 연속임을 뜻한다. 따라서 연속함수 f는 x가 작게 변하면 $f(x)$도 작게 변하는 성질을 갖고 있다. 실제는 x를 충분히 작게 변화시키면 $f(x)$도 원하는 만큼 작게 변화시킬 수 있다.

f가 a 근방에서 정의되고(다시 말해 f가 아마도 a를 제외한 a의 열린 근방에서 정의되고), a에서 연속이 아닐 때 f는 ***a*에서 불연속**(discontinuous) 또는 f는 a에서 **불연속성**(discontinuity)을 갖는다고 한다.

물리적 현상은 보통 연속이다. 예를 들면, 차의 변위나 속도는 사람의 키처럼 시간에 따라 연속적으로 변한다. 그러나 전류와 같은 경우에는 불연속인 성질이 나타나기도 한다. [2.2절에서 소개한 헤비사이드 함수는 $\lim_{t\to 0} H(t)$가 존재하지 않기 때문에 0에서 불연속이다.]

기하학적으로 어떤 구간의 모든 점에서 연속인 함수는 그래프가 그 구간 어디에서도 끊어지지 않는다는 것을 뜻한다. 즉, 종이에서 연필을 떼지 않고 그래프를 그릴 수 있다.

예제 1 함수 f의 그래프가 그림 2와 같을 때 f는 어떤 점에서 불연속인가? 그 이유는?

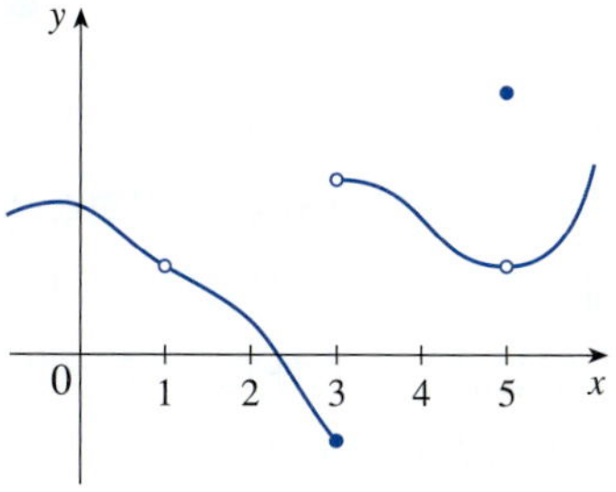

그림 2

풀이 $a = 1$에서 그래프가 끊어져 있으므로 여기서 f는 불연속이다. f가 1에서 불연속인 공식적인 이유는 $f(1)$이 정의되어 있지 않기 때문이다.

$a = 3$일 때 그래프는 끊어져 있지만 불연속인 이유는 다르다. 여기서 $f(3)$은 정의되어 있지만 $\lim_{x\to 3} f(x)$가 존재하지 않기 때문에 불연속이다(좌 · 우극한이 다르기 때문). 따라서 f는 3에서 불연속이다.

$a = 5$에서는 어떠한가? $f(5)$는 정의되어 있고 $\lim_{x\to 5} f(x)$는 존재한다(좌 · 우극한이 같기 때문). 그러나

$$\lim_{x\to 5} f(x) \neq f(5)$$

이므로 f는 5에서 불연속이다. ■

이제 함수가 식으로 주어졌을 때 불연속성을 판단하는 방법을 알아보자.

예제 2 다음 함수들은 각각 어디에서 불연속인가?

(a) $f(x) = \dfrac{x^2 - x - 2}{x - 2}$

(b) $f(x) = \begin{cases} \dfrac{x^2 - x - 2}{x - 2}, & x \neq 2 \\ 1, & x = 2 \end{cases}$

(c) $f(x) = \begin{cases} \dfrac{1}{x^2}, & x \neq 0 \\ 1, & x = 0 \end{cases}$

(d) $f(x) = [\![x]\!]$

풀이 (a) $f(2)$가 정의되지 않으므로 f는 2에서 불연속이다. 다른 모든 점에서 연속인 이유는 뒤에서 배울 것이다.

(b) 여기서 $f(2) = 1$은 정의되어 있고

$$\lim_{x\to 2} f(x) = \lim_{x\to 2}\frac{x^2 - x - 2}{x - 2} = \lim_{x\to 2}\frac{(x - 2)(x + 1)}{x - 2} = \lim_{x\to 2}(x + 1) = 3$$

으로 존재한다. 그러나

$$\lim_{x\to 2} f(x) \neq f(2)$$

이므로 f는 2에서 불연속이다.

(c) $f(0) = 1$로 정의되지만

$$\lim_{x\to 0} f(x) = \lim_{x\to 0}\frac{1}{x^2}$$

이 존재하지 않는다(2.2절 예제 6 참조). 따라서 f는 0에서 불연속이다.

(d) 최대정수함수 $f(x) = [\![x]\!]$는 n이 정수일 때 $\lim_{x\to n} [\![x]\!]$가 존재하지 않으므로 모든 정수에서 불연속이다. ■

그림 3은 예제 2의 함수들의 그래프이다. 각 그래프마다 구멍이나 절단 또는 도약이 생겨 종이 위에서 연필을 떼지 않고는 그래프를 그릴 수 없다. (a)와 (b) 같은 불연속은 2에서 f를 다시 정의하면 불연속성을 제거할 수 있기 때문에 **제거 가능**하다고 한다. [함수 $g(x) = x + 1$은 연속이다.] (c)와 같은 불연속은 **무한불연속**이라 하고, (d)와 같은 불연속은 한 값에서 다른 값으로 "도약"하기 때문에 **도약불연속**이라 한다.

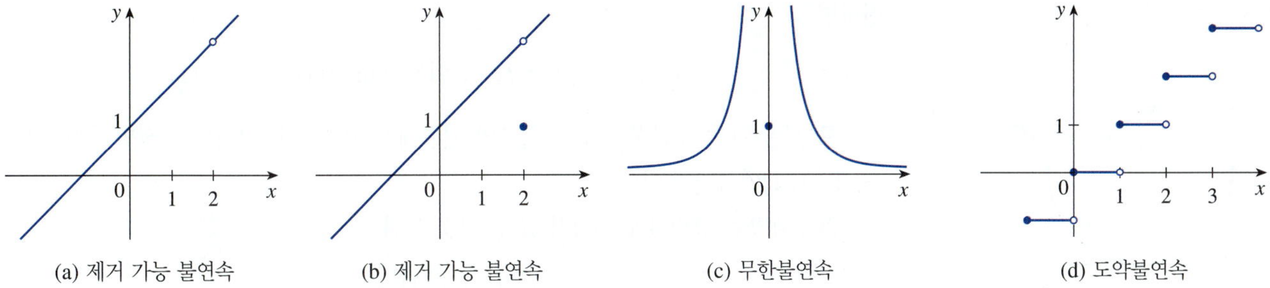

그림 3 예제 2의 함수 그래프

2 정의

$$\lim_{x\to a^+} f(x) = f(a)$$

일 때 f는 **a의 오른쪽에서 연속**이라 하고

$$\lim_{x\to a^-} f(x) = f(a)$$

일 때 f는 **a의 왼쪽에서 연속**이라고 한다.

예제 3 임의의 정수 n에서 함수 $f(x) = [\![x]\!]$는 [그림 3(d) 참조]

$$\lim_{x\to n^+} f(x) = \lim_{x\to n^+} [\![x]\!] = n = f(n)$$

이지만

$$\lim_{x\to n^-} f(x) = \lim_{x\to n^-} [\![x]\!] = n - 1 \neq f(n)$$

이므로 오른쪽에서 연속이고 왼쪽에서는 불연속이다. ■

3 정의 함수 f가 어떤 구간의 모든 점에서 연속일 때 f는 **구간에서 연속**이라고 한다. (f가 구간의 어느 한쪽 끝에서만 정의되어 있을 때 그 끝점에서 연속이라는 말은 그 점의 오른쪽 또는 왼쪽에서 연속임을 의미한다.)

예제 4 함수 $f(x) = 1 - \sqrt{1 - x^2}$은 구간 $[-1, 1]$에서 연속임을 보여라.

풀이 $-1 < a < 1$이면 2.3절의 극한법칙에 의하여

$$\begin{aligned}
\lim_{x\to a} f(x) &= \lim_{x\to a} \left(1 - \sqrt{1 - x^2}\right) \\
&= 1 - \lim_{x\to a} \sqrt{1 - x^2} && \text{(법칙 2, 8)} \\
&= 1 - \sqrt{\lim_{x\to a}(1 - x^2)} && \text{(법칙 7)} \\
&= 1 - \sqrt{1 - a^2} && \text{(법칙 2, 8, 10)} \\
&= f(a)
\end{aligned}$$

이다. 따라서 정의 1에 의해 $-1 < a < 1$이면 f는 a에서 연속이다. 같은 방법으로 계

산하면

$$\lim_{x \to -1^+} f(x) = 1 = f(-1)\text{이고 } \lim_{x \to 1^-} f(x) = 1 = f(1)$$

이므로 f는 -1의 오른쪽에서 연속, 1의 왼쪽에서 연속이다. 그러므로 정의 [3]에 따라 f는 $[-1, 1]$에서 연속이다.

f의 그래프는 그림 4에 그려져 있다. 이것은 원

$$x^2 + (y - 1)^2 = 1$$

의 아래쪽 반원이다. ■

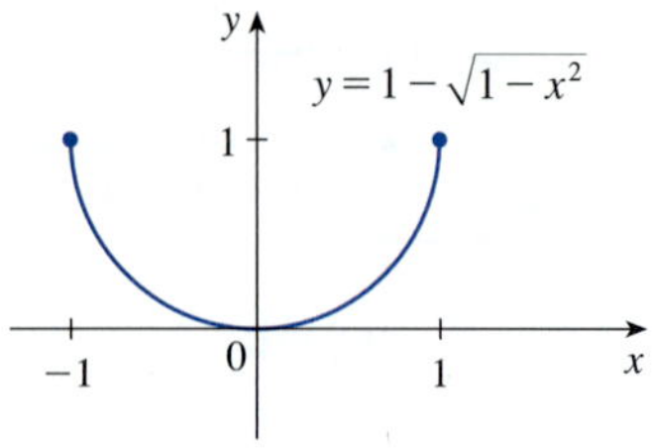

그림 4

■ 연속함수의 성질

함수의 연속성을 보이기 위해 예제 4처럼 정의 [1], [2], [3]을 사용하는 대신에 간단한 연속함수들로부터 복잡한 연속함수를 구성해가는 방법을 보여주는 다음 정리를 사용하는 것이 편리하다.

[4] 정리 f와 g가 a에서 연속이고 c가 상수이면, 다음 함수들도 a에서 연속이다.

1. $f + g$ **2.** $f - g$ **3.** cf

4. fg **5.** $\dfrac{f}{g}$ (단, $g(a) \neq 0$)

증명 이 정리의 다섯 함수의 연속성은 각각 2.3절의 극한법칙과 상응한다. 예를 들어 1을 증명하자. f와 g가 a에서 연속이므로

$$\lim_{x \to a} f(x) = f(a)\text{이고 } \lim_{x \to a} g(x) = g(a)$$

이다. 따라서

$$\begin{aligned}\lim_{x \to a} (f + g)(x) &= \lim_{x \to a} [f(x) + g(x)] \\ &= \lim_{x \to a} f(x) + \lim_{x \to a} g(x) \qquad \text{(법칙 1)} \\ &= f(a) + g(a) \\ &= (f + g)(a)\end{aligned}$$

이므로 $f + g$는 a에서 연속이다. ■

정리 [4]와 정의 [3]으로부터 f와 g가 어떤 구간에서 연속이면 함수 $f + g$, $f - g$, cf, fg, f/g(단, $g \neq 0$)도 그 구간에서 연속임을 알 수 있다. 다음 정리는 2.3절의 직접대입성질과 같은 것이다.

5 정리

(a) 다항식은 모든 점, 즉 $\mathbb{R} = (-\infty, \infty)$에서 연속이다.

(b) 유리함수는 그 함수가 정의된 점에서 연속이다. 즉, 유리함수는 정의역에서 연속이다.

증명

(a) 다항식 P는 $c_0, c_1, \cdots, c_n$이 상수일 때

$$P(x) = c_n x^n + c_{n-1} x^{n-1} + \cdots + c_1 x + c_0$$

형태의 함수이다.

$$\lim_{x \to a} c_0 = c_0 \qquad \text{(법칙 8)}$$

이고

$$\lim_{x \to a} x^m = a^m \qquad m = 1, 2, \ldots, n \qquad \text{(법칙 10)}$$

임은 알고 있다. 이 식은 함수 $f(x) = x^m$이 연속임을 말해준다. 따라서 정리 4의 3에 의해 함수 $g(x) = cx^m$은 연속이다. P는 이러한 형태의 함수와 상수함수의 합이므로, 정리 4의 1에 의해 P는 연속이다.

(b) P와 Q가 다항식일 때 유리함수는

$$f(x) = \frac{P(x)}{Q(x)}$$

형태의 함수이다. f의 정의역은 $D = \{x \in \mathbb{R} \mid Q(x) \neq 0\}$이다. (a)로부터 P와 Q는 모든 점에서 연속이다. 따라서 정리 4의 5에 의해 f는 D의 모든 점에서 연속이다. ■

정리 5의 예로, 구의 부피 공식 $V(r) = \frac{4}{3}\pi r^3$은 r에 관한 다항식이므로 구의 부피는 반지름에 따라 연속적으로 변한다. 마찬가지로 초기속도 15m/s의 속도로 공중에 수직으로 공을 던졌을 때 t초 후의 공의 높이는 $h(t) = 15t - 4.9t^2$으로 주어진다. 이 식은 다항식이므로 높이는 경과 시간에 대하여 연속이다.

함수가 연속임을 알게 되면 다음 예제와 같이 매우 빨리 극한을 계산할 수 있게 된다. 2.3절의 예제 2(b)와 비교해 보아라.

예제 5 $\displaystyle\lim_{x \to -2} \frac{x^3 + 2x^2 - 1}{5 - 3x}$을 구하여라.

풀이 함수

$$f(x) = \frac{x^3 + 2x^2 - 1}{5 - 3x}$$

은 유리함수이므로 정리 5에 의해 정의역 $\left\{x \mid x \neq \frac{5}{3}\right\}$에서 연속이다. 따라서

$$\lim_{x\to-2}\frac{x^3+2x^2-1}{5-3x}=\lim_{x\to-2}f(x)=f(-2)$$

$$=\frac{(-2)^3+2(-2)^2-1}{5-3(-2)}=-\frac{1}{11}$$

이다. ■

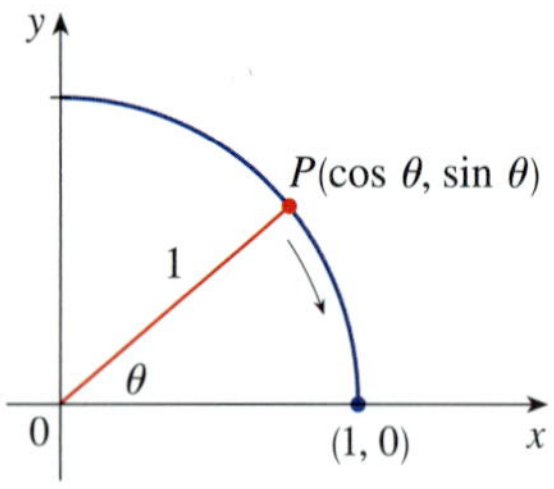

그림 5

대부분의 잘 알려진 함수들은 정의역의 모든 점에서 연속이다. 예를 들어, 2.3절의 극한법칙 11로부터 제곱근함수는 연속이다.

사인과 코사인함수의 그래프(1.2절 그림 16)로부터 이들 함수가 연속임을 짐작할 수 있다. $\sin\theta$와 $\cos\theta$의 정의로부터 그림 5에 있는 점 P의 좌표는 $(\cos\theta, \sin\theta)$이다. $\theta\to 0$일 때 P는 점 $(1, 0)$에 접근하므로 $\cos\theta\to 1$이고 $\sin\theta\to 0$임을 알 수 있다. 따라서

6 $$\lim_{\theta\to0}\cos\theta=1 \qquad \lim_{\theta\to0}\sin\theta=0$$

6의 극한을 입증하는 다른 방법은 3.3절에서 증명되는 부등식 $\sin\theta < 0(\theta > 0)$을 가지고 조임정리를 사용하는 것이다.

이다. $\cos\theta = 1$이고 $\sin\theta = 0$이므로 **6**의 식은 코사인함수와 사인함수가 0에서 연속임을 말해준다. 그리고 사인과 코사인에 관한 합의 공식들을 이용하면 이들 함수가 모든 점에서 연속임을 보일 수 있다.

정리 **4**의 5로부터

$$\tan x=\frac{\sin x}{\cos x}$$

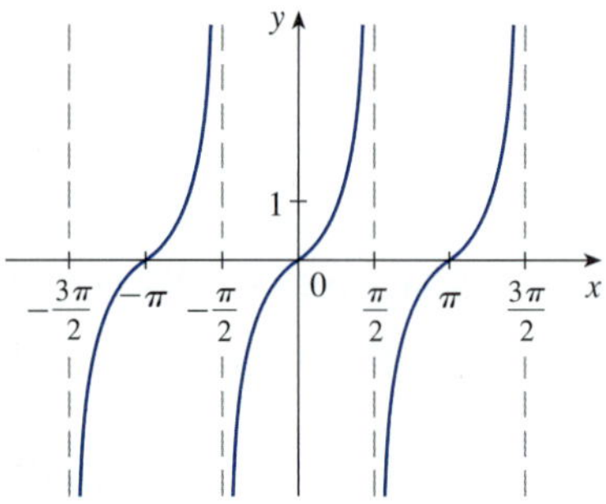

그림 6 $y = \tan x$

는 $\cos x = 0$인 점을 제외한 모든 점에서 연속이다. 이것은 x가 $\pi/2$의 홀수배일 때 나타나므로 $y = \tan x$는 $x = \pm\pi/2$, $\pm3\pi/2$, $\pm5\pi/2$, …에서 불연속이다(그림 6 참조).

연속인 일대일대응 함수의 역함수는 연속이다(f^{-1}의 그래프는 f의 그래프를 직선 $y = x$에 대하여 대칭시켜 얻을 수 있으므로 f의 그래프가 끊어져 있지 않으면 f^{-1}의 그래프도 끊어지지 않고 연속이 된다). 따라서 역삼각함수는 연속이다.

1.4절에서 x가 유리수인 지수함수 $y = b^x$의 그래프의 구멍을 메우도록 $y = b^x$을 정의하였다. 정의에 따라 지수함수 $y = b^x$은 $\mathbb{R}$에서 연속이므로 그 역함수인 $y = \log_b x$도 $(0, \infty)$에서 연속이다.

역삼각함수는 1.5절에서 다루었다.

7 정리 다음 함수들은 정의역의 모든 점에서 연속이다.

- 다항식
- 유리함수
- 제곱근함수
- 삼각함수
- 역삼각함수
- 지수함수
- 로그함수

예제 6 함수 $f(x)=\dfrac{\ln x+\tan^{-1}x}{x^2-1}$는 어디에서 연속인가?

풀이 정리 **7**에 따라 함수 $y = \ln x$는 $x > 0$에서 연속이고 $y = \tan^{-1}x$는 $\mathbb{R}$에서 연속이다. 따라서 정리 **4**의 1에 의해 $y = \ln x + \tan^{-1}x$는 $(0, \infty)$에서 연속이다. 분모 $y =$

$x^2 - 1$은 다항식이므로 모든 곳에서 연속이다. 정리 **4**의 5에 의해 f는 $x^2 - 1 = 0$ 즉, $x = \pm 1$을 제외한 모든 양수에서 연속이다. 그러므로 f는 구간 $(0, 1)$과 $(1, \infty)$에서 연속이다. ■

예제 7 $\displaystyle\lim_{x \to \pi} \frac{\sin x}{2 + \cos x}$를 구하여라.

풀이 정리 **7**에 의해 $y = \sin x$는 연속이다. 분모에 있는 함수 $y = 2 + \cos x$는 두 연속함수의 합이므로 연속이다. 모든 x에 대해 $\cos x \geqslant -1$이므로 이 함수는 결코 0이 아니고 항상 $2 + \cos x > 0$이다. 따라서

$$f(x) = \frac{\sin x}{2 + \cos x}$$

는 모든 점에서 연속이다. 연속함수의 정의에 의해

$$\lim_{x \to \pi} \frac{\sin x}{2 + \cos x} = \lim_{x \to \pi} f(x) = f(\pi) = \frac{\sin \pi}{2 + \cos \pi} = \frac{0}{2 - 1} = 0$$

이다. ■

연속함수 f와 g를 결합하여 새로운 연속함수를 얻는 또 다른 방법은 합성함수 $f \circ g$를 만드는 것이다. 이 사실은 다음 정리에서 알 수 있다.

이 정리는 함수가 연속이고 극한이 존재할 때 극한기호는 함수기호 속으로 옮겨질 수 있음을 보여준다. 즉, 이 두 기호의 순서를 바꿀 수 있다.

8 정리 f가 b에서 연속이고 $\displaystyle\lim_{x \to a} g(x) = b$이면 $\displaystyle\lim_{x \to a} f(g(x)) = f(b)$이다. 즉

$$\lim_{x \to a} f(g(x)) = f\left(\lim_{x \to a} g(x)\right)$$

이다.

직관적으로 x가 a에 접근하면 $g(x)$는 b에 가까워지고, f가 b에서 연속이므로 $g(x)$가 b에 접근하면 $f(g(x))$는 $f(b)$에 가까워지므로 정리 **8**은 타당하다.

예제 8 $\displaystyle\lim_{x \to 1} \arcsin\left(\frac{1 - \sqrt{x}}{1 - x}\right)$를 구하여라.

풀이 arcsin은 연속함수이므로 정리 **8**을 사용하면 다음과 같다.

$$\begin{aligned}
\lim_{x \to 1} \arcsin\left(\frac{1 - \sqrt{x}}{1 - x}\right) &= \arcsin\left(\lim_{x \to 1} \frac{1 - \sqrt{x}}{1 - x}\right) \\
&= \arcsin\left(\lim_{x \to 1} \frac{1 - \sqrt{x}}{(1 - \sqrt{x})(1 + \sqrt{x})}\right) \\
&= \arcsin\left(\lim_{x \to 1} \frac{1}{1 + \sqrt{x}}\right) \\
&= \arcsin \frac{1}{2} = \frac{\pi}{6}
\end{aligned}$$

■

이제 n이 양의 정수일 때 $f(x) = \sqrt[n]{x}$에 정리 **8**을 적용하여 보자. 그러면

$$f(g(x)) = \sqrt[n]{g(x)}$$

이고

$$f\left(\lim_{x\to a} g(x)\right) = \sqrt[n]{\lim_{x\to a} g(x)}$$

이다. 정리 **8**의 표현으로 바꾸면

$$\lim_{x\to a} \sqrt[n]{g(x)} = \sqrt[n]{\lim_{x\to a} g(x)}$$

이고, 따라서 극한법칙 7이 증명되었다(제곱근이 존재한다고 가정한다).

> **9 정리** g가 a에서 연속이고 f가 $g(a)$에서 연속이면 $(f\circ g)(x) = f(g(x))$로 주어진 합성함수 $f\circ g$는 a에서 연속이다.

이 정리는 흔히 "연속함수의 연속함수는 연속함수이다"라고 말한다.

증명 g가 a에서 연속이므로

$$\lim_{x\to a} g(x) = g(a)$$

이고, f는 $b = g(a)$에서 연속이므로 정리 **8**에 의해

$$\lim_{x\to a} f(g(x)) = f(g(a))$$

이다. 따라서 합성함수 $f\circ g$는 a에서 연속이다. ■

예제 9 다음 함수들은 어디에서 연속인가?

(a) $h(x) = \sin(x^2)$ (b) $F(x) = \ln(1 + \cos x)$

풀이

(a) $g(x) = x^2$이고 $f(x) = \sin x$일 때 $h(x) = f(g(x))$이다. g는 다항식이므로 $\mathbb{R}$에서 연속이고 f도 모든 점에서 연속이다. 따라서 정리 **9**에 의해 $h = f\circ g$는 $\mathbb{R}$에서 연속이다.

(b) 정리 **7**로부터 $f(x) = \ln x$는 연속이고 $g(x) = 1 + \cos x$도 연속이다($y = 1$과 $y = \cos x$가 모두 연속이므로). 그러므로 정리 **9**에 의해 $F(x) = f(g(x))$는 정의되는 점에서 연속이다. 그런데 $\ln(1 + \cos x)$는 $1 + \cos x > 0$일 때만 정의된다. 따라서 $\cos x = -1$일 때 정의되지 않는데, 이는 $x = \pm\pi, \pm 3\pi, \cdots$일 때이다. 그러므로 F는 x가 π의 홀수배일 때 불연속이고 이 값들 사이의 구간에서 연속이다(그림 7 참조). ■

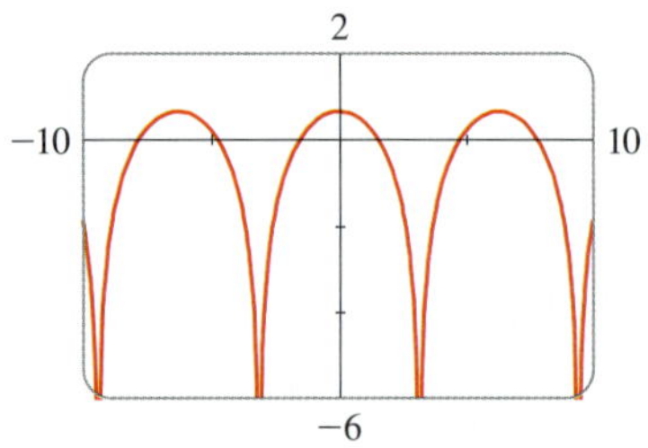

그림 7 $y = \ln(1 + \cos x)$

■ 중간값 정리

다음 정리는 연속함수에 관한 중요한 성질이고, 증명은 좀 더 높은 수준의 미적분학 교재에서 확인할 수 있다.

10 중간값 정리(Intermediate Value Theorem) f가 폐구간 $[a, b]$에서 연속이고 $f(a) \neq f(b)$라 하자. N이 $f(a)$와 $f(b)$ 사이의 어떤 값이라 하면 $f(c) = N$인 c가 개구간 (a, b) 내에 존재한다.

중간값 정리는 연속함수가 함숫값 $f(a)$와 $f(b)$ 사이의 모든 중간값을 갖는다는 것을 말한다. 이는 그림 8에서 확인할 수 있다. 함숫값이 N이 되는 점이 한 번[그림 (a)] 있을 수도 있고 두 번 이상[그림 (b)] 있을 수도 있다.

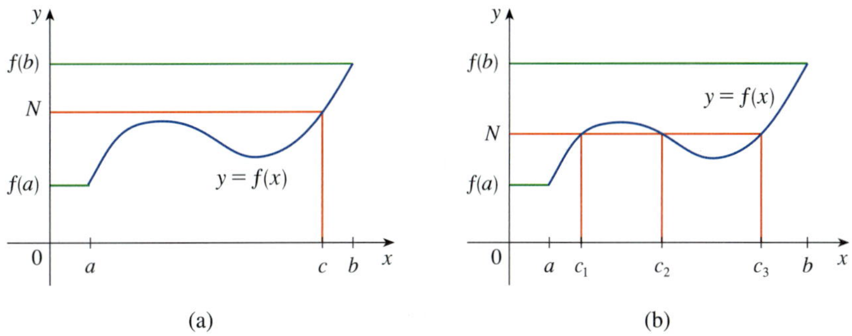

그림 8

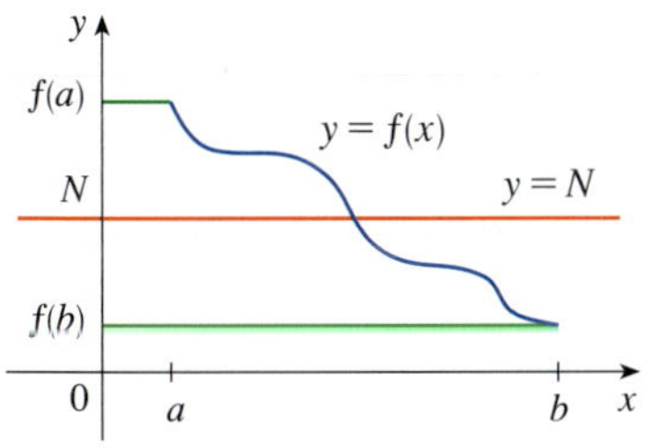

그림 9

그래프가 구멍이 없거나 끊어지지 않은 함수를 연속함수로 생각하면 중간값 정리가 사실이라는 것을 쉽게 알 수 있다. 기하학적으로 그림 9와 같이 $y = f(a)$와 $y = f(b)$ 사이에 어떤 수평인 직선 $y = N$이 주어지면 f의 그래프는 그 직선을 뛰어넘을 수가 없다. 어디선가 $y = N$과 만날 수밖에 없다.

정리 **10**에서는 함수 f가 연속이라는 조건이 중요하다. 중간값 정리는 불연속인 함수에 대해서는 일반적으로 성립하지 않는다.

중간값 정리는 다음 예제와 같이 방정식의 근을 찾을 때도 사용한다.

예제 10 방정식

$$4x^3 - 6x^2 + 3x - 2 = 0$$

의 근이 1과 2 사이에 존재함을 보여라.

풀이 $f(x) = 4x^3 - 6x^2 + 3x - 2$라 하자. 주어진 방정식의 근을 구하는 것은 $f(c) = 0$인 c를 1과 2 사이에서 찾는 것이다. 그러므로 정리 **10**에 따라 $a = 1$, $b = 2$, $N = 0$이라 놓자.

$$f(1) = 4 - 6 + 3 - 2 = -1 < 0,$$

$$f(2) = 32 - 24 + 6 - 2 = 12 > 0$$

이므로 $f(1) < 0 < f(2)$, 즉 $N = 0$은 $f(1)$과 $f(2)$ 사이의 값이다. 이제 다항식 f는 연속함수이므로 중간값 정리에 의해 $f(c) = 0$인 c가 1과 2 사이에 존재한다. 다시 말하면 방정식 $4x^3 - 6x^2 + 3x - 2 = 0$이 구간 $(1, 2)$ 안에 적어도 하나의 근 c를 갖는다.

실제로 중간값 정리를 반복해서 사용하면 좀 더 정확한 근의 위치를 찾을 수 있다.

$$f(1.2) = -0.128 < 0\text{이고} \quad f(1.3) = 0.548 > 0$$

이므로 근은 1.2와 1.3 사이에 있다. 계산기를 사용하여 계산해보면

$$f(1.22) = -0.007008 < 0\text{이고} \quad f(1.23) = 0.056068 > 0$$

이므로 근은 구간 (1.22, 1.23) 안에 있다. ■

그래핑 계산기나 컴퓨터를 이용하여 예제 10에서 중간값 정리가 이용되는 것을 설명할 수 있다. 그림 10은 직사각형창 $[-1, 3] \times [-3, 3]$에서 f의 그래프인데 그래프가 1과 2 사이에서 x축과 만나는 것을 알 수 있다. 그림 11은 직사각형창을 $[1.2, 1.3] \times [-0.2, 0.2]$로 확대한 것이다.

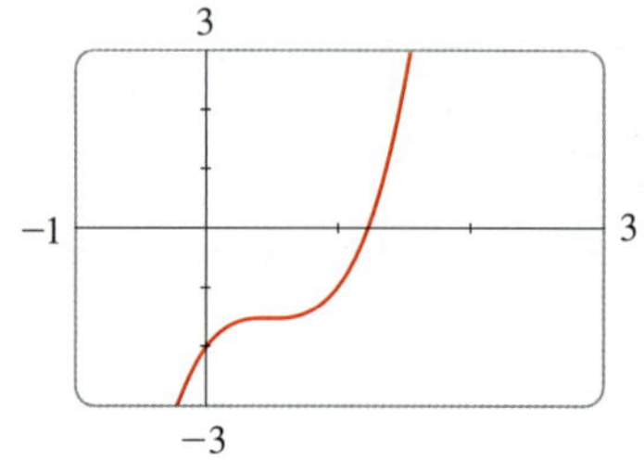

그림 10

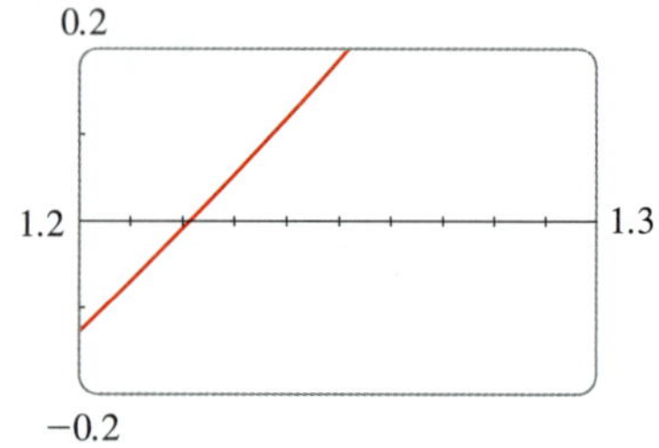

그림 11

실제로 중간값 정리는 그래핑 도구가 그래프를 그리는 방식과 거의 유사하다. 컴퓨터는 그래프 위의 유한개의 점들을 계산하고 이 점들을 포함하는 픽셀을 표시한다. 이때 함수는 연속이어서 두 점 사이의 모든 중간값을 갖는다고 가정한다. 따라서 컴퓨터는 중간 픽셀들을 표시하여 '점들을 연결'한다.

2.4 연습문제

1. 함수 f가 4에서 연속임을 표현하는 방정식을 써라.

2. f가 $(-\infty, \infty)$에서 연속일 때 f의 그래프에 대해 무엇을 말할 수 있는가?

3. (a) 함수 f의 그래프가 아래와 같을 때, f가 불연속이 되는 점의 개수를 구하고 그 이유를 설명하여라.

(b) (a)에서의 각 점에 대해 f가 왼쪽 혹은 오른쪽에서 연속인지, 또는 양쪽 다 연속이 안 되는지 결정하여라.

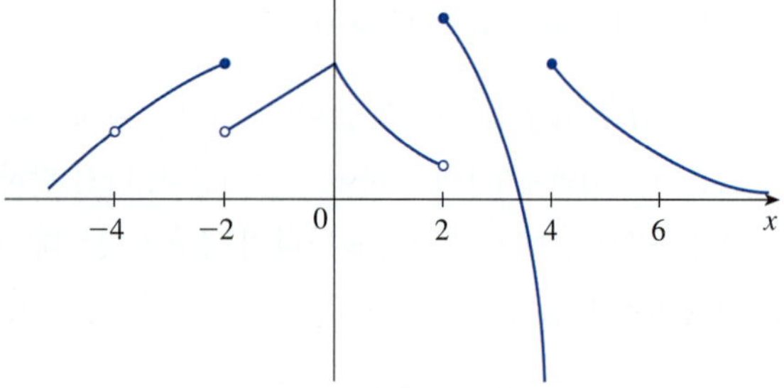

4-5 함수 f의 그래프가 아래와 같을 때

(a) $\lim_{x \to a} f(x)$가 존재하지 않는 점 a를 구하여라.

(b) f가 연속이 아닌 점 a를 구하여라.

(c) $\lim_{x \to a} f(x)$가 존재하지만 f가 연속이 아닌 점 a를 구하여라.

4.

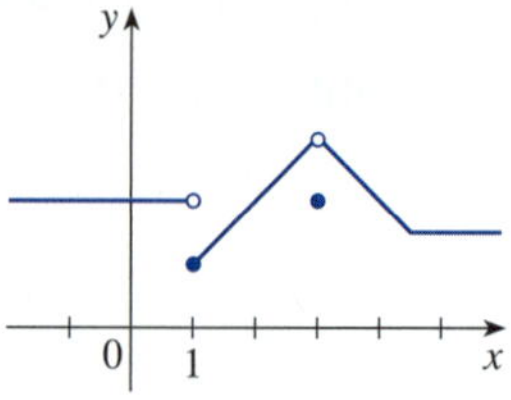

5.

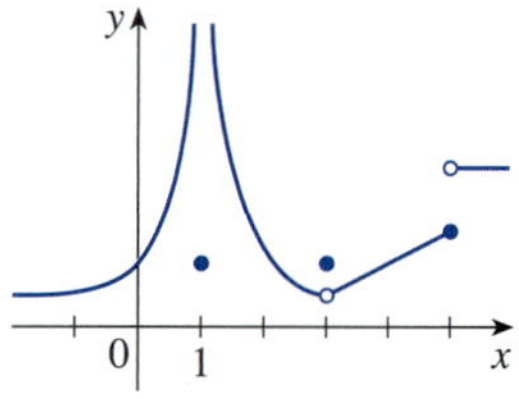

6-7 ℝ에서 정의되고, 명시된 불연속 점을 제외하고는 연속인 함수 f의 그래프를 그려라.

6. -2에서 제거 가능 불연속이고, 2에서 무한불연속이다.

7. 0과 3에서 불연속이지만 0의 오른쪽에서 연속, 3의 왼쪽에서 연속이다.

---

8. 아래 함수가 왜 연속 또는 불연속인지 설명하여라.

(a) 특정 장소에서 시간에 대한 온도의 함수

(b) 뉴욕시로부터 서쪽으로 떨어진 거리에 대한 특정 시간의 온도의 함수

(c) 뉴욕시로부터 서쪽으로 떨어진 거리에 대한 해발고도의 함수

(d) 여행한 거리에 대한 택시 요금의 함수

(e) 시간에 대한 방 안의 전등에 필요한 전류의 함수

9-11 연속의 정의와 극한의 성질을 이용하여 다음 함수가 a에서 연속임을 보여라.

9. $f(x) = 3x^2 + (x+2)^5, \quad a = -1$

10. $g(t) = \dfrac{t^2 + 5t}{2t + 1}, \quad a = 2$

11. $p(v) = 2\sqrt{3v^2 + 1}, \quad a = 1$

12-13 연속의 정의와 극한의 성질을 이용하여 다음 함수가 주어진 구간에서 연속임을 보여라.

12. $f(x) = x + \sqrt{x - 4}\,, \quad [4, \infty)$

13. $g(x) = \dfrac{x - 1}{3x + 6}, \quad (-\infty, -2)$

14-17 다음 함수가 주어진 a에서 왜 불연속인지 설명하여라. 함수의 그래프를 그려라.

14. $f(x) = \dfrac{1}{x + 2} \qquad a = -2$

15. $f(x) = \begin{cases} x + 3, & x \leqslant -1 \\ 2^x, & x > -1 \end{cases} \qquad a = -1$

16. $f(x) = \begin{cases} \dfrac{x^2 - x}{x^2 - 1}, & x \neq 1 \\ 1, & x = 1 \end{cases} \qquad a = 1$

17. $f(x) = \begin{cases} \cos x, & x < 0 \\ 0, & x = 0 \\ 1 - x^2, & x > 0 \end{cases} \qquad a = 0$

18-19 (a) f가 $x = 3$에서 제거 가능 불연속임을 보여라.
(b) f가 $x = 3$에서 연속이 되도록 $f(3)$을 재정의하여라(따라서 불연속성이 '제거'된다).

18. $f(x) = \dfrac{x - 3}{x^2 - 9}$ **19.** $f(x) = \dfrac{x^2 - 7x + 12}{x - 3}$

20-25 정리 [4], [5], [7], [9]를 이용하여 함수가 정의역의 모든 점에서 연속이 되는 이유를 설명하여라. 정의역을 구하여라.

20. $f(x) = \dfrac{x^2}{\sqrt{x^4 + 2}}$ **21.** $h(t) = \dfrac{\cos(t^2)}{1 - e^t}$

22. $B(u) = \sqrt{3u - 2} + \sqrt[3]{2u - 3}$

23. $L(v) = v \ln(1 - v^2)$

24. $M(x) = \sqrt{1 + \dfrac{1}{x}}$ **25.** $g(t) = \cos^{-1}(e^t - 1)$

26-27 함수의 불연속점을 찾고 그래프를 그려라.

26. $f(x) = \dfrac{1}{\sqrt{1 - \sin x}}$ **27.** $y = \arctan \dfrac{1}{x}$

28-29 f가 $(-\infty, \infty)$에서 연속임을 보여라.

28. $f(x) = \begin{cases} 1 - x^2, & x \leqslant 1 \\ \ln x, & x > 1 \end{cases}$

29. $f(x) = \begin{cases} \sin x, & x < \pi/4 \\ \cos x, & x \geqslant \pi/4 \end{cases}$

30-31 f가 불연속인 점을 구하여라. 이 점들에 대하여 오른쪽에서 연속인지, 왼쪽에서 연속인지 또는 어느 쪽에서도 연속이 아닌지 판정하고 f의 그래프를 그려라.

30. $f(x) = \begin{cases} x^2, & x < -1 \\ x, & -1 \leqslant x < 1 \\ 1/x, & x \geqslant 1 \end{cases}$

31. $f(x) = \begin{cases} x + 2, & x < 0 \\ e^x, & 0 \leqslant x \leqslant 1 \\ 2 - x, & x > 1 \end{cases}$

---

32. 지구의 중심으로부터 거리가 r일 때 단위질량에 가해지는 지구의 중력은

$$F(r) = \begin{cases} \dfrac{GMr}{R^3}, & r < R \\ \dfrac{GM}{r^2}, & r \geqslant R \end{cases}$$

이다. 이때 M은 지구의 질량, R은 지구의 반지름, G는 중력상수이다. F는 r에 대한 연속함수인가?

33. f가 $(-\infty, \infty)$에서 연속이 되게 하는 상수 c의 값은 얼마인가?

$$f(x) = \begin{cases} cx^2 + 2x, & x < 2 \\ x^3 - cx, & x \geqslant 2 \end{cases}$$

34. f와 g가 연속함수이고 $g(2) = 6$, $\lim_{x \to 2} [3f(x) + f(x)g(x)] = 36$일 때 $f(2)$를 구하여라.

35. $f(x) = 1/x$, $g(x) = 1/x^2$이라 하자.
(a) $(f \circ g)(x)$를 구하여라.
(b) $f \circ g$는 모든 점에서 연속인가? 설명하여라.

36. $f(x) = x^2 + 10 \sin x$일 때, $f(c) = 1000$을 만족하는 c가 있음을 보여라.

37-40 중간값 정리를 활용하여 다음 방정식의 해가 주어진 구간에서 존재함을 보여라.

37. $-x^3 + 4x + 1 = 0$, $(-1, 0)$

38. $\ln x = x - \sqrt{x}$, $(2, 3)$

39. $e^x = 3 - 2x$, $(0, 1)$

40. $\sin x = x^2 - x$, $(1, 2)$

41-42 (a) 아래의 방정식이 적어도 하나의 실근을 가짐을 보여라. (b) 계산기를 이용하여 해를 포함하는 길이가 0.01인 구간을 구하여라.

41. $\cos x = x^3$

42. $\ln x = 3 - 2x$

43-44 (a) 아래의 방정식이 적어도 하나의 실근을 가짐을 보여라. (b) 계산기를 이용하여 소수 셋째 자리까지의 정확한 해를 찾아라.

43. $100e^{-x/100} = 0.01x^2$

44. $\arctan x = 1 - x$

45-46 다음 함수는 주어진 구간에서 x축과 적어도 두 번 이상 만남을 그래프를 그리지 말고 증명하여라.

45. $y = \sin x^3$, $(1, 2)$

46. $y = x^2 - 3 + 1/x$, $(0, 2)$

47. f가 a에서 연속임이 $\lim_{h \to 0} f(a + h) = f(a)$와 필요충분조건임을 증명하여라.

48. 사인함수가 연속임을 증명하기 위하여 모든 실수 a에 대해 $\lim_{x \to a} \sin x = \sin a$임을 보여야 한다. 이는 연습문제 47에 의해

$$\lim_{h \to 0} \sin(a + h) = \sin a$$

를 보이는 것과 같다. 6을 이용하여 이 명제가 참임을 증명하여라.

49. 코사인함수가 연속함수임을 증명하여라.

50. (a) 정리 4의 3을 증명하여라.
(b) 정리 4의 5를 증명하여라.

51. 정리 8을 이용하여 2.3절의 극한법칙 6과 7을 증명하여라.

52. f가 연속이 되는 x의 값은 얼마인가?

$$f(x) = \begin{cases} 0, & x\text{는 유리수} \\ 1, & x\text{는 무리수} \end{cases}$$

53. 함수

$$f(x) = \begin{cases} x^4 \sin(1/x), & x \neq 0 \\ 0 & , x = 0 \end{cases}$$

이 $(-\infty, \infty)$에서 연속임을 보여라.

54. 한 여성이 오전 7시에 집을 나서 오후 7시에 산 정상에 도착하였다. 다음날 오전 7시에 산 정상에서 출발하여 전날과 같은 길을 따라 오후 7시에 집에 도착하였다. 중간값 정리를 이용하여 이 여성이 이틀간 같은 시각에 같은 지점을 지난 경우가 있음을 보여라.

2.5 무한대에서 극한: 수평점근선

앞에서 곡선 $y = f(x)$의 무한극한과 수직점근선을 알아보았다. 수직점근선에서 x를 어떤 점에 접근시켰을 때 y값이 임의로 크게(양수 또는 음수) 되는 것을 보았다. 이 절에서는 x를 임의로 크게(양수 또는 음수) 할 때 함숫값 y가 어떻게 되는지 알아보자.

■ 무한대에서의 극한과 수평점근선

먼저 x가 커짐에 따라 함수

$$f(x) = \frac{x^2 - 1}{x^2 + 1}$$

x	$f(x)$
0	-1
±1	0
±2	0.600000
±3	0.800000
±4	0.882353
±5	0.923077
±10	0.980198
±50	0.999200
±100	0.999800
±1000	0.999998

의 값이 어떻게 변하는지 조사해보자. 왼쪽 표는 함숫값을 소수 여섯째 자리까지 계산해 놓은 것이고, 그림 1은 컴퓨터로 그린 f의 그래프이다.

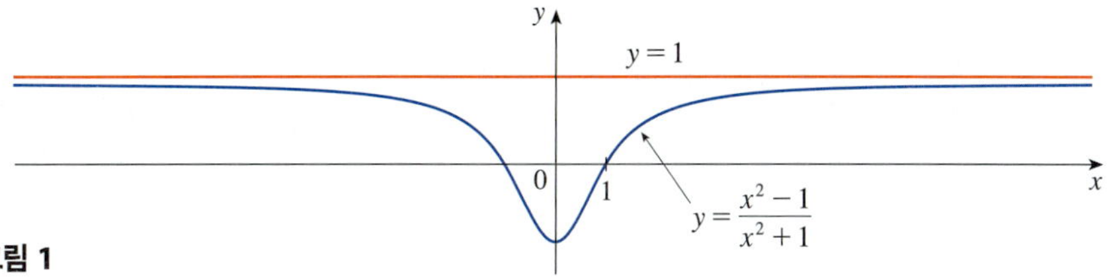

그림 1

x가 점점 커짐에 따라 $f(x)$의 값은 점점 1에 가까워진다(f의 그래프는 오른쪽을 보면 수평직선 $y = 1$에 가까워진다). 실제로 x를 충분히 크게 잡을 때 $f(x)$의 값은 원하는 만큼 1에 가깝게 할 수 있다. 이러한 상태를 기호로는

$$\lim_{x\to\infty} \frac{x^2 - 1}{x^2 + 1} = 1$$

로 나타낸다. 일반적으로 x가 점점 커질 때 $f(x)$의 값이 L에 접근하는 것을

$$\lim_{x\to\infty} f(x) = L$$

로 나타낸다.

1 무한대에서의 극한의 직관적인 정의 함수 f가 구간 (a, ∞)에서 정의된다고 하자.

$$\lim_{x\to\infty} f(x) = L$$

은 x를 충분히 크게 잡았을 때 $f(x)$의 값을 원하는 만큼 L에 가깝게 할 수 있음을 의미한다.

$\lim_{x\to\infty} f(x) = L$은

$$x \to \infty\text{일 때}\quad f(x) \to L$$

로 나타내기도 한다. 기호 ∞는 수를 나타내는 것은 아니다. 그럼에도 불구하고 $\lim_{x\to\infty} f(x) = L$은 흔히

"x가 무한대에 접근할 때 $f(x)$의 극한은 L이다"

또는 "x가 무한대가 될 때 $f(x)$의 극한은 L이다"

또는 "x가 한없이 증가할 때 $f(x)$의 극한은 L이다"

등으로 읽는다. 이러한 표현의 의미는 정의 1에 의해 주어진다.

정의 1의 기하학적 설명은 그림 2에 나타나 있다. 각 그래프의 오른쪽에서 보듯이 직선 $y = L$(수평점근선이라 부른다)에 접근하는 여러 가지 방법이 있음에 주의하여라.

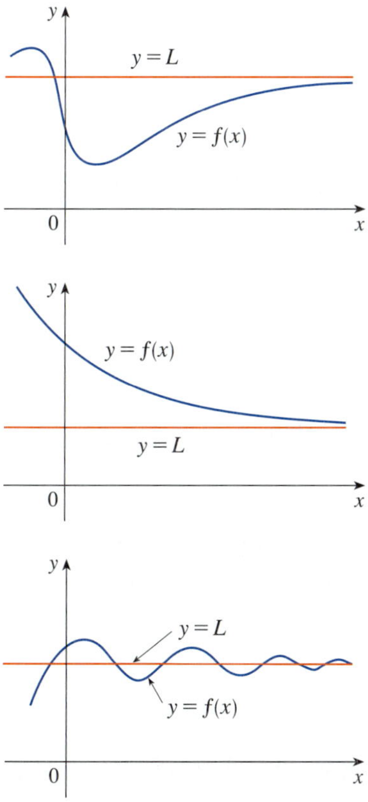

그림 2 $\lim_{x\to\infty} f(x) = L$이 나타난 예

그림 1을 다시 살펴보면 x가 음수로 큰 값에 대해서도 $f(x)$의 값이 1에 가까워짐을 알 수 있다. x가 한없이 음수로 감소하면 $f(x)$를 원하는 만큼 1에 가까이 할 수 있다. 이것을

$$\lim_{x \to -\infty} \frac{x^2 - 1}{x^2 + 1} = 1$$

로 나타낸다. 정의는 다음과 같다.

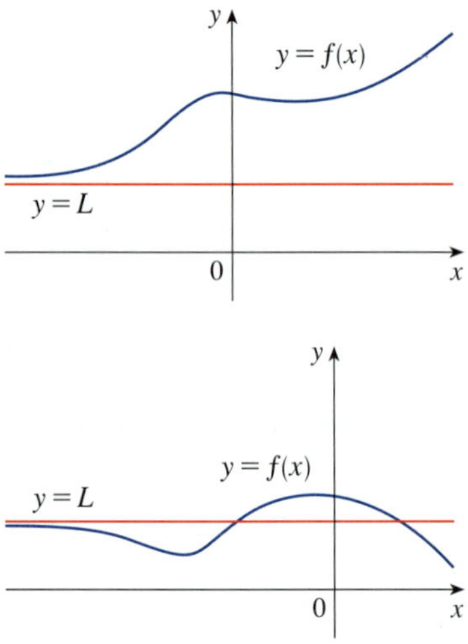

그림 3 $\lim_{x \to -\infty} f(x) = L$이 나타난 예

> **2 정의** 함수 f가 구간 $(-\infty, a)$에서 정의된다고 하자.
>
> $$\lim_{x \to -\infty} f(x) = L$$
>
> 은 x를 충분히 작은 음수로 잡았을 때 $f(x)$의 값을 원하는 만큼 L에 가깝게 할 수 있음을 의미한다.

또한 기호 $-\infty$는 수를 나타내는 것은 아니지만 $\lim_{x \to -\infty} f(x) = L$은 흔히

"x가 음의 무한대로 접근할 때 $f(x)$의 극한은 L이다"

라고 읽는다. 정의 2는 그림 3에 설명되어 있다. 각 그래프의 가장 왼쪽을 보면 그래프가 직선 $y = L$에 접근한다.

> **3 정의** $\lim_{x \to \infty} f(x) = L$ 또는 $\lim_{x \to -\infty} f(x) = L$
>
> 일 때 직선 $y = L$을 곡선 $y = f(x)$의 **수평점근선**(horizontal asymptote)이라 한다.

예를 들면

$$\lim_{x \to \infty} \frac{x^2 - 1}{x^2 + 1} = 1$$

이므로 그림 1에 나타난 곡선은 직선 $y = 1$을 수평점근선으로 갖는다.

곡선 $y = \tan^{-1}x$는 두 개의 수평점근선을 갖는다(그림 4 참조). 사실

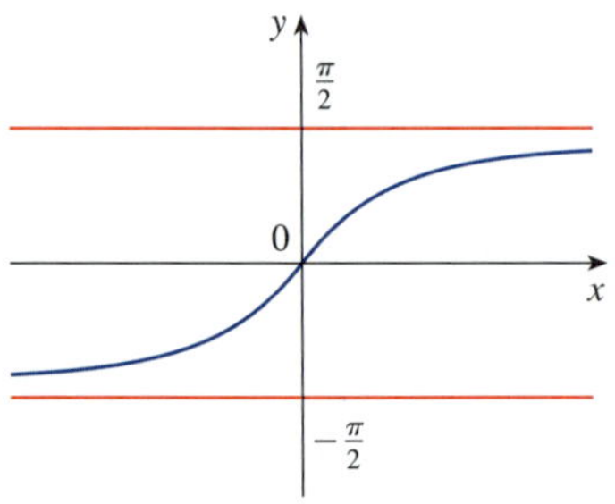

그림 4 $y = \tan^{-1}x$

4 $$\lim_{x \to -\infty} \tan^{-1}x = -\frac{\pi}{2} \qquad \lim_{x \to \infty} \tan^{-1}x = \frac{\pi}{2}$$

이므로 두 직선 $y = -\pi/2$와 $y = \pi/2$는 수평점근선들이다($x = \pm\pi/2$는 탄젠트곡선의 수직점근선이라는 사실로부터 알 수 있다).

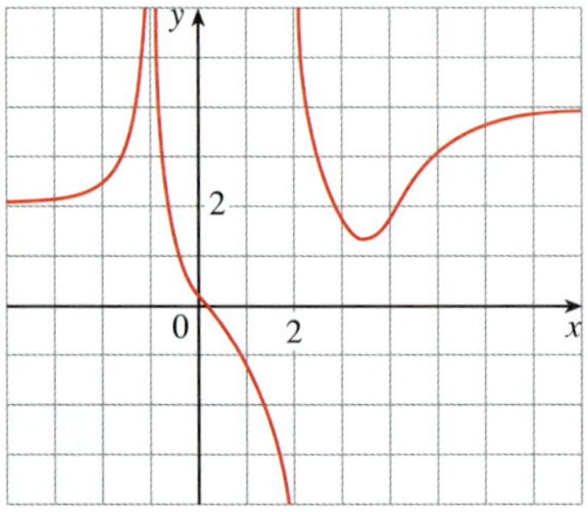

그림 5

예제 1 그림 5에 그래프로 주어진 함수 f에 대한 무한극한, 무한대에서 극한과 점근선을 구하여라.

풀이 $x \to -1$일 때 $f(x)$의 값은 양쪽으로부터 임의로 커지므로

$$\lim_{x \to -1} f(x) = \infty$$

이다. $f(x)$는 x가 왼쪽에서 2에 접근할 때는 음으로 커지지만, x가 오른쪽에서 2에 접근할 때는 양으로 커지므로

$$\lim_{x \to 2^-} f(x) = -\infty \text{이고 } \lim_{x \to 2^+} f(x) = \infty$$

이다. 따라서 두 직선 $x = -1$과 $x = 2$는 수직점근선이다.

x가 커질 때 $f(x)$는 4에 접근한다. 하지만 x가 음의 값으로 감소할 때 $f(x)$는 2에 접근한다. 따라서

$$\lim_{x \to \infty} f(x) = 4 \text{이고 } \lim_{x \to -\infty} f(x) = 2$$

이므로 두 직선 $y = 4$와 $y = 2$는 수평점근선이다. ■

예제 2 $\displaystyle\lim_{x \to \infty} \frac{1}{x}$과 $\displaystyle\lim_{x \to -\infty} \frac{1}{x}$을 구하여라.

풀이 x가 커지면 $1/x$은 작아진다. 예를 들어,

$$\frac{1}{100} = 0.01 \qquad \frac{1}{10{,}000} = 0.0001 \qquad \frac{1}{1{,}000{,}000} = 0.000001$$

이다. 실제로 x를 충분히 크게 잡으면 $1/x$을 원하는 만큼 0에 가깝게 할 수 있다. 그러므로 정의 1에 의해

$$\lim_{x \to \infty} \frac{1}{x} = 0$$

이다. 마찬가지로 x가 큰 음수일 때 $1/x$은 아주 작은 음수이므로

$$\lim_{x \to -\infty} \frac{1}{x} = 0$$

이다. 따라서 직선 $y = 0$(x축)은 곡선 $y = 1/x$(쌍곡선, 그림 6 참조)의 수평점근선이다. ■

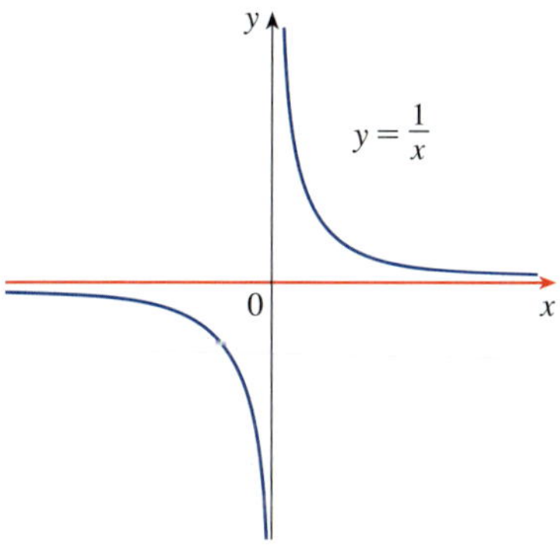

그림 6

$\displaystyle\lim_{x \to \infty} \frac{1}{x} = 0, \quad \lim_{x \to -\infty} \frac{1}{x} = 0$

■ 무한대에서의 극한 구하기

2.3절에서 주어진 대부분의 극한법칙들은 무한대의 극한에 대해서도 성립한다. 2.3절의 극한법칙들은(법칙 10과 11은 제외) "$x \to a$" 대신 "$x \to \infty$" 또는 "$x \to -\infty$"로 바꾸어도 성립함을 증명할 수 있다. 특히 법칙 6과 7에 예제 2의 결과를 결합하면 극한 계산에서 중요한 다음 법칙을 얻는다.

5 정리 $r > 0$이 유리수이면

$$\lim_{x \to \infty} \frac{1}{x^r} = 0$$

이다. 모든 x에 대해 x^r이 정의되는 유리수 $r > 0$에 대하여

$$\lim_{x \to -\infty} \frac{1}{x^r} = 0$$

이다.

예제 3 $\displaystyle\lim_{x\to\infty}\frac{3x^2-x-2}{5x^2+4x+1}$를 구하고 각 단계마다 사용된 극한법칙을 나타내어라.

풀이 x가 커짐에 따라 분모와 분자 모두 커지므로 이들의 비가 어떻게 될지 명확하지 않다. 그래서 주어진 식을 약간 변형할 필요가 있다.

유리함수의 무한대에서의 극한을 계산하기 위해 먼저 분모의 최고차항으로 분모와 분자를 나눈다(x의 큰 값에만 관심이 있으므로 $x \neq 0$이라 가정할 수 있다). 이 경우 분모의 최고차항은 x^2이므로

$$\lim_{x\to\infty}\frac{3x^2-x-2}{5x^2+4x+1}=\lim_{x\to\infty}\frac{\dfrac{3x^2-x-2}{x^2}}{\dfrac{5x^2+4x+1}{x^2}}=\lim_{x\to\infty}\frac{3-\dfrac{1}{x}-\dfrac{2}{x^2}}{5+\dfrac{4}{x}+\dfrac{1}{x^2}}$$

$$=\frac{\displaystyle\lim_{x\to\infty}\left(3-\frac{1}{x}-\frac{2}{x^2}\right)}{\displaystyle\lim_{x\to\infty}\left(5+\frac{4}{x}+\frac{1}{x^2}\right)} \qquad \text{(법칙 5)}$$

$$=\frac{\displaystyle\lim_{x\to\infty}3-\lim_{x\to\infty}\frac{1}{x}-2\lim_{x\to\infty}\frac{1}{x^2}}{\displaystyle\lim_{x\to\infty}5+4\lim_{x\to\infty}\frac{1}{x}+\lim_{x\to\infty}\frac{1}{x^2}} \qquad \text{(법칙 1, 2, 3)}$$

$$=\frac{3-0-0}{5+0+0} \qquad \text{(법칙 7과 정리 5)}$$

$$=\frac{3}{5}$$

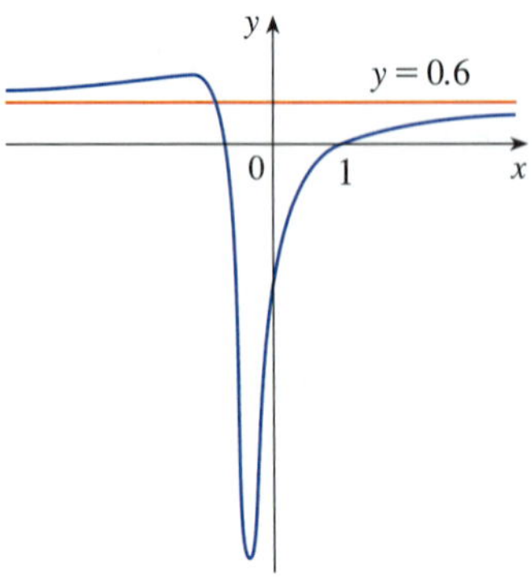

그림 7 $y=\dfrac{3x^2-x-2}{5x^2+4x+1}$

이다. 비슷한 계산으로 $x \to -\infty$일 때도 극한이 역시 $\frac{3}{5}$임을 확인할 수 있다. 그림 7에서 주어진 유리함수의 그래프는 수평점근선 $y=\frac{3}{5}=0.6$에 접근하고 있고 극한 계산 결과와 같다는 것을 알 수 있다. ■

예제 4 다음 함수의 수평점근선을 구하여라.

$$f(x)=\frac{\sqrt{2x^2+1}}{3x-5}$$

풀이 분모와 분자를 x(분모에 있는 x의 최고차항)로 나누고 극한의 성질을 사용하면

$$\lim_{x\to\infty}\frac{\sqrt{2x^2+1}}{3x-5}=\lim_{x\to\infty}\frac{\dfrac{\sqrt{2x^2+1}}{x}}{\dfrac{3x-5}{x}}=\lim_{x\to\infty}\frac{\sqrt{\dfrac{2x^2+1}{x^2}}}{\dfrac{3x-5}{x}} \qquad (x>0\text{이면 }\sqrt{x^2}=x\text{이므로})$$

$$=\frac{\displaystyle\lim_{x\to\infty}\sqrt{2+\frac{1}{x^2}}}{\displaystyle\lim_{x\to\infty}\left(3-\frac{5}{x}\right)}=\frac{\sqrt{\displaystyle\lim_{x\to\infty}2+\lim_{x\to\infty}\frac{1}{x^2}}}{\displaystyle\lim_{x\to\infty}3-5\lim_{x\to\infty}\frac{1}{x}}=\frac{\sqrt{2+0}}{3-5\cdot 0}=\frac{\sqrt{2}}{3}$$

이다. 따라서 $y = \sqrt{2}/3$는 f의 수평점근선이다.

$x \to -\infty$일 때의 극한을 계산할 때, $x < 0$에 대해 $\sqrt{x^2} = |x| = -x$임을 기억해야 한다. 따라서 $x < 0$에 대해 분자를 x로 나누면

$$\frac{\sqrt{2x^2+1}}{x} = \frac{\sqrt{2x^2+1}}{-\sqrt{x^2}} = -\sqrt{\frac{2x^2+1}{x^2}} = -\sqrt{2+\frac{1}{x^2}}$$

이다. 그러므로

$$\lim_{x\to-\infty}\frac{\sqrt{2x^2+1}}{3x-5} = \lim_{x\to-\infty}\frac{-\sqrt{2+\dfrac{1}{x^2}}}{3-\dfrac{5}{x}} = \frac{-\sqrt{2+\lim\limits_{x\to-\infty}\dfrac{1}{x^2}}}{3-5\lim\limits_{x\to-\infty}\dfrac{1}{x}} = -\frac{\sqrt{2}}{3}$$

이다. 따라서 $y = -\sqrt{2}/3$도 f의 수평점근선이다. 그림 8을 보라. ■

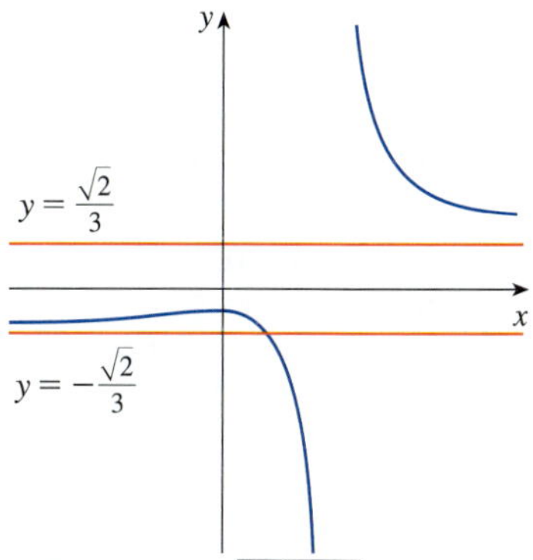

그림 8 $y = \dfrac{\sqrt{2x^2+1}}{3x-5}$

예제 5 $\lim\limits_{x\to\infty}(\sqrt{x^2+1} - x)$를 구하여라.

주어진 함수를 분모가 1인 것으로 생각할 수 있다.

풀이 x가 커질 때 $\sqrt{x^2+1}$과 x 둘 다 커지므로 그들의 차가 어떻게 될지 알기 어렵다. 따라서 함수를 변형해야 한다. 먼저 켤레근호식을 분자와 분모에 곱한다.

$$\lim_{x\to\infty}(\sqrt{x^2+1}-x) = \lim_{x\to\infty}(\sqrt{x^2+1}-x)\cdot\frac{\sqrt{x^2+1}+x}{\sqrt{x^2+1}+x}$$

$$= \lim_{x\to\infty}\frac{(x^2+1)-x^2}{\sqrt{x^2+1}+x} = \lim_{x\to\infty}\frac{1}{\sqrt{x^2+1}+x}$$

$x \to \infty$일 때 마지막 식의 분모($\sqrt{x^2+1}+x$)는 계속 커지므로

$$\lim_{x\to\infty}(\sqrt{x^2+1}-x) = \lim_{x\to\infty}\frac{1}{\sqrt{x^2+1}+x} = 0$$

을 얻는다. 그림 9는 이 결과를 보여준다. ■

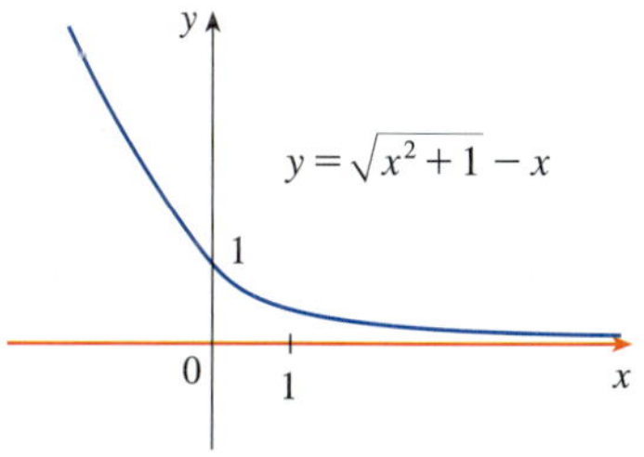

그림 9

예제 6 $\lim\limits_{x\to2^+}\arctan\left(\dfrac{1}{x-2}\right)$을 구하여라.

풀이 $t = 1/(x-2)$로 놓으면 $x \to 2^+$일 때 $t \to \infty$이다. 따라서 4의 둘째 방정식에 의해 다음을 얻는다.

$$\lim_{x\to2^+}\arctan\left(\frac{1}{x-2}\right) = \lim_{t\to\infty}\arctan t = \frac{\pi}{2}$$ ■

자연지수함수 $y = e^x$의 그래프는 직선 $y = 0$(x축)을 수평점근선으로 갖는다(밑 $b > 1$일 때 지수함수 그래프에 대해서도 같다). 그림 10의 그래프와 함숫값의 표로부터

6 $$\lim_{x\to-\infty}e^x = 0$$

임을 알 수 있다. e^x의 값은 매우 빠르게 0에 접근한다는 것에 주의하여라.

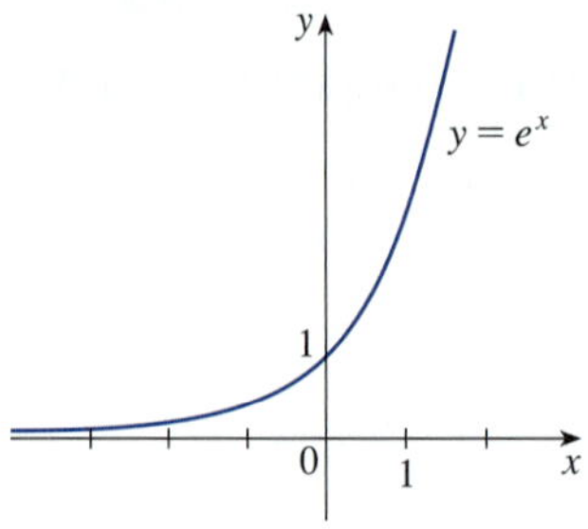

그림 10

x	e^x
0	1.00000
−1	0.36788
−2	0.13534
−3	0.04979
−5	0.00674
−8	0.00034
−10	0.00005

예제 7 $\lim_{x \to 0^-} e^{1/x}$을 구하여라.

PS 예제 6과 7의 문제풀이전략은 **추가적인 것 도입하기**이다. 여기서 추가적인 것은 새로운 변수 t이다.

풀이 $t = 1/x$로 놓으면 $x \to 0^-$일 때 $t \to -\infty$이다. 따라서 식 6에 의해 다음과 같다.

$$\lim_{x \to 0^-} e^{1/x} = \lim_{t \to -\infty} e^t = 0$$

■

예제 8 $\lim_{x \to \infty} \sin x$를 구하여라.

풀이 x가 증가하면서 $\sin x$의 값은 1과 -1 사이를 무수히 진동하고, 어떤 특정한 수에 접근하지 않는다. 따라서 $\lim_{x \to \infty} \sin x$는 존재하지 않는다. ■

■ 무한대에서 무한극한

기호

$$\lim_{x \to \infty} f(x) = \infty$$

는 x가 커짐에 따라 $f(x)$의 값도 커진다는 것을 나타내는 데 사용된다. 마찬가지로 다음 기호들에 대해서도 유사한 의미가 부여된다.

$$\lim_{x \to -\infty} f(x) = \infty \qquad \lim_{x \to \infty} f(x) = -\infty \qquad \lim_{x \to -\infty} f(x) = -\infty$$

예제 9 $\lim_{x \to \infty} x^3$과 $\lim_{x \to -\infty} x^3$을 구하여라.

풀이 x가 커질 때 x^3도 커진다. 예를 들면

$$10^3 = 1000 \qquad 100^3 = 1{,}000{,}000 \qquad 1000^3 = 1{,}000{,}000{,}000$$

이다. 실제로 x를 충분히 크게 잡으면 x^3을 원하는 만큼 크게 만들 수 있다. 그러므로

$$\lim_{x \to \infty} x^3 = \infty$$

이다. 마찬가지로 x가 음으로 커질 때, x^3도 음으로 커지므로

$$\lim_{x \to -\infty} x^3 = -\infty$$

이다. 또한 극한의 결과는 그림 11의 $y = x^3$의 그래프로도 알 수 있다. ■

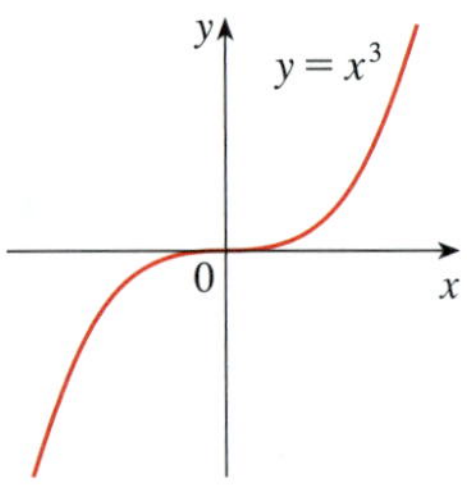

그림 11

$\lim_{x \to \infty} x^3 = \infty$, $\lim_{x \to -\infty} x^3 = -\infty$

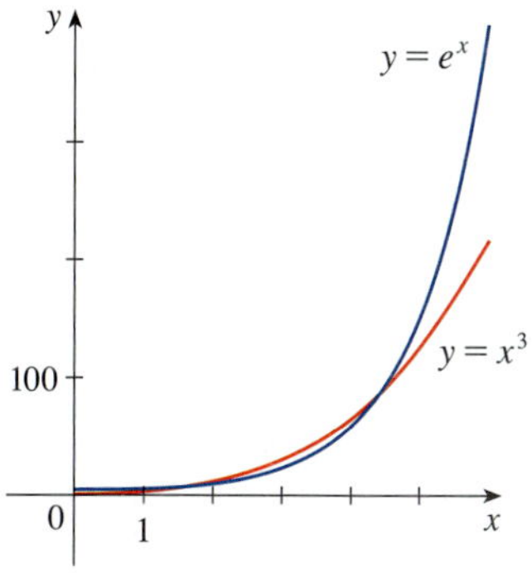

그림 12
x가 크면 e^x은 x^3보다 훨씬 크다.

그림 10을 보면

$$\lim_{x \to \infty} e^x = \infty$$

임을 알지만, 그림 12에서 알 수 있듯이 $x \to \infty$일 때 $y = e^x$은 $y = x^3$보다 훨씬 빠르게 커진다.

예제 10 $\lim_{x \to \infty} (x^2 - x)$를 구하여라.

풀이 극한법칙 2에 의하면 두 함수의 차의 극한은 각 극한이 존재하면 두 극한의 차와 같다. 그러나 이 문제에서는

$$\lim_{x \to \infty} x^2 = \infty, \quad \lim_{x \to \infty} x = \infty$$

이므로 극한법칙 2를 사용할 수 없다. ∞는 수가 아니므로 극한법칙을 무한극한에 적용할 수 없다($\infty - \infty$는 정의할 수 없다). 그러나 x와 $x - 1$은 임의로 커지고 그들의 곱도 또한 임의로 커지므로

$$\lim_{x \to \infty} (x^2 - x) = \lim_{x \to \infty} x(x - 1) = \infty$$

이다. ■

예제 11 $\lim_{x \to \infty} \dfrac{x^2 + x}{3 - x}$를 구하여라.

풀이 예제 3과 같이 분모의 최고차항 x로 분자와 분모를 나누면 $x \to \infty$일 때 $x + 1 \to \infty$이고 $3/x - 1 \to -1$이므로

$$\lim_{x \to \infty} \frac{x^2 + x}{3 - x} = \lim_{x \to \infty} \frac{x + 1}{\dfrac{3}{x} - 1} = -\infty$$

이다. ■

다음 예제는 절편과 무한대에서의 무한극한을 사용하여 좌표평면에 많은 점을 표시하지 않고 다항식 그래프의 대략적인 형태를 그릴 수 있음을 보여준다.

예제 12 절편과 $x \to \infty$, $x \to -\infty$일 때의 극한을 구하여

$$y = (x - 2)^4(x + 1)^3(x - 1)$$

의 그래프의 개형을 그려라.

풀이 y절편은 $f(0) = (-2)^4(1)^3(-1) = -16$이고, x절편은 $y = 0$이라 놓으면 $x = 2, -1, 1$이다. $(x - 2)^4$은 음의 값을 갖지 않으므로 함수는 2에서 부호가 바뀌지는 않는다. 따라서 그래프는 2에서 x축을 지날 수 없다. 그리고 그래프는 -1과 1에서 x축을 지난다.

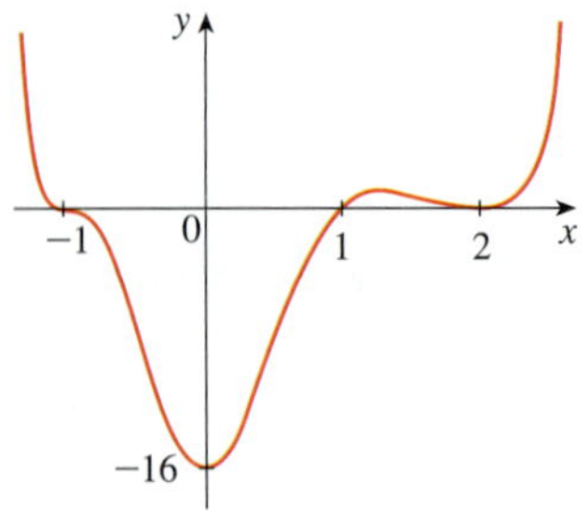

그림 13
$y = (x-2)^4(x+1)^3(x-1)$

x가 양수로 커질 때 세 항 모두 커지므로

$$\lim_{x\to\infty} (x-2)^4(x+1)^3(x-1) = \infty$$

이다. x가 음으로 커질 때 첫째 항은 양으로 커지고, 둘째 항과 셋째 항은 모두 음으로 커지므로

$$\lim_{x\to-\infty} (x-2)^4(x+1)^3(x-1) = \infty$$

이다. 이 정보들을 결합하면 그림 13의 그래프의 개형을 얻는다. ■

2.5 연습문제

1. 다음의 뜻을 말로 설명하여라.
(a) $\lim_{x\to\infty} f(x) = 5$ (b) $\lim_{x\to-\infty} f(x) = 3$

2. (a) $y = f(x)$의 그래프는 수직점근선 또는 수평점근선과 만날 수 있는가? 그래프를 그려 설명하여라.
(b) $y = f(x)$의 그래프의 수평점근선은 몇 개나 있을 수 있는가? 가능한 그래프를 그려라.

3. 함수 f의 그래프가 아래 그림과 같을 때 다음을 구하여라.
(a) $\lim_{x\to\infty} f(x)$ (b) $\lim_{x\to-\infty} f(x)$
(c) $\lim_{x\to1} f(x)$ (d) $\lim_{x\to3} f(x)$
(e) 점근선의 방정식

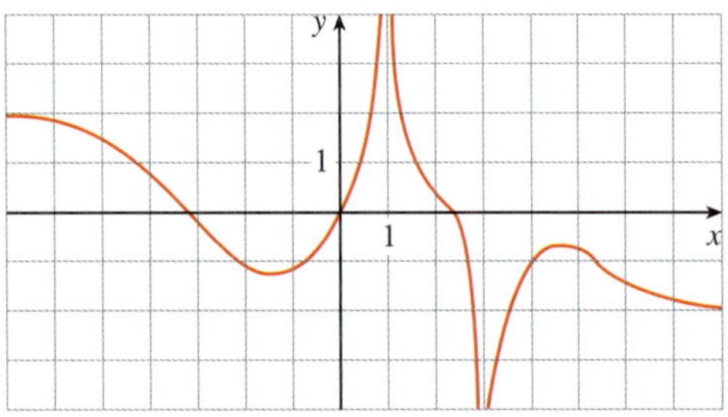

4-7 주어진 조건을 모두 만족하는 함수 f의 그래프를 그려라.

4. $f(2) = 4,\quad f(-2) = -4,\quad \lim_{x\to-\infty} f(x) = 0,\quad \lim_{x\to\infty} f(x) = 2$

5. $\lim_{x\to0} f(x) = \infty,\quad \lim_{x\to3^-} f(x) = -\infty,\quad \lim_{x\to3^+} f(x) = \infty,$
$\lim_{x\to-\infty} f(x) = 1,\quad \lim_{x\to\infty} f(x) = -1$

6. $\lim_{x\to-\infty} f(x) = -\infty,\quad \lim_{x\to-2^-} f(x) = \infty,\quad \lim_{x\to-2^+} f(x) = -\infty,$
$\lim_{x\to2} f(x) = \infty,\quad \lim_{x\to\infty} f(x) = \infty$

7. $f(0) = 0,\quad \lim_{x\to1} f(x) = -\infty,\quad \lim_{x\to\infty} f(x) = -\infty,\quad f$는 기함수

8. $x = 0, 1, 2, 3, 4, 5, 6, 7, 8, 9, 10, 20, 50, 100$에 대해 함수 $f(x) = x^2/2^x$의 값을 계산하여 극한

$$\lim_{x\to\infty} \frac{x^2}{2^x}$$

의 값을 추측하여라. f의 그래프를 사용하여 추측이 맞음을 보여라.

9-10 다음 극한값을 구하고 각 계산 단계에 이용된 극한법칙을 설명하여라.

9. $\displaystyle\lim_{x\to\infty} \frac{2x^2-7}{5x^2+x-3}$ **10.** $\displaystyle\lim_{x\to\infty} \sqrt{\frac{9x^3+8x-4}{3-5x+x^3}}$

11-31 극한값을 구하거나 극한값이 존재하지 않음을 보여라.

11. $\displaystyle\lim_{x\to\infty} \frac{4x+3}{5x-1}$ **12.** $\displaystyle\lim_{t\to-\infty} \frac{3t^2+t}{t^3-4t+1}$

13. $\displaystyle\lim_{r\to\infty} \frac{r-r^3}{2-r^2+3r^3}$ **14.** $\displaystyle\lim_{x\to\infty} \frac{4-\sqrt{x}}{2+\sqrt{x}}$

15. $\displaystyle\lim_{u\to-\infty} \frac{(u^2+1)(2u^2-1)}{(u^2+2)^2}$ **16.** $\displaystyle\lim_{x\to\infty} \frac{\sqrt{x+3x^2}}{4x-1}$

17. $\displaystyle\lim_{t\to\infty} \frac{t+3}{\sqrt{2t^2-1}}$ **18.** $\displaystyle\lim_{x\to\infty} \frac{\sqrt{1+4x^6}}{2-x^3}$

19. $\displaystyle\lim_{x\to-\infty} \frac{2x^5-x}{x^4+3}$ **20.** $\displaystyle\lim_{q\to\infty} \frac{q^3+6q-4}{4q^2-3q+3}$

21. $\displaystyle\lim_{t\to\infty} \left(\sqrt{25t^2+2}-5t\right)$

22. $\displaystyle\lim_{x\to\infty} \left(\sqrt{x^2+ax}-\sqrt{x^2+bx}\right)$

23. $\displaystyle\lim_{x\to\infty} \left(x-\sqrt{x}\right)$ **24.** $\displaystyle\lim_{x\to-\infty} (x^2+2x^7)$

25. $\lim_{x\to\infty}(e^{-x}+2\cos 3x)$

26. $\lim_{x\to\infty}(e^{-2x}\cos x)$

27. $\lim_{x\to\infty}\dfrac{\sin^2 x}{x^2+1}$

28. $\lim_{x\to\infty}\dfrac{1-e^x}{1+2e^x}$

29. $\lim_{x\to(\pi/2)^+} e^{\sec x}$

30. $\lim_{x\to 0^+}\tan^{-1}(\ln x)$

31. $\lim_{x\to\infty}[\ln(1+x^2)-\ln(1+x)]$

---

32. (a) $f(x)=\dfrac{x}{\ln x}$에 대하여 다음 극한을 구하여라.

(i) $\lim_{x\to 0^+} f(x)$ (ii) $\lim_{x\to 1^-} f(x)$ (iii) $\lim_{x\to 1^+} f(x)$

(b) 함숫값의 표를 만들어 $\lim_{x\to\infty} f(x)$를 추정하여라.

(c) (a)와 (b)를 이용하여 f의 그래프의 개형을 그려라.

33. (a) $f(x)=\sqrt{x^2+x+1}+x$의 그래프를 그리고 $\lim_{x\to-\infty}(\sqrt{x^2+x+1}+x)$의 값을 추정하여라.

(b) 함숫값의 표를 만들어 극한을 추정하여라.

(c) 추측이 맞음을 증명하여라.

34-37 각 곡선의 수직점근선과 수평점근선을 구하여라. 그래핑 계산기를 이용하여 곡선의 그래프와 점근선을 잘 구했는지 확인하여라.

34. $y=\dfrac{5+4x}{x+3}$

35. $y=\dfrac{2x^2+x-1}{x^2+x-2}$

36. $y=\dfrac{1+x^4}{x^2-x^4}$

37. $y=\dfrac{2e^x}{e^x-5}$

---

38. (a) 함수 $f(x)=\dfrac{\sqrt{2x^2+1}}{3x-5}$의 그래프를 그려라. 수직점근선과 수평점근선은 몇 개인가? 그래프를 이용하여 다음 극한값을 계산하여라.

$$\lim_{x\to\infty}\frac{\sqrt{2x^2+1}}{3x-5},\quad \lim_{x\to-\infty}\frac{\sqrt{2x^2+1}}{3x-5}$$

(b) $f(x)$의 값을 계산하여 (a)의 극한값을 구하여라.

(c) (a)의 극한값을 정확하게 구하여라. 두 값이 같은가, 다른가? [(a)에서의 값에서 두 번째 극한값을 계산기로 확인하여라.]

39. P, Q는 다항식이다. P의 차수가 (a) Q의 차수보다 낮을 때, (b) Q의 차수보다 높을 때 $\lim_{x\to\infty}\dfrac{P(x)}{Q(x)}$의 값을 구하여라.

40. 다음 다섯 가지 경우에 대해 곡선 $y=x^n$ (n은 정수)의 그래프의 개형을 그려라.

(i) $n=0$ (ii) $n>0$, n은 홀수

(iii) $n>0$, n은 짝수 (iv) $n<0$, n은 홀수

(v) $n<0$, n은 짝수

위의 그래프를 이용하여 다음 극한값을 구하여라.

(a) $\lim_{x\to 0^+} x^n$ (b) $\lim_{x\to 0^-} x^n$

(c) $\lim_{x\to\infty} x^n$ (d) $\lim_{x\to-\infty} x^n$

41. 아래 조건을 만족하는 함수 f의 식을 찾아라.

$$\lim_{x\to\pm\infty} f(x)=0,\quad \lim_{x\to 0} f(x)=-\infty,\quad f(2)=0,$$
$$\lim_{x\to 3^-} f(x)=\infty,\quad \lim_{x\to 3^+} f(x)=-\infty$$

42. 함수 f는 유리함수이고, 수직점근선은 $x=4$, x축과의 교점은 $x=1$이다. f는 $x=-1$에서 제거가능한 불연속이며 $\lim_{x\to-1} f(x)=2$이다. 다음을 구하여라.

(a) $f(0)$ (b) $\lim_{x\to\infty} f(x)$

43-45 $x\to\infty$, $x\to-\infty$일 때 극한값을 구하여라. 이것과 절편을 이용하여 예제 12와 같이 그래프의 개형을 그려라.

43. $y=x^4-x^6$

44. $y=x^3(x+2)^2(x-1)$

45. $y=(3-x)(1+x)^2(1-x)^4$

---

46. (a) 조임정리를 이용하여 $\lim_{x\to\infty}\dfrac{\sin x}{x}$의 값을 구하여라.

(b) $f(x)=(\sin x)/x$의 그래프를 그려라. 점근선은 몇 개인가?

47. $x>1$에 대해 $f(x)$가 다음 조건을 만족할 때 $\lim_{x\to\infty} f(x)$를 구하여라.

$$\frac{10e^x-21}{2e^x}<f(x)<\frac{5\sqrt{x}}{\sqrt{x-1}}$$

48. (a) 탱크에 5000L의 순수한 물이 담겨 있다. 리터당 30g의 소금이 들어 있는 소금물을 25L/분의 비율로 탱크에 담는다. t분 후에 소금이 포함되어 있는 농도(리터당 그램)가

$$C(t)=30t/(200+t)$$

임을 보여라.

(b) $t\to\infty$일 때 농도는 어떻게 변하는가?

49. (a) $y=e^{-x/10}$과 $y=0.1$의 그래프를 같은 화면에 그리고 $e^{-x/10}<0.1$이 되기 위해 x값이 얼마나 커져야 하는지 구하여라.

(b) 그래핑 계산기 없이 (a)를 구할 수 있는가?

2.6 미분계수와 변화율

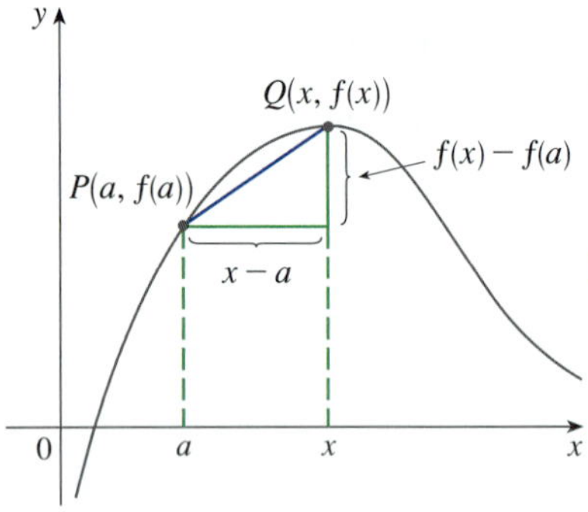

이제 극한을 정의했고, 극한을 계산하는 기술도 습득했으므로 2.1절의 접선 및 속도를 찾는 문제를 다시 살펴보자. 이 두 가지 문제에서 발생하는 특수한 형태의 극한을 **미분**(또는 도함수)이라 부르며 과학 또는 공학에서 변화율로 해석될 수 있다는 것을 알게 될 것이다.

■ 접선

곡선 C의 방정식이 $y = f(x)$일 때, 점 $P(a, f(a))$에서 C의 접선을 구하려면 먼저 인접한 점 $Q(x, f(x))$(단 $x \neq a$)를 생각하고, 할선 PQ의 기울기

$$m_{PQ} = \frac{f(x) - f(a)}{x - a}$$

를 구한다. x를 a에 접근시켜 Q가 곡선 C를 따라 P에 접근하게 한다. m_{PQ}가 일정한 수 m에 접근하면, P를 지나고 기울기가 m인 직선을 **접선** ℓ이라고 정의한다(접선이란 Q가 P에 접근할 때 할선 PQ의 극한위치이다. 그림 1 참조).

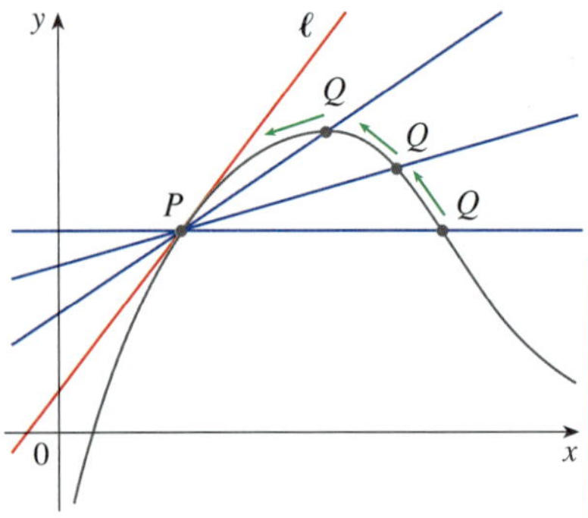

그림 1

> **1 정의** 점 $P(a, f(a))$에서 곡선 $y = f(x)$의 **접선**(tangent line)은
>
> $$m = \lim_{x \to a} \frac{f(x) - f(a)}{x - a}$$
>
> 가 존재할 때 P를 지나고 기울기가 m인 직선이다.

다음 예제는 2.1절의 예제 1에서 추정한 것을 정확히 입증하고 있다.

예제 1 점 $P(1, 1)$에서 포물선 $y = x^2$의 접선의 방정식을 구하여라.

풀이 $a = 1$이고 $f(x) = x^2$이므로, 기울기는

$$\begin{aligned} m &= \lim_{x \to 1} \frac{f(x) - f(1)}{x - 1} = \lim_{x \to 1} \frac{x^2 - 1}{x - 1} \\ &= \lim_{x \to 1} \frac{(x - 1)(x + 1)}{x - 1} \\ &= \lim_{x \to 1} (x + 1) = 1 + 1 = 2 \end{aligned}$$

점 (x_1, y_1)을 지나고 기울기가 m인 직선의 점-기울기형 방정식

$$y - y_1 = m(x - x_1)$$

점-기울기형의 직선의 방정식을 사용하여 점 $P(1, 1)$에서 접선의 방정식을 구하면

$$y - 1 = 2(x - 1) \quad 즉 \quad y = 2x - 1$$ ■

한 점에서 곡선에 대한 접선의 기울기를 그 점에서 곡선의 기울기라고도 한다. 그 개념은 주어진 점 부근을 충분히 확대해보면 곡선은 마치 직선처럼 보인다는 것이다. 그림 2는 예제 1의 곡선 $y = x^2$에 대해 이 과정을 설명하고 있다. 확대하면 할수록 포물선은 점점 더 직선처럼 보인다. 다시 말해 곡선은 접선과 거의 구별할 수 없게 된다.

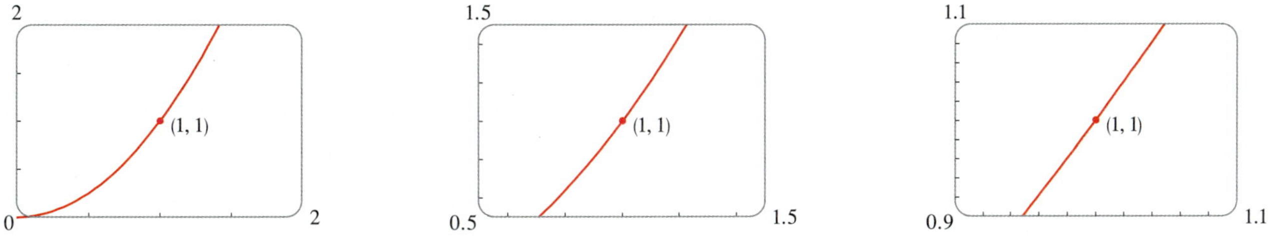

그림 2 포물선 $y = x^2$ 위의 점 (1, 1)에서의 확대

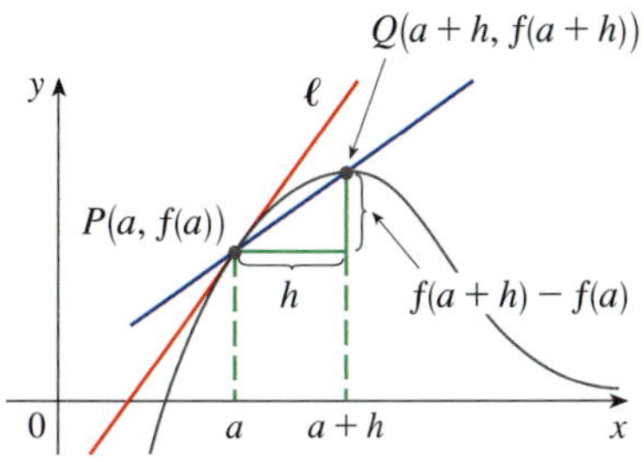

그림 3

때때로 접선의 기울기에 대한 또 다른 표현이 이용되기도 한다. $h = x - a$라 하면 $x = a + h$이고 할선 PQ의 기울기는

$$m_{PQ} = \frac{f(a+h) - f(a)}{h}$$

이다(그림 3에서 $h > 0$이면 Q는 P의 오른쪽에 있음을 나타낸다. $h < 0$이면 Q는 P의 왼쪽에 있다).

x가 a에 접근할 때 h는 0에 접근하므로($h = x - a$이므로) 정의 **1**의 접선의 기울기는

2
$$m = \lim_{h \to 0} \frac{f(a+h) - f(a)}{h}$$

가 된다.

예제 2 점 (3, 1)에서 쌍곡선 $y = 3/x$의 접선의 방정식을 구하여라.

풀이 $f(x) = 3/x$이라 하자. 방정식 **2**에 의해 점 (3, 1)에서 접선의 기울기는

$$\begin{aligned} m &= \lim_{h \to 0} \frac{f(3+h) - f(3)}{h} \\ &= \lim_{h \to 0} \frac{\frac{3}{3+h} - 1}{h} = \lim_{h \to 0} \frac{\frac{3 - (3+h)}{3+h}}{h} \\ &= \lim_{h \to 0} \frac{-h}{h(3+h)} = \lim_{h \to 0} -\frac{1}{3+h} = -\frac{1}{3} \end{aligned}$$

이다. 그러므로 점 (3, 1)에서 접선의 방정식은

$$y - 1 = -\tfrac{1}{3}(x - 3)$$

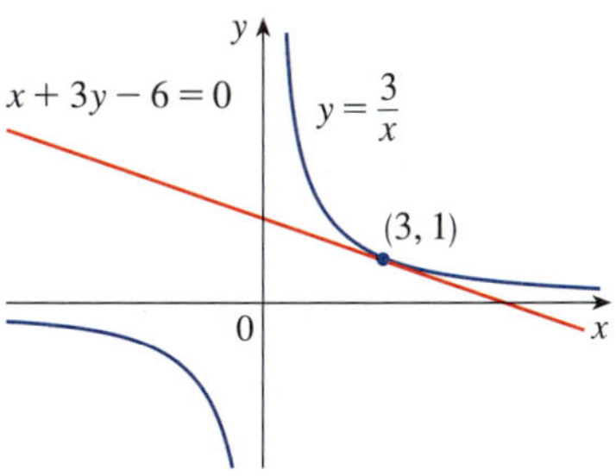

그림 4

이고 간단히 하면 $x + 3y - 6 = 0$이다. 쌍곡선과 접선은 그림 4에 있다. ■

■ 속도

2.1절에서 CN 타워에서 떨어트린 공의 운동을 조사하고 이것의 속도를 점점 짧은 시간 구간에서의 평균속도의 극한값으로 정의했다.

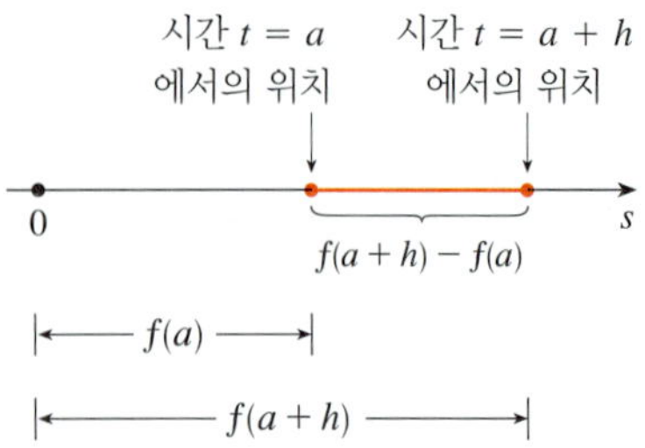

그림 5

일반적으로 어떤 물체가 운동방정식 $s = f(t)$에 따라 직선상을 움직인다고 하자. 여기서 s는 시간 t에 물체가 원점으로부터 떨어진 변위(방향이 있는 거리)이다. 운동을 나타내는 함수 f를 물체의 **위치함수**(position function)라고 한다. $t = a$부터 $t = a + h$까지의 시간구간에서 위치의 변화는 $f(a + h) - f(a)$이다(그림 5 참조).

이 시간 구간에서의 평균속도는 그림 6에서 할선 PQ의 기울기와 같은

$$\text{평균속도} = \frac{\text{변위}}{\text{시간}} = \frac{f(a + h) - f(a)}{h}$$

이다.

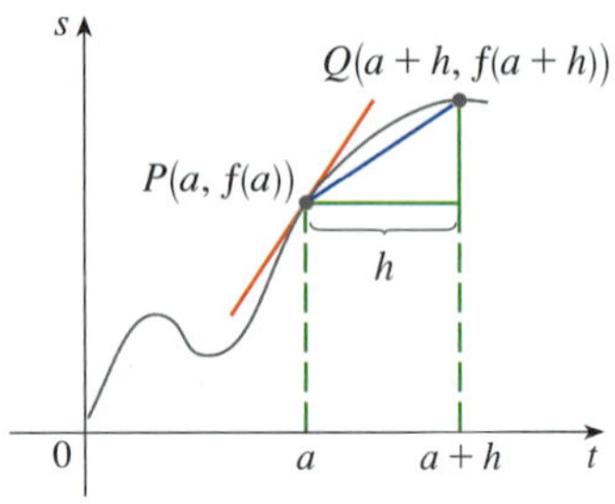

$m_{PQ} = \dfrac{f(a + h) - f(a)}{h}$
= 평균속도

그림 6

이제 더 짧은 시간 구간 $[a, a + h]$에서 평균속도를 계산해보자. 다시 말해서 h를 0에 접근시켜보자. 낙하하는 공의 예에서와 같이 평균속도의 극한을 $t = a$에서의 **속도**(velocity)[또는 **순간속도**(instantaneous velocity)] $v(a)$라고 정의한다.

> **3 정의** 위치함수가 $f(t)$인 물체에 대하여 극한
>
> $$v(a) = \lim_{h \to 0} \frac{f(a + h) - f(a)}{h}$$
>
> 가 존재하면, 이 값을 $t = a$일 때의 **순간속도**라 한다.

이것은 $t = a$에서의 속도가 P에서의 접선의 기울기와 같다는 것을 의미한다(식 2와 정의 3을 비교해보아라).

이제 극한을 구하는 방법을 알고, 2.1절의 예제 3의 떨어지는 공의 문제를 다시 생각해보자.

예제 3 공이 지상으로부터 높이 450m인 CN 타워의 전망대에서 떨어진다고 하자.

(a) 5초 후의 공의 속도는 얼마인가?

(b) 땅에 떨어질 때의 공의 속도는?

2.1절로부터 t초 후의 떨어진 거리는 $4.9t^2$(m)이다.

풀이 $t = 5$일 때와 공이 땅에 떨어질 때의 속도를 구해야 하므로 일반적인 시간 $t = a$일 때의 속도를 구하는 것이 편리하다. 운동방정식은 $s = f(t) = 4.9t^2$이므로

$$\begin{aligned} v(a) &= \lim_{h \to 0} \frac{f(a + h) - f(a)}{h} = \lim_{h \to 0} \frac{4.9(a + h)^2 - 4.9a^2}{h} \\ &= \lim_{h \to 0} \frac{4.9(a^2 + 2ah + h^2 - a^2)}{h} = \lim_{h \to 0} \frac{4.9(2ah + h^2)}{h} \\ &= \lim_{h \to 0} \frac{4.9h(2a + h)}{h} = \lim_{h \to 0} 4.9(2a + h) = 9.8a \end{aligned}$$

이다.

(a) 5초 후의 속도는 $v(5) = (9.8)(5) = 49$m/s이다.

(b) 전망대의 높이가 지상 450m이므로, $s(t) = 450$을 만족하는 t초에 땅에 떨어진다. 즉

$$4.9t^2 = 450$$

이다. 이로부터

$$t^2 = \frac{450}{4.9}\text{이고} \quad t = \sqrt{\frac{450}{4.9}} \approx 9.6\text{초}$$

이다. 따라서 땅에 떨어질 때의 공의 속도는 다음과 같다.

$$v\left(\sqrt{\frac{450}{4.9}}\right) = 9.8\sqrt{\frac{450}{4.9}} \approx 94 \text{ m/s}$$

■

■ 미분계수

접선의 기울기(식 2) 또는 어떤 물체의 속도(정의 3)를 구할 때 같은 형태의 극한이 나타남을 알고 있다. 실제로

$$\lim_{h \to 0} \frac{f(a+h) - f(a)}{h}$$

와 같은 극한은 화학에서의 반응률 또는 경제학에서의 한계비용처럼 과학이나 공학에서 변화율을 계산할 때마다 나타난다. 이러한 형태의 극한은 폭넓게 나타나기 때문에 특별한 명칭과 기호를 붙인다.

$f'(a)$는 "f 프라임 a"라고 읽는다.

4 정의 다음 극한이 존재할 때 **a에서 함수 f의 미분계수**(derivative)라 하고 $f'(a)$로 나타낸다.

$$f'(a) = \lim_{h \to 0} \frac{f(a+h) - f(a)}{h}$$

$x = a + h$라 놓으면 $h = x - a$이고, $h \to 0$일 필요충분조건은 $x \to a$인 것이다. 따라서 미분계수의 정의는 접선의 기울기를 구할 때 보았듯이 다음과 같이 나타낼 수 있다.

5
$$f'(a) = \lim_{x \to a} \frac{f(x) - f(a)}{x - a}$$

예제 4 (a) 2에서와, (b) a에서 함수 $f(x) = x^2 - 8x + 9$의 미분계수를 구하여라.

정의 4와 5는 동일하므로 둘 다 사용 가능하나 실제로는 정의 4가 더 간단하다.

풀이 (a) 정의 4에 의하여

$$\begin{aligned} f'(2) &= \lim_{h \to 0} \frac{f(2+h) - f(2)}{h} \\ &= \lim_{h \to 0} \frac{(2+h)^2 - 8(2+h) + 9 - (-3)}{h} \\ &= \lim_{h \to 0} \frac{4 + 4h + h^2 - 16 - 8h + 9 + 3}{h} \\ &= \lim_{h \to 0} \frac{h^2 - 4h}{h} = \lim_{h \to 0} \frac{h(h-4)}{h} = \lim_{h \to 0} (h - 4) = -4 \end{aligned}$$

이다.

(b)
$$f'(a) = \lim_{h\to 0} \frac{f(a+h) - f(a)}{h}$$
$$= \lim_{h\to 0} \frac{[(a+h)^2 - 8(a+h) + 9] - [a^2 - 8a + 9]}{h}$$
$$= \lim_{h\to 0} \frac{a^2 + 2ah + h^2 - 8a - 8h + 9 - a^2 + 8a - 9}{h}$$
$$= \lim_{h\to 0} \frac{2ah + h^2 - 8h}{h} = \lim_{h\to 0} (2a + h - 8) = 2a - 8$$

(a)를 점검하기 위해 $a = 2$라 놓으면 $f'(2) = 2(2) - 8 = -4$이다. ■

점 $P(a, f(a))$에서 곡선 $y = f(x)$의 접선은 점 P를 지나고 식 **1** 또는 **2**에 의하여 주어진 기울기 m을 갖는 직선이라고 정의했다. 정의 **4**에 의해 m은 $f'(a)$와 같으므로 다음과 같이 쓸 수 있다.

> 점 $(a, f(a))$에서 곡선 $y = f(x)$의 접선은 점 $(a, f(a))$를 지나고 a에서 f의 미분계수인 $f'(a)$를 기울기로 갖는 직선이다.

점–기울기 형태의 직선의 방정식을 사용하면, 점 $(a, f(a))$에서 곡선 $y = f(x)$의 접선의 방정식은 다음과 같이 나타낼 수 있다.

$$y - f(a) = f'(a)(x - a)$$

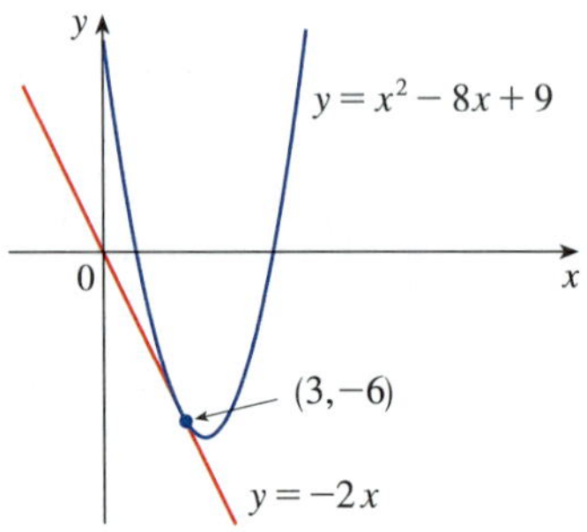

그림 7

예제 5 점 $(3, -6)$에서 포물선 $y = x^2 - 8x + 9$의 접선의 방정식을 구하여라.

풀이 예제 4(b)에서 $f(x) = x^2 - 8x + 9$의 a에서의 미분계수는 $f'(a) = 2a - 8$임을 알고 있다. 따라서 점 $(3, -6)$에서 접선의 기울기는 $f'(3) = 2(3) - 8 = -2$이다. 그러므로 그림 7에서 보는 것과 같이 접선의 방정식은

$$y - (-6) = (-2)(x - 3) \quad \text{즉} \quad y = -2x$$

이다. ■

■ 변화율

y가 다른 양 x에 종속되는 양이라 하자. 그러면 y는 x의 함수이고 $y = f(x)$라고 쓴다. x가 x_1에서 x_2로 변할 때 x의 변화량[x의 **증분**(increment)이라 한다]은

$$\Delta x = x_2 - x_1$$

이고, 이에 대응하는 y의 변화량은

$$\Delta y = f(x_2) - f(x_1)$$

이다. 이들 차의 비

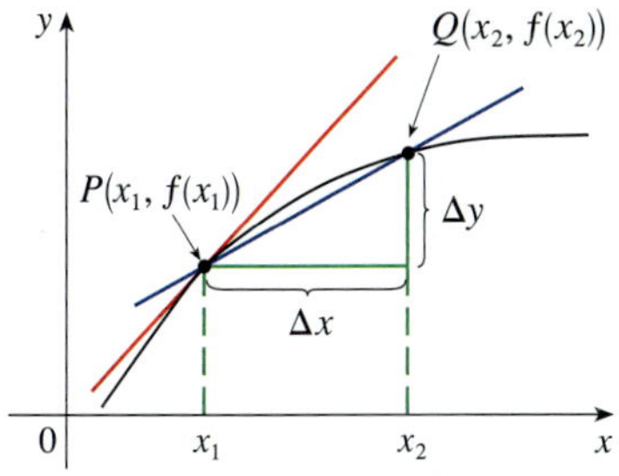

평균변화율 = m_{PQ}
순간변화율 = P에서의 접선의 기울기

그림 8

$$\frac{\Delta y}{\Delta x} = \frac{f(x_2) - f(x_1)}{x_2 - x_1}$$

을 구간 $[x_1, x_2]$에서의 **x에 관한 y의 평균변화율**(average rate of change)이라 하고 그림 8의 할선 PQ의 기울기로 해석할 수 있다.

속도를 구할 때와 같이 x_2를 x_1에 접근시키고, 따라서 Δx를 0에 접근시켜 점점 더 작은 구간에서의 평균변화율을 생각해보자. 이때 평균변화율의 극한을 $x = x_1$에서 **x에 관한 y의 (순간)변화율**[(instantaneous) rate of change]이라 하고, 이는 $P(x_1, f(x_1))$에서 곡선 $y = f(x)$의 접선의 기울기로 해석할 수 있다.

6 $$\text{순간변화율} = \lim_{\Delta x \to 0} \frac{\Delta y}{\Delta x} = \lim_{x_2 \to x_1} \frac{f(x_2) - f(x_1)}{x_2 - x_1}$$

이 극한이 미분계수 $f'(x_1)$임을 알고 있다.

미분계수 $f'(a)$의 첫 번째 의미는 곡선 $y = f(x)$의 $x = a$에서 접선의 기울기와 같다는 것이다. 두 번째 의미는 다음과 같다.

미분계수 $f'(a)$는 $x = a$일 때 $y = f(x)$의 x에 대한 순간변화율이다.

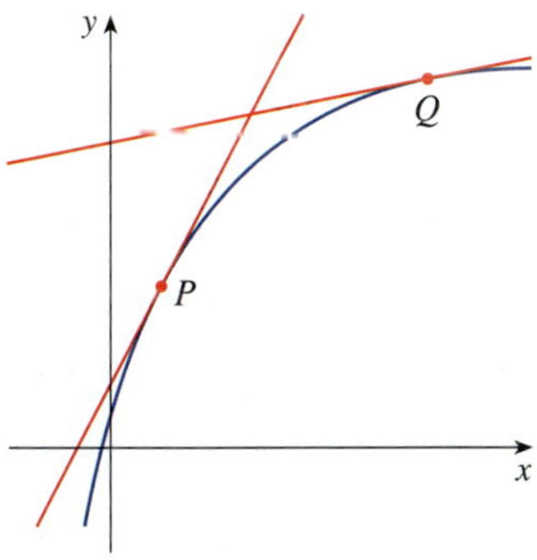

그림 9 y값은 P에서는 빠르게, Q에서는 천천히 변한다.

첫 번째 의미와의 연관성은 곡선 $y = f(x)$를 그릴 때 $x = a$에서 순간변화율과 접선의 기울기가 같다는 것이다. 이것은 미분계수가 크면(따라서 그림 9의 점 P에서와 같이 곡선이 가파르면) y값이 빠르게 변한다는 것을 뜻한다. 미분값이 작을 때(점 Q에서와 같이) 곡선은 상대적으로 편평하고 y값이 느리게 변한다.

특히 $s = f(t)$가 직선을 따라 움직이는 물체의 위치함수일 때 $f'(a)$는 시간 t에 대한 변위 s의 변화율이다. 다시 말하면 $f'(a)$는 시간 $t = a$에서 물체의 속도이다. **속력**(speed)은 속도의 절댓값, 즉 $|f'(a)|$이다.

다음 예제에서 말로 정의된 함수의 미분계수의 의미를 살펴보자.

예제 6 어느 제조업체는 폭이 일정한 직물을 생산하고 있다. 이 직물 x미터의 생산비는 $C = f(x)$달러이다.

(a) 미분계수 $f'(x)$의 의미와 단위는 무엇인가?

(b) $f'(1000) = 9$는 무엇을 의미하는가?

(c) $f'(50)$과 $f'(500)$ 중 어느 것이 큰가? $f'(5000)$에 대해서는 어떠한가?

풀이

(a) 미분계수 $f'(x)$는 x에 관한 C의 순간변화율이다. 즉 $f'(x)$는 생산된 미터에 관한 생산비의 변화율이다(경제학에서는 이 변화율을 **한계비용**이라고 한다. 이 개념은 4.5절에서 더 자세히 설명한다).

$$f'(x) = \lim_{\Delta x \to 0} \frac{\Delta C}{\Delta x}$$

이므로 $f'(x)$의 단위는 비 $\Delta C/\Delta x$의 단위와 같다. ΔC는 달러로, Δx는 미터로 측정되므로 $f'(x)$의 단위는 미터당 달러가 된다.

(b) $f'(1000) = 9$는 직물 1000미터를 생산했을 때 생산비의 증가율이 9달러/m라는 것을 의미한다($x = 1000$일 때 C는 x보다 9배 빨리 증가한다).

여기서는 가격함수가 서서히 변하고 있다고 가정한다. 다시 말해서 $C(x)$는 $x = 1000$ 근방에서 급격히 진동하지 않는다.

$\Delta x = 1$은 $x = 1000$에 비해 작은 값이므로 근삿값

$$f'(1000) \approx \frac{\Delta C}{\Delta x} = \frac{\Delta C}{1} = \Delta C$$

를 사용할 수 있고, 이것은 1000번째 미터(또는 1001번째)를 생산하는 데 드는 비용은 약 9달러라는 의미이다.

(c) 생산비의 증가율(미터당)은 규모의 경제(제조업자는 더욱 효율적인 고정된 생산비를 원한다)에 따라 $x = 50$일 때보다 $x = 500$일 때 더 낮아진다고 할 수 있다(500번째 미터당 생산비가 50번째 미터당 생산비보다 적다). 따라서

$$f'(50) > f'(500)$$

이다. 그러나 생산이 확대됨에 따라 그에 따른 거대 규모 운영에는 고비용이 따르고 비효율적이 된다. 따라서 비용의 증가율이 결국 높아지게 된다. 따라서

$$f'(5000) > f'(500)$$

이 될지도 모른다. ■

예제 3, 6에서 변화율의 두 가지 특별한 예를 살펴보았다. 물체의 속도는 시간에 대한 변위의 변화율이다. 한계비용은 생산된 물건에 대한 생산비의 변화율이다. 여기서 다른 변화율에 대한 약간의 예를 들어보자. 물리학에서 시간에 대한 일의 변화율을 **힘**이라 부른다. 화학반응을 연구하는 화학자들은 시간에 관한 반응물질의 농도의 변화율(**반응률**이라 부른다)에 관심이 있다. 생물학자들은 시간에 따른 세균 집단의 번식률에 관심을 보인다. 실제로 변화율의 계산은 모든 자연과학, 공학과 사회과학에서도 중요하다.

이러한 모든 변화율은 미분이며, 따라서 접선의 기울기로 해석될 수 있다. 이러한 사실은 접선 문제에 대한 해법의 중요성에 의미를 더해주는 것이다. 접선에 관한 문제를 풀 때마다 접선과 관련된 기하를 이용하여 단순히 문제만 푸는 것이 아니다. 이 문제를 푸는 동안 과학과 공학에서 변화율과 관련된 아주 다양한 문제를 암묵적으로 풀고 있는 것이다.

2.6 연습문제

1. 곡선의 방정식이 $y = f(x)$이다.
(a) 두 점 $P(3, f(3))$, $Q(x, f(x))$를 지나는 할선의 기울기의 식을 적어라.
(b) 점 P에서의 접선의 기울기의 식을 적어라.

2. 영역 $[-1, 1] \times [0, 2]$, $[-0.5, 0.5] \times [0.5, 1.5]$, $[-0.1, 0.1] \times [0.9, 1.1]$에서 곡선 $y = e^x$의 그래프를 그려라. 점 $(0, 1)$을 확대하여 관찰했을 때 무엇을 알 수 있는가?

3. (a) 점 $(-1, -2)$에서 포물선 $y = x^2 + 3x$의 접선의 기울기를 구하여라.
(i) 정의 1을 이용하여라.
(ii) 식 2를 이용하여라.
(b) (a)의 접선의 방정식을 구하여라.
(c) 포물선과 접선의 그래프를 그려라. 포물선과 접선이 구별이 되지 않을 때까지 점 $(-1, -2)$를 확대하여 위의 결과를 확인하여라.

4-7 주어진 점에서 곡선의 접선의 방정식을 구하여라.

4. $y = 2x^2 - 5x + 1$, $(3, 4)$ **5.** $y = x^2 - 2x^3$, $(1, -1)$

6. $y = \dfrac{x+2}{x-3}$, $(2, -4)$ **7.** $y = \sqrt{1-3x}$, $(-1, 2)$

---

8. (a) $x = a$에서 곡선 $y = 2\sqrt{x}$의 접선의 기울기를 구하여라.
(b) 점 $(1, 2)$와 점 $(9, 6)$에서 접선의 방정식을 구하여라.
(c) 곡선과 두 접선의 그래프를 같은 화면에 그려라.

9. 다이버가 수면 위 30m 절벽에서 뛰어내렸다. 다이버가 t초 동안 떨어진 거리는 함수 $d(t) = 4.9t^2$m로 주어진다.
(a) 몇 초 후에 다이버는 수면에 도달하겠는가?
(b) 수면에 도달할 때 다이버의 속도는 얼마인가?

10. 화성에서 10m/s의 속도로 공중에 바위를 던졌을 때 t초 후의 높이(m)는 $H = 10t - 1.86t^2$이다.
(a) 1초 후의 바위의 속도를 구하여라.
(b) $t = a$일 때 바위의 속도를 구하여라.
(c) 바위는 언제 표면으로 떨어지는가?
(d) 바위가 표면에 떨어질 때의 속도는 얼마인가?

11. 직선을 따라 움직이는 입자의 변위(m)는 $s = 1/t^2$이고, t의 단위는 초이다. $t = a$, $t = 1$, $t = 2$, $t = 3$일 때 입자의 속도를 구하여라.

12. (a) 수평선을 따라 오른쪽으로 움직이는 입자가 있다. 이 입자의 위치함수의 그래프는 다음 그림과 같다. 입자가 언제 오른쪽으로 움직였는가? 언제 왼쪽으로 움직였는가? 움직이지 않을 때는 언제인가?
(b) 속도함수의 그래프를 그려라.

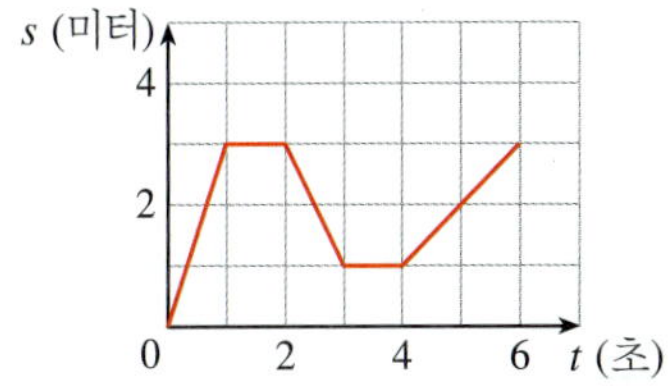

13. 아래 그래프는 두 선수 A, B가 100m 달리기를 시작하여 끝냈을 때까지의 위치함수이다.
(a) 두 선수의 경기를 비교하여 설명하여라.
(b) 두 선수가 가장 멀어졌을 때는 언제인가?
(c) 언제 두 선수의 속도가 같아졌는가?

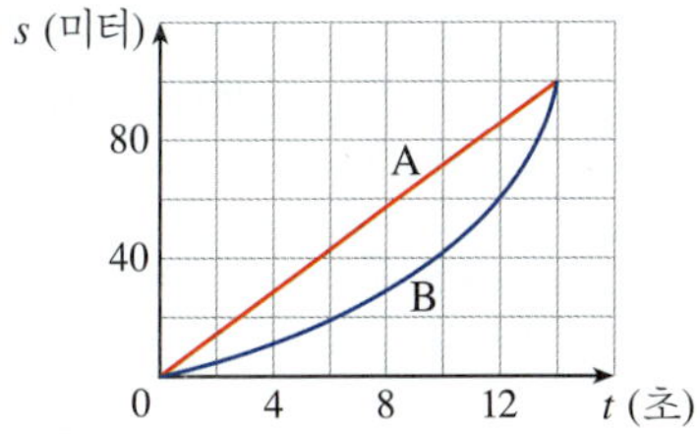

14. 함수 g의 그래프가 아래와 같을 때 다음 값을 크기순으로 나열하고 그 이유를 설명하여라.

$0 \quad g'(-2) \quad g'(0) \quad g'(2) \quad g'(4)$

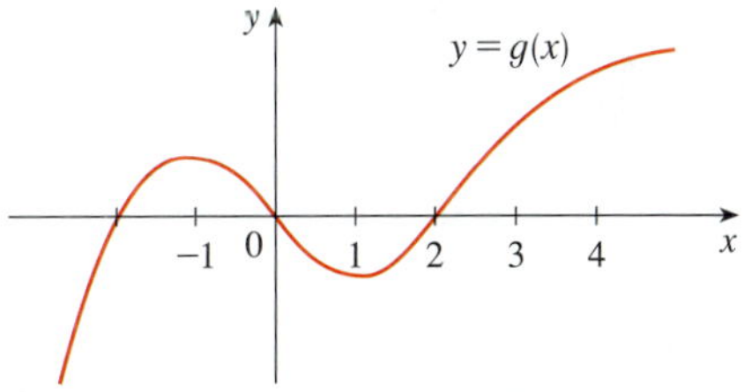

15. 아래에 함수 f의 그래프가 있다.
(a) 구간 $[20, 60]$에서 f의 평균변화율을 구하여라.
(b) f의 평균변화율이 0이 되는 구간을 구하여라.
(c) $\dfrac{f(40) - f(10)}{40 - 10}$을 계산하고 이 값이 의미하는 것을 기하학적으로 설명하여라.
(d) $f'(50)$의 값을 구하여라.
(e) $f'(10) > f'(30)$인가?
(f) $f'(60) > \dfrac{f(80) - f(40)}{80 - 40}$인가? 이유를 설명하여라.

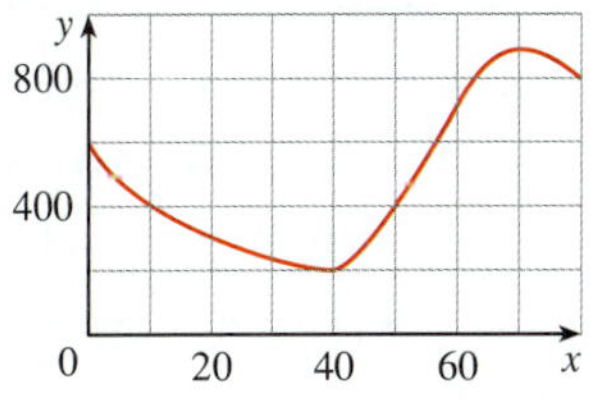

16-17 정의 [4]를 이용하여 주어진 수 a에서 $f'(a)$를 구하여라.

16. $f(x) = \sqrt{4x+1}, \quad a = 6$

17. $f(x) = 5x^4, \quad a = -1$

18-19 식 [5]를 이용하여 주어진 수 a에서 $f'(a)$를 구하여라.

18. $f(x) = \dfrac{x^2}{x+6}, \quad a = 3$ **19.** $f(x) = \dfrac{1}{\sqrt{2x+2}}, \quad a = 1$

20-21 $f'(a)$를 구하여라.

20. $f(x) = 2x^2 - 5x + 3$ **21.** $f(t) = \dfrac{1}{t^2+1}$

22. $B(6) = 0$, $B'(6) = -\frac{1}{2}$일 때, $y = B(x)$의 그래프에서 $x = 6$일 때 접선의 방정식을 구하여라.

23. $g(5) = -3$, $g'(5) = 4$일 때, $y = g(x)$의 그래프에서 $x = 5$에서의 접선의 방정식을 구하여라.

24. $f(x) = 3x^2 - x^3$일 때 $f'(1)$을 구하고 이것을 이용하여 점 $(1, 2)$에서 곡선 $y = 3x^2 - x^3$의 접선의 방정식을 구하여라.

25. (a) $F(x) = 5x/(1 + x^2)$일 때 $F'(2)$를 구하고 이것을 이용하여 점 $(2, 2)$에서 곡선 $y = 5x/(1 + x^2)$의 접선의 방정식을 구하여라.

(b) 그래핑 계산기를 이용하여 (a)의 곡선과 접선을 같은 화면에 그려라.

26. (a) $G(x) = 4x^2 - x^3$일 때 $G'(a)$를 구하고 이것을 이용하여 점 $(2, 8)$, $(3, 9)$에서 $y = 4x^2 - x^3$의 접선의 방정식을 구하여라.

(b) 그래핑 계산기를 이용하여 (a)의 곡선과 접선을 같은 화면에 그려라.

27. $a = 2$에서 곡선 $y = f(x)$의 접선의 방정식이 $y = 4x - 5$일 때 $f(2)$, $f'(2)$를 구하여라.

28-29 직선을 따라 움직이는 입자의 위치는 방정식 $s = f(t)$를 따른다. 여기서 t의 단위는 초이고 s의 단위는 미터이다. $t = 4$일 때 속도와 속력을 구하여라.

28. $f(t) = 80t - 6t^2$ **29.** $f(t) = 10 + \dfrac{45}{t+1}$

30. 따뜻한 소다 캔을 차가운 냉장고에 넣어두었다. 시간에 대한 소다 온도 함수의 그래프를 그려라. 처음 온도 변화의 비율은 한 시간 후 온도 변화의 비율보다 더 높은가, 낮은가?

31. $f(0) = 0$, $f'(0) = 3$, $f'(1) = 0$, $f'(2) = -1$일 때 함수 f의 그래프를 그려라.

32. 정의역 $(-5, 5)$에서 연속이고 $g(0) = 1$, $g'(0) = 1$, $g'(-2) = 0$, $\lim_{x\to 5^+} g(x) = \infty$, $\lim_{x\to 5^-} g(x) = 3$인 함수 g의 그래프를 그려라.

33. 정의역이 $(-2, 2)$이고 $f'(0) = -2$, $\lim_{x\to 2^-} f(x) = \infty$이며 ± 1을 제외한 정의역에서 연속인 기함수 f의 그래프를 그려라.

34-37 어떤 수 a에서 어떤 함수 f의 도함수의 극한표현을 나타낸 것이다. 함수 f와 a를 구하여라.

34. $\displaystyle\lim_{h\to 0} \frac{\sqrt{9+h} - 3}{h}$ **35.** $\displaystyle\lim_{h\to 0} \frac{e^{-2+h} - e^{-2}}{h}$

36. $\displaystyle\lim_{x\to 2} \frac{x^6 - 64}{x - 2}$ **37.** $\displaystyle\lim_{h\to 0} \frac{\tan\left(\frac{\pi}{4} + h\right) - 1}{h}$

38. 상품 x단위를 생산하는 데 드는 비용(달러)은 다음과 같다.

$$C(x) = 5000 + 10x + 0.05x^2$$

(a) 생산 단위가 다음과 같이 변할 때 x에 대한 C의 평균변화율을 구하여라.

(i) $x = 100$에서 $x = 105$ (ii) $x = 100$에서 $x = 101$

(b) $x = 100$에서 x에 대한 C의 순간변화율을 구하여라(이것을 **한계비용**이라 부른다).

39. 외부온도가 섭씨 t도일 때 사무실을 하루 동안 난방하는 데 드는 비용이 $H(t)$달러라고 하자.

(a) $H'(14)$의 의미와 단위는 무엇인가?

(b) $H'(14)$는 양수인가, 음수인가?

40. 1kg당 p달러에 커피를 파는 회사의 판매량(kg)은 $Q = f(p)$이다.

(a) 도함수 $f'(8)$은 어떤 의미인가? 이것의 단위는 무엇인가?

(b) $f'(8)$은 양수인가, 음수인가? 설명하여라.

41. 물에 녹아있는 산소의 양은 물의 온도에 따라 다르다(따라서 열 공해는 물의 산소 함유량에 영향을 미친다). 아래 그래프는 물의 온도 T에 따라 산소용해도 S가 어떻게 변하는지를 보여준다.

(a) 미분계수 $S'(T)$의 의미와 단위는 무엇인지 설명하여라.

(b) $S'(16)$을 추정하고 그 의미를 설명하여라.

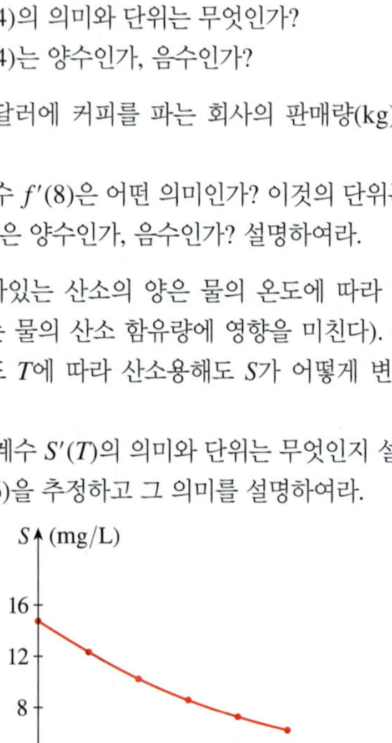

Source: C. Kupchella et al., *Environmental Science*: *Living Within the System of Nature*, 2d ed. (Boston: Allyn and Bacon, 1989).

42. 연구진은 8명의 남자가 30mL의 에탄올(알콜 음료 두 잔에 해당함)을 마신 지 한 시간 후부터 평균 혈중알콜농도 $C(t)$를 측정하였다.

t (시간)	1.0	1.5	2.0	2.5	3.0
$C(t)$ (g/dL)	0.033	0.024	0.018	0.012	0.007

(a) 다음 시간 구간에서 t에 대한 C의 평균변화율과 단위를 구하여라.

(i) [1.0, 2.0] (ii) [1.5, 2.0]

(iii) [2.0 2.5] (iv) [2.0, 3.0]

(b) $t = 2$일 때의 순간변화율을 추정하고 그 의미를 설명하여라. 단위는 무엇인가?

Source: Adapted from P. Wilkinson et al., "Pharmacokinetics of Ethanol after Oral Administration in the Fasting State," *Journal of Pharmacokinetics and Biopharmaceutics* **5** (1977): 207–24.

43-44 $f'(0)$이 존재하는지 판정하여라.

43. $f(x) = \begin{cases} x \sin \dfrac{1}{x}, & x \neq 0 \\ 0, & x = 0 \end{cases}$

44. $f(x) = \begin{cases} x^2 \sin \dfrac{1}{x}, & x \neq 0 \\ 0, & x = 0 \end{cases}$

45. (a) 직사각형 창 $[-2\pi, 2\pi] \times [-4, 4]$에 함수 $f(x) = \sin x - \frac{1}{1000} \sin(1000x)$의 그래프를 그려라. 원점에서 기울기는 얼마로 보이는가?

(b) 창을 $[-0.4, 0.4] \times [-0.25, 0.25]$로 확대하여 $f'(0)$의 값을 추정하여라. (a)에서의 답과 일치하는가?

(c) 창을 $[-0.008, 0.008] \times [-0.005, 0.005]$로 확대하여라. 앞에서 $f'(0)$으로 추정하였던 값을 수정하고 싶은가?

보고서프로젝트 | 접선을 구하는 초기 방법들

극한과 도함수의 아이디어를 명확하게 형식화한 최초의 인물은 1660년대의 뉴턴(Isaac Newton)이었다. 그런데도 뉴턴은 "내가 다른 사람들보다 더 멀리 볼 수 있었던 것은 거인들의 어깨 위에 서 있었기 때문이다."라고 말했다. 이 거인들 중 두 명은 페르마(Pierre Fermat, 1601~1665)와 뉴턴의 스승이었던 케임브리지의 배로(Isaac Barrow, 1630~1677)였다. 뉴턴은 두 사람이 접선을 구하는 데 사용했던 방법을 잘 알게 되었고, 이 방법을 활용해 미분적분학을 확립했다.

아래 참고문헌을 살펴보면 이 방법들에 대한 설명을 볼 수 있다. 이 참고문헌 중 한 개 이상의 책을 읽고 페르마나 배로의 방법과 현대적 방법을 비교하는 보고서를 작성하여라. 특히 2.7절의 방법을 사용해서 점 (1, 3)에서 $y = x^3 + 2x$의 접선의 방정식을 구하고 페르마나 배로는 이 접선을 어떻게 구했는지 설명하여라. 여러분은 도함수를 이용하고 이 두 사람은 그렇지 않겠지만, 여러분 방법과 이 두 사람 방법 사이의 유사점을 제시하여라.

1. C. H. Edwards, *The Historical Development of the Calculus* (New York: Springer-Verlag, 1979), pp. 124, 132.

2. Howard Eves, *An Introduction to the History of Mathematics*, 6th ed. (New York: Saunders, 1990), pp. 391, 395.

3. Morris Kline, *Mathematical Thought from Ancient to Modern Times* (New York: Oxford University Press, 1972), pp. 344, 346.

4. Uta Merzbach and Carl Boyer, *A History of Mathematics*, 3rd ed. (Hoboken, NJ: Wiley, 2011), pp. 323, 356.

2.7 함수로서 도함수

■ 도함수

앞 절에서 고정된 수 a에서 함수 f의 미분은

1 $$f'(a) = \lim_{h \to 0} \frac{f(a+h) - f(a)}{h}$$

라 하였다. 여기서는 관점을 바꾸어 수 a를 변화시켜보자. 식 **1**의 a를 변수 x로 바꾸면

2 $$f'(x) = \lim_{h \to 0} \frac{f(x+h) - f(x)}{h}$$

가 된다. 주어진 x에 대해 이 극한이 존재할 때 이를 $f'(x)$로 대응시킨다. 따라서 f'을 **f의 도함수**(derivative of f)라고 부르는 새로운 함수라 할 수 있고, 식 **2**에 의해 정의된다. x에서 f'의 값, 즉 $f'(x)$는 기하학적으로 점 $(x, f(x))$에서 f의 그래프에 접하는 접선의 기울기로 해석될 수 있다.

함수 f'은 식 **2**의 극한 계산에 의해 f로부터 유도되었기 때문에 f의 도함수라고 부른다. f'의 정의역은 $\{x \mid f'(x)$가 존재$\}$이고, f의 정의역보다 작을 것이다.

예제 1 그림 1에 주어진 함수 f의 그래프를 보고 도함수 f'의 그래프의 개형을 그려라.

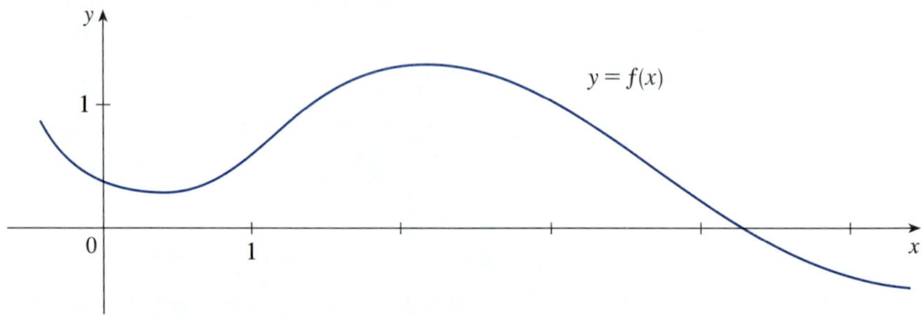

그림 1

풀이 점 $(x, f(x))$에서 접선을 그려서 그 기울기를 추정하는 방법으로 x에서 도함수 $f'(x)$의 값을 추정할 수 있다. 예를 들면 $x = 3$일 때 그림 2의 점 P에서 접선을 그려 그 기울기를 추정하면 약 $-\frac{2}{3}$이고, 따라서 $f'(3) \approx -\frac{2}{3} \approx -0.67$이다. 이로부터 f'의 그래프상의 점 $P'(3, -0.67)$을 P 바로 아래에 얻게 된다(f의 그래프의 기울기가 f'의 그래프의 y값이다).

점 A에서 접선의 기울기는 약 -1이므로 f'의 그래프에서 A'(A 바로 아래)의 y좌표는 -1이다. 점 B와 D에서의 접선은 수평이므로 여기에서의 도함수는 0이고 f'의 그래프는 점 B'과 D'에서 x축($y = 0$)을 지난다. B와 D 사이에서 그래프는 C에서 가장 경사가 급하고 접선의 기울기는 약 1이다. 따라서 B'과 C' 사이에서 $f'(x)$의 최댓값은 (C'에서) 1이다.

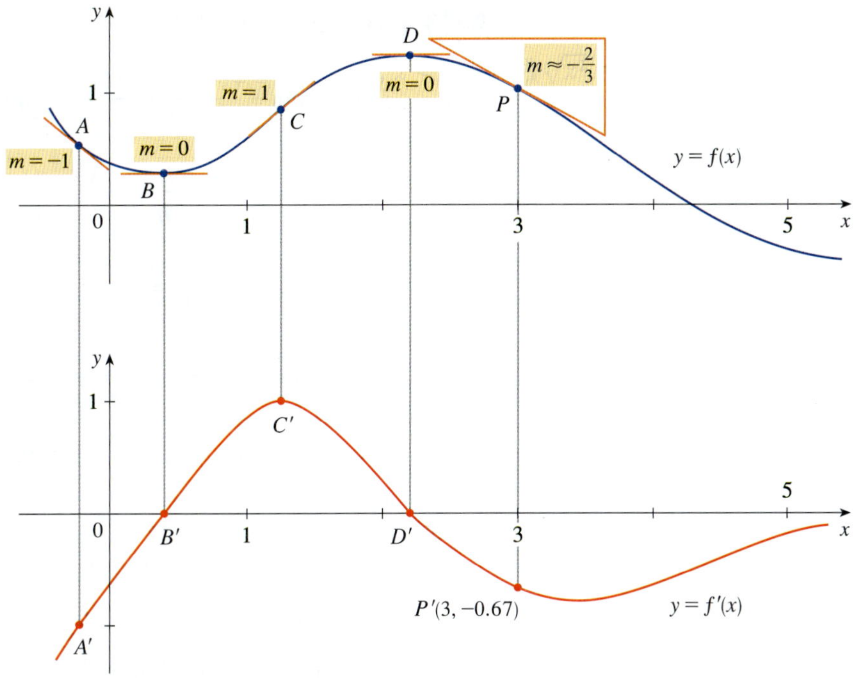

그림 2

B와 D 사이에서 접선의 기울기는 양수이므로 $f'(x)$도 양수이다(f'의 그래프가 x축 위에 있다). 그러나 D의 오른쪽에서는 접선의 기울기가 음수이므로 $f'(x)$는 음수이다(f'의 그래프가 x축 아래에 있다). ■

예제 2

(a) $f(x) = x^3 - x$일 때 $f'(x)$를 구하여라.

(b) f와 f'의 그래프를 비교하여 설명하여라.

풀이

(a) 식 **2**를 사용하여 도함수를 계산할 때 극한을 계산하는 동안에는 h는 변수로, x는 상수로 보아야 한다.

$$f'(x) = \lim_{h \to 0} \frac{f(x+h) - f(x)}{h} = \lim_{h \to 0} \frac{[(x+h)^3 - (x+h)] - [x^3 - x]}{h}$$

$$= \lim_{h \to 0} \frac{x^3 + 3x^2h + 3xh^2 + h^3 - x - h - x^3 + x}{h}$$

$$= \lim_{h \to 0} \frac{3x^2h + 3xh^2 + h^3 - h}{h}$$

$$= \lim_{h \to 0} (3x^2 + 3xh + h^2 - 1) = 3x^2 - 1$$

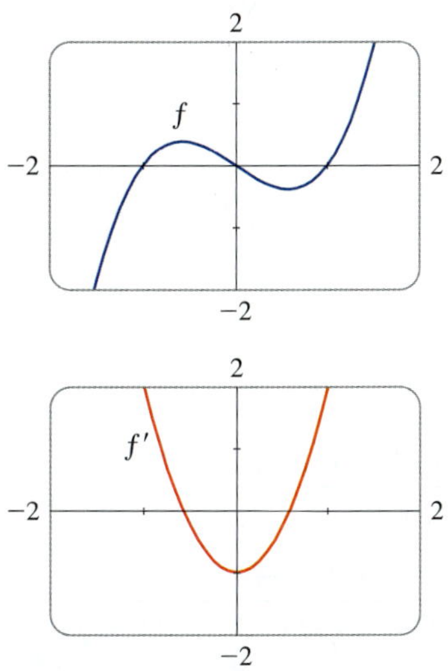

그림 3

(b) 그림 3은 f와 f'의 그래프이다. f가 수평접선을 가질 때 $f'(x) = 0$이고, 접선이 양의 기울기를 가질 때 $f'(x)$는 양수이다. 따라서 이 그래프들은 (a)의 결과를 확인해준다. ■

예제 3 $f(x) = \sqrt{x}$ 일 때 f의 도함수를 구하고 f'의 정의역을 말하여라.

풀이

$$f'(x) = \lim_{h\to 0} \frac{f(x+h) - f(x)}{h} = \lim_{h\to 0} \frac{\sqrt{x+h} - \sqrt{x}}{h}$$

$$= \lim_{h\to 0} \left(\frac{\sqrt{x+h} - \sqrt{x}}{h} \cdot \frac{\sqrt{x+h} + \sqrt{x}}{\sqrt{x+h} + \sqrt{x}} \right) \qquad \text{(분자의 유리화)}$$

$$= \lim_{h\to 0} \frac{(x+h) - x}{h\left(\sqrt{x+h} + \sqrt{x}\right)} = \lim_{h\to 0} \frac{h}{h\left(\sqrt{x+h} + \sqrt{x}\right)}$$

$$= \lim_{h\to 0} \frac{1}{\sqrt{x+h} + \sqrt{x}} = \frac{1}{\sqrt{x} + \sqrt{x}} = \frac{1}{2\sqrt{x}}$$

$x > 0$일 때 $f'(x)$가 존재하므로 f'의 정의역은 $(0, \infty)$이다. 이것은 f의 정의역 $[0, \infty)$보다 약간 작다. ■

그림 4의 f와 f'의 그래프를 살펴봄으로써 예제 3의 결과가 합당하다는 것을 확인해보자. x가 0에 가까울 때 $\sqrt{x}$도 0에 가까워진다. 따라서 $f'(x) = 1/(2\sqrt{x})$은 매우 커진다. 이것은 그림 4(a)의 (0, 0) 근방에서의 접선은 가파르게 나타나고 그림 4(b)에서 $f'(x)$의 큰 값들은 0의 바로 오른쪽에 있다는 것을 뜻한다. x가 커지면 $f'(x)$는 아주 작아지는데, 이것은 f의 그래프 오른쪽 끝에 있는 평평한 접선과 f' 그래프의 수평점근선에 해당한다.

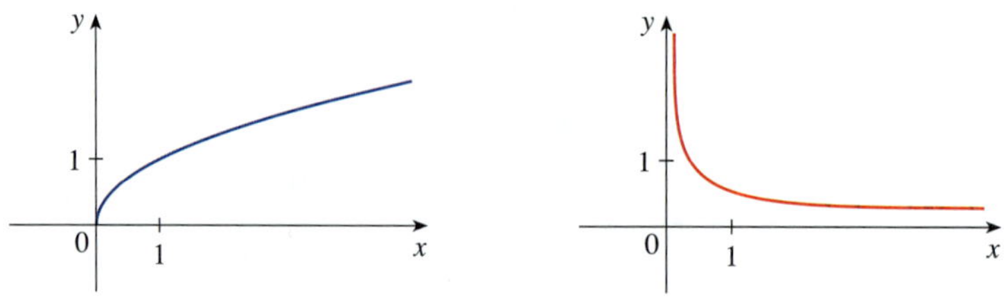

그림 4

(a) $f(x) = \sqrt{x}$

(b) $f'(x) = \dfrac{1}{2\sqrt{x}}$

예제 4 $f(x) = \dfrac{1-x}{2+x}$ 일 때 f'을 구하여라.

$$\frac{\dfrac{a}{b} - \dfrac{c}{d}}{e} = \frac{ad - bc}{bd} \cdot \frac{1}{e}$$

풀이

$$f'(x) = \lim_{h\to 0} \frac{f(x+h) - f(x)}{h}$$

$$= \lim_{h\to 0} \frac{\dfrac{1-(x+h)}{2+(x+h)} - \dfrac{1-x}{2+x}}{h}$$

$$= \lim_{h\to 0} \frac{(1-x-h)(2+x) - (1-x)(2+x+h)}{h(2+x+h)(2+x)}$$

$$= \lim_{h\to 0} \frac{(2-x-2h-x^2-xh) - (2-x+h-x^2-xh)}{h(2+x+h)(2+x)}$$

$$= \lim_{h \to 0} \frac{-3h}{h(2 + x + h)(2 + x)}$$

$$= \lim_{h \to 0} \frac{-3}{(2 + x + h)(2 + x)} = -\frac{3}{(2 + x)^2}$$ ■

■ 다른 기호

독립변수가 x이고 종속변수가 y임을 나타내는 전통적인 기호 $y = f(x)$를 사용해서 다음과 같이 도함수를 나타내는 몇몇 다른 기호를 도입할 수 있다.

$$f'(x) = y' = \frac{dy}{dx} = \frac{df}{dx} = \frac{d}{dx}f(x) = Df(x) = D_x f(x)$$

기호 D와 d/dx는 도함수를 구하는 과정인 **미분**(differentiation)의 연산을 나타내기 때문에 **미분연산자**라고 부른다.

라이프니츠에 의해 소개된 기호 dy/dx는 당분간 비로 간주하지 말고 단순히 $f'(x)$와 같은 의미로 생각해야 한다. 그럼에도 불구하고 이것은 특별히 증분기호와 함께 사용할 때 매우 유용하고 함축적인 기호가 된다. 2.7절의 식 6으로부터

$$\frac{dy}{dx} = \lim_{\Delta x \to 0} \frac{\Delta y}{\Delta x}$$

와 같은 형태의 라이프니츠 기호로 도함수의 정의를 나타낼 수 있다. $f'(a)$ 와 같이 특정한 수 a에서의 도함수 dy/dx의 값을 라이프니츠 기호로 나타내면

$$\left.\frac{dy}{dx}\right|_{x=a} \quad \text{또는} \quad \left.\frac{dy}{dx}\right]_{x=a}$$

이다. 세로 선은 "~에서 계산하라"는 의미이다.

3 정의 $f'(a)$가 존재하면 함수 f는 ***a*에서 미분가능하다**(differentiable)고 한다. 함수가 개구간 (a, b) [또는 (a, ∞) 또는 $(-\infty, a)$ 또는 $(-\infty, \infty)$] 안의 모든 점에서 미분가능하면 함수는 그 **개구간에서 미분가능**하다고 한다.

예제 5 함수 $f(x) = |x|$는 어디서 미분가능한가?

풀이 $x > 0$이면 $|x| = x$이고, $x + h > 0$이 되도록 충분히 작은 h를 택할 수 있어 $|x + h| = x + h$이다. 따라서 $x > 0$에 대하여

$$f'(x) = \lim_{h \to 0} \frac{|x + h| - |x|}{h} = \lim_{h \to 0} \frac{(x + h) - x}{h}$$

$$= \lim_{h \to 0} \frac{h}{h} = \lim_{h \to 0} 1 = 1$$

이므로 모든 $x > 0$에서 f는 미분가능하다.

같은 방법으로 $x < 0$이면 $|x| = -x$이고, $x + h < 0$이 되도록 충분히 작은 h를 택할 수 있어 $|x + h| = -(x + h)$이다. 따라서 $x < 0$에 대하여

라이프니츠

라이프니츠(Leibniz)는 1646년에 라이프치히에서 태어나 그곳 대학에서 법학, 신학, 철학과 수학을 공부하고 17세에 학사학위를 받았다. 20세에 법학 박사학위를 딴 후 외교관 생활을 하며 생의 대부분을 정치적 임무로 유럽의 도시들을 여행하였다. 특히 독일에 대한 프랑스 군사위협을 무마했고, 기톨릭교회와 개신교회의 화합을 위해 노력하였다.

그가 파리에서 외교관 임무를 수행하던 1672년까지는 수학에 대해 그리 진지하지 않았다. 이후 그는 계산기를 만들었고 그에게 수학과 과학의 최근 발전에 관심을 갖게 한 호이겐스와 같은 과학자들을 만났다. 라이프니츠는 논리적 이유를 단순화하는 기호논리와 기호체계를 개발하고자 하였다. 특히 1684년에 그가 출판한 《미분적분학의 해석》은 오늘날 우리가 사용하는 도함수 구하는 것에 대한 기호와 법칙을 확립하였다.

불행하게도 1690년대에 뉴턴의 추종자들과 라이프니츠의 추종자들 사이에 누가 먼저 미분적분학을 발견했는지에 관한 우선권 논쟁이 일어났다. 라이프니츠는 영국 왕립학회 회원들에 의해 표절했다는 제소까지 당했다. 진실은 각각이 독립적으로 미분적분학을 발견했다는 것이다. 뉴턴이 먼저 미분적분학을 발견했지만 논쟁에 대한 두려움 때문에 즉시 출판하지 못했다. 따라서 1684년 라이프니츠의 〈미분적분학에 관한 보고서〉가 첫 번째 출판물이 되었다.

$$f'(x) = \lim_{h \to 0} \frac{|x+h| - |x|}{h} = \lim_{h \to 0} \frac{-(x+h) - (-x)}{h}$$
$$= \lim_{h \to 0} \frac{-h}{h} = \lim_{h \to 0} (-1) = -1$$

이므로 모든 $x < 0$에서 f는 미분가능하다.

$x = 0$에 대해

$$f'(0) = \lim_{h \to 0} \frac{f(0+h) - f(0)}{h}$$
$$= \lim_{h \to 0} \frac{|0+h| - |0|}{h} = \lim_{h \to 0} \frac{|h|}{h} \qquad \text{(극한이 존재하면)}$$

를 살펴보아야 한다. 좌 · 우극한을 분리하여 계산해보자.

$$\lim_{h \to 0^+} \frac{|h|}{h} = \lim_{h \to 0^+} \frac{h}{h} = \lim_{h \to 0^+} 1 = 1$$

이고,

$$\lim_{h \to 0^-} \frac{|h|}{h} = \lim_{h \to 0^-} \frac{-h}{h} = \lim_{h \to 0^-} (-1) = -1$$

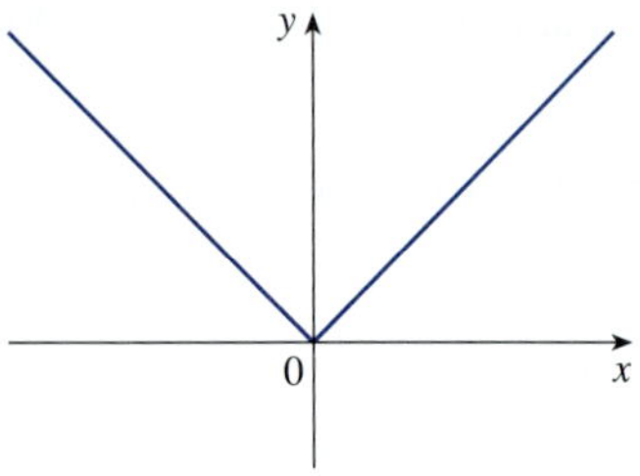

(a) $y = f(x) = |x|$

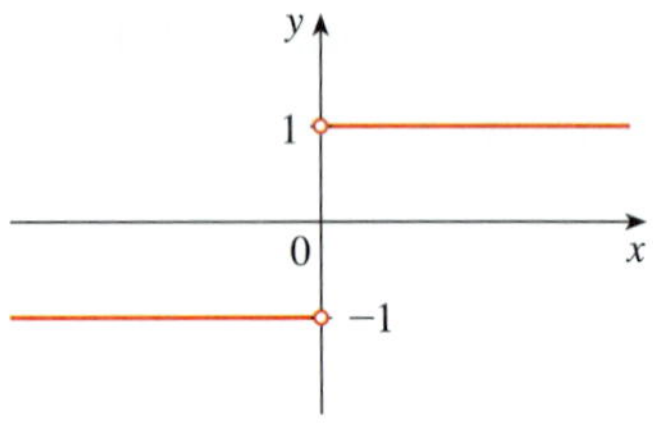

(b) $y = f'(x)$

그림 5

이다. 두 극한이 다르므로 $f'(0)$은 존재하지 않는다. 따라서 0을 제외한 모든 x에서 미분가능하다.

f'에 대한 식은

$$f'(x) = \begin{cases} 1\ , & x > 0 \\ -1, & x < 0 \end{cases}$$

이다. 이 그래프는 그림 5(b)와 같다. $f'(0)$이 존재하지 않는다는 사실은 기하학적으로 곡선 $y = |x|$가 $(0, 0)$에서 접선을 갖지 않는다는 사실을 보여주고 있다[그림 5(a) 참조]. ■

연속성과 미분가능성을 갖는 함수는 다루기가 매우 편리하다. 다음 정리는 이들 성질이 어떻게 관련되어 있는지를 보여준다.

> **4 정리** f가 a에서 미분가능하면 f는 a에서 연속이다.

증명 f가 a에서 연속임을 보이기 위해 $\lim_{x \to a} f(x) = f(a)$를 보여야 한다. $f(x) - f(a)$가 0으로 접근함을 보여서 이를 증명하자.

주어진 정보는 f가 a에서 미분가능하다는 것, 즉

$$f'(a) = \lim_{x \to a} \frac{f(x) - f(a)}{x - a}$$

가 존재한다는 것이다(2.6절의 식 5 참조). 주어진 것과 보이고자 하는 것을 연관시키기 위해 $x \neq a$일 때, $f(x) - f(a)$를 $x - a$로 나누고 곱하면

PS 문제해결에서 중요한 점은 문제에서 주어진 것과 미지의 것 사이의 관계를 찾는 것이다.

$$f(x) - f(a) = \frac{f(x) - f(a)}{x - a}(x - a)$$

이다. 극한법칙 4를 사용하면

$$\begin{aligned}\lim_{x \to a}[f(x) - f(a)] &= \lim_{x \to a}\frac{f(x) - f(a)}{x - a}(x - a) \\ &= \lim_{x \to a}\frac{f(x) - f(a)}{x - a} \cdot \lim_{x \to a}(x - a) \\ &= f'(a) \cdot 0 = 0\end{aligned}$$

이다. 따라서 $f(x)$에 $f(a)$를 더하고 빼면

$$\begin{aligned}\lim_{x \to a} f(x) &= \lim_{x \to a}[f(a) + (f(x) - f(a))] \\ &= \lim_{x \to a} f(a) + \lim_{x \to a}[f(x) - f(a)] \\ &= f(a) + 0 = f(a)\end{aligned}$$

이다. 그러므로 f는 a에서 연속이다. ■

NOTE 정리 **4**의 역은 성립하지 않는다. 즉, 연속이지만 미분가능하지 않은 함수가 존재한다. 예를 들어, 함수 $f(x) = |x|$는

$$\lim_{x \to 0} f(x) = \lim_{x \to 0} |x| = 0 = f(0)$$

이므로 0에서 연속이다(2.3절 예제 7 참조). 그러나 예제 5에서 f는 0에서 미분가능하지 않음을 보였다.

■ 함수는 언제 미분가능하지 않은가?

예제 5에서 함수 $y = |x|$는 0에서 미분가능하지 않음을 알았고, 그림 5(a)에서 $x = 0$일 때 그래프가 갑자기 방향을 바꾸는 것을 알았다. 일반적으로 함수 f의 그래프가 '첨점'이나 '꼬임'을 가졌을 때 f의 그래프는 이 점에서 접선을 갖지 못하고 거기서 미분가능하지 않다. [$f'(a)$를 구할 때 좌 · 우극한이 다르다는 것을 알게 된다.]

정리 **4**는 함수가 미분가능하지 않은 다른 경우를 제시한다. 그것은 f가 a에서 연속이 아니면 f는 a에서 미분가능하지 않다는 것이다. 따라서 불연속점(예를 들어 도약 불연속점)에서 f는 미분가능하지 않다.

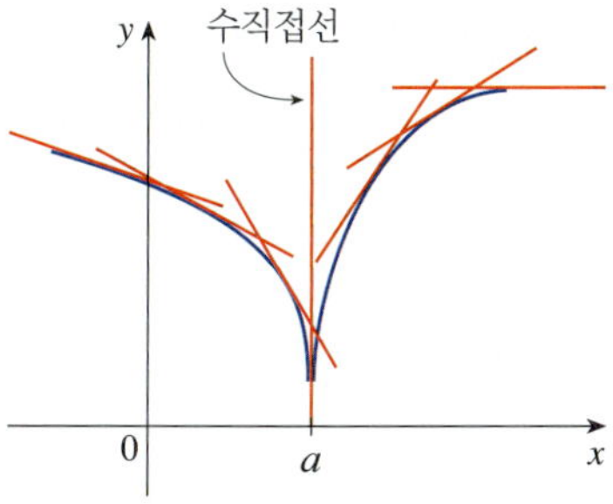

그림 6

세 번째 가능성은 $x = a$일 때 곡선이 **수직접선**을 갖는 것이다. 즉 f는 a에서 연속이고

$$\lim_{x \to a} |f'(x)| = \infty$$

일 때이다. 이것은 $x \to a$일 때 접선이 점점 가파르게 된다는 뜻이다. 그림 6은 이것이 일어날 수 있는 한 가지 경우를 보여주고, 그림 7(c)는 다른 경우를 보여준다. 그림 7은 위에서 살펴본 세 가지 가능성을 설명하고 있다.

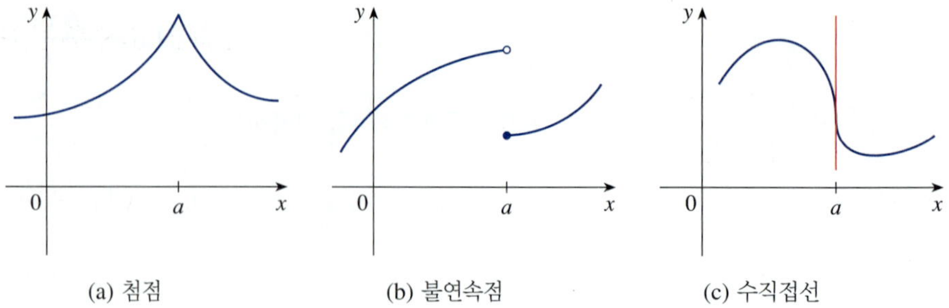

그림 7
f가 a에서 미분가능하지 않은 세 가지 경우

그래핑 계산기나 컴퓨터는 미분가능성을 조사하는 다른 방법을 제시한다. f가 a에서 미분가능하면 점 $(a, f(a))$ 근처로 확대할 때 그래프는 점점 더 직선처럼 보인다(그림 8 참조). 그러나 그림 6과 그림 7(a)에서처럼 아무리 확대하더라도 첨점을 제거할 수 없는 경우도 있다(그림 9 참조).

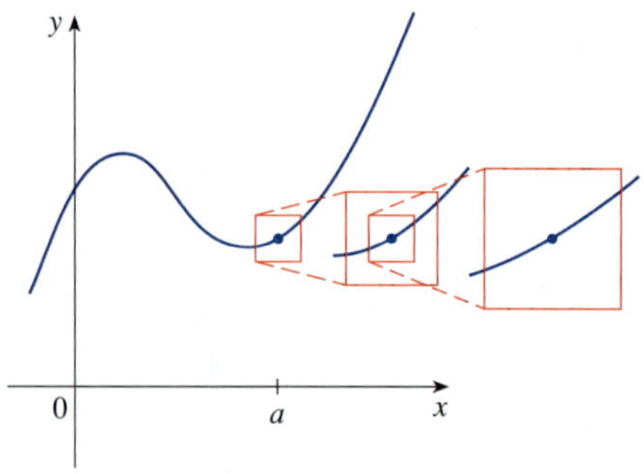

그림 8 f는 a에서 미분가능하다.

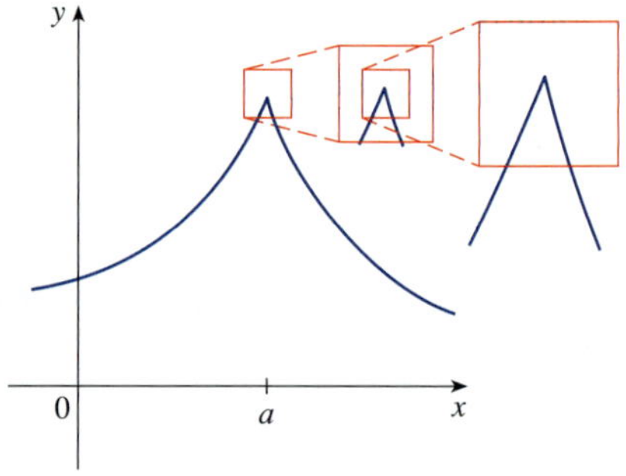

그림 9 f는 a에서 미분가능하지 않다.

■ 고계도함수

f가 미분가능한 함수이면 도함수 f'도 역시 함수이고, 따라서 f'도 도함수 $(f')' = f''$을 가질 수도 있다. 새로운 함수 f''은 f의 도함수의 도함수이므로, f의 **이계도함수**(second derivative)라고 부른다. 라이프니츠 기호를 사용하여 $y = f(x)$의 이계도함수를

$$\underbrace{\frac{d}{dx}}_{\text{도함수}}\underbrace{\left(\frac{dy}{dx}\right)}_{\text{일계도함수}} = \underbrace{\frac{d^2y}{dx^2}}_{\text{이계도함수}}$$

로 나타낸다.

예제 6 $f(x) = x^3 - x$일 때 $f''(x)$를 구하고 이를 설명하여라.

풀이 예제 2에서 $f'(x) = 3x^2 - 1$이었다. 따라서 이계도함수는

$$f''(x) = (f')'(x) = \lim_{h \to 0} \frac{f'(x+h) - f'(x)}{h}$$
$$= \lim_{h \to 0} \frac{[3(x+h)^2 - 1] - [3x^2 - 1]}{h}$$

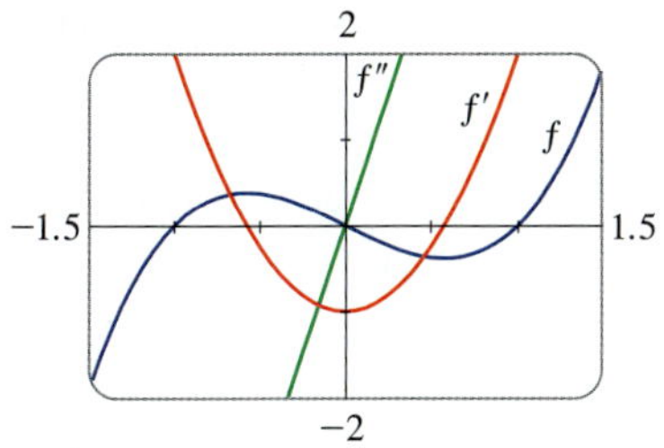

그림 10

$$= \lim_{h \to 0} \frac{3x^2 + 6xh + 3h^2 - 1 - 3x^2 + 1}{h}$$
$$= \lim_{h \to 0} (6x + 3h) = 6x$$

이다. f, f', f''의 그래프는 그림 10과 같다.

$f''(x)$는 점 $(x, f'(x))$에서 곡선 $y = f'(x)$의 기울기로 설명될 수 있다. 다시 말해, 이것은 최초 곡선 $y = f(x)$의 기울기의 변화율이다.

그림 10으로부터 $y = f'(x)$의 기울기가 음수일 때 $f''(x)$는 음수이고 $y = f'(x)$의 기울기가 양수일 때 $f''(x)$는 양수임을 알 수 있다. 따라서 그래프를 통하여 계산을 점검할 수 있다. ■

일반적으로 이계도함수를 변화율의 변화율로 설명할 수 있다. 이것에 대한 가장 익숙한 예는 가속도이고, 다음과 같이 정의한다.

$s = s(t)$를 직선상에서 움직이는 물체의 위치함수라 하면, 일계도함수는 시간의 함수로서 물체의 속도 $v(t)$를 나타냄을 알고 있다.

$$v(t) = s'(t) = \frac{ds}{dt}$$

시간에 관한 속도의 순간변화율을 물체의 **가속도**(accelcration) $a(t)$라 부른다. 따라서 가속도함수는 속도함수의 도함수이고, 위치함수의 이계도함수이다.

$$a(t) = v'(t) = s''(t)$$

또한 라이프니츠 기호로는

$$a = \frac{dv}{dt} = \frac{d^2s}{dt^2}$$

이다. 가속도는 속도의 변화율이며 자동차에서 속도가 빨라지거나 늦어지는 것을 느끼는 것이 가속도이다.

삼계도함수(third derivative) f'''은 이계도함수의 도함수이다[$f''' = (f'')'$]. 따라서 $f'''(x)$는 곡선 $y = f''(x)$의 기울기 또는 $f''(x)$의 변화율로 설명될 수 있다. $y = f(x)$라면, 삼계도함수에 대한 또 다른 기호로는

$$y''' = f'''(x) = \frac{d}{dx}\left(\frac{d^2y}{dx^2}\right) = \frac{d^3y}{dx^3}$$

가 있다.

직선상을 움직이는 물체의 위치함수 $s = s(t)$에 대하여 삼계도함수의 물리적 의미를 생각해 보자. $s''' = (s'')' = a'$이므로, 위치함수의 삼계도함수는 가속도함수의 도함수이며 **저크**(jerk)라 한다.

$$j = \frac{da}{dt} = \frac{d^3s}{dt^3}$$

따라서 저크 j는 가속도의 변화율이다. 저크가 큰 값은 가속도가 순간적으로 변한다는 의미로 자동차가 갑작스럽게 움직임을 나타낸다.

이러한 미분과정은 계속될 수 있으며, 사계도함수 f''''은 보통 $f^{(4)}$로 나타낸다. 일반적으로 n계도함수는 $f^{(n)}$으로 나타내고, 이것은 $y = f(x)$를 n번 미분함으로써 얻어진다. $y = f(x)$일 때, n계도함수를 다음과 같이 표시한다.

$$y^{(n)} = f^{(n)}(x) = \frac{d^n y}{dx^n}$$

예제 7 $f(x) = x^3 - x$일 때, $f'''(x)$와 $f^{(4)}(x)$를 구하여라.

풀이 예제 6에서 $f''(x) = 6x$를 구했다. 이계도함수의 그래프는 $y = 6x$이므로 기울기가 6인 직선이다. 도함수 $f'''(x)$는 $f''(x)$의 기울기이므로, x의 모든 값에 대해 다음과 같다.

$$f'''(x) = 6$$

그래서 f'''은 상수함수가 되고 그래프는 수평직선이다. 따라서 x의 모든 값에 대해 다음을 구할 수 있다.

$$f^{(4)}(x) = 0$$ ■

이계도함수와 삼계도함수의 한 가지 응용은 가속도와 저크를 사용해서 물체의 움직임을 분석하는 것으로, 이에 관한 예는 이미 앞에서 다루었다. 또 다른 응용은 4.3절에서 다루는데, 이계도함수를 f의 그래프 모양에 관한 정보를 얻는 데 사용한다. 10장에서는 이계도함수와 고계도함수를 사용해서 함수를 무한급수의 합으로 표현하는 방법에 대해 배운다.

2.7 연습문제

1-2 주어진 함수의 그래프를 이용하여 각 도함수의 값을 구하여라.
f'의 그래프를 그려라.

1. (a) $f'(0)$
(b) $f'(1)$
(c) $f'(2)$
(d) $f'(3)$
(e) $f'(4)$
(f) $f'(5)$
(g) $f'(6)$
(h) $f'(7)$

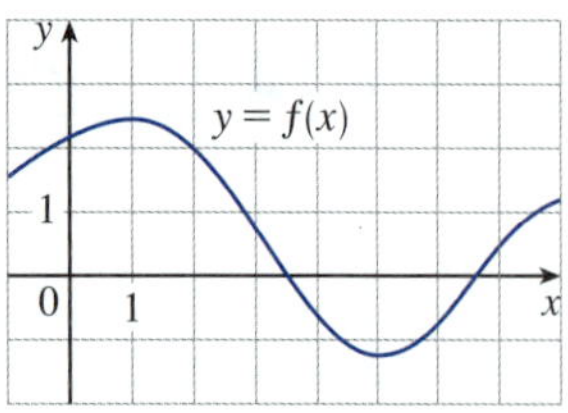

2. (a)~(d)에 있는 함수의 그래프와 도함수의 그래프 I~IV를 연결시켜라. 그 이유를 설명하여라.

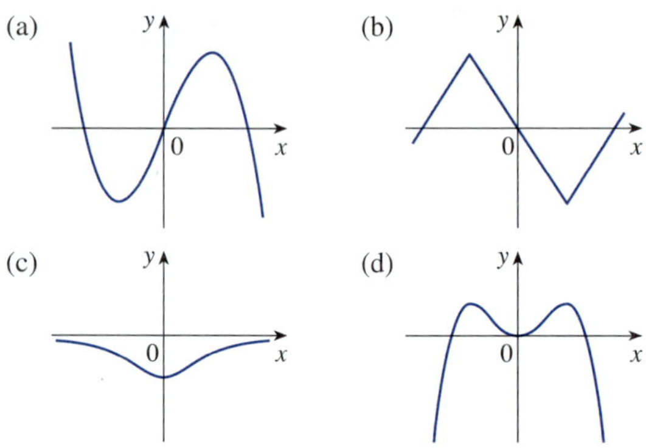

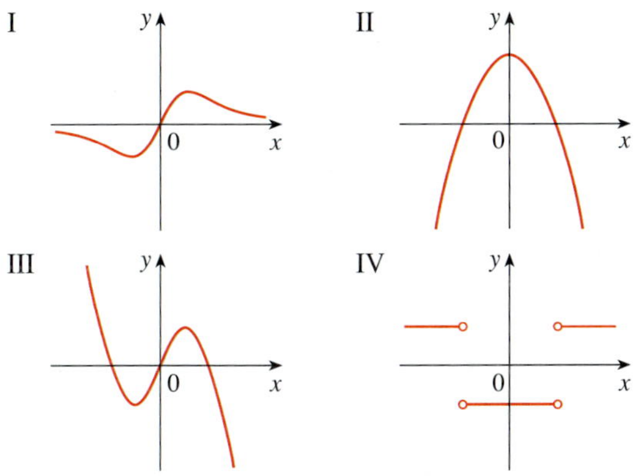

3-8 예제 1의 방법을 이용하여 주어진 함수 f의 그래프 아래에 f'의 그래프를 그려라.

3.

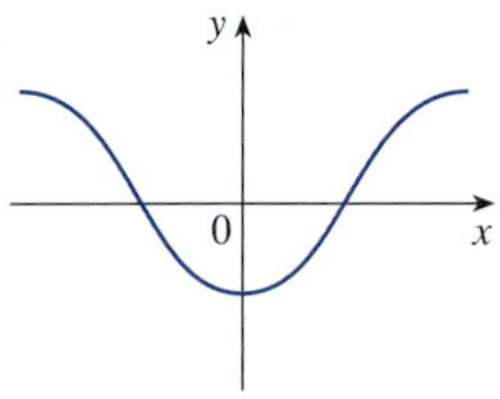

4.

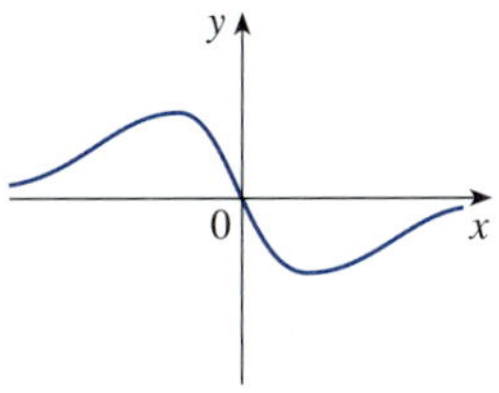

5.

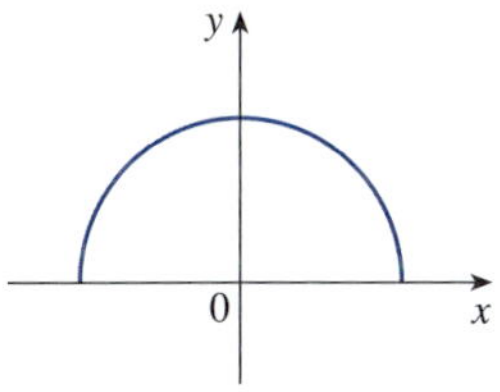

6.

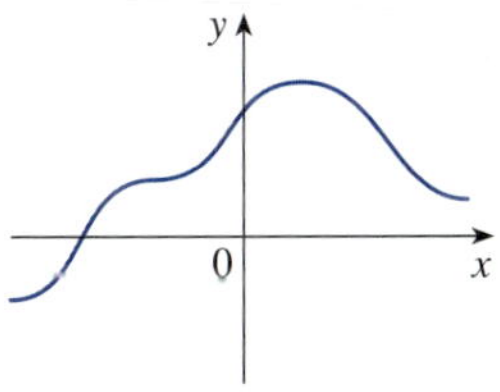

7.

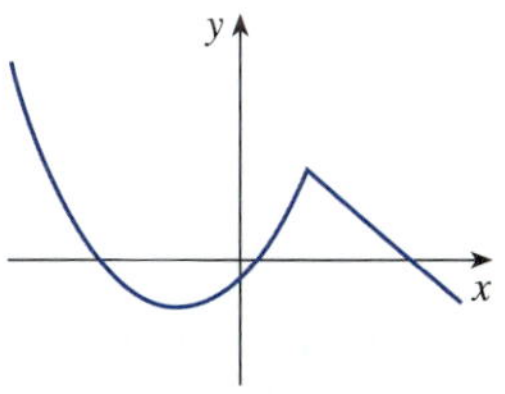

8.

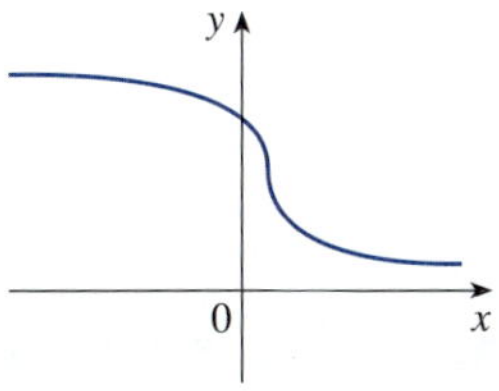

9. 재충전되는 배터리는 충전기를 꽂아 충전한다. 아래 그래프는 t시간이 흘렀을 때 배터리가 충전된 비율(%) $C(t)$를 나타낸다.

(a) 도함수 $C'(t)$는 어떤 의미인가?

(b) $C'(t)$의 그래프를 그려라. 그래프를 보고 무엇을 알 수 있는가?

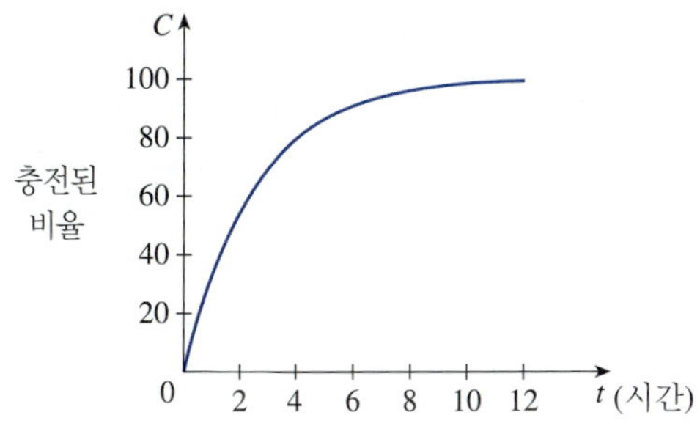

10. 아래 그래프는 미시간호의 표면 수온의 평균이 일 년 동안 어떻게 변하는지 나타낸 것이다(t의 단위는 월이고 $t = 0$은 1월 1일을 나타낸다). 평균값은 2011년까지 20년 동안의 자료로 계산하였다. 도함수 f'의 그래프를 그려라. $f'(t)$가 최대일 때는 언제인가?

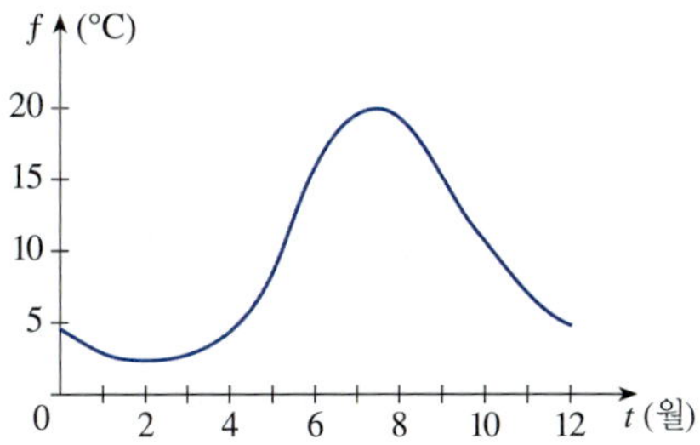

11-13 함수 f의 그래프를 그리고 연습문제 3~8과 같이 그 아래에 f'의 그래프를 그려라. 그래프로부터 $f'(x)$의 식을 추측할 수 있는가?

11. $f(x) = \sin x$ **12.** $f(x) = e^x$

13. $f(x) = \ln x$

14. $f(x) = x^2$이라 두자.

(a) 그래핑 계산기를 이용하여 f의 그래프를 그리고 그래프를 확대하여 $f'(0)$, $f'(\frac{1}{2})$, $f'(1)$, $f'(2)$의 값을 추측하여라.

(b) 대칭을 이용하여 $f'(-\frac{1}{2})$, $f'(-1)$, $f'(-2)$의 값을 추측하여라.

(c) (a)와 (b)의 결과로 $f'(x)$의 식을 추측하여라.

(d) 도함수의 정의를 이용하여 (c)의 추측이 옳음을 증명하여라.

15. $f(x) = x^3$이라 두자.

(a) 그래핑 계산기를 이용하여 f의 그래프를 그리고 그래프를 확대하여 $f'(0)$, $f'(\frac{1}{2})$, $f'(1)$, $f'(2)$, $f'(3)$의 값을 추측하여라.

(b) 대칭을 이용하여 $f'(-\frac{1}{2})$, $f'(-1)$, $f'(-2)$, $f'(-3)$의 값을 추측하여라.

(c) (a)와 (b)를 이용하여 f'의 그래프를 그려라.

(d) $f'(x)$의 식을 추측하여라.

(e) 도함수의 정의를 이용하여 (d)의 추측이 옳음을 증명하여라.

16-22 도함수의 정의를 이용하여 함수의 도함수를 구하여라. 각 함수의 정의역과 도함수의 정의역을 구하여라.

16. $f(x) = 3x - 8$ **17.** $f(t) = 2.5t^2 + 6t$

18. $A(p) = 4p^3 + 3p$ **19.** $f(x) = \dfrac{1}{x^2 - 4}$

20. $g(u) = \dfrac{u + 1}{4u - 1}$ **21.** $f(x) = x^4$

22. $f(x) = \dfrac{1}{\sqrt{1+x}}$

---

23. (a) $y = \sqrt{x}$의 그래프를 그리고 1.3절의 변환을 이용하여 $f(x) = 1 + \sqrt{x+3}$의 그래프를 그려라.

(b) (a)의 그래프를 이용하여 f'의 그래프를 그려라.

(c) 도함수의 정의를 이용하여 $f'(x)$를 구하여라. f와 f'의 정의역은 무엇인가?

(d) 그래핑 계산기를 이용하여 f'의 그래프를 그리고 (b)와 비교하여라.

24. (a) $f(x) = x + 1/x$일 때 $f'(x)$를 구하여라.

(b) f와 f'의 그래프를 비교하여 (a)의 답이 타당한지 확인하여라.

25. 아래 표는 목재로 사용되는 소나무의 높이를 조사한 것이다.

나무의 나이(년)	14	21	28	35	42	49
높이(미터)	12	16	19	22	24	25

Source: Arkansas Forestry Commission

t년의 소나무의 높이를 $H(t)$라 할 때, H'의 값을 추정하여 표를 만들고 그래프를 그려라.

26. 2020년 1월 1일로부터 t년이 지난 후에 태양전 지판으로 생산되는 도시 전력의 백분율을 P라 하자.

(a) $\dfrac{dP}{dt}$는 무엇을 나타내는가?

(b) $\left.\dfrac{dP}{dt}\right|_{t=2} = 3.5$의 의미를 설명하여라.

27-28 함수 f의 그래프가 주어져 있다. f가 미분가능하지 않은 점의 개수와 그 이유를 써라.

27.

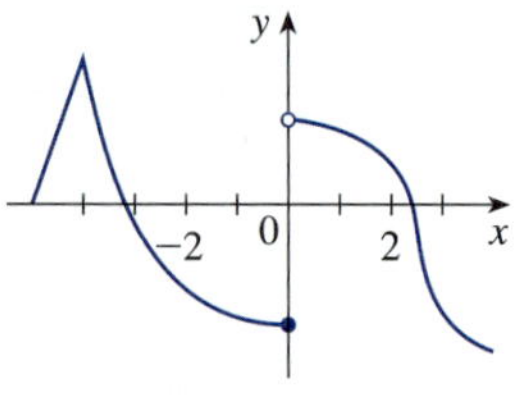

28.

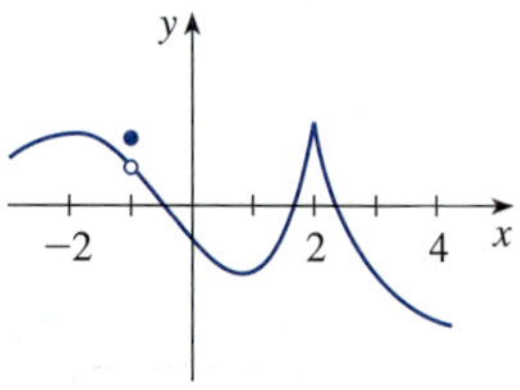

---

29. 함수 $f(x) = x + \sqrt{|x|}$의 그래프를 그려라. $(-1, 0)$을 중심으로 확대한 후 원점을 중심으로 확대하여라. 두 점 부근에서 함수 f는 어떻게 되고 있는가? f의 미분가능성에 대하여 어떤 결론을 내릴 수 있는가?

30. 함수 f와 도함수 f'의 그래프가 아래와 같을 때 $f'(-1)$과 $f''(1)$ 중에서 어느 것이 큰가?

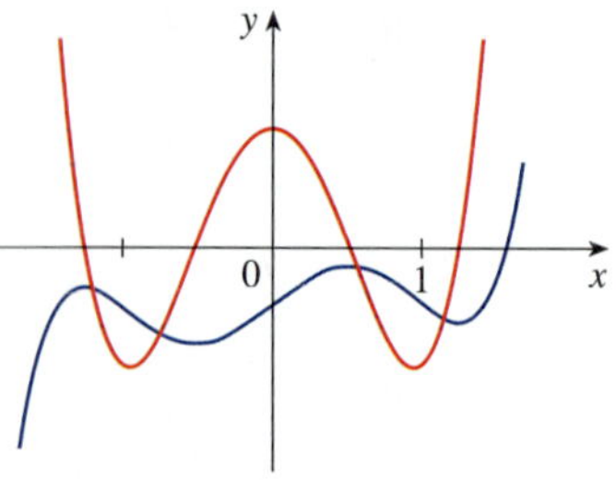

31. 아래는 f, f', f''의 그래프이다. 각각이 어떤 곡선인지 결정하고 그 이유를 설명하여라.

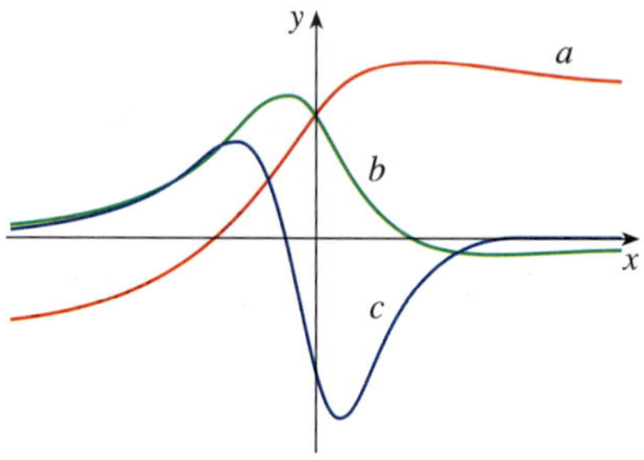

32. 아래 세 함수의 그래프가 있다. 자동차의 위치함수, 자동차의 속도, 자동차의 가속도인데, 각각이 어떤 곡선인지 결정하고 그 이유를 설명하여라.

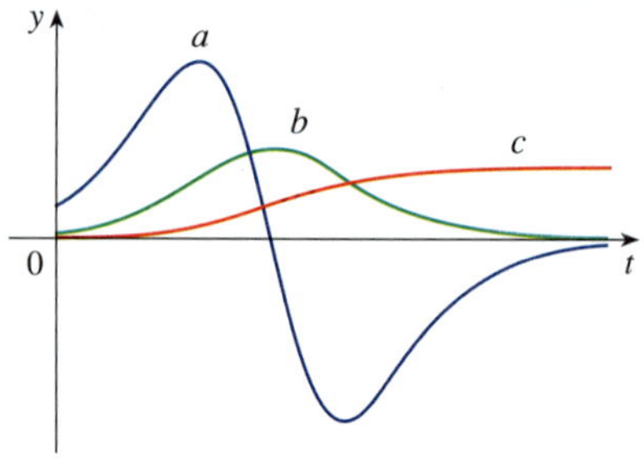

33-34 도함수의 정의를 이용하여 $f'(x)$, $f''(x)$를 구하여라. f, f', f''의 그래프를 같은 화면에 그리고 위에서 구한 답이 맞는지 확인하여라.

33. $f(x) = 3x^2 + 2x + 1$ **34.** $f(x) = x^3 - 3x$

---

35. $f(x) = 2x^2 - x^3$일 때 $f'(x)$, $f''(x)$, $f'''(x)$, $f^{(4)}(x)$를 구하여라. f, f', f'', f'''의 그래프를 같은 화면에 그려라. 그래프가 도함수의 기하학적 의미와 일치하는가?

36. (a) 아래 그래프는 자동차의 위치함수를 나타낸 것이다. s는 거리(미터)이고, t는 시간(초)이다. 이것을 이용하여 자동차의 속도와 가속도의 그래프를 그려라. $t = 10$초일 때 가속도는 얼마인가?

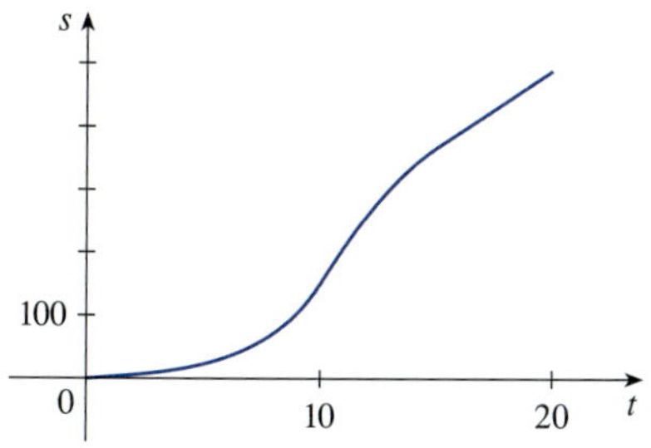

(b) (a)의 가속도 곡선을 이용하여 $t = 10$일 때 저크를 구하여라. 저크의 단위는 무엇인가?

37. $f(x) = \sqrt[3]{x}$라 하자.

(a) $a \neq 0$일 때, 2.6절의 식 5를 이용하여 $f'(a)$를 구하여라.

(b) $f'(0)$이 존재하지 않음을 보여라.

(c) $y = \sqrt[3]{x}$가 (0, 0)에서 수직접선을 가짐을 보여라(f의 그래프의 모양을 보아라. 1.2절 그림 13 참조).

38. 함수 $f(x) = |x - 6|$이 6에서 미분 불가능함을 보여라. f'을 구하고 그래프를 그려라.

39. 최대정수함수 $f(x) = [\![x]\!]$는 어디에서 미분 불가능한가? f'을 구하고 그래프를 그려라.

40. (a) 함수 $f(x) = x|x|$의 그래프를 그려라.

(b) f가 미분가능한 x의 값을 구하여라.

(c) f'을 구하여라.

41. (a) 함수 $g(x) = x + |x|$의 그래프를 그려라.

(b) g가 미분가능한 x의 값을 구하여라.

(c) g'을 구하여라.

42. 우함수와 기함수의 도함수 함수 f가 정의역의 모든 x에 대하여 $f(-x) = f(x)$이면 우함수라 하고, $f(-x) = -f(x)$이면 기함수라 한다. 다음을 증명하여라.

(a) 우함수의 도함수는 기함수이다.

(b) 기함수의 도함수는 우함수이다.

43. 왼쪽 도함수와 오른쪽 도함수 a에서의 f의 왼쪽(left-hand) 도함수와 오른쪽(right-hand) 도함수는 다음과 같이 정의한다.

$$f'_{-}(a) = \lim_{h \to 0^-} \frac{f(a + h) - f(a)}{h}$$

$$f'_{+}(a) = \lim_{h \to 0^+} \frac{f(a + h) - f(a)}{h}$$

그러면 $f'(a)$가 존재할 필요충분조건은 한쪽 도함수가 존재하고 이 둘의 값이 같은 것이다. 다음 함수 $f(x)$에 대해 물음에 답하여라.

$$f(x) = \begin{cases} 0, & x \leqslant 0 \\ 5 - x, & 0 < x < 4 \\ \dfrac{1}{5 - x}, & x \geqslant 4 \end{cases}$$

(a) $f'_{-}(4)$와 $f'_{+}(4)$의 값을 구하여라.

(b) 함수 f의 그래프를 그려라.

(c) 함수 f는 어디서 불연속인가?

(d) 함수 f는 어디서 미분 불가능한가?

44. 닉은 조깅을 시작하여 3분 동안 점점 더 빨리 달리고, 그다음 5분 동안 걸었다. 교차로에서 2분 동안 서 있다가, 다시 5분 동안 아주 빨리 뛰고, 4분 동안 걸었다.

(a) 닉이 t분 후 이동한 거리 s의 그래프를 그려라.

(b) ds/dt의 그래프를 그려라.

3.4절의 응용 프로젝트에서 조종사가 언제부터 하강을 시작해야 비행기가 부드럽게 착륙할 수 있는지 계산한다.

Who is Danny / Shutterstock.com

3 미분법

Differentiation Rules

앞 장에서 도함수를 기울기와 변화율로 해석하는 방법을 배웠다. 표의 값을 통해 함수의 도함수를 추정하는 방법도 배웠다. 그래프로 정의된 함수의 도함수를 그래프로 그리는 방법도 배웠다. 그리고 도함수의 정의를 사용해서 식으로 정의된 함수의 도함수를 구하는 방법도 배웠다. 그렇지만 이런 일을 항상 정의를 사용해서 하는 것은 시간과 노력이 많이 필요한 일이다. 이 장에서는 도함수의 정의를 직접 사용하지 않고서도 도함수를 구하는 규칙을 배울 것이다. 이 미분법은 다항식과 유리함수, 대수함수, 지수함수, 로그함수, 삼각함수, 그리고 역삼각함수의 도함수를 상당히 쉽게 구할 수 있게 해준다. 그리고 변화율과 함수의 근사에 관한 문제를 해결하는 데 이 미분법을 사용하는 방법을 배우게 된다.

3.1 다항함수와 지수함수의 도함수

이 절에서는 상수함수, 거듭제곱함수, 다항함수와 지수함수의 도함수를 구하는 방법을 다룬다.

■ 상수함수

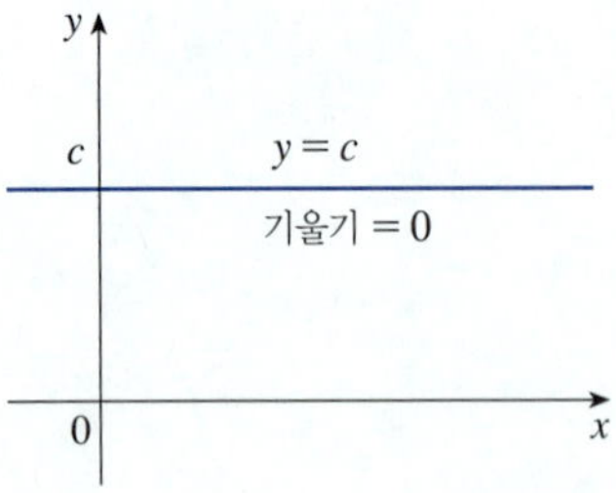

그림 1 $f(x) = c$의 그래프는 직선 $y = c$이고, 따라서 $f'(x) = 0$이다.

함수 중에서 가장 간단한 형태인 상수함수 $f(x) = c$의 도함수부터 구해보자. 이 함수의 그래프는 기울기가 0인 수평직선 $y = c$이다. 따라서 $f'(x) = 0$이어야만 한다(그림 1 참조). 증명은 도함수의 정의를 이용하여 다음과 같이 간단히 할 수 있다.

$$f'(x) = \lim_{h \to 0} \frac{f(x+h) - f(x)}{h} = \lim_{h \to 0} \frac{c - c}{h} = \lim_{h \to 0} 0 = 0$$

라이프니츠 기호를 이용하면 다음과 같다.

상수함수의 도함수

$$\frac{d}{dx}(c) = 0$$

■ 거듭제곱함수

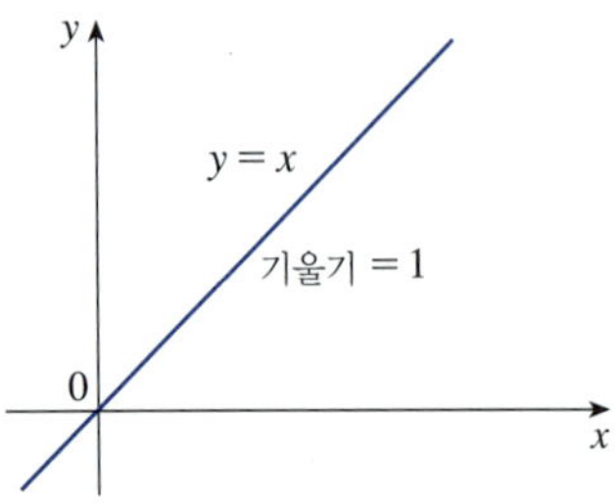

그림 2 $f(x) = x$의 그래프는 직선 $y = x$이고, 따라서 $f'(x) = 1$이다.

n이 양의 정수일 때 함수 $f(x) = x^n$을 살펴보자. 만약 $n = 1$이면, $f(x) = x$의 그래프는 직선 $y = x$이고 이것의 기울기는 1이다(그림 2 참조). 따라서

1 $$\frac{d}{dx}(x) = 1$$

이다(도함수의 정의로부터 식 **1**을 확인할 수 있다). $n = 2$, $n = 3$인 경우를 이미 살펴보았다. 2.7절(연습문제 14와 15)에서

2 $$\frac{d}{dx}(x^2) = 2x \qquad \frac{d}{dx}(x^3) = 3x^2$$

임을 알았다. $n = 4$인 경우, $f(x) = x^4$의 도함수를 다음과 같이 구한다.

$$\begin{aligned} f'(x) &= \lim_{h \to 0} \frac{f(x+h) - f(x)}{h} = \lim_{h \to 0} \frac{(x+h)^4 - x^4}{h} \\ &= \lim_{h \to 0} \frac{x^4 + 4x^3h + 6x^2h^2 + 4xh^3 + h^4 - x^4}{h} \\ &= \lim_{h \to 0} \frac{4x^3h + 6x^2h^2 + 4xh^3 + h^4}{h} \\ &= \lim_{h \to 0} (4x^3 + 6x^2h + 4xh^2 + h^3) = 4x^3 \end{aligned}$$

따라서 다음과 같다.

3 $$\frac{d}{dx}(x^4) = 4x^3$$

1, **2**, **3**의 식을 비교하면 어떤 규칙을 얻을 수 있다. n이 양의 정수일 때, $(d/dx)(x^n) = nx^{n-1}$임을 추측할 수 있다. 이것은 실제로 사실이다. 거듭제곱 법칙을 두 가지 방법으로 증명하는데, 두 번째 방법은 이항정리를 이용한다.

> **거듭제곱 법칙** 만약 n이 양의 정수이면,
>
> $$\frac{d}{dx}(x^n) = nx^{n-1}$$

증명 1 공식

$$x^n - a^n = (x - a)(x^{n-1} + x^{n-2}a + \cdots + xa^{n-2} + a^{n-1})$$

은 우변을 전개하여(또는 두 번째 인수인 기하급수의 합을 구함으로써) 확인할 수 있다. $f(x) = x^n$이라면 $f'(a)$에 대해 2.6절의 식 **5**를 이용하고 또 위의 식을 이용하여 다음과 같이 구한다.

$$\begin{aligned} f'(a) &= \lim_{x \to a} \frac{f(x) - f(a)}{x - a} = \lim_{x \to a} \frac{x^n - a^n}{x - a} \\ &= \lim_{x \to a} (x^{n-1} + x^{n-2}a + \cdots + xa^{n-2} + a^{n-1}) \\ &= a^{n-1} + a^{n-2}a + \cdots + aa^{n-2} + a^{n-1} \\ &= na^{n-1} \end{aligned}$$

증명 2 도함수의 정의에 의하여

$$f'(x) = \lim_{h \to 0} \frac{f(x + h) - f(x)}{h} = \lim_{h \to 0} \frac{(x + h)^n - x^n}{h}$$

이항정리는 참고자료 1쪽에 있다.

이다. x^4의 도함수를 구하기 위해서는 $(x + h)^4$을 전개해야만 했다. 여기서는 이항정리에 의하여 $(x + h)^n$을 전개하면,

$$\begin{aligned} f'(x) &= \lim_{h \to 0} \frac{\left[x^n + nx^{n-1}h + \frac{n(n-1)}{2}x^{n-2}h^2 + \cdots + nxh^{n-1} + h^n\right] - x^n}{h} \\ &= \lim_{h \to 0} \frac{nx^{n-1}h + \frac{n(n-1)}{2}x^{n-2}h^2 + \cdots + nxh^{n-1} + h^n}{h} \\ &= \lim_{h \to 0} \left[nx^{n-1} + \frac{n(n-1)}{2}x^{n-2}h + \cdots + nxh^{n-2} + h^{n-1}\right] \\ &= nx^{n-1} \end{aligned}$$

이다. 이는 첫 번째 항만 제외하고 모든 항이 h를 인수로 갖고 있으므로, 0으로 접근하기 때문이다. ■

예제 1에서 여러 가지 기호를 사용하여 거듭제곱 법칙을 살펴보자.

예제 1

(a) $f(x) = x^6$이면, $f'(x) = 6x^5$이다. (b) $y = x^{1000}$이면, $y' = 1000x^{999}$이다.

(c) $y = t^4$이면, $\dfrac{dy}{dt} = 4t^3$이다. (d) $\dfrac{d}{dr}(r^3) = 3r^2$이다. ■

음의 정수를 지수로 갖는 거듭제곱함수의 도함수는 어떻게 될까? 연습문제 69에는 도함수의 정의로부터 $\frac{d}{dx}\left(\frac{1}{x}\right) = -\frac{1}{x^2}$임을 증명하는 문제가 있다. 이 식을 $\frac{d}{dx}(x^{-1}) = (-1)x^{-2}$과 같이 쓸 수 있고 $n = -1$일 때 거듭제곱 법칙이 성립한다. 실제로 다음 절에서는 거듭제곱 법칙이 모든 음의 정수에 대하여 성립함을 다룬다.

만약 지수가 분수라면 어떻게 될까? 2.7절의 예제 3에서

$$\frac{d}{dx}\sqrt{x} = \frac{1}{2\sqrt{x}}$$

임을 보았는데, 이는

$$\frac{d}{dx}(x^{1/2}) = \tfrac{1}{2}x^{-1/2}$$

로 쓸 수 있다. 이것은 거듭제곱 법칙이 $n = \frac{1}{2}$인 경우에도 성립함을 말한다. 실제로 거듭제곱 법칙은 임의의 실수 n에 대하여 성립한다. 이것은 3.6절에서 증명할 것이다.

> **거듭제곱 법칙(일반적인 형태)** 임의의 실수 n에 대하여
>
> $$\frac{d}{dx}(x^n) = nx^{n-1}$$

예제 2 다음 함수의 도함수를 구하여라.

(a) $f(x) = \dfrac{1}{x^2}$ (b) $y = \sqrt[3]{x^2}$

풀이 주어진 두 함수는 x에 관한 거듭제곱을 이용하여 나타낼 수 있다.

(a) $f(x) = x^{-2}$이므로, $n = -2$일 때 거듭제곱 법칙을 이용하면

$$f'(x) = \frac{d}{dx}(x^{-2}) = -2x^{-2-1} = -2x^{-3} = -\frac{2}{x^3}$$

(b)
$$\frac{dy}{dx} = \frac{d}{dx}\left(\sqrt[3]{x^2}\right) = \frac{d}{dx}(x^{2/3}) = \tfrac{2}{3}x^{(2/3)-1} = \tfrac{2}{3}x^{-1/3}$$
■

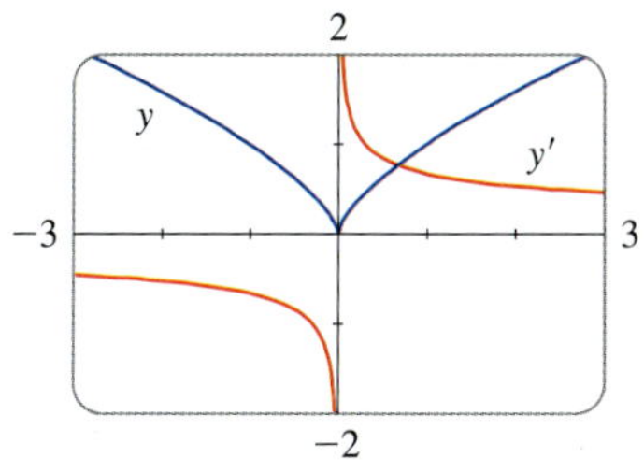

그림 3 $y = \sqrt[3]{x^2}$

그림 3은 예제 2(b)의 함수 y와 그 도함수 y'을 나타낸다. y는 0에서 미분가능하지 않음을 알 수 있다(y'은 0에서 정의되지 않는다). 또한 y'이 양수이면 y는 증가하고 y'이 음수이면 y는 감소함을 알 수 있다. 4장에서 **함수는 도함수가 양수이면 증가하고 도함수가 음수이면 감소한다**는 것을 증명한다.

거듭제곱 법칙은 도함수의 정의를 사용하지 않고 접선을 구할 수 있게 한다. 또한 법선을 구할 수 있게 한다. 점 P에서의 곡선 C의 **법선**은 P를 지나고 P에서의 접선에 수직인 직선이다. (광학에서 광선과 렌즈에 대한 법선 사이의 각도를 고려할 필요가 있다.)

예제 3 곡선 $y = x\sqrt{x}$ 위의 점 (1, 1)에서 접선과 법선의 방정식을 구하고, 그래프를 그려서 설명하여라.

풀이 함수 $f(x) = x\sqrt{x} = xx^{1/2} = x^{3/2}$의 도함수는

$$f'(x) = \tfrac{3}{2}x^{(3/2)-1} = \tfrac{3}{2}x^{1/2} = \tfrac{3}{2}\sqrt{x}$$

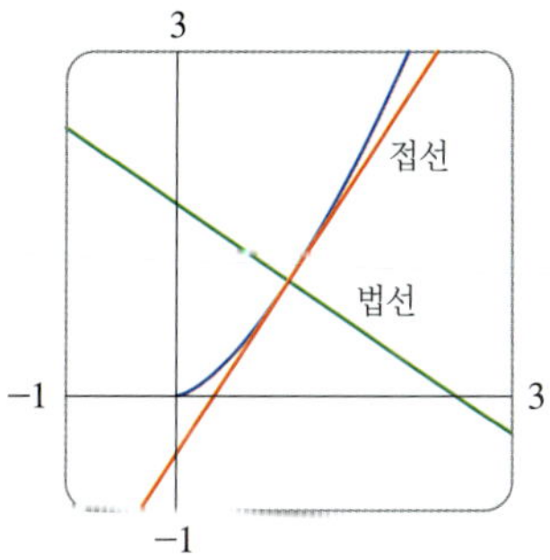

그림 4 $y = x\sqrt{x}$

이다. 따라서 점 (1, 1)에서 접선의 기울기는 $f'(1) = \tfrac{3}{2}$이다. 그러므로 접선의 방정식은

$$y - 1 = \tfrac{3}{2}(x - 1) \qquad \text{즉} \qquad y = \tfrac{3}{2}x - \tfrac{1}{2}$$

이다. 법선은 접선에 수직인 직선으로, 기울기는 $\tfrac{3}{2}$의 음의 역수, 즉 $-\tfrac{2}{3}$이다. 따라서 법선의 방정식은

$$y - 1 = -\tfrac{2}{3}(x - 1) \qquad \text{즉} \qquad y = -\tfrac{2}{3}x + \tfrac{5}{3}$$

이다. 곡선과 접선, 법선의 그래프는 그림 4와 같다. ■

■ 구 도함수로부터 새 도함수 구하기

새 함수가 구 함수를 더하거나, 빼거나, 상수배하여 만들어지면, 그 도함수는 구 함수의 도함수를 이용하여 계산할 수 있다. 특히 다음 공식에 의하면 **함수의 상수배의 도함수는 함수의 도함수의 상수배와 같다.**

상수배 법칙의 기하학적 해석

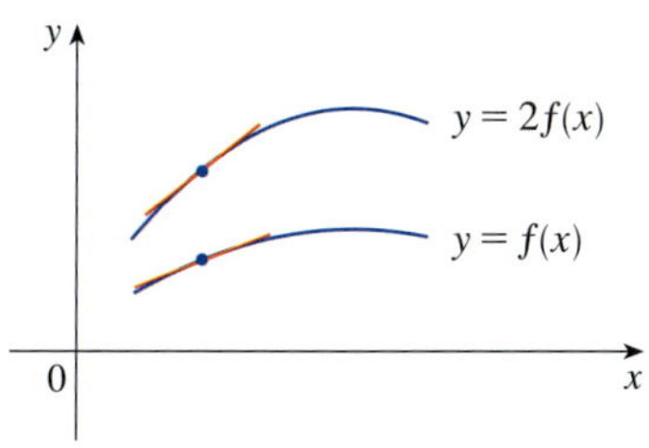

$c = 2$를 곱함으로써 그래프는 2배만큼 수직으로 확대된다. 모든 상승은 2배가 되었지만 x축의 움직임은 전과 같다. 따라서 기울기도 2배가 된다.

> **상수배 법칙** c를 상수라 하고 f를 미분가능한 함수라 하면,
>
> $$\frac{d}{dx}[cf(x)] = c\frac{d}{dx}f(x)$$

증명 $g(x) = cf(x)$라 하면,

$$\begin{aligned} g'(x) &= \lim_{h\to 0}\frac{g(x+h)-g(x)}{h} = \lim_{h\to 0}\frac{cf(x+h)-cf(x)}{h} \\ &= \lim_{h\to 0} c\left[\frac{f(x+h)-f(x)}{h}\right] \\ &= c\lim_{h\to 0}\frac{f(x+h)-f(x)}{h} \qquad \text{(극한법칙 3에 의해)} \\ &= cf'(x) \end{aligned}$$

■

예제 4

(a) $\dfrac{d}{dx}(3x^4) = 3\dfrac{d}{dx}(x^4) = 3(4x^3) = 12x^3$

(b) $\dfrac{d}{dx}(-x) = \dfrac{d}{dx}[(-1)x] = (-1)\dfrac{d}{dx}(x) = -1(1) = -1$ ■

다음 규칙은 함수들의 합(차)의 도함수는 도함수들의 합(차)과 같음을 말해준다.

프라임 기호를 이용하여 합 법칙과 차 법칙을 나타내면 다음과 같다.

$$(f+g)' = f' + g'$$
$$(f-g)' = f' - g'$$

합 법칙과 차 법칙 f와 g가 모두 미분가능하다면,

$$\frac{d}{dx}[f(x) + g(x)] = \frac{d}{dx}f(x) + \frac{d}{dx}g(x)$$

$$\frac{d}{dx}[f(x) - g(x)] = \frac{d}{dx}f(x) - \frac{d}{dx}g(x)$$

증명 $F(x) = f(x) + g(x)$라 하면,

$$\begin{aligned} F'(x) &= \lim_{h\to 0}\frac{F(x+h) - F(x)}{h} \\ &= \lim_{h\to 0}\frac{[f(x+h) + g(x+h)] - [f(x) + g(x)]}{h} \\ &= \lim_{h\to 0}\left[\frac{f(x+h) - f(x)}{h} + \frac{g(x+h) - g(x)}{h}\right] \\ &= \lim_{h\to 0}\frac{f(x+h) - f(x)}{h} + \lim_{h\to 0}\frac{g(x+h) - g(x)}{h} \qquad \text{(극한법칙 1에 의해)} \\ &= f'(x) + g'(x) \end{aligned}$$

차 법칙을 증명하기 위해서는 $f - g$를 $f + (-1)g$로 쓰고, 합 법칙과 상수배 법칙을 적용하면 된다. ■

합 법칙은 여러 개의 함수들의 합으로 확장할 수 있다. 예를 들어, 이 정리를 두 번 반복하여 적용하면,

$$(f+g+h)' = [(f+g)+h]' = (f+g)' + h' = f' + g' + h'$$

이 된다.

상수배 법칙, 합 법칙, 차 법칙을 거듭제곱 법칙과 결합하여 임의의 다항식을 미분하는 데 적용할 수 있다. 다음 예들을 살펴보자.

예제 5

$$\begin{aligned} &\frac{d}{dx}(x^8 + 12x^5 - 4x^4 + 10x^3 - 6x + 5) \\ &\quad = \frac{d}{dx}(x^8) + 12\frac{d}{dx}(x^5) - 4\frac{d}{dx}(x^4) + 10\frac{d}{dx}(x^3) - 6\frac{d}{dx}(x) + \frac{d}{dx}(5) \end{aligned}$$

$$= 8x^7 + 12(5x^4) - 4(4x^3) + 10(3x^2) - 6(1) + 0$$
$$= 8x^7 + 60x^4 - 16x^3 + 30x^2 - 6$$
■

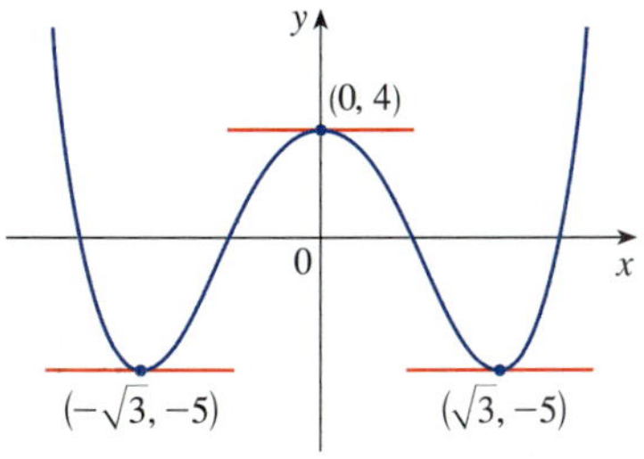

그림 5 곡선 $y = x^4 - 6x^2 + 4$와 수평접선

예제 6 곡선 $y = x^4 - 6x^2 + 4$ 위에서 접선이 수평이 되는 점을 구하여라.

풀이 수평접선은 도함수가 0일 때 나타난다.

$$\frac{dy}{dx} = \frac{d}{dx}(x^4) - 6\frac{d}{dx}(x^2) + \frac{d}{dx}(4)$$
$$= 4x^3 - 12x + 0 = 4x(x^2 - 3)$$

이므로 $x = 0$ 또는 $x^2 - 3 = 0$, 즉 $x = \pm\sqrt{3}$이면 $dy/dx = 0$이다. 따라서 $x = 0$, $\sqrt{3}$, $-\sqrt{3}$일 때 주어진 곡선은 수평접선을 갖는다. 대응하는 점들은 $(0, 4)$, $(\sqrt{3}, -5)$, $(-\sqrt{3}, -5)$이다(그림 5 참조). ■

예제 7 어떤 입자의 운동방정식은 $s = 2t^3 - 5t^2 + 3t + 4$이다. 단, s의 단위는 cm이고 t의 단위는 초이다. 가속도를 시간의 함수로 구하여라. 2초 후의 가속도는 얼마인가?

풀이 속도와 가속도는

$$v(t) = \frac{ds}{dt} = 6t^2 - 10t + 3$$

$$a(t) = \frac{dv}{dt} = 12t - 10$$

이다. 2초 후의 가속도는 $a(2) = 14\text{cm/s}^2$이다. ■

■ 지수함수

도함수의 정의를 이용하여 지수함수 $f(x) = b^x$의 도함수를 구해보자.

$$f'(x) = \lim_{h \to 0} \frac{f(x + h) - f(x)}{h} = \lim_{h \to 0} \frac{b^{x+h} - b^x}{h}$$
$$= \lim_{h \to 0} \frac{b^x b^h - b^x}{h} = \lim_{h \to 0} \frac{b^x(b^h - 1)}{h}$$

여기서 b^x는 h와 무관하므로 다음과 같이 극한 앞에 쓸 수 있다.

$$f'(x) = b^x \lim_{h \to 0} \frac{b^h - 1}{h}$$

이 극한값은 0에서 f의 도함수의 값이다. 즉

$$\lim_{h \to 0} \frac{b^h - 1}{h} = f'(0)$$

이다. 그러므로 지수함수 $f(x) = b^x$가 $x = 0$에서 미분가능하면, 그 함수는 모든 곳에서 미분가능함을 알 수 있고

4 $$f'(x) = f'(0)\,b^x$$

이다. 이 방정식은 **지수함수의 변화율은 함수 자신에 비례한다**는 것을 말해준다. (기울기는 높이에 비례한다.)

h	$\dfrac{2^h - 1}{h}$	$\dfrac{3^h - 1}{h}$
0.1	0.71773	1.16123
0.01	0.69556	1.10467
0.001	0.69339	1.09922
0.0001	0.69317	1.09867
0.00001	0.69315	1.09862

$b = 2$, $b = 3$일 때, $f'(0)$이 존재함을 왼쪽 표로부터 수치적으로 알 수 있다. (이 값은 소수 넷째 자리까지 유효하다.) 극한값이 존재하고

$$b = 2\text{일 경우,} \qquad f'(0) = \lim_{h \to 0} \frac{2^h - 1}{h} \approx 0.693$$

$$b = 3\text{일 경우,} \qquad f'(0) = \lim_{h \to 0} \frac{3^h - 1}{h} \approx 1.099$$

임을 알 수 있다. 따라서 식 **4**에 의해 다음을 알 수 있다.

5 $$\frac{d}{dx}(2^x) \approx (0.693)2^x \qquad \frac{d}{dx}(3^x) \approx (1.099)3^x$$

식 **4**에서 $f'(0) = 1$이 되도록 밑 b를 선택하면 미분공식이 간단해질 것이다. $b = 2$와 $b = 3$에 대하여 $f'(0)$의 측정값에 의하면 $f'(0) = 1$을 만족하는 수 b가 2와 3 사이에 존재한다는 것을 알 수 있다. 이 수를 문자 e로 나타내고(실제로 1.4절에서 e를 정의한 방법이다) 다음과 같이 정의한다.

연습문제 1에서 e는 2.7과 2.8 사이의 수임을 알게 될 것이다. 소수 다섯째 자리까지 정확한 e의 값은

$$e \approx 2.71828$$

임을 보일 수 있다.

수 e의 정의

$$e\text{는 } \lim_{h \to 0} \frac{e^h - 1}{h} = 1\text{을 만족하는 수이다.}$$

기하학적으로 지수함수 $y = b^x$ 중에서 $f(x) = e^x$는 $(0, 1)$에서 접선의 기울기 $f'(0)$이 정확히 1인 함수이다(그림 6과 7 참조).

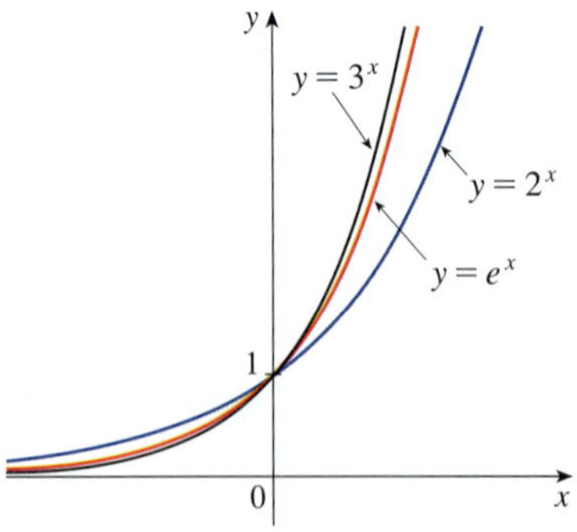

그림 6

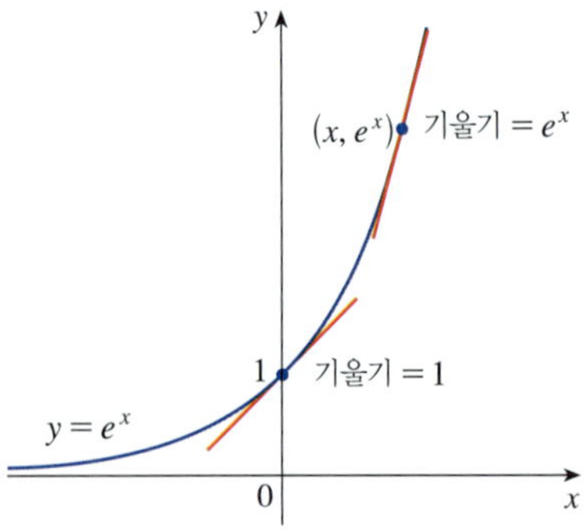

그림 7

만일 $b = e$라면, 식 **4**에서 $f'(0) = 1$이고, 다음 중요한 미분공식을 얻는다.

자연지수함수의 도함수

$$\frac{d}{dx}(e^x) = e^x$$

지수함수 $f(x) = e^x$는 그 자신이 도함수인 성질을 갖는다. 이 사실의 기하학적 중요성은 곡선 $y = e^x$ 위에서 접선의 기울기는 그 점의 y좌표와 같다는 것이다(그림 7 참조).

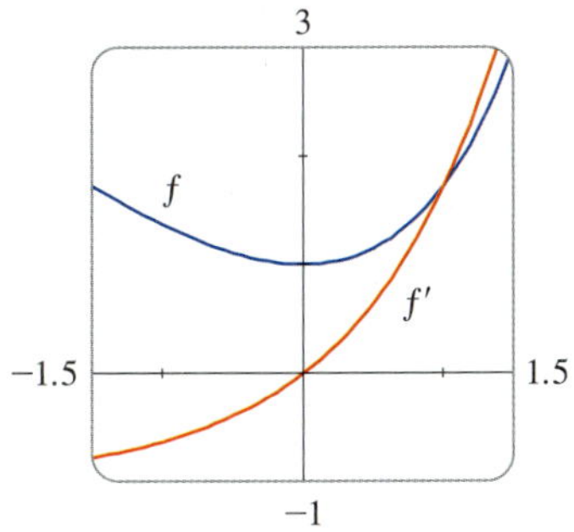

그림 8

예제 8 $f(x) = e^x - x$일 때 f'과 f''을 구하여라. f와 f'의 그래프를 비교하여라.

풀이 차 법칙을 이용하여

$$f'(x) = \frac{d}{dx}(e^x - x) = \frac{d}{dx}(e^x) - \frac{d}{dx}(x) = e^x - 1$$

을 얻는다. 2.8절에서 이계도함수를 f'의 도함수로 정의하였으므로

$$f''(x) = \frac{d}{dx}(e^x - 1) = \frac{d}{dx}(e^x) - \frac{d}{dx}(1) = e^x$$

이다. 함수 f와 도함수 f'의 그래프가 그림 8에 있다. $x = 0$일 때 f는 수평접선을 갖는다. 이는 $f'(0) = 0$이라는 사실과 같은 의미이다. $x > 0$일 때 $f'(x)$는 양이고 f는 증가한다. $x < 0$일 때 $f'(x)$는 음이고 f는 감소한다. ■

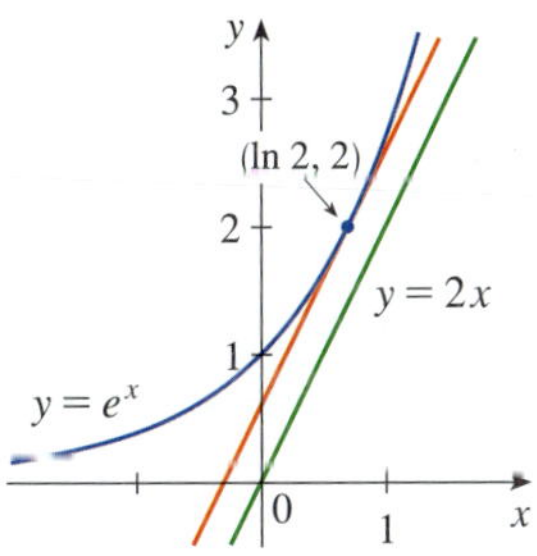

그림 9

예제 9 곡선 $y = e^x$ 위의 어떤 점에서 접선과 직선 $y = 2x$가 평행하게 되는가?

풀이 $y = e^x$이므로 $y' = e^x$이다. 구하는 점의 x좌표를 a라 하자. 그 점에서 접선의 기울기는 e^a이다. 이 접선은 직선 $y = 2x$와 평행하므로 접선의 기울기는 직선의 기울기와 같이 2이다. 접선의 기울기와 직선의 기울기를 같게 놓으면

$$e^a = 2 \qquad a = \ln 2$$

이다. 그러므로 구하고자 하는 점은 $(a, e^a) = (\ln 2, 2)$이다(그림 9 참조). ■

3.1 연습문제

1. (a) 수 e는 어떻게 정의되는가?
(b) 계산기를 사용하여 다음의 극한값을 소수 둘째 자리까지 정확하게 추정하여라. e값에 대해 내릴 수 있는 결론은 무엇인가?

$$\lim_{h\to 0} \frac{2.7^h - 1}{h}, \qquad \lim_{h\to 0} \frac{2.8^h - 1}{h}$$

2. (a) 함수 $f(x) = e^x$의 그래프를 손으로 그려라. y축과의 교점은 어디인가? 이것을 구하는 데 필요한 사실은 무엇인가?
(b) $f(x) = e^x$와 $g(x) = x^e$는 어떤 종류의 함수인가? f와 g의 미분공식을 비교하여라.
(c) (b)에서 x가 커질 때, 두 함수 중 어떤 함수가 더 빨리 커지는가?

3-24 다음 함수를 미분하여라.

3. $g(x) = 4x + 7$

4. $g(t) = 5t + 4t^2$

5. $f(x) = x^{75} - x + 3$

6. $f(t) = -2e^t$

7. $F(t) = t^3 + e^3$

8. $W(v) = 1.8v^{-3}$

9. $f(x) = x^{3/2} + x^{-3}$

10. $s(t) = \dfrac{1}{t} + \dfrac{1}{t^2}$

11. $y = 2x + \sqrt{x}$

12. $g(x) = \dfrac{1}{\sqrt{x}} + \sqrt[4]{x}$

13. $W(t) = \sqrt{t} - 2e^t$

14. $f(x) = x^3(x + 3)$

15. $F(t) = (2t - 3)^2$

16. $y = 3e^x + \dfrac{4}{\sqrt[3]{x}}$

17. $f(x) = \dfrac{3x^2 + x^3}{x}$

18. $G(t) = \sqrt{5t} + \dfrac{\sqrt{7}}{t}$

19. $j(x) = x^{2.4} + e^{2.4}$

20. $k(r) = e^r + r^e$

21. $G(q) = (1 + q^{-1})^2$

22. $f(v) = \dfrac{\sqrt[3]{v} - 2ve^v}{v}$

23. $P(w) = \dfrac{2w^2 - w + 4}{\sqrt{w}}$ **24.** $y = e^{x+1} + 1$

25-26 dy/dx와 dy/dt를 구하여라.

25. $y = tx^2 + t^3x$ **26.** $y = \dfrac{t}{x^2} + \dfrac{x}{t}$

27-29 주어진 점에서 곡선의 접선의 방정식을 구하여라.

27. $y = 2x^3 - x^2 + 2,\quad (1, 3)$ **28.** $y = 2e^x + x,\quad (0, 2)$

29. $y = x + \dfrac{2}{x},\quad (2, 3)$

30-31 주어진 점에서 곡선의 접선과 법선의 방정식을 구하여라.

30. $y = x^4 + 2e^x,\quad (0, 2)$ **31.** $y = x^{3/2},\quad (1, 1)$

32-33 $f'(x)$를 구하여라. f와 f'의 그래프를 비교하고 구한 답이 왜 타당한지 그래프를 이용하여 설명하여라.

32. $f(x) = x^4 - 2x^3 + x^2$

33. $f(x) = x^5 - 2x^3 + x - 1$

---

34. (a) 컴퓨터 혹은 그래핑 계산기를 이용하여 화면 $[-3, 5] \times [-10, 50]$의 범위에서 함수 $f(x) = x^4 - 3x^3 - 6x^2 + 7x + 30$의 그래프를 그려라.

(b) (a)의 그래프를 이용하여 기울기를 추정하고, f'의 그래프를 손으로 간략하게 그려라(2.7절 예제 1 참조).

(c) $f'(x)$를 계산하고 이 식을 이용하여 f'의 그래프를 그려라. (b)의 그림과 비교해보아라.

35-36 다음 함수의 일계, 이계도함수를 구하여라. 그래프 f, f', f''을 비교하여 답이 타당함을 확인하여라.

35. $f(x) = 2x - 5x^{3/4}$ **36.** $f(x) = e^x - x^3$

---

37. 입자의 움직임의 방정식을 $s = t^3 - 3t$라 하자. 이때 s의 단위는 미터이고, t의 단위는 초이다. 다음을 구하여라.

(a) t에 관한 속도와 가속도의 함수

(b) 2초 후 가속도

(c) 속도가 0일 때의 가속도

38. 생물학자는 알래스카 볼락의 나이가 A일 때 크기 L은 다음과 같이 삼차다항식으로 표현할 수 있음을 밝혔다.

$$L = 0.0390A^3 - 0.945A^2 + 10.03A + 3.07$$

여기서 L의 단위는 센티미터이고 A의 단위는 연이다.

$$\left.\frac{dL}{dA}\right|_{A=12}$$

를 계산하고 그 의미를 설명하여라.

39. 보일의 법칙은 온도가 일정할 때 압력 P는 부피 V에 반비례한다는 것이다.

(a) 25°C에서 0.106m^3의 부피를 가지는 공기의 압력이 50kPa이라고 하자. P에 대한 V의 함수를 구하여라.

(b) $P = 50\text{kPa}$일 때 dV/dP를 계산하여라. 도함수가 의미하는 것은 무엇인가? 이것의 단위는 무엇인가?

T **40.** 자동차 타이어는 적당히 공기가 들어가야 한다. 왜냐하면 공기가 너무 많이 들어가 있거나 너무 적게 들어가 있으면 정상보다 타이어가 빨리 소모될 수 있기 때문이다. 아래 표는 어떤 타이어의 공기압이 P(kPa)일 때 타이어의 수명 L(1000km)을 나타낸 것이다.

P	179	193	214	242	262	290	311
L	80	106	126	130	119	113	95

(a) 컴퓨터 혹은 그래핑 계산기를 이용하여 압력에 대한 수명의 2차함수 모델을 구하여라.

(b) 이 함수를 이용하여 $P = 200$, $P = 300$일 때 dL/dP를 구하여라. 도함수는 어떤 의미가 있는가? 이것의 단위는 무엇인가? 도함수의 부호는 왜 중요한가?

41. 곡선 $y = x^3 + 3x^2 - 9x + 10$이 수평접선을 갖는 점을 구하여라.

42. 곡선 $y = 2e^x + 3x + 5x^3$의 접선 중 기울기가 2인 접선이 존재하지 않음을 보여라.

43. 곡선 $y = x^3 - 3x^2 + 3x - 3$의 접선이면서 직선 $3x - y = 15$에 평행한 두 직선의 방정식을 구하여라.

44. 곡선 $y = \sqrt{x}$에서 직선 $2x + y = 1$과 평행한 법선의 방정식을 구하여라.

45. 포물선 $y = x^2$의 점 $(0, -4)$를 지나는 직선은 두 개임을 보이는 그림을 그려라. 접선의 방정식이 포물선과 만나는 점의 좌표를 구하여라.

46. 도함수의 정의를 이용하여 $f(x) = 1/x$이면 $f'(x) = -1/x^2$임을 보여라. (이 증명은 $n = -1$일 때, 거듭제곱 법칙이다.)

47. 처음 몇 개의 도함수를 계산하여 나타나는 규칙을 관찰하고, 각 함수의 n계도함수를 구하여라.

(a) $f(x) = x^n$ (b) $f(x) = 1/x$

48. $P(2) = 5$, $P'(2) = 3$, $P''(2) = 2$인 2차다항식 P를 구하여라.

49. 모르는 함수 y와 그것의 도함수 y', y''의 관계식으로 이루어진 방정식 $y'' + y' - 2y = x^2$을 **미분방정식**이라고 부른다. 함수

$y = Ax^2 + Bx + C$가 이 방정식을 만족할 때 상수 A, B, C를 구하여라.

50. 점 $(-2, 6)$, $(2, 0)$에서 수평접선을 갖는 3차함수 $y = ax^3 + bx^2 + cx + d$를 구하여라.

51. $f(x) = \begin{cases} x^2 + 1, & x < 1 \\ x + 1, & x \geq 1 \end{cases}$는 1에서 미분가능한가? f와 f'의 그래프를 그려라.

52. (a) 함수 $f(x) = |x^2 - 9|$가 미분가능한 x의 값은 얼마인가? f'의 식을 구하여라.
(b) f와 f'의 그래프를 그려라.

53. 점 $(1, 1)$에서 접선의 방정식이 $y = 3x - 2$인 포물선의 방정식 $y = ax^2 + bx$를 구하여라.

54. 포물선 $y = ax^2$의 $x = 2$에서 접선의 방정식이 $2x + y = b$일 때 a, b의 값을 구하여라.

55. 직선 $y = 2x + 3$이 포물선 $y = cx^2$에 접하게 되는 c의 값을 구하여라.

56. 이차함수 $f(x) = ax^2 + bx + c$의 그래프는 포물선이다. 임의의 구간 $[p, q]$의 양 끝점에서 포물선의 접선의 기울기의 평균은 그 구간의 중점에서의 접선의 기울기와 같음을 보여라.

57. $f(x) = \begin{cases} x^2, & x \leq 2 \\ mx + b, & x > 2 \end{cases}$가 모든 점에서 미분가능하게 하는 m, b의 값을 구하여라.

58. $\displaystyle\lim_{x \to 1} \frac{x^{1000} - 1}{x - 1}$을 계산하여라.

59. y축에서 만나고 포물선 $y = x^2$의 접선이며 서로 수직인 두 직선을 그려라. 이 선은 어디서 만나는가?

60. $c > \frac{1}{2}$일 때, 점 $(0, c)$를 지나는 포물선 $y = x^2$의 법선은 얼마나 많은가? 만약 $c \leq \frac{1}{2}$이라면?

응용프로젝트 | 개선된 롤러코스터 만들기

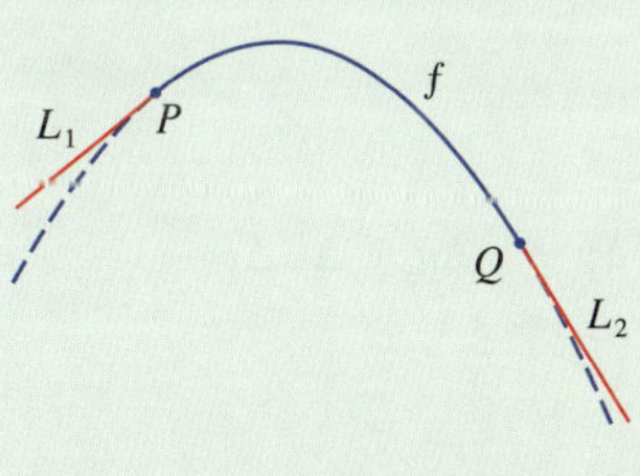

새 롤러코스터의 첫 번째 하강과 상승 부분의 설계를 여러분이 맡았다고 가정하자. 좋아하는 롤 러코스터를 조사한 후 상승 기울기는 0.8, 하강 기울기는 -1.6으로 정한다. 포물선 $y = f(x) = ax^2 + bx + c$ (x와 $f(x)$의 단위는 미터임)의 일부와 두 직선 $y = L_1(x)$와 $y = L_2(x)$를 연결하기로 한다. 롤러코스터가 부드럽게 트랙을 달리기 위해서는 급작스러운 방향 전환이 없도록 해야 하므로, 왼쪽 그림처럼 직선형 선분 L_1과 L_2를 점 P와 Q에서 이 포물선의 접선이 되도록 하려고 한다. 이 방정식을 간단히 하기 위해 P를 원점에 둔다.

1. (a) P와 Q 사이의 수평거리가 30m라고 하자. 이 두 점에서 트랙이 부드럽게 연결되도록 하기 위한 a, b, c의 방정식을 구하여라.
(b) $f(x)$의 식을 찾기 위해 (a)의 방정식을 풀어라.
(c) 방향 전환점에서 트랙이 부드럽게 연결되는지를 L_1, f, L_2를 그래프를 그려 입증하여라.
(d) P와 Q 사이의 높이 차이를 구하여라.

Susana Ortega / Shutterstock.com

2. 문제 1의 풀이를 보면 유연한 트랙이 될 것 같지만, 조각으로 정의된 함수($x < 0$에 대한 $L_1(x)$, $0 \leq x \leq 30$에 대한 $f(x)$를 고려하는 경우)의 이계도함수가 연속이 아니다. 그래서 구간 $3 \leq x \leq 27$에서만 2차함수 $q(x) = ax^2 + bx + c$를 사용해서 이 2차함수를 아래 2개의 3차함수를 매개로 직선함수와 연결시켜서 트랙 설계를 향상시키고자 한다.

$$g(x) = kx^3 + lx^2 + mx + n \qquad 0 \leq x < 3$$
$$h(x) = px^3 + qx^2 + rx + s \qquad 27 < x \leq 30$$

(a) 이 함수들과 이들의 처음 두 도함수가 방향 전환점에서 만나도록 11개의 미지수로 연립방정식을 구하여라.
(b) $q(x)$, $g(x)$, $h(x)$의 공식을 찾기 위해 (a)의 방정식을 풀어라.
(c) L_1, g, q, h, L_2의 그래프를 그리고 문제 1(c)의 그래프와 비교하여라.

3.2 곱 법칙과 몫 법칙

이 절의 공식들을 이용하여 함수들을 곱하거나 나누어서 얻는 새로운 함수의 도함수를 구할 수 있다.

■ 곱 법칙

라이프니츠가 삼백 년 전에 한 것과 같이, 합과 차 법칙으로부터 곱의 도함수도 도함수의 곱이라고 추측할 수도 있다. 그러나 이러한 추측은 다음 예제를 살펴보면 잘못된 것임을 알 수 있다. 두 함수 $f(x) = x$와 $g(x) = x^2$에 대하여 거듭제곱 법칙을 적용하면 $f'(x) = 1$, $g'(x) = 2x$이다. 그런데 $(fg)(x) = x^3$, $(fg)'(x) = 3x^2$이므로 $(fg)' \neq f'g'$이다. 라이프니츠는 자신의 추측이 틀렸음을 알고 난 뒤 정확한 공식을 발견했다. 이것을 곱 법칙이라 한다.

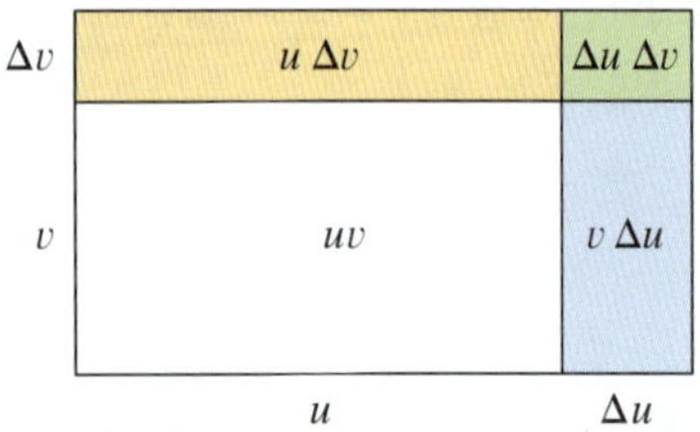

그림 1 곱 법칙의 기하학적 구조

곱 법칙을 소개하기 전에 그 원리를 살펴보자. $u = f(x)$와 $v = g(x)$가 양수이고 미분가능한 함수라 가정하자. 곱 uv를 사각형 넓이로 생각할 수 있다(그림 1 참조). x의 변화량이 Δx라면 u와 v의 대응하는 변화량은

$$\Delta u = f(x + \Delta x) - f(x) \qquad \Delta v = g(x + \Delta x) - g(x)$$

이고, 곱의 새로운 값 $(u + \Delta u)(v + \Delta v)$는 그림 1의 큰 사각형 넓이로 생각할 수 있다(Δu와 Δv가 양이라면).

사각형 넓이의 변화량은

1
$$\begin{aligned}\Delta(uv) &= (u + \Delta u)(v + \Delta v) - uv = u\,\Delta v + v\,\Delta u + \Delta u\,\Delta v \\ &= \text{색칠된 세 영역의 합}\end{aligned}$$

양변을 Δx로 나누면,

$$\frac{\Delta(uv)}{\Delta x} = u\frac{\Delta v}{\Delta x} + v\frac{\Delta u}{\Delta x} + \Delta u\frac{\Delta v}{\Delta x}$$

이제 $\Delta x \to 0$이라 하면 다음과 같이 uv의 도함수를 얻는다.

라이프니츠 표기법으로, 도함수의 정의는

$$\frac{dy}{dx} = \lim_{\Delta x \to 0}\frac{\Delta y}{\Delta x}$$

이다.

$$\begin{aligned}\frac{d}{dx}(uv) &= \lim_{\Delta x \to 0}\frac{\Delta(uv)}{\Delta x} = \lim_{\Delta x \to 0}\left(u\frac{\Delta v}{\Delta x} + v\frac{\Delta u}{\Delta x} + \Delta u\frac{\Delta v}{\Delta x}\right) \\ &= u\lim_{\Delta x \to 0}\frac{\Delta v}{\Delta x} + v\lim_{\Delta x \to 0}\frac{\Delta u}{\Delta x} + \left(\lim_{\Delta x \to 0}\Delta u\right)\left(\lim_{\Delta x \to 0}\frac{\Delta v}{\Delta x}\right) \\ &= u\frac{dv}{dx} + v\frac{du}{dx} + 0 \cdot \frac{dv}{dx}\end{aligned}$$

2
$$\frac{d}{dx}(uv) = u\frac{dv}{dx} + v\frac{du}{dx}$$

(f가 미분가능하고, 따라서 연속이므로, $\Delta x \to 0$일 때 $\Delta u \to 0$임에 주목하여라.)

비록 값이 양수라는 가정이 있었지만(기하학적 해석을 위해서), 식 **1**은 모든 값에 대하여 참이다. (위의 식은 u, v, Δu, Δv가 양이든 음이든 성립한다.) 그래서 모든 미분가능한 함수 u와 v에 대하여 곱 법칙으로 알려진 식 **2**가 증명되었다.

프라임 기호로

$$(fg)' = fg' + gf'$$

곱 법칙 f와 g가 모두 미분가능하다면

$$\frac{d}{dx}[f(x)g(x)] = f(x)\frac{d}{dx}[g(x)] + g(x)\frac{d}{dx}[f(x)]$$

다시 말해서 곱 법칙은 두 함수의 곱의 도함수는 앞의 함수에 뒤의 함수의 도함수를 곱하고, 뒤의 함수에 앞의 함수의 도함수를 곱하여 이들을 더한 것과 같다.

예제 1 $f(x) = xe^x$일 때

(a) $f'(x)$를 구하여라.

(b) n계도함수 $f^{(n)}(x)$를 구하여라.

풀이

그림 2는 예제 1의 함수와 그 도함수의 그래프이다. f가 증가할 때 $f'(x)$는 양이고 f가 감소할 때 $f'(x)$는 음이다.

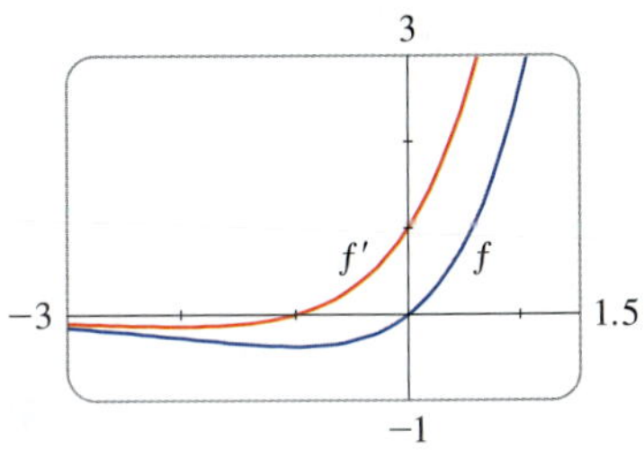

그림 2

(a) 곱 법칙에 의하여

$$\begin{aligned} f'(x) &= \frac{d}{dx}(xe^x) \\ &= x\frac{d}{dx}(e^x) + e^x\frac{d}{dx}(x) \\ &= xe^x + e^x \cdot 1 = (x+1)e^x \end{aligned}$$

이다.

(b) 곱 법칙을 한 번 더 이용하면

$$\begin{aligned} f''(x) &= \frac{d}{dx}[(x+1)e^x] \\ &= (x+1)\frac{d}{dx}(e^x) + e^x\frac{d}{dx}(x+1) \\ &= (x+1)e^x + e^x \cdot 1 = (x+2)e^x \end{aligned}$$

이다. 곱 법칙을 계속하여 이용하면

$$f'''(x) = (x+3)e^x \qquad f^{(4)}(x) = (x+4)e^x$$

이다. 실제로 계속 미분할 때마다 또 다른 e^x항이 더해져서

$$f^{(n)}(x) = (x+n)e^x$$

이다. ■

예제 2에서 a와 b는 상수이다. 수학에서는 관습적으로 앞부분 알파벳은 상수를 나타내는 데 사용하고, 뒷부분 알파벳을 변수를 나타내는 데 사용한다.

예제 2 함수 $f(t) = \sqrt{t}\,(a + bt)$를 미분하여라.

풀이 1 곱 법칙에 의하여

$$\begin{aligned} f'(t) &= \sqrt{t}\,\frac{d}{dt}(a+bt) + (a+bt)\frac{d}{dt}\left(\sqrt{t}\right) \\ &= \sqrt{t} \cdot b + (a+bt) \cdot \tfrac{1}{2}t^{-1/2} \\ &= b\sqrt{t} + \frac{a+bt}{2\sqrt{t}} = \frac{a+3bt}{2\sqrt{t}} \end{aligned}$$

풀이 2 $f(t)$를 지수법칙을 이용하여 나타내면 곱 법칙을 이용하지 않고 직접 도함수를 구할 수 있다.

$$f(t) = a\sqrt{t} + bt\sqrt{t} = at^{1/2} + bt^{3/2}$$

$$f'(t) = \tfrac{1}{2}at^{-1/2} + \tfrac{3}{2}bt^{1/2}$$

이것은 풀이 1에서 구한 해와 같다. ■

예제 2는 곱 법칙을 이용하여 도함수를 구하는 것보다 함수의 곱을 간단히 하여 도함수를 구하는 것이 때때로 쉽다는 것을 보여준다. 그러나 예제 1에서는 곱 법칙이 유일한 방법이다.

예제 3 $f(x) = \sqrt{x}\, g(x)$이고 $g(4) = 2$, $g'(4) = 3$일 때, $f'(4)$를 구하여라.

풀이 곱 법칙을 적용하면,

$$\begin{aligned} f'(x) &= \frac{d}{dx}\left[\sqrt{x}\, g(x)\right] = \sqrt{x}\,\frac{d}{dx}[g(x)] + g(x)\,\frac{d}{dx}\left[\sqrt{x}\right] \\ &= \sqrt{x}\, g'(x) + g(x)\cdot \tfrac{1}{2}x^{-1/2} \\ &= \sqrt{x}\, g'(x) + \frac{g(x)}{2\sqrt{x}} \end{aligned}$$

따라서 $f'(4) = \sqrt{4}\, g'(4) + \dfrac{g(4)}{2\sqrt{4}} = 2\cdot 3 + \dfrac{2}{2\cdot 2} = 6.5$이다. ■

■ 몫 법칙

곱 법칙을 유도한 것처럼, 미분가능한 두 함수 $u = f(x)$와 $v = g(x)$의 몫을 미분하는 법칙을 유도할 수도 있다. x, u, v의 변화량을 $\Delta x, \Delta u, \Delta v$라 하면, 그에 대응하는 몫 u/v의 변화량은

$$\begin{aligned} \Delta\left(\frac{u}{v}\right) &= \frac{u+\Delta u}{v+\Delta v} - \frac{u}{v} = \frac{(u+\Delta u)v - u(v+\Delta v)}{v(v+\Delta v)} \\ &= \frac{v\Delta u - u\,\Delta v}{v(v+\Delta v)} \end{aligned}$$

따라서
$$\frac{d}{dx}\left(\frac{u}{v}\right) = \lim_{\Delta x\to 0}\frac{\Delta(u/v)}{\Delta x} = \lim_{\Delta x\to 0}\frac{v\dfrac{\Delta u}{\Delta x} - u\dfrac{\Delta v}{\Delta x}}{v(v+\Delta v)}$$

g는 미분가능하므로 연속이어서 $\Delta x \to 0$일 때, $\Delta v \to 0$이다. 따라서 극한법칙을 이용하여 다음을 얻는다.

$$\frac{d}{dx}\left(\frac{u}{v}\right) = \frac{v\displaystyle\lim_{\Delta x\to 0}\frac{\Delta u}{\Delta x} - u\lim_{\Delta x\to 0}\frac{\Delta v}{\Delta x}}{v\displaystyle\lim_{\Delta x\to 0}(v+\Delta v)} = \frac{v\dfrac{du}{dx} - u\dfrac{dv}{dx}}{v^2}$$

프라임 기호로

$$\left(\frac{f}{g}\right)' = \frac{gf' - fg'}{g^2}$$

몫 법칙 f와 g가 모두 미분가능하다면

$$\frac{d}{dx}\left[\frac{f(x)}{g(x)}\right] = \frac{g(x)\dfrac{d}{dx}[f(x)] - f(x)\dfrac{d}{dx}[g(x)]}{[g(x)]^2}$$

다시 말해서 몫 법칙은 분모에 분자의 도함수를 곱하고, 분자에 분모의 도함수를 곱하여 빼고, 그 결과를 분모의 제곱으로 나눈 것과 같다.

몫 법칙과 다른 미분공식들을 이용하여 다음 예제에서 보듯이 임의의 유리함수의 도함수를 계산할 수 있다.

그림 3에 예제 4의 함수와 도함수의 그래프가 그려져 있다. y가 (약 $-\sqrt[3]{6} \approx -1.86$ 근처에서) 빠르게 커갈 때 y'은 크다는 것을 유의하여라. 그리고 y가 느리게 움직이면 y'은 0에 가깝다.

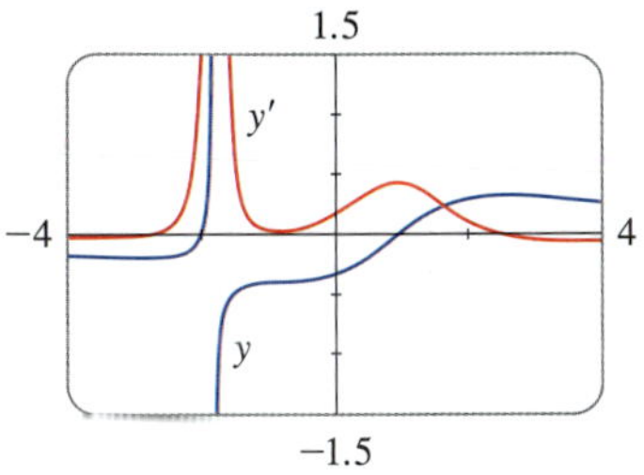

그림 3

예제 4 $y = \dfrac{x^2 + x - 2}{x^3 + 6}$라 하면

$$\begin{aligned} y' &= \frac{(x^3 + 6)\dfrac{d}{dx}(x^2 + x - 2) - (x^2 + x - 2)\dfrac{d}{dx}(x^3 + 6)}{(x^3 + 6)^2} \\ &= \frac{(x^3 + 6)(2x + 1) - (x^2 + x - 2)(3x^2)}{(x^3 + 6)^2} \\ &= \frac{(2x^4 + x^3 + 12x + 6) - (3x^4 + 3x^3 - 6x^2)}{(x^3 + 6)^2} \\ &= \frac{-x^4 - 2x^3 + 6x^2 + 12x + 6}{(x^3 + 6)^2} \end{aligned}$$

■

예제 5 곡선 $y = e^x/(1 + x^2)$ 위의 점 $\left(1, \frac{1}{2}e\right)$에서 접선의 방정식을 구하여라.

풀이 몫 법칙을 적용하면

$$\begin{aligned} \frac{dy}{dx} &= \frac{(1 + x^2)\dfrac{d}{dx}(e^x) - e^x\dfrac{d}{dx}(1 + x^2)}{(1 + x^2)^2} \\ &= \frac{(1 + x^2)e^x - e^x(2x)}{(1 + x^2)^2} = \frac{e^x(1 - 2x + x^2)}{(1 + x^2)^2} \\ &= \frac{e^x(1 - x)^2}{(1 + x^2)^2} \end{aligned}$$

따라서 $\left(1, \frac{1}{2}e\right)$에서 접선의 기울기는

$$\left.\frac{dy}{dx}\right|_{x=1} = 0$$

이다. 그러므로 $\left(1, \frac{1}{2}e\right)$에서 수평접선을 갖고 접선의 방정식은 $y = \frac{1}{2}e$이다(그림 4 참조). ■

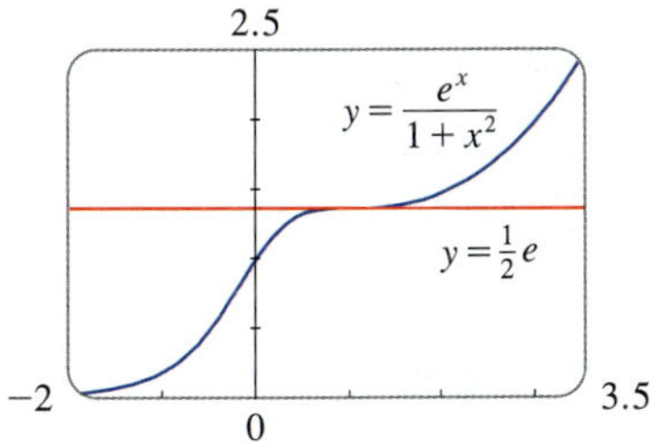

그림 4

NOTE 몫으로 표현된 함수에 항상 몫 법칙을 적용하지는 마라. 때때로 몫의 식을 분모로 나누어 간단히 하여 미분하는 것이 몫 법칙을 이용하는 것보다 더 쉽다. 예를 들면, 함수

$$F(x) = \frac{3x^2 + 2\sqrt{x}}{x}$$

는 몫 법칙을 이용하여 미분할 수 있지만, 미분하기 전에 분모로 나누어 다음과 같이 나타내어 미분하는 것이 더 쉽다.

$$F(x) = 3x + 2x^{-1/2}$$

지금까지 배운 미분공식을 정리하면 아래와 같다.

미분공식표

$\frac{d}{dx}(c) = 0$ $\qquad \frac{d}{dx}(x^n) = nx^{n-1}$ $\qquad \frac{d}{dx}(e^x) = e^x$

$(cf)' = cf'$ $\qquad (f+g)' = f' + g'$ $\qquad (f-g)' = f' - g'$

$(fg)' = fg' + gf'$ $\qquad \left(\frac{f}{g}\right)' = \frac{gf' - fg'}{g^2}$

3.2 연습문제

1. $f(x) = (1 + 2x^2)(x - x^2)$의 도함수를 곱 법칙을 사용하거나 곱셈을 먼저 하거나 하여 두 가지 방법으로 구하여라. 두 답은 같은가?

2. 함수 $F(x) = \frac{x^4 - 5x^3 + \sqrt{x}}{x^2}$의 도함수를 몫 법칙을 사용하거나 먼저 식을 간단히 하거나 하여 두 가지 방법으로 구하여라. 두 결과가 같음을 보여라. 어떤 방법이 더 좋은가?

3-22 다음을 미분하여라.

3. $y = (4x^2 + 3)(2x + 5)$

4. $y = x^3e^x$

5. $y = (e^x + 2)(2e^x - 1)$

6. $f(x) = (3x^2 - 5x)e^x$

7. $y = \frac{x}{e^x}$

8. $y = \frac{e^x}{1 - e^x}$

9. $g(t) = \frac{3 - 2t}{5t + 1}$

10. $f(t) = \frac{5t}{t^3 - t - 1}$

11. $y = \frac{s - \sqrt{s}}{s^2}$

12. $y = \frac{\sqrt{x}}{\sqrt{x} + 1}$

13. $J(u) = \left(\frac{1}{u} + \frac{1}{u^2}\right)\left(u + \frac{1}{u}\right)$

14. $H(u) = (u - \sqrt{u})(u + \sqrt{u})$

15. $f(z) = (1 - e^z)(z + e^z)$

16. $V(t) = (t + 2e^t)\sqrt{t}$

17. $y = e^p(p + p\sqrt{p})$

18. $h(r) = \frac{ae^r}{b + e^r}$

19. $f(t) = \frac{\sqrt[3]{t}}{t - 3}$

20. $f(x) = \frac{x^2e^x}{x^2 + e^x}$

21. $F(t) = \frac{At}{Bt^2 + Ct^3}$

22. $f(x) = \frac{x}{x + \frac{c}{x}}$

23-26 $f'(x)$와 $f''(x)$를 구하여라.

23. $f(x) = x^2e^x$

24. $f(x) = \sqrt{x}\,e^x$

25. $f(x) = \frac{x}{x^2 - 1}$

26. $f(x) = \frac{x}{1 + \sqrt{x}}$

27-28 주어진 점에서 곡선의 접선의 방정식을 구하여라.

27. $y = \frac{x^2}{1 + x}$, $\left(1, \frac{1}{2}\right)$

28. $y = \frac{1 + x}{1 + e^x}$, $\left(0, \frac{1}{2}\right)$

29-30 주어진 점에서 곡선의 접선과 법선의 방정식을 구하여라.

29. $y = \dfrac{3x}{1 + 5x^2}$, $\left(1, \frac{1}{2}\right)$ **30.** $y = x + xe^x$, $(0, 0)$

31. (a) 곡선 $y = 1/(1 + x^2)$은 **마리아 아녜시의 마녀**(witch of Maria Agnesi)라 불린다. 곡선 위의 점 $\left(-1, \frac{1}{2}\right)$에서 접선의 방정식을 구하여라.

(b) 곡선과 접선을 같은 화면에 그려 (a)를 설명하여라.

32. (a) $f(x) = (x^3 - x)e^x$일 때 $f'(x)$를 구하여라.

(b) f와 f'의 그래프를 비교하여 (a)에서 구한 식이 맞음을 확인하여라.

33. $f(x) = x^2/(1 + x)$일 때 $f''(1)$을 구하여라.

34. $g(x) = x/e^x$일 때 $g^{(n)}(x)$를 구하여라.

35. $f(5) = 1$, $f'(5) = 6$, $g(5) = -3$, $g'(5) = 2$일 때, 다음 값을 구하여라.

(a) $(fg)'(5)$ (b) $(f/g)'(5)$ (c) $(g/f)'(5)$

36. $f(4) = 2$, $g(4) = 5$, $f'(4) = 6$, $g'(4) = -3$일 때, $h'(4)$의 값을 구하여라.

(a) $h(x) = 3f(x) + 8g(x)$ (b) $h(x) = f(x)g(x)$

(c) $h(x) = \dfrac{f(x)}{g(x)}$ (d) $h(x) = \dfrac{g(x)}{f(x) + g(x)}$

37. $f(x) = e^x g(x)$이고, $g(0) = 2$, $g'(0) = 5$일 때, $f'(0)$을 구하여라.

38. $g(x) = xf(x)$, $f(3) = 4$, $f'(3) = -2$일 때, $x = 3$에서 g의 그래프의 접선의 방정식을 구하여라.

39. $f(2) = 10$, $f'(x) = x^2 f(x)$일 때, $f''(2)$를 구하여라.

40. f와 g가 아래 그래프로 주어져 있고, $u(x) = f(x)g(x)$, $v(x) = f(x)/g(x)$라 할 때, 다음을 구하여라.

(a) $u'(1)$ (b) $v'(4)$

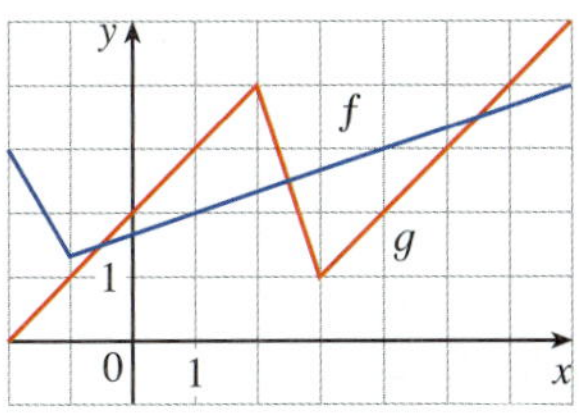

41. g가 미분가능한 함수일 때, 다음 함수의 도함수의 표현을 구하여라.

(a) $y = xg(x)$ (b) $y = \dfrac{x}{g(x)}$

(c) $y = \dfrac{g(x)}{x}$

42. 점 (1, 2)를 지나는 곡선 $y = x/(x + 1)$의 접선은 몇 개인가? 이 접선이 곡선과 만나는 점은 어디인가?

43. 직선 $x - 2y = 2$와 평행한 곡선 $y = \dfrac{x - 1}{x + 1}$의 접선의 방정식을 구하여라.

44. 너비가 일정한 직물을 만드는 회사가 있다. 이 직물(미터로 측정)의 양 q는 판매가격 p의 함수로 $q = f(p)$라 쓸 수 있다. 이 때 판매가격 p로 번 총 수익은 $R(p) = pf(p)$이다.

(a) $f(20) = 10{,}000$과 $f'(20) = -350$의 의미가 무엇인지 설명하여라.

(b) (a)에서 주어진 값에 대해 $R'(20)$의 값을 구하고 그 답을 해석하여라.

45. 키모트립신 효소에 대한 미카엘리스-멘텐 방정식은 다음과 같다.

$$v = \frac{0.14[S]}{0.015 + [S]}$$

여기서 v는 효소 반응 속도이고 [S]는 기질 S의 농도이다. $dv/d[S]$를 계산하고 그 의미를 설명하여라.

46. **곱 법칙의 확장** 곱 법칙은 세 함수의 곱으로 확장할 수 있다.

(a) 곱 법칙을 두 번 사용하여 f, g, h가 미분가능할 때 $(fgh)' = f'gh + fg'h + fgh'$임을 증명하여라.

(b) (a)에서 $f = g = h$라 두고 다음을 보여라.

$$\frac{d}{dx}[f(x)]^3 = 3[f(x)]^2 f'(x)$$

(c) (b)를 이용하여 $y = e^{3x}$를 미분하여라.

47. (a) f, g가 미분가능할 때 $F(x) = f(x)g(x)$라 하자. $F'' = f''g + 2f'g' + fg''$임을 보여라.

(b) F'''과 $F^{(4)}$에 대해서도 유사한 식을 찾아라.

(c) $F^{(n)}(x)$의 공식을 추측하여라.

48. $f(x) = x^2e^x$의 5계도함수까지 구하여라. 식에 규칙이 보이는가? $f^{(n)}(x)$의 공식을 추측하고, 수학적 귀납법을 이용하여 증명하여라.

3.3 삼각함수의 도함수

이 절을 시작하기에 앞서 삼각함수를 복습하여야 한다. 특히 모든 실수 x에 대하여

$$f(x) = \sin x$$

로 정의되는 함수는 라디안으로 주어지는 각 x에 대한 사인함수 값을 나타내는 것으로 한다. 그리고 다른 삼각함수들 cos, tan, csc, sec, cot에 대하여도 같은 방법으로 정의한다. 2.4절에서 모든 삼각함수는 정의역의 모든 점에서 연속임을 알았다.

■ 삼각함수의 도함수

함수 $f(x) = \sin x$의 그래프를 그리고, f'의 그래프를 그리기 위해 $f'(x)$를 사인 곡선에 대한 접선의 기울기로 이해하자. 그러면 f'의 그래프는 코사인 곡선과 똑같이 생겼다는 것을 알 수 있다(그림 1 참조).

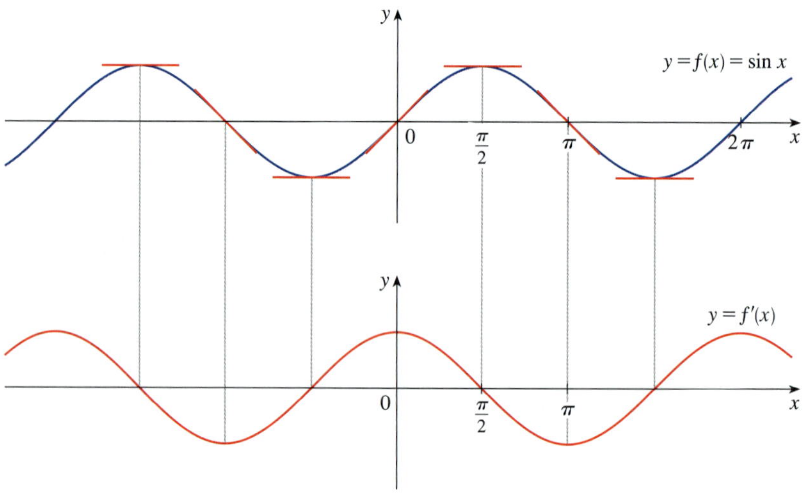

그림 1

이제 $f(x) = \sin x$이면 $f'(x) = \cos x$라는 추측을 확인해보자. 도함수의 정의에 의해

$$\begin{aligned} f'(x) &= \lim_{h\to 0} \frac{f(x+h) - f(x)}{h} \\ &= \lim_{h\to 0} \frac{\sin(x+h) - \sin x}{h} \\ &= \lim_{h\to 0} \frac{\sin x \cos h + \cos x \sin h - \sin x}{h} \qquad \text{(사인함수에 대한 합 공식)} \\ &= \lim_{h\to 0} \left[\frac{\sin x \cos h - \sin x}{h} + \frac{\cos x \sin h}{h} \right] \\ &= \lim_{h\to 0} \left[\sin x \left(\frac{\cos h - 1}{h} \right) + \cos x \left(\frac{\sin h}{h} \right) \right] \end{aligned}$$

1 $$= \lim_{h\to 0} \sin x \cdot \lim_{h\to 0} \frac{\cos h - 1}{h} + \lim_{h\to 0} \cos x \cdot \lim_{h\to 0} \frac{\sin h}{h}$$

이다. 네 극한 중 두 개는 계산하기 쉽다. $h \to 0$인 극한을 계산할 때는 x를 상수로 생각하기 때문에

$$\lim_{h\to 0} \sin x = \sin x, \qquad \lim_{h\to 0} \cos x = \cos x$$

이다. 이 절의 뒷부분에서 다음을 증명할 것이다.

$$\lim_{h\to 0} \frac{\sin h}{h} = 1, \qquad \lim_{h\to 0} \frac{\cos h - 1}{h} = 0$$

두 극한을 [1]에 대입하면 다음을 얻는다.

$$\begin{aligned} f'(x) &= \lim_{h\to 0} \sin x \cdot \lim_{h\to 0} \frac{\cos h - 1}{h} + \lim_{h\to 0} \cos x \cdot \lim_{h\to 0} \frac{\sin h}{h} \\ &= (\sin x) \cdot 0 + (\cos x) \cdot 1 = \cos x \end{aligned}$$

따라서 사인함수의 도함수에 대한 공식이 증명되었다.

[2]
$$\boxed{\frac{d}{dx}(\sin x) = \cos x}$$

그림 2는 예제 1의 함수와 그 도함수의 그래프를 보여준다. y가 수평접선을 갖기만 하면 $y' = 0$임을 유의하자.

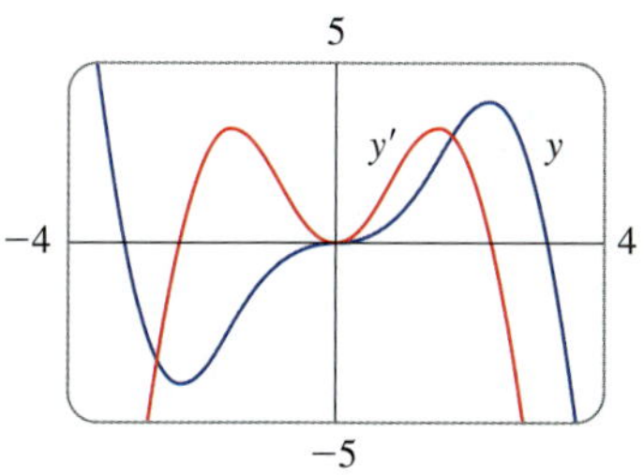

그림 2

예제 1 $y = x^2 \sin x$를 미분하여라.

풀이 곱 법칙과 공식 [2]를 적용하면

$$\begin{aligned} \frac{dy}{dx} &= x^2 \frac{d}{dx}(\sin x) + \sin x \frac{d}{dx}(x^2) \\ &= x^2 \cos x + 2x \sin x \end{aligned}$$ ■

공식 [2]의 증명과 같은 방법으로 다음을 증명할 수 있다(연습문제 20 참조).

[3]
$$\boxed{\frac{d}{dx}(\cos x) = -\sin x}$$

탄젠트함수는 도함수의 정의를 이용하여 미분할 수도 있으나, 몫 법칙과 공식 [2]와 [3]을 이용하면 좀 더 쉽다.

$$\begin{aligned} \frac{d}{dx}(\tan x) &= \frac{d}{dx}\left(\frac{\sin x}{\cos x}\right) \\ &= \frac{\cos x \dfrac{d}{dx}(\sin x) - \sin x \dfrac{d}{dx}(\cos x)}{\cos^2 x} \\ &= \frac{\cos x \cdot \cos x - \sin x(-\sin x)}{\cos^2 x} \\ &= \frac{\cos^2 x + \sin^2 x}{\cos^2 x} \\ &= \frac{1}{\cos^2 x} = \sec^2 x \qquad (\cos^2 x + \sin^2 x = 1) \end{aligned}$$

4
$$\frac{d}{dx}(\tan x) = \sec^2 x$$

나머지 삼각함수들 csc, sec, cot에 대한 도함수 역시 몫 법칙을 이용하여 쉽게 얻을 수 있다(연습문제 17~19 참조). 삼각함수에 대한 미분공식을 종합하면 다음 표와 같다. 단, x의 단위는 라디안이다.

이 표를 살펴보면 co가 앞에 있는 함수, 즉 코사인, 코시컨트, 코탄젠트는 도함수가 '−'부호를 갖고 있음을 알 수 있다.

삼각함수의 도함수

$$\frac{d}{dx}(\sin x) = \cos x \qquad \frac{d}{dx}(\csc x) = -\csc x \cot x$$

$$\frac{d}{dx}(\cos x) = -\sin x \qquad \frac{d}{dx}(\sec x) = \sec x \tan x$$

$$\frac{d}{dx}(\tan x) = \sec^2 x \qquad \frac{d}{dx}(\cot x) = -\csc^2 x$$

예제 2 $f(x) = \dfrac{\sec x}{1 + \tan x}$를 미분하여라. f의 그래프가 수평접선을 갖는 x값을 구하여라.

풀이 몫 법칙을 이용하면

$$\begin{aligned} f'(x) &= \frac{(1 + \tan x)\dfrac{d}{dx}(\sec x) - \sec x \dfrac{d}{dx}(1 + \tan x)}{(1 + \tan x)^2} \\ &= \frac{(1 + \tan x)\sec x \tan x - \sec x \cdot \sec^2 x}{(1 + \tan x)^2} \\ &= \frac{\sec x(\tan x + \tan^2 x - \sec^2 x)}{(1 + \tan x)^2} \\ &= \frac{\sec x(\tan x - 1)}{(1 + \tan x)^2} \qquad (\sec^2 x = \tan^2 x + 1) \end{aligned}$$

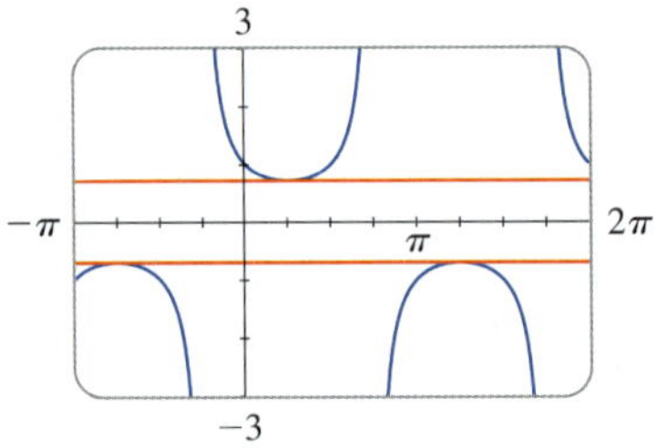

그림 3 예제 2의 수평접선

$\sec x$는 결코 0이 되지 않으므로, $\tan x = 1$일 때 $f'(x) = 0$임을 알 수 있고, 이것은 정수 n에 대하여, $x = n\pi + \pi/4$일 때 성립한다(그림 3 참조). ■

삼각함수는 가끔 실생활 현상을 모델화하는 데 이용된다. 특히 진동, 파동, 탄성운동과 주기적으로 변하는 다른 양들은 삼각함수를 이용해 표현할 수 있다. 다음에서 단진동의 예를 살펴보자.

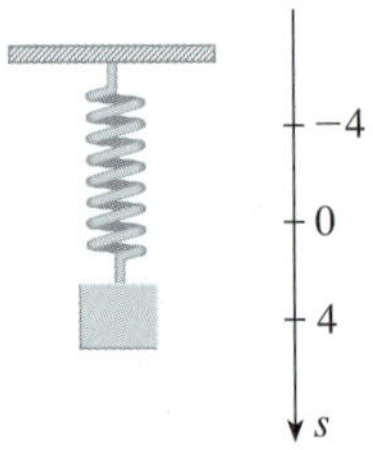

그림 4

예제 3 수직 스프링의 끝에 있는 물체를 정지 위치에서 4cm 잡아당기고 시각 $t = 0$일 때 놓았다. (그림 4를 보고 아래 방향이 양의 방향임에 주의하여라.) 시각 t일 때의 위치는

$$s = f(t) = 4 \cos t$$

이다. 시각 t일 때의 속도를 구하고, 이것을 이용해 물체의 운동을 해석하여라.

풀이 속도와 가속도는 다음과 같다.

$$v = \frac{ds}{dt} = \frac{d}{dt}(4\cos t) = 4\frac{d}{dt}(\cos t) = -4\sin t$$

$$a = \frac{dv}{dt} = \frac{d}{dt}(-4\sin t) = -4\frac{d}{dt}(\sin t) = -4\cos t$$

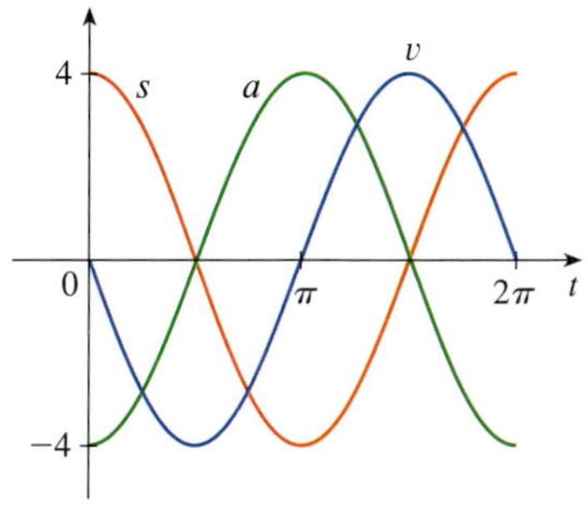

그림 5

물체는 가장 낮은 위치($s = 4$cm)로부터 가장 높은 위치 ($s = -4$cm)까지 진동한다. 진동 주기는 $\cos t$의 주기 2π이다.

속력은 $|v| = 4|\sin t|$인데, 이것은 $|\sin t| = 1$, 즉 $\cos t = 0$일 때 최대이다. 따라서 물체는 평형 위치($s = 0$)를 지날 때 가장 빨리 움직인다. 물체의 속력은 $\sin t = 0$일 때, 즉 최고점과 최저점에서 0이다.

가속도는 $s = 0$일 때 $a = -4\cos t = 0$이다. 가속도의 크기는 최고점과 최저점에서 가장 크다(그림 5 참조). ■

예제 4 $\cos x$의 27계도함수를 구하여라.

PS 규칙을 잘 관찰하여라.

풀이 $f(x) = \cos x$의 처음 몇 개의 도함수를 구하면 다음과 같다.

$$f'(x) = -\sin x$$
$$f''(x) = -\cos x$$
$$f'''(x) = \sin x$$
$$f^{(4)}(x) = \cos x$$
$$f^{(5)}(x) = -\sin x$$

이 도함수들은 주기가 4이고, 특히 n이 4의 배수일 때마다 $f^{(n)}(x) = \cos x$임을 알 수 있다. 그러므로

$$f^{(24)}(x) = \cos x$$

이고, 세 번 더 미분하면

$$f^{(27)}(x) = \sin x$$

이다. ■

■ 두 가지 특별한 삼각함수의 극한

사인함수의 도함수를 구할 때 삼각함수에 대한 특별한 극한 두 가지를 이용했는데, 여기서 증명해보자.

5 $$\lim_{\theta \to 0} \frac{\sin\theta}{\theta} = 1$$

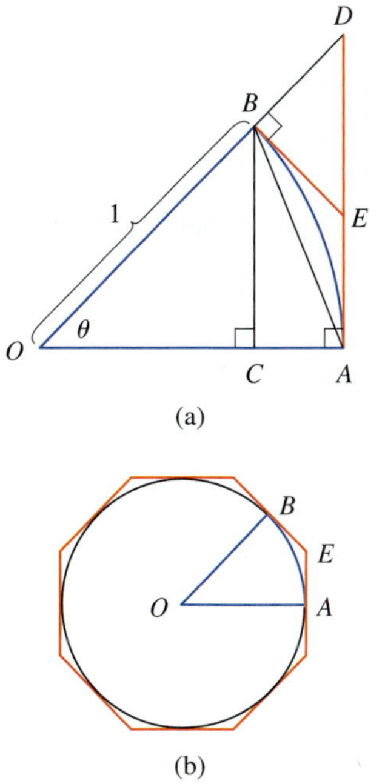

그림 6

증명 먼저 $0 < \theta < \pi/2$라고 하자. 그리고 그림 6(a)에서와 같이 중심이 O, 중심각이 θ, 반지름이 1인 부채꼴을 생각하자. BC는 OA에 직교하도록 그렸다. 라디안의 정의에 의

해 호 $AB = \theta$이다. 또한 $|BC| = |OB| \sin\theta = \sin\theta$이다. 그림으로부터

$$|BC| < |AB| < \text{호 } AB$$

임을 알 수 있다. 따라서

$$\sin\theta < \theta \text{이므로 } \frac{\sin\theta}{\theta} < 1$$

이다. A와 B에서의 접선이 모두 E에서 만난다고 하자. 그러면 그림 6(b)에서 원둘레의 길이는 외접다각형의 길이보다 작음을 알 수 있고, 호 $AB < |AE| + |EB|$이다. 따라서 다음과 같다.

$$\begin{aligned}\theta = \text{호 } AB &< |AE| + |EB| \\ &< |AE| + |ED| \\ &= |AD| = |OA| \tan\theta \\ &= \tan\theta\end{aligned}$$

따라서 $$\theta < \frac{\sin\theta}{\cos\theta}$$

이므로 $$\cos\theta < \frac{\sin\theta}{\theta} < 1$$

이다. $\lim_{\theta\to 0} 1 = 1$이고 $\lim_{\theta\to 0} \cos\theta = 1$이므로, 조임정리에 의하여

$$\lim_{\theta\to 0^+} \frac{\sin\theta}{\theta} = 1 \qquad (0 < \theta < \pi/2)$$

이다. 함수 $(\sin\theta)/\theta$가 우함수이므로 좌극한과 우극한은 같아야만 한다. 따라서

$$\lim_{\theta\to 0} \frac{\sin\theta}{\theta} = 1$$

이고 식 5가 증명되었다. ■

첫 번째 특별한 극한은 사인함수에 관한 것이었다. 다음의 특별한 극한은 코사인함수에 대한 것이다.

6 $$\lim_{\theta\to 0} \frac{\cos\theta - 1}{\theta} = 0$$

증명 알고 있는 극한을 사용하기 위해 분자와 분모에 $\cos\theta + 1$을 곱한다.

$$\lim_{\theta\to0}\frac{\cos\theta-1}{\theta}=\lim_{\theta\to0}\left(\frac{\cos\theta-1}{\theta}\cdot\frac{\cos\theta+1}{\cos\theta+1}\right)=\lim_{\theta\to0}\frac{\cos^2\theta-1}{\theta(\cos\theta+1)}$$

$$=\lim_{\theta\to0}\frac{-\sin^2\theta}{\theta(\cos\theta+1)}=-\lim_{\theta\to0}\left(\frac{\sin\theta}{\theta}\cdot\frac{\sin\theta}{\cos\theta+1}\right)$$

$$=-\lim_{\theta\to0}\frac{\sin\theta}{\theta}\cdot\lim_{\theta\to0}\frac{\sin\theta}{\cos\theta+1}$$

$$=-1\cdot\left(\frac{0}{1+1}\right)=0$$ (식 5에 의해) ■

예제 5 $\lim_{x\to0}\frac{\sin 7x}{4x}$를 구하여라.

풀이 식 5를 적용하기 위하여 위의 함수를 7로 곱하고 나누어 다음과 같이 변형한다.

sin $7x \neq 7\sin x$임을 유의하여라.

$$\frac{\sin 7x}{4x}=\frac{7}{4}\left(\frac{\sin 7x}{7x}\right)$$

이제 $\theta=7x$라 하면 $x\to0$일 때 $\theta\to0$이다. 따라서 식 5를 적용하면

$$\lim_{x\to0}\frac{\sin 7x}{4x}=\frac{7}{4}\lim_{x\to0}\left(\frac{\sin 7x}{7x}\right)$$

$$=\frac{7}{4}\lim_{\theta\to0}\frac{\sin\theta}{\theta}=\frac{7}{4}\cdot1=\frac{7}{4}$$ ■

예제 6 $\lim_{x\to0}x\cot x$를 구하여라.

풀이 분자와 분모를 x로 나눈다.

$$\lim_{x\to0}x\cot x=\lim_{x\to0}\frac{x\cos x}{\sin x}$$

$$=\lim_{x\to0}\frac{\cos x}{\dfrac{\sin x}{x}}=\frac{\lim_{x\to0}\cos x}{\lim_{x\to0}\dfrac{\sin x}{x}}$$

$$=\frac{\cos 0}{1}$$ (코사인함수의 연속성과 식 5에 의해)

$$=1$$ ■

예제 7 $\lim_{\theta\to0}\frac{\cos\theta-1}{\sin\theta}$을 구하여라.

풀이 분자와 분모를 각각 θ로 나누어 식 5와 식 6을 적용한다.

$$\lim_{\theta\to 0}\frac{\cos\theta - 1}{\sin\theta} = \lim_{\theta\to 0}\frac{\dfrac{\cos\theta - 1}{\theta}}{\dfrac{\sin\theta}{\theta}}$$

$$= \frac{\displaystyle\lim_{\theta\to 0}\frac{\cos\theta - 1}{\theta}}{\displaystyle\lim_{\theta\to 0}\frac{\sin\theta}{\theta}} = \frac{0}{1} = 0$$

■

3.3 연습문제

1-16 다음을 미분하여라.

1. $f(x) = 3\sin x - 2\cos x$

2. $y = x^2 + \cot x$

3. $y = 2\sec x - \csc x$

4. $h(\theta) = \theta^2 \sin\theta$

5. $y = \sec\theta \tan\theta$

6. $y = \sin\theta \cos\theta$

7. $f(\theta) = (\theta - \cos\theta)\sin\theta$

8. $g(\theta) = e^\theta(\tan\theta - \theta)$

9. $H(t) = \cos^2 t$

10. $f(\theta) = \dfrac{\sin\theta}{1 + \cos\theta}$

11. $y = \dfrac{x}{2 - \tan x}$

12. $f(t) = \dfrac{\cot t}{e^t}$

13. $f(w) = \dfrac{1 + \sec w}{1 - \sec w}$

14. $y = \dfrac{t\sin t}{1 + t}$

15. $f(\theta) = \theta\cos\theta \sin\theta$

16. $f(t) = te^t \cot t$

---

17. $\dfrac{d}{dx}(\csc x) = -\csc x \cot x$를 증명하여라.

18. $\dfrac{d}{dx}(\sec x) = \sec x \tan x$를 증명하여라.

19. $\dfrac{d}{dx}(\cot x) = -\csc^2 x$를 증명하여라.

20. 도함수의 정의를 이용하여 $f(x) = \cos x$이면, $f'(x) = -\sin x$임을 증명하여라.

21-23 주어진 점에서 곡선의 접선의 방정식을 구하여라.

21. $y = \sin x + \cos x,\quad (0, 1)$

22. $y = e^x \cos x + \sin x,\quad (0, 1)$

23. $y = \dfrac{1 + \sin x}{\cos x},\quad (\pi, -1)$

---

24. (a) $y = 2x\sin x$의 점 $(\pi/2, \pi)$에서 접선의 방정식을 구하여라.

(b) 곡선과 접선의 그래프를 같은 화면에 그려서 (a)를 설명하여라.

25. (a) $f(x) = \sec x - x$일 때 $f'(x)$를 구하여라.

(b) $|x| < \pi/2$의 범위에서 f와 f'의 그래프를 그려 (a)의 답이 타당함을 확인하여라.

26. $g(\theta) = \dfrac{\sin\theta}{\theta}$일 때 $g'(\theta)$와 $g''(\theta)$를 구하여라.

27. $f(t) = \sec t$일 때 $f''(\pi/4)$를 구하여라.

28. (a) 몫 법칙을 이용하여 다음 함수를 미분하여라.

$$f(x) = \frac{\tan x - 1}{\sec x}$$

(b) $f(x)$를 $\sin x$와 $\cos x$를 이용하여 간단히 하고, $f'(x)$를 구하여라.

(c) (a)와 (b)의 답이 같음을 보여라.

29. $f(\pi/3) = 4$, $f'(\pi/3) = -2$이고, $g(x) = f(x)\sin x$, $h(x) = (\cos x)/f(x)$라 두자. 다음 값을 구하여라.

(a) $g'(\pi/3)$ (b) $h'(\pi/3)$

30-31 f의 그래프에서 수평접선을 갖는 x의 값을 구하여라.

30. $f(x) = x + 2\sin x$

31. $f(x) = e^x \cos x$

---

32. 그림과 같이 부드러운 표면에 수평으로 진동하는 스프링이 달린 물체가 있다. 이것의 운동방정식은 $x(t) = 8\sin t$ (t는 초, x는 cm)이다.

(a) 시각 t일 때 속도와 가속도를 구하여라.

(b) $t = 2\pi/3$일 때 물체의 위치, 속도, 가속도를 구하여라. 이 때 물체는 어느 방향으로 움직이고 있는가?

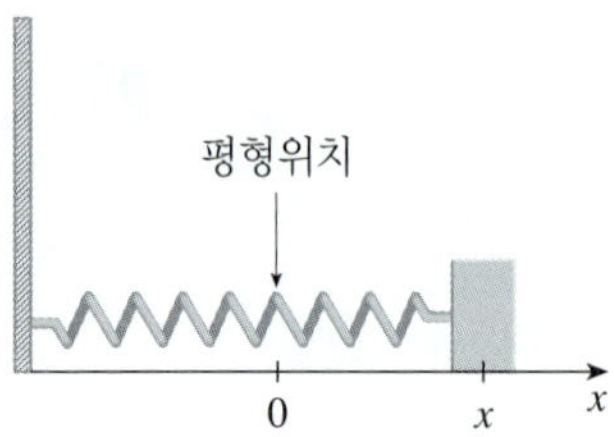

33. 6m 길이의 사다리가 수직 벽에 기대어 있다. θ를 사다리의 위 끝과 벽이 이루는 각이라 하고, x를 사다리의 아래끝에서 벽까지의 거리라 하자. 사다리의 아래끝이 벽으로부터 미끄러진다면, $\theta = \pi/3$일 때 θ에 대해 x는 얼마나 빨리 변하는가?

34-45 다음 극한을 구하여라.

34. $\lim_{x\to 0} \dfrac{\sin 5x}{3x}$

35. $\lim_{t\to 0} \dfrac{\sin 3t}{\sin t}$

36. $\lim_{x\to 0} \dfrac{\sin^2 3x}{x}$

37. $\lim_{x\to 0} \dfrac{\sin x - \sin x \cos x}{x^2}$

38. $\lim_{x\to 0} \dfrac{\tan 2x}{x}$

39. $\lim_{\theta\to 0} \dfrac{\sin \theta}{\tan 7\theta}$

40. $\lim_{x\to 0} \dfrac{\sin 3x}{5x^3 - 4x}$

41. $\lim_{\theta\to 0} \dfrac{\sin \theta}{\theta + \tan \theta}$

42. $\lim_{x\to 0} \csc x \sin(\sin x)$

43. $\lim_{\theta\to 0} \dfrac{\cos \theta - 1}{2\theta^2}$

44. $\lim_{x\to 0} \dfrac{\sin(x^2)}{x}$

45. $\lim_{x\to \pi/4} \dfrac{1 - \tan x}{\sin x - \cos x}$

46-47 처음 몇 개의 도함수를 구하고, 이들이 나타내는 규칙을 관찰하여 다음 도함수를 구하여라.

46. $\dfrac{d^{99}}{dx^{99}}(\sin x)$

47. $\dfrac{d^{35}}{dx^{35}}(x \sin x)$

48. 미분방정식 $y'' + y' - 2y = \sin x$를 만족하는 함수 $y = A \sin x + B \cos x$의 상수 A, B를 구하여라.

49. 다음 등식을 미분하여 새로운(또는 익숙한) 삼각항등식을 구하여라.

(a) $\tan x = \dfrac{\sin x}{\cos x}$ (b) $\sec x = \dfrac{1}{\cos x}$

(c) $\sin x + \cos x = \dfrac{1 + \cot x}{\csc x}$

50. 아래 그림과 같이 이차원 아이스크림 콘 모양의 형태로, 지름이 PQ인 반원이 이등변삼각형 PQR 위에 놓여 있다. $A(\theta)$는 반원의 넓이이고, $B(\theta)$는 삼각형의 넓이일 때, $\lim_{\theta\to 0^+} \dfrac{A(\theta)}{B(\theta)}$를 구하여라.

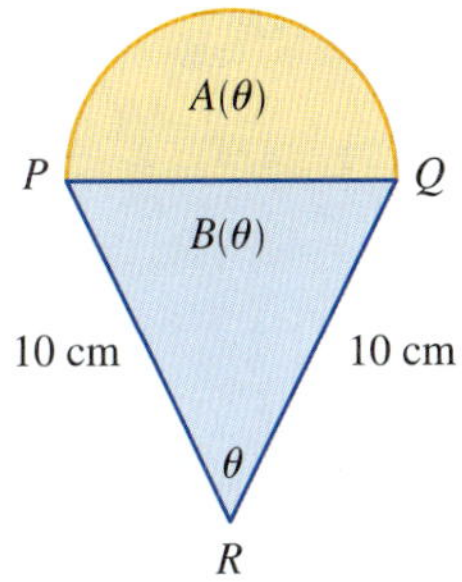

51. 호의 길이가 s이고, 현의 길이가 d, 중심각의 크기가 θ인 아래와 같은 도형이 있다. $\lim_{\theta\to 0^+} \dfrac{s}{d}$를 구하여라.

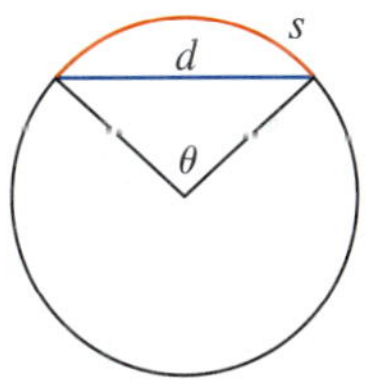

3.4 연쇄법칙

함수 $F(x) = \sqrt{x^2 + 1}$을 미분한다고 가정하자. 이 경우 앞 절에서 배운 미분공식으로는 $F'(x)$를 구할 수 없다.

합성함수는 1.3절 참조 바람.

F는 합성함수이다. 실제로 $y = f(u) = \sqrt{u}$, $u = g(x) = x^2 + 1$로 놓으면, $y = F(x) = f(g(x))$, 즉 $F = f \circ g$로 쓸 수 있다. f와 g를 미분하는 것은 이미 배워 알고 있으므로 f와 g의 미분을 이용하여 합성함수 $F = f \circ g$를 미분하는 방법을 알아낸다면 유용할 것이다.

■ 연쇄법칙

합성함수 $f \circ g$의 도함수는 f와 g의 도함수들의 곱과 같게 된다. 이 사실은 미분공식에서 가장 중요한 것 중의 하나이고, 이것을 **연쇄법칙**이라고 한다. 연쇄법칙은 도함수를 변화율로 해석하는 경우에 더 잘 이해할 수 있다. du/dx를 x에 대한 u의 변화율, dy/du는 u에 대한 y의 변화율, 그리고 dy/dx는 x에 대한 y의 변화율로 생각하자. u는 x보다 2배 빠르게 변하고 y는 u보다 3배 빠르게 변한다면, y는 x보다 6배 빠르게 변하는 것이 타당할 것이다. 따라서 다음과 같이 예측할 수 있다.

$$\frac{dy}{dx} = \frac{dy}{du}\frac{du}{dx}$$

연쇄법칙 g가 x에 대하여 미분가능하고 f는 $g(x)$에 대하여 미분가능하면, $F(x) = f(g(x))$로 정의된 합성함수 $F = f \circ g$는 x에 대하여 미분가능하고 F'은

1 $$F'(x) = f'(g(x)) \cdot g'(x)$$

이다. 이를 라이프니츠 기호로 나타내면, $y = f(u)$와 $u = g(x)$가 모두 미분가능한 함수일 때

2 $$\frac{dy}{dx} = \frac{dy}{du}\frac{du}{dx}$$

이다.

공식 **2** 에서 dy/du와 du/dx를 분수로 생각하면 du가 약분되므로 기억하기 쉽다. 하지만 du가 따로 정의된 것이 아니므로 du/dx는 분수가 아니다.

그레고리

그레고리(James Gregory, 1638~1675)는 스코틀랜드의 수학자이며 연쇄법칙을 공식으로 나타낸 최초의 인물이다. 그는 또한 최초로 실용적인 반사 망원경을 설계한 인물이다. 그레고리는 뉴턴하고 거의 비슷한 시기에 미분적분학의 기본 아이디어를 발견했다. 세인트앤드루스 대학교의 최초 수학 교수였으며, 그 후 에든버러 대학교에서도 수학 교수직을 제안받았다. 그러나 일 년 후 36세의 나이로 죽었다.

연쇄법칙의 증명에 대한 설명 x의 변화량 Δx에 대응하는 u의 변화량을 Δu라고 하자. 즉

$$\Delta u = g(x + \Delta x) - g(x)$$

그러면 이에 대응하는 y의 변화량은

$$\Delta y = f(u + \Delta u) - f(u)$$

이다. 따라서

3
$$\begin{aligned}
\frac{dy}{dx} &= \lim_{\Delta x \to 0} \frac{\Delta y}{\Delta x} \\
&= \lim_{\Delta x \to 0} \frac{\Delta y}{\Delta u} \cdot \frac{\Delta u}{\Delta x} \\
&= \lim_{\Delta x \to 0} \frac{\Delta y}{\Delta u} \cdot \lim_{\Delta x \to 0} \frac{\Delta u}{\Delta x} \\
&= \lim_{\Delta u \to 0} \frac{\Delta y}{\Delta u} \cdot \lim_{\Delta x \to 0} \frac{\Delta u}{\Delta x} \qquad (g\text{가 연속이므로, } \Delta x \to 0\text{이면 } \Delta u \to 0) \\
&= \frac{dy}{du}\frac{du}{dx}
\end{aligned}$$

이 된다. 이 논리에서 유일한 오류는 **3** 에서 $\Delta u = 0$($\Delta x \neq 0$인 경우조차도)이 발생할

수 있다는 것이고, 물론 0으로 나눌 수는 없다. 그럼에도 불구하고 이 추론은 적어도 연쇄법칙이 옳다는 것을 암시해준다. 연쇄법칙의 완전한 증명은 이 절의 끝에 있다. ■

예제 1 함수 $F(x) = \sqrt{x^2 + 1}$에 대하여 $F'(x)$를 구하여라.

풀이 1 (식 $\boxed{1}$을 이용한 방법): 이 절의 앞에서 $f(u) = \sqrt{u}$와 $g(x) = x^2 + 1$에 대하여 $F(x) = (f \circ g)(x) = f(g(x))$로 나타냈다.

$$f'(u) = \tfrac{1}{2}u^{-1/2} = \frac{1}{2\sqrt{u}}, \qquad g'(x) = 2x$$

이므로

$$\begin{aligned} F'(x) &= f'(g(x)) \cdot g'(x) \\ &= \frac{1}{2\sqrt{x^2 + 1}} \cdot 2x = \frac{x}{\sqrt{x^2 + 1}} \end{aligned}$$

이다.

풀이 2 (식 $\boxed{2}$를 이용한 방법): $u = x^2 + 1$, $y = \sqrt{u}$라고 하면

$$F'(x) = \frac{dy}{du}\frac{du}{dx} = \frac{1}{2\sqrt{u}}(2x) = \frac{1}{2\sqrt{x^2 + 1}}(2x) = \frac{x}{\sqrt{x^2 + 1}}$$

이다. ■

식 $\boxed{2}$를 이용하는 경우 dy/dx는 y를 x의 함수로 생각할 때 y의 도함수를 나타냄을 명심해야 한다(x에 대한 y의 도함수라 부른다). 반면 dy/du는 y를 u의 함수로 생각할 때, y의 도함수를 나타낸다(u에 대한 y의 도함수이다). 예를 들어, 예제 1에서 y는 x의 함수$\left(y = \sqrt{x^2 + 1}\right)$로 생각할 수 있고 u의 함수$\left(y = \sqrt{u}\right)$로 생각할 수도 있다. 이 경우

$$\frac{dy}{dx} = F'(x) = \frac{x}{\sqrt{x^2 + 1}} \text{이지만} \quad \frac{dy}{du} = f'(u) = \frac{1}{2\sqrt{u}} \text{이다.}$$

NOTE 연쇄법칙을 이용할 때는 외부에서 내부로 미분한다. 공식 $\boxed{1}$에서 보듯이 외부함수 f를 먼저 미분[내부함수 $g(x)$에서]하고 내부함수 g를 미분하여 곱한다.

$$\frac{d}{dx}\underbrace{f}_{\text{외부함수}}\underbrace{(g(x))}_{\substack{\text{내부함수에서}\\ \text{계산됨}}} = \underbrace{f'}_{\substack{\text{외부함수의}\\ \text{도함수}}}\underbrace{(g(x))}_{\substack{\text{내부함수에서}\\ \text{계산됨}}} \cdot \underbrace{g'(x)}_{\substack{\text{내부함수의}\\ \text{도함수}}}$$

예제 2 다음을 미분하여라.

(a) $y = \sin(x^2)$ (b) $y = \sin^2 x$

풀이 (a) $y = \sin(x^2)$이면, 외부함수는 사인함수이고 내부함수는 제곱함수이다. 따라서 연쇄법칙에 의해

$$\frac{dy}{dx} = \frac{d}{dx}\underbrace{\sin}_{\text{외부함수}}\underbrace{(x^2)}_{\text{내부함수에서 계산됨}} = \underbrace{\cos}_{\text{외부함수의 도함수}}\underbrace{(x^2)}_{\text{내부함수에서 계산됨}} \cdot \underbrace{2x}_{\text{내부함수의 도함수}}$$

$$= 2x\cos(x^2)$$

을 얻는다.

(b) $y = \sin^2 x = (\sin x)^2$이므로 외부함수는 제곱함수이고 내부함수는 사인함수이다. 따라서

$$\frac{dy}{dx} = \frac{d}{dx}\underbrace{(\sin x)^2}_{\text{내부함수}} = \underbrace{2}_{\text{외부함수의 도함수}} \cdot \underbrace{(\sin x)}_{\text{내부함수에서 계산됨}} \cdot \underbrace{\cos x}_{\text{내부함수의 도함수}}$$

참고자료 2쪽 참조

이고, 답은 $2\sin x\cos x$ 또는 $\sin 2x$이다(배각공식에 의해). ■

예제 2(a)에서 사인함수를 미분하는 법칙과 연쇄법칙을 관련시켰다. 일반적으로 $y = \sin u$이고 u가 x의 미분가능한 함수이면, 연쇄법칙에 의하여

$$\frac{dy}{dx} = \frac{dy}{du}\frac{du}{dx} = \cos u\frac{du}{dx}$$

이므로 다음 결과를 얻는다.

$$\frac{d}{dx}(\sin u) = \cos u\frac{du}{dx}$$

마찬가지로 모든 삼각함수의 미분에 관한 공식들은 연쇄법칙과 결합될 수 있다.

외부함수 f가 거듭제곱함수인 특별한 경우에 대한 연쇄법칙을 살펴보자. $y = [g(x)]^n$이라고 하면, $u = g(x)$에 대하여 $y = f(u) = u^n$으로 쓸 수 있다. 이제 연쇄법칙과 거듭제곱 법칙을 적용하면 다음 결과를 얻는다.

$$\frac{dy}{dx} = \frac{dy}{du}\frac{du}{dx} = nu^{n-1}\frac{du}{dx} = n[g(x)]^{n-1}g'(x)$$

4 연쇄법칙과 관련된 거듭제곱 법칙 n이 임의의 실수이고 $u = g(x)$가 미분가능하면

$$\frac{d}{dx}(u^n) = nu^{n-1}\frac{du}{dx}$$

또는

$$\frac{d}{dx}[g(x)]^n = n[g(x)]^{n-1} \cdot g'(x)$$

이다.

예제 1에서의 도함수는 식 4 에서 $n = \frac{1}{2}$을 택하여 계산할 수도 있다.

예제 3 $y = (x^3 - 1)^{100}$을 미분하여라.

풀이 식 **4** 에서 $u = g(x) = x^3 - 1$이고 $n = 100$이라고 하면

$$\frac{dy}{dx} = \frac{d}{dx}(x^3 - 1)^{100} = 100(x^3 - 1)^{99}\frac{d}{dx}(x^3 - 1)$$
$$= 100(x^3 - 1)^{99} \cdot 3x^2 = 300x^2(x^3 - 1)^{99}$$

이다. ■

예제 4 $f(x) = \dfrac{1}{\sqrt[3]{x^2 + x + 1}}$일 때 $f'(x)$를 구하여라.

풀이 먼저 f를 다음과 같이 변형한다.

$$f(x) = (x^2 + x + 1)^{-1/3}$$

그러면

$$f'(x) = -\tfrac{1}{3}(x^2 + x + 1)^{-4/3}\frac{d}{dx}(x^2 + x + 1)$$
$$= -\tfrac{1}{3}(x^2 + x + 1)^{-4/3}(2x + 1)$$ ■

예제 5 함수 $g(t) = \left(\dfrac{t - 2}{2t + 1}\right)^9$을 미분하여라.

풀이 거듭제곱 법칙, 연쇄법칙 및 몫 법칙을 함께 적용하면

$$g'(t) = 9\left(\frac{t - 2}{2t + 1}\right)^8 \frac{d}{dt}\left(\frac{t - 2}{2t + 1}\right)$$
$$= 9\left(\frac{t - 2}{2t + 1}\right)^8 \frac{(2t + 1) \cdot 1 - 2(t - 2)}{(2t + 1)^2} = \frac{45(t - 2)^8}{(2t + 1)^{10}}$$ ■

예제 6 $y = (2x + 1)^5 (x^3 - x + 1)^4$을 미분하여라.

풀이 이 예제는 연쇄법칙을 이용하기 전에 먼저 곱 법칙을 적용해야 한다.

$$\frac{dy}{dx} = (2x + 1)^5 \frac{d}{dx}(x^3 - x + 1)^4 + (x^3 - x + 1)^4 \frac{d}{dx}(2x + 1)^5$$
$$= (2x + 1)^5 \cdot 4(x^3 - x + 1)^3 \frac{d}{dx}(x^3 - x + 1)$$
$$+ (x^3 - x + 1)^4 \cdot 5(2x + 1)^4 \frac{d}{dx}(2x + 1)$$
$$= 4(2x + 1)^5(x^3 - x + 1)^3(3x^2 - 1) + 5(x^3 - x + 1)^4(2x + 1)^4 \cdot 2$$

이고, 공통인수 $2(2x + 1)^4(x^3 - x + 1)^3$을 가지므로 인수분해하면

$$\frac{dy}{dx} = 2(2x + 1)^4(x^3 - x + 1)^3(17x^3 + 6x^2 - 9x + 3)$$

이다. ■

예제 6의 함수 y와 y'의 그래프가 그림 1에 주어져 있다. y가 빠르게 증가할 때 y'은 크고 y가 수평접선을 가질 때 $y' = 0$임을 유의하여라. 따라서 구한 답이 합당함을 알 수 있다.

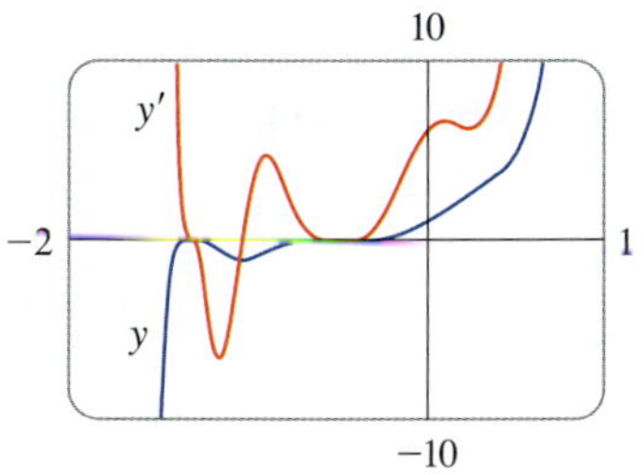

그림 1

예제 7 $y = e^{\sin x}$을 미분하여라.

풀이 내부함수는 $g(x) = \sin x$이고 외부함수는 지수함수 $f(x) = e^x$이다. 연쇄법칙에 의하여

$$\frac{dy}{dx} = \frac{d}{dx}(e^{\sin x}) = e^{\sin x}\frac{d}{dx}(\sin x) = e^{\sin x}\cos x$$

이다. ■

일반적으로 연쇄법칙에 의하여

$$\frac{d}{dx}(e^u) = e^u\frac{du}{dx}$$

이다.

"연쇄법칙"이라 부르는 이유는 고리들을 연결하여 긴 사슬을 만들 때와 같기 때문이다. 미분가능한 함수 f, g, h에 대하여 $y = f(u)$, $u = g(x)$, $x = h(t)$라고 하자. t에 대한 y의 도함수를 계산하기 위하여 연쇄법칙을 두 번 적용하면

$$\frac{dy}{dt} = \frac{dy}{dx}\frac{dx}{dt} = \frac{dy}{du}\frac{du}{dx}\frac{dx}{dt}$$

가 된다.

예제 8 $f(x) = \sin(\cos(\tan x))$일 때 연쇄법칙을 두 번 적용하면

$$\begin{aligned} f'(x) &= \cos(\cos(\tan x))\frac{d}{dx}\cos(\tan x) \\ &= \cos(\cos(\tan x))[-\sin(\tan x)]\frac{d}{dx}(\tan x) \\ &= -\cos(\cos(\tan x))\sin(\tan x)\sec^2 x \end{aligned}$$

이다. ■

예제 9 $y = e^{\sec 3\theta}$을 미분하여라.

풀이 여기서 외부함수는 지수함수이고, 중간함수는 시컨트함수이며, 내부함수는 세 배의 함수이다. 따라서

$$\begin{aligned} \frac{dy}{d\theta} &= e^{\sec 3\theta}\frac{d}{d\theta}(\sec 3\theta) \\ &= e^{\sec 3\theta}\sec 3\theta\tan 3\theta\frac{d}{d\theta}(3\theta) \\ &= 3e^{\sec 3\theta}\sec 3\theta\tan 3\theta \end{aligned}$$

이다. ■

■ 일반 지수함수의 도함수

밑 $b>0$인 일반 지수함수를 미분할 때에도 연쇄법칙을 이용할 수 있다. 1.5절의 식 10을 상기하여 다음과 같이 쓸 수 있다.

$$b^x = e^{(\ln b)x}$$

$\ln b$가 상수이므로 연쇄법칙을 적용하면

$$\frac{d}{dx}(b^x) = \frac{d}{dx}(e^{(\ln b)x}) = e^{(\ln b)x}\frac{d}{dx}[(\ln b)x]$$
$$= e^{(\ln b)x}(\ln b) = b^x \ln b$$

이다. 따라서 다음 공식을 얻는다.

식 5 (x가 지수)와 거듭제곱 법칙(x가 밑)

$$\frac{d}{dx}(x^n) = nx^{n-1}$$

을 혼돈하지 마라.

5
$$\boxed{\frac{d}{dx}(b^x) = b^x \ln b}$$

예제 10 각 함수의 도함수를 구하여라.

(a) $g(x) = 2^x$ (b) $h(x) = 5^{x^2}$

풀이

(a) 식 5에서 $b = 2$라 하면

$$g'(x) = \frac{d}{dx}(2^x) = 2^x \ln 2$$

이다. $\ln 2 \approx 0.693147$이므로 위 식은 3.1절에서 구한 아래의 근삿값과 일치한다.

$$\frac{d}{dx}(2^x) \approx (0.693)2^x$$

(b) 외부함수는 지수함수이고 내부함수는 제곱함수이므로 식 5와 연쇄법칙을 이용하여 다음과 같이 계산할 수 있다.

$$h'(x) = \frac{d}{dx}(5^{x^2}) = 5^{x^2}\ln 5 \cdot \frac{d}{dx}(x^2) = 2x \cdot 5^{x^2}\ln 5$$ ■

■ 연쇄법칙의 증명 방법

$y = f(x)$이고 x가 a에서 $a + \Delta x$까지 변할 때, y의 증분을

$$\Delta y = f(a + \Delta x) - f(a)$$

로 정의했음을 상기하자. 도함수의 정의에 의하여

$$\lim_{\Delta x \to 0} \frac{\Delta y}{\Delta x} = f'(a)$$

이다. 따라서 ε을 $\Delta y/\Delta x$와 $f'(a)$의 차라고 하면

$$\lim_{\Delta x \to 0} \varepsilon = \lim_{\Delta x \to 0}\left(\frac{\Delta y}{\Delta x} - f'(a)\right) = f'(a) - f'(a) = 0$$

을 얻는다. 그러나

$$\varepsilon = \frac{\Delta y}{\Delta x} - f'(a) \quad \Rightarrow \quad \Delta y = f'(a)\,\Delta x + \varepsilon\,\Delta x$$

이다. $\Delta x = 0$일 때 ε을 0이라 정의하면, ε은 Δx의 함수로 연속함수가 된다. 따라서 미분가능한 함수 f에 대해

$$\boxed{6} \qquad \Delta y = f'(a)\,\Delta x + \varepsilon\,\Delta x$$

이다. 여기서 $\Delta x \to 0$일 때, $\varepsilon \to 0$이고 ε는 Δx의 함수로 연속함수이다. 미분가능한 함수의 이 성질을 이용해 연쇄법칙을 증명할 수 있다.

연쇄법칙의 증명 $u = g(x)$가 a에서 미분가능하고 $y = f(u)$가 $b = g(a)$에서 미분가능하다고 하자. Δx가 x의 증분이고 Δu와 Δy가 이에 대응하는 u와 y의 증분이라 하면, 식 $\boxed{6}$을 이용하여

$$\boxed{7} \qquad \Delta u = g'(a)\,\Delta x + \varepsilon_1\,\Delta x = [g'(a) + \varepsilon_1]\,\Delta x$$

라 쓸 수 있다. 여기서 $\Delta x \to 0$일 때 $\varepsilon_1 \to 0$이다. 같은 방법으로

$$\boxed{8} \qquad \Delta y = f'(b)\,\Delta u + \varepsilon_2\,\Delta u = [f'(b) + \varepsilon_2]\,\Delta u$$

라 쓸 수 있다. 여기서 $\Delta u \to 0$일 때 $\varepsilon_2 \to 0$이다. 식 $\boxed{7}$의 Δu를 식 $\boxed{8}$에 대입하면

$$\Delta y = [f'(b) + \varepsilon_2][g'(a) + \varepsilon_1]\,\Delta x$$

를 얻고, 따라서

$$\frac{\Delta y}{\Delta x} = [f'(b) + \varepsilon_2][g'(a) + \varepsilon_1]$$

이다. $\Delta x \to 0$이면 식 $\boxed{7}$에 의해 $\Delta u \to 0$이 된다. 그러므로 $\Delta x \to 0$이면

$$\frac{dy}{dx} = \lim_{\Delta x \to 0} \frac{\Delta y}{\Delta x} = \lim_{\Delta x \to 0} [f'(b) + \varepsilon_2][g'(a) + \varepsilon_1]$$
$$= f'(b)\,g'(a) = f'(g(a))\,g'(a)$$

이다. 이것으로 연쇄법칙이 증명되었다. ■

3.4 연습문제

1-4 다음 합성함수를 $f(g(x))$의 형태로 써라. [내부함수 $u = g(x)$와 외부함수 $y = f(u)$를 구분하여라.] 그리고 도함수 dy/dx를 구하여라.

1. $y = (5 - x^4)^3$

2. $y = \sqrt{x^3 + 2}$

3. $y = \sin(\cos x)$

4. $y = e^{\sqrt{x}}$

5-40 다음 함수의 도함수를 구하여라.

5. $f(x) = (2x^3 - 5x^2 + 4)^5$

6. $f(x) = \sqrt{5x + 1}$

7. $f(x) = \dfrac{1}{\sqrt[3]{x^2 - 1}}$

8. $g(t) = \dfrac{1}{(2t + 1)^2}$

9. $f(\theta) = \cos(\theta^2)$

10. $g(\theta) = \cos^2\theta$

11. $g(x) = e^{x^2 - x}$

12. $y = 5^{\sqrt{x}}$

13. $y = x^2 e^{-3x}$

14. $f(t) = t \sin \pi t$

15. $f(t) = e^{at} \sin bt$

16. $F(x) = (4x + 5)^3(x^2 - 2x + 5)^4$

17. $y = \sqrt{\dfrac{x}{x + 1}}$

18. $y = e^{\tan\theta}$

19. $f(t) = 2^{t^3}$

20. $g(u) = \left(\dfrac{u^3 - 1}{u^3 + 1}\right)^8$

21. $s(t) = \sqrt{\dfrac{1 + \sin t}{1 + \cos t}}$

22. $r(t) = 10^{2\sqrt{t}}$

23. $f(z) = e^{z/(z-1)}$

24. $H(r) = \dfrac{(r^2 - 1)^3}{(2r + 1)^5}$

25. $J(\theta) = \tan^2(n\theta)$

26. $F(t) = e^{t \sin 2t}$

27. $F(t) = \dfrac{t^2}{\sqrt{t^3 + 1}}$

28. $G(x) = 4^{C/x}$

29. $f(x) = \sin x \cos(1 - x^2)$

30. $g(x) = e^{-x} \cos(x^2)$

31. $F(t) = \tan\sqrt{1 + t^2}$

32. $G(z) = (1 + \cos^2 z)^3$

33. $y = \sin^2(x^2 + 1)$

34. $y = e^{\sin 2x} + \sin(e^{2x})$

35. $g(x) = \sin\left(\dfrac{e^x}{1 + e^x}\right)$

36. $f(t) = \tan(\sec(\cos t))$

37. $f(x) = e^{\sin^2(x^2)}$

38. $y = (3^{\cos(x^2)} - 1)^4$

39. $y = \cos\sqrt{\sin(\tan \pi x)}$

40. $y = \sin^3(\cos(x^2))$

41-42 y'과 y''을 구하여라.

41. $y = \cos(\sin 3\theta)$

42. $y = e^{e^x}$

43-46 주어진 점에서 다음 곡선의 접선의 방정식을 구하여라.

43. $y = 2^x$, $(0, 1)$

44. $y = \sqrt{1 + x^3}$, $(2, 3)$

45. $y = \sin(\sin x)$, $(\pi, 0)$

46. $y = xe^{-x^2}$, $(0, 0)$

47. (a) 점 $(0, 1)$에서 곡선 $y = 2/(1 + e^{-x})$의 접선의 방정식을 구하여라.

(b) (a)의 곡선과 접선을 같은 화면에 그려라.

48. (a) $f(x) = x\sqrt{2 - x^2}$일 때 $f'(x)$를 구하여라.

(b) (a)의 답이 적절한지 f와 f'의 그래프를 비교하여 확인하여라.

49. 함수 $f(x) = 2 \sin x + \sin^2 x$에 대하여 수평접선을 갖는 점을 모두 구하여라.

50. 곡선 $y = \sqrt{1 + 2x}$의 접선이 직선 $6x + 2y = 1$과 수직이 되는 점을 구하여라.

51. $F(x) = f(g(x))$이고, $f(-2) = 8$, $f'(-2) = 4$, $f'(5) = 3$, $g(5) = -2$, $g'(5) = 6$이라고 할 때, $F'(5)$의 값을 구하여라.

52. f, g, f', g'의 값이 아래 표에 주어져 있다.

x	$f(x)$	$g(x)$	$f'(x)$	$g'(x)$
1	3	2	4	6
2	1	8	5	7
3	7	2	7	9

(a) $h(x) = f(g(x))$일 때, $h'(1)$을 구하여라.

(b) $H(x) = g(f(x))$일 때, $H'(1)$을 구하여라.

53. f와 g는 그래프가 아래와 같은 함수이다. $u(x) = f(g(x))$, $v(x) = g(f(x))$, $w(x) = g(g(x))$라 하자. 다음 도함수가 존재하면 구하고 존재하지 않으면 이유를 설명하여라.

(a) $u'(1)$ (b) $v'(1)$ (c) $w'(1)$

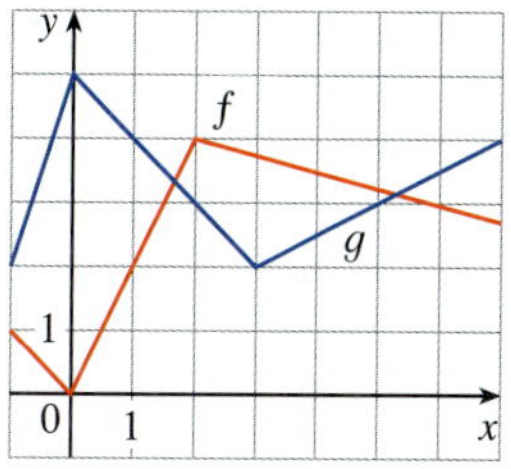

54. f는 그래프가 아래와 같은 함수이고, $g(x) = \sqrt{f(x)}$일 때, $g'(3)$을 구하여라.

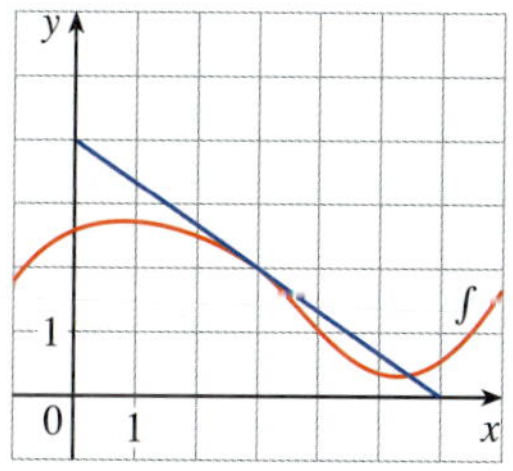

55. f는 $\mathbb{R}$에서 미분가능하다고 하자. $F(x) = f(e^x)$이고 $G(x) = e^{f(x)}$라 할 때, (a) $F'(x)$와 (b) $G'(x)$를 구하여라.

56. $r(x) = f(g(h(x)))$이고 $h(1) = 2$, $g(2) = 3$, $h'(1) = 4$, $g'(2) = 5$, $f'(3) = 6$일 때, $r'(1)$을 구하여라.

57. 함수 g는 두 번 미분가능하고 $f(x) = xg(x^2)$일 때, f''을 구하여라.

58. $F(x) = f(3f(4f(x)))$이고 $f(0) = 0$, $f'(0) = 2$일 때, $F'(0)$을 구하여라.

59. 함수 $y = e^{2x}(A \cos 3x + B \sin 3x)$가 미분방정식 $y'' - 4y' + 13y = 0$의 해임을 보여라.

60. 함수 $y = \cos 2x$의 50계도함수를 구하여라.

61. 진동하는 현 위의 입자의 변위가 $s(t) = 10 + \frac{1}{4}\sin(10\pi t)$로 주어졌다. s의 단위는 cm이고, t의 단위는 초일 때, t초 후의 물체의 속도를 구하여라.

62. 입자의 운동 방정식이 $s = A\cos(\omega t + \delta)$로 주어진다면, 이 입자의 운동은 '단진동'이라고 한다.

(a) 시각 t일 때 입자의 속도를 구하여라.

(b) 언제 속도가 0이 되는가?

63. 케페우스 변광성은 별의 밝기가 교대로 증감하는 별이다. 이러한 별 중 가장 쉽게 볼 수 있는 별은 델타 케페우스로, 최대 밝기 사이의 시구간은 5.4일이다. 이 별의 평균 밝기는 4.0이고, 밝기에 대한 변화량은 ± 0.35이다. 이러한 자료에 근거하여 델타 케페우스의 밝기는 시각 t(일)에서 함수

$$B(t) = 4.0 + 0.35 \sin\left(\frac{2\pi t}{5.4}\right)$$

로 모형화되어 있다.

(a) t일 후 밝기의 변화율을 구하여라.

(b) 1일 후의 증가율을 소수 둘째 자리까지 정확하게 구하여라.

64. 마찰력과 제동력에 의하여 영향을 받는 스프링의 모양은(예를 들어 자동차의 충격을 흡수하는) 지수함수와 사인함수 또는 코사인함수의 곱으로 나타낼 수 있다. 아래 식은 어떠한 상황에서의 스프링 모양을 나타내는 함수이다.

$$s(t) = 2e^{-1.5t} \sin 2\pi t$$

(단 t의 단위는 초, s의 단위는 cm) $0 \leq t \leq 2$에 대하여 t초 후의 속도를 구하고, 위치와 속도를 나타내는 함수의 그래프를 그려라.

65. 어떤 특정한 상황에서는 방정식

$$p(t) = \frac{1}{1 + ae^{-kt}}$$

에 따라 소문이 퍼진다. 이때 $p(t)$는 시각 t일 때 소문을 아는 사람들의 비율을 나타내며 a, k는 양수이다.

(a) $\lim_{t \to \infty} p(t)$를 구하고 의미를 설명하여라.

(b) 소문이 퍼지는 속도를 구하여라.

(c) $a = 10$, $k = 0.5$이고 t는 시간일 때 p의 그래프를 그리고 소문을 아는 사람이 80%가 될 때까지 걸리는 시간을 추정하여라.

66. 직선 위를 움직이는 입자의 변위가 $s(t)$, 속도가 $v(t)$, 가속도가 $a(t)$일 때

$$a(t) = v(t)\frac{dv}{ds}$$

임을 보여라. dv/dt와 dv/ds의 의미의 차이를 설명하여라.

67. 연쇄법칙을 이용하여 다음을 증명하여라.

(a) 우함수의 도함수는 기함수이다.

(b) 기함수의 도함수는 우함수이다.

68. 연쇄법칙과 곱 법칙을 이용하여 몫 법칙을 증명하여라.
[힌트: $f(x)/g(x) = f(x)[g(x)]^{-1}$]

69. 연쇄법칙을 이용하여, 만약 θ가 도로 측정되면

$$\frac{d}{d\theta}(\sin\theta) = \frac{\pi}{180}\cos\theta$$

임을 보여라. (이것은 미분적분학에서 삼각함수를 다룰 때, 항상 라디안을 다루는 것이 편리한 이유 중의 하나이다. 만일 라디안 대신에 도를 사용한다면 미분공식이 간단치 않다.)

70. (a) 연쇄법칙과 $|x| = \sqrt{x^2}$임을 이용하여

$$\frac{d}{dx}|x| = \frac{x}{|x|}$$

가 성립함을 보여라.

(b) $f(x) = |\sin x|$일 때 $f'(x)$를 구하여 f와 f'의 그래프를 그려라. f가 미분 불가능한 곳은 어디인가?

(c) $g(x) = \sin|x|$일 때 $g'(x)$를 구하여 g와 g'의 그래프를 그려라. g가 미분 불가능한 곳은 어디인가?

71. 점 (a, b^a)에서 곡선 $y = b^x (b > 0, b \neq 1)$의 접선의 x절편을 c라 하자. 점 $(a, 0)$과 점 $(c, 0)$ 사이의 거리는 a의 값에 상관없이 항상 같음을 보여라.

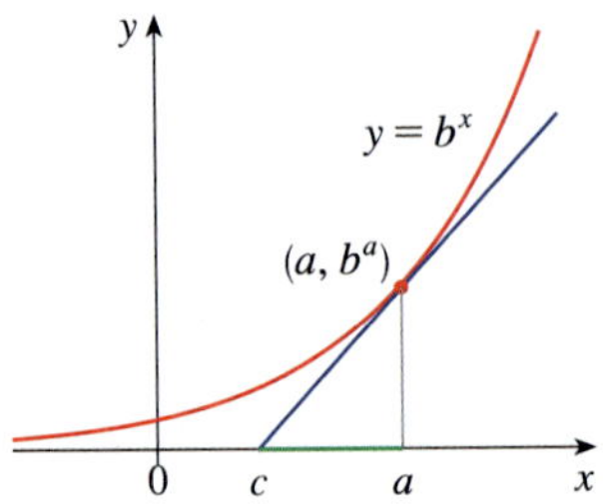

72. 세 함수 f, g, h가 미분가능하고 $F = f \circ g \circ h$일 때 연쇄법칙을 이용하여 다음을 보여라.

$$F'(x) = f'(g(h(x))) \cdot g'(h(x)) \cdot h'(x)$$

응용프로젝트 | 조종사는 언제부터 하강을 시작해야 하는가?

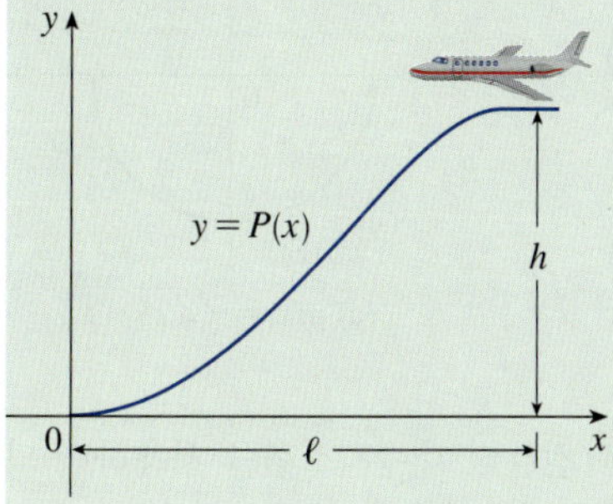

항공기가 착륙하는 접근 경로가 그림과 같이 주어져 있고 다음 조건을 만족한다.

(i) 비행 높이는 h이고 이 높이에서 원점의 착륙 지점까지 수평거리 ℓ부터 하강을 시작한다.

(ii) 조종사는 하강이 완료될 때까지 수평 속도 v를 일정하게 지속해야 한다.

(iii) 수직가속도의 절댓값은 상수 k(중력가속도보다 훨씬 작은)를 초과해서는 안 된다.

1. 하강 시작과 종료 때의 $P(x)$와 $P'(x)$의 적합한 조건과 함께 조건 (i)을 만족하는 3차식 $P(x) = ax^3 + bx^2 + cx + d$를 구하여라.

2. 조건 (ii)와 (iii)을 사용해서 아래 부등식을 보여라.

$$\frac{6hv^2}{\ell^2} \leq k$$

3. 항공기의 수직가속도가 $k = 1385\text{km/h}^2$을 초과하지 않도록 한다고 가정하자. 만약 비행기의 비행 고도가 11,000m이고 속도가 480km/h라면 이 비행기는 공항에서 얼마나 떨어진 지점부터 하강을 시작해야 하는가?

4. 문제 3에 주어진 조건을 만족하는 비행 경로를 그래프로 그려라.

3.5 음함수 미분법

■ 음함수

지금까지 다룬 함수들은, 예를 들어

$$y = \sqrt{x^3 + 1} \qquad \text{또는} \qquad y = x \sin x$$

또는 일반적으로 $y = f(x)$와 같이 하나의 변수가 다른 한 변수로 분명하게 표현되었다. 그러나 어떤 함수들은 다음과 같이 x와 y 사이의 관계가 음함수 꼴로 정의된다.

1 $$x^2 + y^2 = 25$$

또는

2 $$x^3 + y^3 = 6xy$$

어떤 경우 이러한 방정식은 y를 x에 대한 하나의 함수 또는 여러 개의 함수로 풀 수 있다. 예를 들어, 식 **1**을 y에 관해 풀면, $y = \pm\sqrt{25 - x^2}$이고, 따라서 음함수 꼴의 식 **1**에 의하여 두 함수 $f(x) = \sqrt{25 - x^2}$과 $g(x) = -\sqrt{25 - x^2}$이 결정된다. 그리고 f와 g의 그래프는 원 $x^2 + y^2 = 25$의 상반원과 하반원이다(그림 1 참조).

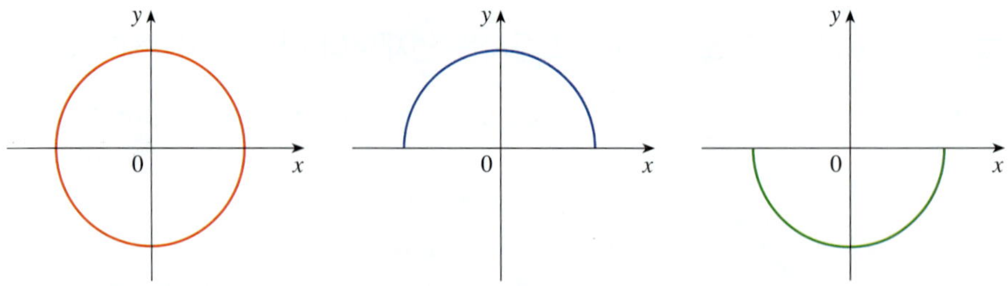

그림 1 (a) $x^2+y^2=25$ (b) $f(x)=\sqrt{25-x^2}$ (c) $g(x)=-\sqrt{25-x^2}$

식 [2] 에서는 y를 x의 함수로 풀기는 쉽지 않다. (컴퓨터 대수시스템을 사용하면 되지만 구한 식이 상당히 복잡하다.) 그렇더라도 식 [2] 의 그래프는 그림 2에 주어진 것처럼 **데카르트 엽선**이라 불리는 곡선이고, x의 함수 몇 개로 표현할 수 있다. 그림 3은 식 [2] 가 나타내는 3개의 함수의 그래프이다. f가 식 [2] 에 의하여 정의된 음함수라 하는 것은 f의 정의역 안에 있는 모든 x에 대하여 $x^3 + [f(x)]^3 = 6xf(x)$가 성립함을 뜻한다.

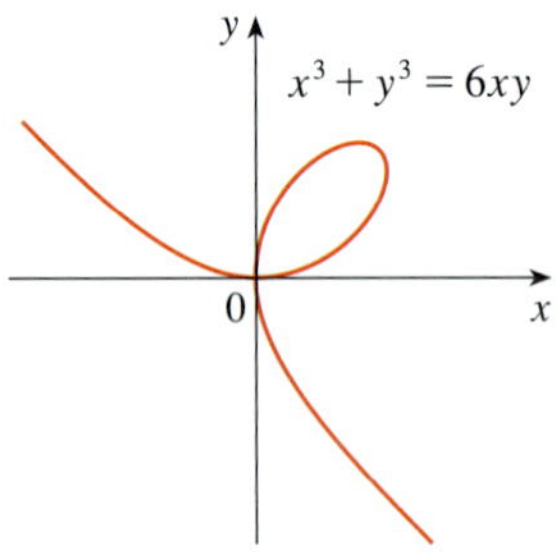

그림 2 데카르트 엽선

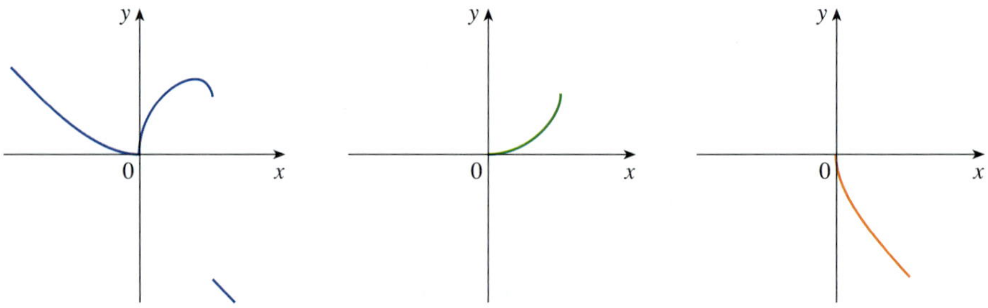

그림 3 데카르트 엽선에 의해 정의된 세 함수의 그래프

■ 음함수 미분법

다행스럽게도 y의 도함수를 구하기 위하여 y를 x에 관하여 풀어야 할 필요는 없다. 대신 **음함수 미분법**을 이용할 수 있다. 음함수를 x에 관하여 미분하는 방법은 먼저 양변을 x에 관하여 미분하고, 나온 방정식을 y'에 대하여 푸는 것이다. 이 절에 있는 예제와 연습문제에 주어진 방정식에서 y는 x에 관하여 미분가능한 함수로 항상 가정하고 음 함수 미분법을 이용한다.

예제 1 $x^2 + y^2 = 25$일 때 $\dfrac{dy}{dx}$와 원의 방정식 $x^2 + y^2 = 25$ 위의 점 (3, 4)에서 접선의 방정식을 구하여라.

풀이 1

방정식 $x^2 + y^2 = 25$의 양변을 x에 관하여 미분하면,

$$\frac{d}{dx}(x^2+y^2) = \frac{d}{dx}(25)$$

$$\frac{d}{dx}(x^2) + \frac{d}{dx}(y^2) = 0$$

y는 x의 함수임을 기억하고 연쇄법칙을 적용하면,

$$\frac{d}{dx}(y^2) = \frac{d}{dy}(y^2)\frac{dy}{dx} = 2y\frac{dy}{dx}$$

이고, 따라서

$$2x + 2y\frac{dy}{dx} = 0$$

이다. 이제 이것을 dy/dx에 관하여 풀면

$$\frac{dy}{dx} = -\frac{x}{y}$$

이다. 점 (3, 4)에서 $x = 3$, $y = 4$이므로

$$\frac{dy}{dx} = -\frac{3}{4}$$

이다. 따라서 점 (3, 4)에서 원에 대한 접선의 방정식은

$$y - 4 = -\tfrac{3}{4}(x - 3) \qquad 즉 \qquad 3x + 4y = 25$$

이다.

풀이 2

방정식 $x^2 + y^2 = 25$를 y에 관하여 풀면 $y = \pm\sqrt{25 - x^2}$을 얻는다. 점 (3, 4)는 상반원 $y = \sqrt{25 - x^2}$ 위에 있으므로 함수를 $f(x) = \sqrt{25 - x^2}$으로 생각하자. 연쇄법칙을 이용하여 f를 미분하면

$$\begin{aligned} f'(x) &= \tfrac{1}{2}(25 - x^2)^{-1/2}\frac{d}{dx}(25 - x^2) \\ &= \tfrac{1}{2}(25 - x^2)^{-1/2}(-2x) = -\frac{x}{\sqrt{25 - x^2}} \end{aligned}$$

따라서

$$f'(3) = -\frac{3}{\sqrt{25 - 3^2}} = -\frac{3}{4}$$

이고 풀이 1에서와 같이 접선의 방정식은 $3x + 4y = 25$이다. ■

예제 1은 y를 x에 관하여 풀 수 있는 경우에도 음함수 미분법을 이용하는 것이 쉽다는 것을 보여주고 있다.

NOTE 1 풀이 1에서의 기호 $dy/dx = -x/y$는 x와 y에 관해서 도함수를 나타낸다. 함수 y가 주어진 방정식에 의하여 구체적으로 어떻게 결정되는가는 아무런 문제가 되지 않는다. 이를테면 $y = f(x) = \sqrt{25 - x^2}$에 대하여

$$\frac{dy}{dx} = -\frac{x}{y} = -\frac{x}{\sqrt{25 - x^2}}$$

가 되는 반면, $y = g(x) = -\sqrt{25 - x^2}$에 대하여는

$$\frac{dy}{dx} = -\frac{x}{y} = -\frac{x}{-\sqrt{25 - x^2}} = \frac{x}{\sqrt{25 - x^2}}$$

이다.

예제 2

(a) $x^3 + y^3 = 6xy$일 때 y'을 구하여라.

(b) 데카르트 엽선 $x^3 + y^3 = 6xy$ 위의 점 (3, 3)에서 접선의 방정식을 구하여라.

(c) 1사분면 위의 어떤 점에서 접선이 수평인가?

풀이

x에 관한 y의 도함수는 기호로 dy/dx나 y' 중 어느 것을 사용해도 좋다.

(a) $x^3 + y^3 = 6xy$에서 y를 x에 관한 함수로 보고 양변을 x에 관해 미분한다. $6xy$에 곱법칙을 적용하고 y^3에 연쇄법칙을 적용하면,

$$3x^2 + 3y^2y' = 6xy' + 6y$$

즉
$$x^2 + y^2y' = 2xy' + 2y$$

이다. 이제 y'에 관하여 정리하면

$$y^2y' - 2xy' = 2y - x^2$$
$$(y^2 - 2x)y' = 2y - x^2$$
$$y' = \frac{2y - x^2}{y^2 - 2x}$$

이다.

(b) $x = y = 3$일 때

$$y' = \frac{2 \cdot 3 - 3^2}{3^2 - 2 \cdot 3} = -1$$

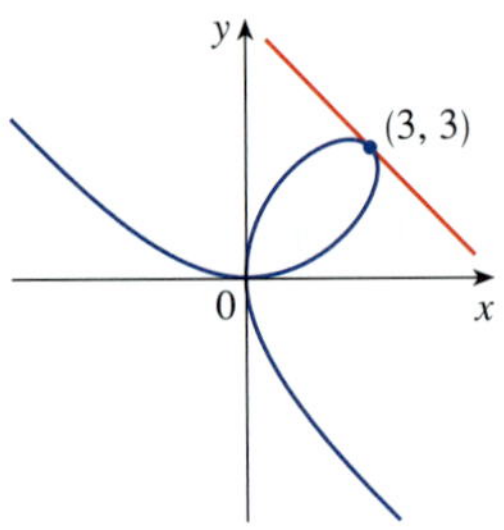

그림 4

이다. 그림 4에서도 알 수 있듯이 이것은 점 (3, 3)에서 접선의 기울기이다. 그러므로 점 (3, 3)에서 접선의 방정식은

$$y - 3 = -1(x - 3) \qquad \text{즉} \qquad x + y = 6$$

이다.

(c) 수평접선은 $y' = 0$일 때이다. (a)에 있는 y'에 대한 표현을 이용하면 $2y - x^2 = 0$일 때 $y' = 0$임을 알 수 있다($y^2 - 2x \neq 0$이라 가정). 곡선의 방정식에 $y = \frac{1}{2}x^2$을 대입하면

$$x^3 + \left(\tfrac{1}{2}x^2\right)^3 = 6x\left(\tfrac{1}{2}x^2\right)$$

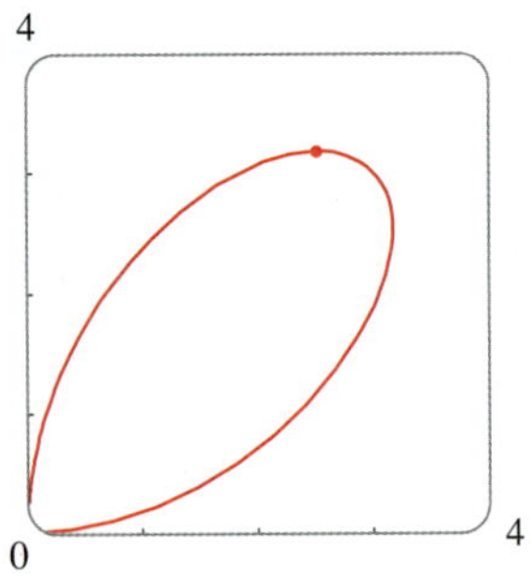

그림 5

이고, 간단히 하면 $x^6 = 16x^3$이다. 제1사분면에서 $x \neq 0$이므로 $x^3 = 16$이다. 만약 $x = 16^{1/3} = 2^{4/3}$이면, $y = \frac{1}{2}(2^{8/3}) = 2^{5/3}$이다. 따라서 접선은 $(2^{4/3}, 2^{5/3})$에서 수평이다. 여기서 점 $(2^{4/3}, 2^{5/3})$은 약 (2.5198, 3.1748)을 나타낸다. 그림 5를 살펴보면 이 풀이가 합당함을 알 수 있다. ■

NOTE 2 2차방정식에서와 같이 3차방정식에 대한 근의 공식이 있으나 좀 더 복잡하다. 이 공식(또는 컴퓨터)을 이용하여 $x^3 + y^3 = 6xy$에서 y를 x에 관하여 푼다면, 이 방정

아벨과 갈루아

노르웨이 수학자 아벨(Niels Abel)은 1824년에 계수가 정수인 5차방정식 p의 일반해가 존재하지 않음을 증명하였다. 그 후 프랑스 수학자 갈루아(Evariste Galois)는 5차 이상의 다항방정식에 대하여 일반해를 구하는 것은 불가능함을 증명하였다.

식에 의하여 결정되는 세 개의 함수는 다음과 같다.

$$y = f(x) = \sqrt[3]{-\tfrac{1}{2}x^3 + \sqrt{\tfrac{1}{4}x^6 - 8x^3}} + \sqrt[3]{-\tfrac{1}{2}x^3 - \sqrt{\tfrac{1}{4}x^6 - 8x^3}}$$

그리고

$$y = \tfrac{1}{2}\left[-f(x) \pm \sqrt{-3}\left(\sqrt[3]{-\tfrac{1}{2}x^3 + \sqrt{\tfrac{1}{4}x^6 - 8x^3}} - \sqrt[3]{-\tfrac{1}{2}x^3 - \sqrt{\tfrac{1}{4}x^6 - 8x^3}}\right)\right]$$

이다. (이것이 그림 3에 있는 그래프들의 세 함수이다.) 음함수 미분법은 이러한 경우에 많은 노력을 덜어준다. 더욱이 음함수 미분법은 y를 x에 관하여 **풀 수 없는** 방정식, 예를 들어

$$y^5 + 3x^2y^2 + 5x^4 = 12$$

에 대하여도 쉽게 미분할 수 있게 해준다.

예제 3 $\sin(x + y) = y^2 \cos x$일 때 y'을 구하여라.

풀이 y를 x에 관한 함수로 보고 x에 관하여 음함수 미분을 하면

$$\cos(x + y) \cdot (1 + y') = y^2(-\sin x) + (\cos x)(2yy')$$

이다. (좌변에서는 연쇄법칙을, 우변에서는 연쇄법칙과 곱 법칙을 이용하였다.) 이제 y'에 관하여 정리하면

$$\cos(x + y) + y^2 \sin x = (2y \cos x)y' - \cos(x + y) \cdot y'$$

을 얻고, 따라서

$$y' = \frac{y^2 \sin x + \cos(x + y)}{2y \cos x - \cos(x + y)}$$

이다. 그림 6은 컴퓨터로 그린 그래프로, 곡선 $\sin(x + y) = y^2 \cos x$의 일부이다. $x = y = 0$일 때 $y' = -1$이므로 원점에서 기울기는 약 -1이다. ■

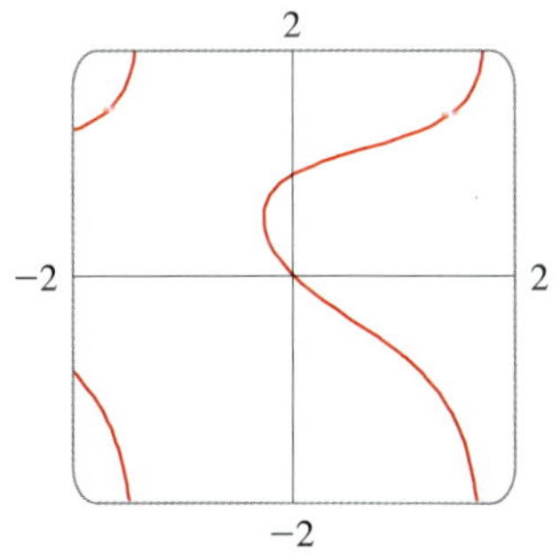

그림 6

그림 7, 8, 9는 컴퓨터로 그린 몇 가지 다른 곡선의 예이다. 연습문제 35에서 이런 속성을 지닌 특별한 곡선을 그리고 조사한다.

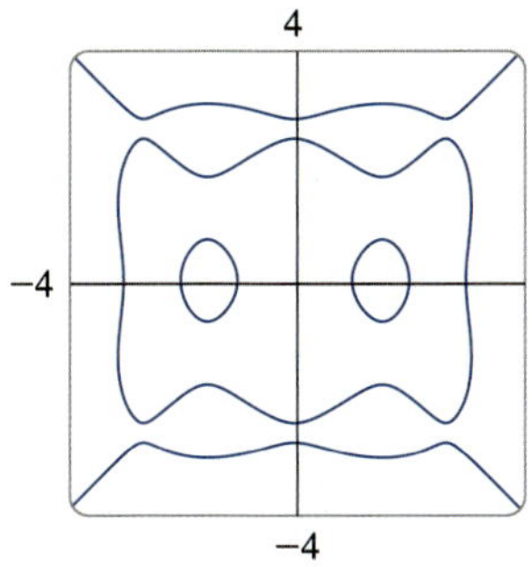

그림 7
$(x^2 - 1)(x^2 - 4)(x^2 - 9) = y^2(y^2 - 4)(y^2 - 9)$

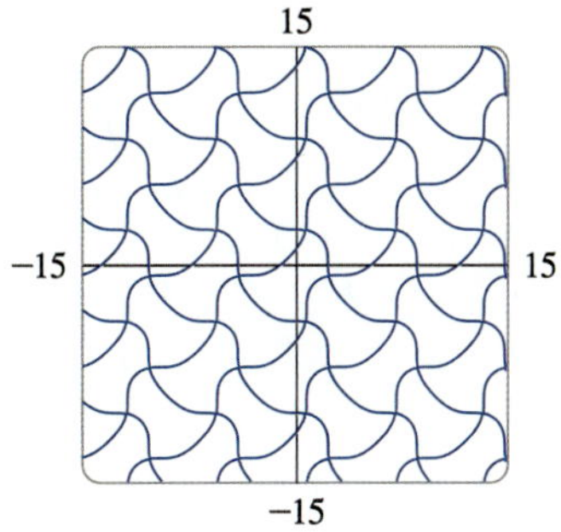

그림 8
$\cos(x - \sin y) = \sin(y - \sin x)$

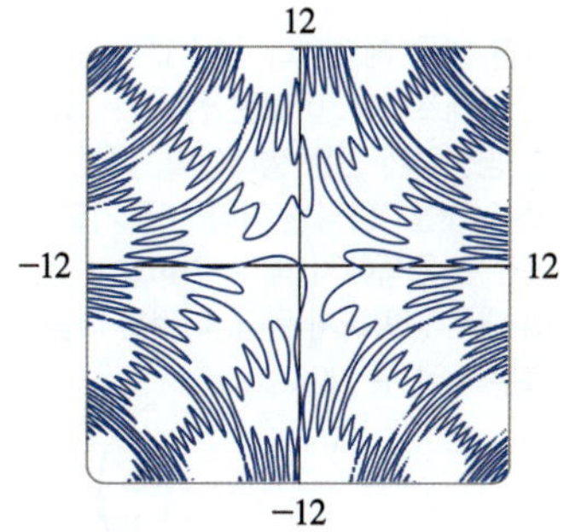

그림 9
$\sin(xy) = \sin x + \sin y$

■ 음함수의 이계도함수

다음 예제는 음함수로 정의된 함수의 이계도함수를 구하는 방법을 보여준다.

예제 4 $x^4 + y^4 = 16$일 때 y''을 구하여라.

풀이 방정식을 x에 관하여 음함수 미분법으로 미분하면

$$4x^3 + 4y^3y' = 0$$

이다. 이것을 y'에 대하여 풀면

$$\boxed{3} \qquad y' = -\frac{x^3}{y^3}$$

이다. 이제 y''을 구하기 위하여 몫 법칙을 이용하여 y'을 미분한다. 이때 y는 x에 관한 함수임을 유의해야 한다.

$$\begin{aligned} y'' &= \frac{d}{dx}\left(-\frac{x^3}{y^3}\right) = -\frac{y^3\,(d/dx)(x^3) - x^3\,(d/dx)(y^3)}{(y^3)^2} \\ &= -\frac{y^3 \cdot 3x^2 - x^3(3y^2y')}{y^6} \end{aligned}$$

이제 식 $\boxed{3}$을 대입하면

$$\begin{aligned} y'' &= -\frac{3x^2y^3 - 3x^3y^2\left(-\dfrac{x^3}{y^3}\right)}{y^6} \\ &= -\frac{3(x^2y^4 + x^6)}{y^7} = -\frac{3x^2(y^4 + x^4)}{y^7} \end{aligned}$$

이다. 그러나 x와 y는 방정식 $x^4 + y^4 = 16$을 만족해야 한다. 따라서 답을 간단히 하면

$$y'' = -\frac{3x^2(16)}{y^7} = -48\,\frac{x^2}{y^7}$$

이다. ■

그림 10은 예제 4의 곡선 $x^4 + y^4 = 16$의 그래프이다. 이것은 원 $x^2 + y^2 = 4$를 평평하게 만든 형태이다. 이런 까닭으로 이것을 '평평원'이라 부르기도 한다. 곡선은 왼쪽에서 매우 가파르게 시작하여 매우 평평하게 된다. 이것은 다음 식으로부터 알 수 있다.

$$y' = -\frac{x^3}{y^3} = -\left(\frac{x}{y}\right)^3$$

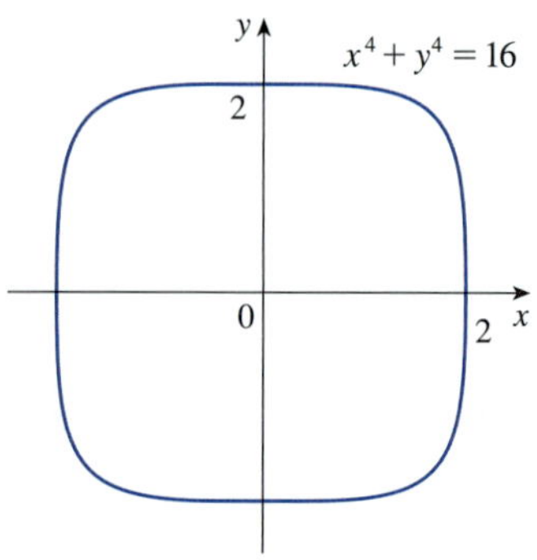

그림 10

3.5 연습문제

1-4

(a) 음함수 미분법으로 y'을 구하여라.

(b) 주어진 방정식을 y에 관해 풀고, 미분하여 y'을 x에 관한 식으로 나타내어라.

(c) (b)에서의 y에 대한 표현을 (a)에 대입하여 (a)와 (b)에서 구한 해가 일치하는지 확인하여라.

1. $5x^2 - y^3 = 7$ **2.** $6x^4 + y^5 = 2x$

3. $\sqrt{x} + \sqrt{y} = 1$ **4.** $\dfrac{2}{x} - \dfrac{1}{y} = 4$

5-18 음함수 미분법을 이용하여 dy/dx를 구하여라.

5. $x^2 - 4xy + y^2 = 4$ **6.** $x^4 + x^2y^2 + y^3 = 5$

7. $\dfrac{x^2}{x+y} = y^2 + 1$ **8.** $xe^y = x - y$

9. $\sin x + \cos y = 2x - 3y$ **10.** $e^x \sin y = x + y$

11. $\sin(x + y) = \cos x + \cos y$ **12.** $y \cos x = x^2 + y^2$

13. $\sin(xy) = \cos(x + y)$ **14.** $2xe^y + ye^x = 3$

15. $\sin x \cos y = x^2 - 5y$ **16.** $\sqrt{x+y} = x^4 + y^4$

17. $e^{x/y} = x - y$ **18.** $\cos(x^2 + y^2) = xe^y$

19. $f(x) + x^2[f(x)]^3 = 10$이고 $f(1) = 2$일 때 $f'(1)$을 구하여라.

20-21 y를 독립변수, x를 종속변수로 생각하고 음함수 미분법을 이용하여 dx/dy를 구하여라.

20. $x^4y^2 - x^3y + 2xy^3 = 0$ **21.** $y \sec x = x \tan y$

22-28 음함수 미분법을 이용하여 주어진 점에서 곡선의 접선의 방정식을 구하여라.

22. $ye^{\sin x} = x \cos y,\quad (0, 0)$

23. $\tan(x + y) + \sec(x - y) = 2,\quad (\pi/8, \pi/8)$

24. $x^{2/3} + y^{2/3} = 4,\quad (-3\sqrt{3}, 1)$ (성망형)

25. $x^2 - xy - y^2 = 1,\quad (2, 1)$ (쌍곡선)

26. $x^2 + 2xy + 4y^2 = 12,\quad (2, 1)$ (타원)

27. $x^2 + y^2 = (2x^2 + 2y^2 - x)^2,\quad (0, \frac{1}{2})$ (심장형)

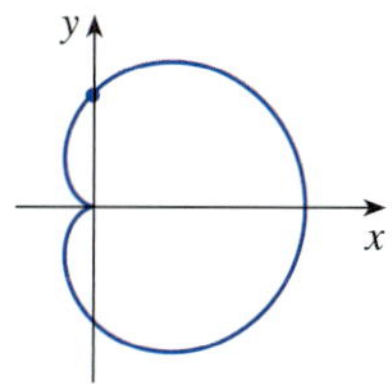

28. $2(x^2 + y^2)^2 = 25(x^2 - y^2),\quad (3, 1)$ (2엽장미)

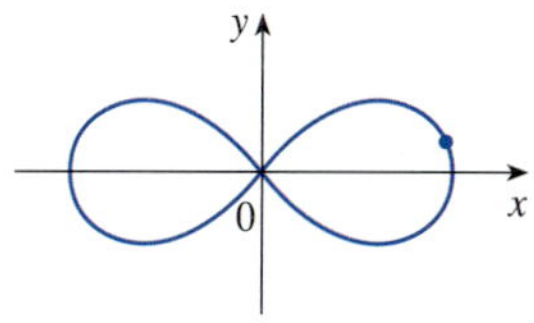

29. (a) **에우독소스의 켐파일**이라 불리는 곡선 $y^2 = 5x^4 - x^2$ 위의 점 (1, 2)에서 접선의 방정식을 구하여라.

(b) 곡선과 접선의 방정식을 같은 화면에 그려라. (만약 음함수로 정의된 곡선을 그릴 수 없는 도구라면 곡선을 윗부분과 아랫부분으로 나누어서 그려라.)

30-33 음함수 미분법을 이용하여 y''을 구하고 간단히 하여라.

30. $x^2 + 4y^2 = 4$ **31.** $x^2 + xy + y^2 = 3$

32. $\sin y + \cos x = 1$ **33.** $x^3 - y^3 = 7$

34. $xy + e^y = e$일 때 $x = 0$에서 y''의 값을 구하여라.

35. (a) 방정식 $2y^3 + y^2 - y^5 = x^4 - 2x^3 + x^2$으로 그려지는 곡선은 튀는 마차에 비유된다. 소프트웨어를 이용하여 곡선을 그리고 이유를 찾아라.

(b) 수평접선을 갖는 점은 몇 개인가? 이 점들의 x좌표를 구하여라.

36. 쌍곡선 $\dfrac{x^2}{a^2} - \dfrac{y^2}{b^2} = 1$ 위의 점 (x_0, y_0)에서의 접선의 방정식을 찾아라.

37. 곡선 $\sqrt{x} + \sqrt{y} = \sqrt{c}$ 위의 모든 점에서의 접선의 x절편과 y절편의 합은 c가 됨을 보여라.

38. 음함수 미분법을 이용하여 중심이 O에 있는 원 위의 임의의 점 P에서의 접선은 반지름 OP와 수직임을 보여라.

39. n이 유리수일 때 음함수 미분법을 이용하여 거듭제곱 법칙을 증명할 수 있다. $n = p/q$라 하면 $y = f(x) = x^n$은 미분가능한 함수이고 $y = xp/q$이면 $y^q = x^p$이다. 음함수 미분법을 이용하여

$$y' = \frac{p}{q} x^{(p/q)-1}$$

임을 보여라.

40-41 직교 절선 두 곡선의 교점에서 접선들이 서로 수직일 때 두 곡선은 서로 직교한다고 한다. 주어진 곡선들이 서로 직교 절선(한 곡선군의 모든 곡선이 다른 곡선군의 모든 곡선과 직교할 때 곡선들이 서로 직교 절선이라 한다)이 됨을 보여라. 같은 축 위에서 두 곡선군을 그려라.

40. $x^2 + y^2 = r^2, \quad ax + by = 0$

41. $y = cx^2, \quad x^2 + 2y^2 = k$

---

42. 타원 $x^2/a^2 + y^2/b^2 = 1$과 쌍곡선 $x^2/A^2 - y^2/B^2 = 1$은 $A^2 < a^2$이고 $a^2 - b^2 = A^2 + B^2$이면 직교 절선임을 보여라. (즉 타원과 쌍곡선의 초점이 같다.)

43. (a) $x^2 + xy + y^2 + 1 = 0$에서 음함수 미분법을 이용하여 y'을 구하여라.

(b) (a)의 곡선을 그려라. 무엇이 보이는가? 보이는 것이 맞음을 증명하여라.

(c) (b)의 관점에서 (a)에서 찾은 y'의 표현에 대해 어떻게 말할 수 있겠는가?

44. 방정식 $x^2 - xy + y^2 = 3$은 '회전된 타원', 즉 축들이 좌표축과 평행하지 않은 타원을 나타낸다. 이 타원이 x축과 만나는 점들을 구하고 이 점들에서의 접선들은 서로 평행함을 보여라.

45. 곡선 $x^2y^2 + xy = 2$의 접선의 기울기가 -1인 곡선 위의 점을 모두 찾아라.

46. 점 (12, 3)에서 타원 $x^2 + 4y^2 = 36$에 그은 두 접선의 방정식을 찾아라.

47. 아래 그림은 y축에서 세 단위 오른쪽에 위치한 램프와 타원 영역 $x^2 + 4y^2 \leq 5$에 의해 생성된 그림자를 보여준다. 만약 점 $(-5, 0)$이 그림자의 가장자리에 놓인다면 램프가 x축의 위쪽으로 얼마나 멀리 떨어져 있는가?

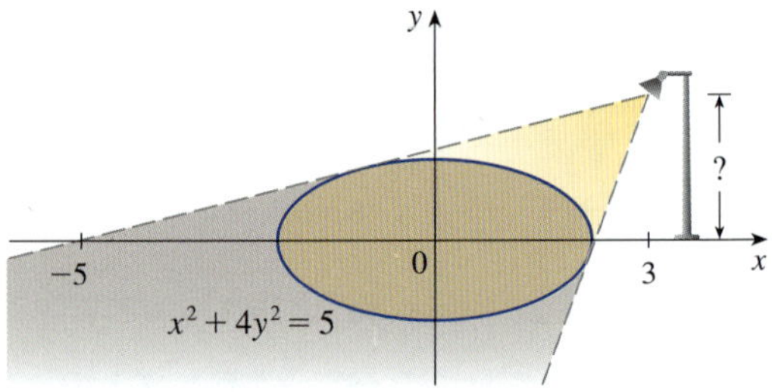

발견프로젝트 음함수로 정의된 곡선족의 탐구

이 프로젝트는 함수에 있는 상수를 변화시켜보면서 음함수 꼴로 정의된 곡선의 모양 변화를 탐구하고, 함수족에 속하는 함수들의 공통된 특징이 무엇인지를 알아보는 것이다.

1. 다음과 같은 곡선들로 이루어진 곡선족이 있다고 하자.

$$y^2 - 2x^2(x + 8) = c[(y + 1)^2(y + 9) - x^2]$$

(a) $c = 0$과 $c = 2$일 때 곡선의 그래프를 그려서 교점의 개수를 말하여라. (모든 교점을 찾기 위해서 줌 기능을 사용해야 할 수도 있다.)

(b) (a)에서 그린 그래프에 $c = 5$, $c = 10$에 대한 곡선을 추가한다. 어떤 것을 관찰할 수 있는가? c의 다른 값에 대해서는 어떤가?

2. (a) 다음과 같은 곡선족의 몇 가지 그래프를 그려라.

$$x^2 + y^2 + cx^2y^2 = 1$$

c의 값을 변화시킬 때 그래프가 어떻게 변하는지 기술하여라.

(b) $c = -1$이면 곡선에 무슨 일이 생기는가? 계산기 화면에 무엇이 보이는지 기술하여라. 대수적으로 증명할 수 있는가?

(c) 음함수 미분법을 사용하여 y'을 구하여라. $c = -1$인 경우에 대해 구한 y' 식과 (b)에서 발견한 사실은 서로 일치하는가?

3.6 로그함수와 역삼각함수의 도함수

이 절에서는 음함수 미분법을 이용하여 로그함수와 역삼각함수의 도함수를 구해보자.

■ 로그함수의 도함수

f가 일대일이고 미분가능한 함수이면 역함수 f^{-1}도 수직접선을 갖는 점을 제외한 모든 점에서 미분가능하다. 기하학적으로 미분가능한 함수의 그래프는 모서리나 첨점이 없으므로 그럴듯해 보인다. f^{-1}의 그래프는 f의 그래프를 직선 $y = x$에 대하여 대칭이동시키면 얻을 수 있으므로 f^{-1}의 그래프도 모서리나 첨점이 없다. (f가 어떤 점에서 수평접선을 가지면 f^{-1}는 그 점의 대칭점에서 수직접선을 가지므로 f^{-1}는 그 점에서 미분가능하지 않음을 유의하여라.)

로그함수 $y = \log_b x$는 지수함수 $y = b^x$의 역함수이고 3.1절에서 지수함수는 미분가능한 함수임을 알았으므로 로그함수도 미분가능하다. 로그함수의 도함수 공식은 아래와 같다.

1
$$\frac{d}{dx}(\log_b x) = \frac{1}{x \ln b}$$

3.4절의 식 5는 다음과 같다.
$$\frac{d}{dx}(b^x) = b^x \ln b$$

증명 $y = \log_b x$라면 $b^y = x$이다. x에 관하여 음함수 미분법을 적용하면, 3.4절의 식 5에 의하여

$$(b^y \ln b)\frac{dy}{dx} = 1$$

이고, 따라서
$$\frac{dy}{dx} = \frac{1}{b^y \ln b} = \frac{1}{x \ln b}$$
■

식 1에서 $b = e$라 두면 $\ln b = \ln e = 1$이므로 자연로그함수 $\log_e x = \ln x$의 도함수를 얻는다.

2
$$\frac{d}{dx}(\ln x) = \frac{1}{x}$$

식 1과 식 2를 비교함으로써 미분적분학에서 자연로그함수(밑이 e인 로그)가 이용되는 이유를 알 수 있다. $\ln e = 1$이기 때문에 $b = e$일 때 미분공식이 가장 간단하다.

예제 1 $y = \ln(x^3 + 1)$을 미분하여라.

풀이 연쇄법칙을 이용하자. $u = x^3 + 1$이라 두면 $y = \ln u$이므로

$$\frac{dy}{dx} = \frac{dy}{du}\frac{du}{dx} = \frac{1}{u}\frac{du}{dx} = \frac{1}{x^3 + 1}(3x^2) = \frac{3x^2}{x^3 + 1}$$
■

일반적으로 예제 1에서처럼 연쇄법칙과 식 2를 결합하면 다음을 얻는다.

3 $$\frac{d}{dx}(\ln u) = \frac{1}{u}\frac{du}{dx} \quad \text{또는} \quad \frac{d}{dx}[\ln g(x)] = \frac{g'(x)}{g(x)}$$

예제 2 $\dfrac{d}{dx}\ln(\sin x)$를 구하여라.

풀이 식 **3**을 이용하면

$$\frac{d}{dx}\ln(\sin x) = \frac{1}{\sin x}\frac{d}{dx}(\sin x) = \frac{1}{\sin x}\cos x = \cot x$$ ■

예제 3 $f(x) = \sqrt{\ln x}$를 미분하여라.

풀이 로그함수가 내부함수이므로, 연쇄법칙을 이용하면

$$f'(x) = \tfrac{1}{2}(\ln x)^{-1/2}\frac{d}{dx}(\ln x) = \frac{1}{2\sqrt{\ln x}} \cdot \frac{1}{x} = \frac{1}{2x\sqrt{\ln x}}$$ ■

예제 4 $f(x) = \log_{10}(2 + \sin x)$를 미분하여라.

풀이 $b = 10$일 때 식 **1**을 이용하자.

$$\begin{aligned} f'(x) &= \frac{d}{dx}\log_{10}(2 + \sin x) \\ &= \frac{1}{(2 + \sin x)\ln 10}\frac{d}{dx}(2 + \sin x) \\ &= \frac{\cos x}{(2 + \sin x)\ln 10} \end{aligned}$$ ■

그림 1은 예제 5의 함수 f와 f의 도함수 f'을 보여준다. 이것으로 계산을 눈으로 점검할 수 있다. f가 급히 감소할 때 f'은 큰 음수이다.

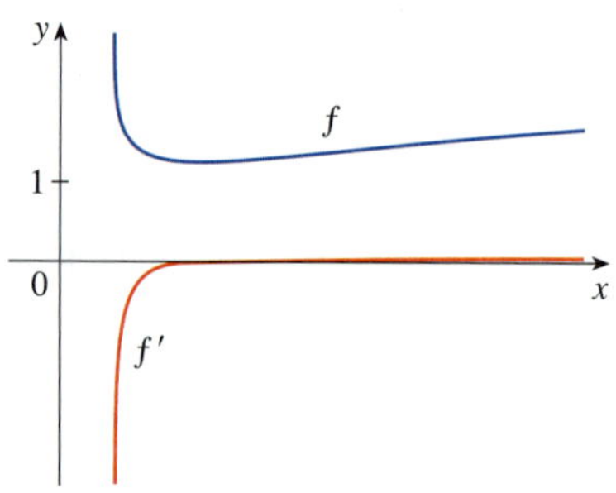

그림 1

예제 5 $\dfrac{d}{dx}\ln\dfrac{x+1}{\sqrt{x-2}}$을 구하여라.

풀이 1
$$\begin{aligned} \frac{d}{dx}\ln\frac{x+1}{\sqrt{x-2}} &= \frac{1}{\dfrac{x+1}{\sqrt{x-2}}}\frac{d}{dx}\frac{x+1}{\sqrt{x-2}} \\ &= \frac{\sqrt{x-2}}{x+1}\,\frac{\sqrt{x-2}\cdot 1 - (x+1)\left(\frac{1}{2}\right)(x-2)^{-1/2}}{x-2} \\ &= \frac{x - 2 - \frac{1}{2}(x+1)}{(x+1)(x-2)} \\ &= \frac{x-5}{2(x+1)(x-2)} \end{aligned}$$

풀이 2 먼저 로그법칙을 이용하여 함수를 간단히 한 후 미분한다.

$$\begin{aligned} \frac{d}{dx}\ln\frac{x+1}{\sqrt{x-2}} &= \frac{d}{dx}\left[\ln(x+1) - \tfrac{1}{2}\ln(x-2)\right] \\ &= \frac{1}{x+1} - \frac{1}{2}\left(\frac{1}{x-2}\right) \end{aligned}$$

그림 2는 예제 6의 함수 $f(x) = \ln|x|$와 $f'(x) = 1/x$을 보여준다. x가 작을 때 $y = \ln|x|$의 그래프는 가파르고 $f'(x)$는 큰 값을 가진다(음수 또는 양수).

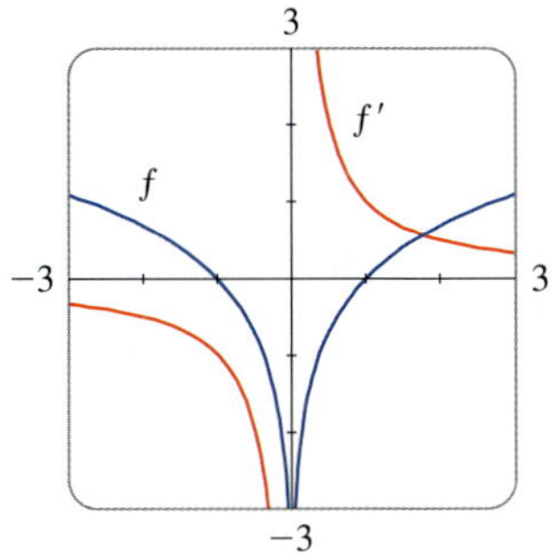

그림 2

(이것은 통분하면 풀이 1과 같은 결과임을 알 수 있다.) ■

예제 6 $f(x) = \ln|x|$일 때 $f'(x)$를 구하여라.

풀이

$$f(x) = \begin{cases} \ln x, & x > 0 \\ \ln(-x), & x < 0 \end{cases}$$

이므로

$$f'(x) = \begin{cases} \dfrac{1}{x}, & x > 0 \\ \dfrac{1}{-x}(-1) = \dfrac{1}{x}, & x < 0 \end{cases}$$

따라서 $x \neq 0$인 모든 x에 대해 $f'(x) = 1/x$이다. ■

예제 6의 결과로부터 다음을 얻는다.

4
$$\frac{d}{dx}\ln|x| = \frac{1}{x}$$

■ 로그 미분법

곱셈, 나눗셈, 거듭제곱으로 된 복잡한 함수의 도함수는 로그를 취함으로써 간단히 구할 수 있다. 다음 예제에서 이용되는 방법을 **로그 미분법**이라 부른다.

예제 7 $y = \dfrac{x^{3/4}\sqrt{x^2+1}}{(3x+2)^5}$을 미분하여라.

풀이 양변에 로그를 취하고 로그법칙을 이용하면,

$$\ln y = \tfrac{3}{4}\ln x + \tfrac{1}{2}\ln(x^2+1) - 5\ln(3x+2)$$

이 식을 x에 대하여 음함수 미분법을 적용하면,

$$\frac{1}{y}\frac{dy}{dx} = \frac{3}{4}\cdot\frac{1}{x} + \frac{1}{2}\cdot\frac{2x}{x^2+1} - 5\cdot\frac{3}{3x+2}$$

dy/dx에 대하여 풀면,

$$\frac{dy}{dx} = y\left(\frac{3}{4x} + \frac{x}{x^2+1} - \frac{15}{3x+2}\right)$$

만약 예제 7에서 로그 미분법을 사용하지 않는다면 곱 법칙과 몫 법칙을 이용해야 한다. 그때의 계산 과정은 아주 복잡해진다.

이것을 양함수로 바꾸기 위해 y를 대입하여 정리하면,

$$\frac{dy}{dx} = \frac{x^{3/4}\sqrt{x^2+1}}{(3x+2)^5}\left(\frac{3}{4x} + \frac{x}{x^2+1} - \frac{15}{3x+2}\right)$$ ■

로그 미분법의 단계

1. $y = f(x)$의 양변에 자연로그를 취하고 로그법칙을 사용하여 간단히 한다.
2. x에 대하여 음함수 미분을 한다.
3. y'에 대하여 푼다.

$f(x) < 0$이면 $\ln f(x)$는 정의되지 않지만, $|y| = |f(x)|$라 하고 식 **4**를 이용하여 로그 미분법을 적용할 수 있다. 이 방법으로 3.1절에서 설명했던 일반적인 형태의 거듭제곱 법칙을 증명할 수 있다. 일반적인 형태의 거듭제곱 법칙이란 모든 실수 n과 $f(x) = x^n$에 대하여 $f'(x) = nx^{n-1}$이라는 것이다.

일반적인 형태의 거듭제곱 법칙 증명 $y = x^n$이라 두고 로그 미분법을 이용한다.

만약 $x = 0$이면, $n > 1$일 경우 도함수 정의에 의해 $f'(0) = 0$을 직접 보일 수 있다.

$$\ln|y| = \ln|x|^n = n\ln|x| \qquad x \neq 0$$

따라서
$$\frac{y'}{y} = \frac{n}{x}$$

그러므로
$$y' = n\frac{y}{x} = n\frac{x^n}{x} = nx^{n-1}$$ ■

⊘ 거듭제곱 법칙과 지수함수 미분은 구별해야 한다. 거듭제곱 법칙$[(x^n)' = nx^{n-1}]$에서 밑은 변수이고 지수가 상수지만, 지수함수 미분$[(b^x)' = b^x \ln b]$에서는 밑이 상수이고 지수가 변수이다.

일반적으로 지수와 밑에 대한 경우가 네 가지 있다.

밑 상수, 지수 상수
1. $\dfrac{d}{dx}(b^n) = 0 \qquad (b, n$은 상수)

밑 변수, 지수 상수
2. $\dfrac{d}{dx}[f(x)]^n = n[f(x)]^{n-1}f'(x)$

밑 상수, 지수 변수
3. $\dfrac{d}{dx}[b^{g(x)}] = b^{g(x)}(\ln b)g'(x)$

밑 변수, 지수 변수
4. $\dfrac{d}{dx}[f(x)]^{g(x)}$을 구하려면 다음 예제에서처럼 로그 미분법을 이용한다.

그림 3은 예제 8의 $f(x) = x^{\sqrt{x}}$와 도함수를 보여준다.

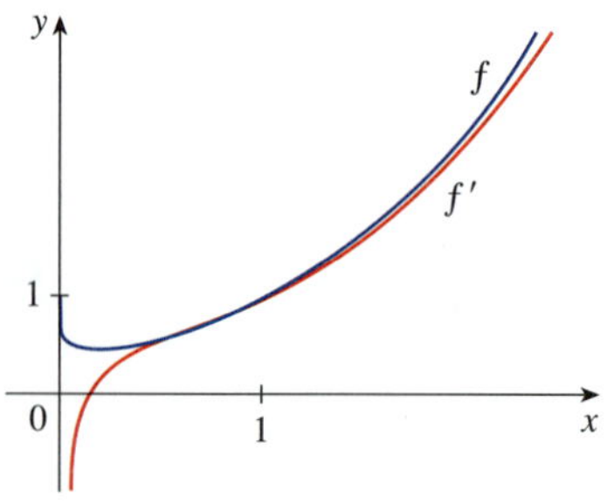

그림 3

예제 8 $y = x^{\sqrt{x}}$를 미분하여라.

풀이 1 밑과 지수 둘 다 변수이므로 로그 미분법을 이용하면 다음과 같다.

$$\ln y = \ln x^{\sqrt{x}} = \sqrt{x}\ln x$$

$$\frac{y'}{y} = \sqrt{x}\cdot\frac{1}{x} + (\ln x)\frac{1}{2\sqrt{x}}$$

$$y' = y\left(\frac{1}{\sqrt{x}} + \frac{\ln x}{2\sqrt{x}}\right) = x^{\sqrt{x}}\left(\frac{2 + \ln x}{2\sqrt{x}}\right)$$

풀이 2 $x^{\sqrt{x}} = e^{\sqrt{x}\ln x}$로 생각하여 미분한다.

$$\frac{d}{dx}\left(x^{\sqrt{x}}\right) = \frac{d}{dx}\left(e^{\sqrt{x}\ln x}\right) = e^{\sqrt{x}\ln x}\frac{d}{dx}\left(\sqrt{x}\ln x\right)$$

$$= x^{\sqrt{x}}\left(\frac{2+\ln x}{2\sqrt{x}}\right) \qquad \text{(풀이 1에서와 같이)}$$ ■

■ 극한값으로 표현되는 수 e

$f(x) = \ln x$이면 $f'(x) = 1/x$임을 알았다. 그러므로 $f'(1) = 1$이다. 이 사실을 이용하여 e를 극한값으로 표현해보자.

도함수의 정의에 의하여

$$f'(1) = \lim_{h\to 0}\frac{f(1+h)-f(1)}{h} = \lim_{x\to 0}\frac{f(1+x)-f(1)}{x}$$

$$= \lim_{x\to 0}\frac{\ln(1+x)-\ln 1}{x} = \lim_{x\to 0}\frac{1}{x}\ln(1+x)$$

$$= \lim_{x\to 0}\ln(1+x)^{1/x}$$

$f'(1) = 1$이므로

$$\lim_{x\to 0}\ln(1+x)^{1/x} = 1$$

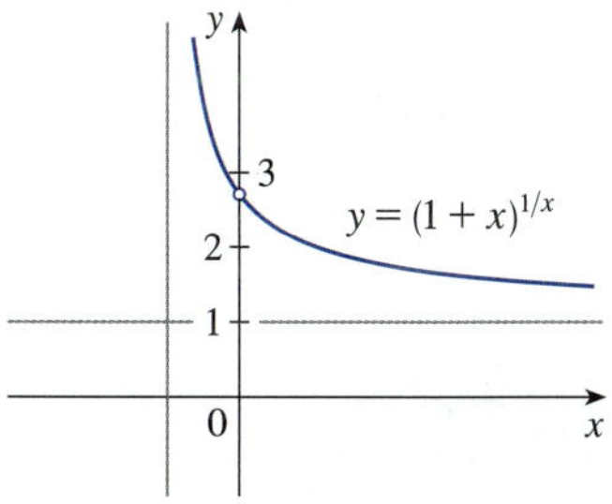

그림 4

x	$(1+x)^{1/x}$
0.1	2.59374246
0.01	2.70481383
0.001	2.71692393
0.0001	2.71814593
0.00001	2.71826824
0.000001	2.71828047
0.0000001	2.71828169
0.00000001	2.71828181

2.4절의 정리 **8**과 지수함수의 연속성에 의하여 다음을 얻는다.

$$e = e^1 = e^{\lim_{x\to 0}\ln(1+x)^{1/x}} = \lim_{x\to 0} e^{\ln(1+x)^{1/x}} = \lim_{x\to 0}(1+x)^{1/x}$$

5 $$e = \lim_{x\to 0}(1+x)^{1/x}$$

그림 4의 $y = (1+x)^{1/x}$의 그래프와 x의 작은 값에 대한 함숫값 표에 의해 식 **5**를 설명할 수 있다. 소수 일곱째 자리까지 정확하게 구하면

$$e \approx 2.7182818$$

식 **5**에서 $n = 1/x$이라 두면 $x \to 0^+$일 때 $n \to \infty$이므로 e를 다음과 같이 표현할 수 있다.

6 $$e = \lim_{n\to\infty}\left(1+\frac{1}{n}\right)^n$$

■ 역삼각함수의 도함수

역삼각함수는 1.5절에서 다루었다. 2.4절에서는 이 함수의 연속성을, 2.5절에서는 점근선을 다루었다. 음함수 미분법을 이용하여 역삼각함수의 도함수를 구해보자. 이 절의 시

작 부분에서 f가 일대일이고 미분가능한 함수이면 역함수 f^{-1}도 미분가능함을 살펴봤다(접선이 수직인 점 제외). 역삼각함수를 정의할 때 사용했던 삼각함수는 제한된 정의역을 가지고 있어 일대일이고 미분가능하므로 역삼각함수도 미분가능하다.

역사인함수의 정의를 상기하자.

$$y = \sin^{-1}x \text{는} \qquad \sin y = x, \qquad -\frac{\pi}{2} \leqslant y \leqslant \frac{\pi}{2}$$

를 의미한다. 음함수 미분법으로 $\sin y = x$를 x에 관하여 미분하면,

$$\cos y \frac{dy}{dx} = 1 \qquad \text{즉} \qquad \frac{dy}{dx} = \frac{1}{\cos y}$$

을 얻는다. $-\pi/2 \leqslant y \leqslant \pi/2$이므로 $\cos y \geqslant 0$이고, 따라서

$$\cos y = \sqrt{1 - \sin^2 y} = \sqrt{1 - x^2} \qquad (\cos^2 y + \sin^2 y = 1)$$

그러므로
$$\frac{dy}{dx} = \frac{1}{\cos y} = \frac{1}{\sqrt{1 - x^2}}$$

$$\boxed{\frac{d}{dx}(\sin^{-1}x) = \frac{1}{\sqrt{1 - x^2}}}$$

그림 5는 $f(x) = \tan^{-1}x$와 그 도함수 $f'(x) = 1/(1 + x^2)$의 그래프이다. f가 증가하고 $f'(x)$는 항상 양임을 주목하여라. $x \to \pm\infty$일 때, $\tan^{-1}x \to \pm\pi/2$인 것은 $x \to \pm\infty$일 때, $f'(x) \to 0$인 것으로 반영되고 있다.

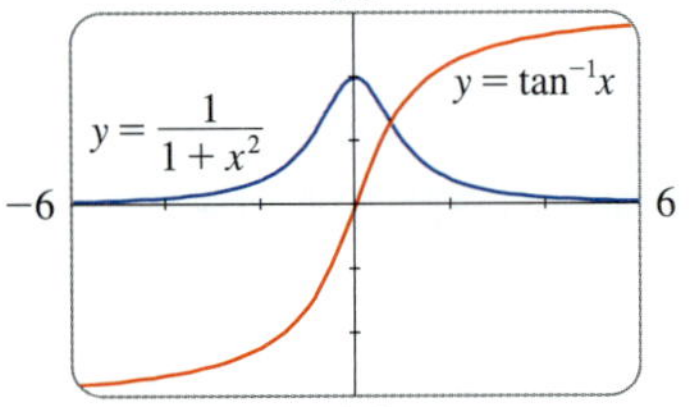

그림 5

역탄젠트함수에 관한 미분공식은 비슷한 방법으로 유도된다. $y = \tan^{-1}x$라면 $\tan y = x$이다. 음함수 미분법으로 x에 관하여 미분하면,

$$\sec^2 y \frac{dy}{dx} = 1$$

$$\frac{dy}{dx} = \frac{1}{\sec^2 y} = \frac{1}{1 + \tan^2 y} = \frac{1}{1 + x^2}$$

$$\boxed{\frac{d}{dx}(\tan^{-1}x) = \frac{1}{1 + x^2}}$$

역삼각함수 $\sin^{-1}x$와 $\tan^{-1}x$는 자주 사용된다. 나머지 네 개의 역삼각함수의 도함수는 다음 표에 주어진다. 증명은 연습문제로 남겨둔다.

$\csc^{-1}x$와 $\sec^{-1}x$의 도함수 공식은 이 함수들에 대한 정의에 따라 달라질 수 있다. 연습문제 66 참조.

역삼각함수의 미분공식

$$\frac{d}{dx}(\sin^{-1}x) = \frac{1}{\sqrt{1 - x^2}} \qquad \frac{d}{dx}(\csc^{-1}x) = -\frac{1}{x\sqrt{x^2 - 1}}$$

$$\frac{d}{dx}(\cos^{-1}x) = -\frac{1}{\sqrt{1 - x^2}} \qquad \frac{d}{dx}(\sec^{-1}x) = \frac{1}{x\sqrt{x^2 - 1}}$$

$$\frac{d}{dx}(\tan^{-1}x) = \frac{1}{1 + x^2} \qquad \frac{d}{dx}(\cot^{-1}x) = -\frac{1}{1 + x^2}$$

예제 9 (a) $y = \dfrac{1}{\sin^{-1}x}$과 (b) $f(x) = x \arctan\sqrt{x}$를 미분하여라.

풀이

(a)
$$\frac{dy}{dx} = \frac{d}{dx}(\sin^{-1}x)^{-1} = -(\sin^{-1}x)^{-2}\frac{d}{dx}(\sin^{-1}x)$$
$$= -\frac{1}{(\sin^{-1}x)^2\sqrt{1-x^2}}$$

arctan x는 $\tan^{-1}x$의 또 다른 표현이다.

(b)
$$f'(x) = x\frac{1}{1+(\sqrt{x})^2}\left(\tfrac{1}{2}x^{-1/2}\right) + \arctan\sqrt{x}$$
$$= \frac{\sqrt{x}}{2(1+x)} + \arctan\sqrt{x}$$ ■

예제 10 $g(x) = \sec^{-1}(x^2)$을 미분하여라.

$$g'(x) = \frac{1}{x^2\sqrt{(x^2)^2-1}}(2x) = \frac{2}{x\sqrt{x^4-1}}$$ ■

3.6 연습문제

1. 자연로그 $y = \ln x$가 다른 로그함수 $y = \log_b x$보다 더 자주 사용되는 이유를 설명해보아라.

2-20 다음 함수를 미분하여라.

2. $g(t) = \ln(3 + t^2)$

3. $f(x) = x\ln x - x$

4. $f(x) = \sin(\ln x)$

5. $f(x) = \ln\dfrac{1}{x}$

6. $y = \dfrac{1}{\ln x}$

7. $g(x) = \ln(xe^{-2x})$

8. $g(t) = \sqrt{1 + \ln t}$

9. $F(t) = (\ln t)^2 \sin t$

10. $p(t) = \ln\sqrt{t^2 + 1}$

11. $y = \log_8(x^2 + 3x)$

12. $F(s) = \ln\ln s$

13. $P(v) = \dfrac{\ln v}{1 - v}$

14. $T(z) = 2^z \log_2 z$

15. $y = \ln|3 - 2x^5|$

16. $y = \ln(e^{-x} + xe^{-x})$

17. $g(x) = e^{x^2 \ln x}$

18. $h(x) = e^{x^2 + \ln x}$

19. $y = \ln\dfrac{x^a}{b^x}$

20. $y = \log_2(x\log_5 x)$

21. $\dfrac{d}{dx}\ln\left(x + \sqrt{x^2+1}\right) = \dfrac{1}{\sqrt{x^2+1}}$임을 보여라.

22. $\dfrac{d}{dx}\ln\sqrt{\dfrac{1-\cos x}{1+\cos x}} = \csc x$임을 보여라.

23-24 y', y''을 구하여라.

23. $y = \sqrt{x}\ln x$

24. $y = \ln|\sec x|$

25-28 다음 함수 f를 미분하고 f의 정의역을 구하여라.

25. $f(x) = \dfrac{x}{1 - \ln(x-1)}$

26. $f(x) = \sqrt{2 + \ln x}$

27. $f(x) = \ln(x^2 - 2x)$

28. $f(x) = \ln\ln\ln x$

29. $f(x) = \ln(x + \ln x)$일 때 $f'(1)$의 값을 구하여라.

30. $f(x) = \cos(\ln x^2)$일 때 $f'(1)$의 값을 구하여라.

31-32 주어진 점에서 다음 곡선의 접선의 방정식을 구하여라.

31. $y = \ln(x^2 - 3x + 1)$, $(3, 0)$

32. $y = x^2\ln x$, $(1, 0)$

33. $f(x) = \sin x + \ln x$일 때 $f'(x)$를 구하여라. f와 f'의 그래프를 비교하여 답이 맞는지 확인하여라.

34. 곡선 $y = (\ln x)/x$ 위의 점 $(1, 0)$과 $(e, 1/e)$에서 접선의 방정식을 각각 구하여라. 곡선과 접선의 방정식을 그려 설명하여라.

35. $f(x) = cx + \ln(\cos x)$라 할 때 $f'(\pi/4) = 6$을 만족하는 c의 값을 구하여라.

36-44 로그 미분법을 사용하여 다음 함수를 미분하여라.

36. $y = (x^2 + 2)^2(x^4 + 4)^4$

37. $y = \dfrac{e^{-x}\cos^2 x}{x^2 + x + 1}$

38. $y = \sqrt{\dfrac{x - 1}{x^4 + 1}}$

39. $y = x^x$

40. $y = x^{\sin x}$

41. $y = \left(\sqrt{x}\right)^x$

42. $y = (\cos x)^x$

43. $y = x^{\ln x}$

44. $y = (\ln x)^{\cos x}$

---

45. $y = \ln(x^2 + y^2)$일 때, y'을 구하여라.

46. $x^y = y^x$일 때 y'을 구하여라.

47. $f(x) = \ln(x - 1)$에 대하여 $f^{(n)}(x)$를 구하여라.

48. $\dfrac{d^9}{dx^9}(x^8 \ln x)$를 구하여라.

49. 도함수의 정의를 사용하여 다음을 증명하여라.

$$\lim_{x\to 0} \frac{\ln(1 + x)}{x} = 1$$

50. $x > 0$에 대하여 $\lim_{n\to\infty}\left(1 + \dfrac{x}{n}\right)^n = e^x$임을 보여라.

51-62 함수의 도함수를 구하고 간단히 하여라.

51. $f(x) = \sin^{-1}(5x)$

52. $y = \tan^{-1}\sqrt{x - 1}$

53. $y = (\tan^{-1}x)^2$

54. $g(x) = \arccos\sqrt{x}$

55. $h(x) = (\arcsin x)\ln x$

56. $g(t) = \ln(\arctan(t^4))$

57. $f(z) = e^{\arcsin(z^2)}$

58. $y = \tan^{-1}\left(x - \sqrt{1 + x^2}\right)$

59. $h(t) = \cot^{-1}(t) + \cot^{-1}(1/t)$

60. $y = x\sin^{-1}x + \sqrt{1 - x^2}$

61. $y = \cos^{-1}(\sin^{-1}t)$

62. $y = \tan^{-1}\left(\dfrac{x}{a}\right) + \ln\sqrt{\dfrac{x - a}{x + a}}$

63-64 $f'(x)$를 구하여라. f와 f'의 그래프를 비교하여 답이 맞는지 확인해 보아라.

63. $f(x) = \sqrt{1 - x^2}\arcsin x$

64. $f(x) = \arctan(x^2 - x)$

---

65. $(d/dx)(\sin^{-1}x)$와 같은 방법으로 $(d/dx)(\cos^{-1}x)$에 대한 공식을 증명하여라.

66. (a) $\sec^{-1}x$를 정의하는 한 가지 방법은 다음과 같다.

$y = \sec^{-1}x \iff \sec y = x,\ 0 \leqslant y < \pi/2$ 또는 $\pi \leqslant y < 3\pi/2$

이 정의를 이용하여 다음을 보여라.

$$\frac{d}{dx}(\sec^{-1}x) = \frac{1}{x\sqrt{x^2 - 1}}$$

(b) $\sec^{-1}x$를 정의하는 또 다른 방법은 다음과 같다.

$y = \sec^{-1}x \iff \sec y = x,\quad 0 \leqslant y \leqslant \pi,\ y \neq \pi/2$

이 정의를 이용하여 다음을 보여라.

$$\frac{d}{dx}(\sec^{-1}x) = \frac{1}{|x|\sqrt{x^2 - 1}}$$

67. **역함수의 도함수** f가 일대일이며 미분가능 함수이고 역함수 f^{-1}도 미분가능하다고 하자. 음함수 미분법을 이용하여 다음 식이 성립함을 보여라.

$$(f^{-1})'(x) = \frac{1}{f'(f^{-1}(x))}$$

단, 분모는 0이 아니다.

68-69 연습문제 67의 공식을 이용하여라.

68. $f(4) = 5$, $f'(4) = \frac{2}{3}$일 때 $(f^{-1})'(5)$를 구하여라.

69. $f(x) = x + e^x$일 때 $(f^{-1})'(1)$을 구하여라.

3.7 상관 비율

풍선에 공기를 불어넣는다면, 풍선의 부피와 반지름이 모두 증가하고, 증가율은 서로 관련되어 있다. 그러나 부피의 증가율을 직접 계산하는 것이 반지름의 증가율을 계산하는 것보다 훨씬 쉽다.

상관 비율 문제에서 중요한 개념은 좀더 쉽게 측정할 수 있는 어떤 양의 변화율을 통하여 다른 양의 변화율을 계산하는 데 있다. 이것을 계산하는 절차는 두 양 사이의 관계식을 구하고, 연쇄법칙을 적용하여 양변을 시간에 관해 미분하는 것이다.

예제 1 구 모양의 풍선에 공기를 불어넣을 때, 풍선의 부피는 $100\text{cm}^3/\text{s}$의 비율로 증가한다. 지름이 50cm일 때 풍선의 반지름은 얼마나 빨리 증가하는가?

PS 문제풀이의 첫 단계는 문제를 이해하는 것이다. 이것은 문제를 주의 깊게 읽고, 주어진 자료와 구하는 것을 구분하고, 알맞은 기호를 도입하는 것을 포함한다.

풀이 두 가지로 분류하는 것부터 시작하자.

주어진 자료: 공기의 부피 증가율은 $100\text{cm}^3/\text{s}$

구하는 것: 지름이 50cm일 때 반지름의 증가율

이 양들을 수학적으로 표현하기 위해 몇 가지 기호를 도입한다.

V를 풍선의 부피라 하고, r을 반지름이라고 하자.

여기서 중요한 것은 변화율은 도함수라는 것이다. 이 문제에서 부피와 반지름은 모두 시간 t의 함수이다. 부피의 시간에 대한 증가율은 도함수 dV/dt이고, 반지름의 증가율은 dr/dt이다. 따라서 주어진 것과 구하는 것을 다음과 같이 다시 쓸 수 있다.

주어진 것: $\dfrac{dV}{dt} = 100\,\text{cm}^3/\text{s}$

구하는 것: $r = 25\text{cm}$일 때 $\dfrac{dr}{dt}$

PS 문제풀이의 둘째 단계는 주어진 자료와 구하는 것을 연결하는 계획을 세우는 것이다.

dV/dt와 dr/dt를 연결하기 위하여 먼저 구의 부피 공식을 이용하여 V와 r의 관계를 구한다.

$$V = \tfrac{4}{3}\pi r^3$$

주어진 자료를 이용하기 위해 연쇄법칙을 이용하여 식의 양변을 t에 관하여 미분한다.

$$\frac{dV}{dt} = \frac{dV}{dr}\frac{dr}{dt} = 4\pi r^2 \frac{dr}{dt}$$

이므로, 구하는 것에 관해 풀면

dV/dt는 상수지만 dr/dt는 상수가 아니다.

$$\frac{dr}{dt} = \frac{1}{4\pi r^2}\frac{dV}{dt}$$

이다. 이제 이 방정식에서 $r = 25$, $dV/dt = 100$을 대입하면,

$$\frac{dr}{dt} = \frac{1}{4\pi(25)^2}100 = \frac{1}{25\pi}$$

이므로 지름이 50cm일 때 풍선의 반지름은 $1/(25\pi) \approx 0.0127\text{cm/s}$ 비율로 증가한다. ■

예제 2 길이 5m의 사다리가 수직인 벽면에 기대어 있다. 사다리의 밑은 벽면으로부터 1m/s의 비율로 미끄러져 간다. 사다리의 밑이 벽에서 3m 떨어질 때, 사다리의 위쪽 끝은 얼마나 빨리 벽면 아래로 미끄러지는가?

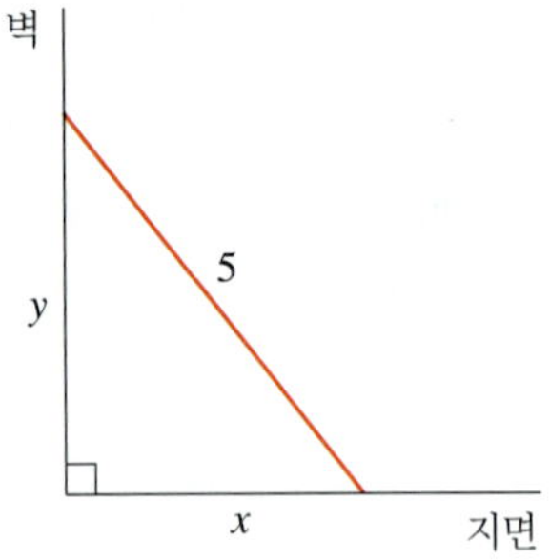

그림 1

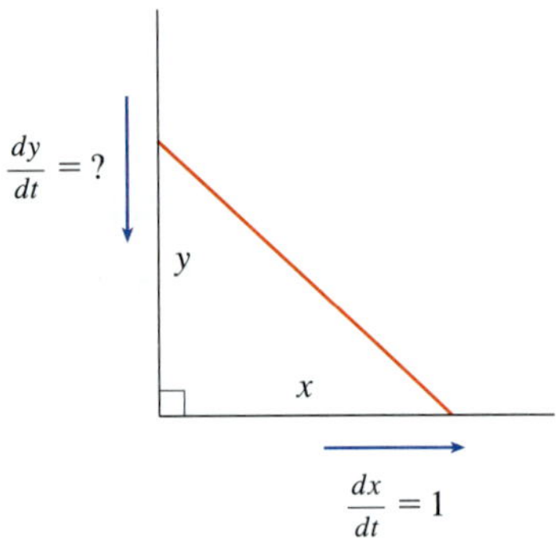

그림 2

풀이 먼저 그림 1과 같이 그림을 그린다. 그리고 벽면과 사다리 사이의 거리를 x, 지면과 사다리의 위쪽 끝 사이의 거리를 y라고 하자. 그러면 x와 y는 시간 t의 함수이다(t의 단위는 초).

따라서 $dx/dt = 1\text{m/s}$이고, $x = 3\text{m}$일 때 dy/dt를 구하고자 한다(그림 2 참조). 한편 피타고라스 정리에 의하여 x와 y 사이의 관계식은

$$x^2 + y^2 = 25$$

이다. 연쇄법칙을 이용하여 이 식을 t에 관하여 미분하면

$$2x\frac{dx}{dt} + 2y\frac{dy}{dt} = 0$$

이고, 이 방정식을 풀면

$$\frac{dy}{dt} = -\frac{x}{y}\frac{dx}{dt}$$

이다. $x = 3$일 때 피타고라스 정리에 의하여 $y = 4$이다. 이 값들과 $dx/dt = 1$을 위 식에 대입하면 다음과 같다.

$$\frac{dy}{dt} = -\frac{3}{4}(1) = -0.75 \text{ m/s}$$

dy/dt가 음이라는 뜻은 사다리의 꼭대기로부터 지면까지의 거리가 0.75m/s의 비율로 감소한다는 것이다. 다시 말하면, 사다리의 꼭대기는 0.75m/s의 비율로 벽에서 미끄러진다. ■

PS 예제 1~2에서 앞으로 문제를 풀 때 도움이 되는 것은 무엇인가?

주의 시간에 따라 변하는 양에 대하여 주어진 수치적 정보를 너무 일찍 대입하는 오류를 범하지 말고, 미분이 끝난 다음에 대입하여야 한다(즉, 6단계 다음의 7단계에서). 예를 들어, 예제 1의 마지막 단계에서 $r = 25$를 대입할 때까지 일반적인 r을 다루었다. (만일 $r = 25$를 초기에 대입하면 $dV/dt = 0$이 되므로 실패하게 된다.)

문제해결 전략

예제 1~2의 경험을 토대로 상관 비율 문제해결 원리를 정의하자.

1. 문제를 주의 깊게 읽어라.
2. 가능하면 그림을 그려라.
3. 시간의 함수에 관련된 모든 양에 대응하는 기호를 정의하여라.
4. 주어진 정보와 요구되는 비율을 도함수로 나타내어라.
5. 문제에서 제시된 여러 가지 양에 관한 방정식을 써라. 필요하다면 변수 하나를 소거한 방식을 사용하여라(아래 예제 3과 같이).
6. 연쇄법칙을 이용하여 방정식의 양변을 t에 관해 미분하여라.
7. 주어진 정보를 결과에 대입하여 구하고자 하는 비율을 구한다.

다음 예제는 위의 전략에 대한 더 많은 설명을 해준다.

예제 3 물탱크가 밑면의 반지름이 2m, 높이가 4m인 원뿔이 거꾸로 된 모양을 하고 있다. 만일 물이 탱크 안으로 $2\text{m}^3/\text{min}$의 속도로 채워진다면, 물의 깊이가 3m 되는 순간의 수위의 상승비율을 구하여라.

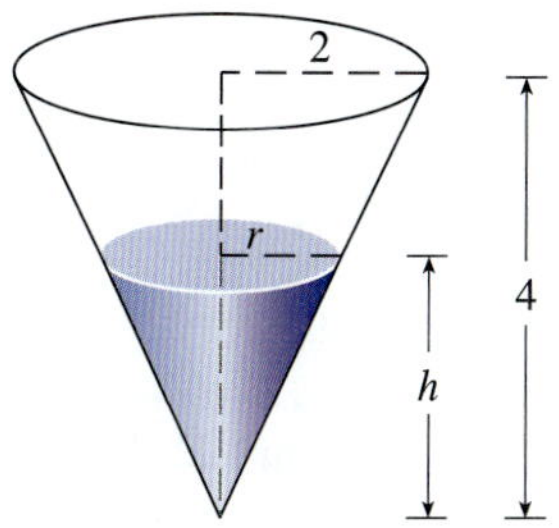

그림 3

풀이 먼저 원뿔과 물의 수면을 그림 3과 같이 그린다. V, r 및 h를 각각 시각 t에서의 물의 부피, 수면의 반지름과 높이라고 하자. 이때 t의 단위는 분이다.

$dV/dt = 2\text{m}^3/\text{min}$이 주어져 있고, $h = 3\text{m}$일 때 dh/dt의 값을 구하여야 한다. V와 h 사이에는 다음 관계식이 성립한다.

$$V = \tfrac{1}{3}\pi r^2 h$$

한편 V는 h만의 함수로 쓰는 것이 유용하므로 r을 소거하기 위하여 그림 3에서 닮은 삼각형을 이용하면,

$$\frac{r}{h} = \frac{2}{4} \qquad r = \frac{h}{2}$$

이므로 V에 관한 식을 변형하면

$$V = \frac{1}{3}\pi\left(\frac{h}{2}\right)^2 h = \frac{\pi}{12}h^3$$

이다. 이제 양변을 t에 관하여 미분하자.

$$\frac{dV}{dt} = \frac{\pi}{4}h^2\frac{dh}{dt}$$

따라서
$$\frac{dh}{dt} = \frac{4}{\pi h^2}\frac{dV}{dt}$$

이다. $h = 3\text{m}$, $dV/dt = 2\text{m}^3/\text{min}$를 대입하면

$$\frac{dh}{dt} = \frac{4}{\pi(3)^2}\cdot 2 = \frac{8}{9\pi}$$

이므로 수위는 $8/(9\pi) \approx 0.28\text{m/min}$의 비율로 상승한다. ■

예제 4 자동차 A는 80km/h의 속도로 서쪽으로 달리고, 자동차 B는 100km/h의 속도로 북쪽으로 달리고 있다. 그리고 두 자동차는 두 길의 교차점을 향하여 달리고 있다. 교차점에서 A는 0.3km, B는 0.4km의 거리에 있을 때 두 자동차가 서로에게 접근하는 속도는 얼마인가?

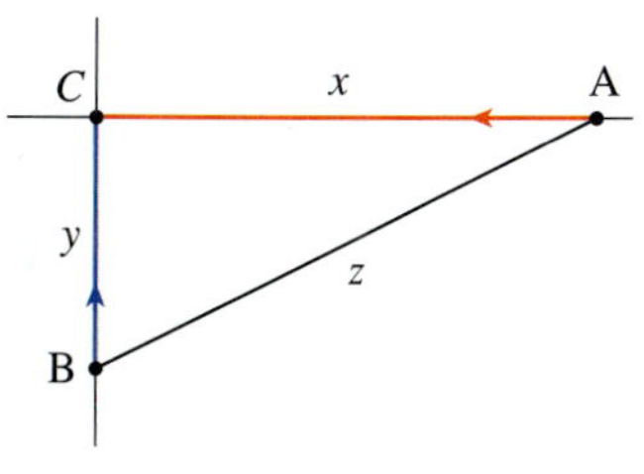

그림 4

풀이 C를 두 길의 교차점이라 하고 그림 4를 그린다. 시각 t일 때 자동차 A에서 C까지의 거리를 x, 자동차 B에서 C까지 거리를 y, 그리고 두 자동차 A, B 사이의 거리를 z라고 하자. 이때 x, y, z의 단위는 km이다.

그러면 주어진 조건에서 $dx/dt = -80\text{km/h}$, $dy/dt = -100\text{km/h}$이다. (x와 y는

감소하므로 도함수는 음의 값을 택한다.) 구하고자 하는 것은 dz/dt이다. 피타고라스 정리에 의하여 x, y, z 사이의 관계식

$$z^2 = x^2 + y^2$$

을 얻는다. t에 관하여 양변을 미분하면

$$2z\frac{dz}{dt} = 2x\frac{dx}{dt} + 2y\frac{dy}{dt}$$

$$\frac{dz}{dt} = \frac{1}{z}\left(x\frac{dx}{dt} + y\frac{dy}{dt}\right)$$

이다. $x = 0.3\text{km}$, $y = 0.4\text{km}$일 때, 피타고라스 정리에 의하여 $z = 0.5\text{km}$이므로

$$\frac{dz}{dt} = \frac{1}{0.5}[0.3(-80) + 0.4(-100)] = -128 \text{ km/h}$$

이다. 따라서 두 자동차는 128km/h의 속도로 접근한다. ■

예제 5 한 사람이 1m/s의 속력으로 곧은 길을 따라 걷고 있다. 이 길로부터 6m 떨어진 지면 위에 있는 탐조등이 이 사람을 따라가며 비추고 있다. 이 사람이 도로에서 탐조등까지 가장 가까운 점으로부터 4.5m 떨어진 곳에 있을 때, 탐조등의 회전속도를 구하여라.

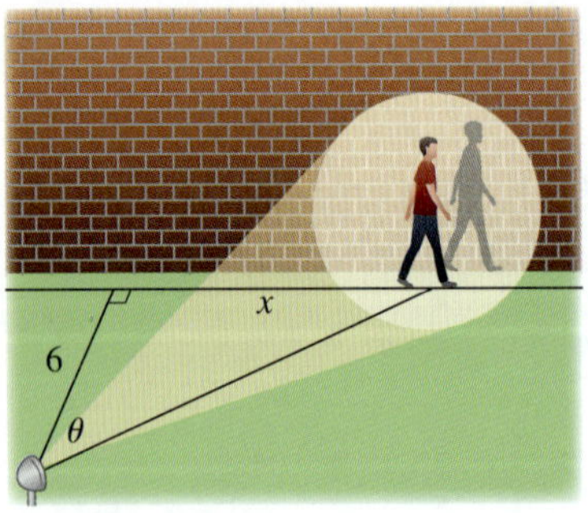

그림 5

풀이 그림 5를 그리고, 탐조등의 바로 밑에서 사람까지의 거리를 x, 길과 탐조등이 수직이 되는 수직선과 광선 사이의 각을 θ라고 하자.

조건 $dx/dt = 1\text{m/s}$가 주어져 있고, $x = 4.5$일 때 $d\theta/dt$를 구하면 된다. 그림 5에서 x와 θ 사이의 관계식을 구하면,

$$\frac{x}{6} = \tan\theta \qquad x = 6\tan\theta$$

이다. 이제 t에 관하여 양변을 미분하면

$$\frac{dx}{dt} = 6\sec^2\theta\frac{d\theta}{dt}$$

이고

$$\frac{d\theta}{dt} = \frac{1}{6}\cos^2\theta\frac{dx}{dt}$$

$$= \frac{1}{6}\cos^2\theta\,(1) = \frac{1}{6}\cos^2\theta$$

이다. 한편 $x = 4.5$이면 빛의 길이는 7.5이고 $\cos\theta = \frac{20}{25} = \frac{4}{5}$이므로

$$\frac{d\theta}{dt} = \frac{1}{6}\left(\frac{4}{5}\right)^2 = \frac{16}{150} \approx 0.107$$

$$0.107\,\frac{\text{rad}}{\text{s}} \times \frac{1\text{회전}}{2\pi\text{ rad}} \times \frac{60\text{초}}{1\text{분}} \approx 1.02\ (\text{분당 회전수})$$

이다. 따라서 탐조등의 회전속도는 0.107rad/s이다. ■

3.7 연습문제

1. (a) V를 한 변의 길이가 x인 정육면체의 부피라 하자. 부피가 시간이 지남에 따라 팽창할 때, dV/dt를 dx/dt로 나타내어라.

(b) 정육면체의 변의 길이가 4cm/s의 비율로 늘어난다고 하자. 변의 길이가 15cm일 때 정육면체의 부피는 얼마나 빨리 늘어나는가?

2. 정사각형의 각 변이 6cm/s의 비율로 증가하고 있다. 정사각형 넓이가 16cm^{2}일 때 넓이의 증가율은 얼마인가?

3. 구의 반지름이 2cm/min의 속도로 커지고 있다. 반지름이 8cm일 때 구의 겉넓이가 증가하는 속도를 구하여라.

4. 반지름이 5m인 원통형 탱크에 3m^3/min의 속력으로 물이 채워지고 있다. 물의 높이의 변화율을 구하여라.

5. x와 y가 t에 대한 함수이고 $4x^2 + 9y^2 = 25$라 하자.

(a) $dy/dt = \frac{1}{3}$이고, $x = 2$, $y = 1$일 때 dx/dt를 구하여라.

(b) $dx/dt = 3$이고, $x = -2$, $y = 1$일 때 dy/dt를 구하여라.

6. 한 입자가 쌍곡선 $xy = 8$을 따라 움직이고 있다. 점 (4, 2)에 도달하는 순간 y좌표는 3cm/s의 속력으로 감소한다. 그때 입자의 x좌표의 변화율을 구하여라.

7-9

(a) 문제에서 어떤 양들이 주어져 있는가?
(b) 미지수는 무엇인가?
(c) 임의의 시각 t에 대한 상황을 그림으로 그려라.
(d) 주어진 양에 대한 방정식을 써라.
(e) 문제를 풀어라.

7. 고도 2km에서 800km/h의 속력으로 수평으로 나는 비행기가 레이더 기지 상공을 똑바로 지나간다. 이 비행기가 기지로부터 3km 떨어져 있을 때 비행기에서 레이더 기지까지의 거리의 증가율을 구하여라.

8. 눈덩이가 녹아 1cm^2/min의 속력으로 겉넓이가 감소하고 있다면, 지름이 10cm일 때 지름의 감소율을 구하여라.

9. 가로등이 6m 길이의 기둥의 꼭대기에 고정되어 있다. 키가 2m인 사람이 기둥으로부터 반듯한 길을 따라 1.5m/s의 속력으로 기둥에서 멀어져간다고 하자. 기둥에서 10m 떨어질 때, 그 사람의 그림자 끝은 얼마나 빠르게 움직이는가?

---

10. 두 대의 자동차가 같은 지점에서 출발한다. 한 대는 30km/h의 속도로 남쪽으로, 다른 한 대는 72km/h의 속도로 서쪽으로 달리고 있다. 2시간 후, 두 자동차 사이의 거리는 얼마의 비율로 증가하는가?

11. 한 남자가 P 지점에서 1.2m/s로 북쪽을 향하여 걷기 시작한다. 5분 후 한 여자가 P의 동쪽으로 200m 떨어진 지점에서 1.6m/s로 남쪽을 향하여 걷기 시작한다. 이 여자가 걷기 시작한 지 15분 후, 두 사람은 얼마의 속도로 멀어지는가?

12. 야구장은 한 변이 18m인 정사각형이다. 타자가 공을 치고 1루로 7.5m/s의 속력으로 달리고 있다.

(a) 타자가 1루와 홈의 중간지점에 있을 때, 2루와 타자 사이의 거리의 감소율은 얼마인가?

(b) 같은 순간에 3루와 타자 사이의 거리의 증가율은 얼마인가?

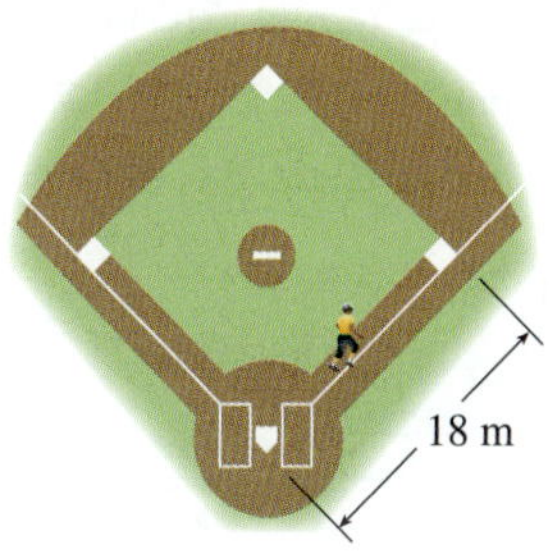

13. 삼각형의 높이는 1cm/min로 증가하고 넓이는 2cm^2/min로 증가한다. 높이가 10cm, 넓이가 100cm^{2}일 때, 삼각형의 밑변의 변화율은 얼마인가?

14. 두 사람이 절벽 끝에서 10m 거리를 두고 서 있다. 한 사람이 절벽 아래로 돌을 떨어뜨리고 1초 후에 다른 사람도 돌을 떨어뜨렸다. 다시 1초 후에 두 돌 사이의 거리는 얼마나 빨리 변하는가? 떨어지는 공이 t초 동안 이동한 거리(m)는 $d = 4.9t^2$임을 이용하여라.

15. 물이 일정한 비율로 거꾸로 된 원뿔형 탱크 안에 채워지고 있고, 동시에 10,000cm^3/min의 비율로 탱크의 밑에서 물이 빠져 나오고 있다. 탱크의 높이는 6m이고, 윗면의 지름은 4m이다. 물의 높이가 2m일 때, 수면이 20cm/min의 비율로 상승한다면, 물이 탱크에 채워지는 비율을 구하여라.

16. 입자가 곡선 $y = 2\sin(\pi x/2)$를 따라 움직이고 있다. 점 $\left(\frac{1}{3}, 1\right)$을 지나는 순간 x좌표는 $\sqrt{10}$cm/s의 속력으로 증가한다. 그 순간 원점에서부터 그 점까지의 거리의 변화율을 구하여라.

17. 물통이 길이가 10m이고 횡단면은 밑변의 길이가 30cm, 윗변의 길이가 80cm, 높이가 50cm인 등변사다리꼴 모양이다. 0.2m^3/min의 비율로 물이 채워진다면, 물의 깊이가 30cm일 때 수면은 얼마나 빨리 상승하는가?

18. 자갈이 컨베이어 벨트에서 3m^3/min의 비율로 쏟아지고 있 다. 그리고 쏟아진 자갈은 항상 지름과 높이가 같은 원뿔형을 이룬다. 자갈더미의 높이가 3m일 때, 높이는 얼마나 빨리 증가하는가?

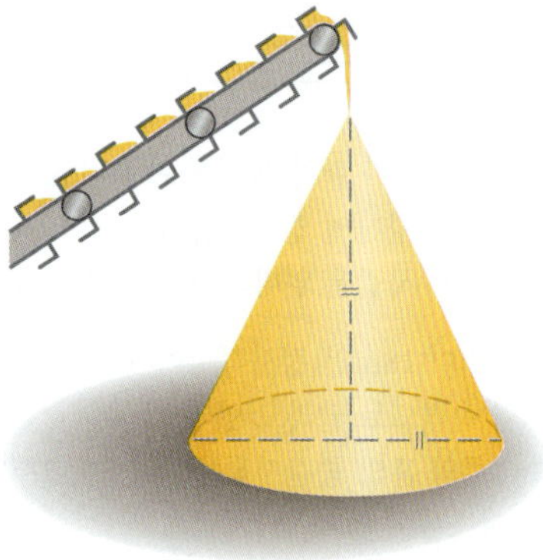

19. 너비가 5m이고 길이가 10m인 수영장은 얕은 곳은 깊이가 1m이고 가장 깊은 곳은 3m이다. 절단면은 다음 그림과 같다. 수영장이 $0.1\text{m}^3/\text{min}$의 속력으로 채워지고 있다면, 가장 깊은 지점이 1m일 때 수면은 얼마나 빨리 상승하는가?

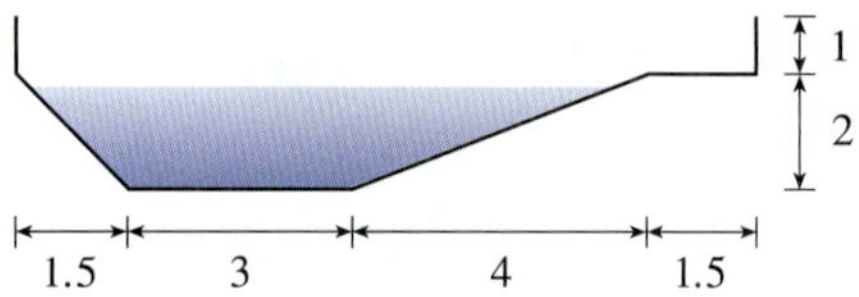

20. 정삼각형의 변의 길이가 10cm/min의 비율로 커지고 있다. 변의 길이가 30cm일 때 삼각형의 넓이의 증가율을 구하여라.

21. 자동차는 직선도로를 따라 20m/s의 속도로 북쪽으로 가고 있고, 드론은 25m 상공에서 6m/s의 속도로 동쪽으로 날아가고 있다. 드론이 자동차의 바로 위를 지난 순간부터 5초 후에 드론과 자동차 사이의 거리는 얼마나 빨리 변하는가?

22. 시계의 분침의 길이가 $r$cm일 때, 분침이 쓸고 지나가는 영역의 넓이의 변화율을 r의 함수로 나타내어라.

23. 사다리의 아래 부분이 벽과 3m 떨어져 있을 때, 예제 2의 사다리와 지면이 이루는 각의 변화율은 얼마인가?

24. 보일의 법칙은 용기 안의 기체가 일정한 온도에서 압력을 받을 때, 압력 P와 부피 V는 방정식

$$PV = C \ (C\text{는 상수})$$

를 만족함을 말해준다. 어떤 순간에 부피는 600cm^3, 압력은 150kPa이고 20kPa/min의 비율로 압력이 증가한다고 하자. 이 순간에 부피의 감소율은 얼마인가?

25. 저항 R_1과 R_2를 가진 두 저항기가 그림처럼 병렬로 연결되어 있다면, 총 저항 R은

$$\frac{1}{R} = \frac{1}{R_1} + \frac{1}{R_2}$$

로 주어진다. 여기서 R의 단위는 옴(Ω)이다. 만약 R_1과 R_2가 각각 $0.3\Omega/\text{s}$와 $0.2\Omega/\text{s}$의 비율로 증가한다면, $R_1 = 80\Omega$이고 $R_2 = 100\Omega$일 때 R은 얼마나 빨리 변하는가?

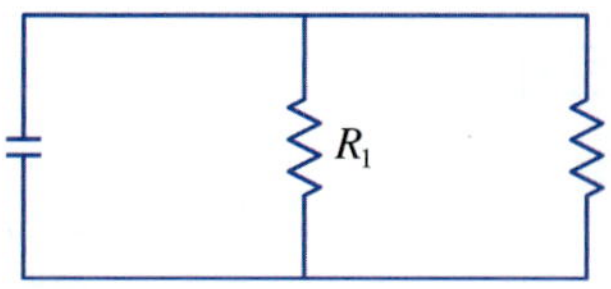

26. 두 직선도로가 교차로에서 60°의 각도로 갈라져 있다. 자동차 두 대가 교차로에서 동시에 출발하는데, 첫 번째 자동차는 60km/h의 속도로 가고 두 번째 자동차는 다른 도로를 100 km/h의 속도로 간다. 30분 뒤에 두 자동차 사이의 거리는 얼마나 빨리 변하는가?
[힌트: 코사인 법칙 $a^2 = b^2 + c^2 - 2bc\cos A$를 이용하여라.]

27. 삼각형 두 변의 길이는 각각 12m, 15m이고 두 변 사이의 각은 2°/min 비율로 증가한다. 고정된 길이를 갖는 두 변 사이의 각이 60°일 때, 셋째 변의 길이의 증가율은 얼마인가?

28. 두 수레 A와 B가 도르레 P를 지나는 12m의 줄로 연결되어 있다(그림 참조). 점 Q는 두 수레 사이 P에서 아래로 똑바로 4m 내린 바닥에 있는 점이다. 수레 A는 Q에서부터 0.5m/s의 속력으로 움직이기 시작한다. A가 Q에서 3m 지점에 있을 때, B는 Q쪽으로 얼마나 빠르게 움직이는가?

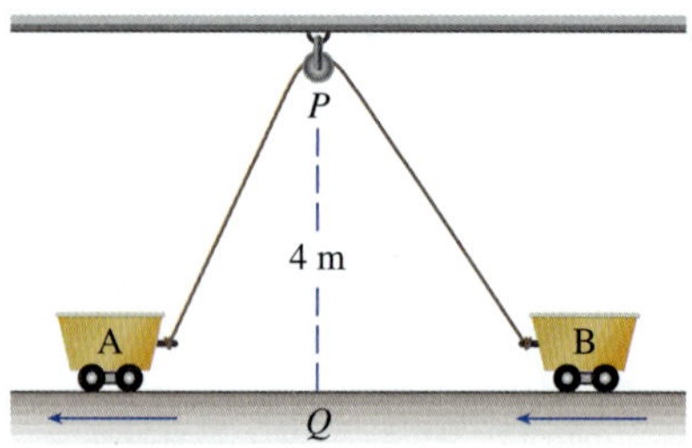

29. TV 카메라가 로켓 발사대의 밑부분으로부터 1200m 되는 곳에 놓여 있다. 로켓에 초점을 맞추기 위하여 카메라의 상승각은 적당한 비율로 변화시켜야 한다. 또한 카메라의 초점을 맞추는 기계장치는 로켓이 상승할 때 카메라로부터 증가하는 거리를 계산하여 구해야 한다. 이 로켓은 수직으로 솟아오르고, 900m일 때 속력은 200m/s이다.
(a) 그 순간에 TV 카메라와 로켓 사이의 거리는 얼마나 빨리 변하는가?
(b) 만약 TV 카메라가 항상 로켓에 초점을 맞추고 있다면 그 순간에 카메라의 상승각은 얼마나 빨리 변화하는가?

30. 비행기가 고도 5km에서 수평으로 날아 지상에 설치된 망원경 바로 위로 직접 날아간다. 올려본 각이 $\pi/3$일 때 이 각이 $\pi/6$ rad/min 비율로 감소한다. 이때 비행기는 얼마나 빨리 움직이는가?

31. 반지름이 10m인 관람차는 2분에 한 번씩 회전하고 있다. 좌석이 지면에서 16m 높이에 있을 때, 높이의 증가율은 얼마인가?

32. 비행기가 고도 1km인 레이더 기지 위를 30°의 각도로 상승하며 일정한 속력 300km/h로 지나가고 있다. 1분 후 비행기로부터 레이더 기지까지의 거리의 증가율을 구하여라.

33. 한 주자가 반지름 100m인 원형 트랙을 일정한 속도 7m/s로 달린다. 주자의 친구가 트랙의 중심으로부터 200m 거리에 서 있다. 두 사람 사이의 거리가 200m일 때, 두 사람 사이의 거리는 얼마나 빨리 변화하는가?

34. 굴러가는 눈덩이의 부피를 V라 하면 dV/dt는 시각 t일 때 눈덩이의 겉넓이에 비례한다고 가정하자. 반지름 r이 일정한 비율로 증가함(즉 dr/dt가 상수임)을 보여라.

3.8 선형 근사와 미분

곡선은 접점 근방에서 접선과 매우 가깝게 놓여 있음을 보았다. 실제로 미분가능한 함수의 그래프 위의 한 점 부근을 확대함으로써, 그래프가 점점 더 접선과 같아 보이는 것을 발견하게 되었다(2.6절 그림 2 참조). 이 관찰은 함수의 근삿값을 구하는 방법의 근간이 된다.

■ 선형화와 근사식

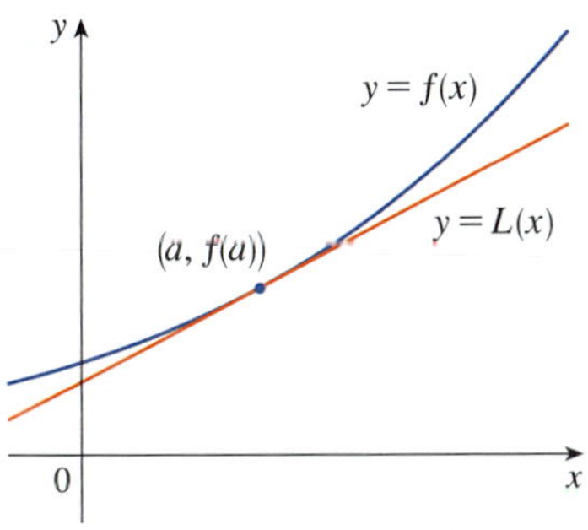

그림 1

함수의 값 $f(a)$를 계산하는 것은 쉽지만, a 근방의 x에 대한 함숫값 $f(x)$를 구하는 것은 어렵거나 또는 불가능할 수도 있다. 대신 점 $(a, f(a))$에서 f의 접선을 그래프로 갖는 1차함수 L의 값을 계산하여 쉽게 문제를 해결할 수 있다(그림 1 참조).

다시 말하면, x가 a에 가까이 있을 때 곡선 $y = f(x)$에 대한 근사식으로 점 $(a, f(a))$에서의 f의 접선을 이용한다. 이 접선의 방정식은

$$y = f(a) + f'(a)(x - a)$$

이고, 근사식

1 $$L(x) = f(a) + f'(a)(x - a)$$

를 a에서 f의 **선형화**(linearization)라고 부른다. 근사식 $f(x) \approx L(x)$ 즉

2 $$f(x) \approx f(a) + f'(a)(x - a)$$

를 a에서 f의 **선형**(또는 일차) **근사식**(linear approximation) 또는 **접선 근사식**(tangent line approximation)이라 부른다.

예제 1 $a = 1$에서 $f(x) = \sqrt{x + 3}$의 선형화를 구하고, 이것을 이용하여 $\sqrt{3.98}$과 $\sqrt{4.05}$의 근삿값을 구하여라. 이 근삿값들은 참값보다 큰가, 작은가?

풀이 $f(x) = (x + 3)^{1/2}$의 도함수는

$$f'(x) = \tfrac{1}{2}(x + 3)^{-1/2} = \frac{1}{2\sqrt{x + 3}}$$

이고 $f(1) = 2$, $f'(1) = \frac{1}{4}$이다. 식 **1**에 이 값들을 대입하면 선형화는

$$L(x) = f(1) + f'(1)(x-1) = 2 + \tfrac{1}{4}(x-1) = \frac{7}{4} + \frac{x}{4}$$

이고, 이에 대한 선형 근사식 **2**는

$$\sqrt{x+3} \approx \frac{7}{4} + \frac{x}{4} \qquad (x\text{가 } 1 \text{ 가까이 있을 때})$$

이다. 특히

$$\sqrt{3.98} \approx \tfrac{7}{4} + \tfrac{0.98}{4} = 1.995, \qquad \sqrt{4.05} \approx \tfrac{7}{4} + \tfrac{1.05}{4} = 2.0125$$

를 얻는다.

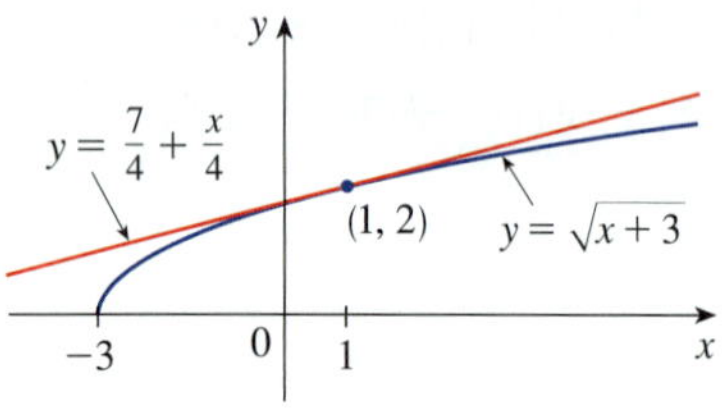

그림 2

선형 근사식을 그림 2에서 보여주고 있다. 실제로 x가 1 근처에 있을 때, 접선 근삿값이 주어진 함수에 대하여 좋은 근삿값임을 알 수 있다. 접선이 곡선 위에 있으므로 이 근삿값은 참값보다 큼을 알 수 있다.

물론 $\sqrt{3.98}$과 $\sqrt{4.05}$에 대한 근삿값을 구하기 위하여 계산기를 사용할 수 있다. 그러나 일차 근사식은 모든 구간에서 적용될 수 있다. ■

다음 표에서 예제 1의 근삿값과 실제값을 비교한다. 이 표와 그림 2에서 접선 근사식은 x가 1 부근에 있을 때는 좋은 근삿값을 제공하지만 x가 1로부터 멀어지면 근삿값의 정확도가 떨어짐을 알 수 있다.

	x	$L(x)$	실제값
$\sqrt{3.9}$	0.9	1.975	1.97484176...
$\sqrt{3.98}$	0.98	1.995	1.99499373...
$\sqrt{4}$	1	2	2.00000000...
$\sqrt{4.05}$	1.05	2.0125	2.01246117...
$\sqrt{4.1}$	1.1	2.025	2.02484567...
$\sqrt{5}$	2	2.25	2.23606797...
$\sqrt{6}$	3	2.5	2.44948974...

예제 1에서 얻은 근삿값은 얼마나 좋은가? 다음 예제는 만약 그래핑 계산기나 컴퓨터를 쓸 수 있다면 일차 근삿값이 어떤 주어진 정확도를 유지하도록 하는 구간을 결정할 수 있는지를 보인다.

예제 2 일차 근사식

$$\sqrt{x+3} \approx \frac{7}{4} + \frac{x}{4}$$

는 어떤 x값에 대해 오차가 0.5보다 작은가? 오차가 0.1보다 작은가?

풀이 오차가 0.5보다 작다는 의미는 함수들의 값의 차가 0.5보다 작은 것을 의미한다.

$$\left| \sqrt{x+3} - \left(\frac{7}{4} + \frac{x}{4} \right) \right| < 0.5$$

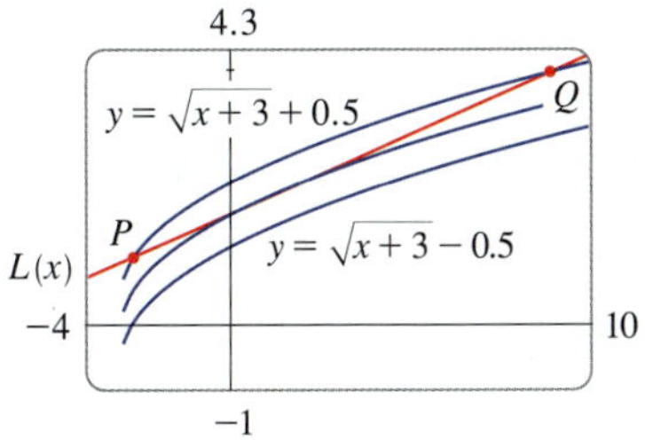

그림 3

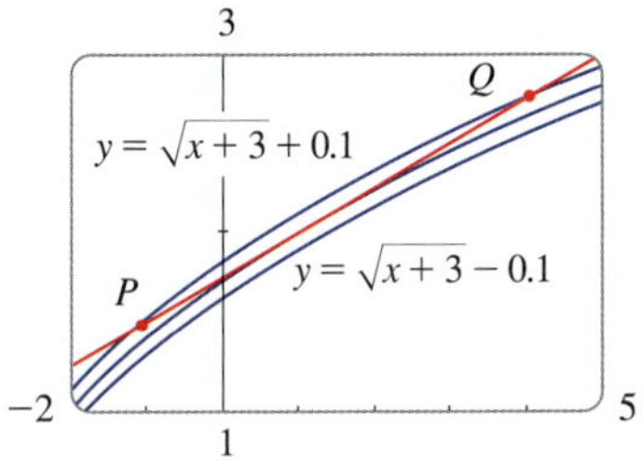

그림 4

즉,

$$\sqrt{x+3} - 0.5 < \frac{7}{4} + \frac{x}{4} < \sqrt{x+3} + 0.5$$

이다. 이것은 선형 근삿값이 곡선 $y = \sqrt{x+3}$의 위쪽으로 0.5, 아래쪽으로 0.5 안에 있음을 의미한다. 그림 3은 접선 $y = (7 + x)/4$가 위쪽의 곡선 $y = \sqrt{x+3} + 0.5$와 P, Q에서 교차함을 보여준다. 커서를 사용해서 확대해보면 P의 x좌표는 약 -2.66이고 Q의 x좌표는 약 8.66임을 알 수 있다. 따라서 그래프로부터 근사식

$$\sqrt{x+3} \approx \frac{7}{4} + \frac{x}{4}$$

는 $-2.6 < x < 8.6$일 때 오차가 0.5보다 작다. (오차 범위 내에 있도록 하한은 올림하고 상한은 내림하였다.) 비슷하게, 그림 4로부터 $-1.1 < x < 3.9$일 때 근삿값의 오차는 0.1보다 작다. ■

■ 물리학에 응용하기

선형 근사는 물리학에서 종종 이용된다. 물리학자들은 가끔 방정식의 결과를 분석할 때, 방정식 대신에 일차 근사식을 사용하여 좀 더 간단한 계산을 한다. 예를 들어, 진자의 주기에 대한 공식을 유도할 때, 물리학 교재에서는 $\sin\theta$와 관련된 식을 얻은 다음 θ가 아주 크지 않으면 $\sin\theta$가 θ에 매우 가깝다는 가정하에 $\sin\theta$를 θ로 대체한다. $a = 0$에서의 함수 $f(x) = \sin x$의 선형화는 $L(x) = x$임을 확인할 수 있고, 따라서 0에서의 선형 근사식은

$$\sin x \approx x$$

이다. 따라서 실제로 진자의 주기에 관한 공식의 유도는 사인함수에 대한 일차 근사식을 이용한다.

또 다른 예는 광학이론에서 나타나는데, 여기서는 광학축에 작은 각으로 도달하는 광선을 정축 광선이라 부른다. 정축(또는 가우스) 광학에서 $\sin\theta$와 $\cos\theta$는 선형화로 대체된다. 다시 말하면, θ가 0에 가깝기 때문에, 일차 근사식

$$\sin\theta \approx \theta \text{와} \qquad \cos\theta \approx 1$$

이 이용된다. 이 근사식에 의해 만들어진 계산 결과는 렌즈를 디자인하는 데 사용되는 기본적인 이론적 도구이다. [Eugene Hecht의 책 《*Optics*, 5th ed.》(Boston, 2017), p.164 참조]

■ 미분

선형 근사에 대한 배경의 아이디어는 가끔 미분의 용어와 기호로 공식화된다. f가 미분가능한 함수일 때, $y = f(x)$라면, **미분**(differential) dx는 독립변수이다. 즉, dx는 임의의 실숫값으로 주어질 수 있다. **미분** dy는 dx에 의해 방정식

3 $$dy = f'(x)\,dx$$

로 정의한다. 따라서 dy는 종속변수이다. 이것은 x와 dx의 값에 의존한다. 만약 dx가 특

$dx \neq 0$일 때, 식 **3**의 양변을 dx로 나누면

$$\frac{dy}{dx} = f'(x)$$

이다. 이와 유사한 방정식을 앞에서도 보았는데, 여기서는 좌변을 미분의 비로 해석할 수 있다.

수한 값으로 주어지고, x를 f의 정의역 안에 있는 어떤 값으로 택하면, 이에 따라 dy의 값이 정해진다.

미분에 대한 기하학적인 의미는 그림 5에서와 같다. 이제 $P(x, f(x))$와 $Q(x + \Delta x, f(x + \Delta x))$를 f의 그래프 위에 있는 점이라 하고, $dx = \Delta x$로 놓자. 이때 y에 대한 변화량은

$$\Delta y = f(x + \Delta x) - f(x)$$

이다. 접선 PR의 기울기는 도함수 $f'(x)$이다. 따라서 S에서 R까지의 유향거리는 $f'(x)dx = dy$이다. 그러므로 dy는 접선의 변화값을 나타내고 Δy는 x가 dx만큼 변할 때 곡선 $y = f(x)$의 변화값을 나타낸다.

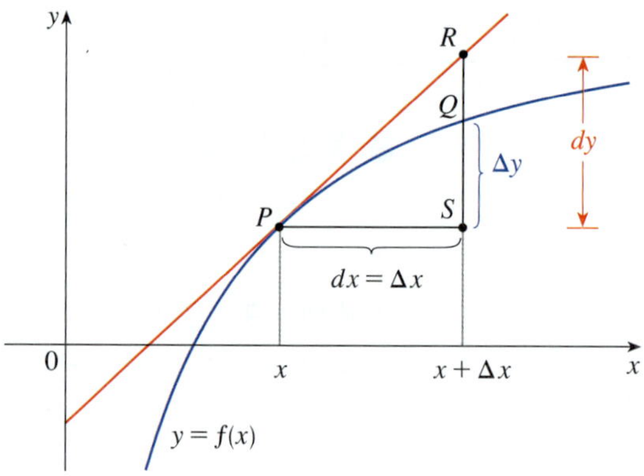

그림 5

예제 3 $y = f(x) = x^3 + x^2 - 2x + 1$이고 x가 (a) 2에서 2.05까지, (b) 2에서 2.01까지 변할 때 Δy와 dy의 값을 비교하여라.

예제 3의 함수가 그림 6의 직사각형 화면 $[1.8, 2.5] \times [6, 18]$에 주어져 있고, $a = 2$일 때 dy와 Δy를 비교하여 보여준다.

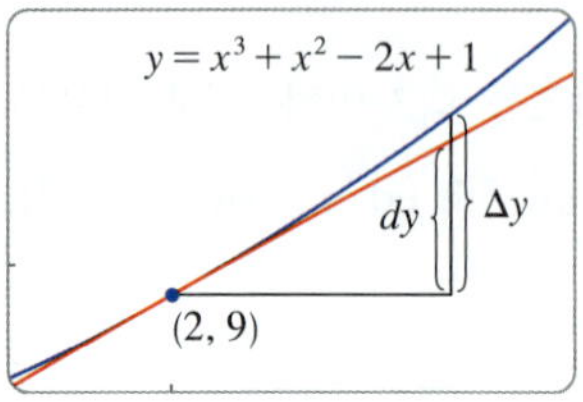

그림 6

풀이

(a)
$$f(2) = 2^3 + 2^2 - 2(2) + 1 = 9$$
$$f(2.05) = (2.05)^3 + (2.05)^2 - 2(2.05) + 1 = 9.717625$$
$$\Delta y = f(2.05) - f(2) = 0.717625$$

일반적으로
$$dy = f'(x)\,dx = (3x^2 + 2x - 2)\,dx$$

이므로, $x = 2$이고 $dx = \Delta x = 0.05$일 때,

$$dy = [3(2)^2 + 2(2) - 2]0.05 = 0.7$$

이다.

(b)
$$f(2.01) = (2.01)^3 + (2.01)^2 - 2(2.01) + 1 = 9.140701$$
$$\Delta y = f(2.01) - f(2) = 0.140701$$

또한 $dx = \Delta\, x = 0.01$일 때,

$$dy = [3(2)^2 + 2(2) - 2]0.01 = 0.14$$ ■

예제 3에서 Δx가 작을수록 근사식 $\Delta y \approx dy$는 오차가 작다는 것을 알 수 있다. 그리

고 dy는 Δy보다 계산하기 쉽다는 것도 알 수 있다.

미분 기호를 쓰면, 선형 근사식 $f(x) \approx f(a) + f'(a)(x - a)$는 $dx = x - a$ 즉 $x = a + dx$를 대입하여

$$f(a + dx) \approx f(a) + dy$$

로 나타낼 수 있다. 예를 들어, 예제 1의 함수 $f(x) = \sqrt{x + 3}$에 대해

$$dy = f'(x)\,dx = \frac{dx}{2\sqrt{x + 3}}$$

이다. 만약 $a = 1$이고 $dx = \Delta x = 0.05$이면, 예제 1에서 구한 것과 똑같이

$$dy = \frac{0.05}{2\sqrt{1 + 3}} = 0.0125$$

이고,
$$\sqrt{4.05} = f(1.05) = f(1 + 0.05) \approx f(1) + dy = 2.0125$$

이다.

마지막 예제로 근삿값을 사용할 때 생기는 오차를 계산하는 데 미분을 어떻게 이용하는지를 살펴보자.

예제 4 구의 반지름을 측정한 결과 21cm이고 측정할 때 최대오차는 0.05cm이다. 반지름의 값으로 이것을 사용한다면 구의 부피를 계산할 때 최대오차는 얼마인가?

풀이 구의 반지름을 r이라 하면, 구의 부피는 $V = \frac{4}{3}\pi r^3$이다. r의 측정값에서 오차가 $dr = \Delta r$이면 V를 계산할 때 오차는 ΔV이고, 미분을 이용하여 근삿값을 구하면

$$dV = 4\pi r^2\,dr$$

이다. 여기서 $r = 21$, $dr = 0.05$이므로

$$dV = 4\pi(21)^2\,0.05 \approx 277$$

이고, 따라서 부피를 계산할 때 생길 수 있는 최대오차는 약 277cm^{3}이다. ■

NOTE 예제 4에서 생기는 오차는 다소 크지만, 오차에 대하여 좀 더 바람직한 표현은 **상대오차**(relative error)이고, 이것은 오차를 전체 부피로 나누어 계산한다.

$$\frac{\Delta V}{V} \approx \frac{dV}{V} = \frac{4\pi r^2\,dr}{\frac{4}{3}\pi r^3} = 3\,\frac{dr}{r}$$

따라서 부피의 상대오차는 반지름의 상대오차의 약 3배이다. 그러므로 반지름의 상대오차 $dr/r = 0.05/21 \approx 0.0024$에 대한 부피의 상대오차는 약 0.007이다. 그리고 이 오차를 백분율 오차(percentage error)로 나타내면, 반지름에 대하여 0.24%, 부피에 대하여는 0.7%로 나타낼 수 있다.

3.8 연습문제

1-3 a에서 함수의 선형화 $L(x)$를 구하여라.

1. $f(x) = x^3 - x^2 + 3, \quad a = -2$

2. $f(x) = e^{3x}, \quad a = 0$

3. $f(x) = \cos 2x, \quad a = \pi/6$

---

4. $a = 0$에서 $f(x) = \sqrt{1-x}$의 선형 근사식을 구하고, 이것을 이용하여 $\sqrt{0.9}$와 $\sqrt{0.99}$의 근삿값을 구하여라. f의 그래프와 접선을 이용하여 그림을 그려라.

5. $a = 0$에서 $g(x) = \sqrt[3]{1+x}$의 선형 근사식을 구하고, 이것을 이용하여 $\sqrt[3]{0.95}$와 $\sqrt[3]{1.1}$의 근삿값을 구하여라. g의 그래프와 접선을 이용하여 그림을 그려라.

6-8 $a = 0$일 때, 주어진 선형 근사식을 증명하여라. 오차가 0.1 내에서 선형 근사식이 정확하게 되는 x값을 구하여라.

6. $\tan^{-1}x \approx x$

7. $(1+x)^{-3} \approx 1 - 3x$

8. $\dfrac{2}{1+e^x} \approx 1 - \frac{1}{2}x$

9-14 다음 함수의 미분을 구하여라.

9. $y = e^{5x}$

10. $y = \sqrt{1 - t^4}$

11. $y = \dfrac{1+2u}{1+3u}$

12. $y = \theta^2 \sin 2\theta$

13. $y = \ln(\sin\theta)$

14. $y = \dfrac{e^x}{1-e^x}$

15-17 (a) 미분 dy를 구하고, (b) 주어진 x와 dx의 값에 대해 dy를 계산하여라.

15. $y = e^{x/10}, \quad x = 0, \quad dx = 0.1$

16. $y = \cos \pi x, \quad x = \frac{1}{3}, \quad dx = -0.02$

17. $y = \sqrt{3 + x^2}, \quad x = 1, \quad dx = -0.1$

18-20 주어진 x와 $dx = \Delta x$의 값에 대하여 Δy와 dy를 구하여라. 그리고 길이 dx, dy, Δy로 그림 5와 같이 할선을 보여주는 그림을 그려라.

18. $y = x^2 - 4x, \quad x = 3, \quad \Delta x = 0.5$

19. $y = \sqrt{x - 2}, \quad x = 3, \quad \Delta x = 0.8$

20. $y = e^x, \quad x = 0, \quad \Delta x = 0.5$

21-24 x가 1에서 1.05까지 변할 때 Δy와 dy의 값을 비교하여라. x가 1에서 1.01까지 변할 때는 어떠한가? Δx가 작아질수록 근사식 $\Delta y \approx dy$는 좀 더 정확해지는가?

21. $f(x) = x^4 - x + 1$

22. $f(x) = e^{2x-2}$

23. $f(x) = \sqrt{5 - x}$

24. $f(x) = \dfrac{1}{x^2 + 1}$

25-28 선형 근사식(또는 미분)을 이용하여 주어진 수의 근삿값을 구하여라.

25. $(1.999)^4$

26. $\sqrt{100.5}$

27. $e^{0.1}$

28. $\cos 29°$

29-30 선형 근사식 또는 미분을 이용하여 다음 근사가 합당함을 설명하여라.

29. $\ln 1.04 \approx 0.04$

30. $\dfrac{1}{9.98} \approx 0.1002$

---

31. $f(x) = (x-1)^2$, $g(x) = e^{-2x}$, $h(x) = 1 + \ln(1 - 2x)$라 하자.
(a) $a = 0$에서 f, g, h의 선형화를 구하여라. 무엇을 알아냈는가? 일어난 일을 어떻게 설명할 수 있을까?
(b) f, g, h와 일차 근사식의 그래프를 그려보자. 어떤 함수의 선형 근사식이 가장 좋은가? 어떤 함수의 선형 근사식이 가장 좋지 않은가? 설명해보자.

32. 정육면체의 각 변의 길이는 30cm이고, 측정오차는 0.1cm이다. 미분을 이용하여 다음을 계산할 때 최대오차, 상대오차, 백분율 오차를 구하여라.
(a) 정육면체의 부피 (b) 정육면체의 겉넓이

33. 구의 원둘레는 84cm이고, 오차는 0.5cm이다.
(a) 미분을 이용하여 겉넓이를 계산할 때, 최대오차는 얼마인가? 상대오차는 얼마인가?
(b) 미분을 이용하여 부피를 계산할 때, 최대오차는 얼마인가? 상대오차는 얼마인가?

34. 지름이 50m인 반구형 돔에 0.05cm의 두께로 페인트를 칠하는데 필요한 페인트 양을 미분을 이용하여 추정하여라.

35. (a) 미분을 이용하여 높이 h, 내부 반지름 r, 두께 Δr인 원통형의 얇은 관의 부피를 구하는 근사식을 구하여라.
(b) 이 식에 의하여 얻는 오차는 얼마인가?

36. 전류 I가 저항 R을 지날때 옴의 법칙에 의해 전압 차는 $V = RI$이다. V가 상수이고 R이 근삿값으로 측정될 때, 미분을 이용하여 I를 계산할 때 생기는 상대오차와 R의 상대오차가 거의 같음을 보여라.

37. 미분을 이용하여 다음 공식을 증명하여라. 이때 c는 상수이고 u와 v는 x의 함수이다.

(a) $dc = 0$ (b) $d(cu) = c\,du$

(c) $d(u + v) = du + dv$ (d) $d(uv) = u\,dv + v\,du$

(e) $d\left(\dfrac{u}{v}\right) = \dfrac{v\,du - u\,dv}{v^2}$ (f) $d(x^n) = nx^{n-1}\,dx$

38. 함수 f에 관하여 알고 있는 유일한 정보는 $f(1) = 5$이고, 그것의 도함수 그래프는 아래와 같다는 것이다.

(a) 선형 근사식을 이용하여 $f(0.9)$와 $f(1.1)$을 추정하여라.

(b) (a)에서 구한 추정값이 너무 크거나 너무 작지는 않는가? 설명하여라.

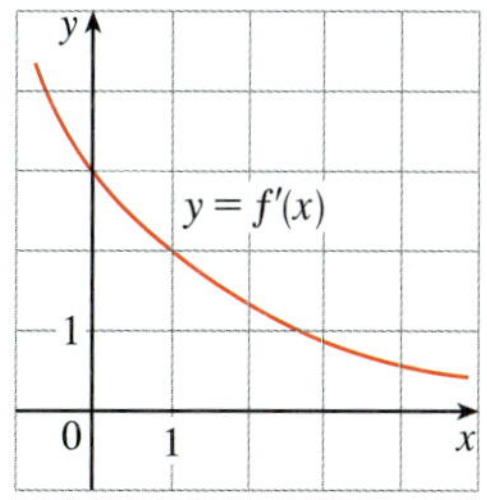

발 견 프 로 젝 트 | 다항식 근사(polynomial approximations)

접선 근사식 $L(x)$는 $x = a$에서 $f(x)$에 대한 최적의 일차(선형) 근사식이다. 왜냐하면 $f(x)$와 $L(x)$는 a에서 변화율(도함수)이 동일하기 때문이다. 일차 근사식보다 더 정확한 근사식을 찾기 위해 이차(포물선) 근사식 $P(x)$를 구해보자. 다시 말해, 직선이 아니라 포물선으로 곡선의 근사식을 구하려고 한다. 정확한 근사식을 찾기 위해 다음을 구해야 한다.

(i) $P(a) = f(a)$, (P와 f는 a에서 함숫값이 같아야 한다.)

(ii) $P'(a) = f'(a)$, (P와 f는 a에서 변화율이 같아야 한다.)

(iii) $P''(a) = f''(a)$, (P와 f의 기울기의 변화율은 a에서 같아야 한다.)

1. $a = 0$에서 (i), (ii), (iii)의 조건을 만족하도록 함수 $f(x) = \cos x$에 대한 이차 근사식 $P(x) = A + Bx + Cx^2$을 구하여라.

2. 문제 1에서 $f(x) = P(x)$가 0.1 범위 내에서 근사되도록 하는 x값을 구하여라. [힌트: 그래핑 계산기의 한 화면에 $y = P(x)$, $y = \cos x - 0.1$, $y = \cos x + 0.1$의 그래프를 그려보아라.]

3. a 근처에서 포물선 함수 P로 함수 f를 근사하기 위해서는 P를 다음과 같은 식으로 표현하는 것이 가장 좋다.

$$P(x) = A + B(x - a) + C(x - a)^2$$

조건 (i), (ii), (iii)을 만족하는 2차함수는

$$P(x) = f(a) + f'(a)(x - a) + \tfrac{1}{2}f''(a)(x - a)^2$$

임을 보여라.

4. $a = 1$에서 $f(x) = \sqrt{x + 3}$에 대한 이차 근사식을 구하여라. f, 이차 근사식, 3.8절의 예제 2에 있는 일차 근사식의 그래프를 한 화면에 그려라. 어떤 결론을 얻을 수 있는가?

5. $x = a$에서 $f(x)$에 대한 일차나 이차 근사식 대신, 고차다항식으로 더 정확한 근사식을 찾아보자. 다음과 같은 n차다항식 T_n을 고려해보자.

$$T_n(x) = c_0 + c_1(x - a) + c_2(x - a)^2 + c_3(x - a)^3 + \cdots + c_n(x - a)^n$$

(계속)

여기서 T_n과 T_n의 처음 n계도함수는 $x = a$에서 f와 f의 n계도함수와 같은 값을 가진다. 계속해서 미분을 한 다음, $x = a$를 대입하여, $c_0 = f(a)$, $c_1 = f'(a)$, $c_2 = \frac{1}{2}f''(a)$이고, 일반적으로

$$c_k = \frac{f^{(k)}(a)}{k!}$$

를 만족한다는 사실을 보여라. 이렇게 해서 만들어진 다음 다항식을 **a를 중심으로 하는 f의 n차 테일러 다항식**이라고 한다.

$$T_n(x) = f(a) + f'(a)(x - a) + \frac{f''(a)}{2!}(x - a)^2 + \cdots + \frac{f^{(n)}(a)}{n!}(x - a)^n$$

6. 함수 $f(x) = \cos x$에 대한 $a = 0$을 중심으로 하는 8차 테일러 다항식을 구하여라. 조망창을 $[-5, 5] \times [-1.4, 1.4]$로 설정해서 T_2, T_4, T_6, T_8의 테일러 다항식과 f의 그래프를 한 화면에 동시에 그려라. 그리고 이들 다항식들이 f와 얼마나 근사한지를 설명하여라.

3.9 쌍곡선함수

■ 쌍곡선함수와 도함수

지수함수 e^x과 e^{-x}을 적당히 결합하여 얻은 함수들은 수학이나 응용분야에서 자주 이용되기 때문에 이들 함수에 특별한 명칭을 부여할 가치가 있다. 이들 함수들은 삼각함수와 많은 점에서 비슷하다. 삼각함수가 원과 관계가 있는 것처럼 이들은 쌍곡선과 관련이 있다. 이런 이유에서 이들을 **쌍곡선함수**(hyperbolic functions), 개별적으로는 **쌍곡사인함수, 쌍곡코사인함수** 등으로 부른다.

쌍곡선함수의 정의

$$\sinh x = \frac{e^x - e^{-x}}{2} \qquad \operatorname{csch} x = \frac{1}{\sinh x}$$

$$\cosh x = \frac{e^x + e^{-x}}{2} \qquad \operatorname{sech} x = \frac{1}{\cosh x}$$

$$\tanh x = \frac{\sinh x}{\cosh x} \qquad \coth x = \frac{\cosh x}{\sinh x}$$

쌍곡사인함수와 쌍곡코사인함수의 그래프는 그림 1 및 그림 2와 같이 그래프의 합을 이용하여 그릴 수 있다.

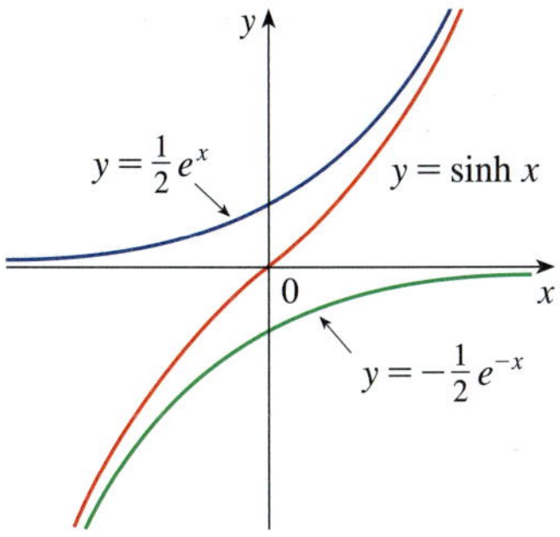

그림 1
$y = \sinh x = \frac{1}{2}e^x - \frac{1}{2}e^{-x}$

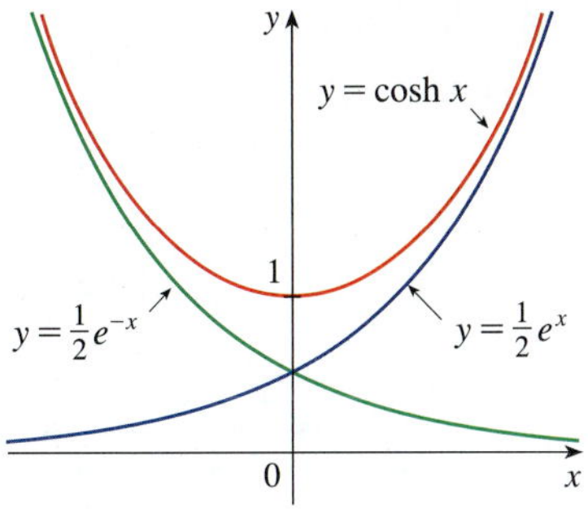

그림 2
$y = \cosh x = \frac{1}{2}e^x + \frac{1}{2}e^{-x}$

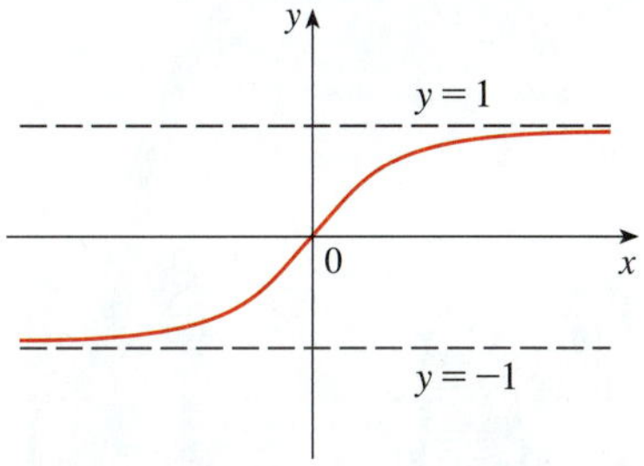

그림 3
$y = \tanh x$

쌍곡사인함수의 정의역과 치역은 모두 ℝ이다. 반면에 쌍곡코사인함수의 정의역은 ℝ이고 치역은 $[1, \infty)$이다. 쌍곡탄젠트함수의 그래프는 그림 3과 같으며, 수평점근선은 $y = \pm 1$이다(연습문제 24 참조).

쌍곡선함수의 수학적인 응용은 7장에서 다룬다. 붕괴 현상이 쌍곡선함수에 의하여 표현될 수 있기 때문에 과학과 공학에서 쌍곡선함수의 응용은 빛, 속도, 전기, 방사능 같이 실체가 점진적으로 흡수되거나 소멸되는 경우에 나타난다. 가장 유명한 응용은 걸쳐 있는 전선의 형태를 묘사하기 위한 쌍곡코사인의 이용이다. 유연하게 휜 무거운 전선(전화선이나 전력선 등)이 같은 높이의 두 점 사이에 걸쳐 있다면, 그 곡선은 방정식

$$y = c + a\cosh(x/a)$$

로 표현됨을 입증할 수 있으며, 그 곡선을 현수선(catenary)이라 한다(그림 4 참조). (라틴어로 catena는 "chain"을 뜻한다.)

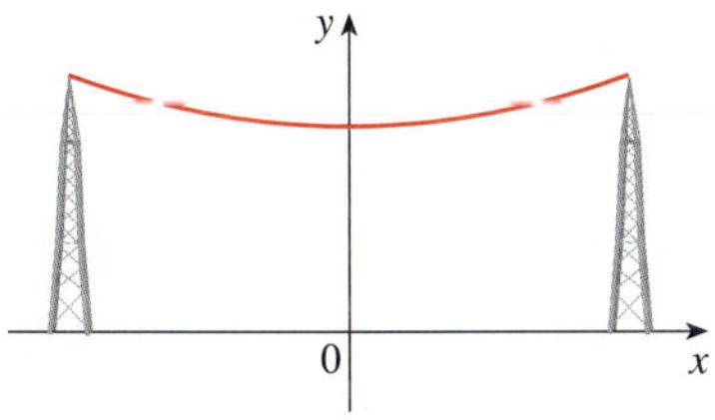

그림 4 현수선 $y = c + a\cosh(x/a)$

쌍곡선함수의 또 다른 응용은 바다의 파도를 설명할 때 나타난다. 수심이 d인 바다에 길이가 L인 파도가 움직이면 파도의 속도는 함수

$$v = \sqrt{\frac{gL}{2\pi}\tanh\left(\frac{2\pi d}{L}\right)}$$

로 나타난다. 여기서 g는 중력가속도이다(그림 5, 연습문제 50 참조).

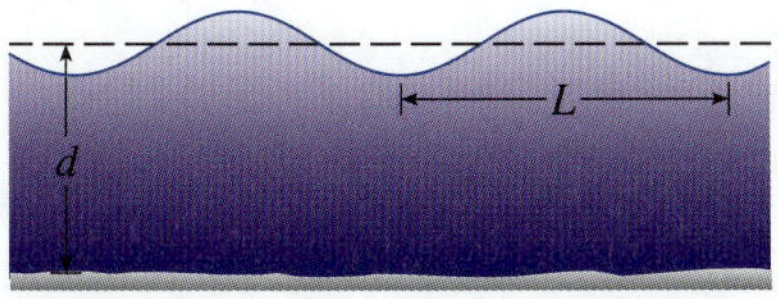

그림 5 이상적인 바다의 파도

쌍곡선함수는 삼각함수의 항등식과 비슷한 항등식을 갖는다. 그 일부는 아래와 같으며 대부분의 증명은 연습문제로 남겨둔다.

쌍곡선함수의 항등식

$$\sinh(-x) = -\sinh x \qquad \cosh(-x) = \cosh x$$

$$\cosh^2 x - \sinh^2 x = 1 \qquad 1 - \tanh^2 x = \operatorname{sech}^2 x$$

$$\sinh(x + y) = \sinh x \cosh y + \cosh x \sinh y$$

$$\cosh(x + y) = \cosh x \cosh y + \sinh x \sinh y$$

세인트루이스의 게이트웨이 아치는 쌍곡 코사인함수 모양이다.

예제 1 다음을 증명하여라.

(a) $\cosh^2 x - \sinh^2 x = 1$ (b) $1 - \tanh^2 x = \operatorname{sech}^2 x$

풀이

(a)
$$\cosh^2 x - \sinh^2 x = \left(\frac{e^x + e^{-x}}{2}\right)^2 - \left(\frac{e^x - e^{-x}}{2}\right)^2$$
$$= \frac{e^{2x} + 2 + e^{-2x}}{4} - \frac{e^{2x} - 2 + e^{-2x}}{4}$$
$$= \frac{4}{4} = 1$$

(b) (a)로부터 $\cosh^2 x - \sinh^2 x = 1$이므로 양변을 $\cosh^2 x$로 나누면

$$1 - \frac{\sinh^2 x}{\cosh^2 x} = \frac{1}{\cosh^2 x} \qquad \text{즉} \qquad 1 - \tanh^2 x = \operatorname{sech}^2 x$$ ■

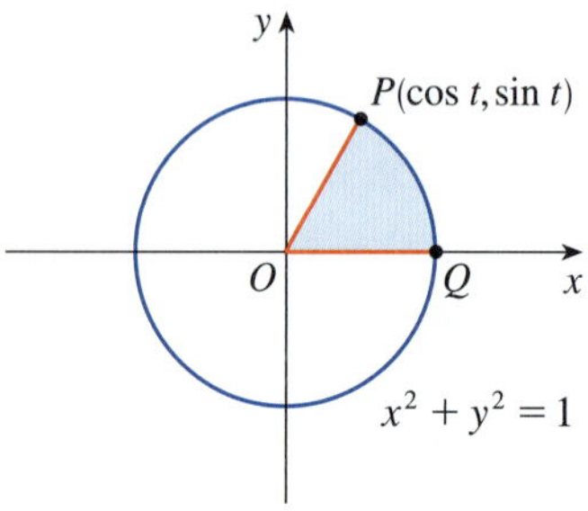

그림 6

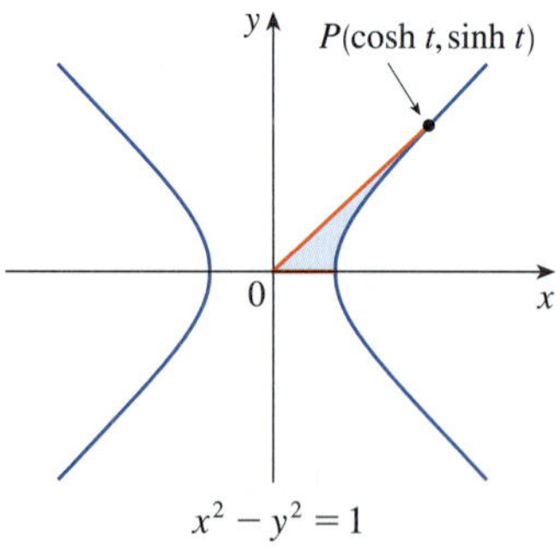

그림 7

예제 1(a)에서 증명된 항등식은 “쌍곡선” 함수라는 이름을 붙인 이유를 짐작하게 해준다. 만일 t가 임의의 실수라면, 점 $P(\cos t, \sin t)$는 $\cos^2 t + \sin^2 t = 1$을 만족하므로 단위원 $x^2 + y^2 = 1$ 위에 있다. 여기서 t는 그림 6에서 $\angle POQ$의 라디안 단위로 측정된 값이다. 그러한 이유로 삼각함수를 때때로 원함수라고도 한다.

마찬가지로 임의의 실수 t에 대하여 점 $P(\cosh t, \sinh t)$는 $\cosh^2 t - \sinh^2 t = 1$과 $\cosh t \geq 1$를 만족하므로 쌍곡선 $x^2 - y^2 = 1$의 오른쪽 분지에 놓여 있다. 이 경우에 t는 각의 라디안 값은 아니다. 그러나 t는 그림 7의 음영 표시한 쌍곡선 영역 넓이의 두 배이다. 마찬가지로 삼각함수인 경우에도 t는 그림 6의 빗금친 부채꼴 영역 넓이의 두 배이다.

쌍곡선함수들의 도함수는 쉽게 계산된다. 예를 들어 다음과 같다.

$$\frac{d}{dx}(\sinh x) = \frac{d}{dx}\left(\frac{e^x - e^{-x}}{2}\right) = \frac{e^x + e^{-x}}{2} = \cosh x$$

다른 쌍곡선함수의 도함수는 [1]과 같다. 나머지 증명은 연습문제로 남겨둔다. 삼각함수에 대한 미분공식과 유사하지만 부호가 다른 경우가 있다는 것을 유의하여라.

[1] 쌍곡선함수들의 도함수

$$\frac{d}{dx}(\sinh x) = \cosh x \qquad \frac{d}{dx}(\operatorname{csch} x) = -\operatorname{csch} x \coth x$$

$$\frac{d}{dx}(\cosh x) = \sinh x \qquad \frac{d}{dx}(\operatorname{sech} x) = -\operatorname{sech} x \tanh x$$

$$\frac{d}{dx}(\tanh x) = \operatorname{sech}^2 x \qquad \frac{d}{dx}(\coth x) = -\operatorname{csch}^2 x$$

이 미분 규칙을 다음 예제에서와 같이 연쇄법칙과 결합할 수 있다.

예제 2 $y = \cosh\sqrt{x}$일 때 dy/dx를 구하여라.

풀이 공식 [1]과 연쇄법칙을 이용하면 다음과 같다.

$$\frac{dy}{dx} = \frac{d}{dx}\left(\cosh\sqrt{x}\right) = \sinh\sqrt{x} \cdot \frac{d}{dx}\sqrt{x} = \frac{\sinh\sqrt{x}}{2\sqrt{x}}$$ ■

■ 역쌍곡선함수와 도함수

그림 1과 3에서 보듯이 쌍곡사인함수와 쌍곡탄젠트함수는 일대일 함수이므로, 각각 $\sinh^{-1}$와 $\tanh^{-1}$로 표기되는 역함수를 갖는다. 그림 2에서 쌍곡코사인함수는 일대일 함수가 아님을 알 수 있다. 그러나 정의역을 $[0, \infty)$로 제한하면 함수 $y = \cosh x$는 일대일이고 치역은 $[1, \infty)$이다. 역쌍곡코사인함수는 이 제한된 함수의 역함수로 정의된다.

2

$$\begin{aligned} y = \sinh^{-1}x &\iff \sinh y = x \\ y = \cosh^{-1}x &\iff \cosh y = x \text{이고} \quad y \geqslant 0 \\ y = \tanh^{-1}x &\iff \tanh y = x \end{aligned}$$

나머지 역쌍곡선함수도 비슷하게 정의된다.

그림 8, 9, 10에서 보는 것처럼 그림 1, 2, 3을 이용하여 $\sinh^{-1}$, $\cosh^{-1}$, $\tanh^{-1}$의 그래프를 그릴 수 있다.

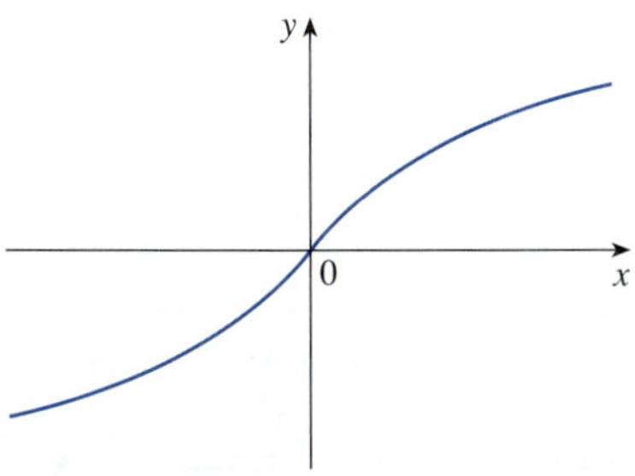

그림 8 $y = \sinh^{-1}x$, 정의역 $= \mathbb{R}$, 치역 $= \mathbb{R}$

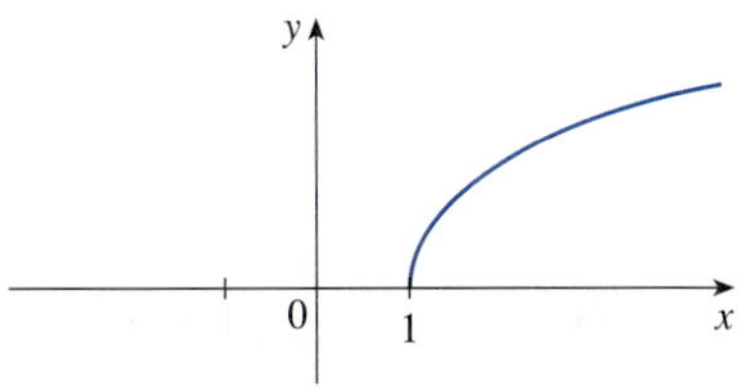

그림 9 $y = \cosh^{-1}x$, 정의역 $= [1, \infty)$, 치역 $= [0, \infty)$

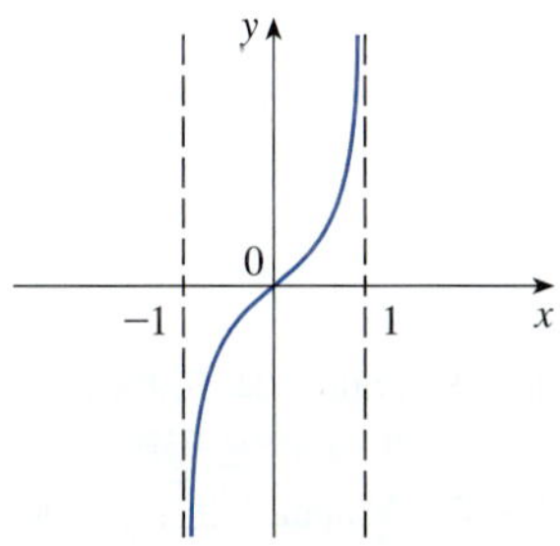

그림 10 $y = \tanh^{-1}x$, 정의역 $= (-1, 1)$, 치역 $= \mathbb{R}$

쌍곡선함수들은 지수함수에 의하여 정의되므로, 그의 역함수는 로그함수로 표현될 수 있다는 사실은 놀랄 만한 일이 아니다.

공식 [3]은 예제 3에 증명되어 있다. 공식 [4]와 [5]의 증명은 연습문제 26, 27에서 다룬다.

3 $$\sinh^{-1}x = \ln\left(x + \sqrt{x^2 + 1}\right) \qquad x \in \mathbb{R}$$

4 $$\cosh^{-1}x = \ln\left(x + \sqrt{x^2 - 1}\right) \qquad x \geqslant 1$$

5 $$\tanh^{-1}x = \frac{1}{2}\ln\left(\frac{1 + x}{1 - x}\right) \qquad -1 < x < 1$$

예제 3 $\sinh^{-1}x = \ln\left(x + \sqrt{x^2+1}\right)$임을 보여라.

풀이 $y = \sinh^{-1} x$라 놓으면

$$x = \sinh y = \frac{e^y - e^{-y}}{2}$$

이므로 $$e^y - 2x - e^{-y} = 0$$

이고, 양변에 e^y을 곱하면 $$e^{2y} - 2xe^y - 1 = 0$$

이다. 이것은 e^y에 관한 2차방정식이다. 즉,

$$(e^y)^2 - 2x(e^y) - 1 = 0$$

이다. 근의 공식에 의하여

$$e^y = \frac{2x \pm \sqrt{4x^2+4}}{2} = x \pm \sqrt{x^2+1}$$

여기서 $e^y > 0$이다. 그런데 $x - \sqrt{x^2+1} < 0\,(x < \sqrt{x^2+1}$이므로)이다. 따라서

$$e^y = x + \sqrt{x^2+1}$$

그러므로 $$y = \ln(e^y) = \ln\left(x + \sqrt{x^2+1}\right)$$

이고 $$\sinh^{-1}x = \ln\left(x + \sqrt{x^2+1}\right)$$

이다. ■

tanh^{-1}x와 coth^{-1}x의 도함수는 동일하나 두 함수의 정의역은 공통부분을 가지지 않는다. 즉 $\tanh^{-1}x$는 $|x| < 1$일 때, $\coth^{-1}x$는 $|x| > 1$일 때 각각 정의된다.

6 역쌍곡선함수의 도함수

$$\frac{d}{dx}(\sinh^{-1}x) = \frac{1}{\sqrt{1+x^2}} \qquad \frac{d}{dx}(\operatorname{csch}^{-1}x) = -\frac{1}{|x|\sqrt{x^2+1}}$$

$$\frac{d}{dx}(\cosh^{-1}x) = \frac{1}{\sqrt{x^2-1}} \qquad \frac{d}{dx}(\operatorname{sech}^{-1}x) = -\frac{1}{x\sqrt{1-x^2}}$$

$$\frac{d}{dx}(\tanh^{-1}x) = \frac{1}{1-x^2} \qquad \frac{d}{dx}(\coth^{-1}x) = \frac{1}{1-x^2}$$

쌍곡선함수가 미분가능하므로 역쌍곡선함수도 미분가능하다. 6의 식들은 역함수에 대한 방법 또는 식 3, 4, 5를 미분하여 증명할 수 있다.

예제 4 $\dfrac{d}{dx}(\sinh^{-1}x) = \dfrac{1}{\sqrt{1+x^2}}$을 증명하여라.

풀이 1 $y = \sinh^{-1}x$라 놓으면 $\sinh y = x$이다. 음함수 미분법으로 이 식을 x에 관하여 미분하면 다음과 같다.

$$\cosh y \frac{dy}{dx} = 1$$

$\cosh^2 y - \sinh^2 y = 1$이고 $\cosh y \geq 0$이므로, $\cosh y = \sqrt{1 + \sinh^2 y}$이다. 따라서

$$\frac{dy}{dx} = \frac{1}{\cosh y} = \frac{1}{\sqrt{1 + \sinh^2 y}} = \frac{1}{\sqrt{1 + x^2}}$$

풀이 2 식 **3**(예제 3에서 증명된)으로부터,

$$\begin{aligned} \frac{d}{dx}(\sinh^{-1}x) &= \frac{d}{dx}\ln\left(x + \sqrt{x^2 + 1}\right) \\ &= \frac{1}{x + \sqrt{x^2 + 1}} \frac{d}{dx}\left(x + \sqrt{x^2 + 1}\right) \\ &= \frac{1}{x + \sqrt{x^2 + 1}}\left(1 + \frac{x}{\sqrt{x^2 + 1}}\right) \\ &= \frac{\sqrt{x^2 + 1} + x}{\left(x + \sqrt{x^2 + 1}\right)\sqrt{x^2 + 1}} \\ &= \frac{1}{\sqrt{x^2 + 1}} \end{aligned}$$

■

예제 5 $\dfrac{d}{dx}[\tanh^{-1}(\sin x)]$를 구하여라.

풀이 **6**과 연쇄법칙을 이용하면

$$\begin{aligned} \frac{d}{dx}[\tanh^{-1}(\sin x)] &= \frac{1}{1 - (\sin x)^2} \frac{d}{dx}(\sin x) \\ &= \frac{1}{1 - \sin^2 x}\cos x = \frac{\cos x}{\cos^2 x} = \sec x \end{aligned}$$

■

3.9 | 연습문제

1-5 다음 값을 계산하여라.

1. (a) $\sinh 0$ (b) $\cosh 0$

2. (a) $\tanh 0$ (b) $\tanh 1$

3. (a) $\cosh(\ln 5)$ (b) $\cosh 5$

4. (a) $\sinh 4$ (b) $\sinh(\ln 4)$

5. (a) $\operatorname{sech} 0$ (b) $\cosh^{-1} 1$

6. $8 \sinh x + 5 \cosh x$를 of e^x와 e^{-x}에 관한 식으로 나타내어라.

7. $\sinh(\ln x)$를 x에 관한 유리함수로 나타내어라.

8-20 다음 항등식을 증명하여라.

8. $\sinh(-x) = -\sinh x$
(따라서 sinh는 기함수이다.)

9. $\cosh(-x) = \cosh x$
(따라서 cosh는 우함수이다.)

10. $\cosh x + \sinh x = e^x$

11. $\cosh x - \sinh x = e^{-x}$

12. $\sinh(x + y) = \sinh x \cosh y + \cosh x \sinh y$

13. $\cosh(x + y) = \cosh x \cosh y + \sinh x \sinh y$

14. $\coth^2 x - 1 = \operatorname{csch}^2 x$

15. $\tanh(x+y) = \dfrac{\tanh x + \tanh y}{1 + \tanh x \tanh y}$

16. $\sinh 2x = 2 \sinh x \cosh x$

17. $\coth 2x = \cosh^2 x + \sinh^2 x$

18. $\tanh(\ln x) = \dfrac{x^2 - 1}{x^2 + 1}$

19. $\dfrac{1 + \tanh x}{1 - \tanh x} = e^{2x}$

20. $(\cosh x + \sinh x)^n = \cosh nx + \sinh nx$ (n은 실수)

---

21. $\tanh x = \frac{12}{13}$일 때 다른 쌍곡선함수의 값을 구하여라.

22. $\cosh x = \frac{5}{3}$이고 $x > 0$일 때 다른 쌍곡선함수의 값을 구하여라.

23. (a) 그림 1~3의 sinh, cosh, tanh 그래프를 이용하여 csch, sech, coth의 그래프를 그려라.
(b) (a)에서 그린 그래프를 그래핑 도구로 그래프를 그려 확인하여라.

24. 쌍곡선함수들의 정의를 이용하여 다음의 극한값을 구하여라.

(a) $\lim_{x\to\infty} \tanh x$ (b) $\lim_{x\to-\infty} \tanh x$

(c) $\lim_{x\to\infty} \sinh x$ (d) $\lim_{x\to-\infty} \sinh x$

(e) $\lim_{x\to\infty} \operatorname{sech} x$ (f) $\lim_{x\to\infty} \coth x$

(g) $\lim_{x\to0^+} \coth x$ (h) $\lim_{x\to0^-} \coth x$

(i) $\lim_{x\to-\infty} \operatorname{csch} x$ (j) $\lim_{x\to\infty} \dfrac{\sinh x}{e^x}$

25. [1]에 있는 다음 함수들의 도함수에 대한 식을 증명하여라.
(a) cosh, (b) tanh, (c) csch, (d) sech, (e) coth

26. 방정식 [4]를 증명하여라.

27. (a) 예제 3과 같은 방법을 이용하거나 (b) 연습문제 19에서 x를 y로 바꾸어서 방정식 [5]를 증명하여라.

28. [6]에 있는 다음 함수들의 도함수에 대한 식들을 증명하여라.
(a) $\cosh^{-1}$ (b) $\tanh^{-1}$ (c) $\coth^{-1}$

29. [6]에 있는 다음 함수들의 도함수에 대한 식들을 증명하여라.
(a) sech^{-1} (b) csch^{-1}

30-48 다음을 미분하고 간단히 하여라.

30. $f(x) = \cosh 3x$

31. $f(x) = e^x \cosh x$

32. $h(x) = \sinh(x^2)$

33. $g(x) = \sinh^2 x$

34. $G(t) = \sinh(\ln t)$

35. $F(t) = \ln(\sinh t)$

36. $f(x) = \tanh\sqrt{x}$

37. $H(v) = e^{\tanh 2v}$

38. $y = \operatorname{sech} x \tanh x$

39. $y = \operatorname{sech}(\tanh x)$

40. $g(t) = t \coth\sqrt{t^2+1}$

41. $f(t) = \dfrac{1 + \sinh t}{1 - \sinh t}$

42. $f(x) = \sinh^{-1}(-2x)$

43. $g(x) = \tanh^{-1}(x^3)$

44. $y = \cosh^{-1}(\sec\theta)$, $0 \le \theta < \pi/2$

45. $y = \operatorname{sech}^{-1}(\sin\theta)$, $0 < \theta < \pi/2$

46. $G(u) = \cosh^{-1}\sqrt{1+u^2}$, $u > 0$

47. $y = x\tanh^{-1}x + \ln\sqrt{1-x^2}$

48. $y = x\sinh^{-1}(x/3) - \sqrt{9+x^2}$

---

49. $\dfrac{d}{dx}\arctan(\tanh x) = \operatorname{sech} 2x$임을 보여라.

50. 수심이 d인 바다에 길이가 L인 파도가 속도 v로 움직인다면 속도는

$$v = \sqrt{\frac{gL}{2\pi}\tanh\left(\frac{2\pi d}{L}\right)}$$

이다. 여기서 g는 중력가속도이다(그림 5 참조). 깊은 물에서 근삿값

$$v \approx \sqrt{\frac{gL}{2\pi}}$$

이 적절한 이유를 설명하여라.

51. 14m 떨어진 두 장대 사이에 걸려 있는 전화선의 모양이 현수선 $y = 20\cosh(x/20) - 15$의 형태를 하고 있다. 여기서 x, y의 단위는 미터이다.
(a) 오른편 장대와의 교점에서 곡선의 기울기를 구하여라.
(b) 전화선과 장대 사이의 각 θ를 구하여라.

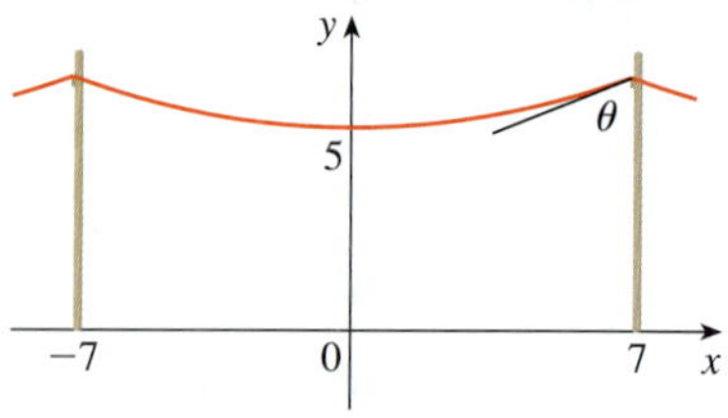

52. (a) 함수 $y = A\sinh mx + B\cosh mx$는 미분방정식 $y'' = m^2y$를 만족함을 보여라.
(b) $y'' = 9y$, $y(0) = -4$, $y'(0) = 6$을 만족하는 $y = y(x)$를 구하여라.

53. $x = \ln(\sec\theta + \tan\theta)$이면 $\sec\theta = \cosh x$임을 보여라.

54. 곡선 $y = \cosh x$는 그 위의 어느 점에서 기울기가 1인 접선을 가지는가?

위대한 수학자 오일러(Leonhard Euler)는 "최대 또는 최소 법칙이 없이는 우주에서 아무것도 일어나지 않는다"는 것을 관찰하였다. 벌이 겉넓이를 최소화하는 모양으로 벌집을 만든다는 것을 미적분학을 이용하여 보일 수 있다.

Kostiantyn Kravchenko / Shutterstock.com

4 미분의 응용

Applications of Differentiation

도함수의 응용에 대해 몇 가지 예를 이미 살펴보았는데, 이제는 미분 규칙을 배웠기 때문에 더 깊이 있게 미분의 응용을 다룰 수 있다. 이 장에서는 도함수가 어떻게 함수의 그래프 모양에 영향을 주는지, 특히 함수의 최댓값과 최솟값을 어떻게 찾는지를 배운다. 비용의 최소화, 넓이의 최대화 또는 주어진 상황에서 가능한 최적의 결과를 찾는 방법 등이 현실적인 많은 문제를 풀고자 할 때 필요하다. 이 장을 공부하면, 특히 캔의 최적화 모양을 탐구할 수 있고, 하늘의 무지개가 생긴 위치를 설명할 수 있을 것이다.

4.1 최댓값과 최솟값

미분에서 가장 중요한 응용으로 최적화 문제가 있다. 이것은 주어진 문제에 대한 최적의 방법을 구하는 것이다. 이 장에서 다룰 문제의 예를 소개하고자 한다.

- 생산비용을 최소화하는 통조림 통의 모양은 무엇인가?
- 우주 비행선의 최대 가속도는 얼마인가? (가속도의 영향을 견뎌야 하는 우주 비행사에게는 중요한 사항이다.)
- 재채기를 할 때 공기를 가장 빨리 배출하는 수축된 기관의 반지름은 얼마일까?
- 심장이 피를 공급할 때 사용하는 에너지를 최소화시키기 위해 혈관은 어떤 각도로 갈라져야 할까?

이러한 문제들은 어떤 함수의 최댓값 또는 최솟값을 구하는 것으로 해결 가능하다. 이제 최댓값과 최솟값이 정확하게 무엇을 의미하는지 소개하기로 하자.

■ 극값

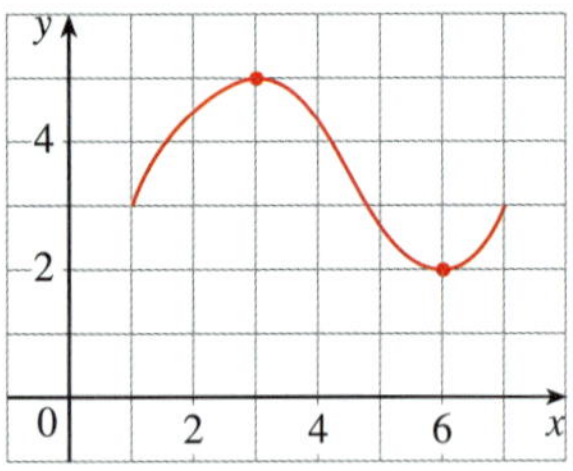

그림 1

그림 1에서 보는 것처럼 함수 f의 그래프에서 가장 높은 점은 (3, 5)이다. 다시 말해 f의 가장 큰 값은 $f(3) = 5$이다. 마찬가지로 가장 작은 값은 $f(6) = 2$이다. 이때 $f(3) = 5$를 최댓값이라 하고 $f(6) = 2$를 최솟값이라 한다. 일반적으로 다음 정의를 사용한다.

> **1 정의** c를 함수 f의 정의역 D에 있는 어떤 수라고 하자. 그러면 $f(c)$는
> - D의 모든 x에 대해 $f(c) \geq f(x)$를 만족할 때 D에서 f의 **최댓값**(absolute maximum value)이라 한다.
> - D의 모든 x에 대해 $f(c) \leq f(x)$를 만족할 때 D에서 f의 **최솟값**(absolute minimum value)이라 한다.

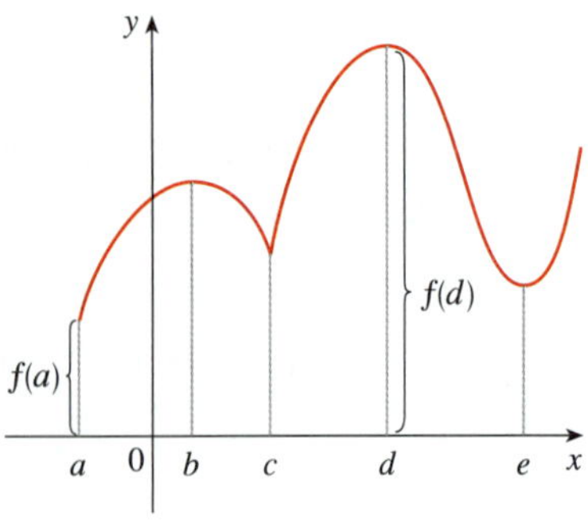

그림 2 최솟값 $f(a)$, 최댓값 $f(d)$
극솟값 $f(c)$, $f(e)$, 극댓값 $f(b)$, $f(d)$

최대, 최소는 종종 **대역적**(global) 최대, 최소로 불리기도 한다. f의 최댓값과 최솟값을 f의 **극값**(extreme values)이라고 한다.

그림 2는 d에서 최댓값을 갖고 a에서 최솟값을 갖는 함수 f의 그래프를 보여준다. $(d, f(d))$는 그래프에서 최고점이고 $(a, f(a))$는 최저점임을 유의하여라. b 근처에 있는 x값들만 고려하면(예를 들어 구간 (a, c)로 제한하면), $f(b)$는 $f(x)$ 값 중 가장 큰 값이므로, f의 **극댓값**이라고 부른다. 마찬가지로 c 근방의 x에 대해(예를 들어 구간 (b, d)에서) $f(c) \leq f(x)$이므로 $f(c)$는 f의 **극솟값**이라고 부른다. 함수 f는 또한 e에서 극솟값을 갖는다. 일반적인 다음의 정의를 알아보자.

> **2 정의**
> - x가 c 근방에서 $f(c) \geq f(x)$를 만족할 때 $f(c)$를 함수 f의 **극댓값**(local maximum value)이라 한다.
> - x가 c 근방에서 $f(c) \leq f(x)$를 만족할 때 $f(c)$를 함수 f의 **극솟값**(local minimum value)이라 한다.

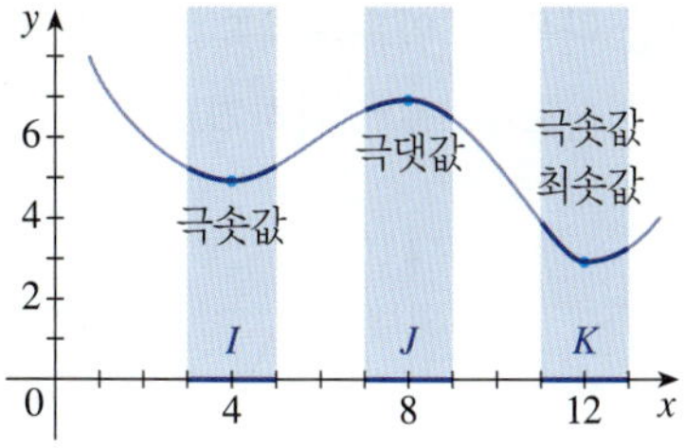

그림 3

정의 [2]에서 어떤 것이 c **근방**에 있다는 것은 c를 포함하는 개구간에 있다는 뜻이다. (따라서 극대나 극소는 끝점에서 나타날 수 없다.) 예를 들어 그림 3에서 $f(4) = 5$는 구간 I에서 f의 가장 작은 값이기 때문에 극소이다. 그렇지만 x가 12 근방에서(예를 들어, K 구간에서) $f(x)$가 더 작은 값을 가지기 때문에 $f(4) = 5$는 최소가 아니다. $f(12) = 3$은 극소이면서 동시에 최소이다. 마찬가지로 $f(8) = 7$은 극대이지만 f가 1 근방에서 더 큰 값을 가지기 때문에 최대는 아니다.

예제 1 함수

$$f(x) = 3x^4 - 16x^3 + 18x^2 \qquad -1 \leqslant x \leqslant 4$$

의 그래프는 그림 4에 있다. $f(1) = 5$는 극대인 반면 최댓값은 $f(-1) = 37$이다. (이 최댓값은 끝점에서 발생하므로 극댓값은 아니다.) 또한 $f(0) = 0$은 극솟값이고 $f(3) = -27$은 극솟값이면서 최솟값이다. f는 $x = 4$에서 극대도 최대도 아님을 유의해야 한다. ■

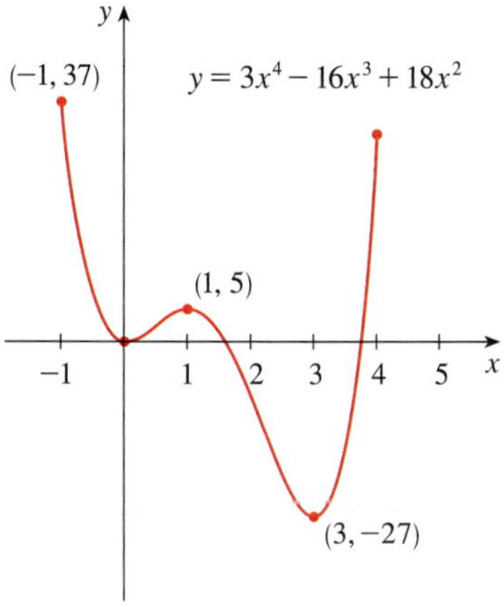

그림 4

예제 2 함수 $f(x) = \cos x$는 극대이면서 최댓값인 1을 무한히 많이 갖는다. 왜냐하면 모든 정수 n에 대해 $\cos 2n\pi = 1$이고 모든 x에 대해 $-1 < \cos x < 1$이기 때문이다(그림 5 참조). 마찬가지로 n이 임의의 정수일 때 $\cos(2n + 1)\pi = -1$은 최솟값이다.

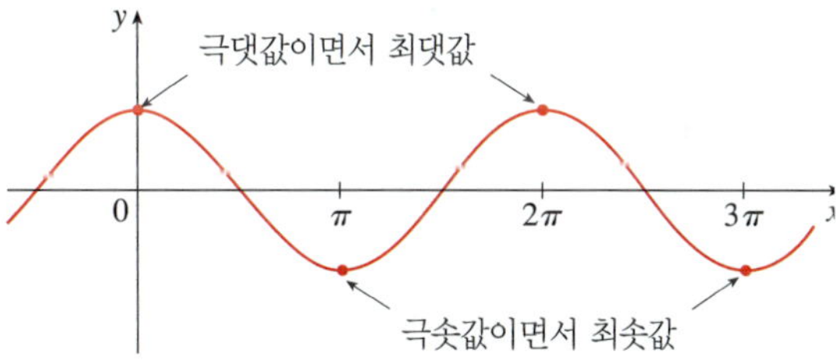

그림 5
$y = \cos x$
■

예제 3 $f(x) = x^2$일 때 모든 x에 대해 $x^2 \geqslant 0$이므로 $f(x) \geqslant f(0)$이다. 그러므로 $f(0) = 0$은 f의 최솟값(그리고 극솟값)이다. 이것은 원점이 포물선 $y = x^2$의 최저점이라는 사실과 같다(그림 6 참조). 하지만 이 포물선에 최고점은 없으므로 함수의 최댓값은 없다. ■

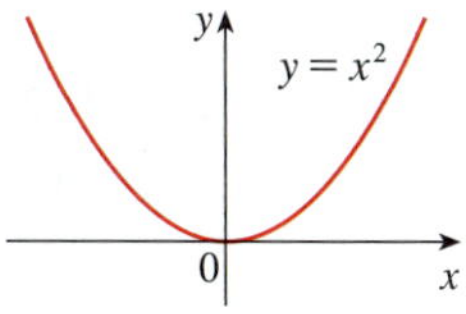

그림 6 최솟값 0, 최댓값 없다.

예제 4 그림 7의 함수 $f(x) = x^3$의 그래프로부터 이 함수는 최댓값과 최솟값 어느 것도 갖지 못함을 알 수 있다. 사실 이것은 극대나 극소도 갖지 못한다. ■

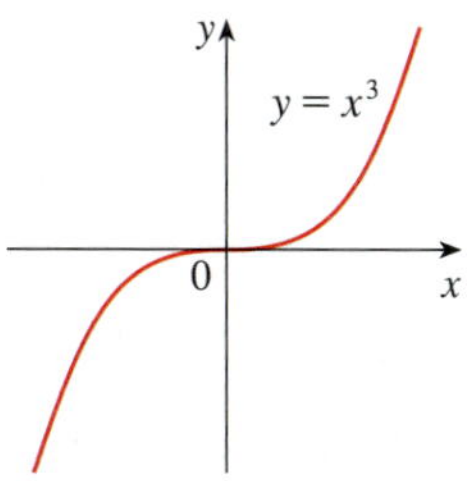

그림 7 최댓값, 최솟값을 갖지 못한다.

어떤 함수들은 극값을 갖는 반면에 다른 함수들은 그렇지 않음을 알았다. 다음 정리는 함수가 극값을 갖는 것을 보장하는 조건이다.

> **[3] 극값 정리(The Extreme Value Theorem)** f가 폐구간 $[a, b]$에서 연속이면, f는 $[a, b]$의 어떤수 c와 d에서 최댓값 $f(c)$와 최솟값 $f(d)$를 갖는다.

극값 정리는 그림 8로 설명된다. 극값은 한 번 이상 나올 수 있음을 유의하자. 비록 극값 정리가 직관적으로 아주 그럴듯하더라도 증명은 까다로우므로 생략하기로 한다.

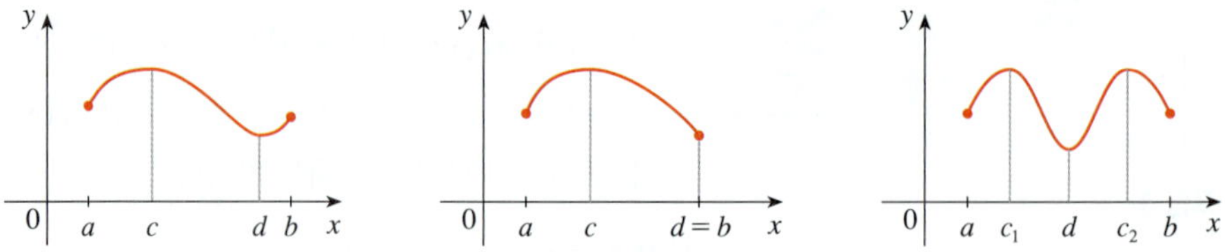

그림 8
폐구간에서 연속인 함수는 항상 극값을 갖는다.

그림 9와 10은 극값 정리에서 두 가지 가정(연속 또는 폐구간) 중 어느 것이라도 빠졌을 때, 함수가 극값을 갖지 않음을 보여준다.

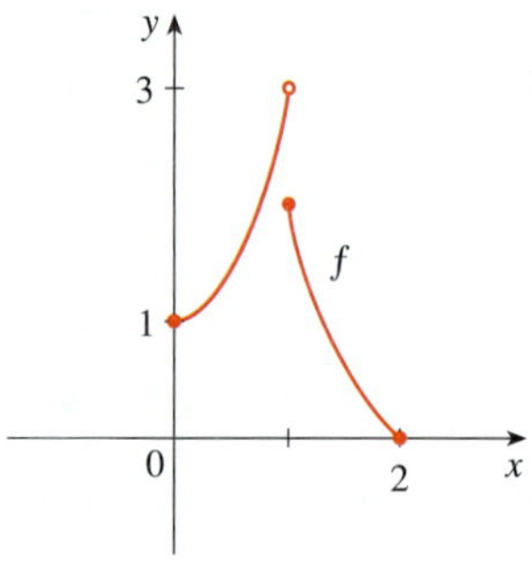

그림 9 이 함수는 최솟값 $f(2) = 0$을 갖지만, 최댓값은 갖지 못한다.

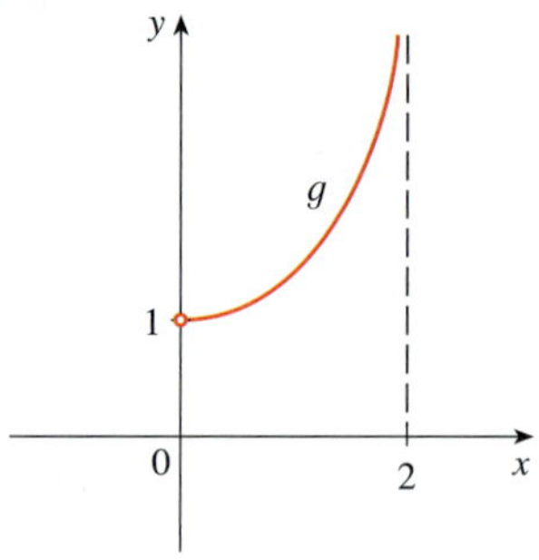

그림 10 이 연속함수 g는 최댓값과 최솟값을 갖지 못한다.

그래프가 그림 9와 같은 함수 f는 폐구간 $[0, 2]$에서 정의되어 있지만 최댓값은 갖지 못한다. (f의 치역은 $[0, 3)$임을 유의하자. 함수는 3에 굉장히 가까운 값을 취하지만 결코 3이라는 값에 도달하지는 못한다.) f가 연속이 아니므로 이것은 극값 정리에 모순되지 않는다. [그렇지만 불연속함수가 최댓값과 최솟값을 가질 수도 있다. 연습문제 13(b) 참조]

그림 10에서 함수 g는 개구간 $(0, 2)$에서 연속이지만 최댓값도 최솟값도 없다. [g의 치역은 $(1, \infty)$이다. 함수는 아주 큰 값을 갖는다.] 구간 $(0, 2)$는 폐구간이 아니므로 위의 사실이 극값 정리에 모순인 것은 아니다.

■ 임계수와 폐구간

극값 정리는 폐구간에서 연속함수는 최댓값과 최솟값을 갖는다는 사실은 말해주지만, 어떻게 이 극값을 찾는지는 말해주고 있지 않다. 그림 8에서 보면 a와 b 사이의 최댓값과 최솟값은 극댓값이거나 극솟값이다. 따라서 극값을 찾는 것으로부터 시작하자.

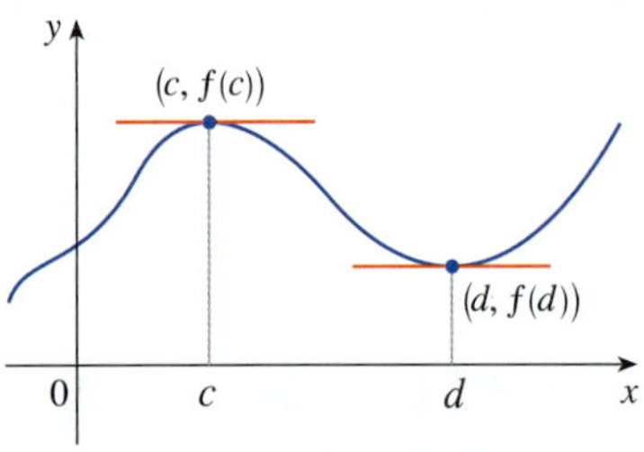

그림 11

그림 11은 c에서 극댓값을 갖고 d에서 극솟값을 갖는 함수 f의 그래프를 보여준다. 극댓값과 극솟값에서 접선들은 수평이므로 기울기가 0이다. 미분은 접선의 기울기이므로 $f'(c) = 0$, $f'(d) = 0$이다. 다음 정리는 이러한 것이 미분가능한 함수에 대해 항상 성립함을 의미한다.

페르마

페르마 정리는 아마추어 수학자이자 프랑스 법률가인 페르마(Pierre Fermat, 1601~1665)의 이름을 따서 붙여졌다. 아마추어 수학자였지만, 페르마는 데카르트와 함께 해석기하학의 창시자이다. 곡선의 접선 및 최댓값과 최솟값을 구하는 페르마의 방법은 (극한과 도함수 개념이 나오기 전까지) 뉴턴의 미적분 연구에 영향을 주었다.

4 페르마 정리(Fermat's Theorem) f가 c에서 극댓값이나 극솟값을 갖고 $f'(c)$가 존재하면 $f'(c) = 0$이다.

증명 편의상 f가 c에서 극댓값을 갖는다고 가정하자. 이때 정의 2에 따라, x가 c에 충분히 가깝다면 $f(c) \geq f(x)$이다. 이 사실은 만일 h가 양수이든 음수이든 상관없이 0에 충분히 접근한다면

$$f(c) \geqslant f(c+h)$$

이므로

$$f(c+h) - f(c) \leqslant 0 \tag{5}$$

임을 말한다. 이 부등식의 양변을 양수로 나눌 수 있다. 그러므로 $h > 0$이고, h가 충분히 작다면

$$\frac{f(c+h) - f(c)}{h} \leqslant 0$$

이 성립한다. (2.3절의 정리 2를 이용해서) 이 부등식의 양변에 우극한을 취하면

$$\lim_{h \to 0^+} \frac{f(c+h) - f(c)}{h} \leqslant \lim_{h \to 0^+} 0 = 0$$

을 얻는다. 그러나 $f'(c)$가 존재하기 때문에

$$f'(c) = \lim_{h \to 0} \frac{f(c+h) - f(c)}{h} = \lim_{h \to 0^+} \frac{f(c+h) - f(c)}{h}$$

이므로 $f'(c) \leqslant 0$임을 보였다.

$h < 0$이면 부등식 5를 h로 나눌 때 부등식의 방향은 뒤바뀐다.

$$\frac{f(c+h) - f(c)}{h} \geqslant 0$$

그러므로 좌극한을 취하면

$$f'(c) = \lim_{h \to 0} \frac{f(c+h) - f(c)}{h} = \lim_{h \to 0^-} \frac{f(c+h) - f(c)}{h} \geqslant 0$$

이 된다. $f'(c) \geqslant 0$이고 또한 $f'(c) \leqslant 0$임을 보였다. 두 개의 부등식이 다 참이어야 하므로 유일한 가능성은 $f'(c) = 0$이다.

극댓값의 경우에 대한 페르마 정리를 증명했다. 극솟값인 경우에 대해서도 비슷한 방법으로, 또는 연습문제 60을 사용해서 증명할 수 있다. ■

다음 예제는 페르마 정리를 모든 경우에 적용할 수 없음을 보여준다. 즉 무턱대고 $f'(x) = 0$이라 놓고 x에 대해 해를 구한다고 해서 극값을 찾을 수 없다.

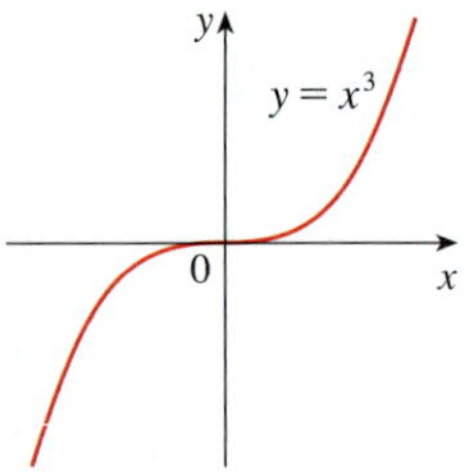

그림 12 $f(x) = x^3$이면 $f'(0) = 0$이다. 그러나 f는 최댓값이나 최솟값을 가지지 않는다.

예제 5 $f(x) = x^3$이라면 $f'(x) = 3x^2$이므로 $f'(0) = 0$이다. 그러나 그림 12의 그래프에서 알 수 있듯이 f는 0에서 최댓값 또는 최솟값을 가지지 않는다($x > 0$에 대해 $x^3 > 0$이지만 $x < 0$에 대해 $x^3 < 0$임에 주의하여라). 따라서 $f'(0) = 0$이라는 사실은 곡선 $y = x^3$이 $(0, 0)$에서 수평접선을 가짐을 의미한다. 즉 $(0, 0)$에서 최댓값 또는 최솟값을 갖는 것이 아니라 곡선 $f(x) = x^3$이 수평접선을 지난다. ■

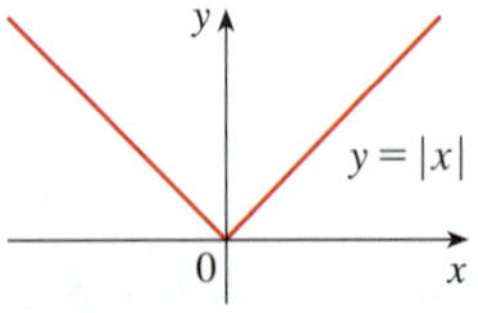

그림 13 $f(x) = |x|$이면 $f(0) = 0$이 최솟값이지만, $f'(0)$은 존재하지 않는다.

예제 6 함수 $f(x) = |x|$는 0에서 (극소이면서 최소인) 최솟값을 갖지만, 2.7절의 예제 5에서 보인 것처럼 $f'(0)$은 존재하지 않으므로 $f'(x) = 0$을 취함으로써 최솟값을 찾을 수 없다(그림 13 참조). ■

주의 예제 5와 6은 페르마 정리를 사용할 때 조심해야 함을 보여준다. 예제 5는 $f'(c) = 0$이라고 하더라도 c에서 극대 또는 극소일 필요가 없음을 보여준다. (다시 말해서, 페르마 정리의 역은 일반적으로 성립하지 않는다.) 더욱이 (예제 6과 같이) $f'(c)$가 존재하지 않을 때에도 극값은 있을 수 있다.

페르마 정리는 f의 극값을 구하기 위해서는 $f'(c) = 0$ 또는 $f'(c)$가 존재하지 않는 수 c를 찾는 데서 시작해야 됨을 말하고 있다. 이 수는 다음과 같은 특별한 이름을 가지고 있다.

6 정의 함수 f에서 $f'(c) = 0$이거나 $f'(c)$가 존재하지 않는 f의 정의역에 속하는 수 c를 함수 f의 **임계수**(critical number)라 한다.

예제 7 (a) $f(x) = x^3 - 3x^2 + 1$ (b) $f(x) = x^{3/5}(4 - x)$의 임계수를 구하여라.

풀이

(a) f의 도함수는 $f'(x) = 3x^2 - 6x = 3x(x - 2)$이다. 도함수 $f'(x)$가 모든 x에 대하여 존재하므로 f의 임계수는 $f'(x) = 0$일 때 나타난다. 따라서 임계수는 $x = 0$과 $x = 2$이다.

(b) 곱 법칙에 의해

$$f'(x) = x^{3/5}(-1) + (4 - x)\left(\tfrac{3}{5}x^{-2/5}\right) = -x^{3/5} + \frac{3(4 - x)}{5x^{2/5}}$$

$$= \frac{-5x + 3(4 - x)}{5x^{2/5}} = \frac{12 - 8x}{5x^{2/5}}$$

[먼저 $f(x) = 4x^{3/5} - x^{8/5}$라고 해도 같은 결과를 얻을 수 있다.] 그러므로 만일 $12 - 8x = 0$, 즉 $x = \frac{3}{2}$이라면 $f'(x) = 0$이고, $x = 0$일 때 $f'(x)$는 존재하지 않는다. 그러므로 임계수는 $\frac{3}{2}$과 0이다. ■

그림 14는 예제 7(b)의 함수 f의 그래프이다. 이 그래프를 보면 $x = 1.5$ [$f'(x) = 0$인 점]일 때 수평접선과 $x = 0$ [$f'(x)$가 존재하지 않는 점]일 때 수직접선을 갖는데 풀이에서도 이를 알 수 있다.

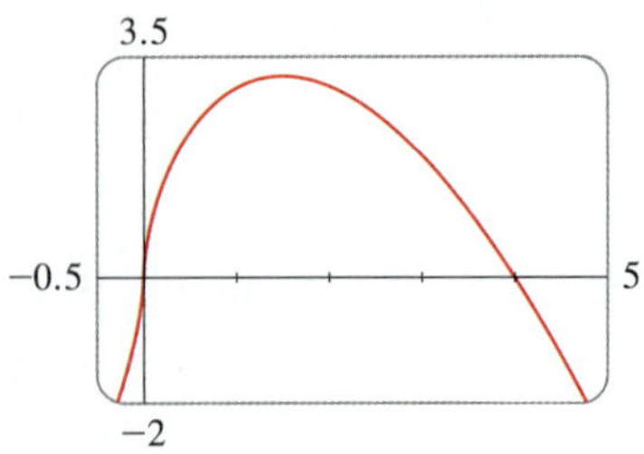

그림 14

임계수라는 용어로 페르마 정리는 다음과 같이 바꿔 말할 수 있다. (정의 6과 정리 4를 비교하여라.)

7 만일 f가 c에서 극댓값이나 극솟값을 가지면, c는 f의 임계수이다.

폐구간에서 연속함수의 최댓값 또는 최솟값을 찾기 위해, 국소적인 것인지(**7**에 의해 임계수에서 생기는 경우) 또는 구간의 끝점에서 발생하는 것인지(그림 8의 예처럼) 유의해야 한다. 그러므로 다음 세 단계를 항상 거쳐야 한다.

폐구간법(The Closed Interval Method)

폐구간 $[a, b]$에서 연속함수 f의 최댓값과 최솟값 구하기

1. (a, b)에 있는 f의 임계수에서 f값을 구한다.
2. 구간의 끝점에서 f값을 구한다.
3. 1단계와 2단계에서 가장 큰 값이 최댓값이고, 가장 작은 값이 최솟값이다.

예제 8 다음 함수의 최댓값과 최솟값을 구하여라.

$$f(x) = x^3 - 3x^2 + 1 \qquad -\tfrac{1}{2} \le x \le 4$$

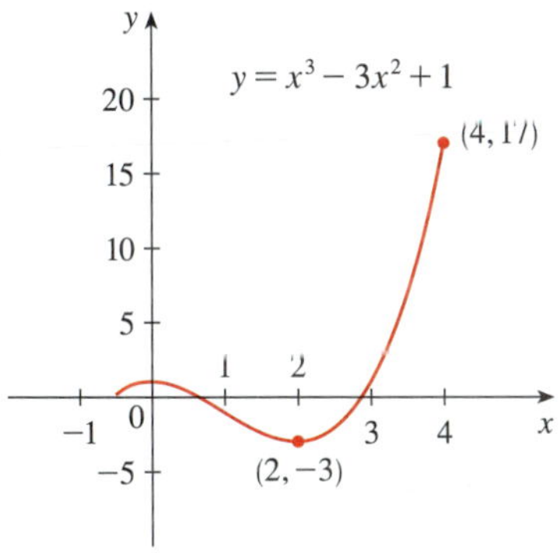

그림 15

풀이 f는 $\left[-\frac{1}{2}, 4\right]$에서 연속이므로, 폐구간법을 이용할 수 있다.

예제 7(a)에서 임계수는 $x = 0$ 또는 $x = 2$임을 알았다. 각각의 임계수는 구간 $\left(-\frac{1}{2}, 4\right)$에 놓여 있음을 주목하여라. 임계수에서 f의 함숫값은 다음과 같다.

$$f(0) = 1 \qquad f(2) = -3$$

구간의 끝점에서 f의 함숫값은

$$f\left(-\tfrac{1}{2}\right) = \tfrac{1}{8} \qquad f(4) = 17$$

이다. 네 수를 비교하면, 최댓값은 $f(4) = 17$이고 최솟값은 $f(2) = -3$이다.

이 예제의 경우 최댓값은 끝점에서, 최솟값은 임계수에서 생기는 것을 볼 수 있다. f의 그래프는 그림 15에 그려져 있다. ■

예제 9 허블 우주망원경은 디스커버리 우주왕복선에 의해 1990년 4월 24일에 배치되었다. $t = 0$에 발사된 로켓 추진체가 $t = 126$초에 분리될 때까지 우주선의 속도에 대한 모델은(초당 미터 단위로)

$$v(t) = 0.000397t^3 - 0.02752t^2 + 7.196t - 0.9397$$

로 주어진다. 이 모델을 이용해서 발사와 추진체의 분리 사이에 우주선 **가속도**의 최댓값과 최솟값을 추정하여라.

풀이 주어진 속도함수가 아닌 가속도함수의 극값이 요구된다. 우선 가속도를 구하기 위해 미분할 필요가 있다.

$$a(t) = v'(t) = \frac{d}{dt}(0.000397t^3 - 0.02752t^2 + 7.196t - 0.9397)$$
$$= 0.001191t^2 - 0.05504t + 7.196$$

구간 $0 \leq t \leq 126$에서 연속인 함수 a에 폐구간법을 적용하자. 이것의 미분은

$$a'(t) = 0.0023808t - 0.05504$$

이다. $a'(t) = 0$일 때 유일한 임계수가 발생한다.

$$t_1 = \frac{0.05504}{0.0023808} \approx 23.12$$

임계수와 끝점에서의 $a(t)$를 계산하면

$$a(0) = 7.196 \qquad a(t_1) = a(23.12) = 6.56 \qquad a(126) \approx 19.16$$

이므로 최대 가속도는 약 19.16m/s²이고, 최소 가속도는 약 6.56m/s²이다. ■

4.1 연습문제

1. 극솟값과 최솟값의 차이점을 설명하여라.

2-3 각 수 a, b, c, d, r, s에 대해 아래와 같이 극댓값과 극솟값, 최댓값과 최솟값을 가지는 함수가 있을 때, 각 수에서 어떤 값을 가지는지 설명하여라.

2.

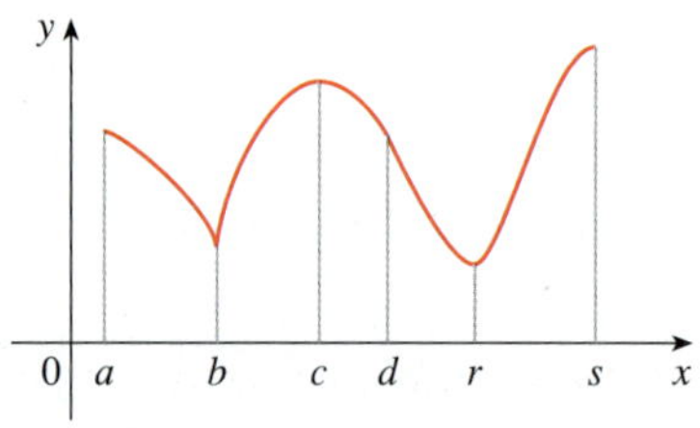

3.

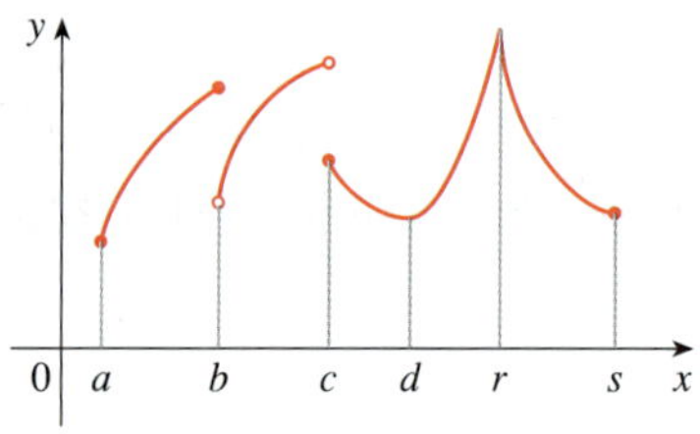

4-5 다음 그래프를 이용하여 함수의 극댓값과 극솟값, 최댓값과 최솟값을 구하여라.

4.

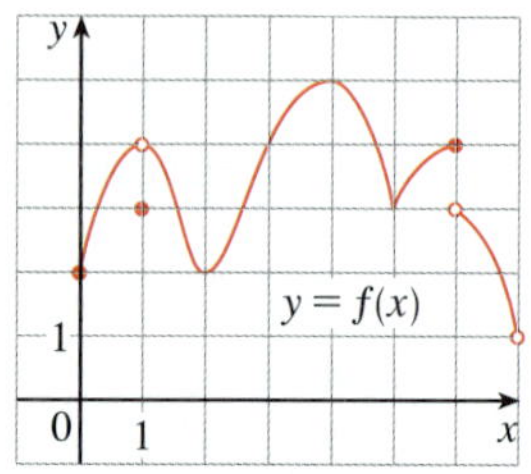

5.

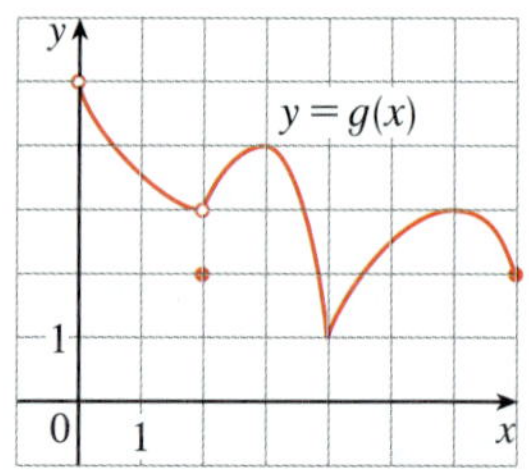

6-9 함수 f가 [1, 5]에서 연속이고 아래 성질을 만족할 때, 함수의 그래프를 그려라.

6. 5에서 최댓값, 2에서 최솟값, 3에서 극댓값, 2와 4에서 극솟값

7. 4에서 최댓값, 5에서 최솟값, 2에서 극댓값, 3에서 극솟값

8. 3에서 최솟값, 4에서 최댓값, 2에서 극댓값

9. 2에서 최댓값, 5에서 최솟값, 4는 임계수이지만 극댓값이나 극솟값 아님

10. (a) 함수 f가 2에서 극댓값을 가지고 2에서 미분가능할 때, 함수의 그래프를 그려라.

(b) 함수 f가 2에서 극댓값을 가지고 2에서 연속이지만 미분불가능할 때, 함수의 그래프를 그려라.

(c) 함수 f가 2에서 극댓값을 가지고 2에서 불연속일 때, 함수의 그래프를 그려라.

11. (a) $[-1, 2]$에서 최댓값을 가지고, 극댓값을 가지지 않는 함수의 그래프를 그려라.
(b) $[-1, 2]$에서 극댓값을 가지고 최댓값을 가지지 않는 함수의 그래프를 그려라.

12. (a) $[-1, 2]$에서 최댓값을 가지고 최솟값을 가지지 않는 함수의 그래프를 그려라.
(b) $[-1, 2]$에서 최댓값과 최솟값을 가지지만 불연속인 함수의 그래프를 그려라.

13. (a) 두 개의 극댓값과 한 개의 극솟값을 가지고 최솟값을 가지지 않는 함수의 그래프를 그려라.
(b) 세 개의 극솟값과 두 개의 극댓값을 가지고, 7개의 임계수를 가지는 함수의 그래프를 그려라.

14-23 함수 f의 그래프를 손으로 그려서, f의 최댓값과 최솟값, 극댓값과 극솟값을 구하여라(1.2절과 1.3절의 그래프와 변환에 관한 내용 참조).

14. $f(x) = 3 - 2x, \quad x \geqslant -1$

15. $f(x) = 1/x, \quad x \geqslant 1$

16. $f(x) = \sin x, \quad 0 \leqslant x < \pi/2$

17. $f(x) = \sin x, \quad -\pi/2 \leqslant x \leqslant \pi/2$

18. $f(t) = \cos t, \quad -3\pi/2 \leqslant t \leqslant 3\pi/2$

19. $f(x) = \ln x, \quad 0 < x \leqslant 2$

20. $f(x) = |x|$

21. $f(x) = 1 - \sqrt{x}$

22. $f(x) = e^x$

23. $f(x) = \begin{cases} x^2, & -1 \leqslant x \leqslant 0 \\ 2 - 3x, & 0 < x \leqslant 1 \end{cases}$

24-36 함수의 임계수를 구하여라.

24. $f(x) = 3x^2 + x - 2$

25. $f(x) = 3x^4 + 8x^3 - 48x^2$

26. $A(x) = |3 - 2x|$

27. $g(y) = \dfrac{y - 1}{y^2 - y + 1}$

28. $p(x) = \dfrac{x^2 + 2}{2x - 1}$

29. $h(t) = t^{3/4} - 2t^{1/4}$

30. $g(x) = \sqrt[3]{4 - x^2}$

31. $F(x) = x^{4/5}(x - 4)^2$

32. $f(\theta) = \theta + \sqrt{2}\cos\theta$

33. $f(\theta) = 2\cos\theta + \sin^2\theta$

34. $p(t) = te^{4t}$

35. $g(x) = x^2 \ln x$

36. $B(u) = 4\tan^{-1}u - u$

37-38 함수 f의 도함수가 다음과 같을 때 함수 f의 임계수는 몇 개인가?

37. $f'(x) = 5e^{-0.1|x|}\sin x - 1$

38. $f'(x) = \dfrac{100\cos^2 x}{10 + x^2} - 1$

39-52 주어진 구간에서 함수 f의 최댓값과 최솟값을 구하여라.

39. $f(x) = 12 + 4x - x^2, \quad [0, 5]$

40. $f(x) = 2x^3 - 3x^2 - 12x + 1, \quad [-2, 3]$

41. $f(x) = 3x^4 - 4x^3 - 12x^2 + 1, \quad [-2, 3]$

42. $f(t) = (t^2 - 4)^3, \quad [-2, 3]$

43. $f(x) = x + \dfrac{1}{x}, \quad [0.2, 4]$

44. $f(x) = \dfrac{x}{x^2 - x + 1}, \quad [0, 3]$

45. $f(t) = t - \sqrt[3]{t}, \quad [-1, 4]$

46. $f(x) = \dfrac{e^x}{1 + x^2}, \quad [0, 3]$

47. $f(t) = 2\cos t + \sin 2t, \quad [0, \pi/2]$

48. $f(\theta) = 1 + \cos^2\theta, \quad [\pi/4, \pi]$

49. $f(x) = x^{-2}\ln x, \quad \left[\tfrac{1}{2}, 4\right]$

50. $f(x) = xe^{x/2}, \quad [-3, 1]$

51. $f(x) = \ln(x^2 + x + 1), \quad [-1, 1]$

52. $f(x) = x - 2\tan^{-1}x, \quad [0, 4]$

53. a, b가 양수일 때, $f(x) = x^a(1 - x)^b, \ 0 \leqslant x \leqslant 1$의 최댓값을 구하여라.

54. 항생제를 먹은 후 혈액 속의 항생제 농도는 함수

$$C(t) = 8(e^{-0.4t} - e^{-0.6t})$$

로 주어진다. 여기에서 t의 단위는 시간이고 C의 단위는 μg/mL이다. 처음 12시간 동안 항생제 농도의 최댓값을 구하여라.

55. 0°C와 30°C 사이, 온도 T에서 물 1kg의 부피 $V(\text{cm}^3)$는 다음과 같은 공식으로 주어진다.

$$V = 999.87 - 0.06426T + 0.0085043T^2 - 0.0000679T^3$$

물이 최고 밀도가 될 때의 온도를 구하여라.

56. 어떤 물체 m은 평평한 평면 위에서 물체에 연결된 밧줄에 작용하는 힘에 의해 끌려간다. 만약 밧줄이 평면과 이루는 각의 크기가 θ라면, 힘의 크기는

$$F = \frac{\mu W}{\mu \sin\theta + \cos\theta}$$

이다(μ는 마찰계수라고 불리는 양수, $0 \leq \theta \leq \pi/2$). $\tan\theta = \mu$일 때, F의 최솟값을 구하여라.

57. 2012년 미국 조지아주에 있는 러니어호의 수위(미터)는 평균 해수면을 기준으로 측정하여 다음 함수식으로 모델링된다.

$$L(t) = 0.00439t^3 - 0.1273t^2 + 0.8239t + 323.1$$

여기서 t의 단위는 2012년 1월 1일 이후의 개월(month)이다. 2012년에 수위가 최고였던 시기를 추정하여라.

T **58.** 1992년 우주왕복선 인데버가 인탤샛 통신위성의 새로운 근지점 킥모터를 설치하는 임무인 STS-49를 띠고 발사되었다. 아래 표는 이륙했을 때와 고체 추진 로켓을 버릴 때 사이의 속도 자료를 나타낸 것이다.

사건	시간(s)	속도(m/s)
이륙	0	0
롤비행 시작	10	56.4
롤비행 끝	15	97.2
스로틀(속도를 변화시킴) 89%	20	136.2
스로틀 67%	32	226.2
스로틀 104%	59	403.9
최대 역학 압력	62	440.4
고체 추진 로켓 분리	125	1265.2

(a) 계산기 혹은 컴퓨터를 이용하여 그래프를 그리고 시간 구간 $t \in [0, 125]$에서 로켓 속도의 최적의 모델로 가장 적합한 3차다항식을 구하여라. 그리고 구한 다항식의 그래프를 그려라.

(b) 이 로켓의 가속도함수의 모델로 가장 적합한 함수를 구하고 처음 125초 동안 가속도의 최댓값과 최솟값을 추측하여라.

59. 함수 $f(x) = x^{101} + x^{51} + x + 1$이 극댓값과 극솟값을 가지지 않음을 보여라.

60. (a) f가 c에서 극솟값을 가질 때 $g(x) = -f(x)$는 c에서 극댓값을 가짐을 보여라.

(b) f가 c에서 극솟값을 가질 때 페르마 정리를 증명하여라.

응용프로젝트 | 무지개에 관한 미분적분학

무지개는 빗방울이 햇빛에 산란해서 생긴다. 무지개는 예부터 인간을 매료시켜 왔으며 아리스토텔레스 시대부터 과학적 설명을 시도했다. 이 프로젝트에서는 데카르트와 뉴턴의 아이디어를 사용하여 무지개의 모양과 위치, 색깔을 설명하고자 한다.

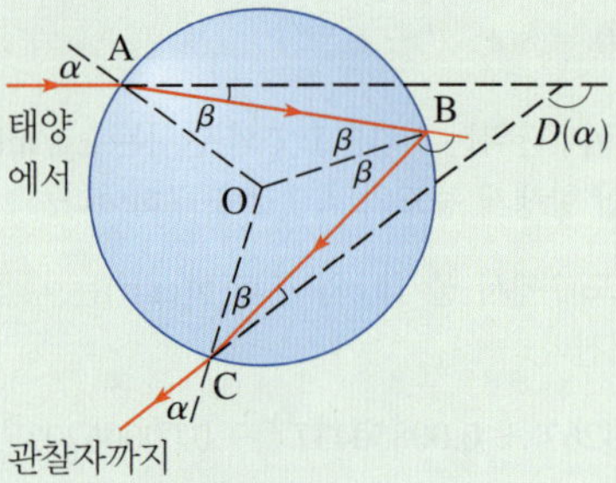

1차 무지개의 형성

1. 왼쪽 그림에서 햇빛이 구 모양의 빗방울을 A에서 통과하고 있다. 일부 햇빛은 반사되지만, 직선 AB는 이 빗방울을 통과하는 일부 빛의 경로를 나타낸다. 주목할 점은 이 빛이 법선 AO를 향해 반사된다는 사실인데, 스넬의 법칙(Snell's Law)에 따르면 $\sin\alpha = k\sin\beta$가 성립한다. 이때 α는 입사각, β는 굴절각, 그리고 $k \approx \frac{4}{3}$는 매질인 물에서 굴절률을 나타낸다. 일부 빛이 이 빗방울을 B에서 통과해서 공중으로 굴절되지만, 직선 BC는 반사되는 일부 빛을 나타낸다. (입사각은 굴절각과 같다.) 반사된 빛이 C에 도달하면 그 일부는 반사되지만, 잠시 C에서 이 빗방울을 통과해서 나가는 빛의 일부에 관심을 두기로 하자. (이 빛은 법선으로부터 굴절되고 있음에 주목하기 바란다.) 편각(angle of deviation) $D(\alpha)$는 이 빛이 이런 세 가지 과정을 거치면서 시계 방향으로 회전한 양을 나타낸다. 따라서

$$D(\alpha) = (\alpha - \beta) + (\pi - 2\beta) + (\alpha - \beta) = \pi + 2\alpha - 4\beta$$

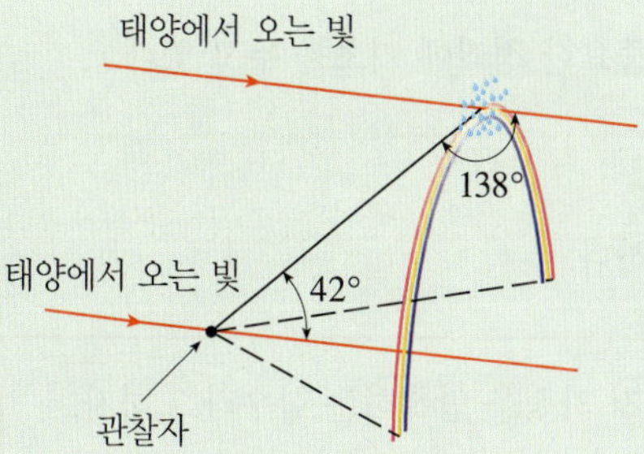

$\alpha \approx 59.4°$일 때 편각의 최솟값이 $D(a) \approx 138°$임을 보여라.

편각의 최솟값의 중요성은 $\alpha \approx 59.4°$일 때 $D'(\alpha) \approx 0$이므로 $\Delta D/\Delta\alpha \approx 0$이라는 사실에 있다. 이것은 $\alpha \approx 59.4°$로 들어오는 빛의 거의 같은 양만큼 다시 반사된다는 뜻이다. 1차 무지개의 밝기를 만드는 것은 최소 편각의 방향 근처에서 나오는 빛의 농도이다. 왼쪽 그림은 관찰자가 무지개의 최고점을 올려다본 높이의 각이 $180° - 138° = 42°$임을 나타낸다. [이 각을 **무지개각**(rainbow angle)이라고 한다.]

2. 문제 1에서 1차 무지개의 위치는 알 수 있는데, 그렇다면 색깔은 어떻게 설명할 수 있는가? 햇빛은 빨간색, 주황색, 노란색, 초록색, 파란색, 남색, 보라색이라는 색범위의 파장으로 구성되어 있다. 뉴턴이 1666년 프리즘을 사용한 실험에서 발견했듯이 이들 각 색깔의 굴절률은 각각 다르다. [이것을 **확산**(dispersion)이라고 한다.] 빨간색의 굴절률은 $k \approx 1.3318$인 데 반해 보라색의 굴절률은 $k \approx 1.3435$이다. 문제 1의 계산을 이들 값 k에 대해 다시 계산해보면서 빨간색 곡선의 무지개각이 42.3°이고 보라색의 무지개 각은 40.6°임을 보여라. 이를 통해 무지개가 정말로 일곱 가지 색깔에 따라 일곱 가지 곡선으로 이루어져 있음을 알게 된다.

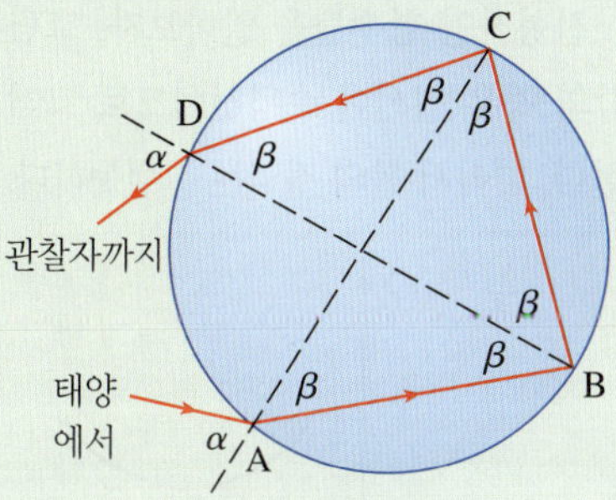

2차 무지개의 형성

3. 1차 무지개의 곡선 위로 2차 무지개의 곡선이 더 희미하게 보이는 것을 경험했을 것이다. 이런 일이 생기는 이유 중에는 빗방울의 중심을 통과한 빛이 A에서 굴절되고, (B와 C에서) 두 번 반사되고, (왼쪽 그림처럼) D에서 이 빗방울을 떠나면서 굴절이 일어나기 때문이다. 이 경우 편각 $D(\alpha)$는 네 단계의 과정을 거치면서 빛이 반시계 방향으로 회전한 총량을 말한다. 아래 식이 성립함을 보여라.

$$D(\alpha) = 2\alpha - 6\beta + 2\pi$$

그리고 아래와 같을 때 $D(\alpha)$가 최솟값을 가짐을 보여라.

$$\cos\alpha = \sqrt{\frac{k^2 - 1}{8}}$$

$k = \frac{4}{3}$일 때, 최소 편각이 약 129°이고, 그래서 아래 왼쪽 그림처럼 2차 무지개의 무지개 각이 약 51°임을 보여라.

4. 2차 무지개의 색깔이 1차 무지개의 색깔과 반대 순서로 보이는 것을 설명하여라.

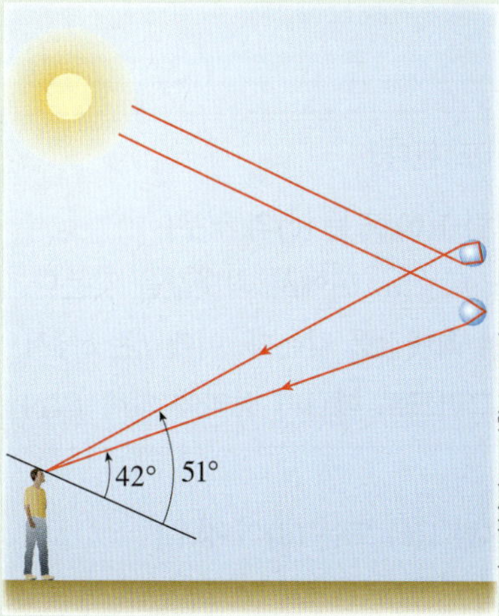

Leonid Andronov / Shutterstock.com

4.2 평균값 정리

이 장의 많은 결과들은 평균값 정리라고 불리는 중요한 정리에 기초를 두고 있다.

■ 롤의 정리

평균값 정리를 얻기 위해 우선 다음 정리가 필요하다.

롤

롤의 정리는 프랑스 수학자 롤(Michel Rolle, 1652~1719)의 저서 《*Méthode pour resoudre les egalitez*》를 통하여 1691년에 처음 발표되었다. 롤은 그 당시 미분적분학 방법을 "기발한 모순들만 모아 놓은 것"이라고 신랄하게 비판하였다. 그러나 그 후 미분적분학 방법의 정확성과 모순 없음에 확신을 가지게 되었다.

롤의 정리(Rolle's Theorem) f는 다음 세 가지 가정을 만족하는 함수라고 하자.

1. f는 폐구간 $[a, b]$에서 연속이다.
2. f는 개구간 (a, b)에서 미분가능하다.
3. $f(a) = f(b)$

이때 $f'(c) = 0$을 만족하는 수 c가 (a, b) 안에 존재한다.

증명을 하기 전에 앞의 세 가지 조건을 만족하는 전형적인 함수들을 알아보자. 그림 1은 그러한 네 가지 함수의 그래프를 보여준다. 각각의 경우 접선이 수평선이므로 그래프상에 $f'(c) = 0$인 점 $(c, f(c))$가 최소한 하나 존재한다. 따라서 롤의 정리는 그럴듯하다.

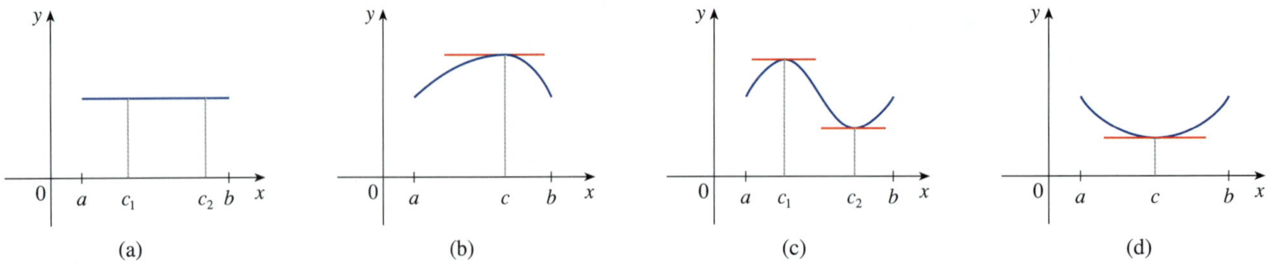

그림 1

증명 세 가지 경우로 나누어 증명한다.

PS 경우를 나누어라

경우 I $f(x) = k$, 상수

이때 $f'(x) = 0$이므로 c는 (a, b) 안의 어떠한 수이어도 된다.

경우 II (a, b) 안의 어떤 x에 대해 $f(x) > f(a)$ [그림 1(b) 또는 (c)의 경우]

(가정 1에 의해 적용할 수 있는) 극값 정리에 의해 f는 $[a, b]$에서 최댓값을 갖는다. $f(a) = f(b)$이므로 개구간 (a, b) 안에 어떤 수 c에서 최댓값을 갖는다. 이때 f는 c에서 극대이고, 가정 2에 의해 f는 c에서 미분가능하다. 그러므로 페르마 정리에 의해 $f'(c) = 0$이다.

경우 III (a, b) 안의 어떤 x에 대해 $f(x) < f(a)$ [그림 1(c) 또는 (d)의 경우]

극값 정리에 의해 f는 $[a, b]$에서 최솟값을 갖고, $f(a) = f(b)$이므로 (a, b) 안의 어떤 c에서 최솟값을 갖는다. 다시 페르마 정리에 의해 $f'(c) = 0$이다. ■

예제 1 롤의 정리를 움직이는 물체의 위치함수 $s = f(t)$에 적용해보자. 어떤 물체가 두 개의 서로 다른 순간 $t = a$와 $t = b$에서 같은 위치에 있다면, $f(a) = f(b)$이다. 롤의 정리는 $f'(c) = 0$, 즉 속도가 0이 되는 a와 b 사이의 어떤 순간 $t = c$가 존재함을 의미한다. (특히 공을 바로 위로 던졌을 때 성립함을 알 수 있다.) ■

그림 2는 예제 2에서 논의한 함수 $f(x) = x^3 + x - 1$의 그래프이다. 조망창을 아무리 크게 하더라도 롤의 정리에 의하면 두 번째 x절편을 찾을 수 없다.

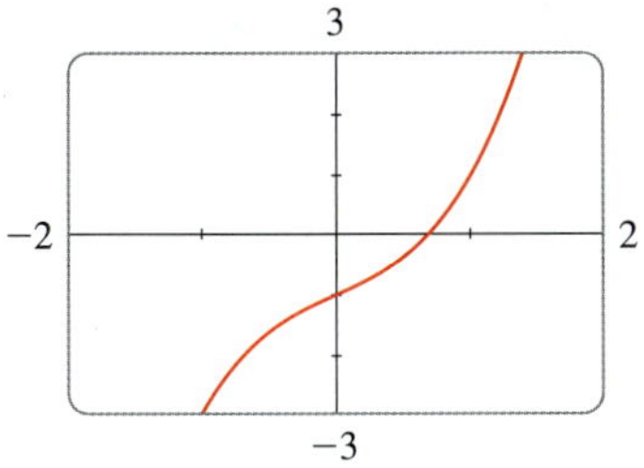

그림 2

예제 2 방정식 $x^3 + x - 1 = 0$이 꼭 하나의 실근을 가짐을 보여라.

풀이 우선 근이 존재함을 보이기 위해 중간값 정리(2.4절의 **10**)를 이용한다. $f(x) = x^3 + x - 1$이라고 하자. 이때 $f(0) = -1 < 0$이고 $f(1) = 1 > 0$이다. f는 다항식이므로 연속이다. 따라서 중간값 정리에 의해 $f(c) = 0$인 c가 0과 1 사이에 존재한다. 그러므로 주어진 방정식은 근을 갖는다.

이 방정식이 다른 실근을 갖지 않음을 보이기 위해, 롤의 정리를 이용하여 모순을 유도하자. 이 방정식이 두 개의 근 a와 b를 갖는다고 가정하자. 이때 $f(a) = 0 = f(b)$이고, f는 다항식이므로 이것은 (a, b)에서 미분가능하고 $[a, b]$에서 연속이다. 그러므로 롤의 정리에 의해 $f'(c) = 0$인 c가 a와 b 사이에 존재한다. 그러나 ($x^2 \geqslant 0$이기 때문에)

$$\text{모든 } x\text{에 대해} \quad f'(x) = 3x^2 + 1 \geqslant 1$$

이므로 $f'(x)$는 0일 수 없다. 이것은 모순이다. 그러므로 방정식은 두 개의 실근을 가질 수 없다. ■

■ 평균값 정리

또 다른 프랑스 수학자 라그랑주에 의해 처음 언급되었던 다음의 중요한 정리를 증명할 때 롤의 정리가 사용된다.

평균값 정리는 존재 정리라고 하는 것의 한 예이다. 중간값 정리, 극값 정리, 롤의 정리와 같이 이 정리는 적당한 성질을 갖는 수가 존재한다는 사실은 보장한다. 하지만 그 수를 어떻게 찾을 수 있는지는 알려주지 않는다.

평균값 정리(The Mean Value Theorem) f는 다음을 만족하는 함수라고 하자.

1. f는 폐구간 $[a, b]$에서 연속이다.
2. f는 개구간 (a, b)에서 미분가능하다.

이때 다음을 만족하는 수 c가 (a, b)에 존재한다.

1
$$f'(c) = \frac{f(b) - f(a)}{b - a}$$

또는

2
$$f(b) - f(a) = f'(c)(b - a)$$

이 정리를 증명하기 전에 기하학적으로 해석함으로써 이 정리가 성립함을 알 수 있다. 그림 3과 4는 두 개의 미분가능한 함수의 그래프상의 점 $A(a, f(a))$와 $B(b, f(b))$를 보여준다. 할선 AB의 기울기는 식 **1**의 우변과 같은 표현인

3
$$m_{AB} = \frac{f(b) - f(a)}{b - a}$$

이다. $f'(c)$가 점 $(c, f(c))$에서의 접선의 기울기이므로, 식 **1**에서 주어진 형식에서 평균값 정리는 접선의 기울기가 할선 AB의 기울기와 동일한 그래프상에 최소한 한 개의

점 $P(c, f(c))$가 존재함을 의미한다. 다시 말해서 선분 AB와 평행한 접선을 갖는 점 P가 존재한다. (AB와 평행하면서 멀리 있는 직선이 AB로 가까워지다가 처음으로 그래프와 만나는 것을 생각해보자.)

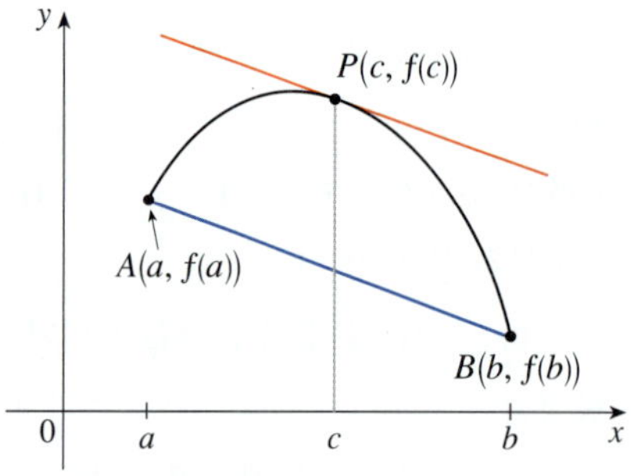

그림 3

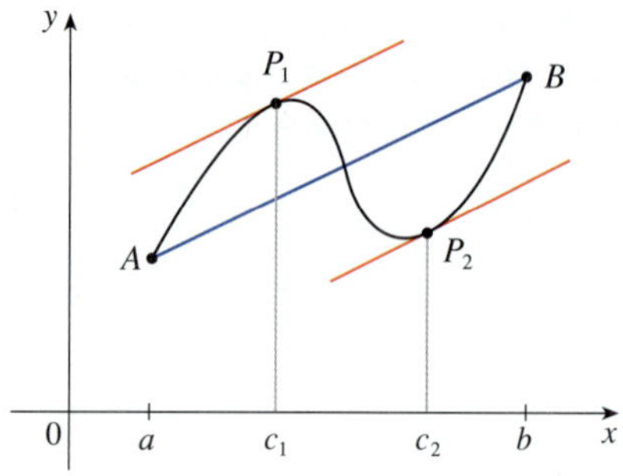

그림 4

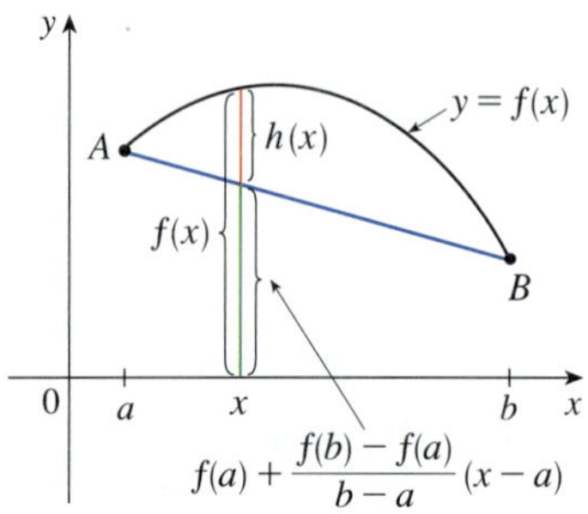

그림 5

증명 f와 그래프가 할선 AB인 함수 사이의 차로 정의된 새로운 함수 h에 롤의 정리를 적용한다. 식 **3** 을 이용하면, 할선 AB의 방정식은

$$y - f(a) = \frac{f(b) - f(a)}{b - a}(x - a)$$

즉

$$y = f(a) + \frac{f(b) - f(a)}{b - a}(x - a)$$

로 쓸 수 있다. 그림 5에서 알 수 있듯이,

4 $$h(x) = f(x) - f(a) - \frac{f(b) - f(a)}{b - a}(x - a)$$

이다. 우선 h가 롤의 정리의 세 가지 가정을 만족함을 보여야 한다.

1. 함수 h는 f와 일차식의 합이고, 둘 다 연속이므로 h는 $[a, b]$에서 연속이다.
2. f와 일차식은 미분가능하므로, 함수 h는 (a, b)에서 미분가능하다. 사실 식 **4** 로부터 h'을 직접 계산할 수 있다.

$$h'(x) = f'(x) - \frac{f(b) - f(a)}{b - a}$$

($f(a)$와 $[f(b) - f(a)]/(b - a)$는 상수임을 유의하여라.)

3. $$h(a) = f(a) - f(a) - \frac{f(b) - f(a)}{b - a}(a - a) = 0$$

$$h(b) = f(b) - f(a) - \frac{f(b) - f(a)}{b - a}(b - a)$$
$$= f(b) - f(a) - [f(b) - f(a)] = 0$$

그러므로 $h(a) = h(b)$이다.

h는 롤의 정리의 가정을 만족하므로, 이 정리에 의해 $h'(c) = 0$인 c가 구간 (a, b)에 존재한다. 그러므로

라그랑주와 평균값 정리

평균값 정리는 프랑스인 아버지와 이탈리아인 어머니 사이에서 태어난 라그랑주(Joseph-Louis Lagrange, 1736~1813)가 처음 만들었다. 신동이었던 그는 19세의 어린 나이로 토리노에서 교수가 되었다. 라그랑주는 정수론, 함수론, 방정식론, 해석적 천체역학에 많은 공헌을 했다. 특히 태양계의 안정성을 분석하는 데 미분적분학을 이용하였다. 프레데릭 대왕의 초대로 그는 베를린 아카데미에서 오일러를 계승했고, 프리드리히 2세가 죽은 후 루이 16세의 초청으로 파리로 갔다. 그리고 루브르에 있는 아파트를 선사받았고 에콜 폴리테크니크(프랑스의 명문 공과대학)의 교수가 되었다. 그는 남다른 부와 명성에도 불구하고 친절하고 조용한 사람이었으며, 오직 과학에만 몰두했다.

$$0 = h'(c) = f'(c) - \frac{f(b) - f(a)}{b - a}$$

이므로
$$f'(c) = \frac{f(b) - f(a)}{b - a}$$

이다. ■

예제 3 평균값 정리를 특정한 함수로 설명하기 위해 $f(x) = x^3 - x$, $a = 0$, $b = 2$를 생각해보자. f는 다항식이므로 모든 x에 대해 연속이고 미분가능하다. 따라서 $[0, 2]$에서 연속이고 $(0, 2)$에서 미분가능하다. 그러므로 평균값 정리에 의해

$$f(2) - f(0) = f'(c)(2 - 0)$$

을 만족하는 c가 $(0, 2)$ 안에 존재한다. 이제 $f(2) = 6$, $f(0) = 0$이고 $f'(x) = 3x^2 - 1$이므로 위 등식은

$$6 = (3c^2 - 1)2 = 6c^2 - 2$$

가 되고 $c^2 = \frac{4}{3}$, 즉 $c = \pm 2/\sqrt{3}$이다. 그러나 c는 $(0, 2)$ 안에 존재해야만 하므로 $c = 2/\sqrt{3}$이다. 그림 6은 이러한 계산을 보여준다. 이 c값에서의 접선은 할선 OB와 평행하다. ■

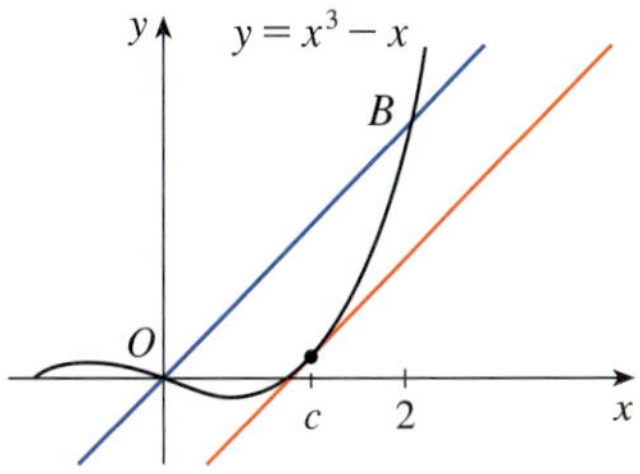

그림 6

예제 4 만일 물체가 위치함수 $s = f(t)$를 만족하면서 직선상에서 움직이면, $t = a$와 $t = b$ 사이의 평균속도는

$$\frac{f(b) - f(a)}{b - a}$$

이고, $t = c$에서의 속도는 $f'(c)$이다. 그러므로 (식 1의 형태로) 평균값 정리는 a와 b 사이의 어떤 시간 $t = c$에서 순간속도 $f'(c)$가 평균속도와 같다는 사실을 말해준다. 예를 들어 만일 차가 2시간 동안 180km를 움직였다면, 속도계는 최소한 한 번 90km/h를 나타내야 한다.

일반적으로, 평균값 정리는 순간변화율이 어떤 구간에서 평균변화율과 같아지는 순간이 존재한다는 것으로 해석할 수 있다. ■

평균값 정리의 가장 중요한 점은 어떤 함수에 대한 정보를 그 함수의 미분에 대한 정보로부터 얻을 수 있다는 것이다. 다음의 예는 이러한 원리의 한 가지 예를 제공한다.

예제 5 $f(0) = -3$이고 모든 x값에 대해 $f'(x) \leq 5$라고 가정하자. $f(2)$는 얼마나 큰 값을 가질 수 있을까?

풀이 f는 모든 곳에서 미분가능(그러므로 연속)이라고 주어졌다. 특히 구간 $[0, 2]$에서 평균값 정리를 적용할 수 있다.

$$f(2) - f(0) = f'(c)(2 - 0)$$

을 만족하는 c라는 수가 존재하므로

$$f(2) = f(0) + 2f'(c) = -3 + 2f'(c)$$

이다. 모든 x에 대해 $f'(x) \leq 5$라고 주어져 있으므로, 특히 $f'(c) \leq 5$임을 얻는다. 이 부등식의 양변에 2를 곱하면 $2f'(c) \leq 10$이므로

$$f(2) = -3 + 2f'(c) \leq -3 + 10 = 7$$

이다. $f(2)$에 대한 가능한 가장 큰 값은 7이다. ■

평균값 정리는 미적분학의 몇 가지 기본적인 정리를 증명하는 데 사용된다. 이러한 기본사항 중 하나가 다음 정리이다. 다른 것들은 다음 절에서 다룬다.

5 정리 구간 (a, b)의 모든 x에 대해 $f'(x) = 0$이면 f는 (a, b)에서 상수함수이다.

증명 x_1과 x_2가 $x_1 < x_2$을 만족하는 (a, b)의 어떤 두 수라고 하자. f는 (a, b)에서 미분가능하므로 (x_1, x_2)에서 미분가능하고, $[x_1, x_2]$에서 연속이어야 한다. 평균값 정리를 구간 $[x_1, x_2]$의 f에 적용하면, $x_1 < c < x_2$이고

6 $$f(x_2) - f(x_1) = f'(c)(x_2 - x_1)$$

을 만족하는 수 c를 얻는다. 모든 x에 대해 $f'(x) = 0$이므로 $f'(c) = 0$이고, 따라서 **6**은

$$f(x_2) - f(x_1) = 0 \qquad \text{즉} \qquad f(x_2) = f(x_1)$$

이 된다. 그러므로 f는 (a, b)의 어떠한 두 수 x_1과 x_2에서도 같은 값을 갖는다. 이것은 (a, b)에서 상수함수임을 뜻한다. ■

따름정리 7은 어떤 구간에서 두 함수의 도함수가 같으면 두 그래프는 서로 수직 이동한 것이라는 뜻이다. 즉, 그래프는 같은 모양이지만 수직 아래나 위로 평행이동한 것이다.

7 따름정리 구간 (a, b)의 모든 x에 대해 $f'(x) = g'(x)$라면, $f - g$는 (a, b)에서 상수함수이다. 즉 c가 상수일 때 $f(x) = g(x) + c$이다.

증명 $F(x) = f(x) - g(x)$라고 하자. 이때 (a, b)의 모든 x에 대해

$$F'(x) = f'(x) - g'(x) = 0$$

이다. 그러므로 정리 **5**에 의해 F는 상수함수이다. 즉 $f - g$는 상수함수이다. ■

NOTE 정리 **5**를 적용할 때 주의를 기울여야 한다.

$$f(x) = \frac{x}{|x|} = \begin{cases} 1, & x > 0 \\ -1, & x < 0 \end{cases}$$

라고 하자. f의 정의역은 $D = \{x \mid x \neq 0\}$이고 D 안의 모든 x에 대해 $f'(x) = 0$이다.

그러나 f는 분명히 상수함수가 아니다. D가 구간이 아니므로 이것은 정리 **5**에 모순되는 것이 아니다.

예제 6 등식 $\tan^{-1}x + \cot^{-1}x = \pi/2$를 증명하여라.

풀이 미분적분학을 이용하지 않고 증명할 수도 있지만, 미분적분학을 사용하면 증명이 아주 간단해진다. 만일 $f(x) = \tan^{-1}x + \cot^{-1}x$라면, 모든 x값에 대해

$$f'(x) = \frac{1}{1+x^2} - \frac{1}{1+x^2} = 0$$

이 된다. 그러므로 상수 C에 대하여 $f(x) = C$이다. C값을 결정하기 위해 $x = 1$을 대입한다[왜냐하면 $f(1)$을 정확하게 구할 수 있기 때문에]. 이때

$$C = f(1) = \tan^{-1}1 + \cot^{-1}1 = \frac{\pi}{4} + \frac{\pi}{4} = \frac{\pi}{2}$$

이다. 그러므로 $\tan^{-1}x + \cot^{-1}x = \pi/2$이다. ■

4.2 연습문제

1-4 함수 f의 그래프가 아래와 같다. f가 구간 $[0, 5]$에서 롤의 정리의 가설을 만족하는가? 그렇다면 해당 구간에서 롤의 정리의 결론을 만족하는 c값을 구하여라.

1.
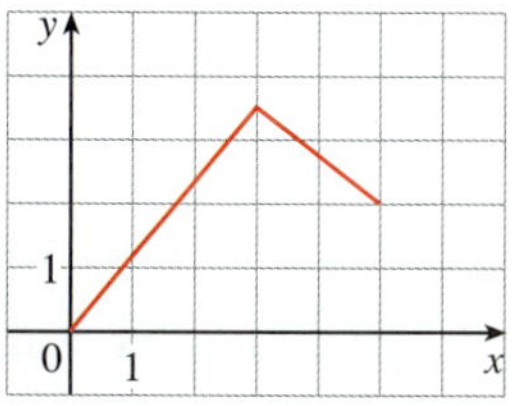

2.
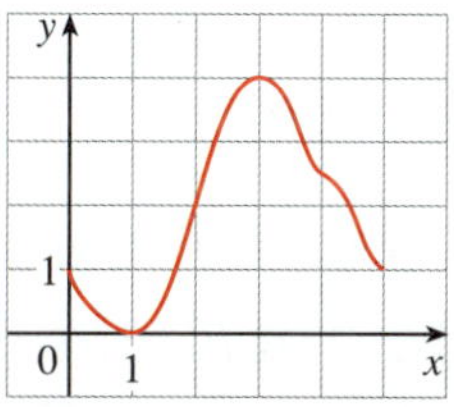

3.
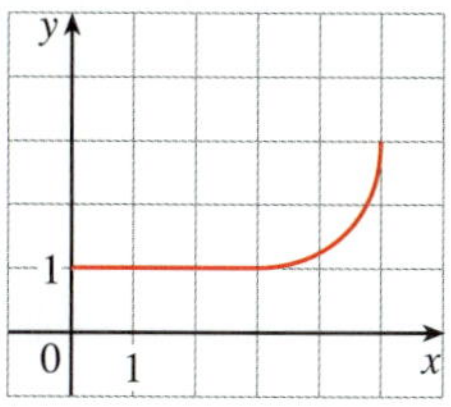

4.
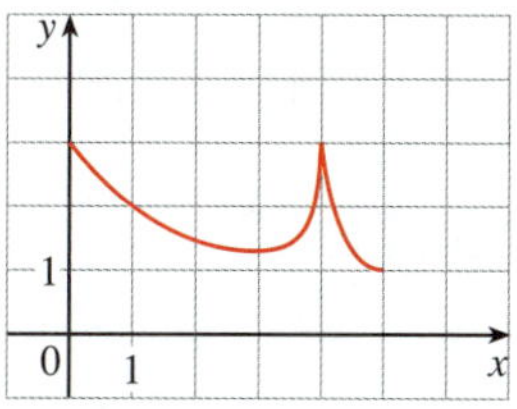

5-8 각 함수가 아래에 주어진 구간에서 롤의 정리의 세 가지 가정을 만족하는지 확인하여라. 롤의 정리를 만족하는 c값을 모두 구하여라.

5. $f(x) = 2x^2 - 4x + 5, \quad [-1, 3]$

6. $f(x) = x^3 - 2x^2 - 4x + 2, \quad [-2, 2]$

7. $f(x) = \sin(x/2), \quad [\pi/2, 3\pi/2]$

8. $f(x) = x + 1/x, \quad \left[\frac{1}{2}, 2\right]$

9. $f(x) = 1 - x^{2/3}$이라 하자. $f(-1) = f(1)$이지만 $(-1, 1)$에서 $f'(c) = 0$을 만족하는 c가 존재하지 않음을 보여라. 이 예가 왜 롤의 정리에 모순이 아닌가?

10. $f(x) = \tan x$라 하자. $f(0) = f(\pi)$이지만 $(0, \pi)$에서 $f'(c) = 0$을 만족하는 c가 존재하지 않음을 보여라. 이 예가 왜 롤의 정리에 모순이 아닌가?

11-13 각 함수가 주어진 구간에서 평균값 정리의 가정을 만족하는지 확인하여라. 평균값 정리를 만족하는 c값을 모두 구하여라.

11. $f(x) = 2x^2 - 3x + 1, \quad [0, 2]$

12. $f(x) = \ln x, \quad [1, 4]$

13. $f(x) = 1/x, \quad [1, 3]$

14-15 주어진 구간에서 평균값 정리를 만족하는 c값을 구하여라. 함수의 그래프와 구간의 양 끝점을 지나는 할선, $(c, f(c))$에서의 접선을 그려라. 할선과 접선은 평행한가?

14. $f(x) = \sqrt{x}, \quad [0, 4]$ **15.** $f(x) = e^{-x}, \quad [0, 2]$

16. $f(x) = (x-3)^{-2}$이라 두자. $f(4) - f(1) = f'(c)(4-1)$을 만족하는 c가 구간 $(1, 4)$에 존재하지 않음을 보여라. 이 예가 왜 평균값 정리에 모순되지 않는가?

17. $f(x) = 2 - |2x - 1|$이라 두자. $f(3) - f(0) = f'(c)(3-0)$을 만족하는 c가 구간 $(0, 3)$에 존재하지 않음을 보여라. 이 예가 왜 평균값 정리에 모순되지 않는가?

18-19 다음 방정식이 정확히 하나의 해를 가짐을 보여라.

18. $2x + \cos x = 0$ **19.** $x^3 + e^x = 0$

20. 방정식 $x^3 - 15x + c = 0$이 구간 $[-2, 2]$에서 많아야 한 개의 해를 가짐을 보여라.

21. 방정식 $x^4 + 4x + c = 0$이 많아야 두 개의 해를 가짐을 보여라.

22. (a) 3차다항식은 많아야 세 개의 근을 가짐을 보여라.
(b) n차다항식은 많아야 n개의 근을 가짐을 보여라.

23. $f(1) = 10$, $f'(x) \geqslant 2$ $(1 \leqslant x \leqslant 4)$일 때, $f(4)$는 얼마나 작은 값을 가질 수 있는가?

24. 모든 x값에 대해 $3 \leqslant f'(x) \leqslant 5$일 때, $18 \leqslant f(8) - f(2) \leqslant 30$임을 보여라.

25. $f(0) = -1$, $f(2) = 4$이고, 모든 x에 대해 $f'(x) \leqslant 2$를 만족하는 함수 f가 존재하는가?

26. $0 < x < 2\pi$일 때 $\sin x < x$임을 증명하여라.

27. f는 기함수이고 모든 점에서 미분가능하다. 모든 양수 b에 대해 구간 $(-b, b)$에서 $f'(c) = f(b)/b$를 만족하는 c값이 존재함을 증명하여라.

28. 평균값 정리를 이용하여 아래 부등식을 증명하여라.

$$\text{모든 } a, b\text{에 대하여 } |\sin a - \sin b| \leqslant |a - b|$$

29. 모든 x에 대하여 $f'(x) = c$ (c는 상수)일 때, 따름정리 7 을 이용하여 어떤 상수 d에 대해 $f(x) = cx + d$임을 보여라.

30-31 예제 6의 방법을 이용하여 다음 등식을 증명하여라.

30. $\arctan x + \arctan\left(\dfrac{1}{x}\right) = \dfrac{\pi}{2}, \quad x > 0$

31. $2\sin^{-1}x = \cos^{-1}(1 - 2x^2), \quad x \geqslant 0$

32. 두 선수가 달리기 시합을 하여 같은 시간에 출발하여 같은 시간에 도착했다. 두 선수가 경기하는 동안 두 선수의 속도가 같은 순간이 있었음을 보여라. [힌트: 두 선수의 위치함수를 각각 g, h라 둘 때 $f(t) = g(t) - h(t)$를 생각하여라.]

4.3 그래프의 모양을 말해주는 도함수

미분적분학의 많은 응용은 함수 f에 대한 여러 사실들을 도함수에 관한 정보로부터 유추하는 능력에 달려 있다. $f'(x)$는 점 $(x, f(x))$에서 곡선 $y = f(x)$의 기울기를 표현하기 때문에 곡선이 각각의 점에서 진행하는 방향을 알려준다. 따라서 $f'(x)$에 관한 정보가 $f(x)$에 대한 정보를 제공하리라고 기대하는 것은 무리가 아니다.

■ f'은 f에 대해 무엇을 알려주는가?

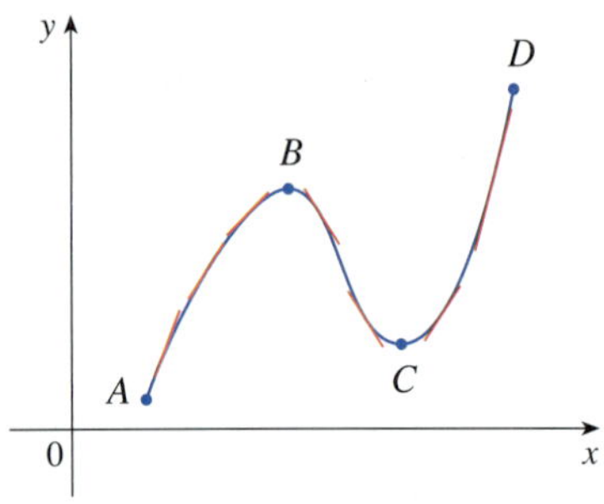

그림 1

f의 미분이 함수가 어디에서 증가 또는 감소인지를 어떻게 알려주는지 알기 위해 그림 1을 보자. (증가함수와 감소함수는 1.1절에서 정의했다.) A와 B 사이와 C와 D 사이에 접선은 양수인 기울기를 가지므로 $f'(x) > 0$이다. B와 C 사이에서 접선은 음수인 기울기를 가지므로 $f'(x) < 0$이다. 그러므로 $f'(x)$가 양수일 때 f는 증가이고 $f'(x)$가 음수일 때 f는 감소이다. 이것이 항상 성립함을 보이기 위해 평균값 정리를 이용한다.

이것을 간단히 I/D 테스트라고 하자.

증가감소 판정법(Increasing/Decreasing Test)
(a) 어떤 구간에서 $f'(x) > 0$이면, f는 증가이다.
(b) 어떤 구간에서 $f'(x) < 0$이면, f는 감소이다.

증명

(a) x_1과 x_2가 $x_1 < x_2$인 구간상에 두 수라고 하자. 증가함수의 정의에 따라 $f(x_1) < f(x_2)$임을 보여야 한다.

$f'(x) > 0$임이 주어졌으므로 f는 $[x_1, x_2]$에서 미분가능하다. 그러므로 평균값 정리에 의해

$$\boxed{1} \qquad f(x_2) - f(x_1) = f'(c)(x_2 - x_1)$$

을 만족하는 수 c가 x_1과 x_2 사이에 존재한다. 이제 가정에 의해 $f'(c) > 0$이고 $x_1 < x_2$이므로 $x_2 - x_1 > 0$이다. 그러므로 식 $\boxed{1}$의 우변은 양수이므로

$$f(x_2) - f(x_1) > 0 \qquad 즉 \qquad f(x_1) < f(x_2)$$

이다. 이것은 f가 증가임을 보여준다.

(b)도 비슷하게 증명할 수 있다. ■

예제 1 함수 $f(x) = 3x^4 - 4x^3 - 12x^2 + 5$가 어디에서 증가이고 어디에서 감소인지 구하여라.

풀이 $$f'(x) = 12x^3 - 12x^2 - 24x = 12x(x - 2)(x + 1)$$

그림 2

증가감소 판정법을 이용하기 위해 어디에서 $f'(x) > 0$이고 어디에서 $f'(x) < 0$인지를 알아야만 한다. 이 부등식을 풀기 위해 $f'(x) = 0$의 근을 구하면 $x = 0, 2, -1$이다. 이 값들이 f의 임계수이고 정의역을 네 개의 구간으로 나눈다(그림 2 참조). 각 구간에서 $f'(x)$는 항상 양수이거나 항상 음수이다. 이 중 어디에 해당하는지는 다음 표와 같이 $f'(x)$의 인수인 $12x$, $x - 2$, $x + 1$의 부호를 따져보면 된다. 플러스 표시는 주어진 식이 양수임을, 마이너스 표시는 음수임을 나타낸다. 표의 마지막 열은 증가감소 판정법에 기초한 결론을 표시한다. 예를 들어 $0 < x < 2$에 대해 $f'(x) < 0$이므로, f는 구간 $(0, 2)$에서 감소이다. (f는 폐구간 $[0, 2]$에서 감소한다고 말하는 것도 또한 참이다.)

구간	$12x$	$x - 2$	$x + 1$	$f'(x)$	f
$x < -1$	−	−	−	−	$(-\infty, -1)$에서 감소
$-1 < x < 0$	−	−	+	+	$(-1, 0)$에서 증가
$0 < x < 2$	+	−	+	−	$(0, 2)$에서 감소
$x > 2$	+	+	+	+	$(2, \infty)$에서 증가

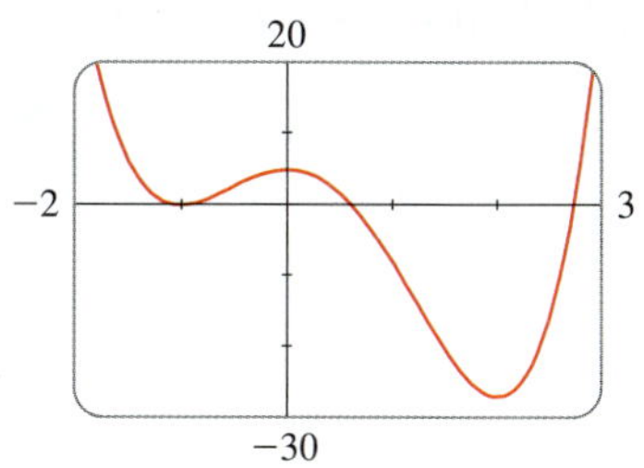

그림 3

그림 3에서 보여주는 f의 그래프는 표의 정보가 틀림없음을 말해준다. ■

■ 일계도함수 판정법

4.1절로부터 f가 c에서 극대나 극소를 갖는다면 c는 (페르마 정리에 의해) f의 임계수이어야만 하나, 모든 임계수가 최대나 최소를 나타내는 것은 아님을 기억할 것이다. 그러므로 f가 임계수에서 극대나 극소를 갖는지 여부를 알 수 있는 판정법이 필요하다.

그림 3에서 f가 $(-1, 0)$에서 증가하고 $(0, 2)$에서 감소하므로 $f(0) = 5$가 f의 극댓

값임을 알 수 있다. 또는 미분을 이용해서, $-1 < x < 0$에 대해 $f'(x) > 0$이고 $0 < x < 2$에 대해 $f'(x) < 0$이다. 다시 말해서 $f'(x)$의 부호는 0에서 양에서 음으로 변한다. 이러한 결과로부터 다음 판정법을 만들 수 있다.

> **일계도함수 판정법** c가 연속함수 f의 임계수라고 하자.
> (a) 만일 f'이 c에서 양수에서 음수로 변한다면, f는 c에서 극댓값을 갖는다.
> (b) 만일 f'이 c에서 음수에서 양수로 변한다면, f는 c에서 극솟값을 갖는다.
> (c) 만일 f'이 c에서 부호가 변하지 않는다면(예를 들어 f'이 c의 양쪽에서 양수이거나 또는 음수라면), f는 c에서 극대나 극소를 갖지 않는다.

일계도함수 판정법은 증가감소 판정법에 따른 것이다. 예를 들어, (a)에서 $f'(x)$ 부호가 c에서 양에서 음으로 변하므로, f는 c의 좌측에서는 증가이고 c의 우측에서는 감소이다. 따라서 f는 c에서 극대를 갖는다.

일계도함수 판정법은 그림 4와 같이 시각화하면 기억하기 쉽다.

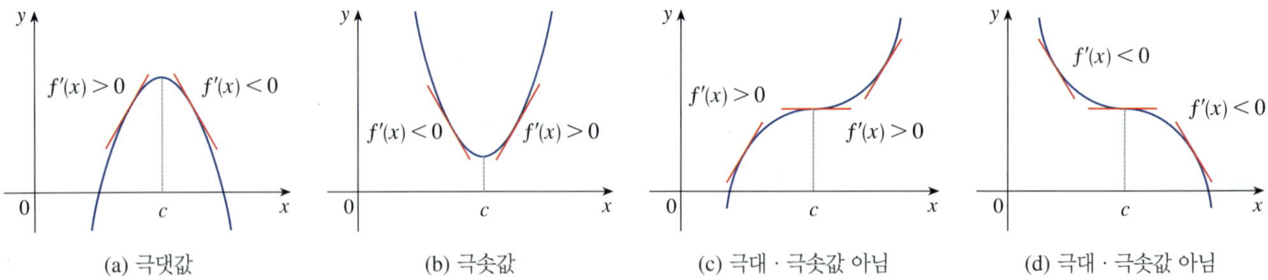

그림 4

예제 2 예제 1의 함수 f의 극솟값과 극댓값을 구하여라.

풀이 예제 1의 풀이에 있는 표로부터 $f'(x)$가 -1에서 음에서 양으로 변하므로, $f(-1) = 0$은 일계도함수 판정법에 의해 극솟값이다. 마찬가지로 f'이 2에서 음에서 양으로 변하므로, $f(2) = -27$ 또한 극솟값이다. 위에서 언급했듯이 $f(0) = 5$는 $f'(x)$가 0에서 양에서 음으로 변하기 때문에 극댓값이다. ■

예제 3 함수

$$g(x) = x + 2\sin x \qquad 0 \leqslant x \leqslant 2\pi$$

의 극댓값과 극솟값을 구하여라.

풀이 g의 임계수를 찾기 위해 미분을 한다.

$$g'(x) = 1 + 2\cos x$$

그러므로 $\cos x = -\frac{1}{2}$일 때 $g'(x) = 0$이다. 이 방정식의 해는 $2\pi/3$와 $4\pi/3$이다. g는 모든 곳에서 미분가능하므로 유일한 임계수는 $2\pi/3$와 $4\pi/3$이다. 임계수에 따라 정의역을 세 구간으로 나누자. 각 구간에서 $g'(x)$는 항상 양수이거나 항상 음수이고 표로 나타내면 아래와 같다.

표에서 +부호는 $\cos x > -\frac{1}{2}$일 때 $g'(x) > 0$라는 사실로부터 나온다. $y = \cos x$의 그래프로부터 지시된 구간에서 이들은 참이다. 또는 각 구간 내에서 판정값을 사용하여 $g'(x)$의 부호를 확인할 수 있다.

구간	$g'(x) = 1 + 2\cos x$	g
$0 < x < 2\pi/3$	+	$(0, 2\pi/3)$에서 증가
$2\pi/3 < x < 4\pi/3$	−	$(2\pi/3, 4\pi/3)$에서 감소
$4\pi/3 < x < 2\pi$	+	$(4\pi/3, 2\pi)$에서 증가

$g'(x)$가 $2\pi/3$에서 양에서 음으로 변하므로 일계도함수 판정법은 $2\pi/3$에서 극대이고 극댓값은

$$g(2\pi/3) = \frac{2\pi}{3} + 2\sin\frac{2\pi}{3} = \frac{2\pi}{3} + 2\left(\frac{\sqrt{3}}{2}\right) = \frac{2\pi}{3} + \sqrt{3} \approx 3.83$$

이다. 마찬가지로 $g'(x)$가 $4\pi/3$에서 음에서 양으로 변하므로

$$g(4\pi/3) = \frac{4\pi}{3} + 2\sin\frac{4\pi}{3} = \frac{4\pi}{3} + 2\left(-\frac{\sqrt{3}}{2}\right) = \frac{4\pi}{3} - \sqrt{3} \approx 2.46$$

은 극솟값이다. 그림 5에서 g의 그래프로부터 이를 확인할 수 있다. ■

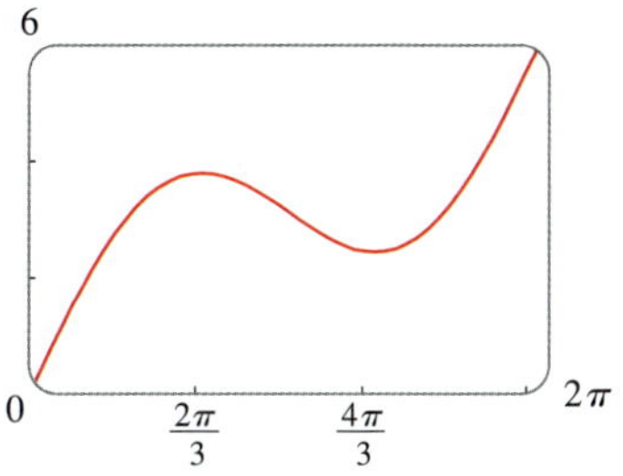

그림 5 $g(x) = x + 2\sin x$

■ f''은 f에 대해 무엇을 말하는가?

그림 6은 구간 (a, b)에서 두 개의 증가함수의 그래프이다. 이들 그래프는 점 A와 점 B를 연결하지만 다른 방향으로 굽어 있으므로 다르게 보인다. 이러한 두 가지 형태를 어떻게 구별할 수 있는가?

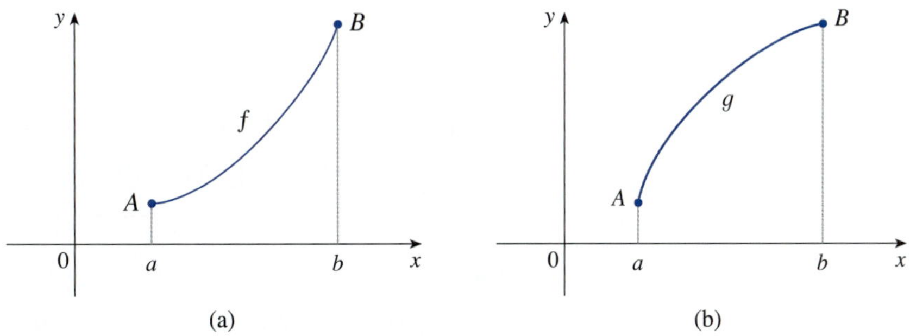

그림 6

그림 7에 두 곡선의 접선들이 여러 점에서 그려져 있다. (a)에서 곡선은 접선 위에 있는데 이때 f를 (a, b)에서 **위로 오목**이라고 부른다. (b)에서 곡선은 접선 아래에 있는데 이때 g를 (a, b)에서 **아래로 오목**이라고 부른다.

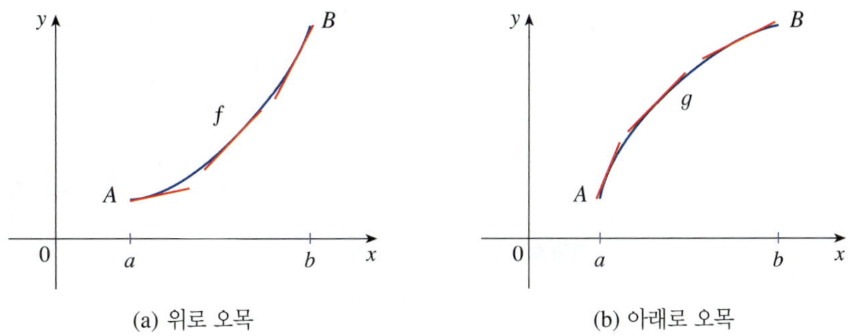

그림 7

정의 f의 그래프가 구간 I에서 함수의 모든 접선 위에 존재한다면 이것은 I에서 **위로 오목**(concave upward, CU)이라고 부른다. f의 그래프가 구간 I에서 함수의 모든 접선 아래에 존재한다면 이것은 I에서 **아래로 오목**(concave downward, CD)이라고 부른다.

그림 8은 구간 (b, c), (d, e), (e, p)에서 위로 오목(약자로 CU)이고 구간 (a, b), (c, d), (p, q)에서 아래로 오목(약자로 CD)인 함수의 그래프를 보여준다.

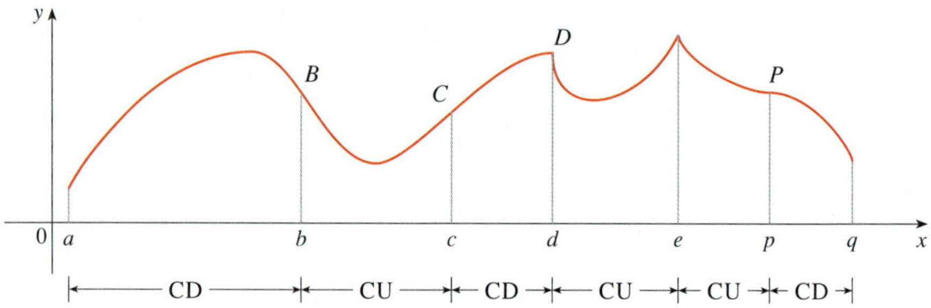

그림 8

이계도함수가 오목 구간을 결정하는 데 얼마나 도움을 주는지 알아보자. 그림 7(a)를 보면 왼쪽에서 오른쪽으로 가면서 접선의 기울기가 증가함을 알 수 있다. 이것은 f'이 증가함수이므로 f''이 양수임을 의미한다. 마찬가지로 그림 7(b)를 보면 접선의 기울기가 왼쪽에서 오른쪽으로 감소하므로 f'이 감소하고, 따라서 f''이 음수이다. 이러한 이유들은 반대방향으로도 말할 수 있으므로 다음 정리는 참이다.

오목성 판정법

(a) I의 모든 x에 대하여 $f''(x) > 0$이면, f의 그래프는 I에서 위로 오목하다.

(b) I의 모든 x에 대하여 $f''(x) < 0$이면, f의 그래프는 I에서 아래로 오목하다.

예제 4 그림 9는 양봉장에서 자란 키프러스 꿀벌의 개체수 그래프이다. 개체수 증가율이 시간에 따라 어떻게 변하는가? 언제 비율이 가장 높은가? 어떤 구간에서 P가 위로 오목 또는 아래로 오목인가?

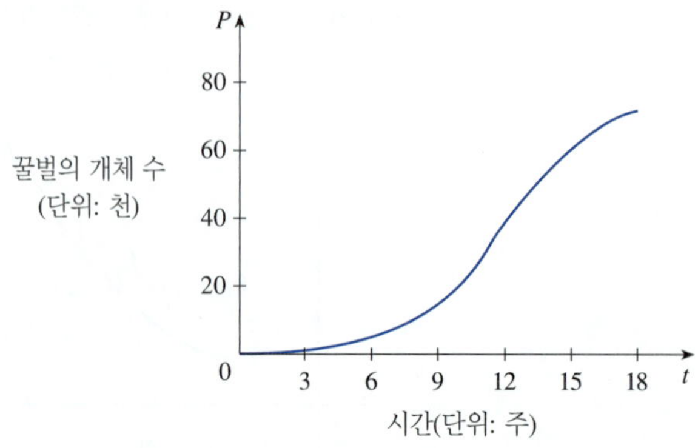

그림 9

풀이 t가 증가함에 따라 곡선의 기울기를 살펴봄으로써 개체수 증가율이 처음에는 대단히 작았다가, $t = 12$주경에 최댓값에 도달할 때까지 점점 커졌다가, 개체수가 안정됨에 따라 감소함을 알 수 있다. 개체수가 (포화밀도라 불리는) 약 75,000인 최댓값에 접근함에 따라, 증가율 $P'(t)$는 0에 접근한다. 곡선은 (0, 12)에서 위로 오목하고, (12, 18)에서 아래로 오목하다. ■

예제 4에서, 개체 곡선은 대략 점 (12, 38,000)에서 위로 오목에서 아래로 오목으로 변한다. 이 점을 곡선의 **변곡점**이라 부른다. 이 점이 중요한 것은 개체수 증가율이 그곳에서 최대가 된다는 것이다. 일반적으로 변곡점은 곡선에서 오목함의 방향이 변하는 점이다.

정의 곡선 f가 점 P에서 연속이고 곡선이 그곳에서 위로 오목에서 아래로 오목으로 또는 아래로 오목에서 위로 오목으로 변한다면, 그 곡선 위의 점 P를 **변곡점**(inflection point)이라고 부른다.

예를 들어, 그림 8에서 B, C, D, P는 변곡점이다. 만일 곡선이 변곡점에서 접선을 갖는다면 곡선은 그곳에서 접선을 가로지른다.

오목성 판정법의 관점에서, 이계도함수의 부호가 바뀌는 모든 점에서 변곡점이 생긴다.

예제 5 다음 조건들을 만족하는 함수 f의 그래프를 그려라.

(i) $(-\infty, 1)$에서 $f'(x) > 0$, $(1, \infty)$에서 $f'(x) < 0$

(ii) $(-\infty, -2)$와 $(2, \infty)$에서 $f''(x) > 0$, $(-2, 2)$에서 $f''(x) < 0$

(iii) $\lim_{x \to -\infty} f(x) = -2$, $\lim_{x \to \infty} f(x) = 0$

풀이 조건 (i)은 f가 $(-\infty, 1)$에서 증가이고 $(1, \infty)$에서 감소임을 말해준다. 조건 (ii)는 f가 $(-\infty, -2)$와 $(2, \infty)$에서 위로 오목하고, $(-2, 2)$상에서 아래로 오목하다. 조건 (iii)에서 f의 그래프가 두 개의 수평점근선 $y = -2$(왼쪽)와 $y = 0$(오른쪽)을 가진다.

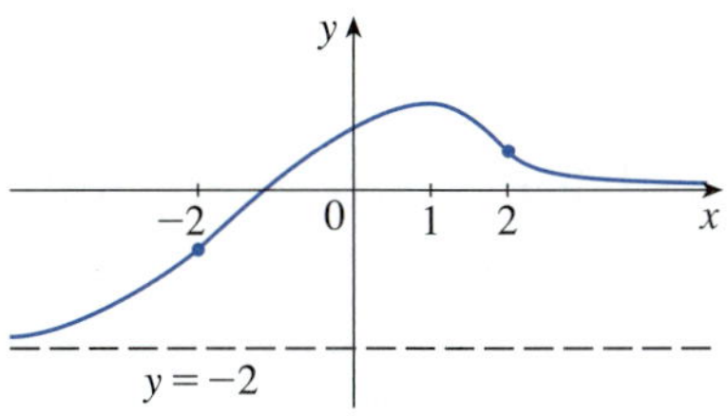

그림 10

우선 점선으로 수평점근선 $y = -2$를 그린다(그림 10 참조). 이때 왼쪽 끝부분에서 이 점근선에 접근하고, 최대점 $x = 1$까지 증가하고 오른쪽 끝부분에서 x축으로 감소하는 f의 그래프를 그린다. 또한 $x = -2$와 2에서 그래프가 변곡점을 가짐을 확인하자. 곡선이 $x < -2$와 $x > 2$에 대해 위로 오목하고, x가 -2와 2 사이에서 아래로 오목함에 유의하자. ■

이계도함수 판정법

이계도함수의 다른 응용은 극대와 극소에 대한 다음의 판정법이다. 이것은 오목성 판정법에 따른 것이다.

이계도함수 판정법 f''이 c 근방에서 연속이라고 하자.

(a) $f'(c) = 0$이고 $f''(c) > 0$이면, f는 c에서 극소를 갖는다.

(b) $f'(c) = 0$이고 $f''(c) < 0$이면, f는 c에서 극대를 갖는다.

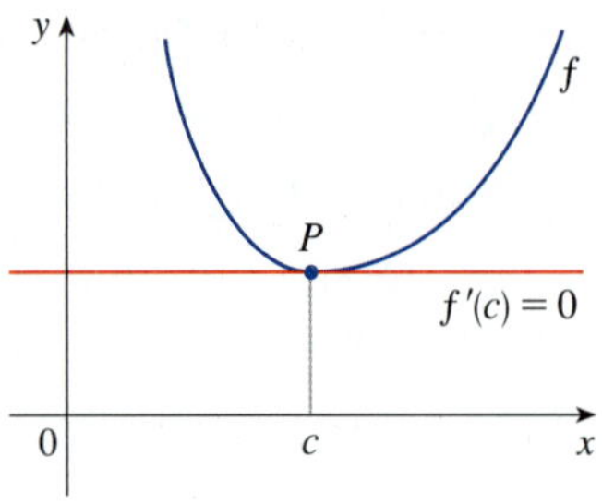

그림 11 $f''(c) > 0$, f는 위로 오목

예를 들어, c 근방에서 $f''(x) > 0$이므로 f는 c 근방에서 위로 오목이기 때문에 (a)는 참이다. 이것은 f의 그래프가 c에서 수평접선 위에 존재함을 의미하므로 f는 c에서 극소를 갖는다(그림 11 참조).

NOTE $f''(x) = 0$일 때 이계도함수 판정법은 결론을 내리지 못한다. 다시 말해서, 이러한 점에서 최대 또는 최소이거나 어느 것도 아닐 수 있다. 또한 $f''(c)$가 존재하지 않을 때 이러한 판정법은 실패한다. 이러한 경우 일계도함수 판정법을 이용할 필요가 있다. 두 가지 판정법이 모두 가능한 경우, 일반적으로 일계도함수 판정법을 사용하는 것이 편리하다.

예제 6 곡선 $y = x^4 - 4x^3$의 오목성, 변곡점, 그리고 극대와 극소에 대해서 논하여라. 이러한 정보를 이용해서 곡선을 그려라.

풀이 만일 $f(x) = x^4 - 4x^3$이라면,

$$f'(x) = 4x^3 - 12x^2 = 4x^2(x - 3)$$

$$f''(x) = 12x^2 - 24x = 12x(x - 2)$$

임계수를 찾기 위해 $f'(x) = 0$이라고 놓으면 $x = 0$과 $x = 3$을 얻는다. (f'은 다항식이므로 모든 점에서 정의된다.) 이계도함수 판정법을 이용하기 위해 위의 임계수에서의 f''을 계산한다.

$$f''(0) = 0 \qquad f''(3) = 36 > 0$$

$f'(3) = 0$이고 $f''(3) > 0$이므로 $f(3) = -27$은 극소이다. [사실 $f'(x)$에 대한 표현은 f가 3의 좌측에서 감소이고, 3의 우측에서는 증가임을 보여준다.] $f''(0) = 0$이므로 이계도함수 판정법은 임계수 0에 대한 어떠한 정보도 주지 못한다. 그러나 $x < 0$와 $0 < x < 3$에 대해 $f'(x) < 0$이므로 일계도함수 판정법은 f가 0에서 극대 또는 극소를 갖지 못함을 말해준다.

$x = 0$ 또는 2일 때 $f''(x) = 0$이므로, 수직선을 이러한 숫자들을 끝점으로 갖는 구간들로 나누어 다음과 같은 표를 얻는다.

구간	$f''(x) = 12x(x - 2)$	오목함
$(-\infty, 0)$	$+$	위로
$(0, 2)$	$-$	아래로
$(2, \infty)$	$+$	위로

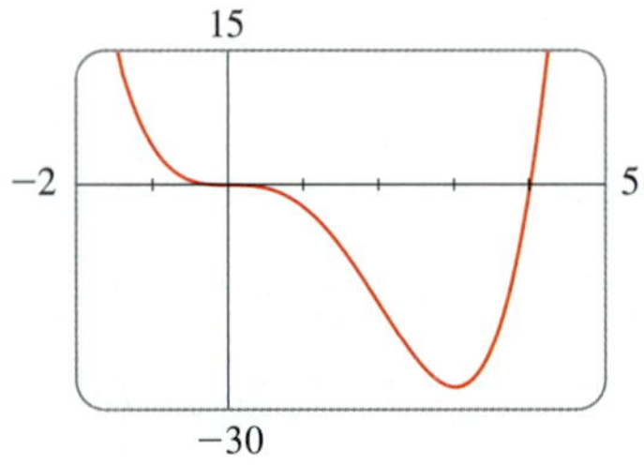

그림 12

곡선이 (0, 0)에서 위로 오목에서 아래로 오목으로 변하므로 이 점에서 변곡점이다. 또한 (2, −16)에서 곡선이 아래로 오목함에서 위로 오목으로 변하므로 이 점 또한 변곡점이다.

극소, 오목 구간, 변곡점을 이용하면 그림 12의 곡선이 그려진다. ■

■ 곡선 그리기

이제 일계, 이계도함수에서 얻은 정보를 사용하여 함수의 그래프를 그린다.

예제 7 함수 $f(x) = x^{2/3}(6 - x)^{1/3}$의 그래프를 그려라.

풀이 미분 법칙을 이용해서 처음 두 개의 미분은 다음과 같음을 알 수 있다.

미분 법칙을 사용해서 이 미분 결과를 확인하여라.

$$f'(x) = \frac{4 - x}{x^{1/3}(6 - x)^{2/3}} \qquad f''(x) = \frac{-8}{x^{4/3}(6 - x)^{5/3}}$$

$x = 4$일 때 $f'(x) = 0$이고 $x = 0$ 또는 $x = 6$일때 $f'(x)$는 존재하지 않으므로, 임계수는 0, 4, 6이다.

구간	$4 - x$	$x^{1/3}$	$(6 - x)^{2/3}$	$f'(x)$	f
$x < 0$	+	−	+	−	$(-\infty, 0)$에서 감소
$0 < x < 4$	+	+	+	+	$(0, 4)$에서 증가
$4 < x < 6$	−	+	+	−	$(4, 6)$에서 감소
$x > 6$	−	+	+	−	$(6, \infty)$에서 감소

극값을 찾기 위해 일계도함수 판정법을 이용한다. f'은 0에서 음에서 양으로 변하므로, $f(0) = 0$은 극소이다. f'은 4에서 양에서 음으로 변하므로, $f(4) = 2^{5/3}$은 극대이다. f'의 부호는 6에서 변하지 않으므로 이곳에서는 최대나 최소가 없다. (이계도함수 판정법은 4에서 이용될 수 있지만 0이나 6에서는 이용될 수 없다. 왜냐하면 f''은 이러한 수에서는 존재하지 않는다.)

$f''(x)$의 표현을 보고 모든 x에 대해 $x^{4/3} \geqslant 0$임을 유의하면, $x < 0$과 $0 < x < 6$에 대해 $f''(x) < 0$이고 $x > 6$에 대해 $f''(x) > 0$가 된다. 따라서 f는 $(-\infty, 0)$과 $(0, 6)$에서 아래로 오목하고, $(6, \infty)$에서 위로 오목하고, 유일한 변곡점은 $(6, 0)$이다. 그래프는 그림 13에 있다. $x \to 0$과 $x \to 6$에 따라 $|f'(x)| \to \infty$이므로 곡선은 $(0, 0)$과 $(6, 0)$에서 수직인 접선을 갖는다.

그래핑 계산기나 컴퓨터를 사용해서 그림 13의 그래프를 그려보아라. 일부 공학용 도구는 그래프 전체를 다 그려주지만, y축 오른쪽만 그려주기도 하고 $x = 0$과 $x = 6$ 사이만 그려주는 도구도 있다. 이에 대한 설명은 www.StewartCalculus.com에서 "그래핑 계산기와 컴퓨터"의 예제 7을 보아라.

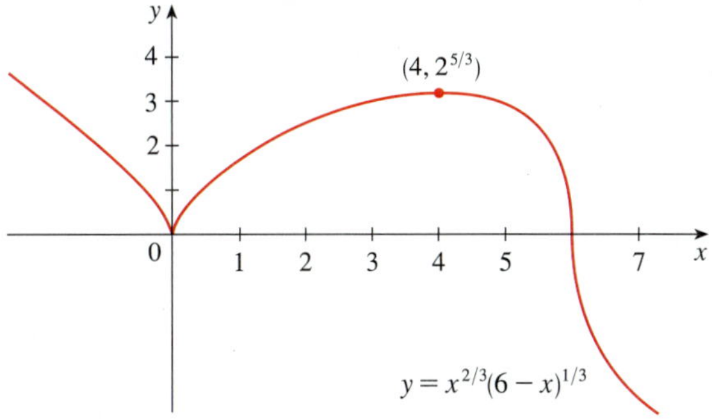

그림 13 ■

예제 8 $f(x) = e^{1/x}$의 일계와 이계도함수를 점근선과 함께 사용하여 그래프를 그려라.

풀이 f의 정의역은 $\{x \mid x \neq 0\}$임을 유의하여, $x \to 0$에 따라 좌극한과 우극한을 계산

하여 수직점근선을 알아보자. $x \to 0^+$이면 $t = 1/x \to \infty$이므로

$$\lim_{x \to 0^+} e^{1/x} = \lim_{t \to \infty} e^t = \infty$$

이다. 이것은 $x = 0$이 수직점근선임을 보여준다. $x \to 0^-$이면 $t = 1/x \to -\infty$이므로

$$\lim_{x \to 0^-} e^{1/x} = \lim_{t \to -\infty} e^t = 0$$

이다. $x \to \pm\infty$이면 $1/x \to 0$이므로

$$\lim_{x \to \pm\infty} e^{1/x} = e^0 = 1$$

이다. 이것은 $y = 1$이 수평점근선임을 보여준다(왼쪽, 오른쪽 모두).

이제 미분을 계산하자. 연쇄법칙에 의해

$$f'(x) = -\frac{e^{1/x}}{x^2}$$

이 된다. 모든 $x \neq 0$에 대해 $e^{1/x} > 0$이고 $x^2 > 0$이므로 모든 $x \neq 0$에 대해 $f'(x) < 0$이다. 그러므로 f는 $(-\infty, 0)$과 $(0, \infty)$에서 감소한다. 임계수는 존재하지 않으므로 함수는 최대나 최소를 갖지 않는다. 이계도함수는

$$f''(x) = -\frac{x^2 e^{1/x}(-1/x^2) - e^{1/x}(2x)}{x^4} = \frac{e^{1/x}(2x + 1)}{x^4}$$

이다. $e^{1/x} > 0$이고 $x^4 > 0$이므로, $x > -\frac{1}{2}$ $(x \neq 0)$일 때 $f''(x) > 0$이고 $x < -\frac{1}{2}$일 때 $f''(x) < 0$이다. 그러므로 곡선은 $\left(-\infty, -\frac{1}{2}\right)$에서 아래로 오목하고 $\left(-\frac{1}{2}, 0\right)$과 $(0, \infty)$에서 위로 오목하다. 변곡점은 $\left(-\frac{1}{2}, e^{-2}\right)$이다.

f의 그래프를 그리기 위해 우선 (점선으로) 수평점근선 $y = 1$과 점근선 근처에서 곡선의 일부분을 함께 예비로 그린다[그림 14(a)]. 이러한 부분들은 극한과 관련된 정보와 f가 $(-\infty, 0)$과 $(0, \infty)$에서 감소한다는 사실을 반영한다. $f(0)$가 존재하지 않더라도 $x \to 0^-$일 때 $f(x) \to 0$임을 앞에서 언급했음에 유의하기 바란다. 그림 14(b)에서 오목함과 변곡점에 관련된 정보를 통합시켜서 그림을 그린다. 그림 14(c)는 컴퓨터로 지금까지 조사한 함수의 그래프를 그린 것이다.

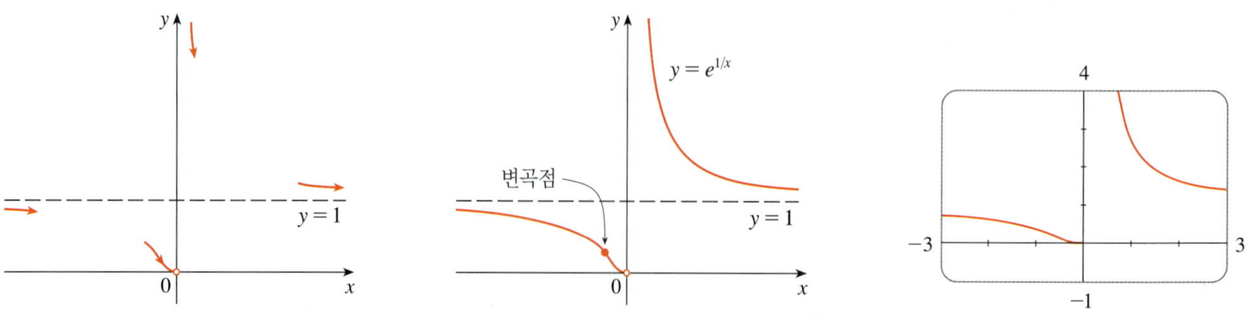

(a) 그래프 개형 그리기 (b) 그래프 세부사항 그리기 (c) 컴퓨터로 확인

그림 14

4.3 연습문제

1-2 아래의 주어진 함수 f에 대해 다음을 구하여라.

(a) f가 증가하는 개구간

(b) f가 감소하는 개구간

(c) f가 위로 오목한 개구간

(d) f가 아래로 오목한 개구간

(e) 변곡점의 좌표

1.

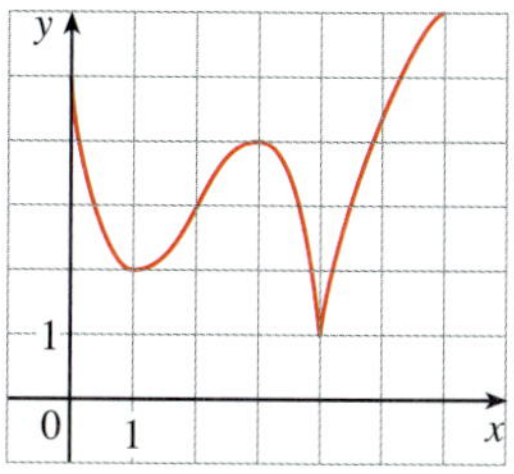

2.

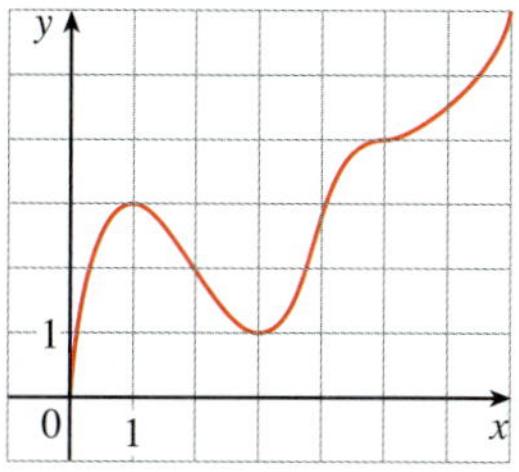

3. 함수 f가 주어졌다고 하자.

(a) f가 증가 또는 감소하는지 어떻게 판단할 수 있는가?

(b) f가 위로 오목한지 아래로 오목한지 어떻게 판단할 수 있는가?

(c) 변곡점의 위치를 어떻게 찾을 수 있는가?

4. (a) 일계도함수 판정법을 써라.

(b) 이계도함수 판정법을 써라. 어떤 조건에서 결론을 내릴 수 없는가? 만약 그렇다면 어떻게 해야 하는가?

5. 함수 f의 도함수 f'이 주어져 있다.

(a) f가 증가 또는 감소하는 구간은 어디인가?

(b) f가 극댓값과 극솟값을 가지는 x값을 구하여라.

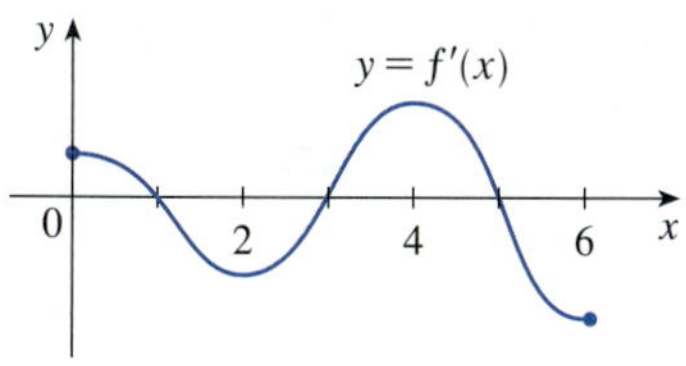

6. f의 변곡점의 x좌표를 구하여라. 그 이유를 설명하여라.

(a) 아래 곡선이 f의 그래프일 때

(b) 아래 곡선이 f'의 그래프일 때

(c) 아래 곡선이 f''의 그래프일 때

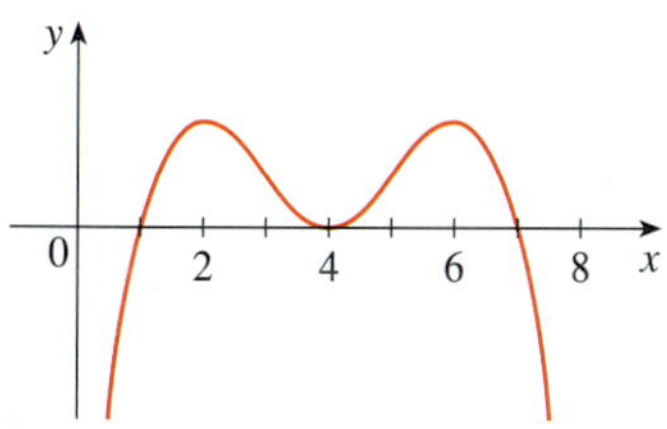

7-12 f가 증가 또는 감소하는 구간을 구하고, f의 극댓값과 극솟값을 구하여라.

7. $f(x) = x^3 - 6x^2 - 135x$ **8.** $f(x) = x^{2/3}(x - 3)$

9. $f(x) = \dfrac{x^2 - 24}{x - 5}$ **10.** $f(x) = x + \dfrac{4}{x^2}$

11. $f(x) = \sin x + \cos x, \quad 0 \leq x \leq 2\pi$

12. $f(x) = x^4 e^{-x}$

13-18 f가 위로 오목 또는 아래로 오목인 구간을 구하고, f의 변곡점을 구하여라.

13. $f(x) = x^3 - 3x^2 - 9x + 4$

14. $f(x) = 2x^3 - 9x^2 + 12x - 3$

15. $f(x) = \sin^2 x - \cos 2x, \quad 0 \leq x \leq \pi$

16. $f(x) = \ln(2 + \sin x), \quad 0 \leq x \leq 2\pi$

17. $f(x) = \ln(x^2 + 5)$ **18.** $f(x) = \dfrac{e^x}{e^x + 2}$

19-24

(a) f가 증가 또는 감소하는 구간을 구하여라.

(b) f의 극댓값과 극솟값을 구하여라.

(c) 변곡점과 오목 구간을 구하여라.

19. $f(x) = x^4 - 2x^2 + 3$ **20.** $f(x) = \dfrac{x}{x^2 + 1}$

21. $f(x) = x^2 - x - \ln x$ **22.** $f(x) = x^2 \ln x$

23. $f(x) = xe^{2x}$

24. $f(x) = \cos^2 x - 2\sin x, \quad 0 \leq x \leq 2\pi$

25-26 일계도함수 판정법과 이계도함수 판정법을 이용하여 f의 극댓값과 극솟값을 구하여라. 어떤 것이 더 좋은 방법인가?

25. $f(x) = 1 + 3x^2 - 2x^3$ **26.** $f(x) = \dfrac{x^2}{x - 1}$

27. (a) $f(x) = x^4(x - 1)^3$의 임계수를 구하여라.

(b) 이계도함수 판정법이 임계수에서 f의 움직임에 관해 무엇을 말해주는가?

(c) 일계도함수 판정법은 무엇을 말해주는가?

28. f''이 $(-\infty, \infty)$에서 연속이라 하자.

(a) $f'(2) = 0$, $f''(2) = -5$일 때 f에 대해 무엇을 말할 수 있는가?

(b) $f'(6) = 0$, $f''(6) = 0$일 때 f에 대해 무엇을 말할 수 있는가?

29-33 아래 주어진 조건을 만족하는 함수의 그래프를 그려라.

29. (a) 모든 x에 대해 $f'(x) < 0$, $f''(x) < 0$
(b) 모든 x에 대해 $f'(x) > 0$, $f''(x) > 0$

30. (a) 모든 x에 대해 $f'(x) > 0$, $f''(x) < 0$
(b) 모든 x에 대해 $f'(x) < 0$, $f''(x) > 0$

31. $f'(0) = f'(2) = f'(4) = 0$,
$x < 0$ 또는 $2 < x < 4$일 때 $f'(x) > 0$
$0 < x < 2$ 또는 $x > 4$일 때 $f'(x) < 0$
$1 < x < 3$일 때 $f''(x) > 0$,
$x < 1$ 또는 $x > 3$일 때 $f''(x) < 0$

32. 모든 $x \neq 1$에 대해 $f'(x) > 0$, 수직 점근선 $x = 1$,
$x < 1$ 또는 $x > 3$일 때 $f''(x) > 0$,
$1 < x < 3$일 때 $f''(x) < 0$

33. $f'(5) = 0$, $x < 5$일 때 $f'(x) < 0$
$x > 5$일 때 $f'(x) > 0$, $f''(2) = 0$, $f''(8) = 0$,
$x < 2$ 또는 $x > 8$일 때 $f''(x) < 0$
$2 < x < 8$일 때 $f''(x) > 0$
$\lim_{x\to\infty} f(x) = 3$, $\lim_{x\to-\infty} f(x) = 3$

34. 아래는 함수 $y = f(x)$의 그래프이다. 어느 점에서 다음이 참인가?

(a) $\dfrac{dy}{dx}$와 $\dfrac{d^2y}{dx^2}$가 모두 양수

(b) $\dfrac{dy}{dx}$와 $\dfrac{d^2y}{dx^2}$가 모두 음수

(c) $\dfrac{dy}{dx}$는 음수, $\dfrac{d^2y}{dx^2}$는 양수

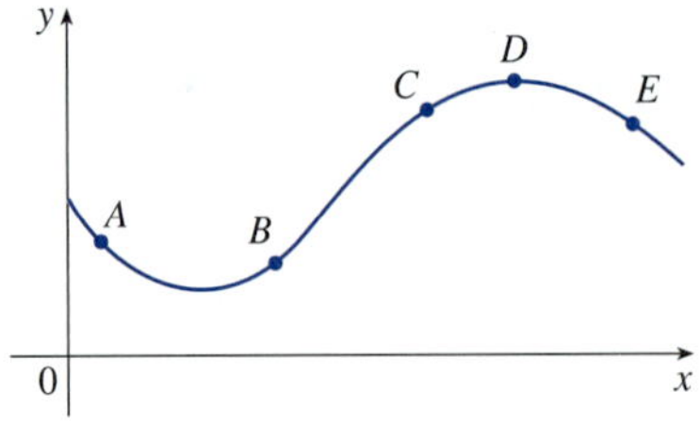

35. 연속함수 f의 도함수 f'의 그래프가 주어져 있다.

(a) f가 증가하는 구간은 어디인가? 감소하는 구간은?

(b) f가 극댓값을 갖는 x는 어디인가? 극솟값을 갖는 x는?

(c) f가 위로 오목한 구간은 어디인가? 아래로 오목한 구간은?

(d) 변곡점의 x좌표(들)를 구하여라.

(e) $f(0) = 0$이라 할 때 함수 f의 그래프를 그려라.

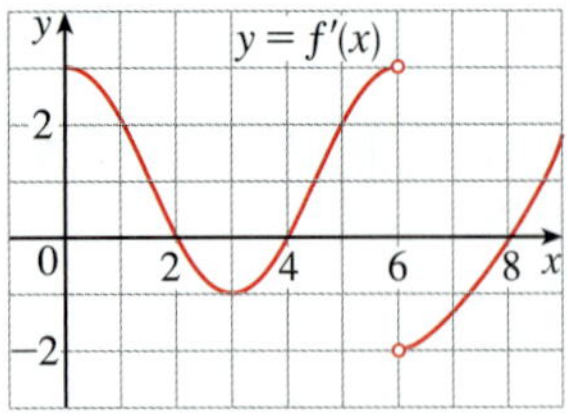

36-45

(a) 증가 구간과 감소 구간을 구하여라.

(b) 극댓값과 극솟값을 구하여라.

(c) 오목 구간을 구하고, 변곡점을 구하여라.

(d) (a)~(c)의 자료를 이용하여 함수의 그래프를 그려라. 그래핑 도구를 이용하여 답을 확인하여라.

36. $f(x) = x^3 - 3x^2 + 4$

37. $f(x) = \frac{1}{2}x^4 - 4x^2 + 3$

38. $g(t) = 3t^4 - 8t^3 + 12$

39. $h(x) = 5x^3 - 3x^5$

40. $f(x) = (x^2 - 4)^3$

41. $F(x) = x\sqrt{6 - x}$

42. $G(x) = 5x^{2/3} - 2x^{5/3}$

43. $f(x) = \ln(x^2 + 9)$

44. $f(\theta) = 2\cos\theta + \cos^2\theta$, $0 \leqslant \theta \leqslant 2\pi$

45. $S(x) = x - \sin x$, $0 \leqslant x \leqslant 4\pi$

46-51

(a) 수직점근선과 수평점근선을 구하여라.

(b) 증가 구간과 감소 구간을 구하여라.

(c) 극댓값과 극솟값을 구하여라.

(d) 오목 구간을 구하고 변곡점을 구하여라.

(e) (a)~(d)의 자료를 이용하여 함수 f의 그래프를 그려라.

46. $f(x) = 1 + \dfrac{1}{x} - \dfrac{1}{x^2}$

47. $f(x) = e^{-2/x}$

48. $f(x) = \dfrac{e^x}{1 - e^x}$

49. $f(x) = x - \frac{1}{6}x^2 - \frac{2}{3}\ln x$

50. $f(x) = \ln(1 - \ln x)$

51. $f(x) = e^{\arctan x}$

52-53 이번 절의 방법을 사용하여 주어진 곡선족의 곡선을 몇 개 그려라. 공통점은 무엇이고, 다른 점은 무엇인가?

52. $f(x) = x^4 - cx$, $c > 0$

53. $f(x) = x^3 - 3c^2x + 2c^3$, $c > 0$

54-55

(a) f의 그래프를 이용하여 최댓값과 최솟값을 추측하여라. 그리고 정확한 값을 찾아라.

(b) f가 가장 급격하게 증가하는 x값을 추측하여라. 그리고 정확한 값을 찾아라.

54. $f(x) = \dfrac{x+1}{\sqrt{x^2+1}}$ **55.** $f(x) = x^2 e^{-x}$

56-57

(a) f의 그래프를 이용하여 오목구간과 변곡점의 좌표를 추측하여라.

(b) f''의 그래프를 이용하여 위의 값을 확인하여라.

56. $f(x) = \sin 2x + \sin 4x, \quad 0 \leqslant x \leqslant \pi$

57. $f(x) = (x-1)^2(x+1)^3$

58-59 컴퓨터 대수시스템을 이용하여 f''의 그래프를 그려서 아래 함수의 오목 구간을 소수 첫째 자리까지 추측하여라.

58. $f(x) = \dfrac{x^4 + x^3 + 1}{\sqrt{x^2 + x + 1}}$ **59.** $f(x) = \dfrac{x^2 \tan^{-1} x}{1 + x^3}$

60. 새로운 실험 배양에서 이스트 세포 수의 시간에 대한 함수 그래프는 아래와 같다.

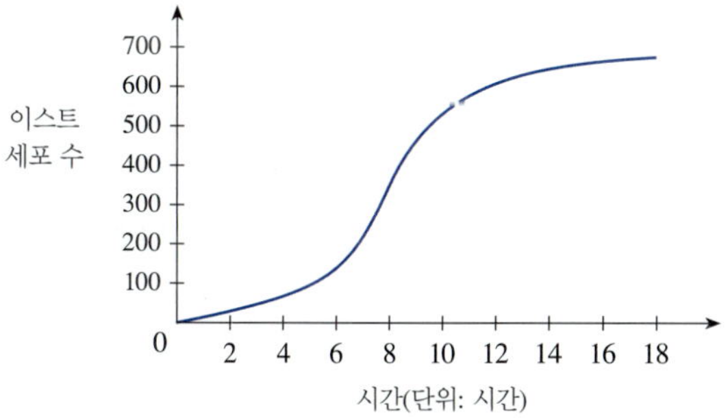

(a) 세포 수 증가율이 어떻게 변하는지 설명하여라.

(b) 증가율이 가장 높을 때는 언제인가?

(c) 세포 수 함수가 아래로 오목 또는 위로 오목한 구간은 언제인가?

(d) 변곡점의 좌표를 추측하여라.

61. 정부의 수석 경제전문가에 의하면 국가의 적자가 증가하고 있지만, 증가율은 줄어들고 있다고 한다. 이 말을 함수와 일계 및 이계도함수를 이용하여 표현하여라.

62. 시간 t에 대해 여러분이 살고 있는 곳의 온도를 $f(t)$라 하고, $t = 3$일 때 여러분은 참을 수 없는 더위를 느낀다고 하자. 아래의 각 경우에 대해 여러분은 어떻게 느끼는가?

(a) $f'(3) = 2, \quad f''(3) = 4$

(b) $f'(3) = 2, \quad f''(3) = -4$

(c) $f'(3) = -2, \quad f''(3) = 4$

(d) $f'(3) = -2, \quad f''(3) = -4$

63. 그림에 보이는 머그잔에 커피를 일정한 비율로 붓는다(단위는 시간당 부피). 시간에 대한 함수로 머그잔 속에 커피의 깊이의 대략적인 그래프를 그려라. 오목을 이용하여 그래프 모양을 설명하여라. 변곡점은 왜 중요한가?

64. **정규밀도함수**(normal density function)로 불리는 종 모양의 곡선은 확률과 통계에서 나타난다.

$$y = \frac{1}{\sigma\sqrt{2\pi}} e^{-(x-\mu)^2/(2\sigma^2)}$$

상수 μ는 평균이고 양수 u는 표준편차이다. 간단하게 하기 위해 $1/(\sigma\sqrt{2\pi})$을 없애고 $\mu = 0$인 특별한 경우에 대해 분석하자. 함수 $f(x) = e^{-x^2/(2\sigma^2)}$을 살펴볼 것이다.

(a) f의 점근선, 최댓값, 변곡점을 구하여라.

(b) 곡신의 모양에서 σ는 어떤 역할을 하는가?

(c) 같은 화면에 4개의 함수족을 그려서 설명하여라.

65. $x = -2$에서 극댓값 3을 가지고, $x = 1$에서 극솟값 0을 가지는 3차함수 $f(x) = ax^3 + bx^2 + cx + d$를 구하여라.

66. 함수 $f(x) = axe^{bx^2}$이 최댓값 $f(2) = 1$을 가지게 하는 수 a, b는 얼마인가?

67. 곡선 $y = (1+x)/(1+x^2)$가 세 개의 변곡점을 가지고 이 세 점들은 한 직선 위에 놓여 있음을 증명하여라.

68. 곡선 $y = e^{-x}$과 $y = -e^{-x}$은 곡선 $y = e^{-x}\sin x$의 변곡점에서 만남을 증명하여라.

69-70 모든 함수가 두 번 미분가능하고 이계도함수가 0이 아니라고 가정하자.

69. (a) f와 g가 I에서 위로 오목일 때, $f+g$도 I에서 위로 오목임을 보여라.

(b) f가 양함수이고 I에서 위로 오목일 때, $g(x) = [f(x)]^2$도 I에서 위로 오목임을 보여라.

70. (a) f와 g가 I에서 양함수이고 증가함수이며 위로 오목한 함수일 때, 두 함수의 곱 fg도 I에서 위로 오목한 함수임을 보여라.

(b) f와 g가 모두 감소함수일 때도 (a)가 성립함을 보여라.

(c) f가 증가함수이고 g는 감소함수일 때, 아래의 세 가지 예를 들어라. fg가 위로 오목한 경우, fg가 아래로 오목한 경우, fg가 선형인 경우 왜 (a)와 (b)에서는 이러한 경우가 논의되지 않는가?

71. (3차다항식으로 만들어진) 3차함수는 항상 한 개의 변곡점을 가짐을 보여라. 만약 이 함수의 그래프가 세 개의 x절편 x_1, x_2, x_3를 가진다면 변곡점의 x좌표는 $(x_1 + x_2 + x_3)/3$임을 보여라.

72. 만약 상수 c에 대해 $(c, f(c))$가 f의 변곡점이고, f''이 개구간에서 존재할 때, $f''(c) = 0$임을 보여라. [힌트: 일계도함수 판정법과 $g = f'$에 페르마 정리를 적용하여라.]

73. $f(x) = x^4$일 때 $f''(0) = 0$이지만 $(0, 0)$이 f의 그래프에서 변곡점이 아님을 보여라.

74. 함수 $g(x) = x|x|$가 $(0, 0)$에서 변곡점을 가지지만 $g''(0)$이 존재하지 않음을 보여라.

75. f'''이 연속이고 $f'(c) = f''(c) = 0$이지만 $f'''(c) > 0$라 하자. f가 c에서 극댓값 또는 극솟값을 가지는가? f는 c에서 변곡점인가?

76. f가 구간 I에서 미분가능하고 I의 어떤 하나의 수 c를 제외한 모든 x에 대해 $f'(x) > 0$라 하자. f가 I 전체 구간에서 증가함을 증명하여라.

4.4 부정형과 로피탈 법칙

함수

$$F(x) = \frac{\ln x}{x - 1}$$

의 움직임을 분석하고자 한다. 비록 F가 $x = 1$일 때 정의되지 않는다고 해도, F가 1 근방에서 어떻게 움직이는지 알 필요가 있다. 특히 극한

$$\boxed{1} \qquad \lim_{x \to 1} \frac{\ln x}{x - 1}$$

의 값을 알고자 한다. 이 극한을 계산할 때, 극한법칙 5(몫의 극한은 극한의 몫이다. 2.3절 참조)를 적용할 수 없다. 왜냐하면 분모의 극한이 0이기 때문이다. 사실 $\boxed{1}$의 극한이 존재한다고 하더라도, 분자와 분모 둘 다 0으로 접근하고 $\frac{0}{0}$은 정의되지 않기 때문에 이러한 값은 분명하지 않다.

$\frac{0}{0}$, $\frac{\infty}{\infty}$꼴 부정형

일반적으로, 만일 $x \to a$일 때 $f(x) \to 0$이고 $g(x) \to 0$인

$$\lim_{x \to a} \frac{f(x)}{g(x)}$$

의 극한을 구해보면, 이 극한은 존재할 수도 있고 아닐 수도 있어서 **$\frac{0}{0}$꼴 부정형**(indeterminate form)이라고 불린다. 2장에서 이런 형식의 여러 극한들을 보았다. 예를 들어, 유리함수의 경우 공통인수를 약분할 수 있다.

$$\lim_{x \to 1} \frac{x^2 - x}{x^2 - 1} = \lim_{x \to 1} \frac{x(x - 1)}{(x + 1)(x - 1)} = \lim_{x \to 1} \frac{x}{x + 1} = \frac{1}{2}$$

그리고 3.3절에서 기하를 사용해서

$$\lim_{x \to 0} \frac{\sin x}{x} = 1$$

임을 보였다. 그러나 이러한 방법들은 **1**과 같은 극한에 대해서는 성립하지 않는다.

극한이 분명하지 않은 다른 상황은 F의 수평점근선을 구하려고 극한

2 $$\lim_{x\to\infty}\frac{\ln x}{x-1}$$

를 계산할 필요가 있을 때 발생한다. $x\to\infty$일 때 분자와 분모가 둘 다 커지므로 이러한 극한을 계산하는 방법은 분명하지 않다. 이런 경우 분자와 분모 사이에 다툼이 생기는데, 만일 분자가 분모보다 더 크면(분자가 분모보다 훨씬 더 빨리 증가하면) 극한은 ∞가 될 것이다. 만일 분모가 분자보다 더 크면 답은 0이 될 것이다. 또는 어떤 타협이 있어서 어떤 유한인 양수가 답이 될 수도 있다.

일반적으로 $f(x)\to\infty$ (또는 $-\infty$)인 동시에 $g(x)\to\infty$ (또는 $-\infty$)일 때

$$\lim_{x\to a}\frac{f(x)}{g(x)}$$

의 극한을 구해보면, 이 극한은 존재할 수도 있고 아닐 수도 있어서 **$\frac{\infty}{\infty}$꼴 부정형**이라고 부른다. 2.5절에서 이러한 극한의 형식은 분모에서 x의 가장 높은 차수로 분자와 분모를 나눔으로써 유리함수를 포함한 여러 함수들에 대해 계산할 수 있음을 알았다. 예를 들어

$$\lim_{x\to\infty}\frac{x^2-1}{2x^2+1}=\lim_{x\to\infty}\frac{1-\dfrac{1}{x^2}}{2+\dfrac{1}{x^2}}=\frac{1-0}{2+0}=\frac{1}{2}$$

와 같은 방법이 **2**와 같은 극한에 대해서는 성립하지 않는다.

■ 로피탈 법칙

이제 $\frac{0}{0}$꼴 또는 $\frac{\infty}{\infty}$꼴의 불확실한 형태에 대해 로피탈 법칙의 체계적인 방법을 알아보자.

> **로피탈 법칙(L'Hospital's Rule)** f와 g가 a 근방(a는 제외 가능)에서 미분가능하고 $g'(x)\neq 0$라고 가정하자.
>
> $$\lim_{x\to a}f(x)=0\text{이고}\qquad \lim_{x\to a}g(x)=0$$
>
> 혹은 $$\lim_{x\to a}f(x)=\pm\infty\text{이고}\qquad \lim_{x\to a}g(x)=\pm\infty$$
>
> 라고 가정하자. (다시 말해서, $\frac{0}{0}$ 또는 $\frac{\infty}{\infty}$꼴 부정형이다.) 이때 만일 아래 식의 우변의 극한이 존재하면 (또는 이 극한이 $+\infty$ 또는 $-\infty$라면)
>
> $$\lim_{x\to a}\frac{f(x)}{g(x)}=\lim_{x\to a}\frac{f'(x)}{g'(x)}$$
>
> 이다.

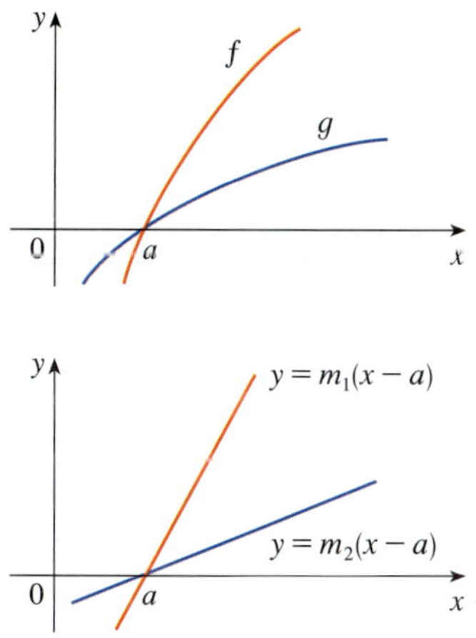

그림 1

그림 1은 로피탈 법칙이 왜 참이 되는지 시각적으로 보여준다. 첫째 그래프는 각각 $x\to a$임에 따라 0으로 접근하는 두 개의 미분가능한 함수 f와 g를 보여준다. 점 $(a, 0)$을 확대하면, 그래프들은 거의 직선으로 보이기 시작한다. 그러나 함수가 둘째 그래프처럼 실제로 직선이라면, 이들의 비율은

$$\frac{m_1(x-a)}{m_2(x-a)}=\frac{m_1}{m_2}$$

이 되고, 이들의 미분에 대한 비율이 된다. 이것은

$$\lim_{x\to a}\frac{f(x)}{g(x)}=\lim_{x\to a}\frac{f'(x)}{g'(x)}$$

를 의미한다.

로피탈

로피탈 법칙은 프랑스 귀족 로피탈(Marquis de l'Hospital, 1661~1704)의 이름에서 비롯된 것이다. 그러나 이것은 스위스의 수학자 요한 베르누이(1667~1748)가 발견한 것이다. 가끔 로피탈의 이름을 l'Hôpital로 쓴 경우도 있는데 이것은 17세기의 관례이다. 로피탈 자신은 l'Hospital로 이름을 적었다. 이 법칙에 대한 더 자세한 역사적 설명은 이 절 뒤에 나오는 보고서 프로젝트를 참고하기 바란다.

NOTE 1 로피탈 법칙은 주어진 조건을 만족하면 몫으로 표현된 함수의 극한은 이들 함수의 도함수의 몫에 대한 극한과 같다는 것을 말한다. 로피탈 법칙을 사용하기 전에 f와 g의 극한에 대한 조건들을 확인하는 것이 대단히 중요하다.

NOTE 2 로피탈 법칙은 한쪽 극한뿐만 아니라 무한이나 음의 무한의 극한에 대해서도 성립한다. 즉 "$x \to a$"는 $x \to a^+$, $x \to a^-$, $x \to \infty$, $x \to -\infty$ 중 어느 기호로도 대체할 수 있다.

NOTE 3 $f(a) = g(a) = 0$, f'과 g'은 연속이고 $g'(a) \neq 0$인 특별한 경우에 대해, 로피탈 법칙이 성립하는 이유를 밝히는 것은 쉽다. 사실 다른 형태의 미분의 정의를 이용하면

$$\lim_{x\to a}\frac{f'(x)}{g'(x)} = \frac{f'(a)}{g'(a)} = \frac{\displaystyle\lim_{x\to a}\frac{f(x)-f(a)}{x-a}}{\displaystyle\lim_{x\to a}\frac{g(x)-g(a)}{x-a}} = \lim_{x\to a}\frac{\dfrac{f(x)-f(a)}{x-a}}{\dfrac{g(x)-g(a)}{x-a}}$$

$$= \lim_{x\to a}\frac{f(x)-f(a)}{g(x)-g(a)} = \lim_{x\to a}\frac{f(x)}{g(x)} \qquad [f(a) = g(a) = 0\text{이므로}]$$

일반적인 경우에 대한 로피탈 법칙의 증명은 훨씬 더 어렵다.

예제 1 $\displaystyle\lim_{x\to 1}\frac{\ln x}{x-1}$를 구하여라.

풀이 $\displaystyle\lim_{x\to 1}\ln x = \ln 1 = 0$이고 $\displaystyle\lim_{x\to 1}(x-1) = 0$이므로 이 극한은 $\frac{0}{0}$꼴 부정형이고 로피탈 법칙을 적용할 수 있다.

⊘ 로피탈 법칙을 사용할 때 분모와 분자를 따로 미분해야 한다. 몫의 법칙을 사용하면 안 된다.

$$\lim_{x\to 1}\frac{\ln x}{x-1} = \lim_{x\to 1}\frac{\dfrac{d}{dx}(\ln x)}{\dfrac{d}{dx}(x-1)} = \lim_{x\to 1}\frac{1/x}{1}$$

$$= \lim_{x\to 1}\frac{1}{x} = 1$$ ■

예제 2의 함수의 그래프는 그림 2에 주어져 있다. 지수함수는 거듭제곱(멱)함수보다 빨리 커진다는 사실은 앞에서 배운 내용이다. 따라서 이 함수의 그래프가 그림 2처럼 그려지는 것이 예상된다.

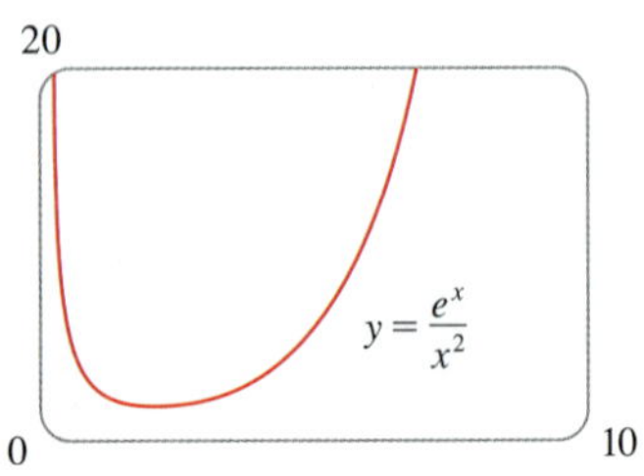

그림 2

예제 2 $\displaystyle\lim_{x\to\infty}\frac{e^x}{x^2}$를 계산하여라.

풀이 $\displaystyle\lim_{x\to\infty}e^x = \infty$이고 $\displaystyle\lim_{x\to\infty}x^2 = \infty$이므로 이 극한은 $\frac{\infty}{\infty}$꼴 부정형이고 로피탈 법칙을 적용하면

$$\lim_{x\to\infty}\frac{e^x}{x^2} = \lim_{x\to\infty}\frac{\dfrac{d}{dx}(e^x)}{\dfrac{d}{dx}(x^2)} = \lim_{x\to\infty}\frac{e^x}{2x}$$

이다. $x \to \infty$임에 따라 $e^x \to \infty$이고 $2x \to \infty$이므로, 우변의 극한은 역시 부정형이지만 로피탈 법칙을 두 번 적용하면

$$\lim_{x\to\infty}\frac{e^x}{x^2}=\lim_{x\to\infty}\frac{e^x}{2x}=\lim_{x\to\infty}\frac{e^x}{2}=\infty$$

를 얻는다. ■

예제 3의 함수의 그래프가 그림 3에 주어져 있다. 이미 앞에서 로그함수가 서서히 증가한다는 것을 논의했다. 그래서 $x\to\infty$일 때 비율이 0에 접근하는 것은 놀라운 일이 아니다.

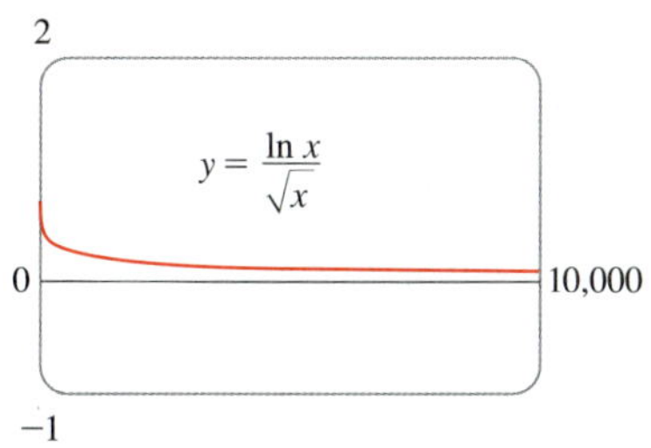

그림 3

예제 3 $\displaystyle\lim_{x\to\infty}\frac{\ln x}{\sqrt{x}}$를 계산하여라.

풀이 $x\to\infty$임에 따라 $\ln x\to\infty$이고 $\sqrt{x}\to\infty$이므로 로피탈 법칙을 적용한다.

$$\lim_{x\to\infty}\frac{\ln x}{\sqrt{x}}=\lim_{x\to\infty}\frac{1/x}{\frac{1}{2}x^{-1/2}}=\lim_{x\to\infty}\frac{1/x}{1/(2\sqrt{x})}$$

우변의 극한이 $\frac{0}{0}$꼴 부정형임에 유의하기 바란다. 그러나 예제 2에서와 같이 로피탈 법칙을 두 번 적용하는 것 대신에 표현을 단순화하면 두 번째 적용은 불필요하다는 것을 알 수 있다.

$$\lim_{x\to\infty}\frac{\ln x}{\sqrt{x}}=\lim_{x\to\infty}\frac{1/x}{1/(2\sqrt{x})}=\lim_{x\to\infty}\frac{2}{\sqrt{x}}=0$$ ■

예제 2와 3에서 모두 $\frac{\infty}{\infty}$꼴의 극한을 계산했는데 결과는 서로 달랐다. 예제 2에서 극한이 무한대라는 것은 분자인 e^x이 분모인 x^2보다 훨씬 빨리 증가함을 의미한다. 따라서 비가 점점 더 커진다. $y=e^x$은 모든 거듭제곱함수 $y=x^n$보다 더 빨리 증가한다. 예제 3은 그 반대의 경우이다. 극한이 0이라는 것은 분모가 분자보다 더 빨리 증가해서 비가 0으로 접근한다는 의미이다.

예제 4 $\displaystyle\lim_{x\to0}\frac{\tan x-x}{x^3}$를 구하여라.

풀이 $x\to0$임에 따라 $\tan x-x\to0$이고 $x^3\to0$이므로 로피탈 법칙을 적용한다.

$$\lim_{x\to0}\frac{\tan x-x}{x^3}=\lim_{x\to0}\frac{\sec^2x-1}{3x^2}$$

우변의 극한이 여전히 $\frac{0}{0}$꼴 부정형이므로 로피탈 법칙을 다시 적용한다.

$$\lim_{x\to0}\frac{\sec^2x-1}{3x^2}=\lim_{x\to0}\frac{2\sec^2x\tan x}{6x}$$

$\lim_{x\to0}\sec^2x=1$이므로 계산을 간단히 하면

$$\lim_{x\to0}\frac{2\sec^2x\tan x}{6x}=\frac{1}{3}\lim_{x\to0}\sec^2x\cdot\lim_{x\to0}\frac{\tan x}{x}=\frac{1}{3}\lim_{x\to0}\frac{\tan x}{x}$$

를 얻는다.

그림 4의 그래프는 예제 4의 결과를 눈으로 확인할 수 있게 해준다. 하지만 좀 더 확대하면 x가 작을 때 $\tan x$는 x에 가깝기 때문에 부정확한 그래프를 얻었다는 것을 알 수 있다.

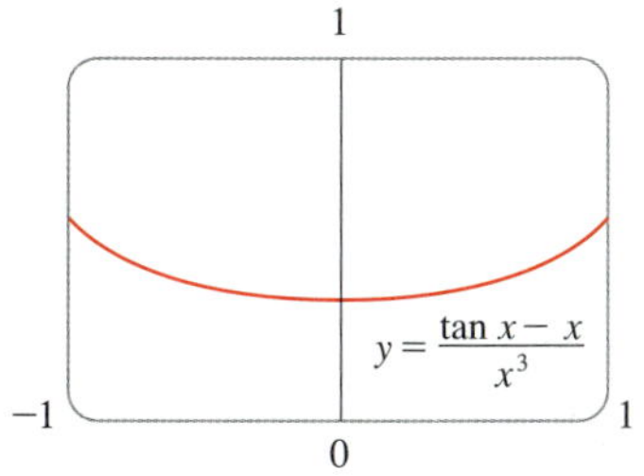

그림 4

마지막 극한을 계산할 때 로피탈 법칙을 세 번 사용하거나 $\tan x$를 $(\sin x)/(\cos x)$로 쓰고 삼각함수의 극한을 이용할 수 있다. 모든 과정을 다 표기하면 다음과 같다.

$$\lim_{x\to 0}\frac{\tan x - x}{x^3} = \lim_{x\to 0}\frac{\sec^2 x - 1}{3x^2} = \lim_{x\to 0}\frac{2\sec^2 x\tan x}{6x}$$

$$= \frac{1}{3}\lim_{x\to 0}\frac{\tan x}{x} = \frac{1}{3}\lim_{x\to 0}\frac{\sec^2 x}{1} = \frac{1}{3}$$ ■

예제 5 $\lim_{x\to\pi^-}\dfrac{\sin x}{1-\cos x}$를 구하여라.

풀이 로피탈 법칙을 바로 사용하면

$$\lim_{x\to\pi^-}\frac{\cos x}{\sin x} = -\infty$$

⊘ 가 되지만 이것은 **틀린 것이다.** 비록 $x\to\pi^-$임에 따라 분자 $\sin x\to 0$이라고 하더라도, 분모$(1-\cos x)$는 0으로 접근하지 않으므로 로피탈 법칙은 여기서 적용할 수 없다.

사실 이 극한은 구하기 쉽다. 왜냐하면 주어진 함수는 연속이고, 분모는 π에서 0이 아니기 때문이다.

$$\lim_{x\to\pi^-}\frac{\sin x}{1-\cos x} = \frac{\sin\pi}{1-\cos\pi} = \frac{0}{1-(-1)} = 0$$ ■

예제 5는 로피탈 법칙을 생각없이 사용할 때 틀릴 수 있음을 보여준다. 다른 극한들도 로피탈 법칙을 사용해서 구할 수도 있지만 다른 방법으로 더 쉽게 구할 수 있다. 따라서 극한을 계산할 때는 로피탈 법칙을 사용하기 전에 다른 방법을 고려해야만 한다.

■ 곱 부정형$(0\cdot\infty)$

만일 $\lim_{x\to a} f(x) = 0$이고 $\lim_{x\to a} g(x) = \infty$(또는 $-\infty$)라면, $\lim_{x\to a}[f(x)g(x)]$의 값은 무엇이 될지 분명하지 않다. f와 g 사이에 힘겨루기가 생기는데, 만일 f가 이기면 극한은 0이 될 것이고, g가 이기면 ∞(또는 $-\infty$)가 될 것이다. 또는 타협하여 어떤 유한인 0이 아닌 수가 답이 될 수도 있다.

$$\lim_{x\to 0^+} x^2 = 0,\quad \lim_{x\to 0^+}\frac{1}{x} = \infty,\quad \lim_{x\to 0^+} x^2\cdot\frac{1}{x} = \lim_{x\to 0^+} x = 0$$

$$\lim_{x\to 0^+} x = 0,\quad \lim_{x\to 0^+}\frac{1}{x^2} = \infty,\quad \lim_{x\to 0^+} x\cdot\frac{1}{x^2} = \lim_{x\to 0^+}\frac{1}{x} = \infty$$

$$\lim_{x\to 0^+} x = 0,\quad \lim_{x\to 0^+}\frac{1}{x} = \infty,\quad \lim_{x\to 0^+} x\cdot\frac{1}{x} = \lim_{x\to 0^+} 1 = 1$$

이러한 종류의 극한을 **$0\cdot\infty$꼴 부정형**이라고 부른다. 곱 fg를 분수로 나타냄으로써 이것들을 다룰 수 있다.

$$fg = \frac{f}{1/g} \qquad \text{또는} \qquad fg = \frac{g}{1/f}$$

이것은 주어진 극한을 $\frac{0}{0}$ 또는 $\frac{\infty}{\infty}$꼴 부정형으로 변화시키므로써 로피탈 법칙을 사용할 수 있다.

예제 6 $\lim_{x\to 0^+} x \ln x$를 계산하여라.

그림 5는 예제 6의 함수의 그래프이다. 이 함수는 $x = 0$에서는 정의되지 않음에 주의하라. 이 그래프는 원점에 접근하지만 결코 정확하게 일치하지는 않는다.

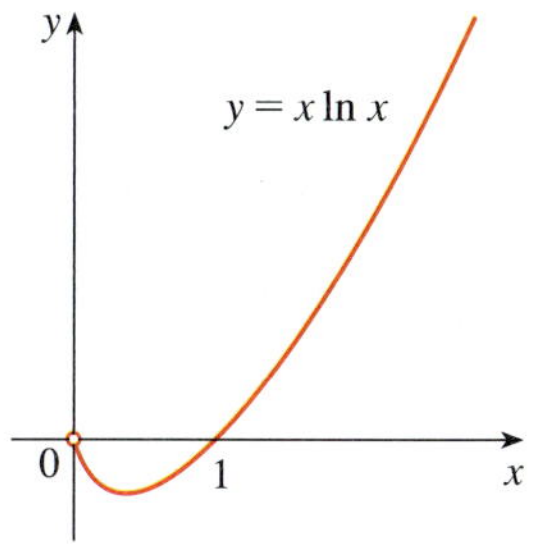

그림 5

풀이 주어진 극한은 부정형이다. 왜냐하면 $x \to 0^+$임에 따라 처음 인수(x)는 0으로 접근하는 반면에 그다음 인수($\ln x$)는 $-\infty$로 접근하기 때문이다. $x = 1/(1/x)$라고 쓰고, $x \to 0^+$임에 따라 $1/x \to \infty$이므로, 로피탈 법칙으로부터

$$\lim_{x\to 0^+} x \ln x = \lim_{x\to 0^+} \frac{\ln x}{1/x} = \lim_{x\to 0^+} \frac{1/x}{-1/x^2} = \lim_{x\to 0^+} (-x) = 0$$

를 얻는다. ■

NOTE 예제 6을 풀 때 다른 가능한 선택은

$$\lim_{x\to 0^+} x \ln x = \lim_{x\to 0^+} \frac{x}{1/\ln x}$$

라고 쓰는 것이다. 이것은 $\frac{0}{0}$꼴 부정형이지만, 로피탈 법칙을 적용하면 처음 시도했던 것보다 더 복잡한 식을 얻게 된다. 일반적으로 곱 부정형을 다시 쓸 때, 더 간단한 극한으로 유도되는 선택을 해야 한다.

■ 차 부정형($\infty - \infty$)

만일 $\lim_{x\to a} f(x) = \infty$이고 $\lim_{x\to a} g(x) = \infty$라면, 극한

$$\lim_{x\to a} [f(x) - g(x)]$$

를 **$\infty - \infty$꼴 부정형**이라고 부른다. 다시 f와 g 사이에 힘겨루기가 생기는데, 답은 ∞ (f가 승리)일까 또는 $-\infty$(g가 승리)일까, 아니면 유한인 수로 타협이 될까? 이를 위해 차를 분수로 (예를 들어 공통분모, 유리화 또는 공통인수로 인수분해) 변환하면 $\frac{0}{0}$ 또는 $\frac{\infty}{\infty}$꼴 부정형을 얻을 수 있게 되어 로피탈 법칙을 적용할 수 있다.

예제 7 $\lim_{x\to 1^+} \left(\frac{1}{\ln x} - \frac{1}{x-1} \right)$를 계산하여라.

풀이 $x \to 1^+$일 때 $1/(\ln x) \to \infty$이고 $1/(x-1) \to \infty$이므로 극한은 $\infty - \infty$꼴 부정형이다. 분모를 통분하면

$$\lim_{x\to 1^+} \left(\frac{1}{\ln x} - \frac{1}{x-1} \right) = \lim_{x\to 1^+} \frac{x - 1 - \ln x}{(x-1)\ln x}$$

이고, 이제 분모와 분자의 극한은 모두 0이다. 따라서 로피탈 법칙을 적용하면

$$\lim_{x\to 1^+} \frac{x - 1 - \ln x}{(x-1)\ln x} = \lim_{x\to 1^+} \frac{1 - \frac{1}{x}}{(x-1)\cdot\frac{1}{x} + \ln x} = \lim_{x\to 1^+} \frac{x-1}{x - 1 + x\ln x}$$

이다. 또다시 $\frac{0}{0}$꼴 부정형이므로 로피탈 법칙을 한 번 더 쓰면 다음과 같다.

$$\lim_{x\to 1^+}\frac{x-1}{x-1+x\ln x}=\lim_{x\to 1^+}\frac{1}{1+x\cdot\dfrac{1}{x}+\ln x}$$

$$=\lim_{x\to 1^+}\frac{1}{2+\ln x}=\frac{1}{2}$$ ■

예제 8 $\lim_{x\to\infty}(e^x-x)$를 계산하여라.

풀이 e^x와 x가 모두 무한대로 발산하므로 이 극한은 차 부정형인데, $e^x\to\infty$가 x보다 훨씬 빠르기 때문에 극한은 무한대라고 추측할 수 있다. 이것을 보이기 위해 x로 묶으면

$$e^x-x=x\left(\frac{e^x}{x}-1\right)$$

이다. 여기서 $x\to\infty$일 때 로피탈 법칙에 의해 $e^x/x\to\infty$이므로 무한대로 커지는 두 항의 곱이므로

$$\lim_{x\to\infty}(e^x-x)=\lim_{x\to\infty}\left[x\left(\frac{e^x}{x}-1\right)\right]=\infty$$

이다. ■

■ 거듭제곱 부정형(0^0, ∞^0, 1^∞)

거듭제곱과 관련된 몇 가지 부정형은 다음 극한을 구할 때 생긴다.

$$\lim_{x\to a}[f(x)]^{g(x)}$$

1. $\lim_{x\to a}f(x)=0$이고 $\lim_{x\to a}g(x)=0$ $\quad 0^0$꼴
2. $\lim_{x\to a}f(x)=\infty$이고 $\lim_{x\to a}g(x)=0$ $\quad \infty^0$꼴
3. $\lim_{x\to a}f(x)=1$이고 $\lim_{x\to a}g(x)=\pm\infty$ $\quad 1^\infty$꼴

0^0, ∞^0, 1^∞는 부정형이지만, 0^∞는 부정형으로 간주하지 않는다.

각각의 경우에 대해 자연로그를 취하여

$$y=[f(x)]^{g(x)}\text{라 하면}\qquad \ln y=g(x)\ln f(x)$$

가 된다. 또는 주어진 함수를 지수함수로 표시하여

$$[f(x)]^{g(x)}=e^{g(x)\ln f(x)}$$

가 되게 한다. (이러한 두 가지 방법은 이러한 함수들을 미분할 때 사용된다.) 이렇게 하면 $0\cdot\infty$꼴 부정형인 곱 $g(x)\ln f(x)$로 유도되어 극한을 구할 수 있다.

예제 9 $\lim_{x\to 0^+}(1+\sin 4x)^{\cot x}$를 계산하여라.

풀이 $x\to 0^+$일 때 $1+\sin 4x\to 1$이고 $\cot x\to\infty$이므로 주어진 극한은 부정형이다 (1^∞꼴).

$$y = (1 + \sin 4x)^{\cot x}$$

라고 하자. 이때

$$\ln y = \ln[(1 + \sin 4x)^{\cot x}] = \cot x \ln(1 + \sin 4x) = \frac{\ln(1 + \sin 4x)}{\tan x}$$

이므로 로피탈 법칙에 의해

$$\lim_{x \to 0^+} \ln y = \lim_{x \to 0^+} \frac{\ln(1 + \sin 4x)}{\tan x} = \lim_{x \to 0^+} \frac{\dfrac{4\cos 4x}{1 + \sin 4x}}{\sec^2 x} = 4$$

이다. 지금까지 $\ln y$의 극한을 계산하였지만 의도한 것은 y의 극한이다. 이것을 구하기 위해 $y = e^{\ln y}$라는 사실을 이용하자.

$$\lim_{x \to 0^+} (1 + \sin 4x)^{\cot x} = \lim_{x \to 0^+} y = \lim_{x \to 0^+} e^{\ln y} = e^4$$ ■

그림 6은 $y = x^x$, $x > 0$의 그래프이다. 0^0은 정의되지 않지만 $x \to 0^+$일 때 함숫값은 1로 접근한다. 이것은 예제 10의 결과가 맞다는 것을 보여준다

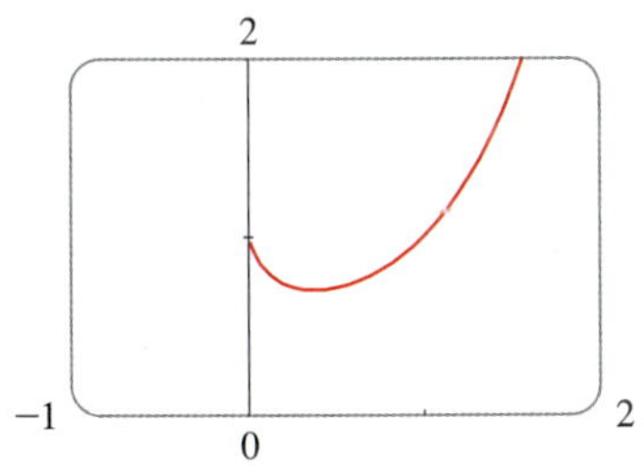

그림 6

예제 10 $\lim_{x \to 0^+} x^x$를 구하여라.

풀이 모든 $x > 0$에 대해 $0^x = 0$이지만 모든 $x \neq 0$에 대해 $x^0 = 1$이므로 이 극한은 부정형이다. 0^0은 정의되지 않는다. 예제 9에서와 같이 할 수도 있고 또는 함수를 지수함수

$$x^x = (e^{\ln x})^x = e^{x \ln x}$$

로 표기해서 할 수도 있다. 예제 6에서 로피탈 법칙을 이용하여

$$\lim_{x \to 0^+} x \ln x = 0$$

임을 보였다. 따라서 다음과 같다.

$$\lim_{x \to 0^+} x^x = \lim_{x \to 0^+} e^{x \ln x} = e^0 = 1$$ ■

4.4 연습문제

1-4 $\lim_{x \to a} f(x) = 0 \quad \lim_{x \to a} g(x) = 0 \quad \lim_{x \to a} h(x) = 1$

$\lim_{x \to a} p(x) = \infty \quad \lim_{x \to a} q(x) = \infty$

일 때 다음의 극한 중 어느 것이 부정형인가? 부정형이 아닌 것에 대해 극한을 구하여라.

1. (a) $\lim_{x \to a} \dfrac{f(x)}{g(x)}$ (b) $\lim_{x \to a} \dfrac{f(x)}{p(x)}$

(c) $\lim_{x \to a} \dfrac{h(x)}{p(x)}$ (d) $\lim_{x \to a} \dfrac{p(x)}{f(x)}$

(e) $\lim_{x \to a} \dfrac{p(x)}{q(x)}$

2. (a) $\lim_{x \to a} [f(x)p(x)]$ (b) $\lim_{x \to a} [h(x)p(x)]$

(c) $\lim_{x \to a} [p(x)q(x)]$

3. (a) $\lim_{x \to a} [f(x) - p(x)]$ (b) $\lim_{x \to a} [p(x) - q(x)]$

(c) $\lim_{x \to a} [p(x) + q(x)]$

4. (a) $\lim_{x \to a} [f(x)]^{g(x)}$ (b) $\lim_{x \to a} [f(x)]^{p(x)}$

(c) $\lim_{x \to a} [h(x)]^{p(x)}$ (d) $\lim_{x \to a} [p(x)]^{f(x)}$

(e) $\lim_{x \to a} [p(x)]^{q(x)}$ (e) $\lim_{x \to a} \sqrt[q(x)]{p(x)}$

5. f와 g의 그래프와 (2, 0)에서의 접선을 이용하여 $\lim_{x\to 2}\dfrac{f(x)}{g(x)}$의 값을 구하여라.

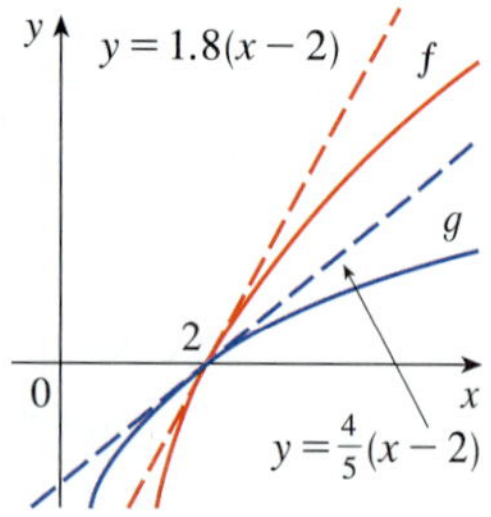

6. 아래는 함수 f의 그래프와 0에서의 접선을 나타낸 것이다. 극한 $\lim_{x\to 0}\dfrac{f(x)}{e^x-1}$의 값을 구하여라.

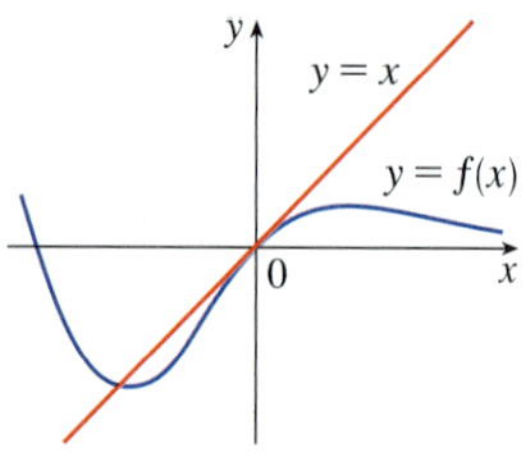

7-67 극한을 구하여라. 적당한 곳에 로피탈 법칙을 사용하여라. 초보적인 것 이상의 방법이 있다면 사용하는 것도 고려하여라. 만일 로피탈 법칙이 적용되지 않는다면 그 이유를 설명하여라.

7. $\lim_{x\to 3}\dfrac{x-3}{x^2-9}$

8. $\lim_{x\to 4}\dfrac{x^2-2x-8}{x-4}$

9. $\lim_{x\to 4}\dfrac{\sqrt{x}-2}{x-4}$

10. $\lim_{x\to \pi/4}\dfrac{\sin x-\cos x}{\tan x-1}$

11. $\lim_{x\to 0}\dfrac{\tan 3x}{\sin 2x}$

12. $\lim_{t\to 0}\dfrac{e^{2t}-1}{\sin t}$

13. $\lim_{x\to 0}\dfrac{x^2}{1-\cos x}$

14. $\lim_{x\to 1}\dfrac{\sin(x-1)}{x^3+x-2}$

15. $\lim_{\theta\to \pi}\dfrac{1+\cos\theta}{1-\cos\theta}$

16. $\lim_{x\to \infty}\dfrac{\sqrt{x}}{1+e^x}$

17. $\lim_{x\to \infty}\dfrac{x+x^2}{1-2x^2}$

18. $\lim_{x\to 0^+}\dfrac{\ln x}{x}$

19. $\lim_{x\to \infty}\dfrac{\ln\sqrt{x}}{x^2}$

20. $\lim_{x\to 3}\dfrac{\ln(x/3)}{3-x}$

21. $\lim_{t\to 0}\dfrac{8^t-5^t}{t}$

22. $\lim_{x\to 0}\dfrac{\sqrt{1+2x}-\sqrt{1-4x}}{x}$

23. $\lim_{u\to \infty}\dfrac{e^{u/10}}{u^3}$

24. $\lim_{x\to 0}\dfrac{e^x+e^{-x}-2}{e^x-x-1}$

25. $\lim_{x\to 0}\dfrac{\sinh x-x}{x^3}$

26. $\lim_{x\to 0}\dfrac{\tanh x}{\tan x}$

27. $\lim_{x\to 0}\dfrac{x-\sin x}{x-\tan x}$

28. $\lim_{x\to 0}\dfrac{\sin^{-1}x}{x}$

29. $\lim_{x\to \infty}\dfrac{(\ln x)^2}{x}$

30. $\lim_{x\to 0}\dfrac{x3^x}{3^x-1}$

31. $\lim_{x\to 0}\dfrac{e^x+e^{-x}-2\cos x}{x\sin x}$

32. $\lim_{x\to 0}\dfrac{\ln(1+x)}{\cos x+e^x-1}$

33. $\lim_{x\to 1}\dfrac{x\sin(x-1)}{2x^2-x-1}$

34. $\lim_{x\to 0^+}\dfrac{\arctan 2x}{\ln x}$

35. $\lim_{x\to 0}\dfrac{x^2\sin x}{\sin x-x}$

36. $\lim_{x\to 1}\dfrac{x^a-1}{x^b-1},\ b\neq 0$

37. $\lim_{x\to \infty}\dfrac{e^{-x}}{(\pi/2)-\tan^{-1}x}$

38. $\lim_{x\to 0}\dfrac{\cos x-1+\frac{1}{2}x^2}{x^4}$

39. $\lim_{x\to 0}\dfrac{x-\sin x}{x\sin(x^2)}$

40. $\lim_{x\to \infty}x\sin(\pi/x)$

41. $\lim_{x\to \infty}\sqrt{x}\,e^{-x/2}$

42. $\lim_{x\to 0}\sin 5x\csc 3x$

43. $\lim_{x\to -\infty}x\ln\left(1-\dfrac{1}{x}\right)$

44. $\lim_{x\to \infty}x^3e^{-x^2}$

45. $\lim_{x\to \infty}x^{3/2}\sin(1/x)$

46. $\lim_{x\to 1^+}\ln x\tan(\pi x/2)$

47. $\lim_{x\to (\pi/2)^-}\cos x\sec 5x$

48. $\lim_{x\to 1}\left(\dfrac{x}{x-1}-\dfrac{1}{\ln x}\right)$

49. $\lim_{x\to 0}(\csc x-\cot x)$

50. $\lim_{x\to 0^+}\left(\dfrac{1}{x}-\dfrac{1}{e^x-1}\right)$

51. $\lim_{x\to 0^+}\left(\dfrac{1}{x}-\dfrac{1}{\tan^{-1}x}\right)$

52. $\lim_{x\to 0^+}\dfrac{1}{x}-\dfrac{1}{\tan x}$

53. $\lim_{x\to \infty}(x-\ln x)$

54. $\lim_{x\to 0^+}x^{\sqrt{x}}$

55. $\lim_{x\to 0^+}(\tan 2x)^x$

56. $\lim_{x\to 0}(1-2x)^{1/x}$

57. $\lim_{x\to \infty}\left(1+\dfrac{a}{x}\right)^{bx}$

58. $\lim_{x\to 1^+}x^{1/(1-x)}$

59. $\lim_{x\to \infty}(e^x+10x)^{1/x}$

60. $\lim_{x\to \infty}x^{1/x}$

61. $\lim_{x\to \infty}x^{e^{-x}}$

62. $\lim_{x\to 0^+}(4x+1)^{\cot x}$

63. $\lim_{x\to 0^+}(1-\cos x)^{\sin x}$

64. $\lim_{x\to 0^+}(1+\sin 3x)^{1/x}$

65. $\lim_{x\to 0}(\cos x)^{1/x^2}$

66. $\lim_{x\to 0^+}\dfrac{x^x-1}{\ln x+x-1}$

67. $\lim_{x\to \infty}\left(\dfrac{2x-3}{2x+5}\right)^{2x+1}$

68-69 $f(x)/g(x)$와 $f'(x)/g'(x)$의 값들이 $x = 0$ 근처에서 $x \to 0$ 일 때 같은 극한값을 가지는 것을 그래프에서 보여줌으로써 로피탈 법칙을 설명하여라. 또한 정확한 극한값을 구하여라.

68. $f(x) = e^x - 1, \quad g(x) = x^3 + 4x$

69. $f(x) = 2x \sin x, \quad g(x) = \sec x - 1$

---

70. 모든 양의 정수 n에 대해

$$\lim_{x\to\infty} \frac{e^x}{x^n} = \infty$$

임을 보여라. 이것은 지수함수가 x의 어떠한 거듭제곱함수보다 더 빨리 무한에 접근함을 보여준다.

71. $p > 0$일 때,

$$\lim_{x\to\infty} \frac{\ln x}{x^p} = 0$$

임을 보여라. 이것은 로그함수가 x의 어떠한 거듭제곱함수보다 더 천천히 ∞에 접근함을 보여준다.

72-73 로피탈 법칙을 이용하여 극한을 구하면 어떻게 되는가? 다른 방법으로도 극한을 구하여라.

72. $\displaystyle\lim_{x\to\infty} \frac{x}{\sqrt{x^2+1}}$ **73.** $\displaystyle\lim_{x\to(\pi/2)^-} \frac{\sec x}{\tan x}$

---

74. 만약 질량 m인 물체가 낙하할 때 공기의 저항을 고려한 t초 후의 속도 v에 대한 모델이 다음과 같다고 하자.

$$v = \frac{mg}{c}(1 - e^{-ct/m})$$

여기서 g는 중력가속도이고 c는 양의 상수이다.

(a) $\lim_{t\to\infty} v$를 계산하여라. 이 극한의 의미는 무엇인가?

(b) t가 고정될 때 로피탈 법칙을 사용하여 $\lim_{c\to0^+} v$를 계산하여라. 진공상태에서 떨어지는 물체의 속도에 대해 어떠한 결론을 얻을 수 있는가?

75. 초기 자본 A_0가 이자를 1년에 n번 지급하는 연이율 r로 투자되었을 때 t년 후의 가치는

$$A = A_0\left(1 + \frac{r}{n}\right)^{nt}$$

이다. $n \to \infty$일 때를 연속 복리라 한다. 연속 복리일 때 로피탈 법칙을 사용하여 t년 후의 가치가 $A = A_0e^{rt}$임을 보여라.

76. 반지름이 r인 금속케이블은 단열재로 덮여 있고 케이블의 중심으로부터 단열재로 덮인 외관까지의 거리는 R이다. 케이블에서 전기신호의 속도 v는

$$v = -c\left(\frac{r}{R}\right)^2 \ln\left(\frac{r}{R}\right)$$

이다. 여기서 c는 양의 상수이다. 다음 극한값을 찾고 설명하여라.

(a) $\lim_{R\to r^+} v$ (b) $\lim_{r\to0^+} v$

77. 다음 그림은 중심각이 θ인 원의 일부분이다. $A(\theta)$는 현 PR과 호 PR로 둘러싸인 활꼴 영역이다. $B(\theta)$를 삼각형 PQR의 영역이라고 하자. $\lim_{\theta\to0^+} A(\theta)/B(\theta)$를 구하여라.

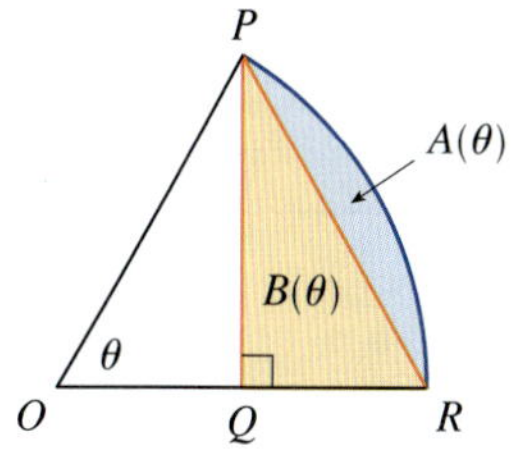

78. $\displaystyle\lim_{x\to\infty}\left[x - x^2 \ln\left(\frac{1+x}{x}\right)\right]$를 계산하여라.

79. f가 정의역 전체에서 함숫값이 양수인 함수라고 하자. $\lim_{x\to a} f(x) = 0$이고 $\lim_{x\to a} g(x) = \infty$이면

$$\lim_{x\to a} [f(x)]^{g(x)} = 0$$

임을 보여라. 이것은 0^∞가 부정형이 아님을 보여준다.

80. $\lim_{x\to0} f(x) = \lim_{x\to0} g(x) = \infty$이고,

(a) $\displaystyle\lim_{x\to0} \frac{f(x)}{g(x)} = 7$ (b) $\lim_{x\to0} [f(x) - g(x)] = 7$

을 만족하는 함수 f와 g를 구하여라.

81. $$f(x) = \begin{cases} e^{-1/x^2}, & x \neq 0 \\ 0, & x = 0 \end{cases}$$

(a) 도함수의 정의를 이용해서 $f'(0)$을 계산하여라.

(b) f가 $\mathbb{R}$에서 정의된 모든 계수의 도함수를 가짐을 보여라. [힌트: 우선 귀납법에 의해 $x \neq 0$에 대해

$$f^{(n)}(x) = p_n(x)f(x)/x^{k_n}$$

을 만족하는 다항식 $p_n(x)$와 음이 아닌 정수 k_n이 존재함을 보여라.]

보고서프로젝트 | 로피탈 법칙의 기원

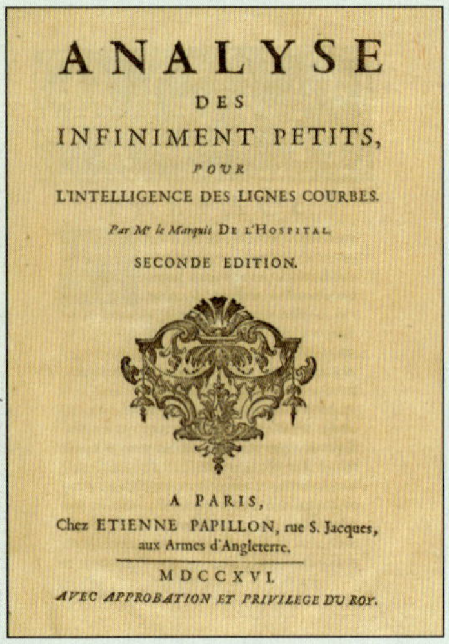
ANALYSE
DES
INFINIMENT PETITS,
POUR
L'INTELLIGENCE DES LIGNES COURBES.
Par M^r le Marquis DE L'HOSPITAL.
SECONDE EDITION.
A PARIS,
Chez ETIENNE PAPILLON, rue S. Jacques, aux Armes d'Angleterre.
MDCCXVI
AVEC APPROBATION ET PRIVILEGE DU ROY.

Thomas Fisher Rare Book Library

www.StewartCalculus.com
인터넷 사이트에는 이 프로젝트에 관한 다른 자료가 있다. 웹사이트 목록에서 *History of Mathematics*를 클릭하면 된다.

로피탈 법칙은 로피탈이 1696년에 쓴 미분적분학 교재인《*Analyse des Infiniment Petits*》을 통해 처음 등장했다. 그러나 이 규칙은 원래 1694년 스위스 수학자 베르누이(Johann Bernoulli)가 발견한 것이다. 두 수학자 사이에 어떤 거래가 있었는데, 로피탈이 베르누이의 이 수학적 발견에 대한 저작권을 돈을 주고 구입했다고 한다. 로피탈이 베르누이한테 보낸 편지에 이 거래에 대한 제안이 있는데, 자세한 번역문은 Eves [1]의 책에 제시되어 있다.

로피탈 법칙의 역사적 기원과 수학적 기원에 대한 보고서를 작성하여라. 먼저 두 수학자에 대한 간략한 소개를 제시하고, 이들 사이에 있었던 저작권의 거래에 대해 간단히 설명하여라. (Gillispie [2]의 사전은 좋은 인명 자료집이다.) 그리고 참고자료인 Struik [4]와 Katz [3]의 책에 있는 로티탈 법칙을 제시하여라. 로피탈과 베르누이는 로피탈 법칙을 기하적으로 만들었고 미분적분학 측면에서 그 답을 제시했다는 점을 주목하기 바란다. 4.4절에 있는 로피탈 법칙의 진술과 이 두 사람 진술을 비교하고 두 진술이 근본적으로 같다는 사실을 보여라.

1. Howard W. Eves, *Mathematical Circles: Volume 1* (Washington, D.C.: Mathematical Association of America, 2003). First published 1969 as *In Mathematical Circles (Volume 2: Quadrants III and IV)* by Prindle Weber and Schmidt.

2. C. C. Gillispie, ed., *Dictionary of Scientific Biography*, 8 vols. (New York: Scribner's, 1981). See the article on Johann Bernoulli by E. A. Fellmann and J. O. Fleckenstein in Volume II and the article on the Marquis de l'Hospital by Abraham Robinson in Volume III.

3. Victor Katz, *A History of Mathematics*: *An Introduction*. 3rd ed. (New York: Pearson, 2018).

4. Dirk Jan Struik, ed., *A Sourcebook in Mathematics, 1200-1800* (1969; repr., Princeton, NJ: Princeton University Press, 2016).

4.5 최적화 문제

극값을 구하기 위해 이 장에서 배운 방법들은 실생활의 많은 영역에서 실질적인 응용이 된다. 사업가는 비용을 최소화하고 이윤을 최대화하기를 바란다. 여행자는 여행할 때 이동시간을 최소화하기를 원한다. 광학에서 페르마의 원리는 빛이 최소 시간의 경로를 따라 이동함을 말해준다. 이 절에서 넓이, 부피, 그리고 이윤을 최대화하는 문제와 거리, 시간, 그리고 비용을 최소화하는 문제를 다룬다.

PS 이러한 실질적인 문제를 해결하는 데 최대의 도전은 문장으로 된 문제를 최대화 또는 최소화하는 함수를 설정해서 수학적 최적화 문제로 바꾸는 것이다.

최적화 문제 풀이 단계

1. **문제 이해하기** 첫 단계는 문제를 분명히 이해할 때까지 조심스럽게 읽는 것이다. 스스로에게 질문하여라. 모르는 것이 무엇인가? 주어진 것이 무엇인가? 주어진 조건이 무엇인가?
2. **그림 그리기** 대부분의 문제에서 그림을 그리는 것이 유용하며 그림에서 주어진 것, 요구하는 것을 확인하여라.
3. **기호 도입하기** 최대화 또는 최소화할 양을 기호로 표시하여라(여기에서는 그것을 Q라 하자). 또한 다른 알려지지 않은 양들에 대해서 기호 ($a, b, c, \cdots, x, y$)를 선택하고 이러한 기호를 그림에 표시하여라. 첫 문자를 연상 기호로 사용하는 것이 도움이 될 것이다. (예를 들어, 넓이는 A, 높이는 h, 시간은 t 등으로 사용)
4. Q를 3단계의 기호들로 표현하여라.
5. Q가 4단계에서 이변수 이상의 함수로서 표현된다면, 주어진 정보를 사용해서 이변수들 간의 관계(방정식의 형태에서)를 찾아라. 그런 후에 방정식을 이용해서 Q에 대한 식의 변수 중 하나를 제외하고 모두 제거하여라. 그러면 Q는 하나의 변수 x의 함수, 즉 $Q = f(x)$로 표현된다. 그런 다음 이 함수의 정의역을 구하여라.
6. f의 최댓값과 최솟값을 구하기 위하여 4.1절과 4.3절에 있는 방법을 사용하여라. 특히 f의 정의역이 폐구간이면 4.1절에 있는 폐구간법이 사용될 수 있다.

예제 1 농부가 울타리 재료 1200m를 갖고 곧게 뻗은 강을 경계로 하는 직사각형 모양의 밭에 울타리를 치려고 한다. 강을 따라서는 울타리를 칠 필요가 없다. 어떻게 하면 가장 넓은 울타리를 만들 수 있는가?

PS 문제를 이해하여라.
PS 특별한 경우를 사용하여 유추하여라.
PS 그림을 그려라.

풀이 이러한 문제의 감을 얻기 위하여 특별한 경우에 대해 실험을 해보자. 그림 1은 1200m의 울타리를 설치하는 세 가지 가능한 방법을 보여주고 있다.

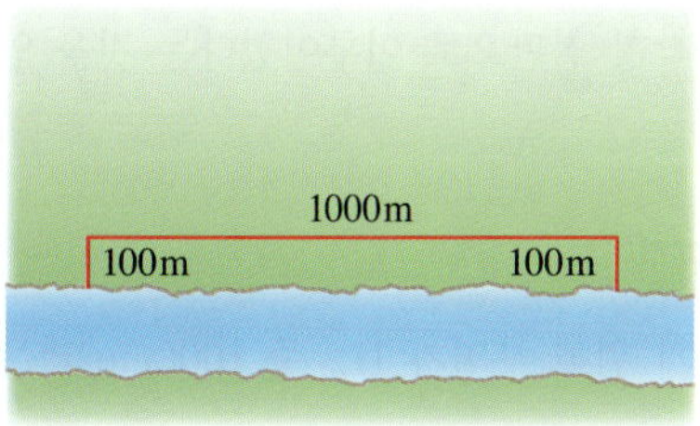

넓이 = 100 · 1000 = 100,000m^2

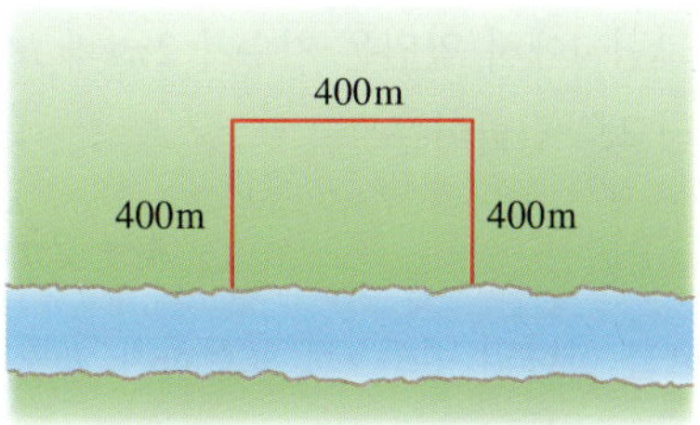

넓이 = 400 · 400 = 160,000m^2

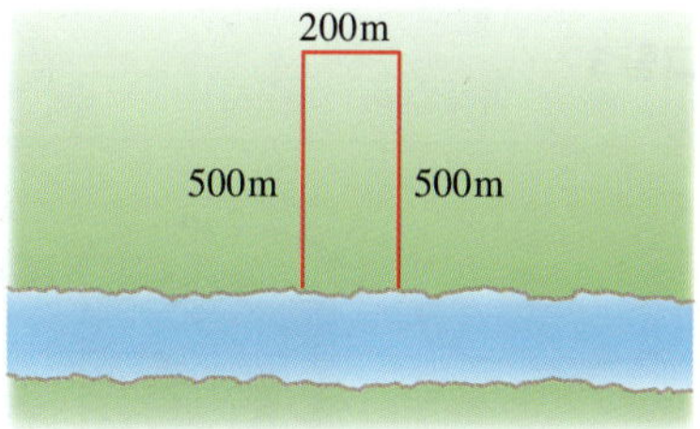

넓이 = 500 · 200 = 100,000m^2

그림 1

얇고 넓은 영역 또는 깊고 좁은 영역을 만들면 상대적으로 작은 영역이 된다는 것을 알게 된다. 최대 영역이 되기 위한 중간 형태가 있을 것 같은 느낌이 든다.

PS 기호를 도입하여라.

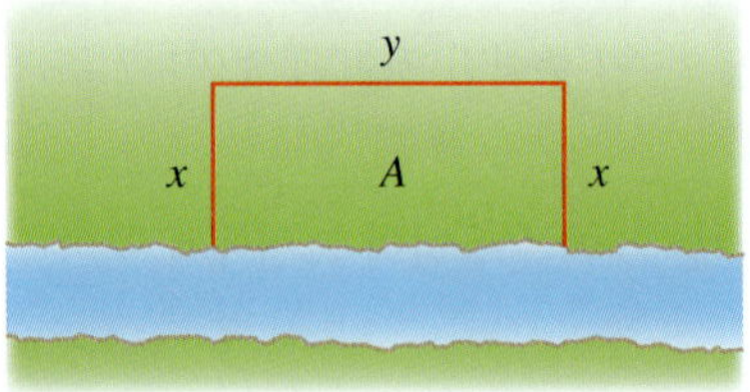

그림 2

그림 2는 일반적인 경우이다. 직사각형의 넓이 A를 최대화하려 한다. x와 y를 직사각형의 세로와 가로(m)라고 하자. 그리고 넓이 A를 x와 y로 나타낸다.

$$A = xy$$

A를 하나의 변수만을 갖는 함수로 표현하기 위하여 y를 x의 함수로 나타내고 y를 소거한다. 이를 위해 울타리의 총 길이가 1200m라는 정보를 이용한다. 따라서

$$2x + y = 1200$$

이 방정식으로부터 $y = 1200 - 2x$를 얻고, 이것으로부터

$$A = xy = x(1200 - 2x) = 1200x - 2x^2$$

$x \geqslant 0$이고 $x \leqslant 600$이다(그렇지 않으면 $A < 0$이다). 따라서 최대화하는 함수는

$$A(x) = 1200x - 2x^2 \qquad 0 \leqslant x \leqslant 600$$

이다. 도함수는 $A'(x) = 1200 - 4x$이므로 임계수를 구하기 위하여 방정식

$$1200 - 4x = 0$$

을 풀면 $x = 300$이다. A의 최댓값은 이 임계수 또는 구간의 끝점에서만 얻어진다. $A(0) = 0$, $A(300) = 180{,}000$, $A(600) = 0$이므로 폐구간법에 의하여 최댓값은 $A(300) = 180{,}000$이다.

[또 다른 방법으로, 모든 x에 대하여 $A''(x) = -4 < 0$임을 안다. 그래서 A는 항상 아래로 오목하고 $x = 300$에서 극댓값이며 동시에 최댓값이다.]

따라서 직사각형 밭은 세로 300m, 가로 600m가 되어야 한다. ■

예제 2 기름 1L를 담을 수 있는 원기둥 모양의 캔이 있다. 그 캔을 만드는 데 필요한 철판의 비용을 최소화하는 반지름과 높이를 구하여라.

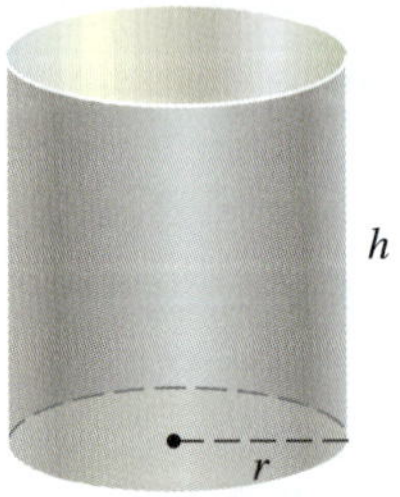

그림 3

풀이 그림 3과 같이 반지름이 r이고 높이가 h인 (단위는 둘 다 cm) 그림을 그린다. 철판의 비용을 최소화하기 위해 원기둥의 겉넓이(윗면, 아랫면, 그리고 옆면)를 최소화해야 한다. 그림 4에서 옆면은 치수가 $2\pi r$과 h인 직사각형 철판으로 이루어졌다는 것을 안다. 그러므로 겉넓이는

$$A = 2\pi r^2 + 2\pi rh$$

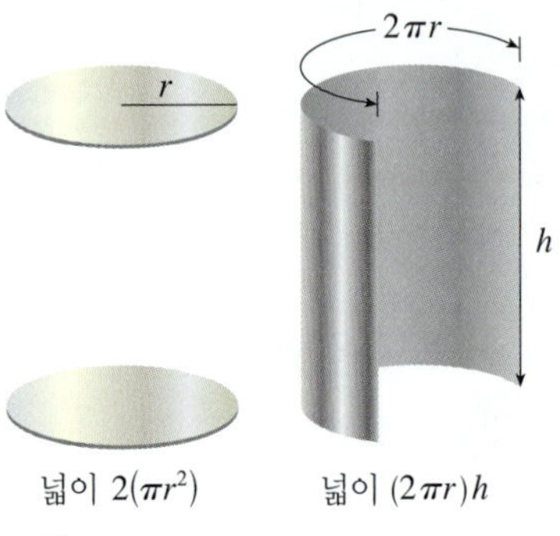

그림 4

이다. A를 하나의 변수 r로 표현하자. h를 제거하기 위해 부피가 1L, 즉 1000cm^3라는 사실을 이용한다. 그러므로

$$\pi r^2 h = 1000$$

이고 $h = 1000/(\pi r^2)$이다. 이것을 A에 대입하면

$$A = 2\pi r^2 + 2\pi r\left(\frac{1000}{\pi r^2}\right) = 2\pi r^2 + \frac{2000}{r}$$

이다. r은 양수이기만 하면 되기 때문에 r의 최대한계는 없다. 그러므로 최소화하기 원하는 함수는

$$A(r) = 2\pi r^2 + \frac{2000}{r} \qquad r > 0$$

이다. 임계수를 얻기 위하여 미분한다.

$$A'(r) = 4\pi r - \frac{2000}{r^2} = \frac{4(\pi r^3 - 500)}{r^2}$$

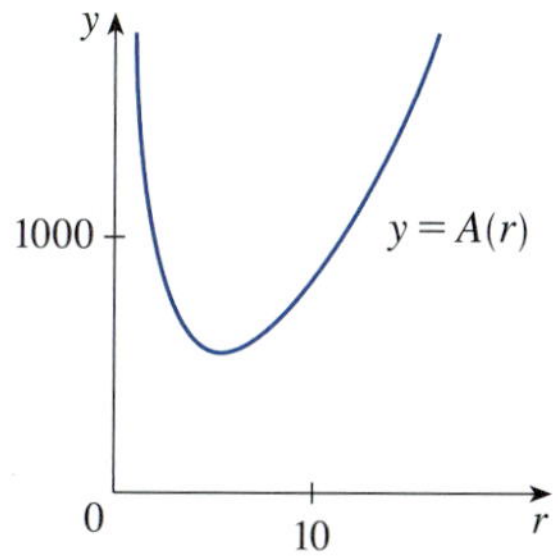

그림 5

그러면 $\pi r^3 = 500$일 때 $A'(r) = 0$이므로 유일한 임계수는 $r = \sqrt[3]{500/\pi}$이다.

A의 정의역은 $(0, \infty)$이므로 끝점에 관한 예제 1의 논의를 사용할 수 없다. 그러나 $r < \sqrt[3]{500/\pi}$일 때 $A'(r) < 0$이고 $r > \sqrt[3]{500/\pi}$일 때 $A'(r) > 0$이므로, 임계수 왼쪽의 모든 r에 대하여 감소하고 오른쪽 모든 r에 대하여 증가한다. 그러므로 $r = \sqrt[3]{500/\pi}$에서 최솟값을 갖는다.

[다른 방법으로, $r \to 0^+$일 때 $A(r) \to \infty$이고 $r \to \infty$일 때 $A(r) \to \infty$이므로, $A(r)$의 최솟값은 존재하고 그것은 임계수에서 생긴다. 그림 5 참조]

$r = \sqrt[3]{500/\pi}$에 대응하는 h의 값은

$$h = \frac{1000}{\pi r^2} = \frac{1000}{\pi(500/\pi)^{2/3}} = 2\sqrt[3]{\frac{500}{\pi}} = 2r$$

응용 프로젝트에서는 캔의 색 사비용을 다르게 할 때 가장 경제적인 캔의 모양을 조사한다.

이다. 그러므로 캔을 만드는 비용을 최소화하기 위해서는 반지름이 $\sqrt[3]{500/\pi}$가 되어야 하고 높이는 반지름의 두 배, 즉 지름과 같아야 한다. ■

NOTE 1 최솟값을 판정하기 위해 예제 2에서 사용된 논의는 일계도함수 판정법(그것은 극댓값과 극솟값에만 적용된다)의 변형으로 앞으로의 참조를 위해 아래에 제시한다.

> **최댓값과 최솟값에 대한 일계도함수 판정법**
>
> c를 어느 구간 위에서 정의된 연속함수 f의 임계수라 하자.
>
> (a) 만일 모든 $x < c$에 대해 $f'(x) > 0$이고 모든 $x > c$에 대해 $f'(x) < 0$이면, $f(c)$는 f의 최댓값이다.
>
> (b) 만일 모든 $x < c$에 대해 $f'(x) < 0$이고 모든 $x > c$에 대해 $f'(x) > 0$이면, $f(c)$는 f의 최솟값이다.

NOTE 2 최적화 문제해결의 또 다른 방법은 음함수 미분법을 사용하는 것이다. 그 방법을 설명하기 위하여 다시 예제 2를 보자. 예제 2의 방정식

$$A = 2\pi r^2 + 2\pi rh \qquad \pi r^2 h = 1000$$

에서 h를 제거하는 대신 r에 대해 미분한다.

$$A' = 4\pi r + 2\pi rh' + 2\pi h \qquad \pi r^2h' + 2\pi rh = 0$$

최솟값은 한 임계수에서 생기므로 $A' = 0$으로 놓고 간단히 하면, 방정식

$$2r + rh' + h = 0 \qquad rh' + 2h = 0$$

을 얻으며 뺄셈에 의해 $2r - h = 0$ 또는 $h = 2r$이다.

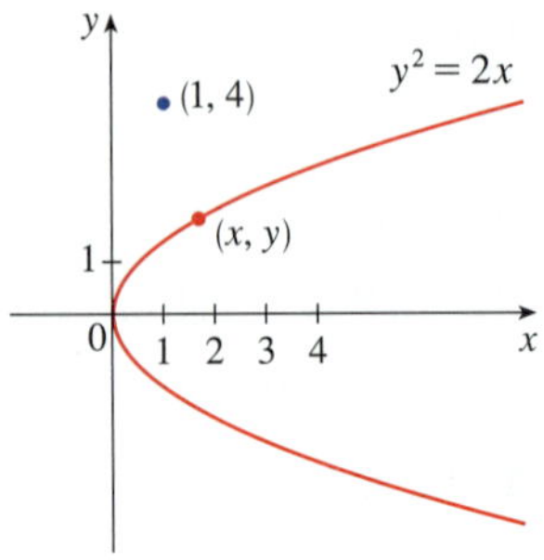

그림 6

예제 3 포물선 $y^2 = 2x$상에서 점 (1, 4)에 가장 가까운 점을 구하여라.

풀이 두 점 (1, 4)와 (x, y) 사이의 거리는

$$d = \sqrt{(x-1)^2 + (y-4)^2}$$

이다(그림 6 참조). 그런데 (x, y)가 포물선 위에 있으므로 $x = \frac{1}{2}y^2$이고, 따라서

$$d = \sqrt{\left(\tfrac{1}{2}y^2 - 1\right)^2 + (y-4)^2}$$

이 된다. (다른 방법으로, $y = \sqrt{2x}$라 하면 d를 x만의 식으로 얻는다.)

d를 최소화하는 대신 d의 제곱을 최소화한다.

$$d^2 = f(y) = \left(\tfrac{1}{2}y^2 - 1\right)^2 + (y-4)^2$$

(d의 최솟값이 d^2의 최솟값과 같은 점에서 발생한다는 것을 직접 확인하여야 한다. 그러나 d^2이 더 다루기 쉽다.) 미분하면

$$f'(y) = 2\left(\tfrac{1}{2}y^2 - 1\right)y + 2(y-4) = y^3 - 8$$

을 얻으므로 $y = 2$일 때 $f'(y) = 0$이다. $y < 2$일 때 $f'(y) < 0$이고 $y > 2$일 때 $f'(y) > 0$이므로, 최댓값과 최솟값에 대한 일계도함수 판정법에 의해 최솟값은 $y = 2$일 때 얻어진다. (또는 문제의 기하학적 성질 때문에 최대거리가 아닌 최소거리가 되는 점이 존재한다고 말할 수 있다.) x의 대응하는 값은 $x = \frac{1}{2}y^2 = 2$이다. 그러므로 (1, 4)에 가장 가까운 $y^2 = 2x$ 위의 점은 (2, 2)이다. [두 점 사이의 거리는 $d = \sqrt{f(2)} = \sqrt{5}$이다.] ■

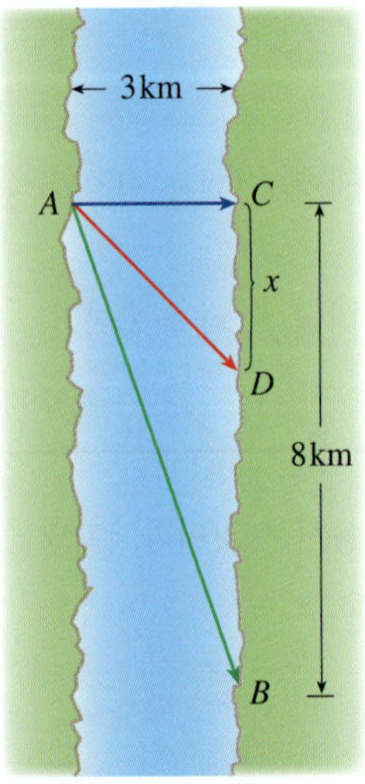

그림 7

예제 4 어떤 사람이 폭이 3km인 곧은 강둑의 A지점에서 배를 띄워서, 가능한 한 빨리 8km 아래의 반대편 B지점으로 가고자 한다(그림 7 참조). 배를 저어서 똑바로 강을 가로질러 C지점까지 가서 B로 뛰어갈 수도 있고, 직접 B로 배를 저어갈 수도 있으며, C와 B 사이의 어느 D지점으로 저어 가서 B로 뛰어갈 수도 있다. 만일 6km/h로 노를 젓고 8km/h로 달려간다면 B지점에 가능한 한 빨리 도달하기 위해 배를 어디에 대야 하는가? (물의 속도는 사람이 노를 젓는 속도와 비교하여 무시할 수 있다고 가정한다.)

풀이 C에서 D까지의 거리를 x라 하면 뛰는 거리는 $|DB| = 8 - x$이고, 피타고라스 정리에 의하여 노를 젓는 거리는 $|AD| = \sqrt{x^2 + 9}$가 된다. 식

$$\text{시간} = \frac{\text{거리}}{\text{속도}}$$

를 사용한다. 그러면 노를 젓는 시간은 $\sqrt{x^2+9}/6$이고, 달리는 시간은 $(8-x)/8$이므로, x의 함수로서 전체 걸리는 시간 T는

$$T(x) = \frac{\sqrt{x^2+9}}{6} + \frac{8-x}{8}$$

함수 T의 정의역은 $[0, 8]$이다. 만일 $x=0$이면 C로 가고 $x=8$이면 B로 직접 가는 것이다. T의 도함수는

$$T'(x) = \frac{x}{6\sqrt{x^2+9}} - \frac{1}{8}$$

이다. 그래서 $x \geqslant 0$이라는 사실을 이용하면,

$$T'(x)=0 \iff \frac{x}{6\sqrt{x^2+9}} = \frac{1}{8} \iff 4x = 3\sqrt{x^2+9}$$
$$\iff 16x^2 = 9(x^2+9) \iff 7x^2 = 81 \iff x = \frac{9}{\sqrt{7}}$$

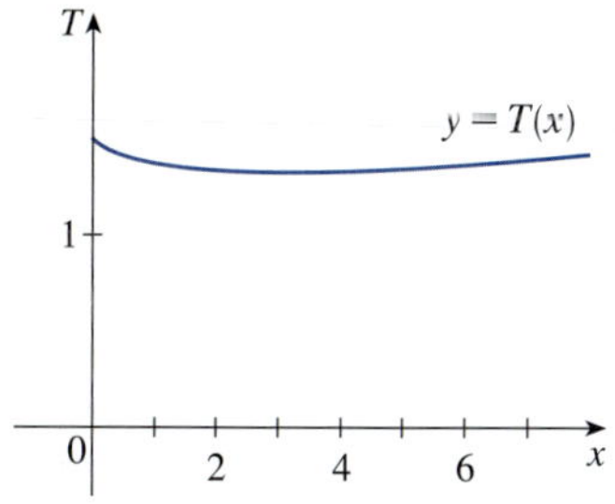

그림 8

이므로 유일한 임계수는 $x = 9/\sqrt{7}$이다. 최솟값이 이 임계수에서 또는 정의역 $[0, 8]$의 끝점에서 발생하는지 알기 위해 이들 세 점에서 T를 계산한다.

$$T(0) = 1.5 \qquad T\left(\frac{9}{\sqrt{7}}\right) = 1 + \frac{\sqrt{7}}{8} \approx 1.33 \qquad T(8) = \frac{\sqrt{73}}{6} \approx 1.42$$

이러한 T의 값 중에서 가장 작은 것은 $x = 9/\sqrt{7}$일 때이므로 사실, T의 최솟값도 여기에서 생긴다. 그림 8은 T의 그래프로 이러한 사실을 보여주고 있다.

그러므로 이 사람은 시작점 A에서 아래로 $9/\sqrt{7}$km ($\approx$ 3.4km)인 지점에 배를 대야 한다. ■

예제 5 반지름이 r인 반원에 내접하는 직사각형의 최대 넓이를 구하여라.

풀이 1 중심이 원점인 원 $x^2+y^2=r^2$의 윗부분인 반원을 잡는다. 이때 내접의 의미는 그림 9에서 보듯이 직사각형의 두 점이 반원 위에 있다는 것이다.

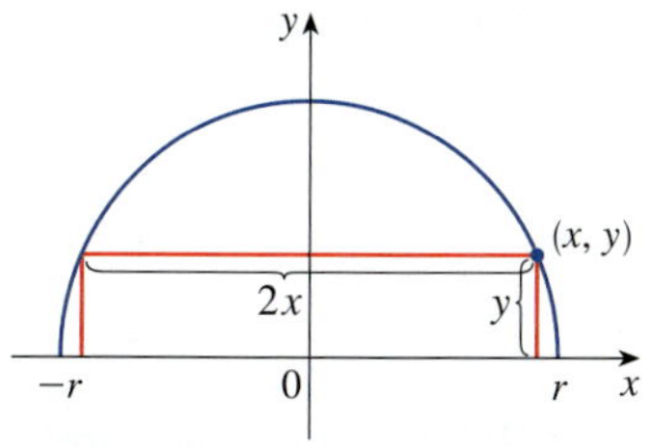

그림 9

(x, y)를 1사분면에 있는 꼭짓점이라 하자. 그러면 직사각형은 길이가 $2x$와 y인 변을 가지므로 넓이는 다음과 같다.

$$A = 2xy$$

y를 없애기 위하여 (x, y)가 원 $x^2+y^2=r^2$ 위에 있다는 사실을 이용하면 $y=\sqrt{r^2-x^2}$이다. 그러므로

$$A = 2x\sqrt{r^2-x^2}$$

이고, 이 함수의 정의역은 $0 \leqslant x \leqslant r$이 된다. A의 도함수는

$$A' = 2\sqrt{r^2-x^2} - \frac{2x^2}{\sqrt{r^2-x^2}} = \frac{2(r^2-2x^2)}{\sqrt{r^2-x^2}}$$

이고, $2x^2 = r^2$ 즉 ($x \geq 0$이므로) $x = r/\sqrt{2}$일 때 A'은 0이 된다. $A(0) = 0$이고 $A(r) = 0$이므로 이 x값은 A를 최대가 되게 한다. 그러므로 내접 직사각형의 최대 넓이는

$$A\left(\frac{r}{\sqrt{2}}\right) = 2\frac{r}{\sqrt{2}}\sqrt{r^2 - \frac{r^2}{2}} = r^2$$

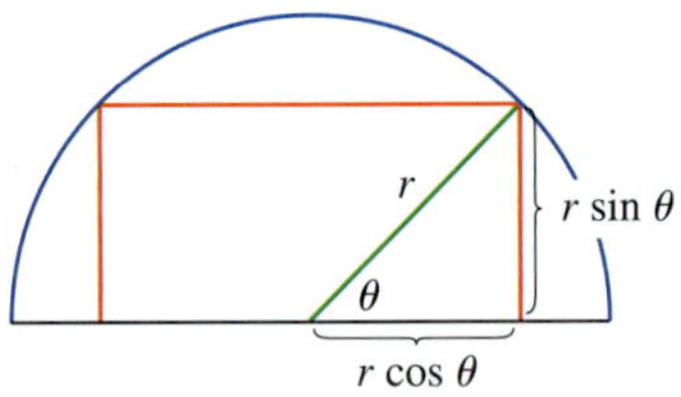

그림 10

풀이 2 각을 일변수로 사용한다면 더 단순한 풀이가 가능하다. θ를 그림 10에서 표현된 각도라 하자. 그러면 직사각형의 넓이는

$$A(\theta) = (2r\cos\theta)(r\sin\theta) = r^2(2\sin\theta\cos\theta) = r^2\sin 2\theta$$

가 된다. $\sin 2\theta$의 최댓값은 1이고 그것은 $2\theta = \pi/2$일 때이다. 그러므로 $\theta = \pi/4$일 때 $A(\theta)$의 최댓값은 r^2이다.

이러한 삼각함수를 이용한 풀이는 미분을 사용할 필요가 없다는 사실을 알 수 있다. ■

■ 경영학과 경제학에서의 응용

비용함수(cost function) $C(x)$가 어떤 상품 x단위를 생산하는 데 드는 비용이라면, **한계비용**(marginal cost)은 x에 대한 C의 변화율이다. 다시 말해서 한계비용함수는 비용함수의 도함수 $C'(x)$이다.

이제 마케팅을 생각하자. $p(x)$는 회사가 x단위를 팔 때 회사가 부과할 수 있는 단위당 가격이라 하자. 이때 p를 **수요함수**(demand function) 또는 **가격함수**(price function)라 부른다. 이 수요함수는 가격과 수요량 사이의 함수관계를 나타낸 것으로 수요량은 일반적으로 가격에 대해 감소함수이다(가격이 싸면 더 많이 팔린다). x단위가 팔리고 단위당 가격이 $p(x)$이면 총 소득은

$$R(x) = \text{판매량} \times \text{가격} = xp(x)$$

이고, 이때 R을 **소득함수**(revenue function)라 부른다. 소득함수의 도함수 R'을 **한계소득함수**(marginal revenue function)라 부르고, 이는 판매한 단위 수에 관한 소득의 변화율이다.

x단위가 팔리면 총 이윤은

$$P(x) = R(x) - C(x)$$

이고, 이때 P를 **이윤함수**(profit function)라 부른다. **한계이윤함수**(marginal profit function)는 이윤함수의 도함수 P'이다.

예제 6 한 점포에서 개당 350달러인 TV 모니터를 일주일에 200개 판매한다고 한다. 시장조사에 의하면 소비자에게 개당 10달러씩 할인을 했을 때 판매되는 개수는 일주일에 20개 증가한다고 나타났다. 수요함수와 소득함수를 구하여라. 얼마나 할인을 하면 소득이 최대가 되겠는가?

풀이 만약 x를 일주일에 판매되는 TV 모니터의 개수라 하면 판매증가량은 $x - 200$이

다. 매 20개씩의 판매 증가에 대해 가격은 10달러씩 감소한다. 그래서 판매된 각각의 추가 물품에 대한 가격 감소는 $\frac{1}{20} \times 10$이고, 수요함수는

$$p(x) = 350 - \tfrac{10}{20}(x - 200) = 450 - \tfrac{1}{2}x$$

이며, 소득함수는

$$R(x) = xp(x) = 450x - \tfrac{1}{2}x^2$$

이다. $R'(x) = 450 - x$이므로 $x = 450$일 때 $R'(x) = 0$이다. 이 x값은 일계도함수 판정법에 의해서 (또는 R의 그래프가 아래로 벌어진 포물선이라는 것을 관찰함으로써 간단하게) 최댓값이 된다. 이 값에 대응하는 가격은

$$p(450) = 450 - \tfrac{1}{2}(450) = 225$$

이고 할인은 $350 - 225 = 125$이다. 그러므로 소득을 최대화하기 위해서 점포는 125달러를 할인해주면 된다. ■

4.5 연습문제

1. 다음 문제를 생각해보자. 합이 23이고 곱이 최대가 되는 두 수를 구하여라.

(a) 다음과 같이 처음 두 열의 수의 합이 23이 되도록 표를 만들어라. 만든 표에 기초해서 문제의 답을 추정하여라.

(b) 이 문제를 최적화 방법을 이용하여 풀고 (a)의 답과 비교하여라.

첫 번째 수	두 번째 수	곱
1	22	22
2	21	42
3	20	60
⋮	⋮	⋮

2. 차가 100이고, 곱이 최소가 되는 두 수를 구하여라.

3. 곱이 100이고 합이 최소가 되는 두 양수를 구하여라.

4. 두 양수의 합이 16이다. 이들 수의 제곱의 합의 최솟값은 얼마인가?

5. $-1 \leqslant x \leqslant 2$에 대해 포물선 $y = x^2$과 직선 $y = x + 2$ 사이의 수직 거리의 최댓값은 얼마인가?

6. 둘레가 100m이고 넓이가 최대가 되는 직사각형의 가로와 세로를 구하여라.

7. 넓이가 1000m^2이고 둘레가 최소가 되는 직사각형의 가로와 세로를 구하여라.

8. 농작물의 수확량 Y를 토양의 질소량 N(적당한 단위로 측정된)의 함수로 나타낼 때 사용되는 모델이

$$Y = \frac{kN}{1 + N^2}$$

이다. 여기서 k는 양의 상수이다. 수확량이 최대일 때의 질소량은 얼마인가?

9. 300m의 울타리를 갖고 있는 농부가 직사각형 영역을 완전히 두르고 그 내부에 이 직사각형의 한 변과 평행하게 칸막이를 쳐서 네 개의 우리를 만들고자 한다. 우리 네 개의 넓이의 합이 최대가 되는 경우에 대해 생각해보자.

(a) 좁으면서 긴 우리, 넓으면서 짧은 우리 등 여러 상황을 설명해주는 그림을 그려라. 이들의 넓이의 합을 구하여라. 최대 넓이가 있는가? 있다면 얼마인가?

(b) 일반적인 상황을 나타내는 그림을 그려라. 기호를 도입해서 그림에 표시하여라.

(c) 넓이의 합에 대한 식을 써라.

(d) 주어진 정보를 사용하여 변수들의 관계를 방정식으로 나타내어라.

(e) (d)를 이용하여 넓이의 합을 일변수함수로 나타내어라.

(f) 문제를 풀고 이 답을 (a)에서 추정한 답과 비교하여라.

10. 한 농부가 그림과 같이 강을 따라 사다리꼴 밭을 400m의 울타리로 둘러싸려고 한다. 평행한 두 변 중 한 변의 길이는 나머지 변의 길이의 3배이다. 강을 따라서는 울타리를 칠 필요가 없다. 농부가 둘러쌀 수 있는 가장 큰 넓이를 구하여라.

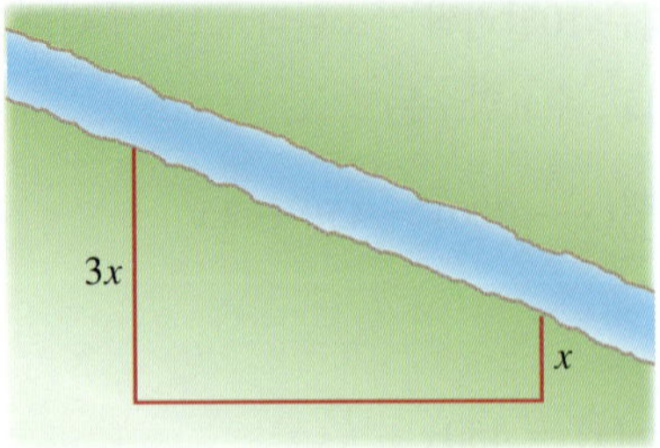

11. (a) 넓이가 주어진 직사각형들 중에서 최소 둘레인 직사각형은 정사각형임을 보여라.
(b) 둘레가 주어진 직사각형들 중에서 최대 넓이를 갖는 직사각형은 정사각형임을 보여라.

12. 1200cm²의 재료를 가지고 밑면이 정사각형이고 뚜껑이 없는 상자를 만들 때, 상자 부피의 최댓값을 구하여라.

13. 미국 우편서비스를 이용하여 발송하는 소포는 길이와 둘레를 합하여 길이가 274cm를 넘어서는 안 된다(길이는 가장 큰 치수이고, 둘레는 길이에 수직으로 소포를 감는 최대 거리이다). 정사각형 바닥을 가진 직사각형 상자를 우편으로 발송할 때 최대 부피가 되는 치수를 구하여라.

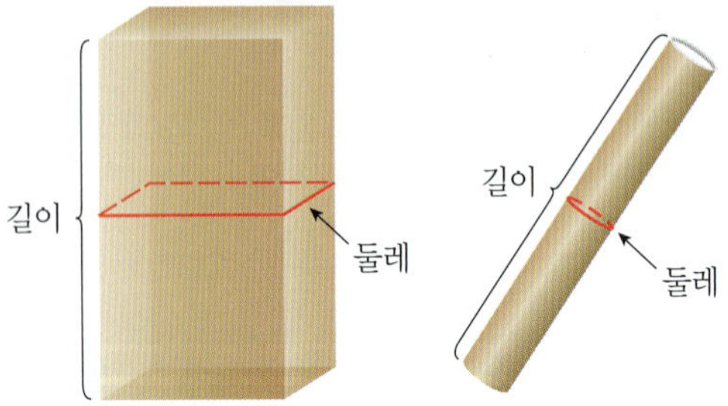

14. 연습문제 13을 참조하여, 우편으로 발송할 수 있는 가장 큰 원통의 치수를 구하여라.

15. 직선 $y = 2x + 3$ 위의 점 중에서 원점에서 가장 가까운 점을 구하여라.

16. 타원 $4x^2 + y^2 = 4$ 위의 점 중에서 $(1, 0)$과 가장 멀리 떨어져 있는 점을 구하여라.

17. 곡선 $y = \sin x$ 위의 점 중에서 점 $(4, 2)$와 가장 가까운 점의 좌표를 소수 둘째 자리까지 정확하게 구하여라.

18. 반지름이 r인 원에 내접하는 가장 큰 넓이를 가지는 직사각형의 변의 길이를 구하여라.

19. 타원 $x^2/a^2 + y^2/b^2 = 1$에 내접하는 가장 큰 넓이를 가지는 직사각형의 넓이를 구하여라.

20. 한 변의 길이가 L인 정삼각형에 내접하는 가장 큰 넓이를 가지는 직사각형의 변의 길이를 구하여라. 단, 직사각형의 한 변은 삼각형의 밑변에 놓여 있다.

21. 반지름이 r인 원에 내접하는 가장 큰 넓이를 가지는 이등변삼각형의 변의 길이를 구하여라.

22. 삼각형의 한 변의 길이가 a이고, 다른 한 변의 길이가 $2a$일 때, 삼각형 넓이의 최댓값이 a^2임을 보여라.

23. 직사각형의 밑변이 x축에 있고, 위 두 꼭짓점이 포물선 $y = 4 - x^2$에 있다. 직사각형 넓이의 최댓값을 구하여라.

24. 직각원기둥이 반지름이 r인 구에 내접해 있다. 이 원기둥의 최대 부피를 구하여라.

25. 직각원기둥이 반지름이 r인 구에 내접해 있다. 이 원기둥의 최대 겉넓이를 구하여라.

26. 노르만 양식의 창문은 직사각형 위에 반원이 놓인 모양이다. (따라서 직사각형의 가로는 반원의 지름과 같다. 1.1절의 연습문제 46 참조) 만약 창문의 둘레가 10m라면, 빛이 최대한 많이 들게 하는 창문의 변의 길이를 구하여라.

27. 아래와 양 옆은 3cm의 여백이 있고, 위에는 5cm의 여백이 있는 포스터의 넓이는 900cm²이다. 인쇄 공간이 최대일 때, 포스터의 길이를 구하여라.

28. 둥근 피자에서 한 조각(원에서 부채꼴)의 둘레가 60cm라면, 넓이가 최대가 되는 피자의 반지름을 구하여라.

29. 건물과 1m 떨어진 거리에 평행하게 지은 2m 높이의 울타리가 있다. 울타리를 넘어 땅에서 빌딩까지 사다리를 놓을 때, 가장 짧은 사다리의 길이는 얼마인가?

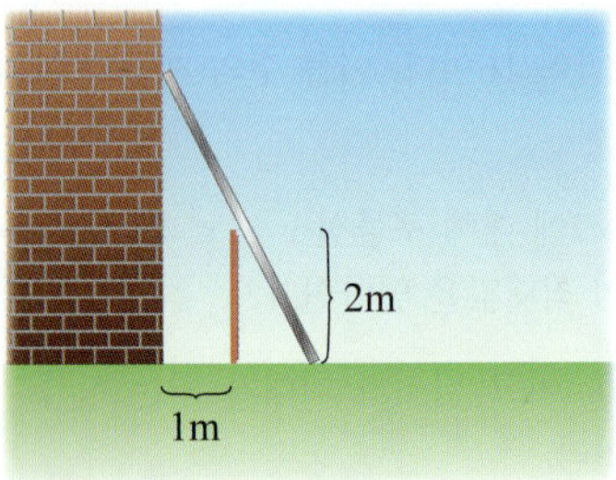

30. 반지름 R인 원형 모양의 종이에서 부채꼴 모양의 일부분을 잘라내고 CA와 CB를 붙여서 원뿔 모양의 컵을 만들었다. 이 컵의 용량의 최댓값을 구하여라.

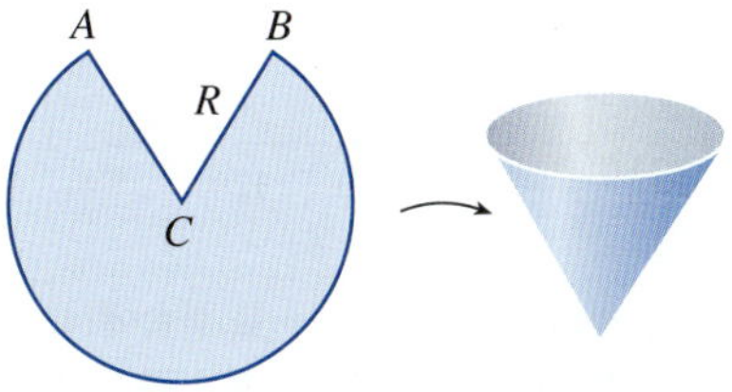

31. 높이 h인 원뿔이 높이 H인 더 큰 원뿔에 포개져 있는데 작은 것의 꼭짓점이 큰 것의 밑면의 중심에 있다. 내부의 원뿔은 $h = \frac{1}{3}H$일 때 최대 부피가 됨을 보여라.

32. 무게가 W인 물체가 물체에 묶여있는 끈의 힘을 받아 평평한 바닥에 끌려가고 있다. 만약 끈이 바닥과 이루는 각도가 θ라면, 힘의 크기는 다음과 같다. 이때 μ는 마찰계수이다.

$$F = \frac{\mu W}{\mu \sin\theta + \cos\theta}$$

F가 최소가 되는 θ를 구하여라.

33. R옴의 저항기가 내부저항이 r옴인 E볼트의 배터리에 연결되었을 때 외부저항에 걸리는 힘(와트)은

$$P = \frac{E^2 R}{(R + r)^2}$$

이다. E와 r은 고정되고 R이 변할 때, 힘의 최댓값을 구하여라.

34. 오후 2시에 부두를 떠난 배는 20km/h의 속도로 북쪽을 향해 가고 있다. 또 다른 배는 동쪽에서 15km/h의 속도로 다가오고 있으며 오후 3시에 부두에 도착하였다. 두 배가 가장 가까웠던 시각은 언제인가?

35. 강의 폭이 5km이고 점 B가 A에서 아래로 5km 떨어져 있다고 할 때, 예제 4의 문제를 풀어라.

36. 반지름이 3km인 원 모양의 호숫가의 지점 A에서 있는 한 여자는 A의 정반대편인 지점 C에 가능한 한 빨리 가기를 원한다(그림 참조). 여자는 6km/h의 속도로 걸을 수 있고, 배는 3km/h의 속도로 노를 저을 수 있다. 여자는 어떤 선택을 해야 하는가?

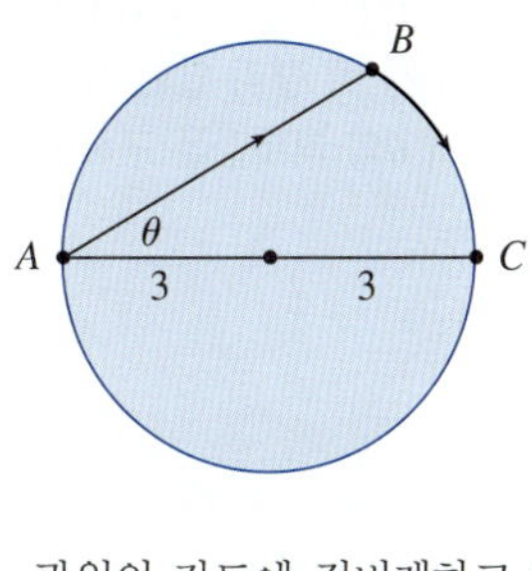

37. 사물의 조도는 광원의 강도에 정비례하고 광원에서부터의 거리의 제곱에 반비례한다. 두 광원이 4m 떨어져 있고 한 광원이 다른 광원보다 세 배의 강도를 갖는다. 조도가 최소가 되려면 이 사물은 두 광원 사이의 어느 곳에 위치해야 하는가?

38. 점 (3, 5)를 지나고 1사분면을 가장 작은 영역을 잘라내는 직선의 방정식을 구하여라.

39. a와 b는 양수라고 하자. 점 (a, b)를 통과하고 1사분면에 의해 절단된 가장 짧은 선분의 길이를 구하여라.

40. 곡선 $y = 1 + 40x^3 - 3x^5$ 위에 접선을 그었을 때 접선의 기울기가 최대가 되는 접점은 어디인가?

41. $y = 3/x$ 위의 한 점에서 그은 접선과 1사분면에 의해 가장 짧은 선분으로 잘리게 되는 접점은 어디인가?

42. 포물선 $y = 4 - x^2$ 위의 한 점에서 그은 접선을 빗변으로 하고 1사분면의 축을 두 선분으로 하는 삼각형의 넓이가 최소가 되도록 하는 접점을 구하여라.

43. (a) $C(x)$가 상품 x개의 생산비일 때 한 개당 **평균비용**은 $c(x) = C(x)/x$이다. 평균비용이 최소일 때 한계비용과 평균비용이 같음을 보여라.

(b) $C(x) = 16{,}000 + 200x + 4x^{3/2}$(달러)일 때, (i) 1000개를 생산할 때의 비용, 평균비용, 한계비용, (ii) 평균비용을 최소화하기 위한 생산량, (iii) 최소 평균비용을 구하여라.

44. (a) 이익 $P(x)$가 최대가 될 때 한계수입은 한계비용과 같음을 보여라.

(b) $C(x) = 16{,}000 + 500x - 1.6x^2 + 0.004x^3$은 비용함수이고, $p(x) = 1700 - 7x$는 수요함수일 때, 최대 이익을 내는 생산 개수를 구하여라.

45. 여름 동안 테리는 해변에서 목걸이를 만들어 팔았다. 지난 여름 개당 10달러씩, 매일 평균 20개를 팔았다. 가격이 1달러씩 높아지면 하루 평균 판매 개수는 2개씩 줄어든다는 것을 알고 있다.

(a) 1차함수로 가정하고 수요함수의 그래프를 그려라.

(b) 테리가 목걸이를 하나 만드는 데 6달러가 든다고 하자. 이익을 최대로 하는 판매가격은 얼마인가?

46. 소매업자가 350달러인 태블릿 컴퓨터를 일주일에 1200대를 판매한다. 시장조사에 의하면 가격이 10달러 낮아지면 일주일간 태블릿 판매량은 80대 늘어날 것이라 추측된다.

(a) 수요함수를 구하여라.

(b) 수익을 최대로 하려면 가격이 얼마가 되어야 하는가?

(c) 일주일 동안의 비용함수가 $C(x) = 35{,}000 + 120x$라 할 때 수익이 최대가 되기 위해서는 가격을 얼마로 해야 하는가?

47. 어느 회사가 지정된 영역에서 16개의 석유 유정을 운영하고 있다. 각 펌프는 하루에 평균적으로 240배럴의 기름을 퍼내고 있다. 회사는 유정을 추가할 수는 있지만 유정이 하나 추가될 때마다 하루 평균 생산량이 8배럴씩 감소한다고 하자. 하루 생산량이 최대가 되도록 하려면 유정을 몇 개 추가하여야 하는가?

48. 주어진 길이의 둘레를 갖는 모든 이등변삼각형 중에서 가장 큰 넓이를 갖는 것은 정삼각형임을 보여라.

49. 타원 $\frac{x^2}{a^2} + \frac{y^2}{b^2} = 1$ 위에 있는 제1사분면의 점 (p, q)에서 접선의 방정식을 생각하자.

(a) 접선의 x절편은 a^2/p이고 y절편은 b^2/q임을 보여라.

(b) 접선에서 좌표축에 의해 잘린 부분의 길이의 최솟값은 $a + b$임을 보여라.

(c) 접선과 좌표축으로 둘러싸인 삼각형의 넓이의 최솟값은 ab임을 보여라.

T **50.** 연살은 나무로 된 6개의 대로 만든다. 바깥 부분의 네 대는 아래 그림과 같은 길이를 가진다. 연의 넓이를 최대로 하기 위해 대각선 대의 길이는 얼마로 해야 하는가?

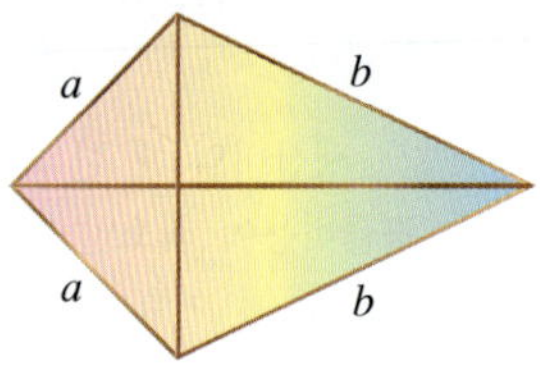

51. 한 점 P는 직선 AD 위에 있는데 P와 점 A, B, C를 연결하는 케이블의 총 길이를 최소화할 필요가 있다(그림 참조). L을 $x = |AP|$의 함수로 나타내고, L의 그래프와 dL/dx를 사용하여 L의 최솟값을 추정하여라.

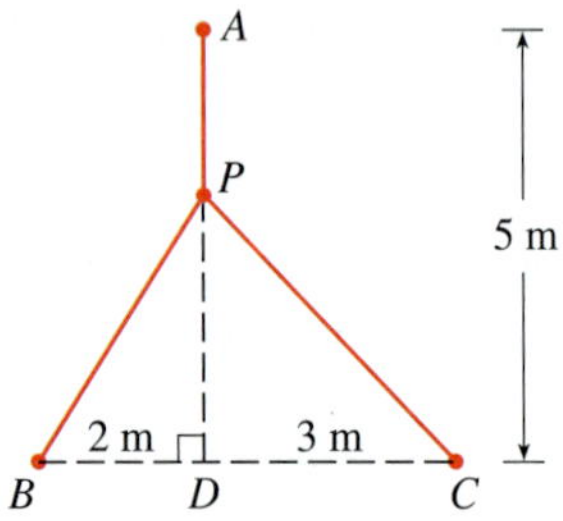

52. 아래 그래프는 자동차의 속도 v에 대한 연료소비 c(시간당 리터로 측정됨)의 함수의 그래프를 나타낸 것이다. 엔진은 매우 낮은 속도에서는 비효율적으로 작동하며, 속도가 증가함에 따라 c는 감소한다. 그러나 높은 속도에서 연료소비는 증가한다. 아래 그래프에서 $v \approx 48$km/h일 때 $c(v)$는 최소가 됨을 볼 수 있다. 그러나 연료를 효율적으로 사용하기 위해서 최소화해야 하는 것은 시간당 연료소비가 아니라 오히려 거리당 연료소비이다. 이 소비를 G라 하자. 그래프를 이용하여 G의 값이 최소가 될 때의 속도를 구하여라.

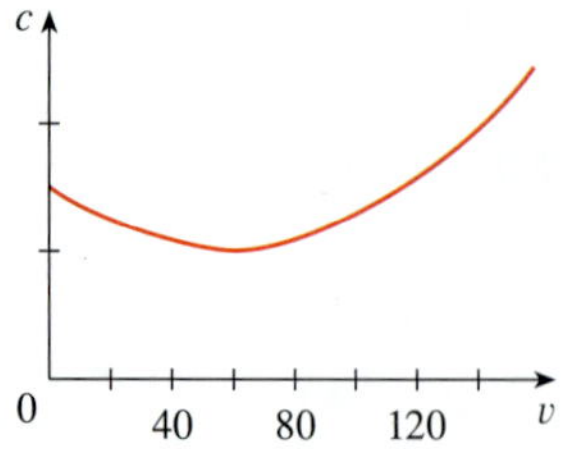

53. v_1을 공기 중 빛의 속도라 하고, v_2를 물속에서 빛의 속도라 하자. 페르마의 원리에 따라 광선은 공기 중의 점 A로부터 물속의 점 B로 이동하는데 시간을 최소화하는 경로 ACB를 따라 나아간다.

$$\frac{\sin \theta_1}{\sin \theta_2} = \frac{v_1}{v_2}$$

임을 보여라. 단 θ_1(입사각)과 θ_2(반사각)는 그림에서 주어진다. 이 방정식은 스넬의 법칙(snell's Law)으로 알려져 있다.

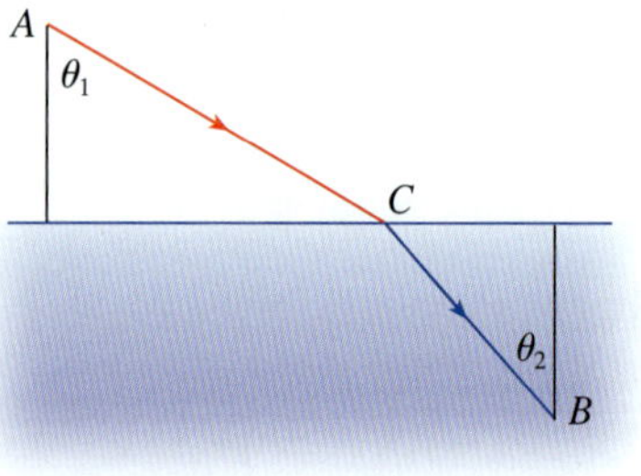

54. 30cm × 20cm 종이 조각의 오른쪽 윗부분이 그림과 같이 밑변까지 접혀 있다. 접힌 길이가 최소가 되기 위해서는 어떻게 접어야 하는가? 다시 말해서 y를 최소화하기 위하여 x를 얼마로 해야 하는가?

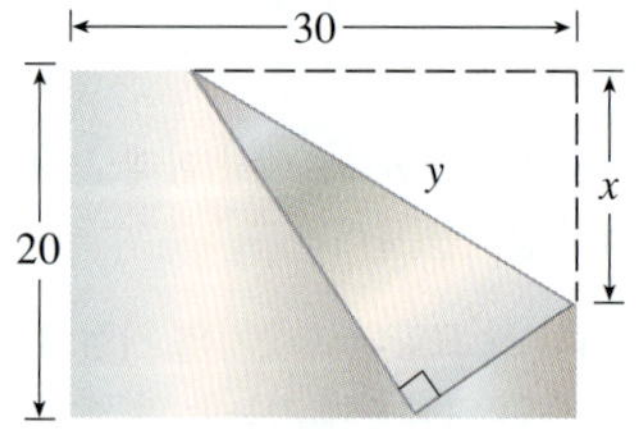

55. 관람자가 육상 트랙에서 단위길이만큼 떨어진 점 P에서 일어서 있다. 두 명의 주자가 그림의 점 S에서 출발한다. 한 명의 주자가 다른 주자보다 세 배 빨리 달린다. 두 주자의 떨어진 거리에 의한 관람자 시각 θ의 최댓값을 구하여라.

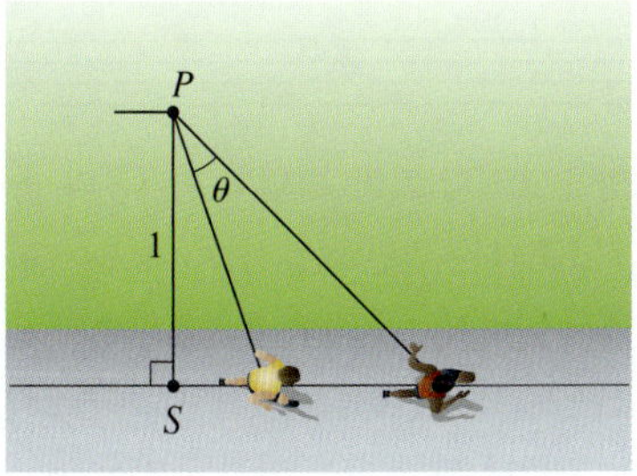

56. 빗물 배수구는 폭이 30cm인 금속제 시트의 $\frac{1}{3}$인 부분을 그림과 같이 θ만큼 구부려서 만든다. 이 배수구를 통과하는 물의 양이 최대가 되게 하는 θ는 얼마인가?

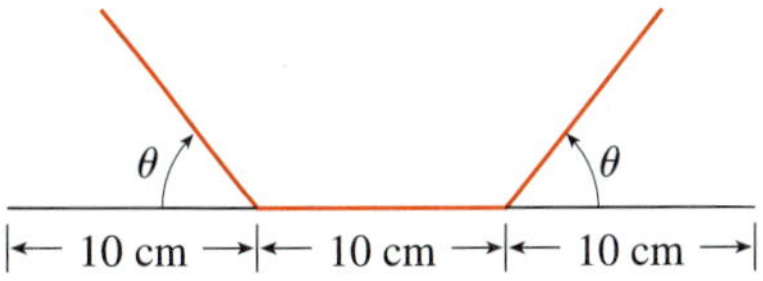

57. 그림과 같이 각도 θ를 최대가 되도록 하기 위한 선분 AB 위의 점 P의 위치는?

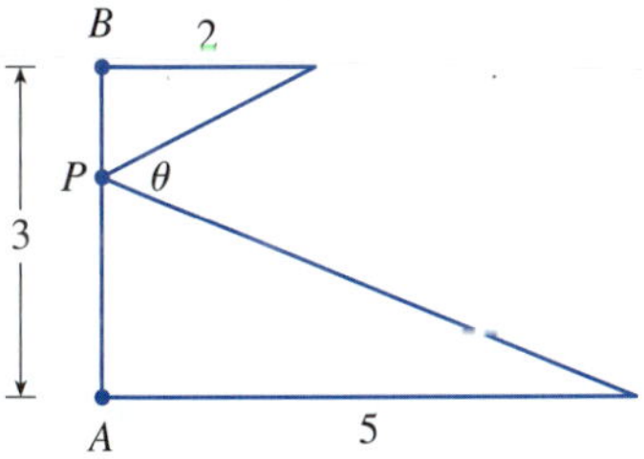

58. 길이가 L이고 폭이 W인 주어진 직사각형을 외접하는 직사각형의 최대 넓이를 구하여라. (힌트: 넓이를 각 θ에 대한 함수로 나타내어라.)

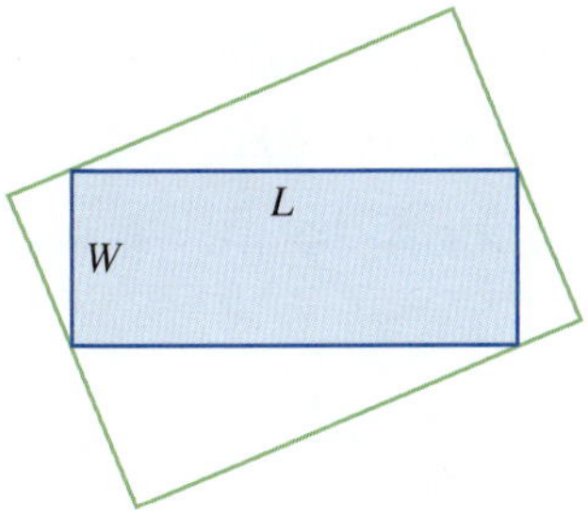

59. 조류학자들이 어떤 새들은 대낮에 넓은 수역을 날아가는 것을 회피하는 경향이 있다는 것을 알았다. 일반적으로 공기는 낮 동안 육지에서 상승하고 물 위에서는 하강하기 때문에 육지보다 물 위를 나는 것이 더 많은 에너지가 요구된다고 한다. 이러한 경향을 갖는 새 한 마리를 곧은 해안선에서 가장 가까운 점 B에서 5km 떨어진 섬에 풀어 놓았다. 이 새가 해안선의 점 C까지 날아가고 다시 해안선을 따라 새둥지가 있는 D까지 날아간다. 새들은 본능적으로 에너지를 최소화하는 길을 선택한다고 가정한다. 점 B와 D 사이의 거리는 13km이다.

(a) 일반적으로 육지보다 물 위를 나는 데 힘이 1.4배 든다면 새가 둥지로 돌아가는 데 드는 힘을 최소화하기 위한 점 C의 위치는 어디인가?

(b) W와 L을 각각 물과 육지를 날 때 킬로미터당 소비하는 에너지(단위: 줄)라 하자. W/L의 값이 크다는 것은 새의 비행에 관해 어떤 의미가 있는가? 값이 작다는 것은 어떤 의미가 있는가? 힘을 최소화하기 위한 W/L을 구하여라.

(c) 새가 둥지 D로 직접 날아가기 위한 W/L의 값은 얼마인가? 새가 B로 갔다가 해안선을 따라 D로 가기 위한 W/L의 값은 얼마인가?

(d) 조류학자들이 어떤 종류의 새들은 B로부터 4km 떨어진 해안에 도착한다는 것을 관찰했다면 새가 육지보다 물 위를 나는 데 몇 배 더 많은 에너지가 필요한가?

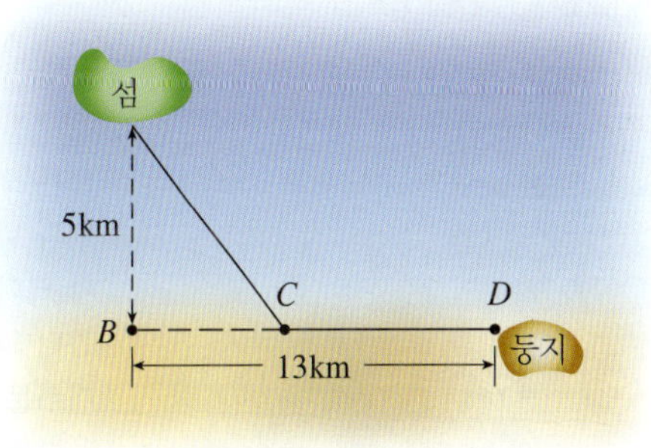

응용프로젝트 | 캔의 모양

이 프로젝트에서 캔의 가장 경제적인 모양을 조사할 것이다. 먼저 원기둥의 캔의 부피가 주어져 있을 때 캔을 만드는 금속의 비용을 최소화하는 밑면의 반지름 r과 높이 h에 대해 알고자 한다(그림 참조). 만약 만들어내는 과정에서 버려지는 금속을 무시한다면이 문제는 원기둥의 겉넓이를 최소화하는 문제가 된다. 4.7절 예제 2의 문제를 풀었을 때 $h = 2r$임을 알았다. 즉 캔의 높이는 지름의 길이와 같아야 한다. 그러나 만약 자를 가지고 찬장이나 마트 진열대에 있는 캔의 높이를 재어보면 높이가 지름보다 항상 더 크다는 것과 비 h/r가 2보다 큰 약 3.8로 다양하다는 것을 알게 될 것이다. 이 현상을 설명해보자.

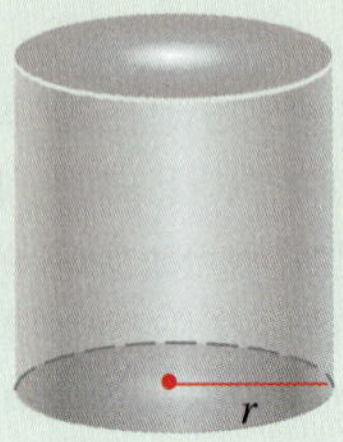

1. 캔은 금속판을 잘라 만든다. 원기둥의 옆면은 직사각형을 구부린 모양이다. 이 직사각형을 만들 때 금속판은 전혀 버려지지 않는다. 그러나 뚜껑과 바닥의 원은 한 면이 $2r$인 정사각형을 잘라서 만든다(그림 참조). 여기서 상당한 양의 금속판이 버려진다. 버려지는 금속판은 재활용할 수 있지만 캔을 만드는 데 전혀 가치가 없다. 이때 아래와 같은 경우 금속판이 사용되는 양이 최소임을 보여라.

$$\frac{h}{r} = \frac{8}{\pi} \approx 2.55$$

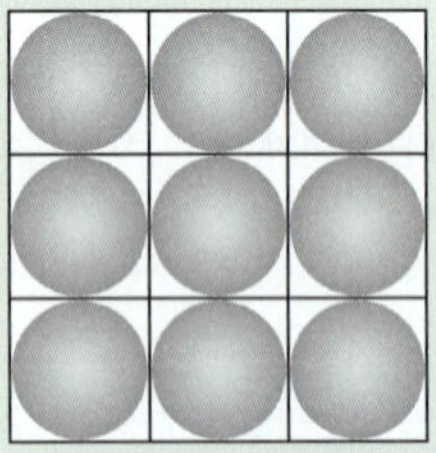

정사각형으로 원판 자르기

2. 좀 더 효율적으로 원판을 만들기 위해서 금속판을 육각형으로 나누고,이 육각형으로 원판 뚜껑과 바닥을 만들자(그림 참조). 만약 이 전략을 사용한다면 다음과 같은 결과가 나옴을 보여라.

$$\frac{h}{r} = \frac{4\sqrt{3}}{\pi} \approx 2.21$$

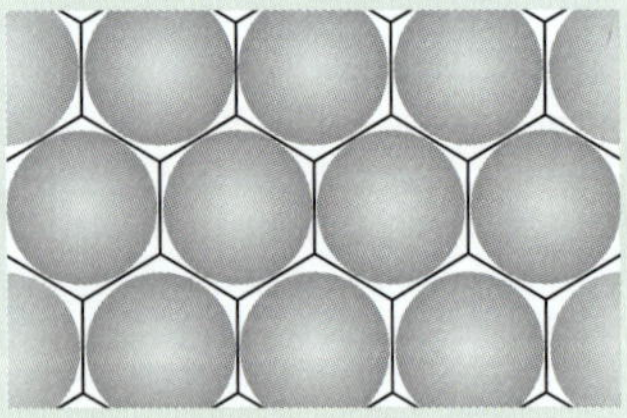

육각형으로 원판 자르기

3. 문제 1과 2에서 알아낸 h/r 값은 실제 마트의 선반에 있는 캔의 크기와 매우 근사하지만 모든 모양이 그런 것은 아니다. 만약 우리가 실제 어떤 캔을 좀더 가까이에서 본다면 뚜껑과 바닥을 이루고 있는 원의 반지름은 캔의 끝부분이 약간 구부러져 있기 때문에 r보다 크다는 것을 관찰할 수 있다. 만약 이런 경우를 허용하면 h/r 값이 증가할 수도 있다. 좀더 의미있게 캔의 제조에 포함되는 금액의 금속 비용이 추가될 수 있다고 하자. 비용의 대부분이 캔의 가장자리와 옆면을 붙이는 데에서 발생한다고 하자. 만약 문제 2와 같이 육각형으로부터 원판을 만든다면 총 비용은 다음에 비례한다.

$$4\sqrt{3}\,r^2 + 2\pi rh + k(4\pi r + h)$$

k는 한 개의 금속의 넓이 비용을 포함하는 길이의 역수이다. 다음 식을 만족할 때 비용이 최소가 됨을 보여라.

$$\frac{\sqrt[3]{V}}{k} = \sqrt[3]{\frac{\pi h}{r}} \cdot \frac{2\pi - h/r}{\pi h/r - 4\sqrt{3}}$$

4. $x = h/r$의 함수로서 $\sqrt[3]{V}/k$를 그리고 그래프를 이용하여 캔이 최대 혹은 가장 저렴해질 때 h/r의 근삿값이 (문제 2에서와 같이) 2.21이 됨을 보여라. 그러나 캔이 가장 작거나 또는 가장 비싸질 때 h/r는 상당히 커진다.

5. 우리의 해석에 따르면 큰 캔은 거의 정사각형이어야 하고, 작은 캔은 길거나 얇아야 한다. 마켓에서 캔의 여러 가지 모양을 관찰해보아라. 우리의 결론이 실제로 항상 참인가? 예외는 없는가? 왜 작은 캔이 항상 길거나 얇지 않은지 이유를 설명할 수 있는가?

응용프로젝트 | 비행기와 새: 에너지 최소화하기

Targn Pleiades / Shutterstock.com

핀치 같은 작은 새는 하늘을 나는 동안 날개를 펄럭거리는 동작과 날개를 접은 채로 있는 동작을 번갈아 한다. 이 프로젝트에서는 이 현상을 분석하고 새가 얼마나 자주 날개를 펄럭거려야 하는지 알아보자. 몇 가지 원칙은 날개가 고정된 비행기와 같으므로 먼저 필요한 힘과 에너지가 비행기의 속도와 어떻게 관련되어 있는지 생각해 보자.[1]

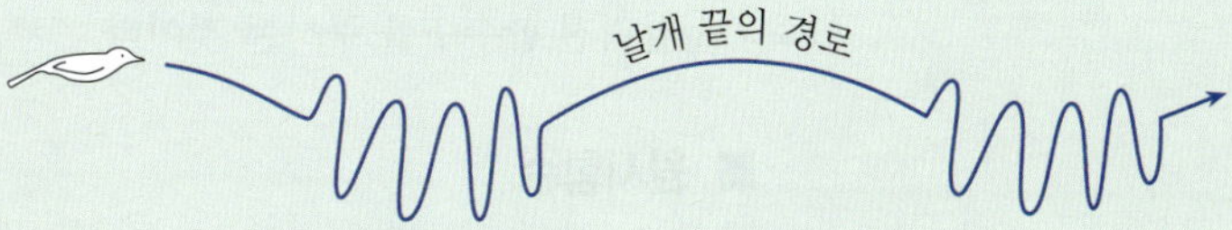

그림 1

1. 비행기가 속도 v로 앞으로 나아가는 데 필요한 힘은 다음과 같다.

$$P = Av^3 + \frac{BL^2}{v}$$

여기서 A와 B는 비행기에 따른 양의 상수이고 L은 비행기의 무게를 지탱하는 양력이다. 필요한 힘을 최소화하는 속력을 구하여라.

2. 문제 1에서 구한 속력은 힘을 최소화하지만 더 빠른 속력이 연료를 적게 소모할 수도 있다. 비행기를 단위 거리만큼 앞으로 나아가게 하는 데 필요한 에너지는 $E = P/v$이다. 에너지가 최소가 되는 속력을 구하여라.

3. 에너지가 최소일 때의 속력은 힘이 최소일 때의 속력보다 얼마나 빠른가?

4. 문제 1의 방정식을 새가 날아가는 것에 적용할 때는 Av^3을 두 개의 항, 즉 새의 몸에 대한 $A_b v^3$과 날개에 대한 $A_w v^3$으로 분리한다. 날개를 펄럭거리며 날아가는 시간을 x라 하자. 새의 질량을 m이라 하고 모든 양력은 날개를 펄럭거리는 동안 일어난다고 하면, 양력은 mg/x이고 따라서 날개를 펄럭거리는 동안 필요한 힘은 다음과 같다.

$$P_{\text{flap}} = (A_b + A_w)v^3 + \frac{B(mg/x)^2}{v}$$

날개를 접은 채로 있는 동안의 힘은 $P_{\text{fold}} = A_b v^3$이다. 전체 비행 주기 동안의 평균 힘은 다음과 같음을 보여라.

$$\overline{P} = xP_{\text{flap}} + (1 - x)P_{\text{fold}} = A_b v^3 + xA_w v^3 + \frac{Bm^2g^2}{xv}$$

5. 평균 힘이 최소가 되는 x값을 구하여라. 새가 천천히 날면 어떤 결론을 얻을 수 있는가? 새가 점점 더 빨리 날면 어떤 결론을 얻을 수 있는가?

6. 비행 주기 동안 평균 에너지는 $\overline{E} = \overline{P}/v$이다. $\overline{E}$가 최대가 되게 하는 x값을 구하여라.

1. Adapted from R. McNeill Alexander, *Optima for Animals* (Princeton, NJ: Princeton University Press, 1996.)

4.6 원시함수

미립자의 속도를 연구하는 물리학자는 주어진 시간에 그 위치를 알고 싶어한다. 탱크에서 물이 새는 변화율을 측정할 수 있는 기술자는 어떤 시간 동안 새는 양을 알고 싶어한다. 박테리아 개체 수가 증가하는 비율을 연구하는 생물학자는 개체 수의 크기가 어떤 시간에 얼마나 되는지 알기를 원한다. 이러한 각 경우에 있어서 문제는 그것의 도함수가 f로 알려진 함수 F를 구하는 것이다.

■ 원시함수

함수 F가 존재한다면 그것을 f의 원시함수(또는 역도함수, antiderivative)라 부른다.

정의 구간 I의 모든 x에 대해 $F'(x) = f(x)$라면 함수 F를 구간 I에서 f의 **원시함수**라고 한다.

예를 들어, $f(x) = x^2$이라 하자. 거듭제곱 법칙을 기억한다면 f의 원시함수를 찾는 것은 어렵지 않다. 사실 $F(x) = \frac{1}{3}x^3$이라면 $F'(x) = x^2 = f(x)$이다. 그러나 함수 $G(x) = \frac{1}{3}x^3 + 100$도 또한 $G'(x) = x^2$을 만족한다. 그러므로 F와 G 둘 다 f의 원시함수이다. 실제로 C가 상수일 때 $H(x) = \frac{1}{3}x^3 + C$인 형태의 모든 함수는 f의 원시함수이다. 다른 것들이 더 있을까 하는 질문이 떠오른다.

이 질문에 답하기 위해, 4.2절에서 평균값 정리를 이용해서 두 개의 함수가 어떤 구간에서 같은 도함수를 가지려면 이들은 상수만큼의 차가 있다는 것을 증명했다(4.2절 따름정리 [7]). 그러므로 F와 G가 f의 임의의 원시함수라면

$$F'(x) = f(x) = G'(x)$$

이므로 $G(x) - F(x) = C$이고, 여기서 C는 상수이다. 이것을 $G(x) = F(x) + C$로 쓸 수 있으므로 다음 정리를 얻는다.

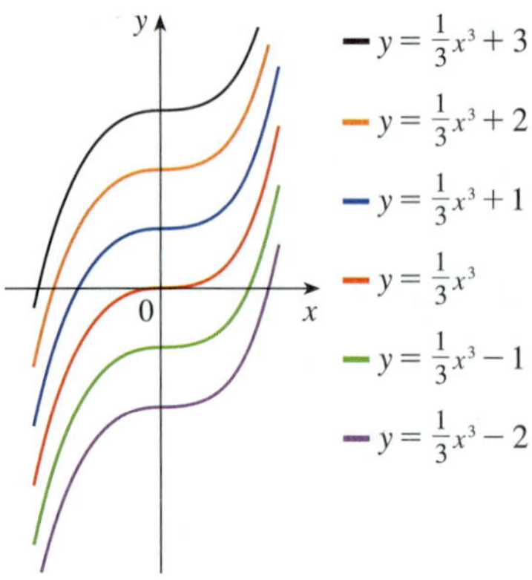

그림 1 $f(x) = x^2$의 원시함수족의 원소들

[1] 정리 F가 구간 I에서 f의 원시함수라면 I에서 f의 가장 일반적인 원시함수는

$$F(x) + C$$

이다. 여기서 C는 임의의 상수이다.

함수 $f(x) = x^2$으로 되돌아가서, f의 일반적인 원시함수는 $\frac{1}{3}x^3 + C$이다. 특정한 값을 상수 C에 넣어보면, 그래프가 서로 수직으로 평행이동한 함수족이 생긴다(그림 1 참조). 이 사실은 각 그래프는 임의의 x값에 대해 같은 기울기를 가져야 한다는 점을 알려준다.

예제 1 다음 함수들 각각의 원시함수를 구하여라.

(a) $f(x) = \sin x$ (b) $f(x) = 1/x$ (c) $f(x) = x^n,\ n \neq -1$

풀이 (a) $F(x) = -\cos x$이면 $F'(x) = \sin x$이므로 $\sin x$의 원시함수는 $-\cos x$이다. 정리 1에 의하여 가장 일반적인 원시함수는 $G(x) = -\cos x + C$이다.

(b) 3.6절에서

$$\frac{d}{dx}(\ln x) = \frac{1}{x}$$

을 기억하여라. 그러면 구간 $(0, \infty)$상에서 $1/x$의 일반적인 원시함수는 $\ln x + C$이다. 또한 모든 $x \neq 0$에 대하여

$$\frac{d}{dx}(\ln|x|) = \frac{1}{x}$$

임을 배웠다. 그래서 정리 1은 $f(x) = 1/x$의 일반적인 원시함수는 0을 포함하지 않는 모든 구간에서 $\ln|x| + C$이다. 특히 이것은 각각의 구간 $(-\infty, 0)$과 $(0, \infty)$ 위에서 성립한다. 그래서 f의 원시함수는

$$F(x) = \begin{cases} \ln x + C_1, & x > 0 \\ \ln(-x) + C_2, & x < 0 \end{cases}$$

이다.

(c) x^n의 원시함수를 구하기 위하여 거듭제곱 법칙을 이용한다. 사실 $n \neq -1$이라면

$$\frac{d}{dx}\left(\frac{x^{n+1}}{n+1}\right) = \frac{(n+1)x^n}{n+1} = x^n$$

이다. 그러므로 $f(x) = x^n$의 원시함수는

$$F(x) = \frac{x^{n+1}}{n+1} + C$$

이다. $f(x) = x^n$은 임의의 구간에서 정의되기 때문에 $F(x)$는 $n \geqslant 0$에 대해 성립한다. n이 음이라면(그러나 $n \neq -1$), $F(x)$는 0을 포함하지 않는 구간에서 성립한다. ■

■ 원시함수 공식

예제 1과 같이, 우변에서 좌변으로 읽을 때 모든 미분공식은 원시함수 공식이 된다. 표 2에는 특별한 원시함수가 제시되어 있다. 오른쪽 열에 있는 함수의 도함수가 왼쪽 열에 있다. 특히 첫째 공식은 상수배 함수의 원시함수는 함수의 원시함수의 상수배이다. 둘째 공식은 합의 원시함수는 원시함수들의 합임을 말해준다. (기호 $F' = f$, $G' = g$를 사용한다.)

예제 2 다음을 만족하는 모든 함수 g를 구하여라.

$$g'(x) = 4\sin x + \frac{2x^5 - \sqrt{x}}{x}$$

표 [2]의 특별한 원시함수에서 가장 일반적인 원시함수를 얻기 위하여 예제 1에서와 같이 상수를 반드시 더해야 한다.

[2] 원시함수의 공식표

함수	특별한 원시함수	함수	특별한 원시함수
$cf(x)$	$cF(x)$	$\sin x$	$-\cos x$
$f(x) + g(x)$	$F(x) + G(x)$	$\sec^2 x$	$\tan x$
$x^n \ (n \neq -1)$	$\dfrac{x^{n+1}}{n+1}$	$\sec x \tan x$	$\sec x$
$\dfrac{1}{x}$	$\ln \lvert x \rvert$	$\dfrac{1}{\sqrt{1-x^2}}$	$\sin^{-1} x$
e^x	e^x	$\dfrac{1}{1+x^2}$	$\tan^{-1} x$
b^x	$\dfrac{b^x}{\ln b}$	$\cosh x$	$\sinh x$
$\cos x$	$\sin x$	$\sinh x$	$\cosh x$

풀이 주어진 함수를 다음과 같이 다시 쓴다.

$$g'(x) = 4 \sin x + \frac{2x^5}{x} - \frac{\sqrt{x}}{x} = 4 \sin x + 2x^4 - \frac{1}{\sqrt{x}}$$

그러므로 $$g'(x) = 4 \sin x + 2x^4 - x^{-1/2}$$

의 원시함수를 구하고자 한다. 정리 [1]과 함께 표 [2]의 공식을 이용하여

함수 f의 원시함수를 나타낼 때는 흔히 대문자 F를 이용한다. 물론 f'의 원시함수는 f이다.

$$g(x) = 4(-\cos x) + 2\frac{x^5}{5} - \frac{x^{1/2}}{\frac{1}{2}} + C$$

$$= -4 \cos x + \tfrac{2}{5}x^5 - 2\sqrt{x} + C$$

를 얻는다. ■

미분적분학의 응용에서 도함수를 이용하여 원래 함수를 찾고자 할 때 예제 2와 같은 상황을 자주 볼 수 있다. 어떤 함수의 도함수를 포함하는 방정식을 **미분방정식**(differential equation)이라 한다. 미분방정식의 일반적인 해는 예제 2에서처럼 임의의 상수(또는 상수들)를 포함한다. 그러나 다른 조건이 있어서 상수를 결정할 수 있게 되면 유일한 해를 구할 수 있다.

그림 2는 예제 3에 있는 함수 f'과 원시함수 f의 그래프이다. $f'(x) > 0$이므로 f는 항상 증가임에 주목하여라. 또한 f'이 최대나 최소를 가질 때 f는 변곡점을 갖는다. 따라서 그래프는 계산이 맞는지를 점검하는 도구 역할을 한다.

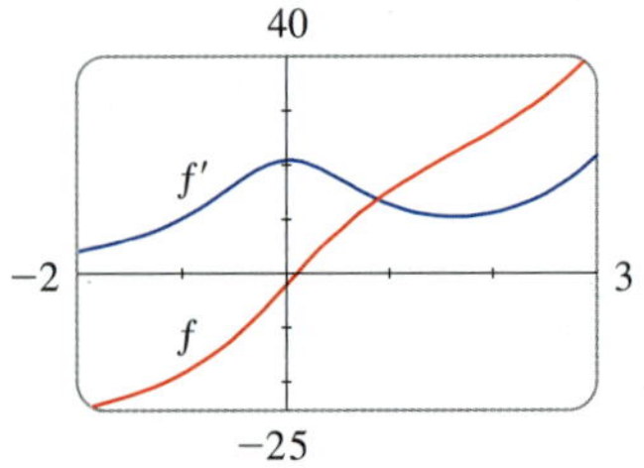

그림 2

예제 3 $f'(x) = e^x + 20(1 + x^2)^{-1}$이고 $f(0) = -2$일 때 f를 구하여라.

풀이 $$f'(x) = e^x + \frac{20}{1 + x^2}$$

의 원시함수는

$$f(x) = e^x + 20 \tan^{-1} x + C$$

이다. C를 결정하기 위하여 $f(0) = -2$라는 사실을 이용한다.

$$f(0) = e^0 + 20 \tan^{-1} 0 + C = -2$$

이므로 $C = -2 - 1 = -3$이다. 따라서 해는

$$f(x) = e^x + 20 \tan^{-1}x - 3$$

이다. ■

예제 4 $f''(x) = 12x^2 + 6x - 4$, $f(0) = 4$이고 $f(1) = 1$일 때 f를 구하여라.

풀이 $f''(x) = 12x^2 + 6x - 4$의 원시함수는

$$f'(x) = 12\frac{x^3}{3} + 6\frac{x^2}{2} - 4x + C = 4x^3 + 3x^2 - 4x + C$$

이다. 한 번 더 원시함수를 구하면

$$f(x) = 4\frac{x^4}{4} + 3\frac{x^3}{3} - 4\frac{x^2}{2} + Cx + D = x^4 + x^3 - 2x^2 + Cx + D$$

를 얻는다. C와 D를 결정하기 위해 $f(0) = 4$와 $f(1) = 1$이라는 주어진 조건을 이용한다. $f(0) = 0 + D = 4$이므로 $D = 4$이다.

$$f(1) = 1 + 1 - 2 + C + 4 = 1$$

이기 때문에 $C = -3$이다. 그러므로 구하는 함수는

$$f(x) = x^4 + x^3 - 2x^2 - 3x + 4$$

이다. ■

■ 원시함수 그래프

함수 f의 그래프가 주어지면 원시함수 F의 그래프를 그릴 수 있어야만 한다. 예를 들어 $F(0) = 1$이 주어졌다고 가정하자. 이때 출발점은 $(0, 1)$이고 그래프가 움직이는 방향은 각 단계에서 도함수 $F'(x) = f(x)$에 의해 주어진다. 다음 예제는 f의 함수식이 주어져 있지 않더라도 이 장의 원리들을 이용해서 F의 그래프를 어떻게 그리는지 보여준다. 이 예는 $f(x)$가 실험으로부터 얻어진 자료에 의해 정해지는 경우에 해당한다.

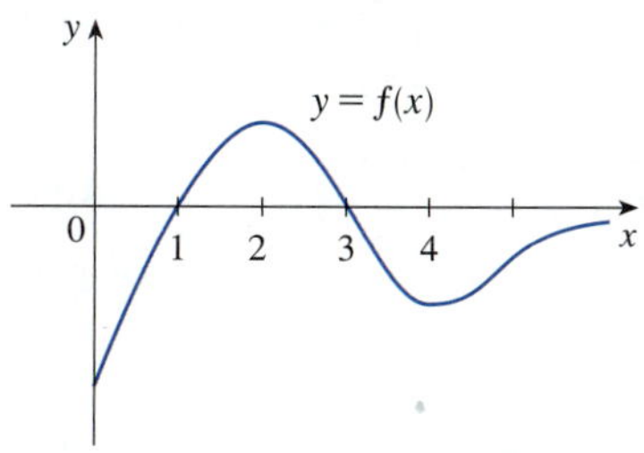

그림 3

예제 5 함수 f의 그래프가 그림 3에 주어져 있다. $F(0) = 2$라면, 원시함수 F의 그래프 개형을 그려라.

풀이 $y = F(x)$의 기울기가 $f(x)$라는 사실이 길잡이가 된다. 점 $(0, 2)$에서 출발하고 $f(x)$가 $0 < x < 1$에서 음수이므로 처음에는 F를 감소함수로 그린다. $f(1) = f(3) = 0$임을 유의하면 $x = 1$과 $x = 3$일 때 F가 수평접선을 갖는다. $1 < x < 3$에 대해 $f(x)$는 양수이므로 F는 증가한다. F는 $x = 1$일 때 극소이고 $x = 3$일 때 극대를 갖는다. $x > 3$에 대해 $f(x)$는 음수이므로 F는 $(3, \infty)$에서 감소한다. $x \to \infty$임에 따라 $f(x) \to 0$이므로 F의 그래프는 $x \to \infty$임에 따라 점점 평평해진다. 또한 $F''(x) = f'(x)$는 $x = 2$에서 양에서 음으로 $x = 4$에서 음에서 양으로 변하므로 F는 $x = 2$와 $x = 4$에서 변곡점을 갖는다. 이러한 정보를 이용한 원시함수의 그래프는 그림 4와 같다. ■

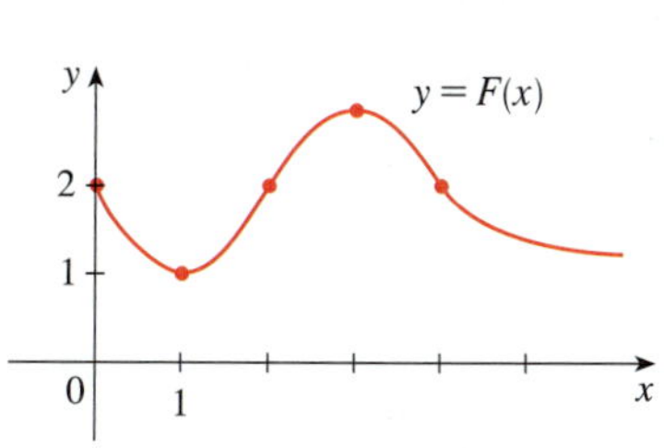

그림 4

■ 직선 운동

원시함수는 직선상에서 물체의 움직임을 분석하는 데 특히 유용하다. 물체가 위치함수 $s = f(t)$를 갖는다면 속도함수는 $v(t) = s'(t)$이다. 이것은 위치함수가 속도함수의 원시함수라는 것을 의미한다. 마찬가지로 가속도함수는 $a(t) = v'(t)$이다. 그래서 속도함수는 가속도함수의 원시함수이다. 가속도와 초깃값 $s(0)$과 $v(0)$이 주어지면 위치함수는 원시함수 찾기를 두 번하여 구할 수 있다.

예제 6 입자가 직선으로 움직이고 가속도가 $a(t) = 6t + 4$로 주어져 있다. 초기속도는 $v(0) = -6\text{cm/s}$이고, 초기 위치는 $s(0) = 9\text{cm}$이다. 위치함수 $s(t)$를 구하여라.

풀이 $v'(t) = a(t) = 6t + 4$이므로 원시함수를 구하면

$$v(t) = 6\frac{t^2}{2} + 4t + C = 3t^2 + 4t + C$$

이다. $v(0) = C$이다. 그런데 $v(0) = -6$이므로 $C = -6$이고

$$v(t) = 3t^2 + 4t - 6$$

이다. $v(t) = s'(t)$이므로 s는 v의 원시함수이다.

$$s(t) = 3\frac{t^3}{3} + 4\frac{t^2}{2} - 6t + D = t^3 + 2t^2 - 6t + D$$

따라서 $s(0) = D$이다. $s(0) = 9$이므로 $D = 9$이고, 따라서 위치함수는 다음과 같다.

$$s(t) = t^3 + 2t^2 - 6t + 9$$ ■

지구 표면 가까이에 있는 물체는 아래로 향하는 가속도 g에 의해 생기는 중력에 영향을 받는다. 지구 표면 가까이에서의 움직임에 대해 g는 상수이고,이 값은 대략 9.8m/s^2(또는 32ft/s^2)이다. 중력으로 인한 가속도가 일정하다는 사실로부터, 다음 예제에서와 같이 미적분을 사용하여 중력에 의해 움직이는 물체의 위치 및 속도를 추론할 수 있다는 것은 주목할 만하다.

예제 7 지상으로부터 130m 높이의 절벽 끝에서 15m/s의 속도로 공을 위로 던졌다. t초 후 지상으로부터 높이를 구하여라. 언제 최고 높이에 도달하는가? 지상에는 언제 떨어지는가?

풀이 움직임이 수직이고 위쪽으로 향하는 것을 양의 방향이라 하자. t초일 때 땅으로부터 거리는 $s(t)$이고 속도 $v(t)$는 감소한다. 따라서 가속도는 음이어야 하므로

$$a(t) = \frac{dv}{dt} = -9.8$$

을 얻는다. 원시함수를 취하면

$$v(t) = -9.8t + C$$

를 얻는다. 상수 C를 결정하기 위하여 주어진 정보 $v(0) = 15$를 이용하자. 이것으로부

터 15 = 0 + C를 얻게 되고, 따라서

$$v(t) = -9.8t + 15$$

이다. 최고 높이는 $v(t) = 0$일 때, 즉 1.5초 후에 도달한다. $s'(t) = v(t)$이므로 다시 원시함수를 취하면

$$s(t) = -4.9t^2 + 15t + D$$

를 얻는다. $s(0) = 130$을 이용하면 $130 = 0 + D$이고, 따라서

$$s(t) = -4.9t^2 + 15t + 130$$

이다. $s(t)$에 대한 식은 공이 땅에 떨어질 때까지 유효하다. 공이 땅에 떨어질 때는 $s(t) = 0$, 즉

$$-4.9t^2 + 15t + 130 = 0, \text{ 즉 } 4.9t^2 - 15t - 130 = 0$$

일 때이다. 이 방정식을 풀기 위하여 근의 공식을 이용하면

$$t = \frac{15 \pm \sqrt{2773}}{9.8} \text{초}$$

이다. t는 양이므로 공은 $(15 + \sqrt{2773})/9.8 \approx 6.9$초에 땅에 떨어진다. ■

그림 5는 예제 7의 공의 위치함수이다. 이 그래프는 우리가 얻은 결론을 확인시켜준다. 공은 1.5초 후에 최고점에 이르고 6.9초 후에 땅에 떨어진다.

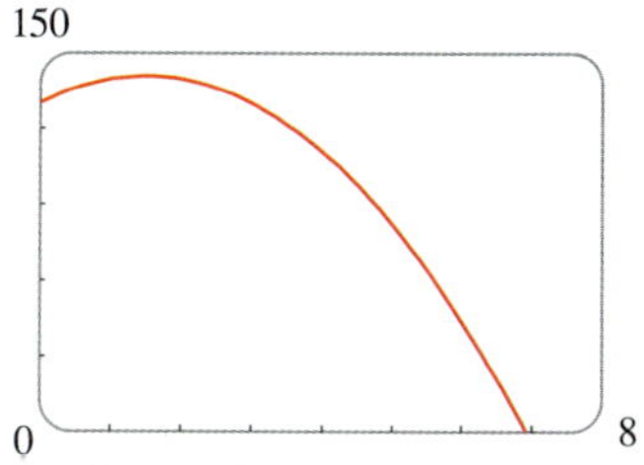

그림 5

4.6 연습문제

1-4 다음 함수의 원시함수를 구하여라.

1. (a) $f(x) = 6$ (b) $g(t) = 3t^2$

2. (a) $f(x) = 2x$ (b) $g(x) = -1/x^2$

3. (a) $h(q) = \cos q$ (b) $f(x) = e^x$

4. (a) $g(t) = 1/t$ (b) $r(\theta) = \sec^2 \theta$

5-21 함수의 가장 일반적인 원시함수를 구하여라. (미분으로 답을 확인하여라.)

5. $f(x) = 4x + 7$

6. $f(x) = 2x^3 - \frac{2}{3}x^2 + 5x$

7. $f(x) = x(12x + 8)$

8. $f(x) = (x - 5)^2$

9. $g(x) = 4x^{-2/3} - 2x^{5/3}$

10. $f(x) = 3\sqrt{x} - 2\sqrt[3]{x}$

11. $g(x) = \sqrt{x}\,(2 - x + 6x^2)$

12. $f(t) = \dfrac{2t - 4 + 3\sqrt{t}}{\sqrt{t}}$

13. $f(x) = \dfrac{2}{5x} - \dfrac{3}{x^2}$

14. $f(x) = \dfrac{5x^2 - 6x + 4}{x^2}, \quad x > 0$

15. $g(t) = 7e^t - e^3$

16. $f(x) = \dfrac{10}{x^6} - 2e^x + 3$

17. $f(\theta) = 2\sin\theta - 3\sec\theta\tan\theta$

18. $h(x) = \sec^2 x + \pi\cos x$

19. $g(v) = 2\cos v - \dfrac{3}{\sqrt{1 - v^2}}$

20. $f(x) = 2^x + 4\sinh x$

21. $f(x) = \dfrac{2x^2 + 5}{x^2 + 1}$

22-23 주어진 값을 만족하는 원시함수 F를 구하여라. f와 F의 그래프를 비교하여 답을 확인하여라.

22. $f(x) = 2e^x - 6x, \quad F(0) = 1$

23. $f(x) = 4 - 3(1 + x^2)^{-1}, \quad F(1) = 0$

24-46 f를 구하여라.

24. $f''(x) = 24x$

25. $f''(t) = t^2 - 4$

26. $f''(x) = 4x^3 + 24x - 1$

27. $f''(x) = 2x + 3e^x$

28. $f''(x) = 1/x^2, \quad x > 0$

29. $f'''(t) = 12 + \sin t$

30. $f'''(t) = \sqrt{t} - 2\cos t$

31. $f'(x) = 8x^3 + \dfrac{1}{x}, \quad x > 0, \quad f(1) = -3$

32. $f'(x) = \sqrt{x} - 2, \quad f(9) = 4$

33. $f'(t) = 4/(1 + t^2), \quad f(1) = 0$

34. $f'(x) = 5x^{2/3}, \quad f(8) = 21$

35. $f'(x) = (x + 1)/\sqrt{x}, \quad f(1) = 5$

36. $f'(t) = \sec t\,(\sec t + \tan t), \quad -\pi/2 < t < \pi/2,$
$f(\pi/4) = -1$

37. $f'(t) = 3^t - 3/t, \quad f(1) = 2, \quad f(-1) = 1$

38. $f''(x) = -2 + 12x - 12x^2, \quad f(0) = 4, \quad f'(0) = 12$

39. $f''(\theta) = \sin\theta + \cos\theta, \quad f(0) = 3, \quad f'(0) = 4$

40. $f''(t) = t^2 + 1/t^2, \quad t > 0, \quad f(2) = 3, \quad f'(1) = 2$

41. $f''(x) = 4 + 6x + 24x^2, \quad f(0) = 3, \quad f(1) = 10$

42. $f''(x) = x^3 + \sinh x, \quad f(0) = 1, \quad f(2) = 2.6$

43. $f''(x) = e^x - 2\sin x, \quad f(0) = 3, \quad f(\pi/2) = 0$

44. $f''(t) = \sqrt[3]{t} - \cos t, \quad f(0) = 2, \quad f(1) = 2$

45. $f''(x) = x^{-2}, \quad x > 0, \quad f(1) = 0, \quad f(2) = 0$

46. $f'''(x) = \cos x, \quad f(0) = 1, \quad f'(0) = 2, \quad f''(0) = 3$

---

47. f의 그래프가 점 (2, 5)를 지나고 $(x, f(x))$에서의 접선의 기울기가 $3 - 4x$일 때, $f(1)$을 구하여라.

48. $f'(x) = x^3$이고 $x + y = 0$을 접선으로 갖는 함수 f를 구하여라.

49. 다음은 함수 f의 그래프이다. 어느 그래프가 f의 원시함수를 나타내는가? 그 이유는?

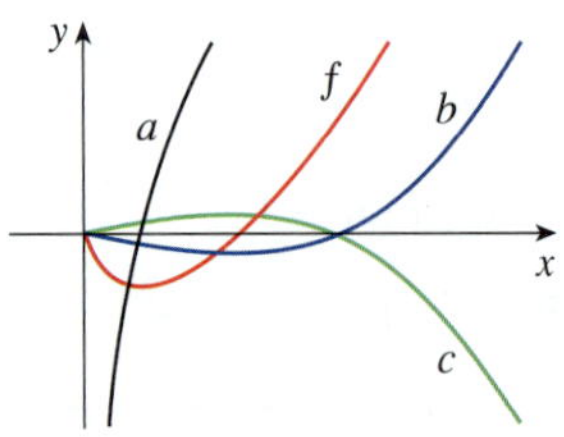

50. 함수의 그래프가 다음과 같다. $F(0) = 1$일 때 원시함수 F의 그래프 개형을 그려라.

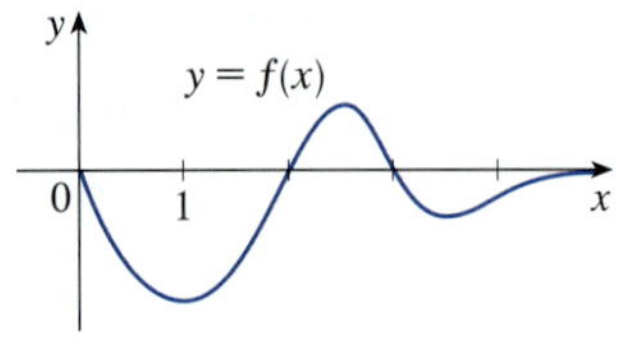

51. f'의 그래프는 다음과 같다. f가 [0, 3]에서 연속이고 $f(0) = -1$일 때 f의 그래프를 그려라.

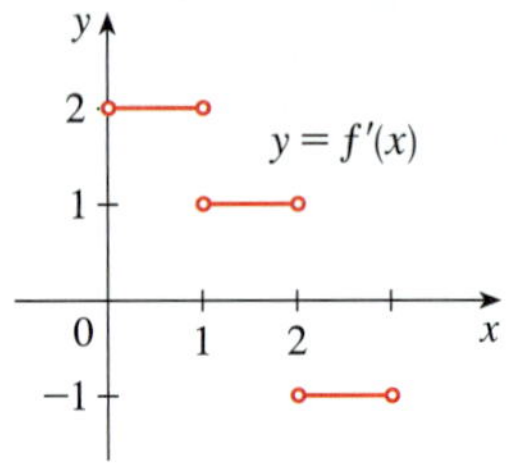

52-53 f의 그래프를 그리고 그것을 이용하여 원점을 지나는 원시함수 그래프를 대략적으로 그려라.

52. $f(x) = \dfrac{\sin x}{1 + x^2}, \quad -2\pi \leqslant x \leqslant 2\pi$

53. $f(x) = \sqrt{x^4 - 2x^2 + 2} - 2, \quad -3 \leqslant x \leqslant 3$

54-57 입자가 주어진 자료대로 움직인다. 입자의 위치를 구하여라.

54. $v(t) = 2\cos t + 4\sin t, \quad s(0) = 3$

55. $a(t) = 2t + 1, \quad s(0) = 3, \quad v(0) = -2$

56. $a(t) = \sin t - \cos t, \quad s(0) = 0, \quad s(\pi) = 6$

57. $a(t) = t^2 - 4t + 6, \quad s(0) = 0, \quad s(1) = 20$

---

58. 땅에서 450m 위의 CN 타워의 전망대에서 돌 하나가 땅으로 떨어졌다.

(a) 시간 t일 때 땅에서부터 돌의 거리를 구하여라.
(b) 돌이 땅에 도달하는 데 시간이 얼마나 걸리는가?
(c) 돌이 땅에 닿을 때의 속도는 얼마인가?
(d) 돌을 5m/s의 속력으로 밑으로 던진다면 땅에 도달하는 데 걸리는 시간은 얼마인가?

59. 가속도 a, 초기 속력 v_0, 초기 위치 s_0이고 직선운동하는 물체의 t시간 후의 위치는

$$s = \tfrac{1}{2}at^2 + v_0 t + s_0$$

가 됨을 보여라.

60. 예제 7에서 절벽의 가장자리에서 두 공을 위로 던진다. 처음 공은 15m/s의 속도로, 다른 공은 1초 후 8m/s의 속도로 던진다. 공은 서로를 스쳐 지나가는가?

61. 돌 하나가 절벽에서 떨어져서 40m/s의 속력으로 땅에 부딪쳤다. 절벽의 높이는 얼마인가?

62. 어느 회사가 x개의 물건을 생산하는 한계비용(물건당 달러)은 $1.92 - 0.002x$라고 추정한다. 물건 한 개의 생산비용이 562달러라면, 100개의 생산비용을 구하여라.

63. 길이 1m 막대의 길이당 무게는 센티미터당 그램인 $\rho(x) = 1/\sqrt{x}$이다. x는 막대 끝에서부터 센티미터로 측정된다. 막대의 무게를 구하여라.

64. 빗방울은 떨어지면서 겉넓이가 커지기 때문에 떨어지는 저항력이 증가한다. 빗방울이 초기속도 10m/s를 갖고 아래 방향으로의 가속도는

$$a = \begin{cases} 9 - 0.9t, & 0 \leqslant t \leqslant 10 \\ 0, & t > 10 \end{cases}$$

이다. 빗방울이 지상으로부터 500m 높이에서 떨어진다면 시간이 얼마나 걸리는가?

65. 브레이크가 7m/s^2의 일정한 속력으로 감소하는 자동차가 80km/h로 달리고 있다. 자동차가 멈추기 전에 움직인 거리가 얼마인가?

66. 차의 속력을 5초 만에 50km/h에서 80km/h로 증가시키는 데 필요한 일정 가속도는?

67. 5m/s^2의 일정한 속력으로 감소하는 자동차가 정지하기 전에 60m 길이의 타이어 자국을 만들었다. 브레이크가 처음 적용되었을 때 차는 얼마나 빨리 달렸는가?

68. 운전사가 80m 전방에서 사고가 발생한 것을 보고 급브레이크를 밟았을 때 100km/h의 속력으로 움직이고 있었다. 연쇄충돌을 피하기 위해 차가 제시간에 정지하기 위하여 얼마의 일정 감속이 있어야 하는가?

5.4절 연습문제 56에서는 뉴잉글랜드주에서 하루 동안 사용하는 전기에너지의 총량을 계산하는 데 전력 소비 자료와 적분이 어떻게 활용되는지 알 수 있다.

5 적분

Integrals

2장에서 접선과 속도 문제를 이용하여 미분적분학의 중심 개념인 도함수를 소개했다. 이와 같은 방법으로 이 장에서는 넓이와 거리 문제를 다루는 것으로 시작해서 이를 이용하여 적분학의 기본 개념인 정적분의 개념을 학습하고자 한다. 미분과 적분 사이의 가장 중요한 관계는 미적분학의 기본 이론에 표현되어 있으며, 이는 미분과 적분이 어떤 의미에서 역과정이라고 할 수 있다. 6장과 8장에서 부피, 곡선의 길이, 인구 예측, 심장출량, 저수지 제방의 지지력, 일, 소비자 잉여금, 야구 등의 다양한 상황에 관련된 문제를 해결하는 데 적분을 이용하는 방법을 배우게 된다.

5.1 넓이와 거리

지금이 '미적분학 미리 보기'(1쪽)를 읽어 볼(또는 다시 읽어 볼) 좋은 시점이다. 이 미리 보기에는 미적분학의 통합된 아이디어를 설명하면서 지금까지 배운 내용과 앞으로 배울 내용을 조망할 수 있게 해준다.

이 절에서는 곡선 아래의 넓이나 자동차가 주행한 거리를 구하는 것이 동일한 특수한 형태의 극한으로 결론지어진다는 것을 알 수 있다.

■ 넓이 문제

넓이 문제를 푸는 것으로 시작해보자. a에서 b까지 곡선 $y = f(x)$ 아래에 놓여 있는 영역 S의 넓이를 알아보자. 그림 1에 제시된 영역 S는 연속함수 f [여기서 $f(x) \geq 0$]의 그래프, 수직선 $x = a$와 $x = b$, 그리고 x축에 유계임을 의미한다.

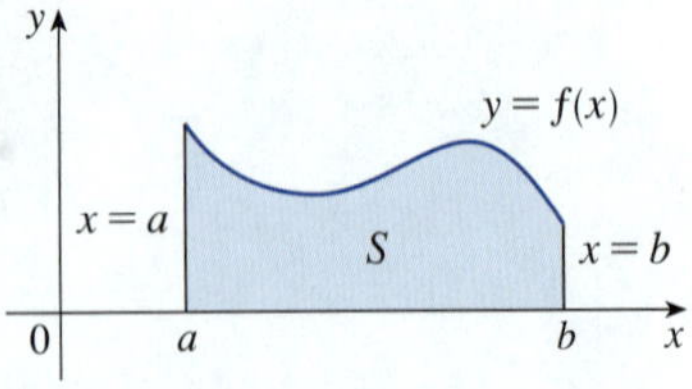

그림 1 $S = \{(x, y) \mid a \leq x \leq b, 0 \leq y \leq f(x)\}$

넓이 문제를 풀기 위해서는 "넓이라는 단어의 의미는 무엇인가?"라는 질문을 던져야 한다. 이 질문은 직선을 변으로 갖는 영역들에 대해서는 대답하기 쉽다. 직사각형의 넓이는 가로와 세로의 곱으로 정의된다. 삼각형의 넓이는 밑변과 높이의 곱의 반이다. 다각형의 넓이는 다각형을 삼각형으로 나누고(그림 2 참조) 이 삼각형의 넓이를 더함으로써 구할 수 있다.

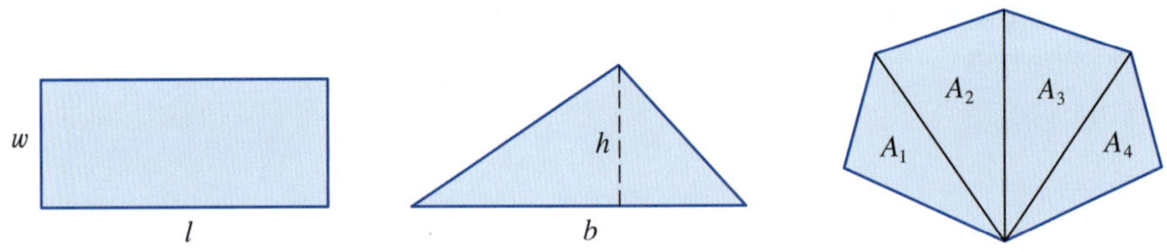

그림 2 $A = lw$ $A = \frac{1}{2}bh$ $A = A_1 + A_2 + A_3 + A_4$

그러나 곡선으로 된 영역의 넓이를 구하는 것은 그렇게 쉽지 않다. 보통은 영역의 넓이에 대한 직관적인 아이디어는 가지고 있다. 그러나 넓이 문제에서 넓이의 정확한 정의를 내림으로써 이러한 직관적인 아이디어는 정확성을 띠게 된다.

접선을 정의할 때 먼저 접선의 기울기를 할선들의 기울기에 대한 극한으로 근사시켰음을 상기하자. 넓이에 대해서도 이와 비슷한 아이디어를 따른다. 먼저 영역 S를 직사각형들로 근사시킨 다음에 이 직사각형들의 수를 증가시켜서 직사각형들의 넓이의 극한을 구한다. 다음 예제는 이러한 과정을 설명한다.

예제 1 0부터 1까지 포물선 $y = x^2$ 아래(그림 3에서 포물선 영역은 S임)의 넓이를 직사각형들을 이용하여 구하여라.

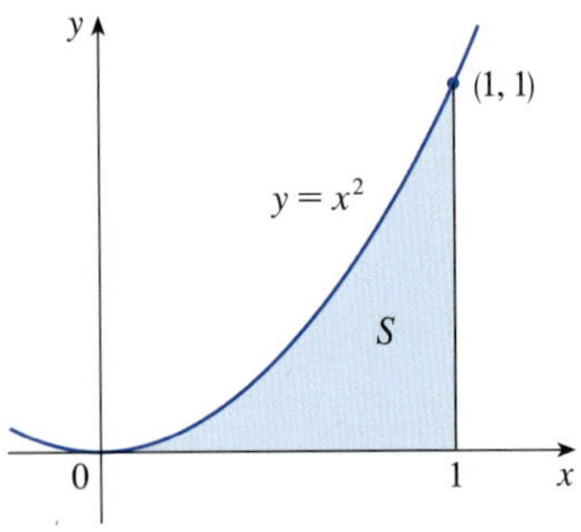

그림 3

풀이 먼저 영역 S는 한 변의 길이가 1인 정사각형 안에 포함되기 때문에 S의 넓이는 0과 1 사이의 어떤 값임을 알 수 있다. 그러나 그것보다 좀 더 정확한 값을 구할 수 있다. S를 그림 4(a)와 같이 수직선 $x = \frac{1}{4}$, $x = \frac{1}{2}$, $x = \frac{3}{4}$을 그려서 네 개의 조각 S_1, S_2, S_3, S_4로 나누었다고 가정하자.

그림 4(a)의 각 조각은 이 조각과 밑변의 길이가 같고 높이는 이 조각의 오른쪽 변의 길이와 같은 직사각형으로 근사시킬 수 있다. 바꾸어 말하면, 직사각형들의 높이는 부분구간들 $\left[0, \frac{1}{4}\right], \left[\frac{1}{4}, \frac{1}{2}\right], \left[\frac{1}{2}, \frac{3}{4}\right], \left[\frac{3}{4}, 1\right]$의 오른쪽 끝점에서 함수 $f(x) = x^2$의 값들이다.

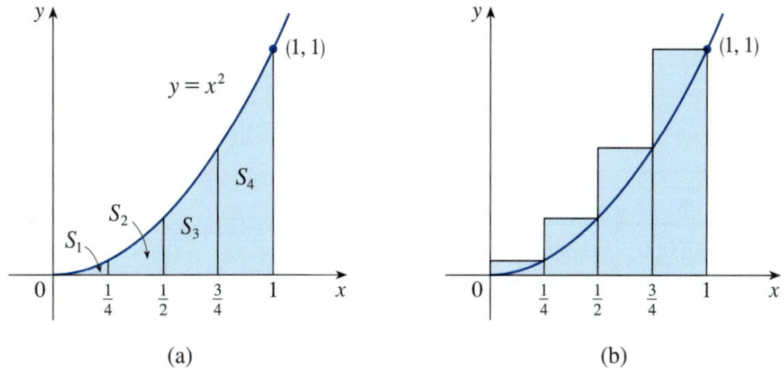

그림 4

각각의 직사각형의 폭은 $\frac{1}{4}$이고, 높이는 각각 $\left(\frac{1}{4}\right)^2$, $\left(\frac{1}{2}\right)^2$, $\left(\frac{3}{4}\right)^2$, 1^2이다. 만일 R_4를 직사각형들의 넓이의 합으로 놓으면

$$R_4 = \frac{1}{4} \cdot \left(\frac{1}{4}\right)^2 + \frac{1}{4} \cdot \left(\frac{1}{2}\right)^2 + \frac{1}{4} \cdot \left(\frac{3}{4}\right)^2 + \frac{1}{4} \cdot 1^2 = \frac{15}{32} = 0.46875$$

를 얻는다. 그림 4(b)에서 S의 넓이 A는 R_4보다 작음을 알 수 있으므로

$$A < 0.46875$$

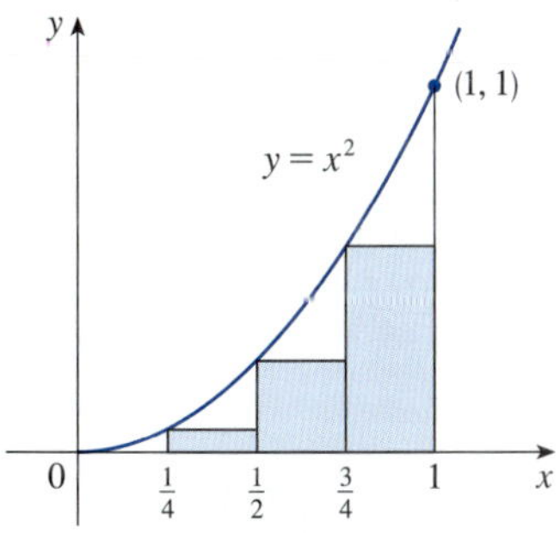

그림 5

이다. 그림 4(b)에 있는 직사각형들을 사용하는 대신에 그림 5에 있는 직사각형들의 높이가 부분 구간들의 왼쪽 끝점에서 함수 f의 값인 좀 더 작은 직사각형을 이용할 수도 있다. (맨 왼쪽의 직사각형은 높이가 0이므로 없어졌다.) 이 직사각형들의 넓이의 합은

$$L_4 = \frac{1}{4} \cdot 0^2 + \frac{1}{4} \cdot \left(\frac{1}{4}\right)^2 + \frac{1}{4} \cdot \left(\frac{1}{2}\right)^2 + \frac{1}{4} \cdot \left(\frac{3}{4}\right)^2 = \frac{7}{32} = 0.21875$$

이다. S의 넓이는 L_4보다 크므로 S의 넓이 A에 대한 다음의 상하 추정값을 갖게 된다.

$$0.21875 < A < 0.46875$$

조각들의 숫자를 더 많게 하면서 이러한 과정을 반복할 수 있다. 그림 6에서는 영역 S를 동일한 폭을 갖는 8개의 직사각형들로 나누었을 때 어떠한 일이 일어나는지를 보여주고 있다.

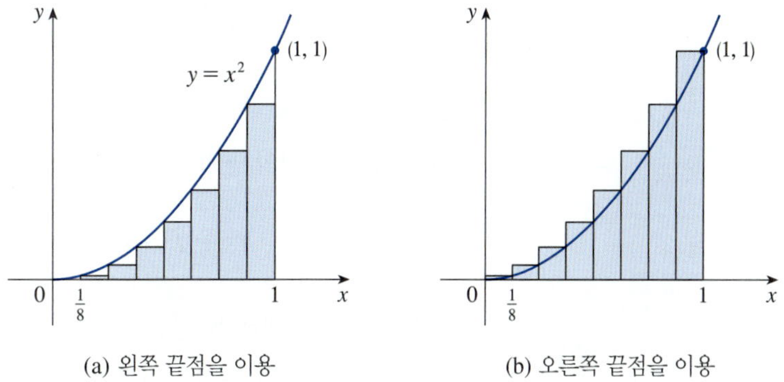

그림 6
8개의 직사각형으로 S를 근사한 것

(a) 왼쪽 끝점을 이용

(b) 오른쪽 끝점을 이용

좀 더 작은 직사각형들의 넓이의 합(L_8)과 좀 더 큰 직사각형들의 넓이의 합(R_8)을 계산하면 좀 더 정확한 A에 대한 아래 근삿값과 위 근삿값을 얻는다.

$$0.2734375 < A < 0.3984375$$

그러므로 이 문제의 해답은 S의 넓이의 참값이 0.2734375와 0.3984375 사이에 있는 어떤 수가 된다는 것이다.

n	L_n	R_n
10	0.2850000	0.3850000
20	0.3087500	0.3587500
30	0.3168519	0.3501852
50	0.3234000	0.3434000
100	0.3283500	0.3383500
1000	0.3328335	0.3338335

직사각형들의 개수를 증가시키면 좀 더 나은 근삿값을 얻을 수 있다. 왼쪽에 있는 표는 n개의 직사각형들의 높이를 부분 구간의 왼쪽 끝점(L_n)과 오른쪽 끝점(R_n)에서 구한 것들을 사용하여 얻은 계산(컴퓨터를 사용하여) 결과를 보여주고 있다. 특히 50개의 직사각형을 사용하면 넓이가 0.3234와 0.3434 사이에 놓여 있음을 알 수 있다. 1000개의 직사각형을 사용하면 넓이가 더 좁은 간격의 구간에 놓임을 알 수 있다. 즉 A는 0.3328335와 0.3338335 사이에 있다. 좀 더 나은 근삿값인 $A \approx 0.3333335$는 이들 값의 평균값을 이용하여 얻을 수 있다. ■

예제 1의 표에 있는 값들로부터 n이 증가할 때 R_n은 $\frac{1}{3}$로 접근하는 것처럼 보인다. 이 사실은 다음 예제에서 밝혀진다.

예제 2 예제 1에서 영역 S에 대하여 상한의 근사 직사각형들의 넓이의 합이 $\frac{1}{3}$로 접근함을 보여라. 즉

$$\lim_{n\to\infty} R_n = \tfrac{1}{3}$$

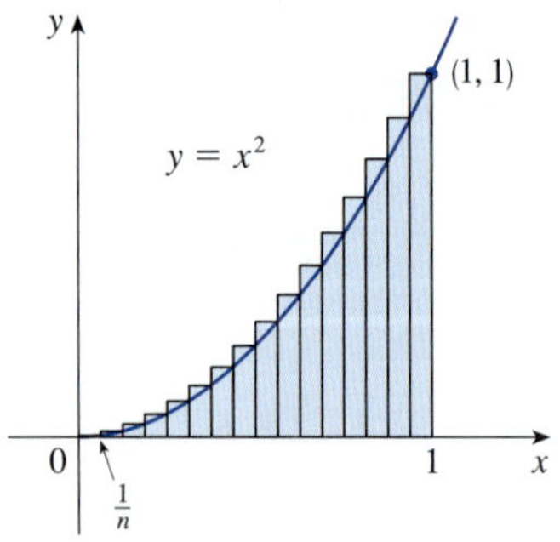

그림 7

풀이 R_n은 그림 7에서의 n개의 직사각형들의 넓이의 합이다. 각각의 직사각형은 폭이 $1/n$이고 높이는 점 $1/n, 2/n, 3/n, \cdots, n/n$에서 함수 $f(x) = x^2$의 값들이다. 즉 높이들은 $(1/n)^2, (2/n)^2, (3/n)^2, \cdots, (n/n)^2$이다. 그러므로

$$\begin{aligned}
R_n &= \frac{1}{n} f\left(\frac{1}{n}\right) + \frac{1}{n} f\left(\frac{2}{n}\right) + \frac{1}{n} f\left(\frac{3}{n}\right) + \cdots + \frac{1}{n} f\left(\frac{n}{n}\right) \\
&= \frac{1}{n}\left(\frac{1}{n}\right)^2 + \frac{1}{n}\left(\frac{2}{n}\right)^2 + \frac{1}{n}\left(\frac{3}{n}\right)^2 + \cdots + \frac{1}{n}\left(\frac{n}{n}\right)^2 \\
&= \frac{1}{n} \cdot \frac{1}{n^2}(1^2 + 2^2 + 3^2 + \cdots + n^2) \\
&= \frac{1}{n^3}(1^2 + 2^2 + 3^2 + \cdots + n^2)
\end{aligned}$$

여기서 처음 n개의 양의 정수들의 제곱의 합에 대한 공식이 필요하다.

$$\boxed{1} \qquad 1^2 + 2^2 + 3^2 + \cdots + n^2 = \frac{n(n+1)(2n+1)}{6}$$

아마 이 공식을 접해 본 경험이 있을 것이다.

공식 $\boxed{1}$을 수식 R_n에 대입하면

$$R_n = \frac{1}{n^3} \cdot \frac{n(n+1)(2n+1)}{6} = \frac{(n+1)(2n+1)}{6n^2}$$

을 얻는다. 따라서

여기서는 수열 $\{R_n\}$의 극한을 계산하고 있다. 수열과 그 극한은 10.1절에서 학습할 것이다. 이 극한들은 $\lim_{n\to\infty}$ 기호에서 n을 양의 정수로 제한하는 것을 제외하고는 무한대에서 극한과 같은 방법으로 계산된다(2.6절 참조). 특히 $\lim_{n\to\infty}\frac{1}{n}=0$임을 알고 있다. $\lim_{n\to\infty}R_n=\frac{1}{3}$의 의미는 n을 원하는 만큼 충분히 크게 하면 R_n은 $\frac{1}{3}$에 가까워진다는 것이다.

$$\begin{aligned}\lim_{n\to\infty}R_n &= \lim_{n\to\infty}\frac{(n+1)(2n+1)}{6n^2}\\ &= \lim_{n\to\infty}\frac{1}{6}\left(\frac{n+1}{n}\right)\left(\frac{2n+1}{n}\right)\\ &= \lim_{n\to\infty}\frac{1}{6}\left(1+\frac{1}{n}\right)\left(2+\frac{1}{n}\right)\\ &= \frac{1}{6}\cdot 1\cdot 2=\frac{1}{3}\end{aligned}$$

하한의 근사 직사각형들의 합도 $\frac{1}{3}$로 접근함을 보일 수 있다. 즉

$$\lim_{n\to\infty}L_n=\frac{1}{3}$$

그림 8과 9로부터 n이 증가함에 따라 L_n과 R_n은 더욱더 나은 S의 넓이의 근삿값이 됨을 알 수 있다. 그러므로 넓이 A는 근사 직사각형들의 넓이의 합에 대한 극한으로 정의된다.

$$A=\lim_{n\to\infty}R_n=\lim_{n\to\infty}L_n=\frac{1}{3}$$

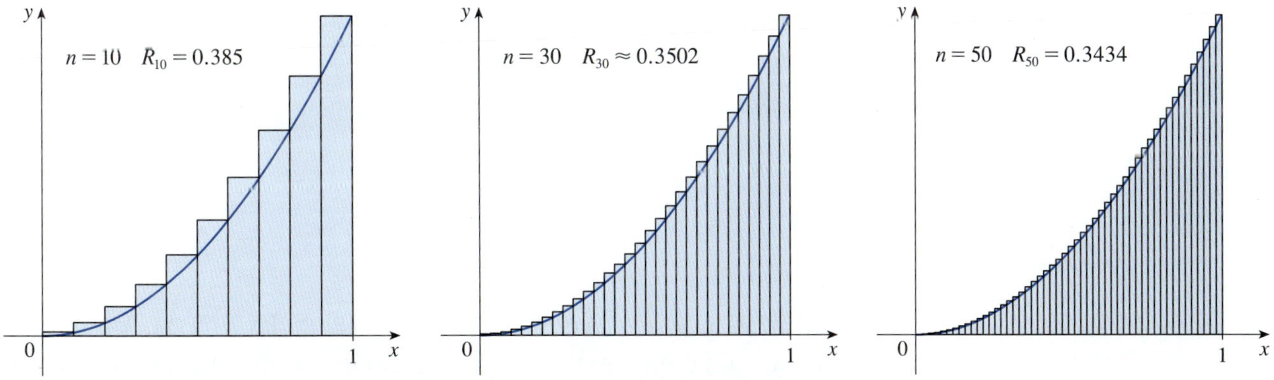

그림 8 $f(x)=x^2$이 증가함수이므로 부분 구간의 오른쪽 끝점을 잡으면 상합이 생긴다.

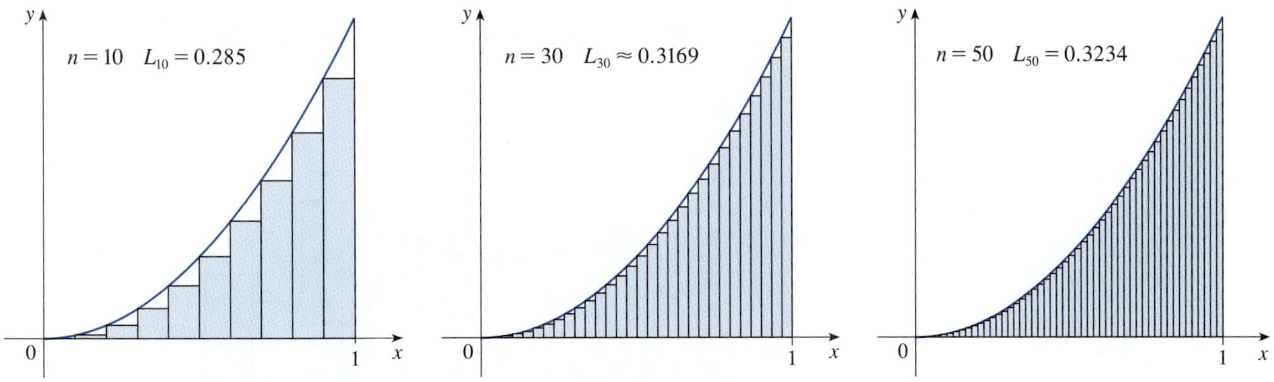

그림 9 $f(x)=x^2$이 증가함수이므로 부분 구간의 왼쪽 끝점을 잡으면 하합이 생긴다.

예제 1과 2의 아이디어를 그림 1의 일반적인 영역 S에 적용해보자. 그림 10과 같이 S를 동일한 폭을 갖는 n개의 직사각형으로 나누자.

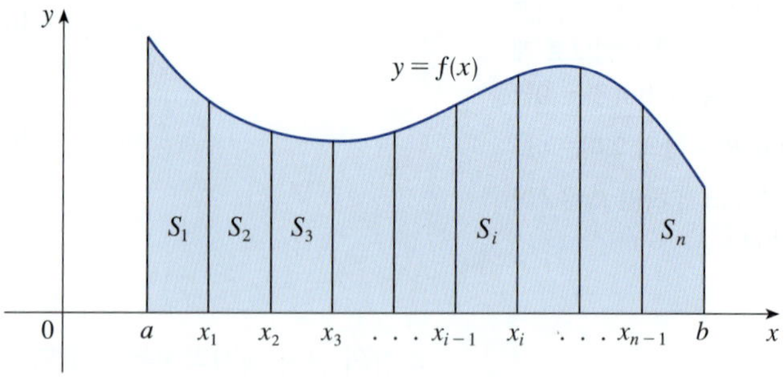

그림 10

구간 $[a, b]$의 폭은 $b - a$이므로 n개의 직사각형의 폭은 각각

$$\Delta x = \frac{b - a}{n}$$

이다. 이러한 직사각형들은 구간 $[a, b]$를 n개의 부분 구간들

$$[x_0, x_1], \quad [x_1, x_2], \quad [x_2, x_3], \quad \ldots, \quad [x_{n-1}, x_n]$$

으로 분할한다. 여기서 $x_0 = a$이고 $x_n = b$이다. 부분 구간의 오른쪽 끝점들은

$$x_1 = a + \Delta x,$$
$$x_2 = a + 2\,\Delta x,$$
$$x_3 = a + 3\,\Delta x,$$
$$\vdots$$

이고 일반적으로 $x_i = a + i\Delta x$이다. i번째 곡선 아래의 영역 S_i를 폭 Δx, 높이 $f(x_i)$인 직사각형으로 근사시키자. 여기서 $f(x_i)$는 오른쪽 끝점 x_i에 대한 함수 f의 값이다(그림 11 참조). 그러면 i번째 직사각형의 넓이는 $f(x_i)\Delta x$이다. 영역 S의 넓이로 직관적으로 생각하는 바는 이 직사각형들의 넓이의 합으로 근사시키는 것이다. 즉

$$R_n = f(x_1)\,\Delta x + f(x_2)\,\Delta x + \cdots + f(x_n)\,\Delta x$$

이다.

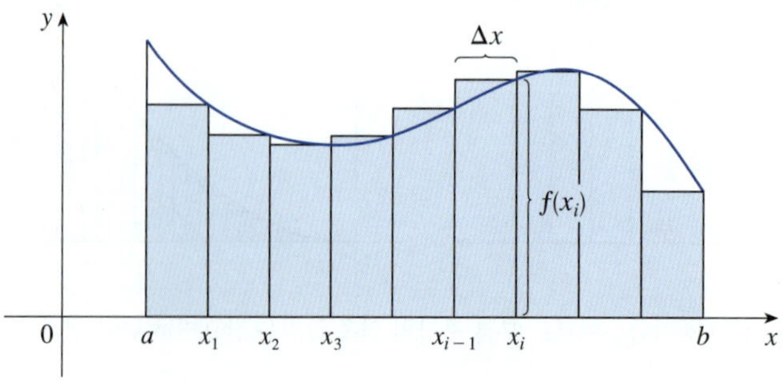

그림 11

그림 12는 $n = 2, 4, 8, 12$인 경우에 대한 이러한 근사 과정인데, 직사각형 개수가 증가할 때, 즉 $n \to \infty$일 때 점점 더 정확하게 된다. 그러므로 영역 S의 넓이 A를 다음과 같이 정의한다.

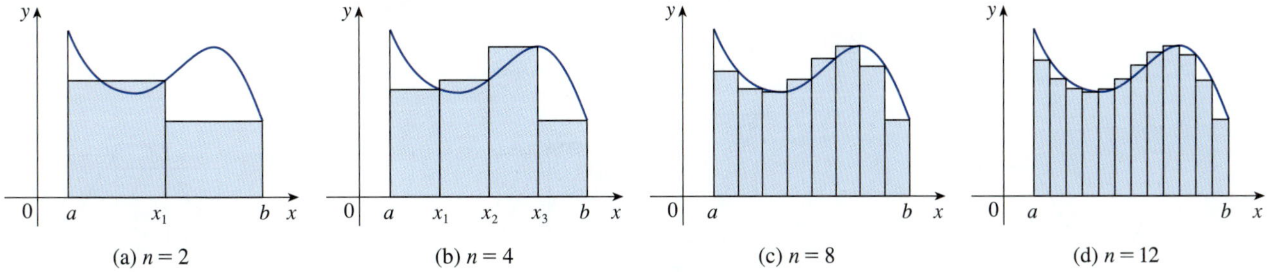

그림 12

> **2 정의** 연속함수 f의 그래프 아래에 놓여 있는 영역 S의 **넓이**(area) A는 직사각형들의 넓이의 합에 대한 극한이다.
>
> $$A = \lim_{n\to\infty} R_n = \lim_{n\to\infty} [f(x_1)\,\Delta x + f(x_2)\,\Delta x + \cdots + f(x_n)\,\Delta x]$$

정의 2의 극한은 함수 f가 연속이라고 가정했기 때문에 항상 존재함을 증명할 수 있다. 또한 부분 구간들의 왼쪽 끝점들을 사용한 경우에도 동일한 값을 얻을 수 있음을 밝힐 수 있다.

3 $$A = \lim_{n\to\infty} L_n = \lim_{n\to\infty} [f(x_0)\,\Delta x + f(x_1)\,\Delta x + \cdots + f(x_{n-1})\,\Delta x]$$

사실 부분 구간들의 왼쪽 끝점이나 오른쪽 끝점을 사용하는 대신 i번째 직사각형의 높이를 i번째 부분 구간 $[x_{i-1}, x_i]$ 내에 있는 임의의 점 x_i^*에 대한 f의 값으로 택할 수 있다. 이러한 $x_1^*, x_2^*, \ldots, x_n^*$들을 **표본점**(sample point)이라고 부른다. 그림 13은 부분 구간의 끝점이 아닌 다른 점으로 선택했을 때 근사 직사각형들을 나타낸 것이다. 그러므로 영역 S의 넓이를 나타내는 일반적인 식은

4 $$A = \lim_{n\to\infty} [f(x_1^*)\,\Delta x + f(x_2^*)\,\Delta x + \cdots + f(x_n^*)\,\Delta x]$$

이다.

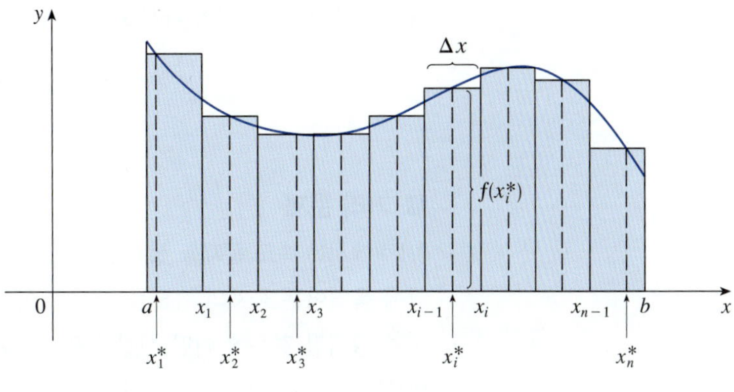

그림 13

NOTE f의 그래프 아래 넓이의 근삿값을 구하기 위하여, i번째 부분 구간에서 한 표본점 x_i^*를 함수 $f(x_i^*)$가 최솟값(또는 최댓값)이 되도록 선택하여 만든 **하합**(또는 **상합**)을 구할 수 있다(그림 14 참조). (함수 f가 연속이므로 극값 정리에 의해 각 부분 구간에서 f의 최솟값과 최댓값이 존재한다.) 넓이 A를 **모든 상합보다는 작고 모든 하합보다는 큰 유일한 수로** 정의할 수 있다.

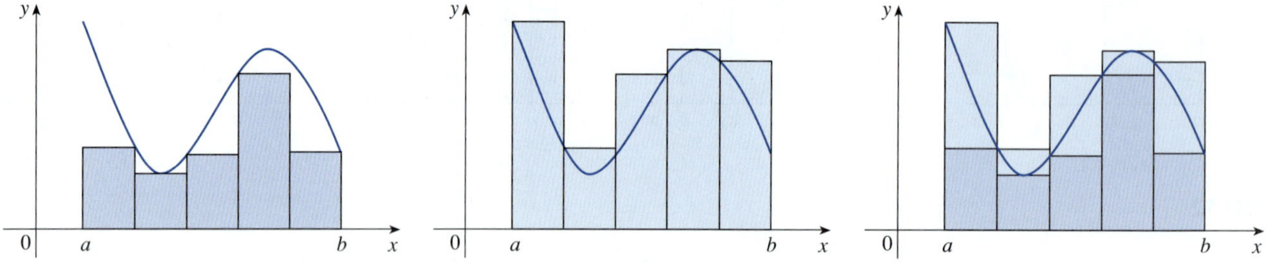

(a) 하합　　(b) 상합　　(c) 상합 및 하합

그림 14

예를 들면 예제 1과 2에서, 넓이$\left(A = \frac{1}{3}\right)$는 왼쪽 끝점을 이용한 모든 근사합 L_n과 오른쪽 끝점을 이용한 모든 근사합 R_n 사이에 갇혀있음을 보았다. 두 예제에서 사용한 함수 $f(x) = x^2$이 구간 [0, 1]에서 증가하므로 하합은 왼쪽 끝점에서, 상합은 오른쪽 끝점에서 생긴다(그림 8과 9 참조).

$i = n$에서 끝난다는 뜻이다.
더하라는 뜻이다. → $\sum_{i=m}^{n} f(x_i)\,\Delta x$
$i = m$에서 시작한다는 뜻이다.

많은 항을 갖는 합을 더욱 간결하게 표기하기 위하여 자주 **시그마 기호**를 사용한다. 예를 들면

$$\sum_{i=1}^{n} f(x_i)\,\Delta x = f(x_1)\,\Delta x + f(x_2)\,\Delta x + \cdots + f(x_n)\,\Delta x$$

그러므로 방정식 **2**, **3**, **4**의 넓이에 대한 식들은 다음과 같이 표기할 수 있다.

$$A = \lim_{n\to\infty} \sum_{i=1}^{n} f(x_i)\,\Delta x$$

$$A = \lim_{n\to\infty} \sum_{i=1}^{n} f(x_{i-1})\,\Delta x$$

$$A = \lim_{n\to\infty} \sum_{i=1}^{n} f(x_i^*)\,\Delta x$$

공식 **1**을 다음과 같이 다시 표기할 수 있다.

$$\sum_{i=1}^{n} i^2 = \frac{n(n+1)(2n+1)}{6}$$

■ 거리 문제

2.1절에서는 **속도 문제**를 생각했다. 물체의 (시작점부터의) 거리를 아는 경우 주어진 순간에 움직이는 물체의 속도를 찾는 것이었다. 이제 **거리 문제**를 생각해보자. 물체의 속도가 알려진 경우에 어떤 시간 동안 그 물체가 이동한 거리를 구하자. (어떤 의미에서 이 문제는 2.1절에서 논의하였던 속도 문제에 대한 역문제이다.) 만일 물체의 속도가 일

정하다면 거리 문제는 다음 공식에 의해 쉽게 풀린다.

$$\text{거리} = \text{속도} \times \text{시간}$$

그러나 만일 속도가 변한다면 이동한 거리를 계산하는 것은 쉽지 않다. 다음 예제에서 이 문제를 살펴보자.

예제 3 자동차의 주행 기록계가 파손되었다고 가정하고 자동차가 30초 동안 주행한 거리를 측정하고자 한다. 매 5초마다 속도계를 읽고 다음 표와 같이 기록하였다.

시간(s)	0	5	10	15	20	25	30
속도(km/h)	27	34	39	47	51	50	45

시간과 속도 단위를 일치시키기 위하여 속도 단위를 초당 미터로 전환하자(1km/h = 1000/3600m/s).

시간(s)	0	5	10	15	20	25	30
속도(m/s)	8	9	10	12	13	12	11

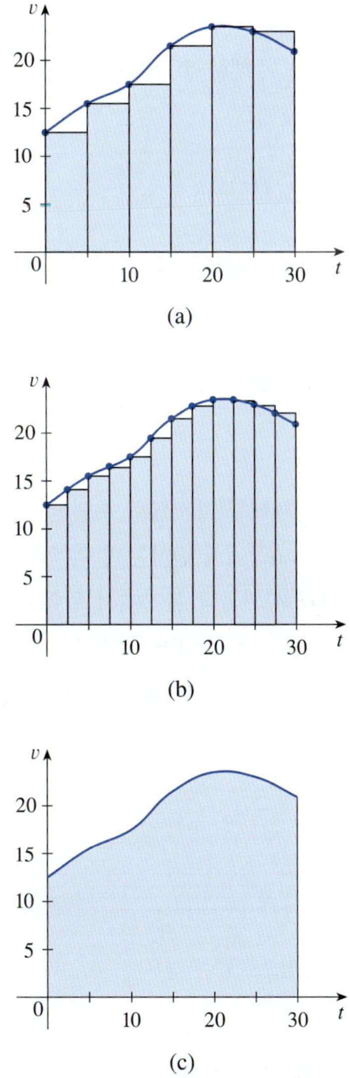

그림 15

처음 5초 동안 속도는 급격히 변하지 않았기 때문에 속도가 일정한 것으로 가정하고 이 시간 동안의 주행거리를 측정할 수 있다. 만일 이 시간 동안에 속도를 초기속도(8m/s)로 택하면 처음 5초 동안에 주행한 근사 거리를 구할 수 있다.

$$8\ \text{m/s} \times 5\ \text{s} = 40\ \text{m}$$

비슷한 방법으로, 두 번째 시간 동안의 속도는 대략 일정하고 그것을 $t = 5$초일 때의 속도로 택한다. 그러면 $t = 5$초에서 $t = 10$초까지 주행한 거리의 측정값은

$$9\ \text{m/s} \times 5\ \text{s} = 45\ \text{m}$$

이다. 만일 다른 시간 동안에 대한 유사한 측정값들을 더한다면 주행한 총 거리에 대한 근삿값을 얻는다.

$$(8 \times 5) + (9 \times 5) + (10 \times 5) + (12 \times 5) + (13 \times 5) + (12 \times 5) = 320\ \text{m}$$

마찬가지로 일정한 속도로 간다고 가정하고 시작점의 속도 대신 각 시간 구간의 끝점의 속도를 이용할 수 있다. 그러면 근삿값은 다음과 같다.

$$(9 \times 5) + (10 \times 5) + (12 \times 5) + (13 \times 5) + (12 \times 5) + (11 \times 5) = 335\ \text{m}$$

그림 15(a)에서 자동차의 속도 함수의 대략적인 그래프를 그리고 직사각형들의 높이가 각 시간 구간에서 초기속도가 되게 하자. 첫 번째 직사각형의 넓이는 $8 \times 5 = 40$이며, 이것은 또한 처음 5초 동안에 주행한 거리에 대한 측정값이 된다. 실제로 각각의 직사각형의 넓이는 높이가 속도, 폭이 시간을 나타내므로 주행한 거리로 해석할 수 있다. 그림 15(a)에서 직사각형들의 넓이의 총합은 $L_6 = 320$이며, 이것은 주행한 총 거리에 대한 처음의 측정값이다.

좀 더 정확한 근삿값을 원하다면, 그림 15(b)처럼 속도를 더 자주 측정하면 된다. 속도를 자주 측정할수록 직사각형들의 넓이의 합은 더욱더 속도 곡선 아래의 넓이[그림 15(c)]의 정확한 값에 가까워진다. 이로부터 이동한 총 거리는 속도 그래프 아래의 넓이와 일치함을 알 수 있다. ■

일반적으로 한 물체가 속도 $v = f(t)$로 움직인다고 가정하자. 여기서 $a \leqslant t \leqslant b$이고 $f(t) \geqslant 0$이다(그러므로 그 물체는 항상 양의 방향으로 움직인다). 속도가 각 부분 구간에서 대략 일정하도록 시각 $t_0(= a), t_1, t_2, \ldots, t_n(= b)$에서 속도를 읽는다. 만일 이 시간들이 같은 간격으로 배열되었다면 두 이웃한 시각들 사이의 시간은 $\Delta t = (b - a)/n$가 된다. 처음 시간 구간 동안의 속도는 대략 $f(t_0)$이고, 따라서 주행한 거리는 근사적으로 $f(t_0)\Delta t$이다. 같은 방법으로 두 번째 시간 구간에서 주행한 거리는 대략 $f(t_1)\Delta t$이며 시간 구간 $[a, b]$에서 주행한 총 거리는 대략

$$f(t_0)\,\Delta t + f(t_1)\,\Delta t + \cdots + f(t_{n-1})\,\Delta t = \sum_{i=1}^{n} f(t_{i-1})\,\Delta t$$

이다. 만약 왼쪽 끝점 대신 오른쪽 끝점의 속도를 사용한다면 주행한 총 거리에 대한 근삿값은

$$f(t_1)\,\Delta t + f(t_2)\,\Delta t + \cdots + f(t_n)\,\Delta t = \sum_{i=1}^{n} f(t_i)\,\Delta t$$

가 된다. 속도를 더욱 자주 측정하면 할수록 근삿값은 더욱더 정확해진다. 그러므로 주행한 정확한 거리 d는 위의 근삿값들의 극한이라는 것이 더 설득력 있다.

5 $$d = \lim_{n\to\infty} \sum_{i=1}^{n} f(t_{i-1})\,\Delta t = \lim_{n\to\infty} \sum_{i=1}^{n} f(t_i)\,\Delta t$$

이것이 실제로 참이라는 사실을 5.4절에서 알게 된다.

방정식 **5**는 방정식 **2**와 **3**의 넓이에 대한 식과 같은 형태를 가지므로 주행한 거리는 속도 함수 그래프 아래의 넓이와 동일함을 알 수 있다. 6장에서 변하는 힘에 의하여 발생하는 일이나 심장의 혈액배출량과 같은 자연과학과 사회과학 분야에서 일어나는 흥미로운 또 다른 양들도 또한 곡선 아래의 넓이로 해석됨을 볼 것이다. 그러므로 이 장에서 다룬 넓이 계산 방법은 다양한 실제적인 방면으로 해석될 수 있음을 기억하기 바란다.

5.1 연습문제

1. (a) 6개의 직사각형을 이용하여 $x = 0$에서 $x = 12$까지 주어진 f의 그래프 아래 영역에 대한 각 경우의 근삿값을 구하여라.

(i) L_6 (표본점을 왼쪽 끝점으로 하는 경우)

(ii) R_6 (표본점을 오른쪽 끝점으로 하는 경우)

(iii) M_6 (표본점을 중점으로 하는 경우)

(b) L_6은 영역의 넓이의 참값보다 큰가 작은가?

(c) R_6은 영역의 넓이의 참값보다 큰가 작은가?

(d) L_6, R_6, M_6 중 어떤 것이 참값에 가장 가까운가? 설명하여라.

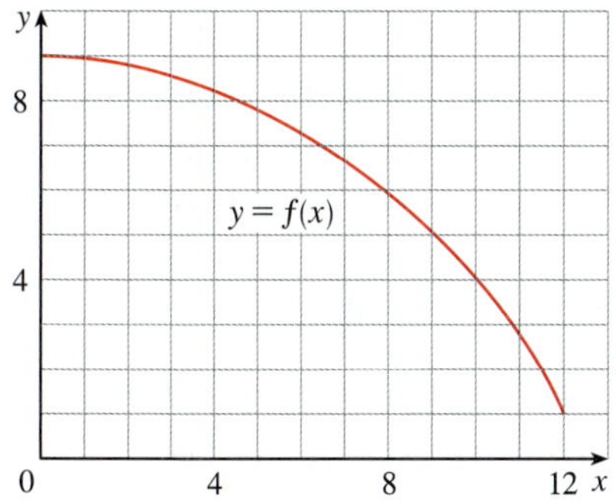

2. (a) 4개의 근사 직사각형과 오른쪽 끝점을 이용하여 $x = 0$에서 $x = \pi/2$까지 $f(x) = \sin x$의 그래프 아래 영역의 넓이를 추측하여라. 그래프와 사각형을 그려라. 구한 근삿값은 참값보다 큰가 작은가?

(b) 왼쪽 끝점을 이용하여 (a)를 구하여라.

3. (a) 3개의 근사 직사각형과 오른쪽 끝점을 이용하여 $x = -1$에서 $x = 2$까지 $f(x) = 1 + x^2$의 그래프 아래 영역의 넓이를 추측하여라. 6개의 사각형을 이용하면 더 정확한 추측값을 구할 수 있다. 곡선과 근사 직사각형을 그려라.

(b) 왼쪽 끝점을 이용하여 (a)를 구하여라.

(c) 중점을 이용하여 (a)를 구하여라.

(d) (a)~(c)에 대한 그림을 그리고 가장 정확한 근삿값을 나타내어라.

4. $f(x) = 6 - x^2$, $-2 \leq x \leq 2$, $n = 2, 4, 8$에 대한 하합과 상합을 구하여라. 그림 14와 같은 그림을 그려 설명하여라.

5. $f(x) = 1 + \cos(x/2)$, $-\pi \leq x < \pi$, $n = 3, 4, 6$에 대한 하합과 상합을 구하여라. 그림 14와 같은 그림을 그려 설명하여라.

6. 경기 중 처음 3초 동안 달리기 선수의 속도는 점점 증가한다. 3초 동안 0.5초 간격의 선수의 속도는 아래 표와 같다. 3초 동안 움직인 거리의 위 근삿값과 아래 근삿값을 구하여라.

t (s)	0	0.5	1.0	1.5	2.0	2.5	3.0
v (m/s)	0	1.9	3.3	4.5	5.5	5.9	6.2

7. 오일이 시간당 $r(t)$의 비율로 탱크에서 흘러나온다. 2시간 간격으로 시간이 지나면서 오일이 감소하는 비율은 아래 표와 같다. 흘러나온 오일의 총량에 대한 위 근삿값과 아래 근삿값 구하여라.

t (h)	0	2	4	6	8	10
$r(t)$ (L/h)	8.7	7.6	6.8	6.2	5.7	5.3

8. 제동을 건 자동차의 속도 그래프가 아래와 같을 때 제동장치가 작동되는 동안 자동차가 주행한 거리를 추측하여라.

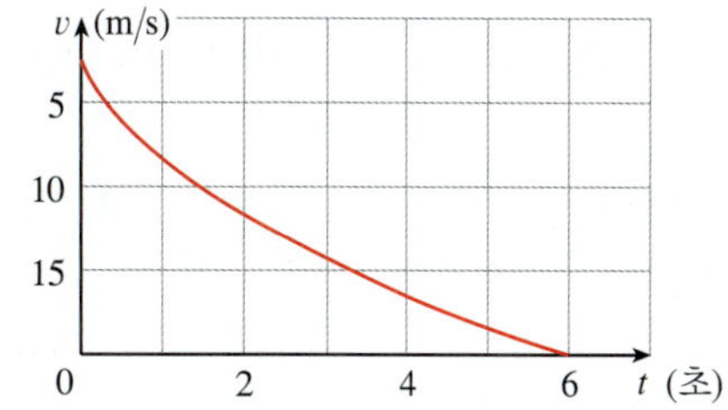

9-11 정의 [2]를 사용하여 극한값을 계산하지 말고 f의 그래프 아래의 영역에 대한 식을 구하여라.

9. $f(x) = x^2e^x, \quad 0 \leq x \leq 4$

10. $f(x) = 2 + \sin^2 x, \quad 0 \leq x \leq \pi$

11. $f(x) = x + \ln x, \quad 3 \leq x \leq 8$

12-14 극한값을 구하지 말고 아래의 극한값과 넓이가 같아지는 영역을 구하여라.

12. $\displaystyle \lim_{n\to\infty} \sum_{i=1}^{n} \frac{1}{n}\left(\frac{i}{n}\right)^3$

13. $\displaystyle \lim_{n\to\infty} \sum_{i=1}^{n} \frac{2}{n} \frac{1}{1 + (2i/n)}$

14. $\displaystyle \lim_{n\to\infty} \sum_{i=1}^{n} \frac{\pi}{4n} \tan \frac{i\pi}{4n}$

15. (a) 정의 [2]를 이용하여 0에서 1까지 곡선 $y = x^3$의 아래 영역의 표현을 구하여라.

(b) 처음 n개의 양의 정수의 세제곱의 합의 식은 아래와 같다. (a)에서의 극한값을 계산하여라.

$$1^3 + 2^3 + 3^3 + \cdots + n^3 = \left[\frac{n(n+1)}{2}\right]^2$$

16. 증가하는 연속함수 f의 a에서 b까지의 그래프 아래 영역의 넓이를 A라 하자. L_n, R_n을 넓이 A의 n개의 부분 구간에 대해 각각 왼쪽 끝점과 오른쪽 끝점을 사용하여 얻은 근삿값이라고 할 때,

(a) A, L_n, R_n은 어떤 관계가 있는가?

(b) 다음을 보여라.

$$R_n - L_n = \frac{b-a}{n}[f(b) - f(a)]$$

이 방정식의 우변은 $R_n - L_n$으로 표현되는 n개의 직사각형이 그것과 같은 넓이를 가지는 한 개의 직사각형으로 다시 조립될 수 있다는 것을 의미한다. 이것을 이용하여 위의 방정식을 보이는 그림을 그려라.

(c) 다음을 추론하여라.

$$R_n - A < \frac{b-a}{n}[f(b) - f(a)]$$

T 17. 일부 컴퓨터 대수시스템은 x_i^*가 왼쪽 혹은 오른쪽 끝점인 경우에 대해 근사 직사각형을 그리고 그 영역의 합을 구하는 명령어를 가지고 있다. (예를 들어 Maple에서는 `leftbox`, `rightbox`, `leftsum`, `rightsum`을 사용한다.)
$f(x) = 1/(x^2+1)$, $0 \leqslant x \leqslant 1$에 대해

(a) $n = 10, 30, 50$일 때, 왼쪽 끝점으로 만든 근사 직사각형의 합과 오른쪽 끝점으로 만든 근사 직사각형의 합을 구하여라.

(b) 그래프와 사각형을 그려서 (a)를 설명하여라.

(c) f 아래 영역의 정확한 값이 0.780과 0.791 사이에 있음을 보여라.

T 18. (a) 극한을 이용하여 0에서부터 2까지 곡선 $y = x^5$의 아래 영역 넓이에 대한 식을 구하여라.

(b) 컴퓨터 대수시스템을 이용하여 (a)에서 구한 식의 합을 구하여라.

(c) (a)의 극한을 계산하여라.

T 19. $0 \leqslant b \leqslant \pi/2$에 대해 $x = 0$에서 $x = b$까지의 곡선 $y = \cos x$ 아래 영역의 넓이를 정확하게 구하여라. (컴퓨터 대수시스템의 합과 극한의 계산을 이용하여라.) $b = \pi/2$일 때 넓이는 얼마인가?

5.2 정적분

5.1절에서 넓이를 계산할 때 다음 형태의 극한이 나타난다는 사실을 알아보았다.

1 $$\lim_{n\to\infty}\sum_{i=1}^{n} f(x_i^*)\,\Delta x = \lim_{n\to\infty}[f(x_1^*)\,\Delta x + f(x_2^*)\,\Delta x + \cdots + f(x_n^*)\,\Delta x]$$

또한 어떤 물체가 이동한 거리를 계산할 경우에도 이런 극한이 나타난다는 사실을 보았다. 함수 f가 반드시 양의 값을 갖는 함수가 아닐지라도 광범위하고 다양한 경우에서 이러한 동일한 형태의 극한이 나타난다는 것을 알 수 있다. 6장과 8장에서 형태 **1**의 극한이 곡선의 길이, 입체의 부피, 질량의 중심, 수압에 의한 힘, 그리고 일뿐만 아니라 다른 양을 구하는 문제에서도 나타난다는 것을 알게 된다.

■ 정적분

식 **1**의 극한에 특별한 이름과 기호를 붙이자.

2 정적분의 정의 만일 함수 f가 $a \leqslant x \leqslant b$에서 정의된 함수이면, 구간 $[a, b]$를 동일한 폭 $\Delta x = (b-a)/n$을 갖는 n개의 부분 구간들로 나누자. $x_0(=a), x_1, x_2, \ldots, x_n(=b)$들을 이 부분 구간들의 끝점으로 두고 $x_1^*, x_2^*, \ldots, x_n^*$들을 이 부분 구간들의 임의의 **표본점**이라 두면 x_i^*는 i번째 부분 구간 $[x_{i-1}, x_i]$에 놓인다. 그러면 ***a*에서 *b*까지의 *f*의 정적분**(definite integral)은

$$\int_a^b f(x)\,dx = \lim_{n\to\infty}\sum_{i=1}^{n} f(x_i^*)\,\Delta x$$

이다. 단, 이 극한이 존재하고 표본점을 어떻게 잡더라도 그 값들이 동일하다고 가정한다. 이 극한이 존재할 때 f는 $[a, b]$에서 **적분가능**(integrable)이라 한다.

NOTE 1 라이프니츠가 고안한 기호는 **적분 기호**(integral sign)이다. 이 기호는 S를 늘

여 놓은 형태이며, 적분은 합의 극한이기 때문에 선택되었다. 기호 $\int_a^b f(x)\,dx$에서 $f(x)$를 **피적분함수**(integrand), a와 b를 **적분의 한계**(limits of integration)라 부르는데, a는 **하한**(lower limit), b는 **상한**(upper limit)이라 한다. 기호 dx는 그 자체로는 의미를 갖고 있지 않으며 $\int_a^b f(x)\,dx$가 모두 한 기호를 의미한다. dx는 단순히 독립변수가 x임을 표시하는 기호이다. 적분을 계산하는 과정을 **적분**(integration)이라 한다.

NOTE 2 정적분 $\int_a^b f(x)\,dx$는 하나의 수이다. 이 수는 x에 독립적이다. 실제로 적분값의 변화 없이 x 대신에 임의의 문자를 사용할 수 있다.

$$\int_a^b f(x)\,dx = \int_a^b f(t)\,dt = \int_a^b f(r)\,dr$$

NOTE 3 정의 2에 있는 합

$$\sum_{i=1}^{n} f(x_i^*)\,\Delta x$$

를 독일의 수학자 리만(Bernhard Riemann, 1826~1866)의 이름을 따서 **리만합**(Riemann sum)이라 부른다. 따라서 정의 2는 적분가능한 함수의 정적분은 리만합에 의하여 어느 정도 오차 범위 내에서 근삿값으로 나타낼 수 있음을 보여준다.

함수 f가 양의 값을 가질 때 리만합은 직사각형들의 넓이의 합으로 해석될 수 있다(그림 1 참조). 정의 2를 5.1절에 있는 넓이의 정의와 비교하면 정적분 $\int_a^b f(x)\,dx$를 $x = a$에서 $x = b$까지 곡선 $y = f(x)$ 아래에 있는 영역의 넓이로서 해석할 수 있다(그림 2 참조).

리만

리만(Bernhard Riemann)은 전설적인 가우스의 지도 아래 괴딩겐 대학교에서 박사학위를 받고 후학을 가르쳤다. 다른 수학자들을 잘 칭찬하지 않는 가우스도 리만을 "창조적이고 활동적이고 진정한 수학적 사고와 풍부한 독창성을 가지고 있다"고 말했을 정도이다. 우리가 사용하는 적분의 정의 2는 리만에 기인한다. 그는 또한 복소수함수론, 수리물리학, 정수론, 기하학의 기초에 중요한 역할을 했다. 리만의 공간과 기하학의 넓은 개념은 50년 후에 아인슈타인의 일반 상대성 이론에 큰 역할을 한 것으로 알려졌다. 리만은 일생 동안 건강이 좋지 않아 39세에 결핵으로 사망하였다.

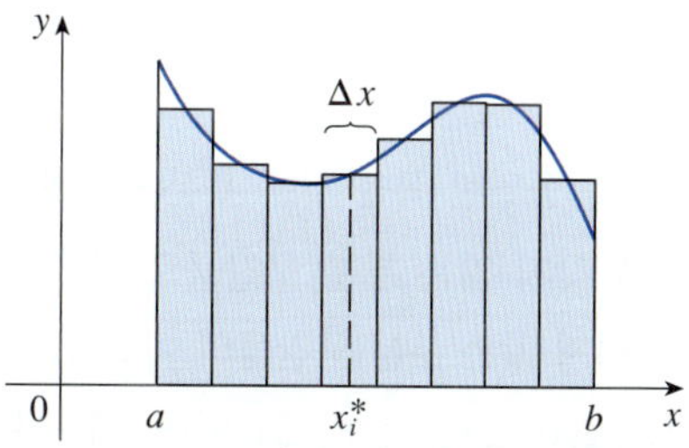

그림 1 만약 $f(x) \geq 0$이면 리만합 $\sum f(x_i^*)\,\Delta x$는 직사각형들의 넓이의 합이다.

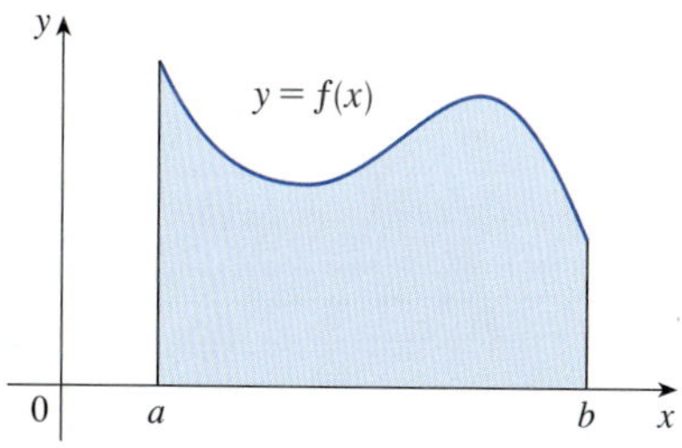

그림 2 만약 $f(x) \geq 0$이면 적분 $\int_a^b f(x)\,dx$는 a에서 b까지의 곡선 $y = f(x)$ 아래의 넓이이다.

만일 f가 그림 3에서와 같이 양과 음의 값을 모두 갖는다면, 리만합은 x축 위에 놓여 있는 직사각형들의 넓이와 x축 아래에 놓여 있는 직사각형들의 넓이의 음수값을 합한 것이다. (x축 위쪽에 있는 직사각형들의 넓이에서 x축의 아래쪽에 있는 직사각형들의 넓이를 뺀 것이다.) 리만합의 극한을 택할 때 그림 4에서 제시된 상황을 얻게 된다. 정적분은 **실제(순) 넓이**(net area)로서 해석될 수 있다. 즉 넓이들의 차는

$$\int_a^b f(x)\,dx = A_1 - A_2$$

이다. 여기에서 A_1은 x축 위와 f의 그래프 아래에 있는 영역의 넓이이며, A_2는 x축 아래와 f의 그래프 위에 있는 영역의 넓이이다.

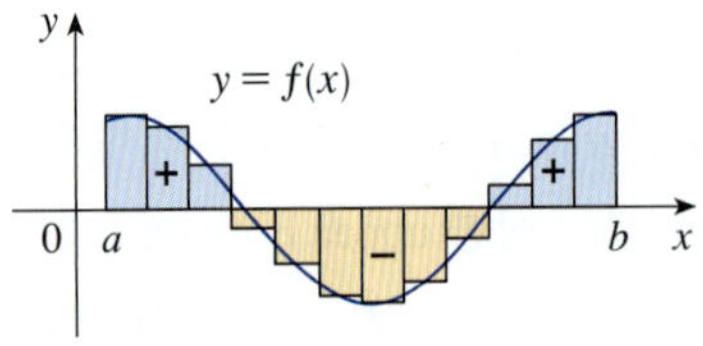

그림 3 $\sum f(x_i^*)\,\Delta x$는 실제 넓이의 근삿값이다.

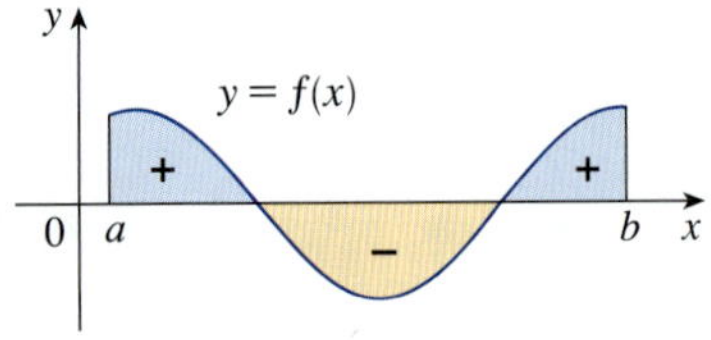

그림 4 $\int_a^b f(x)\,dx$는 a에서 b까지 실제 넓이이다.

예제 1 함수 $f(x) = x^3 - 6x$, $0 \leq x \leq 3$에 대하여, $n = 6$개의 부분 구간을 사용하고 표본점을 오른쪽 끝점으로 택하여 리만합을 계산하여라.

풀이 $n = 6$이므로 부분 구간의 길이는 $\Delta x = (3 - 0)/6 = \frac{1}{2}$이고 오른쪽 끝점들은

$$x_1 = 0.5 \quad x_2 = 1.0 \quad x_3 = 1.5 \quad x_4 = 2.0 \quad x_5 = 2.5 \quad x_6 = 3.0$$

이다. 그러므로 리만합은 다음과 같다.

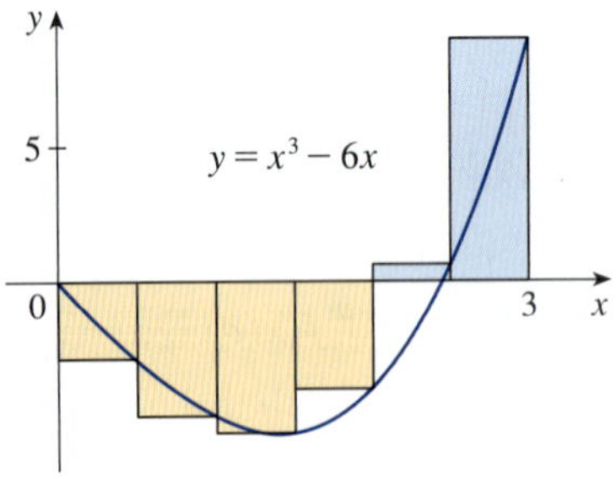

그림 5

$$\begin{aligned} R_6 &= \sum_{i=1}^{6} f(x_i)\,\Delta x \\ &= f(0.5)\,\Delta x + f(1.0)\,\Delta x + f(1.5)\,\Delta x + f(2.0)\,\Delta x + f(2.5)\,\Delta x + f(3.0)\,\Delta x \\ &= \tfrac{1}{2}(-2.875 - 5 - 5.625 - 4 + 0.625 + 9) \\ &= -3.9375 \end{aligned}$$

f가 양함수가 아니므로 리만합은 직사각형들의 넓이의 합을 나타내지 않는다. 그러나 리만합은 그림 5에서 파란색 직사각형들(x축 위쪽)의 넓이 합에서 노란색 직사각형들(x축 아래쪽)의 넓이 합을 뺀 것을 나타낸다. ■

NOTE 4 $[a, b]$를 동일한 폭을 갖는 부분 구간으로 나눔으로써 $\int_a^b f(x)\,dx$를 정의하였지만 동일한 폭을 갖지 않는 부분 구간들로 나누어 작업하는 것이 더 나을 경우도 있다. 그리고 등간격이지 않은 부분 구간들의 이점을 이용하는 수치적분 방법도 있다. 만일 부분 구간의 폭이 $\Delta x_1, \Delta x_2, \ldots, \Delta x_n$이면, 이 모든 폭이 극한을 구하는 과정에서 0으로 접근한다는 것을 확신해야 한다. 만일 가장 큰 폭 $\max \Delta x_i$가 0으로 접근한다면 문제는 해결된다. 그러므로 이와 같은 경우에 정적분의 정의는

$$\int_a^b f(x)\,dx = \lim_{\max \Delta x_i \to 0} \sum_{i=1}^{n} f(x_i^*)\,\Delta x_i$$

가 된다.

적분가능한 함수에 대하여 정적분을 정의하였지만 모든 함수가 적분가능한 것은 아니다. 다음 정리는 미분적분학에서 주로 다뤄지는 함수들이 적분가능하다는 것을 보여준다. 이 정리에 대한 증명은 고등 미분적분학에서 다룬다.

> **3 정리** 함수 f가 구간 $[a, b]$에서 연속이거나 유한개의 도약 불연속점을 가지면 f는 구간 $[a, b]$에서 적분가능하다. 즉 정적분 $\int_a^b f(x)\,dx$가 존재한다.

f가 구간 $[a, b]$에서 적분가능하면 정의 2의 극한값이 존재하고 표본점 x_i^*를 어떤 것으로 선택하든지 극한값은 같다. 적분 계산을 간단히 하기 위하여 표본점을 오른쪽 끝점으로 선택하자. 그러면 $x_i^* = x_i$가 되므로 정적분을 다음과 같이 정의할 수 있다.

4 정리 함수 f가 구간 $[a, b]$에서 적분가능하고 $\Delta x = \dfrac{b-a}{n}$, $x_i = a + i\,\Delta x$ 일 때

$$\int_a^b f(x)\,dx = \lim_{n\to\infty}\sum_{i=1}^{n} f(x_i)\,\Delta x$$

이다.

예제 2 다음을 구간 $[0, \pi]$ 위에서 적분으로 나타내어라.

$$\lim_{n\to\infty}\sum_{i=1}^{n}(x_i^3 + x_i \sin x_i)\,\Delta x$$

풀이 주어진 극한을 정리 4와 비교해보면 $a = 0$, $b = \pi$이므로 $f(x) = x^3 + x \sin x$임을 알 수 있다. 따라서 정리 4에 의해

$$\lim_{n\to\infty}\sum_{i=1}^{n}(x_i^3 + x_i \sin x_i)\,\Delta x = \int_0^{\pi}(x^3 + x\sin x)\,dx$$

이다. ■

나중에 정적분을 물리적인 상황에 적용할 때, 예제 2에서 했던 것과 같이 합의 극한을 적분으로 인식하는 것은 중요하다. 라이프니츠가 적분에 대한 기호를 선택하였을 때, 극한 과정이 생각나게 하는 요소들을 기호로 선택하였다. 일반적으로

$$\lim_{n\to\infty}\sum_{i=1}^{n} f(x_i^*)\,\Delta x = \int_a^b f(x)\,dx$$

와 같이 표현할 때, $\lim \Sigma$는 $\int$로, x_i^*는 x로, Δx는 dx로 대치한다.

■ 적분 계산

정적분을 계산하기 위하여 정의를 이용할 때 합을 다루는 방법을 알아야 한다. 다음 네 가지 공식은 양의 정수의 거듭제곱의 합에 대한 공식이다. 방정식 6은 대수에서 배웠으므로 이미 친숙할 것이다. 방정식 7과 8은 5.1절에서 논의되었다.

거듭제곱의 합

5 $$\sum_{i=1}^{n} 1 = n$$

6 $$\sum_{i=1}^{n} i = \frac{n(n+1)}{2}$$

7 $$\sum_{i=1}^{n} i^2 = \frac{n(n+1)(2n+1)}{6}$$

8 $$\sum_{i=1}^{n} i^3 = \left[\frac{n(n+1)}{2}\right]^2$$

다음의 공식들은 시그마 기호를 다루는 간단한 규칙들이다.

합의 성질

9 $$\sum_{i=1}^{n} ca_i = c\sum_{i=1}^{n} a_i$$

10 $$\sum_{i=1}^{n} (a_i + b_i) = \sum_{i=1}^{n} a_i + \sum_{i=1}^{n} b_i$$

11 $$\sum_{i=1}^{n} (a_i - b_i) = \sum_{i=1}^{n} a_i - \sum_{i=1}^{n} b_i$$

공식 **9** ~ **11**은 각각의 변을 전개한 형태로 씀으로써 증명된다. **9**의 좌변은

$$ca_1 + ca_2 + \cdots + ca_n$$

이고, 우변은

$$c(a_1 + a_2 + \cdots + a_n)$$

이다. 이들은 분배법칙에 의해 동일하다.

다음 예제에서, 예제 1에 있는 함수 f의 정적분을 계산한다.

예제 3 $\int_0^3 (x^3 - 6x)\,dx$를 계산하여라.

풀이 정리 4를 이용하면, $f(x) = x^3 - 6x$, $a = 0$, $b = 3$이고,

$$\Delta x = \frac{b-a}{n} = \frac{3-0}{n} = \frac{3}{n}$$

이다. 부분 구간의 끝점들은 $x_0 = 0$, $x_1 = 0 + 1(3/n) = 3/n$, $x_2 = 0 + 2(3/n) = 6/n$, $x_3 = 0 + 3(3/n) = 9/n$이고, 일반적으로는

$$x_i = 0 + i\left(\frac{3}{n}\right) = \frac{3i}{n}$$

이므로

합에서 n은 (i와 다르게) 상수이다. 그래서 $3/n$을 Σ 기호 앞으로 옮길 수 있다.

$$\begin{aligned}\int_0^3 (x^3 - 6x)\,dx &= \lim_{n\to\infty}\sum_{i=1}^{n} f(x_i)\,\Delta x = \lim_{n\to\infty}\sum_{i=1}^{n} f\left(\frac{3i}{n}\right)\frac{3}{n}\\
&= \lim_{n\to\infty}\frac{3}{n}\sum_{i=1}^{n}\left[\left(\frac{3i}{n}\right)^3 - 6\left(\frac{3i}{n}\right)\right] && (c = 3/n\text{일 때 방정식 } \boxed{9})\\
&= \lim_{n\to\infty}\frac{3}{n}\sum_{i=1}^{n}\left[\frac{27}{n^3}i^3 - \frac{18}{n}i\right]\\
&= \lim_{n\to\infty}\left[\frac{81}{n^4}\sum_{i=1}^{n} i^3 - \frac{54}{n^2}\sum_{i=1}^{n} i\right] && (\text{방정식 } \boxed{11}\text{과 } \boxed{9})\\
&= \lim_{n\to\infty}\left\{\frac{81}{n^4}\left[\frac{n(n+1)}{2}\right]^2 - \frac{54}{n^2}\frac{n(n+1)}{2}\right\} && (\text{방정식 } \boxed{8}\text{과 } \boxed{6})\end{aligned}$$

$$= \lim_{n\to\infty}\left[\frac{81}{4}\left(1+\frac{1}{n}\right)^2 - 27\left(1+\frac{1}{n}\right)\right]$$

$$= \frac{81}{4} - 27 = -\frac{27}{4} = -6.75$$

이 적분은 넓이로 해석될 수 없다. 왜냐하면 함수 f가 양수값과 음수값을 모두 취하기 때문이다. 그러나 그림 6에 있는 A_1과 A_2의 넓이의 차 $A_1 - A_2$로 해석될 수 있다. ■

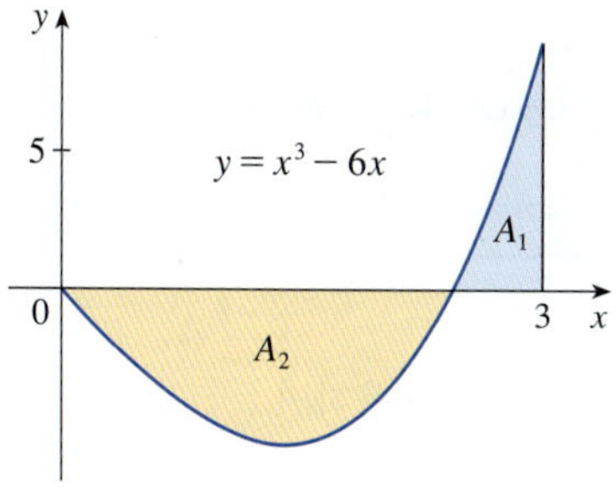

그림 6
$\int_0^3 (x^3 - 6x)\,dx = A_1 - A_2 = -6.75$

그림 7에서 $n = 40$인 경우에 오른쪽 끝점의 함숫값을 이용한 리만합 R_n에서 양수항과 음수항들을 보여줌으로써 리만합의 계산을 설명하고 있다. 표의 값은 리만합이 $n \to \infty$일 때 정확한 적분값 -6.75로 접근함을 보여주고 있다.

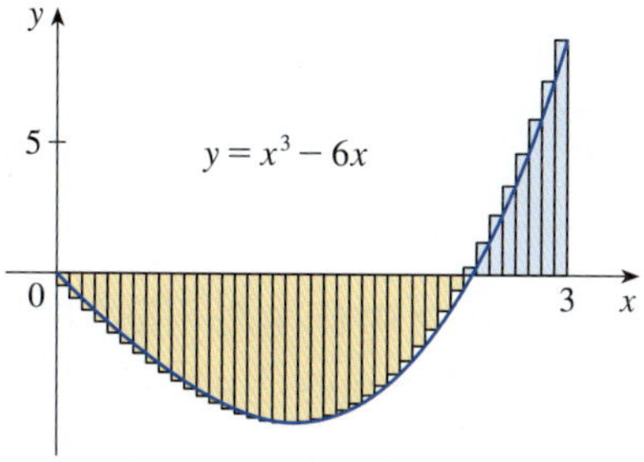

그림 7
$R_{40} \approx -6.3998$

n	R_n
40	−6.3998
100	−6.6130
500	−6.7229
1000	−6.7365
5000	−6.7473

예제 3의 적분 계산보다 더 간단한 방법(미적분학의 기본 정리로 가능)은 5.3절에서 다룬다.

예제 4

(a) $\int_1^3 e^x\,dx$를 합의 극한으로 나타내어라.

(b) 컴퓨터 대수시스템을 이용하여 계산하여라.

풀이

(a) $f(x) = e^x$, $a = 1$, $b = 3$이고

$$\Delta x = \frac{b-a}{n} = \frac{2}{n}$$

이다. 따라서 $x_0 = 1$, $x_1 = 1 + 2/n$, $x_2 = 1 + 4/n$, $x_3 = 1 + 6/n$이며

$$x_i = 1 + \frac{2i}{n}$$

이다. 정리 4에 의하여

$$\int_1^3 e^x\,dx = \lim_{n\to\infty}\sum_{i=1}^{n} f(x_i)\,\Delta x$$

$$= \lim_{n\to\infty}\sum_{i=1}^{n} f\left(1+\frac{2i}{n}\right)\frac{2}{n}$$

$$= \lim_{n\to\infty}\frac{2}{n}\sum_{i=1}^{n} e^{1+2i/n}$$

$f(x) = e^x$는 양수값을 가지는 함수이기 때문에 예제 4에서 적분은 그림 8에서 나타낸 영역이다.

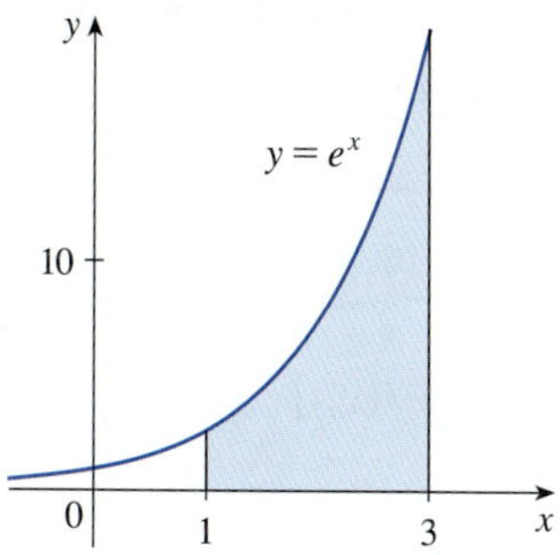

그림 8

을 얻는다.

컴퓨터 대수시스템은 합이 기하급수이기 때문에 정확한 식을 찾을 수 있다. 그 극한은 로피탈 법칙을 이용해서 구할 수 있다.

(b) 만일 합을 계산하기 위해 컴퓨터 대수시스템을 이용하여 간략히 하면

$$\sum_{i=1}^{n} e^{1+2i/n} = \frac{e^{(3n+2)/n} - e^{(n+2)/n}}{e^{2/n} - 1}$$

을 얻는다. 이제 극한을 계산하기 위하여 컴퓨터 대수시스템을 이용하면,

$$\int_1^3 e^x\,dx = \lim_{n\to\infty} \frac{2}{n} \cdot \frac{e^{(3n+2)/n} - e^{(n+2)/n}}{e^{2/n} - 1} = e^3 - e$$

가 된다. ■

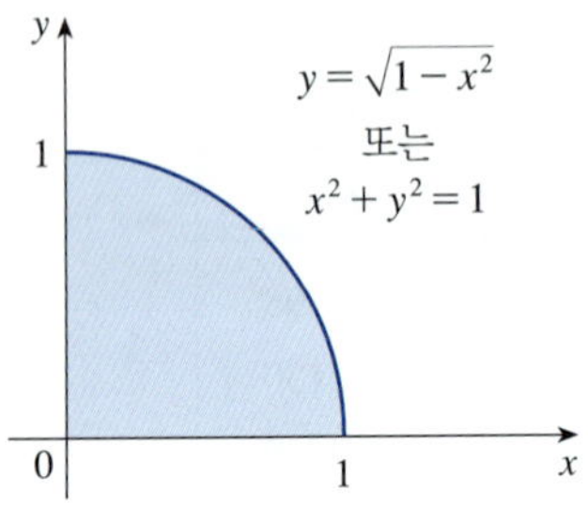

그림 9

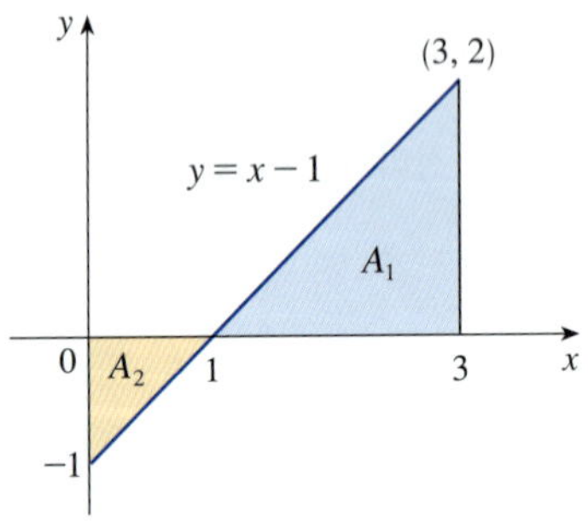

그림 10

예제 5 다음의 적분을 각각 넓이로 해석함으로써 계산하여라.

(a) $\int_0^1 \sqrt{1 - x^2}\,dx$ (b) $\int_0^3 (x - 1)\,dx$

풀이

(a) $f(x) = \sqrt{1 - x^2} \geqslant 0$이므로 이 적분은 0에서 1까지의 곡선 $y = \sqrt{1 - x^2}$의 아래에 있는 넓이로 해석할 수 있다. 그러나 $y^2 = 1 - x^2$이므로 $x^2 + y^2 = 1$이며, 이것은 f의 그래프가 그림 9에서와 같이 반지름 1인 사분원임을 보여준다. 따라서

$$\int_0^1 \sqrt{1 - x^2}\,dx = \tfrac{1}{4}\pi(1)^2 = \frac{\pi}{4}$$

(7.3절에서 반지름이 r인 원의 넓이가 πr^2임을 증명할 것이다.)

(b) $y = x - 1$인 그래프는 그림 10에서 보여주는 것과 같이 기울기 1인 직선이다. 이 적분을 두 개의 삼각형의 넓이의 차로 계산한다.

$$\int_0^3 (x - 1)\,dx = A_1 - A_2 = \tfrac{1}{2}(2 \cdot 2) - \tfrac{1}{2}(1 \cdot 1) = 1.5$$ ■

■ 중점 법칙

가끔 표본점 x_i^*를 i번째 부분 구간의 오른쪽 끝점으로 선택한다. 왜냐하면 극한을 계산하기가 편리하기 때문이다. 그러나 만일 적분의 근삿값을 찾는 것이 목적이라면 일반적으로 x_i^*를 부분 구간의 중점으로 선택하는 것이 더 좋은데, 이것을 $\bar{x}_i$로 표기한다. 임의의 리만합은 적분의 근삿값인데, 만일 중점을 이용하면 다음의 근삿값을 얻는다.

중점 법칙(Midpoint Rule)

$$\int_a^b f(x)\,dx \approx \sum_{i=1}^{n} f(\bar{x}_i)\,\Delta x = \Delta x\,[f(\bar{x}_1) + \cdots + f(\bar{x}_n)]$$

여기서 $\Delta x = \dfrac{b - a}{n}$이고 $\bar{x}_i = \tfrac{1}{2}(x_{i-1} + x_i) = [x_{i-1}, x_i]$의 중점이다.

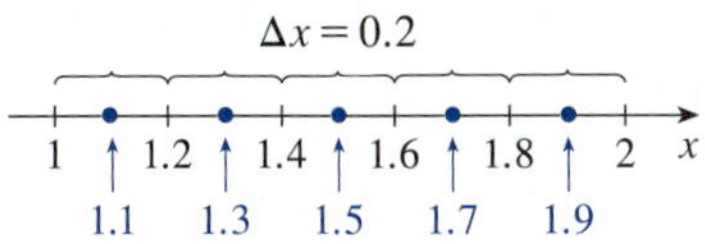

그림 11 예제 6에서 사용된 부분 구간의 끝점과 중점

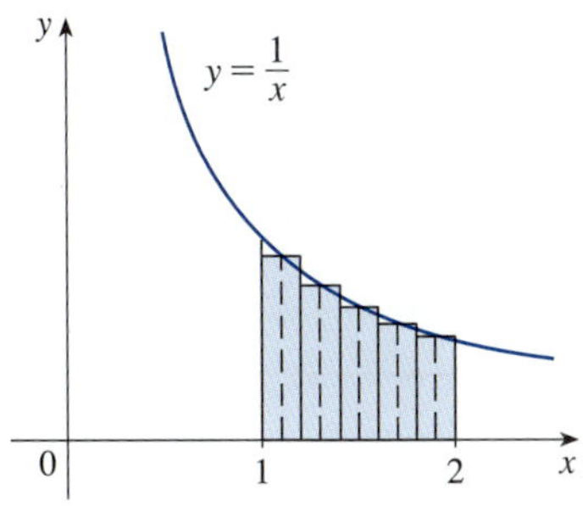

그림 12

예제 6 $n = 5$일 경우에 중점 법칙을 이용하여 $\int_1^2 \frac{1}{x}\,dx$의 근삿값을 구하여라.

풀이 다섯 개의 부분 구간들의 끝점들은 1, 1.2, 1.4, 1.6, 1.8, 2.0이므로 중점들은 1.1, 1.3, 1.5, 1.7, 1.9이다(그림 11 참조). 부분 구간들의 폭은 $\Delta x = (2-1)/5 = \frac{1}{5}$이므로 중점 법칙에 의하여

$$\begin{aligned}\int_1^2 \frac{1}{x}\,dx &\approx \Delta x\,[f(1.1) + f(1.3) + f(1.5) + f(1.7) + f(1.9)]\\ &= \frac{1}{5}\left(\frac{1}{1.1} + \frac{1}{1.3} + \frac{1}{1.5} + \frac{1}{1.7} + \frac{1}{1.9}\right)\\ &\approx 0.691908\end{aligned}$$

이 주어진다. $1 \leqslant x \leqslant 2$에서 $f(x) = 1/x > 0$이므로 적분은 넓이를 나타내며, 중점 법칙에 의하여 얻어진 근삿값은 그림 12에서 그려진 직사각형들의 넓이의 합이다. ■

현재로서는 예제 6에서의 근삿값이 얼마나 정확한지 모르지만 정적분을 근사계산하기 위한 다른 방법을 논의할 것이다.

만일 예제 3의 적분에 중점 법칙을 적용한다면 그림 13과 같은 그림을 얻는다. 근삿값 $M_{40} \approx -6.7563$은 그림 7에서 보여준 오른쪽 끝점을 이용한 근삿값 $R_{40} \approx -6.3998$보다 참값 -6.75에 더 가깝다.

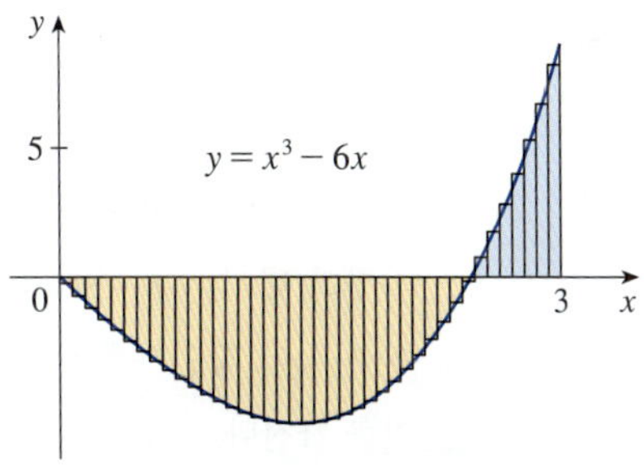

그림 13
$M_{40} \approx -6.7563$

■ 정적분의 성질

정적분 $\int_a^b f(x)\,dx$를 정의하였을 때 $a < b$라고 암묵적으로 가정하였다. 그러나 리만합의 극한으로서 그 정의는 $a > b$일 경우에도 의미가 있다. 만일 a와 b를 서로 바꾼다면 Δx는 $(b-a)/n$에서 $(a-b)/n$로 바뀌는 것에 주목하자. 그러므로

$$\int_b^a f(x)\,dx = -\int_a^b f(x)\,dx$$

가 된다. 만일 $a = b$이면 $\Delta x = 0$이므로 다음과 같다.

$$\int_a^a f(x)\,dx = 0$$

이제 간단한 방법으로 적분을 계산하는 데 도움을 주는 몇 가지 기본적인 적분의 성질들을 살펴보자. 함수 f와 g는 연속함수라고 가정한다.

적분의 성질

1. $\int_a^b c\,dx = c(b-a)$, 여기서 c는 임의의 상수

2. $\int_a^b [f(x)+g(x)]\,dx = \int_a^b f(x)\,dx + \int_a^b g(x)\,dx$

3. $\int_a^b cf(x)\,dx = c\int_a^b f(x)\,dx$, 여기서 c는 임의의 상수

4. $\int_a^b [f(x)-g(x)]\,dx = \int_a^b f(x)\,dx - \int_a^b g(x)\,dx$

성질 1은 상수함수 $f(x) = c$의 적분은 구간의 길이와 상수의 곱하고 같음을 나타낸다. 만일 $c > 0$이고 $a < b$이면 $c\,(b-a)$가 그림 14에 있는 색칠한 직사각형의 넓이이기 때문에 이 사실은 예상할 수 있는 것이다.

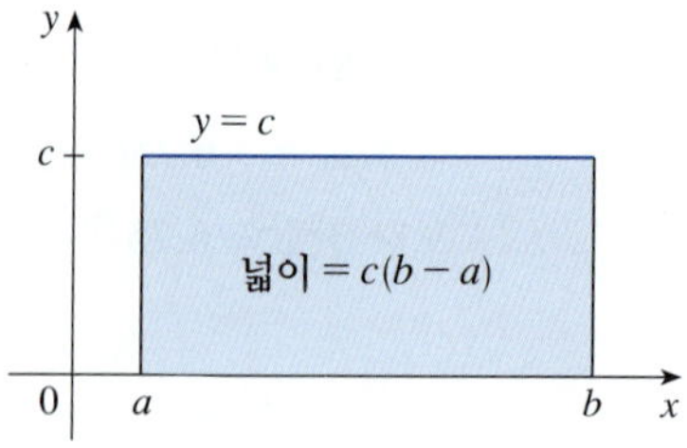

그림 14
$\int_a^b c\,dx = c(b-a)$

성질 2는 합의 적분은 적분의 합임을 말한다. 양수값을 갖는 함수들에 대하여 $f + g$ 아래의 넓이는 f 아래의 넓이에 g 아래의 넓이를 합한 것임을 나타낸다. 그림 15는 왜 이 사실이 참인가를 이해하는 데 도움을 준다. 즉 서로 대응되는 수직선분들은 같은 높이를 가진다.

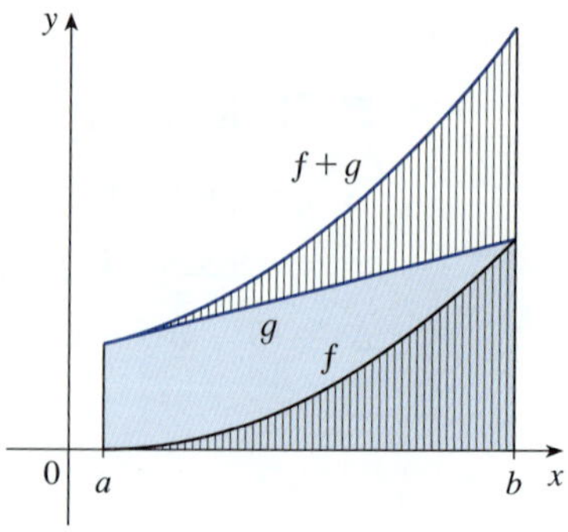

그림 15
$\int_a^b [f(x)+g(x)]dx$
$= \int_a^b f(x)\,dx + \int_a^b g(x)\,dx$

일반적으로 성질 2는 정리 4와 합의 극한은 극한들의 합이라는 사실로부터 얻어진다.

$$\int_a^b [f(x) + g(x)]\,dx = \lim_{n\to\infty} \sum_{i=1}^{n} [f(x_i) + g(x_i)]\,\Delta x$$
$$= \lim_{n\to\infty} \left[\sum_{i=1}^{n} f(x_i)\,\Delta x + \sum_{i=1}^{n} g(x_i)\,\Delta x \right]$$
$$= \lim_{n\to\infty} \sum_{i=1}^{n} f(x_i)\,\Delta x + \lim_{n\to\infty} \sum_{i=1}^{n} g(x_i)\,\Delta x$$
$$= \int_a^b f(x)\,dx + \int_a^b g(x)\,dx$$

성질 3은 함수에 양수 c를 곱하는 것은 그 그래프가 c배만큼 수직으로 늘어나거나 줄어드는 것이라고 알고 있기 때문에 직관적으로 당연한 것처럼 보인다. 그래서 각각의 근사 직사각형을 c배만큼 늘이거나 줄이기 때문에 넓이에 c를 곱한 결과를 가져온다.

성질 3을 유사한 방법으로 증명할 수 있는데, 그것은 함수에 상수배한 것의 적분은 그 함수의 적분에 상수배한 것과 같음을 나타내고 있다. 다시 말하면, 오직 상수만 적분 기호 앞으로 나올 수 있다. 성질 4는 $f - g = f + (-g)$로 표기하고 성질 2와 $c = -1$인 경우의 성질 3을 이용함으로써 증명할 수 있다.

예제 7 적분의 성질을 이용하여 $\int_0^1 (4 + 3x^2)\,dx$를 계산하여라.

풀이 적분의 성질 2와 3을 이용하면

$$\int_0^1 (4 + 3x^2)\,dx = \int_0^1 4\,dx + \int_0^1 3x^2\,dx = \int_0^1 4\,dx + 3\int_0^1 x^2\,dx$$

를 얻는다. 적분의 성질 1에 의하여

$$\int_0^1 4\,dx = 4(1 - 0) = 4$$

이고, 5.1절 예제 2에서

$$\int_0^1 x^2\,dx = \tfrac{1}{3}$$

이었으므로 다음과 같다.

$$\int_0^1 (4 + 3x^2)\,dx = \int_0^1 4\,dx + 3\int_0^1 x^2\,dx$$
$$= 4 + 3 \cdot \tfrac{1}{3} = 5$$

■

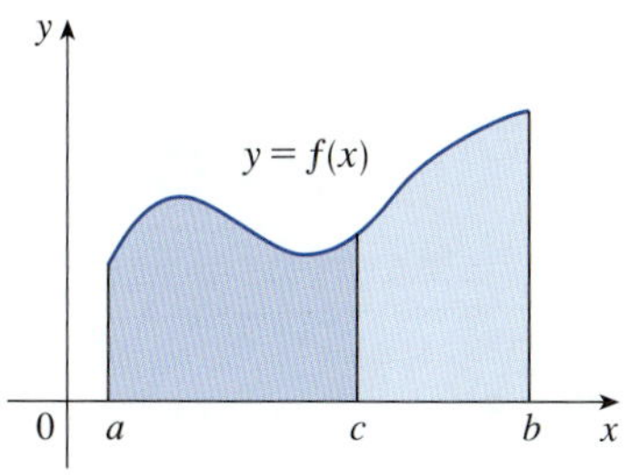

그림 16

다음의 성질은 이웃하는 구간에서 같은 함수의 적분을 결합하는 방법에 관한 것이다.

5. $$\int_a^c f(x)\,dx + \int_c^b f(x)\,dx = \int_a^b f(x)\,dx$$

일반적으로 이것을 증명하는 것은 쉽지 않지만, $f(x) \geq 0$이고 $a < c < b$인 경우에 성질 5는 그림 16에서와 같이 기하학적으로 설명할 수 있다. a에서 c까지 $y = f(x)$의 아래 넓이에 c에서 b까지의 넓이를 더한 것은 a에서 b까지의 총 넓이와 같다.

예제 8 $\int_0^{10} f(x)\,dx = 17$, $\int_0^8 f(x)\,dx = 12$일 때 $\int_8^{10} f(x)\,dx$를 구하여라.

풀이 성질 5에 의해

$$\int_0^8 f(x)\,dx + \int_8^{10} f(x)\,dx = \int_0^{10} f(x)\,dx$$

이므로

$$\int_8^{10} f(x)\,dx = \int_0^{10} f(x)\,dx - \int_0^8 f(x)\,dx = 17 - 12 = 5$$

이다. ■

성질 1~5는 $a < b$, $a = b$이거나 $a > b$인 어떤 경우에도 참이다. 함수의 크기와 적분의 크기를 비교하는 다음의 성질들은 단지 $a \leqslant b$인 경우에만 참이다.

적분의 대소 비교 성질

6. 만일 $a \leqslant x \leqslant b$인 x에 대하여 $f(x) \geqslant 0$이면 $\int_a^b f(x)\,dx \geqslant 0$이다.

7. 만일 $a \leqslant x \leqslant b$인 x에 대하여 $f(x) \geqslant g(x)$이면 $\int_a^b f(x)\,dx \geqslant \int_a^b g(x)\,dx$이다.

8. 만일 $a \leqslant x \leqslant b$인 x에 대하여 $m \leqslant f(x) \leqslant M$이면

$$m(b-a) \leqslant \int_a^b f(x)\,dx \leqslant M(b-a)$$

이다.

만일 $f(x) \geqslant 0$이면 $\int_a^b f(x)\,dx$는 f의 그래프 아래 넓이를 나타낸다. 그러므로 성질 6의 기하학적인 설명은 넓이는 양수라는 것이다. 또한 a, b 모두 양수이므로 적분의 정의로부터 이 성질을 유도할 수 있다. 성질 7은 큰 함수는 더 큰 적분값을 갖는다는 것을 나타내고 있다. 이 성질은 $f - g \geqslant 0$이기 때문에 성질 6과 4로부터 얻어진다.

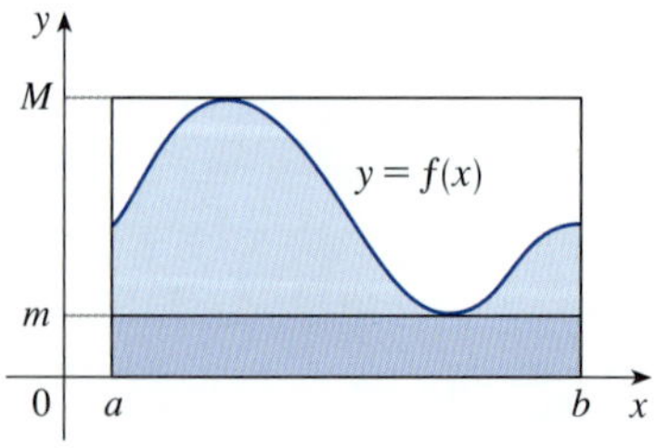

그림 17

성질 8은 $f(x) \geqslant 0$인 경우 그림 17에 의해 설명된다. 만일 f가 연속함수이면 구간 $[a, b]$ 위에서 f의 최솟값과 최댓값을 각각 m, M으로 선택할 수 있다. 이 경우에 성질 8은 f의 그래프 아래 넓이는 높이 m인 직사각형의 넓이보다 크고 높이 M인 직사각형의 넓이보다 작음을 나타내고 있다.

성질 8의 증명 $m \leqslant f(x) \leqslant M$이므로 성질 7에 의해

$$\int_a^b m\,dx \leqslant \int_a^b f(x)\,dx \leqslant \int_a^b M\,dx$$

이다. 성질 1을 이용하여 좌변과 우변의 적분을 계산하면,

$$m(b-a) \leqslant \int_a^b f(x)\,dx \leqslant M(b-a)$$

를 얻는다. ■

중점 법칙을 사용함으로써 귀찮은 일을 피하고 대략의 적분의 근삿값만을 얻기를 원한다면 성질 8은 유용하다.

예제 9 성질 8을 이용하여 $\int_0^1 e^{-x^2}\,dx$의 값을 추정하여라.

풀이 $f(x) = e^{-x^2}$은 구간 [0, 1] 위에서 감소함수이므로, 최댓값은 $M = f(0) = 1$이며 최솟값은 $m = f(1) = e^{-1}$이다. 따라서 성질 8에 의해

$$e^{-1}(1 - 0) \leqslant \int_0^1 e^{-x^2}\,dx \leqslant 1(1 - 0)$$

즉

$$e^{-1} \leqslant \int_0^1 e^{-x^2}\,dx$$

이다. $e^{-1} \approx 0.3679$이므로

$$0.367 \leqslant \int_0^1 e^{-x^2}\,dx \leqslant 1$$

로 쓸 수 있다. ■

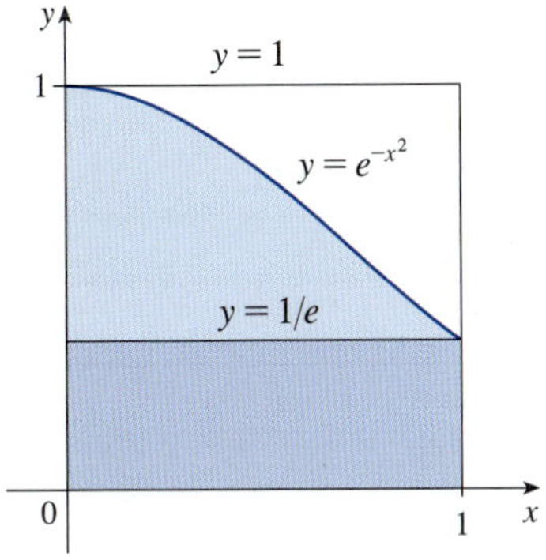

그림 18

예제 9의 결과는 그림 18에서 설명되고 있다. 적분은 아래 직사각형의 넓이보다 크고 정사각형의 넓이보다 작다.

5.2 연습문제

1. 함수 $f(x) = x - 1$, $-6 \leqslant x \leqslant 4$에 대하여 다섯 개의 부분 구간을 사용하여 표본점을 오른쪽 끝점으로 선택한 리만합을 계산하여라. 리만합이 무엇을 나타내고 있는지 그림을 그려서 설명하여라.

2. $f(x) = \cos x$, $0 \leqslant x \leqslant 3\pi/4$에 대하여 $n = 6$이고 왼쪽 끝점을 표본점으로 선택한 리만합을 구하여라. (소수 여섯째 자리까지 정확하게 구하여라.) 리만합이 무엇을 나타내는지 그림을 그려 설명하여라.

3. 함수 $f(x) = x^2 - 4$, $0 \leqslant x \leqslant 3$에 대해 오른쪽 끝점을 표본점으로 하여 $n = 6$일 때 리만합을 계산하여라. 리만합은 무엇을 나타내고 있는가? 그림을 그려 설명하여라.

4. 함수 f의 그래프가 아래 그려져 있다. 다섯 개의 부분 구간을 사용하여 (a) 오른쪽 끝점, (b) 왼쪽 끝점, (c) 중점을 표본점으로 한 $\int_0^{10} f(x)\,dx$를 구하여라.

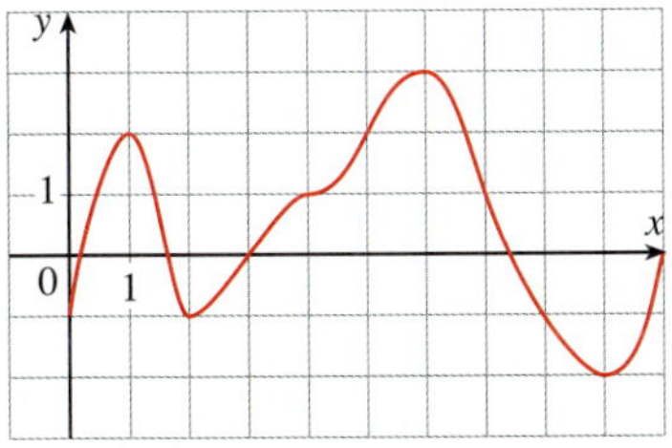

5. 아래 표는 증가함수 f의 값을 나타낸 것이다. 아래 표를 이용하여 $\int_{10}^{30} f(x)\,dx$의 위 근삿값과 아래 근삿값을 구하여라.

x	10	14	18	22	26	30
$f(x)$	−12	−6	−2	1	3	8

6-7 중점 법칙을 이용하여 $n = 4$일 때 적분의 근삿값을 구하여라.

6. $\int_0^8 x^2\,dx$　　**7.** $\int_0^2 (8x + 3)\,dx$

8-9 중점 법칙을 이용하여 n이 다음과 같을 때 적분의 근삿값을 계산하여라. 소수 넷째 자리까지 반올림하여라.

8. $\int_0^3 e^{\sqrt{x}}\,dx,\quad n = 6$　　**9.** $\int_1^3 \dfrac{x}{x^2 + 8}\,dx,\quad n = 5$

T **10.** 중점을 이용한 근사 직사각형을 그리고 그 근삿값을 계산하는 CAS(Maple에서 `RiemannSum` 또는 `middlesum`, `middlebox` 명령어를 사용하여라)를 가지고 있다면 연습문제 9의 답을 확인해보고 그래프를 그려라. $n = 10$일 때와 $n = 20$일 때의 값을 계산하여라.

T **11.** 컴퓨터 대수시스템을 사용하여 $n = 100$일 때 구간 [0, 2]에서 함수 $f(x) = x/(x + 1)$의 왼쪽과 오른쪽 리만합을 계산하여라. 그 값이 왜 아래와 같은지 설명하여라.

$$0.8946 < \int_0^2 \frac{x}{x+1}\,dx < 0.9081$$

12-13 극한을 주어진 구간에서 정적분으로 나타내어라.

12. $\lim_{n\to\infty}\sum_{i=1}^{n}\frac{e^{x_i}}{1+x_i}\Delta x, \quad [0, 1]$

13. $\lim_{n\to\infty}\sum_{i=1}^{n}[5(x_i^*)^3 - 4x_i^*]\Delta x, \quad [2, 7]$

14-15 정적분이 $\lim_{n\to\infty} R_n$과 같음을 보이고, 극한을 계산하여라.

14. $\int_0^4 (x - x^2)\,dx, \quad R_n = \frac{4}{n}\sum_{i=1}^{n}\left[\frac{4i}{n} - \frac{16i^2}{n^2}\right]$

15. $\int_1^3 (x^3 + 5x^2)\,dx, \quad R_n = \frac{2}{n}\sum_{i=1}^{n}\left[6 + \frac{26i}{n} + \frac{32i^2}{n^2} + \frac{8i^3}{n^3}\right]$

16-17 극한값을 계산하지 말고 리만합의 극한으로 적분을 표현하여라.

16. $\int_1^3 \sqrt{4 + x^2}\,dx$ **17.** $\int_2^5 \left(x^2 + \frac{1}{x}\right)dx$

18-21 정리 4의 적분의 정의를 이용하여 아래 적분을 계산하여라.

18. $\int_0^2 3x\,dx$ **19.** $\int_0^3 (5x + 2)\,dx$

20. $\int_1^5 (3x^2 + 7x)\,dx$ **21.** $\int_0^1 (x^3 - 3x^2)\,dx$

---

22. f의 그래프는 아래와 같다. 다음 적분을 넓이로 해석하여 계산하여라.

(a) $\int_0^2 f(x)\,dx$ (b) $\int_0^5 f(x)\,dx$

(c) $\int_5^7 f(x)\,dx$ (d) $\int_3^7 f(x)\,dx$

(e) $\int_3^7 |f(x)|\,dx$ (f) $\int_2^0 f(x)\,dx$

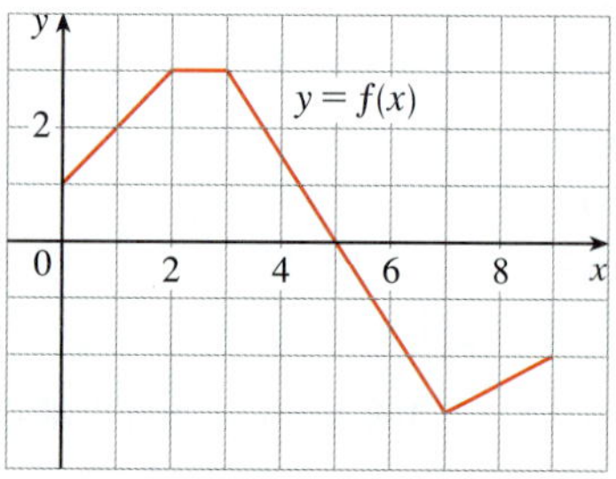

23-24

(a) 정리 4에 주어진 정적분의 정의를 사용하여 다음 적분을 계산하여라.

(b) 적분을 넓이로 해석하여 (a)의 답을 그래프로 확인하여라.

23. $\int_0^3 4x\,dx$ **24.** $\int_{-1}^4 (2 - \frac{1}{2}x)\,dx$

25-27 넓이로 적분을 해석하고 계산하여라.

25. $\int_{-2}^5 (10 - 5x)\,dx$ **26.** $\int_{-4}^3 |\frac{1}{2}x|\,dx$

27. $\int_{-3}^0 \left(1 + \sqrt{9 - x^2}\right)dx$

---

28. $\int_a^b x\,dx = \frac{b^2 - a^2}{2}$을 증명하여라.

29. $\int_a^b x^2\,dx = \frac{b^3 - a^3}{3}$을 증명하여라.

T **30-31** 합의 극한으로 적분을 표현하여라. 그 합과 극한을 구하고 컴퓨터 대수시스템을 이용하여 값을 계산하여라.

30. $\int_0^\pi \sin 5x\,dx$ **31.** $\int_2^{10} x^6\,dx$

---

32. $\int_1^1 \sqrt{1 + x^4}\,dx$를 계산하여라.

33. 5.1절 예제 2에서 $\int_0^1 x^2\,dx = \frac{1}{3}$임을 알았다. 이 사실과 적분의 성질을 이용하여 $\int_0^1 (5 - 6x^2)\,dx$를 구하여라.

34. 예제 4의 결과와 적분의 성질을 이용하여 $\int_1^3 (2e^x - 1)\,dx$를 계산하여라.

35. 예제 4의 결과를 이용하여 $\int_1^3 e^{x+2}\,dx$를 구하여라.

36. 다음을 $\int_a^b f(x)\,dx$와 같은 하나의 적분식으로 써라.

$$\int_{-2}^2 f(x)\,dx + \int_2^5 f(x)\,dx - \int_{-2}^{-1} f(x)\,dx$$

37. $\int_0^9 f(x)\,dx = 37$, $\int_0^9 g(x)\,dx = 16$일 때 $\int_0^9 [2f(x) + 3g(x)]\,dx$를 구하여라.

38. 아래 함수에 대해 $\int_0^5 f(x)\,dx$를 구하여라.

$$f(x) = \begin{cases} 3, & x < 3 \\ x, & x \geq 3 \end{cases}$$

39. 함수 f의 그래프가 아래와 같을 때, 아래의 값을 작은 것부터 큰 순서로 나열하고 그 이유를 설명하여라.

(A) $\int_0^8 f(x)\,dx$ (B) $\int_0^3 f(x)\,dx$ (C) $\int_3^8 f(x)\,dx$

(D) $\int_4^8 f(x)\,dx$ (E) $f'(1)$

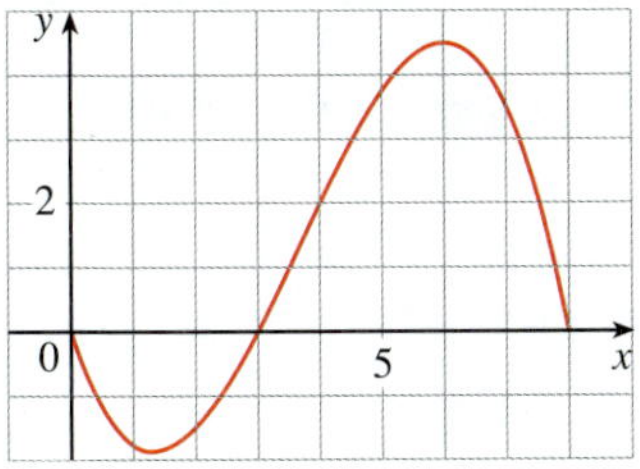

40. 함수 f와 x축으로 둘러싸여 있는 A, B, C 각 영역의 넓이는 3이다. 다음의 값을 구하여라.

$$\int_{-4}^{2} [f(x) + 2x + 5]\,dx$$

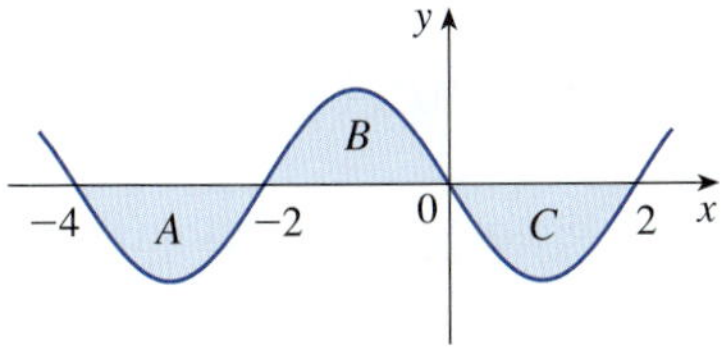

41. f의 최솟값을 m, 최댓값을 M이라 하자. $\int_0^2 f(x)\,dx$는 어떤 두 값 사이에 있는가? 적분의 어떤 성질이 이 결론을 얻게 하는가?

42-44 적분의 성질을 이용하여 적분의 계산 없이 다음 부등식이 참인지 확인하여라.

42. $\int_0^1 (x^2 - 4x + 4)\,dx \geq 0$

43. $2 \leq \int_{-1}^{1} \sqrt{1 + x^2}\,dx \leq 2\sqrt{2}$

44. $\dfrac{\pi}{12} \leq \int_{\pi/6}^{\pi/3} \sin x\,dx \leq \dfrac{\sqrt{3}\,\pi}{12}$

45-48 성질 8을 이용하여 다음 적분값을 계산하여라.

45. $\int_0^1 x^3\,dx$

46. $\int_{\pi/4}^{\pi/3} \tan x\,dx$

47. $\int_0^2 xe^{-x}\,dx$

48. $\int_{\pi}^{2\pi} (x - 2\sin x)\,dx$

49-50 적분의 성질과 연습문제 28, 29를 이용하여 다음 부등식을 증명하여라.

49. $\int_1^3 \sqrt{x^4 + 1}\,dx \geq \dfrac{26}{3}$

50. $\int_0^{\pi/2} x \sin x\,dx \leq \dfrac{\pi^2}{8}$

51. $\int_1^2 \arctan x\,dx$, $\int_1^2 \arctan \sqrt{x}\,dx$, $\int_1^2 \arctan(\sin x)\,dx$ 중 가장 큰 값은 어느 것인가? 그 이유는?

52. 적분의 성질 3을 증명하여라.

53. (a) 그래프에 표시된 함수 f에 대하여 다음 부등식이 성립함을 그래프로 보여라.

$$\left|\int_a^b f(x)\,dx\right| \leq \int_a^b |f(x)|\,dx$$

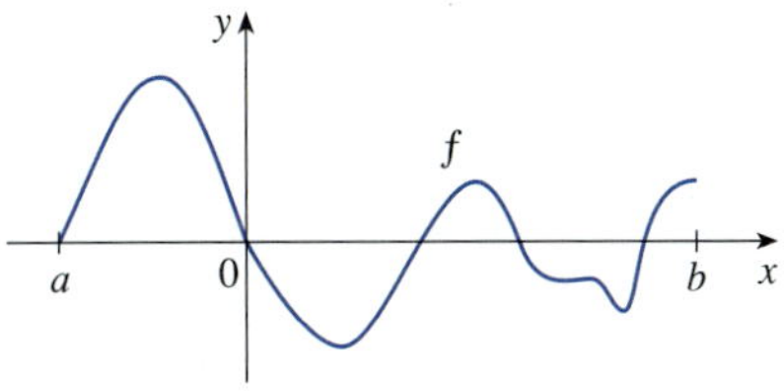

(b) $[a, b]$에서 연속인 함수 f에 대하여 (a)의 부등식이 성립함을 증명하여라.

(c) 다음을 보여라.

$$\left|\int_a^b f(x) \sin 2x\,dx\right| \leq \int_a^b |f(x)|\,dx$$

54. 모든 유리수 x에 대해 $f(x) = 0$이고 모든 무리수 x에 대해 $f(x) = 1$일 때, f는 $[0, 1]$에서 적분가능하지 않음을 보여라.

55-56 다음 극한을 정적분으로 표현하여라.

55. $\displaystyle\lim_{n\to\infty} \sum_{i=1}^{n} \frac{i^4}{n^5}$ [힌트: $f(x) = x^4$]

56. $\displaystyle\lim_{n\to\infty} \frac{1}{n} \sum_{i=1}^{n} \frac{1}{1 + (i/n)^2}$

발견프로젝트 | 넓이 함수

1. (a) 직선 $y = 2t + 1$을 그리고 이 그래프를 이용하여 직선 아래, t축 위, 수직선 $t = 1$, $t = 3$ 사이의 넓이를 구하여라.

(b) $x > 1$일 때 $A(x)$를 직선 $y = 2t + 1$ 아래의 $t = 1$과 $t = x$ 사이의 영역의 넓이라 하자. 이 영역을 그려 $A(x)$의 식을 구하여라.

(c) 넓이 함수 $A(x)$를 미분하여라. 무엇을 알았는가?

2. (a) $x \geqslant -1$일 때

$$A(x) = \int_{-1}^{x} (1 + t^2)\, dt$$

라 하자. $A(x)$는 영역의 넓이를 나타낸다. 이 영역을 그려라.

(b) 5.2절 연습문제 48의 결과를 이용하여 $A(x)$의 식을 구하여라.

(c) $A'(x)$를 구하여라. 무엇을 알았는가?

(d) $x \geqslant -1$이고 h는 작은 양수일 때, $A(x + h) - A(x)$는 영역의 넓이를 나타낸다. 이 영역의 그림을 그리고 설명하여라.

(e) (d)의 영역에 근사 직사각형을 그려라. 두 영역의 넓이를 비교하여 다음을 보여라.

$$\frac{A(x + h) - A(x)}{h} \approx 1 + x^2$$

(f) (e)를 이용하여 (c)의 결과에 대해 직관적으로 설명하여라.

3. (a) 조망창 $[0, 2] \times [-1.25, 1.25]$에서 함수 $f(x) = \cos(x^2)$의 그래프를 그려라.

(b) 새로운 함수 g를

$$g(x) = \int_{0}^{x} \cos(t^2)\, dt$$

로 정의하면 $g(x)$는 0에서 x까지 f의 그래프 아래 넓이가 된다[$f(x)$가 음수가 되고, $g(x)$가 넓이 사이의 차가 되는 점까지]. (a)를 이용하여 $g(x)$가 감소하기 시작하는 x 값을 구하여라. [문제 2의 적분과는 다르게 $g(x)$의 명확한 표현을 얻기 위해 적분의 정의 g를 계산하는 것은 불가능하다.]

(c) 계산기 혹은 컴퓨터의 적분 명령어를 이용하여 $g(0.2)$, $g(0.4)$, $g(0.6)$, . . . , $g(1.8)$, $g(2)$를 계산하여라. 이 값을 이용하여 g의 그래프를 그려라.

(d) (c)에서 구한 g의 그래프와 접선의 기울기로써 $g'(x)$의 해석을 이용하여 g'의 그래프를 구하여라. g'의 그래프와 f의 그래프를 어떻게 비교하는가?

4. f가 구간 $[a, b]$에서 연속함수이고, 새로운 함수 g를 다음의 방정식으로 정의한다.

$$g(x) = \int_{a}^{x} f(t)\, dt$$

문제 1~3의 결과를 이용하여 $g'(x)$의 표현을 추측하여라.

5.3 미적분학의 기본 정리

미적분학의 기본 정리(Fundamental Theorem of Calculus)는 미적분학의 두 분야인 미분학과 적분학을 연결한다. 미분학은 접선 문제로부터 발생한 반면에 적분학은 겉으로

는 관련이 없어 보이는 넓이 문제로부터 발생하였다. 케임브리지에서 뉴턴의 스승인 배로(Isaac Barrow, 1630~1677)는 두 가지 문제가 실제로 밀접하게 관련되어 있음을 발견하였다. 실제로 그는 미분법과 적분법이 서로 역과정임을 깨달았다. 미적분학의 기본 정리는 도함수와 적분 사이의 정확한 역관계를 보여준다. 이러한 관계를 개발한 뉴턴과 라이프니츠는 그것을 사용하여 미적분학을 체계적인 수학적 방법으로 발전시켰다. 특히 그들은 미적분학의 기본 정리가 5.1절과 5.2절에서 사용했던 것과 같이 합의 극한으로 넓이와 적분을 계산하지 않고, 매우 쉽게 넓이와 적분을 계산할 수 있음을 알았다.

■ 미적분학의 기본 정리 1

첫 번째 기본 정리는 다음과 같은 형태의 방정식으로 정의되는 함수에 관한 것이다. 여기서 f는 구간 $[a, b]$에서 연속함수이고, x는 a와 b 사이에서 변한다.

1 $$g(x) = \int_a^x f(t)\, dt$$

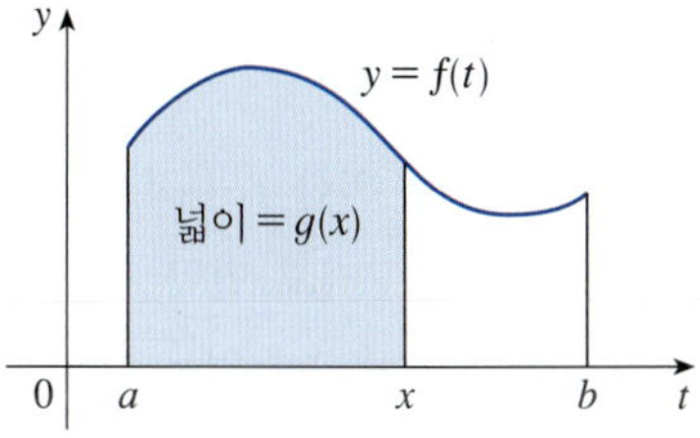

그림 1

g는 적분에서 상한의 변수인 x에만 좌우된다는 사실에 주의해야 한다. 만일 x가 고정된 수라면, 적분 $\int_a^x f(t)\, dt$는 하나의 수이다. 만일 x가 변한다면, 수로 표현되는 $\int_a^x f(t)\, dt$도 변하게 되므로 $g(x)$로 표시되는 x의 함수로 정의될 수 있다.

만약 f가 양수값을 가지는 함수라 하면 $g(x)$는 a로부터 x까지 f의 그래프 아래에 있는 영역의 넓이로 이해할 수 있다. 여기서 x는 a로부터 b까지 변할 수 있다. (g를 넓이 함수로 생각하여라. 그림 1 참조)

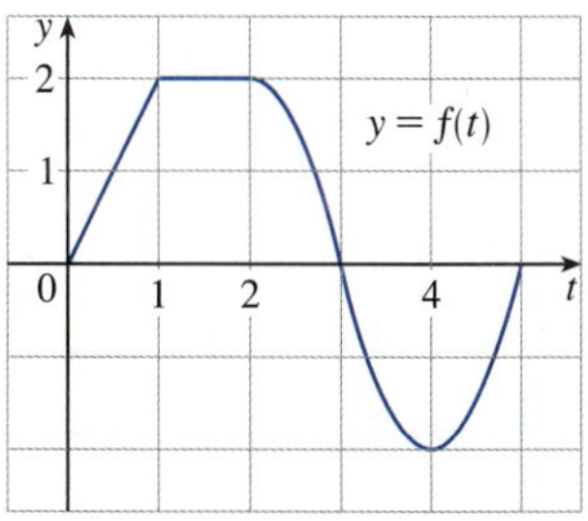

그림 2

예제 1 f는 그림 2와 같은 그래프를 갖는 함수이고 $g(x) = \int_0^x f(t)\, dt$일 때, $g(0)$, $g(1)$, $g(2)$, $g(3)$, $g(4)$, $g(5)$의 값을 구하여라. 그리고 g의 대략적인 그래프를 그려라.

풀이 먼저 $g(0) = \int_0^0 f(t)\, dt = 0$이다. 그림 3으로부터 $g(1)$은 삼각형의 넓이임을 알 수 있다.

$$g(1) = \int_0^1 f(t)\, dt = \tfrac{1}{2}(1 \cdot 2) = 1$$

$g(2)$를 구하기 위해 $g(1)$에 직사각형의 넓이를 더한다.

$$g(2) = \int_0^2 f(t)\, dt = \int_0^1 f(t)\, dt + \int_1^2 f(t)\, dt = 1 + (1 \cdot 2) = 3$$

2에서 3까지 f 아래의 넓이는 약 1.3으로 추정된다. 따라서

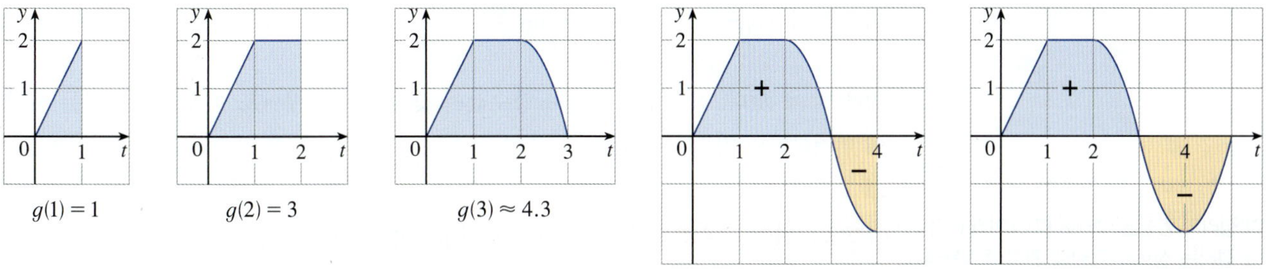

$g(1) = 1$ $g(2) = 3$ $g(3) \approx 4.3$ $g(4) \approx 3$ $g(5) \approx 1.7$

그림 3

$$g(3) = g(2) + \int_2^3 f(t)\,dt \approx 3 + 1.3 = 4.3$$

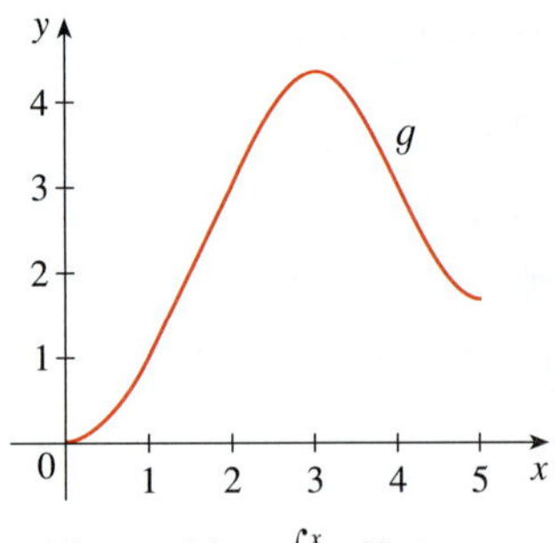

그림 4 $g(x) = \int_0^x f(t)\,dt$

$t > 3$에 대하여 $f(t)$는 음수이므로 넓이를 빼면 다음과 같다.

$$g(4) = g(3) + \int_3^4 f(t)\,dt \approx 4.3 + (-1.3) = 3.0$$

$$g(5) = g(4) + \int_4^5 f(t)\,dt \approx 3 + (-1.3) = 1.7$$

그림 4에 있는 g의 그래프를 그리기 위해 위에서 구한 값들을 사용한다. $t < 3$에서 $f(t)$가 양수이기 때문에 $t < 3$에 대하여 넓이를 더하므로 $x = 3$까지 g는 증가하고, $x = 3$에서 최댓값을 갖는다. $x > 3$에 대하여 $f(t)$가 음수이기 때문에 g는 감소한다. ■

만약 5.2절의 연습문제 28을 이용하고, $f(t) = t$와 $a = 0$을 택하면 다음과 같은 $g(x)$를 얻는다.

$$g(x) = \int_0^x t\,dt = \frac{x^2}{2}$$

$g'(x) = x$, 즉 $g' = f$임을 주목하자. 다시 말해서, 만약 g가 식 [1]에 의한 f의 적분으로 정의되면 적어도 이 경우에서는 g가 f의 원시함수임이 증명된다. 그리고 만약 접선의 기울기들을 측정하여 그림 4에 나타난 함수 g의 도함수를 그리면 그림 2에 있는 f의 그래프를 얻게 된다. 그래서 예제 1에서도 역시 $g' = f$라고 추측할 수 있다.

이것이 일반적으로 참임을 보이기 위해서 $f(x) \geqslant 0$인 임의의 연속함수 f를 생각한다. 그러면 $g(x) = \int_a^x f(t)\,dt$는 그림 1에서처럼 a에서 x까지의 f의 그래프 아래 영역의 넓이로 설명할 수 있다.

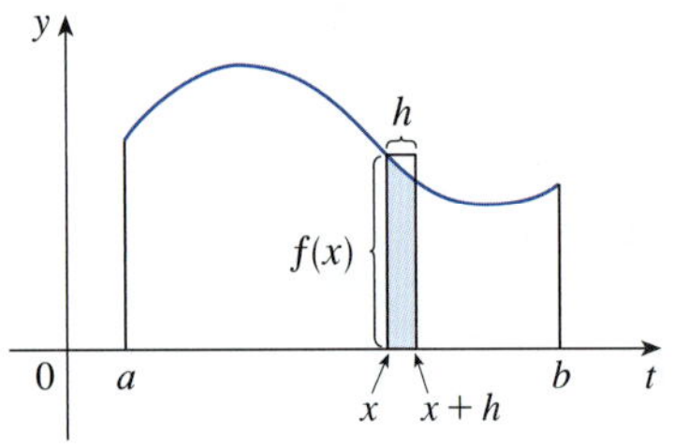

그림 5

도함수의 정의에 의해 $g'(x)$를 계산하기 위하여 먼저 $h > 0$인 h에 대해 $g(x + h) - g(x)$는 넓이를 빼서 얻어지므로 x에서 $x + h$까지 f의 그래프 아래에 있는 영역의 넓이가 된다(그림 5에 있는 청색 부분). 작은 h에 대하여 이 넓이는 높이가 $f(x)$이고 폭이 h인 직사각형의 넓이와 근사적으로 같음을 그림으로 알 수 있다.

$$g(x + h) - g(x) \approx hf(x)$$

따라서

$$\frac{g(x + h) - g(x)}{h} \approx f(x)$$

이므로 직관적으로

$$g'(x) = \lim_{h \to 0} \frac{g(x + h) - g(x)}{h} = f(x)$$

임을 알 수 있다. 함수 f가 반드시 양수값을 갖지 않을 경우에도 이것이 참이라는 사실이 미적분학의 기본 정리 1이다.

이 정리의 명칭을 약자로 FTC1이라 쓴다. 이 정리는 상한의 극한에 관한 정적분의 도함수는 상한의 극한에 대한 피적분함수라 표현한다.

미적분학의 기본 정리 1 함수 f가 구간 $[a, b]$에서 연속이면,

$$g(x) = \int_a^x f(t)\,dt \qquad a \leqslant x \leqslant b$$

로 정의된 함수 g는 구간 $[a, b]$에서 연속이고 구간 (a, b)에서 미분가능하며, $g'(x) = f(x)$이다.

증명 만일 x와 $x + h$가 구간 (a, b) 안에 있다면

$$\begin{aligned} g(x+h) - g(x) &= \int_a^{x+h} f(t)\,dt - \int_a^x f(t)\,dt \\ &= \left(\int_a^x f(t)\,dt + \int_x^{x+h} f(t)\,dt\right) - \int_a^x f(t)\,dt \qquad \text{(적분의 성질 5)} \\ &= \int_x^{x+h} f(t)\,dt \end{aligned}$$

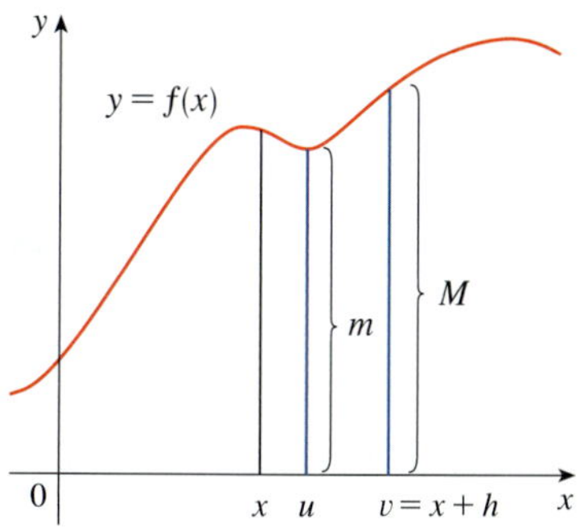

그림 6

이다. 따라서 $h \neq 0$인 h에 대하여

2 $$\frac{g(x+h) - g(x)}{h} = \frac{1}{h}\int_x^{x+h} f(t)\,dt$$

이다. 이제 $h > 0$임을 가정하자. f는 $[x, x+h]$ 위에서 연속이므로 극값 정리에 의하여 $f(u) = m$과 $f(v) = M$이 되는 구간 $[x, x+h]$ 내의 수 u와 v가 존재한다. 여기서 m과 M은 구간 $[x, x+h]$에서 f의 최솟값과 최댓값이다(그림 6 참조).

적분의 성질 8에 의해

$$mh \leqslant \int_x^{x+h} f(t)\,dt \leqslant Mh$$

즉,

$$f(u)h \leqslant \int_x^{x+h} f(t)\,dt \leqslant f(v)h$$

를 얻는다. $h > 0$이므로 위의 부등식을 h로 나누면

$$f(u) \leqslant \frac{1}{h}\int_x^{x+h} f(t)\,dt \leqslant f(v)$$

이다. 이제 방정식 **2**를 이용하여 위 부등식의 중앙 부분을 바꿔 놓으면

3 $$f(u) \leqslant \frac{g(x+h) - g(x)}{h} \leqslant f(v)$$

를 얻는다. $h < 0$인 경우에 대하여도 비슷한 방법으로 부등식 **3**을 증명할 수 있다.

이제 $h \to 0$으로 하자. 그러면 u와 v가 x와 $x + h$ 사이에 놓이므로 $u \to x$이고, $v \to x$이다. 그러므로 f가 x에서 연속이므로

$$\lim_{h\to 0} f(u) = \lim_{u\to x} f(u) = f(x) \text{이고} \qquad \lim_{h\to 0} f(v) = \lim_{v\to x} f(v) = f(x)$$

이다. 부등식 **3**과 조임정리에 의해

4 $$g'(x) = \lim_{h\to 0}\frac{g(x+h) - g(x)}{h} = f(x)$$

임을 알 수 있다. 만약 $x = a$ 또는 b라면 식 **4**는 한쪽 극한으로 해석할 수 있다. 그러면 2.8절의 정리 **4** (한쪽 극한의 변형)는 g가 $[a, b]$에서 연속임을 말하고 있다. ■

도함수에 대한 라이프니츠 기호를 사용하여 함수 f가 연속일 경우에 FTC1을 다음과 같이 표기할 수 있다.

5 $$\frac{d}{dx}\int_a^x f(t)\,dt = f(x)$$

대략 말하면, 방정식 **5**는 먼저 f를 적분한 다음에 그 결과를 미분한다면, 본래의 함수 f를 다시 얻는다는 사실을 말하고 있다.

예제 2 함수 $g(x) = \int_0^x \sqrt{1 + t^2}\,dt$의 도함수를 구하여라.

풀이 $f(t) = \sqrt{1 + t^2}$은 연속함수이므로 미적분학의 기본 정리 1에 의해

$$g'(x) = \sqrt{1 + x^2}$$

이다. ■

예제 3 $g(x) = \int_a^x f(t)\,dt$ 형태의 공식은 함수를 정의하는 낯선 방법같이 보이지만 물리학, 화학, 통계학 분야에서는 많이 다룬다. 예를 들면, **프레넬 함수**(Fresnel function)

$$S(x) = \int_0^x \sin(\pi t^2/2)\,dt$$

는 프랑스의 물리학자 프레넬(Augustin Fresnel, 1788~1827)의 이름을 따서 붙인 것이며, 광학 분야의 연구업적으로 유명하다. 이 함수는 광파의 회절에 관한 프레넬 이론에 처음으로 나타났으나 최근에는 고속도로의 설계에 적용되고 있다.

미적분학의 기본 정리 1은 프레넬 함수를 미분하는 방법을 말해주고 있다.

$$S'(x) = \sin(\pi x^2/2)$$

이것은 S를 해석하기 위하여 미분학의 모든 방법들을 적용할 수 있음을 의미한다.

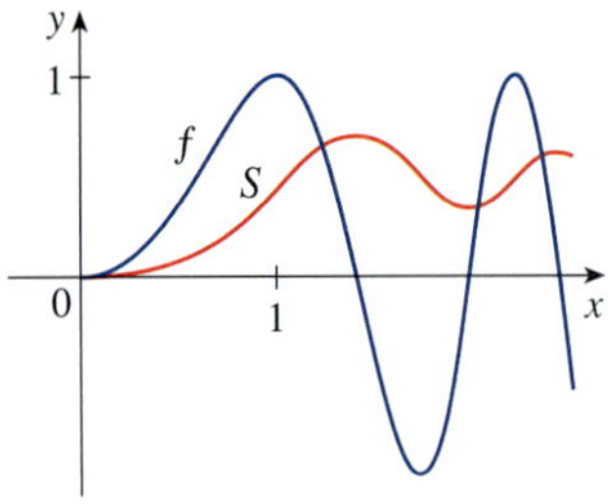

그림 7 $f(x) = \sin(\pi x^2/2)$
$S(x) = \int_0^x \sin(\pi t^2/2)\,dt$

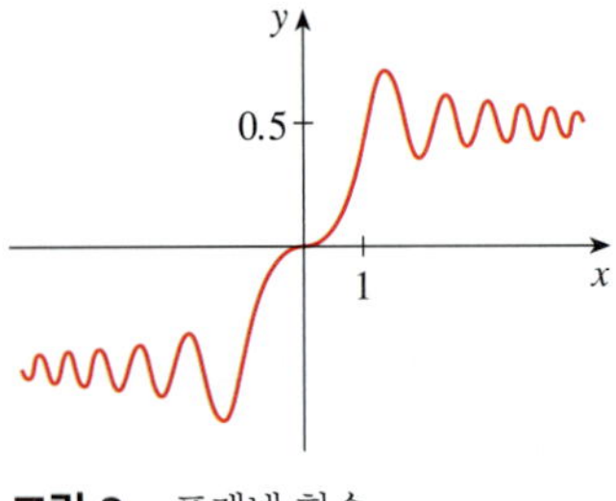

그림 8 프레넬 함수
$S(x) = \int_0^x \sin(\pi t^2/2)\,dt$

그림 7은 $f(x) = \sin(\pi x^2/2)$와 프레넬 함수 $S(x) = \int_0^x f(t)\,dt$의 그래프이다. x의 많은 값에서 이 적분의 값을 계산하여 S의 그래프를 그리는 데 컴퓨터를 사용하였다. $S(x)$는 0에서 x까지의 [$S(x)$가 넓이들의 차로 되는 $x \approx 1.4$까지] f의 그래프 아래에 있는 영역의 넓이처럼 보인다. 그림 8은 S의 그래프의 더 큰 부분이다.

만일 그림 7에 있는 S의 그래프의 도함수가 무엇과 같이 보이는가를 생각한다면, $S'(x) = f(x)$라는 것이 합리적으로 보인다. (예를 들면 $f(x) > 0$일 경우에 S는 증가하고, $f(x) < 0$일 경우에 S는 감소한다.) 그러므로 이 사실은 미적분학의 기본 정리 1을 시각적으로 확인시켜 준다. ■

예제 4 $\frac{d}{dx}\int_1^{x^4} \sec t\,dt$를 구하여라.

풀이 FTC1과 연쇄법칙을 주의 깊게 사용하여야 한다. $u = x^4$이라 하자. 그러면

$$\frac{d}{dx}\int_1^{x^4} \sec t\,dt = \frac{d}{dx}\int_1^{u} \sec t\,dt$$

$$= \frac{d}{du}\left[\int_1^{u} \sec t\,dt\right]\frac{du}{dx} \qquad \text{(연쇄법칙에 의해)}$$

$$= \sec u\,\frac{du}{dx} \qquad \text{(FTC1에 의해)}$$

$$= \sec(x^4)\cdot 4x^3$$

■

■ 미적분학의 기본 정리 2

5.2절에서 적분을 리만합의 극한에 의한 정의로 계산하였는데, 이러한 과정이 때로는 지루하고 어렵다는 것을 알았다. 미적분학의 기본 정리 1로부터 쉽게 얻어지는 미적분학의 기본 정리 2는 적분 계산을 훨씬 편리하게 해준다.

이 정리를 약자로 FTC2로 나타낸다.

미적분학의 기본 정리 2 만일 f가 구간 $[a, b]$에서 연속함수이면

$$\int_a^b f(x)\,dx = F(b) - F(a)$$

이다. 여기서 F는 f의 임의의 원시함수이다. 즉 $F' = f$가 되는 함수이다.

증명 $g(x) = \int_a^x f(t)\,dt$라 하자. 미적분학의 기본 정리 1로부터 $g'(x) = f(x)$임을 안다. 즉 g는 f의 하나의 원시함수이다. 만약 F가 구간 $[a, b]$에서 f의 임의의 다른 원시함수라 하면, 4.2절의 따름정리 [7]로부터 F와 g는 상수만큼 차이가 난다. $a < x < b$에 대하여

[6] $$F(x) = g(x) + C$$

이다. 그러나 F와 g가 구간 $[a, b]$에서 연속이므로 방정식 [6]의 양변에 극한을 택함으로써($x \to a^+$와 $x \to b^-$) $x = a$이고 $x = b$일 때도 성립함을 알 수 있다.

$g(x)$에 대한 공식에서 $x = a$를 대입하면 다음을 얻는다.

$$g(a) = \int_a^a f(t)\,dt = 0$$

따라서 방정식 [6]에 $x = b$와 $x = a$를 사용하면 다음을 얻는다.

$$F(b) - F(a) = [g(b) + C] - [g(a) + C]$$

$$= g(b) - g(a) = g(b) = \int_a^b f(t)\,dt$$

■

미적분학의 기본 정리 2는 만일 f의 하나의 원시함수 F를 알면, $\int_a^b f(x)\,dx$는 간단히 구간 $[a, b]$의 끝점에서 F의 값을 뺌으로써 계산할 수 있다는 것을 말해준다. $a \leqslant x \leqslant b$에 대하여 $f(x)$의 모든 값을 포함하는 복잡한 절차로 정의되었던 $\int_a^b f(x)\,dx$가 단지 두 점 a와 b에서 $F(x)$의 값만 알면 구할 수 있다는 것은 매우 놀라운 일이다.

이 정리는 처음 얼핏 보기에는 놀라운 것이지만, 물리적인 용어로 해석해보면 훨씬 그럴듯하게 이해된다. 만일 $v(t)$가 한 물체의 속도이고, $s(t)$가 시간 t에서 위치라 하면 $v(t) = s'(t)$이므로 s는 v의 원시함수이다. 5.1절에서 언제나 양의 방향으로 운동하는 물체를 생각하였고, 속도 곡선 아래의 넓이는 주행한 거리와 같다고 생각하였다. 수식으로는

$$\int_a^b v(t)\,dt = s(b) - s(a)$$

이다. 이것이 물리적 맥락에서 FTC2가 의미하는 바이다.

예제 5 $\int_1^3 e^x\,dx$를 계산하여라.

풀이 함수 $f(x) = e^x$는 모든 점에서 연속이고 하나의 원시함수가 $F(x) = e^x$임을 안다. 미적분학의 기본 정리 2에 의하여

예제 5의 계산과 5.2절의 예제 4에 있는 훨씬 어려운 계산을 비교해보아라.

$$\int_1^3 e^x\,dx = F(3) - F(1) = e^3 - e$$

이다. FTC2는 f의 임의의 원시함수 F를 사용할 수 있음을 주목하여라. 그래서 $e^x + 7$ 또는 $e^x + C$ 대신에 가장 간단한 것 중의 하나인 $F(x) = e^x$를 사용할 수 있다. ■

기호 표기

종종 다음과 같은 기호를 사용한다.

$$F(x)\Big]_a^b = F(b) - F(a)$$

따라서 FTC2는 다음과 같이 쓸 수 있다.

$$\int_a^b f(x)\,dx = F(x)\Big]_a^b$$

여기서 $F' = f$이다. 또 다른 표기법은 $F(x)\,\big|_a^b$, $[F(x)]_a^b$이다.

예제 6 0에서 1까지 포물선 $y = x^2$ 아래의 넓이를 구하여라.

풀이 $f(x) = x^2$의 하나의 원시함수는 $F(x) = \frac{1}{3}x^3$이다. 구하려는 넓이 A는 미적분학의 기본 정리 2를 사용하여 구할 수 있다.

미적분학의 기본 정리를 적용할 때 f의 특정 원시함수 F를 사용한다. 가장 일반적인 원시함수를 이용할 필요가 없다.

$$A = \int_0^1 x^2\,dx = \frac{x^3}{3}\bigg]_0^1 = \frac{1^3}{3} - \frac{0^3}{3} = \frac{1}{3}$$ ■

5.1절에 있는 예제 2의 계산과 예제 6의 계산을 비교해보면 미적분학의 기본 정리가 훨씬 간편한 방법임을 알게 된다.

예제 7 $\int_3^6 \frac{dx}{x}$를 계산하여라.

풀이 위의 주어진 적분은 아래 식을 간단히 나타낸 것이다.

$$\int_3^6 \frac{1}{x}\,dx$$

$f(x) = 1/x$의 하나의 원시함수는 $F(x) = \ln|x|$이고, $3 \leqslant x \leqslant 6$이기 때문에 $F(x) = \ln x$

로 나타낼 수 있다. 따라서

$$\int_3^6 \frac{1}{x}\,dx = \ln x\Big]_3^6 = \ln 6 - \ln 3 = \ln \frac{6}{3} = \ln 2 \qquad \blacksquare$$

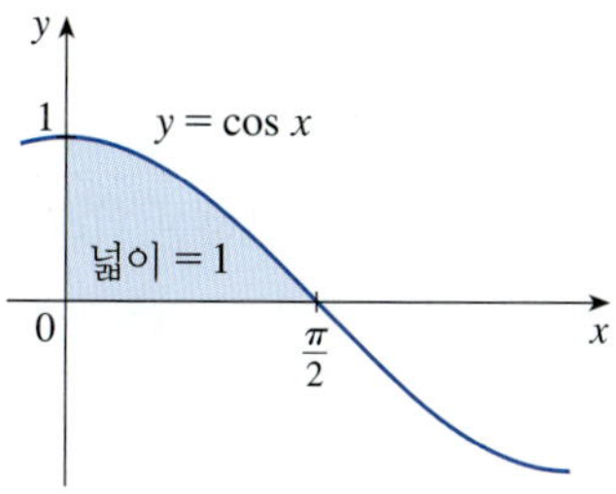

그림 9

예제 8 0에서 b까지의 코사인 곡선 아래의 넓이를 구하여라. 여기서 $0 \leqslant b \leqslant \pi/2$이다.

풀이 $f(x) = \cos x$의 하나의 원시함수는 $F(x) = \sin x$이므로 다음을 얻는다.

$$A = \int_0^b \cos x\,dx = \sin x\Big]_0^b = \sin b - \sin 0 = \sin b$$

특히 $b = \pi/2$를 택하여 0에서 $\pi/2$까지 코사인 곡선 아래의 넓이는 $\sin(\pi/2) = 1$임을 증명했다(그림 9 참조). ■

프랑스의 수학자 로베르발(Gilles de Roberval)이 1635년 처음으로 사인과 코사인 곡선 아래의 넓이를 구하였을 때, 이 문제는 독창성을 요구하는 아주 어려운 문제였다. 만일 미적분학의 기본 정리 혜택이 없다면, 복잡한 삼각함수 항등식을 사용하여 어려운 합의 극한을 계산해야만 했을 것이다. 1635년까지도 극한을 계산하는 기법이 발명되지 않았기 때문에 로베르발에게는 더욱 힘든 일이었다. 그러나 1660년대와 1670년대에 미적분학의 기본 정리가 배로에 의해 발견되고 뉴턴과 라이프니츠에 의해 개발되어 이러한 문제들은 예제 8에서 볼 수 있듯이 매우 쉬운 일이 되었다.

예제 9 다음 계산에서 무엇이 잘못되었는가?

$$\int_{-1}^3 \frac{1}{x^2}\,dx = \frac{x^{-1}}{-1}\Bigg]_{-1}^3 = -\frac{1}{3} - 1 = -\frac{4}{3}$$

풀이 문제를 풀기 전에 이 계산이 분명히 잘못되었다는 것을 알 수 있다. 왜냐하면 $f(x) = 1/x^2 \geqslant 0$이고 적분의 성질 6에 의하여 $f \geqslant 0$일 때 $\int_a^b f(x)\,dx \geqslant 0$임에도 불구하고 답이 음수이기 때문이다. 미적분학의 기본 정리는 연속함수에 적용되는 정리인데, $f(x) = 1/x^2$이 구간 $[-1, 3]$에서 연속이 아니므로 이 정리를 적용할 수 없다. 사실 f는 $x = 0$에서 무한 불연속점을 가지므로 $\int_{-1}^3 \frac{1}{x^2}\,dx$가 존재하지 않는다. ■

■ 역과정인 미분과 적분

미적분학의 기본 정리 1과 2를 함께 소개하며 이 절을 마치고자 한다.

> **미적분학의 기본 정리** f가 구간 $[a, b]$에서 연속이라고 가정하자.
>
> **1.** $g(x) = \int_a^x f(t)\,dt$이면, $g'(x) = f(x)$이다.
>
> **2.** $\int_a^b f(x)\,dx = F(b) - F(a)$, 여기서 F는 f의 임의의 원시함수, 즉 $F' = f$이다.

미적분학의 기본 정리 1을 다음과 같이 다시 쓸 수 있음을 알았다.

$$\frac{d}{dx}\int_a^x f(t)\,dt = f(x)$$

이것은 f를 적분하고 그 결과를 미분하면 원래의 함수 f를 구할 수 있다는 것을 의미한다. $F'(x) = f(x)$이므로 기본 정리 2를 다음과 같이 다시 쓸 수 있다.

$$\int_a^x F'(t)\,dt = F(x) - F(a)$$

이 변형된 공식은 만약 한 함수 F를 택하여 먼저 미분하고 그 결과를 적분하면 원래의 함수 F는 $F(b) - F(a)$ 형태로 되돌아감을 말한다. 미적분학의 기본 정리 두 가지는 미분과 적분이 역과정이라는 것을 말한다.

미적분학의 기본 정리는 미적분학에서 의심할 필요없이 가장 중요한 정리이고, 실제로 그것은 인간의 위대한 업적 중의 하나로 자리하고 있다. 에우독소스와 아르키메데스 시대부터 갈릴레오와 페르마 시대까지 이 정리가 발견되기 전에는 넓이, 부피, 곡선의 길이를 구하는 문제들은 너무 어려워서 단지 천재만이 도전할 수 있었다. 그러나 뉴턴과 라이프니츠가 미적분학의 기본 정리로부터 만든 체계적인 방법 덕분에 지금은 우리 모두 이러한 도전적 문제에 접근할 수 있게 되었다.

5.3 연습문제

1. "미분과 적분은 역과정이다."라는 문장이 의미하는 것을 정확하게 설명하여라.

2. 함수 f의 그래프는 아래와 같고 $g(x) = \int_0^x f(t)\,dt$라 하자.

(a) $g(0)$, $g(1)$, $g(2)$, $g(3)$, $g(6)$을 구하여라.

(b) g가 증가하는 구간은 어디인가?

(c) g는 어디에서 최댓값을 가지는가?

(d) g의 그래프를 대략적으로 그려라.

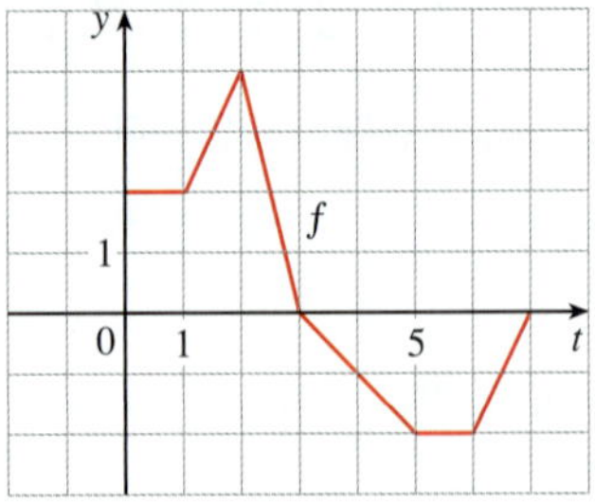

3-4 함수 f의 그래프가 아래와 같다. g는 0과 x 사이의 f 그래프 아래 넓이를 나타내는 함수라 하자.

(a) 그림을 이용하여 $g(x)$의 함수식을 구하여라.

(b) g가 f의 원시함수임을 보이고, 이 사실이 어떻게 함수 f에 대하여 미적분학의 기본 정리 1이 성립함을 보여주는지 설명하여라.

3.

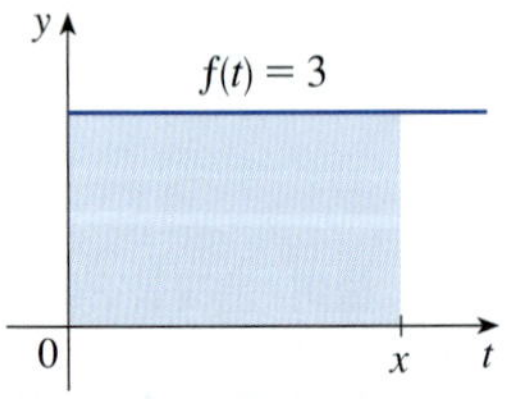

4.

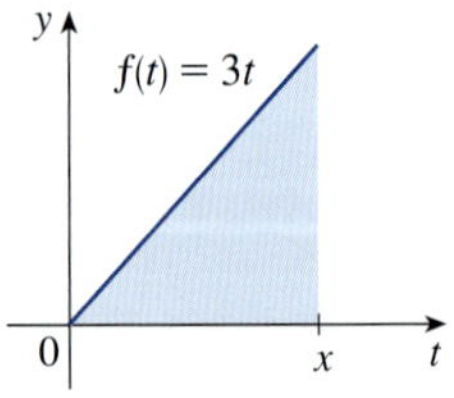

5-6 $g(x)$로 표현된 영역에 대한 그림을 그려라. 두 가지 방법으로 $g'(x)$를 구하여라.

(a) 미적분학의 기본 정리 1을 이용하는 방법

(b) 기본 정리 2를 이용하여 적분을 계산한 다음 미분하는 방법

5. $g(x) = \int_1^x t^2\,dt$

6. $g(x) = \int_0^x (2 + \sin t)\,dt$

7-14 미적분학의 기본 정리 1을 이용하여 다음 함수의 도함수를 구하여라.

7. $g(x) = \int_0^x \sqrt{t + t^3}\,dt$

8. $g(x) = \int_1^x \ln(1 + t^2)\,dt$

9. $g(w) = \int_0^w \sin(1 + t^3)\,dt$

10. $F(x) = \int_x^0 \sqrt{1 + \sec t}\, dt$

$\left[\text{힌트: } \int_x^0 \sqrt{1 + \sec t}\, dt = -\int_0^x \sqrt{1 + \sec t}\, dt \right]$

11. $h(x) = \int_1^{e^x} \ln t\, dt$

12. $y = \int_1^{3x+2} \frac{t}{1 + t^3}\, dt$

13. $y = \int_0^{\tan x} e^{-t^2}\, dt$

14. $y = \int_{\sqrt{x}}^{\pi/4} \theta \tan \theta\, d\theta$

15-18 미적분학의 기본 정리 2를 이용하여 적분을 계산하고, 그 결과를 넓이 또는 넓이의 차로 해석하여라. 그림으로도 설명하여라.

15. $\int_{-1}^{2} x^3\, dx$

16. $\int_0^4 (x^2 - 4x)\, dx$

17. $\int_{\pi/2}^{2\pi} (2 \sin x)\, dx$

18. $\int_{-1}^{2} (e^x + 2)\, dx$

19-39 적분을 계산하여라.

19. $\int_1^3 (x^2 + 2x - 4)\, dx$

20. $\int_0^2 \left(\frac{4}{5}t^3 - \frac{3}{4}t^2 + \frac{2}{5}t\right) dt$

21. $\int_1^9 \sqrt{x}\, dx$

22. $\int_0^4 (t^2 + t^{3/2})\, dt$

23. $\int_1^3 \left(\frac{1}{z^2} + \frac{1}{z^3}\right) dz$

24. $\int_{\pi/2}^{0} \cos \theta\, d\theta$

25. $\int_{-5}^{5} e\, dx$

26. $\int_0^1 (u + 2)(u - 3)\, du$

27. $\int_1^4 \frac{2 + x^2}{\sqrt{x}}\, dx$

28. $\int_1^3 \left(2x + \frac{1}{x}\right) dx$

29. $\int_5^5 \sqrt{t^2 + \sin t}\, dt$

30. $\int_0^{\pi/3} \sec \theta \tan \theta\, d\theta$

31. $\int_0^1 (1 + r)^3\, dr$

32. $\int_0^3 (2 \sin x - e^x)\, dx$

33. $\int_1^{18} \sqrt{\frac{3}{z}}\, dz$

34. $\int_0^1 (x^e + e^x)\, dx$

35. $\int_0^1 \cosh t\, dt$

36. $\int_{1/\sqrt{3}}^{\sqrt{3}} \frac{8}{1 + x^2}\, dx$

37. $\int_0^4 2^s\, ds$

38. $\int_{1/2}^{1/\sqrt{2}} \frac{4}{\sqrt{1 - x^2}}\, dx$

39. $\int_0^{\pi} f(x)\, dx, \quad f(x) = \begin{cases} \sin x, & 0 \le x < \pi/2 \\ \cos x, & \pi/2 \le x \le \pi \end{cases}$

40-41 다음 곡선으로 둘러싸인 영역을 그리고 넓이를 계산하여라.

40. $y = \sqrt{x}, \quad y = 0, \quad x = 4$

41. $y = 4 - x^2, \quad y = 0$

42-44 그래프를 이용하여 주어진 곡선의 아래 영역의 넓이를 대략적으로 구하여라. 그러고 나서 정확한 넓이를 구하여라.

42. $y = \sqrt[3]{x}, \ 0 \le x \le 27$

43. $y = \sin x, \ 0 \le x \le \pi$

44. $y = \sec^2 x, \ 0 \le x \le \pi/3$

45-47 다음 방정식에서 무엇이 잘못되었는가?

45. $\int_{-2}^{1} x^{-4}\, dx = \frac{x^{-3}}{-3}\Big]_{-2}^{1} = -\frac{3}{8}$

46. $\int_{\pi/3}^{\pi} \sec \theta \tan \theta\, d\theta = \sec \theta \Big]_{\pi/3}^{\pi} = -3$

47. $\int_0^{\pi} \sec^2 x\, dx = \tan x \Big]_0^{\pi} = 0$

48-51 도함수를 구하여라.

48. $g(x) = \int_{2x}^{3x} \frac{u^2 - 1}{u^2 + 1}\, du$

$\left[\text{힌트: } \int_{2x}^{3x} f(u)\, du = \int_{2x}^{0} f(u)\, du + \int_0^{3x} f(u)\, du \right]$

49. $F(x) = \int_x^{x^2} e^{t^2}\, dt$

50. $F(x) = \int_{\sqrt{x}}^{2x} \arctan t\, dt$

51. $y = \int_{\cos x}^{\sin x} \ln(1 + 2v)\, dv$

52. $f(x) = \int_0^x (1 - t^2) e^{t^2} dt$일 때 f가 증가하는 구간은 어디인가?

53. f가 아래의 그래프로 주어진 함수일 때 $F(x) = \int_1^x f(t)\, dt$라 하자. F가 아래로 오목한 구간을 구하여라.

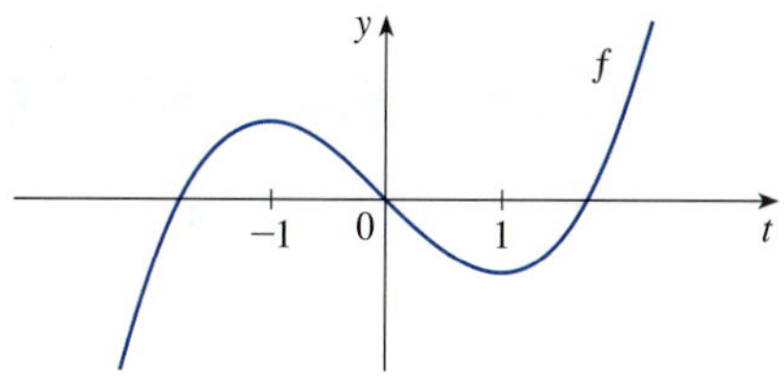

54. $F(x) = \int_2^x e^{t^2} dt$일 때 x좌표가 2인 점에서 곡선 $y = F(x)$의 접선의 방정식을 구하여라.

55. $f(x) = \int_0^{\sin x} \sqrt{1 + t^2}\, dt$, $g(y) = \int_3^y f(x)\, dx$일 때 $g''(\pi/6)$을 구하여라.

56-57 로피탈 정리를 이용하여 다음 극한을 구하여라.

56. $\displaystyle\lim_{x\to 0}\frac{1}{x^2}\int_0^x \frac{2t}{\sqrt{t^3+1}}\,dt$ **57.** $\displaystyle\lim_{x\to\infty}\frac{1}{x^2}\int_0^x \ln(1+e^t)\,dt$

58. $f(1) = 12$이고 f'은 연속이다. $\int_1^4 f'(x)\,dx = 17$일 때 $f(4)$의 값은 얼마인가?

59. 예제 3에서 정의된 **프레넬 함수** S의 그래프가 그림 7, 8에 나타나 있다.

(a) 이 함수가 극댓값을 가지는 x값을 구하여라.

(b) 함수가 위로 오목한 구간을 구하여라.

T (c) 그래프를 이용하여 아래 방정식을 소수 둘째 자리까지 정확하게 구하여라.

$$\int_0^x \sin(\pi t^2/2)\,dt = 0.2$$

60. $g(x) = \int_0^x f(t)\,dt$이고 함수 f의 그래프는 아래와 같다.

(a) g는 어떤 x값에서 극댓값과 극솟값을 가지는가?

(b) g는 어디에서 최댓값을 가지는가?

(c) g가 아래로 오목한 구간은 어디인가?

(d) g의 그래프를 그려라.

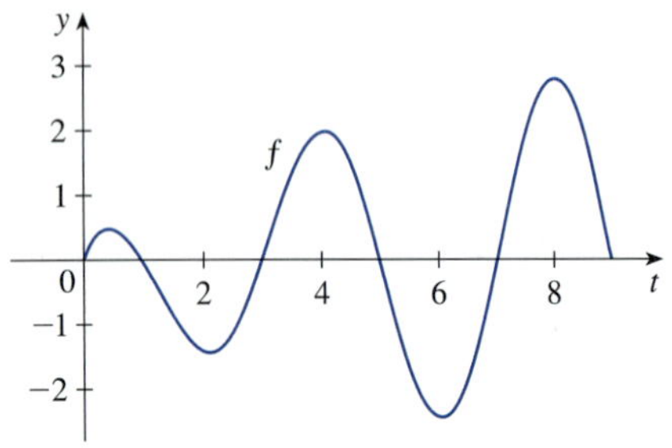

61-62 [0, 1]에서 정의된 함수의 리만합으로 표현하여 다음 극한을 계산하여라.

61. $\displaystyle\lim_{n\to\infty}\sum_{i=1}^{n}\left(\frac{i^4}{n^5}+\frac{i}{n^2}\right)$

62. $\displaystyle\lim_{n\to\infty}\frac{1}{n}\left(\sqrt{\frac{1}{n}}+\sqrt{\frac{2}{n}}+\sqrt{\frac{3}{n}}+\cdots+\sqrt{\frac{n}{n}}\right)$

63. $h < 0$인 경우 3을 보여라.

64. f가 연속이고 g, h가 미분가능한 함수일 때 다음 식을 증명하여라.

$$\frac{d}{dx}\int_{g(x)}^{h(x)} f(t)\,dt = f(h(x))\,h'(x) - f(g(x))\,g'(x)$$

65. (a) $1 \leqslant \sqrt{1+x^3} \leqslant 1+x^3$, $x \geqslant 0$을 보여라.

(b) $1 \leqslant \int_0^1 \sqrt{1+x^3}\,dx \leqslant 1.25$를 보여라.

66. 피적분함수를 간단한 함수와 비교하여 다음을 보여라.

$$0 \leqslant \int_5^{10} \frac{x^2}{x^4+x^2+1}\,dx \leqslant 0.1$$

67. $f(x) = \begin{cases} 0, & x < 0 \\ x, & 0 \leqslant x \leqslant 1 \\ 2-x, & 1 < x \leqslant 2 \\ 0, & x > 2 \end{cases}$, $\quad g(x) = \int_0^x f(t)\,dt$

라 하자.

(a) $f(x)$에 대한 하나의 단순한 $g(x)$의 표현을 구하여라.

(b) f, g의 그래프를 그려라.

(c) f는 어디서 미분가능한가? g는 어디서 미분가능한가?

68. 다음을 만족하는 함수 f와 수 a를 구하여라.

$$\text{모든 } x > 0\text{에 대해} \quad 6 + \int_a^x \frac{f(t)}{t^2}\,dt = 2\sqrt{x}$$

5.4 부정적분과 변환정리

5.3절에서 함수의 원시함수를 구할 수 있으면 미적분학의 기본 정리 2는 함수의 정적분을 계산하는 데 매우 강력한 방법을 제공한다는 것을 보았다. 이 절에서는 원시함수들에 대한 표기법을 소개하고, 원시함수에 대한 공식들을 복습하며, 원시함수를 이용해서 정적분을 계산하는 방법을 배우게 된다. 또 과학과 공학 문제에 쉽게 적용하기 위해 FTC2를 재공식화한다.

■ 부정적분

두 기본 정리는 원시함수와 정적분 사이의 관계를 세웠다. 기본 정리 1은 f가 연속이면 $\int_a^x f(t)\,dt$가 f의 원시함수라는 것을 말한다. 기본 정리 2는 $\int_a^b f(x)\,dx$가 $F(b) - F(a)$의 값을 계산함으로써 얻어진다는 것을 말한다. 여기서 F는 f의 원시함수이다.

원시함수를 쉽게 다룰 수 있는 편리한 표기법이 필요하다. 기본 정리에 의해 주어진 원시함수와 적분 사이의 관계 때문에 전통적으로 기호 $\int f(x)\,dx$를 f의 원시함수로 사용하며 **부정적분**(indefinite integral)이라 부른다. 그래서

$$\int f(x)\,dx = F(x) \text{는} \quad F'(x) = f(x)$$

를 의미한다. 예를 들면

$$\frac{d}{dx}\left(\frac{x^3}{3} + C\right) = x^2 \text{이므로} \quad \int x^2\,dx = \frac{x^3}{3} + C$$

라고 쓸 수 있다. 그래서 부정적분을 함수의 모임, 즉 함수족을 나타내는 것으로 간주할 수 있다(각 상수 C에 대응하는 원시함수).

정적분과 부정적분을 주의 깊게 구분해야 한다. 정적분 $\int_a^b f(x)\,dx$는 하나의 수이지만, 부정적분 $\int f(x)\,dx$는 하나의 함수(또는 함수족)이다. 그들 사이의 관계는 기본 정리 2에 의해 주어진다. 만약 함수 f가 구간 $[a, b]$에서 연속이면

$$\int_a^b f(x)\,dx = \int f(x)\,dx\Big]_a^b$$

이다.

기본 정리의 효율성은 함수의 원시함수를 구할 수 있느냐에 달려 있다. 그러므로 4.6절의 원시함수 공식에 몇 개의 다른 공식을 추가하여 부정적분 공식을 다시 제시한다. 이 공식들은 우변의 함수를 미분하여 피적분함수를 구하는 것으로 증명할 수 있다. 예를 들면

$$\frac{d}{dx}(\tan x + C) = \sec^2 x \text{이므로} \quad \int \sec^2 x\,dx = \tan x + C$$

이다.

1 부정적분 표

$$\int cf(x)\,dx = c\int f(x)\,dx$$

$$\int [f(x) + g(x)]\,dx = \int f(x)\,dx + \int g(x)\,dx$$

$$\int k\,dx = kx + C$$

$$\int x^n\,dx = \frac{x^{n+1}}{n+1} + C \quad (n \neq -1) \qquad \int \frac{1}{x}\,dx = \ln|x| + C$$

$$\int e^x\,dx = e^x + C \qquad \int b^x\,dx = \frac{b^x}{\ln b} + C$$

$$\int \sin x\,dx = -\cos x + C \qquad \int \cos x\,dx = \sin x + C$$

$\int \sec^2 x\, dx = \tan x + C$	$\int \csc^2 x\, dx = -\cot x + C$
$\int \sec x \tan x\, dx = \sec x + C$	$\int \csc x \cot x\, dx = -\csc x + C$
$\int \frac{1}{x^2+1}\, dx = \tan^{-1} x + C$	$\int \frac{1}{\sqrt{1-x^2}}\, dx = \sin^{-1} x + C$
$\int \sinh x\, dx = \cosh x + C$	$\int \cosh x\, dx = \sinh x + C$

주어진 구간에서 가장 일반적인 원시함수는 특정한 원시함수에 상수를 더해서 얻게 되는 것을 4.6절의 정리 1에서 배웠다. 일반적인 부정적분에 대한 공식은 어떤 구간에서만 성립하는 것으로 생각하는 것이 관례이다. 그래서

$$\int \frac{1}{x^2}\, dx = -\frac{1}{x} + C$$

라고 쓸 때 이 공식이 구간 $(0, \infty)$ 또는 구간 $(-\infty, 0)$에서 성립하는 것으로 이해한다. 이 공식은 함수 $f(x) = 1/x^2$, $x \neq 0$의 일반적인 원시함수가 다음과 같음에도 불구하고 참이다.

$$F(x) = \begin{cases} -\dfrac{1}{x} + C_1, & x < 0 \\ -\dfrac{1}{x} + C_2, & x > 0 \end{cases}$$

예제 1의 부정적분은 그림 1에 여러 개의 C값들에 대하여 그려져 있다. C의 값은 y 절편이다.

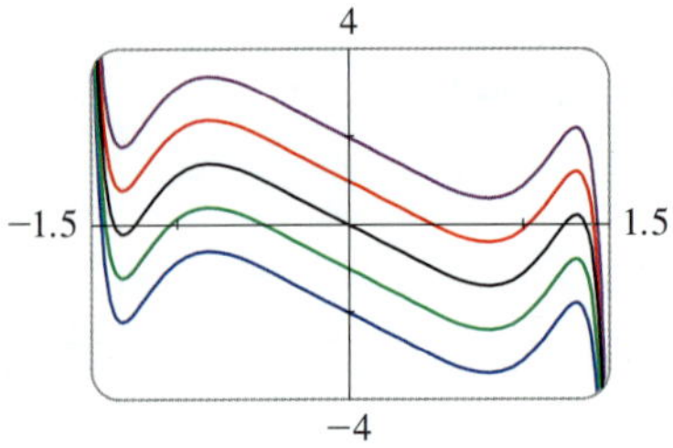

그림 1

예제 1 부정적분 $\int (10x^4 - 2\sec^2 x)\, dx$를 구하여라.

풀이 부정적분 표 1을 사용하여 다음을 얻는다.

$$\begin{aligned} \int (10x^4 - 2\sec^2 x)\, dx &= 10\int x^4\, dx - 2\int \sec^2 x\, dx \\ &= 10\frac{x^5}{5} - 2\tan x + C \\ &= 2x^5 - 2\tan x + C \end{aligned}$$

이 답은 미분함으로써 확인할 수 있다. ■

예제 2 $\int \frac{\cos\theta}{\sin^2\theta}\, d\theta$를 구하여라.

풀이 부정적분 표 1의 공식을 보더라도 이 부정적분은 바로 구해지지 않는다. 그래서 적분하기 전에 함수를 고쳐 쓰기 위하여 삼각함수의 항등식을 이용한다.

$$\begin{aligned} \int \frac{\cos\theta}{\sin^2\theta}\, d\theta &= \int \left(\frac{1}{\sin\theta}\right)\left(\frac{\cos\theta}{\sin\theta}\right) d\theta \\ &= \int \csc\theta \cot\theta\, d\theta = -\csc\theta + C \end{aligned}$$ ■

예제 3 $\displaystyle\int_0^3 (x^3 - 6x)\,dx$를 구하여라.

풀이 FTC2와 표 [1]을 사용하면 다음을 얻는다.

$$\begin{aligned}\int_0^3 (x^3 - 6x)\,dx &= \frac{x^4}{4} - 6\frac{x^2}{2}\Big]_0^3 \\ &= \left(\tfrac{1}{4}\cdot 3^4 - 3\cdot 3^2\right) - \left(\tfrac{1}{4}\cdot 0^4 - 3\cdot 0^2\right) \\ &= \tfrac{81}{4} - 27 - 0 + 0 = -6.75\end{aligned}$$

이 계산을 5.2절의 예제 3과 비교하여라. ■

그림 2는 예제 4의 피적분함수의 그래프이다. 5.2절에서 적분값은 플러스 부호로 나타낸 넓이들의 합에서 마이너스 부호로 나타낸 넓이를 뺀 것으로 해석할 수 있음을 배웠다.

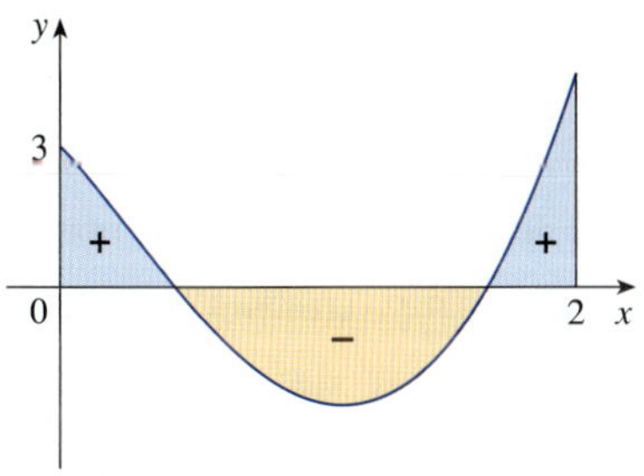

그림 2

예제 4 $\displaystyle\int_0^2 \left(2x^3 - 6x + \frac{3}{x^2+1}\right)dx$를 구하고 그 결과를 넓이로 설명하여라.

풀이 기본 정리에 의하여

$$\begin{aligned}\int_0^2 \left(2x^3 - 6x + \frac{3}{x^2+1}\right)dx &= 2\frac{x^4}{4} - 6\frac{x^2}{2} + 3\tan^{-1}x\Big]_0^2 \\ &= \tfrac{1}{2}x^4 - 3x^2 + 3\tan^{-1}x\Big]_0^2 \\ &= \tfrac{1}{2}(2^4) - 3(2^2) + 3\tan^{-1}2 - 0 \\ &= -4 + 3\tan^{-1}2\end{aligned}$$

를 얻는다. 이것은 이 적분의 정확한 값이다. 만일 소수의 근삿값을 요구한다면, $\tan^{-1}2$의 근삿값을 구하기 위해 계산기를 이용할 수 있다. 그러면

$$\int_0^2 \left(2x^3 - 6x + \frac{3}{x^2+1}\right)dx \approx -0.67855$$

를 얻는다. ■

예제 5 $\displaystyle\int_1^9 \frac{2t^2 + t^2\sqrt{t} - 1}{t^2}\,dt$를 구하여라.

풀이 우선 나눗셈을 하여 피적분함수를 좀더 간단한 형태로 쓸 필요가 있다.

$$\begin{aligned}\int_1^9 \frac{2t^2 + t^2\sqrt{t} - 1}{t^2}\,dt &= \int_1^9 (2 + t^{1/2} - t^{-2})\,dt \\ &= 2t + \frac{t^{3/2}}{\frac{3}{2}} - \frac{t^{-1}}{-1}\Big]_1^9 = 2t + \tfrac{2}{3}t^{3/2} + \frac{1}{t}\Big]_1^9 \\ &= \left(2\cdot 9 + \tfrac{2}{3}\cdot 9^{3/2} + \tfrac{1}{9}\right) - \left(2\cdot 1 + \tfrac{2}{3}\cdot 1^{3/2} + \tfrac{1}{1}\right) \\ &= 18 + 18 + \tfrac{1}{9} - 2 - \tfrac{2}{3} - 1 = 32\tfrac{4}{9}\end{aligned}$$

■

■ 순변화 정리

기본 정리 2는 만일 f가 구간 $[a, b]$에서 연속함수이면

$$\int_a^b f(x)\,dx = F(b) - F(a)$$

임을 의미한다. 여기서 F는 f의 임의의 원시함수이다. 이것은 $F' = f$임을 의미한다. 그러므로 위 방정식은 다음과 같이 다시 쓸 수 있다.

$$\int_a^b F'(x)\,dx = F(b) - F(a)$$

$F'(x)$는 x에 관한 $y = F(x)$의 변화율이고, $F(b) - F(a)$는 x가 a에서 b까지 변화할 때 y의 변화량이다. (예를 들면 y는 증가하고 감소하고 다시 증가할 수 있다는 것에 주목하자. 비록 y가 증가나 감소 두 방향으로 변화할지라도 $F(b) - F(a)$는 y의 순변화량을 나타낸다.) 따라서 FTC2를 다음과 같이 공식화할 수 있다.

순변화 정리(Net Change Theorem) 변화율의 적분은 순변화량이다.

$$\int_a^b F'(x)\,dx = F(b) - F(a)$$

이 원리는 앞서 3.7절에서 논의하였던 자연과학과 사회과학에 있어서의 모든 변화율에 적용할 수 있다. 이러한 응용들은 수학의 힘이 추상성에 있음을 보여준다. 하나의 추상적 아이디어(여기서는 적분)를 다양하게 해석할 수 있다. 순변화 정리가 적용되는 몇 가지 예를 들어 보자.

- 만일 $V(t)$가 시각 t에서 한 저수조 내에 있는 물의 부피라 하면, 그것의 도함수 $V'(t)$는 시각 t에서 물이 저수조 안으로 흘러 들어가는 비율이다. 따라서

  $$\int_{t_1}^{t_2} V'(t)\,dt = V(t_2) - V(t_1)$$

  은 시각 t_1과 t_2 사이에 저수조 안의 물의 변화량이다.
- 만일 $[C](t)$가 시각 t에서 화학반응에 의한 생산물의 농도라면, 반응률은 도함수 $d[C]/dt$이다. 따라서

  $$\int_{t_1}^{t_2} \frac{d[C]}{dt}\,dt = [C](t_2) - [C](t_1)$$

  은 시각 t_1에서 t_2까지의 농도 $[C]$의 변화량이다.
- 만일 막대의 왼쪽 끝점으로부터 한 점 x까지 측정된 막대의 질량이 $m(x)$라면, 그 선밀도는 $\rho(x) = m'(x)$이다. 따라서

  $$\int_a^b \rho(x)\,dx = m(b) - m(a)$$

  는 $x = a$와 $x = b$ 사이의 막대의 질량이다.

- 만일 인구성장률이 dn/dt이면,

$$\int_{t_1}^{t_2} \frac{dn}{dt}\, dt = n(t_2) - n(t_1)$$

은 t_1에서 t_2까지의 인구의 실제 증가량이다. (그 인구는 출생이 일어날 때 증가하고 사망이 발생할 때 감소한다. 순변화는 출생과 사망을 둘 다 고려한다.)

- 만일 $C(x)$가 생활필수품 x개의 생산비용이면, 한계비용은 도함수 $C'(x)$이다. 따라서

$$\int_{x_1}^{x_2} C'(x)\, dx = C(x_2) - C(x_1)$$

은 생산량이 x_1개에서 x_2개로 증가할 때 생산비용의 증가량이다.

- 만일 위치함수가 $s(t)$인 물체가 직선 운동을 한다면, 그 물체의 속도는 $v(t) = s'(t)$이다. 따라서

2 $$\int_{t_1}^{t_2} v(t)\, dt = s(t_2) - s(t_1)$$

은 시각 t_1에서 t_2까지의 시간 동안 물체 위치의 순변화량, 즉 **변위**이다. 5.1절에서 물체가 양의 방향으로 운동하는 경우에 이 사실이 참이라는 것을 추측하였으나, 이제는 언제나 참이라는 것을 증명하였다.

- 만일 시간 구간 동안에 물체의 이동한 거리를 계산할 때 $v(t) \geq 0$ (물체가 오른쪽으로 이동한다)일 경우와 $v(t) \leq 0$ (물체가 왼쪽으로 이동한다)일 경우의 시간 구간을 고려해야만 한다. 두 가지 경우에 물체가 이동한 거리는 속력 $|v(t)|$를 적분함으로써 계산된다. 그러므로

3 $$\int_{t_1}^{t_2} |v(t)|\, dt = \text{물체가 이동한 총 거리}$$

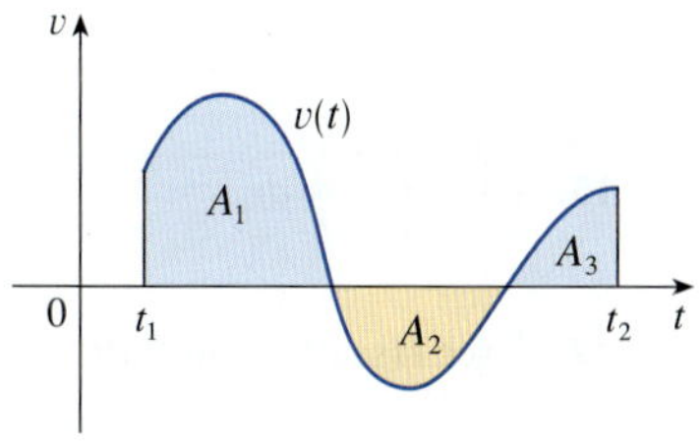

그림 3

이다. 그림 3은 변위와 물체가 이동한 거리가 속도 곡선 아래의 넓이로 어떻게 해석될 수 있는지를 보여주고 있다.

$$\text{변위} = \int_{t_1}^{t_2} v(t)\,dt = A_1 - A_2 + A_3$$

$$\text{거리} = \int_{t_1}^{t_2} |v(t)|\,dt = A_1 + A_2 + A_3$$

- 물체의 가속도는 $a(t) = v'(t)$이다. 따라서

$$\int_{t_1}^{t_2} a(t)\, dt = v(t_2) - v(t_1)$$

은 시각 t_1에서 t_2까지의 속도의 변화량이다.

예제 6 한 입자가 시각 t에서 속도 $v(t) = t^2 - t - 6$(속도는 초당 미터로 측정되었다)으로 직선을 따라 움직이고 있다.

(a) 시간 $1 \leq t \leq 4$ 동안에 이 입자의 변위를 구하여라.

(b) 이 시간 동안에 이동한 거리를 구하여라.

풀이

(a) 방정식 2에 의해 변위는

$$s(4) - s(1) = \int_1^4 v(t)\,dt = \int_1^4 (t^2 - t - 6)\,dt$$
$$= \left[\frac{t^3}{3} - \frac{t^2}{2} - 6t\right]_1^4 = -\frac{9}{2}$$

이다. 이것은 입자가 왼쪽으로 4.5m 이동하였음을 의미한다.

(b) $v(t) = t^2 - t - 6 = (t-3)(t+2)$이므로 구간 $[1, 3]$에서 $v(t) \leq 0$이고, 구간 $[3, 4]$에서 $v(t) \geq 0$이다. 따라서 방정식 3으로부터 이동한 거리는

$v(t)$의 절댓값을 적분하기 위하여 5.2절의 적분의 성질 5를 이용하여 $v(t) \leq 0$의 적분과 $v(t) \geq 0$의 적분의 두 부분으로 나눈다.

$$\int_1^4 |v(t)|\,dt = \int_1^3 [-v(t)]\,dt + \int_3^4 v(t)\,dt$$
$$= \int_1^3 (-t^2 + t + 6)\,dt + \int_3^4 (t^2 - t - 6)\,dt$$
$$= \left[-\frac{t^3}{3} + \frac{t^2}{2} + 6t\right]_1^3 + \left[\frac{t^3}{3} - \frac{t^2}{2} - 6t\right]_3^4$$
$$= \frac{61}{6} \approx 10.17 \text{ m}$$

이다. ■

5.4 연습문제

1-3 다음 공식이 옳다는 것을 미분으로 증명하여라.

1. $\int \ln x\,dx = x \ln x - x + C$

2. $\int \tan^2 x\,dx = \tan x - x + C$

3. $\int \frac{1}{x^2\sqrt{1+x^2}}\,dx = -\frac{\sqrt{1+x^2}}{x} + C$

4-17 일반적인 부정적분을 구하여라.

4. $\int (3x^2 + 4x + 1)\,dx$

5. $\int (x + \cos x)\,dx$

6. $\int \left(\sqrt[3]{x} + \frac{1}{\sqrt[3]{x}}\right) dx$

7. $\int (x^{1.3} + 7x^{2.5})\,dx$

8. $\int (5 + \frac{2}{3}x^2 + \frac{3}{4}x^3)\,dx$

9. $\int (u + 4)(2u + 1)\,du$

10. $\int \frac{1 + \sqrt{x} + x}{x}\,dx$

11. $\int \left(x^2 + 1 + \frac{1}{x^2 + 1}\right) dx$

12. $\int \left(e^x + \frac{1}{x}\right) dx$

13. $\int (2 + 3^x)\,dx$

14. $\int (\sin x + \sinh x)\,dx$

15. $\int \left(\frac{1 + r}{r}\right)^2 dr$

16. $\int (2 + \tan^2\theta)\,d\theta$

17. $\int \sec t\,(\sec t + \tan t)\,dt$

18-19 다음 함수들의 부정적분을 찾아 같은 화면에 그려서 설명하여라.

18. $\int (\cos x + \frac{1}{2}x)\,dx$

19. $\int (e^x - 2x^2)\,dx$

20-39 다음 적분을 구하여라.

20. $\int_{-2}^{3} (x^2 - 3)\,dx$

21. $\int_1^4 (8t^3 - 6t^{-2})\,dt$

22. $\int_0^2 (2x - 3)(4x^2 + 1)\,dx$

23. $\int_1^2 \left(\frac{1}{x^2} - \frac{4}{x^3}\right) dx$

24. $\int_1^3 \left(\frac{3x^2+4x+1}{x}\right) dx$ **25.** $\int_1^4 \left(\frac{4+6u}{\sqrt{u}}\right) du$

26. $\int_{\pi/6}^{\pi/3} (4 \sec^2 y)\, dy$ **27.** $\int_0^{\pi/2} (\sqrt{t} - 3\cos t)\, dt$

28. $\int_0^1 x(\sqrt[3]{x} + \sqrt[4]{x})\, dx$ **29.** $\int_1^2 \left(\frac{x}{2} - \frac{2}{x}\right) dx$

30. $\int_0^1 (5x - 5^x)\, dx$ **31.** $\int_{-2}^2 (\sinh x + \cosh x)\, dx$

32. $\int_0^{\pi/4} (3e^x - 4 \sec x \tan x)\, dx$

33. $\int_0^{\pi/4} \frac{1+\cos^2\theta}{\cos^2\theta}\, d\theta$ **34.** $\int_{-10}^{10} \frac{2e^x}{\sinh x + \cosh x}\, dx$

35. $\int_0^{\sqrt{3}/2} \frac{dr}{\sqrt{1-r^2}}$ **36.** $\int_{\pi/6}^{\pi/2} \csc t \cot t\, dt$

37. $\int_0^{1/\sqrt{3}} \frac{t^2-1}{t^4-1}\, dt$ **38.** $\int_{-1}^2 (x - 2|x|)\, dx$

39. $\int_0^{3\pi/2} |\sin x|\, dx$

---

40. 그래프를 이용하여 곡선 $y = 1 - 2x - 5x^4$의 x절편을 찾고, x축의 윗부분과 곡선의 아랫부분에 의하여 만들어지는 부분의 넓이를 구하여라.

41. y축의 오른쪽, 그리고 포물선 $x = 2y - y^2$의 왼쪽에 놓여 있는 영역(그림에서 음영 부분)의 넓이는 적분 $\int_0^2 (2y - y^2)\, dy$로 주어진다. (머리를 시계방향으로 돌리고, 그 영역을 $y = 0$에서 $y = 2$까지 곡선 $x = 2y - y^2$ 아래에 놓여 있는 것처럼 생각하여라.) 그 영역의 넓이를 구하여라.

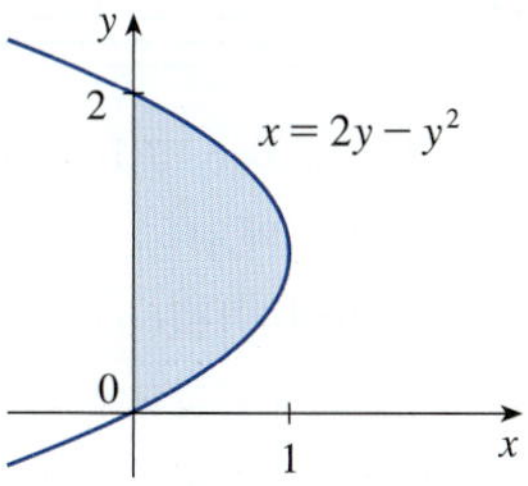

42. 만일 $w'(t)$가 매년 kg 단위의 한 아이의 성장률이면, $\int_5^{10} w'(t)\, dt$는 무엇을 의미하는가?

43. 만일 기름통에서 기름이 시각 t에서 분당 $r(t)$리터의 비율로 새어 나온다면, $\int_0^{120} r(t)\, dt$는 무엇을 의미하는가?

44. 4.5절에서 한계소득함수 $R'(x)$를 소득함수 $R(x)$의 도함수로 정의하였다. 여기서 x는 판매된 수량이다. $\int_{1000}^{5000} R'(x)\, dx$는 무엇을 의미하는가?

45. 함수 $h(t)$를 운동 시간 t분 동안의 심장박동수(박동수/분)라고 하면, $\int_0^{30} h(t)\, dt$는 무엇을 의미하는가?

46. 만약 x는 미터로 측정된 것이고 $f(x)$는 뉴턴으로 측정된 것이라면, $\int_0^{100} f(x)\, dx$의 단위는 무엇인가?

47. 아래 그래프는 직선 경로를 따라 움직이는 전기 자율주행 자동차의 속도(m/s)이다. $t = 0$일 때 자동차는 충전소에 있다.

(a) $t = 2, 4, 6, 8, 10, 12$일 때, 자동차는 충전소에서 얼마나 떨어져 있는가?

(b) 자동차가 충전소에서 가장 멀리 떨어져 있을 때는 언제인가?

(c) 자동차가 움직인 총 거리를 구하여라.

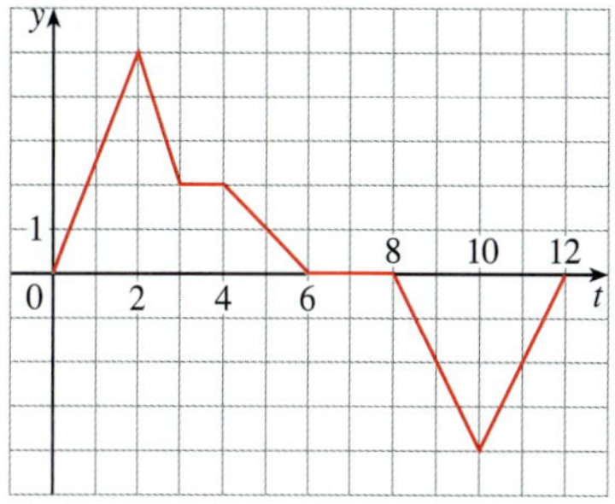

48. 한 직선을 따라 움직이는 입자의 속도 함수(m/s)가 주어졌다. (a) 변위와 (b) 주어진 시간 동안 입자가 이동한 거리를 구하여라.

$$v(t) = t^2 - 2t - 3, \quad 2 \leqslant t \leqslant 4$$

49. 한 직선을 따라 움직이는 입자의 가속도 함수(m/s²)와 초기 속도가 주어졌다. (a) t에서의 속도와 (b) 주어진 시간 동안 움직인 거리를 구하여라.

$$a(t) = t + 4, \quad v(0) = 5, \quad 0 \leqslant t \leqslant 10$$

50. 물이 저장된 탱크에서 분당 $r(t) = 200 - 4t$의 비율로 물이 빠지고 있다($0 \leqslant t \leqslant 50$). 처음 10분간 탱크에서 빠진 물의 양을 구하여라.

51. 한 자동차의 속도가 속도계로부터 매 십 초마다 측정되고 표로 기록되었다. 중점 법칙을 이용하여 자동차가 주행한 거리를 측정하여라.

t (s)	v (km/h)	t (s)	v (km/h)
0	0	60	90
10	61	70	85
20	84	80	80
30	93	90	76
40	89	100	72
50	82		

52. 어떤 옷감을 x미터 제조하는 데 드는 한계비용은 $C'(x) = 3 - 0.01x + 0.000006x^2$ (미터당 달러)이다. 생산량을 2000미터에서 4000미터까지 올렸을 때 비용의 증가량을 구하여라.

53. m/s^2 단위로 측정한 자동차의 가속도 그래프이다. 중점 법칙을 이용하여 6초 간격으로 차량의 속도 증가를 추정하여라.

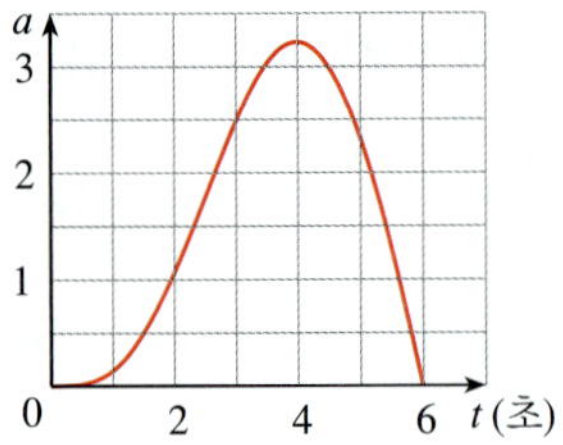

54. 미국 조지아주의 러니어호는 채터후치 강의 뷰퍼드 댐으로 만들어진 저수지이다. 아래의 표는 미 육군 공병대에서 매일 아침 7:30에 이 호수로 유입되는 물의 속도를 측정하여 초당 세제곱피트로 나타낸 것이다. 중점 법칙을 이용하여 2013년 7월 18일 오전 7:30부터 7월 26일 오전 7:30까지 러니어호로 유입된 물의 양을 추정하여라.

날짜	유입속도(m^3/s)
7월 18일	149
7월 19일	181
7월 20일	72
7월 21일	120
7월 22일	85
7월 23일	108
7월 24일	70
7월 25일	74
7월 26일	85

55. 시각 $t = 0$일 때 박테리아의 개체수가 4000이고 t시간 후 개체수 증가율은 시간당 $1000 \cdot 2^t$ 마리이다. 한 시간 후의 개체수를 구하여라.

56. 다음 그래프는 뉴잉글랜드 지역(코네티컷, 메인, 매사추세츠, 뉴햄프셔, 로드아일랜드, 버몬트)에서 2010년 10월 22일에 사용한 전력 소비량을 나타낸 것이다. 여기서 P의 측정단위는 기가와트(Gigawatts)이고 t는 자정을 시작점으로 한 시간이다. 전력량은 에너지 변화의 비율임을 이용하여, 그날에 사용된 전기 에너지를 추정하여라.

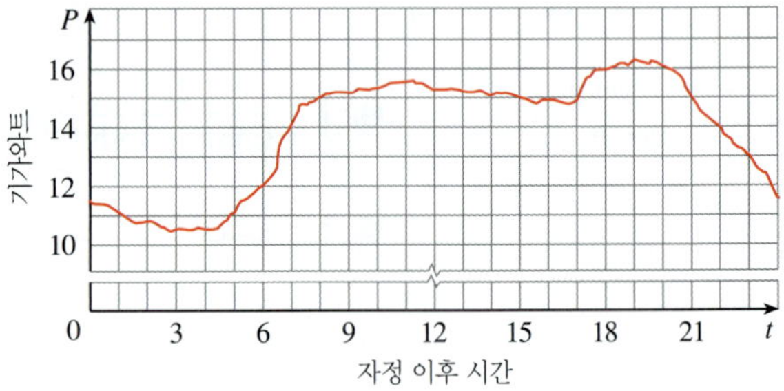

Source: US Energy Information Administration

보고서프로젝트 | 뉴턴과 라이프니츠; 미적분학의 창시자

흔히 미적분학의 창시자는 뉴턴(1642~1727)과 라이프니츠(1646~1716)라고 한다. 그러나 적분에 대한 기본적인 아이디어는 에우독소스나 아르키메데스와 같은 고대 그리스인들에 의하여 2500년 전에 조사되었으며, 접선을 찾는 방법은 페르마(1601~1665), 배로(1630~1677)와 여러 다른 사람들에 의하여 연구되었다. 배로는 케임브리지 대학교에서 교수로 재직하였고, 뉴턴에게 큰 영향을 주었다. 그는 처음으로 미분과 적분이 역관계에 있음을 이해하였다. 뉴턴과 라이프니츠가 한 것은 체계적인 수학 분야로 미적분학을 개발하기 위하여 미분법과 적분법의 관계를 이용해 적분의 기본 정리를 만든 것이다. 이러한 이유로 뉴턴과 라이프니츠가 미적분학을 창시했다고 한다.

사람들의 공헌에 대해 인터넷 검색을 통하거나 주어진 참고문헌 중 하나 이상을 읽고 다음 세 가지 주제 중 하나에 대한 보고서를 작성하여라. 전기적인 정보도 포함시킬 수 있지만 보고서의 주요 방향은 그들이 사용한 방법과 기호에 대한 세부적인 설명이 있어야 한다. 특히 라틴어와 영어로 번역된 뉴턴과 라이프니츠의 원본 출판물의 발췌문이 있는 자료집을 살펴보아야 한다.

- 미적분학의 발전에 대한 뉴턴의 역할
- 미적분학의 발전에 대한 라이프니츠의 역할
- 미적분학의 발명에 있어서 뉴턴과 라이프니츠의 우선순위에 대한 논란

참고문헌

1. Carl Boyer and Uta Merzbach, *A History of Mathematics* (New York: Wiley, 1987), Chapter 19.
2. Carl Boyer, *The History of the Calculus and Its Conceptual Development* (New York: Dover, 1959), Chapter V.
3. C. H. Edwards, *The Historical Development of the Calculus* (New York: Springer-Verlag, 1979), Chapters 8 and 9.
4. Howard Eves, *An Introduction to the History of Mathematics*, 6th ed. (New York: Saunders, 1990), Chapter 11.
5. C. C. Gillispie, ed., *Dictionary of Scientific Biography* (New York: Scribner's, 1974). See the article on Leibniz by Joseph Hofmann in Volume VIII and the article on Newton by I. B. Cohen in Volume X.
6. Victor Katz, *A History of Mathematics: An Introduction* (New York: HarperCollins, 1993), Chapter 12.
7. Morris Kline, *Mathematical Thought from Ancient to Modern Times* (New York: Oxford University Press, 1972), Chapter 17.

자료집

1. John Fauvel and Jeremy Gray, eds., *The History of Mathematics: A Reader* (London: MacMillan Press, 1987), Chapters 12 and 13.
2. D. E. Smith, ed., *A Sourcebook in Mathematics* (New York: Dover, 1959), Chapter V.
3. D. J. Struik, ed., *A Sourcebook in Mathematics*, 1200-1800 (Princeton, NJ: Princeton University Press, 1969), Chapter V.

5.5 치환법

기본 정리에 의해 원시함수를 구할 수 있다는 것은 중요하다. 그러나 원시함수를 찾는 공식이라도 다음과 같은 적분을 구하는 방법을 말해주지는 않는다.

1 $$\int 2x\sqrt{1 + x^2}\, dx$$

PS 이 적분을 구하기 위해서는 '추가적인 것 도입하기'라는 문제해결 전략을 이용한다. 여기서 '추가적인 것'이라 함은 새로운 변수이다. 변수 x를 새로운 변수 u로 바꾼다.

■ 부정적분

u를 식 **1**의 근호 기호 안에 있는 양, 즉 $u = 1 + x^2$이라고 가정한다. 그러면 u의 미

미분은 3.8절에 정의되어 있다. 만약 $u = f(x)$이면,

$$du = f'(x)\,dx$$

이다.

분은 $du = 2x\,dx$이다. 만일 한 적분에 대한 기호에서 dx가 미분으로 해석된다면, 미분 $2x\,dx$는 식 [1] 안에 있으므로 계산에 대한 입증을 안 하고도 다음과 같이 쓸 수 있다.

[2]
$$\begin{aligned}\int 2x\sqrt{1+x^2}\,dx &= \int \sqrt{1+x^2}\,2x\,dx = \int \sqrt{u}\,du \\ &= \tfrac{2}{3}u^{3/2} + C = \tfrac{2}{3}(1+x^2)^{3/2} + C\end{aligned}$$

그러나 이제 연쇄법칙을 이용하여 방정식 [2]의 마지막 함수를 미분함으로써 올바른 해답을 얻었는지 점검할 수 있다.

$$\frac{d}{dx}\left[\tfrac{2}{3}(1+x^2)^{3/2} + C\right] = \tfrac{2}{3}\cdot\tfrac{3}{2}(1+x^2)^{1/2}\cdot 2x = 2x\sqrt{1+x^2}$$

일반적으로 이 방법은 $\int f(g(x))\,g'(x)\,dx$ 형태의 적분에 항상 이용된다. 만일 $F' = f$이면

[3]
$$\int F'(g(x))\,g'(x)\,dx = F(g(x)) + C$$

임을 알 수 있다. 왜냐하면 연쇄 법칙에 의하여

$$\frac{d}{dx}[F(g(x))] = F'(g(x))\,g'(x)$$

이기 때문이다.

'변수 변환'이나 '치환' $u = g(x)$를 한다면 방정식 [3]으로부터

$$\int F'(g(x))\,g'(x)\,dx = F(g(x)) + C = F(u) + C = \int F'(u)\,du$$

를 얻는다. 또는 $F' = f$로 표기함으로써

$$\int f(g(x))\,g'(x)\,dx = \int f(u)\,du$$

임을 얻는다. 그러므로 다음 법칙을 증명하였다.

> **[4] 치환법칙(Substitution Rule)** $u = g(x)$가 구간 I를 치역으로 갖는 미분가능한 함수이고 f가 I 위에서 연속이면 다음이 성립한다.
>
> $$\int f(g(x))\,g'(x)\,dx = \int f(u)\,du$$

적분에 대한 치환법칙은 미분법에 대한 연쇄법칙을 이용하여 증명되었다는 사실은 중요하다. 또한 $u = g(x)$이면 $du = g'(x)\,dx$이므로 치환법칙을 기억하는 한 방법은 치환법칙에서 미분으로써 dx와 du를 생각하는 것이다.

따라서 치환법칙은 다음과 같이 말할 수 있다. **적분기호 다음의 dx와 du를 미분으로 간주하여 다룰 수 있다.**

예제 1 $\int x^3 \cos(x^4 + 2)\, dx$를 구하여라.

풀이 $u = x^4 + 2$의 미분이 $du = 4x^3\, dx$이므로 $u = x^4 + 2$로 치환한다. 왜냐하면 상수 4를 떼어놓으면 그 미분이 적분기호 안에 있기 때문이다. 따라서 $x^3\, dx = \frac{1}{4}\, du$와 치환법칙을 이용하여

$$\begin{aligned}\int x^3 \cos(x^4 + 2)\, dx &= \int \cos u \cdot \tfrac{1}{4}\, du = \tfrac{1}{4} \int \cos u\, du \\ &= \tfrac{1}{4} \sin u + C \\ &= \tfrac{1}{4} \sin(x^4 + 2) + C\end{aligned}$$

미분하여 답을 확인하여라.

를 얻는다. 마지막 단계에서 원래의 변수 x로 되돌려 놓는 것에 주의해야 한다. ■

치환법칙 뒤에 숨은 아이디어는 상대적으로 복잡한 적분을 간단한 적분으로 바꾸고자 하는 것이다. 이것은 원래의 변수 x를 x의 함수인 새로운 변수 u로 바꿔줌으로써 완성된다. 따라서 예제 1에서 적분 $\int x^3 \cos(x^4 + 2)\, dx$를 더 간단한 적분 $\frac{1}{4} \int \cos u\, du$로 바꾸었다.

치환법칙을 사용하는 데 중요한 문제는 적당한 치환을 생각하는 것이다. 피적분함수 안에 있는 어떤 함수를 u로 선택해야만 하고, 그것의 미분 또한 피적분함수 안에 있는 것(상수 인수는 제외하고)이어야만 한다. 이것은 예제 1에서의 경우였다. 만일 그것이 가능하지 않다면 u를 피적분함수의 어떤 복잡한 부분으로 택하도록 한다(아마도 합성함수 안에 있는 함수). 올바른 치환을 찾는다는 것은 다소 기술적인 문제이다. 치환을 잘못 선택하는 일은 얼마든지 있을 수 있다. 만일 첫번째 치환으로 해결되지 않으면 다른 치환으로 시도해보는 것이 좋다.

예제 2 $\int \sqrt{2x + 1}\, dx$를 구하여라.

풀이 1 $u = 2x + 1$로 놓자. 그러면 $du = 2dx$이므로 $dx = \frac{1}{2}du$이다. 따라서 치환법칙에 의하여

$$\begin{aligned}\int \sqrt{2x + 1}\, dx &= \int \sqrt{u} \cdot \tfrac{1}{2}\, du = \tfrac{1}{2} \int u^{1/2}\, du \\ &= \frac{1}{2} \cdot \frac{u^{3/2}}{3/2} + C = \tfrac{1}{3} u^{3/2} + C \\ &= \tfrac{1}{3}(2x + 1)^{3/2} + C\end{aligned}$$

임을 얻는다.

풀이 2 다른 가능한 치환은 $u = \sqrt{2x + 1}$이다. 그러면

$$du = \frac{dx}{\sqrt{2x + 1}} \text{이며, 따라서} \quad dx = \sqrt{2x + 1}\, du = u\, du$$

이다. (또는 $u^2 = 2x + 1$이므로 $2u\, du = 2dx$이다.) 그러므로

$$\int \sqrt{2x+1}\,dx = \int u \cdot u\,du = \int u^2\,du$$
$$= \frac{u^3}{3} + C = \tfrac{1}{3}(2x+1)^{3/2} + C$$

이다. ■

예제 3 $\displaystyle\int \frac{x}{\sqrt{1-4x^2}}\,dx$를 구하여라.

풀이 $u = 1 - 4x^2$으로 놓자. 그러면 $du = -8x\,dx$이므로 $x dx = -\frac{1}{8}\,du$이고,

$$\int \frac{x}{\sqrt{1-4x^2}}\,dx = -\tfrac{1}{8}\int \frac{1}{\sqrt{u}}\,du = -\tfrac{1}{8}\int u^{-1/2}\,du$$
$$= -\tfrac{1}{8}\left(2\sqrt{u}\right) + C = -\tfrac{1}{4}\sqrt{1-4x^2} + C$$

이다. ■

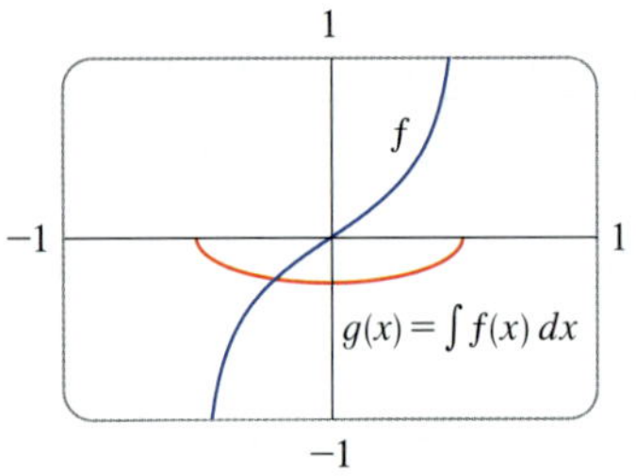

그림 1 $f(x) = \dfrac{x}{\sqrt{1-4x^2}}$

$g(x) = \int f(x)\,dx = -\frac{1}{4}\sqrt{1-4x^2}$

예제 3의 답은 미분함으로써 점검할 수 있지만, 대신에 그래프를 이용하여 점검하여 보자. 그림 1에서 피적분함수 $f(x) = x/\sqrt{1-4x^2}$와 부정적분 $g(x) = -\frac{1}{4}\sqrt{1-4x^2}$ ($C = 0$인 경우를 선택함)의 그래프를 컴퓨터를 이용하여 그렸다. $f(x)$가 음수일 경우 $g(x)$는 감소하고, $f(x)$가 양수일 경우 $g(x)$는 증가하며, 또 $f(x) = 0$일 경우 $g(x)$는 최솟값을 가진다. 그래프에 의한 증거로부터 g가 f의 원시함수라는 것을 알 수 있다.

예제 4 $\int e^{5x}\,dx$를 구하여라.

풀이 만약 $u = 5x$로 놓으면 $du = 5dx$이므로 $dx = \frac{1}{5}\,du$이다. 그러므로

$$\int e^{5x}\,dx = \tfrac{1}{5}\int e^u\,du = \tfrac{1}{5}e^u + C = \tfrac{1}{5}e^{5x} + C$$

이다. ■

NOTE 어느 정도 경험이 쌓이면 예제 1~4 정도의 적분은 치환하는 데 별 어려움 없이 구할 수 있다. 식 3의 패턴에서 왼쪽 변의 피적분함수는 바깥쪽 함수의 도함수와 안쪽 함수의 도함수의 곱이라는 사실로부터 예제 1을 다음과 같이 풀 수 있다.

$$\int x^3\cos(x^4+2)\,dx = \int \cos(x^4+2)\cdot x^3\,dx = \tfrac{1}{4}\int \cos(x^4+2)\cdot(4x^3)\,dx$$
$$= \tfrac{1}{4}\int \cos(x^4+2)\cdot\frac{d}{dx}(x^4+2)\,dx = \tfrac{1}{4}\sin(x^4+2) + C$$

마찬가지로 예제 4도 다음과 같이 풀 수 있다.

$$\int e^{5x}\,dx = \tfrac{1}{5}\int 5e^{5x}\,dx = \tfrac{1}{5}\int \frac{d}{dx}(e^{5x})\,dx = \tfrac{1}{5}e^{5x} + C$$

그렇지만 다음 예는 상당히 복잡해서 치환을 좀 더 신중하게 선택해야 한다.

예제 5 $\int \sqrt{1+x^2}\, x^5\, dx$를 구하여라.

풀이 x^5을 $x^4 \cdot x$로 분해하면 치환이 좀 더 분명해진다. $u = 1 + x^2$으로 놓으면 $du = 2x\, dx$이므로 $x dx = \frac{1}{2}\, du$이다. 또한 $x^2 = u - 1$이므로 $x^4 = (u-1)^2$이다.

$$\begin{aligned}\int \sqrt{1+x^2}\, x^5\, dx &= \int \sqrt{1+x^2}\, x^4 \cdot x\, dx \\ &= \int \sqrt{u}\,(u-1)^2 \cdot \tfrac{1}{2}\, du = \tfrac{1}{2}\int \sqrt{u}\,(u^2 - 2u + 1)\, du \\ &= \tfrac{1}{2}\int (u^{5/2} - 2u^{3/2} + u^{1/2})\, du \\ &= \tfrac{1}{2}\left(\tfrac{2}{7}u^{7/2} - 2\cdot\tfrac{2}{5}u^{5/2} + \tfrac{2}{3}u^{3/2}\right) + C \\ &= \tfrac{1}{7}(1+x^2)^{7/2} - \tfrac{2}{5}(1+x^2)^{5/2} + \tfrac{1}{3}(1+x^2)^{3/2} + C\end{aligned}$$ ■

예제 6 $\int \tan x\, dx$를 구하여라.

풀이 먼저 탄젠트를 사인과 코사인으로 쓴다.

$$\int \tan x\, dx = \int \frac{\sin x}{\cos x}\, dx$$

여기서 $u = \cos x$로 치환해야 한다. 왜냐하면 $du = -\sin x dx$이고, 따라서 $\sin x\, dx = -du$이기 때문이다. 그러면

$$\begin{aligned}\int \tan x\, dx &= \int \frac{\sin x}{\cos x}\, dx = -\int \frac{1}{u}\, du \\ &= -\ln|u| + C = -\ln|\cos x| + C\end{aligned}$$

이다. ■

$-\ln|\cos x| = \ln(|\cos x|^{-1}) = \ln(1/|\cos x|) = \ln|\sec x|$이므로 예제 6의 결과를 다음과 같이 쓸 수 있다.

5 $$\int \tan x\, dx = \ln|\sec x| + C$$

■ 정적분

정적분을 치환법에 의하여 계산할 경우에 두 가지 방법이 가능하다. 한 방법은 먼저 부정적분을 구한 후에 기본 정리를 이용하는 것이다. 예를 들면, 예제 2의 결과를 이용하여

$$\begin{aligned}\int_0^4 \sqrt{2x+1}\, dx &= \int \sqrt{2x+1}\, dx\Big]_0^4 \\ &= \tfrac{1}{3}(2x+1)^{3/2}\Big]_0^4 = \tfrac{1}{3}(9)^{3/2} - \tfrac{1}{3}(1)^{3/2} \\ &= \tfrac{1}{3}(27-1) = \tfrac{26}{3}\end{aligned}$$

임을 얻는다. 보통 선호하는 또 다른 방법은 변수가 바뀌었을 때 적분한계를 바꾸는 것

이다.

이 법칙은 정적분에서 치환할 때 x와 dx뿐만 아니라 적분한계까지도 새로운 변수 u에 관하여 바꾸어야 함을 의미한다. 새로운 적분한계는 $x = a$와 $x = b$에 대응하는 u의 값들이다.

6 정적분에 대한 치환법칙 g'이 $[a, b]$에서 연속이고 f가 $u = g(x)$의 치역에서 연속이면,

$$\int_a^b f(g(x))\,g'(x)\,dx = \int_{g(a)}^{g(b)} f(u)\,du$$

이다.

증명 F를 f의 원시함수라고 하자. 그러면 식 3에 의하여 $F(g(x))$는 $f(g(x))\,g'(x)$의 원시함수이므로 기본 정리 2에 의하여

$$\int_a^b f(g(x))\,g'(x)\,dx = F(g(x))\Big]_a^b = F(g(b)) - F(g(a))$$

를 얻는다. 그러나 FTC2를 다시 적용함으로써 또한

$$\int_{g(a)}^{g(b)} f(u)\,du = F(u)\Big]_{g(a)}^{g(b)} = F(g(b)) - F(g(a))$$

를 얻는다. ■

예제 7 6을 이용하여 $\int_0^4 \sqrt{2x+1}\,dx$를 구하여라.

풀이 예제 2의 풀이 1에서 치환을 이용하여 $u = 2x + 1$과 $dx = \frac{1}{2}\,du$를 얻는다. 새로운 적분한계를 찾기 위하여 $x = 0$일 때 $u = 2(0) + 1 = 1$이고, $x = 4$일 때 $u = 2(4) + 1 = 9$이다. 그러므로

$$\begin{aligned}\int_0^4 \sqrt{2x+1}\,dx &= \int_1^9 \tfrac{1}{2}\sqrt{u}\,du \\ &= \tfrac{1}{2}\cdot\tfrac{2}{3}u^{3/2}\Big]_1^9 \\ &= \tfrac{1}{3}(9^{3/2} - 1^{3/2}) = \tfrac{26}{3}\end{aligned}$$

■

6을 사용할 때 적분한 후에 변수 x로 돌아가지 않음을 볼 수 있다. 즉 u에 관한 적분한계를 사용해서 u에 관한 식으로 계산하면 된다.

예제 8에 있는 적분은

$$\int_1^2 \frac{1}{(3-5x)^2}\,dx$$

의 간단한 표현이다.

예제 8 $\displaystyle\int_1^2 \frac{dx}{(3-5x)^2}$를 구하여라.

풀이 $u = 3 - 5x$로 놓자. 그러면 $du = -5dx$이므로 $dx = -\frac{1}{5}\,du$이다. $x = 1$일 때 $u = -2$이고, $x = 2$일 때 $u = -7$이다. 그러므로

$$\begin{aligned}\int_1^2 \frac{dx}{(3-5x)^2} &= -\frac{1}{5}\int_{-2}^{-7} \frac{du}{u^2} = -\frac{1}{5}\left[-\frac{1}{u}\right]_{-2}^{-7} = \frac{1}{5u}\Big]_{-2}^{-7} \\ &= \frac{1}{5}\left(-\frac{1}{7} + \frac{1}{2}\right) = \frac{1}{14}\end{aligned}$$

이다. ■

예제 9에 있는 함수 $f(x) = (\ln x)/x$는 $x > 1$에 대하여 양수이기 때문에 그 적분은 그림 2의 색칠한 영역의 넓이를 나타낸다.

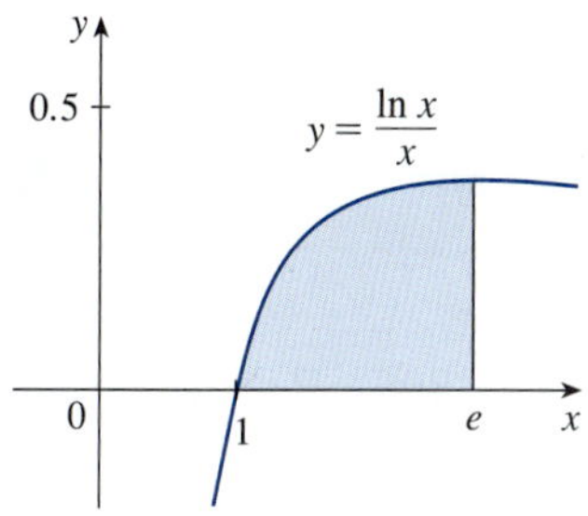

그림 2

예제 9 $\int_1^e \frac{\ln x}{x}\,dx$를 구하여라.

풀이 $u = \ln x$이다. 왜냐하면 미분 $du = (1/x)\,dx$가 적분에 있기 때문이다. $x = 1$일 때 $u = \ln 1 = 0$이고, $x = e$일 때 $u = \ln e = 1$이다. 그러므로

$$\int_1^e \frac{\ln x}{x}\,dx = \int_0^1 u\,du = \frac{u^2}{2}\Big]_0^1 = \frac{1}{2}$$

이다. ■

■ 대칭

다음 정리는 대칭성을 갖는 함수들의 적분 계산을 간단히 하기 위하여 정적분에 대한 치환법 **6**을 사용한다.

> **7 대칭함수의 적분** f가 구간 $[-a, a]$에서 연속이라고 가정하자.
>
> (a) f가 우함수 $[f(-x) = f(x)]$이면, $\int_{-a}^a f(x)\,dx = 2\int_0^a f(x)\,dx$이다.
>
> (b) f가 기함수 $[f(-x) = -f(x)]$이면, $\int_{-a}^a f(x)\,dx = 0$이다.

증명 주어진 적분을 두 부분으로 나눈다.

$$\boxed{8} \quad \int_{-a}^a f(x)\,dx = \int_{-a}^0 f(x)\,dx + \int_0^a f(x)\,dx = -\int_0^{-a} f(x)\,dx + \int_0^a f(x)\,dx$$

맨 오른쪽 변 첫 번째 적분에서 치환 $u = -x$를 택한다. 그러면 $du = -dx$이고, $x = -a$일 때 $u = a$이다. 그러므로

$$-\int_0^{-a} f(x)\,dx = -\int_0^a f(-u)(-du) = \int_0^a f(-u)\,du$$

이므로 방정식 **8**은

$$\boxed{9} \quad \int_{-a}^a f(x)\,dx = \int_0^a f(-u)\,du + \int_0^a f(x)\,dx$$

(a) 만일 f가 우함수이면, $f(-u) = f(u)$이므로 방정식 **9**에 의하여

$$\int_{-a}^a f(x)\,dx = \int_0^a f(u)\,du + \int_0^a f(x)\,dx = 2\int_0^a f(x)\,dx$$

를 얻는다.

(b) 만일 f가 기함수이면, $f(-u) = -f(u)$이므로 방정식 **9**에 의하여

$$\int_{-a}^a f(x)\,dx = -\int_0^a f(u)\,du + \int_0^a f(x)\,dx = 0$$

을 얻는다. ■

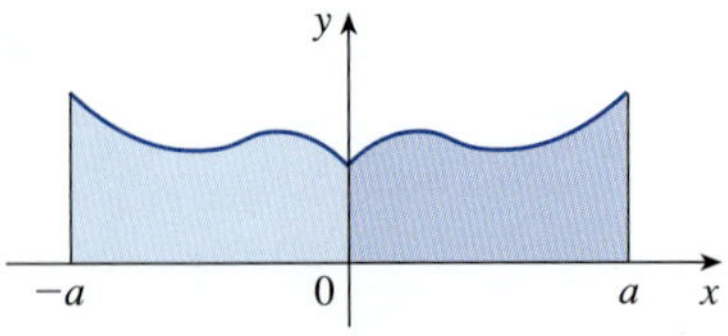

(a) f 우함수, $\int_{-a}^{a} f(x)\,dx = 2\int_{0}^{a} f(x)\,dx$

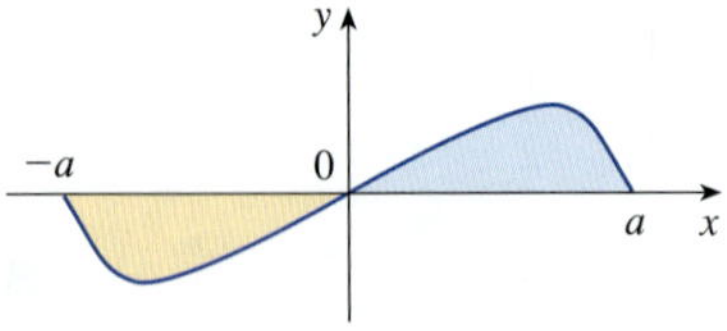

(b) f 기함수, $\int_{-a}^{a} f(x)\,dx = 0$

그림 3

정리 7은 그림 3에 의하여 설명된다. f가 양수값을 가지고 우함수인 경우 (a)는 $-a$에서 a까지 $y = f(x)$ 아래의 넓이는 대칭성 때문에 0에서 a까지 넓이의 두 배가 된다. 적분 $\int_a^b f(x)\,dx$는 x축 위와 $y = f(x)$ 아래의 넓이에서 x축 아래와 곡선 위의 넓이를 뺀 것이다. 따라서 (b)는 넓이들이 서로 상쇄되기 때문에 적분값은 0이 된다.

예제 10 $f(x) = x^6 + 1$은 $f(-x) = f(x)$를 만족하므로 우함수이다. 따라서

$$\int_{-2}^{2} (x^6 + 1)\,dx = 2\int_{0}^{2} (x^6 + 1)\,dx$$

$$= 2\Big[\tfrac{1}{7}x^7 + x\Big]_0^2 = 2\left(\tfrac{128}{7} + 2\right) = \tfrac{284}{7}$$ ■

예제 11 $f(x) = (\tan x)/(1 + x^2 + x^4)$는 $f(-x) = -f(x)$를 만족하므로 기함수이다. 따라서

$$\int_{-1}^{1} \frac{\tan x}{1 + x^2 + x^4}\,dx = 0$$ ■

5.5 연습문제

1-6 주어진 치환을 이용하여 적분을 구하여라.

1. $\int \cos 2x\,dx,\quad u = 2x$

2. $\int xe^{-x^2}\,dx,\quad u = -x^2$

3. $\int x^2\sqrt{x^3 + 1}\,dx,\quad u = x^3 + 1$

4. $\int \sin^2\theta \cos\theta\,d\theta,\quad u = \sin\theta$

5. $\int \dfrac{x^3}{x^4 - 5}\,dx,\quad u = x^4 - 5$

6. $\int \dfrac{\cos\sqrt{t}}{\sqrt{t}}\,dt,\quad u = \sqrt{t}$

7-40 부정적분을 구하여라.

7. $\int x\sqrt{1 - x^2}\,dx$

8. $\int t^3 e^{-t^4}\,dt$

9. $\int \sin t\sqrt{1 + \cos t}\,dt$

10. $\int \sin(\pi t/3)\,dt$

11. $\int \dfrac{dx}{4x + 7}$

12. $\int \dfrac{\cos\theta}{1 + \sin\theta}\,d\theta$

13. $\int \cos^3\theta \sin\theta\,d\theta$

14. $\int e^{-5r}\,dr$

15. $\int \dfrac{e^u}{(1 - e^u)^2}\,du$

16. $\int \dfrac{\sin(1/x)}{x^2}\,dx$

17. $\int \dfrac{a + bx^2}{\sqrt{3ax + bx^3}}\,dx$

18. $\int \dfrac{(\ln x)^2}{x}\,dx$

19. $\int \sin x \sin(\cos x)\,dx$

20. $\int \sec^2\theta \tan^3\theta\,d\theta$

21. $\int \left(x - \dfrac{1}{x^2}\right)\left(x^2 + \dfrac{2}{x}\right)^5 dx$

22. $\int \dfrac{dx}{ax + b}\quad (a \neq 0)$

23. $\int e^r(2 + 3e^r)^{3/2}\,dr$

24. $\int \dfrac{e^{\arcsin x}}{\sqrt{1 - x^2}}\,dx$

25. $\int \dfrac{\sec^2\theta}{\tan\theta}\,d\theta$

26. $\int \dfrac{(\arctan x)^2}{x^2 + 1}\,dx$

27. $\int \dfrac{1}{(x^2 + 1)\arctan x}\,dx$

28. $\int 5^t \sin(5^t)\,dt$

29. $\int \cos(1 + 5t)\,dt$

30. $\int \sqrt{\cot x}\csc^2 x\,dx$

31. $\int \dfrac{2^t}{2^t + 3}\,dt$

32. $\int \sinh^2 x \cosh x\,dx$

33. $\int \dfrac{dt}{\cos^2 t\sqrt{1 + \tan t}}$

34. $\int \dfrac{\sin 2x}{1 + \cos^2 x}\,dx$

35. $\int \cot x\,dx$

36. $\int \frac{\cos(\ln t)}{t}\,dt$

37. $\int \frac{dx}{\sqrt{1-x^2}\,\sin^{-1}x}$

38. $\int \frac{1+x}{1+x^2}\,dx$

39. $\int x^2\sqrt{2+x}\,dx$

40. $\int x(2x+5)^8\,dx$

41-43 부정적분을 계산하여라. 함수와 원시함수의 그래프를 그려서 답이 합리적임을 확인하여라($C = 0$).

41. $\int x(x^2-1)^3\,dx$

42. $\int \tan^2\theta\,\sec^2\theta\,d\theta$

43. $\int e^{\cos x}\sin x\,dx$

44-59 정적분을 계산하여라.

44. $\int_0^1 \cos(\pi t/2)\,dt$

45. $\int_0^1 (3t-1)^{50}\,dt$

46. $\int_{\pi/3}^{2\pi/3} \csc^2\left(\frac{1}{2}t\right)dt$

47. $\int_0^{\pi/6} \frac{\sin t}{\cos^2 t}\,dt$

48. $\int_1^2 \frac{e^{1/x}}{x^2}\,dx$

49. $\int_0^1 \frac{e^x}{1+e^{2x}}\,dx$

50. $\int_{-\pi/4}^{\pi/4} (x^3 + x^4\tan x)\,dx$

51. $\int_0^{\pi/2} \cos x\sin(\sin x)\,dx$

52. $\int_0^{13} \frac{dx}{\sqrt[3]{(1+2x)^2}}$

53. $\int_0^a x\sqrt{x^2+a^2}\,dx \quad (a > 0)$

54. $\int_{-\pi/3}^{\pi/3} x^4\sin x\,dx$

55. $\int_1^2 x\sqrt{x-1}\,dx$

56. $\int_e^{e^4} \frac{dx}{x\sqrt{\ln x}}$

57. $\int_0^2 (x-1)e^{(x-1)^2}\,dx$

58. $\int_0^1 \frac{e^z+1}{e^z+z}\,dz$

59. $\int_0^1 \frac{dx}{(1+\sqrt{x})^4}$

60-61 주어진 곡선 아래 영역의 넓이를 추정하고 정확한 값을 계산하여라.

60. $y = \sqrt{2x+1},\ \ 0 \leqslant x \leqslant 1$

61. $y = 2\sin x - \sin 2x,\ \ 0 \leqslant x \leqslant \pi$

62. 다음 적분을 두 적분의 합으로 쓰고 그중 하나를 넓이로 해석함으로써 계산하여라.

$$\int_{-2}^{2} (x+3)\sqrt{4-x^2}\,d$$

63. 다음 넓이 중 어느 것이 같은가? 왜 그런가?

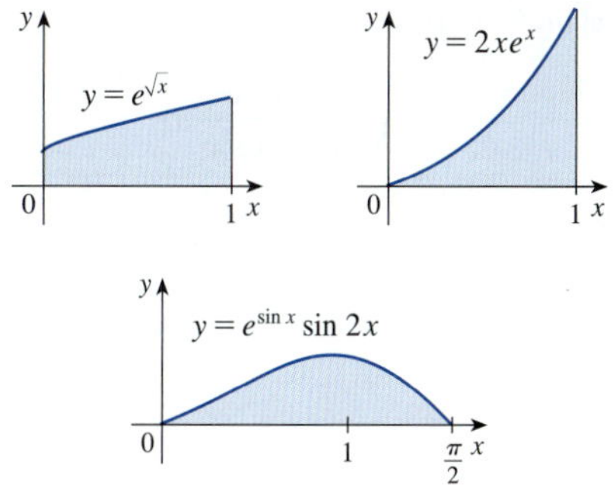

64. 성인 남자의 기초대사량은 오전 5:00부터 t시간 후 $R(t) = 85 - 0.18\cos(\pi t/12)$ (단위: kcal/h)이다. 24시간 동안의 기초대사량 $\int_0^{24} R(t)\,dt$는 얼마인가?

65. 어떤 기름저장탱크가 시간 $t = 0$에 갈라져서 탱크에서 분당 $r(t) = 100e^{-0.01t}$ 리터의 비율로 기름이 새어나오고 있다. 처음 1시간 동안 새어나온 기름의 양은 얼마인가?

66. 숨쉬기는 주기적이며 숨을 들이마시기 시작해서 숨을 내쉬기까지의 완전한 호흡 주기는 대략 5초가 걸린다. 공기가 폐 속으로 흘러들어가는 최대 비율은 대략 0.5L/s이다. 이것은 일정 부분 폐 속으로 공기가 흘러들어가는 비율의 모형을 만들기 위하여 함수 $f(t) = \frac{1}{2}\sin(2\pi t/5)$를 자주 사용한 이유를 설명하고 있다. 이 모형을 이용하여 시각 t에서 폐 속으로 들어간 공기의 부피를 구하여라.

67. 투석 치료는 환자의 혈액을 외부로 우회하여 투석기라는 기계장치를 통과하게 하여 혈액에서 요소와 다른 노폐물을 제거한다. 혈액에서 요소가 제거되는 속도(mg/min)는 흔히 다음 방정식으로 주어진다.

$$u(t) = \frac{r}{V}C_0e^{-rt/V}$$

여기서 r은 투석기를 통과하는 혈액의 속도(mL/분), V는 환자의 혈액량(mL)이고 C_0는 $t = 0$일 때 혈액 속의 요소의 양(mg)이다. 적분 $\int_0^{30} u(t)\,dt$를 계산하고 그 의미를 설명하여라.

68. f가 연속이고 $\int_0^4 f(x)\,dx = 10$일 때, $\int_0^2 f(2x)\,dx$를 구하여라.

69. f가 $\mathbb{R}$(실수)에서 연속이면,

$$\int_a^b f(-x)\,dx = \int_{-b}^{-a} f(x)\,dx$$

임을 증명하여라. $f(x) \geqslant 0$, $0 < a < b$인 경우에 도형을 그리고 넓이의 같음으로 이 방정식을 기하학적으로 설명하여라.

70. f가 $[0, \pi]$에서 연속일 때, 치환 $u = \pi - x$를 이용하여

$$\int_0^\pi xf(\sin x)\,dx = \frac{\pi}{2}\int_0^\pi f(\sin x)\,dx$$

임을 보여라.

71. 연습문제 70을 이용하여 적분

$$\int_0^{\pi} \frac{x \sin x}{1 + \cos^2 x}\, dx$$

를 계산하여라.

72. (a) f가 연속일 때,

$$\int_0^{\pi/2} f(\cos x)\, dx = \int_0^{\pi/2} f(\sin x)\, dx$$

임을 증명하여라.

(b) (a)를 이용하여 $\int_0^{\pi/2} \cos^2 x\, dx$와 $\int_0^{\pi/2} \sin^2 x\, dx$를 계산하여라.

회전은 제조 과정에 많이 사용된다. 사진은 회전하는 물레 위에서 도기를 빚는 예술가이다. 6.2절에서 회전체의 부피를 구하는 방법을 알아볼 것이다.

Rock and Wasp / Shutterstock.com

6 적분의 응용
Applications of Integration

이 장은 곡선 사이의 넓이와 입체의 부피, 노동력을 계산하는 데 사용되는 정적분의 응용을 다룬다. 주된 내용은 곡선 아래의 넓이를 구할 때 사용했던 방법과 유사한 정적분의 일반적인 방법이다. 즉 어떤 양 Q를 수많은 작은 부분으로 쪼갠다. 그런 다음 각각의 작은 부분을 $f(x_i^*)\Delta x$의 양으로 추정한 후 리만합을 이용하여 Q를 추정한다. 그리고 극한을 취하고 Q를 적분으로 나타낸다. 마지막 단계로 미분적분학의 기본 정리나 중점 법칙을 사용하여 적분을 구한다.

6.1 곡선으로 둘러싸인 영역의 넓이

5장에서 함수의 그래프 아래에 놓인 영역의 넓이를 정의하고 계산하였다. 여기서는 적분을 이용하여 두 함수의 그래프로 둘러싸인 영역의 넓이를 구하여보자.

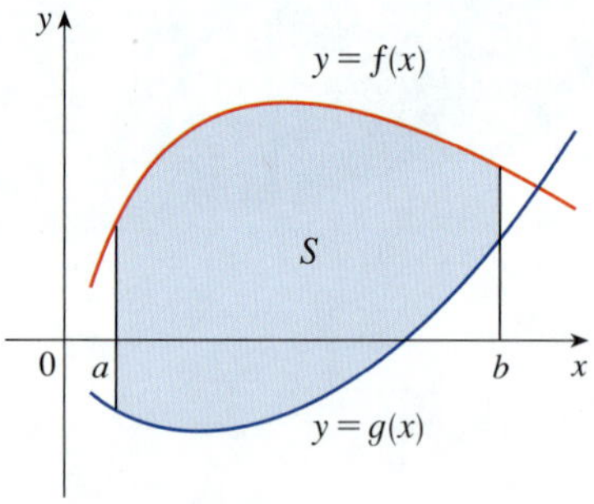

그림 1 $S = \{(x, y) \mid a \leqslant x \leqslant b, g(x) \leqslant y \leqslant f(x)\}$

■ 곡선으로 둘러싸인 영역: x에 대한 적분

두 곡선 $y = f(x)$와 $y = g(x)$ 그리고 수직선 $x = a$와 $x = b$로 둘러싸인 영역을 S라고 하자(그림 1 참조). 단, f와 g는 연속함수이고 모든 $x \in [a, b]$에 대하여 $f(x) \geqslant g(x)$를 만족한다.

5.1절에서 곡선 아래의 넓이를 계산할 때와 같이 S를 같은 폭을 갖는 n개의 조각으로 나누고, i번째 조각을 밑변 Δx와 높이 $f(x_i^*) - g(x_i^*)$인 직사각형으로 근사시킨다. (그림 2 참조. 경우에 따라서 모든 표본점 x_i^*를 오른쪽 끝점 $x_i^* = x_i$로 택할 수 있다.) 그러므로 리만합

$$\sum_{i=1}^{n} [f(x_i^*) - g(x_i^*)] \Delta x$$

는 직관적으로 영역 S의 넓이에 대한 근삿값이다.

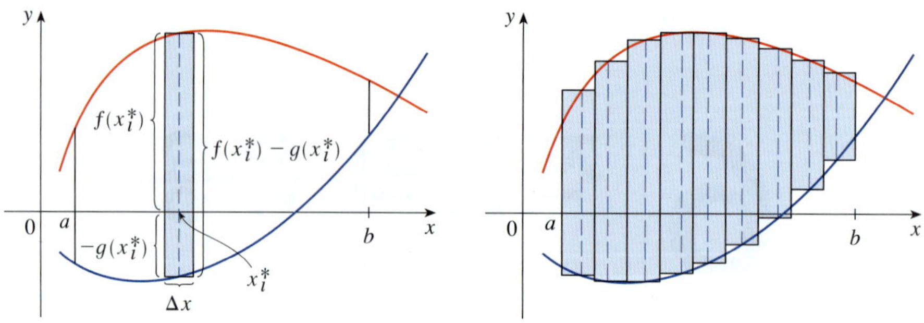

그림 2 (a) 대표 직사각형 (b) 근사 직사각형

이 근삿값은 $n \to \infty$이면 더욱더 참값에 가까워진다. 그러므로 S의 **넓이** A를 이러한 근사 직사각형들의 리만합에 극한을 취한 값으로 정의한다.

1
$$A = \lim_{n \to \infty} \sum_{i=1}^{n} [f(x_i^*) - g(x_i^*)] \Delta x$$

정의 **1**에서 극한에 관한 식은 $f - g$의 정적분으로 나타낼 수 있으며, 다음과 같은 넓이에 대한 공식을 얻는다.

2 f와 g는 연속함수이고, 모든 $x \in [a, b]$에 대하여 $f(x) \geqslant g(x)$를 만족한다고 하자. 두 곡선 $y = f(x)$와 $y = g(x)$, 그리고 직선 $x = a$와 $x = b$로 둘러싸인 영역의 넓이 A는

$$A = \int_a^b [f(x) - g(x)] \, dx$$

이다.

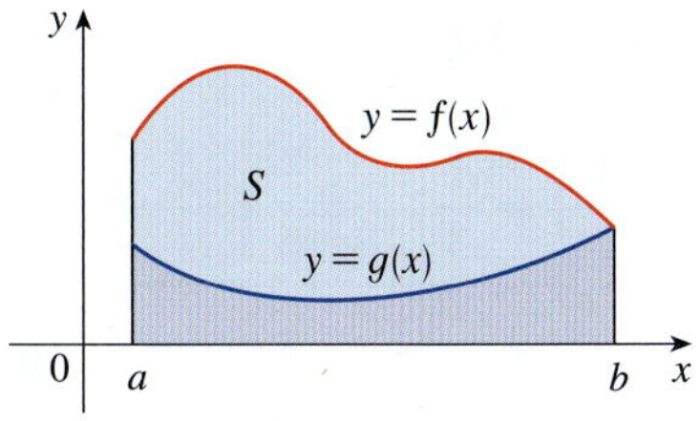

그림 3 $A = \int_a^b f(x)dx - \int_a^b g(x)dx$

$g(x) = 0$인 특수한 경우에 S는 f의 그래프 아래에 놓인 영역이며, 일반적인 넓이의 정의 [1]은 앞에서 배운 정의(5.1절의 정의 [2])와 같게 된다.

f와 g가 양의 함수라면, 그림 3으로부터 공식 [2]가 성립함을 알 수 있다.

$$A = [y = f(x) \text{ 아래의 넓이}] - [y = g(x) \text{ 아래의 넓이}]$$
$$= \int_a^b f(x)\,dx - \int_a^b g(x)\,dx = \int_a^b [f(x) - g(x)]\,dx$$

예제 1 $y = e^x$에 의하여 위로 유계이고, $y = x$에 의하여 아래로 유계이며, 직선 $x = 0$과 $x = 1$로 둘러싸인 영역의 넓이를 구하여라.

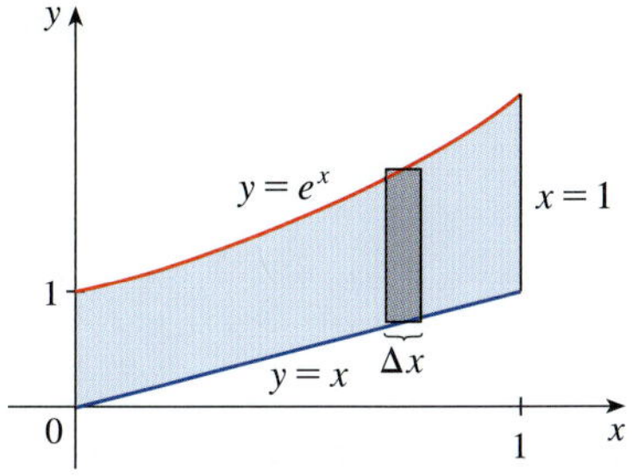

그림 4

풀이 그림 4와 같이 위 경계 곡선은 $y = e^x$이고, 아래 경계 곡선은 $y = x$이다. 그러므로 $f(x) = e^x$, $g(x) = x$, $a = 0$, $b = 1$을 넓이공식 [2]에 적용한다.

$$A = \int_0^1 (e^x - x)\,dx = e^x - \tfrac{1}{2}x^2\Big]_0^1$$
$$= e - \tfrac{1}{2} - 1 = e - 1.5$$

■

그림 4는 넓이의 정의 [1]이 만들어진 절차를 폭 Δx의 대표 근사 직사각형으로 나타낸 것이다. 일반적으로 넓이에 대한 적분식을 구할 때, 그림 5에서와 같이 위 부분 곡선을 y_T, 아래 부분 곡선을 y_B라 하여 대표 근사 직사각형을 그리는 것이 도움이 된다. 이때 대표 근사 직사각형의 넓이는 $(y_T - y_B)\Delta x$이며, 따라서 곡선으로 둘러싸인 영역의 넓이는

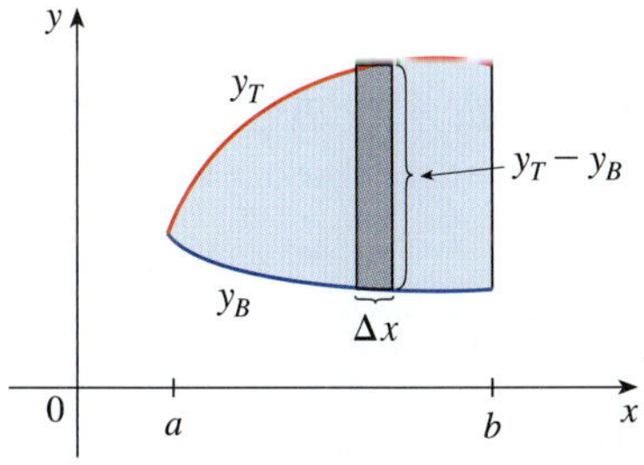

그림 5

$$A = \lim_{n\to\infty} \sum_{i=1}^{n} (y_T - y_B)\,\Delta x = \int_a^b (y_T - y_B)\,dx$$

이다.

그림 5에서는 왼쪽 경계가 한 점으로 축소된 반면, 그림 3에서는 오른쪽 경계가 한 점으로 축소되었다. 다음 예제는 영역의 양쪽 경계가 한 점으로 축소된 경우이며, 따라서 문제해결을 위한 첫 단계는 a와 b를 구하는 것이다.

예제 2 포물선 $y = x^2$과 $y = 2x - x^2$으로 둘러싸인 영역의 넓이를 구하여라.

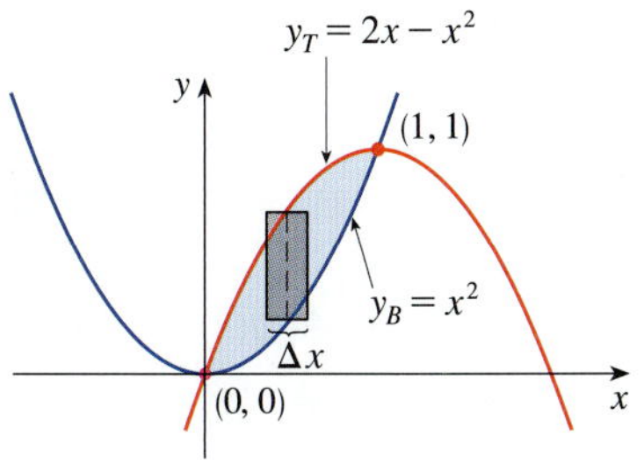

그림 6

풀이 먼저 주어진 포물선의 방정식을 연립하여 풀어서 교점을 구해야 한다. 즉 $x^2 = 2x - x^2$ 즉 $2x^2 - 2x = 0$이므로, $2x(x - 1) = 0$으로부터 $x = 0$ 또는 $x = 1$이다. 따라서 교점은 (0, 0)과 (1, 1)이다.

그림 6에서와 같이 위와 아래 경계는

$$y_T = 2x - x^2\text{과} \quad y_B = x^2$$

이다. 또한 대표 근사 직사각형의 넓이는

$$(y_T - y_B)\,\Delta x = (2x - x^2 - x^2)\,\Delta x = (2x - 2x^2)\,\Delta x$$

이고, 구하는 영역은 직선 $x = 0$과 $x = 1$ 사이에 놓여 있다. 그러므로 넓이는

$$A = \int_0^1 (2x - 2x^2)\,dx = 2\int_0^1 (x - x^2)\,dx$$
$$= 2\left[\frac{x^2}{2} - \frac{x^3}{3}\right]_0^1 = 2\left(\frac{1}{2} - \frac{1}{3}\right) = \frac{1}{3}$$

이다. ■

때때로 두 곡선의 교점을 찾는 문제는 어렵거나 심지어 불가능할 때도 있다. 다음 예제에서 그래핑 계산기나 컴퓨터를 사용하여 교점의 근삿값을 구하고 주어진 영역의 넓이를 구하여보자.

예제 3 곡선 $y = x/\sqrt{x^2+1}$와 $y = x^4 - x$로 둘러싸인 영역의 넓이의 근삿값을 구하여라.

풀이 두 곡선의 정확한 교점을 구하려면, 방정식

$$\frac{x}{\sqrt{x^2+1}} = x^4 - x$$

를 풀어야 한다. 정확한 해를 구하기가 매우 힘들기 때문에(사실은 불가능함), 그림 7과 같이 그래핑 도구를 이용한다. 한 교점은 원점이고 다른 교점은 대략 $x \approx 1.18$임을 알 수 있다. 그러므로 곡선으로 둘러싸인 영역의 넓이는

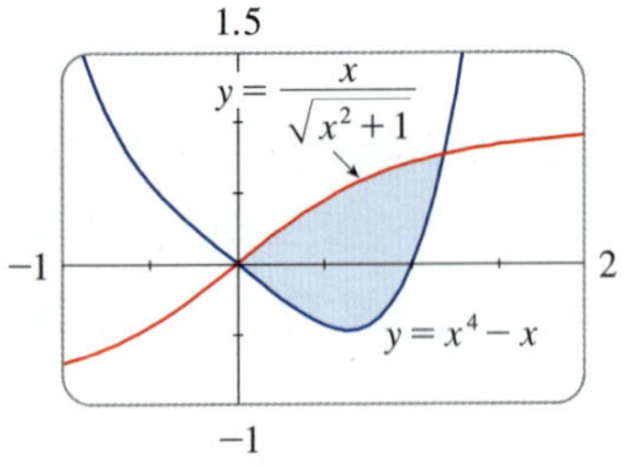

그림 7

$$A \approx \int_0^{1.18}\left[\frac{x}{\sqrt{x^2+1}} - (x^4 - x)\right]dx$$

이다. 첫째 항을 적분하기 위하여 $u = x^2 + 1$로 치환하면 $du = 2x\,dx$이고, $x = 1.18$일 때 $u \approx 2.39$, $x = 0$일 때 $u = 1$이다. 따라서

$$A \approx \tfrac{1}{2}\int_1^{2.39}\frac{du}{\sqrt{u}} - \int_0^{1.18}(x^4 - x)\,dx$$
$$= \sqrt{u}\,\Big]_1^{2.39} - \left[\frac{x^5}{5} - \frac{x^2}{2}\right]_0^{1.18}$$
$$= \sqrt{2.39} - 1 - \frac{(1.18)^5}{5} + \frac{(1.18)^2}{2}$$
$$\approx 0.785$$

이다. ■

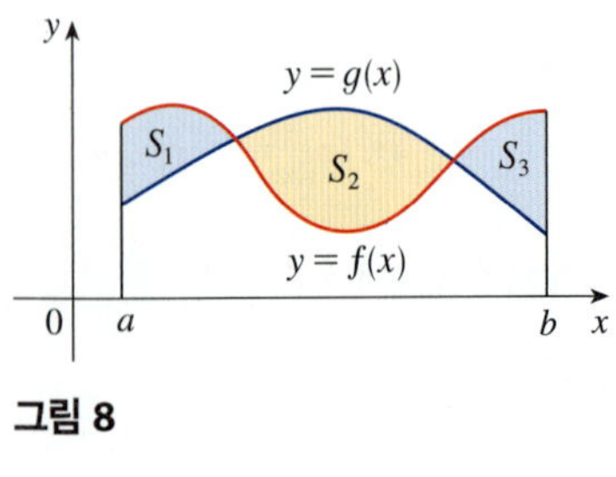

그림 8

만일 어떤 x값에 대하여 $f(x) \geqslant g(x)$를 만족하고 다른 x값에 대하여 $g(x) \geqslant f(x)$가 성립하는 경우, 두 곡선 $y = f(x)$와 $y = g(x)$로 둘러싸인 영역의 넓이를 구하려면, 그림 8과 같이 영역 S를 각각의 넓이가 $A_1, A_2, \cdots$인 여러 개의 작은 영역 $S_1, S_2, \cdots$으로 나누고, 각 영역의 넓이를 모두 합한 값, 즉 $A = A_1 + A_2 + \cdots$으로 정의한다. 여기서

$$|f(x) - g(x)| = \begin{cases} f(x) - g(x), & f(x) \geqslant g(x) \\ g(x) - f(x), & g(x) \geqslant f(x) \end{cases}$$

이므로 넓이 A는 다음 식으로 나타낸다.

> **3** 곡선 $y = f(x)$, $y = g(x)$와 직선 $x = a$, $x = b$로 둘러싸인 영역의 넓이는
>
> $$A = \int_a^b |f(x) - g(x)|\, dx$$
>
> 이다.

식 **3**의 적분을 계산할 때는 $A_1, A_2, \cdots$에 대응하는 적분들로 나누어 계산해야 한다.

예제 4 곡선 $y = \sin x$, $y = \cos x$와 직선 $x = 0$, $x = \pi/2$로 둘러싸인 영역의 넓이를 구하여라.

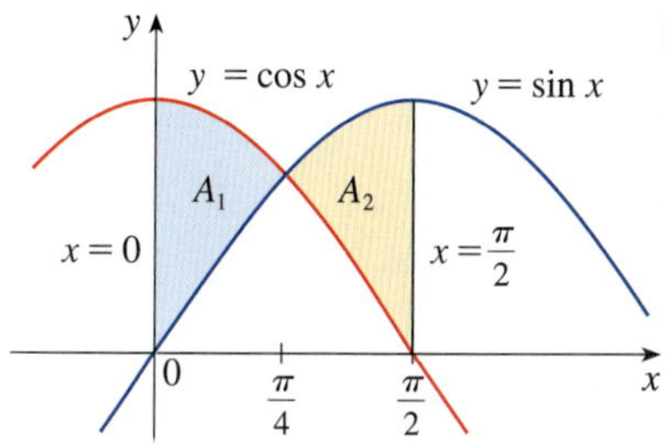

그림 9

풀이 교점은 $\sin x = \cos x$일 때, 즉 $0 \leqslant x \leqslant \pi/2$이므로 $x = \pi/4$이다. 그림 9에서와 같이 $0 \leqslant x \leqslant \pi/4$일 때 $\cos x \geqslant \sin x$이고, $\pi/4 \leqslant x \leqslant \pi/2$일 때 $\sin x \geqslant \cos x$이다. 그러므로 구하는 넓이는

$$A = \int_0^{\pi/2} |\cos x - \sin x|\, dx = A_1 + A_2$$

$$= \int_0^{\pi/4} (\cos x - \sin x)\, dx + \int_{\pi/4}^{\pi/2} (\sin x - \cos x)\, dx$$

$$= \Big[\sin x + \cos x\Big]_0^{\pi/4} + \Big[-\cos x - \sin x\Big]_{\pi/4}^{\pi/2}$$

$$= \left(\frac{1}{\sqrt{2}} + \frac{1}{\sqrt{2}} - 0 - 1\right) + \left(-0 - 1 + \frac{1}{\sqrt{2}} + \frac{1}{\sqrt{2}}\right)$$

$$= 2\sqrt{2} - 2$$

이다.

이 예제는 주어진 영역이 $x = \pi/4$에 대하여 대칭인 특별한 경우이므로, 넓이를

$$A = 2A_1 = 2\int_0^{\pi/4} (\cos x - \sin x)\, dx$$

와 같이 간단하게 계산할 수 있다. ■

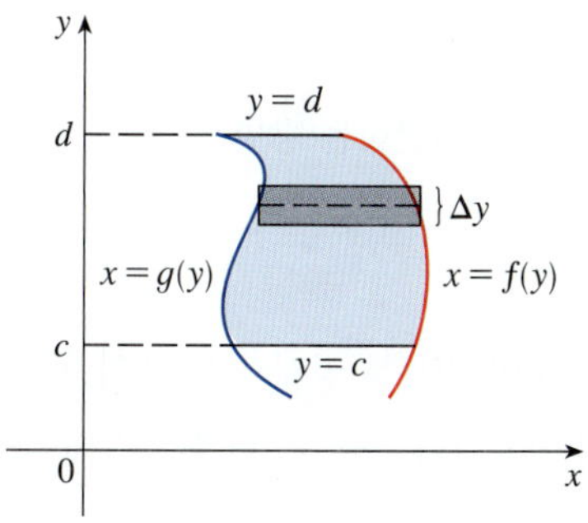

그림 10

■ 곡선으로 둘러싸인 영역: y에 대한 적분

어떤 영역은 x가 y의 함수로서 표현되기도 한다. 만일 그림 10과 같이 $c \leqslant y \leqslant d$일 때 $f(y) \geqslant g(y)$인 연속함수 f와 g가 있다면, 곡선 $x = f(y)$, $x = g(y)$와 직선 $y = c$, $y = d$로 둘러싸인 영역의 넓이는

$$A = \int_c^d [f(y) - g(y)]\, dy$$

이다.

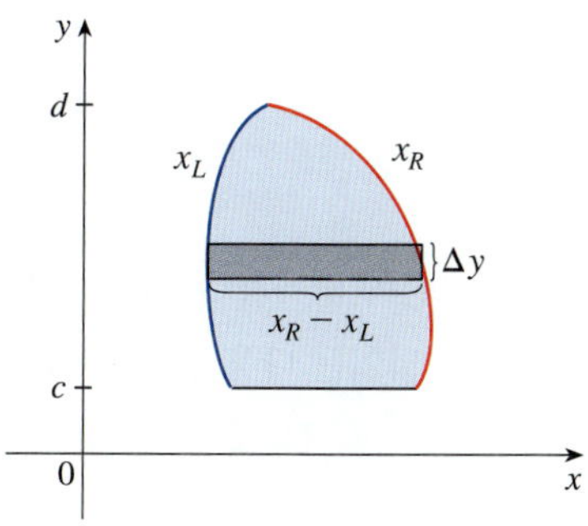

그림 11

만일 그림 11에서와 같이 x_R을 오른쪽 경계, x_L을 왼쪽 경계라고 하면, 주어진 영역의 넓이는

$$A = \int_c^d (x_R - x_L)\,dy$$

이다. 여기서 대표 근사 직사각형은 가로가 $x_R - x_L$이고 세로가 Δy이다.

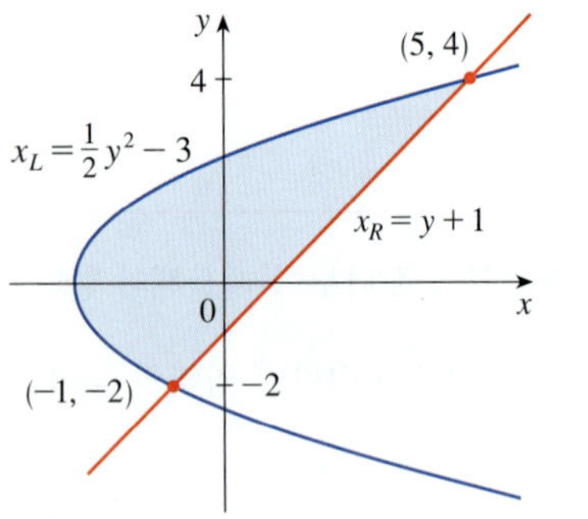

그림 12

예제 5 직선 $y = x - 1$과 포물선 $y^2 = 2x + 6$으로 둘러싸인 영역의 넓이를 구하여라.

풀이 두 방정식을 연립으로 풀어서 교점을 구하면 $(-1, -2)$와 $(5, 4)$이다. 그림 12에서와 같이 영역의 왼쪽과 오른쪽 경계 곡선은 각각

$$x_L = \tfrac{1}{2}y^2 - 3\text{과} \quad x_R = y + 1$$

이다. 따라서 $y = -2$에서 $y = 4$까지 적분하면

$$\begin{aligned} A &= \int_{-2}^{4} (x_R - x_L)\,dy = \int_{-2}^{4} \left[(y + 1) - \left(\tfrac{1}{2}y^2 - 3\right)\right] dy \\ &= \int_{-2}^{4} \left(-\tfrac{1}{2}y^2 + y + 4\right) dy \\ &= -\frac{1}{2}\left(\frac{y^3}{3}\right) + \frac{y^2}{2} + 4y\Bigg]_{-2}^{4} \\ &= -\tfrac{1}{6}(64) + 8 + 16 - \left(\tfrac{4}{3} + 2 - 8\right) = 18 \end{aligned}$$

이다. ■

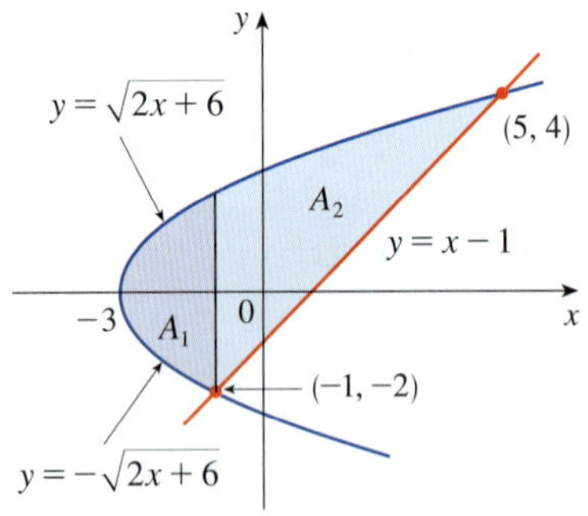

그림 13

NOTE 예제 5에서는 넓이를 변수 y 대신에 변수 x로 적분하여 구할 수도 있다. 그러나 더 많은 계산을 해야 한다. 즉 그림 13에서와 같이 주어진 영역을 영역 A_1과 A_2로 나누어 더 복잡하게 계산해야 한다. 그러므로 예제 5의 방법이 훨씬 수월하다.

예제 6 곡선 $y = 1/x$, $y = x$, $y = \frac{1}{4}x$로 둘러싸인 영역의 넓이를

(a) x에 대해서 적분하는 방법 (b) y에 대해서 적분하는 방법

으로 각각 구하여라.

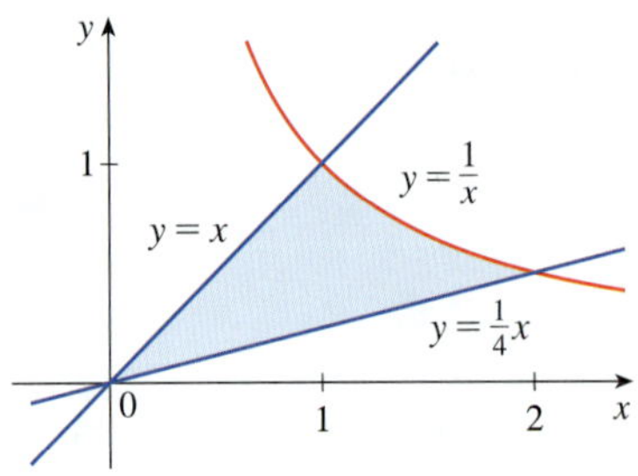

그림 14

풀이 그림 14에 영역이 표시되어 있다.

(a) x에 대해서 적분하기 위해서는 그림 15(a)에서 보듯이 윗부분 경계가 두 개의 곡선으로 이루어져 있기 때문에 영역을 두 부분으로 나눠야만 한다. 넓이는 다음과 같이 계산할 수 있다.

$$\begin{aligned} A = A_1 + A_2 &= \int_0^1 \left(x - \tfrac{1}{4}x\right) dx + \int_1^2 \left(\frac{1}{x} - \frac{1}{4}x\right) dx \\ &= \left[\tfrac{3}{8}x^2\right]_0^1 + \left[\ln x - \tfrac{1}{8}x^2\right]_1^2 = \ln 2 \end{aligned}$$

(b) y에 대해서 적분하는 경우에도 그림 15(b)에서 보듯이 오른쪽 경계가 두 개의 곡선으로 이루어져 있기 때문에 영역을 두 부분으로 나눠야 한다. 넓이는 다음과 같이 계산할 수 있다.

$$A = A_1 + A_2 = \int_0^{1/2} (4y - y)\,dy + \int_{1/2}^{1} \left(\frac{1}{y} - y\right) dy$$

$$= \left[\tfrac{3}{2}y^2\right]_0^{1/2} + \left[\ln y - \tfrac{1}{2}y^2\right]_{1/2}^{1} = \ln 2$$

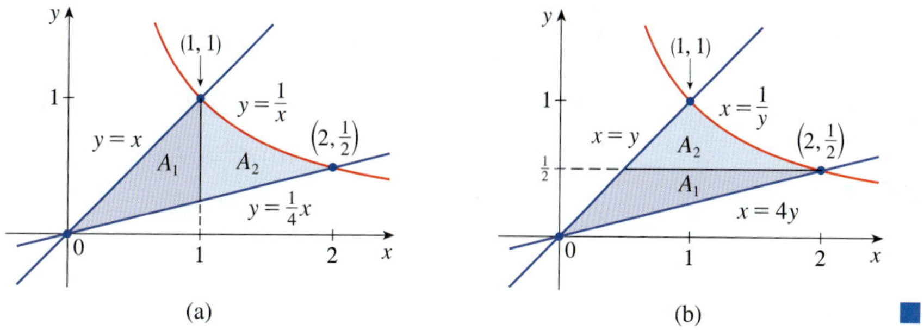

그림 15

■ 응용

예제 7 그림 16은 홍역 감염에 대한 **발병곡선**의 예이다. 그림은 면역력이 없는 사람에게 홍역 바이러스가 호흡기관으로부터 혈관으로 퍼져서 병이 어떻게 진행되는지 보여준다.

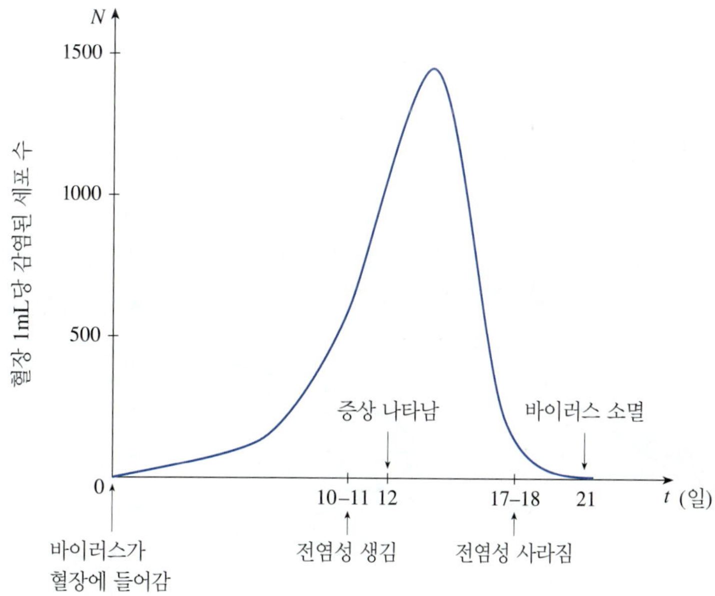

그림 16
홍역 발병곡선

Source: J. M. Heffernan et al., "An In-Host Model of Acute Infection: Measles as a Case Study," *Theoretical Population Biology* 73 (2008): 134–47.

환자는 감염된 세포가 충분히 많아지면 다른 사람에게 전염시키기도 하며, 환자의 면역체계가 더 이상의 전염을 막을 수 있을 정도가 되기 전까지는 감염된 상태로 있게 된다. 그러나 '감염량'이 특별한 한계 값에 도달하기 전까지는 증상이 나타나지 않는다. 증상이 나타나는 데 필요한 감염량은 감염된 세포의 농도와 시간에 따라 다르고, 증상이 나타날 때까지의 발병곡선 아래의 넓이와 같다.

(a) 그림 16의 발병곡선은 $f(t) = -t(t - 21)(t + 1)$로 나타낼 수 있다. $t_1 = 10$일에

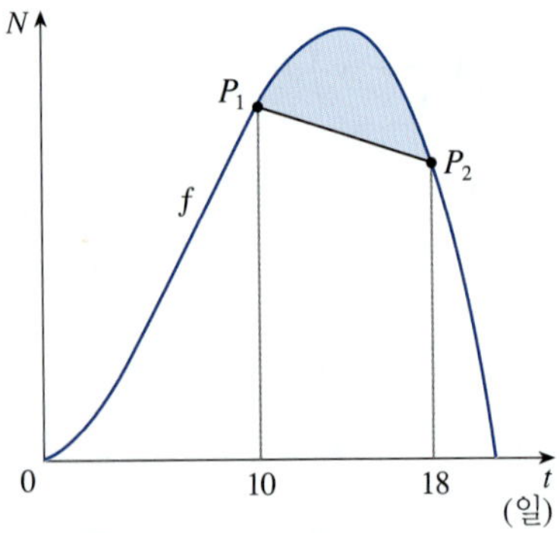

그림 17

전염이 시작되어 $t_2 = 18$에 끝났다면 각각 감염된 세포의 농도수준은 어느 정도인가?

(b) 감염된 사람의 **전염 정도**는 $N = f(t)$와 두 점 $P_1(t_1, f(t_1))$과 $P_2(t_2, f(t_2))$를 연결하는 직선 사이의 넓이이고, 단위는 (세포 수/mL) · 일이다(그림 17 참조). 이 환자의 전염 정도를 계산하여라.

풀이

(a) 감염은 mL당 세포 수가 $f(10) = 1210$일 때 시작되고 $f(18) = 1026$일 때 끝난다.

(b) P_1과 P_2를 지나는 직선의 기울기는 $\frac{1026 - 1210}{18 - 10} = -\frac{184}{8} = -23$이고 방정식은 $N - 1210 = -23(t - 10) \Longleftrightarrow N = -23t + 1440$이다. f와 이 직선 사이의 넓이는 다음과 같다.

$$\begin{aligned}\int_{10}^{18} [f(t) - (-23t + 1440)]\,dt &= \int_{10}^{18} (-t^3 + 20t^2 + 21t + 23t - 1440)\,dt \\ &= \int_{10}^{18} (-t^3 + 20t^2 + 44t - 1440)\,dt \\ &= \left[-\frac{t^4}{4} + 20\frac{t^3}{3} + 44\frac{t^2}{2} - 1440t\right]_{10}^{18} \\ &= -6156 - \left(-8033\tfrac{1}{3}\right) \approx 1877\end{aligned}$$

따라서 이 환자의 전염 정도는 약 1877(세포 수/mL) · 일이다. ■

6.1 연습문제

1-2
(a) 아래 색칠한 부분의 넓이를 구하기 위한 적분식을 세워라.
(b) 적분식을 계산하여 넓이를 구하여라.

1.

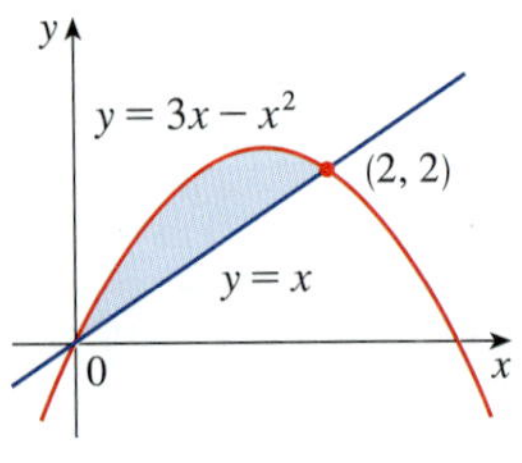

2.

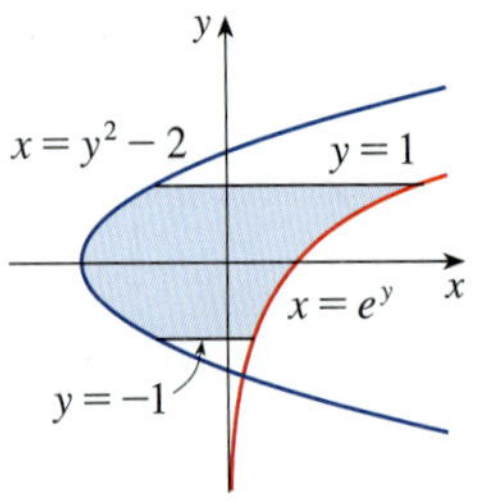

3. 아래 색칠한 부분의 넓이를 구하여라.

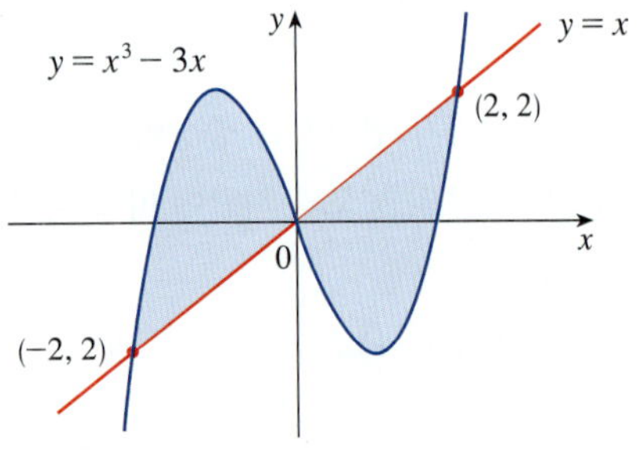

4-7 주어진 곡선으로 둘러싸인 영역의 넓이를 구하는 적분식을 세우되 계산은 하지 마라.

4. $y = 2^x, \quad y = 3^x, \quad x = 1$

5. $y = \ln x, \quad y = \ln(x^2), \quad x = 2$

6. $y = 2 - x, \quad y = 2x - x^2$

7. $x = y^4, \quad x = 2 - y^2$

8-13 주어진 곡선으로 둘러싸인 영역의 그림을 그려라. x 또는 y에 대해 어떤 변수로 적분할 것인지 결정하여라. 대표 근사 직사각형을 그리고 높이와 폭을 정하여라. 그리고 주어진 영역의 넓이를 구하여라.

8. $y = x^2 + 2, \quad y = -x - 1, \quad x = 0, \quad x = 1$

9. $y = 1/x, \quad y = 1/x^2, \quad x = 2$

10. $y = \cos x, \quad y = e^x, \quad x = \pi/2$

11. $y = (x - 2)^2, \quad y = x$

12. $x = 1 - y^2, \quad x = y^2 - 1$

13. $4x + y^2 = 12, \quad x = y$

14-26 주어진 곡선으로 둘러싸인 영역의 그림을 그리고 그 넓이를 구하여라.

14. $y = 12 - x^2, \quad y = x^2 - 6$

15. $x = 2y^2, \quad x = 4 + y^2$

16. $y = \sqrt{x-1}, \quad x - y = 1$

17. $y = \sqrt[3]{2x}, \quad y = \frac{1}{2}x$

18. $y = \sqrt{x}, \quad y = \frac{1}{3}x, \quad 0 \leq x \leq 16$

19. $y = \cos x, \quad y = 2 - \cos x, \quad 0 \leq x \leq 2\pi$

20. $y = \cos x, \quad y = \sin 2x, \quad 0 \leq x \leq \pi/2$

21. $y = \sec^2 x, \quad y = 8\cos x, \quad -\pi/3 \leq x \leq \pi/3$

22. $y = x^4 - 3x^2, \quad y = x^2$ **23.** $y = x^4, \quad y = 2 - |x|$

24. $y = \sin\dfrac{\pi x}{2}, \quad y = x^3$

25. $y = 4 - 2\cosh x, \quad y = \frac{1}{2}\sinh x$

26. $y = 1/x, \quad y = x, \quad y = \frac{1}{4}x, \quad x > 0$

27. 아래에 두 함수의 그래프와 곡선 사이의 넓이가 주어져 있다.
(a) $0 \leq x \leq 5$에서 두 곡선 사이의 전체 넓이는 얼마인가?
(b) $\int_0^5 [f(x) - g(x)]\, dx$의 값을 구하여라.

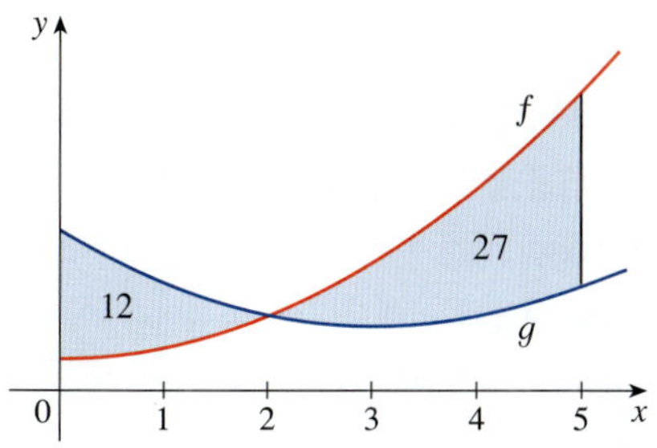

28-29 주어진 곡선으로 둘러싸인 영역을 그리고 넓이를 구하여라.

28. $y = \dfrac{x}{1+x^2}, \quad y = \dfrac{x^2}{1+x^3}$

29. $y = \dfrac{\ln x}{x}, \quad y = \dfrac{(\ln x)^2}{x}$

30-31 미적분학을 이용하여 주어진 점을 꼭짓점으로 하는 삼각형의 넓이를 구하여라.

30. $(0, 0), \quad (3, 1), \quad (1, 2)$

31. $(2, 0), \quad (0, 2), \quad (-1, 1)$

32-33 다음 적분값을 구하고 그것을 영역의 넓이로 해석하여라. 영역의 그림을 그려라.

32. $\int_0^{\pi/2} |\sin x - \cos 2x|\, dx$ **33.** $\int_{-1}^{1} |3^x - 2^x|\, dx$

34-35 그래프를 그려 두 곡선의 교점의 x좌표의 근삿값을 구하여라. 두 곡선으로 둘러싸인 넓이의 근삿값을 구하여라.

34. $y = x\sin(x^2), \quad y = x^4, \quad x \geq 0$

35. $y = 3x^2 - 2x, \quad y = x^3 - 3x + 4$

T 36-38 아래 곡선으로 둘러싸인 영역의 그래프를 그리고 계산기를 이용하여 그 영역의 값을 소수 다섯째 자리까지 정확하게 구하여라.

36. $y = \dfrac{2}{1+x^4}, \quad y = x^2$ **37.** $y = e^{1-x^2}, \quad y = x^4$

38. $y = \tan^2 x, \quad y = \sqrt{x}$

T 39. 곡선 $y = x^5 - 6x^3 + 4x$와 $y = x$에 의해 둘러싸인 영역의 정확한 값을 컴퓨터 대수시스템을 이용하여 계산하여라.

40. xy평면에서 부등식 $x - 2y^2 \geq 0,\ 1 - x - |y| \geq 0$ 영역의 그림을 그리고 그 넓이를 구하여라.

41. 아래 그림은 항공기 날개의 절단면이다. 날개 두께의 측정값(cm)은 20cm 간격으로 5.8, 20.3, 26.7, 29.0, 27.6, 27.3, 23.8, 20.5, 15.1, 8.7, 2.8이다. 중점 법칙을 이용하여 날개의 절단면 넓이를 구하여라.

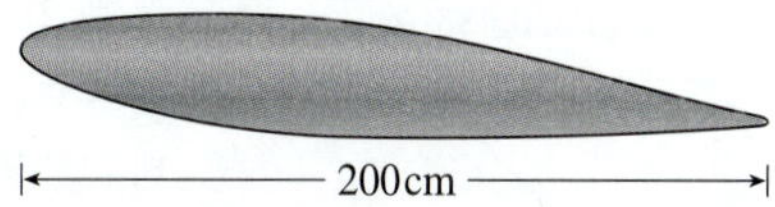

42. 인구 출생률은 매년 $b(t) = 2200e^{0.024t}$이고, 사망률은 매년 $d(t) = 1460e^{0.018t}$이다. $0 \leq t \leq 10$일 때 두 곡선 사이의 넓이를 구하여라. 이 넓이는 무엇을 나타내는가?

43. 예제 7에서 홍역 발병곡선을 함수 f로 나타내었다. 홍역 바이러스에 대한 어느 정도의 면역력이 있는데 홍역에 감염된 환자의 감염곡선은 $g(t) = 0.9f(t)$와 같이 나타낼 수 있다.
(a) 전염이 시작되는 데 필요한 바이러스의 농도는 예제 8에서와 같다고 할 때 이것이 시작되는 날은 언제인가?
(b) g의 그래프에서 전염이 시작되는 점을 P_3라 하자. 전염이 끝나는 점은 g의 그래프에서 점 P_4인데, 두 점 P_3, P_4를 지나는 직선의 기울기는 예제 7(b)에서 두 점 P_1, P_2를 지나는 직선의 기울기와 같다. 전염이 끝나는 날은 언제인가?
(c) 이 환자의 전염 정도를 계산하여라.

44. 폭풍우가 시작된 지 t시간 후 두 지역에서 시간당 센티미터로 측정한 비가 내리는 속도는 $f(t) = 0.73t^3 - 2t^2 + t + 0.6$과 $g(t) = 0.17t^2 - 0.5t + 1.1$이다. $0 \le t \le 2$에서 두 그래프 사이의 영역의 넓이를 구하고, 그 결과가 어떤 의미인지 설명하여라.

45. 생산회사의 한계수익함수 R'과 한계비용함수 C' 그래프는 아래와 같다. [4.5절에서 x단위가 생산될 때 $R(x)$와 $C(x)$는 수익과 비용으로 나타내었다. R과 C는 천달러 단위로 측정되었다고 하자.] 아래 색칠된 영역은 무엇을 의미하는가? 중점 법칙을 이용하여 이 양의 값을 구하여라.

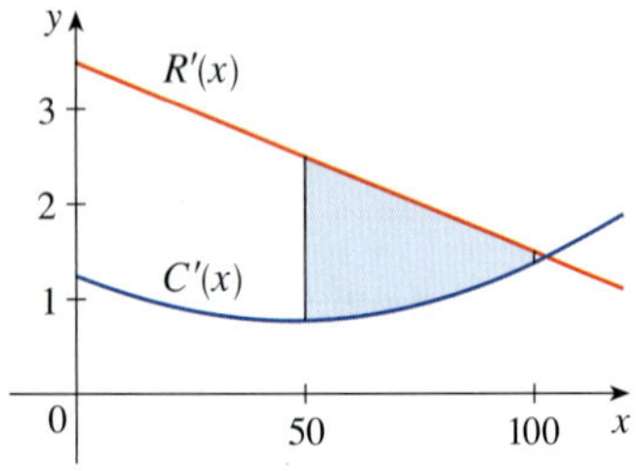

46. **치른하우젠의 3차 곡선**(Tschirnhausen's cubic)이라 불리는 방정식 $y^2 = x^2(x + 3)$ 곡선이 있다. 이 곡선의 그래프를 그리면 고리 모양의 곡선의 한 부분이 나타날 것이다. 이 고리로 둘러싸인 영역의 넓이를 구하여라.

47. 포물선 $y = x^2$과 $(1, 1)$에서의 접선, x축으로 둘러싸인 영역의 넓이를 구하여라.

48. 직선 $y = b$가 $y = x^2$과 $y = 4$로 둘러싸인 영역을 반으로 나누도록 하는 b의 값을 구하여라.

49. 포물선 $y = x^2 - c^2$과 $y = c^2 - x^2$으로 둘러싸인 영역의 넓이가 576이 되는 c의 값을 구하여라.

50. 아래 그림은 수평선 $y = c$와 곡선 $y = 8x - 27x^3$이 교차하는 것을 보여준다. 그림에서 음영으로 표시된 두 부분의 넓이가 같아지는 c를 구하여라.

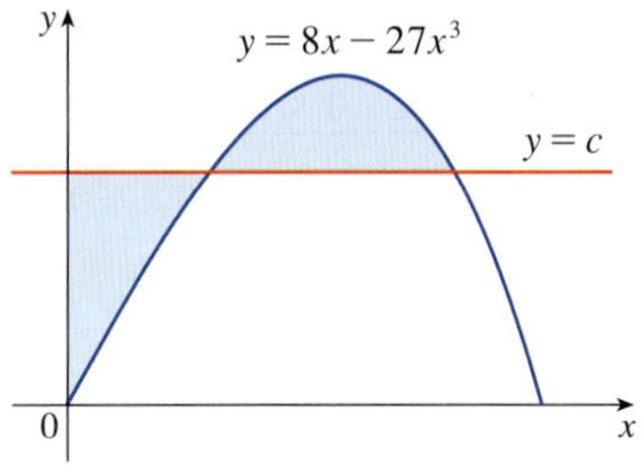

응용프로젝트 | 지니계수

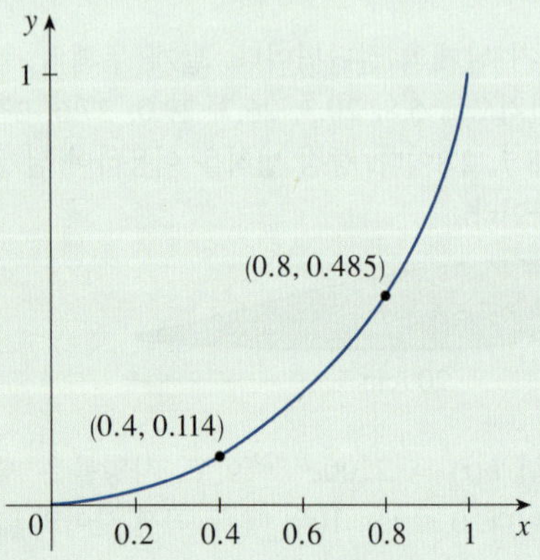

그림 1 2016년 미국의 로렌츠 곡선

어떤 국가의 국민의 소득분포를 어떻게 측정할 수 있을까? 이것을 나타내는 측도가 지니계수(Gini index 또는 Gini coefficient)이다. 1912년 처음 이 계수를 만들어낸 이탈리아 경제학자인 지니(Corrado Gini)의 이름을 따서 부르게 되었다.

먼저, 그 국가의 모든 가구를 소득에 따라 순위를 매긴다. 그런 다음 가구 소득의 퍼센트를 계산하는데, 이때 가구당 소득은 그 나라 총 소득의 일정 퍼센트를 차지한다. 구간 $[0, 1]$에서 **로렌츠 곡선**(Lorenz curve)을 $y = L(x)$라고 정의하는데, 저소득층 가구 a%가 총 소득의 최대 b%까지 받는다면 $(a/100, b/100)$의 점을 연결해서 만든 곡선이다. 예를 들어, 그림 1에서 점 $(0.4, 0.114)$는 2016년 미국의 로렌츠 곡선상의 한 점을 나타낸 것이다. 이것은 미국 전 국민 중에서 저소득층 가구 40%가 미국 총 소득의 11.4%만 받는 것을 나타낸다. 마찬가지로 전 국민 중에서 하위 80%가 총 소득의 48.5%를 받는 경우 점 $(0.8, 0.485)$는 로렌츠 곡선상에 있게 된다. [로렌츠 곡선은 미국의 경제학자 로렌츠(Max Lorenz)의 이름을 딴 것이다.]

그림 2는 전형적인 몇 가지 로렌츠 곡선을 나타낸 것이다. 이들 곡선은 모두 점 $(0, 0)$과 $(1, 1)$을 지나고 아래로 볼록하다. 극단적인 경우를 나타내는 $L(x) = x$는 그 사회가 완벽한 평등사회임을 말한다. 다시 말해, 전 국민 중에서 저소득층 a%가 총 소득의 a%를 받기 때문에 각자 모든 사람이 동일한 소득을 가진다. 로렌츠 곡선 $y = L(x)$와 직선 $y = x$ 사이의 넓이는 소득분포가 절대 평등과 얼마나 차이가 나는지를 나타내는 측도이다. **지니계수**[또는 **불평등 계수**(coefficient of inequality)라고도 불린다]는 로렌츠 곡선과 직선 $y = x$ 사이의 넓이(그림 3에서 음영 부분)를 $y = x$ 아래의 넓이로 나눈 것이다.

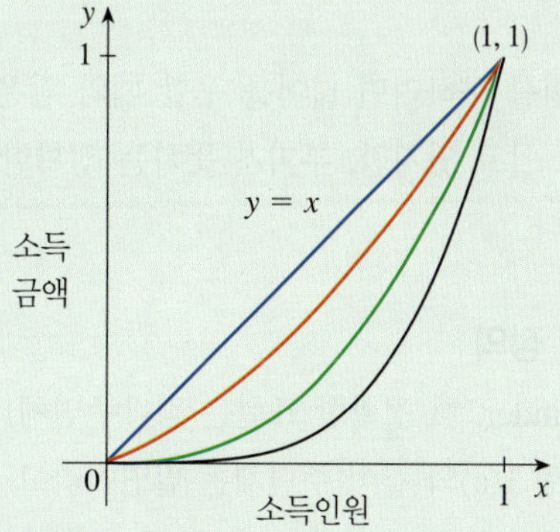

그림 2

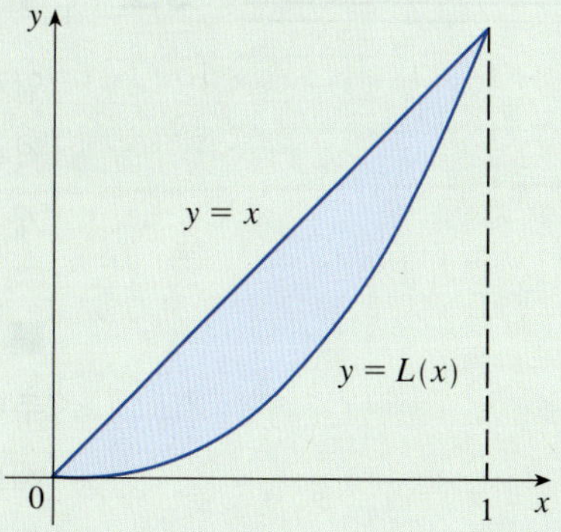

그림 3

1. (a) 지니계수가 로렌츠 곡선과 직선 $y = x$ 사이의 넓이의 두 배, 즉 다음 식이 성립함을 보여라.

$$G = 2\int_0^1 [x - L(x)]\,dx$$

(b) 완벽한 평등사회(모든 사람들의 소득이 동일한 사회)가 되기 위해서는 G의 값은 얼마이어야 하는가? 완벽한 전체주의 사회(한 사람이 모든 소득을 장악하는 사회)일 때 G의 값은 얼마인가?

2. 다음 표는 (미국의 인구조사국에서 제공한) 2016년 미국의 소득분포에 대한 로렌츠 함숫값을 나타낸 것이다.

x	0.0	0.2	0.4	0.6	0.8	1.0
$L(x)$	0.000	0.031	0.114	0.256	0.485	1.000

(a) 2016년 소득인원 중 고소득층 가구 20%는 미국 소득의 몇 퍼센트를 차지했는가?

T (b) 계산기나 컴퓨터를 사용해서 이 표의 자료를 이차함수로 최적화하여라. 이 표의 자료를 좌표로 나타낸 다음 이차함수의 그래프를 그려라. 이 이차함수 모델이 표의 자료를 적합하게 잘 나타내는가?

(c) 로렌츠 함수의 대용으로 이 이차함수 모델을 사용하여 2016년 미국의 지니계수를 추정하여라.

3. 다음 표는 1980년, 1990년, 2000년, 2010년의 로렌츠 함숫값을 나타낸 것이다. 문제 2의 방법을 사용하여 해당 연도에 대한 미국의 지니계수를 구하여라. 그리고 문제 2(c)의 답과 비교하여라. 어떤 경향이 있는가?

x	0.0	0.2	0.4	0.6	0.8	1.0
1980	0.000	0.042	0.144	0.312	0.559	1.000
1990	0.000	0.038	0.134	0.293	0.533	1.000
2000	0.000	0.036	0.125	0.273	0.503	1.000
2010	0.000	0.033	0.118	0.264	0.498	1.000

T **4.** 이차함수보다 거듭제곱함수가 로렌츠 함수에 대해 더 정확한 최적화를 종종 제공한다. Maple이나 Mathematica가 설치된 컴퓨터를 사용하여 거듭제곱함수($y = ax^k$)를 문제 2의 자료에 맞추어 2016년 미국의 지니계수를 추정하여라. 이 답을 문제 2(b), (c)와 비교하여라.

6.2 부피

입체의 부피를 구하려면 넓이를 구할 때와 같은 문제에 직면하게 된다. 부피의 의미는 직관적으로 알고 있지만, 부피가 뜻하는 정확한 정의를 미분적분학을 이용하여 명확하게 해야 한다.

■ 부피의 정의

주면체(cylinder, 더 정확한 표현은 직각주면체)라고 부르는 간단한 형태의 입체를 생각해보자. 그림 1(a)와 같이 주면체는 **밑면**이라고 하는 평면영역 B_1과 이것과 평행이며 합동인 평면영역 B_2로 둘러싸여 있다. 주면체는 밑면과 수직이며 B_1과 B_2를 연결하는 선분 위의 모든 점들로 이루어져 있다. 밑면의 넓이를 A, 주면체의 높이(B_1과 B_2 사이의 거리)를 h라고 하면, 주면체의 부피 V는

$$V = Ah$$

로 정의한다. 특히 밑면이 반지름 r인 원이면 주면체를 원기둥이라고 하고, 부피는 $V = \pi r^2 h$ [그림 1(b) 참조]이다. 또한 밑면이 가로 l, 세로 w인 직사각형이면 주면체를 직사각형 상자(또는 직육면체)라고 하고, 부피는 $V = lwh$ [그림 1(c) 참조]이다.

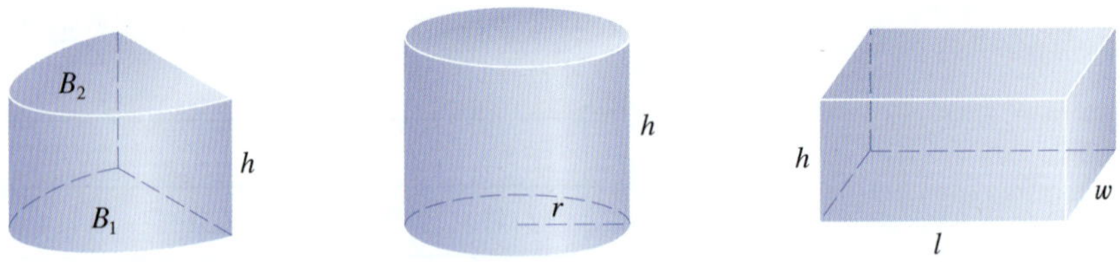

그림 1 (a) 주면체 $V = Ah$ (b) 원기둥 $V = \pi r^2 h$ (c) 직사각형 상자 $V = lwh$

주면체가 아닌 입체 S의 경우에는 S를 작은 조각으로 '자른' 후에 각각의 조각을 주면체로 근사시킨다. S의 부피는 이러한 주면체의 부피를 모두 합하여 계산한다. 조각의 수를 더욱 크게 증가시키는 극한 과정을 통하여 S의 정확한 부피를 구한다.

입체 S와 하나의 평면이 만나서 생기는 평면영역을 **절단면**(cross-section)이라고 부른다. $A(x)$는 점 $x(a \leq x \leq b)$를 지나며 x축과 수직인 평면 P_x 안에 있는 S의 절단면의 넓이라고 하자. (그림 2 참조. 입체 S를 점 x를 지나게 칼로 자른다고 생각하고, 잘린 조각의 넓이를 계산한다.) 절단면의 넓이 $A(x)$는 x가 a에서 b로 증가하면 변할 것이다.

입체 S를 평면 $P_{x_1}, P_{x_2}, \ldots$을 이용하여 같은 폭 x로 잘라서 n개의 '평판조각'으로 나누어보자(빵 덩어리를 자른다고 생각하자). i번째 부분 구간 $[x_{i-1}, x_i]$에서 표본점 x_i^*를 택하면, 위에서 나눈 i번째 평판조각 S_i(평면 P_{x-1}과 P_x 사이의 조각)는 밑면의 넓이 $A(x_i^*)$와 '높이' Δx의 주면체로 근사시킬 수 있다(그림 3 참조).

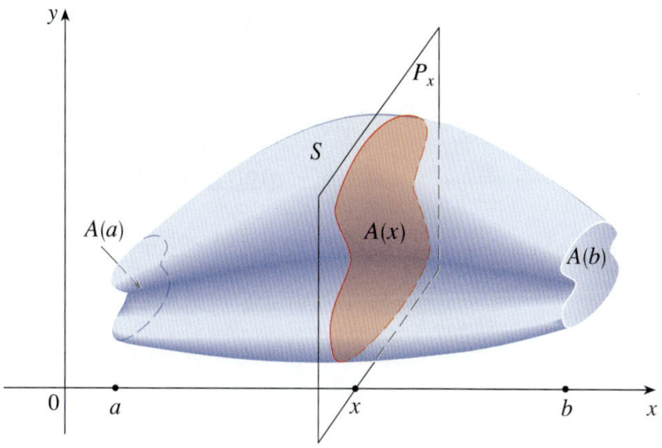

그림 2

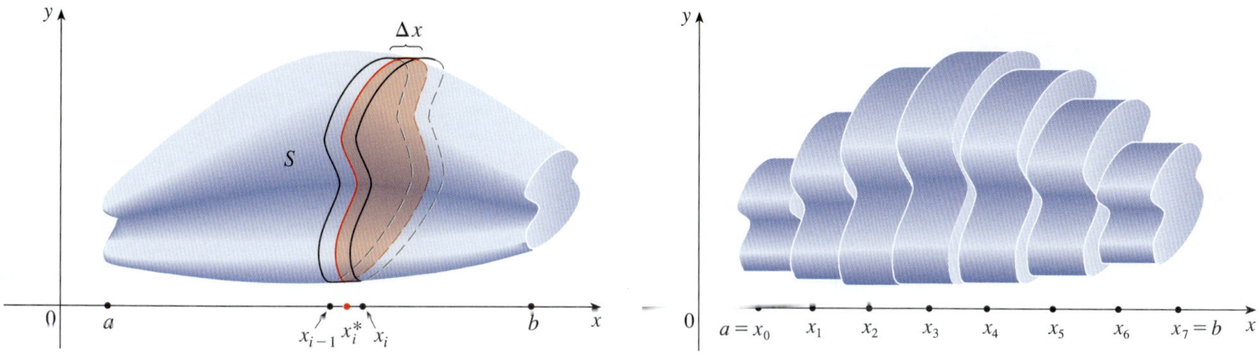

그림 3

이 주면체의 부피는 $A(x_i^*)\Delta x$이며, 이것은 직관적으로 i번째 평판조각의 부피에 대한 근삿값이다.

$$V(S_i) \approx A(x_i^*)\,\Delta x$$

이러한 평판조각들의 부피를 모두 합하면, (직관적으로 부피라고 생각하는) 입체 S의 부피의 근삿값

$$V \approx \sum_{i=1}^{n} A(x_i^*)\,\Delta x$$

를 얻게 되며, 이것은 $n \to \infty$으로 더욱더 참값에 가까워진다(조각들이 점점 얇게 된다고 생각하자). 그러므로 부피는 이러한 합에 극한을 취한 값으로 정의한다. 그런데 리만 합의 극한이 정적분으로 표현되기 때문에 다음과 같은 정의를 얻는다.

이 정의는 S가 x축에 대하여 놓인 모양에 상관없다. 다른 말로 바꾸면, S를 평행한 평면으로 자르는 방법에 상관없이 항상 같은 부피를 갖는다.

부피의 정의 S는 $x = a$와 $x = b$ 사이에 놓인 입체라고 하자. 점 x를 지나고 x축에 수직인 평면 P_x에 있는 S의 절단면의 넓이를 $A(x)$라고 하자. 그러면 S의 **부피**는

$$V = \lim_{n \to \infty} \sum_{i=1}^{n} A(x_i^*)\,\Delta x = \int_a^b A(x)\,dx$$

이다. (단, A는 연속함수이다.)

부피공식 $V = \int_a^b A(x)\,dx$를 사용할 때, $A(x)$는 점 x를 지나고 x축에 수직으로 잘라서 얻은 임의의 절단면 넓이라는 것을 기억하자.

주면체인 경우, 절단면 넓이는 모든 x에 대해 $A(x) = A$이므로, 부피는 $V = \int_a^b A\,dx = A(b - a)$이다. 이것은 공식 $V = Ah$와 일치한다.

예제 1 반지름이 r인 구의 부피가 $V = \frac{4}{3}\pi r^3$임을 보여라.

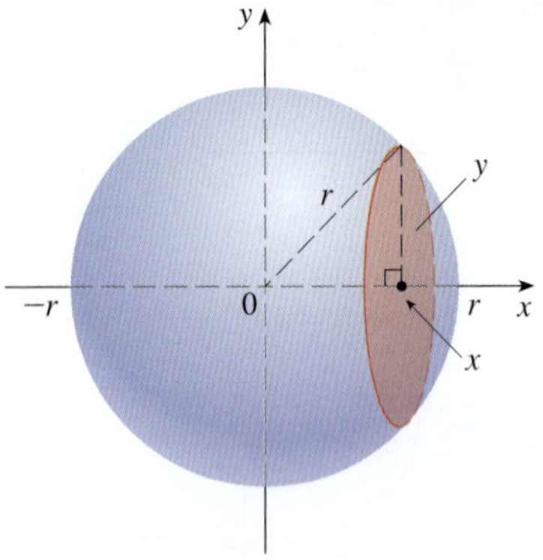

그림 4

풀이 그림 4와 같이 구의 중심을 원점에 두면, 평면 P_x와 구의 절단면은 반지름이 (피타고라스 정리에 의하여) $y = \sqrt{r^2 - x^2}$인 원이다. 그러므로 절단면의 넓이는

$$A(x) = \pi y^2 = \pi(r^2 - x^2)$$

이다. $a = -r$과 $b = r$일 때, 부피의 정의에 의하여

$$\begin{aligned} V &= \int_{-r}^{r} A(x)\,dx = \int_{-r}^{r} \pi(r^2 - x^2)\,dx \\ &= 2\pi \int_0^r (r^2 - x^2)\,dx \qquad \text{(피적분함수는 우함수)} \\ &= 2\pi\left[r^2x - \frac{x^3}{3}\right]_0^r = 2\pi\left(r^3 - \frac{r^3}{3}\right) = \frac{4}{3}\pi r^3 \end{aligned}$$

이다. ■

그림 5는 구의 반지름이 $r = 1$일 때 부피의 정의를 설명한 것이다. 예제 1의 결과로부터 구의 부피는 $\frac{4}{3}\pi \approx 4.18879$임을 알 수 있다. 여기서 평판조각은 원기둥 또는 원판이며, 그림 5의 그림들은 표본점 x_i^*를 중점 $\bar{x}_i$로 취했을 때 $n = 5, 10, 20$인 경우, 리만합

$$\sum_{i=1}^{n} A(\bar{x}_i)\,\Delta x = \sum_{i=1}^{n} \pi(1^2 - \bar{x}_i^2)\,\Delta x$$

의 기하학적인 설명이다. 근사 원기둥(또는 원판)의 개수 n을 더욱 크게 증가시키면 대응하는 리만합은 참값에 더욱 가까워진다.

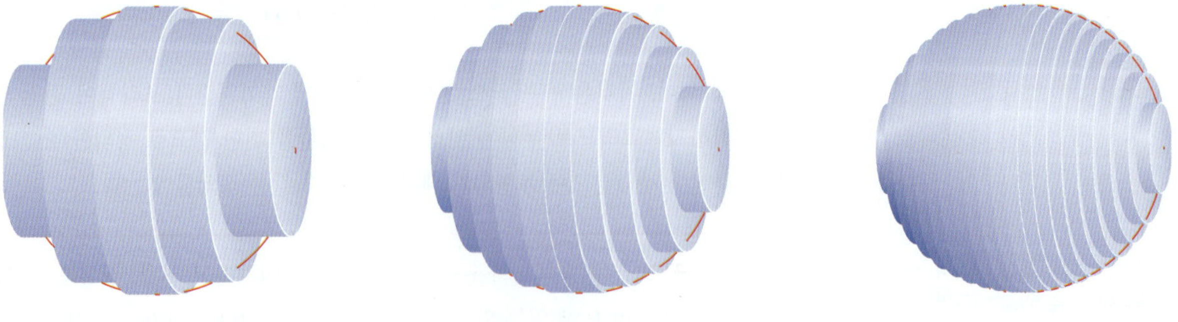
(a) $n = 5,\ V \approx 4.2726$　(b) $n = 10,\ V \approx 4.2097$　(a) $n = 20,\ V \approx 4.1940$

그림 5 반지름 1인 구의 부피의 근삿값

■ 회전체의 부피

한 직선 위쪽에 있는 영역을 직선을 중심으로 회전시키면 **회전체**를 얻는다. 다음 예제에서 이렇게 얻은 회전체에서 회전축에 수직인 절단면은 원형임을 확인할 것이다.

예제 2 $x = 0$에서 $x = 1$까지 곡선 $y = \sqrt{x}$ 아래의 영역을 x축으로 회전시켜 얻은 입체의 부피를 구하여라. 대표 근사 원기둥을 그려서 이 입체의 부피를 설명하여라.

풀이 그림 6(a)와 같은 영역을 x축으로 회전시키면 그림 6(b)와 같은 입체를 얻는다. 점 x를 지나게 자르면 반지름 $\sqrt{x}$인 원판이 생기고, 이 절단면의 넓이는

$$A(x) = \pi\underbrace{(\sqrt{x})}_{\text{반지름}}{}^2 = \pi x$$

예제 2의 해는 합리적인가? 이것을 조사하기 위하여 주어진 영역을 밑변이 [0, 1]이고 높이가 1인 정사각형으로 바꾸어보자. 만일 이 정사각형을 회전시키면 반지름이 1이고 높이가 1이며, 부피가

$$\pi \cdot 1^2 \cdot 1 = \pi$$

인 주면체를 얻는다. 주어진 입체는 이 부피의 반이므로 구한 답이 타당하다고 볼 수 있다.

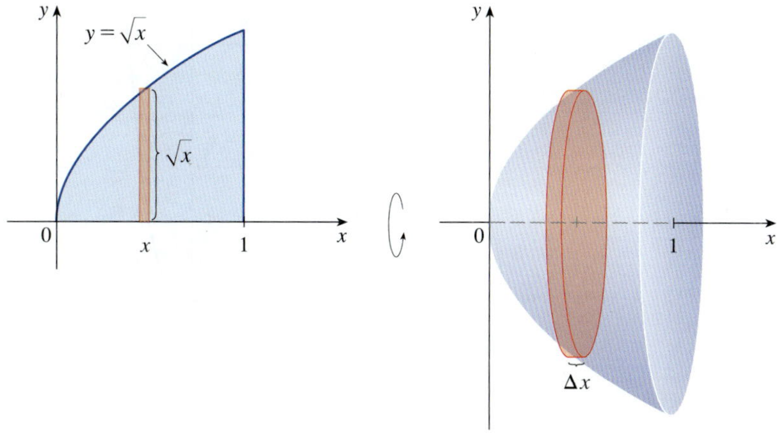

그림 6 (a) (b)

이다. 또한 이 근사 주면체(두께가 Δx인 원판)의 부피는

$$A(x)\,\Delta x = \pi x\,\Delta x$$

이다. 따라서 $x = 0$에서 $x = 1$까지 입체의 부피는

$$V = \int_0^1 A(x)\,dx = \int_0^1 \pi x\,dx = \pi\,\frac{x^2}{2}\Big]_0^1 = \frac{\pi}{2}$$

이다. ■

예제 3 $y = x^3$, $y = 8$, $x = 0$으로 둘러싸인 영역을 y축으로 회전시켜 얻은 입체의 부피를 구하여라.

풀이 그림 7(a)와 같은 영역을 회전시키면 그림 7(b)와 같은 입체를 얻는다. 영역을 y축으로 회전시키기 때문에 입체를 y축에 수직으로 잘라야 하고 y변수로 적분해야 한다. 만일 높이 y에서 자르면 반지름이 $x(x = \sqrt[3]{y})$인 원판이 생기고, y를 지나는 절단면의 넓이는

$$A(y) = \pi\underbrace{(x)}_{\text{반지름}}{}^2 = \pi\underbrace{(\sqrt[3]{y})}_{\text{반지름}}{}^2 = \pi y^{2/3}$$

이며, 그림 7(b)에 있는 근사 주면체의 부피는

$$A(y)\,\Delta y = \pi y^{2/3}\,\Delta y$$

이다. 따라서 $y = 0$에서 $y = 8$까지 입체의 부피는

$$V = \int_0^8 A(y)\,dy = \int_0^8 \pi y^{2/3}\,dy = \pi\Big[\tfrac{3}{5}y^{5/3}\Big]_0^8 = \frac{96\pi}{5}$$

이다. ■

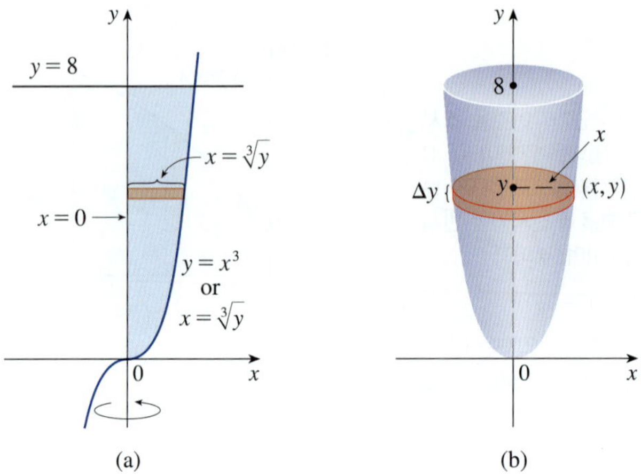

그림 7 (a) (b)

다음 예제에서는 회전축을 따라 가운데가 비어있는 회전체를 살펴볼 것이다.

예제 4 곡선 $y = x$와 $y = x^2$으로 둘러싸인 영역 $\mathcal{R}$을 x축으로 회전시켜 얻은 입체의 부피를 구하여라.

풀이 곡선 $y = x$와 $y = x^2$의 교점은 점 (0, 0)과 (1, 1)이다. 주어진 영역과 입체, 그리고 x축에 수직인 절단면이 그림 8에 주어져 있다. 평면 P_x에 놓여 있는 절단면은 내부 반지름 x^2, 외부 반지름 x인 고리 모양(환형)이다. 따라서 절단면의 넓이는 외부원의 넓이에서 내부원의 넓이를 뺀 값이다.

$$A(x) = \pi\underbrace{(x)^2}_{\text{외부 반지름}} - \pi\underbrace{(x^2)^2}_{\text{내부 반지름}} = \pi(x^2 - x^4)$$

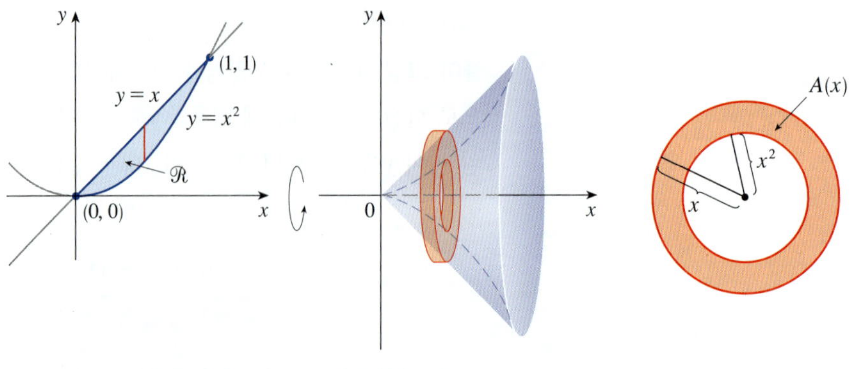

그림 8 (a) (b) (c)

그러므로 부피는

$$V = \int_0^1 A(x)\,dx = \int_0^1 \pi(x^2 - x^4)\,dx$$

$$= \pi\left[\frac{x^3}{3} - \frac{x^5}{5}\right]_0^1 = \frac{2\pi}{15}$$

이다. ■

다음 예제에서는 회전축이 좌표축이 아닌 경우의 회전체에 대해서 살펴볼 것이다. 이 경우는 절단면의 반지름을 구할 때 주의를 기울여야 한다.

예제 5 예제 4에서 주어진 영역을 $y = 2$를 축으로 회전시켜 얻은 입체의 부피를 구하여라.

풀이 입체와 절단면이 그림 9에 주어져 있다. 이 경우도 절단면은 고리 모양이고 내부 반지름은 $2 - x$, 외부 반지름은 $2 - x^2$이다. 따라서 절단면의 넓이는

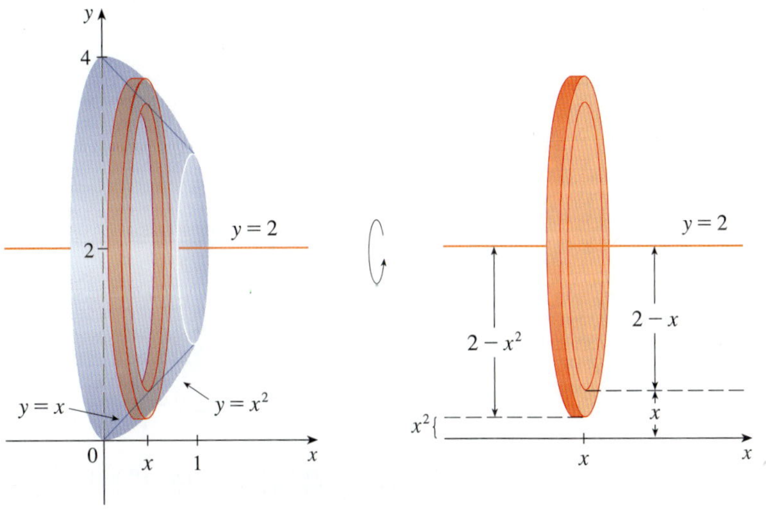

그림 9

$$A(x) = \pi\underbrace{(2 - x^2)^2}_{\text{외부 반지름}} - \pi\underbrace{(2 - x)^2}_{\text{내부 반지름}}$$

이고, 부피는

$$V = \int_0^1 A(x)\,dx$$

$$= \pi\int_0^1 [(2 - x^2)^2 - (2 - x)^2]\,dx$$

$$= \pi\int_0^1 (x^4 - 5x^2 + 4x)\,dx$$

$$= \pi\left[\frac{x^5}{5} - 5\frac{x^3}{3} + 4\frac{x^2}{2}\right]_0^1 = \frac{8\pi}{15}$$

이다. ■

NOTE 일반적으로 기본 정의에 의해 구하는 회전체의 부피는

$$V = \int_a^b A(x)\,dx \qquad \text{또는} \qquad V = \int_c^d A(y)\,dy$$

를 이용하여 계산하며, 절단면의 넓이 $A(x)$나 $A(y)$는 다음과 같은 방법 중 한 가지로 구한다.

- 만일 절단면이 (예제 1~3에서와 같이) 원판이라면, (x변수나 y변수로) 원판의 반지름을 구하고

$$A = \pi(\text{반지름})^2$$

  을 이용한다.

- 만일 절단면이 (예제 4와 5에서와 같이) 고리 모양이라면, (그림 8, 9, 10과 같이) 내부 반지름 r_{in}과 외부 반지름 r_{out}를 구하여 외부 원판에서 내부 원판의 차를 고리 모양의 넓이로 계산한다.

$$A = \pi(\text{외부 반지름})^2 - \pi(\text{내부 반지름})^2$$

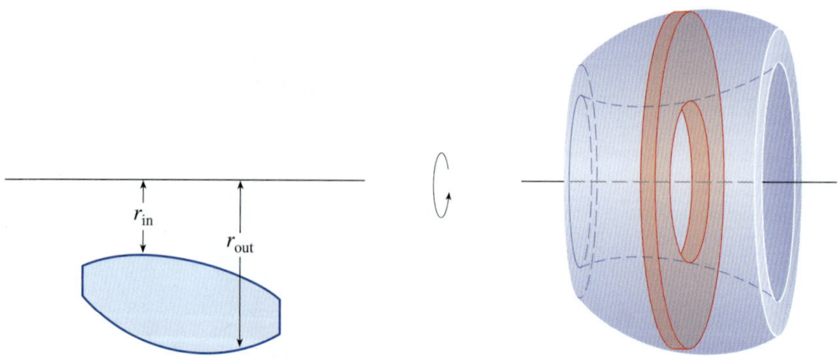

그림 10

다음 예제는 위의 과정을 자세히 보여주고 있다.

예제 6 예제 4의 영역을 $x = -1$을 축으로 회전시켜 얻은 입체의 부피를 구하여라.

풀이 그림 11은 수평절단면을 나타낸 것이다. 즉, 수평절단면은 내부 반지름 $1 + y$, 외부 반지름 $1 + \sqrt{y}$인 고리 모양이므로 넓이는

$$\begin{aligned} A(y) &= \pi(\text{외부 반지름})^2 - \pi(\text{내부 반지름})^2 \\ &= \pi\left(1 + \sqrt{y}\right)^2 - \pi(1 + y)^2 \end{aligned}$$

이고, 부피는

$$\begin{aligned} V &= \int_0^1 A(y)\,dy = \pi \int_0^1 \left[\left(1 + \sqrt{y}\right)^2 - (1 + y)^2\right] dy \\ &= \pi \int_0^1 \left(2\sqrt{y} - y - y^2\right) dy = \pi \left[\frac{4y^{3/2}}{3} - \frac{y^2}{2} - \frac{y^3}{3}\right]_0^1 = \frac{\pi}{2} \end{aligned}$$

이다.

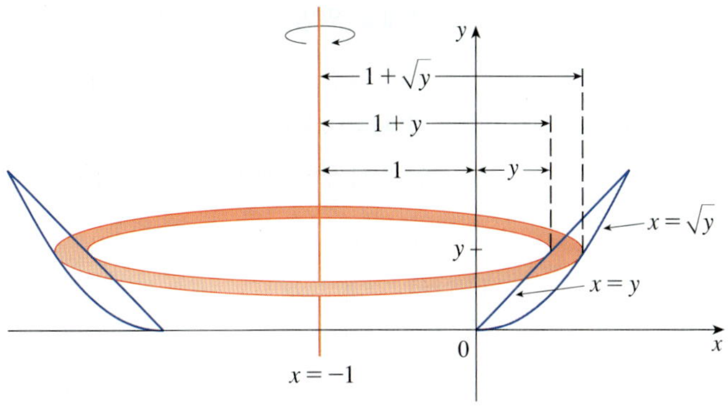

그림 11

■ 절단면을 이용하여 부피 구하기

지금부터 회전체가 아닌 입체의 부피 문제를 생각해보자.

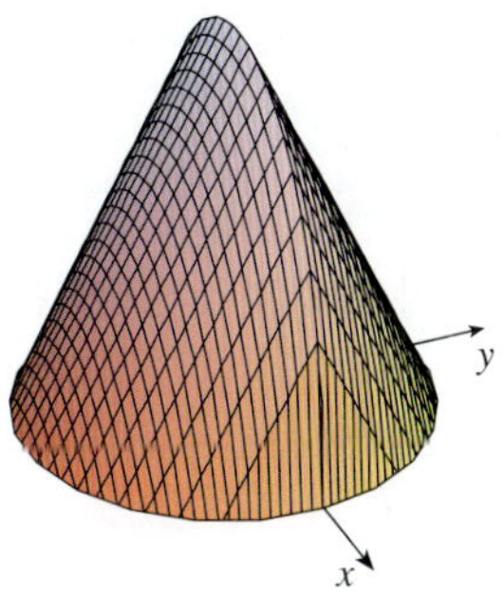

그림 12 컴퓨터로 그린 예제 7의 입체

예제 7 그림 12는 반지름이 1인 원을 밑면으로 갖는 입체로서 밑면에 수직인 절단면들이 정삼각형으로 이루어져 있다. 이 입체의 부피를 구하여라.

풀이 원의 방정식 $x^2 + y^2 = 1$을 생각해보자. 주어진 입체와 밑면, 그리고 원점에서 거리 x만큼 떨어져 있는 절단면이 그림 13에 주어져 있다.

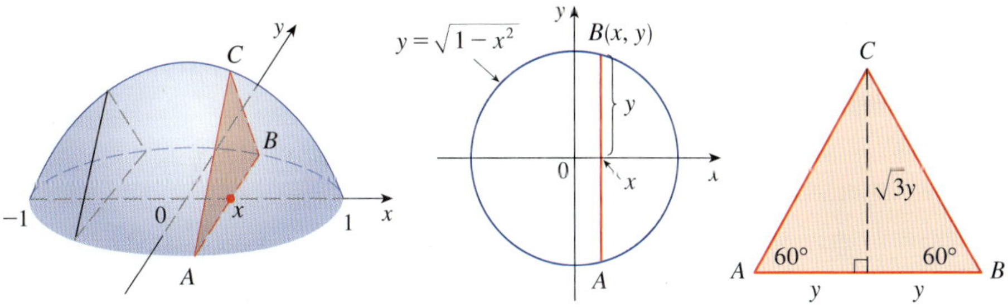

그림 13 (a) 입체 (b) 밑면 (c) 절단면

점 B가 원 위에 놓여 있으므로, $y = \sqrt{1 - x^2}$을 만족하고 삼각형 ABC의 밑변은 $|AB| = 2y = 2\sqrt{1 - x^2}$이다. 삼각형이 정삼각형이므로 그림 13(c)로부터 이것의 높이는 $\sqrt{3}\,y = \sqrt{3}\sqrt{1 - x^2}$이다. 따라서 절단면의 넓이는

$$A(x) = \tfrac{1}{2} \cdot 2\sqrt{1 - x^2} \cdot \sqrt{3}\sqrt{1 - x^2} = \sqrt{3}\,(1 - x^2)$$

이고, 부피는

$$V = \int_{-1}^{1} A(x)\,dx = \int_{-1}^{1} \sqrt{3}\,(1 - x^2)\,dx$$

$$= 2\int_{0}^{1} \sqrt{3}\,(1 - x^2)\,dx = 2\sqrt{3}\left[x - \frac{x^3}{3}\right]_0^1 = \frac{4\sqrt{3}}{3}$$

이다. ■

예제 8 밑면은 한 변이 L인 정사각형이고 높이가 h인 사각뿔의 부피를 구하여라.

풀이 그림 14와 같이 사각뿔의 꼭짓점을 원점에 놓고 중심축을 x축이라고 하자. 점 x를 지나는 임의의 평면 P_x는 x축과 수직으로 만나고 사각뿔과의 교선은 한 변의 길이가 s인 정사각형이다. 그림 15와 같이 닮은 삼각형의 비례식으로부터

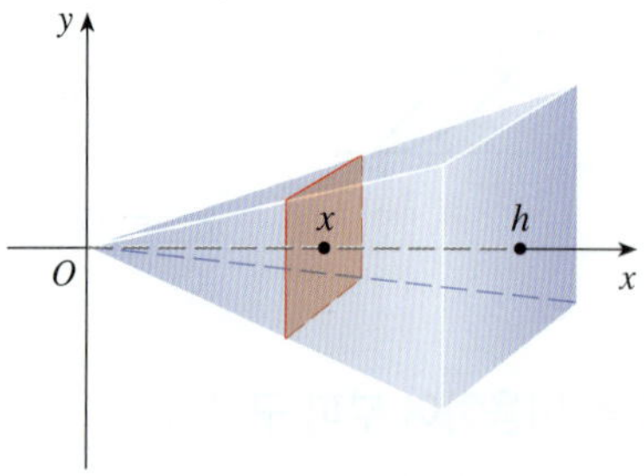

그림 14

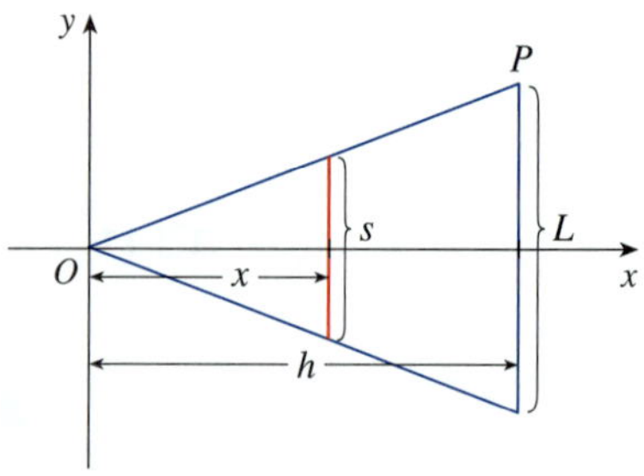

그림 15

$$\frac{x}{h} = \frac{s/2}{L/2} = \frac{s}{L}$$

이므로 $s = Lx/h$이다. [다른 방법으로 선분 OP는 기울기 $L/(2h)$이고, 그것의 방정식은 $y = Lx/(2h)$임을 관찰하는 것이다.] 그러므로 절단면의 넓이는

$$A(x) = s^2 = \frac{L^2}{h^2}x^2$$

이다. $x = 0$에서 $x = h$까지 사각뿔의 부피는

$$V = \int_0^h A(x)\,dx = \int_0^h \frac{L^2}{h^2}x^2\,dx$$

$$= \frac{L^2}{h^2}\frac{x^3}{3}\bigg]_0^h = \frac{L^2h}{3}$$

이다. ■

NOTE 예제 8에서 사각뿔의 꼭짓점이 원점에 놓일 필요는 없다. 단지 식을 간단히 만들기 위해서이다. 만일 그림 16과 같이 사각뿔의 바닥 중앙에 원점을 놓고 양의 y축에 꼭짓점을 놓는다면, 사각뿔의 부피는

$$V = \int_0^h \frac{L^2}{h^2}(h-y)^2\,dy = \frac{L^2h}{3}$$

와 같은 적분식으로 얻어진다.

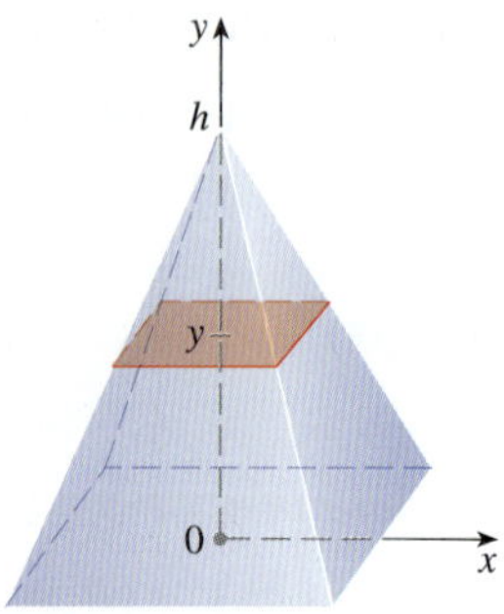

그림 16

예제 9 쐐기 모양은 반지름이 4인 원기둥을 두 평면으로 잘라서 얻을 수 있다. 첫째 평면은 원기둥의 축에 수직이고, 다른 평면은 첫째 평면과 원기둥의 지름을 따라서 30° 각도를 이루게 교차한다. 쐐기 모양의 부피를 구하여라.

풀이 두 평면이 교차하는 원기둥의 지름을 따라서 x축을 놓으면, 입체의 밑면은

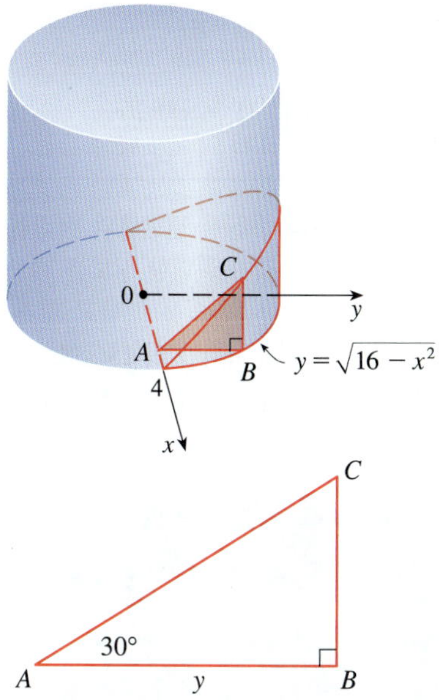

그림 17

$y = \sqrt{16 - x^2}$, $-4 \leq x \leq 4$를 만족하는 반원이다. 원점으로부터 거리가 x만큼 떨어져 있고 x축에 수직인 절단면은 그림 17과 같이 삼각형 ABC이며, 밑변은 $y = \sqrt{16 - x^2}$ 이고, 높이는 $|BC| = y \tan 30° = \sqrt{16 - x^2}/\sqrt{3}$이다. 그러므로 절단면의 넓이는

$$A(x) = \tfrac{1}{2}\sqrt{16 - x^2} \cdot \frac{1}{\sqrt{3}}\sqrt{16 - x^2}$$

$$= \frac{16 - x^2}{2\sqrt{3}}$$

이고, 부피는 다음과 같다.

$$V = \int_{-4}^{4} A(x)\,dx = \int_{-4}^{4} \frac{16 - x^2}{2\sqrt{3}}\,dx$$

$$= \frac{1}{\sqrt{3}}\int_{0}^{4} (16 - x^2)\,dx = \frac{1}{\sqrt{3}}\left[16x - \frac{x^3}{3}\right]_0^4 = \frac{128}{3\sqrt{3}}$$ ■

6.2 연습문제

1-2 음영으로 표시된 영역을 주어진 축으로 회전시켜 회전체를 얻는다.

(a) 회전체와 절단면(원판 혹은 고리)의 형태를 그려보아라.

(b) 회전체의 부피를 구하는 적분식을 세워보아라.

(c) 적분을 계산하여 회전체의 부피를 구하여라.

1. x축에 대하여

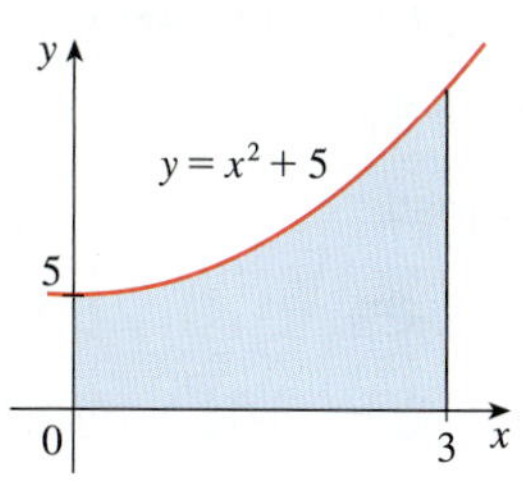

2. y축에 대하여

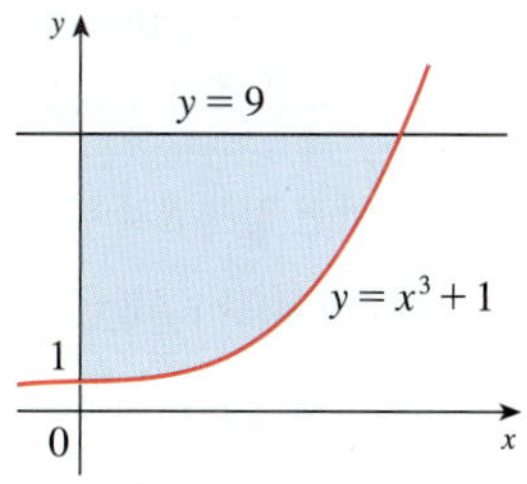

3-6 주어진 곡선으로 둘러싸인 영역을 지정된 회전축에 대하여 회전시켜 얻은 입체의 부피를 구하는 식을 세우되, 계산은 하지 마라.

3. x축에 대하여 $y = \ln x$, $y = 0$, $x = 3$

4. y축에 대하여 $8y = x^2$, $y = \sqrt{x}$

5. $y = -2$에 대하여 $y = \sin x$, $y = 0$, $0 \leq x \leq \pi$

6. $x = 6$에 대하여 $y = \sqrt{x}$, $y = 0$, $x = 4$

7-18 주어진 곡선들로 둘러싸인 영역을 지정된 직선에 대하여 회전시켜 얻은 입체의 부피를 구하여라. 또한 둘러싸인 영역, 입체와 대표 원판 또는 고리 모양의 절단면을 그려라.

7. x축에 대하여 $y = x + 1$, $y = 0$, $x = 0$, $x = 2$

8. x축에 대하여 $y = e^x$, $y = 0$, $x = -1$, $x = 1$

9. y축에 대하여 $x = 2\sqrt{y}$, $x = 0$, $y = 9$

10. y축에 대하여 $y = x^2$, $y = 2x$

11. x축에 대하여 $y = x^3$, $y = \sqrt{x}$

12. y축에 대하여 $x = 2 - y^2$, $x = y^4$

13. $y = 1$에 대하여 $y = x^2$, $x = y^2$

14. $y = 1$에 대하여 $y = 1 + \sec x$, $y = 3$

15. $y = -1$에 대하여 $y = \sin x$, $y = \cos x$, $0 \leq x \leq \pi/4$

16. $x = 2$에 대하여 $y = x^3$, $y = 0$, $x = 1$

17. $x = -1$에 대하여 $xy = 1$, $y = 0$, $x = 1$, $x = 2$

18. $x = 3$에 대하여 $x = y^2$, $x = 1 - y^2$

19-27 주어진 영역을 주어진 직선을 축으로 회전시켜 얻은 입체의 모양을 알아보고 부피를 구하여라.

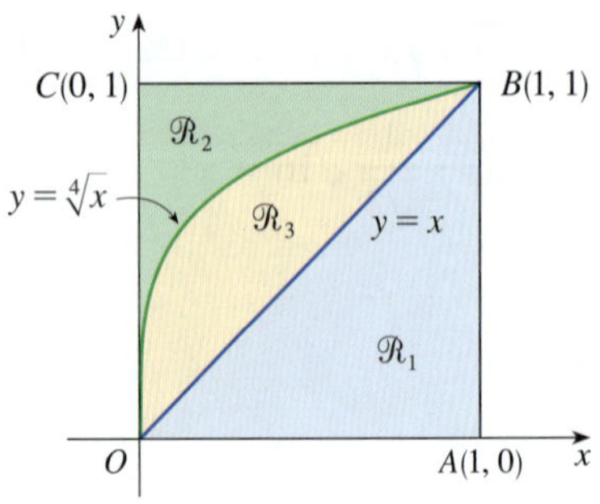

19. OA에 대해 $\mathcal{R}_1$　　**20.** OC에 대해 $\mathcal{R}_1$

21. BC에 대해 $\mathcal{R}_1$　　**22.** OA에 대해 $\mathcal{R}_2$

23. AB에 대해 $\mathcal{R}_2$　　**24.** BC에 대해 $\mathcal{R}_2$

25. OA에 대해 $\mathcal{R}_3$　　**26.** OC에 대해 $\mathcal{R}_3$

27. AB에 대해 $\mathcal{R}_3$

T **28-29** 주어진 곡선으로 둘러싸인 영역을 주어진 직선을 축으로 회전시켜 얻은 입체의 부피를 적분식으로 표현하여라. 그리고 계산기를 이용하여 적분값을 소수 다섯째 자리까지 정확하게 계산하여라.

28. $y = e^{-x^2},\ y = 0,\ x = -1,\ x = 1$
(a) x축에 대해 회전　　(b) $y = -1$에 대해 회전

29. $x^2 + 4y^2 = 4$
(a) $y = 2$에 대해 회전　　(b) $x = 2$에 대해 회전

T **30-31** 그래프를 그려 주어진 곡선의 교점의 x좌표의 근삿값을 구하여라. 계산기를 사용하여 이 곡선으로 둘러싸인 영역을 x축을 축으로 회전시켜 얻은 입체의 부피의 근삿값을 구하여라.

30. $y = \ln(x^6 + 2),\quad y = \sqrt{3 - x^3}$

31. $y = 1 + xe^{-x^3},\quad y = \arctan x^2$

T **32-33** 컴퓨터 대수시스템을 이용하여 주어진 곡선으로 둘러싸인 영역을 주어진 직선을 축으로 회전시켜 얻은 입체의 부피를 정확하게 구하여라.

32. $y = -1$에 대하여 $y = \sin^2 x,\ y = 0,\ 0 \le x \le \pi$

33. $y = 3$에 대하여 $y = x,\ y = xe^{1-(x/2)}$

34-37 다음 각 적분은 입체의 부피를 나타낸 것이다. 그 입체를 설명하여라.

34. $\pi \int_0^{\pi/2} \sin^2 x\, dx$　　**35.** $\pi \int_0^{\ln 2} e^{2x}\, dx$

36. $\pi \int_0^1 (x^4 - x^6)\, dx$　　**37.** $\pi \int_{-1}^1 (1 - y^2)^2\, dy$

38. 단층촬영(CAT 스캔)은 인간 장기의 등간격 절단면의 사진을 보여주어서 수술을 하지 않고도 인간 장기에 대한 정보를 제공한다. 인간의 간을 1.5cm 간격으로 단층촬영을 한다고 하자. 간은 길이가 15cm이고 절단면의 넓이(cm^2)가 0, 18, 58, 79, 94, 106, 117, 128, 63, 39, 0일 때, 중점 법칙을 이용하여 간의 부피를 계산하여라.

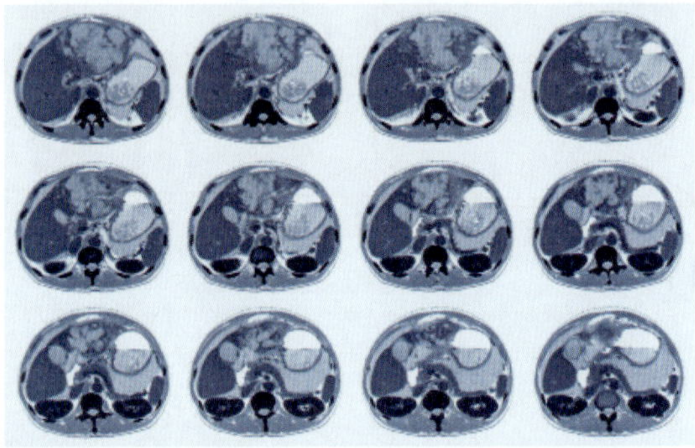
Suttha Burawonk / Shutterstock.com

39. (a) 그림에 나타난 영역을 x축에 대하여 회전시켰을 때의 입체의 부피를 $n = 4$인 중점 법칙을 이용하여 구하여라.

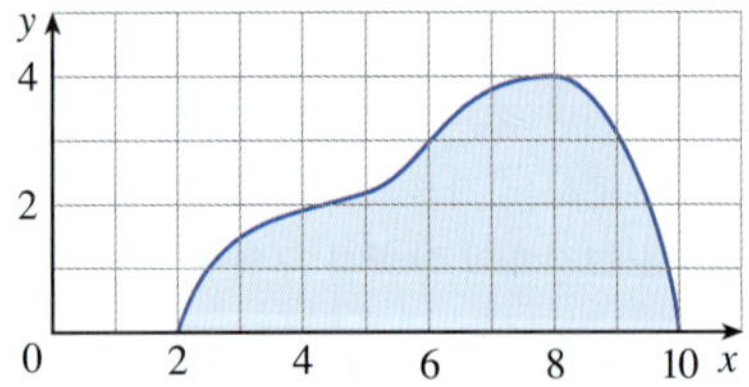

(b) 영역을 y축에 대하여 회전시켰을 때 부피를 구하여라. 다시 $n = 4$인 중점 법칙을 이용하여라.

40-50 주어진 입체 S의 부피를 구하여라.

40. 밑면의 반지름이 r이고 높이가 h인 원뿔

41. 높이가 h이고 밑면의 반지름이 R, 윗면의 반지름이 r인 원뿔대

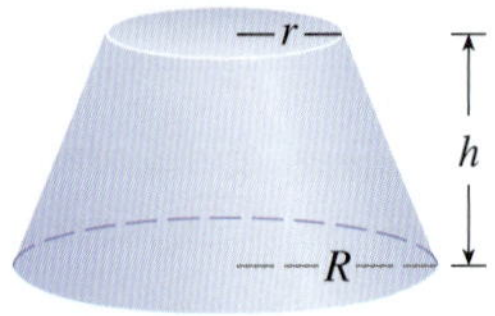

42. 반지름이 r이고 높이가 h인 구의 윗부분

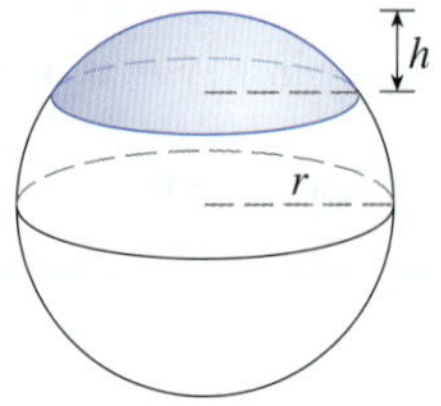

43. 높이가 h이고 밑면인 직사각형의 변의 길이가 b, $2b$인 사각뿔

44. 높이가 h이고 밑면인 정삼각형의 한 변의 길이가 a인 삼각뿔

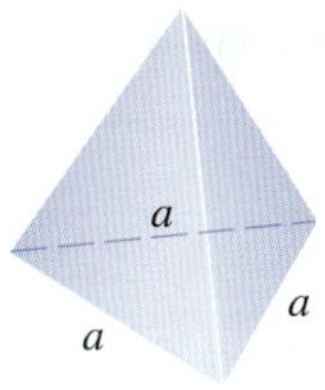

45. 세 개의 서로 수직인 면과 길이가 3cm, 4cm, 5cm인 세 개의 서로 수직인 모서리를 가진 사면체

46. S의 밑면은 테두리가 $9x^2 + 4y^2 = 36$인 곡선으로 둘러싸인 타원이다. x축에 수직인 절단면은 밑면에 밑변을 두고 있는 이등변삼각형이다.

47. S의 밑면은 점 $(0, 0)$, $(1, 0)$, $(0, 1)$을 꼭짓점으로 하는 삼각형이다. y축에 수직인 절단면은 정삼각형이다.

48. S의 밑면은 연습문제 47과 같은 밑면이고 x축에 수직인 절단면은 정사각형이다.

49. S의 밑면은 포물선 $y = 2 - x^2$과 x축으로 둘러싸인 영역이고 y축에 수직으로 자른 단면은 사분원이다.

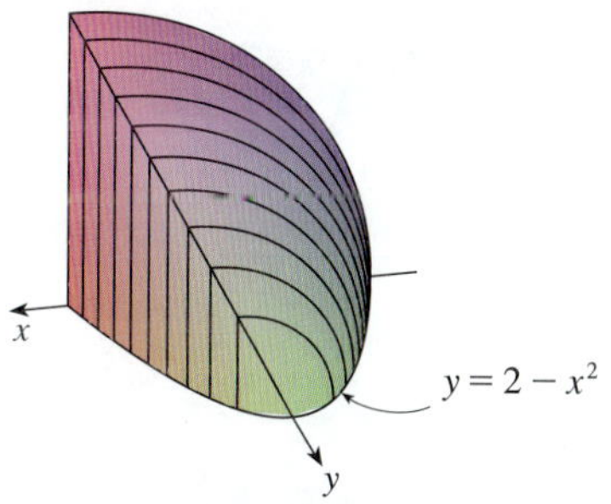

50. S는 x축에 수직이고 x축과 만나고 중심이 포물선 $y = \frac{1}{2}(1 - x^2)$, $-1 \leq x \leq 1$에 있는 원들로 둘러싸인 영역이다.

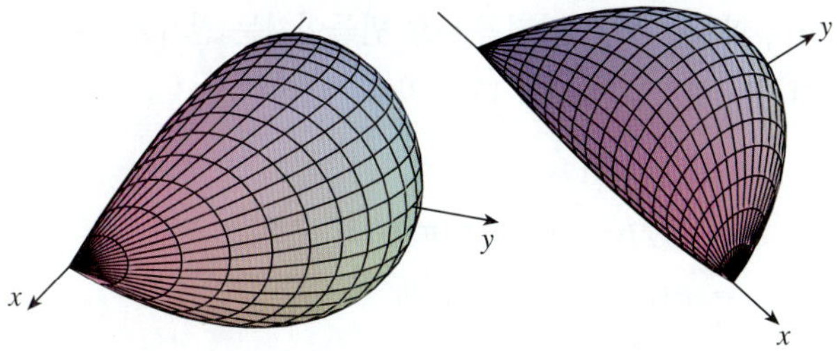

51. (a) 그림과 같이 반지름이 r과 R인 원환체(torus, 도넛 모양의 입체)의 부피를 적분으로 표현하여라.

(b) 적분을 넓이로 해석하여 원환체의 부피를 구하여라.

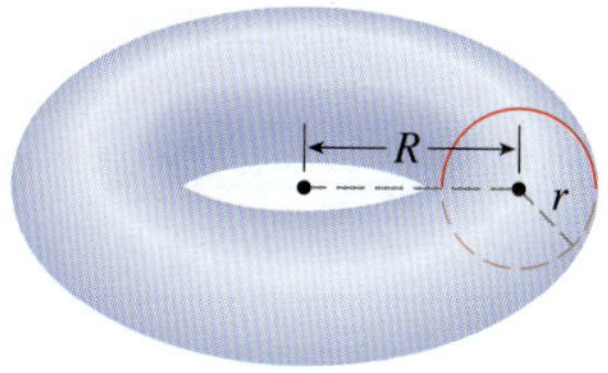

52. S의 밑면은 반지름이 r인 원이다. 밑면에 수직인 평행한 절단면들은 높이가 h이고 밑변의 길이는 h가 아닌 이등변삼각형이다.

(a) S의 부피를 적분으로 표현하여라.

(b) 이 적분을 넓이로 해석하여 S의 부피를 구하여라.

53. 예제 9에서 두 평면의 교선에 평행한 절단면을 이용하여 부피를 구하여라.

54. 두 입체 S_1과 S_2에 대하여 평행한 평면으로 쪼개어 만드는 절단면이 일치하면, 두 입체의 부피는 같다는 것이 **카발리에리의 원리**이다.

(a) 카발리에리의 원리를 증명하여라.

(b) 카발리에리의 원리를 이용하여, 그림과 같이 기울어진 주면체의 부피를 구하여라.

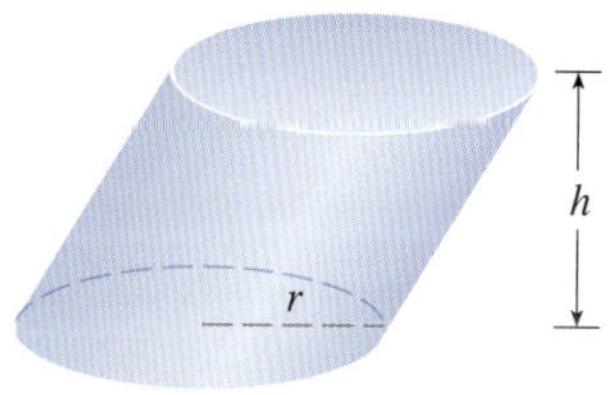

55. 반지름이 r인 두 원기둥의 축이 직각으로 만날 때, 두 원기둥의 공통부분의 부피를 구하여라.

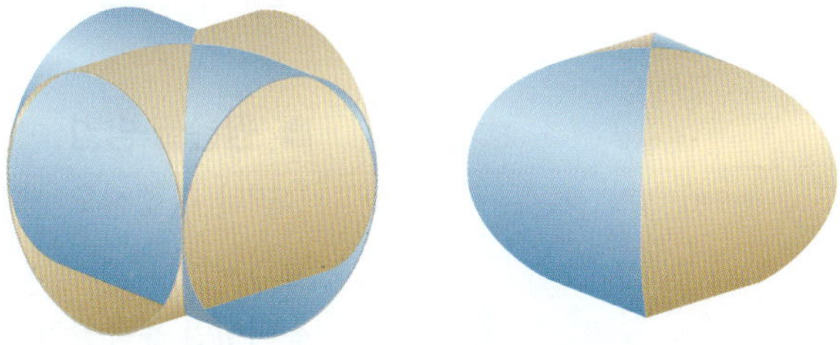

56. 반지름이 r인 두 개의 구가 있다. 한 구의 중심이 다른 구의 표면에 있을 때 공통부분의 부피를 구하여라.

57. 반지름 R인 원기둥에 원기둥의 축과 직각으로 반지름 $r(R > r)$인 구멍을 낼 때, 잘려 나가는 부분의 부피를 적분으로 표현하여라.

58. 반지름이 R인 구에 구의 중심을 통과하도록 반지름 $r(R > r)$인 구멍을 낼 때, 구에 남은 부분의 부피를 구하여라.

59. 케플러, 뉴턴과 같은 미분적분학의 개척자들은 포도주 통의 부피를 구하는 문제로부터 많은 영향을 받았다. (실제로 케플러는 1615년 포도주 통의 부피를 구하는 방법에 기여하는 《*Stereometria doliorum*》이라는 책을 출판했다.) 그들은 종종 통의 측면 모양을 포물선으로 근사시켰다.

(a) 높이 h, 최대반지름 R인 포도주 통은 곡선 $y = R - cx^2$, $-h/2 \leqslant x \leqslant h/2$ (단, c는 양의 상수)로 둘러싸인 영역을 x축으로 회전하여 만든다. 포도주 통의 양끝면의 반지름은 $r = R - d$ (단, $d = ch^2/4$)임을 보여라.

(b) 포도주 통의 부피는

$$V = \tfrac{1}{3}\pi h\left(2R^2 + r^2 - \tfrac{2}{5}d^2\right)$$

임을 보여라.

60. 영역 $\mathscr{R}$은 넓이가 A이고 x축 위에 놓여 있다. $\mathscr{R}$을 x축을 축으로 회전시키면 부피가 V_1인 입체를 얻앤다. $\mathscr{R}$이 $y = -k$ (여기서 k는 양수)를 축으로 회전시키면 부피가 V_2인 입체를 얻앤다. V_2를 V_1과 k, A로 표현하여라.

6.3 원통셸 방법에 의한 부피 계산

앞 절에서 배운 방법으로는 부피를 계산하기 어려운 문제도 있다. 예를 들면, $y = 2x^2 - x^3$과 $y = 0$으로 둘러싸인 영역을 y축으로 회전시켜 얻은 입체의 부피를 구하는 문제를 생각해보자(그림 1 참조). 만일 입체를 y축과 수직으로 자른다고 생각하면 고리 모양을 얻게 되고, 고리 모양의 내부와 외부 반지름을 구하려면 3차방정식 $y = 2x^2 - x^3$에서 x를 y로 표현해야 하는데 쉽지 않다.

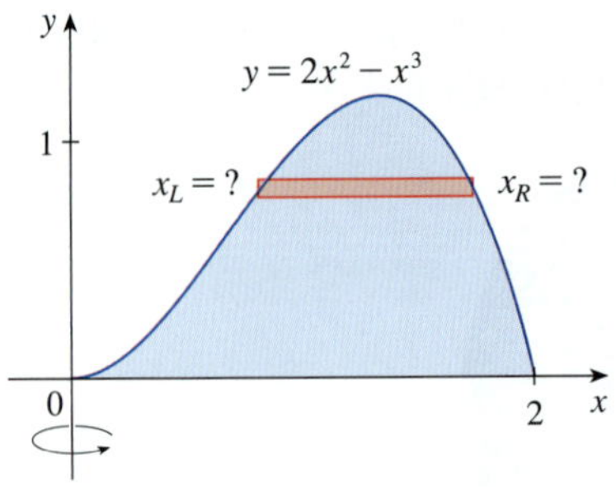

그림 1

■ 원통셸 방법

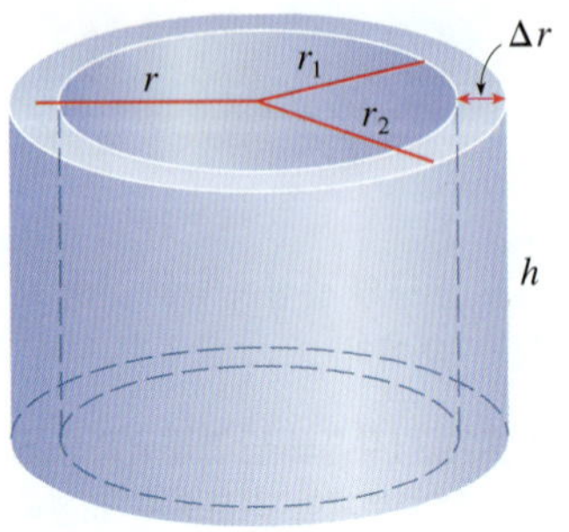

그림 2

그러나 다행히도 이러한 경우에 **원통셸 방법**(method of cylindrical shell, 또는 원주각 방법)이라고 하는 좀 더 수월한 방법이 있다. 그림 2는 내부 반지름 r_1, 외부 반지름 r_2, 높이 h인 원통셸이다. 이것의 부피 V는 외부 반지름 r_2로 만들어지는 원기둥의 부피 V_2와 내부 반지름 r_1으로 만들어지는 원기둥의 부피 V_1의 차로 계산한다.

$$\begin{aligned} V &= V_2 - V_1 \\ &= \pi r_2^2 h - \pi r_1^2 h = \pi(r_2^2 - r_1^2)h \\ &= \pi(r_2 + r_1)(r_2 - r_1)h \\ &= 2\pi \frac{r_2 + r_1}{2} h(r_2 - r_1) \end{aligned}$$

만일 $\Delta r = r_2 - r_1$(셸의 두께)과 $r = \frac{1}{2}(r_2 + r_1)$(셸의 평균 반지름)으로 놓으면, 원통셸의 부피는

1 $$V = 2\pi r h \, \Delta r$$

이 되며, 이것은

$$V = [\text{원둘레}] \times [\text{높이}] \times [\text{두께}]$$

임을 알 수 있다.

S는 $y = f(x)$ (단, $f(x) \geq 0$), $y = 0$, $x = a$, $x = b$ (단, $b > a \geq 0$)로 둘러싸인 영역을 y축으로 회전하여 생기는 입체라고 하자(그림 3 참조).

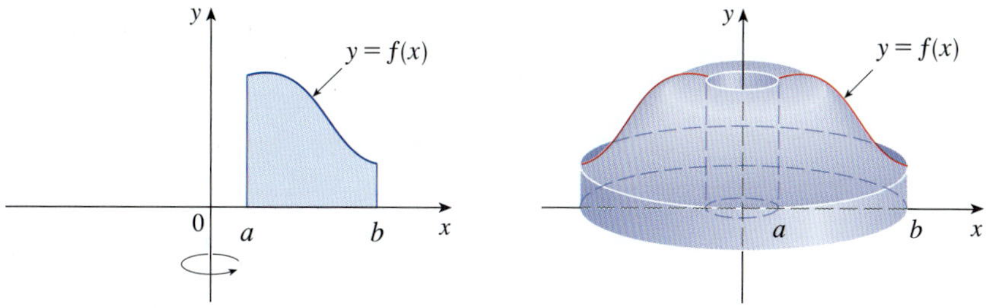

그림 3

구간 $[a, b]$를 같은 폭 Δx를 갖는 n개의 부분 구간 $[x_{i-1}, x_i]$로 나누고, $\bar{x}_i$를 i번째 부분 구간 $[x_{i-1}, x_i]$의 중점이라고 하자. 만일 밑변이 $[x_{i-1}, x_i]$이고, 높이가 $f(\bar{x}_i)$인 직사각형을 y축으로 회전하면, 그 회전체는 평균반지름 $\bar{x}_i$, 높이 $f(\bar{x}_i)$, 두께 x인 원통셸(그림 4 참조)이며, 공식 **1**에 의하여 부피는

$$V_i = (2\pi\bar{x}_i)[f(\bar{x}_i)]\,\Delta x$$

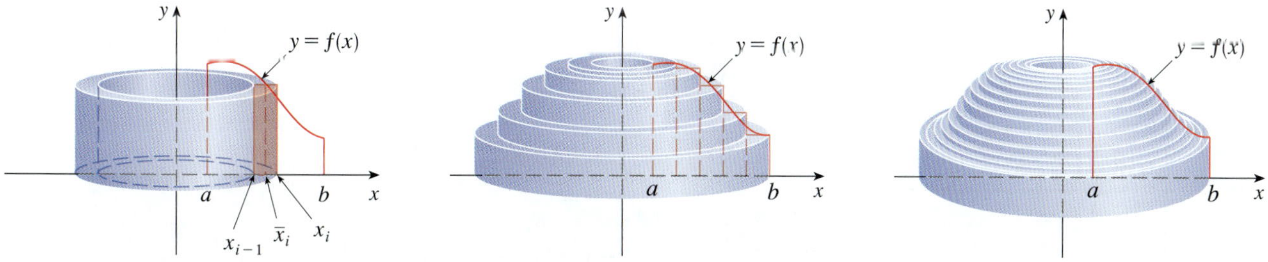

그림 4

이다. 그러므로 S의 부피 V는 이러한 원통셸들의 부피의 합으로 근사시킨다.

$$V \approx \sum_{i=1}^{n} V_i = \sum_{i=1}^{n} 2\pi\bar{x}_i f(\bar{x}_i)\,\Delta x$$

이 근사는 $n \to \infty$이면 더욱더 참값에 가까워진다. 그러면 정적분의 정의로부터

$$\lim_{n\to\infty} \sum_{i=1}^{n} 2\pi\bar{x}_i f(\bar{x}_i)\,\Delta x = \int_a^b 2\pi x\, f(x)\,dx$$

임을 알 수 있다.

2 그림 3과 같이, a에서 b까지 곡선 $y = f(x)$ 아래 부분을 y축으로 회전하여 생기는 입체의 부피는

$$V = \int_a^b 2\pi x f(x)\,dx \qquad (\text{단, } 0 \le a < b)$$

이다.

공식 **2**를 기억하기 위한 가장 좋은 방법은, 그림 5와 같이 반지름 x, 원둘레 $2\pi x$, 높이 $f(x)$, 두께 Δx 또는 dx를 갖는 대표 원통셸을 생각하는 것이다.

$$V = \int_a^b \underbrace{(2\pi x)}_{\text{원둘레}} \quad \underbrace{[f(x)]}_{\text{높이}} \quad \underbrace{dx}_{\text{두께}}$$

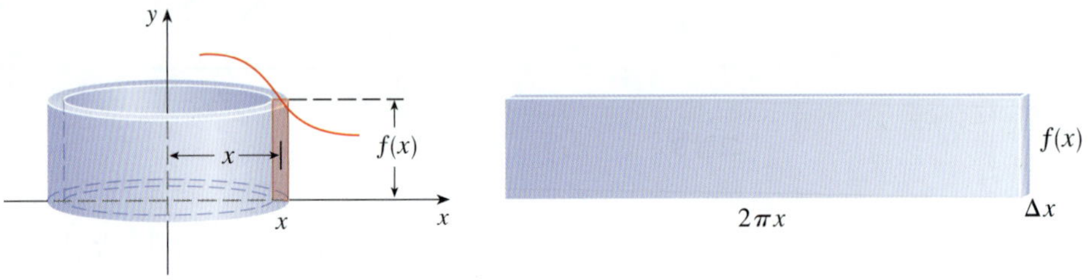

그림 5

이와 같은 생각은 y축 이외의 직선을 축으로 회전시키는 경우와 같은 다른 상황에서도 도움이 될 것이다.

예제 1 $y = 2x^2 - x^3$과 $y = 0$으로 둘러싸인 영역을 y축으로 회전시켜 얻은 입체의 부피를 구하여라.

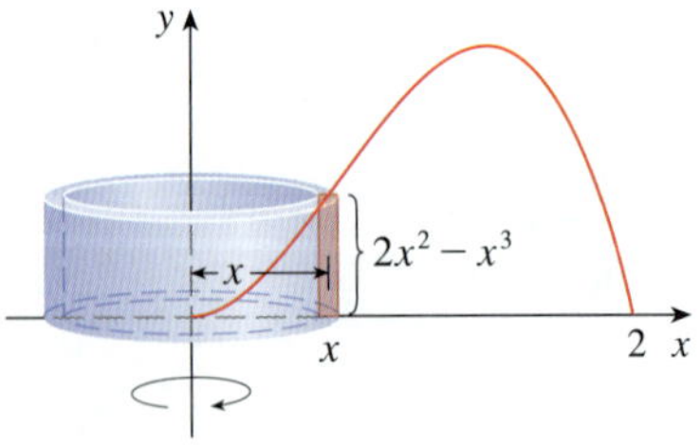

그림 6

풀이 반지름 x, 원둘레 $2\pi x$, 높이 $f(x) = 2x^2 - x^3$인 대표 원통셸이 그림 6에서 주어졌다. 그러므로 원통셸 방법에 의하여 부피는

$$V = \int_0^2 \underbrace{(2\pi x)}_{\text{원둘레}} \; \underbrace{(2x^2 - x^3)}_{\text{높이}} \; \underbrace{dx}_{\text{두께}}$$

$$= 2\pi \int_0^2 (2x^3 - x^4)\,dx = 2\pi\left[\tfrac{1}{2}x^4 - \tfrac{1}{5}x^5\right]_0^2$$

$$= 2\pi\left(8 - \tfrac{32}{5}\right) = \tfrac{16}{5}\pi$$

이다. 고리 모양으로 쪼개서 부피를 구하는 방법도 원통셸 방법과 같은 결과를 얻을 수 있다. ■

그림 7은 예제 1의 입체를 컴퓨터로 그린 것이다.

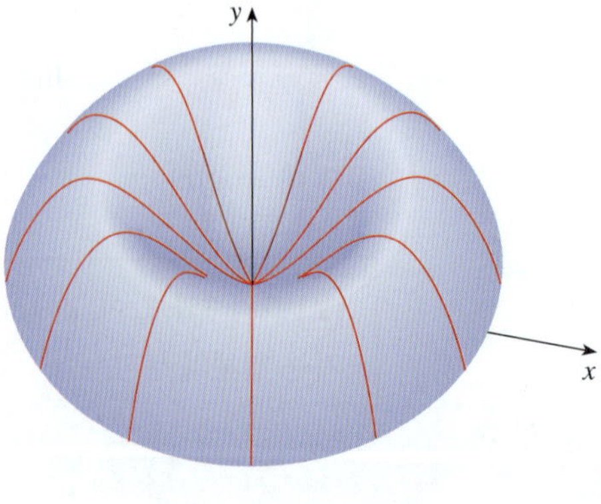

그림 7

NOTE 예제 1의 해를 이 절의 서론과 비교하면, 원통셸 방법이 고리 모양 방법보다 수월함을 알 수 있다. 원통셸 방법에서는 극댓값의 좌표를 구하지 않아도 되고, 곡선의 방정식에서 x를 y로 놓고 식을 풀지 않아도 된다. 그러나 다른 예제에서는 앞 절의 방법이 수월할 수도 있다.

예제 2 $y = x$와 $y = x^2$으로 둘러싸인 영역을 y축으로 회전시켜 얻은 입체의 부피를 구하여라.

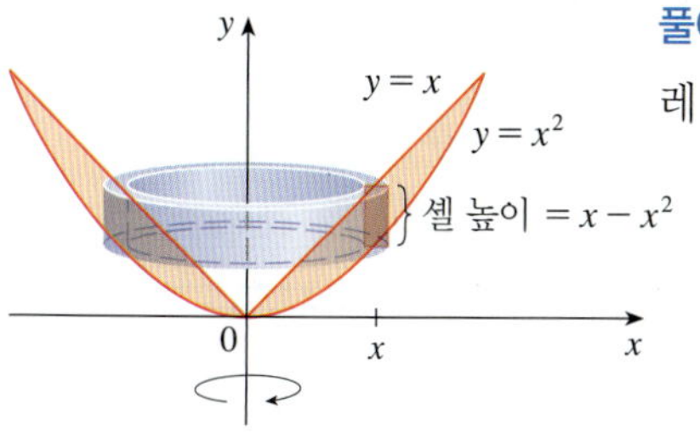

그림 8

풀이 둘러싸인 영역과 대표 원통셸이 그림 8에 주어졌다. 대표 원통셸은 반지름 x, 원둘레 $2\pi x$, 높이 $x - x^2$이다. 그러므로 부피는

$$V = \int_0^1 (2\pi x)(x - x^2)\,dx = 2\pi \int_0^1 (x^2 - x^3)\,dx$$

$$= 2\pi \left[\frac{x^3}{3} - \frac{x^4}{4} \right]_0^1 = \frac{\pi}{6}$$

이다. ■

다음 예제는 원통셸 방법이 주어진 영역을 x축으로 회전시킬 때도 적용됨을 보여준다. 간단하게 원통셸의 반지름과 높이를 알아볼 수 있는 그림을 그려야만 한다.

예제 3 원통셸을 이용하여 $x = 0$에서 1까지 곡선 $y = \sqrt{x}$ 아래 부분을 x축으로 회전시켜 얻은 입체의 부피를 구하여라.

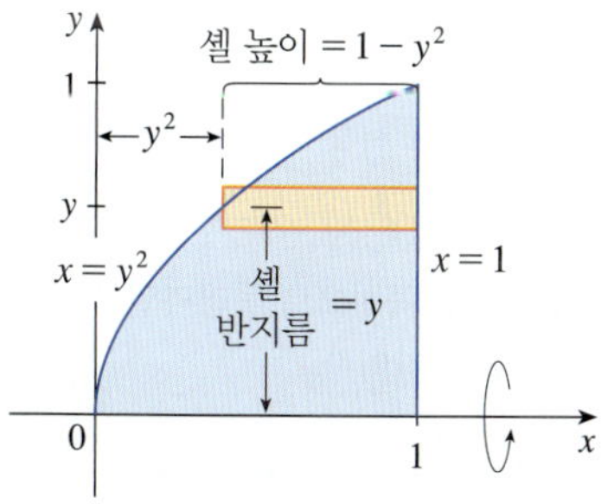

그림 9

풀이 6.2절의 예제 2에서는 이 문제를 원판을 이용한 방법으로 풀어보았다. 원통셸을 이용하기 위하여 그림 9와 같이 곡선 $y = \sqrt{x}$의 표현을 $x = y^2$으로 바꾼다. 이것을 x축으로 회전시키면 반지름 y, 원둘레 $2\pi y$, 높이 $1 - y^2$인 대표 원통셸이 생긴다. 따라서 부피는

$$V = \int_0^1 (2\pi y)(1 - y^2)\,dy = 2\pi \int_0^1 (y - y^3)\,dy$$

$$= 2\pi \left[\frac{y^2}{2} - \frac{y^4}{4} \right]_0^1 = \frac{\pi}{2}$$

이다. 이 문제에서는 원판을 이용한 방법이 더 간단하다. ■

예제 4 $y = x - x^2$과 $y = 0$에 의하여 둘러싸인 영역을 직선 $x = 2$를 축으로 회전시켜 얻은 입체의 부피를 구하여라.

풀이 둘러싸인 영역과 $x = 2$를 축으로 회전하여 생기는 입체의 원통셸을 그림 10에서

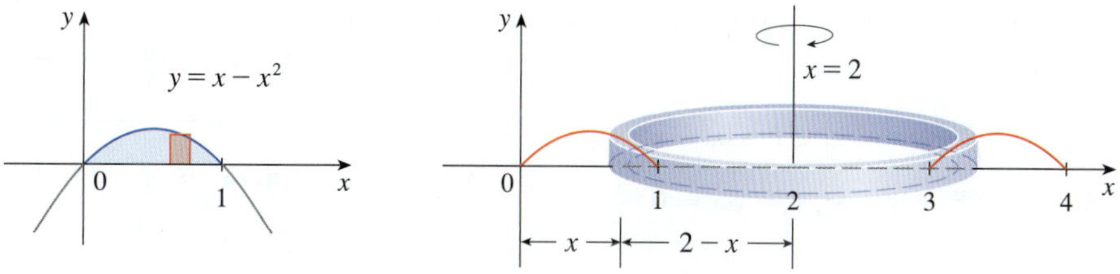

그림 10

소개했다. 원통셸은 반지름 $2 - x$, 원둘레 $2\pi(2 - x)$, 높이 $x - x^2$이다. 그러므로 주어진 입체의 부피는 다음과 같다.

$$V = \int_0^1 2\pi(2 - x)(x - x^2)\,dx$$

$$= 2\pi \int_0^1 (x^3 - 3x^2 + 2x)\,dx$$

$$= 2\pi \left[\frac{x^4}{4} - x^3 + x^2\right]_0^1 = \frac{\pi}{2}$$

6.3 연습문제

1. S는 그림에서 주어진 영역을 y축으로 회전시켜 얻은 입체이다. S의 부피 V를 구하기 위하여 고리 모양으로 쪼개는 방법을 택하는 것이 왜 어려운지 설명하여라. 대표 근사 원통셸을 그리고 원둘레와 높이를 구한 후, 이것을 이용하여 부피 V를 구하여라.

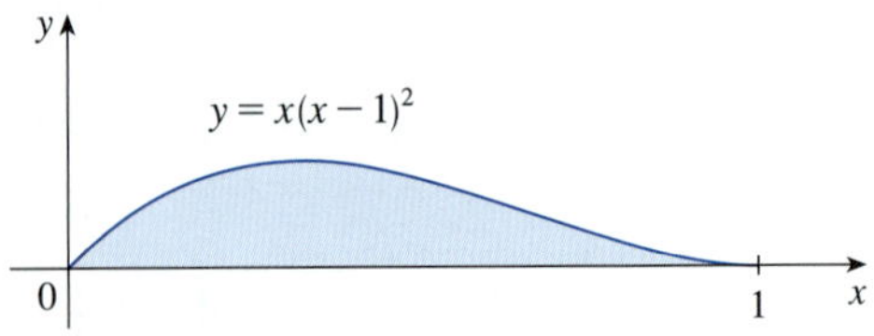

2-3 음영으로 표시된 영역을 주어진 회전축에 대해서 회전시켜 입체를 얻는다.

(a) 원통셸 방법으로 회전체의 부피를 구하기 위한 적분식을 구하여라.

(b) 적분식을 계산하여 부피를 구하여라.

2. y축에 대하여

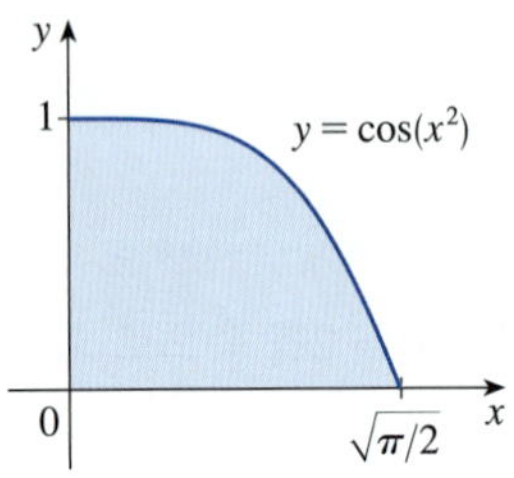

3. x축에 대하여

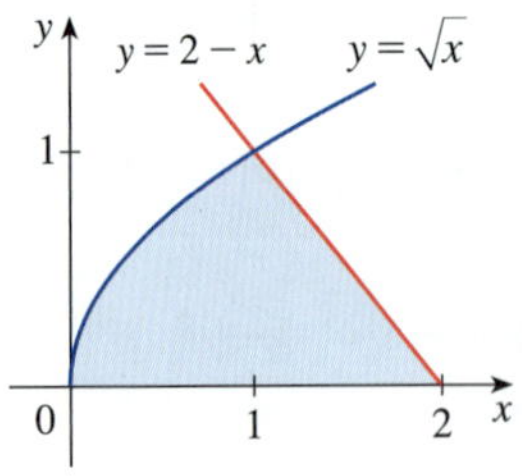

4-7 주어진 곡선에 의해서 둘러싸인 영역을 지정된 회전축으로 회전시켜 얻은 입체의 부피를 구하기 위한 적분식을 구하되 계산은 하지 마라.

4. y축에 대하여 $y = \ln x$, $y = 0$, $x = 2$

5. x축에 대하여 $y = x^3$, $y = 8$, $x = 0$

6. $y = 3$에 대하여 $y = \sin^{-1}x$, $y = \pi/2$, $x = 0$

7. $x = 7$에 대하여 $y = 4x - x^2$, $y = x$

8-11 원통셸 방법을 사용하여 주어진 곡선으로 둘러싸인 영역을 y축으로 회전시켜 만든 입체의 부피를 구하여라.

8. $y = \sqrt{x}$, $y = 0$, $x = 4$

9. $y = 1/x$, $y = 0$, $x = 1$, $x = 4$

10. $y = e^{-x^2}$, $y = 0$, $x = 0$, $x = 1$

11. $y = \sqrt{5 + x^2}$, $y = 0$, $x = 0$, $x = 2$

12-15 원통셸 방법을 사용하여 주어진 곡선으로 둘러싸인 영역을 x축으로 회전시켜 만든 입체의 부피를 구하여라.

12. $xy = 1$, $x = 0$, $y = 1$, $y = 3$

13. $y = x^{3/2}$, $y = 8$, $x = 0$

14. $x = -3y^2 + 12y - 9$, $x = 0$

15. $x = 1 + (y - 2)^2$, $x = 2$

16-17 주어진 곡선에 의해서 둘러싸인 영역을 지정된 회전축으로 회전시켜 입체를 얻는다. 이 입체의 부피를 (a) x에 대한 적분으로 (b) y에 대한 적분으로 각각 구하여라.

16. y축에 대하여 $y = x^2$, $y = 8\sqrt{x}$

17. x축에 대하여 $y = x^3$, $y = 4x^2$

18-19 음영으로 표시된 영역을 주어진 직선을 축으로 회전시켜 입체를 얻는다.

(a) 입체와 입체의 부피를 근사하는 원통셸의 형태를 그려보아라.
(b) 원통셸 방법을 이용하여 부피를 계산하기 위한 적분식을 구하여라.
(c) 적분식을 계산해서 부피를 구하여라.

18. $x = -2$에 대하여

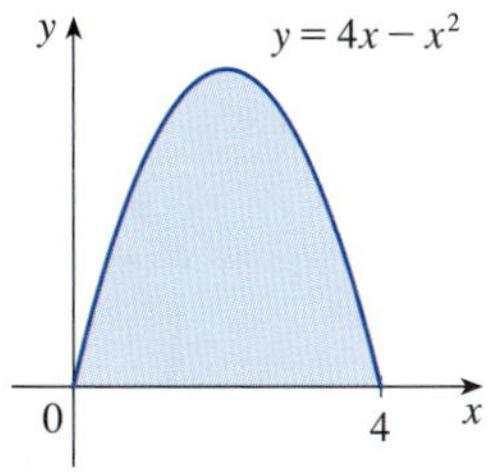

19. $y = -1$에 대하여

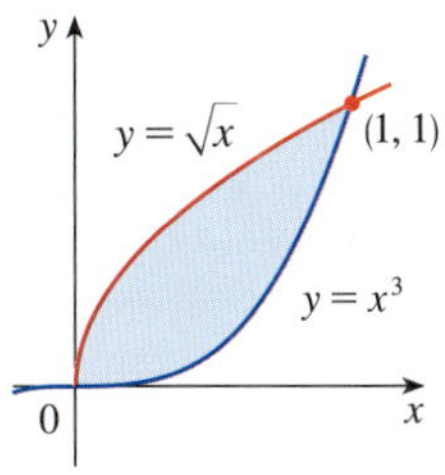

20-22 원통셸 방법을 사용하여 주어진 곡선으로 둘러싸인 영역을 주어진 직선을 축으로 회전하여 만들어진 입체의 부피를 구하여라.

20. $x = 3$에 대하여 $y = x^3$, $y = 8$, $x = 0$

21. $x = 1$에 대하여 $y = 4x - x^2$, $y = 3$

22. $y = 2$에 대하여 $x = 2y^2$, $y \geq 0$, $x = 2$

23-26
(a) 주어진 곡선으로 둘러싸인 영역을 주어진 직선을 축으로 회전시켜 만든 입체의 부피를 적분으로 표현하여라.
(b) 계산기를 이용하여 적분값을 소수 다섯째 자리까지 정확하게 계산하여라.

23. y축에 대하여 $y = xe^{-x}$, $y = 0$, $x = 2$

24. $x = \pi/2$에 대하여 $y = \tan x$, $y = 0$, $x = \pi/4$

25. $x = -1$에 대하여 $y = x$, $y = 2x/(1 + x^3)$

26. $y = 4$에 대하여 $x = \sqrt{\sin y}$, $0 \leq y \leq \pi$, $x = 0$

27. $n = 5$인 중점 법칙을 이용하여 곡선 $y = \sqrt{1 + x^3}$, $0 \leq x \leq 1$의 아래 영역을 y축으로 회전시켜 만든 입체의 부피를 구하여라.

28. 그림과 같은 영역을 y축으로 회전시켜 만든 입체에 대해 $n = 5$인 중점 법칙을 이용하여 부피를 구하여라.

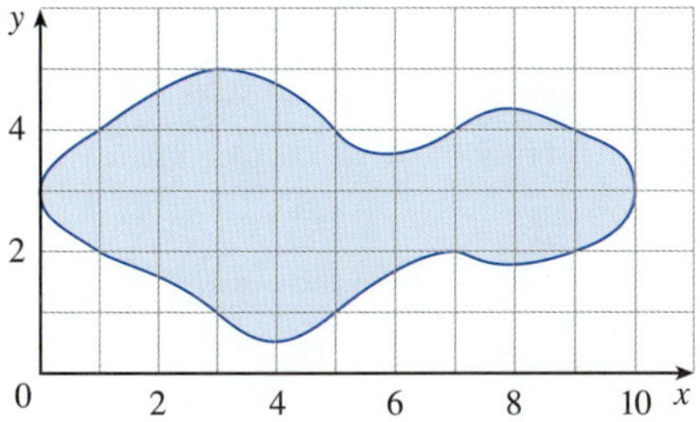

29-30 각 적분을 입체의 부피로 표현하고, 그 입체를 설명하여라.

29. $\int_0^3 2\pi x^5 \, dx$ **30.** $\int_1^3 2\pi y \ln y \, dy$

T **31-32** 그래프를 이용하여 주어진 곡선의 교점의 x좌표의 근삿값을 구하여라. 이것과 계산기를 이용하여 이 곡선으로 둘러싸인 영역을 y축으로 회전시켜 만든 입체의 부피를 구하여라.

31. $y = x^2 - 2x$, $y = \dfrac{x}{x^2 + 1}$

32. $y = e^{\sin x}$, $y = x^2 - 4x + 5$

33-36 음영으로 표시된 영역을 주어진 직선을 축으로 하여 회전시켜 입체를 얻는다.
(a) 선호하는 방법을 사용해서 회전체의 부피를 구하기 위한 적분식을 세워라.
(b) 적분식을 계산하여 회전체의 부피를 구하여라.

33. y축에 대하여

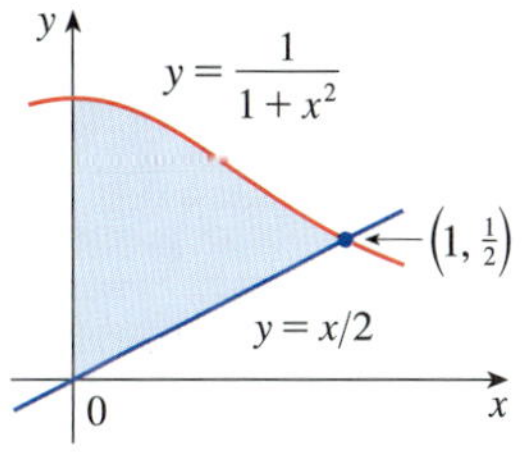

34. x축에 대하여

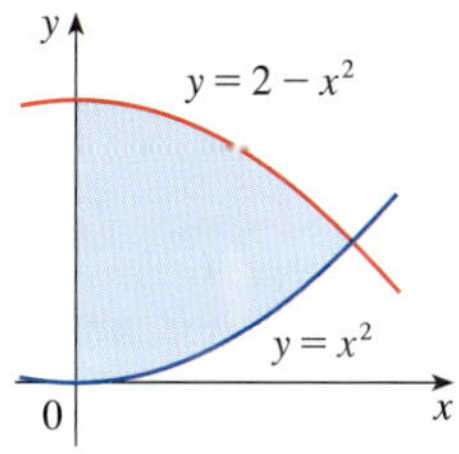

35. $x = -2$에 대하여

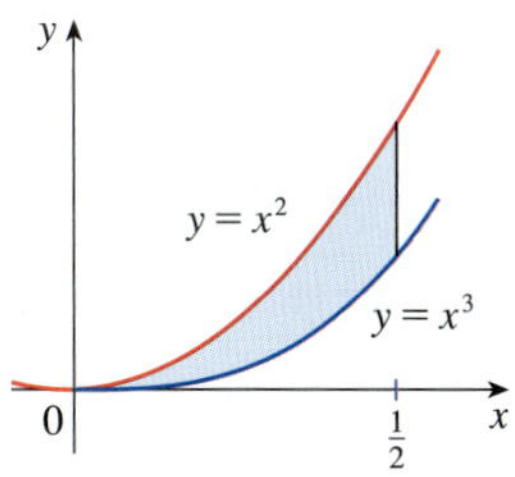

36. $y = 3$에 대하여

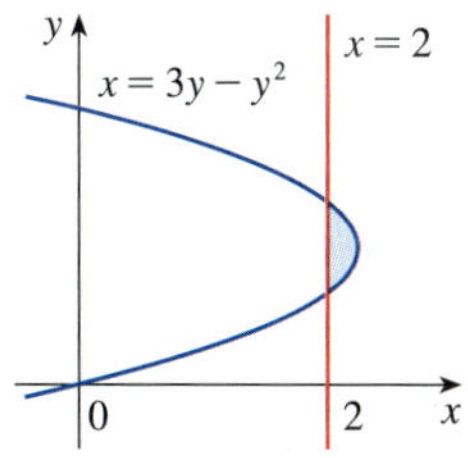

37-41 주어진 곡선으로 둘러싸인 영역을 주어진 직선을 축으로 회전시켰다. 편한 방법으로 이 입체의 부피를 구하여라.

37. y축에 대하여 $y = -x^2 + 6x - 8$, $y = 0$

38. x축에 대하여 $y^2 - x^2 = 1$, $y = 2$

39. y축에 대하여 $x^2 + (y - 1)^2 = 1$

40. $y = 1$에 대하여 $x = (y - 3)^2$, $x = 4$

41. $x = -1$에 대하여 $x = (y - 1)^2$, $x - y = 1$

42. T는 점 (0, 0), (1, 0), (1, 2)를 꼭짓점으로 하는 삼각형 영역이고, V는 T를 $x = a$ ($a > 1$)를 축으로 회전시켜 만든 입체의 부피이다. V를 a로 표현하여라.

43-44 원통셸 방법을 이용하여 아래 입체의 부피를 구하여라.

43. 반지름이 r인 구

44. 높이가 h이고 밑면의 반지름이 r인 직원기둥

모형로켓의 움직임을 결정하는 물리법칙은 우주선을 지구궤도로 보내는 로켓에도 그대로 적용된다. 로켓을 특정한 지구 고도로 보내는 데 필요한 연료량을 계산하는 데 적분을 사용한다.

7 적분법

Techniques of Integration

미분적분학의 기본 정리에 의하여, 어떤 함수의 원시함수, 즉 부정적분을 알면 그 함수를 적분할 수 있다. 이제 지금까지 배운 중요한 부정적분들을 요약해보자.

$$\int k\,dx = kx + C \qquad \int \sin x\,dx = -\cos x + C \qquad \int \tan x\,dx = \ln|\sec x| + C$$

$$\int x^n\,dx = \frac{x^{n+1}}{n+1} + C \quad (n \neq -1) \qquad \int \cos x\,dx = \sin x + C \qquad \int \cot x\,dx = \ln|\sin x| + C$$

$$\int \frac{1}{x}\,dx = \ln|x| + C \qquad \int \sec^2 x\,dx = \tan x + C \qquad \int \frac{1}{x^2 + a^2}\,dx = \frac{1}{a}\tan^{-1}\left(\frac{x}{a}\right) + C$$

$$\int e^x\,dx = e^x + C \qquad \int \csc^2 x\,dx = -\cot x + C \qquad \int \frac{1}{\sqrt{a^2 - x^2}}\,dx = \sin^{-1}\left(\frac{x}{a}\right) + C,\ a > 0$$

$$\int b^x\,dx = \frac{b^x}{\ln b} + C \qquad \int \sec x \tan x\,dx = \sec x + C \qquad \int \sinh x\,dx = \cosh x + C$$

$$\int \csc x \cot x\,dx = -\csc x + C \qquad \int \cosh x\,dx = \sinh x + C$$

이 장에서는 이런 기본적인 적분공식들을 이용하여 좀더 복잡한 함수들의 부정적분을 구할 수 있는 적분 기법들에 대하여 살펴본다. 5.5절에서 이미 중요한 적분방법 중의 하나인 치환법에 대하여 알아보았다. 7.1절에서는 또 다른 일반적인 기법의 하나로서 부분적분법이 소개될 것이다. 그리고 이어서 삼각함수 또는 유리함수와 같이 특수한 함수들을 적분하는 데 이용되는 방법들을 공부하게 될 것이다.

적분을 하는 것은 미분과는 달리 그리 간단한 작업이 아니다. 주어진 함수의 부정적분을 항상 찾을 수 있는 어떤 규칙이 있는 것은 아니다. 그래서 주어진 함수에 따라서 적절하게 부정적분을 찾아야 한다.

7.1 부분적분

각각의 미분법칙에는 그것에 대응하는 적분법칙이 있다. 예를 들면, 적분에서의 치환법은 미분에서의 연쇄법칙에 대응하는 것이다. 미분의 곱 법칙에 대응하는 적분법칙이 바로 **부분적분**(integration by parts)이다.

■ 부분적분: 부정적분

곱 법칙에 의하면 f와 g가 미분가능한 함수일 때

$$\frac{d}{dx}[f(x)g(x)] = f(x)g'(x) + g(x)f'(x)$$

이다. 이것을 부정적분을 사용해서 표현하면

$$\int [f(x)g'(x) + g(x)f'(x)]\,dx = f(x)g(x)$$

또는

$$\int f(x)g'(x)\,dx + \int g(x)f'(x)\,dx = f(x)g(x)$$

가 되는데, 이것은 다음과 같이 쓸 수 있다.

1 $$\int f(x)g'(x)\,dx = f(x)g(x) - \int g(x)f'(x)\,dx$$

식 **1**을 **부분적분 공식**이라고 한다. 여기서 $u = f(x)$와 $v = g(x)$로 치환하면 $du = f'(x)dx$와 $dv = g'(x)dx$가 되고, 이것을 식 **1**에 대입하면 다음과 같이 좀 더 기억하기 쉬운 형태의 부분적분 공식을 얻게 된다.

2 $$\int u\,dv = uv - \int v\,du$$

예제 1 $\int x \sin x\,dx$를 구하여라.

식 1을 이용한 풀이 $f(x) = x$와 $g'(x) = \sin x$로 놓으면 $f'(x) = 1$이고 $g(x) = -\cos x$이다(사실은 g'의 아무 원시함수나 g로 놓을 수 있다). 따라서 식 **1**을 이용하면

$$\begin{aligned}\int x \sin x\,dx &= f(x)g(x) - \int g(x)f'(x)\,dx \\ &= x(-\cos x) - \int (-\cos x)\,dx = -x\cos x + \int \cos x\,dx \\ &= -x\cos x + \sin x + C\end{aligned}$$

이다. 구한 결과를 미분해서 답을 확인해보는 것이 좋다. 실제로 위의 답을 미분을 해보면 예상한 대로 $x\sin x$가 됨을 알 수 있다.

다음과 같은 형식을 사용하면 편리하다.

$u = \square \quad dv = \square$

$du = \square \quad v = \square$

식 [2]를 이용한 풀이 $\quad u = x \qquad dv = \sin x\,dx$

라고 놓으면 $\quad du = dx \qquad v = -\cos x$

이므로 구하는 적분은 다음과 같이 계산된다.

$$\begin{aligned}\int x \sin x\,dx &= \int \overbrace{x}^{u}\ \overbrace{\sin x\,dx}^{dv} = \overbrace{x}^{u}\ \overbrace{(-\cos x)}^{v} - \int \overbrace{(-\cos x)}^{v}\ \overbrace{dx}^{du} \\ &= -x\cos x + \int \cos x\,dx \\ &= -x\cos x + \sin x + C\end{aligned}$$

■

NOTE 부분적분을 이용하는 주된 목적은 원래의 적분보다 더 간단한 적분을 얻는 데 있다. 그래서 예제 1에서는 $\int x\sin x\,dx$를 좀 더 간단한 적분인 $\int \cos x\,dx$를 포함하는 식으로 나타내었다. 만약에 $u = \sin x$, $dv = x\,dx$라고 놓았더라면 $du = \cos x\,dx$, $v = x^2/2$이므로 부분적분 공식에 따라 다음과 같아진다.

$$\int x\sin x\,dx = (\sin x)\frac{x^2}{2} - \frac{1}{2}\int x^2\cos x\,dx$$

틀린 것은 아니지만, $\int x^2\cos x\,dx$는 원래의 적분보다 오히려 더 어려운 적분이다. 일반적으로, u와 dv의 선택에서 가장 우선적으로 고려해야 할 점은 $u = f(x)$로 선택한 것을 미분했을 때 좀 더 간단한 (최소한 더 복잡하지 않은) 함수가 되도록 하는 것이다. 다만 이때 상대적으로 선택되는 $dv = g'(x)\,dx$의 적분 v를 구할 수 없는 경우는 물론 피해야 한다.

예제 2 $\int \ln x\,dx$를 계산하여라.

풀이 여기서는 부분적분을 위한 u와 dv를 선택할 수 있는 경우가 그리 많지 않다.

$$u = \ln x \qquad dv = dx$$

라고 하면 $\quad du = \dfrac{1}{x}\,dx \qquad v = x$

이므로 부분적분에 의하여

$$\int \ln x\,dx = x\ln x - \int x \cdot \frac{1}{x}\,dx$$

$\int 1\,dx$를 보통 $\int dx$로 쓴다.

$$= x\ln x - \int dx$$

구한 답을 미분해서 검산해보아라.

$$= x\ln x - x + C$$

이다. 이 예제에서는 함수 $f(x) = \ln x$의 도함수가 f보다 더 간단하므로 부분적분이 매우 효과적이다. ■

예제 3 $\int t^2e^t\,dt$를 구하여라.

풀이 e^t은 미분이나 적분을 하더라도 변하지 않는 반면에 t^2은 미분하면 더 간단하게 된다는 것을 알 수 있으므로

$$u = t^2 \qquad dv = e^t\,dt$$

라고 놓자. 그러면

$$du = 2t\,dt \qquad v = e^t$$

이므로 부분적분에 의해서 다음을 얻는다.

3
$$\int t^2e^t\,dt = t^2e^t - 2\int te^t\,dt$$

여기서 적분 $\int te^t\,dt$는 원래의 적분보다는 간단하게 되었지만 여전히 바로 답을 구할 수는 없다. 여기서 부분적분을 한 번 더 사용해보자. 즉 $u = t$, $dv = e^t\,dt$로 다시 두면, $du = dt$, $v = e^t$이므로

$$\int te^t\,dt = te^t - \int e^t\,dt$$

$$= te^t - e^t + C$$

이다. 이것을 식 **3**에 대입하면

$$\int t^2e^t\,dt = t^2e^t - 2\int te^t\,dt$$

$$= t^2e^t - 2(te^t - e^t + C)$$

$$= t^2e^t - 2te^t + 2e^t + C_1$$

를 얻는다. 여기서 $C_1 = -2C$이다. ■

예제 4 $\int e^x \sin x\,dx$를 구하여라.

풀이 e^x나 $\sin x$를 미분하면 미분하기 전보다 더 간단하게 되는 것은 아니지만, 어쨌든 $u = e^x$와 $dv = \sin x$라고 놓자. 그러면 $du = e^x\,dx$, $v = -\cos x$이고 부분적분에 의하여

4
$$\int e^x \sin x\,dx = -e^x \cos x + \int e^x \cos x\,dx$$

이다. $\int e^x \cos x\,dx$는 원래의 적분보다 더 간단해지지는 않았지만 최소한 더 어려운 적

분이 된 것은 아니다. 앞 예제에서 부분적분을 두 번 사용해서 성공하였던 것처럼 여기서도 부분적분을 다시 사용해보자. 이번에는 $u = e^x$, $dv = \cos x\, dx$라고 놓자. 그러면 $du = e^x\, dx$, $v = \sin x$이므로

$$\boxed{5} \qquad \int e^x \cos x\, dx = e^x \sin x - \int e^x \sin x\, dx$$

이다. 언뜻 보기에는 처음과 같은 $\int e^x \sin x\, dx$가 있으므로 아무것도 달라진 게 없는 것 같지만 식 5를 식 4에 대입하면

$$\int e^x \sin x\, dx = -e^x \cos x + e^x \sin x - \int e^x \sin x\, dx$$

가 된다. 이것은 미지의 적분 $\int e^x \sin x\, dx$에 대한 방정식으로 볼 수 있으므로, 양변에 $\int e^x \sin x\, dx$를 더해주면

$$2\int e^x \sin x\, dx = -e^x \cos x + e^x \sin x$$

가 된다. 이제 양변을 2로 나누고 적분상수를 첨가함으로써 다음을 얻는다.

$$\int e^x \sin x\, dx = \tfrac{1}{2}e^x(\sin x - \cos x) + C$$

그림 1은 $f(x) = e^x \sin x$와

$$F(x) = \tfrac{1}{2}e^x(\sin x - \cos x)$$

의 그래프로 예제 4를 설명하고 있다. 그림에서 보듯, F가 최대 또는 최소가 되는 점에서 $f(x) = 0$임을 알 수 있다.

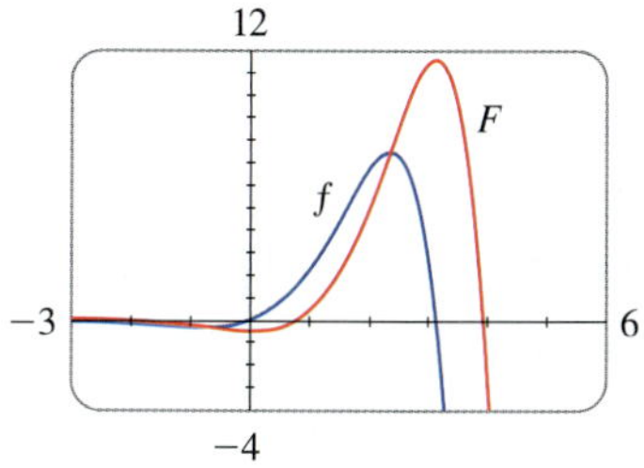

그림 1

■ 부분적분: 정적분

부분적분 공식과 미분적분학의 기본 정리 2를 결합하면 주어진 정적분을 부분적분법으로 계산할 수도 있다. f'과 g'이 연속이라고 가정하고 공식 1의 양변을 a에서 b까지 적분하면, 기본 정리에 의해서 다음 공식을 얻게 된다.

$$\boxed{6} \qquad \int_a^b f(x)g'(x)\, dx = f(x)g(x)\Big]_a^b - \int_a^b g(x)f'(x)\, dx$$

$x \geq 0$일 때 $\tan^{-1} x \geq 0$이므로 예제 5의 적분은 그림 2에 표시된 영역의 넓이가 된다.

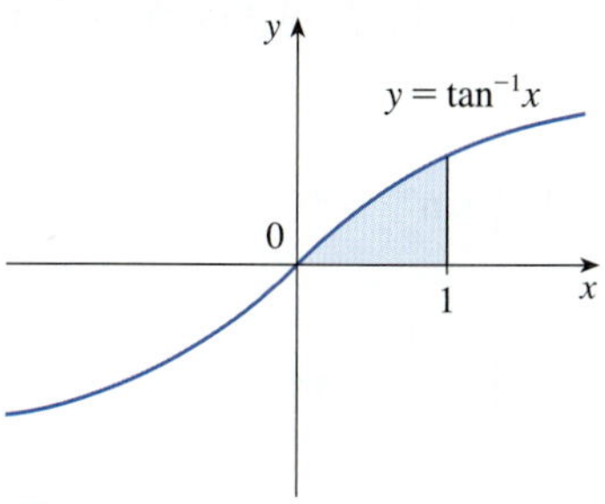

그림 2

예제 5 $\displaystyle\int_0^1 \tan^{-1}x\, dx$를 계산하여라.

풀이

$$u = \tan^{-1}x \qquad dv = dx$$

라고 하면

$$du = \frac{dx}{1 + x^2} \qquad v = x$$

이므로 공식 6에 의하여

$$\begin{aligned}\int_0^1 \tan^{-1}x\, dx &= x\tan^{-1}x\Big]_0^1 - \int_0^1 \frac{x}{1+x^2}\, dx \\ &= 1\cdot\tan^{-1}1 - 0\cdot\tan^{-1}0 - \int_0^1 \frac{x}{1+x^2}\, dx \\ &= \frac{\pi}{4} - \int_0^1 \frac{x}{1+x^2}\, dx\end{aligned}$$

이다. 적분계산을 위하여 $t = 1 + x^2$으로(이 예제에서 u가 이미 다르게 쓰이고 있으므

로) 치환하면, $dt = 2x\,dx$이므로 $x\,dx = \frac{1}{2}\,dt$이다. 그리고 $x = 0$일 때 $t = 1$이고, $x = 1$일 때 $t = 2$이므로

$$\int_0^1 \frac{x}{1+x^2}\,dx = \frac{1}{2}\int_1^2 \frac{dt}{t} = \frac{1}{2}\ln|t|\Big]_1^2$$

$$= \frac{1}{2}(\ln 2 - \ln 1) = \frac{1}{2}\ln 2$$

이다. 따라서 구하는 적분은 아래와 같다.

$$\int_0^1 \tan^{-1}x\,dx = \frac{\pi}{4} - \int_0^1 \frac{x}{1+x^2}\,dx = \frac{\pi}{4} - \frac{\ln 2}{2}$$ ■

■ 점화공식

앞의 예제는 부분적분을 통해 종종 하나의 적분을 더 단순한 것으로 표현할 수 있음을 보여준다. 적분에 함수의 거듭제곱이 포함되어 있으면 때때로 부분적분을 사용하여 지수를 줄일 수 있다. 이런 식으로 다음 예와 같이 **점화공식**을 찾을 수 있다.

식 7은 지수 n이 $n-1$과 $n-2$로 줄어들기 때문에 영어로는 reduction formula라고 불린다.

예제 6 $n \geqslant 2$인 정수 n에 대하여 다음 점화공식을 증명하여라.

7 $$\int \sin^n x\,dx = -\frac{1}{n}\cos x \sin^{n-1}x + \frac{n-1}{n}\int \sin^{n-2}x\,dx$$

풀이 $u = \sin^{n-1}x \qquad dv = \sin x\,dx$

라고 하면 $du = (n-1)\sin^{n-2}x\cos x\,dx \qquad v = -\cos x$

이므로 부분적분에 의하여

$$\int \sin^n x\,dx = -\cos x\sin^{n-1}x + (n-1)\int \sin^{n-2}x\cos^2 x\,dx$$

이다. $\cos^2 x = 1 - \sin^2 x$이므로

$$\int \sin^n x\,dx = -\cos x\sin^{n-1}x + (n-1)\int \sin^{n-2}x\,dx - (n-1)\int \sin^n x\,dx$$

이다. 예제 4에서와 같이 우변의 마지막 항을 좌변으로 옮기고 적분 $\int \sin^n x\,dx$에 대하여 위의 방정식을 풀면

$$n\int \sin^n x\,dx = -\cos x\sin^{n-1}x + (n-1)\int \sin^{n-2}x\,dx$$

즉 $$\int \sin^n x\,dx = -\frac{1}{n}\cos x\sin^{n-1}x + \frac{n-1}{n}\int \sin^{n-2}x\,dx$$

이다. ■

점화공식 7은 굉장히 유용한데, 왜냐하면 이것을 계속 반복해서 사용하면 적분 $\int \sin^n x\,dx$를 궁극적으로 $\int \sin x\,dx$ (n이 홀수일 때) 혹은 $\int (\sin x)^0\,dx = \int dx$ (n이 짝수일 때)로 표현할 수 있기 때문이다.

7.1 연습문제

1-2 부분적분법을 이용하여 아래 적분을 계산하여라.

1. $\int \sqrt{x}\ln x\,dx;\quad u = \ln x,\ dv = \sqrt{x}\,dx$

2. $\int \sin^{-1}x\,dx;\quad u = \sin^{-1}x,\ dv = dx$

3-30 다음 적분을 계산하여라.

3. $\int te^{2t}\,dt$

4. $\int x\sin 10x\,dx$

5. $\int w\ln w\,dw$

6. $\int \frac{\ln x}{x^2}\,dx$

7. $\int (x^2 + 2x)\cos x\,dx$

8. $\int \cos^{-1}x\,dx$

9. $\int \ln\sqrt{x}\,dx$

10. $\int \tan^{-1}(2y)\,dy$

11. $\int t\csc^2 t\,dt$

12. $\int x\cosh ax\,dx$

13. $\int (\ln x)^2\,dx$

14. $\int \frac{z}{10^z}\,dz$

15. $\int e^{3x}\cos x\,dx$

16. $\int e^{2\theta}\sin 3\theta\,d\theta$

17. $\int z^3e^z\,dz$

18. $\int (\arcsin x)^2\,dx$

19. $\int_0^{1/2} \theta\sin 3\pi\theta\,d\theta$

20. $\int_0^1 x\,3^x\,dx$

21. $\int_0^1 \frac{xe^x}{(1+x)^2}\,dx$

22. $\int_0^2 y\sinh y\,dy$

23. $\int_1^5 \frac{\ln R}{R^2}\,dR$

24. $\int_0^{2\pi} t^2\sin 2t\,dt$

25. $\int_0^{\pi} x\sin x\cos x\,dx$

26. $\int_1^{\sqrt{3}} \arctan(1/x)\,dx$

27. $\int_1^2 \frac{(\ln x)^2}{x^3}\,dx$

28. $\int_0^{\pi/3} \sin x\ln(\cos x)\,dx$

29. $\int_0^1 \frac{r^3}{\sqrt{4+r^2}}\,dr$

30. $\int_0^{\pi} \cos x\sinh x\,dx$

31-34 먼저 치환을 한 다음 부분적분법을 이용하여 적분을 계산하여라.

31. $\int_{\sqrt{\pi/2}}^{\sqrt{\pi}} \theta^3\cos(\theta^2)\,d\theta$

32. $\int_0^{\pi} e^{\cos t}\sin 2t\,dt$

33. $\int x\ln(1+x)\,dx$

34. $\int \frac{\arcsin(\ln x)}{x}\,dx$

35-38 다음 부정적분을 계산하여라. $C = 0$일 때 이 함수와 원시함수의 그래프를 그려 정답이 맞는지 확인하여라.

35. $\int xe^{-2x}\,dx$

36. $\int x^{3/2}\ln x\,dx$

37. $\int x^3\sqrt{1+x^2}\,dx$

38. $\int x^2\sin 2x\,dx$

---

39. (a) 아래의 점화공식을 증명하여라.

$$\int \cos^n x\,dx = \frac{1}{n}\cos^{n-1}x\sin x + \frac{n-1}{n}\int \cos^{n-2}x\,dx$$

(b) (a)를 이용하여 $\int \cos^2 x\,dx$를 계산하여라.

(c) (a)와 (b)를 이용하여 $\int \cos^4 x\,dx$를 계산하여라.

40. (a) 예제 6의 점화공식을 이용하여 다음을 증명하여라.

$$\int_0^{\pi/2} \sin^n x\,dx = \frac{n-1}{n}\int_0^{\pi/2} \sin^{n-2}x\,dx$$

이때 $n \geq 2$인 정수이다.

(b) (a)를 이용하여 $\int_0^{\pi/2} \sin^3 x\,dx$와 $\int_0^{\pi/2} \sin^5 x\,dx$를 계산하여라.

(c) (a)를 이용하여 사인의 홀수 거듭제곱에 대해 다음을 보여라.

$$\int_0^{\pi/2} \sin^{2n+1}x\,dx = \frac{2\cdot 4\cdot 6\cdot\cdots\cdot 2n}{3\cdot 5\cdot 7\cdot\cdots\cdot(2n+1)}$$

41-44 부분적분을 이용하여 다음의 점화공식을 증명하여라.

41. $\int (\ln x)^n\,dx = x(\ln x)^n - n\int (\ln x)^{n-1}\,dx$

42. $\int x^ne^x\,dx = x^ne^x - n\int x^{n-1}e^x\,dx$

43. $\int \tan^n x\,dx = \frac{\tan^{n-1}x}{n-1} - \int \tan^{n-2}x\,dx \quad (n \neq 1)$

44. $\int \sec^n x\,dx = \frac{\tan x\sec^{n-2}x}{n-1} + \frac{n-2}{n-1}\int \sec^{n-2}x\,dx \quad (n \neq 1)$

45-46 주어진 곡선으로 둘러싸인 영역의 넓이를 구하여라.

45. $y = x^2\ln x,\quad y = 4\ln x$

46. $y = x^2e^{-x},\quad y = xe^{-x}$

47-48 그래프를 이용하여 주어진 곡선의 교점의 x좌표 근삿값을 구하여라. 그리고 주어진 곡선으로 둘러싸인 영역의 넓이의 근삿값을 구하여라.

47. $y = \arcsin\left(\tfrac{1}{2}x\right),\quad y = 2 - x^2$

48. $y = x\ln(x+1), \quad y = 3x - x^2$

49-50 원통셸 방법을 이용하여 주어진 곡선으로 둘러싸인 영역을 주어진 직선을 축으로 회전시켜 만든 입체의 부피를 구하여라.

49. y축에 대하여 $y = \cos(\pi x/2)$, $y = 0$, $0 \leq x \leq 1$

50. x축에 대하여 $y = e^x$, $x = 0$, $y = 3$

51. 곡선 $y = \ln x$, $y = 0$, $x = 2$로 둘러싸인 영역의 넓이를 아래의 직선을 축으로 회전시켜 만든 입체의 부피를 구하여라.

(a) y축 (b) x축

52. 구간 $[0, \pi/4]$에서 $f(x) = x\sec^2 x$의 평균값을 구하여라.

53. 어떤 입자가 t초 후 $v(t) = t^2e^{-t}$(m/s) 속도로 직선을 따라서 움직인다면 이 소립자가 처음 t초 동안 이동한 거리는 얼마인가?

54. $f(0) = g(0) = 0$이고 f'', g''이 연속일 때 다음을 보여라.

$$\int_0^a f(x)g''(x)\,dx = f(a)g'(a) - f'(a)g(a) + \int_0^a f''(x)g(x)\,dx$$

55. $f(1) = 2$, $f(4) = 7$, $f'(1) = 5$, $f'(4) = 3$이고 f''이 연속일 때 $\int_1^4 xf''(x)\,dx$를 구하여라.

56. (a) 곱의 미분법으로부터 부분적분법이 얻어진 것을 상기해보아라. 비슷한 방법으로 몫의 미분법으로부터 다음 적분공식을 유도하여라.

$$\int \frac{u}{v^2}\,dv = -\frac{u}{v} + \int \frac{1}{v}\,du$$

(b) (a)의 공식을 이용해서 $\int \frac{\ln x}{x^2}\,dx$를 구하여라.

7.2 삼각함수의 적분

이 절에서는 삼각함수의 항등식을 이용하여 삼각함수들이 서로 결합된 형태로 주어지는 함수들의 적분에 대하여 살펴보자.

■ 사인과 코사인의 거듭제곱의 적분

먼저 사인함수와 코사인함수의 거듭제곱에 대하여 알아보자.

예제 1 $\int \cos^3 x\,dx$를 구하여라.

풀이 단순히 $u = \cos x$로 치환하는 것은 $du = -\sin x\,dx$가 되어 별로 도움이 되지 않는다. 코사인함수의 거듭제곱을 적분하기 위해서는 별도의 $\sin x$인수가 필요하고, 마찬가지로 사인함수의 거듭제곱은 $\cos x$인수를 필요로 한다. 그러므로 여기서는 피적분함수의 $\cos^3 x$에서 $\cos x$인수 하나를 분리하고 나머지 $\cos^2 x$인수는 항등식 $\sin^2 x + \cos^2 x = 1$을 이용하여 사인함수를 포함하는 형태로 바꾸어줄 수 있다.

$$\cos^3 x = \cos^2 x \cdot \cos x = (1 - \sin^2 x)\cos x$$

이제 $u = \sin x$로 치환하면 $du = \cos x\,dx$이므로 다음과 같이 적분을 계산할 수 있다.

$$\int \cos^3 x\,dx = \int \cos^2 x \cdot \cos x\,dx = \int (1 - \sin^2 x)\cos x\,dx$$

$$= \int (1 - u^2)\,du = u - \tfrac{1}{3}u^3 + C$$

$$= \sin x - \tfrac{1}{3}\sin^3 x + C$$ ■

일반적으로, 피적분함수가 사인함수와 코사인함수의 거듭제곱을 포함하는 경우, 이것을 단 하나의 사인함수 인수 (나머지 부분은 코사인함수로 표현) 또는 단 하나의 코사인함수 인수만을 (나머지 부분은 사인함수로 표현) 포함하는 형태로 바꾸어준다. 이때 항등식 $\sin^2 x + \cos^2 x = 1$을 이용하면 사인함수와 코사인함수의 짝수 거듭제곱들은 서로 이리저리 바꾸어줄 수 있다.

예제 2 $\int \sin^5 x \cos^2 x\, dx$를 구하여라.

풀이 $\cos^2 x$를 $1 - \sin^2 x$로 바꾸어주면, 피적분함수는 $\cos x$ 인수가 없는 $\sin x$에 대한 식이 된다. 그렇지만 이렇게 하는 대신에 사인함수 하나를 분리하고 나머지 $\sin^4 x$인자를 $\cos x$로 나타내보자.

$$\sin^5 x \cos^2 x = (\sin^2 x)^2 \cos^2 x \sin x = (1 - \cos^2 x)^2 \cos^2 x \sin x$$

예제 2의 피적분함수 $\sin^5 x \cos^2 x$와 이것의 부정적분($C = 0$)의 그래프를 그림 1에 나타내었다. 어느 그래프가 어떤 함수를 나타내는가?

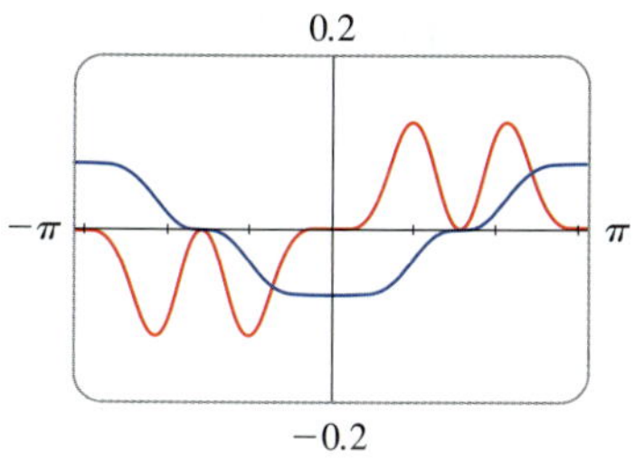

그림 1

따라서 $u = \cos x$라고 놓으면 $du = -\sin x\, dx$이므로 주어진 적분은 아래와 같이 계산된다.

$$\begin{aligned}
\int \sin^5 x \cos^2 x\, dx &= \int (\sin^2 x)^2 \cos^2 x \sin x\, dx \\
&= \int (1 - \cos^2 x)^2 \cos^2 x \sin x\, dx \\
&= \int (1 - u^2)^2 u^2 (-du) = -\int (u^2 - 2u^4 + u^6)\, du \\
&= -\left(\frac{u^3}{3} - 2\frac{u^5}{5} + \frac{u^7}{7}\right) + C \\
&= -\tfrac{1}{3}\cos^3 x + \tfrac{2}{5}\cos^5 x - \tfrac{1}{7}\cos^7 x + C
\end{aligned}$$

■

앞의 예제들에서, 사인함수 또는 코사인함수의 홀수 거듭제곱은 단일 인수 하나를 분리하고 나머지 짝수 거듭제곱 부분을 바꾸어줄 수 있었다. 그렇지만 이것은 피적분함수가 사인함수와 코사인함수 양쪽 모두의 짝수 거듭제곱으로 되어 있는 경우에는 적용되지 않는다. 따라서 이런 경우에는 다음의 반각공식을 이용해야 한다.

$$\sin^2 x = \tfrac{1}{2}(1 - \cos 2x), \qquad \cos^2 x = \tfrac{1}{2}(1 + \cos 2x)$$

예제 3은 그림 2에 나타낸 영역의 넓이가 $\pi/2$임을 보여준다.

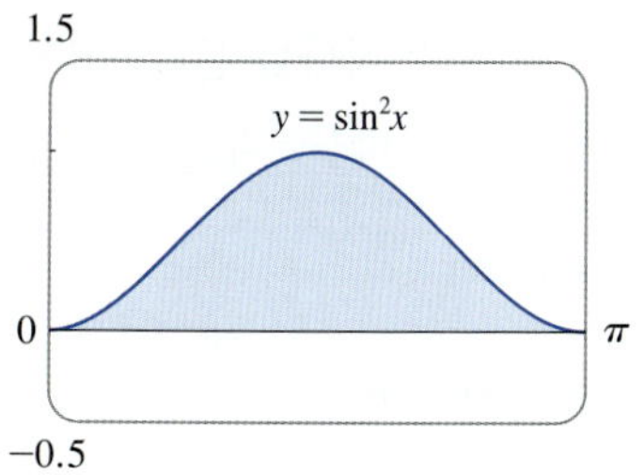

그림 2

예제 3 $\int_0^\pi \sin^2 x\, dx$를 계산하여라.

풀이 $\sin^2 x = 1 - \cos^2 x$로 놓아도 더 쉽게 계산할 수 있는 적분으로 바뀌는 것은 아니다. 그러나 반각공식을 이용하면

$$\begin{aligned}
\int_0^\pi \sin^2 x\, dx &= \tfrac{1}{2}\int_0^\pi (1 - \cos 2x)\, dx \\
&= \left[\tfrac{1}{2}\left(x - \tfrac{1}{2}\sin 2x\right)\right]_0^\pi \\
&= \tfrac{1}{2}\left(\pi - \tfrac{1}{2}\sin 2\pi\right) - \tfrac{1}{2}\left(0 - \tfrac{1}{2}\sin 0\right) = \tfrac{1}{2}\pi
\end{aligned}$$

가 된다. 여기서 $\cos 2x$의 적분은 마음속으로 $u = 2x$라고 놓고 계산한 것이다. ■

예제 4 $\int \sin^4 x\, dx$를 구하여라.

풀이 $\int \sin^n x\,dx$에 대한 점화공식(7.1절의 식 [7])과 예제 3을 이용하여 이 적분을 계산할 수도 있지만 더 좋은 방법은 $\sin^4 x = (\sin^2 x)^2$으로 놓고 반각공식을 이용하는 것이다.

$$\begin{aligned}\int \sin^4 x\,dx &= \int (\sin^2 x)^2\,dx \\ &= \int \left[\tfrac{1}{2}(1 - \cos 2x)\right]^2 dx \\ &= \tfrac{1}{4}\int \left[1 - 2\cos 2x + \cos^2(2x)\right] dx\end{aligned}$$

$\cos^2(2x)$가 있기 때문에 또 다른 반각공식

$$\cos^2(2x) = \tfrac{1}{2}[1 + \cos(2 \cdot 2x)] = \tfrac{1}{2}(1 + \cos 4x)$$

를 이용하면 주어진 적분은 다음과 같이 계산된다.

$$\begin{aligned}\int \sin^4 x\,dx &= \tfrac{1}{4}\int \left[1 - 2\cos 2x + \tfrac{1}{2}(1 + \cos 4x)\right] dx \\ &= \tfrac{1}{4}\int \left(\tfrac{3}{2} - 2\cos 2x + \tfrac{1}{2}\cos 4x\right) dx \\ &= \tfrac{1}{4}\left(\tfrac{3}{2}x - \sin 2x + \tfrac{1}{8}\sin 4x\right) + C\end{aligned}$$

■

요약하면, 두 정수 $m \geq 0$, $n \geq 0$에 대하여 $\int \sin^m x \cos^n x\,dx$ 형태의 적분을 계산하기 위한 방법을 다음과 같이 정리할 수 있다.

$\int \sin^m x \cos^n x\,dx$의 적분법

(a) 코사인의 거듭제곱이 홀수인 경우($n = 2k + 1$), 코사인 인수 하나를 분리하고 $\cos^2 x = 1 - \sin^2 x$를 이용하여 나머지 부분을 사인함수로 바꾸어라.

$$\begin{aligned}\int \sin^m x \cos^{2k+1} x\,dx &= \int \sin^m x\,(\cos^2 x)^k \cos x\,dx \\ &= \int \sin^m x\,(1 - \sin^2 x)^k \cos x\,dx\end{aligned}$$

이제 $u = \sin x$로 치환하여라(예제 1).

(b) 사인의 거듭제곱이 홀수인 경우($m = 2k + 1$), 사인 인수 하나를 분리하고 $\sin^2 x = 1 - \cos^2 x$를 이용하여 나머지 부분을 코사인함수로 바꾸어라.

$$\begin{aligned}\int \sin^{2k+1} x \cos^n x\,dx &= \int (\sin^2 x)^k \cos^n x \sin x\,dx \\ &= \int (1 - \cos^2 x)^k \cos^n x \sin x\,dx\end{aligned}$$

이제 $u = \cos x$로 치환하여라(예제 2).

[사인과 코사인 양쪽의 거듭제곱이 모두 홀수인 경우는 (a)와 (b), 어느 것이든 이용할 수 있다.]

(c) 사인과 코사인의 거듭제곱이 모두 짝수인 경우 반각공식을 이용하여라(예제 3, 4).

$$\sin^2 x = \tfrac{1}{2}(1 - \cos 2x) \qquad \cos^2 x = \tfrac{1}{2}(1 + \cos 2x)$$

다음 등식도 유용하게 쓰인다.

$$\sin x \cos x = \tfrac{1}{2}\sin 2x$$

■ 시컨트와 탄젠트의 거듭제곱의 적분

이와 비슷한 방법으로 $\int \tan^m x \sec^n x\, dx$ 형태의 적분을 계산하기 위한 전략을 세울 수 있다. $(d/dx)\tan x = \sec^2 x$이므로 $\sec^2 x$ 인수를 분리하고 나머지 시컨트함수의 (짝수) 거듭제곱 부분을 항등식 $\sec^2 x = 1 + \tan^2 x$를 이용하여 탄젠트함수로 나타내거나 또는 $(d/dx)\sec x = \sec x \tan x$이므로 $\sec x \tan x$ 인수를 분리하고 나머지 탄젠트함수의 (짝수) 거듭제곱 부분을 시컨트함수로 나타낼 수 있다.

예제 5 $\displaystyle\int \tan^6 x \sec^4 x\, dx$를 계산하여라.

풀이 $\sec^2 x$ 인수 하나를 분리하면 남아 있는 $\sec^2 x$ 인수를 항등식 $\sec^2 x = 1 + \tan^2 x$를 이용하여 탄젠트함수로 나타낼 수 있다. 따라서 $u = \tan x$로 놓으면 $du = \sec^2 x\, dx$이므로 주어진 적분을 다음과 같이 계산할 수 있다.

$$\begin{aligned}\int \tan^6 x \sec^4 x\, dx &= \int \tan^6 x \sec^2 x \sec^2 x\, dx \\ &= \int \tan^6 x\,(1 + \tan^2 x)\sec^2 x\, dx \\ &= \int u^6(1 + u^2)\, du = \int (u^6 + u^8)\, du \\ &= \frac{u^7}{7} + \frac{u^9}{9} + C = \tfrac{1}{7}\tan^7 x + \tfrac{1}{9}\tan^9 x + C\end{aligned}$$ ■

예제 6 $\displaystyle\int \tan^5\theta \sec^7\theta\, d\theta$를 구하여라.

풀이 앞 예제와 같이 $\sec^2\theta$인수를 분리하면 남아 있는 $\sec^5\theta$는 홀수 거듭제곱이어서 탄젠트함수로 바꾸기 어렵다. 그러나 $\tan\theta \sec\theta$를 분리하면 남아 있는 탄젠트함수의 거듭제곱은 짝수이므로 항등식 $\tan^2\theta = \sec^2\theta - 1$을 이용하여 오직 시컨트함수들로만 나타낼 수 있다. 따라서 $u = \sec\theta$로 놓으면 $du = \sec\theta \tan\theta\, d\theta$이므로 다음과 같이 계산할 수 있다.

$$\begin{aligned}\int \tan^5\theta \sec^7\theta \, d\theta &= \int \tan^4\theta \sec^6\theta \sec\theta \tan\theta \, d\theta \\ &= \int (\sec^2\theta - 1)^2 \sec^6\theta \sec\theta \tan\theta \, d\theta \\ &= \int (u^2 - 1)^2 u^6 \, du \\ &= \int (u^{10} - 2u^8 + u^6) \, du \\ &= \frac{u^{11}}{11} - 2\frac{u^9}{9} + \frac{u^7}{7} + C \\ &= \tfrac{1}{11}\sec^{11}\theta - \tfrac{2}{9}\sec^9\theta + \tfrac{1}{7}\sec^7\theta + C\end{aligned}$$ ■

앞 예제들로부터 두 가지 경우에 대한 $\int \tan^m x \sec^n x \, dx$ 형태의 적분 계산 방법을 알 수 있다. 이것을 요약하면 다음과 같다.

$\int \tan^m x \sec^n x \, dx$의 적분법

(a) 시컨트의 거듭제곱이 짝수인 경우($n = 2k$, $k \geq 2$), $\sec^2 x$ 인수를 분리하고 항등식 $\sec^2 x = 1 + \tan^2 x$를 이용하여 나머지 부분을 탄젠트함수로 나타내어라.

$$\begin{aligned}\int \tan^m x \sec^{2k} x \, dx &= \int \tan^m x \, (\sec^2 x)^{k-1} \sec^2 x \, dx \\ &= \int \tan^m x \, (1 + \tan^2 x)^{k-1} \sec^2 x \, dx\end{aligned}$$

이제 $u = \tan x$로 치환하여라(예제 5).

(b) 탄젠트함수의 거듭제곱이 홀수인 경우($m = 2k + 1$), $\sec x \tan x$ 인수를 분리하고 $\tan^2 x = \sec^2 x - 1$을 이용하여 나머지 부분을 시컨트함수로 나타내어라.

$$\begin{aligned}\int \tan^{2k+1} x \sec^n x \, dx &= \int (\tan^2 x)^k \sec^{n-1} x \sec x \tan x \, dx \\ &= \int (\sec^2 x - 1)^k \sec^{n-1} x \sec x \tan x \, dx\end{aligned}$$

이제 $u = \sec x$로 치환하여라(예제 6).

그 외의 경우에 대해서는 뚜렷한 지침이 없다. 여러 가지 항등식이나 부분적분이 사용될 수도 있고, 경우에 따라서는 약간의 기교가 필요하기도 하다. 때로는 5.5절의 공식 **5**에 있는 $\tan x$의 적분이 필요할 때가 있다.

$$\int \tan x \, dx = \ln|\sec x| + C$$

또한 시컨트함수의 부정적분이 필요한 경우도 있다.

공식 1은1668년 그레고리(James Gregory)에 의해 발견되었다(3.4절의 인물 소개 참조). 그레고리는 항해용 해도를 만드는 데 이 공식을 사용했다.

1 $$\int \sec x\,dx = \ln|\sec x + \tan x| + C$$

공식 1은 우변을 미분하거나 또는 다음과 같은 방법으로 증명할 수 있다. 먼저 분모와 분자에 $\sec x + \tan x$를 곱하면

$$\int \sec x\,dx = \int \sec x \frac{\sec x + \tan x}{\sec x + \tan x}\,dx$$

$$= \int \frac{\sec^2 x + \sec x \tan x}{\sec x + \tan x}\,dx$$

이다. $u = \sec x + \tan x$로 치환하면 $du = (\sec x \tan x + \sec^2 x)dx$이고 적분은 $\int (1/u)\,du = \ln|u| + C$가 된다. 그러므로

$$\int \sec x\,dx = \ln|\sec x + \tan x| + C$$

이다.

예제 7 $\int \tan^3 x\,dx$를 구하여라.

풀이 피적분함수에 탄젠트함수만 있으므로 $\tan^2 x = \sec^2 x - 1$을 이용해서 $\tan^2 x$를 $\sec^2 x$로 나타내면 다음과 같이 적분을 구할 수 있다.

$$\int \tan^3 x\,dx = \int \tan x \tan^2 x\,dx = \int \tan x\,(\sec^2 x - 1)\,dx$$

$$= \int \tan x \sec^2 x\,dx - \int \tan x\,dx$$

$$= \tfrac{1}{2}\tan^2 x - \ln|\sec x| + C$$

여기서, 첫 번째 적분은 마음속으로 $u = \tan x$라고 놓으면 $du = \sec^2 x\,dx$이기 때문에 얻어진다. ■

피적분함수가 탄젠트함수의 짝수 거듭제곱과 시컨트함수의 홀수 거듭제곱의 곱일 경우에는 피적분함수를 완전히 $\sec x$만의 함수로 다시 나타내는 것이 좋다. 그런 다음 아래의 예제처럼 $\sec x$의 거듭제곱의 적분은 부분적분을 사용하여 구한다.

예제 8 $\int \sec^3 x\,dx$를 구하여라.

풀이

$$u = \sec x \qquad dv = \sec^2 x\,dx$$

$$du = \sec x \tan x\,dx \qquad v = \tan x$$

라고 하면

$$\int \sec^3 x\,dx = \sec x \tan x - \int \sec x \tan^2 x\,dx$$

$$= \sec x \tan x - \int \sec x\,(\sec^2 x - 1)\,dx$$

$$= \sec x \tan x - \int \sec^3 x\,dx + \int \sec x\,dx$$

이다. 공식 1을 이용하여 마지막 항의 적분을 구한 후에 대해서 식을 정리하면 다음을 얻는다.

$$\int \sec^3 x\, dx = \frac{1}{2}\left(\sec x \tan x + \ln|\sec x + \tan x|\right) + C$$

이제 8장에서 보게 되겠지만, 앞 예제의 적분들은 매우 특수한 경우의 적분처럼 보여도 사실은 적분을 응용하는 문제들에서 빈번히 나타나는 적분들이다. $\int \cot^m x \csc^n x\, dx$ 형태로 주어지는 적분은 항등식 $1 + \cot^2 x = \csc^2 x$를 이용하면 동일한 방법으로 구할 수 있다.

■ 곱을 합차로 바꾸는 공식 이용

다음의 곱을 합차로 바꾸는 공식은 특정한 삼각함수 적분을 하는 데 유용하다.

2 (a) $\int \sin mx \cos nx\, dx$, (b) $\int \sin mx \sin nx\, dx$, (c) $\int \cos mx \cos nx\, dx$를 구하려면 각각에 대응하는 다음의 항등식을 이용할 수 있다.

(a) $\sin A \cos B = \frac{1}{2}[\sin(A - B) + \sin(A + B)]$

(b) $\sin A \sin B = \frac{1}{2}[\cos(A - B) - \cos(A + B)]$

(c) $\cos A \cos B = \frac{1}{2}[\cos(A - B) + \cos(A + B)]$

예제 9 $\int \sin 4x \cos 5x\, dx$를 계산하여라.

풀이 이 적분은 부분적분을 이용하여 구할 수도 있지만, 위 2의 (a) 항등식을 이용하면 다음과 같이 더 쉽게 계산할 수 있다.

$$\begin{aligned}\int \sin 4x \cos 5x\, dx &= \int \frac{1}{2}[\sin(-x) + \sin 9x]\, dx \\ &= \frac{1}{2}\int (-\sin x + \sin 9x)\, dx \\ &= \frac{1}{2}\left(\cos x - \frac{1}{9}\cos 9x\right) + C\end{aligned}$$

7.2 연습문제

1-40 다음 적분을 계산하여라.

1. $\int \sin^3 x \cos^2 x\, dx$

2. $\int \cos^6 y \sin^3 y\, dy$

3. $\int_0^{\pi/2} \cos^9 x \sin^5 x\, dx$

4. $\int \sin^5(2t) \cos^2(2t)\, dt$

5. $\int_0^{\pi/2} \cos^2\theta\, d\theta$

6. $\int_0^{\pi} \sin^2 t \cos^4 t\, dt$

7. $\int_0^{\pi/2} \sin^2 x \cos^2 x\, dx$

8. $\int_0^{\pi/2} (2 - \sin\theta)^2\, d\theta$

9. $\int \sqrt{\cos\theta}\, \sin^3\theta\, d\theta$

10. $\int \sin x \sec^5 x\, dx$

11. $\int \csc^5\theta \cos^3\theta\, d\theta$

12. $\int \cot x \cos^2 x\, dx$

13. $\int \sin^2 x \sin 2x\, dx$

14. $\int \sin x \cos\left(\frac{1}{2}x\right) dx$

15. $\int \tan x \sec^3 x\, dx$

16. $\int \tan^2\theta \sec^4\theta\, d\theta$

17. $\int \tan^2 x\, dx$

18. $\int \tan^4 x \sec^6 x\, dx$

19. $\int \tan^3 x \sec x\, dx$

20. $\int \tan^5 x \sec^3 x\, dx$

21. $\int \tan^3 x \sec^6 x\, dx$

22. $\int \tan^5 x\, dx$

23. $\int \dfrac{1 - \tan^2 x}{\sec^2 x}\, dx$

24. $\int \dfrac{\tan x \sec^2 x}{\cos x}\, dx$

25. $\int_0^{\pi/4} \dfrac{\sin^3 x}{\cos x}\, dx$

26. $\int_{\pi/6}^{\pi/2} \cot^2 x\, dx$

27. $\int_{\pi/4}^{\pi/2} \cot^5\phi \csc^3\phi\, d\phi$

28. $\int_{\pi/4}^{\pi/2} \csc^4\theta \cot^4\theta\, d\theta$

29. $\int \csc x\, dx$

30. $\int \sin 8x \cos 5x\, dx$

31. $\int_0^{\pi/2} \cos 5t \cos 10t\, dt$

32. $\int t \cos^5(t^2)\, dt$

33. $\int \dfrac{\sin^2(1/t)}{t^2}\, dt$

34. $\int \sec^2 y \cos^3(\tan y)\, dy$

35. $\int_0^{\pi/6} \sqrt{1 + \cos 2x}\, dx$

36. $\int t \sin^2 t\, dt$

37. $\int x \sec x \tan x\, dx$

38. $\int x \tan^2 x\, dx$

39. $\int \dfrac{dx}{\cos x - 1}$

40. $\int \dfrac{1}{\sec\theta + 1}\, d\theta$

41-44 부정적분을 계산하여라. 원시함수와 피적분함수의 그래프를 그리고 답이 맞는지 확인하여라(단 적분상수 $C = 0$).

41. $\int x \sin^2(x^2)\, dx$

42. $\int \sin^5 x \cos^3 x\, dx$

43. $\int \sin 3x \sin 6x\, dx$

44. $\int \sec^4\left(\tfrac{1}{2}x\right) dx$

45. $\int_0^{\pi/4} \tan^6 x \sec x\, dx = I$일 때, $\int_0^{\pi/4} \tan^8 x \sec x\, dx$의 값을 I에 대하여 나타내어라.

46. (a) 다음 점화공식이 성립함을 보여라.

$$\int \tan^{2n} x\, dx = \frac{\tan^{2n-1} x}{2n - 1} - \int \tan^{2n-2} x\, dx$$

(b) (a)를 이용하여 $\int \tan^8 x\, dx$를 계산하여라.

47. 구간 $[-\pi, \pi]$에서 함수 $f(x) = \sin^2 x \cos^3 x$의 평균값을 구하여라.

48. 아래 네 가지 방법으로 $\int \sin x \cos x\, dx$를 계산하여라.

(a) $u = \cos x$로 치환

(b) $u = \sin x$로 치환

(c) 항등식 $\sin 2x = 2 \sin x \cos x$

(d) 부분적분법

답의 다른 표현을 설명하여라.

49-50 주어진 곡선으로 둘러싸인 영역의 넓이를 구하여라.

49. $y = \sin^2 x,\ y = \sin^3 x,\ 0 \le x \le \pi$

50. $y = \tan x,\ y = \tan^2 x,\ 0 \le x \le \pi/4$

51-52 주어진 함수로 둘러싸인 영역을 주어진 직선을 축으로 회전시켜 만든 입체의 부피를 구하여라.

51. x축에 대하여 $y = \sin x,\ y = 0,\ \pi/2 \le x \le \pi$

52. $y = 1$에 대하여 $y = \sin x,\ y = \cos x,\ 0 \le x \le \pi/4$

53. 한 미립자가 속도함수 $v(t) = \sin \omega t \cos^2 \omega t$를 따라 움직인다. $f(0) = 0$일 때 위치함수 $s = f(t)$를 구하여라.

54-56 m, n이 양의 정수일 때, 다음 식을 증명하여라.

54. $\int_{-\pi}^{\pi} \sin mx \cos nx\, dx = 0$

55. $\int_{-\pi}^{\pi} \sin mx \sin nx\, dx = \begin{cases} 0, & m \ne n \\ \pi, & m = n \end{cases}$

56. $\int_{-\pi}^{\pi} \cos mx \cos nx\, dx = \begin{cases} 0, & m \ne n \\ \pi, & m = n \end{cases}$

7.3 삼각치환

원이나 타원의 넓이를 구하려고 하면 $\int \sqrt{a^2 - x^2}\, dx$ $(a > 0)$와 같은 형태의 적분이 나타나게 된다. 적분이 $\int x\sqrt{a^2 - x^2}\, dx$와 같은 형태일 때는 $u = a^2 - x^2$의 치환으로 쉽게 풀 수 있지만 $\int \sqrt{a^2 - x^2}\, dx$ 자체는 좀 더 어려운 적분이 된다. 만약 $x = a \sin\theta$로 치환하여 변수 x를 θ로 바꾸어준다면, 항등식 $1 - \sin^2\theta = \cos^2\theta$를 써서 다음과 같이 근호를 없앨 수가 있다.

$$\sqrt{a^2 - x^2} = \sqrt{a^2 - a^2\sin^2\theta} = \sqrt{a^2(1 - \sin^2\theta)} = \sqrt{a^2\cos^2\theta} = a|\cos\theta|$$

여기서, 치환 $u = a^2 - x^2$(새로운 변수 u가 예전 변수 x의 함수)과 치환 $x = a \sin\theta$(예전 변수 x가 새로운 변수 θ의 함수)의 차이점에 주목할 필요가 있다.

일반적으로, 치환법칙을 역으로 사용하는 $x = g(t)$와 같은 형태의 치환을 할 수도 있다. 계산을 간단히 하기 위하여 g를 역함수를 갖는 함수, 즉 일대일함수라고 가정해보자. 이 경우, 5.5절의 치환법칙의 식 **4** 에서 u를 x로, 또 x를 t로 대체하면 다음을 얻게 된다.

$$\int f(x)\, dx = \int f(g(t))g'(t)\, dt$$

이러한 형태의 치환을 **역치환**(inverse substitution)이라고 한다.

역치환하는 함수가 일대일이면 역치환이 가능하므로, θ를 구간 $[-\pi/2, \pi/2]$에 놓여 있는 값으로 제한함으로써 역치환 $x = a \sin\theta$를 얻을 수 있다.

다음 표는 각각의 삼각항등식의 활용에 의하여 주어진 제곱근에 효율적으로 적용되는 삼각치환들을 나타낸다. 각 경우 치환하는 함수가 일대일이 되도록 θ의 범위를 제한하고 있다(이 구간은 1.5절에서 역함수를 정의할 때 사용되었던 구간이다).

삼각치환표

식	치환	항등식
$\sqrt{a^2 - x^2}$	$x = a \sin\theta, \quad -\frac{\pi}{2} \leqslant \theta \leqslant \frac{\pi}{2}$	$1 - \sin^2\theta = \cos^2\theta$
$\sqrt{a^2 + x^2}$	$x = a \tan\theta, \quad -\frac{\pi}{2} < \theta < \frac{\pi}{2}$	$1 + \tan^2\theta = \sec^2\theta$
$\sqrt{x^2 - a^2}$	$x = a \sec\theta, \quad 0 \leqslant \theta < \frac{\pi}{2}$ 또는 $\pi \leqslant \theta < \frac{3\pi}{2}$	$\sec^2\theta - 1 = \tan^2\theta$

예제 1 $\int \frac{\sqrt{9 - x^2}}{x^2}\, dx$를 계산하여라.

풀이 $x = 3 \sin\theta$, $(-\pi/2 \leqslant \theta \leqslant \pi/2)$로 치환하면 $dx = 3\cos\theta\, d\theta$이고

$$\sqrt{9 - x^2} = \sqrt{9 - 9\sin^2\theta} = \sqrt{9\cos^2\theta} = 3|\cos\theta| = 3\cos\theta$$

$(-\pi/2 \leqslant \theta \leqslant \pi/2$이므로 $\cos\theta \geqslant 0)$이다. 그러므로 역치환법칙에 따라서

$$\int \frac{\sqrt{9-x^2}}{x^2}\,dx = \int \frac{3\cos\theta}{9\sin^2\theta}\,3\cos\theta\,d\theta$$
$$= \int \frac{\cos^2\theta}{\sin^2\theta}\,d\theta = \int \cot^2\theta\,d\theta$$
$$= \int (\csc^2\theta - 1)\,d\theta$$
$$= -\cot\theta - \theta + C$$

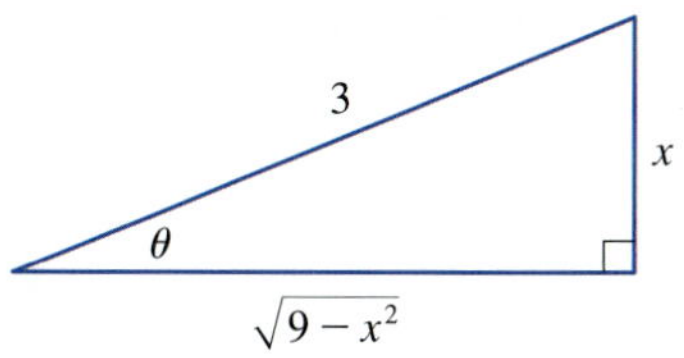

그림 1 $\sin\theta = \dfrac{x}{3}$

가 된다. 이것은 부정적분이므로 다시 변수 x로 바꾸어주어야 되는데, 이를 위해서는 삼각항등식을 이용하여 $\cot\theta$를 $\sin\theta = x/3$에 관한 식으로 표현하거나 아니면 그림 1에서와 같이 θ를 한 각으로 갖는 직각삼각형을 그린다. $\sin\theta = x/3$이므로 반대 변과 빗변의 길이가 각각 x와 3이 된다. 그러면 피타고라스 정리에 의해 밑변의 길이는 $\sqrt{9-x^2}$이 되고, 그림으로부터 $\cot\theta$의 값을 구할 수가 있다.

$$\cot\theta = \frac{\sqrt{9-x^2}}{x}$$

(그림에서는 비록 $\theta > 0$인 경우를 그린 것이지만 위의 $\cot\theta$의 표현은 $\theta < 0$일 때에도 성립한다). $\sin\theta = x/3$이므로 $\theta = \sin^{-1}(x/3)$이고, 따라서 최종적인 답은 다음과 같다.

$$\int \frac{\sqrt{9-x^2}}{x^2}\,dx = -\cot\theta - \theta + C = -\frac{\sqrt{9-x^2}}{x} - \sin^{-1}\left(\frac{x}{3}\right) + C \quad ■$$

예제 2 다음의 타원에 의해 둘러싸인 부분의 넓이를 구하여라.

$$\frac{x^2}{a^2} + \frac{y^2}{b^2} = 1$$

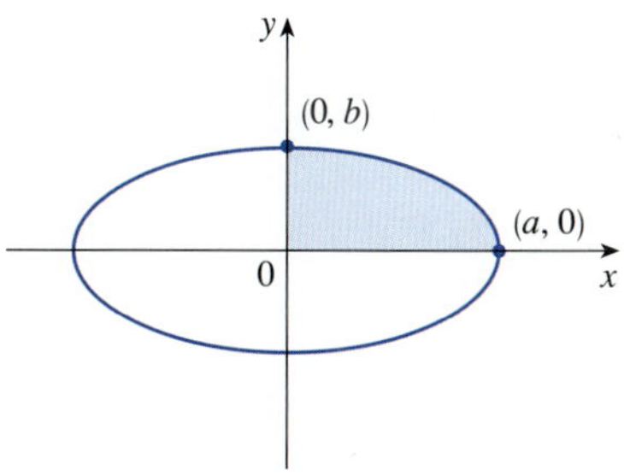

그림 2 $\dfrac{x^2}{a^2} + \dfrac{y^2}{b^2} = 1$

풀이 타원의 방정식을 y에 대하여 풀면

$$\frac{y^2}{b^2} = 1 - \frac{x^2}{a^2} = \frac{a^2 - x^2}{a^2} \qquad \text{즉} \qquad y = \pm\frac{b}{a}\sqrt{a^2 - x^2}$$

이다. 타원은 두 축에 대하여 대칭이므로 전체 넓이 A는 일사분면에 놓여 있는 부분의 넓이의 네 배가 된다(그림 2 참조). 제1사분면에 놓인 타원곡선은 함수

$$y = \frac{b}{a}\sqrt{a^2 - x^2} \qquad 0 \leqslant x \leqslant a$$

에 의해 표현되므로

$$\tfrac{1}{4}A = \int_0^a \frac{b}{a}\sqrt{a^2 - x^2}\,dx$$

이다. 이 적분을 계산하기 위해서 $x = a\sin\theta$로 치환하면 $dx = a\cos\theta\,d\theta$이고 적분 범위는 $x = 0$일 때 $\sin\theta = 0$이므로 $\theta = 0$이 되고, 또 $x = a$일 때 $\sin\theta = 1$이므로 $\theta = \pi/2$로 바뀐다. 그리고 $0 \leqslant \theta \leqslant \pi/2$이기 때문에

$$\sqrt{a^2 - x^2} = \sqrt{a^2 - a^2\sin^2\theta} = \sqrt{a^2\cos^2\theta} = a\,|\cos\theta\,| = a\cos\theta$$

이다. 그러므로 구하는 넓이는 다음과 같다.

$$\begin{aligned} A &= 4\,\frac{b}{a}\int_0^a \sqrt{a^2 - x^2}\,dx = 4\,\frac{b}{a}\int_0^{\pi/2} a\cos\theta\cdot a\cos\theta\,d\theta \\ &= 4ab\int_0^{\pi/2}\cos^2\theta\,d\theta = 4ab\int_0^{\pi/2}\tfrac{1}{2}(1 + \cos 2\theta)\,d\theta \\ &= 2ab\Big[\theta + \tfrac{1}{2}\sin 2\theta\Big]_0^{\pi/2} = 2ab\left(\frac{\pi}{2} + 0 - 0\right) = \pi ab \end{aligned}$$

이로써 축의 절반이 a와 b인 타원의 넓이는 πab임을 보였다. 특히 $a = b = r$로 둘 경우, 반지름 r인 원의 넓이는 πr^2이라는 잘 알려진 공식이 증명된다. ■

NOTE 예제 2의 적분은 정적분이므로 적분 범위를 바꾸었고 원래의 변수 x로 되돌릴 필요가 없었다.

예제 3 $\displaystyle\int \frac{1}{x^2\sqrt{x^2+4}}\,dx$를 구하여라.

풀이 $x = 2\tan\theta$, $-\pi/2 < \theta < \pi/2$라고 놓으면 $dx = 2\sec^2\theta\,d\theta$이고

$$\sqrt{x^2 + 4} = \sqrt{4(\tan^2\theta + 1)} = \sqrt{4\sec^2\theta} = 2\,|\sec\theta\,| = 2\sec\theta$$

이다. 따라서 다음을 얻는다.

$$\int \frac{dx}{x^2\sqrt{x^2+4}} = \int \frac{2\sec^2\theta\,d\theta}{4\tan^2\theta\cdot 2\sec\theta} = \frac{1}{4}\int \frac{\sec\theta}{\tan^2\theta}\,d\theta$$

이 삼각함수 적분을 계산하기 위하여 $\sin\theta$와 $\cos\theta$에 대한 식으로 표현하면

$$\frac{\sec\theta}{\tan^2\theta} = \frac{1}{\cos\theta}\cdot\frac{\cos^2\theta}{\sin^2\theta} = \frac{\cos\theta}{\sin^2\theta}$$

이다. $u = \sin\theta$로 치환하면 다음과 같이 계산된다.

$$\begin{aligned} \int \frac{dx}{x^2\sqrt{x^2+4}} &= \frac{1}{4}\int \frac{\cos\theta}{\sin^2\theta}\,d\theta = \frac{1}{4}\int \frac{du}{u^2} \\ &= \frac{1}{4}\left(-\frac{1}{u}\right) + C = -\frac{1}{4\sin\theta} + C \\ &= -\frac{\csc\theta}{4} + C \end{aligned}$$

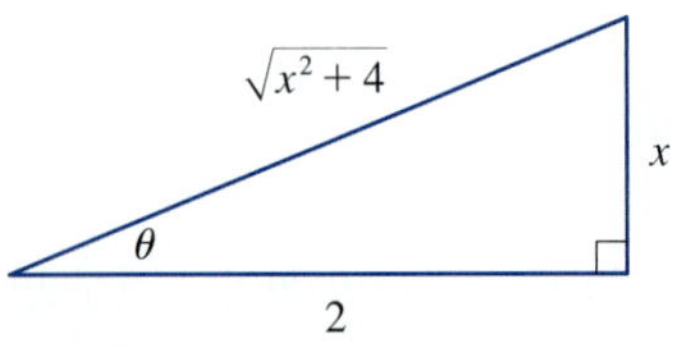

그림 3 $\tan\theta = \dfrac{x}{2}$

그림 3을 이용하면 $\csc\theta = \sqrt{x^2+4}/x$이므로 구하는 적분은 다음과 같다.

$$\int \frac{dx}{x^2\sqrt{x^2+4}} = -\frac{\sqrt{x^2+4}}{4x} + C$$

■

예제 4 $\int \frac{x}{\sqrt{x^2+4}}\,dx$를 구하여라.

풀이 여기서 (예제 3과 같이) $x = 2\tan\theta$의 삼각치환을 이용할 수도 있겠지만, 직접 $u = x^2 + 4$라고 놓으면 적분이 더 간단하게 된다. 왜냐하면 $du = 2x\,dx$이므로 구하는 적분은

$$\int \frac{x}{\sqrt{x^2+4}}\,dx = \frac{1}{2}\int \frac{du}{\sqrt{u}} = \sqrt{u} + C = \sqrt{x^2+4} + C$$

와 같이 쉽게 계산된다. ■

NOTE 예제 4는 비록 삼각치환이 가능하더라도 그것이 해를 구하는 가장 손쉬운 방법이 아닐 수 있다는 사실을 보여준다. 따라서 문제를 풀기 전에 먼저 더 간단한 방법이 있는지 찾아보는 것이 좋다.

예제 5 $a > 0$일 때 $\int \frac{dx}{\sqrt{x^2-a^2}}$를 계산하여라.

풀이 1 $0 < \theta < \pi/2$ 또는 $\pi < 0 < 3\pi/2$의 범위에서 $x = a\sec\theta$라고 놓자. 그러면 $dx = a\sec\theta\tan\theta\,d\theta$이므로

$$\sqrt{x^2-a^2} = \sqrt{a^2(\sec^2\theta - 1)} = \sqrt{a^2\tan^2\theta} = a|\tan\theta| = a\tan\theta$$

이다. 따라서

$$\int \frac{dx}{\sqrt{x^2-a^2}} = \int \frac{a\sec\theta\,\tan\theta}{a\tan\theta}\,d\theta = \int \sec\theta\,d\theta = \ln|\sec\theta + \tan\theta| + C$$

이다. 그림 4의 직각삼각형에서 $\tan\theta = \sqrt{x^2-a^2}/a$이므로 다음을 얻는다.

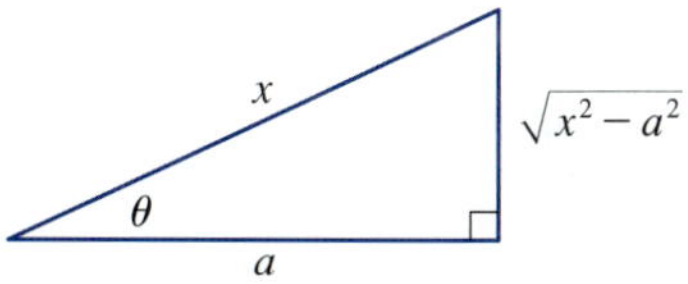

그림 4 $\sec\theta = \frac{x}{a}$

$$\int \frac{dx}{\sqrt{x^2-a^2}} = \ln\left|\frac{x}{a} + \frac{\sqrt{x^2-a^2}}{a}\right| + C$$
$$= \ln\left|x + \sqrt{x^2-a^2}\right| - \ln a + C$$

$C_1 = C - \ln a$라고 놓으면 구하는 적분은 아래와 같다.

1 $$\int \frac{dx}{\sqrt{x^2-a^2}} = \ln\left|x + \sqrt{x^2-a^2}\right| + C_1$$

풀이 2 $x > 0$의 범위에서 쌍곡치환 $x = a\cosh t$를 이용해보자.

항등식 $\cosh^2 y - \sinh^2 y = 1$로부터

$$\sqrt{x^2-a^2} = \sqrt{a^2(\cosh^2 t - 1)} = \sqrt{a^2\sinh^2 t} = a\sinh t$$

가 되고 $dx = a\sinh t\,dt$이므로

$$\int \frac{dx}{\sqrt{x^2-a^2}} = \int \frac{a\sinh t\,dt}{a\sinh t} = \int dt = t + C$$

이다. 한편 $\cosh t = x/a$로부터 $t = \cosh^{-1}(x/a)$이므로 다음을 얻는다.

2 $$\int \frac{dx}{\sqrt{x^2 - a^2}} = \cosh^{-1}\left(\frac{x}{a}\right) + C$$

식 **1**과 **2**가 전혀 다른 모양이지만 사실은 3.9절의 공식 **4**에 의하여 두 식은 서로 같은 것이다. ■

NOTE 예제 5에서와 같이 삼각치환을 대신하여 쌍곡선치환을 사용할 수 있고, 또 때에 따라서는 그것이 좀 더 간단한 답을 줄 수도 있다. 그러나 대체로 쌍곡항등식보다는 삼각항등식에 더 익숙하기 때문에 보통 삼각치환을 주로 사용한다.

예제 6 $\displaystyle\int \frac{x}{\sqrt{3 - 2x - x^2}}\,dx$를 계산하여라.

풀이 먼저 근호 속의 식을 완전제곱식으로 고쳐서 피적분함수를 삼각치환하기에 적당한 모양으로 나타내는 것이 좋다.

$$\begin{aligned} 3 - 2x - x^2 &= 3 - (x^2 + 2x) = 3 + 1 - (x^2 + 2x + 1) \\ &= 4 - (x + 1)^2 \end{aligned}$$

여기서 $u = x + 1$이라고 놓으면 $du = dx$, $x = u - 1$이므로

$$\int \frac{x}{\sqrt{3 - 2x - x^2}}\,dx = \int \frac{u - 1}{\sqrt{4 - u^2}}\,du$$

이다. 이것을 다시 $u = 2\sin\theta$로 치환하면 $du = 2\cos\theta\,d\theta$, $\sqrt{4 - u^2} = 2\cos\theta$이므로 구하는 적분은 다음과 같이 계산된다.

$$\begin{aligned} \int \frac{x}{\sqrt{3 - 2x - x^2}}\,dx &= \int \frac{2\sin\theta - 1}{2\cos\theta}\,2\cos\theta\,d\theta \\ &= \int (2\sin\theta - 1)\,d\theta \\ &= -2\cos\theta - \theta + C \\ &= -\sqrt{4 - u^2} - \sin^{-1}\left(\frac{u}{2}\right) + C \\ &= -\sqrt{3 - 2x - x^2} - \sin^{-1}\left(\frac{x + 1}{2}\right) + C \end{aligned}$$ ■

그림 5는 예제 6에 있는 피적분함수와 그것의 부정적분($C = 0$)의 그래프를 나타낸 것이다. 어느 그래프가 어떤 함수의 것인가?

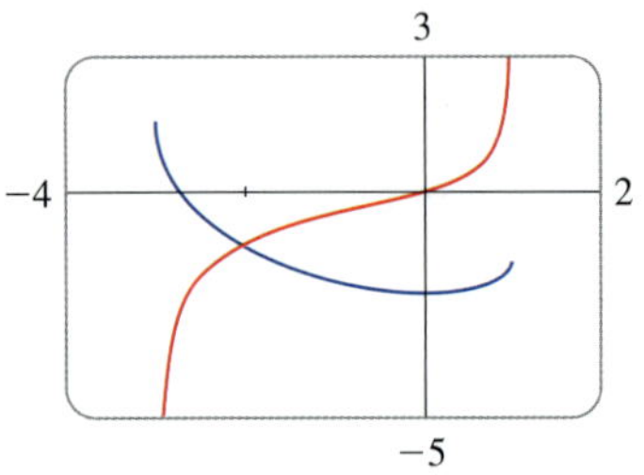

그림 5

7.3 연습문제

1-3 (a) 적절한 삼각치환을 찾아보아라.
(b) 삼각치환을 해서 적분을 삼각함수의 적분으로 변환하여라. 단, 적분을 계산하지는 마라.

1. $\displaystyle\int \frac{x^3}{\sqrt{1+x^2}}\,dx$

2. $\displaystyle\int \frac{x^3}{\sqrt{9-x^2}}\,dx$

3. $\displaystyle\int \frac{x^2}{\sqrt{x^2-2}}\,dx$

4-6 지정된 삼각치환을 이용하여 적분을 계산하여라. 치환을 나타내는 직각삼각형을 그리고 각과 변의 길이를 표시해보아라.

4. $\displaystyle\int \frac{x^3}{\sqrt{1-x^2}}\,dx \qquad x = \sin\theta$

5. $\displaystyle\int \frac{x^3}{\sqrt{9+x^2}}\,dx \qquad x = 3\tan\theta$

6. $\displaystyle\int \frac{\sqrt{4x^2-25}}{x}\,dx \qquad x = \tfrac{5}{2}\sec\theta$

7-28 다음 적분을 계산하여라.

7. $\displaystyle\int x^3\sqrt{16+x^2}\,dx$

8. $\displaystyle\int \frac{x^2}{\sqrt{9-x^2}}\,dx$

9. $\displaystyle\int \frac{\sqrt{x^2-1}}{x^4}\,dx$

10. $\displaystyle\int_0^3 \frac{x}{\sqrt{36-x^2}}\,dx$

11. $\displaystyle\int_0^a \frac{dx}{(a^2+x^2)^{3/2}}, \quad a>0$

12. $\displaystyle\int_2^3 \frac{dx}{(x^2-1)^{3/2}}$

13. $\displaystyle\int_0^{2/3} \sqrt{4-9x^2}\,dx$

14. $\displaystyle\int_0^{1/2} x\sqrt{1-4x^2}\,dx$

15. $\displaystyle\int \frac{\sqrt{x^2-9}}{x^3}\,dx$

16. $\displaystyle\int_0^1 \frac{dx}{(x^2+1)^2}$

17. $\displaystyle\int_0^a x^2\sqrt{a^2-x^2}\,dx$

18. $\displaystyle\int_{1/4}^{\sqrt{3}/4} \sqrt{1-4x^2}\,dx$

19. $\displaystyle\int \frac{x}{\sqrt{x^2-7}}\,dx$

20. $\displaystyle\int \frac{\sqrt{1+x^2}}{x}\,dx$

21. $\displaystyle\int_0^{0.6} \frac{x^2}{\sqrt{9-25x^2}}\,dx$

22. $\displaystyle\int_0^1 \sqrt{x^2+1}\,dx$

23. $\displaystyle\int \frac{dx}{\sqrt{x^2+2x+5}}$

24. $\displaystyle\int_0^1 \sqrt{x-x^2}\,dx$

25. $\displaystyle\int x^2\sqrt{3+2x-x^2}\,dx$

26. $\displaystyle\int \sqrt{x^2+2x}\,dx$

27. $\displaystyle\int \frac{x^2+1}{(x^2-2x+2)^2}\,dx$

28. $\displaystyle\int_0^{\pi/2} \frac{\cos t}{\sqrt{1+\sin^2 t}}\,dt$

29. (a) 삼각치환을 이용하여 다음을 보여라.

$$\int \frac{dx}{\sqrt{x^2+a^2}} = \ln\left(x+\sqrt{x^2+a^2}\right)+C$$

(b) 쌍곡치환 $x = a\sinh t$를 이용하여 다음을 보여라.

$$\int \frac{dx}{\sqrt{x^2+a^2}} = \sinh^{-1}\left(\frac{x}{a}\right)+C$$

3.9절의 식 [3]에 의하여 위의 두 공식은 결국 동치이다.

30. $f(x) = \sqrt{x^2-1}/x$, $1 \leqslant x \leqslant 7$의 평균값을 구하여라.

31. 반지름이 r이고 중심각이 θ인 부채꼴의 넓이는 $A = \frac{1}{2}r^2\theta$임을 보여라. [힌트: $0 < \theta < \pi/2$로 가정하고 원의 중심을 원점으로 놓으면 원의 방정식 $x^2+y^2=r^2$을 얻는다. 그러면 A는 아래 그림에서 삼각형 POQ와 영역 PQR의 넓이의 합이다.]

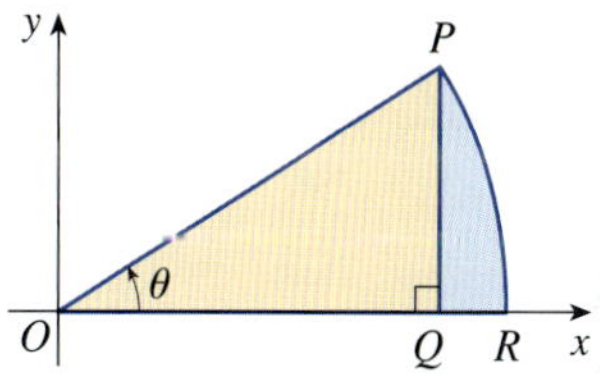

32. 곡선 $y = 9/(x^2+9)$, $y=0$, $x=0$, $x=3$으로 둘러싸인 영역을 x축을 축으로 회전시켜 만든 입체의 부피를 구하여라.

33. (a) 삼각치환을 이용하여 다음을 보여라.

$$\int_0^x \sqrt{a^2-t^2}\,dt = \tfrac{1}{2}a^2\sin^{-1}(x/a)+\tfrac{1}{2}x\sqrt{a^2-x^2}$$

(b) (a)의 우변에 있는 두 항을 그림을 참고하여 삼각법으로 설명하여라.

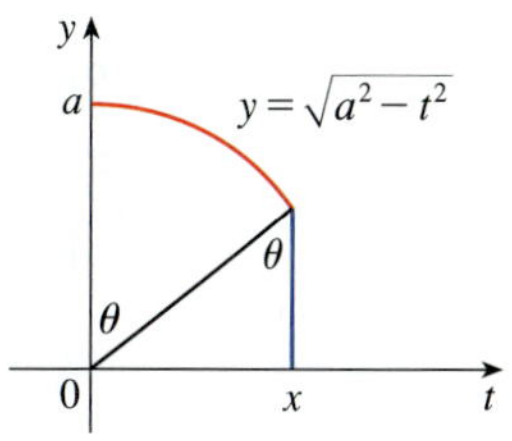

34. 원 $x^2+(y-R)^2=r^2$을 x축으로 회전시켜 환원체를 만들었다. 이 환원체로 둘러싸인 부피를 구하여라.

35. 반지름이 r과 R인 두 원이 겹쳐졌을 때 나타나는 초승달 모양의 영역의 넓이를 구하여라(아래 그림 참조).

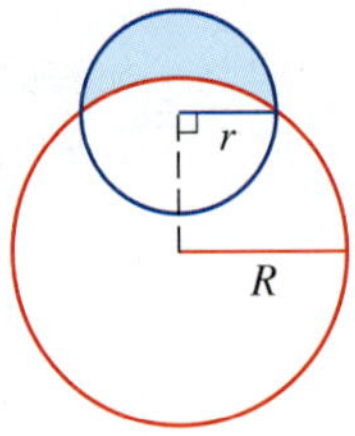

7.4 부분분수에 의한 유리함수의 적분

이 절에서는 유리함수(분모와 분자가 다항식으로 된 함수)의 적분에 대하여 알아본다. 이것은 유리함수를 이미 적분하는 방법을 알고 있는, 부분분수라고 불리는 좀 더 간단한 분수들의 합으로 나타내어 적분하는 것이다. 예를 들어, 먼저 $2/(x-1)$과 $1/(x+2)$를 공통 분모로 나타내면

$$\frac{2}{x-1}-\frac{1}{x+2}=\frac{2(x+2)-(x-1)}{(x-1)(x+2)}=\frac{x+5}{x^2+x-2}$$

이다. 이 과정을 역으로 생각해보면 이 방정식의 오른쪽 변에 있는 함수에 대하여 적분하는 방법을 알 수 있다.

$$\begin{aligned}\int \frac{x+5}{x^2+x-2}\,dx &= \int\left(\frac{2}{x-1}-\frac{1}{x+2}\right)dx\\ &= 2\ln|x-1|-\ln|x+2|+C\end{aligned}$$

■ 부분분수

부분분수에 의한 방법이 일반적으로 어떻게 진행되는지 알아보기 위해서 다음 유리함수를 생각해보자.

$$f(x)=\frac{P(x)}{Q(x)}$$

여기서, P와 Q는 다항식이다. 만약 P의 차수가 Q의 차수보다 작다면 f는 더 간단한 분수들의 합으로 표현된다. 이러한 유리함수를 진분수처럼 **진**(proper)유리함수라 한다. 이미 알고 있듯이, $a_n \neq 0$일 때 다항식

$$P(x)=a_nx^n+a_{n-1}x^{n-1}+\cdots+a_1x+a_0$$

에 대하여 P의 차수를 n이라 하고 $\deg(P)=n$으로 나타낸다.

만일 f가 가분수처럼 **가**(improper)유리함수라면, 즉 $\deg(P)\geqslant\deg(Q)$라면 $\deg(R)<\deg(Q)$인 나머지 $R(x)$가 얻어질 때까지 P를 Q로 나누는 다항식의 나눗셈을 해야 한다. 이 나눗셈의 몫을 $S(x)$라고 하면

1 $$f(x) = \frac{P(x)}{Q(x)} = S(x) + \frac{R(x)}{Q(x)}$$

와 같은 형태를 얻게 된다.

다음 예제에서 보듯이 종종 다항식의 나눗셈만으로도 쉽게 적분이 되는 경우가 있다.

$$\begin{array}{r|l} & x^2 + x + 2 \\ x-1 & x^3 \quad\quad + x \\ & x^3 - x^2 \\ & x^2 + x \\ & x^2 - x \\ & 2x \\ & 2x - 2 \\ & 2 \end{array}$$

예제 1 $\int \frac{x^3 + x}{x - 1}\,dx$를 구하여라.

풀이 분자의 차수가 분모의 차수보다 크기 때문에 먼저 나눗셈을 하고 나면 다음과 같이 쉽게 적분할 수 있다.

$$\int \frac{x^3 + x}{x - 1}\,dx = \int \left(x^2 + x + 2 + \frac{2}{x - 1} \right) dx$$

$$= \frac{x^3}{3} + \frac{x^2}{2} + 2x + 2\ln|x - 1| + C$$ ■

다음 단계는 분모 $Q(x)$를 최대한 가능한 데까지 인수분해하는 것이다. 알려진 바에 의하면, 임의의 다항식 $Q(x)$는 일차인자($ax + b$의 형태)나 기약 이차인자($ax^2 + bx + c$, $b^2 - 4ac < 0$의 형태)의 곱으로 인수분해된다. 예를 들어 $Q(x) = x^4 - 16$이라면 다음과 같이 분해된다.

$$Q(x) = (x^2 - 4)(x^2 + 4) = (x - 2)(x + 2)(x^2 + 4)$$

세 번째 단계는 식 **1**의 유리함수 $R(x)/Q(x)$를 다음과 같은 형태의 **부분분수**(partial fractions)들의 합으로 나타내는 것이다.

$$\frac{A}{(ax + b)^i} \quad \text{또는} \quad \frac{Ax + B}{(ax^2 + bx + c)^j}$$

이것은 대수학의 정리로부터 항상 가능한 것인데, 지금부터 네 가지 경우로 분류해서 자세히 알아보자.

경우 I 분모 $Q(x)$가 서로 다른 일차인수들의 곱일 때

이것은 $Q(x)$를 다음과 같이 중복되는 인수 없이 나타낼 수 있음을 의미한다.

$$Q(x) = (a_1x + b_1)(a_2x + b_2)\cdots(a_kx + b_k)$$

(물론 한 인수가 다른 인수의 상수곱이 되는 경우도 없는 것으로 가정한다). 부분분수 정리에 의하면 이런 경우는 다음 등식을 만족시키는 상수 $A_1, A_2, \cdots, A_k$가 언제나 존재한다.

2 $$\frac{R(x)}{Q(x)} = \frac{A_1}{a_1x + b_1} + \frac{A_2}{a_2x + b_2} + \cdots + \frac{A_k}{a_kx + b_k}$$

이 상수값들은 다음 예제에서와 같은 방법으로 구할 수 있다.

예제 2 $\int \frac{x^2 + 2x - 1}{2x^3 + 3x^2 - 2x}\,dx$를 계산하여라.

풀이 분자의 차수가 분모의 차수보다 작기 때문에 나눗셈을 할 필요는 없다. 분모를 다음과 같이 인수분해하면

$$2x^3 + 3x^2 - 2x = x(2x^2 + 3x - 2) = x(2x - 1)(x + 2)$$

분모가 서로 다른 세 개의 일차인수를 가지므로 피적분함수의 부분분수 분해는 다음과 같다.

$$\boxed{3} \qquad \frac{x^2 + 2x - 1}{x(2x - 1)(x + 2)} = \frac{A}{x} + \frac{B}{2x - 1} + \frac{C}{x + 2}$$

A, B, C를 구하는 다른 방법이 이 예제 다음에 있는 NOTE에 있다.

A, B, C의 값을 결정하기 위하여, 이 등식의 양변에 $x(2x - 1)(x + 2)$를 곱해주면

$$\boxed{4} \qquad x^2 + 2x - 1 = A(2x - 1)(x + 2) + Bx(x + 2) + Cx(2x - 1)$$

이다. 식 4의 우변을 전개한 다음 내림차순으로 정리하여 다음을 얻는다.

$$\boxed{5} \qquad x^2 + 2x - 1 = (2A + B + 2C)x^2 + (3A + 2B - C)x - 2A$$

식 5의 양변에 있는 두 다항식은 동일한 다항식이어야 하므로 계수도 서로 같아야 한다. 따라서 우변의 x^2의 계수 $2A + B + 2C$와 좌변의 x^2의 계수 1이 같아야 하고, 마찬가지로 x항의 계수 및 상수항의 계수도 서로 같아야 한다. 이로부터 다음과 같은 A, B, C에 대한 1차 연립방정식을 얻게 된다.

$$\begin{aligned} 2A + B + 2C &= 1 \\ 3A + 2B - C &= 2 \\ -2A &= -1 \end{aligned}$$

각 부분분수들을 공통분모로 더해 봄으로써 부분분수를 얻는 계산과정이 잘 진행됐는지 확인해볼 수 있다.

이 연립방정식을 풀면 $A = \frac{1}{2}$, $B = \frac{1}{5}$, $C = -\frac{1}{10}$이므로

$$\begin{aligned} \int \frac{x^2 + 2x - 1}{2x^3 + 3x^2 - 2x}\,dx &= \int \left(\frac{1}{2}\frac{1}{x} + \frac{1}{5}\frac{1}{2x - 1} - \frac{1}{10}\frac{1}{x + 2}\right) dx \\ &= \tfrac{1}{2}\ln|x| + \tfrac{1}{10}\ln|2x - 1| - \tfrac{1}{10}\ln|x + 2| + K \end{aligned}$$

이다. 여기서 중간항의 적분은 $u = 2x - 1$의 치환 및 $du = 2dx$, $dx = \frac{1}{2}du$의 계산이 암산된 것이다. ■

NOTE 예제 2에서 다른 방법으로 계수 A, B, C를 구할 수도 있다. 식 4는 항등식이므로 모든 x값에 대하여 참이다. 그러면 가능한 한 식이 간단해지는 x값을 선택해보자. 식 4에서 $x = 0$으로 선택하면 우변의 둘째와 셋째 항이 사라지고 방정식은 $-2A = -1$, 즉 $A = \frac{1}{2}$이 된다. 마찬가지로 $x = \frac{1}{2}$일 때 $5B/4 = \frac{1}{4}$이고 $x = -2$일 때 $10C = -1$이므로 $B = \frac{1}{5}$과 $C = -\frac{1}{10}$을 얻는다(식 3은 $x = 0, \frac{1}{2}$ 또는 -2에서 성립하지 않는다고 말할 수 있겠는데 그렇다면 식 4에서는 왜 이 값들에 대해서도 성립하는 것일까? 사실 식 4는 $x = 0, \frac{1}{2}$ 및 -2는 물론 모든 x값에 대하여 성립한다.

예제 3 $\displaystyle\int \frac{dx}{x^2 - a^2}$를 구하여라($a \neq 0$).

풀이 부분분수로 분해하면

$$\frac{1}{x^2 - a^2} = \frac{1}{(x-a)(x+a)} = \frac{A}{x-a} + \frac{B}{x+a}$$

이고, 따라서 $$A(x+a) + B(x-a) = 1$$

이다. 앞에서 설명한 NOTE의 방법처럼 이 식에 $x = a$를 대입하면 $A(2a) = 1$이므로 이로부터 $A = 1/(2a)$를 얻는다. 또, $x = -a$를 대입하면 $B(-2a) = 1$을 얻고, 따라서 $B = -1/(2a)$이다. 그러므로 구하는 적분은 아래와 같이 계산된다.

$$\int \frac{dx}{x^2 - a^2} = \frac{1}{2a}\int \left(\frac{1}{x-a} - \frac{1}{x+a}\right) dx$$

$$= \frac{1}{2a}\left(\ln|x-a| - \ln|x+a|\right) + C$$

한편 $\ln x - \ln y = \ln(x/y)$이므로 이 적분은 다음과 같이 쓸 수 있다.

6 $$\int \frac{dx}{x^2 - a^2} = \frac{1}{2a}\ln\left|\frac{x-a}{x+a}\right| + C$$ ■

경우 II $Q(x)$가 중복을 허용한 일차식들의 곱일 때

먼저 첫 번째 일차식 $(a_1x + b_1)$이 r번 중복되는 상황, 즉 $Q(x)$의 인수분해에 $(a_1x + b_1)^r$이 포함되었다고 하자. 이 경우 식 **2**의 $A_1/(a_1x + b_1)$항을 다음 식으로 대치한다.

7 $$\frac{A_1}{a_1x + b_1} + \frac{A_2}{(a_1x + b_1)^2} + \cdots + \frac{A_r}{(a_1x + b_1)^r}$$

구체적으로 예시하자면 아래와 같이 분해할 수 있다.

$$\frac{x^3 - x + 1}{x^2(x-1)^3} = \frac{A}{x} + \frac{B}{x^2} + \frac{C}{x-1} + \frac{D}{(x-1)^2} + \frac{E}{(x-1)^3}$$

이제 좀 더 간단한 예제들을 통해서 실제적으로 적용하는 방법을 알아보자.

예제 4 $\displaystyle\int \frac{x^4 - 2x^2 + 4x + 1}{x^3 - x^2 - x + 1}\,dx$를 구하여라.

풀이 첫 단계는 나눗셈을 하는 것이다. 다항식의 나눗셈을 계산하면

$$\frac{x^4 - 2x^2 + 4x + 1}{x^3 - x^2 - x + 1} = x + 1 + \frac{4x}{x^3 - x^2 - x + 1}$$

이다. 둘째 단계는 분모 $Q(x) = x^3 - x^2 - x + 1$을 인수분해하는 것이다. $Q(1) = 0$이므로 $Q(x)$는 인수 $x - 1$을 가짐을 알 수 있고, 따라서

$$x^3 - x^2 - x + 1 = (x-1)(x^2-1) = (x-1)(x-1)(x+1)$$
$$= (x-1)^2(x+1)$$

을 얻는다. 일차식 $x - 1$이 두 번 중복되므로, 이 유리식은 다음과 같이 부분분수로 분해된다.

$$\frac{4x}{(x-1)^2(x+1)} = \frac{A}{x-1} + \frac{B}{(x-1)^2} + \frac{C}{x+1}$$

양변에 분모의 최소공배수 $(x-1)^2(x+1)$을 곱하면

8 $$4x = A(x-1)(x+1) + B(x+1) + C(x-1)^2$$
$$= (A+C)x^2 + (B-2C)x + (-A+B+C)$$

가 되고, 또 양변의 계수를 비교하면 다음 식들을 얻게 된다.

$$\begin{aligned} A \quad\quad + C &= 0 \\ B - 2C &= 4 \\ -A + B + C &= 0 \end{aligned}$$

이 연립방정식을 풀면 $A = 1$, $B = 2$, $C = -1$이므로 아래와 같이 적분할 수 있다.

$$\int \frac{x^4 - 2x^2 + 4x + 1}{x^3 - x^2 - x + 1}\,dx = \int \left[x + 1 + \frac{1}{x-1} + \frac{2}{(x-1)^2} - \frac{1}{x+1}\right] dx$$
$$= \frac{x^2}{2} + x + \ln|x-1| - \frac{2}{x-1} - \ln|x+1| + K$$
$$= \frac{x^2}{2} + x - \frac{2}{x-1} + \ln\left|\frac{x-1}{x+1}\right| + K$$ ■

NOTE 예제 4에서도 예제 2 이후에 제시된 방법을 이용해서 A, B, C의 값을 계산할 수도 있다. 식 **8**에 $x = 1$을 대입하면 $4 = 2B$를 얻으므로 $B = 2$이다. 같은 방법으로 $x = -1$을 대입하면 $-4 = 4C$이므로 $C = -1$이다. 식 **8**에서 우변의 둘째 항과 셋째 항을 동시에 0으로 만드는 x는 없으므로, A는 쉽게 구할 수 없다. 그러나 A, B, C 사이의 유용한 관계를 보여주는 x값은 찾을 수 있다. 예를 들어 $x = 0$을 대입하면 $0 = -A + B + C$이므로, 이로부터 $A = 1$임을 알 수 있다.

경우 III $Q(x)$**는 반복되지 않는 기약 이차인수를 포함할 때**

만일 $Q(x)$가 인수 $ax^2 + bx + c$를 가지고 $b^2 - 4ac < 0$이면 유리식 $R(x)/Q(x)$는 등식 **2**와 **7**의 부분분수들뿐만 아니라 다음과 같은 항도 갖게 된다.

9 $$\frac{Ax + B}{ax^2 + bx + c}$$

여기서 A, B는 주어진 유리식에 따라 결정되는 상수이다. 예를 들면 함수 $f(x) = x/[(x-2)(x^2+1)(x^2+4)]$는 다음과 같은 부분분수로 분해된다.

$$\frac{x}{(x-2)(x^2+1)(x^2+4)} = \frac{A}{x-2} + \frac{Bx+C}{x^2+1} + \frac{Dx+E}{x^2+4}$$

9에 주어진 유리식 항은 분모를 완전제곱식으로 고친 후 다음 공식을 이용하면 쉽게 적분할 수 있다.

10 $$\int \frac{dx}{x^2+a^2} = \frac{1}{a}\tan^{-1}\left(\frac{x}{a}\right) + C$$

예제 5 $\displaystyle\int \frac{2x^2-x+4}{x^3+4x}\,dx$를 계산하여라.

풀이 분모를 인수분해하면 $x^3 + 4x = x(x^2+4)$이고 더 이상 분해되지 않으므로

$$\frac{2x^2-x+4}{x(x^2+4)} = \frac{A}{x} + \frac{Bx+C}{x^2+4}$$

이다. 양변에 $x(x^2+4)$를 곱하면

$$\begin{aligned} 2x^2 - x + 4 &= A(x^2+4) + (Bx+C)x \\ &= (A+B)x^2 + Cx + 4A \end{aligned}$$

이고, 계수를 비교하면

$$A + B = 2 \qquad C = -1 \qquad 4A = 4$$

이므로 $A = 1, B = 1, C = -1$이다. 따라서 다음을 얻는다.

$$\int \frac{2x^2-x+4}{x^3+4x}\,dx = \int \left(\frac{1}{x} + \frac{x-1}{x^2+4}\right) dx$$

둘째 항은 다음과 같이 두 부분으로 나누어서 적분한다.

$$\int \frac{x-1}{x^2+4}\,dx = \int \frac{x}{x^2+4}\,dx - \int \frac{1}{x^2+4}\,dx$$

두 적분 중, 첫째 적분에서는 $u = x^2 + 4$로 치환하면 $du = 2x\,dx$이다. 둘째 적분은 식 **10**에 $a = 2$를 대입하면 된다.

$$\begin{aligned} \int \frac{2x^2-x+4}{x(x^2+4)}\,dx &= \int \frac{1}{x}\,dx + \int \frac{x}{x^2+4}\,dx - \int \frac{1}{x^2+4}\,dx \\ &= \ln|x| + \tfrac{1}{2}\ln(x^2+4) - \tfrac{1}{2}\tan^{-1}(x/2) + K \end{aligned}$$ ■

예제 6 $\displaystyle\int \frac{4x^2-3x+2}{4x^2-4x+3}\,dx$를 계산하여라.

풀이 분자의 차수가 분모의 차수보다 작지 않으므로 먼저 다항식 나눗셈을 한다.

$$\frac{4x^2-3x+2}{4x^2-4x+3} = 1 + \frac{x-1}{4x^2-4x+3}$$

분모의 판별식이 $b^2 - 4ac = -32 < 0$이므로 $4x^2 - 4x + 3$은 기약이다. 즉 위의 유리식은 더 이상 부분분수로 분해할 필요가 없다.

주어진 함수를 적분하기 위해서 분모를 완전제곱식으로 고치자.

$$4x^2 - 4x + 3 = (2x - 1)^2 + 2$$

이렇게 완전제곱식으로 고쳐놓고 보면 변수를 $u = 2x - 1$과 같이 치환하는 것이 자연스러워 보인다. 그러면 $du = 2dx$, 또 $x = \frac{1}{2}(u + 1)$이 되고, 따라서 주어진 적분은 다음과 같이 계산된다.

$$\begin{aligned}\int \frac{4x^2 - 3x + 2}{4x^2 - 4x + 3}\,dx &= \int \left(1 + \frac{x - 1}{4x^2 - 4x + 3}\right) dx \\ &= x + \frac{1}{2}\int \frac{\frac{1}{2}(u + 1) - 1}{u^2 + 2}\,du = x + \frac{1}{4}\int \frac{u - 1}{u^2 + 2}\,du \\ &= x + \frac{1}{4}\int \frac{u}{u^2 + 2}\,du - \frac{1}{4}\int \frac{1}{u^2 + 2}\,du \\ &= x + \frac{1}{8}\ln(u^2 + 2) - \frac{1}{4}\cdot\frac{1}{\sqrt{2}}\tan^{-1}\left(\frac{u}{\sqrt{2}}\right) + C \\ &= x + \frac{1}{8}\ln(4x^2 - 4x + 3) - \frac{1}{4\sqrt{2}}\tan^{-1}\left(\frac{2x - 1}{\sqrt{2}}\right) + C \quad ■\end{aligned}$$

NOTE 예제 6은 아래와 같은, 분모가 이차 기약다항식인 부분분수를 어떻게 적분하는지 그 일반적인 풀이방법을 보여주고 있다.

$$\frac{Ax + B}{ax^2 + bx + c}, \qquad b^2 - 4ac < 0$$

이런 경우 먼저 분모를 완전제곱식으로 고친 다음 아래와 같은 적분 형태가 되도록 변수를 치환한다.

$$\int \frac{Cu + D}{u^2 + a^2}\,du = C\int \frac{u}{u^2 + a^2}\,du + D\int \frac{1}{u^2 + a^2}\,du$$

그러면 첫 번째 적분은 로그함수 항이 되고 두 번째 적분은 $\tan^{-1}$ 항이 된다.

경우 IV $Q(x)$가 중복된 이차 기약다항식을 포함할 때

만일 $Q(x)$가 인수 $(ax^2 + bx + c)^r$를 가지고 $b^2 - 4ac < 0$이면 유리식 $R(x)/Q(x)$의 부분분수 분해식에는 **9**의 단항 대신 다음 식이 나타나게 된다.

11
$$\frac{A_1x + B_1}{ax^2 + bx + c} + \frac{A_2x + B_2}{(ax^2 + bx + c)^2} + \cdots + \frac{A_rx + B_r}{(ax^2 + bx + c)^r}$$

분모의 이차식을 완전제곱식으로 고친 다음 치환하는 방법으로 **11**의 각 항들을 적분할 수 있다.

예제 7 다음 유리식을 부분분수로 분해하여라.

예제 7에서 부분분수 분해의 각 계수들을 직접 계산하는 것은 매우 지루한 작업이다. 그러나 대부분의 컴퓨터 대수시스템은 이런 계산들을 굉장히 빨리 처리한다.

$$A = -1, \quad B = \tfrac{1}{8}, \quad C = D = -1,$$
$$E = \tfrac{15}{8}, \quad F = -\tfrac{1}{8}, \quad G = H = \tfrac{3}{4},$$
$$I = -\tfrac{1}{2}, \quad J = \tfrac{1}{2}$$

$$\frac{x^3 + x^2 + 1}{x(x-1)(x^2+x+1)(x^2+1)^3}$$

풀이

$$\frac{x^3 + x^2 + 1}{x(x-1)(x^2+x+1)(x^2+1)^3}$$
$$= \frac{A}{x} + \frac{B}{x-1} + \frac{Cx+D}{x^2+x+1} + \frac{Ex+F}{x^2+1} + \frac{Gx+H}{(x^2+1)^2} + \frac{Ix+J}{(x^2+1)^3} \quad \blacksquare$$

예제 8 $\displaystyle\int \frac{1 - x + 2x^2 - x^3}{x(x^2+1)^2}\,dx$를 계산하여라.

풀이 먼저 부분분수 형태로 분해하면

$$\frac{1 - x + 2x^2 - x^3}{x(x^2+1)^2} = \frac{A}{x} + \frac{Bx+C}{x^2+1} + \frac{Dx+E}{(x^2+1)^2}$$

이고, 양변에 $x(x^2+1)^2$을 곱해 주면 다음과 같다.

$$-x^3 + 2x^2 - x + 1 = A(x^2+1)^2 + (Bx+C)x(x^2+1) + (Dx+E)x$$
$$= A(x^4 + 2x^2 + 1) + B(x^4 + x^2) + C(x^3 + x) + Dx^2 + Ex$$
$$= (A+B)x^4 + Cx^3 + (2A + B + D)x^2 + (C+E)x + A$$

양변의 계수를 비교함으로써 연립방정식

$$A + B = 0 \qquad C = -1 \qquad 2A + B + D = 2 \qquad C + E = -1 \qquad A = 1$$

을 얻고, 이것을 풀면 $A = 1$, $B = -1$, $C = -1$, $D = 1$, $E = 0$이다. 따라서 주어진 적분은 아래와 같이 계산된다.

$$\int \frac{1 - x + 2x^2 - x^3}{x(x^2+1)^2}\,dx = \int \left(\frac{1}{x} - \frac{x+1}{x^2+1} + \frac{x}{(x^2+1)^2}\right) dx$$
$$= \int \frac{dx}{x} - \int \frac{x}{x^2+1}\,dx - \int \frac{dx}{x^2+1} + \int \frac{x\,dx}{(x^2+1)^2}$$
$$= \ln|x| - \tfrac{1}{2}\ln(x^2+1) - \tan^{-1}x - \frac{1}{2(x^2+1)} + K \quad \blacksquare$$

둘째 항과 넷째 항의 적분에서는 $u = x^2 + 1$의 암산으로 변수를 치환하였다.

유리함수를 적분할 때, 때로는 부분분수로 분해하지 않는 것이 더 나은 경우도 있다는 것을 알아 둘 필요가 있다. 예를 들면 다음 적분

$$\int \frac{x^2+1}{x(x^2+3)}\,dx$$

은 경우 III의 방법으로 계산할 수도 있지만 $u = x(x^2+3) = x^3 + 3x$로 두면 $du = (3x^2+3)\,dx$이므로 다음과 같이 훨씬 쉽게 계산된다.

$$\int \frac{x^2+1}{x(x^2+3)}\,dx = \tfrac{1}{3}\ln|x^3+3x| + C$$

■ 유리화 치환법

어떤 무리함수들은 적절히 변수치환을 하면 유리함수로 바꿀 수 있다. 특히 피적분함수에 $\sqrt[n]{g(x)}$의 형태가 나타날 때는 $u = \sqrt[n]{g(x)}$로 치환하는 것이 효과적이다. 아래의 예제 이외에도 다른 여러 가지 형태들을 연습문제에서 찾아볼 수 있다.

예제 9 $\displaystyle\int \frac{\sqrt{x+4}}{x}\,dx$를 계산하여라.

풀이 $u = \sqrt{x+4}$라고 하자. 그러면 $u^2 = x+4$, 즉 $x = u^2 - 4$이고, 따라서 $dx = 2u\,du$이므로

$$\int \frac{\sqrt{x+4}}{x}\,dx = \int \frac{u}{u^2-4}\,2u\,du = 2\int \frac{u^2}{u^2-4}\,du = 2\int \left(1 + \frac{4}{u^2-4}\right) du$$

이다. 이 적분은 $u^2 - 4$를 $(u-2)(u+2)$로 인수분해한 다음 부분분수로 분해해서 구할 수도 있고 공식 [6]에 $a = 2$를 대입해서 구할 수도 있다.

$$\begin{aligned}\int \frac{\sqrt{x+4}}{x}\,dx &= 2\int du + 8\int \frac{du}{u^2-4}\\ &= 2u + 8\cdot\frac{1}{2\cdot 2}\ln\left|\frac{u-2}{u+2}\right| + C\\ &= 2\sqrt{x+4} + 2\ln\left|\frac{\sqrt{x+4}-2}{\sqrt{x+4}+2}\right| + C\end{aligned}$$

■

7.4 연습문제

1-4 (예제 7과 같이) 아래 식을 부분분수로 분해하여라. 각 부분분수의 계수를 구할 필요는 없다.

1. (a) $\dfrac{1}{(x-3)(x+5)}$ (b) $\dfrac{2x+5}{(x-2)^2(x^2+2)}$

2. (a) $\dfrac{x^2+4}{x^3-3x^2+2x}$ (b) $\dfrac{x^3+x}{x(2x-1)^2(x^2+3)^2}$

3. (a) $\dfrac{x^5+1}{(x^2-x)(x^4+2x^2+1)}$ (b) $\dfrac{x^2}{x^2+x-6}$

4. (a) $\dfrac{x^6}{x^2-4}$ (b) $\dfrac{x^4}{(x^2-x+1)(x^2+2)^2}$

5-27 다음 적분을 계산하여라.

5. $\displaystyle\int \frac{5}{(x-1)(x+4)}\,dx$

6. $\displaystyle\int \frac{5x+1}{(2x+1)(x-1)}\,dx$

7. $\displaystyle\int_0^1 \frac{2}{2x^2+3x+1}\,dx$

8. $\displaystyle\int_0^1 \frac{x-4}{x^2-5x+6}\,dx$

9. $\displaystyle\int \frac{1}{x(x-a)}\,dx$

10. $\displaystyle\int \frac{1}{(x+a)(x+b)}\,dx$

11. $\displaystyle\int \frac{x^2}{x-1}\,dx$

12. $\displaystyle\int_1^2 \frac{4y^2-7y-12}{y(y+2)(y-3)}\,dy$

13. $\displaystyle\int_0^1 \frac{x^2+x+1}{(x+1)^2(x+2)}\,dx$

14. $\displaystyle\int \frac{dt}{(t^2-1)^2}$

15. $\displaystyle\int \frac{10}{(x-1)(x^2+9)}\,dx$

16. $\displaystyle\int_{-1}^0 \frac{x^3-4x+1}{x^2-3x+2}\,dx$

17. $\displaystyle\int \frac{4x}{x^3 + x^2 + x + 1}\,dx$ **18.** $\displaystyle\int \frac{x^2 + x + 1}{(x^2 + 1)^2}\,dx$

19. $\displaystyle\int \frac{x^3 + 4x + 3}{x^4 + 5x^2 + 4}\,dx$ **20.** $\displaystyle\int \frac{x + 4}{x^2 + 2x + 5}\,dx$

21. $\displaystyle\int_0^1 \frac{x}{x^2 + 4x + 13}\,dx$ **22.** $\displaystyle\int \frac{1}{x^3 - 1}\,dx$

23. $\displaystyle\int_0^1 \frac{x^3 + 2x}{x^4 + 4x^2 + 3}\,dx$ **24.** $\displaystyle\int \frac{x^5 + x - 1}{x^3 + 1}\,dx$

25. $\displaystyle\int \frac{5x^4 + 7x^2 + x + 2}{x(x^2 + 1)^2}\,dx$ **26.** $\displaystyle\int \frac{x^2 - 3x + 7}{(x^2 - 4x + 6)^2}\,dx$

27. $\displaystyle\int \frac{x^3 + 2x^2 + 3x - 2}{(x^2 + 2x + 2)^2}\,dx$

28-39 아래 피적분함수를 적절히 치환하여 유리함수로 만들고, 적분을 계산하여라.

28. $\displaystyle\int \frac{dx}{x\sqrt{x - 1}}$ **29.** $\displaystyle\int \frac{dx}{x^2 + x\sqrt{x}}$

30. $\displaystyle\int \frac{x^3}{\sqrt[3]{x^2 + 1}}\,dx$ **31.** $\displaystyle\int \frac{dx}{(1 + \sqrt{x})^2}$

32. $\displaystyle\int \frac{1}{\sqrt{x} - \sqrt[3]{x}}\,dx$ [힌트: $u = \sqrt[6]{x}$로 치환하여라.]

33. $\displaystyle\int \frac{1}{x - 3\sqrt{x} + 2}\,dx$ **34.** $\displaystyle\int \frac{\sqrt{1 + \sqrt{x}}}{x}\,dx$

35. $\displaystyle\int \frac{e^{2x}}{e^{2x} + 3e^x + 2}\,dx$ **36.** $\displaystyle\int \frac{\sec^2 t}{\tan^2 t + 3\tan t + 2}\,dt$

37. $\displaystyle\int \frac{e^x}{(e^x - 2)(e^{2x} + 1)}\,dx$ **38.** $\displaystyle\int \frac{dx}{1 + e^x}$

39. $\displaystyle\int \frac{\cosh t}{\sinh^2 t + \sinh^4 t}\,dt$

40-41 부분적분과 이 절의 방법을 이용하여 아래 적분을 계산하여라.

40. $\displaystyle\int \ln(x^2 - x + 2)\,dx$ **41.** $\displaystyle\int x\tan^{-1}x\,dx$

42-43 다음 적분을 완전제곱식과 식 **6**을 이용하여 계산하여라.

42. $\displaystyle\int \frac{dx}{x^2 - 2x}$ **43.** $\displaystyle\int \frac{2x + 1}{4x^2 + 12x - 7}\,dx$

44. 독일 수학자 바이어슈트라스(Karl Weierstrass, 1815~1897)는 $\sin x$와 $\cos x$를 변수로 하는 임의의 유리함수는 $t = \tan(x/2)$로 치환할 때 t에 대한 보통의 유리함수로 바뀐다는 사실을 알아내었다.

(a) 직각삼각형을 그리거나 혹은 삼각함수의 항등식들을 이용하여 $t = \tan(x/2)$, $-\pi < x < \pi$일 때

$$\cos\frac{x}{2} = \frac{1}{\sqrt{1 + t^2}}, \qquad \sin\frac{x}{2} = \frac{t}{\sqrt{1 + t^2}}$$

임을 보여라.

(b) 다음을 보여라.

$$\cos x = \frac{1 - t^2}{1 + t^2}, \qquad \sin x = \frac{2t}{1 + t^2}$$

(c) 다음을 보여라.

$$dx = \frac{2}{1 + t^2}\,dt$$

45-46 1에서 2까지 주어진 곡선 아래 영역의 넓이를 구하여라.

45. $y = \dfrac{1}{x^3 + x}$ **46.** $y = \dfrac{x^2 + 1}{3x - x^2}$

47. $x = 0$에서 $x = 1$까지 곡선 $y = 1/(x^2 + 3x + 2)$ 아래의 영역을 (a) x축, (b) y축으로 회전시켜 만든 입체의 부피를 구하여라.

48. 어떤 곤충의 개체수 증가율을 살충제를 쓰지 않고 떨어뜨리고자 할 때, 일정량의 불임수컷들을 출산 능력이 좋은 암컷들의 집단에 투여하는 방법이 있다. 주어진 곤충집단에서 P는 암컷들의 개체수, S는 불임수컷들의 개체수, 또 r은 그 곤충집단의 자연적인 개체수 증가율이라고 하면 암컷의 개체수와 시간 t 사이에는 다음 관계식이 성립한다.

$$t = \int \frac{P + S}{P[(r - 1)P - S]}\,dP$$

이제 개체수 증가율이 $r = 1.1$이고 암컷의 개체수가 10,000마리인 어떤 곤충집단에 900마리의 불임수컷이 투여되었다고 하자. 위의 적분을 계산하여 시간과 암컷의 개체수 사이의 관계를 나타내는 방정식을 구하여라. (참고: 구해진 방정식은 P에 대해서 풀리지 않는다).

USDA

49. 세 다항식 F, G, Q가 $Q(x) = 0$인 점을 제외한 모든 x에 대해서

$$\frac{F(x)}{Q(x)} = \frac{G(x)}{Q(x)}$$

를 만족한다고 하자. 그러면 모든 x에 대해서 $F(x) = G(x)$임을 증명하여라. [힌트: 연속성을 이용하여라.]

50. $a \neq 0$이고 n이 양의 정수일 때, $f(x) = \dfrac{1}{x^n(x-a)}$를 부분분수로 분해하여라.
[힌트: $1/(x-a)$의 계수를 먼저 찾고, 결과를 빼기로 표현하여 왼쪽에 있는 것을 간단히 하여라.]

51. f는 $f(0) = 1$인 2차함수이고

$$\int \frac{f(x)}{x^2(x+1)^3}\,dx$$

는 유리함수이다. $f'(0)$의 값을 구하여라.

7.5 이상적분

앞에서 정적분 $\int_a^b f(x)\,dx$는 함수 f가 유한구간 $[a, b]$에서 정의된 경우만을 다루었고, 또 f의 함숫값이 무한대가 되는 경우도 제외하였다(5.2절 참조). 이 절에서는 정적분의 개념을 확장하여 함수의 정의구역이 무한구간인 경우, 혹은 f의 함숫값이 무한대가 되는 경우도 다루려고 한다. 이러한 형태의 적분을 **이상적분**(improper integral)이라고 한다.

■ 형태 1 : 무한구간

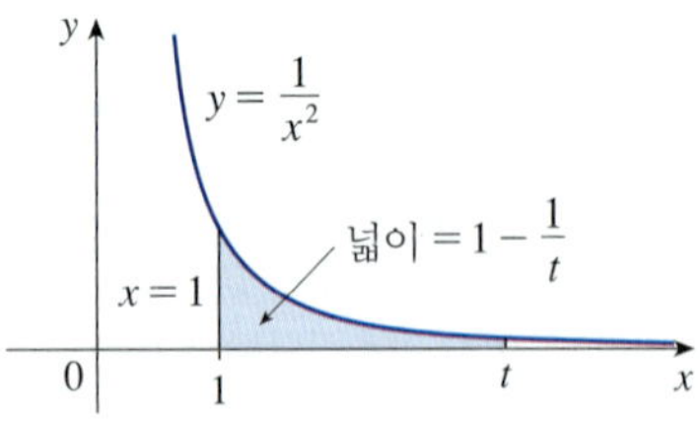

그림 1

곡선 $y = 1/x^2$의 아래와 x축 위에 위치한 영역 중에서 직선 $x = 1$의 오른쪽에 있는 무한 영역을 S라고 하자. 영역 S 자체가 무한히 뻗어 나가 있기 때문에 넓이도 무한할 것이라고 생각할 수도 있겠지만, 이것을 한번 자세히 살펴보자. 우선 영역 S 중에서 직선 $x = t$의 왼쪽에 있는 부분(그림 1에 색칠된 부분)의 넓이는 다음과 같다.

$$A(t) = \int_1^t \frac{1}{x^2}\,dx = -\frac{1}{x}\bigg]_1^t = 1 - \frac{1}{t}$$

이 식으로부터 t가 아무리 크더라도 항상 $A(t) < 1$임을 알 수 있다.

또 한편으로는 다음과 같은 사실도 관찰할 수 있다.

$$\lim_{t\to\infty} A(t) = \lim_{t\to\infty}\left(1 - \frac{1}{t}\right) = 1$$

이것은 $t \to \infty$에 따라 색칠된 부분(그림 2 참조)의 넓이가 1에 접근함을 뜻하고, 따라서 이러한 경우 무한 영역 S의 넓이는 1이라고 말하고 이것을 다음과 같이 쓰기로 한다.

$$\int_1^\infty \frac{1}{x^2}\,dx = \lim_{t\to\infty}\int_1^t \frac{1}{x^2}\,dx = 1$$

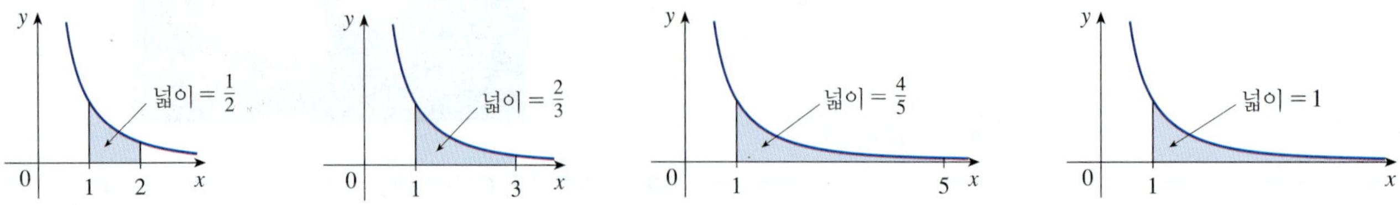

그림 2

이 예에서 보듯이, 무한구간에서 f(반드시 양의 함수일 필요는 없음)의 적분은 유한 구간에서 정적분의 극한으로 정의한다.

1 형태 1의 이상적분의 정의

(a) 모든 $t \geqslant a$에 대하여 $\int_a^t f(x)\,dx$가 존재하고, 다음의 극한이(유한한 실수로서) 존재할 때

$$\int_a^{\infty} f(x)\,dx = \lim_{t\to\infty}\int_a^t f(x)\,dx$$

로 정의한다.

(b) 모든 $t \leqslant b$에 대하여 $\int_t^b f(x)\,dx$가 존재하고, 다음의 극한이(유한한 실수로서) 존재할 때

$$\int_{-\infty}^{b} f(x)\,dx = \lim_{t\to-\infty}\int_t^b f(x)\,dx$$

로 정의한다.

이상에서 극한값이 존재하는 경우, 이상적분 $\int_a^{\infty} f(x)\,dx$나 $\int_{-\infty}^{b} f(x)\,dx$는 **수렴한다**(convergent)고 하고, 극한값이 존재하지 않으면 **발산한다**(divergent)고 한다.

(c) 만일 $\int_a^{\infty} f(x)\,dx$와 $\int_{-\infty}^{a} f(x)\,dx$가 둘 다 수렴할 경우

$$\int_{-\infty}^{\infty} f(x)\,dx = \int_{-\infty}^{a} f(x)\,dx + \int_a^{\infty} f(x)\,dx$$

와 같이 정의한다.

(c)에서 a는 어떤 실수를 사용하더라도 상관이 없다.

f가 양의 함수이면 정의 1에서의 이상적분은 넓이의 개념으로 이해할 수 있다. 예를 들어 (a)의 경우, $f(x) \geqslant 0$이고 적분 $\int_a^{\infty} f(x)\,dx$가 수렴하면 그림 3에 표시된 영역 $S = \{(x, y) \mid x \geqslant a,\ 0 \leqslant y \leqslant f(x)\}$의 넓이는 다음과 같이 정의된다.

$$A(S) = \int_a^{\infty} f(x)\,dx$$

사실 $\int_a^{\infty} f(x)\,dx$의 값은 a부터 t까지 f의 그래프 아랫부분의 넓이를 $t \to \infty$에 따라 얻어지는 극한값으로 정의되었으므로 무한 영역 S의 넓이에 대한 위의 정의는 적합하다.

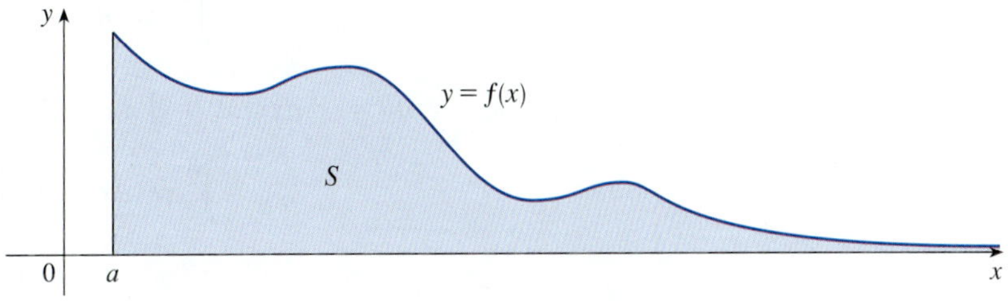

그림 3

예제 1 적분 $\int_1^{\infty} (1/x)\,dx$가 수렴하는지 또는 발산하는지를 조사하여라.

풀이 정의 **1**의 (a)에 따라

$$\int_1^\infty \frac{1}{x}\,dx = \lim_{t\to\infty}\int_1^t \frac{1}{x}\,dx = \lim_{t\to\infty} \ln|x|\Big]_1^t$$

$$= \lim_{t\to\infty}(\ln t - \ln 1) = \lim_{t\to\infty} \ln t = \infty$$

이다. 즉 극한이 유한한 실숫값으로 존재하지 않으므로 이상적분 $\int_1^\infty (1/x)\,dx$는 발산한다. ■

예제 1의 결과를 이 장의 시작 부분의 예와 비교해보자.

$$\int_1^\infty \frac{1}{x^2}\,dx\text{: 수렴,} \qquad \int_1^\infty \frac{1}{x}\,dx\text{: 발산}$$

기하학적으로 말하면 $x > 0$인 정의구역에서 곡선 $y = 1/x^2$과 $y = 1/x$의 그래프는 매우 유사하다. 그러나 곡선 $y = 1/x$ 아래에 있고 $x = 1$의 오른쪽에 있는 부분(그림 5에 색칠된 부분)의 넓이는 무한인 반면, 곡선 $y = 1/x^2$ 아래에 있고 $x = 1$의 오른쪽에 있는 부분(그림 4에 색칠된 부분)의 넓이는 유한하다. 이러한 상황이 일어나는 이유는 $t \to \infty$에 따라 $1/x^2$과 $1/x$ 모두 0에 수렴하지만, $1/x^2$이 수렴하는 속도가 $1/x$이 수렴하는 속도보다 훨씬 빠르기 때문이다. 다시 말해서 $1/x$의 함숫값은 자신의 적분값이 유한한 값을 가질 만큼 충분히 빨리 작아지지 않는다는 것을 의미한다.

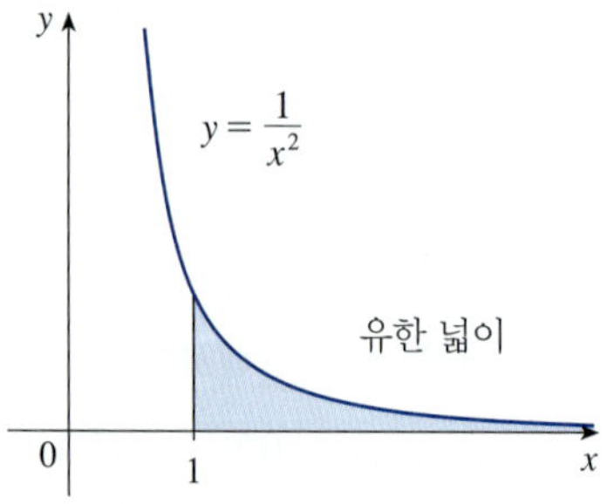

그림 4 $\int_1^\infty (1/x^2)\,dx$: 수렴

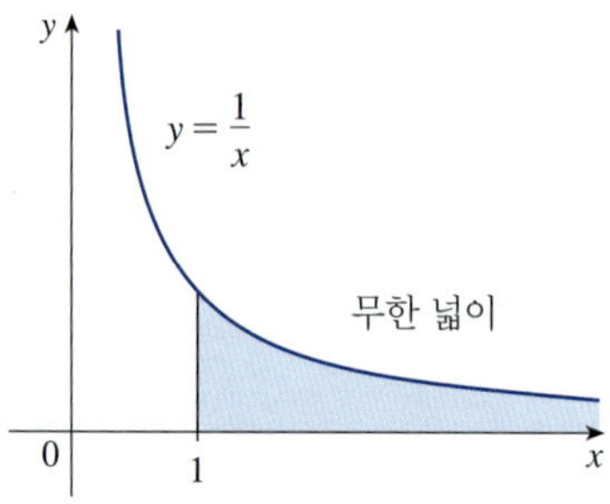

그림 5 $\int_1^\infty (1/x)\,dx$: 발산

예제 2 $\int_{-\infty}^0 xe^x\,dx$를 구하여라.

풀이 정의 **1**의 (b)에 따라

$$\int_{-\infty}^0 xe^x\,dx = \lim_{t\to-\infty}\int_t^0 xe^x\,dx$$

이다. $u = x$, $dv = e^x\,dx$라고 두면 $du = dx$, $v = e^x$이므로 부분적분법에 의해

$$\int_t^0 xe^x\,dx = xe^x\Big]_t^0 - \int_t^0 e^x\,dx$$

$$= -te^t - 1 + e^t$$

를 얻는다. 그런데 $t \to -\infty$일 때 $e^t \to 0$이므로 로피탈 정리를 적용하면

$$\lim_{t\to-\infty} te^t = \lim_{t\to-\infty} \frac{t}{e^{-t}} = \lim_{t\to-\infty} \frac{1}{-e^{-t}}$$

$$= \lim_{t\to-\infty} (-e^t) = 0$$

이므로 구하는 적분은 다음과 같다.

$$\int_{-\infty}^{0} xe^x\,dx = \lim_{t\to-\infty} (-te^t - 1 + e^t)$$

$$= -0 - 1 + 0 = -1$$

■

예제 3 $\displaystyle\int_{-\infty}^{\infty} \frac{1}{1+x^2}\,dx$를 구하여라.

풀이 정의 1의 (c)에서 $a = 0$을 선택하면

$$\int_{-\infty}^{\infty} \frac{1}{1+x^2}\,dx = \int_{-\infty}^{0} \frac{1}{1+x^2}\,dx + \int_{0}^{\infty} \frac{1}{1+x^2}\,dx$$

가 된다. 우변의 두 적분을 각각 따로 계산해보자.

$$\int_{0}^{\infty} \frac{1}{1+x^2}\,dx = \lim_{t\to\infty} \int_{0}^{t} \frac{dx}{1+x^2} = \lim_{t\to\infty} \tan^{-1}x\Big]_0^t$$

$$= \lim_{t\to\infty} (\tan^{-1}t - \tan^{-1}0) = \lim_{t\to\infty} \tan^{-1}t = \frac{\pi}{2}$$

$$\int_{-\infty}^{0} \frac{1}{1+x^2}\,dx = \lim_{t\to-\infty} \int_{t}^{0} \frac{dx}{1+x^2} = \lim_{t\to-\infty} \tan^{-1}x\Big]_t^0$$

$$= \lim_{t\to-\infty} (\tan^{-1}0 - \tan^{-1}t) = 0 - \left(-\frac{\pi}{2}\right) = \frac{\pi}{2}$$

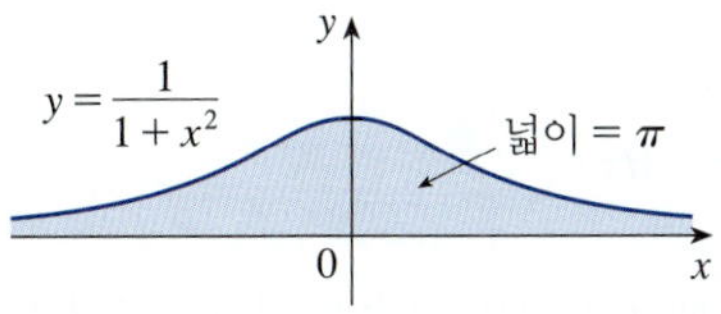

그림 6

두 적분이 모두 수렴하므로 문제에서 주어진 적분도 수렴한다. 즉

$$\int_{-\infty}^{\infty} \frac{1}{1+x^2}\,dx = \frac{\pi}{2} + \frac{\pi}{2} = \pi$$

이다. 특히 $1/(1+x^2) > 0$이므로 주어진 이상적분의 값은 곡선 $y = 1/(1+x^2)$의 아래와 x축 위에 위치한 무한 영역의 넓이를 나타낸다(그림 6 참조). ■

예제 4 실수 p의 어떤 값에 대해서 적분 $\displaystyle\int_{1}^{\infty} \frac{1}{x^p}\,dx$가 수렴하는가?

풀이 예제 1로부터 $p = 1$이면 발산함을 알았다. 이제 $p \neq 1$이라고 가정하면

$$\int_{1}^{\infty} \frac{1}{x^p}\,dx = \lim_{t\to\infty} \int_{1}^{t} x^{-p}\,dx = \lim_{t\to\infty} \frac{x^{-p+1}}{-p+1}\Bigg]_{x=1}^{x=t}$$

$$= \lim_{t\to\infty} \frac{1}{1-p}\left[\frac{1}{t^{p-1}} - 1\right]$$

이다. 만약 $p > 1$이면 $p - 1 > 0$이므로 $t \to \infty$에 따라 $t^{p-1} \to \infty$, 즉 $1/t^{p-1} \to 0$이다.

그러므로

$$p > 1\text{이면,}\quad \int_1^\infty \frac{1}{x^p}\,dx = \frac{1}{p-1}$$

이 되어 적분은 수렴한다. 그러나 $p < 1$이면 $p - 1 < 0$이므로

$$t \to \infty\text{일 때,}\quad \frac{1}{t^{p-1}} = t^{1-p} \to \infty$$

이다. 따라서 이 경우 적분은 발산한다. ■

예제 4의 결과를 요약하면 다음과 같다.

2 이상적분 $\int_1^\infty \frac{1}{x^p}\,dx$는 $p > 1$일 때 수렴하고, $p \leq 1$일 때 발산한다.

■ 형태 2 : 불연속함수의 적분

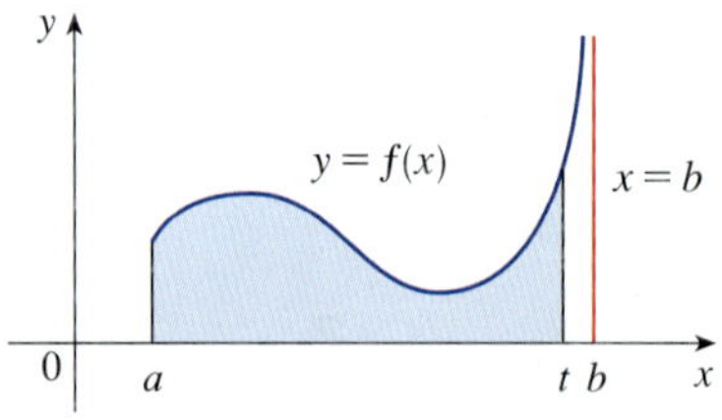

그림 7

함수 f가 구간 $[a, b)$에서 정의된 양의 연속함수로서 $x = b$에서 수직점근선을 가진다고 하자. 이때 f의 그래프 아래와 x축 위에 위치한 부분에서 a와 b 사이에 위치한 무한 영역을 S라고 하자(형태 1의 경우, 영역이 수평 방향으로 무한히 열려 있었지만, 이 경우에는 수직 방향으로 무한히 열려 있다). 영역 S 중에서 a와 t 사이에 있는 부분(그림 7의 색칠된 부분)의 넓이는

$$A(t) = \int_a^t f(x)\,dx$$

이다. 만일 $t \to b^-$일 때 $A(t)$가 실수 A에 수렴한다면, 이때 영역 S의 넓이를 A라고 하고 다음과 같이 쓴다.

$$\int_a^b f(x)\,dx = \lim_{t\to b^-}\int_a^t f(x)\,dx$$

형태 2의 이상적분은 이 식을 이용하여 정의한다. 이때 f가 양의 함수가 아니든 또 b가 f의 어떤 형태의 불연속점이든 상관없다.

그림 8과 9는 정의 **3** 의 (b)와 (c)를, $f(x) \geq 0$이고 또 f가 각각 a와 c에서 수직점근선을 가지는 경우에 대하여 예시한 것이다.

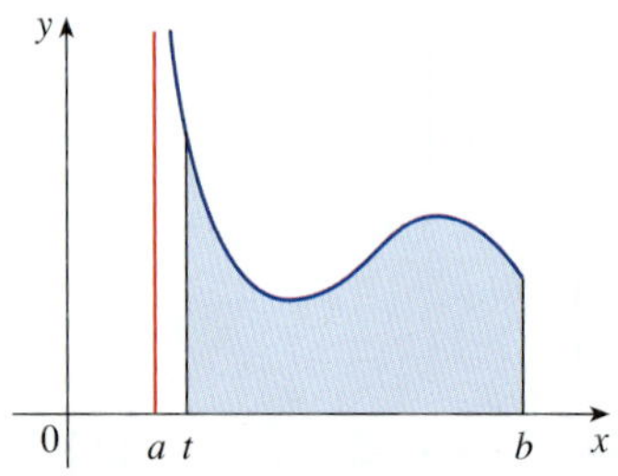

그림 8

3 형태 2의 이상적분의 정의

(a) f가 구간 [a, b)에서 연속이고 b에서 불연속일 경우, 아래 식의 우변의 극한이 유한한 실숫값으로 존재한다면

$$\int_a^b f(x)\,dx = \lim_{t\to b^-}\int_a^t f(x)\,dx$$

로 정의한다.

(b) f가 구간 $(a, b]$에서 연속이고 a에서 불연속일 경우, 아래 식의 우변의 극한이 유한한 실숫값으로 존재한다면

$$\int_a^b f(x)\,dx = \lim_{t\to a^+}\int_t^b f(x)\,dx$$

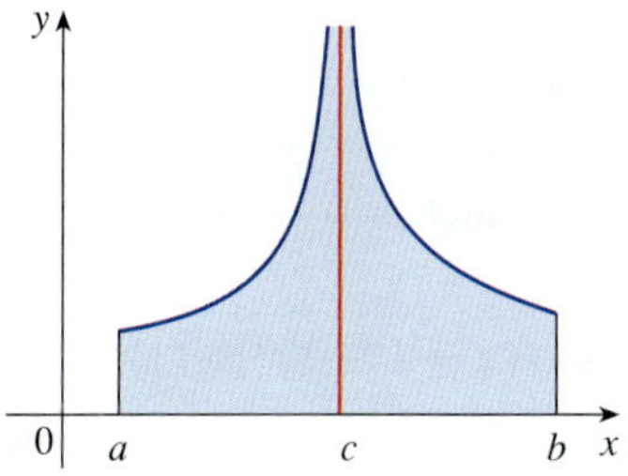

그림 9

로 정의한다.

위에서 극한값이 존재할 때 이상적분 $\int_a^b f(x)\,dx$가 **수렴한다**고 하고, 극한값이 존재하지 않을 때 **발산한다**고 한다.

(c) 함수 f가 $c\,(a < c < b)$에서 불연속일 때, 두 이상적분 $\int_a^c f(x)\,dx$와 $\int_c^b f(x)\,dx$가 모두 수렴한다면

$$\int_a^b f(x)\,dx = \int_a^c f(x)\,dx + \int_c^b f(x)\,dx$$

로 정의한다.

예제 5 $\displaystyle\int_2^5 \frac{1}{\sqrt{x-2}}\,dx$를 구하여라.

풀이 우선 함수 $f(x) = 1/\sqrt{x-2}$가 $x = 2$에서 수직점근선 $x = 2$를 가지므로 이것은 이상적분임을 알 수 있다. f가 [2, 5]의 왼쪽 끝점에서 무한대이고 불연속이므로 정의 **3**의 (b)에 따라 다음을 얻는다.

$$\int_2^5 \frac{dx}{\sqrt{x-2}} = \lim_{t\to 2^+} \int_t^5 \frac{dx}{\sqrt{x-2}} = \lim_{t\to 2^+} 2\sqrt{x-2}\,\Big]_t^5$$

$$= \lim_{t\to 2^+} 2\left(\sqrt{3} - \sqrt{t-2}\right) = 2\sqrt{3}$$

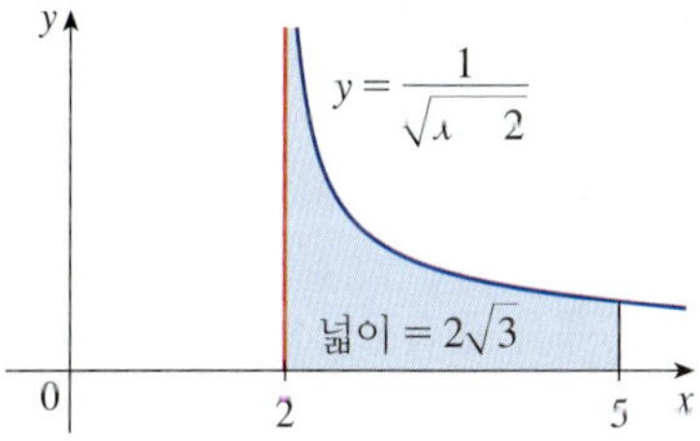

그림 10

그러므로 주어진 이상적분은 수렴한다. 또 피적분함수가 양의 함수이므로 이 값은 그림 10에 색칠된 부분의 넓이다. ■

예제 6 $\displaystyle\int_0^{\pi/2} \sec x\,dx$가 수렴하는지 혹은 발산하는지 조사하여라.

풀이 $\displaystyle\lim_{t\to(\pi/2)^-} \sec x = \infty$이므로 이것은 이상적분에 해당된다. 정의 **3**의 (a)와 적분표에 있는 공식 14번을 이용하면 $t \to (\pi/2)^-$일 때 $\sec t \to \infty$이고 $\tan t \to \infty$이므로

$$\int_0^{\pi/2} \sec x\,dx = \lim_{t\to(\pi/2)^-} \int_0^t \sec x\,dx = \lim_{t\to(\pi/2)^-} \ln|\sec x + \tan x|\,\Big]_0^t$$

$$= \lim_{t\to(\pi/2)^-} [\ln(\sec t + \tan t) - \ln 1] = \infty$$

이다. 따라서 주어진 적분은 발산한다. ■

예제 7 $\displaystyle\int_0^3 \frac{dx}{x-1}$가 수렴하는지를 조사하여라.

풀이 피적분함수는 직선 $x = 1$을 수직점근선으로 가지고 또 이 점근선이 적분 구간 [0, 3] 안에 있음을 관찰할 수 있다. 따라서 정의 **3**의 (c)를 $c = 1$로 두고 적용하면

$$\int_0^3 \frac{dx}{x-1} = \int_0^1 \frac{dx}{x-1} + \int_1^3 \frac{dx}{x-1}$$

가 된다. 그런데 $t \to 1^-$일 때 $1 - t \to 0^+$이므로

$$\int_0^1 \frac{dx}{x-1} = \lim_{t\to1^-}\int_0^t \frac{dx}{x-1} = \lim_{t\to1^-} \ln|x-1|\Big]_0^t$$

$$= \lim_{t\to1^-}\big(\ln|t-1| - \ln|-1|\big) = \lim_{t\to1^-}\ln(1-t) = -\infty$$

이다. 그러므로 $\int_0^1 dx/(x-1)$은 발산한다. 이것은 곧 $\int_0^3 dx/(x-1)$도 발산한다는 것을 말한다. [이런 경우 $\int_0^3 dx/(x-1)$는 계산해볼 필요가 없다.] ■

주의 예제 7에서 수직점근선 $x = 1$을 모르고 지나치면, 다음과 같이 통상적인 적분 계산을 통해

$$\ln|x-1|\Big]_0^3 = \ln 2 - \ln 1 = \ln 2$$

라는 매우 잘못된 계산을 하게 된다. 이 적분은 이상적분이므로 반드시 극한을 통해서 답을 구해야 한다.

이제부터 적분 $\int_a^b f(x)\,dx$를 구할 때는, 항상 피적분함수 f가 구간 $[a, b]$에서 어떻게 정의되어 있는지를 먼저 조사해서 이 적분이 통상적인 정적분인지 혹은 이상적분인지를 결정해야 한다.

예제 8 $\int_0^1 \ln x\,dx$를 구하여라.

풀이 $\lim_{x\to0^+}\ln x = -\infty$이므로 함수 $f(x) = \ln x$는 $x = 0$에서 수직점근선을 가진다. 따라서 이것은 이상적분이고

$$\int_0^1 \ln x\,dx = \lim_{t\to0^+}\int_t^1 \ln x\,dx$$

이다. 부분적분법을 이용하여 $u = \ln x$, $dv = dx$라고 두면 $du = dx/x$, $v = x$이므로

$$\int_t^1 \ln x\,dx = x\ln x\Big]_t^1 - \int_t^1 dx$$

$$= 1\ln 1 - t\ln t - (1-t) = -t\ln t - 1 + t$$

를 얻는다. 로피탈 정리를 이용하여 첫째 항의 극한을 구하면

$$\lim_{t\to0^+} t\ln t = \lim_{t\to0^+}\frac{\ln t}{1/t} = \lim_{t\to0^+}\frac{1/t}{-1/t^2} = \lim_{t\to0^+}(-t) = 0$$

이 되므로 주어진 적분은 다음과 같이 계산된다.

$$\int_0^1 \ln x\,dx = \lim_{t\to0^+}(-t\ln t - 1 + t) = -0 - 1 + 0 = -1$$

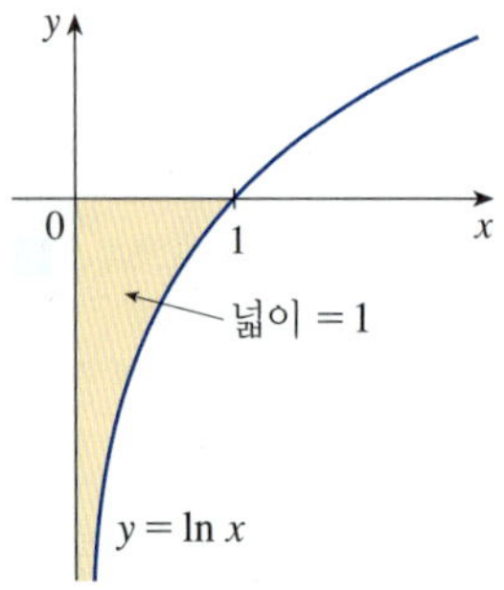

그림 11

그림 11에서는 이 이상적분을 기하학적으로 설명하고 있는데, $y = \ln x$의 그래프 위와 x축 아래 있는 색칠된 부분의 넓이가 1이라는 것을 알 수 있다. ■

■ 이상적분의 비교판정법

때로는 이상적분의 정확한 값을 구하는 것이 불가능할 때가 있는데, 그렇다 하더라도 이

들이 수렴하는지 발산하는지를 아는 것은 매우 중요하다. 다음 정리는 이러한 경우 유용하게 쓸 수 있다. 여기서는 형태 1의 이상적분을 대상으로 기술하고 있지만 형태 2에 대해서도 유사한 정리가 성립한다.

비교 정리(Comparison Theorem) f와 g가 $x \geq a$에서 연속이고 $f(x) \geq g(x) \geq 0$를 만족한다고 하자. 그러면 다음이 성립한다.
(a) $\int_a^\infty f(x)\,dx$가 수렴하면 $\int_a^\infty g(x)\,dx$도 수렴한다.
(b) $\int_a^\infty g(x)\,dx$가 발산하면 $\int_a^\infty f(x)\,dx$도 발산한다.

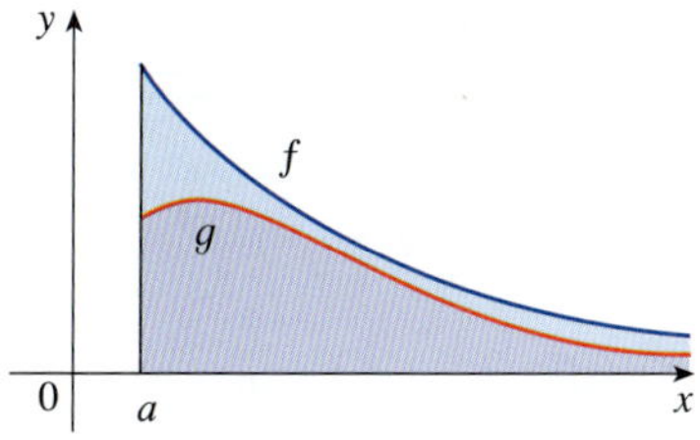

그림 12

비교 정리의 증명은 생략하고 대신 그림 12를 통해 설명하기로 한다. 우선 위쪽 곡선 $y = f(x)$ 아랫부분의 넓이가 유한한 값을 가지면, 그 밑에 있는 곡선 $y = g(x)$ 아랫부분의 넓이도 당연히 유한할 것이다. 또 곡선 $y = g(x)$ 아랫부분의 넓이가 무한이라면 곡선 $y = f(x)$ 아랫부분의 넓이도 무한일 수밖에 없을 것이다. [그러나 이것의 역은 거짓일 수도 있다. 즉 $\int_a^\infty g(x)\,dx$가 수렴한다 하더라도 $\int_a^\infty f(x)\,dx$는 수렴할 수도 있고 발산할 수도 있다. 또 $\int_a^\infty f(x)\,dx$가 발산한다 하더라도 $\int_a^\infty g(x)\,dx$는 수렴할 수도 있고 발산할 수도 있다.]

예제 9 $\displaystyle\int_0^\infty e^{-x^2}dx$가 수렴함을 보여라.

풀이 e^{-x^2}의 원시함수는 초등함수가 아니기 때문에 이 적분을 직접적으로 구할 수는 없다. 따라서 이 적분을 다음과 같이

$$\int_0^\infty e^{-x^2}dx = \int_0^1 e^{-x^2}dx + \int_1^\infty e^{-x^2}dx$$

로 나누어 보자. 그러면 우변의 첫 번째 적분은 통상적인 보통의 정적분이다. 두 번째 적분에서는, $x \geq 1$일 때 $x^2 \geq x$이므로 $-x^2 \leq -x$을 얻고, 따라서 $e^{-x^2} \leq e^{-x}$이 된다는 사실을 이용한다(그림 13 참조). e^{-x}의 적분은 다음과 같이 쉽게 구할 수 있다.

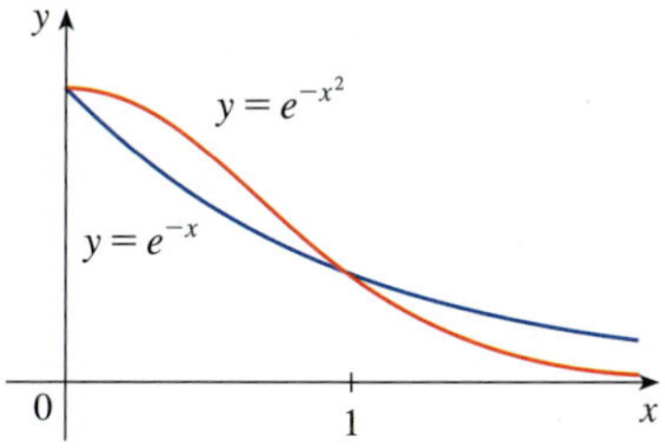

그림 13

$$\int_1^\infty e^{-x}dx = \lim_{t\to\infty}\int_1^t e^{-x}dx = \lim_{t\to\infty}(e^{-1} - e^{-t}) = e^{-1}$$

그러므로 $f(x) = e^{-x}$, $g(x) = e^{-x^2}$으로 놓고 비교 정리를 적용하면 $\int_1^\infty e^{-x^2}dx$는 수렴하게 된다. 따라서 $\int_0^\infty e^{-x^2}dx$도 수렴한다. ■

표 1

t	$\int_0^t e^{-x^2}\,dx$
1	0.7468241328
2	0.8820813908
3	0.8862073483
4	0.8862269118
5	0.8862269255
6	0.8862269255

예제 9에서는 정확한 적분값을 구하지 않고도 $\int_0^\infty e^{-x^2}dx$가 수렴한다는 사실을 확인하였다. 다변수미분적분학을 이용하면 이 이상적분의 정확한 값은 $\sqrt{\pi}/2$임을 보일 수 있다. 표 1은 이상적분의 정의를 예시한 것인데, t가 점점 커짐에 따라 적분 $\int_0^t e^{-x^2}dx$의 값이 $\sqrt{\pi}/2$에 어떻게 수렴하는지 컴퓨터를 이용하여 계산한 것이다. 사실 $x \to \infty$에 따라 $e^{-x^2} \to 0$에 매우 급격하게 수렴하기 때문에, 이 적분값들도 굉장히 빠르게 수렴함을 알 수 있다.

표 2

t	$\int_1^t [(1+e^{-x})/x]\,dx$
2	0.8636306042
5	1.8276735512
10	2.5219648704
100	4.8245541204
1000	7.1271392134
10000	9.4297243064

예제 10 적분 $\int_1^{\infty} \frac{1+e^{-x}}{x}\,dx$는 비교 정리에 의해 발산한다. 왜냐하면 $\frac{1+e^{-x}}{x} > \frac{1}{x}$이고 또 예제 1(또는 **2**에서 $p=1$인 경우)에 의해서 $\int_1^{\infty} (1/x)\,dx$는 발산하기 때문이다. ■

표 2는 예제 10의 적분이 발산한다는 것을 예시한 것인데, 이 값들을 살펴보면 어느 고정된 실수로 접근하지 않는다는 것을 알 수 있다.

7.5 연습문제

1. 다음 적분이 왜 이상적분인지 설명하여라.

(a) $\int_1^4 \frac{dx}{x-3}$ (b) $\int_3^{\infty} \frac{dx}{x^2-4}$

(c) $\int_0^1 \tan \pi x\,dx$ (d) $\int_{-\infty}^{-1} \frac{e^x}{x}\,dx$

2. $x=1$에서 $x=t$까지 곡선 $y=1/x^3$ 아랫부분의 넓이를 구하고 $t=10, 100, 1000$일 때 그 값을 각각 계산하여라. 또 $x \geqslant 1$일 때 형성되는 영역의 총 넓이를 구하여라.

3-35 다음 적분들이 수렴하는지 또는 발산하는지를 조사하여라. 그리고 수렴하는 경우에는 그 값을 구하여라.

3. $\int_1^{\infty} 2x^{-3}\,dx$ **4.** $\int_0^{\infty} e^{-2x}\,dx$

5. $\int_1^{\infty} \left(\frac{1}{3}\right)^x dx$ **6.** $\int_{-2}^{\infty} \frac{1}{x+4}\,dx$

7. $\int_3^{\infty} \frac{1}{(x-2)^{3/2}}\,dx$ **8.** $\int_0^{\infty} \frac{1}{\sqrt[4]{1+x}}\,dx$

9. $\int_{-\infty}^{0} \frac{x}{(x^2+1)^3}\,dx$ **10.** $\int_1^{\infty} \frac{x^2+x+1}{x^4}\,dx$

11. $\int_2^{\infty} \frac{x}{\sqrt{x^2-1}}\,dx$ **12.** $\int_0^{\infty} \frac{e^x}{(1+e^x)^2}\,dx$

13. $\int_{-\infty}^{-1} \frac{x^2+x}{x^3}\,dx$ **14.** $\int_{-\infty}^{\infty} xe^{-x^2}\,dx$

15. $\int_{-\infty}^{\infty} \cos 2t\,dt$ **16.** $\int_1^{\infty} \frac{e^{-1/x}}{x^2}\,dx$

17. $\int_0^{\infty} \sin^2\alpha\,d\alpha$ **18.** $\int_0^{\infty} \sin\theta\, e^{\cos\theta}\,d\theta$

19. $\int_1^{\infty} \frac{1}{x^2+x}\,dx$ **20.** $\int_{-\infty}^{0} ze^{2z}\,dz$

21. $\int_1^{\infty} \frac{\ln x}{x}\,dx$ **22.** $\int_{-\infty}^{0} \frac{z}{z^4+4}\,dz$

23. $\int_e^{\infty} \frac{1}{x(\ln x)^2}\,dx$ **24.** $\int_0^{\infty} e^{-\sqrt{y}}\,dy$

25. $\int_1^{\infty} \frac{dx}{\sqrt{x}+x\sqrt{x}}$ **26.** $\int_0^1 \frac{1}{x}\,dx$

27. $\int_{-2}^{14} \frac{dx}{\sqrt[4]{x+2}}$ **28.** $\int_{-1}^{2} \frac{x}{(x+1)^2}\,dx$

29. $\int_{-2}^{3} \frac{1}{x^4}\,dx$ **30.** $\int_0^9 \frac{1}{\sqrt[3]{x-1}}\,dx$

31. $\int_0^5 \frac{w}{w-2}\,dw$ **32.** $\int_0^{\pi/2} \tan^2\theta\,d\theta$

33. $\int_0^1 r\ln r\,dr$ **34.** $\int_0^{\pi/2} \frac{\cos\theta}{\sqrt{\sin\theta}}\,d\theta$

35. $\int_{-1}^{0} \frac{e^{1/x}}{x^3}\,dx$

36-39 다음 영역을 도시하고 그 넓이가 유한한 값을 가진다면 그 값을 구하여라.

36. $S = \{(x, y) \mid x \geqslant 1, 0 \leqslant y \leqslant e^{-x}\}$

37. $S = \{(x, y) \mid x \geqslant 1, 0 \leqslant y \leqslant 1/(x^3+x)\}$

38. $S = \{(x, y) \mid 0 \leqslant x < \pi/2, 0 \leqslant y < \sec^2 x\}$

39. $S = \{(x, y) \mid -2 < x \leqslant 0, 0 \leqslant y \leqslant 1/\sqrt{x+2}\}$

40. (a) 만약 $g(x) = (\sin^2 x)/x^2$이면 $t=2, 5, 10, 100, 1000, 10000$에 대한 $\int_1^t g(x)\,dx$의 근삿값의 표를 만들기 위해 계산기를 사용하여라. 그것은 $\int_1^{\infty} g(x)\,dx$가 수렴 또는 발산하는 것을 나타내는가?

(b) $\int_1^{\infty} g(x)\,dx$가 발산하는 것을 보이기 위하여 $f(x) = 1/x^2$을 가지고 비교하여라.

(c) $1 \leqslant x \leqslant 10$일 때 (b)에서의 f와 g의 그래프를 같은 화면에 그려라. 왜 $\int_1^{\infty} g(x)\,dx$가 수렴하는지를 그래프를 사용하여 직관적으로 설명하여라.

41-46 비교 정리를 이용하여 다음 적분이 수렴하는지 또는 발산하는지를 조사하여라.

41. $\displaystyle\int_0^\infty \frac{x}{x^3+1}\,dx$ **42.** $\displaystyle\int_1^\infty \frac{1+\sin^2 x}{\sqrt{x}}\,dx$

43. $\displaystyle\int_2^\infty \frac{1}{x-\ln x}\,dx$ **44.** $\displaystyle\int_0^\infty \frac{\arctan x}{2+e^x}\,dx$

45. $\displaystyle\int_1^\infty \frac{x+1}{\sqrt{x^4-x}}\,dx$ **46.** $\displaystyle\int_0^\pi \frac{\sin^2 x}{\sqrt{x}}\,dx$

47-48 **형태 1이면서 형태 2인 이상적분** 적분 $\int_a^\infty f(x)\,dx$는 적분구간 $[a, \infty)$가 무한이기 때문에 이상적분이다. 함수 f가 a에서 수직점근선을 가지는 경우 주어진 적분은 또 다른 이유에서 이상적분이다. 이 경우에는 이상적분을 아래와 같이 형태 1과 형태 2의 이상적분의 합으로 표현하는 방법을 통해서 계산한다.

$$\int_a^\infty f(x)\,dx = \int_a^c f(x)\,dx + \int_c^\infty f(x)\,dx \qquad c > a$$

다음 적분이 수렴한다면, 그 값을 계산하여라.

47. $\displaystyle\int_0^\infty \frac{1}{x^2}\,dx$ **48.** $\displaystyle\int_0^\infty \frac{1}{\sqrt{x}\,(1+x)}\,dx$

49-51 다음 적분이 수렴하는 p의 값을 찾고, 그 경우의 적분값을 구하여라.

49. $\displaystyle\int_0^1 \frac{1}{x^p}\,dx$ **50.** $\displaystyle\int_e^\infty \frac{1}{x(\ln x)^p}\,dx$

51. $\displaystyle\int_0^1 x^p \ln x\,dx$

---

52. (a) $n = 0, 1, 2, 3$일 때 적분 $\int_0^\infty x^n e^{-x}\,dx$를 계산하여라.

(b) n이 임의의 양의 정수일 때 $\int_0^\infty x^n e^{-x}\,dx$의 값을 추측하여라.

(c) 추측을 수학적 귀납법을 사용하여 증명하여라.

53. 적분 $\int_{-\infty}^\infty f(x)\,dx$의 **코시 주요값**은 다음과 같이 정의된다.

$$\int_{-\infty}^\infty f(x)\,dx = \lim_{t\to\infty}\int_{-t}^t f(x)\,dx$$

$\int_{-\infty}^\infty x\,dx$는 발산하지만 이 적분의 코시 주요값이 0임을 보여라.

54. 예제 1을 통해서 영역

$$\mathcal{R} = \{(x, y) \mid x \geqslant 1,\ 0 \leqslant y \leqslant 1/x\}$$

이 무한한 넓이를 가지는 것을 알았다. 이 영역을 x축에 대해 회전시켜 만든 입체(**가브리엘의 나팔**이라고 불림)의 부피가 유한함을 보여라.

55. 질량이 M이고 반지름이 R인 행성의 중력장 밖으로 질량이 m인 로켓을 내보내는 데 필요한 탈출속도 v_0를 구하여라. 뉴턴의 중력법칙을 사용하고 초기 운동에너지 $\frac{1}{2}mv_0^2$가 필요한 일을 충당한다는 사실을 이용하여라. [**힌트**: 뉴턴의 중력법칙은 질량이 m_1, m_2인 두 물체는 서로 $F = G\dfrac{m_1m_2}{r^2}$의 힘으로 끌어당긴다는 것이고, 여기서 r은 두 물체 사이의 거리, G는 중력상수이다. 지구의 반지름은 6.37×10^6 m, $G = 6.37 \times 10^{-11}$ N·m²/kg²이다.]

56. 천문학자들은 **항성입체사진법**(stellar stereography)을 이용하여 2차원 사진을 분석해서 얻을 수 있는 관측 밀도로부터 성단의 별의 밀도를 결정한다. 반지름이 R인 구 형태의 성단에서 별의 밀도는 성단의 중심으로부터 떨어진 거리 r에만 의존한다고 가정하자. s는 성단의 중심으로부터 관측된 평면거리이고 $x(r)$은 실제 밀도라 하면, 별의 관측 밀도 $y(s)$는 다음과 같다.

$$y(s) = \int_s^R \frac{2r}{\sqrt{r^2 - s^2}}\,x(r)\,dr$$

성단 내 실제 별의 밀도가 $x(r) = \frac{1}{2}(R - r)^2$일 때 관측 밀도 $y(s)$를 구하여라.

57. 방사성 동위원소는 지수적으로 감소한다. 즉 $m(0)$이 초기질량, k가 음의 상수일 때, 시각 t에서 질량은 $m(t) = m(0)e^{kt}$이다. 원자의 **평균수명** M은 아래와 같다.

$$M = -k\int_0^\infty te^{kt}\,dt$$

연대 측정에 이용되는 방사성 동위 탄소 원자 ^{14}C에 대해서 k 값은 -0.000121이다. 탄소 원자 ^{14}C의 평균수명을 구하여라.

58. 투석 치료는 환자의 혈액 중 일부를 투석기라고 부르는 장치로 흘려보냄으로써 요소를 비롯한 불순물들을 환자의 혈액에서 제거한다. 혈액에서 요소가 제거되는 비율(mg/min)은 종종 다음 식으로 설명된다.

$$u(t) = \frac{r}{V}C_0e^{-rt/V}$$

여기서 r은 투석기를 통과하는 혈액의 양(mL/min)이고, V는 환자의 혈액량(mL), C_0는 시각 $t = 0$일 때 혈액에 있는 요소의 양(mg)이다. 적분 $\int_0^\infty u(t)$를 계산하고 의미를 설명하여라.

59. 다음 부등식이 성립하기 위해서는 a가 얼마나 커야 하는지 구하여라.

$$\int_a^\infty \frac{1}{x^2+1}\,dx < 0.001$$

60. $\int_{-\infty}^\infty f(x)\,dx$가 수렴하고 a, b가 실수일 때

$$\int_{-\infty}^a f(x)\,dx + \int_a^\infty f(x)\,dx = \int_{-\infty}^b f(x)\,dx + \int_b^\infty f(x)\,dx$$

임을 보여라.

61. $\int_0^\infty x^2e^{-x^2}\,dx = \frac{1}{2}\int_0^\infty e^{-x^2}\,dx$임을 보여라.

62. 적분을 넓이로 해석함으로써 $\int_0^\infty e^{-x^2} dx = \int_0^1 \sqrt{-\ln y}$ 임을 보여라.

63. 다음 적분이 수렴하는 상수 C를 구하고 그 경우의 적분값을 구하여라.

$$\int_0^\infty \left(\frac{1}{\sqrt{x^2+4}} - \frac{C}{x+2} \right) dx$$

64. 함수 f가 $[0, \infty)$에서 연속이고, $\lim_{x \to \infty} f(x) = 1$이라 하자. $\int_0^\infty f(x)\, dx$가 수렴할 가능성이 있는가?

미국 미주리주 세인트루이스에 있는 게이트웨이(the Gateway Arch)는 높이가 192m로 1965년에 세워졌다. 에로 사리넨이 설계한 이 호는 쌍곡선 함수를 포함한 방정식을 이용하였다. 8.1절의 연습문제 34에서 그가 사용한 곡선의 길이를 구하게 될 것이다.

iStock.com / gnagel

8 적분의 추가 응용

Further Applications of Integration

6장에서 넓이, 부피, 일과 평균값 등 적분의 몇 가지 응용에 대해 살펴보았다. 이 장에서는 물리학, 공학, 생물학, 경제학, 통계학에서 관심을 갖는 양들과 더불어 적분의 몇 가지 다른 기하학적 응용—곡선의 길이, 곡면의 넓이—에 대하여 살펴보고자 한다. 예를 들어, 접시의 무게중심, 물이 댐에 가한 힘, 심장에서 나오는 피의 흐름, 평균 전화 통화 시간 등을 살펴볼 것이다.

8.1 호의 길이

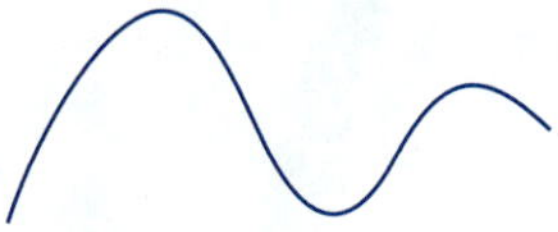

그림 1

곡선의 길이를 어떻게 측정할 것인가? 그림 1에 있는 곡선에 끈을 맞춘 다음 자에 대고 끈의 길이를 측정하면 가능하다. 그러나 이 방법으로는 복잡한 곡선의 경우 정확한 값을 구하는 것이 어렵다. 우선 넓이와 부피의 개념에 대해 했던 것과 마찬가지로 곡선의 호의 길이에 대해 정확히 정의할 필요가 있다.

■ 곡선의 호의 길이

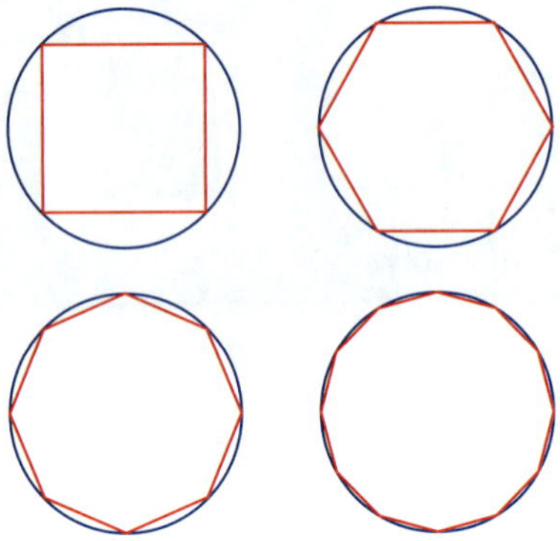

그림 2

만약 곡선이 다각형이라면, 쉽게 길이를 측정할 수 있다. 단지 다각형을 이루는 선의 길이를 더하기만 하면 된다. (각 선분의 길이는 거리 공식으로 구할 수 있다.) 우선 곡선을 다각형으로 근사시킨 다음 다각형을 이루는 선분의 수가 증가함에 따라 그 극한을 계산함으로써 일반적인 곡선의 길이를 정의하고자 한다. 이 과정은 원의 경우와 유사한데, 여기서 원주는 내접하는 다각형의 길이의 극한이다(그림 2 참조).

이제 곡선 C가 $y = f(x)$로 정의된다고 가정하자. 여기서 f는 연속이며 $a \leqslant x \leqslant b$이다. 구간 $[a, b]$를 n개의 부분 구간으로 나눔으로써 C에 근접한 다각형 경로를 얻는다. 여기서 각 끝점은 $x_0, x_1, \ldots, x_n$이라 하고, 각각의 동일한 선분 길이는 Δx라 한다. 만약 $y_i = f(x_i)$라면, 점 $P_i(x_i, y_i)$는 C 위에 놓여 있으며 꼭짓점 $P_0, P_1, \ldots, P_n$을 가진 다각형 경로(그림 3)는 C와 근사하다.

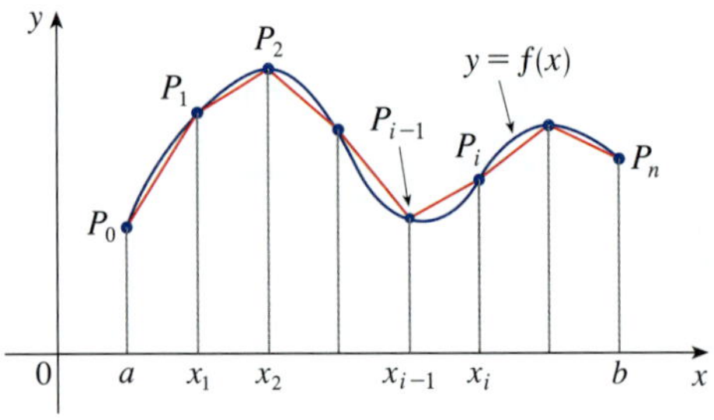

그림 3

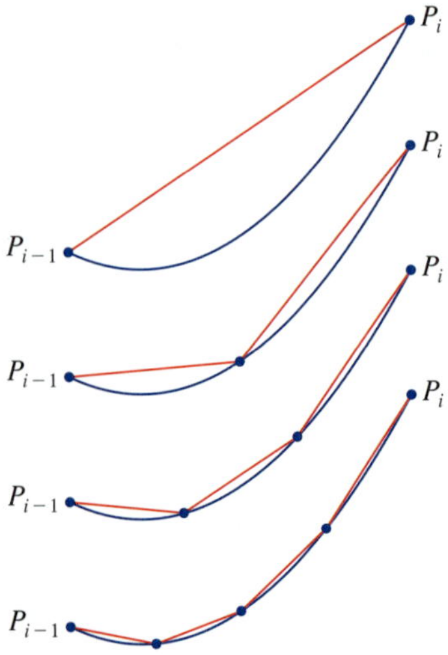

그림 4

C의 길이 L은 이 다각형 경로의 길이에 근사하며 이 근삿값은 n이 증가함에 따라 더 정확한 값이 된다. (그림 4는 P_{i-1}과 P_i 사이의 곡선의 호가 확대되어 있고, 연속적으로 더 작은 Δx값에 대한 이 호의 근사 과정이다.) 따라서 $y = f(x)$, $a \leqslant x \leqslant b$로 표현된 곡선 C의 **길이**(length) L을 곡선을 근사하는 다각형 경로의 길이의 극한으로 정의한다(극한이 존재한다면).

1
$$L = \lim_{n \to \infty} \sum_{i=1}^{n} |P_{i-1}P_i|$$

$|P_{i-1}P_i|$은 P_{i-1}과 P_i 사이의 거리이다.

호의 길이를 정의하는 절차는 넓이와 부피를 정의할 때 사용했던 절차와 매우 유사하다. 즉 주어진 곡선을 많은 개수의 작은 부분으로 나눈다. 그런 다음 이 작은 부분에 대한 길이의 근삿값을 구하고 이 근삿값을 더한다. 마지막으로 $n \to \infty$일 때 극한을 취한다.

식 1로 주어진 호의 길이의 정의는 계산을 하는 데는 매우 불편하다. 그러나 f가 연속인 도함수를 갖는다면 L에 대한 적분식을 유도할 수 있다. [이러한 함수 f는 x에 대한 작은 변화가 $f'(x)$에 대한 작은 변화를 가져오므로 **'매끄럽다'**(smooth)고 한다.]

만약 $\Delta y_i = y_i - y_{i-1}$로 둔다면,

$$|P_{i-1}P_i| = \sqrt{(x_i - x_{i-1})^2 + (y_i - y_{i-1})^2} = \sqrt{(\Delta x)^2 + (\Delta y_i)^2}$$

이 된다. 평균값 정리를 $[x_{i-1}, x_i]$ 구간에서 f에 적용하면 x_{i-1}와 x_i 사이에 다음을 만족시키는 x_i^*가 있다.

$$f(x_i) - f(x_{i-1}) = f'(x_i^*)(x_i - x_{i-1})$$

즉,

$$\Delta y_i = f'(x_i^*)\,\Delta x$$

이다. 따라서 다음 식을 얻는다.

$$\begin{aligned} |P_{i-1}P_i| &= \sqrt{(\Delta x)^2 + (\Delta y_i)^2} = \sqrt{(\Delta x)^2 + [f'(x_i^*)\,\Delta x]^2} \\ &= \sqrt{1 + [f'(x_i^*)]^2}\,\sqrt{(\Delta x)^2} = \sqrt{1 + [f'(x_i^*)]^2}\,\Delta x \qquad (\Delta x > 0\text{이므로}) \end{aligned}$$

결국 정의 1에 의하여

$$L = \lim_{n\to\infty} \sum_{i=1}^{n} |P_{i-1}P_i| = \lim_{n\to\infty} \sum_{i=1}^{n} \sqrt{1 + [f'(x_i^*)]^2}\,\Delta x$$

가 된다. 이 식은 정적분의 정의에 의해 다음과 같다.

$$\int_a^b \sqrt{1 + [f'(x)]^2}\,dx$$

이 적분은 함수 $g(x) = \sqrt{1 + [f'(x)]^2}$이 연속이므로 그 값이 존재한다. 이렇게 해서 다음 정리를 증명했다.

2 호의 길이(Arc Length) 공식 f'이 구간 $[a, b]$에서 연속이면, 곡선 $y = f(x)$, $a \leqslant x \leqslant b$의 길이는 다음과 같다.

$$L = \int_a^b \sqrt{1 + [f'(x)]^2}\,dx$$

만약 도함수에 대한 라이프니츠 표기법을 사용하면 위의 호의 길이 공식은 다음과 같이 쓸 수도 있다.

3

$$L = \int_a^b \sqrt{1 + \left(\frac{dy}{dx}\right)^2}\,dx$$

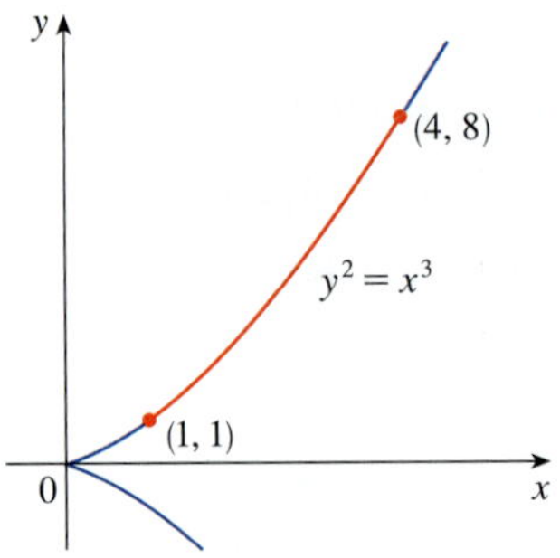

그림 5

예제 1의 답에 대한 확인으로 그림 5를 주목하면 이것은 점 (1, 1)에서 (4, 8)까지의 거리인

$$\sqrt{58} \approx 7.615773$$

보다 약간 더 길다는 것을 알 수 있다. 예제 1에서 계산에 따라,

$$L = \tfrac{1}{27}\left(80\sqrt{10} - 13\sqrt{13}\right) \approx 7.633705$$

를 얻고, 당연히 선분 길이보다 약간 더 큼을 알 수 있다.

예제 1 곡선 $y^2 = x^3$ 위의 점 (1, 1)과 (4, 8) 사이의 호의 길이를 구하여라(그림 5 참조).

풀이 x축 위쪽에 있는 곡선 부분에 대해 다음과 같이 표현할 수 있다.

$$y = x^{3/2} \qquad \frac{dy}{dx} = \tfrac{3}{2}x^{1/2}$$

그래서 호의 길이 공식은 다음과 같다.

$$L = \int_1^4 \sqrt{1 + \left(\frac{dy}{dx}\right)^2}\,dx = \int_1^4 \sqrt{1 + \tfrac{9}{4}x}\,dx$$

만약 $u = 1 + \frac{9}{4}x$로 치환하면, $du = \frac{9}{4}dx$이다. 이때 $x = 1$이면 $u = \frac{13}{4}$이고, $x = 4$이면 $u = 10$이므로

$$L = \tfrac{4}{9}\int_{13/4}^{10} \sqrt{u}\,du = \tfrac{4}{9}\cdot\tfrac{2}{3}u^{3/2}\Big]_{13/4}^{10}$$

$$= \tfrac{8}{27}\left[10^{3/2} - \left(\tfrac{13}{4}\right)^{3/2}\right] = \tfrac{1}{27}\left(80\sqrt{10} - 13\sqrt{13}\right)$$ ■

만약 곡선이 식 $x = g(y)$, $c \le y \le d$로 표현되고 $g'(y)$가 연속이면 식 [2]나 식 [3]에서 x와 y의 역할을 바꿈으로써 호의 길이에 대한 식을 얻을 수 있다.

[4] $$L = \int_c^d \sqrt{1 + [g'(y)]^2}\,dy = \int_c^d \sqrt{1 + \left(\frac{dx}{dy}\right)^2}\,dy$$

예제 2 (0, 0)에서 (1, 1)까지 포물선 $y^2 = x$의 호의 길이를 구하여라.

풀이 $x = y^2$이므로 $dx/dy = 2y$이고, 식 [4]로부터

$$L = \int_0^1 \sqrt{1 + \left(\frac{dx}{dy}\right)^2}\,dy = \int_0^1 \sqrt{1 + 4y^2}\,dy$$

를 얻는다. 이제 삼각치환 $y = \frac{1}{2}\tan\theta$를 이용하면 $dy = \frac{1}{2}\sec^2\theta d\theta$가 되고, 이로부터 $\sqrt{1 + 4y^2} = \sqrt{1 + \tan^2\theta} = \sec\theta$를 얻는다. $y = 0$일 때 $\tan\theta = 0$이므로 $\theta = 0$이고, $y = 1$일 때 $\tan\theta = 2$이므로 $\theta = \tan^{-1}2 = \alpha$라 하자.

$$L = \int_0^\alpha \sec\theta\cdot\tfrac{1}{2}\sec^2\theta\,d\theta = \tfrac{1}{2}\int_0^\alpha \sec^3\theta\,d\theta$$

$$= \tfrac{1}{2}\cdot\tfrac{1}{2}\left[\sec\theta\,\tan\theta + \ln|\sec\theta + \tan\theta|\right]_0^\alpha \qquad \text{(7.2절 예제 8 참조)}$$

$$= \tfrac{1}{4}\left(\sec\alpha\,\tan\alpha + \ln|\sec\alpha + \tan\alpha|\right)$$

(적분표에 있는 공식 21번을 사용할 수도 있다.) $\tan\alpha = 2$이므로 $\sec^2\alpha = 1 + \tan^2\alpha = 5$이고 $\sec\alpha = \sqrt{5}$이다. 따라서

$$L = \frac{\sqrt{5}}{2} + \frac{\ln\left(\sqrt{5} + 2\right)}{4}$$ ■

그림 6은 포물선의 호의 길이가 예제 2에서 계산한 것과 $n = 1$, $n = 2$인 경우의 선분 각각에 대한 다각형 근삿값을 함께 나타내었다. $n = 1$인 경우, 근사 길이는 $L_1 = \sqrt{2}$, 즉 사각형의 대각선이다. 표는 [0, 1]을 n개의 동일한 부분 구간으로 나눠 얻은 근삿값 L_n을 보여준다. 다각형의 변수를 두 배로 늘릴 때마다 정확한 길이 값인

$$L = \frac{\sqrt{5}}{2} + \frac{\ln\left(\sqrt{5} + 2\right)}{4} \approx 1.478943$$

에 근접함을 주목하자.

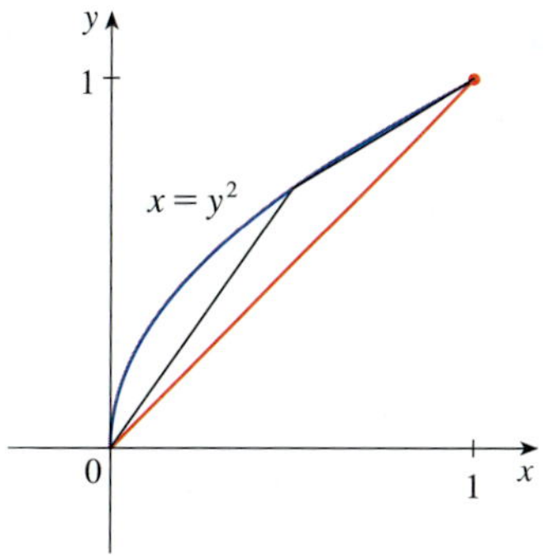

n	L_n
1	1.414
2	1.445
4	1.464
8	1.472
16	1.476
32	1.478
64	1.479

그림 6

■ 호의 길이 함수

곡선 위의 특정한 시작점에서 다른 어떤 점까지 호의 길이를 측정하는 함수를 갖는 것이 유용하다는 것을 알았다. 따라서 매끄러운 곡선 C가 식 $y = f(x)$, $a \leq x \leq b$로 표현될 때, $s(x)$가 시작점 $P_0(a, f(a))$에서 점 $Q(x, f(x))$까지 곡선 C를 따르는 거리라고 하자. 그렇다면 s는 **호의 길이 함수**(arc length function)라고 불리는 하나의 함수이고, 식 2에 의해 다음과 같이 표현된다.

5 $$s(x) = \int_a^x \sqrt{1 + [f'(t)]^2}\, dt$$

(위 식에서 x가 두 가지 의미를 갖지 않도록 적분변수를 t로 대체하였다.) 미적분학 기본정리 1을 사용하여 식 5를 미분할 수 있다(피적분함수가 연속이기 때문에).

6 $$\frac{ds}{dx} = \sqrt{1 + [f'(x)]^2} = \sqrt{1 + \left(\frac{dy}{dx}\right)^2}$$

식 6에 의해, x에 따른 s의 변화율은 항상 1보다 크거나 같고 $f'(x)$(곡선의 기울기)가 0일 때는 1이 된다. 호의 길이의 미분은 다음과 같다.

7 $$ds = \sqrt{1 + \left(\frac{dy}{dx}\right)^2}\, dx$$

때로는 위 식을 대칭적인 형태로 표현한다.

8 $$(ds)^2 = (dx)^2 + (dy)^2$$

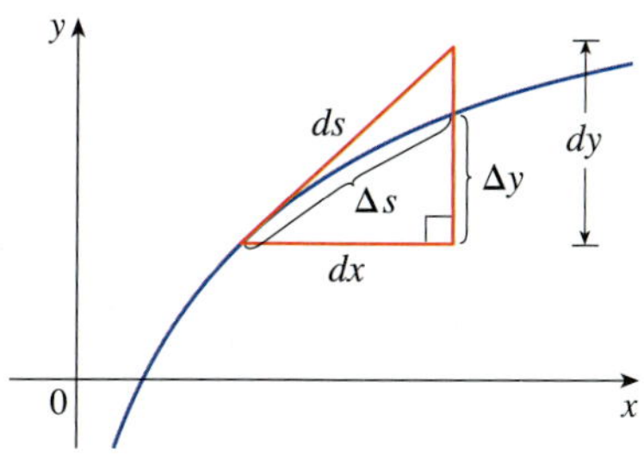

그림 7

식 8의 기하학적 해석은 그림 7에 있다. 이 그림은 식 3과 4 둘 다를 기억하는 데 도움이 된다. 만약 $L = \int ds$라고 한다면, 식 8로부터 7을 얻을 수 있고 이로부터 3을 얻거나, 혹은

9 $$ds = \sqrt{1 + \left(\frac{dx}{dy}\right)^2}\, dy$$

를 얻은 다음 이로부터 식 4를 얻을 수도 있다.

예제 3 시작점을 $P_0(1, 1)$로 잡았을 때 곡선 $y = x^2 - \frac{1}{8}\ln x$에 대한 호의 길이 함수를 구하여라.

풀이 만약 $f(x) = x^2 - \frac{1}{8}\ln x$라 두면,

$$f'(x) = 2x - \frac{1}{8x}$$

$$1 + [f'(x)]^2 = 1 + \left(2x - \frac{1}{8x}\right)^2 = 1 + 4x^2 - \frac{1}{2} + \frac{1}{64x^2}$$

$$= 4x^2 + \frac{1}{2} + \frac{1}{64x^2} = \left(2x + \frac{1}{8x}\right)^2$$

$$\sqrt{1 + [f'(x)]^2} = 2x + \frac{1}{8x} \qquad (x > 0\text{이므로})$$

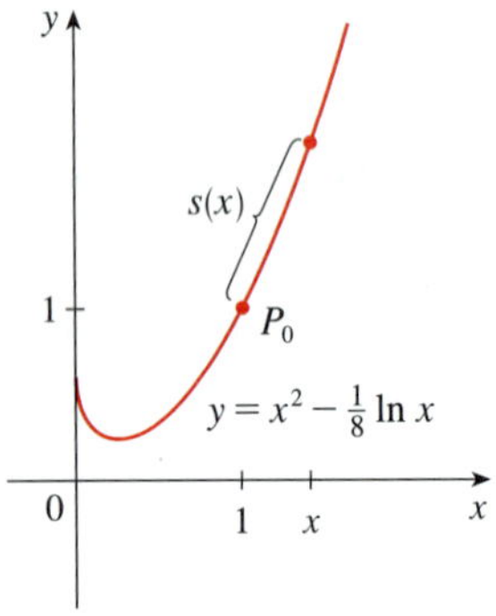

그림 8

그림 8은 예제 3에 있는 호의 길이 공식의 해석을 보여준다.

따라서 호의 길이 공식은 다음과 같이 주어진다.

$$s(x) = \int_1^x \sqrt{1 + [f'(t)]^2}\, dt$$

$$= \int_1^x \left(2t + \frac{1}{8t}\right) dt = t^2 + \tfrac{1}{8}\ln t \Big]_1^x$$

$$= x^2 + \tfrac{1}{8}\ln x - 1$$

예를 들어 $(1, 1)$에서 $(3, f(3))$까지 곡선을 따른 호의 길이는

$$s(3) = 3^2 + \tfrac{1}{8}\ln 3 - 1 = 8 + \frac{\ln 3}{8} \approx 8.1373$$ ■

8.1 연습문제

1. 호의 길이 공식 [3]을 이용하여 곡선 $y = 3 - 2x$, $-1 \leqslant x \leqslant 3$의 길이를 구하여라. 주어진 곡선이 직선이라는 것을 알고 거리 공식에 의하여 그 길이를 계산해봄으로써 구한 답을 확인해보아라.

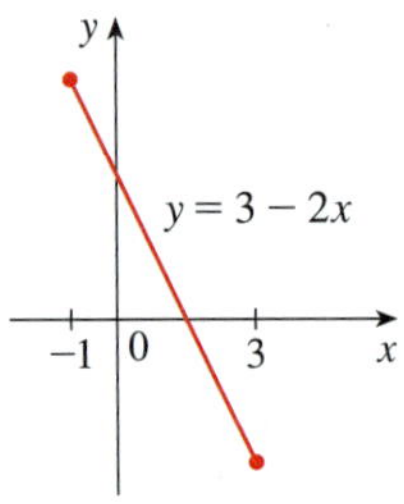

2. 곡선 $y = \sqrt{4 - x^2}$, $0 \leqslant x \leqslant 2$의 길이를 구하는 데 호의 길이 공식을 사용하여라. 주어진 곡선이 원의 일부분이라는 것을 이용하여 구한 답을 확인해보아라.

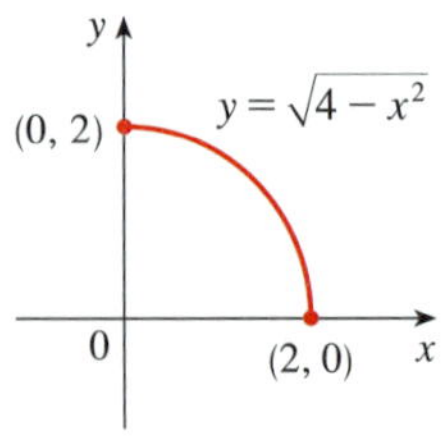

3-6 곡선의 길이를 적분으로 표시하되 계산은 하지 마라.

3. $y = x^3$, $0 \leqslant x \leqslant 2$

4. $y = e^x$, $1 \leqslant x \leqslant 3$

5. $y = x - \ln x$, $1 \leqslant x \leqslant 4$

6. $x = \sin y$, $0 \leqslant y \leqslant \pi/2$

7-17 곡선의 길이를 구하여라.

7. $y = \frac{2}{3}x^{3/2}$, $0 \leqslant x \leqslant 2$

8. $y = \frac{2}{3}(1 + x^2)^{3/2}, \quad 0 \leqslant x \leqslant 1$

9. $y = \dfrac{x^3}{3} + \dfrac{1}{4x}, \quad 1 \leqslant x \leqslant 2$

10. $x = \dfrac{y^4}{8} + \dfrac{1}{4y^2}, \quad 1 \leqslant y \leqslant 2$

11. $y = \frac{1}{2}\ln(\sin 2x), \quad \pi/8 \leqslant x \leqslant \pi/6$

12. $y = \ln(\sec x), \quad 0 \leqslant x \leqslant \pi/4$

13. $x = \frac{1}{3}\sqrt{y}\,(y - 3), \quad 1 \leqslant y \leqslant 9$

14. $y = 3 + \frac{1}{2}\cosh 2x, \quad 0 \leqslant x \leqslant 1$

15. $y = \sqrt{x - x^2} + \sin^{-1}(\sqrt{x})$

16. $y = \ln(1 - x^2), \quad 0 \leqslant x \leqslant \frac{1}{2}$

17. $y = 1 - e^{-x}, \quad 0 \leqslant x \leqslant 2$

18-19 점 P에서 점 Q까지 곡선의 호의 길이를 구하여라.

18. $y = \frac{1}{2}x^2, \quad P(-1, \frac{1}{2}), \quad Q(1, \frac{1}{2})$

19. $x^2 = (y - 4)^3, \quad P(1, 5), \quad Q(8, 8)$

T **20-23** 곡선을 그리고 곡선의 길이를 추정해보아라. 그리고 계산기를 이용하여 소수 넷째 자리까지 길이를 구하여라.

20. $y = x^2 + x^3, \quad 1 \leqslant x \leqslant 2$

21. $y = x + \cos x, \quad 0 \leqslant x \leqslant \pi/2$

22. $y = x\tan x, \quad 0 \leqslant x \leqslant 1$

23. $y = xe^{-x}, \quad 1 \leqslant x \leqslant 2$

24-25 심프슨 공식을 사용하여 $n = 10$일 때 곡선의 호의 길이를 구하여라. 구한 답을 계산기를 통해 얻은 적분값과 비교하여라.

24. $y = x\sin x, \ 0 \leqslant x \leqslant 2\pi$

25. $y = e^{-x^2}, \ 0 \leqslant x \leqslant 2$

---

26. 성망형 $x^{2/3} + y^{2/3} = 1$의 길이를 구하여라.

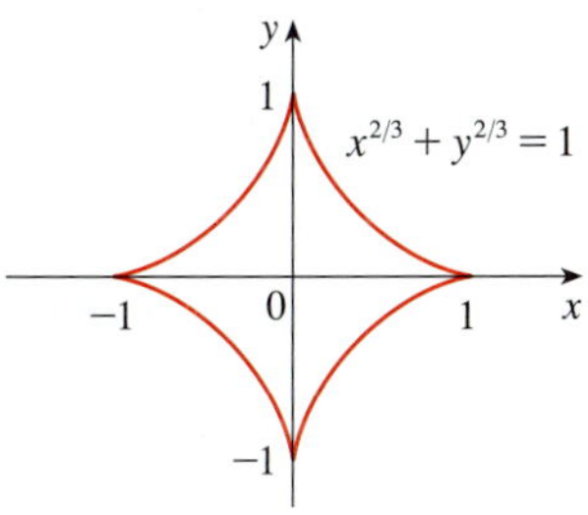

27. (a) 곡선 $y^3 = x^2$을 그려라.

(b) 점 (0, 0)에서 점 (1, 1)까지의 호의 길이를 두 개의 적분 공식 3, 4를 사용하여 구하여라. 이 공식 중 하나가 부적절한 적분임을 확인하고 공식 모두를 평가해보아라.

(c) 점 (−1, 1)에서 점 (8, 4)까지의 곡선의 호의 길이를 구하여라.

28. $P_0(1, 2)$를 시작점으로 하는 곡선 $y = 2x^{3/2}$에 대한 호의 길이 함수를 찾아라.

29. (a) $(\pi/2, 0)$을 시작점으로 하는 곡선 $y = \ln(\sin x)$, $0 < x < \pi$에 대한 호의 길이 함수를 찾아라.

(b) 한 개의 좌표평면에 곡선과 곡선의 호의 길이 함수를 모두 그려라. $x < \pi/2$이면 호의 길이 함수가 음수인 이유는 무엇인가?

30. 시작점이 (0, 1)일 때 곡선 $y = \sin^{-1}x + \sqrt{1 - x^2}$에 대한 호의 길이 함수를 찾아라.

31. 180m 고도에서 15m/s로 나는 매가 우연히 먹이를 떨어뜨렸다. 떨어지는 먹이의 포물선 궤도는 땅에 떨어질 때까지 다음 식을 따른다.

$$y = 180 - \frac{x^2}{45}$$

여기서 y는 땅에서부터 먹이까지의 높이이고, x는 이동한 수평거리(m)이다. 먹이가 매의 부리에서 떨어진 시각부터 땅에 떨어질 때까지 이동한 거리를 계산하여라. 가장 근사한 소수 첫째 자리로 답을 구하되 단위는 m로 하여라.

T **32.** 물결무늬 철제 지붕의 제작자는 그림과 같이 평면 금속판을 처리하여 너비가 60cm이고 두께가 4cm인 물결무늬 패널을 생산하기를 원한다. 지붕의 측면은 사인곡선 모양을 취하고 있다. 이 사인곡선의 방정식이 $y = 2\sin(\pi x/15)$임을 증명하고 너비가 60cm인 패널을 만드는 데 필요한 평면 금속판의 너비 w의 값을 구하여라. (계산기를 이용하여 소수 넷째 자리까지 정적분의 값을 계산하여라.)

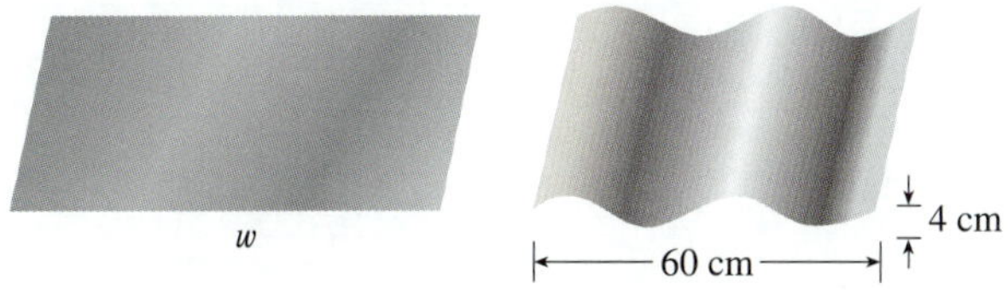

33-34 **현수선** 그림에서 보듯이 밀도가 일정한 체인(혹은 케이블)을 두 점에 매달아 늘어뜨린 형태의 곡선을 **현수선**이라 하고 식 $y = a\cosh(x/a)$를 만족한다(11.2절 뒤에 나오는 발견 프로젝트 참조).

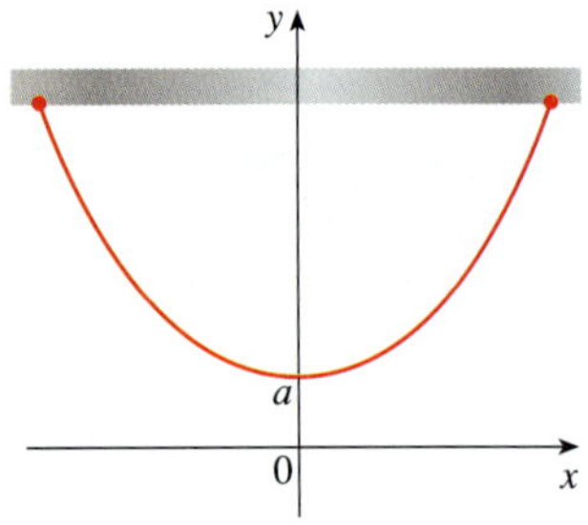

33. 아래 그림은 $x = -10$과 $x = 10$에 세워진 기둥 사이에 늘어뜨린 전화선을 나타낸다. 이 전화선은 식

$$y = c + a\cosh\frac{x}{a}$$

로 주어지는 현수선 모양으로 매달려 있다. 두 기둥 사이의 전화선의 길이가 20.4m이고 전화선의 가장 낮은 지점이 지상에서 9m 위에 있어야 한다면, 전화선을 기둥에 몇 미터 높이로 달아야 하는지 구하여라.

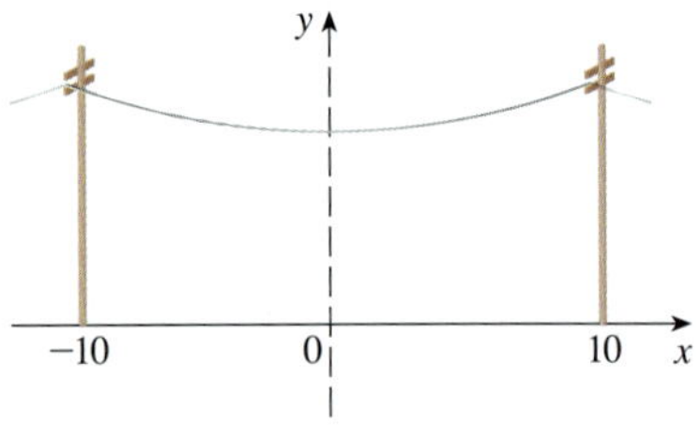

34. 영국의 물리학자이자 건축가인 로버트 훅(Robert Hooke, 1635~1703)은 아치(Arch)의 이상적인 모양이 뒤집힌 현수선임을 최초로 알아냈다. 훅은 "체인을 걸듯 아치를 세워라"라고 말했다. 세인트루이스의 게이트웨이 아치의 중심부 곡선은 다음 방정식을 사용하여 만들어졌다.

$$y = 211.49 - 20.96\cosh 0.03291765x$$

여기서 x, y는 미터단위이며 $|x| \leqslant 91.20$이다. 아치 길이를 적분으로 나타내어라. 그리고 계산기를 사용하여 가장 근접한 길이를 계산하여라.

---

35. 함수 $f(x) = \frac{1}{4}e^x + e^{-x}$에 대하여, 임의의 구간에서의 호의 길이와 곡선 아래의 넓이가 같음을 증명하여라.

36. $x^n + y^n = 1$, $n = 4, 6, 8, \cdots$의 식을 가진 곡선을 **뚱뚱한 원**(fat circles)이라 부른다. 이유를 알기 위해 $n = 2, 4, 6, 8, 10$일 때 곡선을 그려보아라. $n = 2k$일 때 곡선의 길이 L_{2k}를 적분으로 나타내어라. 적분을 계산하기 전에 $\lim_{k\to\infty} L_{2k}$의 값을 적어보아라.

37. 곡선

$$y = \int_1^x \sqrt{t^3 - 1}\,dt \qquad 1 \leqslant x \leqslant 4$$

의 길이를 구하여라.

발견프로젝트 | 호의 길이 대결

아래 곡선들은 다음 성질을 만족하는 연속함수 그래프이다.

1. $f(0) = 0$, $f(1) = 0$

2. $f(x) \geqslant 0$, $0 \leqslant x \leqslant 1$

3. $0 \leqslant x \leqslant 1$에서 f의 그래프 아래의 넓이는 1이다.

그러나 이 곡선들의 길이 L은 모두 다르다.

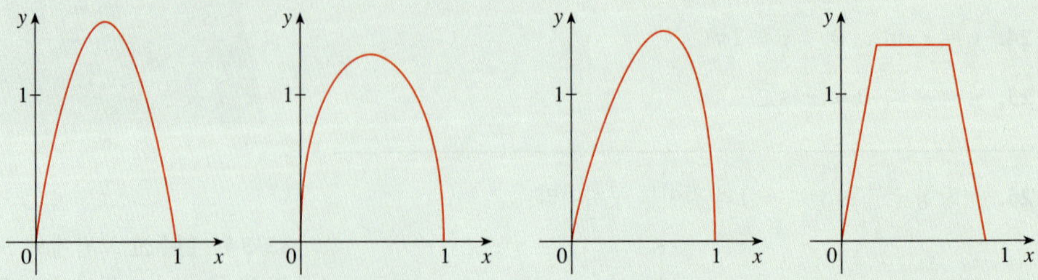

$L \approx 3.249$　　$L \approx 2.919$　　$L \approx 3.152$　　$L \approx 3.213$

위의 성질 모두를 만족하는 함수 두 개를 찾아라. (위의 그래프와 비슷한 모양일 수도 있으며 다른 모양일 수도 있다.) 그러고 나서 두 개의 그래프의 호의 길이를 계산하여라. 우승은 가장 작은 호의 길이를 가진 그래프이다.

8.2 회전체의 겉넓이

회전체의 표면은 곡선이 한 직선에 대해 회전할 때 형성된다. 이러한 표면은 6.2절과 6.3절에서 논의된 종류의 회전에 의해 만들어진 입체의 측면 부분이다.

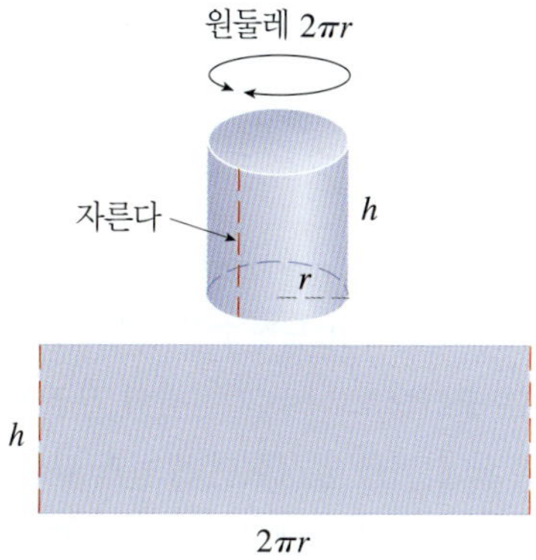

그림 1

직관적인 방법으로 회전체의 겉넓이를 정의하고자 한다. 만약 표면의 넓이가 A라면 겉넓이를 칠하는 데 넓이 A의 평면에 요구되는 것과 같은 양의 페인트가 필요하리라고 상상할 수 있다.

몇 가지 간단한 곡면으로 시작해보자. 반지름이 r이고 높이가 h인 원기둥의 외부 겉넓이는 $A = 2\pi rh$로 주어진다. 왜냐하면 $2\pi r$과 h로 구성된 사각형을 얻기 위해 원기둥을 잘라 펼쳤을 때를 상상할 수 있기 때문이다(그림 1에서처럼).

마찬가지로, 밑면의 반지름이 r이고 경사면의 높이가 l인 원뿔을 예로 들어볼 수 있다. 이 원뿔을 그림 2에서처럼 점선을 따라 자르고 펼쳐서 반지름이 l이고 중심각 $\theta = 2\pi r/l$인 부채꼴을 만들 수 있다. 일반적으로 반지름이 l이고 중심각이 θ인 부채꼴의 넓이가 $\frac{1}{2}l^2\theta$임을 알고 있으므로 이 경우에 넓이는

$$A = \tfrac{1}{2}l^2\theta = \tfrac{1}{2}l^2\left(\frac{2\pi r}{l}\right) = \pi rl$$

이 된다. 따라서 원뿔의 측면 겉넓이는 $A = \pi rl$이라고 정의한다.

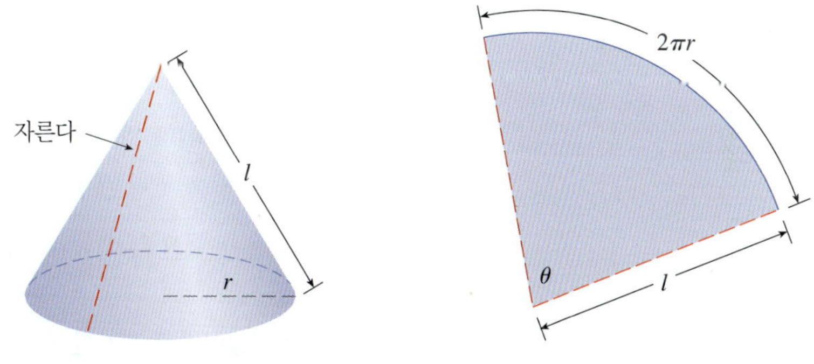

그림 2

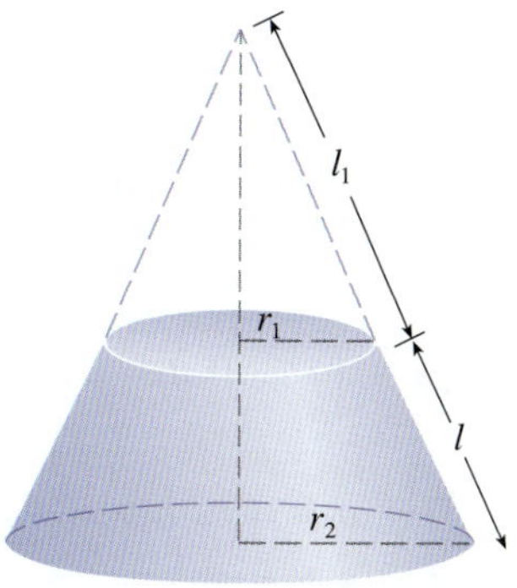

그림 3

그렇다면 복잡한 회전체의 겉넓이에 대해서는 어떠한가? 만약 호의 길이에 사용했던 방법을 따른다면 다각형 경로에 의해 원래의 곡선을 근사시킬 수 있다. 이 다각형이 축을 따라 회전할 때 이것은 실제 겉넓이와 비슷한 좀 더 간단한 곡면을 만들어낸다.

근사적인 이 곡면은 여러 개의 띠로 구성되는데 각각은 축에 대해 회전한 선분에 의해 형성된다. 겉넓이를 구하기 위해 이 띠들의 각각은 그림 3에서 보는 것처럼 원뿔의 한 부분으로 간주한다. 높이가 l이고 위쪽 반지름과 아래쪽 반지름이 각각 r_1, r_2인 띠의 넓이(혹은 원뿔대)는 두 원뿔의 옆넓이를 빼서 구할 수 있다.

1 $$A = \pi r_2(l_1 + l) - \pi r_1 l_1 = \pi[(r_2 - r_1)l_1 + r_2 l]$$

삼각형의 닮음비로부터 다음을 얻는다.

$$\frac{l_1}{r_1} = \frac{l_1 + l}{r_2}$$

이것으로부터

$$r_2 l_1 = r_1 l_1 + r_1 l \qquad \text{또는} \qquad (r_2 - r_1) l_1 = r_1 l$$

을 얻는다. 이 식을 식 **1** 에 넣으면, 다음을 얻는다.

2
$$A = 2\pi r l$$

여기서 $r = \frac{1}{2}(r_1 + r_2)$은 띠의 평균 반지름이다.

이제 이 공식을 우리의 전략에 적용해보자. 그림 4의 회전체는 $y = f(x)$, $a \leqslant x \leqslant b$를 x축에 대해 회전시켜 얻은 것이다. 여기서 f는 양수이고 연속인 도함수를 갖는다. 이것의 겉넓이를 정의하기 위해 구간 $[a, b]$를 n개의 부분 구간으로 나누고 각각의 끝점은 $x_0, x_1, \ldots, x_n$이고 같은 너비 Δx를 가진다. 이것은 호의 길이를 결정했던 방법과 같다. 만약 $y_i = f(x_i)$라면 점 $P_i(x_i, y_i)$는 곡선 위에 있다. x_{i-1}와 x_i 사이에 해당하는 표면의 부분은 선분 $P_{i-1}P_i$를 x축에 대해 회전시켜 근사시킬 수가 있다. 결과는 경사높이 $l = |P_{i-1}P_i|$이고, 평균 반지름 $r = \frac{1}{2}(y_{i-1} + y_i)$인 띠가 되어 공식 **2** 에 의해 겉넓이는 다음과 같다.

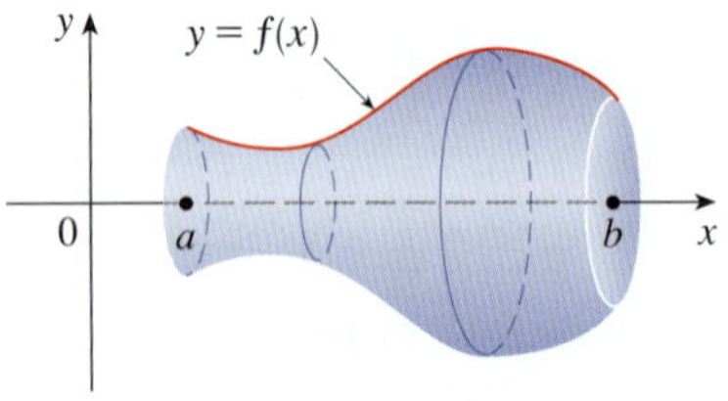

(a) 회전체의 표면

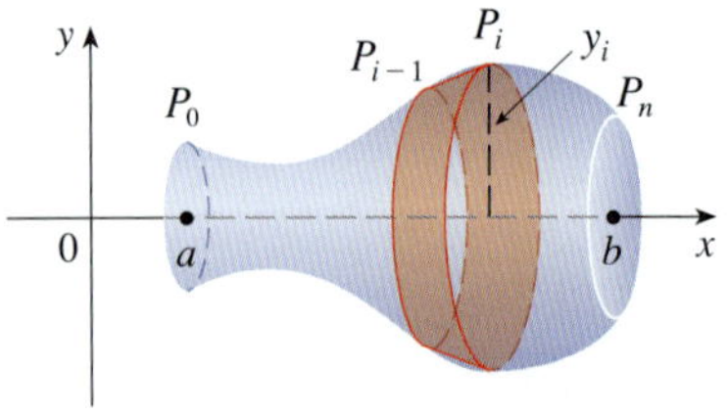

(b) 근사시킨 원뿔대

그림 4

$$2\pi \frac{y_{i-1} + y_i}{2} |P_{i-1}P_i|$$

8.1절의 식 **2** 의 증명에서처럼 다음을 생각해보자.

$$|P_{i-1}P_i| = \sqrt{1 + [f'(x_i^*)]^2}\, \Delta x$$

여기서 x_i^*는 구간 $[x_{i-1}, x_i]$에 있는 실수이다. 이제 Δx가 작을 때 $y_i = f(x_i) \approx f(x_i^*)$이고, 또한 f가 연속이므로 $y_{i-1} = f(x_{i-1}) \approx f(x_i^*)$가 된다. 따라서

$$2\pi \frac{y_{i-1} + y_i}{2} |P_{i-1}P_i| \approx 2\pi f(x_i^*) \sqrt{1 + [f'(x_i^*)]^2}\, \Delta x$$

이고, 전체 회전면의 넓이라고 생각한 것에 대한 근삿값은 다음과 같다.

3
$$\sum_{i=1}^{n} 2\pi f(x_i^*) \sqrt{1 + [f'(x_i^*)]^2}\, \Delta x$$

이 근삿값은 $n \to \infty$일수록 더욱 정확해지고, **3** 을 함수 $g(x) = 2\pi f(x) \sqrt{1 + [f'(x)]^2}$에 대한 리만합으로 보면 다음을 얻는다.

$$\lim_{n \to \infty} \sum_{i=1}^{n} 2\pi f(x_i^*) \sqrt{1 + [f'(x_i^*)]^2}\, \Delta x = \int_a^b 2\pi f(x) \sqrt{1 + [f'(x)]^2}\, dx$$

따라서 f가 양이고 연속인 도함수를 갖는 경우에 곡선 $y = f(x)$, $a \leqslant x \leqslant b$를 x축에 대하여 회전시켜 얻은 곡면의 **겉넓이**(surface area)는 다음과 같이 정의한다.

4
$$S = \int_a^b 2\pi f(x) \sqrt{1 + [f'(x)]^2}\, dx$$

도함수에 대한 라이프니츠 표기법으로 나타내면 위 식은 다음과 같이 된다.

5 $$S = \int_a^b 2\pi y \sqrt{1 + \left(\frac{dy}{dx}\right)^2}\, dx$$

만약 곡선이 $x = g(y)$, $c \leqslant y \leqslant d$로 표현된다면 겉넓이의 공식은 다음과 같다.

6 $$S = \int_c^d 2\pi y \sqrt{1 + \left(\frac{dx}{dy}\right)^2}\, dy$$

그리고 식 **5**와 **6**은 8.1절에서 주어진 호의 길이에 대한 표기법을 사용하면 다음과 같이 간단히 나타낼 수 있다.

7 $$S = \int 2\pi y\, ds$$

y축에 대한 회전에서 곡면의 넓이의 식은 다음과 같다.

8 $$S = \int 2\pi x\, ds$$

여기서 다음 둘 중 하나를 사용할 수 있다(8.1절의 식 **7**, **9** 참조).

$$ds = \sqrt{1 + \left(\frac{dy}{dx}\right)^2}\, dx \quad \text{또는} \quad ds = \sqrt{1 + \left(\frac{dx}{dy}\right)^2}\, dy$$

NOTE 공식 **7**과 **8**은 피적분식을 곡선 위의 점 (x, y)가 x축 또는 y축을 따라서 회전하는 동안 생긴 원둘레라고 생각하면 기억하기 쉽다(그림 5 참조).

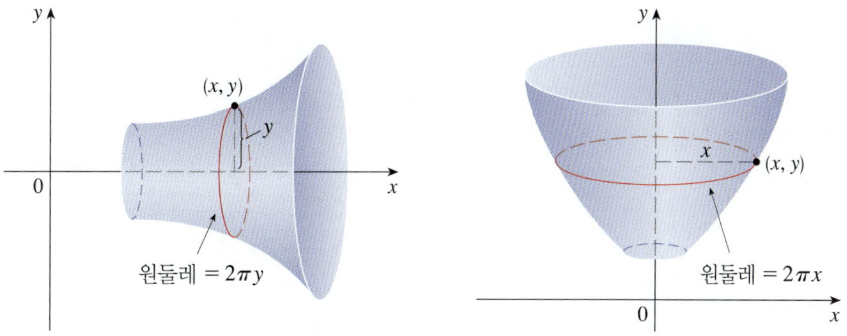

x축에 대한 회전:

$$S = \int \underbrace{2\pi \overbrace{y}^{\text{반지름}}}_{\text{원둘레}}\, ds$$

y축에 대한 회전:

$$S = \int \underbrace{2\pi \overbrace{x}^{\text{반지름}}}_{\text{원둘레}}\, ds$$

그림 5

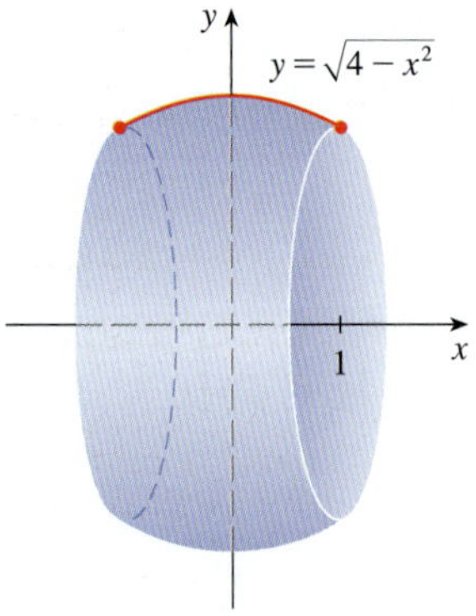

그림 6 그림 6은 구의 일부분을 보여 주며 겉넓이는 예제 1에 계산되어 있다.

예제 1 곡선 $y = \sqrt{4 - x^2}$, $-1 \leqslant x \leqslant 1$은 원 $x^2 + y^2 = 4$ 위의 한 호이다. x축에 대하여 이 호를 회전시켜 얻은 곡면의 넓이를 구하여라. (곡면은 반지름 2인 구의 일부이다. 그림 6 참조)

풀이
$$\frac{dy}{dx} = \tfrac{1}{2}(4 - x^2)^{-1/2}(-2x) = \frac{-x}{\sqrt{4 - x^2}}$$

이므로 식 **5**에 의하여 곡면의 넓이는

$$S = \int_{-1}^{1} 2\pi y \sqrt{1 + \left(\frac{dy}{dx}\right)^2}\, dx$$

$$= 2\pi \int_{-1}^{1} \sqrt{4 - x^2} \sqrt{1 + \frac{x^2}{4 - x^2}}\, dx$$

$$= 2\pi \int_{-1}^{1} \sqrt{4 - x^2} \sqrt{\frac{4 - x^2 + x^2}{4 - x^2}}\, dx$$

$$= 2\pi \int_{-1}^{1} \sqrt{4 - x^2}\, \frac{2}{\sqrt{4 - x^2}}\, dx = 4\pi \int_{-1}^{1} 1\, dx = 4\pi(2) = 8\pi$$ ■

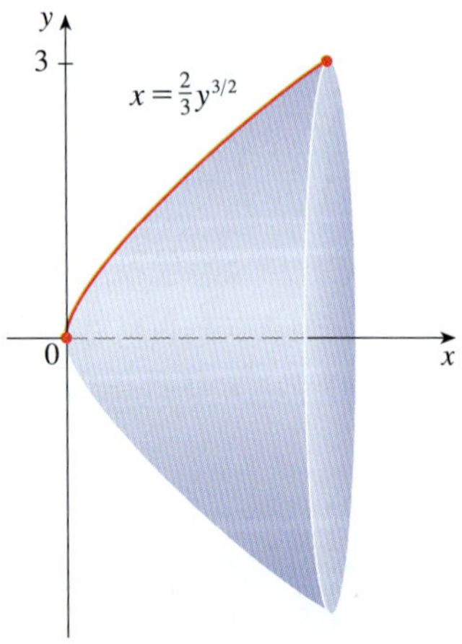

그림 7 예제 2에서 넓이를 계산하는 회전체의 표면

예제 2 곡선 $x = \frac{2}{3}y^{3/2}$에서 $y = 0$과 $y = 3$ 사이의 부분을 x축 둘레로 회전시켰다(그림 7 참조). 회전체의 겉넓이를 구하여라.

풀이 x가 y에 대한 함수이므로 y에 대하여 적분하는 것이 자연스럽다. 식 **7**에서 $ds = \sqrt{1 + (dx/dy)^2}\, dy$로 놓으면(즉 식 **6**), 겉넓이는 다음과 같다.

$$S = \int_0^3 2\pi y \sqrt{1 + \left(\frac{dx}{dy}\right)^2}\, dy = 2\pi \int_0^3 y\sqrt{1 + (y^{1/2})^2}\, dy$$

$$= 2\pi \int_0^3 y\sqrt{1 + y}\, dy$$

$u = 1 + y$, $du = dy$로 치환하고 적분구간을 바꾸면 아래와 같다.

$$S = 2\pi \int_1^4 (u - 1)\sqrt{u}\, du = 2\pi \int_1^4 (u^{3/2} - u^{1/2})\, du$$

$$= 2\pi \left[\tfrac{2}{5}u^{5/2} - \tfrac{2}{3}u^{3/2}\right]_1^4 = \tfrac{232}{15}\pi$$ ■

예제 3 점 (1, 1)에서 (2, 4)까지의 포물선 $y = x^2$의 호를 y축에 대하여 회전시켰다. 회전된 곡면의 넓이를 구하여라.

풀이 1 y를 x에 대한 함수로 생각하면 아래와 같다.

$$y = x^2, \qquad \frac{dy}{dx} = 2x$$

그림 8은 회전체의 표면을 보여주는데 넓이는 예제 3에 계산되어 있다.

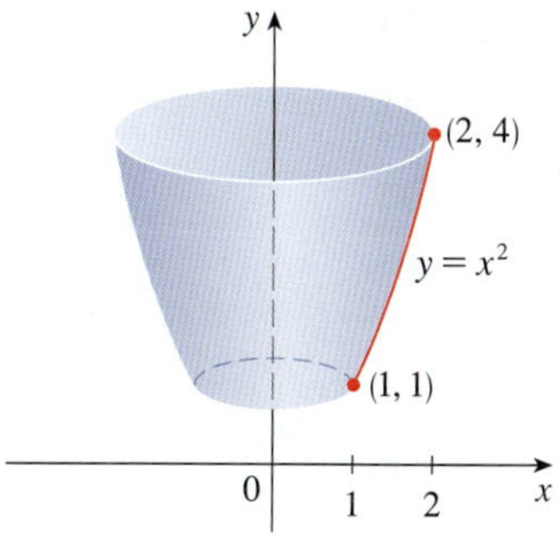

그림 8

$ds = \sqrt{1 + (dy/dx)^2}\, dx$로 놓고 식 8을 적용해서 다음을 얻는다.

$$S = \int 2\pi x\, ds$$
$$= \int_1^2 2\pi x \sqrt{1 + \left(\frac{dy}{dx}\right)^2}\, dx$$
$$= 2\pi \int_1^2 x\sqrt{1 + 4x^2}\, dx$$

$u = 1 + 4x^2$으로 치환하여, $du = 8x\, dx$를 얻는다. 이때 적분구간을 바꾸는 것을 유념하면 다음을 얻는다.

$$S = 2\pi \int_5^{17} \sqrt{u} \cdot \tfrac{1}{8}\, du$$
$$= \frac{\pi}{4}\int_5^{17} u^{1/2}\, du = \frac{\pi}{4}\left[\tfrac{2}{3}u^{3/2}\right]_5^{17}$$
$$= \frac{\pi}{6}\left(17\sqrt{17} - 5\sqrt{5}\right)$$

풀이 2 x를 y에 대한 함수로 생각하면 다음을 얻는다.

$$x = \sqrt{y}, \qquad \frac{dx}{dy} = \frac{1}{2\sqrt{y}}$$

예제 3에 대한 답의 검산으로 그림 8을 살펴보자. 곡면의 넓이는 같은 높이와 위아래 반지름의 중간값을 반지름으로 가진 원기둥의 넓이[$2\pi(1.5)(3) \approx 28.27$]에 가까워야 한다. 겉넓이를 계산하면 다음과 같다.

$$\frac{\pi}{6}\left(17\sqrt{17} - 5\sqrt{5}\right) \approx 30.85$$

이것은 타당해 보인다. 다른 방법을 생각해보면, 겉넓이는 같은 윗면과 아랫면을 가진 원뿔대의 넓이보다는 약간 커야만 한다. 식 2로부터 이것은 $2\pi(1.5)(\sqrt{10}) \approx 29.80$임을 알 수 있다.

$ds = \sqrt{1 + (dx/dy)^2}\, dy$로 놓고 식 8을 적용하면 아래와 같다.

$$S = \int 2\pi x\, ds = \int_1^4 2\pi x \sqrt{1 + \left(\frac{dx}{dy}\right)^2}\, dy$$
$$= 2\pi \int_1^4 \sqrt{y}\sqrt{1 + \frac{1}{4y}}\, dy = 2\pi \int_1^4 \sqrt{y + \tfrac{1}{4}}\, dy$$
$$= 2\pi \int_1^4 \sqrt{\tfrac{1}{4}(4y + 1)}\, dy = \pi \int_1^4 \sqrt{4y + 1}\, dy$$
$$= \frac{\pi}{4}\int_5^{17} \sqrt{u}\, du \qquad (u = 1 + 4y)$$
$$= \frac{\pi}{6}\left(17\sqrt{17} - 5\sqrt{5}\right) \qquad \text{(풀이 1)}$$

■

예제 4 곡선 $y = e^x$, $0 \leq x \leq 1$을 x축에 대하여 회전시켜 만든 곡면의 넓이를 구하여라.

풀이

$$y = e^x, \qquad \frac{dy}{dx} = e^x$$

다른 방법:
$x = \ln y$, $ds = \sqrt{1 + (dx/dy)^2}\, dy$로 놓고 식 7(즉 식 6)을 적용한다.

$ds = \sqrt{1 + (dy/dx)^2}\, dx$로 놓고 식 7(즉 식 6)을 적용하면, 다음을 얻는다.

$$S = \int_0^1 2\pi y \sqrt{1 + \left(\frac{dy}{dx}\right)^2}\, dx = 2\pi \int_0^1 e^x \sqrt{1 + e^{2x}}\, dx$$

계산기 혹은 컴퓨터를 이용하면 다음과 같다.

$$2\pi \int_0^1 e^x \sqrt{1 + e^{2x}}\, dx \approx 22.943$$

■

8.2 연습문제

1-3 주어진 곡선을 x축에 대하여 회전시켰다. 회전체의 겉넓이를 구하기 위한 적분식을 (a) x에 대한 적분 (b) y에 대한 적분으로 표현하되 계산은 하지 마라.

1. $y = \sqrt[3]{x},\ 1 \leqslant x \leqslant 8$

2. $x = \ln(2y + 1),\ 0 \leqslant y \leqslant 1$

3. $y = \tan^{-1}x,\ 0 \leqslant x \leqslant 1$

4-6 주어진 곡선을 y축에 대하여 회전시켰다. 회전체의 겉넓이를 구하기 위한 적분식을 (a) x에 대한 적분 (b) y에 대한 적분으로 표현하되 계산은 하지 마라.

4. $xy = 4,\ 1 \leqslant x \leqslant 8$

5. $y = 1 + \sin x,\ 0 \leqslant x \leqslant \pi/2$

6. $x = e^{2y},\ 0 \leqslant y \leqslant 2$

7-12 x축에 대하여 곡선을 회전시켜 얻은 곡면의 넓이를 구하여라.

7. $y = x^3,\ 0 \leqslant x \leqslant 2$

8. $y = \sqrt{5 - x},\ 3 \leqslant x \leqslant 5$

9. $y^2 = x + 1,\ 0 \leqslant x \leqslant 3$

10. $y = \cos(\frac{1}{2}x),\ 0 \leqslant x \leqslant \pi$

11. $y = \dfrac{x^3}{6} + \dfrac{1}{2x},\ \frac{1}{2} \leqslant x \leqslant 1$

12. $x = \frac{1}{3}(y^2 + 2)^{3/2},\ 1 \leqslant y \leqslant 2$

13-14 주어진 곡선을 y축에 대하여 회전시킨 결과로 얻어지는 곡면의 넓이를 구하여라.

13. $y = \frac{1}{3}x^{3/2},\ 0 \leqslant x \leqslant 12$

14. $x^{2/3} + y^{2/3} = 1,\ 0 \leqslant y \leqslant 1$

T **15-17** 다음 곡선을 주어진 축에 대하여 회전시켜 얻은 회전체의 겉넓이를 구하기 위한 적분식을 구하여라. 구한 적분식을 수치적으로 계산해서 소수 넷째 자리까지 정확하게 구하여라.

15. $y = e^{-x^2},\ -1 \leqslant x \leqslant 1$; x축

16. $x = y + y^3,\ 0 \leqslant y \leqslant 1$; y축

17. $\ln y = x - y^2,\ 1 \leqslant y \leqslant 4$; x축

T **18-19** 주어진 곡선을 x축에 대하여 회전시켜 얻은 곡면의 넓이를 정확히 구하여라.

18. $y = 1/x,\ 1 \leqslant x \leqslant 2$

19. $y = \sqrt{x^2 + 1},\ 0 \leqslant x \leqslant 3$

20. 곡선 $y = 1/x,\ x \geqslant 1$을 x축에 대하여 회전시킨 결과로 얻은 곡면은 **가브리엘의 나팔**로 알려져 있다. 곡면의 넓이는 무한함을 보여라(하지만 둘러싸인 부피는 유한하다).

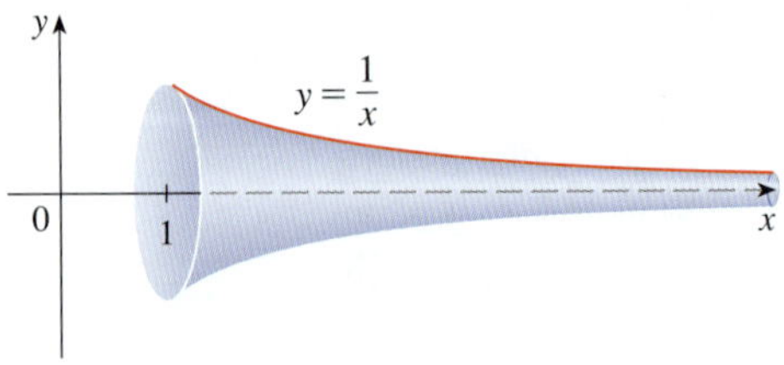

21. 무한 곡선 $y = e^{-x},\ x \geqslant 0$을 x축에 대하여 회전시켜로 얻은 곡면의 넓이를 구하여라.

22. 기술자들이 y축에 대하여 곡선 $y = ax^2$을 회전시켜 만든 형태의 인공위성 안테나를 만들려고 한다. 이 안테나의 지름은 3m로 하며 최대 깊이는 1m이다. 이 안테나 곡면의 넓이와 a값을 구하여라.

Dabarti CGI / Shutterstock.com

23. (a) 타원

$$\frac{x^2}{a^2} + \frac{y^2}{b^2} = 1 \qquad a > b$$

을 x축에 대하여 회전시킬 때 생기는 곡면을 **타원면**(ellipsoid 또는 prolate spheroid)이라 한다. 이 타원면의 넓이를 구하여라.

(b) (a)의 타원을 단축(y축)에 대하여 회전시킬 때 생기는 타원면을 **편평 타원체**(oblate spheroid)라고 부른다. 이 타원면의 넓이를 구하여라.

24. 6.2절의 연습문제 51의 원환체에 대한 곡면의 넓이를 구하여라.

T **25.** 곡선 $y = x^3$, $1 \leqslant x \leqslant 2$를 주어진 직선에 대하여 회전시켜 얻은 곡면의 넓이를 구하는 적분식을 구하여라. 구한 적분을 수치적으로 계산하여 소수 둘째 자리까지 나타내어라.

(a) $x = -1$ (b) $x = 4$

(c) $y = \frac{1}{2}$ (d) $y = 10$

26. 원 $x^2 + y^2 = r^2$을 직선 $y = r$에 대하여 회전시켜 얻은 곡면의 넓이를 구하여라.

27-28 구면의 띠(Zone) 평행한 두 평면 사이에 끼인 구면의 일부분을 구면의 띠라고 한다.

27. 두 개의 평행한 평면 사이에 놓인 구의 띠의 겉넓이는 $S = 2\pi Rh$임을 보여라. 여기서 R은 구의 반지름이며 h는 두 평면 사이의 거리이다. (S는 두 평면의 위치보다는 구와 만나는 두 평면 사이의 거리에 의해 값이 결정되는 것을 확인하여라.)

28. R, h를 반지름과 높이로 하는 원기둥의 띠의 겉넓이가 연습문제 27의 띠의 겉넓이와 같음을 보여라.

---

29. 식 4는 $f(x) \geqslant 0$일 때 유효하다. $f(x)$가 양이 아니라면 겉넓이는

$$S = \int_a^b 2\pi\,|f(x)|\,\sqrt{1 + [f'(x)]^2}\,dx$$

가 됨을 보여라.

발견프로젝트 | 비스듬하게 회전

6.2절에서 영역을 가로나 세로축에 대하여 회전시켜 얻은 회전체의 부피를 구하는 것을 알아보았다. 그리고 8.2절에서는 가로나 세로축에 대하여 곡선을 회전시켜 얻은 곡면의 넓이를 구하는 방법을 알아보았다. 그러나 가로나 세로축이 아니라 기울어진 직선에 대하여 회전시키면 어떻게 될까? 이 문제는 축을 회전하여 기울어진 직선을 만들었을 때에도 회전체의 부피와 회전 곡면의 넓이를 구하는 공식을 만들 수 있을까라는 것이다.

C는 점 $P(p, f(p))$, $Q(q, f(q))$ 사이의 곡선 $y = f(x)$의 호이다. $\mathscr{R}$은 C와 직선 $y = mx + b$와 두 P, Q에서 수직인 선으로 둘러싸인 영역을 나타낸다.

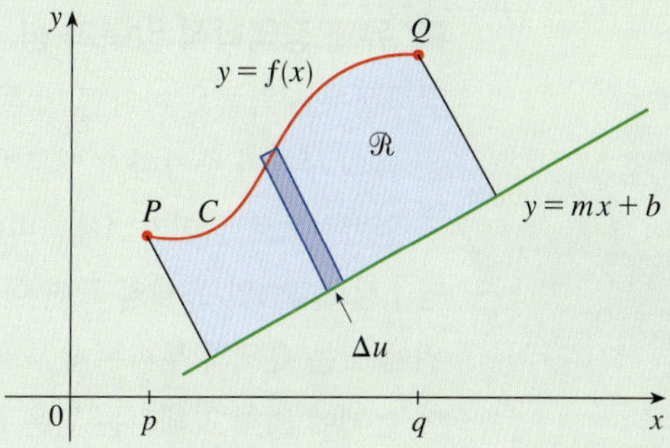

(계속)

1. $\mathscr{R}$의 넓이는 다음과 같음을 보여라.

$$\frac{1}{1+m^2}\int_p^q [f(x) - mx - b][1 + mf'(x)]\,dx$$

[힌트: 위의 공식은 넓이를 빼면서 얻을 수 있다. 그러나 아래 그림과 같이 직선에 수직인 사각형을 사용하여 넓이를 근사함으로써 이 과제는 해결할 수 있다. Δu를 Δx로 표현하기 위해 아래 그림을 사용하여라.]

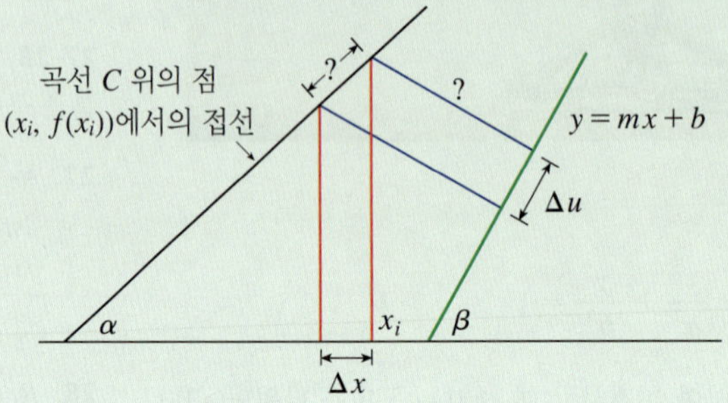

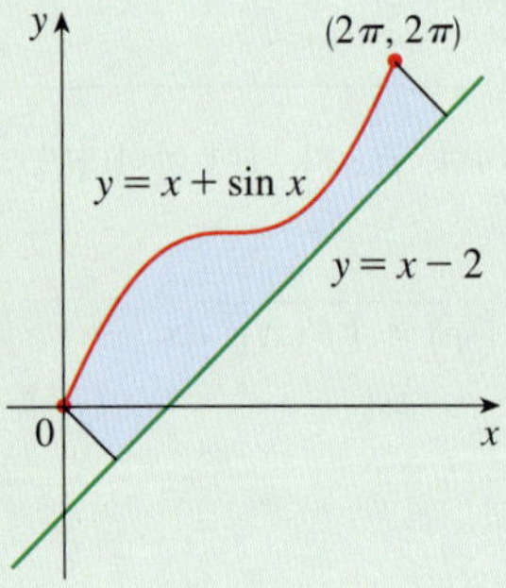

2. 왼쪽 도형의 넓이를 구하여라.

3. 문제 1과 같이 직선 $y = mx + b$에 대하여 $\mathscr{R}$을 회전시켜 얻은 도형의 부피를 구하는 공식을 구하여라.

4. 직선 $y = x - 2$에 대해서 문제 2의 영역을 회전시켜 얻은 입체의 부피를 구하여라.

5. 직선 $y = mx + b$에 대해서 C를 회전시켜 얻은 곡면의 넓이를 구하는 공식을 구하여라.

T **6.** 컴퓨터를 사용하여 곡선 $y = \sqrt{x}$, $0 \leqslant x \leqslant 4$를 직선 $y = \frac{1}{2}x$에 대해서 회전시켜 얻은 곡면의 넓이를 구하여라. 결과는 소수 셋째 자리로 나타내어라.

8.3 물리학과 공학에 응용하기

물리학과 공학에 응용되는 많은 적분 중에서 다음의 두 가지, 수압에 의한 힘과 물체의 질량 중심을 생각해보자. 기하학(넓이, 부피, 길이)과 일에 대한 이전의 응용에서처럼 물리량을 수많은 작은 부분으로 분해하여, 이 작은 부분들을 어림 계산한 결과를 더하고 극한을 취한 최종 결과인 적분으로 계산하는 것이다.

■ 유체 정역학적 압력과 힘

잠수하는 사람들은 바다 깊이 들어갈수록 수압이 증가함을 안다. 왜냐하면 그들 위에 있는 물의 무게가 증가하기 때문이다.

일반적으로 넓이가 A제곱미터인 얇은 수평면이 그림 1에서처럼 밀도가 세제곱미터당 ρ킬로그램인 유체의 표면 아래 d미터 깊이로 잠겨 있다고 생각해보자. 이 면의 바로 위에 있는 유체의 부피는 $V = Ad$이고, 질량은 $m = \rho V = \rho Ad$이다. 따라서 이 평면 위에 유체에 의해 가해지는 힘은 $F = mg = \rho gAd$이다. 여기서 g는 중력가속도이다. 면에 가해지는 **압력**(pressure) P는 단위넓이당 힘으로 정의된다.

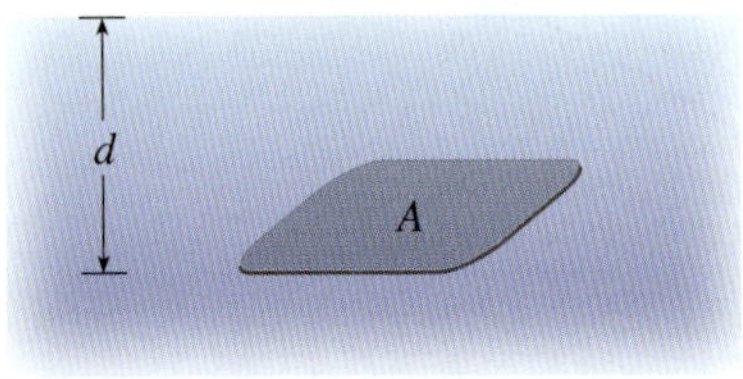

그림 1

$$P = \frac{F}{A} = \rho g d$$

압력을 측정하는 국제표준단위(SI unit)는 제곱미터당 뉴턴으로 파스칼(pascal, $1\mathrm{N/m^2} = 1\mathrm{Pa}$)이라고 한다. 이 단위는 작은 단위이므로 킬로파스칼(kPa)이 주로 사용된다. 예를 들어, 물의 밀도는 $\rho = 1000\mathrm{kg/m^3}$이므로 2미터 깊이의 수영장 바닥이 받는 압력은 다음과 같다.

$$\begin{aligned} P = \rho g d &= 1000\ \mathrm{kg/m^3} \times 9.8\ \mathrm{m/s^2} \times 2\ \mathrm{m} \\ &= 19{,}600\ \mathrm{Pa} = 19.6\ \mathrm{kPa} \end{aligned}$$

유체에 잠긴 물체에 가해지는 압력은 깊이에 따라 달라지지만, 유체의 부피와는 무관하다. 수면 0.5m 아래에서 헤엄치는 물고기는 작은 수족관에서든 거대한 호수에서든 같은 수압을 느낀다.

미국의 도량형 단위를 사용하는 경우 $P = \rho g d = \delta d$로 나타낸다. 여기서 $\delta = \rho g$는 **무게밀도**(weight density)이다[ρ는 **질량밀도**(mass density)를 말한다]. 예를 들어, 물의 무게밀도는 $\delta = 62.5\mathrm{lb/ft^3}$이므로 깊이가 8ft인 수영장 바닥에서 느끼는 압력은 $P = \delta d = 62.5\mathrm{lb/ft^3} \times 8\mathrm{ft} = 500\mathrm{lb/ft^2}$이다.

유체의 압력에 대한 중요한 원리는 실험적으로 증명되었다. 즉, **유체에서는 어느 지점에서든지 압력이 모든 방향에서 같다는 것이다.** (다이버는 코와 두 귀에 같은 압력을 느낀다.) 따라서 질량 밀도가 ρ인 유체의 깊이 d에서 어떤 방향에서의 압력도 다음과 같이 주어진다.

1 $$P = \rho g d$$

이것은 유체 속에 있는 수직면이나 벽 혹은 댐에 대해 유체가 가하는 유체 정역학적 힘을 결정하는 데 도움을 준다. 그렇지만 압력이 일정하지 않고 깊이에 따라 증가하기 때문에 곧바로 해결되는 문제가 아니다.

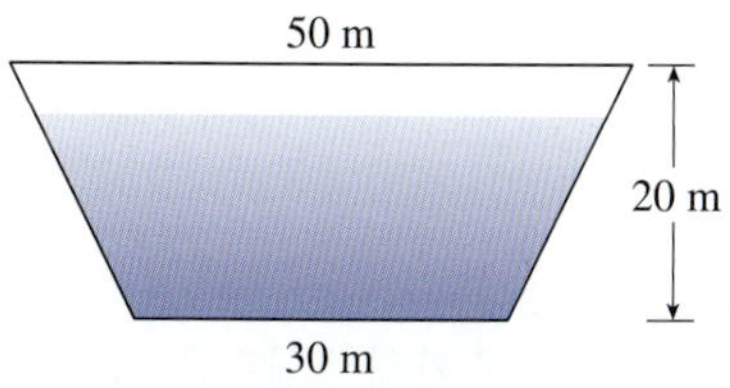

그림 2

예제 1 그림 2처럼 댐은 사다리꼴 모양을 하고 있다. 높이는 20m이고 너비는 상부가 50m이고 바닥면이 30m이다. 댐의 상부로부터 물까지가 4m일 때 유체 정역학적 압력에 의해 댐에 가해진 압력을 구하여라.

풀이 그림 3(a)에서처럼 물의 표면상에 원점을 둔 수직인 x축을 택한다. 물의 깊이는 16m이고 따라서 구간 $[0, 16]$을 같은 길이의 부분 구간으로 나누어 끝점을 x_i라 하고 $x_i^* \in [x_{i-1}, x_i]$를 선택한다. 댐의 i번째 수평띠는 높이 Δx이고 너비 w_i인 직사각형에 의해 근사시킬 수 있다. 여기서 그림 3(b)에서 삼각형들의 닮음비를 계산하면,

$$\frac{a}{16 - x_i^*} = \frac{10}{20} \qquad \text{즉} \qquad a = \frac{16 - x_i^*}{2} = 8 - \frac{x_i^*}{2}$$

이다. 따라서 $\quad w_i = 2(15 + a) = 2\left(15 + 8 - \tfrac{1}{2}x_i^*\right) = 46 - x_i^*$

이 된다. 만약 i번째 띠의 넓이가 A_i라면 다음과 같다.

$$A_i \approx w_i\, \Delta x = (46 - x_i^*)\, \Delta x$$

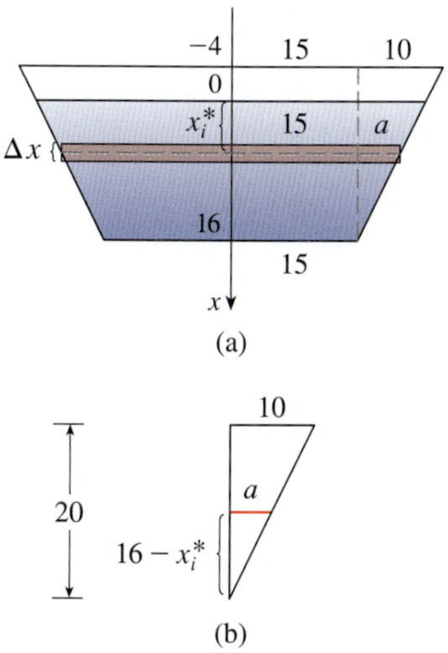

그림 3

만약 Δx가 작고 i번째 띠 위의 압력 P_i가 거의 일정하다면 식 **1**을 이용하여 다음과 같이 쓸 수 있다.

$$P_i \approx 1000 g x_i^*$$

i번째 띠에 가해진 유체 정역학적 힘 F_i는 압력과 넓이의 곱이다.

$$F_i = P_i A_i \approx 1000 g x_i^*(46 - x_i^*)\,\Delta x$$

이 힘들을 더하고 $n \to \infty$로 극한을 취하면 전체 댐에 가해진 유체 정역학적 힘을 얻게 된다.

$$\begin{aligned} F &= \lim_{n\to\infty}\sum_{i=1}^{n} 1000 g x_i^*(46 - x_i^*)\,\Delta x = \int_0^{16} 1000 g x(46 - x)\,dx \\ &= 1000(9.8)\int_0^{16}(46x - x^2)\,dx = 9800\left[23x^2 - \frac{x^3}{3}\right]_0^{16} \\ &\approx 4.43 \times 10^7\ \mathrm{N} \end{aligned}$$

■

예제 1에서 댐의 바닥에 좌표계의 원점을 두면 댐의 오른쪽 가장자리의 식은 $y = 2x - 30$이므로 y_i^*에서 수평띠의 너비는 $2x_i^* = y_i^* + 30$이다. 이때 깊이는 $16 - y_i^*$이므로 댐이 받는 힘은 다음과 같다.

$$F = 1000(9.8)\int_0^{16}(y + 30)(16 - y)\,dy \approx 4.43 \times 10^7\ \mathrm{N}$$

예제 2 반지름 1미터인 원통형 드럼이 3미터 물속에 잠겨 있을 때 이 드럼의 한쪽 끝에 가해진 유체 정역학적 힘을 구하여라.

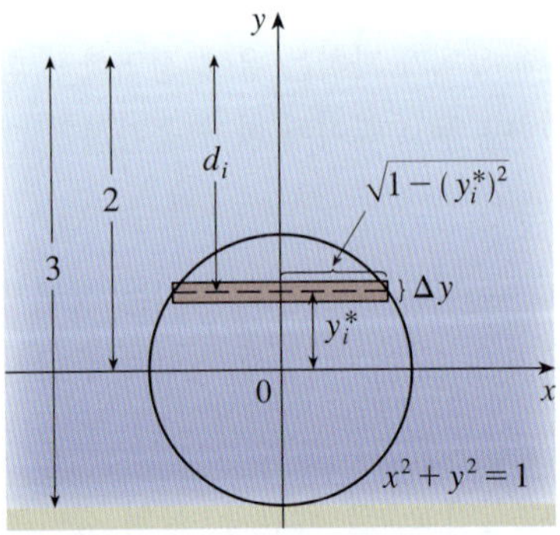

그림 4

풀이 이 예제는 그림 4에서처럼 원점이 드럼의 중앙에 위치하도록 축을 선택하는 것이 편리하다. 그러면 원은 간단한 방정식 $x^2 + y^2 = 1$로 표현된다. 예제 1에서처럼 원의 영역을 같은 너비의 수평띠로 나눈다. 원의 방정식으로부터 i번째 띠의 길이가 $2\sqrt{1 - (y_i^*)^2}$임을 알고, 따라서 이 부분의 넓이는

$$A_i = 2\sqrt{1 - (y_i^*)^2}\,\Delta y$$

이다. 물의 질량밀도는 $\rho = 1000\mathrm{kg/m^3 g}$, 식 [1]에 의해 이 띠에 가해진 압력은 대략

$$\rho \cdot g d_i = (1000)(9.8)(2 - y_i^*)$$

이므로 띠에 가해진 힘은 대략

$$\delta d_i A_i = (1000)(9.8)(2 - y_i^*)\,2\sqrt{1 - (y_i^*)^2}\,\Delta y$$

이다. 전체 힘은 모든 띠에 가해진 힘을 더하고 극한을 취함으로써 얻을 수 있다.

$$\begin{aligned} F &= \lim_{n\to\infty}\sum_{i=1}^{n}(1000)(9.8)(2 - y_i^*)\,2\sqrt{1 - (y_i^*)^2}\,\Delta y \\ &= 19{,}600\int_{-1}^{1}(2 - y)\sqrt{1 - y^2}\,dy \\ &= 19{,}600 \cdot 2\int_{-1}^{1}\sqrt{1 - y^2}\,dy - 19{,}600\int_{-1}^{1} y\sqrt{1 - y^2}\,dy \end{aligned}$$

두 번째 적분은 피적분함수가 기함수이기 때문에 0이다(5.5절의 정리 [7] 참조). 처음 적분은 $y = 1 \sin\theta$의 삼각치환을 사용하여 계산할 수 있다. 그러나 반지름 1인 반원형 원판의 넓이를 고려하는 것이 더 간단하다. 따라서

$$F = 39{,}200 \int_{-1}^{1} \sqrt{1 - y^2}\, dy = 39{,}200 \cdot \tfrac{1}{2}\pi(1)^2$$

$$= \frac{39{,}200\pi}{2} \approx 50{,}270 \text{ N}$$

파푸스 정리

이 절을 회전체의 중심과 부피 사이의 놀라운 연관 관계를 살펴보는 것으로 마치고자 한다.

이 정리는 4세기경에 살았던 알렉산드리아의 그리스 수학자 파푸스의 이름에서 따온 것이다.

> **파푸스(Pappus) 정리** $\mathcal{R}$이 평면의 한 영역이고 평면에서 직선 l의 한쪽 면에 완전히 놓여 있다고 하자. $\mathcal{R}$이 직선 l에 대하여 회전한 결과로 생긴 입체의 부피는 $\mathcal{R}$의 넓이 A와 $\mathcal{R}$의 중심이 이동한 거리 d의 곱이다.

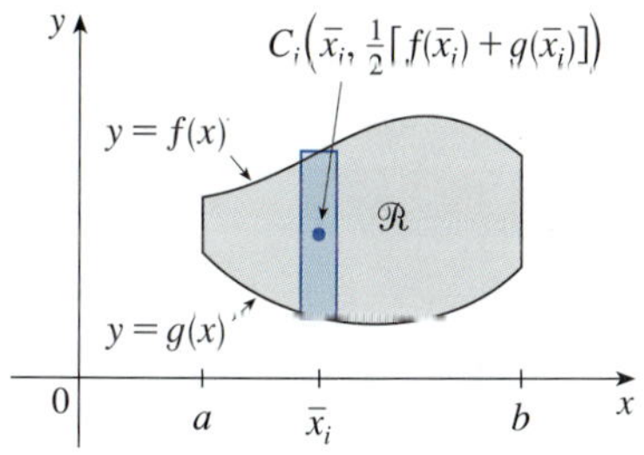

그림 5

증명 그림 5에서처럼 영역 $\mathcal{R}$이 $y = f(x)$와 $y = g(x)$ 사이에 놓여 있고 직선 l이 y축인 특별한 경우에 대하여 증명을 하고자 한다. 원통셸 방법(6.3절 참조)을 이용하면 다음을 알 수 있다.

$$V = \int_a^b 2\pi x[f(x) - g(x)]\, dx$$

$$= 2\pi \int_a^b x[f(x) - g(x)]\, dx$$

$$= 2\pi(\bar{x}A) \qquad \text{(식 [9]에 의하여)}$$

$$= (2\pi\bar{x})A = Ad$$

여기서 $d = 2\pi\bar{x}$는 y축에 대하여 한 번 회전하는 동안 중심이 이동한 거리다.

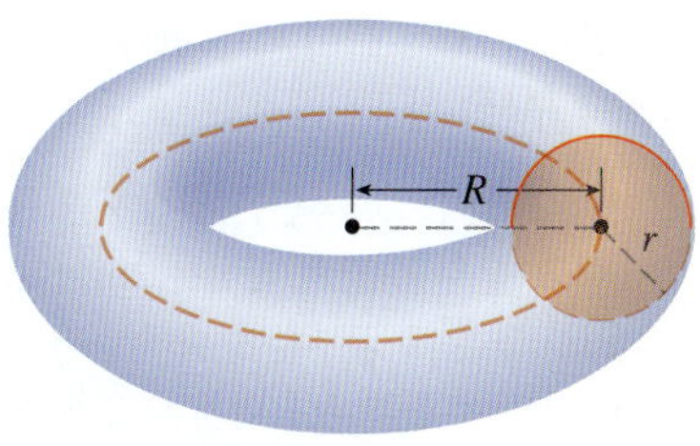

그림 6

예제 3 원환체(torus)는 반지름 r인 원이, 그 원이 놓인 평면 위에 있고 원의 중심으로부터 거리 $R(> r)$만큼 떨어진 직선에 대하여 회전하여 형성된다. 이 원환체의 부피를 구하여라.

풀이 원의 넓이는 $A = \pi r^2$이다. 대칭성 원리에 의해 원의 질량 중심은 그것의 중심이고, 따라서 회전하는 동안 질량 중심에 의해 이동한 거리는 $d = 2\pi R$이다. 따라서 파푸스 정리에 의해 원환체 부피는 다음과 같다.

$$V = Ad = (2\pi R)(\pi r^2) = 2\pi^2 r^2 R$$

예제 3의 방법과 6.2절의 연습문제 51의 방법을 반드시 비교해보기 바란다.

8.3 연습문제

1. 길이 1.5m, 너비 0.5m, 깊이 1m인 수족관이 물로 가득 차 있다.
(a) 수족관 바닥에서의 유체 정역학적 압력을 구하여라.
(b) 바닥에 가해진 유체 정역학적 힘을 구하여라.
(c) 수족관의 한쪽 끝에 가해진 유체 정역학적 힘을 구하여라.

2-7 수직인 판이 물속에 잠겨 있고 다음과 같은 모양을 가지고 있다. 리만합에 의해 판의 한쪽 끝에 가해진 유체 정역학적 힘을 어떻게 어림짐작할지 설명하여라. 그런 후에 힘을 적분으로 표현하고 계산하여라.

2.
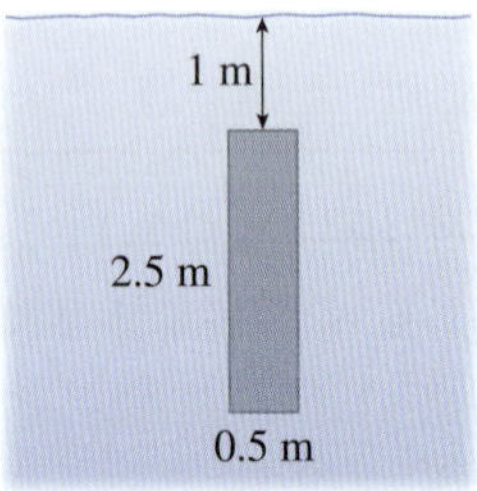

3.
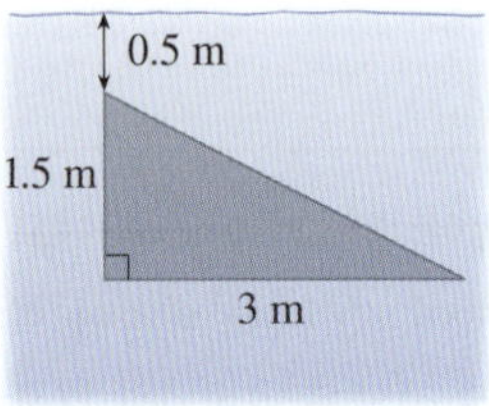

4.
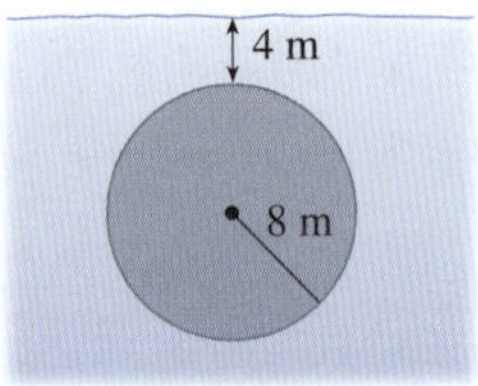

5.
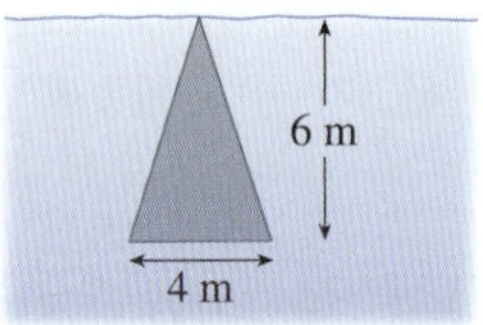

6.
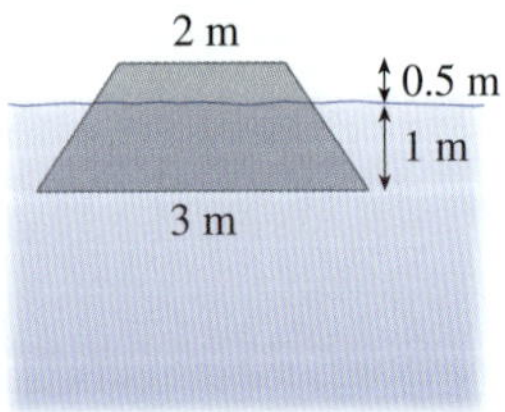

7.
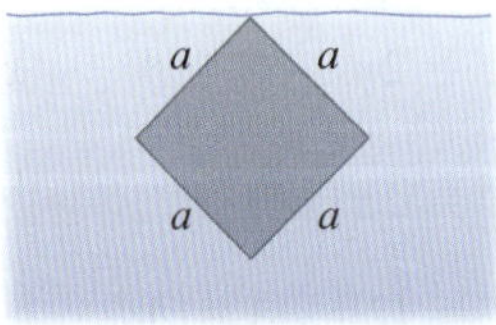

8. 그림과 같이 수직으로 세워진 댐에 반원 모양의 문이 있다. 문에 가해진 유체 정역학적 힘을 구하여라.

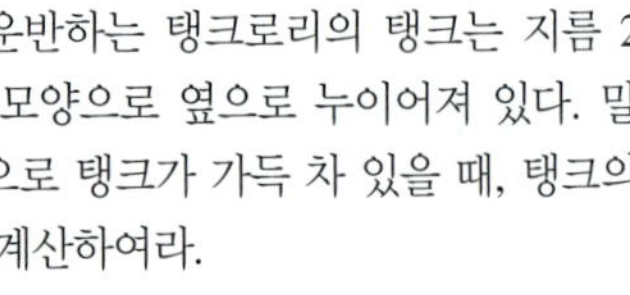

9. 가솔린을 운반하는 탱크로리의 탱크는 지름 2.5m, 길이 12m인 원기둥 모양으로 옆으로 누이어져 있다. 밀도가 753kg/m^{3}인 가솔린으로 탱크가 가득 차 있을 때, 탱크의 한쪽 끝에 가해지는 힘을 계산하여라.

10. 그림과 같이 사다리꼴 단면이 있는 그릇에는 밀도가 925kg/m^{3}인 식물성 기름이 들어 있다.
(a) 통에 기름이 완전히 가득 차 있는 경우 그릇 한쪽 끝의 유체 정역학적 힘을 구하여라.
(b) 그릇이 1.2m 깊이까지 채워졌을 때 한쪽 끝의 힘을 계산하여라.

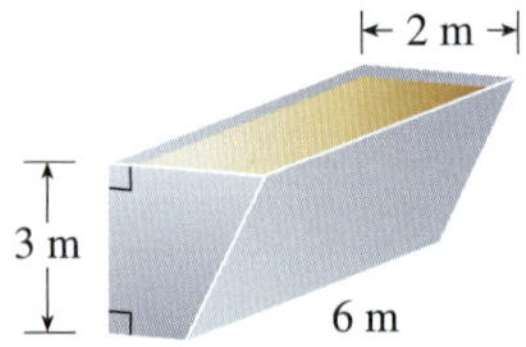

11. 변의 길이가 20cm인 정육면체가 수족관 바닥에 있다. 여기서 수족관의 물은 1m 깊이다. (a) 정육면체의 윗부분에서 유체 정역학적 힘을 구하여라. (b) 정육면체의 옆부분에서 유체 정역학적 힘을 구하여라.

12. 댐이 지면에 수직인 면에 대해 30° 경사져 있다. 그리고 댐의 윗부분은 너비가 30m이고 바닥의 너비는 15m, 기울어진 높이는 20m인 등변사다리꼴 모양이다. 댐에 물이 가득 찼을 때 댐에 미치는 유체 정역학적 힘을 구하여라.

13. 수영장이 너비가 10m, 길이가 20m이고 바닥면은 경사져 있는데 얕은 쪽 끝의 깊이는 1m이고 깊은 쪽 끝의 깊이는 3m이다. 수영장이 물로 가득 찼을 때 (a) 얕은 쪽 끝부분에 미치는 유체 정역학적 힘을 구하여라. (b) 깊은 쪽 끝부분에 미치는 유체 정역학적 힘을 구하여라. (c) 한 측면에 미치는 유체 정역학적 힘을 구하여라. (d) 바닥에 미치는 유체 정역학적인 힘을 구하여라.

발견프로젝트 | 맞물리는 커피잔

두 개의 커피잔 중 하나를 고를 수 있다고 하자. 하나의 커피잔은 바깥쪽으로 구부러져 있고, 다른 하나는 안쪽으로 휘어져 있다. 그림에서 보듯이 두 커피잔의 높이는 같고, 모양은 서로 맞물린다. 그럼 두 개 중 어느 컵이 더 많은 커피를 담을 수 있는지 궁금하다. 물론 한쪽 컵에 물을 부어 다른 컵에 부어보면 알 수 있다. 하지만 미분적분을 배우는 학생으로서 좀 더 수학적으로 생각해보자. 손잡이는 무시하고 두 컵은 회전 곡면이다. 그래서 회전체의 부피로 커피의 양을 생각할 수 있다.

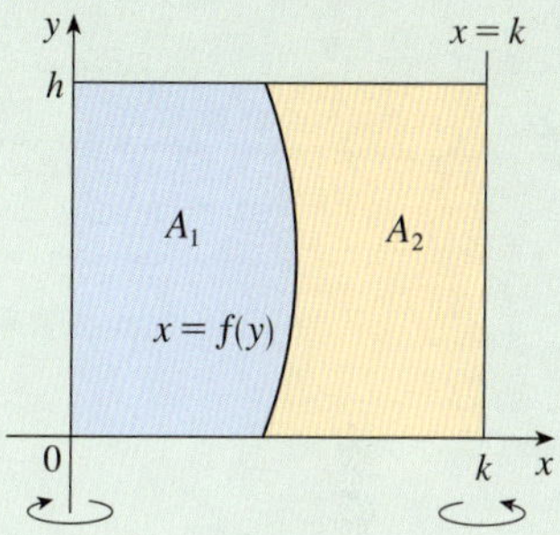

1. 커피잔의 높이를 h라 하면 컵 A는 곡선 $x = f(y)$를 y축에 대하여 회전하여 만들 수 있다. 컵 B는 같은 곡선을 $x = k$라는 직선에 대하여 회전하여 만들 수 있다. 두 컵의 커피 양이 같게 되는 k의 값을 구하여라.
2. 문제 1의 결론은 A_1, A_2의 넓이에 대해 어떤 설명을 할 수 있는가?
3. 파푸스 정리를 이용하여 문제 1과 문제 2의 결과를 설명하여라.
4. 측정과 관찰에 근거하여 h와 방정식 $x = f(y)$를 추측해보아라. 그리고 각 컵에 들어가는 커피 양을 계산하여라.

8.4 경제학과 생물학에 응용하기

이번 절에서는 경제학(소비자 잉여금, consumer surplus)과 생물학(심박출량)에 대한 적분의 응용을 살펴보고자 한다. 그 외 다른 것들은 연습문제에서 다루기로 한다.

■ 소비자 잉여금

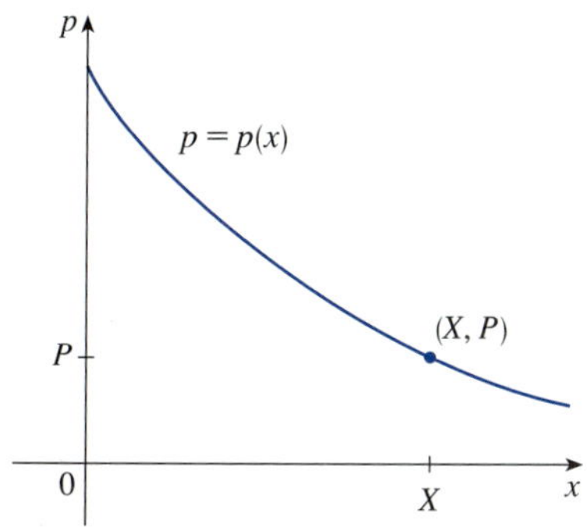

그림 1 수요곡선 그래프

4.5절에서 수요함수 $p(x)$는 회사가 상품을 x단위만큼 팔기 위해 부과하는 가격이라는 것을 배웠다. 보통 많은 양을 팔면 낮은 가격이 부과되고 따라서 수요함수는 감소함수가 된다. 전형적인 수요곡선의 그래프를 **수요곡선**(demand curve)이라고 하는데, 이는 그림 1에서 보는 것과 같다. 만약 X가 현재 이용할 수 있는 상품의 양이라고 하면 $P = p(X)$는 현재 판매가격이다.

주어진 가격으로 재화를 구매하는 일부 소비자는 더 많이 지불할 의향이 있다. 그들은 지불하지 않음으로써 이익을 얻는다. 소비자가 지불하고자 하는 것과 소비자가 실제로 재화에 대해 지불하는 것의 차이를 **소비자 잉여금**(consumer surplus)이라고 한다. 경제학자들은 재화의 모든 구매자에게서 총 소비자 잉여금을 찾아냄으로써 시장이 사회에 미치는 전반적인 이익을 평가할 수 있다.

총 소비자 잉여금을 구하기 위해 구간 $[0, X]$를 그림 2처럼 n개의 부분 구간으로 나누고 각각의 길이를 $\Delta x = X/n$이라 하자. 그리고 $x_i^* = x_i$를 i번째 부분 구간의 오른쪽 끝점이라고 하자. 만약 처음 x_{i-1}단위가 팔렸고 오직 x_i단위만큼의 총량만 팔 수 있으며 단위당 가격을 $p(x_i)$달러라고 두면, 추가로 Δx 개수의 상품이 판매될 수 있을 것이다. $p(x_i)$달러를 지불한 소비자는 그 상품에 높은 가치를 둔 것이고 상품의 가치만큼을 지불했을 것이다. 따라서 단지 P달러를 지불함으로써 그들은 다음의 양만큼을 절약한 셈이 된다.

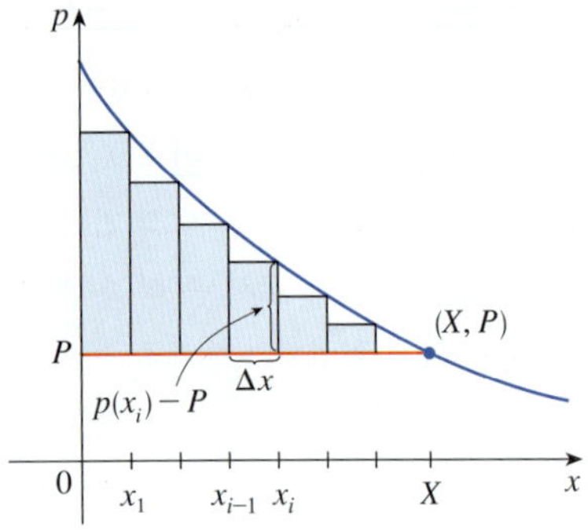

그림 2

$$(\text{개당 절감액})(\text{추가분의 개수}) = [p(x_i) - P]\,\Delta x$$

각 부분 구간에 대해 위와 마찬가지의 자발적 소비자를 생각하면 그들이 절약한 만큼을 모두 더하면 총 절약액을 구할 수 있다.

$$\sum_{i=1}^{n} [p(x_i) - P]\,\Delta x$$

(이 합은 그림 2에서 직사각형들에 의해 둘러싸인 넓이에 대응한다.) 만약 $n \to \infty$라면 리만합은 다음의 적분에 수렴한다.

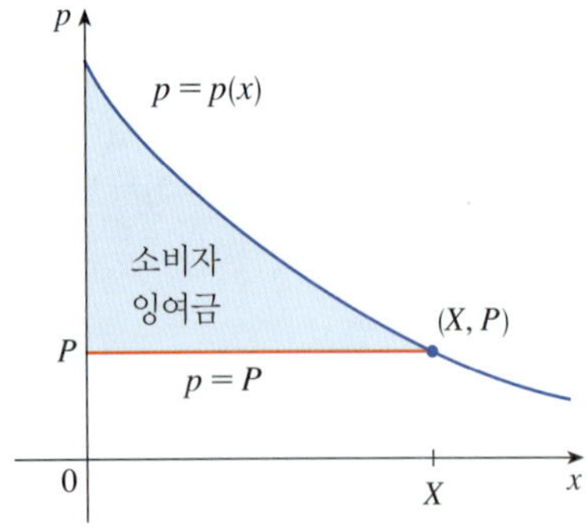

그림 3

1 $$\int_0^X [p(x) - P]\,dx$$

이것이 경제학자들이 말하는 상품에 대한 소비자 잉여금이다. 소비자 잉여금은 P가격에서 소비자가 상품을 구매함으로써 절약한 돈의 양을 나타내고 이는 X의 요구된 양에 대응된다. 그림 3은 소비자 잉여금이 직선 $p = P$ 위와 수요곡선 아래의 영역으로 해석됨을 보여준다.

예제 1 상품에 대한 수요는 달러로 다음과 같다.

$$p = 1200 - 0.2x - 0.0001x^2$$

500만큼 팔았을 때 소비자 잉여금을 구하여라.

풀이 팔린 상품의 양이 $X = 500$이므로 이에 대응하는 가격은

$$P = 1200 - (0.2)(500) - (0.0001)(500)^2 = 1075$$

이다. 따라서 정의 **1** 로부터 소비자 잉여금은 다음과 같다.

$$\begin{aligned}\int_0^{500} [p(x) - P]\,dx &= \int_0^{500} (1200 - 0.2x - 0.0001x^2 - 1075)\,dx \\ &= \int_0^{500} (125 - 0.2x - 0.0001x^2)\,dx \\ &= 125x - 0.1x^2 - (0.0001)\left(\frac{x^3}{3}\right)\Bigg]_0^{500} \\ &= (125)(500) - (0.1)(500)^2 - \frac{(0.0001)(500)^3}{3} \\ &= \$33{,}333.33\end{aligned}$$

■

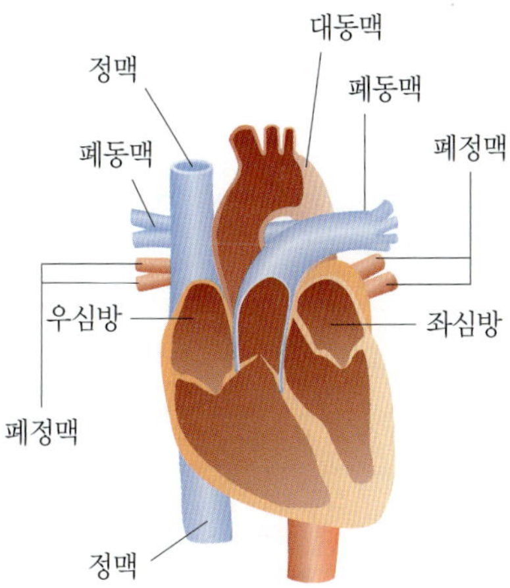

그림 4

■ 심박출량

그림 4는 인간의 심혈관계를 나타낸 것이다. 혈액은 혈관을 통해 몸을 돌아서 심장의 우심방으로 들어가 산소 첨가를 위해 폐동맥을 거쳐 폐에서 펌프질된다. 그런 다음 폐동맥을 거쳐 좌심방으로 흘러 들어가 대동맥을 거쳐 몸의 모든 부분으로 퍼져나간다. 심장의 **심박출량**(cardiac output)은 단위 시간당 심장에 의해 펌프질되는 혈액의 부피인데, 즉 대동맥 속으로 흘러들어오는 혈류량을 말한다.

심박출량은 **색소희석법**(dye dilution method)으로 측정한다. 우심방으로 주사된 색소는 심장을 거쳐 대동맥으로 흘러들어간다. 대동맥에 삽입된 탐침은 색소가 없어질 때까지 시간 구간 $[0, T]$를 일정한 시간 간격으로 등분하여 심장을 떠나는 색소의 농도를 측정한다. $c(t)$를 시간 t에 대한 색소의 농도라고 하자. 만약 $[0, T]$를 등구간 Δt가 되도록 부분 구간으로 나누면 부분 구간 $t = t_{i-1}$에서 $t = t_i$ 동안 측정 지점을 통과하는 색소의 양은 근사적으로 다음과 같다.

$$(\text{농도})(\text{부피}) = c(t_i)(F\,\Delta t)$$

여기서 F는 구하고자 하는 혈류량이다. 따라서 총 색소량은 근사적으로 다음과 같다.

$$\sum_{i=1}^{n} c(t_i)F\,\Delta t = F\sum_{i=1}^{n} c(t_i)\,\Delta t$$

그리고 $n \to \infty$로 두면 색소량은 적분을 이용하여 다음과 같이 구할 수 있다.

$$A = F\int_0^T c(t)\,dt$$

따라서 심박출량은 다음과 같다.

$$\boxed{2}\qquad F = \frac{A}{\int_0^T c(t)\,dt}$$

여기서 색소 A의 양은 주어진 양이고 적분은 농도 판독값에서 근사된다.

예제 2 5mg의 색소를 우심방에 주사한다. 색소의 농도(1리터당 밀리그램)를 표와 같이 1초 간격으로 대동맥에서 측정했다. 심박출량을 추정하여라.

t	$c(t)$	t	$c(t)$
0	0	6	6.1
1	0.4	7	4.0
2	2.8	8	2.3
3	6.5	9	1.1
4	9.8	10	0
5	8.9		

풀이 주어진 문제에서 $A = 5$, $\Delta t = 1$, $T = 10$임을 알 수 있다. 이 색소의 농도에 대한 적분을 구하면 다음과 같다.

$$\begin{aligned}\int_0^{10} c(t)\,dt &\approx \tfrac{1}{3}[0 + 4(0.4) + 2(2.8) + 4(6.5) + 2(9.8) + 4(8.9)\\ &\qquad + 2(6.1) + 4(4.0) + 2(2.3) + 4(1.1) + 0]\\ &\approx 41.87\end{aligned}$$

따라서 식 2로부터 심박출량을 구하면 다음과 같다.

$$F = \frac{A}{\int_0^{10} c(t)\,dt} \approx \frac{5}{41.87} \approx 0.12\text{ L/s} = 7.2\text{ L/min}$$ ■

8.4 연습문제

1. 한계비용함수 $C'(x)$는 비용함수의 도함수이다(4.5절 참조). 옷감 x미터를 제조하는 데 드는 한계비용이

$$C'(x) = 0.82 - 0.00003x + 0.000000003x^2$$

이고(미터당 가격으로 측정) 개시 비용이 $C(0) = 18,000$달러일 때 순변화 정리를 이용하여 처음 4000단위를 생산하는 데 필요한 비용을 구하여라.

2. 한 광산에서 구리를 x톤 채취하는 데 드는 한계비용은 $0.6 + 0.008x$이다(단위는 톤당 천 달러). 초기비용이 100,000달러라면 구리를 처음 50톤을 채취하는 데 드는 비용을 구하여라. 다음 50톤을 채취하는 데 드는 비용을 구하여라.

3. 특별 휴가 상품의 수요함수가 $p(x) = 2000 - 46\sqrt{x}$이다. 판매량이 400일 때 소비자 잉여금을 구하여라. 수요곡선의 그래프를 그리고 소비자 잉여금을 넓이로 설명하여라.

4. 한 제조회사의 전자레인지에 대한 수요함수가 $p(x) = 870e^{-0.03x}$이다(x의 단위는 천 대). 전자레인지를 45,000대 판매할 때의 소비자 잉여금을 계산하여라.

5. 한 콘서트 기획사가 공연에서 평균 210장의 티셔츠를 장당 18달러에 판매해왔다. 회사는 티셔츠 가격을 1달러 낮출 때마다 30장의 티셔츠가 추가로 팔릴 것으로 추정한다. 셔츠에 대한 수요함수를 구하고 티셔츠 가격이 15달러일 때 소비자 잉여금을 구하여라.

6-8 **공급곡선** $p_S(x)$는 판매가격과 그 가격에서 제조업자의 생산물량 사이의 관계로 만들어진다. 높은 판매가격이 정해지면 제조업자는 더 많은 물건을 생산하게 된다. 그러므로 p_S 함수는 x에 대해 증가함수이다. X를 현재 생산하는 물건의 양이라고 하고 $P = p_S(X)$를 현재 판매가격이라고 하자. 어떤 제조업자들은 자신들의 물건에 대한 최소가격 이상이 되게 판매가격을 낮게 할 의사가 있다. 이러한 과잉을 **생산자 잉여금**이라고 한다. 소비자 잉여금과 유사하게 생산자 잉여금은 다음과 같은 적분으로 나타난다.

$$\int_0^X [P - p_S(x)]\,dx$$

6. 공급곡선 $p_S(x) = 3 + 0.01x^2$이고, $X = 10$일 때 생산자 잉여금을 구하여라. 공급곡선을 그리고 생산자 잉여금 부분을 넓이로 표현하여라.

7. 공급곡선이 식 $p = 125 + 0.002x^2$으로 표현된다면, 판매 가격이 625달러일 때 생산자 잉여금을 구하여라.

T 8. 한 제조업자가 공급곡선(단위는 달러)이

$$p = \sqrt{30 + 0.01xe^{0.001x}}$$

으로 주어질 것으로 추정했다. 판매가격이 30달러일 때의 생산자 잉여금을 (근사적으로) 계산하여라.

9. 완전경쟁시장에서 상품의 가격은 균형상태라고 하는 소비자에 의한 수요량과 공급자에 의한 공급량이 일치하는 값에서 형성되며 시장은 **균형**을 이룬다고 한다. 이 값은 수요곡선과 공급곡선의 교점의 좌표이다.
   (a) 상품의 수요곡선이 $p = 50 - \frac{1}{20}x$이고, 공급곡선이 $p = 20 + \frac{1}{10}x$일 때, 균형상태에 있는 상품의 가격과 양은 얼마인가?
   (b) 균형상태에 있는 소비자 잉여금과 공급자 잉여금을 구하여라. 수요와 공급곡선을 그리고, 두 잉여금을 넓이로 설명하여라.

10-11 소비자 잉여와 공급자 잉여의 합을 총 잉여라고 한다. 이는 사회의 경제적 건전성의 척도로 사용되고 있다. 균형상태에서 총 잉여는 최대가 된다.

10. (a) 한 전자회사의 차량 음향기기의 수요곡선 함수는 $p(x) = 228.4 - 18x$이고, 공급함수는 $p_S(x) = 27x + 57.4$라고 하자. 음향기기가 균형상태에 있는 양은 얼마인가?
    (b) 총 잉여의 최댓값을 계산하여라.

11. 한 카메라 회사는 새로운 디지털 카메라의 수요 함수를 $p(x) = 312e^{-0.14x}$로, 공급함수를 $p_S(x) = 26e^{0.2x}$로 추정한다. 총 잉여의 최댓값을 계산하여라.

12. 만약 시각 t에서 회사가 가진 자본의 양이 $f(t)$라면 도함수 $f'(t)$는 순수투자이동이라 한다. 순수투자이동이 매해당 $\sqrt{t}$ 백만 달러라고 가정하자. (여기서 t는 여러 해 동안 측정된다.) 4번째 해에서 8번째 해까지의 자본의 증가(자본형성)를 구하여라.

13. 어느 회사의 수입은 해마다 $f(t) = 9000\sqrt{1 + 2t}$달러이다. t는 연도, $f(t)$는 연간 수입을 달러로 나타낸 것이다. 처음 4년 동안의 총 수입을 구하여라.

14. 매년 $f(t)$의 비율로 연속적으로 소득이 발생하고, T년 동안 상수 이율 r로 투자된다고 할 때, **소득의 미래 가치**는 $\int_0^T f(t)\,e^{r(T-t)}\,dt$이다. 매년 $f(t) = 8000e^{0.04t}$의 비율로 소득이 발생하고, 6.2%의 이율로 투자될 때, 6년 후의 소득의 미래가치를 구하여라.

15. **소득흐름의 현재 가치**는 연습문제 14에서 제시된 미래 가치에 부합하도록 지금 투자해야 하는 금액으로 $\int_0^T f(t)\,e^{-rt}\,dt$로 주어진다. 연습문제 14에서 소득흐름의 현재 가치를 구하여라.

16. **파레토(Pareto)의 소득법칙**에 의하면 소득이 $x = a$와 $x = b$ 사이인 사람 수는 $N = \int_a^b Ax^{-k}\,dx$이다. 단, 상수 $A > 0$이고 $k > 1$이다. 이 사람들의 평균소득은

$$\bar{x} = \frac{1}{N}\int_a^b Ax^{1-k}\,dx$$

이다. $\bar{x}$를 계산하여라.

17. 한여름 어느 휴양지의 호수에서 모기의 수가 기하급수적으로 늘어난다. 모기의 수는 주당 $2200 + 10e^{0.8t}$의 비율로 증가한다(t의 단위는 주). 5주와 9주 사이에 늘어나는 모기의 수는?

18. 염료희석법을 이용하여 6mg의 염료를 갖고 심박출량을 측정한다. 염료농도(mg/L)는 $c(t) = 20te^{-0.6t}$, $0 \leqslant t \leqslant 10$이고, 여기서 t의 단위는 초이다. 이때 심박출량을 구하여라.

사진은 1997년 지구를 통과했고 4380년에 돌아올 예정인 헤일-밥 혜성을 보여준다. 지난 세기 가장 밝은 혜성 중 하나였던 헤일-밥은 밤하늘에서 약 18개월 동안 육안으로 관찰할 수 있었다. 1995년 망원경으로 처음 관측한 발견자 헤일(Alan Hale)과 밥(Thomas Bopp)의 이름을 따서 명명되었다(뉴멕시코의 헤일과 애리조나의 밥). 10.4절에서 극좌표로 혜성 궤도의 타원 경로에 대한 알맞은 방정식을 어떻게 나타내는지 볼 것이다.

Jeff Schneiderman / Moment Open / Getty Images

9 매개방정식과 극좌표

Parametric Equations and Polar Coordinates

지금까지 평면곡선을 $y = f(x)$나 $x = g(y)$ 또는 음함수 꼴인 $f(x, y) = 0$과 같이 x와 y 사이의 관계로 나타내었다. 이 장에서는 곡선을 나타내는 두 가지 새로운 방법을 다룬다.

사이클로이드(cycloid)와 같은 곡선은 x와 y가 매개변수라 불리는 제3의 변수 t에 의하여 주어질 때 다루기 편리하다[$x = f(t)$, $y = g(t)$]. 심장형(cardioid)과 같은 곡선은 극좌표계라는 새로운 좌표계를 이용할 때 가장 편리하게 표현된다.

9.1 매개변수로 정의되는 곡선

그림 1에 있는 곡선 C를 따라 움직이는 한 질점을 생각해보자. 곡선 C는 수직선 판정에 의하면 함수가 아니므로 곡선 C를 $y = f(x)$ 형태의 방정식으로 표현할 수 없다. 그러나 입자의 x좌표와 y좌표는 시간의 함수이므로 $x = f(t)$와 $y = g(t)$로 쓸 수 있다. 이러한 한 쌍의 방정식은 곡선을 표현하는 데 편리하다.

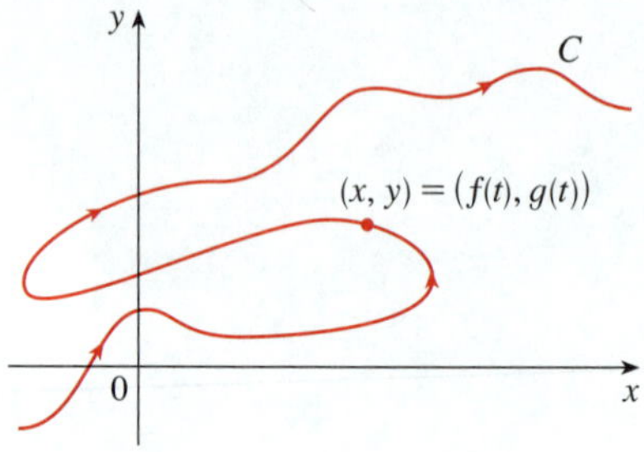

그림 1

■ 매개방정식

x와 y가 모두 제3의 변수 t[**매개변수**(parameter)라 한다]의 함수인 방정식[**매개방정식** 또는 **매개변수방정식**(parametric equations)이라 한다]

$$x = f(t) \qquad y = g(t)$$

으로 주어졌다고 하자. t의 각 값은 한 점 (x, y)를 결정하므로 한 좌표평면을 구성할 수 있다. t가 변함으로써 점 $(x, y) = (f(t), g(t))$가 변하고, 그래서 한 곡선 C[**매개변수곡선**(parametric curve)이라 한다]를 형성한다. 매개변수 t는 반드시 시간을 나타내는 것은 아니므로 매개변수로 t가 아닌 다른 문자로 사용할 수 있다. 그러나 매개변수곡선을 이용하는 많은 응용에서 t는 시각을 나타내고 또 $(x, y) = (f(t), g(t))$는 시각 t에서 질점 위치로 해석할 수 있다.

예제 1 매개방정식

$$x = t^2 - 2t \qquad y = t + 1$$

로 정의되는 곡선의 개형을 그리고 확인하여라.

풀이 표에서 보듯이 각 t의 값은 곡선 위의 각 점을 나타낸다. 예를 들어, 만약 $t = 0$이면 $x = 0$, $y = 1$이어서 대응되는 점은 $(0, 1)$이다. 그림 2에서 매개변수의 여러 개의 값에 의해 결정되는 점 (x, y)를 모아 이것들을 연결하여 하나의 곡선을 만든다.

t	x	y
−2	8	−1
−1	3	0
0	0	1
1	−1	2
2	0	3
3	3	4
4	8	5

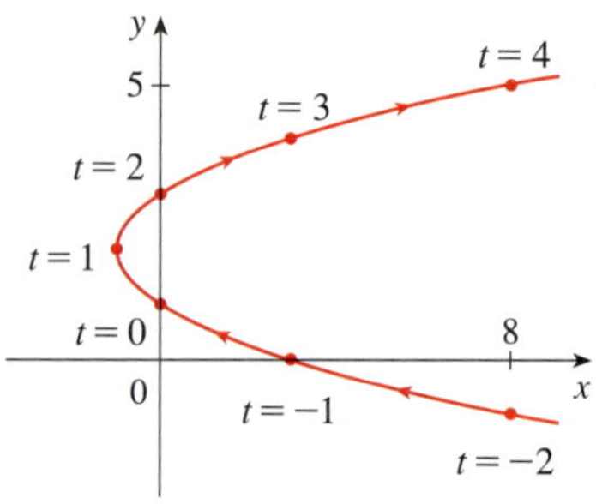

그림 2

위치가 매개방정식으로 주어진 질점은 t가 증가함에 따라 화살표 방향으로 곡선을 따라 움직인다. 곡선 위에 표시된 연속된 점은 거리는 다르지만 동일한 시간 간격으로 표시되어 있다. 그것은 질점이 감속하다가 t가 증가함에 따라 가속하기 때문이다.

그림 2에서 질점의 추적 곡선이 포물선으로 나타나는데, 그것은 다음과 같이 매개변수 t를 소거하여 확인할 수 있다. 두 번째 식 $t = y - 1$을 첫 번째 식에 대입하여 구할 수 있다. 실제로

$$x = t^2 - 2t = (y-1)^2 - 2(y-1) = y^2 - 4y + 3$$

이고, 그래서 매개변수방정식으로 주어진 곡선이 포물선 $x = y^2 - 4y + 3$으로 나타내었다. 매개변수곡선 위의 모든 점 (x, y)는 포물선 $x = y^2 - 4y + 3$ 위에 있어야 하며, 따라서 매개변수곡선은 최소한 포물선의 일부분과 일치한다. y를 어느 실수로든 만들 수 있는 t를 선택할 수 있으므로 매개변수곡선이 포물선 전체가 된다는 것을 알 수 있다. ■

매개방정식에서 매개변수를 언제나 소거할 수 있는 것은 아니다. x, y에 대한 방정식으로 표현되지 않는 매개변수곡선이 많이 존재한다.

예제 1에서 매개방정식으로 표현된 곡선과 일치하는 그래프를 가진 x와 y의 방정식을 찾아내었다. 이 과정을 **매개변수 소거**라 하며, 매개변수곡선의 모양을 알아보는 데 유용할 수 있다. 그러나 이 과정 중 어떤 정보들은 소실된다. x와 y의 방정식은 입자가 움직이는 곡선만을 알려 주지만 매개변수방정식은 매 순간 입자의 위치와 운동 방향을 알려준다. x와 y에 관한 방정식으로 나타나는 곡선을 차도로 생각한다면, 매개방정식으로는 그 도로를 달리는 자동차를 추적할 수 있다.

예제 1에서 매개변수 t에 대한 제한이 없으나 통상 t를 실수로 한다. 그러나 때때로 t를 유한구간 내의 값으로 제한한다. 예를 들어 그림 3에서 보듯이 매개변수곡선

$$x = t^2 - 2t \qquad y = t + 1 \qquad 0 \leqslant t \leqslant 4$$

은 점 $(0, 1)$에서 출발하여 점 $(8, 5)$에서 끝나는, 예제 1에 있는 포물선의 일부분이다. 화살표는 t가 0에서 4까지 증가함에 따라 추적되는 곡선의 방향을 가리킨다.

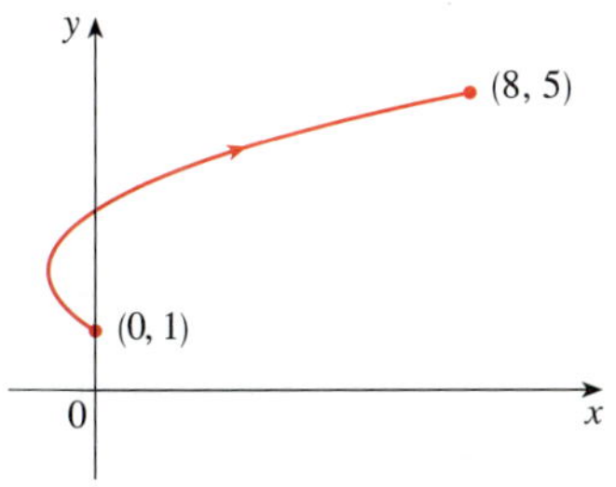

그림 3

일반적으로 매개변수방정식이

$$x = f(t) \qquad y = g(t) \qquad a \leqslant t \leqslant b$$

인 곡선에서 $(f(a), g(a))$를 **시작점**, $(f(b), g(b))$를 **끝점**이라 한다.

예제 2 매개변수방정식이 $x = \cos t$, $y = \sin t$, $0 \leqslant t \leqslant 2\pi$로 표현되는 것은 어떤 곡선인가?

풀이 점을 찍어보면 곡선이 원임을 알 수 있다. t를 소거함으로써 이것을 확인할 수 있다. 실제로

$$x^2 + y^2 = \cos^2 t + \sin^2 t = 1$$

이다. 매개변수방정식으로 주어진 x, y값의 순서쌍은 항상 $x^2 + y^2 = 1$을 만족하므로 점 (x, y)는 단위원 $x^2 + y^2 = 1$ 위를 움직인다. 이 예제에서 매개변수 t는 그림 4에서 보듯이 라디안으로 이해될 수 있다. t가 0에서 2π까지 증가할 때, 점 $(x, y) = (\cos t, \sin t)$

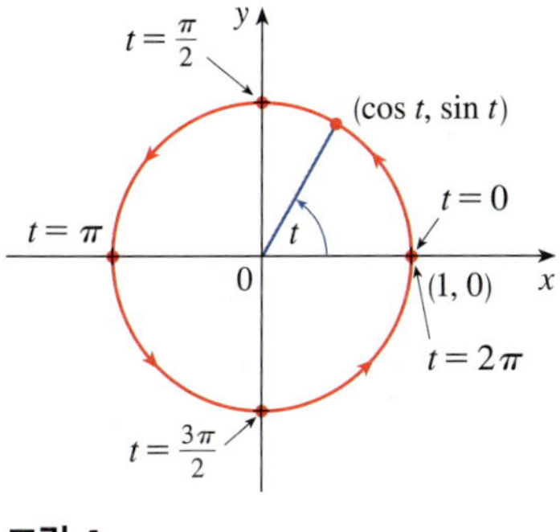

그림 4

는 점 (1, 0)에서 출발하여 반시계 방향으로 이 원 위를 한 번 움직인다. ■

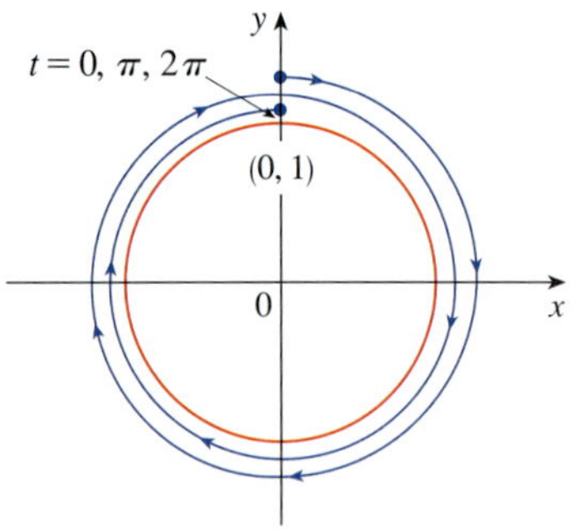

그림 5

예제 3 매개방정식이 $x = \sin 2t$, $y = \cos 2t$, $0 \leq t \leq 2\pi$로 표현되는 것은 어떤 곡선인가?

풀이
$$x^2 + y^2 = \sin^2(2t) + \cos^2(2t) = 1$$

이므로 매개방정식은 다시 단위원 $x^2 + y^2 = 1$을 나타낸다. 그러나 t가 0에서 2π까지 증가할 때, 점 $(x, y) = (\sin 2t, \cos 2t)$는 그림 5에서 보듯이 점 (0, 1)에서 출발하여 시계 방향으로 이 원 위를 두 번 움직인다. ■

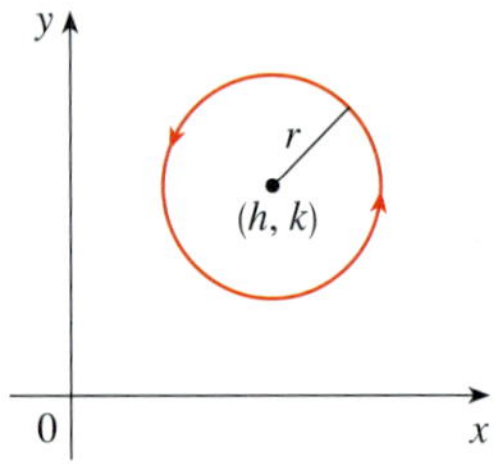

그림 6
$x = h + r\cos t,\ y = k + r\sin t$

예제 4 반지름 r과 중심 (h, k)를 갖는 원에 대한 매개방정식을 구하여라.

풀이 예제 2에 주어진 단위원의 방정식의 x와 y에 r을 곱하여 식 $x = r\cos t$, $y = r\sin t$를 얻는다. 이 방정식은 반지름이 r이고 원점이 중심인 반시계방향으로 움직이는 원을 나타낸다. 이제 x축 방향으로 h만큼, y축 방향으로 k만큼 이동하면 반지름이 r이고 중심이 (h, k)인 다음과 같은 원의 매개방정식을 구할 수 있다(그림 6 참조).

$$x = h + r\cos t \qquad y = k + r\sin t \qquad 0 \leq t \leq 2\pi$$ ■

NOTE 예제 2와 3에서 같은 곡선을 나타내는 서로 다른 매개방정식을 보았다. 그러므로 점들의 집합으로 정의되는 **곡선**과 특정한 방식으로 추적되는 점들로 정의되는 **매개변수곡선**을 구별해야 한다.

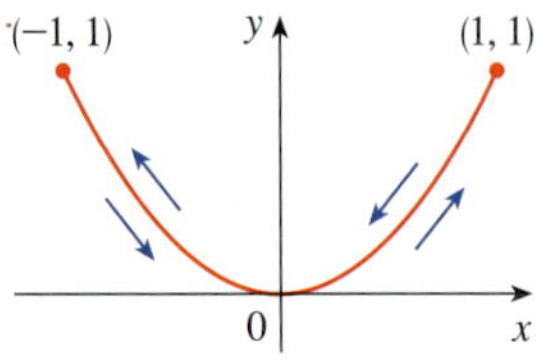

그림 7

예제 5 매개방정식이 $x = \sin t$, $y = \sin^2 t$인 곡선의 개형을 그려라.

풀이 $y = (\sin t)^2 = x^2$이므로, 점 (x, y)는 포물선 $y = x^2$ 위로 움직인다. 그런데 $-1 \leq \sin t \leq 1$이므로 $-1 \leq x \leq 1$이다. 그러므로 매개방정식은 포물선의 $-1 \leq x \leq 1$인 부분만을 나타낸다. $\sin t$가 주기함수이므로, 점 $(x, y) = (\sin t, \sin^2 t)$는 $(-1, 1)$에서부터 (1, 1)까지 포물선을 따라서 앞뒤로 무한히 움직인다(그림 7 참조). ■

■ 계산기로 매겨변수곡선 그리기

대부분의 그래핑 계산기와 컴퓨터 그래핑 프로그램은 매개방정식으로 정의된 곡선의 그래프를 그리는 데 사용할 수 있다. 실제로 그래핑 계산기로 매개곡선이 그려지는 과정을 지켜보는 것은 상당히 유익하다. 그 이유는 각 점에 대응하는 매개변수 값이 증가하는 순서대로 점들이 그려지기 때문이다.

다음 예제에서 x가 y에 관한 함수로 표현된 직교좌표방정식의 그래프를 구하기 위하여 매개변수방정식이 사용될 수 있음을 볼 수 있다(예를 들어 일부 계산기에서는 y를 x의 함수로 표현해야 한다).

예제 6 그래핑 도구를 사용하여 곡선 $x = y^4 - 3y^2$의 그래프를 그려라.

풀이 매개변수를 $t = y$라 두면 다음 방정식이 구해진다.

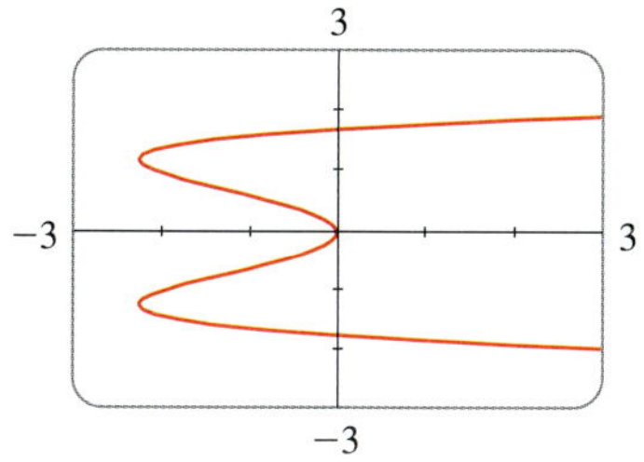

그림 8

$$x = t^4 - 3t^2 \qquad y = t$$

이 곡선의 그래프를 매개방정식을 사용해서 그려보면 그림 8과 같다. 주어진 방정식 ($x = y^4 - 3y^2$)을 x에 대한 네 개의 함수로 나누어서 각각 그래프를 그리는 것도 가능하지만, 매개방정식을 사용하는 것이 훨씬 편한 방법이다. ■

일반적으로 $x = g(y)$ 형태의 방정식을 그래프로 그려야 할 경우 다음과 같은 매개방정식을 사용할 수 있다.

$$x = g(t) \qquad y = t$$

또한 방정식 $y = f(x)$ (우리한테 가장 흔한 함수의 형태이며 함수의 그래프도 그려하다)로 그려지는 곡선은 다음 매개방정식의 곡선으로 생각할 수 있다.

$$x = t \qquad y = f(t)$$

그래핑 도구는 복잡한 곡선의 개형을 그리는 데 특히 유용하다. 예를 들어, 그림 9, 10, 11의 곡선들을 손으로 그린다는 것은 거의 불가능하다.

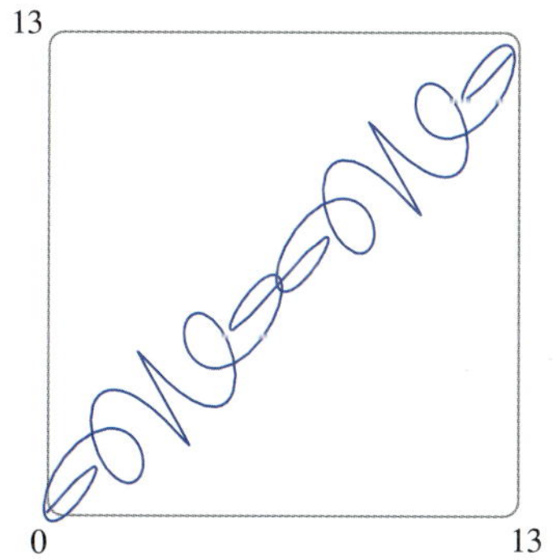

그림 9
$x = t + \sin 5t$
$y = t + \sin 6t$

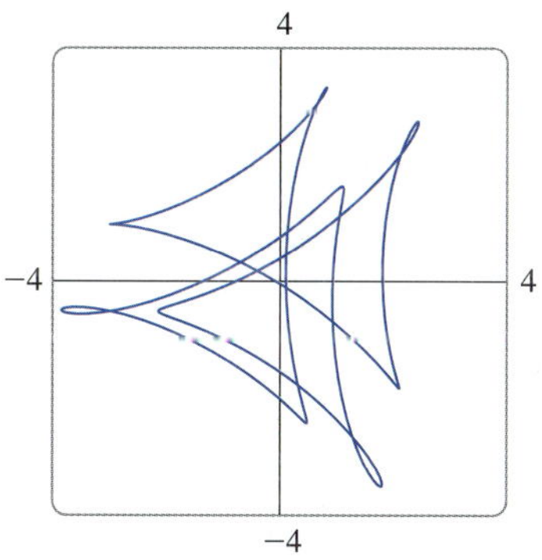

그림 10
$x = \cos t + \cos 6t + 2 \sin 3t$
$y = \sin t + \sin 6t + 2 \cos 3t$

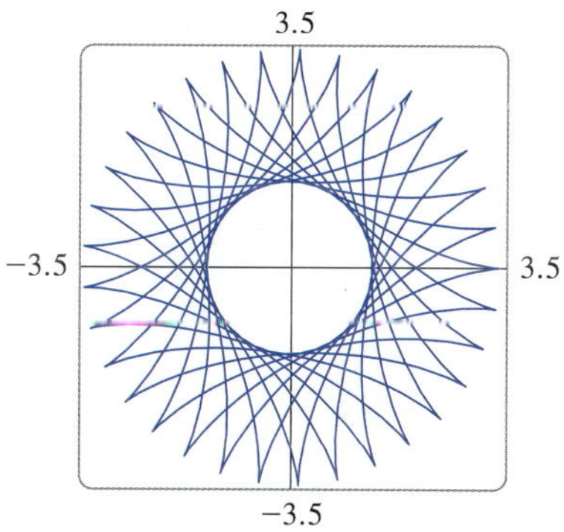

그림 11
$x = 2.3 \cos 10t + \cos 23t$
$y = 2.3 \sin 10t - \sin 23t$

매개곡선의 가장 중요한 사용 중의 한 가지는 CAD(computer-aided design)이다. 9.2절 마지막에 있는 발견 프로젝트에서는 특수한 매개곡선인 **베지어 곡선**(Bézier curves)에 대해 탐구한다. 이 곡선은 특히 자동차 제조 분야에서 광범위하게 사용되고 있다. 이 곡선은 또한 PDF 문서 및 레이저 프린트의 폰트 모양이나 여러 가지 기호를 만드는 데도 사용되고 있다.

■ 사이클로이드

예제 7 직선을 따라 한 원을 굴릴 때 그 원의 원주 위의 한 점 P의 추적을 그린 곡선을 **사이클로이드**(cycloid)라 한다. (자동차 타이어에 박힌 조약돌이 움직이는 궤적을 생각해보라. 그림 12 참조.) 만약 그 원의 반지름이 r이고 x축을 따라 구르며, P의 한 위치가 원점일 때 생기는 사이클로이드의 매개방정식을 찾아라.

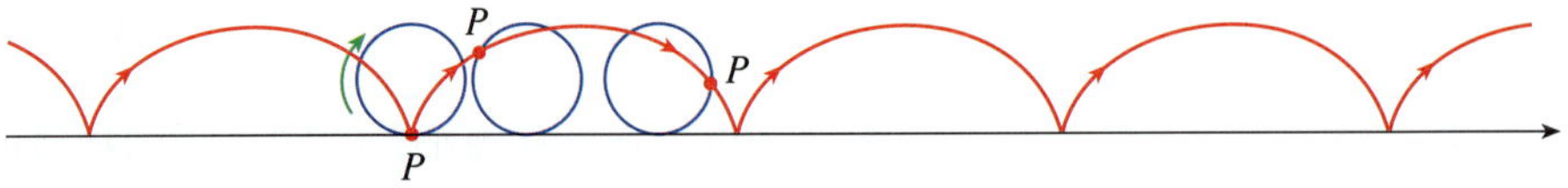

그림 12

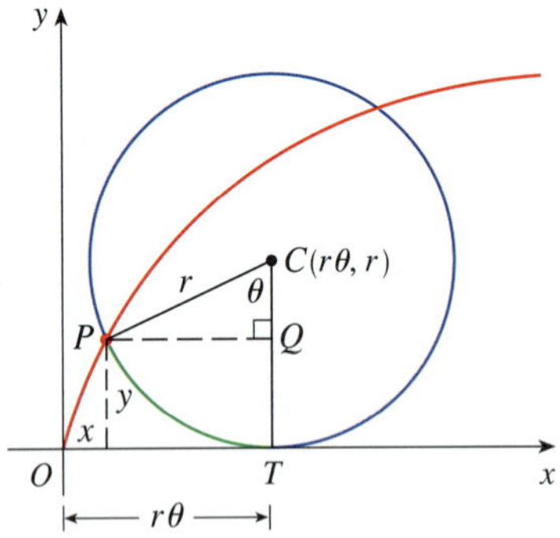

그림 13

풀이 원의 회전각 θ를 매개변수로 택한다. ($\theta = 0$일 때 P는 원점이다.) 원의 회전각을 θ라디안이라 하자. 원이 직선과 접해 있으므로, 그림 13에서 보듯이 원점으로부터 원이 구른 거리는

$$|OT| = \text{호 } PT = r\theta$$

이다. 그러므로 원의 중심은 $C(r\theta, r)$이다. P의 좌표를 (x, y)라 하면 그림 13으로부터

$$x = |OT| - |PQ| = r\theta - r\sin\theta = r(\theta - \sin\theta)$$

$$y = |TC| - |QC| = r - r\cos\theta = r(1 - \cos\theta)$$

이다. 그러므로 사이클로이드의 매개방정식은

1 $$x = r(\theta - \sin\theta) \qquad y = r(1 - \cos\theta) \qquad \theta \in \mathbb{R}$$

사이클로이드의 하나의 호는 원이 한 번 회전한 결과이므로 $0 \leqslant \theta \leqslant 2\pi$로 표현된다. 방정식 **1**이 비록 $0 < \theta < \pi/2$인 경우의 그림 13에서 유도되었지만 θ의 모든 값에 대하여도 성립함을 알 수 있다.

방정식 **1**에서 매개변수 θ는 소거 가능하지만, x와 y에 관한 방정식은 매우 복잡하고[$x = r\cos^{-1}(1 - y/r) - \sqrt{2ry - y^2}$은 한 호의 절반만 나타낼 뿐이다] 매개변수방정식만큼 작업이 편리하지 않다. ■

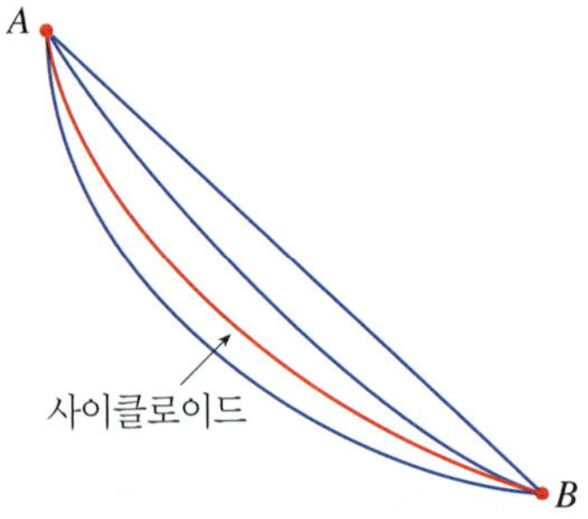

그림 14

갈릴레오는 사이클로이드를 연구한 초기 사람 중 하나로 다리를 사이클로이드 형태로 지으라고 제안했고, 사이클로이드 한 호의 아래의 넓이를 구하려고 노력했다. 나중에 이 사이클로이드는 **최단강하선**(brachistochrone) **문제**—물체가 한 점 A에서 A의 바로 밑이 아닌 A보다 낮은 점 B로 가장 짧은 시간(중력의 영향을 받고)에 미끄러지는 곡선을 찾아라—에 관하여 나타났다. 스위스 수학자 베르누이가 1696년에 이 문제를 제기했고, 그림 14에서처럼 A에서 B를 연결하는 가능한 모든 곡선 중에서 사이클로이드의 한 호를 뒤집은 곡선일 경우 물체가 A에서 B로 미끄러지는 데 최단시간이 걸린다는 것을 밝혀냈다.

네덜란드의 물리학자 호이겐스는 사이클로이드가 1673년에 **등시곡선**(tautochrone) **문제**—물체가 거꾸로 된 사이클로이드상의 어느 위치에 있더라도 바닥으로 미끄러지는 데 걸리는 시간은 같다—에 대한 답임을 이미 밝혔다(그림 15 참조). 호이겐스는 그가 고안한 진자 시계의 추가 사이클로이드의 호 위에서 흔들려야 한다고 제의했다. 왜냐하면 추가 넓은 호나 좁은 호를 통해 흔들리더라도 완벽한 진동을 하기 위해서는 같은 시간이 소요되기 때문이다.

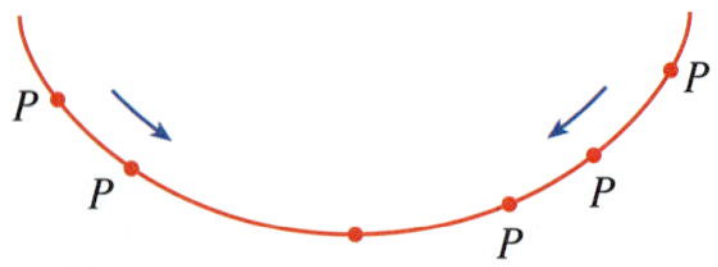

그림 15

■ 매개곡선족

예제 8 다음의 매개방정식으로 표현되는 곡선족을 탐구하려고 한다.

$$x = a + \cos t \qquad y = a \tan t + \sin t$$

이 곡선들의 공통점은 무엇인가? a가 증가함에 따라 곡선 모양은 어떻게 변하는가?

풀이 그림 16은 $a = -2, -1, -0.5, -0.2, 0, 0.5, 1, 2$의 경우에 대해 그래핑 계산기(또는 컴퓨터)를 사용해서 그래프를 그린 것이다. 모든 그래프는 ($a = 0$인 경우만 제외하고) 두 개의 가지를 가지고 있고, 두 가지는 x가 왼쪽이나 오른쪽에서 a에 접근할 때 $x = a$인 수직점근선에 접근하고 있다.

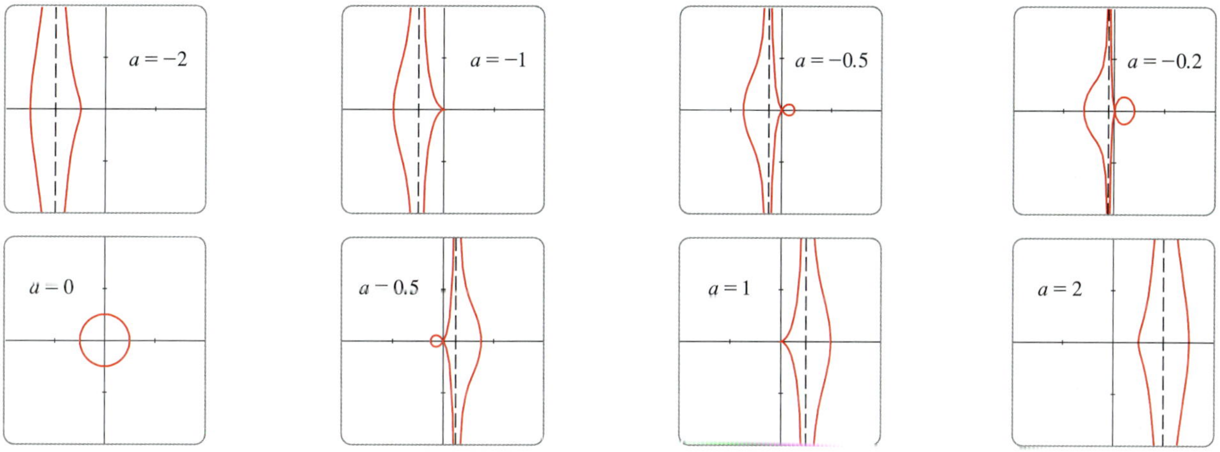

그림 16 $x = a + \cos t$, $y = a \tan t + \sin t$의 곡선족에 대한 그래프. 모든 그래프의 직사각형 화면 크기는 $[-4, 4] \times [-4, 4]$이다.

$a < -1$일 때, 두 가지는 모두 매끄러운 곡선이지만 a가 -1에 도달하면 오른쪽 가지는 **커스프**(cusp)라는 뾰족한 모양의 첨점이 된다. a가 -1과 0 사이의 경우 이 커스프는 고리 모양이 되고 a가 0에 접근할수록 더 큰 고리가 된다. $a = 0$인 경우 두 가지가 함께 섞여서 원이 된다(예제 2 참조). a가 0과 1 사이의 경우 왼쪽 가지가 고리가 되는데 점차 줄어 들어 $a = 1$일 때 커스프가 된다. $a > 1$일 때 두 가지는 다시 매끄러운 곡선이 되고 a가 증가함에 따라 곡선이 완만해진다. a가 양수인 곡선은 a가 음수인 대응하는 곡선과 y축 대칭이 된다는 사실이 특이하다.

이들 곡선을 그리스 학자였던 니코메데스(Nicomedes)의 이름을 따서 **니코메데스 나사선**(conchoids of Nicomedes)이라 한다. 니코메데스가 이들 곡선을 나사선이라고 부른 이유는 이 곡선의 바깥쪽 가지가 소라고둥 껍데기나 홍합 껍데기의 곡선 모양과 닮았기 때문이다. ■

9.1 연습문제

1-2 주어진 매개변수방정식에 대하여 매개변수 값 $t = -2, -1, 0, 1, 2$에 대응하는 점 (x, y)를 구하여라.

1. $x = t^2 + t, \quad y = 3^{t+1}$

2. $x = \ln(t^2 + 1), \quad y = t/(t + 4)$

3-6 매개방정식을 사용하여 점들을 구성하고 곡선의 개형을 그려라. t가 증가함에 따라 추적되는 곡선의 방향을 화살표로 나타내어라.

3. $x = 1 - t^2, \quad y = 2t - t^2, \quad -1 \leqslant t \leqslant 2$

4. $x = t^3 + t, \quad y = t^2 + 2, \quad -2 \leqslant t \leqslant 2$

5. $x = 2^t - t, \quad y = 2^{-t} + t, \quad -3 \leqslant t \leqslant 3$

6. $x = \cos^2 t, \quad y = 1 + \cos t, \quad 0 \leqslant t \leqslant \pi$

7-10

(a) 매개방정식을 써서 점들을 구성하여 곡선의 개형을 그려라. t가 증가함에 따라 추적되는 곡선의 방향을 화살표로 나타내어라.

(b) 곡선의 직교좌표방정식을 구하기 위해 매개변수를 소거하여라.

7. $x = 2t - 1, \quad y = \frac{1}{2}t + 1$

8. $x = t^2 - 3, \quad y = t + 2, \quad -3 \leqslant t \leqslant 3$

9. $x = \sin t, \quad y = 1 - \cos t, \quad 0 \leqslant t \leqslant 2\pi$

10. $x = \sqrt{t}, \quad y = 1 - t$

11-17

(a) 곡선의 직교좌표방정식을 구하기 위해 매개변수를 소거하여라.

(b) 곡선의 개형을 그리고 매개변수가 증가함에 따라 추적되는 곡선의 방향을 화살표로 나타내어라.

11. $x = 3\cos t, \quad y = 3\sin t, \quad 0 \leqslant t \leqslant \pi$

12. $x = \cos\theta, \quad y = \sec^2\theta, \quad 0 \leqslant \theta < \pi/2$

13. $x = e^{-t}, \quad y = e^t$

14. $x = t + 2, \quad y = 1/t, \quad t > 0$

15. $x = \ln t, \quad y = \sqrt{t}, \quad t \geqslant 1$

16. $x = \sin^2 t, \quad y = \cos^2 t$

17. $x = \sinh t, \quad y = \cosh t$

18-19 주어진 매개변수방정식은 원 운동하는 물체의 위치를 나타내고, t는 초 단위로 측정된다. 한 바퀴 도는 데 시간이 얼마나 걸리는가? 운동은 시계 방향인가, 반시계 방향인가?

18. $x = 5\cos t, \quad y = -5\sin t$

19. $x = 3\sin\left(\frac{\pi}{4}t\right), \quad y = 3\cos\left(\frac{\pi}{4}t\right)$

20-21 주어진 구간에서 t가 변함에 따라 위치가 (x, y)인 입자의 움직임을 서술하여라.

20. $x = 5 + 2\cos\pi t, \quad y = 3 + 2\sin\pi t, \quad 1 \leqslant t \leqslant 2$

21. $x = 5\sin t, \quad y = 2\cos t, \quad -\pi \leqslant t \leqslant 5\pi$

22. 매개변수방정식이 $x = f(t)$, $y = g(t)$로 주어진 한 곡선이 있다. 여기서 f의 치역은 $[1, 4]$이고 g의 치역은 $[2, 3]$이다. 이 곡선에 관하여 설명하여라.

23. 다음 (a)~(d)의 매개변수방정식 $x = f(t)$, $y = g(t)$의 그래프와 I~IV의 매개변수곡선을 연결하고 이유를 설명하여라.

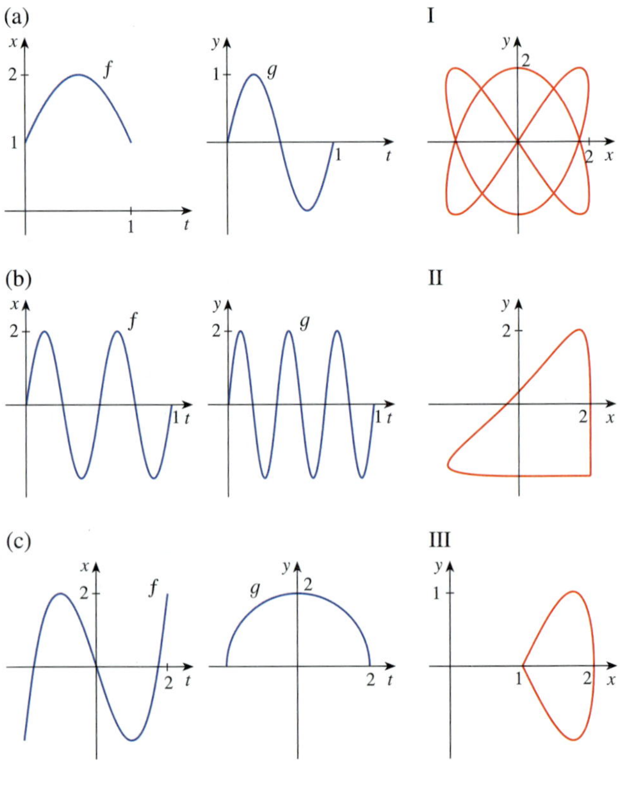

(d)

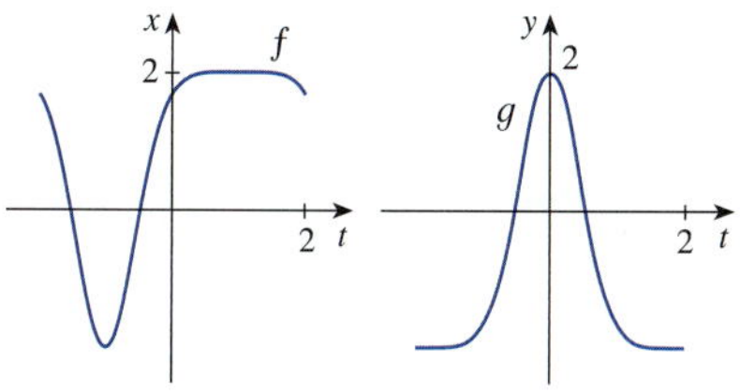

IV

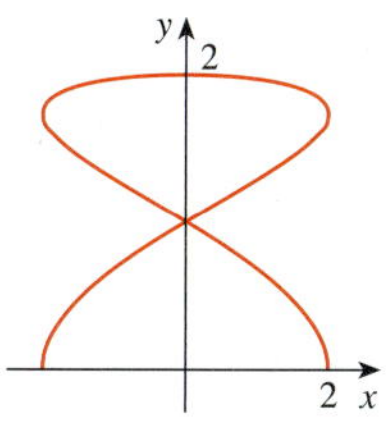

24-25 매개변수곡선 $x = f(t)$, $y = g(t)$의 개형을 그리기 위하여 $x = f(t)$와 $y = g(t)$의 그래프를 이용하여라. t가 증가함에 따라 추적되는 곡선의 방향을 화살표로 표시하여라.

24.

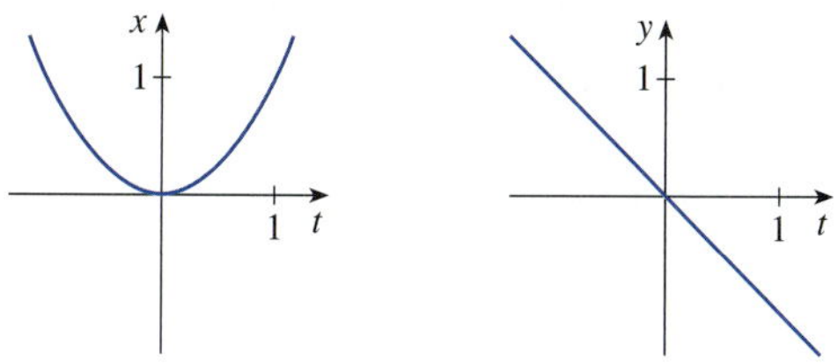

25.

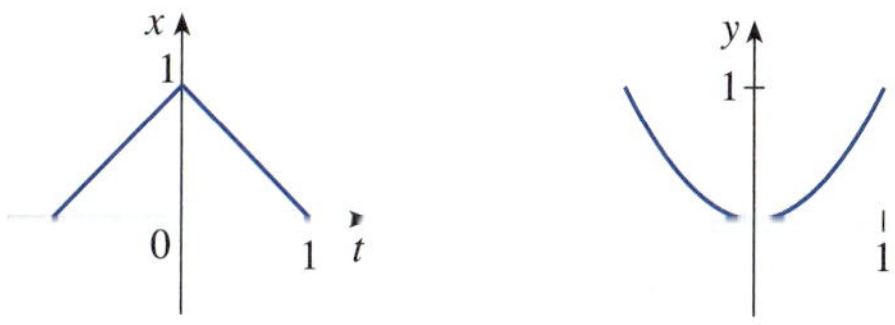

26. 다음 (a)~(f)의 매개변수방정식과 I~VI의 매개변수곡선을 연결하고 이유를 설명하여라.

(a) $x = t^4 - t + 1$, $y = t^2$

(b) $x = t^2 - 2t$, $y = \sqrt{t}$

(c) $x = t^3 - 2t$, $y = t^2 - t$

(d) $x = \cos 5t$, $y = \sin 2t$

(e) $x = t + \sin 4t$, $y = t^2 + \cos 3t$

(f) $x = t + \sin 2t$, $y = t + \sin 3t$

I

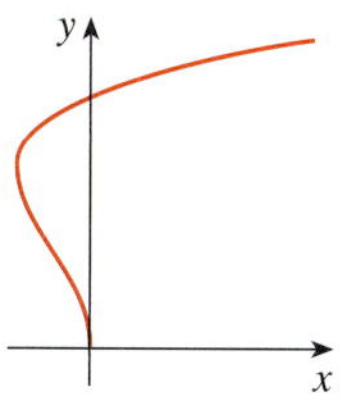

II

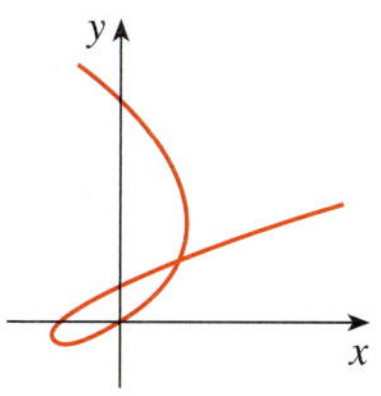

III

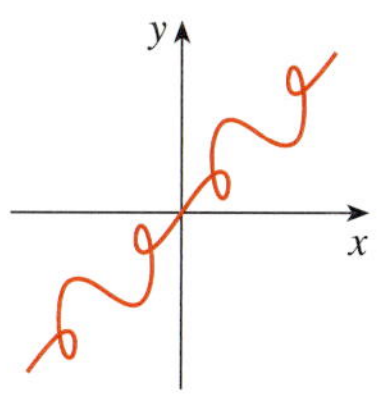

IV

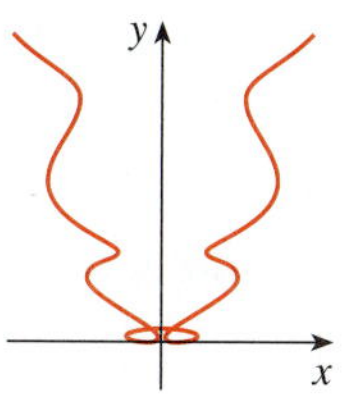

V

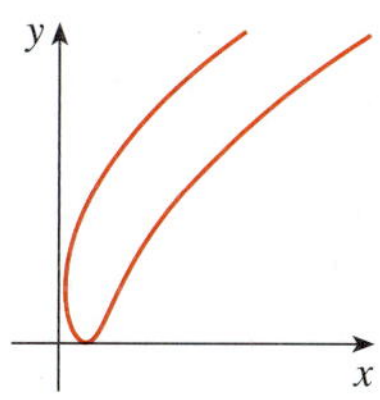

VI

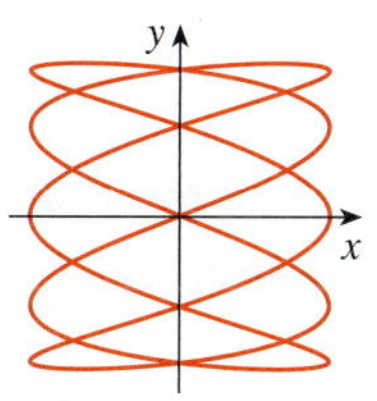

27. 곡선 $x = y - 2 \sin \pi y$의 그래프를 그려라.

28. (a) 매개변수방정식

$$x = x_1 + (x_2 - x_1)t \qquad y = y_1 + (y_2 - y_1)t$$

이 두 점 $P_1(x_1, y_1)$과 $P_2(x_2, y_2)$를 잇는 선분을 나타냄을 보여라$(0 \leq t \leq 1)$.

(b) 두 점 $(-2, 7)$과 $(3, -1)$을 연결하는 선분을 표현하는 매개변수방정식을 구하여라.

29. 지시된 방법으로 원 $x^2 + (y - 1)^2 = 4$를 따라 움직이는 입자의 경로를 나타내는 매개변수방정식을 구하여라.

(a) (2, 1)에서 출발하여 시계방향으로 한 바퀴 회전

(b) (2, 1)에서 출발하여 반시계방향으로 세 바퀴 회전

(c) (0, 3)에서 출발하여 반시계방향으로 반 바퀴 회전

30-31 그래핑 계산기나 컴퓨터를 이용하여 아래 그림을 그려라.

30.

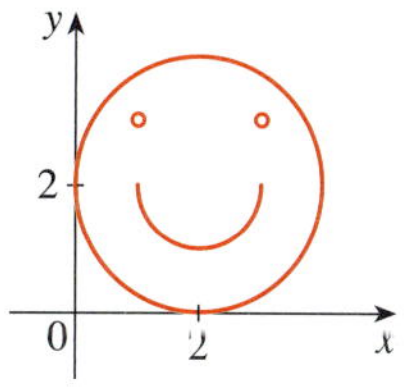

31.

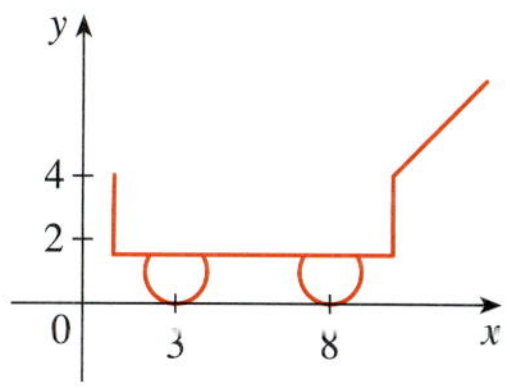

32. (a) 다음 네 가지 매개변수방정식이 모두 같은 직교좌표방정식을 만족함을 보여라.

(i) $x = t^2$, $y = t$ (ii) $x = t$, $y = \sqrt{t}$

(iii) $x = \cos^2 t$, $y = \cos t$ (iv) $x = 3^{2t}$, $y = 3^t$

(b) (a)의 각각의 그래프를 그리고 곡선이 서로 어떻게 다른지 설명하여라.

33. 매개변수방정식에 의해 표현된 다음 곡선들을 비교하여라. 곡선들은 어떻게 다른가?

(a) $x = t$, $y = t^{-2}$ (b) $x = \cos t$, $y = \sec^2 t$

(c) $x = e^t$, $y = e^{-2t}$

34. $\pi/2 < \theta < \pi$의 경우에 대하여 방정식 1을 유도하여라.

35. 점 P를 반지름이 r인 원의 중심에서 d만큼 떨어진 거리에 있는 점이라고 하자. 원이 직선 위를 굴러가는 동안 점 P가 그리는 곡선을 **트로코이드**(trochoid)라고 한다. (자전거 바퀴의 바퀴살 위에 있는 한 점의 움직임을 생각해보아라.) 사이클로이드는 트로코이드의 특별한 예($d = r$)이다. 사이클로이드와 같은 매개변수 θ를 사용하고 P가 최저점 중 하나일 때 직선이 x축이고 $\theta = 0$이라고 가정하면 트로코이드의 매개변수방정식이

$$x = r\theta - d \sin\theta \qquad y = r - d \cos\theta$$

임을 보여라. 두 경우 $d < r$, $d > r$에 대하여 트로코이드를 각각 그려라.

36. a와 b를 고정된 수라고 할 때, 매개변수를 각 θ로 사용해서 그림에서 P가 위치할 수 있는 가능한 모든 점으로 구성된 매개변수곡선을 구하여라. 그런 다음 매개변수를 제거하고 곡선의 모양을 알아보아라.

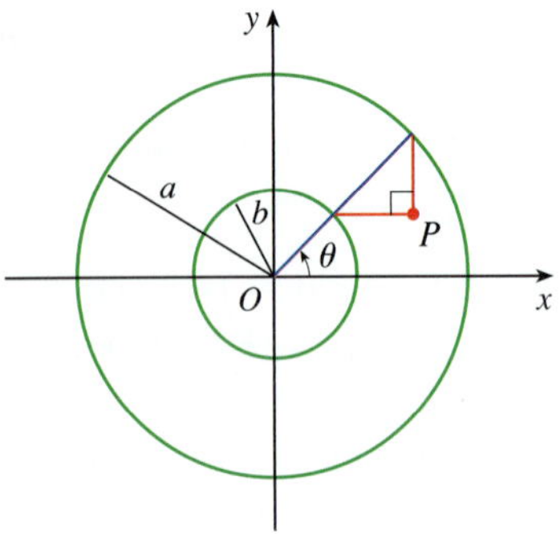

37. 그림에서 점 P가 위치할 수 있는 가능한 모든 점으로 구성된 곡선을 **마리아 아녜시의 마녀**(witch of Maria Agnesi)라고 한다. 이 곡선이 매개변수방정식

$$x = 2a \cot\theta \qquad y = 2a \sin^2\theta$$

으로 표현됨을 보여라. 그리고 곡선의 개형을 그려라.

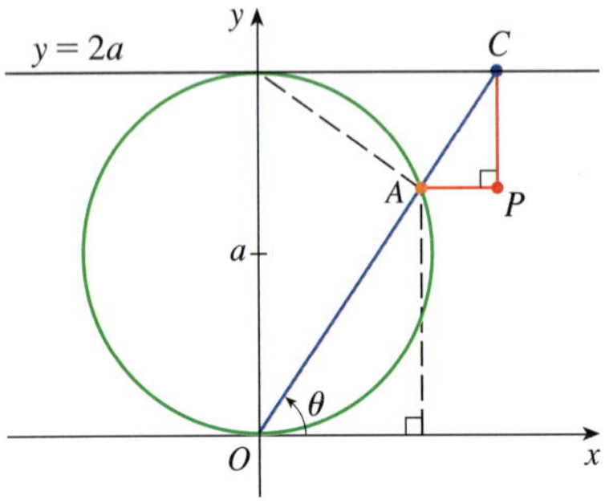

38. (a) 그림과 같이 $|OP| = |AB|$를 만족하는 모든 점 P에 대한 매개변수방정식을 찾아라. (이 곡선을 **디오클레스의 시소이드**(cissoid of Diocles)라고 한다. 디오클레스는 부피가 두 배인 정육면체의 모서리를 작도하기 위해 시소이드를 그래프적 방법으로 소개한 그리스 학자이다.)

(b) 손으로 그래프의 개형을 그리기 위해 곡선의 기하학적 성질을 기술하여라. 그리고 매개변수방정식을 이용하여 그래프를 그리고 이를 확인하여라.

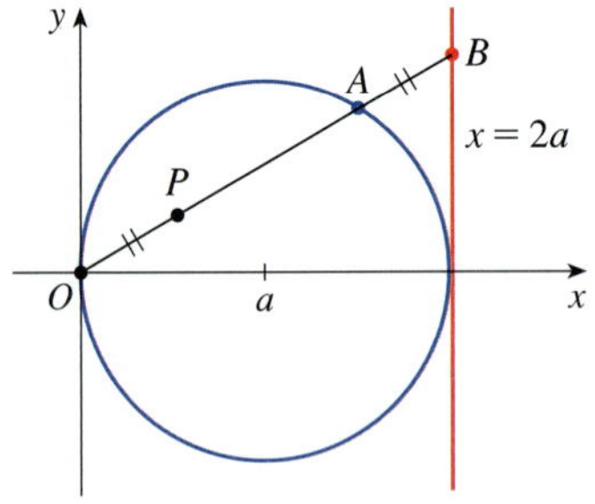

39. 발사체의 초기속도가 초속 v_0m이고 수평선에서 α만큼의 각으로 발사되었고 공기저항은 무시할 수 있다고 가정하면, t초 후의 발사체의 위치를 중력가속도 $g(9.8\text{m/s}^2)$에 대하여 다음과 같이 매개변수방정식으로 표시할 수 있다.

$$x = (v_0 \cos\alpha)t \qquad y = (v_0 \sin\alpha)t - \tfrac{1}{2}gt^2$$

(a) 만약 총이 $\alpha = 30°$, $v_0 = 500\text{m/s}$로 발사되었다면 총알은 언제 땅에 떨어질까? 얼마나 멀리 날아갈 것인가? 최고 높이는 얼마일까?

(b) 그래프를 이용해 (a)의 답을 확인하여라. 몇몇 다른 α값에 대해서도 발사체의 경로를 그려보아라. 그리고 발견한 것을 정리하여라.

(c) 매개변수를 제거하여 발사체의 경로가 포물선임을 보여라.

40. 매개변수방정식 $x = t^2$, $y = t^3 - ct$로 정의되는 곡선족들을 살펴보아라. c값이 증가함에 따라 그래프 모양이 어떻게 변하는가? 몇 개의 그래프를 그려서 설명하여라.

41. $a > 0$일 때, 매개변수방정식 $x = t + a\cos t$, $y = t + a\sin t$로 정의되는 곡선족을 그려보아라. a값이 증가함에 따라 그래프 모양은 어떻게 변하는가? 곡선은 어떤 a값에서 고리를 가지는가?

42. 매개변수방정식 $x = a\sin nt$, $y = b\cos t$로 정의되는 곡선을 **리사주 그림**(Lissajous figures)이라고 부른다. 서로 다른 a, b, n에 대하여 곡선들이 어떻게 달라지는지 살펴보아라. (n은 양의 정수 중에서 정하여라.)

발견프로젝트 | 원을 달리는 원

이 프로젝트는 하이포사이클로이드(hypocycloid)와 에피사이클로이드(epicycloid) 곡선족을 살펴보는 것이다. 이 곡선들은 다른 원의 내부 혹은 외부에서 원의 주위를 도는 원 위에 있는 한 점의 움직임으로 만들어지는 것이다.

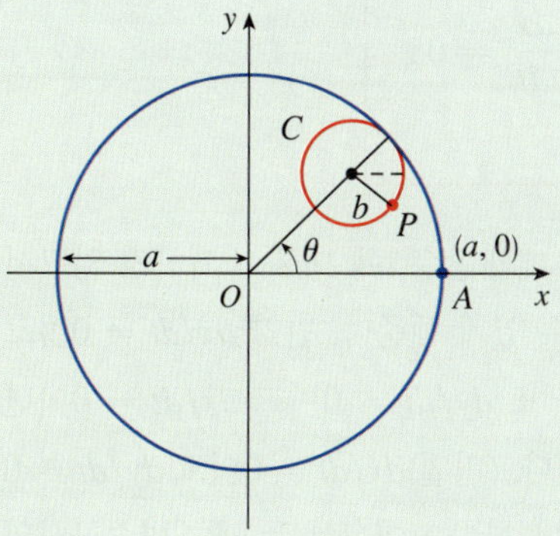

1. **하이포사이클로이드**는 중심이 O이고 반지름이 a인 원의 내부에서 원의 주위를 도는 반지름이 b인 원 C 위의 한 점의 자취로 만들어지는 곡선이다. 만약 P가 움직이기 시작한 점이 $(a, 0)$이고 그림과 같이 매개변수 θ가 선택되었다고 하면 하이포사이클로이드의 매개변수방정식은

$$x = (a - b)\cos\theta + b\cos\left(\frac{a-b}{b}\theta\right) \qquad y = (a - b)\sin\theta - b\sin\left(\frac{a-b}{b}\theta\right)$$

임을 보여라.

2. 그래핑 도구를 사용하여 양의 정수 a와 $b = 1$에 대하여 하이포사이클로이드를 그려라. a값은 그래프에 어떻게 영향을 주는가? $a = 4$라 가정하면, 하이포사이클로이드의 매개변수방정식은

$$x = 4\cos^3\theta \qquad y = 4\sin^3\theta$$

가 됨을 보여라. 이 곡선은 **4개의 첨점이 있는 하이포사이클로이드** 또는 **아스트로이드**(astroid)라고 한다.

3. $b = 1$, $a = n/d$(n, d는 서로소)에 대하여 시도해보자. 먼저 $n = 1$일 때 분모 d가 그래프에 어떤 영향을 주는지 찾아보아라. 그리고 나서 d를 일정하게 고정하고 다양한 n에 대하여 그래프 모양이 어떻게 바뀌는지 확인해보아라. $n = d + 1$일 때는 어떤 일이 일어나는가?

4. 만약 $b = 1$이고 a가 무리수라면 어떤 일이 일어날까? $\sqrt{2}$나 $e - 2$와 같은 무리수로 실험해보아라. 모든 실수 θ에 대하여 점점 큰 θ값에 대하여 그래프를 그리면 어떤 일이 일어날지 추측해보아라.

5. 만약 원 C가 고정된 원의 바깥쪽 둘레를 돈다면 점 P가 만드는 점의 자취를 **에피사이클로이드**(epicycloid)라고 한다. 에피사이클로이드의 매개변수방정식을 구하여라.

6. 문제 2~4의 방법을 사용하여 에피사이클로이드의 가능한 모양을 살펴보아라.

9.2 매개변수곡선의 미적분

매개변수방정식으로 곡선을 나타내는 방법을 살펴보았는데 이제 매개변수곡선에 대한 미분과 적분에 대한 방법을 알아보자. 특히 접선을 포함하여 넓이, 호의 길이, 표면의 넓이에 대한 문제를 해결하는 방법을 알아보고자 한다.

■ 접선

f와 g가 미분가능 함수이고 곡선 $x = f(t)$, $y = g(t)$상의 임의의 한 점에 대한 접선을 구한다고 하자(여기서 y는 x에 대한 미분가능 함수이다). 그러면 연쇄법칙에 의해

$$\frac{dy}{dt} = \frac{dy}{dx} \cdot \frac{dx}{dt}$$

가 된다. 만약 $dx/dt \neq 0$이면 위의 식을 dy/dx에 대해 다음과 같이 풀 수 있다.

질점의 움직임에 의해 추적되는 매개변수곡선을 생각하면, dy/dt와 dx/dt는 입자의 수직 및 수평속도이고, 식 [1]은 접선의 기울기가 이들 속도의 비임을 나타낸다.

[1] $$\frac{dy}{dx} = \frac{\dfrac{dy}{dt}}{\dfrac{dx}{dt}} \qquad \text{단, } \frac{dx}{dt} \neq 0$$

식 [1](dt를 약분하는 것으로 기억할 수 있다)은 매개변수 t에 대해 소거하지 않고서도 매개곡선에 대한 접선의 기울기 dy/dx를 구할 수 있게 해준다. 만약 $dx/dt \neq 0$이고 $dy/dt = 0$이면, 곡선이 수평접선을 가진다는 것과 또 $dy/dt \neq 0$이고 $dx/dt = 0$이면 곡선이 수직접선을 가진다는 것을 식 [1]로 알 수 있다. (만일 $dx/dt = 0$이고 $dy/dt = 0$이면 다른 방법을 사용하여 접선의 기울기를 정해야 한다.) 이 정보는 매개변수곡선의 개형을 그리는 데 유용하다.

아울러 이미 다룬 d^2y/dx^2에 대해서도 유용하다. 식 [1]에서 y 대신 dy/dx로 대입하여 d^2y/dx^2를 구할 수 있다.

$\dfrac{d^2y}{dx^2} \neq \dfrac{\dfrac{d^2y}{dt^2}}{\dfrac{d^2x}{dt^2}}$임을 주의하여라.

$$\frac{d^2y}{dx^2} = \frac{d}{dx}\left(\frac{dy}{dx}\right) = \frac{\dfrac{d}{dt}\left(\dfrac{dy}{dx}\right)}{\dfrac{dx}{dt}}$$

예제 1 곡선 C가 매개변수방정식 $x = t^2$, $y = t^3 - 3t$로 정의될 때,

(a) C가 점 $(3, 0)$에서 두 개의 접선을 가짐을 보이고 그 방정식을 구하여라.

(b) C 위에서 수평접선 또는 수직접선을 가지는 점을 찾아라.

(c) 이 곡선이 어디에서 위로 오목 또는 아래로 오목한지를 결정하여라.

(d) 곡선의 개형을 그려라.

풀이

(a) $t = \pm\sqrt{3}$이면 $x = 3$이고 $y = t(t^2 - 3) = 0$이다. 그러므로 점 $(3, 0)$은 $t = \sqrt{3}$과 $t = -\sqrt{3}$일 때의 C 위의 점이다. 이것은 $(3, 0)$에서 곡선이 교차함을 가리킨다.

$$\frac{dy}{dx} = \frac{dy/dt}{dx/dt} = \frac{3t^2 - 3}{2t}$$

이므로, $t = \sqrt{3}$일 때 접선의 기울기는 $dy/dx = 6/(2\sqrt{3}) = \sqrt{3}$, $t = -\sqrt{3}$일 때 접선의 기울기는 $dy/dx = -6/(2\sqrt{3}) = -\sqrt{3}$이다. 그래서 $(3, 0)$에서 접선의 방정식은

$$y = \sqrt{3}\,(x - 3) \text{과} \qquad y = -\sqrt{3}\,(x - 3)$$

이다.

(b) $dy/dx = 0$일 때 C가 수평접선을 가진다. 즉, $dy/dt = 0$이고 $dx/dt \neq 0$일 경우이다. $dy/dt = 3t^2 - 3$이므로 $t^2 = 1$일 때, 즉 $t = \pm 1$일 때 $dy/dx = 0$이다. 이에 대응되는 C 위의 점은 $(1, -2)$와 $(1, 2)$이다. $dx/dt = 2t = 0$, 즉 $t = 0$일 때 C가 수직접선을 가진다(여기서 $dy/dt \neq 0$). 이에 대응되는 C 위의 점은 $(0, 0)$이다.

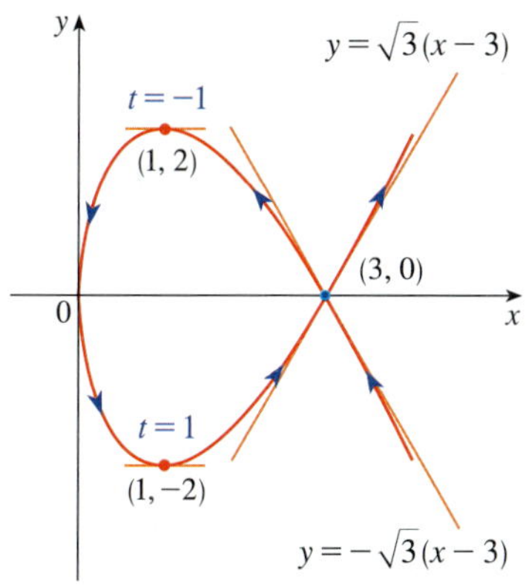

그림 1

(c) 오목성을 결정하기 위하여 이계도함수를 계산한다.

$$\frac{d^2y}{dx^2} = \frac{\dfrac{d}{dt}\left(\dfrac{dy}{dx}\right)}{\dfrac{dx}{dt}} = \frac{\dfrac{d}{dt}\left(\dfrac{3t^2-3}{2t}\right)}{\dfrac{dx}{dt}} = \frac{\dfrac{6t^2+6}{4t^2}}{2t} = \frac{3t^2+3}{4t^3}$$

그러므로 곡선은 $t > 0$일 때 위로 오목이고 $t < 0$일 때 아래로 오목이다.

(d) (b), (c)를 이용하여 그래프의 개형을 그리면 그림 1과 같다. ■

예제 2

(a) 사이클로이드 $x = r(\theta - \sin\theta)$, $y = r(1 - \cos\theta)$ 위의 $\theta = \pi/3$인 점에서의 접선을 구하여라(9.1절의 예제 7 참조).

(b) 어느 점에서 접선이 수평선인가? 언제 접선이 수직선인가?

풀이

(a) 접선의 기울기는

$$\frac{dy}{dx} = \frac{dy/d\theta}{dx/d\theta} = \frac{r\sin\theta}{r(1-\cos\theta)} = \frac{\sin\theta}{1-\cos\theta}$$

$\theta = \pi/3$일 때,

$$x = r\left(\frac{\pi}{3} - \sin\frac{\pi}{3}\right) = r\left(\frac{\pi}{3} - \frac{\sqrt{3}}{2}\right) \qquad y = r\left(1 - \cos\frac{\pi}{3}\right) = \frac{r}{2}$$

$$\frac{dy}{dx} = \frac{\sin(\pi/3)}{1-\cos(\pi/3)} = \frac{\sqrt{3}/2}{1-\frac{1}{2}} = \sqrt{3}$$

그러므로 접선의 기울기는 $\sqrt{3}$이고, 접선의 방정식은

$$y - \frac{r}{2} = \sqrt{3}\left(x - \frac{r\pi}{3} + \frac{r\sqrt{3}}{2}\right) \quad \text{즉} \quad \sqrt{3}x - y = r\left(\frac{\pi}{\sqrt{3}} - 2\right)$$

이다. 그리고 접선은 그림 2에 그려져 있다.

그림 2

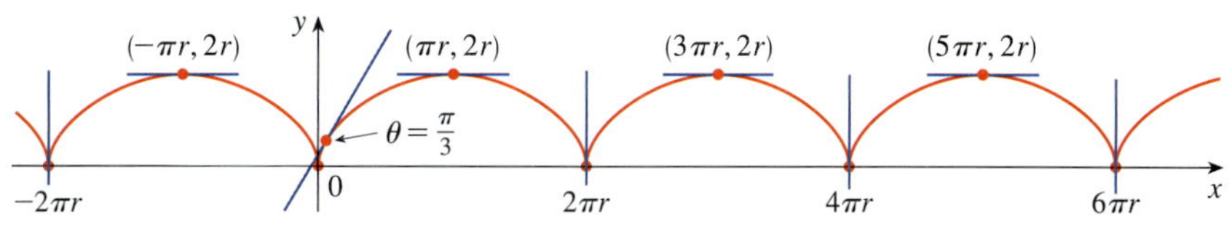

(b) $dy/dx = 0$일 때 접선은 수평선이므로, $\sin\theta = 0$이고 $1 - \cos\theta \neq 0$일 때, 즉 $\theta = (2n-1)\pi$ (n은 정수)일 때이다. 그래서 대응되는 사이클로이드 위의 점은 $((2n-1)\pi r, 2r)$이다.

$\theta = 2n\pi$일 때, $dx/d\theta = 0$이고 $dy/d\theta = 0$인 대응되는 곡선 위의 점에서 수직인 접선이 나타난다. 이것을 밝히기 위하여 로피탈 법칙을 이용하면

$$\lim_{\theta \to 2n\pi^+} \frac{dy}{dx} = \lim_{\theta \to 2n\pi^+} \frac{\sin\theta}{1 - \cos\theta} = \lim_{\theta \to 2n\pi^+} \frac{\cos\theta}{\sin\theta} = \infty$$

이고, 같은 방법으로 $\theta \to 2n\pi^-$일 때 $dy/dx \to -\infty$을 얻는다. 그래서 $\theta = 2n\pi$일 때, 즉 $x = 2n\pi r$일 때 수직접선이 존재한다(그림 2 참조). ■

■ 넓이

$F(x) \geq 0$일 때 a에서 b까지의 곡선 $y = F(x)$ 아래의 넓이는 $A = \int_a^b F(x)\,dx$임을 알고 있다. 곡선이 일단 매개변수방정식 $x = f(t)$와 $y = g(t)$, $\alpha \leq t \leq \beta$를 따라가면, 정적분의 치환적분법을 이용하여 다음과 같이 넓이를 계산할 수 있다.

t에 대한 적분의 극한은 보통 치환적분법으로 구할 수 있다. $x = a$일 때 t는 α이거나 β이다. $x = b$일 때 t는 나머지 값이다.

$$A = \int_a^b y\,dx = \int_\alpha^\beta g(t)f'(t)\,dt \qquad \left[\text{또는 } \int_\beta^\alpha g(t)f'(t)\,dt\right]$$

예제 3 사이클로이드 $x = r(\theta - \sin\theta)$, $y = r(1 - \cos\theta)$의 한 호 아래의 넓이를 구하여라.

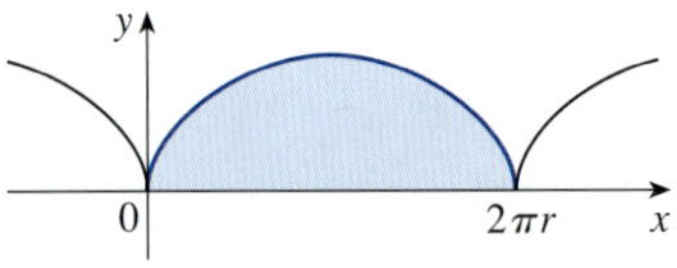

그림 3

풀이 사이클로이드의 한 호는 $0 \leq \theta \leq 2\pi$일 때로 주어진다(그림 3 참조). $y = r(1 - \cos\theta)$와 $dx = r(1 - \cos\theta)d\theta$로 치환적분법을 이용한다.

$$A = \int_0^{2\pi r} y\,dx = \int_0^{2\pi} r(1 - \cos\theta)\,r(1 - \cos\theta)\,d\theta$$

$$= r^2 \int_0^{2\pi} (1 - \cos\theta)^2\,d\theta = r^2 \int_0^{2\pi} (1 - 2\cos\theta + \cos^2\theta)\,d\theta$$

$$= r^2 \int_0^{2\pi} \left[1 - 2\cos\theta + \tfrac{1}{2}(1 + \cos 2\theta)\right] d\theta$$

$$= r^2 \left[\tfrac{3}{2}\theta - 2\sin\theta + \tfrac{1}{4}\sin 2\theta\right]_0^{2\pi}$$

$$= r^2\left(\tfrac{3}{2} \cdot 2\pi\right) = 3\pi r^2$$ ■

예제 3의 결과는 사이클로이드의 한 호 아래에 있는 넓이는 사이클로이드를 만드는 구르는 원의 넓이의 3배임을 보인다. 갈릴레오가 이 결과를 추측했으나 프랑스 수학자 로베르발과 이탈리아 수학자 토리첼리가 처음으로 증명하였다.

■ 호의 길이

$y = F(x)$, $a \leq x \leq b$의 모양으로 주어진 곡선 C의 길이 L을 구하는 방법은 이미 알고 있다. F'이 연속이면, 8.1절의 식 3에서

2 $$L = \int_a^b \sqrt{1 + \left(\frac{dy}{dx}\right)^2}\,dx$$

이다. 곡선 C가 매개변수방정식 $x = f(t)$와 $y = g(t)$, $\alpha \leq t \leq \beta$, $dx/dt = f'(t) > 0$으로 표현될 수 있다고 하자. 이것은 t가 α에서 β로 증가하고 $f(\alpha) = a$, $f(\beta) = b$일 때, C가 왼쪽에서 오른쪽으로 한 번 선회하는 것을 의미한다. 식 1을 식 2에 대입하고 치환적분법을 이용하여

$$L = \int_a^b \sqrt{1 + \left(\frac{dy}{dx}\right)^2}\,dx = \int_\alpha^\beta \sqrt{1 + \left(\frac{dy/dt}{dx/dt}\right)^2}\,\frac{dx}{dt}\,dt$$

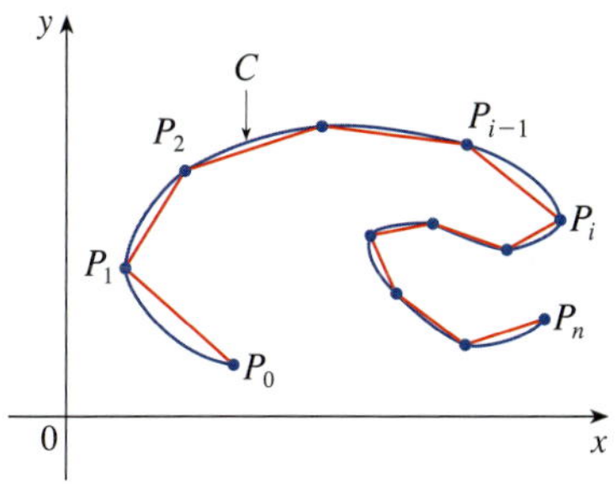

그림 4

를 얻는다. $dx/dt > 0$이므로

3 $$L = \int_{\alpha}^{\beta} \sqrt{\left(\frac{dx}{dt}\right)^2 + \left(\frac{dy}{dt}\right)^2}\, dt$$

곡선 C가 비록 $y = F(x)$ 모양으로 표현될 수 없더라도 식 **3**은 다각형 근사법으로 여전히 유효하다. 매개변수 구간 $[\alpha, \beta]$를 폭이 Δt인 n개의 부분 구간으로 등분한다. 만약 $t_0, t_1, t_2, \ldots, t_n$을 이들 부분 구간의 끝점이라 하면, $x_i = f(t_i)$와 $y_i = g(t_i)$는 곡선 C 위에 있는 점 $P_i(x_i, y_i)$의 좌표이고, 꼭짓점이 $P_0, P_1, \ldots, P_n$인 다각형은 C로 근사한다(그림 4 참조).

8.1절에서처럼 곡선 C의 길이 L을 $n \to \infty$일 때 근사한 다각형 길이의 극한으로 정의한다.

$$L = \lim_{n \to \infty} \sum_{i=1}^{n} |P_{i-1}P_i|$$

구간 $[t_{i-1}, t_i]$에 f를 적용할 때, 평균값 정리에 의해

$$f(t_i) - f(t_{i-1}) = f'(t_i^*)(t_i - t_{i-1})$$

인 t_i^*를 (t_{i-1}, t_i)에서 찾을 수 있다. 만약 $\Delta x_i = x_i - x_{i-1}$, $\Delta y_i = y_i - y_{i-1}$이라 하면, 이 방정식은

$$\Delta x_i = f'(t_i^*)\, \Delta t$$

가 된다. 마찬가지로 g를 적용할 때, 평균값 정리에 의해

$$\Delta y_i = g'(t_i^{**})\, \Delta t$$

인 t_i^{**}를 (t_{i-1}, t_i)에서 찾을 수 있다. 그러므로

$$\begin{aligned} |P_{i-1}P_i| &= \sqrt{(\Delta x_i)^2 + (\Delta y_i)^2} = \sqrt{[f'(t_i^*)\Delta t]^2 + [g'(t_i^{**})\Delta t]^2} \\ &= \sqrt{[f'(t_i^*)]^2 + [g'(t_i^{**})]^2}\, \Delta t \end{aligned}$$

이고, 그래서 다음과 같다.

4 $$L = \lim_{n \to \infty} \sum_{i=1}^{n} \sqrt{[f'(t_i^*)]^2 + [g'(t_i^{**})]^2}\, \Delta t$$

식 **4**의 합은 함수 $\sqrt{[f'(t)]^2 + [g'(t)]^2}$에 대한 리만합과 비슷하나, 일반적으로 $t_i^* \neq t_i^{**}$이기 때문에 정확한 리만합은 아니다. 그럼에도 불구하고 f'과 g'이 연속이면, 식 **4**에서 극한은 만약 t_i^*와 t_i^{**}가 같으면 같은 종류로 볼 수 있다. 즉,

$$L = \int_{\alpha}^{\beta} \sqrt{[f'(t)]^2 + [g'(t)]^2}\, dt$$

그래서 라이프니츠 기호를 써서, 식 **3**의 형태와 같은 다음의 결과를 얻는다.

5 정리 곡선 C가 매개변수방정식 $x = f(t)$와 $y = g(t)$, $\alpha \leqslant t \leqslant \beta$으로 주어지고 f'과 g'이 $[\alpha, \beta]$상에서 연속이고, 또 t가 α에서 β로 증가할 때 C가 정확하게 한 번 선회하면, 곡선 C의 길이는

$$L = \int_{\alpha}^{\beta} \sqrt{\left(\frac{dx}{dt}\right)^2 + \left(\frac{dy}{dt}\right)^2}\, dt$$

이다.

정리 5에서 공식은 8.1절의 일반적인 공식 $L = \int ds$와 일치하는 것을 주목하여라.

6
$$ds = \sqrt{\left(\frac{dx}{dt}\right)^2 + \left(\frac{dy}{dt}\right)^2}\, dt$$

예제 4 만약 9.1절의 예제 2에 주어진 단위원의 표현

$$x = \cos t \qquad y = \sin t \qquad 0 \leqslant t \leqslant 2\pi$$

을 이용하면, $dx/dt = -\sin t$이고 $dy/dt = \cos t$이다. 그래서 정리 5를 이용하면

$$L = \int_0^{2\pi} \sqrt{\left(\frac{dx}{dt}\right)^2 + \left(\frac{dy}{dt}\right)^2}\, dt = \int_0^{2\pi} \sqrt{\sin^2 t + \cos^2 t}\, dt = \int_0^{2\pi} dt = 2\pi$$

이다. 한편, 만약 9.1절의 예제 3에 주어진 표현

$$x = \sin 2t \qquad y = \cos 2t \qquad 0 \leqslant t \leqslant 2\pi$$

을 이용하면 $dx/dt = 2\cos 2t$, $dy/dt = -2\sin 2t$이다. 그리고 정리 5의 적분은 다음과 같다.

$$\int_0^{2\pi} \sqrt{\left(\frac{dx}{dt}\right)^2 + \left(\frac{dy}{dt}\right)^2}\, dt = \int_0^{2\pi} \sqrt{4\cos^2(2t) + 4\sin^2(2t)}\, dt = \int_0^{2\pi} 2\, dt = 4\pi$$

⊘ t가 0에서 2π로 증가할 때, 점 $(\sin 2t, \cos 2t)$가 원을 두 번 선회하기 때문에 적분이 호의 길이의 2배임을 주목하여라. 일반적으로 매개변수로 표현되는 곡선 C의 길이를 구할 때, t가 α에서 β로 증가할 때 곡선 C가 단 한 번만 선회하는 것을 보증하기 위해 주의를 기울여야 한다. ■

예제 5 사이클로이드 $x = r(\theta - \sin\theta)$, $y = r(1 - \cos\theta)$의 한 호의 길이를 구하여라.

풀이 예제 3으로부터 한 호는 매개변수 구간 $0 \leqslant \theta \leqslant 2\pi$에서 표현되는 것을 안다.

$$\frac{dx}{d\theta} = r(1 - \cos\theta) \qquad \frac{dy}{d\theta} = r\sin\theta$$

이므로

$$L = \int_0^{2\pi} \sqrt{\left(\frac{dx}{d\theta}\right)^2 + \left(\frac{dy}{d\theta}\right)^2}\, d\theta = \int_0^{2\pi} \sqrt{r^2(1-\cos\theta)^2 + r^2\sin^2\theta}\, d\theta$$

$$= \int_0^{2\pi} \sqrt{r^2(1 - 2\cos\theta + \cos^2\theta + \sin^2\theta)}\, d\theta$$

$$= r\int_0^{2\pi} \sqrt{2(1-\cos\theta)}\, d\theta$$

예제 5의 결과는 사이클로이드 한 호의 길이는 사이클로이드를 만드는 원의 반지름의 8배임을 보인다. 이것은 1658년 크리스토프 랜경(Sir Christopher Wren)이 처음으로 증명했는데 그 후 그는 런던에 있는 세인트 폴 대성당의 건축가가 되었다.

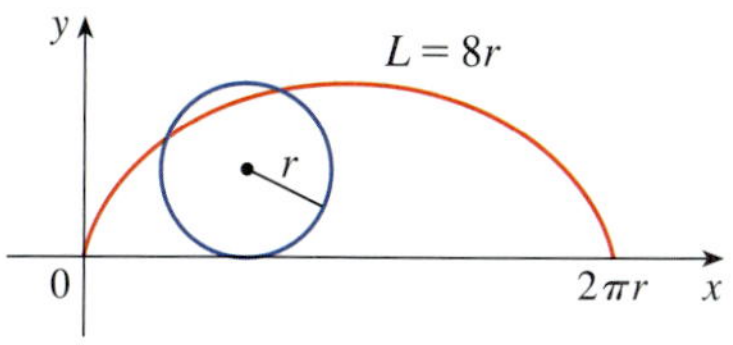

그림 5

이 값을 계산하기 위해 $\theta = 2x$, $\sin^2 x = \frac{1}{2}(1 - \cos 2x)$로 해서 $1 - \cos\theta = 2\sin^2(\theta/2)$을 얻는다. $0 \le \theta \le 2\pi$이기 때문에, $0 \le \theta/2 \le \pi$이고 또 $\sin(\theta/2) \ge 0$이다. 그러므로

$$\sqrt{2(1-\cos\theta)} = \sqrt{4\sin^2(\theta/2)} = 2|\sin(\theta/2)| = 2\sin(\theta/2)$$

이고, 그래서 다음과 같다.

$$L = 2r\int_0^{2\pi} \sin(\theta/2)\, d\theta = 2r\Big[-2\cos(\theta/2)\Big]_0^{2\pi}$$

$$= 2r[2 + 2] = 8r$$

■

호의 길이 함수(8.1절 식 **5**)는 곡선의 시작점부터 임의의 다른 점까지의 길이를 나타낸다는 것을 떠올리자. 매개변수방정식 $x = f(t)$, $y = g(t)$로 주어지는 곡선 C에 대하여 f'과 g'이 연속일 때, $s(t)$를 C를 따라 시작점 $(f(\alpha), g(\alpha))$에서 C 위의 점 $(f(t), g(t))$까지의 호의 길이라 하자. 정리 **5**에 의하여 매개변수곡선에 대한 **호의 길이 함수** s는 다음과 같다.

7
$$s(t) = \int_\alpha^t \sqrt{\left(\frac{dx}{du}\right)^2 + \left(\frac{dy}{du}\right)^2}\, du$$

(t가 중의적이지 않도록 적분변수를 u로 바꾸었다.)

만일 매개변수방정식이 움직이는 입자의 위치를 나타낸다면(t가 시간을 뜻할 때) 시각 t에서 **속력** $v(t)$는 이동 거리(호의 길이)의 시간에 대한 변화율인 $s'(t)$이다. 식 **7**과 미적분학의 기본 정리 1에 의해서 다음을 얻는다.

8
$$v(t) = s'(t) = \sqrt{\left(\frac{dx}{dt}\right)^2 + \left(\frac{dy}{dt}\right)^2}$$

예제 6 시각 t에서 입자의 위치가 매개변수방정식 $x = 2t + 3$, $y = 4t^2$, $t \ge 0$으로 나타난다. 입자가 점 (5, 4)에 있을 때 속력을 구하여라.

풀이 식 **8**에 의하여 시각 t에서 입자의 속력은 다음과 같다.

$$v(t) = \sqrt{2^2 + (8t)^2} = 2\sqrt{1 + 16t^2}$$

입자는 $t = 1$일 때 점 (5, 4)에 있으므로 속력은 $v(1) = 2\sqrt{17} \approx 8.25$이다(만일 거리가 미터 단위로 측정되고 시간은 초 단위로 측정된다면 속력은 근사적으로 8.25m/s이다).

■

■ 곡면의 넓이

호의 길이를 구하는 방법과 같이 곡면의 넓이에 대한 공식을 얻기 위하여 8.2절의 식 [5]를 적용할 수 있다. 만약 매개변수방정식 $x = f(t)$, $y = g(t)$, $\alpha \leqslant t \leqslant \beta$로 주어진 곡선이 x축 주위를 회전했다면(여기서 f'과 g'은 연속이고 $g(t) \geqslant 0$이다), 회전체의 곡면의 넓이는

[9]
$$S = \int_\alpha^\beta 2\pi y \sqrt{\left(\frac{dx}{dt}\right)^2 + \left(\frac{dy}{dt}\right)^2}\, dt$$

로 주어진다. 일반적인 기호 공식 $S = \int 2\pi y\, ds$와 $S = \int 2\pi x\, ds$(8.2절의 식 [7]과 [8])는 여전히 유효하다. 그러나 매개변수곡선에 대해서는 식 [6]을 이용한다.

예제 7 반지름이 r인 구의 곡면의 넓이 $4\pi r^2$을 구하여라.

풀이 구는 반원

$$x = r\cos t \qquad y = r\sin t \qquad 0 \leqslant t \leqslant \pi$$

을 x축에 대하여 회전시켜 얻는다. 그러므로 공식 [9]로부터 다음을 얻는다.

$$\begin{aligned} S &= \int_0^\pi 2\pi r\sin t\sqrt{(-r\sin t)^2 + (r\cos t)^2}\, dt \\ &= 2\pi \int_0^\pi r\sin t\sqrt{r^2(\sin^2 t + \cos^2 t)}\, dt = 2\pi \int_0^\pi r\sin t \cdot r\, dt \\ &= 2\pi r^2 \int_0^\pi \sin t\, dt = 2\pi r^2(-\cos t)\Big]_0^\pi = 4\pi r^2 \end{aligned}$$

■

9.2 연습문제

1-2 dx/dt, dy/dt, dy/dx를 구하여라.

1. $x = 2t^3 + 3t, \quad y = 4t - 5t^2$

2. $x = te^t, \quad y = t + \sin t$

3. 주어진 점에서 매개변수곡선의 접선의 기울기를 구하여라.

$$x = t^2 + 2t, \quad y = 2^t - 2t$$

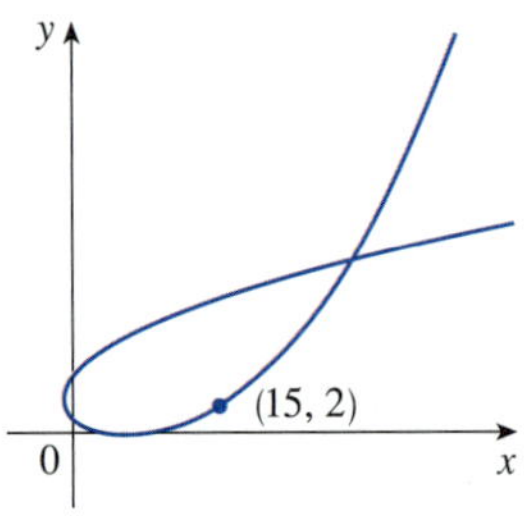

4-7 주어진 매개변수에 대응하는 점에서 곡선의 접선의 방정식을 구하여라.

4. $x = t^3 + 1, \quad y = t^4 + t; \quad t = -1$

5. $x = \sqrt{t}, \quad y = t^2 - 2t; \quad t = 4$

6. $x = \sin 2t + \cos t, \quad y = \cos 2t - \sin t; \quad t = \pi$

7. $x = e^t \sin \pi t, \quad y = e^{2t}; \quad t = 0$

8-9 주어진 매개변수에 대응하는 점에서 접선의 방정식을 다음 두 가지 방법으로 각각 구하여라.
(a) 매개변수를 소거하지 않고 구하여라.
(b) 먼저 매개변수를 소거하여 구하여라.

8. $x = \sin t, \quad y = \cos^2 t; \quad \left(\frac{1}{2}, \frac{3}{4}\right)$

9. $x = \sqrt{t+4}, \quad y = 1/(t+4); \quad \left(2, \frac{1}{4}\right)$

10-11 주어진 매개변수에 대응하는 점에서 접선의 방정식(들)을 찾아라. 그래프와 접선(들)을 그려라.

10. $x = t^2 - t, \quad y = t^2 + t + 1; \quad (0, 3)$

11. $x = \sin \pi t, \quad y = t^2 + t; \quad (0, 2)$

12-15 dy/dx와 d^2y/dx^2를 구하여라. t값이 얼마일 때 곡선이 위로 오목한가?

12. $x = t^2 + 1, \quad y = t^2 + t$

13. $x = e^t, \quad y = te^{-t}$

14. $x = t - \ln t, \quad y = t + \ln t$

15. $x = \cos t, \quad y = \sin 2t, \quad 0 < t < \pi$

16-18 다음의 곡선 위에서 수평접선 또는 수직접선을 가지는 점을 찾아라. 그래프를 그려 확인하여라.

16. $x = t^3 - 3t, \quad y = t^2 - 3$

17. $x = \cos\theta, \quad y = \cos 3\theta$

18. $x = e^{\sin\theta}, \quad y = e^{\cos\theta}$

19. 곡선 $x = t - t^6$, $y = e^t$의 극우점(rightmost point)을 미적분학을 이용하여 예상하고 계산기를 사용하여 정확한 좌표를 구하여라.

20-21 주어진 곡선에 중요한 측면들을 다 표시하는 가장 적합한 조망창을 구하여라.

20. $x = t^4 - 2t^3 - 2t^2, \quad y = t^3 - t$

21. $x = t^4 + 4t^3 - 8t^2, \quad y = 2t^2 - t$

22. 곡선 $x = \cos t$, $y = \sin t \cos t$가 $(0, 0)$에서 두 개의 접선의 방정식을 가짐을 보이고 그 방정식을 찾아라. 곡선을 그려라.

23. (a) θ의 항으로 주어진 트로코이드 $x = r\theta - d\sin\theta$, $y = r - d\cos\theta$의 접선의 기울기를 구하여라(9.1절 연습문제 35 참조).

(b) $d < r$이면 트로코이드가 수직접선을 가지지 않음을 보여라.

24. 점 $(4, 3)$을 지나는 곡선 $x = 3t^2 + 1$, $y = 2t^3 + 1$의 접선의 방정식을 구하여라.

25-26 주어진 매개변수곡선과 x축으로 둘러싸인 부분의 넓이를 구하여라.

25. $x = t^3 + 1, \quad y = 2t - t^2$

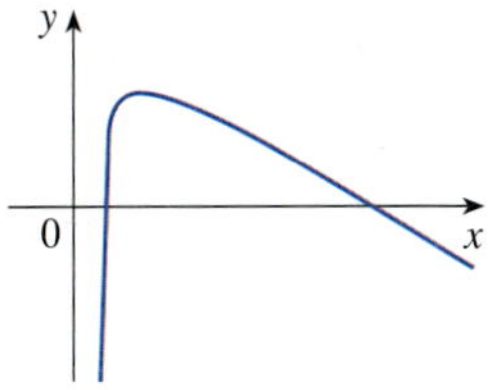

26. $x = \sin t, \quad y = \sin t \cos t, \quad 0 \leqslant t \leqslant \pi/2$

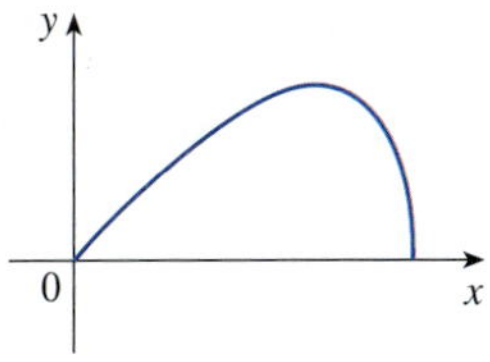

27-28 주어진 매개변수곡선과 y축으로 둘러싸인 부분의 넓이를 구하여라.

27. $x = \sin^2 t$, $y = \cos t$

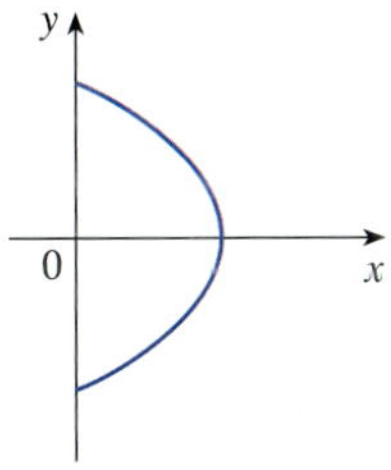

28. $x = t^2 - 2t$, $y = \sqrt{t}$

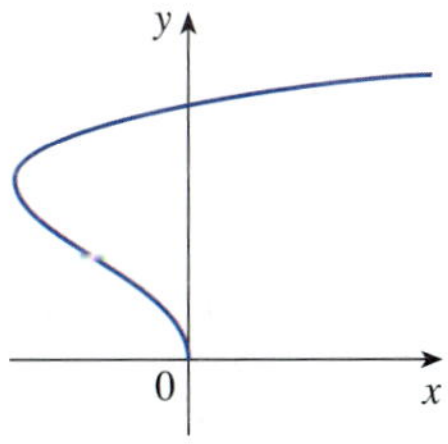

29. 타원의 매개변수방정식 $x = a\cos\theta$, $y = b\sin\theta$, $0 \leqslant \theta \leqslant 2\pi$을 이용하여 타원으로 둘러싸인 부분의 넓이를 구하여라.

30. 다음 곡선의 고리로 둘러싸인 부분의 넓이를 구하여라.

$$x = 1 - t^2, \quad y = t - t^3$$

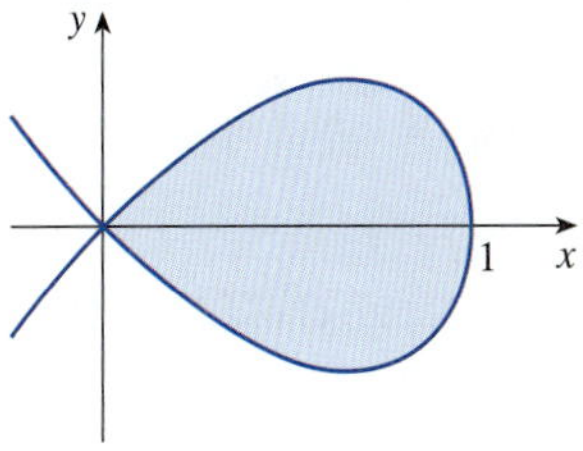

31. 예제 1에 있는 곡선의 고리 안의 영역을 $\mathcal{R}$이라고 할 때,

(a) $\mathcal{R}$의 넓이를 구하여라.

(b) $\mathcal{R}$을 x축을 축으로 회전시킬 때 만들어지는 입체의 부피를 구하여라.

(c) $\mathcal{R}$의 무게중심(centroid)을 구하여라.

32-34 다음 곡선의 길이를 구하여라.

32. $x = \frac{2}{3}t^3, \quad y = t^2 - 2, \quad 0 \leqslant t \leqslant 3$

33. $x = e^t - t, \quad y = 4e^{t/2}, \quad 0 \leqslant t \leqslant 2$

34. $x = t \sin t, \quad y = t \cos t, \quad 0 \leqslant t \leqslant 1$

35-36 다음 곡선의 그래프를 그리고 길이를 구하여라.

35. $x = e^t \cos t, \quad y = e^t \sin t, \quad 0 \leqslant t \leqslant \pi$

36. $x = \cos t + \ln(\tan \frac{1}{2}t), \quad y = \sin t, \quad \pi/4 \leqslant t \leqslant 3\pi/4$

---

37. 곡선 $x = \sin t + \sin 1.5t$, $y = \cos t$의 그래프를 그리고 길이를 소수 넷째 자리까지 구하여라.

38. 곡선 $x = 3t - t^3$, $y = 3t^2$의 고리 길이를 구하여라.

39-40 t가 주어진 시간 구간에서 변할 때 (x, y)의 위치에 있는 입자의 운동거리를 구하여라. 곡선의 길이와 비교하여라.

39. $x = \sin^2 t, \quad y = \cos^2 t, \quad 0 \leqslant t \leqslant 3\pi$

40. $x = \cos^2 t, \quad y = \cos t, \quad 0 \leqslant t \leqslant 4\pi$

41-43 매개변수방정식은 움직이는 입자의 시각 t(초)에 대한 위치(m)를 나타낸다. 주어진 시각 또는 점에서 속력을 구하여라.

41. $x = 2t - 3, \quad y = 2t^2 - 3t + 6; \quad t = 5$

42. $x = 2 + 5\cos\left(\frac{\pi}{3}t\right), \quad y = -2 + 7\sin\left(\frac{\pi}{3}t\right); \quad t = 3$

43. $x = e^t, \quad y = te^t; \quad (e, e)$

---

44. 타원 $x = a \sin\theta$, $y = b\cos\theta$, $a > b > 0$의 전체 길이가

$$L = 4a\int_0^{\pi/2} \sqrt{1 - e^2 \sin^2\theta}\, d\theta$$

임을 보여라. 여기서 e는 타원의 이심률($e = c/a$, $c = \sqrt{a^2 - b^2}$)이다.

45. (a) **에피트로코이드**(epitrochoid)라고 불리는 다음 곡선을 그려라.

$$x = 11\cos t - 4\cos(11t/2)$$
$$y = 11\sin t - 4\sin(11t/2)$$

곡선을 완전히 포함하기 위한 매개변수 구간은 무엇인가?

(b) 계산기나 컴퓨터를 사용하여 곡선 길이의 근삿값을 구하여라.

46. **코르뉴 나선**(Cornu's spiral)은 다음과 같이 정의되는 곡선이다.

$$x = C(t) = \int_0^t \cos(\pi u^2/2)\, du$$

$$y = S(t) = \int_0^t \sin(\pi u^2/2)\, du$$

C와 S는 5장에서 소개한 프레넬 함수이다.

(a) 이 곡선의 그래프를 그려라. $t \to \infty$, $t \to -\infty$일 때 곡선은 어떻게 되겠는가?

(b) 원점에서 매개변수 t까지의 코르뉴 나선의 길이를 구하여라.

47-48 그림에 있는 곡선은 아스트로이드(astroid, 성망형, 별 모양 곡선) $x = a\cos^3\theta$, $y = a\sin^3\theta$이다. (아스트로이드는 9.1절 뒤에 나오는 발견 프로젝트에서 자세히 알아보았다.)

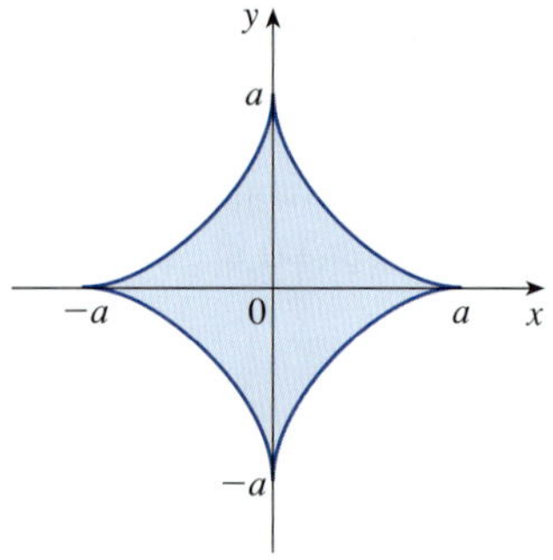

47. 아스트로이드로 둘러싸인 영역의 넓이를 구하여라.

48. 아스트로이드의 둘레의 길이를 구하여라.

49-50 다음 곡선을 x축으로 회전시킬 때 만들어지는 곡면의 넓이를 적분으로 나타내어라. 그리고 계산기를 사용하여 곡면의 넓이를 소수 넷째 자리까지 구하여라.

49. $x = t\sin t, \quad y = t\cos t, \quad 0 \leqslant t \leqslant \pi/2$

50. $x = t + e^t, \quad y = e^{-t}, \quad 0 \leqslant t \leqslant 1$

51-52 주어진 곡선을 x축으로 회전시킬 때 생기는 곡면의 넓이를 구하여라.

51. $x = t^3, \quad y = t^2, \quad 0 \leqslant t \leqslant 1$

52. $x = a\cos^3\theta, \quad y = a\sin^3\theta, \quad 0 \leqslant \theta \leqslant \pi/2$

---

53. 곡선

$$x = 2\cos\theta - \cos 2\theta$$
$$y = 2\sin\theta - \sin 2\theta$$

의 그래프를 그리고 곡선을 x축으로 회전시킬 때 만들어지는 곡면의 넓이를 구하여라. (정확한 매개변수 구간을 찾기 위해 그래프를 사용하여라.)

54-55 다음 곡선을 y축으로 회전시킬 때 만들어지는 곡면의 넓이를 구하여라.

54. $x = 3t^2, \quad y = 2t^3, \quad 0 \leq t \leq 5$

55. $x = e^t - t, \quad y = 4e^{t/2}, \quad 0 \leq t \leq 1$

---

56. f'이 연속이고, $a \leq t \leq b$에서 $f'(t) \neq 0$이면, 매개변수곡선 $x = f(t)$, $y = g(t)$, $a \leq t \leq b$가 $y = F(x)$의 모양으로 될 수 있음을 보여라. [힌트: 역함수 f^{-1}가 존재함을 보여라.]

57-59 곡선의 점 P에서 **곡률**(curvature)은

$$\kappa = \left| \frac{d\phi}{ds} \right|$$

로 정의된다. (여기서 ϕ는 그림에서 보듯이 점 P에서 접선의 경사각이다.) 곡률은 호 길이에 관한 ϕ의 변화율의 절댓값이다. 이것은 P에서 곡선의 방향 변화율의 측도로 간주될 수 있고 상세한 내용은 12장에서 공부한다.

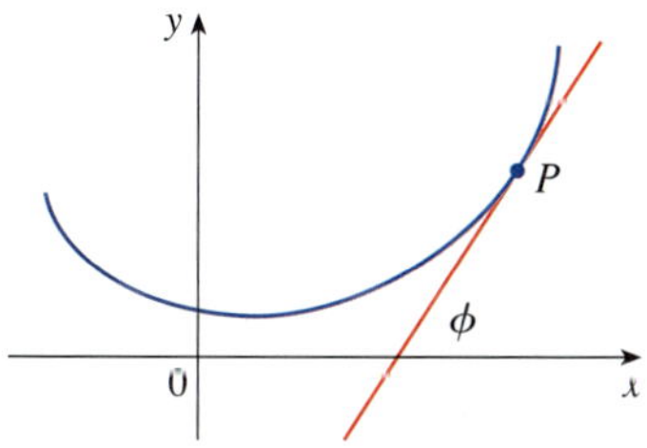

57. 매개변수곡선 $x = x(t)$, $y = y(t)$에 대하여, 식

$$\kappa = \frac{|\dot{x}\ddot{y} - \ddot{x}\dot{y}|}{[\dot{x}^2 + \dot{y}^2]^{3/2}}$$

을 유도하여라. 여기서 점 (˙)은 t에 관한 도함수를 가리킨다. 즉 $\dot{x} = dx/dt$이다.
[힌트: $d\phi/dt$를 구하기 위해 $\phi = \tan^{-1}(dy/dx)$와 식 **2**를 사용하여라. $d\phi/ds$를 구하기 위해 연쇄법칙을 사용하여라.]

58. 곡선 $y = f(x)$를 매개변수가 x인 $x = x$, $y = f(x)$로 간주하여 연습문제 57의 식이

$$\kappa = \frac{|d^2y/dx^2|}{[1 + (dy/dx)^2]^{3/2}}$$

이 됨을 보여라.

59. 연습문제 57의 공식을 이용해 사이클로이드 $x = \theta - \sin\theta$, $y = 1 - \cos\theta$의 호의 꼭대기에서 곡률을 구하여라.

---

60. 원 주위에 감겨 있는 끈이 팽팽하게 당겨지면서 풀린다. 이때 끈의 끝점 P에 의해서 추적되는 곡선을 그 원의 **신개선**(involute)이라 한다. 반지름이 r이고 중심이 O인 원이 있다. P의 시점의 위치가 $(r, 0)$이고 매개변수 θ를 그림과 같이 택할 때, 신개선의 매개변수방정식이

$$x = r(\cos\theta + \theta\sin\theta)$$
$$y = r(\sin\theta - \theta\cos\theta)$$

임을 보여라.

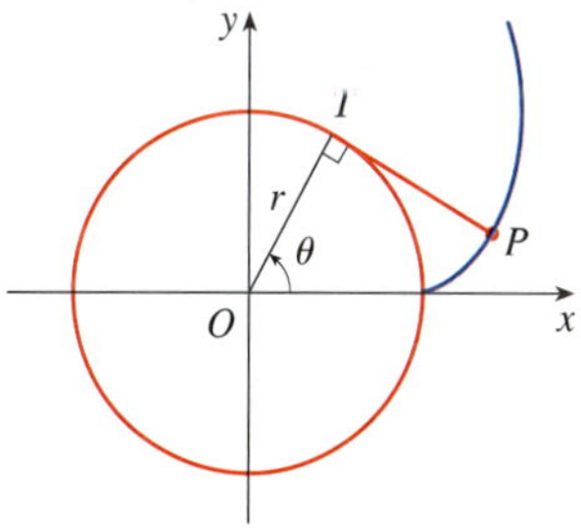

발 견 프 로 젝 트 | 베지어 곡선

베지어 곡선(Bézier curves)은 CAD(computer-aided design)에서 사용되는 것으로 자동차 산업에 종사했던 프랑스 수학자 베지어(Pierre Bézier, 1910~1999)의 이름을 딴 것이다. 큐빅 베지어 곡선(cubic Bézier curves)은 네 개의 조정점(control point), $P_0(x_0, y_0)$, $P_1(x_1, y_1)$, $P_2(x_2, y_2)$, $P_3(x_3, y_3)$에 의해 결정되고 매개변수방정식은 $0 \leq t \leq 1$에서 다음과 같이 정의된다.

$$x = x_0(1-t)^3 + 3x_1t(1-t)^2 + 3x_2t^2(1-t) + x_3t^3$$
$$y = y_0(1-t)^3 + 3y_1t(1-t)^2 + 3y_2t^2(1-t) + y_3t^3$$

$t = 0$일 때는 $(x, y) = (x_0, y_0)$, $t = 1$일 때는 $(x, y) = (x_3, y_3)$, 즉 P_0에서 시작해서 P_3에서 끝난다는 것을 알 수 있다.

(계속)

1. 조정점 $P_0(4, 1)$, $P_1(28, 48)$, $P_2(50, 42)$, $P_3(40, 5)$를 사용하여 베지어 곡선을 그려라. 그런 다음 같은 화면에 선분 P_0P_1, P_1P_2, P_2P_3를 그려라(9.1절 연습문제 28 참조). 중간 조정점 P_1, P_2가 곡선 위에 있지 않음을 확인하여라. P_0에서 시작한 곡선은 P_1과 P_2로 향하지만 그곳에 도달하지 않고 P_3에서 끝난다.

2. 문제 1의 그래프에서 P_0에서의 접선이 P_1을 지나고 P_3에서 접선이 P_2를 지남을 증명하여라.

3. 문제 1의 두 번째 조정점을 바꿔서 고리를 가지는 베지어 곡선을 만들어라.

4. 몇몇 레이저 프린터는 베지어 곡선을 이용하여 문자와 기호를 표현한다. 조정점들을 바꾸어서 문자 C를 표현할 수 있는 베지어 곡선을 구하여라.

5. 좀 더 정교한 모양을 표현하기 위해 2개나 그 이상의 베지어 곡선 조각을 사용한다. 만약 첫 번째 베지어 곡선은 조정점 P_0, P_1, P_2, P_3, 두 번째 베지어 곡선은 조정점 P_3, P_4, P_5, P_6를 가진다고 해보자. 이 두 개의 곡선 조각이 매끄럽게 연결되었다면 P_2, P_3, P_4는 하나의 접선 위에 있다. 이 원리를 이용하여 2개의 베지어 곡선으로 문자 S를 나타내어라.

9.3 극좌표

좌표계는 좌표라 부르는 순서를 가지는 한 쌍의 수로써 평면 위에 한 점을 나타낸다. 일반적으로 우리는 수직인 두 개의 축으로부터 주어지는 거리를 이용하는 직교좌표를 사용한다. 여기서는 뉴턴이 소개한 **극좌표계**(polar coordinate system)라는 좌표계를 설명한다. 이는 여러 가지 목적에서 편리한 좌표계이다.

■ 극좌표계

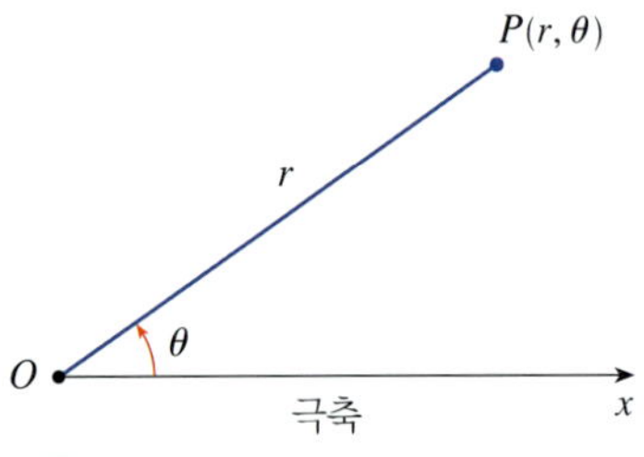

그림 1

평면 위에 **극**(pole 또는 원점)이라 불리는 한 점을 택하고 O라는 명칭을 붙인다. 그리고 O에서 출발하는 **극축**(polar axis)이라 불리는 화살표(반직선)를 그린다. 이 축은 통상적으로 오른편으로 수평으로 그려지고 직교좌표계에서 양의 x축에 해당한다.

만약 P가 평면 위의 한 점이라면, O에서 P까지의 거리를 r이라 하고, θ를 극축과 선분 OP 사이의 각(라디안으로 측정된 값)이라 하자(그림 1 참조). 그때 점 P를 순서쌍 (r, θ)로 나타내고 r과 θ를 P의 **극좌표**(ploar coordinate)라 한다. 각을 측정할 때, 관례로 극축에서 반시계방향으로 측정한 각을 양의 각, 그리고 시계방향으로 측정한 각을 음의 각이라 한다. 만약 $P = O$이면 $r = 0$이고 모든 θ값에 대하여 $(0, \theta)$로 한다.

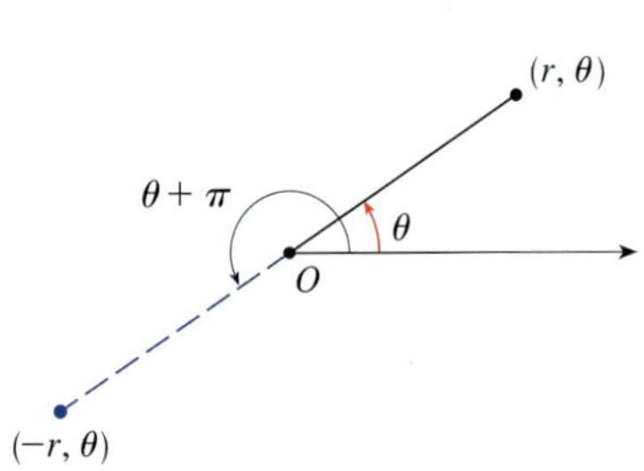

그림 2

$r < 0$인 경우 극좌표 (r, θ)의 의미를 생각해보자. 그림 2에서처럼 점 $(-r, \theta)$와 (r, θ)는 O를 지나는 동일 선상에 O로부터 거리가 r로 같고 맞은편에 놓인다. $r > 0$이면 점 (r, θ)는 θ와 같은 사분면에 놓이고, $r < 0$이면 θ의 맞은편 사분면에 놓인다. 따라서 $(-r, \theta)$는 $(r, \theta + \pi)$와 같은 점을 나타낸다.

예제 1 극좌표에서 주어진 점들의 위치를 정하여라.

(a) $(1, 5\pi/4)$ (b) $(2, 3\pi)$ (c) $(2, -2\pi/3)$ (d) $(-3, 3\pi/4)$

풀이 점들이 그림 3에 그려져 있다. (d)에서 각 $3\pi/4$는 2사분면에 있고 $r = -3$은 음이기 때문에 점 $(-3, 3\pi/4)$은 극에서 3단위 거리인 4사분면에 있다.

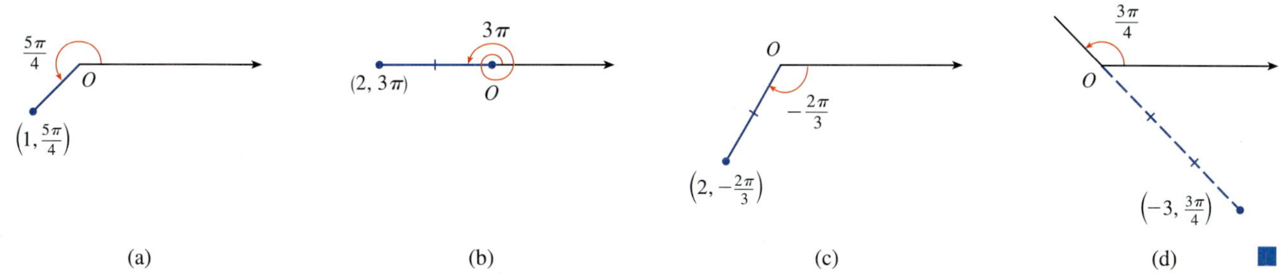

그림 3

직교좌표계에서 모든 점은 단 한 가지로 표현되나 극좌표계에서 각 점은 많은 표현을 가진다. 예를 들어, 예제 1(a)에서 $(1, 5\pi/4)$는 $(1, -3\pi/4)$ 혹은 $(1, 13\pi/4)$ 혹은 $(-1, \pi/4)$로 쓸 수 있다(그림 4 참조).

사실 각 2π에 의해 반시계 방향으로 한 바퀴 회전하므로 극좌표 (r, θ)로 표현되는 점은 또한 $(r, \theta + 2n\pi)$와 $(-r, \theta + (2n + 1)\pi)$로도 표현된다($n$은 정수).

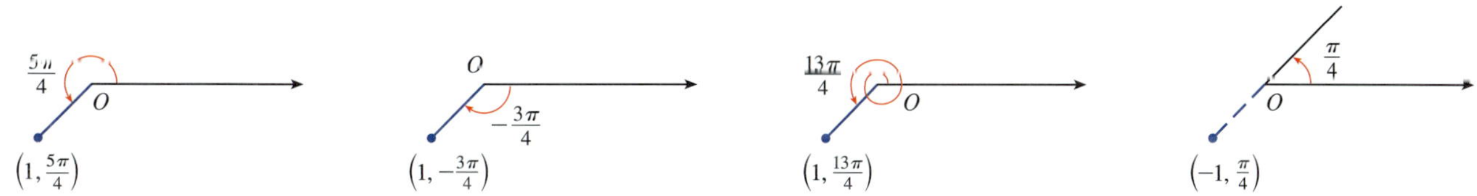

그림 4

■ 극좌표와 직교좌표의 관계

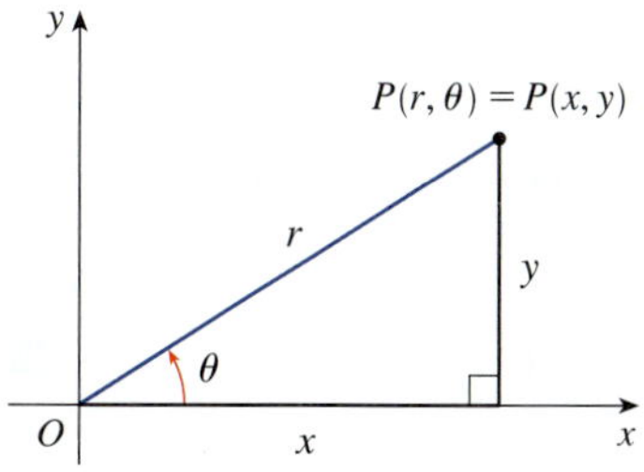

그림 5

극좌표와 직교좌표와의 관계는 그림 5로부터 알 수 있다. 극은 원점에 대응되고 극축은 양의 x축과 일치한다. 만약 점 P가 직교좌표로는 (x, y)이고 극좌표로는 (r, θ)이면, 그림으로부터 $\cos\theta = x/r$, $\sin\theta = y/r$이고, 그래서 극좌표 (r, θ)가 주어졌을 때 직교좌표 (x, y)를 구하기 위해 다음 식을 사용한다.

1 $$x = r\cos\theta \qquad y = r\sin\theta$$

직교좌표 (x, y)가 주어졌을 때 극좌표 (r, θ)를 구하기 위해서는 다음 식을 사용한다.

2 $$r^2 = x^2 + y^2 \qquad \tan\theta = \frac{y}{x}$$

이는 식 **1**로부터 유도하거나 그림 5를 보고 간단히 알 수 있다.

비록 식 **1**과 **2**는 $r > 0$, $0 < \theta < \pi/2$인 경우를 나타낸 그림 5로부터 이끌어 냈으나 임의의 r과 θ에 대해서도 성립한다.

예제 2 점 $(2, \pi/3)$의 극좌표를 직교좌표로 바꾸어라.

풀이 $r = 2$이고 $\theta = \pi/3$이므로, 식 **1**은

$$x = r\cos\theta = 2\cos\frac{\pi}{3} = 2\cdot\frac{1}{2} = 1$$

$$y = r\sin\theta = 2\sin\frac{\pi}{3} = 2\cdot\frac{\sqrt{3}}{2} = \sqrt{3}$$

이다. 그러므로 이 점은 직교좌표로 $(1, \sqrt{3})$이다. ■

예제 3 직교좌표가 $(1, -1)$인 점을 극좌표로 나타내어라.

풀이 r이 양의 값을 가지면 식 2는

$$r = \sqrt{x^2 + y^2} = \sqrt{1^2 + (-1)^2} = \sqrt{2}$$

$$\tan\theta = \frac{y}{x} = -1$$

이다. 점 $(1, -1)$은 4사분면에 놓여 있으므로, $\theta = -\pi/4$ 또는 $\theta = 7\pi/4$로 택할 수 있다. 그러므로 답은 $(\sqrt{2}, -\pi/4)$ 혹은 $(\sqrt{2}, 7\pi/4)$이다. ■

NOTE θ가 $0 \le \theta < 2\pi$ 구간을 통해 증가하므로, 각 $\tan\theta$의 값이 두 번 생긴다. 그래서 식 2는 x와 y의 값이 주어질 때, θ를 유일하게 결정하지는 않는다. 그러므로 직교좌표를 극좌표로 바꿀 때 식 2를 만족하는 r과 θ를 구하는 것이 충분하지는 않다. 예제 3에서 보듯이 점 (r, θ)가 정확한 위치에 놓이도록 θ를 택하여야 한다.

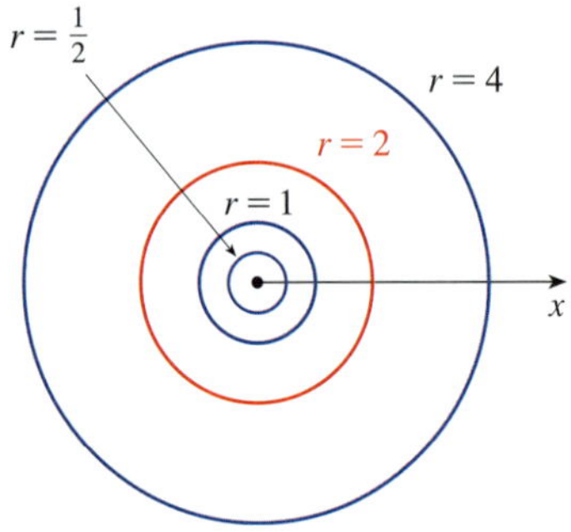

그림 6

■ 극곡선

극방정식(polar equation)**의 그래프** $r = f(\theta)$ 또는 더 일반적으로 $F(r, \theta) = 0$의 그래프는 극좌표가 방정식을 만족하는 적어도 하나의 극표현 (r, θ)를 가지는 점들로 구성된다.

예제 4 극방정식 $r = 2$로 나타나는 곡선은 어떤 곡선인가?

풀이 이 곡선은 $r = 2$인 모든 (r, θ)로 구성된다. r이 그 점에서 극까지의 거리를 나타내므로, 곡선 $r = 2$는 중심이 O이고 반지름이 2인 원을 나타낸다. 일반적으로 극방정식 $r = a$는 중심이 O이고 반지름이 $|a|$인 원을 나타낸다(그림 6 참조). ■

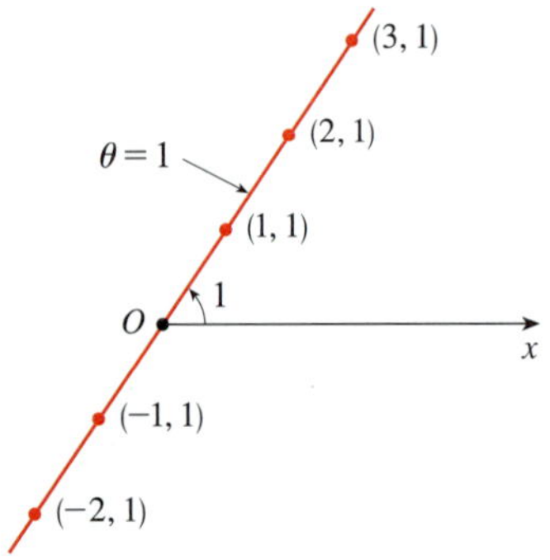

그림 7

예제 5 극방정식 $\theta = 1$이 나타내는 곡선을 그려라.

풀이 이 곡선은 극각 θ가 1라디안인 모든 점 (r, θ)로 구성된다. 이것은 극 O를 지나는 직선이고 극축과 1라디안의 각을 이룬다(그림 7 참조). $r > 0$일 때, 직선 위의 점 $(r, 1)$은 1사분면에 있고 반면 $r < 0$일 때는 3사분면에 있음을 주목하여라.

예제 6

(a) 극방정식이 $r = 2\cos\theta$인 곡선의 개형을 그려라.

(b) 이 곡선의 직교좌표방정식을 구하여라.

풀이

(a) 그림 8에서 θ의 특수각 값에 대한 r의 값을 알고 대응하는 점 (r, θ)를 구성한다. 그리고 이 점들을 연결하여 곡선의 개형을 그리는데, 원으로 나타날 것이다. 여기서 θ의

값을 0과 π 사이로만 이용했는데, $\cos\theta$가 우함수이므로 극축에 대하여 대칭이다.

θ	$r = 2\cos\theta$
0	2
$\pi/6$	$\sqrt{3}$
$\pi/4$	$\sqrt{2}$
$\pi/3$	1
$\pi/2$	0
$2\pi/3$	-1
$3\pi/4$	$-\sqrt{2}$
$5\pi/6$	$-\sqrt{3}$
π	-2

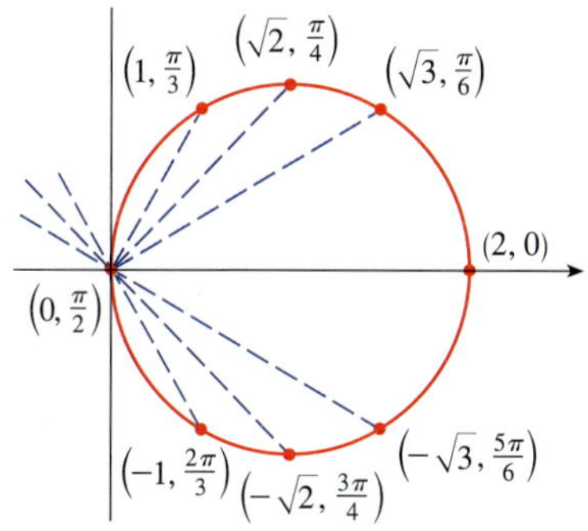

그림 8
$r = 2\cos\theta$의 표와 그래프

(b) 주어진 방정식을 직교좌표방정식으로 바꾸기 위하여 식 **1**과 식 **2**를 이용한다. $x = r\cos\theta$에서 $\cos\theta = x/r$이므로, $r = 2x/r$이다. 이 식은

$$2x = r^2 = x^2 + y^2 \quad \text{즉} \quad x^2 + y^2 - 2x = 0$$

이다. 완전제곱식으로 고쳐

$$(x - 1)^2 + y^2 = 1$$

을 얻는다. 이것은 중심이 (1, 0)이고 반지름이 1인 원의 방정식이다. ■

그림 9는 예제 6에서 방정식이 $r = 2\cos\theta$인 원의 기하학적인 설명을 보인다. 각 OPQ는 직각이다(이유는?). 그래서 $r/2 = \cos\theta$이다.

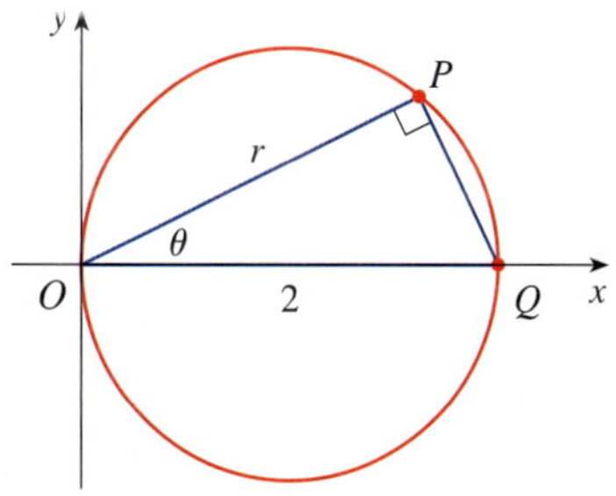

그림 9

예제 7 곡선 $r = 1 + \sin\theta$의 개형을 그려라.

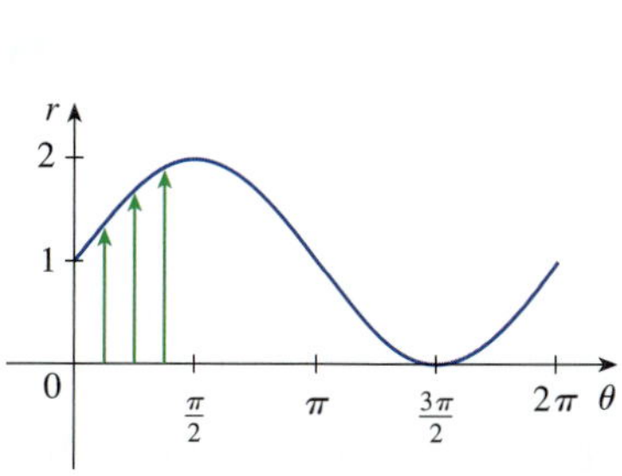

그림 10 직교좌표에서 $r = 1 + \sin\theta$, $0 \leqslant \theta \leqslant 2\pi$

풀이 예제 6에서처럼 점들을 구성하는 대신에, 먼저 r, θ의 직교좌표계에서 사인곡선을 한 단위만큼 들어올린 그림 10에 있는 $r = 1 + \sin\theta$ 그래프의 개형을 그린다. 이것으로 θ값의 증가에 따라 대응되는 r의 값을 읽을 수 있다. 예를 들어, θ가 0에서 $\pi/2$로 증가할 때, O로부터 거리 r이 1에서 2로 증가하는 상황(그림 10과 11의 초록색 화살표 참조)을 알 수 있어 그림 11(a)에서와 같이 극곡선의 대응되는 부분의 개형을 그린다. θ가 $\pi/2$에서 π로 증가할 때, 그림 10은 r이 2에서 1로 감소하는 상황을 보여 그림 11(b)처럼 곡선의 다음 부분의 개형을 그린다. θ가 π에서 $3\pi/2$로 증가할 때, (c)에서 보듯이 r이 1에서 0으로 감소한다. 마지막으로 θ가 $3\pi/2$에서 2π로 증가할 때, (d)에서 보듯이 r이 0에서 1로 증가한다. 만약 θ가 2π를 넘어 증가하거나 0을 지나 감소하면 경로를 단순히 되풀이한다. 그림 11(a)~(d)의 곡선의 부분을 종합하여 (e)에 있는 완전한 곡선의

개형을 그린다. 이것은 심장과 같은 모양이라서 **심장형**(cardioid)이라 한다.

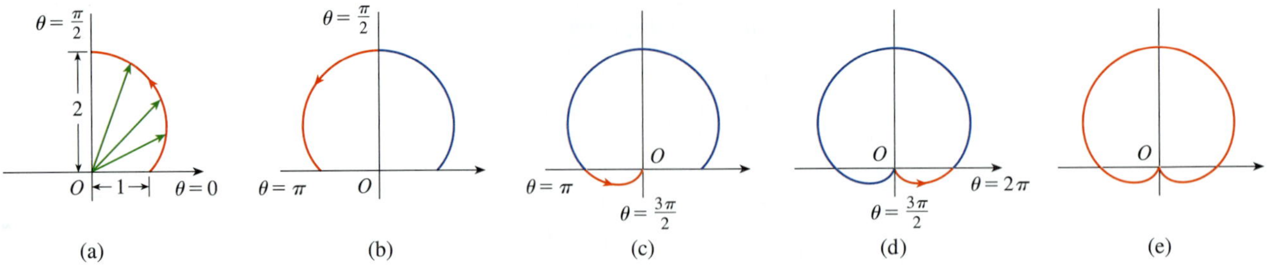

그림 11 심장형 $r = 1 + \sin\theta$의 그래프의 개형을 그리는 단계

예제 8 곡선 $r = \cos 2\theta$의 개형을 그려라.

풀이 예제 7에서처럼, 먼저 그림 12에 있는 직교좌표에서 $r = \cos 2\theta,\ 0 \leq \theta \leq 2\pi$의 개형을 그린다. θ가 0에서 $\pi/4$로 증가할 때, 그림 12는 r이 1에서 0으로 감소하는 상황을 보여 그림 13(①로 표시)에서 대응되는 뭎의 극곡선을 그린다. θ가 $\pi/4$에서 $\pi/2$로 증가할 때, r이 0에서 -1로 간다. 이것은 O로부터 거리가 0에서 1로 증가함을 의미하고 1사분면에 있는 것에 대신하여 극곡선의 뭎(②로 표시)이 3사분면에 있는 극의 반대쪽에 놓인다. 곡선의 나머지 부분도 화살표와 뭎이 추적되는 순서를 가리키는 번호로 그려진다. 최종 곡선은 네 개의 고리를 가지는데 이 곡선을 **4엽장미**(four-leaved rose)라 부른다.

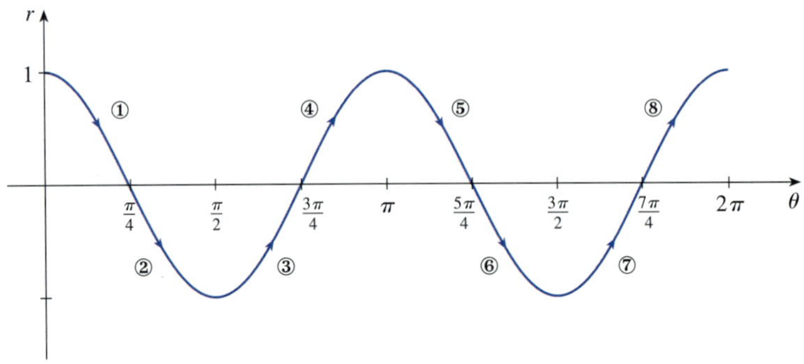

그림 12 직교좌표에서 $r = \cos 2\theta$

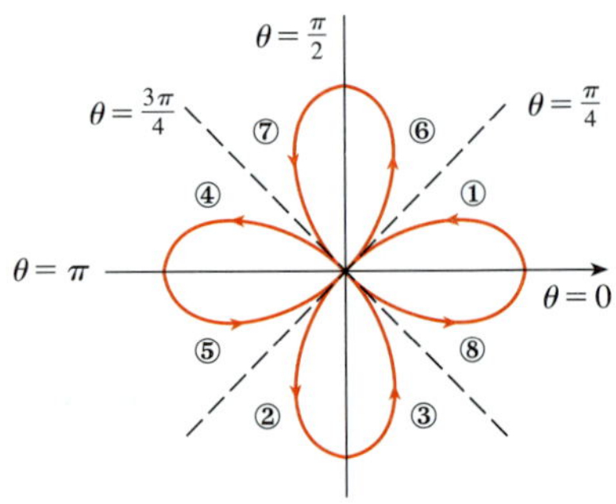

그림 13 4엽장미 $r = \cos 2\theta$

■ 대칭성

극곡선의 개형을 그리는 데 때로 대칭성을 이용하면 편리하다. 다음의 세 가지 규칙이 그림 14로 설명된다.

(a) 만약 극방정식이 θ가 $-\theta$로 바뀌어도 불변이면, 그 곡선은 극축에 대하여 대칭이다.

(b) 만약 방정식이 r이 $-r$로 바뀌어도, 또는 θ가 $\pi + \theta$로 바뀌어도 불변이면, 이 곡선은 극에 대하여 대칭이다. (이것은 곡선을 원점에 관하여 180°회전하면 불변으로 남는 것을 의미한다.)

(c) 만약 방정식이 θ가 $\pi - \theta$로 바뀌어도 불변이면, 그 곡선은 수직선 $\theta = \pi/2$에 대하여 대칭이다.

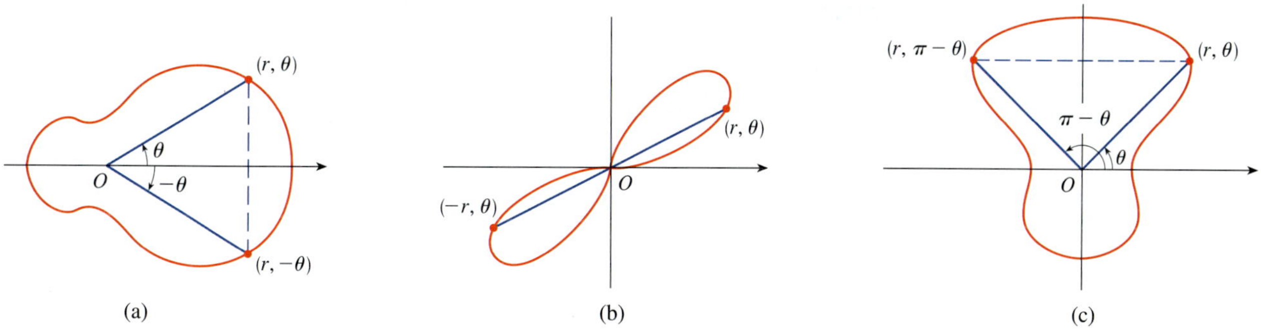

그림 14

$\cos(-\theta) = \cos\theta$이므로, 예제 6과 8에서 개형으로 그려진 곡선은 극축에 대하여 대칭이다. $\sin(\pi - \theta) = \sin\theta$와 $\cos 2(\pi - \theta) = \cos 2\theta$이므로, 예제 7과 8의 곡선은 $\theta = \pi/2$에 대하여 대칭이다. 4엽장미도 역시 극에 관하여 대칭이다. 대칭성은 곡선의 개형을 그리는 데 사용된다. 예를 들어, 예제 6에서 $0 \leq \theta \leq \pi/2$에 대한 점들로만 구성한 다음, 극축에 관하여 반사시켜 완전한 원을 구하면 된다.

■ 그래핑 도구를 사용하여 극곡선 그리기

비록 간단한 극곡선의 경우는 손으로 그릴 수 있는 것이 유용하지만, 그림 15와 16에서 보는 것처럼 복잡한 곡선을 그려야 하는 경우에 대비해서 그래핑 계산기나 컴퓨터를 사용할 줄 알아야 한다.

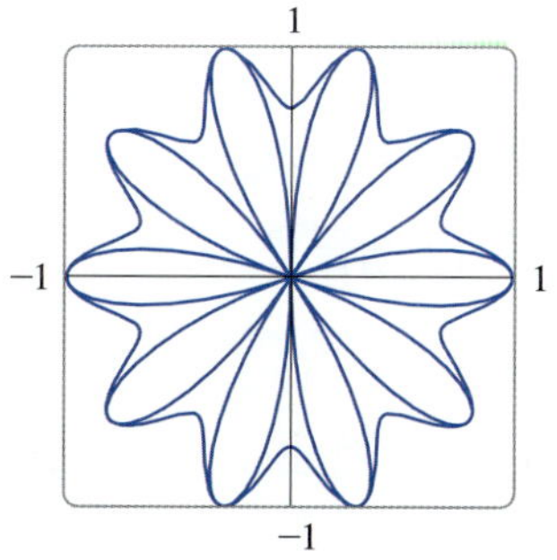

그림 15
$r = \sin^3(2.5\theta) + \cos^3(2.5\theta)$

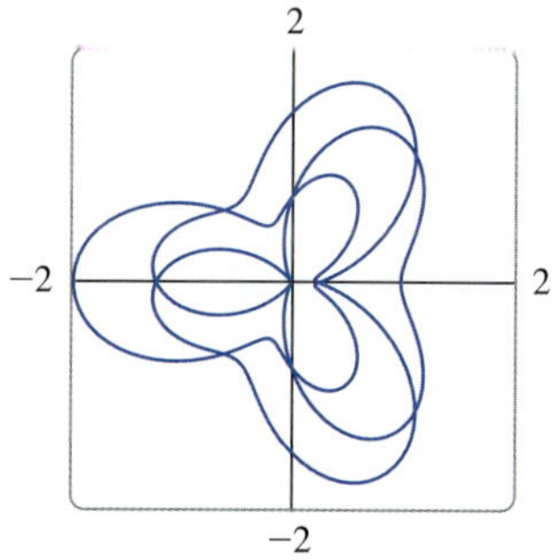

그림 16
$r = \sin^2 s(\theta/2) + \cos^2(2\theta/3)$

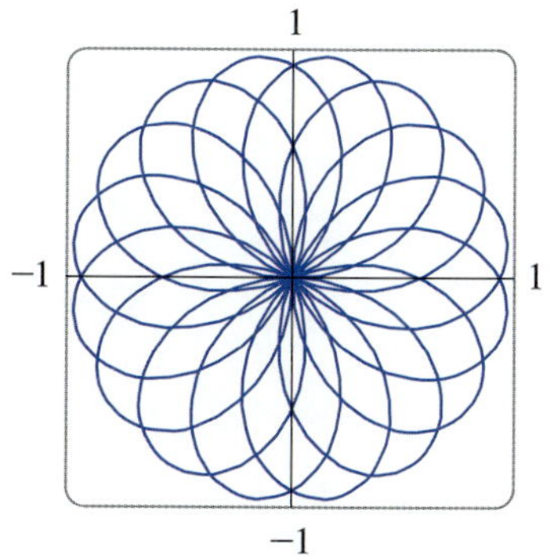

그림 17 $r = \sin(8\theta/5)$

예제 9 곡선 $r = \sin(8\theta/5)$의 그래프를 그려라.

풀이 먼저 θ의 범위를 결정하자. 이를 위해 '곡선이 반복되기 시작할 때까지 몇 번을 완전히 회전해야 하는가'라는 질문을 던져보자. 만일 답이 n이라면 다음이 성립한다.

$$\sin\frac{8(\theta + 2n\pi)}{5} = \sin\left(\frac{8\theta}{5} + \frac{16n\pi}{5}\right) = \sin\frac{8\theta}{5}$$

그래서 $16n\pi/5$는 π의 짝수 배수이어야 한다. 이것은 $n = 5$일 때 처음으로 일어난다. 따라서 θ의 정의역을 $0 \leq \theta \leq 10\pi$라고 정하면 완전한 곡선의 그래프를 그릴 수 있다. 그림 17은 이 결과의 그래프이다. 그림을 보면 이 장미의 경우 16개의 잎이 있다. ■

예제 10 $r = 1 + c\sin\theta$에 주어지는 극곡선족을 탐구하여라. c가 변함에 따라 그 모양은 어떻게 변하는가? (이 곡선들은 어떤 c값에 대한 곡선 모양이 달팽이를 닮았다고 해서 이를 뜻하는 불어를 따서 **리마송**(limaçons)이라고 한다.)

풀이 그림 18은 c의 여러 값에 대해 컴퓨터가 그린 그래프이다. ($0 \leq \theta \leq 2\pi$에서 완전한 그래를 얻는다.) $c > 1$인 경우 c가 감소함에 따라 크기가 작아지는 고리가 한 개 있다. $c = 1$인 경우는 이 고리가 사라지고 곡선 모양은 예제 7에서 그려봤던 심장형 곡선이 된다. c가 1과 $\frac{1}{2}$ 사이인 경우 심장형 커스프는 매끄러운 곡선이 되어 점차 보조개 모양이 된다. c가 $\frac{1}{2}$에서 0으로 감소하면 리마송은 타원 모양이 된다. 이 타원은 $c \to 0$일 때 점차 원에 가까워지고, $c = 0$일 때 $r = 1$인 원이 된다.

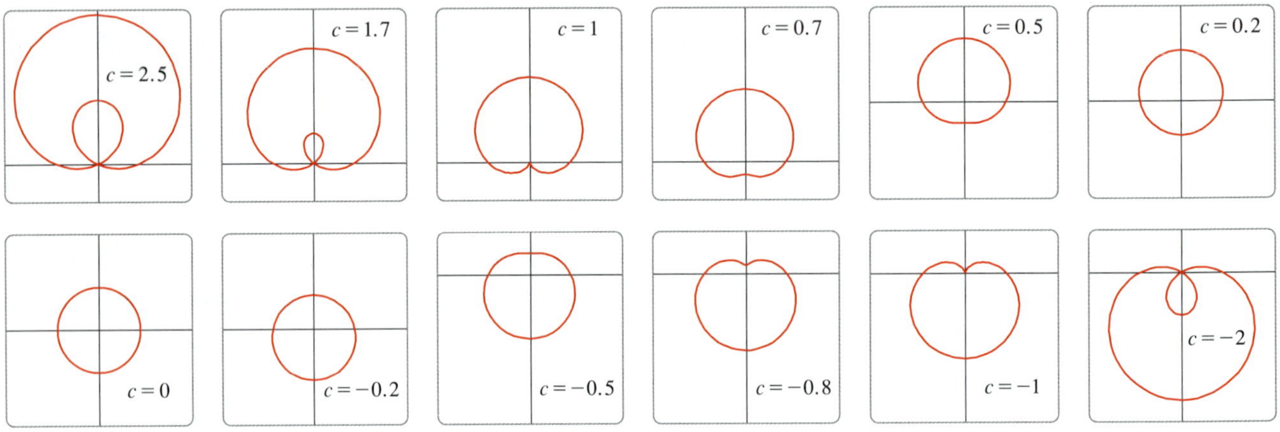

그림 18 리마송 $r = 1 + c\sin\theta$의 족

그림 18의 나머지 부분들은 c가 음수가 됨에 따라 그래프 모양이 반대 순서로 바뀌고 있음을 보여주고 있다. 사실 이들 곡선은 c가 양수일 때에 대하여 수평축에 대하여 대칭이다. ■

리마송은 행성 운동의 연구에서 나타난다. 특히 지구에서 바라본 화성의 운동 궤적은 $|c| > 1$인 그림 18의 부분 그림에서 보는 것처럼 고리가 한 개인 리마송으로 모델화하여 연구해오고 있다.

표 1에서 극방정식으로 표현되는 대표적인 곡선의 특징을 정리하였다.

표 1 극곡선

원과 나선	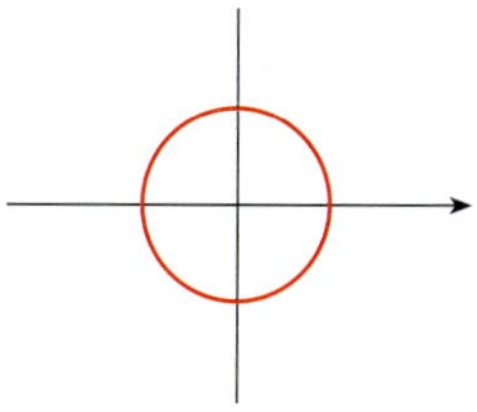 $r = a$ 원	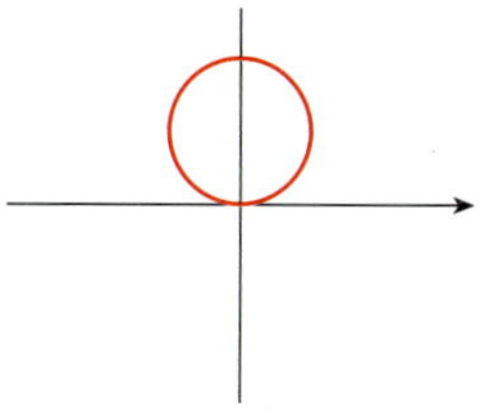 $r = a \sin\theta$ 원	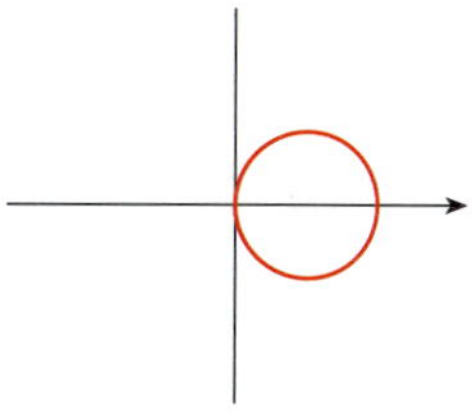 $r = a\cos\theta$ 원	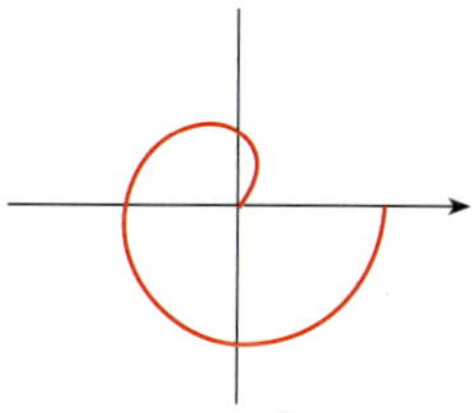 $r = a\theta$ 나선
리마송(limaçon, 달팽이꼴 곡선) $r = a \pm b \sin\theta$ $r = a \pm b \cos\theta$ $(a > 0, b > 0)$ 방향은 삼각함수(sin 또는 cos)와 b의 부호에 따라 달라진다.	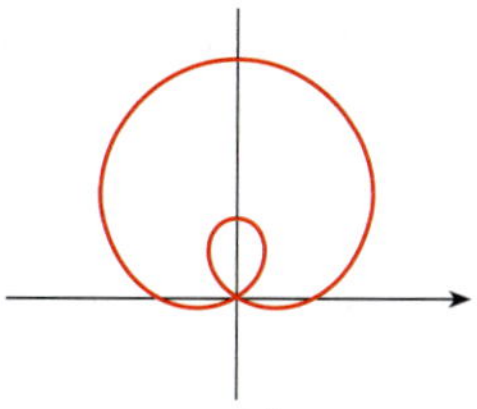 $a < b$ 내부에 고리가 있는 리마송	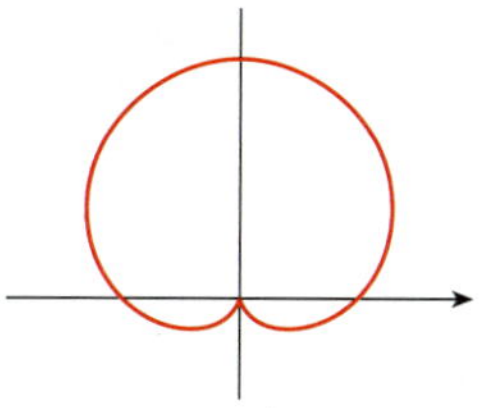 $a = b$ 심장형	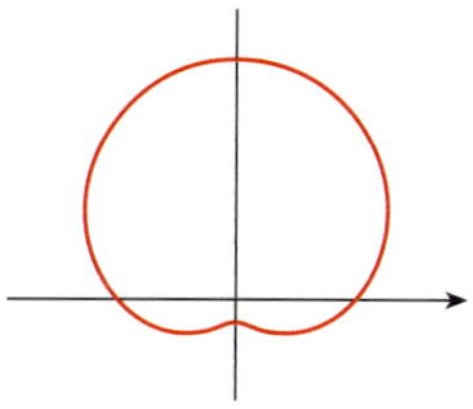 $a > b$ 움푹 패인 리마송	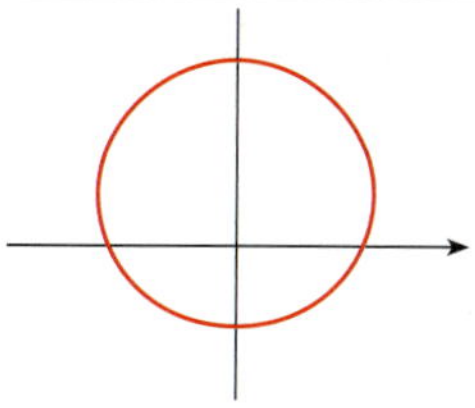 $a \geqslant 2b$ 볼록한 리마송
장미곡선 $r = a \sin n\theta$ $r = a \cos n\theta$ n이 홀수이면 n엽 n이 짝수이면 $2n$엽	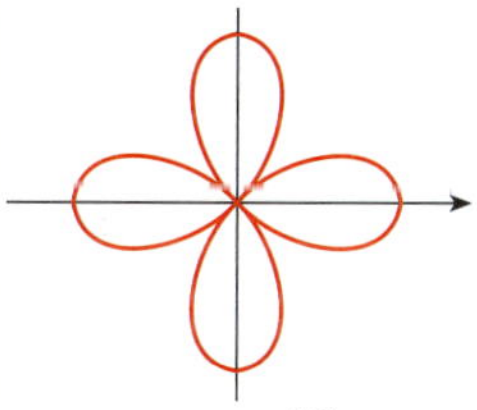 $r = a\cos 2\theta$ 4엽 장미	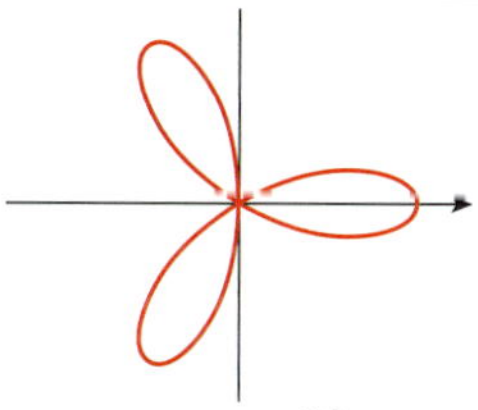 $r = a\cos 3\theta$ 3엽 장미	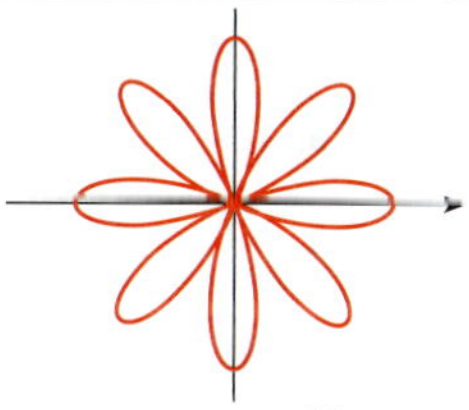 $r = a\cos 4\theta$ 8엽 장미	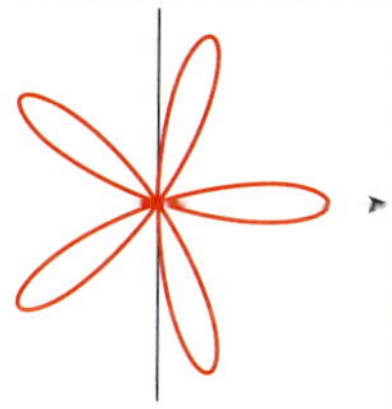 $r = a\cos 5\theta$ 5엽 장미
렘니스케이트 8자 모양 곡선	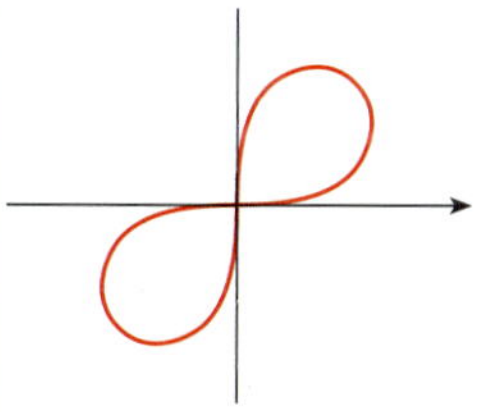 $r^2 = a^2 \sin 2\theta$ 렘니스케이트	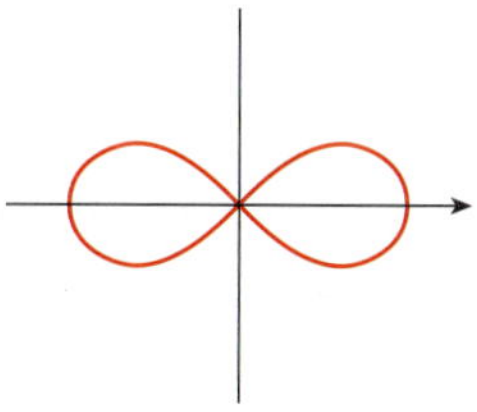 $r^2 = a^2 \cos 2\theta$ 렘니스케이트		

9.3 연습문제

1-2 다음 극좌표의 점들을 표시하여라. 그리고 이 점의 다른 극좌표를 $r > 0$인 경우와 $r < 0$인 경우에 하나씩 구하여라.

1. (a) $(1, \pi/4)$ (b) $(-2, 3\pi/2)$ (c) $(3, -\pi/3)$

2. (a) $(2, 5\pi/6)$ (b) $(1, -2\pi/3)$ (c) $(-1, 5\pi/4)$

3. 다음 극좌표의 점들을 표시하여라. 또 이들의 직교좌표를 구하여라.

(a) $(2, 3\pi/2)$ (b) $(\sqrt{2}, \pi/4)$ (c) $(-1, -\pi/6)$

4-5 다음 주어진 직교좌표에 대하여

(i) 각 점을 $r > 0$, $0 \leqslant \theta < 2\pi$인 범위에서 극좌표 (r, θ)로 표시하여라.

(ii) 각 점을 $r < 0$, $0 \leqslant \theta < 2\pi$인 범위에서 극좌표 (r, θ)로 표시하여라.

4. (a) $(-4, 4)$ (b) $(3, 3\sqrt{3})$

5. (a) $(\sqrt{3}, -1)$ (b) $(-6, 0)$

6-9 극좌표가 주어진 조건을 만족하는 점들로 구성된 영역의 개형을 그려라.

6. $1 < r \leqslant 3$

7. $0 \leqslant r \leqslant 1, \quad -\pi/2 \leqslant \theta \leqslant \pi/2$

8. $2 \leqslant r < 4, \quad 3\pi/4 \leqslant \theta \leqslant 7\pi/4$

9. $r \geqslant 0, \quad \pi \leqslant \theta \leqslant 5\pi/2$

10. 극좌표 $(4, 4\pi/3)$과 $(6, 5\pi/3)$ 사이의 거리를 구하여라.

11-14 주어진 곡선과 일치하는 직교좌표방정식을 구하여라.

11. $r^2 = 5$ **12.** $r = 5\cos\theta$

13. $\theta = \pi/3$ **14.** $r^2\cos 2\theta = 1$

15-18 직교좌표방정식으로 주어진 곡선과 일치하는 극좌표방정식을 구하여라.

15. $x^2 + y^2 = 7$ **16.** $x = -1$

17. $y = \sqrt{3}x$ **18.** $x^2 + y^2 = 4y$

19-20 서술된 각 곡선에 대하여, 극좌표방정식과 직교좌표방정식 중에서 어느 것으로 주어지는 것이 더 쉬운지를 결정하고, 그때 그 곡선에 대한 방정식을 써라.

19. (a) 원점을 지나고 양의 x축과 각 $\pi/6$를 이루는 직선
(b) 점 $(3, 3)$을 지나는 수직선

20. (a) 중심이 $(2, 3)$이고 반지름이 5인 원
(b) 중심이 원점이고 반지름이 4인 원

21-22 다음 그림은 직교좌표에서 θ의 함수 r의 그래프이다. 이것을 이용하여 대응되는 극곡선의 개형을 그려라.

21.

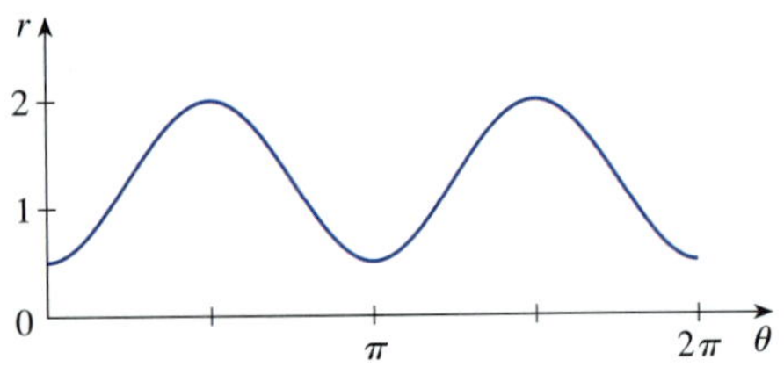

22.

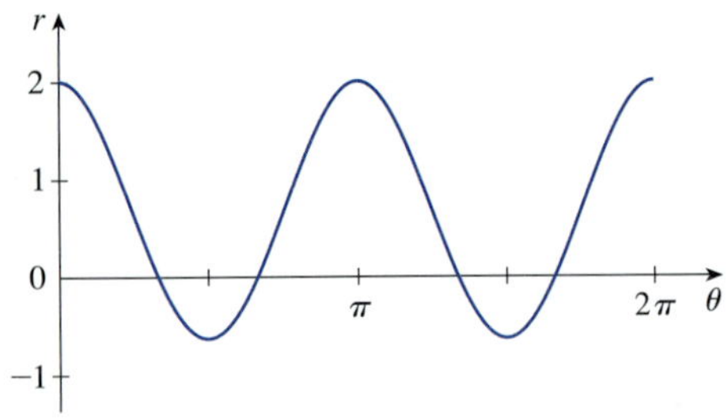

23-37 직교좌표에 θ의 함수로서 r을 먼저 그림으로써 극방정식으로 주어진 곡선의 개형을 그려라.

23. $r = -2\sin\theta$ **24.** $r = 1 - \cos\theta$

25. $r = 2(1 + \cos\theta)$ **26.** $r = \theta, \theta \geqslant 0$

27. $r = \theta^2, -2\pi \leqslant \theta \leqslant 2\pi$ **28.** $r = 3\cos 3\theta$

29. $r = -\sin 5\theta$ **30.** $r = 2\sin 6\theta$

31. $r = 1 + 3\cos\theta$ **32.** $r = 1 + 5\sin\theta$

33. $r^2 = 9\sin 2\theta$ **34.** $r^2 = \cos 4\theta$

35. $r^2\theta = 1$ **36.** $r = \sin(\theta/2)$

37. $r = \cos(\theta/3)$

38. 극곡선 $r = 4 + 2\sec\theta$ [**나사선**(conchoid)이라 불림]에서 $\lim_{r\to\pm\infty} x = 2$임을 보여 수직점근선 $x = 2$를 가짐을 보여라. 이것을 이용하여 나사선의 개형을 그려라.

39. 곡선 $r = 2 - \csc\theta$는 $\lim_{r\to\pm\infty} y = -1$임을 보여 수평점근선 $y = -1$을 가짐을 보여라. 이것을 이용하여 나사선의 개형을 그려라.

40. 곡선 $r = \sin\theta\tan\theta$ (**디오클레스의 시소이드**라고 불림)가 수직점근선 $x = 1$을 가짐을 보여라. 또 그 곡선이 수직띠 $0 \leqslant x < 1$ 안에 완전히 놓임을 보여라. 이 사실들을 이용하여 시소이드의 개형을 그려라.

41. 곡선 $(x^2 + y^2)^3 = 4x^2y^2$의 개형을 그려라.

42. 극방정식 $r = a\sin\theta + b\cos\theta$ $(ab \neq 0)$가 원을 나타냄을 보이고 반지름과 중심을 구하여라.

43. 곡선 $r = a\sin\theta$와 $r = a\cos\theta$가 수직으로 만남을 보여라.

44-49 그래핑 도구를 사용하여 극곡선의 그래프를 그려라. 전체 곡선을 그리기 위한 매개변수 구간을 선택하여라.

44. $r = 1 + 2\sin(\theta/2)$ (프리드의 신장형)

45. $r = \sqrt{1 - 0.8\sin^2\theta}$ (하마형)

46. $r = e^{\sin\theta} - 2\cos(4\theta)$ (나비 곡선)

47. $r = |\tan\theta|^{|\cot\theta|}$ (발렌타인 곡선)

48. $r = 1 + \cos^{999}\theta$ (팩맨 곡선)

49. $r = 2 + \cos(9\theta/4)$

50. $r = 1 + \sin(\theta - \pi/6)$와 $r = 1 + \sin(\theta - \pi/3)$의 그래프는 $r = 1 + \sin\theta$의 그래프와 어떤 관계에 있는가? 일반적으로 $r = f(\theta - \alpha)$와 $r = f(\theta)$는 어떤 관계에 있는가?

51. 실수 c에 대하여 극방정식 $r = 1 + c\cos\theta$로 표현되는 곡선족을 살펴보아라. c값이 변함에 따라 곡선 모양은 어떻게 변하는가?

발견프로젝트 | 극곡선족

이 프로젝트에서는 흥미롭고 아름다운 극곡선족을 발견할 수 있을 것이다. 또한 다양한 상수들을 변화시키면서 모양이 어떻게 바뀌는지 보게 될 것이다.

1. (a) 양의 정수 n에 대하여 극방정식 $r = \sin n\theta$로 정의되는 극방정식족들을 살펴보아라. 고리 개수와 n은 어떤 관계가 있는가?
(b) (a)의 방정식을 $r = |\sin n\theta|$로 대체하면 어떤 일이 일어나는가?

2. 실수 c와 양의 정수 n에 대하여 극방정식 $r = 1 + c\sin n\theta$로 정의되는 곡선족들이 있다. n이 증가함에 따라 그래프는 어떻게 변하는가? c가 바뀌면 곡선은 어떻게 되겠는가? 곡선족의 곡선들을 충분히 그려보고 설명하여라.

3. 극방정식 $r = \dfrac{1 - a\cos\theta}{1 + a\cos\theta}$로 정의되는 곡선족에 대하여 a가 변할 때 그래프가 어떻게 변하는지 살펴보아라. 특별히 그래프의 기본적인 모양을 바꾸는 a값이 무엇인지 찾아라.

4. 천문학자 카시니(Giovanni Cassini, 1625~1712)는 양의 실수 a, c에 대하여 극방정식 $r^4 - 2c^2r^2\cos 2\theta + c^4 - a^4 = 0$으로 정의되는 곡선족을 연구했다. 이 곡선은 특정한 a, c에 대해서 난형이다. 그래서 이 곡선을 **카시니의 난형**(ovals of Cassini)이라고 부른다. (카시니는 이 곡선이 케플러의 타원보다 행성의 궤도를 더 잘 표현할 수 있다고 생각했다.) 이 곡선이 어떤 다양한 모양을 가질 수 있는지 살펴보아라. 그리고 어떤 특정한 a, c에 대하여 곡선이 두 부분으로 나눠는지 찾아보아라.

9.4 극좌표에서 넓이와 길이

이 절에서는 미적분을 적용하여 극곡선과 관련된 넓이, 호 길이, 접선을 구한다.

■ 넓이

경계가 극방정식으로 주어지는 영역의 넓이에 대한 공식을 알아보자. 원에서 부채꼴의 넓이에 대한 공식은

$$A = \tfrac{1}{2}r^2\theta \qquad \boxed{1}$$

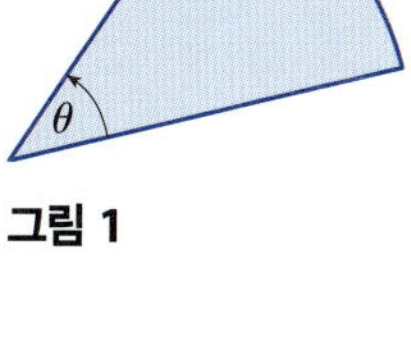

그림 1

이다. 여기서 r은 반지름이고 θ는 중심각의 라디안 측도이다(그림 1 참조). 공식 $\boxed{1}$은 부채꼴의 넓이는 부채꼴의 중심각에 비례한다는 사실로부터 알 수 있다. $A = (\theta/2\pi)\pi r^2 = \frac{1}{2}r^2\theta$.

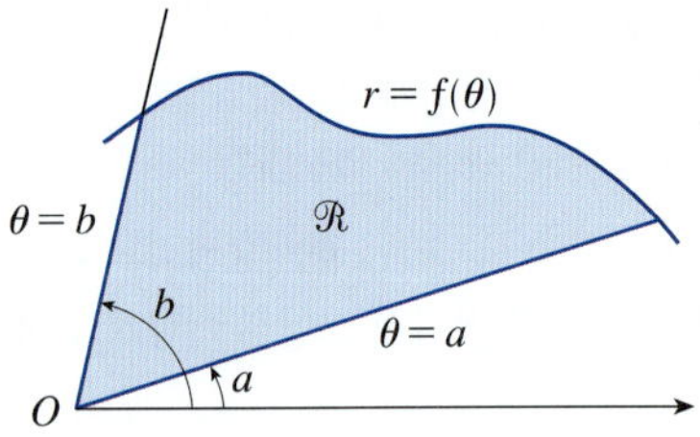

그림 2

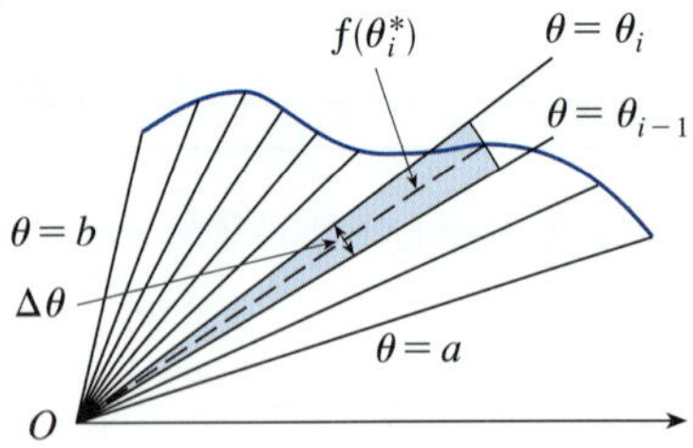

그림 3

$\mathcal{R}$을 그림 2에서 보듯이, 극곡선 $r = f(\theta)$와 반직선 $\theta = a$, $\theta = b$로 경계 지어진 영역이라 하자. 여기서 f는 양이고 연속함수이며 $0 < b - a \leqslant 2\pi$이다. 구간 $[a, b]$를 끝점이 $\theta_0, \theta_1, \theta_2, \ldots, \theta_n$이고 등폭이 $\Delta\theta$인 부분 구간으로 분할한다. 그러면 반직선 $\theta = \theta_i$는 $\mathcal{R}$을 중심각이 $\Delta\theta = \theta_i - \theta_{i-1}$인 n개의 소영역으로 분할한다. i번째 부분 구간 $[\theta_{i-1}, \theta_i]$에서 θ_i^*를 택하면, i번째 영역의 넓이 ΔA_i는 원에서, 중심각이 $\Delta\theta$이고 반지름이 $f(\theta_i^*)$인 부채꼴의 넓이로 근사화된다(그림 3 참조).

따라서 공식 **1** 로부터

$$\Delta A_i \approx \tfrac{1}{2}[f(\theta_i^*)]^2 \Delta\theta$$

를 얻고, 그래서 $\mathcal{R}$의 전체 넓이 A에 대한 근삿값은

2
$$A \approx \sum_{i=1}^{n} \tfrac{1}{2}[f(\theta_i^*)]^2 \Delta\theta$$

이다. 식 **2** 의 근삿값은 $n \to \infty$일 때 더 개선된 값으로 나타남을 그림 3으로 알 수 있다. 그러나 식 **2** 의 합은 함수 $g(\theta) = \frac{1}{2}[f(\theta)]^2$에 대한 리만합이므로

$$\lim_{n\to\infty} \sum_{i=1}^{n} \tfrac{1}{2}[f(\theta_i^*)]^2 \Delta\theta = \int_a^b \tfrac{1}{2}[f(\theta)]^2 \, d\theta$$

이다. 그러므로 극영역 $\mathcal{R}$의 넓이 A에 대한 공식이

3
$$A = \int_a^b \tfrac{1}{2}[f(\theta)]^2 \, d\theta$$

로 그럴듯하게 나타난다(사실 증명될 수 있다). 공식 **3** 은 종종 $r = f(\theta)$로 하여

4
$$A = \int_a^b \tfrac{1}{2} r^2 \, d\theta$$

로도 쓰인다. 공식 **1** 과 **4** 의 유사성을 주목하여라.

공식 **3** 또는 **4** 를 적용하면, 처음 각이 a이고 마지막 각이 b인 회전하는 반직선이 스쳐 지나간 넓이를 생각하는 데 도움이 된다.

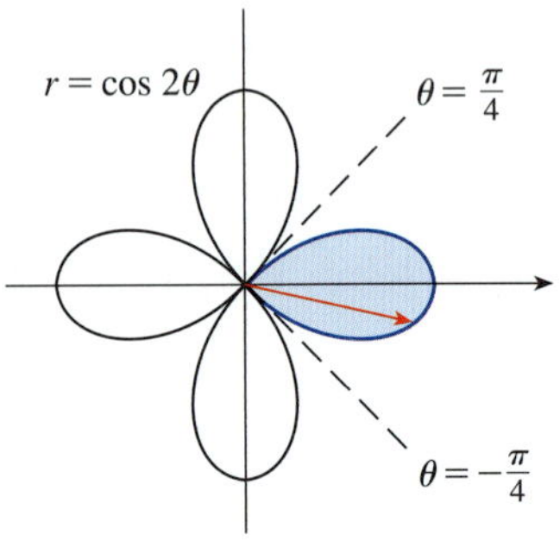

그림 4

예제 1 4엽장미 $r = \cos 2\theta$의 한 고리에 의해 둘러싸인 넓이를 구하여라.

풀이 곡선 $r = \cos 2\theta$는 9.3절의 예제 8에서 그렸다. 그림 4에서 오른쪽 고리에 의해서 둘러싸인 영역은 $\theta = -\pi/4$에서 $\theta = \pi/4$까지 회전하는 반직선이 스쳐 지나간 영역임을 주목하여라. 그러므로 공식 **4** 를 써서 다음을 얻는다.

$$A = \int_{-\pi/4}^{\pi/4} \tfrac{1}{2} r^2 \, d\theta = \tfrac{1}{2}\int_{-\pi/4}^{\pi/4} \cos^2 2\theta \, d\theta$$

영역이 극축 $\theta = 0$에 대칭되기 때문에 다음과 같이 계산할 수 있다.

$$A = 2 \cdot \tfrac{1}{2}\int_0^{\pi/4} \cos^2 2\theta \, d\theta$$

$$= \int_0^{\pi/4} \tfrac{1}{2}(1 + \cos 4\theta)\, d\theta \qquad \left[\cos^2 u = \tfrac{1}{2}(1 + \cos 2u)\right]$$

$$= \tfrac{1}{2}\Big[\theta + \tfrac{1}{4}\sin 4\theta\Big]_0^{\pi/4} = \frac{\pi}{8}$$

■

예제 2 원 $r = 3\sin\theta$의 내부와 심장형 $r = 1 + \sin\theta$의 외부에 놓인 영역의 넓이를 구하여라.

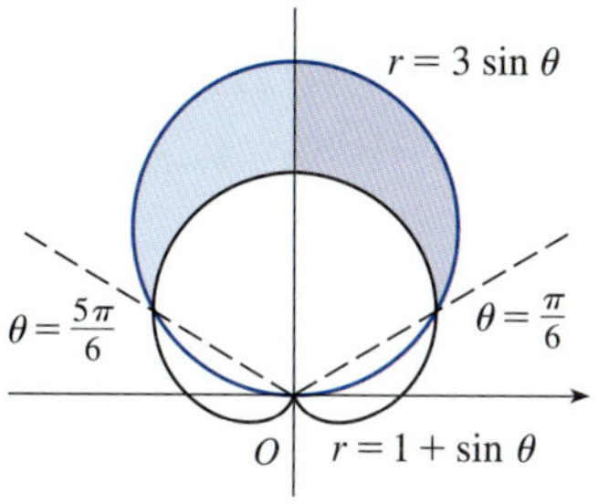

그림 5

풀이 심장형(9.3절의 예제 7 참조)과 원이 그림 5에 그려져 있고, 구하는 영역이 색칠되어 있다. 공식 **4** 에서 a와 b의 값은 두 곡선의 교차점을 찾음으로써 결정된다. $3\sin\theta = 1 + \sin\theta$일 때 교차하고, 그때 $\sin\theta = \frac{1}{2}$이므로 $\theta = \pi/6, 5\pi/6$이다. 구하는 넓이는 $\pi/6$에서 $5\pi/6$까지 원의 내부 넓이에서 $\pi/6$에서 $5\pi/6$까지 심장형의 내부 넓이를 빼서 구할 수 있다. 따라서

$$A = \frac{1}{2}\int_{\pi/6}^{5\pi/6} (3\sin\theta)^2 d\theta - \frac{1}{2}\int_{\pi/6}^{5\pi/6} (1 + \sin\theta)^2 d\theta$$

이다. 또 영역은 수직축 $\theta = \pi/2$에 대하여 대칭이므로

$$A = 2\left[\frac{1}{2}\int_{\pi/6}^{\pi/2} 9\sin^2\theta\, d\theta - \frac{1}{2}\int_{\pi/6}^{\pi/2} (1 + 2\sin\theta + \sin^2\theta)\, d\theta\right]$$

$$= \int_{\pi/6}^{\pi/2} (8\sin^2\theta - 1 - 2\sin\theta)\, d\theta$$

$$= \int_{\pi/6}^{\pi/2} (3 - 4\cos 2\theta - 2\sin\theta)\, d\theta \qquad \left[\sin^2\theta = \tfrac{1}{2}(1 - \cos 2\theta)\right]$$

$$= 3\theta - 2\sin 2\theta + 2\cos\theta\Big]_{\pi/6}^{\pi/2} = \pi$$

이다. ■

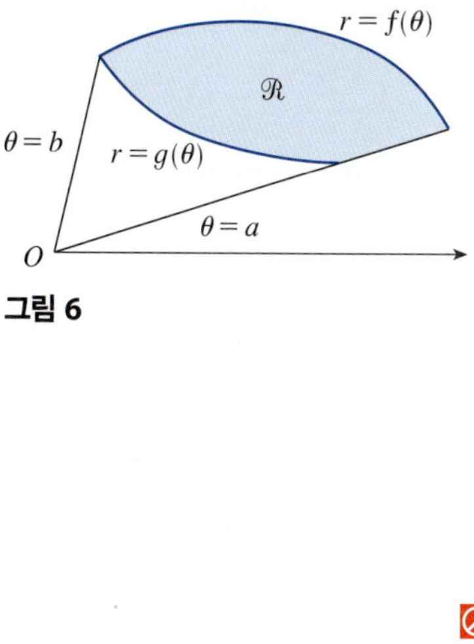

그림 6

예제 2는 두 극곡선에 의해 경계 지어진 영역의 넓이를 구하는 과정을 설명한다. 일반적으로 그림 6과 같이 $\mathcal{R}$이 극방정식 $r = f(\theta)$, $r = g(\theta)$, $\theta = a$와 $\theta = b$로 경계 지어진 영역이라 하자. 여기서 $f(\theta) \geqslant g(\theta) \geqslant 0$이고 $0 < b - a \leqslant 2\pi$이다. $\mathcal{R}$의 넓이 A는 $r = f(\theta)$의 내부 넓이에서 $r = g(\theta)$의 내부 넓이를 빼서 구할 수 있다. 그래서 공식 **3** 을 이용하여

$$A = \int_a^b \tfrac{1}{2}[f(\theta)]^2 d\theta - \int_a^b \tfrac{1}{2}[g(\theta)]^2 d\theta$$

$$= \tfrac{1}{2}\int_a^b \left([f(\theta)]^2 - [g(\theta)]^2\right) d\theta$$

를 얻는다.

주의 극좌표에서 한 점이 여러 가지 표현을 가지는 사실은 때때로 두 극곡선의 모든 교점을 구하는 데 어려움을 줄 수 있다. 예를 들어, 그림 5에서 원과 심장형이 3개의 교점을 가지는 것이 분명하다. 그렇더라도 예제 2에서 방정식 $r = 3\sin\theta$와 $r = 1 + \sin\theta$

를 풀고 두 점 $(\frac{3}{2}, \pi/6)$와 $(\frac{3}{2}, 5\pi/6)$만 구했다. 원점도 역시 교점이지만, 원점은 극좌표에서 두 방정식을 만족하는 한 가지뿐인 표현은 없으므로, 곡선의 방정식을 풀 때 찾을 수 없었다. (0, 0) 또는 $(0, \pi)$로 표현될 때, 원점은 $r = 3\sin\theta$를 만족하고 원 위에 놓인다. $(0, 3\pi/2)$로 표현될 때, 이 점은 $r = 1 + \sin\theta$를 만족하고 심장형 위에 놓임을 주목하여라. 매개변수 θ가 0에서 2π로 증가할 때 곡선을 따라 움직이는 두 점을 생각해보아라. 한 곡선 위에서는 $\theta = 0$과 $\theta = \pi$에서 원점에 도달하고 다른 곡선 위에서는 $\theta = 3\pi/2$에서 원점에 도달한다. 이 점들이 서로 다른 시각에 원점에 도달하기 때문에 원점에서 충돌하지는 않는다. 그럼에도 불구하고 곡선이 그 점에서 교차한다.

따라서 두 극곡선의 **모든** 교차점을 찾기 위해서는 양 곡선의 그래프를 그려보는 것이 필요하다. 그러기 위해서 그래핑 계산기나 컴퓨터를 이용하면 편리하다.

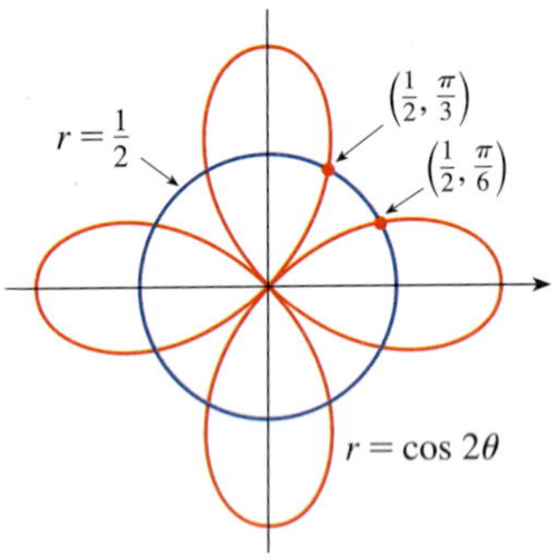

그림 7

예제 3 곡선 $r = \cos 2\theta$와 $r = \frac{1}{2}$의 모든 교점을 구하여라.

풀이 방정식 $r = \cos 2\theta$와 $r = \frac{1}{2}$을 풀면 $\cos 2\theta = \frac{1}{2}$이고, 그래서 $2\theta = \pi/3, 5\pi/3, 7\pi/3, 11\pi/3$이다. 두 방정식을 만족하는 0과 2π 사이의 θ값은 $\theta = \pi/6, 5\pi/6, 7\pi/6, 11\pi/6$이므로 네 개의 교점은 $(\frac{1}{2}, \pi/6)$, $(\frac{1}{2}, 5\pi/6)$, $(\frac{1}{2}, 7\pi/6)$, $(\frac{1}{2}, 11\pi/6)$이다.

그러나 그림 7로부터 곡선이 또 다른 네 개의 교점, 즉 $(\frac{1}{2}, \pi/3)$, $(\frac{1}{2}, 2\pi/3)$, $(\frac{1}{2}, 4\pi/3)$, $(\frac{1}{2}, 5\pi/3)$를 더 가짐을 알 수 있다. 이러한 사실은 대칭성이나 또 다른 원의 방정식 $r = \cos 2\theta$와 $r = -\frac{1}{2}$을 이용하여 알 수 있다. ■

■ 호의 길이

9.3절에서 직교좌표 (x, y)와 극좌표 (r, θ)는 방정식 $x = r\cos\theta$, $y = r\sin\theta$를 만족함을 살펴보았다. θ를 매개변수로 간주하면 극곡선 $r = f(\theta)$로 표현된 매개변수방정식을 다음과 같이 나타낼 수 있다.

극곡선의 매개변수방정식

5 $$x = r\cos\theta = f(\theta)\cos\theta \qquad y = r\sin\theta = f(\theta)\sin\theta$$

극곡선 $r = f(\theta)$, $a \leq \theta \leq b$의 길이를 구하기 위하여 식 **5**를 (곱 법칙을 사용하여) θ로 미분하면

$$\frac{dx}{d\theta} = \frac{dr}{d\theta}\cos\theta - r\sin\theta \qquad \frac{dy}{d\theta} = \frac{dr}{d\theta}\sin\theta + r\cos\theta$$

를 얻고, 그래서 $\cos^2\theta + \sin^2\theta = 1$을 이용하여

$$\left(\frac{dx}{d\theta}\right)^2 + \left(\frac{dy}{d\theta}\right)^2 = \left(\frac{dr}{d\theta}\right)^2\cos^2\theta - 2r\frac{dr}{d\theta}\cos\theta\sin\theta + r^2\sin^2\theta$$

$$+ \left(\frac{dr}{d\theta}\right)^2\sin^2\theta + 2r\frac{dr}{d\theta}\sin\theta\cos\theta + r^2\cos^2\theta$$

$$= \left(\frac{dr}{d\theta}\right)^2 + r^2$$

을 얻는다. f'이 연속이라 가정하면, 9.2절의 정리 5를 이용하여 호의 길이를

$$L = \int_a^b \sqrt{\left(\frac{dx}{d\theta}\right)^2 + \left(\frac{dy}{d\theta}\right)^2}\, d\theta$$

로 쓸 수 있다. 그러므로 극방정식이 $r = f(\theta)$, $a \leqslant \theta \leqslant b$인 곡선의 길이는

6 $$L = \int_a^b \sqrt{r^2 + \left(\frac{dr}{d\theta}\right)^2}\, d\theta$$

이다.

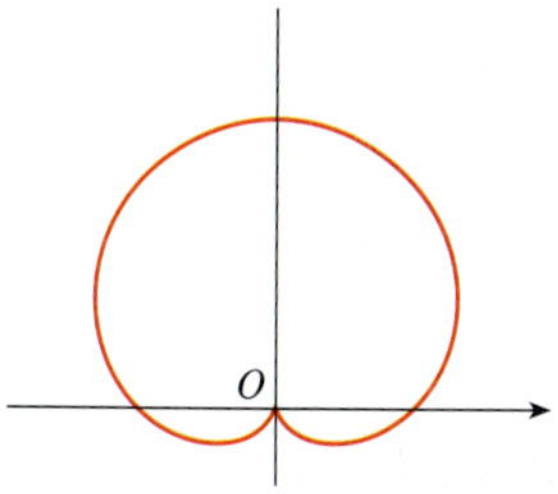
그림 8 $r = 1 + \sin\theta$

예제 4 심장형 $r = 1 + \sin\theta$의 길이를 구하여라.

풀이 그림 8에 심장형이 그려져 있다(9.3절의 예제 7 참조). 이것의 전체 길이는 매개변수 구간 $0 \leqslant \theta \leqslant 2\pi$로 주어졌다. 그래서 공식 6으로부터

$$L = \int_0^{2\pi} \sqrt{r^2 + \left(\frac{dr}{d\theta}\right)^2}\, d\theta = \int_0^{2\pi} \sqrt{(1 + \sin\theta)^2 + \cos^2\theta}\, d\theta$$

$$= \int_0^{2\pi} \sqrt{2 + 2\sin\theta}\, d\theta$$

피적분함수에 $\sqrt{2 - 2\sin\theta}$를 곱하고 나누어서 이 적분을 계산할 수 있다. 또는 수학 소프트웨어를 이용할 수 있다. 어쨌든 심장형의 길이 $L = 8$을 구할 수 있다. ■

■ 접선

극곡선 $r = f(\theta)$의 접선을 구하기 위하여 다시 θ를 매개변수로 간주하고 식 5의 매개변수방정식을 쓰자.

$$x = r\cos\theta = f(\theta)\cos\theta \qquad y = r\sin\theta = f(\theta)\sin\theta$$

그러면 매개변수곡선의 기울기를 구하는 방법(9.2절의 식 1)과 곱 법칙을 이용하여

7 $$\frac{dy}{dx} = \frac{\dfrac{dy}{d\theta}}{\dfrac{dx}{d\theta}} = \frac{\dfrac{dr}{d\theta}\sin\theta + r\cos\theta}{\dfrac{dr}{d\theta}\cos\theta - r\sin\theta}$$

$dx/d\theta \neq 0$일 때, $dy/d\theta = 0$인 점에 수평접선이 위치한다. 마찬가지로 $dy/d\theta \neq 0$일 때, $dx/d\theta = 0$인 점에 수직접선이 위치한다.

극에서 접선을 찾으려면, 그때 $r = 0$이고 식 7은

$$\frac{dy}{dx} = \tan\theta \qquad \left(\frac{dr}{d\theta} \neq 0\right)$$

로 줄여짐을 주목하여라. 예를 들어 9.3절 예제 8에서, $\theta = \pi/4$ 또는 $\theta = 3\pi/4$인 곳에서 $r = \cos 2\theta = 0$임을 알았다. 이것은 선 $\theta = \pi/4$와 $\theta = 3\pi/4$(또는 $y = x$와 y

$= -x$)가 원점에서 $r = \cos 2\theta$에 대한 접선이라는 것을 의미한다.

예제 5

(a) 예제 4의 심장형 $r = 1 + \sin\theta$에 대하여 $\theta = \pi/3$일 때, 접선의 기울기를 구하여라.

(b) 접선이 수평선이거나 수직선인 심장형 위의 점을 구하여라.

풀이 $r = 1 + \sin\theta$로 식 7을 이용하면 다음을 얻는다.

$$\frac{dy}{dx} = \frac{\dfrac{dr}{d\theta}\sin\theta + r\cos\theta}{\dfrac{dr}{d\theta}\cos\theta - r\sin\theta} = \frac{\cos\theta\sin\theta + (1+\sin\theta)\cos\theta}{\cos\theta\cos\theta - (1+\sin\theta)\sin\theta}$$

$$= \frac{\cos\theta\,(1+2\sin\theta)}{1-2\sin^2\theta - \sin\theta} = \frac{\cos\theta\,(1+2\sin\theta)}{(1+\sin\theta)(1-2\sin\theta)}$$

(a) $\theta = \pi/3$인 점에서 접선의 기울기는

$$\left.\frac{dy}{dx}\right|_{\theta=\pi/3} = \frac{\cos(\pi/3)[1+2\sin(\pi/3)]}{[1+\sin(\pi/3)][1-2\sin(\pi/3)]} = \frac{\frac{1}{2}(1+\sqrt{3})}{(1+\sqrt{3}/2)(1-\sqrt{3})}$$

$$= \frac{1+\sqrt{3}}{(2+\sqrt{3})(1-\sqrt{3})} = \frac{1+\sqrt{3}}{-1-\sqrt{3}} = -1$$

(b) $\theta = \dfrac{\pi}{2}, \dfrac{3\pi}{2}, \dfrac{7\pi}{6}, \dfrac{11\pi}{6}$일 때 $\quad \dfrac{dy}{d\theta} = \cos\theta\,(1+2\sin\theta) = 0$

$\theta = \dfrac{3\pi}{2}, \dfrac{\pi}{6}, \dfrac{5\pi}{6}$일 때 $\quad \dfrac{dx}{d\theta} = (1+\sin\theta)(1-2\sin\theta) = 0$

이다. 그러므로 점 $(2, \pi/2)$, $(\frac{1}{2}, 7\pi/6)$, $(\frac{1}{2}, 11\pi/6)$에서 수평접선이 있고 $(\frac{3}{2}, \pi/6)$, $(\frac{3}{2}, 5\pi/6)$에서 수직접선이 있다. $\theta = 3\pi/2$일 때, $dy/d\theta$와 $dx/d\theta$ 모두 0이므로 주의해야 한다. 로피탈 법칙을 이용하여

$$\lim_{\theta\to(3\pi/2)^-}\frac{dy}{dx} = \left(\lim_{\theta\to(3\pi/2)^-}\frac{1+2\sin\theta}{1-2\sin\theta}\right)\left(\lim_{\theta\to(3\pi/2)^-}\frac{\cos\theta}{1+\sin\theta}\right)$$

$$= -\frac{1}{3}\lim_{\theta\to(3\pi/2)^-}\frac{\cos\theta}{1+\sin\theta} = -\frac{1}{3}\lim_{\theta\to(3\pi/2)^-}\frac{-\sin\theta}{\cos\theta} = \infty$$

대칭성에 의해 $\qquad \displaystyle\lim_{\theta\to(3\pi/2)^+}\frac{dy}{dx} = -\infty$

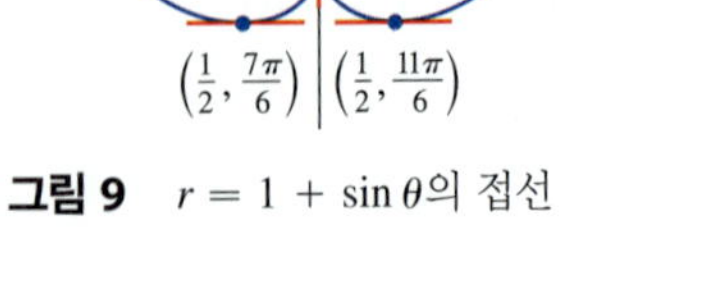

그림 9 $r = 1 + \sin\theta$의 접선

그러므로 극에 수직접선이 있다(그림 9 참조). ■

NOTE 식 7을 기억하는 대신에 바로 유도할 수 있다. 예를 들어, 예제 5에서

$$x = r\cos\theta = (1+\sin\theta)\cos\theta = \cos\theta + \tfrac{1}{2}\sin 2\theta$$

$$y = r\sin\theta = (1+\sin\theta)\sin\theta = \sin\theta + \sin^2\theta$$

로 쓸 수 있어

$$\frac{dy}{dx} = \frac{dy/d\theta}{dx/d\theta} = \frac{\cos\theta + 2\sin\theta\cos\theta}{-\sin\theta + \cos 2\theta} = \frac{\cos\theta + \sin 2\theta}{-\sin\theta + \cos 2\theta}$$

를 얻는데, 이는 앞에 나온 표현과 같다.

9.4 연습문제

1-4 주어진 곡선과 명시된 영역으로 둘러싸인 부분의 넓이를 구하여라.

1. $r = \sqrt{2\theta}, \quad 0 \leq \theta \leq \pi/2$

2. $r = e^{\theta}, \quad 3\pi/4 \leq \theta \leq 3\pi/2$

3. $r = \sin\theta + \cos\theta, \quad 0 \leq \theta \leq \pi$

4. $r = 1/\theta, \quad \pi/2 \leq \theta \leq 2\pi$

5-6 색칠된 영역의 넓이를 구하여라.

5.

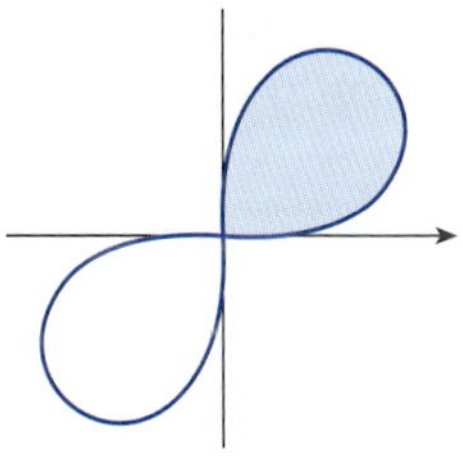

$r^2 = \sin 2\theta$

6.

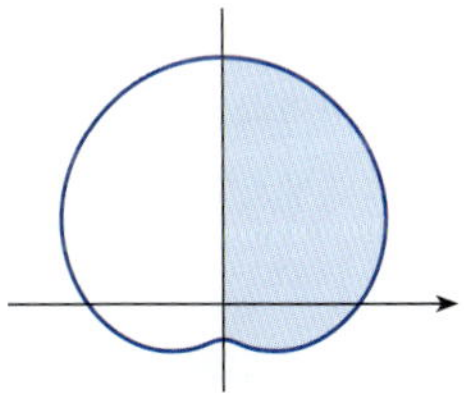

$r = 4 + 3\sin\theta$

7-8 곡선의 개형을 그리고 그것으로 둘러싸인 넓이를 구하여라.

7. $r = 4\cos\theta$ **8.** $r = 3 - 2\sin\theta$

9-10 그래프를 그리고 그래프로 둘러싸인 넓이를 구하여라.

9. $r = 2 + \sin 4\theta$ **10.** $r = \sqrt{1 + \cos^2(5\theta)}$

11-14 곡선의 한 고리로 둘러싸인 영역의 넓이를 구하여라.

11. $r = 4\cos 3\theta$ **12.** $r^2 = 4\cos 2\theta$

13. $r = \sin 4\theta$ **14.** $r = 1 + 2\sin\theta$ (내부 고리)

15. **스트로포이드**(strophoid) $r = 2\cos\theta - \sec\theta$의 고리로 둘러싸인 넓이를 구하여라.

16-19 첫 번째 곡선의 내부와 두 번째 곡선의 외부에 놓인 영역의 넓이를 구하여라.

16. $r = 4\sin\theta, \quad r = 2$

17. $r^2 = 8\cos 2\theta, \quad r = 2$

18. $r = 3\cos\theta, \quad r = 1 + \cos\theta$

19. $r = 3\sin\theta, \quad r = 2 - \sin\theta$

20-23 두 곡선의 내부에 놓인 영역의 넓이를 구하여라.

20. $r = 3\sin\theta, \quad r = 3\cos\theta$

21. $r = 1 + \cos\theta, \quad r = 1 - \cos\theta$

22. $r = \sin 2\theta, \quad r = \cos 2\theta$

23. $r^2 = 2\sin 2\theta, \quad r = 1$

24. 리마송 $r = \frac{1}{2} + \cos\theta$의 큰 고리의 내부와 작은 고리의 외부 사이의 넓이를 구하여라.

25-28 주어진 곡선의 모든 교점을 구하여라.

25. $r = \sin\theta, \quad r = 1 - \sin\theta$

26. $r = 1 + \cos\theta, \quad r = 1 - \sin\theta$

27. $r = 2\sin 2\theta, \quad r = 1$

28. $r^2 = 2\cos 2\theta, \quad r = 1$

29-30 음영 부분의 넓이를 구하여라.

29.

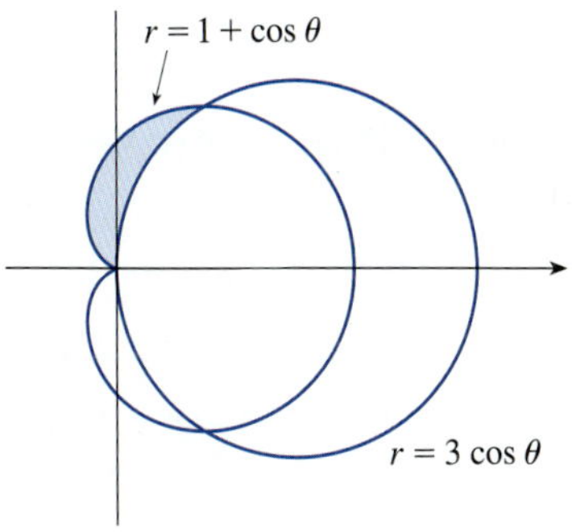

30.

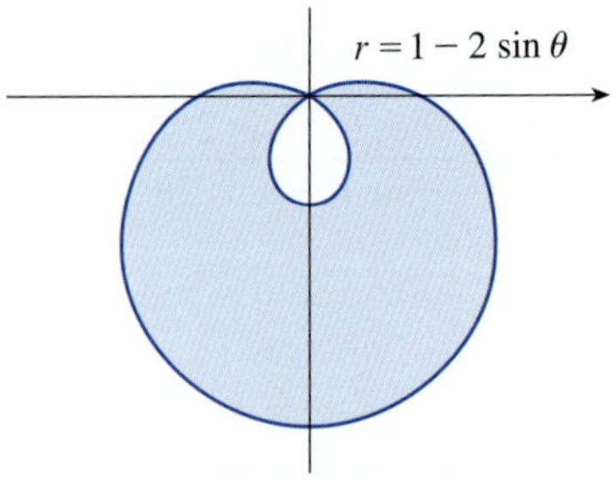

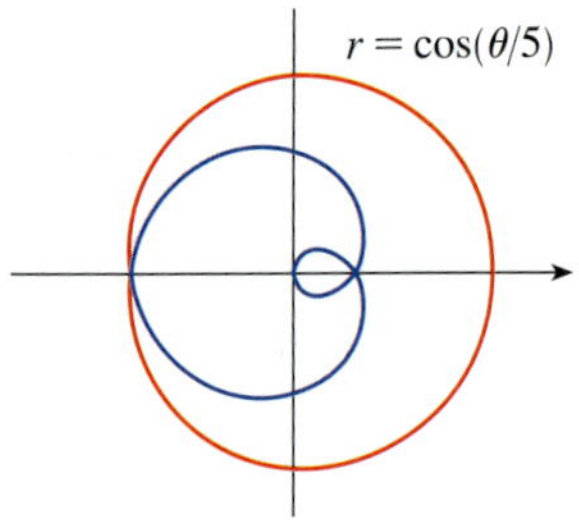

31. 라이브 공연을 녹음할 때, 음향기사들은 심장형 픽업 패턴을 사용한다. 이런 픽업 패턴이 청중들의 소음을 억제할 수 있기 때문이다. 만약 마이크가 아래 그림과 같이 무대에서 4m 떨어진 곳에 있고 최상의 픽업 범위가 심장형 $r = 8 + 8\sin\theta$와 같이 주어졌다고 해보자. 이때 r은 미터로 측정된 것이고 마이크는 극(pole)에 있다. 연주자가 마이크의 최상의 픽업 범위를 알고 싶어한다면 어떻게 대답해야 하겠는가?

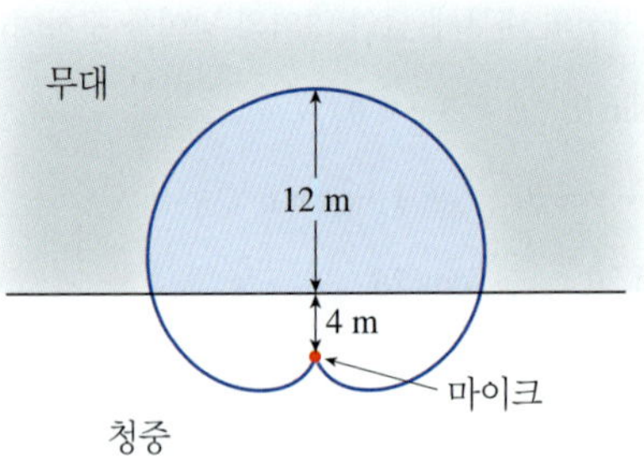

32-33 극곡선의 정확한 길이를 구하여라.

32. $r = 2\cos\theta,\quad 0 \leqslant \theta \leqslant \pi$ **33.** $r = \theta^2,\quad 0 \leqslant \theta \leqslant 2\pi$

34. 곡선의 파란색으로 표시된 부분의 정확한 길이를 구하여라.

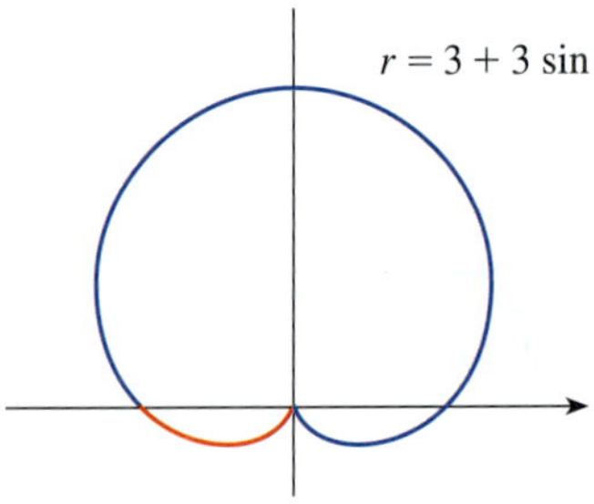

35-36 곡선의 정확한 길이를 구하여라. 그래프를 사용하여 매개변수 구간을 정하여라.

35. $r = \cos^4(\theta/4)$ **36.** $r = \cos^2(\theta/2)$

37. 곡선의 파란색으로 표시된 부분의 길이를 구하기 위해 적분식을 세우되 계산하지는 마라.

38-41 주어진 극곡선에서 θ값으로 지정된 점에서의 접선의 기울기를 구하여라.

38. $r = 2\cos\theta,\quad \theta = \pi/3$ **39.** $r = 1/\theta,\quad \theta = \pi$

40. $r = \sin\theta + 2\cos\theta,\quad \theta = \pi/2$

41. $r = 1 + 2\cos\theta,\quad \theta = \pi/3$

42-43 다음의 주어진 곡선에서 수평접선 또는 수직접선을 가지는 점을 찾아라.

42. $r = \sin\theta$ **43.** $r = 1 + \cos\theta$

44. P를 곡선 $r = f(\theta)$ 위의 원점이 아닌 임의의 점이라 하자. 만약 ψ가 P에서의 접선과 반지름의 선 OP 사이의 각이면 다음을 증명하여라.

$$\tan\psi = \frac{r}{dr/d\theta}$$

[힌트: 그림에서 $\psi = \phi - \theta$를 관찰하여라.]

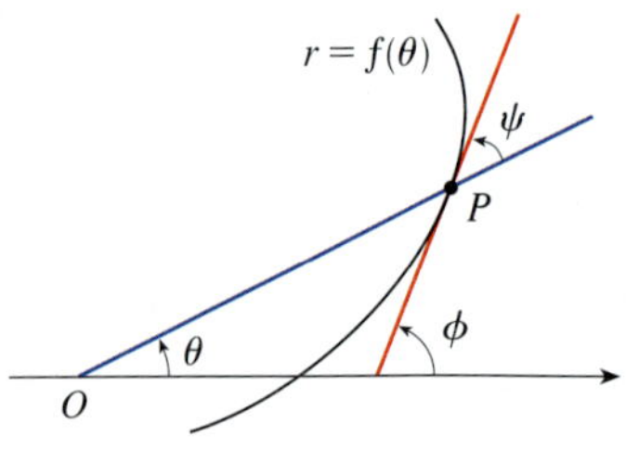

45. 9.2절의 식 **9**를 사용하여 극곡선 $r = f(\theta)$, $a \leqslant \theta \leqslant b$를 극축에 관하여 회전시킬 때 만들어지는 곡면의 넓이가

$$S = \int_a^b 2\pi r\sin\theta\sqrt{r^2 + \left(\frac{dr}{d\theta}\right)^2}\,d\theta$$

임을 보여라(여기서 f'은 연속이고 $0 \leqslant a < b \leqslant \pi$이다).

(b) (a)에 있는 공식을 이용하여 쌍엽곡선(lemniscate) $r^2 = \cos 2\theta$를 극축에 관하여 회전시킬 때 만들어지는 곡면의 넓이를 구하여라.

46. (a) 극곡선 $r = f(\theta)$, $a \leqslant \theta \leqslant b$를 $\theta = \pi/2$에 관하여 회전시킬 때 만들어지는 곡면의 넓이를 구하는 공식을 구하여라.

(b) 쌍엽곡선 $r^2 = \cos 2\theta$를 $\theta = \pi/2$에 관하여 회전시킬 때 만들어지는 곡면의 넓이를 구하여라.

9.5 원뿔곡선

이 절에서는 포물선, 타원, 쌍곡선에 대한 기하학적 정의를 하고 이들의 표준 방정식을 유도한다. 이들은 그림 1에서 보듯이 원뿔을 평면과 교차시켜서 만들어지므로 **원뿔곡선**(conic sections 또는 conics)이라 부른다.

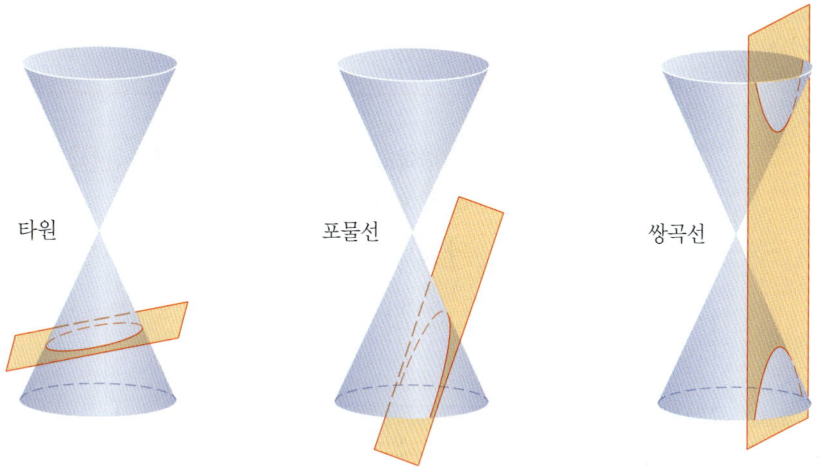

그림 1
원뿔곡선들

■ 포물선

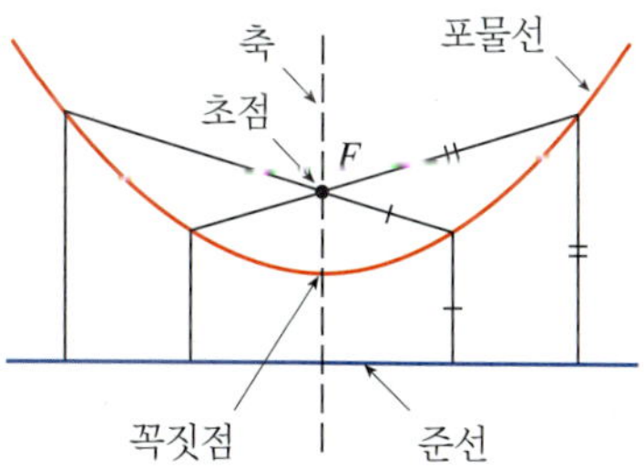

그림 2

포물선(parabola)은 평면에서 한 정점 F[**초점**(focus)이라 부른다]와 한 정직선[**준선**(directrix)이라 부른다]으로부터 같은 거리에 있는 점들의 집합이다. 이 정의는 그림 2와 같다. 포물선 위의 초점과 준선 사이의 중간점을 주목하여라. 이것을 **꼭짓점**이라 하고, 초점을 지나고 준선에 수직인 선을 포물선의 **축**이라 한다.

16세기에 갈릴레오는 지상에서 어떤 각도로 공중을 향해 쏜 발사체의 경로가 포물선이라는 것을 보였다. 그 이래로 포물선 모양은 자동차의 전조등, 반사 망원경, 그리고 현수교의 설계에 이용되었다(포물선의 뛰어난 유용성은 포물선의 반사성질로부터 나온 것이다).

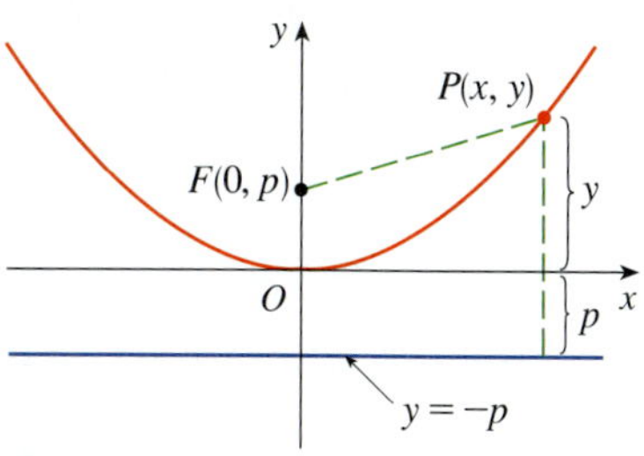

그림 3

그림 3에서처럼 꼭짓점이 원점 O이고 준선이 x축과 나란한 특별히 단순한 포물선에 대한 방정식을 구한다. 만약 초점이 점 $(0, p)$이면 준선의 방정식은 $y = -p$이다. 만약 $P(x, y)$가 포물선 위의 임의의 점이라면, P에서 초점까지의 거리는

$$|PF| = \sqrt{x^2 + (y - p)^2}$$

이고 P에서 준선까지의 거리는 $|y + p|$이다(그림 3이 $p > 0$인 경우를 설명한다). 포물선을 정의하는 성질은 이 거리가 같다는 것이다.

$$\sqrt{x^2 + (y - p)^2} = |y + p|$$

양변을 제곱하고 간단히 하여 동치인 방정식을 얻는다.

$$x^2 + (y - p)^2 = |y + p|^2 = (y + p)^2$$
$$x^2 + y^2 - 2py + p^2 = y^2 + 2py + p^2$$
$$x^2 = 4py$$

> **1** 초점이 $(0, p)$이고 준선이 $y = -p$인 포물선의 방정식
> $$x^2 = 4py$$

만약 $a = 1/(4p)$로 쓰면, 포물선 **1**의 표준 방정식은 $y = ax^2$이 된다. 만약 $p > 0$이면 포물선은 위쪽으로 열리고, $p < 0$이면 포물선은 아래쪽으로 열린다[그림 4의 (a)와 (b) 참조]. 그래프는 **1**이 x가 $-x$로 바뀌어도 불변이므로 y축에 관하여 대칭이다.

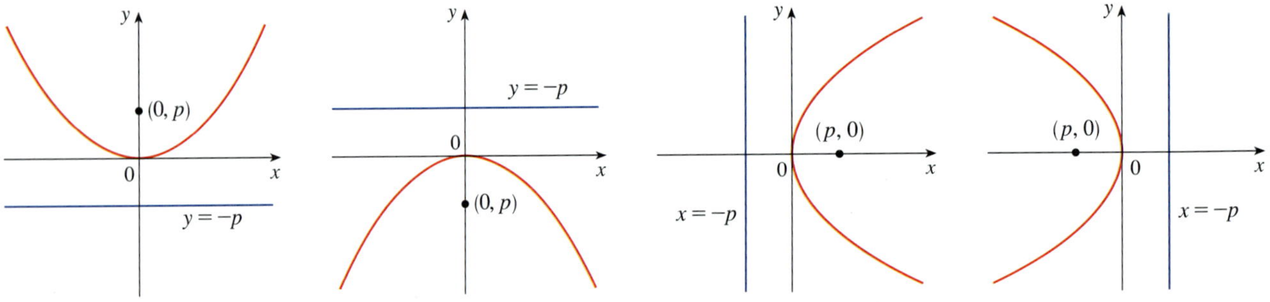

(a) $x^2 = 4py,\ p > 0$ (b) $x^2 = 4py,\ p < 0$ (c) $y^2 = 4px,\ p > 0$ (d) $y^2 = 4px,\ p < 0$

그림 4

식 **1**에서 x와 y를 교환하면 다음과 같다.

> **2** 초점이 $(p, 0)$이고 준선이 $x = -p$인 포물선의 방정식
> $$y^2 = 4px$$

(x와 y의 교환은 대각선 $y = x$에 대한 반사에 해당된다.) 이 포물선은 $p > 0$이면 오른쪽으로 열리고 $p < 0$이면 왼쪽으로 열린다[그림 4의 (c)와 (d) 참조]. 어느 경우든 그래프는 x축에 관하여 대칭이고 x축이 포물선의 축이다.

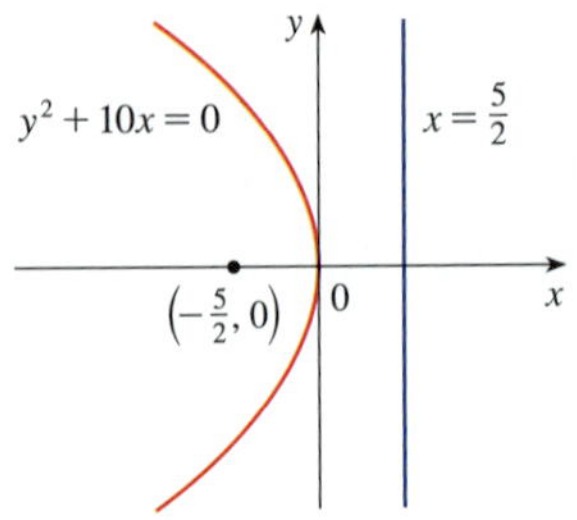

그림 5

예제 1 포물선 $y^2 + 10x = 0$의 초점과 준선을 구하고 그래프의 개형을 그려라.

풀이 식을 $y^2 = -10x$로 쓰고 식 **2**와 비교하면 $4p = -10$이므로, $p = -\frac{5}{2}$이다. 따라서 초점은 $(p, 0) = \left(-\frac{5}{2}, 0\right)$이고 준선은 $x = \frac{5}{2}$이다. 그래프의 개형은 그림 5와 같다. ■

■ 타원

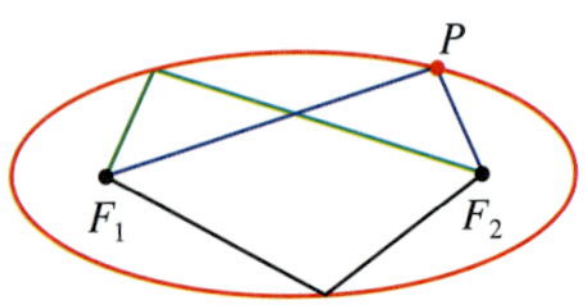

그림 6

타원(ellipse)은 평면에서 두 정점 F_1과 F_2로부터 거리의 합이 상수인 점들의 집합이다(그림 6 참조). 두 정점을 **초점**이라 한다. 태양계에서 혹성의 궤도는 한 초점을 태양으로 하는 타원이라는 것은 케플러 법칙 중 하나이다.

타원에 대한 가장 간단한 방정식을 얻기 위하여, 그림 7에서처럼 초점을 x축 위 $(-c,$

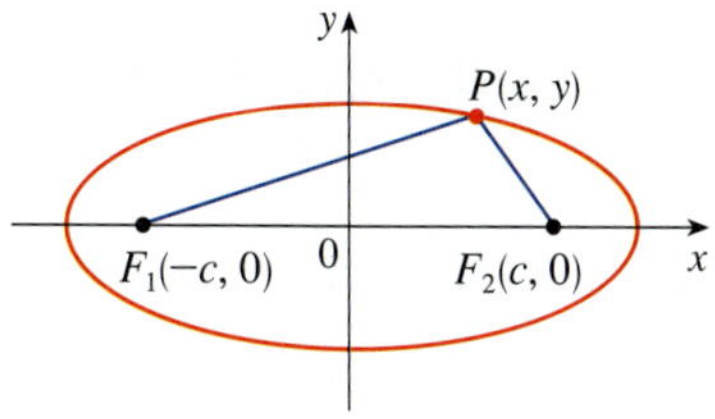

그림 7 P는 $|PF_1| + |PF_2| = 2a$일 때 타원 위에 있다.

0)과 $(c, 0)$에 두어 원점이 두 초점의 중간에 둔다. 타원 위의 점에서 초점까지의 거리의 합이 $2a > 0$라 하자. 그러면

$$|PF_1| + |PF_2| = 2a$$

일 때, $P(x, y)$는 타원 위의 점이다. 즉,

$$\sqrt{(x+c)^2 + y^2} + \sqrt{(x-c)^2 + y^2} = 2a$$

$$\sqrt{(x-c)^2 + y^2} = 2a - \sqrt{(x+c)^2 + y^2}$$

이다. 양변을 제곱하여

$$x^2 - 2cx + c^2 + y^2 = 4a^2 - 4a\sqrt{(x+c)^2 + y^2} + x^2 + 2cx + c^2 + y^2$$

을 얻고, 간단히 하면 다음과 같다.

$$a\sqrt{(x+c)^2 + y^2} = a^2 + cx$$

이것을 다시 제곱하면

$$a^2(x^2 + 2cx + c^2 + y^2) = a^4 + 2a^2cx + c^2x^2$$

이고, 간단히 하면

$$(a^2 - c^2)x^2 + a^2y^2 = a^2(a^2 - c^2)$$

이 된다. 그림 7에서 삼각형 F_1F_2P로부터 $2c < 2a$이므로 $c < a$이다. 그러므로 $a^2 - c^2 > 0$이다. 편의상 $b^2 = a^2 - c^2$이라 하자. 그러면 타원의 방정식은 $b^2x^2 + a^2y^2 = a^2b^2$ 혹은 양변을 a^2b^2으로 나누어

3
$$\frac{x^2}{a^2} + \frac{y^2}{b^2} = 1$$

이다. $b^2 = a^2 - c^2 < a^2$이므로 $b < a$이다. x절편은 $y = 0$으로 둠으로써 안다. 그때 $x^2/a^2 = 1$ 또는 $x^2 = a^2$이고 $x = \pm a$이다. 이에 대응되는 점 $(a, 0)$과 $(-a, 0)$을 타원의 **꼭짓점**이라 한다. 그리고 두 꼭짓점을 잇는 선분을 **장축**이라 한다. $x = 0$으로 두어 y절편을 구할 수 있는데, $y^2 = b^2$을 얻어 $y = \pm b$이다. $(0, b)$와 $(0, -b)$를 잇는 선분을 **단축**이라 한다. 방정식 **3**은 x 대신에 $-x$ 또는 y 대신에 $-y$를 대입하여도 불변이므로, 타원은 두 축에 대하여 대칭이다. 만약 두 초점이 일치하면 $c = 0$이고, 따라서 $a = b$가 되어 타원은 반지름이 $r = a = b$인 원이 됨을 주목하여라.

이상을 정리하면 다음과 같다(그림 8 참조).

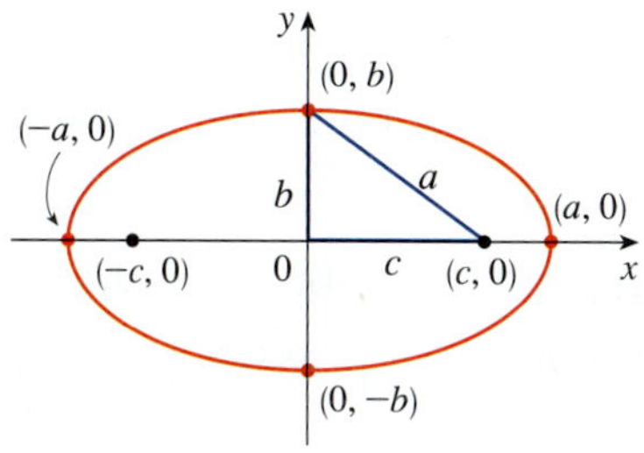

그림 8 $\dfrac{x^2}{a^2} + \dfrac{y^2}{b^2} = 1,\ a \geqslant b$

4 타원

$$\frac{x^2}{a^2} + \frac{y^2}{b^2} = 1 \qquad a \geqslant b > 0$$

은 초점 $(\pm c, 0)$과 꼭짓점 $(\pm a, 0)$을 갖는다. 여기서 $c^2 = a^2 - b^2$이다.

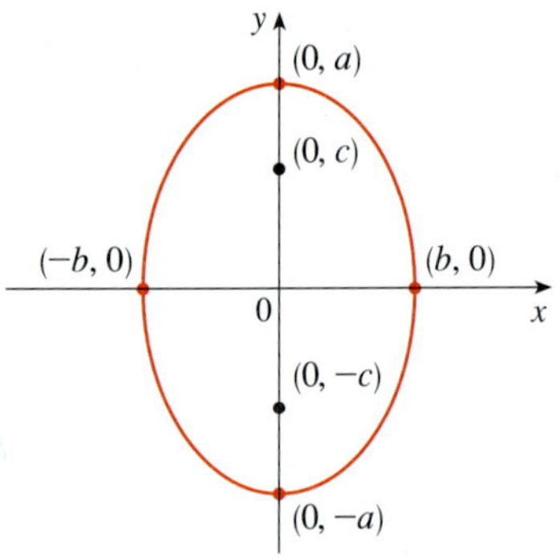

그림 9 $\dfrac{x^2}{b^2} + \dfrac{y^2}{a^2} = 1,\ a \geqslant b$

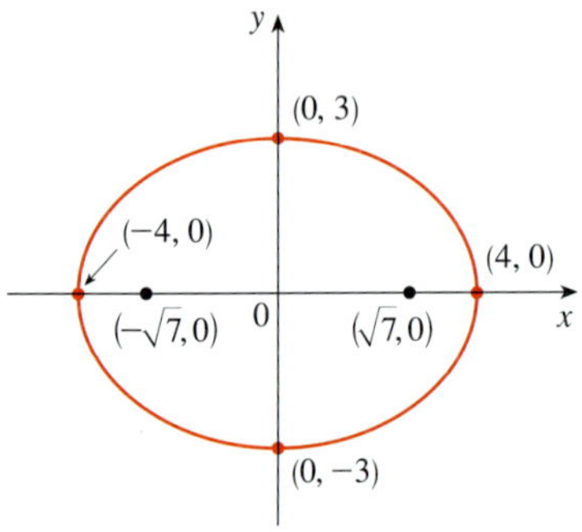

그림 10 $9x^2 + 16y^2 = 144$

만약 타원의 초점들이 y축 위의 $(0, \pm c)$에 위치하면, 그 방정식은 식 **4** 에서 x와 y를 교환하여 구할 수 있다(그림 9 참조).

> **5** 타원
>
> $$\frac{x^2}{b^2} + \frac{y^2}{a^2} = 1 \qquad a \geqslant b > 0$$
>
> 은 초점 $(0, \pm c)$와 꼭짓점 $(0, \pm a)$를 갖는다. 여기서 $c^2 = a^2 - b^2$이다.

예제 2 $9x^2 + 16y^2 = 144$의 그래프의 개형을 그리고 초점을 표시하여라.

풀이 식의 양변을 144로 나눈다.

$$\frac{x^2}{16} + \frac{y^2}{9} = 1$$

이 방정식은 타원에 대한 표준형이다. 그래서 $a^2 = 16$, $b^2 = 9$이므로 $a = 4$와 $b = 3$을 얻는다. x절편은 ± 4이고, y절편은 ± 3이다. 또한 $c^2 = a^2 - b^2 = 7$이므로 $c = \sqrt{7}$이고 초점은 $(\pm\sqrt{7}, 0)$이다. 그래프는 그림 10에 있다. ■

예제 3 초점이 $(0, \pm 2)$이고 꼭짓점이 $(0, \pm 3)$인 타원의 방정식을 구하여라.

풀이 식 **5** 의 기호를 이용하여 $c = 2$와 $a = 3$을 안다. $b^2 = a^2 - c^2 = 9 - 4 = 5$를 얻고, 따라서 구하는 타원의 방정식은

$$\frac{x^2}{5} + \frac{y^2}{9} = 1$$

이다. 또는 방정식을 다른 방법으로 쓰면 $9x^2 + 5y^2 = 45$이다. ■

포물선과 같이, 타원은 실제적인 결과를 가지는 흥미로운 반사 성질을 가진다. 만약 빛이나 소리의 근원이 타원적 절단면을 가지는 곡면의 한 초점에 위치한다면 모든 빛이나 소리는 곡면의 다른 초점에 반사된다. 이 원리는 신장결석의 치료법인 **쇄석술**(碎石術, lithotripsy)에 이용된다. 타원 절단면을 가지는 반사경은 신장결석이 한 초점에 있고 다른 초점에서 생성된 고강도 음파가 결석에 반사되어 주위 세포조직을 손상시키지 않고 결석을 파괴한다. 환자는 외과적 수술없이도 수일 내에 회복된다.

■ 쌍곡선

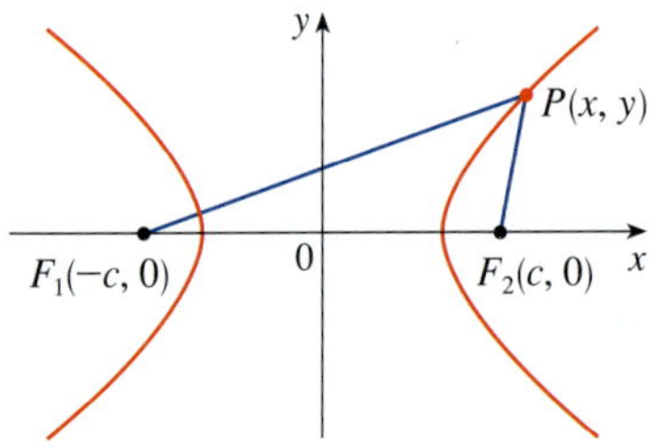

그림 11 P는 $|PF_1| - |PF_2| = \pm 2a$일 때 포물선 위에 있다.

쌍곡선(hyperbola)은 평면에서 두 정점 F_1과 F_2(초점)로부터 거리의 차이가 일정한 점들의 집합이다. 이 정의는 그림 11에 설명되어 있다.

쌍곡선은 화학, 물리학, 생물학과 경제학의 방정식의 그래프로서 자주 등장한다(보일의 법칙, 옴의 법칙, 공급과 수요곡선). 쌍곡선의 각별하게 의미 있는 응용은 1, 2차 세계 대전 중에 개발된 장거리 항법 시스템에서 발견된다.

쌍곡선의 정의는 타원의 정의와 비슷함에 주목하여라. 다른 점은 거리의 합이 거리의 차이로 되는 것이다. 실제 쌍곡선의 방정식의 유도도 역시 앞에서 주어진 타원의 방정식

유도와 비슷하다. 초점이 x축 위 $(\pm c, 0)$에 있고 거리의 차이가 $|PF_1| - |PF_2| = \pm 2a$일 때, 쌍곡선의 방정식은 다음과 같다.

6
$$\frac{x^2}{a^2} - \frac{y^2}{b^2} = 1$$

여기서 $c^2 = a^2 + b^2$이다. x절편은 다시 $\pm a$이고 점 $(a, 0)$과 $(-a, 0)$이 쌍곡선의 **꼭짓점**임을 주목하여라. 그러나 식 **6**에서 $x = 0$으로 두면, $y^2 = -b^2$인데 이것은 불가능한 일이다. 그래서 y절편은 없다. 쌍곡선은 양축에 관하여 대칭이다.

쌍곡선을 좀 더 분석하기 위하여, 식 **6**을 보고

$$\frac{x^2}{a^2} = 1 + \frac{y^2}{b^2} \geqslant 1$$

을 얻는다. 이것은 $x^2 \geqslant a^2$임을 보여 $x = \sqrt{x^2} \geqslant a$이다. 그러므로 $x \geqslant a$이거나 $x \leqslant -a$이다. 이것은 쌍곡선이 **분지**라는 두 부분으로 구성되는 것을 의미한다.

쌍곡선의 그래프를 그릴 때, 먼저 **점근선**(asymptotes)을 그리는 것이 유용하다. 점근선은 그림 12에 있는 점선 $y = (b/a)x$와 $y = -(b/a)x$이다. 쌍곡선의 두 분지는 점근선에 근접한다. 즉, 분지는 점근선에 임의로 가깝다. [여기서 $y = (b/a)x$는 기운 점근선으로 보인다.]

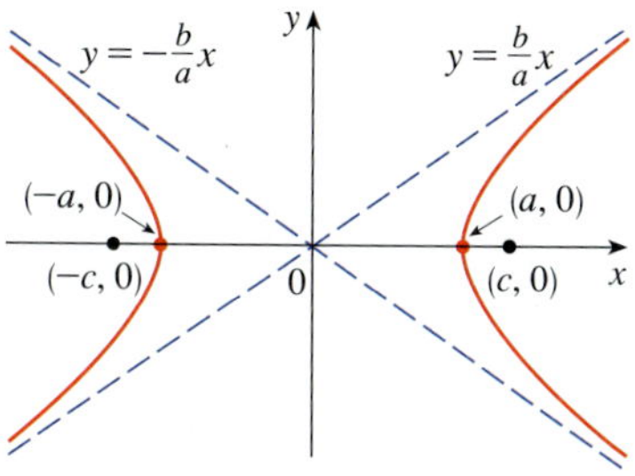

그림 12 $\frac{x^2}{a^2} - \frac{y^2}{b^2} = 1$

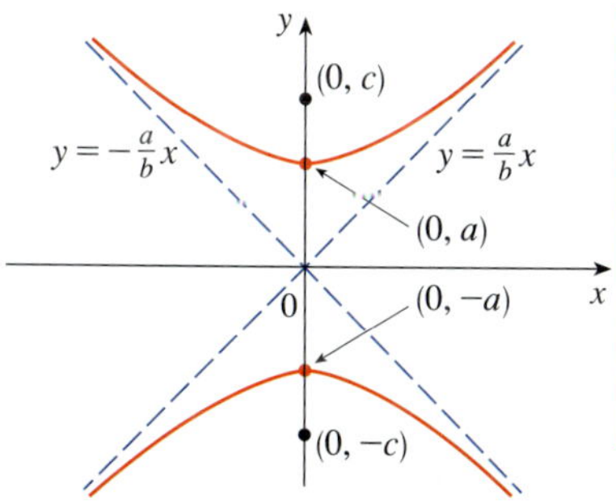

그림 13 $\frac{y^2}{a^2} - \frac{x^2}{b^2} = 1$

7 쌍곡선

$$\frac{x^2}{a^2} - \frac{y^2}{b^2} = 1$$

은 초점 $(\pm c, 0)$, 꼭짓점 $(\pm a, 0)$, 점근선 $y = \pm(b/a)x$를 갖는다.
여기서 $c^2 = a^2 + b^2$이다.

만약 쌍곡선의 초점이 y축 위에 있으면, x와 y의 규칙을 바꾸어 다음 정보를 얻는다. 이것은 그림 13에 설명되어 있다.

8 쌍곡선

$$\frac{y^2}{a^2} - \frac{x^2}{b^2} = 1$$

은 초점 $(0, \pm c)$, 꼭짓점 $(0, \pm a)$, 점근선 $y = \pm(a/b)x$를 갖는다.
여기서 $c^2 = a^2 + b^2$이다.

예제 4 쌍곡선 $9x^2 - 16y^2 = 144$의 초점과 점근선을 구하고 그래프의 개형을 그려라.

풀이 양변을 144로 나누면

$$\frac{x^2}{16} - \frac{y^2}{9} = 1$$

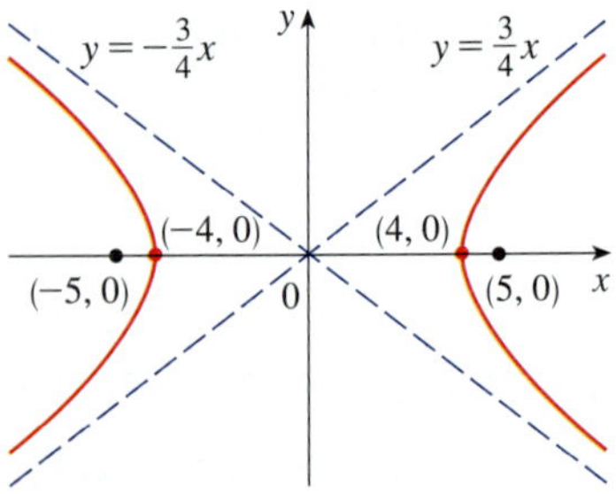

그림 14 $9x^2 - 16y^2 = 144$

이 되어 식 **7**에서 $a = 4$이고 $b = 3$인 모양이다. $c^2 = 16 + 9 = 25$이므로, 초점은 $(\pm5, 0)$이다. 점근선은 $y = \frac{3}{4}x$와 $y = -\frac{3}{4}x$이고 그래프는 그림 14와 같다. ■

예제 5 꼭짓점이 $(0, \pm1)$이고 점근선이 $y = 2x$인 쌍곡선의 방정식과 초점을 구하여라.

풀이 식 **8**과 주어진 정보로써 $a = 1$이고 $a/b = 2$를 안다. 그러므로 $b = a/2 = \frac{1}{2}$과 $c^2 = a^2 + b^2 = \frac{5}{4}$이다. 초점은 $(0, \pm\sqrt{5}/2)$이고 쌍곡선의 방정식은 다음과 같다.

$$y^2 - 4x^2 = 1$$ ■

■ 이동된 원뿔곡선

여기서는 원뿔곡선의 표준 방정식 **1**, **2**, **4**, **5**, **7**, **8**에서 x와 y를 각각 $x - h$, $y - k$로 바꾸어 원뿔곡선을 이동한다.

예제 6 초점이 $(2, -2)$, $(4, -2)$이고 꼭짓점이 $(1, -2)$, $(5, -2)$인 타원의 방정식을 구하여라.

풀이 장축은 꼭짓점 $(1, -2)$, $(5, -2)$를 연결하는 선분이고 길이는 4이다. 따라서 $a = 2$이다. 초점 사이의 거리는 2이고, 따라서 $c = 1$이다. 그러므로 $b^2 = a^2 - c^2 = 3$이다. 타원의 중심이 $(3, -2)$이므로, 식 **4**에서 x와 y 대신에 각각 $x - 3$과 $y + 2$를 대입하여 타원의 방정식

$$\frac{(x-3)^2}{4} + \frac{(y+2)^2}{3} = 1$$

을 얻는다. ■

예제 7 원뿔곡선

$$9x^2 - 4y^2 - 72x + 8y + 176 = 0$$

의 그래프의 개형을 그리고 초점을 구하여라.

풀이 다음과 같이 제곱식으로 고친다.

$$4(y^2 - 2y) - 9(x^2 - 8x) = 176$$

$$4(y^2 - 2y + 1) - 9(x^2 - 8x + 16) = 176 + 4 - 144$$

$$4(y-1)^2 - 9(x-4)^2 = 36$$

$$\frac{(y-1)^2}{9} - \frac{(x-4)^2}{4} = 1$$

이것은 식 **8**에서 x와 y 대신에 각각 $x - 4$와 $y - 1$을 대입한 것과 같다. 그러므로 $a^2 = 9$, $b^2 = 4$, $c^2 = 13$이다. 쌍곡선은 오른쪽으로 4만큼, 위로 1만큼 이동되었다. 초점은 $(4, 1 + \sqrt{13})$과 $(4, 1 - \sqrt{13})$이고 꼭짓점은 $(4, 4)$와 $(4, -2)$이다. 점근선은 $y - 1 = \pm\frac{3}{2}(x - 4)$이다. 쌍곡선의 그래프의 개형은 그림 15와 같다. ■

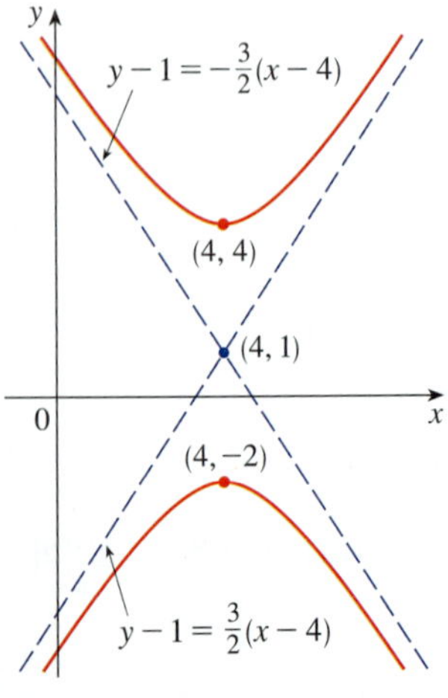

그림 15
$9x^2 - 4y^2 - 72x + 8y + 176 = 0$

9.5 연습문제

1-4 다음 타원의 꼭짓점, 초점과 준선을 구하고 그래프의 개형을 그려라.

1. $x^2 = 8y$

2. $5x + 3y^2 = 0$

3. $(y + 1)^2 = 16(x - 3)$

4. $y^2 + 6y + 2x + 1 = 0$

5-6 포물선의 방정식을 구하고 초점과 준선을 찾아라.

5.

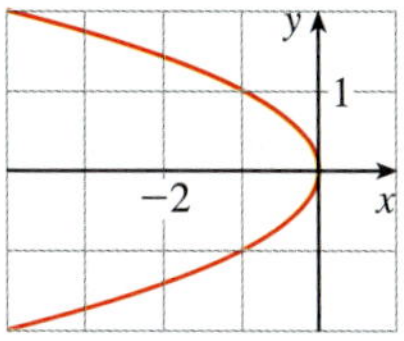

6.

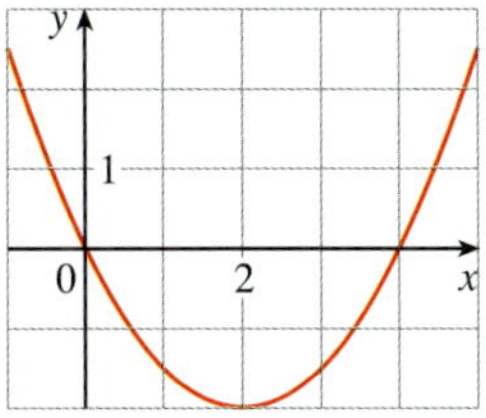

7-9 타원의 꼭짓점과 초점을 구하고 그래프의 개형을 그려라.

7. $\dfrac{x^2}{16} + \dfrac{y^2}{25} = 1$

8. $x^2 + 3y^2 = 9$

9. $4x^2 + 25y^2 - 50y = 75$

10-11 타원의 방정식을 구하고 초점을 찾아라.

10.

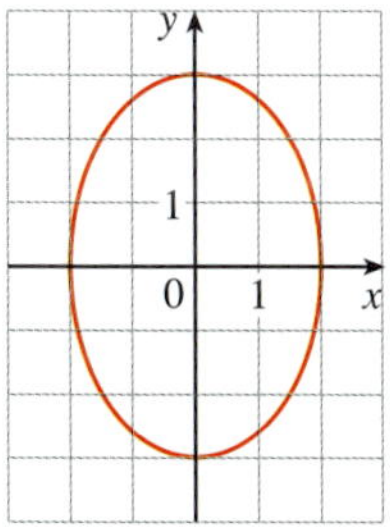

11.

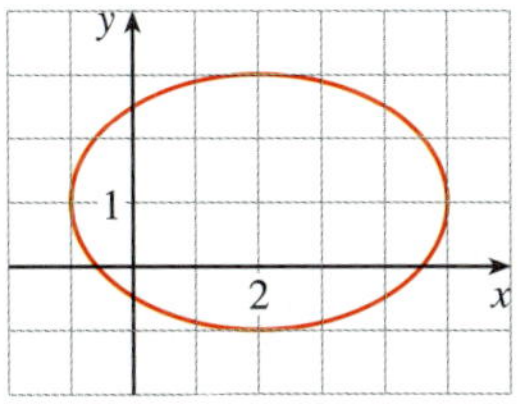

12-14 다음 쌍곡선의 꼭짓점, 초점, 점근선을 구하고 그래프의 개형을 그려라.

12. $\dfrac{y^2}{25} - \dfrac{x^2}{9} = 1$

13. $x^2 - y^2 = 100$

14. $x^2 - y^2 + 2y = 2$

15-16 쌍곡선의 방정식을 구하고, 초점과 점근선을 찾아라.

15.

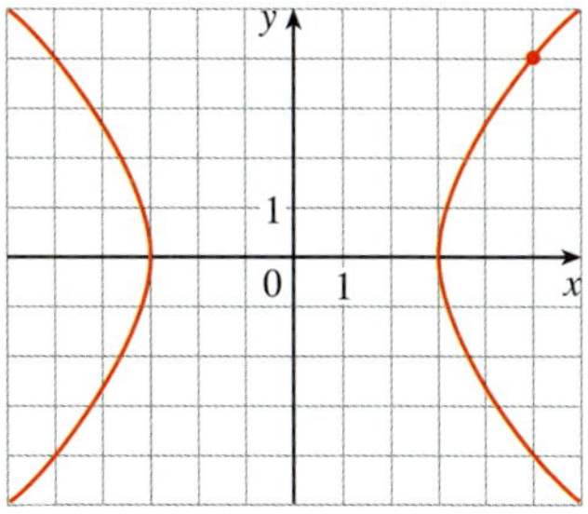

16.

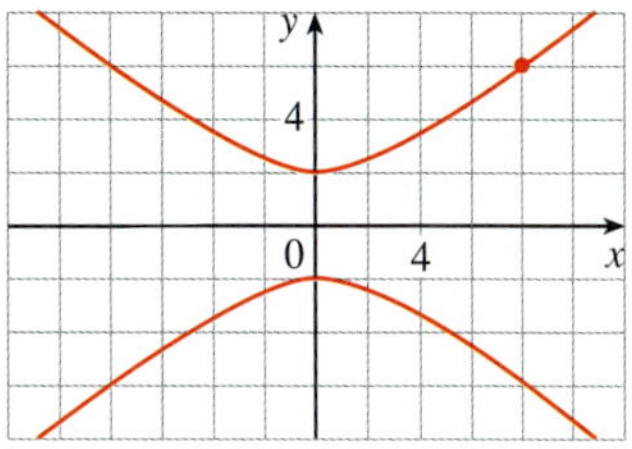

17-19 다음 주어진 방정식이 어떤 종류의 원뿔곡선인지 구별하고 꼭짓점과 초점을 구하여라.

17. $4x^2 = y^2 + 4$

18. $x^2 = 4y - 2y^2$

19. $3x^2 - 6x - 2y = 1$

20-30 주어진 조건을 만족하는 원뿔곡선의 방정식을 구하여라.

20. 포물선, 꼭짓점 $(0, 0)$, 초점 $(1, 0)$

21. 포물선, 초점 $(-4, 0)$, 준선 $x = 2$

22. 포물선, 초점 $(3, -1)$, 수평축, $(-15, 2)$를 지남

23. 포물선, 수직축, $(0, 4)$, $(1, 3)$, $(-2, -6)$을 지남

24. 타원, 초점 $(\pm 2, 0)$, 꼭짓점 $(\pm 5, 0)$

25. 타원, 초점 $(0, 2)$, $(0, 6)$, 꼭짓점 $(0, 0)$, $(0, 8)$

26. 타원, 중심 $(-1, 4)$, 꼭짓점 $(-1, 0)$, 초점 $(-1, 6)$

27. 쌍곡선, 꼭짓점 $(\pm 3, 0)$, 초점 $(\pm 5, 0)$

28. 쌍곡선, 꼭짓점 $(0, \pm 2)$, 초점 $(0, \pm 5)$

29. 쌍곡선, 꼭짓점 $(-3, -4)$, $(-3, 6)$, 초점 $(-3, -7)$, $(-3, 9)$

30. 쌍곡선, 꼭짓점 $(\pm 3, 0)$, 점근선 $y = \pm 2x$

31. 달의 표면에 가장 가까운 달의 궤도에 있는 점을 근월점이라 하고 가장 먼 점을 원월점이라 한다. 우주선 아폴로 11호는 달 위로 근월점 고도 110km 그리고 원월점 고도 314km인 타원적 궤도에 있었다. 달의 반지름이 1728km이고 달의 중심이 한 초점일 때 이 타원의 방정식을 구하여라.

32. 포물면 반사기(parabolic reflector)의 단면은 아래 그림과 같다. 전구가 초점에 있고 초점에서의 입구까지는 10cm이다.

(a) 포물선의 방정식을 구하여라.

(b) 꼭짓점에서 11cm 떨어진 입구 $|CD|$의 지름을 구하여라.

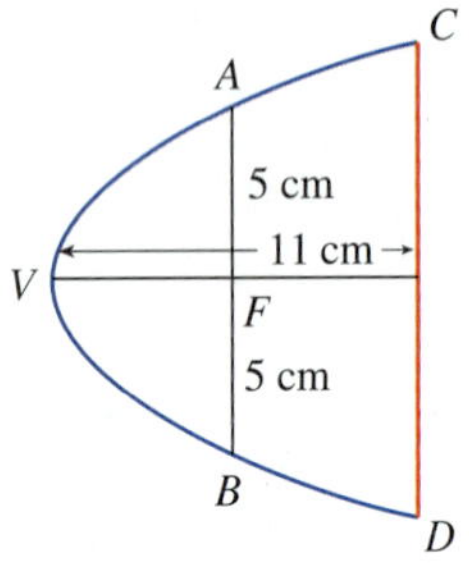

33. 무선 항해 조직인 LORAN(LOng RAnge Navigation, 광역 항해)에서 A와 B에 위치한 두 무선국이 P에 위치하고 있는 배 또는 항공기에 동시에 신호를 송신한다. 선상에 장치한 컴퓨터는 이 신호를 수신하여 시간차를 거리차 $|PA| - |PB|$로 변환한다. 그리고 쌍곡선의 정의에 따라 이것은 쌍곡선의 한 분지 위의 배나 항공기의 위치를 찾아낸다(그림 참조). 무선국 B가 해안선의 무선국 A의 정동으로 640km에 위치한다고 하자. 배가 B 무선국에서 신호를 받고 1200마이크로초[1마이크로초(μs)는 100만분의 1초] 후에 A 무선국으로부터 신호를 받았다.

(a) 무선 신호가 300m/μs 속도로 전송된다고 하자. 배가 위치해 있는 포물선의 방정식을 구하여라.

(b) 배가 B의 정북에 있다면, 해안선에서 얼마나 떨어져 있는가?

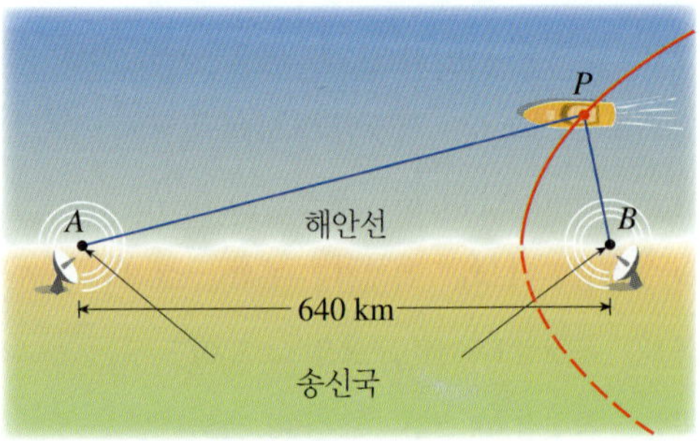

34. 쌍곡선 $y^2/a^2 - x^2/b^2 = 1$에서 위의 분지로 정의되는 함수는 위로 오목임을 보여라.

35. 다음 세 가지 경우에 대하여 방정식 $\dfrac{x^2}{k} + \dfrac{y^2}{k-16} = 1$로 표현되는 곡선의 유형을 결정하여라.

(a) $k > 16$ (b) $0 < k < 16$ (c) $k < 0$

(d) (a)와 (b)의 경우 k값에 상관없이 모든 곡선이 같은 초점을 가지는 것을 보여라.

36. (a) 포물선 $y^2 = 4px$ 위의 점 (x_0, y_0)에서 접선의 방정식이 $y_0y = 2p(x + x_0)$임을 보여라.

(b) 접선의 x절편은 무엇인가? 이 사실을 이용하여 접선을 그려라.

37. 준선 위의 모든 점으로부터 포물선 $x^2 = 4py$에 그어진 접선이 수직임을 보여라.

38. 쌍곡선 $x^2/a^2 - y^2/b^2 = 1$과 초점을 지나는 수직선으로 둘러싸인 부분의 넓이를 구하여라.

39. (a) 타원을 장축을 축으로 하여 회전시켰을 때 생기는 입체의 부피를 구하여라.

(b) 타원을 단축을 축으로 하여 회전시켰을 때 생기는 입체의 부피를 구하여라.

40. x축과 타원 $9x^2 + 4y^2 = 36$의 위쪽 반으로 둘러싸인 도형의 무게중심(centroid)을 구하여라.

천문학자들은 멀리 떨어져 있는 우주 천체가 내뿜는 전자기복사로부터 정보를 얻어낸다. 베텔게우스(관측 가능한 가장 큰 천체), 시리우스, 그리고 우리의 태양을 포함한 서로 다른 천체들이 내보내는 전자기복사 에너지는 멱급수를 이용하여 비교할 수 있다.

Antares StarExplorer / Shutterstock.com

10 수열, 급수, 멱급수

Sequences, Series, and Power Series

무한수열과 급수는 제논의 역설과 수들의 십진법 표현과 연결되어 소개되었다. 미적분학에서 무한수열과 급수의 중요성은 함수들을 무한급수의 합으로 표현하는 뉴턴의 아이디어로부터 유래한다. 예를 들어 뉴턴은 넓이를 구하기 위하여 함수를 먼저 급수로 표현하고 급수의 각각의 항을 적분함으로써 함수를 적분하였다. 10.9절에서 e^{-x^2}을 적분하기 위하여 아이디어를 사용한다. (이전에는 불가능하였다.) 베셀 함수 같은 물리나 화학에 사용되는 많은 함수들은 무한급수의 합으로 정의되므로 무한수열과 급수의 수렴의 기본 개념에 익숙해지는 것은 중요하다.

10.1 수열

미적분학의 여러 개념은 단계별로 규칙을 적용해서 얻는 수의 목록을 포함하고 있다. 예를 들어 순간변화율의 근삿값을 구하기 위하여 평균변화율을 점점 더 작은 구간에서 계산해 나간다면(2.6절에서처럼) 수의 열을 얻게 된다.

기원전 5세기 엘레아의 그리스 철학자 제논은 현재 **제논의 역설**로 알려진 네 개의 문제를 제시했는데 그 문제들은 당시의 공간과 시간에 대한 관념에 도전하는 것이었다. 그 중 하나는 방 안에 서 있는 사람이 절대로 벽까지 걸어갈 수 없다는 역설이었는데, 그 이유는 먼저 벽까지의 거리의 절반인 지점을 지난 다음에 남은 거리의 절반을 또 지나야 하고, 그 절반의 절반인 지점을 지나야 하는데 이러한 과정을 무한히 해야 하기 때문이라는 것이다(그림 1 참조). 이 사람이 각 단계에서 걸어간 거리는 하나의 수열을 이룬다.

$$\frac{1}{2}, \ \frac{1}{4}, \ \frac{1}{8}, \ \frac{1}{16}, \ \frac{1}{32}, \ \ldots, \ \frac{1}{2^n}, \ \ldots$$

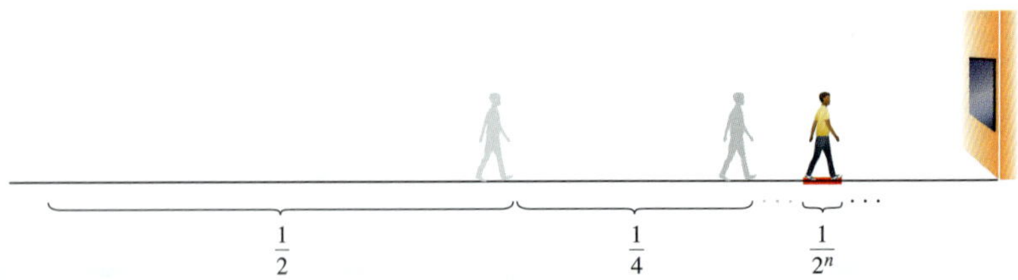

그림 1
n번째 과정에서 사람은 $1/2^n$의 거리를 걷는다.

■ 무한수열

무한수열(infinite sequence) 또는 **수열**(sequence)은 정해진 순서대로 쓰인 수들의 나열이다.

$$a_1, \ a_2, \ a_3, \ a_4, \ \ldots, \ a_n, \ldots$$

여기서 a_1은 **첫 번째 항**, a_2는 **두 번째 항**, 그리고 일반적으로 a_n은 **n번째 항**이라 부른다. 이 장에서는 무한수열을 다루기 때문에 각각의 항 a_n에 대하여 그다음 항 a_{n+1}이 존재한다.

모든 양의 정수 n에 대응하는 수 a_n이 존재하므로 수열은 양의 정수를 정의역으로 하는 함수로 정의할 수 있음에 유의하자. 이 경우 양의 정수 n에 대한 함숫값을 $f(n)$ 대신 a_n으로 나타낸다.

표기법 수열 $\{a_1, a_2, a_3, \ldots\}$는

$$\{a_n\} \qquad \text{또는} \qquad \{a_n\}_{n=1}^{\infty}$$

로 표기한다.

별다른 언급이 없으면 n은 1로 시작한다.

예제 1 어떤 수열은 n번째 항에 대한 공식으로 정의할 수 있다.

(a) 이 절의 시작 부분에서 방 안에 있는 사람이 걷는 거리의 수열을 만들었다. 다음은 이 수열에 대한 세 가지 동등한 표현이다.

$$\left\{\frac{1}{2^n}\right\} \qquad a_n = \frac{1}{2^n} \qquad \left\{\frac{1}{2}, \frac{1}{4}, \frac{1}{8}, \frac{1}{16}, \frac{1}{32}, \ldots, \frac{1}{2^n}, \ldots\right\}$$

세 번째 표현에서 $a_1 = 1/2^1$, $a_2 = 1/2^2$ 등 처음 몇 개 항을 나열하였다.

(b) 수열을 $\left\{\frac{n}{n+1}\right\}_{n=2}^{\infty}$와 같이 정의한 것은 수열의 제$n$항이 $a_n = \frac{n}{n+1}$이며 수열이 $n = 2$에서 시작됨을 말한다.

$$\left\{\frac{2}{3}, \frac{3}{4}, \frac{4}{5}, \frac{5}{6}, \ldots\right\}$$

(c) 수열 $\{\sqrt{3}, \sqrt{4}, \sqrt{5}, \sqrt{6}, \ldots\}$은 $n = 1$에서 시작하자면 $\{\sqrt{n+2}\}_{n=1}^{\infty}$로 표현할 수 있다. 이와 동등하게 $n = 3$에서 시작하여 $\{\sqrt{n}\}_{n=3}^{\infty}$ 또는 $a_n = \sqrt{n}$, $n \geqslant 3$과 같이 나타낼 수도 있다.

(d) 정의 $\left\{(-1)^n \frac{(n+1)}{3^n}\right\}_{n=0}^{\infty}$는 수열

$$\left\{\frac{1}{1}, -\frac{2}{3}, \frac{3}{9}, -\frac{4}{27}, \frac{5}{81}, \ldots\right\}$$

을 생성한다. 여기서 첫째 항은 $n = 0$에 대응되며 정의의 인수 $(-1)^n$은 양수 항과 음수 항을 교대로 만들어낸다. ■

예제 2 다음 수열의 일반항 a_n을 구하여라.

$$\left\{\frac{3}{5}, -\frac{4}{25}, \frac{5}{125}, -\frac{6}{625}, \frac{7}{3125}, \ldots\right\}$$

풀이 $a_1 = \frac{3}{5} \qquad a_2 = -\frac{4}{25} \qquad a_3 = \frac{5}{125} \qquad a_4 = -\frac{6}{625} \qquad a_5 = \frac{7}{3125}$

수열에서 분자는 3에서 시작하여 1씩 증가한다. 두 번째 항의 분자는 4이고 세 번째 항의 분자는 5이므로 n번째 항의 분자는 $n + 2$이다. 분모는 5의 배수이므로 a_n의 분모는 5^n이다. 각 항의 부호가 교대로 바뀌기 때문에 예 1(d)에서처럼 -1의 거듭제곱을 곱해야 한다. 여기에서는 양수 항부터 시작되므로 $(-1)^{n-1}$이나 $(-1)^{n+1}$을 사용한다. 그러므로

$$a_n = (-1)^{n-1}\frac{n+2}{5^n}$$

이다. ■

예제 3 다음 수열들은 간단한 수식으로 정의할 수 없다.

(a) p_n이 n년도 1월 1일 세계인구일 때 수열 $\{p_n\}$.

(b) a_n이 무리수 e의 소수 n번째 자리일 때 $\{a_n\}$은

$$\{7, 1, 8, 2, 8, 1, 8, 2, 8, 4, 5, \ldots\}$$

이다.

(c) **피보나치 수열**(Fibonacci sequence) $\{f_n\}$은

$$f_1 = 1 \qquad f_2 = 1 \qquad f_n = f_{n-1} + f_{n-2} \qquad n \geqslant 3$$

으로 정의된다. 이 수열의 각 항은 이전 두 항을 합한 것이다. 처음 몇 항을 나열하여 보면

$$\{1, 1, 2, 3, 5, 8, 13, 21, \ldots\}$$

이다. 이 수열은 13세기 이탈리아 수학자 피보나치가 토끼의 번식에 관련된 문제를 해결하는 과정에서 만들어졌다. ■

■ 수열의 극한

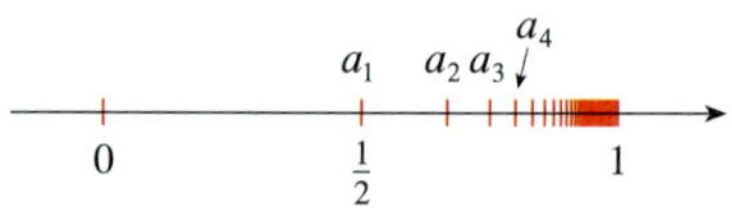

그림 2

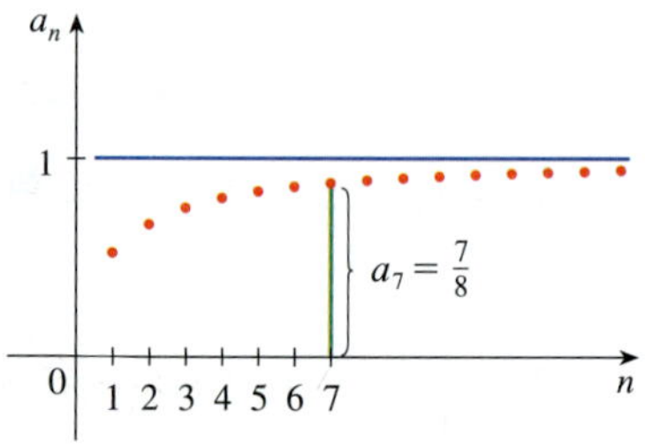

그림 3

수열은 수직선에 각 항을 표시하거나 그래프를 그려 시각화할 수 있다. 그림 2와 3은 다음 수열을 시각화한 것이다.

$$\left\{\frac{n}{n+1}\right\} = \left\{\frac{1}{2}, \frac{2}{3}, \frac{3}{4}, \frac{4}{5}, \ldots\right\}$$

수열 $\{a_n\}_{n=1}^{\infty}$ 는 정의역이 양의 정수 집합인 함수이기 때문에 그래프는 띄엄띄엄한 좌표의 점들로 나타난다.

$$(1, a_1) \qquad (2, a_2) \qquad (3, a_3) \qquad \ldots \qquad (n, a_n) \qquad \ldots$$

그림 2, 3을 보면 수열 $a_n = n/(n+1)$은 n이 증가함에 따라 1에 가까워진다. 실제로

$$1 - \frac{n}{n+1} = \frac{1}{n+1}$$

은 n이 충분히 클 때 0에 가까워진다. 이와 같은 사실을

$$\lim_{n\to\infty} \frac{n}{n+1} = 1$$

로 나타낸다.

일반적으로 다음 기호는 n의 값이 충분히 클 때 수열 $\{a_n\}$은 L에 가까워짐을 의미한다.

$$\lim_{n\to\infty} a_n = L$$

수열의 극한에 관한 정리는 2.5절에서 서술된 함수의 극한의 정의와 매우 유사하다.

1 수열의 극한의 직관적 정의 수열 $\{a_n\}$에 대하여 n을 충분히 크게 잡음으로써 항 a_n이 어떤 고정된 값 L에 가까이 가도록 만들 수 있을 때 수열 $\{a_n\}$은 **극한값** L을 갖는다고 하며 다음과 같이 나타낸다.

$$n \to \infty \text{일 때} \quad \lim_{n\to\infty} a_n = L \quad \text{또는} \quad a_n \to L$$

만약 $\lim_{n\to\infty} a_n$이 존재하면, 수열은 **수렴**(converges or convergent)한다고 하며, 그렇지 않을 경우 수열은 **발산**(diverges or divergent)한다고 한다.

그림 4는 극한 L을 가지는 두 수열의 그래프로써 이 그림으로부터 정의 1의 의미를 알 수 있다.

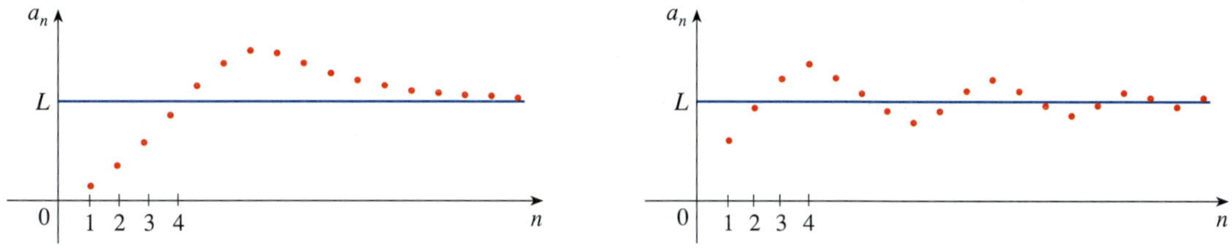

그림 4 $\lim_{n\to\infty} a_n = L$인 두 수열의 그래프

수렴하는 수열의 성질

정의 1과 2.5절의 정의 1을 비교하면 $\lim_{n\to\infty} a_n = L$과 $\lim_{x\to\infty} f(x) = L$ 사이의 다른 점은 n이 정수라는 것이다. 그림 5에 예시된 다음 정리를 살펴보자.

2 정리 $\lim_{x\to\infty} f(x) = L$이고 n이 정수일 때 $f(n) = a_n$이면 $\lim_{n\to\infty} a_n = L$이다.

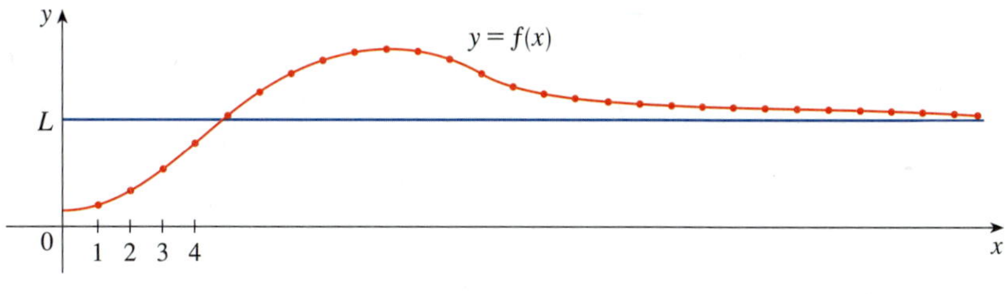

그림 5

예를 들어 $r > 0$이면 $\lim_{x\to\infty} (1/x^r) = 0$(2.5절의 정리 5)이므로 다음이 성립한다.

3 $$\lim_{n\to\infty} \frac{1}{n^r} = 0 \qquad \text{단,} \quad r > 0$$

2.3절의 극한법칙은 수열의 극한에 대해서도 성립하고 증명 또한 유사하다.

수열의 극한법칙 $\{a_n\}$과 $\{b_n\}$이 수렴하는 수열이고, c가 상수이면

합의 법칙 1. $\lim_{n\to\infty}(a_n + b_n) = \lim_{n\to\infty} a_n + \lim_{n\to\infty} b_n$

차의 법칙 2. $\lim_{n\to\infty}(a_n - b_n) = \lim_{n\to\infty} a_n - \lim_{n\to\infty} b_n$

상수배의 법칙 3. $\lim_{n\to\infty} ca_n = c \lim_{n\to\infty} a_n$

곱의 법칙 4. $\lim_{n\to\infty}(a_n b_n) = \lim_{n\to\infty} a_n \cdot \lim_{n\to\infty} b_n$

몫의 법칙 5. $\lim_{n\to\infty} \dfrac{a_n}{b_n} = \dfrac{\lim_{n\to\infty} a_n}{\lim_{n\to\infty} b_n} \quad \left(\lim_{n\to\infty} b_n \neq 0\right)$

거듭제곱의 법칙은 또 하나의 유용한 성질이다. 연습문제 59에서 증명해보자.

거듭제곱의 법칙

$$\lim_{n\to\infty} a_n^p = \left[\lim_{n\to\infty} a_n\right]^p \qquad \text{단, } p > 0\text{이고 } a_n > 0$$

조임정리(또는 압축정리)도 다음과 같이 수열에 적용된다(그림 6 참조).

수열의 조임정리

$n \geqslant n_0$에 대하여 $a_n \leqslant b_n \leqslant c_n$이고 $\lim_{n\to\infty} a_n = \lim_{n\to\infty} c_n = L$이면 $\lim_{n\to\infty} b_n = L$이다.

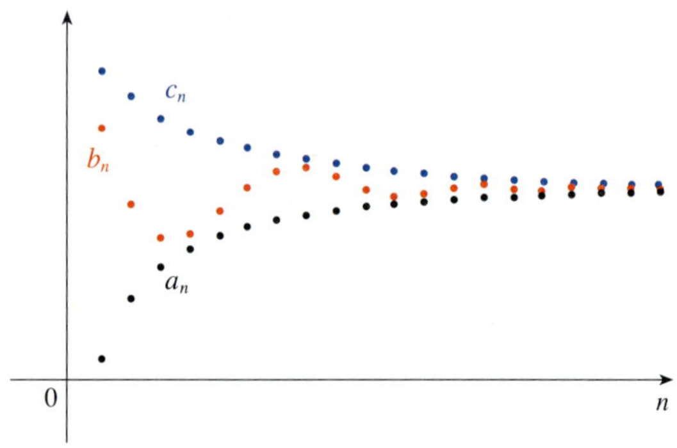

그림 6
수열 $\{b_n\}$은 수열 $\{a_n\}$과 $\{c_n\}$ 사이에 있다.

수열의 극한에 관한 또 다른 유용한 정리는 아래의 정리이다. 이 정리의 증명은 연습문제 58에서 다룬다.

4 정리 $\lim_{n\to\infty} |a_n| = 0$이면 $\lim_{n\to\infty} a_n = 0$이다.

예제 4 $\lim_{n\to\infty} \dfrac{n}{n+1}$을 구하여라.

풀이 2.5절에 사용된 방법과 유사하게 n에 관한 최고차항으로 분모, 분자의 각 항을 나눈다. 그 다음 수열의 극한법칙을 이용한다.

일반적으로 어떤 상수 c에 대해서든

$$\lim_{n\to\infty} c = c$$

$$\lim_{n\to\infty}\frac{n}{n+1} = \lim_{n\to\infty}\frac{1}{1+\dfrac{1}{n}} = \frac{\displaystyle\lim_{n\to\infty} 1}{\displaystyle\lim_{n\to\infty} 1 + \lim_{n\to\infty}\frac{1}{n}}$$

$$= \frac{1}{1+0} = 1$$

이것은 그림 2와 3으로부터 추측한 것들이 옳다는 것을 의미한다.

식 **3** 에서 $r = 1$인 경우를 이용했다. ■

예제 5 수열 $a_n = \dfrac{n}{\sqrt{10+n}}$은 수렴하는가? 발산하는가?

풀이 예제 4와 같이 n으로 분모와 분자를 나눈다.

$$\lim_{n\to\infty}\frac{n}{\sqrt{10+n}} = \lim_{n\to\infty}\frac{1}{\sqrt{\dfrac{10}{n^2}+\dfrac{1}{n}}} = \infty$$

여기서 분자는 상수이고 분모는 0에 접근한다. 따라서 $\{a_n\}$은 발산한다. ■

예제 6 $\displaystyle\lim_{n\to\infty}\frac{\ln n}{n}$을 구하여라.

풀이 이 문제는 $n \to \infty$일 때 분모와 분자의 각 항이 ∞로 가는 경우이다. 그러나 로피탈 법칙을 바로 사용할 수 없다. 왜냐하면 로피탈 법칙은 실변수함수들의 극한 문제에만 적용되기 때문이다. 하지만 만약 $f(x) = (\ln x)/x$라 하면

$$\lim_{x\to\infty}\frac{\ln x}{x} = \lim_{x\to\infty}\frac{1/x}{1} = 0$$

이므로 정리 **2** 에 의하여

$$\lim_{n\to\infty}\frac{\ln n}{n} = 0$$

이다. ■

예제 7 수열 $a_n = (-1)^n$의 수렴, 발산을 판정하여라.

풀이 이 수열들의 항을 나열하면

$$\{-1, 1, -1, 1, -1, 1, -1, \ldots\}$$

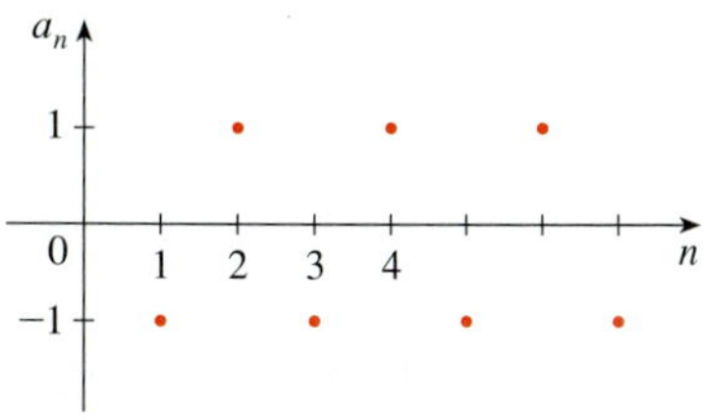

그림 7 수열 $\{(-1)^n\}$

이다. 그림 7은 이 수열의 그래프이다. 이 수열의 각 항은 1과 -1 사이에서 진동하므로 수열 $\{a_n\}$은 특정한 값에 수렴할 수 없다. 그러므로 $\displaystyle\lim_{n\to\infty}(-1)^n$은 존재하지 않는다. 따라서 수열 $\{(-1)^n\}$은 발산한다. ■

예제 8 $\displaystyle\lim_{n\to\infty}\frac{(-1)^n}{n}$의 값이 존재하면 구하여라.

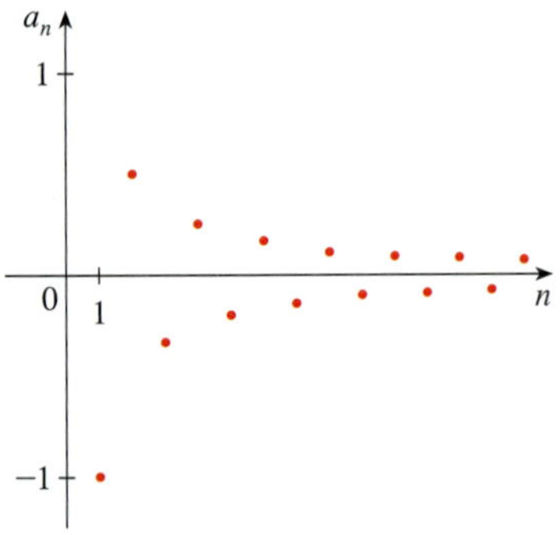

그림 8 수열 $\left\{\frac{(-1)^n}{n}\right\}$

풀이 $\lim_{n\to\infty}\left|\frac{(-1)^n}{n}\right| = \lim_{n\to\infty}\frac{1}{n} = 0$

그러므로 정리 4에 의하여 다음과 같다.

$$\lim_{n\to\infty}\frac{(-1)^n}{n} = 0$$

■

다음 정리는 수렴하는 수열의 항들을 연속함수에 적용하면 그 결과도 또한 수렴함을 말한다.

> **5 정리** $\lim_{n\to\infty} a_n = L$이고 함수 f가 L에서 연속이면
>
> $$\lim_{n\to\infty} f(a_n) = f(L)$$

예제 9 $\lim_{n\to\infty}\sin\frac{\pi}{n}$를 구하여라.

풀이 사인함수는 0에서 연속이므로 정리 5에 의해

$$\lim_{n\to\infty}\sin\frac{\pi}{n} = \sin\left(\lim_{n\to\infty}\frac{\pi}{n}\right) = \sin 0 = 0$$

이다. ■

예제 10 수열 $a_n = n!/n^n$의 수렴성을 조사하여라. $(n! = 1\cdot 2\cdot 3\cdot\cdots\cdot n)$

풀이 $n\to\infty$일 때 분자와 분모 모두 무한대로 간다. 그런데 이 경우는 대응하는 함수가 없으므로(x가 정수가 아닐 때는 $x!$이 정의되지 않는다) 로피탈 법칙을 이용할 수 없다. 그래서 n이 커질 때 a_n의 상황을 알기 위해 몇 항들을 살펴보자.

$$a_1 = 1 \qquad a_2 = \frac{1\cdot 2}{2\cdot 2} \qquad a_3 = \frac{1\cdot 2\cdot 3}{3\cdot 3\cdot 3}$$

6 $$a_n = \frac{1\cdot 2\cdot 3\cdot\cdots\cdot n}{n\cdot n\cdot n\cdot\cdots\cdot n}$$

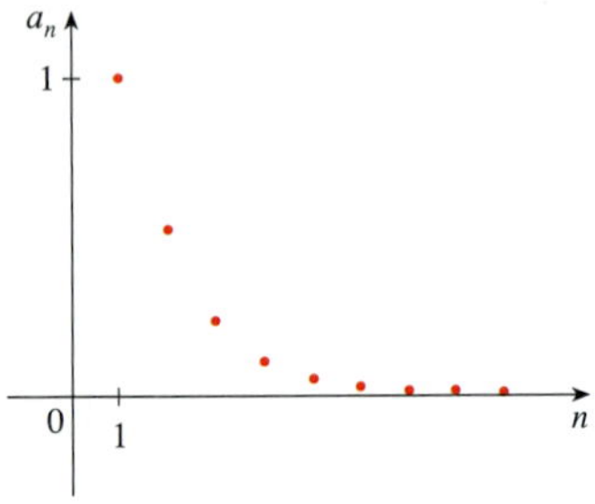

그림 9 수열 $\{n!/n^n\}$

이 식들과 그림 9에서 알 수 있듯이 수열의 항들은 점점 감소하여 0으로 수렴한다. 식 6으로부터

$$a_n = \frac{1}{n}\left(\frac{2\cdot 3\cdot\cdots\cdot n}{n\cdot n\cdot\cdots\cdot n}\right)$$

이다. 이때 괄호 안은 분자가 분모보다 작거나 같기 때문에 기껏해야 1이다. 그러므로

$$0 < a_n \leqslant \frac{1}{n}$$

이다. $n\to\infty$일 때 $1/n\to 0$이므로 조임정리에 의하여 $n\to\infty$일 때 $a_n\to 0$이다. ■

예제 11 r의 어떤 값에 대하여 수열 $\{r^n\}$이 수렴하는가?

풀이 2.5절과 1.4절에 의하여 $b > 1$이면 $\lim_{x\to\infty} b^x = \infty$이고 $0 < b < 1$일 때는 $\lim_{x\to\infty} b^x = 0$이다. 그러므로 $b = r$이라 놓고 정리 2를 적용하면

$$\lim_{n\to\infty} r^n = \begin{cases} \infty, & r > 1 \\ 0, & 0 < r < 1 \end{cases}$$

이다. $r = 1$인 경우와 $r = 0$인 경우는

$$\lim_{n\to\infty} 1^n = 1\text{이고} \qquad \lim_{n\to\infty} 0^n = 0$$

이다. 만약 $-1 < r < 0$이면 $0 < |r| < 1$이므로

$$\lim_{n\to\infty} |r^n| = \lim_{n\to\infty} |r|^n = 0$$

이다. 그러므로 정리 4에 의하여 $\lim_{n\to\infty} r^n = 0$이다. 만약 $r \leqslant -1$이면 $\{r^n\}$은 예제 7처럼 발산한다. 그림 10은 여러 r값에 따른 그래프이다. (그림 7은 $r = -1$ 경우이다.)

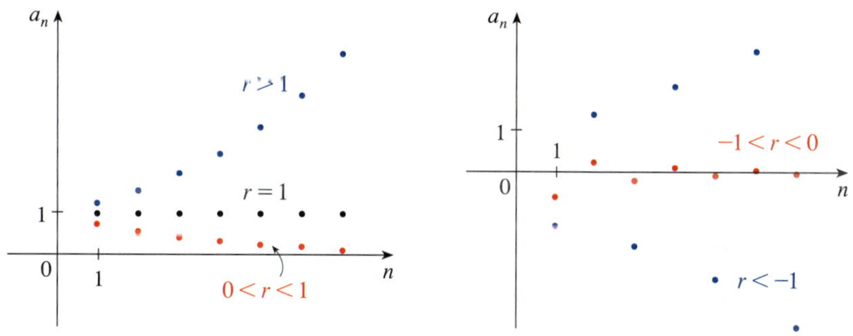

그림 10
수열 $a^n = r^n$

예제 11의 결과는 다음과 같이 요약된다.

> **7** 수열 $\{r^n\}$은 $-1 < r \leqslant 1$이면 수렴하고, 그 이외의 값에 대해서는 발산한다.
>
> $$\lim_{n\to\infty} r^n = \begin{cases} 0, & -1 < r < 1 \\ 1, & r = 1 \end{cases}$$

■ 단조수열과 유계수열

항이 항상 증가(또는 항상 감소)하는 수열은 수열의 연구에서 특별한 역할을 한다.

> **8 정의** $n \geqslant 1$인 모든 n에 대하여 $a_n < a_{n+1}$이면 수열 $\{a_n\}$은 **증가수열**이라 한다. 즉 $a_1 < a_2 < a_3 < \ldots$이다. $n \geqslant 1$인 모든 n에 대하여 $a_n > a_{n+1}$이면 **감소수열**이라 한다. 수열이 증가하거나 감소할 때 **단조수열**이라 한다.

예제 12 수열 $\left\{\dfrac{3}{n+5}\right\}$은 감소수열이다. 왜냐하면 $n \geqslant 1$인 모든 n에 대하여

예제 12에서 $3/(n+6)$이 $3/(n+5)$보다 작은 이유는 분모가 더 크기 때문이다.

$$a_n = \frac{3}{n+5} > \frac{3}{n+6} = \frac{3}{(n+1)+5} = a_{n+1}$$

이기 때문이다. ■

예제 13 수열 $a_n = \dfrac{n}{n^2+1}$이 감소수열임을 보여라.

풀이 1 $a_n > a_{n+1}$, 즉

$$\frac{n}{n^2+1} > \frac{n+1}{(n+1)^2+1}$$

임을 보이자. 이 부등식은 상대분모를 곱해서 얻은 다음 부등식과 동치이다.

$$\begin{aligned} \frac{n}{n^2+1} > \frac{n+1}{(n+1)^2+1} &\iff n[(n+1)^2+1] > (n+1)(n^2+1) \\ &\iff n^3+2n^2+2n > n^3+n^2+n+1 \\ &\iff n^2+n > 1 \end{aligned}$$

그런데 $n \geqslant 1$이므로 $n^2+n>1$이다. 따라서 $a_n > a_{n+1}$이므로 $\{a_n\}$은 감소수열이다.

풀이 2 함수 $f(x) = \dfrac{x}{x^2+1}$를 생각하자. 그러면 $x^2>1$일 때

$$f'(x) = \frac{x^2+1-x\cdot 2x}{(x^2+1)^2} = \frac{1-x^2}{(x^2+1)^2} < 0$$

이므로 $(1, \infty)$에서 f는 감소하고 $f(n) > f(n+1)$이다. 그러므로 $\{a_n\}$은 감소수열이다. ■

9 정의 $n \geqslant 1$인 모든 n에 대하여

$$a_n \leqslant M$$

을 만족하는 M이 존재할 때 수열 $\{a_n\}$은 **위로 유계**(bounded above)라 한다.

$n \geqslant 1$인 모든 n에 대하여

$$m \leqslant a_n$$

을 만족하는 m이 존재할 때 수열 $\{a_n\}$은 **아래로 유계**(bounded below)라 한다.

위로 유계이고 아래로 유계인 수열을 **유계**(bounded)**수열**이라 한다.

예를 들어 수열 $a_n = n$은 아래로 유계이지만($a_n > 0$) 위로 유계는 아니다. 수열 $a_n = n/(n+1)$은 모든 n에 대하여 $0 < a_n < 1$이므로 유계이다.

유계인 수열이 반드시 수렴하는 것은 아니다. 예를 들어 예제 7에서 $a_n = (-1)^n$은 $-1 \leqslant a_n \leqslant 1$이므로 유계이지만 발산한다. 또한 단조수열이 반드시 수렴한다고도 할 수 없다. 예를 들어 수열 $a_n = n \to \infty$은 단조수열이지만 발산한다. 그러나 유계이고 단조인 수열은 반드시 수렴한다. 이 사실은 다음 정리 **10**에서 알 수 있고 그림 11을 보면

직관적으로 알 수 있다. $\{a_n\}$이 증가수열이고 모든 n에 대하여 $a_n \leqslant M$이면, 이 수열의 항들은 서로 밀착되어 어떤 수 L로 접근한다.

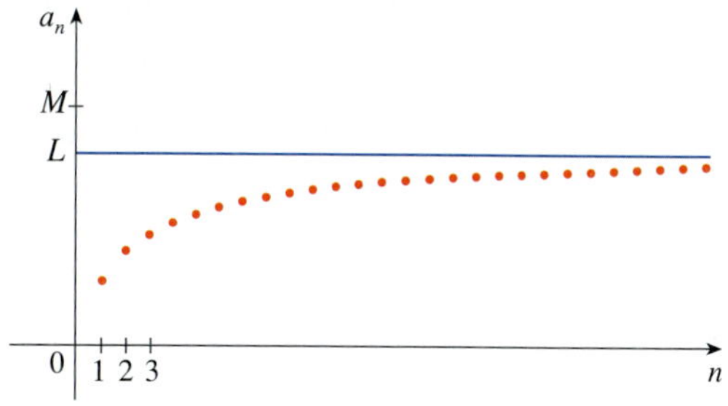

그림 11

> **10 단조수열 정리(Monotonic Sequence Theorem)** 유계이고 단조인 모든 수열은 수렴한다.
> 특히 증가하면서 위로 유계인 수열과 감소하면서 아래로 유계인 수열은 수렴한다.

정리 **10**의 증명은 실수집합 ℝ의 연속성과 동치인 **완비공리**(completeness axiom)를 이용한다. 완비공리는 "S가 공집합이 아닌 ℝ의 부분집합이고 상계 M을 가실 때(즉, S의 임의의 원소 x에 대하여 $x \leqslant M$) S는 **최소상계**(least upper bound) b를 갖는다."는 것이다. 그러므로 완비공리는 수직선상에 조그만 틈도 있을 수 없다는 사실, 즉 실수의 연속성을 의미한다.

예제 14 점화식으로 정의된 다음 수열의 수렴여부를 조사하여라.

$$a_1 = 2 \qquad a_{n+1} = \tfrac{1}{2}(a_n + 6) \qquad (n = 1, 2, 3, \ldots)$$

풀이 처음 몇 항을 먼저 계산하자.

$$a_1 = 2 \qquad a_2 = \tfrac{1}{2}(2 + 6) = 4 \qquad a_3 = \tfrac{1}{2}(4 + 6) = 5$$

$$a_4 = \tfrac{1}{2}(5 + 6) = 5.5 \qquad a_5 = 5.75 \qquad a_6 = 5.875$$

$$a_7 = 5.9375 \qquad a_8 = 5.96875 \qquad a_9 = 5.984375$$

수학적 귀납법은 점화식으로 정의된 수열을 다루는 데 종종 사용된다.

위의 계산에서 수열의 항들은 증가하고 6으로 접근함을 추측할 수 있다. 수열이 증가함을 보이기 위하여 수학적 귀납법을 이용하여 모든 $n \geqslant 1$에 대하여 $a_{n+1} > a_n$임을 보이자. 먼저 $n = 1$이면 $a_2 = 4 > a_1$이므로 성립한다. $n = k$일 때 성립한다고 가정하자. 즉

$$a_{k+1} > a_k$$

그러면

$$a_{k+1} + 6 > a_k + 6$$

이고

$$\tfrac{1}{2}(a_{k+1} + 6) > \tfrac{1}{2}(a_k + 6)$$

따라서

$$a_{k+2} > a_{k+1}$$

이다. $n = k + 1$에 대하여 $a_{n+1} > a_n$이다. 그러므로 수학적 귀납법에 의하여 모든 n에 대하여 이 부등식이 성립한다.

이제 모든 n에 대하여 $a_n < 6$임을 보여 수열이 유계임을 보이자. (이 수열이 증가수열이므로 아래로 유계임은 이미 알고 있다. 모든 n에 대하여 $a_n \geqslant a_1 = 2$이다.) $a_1 < 6$이므로 $n = 1$에 대하여 성립한다. 이제 이 부등식은 $n = k$일 때 성립한다고 가정하자. 그러면

$$a_k < 6$$

$$a_k + 6 < 12$$

이고

$$\tfrac{1}{2}(a_k + 6) < \tfrac{1}{2}(12) = 6$$

이므로

$$a_{k+1} < 6$$

이다. 따라서 수학적 귀납법에 의하여 모든 n에 대하여 $a_n < 6$이다.

수열 $\{a_n\}$이 증가하고 유계이므로 정리 **10**은 이 수열이 극한값을 갖는다는 것을 보장한다. 이제 $L = \lim_{n\to\infty} a_n$이 존재하므로 주어진 점화식으로부터

$$\lim_{n\to\infty} a_{n+1} = \lim_{n\to\infty} \tfrac{1}{2}(a_n + 6) = \tfrac{1}{2}\left(\lim_{n\to\infty} a_n + 6\right) = \tfrac{1}{2}(L + 6)$$

이것에 대한 증명은 연습문제 50에서 다룬다.

그런데 $a_n \to L$이므로 $a_{n+1} \to L$이다($n \to \infty$이면 $n + 1 \to \infty$이기 때문이다). 그러므로

$$L = \tfrac{1}{2}(L + 6)$$

이고 L에 대해 풀면 예상대로 $L = 6$을 얻는다. ■

10.1 연습문제

1. (a) 수열이란 무엇인가?
(b) $\lim_{n\to\infty} a_n = 8$의 의미는?
(c) $\lim_{n\to\infty} a_n = \infty$의 의미는?

2-9 다음 수열을 다섯 번째 항까지 구하여라.

2. $a_n = n^3 - 1$

3. $\{2^n + n\}_{n=2}^{\infty}$

4. $a_n = \dfrac{(-1)^{n-1}}{n^2}$

5. $a_n = \cos n\pi$

6. $a_n = \dfrac{(-2)^n}{(n+1)!}$

7. $a_1 = 1, \quad a_{n+1} = 2a_n + 1$

8. $a_1 = 2, \quad a_{n+1} = \dfrac{a_n}{1 + a_n}$

9. $a_1 = 2, \quad a_2 = 1, \quad a_{n+1} = a_n - a_{n-1}$

10-13 주어진 처음 몇 개의 항의 패턴이 다음과 같다고 가정할 때, 다음 수열의 일반항 a_n을 구하여라.

10. $\left\{\frac{1}{2}, \frac{1}{4}, \frac{1}{6}, \frac{1}{8}, \frac{1}{10}, \ldots\right\}$

11. $\left\{-3, 2, -\frac{4}{3}, \frac{8}{9}, -\frac{16}{27}, \ldots\right\}$

12. $\left\{\frac{1}{2}, -\frac{4}{3}, \frac{9}{4}, -\frac{16}{5}, \frac{25}{6}, \ldots\right\}$

13. $\{1, 0, -1, 0, 1, 0, -1, 0, \ldots\}$

14-15 다음 수열을 열 번째 항까지 계산(소수 넷째 자리까지)하고 점을 찍어 수열의 그래프를 그려라. 수열이 극한값을 가질 것으로 생각하는가? 그렇다면 수열의 극한값을 구하여라. 그렇지 않다면 이유를 설명하여라.

14. $a_n = \dfrac{3n}{1+6n}$

15. $a_n = 1 + \left(-\frac{1}{2}\right)^n$

16-40 다음 수열의 수렴, 발산을 조사하고, 수렴하면 극한값을 구하여라.

16. $a_n = \dfrac{5}{n+2}$

17. $a_n = \dfrac{4n^2 - 3n}{2n^2 + 1}$

18. $a_n = \dfrac{n^4}{n^3 - 2n}$

19. $a_n = 3^n 7^{-n}$

20. $a_n = e^{-1/\sqrt{n}}$

21. $a_n = \dfrac{4^n}{1 + 9^n}$

22. $a_n = \cos\left(\dfrac{n\pi}{n+1}\right)$

23. $a_n = \dfrac{n^2}{\sqrt{n^3 + 4n}}$

24. $a_n = e^{2n/(n+2)}$

25. $a_n = \dfrac{(-1)^n}{2\sqrt{n}}$

26. $\left\{\dfrac{(2n-1)!}{(2n+1)!}\right\}$

27. $\{\sin n\}$

28. $a_n = \dfrac{\tan^{-1} n}{n}$

29. $\{n^2 e^{-n}\}$

30. $a_n = \ln(n+1) - \ln n$

31. $a_n = \dfrac{\cos^2 n}{2^n}$

32. $a_n = n \sin(1/n)$

33. $a_n = \left(1 + \dfrac{2}{n}\right)^n$

34. $a_n = n^{1/n}$

35. $a_n = \ln(2n^2 + 1) - \ln(n^2 + 1)$

36. $a_n = \arctan(\ln n)$

37. $a_n = n - \sqrt{n+1}\sqrt{n+3}$

38. $\{0, 1, 0, 0, 1, 0, 0, 0, 1, \ldots\}$

39. $\left\{\frac{1}{1}, \frac{1}{3}, \frac{1}{2}, \frac{1}{4}, \frac{1}{3}, \frac{1}{5}, \frac{1}{4}, \frac{1}{6}, \ldots\right\}$

40. $a_n = \dfrac{n!}{2^n}$

41-45 다음 수열의 그래프를 이용하여 수렴, 발산을 조사하여라. 수열이 수렴한다면 극한값을 추측하고 증명하여라.

41. $a_n = (-1)^n \dfrac{n}{n+1}$

42. $a_n = \dfrac{\sin n}{n}$

43. $a_n = \arctan\left(\dfrac{n^2}{n^2 + 4}\right)$

44. $a_n = \dfrac{n^2 \cos n}{1 + n^2}$

45. $a_n = \dfrac{1 \cdot 3 \cdot 5 \cdot \cdots \cdot (2n-1)}{(2n)^n}$

46. (a) 다음과 같이 정의된 수열의 수렴, 발산을 조사하여라.

$$a_1 = 1 \qquad a_{n+1} = 4 - a_n \qquad (n \geqslant 1)$$

(b) 만약 $a_1 = 2$이면 어떻게 되는가?

47. 1000달러를 연리 6%의 복리로 예치하면 n년 후에 원금과 이자는 $a_n = 1000(1.06)^n$이다.

(a) 수열 $\{a_n\}$의 다섯 번째 항까지 구하여라.

(b) 수열의 수렴, 발산을 설명하여라.

48. 양식장에 5000마리의 메기가 있다. 메기 수는 매달 8%씩 증가하고 매달 300마리씩 판매한다.

(a) n달 후 메기 수 P_n이 귀납적으로 다음과 같이 정의됨을 보여라.

$$P_n = 1.08P_{n-1} - 300 \qquad P_0 = 5000$$

(b) 6개월 후 양식장에 있는 메기 수는?

49. 수열 $\{nr^n\}$이 수렴하도록 r의 값을 구하여라.

50. (a) 수열 $\{a_n\}$이 수렴하면,

$$\lim_{n\to\infty} a_{n+1} = \lim_{n\to\infty} a_n$$

임을 보여라.

(b) 수열 $\{a_n\}$이 $a_1 = 1$, $a_{n+1} = 1/(1 + a_n)$ $(n \geqslant 1)$로 정의될 때, 수열 $\{a_n\}$이 수렴한다고 가정하고 극한값을 구하여라.

51-54 수열이 증가하는지, 감소하는지 혹은 단조가 아닌지 확인하여라. 수열이 유계인가?

51. $a_n = \cos n$

52. $a_n = \dfrac{1}{2n+3}$

53. $a_n = n(-1)^n$

54. $a_n = 3 - 2ne^{-n}$

55. 수열의 극한값을 구하여라.

$$\left\{\sqrt{2}, \sqrt{2\sqrt{2}}, \sqrt{2\sqrt{2\sqrt{2}}}, \ldots\right\}$$

56. $$a_1 = 1 \qquad a_{n+1} = 3 - \frac{1}{a_n}$$

로 정의된 수열은 증가수열이고 모든 n에 대하여 $a_n < 3$임을 보여라. $\{a_n\}$이 수렴함을 보이고 극한값을 구하여라.

57. (a) 피보나치는 다음의 문제를 제시하였다.

"만약 토끼가 영원히 살 수 있고 매달 한 쌍이 새끼 한 쌍을 낳으며 새끼는 2개월 후 다시 새끼를 낳을 수 있다 하자. 만약 한 쌍의 토끼에서 시작하면 n번째 달에는 몇 쌍의 토끼가 있는가?"

답은 예제 3(c)에서 정의된 피보나치 수열 $\{f_n\}$임을 보여라.

(b) $a_n = f_{n+1}/f_n$일 때 $a_{n-1} = 1 + 1/a_{n-2}$임을 보여라. $\{a_n\}$이 수렴한다 가정하고 극한값을 구하여라.

58. 정리 4를 증명하여라.
[힌트: 조임정리를 이용하여라.]

59. 정리 5를 이용하여 거듭제곱의 법칙을 증명하여라.

$$\lim_{n\to\infty} a_n^p = \left[\lim_{n\to\infty} a_n\right]^p \qquad (p > 0,\ a_n > 0)$$

60. a와 b가 양의 정수이고 $a > b$이라 하자. 산술평균 a_1, 기하평균 b_1은 다음과 같다.

$$a_1 = \frac{a+b}{2} \qquad b_1 = \sqrt{ab}$$

일반적으로

$$a_{n+1} = \frac{a_n + b_n}{2} \qquad b_{n+1} = \sqrt{a_n b_n}$$

이라 하자.

(a) 수학적 귀납법을 이용하여 다음을 보여라.

$$a_n > a_{n+1} > b_{n+1} > b_n$$

(b) $\{a_n\}$과 $\{b_n\}$이 모두 수렴함을 유도하여라.

(c) $\lim_{n\to\infty} a_n = \lim_{n\to\infty} b_n$임을 보여라. 가우스는 이 극한값을 a와 b의 **산술-기하평균**이라고 불렀다.

61. (a) $\lim_{n\to\infty} a_{2n} = L$이고 $\lim_{n\to\infty} a_{2n+1} = L$이면 $\{a_n\}$은 수렴하고 $\lim_{n\to\infty} a_n = L$임을 보여라.

(b) $a_1 = 1$이고

$$a_{n+1} = 1 + \frac{1}{1 + a_n}$$

일 때, 수열 $\{a_n\}$의 여덟 번째 항까지 구하여라. (a)를 이용하여 $\lim_{n\to\infty} a_n = \sqrt{2}$임을 보여라. $\sqrt{2}$는 **연분수전개식**

$$\sqrt{2} = 1 + \cfrac{1}{2 + \cfrac{1}{2 + \cdots}}$$

으로 나타낼 수 있다.

발견프로젝트 | T 로지스틱 수열

생태학에서 인구증가 모델로서 만들어진 이 수열은 **로지스틱 계차방정식**(logistic difference equation) p_n을 특정 종의 n번째 세대에 측정된 인구 크기라고 할 때

$$p_{n+1} = kp_n(1 - p_n)$$

으로 정의된다. 숫자를 다룰 수 있는 범위에 있게 하기 위하여 p_n을 최대 인구 크기의 분수로 계산한다. 따라서 $0 \le p_n \le 1$이다. 짝짓기와 죽음이 주기적인 방식으로 일어나는 곤충의 모델에는 연속함수 대신 수열을 사용하는 이산 모델이 더 적합하다.

생태학자는 시간이 지남에 따라 인구 크기가 어떻게 변하는지 예측하는 데 관심이 있다. 그리고 다음과 같은 질문을 한다. "제한된 값에서 인구 크기가 안정되겠는가? 인구 크기는 주기적으로 변할까? 아니면 무작위적일까?"

초기 인구 $p_0(0 < p_0 < 1)$에서 시작하여 n번째 수열의 항 p_n을 계산하는 프로그램을 작성하여라. 그리고 프로그램을 이용하여 다음을 해결하여라.

1. $p_0 = \frac{1}{2}$과 $1 < k < 3$의 2개의 k값에 대하여 20항 혹은 30항의 수열을 계산하여라. 수열의 그래프를 그려라. 수열이 수렴하는가? 다른 $p_0(0 < p_0 < 1)$에 대하여도 같은 방법으로 수열을 계산해보아라. p_0값이 극한값에 영향을 주는가? k값의 선택이 극한값에 영향을 주는가?

2. $3 < k < 3.4$인 k에 대하여 수열의 항들을 계산하고 그래프를 그려라. 수열의 항들에서 무엇을 발견할 수 있었는가?

3. $3.4 < k < 3.5$인 k에 대하여 같은 실험을 해보아라. 무엇을 발견할 수 있는가?

4. $3.6 < k < 4$인 k에 대하여 100개 이상의 항을 계산하여 그려보고 수열의 움직임에 대하여 이야기해 보아라. p_0를 0.001로 바꾸면 어떤 일이 일어나는가? 이런 종류의 움직임을 혼돈(chaotic)이라고 부르는데 특정한 조건의 곤충 수에서 볼 수 있다.

10.2 급수

10.1절에서 제논의 역설 중 하나에서 방 안에 서 있는 사람이 벽으로 걸어가기 위해서 먼저 벽까지의 절반 거리를 걸어야 하고 그다음 남은 거리의 절반(전체의 $\frac{1}{4}$)을 걸어야 하며 그러고도 남은 거리의 또 절반($\frac{1}{8}$)을 걸어야 하며 이것은 계속된다는 것을 관찰하였다(그림 1 참조). 이 과정은 언제까지나 계속되기 때문에 제논은 사람이 벽에 닿을 수 없다고 주장하였다.

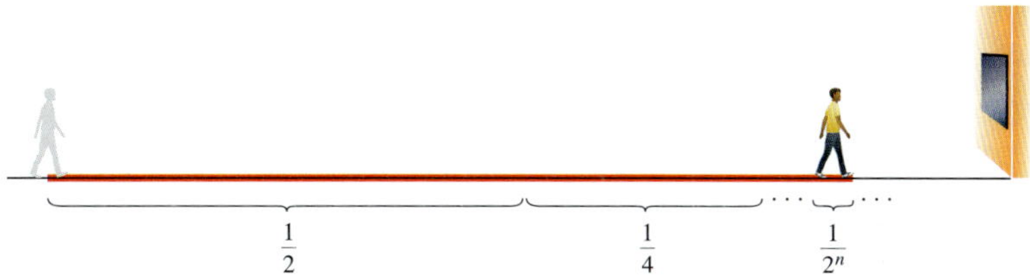

그림 1
n번째 단계에서 사람이 걸은 총 거리는 다음과 같다.

$$\frac{1}{2}+\frac{1}{4}+\frac{1}{8}+\cdots+\frac{1}{2^n}$$

물론 이 사람이 결국 벽에 닿게 되므로, 이 논의는 사람이 걷는 총 거리가 무수히 많은 작은 거리의 합으로 표현될 수 있음을 시사한다.

$$1=\frac{1}{2}+\frac{1}{4}+\frac{1}{8}+\frac{1}{16}+\cdots+\frac{1}{2^n}+\cdots$$

제논은 무한히 많은 수를 더하는 것은 말이 되지 않는다고 주장했다. 그러나 암시적으로 무한 합계를 사용하는 다른 상황이 있다. 예를 들어 π의 값은 십진기수법으로

$$\pi = 3.14159\ 26535\ 89793\ 23846\ 26433\ 83279\ 50288\ldots$$

컴퓨터의 도움으로 연구자들은 π의 값을 소수점 아래 수십조 자리까지 정확하게 알아내었다.

이다. 십진기수법의 편리함은 어떤 수든지 무한합으로 표현할 수 있다는 것이다.

$$\pi = 3+\frac{1}{10}+\frac{4}{10^2}+\frac{1}{10^3}+\frac{5}{10^4}+\frac{9}{10^5}+\frac{2}{10^6}+\frac{6}{10^7}+\frac{5}{10^8}+\cdots$$

실제로 무한히 많은 항을 더할 수는 없지만, 더 많은 항을 더할수록 π에 더 가까운 값을 얻는다.

■ 무한급수

무한수열 $\{a_n\}_{n=1}^{\infty}$의 모든 항을 합하면 다음과 같다.

1 $$a_1+a_2+a_3+\cdots+a_n+\cdots$$

이것을 **무한급수**(infinite series) 또는 간단히 **급수**(series)라 부르며, 기호로는

$$\sum_{n=1}^{\infty} a_n \quad \text{또는} \quad \sum a_n$$

으로 나타낸다. 그러나 무수히 많은 항들의 합에 대하여 논의하는 것이 의미가 있는 것일까? 예를 들어 다음 급수의 무한합은 유한한 값이 될 수 없다.

$$1+2+3+4+5+\cdots+n+\cdots$$

왜냐하면 각 항들을 더하면 계속 커지는 누적값을 얻기 때문이다.

한편 제논의 역설에 등장하는 급수를 생각해보자.

$$\frac{1}{2}+\frac{1}{4}+\frac{1}{8}+\frac{1}{16}+\frac{1}{32}+\frac{1}{64}+\cdots+\frac{1}{2^n}+\cdots$$

n	n항까지의 합
1	0.50000000
2	0.75000000
3	0.87500000
4	0.93750000
5	0.96875000
6	0.98437500
7	0.99218750
10	0.99902344
15	0.99996948
20	0.99999905
25	0.99999997

항들을 더하여 그 합을 구해나가면 $\frac{1}{2}$, $\frac{3}{4}$(처음 두 항의 합), $\frac{7}{8}$(처음 세 항의 합), $\frac{15}{16}$, $\frac{31}{32}$, $\frac{63}{64}$ 등을 얻는다. 왼쪽 표는 이 **부분합**이 항을 많이 더할수록 1에 가까워진다는 것을 보여준다. 사실 n번째 부분합이

$$\frac{2^n-1}{2^n}=1-\frac{1}{2^n}$$

로 주어진다는 것을 보일 수 있고 충분히 많은 항을 더하면(n을 충분히 크게 하면) 부분합을 얼마든지 1에 가까워지게 할 수 있다. 그러므로 이 급수의 합은 1이며 다음과 같이 나타낸다.

$$\sum_{n=1}^{\infty}\frac{1}{2^n}=\frac{1}{2}+\frac{1}{4}+\frac{1}{8}+\frac{1}{16}+\cdots+\frac{1}{2^n}+\cdots=1$$

일반적인 급수 $\sum a_n$이 합을 갖는지 여부를 결정하기 위하여 유사한 아이디어를 이용한다. 이를 위해 **부분합**(partial sum)을 생각하자.

$$s_1 = a_1$$

$$s_2 = a_1 + a_2$$

$$s_3 = a_1 + a_2 + a_3$$

$$s_4 = a_1 + a_2 + a_3 + a_4$$

일반적으로 $$s_n = a_1 + a_2 + a_3 + \cdots + a_n = \sum_{i=1}^{n} a_i$$

부분합은 새로운 수열 $\{s_n\}$이 되며 극한값을 가질 수도 있다. 만일 $\lim_{n\to\infty} s_n = s$가 존재하면(유한인 수로) 그것을 무한급수 $\sum a_n$의 합이라 한다.

2 정의 급수 $\sum_{n=1}^{\infty} a_n = a_1 + a_2 + a_3 + \cdots$에 대하여 s_n은 다음과 같은 n항까지의 부분합이다.

$$s_n = \sum_{i=1}^{n} a_i = a_1 + a_2 + \cdots + a_n$$

수열 $\{s_n\}$이 수렴하고 $\lim_{n\to\infty} s_n = s$가 실수로 존재할 때 급수 $\sum a_n$은 **수렴한다**고 하고

$$a_1 + a_2 + \cdots + a_n + \cdots = s \qquad \text{즉} \qquad \sum_{n=1}^{\infty} a_n = s$$

로 나타낸다. 이때 s를 급수의 **합**이라 한다.

$\{s_n\}$이 수렴하지 않을 때 급수는 **발산한다**고 한다.

이상적분과 비교하여라.

$$\int_1^{\infty} f(x)\,dx = \lim_{t\to\infty}\int_1^t f(x)\,dx$$

적분값을 구하기 위하여 1에서 t까지 적분한 후 $t \to \infty$로 한다. 급수에서는 1에서 n까지 합하고 $n \to \infty$로 한다.

이것은 급수의 합은 부분합 수열의 극한임을 말한다. 그러므로 $\sum_{n=1}^{\infty} a_n = s$라는 것은 급수의 항들을 충분히 많이 더하면 s에 아주 가까워진다는 것을 의미한다.

$$\sum_{n=1}^{\infty} a_n = \lim_{n\to\infty}\sum_{i=1}^{n} a_i$$

예제 1 급수 $\sum_{n=1}^{\infty} a_n$의 처음 n항까지의 합이 다음과 같다고 하자.

$$s_n = a_1 + a_2 + \cdots + a_n = \frac{2n}{3n+5}$$

그러면 이 급수의 합은 수열 $\{s_n\}$의 극한이다.

$$\sum_{n=1}^{\infty} a_n = \lim_{n\to\infty} s_n = \lim_{n\to\infty}\frac{2n}{3n+5} = \lim_{n\to\infty}\frac{2}{3+\dfrac{5}{n}} = \frac{2}{3}$$ ■

예제 1에서 처음 n항까지의 합에 대한 식이 주어져 있지만 보통 그런 식을 구한다는 것은 쉬운 일이 아니다. 다음 예제에서 n번째 부분합에 대한 식을 구해보자.

예제 2 급수 $\sum_{n=1}^{\infty}\frac{1}{n(n+1)}$이 수렴함을 보이고 합을 구하여라.

풀이 주어진 급수는 기하급수가 아니므로 수렴하는 급수의 정의로 돌아가서 부분합을 계산한다.

$$s_n = \sum_{i=1}^{n}\frac{1}{i(i+1)} = \frac{1}{1\cdot 2} + \frac{1}{2\cdot 3} + \frac{1}{3\cdot 4} + \cdots + \frac{1}{n(n+1)}$$

부분 분수로 분해하면(7.4절 참조)

$$\frac{1}{i(i+1)} = \frac{1}{i} - \frac{1}{i+1}$$

그러므로

$$\begin{aligned} s_n &= \sum_{i=1}^{n}\frac{1}{i(i+1)} = \sum_{i=1}^{n}\left(\frac{1}{i} - \frac{1}{i+1}\right) \\ &= \left(1 - \frac{1}{2}\right) + \left(\frac{1}{2} - \frac{1}{3}\right) + \left(\frac{1}{3} - \frac{1}{4}\right) + \cdots + \left(\frac{1}{n} - \frac{1}{n+1}\right) \\ &= 1 - \frac{1}{n+1} \end{aligned}$$

항들이 서로 상쇄되어 없어짐에 주목하자. 이것은 **상쇄되어 없어지는 합**의 예이다. 가운데 있는 것들은 모두 상쇄되어 없어지기 때문에 두 개의 항만 남는다.

이고 $$\lim_{n\to\infty} s_n = \lim_{n\to\infty}\left(1 - \frac{1}{n+1}\right) = 1 - 0 = 1$$

그러므로 급수는 수렴하고 $\sum_{n=1}^{\infty}\frac{1}{n(n+1)} = 1$이다. ■

그림 2는 수열 $a_n = 1/[n(n+1)]$과 부분합의 수열 $\{s_n\}$의 그래프를 통하여 예제 2를 설명한 것이다. $a_n \to 0$이고 $s_n \to 1$임에 주목하자. 예제 2에 대한 두 가지 기하학적 해석은 연습문제 53과 54에 있다.

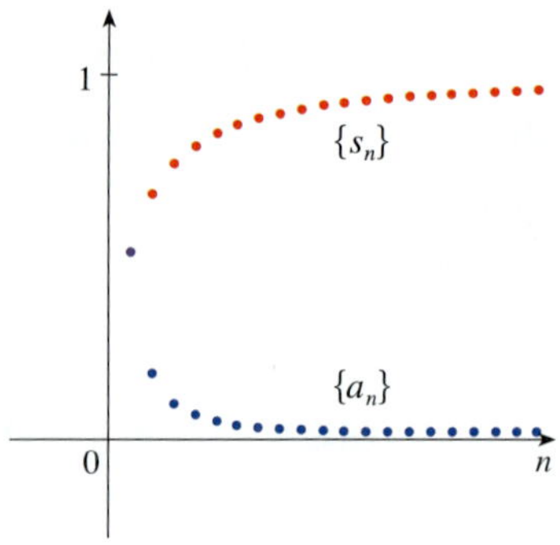

그림 2

■ 기하급수의 합

무한급수의 중요한 예로 **기하급수**(geometric series)가 있다.

$$a + ar + ar^2 + ar^3 + \cdots + ar^{n-1} + \cdots = \sum_{n=1}^{\infty} ar^{n-1} \qquad a \neq 0$$

각 항은 이전 항에 **공비** r을 곱하여 얻어진다. (제논의 역설에 나오는 급수는 $a = \frac{1}{2}$, $r = \frac{1}{2}$인 특수한 경우이다.)

그림 3은 예제 2의 결과를 기하학적으로 설명한다. 만약 주어진 그림과 같이 삼각형들이 그려졌고 s가 급수의 합이라면 삼각형의 닮은 성질로부터

$$\frac{s}{a} = \frac{a}{a - ar}$$

즉 $$s = \frac{a}{1 - r}$$

이다.

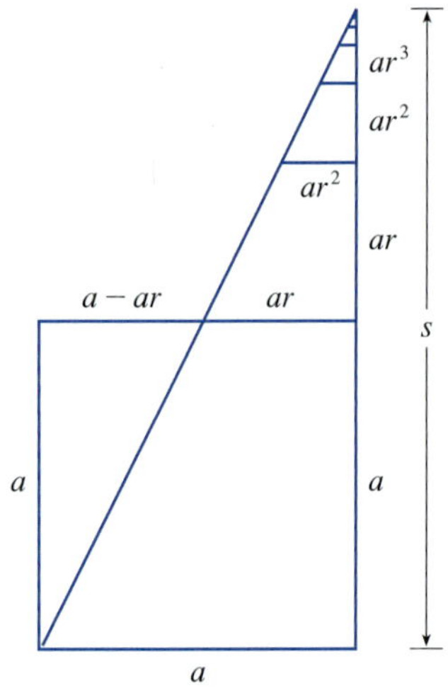

그림 3

$r = 1$이면 $s_n = a + a + \cdots + a = na \to \pm\infty$이다. 이 경우 $\lim_{n\to\infty} s_n$은 존재하지 않기 때문에 기하급수는 발산한다.

$r \neq 1$이면

$$s_n = a + ar + ar^2 + \cdots + ar^{n-1}$$

이고 $$rs_n = \qquad ar + ar^2 + \cdots + ar^{n-1} + ar^n$$

위 식에서 아래 식을 빼면 다음을 얻는다.

$$s_n - rs_n = a - ar^n$$

3 $$s_n = \frac{a(1 - r^n)}{1 - r}$$

$-1 < r < 1$이면 10.1절의 식 **9**로부터 $n \to \infty$일 때 $r^n \to 0$임을 알고 있다. 따라서

$$\lim_{n\to\infty} s_n = \lim_{n\to\infty} \frac{a(1 - r^n)}{1 - r} = \frac{a}{1 - r} - \frac{a}{1 - r} \cdot \lim_{n\to\infty} r^n = \frac{a}{1 - r}$$

그러므로 $|r| < 1$이면 기하급수는 수렴하고 합은 $a/(1 - r)$이다.

$r \leqslant -1$이거나 $r > 1$이면 10.1절의 식 **9**에 의하여 수열 $\{r^n\}$은 발산하고 방정식 **3**에 의하여 $\lim_{n\to\infty} s_n$은 존재하지 않는다. 그러므로 이 경우 기하급수는 발산한다. 위 결과를 요약하면 다음과 같다.

서술하면 수렴하는 기하급수의 합은

$$\frac{\text{첫 번째 항}}{1 - \text{공비}}$$

이다.

4 기하급수

$$\sum_{n=1}^{\infty} ar^{n-1} = a + ar + ar^2 + \cdots$$

는 $|r| < 1$이면 수렴하고, 합은

$$\sum_{n=1}^{\infty} ar^{n-1} = \frac{a}{1-r} \qquad |r| < 1$$

이다. $|r| \geq 1$이면 기하급수는 발산한다.

예제 3 다음 기하급수의 합을 구하여라.

$$5 - \frac{10}{3} + \frac{20}{9} - \frac{40}{27} + \cdots$$

풀이 첫 번째 항 $a = 5$이고 공비 $r = -\frac{2}{3}$이다. $|r| = \frac{2}{3} < 1$이므로 **4**에 의하여 급수는 수렴하고 합은 다음과 같다.

$$\frac{5}{1-\left(-\frac{2}{3}\right)} = \frac{5}{\frac{5}{3}} = 3$$ ■

예제 3에서 급수의 합이 3이라는 것의 의미는 무엇인가? 물론 무한개의 항을 다 더할 수는 없다. 그러나 정의 **2**에 의하면 전체 합은 부분합의 수열의 극한이다. 그래서 충분히 많은 항들을 더하면 3에 가까워진다. 옆의 표는 s_n의 10번째 항까지의 값이고, 그림 4는 부분합이 3으로 접근함을 나타낸다.

n	s_n
1	5.000000
2	1.666667
3	3.888889
4	2.407407
5	3.395062
6	2.736626
7	3.175583
8	2.882945
9	3.078037
10	2.947975

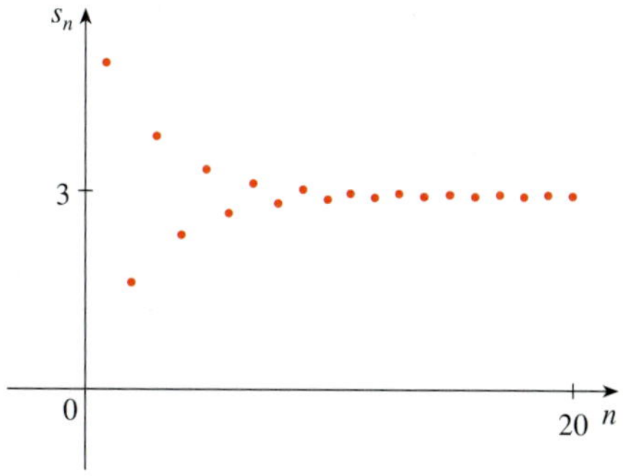

그림 4

예제 4 급수 $\sum_{n=1}^{\infty} 2^{2n}3^{1-n}$이 수렴하는지 발산하는지 판단하여라.

풀이 급수의 n번째 항을 ar^{n-1}인 꼴로 고쳐쓰면

$$\sum_{n=1}^{\infty} 2^{2n}3^{1-n} = \sum_{n=1}^{\infty} (2^2)^n 3^{-(n-1)} = \sum_{n=1}^{\infty} \frac{4^n}{3^{n-1}} = \sum_{n=1}^{\infty} 4\left(\frac{4}{3}\right)^{n-1}$$

a와 r을 찾는 또 다른 방법은 급수의 처음 몇 항을 써보는 것이다.

$$4 + \frac{16}{3} + \frac{64}{9} + \cdots$$

주어진 급수는 $a = 4$이고 $r = \frac{4}{3}$인 기하급수이다. $r > 1$이므로 **4**에 의하여 급수는 발

산한다. ■

예제 5 한 약물이 환자에게 매일 같은 시간에 투여된다. n번째 날 투여 후, 약물의 농도가 C_n(mg/mL)이라고 가정하자. 다음날 약물을 투여하기 전에는 혈액 내에는 약물의 30%만이 잔류하고, 하루 처방량은 약물의 농도를 0.2mg/mL 짙어지게 한다.

(a) 셋째 날 투여 후 농도를 구하라.

(b) n번의 투여 후 농도는 얼마인가?

(c) 약물 농도의 극한은 얼마인가?

풀이

(a) 하루 처방을 투여하기 직전 약물의 농도는 그 전날 농도의 30%, 즉 $0.3C_n$이 된다. 투약 후, 농도는 0.2mg/mL가 증가하므로

$$C_{n+1} = 0.2 + 0.3C_n$$

이 된다. $C_0 = 0$에서 시작해서, 이 식에 $n = 0, 1, 2$를 대입하면

$$\begin{aligned} C_1 &= 0.2 + 0.3C_0 = 0.2 \\ C_2 &= 0.2 + 0.3C_1 = 0.2 + 0.2(0.3) = 0.26 \\ C_3 &= 0.2 + 0.3C_2 = 0.2 + 0.2(0.3) + 0.2(0.3)^2 = 0.278 \end{aligned}$$

을 얻는다. 따라서 3일 후 농도는 0.278mg/mL이다.

(b) n번의 투약 이후 농도는

$$C_n = 0.2 + 0.2(0.3) + 0.2(0.3)^2 + \cdots + 0.2(0.3)^{n-1}$$

이다. 이는 $a = 0.2$, $r = 0.3$인 유한 등비수열이므로, 식 **3**에 의해서

$$C_n = \frac{0.2[1 - (0.3)^n]}{1 - 0.3} = \frac{2}{7}[1 - (0.3)^n] \text{ mg/mL}$$

이다.

(c) $0.3 < 1$이기 때문에, $\lim_{n\to\infty} (0.3)^n = 0$이다. 따라서 약물 농도의 극한은

$$\lim_{n\to\infty} C_n = \lim_{n\to\infty} \frac{2}{7}[1 - (0.3)^n] = \frac{2}{7}(1 - 0) = \frac{2}{7} \text{ mg/mL}$$

이다. ■

예제 6 $2.3\overline{17} = 2.3171717\ldots$을 분수로 나타내어라.[1]

풀이

$$2.3171717\ldots = 2.3 + \frac{17}{10^3} + \frac{17}{10^5} + \frac{17}{10^7} + \cdots$$

$a = 17/10^3$이고 $r = 1/10^2$인 기하급수이므로

[1] (역자 주) 우리나라에서는 순환소수의 순환마디를 점을 찍어 나타내는데, 미국에서는 막대기로 표시한다.

$$2.3\overline{17} = 2.3 + \frac{\dfrac{17}{10^3}}{1 - \dfrac{1}{10^2}} = 2.3 + \frac{\dfrac{17}{1000}}{\dfrac{99}{100}}$$

$$= \frac{23}{10} + \frac{17}{990} = \frac{1147}{495}$$ ■

예제 7 $|x| < 1$일 때 급수 $\sum_{n=0}^{\infty} x^n$의 합을 구하여라.

풀이 급수는 $n = 0$에서 시작하고 첫 번째 항은 $x^0 = 1$이다. (급수를 다룰 때 $x = 0$인 경우에도 관행에 따라 $x^0 = 1$이다.) 따라서

$$\sum_{n=0}^{\infty} x^n = 1 + x + x^2 + x^3 + x^4 + \cdots$$

이것은 $a = 1$이고 $r = x$인 기하급수이고 $|r| = |x| < 1$이므로 **4**에 의하여 수렴하며 합은 다음과 같다.

5 $$\sum_{n=0}^{\infty} x^n = \frac{1}{1 - x}$$ ■

■ 발산 판정법

급수의 부분합이 발산하는 수열이면 그 급수는 발산함을 상기하자.

예제 8 조화급수(harmonic series)

$$\sum_{n=1}^{\infty} \frac{1}{n} = 1 + \frac{1}{2} + \frac{1}{3} + \frac{1}{4} + \cdots$$

가 발산함을 보여라.

풀이 이런 특수한 급수의 경우 $s_2, s_4, s_8, s_{16}, s_{32}, \ldots$와 같은 부분합을 구하고 이들 부분합이 점차 커진다는 점을 보이는 것이 편리하다.

$$s_2 = 1 + \tfrac{1}{2}$$

$$s_4 = 1 + \tfrac{1}{2} + \left(\tfrac{1}{3} + \tfrac{1}{4}\right) > 1 + \tfrac{1}{2} + \left(\tfrac{1}{4} + \tfrac{1}{4}\right) = 1 + \tfrac{2}{2}$$

$$\begin{aligned} s_8 &= 1 + \tfrac{1}{2} + \left(\tfrac{1}{3} + \tfrac{1}{4}\right) + \left(\tfrac{1}{5} + \tfrac{1}{6} + \tfrac{1}{7} + \tfrac{1}{8}\right) \\ &> 1 + \tfrac{1}{2} + \left(\tfrac{1}{4} + \tfrac{1}{4}\right) + \left(\tfrac{1}{8} + \tfrac{1}{8} + \tfrac{1}{8} + \tfrac{1}{8}\right) \\ &= 1 + \tfrac{1}{2} + \tfrac{1}{2} + \tfrac{1}{2} = 1 + \tfrac{3}{2} \end{aligned}$$

$$\begin{aligned} s_{16} &= 1 + \tfrac{1}{2} + \left(\tfrac{1}{3} + \tfrac{1}{4}\right) + \left(\tfrac{1}{5} + \cdots + \tfrac{1}{8}\right) + \left(\tfrac{1}{9} + \cdots + \tfrac{1}{16}\right) \\ &> 1 + \tfrac{1}{2} + \left(\tfrac{1}{4} + \tfrac{1}{4}\right) + \left(\tfrac{1}{8} + \cdots + \tfrac{1}{8}\right) + \left(\tfrac{1}{16} + \cdots + \tfrac{1}{16}\right) \\ &= 1 + \tfrac{1}{2} + \tfrac{1}{2} + \tfrac{1}{2} + \tfrac{1}{2} = 1 + \tfrac{4}{2} \end{aligned}$$

마찬가지로 $s_{32} > 1 + \frac{5}{2}$, $s_{64} > 1 + \frac{6}{2}$이고 일반적으로

예제 8에서 조화급수가 발산한다는 것을 보인 방법은 프랑스 수학자 오렘(Nicole Oresme, 1323~1382)이 생각해냈다.

$$s_{2^n} > 1 + \frac{n}{2}$$

이다. $n \to \infty$일 때 $s_{2^n} \to \infty$이므로 $\{s_n\}$은 발산한다. 그러므로 조화급수는 발산한다. ■

6 정리 급수 $\sum_{n=1}^{\infty} a_n$이 수렴하면 $\lim_{n\to\infty} a_n = 0$이다.

증명 $s_n = a_1 + a_2 + \cdots + a_n$이라 하면 $a_n = s_n - s_{n-1}$이다. $\sum a_n$이 수렴하므로 수열 $\{s_n\}$은 수렴한다. $\lim_{n\to\infty} s_n = s$라 하자. $n \to \infty$일 때 $n - 1 \to \infty$이므로 $\lim_{n\to\infty} s_{n-1} = s$이다. 그러므로

$$\lim_{n\to\infty} a_n = \lim_{n\to\infty}(s_n - s_{n-1}) = \lim_{n\to\infty} s_n - \lim_{n\to\infty} s_{n-1} = s - s = 0$$ ■

NOTE 급수 $\sum a_n$은 2개의 수열, 즉 부분합의 수열 $\{s_n\}$과 각 항의 수열 $\{a_n\}$과 관련된다. $\sum a_n$이 수렴하면 $\{s_n\}$의 극한값은 s(급수의 합)이고, 정리 6에서 주장했던 것과 같이 수열 $\{a_n\}$의 극한값은 0이다.

주의 정리 6의 역은 일반적으로 성립하지 않는다. $\lim_{n\to\infty} a_n = 0$이라도 $\sum a_n$은 수렴하지 않을 수 있다. 조화급수 $\sum 1/n$에서 $n \to \infty$일 때 $a_n = 1/n \to 0$이다. 그러나 예제 8에서 $\sum 1/n$은 발산한다.

7 발산판정법 $\lim_{n\to\infty} a_n$이 존재하지 않거나 $\lim_{n\to\infty} a_n \neq 0$이면 급수 $\sum_{n=1}^{\infty} a_n$은 발산한다.

급수가 발산하지 않으면 수렴하고 $\lim_{n\to\infty} a_n = 0$이므로 발산판정법은 정리 6으로부터 얻는다.

예제 9 급수 $\sum_{n=1}^{\infty} \frac{n^2}{5n^2 + 4}$가 발산함을 보여라.

풀이

$$\lim_{n\to\infty} a_n = \lim_{n\to\infty} \frac{n^2}{5n^2 + 4} = \lim_{n\to\infty} \frac{1}{5 + 4/n^2} = \frac{1}{5} \neq 0$$

이므로 발산판정법에 의하여 급수는 발산한다. ■

NOTE $\lim_{n\to\infty} a_n \neq 0$이면 $\sum a_n$은 발산함을 안다. 그러나 $\lim_{n\to\infty} a_n = 0$이면 $\sum a_n$의 수렴이나 발산에 관한 어떤 것도 알 수 없다. 앞에서 한 주의를 되새겨라. 만일 $\lim_{n\to\infty} a_n = 0$이면 급수 $\sum a_n$은 수렴도, 발산도 할 수 있다.

■ 수렴하는 급수의 성질

수렴하는 급수의 이런 성질은 10.1절에 있는 수열의 극한법칙에서 기인한다.

8 정리 Σa_n과 Σb_n이 수렴하는 급수이면 Σca_n (c는 상수), $\Sigma(a_n + b_n)$과 $\Sigma(a_n - b_n)$ 역시 수렴하는 급수이며 다음이 성립한다.

(i) $\displaystyle\sum_{n=1}^{\infty} ca_n = c\sum_{n=1}^{\infty} a_n$

(ii) $\displaystyle\sum_{n=1}^{\infty} (a_n + b_n) = \sum_{n=1}^{\infty} a_n + \sum_{n=1}^{\infty} b_n$

(iii) $\displaystyle\sum_{n=1}^{\infty} (a_n - b_n) = \sum_{n=1}^{\infty} a_n - \sum_{n=1}^{\infty} b_n$

(ii)를 증명하고 나머지는 연습문제로 남긴다.

(ii)의 증명 $\displaystyle s_n = \sum_{i=1}^{n} a_i \qquad s = \sum_{n=1}^{\infty} a_n \qquad t_n = \sum_{i=1}^{n} b_i \qquad t = \sum_{n=1}^{\infty} b_n$

이라 하면 $\Sigma(a_n + b_n)$의 n항까지의 부분합은

$$u_n = \sum_{i=1}^{n} (a_i + b_i)$$

이고 5.2절의 식 **10**에 의하여

$$\begin{aligned}\lim_{n\to\infty} u_n &= \lim_{n\to\infty} \sum_{i=1}^{n} (a_i + b_i) = \lim_{n\to\infty} \left(\sum_{i=1}^{n} a_i + \sum_{i=1}^{n} b_i\right) \\ &= \lim_{n\to\infty} \sum_{i=1}^{n} a_i + \lim_{n\to\infty} \sum_{i=1}^{n} b_i \\ &= \lim_{n\to\infty} s_n + \lim_{n\to\infty} t_n = s + t\end{aligned}$$

이다. 그러므로 $\Sigma(a_n + b_n)$은 수렴하고, 합은

$$\sum_{n=1}^{\infty} (a_n + b_n) = s + t = \sum_{n=1}^{\infty} a_n + \sum_{n=1}^{\infty} b_n$$

이다. ■

예제 10 급수 $\displaystyle\sum_{n=1}^{\infty} \left(\frac{3}{n(n+1)} + \frac{1}{2^n}\right)$의 합을 구하여라.

풀이 급수 $\Sigma 1/2^n$은 $a = \frac{1}{2}$이고 $r = \frac{1}{2}$인 기하급수이므로 다음과 같다.

$$\sum_{n=1}^{\infty} \frac{1}{2^n} = \frac{\frac{1}{2}}{1 - \frac{1}{2}} = 1$$

예제 2에서

$$\sum_{n=1}^{\infty} \frac{1}{n(n+1)} = 1$$

이므로 정리 **8**에 의하여 급수는 수렴하고

$$\sum_{n=1}^{\infty}\left(\frac{3}{n(n+1)}+\frac{1}{2^n}\right)=3\sum_{n=1}^{\infty}\frac{1}{n(n+1)}+\sum_{n=1}^{\infty}\frac{1}{2^n}$$
$$=3\cdot 1+1=4$$

NOTE 급수의 유한개의 항들은 수렴과 발산에 영향을 미치지 않는다. 예를 들어 다음 급수가 수렴함을 보일 수 있다고 하자.

$$\sum_{n=4}^{\infty}\frac{n}{n^3+1}$$

그러면
$$\sum_{n=1}^{\infty}\frac{n}{n^3+1}=\frac{1}{2}+\frac{2}{9}+\frac{3}{28}+\sum_{n=4}^{\infty}\frac{n}{n^3+1}$$

이므로 급수 $\sum_{n=1}^{\infty} n/(n^3+1)$은 수렴한다. 마찬가지로 $\sum_{n=N+1}^{\infty} a_n$이 수렴한다면, 급수

$$\sum_{n=1}^{\infty}a_n=\sum_{n=1}^{N}a_n+\sum_{n=N+1}^{\infty}a_n$$

또한 수렴한다.

10.2 연습문제

1. (a) 수열과 급수의 차이는 무엇인가?
(b) 수렴하는 급수는 무엇인가? 발산하는 급수는 무엇인가?

2. $\sum_{n=1}^{\infty} a_n=5$의 의미를 설명하여라.

3-4 다음과 같이 부분합의 수열이 주어졌을 때 $\sum_{n=1}^{\infty} a_n$을 계산하여라.

3. $s_n=2-3(0.8)^n$ **4.** $s_n=\dfrac{n^2-1}{4n^2+1}$

5-8 부분합의 수열의 처음 여덟 항을 소수 넷째 자리로 정확하게 계산하여라. 급수는 수렴 또는 발산하는가?

5. $\sum_{n=1}^{\infty}\dfrac{1}{n^3}$ **6.** $\sum_{n=1}^{\infty}\sin n$

7. $\sum_{n=1}^{\infty}(-1)^n n$ **8.** $\sum_{n=1}^{\infty}\dfrac{1}{n^4+n^2}$

9-12 다음 급수의 최소한 10개의 부분합을 구하여라. 같은 화면에 S_n과 a_n의 그래프를 그려라. 급수는 수렴 또는 발산하는가? 급수가 수렴하면 합을 구하여라. 급수가 발산하면 이유를 설명하여라.

9. $\sum_{n=1}^{\infty}\dfrac{6}{(-3)^n}$ **10.** $\sum_{n=1}^{\infty}\cos n$

11. $\sum_{n=1}^{\infty}\dfrac{n}{\sqrt{n^2+4}}$ **12.** $\sum_{n=1}^{\infty}\dfrac{7^{n+1}}{10^n}$

13. $a_n=\dfrac{2n}{3n+1}$이라 하자.
(a) $\{a_n\}$이 수렴하는지 조사하여라.
(b) $\sum_{n=1}^{\infty} a_n$이 수렴하는지 조사하여라.

14-16 (예제 2처럼) 부분합을 계산하여 급수의 수렴, 발산을 조사하여라. 수렴하면 합을 구하여라.

14. $\sum_{n=1}^{\infty}\left(\dfrac{1}{n+2}-\dfrac{1}{n}\right)$ **15.** $\sum_{n=1}^{\infty}\dfrac{3}{n(n+3)}$

16. $\sum_{n=1}^{\infty} \ln \frac{n}{n+1}$

17-21 기하급수의 수렴, 발산을 조사하고, 수렴하면 합을 구하여라.

17. $3 - 4 + \frac{16}{3} - \frac{64}{9} + \cdots$

18. $4 + 3 + \frac{9}{4} + \frac{27}{16} + \cdots$

19. $\sum_{n=1}^{\infty} 12(0.73)^{n-1}$

20. $\sum_{n=1}^{\infty} \frac{(-3)^{n-1}}{4^n}$

21. $\sum_{n=1}^{\infty} \frac{e^{2n}}{6^{n-1}}$

22-32 급수의 수렴, 발산을 판단하고, 수렴하면 합을 구하여라.

22. $\frac{1}{3} + \frac{1}{6} + \frac{1}{9} + \frac{1}{12} + \frac{1}{15} + \cdots$

23. $\frac{2}{5} + \frac{4}{25} + \frac{8}{125} + \frac{16}{625} + \frac{32}{3125} + \cdots$

24. $\sum_{n=1}^{\infty} \frac{2+n}{1-2n}$

25. $\sum_{n=1}^{\infty} 3^{n+1}4^{-n}$

26. $\sum_{n=1}^{\infty} \frac{1}{4+e^{-n}}$

27. $\sum_{k=1}^{\infty} (\sin 100)^k$

28. $\sum_{n=1}^{\infty} \frac{1}{1+\left(\frac{2}{3}\right)^n}$

29. $\sum_{n=1}^{\infty} \ln\left(\frac{n^2+1}{2n^2+1}\right)$

30. $\sum_{k=0}^{\infty} (\sqrt{2})^{-k}$

31. $\sum_{n=1}^{\infty} \arctan n$

32. $\sum_{n=1}^{\infty} \frac{e^n}{n^2}$

33. $x = 0.99999\ldots$라 하자.

(a) $x < 1$ 또는 $x = 1$이라고 생각하는가?

(b) 기하급수의 합으로 x의 값을 구하여라.

(c) 1이라는 수는 소수 아래 몇째 자리 소수로 표현되는가?

(d) 어떤 수가 소수 아래 둘째 자리 이상의 소수로 표현되는가?

34. $a_1 = 1$, $a_n = (5-n)a_{n-1}$로 정의된 수열에 대해 $\sum_{n=1}^{\infty} a_n$을 계산하여라.

35-37 다음 수를 분수로 나타내어라.

35. $0.\overline{8} = 0.8888\ldots$

36. $2.\overline{516} = 2.516516516\ldots$

37. $1.234\overline{567}$

38-43 급수가 수렴하기 위한 x값을 구하고 급수의 합을 구하여라.

38. $\sum_{n=1}^{\infty} (-5)^n x^n$

39. $\sum_{n=0}^{\infty} \frac{(x-2)^n}{3^n}$

40. $\sum_{n=0}^{\infty} \frac{2^n}{x^n}$

41. $\sum_{n=0}^{\infty} \frac{x^n}{2^n}$

42. $\sum_{n=0}^{\infty} e^{nx}$

43. $\sum_{n=0}^{\infty} \frac{\sin^n x}{3^n}$

T **44-45** CAS의 부분분수 명령어를 사용하여 부분합을 구하고 급수의 합을 구하여라. CAS를 사용하여 답을 확인하여라.

44. $\sum_{n=1}^{\infty} \frac{3n^2+3n+1}{(n^2+n)^3}$

45. $\sum_{n=3}^{\infty} \frac{1}{n^5 - 5n^3 + 4n}$

46. $\sum_{n=1}^{\infty} a_n$의 n항까지의 부분합이

$$s_n = \frac{n-1}{n+1}$$

일 때 a_n과 $\sum_{n=1}^{\infty} a_n$을 구하여라.

47. 의사가 100mg의 항생제를 8시간마다 투약하도록 처방했다. 신체는 8시간 내에는 75%의 약을 분해하는 것으로 알려져 있다.

(a) 2번째 복용 후 체내에 있는 약물의 양은 얼마인가? 3번째 복용 이후에는 얼마인가?

(b) n번째 복용 직후, 체내에 있는 항생제의 양을 Q_n이라고 할 때, Q_{n+1}을 Q_n으로 표현하는 식을 구하라.

(c) 장기적으로 보았을 때, 체내에 남아 있는 항상제의 양은 얼마인가?

48. 환자가 매일 같은 시각에 150mg의 약을 복용한다. 24시간 내에 체내에서 약의 95%가 없어지는 것으로 알려져 있다.

(a) 세 번째 약을 먹고 난 후 체내에 남아 있는 약의 양은? n번째 약을 먹고 난 후는 얼마가 남아 있을까?

(b) 지속적으로 이 약을 먹으면 체내에 남아 있는 약은 얼마나 될까?

49. 물품구입과 서비스를 받기 위하여 돈을 쓰면 그 돈을 받은 사람들도 그 돈의 일부를 같은 방법으로 쓰게 된다. 또 두 번째 쓰인 돈의 일부를 받은 사람도 돈의 일부를 다시 쓰게 되고 이와 같은 일이 계속될 것이다. 경제학자들은 이러한 연쇄반응을 **승수효과**라 부른다. 가상적인 고립된 공동체에서 한 지방정부가 D달러를 소비하여 이 과정이 시작되었다. 소비된 돈을 받는 각각의 사람들이 받은 돈의 $100c$%를 소비하고 $100s$%를 저축한다고 하자. 이때 물론 $c + s = 1$이고, c와 s의 값을 각각 **한계소비성향**과 **한계저축성향**이라고 한다.

(a) S_n을 n과정이 지난 후의 소비된 총 금액이라 하자. 식 S_n을 구하여라.

(b) $k = 1/s$일 때 $\lim_{n\to\infty} S_n = kD$임을 보여라. 여기서 k는 **승수**

라고 부른다. 한계소비성향이 80%일 때 승수를 구하여라.

NOTE: 연방정부는 적자 소비를 정당화하는 데 이 원리를 사용한다. 은행은 예금으로 받은 금액의 대부분을 대출하는 것을 정당화하는 데 이 원리를 사용한다.

50. $\sum_{n=2}^{\infty} (1 + c)^{-n} = 2$일 때 c를 구하여라.

51. $\sum_{n=0}^{\infty} e^{nc} = 10$일 때 c를 구하여라.

52. **조화급수의 발산** 예제 8에서 조화급수가 발산한다는 것을 보였다. 여기서 또 다른 증명방법을 간단히 소개한다. 다음의 경우에 급수가 S로 수렴한다고 가정하고 모순을 이끌어 내어라.

$$S = \left(1 + \frac{1}{2}\right) + \left(\frac{1}{3} + \frac{1}{4}\right) + \left(\frac{1}{5} + \frac{1}{6}\right) + \cdots$$
$$> \left(\frac{1}{2} + \frac{1}{2}\right) + \left(\frac{1}{4} + \frac{1}{4}\right) + \left(\frac{1}{6} + \frac{1}{6}\right) + \cdots = S$$

53. $y = x^n$, $0 \leqslant x \leqslant 1 (n = 0, 1, 2, 3, 4, \cdots)$의 그래프를 같은 화면에 그려라. 연속하는 곡선 사이의 넓이를 구해서 예제 2에서 보인

$$\sum_{n=1}^{\infty} \frac{1}{n(n + 1)} = 1$$

을 기하학적으로 입증하여라.

54. 반지름인 1인 두 원 C와 D가 P에서 접한다. T는 공통 접선이다. 원 C_1은 C, D, T에 접하고, 원 C_2는 C, D, C_1에 접하고, 원 C_3는 C, D, C_2에 접한다. 이와 같이 계속하여 원들의 수열 $\{C_n\}$을 얻을 수 있다. C_n의 지름의 표현을 찾고, 이것을 이용하여 예제 2를 기하학적으로 확인하여라.

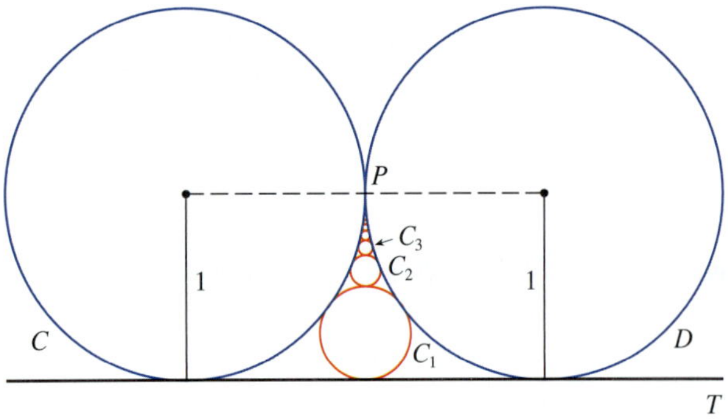

55. 아래 계산에서 잘못된 부분을 찾아라.

$$\begin{aligned} 0 &= 0 + 0 + 0 + \cdots \\ &= (1 - 1) + (1 - 1) + (1 - 1) + \cdots \\ &= 1 - 1 + 1 - 1 + 1 - 1 + \cdots \\ &= 1 + (-1 + 1) + (-1 + 1) + (-1 + 1) + \cdots \\ &= 1 + 0 + 0 + 0 + \cdots = 1 \end{aligned}$$

[구이도 우발두스(Guido Ubaldus)는 "무에서 유가 창조"되었으므로 이것이 신의 존재를 증명한다고 생각했다.]

56. $\sum_{n=1}^{\infty} a_n \ (a_n \neq 0)$이 수렴하면 $\sum_{n=1}^{\infty} 1/a_n$은 발산하는 급수임을 증명하여라.

57. (a) 정리 **8**의 (i)을 증명하여라.
(b) 정리 **8**의 (iii)을 증명하여라.

58. Σa_n이 발산하고 $c \neq 0$일 때 $\Sigma c a_n$이 발산함을 보여라.

59. Σa_n이 수렴하고 Σb_n이 발산하면 $\Sigma (a_n + b_n)$은 발산함을 보여라. (**힌트**: 모순을 이용하여라.)

60. 피보나치 수열은 10.1절에서 다음과 같이 정의되었다.

$$f_1 = 1, \quad f_2 = 1, \quad f_n = f_{n-1} + f_{n-2} \qquad n \geqslant 3$$

다음이 참임을 보여라.

(a) $\dfrac{1}{f_{n-1} f_{n+1}} = \dfrac{1}{f_{n-1} f_n} - \dfrac{1}{f_n f_{n+1}}$

(b) $\displaystyle\sum_{n=2}^{\infty} \frac{1}{f_{n-1} f_{n+1}} = 1$

(c) $\displaystyle\sum_{n=2}^{\infty} \frac{f_n}{f_{n-1} f_{n+1}} = 2$

61. **칸토어 집합**은 독일의 수학자 칸토어(Georg Cantor, 1845~1918)의 이름을 따서 붙였고 다음과 같이 만들어진다. 폐구간 $[0, 1]$에서 개구간 $\left(\frac{1}{3}, \frac{2}{3}\right)$를 제거한다. 두 구간 $\left[0, \frac{1}{3}\right]$과 $\left[\frac{2}{3}, 1\right]$이 남고 각각을 삼등분하여 중앙의 개구간을 제거한다. 이제 네 구간이 남고 다시 각각을 삼등분하여 중앙의 개구간을 제거한다. 각 단계에서 전 단계로부터 남아 있는 모든 구간을 삼등분하여 중간 개구간을 제거하는 이 과정을 계속 반복한다. 칸토어 집합은 그러한 모든 구간들이 제거된 후 $[0, 1]$에 남아 있는 수들로 구성된다.

(a) 제거된 모든 구간의 총 길이가 1임을 보여라. 그럼에도 불구하고 칸토어 집합에는 무한히 많은 수들이 있다. 칸토어 집합에 속하는 몇 개의 수의 예를 들어라.

(b) **시에르핀스키(Sierpinski) 카펫**은 이차원적인 칸토어 집합이다. 이것은 한 변의 길이가 1인 정사각형을 9등분하여 중앙의 부분을 제거하고 남아 있는 더 작은 정사각형의 중앙을 제거하여 그린다. 이 과정을 계속 반복한다. (그림에서는 처음 세 과정을 나타내고 있다.) 제거된 부분의 넓이의 합이 1임을 보여라. 이것은 시에르핀스키 카펫의 넓이가 0임을 보여준다.

62. (a) 수열 $\{a_n\}$이 다음과 같이 귀납적으로 정의된다. a_1, a_2는 실수이고, $n \geq 3$에 대하여 $a_n = \frac{1}{2}(a_{n-1} + a_{n-2})$이다. 다양한 a_1, a_2값으로 실험하고 계산기를 사용하여 수열의 극한값을 추측하여라.

(b) $a_2 - a_1$의 항으로 $a_{n+1} - a_n$을 표현하고 급수를 합하여 a_1, a_2의 항으로 $\lim_{n\to\infty} a_n$을 구하여라.

63. 급수 $\sum_{n=1}^{\infty} n/(n+1)!$을 고려하자.

(a) 부분합 s_1, s_2, s_3, s_4를 구하여라. 분모를 알겠는가? 패턴을 사용하여 s_n식을 추측하여라.

(b) 수학적 귀납법을 이용하여 (a)에서 추측한 답을 증명하여라.

(c) 위의 무한급수가 수렴함을 보이고, 그 합을 구하여라.

10.3 적분판정법

일반적으로 급수의 정확한 합을 구하는 것은 어렵다. $\Sigma 1/[n(n+1)]$이거나 기하급수와 같은 급수는 부분합 s_n을 쉽게 구할 수 있기 때문에 급수의 합을 쉽게 구할 수 있었다. 그러나 일반적으로 $\lim_{n\to\infty} s_n$을 구하는 것은 쉽지 않다. 그러므로 이후 몇 개의 절에서 급수의 합을 구하지 않고 수렴과 발산을 결정할 수 있는 판정법을 알아본다. (경우에 따라서는 급수의 합을 찾을 수 있다.) 첫 번째 판정법은 이상적분에 관한 것이다.

■ 적분판정법

양의 정수의 제곱의 역수로 된 항으로 이루어진 급수를 가지고 시작하자.

$$\sum_{n=1}^{\infty} \frac{1}{n^2} = \frac{1}{1^2} + \frac{1}{2^2} + \frac{1}{3^2} + \frac{1}{4^2} + \frac{1}{5^2} + \cdots$$

n	$s_n = \sum_{i=1}^{n} \frac{1}{i^2}$
5	1.4636
10	1.5498
50	1.6251
100	1.6350
500	1.6429
1000	1.6439
5000	1.6447

n번째 부분합 s_n을 구하는 단순한 공식은 없으나 옆에 주어진 컴퓨터를 이용한 근삿값 표는, $n \to \infty$일 때 부분합은 1.64로 접근하고 있고 급수가 수렴한다는 것을 암시한다.

이 사실을 기하학적으로 확인할 수 있다. 그림 1은 $y = 1/x^2$과 곡선으로 만들어진 사각형들을 보여준다. 사각형의 밑면은 길이가 1이고 높이는 $y = 1/x^2$의 함숫값이다.

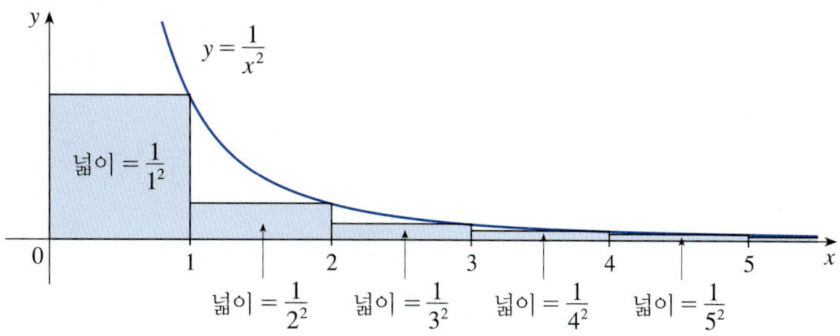

그림 1

따라서 사각형의 넓이의 합은 다음과 같다.

$$\frac{1}{1^2} + \frac{1}{2^2} + \frac{1}{3^2} + \frac{1}{4^2} + \frac{1}{5^2} + \cdots = \sum_{n=1}^{\infty} \frac{1}{n^2}$$

첫 번째 사각형을 제외하면 남아 있는 사각형들의 넓이의 합은 $x \geq 1$에 대하여 곡선 $y = 1/x^2$의 아래의 넓이, 즉 $\int_1^{\infty} (1/x^2)\,dx$보다 작다. 7.5절에서 이 이상적분은 수렴하고 값은 1임을 알았다. 그러므로 그림에서 부분합들은

$$\frac{1}{1^2} + \int_1^\infty \frac{1}{x^2}\,dx = 2$$

보다 작다. 그래서 부분합은 유계이다. 각 항이 양수이므로 부분합은 증가한다. 따라서 부분합이 수렴하므로(단조수열 정리에 의해) 이 급수는 수렴한다. 급수의 합(부분합의 극한값)은 또한 2보다 작다.

$$\sum_{n=1}^{\infty} \frac{1}{n^2} = \frac{1}{1^2} + \frac{1}{2^2} + \frac{1}{3^2} + \frac{1}{4^2} + \cdots < 2$$

[이 급수의 합은 스위스 수학자 오일러(Leonhard Euler, 1707~1783)에 의하여 $\pi^2/6$임이 밝혀졌으나 증명은 상당히 어렵다.]

다음 급수를 보자.

$$\sum_{n=1}^{\infty} \frac{1}{\sqrt{n}} = \frac{1}{\sqrt{1}} + \frac{1}{\sqrt{2}} + \frac{1}{\sqrt{3}} + \frac{1}{\sqrt{4}} + \frac{1}{\sqrt{5}} + \cdots$$

n	$s_n = \sum_{i=1}^{n} \frac{1}{\sqrt{i}}$
5	3.2317
10	5.0210
50	12.7524
100	18.5896
500	43.2834
1000	61.8010
5000	139.9681

s_n의 값의 표는, 부분합은 유한값으로 근접하지 않음을 암시하므로 급수는 발산할 것이라 생각한다. 그림 2는 곡선 $y = 1/\sqrt{x}$의 그래프를 보여준다. 직사각형의 위쪽이 곡선 위에 있다.

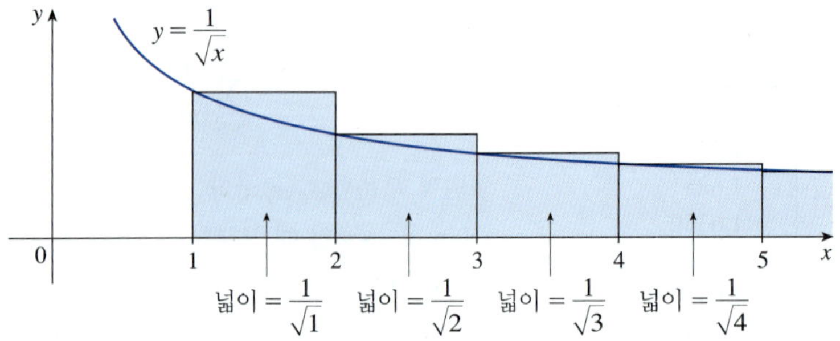

그림 2

각 사각형의 밑면은 길이가 1인 구간이다. 각 구간의 **왼쪽** 끝점에서 높이는 함숫값 $y = 1/\sqrt{x}$이다. 그러므로 사각형들의 넓이의 합은

$$\frac{1}{\sqrt{1}} + \frac{1}{\sqrt{2}} + \frac{1}{\sqrt{3}} + \frac{1}{\sqrt{4}} + \frac{1}{\sqrt{5}} + \cdots = \sum_{n=1}^{\infty} \frac{1}{\sqrt{n}}$$

이다. 총 넓이는 $x \geqslant 1$에 대하여 곡선 $y = 1/\sqrt{x}$ 아래의 넓이보다 크다. 그런데 7.5절의 예제 4에서 이 이상적분의 값은 발산한다. 즉, 곡선의 넓이는 무한이다. 그러므로 급수의 합은 무한이다. 즉, 급수는 발산한다.

위의 두 예에서 사용한 기하학적인 설명은 다음 판정법을 증명하는 데 사용된다. (증명은 이 절의 끝에 제시되어 있다.)

적분판정법(The Integral Test) f가 $[1, \infty)$에서 연속이고 양의 값을 갖는 감소함수라 하고 $a_n = f(n)$이라 하자. 급수 $\sum_{n=1}^{\infty} a_n$이 수렴할 필요충분조건은 이상적분 $\int_1^\infty f(x)\,dx$가 수렴할 때이다. 즉

(i) $\int_1^\infty f(x)\,dx$가 수렴하면 $\sum_{n=1}^\infty a_n$이 수렴한다.

(ii) $\int_1^\infty f(x)\,dx$가 발산하면 $\sum_{n=1}^\infty a_n$이 발산한다.

NOTE 적분판정법에서 급수가 $n = 1$에서 시작할 필요는 없다. 예를 들어

$$\sum_{n=4}^\infty \frac{1}{(n-3)^2}\text{을 판정할 때}\quad \int_4^\infty \frac{1}{(x-3)^2}\,dx\text{를 이용한다.}$$

또한 f가 항상 감소할 필요도 없다. 중요한 것은 f가 궁극적으로 감소하는 것이다. 즉, f가 적당한 수 N보다 큰 x에 대하여 감소하면 된다. 그러면 $\sum_{n=N}^\infty a_n$은 수렴하므로 10.2절의 마지막 NOTE에 의해 $\sum_{n=1}^\infty a_n$이 수렴한다.

적분판정법을 사용하려면 $\int_1^\infty f(x)\,dx$를 구할 수 있어야 하고 그럴려면 f의 원시함수(역도함수)를 구할 수 있어야 한다. 그런데 흔히 이것을 구하기는 어렵거나 불가능하기 때문에 급수의 수렴을 판정할 수 있는 다른 판정법이 필요하다.

예제 1 급수 $\sum_{n=1}^\infty \frac{1}{n^2+1}$이 수렴하는지 발산하는지 판정하여라.

풀이 함수 $f(x) = 1/(x^2+1)$은 $[1, \infty)$에서 연속이고 양이며 감소하므로 적분판정법에 의하여

$$\int_1^\infty \frac{1}{x^2+1}\,dx = \lim_{t\to\infty}\int_1^t \frac{1}{x^2+1}\,dx = \lim_{t\to\infty} \tan^{-1}x\Big]_1^t$$

$$= \lim_{t\to\infty}\left(\tan^{-1}t - \frac{\pi}{4}\right) = \frac{\pi}{2} - \frac{\pi}{4} = \frac{\pi}{4}$$

이다. 그러므로 $\int_1^\infty 1/(x^2+1)\,dx$는 수렴하는 적분이고, 적분판정법에 의하여 급수 $\Sigma\, 1/(n^2+1)$은 수렴한다. ■

예제 2 $\sum_{n=1}^\infty \frac{1}{n^p}$이 수렴하기 위한 p값을 구하여라.

풀이 $p < 0$이면 $\lim_{n\to\infty}(1/n^p) = \infty$이고 $p = 0$이면 $\lim_{n\to\infty}(1/n^p) = 1$이다. 두 경우 모두 $\lim_{n\to\infty}(1/n^p) \neq 0$이므로 10.2절의 [7] 발산판정법에 의하여 급수는 발산한다.

$p > 0$이면 $f(x) = 1/x^p$은 $[1, \infty)$에서 연속이고 양이며 감소한다. 7.5절의 [2]에서

$$p > 1\text{이면 } \int_1^\infty \frac{1}{x^p}\,dx\text{는 수렴하고 } p \leqslant 1\text{이면 발산한다.}$$

그러므로 $p > 1$일 때 적분판정법에 의하여 급수 $1/n^p$는 수렴하고, $0 < p \leqslant 1$에서 급수는 발산한다. ($p = 1$이면 이 급수는 10.2절의 예제 8에 소개한 조화급수이다.) ■

예제 2의 급수를 ***p*급수**(*p*-series)라 부른다. p급수는 이 장 이후에 매우 중요하게 사용되므로 예제 2의 결과를 요약한다.

1 p급수 $\sum_{n=1}^{\infty} \frac{1}{n^p}$은 $p > 1$이면 수렴하고 $p \leq 1$이면 발산한다.

양항 급수의 수렴성은 각 항이 얼마나 "빨리" 영으로 수렴하는지에 의존한다고 할 수 있다. 임의의 p급수($p > 0$)에 대하여 일반항 $a_n = 1/n^p$은 영으로 수렴하는데, p값이 더 클수록 더 빨리 수렴한다.

예제 3

(a) 급수

$$\sum_{n=1}^{\infty} \frac{1}{n^3} = \frac{1}{1^3} + \frac{1}{2^3} + \frac{1}{3^3} + \frac{1}{4^3} + \cdots$$

는 $p = 3 > 1$인 p급수이므로 수렴한다.

(b) 급수

$$\sum_{n=1}^{\infty} \frac{1}{n^{1/3}} = \sum_{n=1}^{\infty} \frac{1}{\sqrt[3]{n}} = 1 + \frac{1}{\sqrt[3]{2}} + \frac{1}{\sqrt[3]{3}} + \frac{1}{\sqrt[3]{4}} + \cdots$$

는 $p = \frac{1}{3} < 1$이므로 발산한다. ■

NOTE 적분판정법에서 적분값이 급수의 합이 아님을 주의해야 한다. 사실

$$\sum_{n=1}^{\infty} \frac{1}{n^2} = \frac{\pi^2}{6} \text{이지만} \qquad \int_1^{\infty} \frac{1}{x^2}\,dx = 1$$

이다. 그러므로 일반적으로 다음과 같이 나타낸다.

$$\sum_{n=1}^{\infty} a_n \neq \int_1^{\infty} f(x)\,dx$$

예제 4 급수 $\sum_{n=1}^{\infty} \frac{\ln n}{n}$가 수렴하는지 발산하는지 알아보아라.

풀이 함수 $f(x) = (\ln x)/x$는 $x > 1$에서 양이고 연속이다. 왜냐하면 로그함수가 연속이기 때문이다. 그러나 f가 감소하는지는 명확하지 않으므로 함수를 미분하면

$$f'(x) = \frac{(1/x)x - \ln x}{x^2} = \frac{1 - \ln x}{x^2}$$

이다. 따라서 $\ln x > 1$일 때, 즉 $x > e$일 때, $f'(x) < 0$이다. 그러므로 $x > e$일 때 f는 감소하므로 적분판정법을 적용할 수 있다.

$$\int_1^{\infty} \frac{\ln x}{x}\,dx = \lim_{t\to\infty} \int_1^{t} \frac{\ln x}{x}\,dx = \lim_{t\to\infty} \frac{(\ln x)^2}{2}\Bigg]_1^t$$

$$= \lim_{t\to\infty} \frac{(\ln t)^2}{2} = \infty$$

이 이상적분이 발산하므로, 적분판정법에 의하여 $\Sigma\,(\ln n)/n$은 발산한다. ■

■ 적분판정법의 증명

급수 $\Sigma\, 1/n^2$과 $\Sigma\, 1/\sqrt{n}$에 관한 그림 1과 2에서 적분판정법에 대한 증명의 기본적인 아

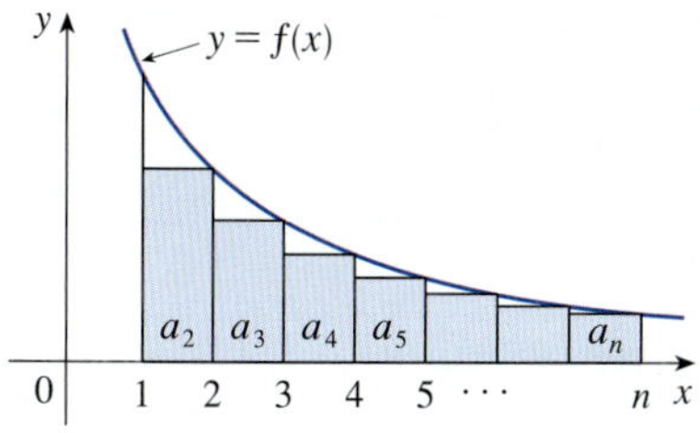

그림 3

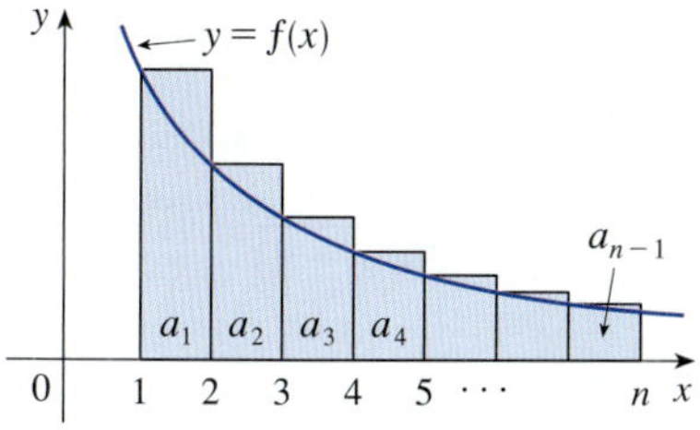

그림 4

이디어를 보여준다. 그림 3의 첫 번째 사각형의 넓이는 [1, 2]의 오른쪽 끝점에서의 f값이다. 즉 $f(2) = a_2$이다. 사각형들의 넓이와 $y = f(x)$의 $x = 1$에서 $x = n$까지의 넓이를 비교하면

2 $$a_2 + a_3 + \cdots + a_n \leq \int_1^n f(x)\,dx$$

(이 부등식은 f가 감소한다는 사실에 기인함에 유의하여라.) 마찬가지로 그림 4에서

3 $$\int_1^n f(x)\,dx \leq a_1 + a_2 + \cdots + a_{n-1}$$

(i) $\int_1^\infty f(x)\,dx$가 수렴하면 $f(x) \geq 0$이므로 **2**에 의하여

$$\sum_{i=2}^{n} a_i \leq \int_1^n f(x)\,dx \leq \int_1^\infty f(x)\,dx$$

이다. 그러므로

$$s_n = a_1 + \sum_{i=2}^{n} a_i \leq a_1 + \int_1^\infty f(x)\,dx = M$$

이라 하자. 모든 n에 대하여 $s_n \leq M$이므로 수열 $\{s_n\}$은 위로 유계이다. 또한 $a_{n+1} = f(n+1) \geq 0$이므로

$$s_{n+1} = s_n + a_{n+1} \geq s_n$$

이다. 즉 $\{s_n\}$은 증가수열이므로 단조수열 정리(10.1절의 식 **10**)에 의하여 수렴한다. 이것은 $\Sigma\, a_n$이 수렴한다는 것을 의미한다.

(ii) $\int_1^\infty f(x)\,dx$가 발산하면 $f(x) \geq 0$이므로 $n \to \infty$일 때 $\int_1^n f(x)\,dx \to \infty$이다. 그러나 **3**에 의하여

$$\int_1^n f(x)\,dx \leq \sum_{i=1}^{n-1} a_i = s_{n-1}$$

이므로, $s_{n-1} \to \infty$이다. 이것은 $s_n \to \infty$이므로 $\Sigma\, a_n$이 발산한다는 것을 의미한다. ■

10.3 연습문제

1. 그래프를 그려서 $\sum_{n=2}^{\infty} \frac{1}{n^{1.5}} < \int_1^\infty \frac{1}{x^{1.5}}\,dx$임을 보여라. 급수에 대한 결과를 이야기하여라.

2. $x \geq 1$에 대하여 f는 감소하는 연속함수($f > 0$)이고 $a_n = f(n)$이라 하자. 그래프를 그려서 다음과 같이 주어진 세 값을 증가하는 순서대로 나타내어라.

$$\int_1^6 f(x)\,dx \qquad \sum_{i=1}^{5} a_i \qquad \sum_{i=2}^{6} a_i$$

3-7 적분판정법을 사용하여 다음 급수가 수렴하는지 또는 발산하는지 알아보아라

3. $\sum_{n=1}^{\infty} n^{-3}$

4. $\sum_{n=1}^{\infty} \frac{2}{5n-1}$

5. $\sum_{n=2}^{\infty} \frac{n^2}{n^3+1}$

6. $\sum_{n=2}^{\infty} \frac{1}{n(\ln n)^3}$

7. $\sum_{n=1}^{\infty} \frac{\tan^{-1} n}{1+n^2}$

8-16 다음 급수가 수렴하는지 또는 발산하는지 판정하여라.

8. $\sum_{n=1}^{\infty} \frac{1}{n^{\sqrt{2}}}$

9. $1 + \frac{1}{8} + \frac{1}{27} + \frac{1}{64} + \frac{1}{125} + \cdots$

10. $\frac{1}{3} + \frac{1}{7} + \frac{1}{11} + \frac{1}{15} + \frac{1}{19} + \cdots$

11. $\sum_{n=1}^{\infty} \frac{\sqrt{n} + 4}{n^2}$

12. $\sum_{n=1}^{\infty} \frac{1}{n^2 + 4}$

13. $\sum_{n=1}^{\infty} \frac{n^3}{n^4 + 4}$

14. $\sum_{n=2}^{\infty} \frac{1}{n \ln n}$

15. $\sum_{k=1}^{\infty} ke^{-k}$

16. $\sum_{n=1}^{\infty} \frac{1}{n^2 + n^3}$

17-18 다음 급수의 수렴 판정에 적분판정법을 사용할 수 없는 이유를 설명하여라.

17. $\sum_{n=1}^{\infty} \frac{\cos \pi n}{\sqrt{n}}$

18. $\sum_{n=1}^{\infty} \frac{\cos^2 n}{1 + n^2}$

19-20 급수가 수렴하기 위한 p값을 구하여라.

19. $\sum_{n=2}^{\infty} \frac{1}{n(\ln n)^p}$

20. $\sum_{n=3}^{\infty} \frac{1}{n \ln n\,[\ln(\ln n)]^p}$

21-22 **리만 제타 함수** 복소수 s에 대하여 급수로 정의된 함수

$$\zeta(s) = \sum_{n=1}^{\infty} \frac{1}{n^s}$$

을 리만 제타 함수라고 한다.

21. 어떤 실수 x에 대하여 $\zeta(x)$가 정의되는가?

22. 오일러는 $p = 2$인 p급수의 정확한 합을 계산할 수 있었다.

$$\zeta(2) = \sum_{n=1}^{\infty} \frac{1}{n^2} = \frac{\pi^2}{6}$$

이 사실을 사용하여 각각의 급수의 합을 구하여라.

(a) $\sum_{n=2}^{\infty} \frac{1}{n^2}$

(b) $\sum_{n=3}^{\infty} \frac{1}{(n+1)^2}$

(c) $\sum_{n=1}^{\infty} \frac{1}{(2n)^2}$

23. (a) **2**를 이용하여 s_n이 조화급수의 n번째 부분합일 때

$$s_n \leqslant 1 + \ln n$$

임을 보여라.

(b) 조화급수는 매우 천천히 발산한다. (a)를 이용하여 백만 번째 항까지의 합이 15보다 작고 10억 번째 항까지의 합이 22보다 작음을 보여라.

24. $\sum_{n=1}^{\infty} b^{\ln n}$이 수렴하는 양의 b값을 모두 구하여라.

25. 다음 수열이 수렴하는 모든 c의 값을 구하여라.

$$\sum_{n=1}^{\infty} \left(\frac{c}{n} - \frac{1}{n+1} \right)$$

10.4 비교판정법

비교판정법의 아이디어는 수렴하는지 발산하는지 이미 알고 있는 급수를 이용하여 급수를 비교하는 것이다. 두 급수가 양항으로만 이루어져 있을 때는 어떤 급수가 더 큰지 알아보기 위해 대응하는 항을 직접 비교하거나(직접비교판정법) 대응하는 항의 비의 극한을 조사할 수 있다(극한비교판정법).

직접비교판정법

두 급수

$$\sum_{n=1}^{\infty} \frac{1}{2^n + 1} \text{과} \qquad \sum_{n=1}^{\infty} \frac{1}{2^n}$$

을 생각해보자. 두 번째 급수 $\sum_{n=1}^{\infty} 1/2^n$은 $a = \frac{1}{2}$, $r = \frac{1}{2}$인 기하급수이므로 수렴한다. 두 급수가 매우 비슷하므로 첫 번째 급수 또한 수렴할 것이라 느낄지 모른다. 사실 실제로

그렇다. 다음 부등식

$$\frac{1}{2^n + 1} < \frac{1}{2^n}$$

은 급수 $\Sigma\, 1/(2^n + 1)$이 기하급수 $\Sigma\, 1/2^n$의 항들보다 더 작은 항들을 가짐을 보여준다. 그러므로 급수의 모든 부분합은 1(기하급수의 합)보다 작다. 이 사실로 급수의 부분합은 수렴하는 유계인 증가수열을 형성한다. 또한 급수의 합은 기하급수의 합보다 작다.

$$\sum_{n=1}^{\infty} \frac{1}{2^n + 1} < 1$$

유사한 추론을 사용하여 다음 판정법을 증명할 수 있다. 이 판정법은 각 항이 양수인 경우에만 적용된다. 첫 번째는 만약 급수의 항들이 수렴하는 급수의 항보다 **작으면** 급수는 **수렴함**을 기술하며, 두 번째는 만약 급수의 항들이 발산하는 급수의 항보다 **크면** 급수는 **발산함**을 기술한다.

> **직접비교판정법(The Direct Comparison Test)** $\Sigma\, a_n$과 $\Sigma\, b_n$을 양항 급수라 하자.
> (i) 모든 n에 대하여 $\Sigma\, b_n$이 수렴하고 $a_n \leqslant b_n$이면 $\Sigma\, a_n$도 수렴한다.
> (ii) 모든 n에 대하여 $\Sigma\, b_n$이 발산하고 $a_n \geqslant b_n$이면 $\Sigma\, a_n$도 발산한다.

수열과 급수의 차이점을 구별할 수 있어야 한다. 수열은 수들의 나열이고 급수는 합이다. 급수 $\Sigma\, a_n$에 관련된 2개의 수열이 있는데 항들의 수열 $\{a_n\}$과 부분합의 수열 $\{s_n\}$이다.

증명

(i) $$s_n = \sum_{i=1}^{n} a_i \qquad t_n = \sum_{i=1}^{n} b_i \qquad t = \sum_{n=1}^{\infty} b_n$$

이라 하자. 두 급수가 양항 급수이므로 수열 $\{s_n\}$과 $\{t_n\}$은 증가수열이다($s_{n+1} = s_n + a_{n+1} \geqslant s_n$). 또한 모든 n에 대하여 $t_n \to t$이므로 $t_n \leqslant t$이다. $a_i \leqslant b_i$이므로 $s_n \leqslant t_n$이다. 그러므로 모든 n에 대하여 $s_n \leqslant t$이다. 따라서 $\{s_n\}$은 증가하고 위로 유계인 수열이므로 단조수열 정리에 의하여 수렴한다. 그러므로 $\Sigma\, a_n$은 수렴한다.

(ii) $\Sigma\, b_n$이 발산하면 $t_n \to \infty$($\{t_n\}$이 증가하므로)이다. 그러나 $a_i \geqslant b_i$이므로 $s_n \geqslant t_n$이다. 그래서 $s_n \to \infty$이다. 그러므로 $\Sigma\, a_n$은 발산한다. ■

비교판정법에 이용되는 표준 급수

비교판정법의 사용에서 비교되는 급수 $\Sigma\, b_n$을 반드시 알아야 한다. 대부분의 경우 다음 급수 중 하나를 사용한다.

- p급수 [$\Sigma\, 1/n^p$은 $p > 1$이면 수렴하고 $p \leqslant 1$이면 발산한다. (10.3절의 [1] 참조)]
- 기하급수 [$\Sigma\, ar^{n-1}$은 $|r| < 1$이면 수렴하고 $|r| \geqslant 1$이면 발산한다. (10.2절의 [4] 참조)]

예제 1 급수 $\displaystyle\sum_{n=1}^{\infty} \frac{5}{2n^2 + 4n + 3}$가 수렴하는지 발산하는지 판정하여라.

풀이 충분히 큰 n에 대해 분모를 지배하는 항은 $2n^2$이므로 주어진 급수를 급수 $\Sigma\, 5/(2n^2)$와 비교한다. $2n^2 + 4n + 3 > 2n^2$이므로

$$\frac{5}{2n^2+4n+3} < \frac{5}{2n^2}$$

이다. (비교판정법의 기호에서 a_n이 왼쪽이고 b_n이 오른쪽이다.)

$$\sum_{n=1}^{\infty} \frac{5}{2n^2} = \frac{5}{2}\sum_{n=1}^{\infty} \frac{1}{n^2}$$

은 $p = 2 > 1$인 p급수에 상수배한 급수이므로 수렴한다. 그러므로

$$\sum_{n=1}^{\infty} \frac{5}{2n^2+4n+3}$$

는 비교판정법 (i)에 의하여 수렴한다. ■

NOTE 비록 비교판정법은 모든 n에 대하여 $a_n \leqslant b_n$ 혹은 $a_n \geqslant b_n$이라는 조건이 주어졌을지라도 실제로는 적당한 정수 N이 존재하여 $n \geqslant N$을 만족하는 n에 대하여 성립한다는 것을 보이면 된다. 왜냐하면 유한개의 항들은 급수의 수렴발산에 영향을 미치지 않기 때문이다. 다음 예제는 이런 경우이다.

예제 2 $\displaystyle\sum_{k=1}^{\infty} \frac{\ln k}{k}$가 수렴하는지 발산하는지 판정하여라.

풀이 10.3절의 예제 4에서는 이 급수를 판정하는 데 적분판정법을 사용했다. $k \geqslant 3$에서 $\ln k > 1$이므로

$$\frac{\ln k}{k} > \frac{1}{k} \qquad k \geqslant 3$$

이다. $\Sigma\, 1/k$은 발산하므로($p = 1$인 p급수) 비교판정법에 의하여 급수는 발산한다. ■

■ 극한비교판정법

직접비교판정법은 주어진 급수의 항이 수렴하는 급수의 항보다 작거나 발산하는 급수의 항보다 클 때만 쓸 수 있다. 만약 수렴급수의 항들보다 크거나 발산급수의 항들보다 작으면 직접비교판정법은 적용될 수 없다. 예를 들어 다음 급수를 생각해보자.

$$\sum_{n=1}^{\infty} \frac{1}{2^n - 1}$$

부등식

$$\frac{1}{2^n - 1} > \frac{1}{2^n}$$

에서 $\Sigma\, b_n = \Sigma\left(\frac{1}{2}\right)^n$은 수렴하나 $a > b$이므로 직접비교판정법을 사용할 수 없다. 그럼에도 $\Sigma\, 1/(2^n - 1)$은 수렴할 것으로 추정된다. 왜냐하면 급수는 수렴하는 기하급수 $\Sigma\left(\frac{1}{2}\right)^n$과 유사하기 때문이다. 이런 경우에는 다음 판정법을 이용할 수 있다.

$c = 0$과 $c = \infty$의 경우에 대해서는 연습문제 28과 29를 참조 바람.

극한비교판정법(The Limit Comparison Test) Σa_n과 Σb_n을 양항 급수라 하자. $c > 0$ $(c \neq \infty)$에 대하여

$$\lim_{n\to\infty} \frac{a_n}{b_n} = c$$

이면 두 급수는 동시에 수렴하거나 동시에 발산한다.

증명 m과 M이 양수이고 $m < c < M$이라 하자. 큰 n에 대하여 a_n/b_n은 c에 가까우므로

$$m < \frac{a_n}{b_n} < M \ , \qquad n > N$$

$$mb_n < a_n < Mb_n, \qquad n > N$$

인 N이 존재한다.

Σb_n이 수렴하면 ΣMb_n이 수렴한다. 그래서 직접비교판정법 (i)에 의하여 Σa_n은 수렴한다. Σb_n이 발산하면 Σmb_n도 발산하고 직접비교판정법 (ii)에 의하여 Σa_n도 발산한다. ■

예제 3 $\displaystyle\sum_{n=1}^{\infty} \frac{1}{2^n - 1}$이 수렴하는지 발산하는지 판정하여라.

풀이

$$a_n = \frac{1}{2^n - 1} \qquad b_n = \frac{1}{2^n}$$

이라 하고 극한비교판정법을 사용한다.

$$\lim_{n\to\infty} \frac{a_n}{b_n} = \lim_{n\to\infty} \frac{1/(2^n - 1)}{1/2^n} = \lim_{n\to\infty} \frac{2^n}{2^n - 1} = \lim_{n\to\infty} \frac{1}{1 - 1/2^n} = 1 > 0$$

이다. $\Sigma\, 1/2^n$은 수렴하는 기하급수이므로 극한비교판정법에 의하여 급수는 수렴한다. ■

예제 4 $\displaystyle\sum_{n=1}^{\infty} \frac{2n^2 + 3n}{\sqrt{5 + n^5}}$이 수렴하는지 발산하는지 판정하여라.

풀이 분자의 지배항은 $2n^2$이고 분모의 지배항은 $\sqrt{n^5} = n^{5/2}$이므로

$$a_n = \frac{2n^2 + 3n}{\sqrt{5 + n^5}} \qquad b_n = \frac{2n^2}{n^{5/2}} = \frac{2}{n^{1/2}}$$

라 하자.

$$\lim_{n\to\infty} \frac{a_n}{b_n} = \lim_{n\to\infty} \frac{2n^2 + 3n}{\sqrt{5 + n^5}} \cdot \frac{n^{1/2}}{2} = \lim_{n\to\infty} \frac{2n^{5/2} + 3n^{3/2}}{2\sqrt{5 + n^5}}$$

$$= \lim_{n\to\infty} \frac{2 + \dfrac{3}{n}}{2\sqrt{\dfrac{5}{n^5} + 1}} = \frac{2 + 0}{2\sqrt{0 + 1}} = 1$$

$\Sigma b_n = 2\Sigma 1/n^{1/2}$이 발산하므로($p = \frac{1}{2} < 1$인 p급수) 극한비교판정법에 의하여 급수는 발산한다. ■

급수의 판정에서는 분모, 분자의 높은 차수의 항을 취하여 적당한 비교급수를 만든다는 것을 알 수 있다.

10.4 연습문제

1. Σa_n과 Σb_n은 양항 급수이고 Σb_n이 수렴한다.

(a) 모든 n에서 $a_n > b_n$이면 Σa_n에 대하여 무엇을 말할 수 있는가? 그 이유는 무엇인가?

(b) 모든 n에서 $a_n < b_n$이면 Σa_n에 대하여 무엇을 말할 수 있는가? 그 이유는 무엇인가?

2. (a) 직접비교판정법을 사용하여 첫 번째 급수를 두 번째 급수와 비교함으로써 첫 번째 급수가 수렴함을 보여라.

$$\sum_{n=2}^{\infty} \frac{n}{n^3+5} \qquad \sum_{n=2}^{\infty} \frac{1}{n^2}$$

(b) 극한비교판정법을 사용하여 첫 번째 급수를 두 번째 급수와 비교함으로써 첫 번째 급수가 수렴함을 보여라.

$$\sum_{n=2}^{\infty} \frac{n}{n^3-5} \qquad \sum_{n=2}^{\infty} \frac{1}{n^2}$$

3. 다음 중 어느 부등식이 $\sum_{n=1}^{\infty} n/(n^3+1)$이 수렴함을 보이는 데 사용될 수 있는가?

(a) $\dfrac{n}{n^3+1} \geqslant \dfrac{1}{n^3+1}$ (b) $\dfrac{n}{n^3+1} \leqslant \dfrac{1}{n}$

(c) $\dfrac{n}{n^3+1} \leqslant \dfrac{1}{n^2}$

4-25 급수의 수렴, 발산을 조사하여라.

4. $\sum_{n=1}^{\infty} \dfrac{1}{n^3+8}$ **5.** $\sum_{n=1}^{\infty} \dfrac{n+1}{n\sqrt{n}}$

6. $\sum_{n=1}^{\infty} \dfrac{9^n}{3+10^n}$ **7.** $\sum_{n=2}^{\infty} \dfrac{1}{\ln n}$

8. $\sum_{k=1}^{\infty} \dfrac{k\sin^2 k}{1+k^3}$ **9.** $\sum_{k=1}^{\infty} \dfrac{\sqrt[3]{k}}{\sqrt{k^3+4k+3}}$

10. $\sum_{n=1}^{\infty} \dfrac{1+\cos n}{e^n}$ **11.** $\sum_{n=1}^{\infty} \dfrac{1}{\sqrt[3]{3n^4+1}}$

12. $\sum_{n=1}^{\infty} \dfrac{4^{n+1}}{3^n-2}$ **13.** $\sum_{n=1}^{\infty} \dfrac{1}{n^n}$

14. $\sum_{n=1}^{\infty} \dfrac{1}{\sqrt{n^2+1}}$ **15.** $\sum_{n=1}^{\infty} \dfrac{n+1}{n^3+n}$

16. $\sum_{n=1}^{\infty} \dfrac{\sqrt{1+n}}{2+n}$ **17.** $\sum_{n=1}^{\infty} \dfrac{5+2n}{(1+n^2)^2}$

18. $\sum_{n=1}^{\infty} \dfrac{n+3^n}{n+2^n}$ **19.** $\sum_{n=1}^{\infty} \dfrac{e^n+1}{ne^n+1}$

20. $\sum_{n=2}^{\infty} \dfrac{1}{n\sqrt{n^2-1}}$ **21.** $\sum_{n=1}^{\infty} \dfrac{2+\sin n}{n^2}$

22. $\sum_{n=1}^{\infty} \left(1+\dfrac{1}{n}\right)^2 e^{-n}$ **23.** $\sum_{n=1}^{\infty} \dfrac{1}{n!}$

24. $\sum_{n=1}^{\infty} \sin\left(\dfrac{1}{n}\right)$ **25.** $\sum_{n=1}^{\infty} \dfrac{1}{n}\tan\dfrac{1}{n}$

26. $0.d_1d_2d_3\ldots$의 소수표현법의 의미는 다음과 같다. (여기서 d_i는 0, 1, 2, . . ., 9 가운데 어느 하나이다.)

$$0.d_1d_2d_3d_4\ldots = \frac{d_1}{10} + \frac{d_2}{10^2} + \frac{d_3}{10^3} + \frac{d_4}{10^4} + \cdots$$

$d_1, d_2, \ldots$를 어떻게 선택하더라도 이 급수가 수렴함을 보여라.

27. 어떤 p값에 대하여 급수 $\sum_{n=2}^{\infty} 1/(n^p \ln n)$이 수렴하는가?

28. (a) Σa_n과 Σb_n이 양항 급수이고 Σb_n은 수렴한다고 하자.

$$\lim_{n\to\infty} \frac{a_n}{b_n} = 0$$

이면, Σa_n이 수렴함을 증명하여라.

(b) (a)를 이용하여 다음 급수가 수렴함을 보여라.

(i) $\sum_{n=1}^{\infty} \dfrac{\ln n}{n^3}$ (ii) $\sum_{n=1}^{\infty} \left(1-\cos\dfrac{1}{n^2}\right)$

29. (a) Σa_n과 Σb_n이 양항 급수이고 Σb_n은 발산한다고 하자.

$$\lim_{n\to\infty} \frac{a_n}{b_n} = \infty$$

이면, Σa_n이 발산함을 증명하여라.

(b) (a)를 이용하여 다음 급수가 발산함을 보여라.

(i) $\displaystyle\sum_{n=2}^{\infty} \frac{1}{\ln n}$ (ii) $\displaystyle\sum_{n=1}^{\infty} \frac{\ln n}{n}$

30. $a_n > 0$이고 $\lim_{n\to\infty} na_n \neq 0$이면 $\Sigma\, a_n$이 발산함을 보여라.

31. $\Sigma\, a_n$이 수렴하는 양항 급수이면 $\Sigma \sin(a_n)$ 또한 수렴하는가?

32. $a \geqslant 0$이고 $\Sigma\, a_n$이 수렴하면 $\Sigma\, a_n^2$이 수렴함을 보여라.

10.5 교대급수와 절대수렴

지금까지 양항 급수에 대한 수렴판정법을 살펴보았다. 이 절과 다음 절에서는 항이 반드시 양인 것만은 아닌 급수를 다루는 방법을 배운다. 항의 부호가 교대로 바뀌는 교대급수가 특히 중요하다.

■ 교대급수

교대급수(alternating series)는 부호가 양과 음으로 교대로 바뀌는 급수이다. 다음은 두 가지 예이다.

$$1 - \frac{1}{2} + \frac{1}{3} - \frac{1}{4} + \frac{1}{5} - \frac{1}{6} + \cdots = \sum_{n=1}^{\infty} (-1)^{n-1} \frac{1}{n}$$

$$-\frac{1}{2} + \frac{2}{3} - \frac{3}{4} + \frac{4}{5} - \frac{5}{6} + \frac{6}{7} - \cdots = \sum_{n=1}^{\infty} (-1)^{n} \frac{n}{n+1}$$

이 예들에서 교대급수의 n번째 항은

$$a_n = (-1)^{n-1} b_n \qquad \text{또는} \qquad a_n = (-1)^n b_n$$

이다. 여기서 b_n은 양수이다(사실 $b_n = |a_n|$).

다음 판정법은 교대급수의 항들이 절댓값을 취할 때 0으로 감소하면 수렴한다는 급수는 수렴함을 기술한다.

교대급수판정법(Alternating Series Test) 교대급수

$$\sum_{n=1}^{\infty} (-1)^{n-1} b_n = b_1 - b_2 + b_3 - b_4 + b_5 - b_6 + \cdots \qquad (b_n > 0)$$

가

(i) 모든 n에 대하여 $b_{n+1} \leqslant b_n$

(ii) $\lim_{n\to\infty} b_n = 0$

을 만족하면 수렴한다.

증명하기 전에 증명에 대한 청사진을 주는 그림 1을 살펴보자. 먼저 $s_1 = b_1$으로 하자. s_2를 구하기 위하여 b_2를 빼면 s_2는 s_1의 왼쪽에 위치한다. s_3를 구하기 위하여 b_3를 더하면 s_3는 s_2의 오른편에 위치한다. 그러나 $b_3 < b_2$이므로 s_3는 s_1의 왼쪽에 위치한다. 이 방법을 계속하면 부분합들은 앞뒤로 왔다갔다 한다. $b_n \to 0$이므로 연속적인 단계는 점점 더 작아진다. 짝수 부분합 $s_2, s_4, s_6, \ldots$은 증가하고 홀수 부분합 $s_1, s_3, s_5, \ldots$은 감소한다. 그래서 양쪽 모두의 합인 급수의 합 s로 수렴하고 있다는 것은 그럴듯하다.

그러므로 다음 증명에서는 짝수 부분합과 홀수 부분합을 분리한다.

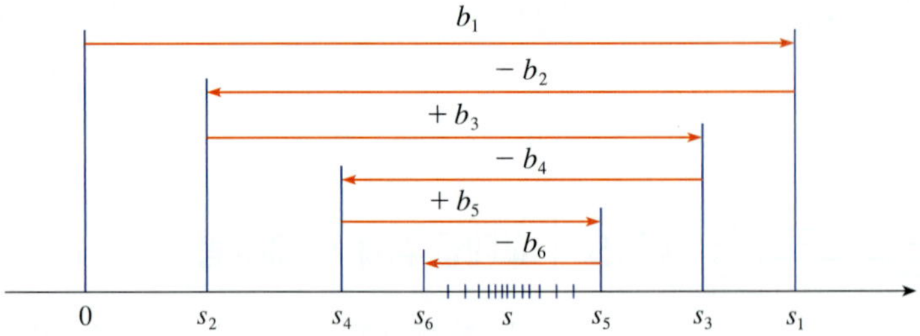

그림 1

교대급수판정법 증명 먼저 짝수 부분합을 생각해보자.

$$b_2 \leqslant b_1\text{이므로} \qquad s_2 = b_1 - b_2 \geqslant 0$$

$$b_4 \leqslant b_3\text{이므로} \qquad s_4 = s_2 + (b_3 - b_4) \geqslant s_2$$

일반적으로 $\qquad b_{2n} \leqslant b_{2n-1}$이므로 $\qquad s_{2n} = s_{2n-2} + (b_{2n-1} - b_{2n}) \geqslant s_{2n-2}$

따라서 $\qquad 0 \leqslant s_2 \leqslant s_4 \leqslant s_6 \leqslant \cdots \leqslant s_{2n} \leqslant \cdots$

$$s_{2n} = b_1 - (b_2 - b_3) - (b_4 - b_5) - \cdots - (b_{2n-2} - b_{2n-1}) - b_{2n}$$

이다. 괄호 안의 모든 항은 양수이므로 모든 n에 대하여 $s_{2n} \leqslant b_1$이다. 그러므로 수열 $\{s_{2n}\}$은 위로 유계인 증가수열이다. 따라서 단조수열 정리에 의하여 수열 $\{s_{2n}\}$은 수렴한다.

$$\lim_{n\to\infty} s_{2n} = s$$

이제 홀수 부분합의 극한을 계산해보자.

$$\begin{aligned}\lim_{n\to\infty} s_{2n+1} &= \lim_{n\to\infty} (s_{2n} + b_{2n+1}) \\ &= \lim_{n\to\infty} s_{2n} + \lim_{n\to\infty} b_{2n+1} \\ &= s + 0 \qquad\qquad [\text{(ii)에 의하여}] \\ &= s\end{aligned}$$

그림 2는 예제 1의 $a_n = (-1)^{n-1}/n$과 부분합 s_n의 그래프이다. s_n의 값들은 극한값 약 0.7을 위아래로 접근한다. 정확한 극한값은 $\ln 2 \approx 0.693$이다.

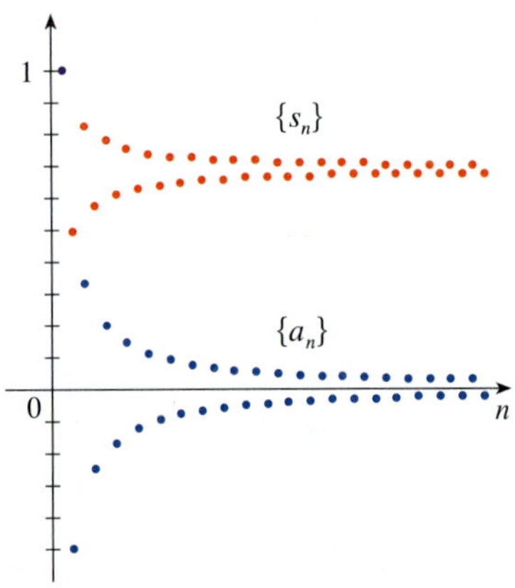

그림 2

짝수 부분합과 홀수 부분합의 합이 s에 수렴하므로 $\lim_{n\to\infty} s_n = s$이고 급수는 수렴한다. ■

예제 1 교대조화급수(alternating harmonic series)

$$1 - \frac{1}{2} + \frac{1}{3} - \frac{1}{4} + \cdots = \sum_{n=1}^{\infty} \frac{(-1)^{n-1}}{n}$$

는 $\qquad$ (i) $b_{n+1} < b_n \quad \left(\dfrac{1}{n+1} < \dfrac{1}{n}\text{이므로}\right)$

$\qquad$ (ii) $\displaystyle\lim_{n\to\infty} b_n = \lim_{n\to\infty} \frac{1}{n} = 0$

을 만족한다. 그러므로 급수는 교대급수판정법에 의하여 수렴한다. ■

예제 2 급수 $\sum_{n=1}^{\infty} \frac{(-1)^n 3n}{4n-1}$는 교대급수이나

$$\lim_{n\to\infty} b_n = \lim_{n\to\infty} \frac{3n}{4n-1} = \lim_{n\to\infty} \frac{3}{4-\frac{1}{n}} = \frac{3}{4}$$

이므로 조건 (ii)를 만족하지 않는다. 따라서 교대급수판정법은 적용되지 않는다. 대신 n항의 극한을 살펴보자.

$$\lim_{n\to\infty} a_n = \lim_{n\to\infty} \frac{(-1)^n 3n}{4n-1}$$

이 극한은 존재하지 않으므로 발산판정법에 의해 발산한다. ■

예제 3 급수 $\sum_{n=1}^{\infty} (-1)^{n+1} \frac{n^2}{n^3+1}$이 수렴하는지 발산하는지 판정하여라.

풀이 급수는 교대이므로 교대급수판정법의 조건 (i), (ii)를 만족하는지를 입증해야 한다.

조건 (i): 예제 1과 달리 수열 $b_n = n^2/(n^3+1)$이 감소하는지 명확하지 않다. 그러나 이와 관련된 함수 $f(x) = x^2/(x^3+1)$을 생각해보면

$$f'(x) = \frac{x(2-x^3)}{(x^3+1)^2}$$

임을 알 수 있다. x가 양수인 경우만 고려하므로 $2 - x^3 < 0$, 즉 $x > \sqrt[3]{2}$이면 $f'(x) < 0$이다. 그래서 구간 $(\sqrt[3]{2}, \infty)$에서 f는 감소한다. 이것은 $f(n+1) < f(n)$임을 의미하므로 $n \geqslant 2$일 때 $b_{n+1} < b_n$이다. (부등식 $b_2 < b_1$은 직접 확인할 수 있지만, 여기서 중요한 점은 수열 $\{b_n\}$이 궁극적으로 감소한다는 것이다.)

교대급수판정법의 조건 (i)을 보이는 대신 10.1절의 예제 13의 풀이 1의 방법을 이용하여 $b_{n+1} < b_n$을 보일 수 있다.

조건 (ii)는 쉽게 입증된다.

$$\lim_{n\to\infty} b_n = \lim_{n\to\infty} \frac{n^2}{n^3+1} = \lim_{n\to\infty} \frac{1/n}{1+1/n^3} = 0$$

그러므로 주어진 급수는 교대급수판정법에 의하여 수렴한다. ■

■ 절대수렴과 조건부 수렴

주어진 임의의 급수 $\Sigma\, a_n$에 대하여 다음과 같은 급수

$$\sum_{n=1}^{\infty} |a_n| = |a_1| + |a_2| + |a_3| + \cdots$$

는 원래 급수의 각 항에 절댓값을 취한 급수이다.

양항 급수와 교대급수의 수렴판정법을 알고 있다. 그러나 급수의 부호가 불규칙하게 바뀔 때는 어떠한가? 예제 6에서 절대수렴의 아이디어가 이런 경우에 도움이 됨을 볼 것이다.

1 정의 절댓값 급수 $\Sigma\,|a_n|$이 수렴하면 급수 $\Sigma\, a_n$은 **절대수렴**(absolutely convergent)한다고 한다.

Σa_n이 양항 급수인 경우 $|a_n| = a_n$이므로 절대수렴은 수렴과 같음에 유의하여라.

예제 4 급수

$$\sum_{n=1}^{\infty} \frac{(-1)^{n-1}}{n^2} = 1 - \frac{1}{2^2} + \frac{1}{3^2} - \frac{1}{4^2} + \cdots$$

는 절대수렴한다. 왜냐하면

$$\sum_{n=1}^{\infty} \left| \frac{(-1)^{n-1}}{n^2} \right| = \sum_{n=1}^{\infty} \frac{1}{n^2} = 1 + \frac{1}{2^2} + \frac{1}{3^2} + \frac{1}{4^2} + \cdots$$

는 수렴하는 p급수($p = 2$)이기 때문이다. ■

2 정의 Σa_n이 수렴하나 절대수렴하지는 않는다면, 즉 Σa_n은 수렴하지만 $\Sigma |a_n|$은 발산하면 급수 Σa_n은 **조건부 수렴**(conditionally convergent)한다고 한다.

예제 5 예제 1로부터 교대조화급수

$$\sum_{n=1}^{\infty} \frac{(-1)^{n-1}}{n} = 1 - \frac{1}{2} + \frac{1}{3} - \frac{1}{4} + \cdots$$

는 수렴함을 안다. 그러나 절대수렴하지는 않는다. 왜냐하면

$$\sum_{n=1}^{\infty} \left| \frac{(-1)^{n-1}}{n} \right| = \sum_{n=1}^{\infty} \frac{1}{n} = 1 + \frac{1}{2} + \frac{1}{3} + \frac{1}{4} + \cdots$$

는 조화급수($p = 1$인 p급수)이므로 발산하기 때문이다. 따라서 교대조화급수는 조건부 수렴한다. ■

예제 5는 급수가 수렴하지만 절대수렴하지 않을 수 있음을 보여준다. 그러나 다음 정리는 급수가 절대수렴하면 그 급수는 수렴한다는 것을 보여준다.

절대수렴은 보다 강한 형태의 수렴이라 볼 수 있다. 예제 4의 급수처럼 절대수렴하는 급수는 항의 부호와 관계없이 수렴하는 반면 예제 5의 급수는 음항을 모두 양항으로 바꾸면 수렴하지 않는다.

3 정리 급수 Σa_n이 절대수렴하면 그 급수는 수렴한다.

증명 $|a_n|$이 a_n 또는 $-a_n$이므로

$$0 \leqslant a_n + |a_n| \leqslant 2|a_n|$$

이다. Σa_n이 절대수렴하면 $\Sigma |a_n|$이 수렴하므로 $\Sigma 2|a_n|$이 수렴한다. 그러므로 비교판정법에 의하여 $\Sigma (a_n + |a_n|)$이 수렴한다. 따라서

$$\sum a_n = \sum (a_n + |a_n|) - \sum |a_n|$$

은 수렴하는 두 급수의 합이므로 수렴한다. ■

예제 6 급수

$$\sum_{n=1}^{\infty} \frac{\cos n}{n^2} = \frac{\cos 1}{1^2} + \frac{\cos 2}{2^2} + \frac{\cos 3}{3^2} + \cdots$$

가 수렴하는지 발산하는지 판단하여라.

그림 3은 예제 6의 a_n과 부분합 s_n의 그래프이다. 급수는 양수와 음수를 교대로 갖지 않음에 유의하여라.

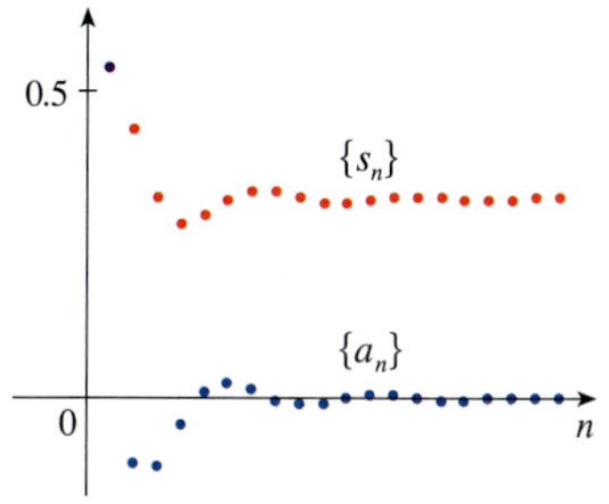

그림 3

풀이 급수는 양항과 음항을 모두 가지지만 교대는 아니다. (첫 번째 항은 양이고, 다음 세 항은 음이고, 다음 세 항은 양이다. 부호가 불규칙적으로 변한다.) 절댓값 급수

$$\sum_{n=1}^{\infty} \left| \frac{\cos n}{n^2} \right| = \sum_{n=1}^{\infty} \frac{|\cos n|}{n^2}$$

에 직접비교판정법을 적용하자. 모든 n에 대하여 $|\cos n| \leqslant 1$이므로

$$\frac{|\cos n|}{n^2} \leqslant \frac{1}{n^2}$$

이다. $\Sigma\, 1/n^2$이 수렴하므로($p = 2$인 p급수) 직접비교판정법에 의하여 $\Sigma\, |\cos n|/n^2$도 수렴한다. 그러므로 급수 $\Sigma\, (\cos n)/n^2$은 절대수렴하고 정리 **3**에 의하여 수렴한다. ■

예제 7 급수가 절대수렴하는지, 조건부 수렴하는지, 발산하는지 판정하여라.

(a) $\displaystyle\sum_{n=1}^{\infty} \frac{(-1)^n}{n^3}$ (b) $\displaystyle\sum_{n=1}^{\infty} \frac{(-1)^n}{\sqrt[3]{n}}$ (c) $\displaystyle\sum_{n=1}^{\infty} (-1)^n \frac{n}{2n+1}$

풀이

(a) 급수

$$\sum_{n=1}^{\infty} \left| \frac{(-1)^n}{n^3} \right| = \sum_{n=1}^{\infty} \frac{1}{n^3}$$

이 수렴하므로($p = 3$인 p급수) 주어진 급수는 절대수렴한다.

(b) 먼저 절대수렴하는지 살펴보자. 급수

$$\sum_{n=1}^{\infty} \left| \frac{(-1)^n}{\sqrt[3]{n}} \right| = \sum_{n=1}^{\infty} \frac{1}{\sqrt[3]{n}}$$

이 발산하므로($p = \frac{1}{3}$인 p급수) 주어진 급수는 절대수렴하지 않는다. 이 급수는 교대급수판정법($b_{n+1} \leqslant b_n$, $\lim_{n\to\infty} b_n = 0$)에 의하여 수렴한다. 주어진 급수가 수렴하지만 절대수렴하지 않으므로 조건부 수렴한다.

(c) 주어진 급수는 교대급수이긴 하지만

$$\lim_{n\to\infty} a_n = \lim_{n\to\infty} (-1)^n \frac{n}{2n+1}$$

이 존재하지 않으므로(그림 4), 발산판정법에 의하여 급수는 발산한다. ■

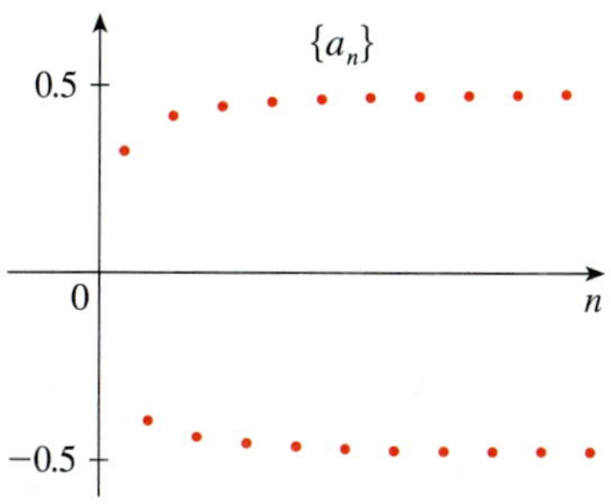

그림 4 $\{a_n\}$의 항은 교대로 0.5와 −0.5에 가깝다.

10.5 연습문제

1. (a) 교대급수란 무엇인가?
(b) 어떤 조건에서 교대급수가 수렴하는가?
(c) 조건들이 만족될 때 n항 이후의 나머지에 대하여 무엇을 알 수 있는가?

2-15 다음 급수의 수렴, 발산을 조사하여라.

2. $\frac{2}{3} - \frac{2}{5} + \frac{2}{7} - \frac{2}{9} + \frac{2}{11} - \cdots$

3. $\frac{1}{\ln 3} - \frac{1}{\ln 4} + \frac{1}{\ln 5} - \frac{1}{\ln 6} + \frac{1}{\ln 7} - \cdots$

4. $\sum_{n=1}^{\infty} \frac{(-1)^{n-1}}{3+5n}$

5. $\sum_{n=0}^{\infty} \frac{(-1)^{n+1}}{\sqrt{n+1}}$

6. $\sum_{n=1}^{\infty} (-1)^n \frac{3n-1}{2n+1}$

7. $\sum_{n=1}^{\infty} (-1)^n e^{-n}$

8. $\sum_{n=1}^{\infty} (-1)^n \frac{\sqrt{n}}{2n+3}$

9. $\sum_{n=1}^{\infty} (-1)^{n+1} \frac{n^2}{n^3+4}$

10. $\sum_{n=1}^{\infty} (-1)^n \frac{n}{2^n}$

11. $\sum_{n=1}^{\infty} (-1)^{n-1} e^{2/n}$

12. $\sum_{n=1}^{\infty} (-1)^{n-1} \arctan n$

13. $\sum_{n=0}^{\infty} \frac{\sin\left(n+\frac{1}{2}\right)\pi}{1+\sqrt{n}}$

14. $\sum_{n=1}^{\infty} (-1)^n \sin\frac{\pi}{n}$

15. $\sum_{n=1}^{\infty} (-1)^n \frac{n^2}{5^n}$

---

16. (a) 급수가 절대수렴한다는 것은 무엇을 의미하는가?
(b) 급수가 조건부 수렴한다는 것은 무엇을 의미하는가?
(c) 양항 급수 $\sum_{n=1}^{\infty} b_n$이 수렴한다면, 급수 $\sum_{n=1}^{\infty} (-1)^n b_n$에 대하여 무엇을 말할 수 있는가?

17-22 급수가 절대수렴하는지, 조건부 수렴하는지, 발산하는지 판단하여라.

17. $\sum_{n=1}^{\infty} \frac{(-1)^{n-1}}{\sqrt[3]{n^2}}$

18. $\sum_{n=1}^{\infty} \frac{(-1)^n}{5n+1}$

19. $\sum_{n=1}^{\infty} \frac{(-1)^n}{n^2+1}$

20. $\sum_{n=1}^{\infty} \frac{1+2\sin n}{n^3}$

21. $\sum_{n=1}^{\infty} (-1)^{n-1} \frac{n}{n^2+4}$

22. $\sum_{n=2}^{\infty} \frac{(-1)^n}{\ln n}$

23-24 같은 화면에 수열과 부분합의 수열을 그래프로 나타내어라. 그래프를 사용하여 급수의 합을 대략 추정하여라. 교대급수 추정정리를 사용하여 다음 급수의 합을 소수 넷째 자리까지 정확하게 구하여라.

23. $\sum_{n=1}^{\infty} \frac{(-0.8)^n}{n!}$

24. $\sum_{n=1}^{\infty} (-1)^{n-1} \frac{n}{8^n}$

---

25. 급수 $\sum_{n=1}^{\infty} (-1)^{n-1}/n$의 부분합 s_{50}은 급수의 합보다 큰지 작은지 설명하여라.

26-27 다음 급수가 수렴하는 p값을 구하여라.

26. $\sum_{n=1}^{\infty} \frac{(-1)^{n-1}}{n^p}$

27. $\sum_{n=1}^{\infty} \frac{(-1)^n}{n+p}$

---

28. n이 홀수일 때 $b_n = 1/n$이고 n이 짝수일 때 $b_n = 1/n^2$인 급수 $\Sigma(-1)^{n-1}b_n$이 발산함을 보여라. 교대급수판정법을 적용할 수 없는 이유는 무엇인가?

29. 급수 Σa_n이 조건부 수렴한다고 하자.
(a) 급수 $\Sigma n^2 a_n$이 발산함을 증명하여라.
(b) Σa_n의 조건부 수렴성은 $\Sigma n a_n$의 수렴, 발산을 정하기에는 부족한 조건이다. 이를 $\Sigma n a_n$이 수렴하는 예와 $\Sigma n a_n$이 발산하는 예를 들어서 보여라.

10.6 비 판정법과 근 판정법

급수의 항이 얼마나 빨리 감소(혹은 증가)하는지 알아보는 한 방법은 이웃한 항의 비를 계산하는 것이다. 기하급수 Σar^{n-1}의 경우에 $|a^{n+1}/a^n| = |r|$이 성립하며 $|r| < 1$이면 급수가 수렴한다. 비 판정법은 임의의 급수에 대하여 $n \to \infty$일 때 $|a^{n+1}/a^n|$이 1보다 작은 수로 수렴하면 그 급수가 수렴함을 알려준다. 비 판정법과 근 판정법을 증명할 때 급수를 기하급수와 비교하는 과정이 있다.

■ 비 판정법

다음 판정법은 주어진 급수의 절대수렴 여부를 결정하는 데 매우 유용하다.

비 판정법(The Ratio Test)

(i) $\lim_{n\to\infty}\left|\dfrac{a_{n+1}}{a_n}\right| = L < 1$이면 급수 $\sum_{n=1}^{\infty} a_n$은 절대수렴한다(그러므로 수렴한다).

(ii) $\lim_{n\to\infty}\left|\dfrac{a_{n+1}}{a_n}\right| = L > 1$ 혹은 $\lim_{n\to\infty}\left|\dfrac{a_{n+1}}{a_n}\right| = \infty$이면 급수 $\sum_{n=1}^{\infty} a_n$은 발산한다.

(iii) $\lim_{n\to\infty}\left|\dfrac{a_{n+1}}{a_n}\right| = 1$이면 수렴발산을 비 판정법으로 판단할 수 없다. 즉, $\Sigma\, a_n$의 수렴 또는 발산에 대한 어떤 결론도 내릴 수 없다.

증명

(i) 주어진 급수와 수렴하는 기하급수를 비교하여 증명한다. $L < 1$이므로 $L < r < 1$인 r을 선택할 수 있다. $L < r$이고

$$\lim_{n\to\infty}\left|\frac{a_{n+1}}{a_n}\right| = L$$

이므로, 비 $|a_{n+1}/a_n|$은 결국 r보다 작다. 즉, 적당한 정수 N이 존재하여 $n \geqslant N$이면

$$\left|\frac{a_{n+1}}{a_n}\right| < r$$

이다. 이 식을 변형하면 $n \geqslant N$에 대하여

$$\boxed{1} \qquad |a_{n+1}| < |a_n|\, r$$

이다. 식 $\boxed{1}$에 n 대신 $N, N+1, N+2, \ldots$를 연속적으로 대입하면

$$|a_{N+1}| < |a_N|\, r$$
$$|a_{N+2}| < |a_{N+1}|\, r < |a_N|\, r^2$$
$$|a_{N+3}| < |a_{N+2}|\, r < |a_N|\, r^3$$

이고, 일반적으로 $k \geqslant 1$인 모든 k에 대하여

$$\boxed{2} \qquad |a_{N+k}| < |a_N|\, r^k$$

이다. 여기서 급수

$$\sum_{k=1}^{\infty} |a_N|\, r^k = |a_N|\, r + |a_N|\, r^2 + |a_N|\, r^3 + \cdots$$

은 $0 < r < 1$인 기하급수이므로 수렴한다. 따라서 부등식 $\boxed{2}$와 비교판정법에 의하여

$$\sum_{n=N+1}^{\infty} |a_n| = \sum_{k=1}^{\infty} |a_{N+k}| = |a_{N+1}| + |a_{N+2}| + |a_{N+3}| + \cdots$$

도 역시 수렴한다. 결국 $\sum_{n=1}^{\infty} |a_n|$은 수렴하게 되고 따라서 급수 Σa_n은 수렴한다.

(ii) $|a_{n+1}/a_n| \to L > 1$이거나 $|a_{n+1}/a_n| \to \infty$이면 비 $|a_{n+1}/a_n|$은 결국 1보다 클 것이다. 즉, 적당한 정수 N이 존재하여 $n \geq N$이면

$$\left| \frac{a_{n+1}}{a_n} \right| > 1$$

이 성립한다. 이 사실로부터 $n \geq N$일 때 $|a_{n+1}| > |a_n|$이므로

$$\lim_{n \to \infty} a_n \neq 0$$

이다. 따라서 발산판정법에 의하여 Σa_n은 발산한다. ■

합의 추정

앞의 세 절에서 급수의 합을 추정하기 위해 다양한 방법을 사용했다. 각 방법은 수렴을 증명하기 위해 사용된 판정법에 좌우되었다. 비 판정법이 성립하는 급수는 어떤가? 이 경우에는 두 가지 가능성이 있다. 예제 1과 같이 급수가 교대급수의 형태를 띤다면 10.5절의 방법을 사용하는 것이 최선이다. 만약 급수의 항이 모두 양수이면 연습문제 29에 설명된 특정한 방법을 사용하는 것이 좋다.

예제 1 급수 $\sum_{n=1}^{\infty} (-1)^n \dfrac{n^3}{3^n}$가 절대수렴하는지 판정하여라.

풀이 $a_n = (-1)^n n^3/3^n$일 때 비 판정법을 적용하면

$$\left| \frac{a_{n+1}}{a_n} \right| = \left| \frac{\dfrac{(-1)^{n+1}(n+1)^3}{3^{n+1}}}{\dfrac{(-1)^n n^3}{3^n}} \right| = \frac{(n+1)^3}{3^{n+1}} \cdot \frac{3^n}{n^3}$$

$$= \frac{1}{3}\left(\frac{n+1}{n}\right)^3 = \frac{1}{3}\left(1 + \frac{1}{n}\right)^3 \to \frac{1}{3} < 1$$

이다. 그러므로 비 판정법에 의하여 급수는 절대수렴한다. ■

예제 2 급수 $\sum_{n=1}^{\infty} \dfrac{n^n}{n!}$가 수렴하는지 판정하여라.

풀이 $a_n = n^n/n!$은 양항이므로 $n \to \infty$일 때

$$\frac{a_{n+1}}{a_n} = \frac{(n+1)^{n+1}}{(n+1)!} \cdot \frac{n!}{n^n} = \frac{(n+1)(n+1)^n}{(n+1)\,n!} \cdot \frac{n!}{n^n}$$

$$= \left(\frac{n+1}{n}\right)^n = \left(1 + \frac{1}{n}\right)^n \to e$$

이다(3.6절의 식 6 참조). $e > 1$이므로 비 판정법에 의하여 급수는 발산한다. ■

NOTE 예제 2의 풀이에서 비 판정법을 사용하였지만 발산판정법을 이용하는 것이 더 쉬운 방법이다. 즉

$$a_n = \frac{n^n}{n!} = \frac{n \cdot n \cdot n \cdot \cdots \cdot n}{1 \cdot 2 \cdot 3 \cdot \cdots \cdot n} \geqslant n$$

이므로 $n \to \infty$일 때 a_n은 수렴하지 않는다. 그러므로 발산판정법에 의하여 급수는 발산한다.

예제 3 비 판정법의 (iii)으로부터 $\lim_{n\to\infty} |a_{n+1}/a_n| = 1$이면 비 판정법을 이용할 수 없다. 예를 들어 다음 급수에 비 판정법을 적용해보자.

$$\sum_{n=1}^{\infty} \frac{1}{n} \qquad \sum_{n=1}^{\infty} \frac{1}{n^2}$$

첫 번째 급수에서 $a_n = 1/n$이고 $n \to \infty$일 때

$$\left| \frac{a_{n+1}}{a_n} \right| = \frac{1/(n+1)}{1/n} = \frac{n}{n+1} \to 1$$

이다. 두 번째 급수에서 $a_n = 1/n^2$이고 $n \to \infty$일 때

$$\left| \frac{a_{n+1}}{a_n} \right| = \frac{1/(n+1)^2}{1/n^2} = \left(\frac{n}{n+1} \right)^2 \to 1$$

이다. 두 경우 모두 비 판정법은 급수가 수렴하는지 발산하는지 여부를 결정하지 못한다. 따라서 다른 방법을 적용해야 한다. 첫 번째 급수는 조화급수로 이미 발산함을 알고 있다. 두 번째 급수는 $p > 1$인 p급수이므로 수렴한다. ■

비 판정법은 예제 1, 2에서처럼 보통 n번째 항이 지수나 계승(팩토리얼)을 포함할 때 적용된다. 이 판정법은 예제 3에서처럼 p급수에서는 실패하게 되어 있다.

■ 근 판정법

다음 판정법은 n제곱근이 나오는 경우 적용하면 편리하다. 이 판정법의 증명은 비 판정법과 유사하다.

근 판정법(The Root Test)

(i) $\lim_{n\to\infty} \sqrt[n]{|a_n|} = L < 1$이면 급수 $\sum_{n=1}^{\infty} a_n$은 절대수렴한다(그러므로 수렴한다).

(ii) $\lim_{n\to\infty} \sqrt[n]{|a_n|} = L > 1$ 혹은 $\lim_{n\to\infty} \sqrt[n]{|a_n|} = \infty$이면 급수 $\sum_{n=1}^{\infty} a_n$은 발산한다.

(iii) $\lim_{n\to\infty} \sqrt[n]{|a_n|} = 1$이면 근 판정법을 적용할 수 없다.

$\lim_{n\to\infty} \sqrt[n]{|a_n|} = 1$이면, 근 판정법의 (iii)은 이 판정법이 유효하지 않음을 의미한다. 이때 급수 $\sum a_n$은 수렴할 수도 있고 발산할 수도 있다. (비 판정법에서 $L = 1$인 경우에 근 판정법에서도 $L = 1$이 됨을 유의하여라.)

예제 4 급수 $\sum_{n=1}^{\infty} \left(\frac{2n+3}{3n+2} \right)^n$가 수렴하는지 판정하여라.

풀이

$$a_n = \left(\frac{2n+3}{3n+2}\right)^n$$

$$\sqrt[n]{|a_n|} = \frac{2n+3}{3n+2} = \frac{2+\dfrac{3}{n}}{3+\dfrac{2}{n}} \to \frac{2}{3} < 1$$

이므로 근 판정법에 의하여 급수는 수렴한다. ■

예제 5 급수 $\sum_{n=1}^{\infty}\left(\frac{n}{n+1}\right)^n$이 수렴하는지, 발산하는지 판정하여라.

풀이 근 판정법을 적용하는 것이 자연스러워 보인다.

$$n \to \infty\text{일 때} \qquad \sqrt[n]{|a_n|} = \frac{n}{n+1} \to 1$$

극한이 1이므로 어떤 결론을 내릴 수 없다. 하지만 3.6절의 식 **6** 을 적용하면

$$n \to \infty\text{일 때} \qquad a_n = \left(\frac{n}{n+1}\right)^n = \frac{1}{\left(\dfrac{n+1}{n}\right)^n} \to \frac{1}{e}$$

임을 알 수 있고, 극한이 0이 아니므로 이 급수는 발산판정법에 의하여 발산한다. ■

예제 5를 통해서 급수의 수렴 또는 발산을 판정할 때, 다른 판정법을 시도하기에 앞서 발산판정법을 먼저 적용해보는 것이 도움이 된다는 것을 알 수 있다.

10.6 연습문제

1. 다음의 경우 급수 Σa_n에 대하여 무엇을 말할 수 있는가?

(a) $\lim_{n\to\infty}\left|\frac{a_{n+1}}{a_n}\right| = 8$

(b) $\lim_{n\to\infty}\left|\frac{a_{n+1}}{a_n}\right| = 1$

2. 급수 Σa_n에 대하여 $\lim_{n\to\infty}|a_n/a_{n+1}| = 2$라고 가정하자. 극한 $\lim_{n\to\infty}|a_{n+1}/a_n|$의 값은 무엇인가? 이 급수가 수렴하는가?

3-13 비 판정법을 이용하여 급수의 수렴 여부를 판정하여라.

3. $\sum_{n=1}^{\infty}\frac{n}{5^n}$

4. $\sum_{n=1}^{\infty}(-1)^{n-1}\frac{3^n}{2^n n^3}$

5. $\sum_{k=1}^{\infty}\frac{1}{k!}$

6. $\sum_{k=1}^{\infty}ke^{-k}$

7. $\sum_{n=1}^{\infty}\frac{10^n}{(n+1)4^{2n+1}}$

8. $\sum_{n=1}^{\infty}\frac{n\pi^n}{(-3)^{n-1}}$

9. $\sum_{n=1}^{\infty}\frac{\cos(n\pi/3)}{n!}$

10. $\sum_{n=1}^{\infty}\frac{n!}{n^n}$

11. $\sum_{n=1}^{\infty}\frac{n^{100}100^n}{n!}$

12. $1 - \frac{2!}{1\cdot 3} + \frac{3!}{1\cdot 3\cdot 5} - \frac{4!}{1\cdot 3\cdot 5\cdot 7} + \cdots + (-1)^{n-1}\frac{n!}{1\cdot 3\cdot 5\cdot\cdots\cdot(2n-1)} + \cdots$

13. $\sum_{n=1}^{\infty}\frac{2\cdot 4\cdot 6\cdot\cdots\cdot(2n)}{n!}$

14-16 근 판정법을 이용하여 급수의 수렴 여부를 판정하여라.

14. $\sum_{n=1}^{\infty}\left(\frac{n^2+1}{2n^2+1}\right)^n$

15. $\sum_{n=2}^{\infty}\frac{(-1)^{n-1}}{(\ln n)^n}$

16. $\displaystyle\sum_{n=1}^{\infty}\left(\frac{-2n}{n+1}\right)^{5n}$

17-22 적절한 판정법을 이용하여 주어진 급수가 절대수렴하는지, 조건부 수렴하는지, 아니면 발산하는지 판정하여라.

17. $\displaystyle\sum_{n=2}^{\infty}\frac{(-1)^n \ln n}{n}$

18. $\displaystyle\sum_{n=1}^{\infty}\left(\frac{1-n}{2+3n}\right)^{n}$

19. $\displaystyle\sum_{n=1}^{\infty}\frac{(-9)^n}{n10^{n+1}}$

20. $\displaystyle\sum_{n=2}^{\infty}\left(\frac{n}{\ln n}\right)^{n}$

21. $\displaystyle\sum_{n=1}^{\infty}\frac{\sin(n\pi/6)}{1+n\sqrt{n}}$

22. $\displaystyle\sum_{n=1}^{\infty}\frac{(-1)^n \arctan n}{n^2}$

23. 급수의 항들이 다음과 같이 반복적으로 정의될 때 Σa_n의 수렴, 발산을 결정하여라.

$$a_1 = 2 \qquad a_{n+1} = \frac{5n+1}{4n+3}a_n$$

24-25 수열 $\{b_n\}$은 $b_n > 0$이고 $\frac{1}{2}$로 수렴하는 수열이다. 다음 급수가 절대수렴하는지 조사하여라.

24. $\displaystyle\sum_{n=1}^{\infty}\frac{b_n^n \cos n\pi}{n}$

25. $\displaystyle\sum_{n=1}^{\infty}\frac{(-1)^n n!}{n^n b_1 b_2 b_3 \cdots b_n}$

26. 비 판정법으로 수렴, 발산을 결정할 수 없는 급수는?

(a) $\displaystyle\sum_{n=1}^{\infty}\frac{1}{n^3}$ (b) $\displaystyle\sum_{n=1}^{\infty}\frac{n}{2^n}$

(c) $\displaystyle\sum_{n=1}^{\infty}\frac{(-3)^{n-1}}{\sqrt{n}}$ (d) $\displaystyle\sum_{n=1}^{\infty}\frac{\sqrt{n}}{1+n^2}$

27. 다음 급수가 수렴하는 양의 정수 k를 구하여라.

$$\sum_{n=1}^{\infty}\frac{(n!)^2}{(kn)!}$$

28. (a) $\displaystyle\sum_{n=0}^{\infty} x^n/n!$이 모든 x에 대하여 수렴함을 보여라.

(b) 모든 x에 대하여 $\lim_{n\to\infty} x^n/n! = 0$임을 유도하여라.

29. Σa_n은 양항 급수이고 $r_n = a_{n+1}/a_n$이라 하자. $\lim_{n\to\infty} r_n = L < 1$임을 가정하면 비 판정법에 의해 Σa_n은 수렴한다. 보통 n항 후의 나머지를

$$R_n = a_{n+1} + a_{n+2} + a_{n+3} + \cdots$$

이라 한다.

(a) 수열 $\{r_n\}$은 감소하고 $r_{n+1} < 1$이면 기하급수의 합에 의해

$$R_n \leqslant \frac{a_{n+1}}{1 - r_{n+1}}$$

임을 보여라.

(b) 수열 $\{r_n\}$이 증가하면

$$R_n \leqslant \frac{a_{n+1}}{1 - L}$$

임을 보여라.

30. 급수의 처음 10개 항의 합을 사용하여 급수

$$\sum_{n=1}^{\infty}\frac{n}{2^n}$$

의 근삿값을 구하여라. 연습문제 29를 사용하여 오차를 계산하여라.

10.7 멱급수

지금까지 수의 급수 Σa_n을 살펴보았다. 여기서는 **멱급수**라 하는 각 항이 변수 x의 거듭제곱을 포함하는 급수 $\Sigma c_n x^n$에 대하여 알아본다.

■ 멱급수

1 $$\sum_{n=0}^{\infty} c_n x^n = c_0 + c_1 x + c_2 x^2 + c_3 x^3 + \cdots$$

와 같은 모양의 급수를 **멱급수**(power series)라 한다. 여기서 x는 변수이고 c_n은 급수의 **계수**(coefficients)라고 부르는 상수이다. 고정된 x값에 대하여 급수 **1**은 수렴, 발산을 판정할 수 있는 상수의 급수가 된다. 멱급수는 x의 어떤 값에 대하여 수렴하기도 하며,

삼각함수의 급수

멱급수는 각 항이 멱함수(거듭제곱함수)로 된 급수이다. **삼각함수의 급수**는

$$\sum_{n=0}^{\infty} (a_n \cos nx + b_n \sin nx)$$

인 급수로 각 항이 삼각함수이다. 급수의 이런 유형은 아래 사이트에 설명되어 있다.

www.StewartCalculus.com

*Additional Topics*를 클릭한 다음 *Fourier Series*를 클릭한다.

다른 값에 대하여는 발산하기도 한다. 급수의 합은

$$f(x) = c_0 + c_1 x + c_2 x^2 + \cdots + c_n x^n + \cdots$$

인 함수이고, 이때 정의역은 급수가 수렴하는 모든 x의 집합이다. f는 다항식의 형태이다. 다만 차이는 f는 무한개의 항들을 가진다는 것이다.

예를 들어 모든 n에 대하여 $c_n = 1$이라 놓으면 멱급수

2 $$\sum_{n=0}^{\infty} x^n = 1 + x + x^2 + \cdots + x^n + \cdots$$

는 기하급수가 되고 $-1 < x < 1$일 때 수렴하고 $|x| \geqslant 1$일 때 발산한다(10.2절의 식 **5** 참조).

기하급수 **2**에 $x = \frac{1}{2}$을 대입하면, 수렴하는 급수

$$\sum_{n=0}^{\infty} \left(\frac{1}{2}\right)^n = 1 + \frac{1}{2} + \frac{1}{4} + \frac{1}{8} + \frac{1}{16} + \cdots$$

을 얻지만, **2**에 $x = 2$를 대입하면, 발산하는 급수

$$\sum_{n=0}^{\infty} 2^n = 1 + 2 + 4 + 8 + 16 + \cdots$$

이 된다.

일반적으로 다음의 급수

3 $$\sum_{n=0}^{\infty} c_n(x-a)^n = c_0 + c_1(x-a) + c_2(x-a)^2 + \cdots$$

는 **$(x - a)$의 멱급수** 또는 **a를 중심으로 한 멱급수** 또는 **a에 관한 멱급수**라 한다. 식 **1**과 **3**에서 $n = 0$에 해당하는 항을 쓸 때 설령 $x = a$일 때도 $(x-a)^0 = 1$로 관례적으로 사용함에 유의해야 한다. 이 급수는 $x = a$일 때 $n \geqslant 1$에 대하여 모든 항이 0이고, 따라서 식 **3**은 $x = a$일 때 항상 수렴하는 멱급수이다.

멱급수가 수렴하는 x의 값을 정하기 위하여 보통은 비 판정법(또는 근 판정법)을 이용한다.

예제 1 어떤 x값에 대하여 급수 $\sum_{n=1}^{\infty} \frac{(x-3)^n}{n}$가 수렴하는가?

풀이 늘 그렇듯이 급수의 n번째 항을 a_n으로 표기하면 $a_n = (x-3)^n/n$이고 $n \to \infty$일 때

$$\left|\frac{a_{n+1}}{a_n}\right| = \left|\frac{(x-3)^{n+1}}{n+1} \cdot \frac{n}{(x-3)^n}\right|$$

$$= \frac{1}{1 + \dfrac{1}{n}}|x-3| \to |x-3|$$

이다. 비 판정법에 의하여 급수는 $|x-3| < 1$일 때 절대수렴하므로 수렴하고 $|x-3|$

> 1일 때 발산한다.

$$|x-3|<1 \iff -1<x-3<1 \iff 2<x<4$$

이므로 급수는 $2<x<4$일 때 수렴하고 $x<2$ 또는 $x>4$일 때 발산한다.

한편 $|x-3|=1$일 때는 비 판정법을 이용할 수 없으므로 $x=2$와 $x=4$일 때는 별도로 생각해야 한다. $x=4$일 때 주어진 멱급수는 조화급수 $\Sigma\, 1/n$이 되어 발산하고 $x=2$일 때 주어진 멱급수는 $\Sigma(-1)^n/n$이 되어 교대급수판정법에 의해 수렴하게 된다. 그러므로 주어진 멱급수는 $2 \leqslant x < 4$에서 수렴한다. ■

예제 2 어떤 x값에 대하여 급수 $\displaystyle\sum_{n=0}^{\infty} n!x^n$가 수렴하는가?

풀이 비 판정법을 이용한다. a_n을 급수의 n번째 항이라 하면 $a_n = n!x^n$이다. $x \neq 0$이면

$$(n+1)! = (n+1)n(n-1)\cdot \cdots \cdot 3 \cdot 2 \cdot 1 = (n+1)n!$$

$$\lim_{n\to\infty}\left|\frac{a_{n+1}}{a_n}\right| = \lim_{n\to\infty}\left|\frac{(n+1)!x^{n+1}}{n!x^n}\right| = \lim_{n\to\infty}(n+1)|x| = \infty$$

이다. 비 판정법에 의하여 $x \neq 0$일 때 급수는 발산한다. 그러므로 급수는 $x=0$일 때만 수렴한다. ■

예제 3 어떤 x값에 대하여 급수 $\displaystyle\sum_{n=0}^{\infty}\frac{x^n}{(2n)!}$이 수렴하는가?

풀이 일반항 $a_n = x^n/(2n)!$에 대하여 $n\to\infty$일 때 모든 x에 대하여

$$\left|\frac{a_{n+1}}{a_n}\right| = \left|\frac{x^{n+1}}{[2(n+1)]!}\cdot\frac{(2n)!}{x^n}\right| = \frac{(2n)!}{(2n+2)!}|x|$$

$$= \frac{(2n)!}{(2n)!(2n+1)(2n+2)}|x| = \frac{|x|}{(2n+1)(2n+2)} \to 0 < 1$$

가 성립한다. 따라서 비 판정법에 의하여 모든 x값에 대하여 급수는 수렴한다. ■

■ 수렴구간

지금까지 보았던 멱급수에 대하여 급수가 수렴하는 x값의 집합은 항상 구간으로 나타났다. [기하급수와 예제 1의 급수에서는 유한구간으로, 예제 3의 급수에서는 무한구간 $(-\infty, \infty)$, 그리고 예제 2의 급수에서는 $[0, 0] = \{0\}$으로 나타났다.] 다음 정리에 의하면 일반적으로 이것은 사실이다.

4 정리 멱급수 $\displaystyle\sum_{n=0}^{\infty} c_n(x-a)^n$에 대하여, 다음 세 가지 경우만 있다.

(i) $x=a$일 때만 수렴한다.

(ii) 모든 x에 대하여 수렴한다.

(iii) 적당한 양수 R이 존재하여 $|x-a|<R$이면 수렴하고, $|x-a|>R$이면 발산한다.

(iii)의 경우에서 양수 R을 멱급수의 **수렴반지름**(radius of convergence)이라 부른다. 관례상 (i)의 경우는 $R = 0$이라 하고 (ii)의 경우는 $R = \infty$라 하자. 멱급수의 **수렴구간**(interval of convergence)은 멱급수가 수렴하는 모든 x값으로 구성된 구간이다. (i)의 경우 수렴구간은 한 개의 점 a로 구성된 구간이며 (ii)의 경우 수렴구간은 $(-\infty, \infty)$이고 (iii)의 경우는 $a - R < x < a + R$이 수렴구간이다. x가 구간의 끝점, 즉 $x = a \pm R$일 때 멱급수는 끝점 모두에서 수렴하거나 끝점 중의 어느 한 점에서만 수렴할 수도 있고 두 점 모두에서 발산할 수도 있다. 따라서 (iii)의 경우 가능한 수렴구간은

$$(a - R, a + R) \qquad (a - R, a + R] \qquad [a - R, a + R) \qquad [a - R, a + R]$$

중의 어느 하나이다. 이 상황이 그림 1에 나타나 있다.

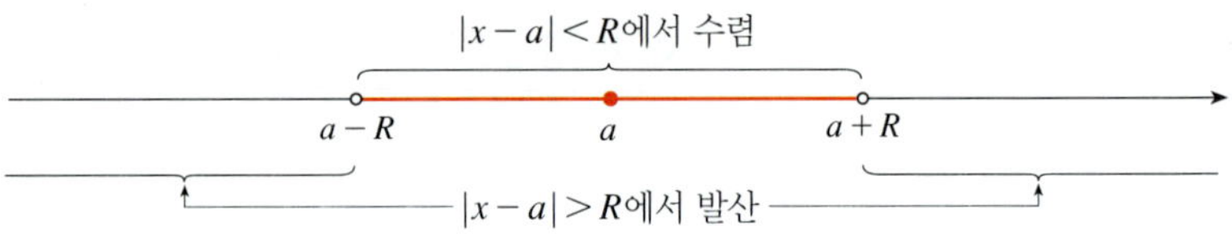

그림 1

이 절에서 본 예들의 수렴반지름과 수렴구간을 요약하면 다음과 같다.

	급수	수렴반지름	수렴구간
기하급수	$\sum_{n=0}^{\infty} x^n$	$R = 1$	$(-1, 1)$
예제 1	$\sum_{n=1}^{\infty} \frac{(x-3)^n}{n}$	$R = 1$	$[2, 4)$
예제 2	$\sum_{n=0}^{\infty} n!\, x^n$	$R = 0$	$\{0\}$
예제 3	$\sum_{n=0}^{\infty} \frac{x^n}{(2n)!}$	$R = \infty$	$(-\infty, \infty)$

NOTE 일반적으로 수렴반지름 R을 결정하기 위해 비 판정법(때로는 근 판정법)이 이용된다. 그러나 x가 수렴구간의 끝점일 때는 비 판정법이나 근 판정법을 이용할 수 없으므로 다른 판정법을 이용해야 한다.

예제 4 급수 $\sum_{n=0}^{\infty} \frac{(-3)^n x^n}{\sqrt{n+1}}$의 수렴반지름과 수렴구간을 구하여라.

풀이 $a_n = (-3)^n x^n/\sqrt{n+1}$이라 놓으면 $n \to \infty$일 때

$$\left| \frac{a_{n+1}}{a_n} \right| = \left| \frac{(-3)^{n+1} x^{n+1}}{\sqrt{n+2}} \cdot \frac{\sqrt{n+1}}{(-3)^n x^n} \right| = \left| -3x \sqrt{\frac{n+1}{n+2}} \right|$$

$$= 3\sqrt{\frac{1 + (1/n)}{1 + (2/n)}}\, |x| \to 3|x|$$

이다. 비 판정법에 의해 주어진 급수는 $3|x| < 1$이면 수렴하고 $3|x| > 1$이면 발산한다. 그러므로 수렴반지름 $R = \frac{1}{3}$이다.

$\left(-\frac{1}{3}, \frac{1}{3}\right)$에서 주어진 급수는 수렴하지만 이 구간의 끝점에서의 수렴 여부는 별도로 판정해야 한다. $x = -\frac{1}{3}$일 때 주어진 급수는

$$\sum_{n=0}^{\infty} \frac{(-3)^n\left(-\frac{1}{3}\right)^n}{\sqrt{n+1}} = \sum_{n=0}^{\infty} \frac{1}{\sqrt{n+1}} = \frac{1}{\sqrt{1}} + \frac{1}{\sqrt{2}} + \frac{1}{\sqrt{3}} + \frac{1}{\sqrt{4}} + \cdots$$

이고, $p = \frac{1}{2} < 1$인 p급수이므로 발산한다. $x = \frac{1}{3}$일 때 주어진 급수는

$$\sum_{n=0}^{\infty} \frac{(-3)^n\left(\frac{1}{3}\right)^n}{\sqrt{n+1}} = \sum_{n=0}^{\infty} \frac{(-1)^n}{\sqrt{n+1}}$$

이고, 교대급수판정법에 따라 수렴함을 알 수 있다. 그러므로 멱급수는 $-\frac{1}{3} < x \leqslant \frac{1}{3}$일 때 수렴하고 수렴구간은 $\left(-\frac{1}{3}, \frac{1}{3}\right]$이다. ■

예제 5 멱급수 $\displaystyle\sum_{n=0}^{\infty} \frac{n(x+2)^n}{3^{n+1}}$의 수렴반지름과 수렴구간을 구하여라.

풀이 $a_n = n(x+2)^n/3^{n+1}$이라 놓으면 $n \to \infty$일 때

$$\left|\frac{a_{n+1}}{a_n}\right| = \left|\frac{(n+1)(x+2)^{n+1}}{3^{n+2}} \cdot \frac{3^{n+1}}{n(x+2)^n}\right|$$

$$= \left(1 + \frac{1}{n}\right)\frac{|x+2|}{3} \to \frac{|x+2|}{3}$$

이다. 비 판정법을 이용하면 $|x+2|/3 < 1$일 때 수렴하고 $|x+2|/3 > 1$일 때 발산한다. 그래서 $|x+2| < 3$일 때 수렴하고 $|x+2| > 3$일 때 발산한다. 그러므로 수렴반지름은 $R = 3$이다.

$|x+2| < 3$은 $-5 < x < 1$이므로 끝점 -5와 1에서 급수의 수렴, 발산을 판정해야 한다. $x = -5$일 때 주어진 급수는

$$\sum_{n=0}^{\infty} \frac{n(-3)^n}{3^{n+1}} = \frac{1}{3}\sum_{n=0}^{\infty} (-1)^n n$$

이고, 발산판정법에 의해 발산함을 알 수 있다. [$(-1)^n n$은 0으로 수렴하지 않는다.]

$x = 1$일 때 주어진 급수는

$$\sum_{n=0}^{\infty} \frac{n(3)^n}{3^{n+1}} = \frac{1}{3}\sum_{n=0}^{\infty} n$$

이고 발산판정법에 의해 발산함을 알 수 있다. 따라서 주어진 급수는 $-5 < x < 1$일 때만 수렴하므로 이 급수의 수렴구간은 $(-5, 1)$이다. ■

10.7 연습문제

1. 멱급수란 무엇인가?

2. (a) 멱급수의 수렴반지름은 무엇인가? 어떻게 구하는가?
(b) 멱급수의 수렴구간은 무엇인가? 어떻게 구하는가?

3-26 멱급수의 수렴반지름과 수렴구간을 구하여라.

3. $\sum_{n=1}^{\infty} \frac{x^n}{n}$

4. $\sum_{n=1}^{\infty} (-1)^n n x^n$

5. $\sum_{n=1}^{\infty} \sqrt{n}\, x^n$

6. $\sum_{n=1}^{\infty} \frac{n}{5^n} x^n$

7. $\sum_{n=2}^{\infty} \frac{5^n}{n} x^n$

8. $\sum_{n=1}^{\infty} \frac{x^n}{n3^n}$

9. $\sum_{n=1}^{\infty} \frac{x^n}{2n-1}$

10. $\sum_{n=1}^{\infty} \frac{(-1)^n x^n}{n^2}$

11. $\sum_{n=0}^{\infty} \frac{x^n}{n!}$

12. $\sum_{n=1}^{\infty} \frac{x^n}{n^4 4^n}$

13. $\sum_{n=1}^{\infty} \frac{(-1)^n 4^n}{\sqrt{n}} x^n$

14. $\sum_{n=1}^{\infty} \frac{(-1)^{n-1}}{n5^n} x^n$

15. $\sum_{n=1}^{\infty} \frac{n}{2^n(n^2+1)} x^n$

16. $\sum_{n=0}^{\infty} \frac{(x-2)^n}{n^2+1}$

17. $\sum_{n=1}^{\infty} \frac{(-1)^n}{(2n-1)2^n} (x-1)^n$

18. $\sum_{n=2}^{\infty} \frac{(x+2)^n}{2^n \ln n}$

19. $\sum_{n=1}^{\infty} \frac{(x-2)^n}{n^n}$

20. $\sum_{n=1}^{\infty} \frac{(2x-1)^n}{5^n\sqrt{n}}$

21. $\sum_{n=4}^{\infty} \frac{\ln n}{n} x^n$

22. $\sum_{n=1}^{\infty} \frac{n}{b^n} (x-a)^n, \quad b > 0$

23. $\sum_{n=1}^{\infty} n!(2x-1)^n$

24. $\sum_{n=1}^{\infty} \frac{(5x-4)^n}{n^3}$

25. $\sum_{n=2}^{\infty} \frac{x^{2n}}{n(\ln n)^2}$

26. $\sum_{n=1}^{\infty} \frac{x^n}{1 \cdot 3 \cdot 5 \cdot \cdots \cdot (2n-1)}$

---

27. $\sum_{n=0}^{\infty} c_n x^n$은 $x = -4$일 때 수렴하고 $x = 6$일 때 발산한다고 하자. 다음 급수의 수렴, 발산에 대해 무엇을 알 수 있는가?

(a) $\sum_{n=0}^{\infty} c_n$ (b) $\sum_{n=0}^{\infty} c_n 8^n$

(c) $\sum_{n=0}^{\infty} c_n(-3)^n$ (d) $\sum_{n=0}^{\infty} (-1)^n c_n 9^n$

28. p, q ($p < q$)는 실수이다. 수렴구간이 다음과 같은 멱급수를 구하여라.

(a) (p, q) (b) $(p, q]$

(c) $[p, q)$ (b) $[p, q]$

29. 수렴구간이 $[0, \infty)$인 멱급수를 찾을 수 있는가? 설명하여라.

30. $c \neq 0$일 때 $\lim_{n\to\infty} \sqrt[n]{|c_n|} = c$이면 급수 $\sum c_n x^n$의 수렴반지름이 $R = 1/c$임을 보여라.

31. 모든 n에 대하여 $c_n \neq 0$인 멱급수 $\sum c_n(x-a)^n$이라 하자. $\lim_{n\to\infty} |c_n/c_{n+1}|$이 존재할 때 멱급수의 수렴반지름과 같음을 보여라.

32. 멱급수 $\sum c_n x^n$의 수렴반지름을 R이라 하자. 멱급수 $\sum c_n x^{2n}$의 수렴반지름은 무엇인가?

10.8 함수의 멱급수 표현

이 절에서 몇 가지 익숙한 함수를 멱급수로 표현하는 방법에 대하여 알아보자. 알고 있는 함수를 무한합의 항들로 표현하려는 이유가 궁금할 것이다. 이러한 전략이 기본적인 적분이 적용되지 않는 함수들의 적분, 미분방정식의 풀이, 그리고 다항식에 의한 함수의 근삿값을 구하는 데에 유용함을 알게 될 것이다. (과학자들은 다루고자 하는 식을 간단히 하려고 이 방법을 사용하며, 컴퓨터 공학자들은 계산기와 컴퓨터에 함수를 나타내는 데 이 방법을 사용한다.)

■ 기하급수를 사용한 함수 표현

전에 보았던 방정식으로 시작한다.

1
$$\frac{1}{1-x} = 1 + x + x^2 + x^3 + \cdots = \sum_{n=0}^{\infty} x^n \qquad |x| < 1$$

10.2절의 예제 7에서 $a = 1$이고 $r = x$인 기하급수를 얻을 때 처음 보았다. 그러나 여기서는 다른 관점에서 본다. 이제 식 **1**을 함수 $f(x) = 1/(1 - x)$를 멱급수의 합으로 표현하는 것으로 생각하자. $\sum_{n=0}^{\infty} x^n$, $|x| < 1$을 구간 $(-1, 1)$에서 $1/(1 - x)$의 **멱급수 표현**이라고 한다.

식 **1**의 기하학적 표현이 그림 1에 있다. 급수의 합은 부분합의 극한이므로

$$\frac{1}{1-x} = \lim_{n\to\infty} s_n(x)$$

이때 $$s_n(x) = 1 + x + x^2 + \cdots + x^n$$

은 n번째 부분합이다. n이 증가하면 $-1 < x < 1$에서 $s_n(x)$는 $f(x)$에 더 가까운 근삿값을 가진다.

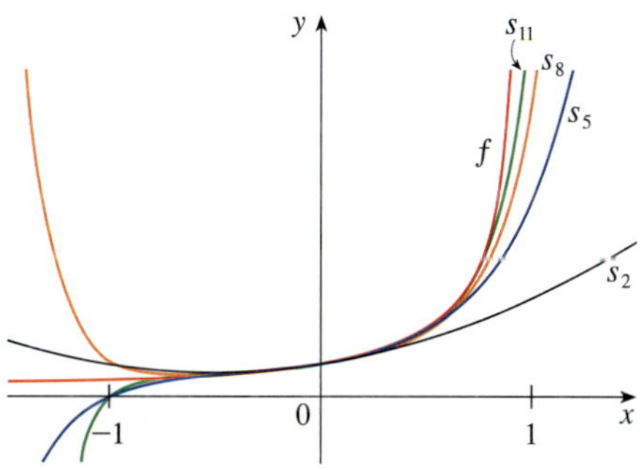

그림 1
$f(x) = \dfrac{1}{1-x}$과 부분합

함수 $f(x) = 1/(1 - x)$의 멱급수 표현 **1**은 다음 예제들에서 보듯이 다른 많은 함수의 멱급수 표현을 얻는 데 사용될 수 있다.

예제 1 $1/(1 + x^2)$을 멱급수의 합으로 나타내고 수렴구간을 구하여라.

풀이 식 **1**에서 x 대신에 $-x^2$을 대입하면

$$\frac{1}{1+x^2} = \frac{1}{1-(-x^2)} = \sum_{n=0}^{\infty} (-x^2)^n$$
$$= \sum_{n=0}^{\infty} (-1)^n x^{2n} = 1 - x^2 + x^4 - x^6 + x^8 - \cdots$$

이다. 이것은 기하급수이므로 $|-x^2| < 1$, 즉 $x^2 < 1$ 혹은 $|-x| < 1$일 때 수렴한다. 그러므로 수렴구간은 $(-1, 1)$이다. (물론 비 판정법에 의하여 수렴반지름을 결정할 수 있지만 여기서는 별로 필요하지 않다.)

예제 2 $1/(x + 2)$의 멱급수 표현을 구하여라.

풀이 방정식 **1**을 적용하기 위하여 주어진 함수를 변형하면

$$\frac{1}{2+x} = \frac{1}{2\left(1+\frac{x}{2}\right)} = \frac{1}{2\left[1-\left(-\frac{x}{2}\right)\right]}$$
$$= \frac{1}{2}\sum_{n=0}^{\infty}\left(-\frac{x}{2}\right)^n = \sum_{n=0}^{\infty}\frac{(-1)^n}{2^{n+1}}x^n$$

이다. 급수는 $|-x/2| < 1$, 즉 $|x| < 2$일 때 수렴한다. 수렴구간은 $(-2, 2)$이다. ■

예제 3 $x^3/(x+2)$의 멱급수 표현을 구하여라.

풀이 예제 2에 x^3을 곱한 모양이므로

x^3은 n과 무관하므로 시그마 기호 앞에 두어도 아무런 문제가 없다.
[$c = x^3$이라 하고 10.2절의 정리 8의 (i)을 적용하면 된다.]

$$\frac{x^3}{x+2} = x^3 \cdot \frac{1}{x+2} = x^3\sum_{n=0}^{\infty}\frac{(-1)^n}{2^{n+1}}x^n = \sum_{n=0}^{\infty}\frac{(-1)^n}{2^{n+1}}x^{n+3}$$
$$= \tfrac{1}{2}x^3 - \tfrac{1}{4}x^4 + \tfrac{1}{8}x^5 - \tfrac{1}{16}x^6 + \cdots$$

이다. 또 다른 표현은

$$\frac{x^3}{x+2} = \sum_{n=3}^{\infty}\frac{(-1)^{n-1}}{2^{n-2}}x^n$$

이다. 예제 2처럼 수렴구간은 $(-2, 2)$이다. ■

■ 멱급수의 미분과 적분

멱급수의 합은 함수 $f(x) = \sum_{n=0}^{\infty} c_n(x-a)^n$이고 정의역은 급수의 수렴구간이다. 이러한 함수들을 미분하고 적분하려 한다. 다음 정리는 다항식처럼 급수의 각 항을 각각 미분하거나 적분할 수 있게 한다. 이것은 **항별미분과 항별적분**이라 한다.

2 정리 멱급수 $\sum c_n (x-a)^n$가 수렴반지름 $R < 0$일 때

$$f(x) = c_0 + c_1(x-a) + c_2(x-a)^2 + \cdots = \sum_{n=0}^{\infty} c_n(x-a)^n$$

으로 정의되는 함수 f는 구간 $(a-R, a+R)$에서 미분가능하고(그래서 연속이다)

(i) $f'(x) = c_1 + 2c_2(x-a) + 3c_3(x-a)^2 + \cdots = \sum_{n=1}^{\infty} nc_n(x-a)^{n-1}$

(ii) $\int f(x)\,dx = C + c_0(x-a) + c_1\frac{(x-a)^2}{2} + c_2\frac{(x-a)^3}{3} + \cdots$
$$= C + \sum_{n=0}^{\infty} c_n\frac{(x-a)^{n+1}}{n+1}$$

이다. 식 (i), (ii)의 수렴반지름은 모두 R이다.

(i)에서 f의 상수항인 c_0의 미분이 0이므로 합이 $n=1$에서 시작한다.

(ii)에서 $\int c_0\,dx = c_0x + C_1$은

$c_0(x-a) + C,\ C = C_1 + ac_0$

로 쓸 수 있다. 그래서 급수의 모든 항은 같은 형태를 갖는다.

NOTE 1 정리 2의 식 (i), (ii)는 다음과 같이

(iii) $$\frac{d}{dx}\left[\sum_{n=0}^{\infty} c_n(x-a)^n\right] = \sum_{n=0}^{\infty} \frac{d}{dx}[c_n(x-a)^n]$$

(iv) $$\int\left[\sum_{n=0}^{\infty} c_n(x-a)^n\right]dx = \sum_{n=0}^{\infty} \int c_n(x-a)^n\,dx$$

로 다시 쓸 수 있다. 유한인 합에 대해서는 합의 미분은 미분의 합이고 합의 적분은 적분의 합임을 알고 있다. 식 (iii)과 (iv)는 무한급수에서도 성립함을 보여주므로 멱급수에 적용할 수 있다. (다른 유형의 함수의 급수인 경우는 그렇게 간단하지 않다.)

NOTE 2 정리 **2**에서 멱급수를 미분하거나 적분할 때 수렴반지름은 급수와 동일하지만 수렴구간이 동일함을 의미하지는 않는다. 원래 급수가 끝점에서 수렴하지만 미분된 급수는 그 점에서 발산할 수 있다.

멱급수를 항별로 미분하는 아이디어는 미분방정식을 푸는 강력한 방법의 근간이 된다. 연습문제 30을 통해 멱급수로 표현된 함수가 어떻게 미분방정식의 해가 되는지 보게 될 것이다.

예제 4 방정식 **1**을 미분하여 $1/(1-x)^2$을 멱급수로 나타내어라. 수렴반지름은 얼마인가?

풀이
$$\frac{1}{1-x} = 1 + x + x^2 + x^3 + \cdots = \sum_{n=0}^{\infty} x^n$$

양변을 미분하여 다음을 얻는다.

$$\frac{1}{(1-x)^2} = 1 + 2x + 3x^2 + \cdots = \sum_{n=1}^{\infty} nx^{n-1}$$

n을 $n+1$로 바꾸면

$$\frac{1}{(1-x)^2} = \sum_{n=0}^{\infty} (n+1)x^n$$

이다. 정리 **2**에 의하여 미분한 급수의 수렴반지름은 원래 급수의 수렴반지름과 같으므로 $R = 1$이다. ■

예제 5 $\ln(1+x)$의 멱급수 표현을 구하고 수렴반지름을 구하여라.

풀이 이 함수의 도함수는 $1/(1+x)$이다. 식 **1**에서

$$\frac{1}{1+x} = \frac{1}{1-(-x)} = 1 - x + x^2 - x^3 + \cdots \qquad |x| < 1$$

이 방정식의 양변을 적분하면

$$\begin{aligned}\ln(1+x) &= \int \frac{1}{1+x}\,dx = \int (1 - x + x^2 - x^3 + \cdots)\,dx \\ &= x - \frac{x^2}{2} + \frac{x^3}{3} - \frac{x^4}{4} + \cdots + C \\ &= \sum_{n=1}^{\infty} (-1)^{n-1}\frac{x^n}{n} + C \qquad |x| < 1\end{aligned}$$

이다. C의 값을 정하기 위하여 $x = 0$을 넣으면 $\ln(1 + 0) = C$이다. 그러므로 $C = 0$이고

$$\ln(1 + x) = x - \frac{x^2}{2} + \frac{x^3}{3} - \frac{x^4}{4} + \cdots = \sum_{n=1}^{\infty} (-1)^{n-1} \frac{x^n}{n} \qquad |x| < 1$$

이다. 수렴반지름은 원래 급수와 동일하게 $R = 1$이다. ■

예제 6 $f(x) = \tan^{-1}x$의 멱급수 표현을 구하여라.

풀이 $f'(x) = 1/(1 + x^2)$이므로 예제 1에서 구한 $1/(1 + x^2)$을 적분하여 구한다.

$$\tan^{-1}x = \int \frac{1}{1 + x^2}\,dx = \int (1 - x^2 + x^4 - x^6 + \cdots)\,dx$$
$$= C + x - \frac{x^3}{3} + \frac{x^5}{5} - \frac{x^7}{7} + \cdots$$

$x = 0$이면 $C = \tan^{-1}0 = 0$이므로

$$\tan^{-1}x = x - \frac{x^3}{3} + \frac{x^5}{5} - \frac{x^7}{7} + \cdots$$
$$= \sum_{n=0}^{\infty} (-1)^n \frac{x^{2n+1}}{2n + 1}$$

$1/(1 + x^2)$의 급수의 수렴반지름이 1이므로 $\tan^{-1}x$의 급수의 수렴반지름도 1이다. ■

예제 6에서 구한 $\tan^{-1}x$에 관한 멱급수를 그레고리 급수라 한다. 이는 뉴턴의 몇 가지 발견을 예견하였던 스코틀랜드 수학자 그레고리(Janes Gregory, 1638~1675)의 이름을 따서 붙인 급수이다. 그레고리 급수는 $-1 < x < 1$에 대해 수렴한다. 또한 $x = \pm 1$일 때도 수렴한다는 것이 입증되었다(증명은 쉽지 않다). $x = 1$일 때 급수는

$$\frac{\pi}{4} = 1 - \frac{1}{3} + \frac{1}{5} - \frac{1}{7} + \cdots$$

이 된다. 이 놀라운 결과는 π에 관한 라이프니츠 공식으로 알려져 있다.

예제 7 $\int [1/(1 + x^7)]\,dx$의 멱급수를 구하여라.

풀이 우선 피적분함수 $1/(1 + x^7)$을 멱급수의 합으로 나타내자. 예제 1에서와 같이 x 대신 $-x^7$을 대입하면

$$\frac{1}{1 + x^7} = \frac{1}{1 - (-x^7)} = \sum_{n=0}^{\infty} (-x^7)^n$$
$$= \sum_{n=0}^{\infty} (-1)^n x^{7n} = 1 - x^7 + x^{14} - \cdots$$

이다. 이제 각 항을 적분하면

$$\int \frac{1}{1 + x^7}\,dx = \int \sum_{n=0}^{\infty} (-1)^n x^{7n}\,dx = C + \sum_{n=0}^{\infty} (-1)^n \frac{x^{7n+1}}{7n + 1}$$
$$= C + x - \frac{x^8}{8} + \frac{x^{15}}{15} - \frac{x^{22}}{22} + \cdots$$

이다. 급수는 $|-x^7| < 1$, 즉 $|x| < 1$에서 수렴한다. ■

이 예제는 멱급수 표현법이 유용한 한 가지 방식을 보여준다. $1/(1 + x^7)$을 직접 적분하는 것은 어렵다. 컴퓨터 대수시스템에 따라 답이 다르게 주어지며, 답도 매우 복잡하다. 예제 7에서 구한 무한급수의 해는 컴퓨터로 구한 유한 해보다 훨씬 다루기 쉽다.

10.8 연습문제

1. 멱급수 $\sum_{n=0}^{\infty} c_n x^n$의 수렴반지름이 10일 때 $\sum_{n=1}^{\infty} nc_n x^{n-1}$의 수렴반지름은 무엇인가? 그 이유는 무엇인가?

2. $|x| < 2$에 대하여 급수 $\sum_{n=0}^{\infty} b_n x^n$은 수렴한다. 다음 급수에 대해 무엇을 알 수 있는가? 그 이유는 무엇인가?

$$\sum_{n=0}^{\infty} \frac{b_n}{n+1} x^{n+1}$$

3-8 다음 함수의 멱급수 표현을 찾고 수렴구간을 구하여라.

3. $f(x) = \dfrac{1}{1+x}$ **4.** $f(x) = \dfrac{1}{1-x^2}$

5. $f(x) = \dfrac{2}{3-x}$ **6.** $f(x) = \dfrac{4}{2x+3}$

7. $f(x) = \dfrac{x^2}{x^4+16}$ **8.** $f(x) = \dfrac{x-1}{x+2}$

9-10 먼저 부분분수를 사용하여 다음 함수를 멱급수로 나타내어라. 수렴구간을 구하여라.

9. $f(x) = \dfrac{2x-4}{x^2-4x+3}$ **10.** $f(x) = \dfrac{2x+3}{x^2+3x+2}$

11. (a) 미분을 사용하여

$$f(x) = \frac{1}{(1+x)^2}$$

을 멱급수로 나타내어라. 수렴반지름은 얼마인가?

(b) (a)를 이용하여

$$f(x) = \frac{1}{(1+x)^3}$$

을 멱급수로 나타내어라.

(c) (b)를 이용하여

$$f(x) = \frac{x^2}{(1+x)^3}$$

을 멱급수로 나타내어라.

12. (a) [1]을 사용하여 $f(x) = \ln(1-x)$를 멱급수로 나타내고 수렴반지름을 구하여라.

(b) (a)를 이용하여 $f(x) = x\ln(1-x)$를 멱급수로 나타내어라.

(c) (a)의 결과에 $x = \frac{1}{2}$을 대입하여 $\ln 2$를 무한급수의 합으로 나타내어라.

13-16 다음 함수를 멱급수로 나타내고 수렴반지름을 구하여라.

13. $f(x) = \dfrac{x}{(1+4x)^2}$ **14.** $f(x) = \dfrac{1+x}{(1-x)^2}$

15. $f(x) = \ln(5-x)$ **16.** $f(x) = x^2 \tan^{-1}(x^3)$

17-20 다음 함수를 멱급수로 나타내고 같은 화면에 몇 개의 부분합 $s_n(x)$와 f를 그려라. n이 커질수록 어떤 현상이 일어나는가?

17. $f(x) = \dfrac{x^2}{x^2+1}$ **18.** $f(x) = \ln(1+x^4)$

19. $f(x) = \ln\left(\dfrac{1+x}{1-x}\right)$ **20.** $f(x) = \tan^{-1}(2x)$

21-24 부정적분을 멱급수로 계산하여라. 수렴반지름은 무엇인가?

21. $\displaystyle\int \frac{t}{1-t^8}\,dt$ **22.** $\displaystyle\int \frac{t}{1+t^3}\,dt$

23. $\displaystyle\int x^2 \ln(1+x)\,dx$ **24.** $\displaystyle\int \frac{\tan^{-1}x}{x}\,dx$

25. 예제 6의 결과를 사용하여 소수 다섯째 자리까지 정확하게 arctan 0.2를 계산하여라.

26. (a) 함수

$$f(x) = \sum_{n=0}^{\infty} \frac{x^n}{n!}$$

이 다음 미분방정식의 해임을 보여라.

$$f'(x) = f(x)$$

(b) $f(x) = e^x$임을 보여라.

27. 함수 A는

$$A(x) = 1 + \frac{x^3}{2\cdot 3} + \frac{x^6}{2\cdot 3\cdot 5\cdot 6} + \frac{x^9}{2\cdot 3\cdot 5\cdot 6\cdot 8\cdot 9} + \cdots$$

으로 정의되며 에어리 함수(Airy function)라 한다. 이 함수는 영국의 수학자이자 천문학자인 에어리(Sir George Airy, 1801~1892)의 이름을 따서 명명되었다.

(a) 에어리 함수의 정의역을 구하여라.

(b) 한 화면에 처음 몇 개 부분합의 그래프를 그려보아라.

(c) 에어리 함수를 내장한 컴퓨터 대수시스템을 활용하여 (b)에서 부분합의 그래프를 그렸던 곳에 에어리 함수의 그래프 A를 함께 그려보고 부분합이 A에 어떻게 가까워지는지 관찰해 보아라.

28. 모든 $n \geqslant 0$에 대하여 $c_{n+4} = c_n$이고 $f(x) = \sum_{n=0}^{\infty} c_n x^n$이라면, 이 급수의 수렴구간을 구하고 $f(x)$를 구체적인 식으로 나타내어라.

29. 함수 f가

$$f(x) = 1 + 2x + x^2 + 2x^3 + x^4 + \cdots$$

으로 정의되었다. 곧 계수가 모든 $n \geqslant 0$에 대하여 $c_{2n} = 1$, $c_{2n+1} = 2$이다. 급수의 수렴구간을 구하고 $f(x)$의 식을 명시적으로 나타내어라.

30. $f(x) = \sum_{n=1}^{\infty} \dfrac{x^n}{n^2}$라 하자. f, f', f''의 수렴구간을 구하여라.

31. (a) 기하급수 $\sum_{n=0}^{\infty} x^n$을 사용하여 급수의 합을 구하여라.

$$\sum_{n=1}^{\infty} n x^{n-1} \qquad |x| < 1$$

(b) 급수의 합을 구하여라.

(i) $\sum_{n=1}^{\infty} n x^n, \quad |x| < 1$ (ii) $\sum_{n=1}^{\infty} \dfrac{n}{2^n}$

(c) 급수의 합을 구하여라.

(i) $\sum_{n=2}^{\infty} n(n-1)x^n, \quad |x| < 1$

(ii) $\sum_{n=2}^{\infty} \dfrac{n^2 - n}{2^n}$ (iii) $\sum_{n=1}^{\infty} \dfrac{n^2}{2^n}$

32. $f(x) = 1/(1 - x)^2$의 멱급수 표현과 $9801 = 99^2$을 이용하여 $1/9801$이 다음과 같이 98을 제외한 모든 두 자리 수를 차례대로 포함하는 순환마디를 가진 순환소수임을 보여라.

$$\frac{1}{9801} = 0.\overline{00\ 01\ 02\ 03\ldots\ 96\ 97\ 99}$$

[힌트: $x = \frac{1}{100}$을 고려하여라.]

33. $\tan^{-1}x$의 멱급수를 이용하여 π가 다음과 같은 무한급수의 합으로 표현됨을 보여라.

$$\pi = 2\sqrt{3} \sum_{n=0}^{\infty} \frac{(-1)^n}{(2n+1)3^n}$$

34. 비 판정법을 이용하여 급수 $\sum_{n=0}^{\infty} c_n x^n$이 수렴반지름 R을 가지면 급수

$$\sum_{n=1}^{\infty} n c_n x^{n-1}\text{과} \qquad \sum_{n=0}^{\infty} c_n \frac{x^{n+1}}{n+1}$$

또한 수렴반지름 R을 가짐을 보여라.

10.9 테일러 급수와 매클로린 급수

10.8절에서 기하급수로부터 몇 가지 함수의 멱급수 표현을 얻을 수 있었다. 이 절에서는 좀 더 일반적인 문제로 "어떤 함수들이 멱급수 표현을 가지는가?" 그리고 "멱급수 표현을 어떻게 구하는가?"를 공부한다.

■ 테일러 급수와 매클로린 급수의 정의

f를 다음과 같이 급수로 표현되는 함수라 하자.

1 $$f(x) = c_0 + c_1(x-a) + c_2(x-a)^2 + c_3(x-a)^3 + c_4(x-a)^4 + \cdots \qquad |x-a| < R$$

각 계수 c_n을 f를 이용하여 표현해보자. 식 1에서 $x = a$를 대입하면 첫째 항 이후는 모두 0이므로

$$f(a) = c_0$$

이다. 정리 10.8절의 정리 2에 의하여 식 1과 각 항을 미분하면

2 $$f'(x) = c_1 + 2c_2(x-a) + 3c_3(x-a)^2 + 4c_4(x-a)^3 + \cdots \qquad |x-a| < R$$

이고, 식 2에 $x = a$를 대입하면

$$f'(a) = c_1$$

이다. 다시 식 2를 미분하면

3 $$f''(x) = 2c_2 + 2 \cdot 3c_3(x-a) + 3 \cdot 4c_4(x-a)^2 + \cdots \qquad |x-a| < R$$

을 얻는다. 다시 식 3에 $x = a$를 넣으면

$$f''(a) = 2c_2$$

이다. 식 3을 미분하면

4 $$f'''(x) = 2 \cdot 3c_3 + 2 \cdot 3 \cdot 4c_4(x-a) + 3 \cdot 4 \cdot 5c_5(x-a)^2 + \cdots \qquad |x-a| < R$$

을 얻고 식 4에 $x = a$를 대입하면

$$f'''(a) = 2 \cdot 3c_3 = 3!c_3$$

이다. 계속해서 미분하고 $x = a$를 대입하면

$$f^{(n)}(a) = 2 \cdot 3 \cdot 4 \cdot \cdots \cdot nc_n = n!c_n$$

을 얻고, n번째 계수 c_n에 대하여 쓰면

$$c_n = \frac{f^{(n)}(a)}{n!}$$

이다. $0! = 1$이고 $f^{(0)} = f$이므로 위 식은 $n = 0$인 경우에도 성립한다. 그러므로 다음 정리를 얻는다.

5 정리 f가 a에서 멱급수 표현을 가지면, 즉

$$f(x) = \sum_{n=0}^{\infty} c_n(x-a)^n \qquad |x-a| < R$$

이면, 그 멱급수의 계수들은 다음과 같다.

$$c_n = \frac{f^{(n)}(a)}{n!}$$

위의 정리는 다음으로 표현된다. c_n에 대한 식을 대입함으로써 f가 a에서 멱급수 전개식을 갖는다면 다음과 같은 공식이 된다는 것을 알 수 있다.

6
$$f(x) = \sum_{n=0}^{\infty} \frac{f^{(n)}(a)}{n!}(x-a)^n$$
$$= f(a) + \frac{f'(a)}{1!}(x-a) + \frac{f''(a)}{2!}(x-a)^2 + \frac{f'''(a)}{3!}(x-a)^3 + \cdots$$

식 **6**의 급수는 ***a*에서 함수 *f*의 테일러 급수**(Taylor series)라 한다. $a = 0$이면 테일러 급수는 다음과 같이 표현된다.

7
$$f(x) = \sum_{n=0}^{\infty} \frac{f^{(n)}(0)}{n!}x^n = f(0) + \frac{f'(0)}{1!}x + \frac{f''(0)}{2!}x^2 + \cdots$$

이 경우 특별히 **매클로린 급수**(Maclaurin series)라 한다.

테일러와 매클로린

테일러 급수는 영국 수학자 테일러(Brook Taylor, 1685~1731)의 이름을 딴 것이고 매클로린 급수는 테일러 급수의 특별한 형태이지만 스코틀랜드 수학자 매클로린(Colin Maclaurin, 1698~1746)을 기리기 위한 것이다. 그러나 특별한 함수를 멱급수로 표현한 업적은 뉴턴에게 있으며 일반적인 테일러 급수는 스코틀랜드 수학자인 그레고리(1668)와 스위스 수학자인 베르누이(1690년대)에 의하여 발견되었다. 테일러가 1715년 책 《*Methodus incrementorum directa et inversa*》을 발표할 때 그레고리와 베르누이의 업적을 알지 못했다. 매클로린 급수는 그가 미분적분학 교재 《*Treatise of Fluxions*》에서 대중화시켰기 때문에 붙여진 이름이다.

NOTE 1 f를 a에서 멱급수로 전개할 수 있다면 f는 테일러 급수의 합과 같음을 증명했다. 그러나 테일러 급수의 합과 동일하지 않은 함수도 존재한다.

NOTE 2 정리 **5**는 f가 멱급수 표현 $f(x) = \sum c_n(x-a)^n$을 가지면 c_n은 $f^{(n)}(a)/n!$이 되어야 함을 말해주므로 멱급수 표현은 유일하다. 따라서 10.8절에서 개발한 모든 멱급수 표현은 사실 그 함수의 테일러 급수인 것이다.

예제 1 10.8절의 식 **1**에서 함수 $f(x) = 1/(1-x)$는 멱급수 표현

$$\frac{1}{1-x} = \sum_{n=0}^{\infty} x^n = 1 + x + x^2 + x^3 + \cdots \qquad |x| < 1$$

을 가짐을 알 수 있다. 정리 **5**에 의하여 이 멱급수는 계수 c_n이 $f^{(n)}(0)/n!$로 주어지는 f의 매클로린 급수여야 한다. 이를 확인하기 위하여 계산하면

$$f(x) = \frac{1}{1-x} \qquad f(0) = 1$$

$$f'(x) = \frac{1}{(1-x)^2} \qquad f'(0) = 1$$

$$f''(x) = \frac{1 \cdot 2}{(1-x)^3} \qquad f''(0) = 1 \cdot 2$$

$$f'''(x) = \frac{1 \cdot 2 \cdot 3}{(1-x)^4} \qquad f'''(0) = 1 \cdot 2 \cdot 3$$

이고, 일반적으로

$$f^{(n)}(x) = \frac{n!}{(1-x)^{n+1}} \qquad f^{(n)}(0) = n!$$

이다. 따라서

$$c_n = \frac{f^{(n)}(0)}{n!} = \frac{n!}{n!} = 1$$

이고 식 7 로부터 다음 식이 성립한다.

$$\frac{1}{1-x} = \sum_{n=0}^{\infty} \frac{f^{(n)}(0)}{n!} x^n = \sum_{n=0}^{\infty} x^n$$

■

예제 2 $f(x) = e^x$의 매클로린 급수를 구하고 수렴반지름을 구하여라.

풀이 $f(x) = e^x$이면 모든 n에서 $f^{(n)}(x) = e^x$이고 $f^{(n)}(0) = e^0 = 1$이다. 그러므로 0에서 f의 테일러 급수(즉 매클로린 급수)는 다음과 같다.

$$\sum_{n=0}^{\infty} \frac{f^{(n)}(0)}{n!} x^n = \sum_{n=0}^{\infty} \frac{x^n}{n!} = 1 + \frac{x}{1!} + \frac{x^2}{2!} + \frac{x^3}{3!} + \cdots$$

수렴반지름을 구하기 위하여 $a_n = x^n/n!$이라 하자. 그러면

$$\left| \frac{a_{n+1}}{a_n} \right| = \left| \frac{x^{n+1}}{(n+1)!} \cdot \frac{n!}{x^n} \right| = \frac{|x|}{n+1} \to 0 < 1$$

이다. 비 판정법에 의하여 모든 x에 대하여 이 급수는 수렴하고 수렴반지름은 $R = \infty$이다. ■

■ 함수가 테일러 급수로 표현되는 경우는 언제인가?

정리 5 와 예제 2로부터 e^x이 $x = 0$에서 멱급수 표현을 가진다는 것을 안다면 이 급수는 반드시 매클로린 급수

$$e^x = \sum_{n=0}^{\infty} \frac{x^n}{n!}$$

가 되어야 함을 알 수 있다. 그렇다면 e^x가 멱급수 표현을 가지는지 어떻게 알 수 있을까?

더욱 일반적인 의문을 조사하자. 어떤 조건에서 함수가 테일러 급수의 합과 동일할까? 다른 말로 하면, f가 모든 차수에 대한 도함수를 가지면 언제

$$f(x) = \sum_{n=0}^{\infty} \frac{f^{(n)}(a)}{n!}(x-a)^n$$

이 참일까? 모든 수렴하는 급수에서처럼, 이것은 $f(x)$가 부분합의 수열의 극한임을 의미한다. 테일러 급수의 경우 부분합은

$$T_n(x) = \sum_{i=0}^{n} \frac{f^{(i)}(a)}{i!}(x-a)^i$$
$$= f(a) + \frac{f'(a)}{1!}(x-a) + \frac{f''(a)}{2!}(x-a)^2 + \cdots + \frac{f^{(n)}(a)}{n!}(x-a)^n$$

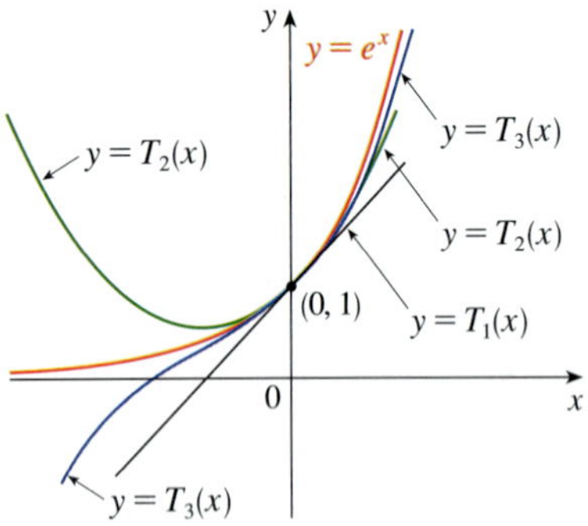

그림 1 그림 1에서 n이 증가함에 따라 $T_n(x)$는 e^x에 접근한다. 이는 e^x가 테일러 급수의 합과 동일함을 의미한다.

이다. T_n은 n차 다항식으로 ***a*에서 *f*의 *n*차 테일러 다항식**이라 부른다. 예를 들어 $f(x) = e^x$에서 $n = 1, 2, 3$일 때 0에서 테일러 다항식(또는 매클로린 다항식)은

$$T_1(x) = 1 + x \qquad T_2(x) = 1 + x + \frac{x^2}{2!} \qquad T_3(x) = 1 + x + \frac{x^2}{2!} + \frac{x^3}{3!}$$

이다. 이 경우가 그림 1에 나타나 있다.

일반적으로

$$f(x) = \lim_{n\to\infty} T_n(x)$$

이면 $f(x)$는 테일러 급수의 합이다.

$$R_n(x) = f(x) - T_n(x)\text{라면} \qquad f(x) = T_n(x) + R_n(x)$$

이고, $R_n(x)$는 테일러 급수의 **나머지**(remainder)라 부른다. 만약 $\lim_{n\to\infty} R_n(x) = 0$이면

$$\lim_{n\to\infty} T_n(x) = \lim_{n\to\infty}[f(x) - R_n(x)] = f(x) - \lim_{n\to\infty} R_n(x) = f(x)$$

이다. 그러므로 다음 정리가 증명되었다.

8 정리 $f(x) = T_n(x) + R_n(x)$이면 f는 구간 $|x - a| < R$에서 f의 테일러 급수의 합과 같다. 여기서 T_n은 a에서 f의 n차 테일러 다항식이고 $|x - a| < R$에 대하여

$$\lim_{n\to\infty} R_n(x) = 0$$

이다.

특정한 함수 f에 대하여 $\lim_{n\to\infty} R_n(x) = 0$임을 보이기 위하여 다음 정리가 자주 이용된다.

9 테일러 부등식(Taylor's Inequality) $|x - a| \leq d$에 대하여 $|f^{(n+1)}(x)| \leq M$이면 테일러 급수의 나머지 $R_n(x)$는 다음 부등식을 만족한다.

$$|R_n(x)| \leq \frac{M}{(n+1)!}|x-a|^{n+1}$$

증명 먼저 테일러 부등식이 $n = 1$일 때 성립함을 증명한다. $|f''(x)| \leq M$이라 가정하고 특히 $f''(x) \leq M$이면 $a \leq x \leq a + d$에 대하여

$$\int_a^x f''(t)\,dt \leq \int_a^x M\,dt$$

이다. f''의 부정적분은 f'이므로 미적분학의 기본 정리 2에 의하여

$$f'(x) - f'(a) \leq M(x-a) \qquad \text{즉} \qquad f'(x) \leq f'(a) + M(x-a)$$

이다. 그러므로

$$\int_a^x f'(t)\,dt \leq \int_a^x [f'(a) + M(t-a)]\,dt$$

$$f(x) - f(a) \leq f'(a)(x-a) + M\frac{(x-a)^2}{2}$$

$$f(x) - f(a) - f'(a)(x-a) \leq \frac{M}{2}(x-a)^2$$

그런데 $R_1(x) = f(x) - T_1(x) = f(x) - f(a) - f'(a)(x-a)$이다. 따라서

$$R_1(x) \leq \frac{M}{2}(x-a)^2$$

이다. 유사하게 $f''(x) \geq -M$이면

$$R_1(x) \geq -\frac{M}{2}(x-a)^2$$

이다. 그러므로

$$|R_1(x)| \leq \frac{M}{2}|x-a|^2$$

이다. 위의 경우는 $x > a$이었지만 $x < a$에 대하여도 유사하게 부등식이 성립한다.

위의 과정은 $n = 1$일 때 테일러 부등식의 증명이다. 유사한 방법으로 $n + 1$번 적분하면 임의의 n에 대해서도 증명할 수 있다. ■

테일러 나머지 항을 구하는 공식

테일러 부등식에 대한 대안으로 나머지 항에 관한 다음 공식을 얻는다.
$f^{(n+1)}$이 구간 I에서 연속이고 $x \in I$이면

$$R_n(x) = \frac{1}{n!}\int_a^x (x-t)^n f^{(n+1)}(t)\,dt$$

이다. 이것을 나머지 항의 적분공식이라 한다. 나머지 항의 라그랑주 공식이라 하는 다른 공식은,

$$R_n(x) = \frac{f^{(n+1)}(z)}{(n+1)!}(x-a)^{n+1}$$

을 만족하는 수 z가 x와 a 사이에 존재한다고 기술한다. 이것은 중간값 성리의 확장이다($n = 0$의 경우).

이들 공식의 증명과 10.9절의 예제를 푸는 데 다음 사이트를 참조 바람.

www.StewartCalculus.com

*Additional Topics*를 클릭한 후 *Formulas for the Remainder Term in Taylor series*를 클릭하기 바람.

NOTE 이 절에서 테일러 부등식의 사용은 정리 8과 연관되어 있다.

정리 8과 9를 적용할 때 다음 사실을 이용하면 종종 도움이 된다.

10
$$\text{모든 실수 } x\text{에 대하여} \quad \lim_{n\to\infty} \frac{x^n}{n!} = 0$$

예제 2로부터 모든 x에서 $\Sigma x^n/n!$은 수렴하므로 그것의 n번째 항이 0으로 수렴한다는 것을 알 수 있다. 따라서 **10**이 성립한다.

예제 3 e^x는 매클로린 급수의 합과 동일함을 보여라.

풀이 모든 n에서 $f(x) = e^x$이면 $f^{(n+1)}(x) = e^x$이다. d가 임의의 양수이고 $|x| \leq d$이면 $|f^{(n+1)}(x)| = e^x \leq e^d$이다. 그러므로 테일러 부등식에 의하여 $a = 0$이고 $M = e^d$이면

$$|R_n(x)| \leq \frac{e^d}{(n+1)!}|x|^{n+1}, \qquad |x| \leq d$$

동일한 상수 $M = e^d$는 모든 n에 대하여 성립한다. 그러나 식 **10**에 의하여

$$\lim_{n\to\infty} \frac{e^d}{(n+1)!}|x|^{n+1} = e^d \lim_{n\to\infty} \frac{|x|^{n+1}}{(n+1)!} = 0$$

이다. 조임정리에 의하여 $\lim_{n\to\infty} |R_n(x)| = 0$이므로 모든 x에서 $\lim_{n\to\infty} R_n(x) = 0$이다. 정리 **8**에 의하여 e^x는 매클로린 급수의 합과 같다. 즉

11
$$\text{모든 } x\text{에서} \quad e^x = \sum_{n=0}^{\infty} \frac{x^n}{n!}$$

■

식 **11**에서 $x = 1$을 대입하면 수 e를 무한급수의 합으로 나타낸 다음 식을 얻는다.

컴퓨터의 도움으로 연구자들은 현재 e의 값을 수조 자리까지 정확하게 계산한다.

12
$$e = \sum_{n=0}^{\infty} \frac{1}{n!} = 1 + \frac{1}{1!} + \frac{1}{2!} + \frac{1}{3!} + \cdots$$

예제 4 $a = 2$에서 $f(x) = e^x$의 테일러 급수를 구하여라.

풀이 $f^{(n)}(2) = e^2$이므로 테일러 급수의 정의 **6**에 $a = 2$를 대입하면

$$\sum_{n=0}^{\infty} \frac{f^{(n)}(2)}{n!}(x-2)^n = \sum_{n=0}^{\infty} \frac{e^2}{n!}(x-2)^n$$

이다. 예제 2에서와 같이 수렴반지름 $R = \infty$임을 증명할 수 있다. 예제 3에서와 같이 $\lim_{n\to\infty} R_n(x) = 0$임을 증명할 수 있으므로

13
$$\text{모든 } x\text{에서} \quad e^x = \sum_{n=0}^{\infty} \frac{e^2}{n!}(x-2)^n$$

이다. ■

지금까지 식 **11**에서는 e^x의 매클로린 급수의 확장을, 식 **13**에서는 테일러 급수의 확장을 보았다. 매클로린 급수는 0 부근의 x에 대하여 유용하고 테일러 급수는 $x = 2$ 근방에서 유용하다.

■ 주요 함수의 테일러 급수

예제 2와 4에서 함수 e^x의 멱급수 표현을 얻었고 10.8절에서 $\ln(1+x)$와 $\tan^{-1}x$를 포함한 여러 함수의 멱급수 표현을 얻었다. 이제 $\sin x$와 $\cos x$를 포함하여 다른 몇 개의 주요 함수의 멱급수 표현을 구해보자.

예제 5 $\sin x$의 매클로린 급수를 구하여라. 또 그 급수가 모든 x에 대하여 $\sin x$를 나타냄을 보여라.

풀이 다음과 같이 계산을 두 열로 정리하자.

$$\begin{aligned} f(x) &= \sin x & f(0) &= 0 \\ f'(x) &= \cos x & f'(0) &= 1 \\ f''(x) &= -\sin x & f''(0) &= 0 \\ f'''(x) &= -\cos x & f'''(0) &= -1 \\ f^{(4)}(x) &= \sin x & f^{(4)}(0) &= 0 \end{aligned}$$

그림 2는 $\sin x$의 그래프와 테일러(매클로린) 다항식의 그래프이다.

$$T_1(x) = x$$

$$T_3(x) = x - \frac{x^3}{3!}$$

$$T_5(x) = x - \frac{x^3}{3!} + \frac{x^5}{5!}$$

n이 증가하면 $T_n(x)$는 $\sin x$에 더 가까이 접근한다.

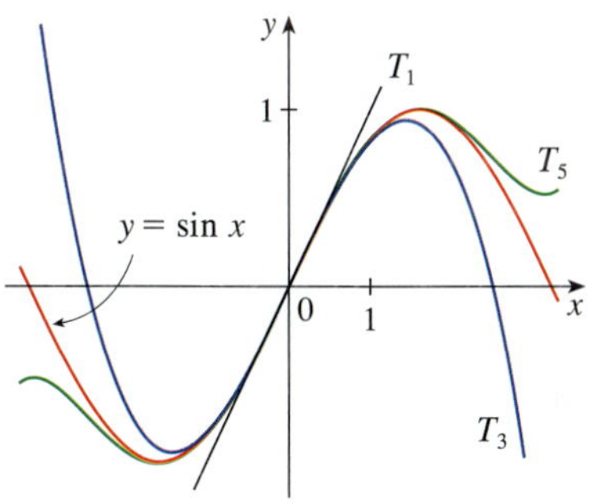

그림 2

도함수가 네 번째마다 반복되므로 매클로린 급수는

$$f(0) + \frac{f'(0)}{1!}x + \frac{f''(0)}{2!}x^2 + \frac{f'''(0)}{3!}x^3 + \cdots$$

$$= x - \frac{x^3}{3!} + \frac{x^5}{5!} - \frac{x^7}{7!} + \cdots = \sum_{n=0}^{\infty}(-1)^n \frac{x^{2n+1}}{(2n+1)!}$$

이다. $f^{(n+1)}(x)$는 $\pm\sin x$ 혹은 $\pm\cos x$이므로 모든 x에서 $|f^{(n+1)}(x)| \leqslant 1$이다. 테일러 부등식에서 $M = 1$이면

14 $$|R_n(x)| \leqslant \frac{M}{(n+1)!}|x^{n+1}| = \frac{|x|^{n+1}}{(n+1)!}$$

식 **10**에서 부등식의 우변은 $n \to \infty$일 때 0으로 접근하고, 조임정리에 의하여 $|R_n(x)| \to 0$이다. 따라서 $n \to \infty$에 따라 $R_n(x) \to 0$이므로 정리 **8**에 의하여 $\sin x$는 매클로린 급수의 합과 동일하다. ■

예제 5의 결과는 다음으로 서술된다.

15 모든 x에서

$$\sin x = x - \frac{x^3}{3!} + \frac{x^5}{5!} - \frac{x^7}{7!} + \cdots$$

$$= \sum_{n=0}^{\infty}(-1)^n \frac{x^{2n+1}}{(2n+1)!}$$

예제 6 $\cos x$의 매클로린 급수를 구하여라.

풀이 예제 5에서처럼 직접 구할 수도 있지만, 10.8절의 정리 **2**를 이용하여 식 **15**에서 주어진 $\sin x$의 매클로린 급수를 미분하는 것이 더 쉬운 방법이다.

예제 3, 5, 6에서 얻은 e^x, $\sin x$, $\cos x$의 매클로린 급수는 다른 방법으로 뉴턴이 발견했다. ($\sin x$와 $\cos x$에 대한 급수는 뉴턴보다 1세기 앞선 인도의 천문학자에 의하여 발견되었다는 증거가 있지만 이것은 세계로 확산되지 못했다.) 이러한 방정식은 매우 놀라운 것이다. 왜냐하면 한 점 0에서 그것의 모든 도함수를 안다면 이러한 함수의 각각에 대한 모든 것을 알 수 있기 때문이다.

$$\cos x = \frac{d}{dx}(\sin x) = \frac{d}{dx}\left(x - \frac{x^3}{3!} + \frac{x^5}{5!} - \frac{x^7}{7!} + \cdots\right)$$

$$= 1 - \frac{3x^2}{3!} + \frac{5x^4}{5!} - \frac{7x^6}{7!} + \cdots = 1 - \frac{x^2}{2!} + \frac{x^4}{4!} - \frac{x^6}{6!} + \cdots$$

10.8절의 정리 **2**는 $\sin x$의 급수의 미분은 $\sin x$의 도함수, 곧 $\cos x$로 수렴함과 수렴반지름이 불변함을 말해주므로 급수가 모든 x에 대하여 수렴함을 알 수 있다. ■

앞으로 참고하기 위하여 예제 6의 결과를 명시한다.

16 모든 x에서

$$\cos x = 1 - \frac{x^2}{2!} + \frac{x^4}{4!} - \frac{x^6}{6!} + \cdots$$

$$= \sum_{n=0}^{\infty} (-1)^n \frac{x^{2n}}{(2n)!}$$

예제 7 $\pi/3$에서 $f(x) = \sin x$를 테일러 급수의 합으로 나타내어라.

풀이

$$f(x) = \sin x \qquad f\left(\frac{\pi}{3}\right) = \frac{\sqrt{3}}{2}$$

$$f'(x) = \cos x \qquad f'\left(\frac{\pi}{3}\right) = \frac{1}{2}$$

$$f''(x) = -\sin x \qquad f''\left(\frac{\pi}{3}\right) = -\frac{\sqrt{3}}{2}$$

$$f'''(x) = -\cos x \qquad f'''\left(\frac{\pi}{3}\right) = -\frac{1}{2}$$

예제 5와 7에서 $\sin x$에 대한 두 개의 급수(매클로린 급수와 테일러 급수)를 얻었다. 매클로린 급수는 $x = 0$ 근방에서 사용하면 좋고, 테일러 급수는 $x = \pi/3$ 근방에서 사용하면 좋다. 그림 3은 3차 테일러 다항식은 $\pi/3$ 근방에서 $\sin x$에 대한 가장 좋은 근사식이지만, 0 근방에서는 그렇지 않다는 것을 보여준다. 그림 2에서 주어진 매클로린 다항식 T_3와 비교하여라. 반대의 경우도 참이다.

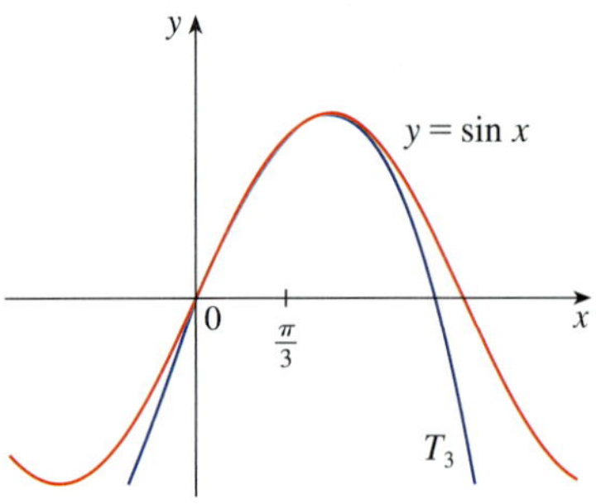

그림 3

그러므로 $\pi/3$에서 테일러 급수는

$$f\left(\frac{\pi}{3}\right) + \frac{f'\left(\frac{\pi}{3}\right)}{1!}\left(x - \frac{\pi}{3}\right) + \frac{f''\left(\frac{\pi}{3}\right)}{2!}\left(x - \frac{\pi}{3}\right)^2 + \frac{f'''\left(\frac{\pi}{3}\right)}{3!}\left(x - \frac{\pi}{3}\right)^3 + \cdots$$

$$= \frac{\sqrt{3}}{2} + \frac{1}{2 \cdot 1!}\left(x - \frac{\pi}{3}\right) - \frac{\sqrt{3}}{2 \cdot 2!}\left(x - \frac{\pi}{3}\right)^2 - \frac{1}{2 \cdot 3!}\left(x - \frac{\pi}{3}\right)^3 + \cdots$$

이 급수가 모든 x에서 $\sin x$를 나타낸다는 증명은 예제 5와 유사하다.(**14**에서 x를 $x - \pi/3$로 하면 된다.) 이 급수에서 $\sqrt{3}$을 포함하는 항들을 분리하여 합의 기호로 표시하면 다음과 같다.

$$\sin x = \sum_{n=0}^{\infty} \frac{(-1)^n\sqrt{3}}{2(2n)!}\left(x - \frac{\pi}{3}\right)^{2n} + \sum_{n=0}^{\infty} \frac{(-1)^n}{2(2n+1)!}\left(x - \frac{\pi}{3}\right)^{2n+1}$$ ■

예제 8 임의의 실수 k에 대하여 $f(x) = (1 + x)^k$의 매클로린 급수를 구하여라.

풀이 미분을 계산하는 것으로 시작한다.

$$\begin{aligned}
f(x) &= (1+x)^k & f(0) &= 1 \\
f'(x) &= k(1+x)^{k-1} & f'(0) &= k \\
f''(x) &= k(k-1)(1+x)^{k-2} & f''(0) &= k(k-1) \\
f'''(x) &= k(k-1)(k-2)(1+x)^{k-3} & f'''(0) &= k(k-1)(k-2) \\
&\vdots & &\vdots \\
f^{(n)}(x) &= k(k-1)\cdots(k-n+1)(1+x)^{k-n} & f^{(n)}(0) &= k(k-1)\cdots(k-n+1)
\end{aligned}$$

따라서 $f(x) =(1 + x)^k$의 매클로린 급수는

$$\sum_{n=0}^{\infty} \frac{f^{(n)}(0)}{n!}x^n = \sum_{n=0}^{\infty} \frac{k(k-1)\cdots(k-n+1)}{n!}x^n$$

이다. 이 급수를 **이항급수**(binomial series)라고 한다. k가 0을 포함하는 양의 정수이면 이들 항은 0이 되어 이 급수는 유한이 된다. k의 다른 값에 대해서는 어떠한 항도 0이 아니므로 비 판정법을 사용하여 급수의 수렴을 조사할 수 있다. 이때 a_n을 급수의 n번째 항이라 하면 $n \to \infty$일 때

$$\begin{aligned}
\left|\frac{a_{n+1}}{a_n}\right| &= \left|\frac{k(k-1)\cdots(k-n+1)(k-n)x^{n+1}}{(n+1)!} \cdot \frac{n!}{k(k-1)\cdots(k-n+1)x^n}\right| \\
&= \frac{|k-n|}{n+1}|x| = \frac{\left|1 - \dfrac{k}{n}\right|}{1 + \dfrac{1}{n}}|x| \to |x|
\end{aligned}$$

이다. 따라서 비 판정법에 의해 이항급수는 $|x| < 1$이면 수렴하고, $|x| > 1$이면 발산한다. ■

이항급수에서 계수들은 전통적으로

$$\binom{k}{n} = \frac{k(k-1)(k-2)\cdots(k-n+1)}{n!}$$

로 나타내고 이 수를 **이항계수**(binomial coefficients)라 한다.

다음 정리는 $(1 + x)^k$이 그의 매클로린 급수의 합과 같다는 것을 말해준다. 이에 대한 증명은 나머지 항 $R_n(x)$가 0에 수렴함을 보이면 되지만 매우 어렵다.

17 이항급수 k가 임의의 실수이고 $|x| < 1$이면

$$(1+x)^k = \sum_{n=0}^{\infty} \binom{k}{n} x^n = 1 + kx + \frac{k(k-1)}{2!}x^2 + \frac{k(k-1)(k-2)}{3!}x^3 + \cdots$$

이항급수는 항상 $|x| < 1$일 때 수렴하지만 양 끝점 $x = \pm 1$에서의 수렴 여부는 k의 값에 따라 달라진다. $-1 < k \leqslant 0$이면 급수는 $x = 1$에서 수렴하고 $k \geqslant 0$이면 $x = \pm 1$에서 수렴한다는 것이 판명되었다. k가 양의 정수이고 $n > k$이면 $\binom{k}{n}$에 관한 식은 인수 $(k - k)$를 포함하고 있으므로 $n > k$인 경우 항상 $\binom{k}{n} = 0$이다. 이것은 k가 양의 정수이면 급수는 곧 이항정리가 됨을 의미한다.

예제 9 $f(x) = \dfrac{1}{\sqrt{4-x}}$의 매클로린 급수 및 수렴반지름을 구하여라.

풀이 $f(x)$를 이항정리를 사용할 수 있는 형식으로 다시 쓰면

$$\frac{1}{\sqrt{4-x}} = \frac{1}{\sqrt{4\left(1-\frac{x}{4}\right)}} = \frac{1}{2\sqrt{1-\frac{x}{4}}} = \frac{1}{2}\left(1-\frac{x}{4}\right)^{-1/2}$$

이다. $k = -\frac{1}{2}$인 경우의 이항급수에 x 대신 $-x/4$를 대입하면

$$\frac{1}{\sqrt{4-x}} = \frac{1}{2}\left(1-\frac{x}{4}\right)^{-1/2} = \frac{1}{2}\sum_{n=0}^{\infty}\binom{-\frac{1}{2}}{n}\left(-\frac{x}{4}\right)^n$$

$$= \frac{1}{2}\left[1 + \left(-\frac{1}{2}\right)\left(-\frac{x}{4}\right) + \frac{\left(-\frac{1}{2}\right)\left(-\frac{3}{2}\right)}{2!}\left(-\frac{x}{4}\right)^2 + \frac{\left(-\frac{1}{2}\right)\left(-\frac{3}{2}\right)\left(-\frac{5}{2}\right)}{3!}\left(-\frac{x}{4}\right)^3 \right.$$

$$\left. + \cdots + \frac{\left(-\frac{1}{2}\right)\left(-\frac{3}{2}\right)\left(-\frac{5}{2}\right)\cdots\left(-\frac{1}{2}-n+1\right)}{n!}\left(-\frac{x}{4}\right)^n + \cdots\right]$$

$$= \frac{1}{2}\left[1 + \frac{1}{8}x + \frac{1\cdot 3}{2!8^2}x^2 + \frac{1\cdot 3\cdot 5}{3!8^3}x^3 + \cdots + \frac{1\cdot 3\cdot 5\cdot\cdots\cdot(2n-1)}{n!8^n}x^n + \cdots\right]$$

식 17로부터 이 급수는 $|-x/4| <1$, 즉 $|x| < 4$일 때 수렴하고 따라서 수렴반지름 $R = 4$이다. ■

앞으로 참고하기 위해 10.8절과 이 절에서 구한 몇 개의 주요 매클로린 급수를 표 1에 정리하였다.

표 1 주요 매클로린 급수와 수렴반지름

$\dfrac{1}{1-x} = \sum_{n=0}^{\infty} x^n = 1 + x + x^2 + x^3 + \cdots$	$R = 1$
$e^x = \sum_{n=0}^{\infty} \dfrac{x^n}{n!} = 1 + \dfrac{x}{1!} + \dfrac{x^2}{2!} + \dfrac{x^3}{3!} + \cdots$	$R = \infty$
$\sin x = \sum_{n=0}^{\infty} (-1)^n \dfrac{x^{2n+1}}{(2n+1)!} = x - \dfrac{x^3}{3!} + \dfrac{x^5}{5!} - \dfrac{x^7}{7!} + \cdots$	$R = \infty$
$\cos x = \sum_{n=0}^{\infty} (-1)^n \dfrac{x^{2n}}{(2n)!} = 1 - \dfrac{x^2}{2!} + \dfrac{x^4}{4!} - \dfrac{x^6}{6!} + \cdots$	$R = \infty$
$\tan^{-1}x = \sum_{n=0}^{\infty} (-1)^n \dfrac{x^{2n+1}}{2n+1} = x - \dfrac{x^3}{3} + \dfrac{x^5}{5} - \dfrac{x^7}{7} + \cdots$	$R = 1$
$\ln(1+x) = \sum_{n=1}^{\infty} (-1)^{n-1} \dfrac{x^n}{n} = x - \dfrac{x^2}{2} + \dfrac{x^3}{3} - \dfrac{x^4}{4} + \cdots$	$R = 1$
$(1+x)^k = \sum_{n=0}^{\infty} \dbinom{k}{n} x^n = 1 + kx + \dfrac{k(k-1)}{2!}x^2 + \dfrac{k(k-1)(k-2)}{3!}x^3 + \cdots$	$R = 1$

기존의 테일러 급수에서 새로운 테일러 급수 얻기

NOTE 2에서 본 것처럼 함수가 a에서 멱급수로 전개되면 급수는 유일하게 결정된다. 다시 말해, 무슨 방식으로 f의 멱급수를 얻든지 간에 그 결과는 f의 테일러 급수인 것이다. 따라서 정리 5에 주어진 계수 공식을 이용하는 것보다 오히려 표 1의 급수를 조작하여 새로운 테일러 급수를 얻을 수 있다.

10.8절의 예제에서 본 것처럼 테일러 급수의 x를 cx^m꼴로 바꿀 수도 있고, 또 그런 모양의 표현을 곱할(나눌) 수도 있으며, 항별로 미분 또는 적분을 할 수도 있다(10.8절의 정리 2). 또한 테일러 급수끼리 더하거나 빼거나 곱하거나 나누어서 새로운 테일러 급수를 얻을 수 있음을 보일 수 있다.

예제 10 (a) $f(x) = x\cos x$와 (b) $f(x) = \ln(1 + 3x^2)$의 매클로린 급수를 구하여라.

풀이

(a) $\cos x$의 매클로린 급수(표 1)에 x를 곱한다.

$$x\cos x = x\sum_{n=0}^{\infty} (-1)^n \frac{x^{2n}}{(2n)!} = \sum_{n=0}^{\infty} (-1)^n \frac{x^{2n+1}}{(2n)!}$$

(b) $\ln(1 + x)$의 매클로린 급수에서 x를 $3x^2$으로 바꾸어

$$\ln(1 + 3x^2) = \sum_{n=1}^{\infty} (-1)^{n-1} \frac{(3x^2)^n}{n} = \sum_{n=1}^{\infty} (-1)^{n-1} \frac{3^n x^{2n}}{n}$$

을 얻는다. 표 1에서 이 급수는 $|3x^2| < 1$, 곧 $|x| < 1/\sqrt{3}$일 때 수렴하므로 수렴반지름은 $R = 1/\sqrt{3}$이다. ■

예제 11 멱급수 $\sum_{n=0}^{\infty}(-1)^n \frac{2^n x^n}{n!}$으로 표현되는 함수를 구하여라.

풀이 식을

$$\sum_{n=0}^{\infty}(-1)^n \frac{2^n x^n}{n!} = \sum_{n=0}^{\infty}\frac{(-2x)^n}{n!}$$

으로 변형하면 이 급수가 e^x의 급수 표현에서 x를 $-2x$로 치환하여 얻어진다는 것을 알 수 있다(표 1 참조). 따라서 이 급수가 표현하는 함수는 e^{-2x}이다. ■

예제 12 급수 $\frac{1}{1 \cdot 2} - \frac{1}{2 \cdot 2^2} + \frac{1}{3 \cdot 2^3} - \frac{1}{4 \cdot 2^4} + \cdots$의 합을 구하여라.

풀이 Σ 기호를 사용해서 이 급수를 다시 적어보자.

$$\sum_{n=1}^{\infty}(-1)^{n-1}\frac{1}{n \cdot 2^n} = \sum_{n=1}^{\infty}(-1)^{n-1}\frac{\left(\frac{1}{2}\right)^n}{n}$$

표 1에서 이 급수는 $x = \frac{1}{2}$인 $\ln(1 + x)$와 일치함을 알 수 있다. 따라서

$$\sum_{n=1}^{\infty}(-1)^{n-1}\frac{1}{n \cdot 2^n} = \ln\left(1 + \tfrac{1}{2}\right) = \ln \tfrac{3}{2}$$ ■

테일러 급수가 중요한 이유는 적분할 수 없는 함수도 적분이 가능하다는 것이다. 이 장의 소개에서 언급했듯이 뉴턴은 함수를 테일러 급수로 표현한 다음 각 항을 적분함으로써 함수를 적분하였다. 함수 $f(x) = e^{-x^2}$은 지금까지의 방법으로는 적분할 수 없다. 다음 예에서 이 함수를 적분하는 뉴턴의 아이디어를 이용한다.

예제 13 $\int e^{-x^2}\,dx$를 무한급수로 계산하여라.

풀이 먼저 $f(x) = e^{-x^2}$의 매클로린 급수를 구하자. 직접 구해도 되지만 표 1에 있는 e^x의 급수에서 x 대신 $-x^2$을 대입함으로써 간단히 구할 수 있다. 따라서 x의 모든 값에 대하여

$$e^{-x^2} = \sum_{n=0}^{\infty}\frac{(-x^2)^n}{n!} = \sum_{n=0}^{\infty}(-1)^n\frac{x^{2n}}{n!} = 1 - \frac{x^2}{1!} + \frac{x^4}{2!} - \frac{x^6}{3!} + \cdots$$

이고, 각 항을 적분하면

$$\int e^{-x^2}\,dx = \int\left(1 - \frac{x^2}{1!} + \frac{x^4}{2!} - \frac{x^6}{3!} + \cdots + (-1)^n\frac{x^{2n}}{n!} + \cdots\right)dx$$

$$= C + x - \frac{x^3}{3 \cdot 1!} + \frac{x^5}{5 \cdot 2!} - \frac{x^7}{7 \cdot 3!} + \cdots + (-1)^n\frac{x^{2n+1}}{(2n+1)n!} + \cdots$$

이다. 위의 급수는 수렴한다. 왜냐하면 e^{-x^2}의 급수가 모든 x에서 수렴하기 때문이다. ■

테일러 급수는 다음 예제에서처럼 극한의 계산에도 활용될 수 있다(어떤 수학 소프트웨어는 이러한 방법으로 극한을 계산한다).

예제 14 $\lim_{x\to 0} \dfrac{e^x - 1 - x}{x^2}$를 구하여라.

로피탈 법칙을 이용하여 예제 14의 극한을 계산할 수도 있다.

풀이 표 1의 e^x의 매클로린 급수를 이용하면 $(e^x - 1 - x)/x^2$의 매클로린 급수는

$$\frac{e^x - 1 - x}{x^2} = \left[\left(1 + \frac{x}{1!} + \frac{x^2}{2!} + \frac{x^3}{3!} + \cdots\right) - 1 - x\right]\Big/x^2$$

$$= \frac{1}{x^2}\left(\frac{x^2}{2!} + \frac{x^3}{3!} + \frac{x^4}{4!} + \cdots\right) = \frac{1}{2!} + \frac{x}{3!} + \frac{x^2}{4!} + \cdots$$

임을 알 수 있으므로

$$\lim_{x\to 0} \frac{e^x - 1 - x}{x^2} = \lim_{x\to 0}\left(\frac{1}{2!} + \frac{x}{3!} + \frac{x^2}{4!} + \cdots\right)$$

$$= \frac{1}{2!} + 0 + 0 + \cdots = \frac{1}{2}$$

이다. 왜냐하면 멱급수는 연속함수이기 때문이다. ■

멱급수들의 곱과 나눗셈

멱급수들의 합, 차는 10.2절의 정리 8에서 보았듯이 다항식들의 합, 차와 같이 계산할 수 있다. 다음 예제를 통하여 알 수 있듯이 멱급수들의 곱과 나눗셈도 다항식들의 곱 및 나눗셈과 마찬가지로 할 수 있다. 실제 계산에서는 멱급수들의 처음 몇 개의 항을 계산하면 된다. 왜냐하면 초기의 항들이 가장 중요한 항들이기 때문이다.

예제 15 (a) $e^x \sin x$, (b) $\tan x$ 매클로린 급수의 셋째 항까지 구하여라.

풀이

(a) 표 1의 e^x와 $\sin x$를 이용하면

$$e^x \sin x = \left(1 + \frac{x}{1!} + \frac{x^2}{2!} + \frac{x^3}{3!} + \cdots\right)\left(x - \frac{x^3}{3!} + \cdots\right)$$

이다. 다항식의 곱셈과 같이 곱하면

$$\begin{array}{rl} & 1 + x + \tfrac{1}{2}x^2 + \tfrac{1}{6}x^3 + \cdots \\ \times & x \qquad\quad - \tfrac{1}{6}x^3 + \cdots \\ \hline & x + x^2 + \tfrac{1}{2}x^3 + \tfrac{1}{6}x^4 + \cdots \\ + & \qquad\quad - \tfrac{1}{6}x^3 - \tfrac{1}{6}x^4 - \cdots \\ \hline & x + x^2 + \tfrac{1}{3}x^3 + \cdots \end{array}$$

그러므로
$$e^x \sin x = x + x^2 + \tfrac{1}{3}x^3 + \cdots$$

(b) 표 1을 이용하여

$$\tan x = \frac{\sin x}{\cos x} = \frac{x - \dfrac{x^3}{3!} + \dfrac{x^5}{5!} - \cdots}{1 - \dfrac{x^2}{2!} + \dfrac{x^4}{4!} - \cdots}$$

이다. 여기서 장제법(long division)을 이용하면

$$\begin{array}{r|l} & x + \frac{1}{3}x^3 + \frac{2}{15}x^5 + \cdots \\ 1 - \frac{1}{2}x^2 + \frac{1}{24}x^4 - \cdots & x - \frac{1}{6}x^3 + \frac{1}{120}x^5 - \cdots \\ & x - \frac{1}{2}x^3 + \frac{1}{24}x^5 - \cdots \\ \hline & \frac{1}{3}x^3 - \frac{1}{30}x^5 + \cdots \\ & \frac{1}{3}x^3 - \frac{1}{6}x^5 + \cdots \\ \hline & \frac{2}{15}x^5 + \cdots \end{array}$$

따라서 $$\tan x = x + \tfrac{1}{3}x^3 + \tfrac{2}{15}x^5 + \cdots$$ ■

예제 15에서 사용한 형식적인 계산법을 정당화하려고 시도하지는 않았지만 그 방법은 타당하다. $f(x) = \Sigma c_n x^n$과 $g(x) = \Sigma b_n x^n$이 모두 $|x| < R$에서 수렴한다면 이들 급수를 다항식처럼 곱하여 얻은 급수도 $|x| < R$에서 수렴하고 $f(x)g(x)$로 나타낼 수 있다는 것이 증명되었다. 나눗셈에서는 $b_0 \neq 0$이어야 하며 결과식 $f(x)/g(x)$는 $|x|$가 충분히 작을 때 수렴한다.

10.9 | 연습문제

1. 모든 x에 대하여 $f(x) = \sum_{n=0}^{\infty} b_n(x-5)^n$일 때 b_8의 식을 구하여라.

2. 함수 f의 그래프는 다음과 같다.

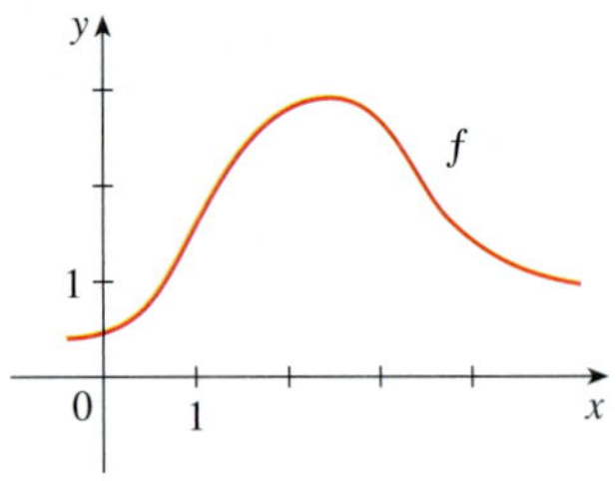

(a) 급수 $1.1 + 0.7x^2 + 2.2x^3 + \cdots$은 함수 f의 매클로린 급수가 아닌 이유를 설명하여라.

(b) $1.6 - 0.8(x-1) + 0.4(x-1)^2 - 0.1(x-1)^3 + \cdots$은 1에서 함수 f의 테일러 급수가 아닌 이유를 설명하여라.

(c) $2.8 + 0.5(x-2) + 1.5(x-2)^2 - 0.1(x-2)^3 + \cdots$은 2에서 함수 f의 테일러 급수가 아닌 이유를 설명하여라.

3. $n = 0, 1, 2, \cdots$에 대해 $f^{(n)}(0) = (n+1)!$일 때, 함수 f의 매클로린 급수 및 수렴반지름을 구하여라.

4-7 주어진 a값을 중심으로 하는 $f(x)$의 멱급수 표현을 테일러 급수의 정의를 이용하여, 0이 아닌 첫 네 항을 구하여라.

4. $f(x) = xe^x, \quad a = 0$

5. $f(x) = \sqrt[3]{x}, \quad a = 8$

6. $f(x) = \ln x, \quad a = 1$

7. $f(x) = \sin x, \quad a = \pi/6$

8-13 매클로린 급수의 정의를 사용하여 다음 함수 $f(x)$의 매클로린 급수를 구하여라. [f가 멱급수를 가진다고 가정한다. $R_n(x) \to 0$임을 보일 필요는 없다.] 그리고 수렴반지름을 구하여라.

8. $f(x) = (1-x)^{-2}$

9. $f(x) = \ln(1+x)$

10. $f(x) = \cos x$

11. $f(x) = e^{-2x}$

12. $f(x) = 2^x$

13. $f(x) = \sinh x$

14-20 주어진 a값에서 $f(x)$의 테일러 급수를 구하여라. [f가 멱급수를 가진다고 가정한다. $R_n(x) \to 0$임을 보일 필요는 없다.] 그리고 수렴반지름을 구하여라.

14. $f(x) = x^5 + 2x^3 + x, \quad a = 2$

15. $f(x) = \ln x, \quad a = 2$

16. $f(x) = 1/x, \quad a = -3$

17. $f(x) = e^{2x}, \quad a = 3$

18. $f(x) = \sin x, \quad a = \pi$

19. $f(x) = \sin 2x, \quad a = \pi$

20. $f(x) = \sqrt{x}, \quad a = 16$

21-24 이항급수를 사용하여 다음 함수를 멱급수로 전개하여라. 수렴반지름도 구하여라.

21. $\sqrt[4]{1 - x}$

22. $\sqrt[3]{8 + x}$

23. $\dfrac{1}{(2 + x)^3}$

24. $(1 - x)^{3/4}$

25-30 표 1의 매클로린 급수를 사용하여 다음 함수의 매클로린 급수를 구하여라.

25. $f(x) = \arctan(x^2)$

26. $f(x) = x \cos 2x$

27. $f(x) = e^{3x} - e^{2x}$

28. $f(x) = x^2 \ln(1 + x^3)$

29. $f(x) = \dfrac{x}{\sqrt{4 + x^2}}$

30. $f(x) = \sin^2 x \quad \left[\text{힌트: } \sin^2 x = \frac{1}{2}(1 - \cos 2x)\right]$

---

31. 정의

$$\sinh x = \frac{e^x - e^{-x}}{2} \qquad \cosh x = \frac{e^x + e^{-x}}{2}$$

와 e^x의 매클로린 급수를 이용하여 다음을 보여라.

(a) $\sinh x = \displaystyle\sum_{n=0}^{\infty} \frac{x^{2n+1}}{(2n + 1)!}$

(b) $\cosh x = \displaystyle\sum_{n=0}^{\infty} \frac{x^{2n}}{(2n)!}$

32. 공식

$$\tanh^{-1} x = \frac{1}{2} \ln\left(\frac{1 + x}{1 - x}\right) \qquad -1 < x < 1$$

와 $\ln(1 + x)$의 매클로린 급수를 이용하여 다음을 보여라.

$$\tanh^{-1} x = \sum_{n=0}^{\infty} \frac{x^{2n+1}}{2n + 1}$$

33-36 다음 함수의 매클로린 급수(어떤 방법으로든)와 수렴반지름을 구하여라. 같은 화면에 함수 f와 처음 몇 개의 테일러 다항식을 그려라. 함수 f와 다항식 사이의 관계에 대해 무엇을 알 수 있는가?

33. $f(x) = \cos(x^2)$

34. $f(x) = \ln(1 + x^2)$

35. $f(x) = xe^{-x}$

36. $f(x) = \tan^{-1}(x^3)$

---

37. $\cos x$의 매클로린 급수를 사용하여 $\cos 5°$ 값을 소수 다섯째 자리까지 정확하게 구하여라.

38. (a) 이항급수를 이용하여 $1/\sqrt{1 - x^2}$의 전개식을 구하여라.
(b) (a)를 이용하여 $\sin^{-1}x$에 대한 매클로린 급수를 구하여라.

39-41 급수를 이용하여 부정적분을 구하여라.

39. $\displaystyle\int \sqrt{1 + x^3}\, dx$

40. $\displaystyle\int \frac{\cos x - 1}{x}\, dx$

41. $\displaystyle\int \arctan(x^2)\, dx$

42-44 급수를 이용하여 다음 극한을 구하여라.

42. $\displaystyle\lim_{x \to 0} \frac{x - \ln(1 + x)}{x^2}$

43. $\displaystyle\lim_{x \to 0} \frac{\sin x - x + \frac{1}{6}x^3}{x^5}$

44. $\displaystyle\lim_{x \to 0} \frac{x^3 - 3x + 3\tan^{-1}x}{x^5}$

45-48 각 함수의 매클로린 급수에서 처음 세 항을 멱급수의 곱과 나눗셈을 이용하여 구하여라.

45. $y = e^{-x^2} \cos x$

46. $y = \dfrac{x}{\sin x}$

47. $y = e^x \ln(1 + x)$

48. $y = (\arctan x)^2$

49-50 주어진 멱급수로 표현되는 함수를 구하여라.

49. $\displaystyle\sum_{n=0}^{\infty} (-1)^n \frac{x^{4n}}{n!}$

50. $\displaystyle\sum_{n=0}^{\infty} (-1)^n \frac{x^{2n+1}}{2^{2n+1}(2n + 1)}$

51-55 급수의 합을 구하여라.

51. $\displaystyle\sum_{n=0}^{\infty} \frac{(-1)^n}{n!}$

52. $\displaystyle\sum_{n=0}^{\infty} \frac{(-1)^n \pi^{2n}}{6^{2n}(2n)!}$

53. $\sum_{n=1}^{\infty} (-1)^{n-1} \frac{3^n}{n\,5^n}$

54. $1 - \ln 2 + \frac{(\ln 2)^2}{2!} - \frac{(\ln 2)^3}{3!} + \cdots$

55. $3 + \frac{9}{2!} + \frac{27}{3!} + \frac{81}{4!} + \cdots$

---

56. $f(x) = x/(1 + x^2)$의 매클로린 급수를 이용하여 $f^{(101)}(0)$을 구하여라.

57. $f(x) = x\sin(x^2)$의 매클로린 급수를 이용하여 $f^{(203)}(0)$을 구하여라.

58. $f(x) = (1 + x^3)^{30}$일 때 $f^{(58)}(0)$은?

59. (a) 다음과 같이 정의된 함수가 매클로린 급수와 같지 않음을 보여라.

$$f(x) = \begin{cases} e^{-1/x^2}, & x \neq 0 \\ 0, & x = 0 \end{cases}$$

(b) (a)의 함수를 그래프로 나타내고 원점 근처에서 어떤 움직임이 있는지 설명하여라.

발견프로젝트 | T 파악하기 어려운 극한

$$f(x) = \frac{\sin(\tan x) - \tan(\sin x)}{\arcsin(\arctan x) - \arctan(\arcsin x)}$$에 대하여 알아보자.

1. CAS를 사용하여 $x = 1, 0.1, 0.01, 0.001, 0.0001$일 때 $f(x)$를 계산하여라. (계산기는 정확한 수치가 나오지 않을 수 있다.) $x \to 0$일 때 f가 극한값을 갖는 것으로 나타나는가?
2. CAS를 사용하여 $x = 0$ 근처에서 f의 그래프를 그려라. $x \to 0$일 때 f가 극한값을 갖는가?
3. CAS를 사용하여 분자와 분모를 미분하여라. 로피탈 법칙으로 $\lim_{x\to 0} f(x)$를 계산하여라. 무엇을 알 수 있는가? 로피탈 법칙을 얼마나 많이 사용해야 하는가?
4. CAS를 사용하여 분자와 분모의 테일러 급수의 충분히 많은 항을 구하여 $\lim_{x\to 0} f(x)$를 계산하여라.
5. CAS의 극한 명령어를 사용하여 직접적으로 $\lim_{x\to 0} f(x)$를 구하여라. (대부분 CAS는 극한을 계산하기 위해 문제 4의 방법을 사용한다.)
6. 문제 4와 5의 답의 관점에서 문제 1과 2의 결과를 설명하여라.

보고서프로젝트 | 뉴턴이 이항급수를 발견한 방법

$(a + b)^k$ (k는 양의 정수)의 전개식인 이항정리는 뉴턴이 살던 시기보다 수세기 전부터 중국수학자들에게 알려져 있었다. 1665년, 22세였던 뉴턴은 k가 유리수(양수 또는 음수)일 때 $(a + b)^k$의 무한급수 전개식을 처음으로 발견한 인물이다. 그는 발견을 공표하진 않았지만 1676년 6월 13일에 라이프니츠에게 전달하려고 런던왕립학회의 의원인 헨리 올덴버그에게 전했던 **편지**(epistola prior라 불린다)에 $(a + b)^k$을 전개하는 방법에 관한 예와 그것을 서술하였다. 라이프니츠는 그 편지를 받고 뉴턴이 어떻게 이항급수를 발견했는지 질문하였다. 1676년 10월 24일, 뉴턴은 간접적인 방법에 의해 발견한 것을 매우 세밀하게 설명하여 **두 번째 편지**(epistola posterior)에 적었다. 그는 $n = 0, 1, 2, 3, 4, \ldots$에 대하여 0에서부터 x까지 곡선 $y = (1 - x^2)^{n/2}$ 아래 넓이를 파고들었다. n이 짝수일 때는 계산하기 쉬웠다. 패턴을 관찰하고 급수에 넣어봄으로써 뉴턴은 홀수에 대해 추측할 수 있었다. 그 뒤 그는 $(1 - x^2)^{n/2}$을 무한급수로 전개함으로써 같은 답을 얻을 수 있었다.

이항급수에 관한 뉴턴의 발견에 대한 보고서를 써라. 뉴턴의 표기법([4]의 285쪽 *epistola prior* 또는 [2]의 402쪽 참조)으로 이항급수를 설명하는 것부터 시작하여라. 뉴턴 버전이 10.9절의 정리 17과 동치인 이유를 설명하여라. 뉴턴의 *epistola posterior*([4]의 287쪽 또는 [2]의 404쪽)을 읽고 뉴턴이 곡선 $y = (1 - x^2)^{n/2}$ 아래 넓이에서 발견한 패턴을 설명하여라. 그가 나머지 곡선 아래 넓이를 어떻게 추측할 수 있었는지와 그의 대답을 어떻게 입증하였는지 보여라. 마지막으로, 이러한 발견들이 이항급수로 어떻게 이어졌는지 설명하여라. Edwards[1]과 Katz[3]의 책은 뉴턴의 편지에 관한 해석을 포함하고 있다.

1. C. H. Edwards, Jr., *The Historical Development of the Calculus* (New York: Springer-Verlag, 1979), pp. 178–87.

2. Jahn Fauvel and Jeremy Gray, eds., *The History of Mathematics*: *A Reader* (Basingstoke, UK: MacMillan Education, 1987).

3. Victor Katz, *A History of Mathematics*: *An Introduction*, 3rd ed. (Boston: Addison-Wesley, 2009), pp. 543–82.

4. D. J. Struik, ed., *A Source Book in Mathematics*, *1200–1800* (Cambridge, MA: Harvard University Press, 1969).

바람과 물에 의해 돛단배의 용골과 돛에 생기는 힘이 배가 이동하는 방향을 결정한다. 이러한 힘은 크기와 방향이 모두 있기 때문에 벡터로 편리하게 표현된다.
Gaborturcsi / Shutterstock.com.

11 벡터와 공간기하학

Vectors and the Geometry of Space

이 장에서는 삼차원 공간벡터와 좌표계를 소개한다. 이 개념은 공간에서 곡선의 미적분과 12~15장에서 공부할 이변수함수(그래프가 공간의 곡면임)에 대한 준비과정이 될 것이다. 또한 이 장에서는 벡터를 이용하여 삼차원 공간에서 직선과 평면을 쉽게 표현하는 방법을 공부한다.

11.1 삼차원 좌표계

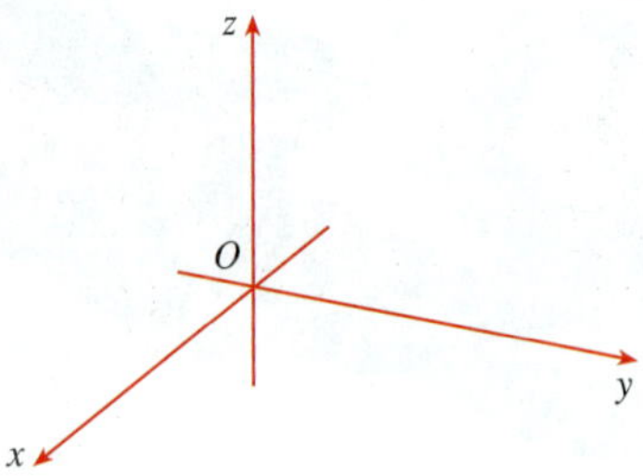

그림 1 좌표축

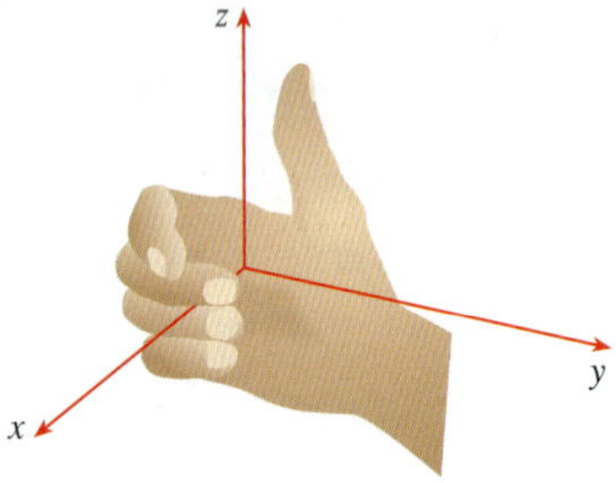

그림 2 오른손 법칙

평면에서 한 점의 위치를 결정하는 데에는 두 수가 필요하다. 평면의 점은 a를 x좌표, b를 y좌표로 하는 두 실수의 순서쌍 (a, b)로 나타낼 수 있다. 이와 같은 이유로 평면을 이차원이라 부른다. 공간에서 한 점의 위치를 결정하는 데에는 세 수가 필요하다. 공간의 점은 세 실수의 순서쌍 (a, b, c)로 나타낸다.

■ 삼차원 공간

이를 위하여 먼저 고정된 점 O(원점, origin)를 정하고, O에서 서로 수직으로 만나는 세 개의 방향을 가진 직선을 **좌표축**이라 부르고 각각 x축, y축, z축이라 이름을 붙인다. 보통 x축과 y축은 수평으로, z축은 수직으로 생각하고, 축들의 방향을 그림 1과 같이 그린다. z축의 방향은 그림 2와 같이 오른손 법칙에 따라 정해진다. 양의 x축으로부터 양의 y축까지 반시계 방향을 따라 90° 회전하는 방향으로 오른손 손가락을 z축 중심으로 돌리면 엄지손가락은 z축의 양의 방향을 가리킨다.

세 좌표축은 그림 3(a)에서 보는 것과 같이 세 **좌표평면**을 결정한다. xy평면은 x축과 y축을, yz평면은 y축과 z축을, 또 xz평면은 x축과 z축을 포함하는 평면이다. 이들 세 좌표평면은 **팔분공간**(octants)이라 부르는 8개의 부분으로 공간을 나눈다. 앞면에 나타나 있는 **제1팔분공간**(first octant)은 양의 축들에 의하여 결정된 팔분공간이다.

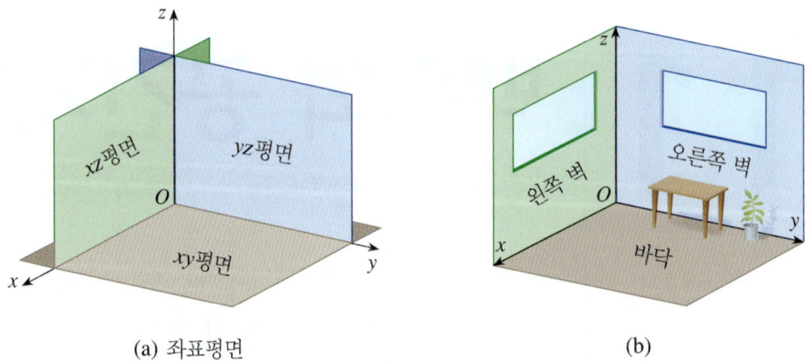

그림 3

많은 사람이 삼차원 입체도형을 평면에 나타내는 것을 어려워하지만, 다음과 같이 하면 도움이 될 것이다[그림 3(b) 참조]. 어느 한 방의 아래쪽 모서리를 원점이라 부르자. 왼쪽 벽이 xz평면, 오른쪽 벽이 yz평면, 그리고 바닥이 xy평면이다. x축은 바닥과 왼쪽 벽이 만나는 곳을 따라 나오고, y축은 바닥과 오른쪽 벽이 만나는 곳을 따라 나온다. z축은 두 벽이 만나는 곳을 따라 바닥에서 천장 쪽으로 올라간다. 이제 제1팔분공간에 위치하고 있으며, 다른 일곱 개의 팔분공간에 공통의 모서리점 O에 의하여 연결되는 일곱 개의 다른 방(세 개는 같은 층, 네 개는 아래층에 있다)이 위치해 있음을 상상할 수 있을 것이다.

이제 P를 공간의 임의의 점이라 하고, yz평면에서 P까지의(방향이 정해진) 거리를 a,

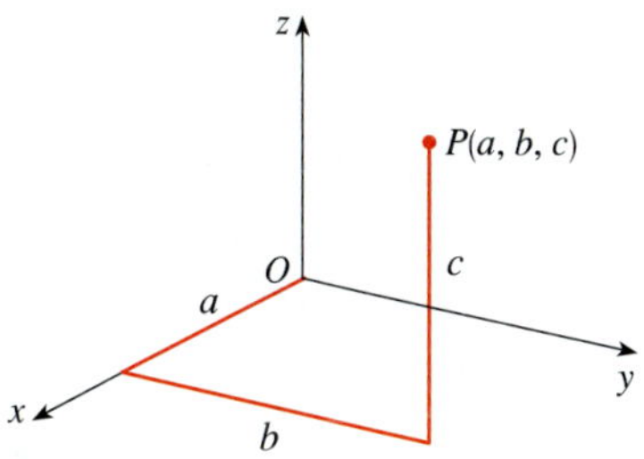

그림 4

xz평면에서 P까지의 거리를 b, xy평면에서 P까지의 거리를 c라 하자. 점 P를 세 실수의 순서쌍 (a, b, c)로 나타내고, a, b, c를 P의 **좌표**라 부른다. 즉, a는 x좌표, b는 y좌표, c는 z좌표이다. 따라서 점 (a, b, c)의 위치를 결정하기 위하여, 그림 4에서와 같이 원점 O에서 출발하여 x축을 따라 a만큼 이동한 뒤, y축과 평행하게 b만큼, 다시 z축과 평행하게 c만큼 이동한다.

점 $P(a, b, c)$는 그림 5에서와 같은 직육면체를 결정한다. 점 P에서 xy평면에 수직선을 내리면 좌표가 $(a, b, 0)$인 점 Q를 얻게 되는데, 이 점을 xy평면 위의 P의 **사영**(projection)이라 부른다. 마찬가지로 $R(0, b, c)$와 $S(a, 0, c)$는 각각 yz평면과 xz평면 위의 P의 사영이다.

수치를 대입한 예로, 점 $(-4, 3, -5)$와 $(3, -2, -6)$이 그림 6에 표시되어 있다.

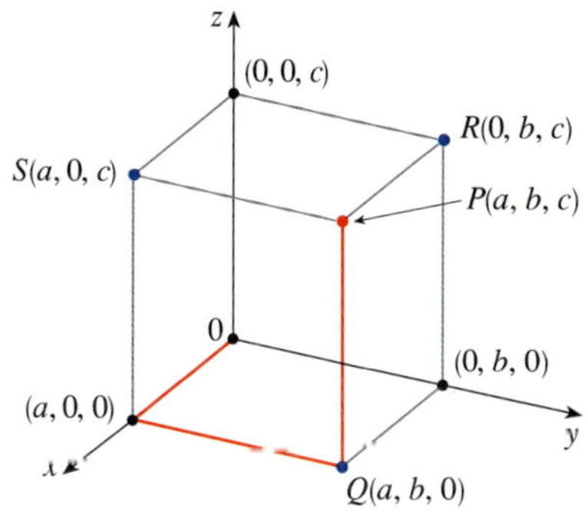

그림 5

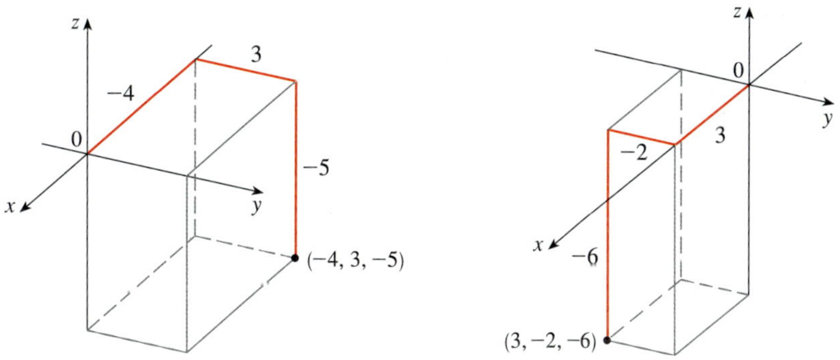

그림 6

카테시안 곱 $\mathbb{R} \times \mathbb{R} \times \mathbb{R} = \{(x, y, z) \mid x, y, z \in \mathbb{R}\}$는 세 실수의 순서쌍 전체의 집합이고, $\mathbb{R}^3$로 나타낸다. 이것은 공간의 점과 $\mathbb{R}^3$의 순서쌍 (a, b, c) 사이에 일대일 대응 관계를 나타내는 것으로 **삼차원 직교좌표계**(three dimensional rectangular coordinate system)라 부른다. 좌표상으로는 제1팔분공간은 좌표가 모두 양수인 점들의 집합으로 나타낼 수 있음에 주목하여라.

■ 곡면과 입체

이차원 해석기하학에서 x와 y를 포함하는 식의 그래프는 $\mathbb{R}^2$의 곡선이다. 삼차원 해석기하학에서는 x, y, z를 포함하는 식은 $\mathbb{R}^3$의 **곡면**을 나타낸다.

예제 1 다음의 식은 $\mathbb{R}^3$에서 어떤 곡면을 나타내는가?

(a) $z = 3$ (b) $y = 5$

풀이

(a) 식 $z = 3$은 $\mathbb{R}^3$에서 z좌표가 3인 모든 점들의 집합 $\{(x, y, z) \mid z = 3\}$을 나타낸다. 이것은 그림 7(a)와 같이 xy평면과 평행하면서 3만큼 xy평면 위에 있는 수평면이다.

(b) 식 $y = 5$는 $\mathbb{R}^3$에서 y좌표가 5인 모든 점들의 집합을 나타낸다. 이것은 그림 7(b)와 같이 xz평면과 평행하면서 5만큼 xz평면의 오른쪽에 있는 수직면이다.

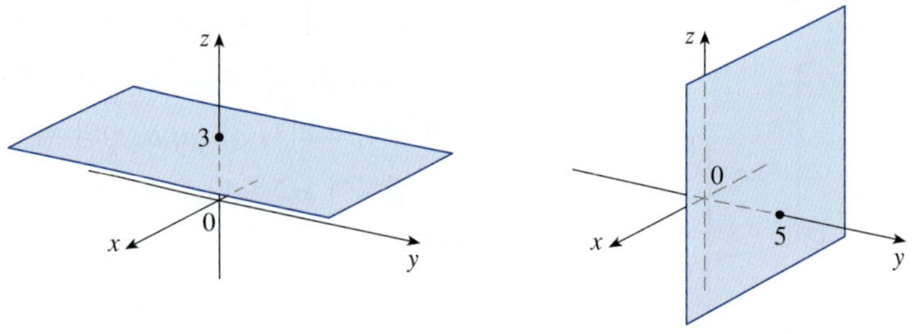

그림 7 (a) $z = 3$, $\mathbb{R}^3$의 평면 (b) $y = 5$, $\mathbb{R}^3$의 평면 ■

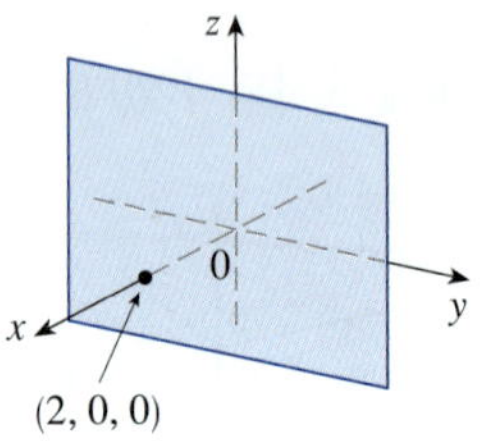

(a) $\mathbb{R}^3$에서 $x = 2$는 평면

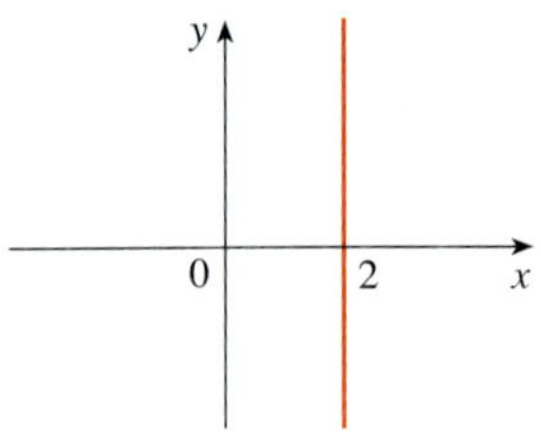

(b) $\mathbb{R}^2$에서 $x = 2$는 직선

그림 8

NOTE 하나의 식이 주어지면, 그 전후 관계로부터 $\mathbb{R}^2$의 곡선 또는 $\mathbb{R}^3$의 곡면 중 어느 것을 나타내는가를 알 수 있어야 한다. 예를 들어, $x = 2$는 $\mathbb{R}^3$에서의 평면을 나타내고 있으나 이차원 해석기하학을 다루는 경우에 $x = 2$는 $\mathbb{R}^2$에서의 직선을 나타내는 것이다 (그림 8 참조).

일반적으로, k가 상수이면 $x = k$는 yz평면에 평행한 평면을 나타내고, $y = k$는 xz평면에 평행한 평면이며, $z = k$는 xy평면에 평행한 평면이다. 그림 5에서 직육면체의 면은 세 좌표평면 $x = 0$ (yz평면), $y = 0$ (xz평면), $z = 0$ (xy평면)과 평면 $x = a$, $y = b$, $z = c$로 이루어져 있다.

예제 2

(a) 어떤 점 (x, y, z)가 다음 방정식을 만족하는가?

$$x^2 + y^2 = 1\text{과} \qquad z = 3$$

(b) $x^2 + y^2 = 1$은 $\mathbb{R}^3$에서 어떤 곡면을 나타내는가?

(c) 부등식 $x^2 + y^2 \leqslant 1$, $2 \leqslant z \leqslant 4$는 $\mathbb{R}^3$에서 어떤 입체 영역을 나타내는가?

풀이

(a) $z = 3$이므로 예제 1(a)로부터 이 점들은 수평평면 $z = 3$에 있다. $x^2 + y^2 = 1$이므로 이 점들은 반지름이 1이고 z축에 중심을 둔 원 위에 있다(그림 9 참조).

(b) z상에서 제한이 없는 $x^2 + y^2 = 1$이 주어졌을 때 점 (x, y, z)는 어떠한 수평평면 $z = k$인 원 위에 있다. 그래서 $\mathbb{R}^3$에서 곡면 $x^2 + y^2 = 1$은 $x^2 + y^2 = 1$, $z = k$인 모든 가능한 수평원으로 구성된다. 따라서 이 곡면은 반지름이 1이고 z축을 중심으로 반지름이 1인 원기둥이다(그림 10 참조).

(c) $x^2 + y^2 \leqslant 1$이므로 영역의 모든 점 (x, y, z)는 평면 $z = k$ 위에 z축이 중심이고 반지름이 1인 원 위 또는 원 안에 놓여 있어야 한다. $2 \leqslant z \leqslant 4$이므로 주어진 부등식은 평면 $z = 2$와 평면 $z = 4$ 사이 또는 그 위에 놓여 있고 축을 중심축으로 하는 반지름이 1인 원기둥 일부를 나타낸다(그림 11 참조).

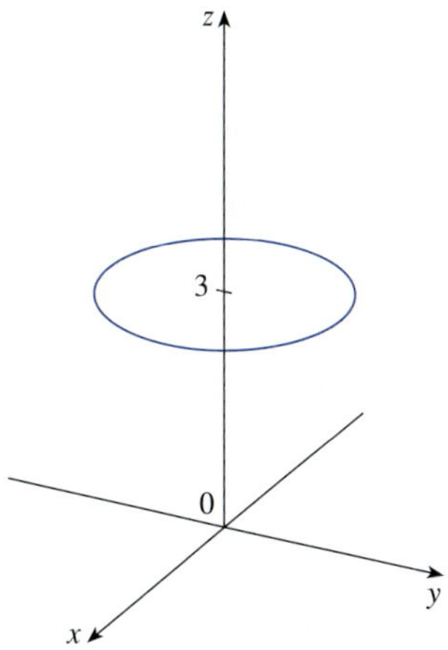

그림 9 원 $x^2 + y^2 = 1,\ z = 3$

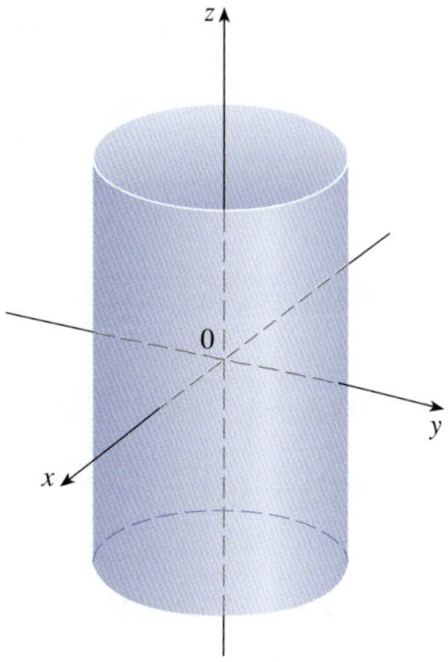

그림 10 원기둥 $x^2 + y^2 = 1$

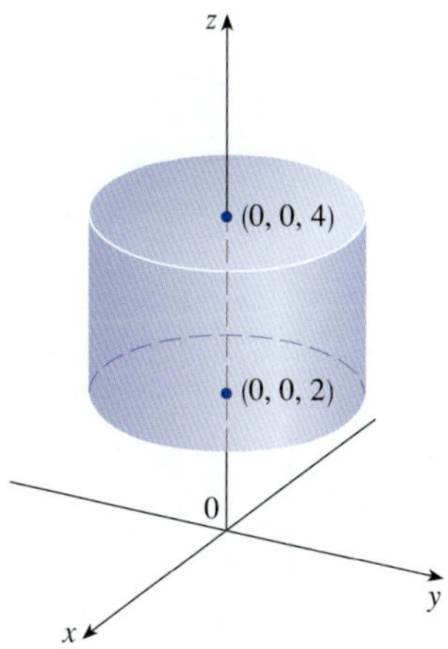

그림 11 입체영역 $x^2 + y^2 \leqslant 1,\ 2 \leqslant z \leqslant 4$

■

예제 3 식 $y = x$로 표현되는 $\mathbb{R}^3$의 곡면을 설명하고 개형을 그려라.

풀이 주어진 식은 $\mathbb{R}^3$에서 x좌표와 y좌표가 같은 모든 점들이 집합 $\{(x, x, z) \mid x \in \mathbb{R},\ z \in \mathbb{R}\}$을 나타낸다. 이것은 xy평면 $z = 0$과 직선 $y = x$에서 만나는 수직면이다. 이 평면에서 제1팔분공간에 놓인 부분을 그린 것이 그림 12이다. ■

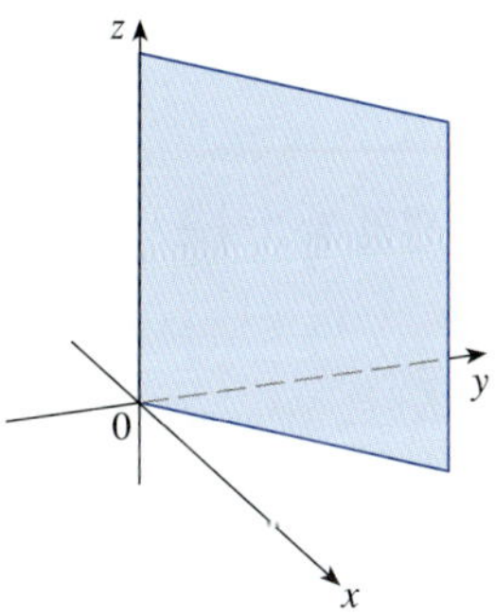

그림 12 평면 $y = x$

■ 거리와 구

평면에서 두 점 사이의 거리를 구하는 공식은 다음과 같이 쉽게 확장된다.

> **삼차원에서의 거리공식** 두 점 $P_1(x_1, y_1, z_1)$과 $P_2(x_2, y_2, z_2)$ 사이의 거리 $|P_1P_2|$는
>
> $$|P_1P_2| = \sqrt{(x_2 - x_1)^2 + (y_2 - y_1)^2 + (z_2 - z_1)^2}$$
>
> 이다.

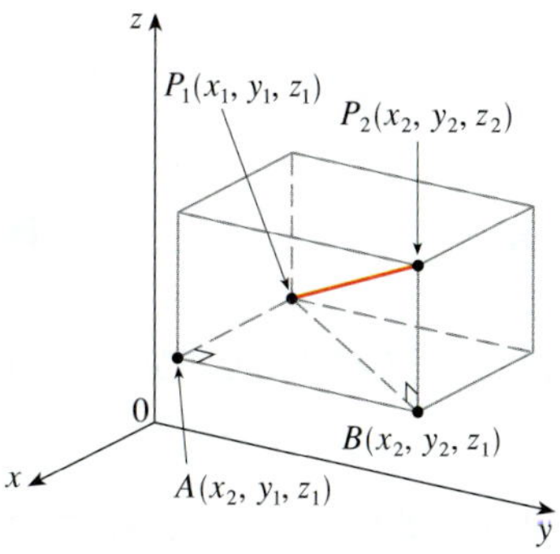

그림 13

이 공식이 참임을 보이기 위하여 그림 13과 같이 P_1과 P_2가 대각의 위치에 있고, 각 면이 좌표평면에 평행한 직육면체를 생각하자. $A(x_2, y_1, z_1)$과 $B(x_2, y_2, z_1)$이 그림에 나타난 꼭짓점이라 하면,

$$|P_1A| = |x_2 - x_1| \qquad |AB| = |y_2 - y_1| \qquad |BP_2| = |z_2 - z_1|$$

이다. 삼각형 P_1BP_2와 P_1AB는 모두 직각삼각형이므로 피타고라스 정리를 각각 적용하면,

$$|P_1P_2|^2 = |P_1B|^2 + |BP_2|^2$$

$$|P_1B|^2 = |P_1A|^2 + |AB|^2$$

이고, 이 두 식으로부터 다음을 얻는다.

$$\begin{aligned}|P_1P_2|^2 &= |P_1A|^2 + |AB|^2 + |BP_2|^2 \\ &= |x_2 - x_1|^2 + |y_2 - y_1|^2 + |z_2 - z_1|^2 \\ &= (x_2 - x_1)^2 + (y_2 - y_1)^2 + (z_2 - z_1)^2\end{aligned}$$

따라서 $|P_1P_2| = \sqrt{(x_2 - x_1)^2 + (y_2 - y_1)^2 + (z_2 - z_1)^2}$이다.

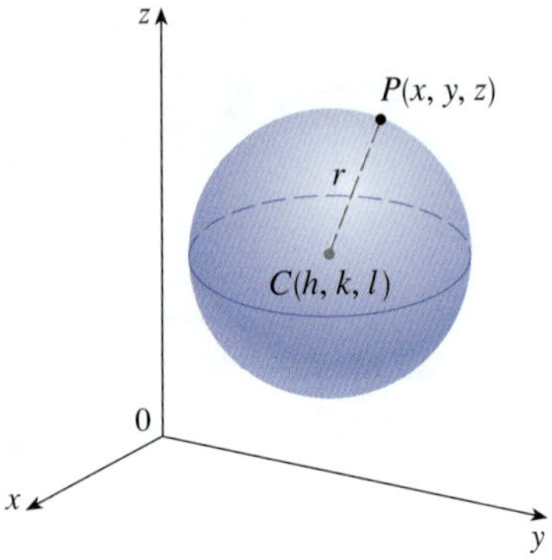

그림 14

예제 4 점 $P(2, -1, 7)$에서 점 $Q(1, -3, 5)$까지의 거리는

$$|PQ| = \sqrt{(1-2)^2 + (-3+1)^2 + (5-7)^2} = \sqrt{1+4+4} = 3$$ ■

반지름이 r이고 중심이 $C(h, k, l)$인 구면은 C로부터 거리가 r인 모든 점 $P(x, y, z)$의 집합으로 정의된다(그림 14). 따라서 P가 구면 위에 있을 필요충분조건은 $|PC| = r$이다. 즉

$$\sqrt{(x-h)^2 + (y-k)^2 + (z-l)^2} = r$$

을 얻는다. 양변을 제곱하면 다음과 같은 결과가 나타난다.

구면의 방정식 중심이 $C(h, k, l)$이고 반지름의 길이가 r인 구면의 방정식은

$$(x-h)^2 + (y-k)^2 + (z-l)^2 = r^2$$

이다. 특히, 중심이 원점 O인 구면의 방정식은

$$x^2 + y^2 + z^2 = r^2$$

이다.

예제 5 중심이 $(3, -1, 6)$이고 점 $(5, 2, 3)$을 지나는 구면의 방정식을 구하여라.

풀이 구면의 반지름 r은 점 $(3, -1, 6)$과 점 $(5, 2, 3)$ 사이의 거리이다.

$$r = \sqrt{(5-3)^2 + [2-(-1)]^2 + (3-6)^2} = \sqrt{22}$$

그러면 구면의 방정식은 다음과 같다.

$$(x-3)^2 + [y-(-1)]^2 + (z-6)^2 = (\sqrt{22})^2$$

즉 $$(x-3)^2 + (y+1)^2 + (z-6)^2 = 22$$ ■

예제 6 $x^2 + y^2 + z^2 + 4x - 6y + 2z + 6 = 0$이 구면의 방정식임을 보이고, 중심과 반지름을 구하여라.

풀이 주어진 식을 완전제곱꼴로 바꾸면, 위에 주어진 구면의 방정식 형태로 고쳐 쓸 수 있다.

$$(x^2 + 4x + 4) + (y^2 - 6y + 9) + (z^2 + 2z + 1) = -6 + 4 + 9 + 1$$
$$(x + 2)^2 + (y - 3)^2 + (z + 1)^2 = 8$$

이 식을 구면의 방정식의 표준형과 비교하면, 중심이 $(-2, 3, -1)$이고 반지름이 $\sqrt{8} = 2\sqrt{2}$인 구면임을 알 수 있다. ■

예제 7 다음의 부등식이 $\mathbb{R}^3$에서 나타내는 영역은 무엇인가?

$$1 \leqslant x^2 + y^2 + z^2 \leqslant 4 \qquad z \leqslant 0$$

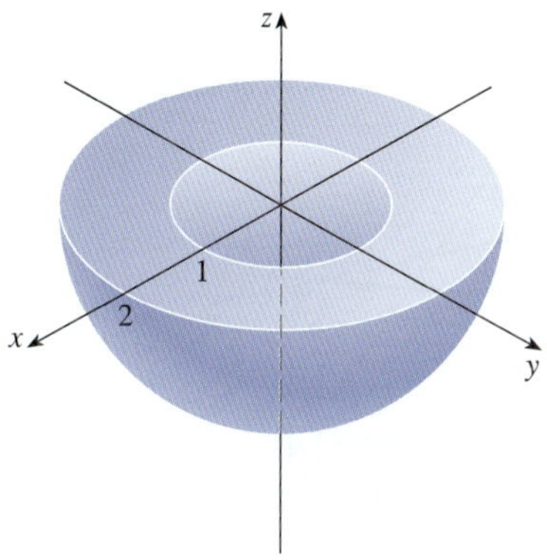

그림 15

풀이 부등식

$$1 \leqslant x^2 + y^2 + z^2 \leqslant 4$$

를 다음과 같이 표시하면

$$1 \leqslant \sqrt{x^2 + y^2 + z^2} \leqslant 2$$

이는 원점으로부터 거리가 적어도 1 이상이고 2보다는 크지 않은 모든 점 (x, y, z)의 집합이다. 그러나 $z \leqslant 0$이기 때문에 점 (x, y, z)는 xy평면이나 아래에 놓여 있어야 한다. 따라서 주어진 부등식은 xy평면과 그 아래에 놓여 있는 구면 $x^2 + y^2 + z^2 = 1$과 $x^2 + y^2 + z^2 = 4$ 사이 또는 구면 위의 점들로 이루어진 영역이다(그림 15 참조). ■

11.1 연습문제

1. 원점에서 출발하여 x축의 양의 방향으로 4만큼 간 후 아래로 3만큼 내려갔을 때 생기는 점의 좌표를 구하여라.

2. $A(-4, 0, -1)$, $B(3, 1, -5)$, $C(2, 4, 6)$ 중 yz평면에 가장 가까운 점은 어느 것인가? xz평면에 가장 가까운 점은 어느 것인가?

3. 점 $(2, 3, 5)$를 xy, yz, xz평면으로 사영시킨 좌표는 무엇인가? 원점과 $(2, 3, 5)$를 꼭짓점으로 하고 각 면이 좌표평면에 평행한 직육면체를 그려라. 직육면체의 모든 꼭짓점의 좌표를 구하여라. 직육면체의 대각선의 길이를 구하여라.

4. 방정식 $x = 4$가 $\mathbb{R}^2$에서 무엇을 나타내는가? $\mathbb{R}^3$에서는 어떤가? 그림을 그려서 설명하여라.

5. 방정식 $x + y = 2$로 표현되는 곡면을 $\mathbb{R}^3$ 공간에 표시하고 설명하여라.

6. $x^2 + z^2 = 9$로 표현되는 $\mathbb{R}^3$상의 곡면을 그림을 그려서 설명하여라.

7-8 주어진 두 점 사이의 거리를 구하여라.

7. $(3, 5, -2)$, $(-1, 1, -4)$ **8.** $(-6, -3, 0)$, $(2, 4, 5)$

9-10 삼각형 PQR의 각 변의 길이를 구하여라. 각 삼각형은 직각삼각형인가, 이등변삼각형인가?

9. $P(3, -2, -3)$, $Q(7, 0, 1)$, $R(1, 2, 1)$

10. $P(2, -1, 0)$, $Q(4, 1, 1)$, $R(4, -5, 4)$

11. 다음 점들이 한 직선 위에 놓여 있는지 알아보아라.
(a) $A(2, 4, 2)$, $B(3, 7, -2)$, $C(1, 3, 3)$
(b) $D(0, -5, 5)$, $E(1, -2, 4)$, $F(3, 4, 2)$

12. $(4, -2, 6)$에서 다음까지의 거리를 구하여라.
(a) xy평면 (b) yz평면
(c) xz평면 (d) x축
(e) y축 (f) z축

13. 중심이 $(-3, 2, 5)$이고 반지름이 4인 구의 방정식을 구하여라. 이 구면과 yz평면과의 교점의 집합은 무엇인가?

14. 중심이 $(3, 8, 1)$이고 점 $(4, 3, -1)$을 지나는 구면의 방정식을 구하여라.

15-16 주어진 방정식이 구면을 나타냄을 보이고 중심과 반지름을 구하여라.

15. $x^2 + y^2 + z^2 + 8x - 2z = 8$

16. $2x^2 + 2y^2 + 2z^2 - 2x + 4y + 1 = 0$

17. **중점 공식** 점 $P_1(x_1, y_1, z_1)$에서 점 $P_2(x_2, y_2, z_2)$까지의 선분의 중점이

$$\left(\frac{x_1 + x_2}{2}, \frac{y_1 + y_2}{2}, \frac{z_1 + z_2}{2}\right)$$

임을 증명하여라.

18. 중심이 $(-1, 4, 5)$이고 (a) xy평면, (b) yz평면, (c) xz평면과 접하는 구면의 방정식을 각각 구하여라.

19-30 다음 방정식 또는 부등식으로 표현되는 $\mathbb{R}^3$의 영역을 말로 설명하여라.

19. $z = -2$

20. $x = 3$

21. $y \geqslant 1$

22. $-1 \leqslant x \leqslant 2$

23. $z = y$

24. $x^2 + y^2 = 4, \quad z = -1$

25. $y^2 + z^2 \leqslant 25$

26. $x^2 + y^2 + z^2 = 4$

27. $x^2 + y^2 + z^2 \leqslant 4$

28. $1 \leqslant x^2 + y^2 + z^2 \leqslant 5$

29. $1 \leqslant x^2 + y^2 \leqslant 5$

30. $0 \leqslant x \leqslant 3, \quad 0 \leqslant y \leqslant 3, \quad 0 \leqslant z \leqslant 3$

31-33 주어진 영역을 부등식으로 나타내어라.

31. yz평면과 수직평면 $x = 5$ 사이에 있는 영역

32. xy평면에서 원점이 중심, 반지름이 2인 원판을 밑면으로 하며, 평면 $z = 8$ 아래에 있는 입체 원기둥

33. $r < R$일 때, 중심이 원점이고 반지름이 r과 R인 두 구면 사이의 모든 점으로 이루어진 영역

34. 다음 그림은 직선 L_1이 공간에 있고, 직선 L_2는 xy평면 위에 놓여 있는 L_1의 사영임을 나타낸다. (즉, L_2의 점은 L_1의 점 바로 아래 또는 위에 있다.)

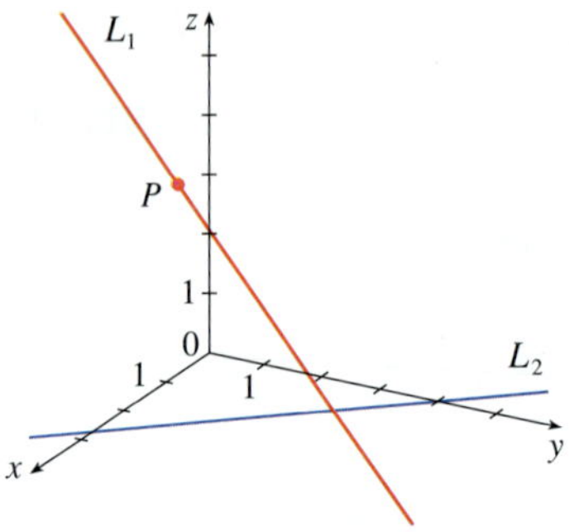

(a) 직선 L_1 위의 점 P의 좌표를 구하여라.

(b) 직선 L_1이 xy평면, yz평면, xz평면과 각각 만나는 점 A, B, C를 그림 위에 나타내어라.

35. 두 점 $A(-1, 5, 3)$과 $B(6, 2, -2)$와 같은 거리에 있는 점들의 집합의 방정식을 구하여라. 그리고 이 집합을 설명하여라.

36. 두 구면의 공통 내부를 나타내는 입체의 부피를 구하여라.

$$x^2 + y^2 + z^2 + 4x - 2y + 4z + 5 = 0,$$
$$x^2 + y^2 + z^2 = 4$$

37. 두 구면 사이의 거리를 구하여라.

$$x^2 + y^2 + z^2 = 4,$$
$$x^2 + y^2 + z^2 = 4x + 4y + 4z - 11$$

11.2 벡터

벡터(vector)라는 용어는 크기와 방향을 모두 가진 물리량을 나타내기 위해 과학과 수학 분야에서 이용된다. 예를 들면, 움직이는 물체의 속도를 묘사하기 위해 물체의 속력과 움직이는 방향을 명시해야 한다. 벡터의 다른 예로 힘, 배수량, 가속도 등이 있다.

■ 벡터의 기하적 표현

벡터는 흔히 화살표나 유향선분으로 나타낸다. 화살표의 길이는 벡터의 크기를 나타내고 화살표는 벡터의 방향을 가리킨다. 보통 벡터를 굵은 글씨(**v**) 또는 글씨 위에 화살표 ($\vec{v}$)를 붙여 표시한다.

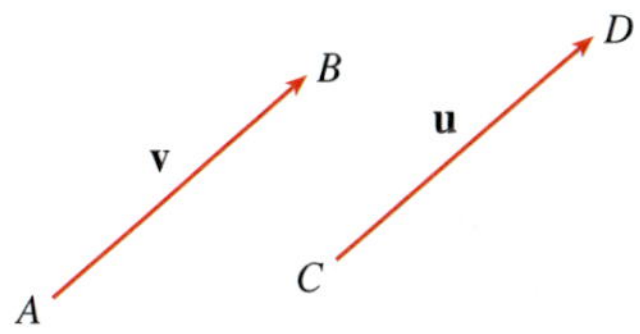

그림 1 동치벡터

예를 들어 입자가 점 A에서 점 B로 선분을 따라 이동한다고 가정하자. 그림 1과 같이 이에 해당하는 **변위벡터 v**는 **시작점**(initial point)이 A이고 **끝점**(terminal point)이 B이며 $\mathbf{v} = \overrightarrow{AB}$로 나타낸다. 벡터 $\mathbf{u} = \overrightarrow{CD}$는 벡터 **v**와 다른 위치에 있지만 **v**와 같은 길이와 방향을 가지고 있음에 유의하자. **u**와 **v**를 **동치**[equivalent 또는 **같은**(equal)]**벡터**라 하고 $\mathbf{u} = \mathbf{v}$라 쓴다. **영벡터**(zero vector)는 **0**으로 쓰고 길이는 0이다. 영벡터는 특별한 방향을 가지지 않는 유일한 벡터이다.

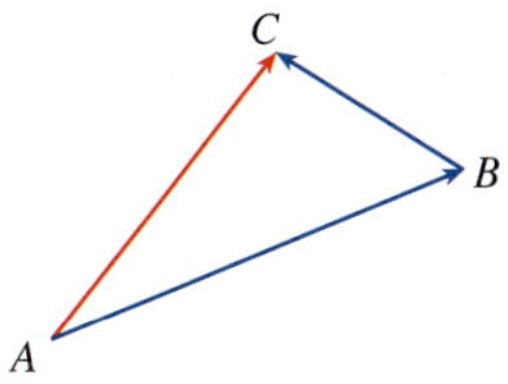

그림 2

종종 벡터는 결합하면 유용하다. 질점이 점 A에서 B로 움직인다고 가정하면 이에 해당하는 변위벡터는 $\overrightarrow{AB}$이다. 그런 다음 그림 2에서처럼 방향을 바꾸어 점 B에서 C로 움직인다면 그 변위벡터는 $\overrightarrow{BC}$이다. 이들 변위벡터의 결합 효과는 질점이 점 A에서 C로 움직이는 효과와 같다. 이 결과에 의한 변위벡터 $\overrightarrow{AC}$를 $\overrightarrow{AB}$와 $\overrightarrow{BC}$의 **합**이라 하고

$$\overrightarrow{AC} = \overrightarrow{AB} + \overrightarrow{BC}$$

로 쓴다.

일반적으로 두 벡터 **u**와 **v**의 합을 다음과 같이 정의한다.

> **벡터의 합의 정의** 두 벡터 **u**와 **v**에 대하여 **v**의 시작점이 **u**의 끝점과 일치하면 합 $\mathbf{u} + \mathbf{v}$는 벡터이고 시작점은 **u**의 시작점과 같고 끝점은 **v**의 끝점과 같다.

그림 3은 벡터의 합을 나타낸다. 그림을 보면 벡터의 합의 정의를 때때로 **삼각형 법칙**(Triangle Law)이라 하는 이유를 알 수 있다.

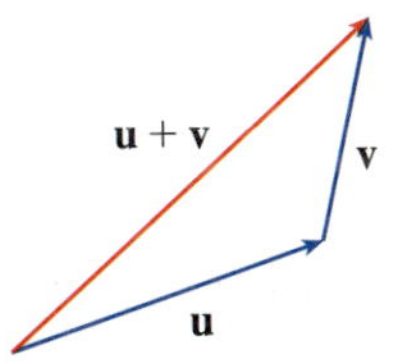

그림 3 삼각형 법칙

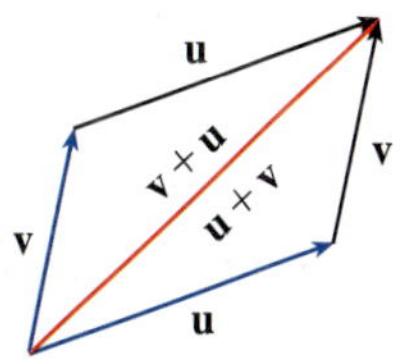

그림 4 평행사변형 법칙

그림 4는 그림 3의 벡터 **u**, **v**와 같은 벡터를 이용하여 **u**의 시작점에서 시작하는 또 다른 **v**를 표시하였다. 이들을 이용하여 평행사변형을 그리면 $\mathbf{u} + \mathbf{v} = \mathbf{v} + \mathbf{u}$가 됨을 알 수 있다. 이는 벡터의 합을 정의하는 또 다른 방법 중의 하나이다. 벡터 **u**와 **v**의 시작점이 같으면 $\mathbf{u} + \mathbf{v}$는 **u**와 **v**를 변으로 하는 평행사변형의 대각선과 같다[이를 **평행사변형 법칙**(Parallelogram Law)이라 한다].

그림 5

예제 1 그림 5의 벡터 **a**와 **b**의 합을 그려라.

풀이 먼저 벡터 **b**를 이동하여 **b**의 시작점이 **a**의 끝점과 일치하도록 한다. 이때 **b**의 크기와 방향이 바뀌지 않도록 주의하여 이동한다. 그런 다음 벡터 $\mathbf{a} + \mathbf{b}$의 시작점과 끝점이 각각 **a**의 시작점과 **b**의 끝점과 같도록 그린다[(그림 6(a) 참조)].

다른 방법은 **b**의 시작점이 **a**의 시작점과 같도록 이동하여 그림 6(b)와 같이 평행사변형을 이용하여 $\mathbf{a} + \mathbf{b}$를 나타낼 수 있다.

그림 6 (a) (b)

벡터 $\mathbf{v}$와 실수 c의 곱을 정의하자. 이때 실수 c를 벡터와 구별하기 위하여 **스칼라**(scalar)라 한다. 예를 들어 **스칼라곱** $2\mathbf{v}$는 벡터 방향은 $\mathbf{v}$와 같으나 길이는 2배인 합 $\mathbf{v} + \mathbf{v}$와 동일한 벡터가 되길 바란다. 일반적으로 벡터에 스칼라를 곱하는 것은 다음과 같다.

> **벡터의 스칼라곱의 정의** c가 스칼라이고 $\mathbf{v}$가 벡터이면 **스칼라곱**(scalar multiple) $c\mathbf{v}$는 길이가 $\mathbf{v}$의 길이에 $|c|$를 곱한 것과 같고, $c > 0$이면 $\mathbf{v}$와 같은 방향이고 $c < 0$이면 $\mathbf{v}$와 반대방향의 벡터이다. 만일 $c = \mathbf{0}$ 또는 $\mathbf{v} = \mathbf{0}$이면 $c\mathbf{v} = \mathbf{0}$이다.

벡터의 스칼라곱의 정의는 그림 7에 설명되어 있다. 그림에서 알 수 있듯이 실수는 비례상수와 같은 역할을 하기 때문에 스칼라라 부르는 것이다. 0이 아닌 두 벡터에 대하여 한 벡터가 다른 벡터의 스칼라곱이면 두 벡터는 **평행**하다고 정의한다. 특별히 벡터 $-\mathbf{v} = (-1)\mathbf{v}$는 $\mathbf{v}$와 길이가 같지만 방향이 반대인 벡터이다. 이를 $\mathbf{v}$의 **음벡터**라 한다.

그림 7
$\mathbf{v}$의 스칼라곱

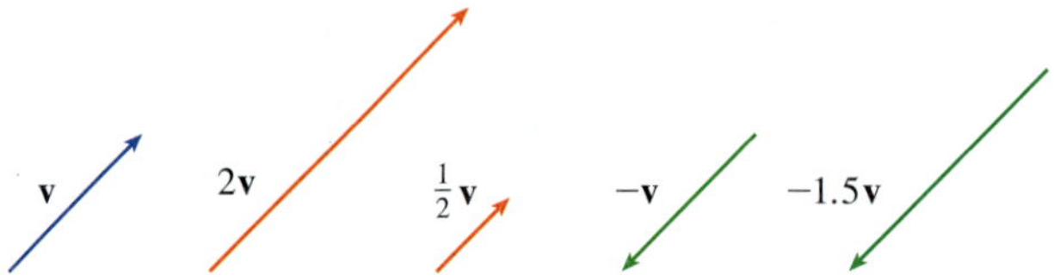

두 벡터의 차 $\mathbf{u} - \mathbf{v}$는

$$\mathbf{u} - \mathbf{v} = \mathbf{u} + (-\mathbf{v})$$

를 의미한다. 그림 8(a)의 벡터 $\mathbf{u}$와 $\mathbf{v}$에 대해 먼저 $\mathbf{v}$의 음벡터인 $-\mathbf{v}$를 그린 다음 그림 8(b)와 같이 평행사변형 법칙을 이용하여 $-\mathbf{v}$에 $\mathbf{u}$를 더하면 두 벡터의 차 $\mathbf{u} - \mathbf{v}$를 얻을 수 있다. 다른 방법으로 $\mathbf{v} + (\mathbf{u} - \mathbf{v}) = \mathbf{u}$이므로 벡터 $\mathbf{u} - \mathbf{v}$를 $\mathbf{v}$에 더하면 $\mathbf{u}$를 얻는다. 따라서 그림 8(c)와 같이 삼각형 법칙을 이용하면 벡터 $\mathbf{u} - \mathbf{v}$를 얻을 수 있다. 만약 $\mathbf{u}$와 $\mathbf{v}$가 같은 시작점을 갖는다면, 벡터 $\mathbf{u} - \mathbf{v}$는 $\mathbf{v}$의 끝점과 $\mathbf{u}$의 끝점을 연결한다.

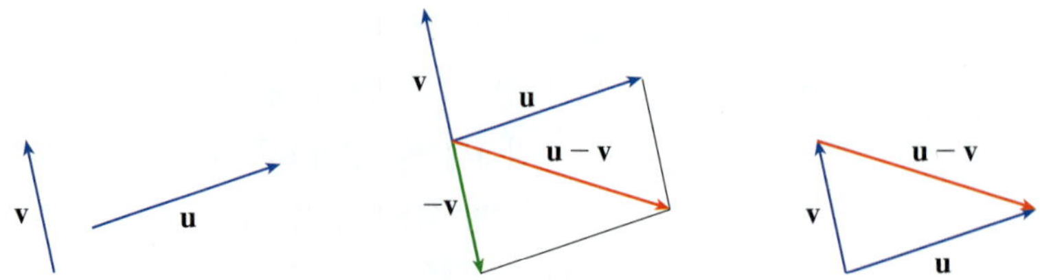

그림 8
$\mathbf{u} - \mathbf{v}$의 그림

(a) (b) (c)

예제 2 벡터 **a**와 **b**가 그림 9와 같을 때 **a** − 2**b**를 그려라.

풀이 먼저 **b**와 방향이 반대이고 길이가 2배인 벡터 −2**b**를 그린 다음 그림 10과 같이 −2**b**의 시작점이 **a**의 끝점과 같도록 하여 삼각형 법칙을 이용하면 **a** − 2**b**를 그릴 수 있다.

그림 9

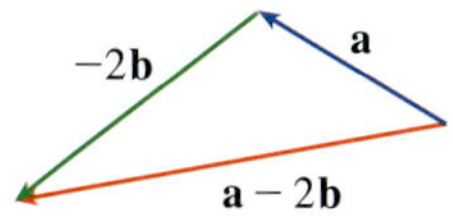

그림 10 ■

■ 벡터의 성분

어떤 목적을 위해서는 좌표계를 도입하고 벡터를 대수적으로 취급하는 것이 최선인 경우가 있다. 직교좌표계의 원점에 벡터 **a**의 시작점을 놓으면 벡터 **a**의 끝점은 좌표계가 이차 혹은 삼차인지에 따라 (a_1, a_2) 또는 (a_1, a_2, a_3) 형태의 좌표를 가진다(그림 11 참조).

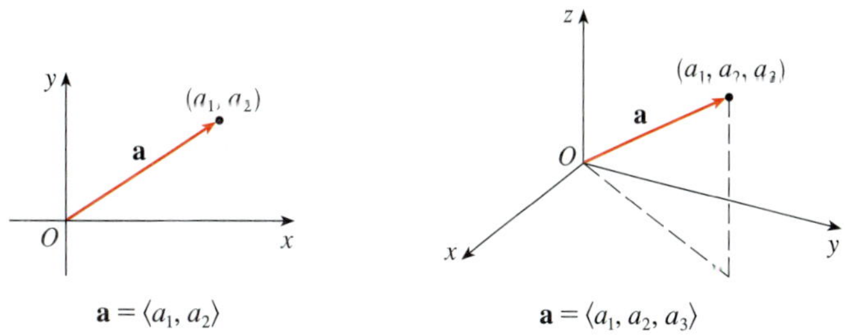

그림 11

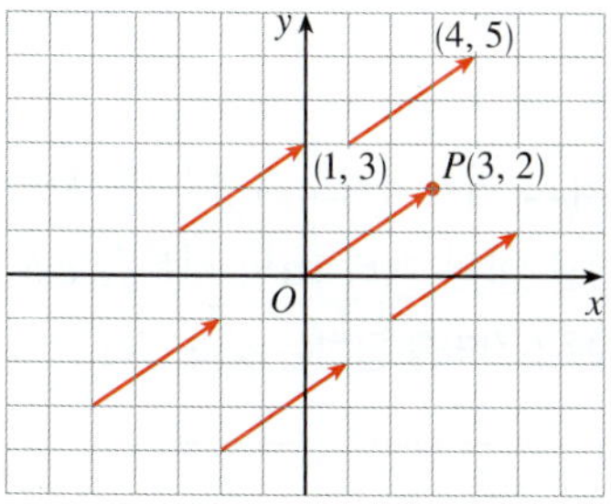

그림 12 벡터 $\mathbf{a} = \langle 3, 2 \rangle$의 표현

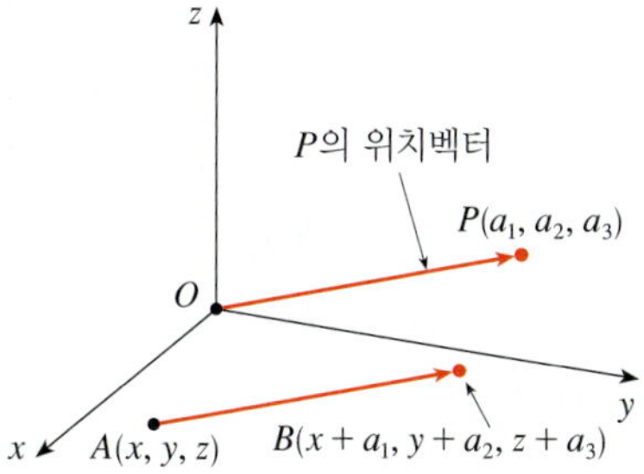

그림 13 $\mathbf{a} = \langle a_1, a_2, a_3 \rangle$의 표현

이들 좌표를 **a**의 성분(components)이라 하고

$$\mathbf{a} = \langle a_1, a_2 \rangle \qquad \text{또는} \qquad \mathbf{a} = \langle a_1, a_2, a_3 \rangle$$

로 쓴다. 평면 위의 점인 순서쌍 (a_1, a_2)와 혼동을 피하기 위하여 벡터를 순서쌍 $\langle a_1, a_2 \rangle$로 표시한다.

예를 들어 그림 12의 벡터들은 끝점이 $P(3, 2)$인 벡터 $\overrightarrow{OP} = \langle 3, 2 \rangle$와 동치벡터이다. 이들 벡터들의 공통점은 시작점으로부터 오른쪽으로 3칸, 위로 2칸인 지점에 끝점이 있다는 것이다. 이들 벡터는 모두 대수적 벡터 $\mathbf{a} = \langle 3, 2 \rangle$의 **표현**이라 생각할 수 있다. 원점으로부터 점 $P(3, 2)$에 이르는 특별한 표현 $\overrightarrow{OP}$를 점 P의 **위치벡터**(position vector)라 한다.

삼차원 공간에서 벡터 $\mathbf{a} = \overrightarrow{OP} = \langle a_1, a_2, a_3 \rangle$를 점 $P(a_1, a_2, a_3)$의 **위치벡터**라 한다(그림 13 참조). 시작점이 $A(x_1, y_1, z_1)$, 끝점이 $B(x_2, y_2, z_2)$인 $\overrightarrow{AB}$를 벡터 **a**의 또 다른 표현이라고 보자. 그러면 $x_1 + a_1 = x_2$, $y_1 + a_2 = y_2$, $z_1 + a_3 = z_2$이다. 따라서 $a_1 = x_2 - x_1$, $a_2 = y_2 - y_1$, $a_3 = z_2 - z_1$이다. 그 결과 다음을 얻을 수 있다.

> **1** 주어진 점 $A(x_1, y_1, z_1)$과 $B(x_2, y_2, z_2)$에 대하여 벡터 $\mathbf{a}$를 $\overrightarrow{AB}$로 나타내면
>
> $$\mathbf{a} = \langle x_2 - x_1, y_2 - y_1, z_2 - z_1 \rangle$$
>
> 이다.

예제 3 시작점이 $A(2, -3, 4)$, 끝점이 $B(-2, 1, 1)$인 유향선분을 벡터로 나타내어라.

풀이 **1**에 의하여 $\overrightarrow{AB}$에 해당하는 벡터는

$$\mathbf{a} = \langle -2 - 2, 1 - (-3), 1 - 4 \rangle = \langle -4, 4, -3 \rangle$$

이다. ■

벡터 $\mathbf{v}$의 **크기**(magnitude) 또는 **길이**(length)는 기호 $|\mathbf{v}|$ 또는 $\|\mathbf{v}\|$로 나타낸다. 선분 OP의 길이를 구하는 거리 공식을 이용하면 다음을 얻는다.

> 이차원 벡터 $\mathbf{a} = \langle a_1, a_2 \rangle$의 크기는
>
> $$|\mathbf{a}| = \sqrt{a_1^2 + a_2^2}$$
>
> 이고, 삼차원 벡터 $\mathbf{a} = \langle a_1, a_2, a_3 \rangle$의 크기는
>
> $$|\mathbf{a}| = \sqrt{a_1^2 + a_2^2 + a_3^2}$$
>
> 이다.

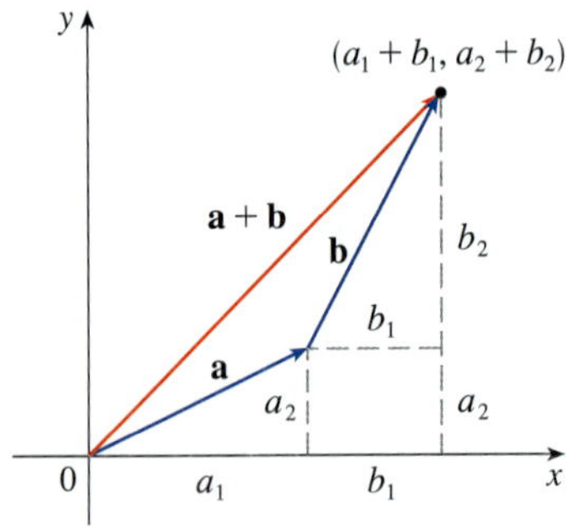

그림 14

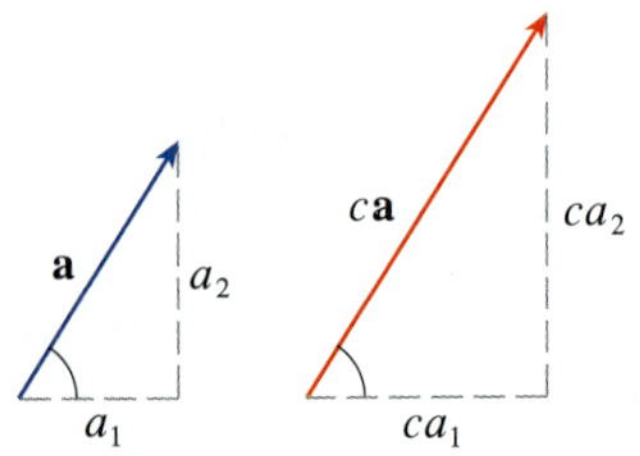

그림 15

어떻게 대수적으로 벡터를 더할 수 있을까? 그림 14와 같이 $\mathbf{a} = \langle a_1, a_2 \rangle$, $\mathbf{b} = \langle b_1, b_2 \rangle$라 하고 각 성분이 양수라면 두 벡터의 합은 $\mathbf{a} + \mathbf{b} = \langle a_1 + b_1, a_2 + b_2 \rangle$이다. 다시 말해서 대수적 벡터의 합을 구하려면 각 성분을 더하면 되고, 마찬가지로 두 벡터의 차를 구하려면 각 성분의 차를 구하면 된다. 그림 15의 삼각형을 보면 벡터 $c\mathbf{a}$의 성분은 ca_1, ca_2이다. 따라서 벡터에 스칼라를 곱하는 것은 각각의 성분에 스칼라를 곱하는 것과 같다.

> $\mathbf{a} = \langle a_1, a_2 \rangle$이고 $\mathbf{b} = \langle b_1, b_2 \rangle$이면
>
> $$\mathbf{a} + \mathbf{b} = \langle a_1 + b_1, a_2 + b_2 \rangle \qquad \mathbf{a} - \mathbf{b} = \langle a_1 - b_1, a_2 - b_2 \rangle$$
> $$c\mathbf{a} = \langle ca_1, ca_2 \rangle$$
>
> 이고, 마찬가지로 삼차원 벡터에 대해서는
>
> $$\langle a_1, a_2, a_3 \rangle + \langle b_1, b_2, b_3 \rangle = \langle a_1 + b_1, a_2 + b_2, a_3 + b_3 \rangle$$
> $$\langle a_1, a_2, a_3 \rangle - \langle b_1, b_2, b_3 \rangle = \langle a_1 - b_1, a_2 - b_2, a_3 - b_3 \rangle$$
> $$c\langle a_1, a_2, a_3 \rangle = \langle ca_1, ca_2, ca_3 \rangle$$
>
> 이다.

예제 4 $\mathbf{a} = \langle 4, 0, 3\rangle$이고 $\mathbf{b} = \langle -2, 1, 5\rangle$라 할 때, $|\mathbf{a}|$와 벡터 $\mathbf{a} + \mathbf{b}$, $\mathbf{a} - \mathbf{b}$, $3\mathbf{b}$, $2\mathbf{a} + 5\mathbf{b}$를 각각 구하여라.

풀이

$$|\mathbf{a}| = \sqrt{4^2 + 0^2 + 3^2} = \sqrt{25} = 5$$

$$\begin{aligned}\mathbf{a} + \mathbf{b} &= \langle 4, 0, 3\rangle + \langle -2, 1, 5\rangle \\ &= \langle 4 + (-2), 0 + 1, 3 + 5\rangle = \langle 2, 1, 8\rangle\end{aligned}$$

$$\begin{aligned}\mathbf{a} - \mathbf{b} &= \langle 4, 0, 3\rangle - \langle -2, 1, 5\rangle \\ &= \langle 4 - (-2), 0 - 1, 3 - 5\rangle = \langle 6, -1, -2\rangle\end{aligned}$$

$$3\mathbf{b} = 3\langle -2, 1, 5\rangle = \langle 3(-2), 3(1), 3(5)\rangle = \langle -6, 3, 15\rangle$$

$$\begin{aligned}2\mathbf{a} + 5\mathbf{b} &= 2\langle 4, 0, 3\rangle + 5\langle -2, 1, 5\rangle \\ &= \langle 8, 0, 6\rangle + \langle -10, 5, 25\rangle = \langle -2, 5, 31\rangle\end{aligned}$$

■

n차원 벡터는 조직적으로 여러 종류의 양을 나타내는 데 사용된다. 예를 들어 6차원 벡터의 성분

$$\mathbf{p} = \langle p_1, p_2, p_3, p_4, p_5, p_6\rangle$$

는 특정한 물건을 만드는 데 쓰이는 여섯 종류의 서로 다른 원료의 가격을 나타낸다. 사차원 벡터 $\langle x, y, z, t\rangle$는 상대성이론에 이용된다. 이때 처음 세 성분은 공간에서의 위치를 나타내고 마지막 성분 t는 시간을 나타낸다.

V_2는 모든 이차원 벡터의 집합을, V_3는 모든 삼차원 벡터의 집합을 나타낸다. 더욱더 일반적으로 나중에 V_n은 모든 n차원 벡터의 집합을 나타낸다. n차원 벡터는 n순서쌍이고

$$\mathbf{a} = \langle a_1, a_2, \ldots, a_n\rangle$$

으로 쓴다. 이때 $a_1, a_2, \ldots, a_n$은 실수이고 $\mathbf{a}$의 성분이라 한다. 합과 스칼라배는 이차원과 삼차원에서와 마찬가지로 성분을 이용하여 정의한다.

벡터의 성질 $\mathbf{a}$, $\mathbf{b}$, $\mathbf{c}$가 V_n의 벡터이고 c, d가 스칼라일 때 다음이 성립한다.

1. $\mathbf{a} + \mathbf{b} = \mathbf{b} + \mathbf{a}$
2. $\mathbf{a} + (\mathbf{b} + \mathbf{c}) = (\mathbf{a} + \mathbf{b}) + \mathbf{c}$
3. $\mathbf{a} + \mathbf{0} = \mathbf{a}$
4. $\mathbf{a} + (-\mathbf{a}) = \mathbf{0}$
5. $c(\mathbf{a} + \mathbf{b}) = c\mathbf{a} + c\mathbf{b}$
6. $(c + d)\mathbf{a} = c\mathbf{a} + d\mathbf{a}$
7. $(cd)\mathbf{a} = c(d\mathbf{a})$
8. $1\mathbf{a} = \mathbf{a}$

위의 여덟 가지 벡터의 성질은 기하학적 또는 대수적으로 쉽게 입증할 수 있다. 예를 들어 성질 1은 그림 4(평행사변형 법칙과 동치)를 통하여 쉽게 알 수 있다. 또는 $n = 2$인 경우 다음과 같이 보일 수 있다.

$$\begin{aligned}\mathbf{a} + \mathbf{b} &= \langle a_1, a_2\rangle + \langle b_1, b_2\rangle = \langle a_1 + b_1, a_2 + b_2\rangle \\ &= \langle b_1 + a_1, b_2 + a_2\rangle = \langle b_1, b_2\rangle + \langle a_1, a_2\rangle \\ &= \mathbf{b} + \mathbf{a}\end{aligned}$$

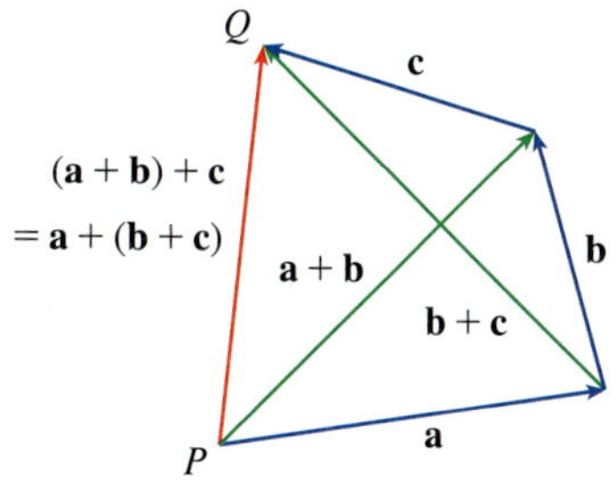

그림 16

그림 16과 삼각형 법칙을 여러 번 이용하면 성질 2(결합법칙)를 쉽게 보일 수 있다. 벡터 $\overrightarrow{PQ}$는 $\mathbf{a} + \mathbf{b}$를 구한 다음 $\mathbf{c}$를 더하거나 $\mathbf{a}$와 $\mathbf{b} + \mathbf{c}$를 더하여 얻을 수 있다.

V_3에는 특별한 역할을 하는 벡터가 3개 있다.

$$\mathbf{i} = \langle 1, 0, 0\rangle \qquad \mathbf{j} = \langle 0, 1, 0\rangle \qquad \mathbf{k} = \langle 0, 0, 1\rangle$$

이라 하자. 이러한 벡터 $\mathbf{i}$, $\mathbf{j}$, $\mathbf{k}$를 **표준기저벡터**(standard basis vectors)라 한다. 각각 길

이가 1이고 x축, y축, z축의 양의 방향을 가리키는 벡터이다. 마찬가지로 이차원에서는 $\mathbf{i} = \langle 1, 0\rangle$, $\mathbf{j} = \langle 0, 1\rangle$로 정의한다(그림 17 참조).

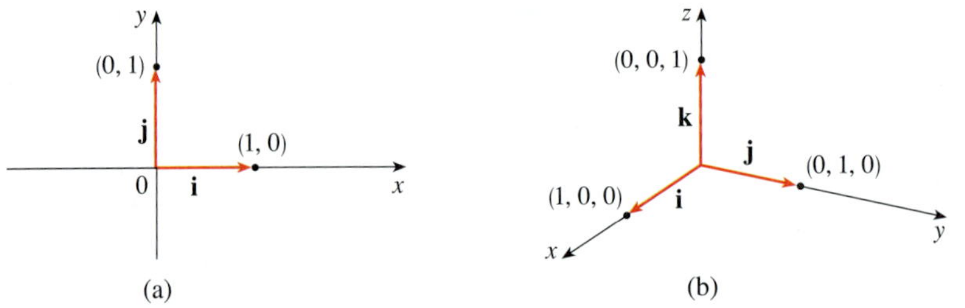

그림 17
V_2와 V_3에서 표준기저벡터

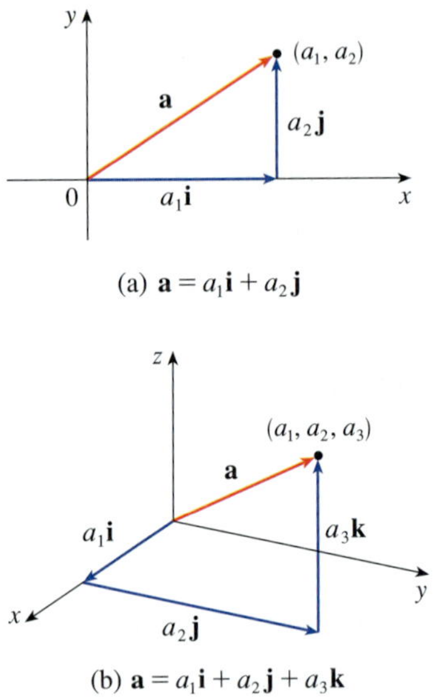

그림 18

$\mathbf{a} = \langle a_1, a_2, a_3\rangle$이면

$$\mathbf{a} = \langle a_1, a_2, a_3\rangle = \langle a_1, 0, 0\rangle + \langle 0, a_2, 0\rangle + \langle 0, 0, a_3\rangle$$
$$= a_1\langle 1, 0, 0\rangle + a_2\langle 0, 1, 0\rangle + a_3\langle 0, 0, 1\rangle$$

2 $$\mathbf{a} = a_1\mathbf{i} + a_2\mathbf{j} + a_3\mathbf{k}$$

로 쓸 수 있으므로 V_3의 임의의 벡터는 **i**, **j**, **k**로나타낼 수 있다. 예를 들면,

$$\langle 1, -2, 6\rangle = \mathbf{i} - 2\mathbf{j} + 6\mathbf{k}$$

마찬가지로 이차원에서는

3 $$\mathbf{a} = \langle a_1, a_2\rangle = a_1\mathbf{i} + a_2\mathbf{j}$$

와 같이 쓸 수 있다. 식 **3**과 **2**의 기하학적 의미를 그림 18에서 알아보고, 그림 17과 비교하여 보아라.

예제 5 $\mathbf{a} = \mathbf{i} + 2\mathbf{j} - 3\mathbf{k}$, $\mathbf{b} = 4\mathbf{i} + 7\mathbf{k}$일 때 벡터 $2\mathbf{a} + 3\mathbf{b}$를 **i**, **j**, **k**로 나타내어라.

풀이 벡터의 성질 1, 2, 5, 6, 7을 이용하면

$$2\mathbf{a} + 3\mathbf{b} = 2(\mathbf{i} + 2\mathbf{j} - 3\mathbf{k}) + 3(4\mathbf{i} + 7\mathbf{k})$$
$$= 2\mathbf{i} + 4\mathbf{j} - 6\mathbf{k} + 12\mathbf{i} + 21\mathbf{k} = 14\mathbf{i} + 4\mathbf{j} + 15\mathbf{k}$$

를 얻는다. ■

깁스

깁스(Josiah Willard Gibbs, 1839~1903)는 예일 대학 수리물리학 교수로 1881년 벡터에 관한 책 《*Vector Analysis*》를 최초로 저술하였다. 사원수(quaternions)라고 불리는 좀 더 복잡한 대상이 헤밀턴에 의해 일찍이 창조되어 공간을 나타내는 수학적 도구로 사용되었지만, 과학자들이 사용하기에는 쉽지 않았다. 사원수는 스칼라 부분과 벡터 부분을 가진 수이다. 깁스의 아이디어는 사원수의 이 벡터 부분만 사용하는 것이었다. 맥스웰과 헤비사이드도 비슷한 생각을 했지만 깁스의 방법이 공간을 연구하는 데 가장 편리하다고 판명되었다.

단위벡터(unit vector)는 크기가 1인 벡터이다. 예를 들면 **i**, **j**, **k**는 모두 단위벡터이다. 일반적으로 $\mathbf{a} \neq \mathbf{0}$이면, **a**와 같은 방향을 가지는 단위벡터는

4 $$\mathbf{u} = \frac{1}{|\mathbf{a}|}\mathbf{a} = \frac{\mathbf{a}}{|\mathbf{a}|}$$

이다. 이것을 보이기 위하여, $c = 1/|\mathbf{a}|$이라 두면, $\mathbf{u} = c\mathbf{a}$이고, c는 양수이다. 따라서 **u**는 **a**와 같은 방향을 가진다. 또한 다음과 같다.

$$|\mathbf{u}| = |c\mathbf{a}| = |c||\mathbf{a}| = \frac{1}{|\mathbf{a}|}|\mathbf{a}| = 1$$

예제 6 벡터 $2\mathbf{i} - \mathbf{j} - 2\mathbf{k}$와 방향이 같은 단위벡터를 구하여라.

풀이 주어진 벡터의 크기는

$$|2\mathbf{i} - \mathbf{j} - 2\mathbf{k}| = \sqrt{2^2 + (-1)^2 + (-2)^2} = \sqrt{9} = 3$$

이므로, 식 **4**에 의하여, 방향이 같은 단위벡터는

$$\tfrac{1}{3}(2\mathbf{i} - \mathbf{j} - 2\mathbf{k}) = \tfrac{2}{3}\mathbf{i} - \tfrac{1}{3}\mathbf{j} - \tfrac{2}{3}\mathbf{k}$$

이다. ■

■ 응용

벡터는 물리학과 공학의 여러 관점에서 매우 유용하다. 12장에서 공간에서 움직이는 물체의 속도와 가속도를 벡터를 이용하여 어떻게 표현하는지 배울 것이다. 이 장에서는 힘에 대하여 알아보자.

힘은 크기(파운드 또는 뉴턴으로 측정)와 방향 모두를 가지고 있기 때문에 벡터로 나타낸다. 하나의 물체에 여러 힘이 작용한다면 이 물체에 영향을 주는 **합성력**(resultant force)은 이들 힘의 벡터합이다.

예제 7 무게가 100kg인 물체가 그림 19와 같이 두 줄에 매달려 있다. 두 줄에 걸리는 장력 $\mathbf{T}_1$, $\mathbf{T}_2$와 크기를 구하여라.

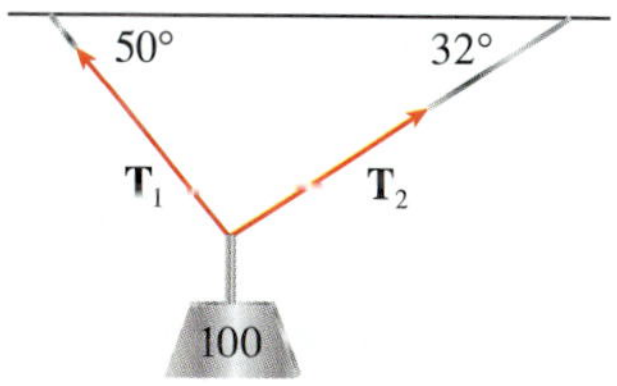

그림 19

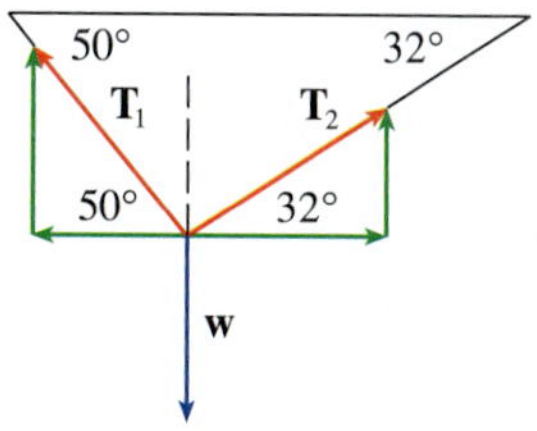

그림 20

풀이 먼저 $\mathbf{T}_1$과 $\mathbf{T}_2$를 수평 및 수직 성분으로 나타내자. 그림 20에서

5 $$\mathbf{T}_1 = -|\mathbf{T}_1|\cos 50°\,\mathbf{i} + |\mathbf{T}_1|\sin 50°\,\mathbf{j}$$

6 $$\mathbf{T}_2 = |\mathbf{T}_2|\cos 32°\,\mathbf{i} + |\mathbf{T}_2|\sin 32°\,\mathbf{j}$$

임을 알 수 있다.

이 물체에 작용하는 중력은 $\mathbf{F} = -100(9.8)\mathbf{j} = -980\mathbf{j}$이다. 그리고 장력의 합성 $\mathbf{T}_1 + \mathbf{T}_2$는 $\mathbf{F}$와 균형을 이루고 있으므로

$$\mathbf{T}_1 + \mathbf{T}_2 = -\mathbf{F} = 980\mathbf{j}$$

이다. 따라서

$$\left(-|\mathbf{T}_1|\cos 50° + |\mathbf{T}_2|\cos 32°\right)\mathbf{i} + \left(|\mathbf{T}_1|\sin 50° + |\mathbf{T}_2|\sin 32°\right)\mathbf{j} = 980\mathbf{j}$$

이다. 대응하는 성분끼리 식을 세우면

$$-|\mathbf{T}_1|\cos 50° + |\mathbf{T}_2|\cos 32° = 0$$
$$|\mathbf{T}_1|\sin 50° + |\mathbf{T}_2|\sin 32° = 980$$

을 얻는다. 첫 번째 식을 $|\mathbf{T}_2|$에 관하여 푼 뒤, 두 번째 식에 대입하면

$$|\mathbf{T}_1|\sin 50° + \frac{|\mathbf{T}_1|\cos 50°}{\cos 32°}\sin 32° = 980$$

$$|\mathbf{T}_1|\left(\sin 50° + \cos 50° \frac{\sin 32°}{\cos 32°}\right) = 980$$

을 얻는다. 따라서 각 장력의 크기는

$$|\mathbf{T}_1| = \frac{980}{\sin 50° + \tan 32° \cos 50°} \approx 839 \text{ N}$$

$$|\mathbf{T}_2| = \frac{|\mathbf{T}_1|\cos 50°}{\cos 32°} \approx 636 \text{ N}$$

이다. 이 값들을 5와 6에 대입하면 장력벡터

$$\mathbf{T}_1 \approx -539\,\mathbf{i} + 643\,\mathbf{j}$$

$$\mathbf{T}_2 \approx 539\,\mathbf{i} + 337\,\mathbf{j}$$

를 얻는다. ■

비행기가 바람을 타고 날고 있다면, 비행기의 **항로**(true course 또는 track)는 비행기와 바람의 속도 벡터들의 합성력의 방향이다. 비행기의 **대지 속도**(ground speed)는 합성력의 크기이다. 마찬가지로 흐르는 물을 항해하는 보트의 경로는 보트와 수류의 속도 벡터들의 합성력의 방향으로 정해진다.

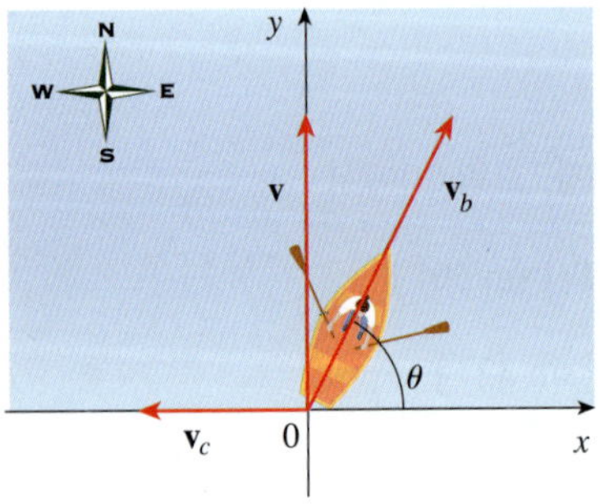

그림 21

운항 방향을 설명할 때, 북쪽에서 서쪽으로 20° 돌린다는 뜻의 N20°W와 같은 방향을 자주 사용한다. (방향은 항상 북쪽 또는 남쪽에서 시작한다.)

예제 8 한 여성이 시속 4km로 서쪽으로 곧게 흐르는 강의 남쪽 해안에서 배를 타고 출발한다. 그녀는 바로 건너편 지점에 도착하기를 원한다. 배의 속도가 8km/h인 경우, 원하는 지점에 도착하기 위해 어떤 방향으로 배를 조종해야 하는가?

풀이 그림 21과 같이 배의 처음 위치를 원점으로 하는 좌표축을 선택하자. 강이 흐르는 속도는 $\mathbf{v}_c = -4\mathbf{i}$이고 (잔잔한 물에서) 배의 속도는 시속 8km/h이므로 그림에서처럼 배의 속도는 $\mathbf{v}_b = 8(\cos\theta\,\mathbf{i} + \sin\theta\,\mathbf{j})$이다. 따라서 합성력의 속도는 다음과 같다.

$$\begin{aligned}\mathbf{v} &= \mathbf{v}_b + \mathbf{v}_c \\ &= 8\cos\theta\,\mathbf{i} + 8\sin\theta\,\mathbf{j} - 4\mathbf{i} = (-4 + 8\cos\theta)\mathbf{i} + (8\sin\theta)\mathbf{j}\end{aligned}$$

북쪽으로 직진하기 위해서는 $\mathbf{v}$의 x성분이 0이어야 한다.

$$-4 + 8\cos\theta = 0 \quad\Longrightarrow\quad \cos\theta = \tfrac{1}{2} \quad\Longrightarrow\quad \theta = 60°$$

그러므로 $\theta = 60°$ 또는 N30°E 방향으로 배를 조종해야 한다. ■

11.2 연습문제

1. 다음이 벡터인지 스칼라인지 설명하여라.
(a) 극장표 값
(b) 강물의 유속
(c) 휴스턴에서 댈러스까지의 초기 비행항로
(d) 세계 인구

2. 점 (4, 7)과 벡터 $\langle 4, 7\rangle$은 어떤 관계가 있는가? 그림을 그려 설명하여라.

3. 다음의 평행사변형에서 서로 동치인 벡터를 말하여라.

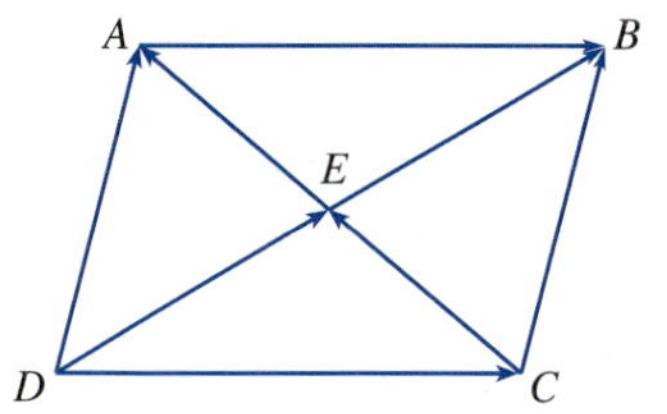

4. 아래 그림의 벡터를 이용하여 다음 벡터를 그림으로 나타내어라.
(a) $\mathbf{a}+\mathbf{b}$ (b) $\mathbf{b}+\mathbf{c}$
(c) $\mathbf{a}+\mathbf{c}$ (d) $\mathbf{a}-\mathbf{c}$
(e) $\mathbf{b}+\mathbf{a}+\mathbf{c}$ (f) $\mathbf{a}-\mathbf{b}-\mathbf{c}$

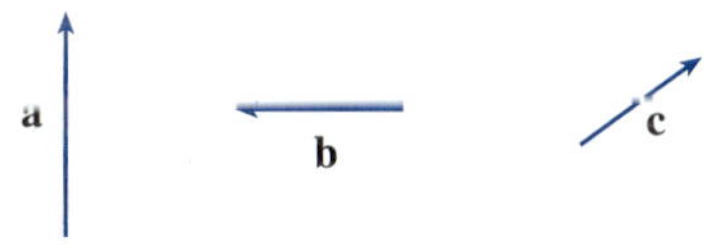

5. 아래 그림의 벡터를 이용하여 다음 벡터를 그림으로 나타내어라.
(a) $\mathbf{u}+\mathbf{v}$ (b) $\mathbf{u}-\mathbf{v}$
(c) $2\mathbf{u}$ (d) $-\frac{1}{2}\mathbf{v}$
(e) $3\mathbf{u}+\mathbf{v}$ (f) $\mathbf{v}-2\mathbf{u}$

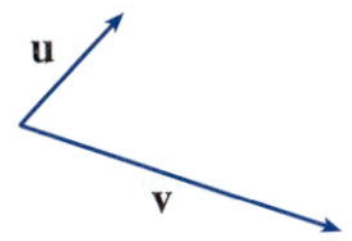

6. 아래 그림에서 $\mathbf{c}$의 끝점과 $\mathbf{d}$의 시작점은 모두 QR의 중점이다. $\mathbf{c}$와 $\mathbf{d}$를 $\mathbf{a}$와 $\mathbf{b}$로 표현하여라.

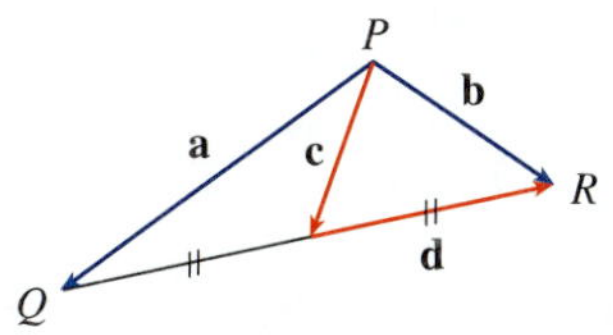

7-9 유향성분 $\overrightarrow{AB}$로 표현된 벡터 $\mathbf{a}$를 구하여라. $\overrightarrow{AB}$와 동치인 위치벡터를 그려라.

7. $A(-2, 1)$, $B(1, 2)$ **8.** $A(3, -1)$, $B(2, 3)$

9. $A(1, -2, 4)$, $B(-2, 3, 0)$

10-11 주어진 벡터의 합을 구하고 기하적인 그림을 그려라.

10. $\langle -1, 4\rangle$, $\langle 6, -2\rangle$ **11.** $\langle 3, 0, 1\rangle$, $\langle 0, 8, 0\rangle$

12-13 $\mathbf{a}+\mathbf{b}$, $4\mathbf{a}+2\mathbf{b}$, $|\mathbf{a}|$, $|\mathbf{a}-\mathbf{b}|$를 구하여라.

12. $\mathbf{a}=\langle -3, 4\rangle$, $\mathbf{b}=\langle 9, -1\rangle$

13. $\mathbf{a}=4\mathbf{i}-3\mathbf{j}+2\mathbf{k}$, $\mathbf{b}=2\mathbf{i}-4\mathbf{k}$

14-15 주어진 벡터와 방향이 같은 단위벡터를 구하여라.

14. $\langle 6, -2\rangle$ **15.** $8\mathbf{i}-\mathbf{j}+4\mathbf{k}$

16. 벡터 $\langle 6, 2, -3\rangle$과 같은 방향을 가지고, 길이가 4인 벡터를 구하여라.

17-18 주어진 벡터와 x축의 양의 방향이 이루는 각은 얼마인가?

17. $\mathbf{i}+\sqrt{3}\,\mathbf{j}$ **18.** $8\mathbf{i}+6\mathbf{j}$

19. 이차원 벡터 $\mathbf{v}$는 시작점이 원점이고 끝점이 2사분면에 있다. $\mathbf{v}$가 x축의 양의 방향과 이루는 각이 $5\pi/6$이고 $|\mathbf{v}|=4$일 때, $\mathbf{v}$를 성분으로 나타내어라.

20. 미식축구에서 한 쿼터백이 20m/s의 속도와 40°의 각도로 공을 던졌다고 하자. 속도벡터의 수평 성분과 수직 성분을 각각 구하여라.

21. 아래 그림에서 합성력의 크기와 x축의 양의 방향과 이루는 각을 구하여라.

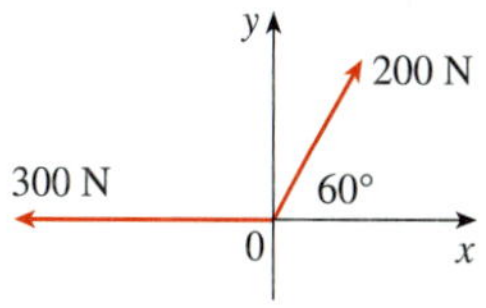

22. 도르래 기중기가 다음 그림과 같이 길이가 각각 2m, 3m인 줄로 창고에 매달려 있다. 기중기의 무게가 350N이다. 서로 다른 높이에 매달려 있는 밧줄은 수평각이 각각 50°와 38°이다. 각 줄에 작용하는 장력과 장력의 크기를 구하여라.

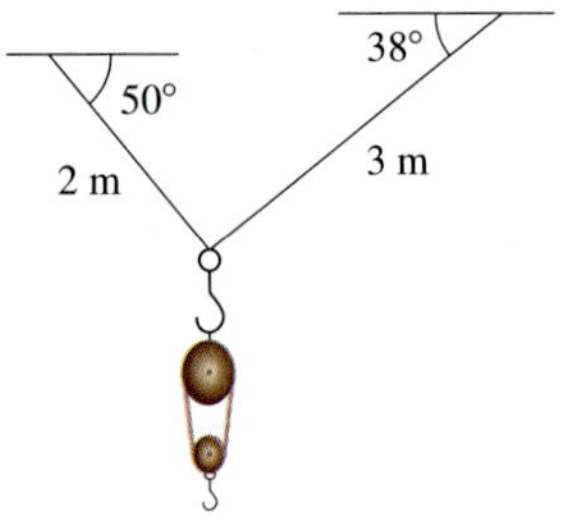

23. 물건에 세 힘이 가해지고 있다. 두 힘은 서로 100°의 각도를 이루고 있으며 각각의 크기는 25N, 12N이다. 세 번째 힘은 앞의 두 힘이 이루는 평면에 수직이고 힘의 크기는 4N이다. 이 세 힘을 정확하게 균형 잡아주는 힘의 크기를 계산하여라.

24. 조종사는 N45°W 방향, 290km/h 속력으로 비행기를 조종하고 있다. 바람은 S30°E 방향, 55km/h 속력으로 불고 있다. 비행기의 속력과 방향을 구하여라.

25. 포물선 $y = x^2$ 위의 점 (2, 4)에서의 접선에 평행한 단위벡터를 모두 구하여라.

26. A, B, C를 삼각형의 꼭짓점이라 할 때 $\overrightarrow{AB} + \overrightarrow{BC} + \overrightarrow{CA}$를 구하여라.

27. C는 선분 AB 위의 한 점으로 B로부터의 거리가 A로부터의 거리의 두 배인 위치에 놓여 있다. $\mathbf{a} = \overrightarrow{OA}$, $\mathbf{b} = \overrightarrow{OB}$, $\mathbf{c} = \overrightarrow{OC}$일 때, $\mathbf{c} = \frac{2}{3}\mathbf{a} + \frac{1}{3}\mathbf{b}$임을 보여라.

28. (a) 벡터 $\mathbf{a} = \langle 3, 2 \rangle$, $\mathbf{b} = \langle 2, -1 \rangle$, $\mathbf{c} = \langle 7, 1 \rangle$을 그려라.
(b) 그림을 그려서 $\mathbf{c} = s\mathbf{a} + t\mathbf{b}$를 만족하는 s와 t가 존재함을 보여라.
(c) 그림을 그려서 s와 t의 값을 대략적으로 구하여라.
(d) s와 t의 정확한 값을 구하여라.

29. $\mathbf{r} = \langle x, y, z \rangle$, $\mathbf{r}_0 = \langle x_0, y_0, z_0 \rangle$일 때 $|\mathbf{r} - \mathbf{r}_0| = 1$을 만족하는 모든 점 (x, y, z)의 집합을 구하여라.

30. 그림 16은 벡터의 성질 2의 기하학적인 증명이다. $n = 2$인 경우 성분을 이용하여 성질 2를 대수적으로 증명하여라.

31. $n = 3$일 때, 벡터의 대수적 성질 5를 증명하여라. 닮은 삼각형을 이용하여 기하학적으로 증명하여라.

32. 벡터를 이용하여 삼각형의 두 변의 중점을 잇는 선분은 나머지 한 변과 평행하고 길이가 반임을 증명하여라.

발견프로젝트 | 매달린 체인의 모양

3.9절에서 같은 높이의 두 지점 사이에 매달린 무겁고 유연한 체인이나 케이블은 방정식이 $y = a\cosh(x/a)$인 **현수선**(catenary, 토머스 제퍼슨이 만든 용어)이라 불리는 곡선의 형태라고 하였다. 여기서 이 방정식을 유도하기 위해 미분을 접선의 기울기로 해석한다.

그림에서처럼 균일한 밀도 ρ를 갖는 체인(또는 케이블)이 두 점 사이에 걸려있다고 하자. 현수선의 꼭짓점을 원점이라 하고 (x, y)를 곡선의 임의의 점이라고 하자$(x > 0)$. (대칭에 의해 $x < 0$인 경우 비슷한 결과를 얻을 수 있다.)

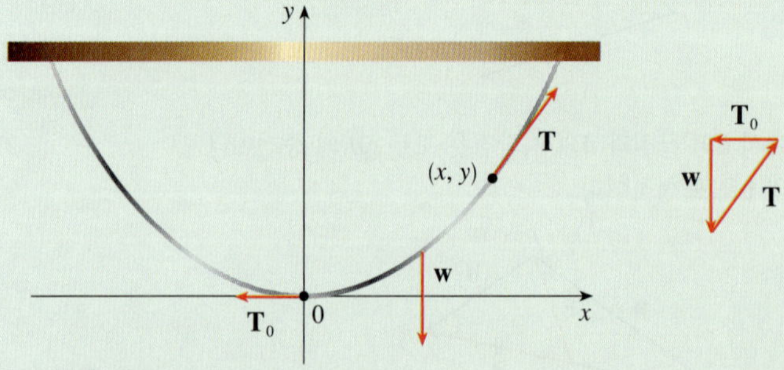

원점에서 (x, y)까지 체인의 일부분을 생각하자. 그 부분에 작용하는 힘은 중력 $\mathbf{w}$와 양 끝점의 장력 $\mathbf{T}_0$와 $\mathbf{T}$이다(각 장력은 곡선에 접한다). 체인의 그 부분은 균형 상태에 있으므로 다음이 성립한다.

$$\mathbf{T}_0 + \mathbf{T} + \mathbf{w} = 0$$

1. 곡선의 방정식을 $y = f(x)$라 하고 $s(x)$를 원점에서 점 (x, y)까지 호의 길이 함수(8.1절의 식 5)라 하자. g가 중력가속도일 때, $\mathbf{T} = \langle |\mathbf{T}_0|, g\rho s(x)\rangle$임을 보여라.

2. dy/dx를 점 (x, y)에서 접선의 기울기로 해석함으로써, $a = |\mathbf{T}_0|/(g\rho)$가 상수일 때

$$\frac{dy}{dx} = \frac{s(x)}{a}$$

임을 보여라.

3. $a = \frac{1}{2}$, $a = 1$, $a = 3$에 대해 $y = a\cosh(x/a) - a$ 의 그래프를 그려라. 곡선의 모양에 a가 어떤 영향을 미치는가?

11.3 내적

지금까지 두 벡터의 덧셈과 벡터와 스칼라와의 곱셈을 공부하였다. 이제 두 벡터를 곱하였을 때 그 곱이 유용한 양이 되도록 하는 것이 가능할까 하는 의문이 생긴다. 이와 같은 곱의 하나는 다음에서 정의하게 될 내적이고, 다른 하나는 다음 절에서 설명하게 될 벡터곱(cross product)이다.

■ 두 벡터의 내적

벡터 $\mathbf{a}$와 $\mathbf{b}$의 내적을 구하려면 성분끼리 곱한 나음 더한다.

1 정의 $\mathbf{a} = \langle a_1, a_2, a_3\rangle$, $\mathbf{b} = \langle b_1, b_2, b_3\rangle$에 대하여 $\mathbf{a}$와 $\mathbf{b}$의 **내적**(dot product) $\mathbf{a}\cdot\mathbf{b}$는

$$\mathbf{a}\cdot\mathbf{b} = a_1b_1 + a_2b_2 + a_3b_3$$

로 정의한다.

두 벡터의 내적은 벡터가 아니라 실수이다. 이러한 이유로 내적을 때때로 **스칼라곱**(scalar product) 또는 **내적**(inner product)이라 부른다. 비록 정의 1이 삼차원 벡터에 대한 것이지만, 같은 방법으로 이차원 벡터의 내적이 정의된다.

$$\langle a_1, a_2\rangle\cdot\langle b_1, b_2\rangle = a_1b_1 + a_2b_2$$

예제 1

$$\langle 2, 4\rangle\cdot\langle 3, -1\rangle = 2(3) + 4(-1) = 2$$

$$\langle -1, 7, 4\rangle\cdot\left\langle 6, 2, -\tfrac{1}{2}\right\rangle = (-1)(6) + 7(2) + 4\left(-\tfrac{1}{2}\right) = 6$$

$$(\mathbf{i} + 2\mathbf{j} - 3\mathbf{k})\cdot(2\mathbf{j} - \mathbf{k}) = 1(0) + 2(2) + (-3)(-1) = 7$$

■

다음은 실수의 곱셈에서 성립하는 많은 법칙이 내적의 연산에서도 성립함을 보여주고 있다.

2 내적의 성질 $\mathbf{a}$, $\mathbf{b}$, $\mathbf{c}$가 V_3의 벡터이고, c가 스칼라이면

1. $\mathbf{a} \cdot \mathbf{a} = |\mathbf{a}|^2$
2. $\mathbf{a} \cdot \mathbf{b} = \mathbf{b} \cdot \mathbf{a}$
3. $\mathbf{a} \cdot (\mathbf{b} + \mathbf{c}) = \mathbf{a} \cdot \mathbf{b} + \mathbf{a} \cdot \mathbf{c}$
4. $(c\mathbf{a}) \cdot \mathbf{b} = c(\mathbf{a} \cdot \mathbf{b}) = \mathbf{a} \cdot (c\mathbf{b})$
5. $\mathbf{0} \cdot \mathbf{a} = 0$

증명 이 성질들은 정의 1을 이용하면 쉽게 증명된다. 예를 들어 성질 1과 3을 증명하자.

1. $\mathbf{a} \cdot \mathbf{a} = a_1^2 + a_2^2 + a_3^2 = |\mathbf{a}|^2$

3.
$$\begin{aligned}\mathbf{a} \cdot (\mathbf{b} + \mathbf{c}) &= \langle a_1, a_2, a_3 \rangle \cdot \langle b_1 + c_1, b_2 + c_2, b_3 + c_3 \rangle \\ &= a_1(b_1 + c_1) + a_2(b_2 + c_2) + a_3(b_3 + c_3) \\ &= a_1b_1 + a_1c_1 + a_2b_2 + a_2c_2 + a_3b_3 + a_3c_3 \\ &= (a_1b_1 + a_2b_2 + a_3b_3) + (a_1c_1 + a_2c_2 + a_3c_3) \\ &= \mathbf{a} \cdot \mathbf{b} + \mathbf{a} \cdot \mathbf{c}\end{aligned}$$

나머지 증명은 연습문제로 남겨둔다. ■

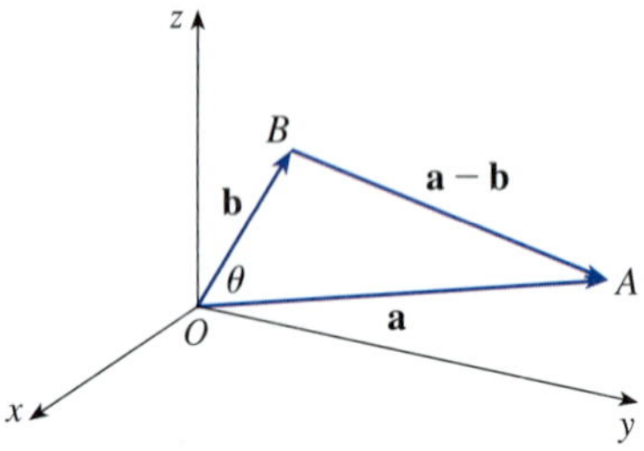

그림 1

내적 $\mathbf{a} \cdot \mathbf{b}$는 **$\mathbf{a}$와 $\mathbf{b}$ 사이의 각** θ를 이용하여 기하학적으로 설명할 수 있다. 이때 각은 시작점이 원점인 $\mathbf{a}$와 $\mathbf{b}$의 표현 사이의 각으로 정의되는 것으로 $0 \leq \theta \leq \pi$이다. 다시 말하면, θ는 그림 1의 선분 $\overrightarrow{OA}$와 $\overrightarrow{OB}$ 사이의 각이다. $\mathbf{a}$와 $\mathbf{b}$가 평행인 벡터이면, $\theta = 0$ 또는 $\theta = \pi$이다.

다음 정리에 나타나는 공식은 물리학자들이 내적의 정의로 사용하는 것이다.

3 정리 θ가 벡터 $\mathbf{a}$와 $\mathbf{b}$ 사이의 각이면

$$\mathbf{a} \cdot \mathbf{b} = |\mathbf{a}||\mathbf{b}| \cos \theta$$

이다.

증명 그림 1에서 삼각형 OAB에 코사인 법칙을 적용하면,

$$|AB|^2 = |OA|^2 + |OB|^2 - 2|OA||OB| \cos \theta \tag{4}$$

(코사인 법칙은 $\theta = 0$, $\theta = \pi$, $\mathbf{a} = \mathbf{0}$ 또는 $\mathbf{b} = \mathbf{0}$과 같은 제한된 경우에도 적용된다는 것을 살펴보기 바란다.) 그런데 $|OA| = |\mathbf{a}|$, $|OB| = |\mathbf{b}|$, $|AB| = |\mathbf{a} - \mathbf{b}|$이므로 식 4는

$$|\mathbf{a} - \mathbf{b}|^2 = |\mathbf{a}|^2 + |\mathbf{b}|^2 - 2|\mathbf{a}||\mathbf{b}| \cos \theta \tag{5}$$

가 된다. 내적의 성질 1, 2, 3을 이용하여 위 식의 좌변을 다음과 같이 고쳐 쓸 수 있다.

$$\begin{aligned}|\mathbf{a} - \mathbf{b}|^2 &= (\mathbf{a} - \mathbf{b}) \cdot (\mathbf{a} - \mathbf{b}) \\ &= \mathbf{a} \cdot \mathbf{a} - \mathbf{a} \cdot \mathbf{b} - \mathbf{b} \cdot \mathbf{a} + \mathbf{b} \cdot \mathbf{b} \\ &= |\mathbf{a}|^2 - 2\mathbf{a} \cdot \mathbf{b} + |\mathbf{b}|^2\end{aligned}$$

그러므로 식 5는

$$|\mathbf{a}|^2 - 2\mathbf{a}\cdot\mathbf{b} + |\mathbf{b}|^2 = |\mathbf{a}|^2 + |\mathbf{b}|^2 - 2|\mathbf{a}||\mathbf{b}|\cos\theta$$

가 되어,

$$-2\mathbf{a}\cdot\mathbf{b} = -2|\mathbf{a}||\mathbf{b}|\cos\theta$$

즉

$$\mathbf{a}\cdot\mathbf{b} = |\mathbf{a}||\mathbf{b}|\cos\theta$$

이다. ■

예제 2 길이가 각각 4와 6인 벡터 $\mathbf{a}$와 $\mathbf{b}$ 사이의 각이 $\pi/3$일 때, $\mathbf{a}\cdot\mathbf{b}$를 구하여라.

풀이 정리 3을 이용하면

$$\mathbf{a}\cdot\mathbf{b} = |\mathbf{a}||\mathbf{b}|\cos(\pi/3) = 4\cdot 6\cdot \tfrac{1}{2} = 12$$ ■

정리 3을 이용하면 두 벡터 사이의 각을 구할 수 있다.

6 따름정리 θ가 영이 아닌 벡터 $\mathbf{a}$와 $\mathbf{b}$ 사이의 각이면,

$$\cos\theta = \frac{\mathbf{a}\cdot\mathbf{b}}{|\mathbf{a}||\mathbf{b}|}$$

예제 3 벡터 $\mathbf{a} = \langle 2, 2, -1\rangle$과 $\mathbf{b} = \langle 5, -3, 2\rangle$ 사이의 각을 구하여라.

풀이 $|\mathbf{a}| = \sqrt{2^2 + 2^2 + (-1)^2} = 3$, $|\mathbf{b}| = \sqrt{5^2 + (-3)^2 + 2^2} = \sqrt{38}$

이고

$$\mathbf{a}\cdot\mathbf{b} = 2(5) + 2(-3) + (-1)(2) = 2$$

이므로, 따름정리 6으로부터

$$\cos\theta = \frac{\mathbf{a}\cdot\mathbf{b}}{|\mathbf{a}||\mathbf{b}|} = \frac{2}{3\sqrt{38}}$$

이다. 따라서 $\mathbf{a}$와 $\mathbf{b}$ 사이의 각은 다음과 같다.

$$\theta = \cos^{-1}\left(\frac{2}{3\sqrt{38}}\right) \approx 1.46 \qquad (\text{또는 } 84^\circ)$$ ■

영이 아닌 두 벡터 $\mathbf{a}$와 $\mathbf{b}$ 사이의 각이 $\pi/2$일 때, $\mathbf{a}$와 $\mathbf{b}$는 서로 **수직** 또는 서로 **직교**(perpendicular 또는 orthogonal)한다고 말한다. 정리 3으로부터

$$\mathbf{a}\cdot\mathbf{b} = |\mathbf{a}||\mathbf{b}|\cos(\pi/2) = 0$$

이고, 역으로 $\mathbf{a}\cdot\mathbf{b} = 0$이면 $\cos\theta = 0$이므로 $\theta = \pi/2$이다. 영벡터는 모든 벡터에 수직인 것으로 생각한다. 그러므로

7 두 벡터 **a**와 **b**가 수직일 필요충분조건은 $\mathbf{a} \cdot \mathbf{b} = 0$이다.

예제 4 $2\mathbf{i} + 2\mathbf{j} - \mathbf{k}$가 $5\mathbf{i} - 4\mathbf{j} + 2\mathbf{k}$에 수직임을 보여라.

풀이 $(2\mathbf{i} + 2\mathbf{j} - \mathbf{k}) \cdot (5\mathbf{i} - 4\mathbf{j} + 2\mathbf{k}) = 2(5) + 2(-4) + (-1)(2) = 0$
이므로 7에 의하여 두 벡터는 수직이다. ■

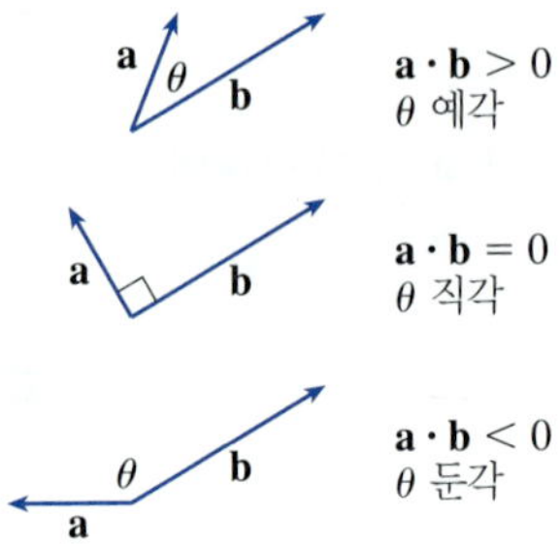

그림 2

$0 \le \theta < \pi/2$이면 $\cos\theta > 0$이고 $\pi/2 < \theta \le \pi$이면 $\cos\theta < 0$이므로 $\theta < \pi/2$이면 $\mathbf{a} \cdot \mathbf{b} > 0$이고 $\theta > \pi/2$이면 $\mathbf{a} \cdot \mathbf{b} < 0$이다. $\mathbf{a} \cdot \mathbf{b}$를 이용하면 두 벡터 **a**와 **b**가 같은 방향의 벡터인지 측정할 수 있다. 만일 **a**와 **b**가 일반적으로 같은 방향이면 $\mathbf{a} \cdot \mathbf{b} > 0$이고 **a**와 **b**가 수직이면 $\mathbf{a} \cdot \mathbf{b} = 0$이며, **a**와 **b**가 일반적으로 반대 방향의 벡터이면 $\mathbf{a} \cdot \mathbf{b} < 0$이다(그림 2 참조). 극단적인 경우, **a**와 **b**가 똑같은 방향의 벡터이면 $\theta = 0$이므로 $\cos\theta = 1$이다. 따라서 이 경우

$$\mathbf{a} \cdot \mathbf{b} = |\mathbf{a}||\mathbf{b}|$$

이다. 만일 **a**와 **b**가 반대 방향의 벡터이면 $\theta = \pi$이므로 $\cos\theta = -1$이고

$$\mathbf{a} \cdot \mathbf{b} = -|\mathbf{a}||\mathbf{b}|$$

이다.

■ 방향각과 방향코사인

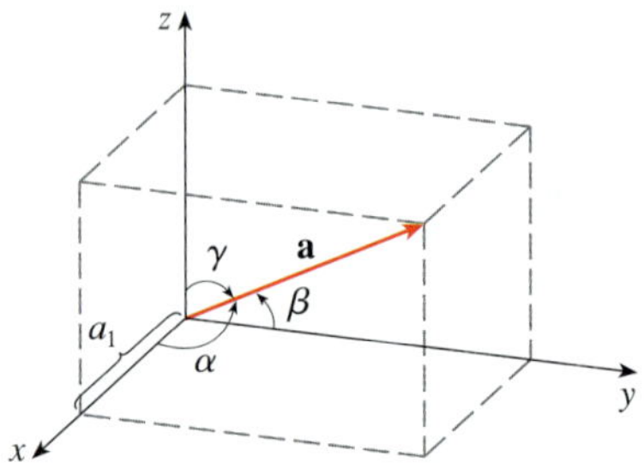

그림 3

영이 아닌 벡터 **a**의 **방향각**(direction angles)은 **a**가 x축, y축 및 z축의 양의 방향과 각각 만드는 각 α, β, γ(구간 $[0, \pi]$에서)를 말한다(그림 3 참조).

또 이들 방향각의 코사인 $\cos\alpha$, $\cos\beta$, $\cos\gamma$를 벡터 **a**의 **방향코사인**(direction cosines)이라 부른다. 따름정리 6에서 **b**를 **i**라 두면,

8 $$\cos\alpha = \frac{\mathbf{a} \cdot \mathbf{i}}{|\mathbf{a}||\mathbf{i}|} = \frac{a_1}{|\mathbf{a}|}$$

을 얻는다(이것은 그림 3에서 직접 알 수도 있다).

마찬가지로,

9 $$\cos\beta = \frac{a_2}{|\mathbf{a}|} \qquad \cos\gamma = \frac{a_3}{|\mathbf{a}|}$$

를 얻는다. 식 8과 9의 각 변을 제곱한 뒤 더하면

10 $$\cos^2\alpha + \cos^2\beta + \cos^2\gamma = 1$$

이 됨을 알 수 있다. 또한, 식 8과 9를 이용하면

$$\begin{aligned}\mathbf{a} = \langle a_1, a_2, a_3 \rangle &= \langle |\mathbf{a}|\cos\alpha, |\mathbf{a}|\cos\beta, |\mathbf{a}|\cos\gamma \rangle \\ &= |\mathbf{a}|\langle \cos\alpha, \cos\beta, \cos\gamma \rangle\end{aligned}$$

로 쓸 수 있으므로

$$\boxed{11} \qquad \frac{1}{|\mathbf{a}|}\mathbf{a} = \langle \cos\alpha, \cos\beta, \cos\gamma \rangle$$

를 얻는데, 이것은 **a**와 방향이 같은 단위벡터의 성분이 벡터 **a**의 방향코사인임을 말한다.

예제 5 벡터 $\mathbf{a} = \langle 1, 2, 3 \rangle$의 방향각을 구하여라.

풀이 $|\mathbf{a}| = \sqrt{1^2 + 2^2 + 3^2} = \sqrt{14}$이므로, 식 8과 9로부터

$$\cos\alpha = \frac{1}{\sqrt{14}} \qquad \cos\beta = \frac{2}{\sqrt{14}} \qquad \cos\gamma = \frac{3}{\sqrt{14}}$$

을 얻는다. 따라서

$$\alpha = \cos^{-1}\left(\frac{1}{\sqrt{14}}\right) \approx 74° \quad \beta = \cos^{-1}\left(\frac{2}{\sqrt{14}}\right) \approx 58° \quad \gamma = \cos^{-1}\left(\frac{3}{\sqrt{14}}\right) \approx 37°$$

■

■ 사영

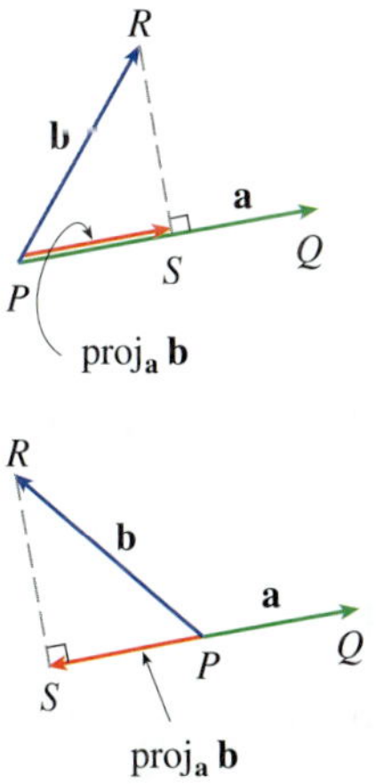

그림 4 벡터 사영

그림 4는 같은 시작점 P를 갖는 두 벡터 **a**와 **b**이 표현 $\overrightarrow{PQ}$와 $\overrightarrow{PR}$을 보여주고 있다. S를 R에서 $\overrightarrow{PQ}$를 포함하는 직선에 내린 수선의 발이라고 할 때, 표현이 $\overrightarrow{PS}$인 벡터를 **a** 위로의 **b**의 **벡터 사영**(vector projection)이라 부르고 $\text{proj}_\mathbf{a}\,\mathbf{b}$로 표시한다. (벡터 **b**의 그림자로 생각할 수 있다.)

a 위로의 **b**의 **스칼라 사영**(scalar projection 또는 **a방향의 b의 성분**)은 θ가 **a**와 **b** 사이의 각일 때, $|\mathbf{b}|\cos\theta$로 정의한다(그림 5 참조). $\pi/2 < \theta \le \pi$일 때 이것은 음수가 됨을 확인하여라. 식

$$\mathbf{a}\cdot\mathbf{b} = |\mathbf{a}||\mathbf{b}|\cos\theta = |\mathbf{a}|(|\mathbf{b}|\cos\theta)$$

는 **a**와 **b**의 내적이 **a** 위로의 **b**의 스칼라 사영과 **a**의 길이를 곱한 것으로 해석될 수 있음을 보여준다.

$$|\mathbf{b}|\cos\theta = \frac{\mathbf{a}\cdot\mathbf{b}}{|\mathbf{a}|} = \frac{\mathbf{a}}{|\mathbf{a}|}\cdot\mathbf{b}$$

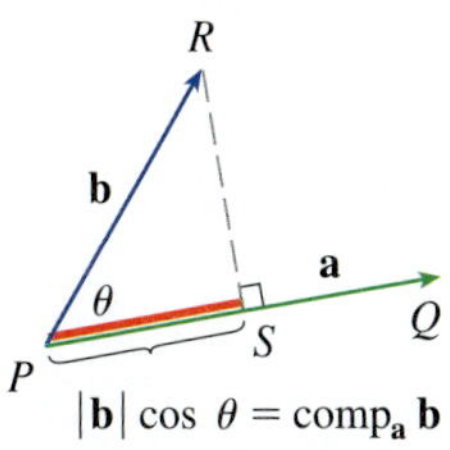

그림 5 스칼라 사영

이므로, **a**방향의 **b**의 성분은 **a**와 방향이 같은 단위벡터와 **b**와의 내적을 계산함으로써 얻을 수 있다. 이것을 요약하면,

a 위로의 **b**의 스칼라 사영: $\quad \text{comp}_\mathbf{a}\,\mathbf{b} = \dfrac{\mathbf{a}\cdot\mathbf{b}}{|\mathbf{a}|}$

a 위로의 **b**의 벡터 사영: $\quad \text{proj}_\mathbf{a}\,\mathbf{b} = \left(\dfrac{\mathbf{a}\cdot\mathbf{b}}{|\mathbf{a}|}\right)\dfrac{\mathbf{a}}{|\mathbf{a}|} = \dfrac{\mathbf{a}\cdot\mathbf{b}}{|\mathbf{a}|^2}\mathbf{a}$

벡터 사영은 **a**방향으로의 단위벡터에 스칼라 사영을 곱한 것과 같음을 기억하자.

예제 6 $\mathbf{a} = \langle -2, 3, 1 \rangle$ 위로의 $\mathbf{b} = \langle 1, 1, 2 \rangle$의 스칼라 사영과 벡터 사영을 구하여라.

풀이 $|\mathbf{a}| = \sqrt{(-2)^2 + 3^2 + 1^2} = \sqrt{14}$이므로 $\mathbf{a}$ 위로의 $\mathbf{b}$의 스칼라 사영은

$$\text{comp}_{\mathbf{a}}\,\mathbf{b} = \frac{\mathbf{a} \cdot \mathbf{b}}{|\mathbf{a}|} = \frac{(-2)(1) + 3(1) + 1(2)}{\sqrt{14}} = \frac{3}{\sqrt{14}}$$

이다. 벡터 사영은 이 스칼라 사영을 $\mathbf{a}$방향의 단위벡터에 곱한 것이다.

$$\text{proj}_{\mathbf{a}}\,\mathbf{b} = \frac{3}{\sqrt{14}} \frac{\mathbf{a}}{|\mathbf{a}|} = \frac{3}{14}\mathbf{a} = \left\langle -\frac{3}{7}, \frac{9}{14}, \frac{3}{14} \right\rangle$$ ■

■ 응용: 일

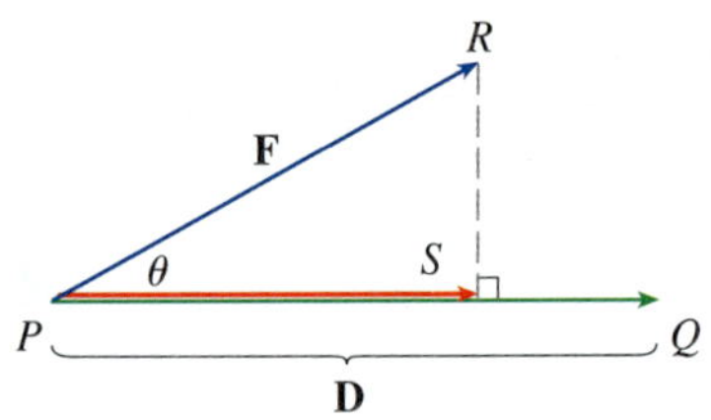

그림 6

물리학에서 일을 계산하는 것이 사영을 이용하는 한 예이다. 6.4절에서 일정한 힘 F로 물체를 거리 d만큼 이동시켰을 때 한 일을 $W = Fd$로 정의하였다. 그런데 이 경우는 힘이 물체가 움직인 방향으로 작용했을 때에만 적용된다. 그러나 그림 6에서와 같이 일정한 힘이 어떤 다른 방향을 가리키는 벡터 $\mathbf{F} = \overrightarrow{PR}$인 경우를 생각하여 보자. 이 힘이 물체를 P에서 Q로 이동시킨다면 **변위벡터**(displacement vector)는 $\mathbf{D} = \overrightarrow{PQ}$이다. 이 힘에 의하여 한 **일**(work)은 $\mathbf{D}$방향의 힘의 성분과 움직인 거리와의 곱으로 정의된다. 즉,

$$W = (|\mathbf{F}| \cos \theta)|\mathbf{D}|$$

이다. 정리 **3**으로부터

12 $$W = |\mathbf{F}||\mathbf{D}| \cos \theta = \mathbf{F} \cdot \mathbf{D}$$

를 얻는다. 따라서 $\mathbf{D}$가 변위벡터일 때, 일정한 힘 $\mathbf{F}$에 의하여 한 일은 내적 $\mathbf{F} \cdot \mathbf{D}$이다.

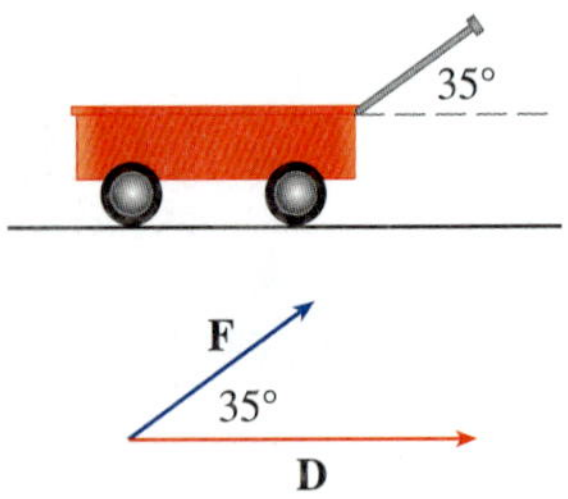

그림 7

예제 7 70N의 일정한 힘으로 짐수레를 수평한 길을 따라서 100m를 끌고 있다. 짐수레의 손잡이와 수평인 길이 이루는 각도가 35°일 때, 한 일을 구하여라.

풀이 그림 7에서와 같이 $\mathbf{F}$, $\mathbf{D}$를 각각 힘, 변위벡터라고 하면 한 일 W는

$$\begin{aligned} W &= \mathbf{F} \cdot \mathbf{D} = |\mathbf{F}||\mathbf{D}| \cos 35° \\ &= (70)(100) \cos 35° \approx 5734 \text{ N}\cdot\text{m} = 5734 \text{ J} \end{aligned}$$ ■

예제 8 벡터 $\mathbf{F} = 3\mathbf{i} + 4\mathbf{j} + 5\mathbf{k}$로 주어진 힘이 물체를 점 $P(2, 1, 0)$에서 $Q(4, 6, 2)$로 이동시켰을 때 한 일을 구하여라.

풀이 변위벡터는 $\mathbf{D} = \overrightarrow{PQ} = \langle 2, 5, 2 \rangle$이므로 식 **12**에 의하여 한 일은

$$\begin{aligned} W &= \mathbf{F} \cdot \mathbf{D} = \langle 3, 4, 5 \rangle \cdot \langle 2, 5, 2 \rangle \\ &= 6 + 20 + 10 = 36 \end{aligned}$$

이다. 길이의 단위가 미터이고, 힘의 크기가 뉴턴으로 측정된 것이라 하면 한 일은 36J(joule)이다. ■

11.3 연습문제

1. 아래 표현이 의미가 있는지 없는지 설명하여라.
   (a) $(\mathbf{a} \cdot \mathbf{b}) \cdot \mathbf{c}$ (b) $(\mathbf{a} \cdot \mathbf{b})\mathbf{c}$
   (c) $|\mathbf{a}|(\mathbf{b} \cdot \mathbf{c})$ (d) $\mathbf{a} \cdot (\mathbf{b} + \mathbf{c})$
   (e) $\mathbf{a} \cdot \mathbf{b} + \mathbf{c}$ (f) $|\mathbf{a}| \cdot (\mathbf{b} + \mathbf{c})$

2-7 $\mathbf{a} \cdot \mathbf{b}$를 구하여라.

2. $\mathbf{a} = \langle 5, -2 \rangle$, $\mathbf{b} = \langle 3, 4 \rangle$

3. $\mathbf{a} = \langle 1.5, 0.4 \rangle$, $\mathbf{b} = \langle -4, 6 \rangle$

4. $\mathbf{a} = \langle 4, 1, \frac{1}{4} \rangle$, $\mathbf{b} = \langle 6, -3, -8 \rangle$

5. $\mathbf{a} = \langle p, -p, 2p \rangle$, $\mathbf{b} = \langle 2q, q, -q \rangle$

6. $\mathbf{a} = 3\mathbf{i} + 2\mathbf{j} - \mathbf{k}$, $\mathbf{b} = 4\mathbf{i} + 5\mathbf{k}$

7. $|\mathbf{a}| = 7$, $|\mathbf{b}| = 4$, $\mathbf{a}$와 $\mathbf{b}$ 사이의 각은 $30°$

8-9 $\mathbf{u}$가 단위벡터일 때 $\mathbf{u} \cdot \mathbf{v}$와 $\mathbf{u} \cdot \mathbf{w}$를 구하여라.

8.
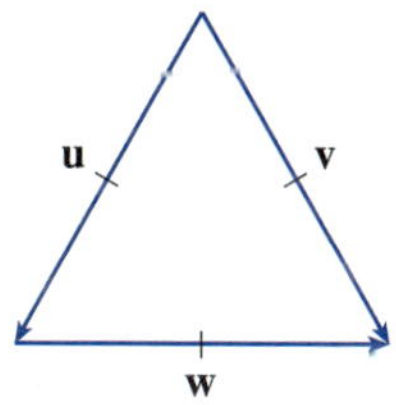

9.
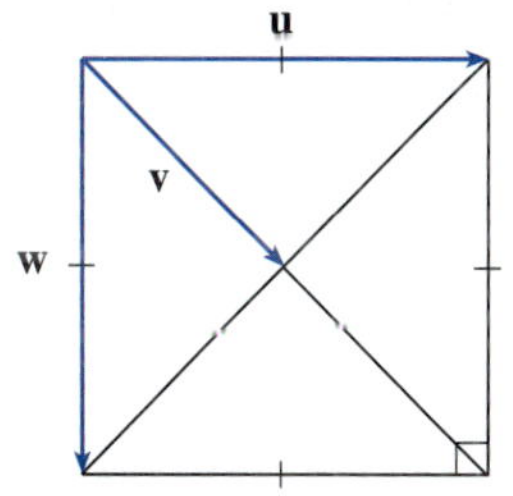

10. (a) $\mathbf{i} \cdot \mathbf{j} = \mathbf{j} \cdot \mathbf{k} = \mathbf{k} \cdot \mathbf{i} = 0$임을 보여라.
    (b) $\mathbf{i} \cdot \mathbf{i} = \mathbf{j} \cdot \mathbf{j} = \mathbf{k} \cdot \mathbf{k} = 1$임을 보여라.

11. 한 가게에서 하루 동안 a개의 햄버거, b개의 핫도그, c병의 물을 팔았다. 햄버거는 개당 4달러, 핫도그는 개당 2.5달러, 음료는 한 병에 1달러이다. $\mathbf{A} = \langle a, b, c \rangle$, $\mathbf{P} = \langle 4, 2.5, 1 \rangle$일 때, 내적 $\mathbf{A} \cdot \mathbf{P}$가 의미하는 바는 무엇인가?

12-14 주어진 벡터 사이의 각을 구하여라. (먼저 정확한 식을 구하고, 가장 가까운 각도를 추측하여라.)

12. $\mathbf{u} = \langle 5, 1 \rangle$, $\mathbf{v} = \langle 3, 2 \rangle$

13. $\mathbf{a} = \langle 1, -4, 1 \rangle$, $\mathbf{b} = \langle 0, 2, -2 \rangle$

14. $\mathbf{u} = \mathbf{i} - 4\mathbf{j} + \mathbf{k}$, $\mathbf{v} = -3\mathbf{i} + \mathbf{j} + 5\mathbf{k}$

15-16 주어진 세 점으로 이루어진 삼각형의 세 각의 크기를 구하여라.

15. $P(2, 0)$, $Q(0, 3)$, $R(3, 4)$

16. $A(1, 0, -1)$, $B(3, -2, 0)$, $C(1, 3, 3)$

17. 주어진 벡터가 직교하는지, 평행인지, 둘 다 아닌지 결정하여라.
    (a) $\mathbf{a} = \langle 9, 3 \rangle$, $\mathbf{b} = \langle -2, 6 \rangle$
    (b) $\mathbf{a} = \langle 4, 5, -2 \rangle$, $\mathbf{b} = \langle 3, -1, 5 \rangle$
    (c) $\mathbf{a} = -8\mathbf{i} + 12\mathbf{j} + 4\mathbf{k}$, $\mathbf{b} = 6\mathbf{i} - 9\mathbf{j} - 3\mathbf{k}$
    (d) $\mathbf{a} = 3\mathbf{i} - \mathbf{j} + 3\mathbf{k}$, $\mathbf{b} = 5\mathbf{i} + 9\mathbf{j} - 2\mathbf{k}$

18. 벡터를 이용하여 꼭짓점이 $P(1, -3, -2)$, $Q(2, 0, -4)$, $R(6, -2, -5)$인 삼각형이 직각삼각형인지 결정하여라.

19. 벡터 $\langle 2, 1, -1 \rangle$과 $\langle 1, x, 0 \rangle$이 이루는 각이 $45°$가 되는 x값을 구하여라.

20. $\mathbf{i} + \mathbf{j}$와 $\mathbf{i} + \mathbf{k}$에 수직인 단위벡터를 구하여라.

21. 두 직선이 이루는 예각을 구하되 소수점 이하 한 자리로 반올림하여라.
$$y = 4 - 3x, \quad y = 3x + 2$$

22-23 교점에서 두 곡선이 이루는 예각을 구하되 소수점 이하 한 자리로 반올림하여라. (두 곡선이 이루는 각은 교점에서 접선이 이루는 각이다.)

22. $y = x^2$, $y = x^3$

23. $y = \sin x$, $y = \cos x$, $0 \leq x \leq \pi/2$

24-26 주어진 벡터의 방향코사인과 방향각을 구하여라. (방향각을 소수 첫째 자리까지 구하여라.)

24. $\langle 4, 1, 8 \rangle$

25. $3\mathbf{i} - \mathbf{j} - 2\mathbf{k}$

26. $\langle c, c, c \rangle$, 단, $c > 0$

27. $\alpha = \pi/4$, $\beta = \pi/3$인 방향각을 가지는 벡터에 대해 세 번째 방향각 γ를 구하여라.

28-30 $\mathbf{a}$ 위로의 $\mathbf{b}$의 스칼라 사영 및 벡터 사영을 구하여라.

28. $\mathbf{a} = \langle -5, 12 \rangle$, $\mathbf{b} = \langle 4, 6 \rangle$

29. $\mathbf{a} = \langle 4, 7, -4 \rangle$, $\mathbf{b} = \langle 3, -1, 1 \rangle$

30. $\mathbf{a} = 3\mathbf{i} - 3\mathbf{j} + \mathbf{k}$, $\mathbf{b} = 2\mathbf{i} + 4\mathbf{j} - \mathbf{k}$

31. 벡터 $\text{orth}_{\mathbf{a}}\,\mathbf{b} = \mathbf{b} - \text{proj}_{\mathbf{a}}\,\mathbf{b}$는 벡터 $\mathbf{a}$와 수직임을 보여라. (이 벡터를 $\mathbf{b}$의 **수직 사영**이라 한다.)

32. $\mathbf{a} = \langle 3, 0, -1 \rangle$일 때, $\text{comp}_{\mathbf{a}}\,\mathbf{b} = 2$인 벡터 $\mathbf{b}$를 구하여라.

33. $\mathbf{a}$, $\mathbf{b}$는 영벡터가 아니라고 하자.

(a) $\text{comp}_{\mathbf{a}}\,\mathbf{b} = \text{comp}_{\mathbf{b}}\,\mathbf{a}$를 만족할 조건은 무엇인가?

(b) $\text{proj}_{\mathbf{a}}\,\mathbf{b} = \text{proj}_{\mathbf{b}}\,\mathbf{a}$를 만족할 조건은 무엇인가?

34. 어떤 물체를 점 (0, 10, 8)에서 점 (6, 12, 20)까지 직선을 따라 움직이게 하는 힘 $\mathbf{F} = 8\mathbf{i} - 6\mathbf{j} + 9\mathbf{k}$가 한 일을 구하여라. 단, 거리는 미터로, 힘의 크기는 뉴턴으로 측정되었다.

35. 썰매가 평평한 눈길을 따라 밧줄에 의해 당겨진다. 수평면 위 각도 40°로 힘 30N을 가해 썰매를 80m 움직였다. 일을 얼마나 했는가?

36. 점에서 직선까지 거리 점 $P_1(x_1, y_1)$에서 직선 $ax + by + c = 0$까지의 거리가

$$\frac{|ax_1 + by_1 + c|}{\sqrt{a^2 + b^2}}$$

임을 스칼라 사영을 이용하여 보여라. 이 공식을 이용하여 점 (−2, 3)에서 직선 $3x - 4y + 5 = 0$까지의 거리를 구하여라.

37. $\mathbf{r} = \langle x, y, z\rangle$, $\mathbf{a} = \langle a_1, a_2, a_3\rangle$, $\mathbf{b} = \langle b_1, b_2, b_3\rangle$일 때, 벡터 방정식 $(\mathbf{r} - \mathbf{a}) \cdot (\mathbf{r} - \mathbf{b}) = 0$이 구로 표현됨을 보여라. 또한 구의 중심과 반지름을 구하여라.

38. 정육면체의 대각선과 한 모서리 사이의 각도(°)를 소수 첫째 자리까지 반올림하여 구하여라.

39. 메탄 CH_4의 분자는 정사면체의 꼭짓점에 4개의 수소원자가 위치하고 무게중심에 탄소원자가 위치한 구조와 같다. 원자결합의 각도는 H—C—H와 같은 결합 형태에서 생기는 각도이다. 즉, 탄소원자를 두 수소원자에 연결하는 두 직선 사이의 각이다. 원자결합의 각도가 약 109.5°임을 보여라. [힌트: 그림과 같이 정사면체의 네 꼭짓점을 (1, 0, 0), (0, 1, 0), (0, 0, 1), (1, 1, 1)로 잡으면 무게중심은 $\left(\frac{1}{2}, \frac{1}{2}, \frac{1}{2}\right)$이다.]

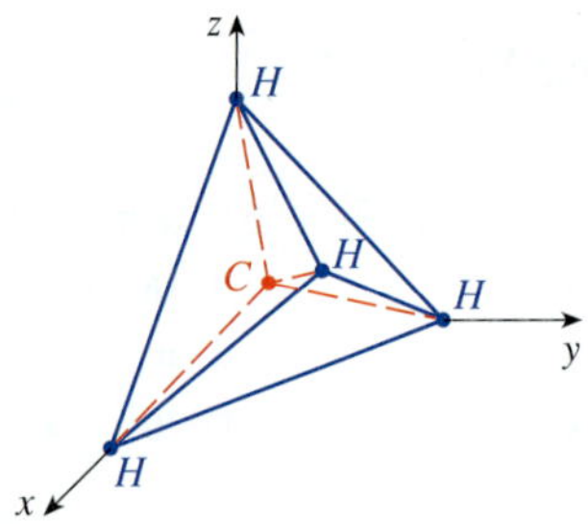

40. 내적의 성질(정리 2) 2, 4, 5를 증명하여라.

41. 어떤 사각형의 모든 변의 길이가 같고 마주보는 변이 평행하다고 하자. 벡터를 이용하여 대각선이 서로 수직임을 보여라.

42. 코시-슈바르츠 부등식 정리 3을 이용하여 코시-슈바르츠 부등식을 보여라.

$$|\mathbf{a} \cdot \mathbf{b}| \leqslant |\mathbf{a}||\mathbf{b}|$$

43. 삼각부등식 벡터의 삼각부등식은 다음과 같다.

$$|\mathbf{a} + \mathbf{b}| \leqslant |\mathbf{a}| + |\mathbf{b}|$$

(a) 삼각부등식을 기하적으로 해석하여라.

(b) 연습문제 61의 코시-슈바르츠 부등식을 이용하여 삼각부등식을 증명하여라. [힌트: 내적의 성질 3을 이용하여라.]

44. 평행사변형 항등식 평행사변형 항등식은 다음과 같다.

$$|\mathbf{a} + \mathbf{b}|^2 + |\mathbf{a} - \mathbf{b}|^2 = 2|\mathbf{a}|^2 + 2|\mathbf{b}|^2$$

(a) 평행사변형 항등식을 기하적으로 해석하여라.

(b) 평행사변형 항등식을 증명하여라(연습문제 43의 힌트 참조).

45. $\mathbf{u} + \mathbf{v}$와 $\mathbf{u} - \mathbf{v}$가 직교할 때, 두 벡터 $\mathbf{u}$와 $\mathbf{v}$는 반드시 같은 길이를 가짐을 보여라.

11.4 벡터곱

영이 아닌 두 벡터가 주어졌을 때, 두 벡터에 수직인 영이 아닌 벡터를 구하는 것은 매우 유용한 일이다. 이것에 대해 다음 절과 12장, 13장에서 다루게 된다. 벡터곱으로 불리는 벡터 연산을 정의하자.

■ 두 벡터의 벡터곱

영이 아닌 두 벡터 $\mathbf{a} = \langle a_1, a_2, a_3\rangle$와 $\mathbf{b} = \langle b_1, b_2, b_3\rangle$가 주어졌을 때, 영이 아닌 벡터 $\mathbf{c} = \langle c_1, c_2, c_3\rangle$는 두 벡터 $\mathbf{a}$와 $\mathbf{b}$에 수직이라고 하자. 그러면 $\mathbf{a} \cdot \mathbf{c} = 0$이고 $\mathbf{b} \cdot \mathbf{c} = 0$이다. 그래서

1 $$a_1c_1 + a_2c_2 + a_3c_3 = 0$$

$$\boxed{2} \qquad b_1c_1 + b_2c_2 + b_3c_3 = 0$$

가 된다. c_3를 소거하기 위해 b_3를 $\boxed{1}$에 곱하고 a_3를 $\boxed{2}$에 곱해서 서로 빼면 다음과 같다.

$$\boxed{3} \qquad (a_1b_3 - a_3b_1)c_1 + (a_2b_3 - a_3b_2)c_2 = 0$$

식 $\boxed{3}$은 $pc_1 + qc_2 = 0$의 꼴을 가지므로 $c_1 = q$이고 $c_2 = -p$인 것은 분명하다. 따라서 식 $\boxed{3}$의 해는 다음과 같다.

$$c_1 = a_2b_3 - a_3b_2 \qquad c_2 = a_3b_1 - a_1b_3$$

이들 값을 $\boxed{1}$과 $\boxed{2}$에 대입하면 다음과 같다.

$$c_3 = a_1b_2 - a_2b_1$$

이것이 의미하는 바는 **a**와 **b** 둘 다에 수직인 벡터는 다음과 같다는 사실이다.

$$\langle c_1, c_2, c_3 \rangle = \langle a_2b_3 - a_3b_2, a_3b_1 - a_1b_3, a_1b_2 - a_2b_1 \rangle$$

이렇게 해서 나온 이 벡터를 **a**와 **b**의 벡터곱(또는 외적)이라 하고 기호로는 $\mathbf{a} \times \mathbf{b}$로 나타낸다.

> **해밀턴**
>
> 벡터곱은 아일랜드 수학자인 해밀턴(Sir William Rowan Hamilton, 1805~1865)에 의해 창조되었다. 해밀턴은 사원수(quaternions)라는 벡터의 조기 개념을 창안한 수학자이기도 하다. 5세 때 해밀턴은 벌써 라틴어, 그리스어, 히브리어까지 읽을 수 있었다. 8세 때 불어와 이탈리아어를 습득했고 10세 때는 아랍어와 산스크리트어까지도 마스터했다. 더블린 트리니티 대학의 학부생이었던 21세 때는 더블린 트리니티 대학의 천문학교 교수와 아일랜드의 왕실 천문학자로 임명되었다.

$\boxed{4}$ 벡터곱의 정리 $\mathbf{a} = \langle a_1, a_2, a_3 \rangle$, $\mathbf{b} = \langle b_1, b_2, b_3 \rangle$일 때, **a**와 **b**의 **벡터곱**(cross product)은 벡터

$$\mathbf{a} \times \mathbf{b} = \langle a_2b_3 - a_3b_2, a_3b_1 - a_1b_3, a_1b_2 - a_2b_1 \rangle$$

이다.

두 벡터 **a**와 **b**의 벡터곱 $\mathbf{a} \times \mathbf{b}$는 내적과 다르게 벡터이다. 이와 같은 이유로 이것을 **벡터곱**(vector product) 또는 외적이라 부르기도 한다. $\mathbf{a} \times \mathbf{b}$는 **a**와 **b**가 **삼차원** 벡터일 때에만 정의된다는 것을 밝혀둔다.

정의 $\boxed{4}$를 쉽게 기억할 수 있도록 하기 위하여 행렬식의 표현법을 이용한다. **이차행렬식**은

$$\begin{vmatrix} a & b \\ c & d \end{vmatrix} = ad - bc$$

로 정의된다. 예를 들면

$$\begin{vmatrix} 2 & 1 \\ -6 & 4 \end{vmatrix} = 2(4) - 1(-6) = 14$$

삼차행렬식은 이차행렬식에 의하여 다음과 같이 정의될 수 있다.

$$\boxed{5} \qquad \begin{vmatrix} a_1 & a_2 & a_3 \\ b_1 & b_2 & b_3 \\ c_1 & c_2 & c_3 \end{vmatrix} = a_1 \begin{vmatrix} b_2 & b_3 \\ c_2 & c_3 \end{vmatrix} - a_2 \begin{vmatrix} b_1 & b_3 \\ c_1 & c_3 \end{vmatrix} + a_3 \begin{vmatrix} b_1 & b_2 \\ c_1 & c_2 \end{vmatrix}$$

식 **5**의 우변의 각 항은 행렬식의 첫 번째 행의 수 a_i를 포함하고 있으며, 또 a_i는 왼쪽 행렬식에서 a_i가 들어 있는 행과 열을 제거함으로써 얻는 이차행렬식과 곱해야 함을 주목하여라. 또 두 번째 항의 −부호를 유의하여라. 예를 들면 다음과 같다.

$$\begin{vmatrix} 1 & 2 & -1 \\ 3 & 0 & 1 \\ -5 & 4 & 2 \end{vmatrix} = 1\begin{vmatrix} 0 & 1 \\ 4 & 2 \end{vmatrix} - 2\begin{vmatrix} 3 & 1 \\ -5 & 2 \end{vmatrix} + (-1)\begin{vmatrix} 3 & 0 \\ -5 & 4 \end{vmatrix}$$

$$= 1(0-4) - 2(6+5) + (-1)(12-0) = -38$$

정의 **4**를 이차행렬식과 표준기저벡터 $\mathbf{i}$, $\mathbf{j}$, $\mathbf{k}$를 이용하여 다시 쓰면, $\mathbf{a} = a_1\mathbf{i} + a_2\mathbf{j} + a_3\mathbf{k}$와 $\mathbf{b} = b_1\mathbf{i} + b_2\mathbf{j} + b_3\mathbf{k}$의 벡터곱은

6 $$\mathbf{a} \times \mathbf{b} = \begin{vmatrix} a_2 & a_3 \\ b_2 & b_3 \end{vmatrix}\mathbf{i} - \begin{vmatrix} a_1 & a_3 \\ b_1 & b_3 \end{vmatrix}\mathbf{j} + \begin{vmatrix} a_1 & a_2 \\ b_1 & b_2 \end{vmatrix}\mathbf{k}$$

가 됨을 알 수 있다. 식 **5**와 **6** 사이의 관계로부터 다음과 같이 쓸 수 있다.

7 $$\mathbf{a} \times \mathbf{b} = \begin{vmatrix} \mathbf{i} & \mathbf{j} & \mathbf{k} \\ a_1 & a_2 & a_3 \\ b_1 & b_2 & b_3 \end{vmatrix}$$

식 **7**에서 행렬식의 첫 번째 행이 벡터로 이루어져 있지만, 이것은 식 **5**의 규칙을 이용하여 보통의 행렬식으로 생각하고 전개하면 식 **6**을 얻는다. 식 **7**의 공식이 아마도 벡터곱을 기억하고 계산하는 데 가장 쉬운 방법일 것이다.

예제 1 $\mathbf{a} = \langle 1, 3, 4\rangle$, $\mathbf{b} = \langle 2, 7, -5\rangle$이면

$$\mathbf{a} \times \mathbf{b} = \begin{vmatrix} \mathbf{i} & \mathbf{j} & \mathbf{k} \\ 1 & 3 & 4 \\ 2 & 7 & -5 \end{vmatrix}$$

$$= \begin{vmatrix} 3 & 4 \\ 7 & -5 \end{vmatrix}\mathbf{i} - \begin{vmatrix} 1 & 4 \\ 2 & -5 \end{vmatrix}\mathbf{j} + \begin{vmatrix} 1 & 3 \\ 2 & 7 \end{vmatrix}\mathbf{k}$$

$$= (-15 - 28)\mathbf{i} - (-5 - 8)\mathbf{j} + (7 - 6)\mathbf{k} = -43\mathbf{i} + 13\mathbf{j} + \mathbf{k}$$ ■

예제 2 V_3의 모든 벡터 $\mathbf{a}$에 대하여 $\mathbf{a} \times \mathbf{a} = \mathbf{0}$임을 보여라.

풀이 $\mathbf{a} = \langle a_1, a_2, a_3\rangle$라 하면

$$\mathbf{a} \times \mathbf{a} = \begin{vmatrix} \mathbf{i} & \mathbf{j} & \mathbf{k} \\ a_1 & a_2 & a_3 \\ a_1 & a_2 & a_3 \end{vmatrix}$$

$$= (a_2a_3 - a_3a_2)\mathbf{i} - (a_1a_3 - a_3a_1)\mathbf{j} + (a_1a_2 - a_2a_1)\mathbf{k}$$

$$= 0\mathbf{i} - 0\mathbf{j} + 0\mathbf{k} = \mathbf{0}$$ ■

■ 벡터곱의 성질

a와 **b** 둘 다에 수직이 되도록 벡터곱 $\mathbf{a} \times \mathbf{b}$를 구성했다. 이것이 벡터곱에 관한 가장 중요한 성질 중 한 가지로, 다음 정리를 통해 그 중요성을 강조하고 이를 증명해보자.

> **8 정리** 벡터 $\mathbf{a} \times \mathbf{b}$는 **a**와 **b** 모두와 직교한다.

증명 $\mathbf{a} \times \mathbf{b}$가 **a**와 직교함을 보이기 위하여 다음과 같이 내적을 계산하여 본다.

$$\begin{aligned}(\mathbf{a} \times \mathbf{b}) \cdot \mathbf{a} &= \begin{vmatrix} a_2 & a_3 \\ b_2 & b_3 \end{vmatrix} a_1 - \begin{vmatrix} a_1 & a_3 \\ b_1 & b_3 \end{vmatrix} a_2 + \begin{vmatrix} a_1 & a_2 \\ b_1 & b_2 \end{vmatrix} a_3 \\ &= a_1(a_2b_3 - a_3b_2) - a_2(a_1b_3 - a_3b_1) + a_3(a_1b_2 - a_2b_1) \\ &= a_1a_2b_3 - a_1b_2a_3 - a_1a_2b_3 + b_1a_2a_3 + a_1b_2a_3 - b_1a_2a_3 \\ &= 0\end{aligned}$$

비슷한 계산에 따라 $(\mathbf{a} \times \mathbf{b}) \cdot \mathbf{b} = 0$임을 알 수 있다. 따라서 $\mathbf{a} \times \mathbf{b}$는 **a**와 **b** 모두와 직교한다. ■

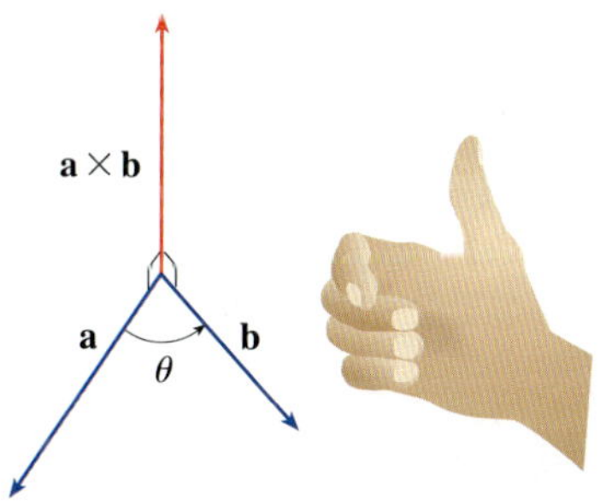

그림 1
$\mathbf{a} \times \mathbf{b}$의 방향을 말해주는 오른손 법칙

a와 **b**가 그림 1에서와 같이 시작점이 같은 유향선분으로 표현된다면, 정리 8은 벡터곱 $\mathbf{a} \times \mathbf{b}$가 **a**와 **b**를 지나는 평면에 수직인 방향을 가리키고 있음을 말한다. $\mathbf{a} \times \mathbf{b}$의 방향은 오른손 법칙에 따라 주어진다. 즉, 오른손의 손가락을 **a**에서 **b**로 이(180°보다 작은 각으로) 방향으로 회전시켜 구부리면, 엄지손가락이 $\mathbf{a} \times \mathbf{b}$의 방향을 가리킨다.

이제 벡터 $\mathbf{a} \times \mathbf{b}$의 방향을 알게 되었으므로, 기하학적 설명을 완결하기 위하여 필요한 것은 길이 $|\mathbf{a} \times \mathbf{b}|$이다. 이것은 다음 정리로 주어진다.

> **9 정리** $\theta(0 \leqslant \theta \leqslant \pi)$가 **a**와 **b** 사이의 각이면, 벡터곱 $\mathbf{a} \times \mathbf{b}$의 길이는
> $$|\mathbf{a} \times \mathbf{b}| = |\mathbf{a}||\mathbf{b}| \sin \theta$$
> 이다.

증명 벡터곱과 벡터의 길이의 정의로부터

$$\begin{aligned}|\mathbf{a} \times \mathbf{b}|^2 &= (a_2b_3 - a_3b_2)^2 + (a_3b_1 - a_1b_3)^2 + (a_1b_2 - a_2b_1)^2 \\ &= a_2^2b_3^2 - 2a_2a_3b_2b_3 + a_3^2b_2^2 + a_3^2b_1^2 - 2a_1a_3b_1b_3 + a_1^2b_3^2 \\ &\qquad + a_1^2b_2^2 - 2a_1a_2b_1b_2 + a_2^2b_1^2 \\ &= (a_1^2 + a_2^2 + a_3^2)(b_1^2 + b_2^2 + b_3^2) - (a_1b_1 + a_2b_2 + a_3b_3)^2 \\ &= |\mathbf{a}|^2|\mathbf{b}|^2 - (\mathbf{a} \cdot \mathbf{b})^2 \\ &= |\mathbf{a}|^2|\mathbf{b}|^2 - |\mathbf{a}|^2|\mathbf{b}|^2\cos^2\theta \qquad \text{(11.3절의 정리 3)} \\ &= |\mathbf{a}|^2|\mathbf{b}|^2(1 - \cos^2\theta) \\ &= |\mathbf{a}|^2|\mathbf{b}|^2\sin^2\theta\end{aligned}$$

$0 \leq \theta \leq \pi$일 때 $\sin\theta \geq 0$이므로 $\sqrt{\sin^2\theta} = \sin\theta$이다. 따라서

$$|\mathbf{a} \times \mathbf{b}| = |\mathbf{a}||\mathbf{b}|\sin\theta$$

를 얻는다. ■

> **10 따름정리** 영이 아닌 두 벡터 **a**와 **b**가 평행일 필요충분조건은
>
> $$\mathbf{a} \times \mathbf{b} = \mathbf{0}$$
>
> 이다.

증명 영이 아닌 두 벡터 **a**와 **b**가 평행일 필요충분조건은 $\theta = 0$ 또는 π이다. 이때 어느 경우에나 $\sin\theta = 0$이므로 $|\mathbf{a} \times \mathbf{b}| = 0$이다. 따라서 $\mathbf{a} \times \mathbf{b} = \mathbf{0}$이다. ■

$\mathbf{a} \times \mathbf{b}$의 기하학적 특징

벡터는 그 크기와 방향에 의하여 결정되므로, $\mathbf{a} \times \mathbf{b}$는 오른손 법칙에 의하여 결정되는 방향에 따라 **a**와 **b** 모두에 수직이고, 크기는 $|\mathbf{a}||\mathbf{b}|\sin\theta$인 벡터이다. 사실, 이것이 바로 물리학자가 $\mathbf{a} \times \mathbf{b}$를 정의하는 방식이다.

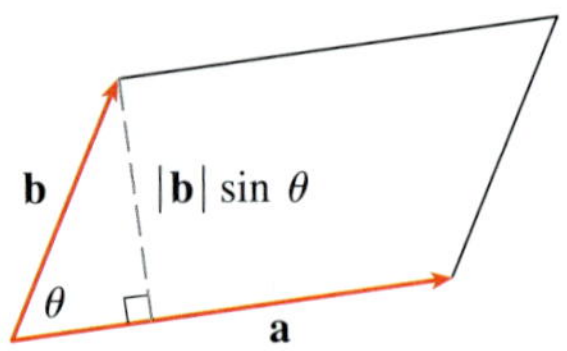

그림 2

정리 9의 기하학적인 설명은 그림 2를 살펴보면 알 수 있다. **a**와 **b**를 시작점이 같은 유향선분으로 나타낸다면, 이들은 밑변 $|\mathbf{a}|$, 높이 $|\mathbf{b}|\sin\theta$, 그리고 넓이

$$A = |\mathbf{a}|\left(|\mathbf{b}|\sin\theta\right) = |\mathbf{a} \times \mathbf{b}|$$

인 평행사변형이다. 따라서 벡터곱의 크기를 다음과 같이 설명할 수 있다.

> 벡터곱 $\mathbf{a} \times \mathbf{b}$의 크기는 **a**와 **b**에 의하여 결정되는 평행사변형의 넓이와 같다.

예제 3 세 점 $P(1, 4, 6)$, $Q(-2, 5, -1)$, $R(1, -1, 1)$을 지나는 평면에 수직인 벡터를 구하여라.

풀이 벡터 $\overrightarrow{PQ} \times \overrightarrow{PR}$은 두 벡터 $\overrightarrow{PQ}$와 $\overrightarrow{PR}$에 수직이므로 점 P, Q, R을 지나는 평면과 직교한다. 11.2절의 1에 의하여

$$\overrightarrow{PQ} = (-2 - 1)\mathbf{i} + (5 - 4)\mathbf{j} + (-1 - 6)\mathbf{k} = -3\mathbf{i} + \mathbf{j} - 7\mathbf{k}$$
$$\overrightarrow{PR} = (1 - 1)\mathbf{i} + (-1 - 4)\mathbf{j} + (1 - 6)\mathbf{k} = -5\mathbf{j} - 5\mathbf{k}$$

이다. 이들 벡터의 벡터곱을 구하면

$$\overrightarrow{PQ} \times \overrightarrow{PR} = \begin{vmatrix} \mathbf{i} & \mathbf{j} & \mathbf{k} \\ -3 & 1 & -7 \\ 0 & -5 & -5 \end{vmatrix}$$
$$= (-5 - 35)\mathbf{i} - (15 - 0)\mathbf{j} + (15 - 0)\mathbf{k} = -40\mathbf{i} - 15\mathbf{j} + 15\mathbf{k}$$

이다. 따라서 벡터 $\langle -40, -15, 15\rangle$는 평면과 수직이다. 이 벡터의 영이 아닌 스칼라배, 예를 들어 벡터 $\langle -8, -3, 3\rangle$ 또한 평면과 수직이다. ■

예제 4 꼭짓점이 $P(1, 4, 6)$, $Q(-2, 5, -1)$, $R(1, -1, 1)$인 삼각형의 넓이를 구하여라.

풀이 예제 3에서 구한 바와 같이 $\overrightarrow{PQ} \times \overrightarrow{PR} = \langle -40, -15, 15\rangle$이다. 선분 PQ와 PR을 이웃하는 변으로 하는 평행사변형의 넓이는 벡터곱 $\overrightarrow{PQ} \times \overrightarrow{PR}$의 크기와 같다. 즉

$$|\overrightarrow{PQ} \times \overrightarrow{PR}| = \sqrt{(-40)^2 + (-15)^2 + 15^2} = 5\sqrt{82}$$

삼각형 PQR의 넓이 A는 이 평행사변형의 넓이의 반이다. 따라서 $\frac{5}{2}\sqrt{82}$이다. ■

정리 **8**과 **9**를 표준기저벡터 **i**, **j**, **k**에 적용하고 $\theta = \pi/2$를 이용하면,

$$\mathbf{i} \times \mathbf{j} = \mathbf{k} \qquad \mathbf{j} \times \mathbf{k} = \mathbf{i} \qquad \mathbf{k} \times \mathbf{i} = \mathbf{j}$$
$$\mathbf{j} \times \mathbf{i} = -\mathbf{k} \qquad \mathbf{k} \times \mathbf{j} = -\mathbf{i} \qquad \mathbf{i} \times \mathbf{k} = -\mathbf{j}$$

를 얻는다.

$$\mathbf{i} \times \mathbf{j} \neq \mathbf{j} \times \mathbf{i}$$

임을 주목하여라.

따라서 벡터곱은 교환법칙이 성립하지 않는다. 또

$$\mathbf{i} \times (\mathbf{i} \times \mathbf{j}) = \mathbf{i} \times \mathbf{k} = -\mathbf{j}$$

이지만

$$(\mathbf{i} \times \mathbf{i}) \times \mathbf{j} = \mathbf{0} \times \mathbf{j} = \mathbf{0}$$

이므로 곱에 관한 결합법칙도 통상적으로 성립하는 것은 아니다. 즉, 일반적으로

$$(\mathbf{a} \times \mathbf{b}) \times \mathbf{c} \neq \mathbf{a} \times (\mathbf{b} \times \mathbf{c})$$

이다. 그러나 벡터곱에는 몇 가지 유용한 대수법칙이 성립한다. 다음 정리는 벡터곱의 성질을 요약한 것이다.

11 벡터곱의 성질 **a**, **b**, **c**가 벡터, c가 스칼라이면 다음과 같다.

1. $\mathbf{a} \times \mathbf{b} = -\mathbf{b} \times \mathbf{a}$
2. $(c\mathbf{a}) \times \mathbf{b} = c(\mathbf{a} \times \mathbf{b}) = \mathbf{a} \times (c\mathbf{b})$
3. $\mathbf{a} \times (\mathbf{b} + \mathbf{c}) = \mathbf{a} \times \mathbf{b} + \mathbf{a} \times \mathbf{c}$
4. $(\mathbf{a} + \mathbf{b}) \times \mathbf{c} = \mathbf{a} \times \mathbf{c} + \mathbf{b} \times \mathbf{c}$
5. $\mathbf{a} \cdot (\mathbf{b} \times \mathbf{c}) = (\mathbf{a} \times \mathbf{b}) \cdot \mathbf{c}$
6. $\mathbf{a} \times (\mathbf{b} \times \mathbf{c}) = (\mathbf{a} \cdot \mathbf{c})\mathbf{b} - (\mathbf{a} \cdot \mathbf{b})\mathbf{c}$

이 성질은 벡터들을 성분으로 나타내고, 벡터곱의 정의를 이용하면 증명할 수 있다. 여기에서는 성질 5를 증명하고, 나머지는 연습문제로 남긴다.

성질 5의 증명 $\mathbf{a} = \langle a_1, a_2, a_3\rangle$, $\mathbf{b} = \langle b_1, b_2, b_3\rangle$, $\mathbf{c} = \langle c_1, c_2, c_3\rangle$이면,

$$\boxed{12}\quad \mathbf{a}\cdot(\mathbf{b}\times\mathbf{c}) = a_1(b_2c_3 - b_3c_2) + a_2(b_3c_1 - b_1c_3) + a_3(b_1c_2 - b_2c_1)$$
$$= a_1b_2c_3 - a_1b_3c_2 + a_2b_3c_1 - a_2b_1c_3 + a_3b_1c_2 - a_3b_2c_1$$
$$= (a_2b_3 - a_3b_2)c_1 + (a_3b_1 - a_1b_3)c_2 + (a_1b_2 - a_2b_1)c_3$$
$$= (\mathbf{a}\times\mathbf{b})\cdot\mathbf{c}$$ ■

■ 삼중곱

성질 5에 나타나는 곱 $\mathbf{a}\cdot(\mathbf{b}\times\mathbf{c})$를 벡터 **a**, **b**, **c**의 **스칼라 삼중곱**(scalar triple product)이라 부른다. 식 [12]로부터 스칼라 삼중곱은 행렬식

$$\boxed{13}\qquad \mathbf{a}\cdot(\mathbf{b}\times\mathbf{c}) = \begin{vmatrix} a_1 & a_2 & a_3 \\ b_1 & b_2 & b_3 \\ c_1 & c_2 & c_3 \end{vmatrix}$$

로 쓸 수 있음을 유의하자.

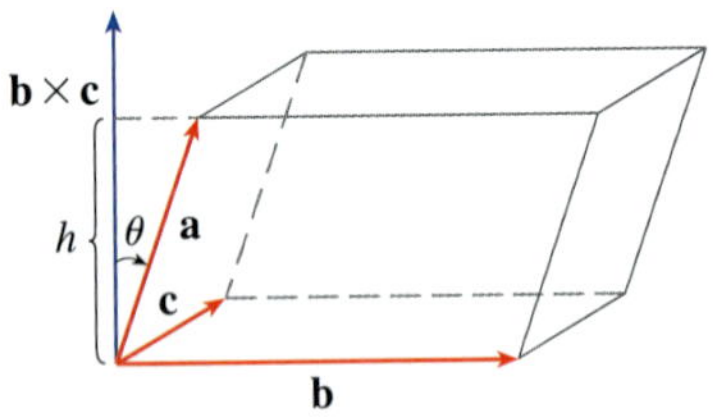

그림 3

스칼라 삼중곱의 기하학적 의미는 벡터 **a**, **b**, **c**에 의하여 결정되는 평행육면체를 생각함으로써 알 수 있다(그림 3 참조). 평행사변형인 밑면의 넓이는 $A = |\mathbf{b}\times\mathbf{c}|$이다. θ를 **a**와 $\mathbf{b}\times\mathbf{c}$ 사이의 각이라 하면 평행육면체의 높이는 $h = |\mathbf{a}||\cos\theta|$이다. ($\theta > \pi/2$인 경우에는 $\cos\theta$ 대신에 $|\cos\theta|$를 이용해야 한다.) 따라서 평행육면체의 부피는

$$V = Ah = |\mathbf{b}\times\mathbf{c}||\mathbf{a}||\cos\theta| = |\mathbf{a}\cdot(\mathbf{b}\times\mathbf{c})| \qquad \text{(11.3절의 정리 [3])}$$

이다. 이로부터 다음이 증명되었다.

> [14] 벡터 **a**, **b**, **c**에 의하여 결정되는 평행육면체의 부피는 이들의 스칼라 삼중곱의 크기이다.
>
> $$V = |\mathbf{a}\cdot(\mathbf{b}\times\mathbf{c})|$$

만일 벡터 **a**, **b**, **c**로 생성된 평행육면체의 부피가 0이면 정의 [14]에 의하여 세 벡터 **a**, **b**, **c**는 **같은 평면 위에 있음**(coplanar)을 알 수 있다.

예제 5 스칼라 삼중곱을 이용하여, 세 벡터 $\mathbf{a} = \langle 1, 4, -7\rangle$, $\mathbf{b} = \langle 2, -1, 4\rangle$, $\mathbf{c} = \langle 0, -9, 18\rangle$이 같은 평면 위에 놓여 있음을 보여라.

풀이 스칼라 삼중곱을 계산하기 위하여 식 [13]을 이용한다.

$$\mathbf{a}\cdot(\mathbf{b}\times\mathbf{c}) = \begin{vmatrix} 1 & 4 & -7 \\ 2 & -1 & 4 \\ 0 & -9 & 18 \end{vmatrix}$$

$$= 1\begin{vmatrix} -1 & 4 \\ -9 & 18 \end{vmatrix} - 4\begin{vmatrix} 2 & 4 \\ 0 & 18 \end{vmatrix} - 7\begin{vmatrix} 2 & -1 \\ 0 & -9 \end{vmatrix}$$

$$= 1(18) - 4(36) - 7(-18) = 0$$

그러므로 [14]에 의하여, **a**, **b**, **c**에 의하여 결정되는 평행육면체의 부피는 0이다. 이것은

a, **b**, **c**가 같은 평면 위에 놓여 있음을 의미한다. ■

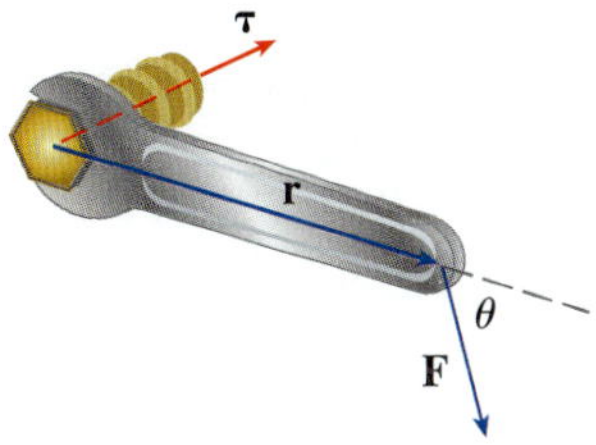

그림 4

성질 6의 곱 $\mathbf{a} \times (\mathbf{b} \times \mathbf{c})$를 **벡터 삼중곱**(vector triple product)이라 한다. 이 성질은 12장의 케플러의 천체운동 제1법칙에 사용된다.

■ 응용: 토크

벡터곱의 개념은 때때로 물리학에서 나타난다. 특히 위치벡터 **r**로 주어지는 점에서 강체의 한 점에 작용하는 힘 **F**를 생각해보자. (예를 들어 그림 4와 같이 렌치에 힘을 가하여 볼트를 조인다면 이는 돌리는 효과와 같다.) **토크**(torque, 회전력) $\boldsymbol{\tau}$(원점을 기준)는 위치벡터와 힘벡터의 벡터곱

$$\boldsymbol{\tau} = \mathbf{r} \times \mathbf{F}$$

로 정의되고, 원점을 중심으로 물체가 회전하는 정도를 나타낸다. 토크벡터의 방향은 회전축을 나타낸다. 정리 9에 따르면 토크벡터의 크기는 θ가 위치벡터와 힘벡터 사이의 각일 때

$$|\boldsymbol{\tau}| = |\mathbf{r} \times \mathbf{F}| = |\mathbf{r}||\mathbf{F}|\sin\theta$$

이다. 회전을 유발하는 **F**의 유일한 성분은 **r**과 수직인 것, 즉 $|\mathbf{F}|\sin\theta$임을 주목하여라. 토크의 크기는 **r**와 **F**에 의하여 결정되는 평행사변형의 넓이와 같다.

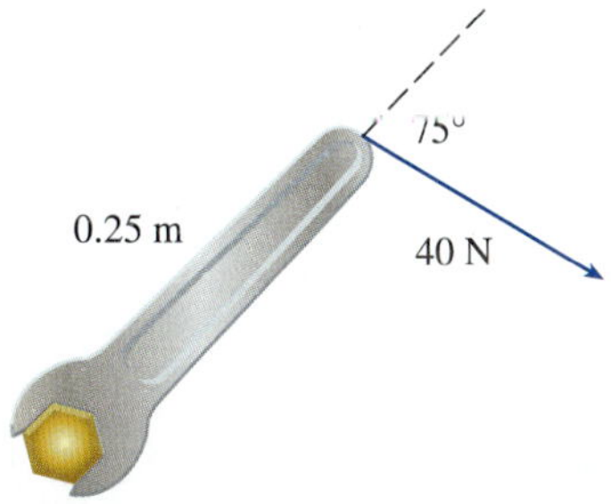

그림 5

예제 6 그림 5와 같이 0.25m 렌치에 40N의 힘을 가해 볼트를 조이고 있다. 볼트의 중심에 대한 토크의 크기를 구하여라.

풀이 토크벡터의 크기는

$$|\boldsymbol{\tau}| = |\mathbf{r} \times \mathbf{F}| = |\mathbf{r}||\mathbf{F}|\sin 75° = (0.25)(40)\sin 75°$$
$$= 10\sin 75° \approx 9.66\ \text{N}\cdot\text{m}$$

볼트가 오른 볼트이면, **n**을 지면의 뒤쪽을 향하는 방향의 단위벡터라 할 때 토크벡터 자체는

$$\boldsymbol{\tau} = |\boldsymbol{\tau}|\mathbf{n} \approx 9.66\,\mathbf{n}$$

이다. ■

11.4 연습문제

1-5 벡터곱 $\mathbf{a} \times \mathbf{b}$를 구하고 이 벡터가 **a**, **b**에 수직이 됨을 보여라.

1. $\mathbf{a} = \langle 2, 3, 0 \rangle, \quad \mathbf{b} = \langle 1, 0, 5 \rangle$

2. $\mathbf{a} = 2\mathbf{j} - 4\mathbf{k}, \quad \mathbf{b} = -\mathbf{i} + 3\mathbf{j} + \mathbf{k}$

3. $\mathbf{a} = \frac{1}{2}\mathbf{i} + \frac{1}{3}\mathbf{j} + \frac{1}{4}\mathbf{k}, \quad \mathbf{b} = \mathbf{i} + 2\mathbf{j} - 3\mathbf{k}$

4. $\mathbf{a} = t\,\mathbf{i} + \cos t\,\mathbf{j} + \sin t\,\mathbf{k}, \quad \mathbf{b} = \mathbf{i} - \sin t\,\mathbf{j} + \cos t\,\mathbf{k}$

5. $\mathbf{a} = \langle t^3, t^2, t \rangle, \quad \mathbf{b} = \langle t^2, 2t, 3t \rangle$

6. $\mathbf{a} = \mathbf{i} - 2\mathbf{k}$이고 $\mathbf{b} = \mathbf{j} + \mathbf{k}$일 때, $\mathbf{a} \times \mathbf{b}$를 구하여라. 원점을 시작점으로 하는 벡터 **a**, **b**, $\mathbf{a} \times \mathbf{b}$를 그려라.

7-8 행렬식이 아닌 벡터곱의 성질을 이용하여 아래 벡터를 구하여라.

7. $(\mathbf{i} \times \mathbf{j}) \times \mathbf{k}$ **8.** $(\mathbf{j} - \mathbf{k}) \times (\mathbf{k} - \mathbf{i})$

9. 다음의 표현이 의미가 있는지 밝혀라. 만일 의미가 없다면 이유를 설명하고, 의미가 있으면 벡터인지 스칼라인지 말하여라.
(a) $\mathbf{a} \cdot (\mathbf{b} \times \mathbf{c})$ (b) $\mathbf{a} \times (\mathbf{b} \cdot \mathbf{c})$
(c) $\mathbf{a} \times (\mathbf{b} \times \mathbf{c})$ (d) $\mathbf{a} \cdot (\mathbf{b} \cdot \mathbf{c})$
(e) $(\mathbf{a} \cdot \mathbf{b}) \times (\mathbf{c} \cdot \mathbf{d})$ (f) $(\mathbf{a} \times \mathbf{b}) \cdot (\mathbf{c} \times \mathbf{d})$

10-11 $|\mathbf{u} \times \mathbf{v}|$를 구하고 $\mathbf{u} \times \mathbf{v}$의 방향을 결정하여라.

10.
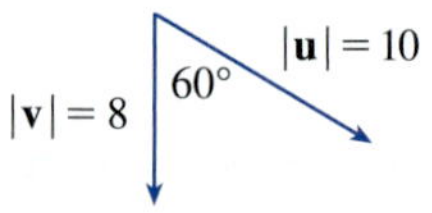

11.
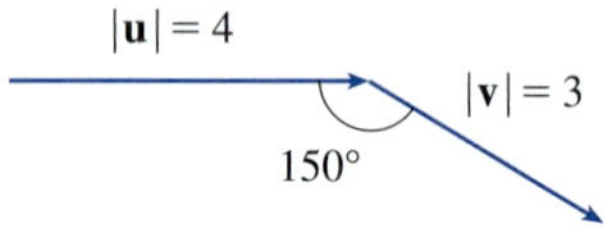

12. 다음 그림은 xy평면에 있는 벡터 $\mathbf{a}$와 방향벡터 $\mathbf{k}$에 놓여 있는 벡터 $\mathbf{b}$를 보여준다. 길이는 $|\mathbf{a}| = 3$이고, $|\mathbf{b}| = 2$이다.
(a) $|\mathbf{a} \times \mathbf{b}|$를 구하여라.
(b) 오른손 법칙을 이용하여 $\mathbf{a} \times \mathbf{b}$의 성분이 양수인지, 음수인지, 0인지 결정하여라.

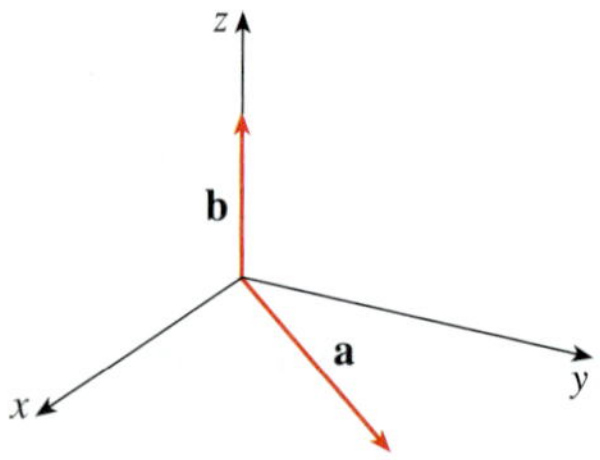

13. $\mathbf{a} = \langle 2, -1, 3 \rangle$, $\mathbf{b} = \langle 4, 2, 1 \rangle$일 때, $\mathbf{a} \times \mathbf{b}$와 $\mathbf{b} \times \mathbf{a}$를 구하여라.

14. $\langle 3, 2, 1 \rangle$과 $\langle -1, 1, 0 \rangle$에 모두 직교하는 두 단위벡터를 구하여라.

15. $\mathbf{j} - \mathbf{k}$와 $\mathbf{i} + \mathbf{j}$에 모두 직교하는 두 단위벡터를 구하여라.

16. V_3의 모든 벡터 $\mathbf{a}$, $\mathbf{b}$에 대해 $(\mathbf{a} \times \mathbf{b}) \cdot \mathbf{b} = 0$임을 보여라.

17-20 벡터곱의 성질을 증명하여라(정리 11).

17. 성질 1: $\mathbf{a} \times \mathbf{b} = -\mathbf{b} \times \mathbf{a}$

18. 성질 2: $(c\mathbf{a}) \times \mathbf{b} = c(\mathbf{a} \times \mathbf{b}) = \mathbf{a} \times (c\mathbf{b})$

19. 성질 3: $\mathbf{a} \times (\mathbf{b} + \mathbf{c}) = \mathbf{a} \times \mathbf{b} + \mathbf{a} \times \mathbf{c}$

20. 성질 4: $(\mathbf{a} + \mathbf{b}) \times \mathbf{c} = \mathbf{a} \times \mathbf{c} + \mathbf{b} \times \mathbf{c}$

21. 꼭짓점이 $A(-3, 0)$, $B(-1, 3)$, $C(5, 2)$, $D(3, -1)$인 평행사변형의 넓이를 구하여라.

22. 꼭짓점이 $P(1, 0, 2)$, $Q(3, 3, 3)$, $R(7, 5, 8)$, $S(5, 2, 7)$인 평행사변형의 넓이를 구하여라.

23-24 (a) 점 P, Q, R을 지나는 평면과 직교하는 벡터를 구하고, (b) 삼각형 PQR의 넓이를 구하여라.

23. $P(3, 1, 1)$, $Q(5, 2, 4)$, $R(8, 5, 3)$

24. $P(7, -2, 0)$, $Q(3, 1, 3)$, $R(4, -4, 2)$

25. 벡터 $\mathbf{a}$, $\mathbf{b}$, $\mathbf{c}$에 의해 만들어지는 평행육면체의 부피를 구하여라.

$$\mathbf{a} = \langle 1, 2, 3 \rangle, \quad \mathbf{b} = \langle -1, 1, 2 \rangle, \quad \mathbf{c} = \langle 2, 1, 4 \rangle$$

26. 세 변 PQ, PR, PS가 이웃하는 평행육면체의 부피를 구하여라.

$$P(-2, 1, 0), \quad Q(2, 3, 2), \quad R(1, 4, -1), \quad S(3, 6, 1)$$

27. 스칼라 삼중곱을 이용하여 벡터 $\mathbf{u} = \mathbf{i} + 5\mathbf{j} - 2\mathbf{k}$, $\mathbf{v} = 3\mathbf{i} - \mathbf{j}$, $\mathbf{w} = 5\mathbf{i} + 9\mathbf{j} - 4\mathbf{k}$가 같은 평면 위에 놓여 있음을 보여라.

28. 그림에서와 같이 자전거의 페달을 60N의 힘으로 밟는다. 페달의 축의 길이가 18cm일 때, P에 대한 토크의 크기를 구하여라.

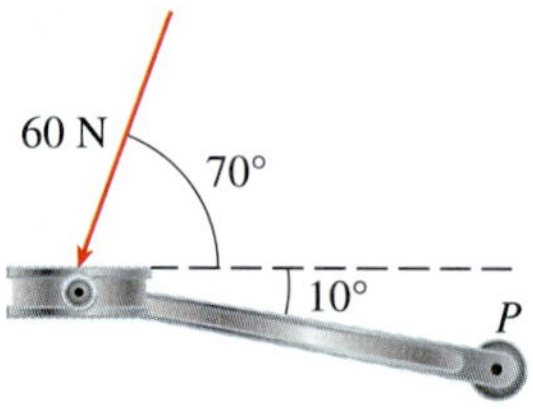

29. 30cm의 렌치가 양의 y축에 놓여 있으며 한쪽 끝이 원점에 있는 볼트를 물고 있다. 반대쪽 끝에 $\langle 0, 3, -4 \rangle$ 방향으로 힘을 가할 때 볼트에 100N · m의 토크를 전달하려면 얼마의 힘이 필요한가?

30. $\mathbf{a} \cdot \mathbf{b} = \sqrt{3}$이고 $\mathbf{a} \times \mathbf{b} = \langle 1, 2, 2 \rangle$일 때, $\mathbf{a}$, $\mathbf{b}$가 이루는 각의 크기를 구하여라.

31. **점에서 직선까지 거리** 점 P는 점 Q와 R을 지나는 직선 L 위에 있지 않다.
(a) 점 P에서 직선 L까지의 거리 d는

$$\mathbf{a} = \overrightarrow{QR},\ \mathbf{b} = \overrightarrow{QP}\text{일 때} \qquad d = \frac{|\mathbf{a} \times \mathbf{b}|}{|\mathbf{a}|}$$

임을 보여라.
(b) (a)의 공식을 이용하여, 점 $P(1, 1, 1)$에서 $Q(0, 6, 8)$과 $R(-1, 4, 7)$을 지나는 직선까지의 거리를 구하여라.

32. 점에서 평면까지 거리 P를 세 점 Q, R, S가 지나는 평면 위에 있지 않는 점이라 하자.

(a) P에서 평면까지의 거리 d는 다음과 같음을 보여라.

$$\mathbf{a} = \overrightarrow{QR},\ \mathbf{b} = \overrightarrow{QS},\ \mathbf{c} = \overrightarrow{QP}\text{일 때,} \qquad d = \frac{|\mathbf{a} \cdot (\mathbf{b} \times \mathbf{c})|}{|\mathbf{a} \times \mathbf{b}|}$$

(b) (a)의 식을 이용하여 점 $P(2, 1, 4)$에서 세 점 $Q(1, 0, 0)$, $R(0, 2, 0)$, $S(0, 0, 3)$을 지나는 평면까지의 거리를 구하여라.

33. $\mathbf{a} \neq \mathbf{0}$일 때

(a) $\mathbf{a} \cdot \mathbf{b} = \mathbf{a} \cdot \mathbf{c}$이면 $\mathbf{b} = \mathbf{c}$인가?

(b) $\mathbf{a} \times \mathbf{b} = \mathbf{a} \times \mathbf{c}$이면 $\mathbf{b} = \mathbf{c}$인가?

(c) $\mathbf{a} \cdot \mathbf{b} = \mathbf{a} \cdot \mathbf{c}$이고 $\mathbf{a} \times \mathbf{b} = \mathbf{a} \times \mathbf{c}$이면 $\mathbf{b} = \mathbf{c}$인가?

발견프로젝트 | 사면체 기하

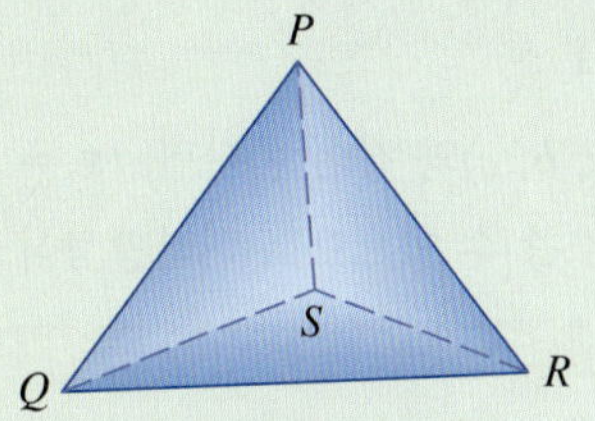

그림에서 보는 것과 같이 사면체는 네 꼭짓점 P, Q, R, S와 네 삼각형으로 이루어진 입체이다.

1. $\mathbf{v}_1, \mathbf{v}_2, \mathbf{v}_3, \mathbf{v}_4$는 각각 꼭짓점 P, Q, R, S와 마주보는 면의 넓이와 같은 길이를 가지고 각 면에 수직이며 바깥쪽을 가리키는 벡터라 하자. 다음을 보여라.

$$\mathbf{v}_1 + \mathbf{v}_2 + \mathbf{v}_3 + \mathbf{v}_4 = \mathbf{0}$$

2. 사면체의 부피 V는 꼭짓점에서 마주보는 밑면까지의 거리의 1/3과 밑면의 넓이의 곱이다.

(a) 사면체의 부피에 대한 식을 꼭짓점 P, Q, R, S의 좌표로 나타내어라.

(b) 꼭짓점이 $P(1, 1, 1)$, $Q(1, 2, 3)$, $R(1, 1, 2)$, $S(3, -1, 2)$일 때, 사면체의 부피를 구하여라.

3. 그림의 사면체가 세 직각 꼭짓점 S를 가진다(이것은 S에서 세 각이 모두 직각임을 뜻한다). A, B, C를 S를 이루는 세 면의 넓이라 하고, D를 마주보는 면 PQR의 넓이라 하자. 문제 1의 결과를 이용하여 다음을 보여라.

$$D^2 = A^2 + B^2 + C^2$$

(이것은 피타고라스 정리의 삼차원 버전이다.)

11.5 직선과 평면의 방정식

■ 직선

xy평면에서 직선은 직선 위의 한 점과 직선의 방향(그 기울기 또는 경사각)이 주어지면 결정된다. 이 경우 직선의 식은 점-기울기 형을 사용하여 구할 수 있다.

마찬가지로, 삼차원 공간의 직선 L은 L 위의 한 점 $P_0(x_0, y_0, z_0)$와 L의 방향을 알 때 결정된다. $P(x, y, z)$를 L 위의 임의의 점이라 하고 $\mathbf{r}_0$와 $\mathbf{r}$을 P_0와 P의 위치벡터라 하자(즉, $\mathbf{r}_0$와 $\mathbf{r}$은 $\overrightarrow{OP_0}$와 $\overrightarrow{OP}$를 나타낸다). 그림 1에서와 같이 $\mathbf{a}$를 그 표현이 $\overrightarrow{P_0P}$인 벡터라 하면, 벡터의 합에 관한 삼각형 법칙으로부터 $\mathbf{r} = \mathbf{r}_0 + \mathbf{a}$를 얻는다.

$\mathbf{a}$와 $\mathbf{v}$가 평행하므로 $\mathbf{a} = t\mathbf{v}$를 만족하는 스칼라 t가 존재한다. 따라서 L의 **벡터방정식**(vector equation)은

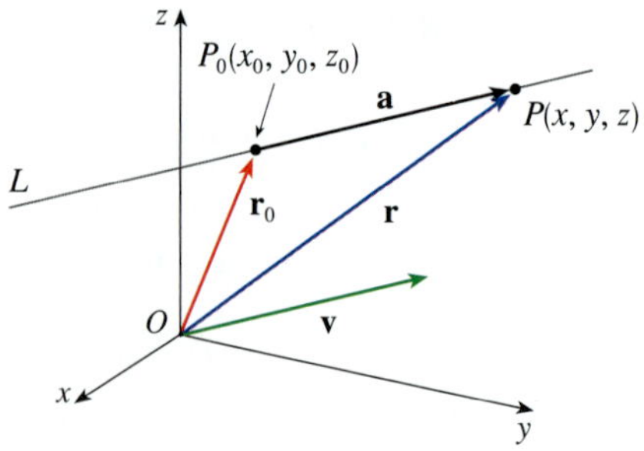

그림 1

$$\boxed{1} \qquad \mathbf{r} = \mathbf{r}_0 + t\mathbf{v}$$

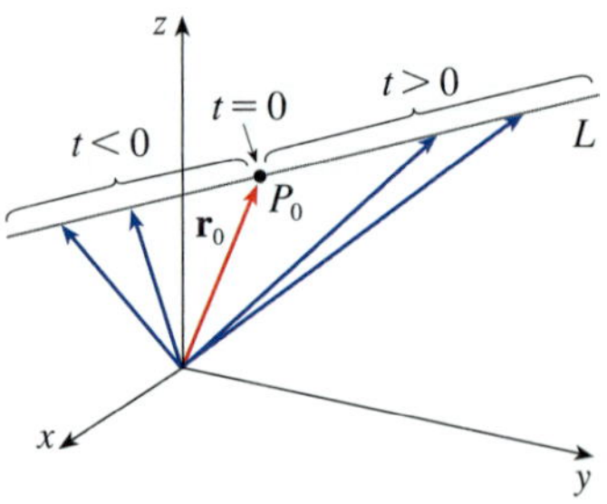

그림 2

이다. **매개변수**(parameter) t의 값에 따라 직선 L 위의 점의 위치벡터 $\mathbf{r}$이 정해진다. 그림 2에서와 같이 t의 양수값에는 P_0의 한쪽에 놓여 있는 L의 점들이 대응되지만, t의 음수 값에는 P_0의 다른 한편에 놓여 있는 L의 점들이 대응된다.

L의 방향을 정해주는 벡터 $\mathbf{v}$를 성분을 이용하여 $\mathbf{v} = \langle a, b, c\rangle$와 같이 쓴다면, $t\mathbf{v} = \langle ta, tb, tc\rangle$를 얻는다. 또 $\mathbf{r} = \langle x, y, z\rangle$와 $\mathbf{r}_0 = \langle x_0, y_0, z_0\rangle$로 쓸 수 있으므로 벡터방정식 1은

$$\langle x, y, z\rangle = \langle x_0 + ta, y_0 + tb, z_0 + tc\rangle$$

가 된다. 두 벡터가 같을 필요충분조건은 대응하는 성분이 같은 것이다. 그러므로 $t \in \mathbb{R}$일 때 세 방정식

$$x = x_0 + at \qquad y = y_0 + bt \qquad z = z_0 + ct$$

를 얻는다. 이들 방정식을 점 $P_0(x_0, y_0, z_0)$를 지나고, 벡터 $\mathbf{v} = \langle a, b, c\rangle$에 평행인 직선 L의 **매개방정식**(parametric equations)이라 부른다. 매개변수 t의 각 값은 L의 점 (x, y, z)를 정해준다.

2 점 (x_0, y_0, z_0)을 지나고 방향벡터 $\langle a, b, c\rangle$에 평행인 직선의 매개방정식은

$$x = x_0 + at \qquad y = y_0 + bt \qquad z = z_0 + ct$$

이다.

그림 3에서는 예제 1의 직선을 보여주며, 주어진 점과 직선의 방향을 제시해주는 벡터와의 관계를 보여주고 있다.

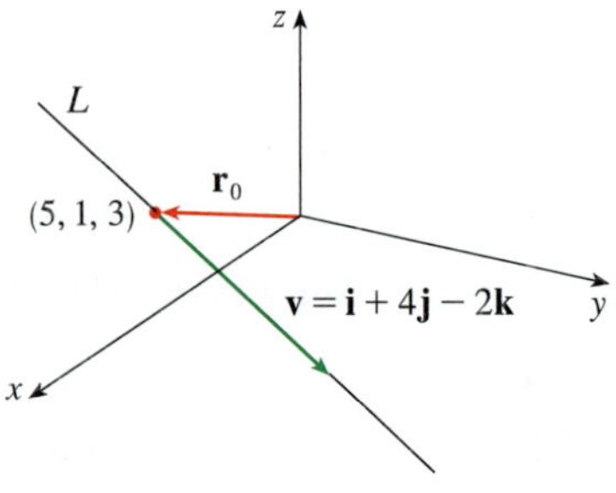

그림 3

예제 1

(a) 점 (5, 1, 3)을 지나고 벡터 $\mathbf{i} + 4\mathbf{j} - 2\mathbf{k}$에 평행인 직선의 벡터방정식과 매개방정식을 구하여라.

(b) 직선 위의 다른 두 점을 구하여라.

풀이

(a) $\mathbf{r}_0 = \langle 5, 1, 3\rangle = 5\mathbf{i} + \mathbf{j} + 3\mathbf{k}$이고, $\mathbf{v} = \mathbf{i} + 4\mathbf{j} - 2\mathbf{k}$이므로 벡터방정식 1은

$$\mathbf{r} = (5\mathbf{i} + \mathbf{j} + 3\mathbf{k}) + t(\mathbf{i} + 4\mathbf{j} - 2\mathbf{k})$$

$$\mathbf{r} = (5 + t)\mathbf{i} + (1 + 4t)\mathbf{j} + (3 - 2t)\mathbf{k}$$

이다. 매개방정식은

$$x = 5 + t \qquad y = 1 + 4t \qquad z = 3 - 2t$$

이다.

(b) 매개변수의 값을 $t = 1$로 택하면 $x = 6$, $y = 5$, $z = 1$이므로 (6, 5, 1)이 직선 위에 대응하는 점이다. 마찬가지로 $t = -1$로부터 점 (4, −3, 5)를 얻는다. ■

직선의 벡터방정식과 매개방정식은 유일한 것은 아니다. 점이나 매개변수를 바꾸거나 평행인 다른 벡터를 택하면 방정식은 달라진다. 예를 들어 예제 1에서 (5, 1, 3) 대신에 점 (6, 5, 1)을 택하면 직선의 매개방정식은

$$x = 6 + t \qquad y = 5 + 4t \qquad z = 1 - 2t$$

가 된다. 또 점 (5, 1, 3)을 그대로 두는 대신에 평행인 벡터 $2\mathbf{i} + 8\mathbf{j} - 4\mathbf{k}$를 택하면, 방정식은

$$x = 5 + 2t \qquad y = 1 + 8t \qquad z = 3 - 4t$$

가 된다.

일반적으로, 벡터 $\mathbf{v} = \langle a, b, c \rangle$가 직선 L의 방향을 묘사하는 데 이용될 때, 수 a, b, c를 L의 **방향수**(direction numbers)라 부른다. $\mathbf{v}$와 평행인 벡터는 어느 것이나 이용될 수 있으므로, a, b, c와 비례하는 세 수도 L의 방향수로 이용될 수 있음을 알 수 있다.

직선 L을 묘사하는 다른 방법은 방정식 **2**에서 매개변수 t를 소거하는 것이다. a, b, c 중 어느 것도 0이 아니면 각 방정식을 t에 관하여 풀 수 있으므로, 결과를 같게 놓으면

$$t = \frac{x - x_0}{a} \qquad t = \frac{y - y_0}{b} \qquad t = \frac{z - z_0}{c}$$

를 얻는다.

3

$$\frac{x - x_0}{a} = \frac{y - y_0}{b} = \frac{z - z_0}{c}$$

이 방정식을 L의 **대칭방정식**(symmetric equations)이라 부른다. 방정식 **3**의 분모에 나타난 수 a, b, c가 L의 방향수(즉, L과 평행인 벡터의 성분)임을 주목하여라. a, b, c 중의 어느 하나가 0인 경우에도 역시 t를 소거할 수 있다. 예를 들면 $a = 0$일 때 L의 방정식은

$$x = x_0 \qquad \frac{y - y_0}{b} = \frac{z - z_0}{c}$$

와 같이 쓸 수 있다. 이것은 L이 수직평면 $x = x_0$ 위에 놓여 있음을 의미한다.

예제 2

(a) 점 $A(2, 4, -3)$과 $B(3, -1, 1)$을 지나는 직선의 매개방정식과 대칭방정식을 구하여라.

그림 4에서는 예제 2의 직선과 이 직선이 xy평면과 만나는 점을 보여주고 있다.

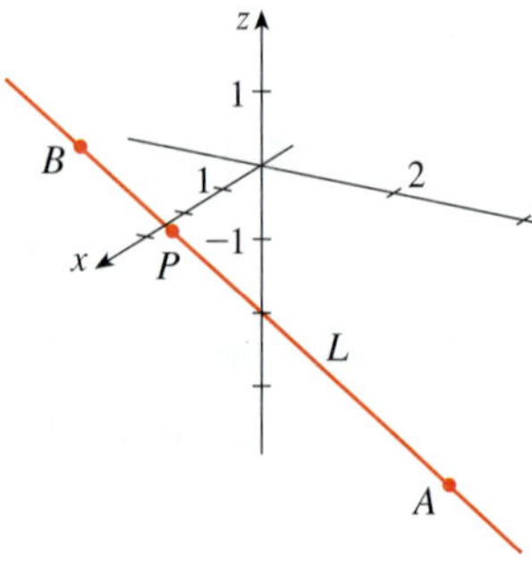

그림 4

(b) 이 직선은 어느 점에서 xy평면과 만나는가?

풀이

(a) 직선과 평행인 벡터가 바로 주어져 있지는 않지만, $\overrightarrow{AB}$로 표현되는 벡터 $\mathbf{v}$가 직선과 평행임을 알 수 있고,

$$\mathbf{v} = \langle 3 - 2, -1 - 4, 1 - (-3) \rangle = \langle 1, -5, 4 \rangle$$

이다. 따라서 방향수는 $a = 1$, $b = -5$, $c = 4$이다. 점 $(2, 4, -3)$을 P_0로 두면, 매개방정식 **2**는

$$x = 2 + t \qquad y = 4 - 5t \qquad z = -3 + 4t$$

이고, 대칭방정식 **3**은

$$\frac{x - 2}{1} = \frac{y - 4}{-5} = \frac{z + 3}{4}$$

임을 알 수 있다.

(b) $z = 0$일 때 직선은 xy평면과 만난다. 매개방정식 $z = -3 + 4t = 0$으로부터 $t = \frac{3}{4}$을 얻는다. t의 값을 이용하면 $x = 2 + \frac{3}{4} = \frac{11}{4}$과 $y = 4 - 5\left(\frac{3}{4}\right) = \frac{1}{4}$을 얻는다. 그래서 직선은 점 $\left(\frac{11}{4}, \frac{1}{4}, 0\right)$에서 xy평면과 만난다.

다른 방법으로는 대칭방정식에서 $z = 0$으로 놓으면

$$\frac{x - 2}{1} = \frac{y - 4}{-5} = \frac{3}{4}$$

을 얻는다. 이로부터 다시 $x = \frac{11}{4}$과 $y = \frac{1}{4}$을 얻는다. ■

예제 2에서와 같이, 일반적으로 점 $P_0(x_0, y_0, z_0)$와 $P_1(x_1, y_1, z_1)$을 지나는 직선의 방향수는 $x_1 - x_0$, $y_1 - y_0$, $z_1 - z_0$이고, 따라서 L의 대칭방정식은

$$\frac{x - x_0}{x_1 - x_0} = \frac{y - y_0}{y_1 - y_0} = \frac{z - z_0}{z_1 - z_0}$$

이다.

직선 전체가 아닌 직선의 일부분인 선분에 대한 설명해보자. 예를 들어 예제 2의 선분 AB를 어떻게 설명할 수 있을까? 예제 2의 매개방정식에 $t = 0$을 대입하면 점 $(2, 4, -3)$을 얻고 $t = 1$을 대입하면 점 $(3, -1, 1)$을 얻는다. 따라서 선분 AB는 매개방정식

$$x = 2 + t \qquad y = 4 - 5t \qquad z = -3 + 4t \qquad 0 \leqslant t \leqslant 1$$

로 표현되거나, 벡터방정식

$$\mathbf{r}(t) = \langle 2 + t, 4 - 5t, -3 + 4t \rangle \qquad 0 \leqslant t \leqslant 1$$

로 표현된다.

방정식 **1**을 통하여 알 수 있듯이, 일반적으로 벡터 $\mathbf{r}_0$의 끝점을 지나고 방향이 벡터 $\mathbf{v}$인 직선의 방정식은 $\mathbf{r} = \mathbf{r}_0 + t\mathbf{v}$이다. 만일 직선이 벡터 $\mathbf{r}_1$의 끝점도 지나면 직선의

방향은 $\mathbf{v} = \mathbf{r}_1 - \mathbf{r}_0$이고, 벡터방정식은

$$\mathbf{r} = \mathbf{r}_0 + t(\mathbf{r}_1 - \mathbf{r}_0) = (1 - t)\mathbf{r}_0 + t\mathbf{r}_1$$

이다. $\mathbf{r}_0$에서 $\mathbf{r}_1$까지의 선분은 크기가 $0 \leqslant t \leqslant 1$인 매개변수 t를 이용하여 표현된다.

4 $\mathbf{r}_0$에서 $\mathbf{r}_1$까지의 선분의 벡터방정식은

$$\mathbf{r}(t) = (1 - t)\mathbf{r}_0 + t\mathbf{r}_1 \qquad 0 \leqslant t \leqslant 1$$

이다.

예제 3의 직선 L_1과 L_2는 그림 5와 같이 서로 꼬인 직선이다.

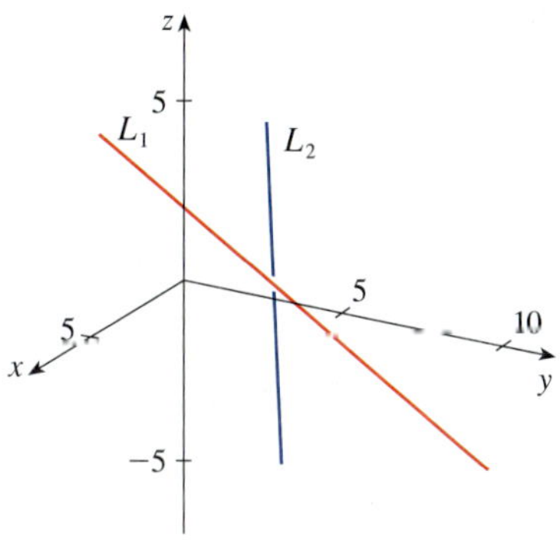

그림 5

예제 3 매개방정식이

$$L_1: \quad x = 1 + t \qquad y = -2 + 3t \qquad z = 4 - t$$
$$L_2: \quad x = 2s \qquad y = 3 + s \qquad z = -3 + 4s$$

인 직선 L_1과 L_2는 서로 **꼬인 직선**, 즉 두 직선은 만나지도 평행하지도 않는 직선이고, 따라서 같은 평면에 있지 않는 직선임을 보여라.

풀이 두 직선은 대응되는 벡터 $\langle 1, 3, -1\rangle$과 $\langle 2, 1, 4\rangle$가 평행하지 않기 때문에 평행이 아니다(각 성분이 비례하지 않는다). L_1과 L_2가 교점을 가진다면, t와 s의 값이 존재하여

$$\begin{aligned} 1 + t &= 2s \\ -2 + 3t &= 3 + s \\ 4 - t &= -3 + 4s \end{aligned}$$

를 만족해야 한다. 그러나 위의 첫째와 둘째 방정식을 풀면 $t = \frac{11}{5}$과 $s = \frac{8}{5}$을 얻게 되는데, 이 값들은 셋째 방정식을 만족하지 않는다. 따라서 세 방정식을 만족하는 t와 s의 값은 없다. 즉 L_1과 L_2는 만나지 않는다. 그러므로 L_1과 L_2는 서로 꼬인 직선이다. ■

■ 평면

비록 공간에 있는 직선이 점과 방향에 의하여 결정된다 하더라도 공간에 있는 평면은 설명하기가 조금 더 힘들다. 평면에 평행인 한 벡터는 평면의 방향을 나타내기에는 불충분하다. 그러나 평면에 수직인 벡터는 평면의 방향을 완벽하게 나타낸다. 따라서 공간에서 평면은 평면 위의 한 점 $P_0(x_0, y_0, z_0)$와 이 평면에 수직인 벡터 $\mathbf{n}$에 의하여 결정된다. 이때 벡터 $\mathbf{n}$을 평면의 **법선벡터**(normal vector)라 부른다. $P(x, y, z)$를 평면 위의 임의의 점이라 하고, $\mathbf{r}_0$와 $\mathbf{r}$을 P_0와 P의 위치벡터라 하면 벡터 $\mathbf{r} - \mathbf{r}_0$는 $\overrightarrow{P_0P}$로 표현된다(그림 6 참조). 법선벡터 $\mathbf{n}$은 주어진 평면 위의 모든 벡터와 수직이다. 특히 $\mathbf{n}$은 $\mathbf{r} - \mathbf{r}_0$와 수직이므로,

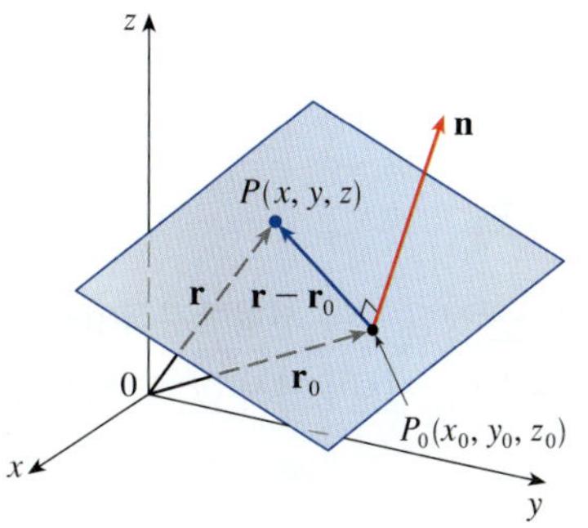

그림 6

5 $$\mathbf{n} \cdot (\mathbf{r} - \mathbf{r}_0) = 0$$

을 얻게 되는데, 이것은

6 $$\mathbf{n}\cdot\mathbf{r}=\mathbf{n}\cdot\mathbf{r}_0$$

와 같이 고쳐 쓸 수 있다. 방정식 **5** 또는 **6**을 **평면의 벡터방정식**이라 부른다.

평면에 대한 스칼라방정식을 얻기 위하여, $\mathbf{n}=\langle a, b, c\rangle$, $\mathbf{r}=\langle x, y, z\rangle$, $\mathbf{r}_0=\langle x_0, y_0, z_0\rangle$라 하면, 벡터방정식 **5**는 다음과 같다.

$$\langle a, b, c\rangle\cdot\langle x-x_0, y-y_0, z-z_0\rangle=0$$

이 방정식의 좌변을 전개하면 다음과 같다.

7 법선벡터가 $\mathbf{n}=\langle a, b, c\rangle$이고 점 $P_0(x_0, y_0, z_0)$를 지나는 **평면의 스칼라방정식**은

$$a(x-x_0)+b(y-y_0)+c(z-z_0)=0$$

이다.

예제 4 점 $(2, 4, -1)$을 지나고 법선벡터가 $\mathbf{n}=\langle 2, 3, 4\rangle$인 평면의 방정식을 구하여라. 이 평면이 좌표축과 만나는 점을 구하고, 개형을 그려라.

풀이 방정식 **7**에서 $a=2$, $b=3$, $c=4$, $x_0=2$, $y_0=4$, $z_0=-1$이라 두면, 평면의 방정식은

$$2(x-2)+3(y-4)+4(z+1)=0$$

즉

$$2x+3y+4z=12$$

이다. x축과의 교점의 x절편을 구하기 위하여 이 방정식에서 $y=z=0$이라 놓으면 $x=6$을 얻는다. 마찬가지로 y축과의 교점의 y절편은 4, z축과의 교점의 z절편은 3이다. 이것으로 이 평면의 제1팔분공간에 놓여 있는 부분을 그릴 수 있다(그림 7 참조). ■

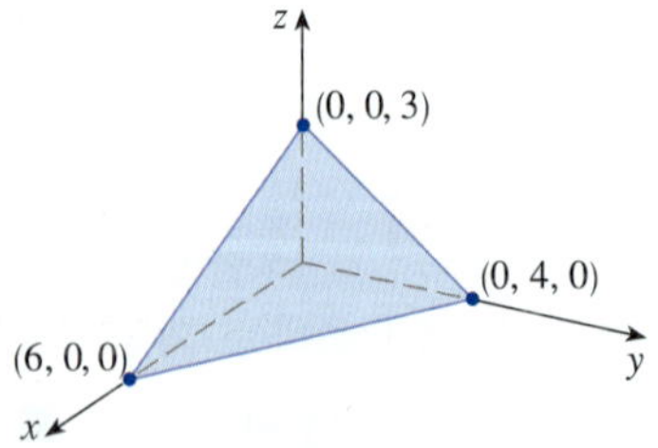

그림 7

예제 4에서 한 것과 같이, 방정식 **7**의 항을 묶으면, 평면의 방정식은 $d=-(ax_0+by_0+cz_0)$일 때

8 $$ax+by+cz+d=0$$

과 같이 고쳐 쓸 수 있다. 방정식 **8**을 x, y, z에 관한 1차방정식 또는 **선형방정식**(linear equation)이라 부른다. 역으로 a, b, c가 모두는 0이 아닐 때, 선형방정식 **8**은 법선벡터가 $\langle a, b, c\rangle$인 평면을 나타낸다.

그림 8은 $\triangle PQR$로 둘러싸인 예제 5의 평면의 일부분이다.

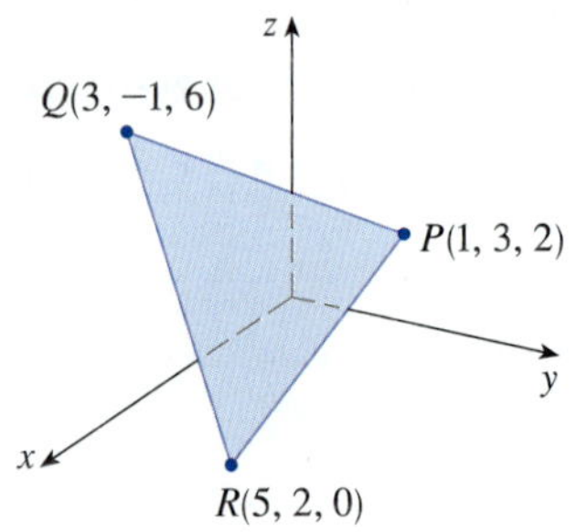

그림 8

예제 5 점 $P(1, 3, 2)$, $Q(3, -1, 6)$, $R(5, 2, 0)$을 지나는 평면의 방정식을 구하여라.

풀이 $\overrightarrow{PQ}$와 $\overrightarrow{PR}$에 대응되는 벡터 $\mathbf{a}$와 $\mathbf{b}$는

$$\mathbf{a}=\langle 2, -4, 4\rangle \qquad \mathbf{b}=\langle 4, -1, -2\rangle$$

이다. $\mathbf{a}$와 $\mathbf{b}$ 모두 구하는 평면에 놓여 있기 때문에, 벡터곱 $\mathbf{a}\times\mathbf{b}$를 법선벡터로 택할

수 있다. 즉

$$\mathbf{n} = \mathbf{a} \times \mathbf{b} = \begin{vmatrix} \mathbf{i} & \mathbf{j} & \mathbf{k} \\ 2 & -4 & 4 \\ 4 & -1 & -2 \end{vmatrix} = 12\mathbf{i} + 20\mathbf{j} + 14\mathbf{k}$$

점 $P(1, 3, 2)$와 법선벡터 $\mathbf{n}$에 대한 평면의 방정식은 다음과 같다.

$$12(x-1) + 20(y-3) + 14(z-2) = 0$$

즉

$$6x + 10y + 7z = 50$$

■

예제 6 매개방정식 $x = 2 + 3t$, $y = -4t$, $z = 5 + t$로 주어지는 직선이 평면 $4x + 5y - 2z = 18$과 만나는 점을 구하여라.

풀이 매개방정식에서 x, y, z에 대한 표현을 평면의 방정식에 대입하면,

$$4(2+3t) + 5(-4t) - 2(5+t) = 18$$

이것을 간단히 하면 $-10t = 20$이므로 $t = -2$이다. 따라서 만나는 점은 매개변수의 값이 $t = -2$일 때 생긴다. $x = 2 + 3(-2) = -4$, $y = -4(-2) = 8$, $z = 5 - 2 = 3$이므로 만나는 점은 $(-4, 8, 3)$이다. ■

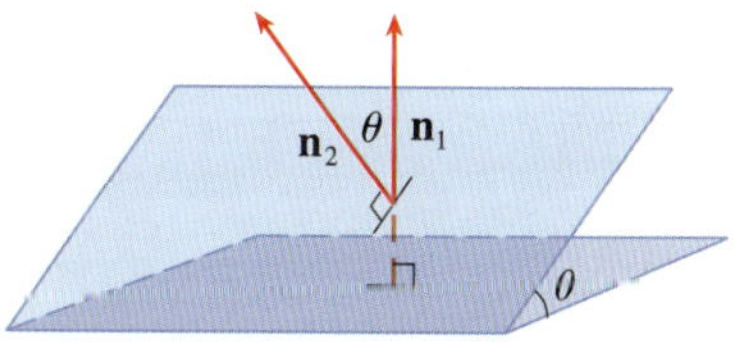

그림 9

두 평면은 법선벡터가 평행일 때 **평행**(parallel)이다. 예를 들면 평면 $x + 2y - 3z = 4$와 $2x + 4y - 6z = 3$은 법선벡터가 $\mathbf{n}_1 = \langle 1, 2, -3 \rangle$과 $\mathbf{n}_2 = \langle 2, 4, -6 \rangle$이고 $\mathbf{n}_2 = 2\mathbf{n}_1$이므로 평행이다. 두 평면이 평행이 아니면 한 직선에서 만나고, 두 평면 사이의 각은 법선벡터 사이의 예각으로 정의된다(각 θ는 그림 9 참조).

예제 7

그림 10은 예제 7의 두 평면과 교선을 보여준다.

(a) 두 평면 $x + y + z = 1$과 $x - 2y + 3z = 1$ 사이의 각을 구하여라.

(b) 두 평면의 교선 L에 대한 대칭방정식을 구하여라.

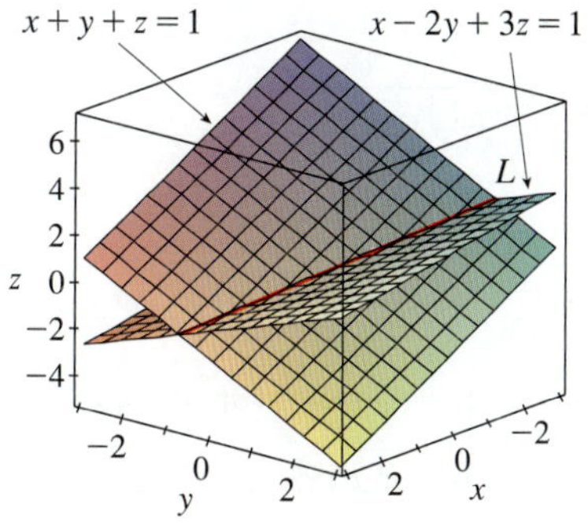

그림 10

풀이

(a) 두 평면의 법선벡터는

$$\mathbf{n}_1 = \langle 1, 1, 1 \rangle \qquad \mathbf{n}_2 = \langle 1, -2, 3 \rangle$$

이고, 평면 사이의 각을 θ라 하면, 11.3절의 따름정리 6으로부터 다음을 얻는다.

$$\cos\theta = \frac{\mathbf{n}_1 \cdot \mathbf{n}_2}{|\mathbf{n}_1||\mathbf{n}_2|} = \frac{1(1) + 1(-2) + 1(3)}{\sqrt{1+1+1}\sqrt{1+4+9}} = \frac{2}{\sqrt{42}}$$

$$\theta = \cos^{-1}\left(\frac{2}{\sqrt{42}}\right) \approx 72^\circ$$

(b) 먼저 L 위의 점을 구하는 것이 필요하다. 예를 들면, 두 평면의 방정식에서 $z = 0$이라 놓음으로써 직선이 xy평면과 만나는 점을 구할 수 있다. 이로부터 방정식 $x + y = 1$과 $x - 2y = 1$을 얻고, 해는 $x = 1$, $y = 0$이다. 따라서 점 $(1, 0, 0)$은 L 위에 있다.

이제 L이 두 평면 위에 있으므로, L은 두 평면의 법선벡터에 모두 수직임을 주목하

자. 따라서 L에 평행인 벡터 $\mathbf{v}$는 벡터곱

$$\mathbf{v} = \mathbf{n}_1 \times \mathbf{n}_2 = \begin{vmatrix} \mathbf{i} & \mathbf{j} & \mathbf{k} \\ 1 & 1 & 1 \\ 1 & -2 & 3 \end{vmatrix} = 5\mathbf{i} - 2\mathbf{j} - 3\mathbf{k}$$

교선을 구하는 다른 방법은 평면의 방정식의 한 변수를 매개변수로 생각하여 나머지 두 변수를 매개변수로 나타내어 푸는 것이다.

로 주어지므로, L의 대칭방정식은

$$\frac{x-1}{5} = \frac{y}{-2} = \frac{z}{-3}$$

와 같이 쓸 수 있다. ■

NOTE x, y, z에 관한 선형방정식은 평면을 나타내고, 평행하지 않은 두 평면은 한 직선에서 만난다는 사실로부터 두 선형방정식은 하나의 직선을 나타낼 수 있다는 것을 알 수 있다. $a_1x + b_1y + c_1z + d_1 = 0$과 $a_2x + b_2y + c_2z + d_2 = 0$ 모두를 만족하는 점 (x, y, z)는 두 평면 위에 모두 놓여 있으므로, 한 쌍의 선형방정식은 평면(평행하지 않은 경우에)의 교선을 나타낸다. 예를 들면, 예제 7에서 직선 L은 평면 $x + y + z = 1$과 $x - 2y + 3z = 1$의 교선으로 주어졌다. L에 대하여 구한 대칭방정식은 다시 한 쌍의 선형방정식

$$\frac{x-1}{5} = \frac{y}{-2} \text{와} \qquad \frac{y}{-2} = \frac{z}{-3}$$

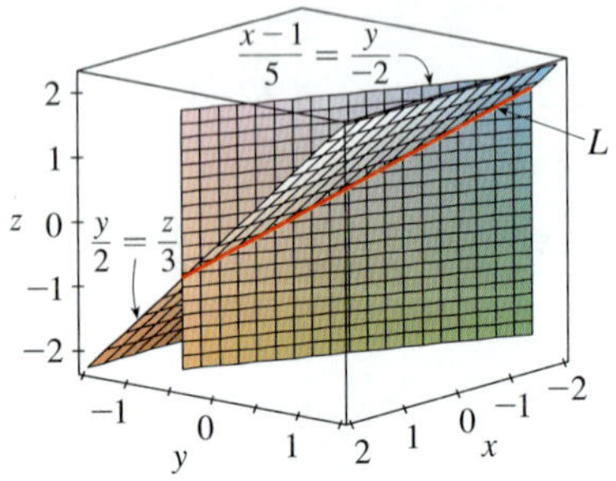

그림 11

그림 11은 예제 7의 직선 L을 대칭방정식으로 얻는 평면들의 교선으로 생각할 수 있음을 보여준다.

로 쓸 수 있다. 이것은 L이 두 평면 $(x - 1)/5 = y/(-2)$와 $y/(-2) = z/(-3)$의 교선임을 의미한다(그림 11 참조).

일반적으로 직선의 방정식을 대칭형

$$\frac{x - x_0}{a} = \frac{y - y_0}{b} = \frac{z - z_0}{c}$$

로 나타내면, 그 직선은 두 평면

$$\frac{x - x_0}{a} = \frac{y - y_0}{b} \text{와} \qquad \frac{y - y_0}{b} = \frac{z - z_0}{c}$$

의 교선으로 생각할 수 있다.

■ 거리

점 $P_1(x_1, y_1, z_1)$에서 평면 $ax + by + cz + d = 0$까지의 거리 D에 관한 공식을 얻기 위해 주어진 평면 위의 임의의 점을 $P_0(x_0, y_0, z_0)$라 하고 $\mathbf{b}$를 $\overrightarrow{P_0P_1}$에 대응하는 벡터라고 하자. 그러면

$$\mathbf{b} = \langle x_1 - x_0, y_1 - y_0, z_1 - z_0 \rangle$$

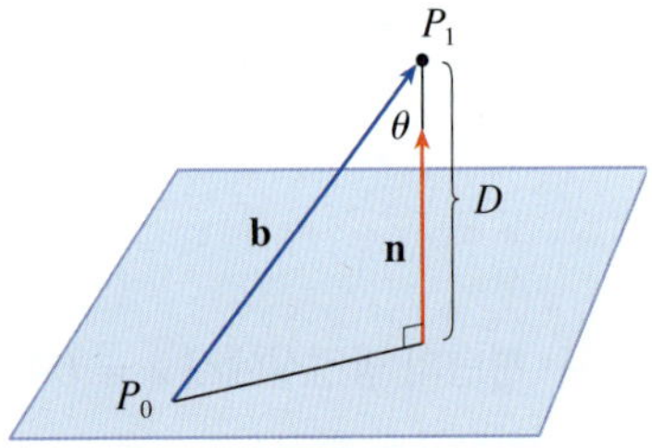

그림 12

이다. 그림 12에서 P_1에서 평면까지의 거리 D는 법선벡터 $\mathbf{n} = \langle a, b, c \rangle$ 위로의 $\mathbf{b}$의 스칼라 사영의 절댓값과 같음을 알 수 있다(11.3절 참조). 따라서 다음과 같다.

$$D = |\text{comp}_{\mathbf{n}}\mathbf{b}| = \frac{|\mathbf{n}\cdot\mathbf{b}|}{|\mathbf{n}|}$$

$$= \frac{|a(x_1 - x_0) + b(y_1 - y_0) + c(z_1 - z_0)|}{\sqrt{a^2 + b^2 + c^2}}$$

$$= \frac{|(ax_1 + by_1 + cz_1) - (ax_0 + by_0 + cz_0)|}{\sqrt{a^2 + b^2 + c^2}}$$

P_0는 평면 위에 놓여 있으므로, 그 좌표들은 평면의 방정식을 만족하고, 따라서 $ax_0 + by_0 + cz_0 + d = 0$을 얻는다. 최종적으로 다음의 공식을 얻는다.

9 점 $P_1(x_1, y_1, z_1)$에서 평면 $ax + by + cz + d = 0$까지의 거리 D는 다음과 같다.

$$D = \frac{|ax_1 + by_1 + cz_1 + d|}{\sqrt{a^2 + b^2 + c^2}}$$

예제 8 평행한 두 평면 $10x + 2y - 2z = 5$와 $5x + y - z = 1$ 사이의 거리를 구하여라.

풀이 먼저 두 평면은 각각의 법선벡터 $\langle 10, 2, -2\rangle$와 $\langle 5, 1, -1\rangle$이 평행이므로 평행임을 안다. 두 평면 사이의 거리 D를 구하기 위하여, 한 평면 위의 임의의 점을 택하여 이 점에서 다른 평면까지의 거리를 구한다. 특별히 첫째 방정식에서 $y = z = 0$이라 하면 $10x = 5$를 얻고, 따라서 $(\frac{1}{2}, 0, 0)$은 평면 위의 한 점이다. 공식 **9**에 의하여 점 $(\frac{1}{2}, 0, 0)$과 평면 $5x + y - z - 1 = 0$ 사이의 거리는

$$D = \frac{|5(\frac{1}{2}) + 1(0) - 1(0) - 1|}{\sqrt{5^2 + 1^2 + (-1)^2}} = \frac{\frac{3}{2}}{3\sqrt{3}} = \frac{\sqrt{3}}{6}$$

이다. 따라서 두 평면 사이의 거리는 $\sqrt{3}/6$이다. ■

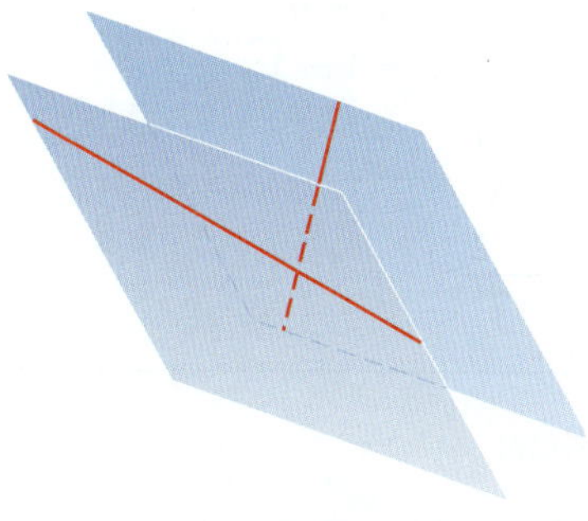

그림 13 예제 9에서처럼 서로 꼬인 직선들은 항상 (서로 다른) 평행한 평면 위에 있다.

예제 9 예제 3에서 직선

$$L_1:\quad x = 1 + t \qquad y = -2 + 3t \qquad z = 4 - t$$

$$L_2:\quad x = 2s \qquad y = 3 + s \qquad z = -3 + 4s$$

는 서로 꼬인 직선임을 보였다. 이들 사이의 거리를 구하여라.

풀이 두 직선 L_1과 L_2가 서로 꼬인 직선이므로, 이들은 평행한 두 평면 P_1과 P_2 위에 놓여 있다고 할 수 있다. L_1과 L_2 사이의 거리는 예제 8에서 계산할 수 있었던 P_1과 P_2 사이의 거리와 같다. 두 평면의 공통 법선은 $\mathbf{v}_1 = \langle 1, 3, -1\rangle$ (L_1의 방향)과 $\mathbf{v}_2 = \langle 2, 1, 4\rangle$ (L_2의 방향) 모두와 직교해야만 한다. 따라서 법선벡터는

$$\mathbf{n} = \mathbf{v}_1 \times \mathbf{v}_2 = \begin{vmatrix} \mathbf{i} & \mathbf{j} & \mathbf{k} \\ 1 & 3 & -1 \\ 2 & 1 & 4 \end{vmatrix} = 13\mathbf{i} - 6\mathbf{j} - 5\mathbf{k}$$

L_2의 방정식에서 $s = 0$으로 놓으면 L_2 위의 점 $(0, 3, -3)$을 얻고, 따라서 P_2의 방정식은

$$13(x - 0) - 6(y - 3) - 5(z + 3) = 0 \qquad \text{즉} \qquad 13x - 6y - 5z + 3 = 0$$

이다. 이제 L_1의 방정식에서 $t = 0$으로 놓으면, P_1 위의 점 $(1, -2, 4)$를 얻는다. 따라서 L_1과 L_2 사이의 거리는 $(1, -2, 4)$에서 $13x - 6y - 5z + 3 = 0$까지의 거리와 같다. 공식 **9**에 의하여 거리는 다음과 같다.

$$D = \frac{|13(1) - 6(-2) - 5(4) + 3|}{\sqrt{13^2 + (-6)^2 + (-5)^2}} = \frac{8}{\sqrt{230}} \approx 0.53$$ ■

11.5 연습문제

1. $\mathbb{R}^3$에서 다음 명제가 참인지 거짓인지 판단하여라.
(a) 한 직선에 평행한 두 직선은 평행이다.
(b) 한 직선에 수직인 두 직선은 평행이다.
(c) 한 평면에 평행한 두 평면은 평행이다.
(d) 한 평면에 수직인 두 평면은 평행이다.
(e) 한 평면에 평행인 두 직선은 평행이다.
(f) 한 평면에 수직인 두 직선은 평행이다.
(g) 한 직선에 평행인 두 평면은 평행이다.
(h) 한 직선에 수직인 두 평면은 평행이다.
(i) 만나지 않는 두 평면은 평행이다.
(j) 만나지 않는 두 직선은 평행이다.
(k) 만나지 않는 한 평면과 한 직선은 평행이다.

2-4 직선의 벡터방정식과 매개방정식을 찾아라.

2. 점 $(-1, 8, 7)$을 지나고 벡터 $\langle \frac{1}{2}, \frac{1}{3}, \frac{1}{4} \rangle$에 평행한 직선

3. 점 $(6, 0, -2)$를 지나고 직선 $x = 4 - 3t$, $y = -1 + 4t$, $z = 6 + 5t$에 평행한 직선

4. 점 $(5, 7, 1)$을 지나고 평면 $3x - 2y + 2z = 8$과 수직인 직선

5-9 직선의 매개방정식과 대칭방정식을 구하여라.

5. 원점과 점 $(8, -1, 3)$을 지나는 직선

6. 점 $(12, 9, -13)$과 $(-7, 9, 11)$을 지나는 직선

7. 점 $(2, 1, 0)$을 지나고 $\mathbf{i} + \mathbf{j}$와 $\mathbf{j} + \mathbf{k}$에 수직인 직선

8. 점 $(-6, 2, 3)$을 지나고 직선 $\frac{1}{2}x = \frac{1}{3}y = z + 1$에 평행한 직선

9. 평면 $x + 2y + 3z = 1$과 $x - y + z = 1$이 만나는 교선

10. 점 $(-4, -6, 1)$과 점 $(-2, 0, -3)$을 지나는 직선은 점 $(10, 18, 4)$와 점 $(5, 3, 14)$를 지나는 직선과 평행한가?

11. (a) 점 $(1, -5, 6)$을 지나고 벡터 $\langle -1, 2, -3 \rangle$에 평행인 직선의 대칭방정식을 구하여라.
(b) (a)에서 구한 직선이 좌표평면과 만나는 점을 모두 구하여라.

12. (a) 점 $(2, 4, 6)$을 지나고 평면 $x - y + 3z = 7$과 수직이 되는 직선의 매개방정식을 구하여라.
(b) 이 직선이 좌표평면과 만나는 점을 구하여라.

13. 점 $(6, -1, 9)$와 점 $(7, 6, 0)$을 잇는 선분의 벡터방정식을 구하여라.

14-15 직선 L_1과 L_2가 평행한지, 꼬였는지, 만나는지 결정하여라. 만약 만난다면 교점을 찾아라.

14. L_1: $x = 3 + 2t, \quad y = 4 - t, \quad z = 1 + 3t$
L_2: $x = 1 + 4s, \quad y = 3 - 2s, \quad z = 4 + 5s$

15. L_1: $\dfrac{x-2}{1} = \dfrac{y-3}{-2} = \dfrac{z-1}{-3}$
L_2: $\dfrac{x-3}{1} = \dfrac{y+4}{3} = \dfrac{z-2}{-7}$

16-28 평면의 방정식을 구하여라.

16. 점 $(3, 2, 1)$을 지나고 벡터 $5\mathbf{i} + 4\mathbf{j} + 6\mathbf{k}$에 수직인 평면

17. 점 $(5, -2, 4)$를 지나고 법선벡터가 $-\mathbf{i} + 2\mathbf{j} + 3\mathbf{k}$인 평면

18. 원점을 지나고 다음 직선과 수직인 평면

$$x = 1 - 8t \qquad y = -1 - 7t \qquad z = 4 + 2t$$

19. 점 $(1, 3, -1)$을 지나고 다음 직선과 수직인 평면

$$\frac{x+3}{4} = -y = \frac{z-1}{5}$$

20. 점 $(2.1, 1.7, -0.9)$를 지나고 평면 $2x - y + 3z = 1$에 평행한 평면

21. 직선 $x = 1 + t, y = 2 - t, z = 4 - 3t$를 포함하면서 평면 $5x + 2y + z = 1$에 평행한 평면

22. 점 $(0, 1, 1), (1, 0, 1)$과 $(1, 1, 0)$을 지나는 평면

23. 점 $(2, 1, 2), (3, -8, 6), (-2, -3, 1)$을 지나는 평면

24. 점 $(3, 0, -1), (-2, -2, 3), (7, 1, -4)$를 지나는 평면

25. 점 $(3, 5, -1)$을 지나고, 직선 $x = 4 - t, y = 2t - 1, z = -3t$를 포함하는 평면

26. 점 $(3, 1, 4)$를 지나고 두 평면 $x + 2y + 3z = 1$과 $2x - y + z = -3$의 교선을 포함하는 평면

27. 점 $(0, -2, 5)$와 점 $(-1, 3, 1)$을 지나고 평면 $2z = 5x + 4y$에 수직인 평면

28. 점 $(1, 5, 1)$을 지나고 평면 $2x + y - 2z = 2$와 $x + 3z = 4$에 수직인 평면

29-30 절편을 이용하여 평면을 그려라.

29. $2x + 5y + z = 10$ **30.** $6x - 3y + 4z = 6$

31-32 아래 주어진 평면과 직선이 만나는 점을 구하여라.

31. $x = 2 - 2t, \quad y = 3t, \quad z = 1 + t; \quad x + 2y - z = 7$

32. $5x = y/2 = z + 2; \quad 10x - 7y + 3z + 24 = 0$

33. $(-3, 1, 0)$과 $(-1, 5, 6)$을 지나는 직선은 평면 $2x + y - z = -2$와 만나는가?

34. 평면 $x + y + z = 1$과 $x + z = 0$의 교선의 방향수를 구하여라.

35. 평면 $x + y + z = 0$과 $x + 2y + 3z = 1$이 이루는 각의 코사인값을 구하여라.

36-38 주어진 평면이 평행한지, 수직인지 결정하여라. 어느 것도 아닌 경우 두 평면이 이루는 각을 구하여라(각도를 단위로 사용하고 소수 첫째 자리로 반올림하여라).

36. $x + 4y - 3z = 1, \quad -3x + 6y + 7z = 0$

37. $x + 2y - z = 2, \quad 2x - 2y + z = 1$

38. $2x - 3y = z, \quad 4x = 3 + 6y + 2z$

39-40
(a) 주어진 두 평면의 교선의 매개방정식을 구하여라.
(b) 두 평면 사이의 각도를 소수 첫째 자리로 반올림하여 구하여라.

39. $x + y + z = 1, \quad x + 2y + 2z = 1$

40. $3x - 2y + z = 1, \quad 2x + y - 3z = 3$

41. 주어진 두 평면의 교선의 대칭방정식을 구하여라.

$$5x - 2y - 2z = 1, \quad 4x + y + z = 6$$

42. 점 $(1, 0, -2)$와 점 $(3, 4, 0)$에 대해 같은 거리만큼 떨어져 있는 모든 점을 포함하는 평면의 방정식을 구하여라.

43. x절편이 a이고, y절편이 b, z절편이 c인 평면의 방정식을 구하여라.

44. (a) 주어진 두 직선의 교점을 구하여라.

$$\mathbf{r} = \langle 1, 1, 0 \rangle + t\langle 1, -1, 2 \rangle$$
$$\mathbf{r} = \langle 2, 0, 2 \rangle + s\langle -1, 1, 0 \rangle$$

(b) 두 직선을 포함하는 평면의 방정식을 구하여라.

45. 점 $(0, 1, 2)$를 지나고, 평면 $x + y + z = 2$와 평행이며, 직선 $x = 1 + t, y = 1 - t, z = 2t$에 수직인 직선의 매개방정식을 구하여라.

46. 다음 네 평면 중 서로 평행인 것은 어느 것인가? 어느 것이 서로 일치하는가?

P_1: $3x + 6y - 3z = 6$ P_2: $4x - 12y + 8z = 5$

P_3: $9y = 1 + 3x + 6z$ P_4: $z = x + 2y - 2$

47. 다음 네 직선 중 서로 평행인 것은 어느 것인가? 어느 것이 서로 일치하는가?

L_1: $x = 1 + 6t, \quad y = 1 - 3t, \quad z = 12t + 5$

L_2: $x = 1 + 2t, \quad y = t, \quad z = 1 + 4t$

L_3: $2x - 2 = 4 - 4y = z + 1$

L_4: $\mathbf{r} = \langle 3, 1, 5 \rangle + t\langle 4, 2, 8 \rangle$

48-49 주어진 점에서 평면까지의 거리를 구하여라.

48. $(1, -2, 4), \quad 3x + 2y + 6z = 5$

49. $(-6, 3, 5), \quad x - 2y - 4z = 8$

50-51 주어진 평행한 두 평면 사이의 거리를 구하여라.

50. $2x - 3y + z = 4, \quad 4x - 6y + 2z = 3$

51. $6z = 4y - 2x, \quad 9z = 1 - 3x + 6y$

52. 평행한 두 평면 사이의 거리 평행한 두 평면 $ax + by + cz + d_1 = 0$과 $ax + by + cz + d_2 = 0$ 사이의 거리는 다음과 같음을 보여라.

$$D = \frac{|d_1 - d_2|}{\sqrt{a^2 + b^2 + c^2}}$$

53. 평면 $x + 2y - 2z = 1$과 평행하고 이 평면으로부터 2만큼 떨어져 있는 평면의 방정식을 구하여라.

54. 대칭방정식이 $x = y = z$와 $x + 1 = y/2 = z/3$인 직선이 서로 꼬인 직선임을 보이고, 두 직선 사이의 거리를 구하여라.

55. L_1을 원점과 $(2, 0, -1)$을 지나는 직선이라 하자. L_2를 $(1, -1, 1)$과 $(4, 1, 3)$을 지나는 직선이라 하자. L_1과 L_2 사이의 거리를 구하여라.

56. 두 탱크가 전투 시뮬레이션에 참여하였다. 탱크 A는 점 (325, 810, 561)에, 탱크 B는 점 (765, 675, 599)에 위치한다.

(a) 두 탱크 사이의 조준선의 매개방정식을 구하라.

(b) 두 탱크 사이의 조준선을 5등분하였을 때, 탱크 A로부터 탱크 B로 향하는 4개의 분점에서 육지의 고도가 각기 549, 566, 586, 589이다. 상대 탱크가 보이겠는가?

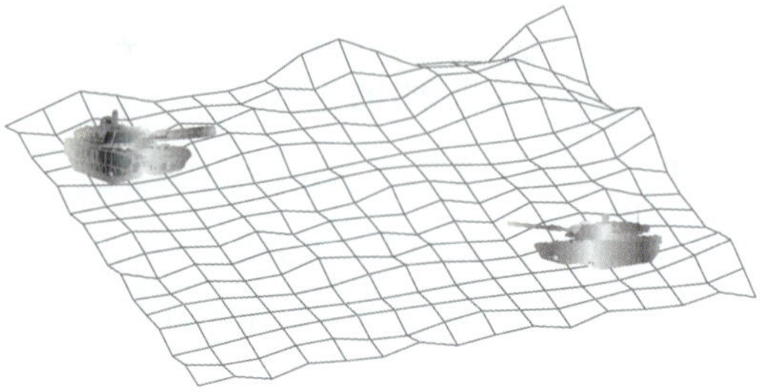

발견프로젝트 | 원근화법으로 3D 그리기

컴퓨터 그래픽 프로그래머는 과거의 위대한 화가와 같은 고민에 빠지게 된다. 어떻게 삼차원의 현상을 (스크린이나 캔버스와 같은) 이차원의 평평한 이미지로 표현할 것인가? 가까이 있는 물체를 멀리 있는 물체보다 더 크게 나타내는 원근화법의 그림을 그리기 위해 컴퓨터 메모리에 있는 삼차원 물체는 눈 혹은 카메라가 위치한 관찰점으로부터 직사각형 스크린 화면에 그려진다. 보여지는 공간의 일부분인 관찰 공간(viewing volume)은 관찰점과 직사각형 스크린 화면의 각 모서리를 지나는 네 개의 평면을 포함하는 영역이다. 만약 스크린 화면에 있는 물체를 이 네 개의 평면으로 만들어진 화면에 확대하려면 화소 데이터가 화면에 보내기 전의 거리를 짧게 해야 한다. 그래서 이러한 평면을 **잘린 평면**(clipping planes)이라 부른다.

1. 화면이 꼭짓점 $(0, \pm 400, 0)$과 $(0, \pm 400, 600)$으로 이루어진 yz평면 위의 직사각형으로 표현되고 카메라의 위치는 $(1000, 0, 0)$에 있다고 하자. 화면 안의 직선 L이 점 $(230, -285, 102)$와 $(860, 105, 264)$를 지난다. 어떤 지점에서 L은 잘린 평면에 의해 잘리는가?

2. 만약 잘린 직선 선분이 화면에 나타났다면 나타난 직선 선분을 확인하여라.

3. 매개방정식을 이용하여 화면의 각 모서리와 잘린 직선 선분, 이것이 스크린 화면에 나타난 직선 선분을 그려라. 잘린 선분의 각 끝점과 관찰점을 연결하는 선분을 추가하여 화면에 나타난 것이 옳음을 확인하여라.

4. 꼭짓점이 $(621, -147, 206)$, $(563, 31, 242)$, $(657, -111, 86)$, $(599, 67, 122)$인 직사사형을 스크린 화면에 그려라. 직선 L은 이 직사각형과 만난다. 직사각형이 불투명하게 나타나게 하기 위해 프로그래머는 다른 물체의 뒤쪽에 가려진 물체의 일부분을 제거하는 **숨겨진 직선 표현**(hidden line rendering)을 사용할 수 있다. L의 일부분이 제거되었음을 확인하여라.

11.6 기둥면과 이차곡면

이미 11.5절에서는 평면, 11.1절에서는 구면과 같은 두 종류의 특별한 곡면을 공부하였다. 이제 이 절에서는 다른 두 종류의 곡면인 기둥면과 이차곡면을 공부해보자.

곡면의 그래프를 그리려면 곡면이 좌표평면에 평행한 평면과 만나는 교차곡선을 결정하는 것이 유용하다. 이러한 교차곡선을 곡면의 **자취**(traces or cross-sections)라 한다.

■ 기둥면

기둥면(cylinder)은 주어진 평면곡선을 지나고 주어진 직선과 평행한 모든 직선(**모선**, rulings)으로 이루어진 곡면이다.

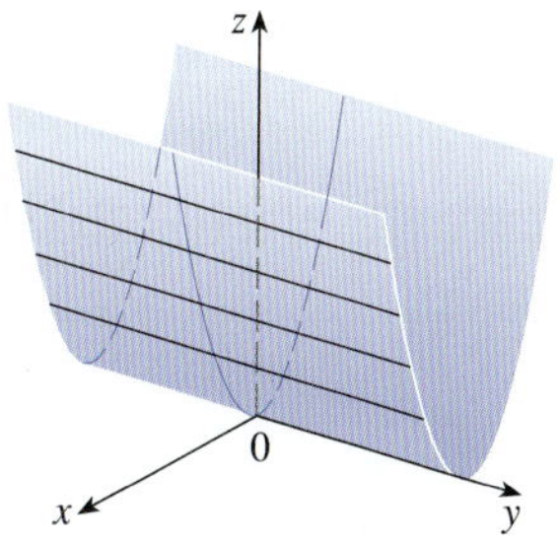

그림 1
곡면 $z = x^2$은 포물기둥이다.

예제 1 곡면 $z = x^2$의 그래프를 그려라.

풀이 방정식 $z = x^2$에는 변수 y가 포함되어 있지 않으므로, 이는 방정식 $y = k$(xz평면과 평행한)인 임의의 수직평면이 방정식 $z = x^2$의 그래프와 교차함을 의미한다. 따라서 이들 수직자취는 포물선이 된다. 그림 1은 포물선 $z = x^2$을 xz평면에서 택하여 y축 방향으로 이동함으로써 곡면 $z = x^2$의 그래프가 어떻게 그려지는가를 보여준다. 이 그래프를 **포물기둥**(parabolic cylinder)이라 하고 같은 모양의 포물선을 무한히 많이 복사하여 얻는다. 여기서 기둥면의 모선들은 y축과 평행하다. ■

예제 1에서 보면 기둥면의 방정식에 y가 나타나 있지 않다. 이 예제는 곡면의 모선이 하나의 좌표축과 평행한 대표적인 예이다. 만일 x, y, z 변수 중 하나가 방정식에 나타나 있지 않으면, 곡면은 기둥면이 된다.

예제 2 다음 곡면을 설명하고, 개형을 그려라.

(a) $x^2 + y^2 = 1$ (b) $y^2 + z^2 = 1$

풀이

(a) z가 나타나 있지 않고, 방정식 $x^2 + y^2 = 1$, $z = k$는 평면 $z = k$에서 반지름이 1인 원을 나타내므로, 곡면 $x^2 + y^2 = 1$은 축이 z축인 원기둥이다(그림 2 참조. 이 곡면은 11.1절의 예제 2에서 소개하였다). 여기서 모선은 수직인 직선들이다.

(b) x가 나타나지 않은 이 경우의 곡면은 축이 x축인 원기둥이다(그림 3 참조). 이것은 yz평면 위의 원 $y^2 + z^2 = 1$, $x = 0$을 택하여, x축에 평행하게 이동하여 얻는다.

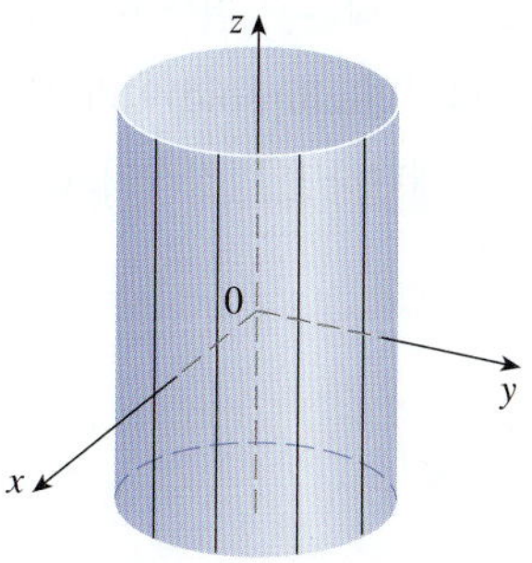

그림 2 $x^2 + y^2 = 1$

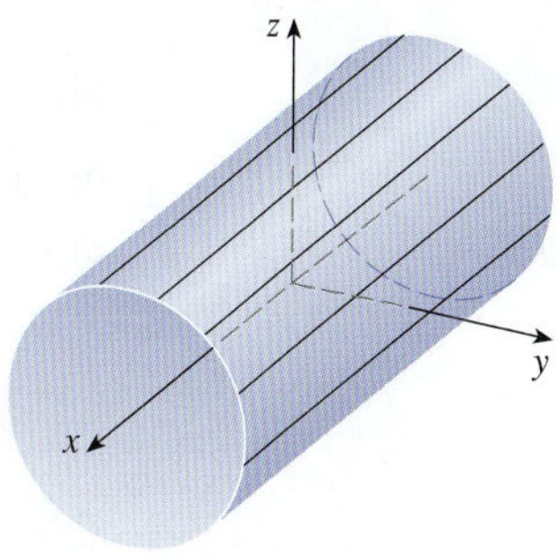

그림 3 $y^2 + z^2 = 1$ ■

NOTE 곡면을 다룰 때에는 $x^2 + y^2 = 1$과 같은 방정식이 원이 아니라 원기둥을 나타낸다는 것을 생각하는 것이 중요하다. 원기둥 $x^2 + y^2 = 1$의 xy평면 위의 자취가 방정식 $x^2 + y^2 = 1, z = 0$인 원이다.

이차곡면

이차곡면(quadric surface)은 세 변수 x, y, z에 관한 2차방정식의 그래프이다. 이러한 방정식의 가장 일반적인 형태는 $A, B, C, \ldots, J$가 상수일 때

$$Ax^2 + By^2 + Cz^2 + Dxy + Eyz + Fxz + Gx + Hy + Iz + J = 0$$

이지만, 평행이동과 회전에 의하여 두 가지 **표준형**

$$Ax^2 + By^2 + Cz^2 + J = 0 \qquad \text{또는} \qquad Ax^2 + By^2 + Iz = 0$$

중의 하나로 바꿀 수 있다. 이차곡면은 평면 위의 원뿔곡선에 해당하는 삼차원 공간에서의 곡면이다. (원뿔곡선을 복습하기 위하여는 9.5절을 참조하여라.)

예제 3 자취를 이용하여 이차곡면

$$x^2 + \frac{y^2}{9} + \frac{z^2}{4} = 1$$

의 그래프를 그려라.

풀이 $z = 0$이라 하면 xy평면에서의 자취가 $x^2 + y^2/9 = 1$이 되고, 이는 타원의 방정식이다. 일반적으로 평면 $z = k$에서 평행자취는

$$x^2 + \frac{y^2}{9} = 1 - \frac{k^2}{4} \qquad z = k$$

이고, 이는 $k^2 < 4$, 즉 $-2 < k < 2$일 때 타원이 된다. ($|k| = 2$이면 자취는 하나의 점이고, $|k| > 2$인 경우에 자취는 없다.)

마찬가지로 수직자취도 타원이 된다.

$$\frac{y^2}{9} + \frac{z^2}{4} = 1 - k^2 \qquad x = k \qquad (-1 < k < 1)$$

$$x^2 + \frac{z^2}{4} = 1 - \frac{k^2}{9} \qquad y = k \qquad (-3 < k < 3)$$

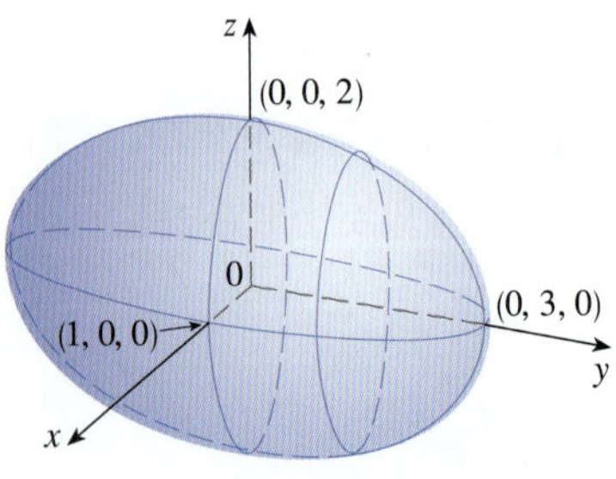

그림 4 타원면 $x^2 + \frac{y^2}{9} + \frac{z^2}{4} = 1$

그림 4는 곡면의 모양을 표시하는 자취를 어떻게 그리는지 보여준다. 모든 자취가 타원이기 때문에 이 곡면을 **타원면**(ellipsoid)이라 부른다. 이 곡면은 각각의 좌표축에 관하여 대칭임을 알 수 있다. 왜냐하면 방정식이 x, y, z에 관한 짝수 거듭제곱만 포함하고 있기 때문이다. ■

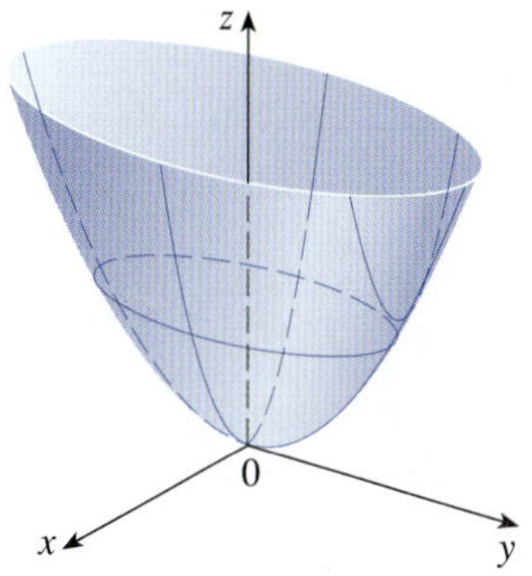

그림 5 곡면 $z = 4x^2 + y^2$은 타원포물면이다. 수평자취는 타원이고, 수직자취는 포물선이다.

예제 4 자취를 이용하여 곡면 $z = 4x^2 + y^2$의 그래프를 그려라.

풀이 $x = 0$이라 하면 방정식은 $z = y^2$이다. 따라서 yz평면과 곡면의 교차곡선은 포물선이다. $x = k$ (k는 상수)라 하면 방정식은 $z = y^2 + 4k^2$이다. 이것은 yz평면과 평행한 평면으로 곡면을 자르면 위로 열린 포물선이 됨을 의미한다. 마찬가지로 $y = k$라 하면 자취의 방정식은 $z = 4x^2 + k^2$이고 이것도 역시 위로 열린 포물선이다. $z = k$라 하면 수평자취 $4x^2 + y^2 = k$를 얻고 이는 타원의 집합이 된다($k > 0$). 자취의 모양을 이용하면 그림 5와 같은 곡면을 얻게 된다. 타원자취와 포물선자취 때문에 이차곡면 $z = 4x^2 + y^2$을 **타원포물면**(elliptic paraboloid)이라 한다. ■

예제 5 곡면 $z = y^2 - x^2$의 그래프를 그려라.

풀이 수평면 $x = k$ 위의 자취는 위로 열린 포물선 $z = y^2 - k^2$이다. 평면 $y = k$ 위의 자취는 아래로 열린 포물선 $z = -x^2 + k^2$이다. 수평자취는 쌍곡선 집합 $y^2 - x^2 = k$이다. 그림 6은 자취의 집합이고, 그림 7은 각 평면 위의 자취를 보여준다.

그림 6
수직자취는 포물선이고, 수평자취는 쌍곡선이다. 모든 자취는 k의 값에 따라 이름이 정해진다.

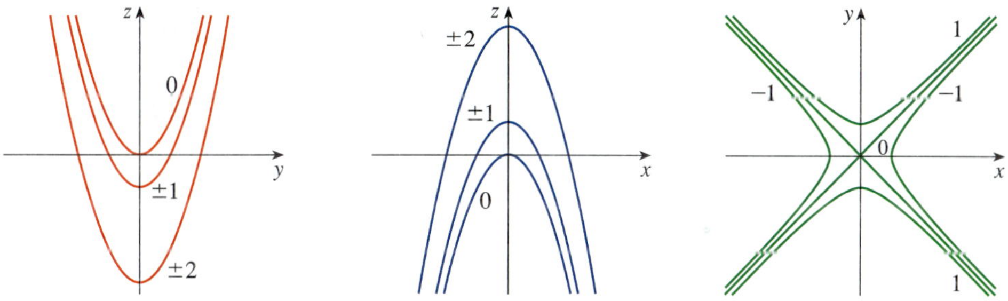

평면 $x = k$ 위의 자취는 $z = y^2 - k^2$이다. | 평면 $y = k$ 위의 자취는 $z = -x^2 + k^2$이다. | 평면 $z = k$ 위의 자취는 $y^2 - x^2 = k$이다.

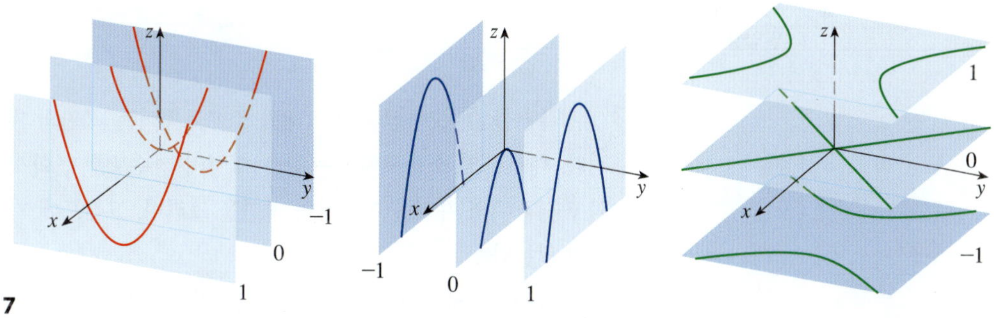

그림 7 각 평면 위의 자취

평면 $x = k$ 위의 자취 | 평면 $y = k$ 위의 자취 | 평면 $z = k$ 위의 자취

그림 7의 자취를 모두 이용하면 곡면 $z = y^2 - x^2$을 그림 8과 같이 그릴 수 있다. 이때 이 곡면을 **쌍곡포물면**(hyperbolic paraboloid)이라 한다. 원점 근처의 곡면이 말안장같이 생긴 것을 주목하자. 이 곡면은 13.7절에서 안장점을 공부할 때 더욱 자세히 공부할 것이다.

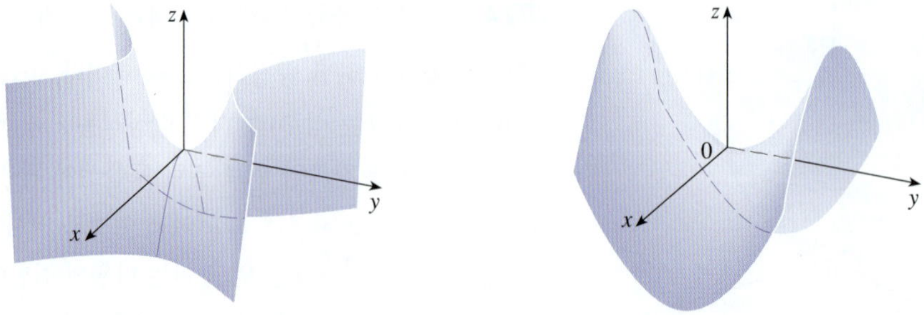

그림 8
쌍곡포물면 $z = y^2 - x^2$의 두 가지 그림

예제 6 곡면 $\frac{x^2}{4} + y^2 - \frac{z^2}{4} = 1$의 그래프를 그려라.

풀이 임의의 수평면 $z = k$ 위의 자취는 타원

$$\frac{x^2}{4} + y^2 = 1 + \frac{k^2}{4} \qquad z = k$$

이다. 그러나 xz평면과 yz평면 위의 자취는 쌍곡선

$$\frac{x^2}{4} - \frac{z^2}{4} = 1 \quad y = 0\text{과} \quad y^2 - \frac{z^2}{4} = 1 \quad x = 0$$

이다. 이 곡면은 그림 9와 같고 **일엽쌍곡면**(hyperboloid of one sheet)이라 한다.

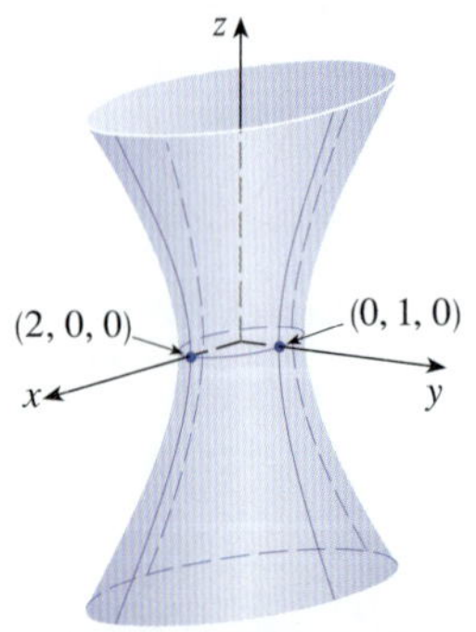

그림 9
곡면 $\frac{x^2}{4} + y^2 - \frac{z^2}{4} = 1$은 일엽쌍곡면이다.

컴퓨터를 이용한 삼차원 그래픽 소프트웨어는 곡면의 자취를 이용하여 그래프를 그린다. 대부분의 소프트웨어는 같은 크기의 상수 k를 변화시켜 생기는 수직 평면 $x = k$와 $y = k$ 위의 자취를 이용하여 곡면을 그리며, 그래프에 가려져 보이지 않는 부분은 그리지 않는다.

표 1은 6가지 곡면의 표준기본형을 컴퓨터를 이용하여 그린 그림이다. 모든 곡면은 z축에 대하여 대칭이다. 만일 이차곡면이 z축이 아닌 다른 축에 대하여 대칭이면 방정식은 그에 맞게 바뀐다.

표 1 이차곡면의 그래프

곡면	방정식	곡면	방정식
타원면 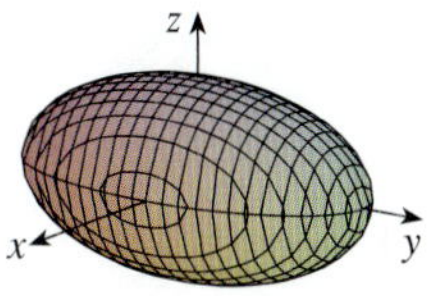	$\dfrac{x^2}{a^2}+\dfrac{y^2}{b^2}+\dfrac{z^2}{c^2}=1$ 모든 자취는 타원이다. $a=b=c$이면 타원면은 구면이다.	**원뿔면** 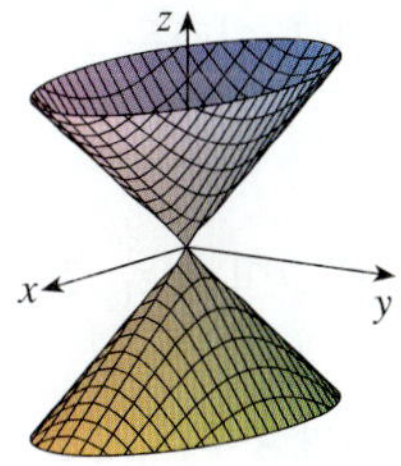	$\dfrac{z^2}{c^2}=\dfrac{x^2}{a^2}+\dfrac{y^2}{b^2}$ 수평자취는 타원이다. $k\neq 0$일 때 평면 $x=k$와 $y=k$ 위의 수직자취는 쌍곡선이고 $k=0$이면 수직자취는 각각 한 쌍의 직선이다.
타원포물면 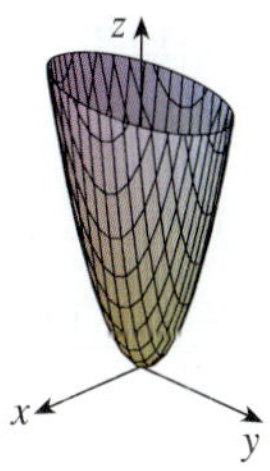	$\dfrac{z}{c}=\dfrac{x^2}{a^2}+\dfrac{y^2}{b^2}$ 수평자취는 타원이고, 수직자취는 포물선이다. 1차 변수는 타원포물면의 축을 암시한다.	**일엽쌍곡면** 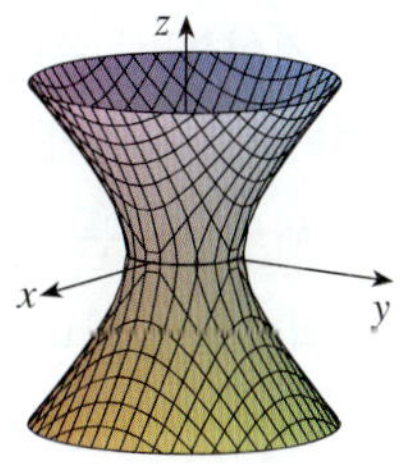	$\dfrac{x^2}{a^2}+\dfrac{y^2}{b^2}-\dfrac{z^2}{c^2}=1$ 수평자취는 타원이고, 수직자취는 쌍곡선이다. 대칭축은 계수가 음인 변수와 대응한다.
쌍곡포물면 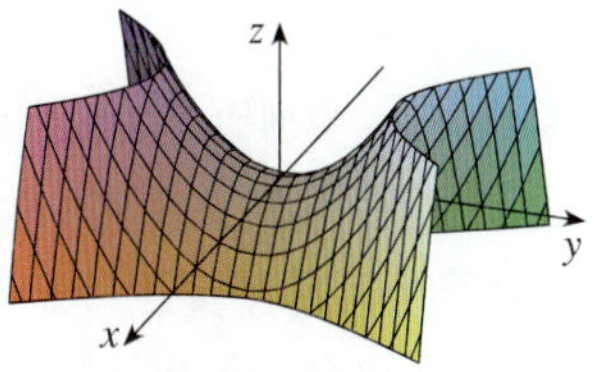	$\dfrac{z}{c}=\dfrac{x^2}{a^2}-\dfrac{y^2}{b^2}$ 수평자취는 쌍곡선이고, 수직자취는 포물선이다. 그림은 $c<0$인 경우의 그래프이다.	**이엽쌍곡면** 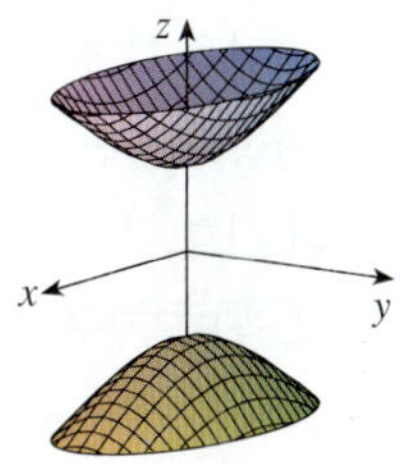	$-\dfrac{x^2}{a^2}-\dfrac{y^2}{b^2}+\dfrac{z^2}{c^2}=1$ $k>c$ 또는 $k<-c$이면 평면 $z=k$ 위의 수평자취는 타원이다. 수직자취는 쌍곡선이다. 두 개의 음의 부호가 이엽을 나타낸다.

예제 7 곡면 $4x^2-y^2+2z^2+4=0$이 어떤 곡면인지 설명하고, 그려라.

풀이 -4로 나누어서, 방정식을 표준형

$$-x^2+\frac{y^2}{4}-\frac{z^2}{2}=1$$

로 바꾼다. 이 방정식을 표 1과 비교하면, 이 경우에 쌍곡면의 축이 y축이라는 차이만 있을 뿐, 이엽쌍곡면을 나타냄을 알 수 있다. xy평면과 yz평면 위의 자취는 쌍곡선

$$-x^2+\frac{y^2}{4}=1 \qquad z=0\text{과} \qquad \frac{y^2}{4}-\frac{z^2}{2}=1 \qquad x=0$$

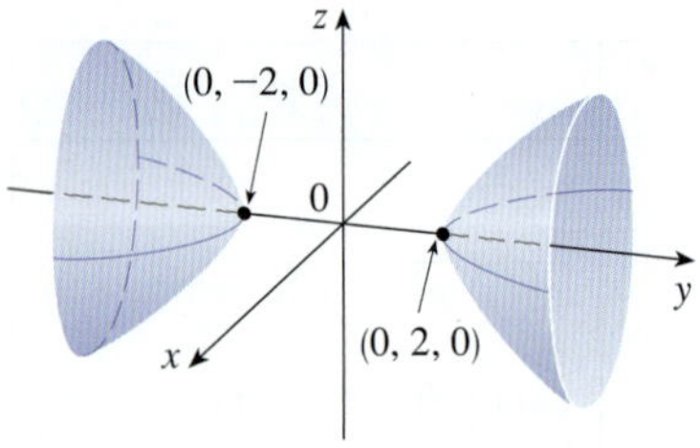

그림 10 곡면 $4x^2 - y^2 + 2z^2 + 4 = 0$은 이엽쌍곡면이다.

이다. xz평면 위에는 자취가 없으나, $|k| > 2$인 수직면 $y = k$ 위의 자취는 타원

$$x^2 + \frac{z^2}{2} = \frac{k^2}{4} - 1 \qquad y = k$$

이고, 이것은

$$\frac{x^2}{\dfrac{k^2}{4} - 1} + \frac{z^2}{2\left(\dfrac{k^2}{4} - 1\right)} = 1 \qquad y = k$$

와 같이 쓸 수 있다. 이들 자취는 그림 10을 그리는 데 이용된다. ■

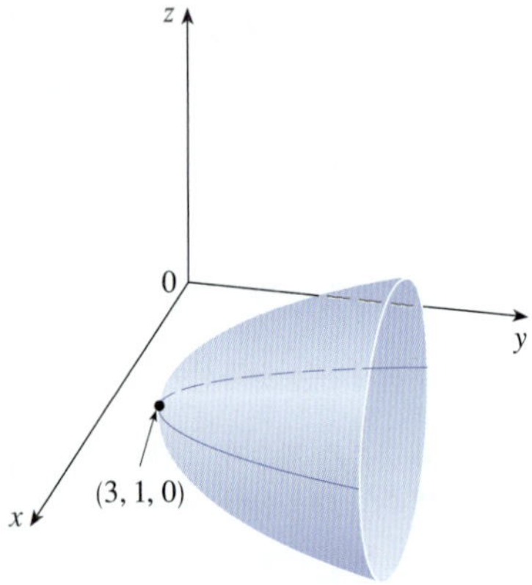

그림 11 $x^2 + 2z^2 - 6x - y + 10 = 0$

예제 8 이차곡면 $x^2 + 2z^2 - 6x - y + 10 = 0$이 어떤 곡면인지 설명하여라.

풀이 완전제곱꼴을 만들어, 주어진 방정식을

$$y - 1 = (x - 3)^2 + 2z^2$$

과 같이 다시 쓴다. 이 방정식을 표 1과 비교하면, 타원포물면을 나타냄을 알 수 있다. 그러나 포물면의 축은 y축과 평행이고, 그 꼭짓점은 점 $(3, 1, 0)$이다. 평면 $y = k$ $(k > 1)$ 위의 자취는 타원 $(x - 3)^2 + 2z^2 = k - 1$, $y = k$이고, xy 평면 위의 자취는 방정식이 $y = 1 + (x - 3)^2$, $z = 0$인 포물선이다. 이 포물면의 그래프는 그림 11과 같다.

■

■ 이차곡면의 응용

이차곡면의 예는 우리 주위에서 찾아볼 수 있다. 사실 우리가 사는 지구가 좋은 예이다. 일반적으로 지구 형태가 구라고 생각하지만 정확히 말하면 타원면이다. 왜냐하면 지구의 자전은 북극과 남극점에서 곡면을 약간 더 평평하게 만들기 때문이다.

원형 포물면은 그것의 축에 대하여 포물선을 회전시켜 얻게 되고, 텔레비전이나 라디오의 신호, 소리, 빛 등을 모으거나 반사하는 데 이용된다(그림 12 참조). 전자망원경을 예로 들면, 지구에서 멀리 떨어진 별의 신호는 원형 포물면 모양의 볼에 부딪친 다음 초점의 수신기로 굴절되어서 증폭된다. 같은 원리가 포물면 형태의 마이크와 위성접시에 적용된다.

핵 원자로의 냉각탑은 구조적 안정성 때문에 주로 일엽쌍곡면 형태로 만든다(그림 12(b)). 한 쌍의 쌍곡면은 서로 꼬인 축 사이의 회전운동의 전달에 이용된다[그림 12(c), 톱니바퀴의 이는 쌍곡면을 이루는 선이다].

(a) 위성접시는 신호를 포물면의 초점으로 굴절시킨다.

(b) 핵 원자로의 냉각탑은 쌍곡면 형태이다.

(c) 쌍곡면 모양의 톱니바퀴가 기울어진 축을 따라 맞물리고 회전한다.

그림 12 이차곡면의 응용

11.6 연습문제

1. (a) 방정식 $y = x^2$이 $\mathbb{R}^2$에서 나타내는 곡선은 무엇인가?

(b) $\mathbb{R}^3$에서 나타내는 곡면은 무엇인가?

(c) 방정식 $z = y^2$은 무엇을 나타내는가?

2-5 곡면에 대해 설명하고 그래프를 그려라.

2. $x^2 + z^2 = 4$　　**3.** $y^2 + 9z^2 = 9$

4. $xy = 1$　　**5.** $z = \sin y$

6-7 그래프가 다음 곡면이 될 수 있는 방정식을 찾아라.

6.

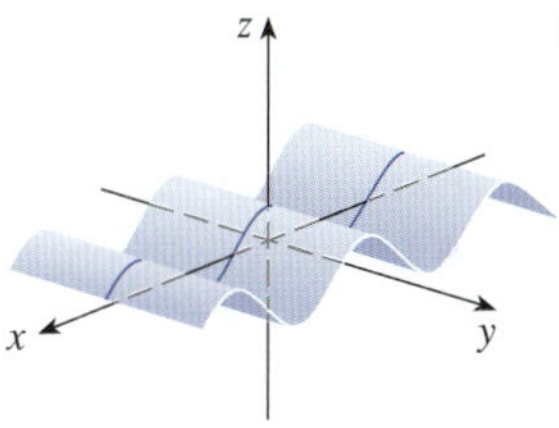

7.

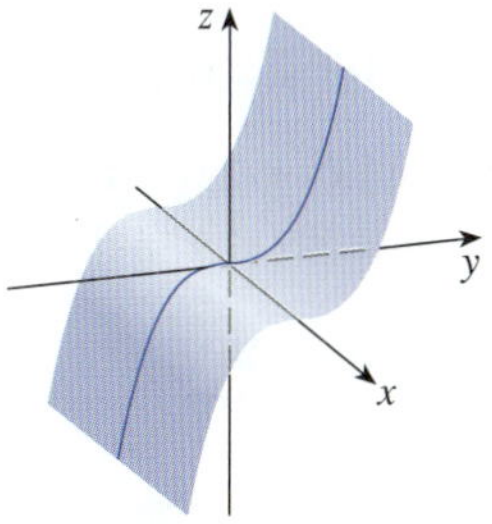

8. (a) 이차곡면 $x^2 + y^2 - z^2 = 1$의 자취를 구하고 설명하여라. 그리고 곡면의 그래프가 표 1의 일엽쌍곡면과 비슷한 이유를 설명하여라.

(b) (a)의 방정식을 $x^2 - y^2 + z^2 = 1$로 바꾸면 그래프에 어떤 영향을 미치는가?

(c) (a)의 방정식을 $x^2 + y^2 + 2y - z^2 = 0$으로 바꾸면 그래프에 어떤 영향을 미치는가?

9-15 자취를 이용하여 곡면의 그래프를 그리고 곡면에 대해 설명하여라.

9. $x = y^2 + 4z^2$　　**10.** $x^2 = 4y^2 + z^2$

11. $z^2 - 4x^2 - y^2 = 4$　　**12.** $9y^2 + 4z^2 = x^2 + 36$

13. $\dfrac{x^2}{9} + \dfrac{y^2}{25} + \dfrac{z^2}{4} = 1$　　**14.** $3x^2 - y^2 + 3z^2 = 0$

15. $y = z^2 - x^2$

16-23 아래 그래프(I~VIII)의 방정식을 찾아라. 또한 이유를 설명하여라.

16. $x^2 + 4y^2 + 9z^2 = 1$　　**17.** $9x^2 + 4y^2 + z^2 = 1$

18. $x^2 - y^2 + z^2 = 1$　　**19.** $-x^2 + y^2 - z^2 = 1$

20. $y = 2x^2 + z^2$　　**21.** $y^2 = x^2 + 2z^2$

22. $x^2 + 2z^2 = 1$　　**23.** $y = x^2 - z^2$

I

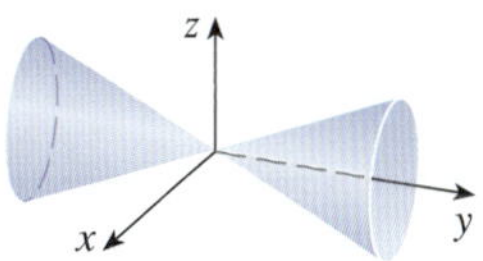

II

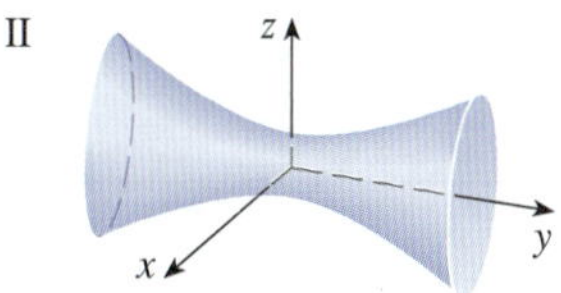

III

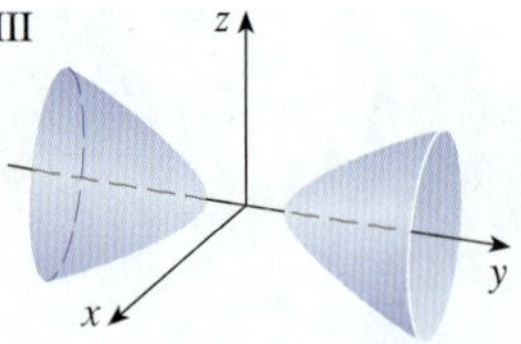

IV

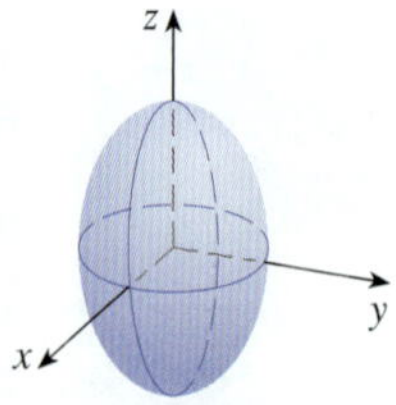

V

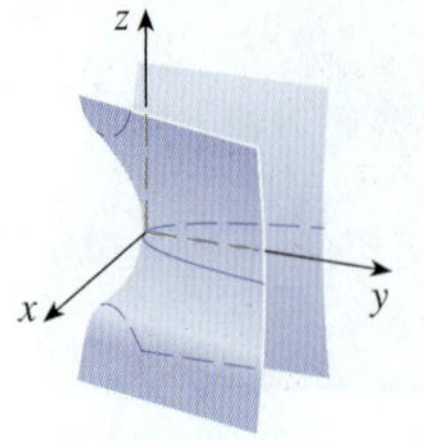

VI

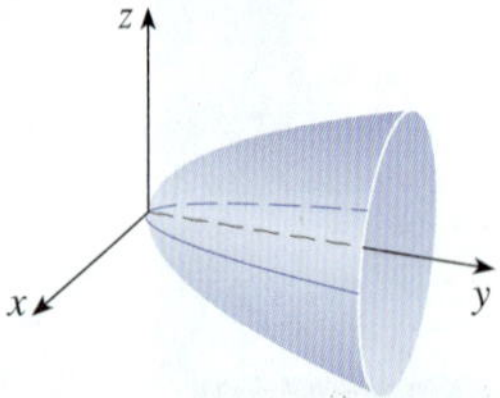

VII

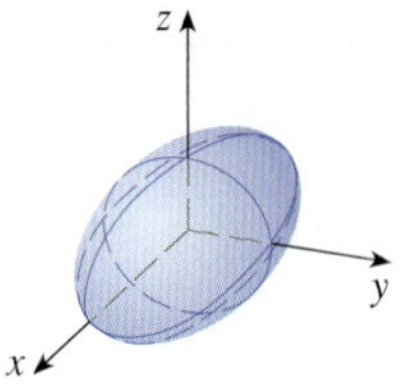

VIII

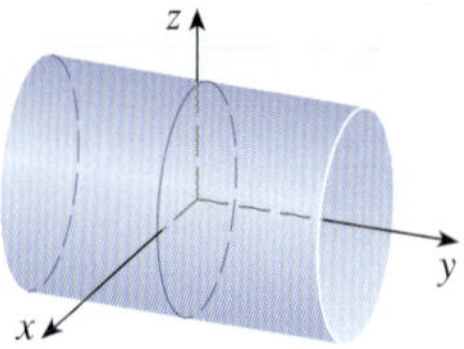

24-25 아래의 자취를 갖는 이차곡면을 그려라.

24. $x = k$일 때의 자취

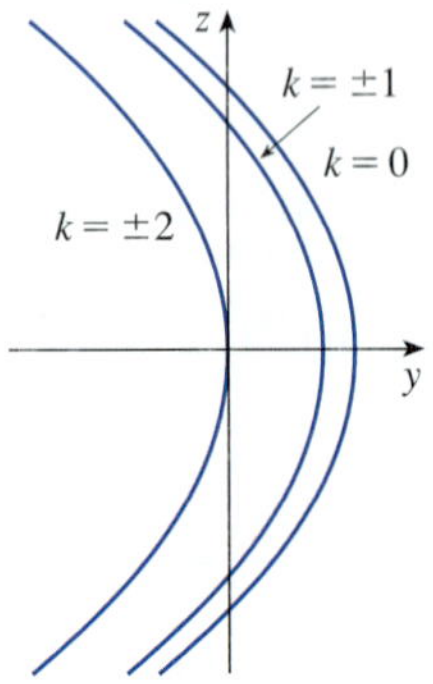

$y = k$일 때의 자취

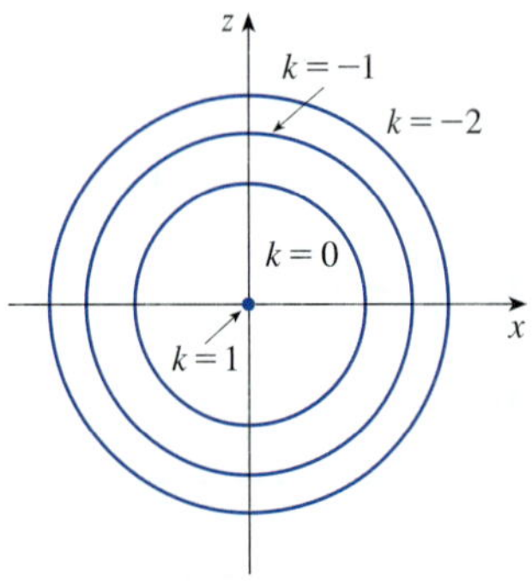

25. $x = k$일 때의 자취

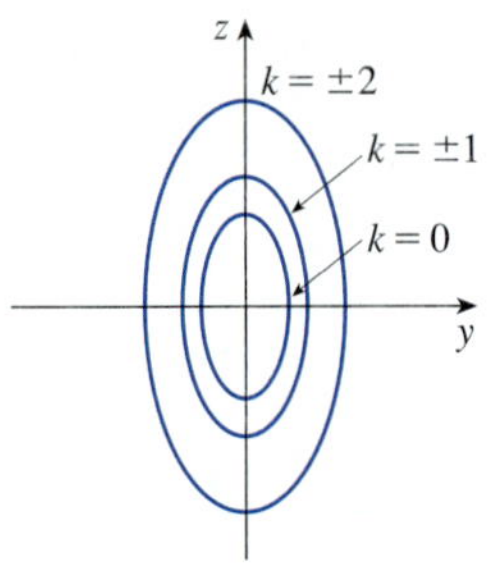

$z = k$일 때의 자취

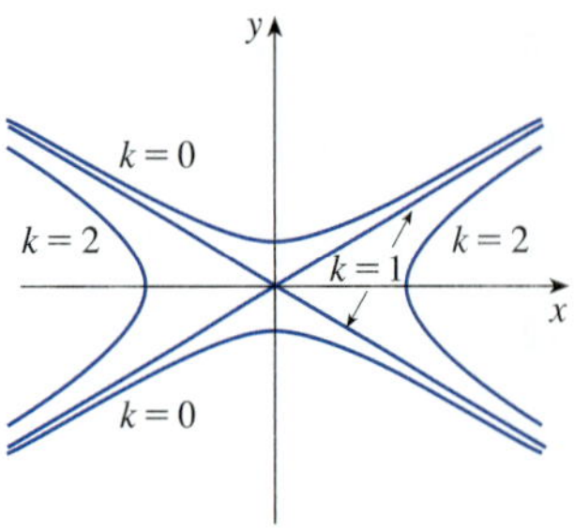

26-29 아래의 방정식을 표준형으로 만들고, 어떤 곡면인지 설명하여라. 곡면의 그래프를 그려라.

26. $y^2 = x^2 + \frac{1}{9}z^2$

27. $x^2 + 2y - 2z^2 = 0$

28. $x^2 + y^2 - 2x - 6y - z + 10 = 0$

29. $x^2 - y^2 + z^2 + 4x - 2z = 0$

30-31 곡면의 그래프를 그려라. 곡면의 모습이 잘 보일 때까지 변수의 정의역과 곡면을 바라보는 시점을 달리해서 시도하여라.

30. $-4x^2 - y^2 + z^2 = 1$

31. $-4x^2 - y^2 + z^2 = 0$

32. $1 \leqslant z \leqslant 2$에 대하여 곡면 $z = \sqrt{x^2 + y^2}$, $x^2 + y^2 = 1$로 둘러싸인 영역을 그려라.

33. 곡선 $y = \sqrt{x}$를 x축 둘레로 회전시켜서 얻은 곡면의 방정식을 구하여라.

34. 점 $(-1, 0, 0)$과 평면 $x = 1$로부터 같은 거리에 있는 모든 점들로 이루어진 곡면의 방정식을 구하고, 이 곡면을 설명하여라.

35. 전통적으로 지구면의 모델은 구면이었지만 1984년 World Geodetic System (WGS-84)은 좀 더 정확한 형태인 타원면을 사용하였다. 지구의 중심을 원점, 북극을 양의 z축이라 하자. 중심에서 극까지의 거리는 6356.523km이고 적도까지의 거리는 6378.137km이다.

(a) WGS-84를 이용하여 지구면의 방정식을 구하여라.

(b) 같은 위도 곡선은 평면 $z = k$의 지구표면 위의 자취이다. 이 곡선의 모양은 무엇인가?

(c) 자오선(같은 경도의 곡선)은 $y = mx$ 형태의 평면의 지구표면 위의 자취이다. 이 자오선의 모양은 무엇인가?

36. 원자로의 냉각탑은 일엽쌍곡면 모양으로 만들어져 있다(그림 12(b) 참조). 밑면의 지름이 280m이고 500m의 높이에 있는 윗면의 최소지름은 200m이다. 이 탑의 방정식을 구하여라.

37. 곡면 $x^2 + 2y^2 - z^2 + 3x = 1$과 $2x^2 + 4y^2 - 2z^2 - 5y = 0$의 교점으로 이루어진 곡선은 평면 위에 있음을 보여라.

사진의 비행기와 같이 공간에서 움직이는 물체의 경로는 벡터함수로 나타낼 수 있다. 12.1절에서는 이러한 두 물체가 충돌하는지 안 하는지 벡터함수를 사용하여 알아본다.

Magdalena Zeglen / EyeEm / Getty Images

12 벡터함수

Vector Functions

지금까지 이용한 함수는 실수를 함숫값으로 갖는 함수(실숫값 함수라 부른다)였다. 이제 공간에서 곡선이나 곡면을 나타내는 데 필요한 함수로, 함숫값이 벡터인 함수를 공부한다. 또한 벡터값을 갖는 함수를 이용하여 공간 내의 물체의 운동을 설명할 것이다. 특히, 행성운동의 케플러의 법칙을 유도하기 위하여 벡터값 함수를 이용할 것이다.

12.1 벡터함수와 공간곡선

일반적으로, 함수는 정의역의 각 원소에 치역의 한 원소를 대응시키는 규칙에 따라 정의되었다. **벡터를 값으로 갖는 함수** 또는 **벡터함수**(vector function)는 그 정의역이 실수의 집합이고, 치역이 벡터의 집합인 함수이다. 우리가 관심을 가지는 벡터함수 $\mathbf{r}$은 값이 삼차원 벡터이다. 이것은 $\mathbf{r}$의 정의역에 있는 모든 수 t에 대하여 V_3의 벡터(이것을 $\mathbf{r}(t)$로 나타낸다)가 유일하게 존재한다는 것을 의미한다. $f(t)$, $g(t)$, $h(t)$가 벡터 $\mathbf{r}(t)$의 성분이라면 f, g, h는 $\mathbf{r}$의 **성분함수**(component functions)라 불리는 실숫값 함수이고, 이것을

$$\mathbf{r}(t) = \langle f(t), g(t), h(t) \rangle = f(t)\,\mathbf{i} + g(t)\,\mathbf{j} + h(t)\,\mathbf{k}$$

로 쓸 수 있다. 벡터함수의 대부분의 응용에서 문자 t는 시간을 나타내기 때문에 독립변수를 표시하는 데 사용한다.

예제 1 $\mathbf{r}(t) = \langle t^3, \ln(3-t), \sqrt{t} \rangle$이면 성분함수는

$$f(t) = t^3 \qquad g(t) = \ln(3-t) \qquad h(t) = \sqrt{t}$$

이다. 관례에 따라 $\mathbf{r}$의 정의역은 $\mathbf{r}(t)$에 관한 식이 정의되는 t의 모든 값으로 이루어진다. 식 t^3, $\ln(3-t)$, $\sqrt{t}$는 모두 $3-t>0$과 $t \geqslant 0$일 때 정의된다. 따라서 $\mathbf{r}$의 정의역은 구간 $[0, 3)$이다. ■

■ 극한과 연속

벡터함수 $\mathbf{r}$의 **극한**(limit)은 다음과 같이 성분함수들의 극한을 취함으로써 정의된다.

$\lim_{t \to a} \mathbf{r}(t) = \mathbf{L}$이면 이 정의는 벡터 $\mathbf{r}(t)$의 길이와 방향이 벡터 $\mathbf{L}$의 길이와 방향에 접근한다는 것과 동치이다.

1 $\mathbf{r}(t) = \langle f(t), g(t), h(t) \rangle$일 때, 각 성분함수의 극한이 존재하면 다음이 성립한다.

$$\lim_{t \to a} \mathbf{r}(t) = \left\langle \lim_{t \to a} f(t), \lim_{t \to a} g(t), \lim_{t \to a} h(t) \right\rangle$$

벡터함수의 극한은 실숫값 함수의 극한에서와 같은 규칙을 따른다.

예제 2 $\mathbf{r}(t) = (1+t^3)\,\mathbf{i} + te^{-t}\,\mathbf{j} + \dfrac{\sin t}{t}\,\mathbf{k}$일 때, $\lim_{t \to 0} \mathbf{r}(t)$를 구하여라.

풀이 정의 **1**에 따르면 $\mathbf{r}$의 극한은 $\mathbf{r}$의 성분함수의 극한을 성분으로 가지는 벡터이다.

$$\lim_{t \to 0} \mathbf{r}(t) = \left[\lim_{t \to 0} (1+t^3)\right]\mathbf{i} + \left[\lim_{t \to 0} te^{-t}\right]\mathbf{j} + \left[\lim_{t \to 0} \frac{\sin t}{t}\right]\mathbf{k}$$

$$= \mathbf{i} + \mathbf{k} \qquad \text{(3.3절의 식 5에 의하여)}$$ ■

벡터함수 $\mathbf{r}$은

$$\lim_{t \to a} \mathbf{r}(t) = \mathbf{r}(a)$$

를 만족할 때, **a에서 연속**이라고 한다. 정의 [1]에 의하여, $\mathbf{r}$이 a에서 연속일 필요충분조건은 그의 성분함수 f, g, h가 a에서 연속인 것을 알 수 있다.

■ 공간곡선

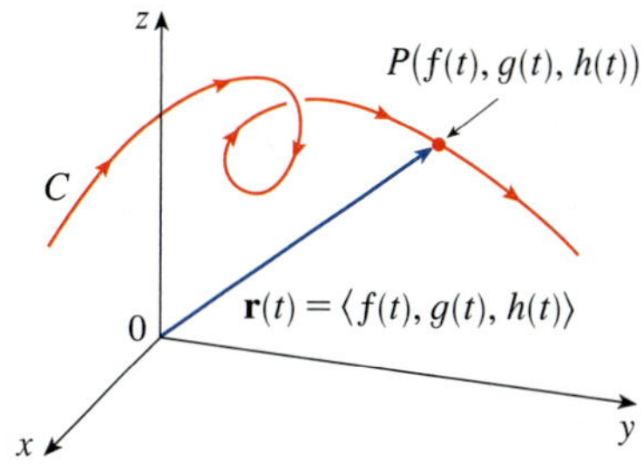

그림 1 C는 변화하는 위치벡터 $\mathbf{r}(t)$의 끝점에 의해 그려진다.

연속벡터함수와 공간곡선 사이에는 밀접한 관련이 있다. f, g, h를 구간 I에서 정의된 연속 실숫값 함수라 가정하자. 이때, $t \in I$에 대하여

[2] $$x = f(t) \qquad y = g(t) \qquad z = h(t)$$

일 때, 공간의 모든 점 (x, y, z)의 집합 C를 **공간곡선**이라 부른다. [2]의 방정식을 ***C*의 매개변수방정식, *t*를 매개변수**라 부른다. C는 시각 t에서 그 위치가 $(f(t), g(t), h(t))$인 질점에 의하여 그려지는 것으로 생각할 수 있다. 이제 벡터함수 $\mathbf{r}(t) = \langle f(t), g(t), h(t)\rangle$를 생각하면, $\mathbf{r}(t)$는 C 위의 점 $P(f(t), g(t), h(t))$의 위치벡터이다. 따라서 임의의 연속 벡터함수 $\mathbf{r}$은 그림 1에서와 같이 움직이는 벡터 $\mathbf{r}(t)$의 끝점에 의하여 그려지는 공간곡선 C를 정의한다.

예제 3 벡터함수 $\mathbf{r}(t) = \langle 1 + t, 2 + 5t, -1 + 6t\rangle$에 의하여 정의되는 곡선을 설명하여라.

풀이 대응되는 매개변수방정식은 11.5의 [2]로부터

$$x = 1 + t \qquad y = 2 + 5t \qquad z = -1 + 6t$$

이고, 점 $(1, 2, -1)$을 지나고 벡터 $\langle 1, 5, 6\rangle$에 평행인 직선의 매개변수방정식임을 알 수 있다. 한편 이 함수는 $\mathbf{r}_0 = \langle 1, 2, -1\rangle$이고 $\mathbf{v} = \langle 1, 5, 6\rangle$일 때 $\mathbf{r} = \mathbf{r}_0 + t\mathbf{v}$로 쓸 수 있으므로 이것은 11.5절의 방정식 [1]로 주어진 것과 같은 직선의 벡터방정식이다. ■

평면곡선도 벡터 기호로 표시할 수 있다. 예를 들면, 매개방정식 $x = t^2 - 2t$, $y = t + 1$로 주어지는 곡선(9.1절의 예제 1 참조)은 벡터방정식

$$\mathbf{r}(t) = \langle t^2 - 2t, t + 1\rangle = (t^2 - 2t)\,\mathbf{i} + (t + 1)\,\mathbf{j}$$

로 설명될 수도 있다. 여기서 $\mathbf{i} = \langle 1, 0\rangle$, $\mathbf{j} = \langle 0, 1\rangle$이다.

예제 4 벡터방정식이 $\mathbf{r}(t) = \cos t\,\mathbf{i} + \sin t\,\mathbf{j} + t\,\mathbf{k}$인 곡선을 그려라.

풀이 이 곡선의 매개변수방정식은

$$x = \cos t \qquad y = \sin t \qquad z = t$$

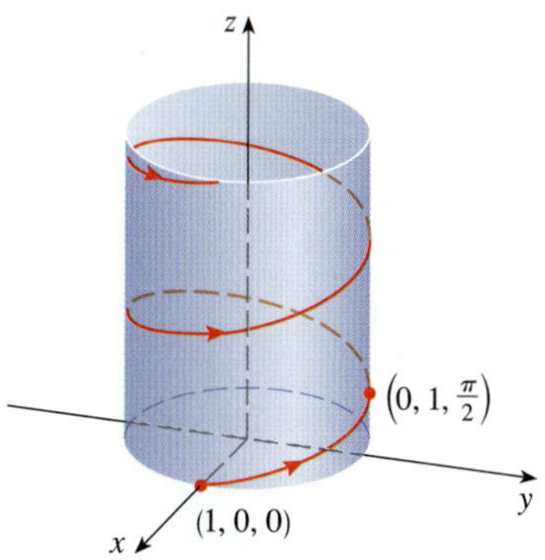

그림 2

이다. $x^2 + y^2 = \cos^2 t + \sin^2 t = 1$이므로 주어진 곡선은 원기둥 $x^2 + y^2 = 1$ 위에 놓여 있다. 점 (x, y, z)는 점 $(x, y, 0)$ 바로 위에 있으며 xy평면에서 원 $x^2 + y^2 = 1$ 주위를 반시계 방 향으로 움직인다(xy평면에 이 곡선을 사영하면 벡터방정식 $\mathbf{r}(t) = \langle \cos t, \sin t, 0\rangle$으로 표현된다. 9.1절의 예제 2 참조). $z = t$이므로 t가 증가함에 따라 이 곡선은 원기둥을 따라 스프링 모양으로 감기면서 위로 올라간다. 그림 2에 보인 곡선을 **나선**(helix)이라 부른다. ■

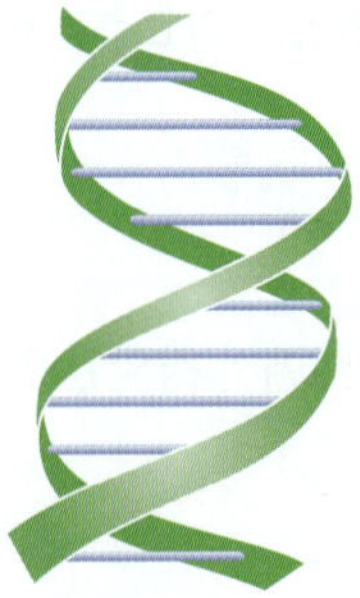

그림 3
이중나선구조

예제 4에서 나선의 코르크따개 모양은 감긴 스프링에 나타남을 잘 알고 있다. 또한 이것은 DNA(디옥시리보핵산, 살아 있는 세포의 유전물질)의 모형에서도 나타난다. 1953년 왓슨(James Watson)과 크릭(Francis Crick)은 DNA분자의 구조가 그림 3과 같이 서로 뒤얽힌 두 개의 연접한, 평행한 나선구조임을 밝혀냈다.

예제 3과 4에서 곡선의 벡터방정식을 구하였고 기하학적 표현이나 스케치를 하였다. 다음 두 예제에서는 곡선의 매개변수방정식을 구하고 곡선의 기하학적 표현에 대하여 알아보기로 한다.

예제 5 점 $P(1, 3, -2)$와 $Q(2, -1, 3)$을 잇는 선분의 벡터방정식과 매개변수방정식을 구하여라.

풀이 11.5절에서 벡터 $\mathbf{r}_0$와 $\mathbf{r}_1$을 잇는 선분의 벡터방정식은

$$\mathbf{r}(t) = (1 - t)\mathbf{r}_0 + t\mathbf{r}_1 \qquad 0 \leqslant t \leqslant 1$$

임을 보였다(11.5절의 **4** 참조). 여기에서 $\mathbf{r}_0 = \langle 1, 3, -2 \rangle$, $\mathbf{r}_1 = \langle 2, -1, 3 \rangle$이므로 P와 Q를 잇는 선분의 벡터방정식은

$$\mathbf{r}(t) = (1 - t)\langle 1, 3, -2 \rangle + t\langle 2, -1, 3 \rangle \qquad 0 \leqslant t \leqslant 1$$

즉
$$\mathbf{r}(t) = \langle 1 + t, 3 - 4t, -2 + 5t \rangle \qquad 0 \leqslant t \leqslant 1$$

이다. 이것에 대응되는 매개변수방정식은

$$x = 1 + t \qquad y = 3 - 4t \qquad z = -2 + 5t \qquad 0 \leqslant t \leqslant 1$$

이다. ■

그림 4는 예제 5의 선분 PQ를 나타낸다.

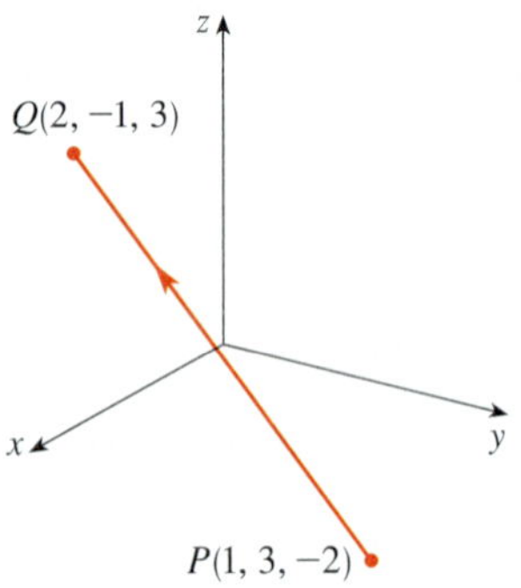

그림 4

예제 6 원기둥 $x^2 + y^2 = 1$과 평면 $y + z = 2$가 만나서 생성되는 곡선을 나타내는 벡터방정식을 구하여라.

풀이 그림 5는 원기둥과 평면이 어떻게 만나는지를 보여준다. 그리고 그림 6은 그 교차곡선 C가 타원임을 보여준다.

C의 xy평면으로의 사영은 원 $x^2 + y^2 = 1$, $z = 0$이다. 따라서 9.1절의 예제 2로부터

$$x = \cos t \qquad y = \sin t \qquad 0 \leqslant t \leqslant 2\pi$$

이다. 평면의 방정식으로부터

$$z = 2 - y = 2 - \sin t$$

이므로, C의 매개변수방정식은

$$x = \cos t \qquad y = \sin t \qquad z = 2 - \sin t \qquad 0 \leqslant t \leqslant 2\pi$$

이며, 대응되는 벡터방정식은

$$\mathbf{r}(t) = \cos t\,\mathbf{i} + \sin t\,\mathbf{j} + (2 - \sin t)\,\mathbf{k} \qquad 0 \leqslant t \leqslant 2\pi$$

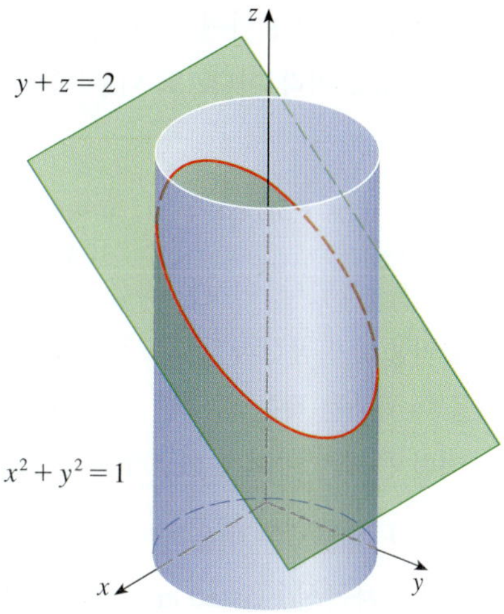

그림 5

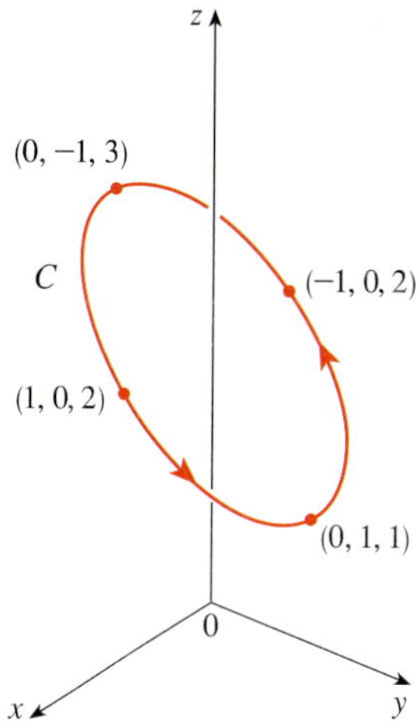

그림 6

이다. 이 방정식을 곡선 C의 매개변수화(parametrization)라고 한다. 그림 6의 화살표는 t가 증가함에 따라 C가 진행하는 방향을 나타내고 있다. ■

그림 7은 예제 7의 곡면과 그 교선을 보여준다.

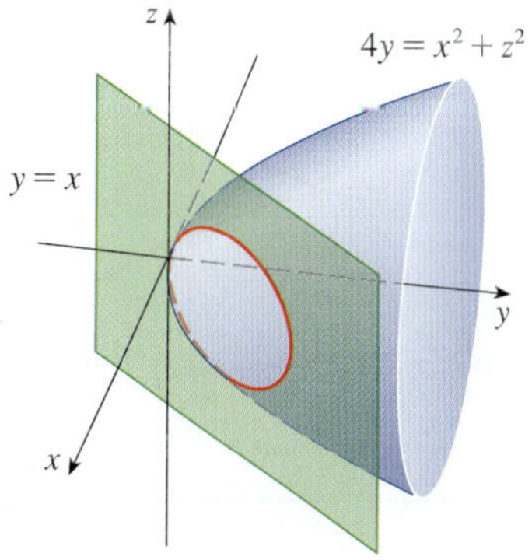

그림 7

예제 7 포물면 $4y = x^2 + z^2$과 평면 $y = x$의 교선의 매개변수방정식을 구하여라.

풀이 교선 C의 모든 점은 두 곡면의 방정식을 만족하므로 포물면의 방정식에 $y = x$를 대입하여 $4x = x^2 + z^2$을 얻는다. x에 관한 완전제곱으로 고쳐서 $(x - 2)^2 + z^2 = 4$를 얻으므로 C는 원기둥 $(x - 2)^2 + z^2 = 4$에 포함되어야 하고 C를 xz평면에 사영하면 원 $(x - 2)^2 + z^2 = 4$, $y = 0$이 된다[중심이 $(2, 0, 0)$이고 반지름이 2]. 9.1절의 예제 4로부터 $x = 2 + 2\cos t$, $z = 2\sin t$, $0 \leqslant t \leqslant 2\pi$라 쓸 수 있고 $y = x$이므로 C의 매개변수방정식은 다음과 같다.

$$x = 2 + 2\cos t \qquad y = 2 + 2\cos t \qquad z = 2\sin t \qquad 0 \leqslant t \leqslant 2\pi$$ ■

■ 컴퓨터를 이용한 공간곡선 그리기

공간곡선은 평면곡선보다 그리기가 어렵다. 정확한 그림을 그리기 위하여 과학적인 기술이 필요하다. 예를 들면, 그림 8은 매개변수방정식으로 표시된 곡선

$$x = (4 + \sin 20t)\cos t \qquad y = (4 + \sin 20t)\sin t \qquad z = \cos 20t$$

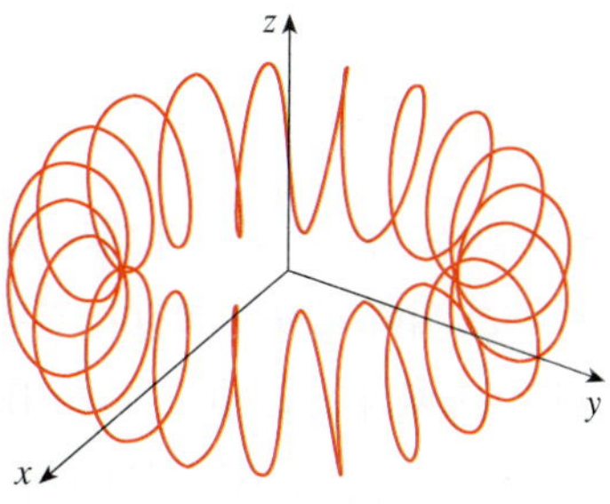

그림 8
원환소용돌이선

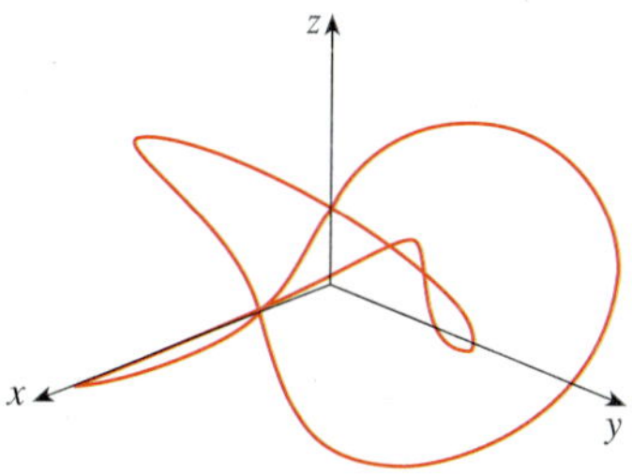

그림 9
3잎무늬매듭곡선

의 그래프를 컴퓨터를 이용하여 그린 것이다. 이것은 원환면 위에 있으므로 **원환소용돌이선**(toroidal spiral)이라 한다. 또 다른 흥미로운 곡선은 **3잎무늬매듭**(trefoil knot)이라 불리는

$$x = (2 + \cos 1.5t)\cos t \qquad y = (2 + \cos 1.5t)\sin t \qquad z = \sin 1.5t$$

로 그림 9에서 볼 수 있다. 이것을 직접 손으로 점을 찍어서 그리기란 쉽지 않을 것이다.

컴퓨터를 이용하여 공간곡선을 그리더라도 공간에 의한 착시현상으로 인하여 곡선의 실제 모양을 이해하는 것은 상당히 어렵다(이것은 특히 그림 9의 경우에 해당된다). 다음 예제는 이런 문제를 어떻게 해결하는지를 보여준다.

예제 8 컴퓨터나 계산기를 이용하여 벡터방정식 $\mathbf{r}(t) = \langle t, t^2, t^3 \rangle$의 곡선을 그려라. 이 곡선을 **비틀린 삼차곡선**(twisted cubic)이라 한다.

풀이 매개변수방정식 $x = t$, $y = t^2$, $z = t^3 (-2 \leqslant t \leqslant 2)$의 곡선을 그리는 것으로 시작한다. 이 결과는 그림 10(a)에 있지만 그 그래프만으로 곡선의 원래 모습을 관찰하는 것은 쉽지 않다. 일부 3차원 그래픽 소프트웨어를 사용하면 좌표축 대신 상자 안에 곡선이나 곡면을 그려 넣을 수 있다. 동일한 곡선을 그림 10(b)처럼 상자 안에 나타내보면 이 곡선에 대해 더 많은 사실을 정확히 알 수 있다. 상자의 아래쪽 구석에서 시작해서 위쪽 구석으로 올라오면서 꼬이는 것을 볼 수 있다.

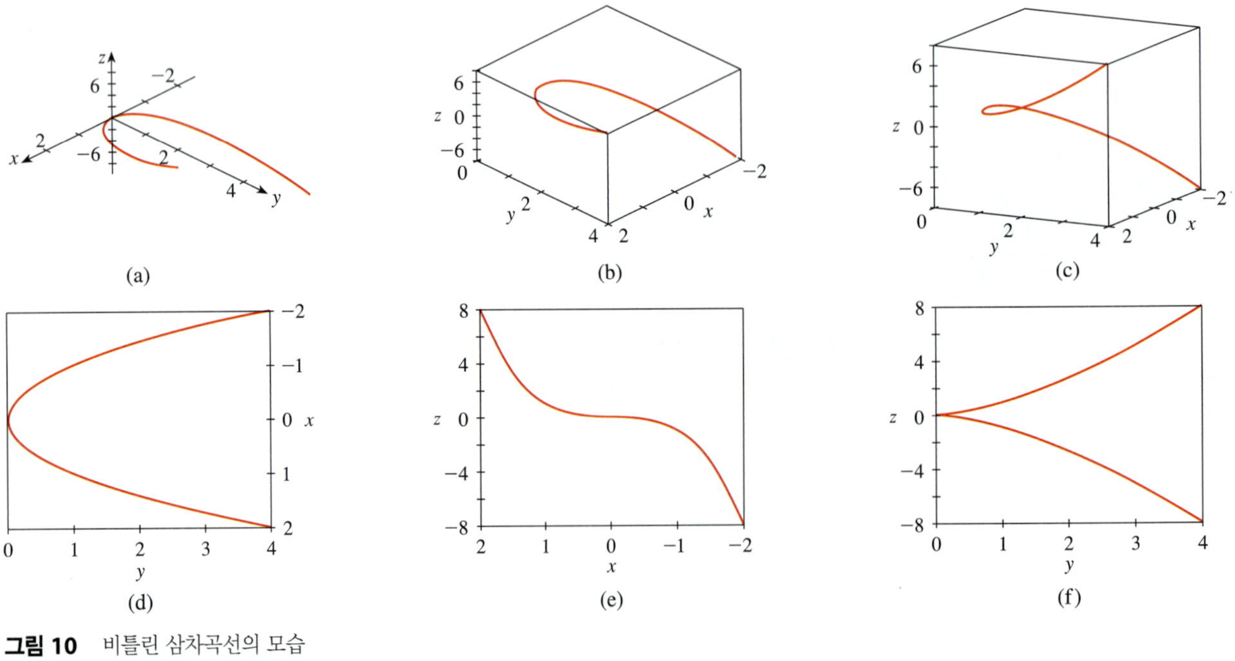

그림 10 비틀린 삼차곡선의 모습

다른 방향에서 관측하면 이 곡선에 대해 더 많은 사실을 알아낼 수 있다. 그림 10(c)는 다른 관점을 주기 위해 상자를 회전한 결과를 나타낸다. 그림 10(d), (e), (f)는 상자의 한 면에서 바로 볼 때의 모습이다. 특히 (d)는 상자 위에서 바로 보는 모습이다. 이것은 포물선 $y = x^2$으로 곡선을 xy평면에 내린 사영이다. (e)는 xz평면에 대한 사영, 즉 삼차곡선 $z = x^3$을 나타낸다. 이제 왜 비틀린 삼차곡선이라 불리는지 알 수 있을 것이다. ■

12.1 연습문제

1-2 벡터함수의 정의역을 구하여라.

1. $\mathbf{r}(t) = \left\langle \ln(t+1), \dfrac{t}{\sqrt{9-t^2}}, 2^t \right\rangle$

2. $\mathbf{r}(t) = \cos t\,\mathbf{i} + \ln t\,\mathbf{j} + \dfrac{1}{t-2}\mathbf{k}$

3-4 극한값을 구하여라.

3. $\displaystyle\lim_{t\to 0} \left(e^{-3t}\,\mathbf{i} + \frac{t^2}{\sin^2 t}\mathbf{j} + \cos 2t\,\mathbf{k} \right)$

4. $\displaystyle\lim_{t\to \infty} \left\langle \frac{1+t^2}{1-t^2}, \tan^{-1}t, \frac{1-e^{-2t}}{t} \right\rangle$

5-11 다음 벡터방정식의 그래프를 그려라. 또 t가 증가하는 방향을 화살표로 나타내어라.

5. $\mathbf{r}(t) = \langle -\cos t, t \rangle$

6. $\mathbf{r}(t) = \langle 3\sin t, 2\cos t \rangle$

7. $\mathbf{r}(t) = e^t\,\mathbf{i} + e^{-t}\,\mathbf{j}$

8. $\mathbf{r}(t) = \langle t, 2-t, 2t \rangle$

9. $\mathbf{r}(t) = \langle \sin \pi t, t, \cos \pi t \rangle$

10. $\mathbf{r}(t) = 2\cos t\,\mathbf{i} + 2\sin t\,\mathbf{j} + \mathbf{k}$

11. $\mathbf{r}(t) = t^2\,\mathbf{i} + t^4\,\mathbf{j} + t^6\,\mathbf{k}$

12-13 곡선을 주어진 평면에 내린 사영을 그려라.

12. $\mathbf{r}(t) = \langle t^2, t^3, t^{-3} \rangle$, yz평면

13. $\mathbf{r}(t) = \langle t+1, 3t+1, \cos(t/2) \rangle$, xy평면

14-15 다음 곡선의 세 좌평평면에 내린 사영을 그려라. 또 이 사영들을 이용하여 주어진 곡선을 그려라.

14. $\mathbf{r}(t) = \langle t, \sin t, 2\cos t \rangle$

15. $\mathbf{r}(t) = \langle t, t, t^2 \rangle$

16-17 점 P와 Q를 잇는 선분의 벡터방정식과 매개변수방정식을 구하여라.

16. $P(-2, 1, 0)$, $Q(5, 2, -3)$

17. $P(3.5, -1.4, 2.1)$, $Q(1.8, 0.3, 2.1)$

18-23 매개변수방정식을 그래프 I~VI과 짝짓고, 이유를 설명하여라.

18. $x = t\cos t, \quad y = t, \quad z = t\sin t, \quad t \geqslant 0$

19. $x = \cos t, \quad y = \sin t, \quad z = 1/(1+t^2)$

20. $x = t, \quad y = 1/(1+t^2), \quad z = t^2$

21. $x = \cos t, \quad y = \sin t, \quad z = \cos 2t$

22. $x = \cos 8t, \quad y = \sin 8t, \quad z = e^{0.8t}, \quad t \geqslant 0$

23. $x = \cos^2 t, \quad y = \sin^2 t, \quad z = t$

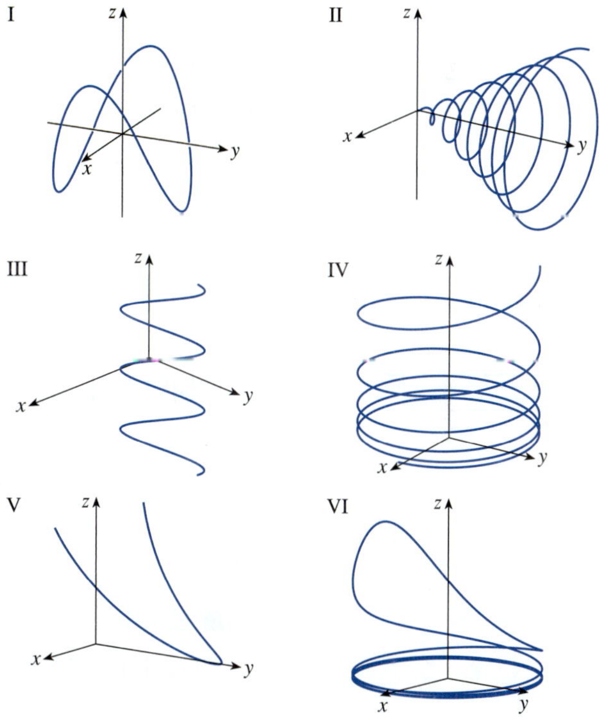

24-25 벡터방정식으로 주어진 곡선을 포함하는 평면의 방정식을 구하여라.

24. $\mathbf{r}(t) = \langle t, 4, t^2 \rangle$

25. $\mathbf{r}(t) = \langle \sin t, \cos t, -\cos t \rangle$

26. 매개변수방정식이 $x = t\cos t$, $y = t\sin t$, $z = t$인 곡선은 원뿔면 $z^2 = x^2 + y^2$ 위에 있음을 보이고, 이 사실을 이용하여 곡선을 그려라.

27. 곡선 $\mathbf{r}(t) = 2t\,\mathbf{i} + e^t\,\mathbf{j} + e^{2t}\,\mathbf{k}$를 포함하는 서로 다른 세 개의 곡면을 구하여라.

28. 곡선 $\mathbf{r}(t) = t\mathbf{i} + (2t - t^2)\mathbf{k}$와 포물면 $z = x^2 + y^2$이 만나는 점을 구하여라.

29-31 벡터방정식으로 주어진 곡선을 그려라. 곡선 모양을 가장 잘 보이게 하는 매개변수의 정의역을 정하고, 회전을 시켜가며 곡선 모양이 가장 잘 보이는 방향을 결정하여라.

29. $\mathbf{r}(t) = \langle \cos t \sin 2t, \sin t \sin 2t, \cos 2t \rangle$

30. $\mathbf{r}(t) = \left\langle \sin 3t \cos t, \frac{1}{4}t, \sin 3t \sin t \right\rangle$

31. $\mathbf{r}(t) = \langle \cos 2t, \cos 3t, \cos 4t \rangle$

32. 다음 매개변수방정식의 그래프를 그려라. 또 이 곡선이 원뿔면 위에 있음을 보이고, 이 사실을 이용하여 곡선의 모양을 설명하여라.

$$x = (1 + \cos 16t) \cos t$$
$$y = (1 + \cos 16t) \sin t$$
$$z = 1 + \cos 16t$$

33. 매개변수방정식 $x = t^2$, $y = 1 - 3t$, $z = 1 + t^3$의 그래프가 점 $(1, 4, 0)$과 $(9, -8, 28)$은 지나지만, 점 $(4, 7, -6)$은 지나지 않는다는 것을 보여라.

34-36 다음 두 곡면의 교선의 벡터방정식을 구하여라.

34. 원기둥 $x^2 + y^2 = 4$와 곡면 $z = xy$

35. 원뿔면 $z = \sqrt{x^2 + y^2}$과 평면 $z = 1 + y$

36. 쌍곡면 $z = x^2 - y^2$과 원기둥 $x^2 + y^2 = 1$

37. 원기둥 $x^2 + y^2 = 4$와 포물기둥 $z = x^2$의 교선을 손으로 그려라. 또 이 교선의 매개변수방정식을 구하고, 이 방정식을 이용하여 컴퓨터로 그래프를 그려라.

38. $\mathbf{u}$와 $\mathbf{v}$는 $t \to a$일 때 극한값을 가지는 벡터함수들이고 c는 상수이다. 이때 극한에 관한 다음 성질을 증명하여라.

(a) $\lim_{t \to a} [\mathbf{u}(t) + \mathbf{v}(t)] = \lim_{t \to a} \mathbf{u}(t) + \lim_{t \to a} \mathbf{v}(t)$

(b) $\lim_{t \to a} c\mathbf{u}(t) = c \lim_{t \to a} \mathbf{u}(t)$

(c) $\lim_{t \to a} [\mathbf{u}(t) \cdot \mathbf{v}(t)] = \lim_{t \to a} \mathbf{u}(t) \cdot \lim_{t \to a} \mathbf{v}(t)$

(d) $\lim_{t \to a} [\mathbf{u}(t) \times \mathbf{v}(t)] = \lim_{t \to a} \mathbf{u}(t) \times \lim_{t \to a} \mathbf{v}(t)$

12.2 벡터함수의 도함수와 적분

이 장 후반에서 공간을 통과하는 행성과 기타 물체들의 운동을 설명하는 데 벡터함수를 이용할 것이다. 여기에서는 벡터함수의 미분적분학을 전개하여 위 방법에 대한 준비를 한다.

■ 도함수

벡터함수 $\mathbf{r}$의 도함수(derivative) $\mathbf{r}'$은 실숫값 함수에서와 같이

1
$$\frac{d\mathbf{r}}{dt} = \mathbf{r}'(t) = \lim_{h \to 0} \frac{\mathbf{r}(t + h) - \mathbf{r}(t)}{h}$$

로, 극한이 존재하는 경우에 한하여 정의한다. 이 정의의 기하학적 의미를 그림 1에서 볼 수 있다. P와 Q가 위치벡터 $\mathbf{r}(t)$와 $\mathbf{r}(t + h)$를 가지면 $\overrightarrow{PQ}$ 는 벡터 $\mathbf{r}(t + h) - \mathbf{r}(t)$를 나타내는 것으로 할선벡터라 생각할 수 있다. $h > 0$이면 $(1/h)(\mathbf{r}(t + h) - \mathbf{r}(t))$는 $\mathbf{r}(t + h) - \mathbf{r}(t)$와 같은 방향을 가진다. $h \to 0$일 때 이 벡터는 접선 위에 놓여 있는 벡터에 접근하게 됨이 분명하다. 이와 같은 이유로 $\mathbf{r}'(t)$가 존재하고, $\mathbf{r}'(t) \neq \mathbf{0}$를 $\mathbf{r}$에 의하여 정의되는 곡선에 대한 점 P에서의 **접선벡터**(tangent vector)라 한다. P에서 C에 대한 접선은 P를 지나고, 접선벡터 $\mathbf{r}'(t)$에 평행인 직선으로 정의된다.

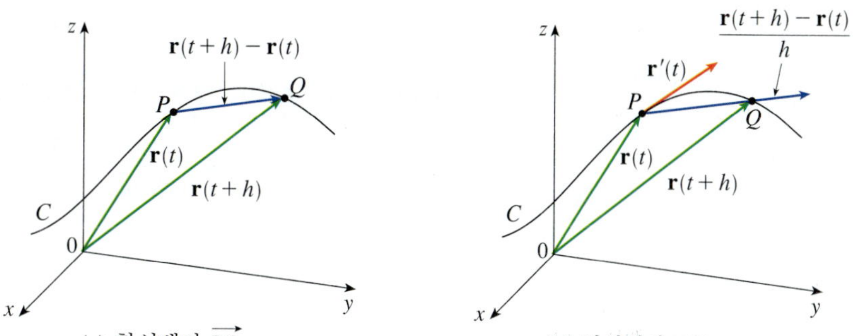

그림 1 (a) 할선벡터 $\overrightarrow{PQ}$ (b) 접선벡터 $\mathbf{r}'(t)$

다음 정리는 벡터함수 $\mathbf{r}$의 도함수를 계산하기 위하여, $\mathbf{r}$의 각 성분을 미분하는 편리한 방법을 알려준다.

2 정리 f, g, h가 미분가능한 함수이고

$$\mathbf{r}(t) = \langle f(t), g(t), h(t)\rangle = f(t)\,\mathbf{i} + g(t)\,\mathbf{j} + h(t)\,\mathbf{k}$$

일 때
$$\mathbf{r}'(t) = \langle f'(t), g'(t), h'(t)\rangle = f'(t)\,\mathbf{i} + g'(t)\,\mathbf{j} + h'(t)\,\mathbf{k}$$

이다.

증명

$$\begin{aligned}\mathbf{r}'(t) &= \lim_{\Delta t\to 0}\frac{1}{\Delta t}[\mathbf{r}(t+\Delta t) - \mathbf{r}(t)]\\ &= \lim_{\Delta t\to 0}\frac{1}{\Delta t}[\langle f(t+\Delta t), g(t+\Delta t), h(t+\Delta t)\rangle - \langle f(t), g(t), h(t)\rangle]\\ &= \lim_{\Delta t\to 0}\left\langle \frac{f(t+\Delta t)-f(t)}{\Delta t}, \frac{g(t+\Delta t)-g(t)}{\Delta t}, \frac{h(t+\Delta t)-h(t)}{\Delta t}\right\rangle\\ &= \left\langle \lim_{\Delta t\to 0}\frac{f(t+\Delta t)-f(t)}{\Delta t}, \lim_{\Delta t\to 0}\frac{g(t+\Delta t)-g(t)}{\Delta t}, \lim_{\Delta t\to 0}\frac{h(t+\Delta t)-h(t)}{\Delta t}\right\rangle\\ &= \langle f'(t), g'(t), h'(t)\rangle\end{aligned}$$

■

접선벡터와 같은 방향의 단위벡터를 **단위접선벡터 T**라 하고 다음과 같이 정의한다.

$$\mathbf{T}(t) = \frac{\mathbf{r}'(t)}{|\mathbf{r}'(t)|}$$

예제 1

(a) $\mathbf{r}(t) = (1 + t^3)\,\mathbf{i} + te^{-t}\,\mathbf{j} + \sin 2t\,\mathbf{k}$의 도함수를 구하여라.

(b) $t = 0$인 점에서의 단위접선벡터를 구하여라.

풀이

(a) 정리 2 에 의하여, $\mathbf{r}$의 각 성분을 미분한다.

$$\mathbf{r}'(t) = 3t^2\,\mathbf{i} + (1 - t)e^{-t}\,\mathbf{j} + 2\cos 2t\,\mathbf{k}$$

(b) $\mathbf{r}(0) = \mathbf{i}$이고 $\mathbf{r}'(0) = \mathbf{j} + 2\mathbf{k}$이므로, 점 (1, 0, 0)에서의 단위접선벡터는

$$\mathbf{T}(0) = \frac{\mathbf{r}'(0)}{|\mathbf{r}'(0)|} = \frac{\mathbf{j} + 2\mathbf{k}}{\sqrt{1+4}} = \frac{1}{\sqrt{5}}\mathbf{j} + \frac{2}{\sqrt{5}}\mathbf{k}$$

이다. ■

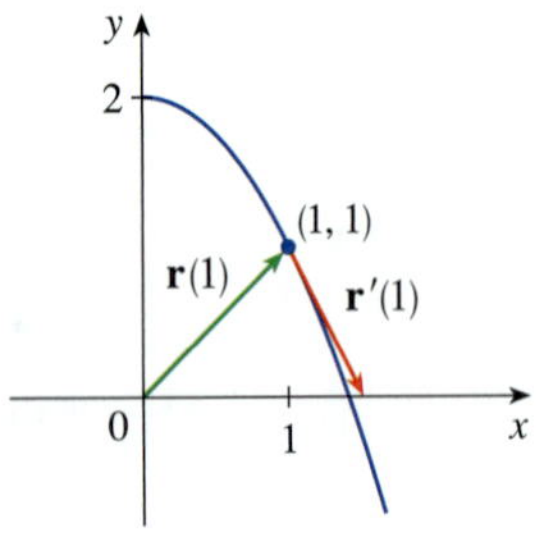

그림 2

그림 2에서 접선벡터는 t가 증가하는 방향을 가리킨다.

예제 2 곡선 $\mathbf{r}(t) = \sqrt{t}\,\mathbf{i} + (2 - t)\,\mathbf{j}$에 대하여 $\mathbf{r}'(t)$를 구하고, 위치벡터 $\mathbf{r}(1)$과 접선벡터 $\mathbf{r}'(1)$을 그려라.

풀이 $\mathbf{r}'(t) = \frac{1}{2\sqrt{t}}\mathbf{i} - \mathbf{j}$이고, $\mathbf{r}'(1) = \frac{1}{2}\mathbf{i} - \mathbf{j}$이다. 주어진 곡선은 평면곡선으로, 방정식 $x = \sqrt{t}$, $y = 2 - t$에서 매개변수를 소거하면 $y = 2 - x^2$, $x \geqslant 0$을 얻는다. 그림 2에 원점에서 시작하는 위치벡터 $\mathbf{r}(1) = \mathbf{i} + \mathbf{j}$와 대응되는 점 (1, 1)에서 시작하는 접선벡터 $\mathbf{r}'(1)$이 그려져 있다. ■

예제 3 매개변수방정식

$$x = 2\cos t \qquad y = \sin t \qquad z = t$$

를 갖는 나선에 대하여 점 $(0, 1, \pi/2)$에서 접선의 매개변수방정식을 구하여라.

예제 3의 나선과 접선이 그림 3에 그려져 있다.

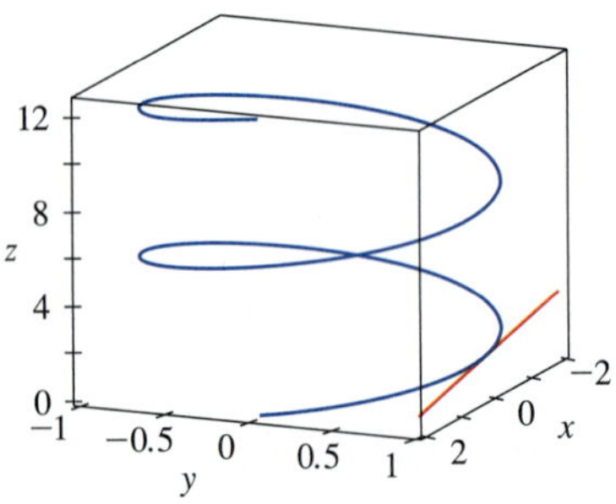

그림 3

풀이 나선의 벡터방정식이 $\mathbf{r}(t) = \langle 2\cos t, \sin t, t\rangle$이므로

$$\mathbf{r}'(t) = \langle -2\sin t, \cos t, 1\rangle$$

이다. 점 $(0, 1, \pi/2)$에 대응되는 매개변수의 값은 $t = \pi/2$이므로, 접선벡터는 $\mathbf{r}'(\pi/2) = \langle -2, 0, 1\rangle$이다. 접선은 $(0, 1, \pi/2)$를 지나고 벡터 $\langle -2, 0, 1\rangle$에 평행인 직선이므로, 11.5절의 방정식 2에 의하여 매개변수방정식은 다음과 같다.

$$x = -2t \qquad y = 1 \qquad z = \frac{\pi}{2} + t$$ ■

12.4절에서는 입자가 시간 t에서 위치벡터 $\mathbf{r}(t)$를 갖고 공간을 통해 움직일 때 $\mathbf{r}'(t)$와 $\mathbf{r}''(t)$가 속도벡터와 가속도벡터로 해석되는 방법을 보일 것이다.

실숫값 함수와 같이 벡터함수 $\mathbf{r}$의 **이계도함수**(second derivative)는 $\mathbf{r}'$의 도함수이다. 즉 $\mathbf{r}'' = (\mathbf{r}')'$이다. 예를 들면 예제 3의 함수의 이계도함수는 다음과 같다.

$$\mathbf{r}''(t) = \langle -2\cos t, -\sin t, 0\rangle$$

■ 미분법칙

다음 정리는 실숫값 함수의 미분공식에 상응하는 벡터함수의 공식이 있음을 보여준다.

3 정리 $\mathbf{u}$와 $\mathbf{v}$를 미분가능한 벡터함수, c를 스칼라, f를 실숫값 함수라 하면 다음을 얻는다.

1. $\dfrac{d}{dt}[\mathbf{u}(t) + \mathbf{v}(t)] = \mathbf{u}'(t) + \mathbf{v}'(t)$

2. $\dfrac{d}{dt}[c\mathbf{u}(t)] = c\mathbf{u}'(t)$

3. $\dfrac{d}{dt}[f(t)\,\mathbf{u}(t)] = f'(t)\,\mathbf{u}(t) + f(t)\,\mathbf{u}'(t)$

4. $\dfrac{d}{dt}[\mathbf{u}(t) \cdot \mathbf{v}(t)] = \mathbf{u}'(t) \cdot \mathbf{v}(t) + \mathbf{u}(t) \cdot \mathbf{v}'(t)$

5. $\dfrac{d}{dt}[\mathbf{u}(t) \times \mathbf{v}(t)] = \mathbf{u}'(t) \times \mathbf{v}(t) + \mathbf{u}(t) \times \mathbf{v}'(t)$

6. $\dfrac{d}{dt}[\mathbf{u}(f(t))] = f'(t)\mathbf{u}'(f(t))$ (연쇄법칙)

이 정리는 정의 [1]로부터 직접적으로 또는 정리 [2]와 실숫값 함수에서 각각 대응되는 미분공식을 이용함으로써 증명할 수 있다. 공식 4의 증명은 다음과 같다. 나머지 증명은 연습문제로 남겨둔다.

공식 4의 증명 $\mathbf{u}(t) = \langle f_1(t), f_2(t), f_3(t)\rangle$, $\mathbf{v}(t) = \langle g_1(t), g_2(t), g_3(t)\rangle$라 하면,

$$\mathbf{u}(t) \cdot \mathbf{v}(t) = f_1(t)\,g_1(t) + f_2(t)\,g_2(t) + f_3(t)\,g_3(t) = \sum_{i=1}^{3} f_i(t)\,g_i(t)$$

이므로, 곱 법칙에 의하여 다음과 같다.

$$\begin{aligned}\frac{d}{dt}[\mathbf{u}(t) \cdot \mathbf{v}(t)] &= \frac{d}{dt}\sum_{i=1}^{3} f_i(t)\,g_i(t) = \sum_{i=1}^{3}\frac{d}{dt}[f_i(t)\,g_i(t)] \\ &= \sum_{i=1}^{3}[f_i'(t)\,g_i(t) + f_i(t)\,g_i'(t)] \\ &= \sum_{i=1}^{3} f_i'(t)\,g_i(t) + \sum_{i=1}^{3} f_i(t)\,g_i'(t) \\ &= \mathbf{u}'(t) \cdot \mathbf{v}(t) + \mathbf{u}(t) \cdot \mathbf{v}'(t)\end{aligned}$$ ■

다음 정리를 증명하기 위해 공식 4를 사용한다.

[4] 정리 $|\mathbf{r}(t)| = c$(상수)이면, $\mathbf{r}'(t)$는 모든 t에 대하여 $\mathbf{r}(t)$와 직교한다.

증명

$$\mathbf{r}(t) \cdot \mathbf{r}(t) = |\mathbf{r}(t)|^2 = c^2$$

이고, c^2이 상수이므로, 정리 [3]의 공식 4에 의하여

$$0 = \frac{d}{dt}[\mathbf{r}(t) \cdot \mathbf{r}(t)] = \mathbf{r}'(t) \cdot \mathbf{r}(t) + \mathbf{r}(t) \cdot \mathbf{r}'(t) = 2\mathbf{r}'(t) \cdot \mathbf{r}(t)$$

이다. 따라서 $\mathbf{r}'(t) \cdot \mathbf{r}(t) = 0$이고, 이것은 $\mathbf{r}'(t)$가 $\mathbf{r}(t)$에 직교함을 말해준다. ■

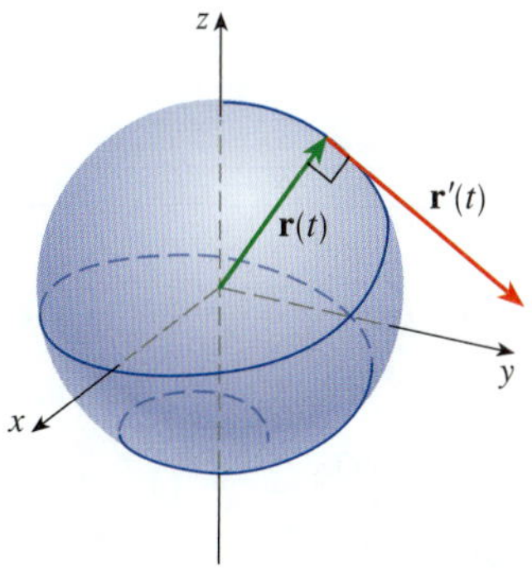

그림 4

이 결과는 기하학적으로 한 곡선이 구면 위에 놓여 있으면, 접선벡터 $\mathbf{r}'(t)$는 언제나 위치벡터 $\mathbf{r}(t)$에 수직임을 말해준다(그림 4 참조).

■ 적분

연속벡터함수 $\mathbf{r}(t)$의 **정적분**(definite integral)은 적분의 결과가 하나의 벡터라는 것을 제외하면, 실숫값 함수에 관한 것과 같은 방법으로 정의될 수 있다. 그러나 이 경우에 $\mathbf{r}$의 적분은 그의 성분함수 f, g, h의 적분으로 다음과 같이 나타낼 수 있다(5장의 기호를 쓰기로 한다).

$$\int_a^b \mathbf{r}(t)\,dt = \lim_{n\to\infty} \sum_{i=1}^{n} \mathbf{r}(t_i^*)\,\Delta t$$

$$= \lim_{n\to\infty} \left[\left(\sum_{i=1}^{n} f(t_i^*)\,\Delta t \right) \mathbf{i} + \left(\sum_{i=1}^{n} g(t_i^*)\,\Delta t \right) \mathbf{j} + \left(\sum_{i=1}^{n} h(t_i^*)\,\Delta t \right) \mathbf{k} \right]$$

이므로

$$\int_a^b \mathbf{r}(t)\,dt = \left(\int_a^b f(t)\,dt \right) \mathbf{i} + \left(\int_a^b g(t)\,dt \right) \mathbf{j} + \left(\int_a^b h(t)\,dt \right) \mathbf{k}$$

이다. 이것은 각 성분함수를 적분함으로써 벡터함수의 적분을 구할 수 있음을 의미한다.

미분적분학의 기본 정리는 다음과 같이 연속인 벡터함수에까지 그대로 확장될 수 있다. $\mathbf{R}$이 $\mathbf{r}$의 원시함수, 즉 $\mathbf{R}'(t) = \mathbf{r}(t)$일 때

$$\int_a^b \mathbf{r}(t)\,dt = \mathbf{R}(t)\Big]_a^b = \mathbf{R}(b) - \mathbf{R}(a)$$

이고, 부정적분(원시함수)에 대하여는 기호 $\int \mathbf{r}(t)\,dt$를 사용한다.

예제 4 $\mathbf{r}(t) = 2\cos t\,\mathbf{i} + \sin t\,\mathbf{j} + 2t\,\mathbf{k}$이면

$$\int \mathbf{r}(t)\,dt = \left(\int 2\cos t\,dt \right) \mathbf{i} + \left(\int \sin t\,dt \right) \mathbf{j} + \left(\int 2t\,dt \right) \mathbf{k}$$

$$= 2\sin t\,\mathbf{i} - \cos t\,\mathbf{j} + t^2\,\mathbf{k} + \mathbf{C}$$

이다. 여기서 $\mathbf{C}$는 적분의 벡터상수이다. 또

$$\int_0^{\pi/2} \mathbf{r}(t)\,dt = \Big[2\sin t\,\mathbf{i} - \cos t\,\mathbf{j} + t^2\,\mathbf{k}\Big]_0^{\pi/2} = 2\mathbf{i} + \mathbf{j} + \frac{\pi^2}{4}\mathbf{k}$$ ■

12.2 연습문제

1. 그림은 벡터함수 $\mathbf{r}(t)$에 의해 주어진 곡선 C를 나타낸다.

(a) 벡터 $\mathbf{r}(4.5) - \mathbf{r}(4)$와 $\mathbf{r}(4.2) - \mathbf{r}(4)$를 그려라.

(b) 벡터

$$\frac{\mathbf{r}(4.5) - \mathbf{r}(4)}{0.5} \text{와} \quad \frac{\mathbf{r}(4.2) - \mathbf{r}(4)}{0.2}$$

를 그려라.

(c) $\mathbf{r}'(4)$와 단위접선벡터 $\mathbf{T}(4)$를 식으로 나타내어라.

(d) $\mathbf{T}(4)$를 그려라.

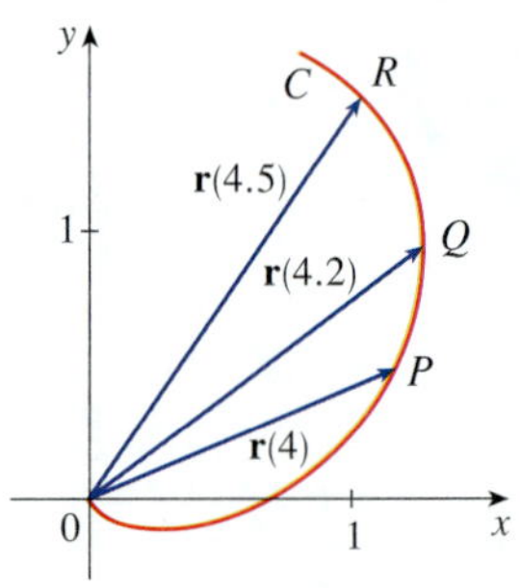

2-4
(a) 벡터함수로 주어진 평면곡선을 그려라.
(b) $\mathbf{r}'(t)$를 구하여라.
(c) 주어진 t의 값에 대하여 위치벡터 $\mathbf{r}(t)$와 접선벡터 $\mathbf{r}'(t)$를 그려라.

2. $\mathbf{r}(t) = \langle t-2, t^2+1 \rangle, \quad t=-1$

3. $\mathbf{r}(t) = e^{2t}\,\mathbf{i} + e^{t}\,\mathbf{j}, \quad t=0$

4. $\mathbf{r}(t) = 4\sin t\,\mathbf{i} - 2\cos t\,\mathbf{j}, \quad t = 3\pi/4$

5-9 벡터함수의 도함수를 구하여라.

5. $\mathbf{r}(t) = \left\langle \sqrt{t-2}, 3, 1/t^2 \right\rangle$

6. $\mathbf{r}(t) = t^2\,\mathbf{i} + \cos(t^2)\,\mathbf{j} + \sin^2 t\,\mathbf{k}$

7. $\mathbf{r}(t) = t\sin t\,\mathbf{i} + e^t\cos t\,\mathbf{j} + \sin t\cos t\,\mathbf{k}$

8. $\mathbf{r}(t) = \mathbf{a} + t\,\mathbf{b} + t^2\mathbf{c}$

9. $\mathbf{r}(t) = t\,\mathbf{a} \times (\mathbf{b} + t\,\mathbf{c})$

10-12 주어진 매개변수 t의 값을 갖는 점에서의 단위접선벡터 $\mathbf{T}(t)$를 구하여라.

10. $\mathbf{r}(t) = \left\langle t^2-2t, 1+3t, \frac{1}{3}t^3+\frac{1}{2}t^2 \right\rangle, \quad t=2$

11. $\mathbf{r}(t) = \langle \tan^{-1}t, 2e^{2t}, 8te^t \rangle, \quad t=0$

12. $\mathbf{r}(t) = \cos t\,\mathbf{i} + 3t\,\mathbf{j} + 2\sin 2t\,\mathbf{k}, \quad t=0$

13-14 곡선의 주어진 점에서 단위접선벡터 $\mathbf{T}(t)$를 구하여라.

13. $\mathbf{r}(t) = \langle t^3+1, 3t-5, 4/t \rangle, \quad (2, -2, 4)$

14. $\mathbf{r}(t) = \sin t\,\mathbf{i} + 5t\,\mathbf{j} + \cos t\,\mathbf{k}, \quad (0, 0, 1)$

15. $\mathbf{r}(t) = \langle t^4, t, t^2 \rangle$일 때 $\mathbf{r}'(t)$, $\mathbf{T}(1)$, $\mathbf{r}''(t)$, $\mathbf{r}'(t) \times \mathbf{r}''(t)$를 구하여라.

16. $\mathbf{r}(t) = \langle e^{2t}, e^{-3t}, t \rangle$일 때 $\mathbf{r}'(0)$, $\mathbf{T}(0)$, $\mathbf{r}''(0)$, $\mathbf{r}'(0) \times \mathbf{r}''(0)$를 구하여라.

17-19 주어진 점에서 매개변수방정식으로 표시된 곡선에 대한 접선의 매개변수방정식을 구하여라.

17. $x = t^2+1, \quad y = 4\sqrt{t}, \quad z = e^{t^2-t}; \quad (2, 4, 1)$

18. $x = e^{-t}\cos t, \quad y = e^{-t}\sin t, \quad z = e^{-t}; \quad (1, 0, 1)$

19. $x = \sqrt{t^2+3}, \quad y = \ln(t^2+3), \quad z = t; \quad (2, \ln 4, 1)$

20. 점 $(3, 4, 2)$에서 원기둥 $x^2+y^2=25$와 $y^2+z^2=20$의 교선에 대한 접선의 벡터방정식을 구하여라.

21. 곡선 $\mathbf{r}(t) = \langle 2\cos t, 2\sin t, e^t \rangle$, $0 \leqslant t \leqslant \pi$에서 평면 $\sqrt{3}x + y = 1$에 평행한 접선을 가지는 점을 구하여라.

22-23 주어진 점에서 매개변수방정식으로 표시된 곡선에 대한 접선의 매개변수방정식을 구하여라. 또 같은 화면에 곡선과 접선을 동시에 그려라.

22. $x = t, \ y = e^{-t}, \ z = 2t - t^2; \quad (0, 1, 0)$

23. $x = t\cos t, \ y = t, \ z = t\sin t; \quad (-\pi, \pi, 0)$

24. (a) 곡선 $\mathbf{r}(t) = \langle \sin \pi t, 2\sin \pi t, \cos \pi t \rangle$에 대해 $t=0$이고, $t=0.5$일 때의 두 접선의 교점을 구하여라.
(b) 곡선과 접선의 그래프를 모두 그려라.

25. 곡선 $\mathbf{r}_1(t) = \langle t, t^2, t^3 \rangle$과 $\mathbf{r}_2(t) = \langle \sin t, \sin 2t, t \rangle$는 원점에서 만난다. 두 직선이 만나서 이루는 교각의 각도를 소수 첫째 자리에서 반올림하여 구하여라.

26-27 적분을 구하여라.

26. $\displaystyle\int_0^2 (t\,\mathbf{i} - t^3\,\mathbf{j} + 3t^5\,\mathbf{k})\,dt$

27. $\displaystyle\int_0^1 \left(\frac{1}{t+1}\mathbf{i} + \frac{1}{t^2+1}\mathbf{j} + \frac{t}{t^2+1}\mathbf{k} \right) dt$

28. $\mathbf{r}'(t) = 2t\,\mathbf{i} + 3t^2\,\mathbf{j} + \sqrt{t}\,\mathbf{k}$이고 $\mathbf{r}(1) = \mathbf{i} + \mathbf{j}$일 때 $\mathbf{r}(t)$를 구하여라.

29. 정리 **3**의 공식 1을 증명하여라.

30. 정리 **3**의 공식 3을 증명하여라.

31. 정리 **3**의 공식 5를 증명하여라.

32. 정리 **3**의 공식 6을 증명하여라.

33. $\mathbf{u}(t) = \langle \sin t, \cos t, t \rangle$, $\mathbf{v}(t) = \langle t, \cos t, \sin t \rangle$일 때 정리 **3**의 공식 4를 이용하여

$$\frac{d}{dt}[\mathbf{u}(t) \cdot \mathbf{v}(t)]$$

를 구하여라.

34. $f(t) = \mathbf{u}(t) \cdot \mathbf{v}(t)$, $\mathbf{u}(2) = \langle 1, 2, -1 \rangle$, $\mathbf{u}'(2) = \langle 3, 0, 4 \rangle$, $\mathbf{v}(t) = \langle t, t^2, t^3 \rangle$일 때 $f'(2)$를 구하여라.

35. $\mathbf{a}$와 $\mathbf{b}$가 상수벡터이고 $\mathbf{r}(t) = \mathbf{a}\cos \omega t + \mathbf{b}$일 때, $\mathbf{r}(t) \times \mathbf{r}'(t) = \omega \mathbf{a} \times \mathbf{b}$임을 보여라.

36. $\mathbf{r}$이 벡터함수일 때 $\mathbf{r}''$이 존재하면

$$\frac{d}{dt}[\mathbf{r}(t) \times \mathbf{r}'(t)] = \mathbf{r}(t) \times \mathbf{r}''(t)$$

가 성립함을 보여라.

37. $\dfrac{d}{dt}[\mathbf{u}(t) \cdot (\mathbf{v}(t) \times \mathbf{w}(t))]$를 구하여라.

38. $\mathbf{r}(t) \neq \mathbf{0}$일 때 $\dfrac{d}{dt}|\mathbf{r}(t)| = \dfrac{1}{|\mathbf{r}(t)|}\mathbf{r}(t) \cdot \mathbf{r}'(t)$를 증명하여라.

[힌트 : $|\mathbf{r}(t)|^2 = \mathbf{r}(t) \cdot \mathbf{r}(t)$]

39. $\mathbf{u}(t) = \mathbf{r}(t) \cdot [\mathbf{r}'(t) \times \mathbf{r}''(t)]$일 때

$$\mathbf{u}'(t) = \mathbf{r}(t) \cdot [\mathbf{r}'(t) \times \mathbf{r}'''(t)]$$

임을 보여라.

12.3 호의 길이와 곡률

■ 호의 길이

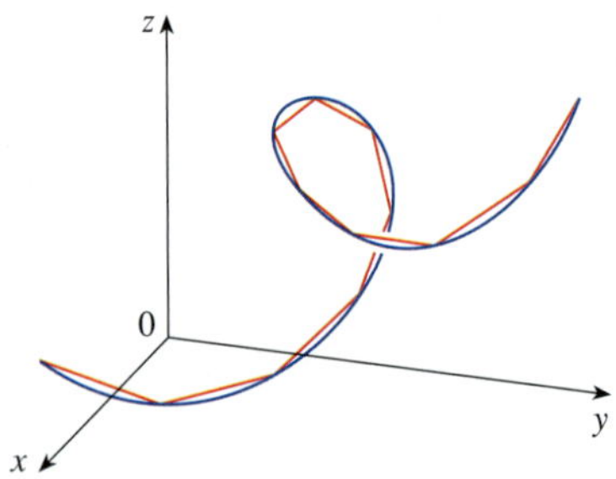

그림 1
공간곡선의 길이는 내접한 다각형의 길이의 극한이다.

9.2절에서 매개변수방정식 $x = f(t)$, $y = g(t)$ $(a \leq t \leq b)$로 주어진 평면곡선의 길이를 f'과 g'이 연속일 때 내접한 다각형의 길이의 극한으로 정의하였으며, 다음과 같은 공식을 얻을 수 있었다.

$$\boxed{1} \quad L = \int_a^b \sqrt{[f'(t)]^2 + [g'(t)]^2}\, dt = \int_a^b \sqrt{\left(\frac{dx}{dt}\right)^2 + \left(\frac{dy}{dt}\right)^2}\, dt$$

공간곡선의 길이도 같은 방법으로 정의된다(그림 1 참조). 곡선이 벡터방정식 $\mathbf{r}(t) = \langle f(t), g(t), h(t) \rangle$, $a \leq t \leq b$ 또는 이와 동치인 매개변수방정식 $x = f(t)$, $y = g(t)$, $z = h(t)$로 표현된다고 가정하고, 이때 f', g', h'이 연속이라 하자. t가 a에서 b까지 증가함에 따라 곡선이 꼭 한 번 가로질러 지나가게 된다면, 그 곡선의 길이는

$$\boxed{2} \quad \begin{aligned} L &= \int_a^b \sqrt{[f'(t)]^2 + [g'(t)]^2 + [h'(t)]^2}\, dt \\ &= \int_a^b \sqrt{\left(\frac{dx}{dt}\right)^2 + \left(\frac{dy}{dt}\right)^2 + \left(\frac{dz}{dt}\right)^2}\, dt \end{aligned}$$

임을 보일 수 있다.

호의 길이공식 1과 2는 모두 다음의 더 간략한 형태로 나타낼 수 있다.

다음 절에서, $\mathbf{r}(t)$가 시각 t에서 움직이는 물체의 위치벡터일 때, $\mathbf{r}'(t)$는 속도벡터로 정의하고 $|\mathbf{r}'(t)|$는 속력으로 정의한다. 따라서 공식 3은 속력을 적분하면 물체가 이동한 거리를 구할수 있음을 의미한다.

$$\boxed{3} \quad L = \int_a^b |\mathbf{r}'(t)|\, dt$$

왜냐하면 평면곡선 $\mathbf{r}(t) = f(t)\,\mathbf{i} + g(t)\,\mathbf{j}$에 대하여

$$|\mathbf{r}'(t)| = |f'(t)\,\mathbf{i} + g'(t)\,\mathbf{j}| = \sqrt{[f'(t)]^2 + [g'(t)]^2}$$

이고 공간곡선 $\mathbf{r}(t) = f(t)\,\mathbf{i} + g(t)\,\mathbf{j} + h(t)\,\mathbf{k}$에 대하여

$$|\mathbf{r}'(t)| = |f'(t)\,\mathbf{i} + g'(t)\,\mathbf{j} + h'(t)\,\mathbf{k}| = \sqrt{[f'(t)]^2 + [g'(t)]^2 + [h'(t)]^2}$$

이기 때문이다.

그림 2는 예제 1에서 길이를 구한 나선의 호를 보여준다.

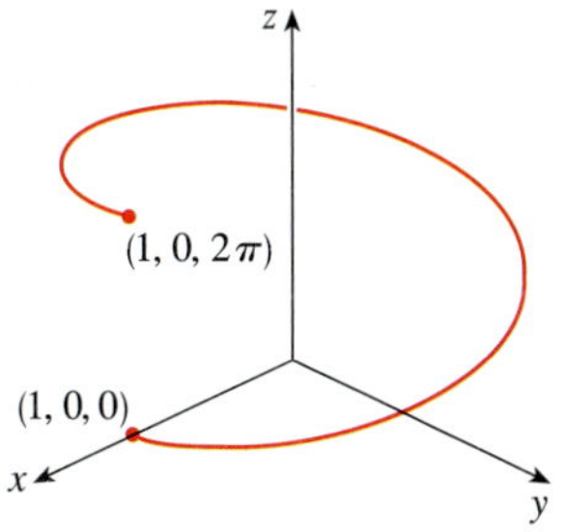

그림 2

예제 1 벡터방정식 $\mathbf{r}(t) = \cos t\,\mathbf{i} + \sin t\,\mathbf{j} + t\,\mathbf{k}$를 갖는 원형나선 위의 점 $(1, 0, 0)$에서 점 $(1, 0, 2\pi)$까지의 호의 길이를 구하여라.

풀이 $\mathbf{r}'(t) = -\sin t\,\mathbf{i} + \cos t\,\mathbf{j} + \mathbf{k}$이므로

$$|\mathbf{r}'(t)| = \sqrt{(-\sin t)^2 + \cos^2 t + 1} = \sqrt{2}$$

를 얻는다. $(1, 0, 0)$에서 $(1, 0, 2\pi)$까지의 호는 매개변수 구간 $0 \leq t \leq 2\pi$에 의하여 표시되므로, 공식 [3]으로부터

$$L = \int_0^{2\pi} |\mathbf{r}'(t)|\,dt = \int_0^{2\pi} \sqrt{2}\,dt = 2\sqrt{2}\pi$$

를 얻는다. ■

단일 곡선 C는 몇 개의 벡터함수로 나타낼 수 있다. 예를 들면, 비틀린 삼차곡선

[4] $$\mathbf{r}_1(t) = \langle t, t^2, t^3 \rangle \qquad 1 \leq t \leq 2$$

는 매개변수 t와 u 사이의 관계가 $t = e^u$으로 주어질 때 함수

[5] $$\mathbf{r}_2(u) = \langle e^u, e^{2u}, e^{3u} \rangle \qquad 0 \leq u \leq \ln 2$$

로도 나타낼 수 있다. 방정식 [4]와 [5]를 곡선 C의 **매개변수화**(parametrizations)라 말한다. 방정식 [4]와 [5]를 사용하여 C의 길이를 계산할 때, 방정식 [3]을 이용하여도 같은 답을 얻게 된다. 왜냐하면 호의 길이는 곡선의 기하학적 특성이므로 매개변수화와 무관하기 때문이다.

■ 호의 길이함수

이제 C가 벡터함수 $\mathbf{r}(t) = f(t)\,\mathbf{i} + g(t)\,\mathbf{j} + h(t)\,\mathbf{k}$ $(a \leq t \leq b)$로 주어진 곡선이고, $\mathbf{r}'$이 연속이고 t가 a에서 b까지 증가할 때 C는 꼭 한 번 가로질러 지나가게 된다고 가정하자. 호의 **길이함수**(arc length function) s를 다음과 같이 정의한다.

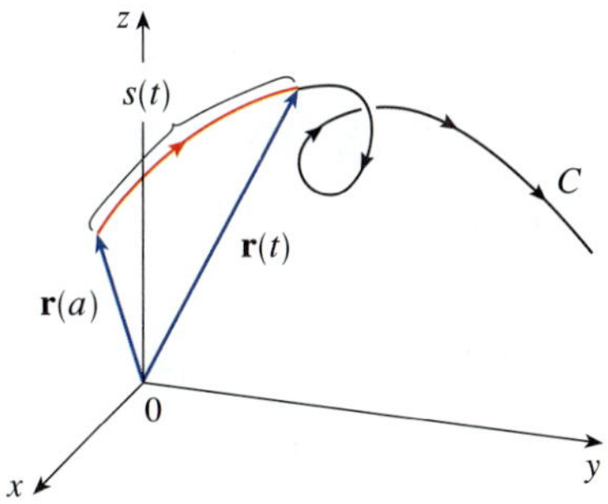

그림 3

[6] $$s(t) = \int_a^t |\mathbf{r}'(u)|\,du = \int_a^t \sqrt{\left(\frac{dx}{du}\right)^2 + \left(\frac{dy}{du}\right)^2 + \left(\frac{dz}{du}\right)^2}\,du$$

(9.2절 식 [7]과 비교하여라.) 따라서 $s(t)$는 곡선 C의 $\mathbf{r}(a)$와 $\mathbf{r}(t)$ 사이의 길이이다(그림 3 참조). 미적분학의 기본 정리의 앞부분을 이용하여, 방정식 [6]의 양변을 미분하면,

[7] $$\frac{ds}{dt} = |\mathbf{r}'(t)|$$

를 얻는다.

호의 길이는 특정한 좌표계나 매개변수화에 좌우되지 않고 곡선의 모양에 따라 자연스럽게 생기는 것이므로 곡선을 호의 길이로 매개변수화하는 것은 종종 유용하다. 곡선 $\mathbf{r}(t)$가 이미 매개변수 t의 항들로 주어져 있고, $s(t)$가 방정식 [6]에 의하여 주어진 호의 길이함수이면 t를 s에 관한 함수 $t = t(s)$로 풀 수도 있다. 그러면 곡선은 t를 대입함으로써 $\mathbf{r} = \mathbf{r}(t(s))$와 같이 s에 관한 항들에 의하여 재매개변수화를 할 수 있다. 따라서 $s = 3$

이면, 예를 들어 $\mathbf{r}(t(3))$은 출발점에서 곡선을 따라 길이가 3단위 되는 점의 위치벡터이다.

예제 2 나선 $\mathbf{r}(t) = \cos t\,\mathbf{i} + \sin t\,\mathbf{j} + t\mathbf{k}$를 시작점 (1, 0, 0)으로부터 t가 증가하는 방향으로 잰 호의 길이에 관하여 재매개변수화를 하여라.

풀이 시작점 (1, 0, 0)은 매개변수값 $t = 0$에 해당한다. 예제 1로부터

$$\frac{ds}{dt} = |\mathbf{r}'(t)| = \sqrt{2}$$

이므로 $$s = s(t) = \int_0^t |\mathbf{r}'(u)|\,du = \int_0^t \sqrt{2}\,du = \sqrt{2}\,t$$

를 얻는다. 따라서 $t = s/\sqrt{2}$이고, 구하는 재매개변수화는 t를 대입함으로써

$$\mathbf{r}(t(s)) = \cos\left(s/\sqrt{2}\right)\mathbf{i} + \sin\left(s/\sqrt{2}\right)\mathbf{j} + \left(s/\sqrt{2}\right)\mathbf{k}$$

로 얻어진다.

■ 곡률

구간 I에서 매개변수화 $\mathbf{r}(t)$는 $\mathbf{r}'$이 연속이고 $\mathbf{r}'(t) \neq \mathbf{0}$일 때 **매끄럽다**(smooth)고 한다. 곡선이 매끄러운 매개변수화를 가지면 **매끄럽다**고 한다. 매끄러운 곡선은 뾰족한 모퉁이나 첨점이 없고 접선벡터 방향을 바꿀 때 연속적으로 방향을 바꾼다.

C가 벡터함수 $\mathbf{r}$로 정의되는 매끄러운 곡선이면 단위접선벡터는

$$\mathbf{T}(t) = \frac{\mathbf{r}'(t)}{|\mathbf{r}'(t)|}$$

로 주어지고, 곡선의 방향을 나타내준다는 것을 상기하자. 그림 4로부터 $\mathbf{T}(t)$는 C가 거의 직선일 때에는 방향을 아주 천천히 바꾸지만, C가 더욱 예리하게 구부러지거나 꼬여 있을 때에는 방향을 더 빠르게 바꾼다는 것을 알 수 있다.

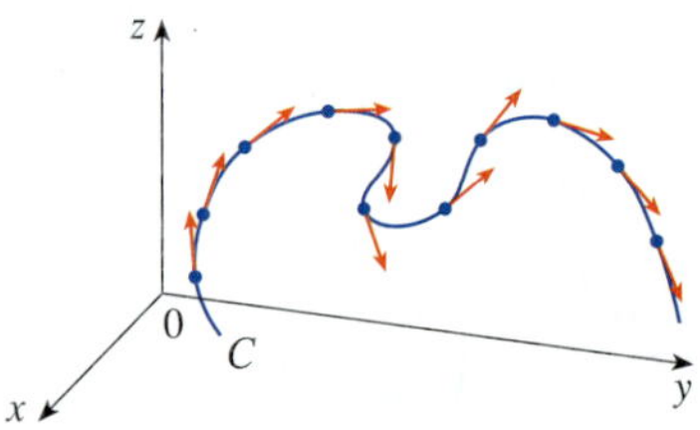

그림 4
곡선 C 위의 같은 간격에 있는 점들에서의 단위접선벡터

주어진 점에서의 곡률은 그 점에서 곡선이 얼마나 빠르게 방향을 바꾸는가 하는 것을 잰 것이다. 정확하게는, 곡률은 호의 길이에 대한 단위접선벡터의 변화율의 크기로 정의된다(호의 길이를 사용하였으므로 이 정의는 매개변수화에 의존하지 않는다). 단위접선벡터의 길이가 일정하기 때문에 방향의 변화만 $\mathbf{T}$의 변화율에 영향을 미친다.

8 정의 곡선의 **곡률**(curvature) κ는, $\mathbf{T}$가 단위접선벡터일 때

$$\kappa = \left|\frac{d\mathbf{T}}{ds}\right|$$

이다.

곡률은 s보다는 매개변수 t로 표시되면 좀더 쉽게 계산되므로, 연쇄법칙(12.2절의 정리 3의 공식 6)을 이용하여

$$\frac{d\mathbf{T}}{dt} = \frac{d\mathbf{T}}{ds}\frac{ds}{dt} \quad \Rightarrow \quad \kappa = \left|\frac{d\mathbf{T}}{ds}\right| = \left|\frac{d\mathbf{T}/dt}{ds/dt}\right|$$

와 같이 쓴다. 그러나 방정식 7로부터 $ds/dt = |\mathbf{r}'(t)|$이므로

9
$$\kappa(t) = \frac{|\mathbf{T}'(t)|}{|\mathbf{r}'(t)|}$$

이다.

예제 3 반지름이 a인 원의 곡률이 $1/a$임을 보여라.

$$\mathbf{r}(t) = a\cos t\,\mathbf{i} + a\sin t\,\mathbf{j}$$

이다. 따라서 $\mathbf{r}'(t) = -a\sin t\,\mathbf{i} + a\cos t\,\mathbf{j}$이고 $|\mathbf{r}'(t)| = a$이므로

$$\mathbf{T}(t) = \frac{\mathbf{r}'(t)}{|\mathbf{r}'(t)|} = -\sin t\,\mathbf{i} + \cos t\,\mathbf{j}$$

이고,
$$\mathbf{T}'(t) = -\cos t\,\mathbf{i} - \sin t\,\mathbf{j}$$

이다. 이것으로부터 $|\mathbf{T}'(t)| = 1$이므로 방정식 9를 이용하면

$$\kappa(t) = \frac{|\mathbf{T}'(t)|}{|\mathbf{r}'(t)|} = \frac{1}{a}$$

을 얻는다. ■

예제 3의 결과는 우리의 직관대로 작은 원이 큰 곡률을 가지고, 큰 원이 작은 곡률을 가짐을 보여준다. 곡률의 정의로부터 직선의 곡률은 접선벡터가 일정하므로 언제나 0이라는 것을 바로 알 수 있다.

공식 9가 곡률을 계산하는 모든 경우에 이용될 수 있으나, 다음 정리에서 주어지는 공식이 때로는 더 편리하게 이용될 수 있다.

10 정리 벡터함수 $\mathbf{r}$로 주어진 곡선의 곡률은

$$\kappa(t) = \frac{|\mathbf{r}'(t) \times \mathbf{r}''(t)|}{|\mathbf{r}'(t)|^3}$$

이다.

증명 $\mathbf{T} = \mathbf{r}'/|\mathbf{r}'|$이고, $|\mathbf{r}'| = ds/dt$이므로

$$\mathbf{r}' = |\mathbf{r}'|\mathbf{T} = \frac{ds}{dt}\mathbf{T}$$

이다. 따라서 곱 법칙(12.2절의 정리 3의 공식 3)에 의하여

$$\mathbf{r}'' = \frac{d^2s}{dt^2}\mathbf{T} + \frac{ds}{dt}\mathbf{T}'$$

이다. $\mathbf{T} \times \mathbf{T} = 0$이므로(11.4절의 예제 2 참조),

$$\mathbf{r}' \times \mathbf{r}'' = \left(\frac{ds}{dt}\right)^2 (\mathbf{T} \times \mathbf{T}')$$

이다. 이제 모든 t에 대하여 $|\mathbf{T}(t)| = 1$이므로, 12.2절의 예제 4에 의하여 $\mathbf{T}$와 $\mathbf{T}'$은 직교한다. 따라서 11.4절의 정리 **9**에 의하여

$$|\mathbf{r}' \times \mathbf{r}''| = \left(\frac{ds}{dt}\right)^2 |\mathbf{T} \times \mathbf{T}'| = \left(\frac{ds}{dt}\right)^2 |\mathbf{T}||\mathbf{T}'| = \left(\frac{ds}{dt}\right)^2 |\mathbf{T}'|$$

따라서
$$|\mathbf{T}'| = \frac{|\mathbf{r}' \times \mathbf{r}''|}{(ds/dt)^2} = \frac{|\mathbf{r}' \times \mathbf{r}''|}{|\mathbf{r}'|^2}$$

이고
$$\kappa = \frac{|\mathbf{T}'|}{|\mathbf{r}'|} = \frac{|\mathbf{r}' \times \mathbf{r}''|}{|\mathbf{r}'|^3}$$

이다. ■

예제 4 일반적인 점과 (0, 0, 0)에서 비틀린 삼차곡선 $\mathbf{r}(t) = \langle t, t^2, t^3 \rangle$의 곡률을 구하여라.

풀이 먼저 필요한 성분들을 계산한다.

$$\mathbf{r}'(t) = \langle 1, 2t, 3t^2 \rangle \qquad \mathbf{r}''(t) = \langle 0, 2, 6t \rangle$$

$$|\mathbf{r}'(t)| = \sqrt{1 + 4t^2 + 9t^4}$$

$$\mathbf{r}'(t) \times \mathbf{r}''(t) = \begin{vmatrix} \mathbf{i} & \mathbf{j} & \mathbf{k} \\ 1 & 2t & 3t^2 \\ 0 & 2 & 6t \end{vmatrix} = 6t^2\,\mathbf{i} - 6t\,\mathbf{j} + 2\,\mathbf{k}$$

$$|\mathbf{r}'(t) \times \mathbf{r}''(t)| = \sqrt{36t^4 + 36t^2 + 4} = 2\sqrt{9t^4 + 9t^2 + 1}$$

이제 정리 **10**으로부터

$$\kappa(t) = \frac{|\mathbf{r}'(t) \times \mathbf{r}''(t)|}{|\mathbf{r}'(t)|^3} = \frac{2\sqrt{1 + 9t^2 + 9t^4}}{(1 + 4t^2 + 9t^4)^{3/2}}$$

이다. 원점에서의 곡률은 $\kappa(0) = 2$이다. ■

방정식이 $y = f(x)$인 평면곡선의 특별한 경우에는 x를 매개변수로 택하여, $\mathbf{r}(x) = x\,\mathbf{i} + f(x)\,\mathbf{j}$로 쓸 수 있다. 이때에는 $\mathbf{r}'(x) = \mathbf{i} + f'(x)\,\mathbf{j}$, $\mathbf{r}''(x) = f''(x)\,\mathbf{j}$이고 $\mathbf{i} \times \mathbf{j} = \mathbf{k}$, $\mathbf{j} \times \mathbf{j} = \mathbf{0}$이므로 $\mathbf{r}'(x) \times \mathbf{r}''(x) = f''(x)\,\mathbf{k}$를 얻는다. 또 $|\mathbf{r}'(x)| = \sqrt{1 + [f'(x)]^2}$이므로 정리 **10**에 의하여 다음과 같다.

11

$$\kappa(x) = \frac{|f''(x)|}{[1 + (f'(x))^2]^{3/2}}$$

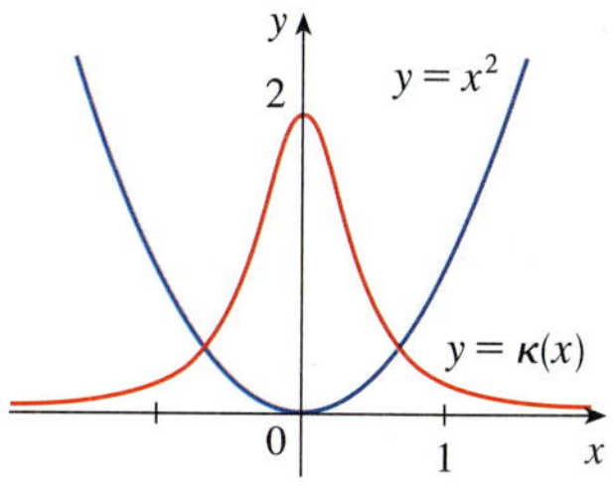

그림 5
포물선 $y = x^2$과 곡률함수

예제 5 점 (0, 0), (1, 1), (2, 4)에서 포물선 $y = x^2$의 곡률을 구하여라.

풀이 $y' = 2x$, $y'' = 2$이므로 공식 **11**에 의하여 다음을 얻는다.

$$\kappa(x) = \frac{|y''|}{[1 + (y')^2]^{3/2}} = \frac{2}{(1 + 4x^2)^{3/2}}$$

(0, 0)에서의 곡률은 $\kappa(0) = 2$이다. (1, 1)에서는 $\kappa(1) = 2/5^{3/2} \approx 0.18$이고 (2, 4)에서는 $\kappa(2) = 2/17^{3/2} \approx 0.03$이다. $\kappa(x)$의 식이나 그림 5의 그래프에서 $x \to \pm\infty$에 따라 $\kappa(x) \to 0$임을 살펴보아라. 그것은 포물선이 $x \to \pm\infty$일 때 더 평탄해진다는 사실과 부합한다. ■

법선벡터는 각 점에서 곡선이 굽어지는 방향을 가리킨다고 생각할 수 있다.

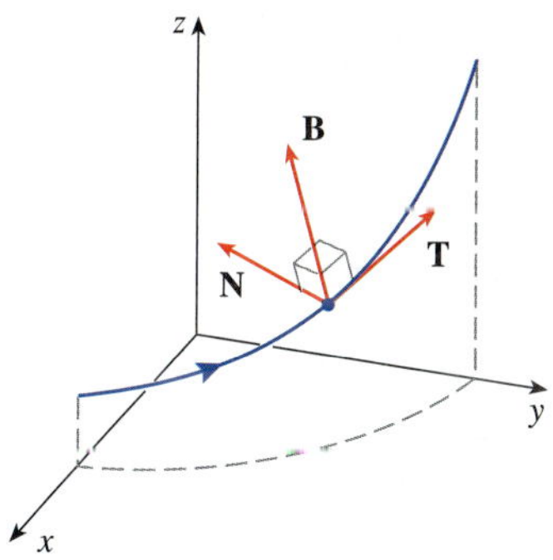

그림 6

법선벡터와 종법선벡터

매끄러운 공간곡선 $\mathbf{r}(t)$ 위의 주어진 점에는 단위접선벡터 $\mathbf{T}(t)$와 직교하는 벡터가 많이 있다. 모든 t에 대하여 $|\mathbf{T}(t)| = 1$이므로 12.2절의 예제 4에 의하여 $\mathbf{T}(t) \cdot \mathbf{T}'(t) = 0$이고, 따라서 $\mathbf{T}'(t)$는 $\mathbf{T}(t)$와 직교한다는 사실을 관찰하여 그들 중 하나를 선별할 수 있다. $\mathbf{T}'(t)$ 자신은 단위벡터가 아님에 주목하여라. 그러나 $\kappa \neq 0$인 어떤 점에서든 **주단위법선벡터**(principal unit normal vector 또는 줄여서 **단위법선벡터**) $\mathbf{N}(t)$를

$$\mathbf{N}(t) = \frac{\mathbf{T}'(t)}{|\mathbf{T}'(t)|}$$

와 같이 정의할 수 있다. 벡터

$$\mathbf{B}(t) = \mathbf{T}(t) \times \mathbf{N}(t)$$

를 **종법선벡터**(binormal vector)라고 한다. 이 벡터는 $\mathbf{T}$와 $\mathbf{N}$ 모두에 수직인 단위벡터이다(그림 6 참조).

그림 7은 예제 6의 나선 위의 두 지점에서의 벡터 **T**, **N**, **B**를 보여주고 있다. 일반적으로 곡선 위의 점에서 시작하는 벡터 **T**, **N**, **B**는 직교벡터의 집합을 이룬다. 이것은 t가 변함에 따라 곡선을 따라 움직이는 것으로 **TNB**틀(frame)이라고 한다. 이 **TNB**틀은 미분기하학으로 알려진 수학의 분야와 우주선의 운동에 대한 응용으로 중요한 역할을 한다.

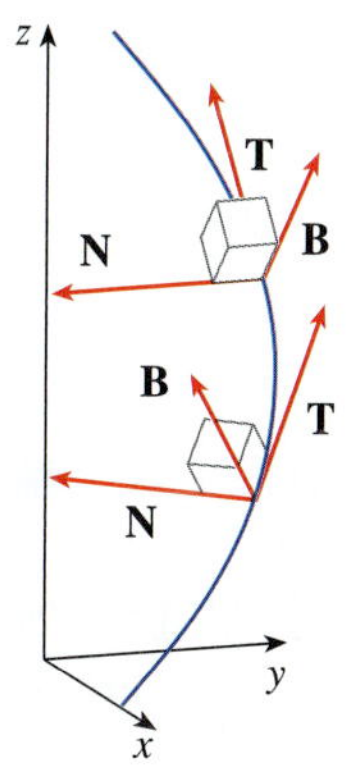

그림 7

예제 6 원형나선

$$\mathbf{r}(t) = \cos t\,\mathbf{i} + \sin t\,\mathbf{j} + t\,\mathbf{k}$$

에 대한 단위법선벡터와 종법선벡터를 구하여라.

풀이

$$\mathbf{r}'(t) = -\sin t\,\mathbf{i} + \cos t\,\mathbf{j} + \mathbf{k} \qquad |\mathbf{r}'(t)| = \sqrt{2}$$

$$\mathbf{T}(t) = \frac{\mathbf{r}'(t)}{|\mathbf{r}'(t)|} = \frac{1}{\sqrt{2}}(-\sin t\,\mathbf{i} + \cos t\,\mathbf{j} + \mathbf{k})$$

$$\mathbf{T}'(t) = \frac{1}{\sqrt{2}}(-\cos t\,\mathbf{i} - \sin t\,\mathbf{j}) \qquad |\mathbf{T}'(t)| = \frac{1}{\sqrt{2}}$$

$$\mathbf{N}(t) = \frac{\mathbf{T}'(t)}{|\mathbf{T}'(t)|} = -\cos t\,\mathbf{i} - \sin t\,\mathbf{j} = \langle -\cos t, -\sin t, 0 \rangle$$

이것은 나선 위의 모든 점에서 단위법선벡터가 수평이고 z축을 가리키고 있음을 보여준다. 따라서 종법선벡터는 다음과 같다.

$$\mathbf{B}(t) = \mathbf{T}(t) \times \mathbf{N}(t) = \frac{1}{\sqrt{2}} \begin{bmatrix} \mathbf{i} & \mathbf{j} & \mathbf{k} \\ -\sin t & \cos t & 1 \\ -\cos t & -\sin t & 0 \end{bmatrix} = \frac{1}{\sqrt{2}} \langle \sin t, -\cos t, 1 \rangle$$ ■

예제 7 곡선 $\mathbf{r}(t) = \langle t, \sqrt{2} \ln t, 1/t \rangle$의 점 $(1, 0, 1)$에서 단위접선벡터, 단위법선벡터, 종법선벡터를 구하여라.

풀이 먼저 $\mathbf{T}$와 $\mathbf{T}'$을 t에 관한 함수로 표현해보자.

$$\mathbf{r}'(t) = \langle 1, \sqrt{2}/t, -1/t^2 \rangle$$

$$|\mathbf{r}'(t)| = \sqrt{1 + \frac{2}{t^2} + \frac{1}{t^4}} = \frac{1}{t^2}\sqrt{t^4 + 2t^2 + 1}$$

$$= \frac{1}{t^2}\sqrt{(t^2+1)^2} = \frac{1}{t^2}(t^2+1) \qquad (t^2 + 1 > 0\text{이므로})$$

$$\mathbf{T}(t) = \frac{\mathbf{r}'(t)}{|\mathbf{r}'(t)|} = \frac{t^2}{(t^2+1)}\left\langle 1, \frac{\sqrt{2}}{t}, -\frac{1}{t^2} \right\rangle = \frac{1}{(t^2+1)}\langle t^2, \sqrt{2}t, -1 \rangle$$

$\mathbf{T}$를 미분하기 위해 공식 **3**과 12.2절의 정리 **3**을 사용하면

$$\mathbf{T}'(t) = \frac{-2t}{(t^2+1)^2}\langle t^2, \sqrt{2}t, -1 \rangle + \frac{1}{(t^2+1)}\langle 2t, \sqrt{2}, 0 \rangle$$

점 $(1, 0, 1)$은 $t = 1$에 대응되므로

$$\mathbf{T}(1) = \tfrac{1}{2}\langle 1, \sqrt{2}, -1 \rangle$$

$$\mathbf{T}'(1) = -\tfrac{1}{2}\langle 1, \sqrt{2}, -1 \rangle + \tfrac{1}{2}\langle 2, \sqrt{2}, 0 \rangle = \tfrac{1}{2}\langle 1, 0, 1 \rangle$$

$$\mathbf{N}(1) = \frac{\mathbf{T}'(1)}{|\mathbf{T}'(1)|} = \frac{\frac{1}{2}\langle 1, 0, 1 \rangle}{\frac{1}{2}\sqrt{1+0+1}} = \frac{1}{\sqrt{2}}\langle 1, 0, 1 \rangle$$

$$\mathbf{B}(1) = \mathbf{T}(1) \times \mathbf{N}(1) = \frac{1}{2\sqrt{2}}\langle \sqrt{2}, -2, -\sqrt{2} \rangle = \tfrac{1}{2}\langle 1, -\sqrt{2}, -1 \rangle$$

이고 공식 **9**에 의해 곡률은 다음과 같다.

$$\kappa(1) = \frac{|\mathbf{T}'(1)|}{|\mathbf{r}'(1)|} = \frac{\sqrt{2}/2}{2} = \frac{\sqrt{2}}{4}$$

$\kappa(1)$을 구할 때 정리 **10**을 사용해도 같은 답이 나오는 것을 확인할 수 있다. ■

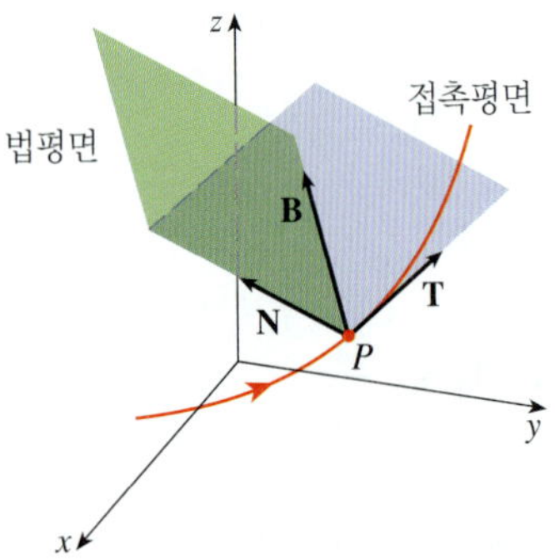

그림 8

곡선 C 위의 점 P에서 법선벡터 $\mathbf{N}$과 종법선벡터 $\mathbf{B}$에 의하여 결정되는 평면을 P에서의 C의 **법평면**(normal plane)이라 한다. 이 평면은 접선벡터 $\mathbf{T}$와 직교하는 모든 직선들로 이루어져 있다. 벡터 $\mathbf{T}$와 $\mathbf{N}$에 의하여 결정되는 평면을 P에서의 C의 **접촉평면**

(osculating plane)이라 한다. 이 이름은 kiss를 뜻하는 라틴어 osculum에서 나온 것이다. 이 평면은 P 근방의 곡선부분을 가장 가까운 위치에서 포함하는 평면이다(평면곡선에 대하여는, 접촉평면은 단순히 그 곡선을 포함하는 평면이다).

곡선 C의 점 P에서 **곡률원**(또는 접촉원, circle of curvature)은 접촉평면에서 P를 지나고 반지름이 $1/\kappa$이며 중심이 P로부터 벡터 $\mathbf{N}$이 가리키는 방향으로 $1/\kappa$만큼 떨어져 있는 원을 말한다. 이 원의 중심을 곡선 C의 점 P에서의 곡률중심이라 한다. 곡률원은 곡선 C가 P 근방에서 어떻게 생겼는지를 가장 잘 묘사하는 원으로 볼 수 있다. 점 P에서 C와 같은 접선벡터, 법선벡터, 곡률을 공유한다. 그림 9에 평면곡선의 두 곡률원을 나타내었다.

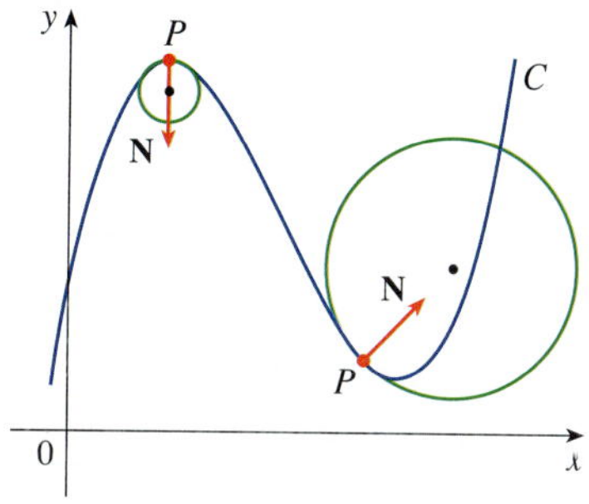

그림 9

그림 10은 예제 8의 나선과 접촉평면을 보여준다.

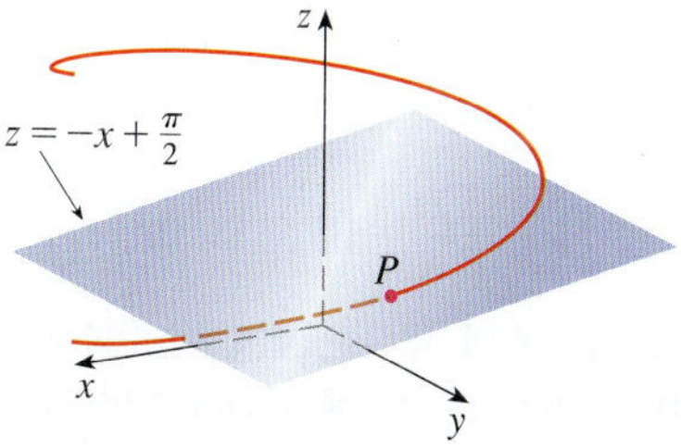

그림 10

예제 8 점 $P(0, 1, \pi/2)$에서 예제 6의 나선에 대한 법평면과 접촉평면의 방정식을 구하여라.

풀이 점 P는 $t = \pi/2$에 해당하고 법평면에는 법선벡터 $\mathbf{r}'(\pi/2) = \langle -1, 0, 1\rangle$이 있다. 따라서 법평면의 방정식은

$$-1(x - 0) + 0(y - 1) + 1\left(z - \frac{\pi}{2}\right) = 0 \quad \text{즉} \quad z = x + \frac{\pi}{2}$$

이다. P에서의 접촉평면은 벡터 $\mathbf{T}$와 $\mathbf{N}$을 포함하므로, 접촉평면에 수직인 벡터는 $\mathbf{T} \times \mathbf{N} = \mathbf{B}$이다. 예제 6으로부터

$$\mathbf{B}(t) = \frac{1}{\sqrt{2}}\langle \sin t, -\cos t, 1\rangle \qquad \mathbf{B}\left(\frac{\pi}{2}\right) = \left\langle \frac{1}{\sqrt{2}}, 0, \frac{1}{\sqrt{2}} \right\rangle$$

이다. 벡터 $\langle 1, 0, 1\rangle$은 $\mathbf{B}(\pi/2)$에 평행하다(따라서 접촉평면과 수직이다). 그러므로 접촉평면의 방정식은 다음과 같다.

$$1(x - 0) + 0(y - 1) + 1\left(z - \frac{\pi}{2}\right) = 0 \quad \text{즉} \quad z = -x + \frac{\pi}{2}$$

■

예제 9 원점에서 포물선 $y = x^2$의 접촉원을 구하고, 그래프로 나타내어라.

풀이 예제 5로부터 원점에서 포물선의 곡률은 $\kappa(0) = 2$이다. 따라서 원점에서 접촉원의 반지름은 $1/\kappa = \frac{1}{2}$이다. $\mathbf{N} = \langle 0, 1\rangle$ 방향으로 이 길이만큼 나아가서 (접선벡터는 원

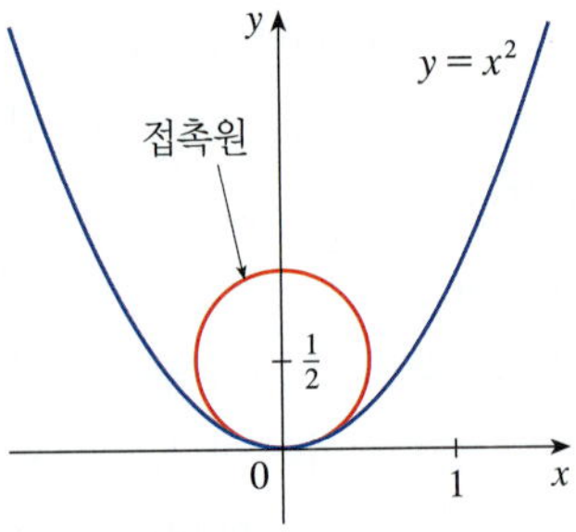

그림 11
원과 포물선이 원점에서 비슷하게 구부러져 있음을 주목하라.

점에서 수평이고 따라서 법선벡터는 수직이다) 곡률의 중심 $(0, \frac{1}{2})$에 도달한다. 따라서 곡률원의 방정식은

$$x^2 + (y - \tfrac{1}{2})^2 = \tfrac{1}{4}$$

이다. 이 원은 그림 11에 그려져 있다. ■

단위접선벡터, 단위법선벡터, 종법선벡터 및 곡률에 관한 공식을 요약하면 다음과 같다.

$$\mathbf{T}(t) = \frac{\mathbf{r}'(t)}{|\mathbf{r}'(t)|} \qquad \mathbf{N}(t) = \frac{\mathbf{T}'(t)}{|\mathbf{T}'(t)|} \qquad \mathbf{B}(t) = \mathbf{T}(t) \times \mathbf{N}(t)$$

$$\kappa = \left|\frac{d\mathbf{T}}{ds}\right| = \frac{|\mathbf{T}'(t)|}{|\mathbf{r}'(t)|} = \frac{|\mathbf{r}'(t) \times \mathbf{r}''(t)|}{|\mathbf{r}'(t)|^3}$$

12.3 연습문제

1. (a) 식 2를 이용하여 주어진 선분의 길이를 구하여라.
(b) 두 점 사이의 거리 공식을 이용하여 길이를 계산하고 (a)의 결과와 비교하여라.

$$\mathbf{r}(t) = \langle 3 - t, 2t, 4t + 1\rangle, \quad 1 \leqslant t \leqslant 3$$

2-4 주어진 곡선의 길이를 구하여라.

2. $\mathbf{r}(t) = \langle t, 3\cos t, 3\sin t\rangle, \quad -5 \leqslant t \leqslant 5$

3. $\mathbf{r}(t) = \sqrt{2}\,t\,\mathbf{i} + e^t\,\mathbf{j} + e^{-t}\,\mathbf{k}, \quad 0 \leqslant t \leqslant 1$

4. $\mathbf{r}(t) = \mathbf{i} + t^2\,\mathbf{j} + t^3\,\mathbf{k}, \quad 0 \leqslant t \leqslant 1$

T **5-6** 소수 넷째 자리까지 정확하게 호의 길이를 구하여라.

5. $\mathbf{r}(t) = \langle t^2, t^3, t^4\rangle, \quad 0 \leqslant t \leqslant 2$

6. $\mathbf{r}(t) = \langle \cos \pi t, 2t, \sin 2\pi t\rangle$, $(1, 0, 0)$에서 $(1, 4, 0)$까지

7. C를 포물기둥 $x^2 = 2y$와 곡면 $3z = xy$가 교차하는 곡선이라 하자. 원점으로부터 점 $(6, 18, 36)$까지 C의 정확한 길이를 구하여라.

8-9
(a) 점 P에서 t가 증가하는 방향으로 측정한 곡선의 길이의 함수를 구하고 이를 이용하여 곡선을 재매개변수화하여라.
(b) 점 P에서 (t가 증가하는 방향으로) 길이가 4인 곡선의 점을 구하여라.

8. $\mathbf{r}(t) = (5 - t)\,\mathbf{i} + (4t - 3)\,\mathbf{j} + 3t\,\mathbf{k}, \quad P(4, 1, 3)$

9. $\mathbf{r}(t) = e^t \sin t\,\mathbf{i} + e^t \cos t\,\mathbf{j} + \sqrt{2}e^t\,\mathbf{k}, \quad P(0, 1, \sqrt{2})$

10. 점 $(0, 0, 3)$에서 곡선 $x = 3\sin t$, $y = 4t$, $z = 3\cos t$를 따라 양의 방향으로 5만큼 움직였다고 하자. 이때 위치는 어디인가?

11. 곡선 $\mathbf{r}(t) = \left(\dfrac{2}{t^2+1} - 1\right)\mathbf{i} + \dfrac{2t}{t^2+1}\mathbf{j}$를 점 $(1, 0)$에서 t가 증가하는 방향으로 잰 호의 길이에 대하여 재매개변수화하여 가장 간단한 형태로 나타내어라. 그 곡선에 대해서 어떤 결론을 내릴 수 있겠는가?

12-15
(a) 단위접선벡터 $\mathbf{T}(t)$와 단위법선벡터 $\mathbf{N}(t)$를 구하여라.
(b) 공식 9를 이용하여 곡률을 구하여라.

12. $\mathbf{r}(t) = \langle t^2, \sin t - t\cos t, \cos t + t\sin t\rangle, \quad t > 0$

13. $\mathbf{r}(t) = \langle t, t^2, 4\rangle$

14. $\mathbf{r}(t) = \langle t, \frac{1}{2}t^2, t^2\rangle$

15. $\mathbf{r}(t) = \langle \sqrt{2}\,t, e^t, e^{-t}\rangle$

16. 정리 10을 이용하여 $\mathbf{r}(t) = \sqrt{6}\,t^2\,\mathbf{i} + 2t\,\mathbf{j} + 2t^3\,\mathbf{k}$의 곡률을 구하여라.

17. 점 $(1, 1, 1)$에서 $\mathbf{r}(t) = \langle t, t^2, t^3\rangle$의 곡률을 구하여라.

18-19 공식 [11]을 이용하여 곡률을 구하여라.

18. $y = x^4$ **19.** $y = xe^x$

20-21 다음 곡선은 어떤 점에서 최대곡률을 갖는가? $x \to \infty$일 때 곡률은 어떻게 되는가?

20. $y = \ln x$ **21.** $y = e^x$

22. (a) 다음 그림의 곡선 C에서 점 P와 Q 중 어느 점에서 곡률이 더 큰가? 설명하여라.

(b) 점 P와 Q에서 곡률원을 그려서 그 점에서의 곡률을 추정하여라.

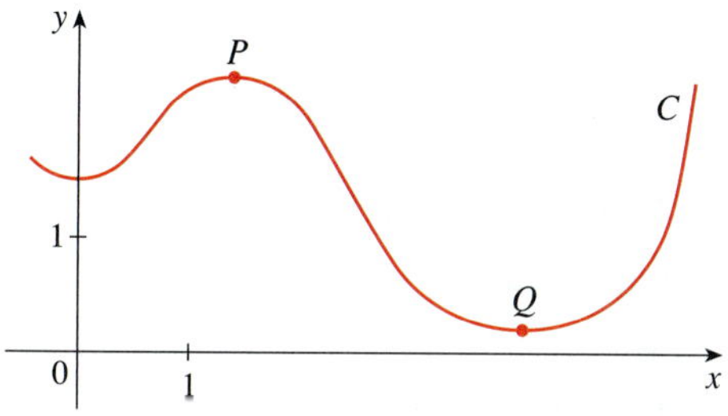

23. 두 그래프 a와 b가 주어져 있다. 하나는 $y = f(x)$의 그래프이며, 다른 하나는 곡률함수 $y = \kappa(x)$이다. 각 그래프를 판별하고 이유를 설명하여라.

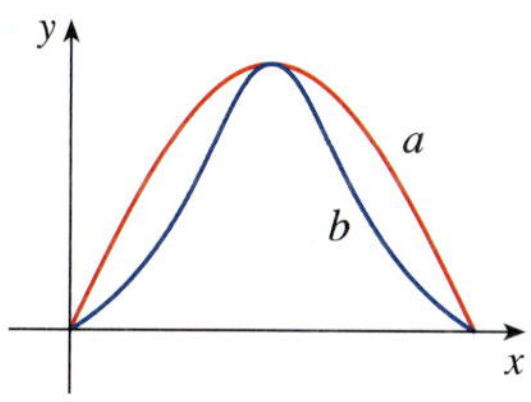

T **24.** 12.1절 그림 3(b)는 곡선 $\mathbf{r}(t) = \left\langle t - \frac{3}{2}\sin t, 1 - \frac{3}{2}\cos t, t\right\rangle$의 그래프이다. 어디에서 곡률이 가장 크다고 생각하는가? 컴퓨터 대수시스템을 이용하여 곡률함수를 구하고 그래프를 그려라. 가장 큰 곡률을 가지는 t의 값을 구하여라.

25. 함수족 $f(x) = e^{cx}$의 각 함수에 대해서 $x = 0$에서 곡률을 구하여라. 이 함수들 중 가장 큰 $\kappa(0)$을 가지는 것은 무엇인가?

26. 주어진 점에서 벡터 $\mathbf{T}$, $\mathbf{N}$, $\mathbf{B}$를 구하여라.

$$\mathbf{r}(t) = \left\langle t^2, \tfrac{2}{3}t^3, t\right\rangle, \quad \left(1, \tfrac{2}{3}, 1\right)$$

27. 점 $(0, 1, 2\pi)$에서 곡선 $x = \sin 2t$, $y = -\cos 2t$, $z = 4t$의 법평면과 접촉평면의 방정식을 구하여라.

28. 점 $(2, 0)$과 $(0, 3)$에서 타원 $9x^2 + 4y^2 = 36$의 접촉원을 구하여라. 그래핑 계산기나 컴퓨터를 사용하여 같은 화면에 타원과 접촉원을 모두 그려라.

29. 곡선 $x = t^3$, $y = 3t$, $z = t^4$ 위의 어느 점에서 그 법평면이 평면 $6x + 6y - 8z = 1$과 평행한가?

30. 점 $(1, 1, 1)$에서 포물기둥 $x = y^2$과 $z = x^2$의 교선에 대한 법평면과 접촉평면의 방정식을 구하여라.

31. 곡선 $\mathbf{r}(t) = \langle e^t \cos t, e^t \sin t, e^t\rangle$의 모든 점에서 단위접선벡터와 z축 사이의 각을 구하여라. 단위법선벡터와 종법선벡터 사이의 각도 이와 같음을 보여라.

32. 곡률 κ는 방정식

$$\frac{d\mathbf{T}}{ds} = \kappa \mathbf{N}$$

에 의하여 접선벡터 및 법선벡터와 연관되어 있음을 보여라.

33. 축폐선 매끄러운 곡선 C의 곡률의 중심으로 생성되는 곡선을 **축폐선**(evolute)이라 한다.

(a) 벡터함수 $\mathbf{r}$로 주어지는 곡선의 축폐선이 다음과 같음을 보여라.

$$\mathbf{r}_e(t) = \mathbf{r}(t) + \frac{1}{\kappa(t)}\mathbf{N}(t) \qquad \kappa(t) \neq 0$$

(b) 예제 6의 나선의 축폐선을 구하여라.

(c) 예제 5의 포물선의 축폐선을 구하여라.

34. 평면곡선 벡터함수 $\mathbf{r}(t) = \langle x(t), y(t), z(t)\rangle$로 주어지는 공간곡선 C가 평면상에 있으면 **평면적**(planar)이라 한다.

(a) 곡선 C가 평면적일 필요충분조건은 모든 t에 대하여 모두가 영은 아닌 상수 a, b, c, d가 존재하여 $ax(t) + by(t) + cz(t) = d$가 성립하는 것임을 보여라.

(b) C가 평면적이면 종법선벡터 $\mathbf{B}$는 C를 포함하는 평면에 수직임을 보여라.

(c) C가 평면곡선이면 모든 점 t에서 C의 비틀림률이 항상 0임을 보여라.

(d) 곡선 $\mathbf{r}(t) = \langle t, 2t, t^2\rangle$이 평면적임을 보이고 곡선을 포함하는 평면의 방정식을 구하여라. 이 방정식을 이용하여 종법선벡터 $\mathbf{B}$를 구하여라.

12.4 공간에서의 운동: 속도와 가속도

이 절에서는 접선벡터, 법선벡터와 곡률의 개념이 공간곡선을 따라 움직이는 물체의 속도와 가속도에 관련된 운동을 연구하기 위하여 물리학에 어떻게 이용될 수 있는가를 알아본다. 특히 이 방법을 이용하여 케플러의 행성운동 제1법칙을 유도하는 데 뉴턴의 선례를 따르기로 한다.

■ 속도, 속력, 가속도

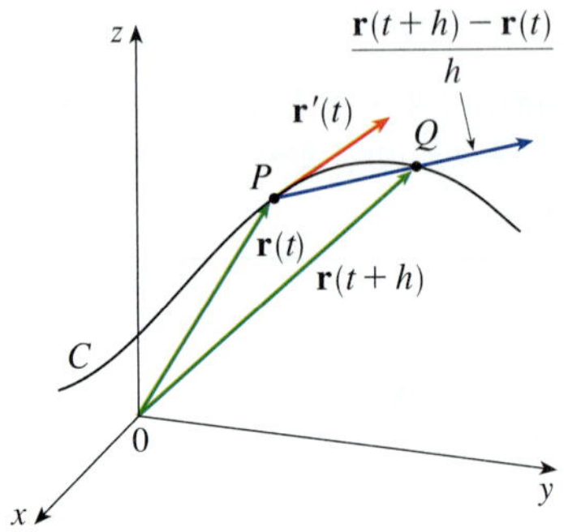

그림 1

한 질점이 시각 t에서 위치벡터가 $\mathbf{r}(t)$가 되도록 공간 속을 움직인다고 하자. 그림 1로부터 작은 값 h에 대하여 벡터

1 $$\frac{\mathbf{r}(t+h)-\mathbf{r}(t)}{h}$$

는 곡선 $\mathbf{r}(t)$를 따라 움직이는 질점의 방향에 접근한다는 것을 유의하자. 그 크기는 단위 시간당 변위벡터의 규모로 측정한다. 벡터 **1**은 길이 h인 시간구간에서의 평균속도이고, 극한은 시각 t에서의 **속도벡터**(velocity vector)

2 $$\mathbf{v}(t)=\lim_{h\to 0}\frac{\mathbf{r}(t+h)-\mathbf{r}(t)}{h}=\mathbf{r}'(t)$$

를 나타낸다. 따라서 속도벡터는 접선벡터로 접선의 방향을 가리킨다.

시각 t에서의 질점의 **속력**(speed)은 속도벡터의 크기, 즉 $|\mathbf{v}(t)|$이다. 이것은 방정식 **2**와 12.3절의 **7**로부터

$$|\mathbf{v}(t)|=|\mathbf{r}'(t)|=\frac{ds}{dt}=\text{시간에 관한 거리의 변화율}$$

이 성립하기 때문에 적절하다고 하겠다. 일차원 운동의 경우와 같이, 질점의 **가속도**(acceleration)는 속도의 도함수

$$\mathbf{a}(t)=\mathbf{v}'(t)=\mathbf{r}''(t)$$

로 정의된다.

예제 1 평면 위를 운동하는 물체의 위치벡터가 $\mathbf{r}(t)=t^3\,\mathbf{i}+t^2\,\mathbf{j}$로 주어진다. $t=1$일 때의 속도, 속력 및 가속도를 구하고, 기하학적으로 설명하여라.

풀이 시각 t일 때의 속도와 가속도는

$$\mathbf{v}(t)=\mathbf{r}'(t)=3t^2\,\mathbf{i}+2t\,\mathbf{j} \qquad \mathbf{a}(t)=\mathbf{r}''(t)=6t\,\mathbf{i}+2\,\mathbf{j}$$

이고, 속력은

$$|\mathbf{v}(t)|=\sqrt{(3t^2)^2+(2t)^2}=\sqrt{9t^4+4t^2}$$

이다. $t=1$일 때

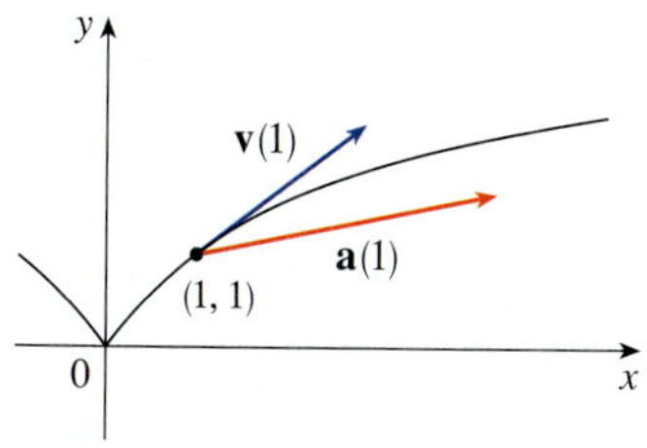

그림 2

$$\mathbf{v}(1) = 3\,\mathbf{i} + 2\,\mathbf{j} \qquad \mathbf{a}(1) = 6\,\mathbf{i} + 2\,\mathbf{j} \qquad |\mathbf{v}(1)| = \sqrt{13}$$

을 얻는다. 이들 속도와 가속도벡터를 그림 2에서 볼 수 있다. ■

예제 2 위치벡터가 $\mathbf{r}(t) = \langle t^2, e^t, te^t \rangle$인 질점의 속도, 가속도 및 속력을 구하여라.

풀이

$$\mathbf{v}(t) = \mathbf{r}'(t) = \langle 2t, e^t, (1 + t)e^t \rangle$$

$$\mathbf{a}(t) = \mathbf{v}'(t) = \langle 2, e^t, (2 + t)e^t \rangle$$

$$|\mathbf{v}(t)| = \sqrt{4t^2 + e^{2t} + (1 + t)^2 e^{2t}}$$ ■

그림 3은 예제 2에서 $t = 1$일 때 속도벡터와 가속도벡터를 갖는 질점의 경로를 보여준다.

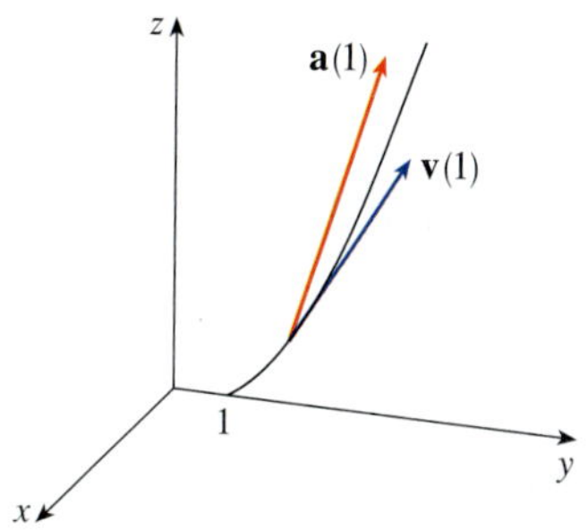

그림 3

NOTE 앞서 곡선은 다양하게 매개변수화할 수 있지만 기하적 성질(호의 길이, 곡률, 비틀림률)은 매개변수화에 의존하지 않는다는 것을 보았다. 반면에 속도, 속력, 가속도는 매개변수화에 의존한다. 곡선을 도로로 생각하면 매개변수화는 도로를 따라 이동하는 방법을 표현한다고 볼 수 있다. 도로의 길이와 곡률은 이동하는 방법에 따라 달라지지 않지만 속도와 가속도는 달라진다.

다음 예제에서와 같이 속도 또는 가속도벡터를 알고 있을 때 위치벡터를 구하려면, 12.2절에서 설명한 벡터적분을 이용할 수 있다.

예제 3 움직이는 질점이 처음 위치 $\mathbf{r}(0) = \langle 1, 0, 0 \rangle$에서 초기속도 $\mathbf{v}(0) = \mathbf{i} - \mathbf{j} + \mathbf{k}$로 출발한다. 가속도가 $\mathbf{a}(t) = 4t\,\mathbf{i} + 6t\,\mathbf{j} + \mathbf{k}$일 때, 시각 t에서의 속도와 위치를 구하여라.

풀이 $\mathbf{a}(t) = \mathbf{v}'(t)$이므로

$$\mathbf{v}(t) = \int \mathbf{a}(t)\,dt = \int (4t\,\mathbf{i} + 6t\,\mathbf{j} + \mathbf{k})\,dt$$
$$= 2t^2\,\mathbf{i} + 3t^2\,\mathbf{j} + t\,\mathbf{k} + \mathbf{C}$$

를 얻는다. 상수벡터 $\mathbf{C}$의 값을 결정하기 위하여, $\mathbf{v}(0) = \mathbf{i} - \mathbf{j} + \mathbf{k}$를 이용한다. 위의 방정식에서 $\mathbf{v}(0) = \mathbf{C}$이므로 $\mathbf{C} = \mathbf{i} - \mathbf{j} + \mathbf{k}$이고

$$\mathbf{v}(t) = 2t^2\,\mathbf{i} + 3t^2\,\mathbf{j} + t\,\mathbf{k} + \mathbf{i} - \mathbf{j} + \mathbf{k}$$
$$= (2t^2 + 1)\,\mathbf{i} + (3t^2 - 1)\,\mathbf{j} + (t + 1)\,\mathbf{k}$$

이다. $\mathbf{v}(t) = \mathbf{r}'(t)$이므로

$$\mathbf{r}(t) = \int \mathbf{v}(t)\,dt$$
$$= \int [(2t^2 + 1)\,\mathbf{i} + (3t^2 - 1)\,\mathbf{j} + (t + 1)\,\mathbf{k}]\,dt$$
$$= \left(\tfrac{2}{3}t^3 + t\right)\mathbf{i} + (t^3 - t)\,\mathbf{j} + \left(\tfrac{1}{2}t^2 + t\right)\mathbf{k} + \mathbf{D}$$

를 얻는다. $t = 0$이라 놓으면, $\mathbf{D} = \mathbf{r}(0) = \mathbf{i}$이므로 다음과 같다.

$$\mathbf{r}(t) = \left(\tfrac{2}{3}t^3 + t + 1\right)\mathbf{i} + (t^3 - t)\,\mathbf{j} + \left(\tfrac{1}{2}t^2 + t\right)\mathbf{k}$$ ■

예제 3에서 얻은 $\mathbf{r}(t)$에 대한 식을 이용하여 그림 4에서 $0 \leq t \leq 3$에 대한 질점의 경로를 그린다.

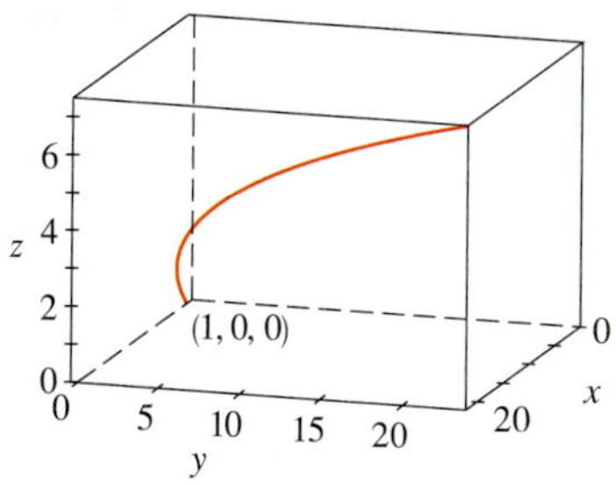

그림 4

일반적으로 벡터적분은 가속도를 알 때는 속도를, 속도를 알 때에는 위치를 다시 찾을 수 있게 해준다.

$$\mathbf{v}(t) = \mathbf{v}(t_0) + \int_{t_0}^{t} \mathbf{a}(u)\,du \qquad \mathbf{r}(t) = \mathbf{r}(t_0) + \int_{t_0}^{t} \mathbf{v}(u)\,du$$

한 질점에 가해지는 힘이 알려져 있을 때, 가속도를 뉴턴의 제2운동법칙으로부터 알 수 있다. 이 법칙을 벡터의 관점에서 기술하면 임의의 시각 t에서 질량 m인 물체에 힘 $\mathbf{F}(t)$가 작용하여 가속도 $\mathbf{a}(t)$가 생긴다면

$$\mathbf{F}(t) = m\mathbf{a}(t)$$

이다.

예제 4 타원경로를 따라 등각속도 ω로 움직이는 질량 m인 물체의 위치벡터가 $\mathbf{r}(t) = a\cos\omega t\,\mathbf{i} + a\sin\omega t\,\mathbf{j}$이다. 물체에 가해진 힘을 구하고, 그것이 원점을 향하고 있음을 보여라.

위치 P로 움직이는 물체의 각속도는 $\omega = d\theta/dt$이다. 이때 θ는 그림 5에서 보여주는 각이다.

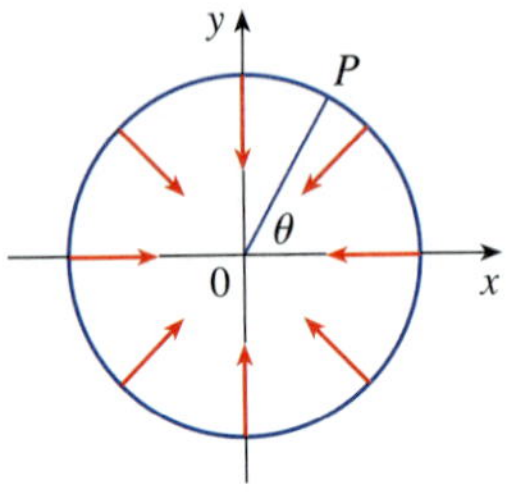

그림 5

풀이 힘을 구하기 위해서는 먼저 가속도를 알아야 한다.

$$\mathbf{v}(t) = \mathbf{r}'(t) = -a\omega\sin\omega t\,\mathbf{i} + a\omega\cos\omega t\,\mathbf{j}$$

$$\mathbf{a}(t) = \mathbf{v}'(t) = -a\omega^2\cos\omega t\,\mathbf{i} - a\omega^2\sin\omega t\,\mathbf{j}$$

따라서 뉴턴의 제2운동법칙에 의하여, 구하는 힘은

$$\mathbf{F}(t) = m\mathbf{a}(t) = -m\omega^2(a\cos\omega t\,\mathbf{i} + a\sin\omega t\,\mathbf{j})$$

이다. 이것은 곧 $\mathbf{F}(t) = -m\omega^2\,\mathbf{r}(t)$를 나타내는 것으로, 동경벡터 $\mathbf{r}(t)$에 대하여 반대 방향으로 작용하여 원점을 가리키고 있음을 보여준다(그림 5 참조). 이와 같은 힘을 **구심력**(centripetal force)이라 부른다. ■

■ 발사체 운동

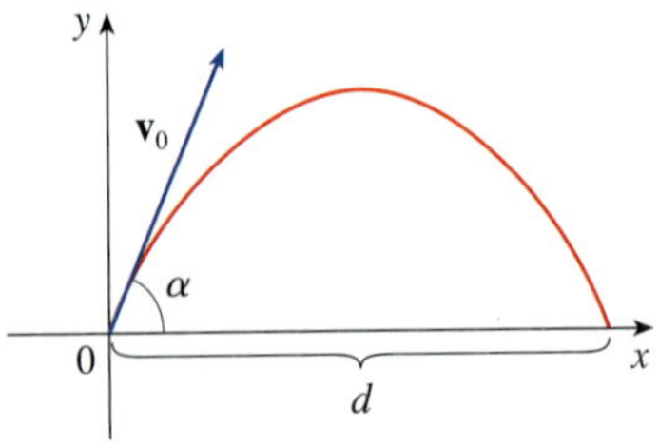

그림 6

예제 5 발사체가 앙각 α, 초기속도 $\mathbf{v}_0$로 발사되었다(그림 6 참조). 공기저항을 무시하고 외부에서 작용하는 힘은 중력뿐이라고 할 때, 발사체의 위치함수 $\mathbf{r}(t)$를 구하여라. α가 얼마일 때 사거리(도달한 수평거리)가 최대가 되는가?

풀이 발사체가 원점에서 출발하도록 좌표축을 정한다. 중력에 의한 힘은 아래로 작용하므로, $g = |\mathbf{a}| \approx 9.8\text{m/s}^2$일 때

$$\mathbf{F} = m\mathbf{a} = -mg\,\mathbf{j}$$

이다. 따라서

$$\mathbf{a} = -g\,\mathbf{j}$$

이고, $\mathbf{v}'(t) = \mathbf{a}$이므로,

$$\mathbf{v}(t) = -gt\,\mathbf{j} + \mathbf{C}$$

이다. 여기에서 $\mathbf{C} = \mathbf{v}(0) = \mathbf{v}_0$이다. 그러므로

$$\mathbf{r}'(t) = \mathbf{v}(t) = -gt\,\mathbf{j} + \mathbf{v}_0$$

이고, 이 식을 다시 적분하면

$$\mathbf{r}(t) = -\tfrac{1}{2}gt^2\,\mathbf{j} + t\,\mathbf{v}_0 + \mathbf{D}$$

이다. 그런데 $\mathbf{D} = \mathbf{r}(0) = \mathbf{0}$이므로, 발사체의 위치벡터는

3 $$\mathbf{r}(t) = -\tfrac{1}{2}gt^2\,\mathbf{j} + t\,\mathbf{v}_0$$

이다. 이제 $|\mathbf{v}_0| = v_0$(발사체의 초기속력)라 두면,

$$\mathbf{v}_0 = v_0\cos\alpha\,\mathbf{i} + v_0\sin\alpha\,\mathbf{j}$$

와 방정식 **3**으로부터

$$\mathbf{r}(t) = (v_0\cos\alpha)t\,\mathbf{i} + \left[(v_0\sin\alpha)t - \tfrac{1}{2}gt^2\right]\mathbf{j}$$

를 얻는다. 그러므로 탄도의 매개변수방정식은

방정식 4에서 t를 소거하면 y는 x의 2차 함수가 된다. 따라서 발사체의 그래프는 포물선의 일부분이다.

4 $$x = (v_0\cos\alpha)t \qquad y = (v_0\sin\alpha)t - \tfrac{1}{2}gt^2$$

이다. 도달거리 d는 $y = 0$일 때의 x의 값이다. $y = 0$이라 두면, $t = 0$ 또는 $t = (2v_0\sin\alpha)/g$를 얻는다. t의 후자의 값으로부터

$$d = x = (v_0\cos\alpha)\frac{2v_0\sin\alpha}{g} = \frac{v_0^2(2\sin\alpha\cos\alpha)}{g} = \frac{v_0^2\sin 2\alpha}{g}$$

를 얻고, d는 $\sin 2\alpha = 1$, 즉 $\alpha = 45°$일 때 최댓값을 갖는다. ■

예제 6 어떤 발사체가 초기속도 150m/s, 상승각도 30°로 지상 10m의 위치에서 발사되었다. 이 발사체가 땅에 닿는 곳은 어디이며, 그때의 속력은 얼마인가?

풀이 지면을 원점으로 생각하면 발사체의 초기 위치는 (0, 10)이며, 따라서 방정식 **4**에서 y에 대한 표현식에 10을 더하여 방정식을 조정할 필요가 있다. $v_0 = 150\text{m/s}$, $\alpha = 30°$, $g = 9.8\text{m/s}^2$이므로

$$x = 150\cos(30°)t = 75\sqrt{3}\,t$$
$$y = 10 + 150\sin(30°)t - \tfrac{1}{2}(9.8)t^2 = 10 + 75t - 4.9t^2$$

$y = 0$일 때 땅에 닿으므로 $4.9t^2 - 75t - 10 = 0$이다. 이 2차방정식을 풀면(t가 양수인 경우에 대해서만)

$$t = \frac{75 + \sqrt{5625 + 196}}{9.8} \approx 15.44$$

이다. 그러므로 $x \approx 75\sqrt{3}(15.44) \approx 2006$, 즉 2006m 떨어진 곳에 발사체가 떨어지게 된다. 발사체의 속도는

$$\mathbf{v}(t) = \mathbf{r}'(t) = 75\sqrt{3}\,\mathbf{i} + (75 - 9.8t)\,\mathbf{j}$$

이며, 따라서 속력은 다음과 같다.

$$|\mathbf{v}(15.44)| = \sqrt{(75\sqrt{3})^2 + (75 - 9.8 \cdot 15.44)^2} \approx 151 \text{ m/s}$$ ■

■ 가속도의 접선성분과 법선성분

질점의 운동을 연구할 때에 흔히 가속도를 두 개의 성분, 즉 하나는 접선방향으로, 다른 하나는 법선방향으로 분해하는 것이 유용하다. 입자의 속력을 $v = |\mathbf{v}|$로 나타내면

$$\mathbf{T}(t) = \frac{\mathbf{r}'(t)}{|\mathbf{r}'(t)|} = \frac{\mathbf{v}(t)}{|\mathbf{v}(t)|} = \frac{\mathbf{v}}{v}$$

이고, 따라서 $\mathbf{v} = v\mathbf{T}$이다. 이 방정식의 양변을 t에 관하여 미분하면

5 $$\mathbf{a} = \mathbf{v}' = v'\mathbf{T} + v\mathbf{T}'$$

을 얻는다. 12.3절의 방정식 **9** 에 주어진 곡률에 관한 표현식을 구하면

6 $$\kappa = \frac{|\mathbf{T}'|}{|\mathbf{r}'|} = \frac{|\mathbf{T}'|}{v}, \quad \text{따라서 } |\mathbf{T}'| = \kappa v$$

이다. 12.3절에서 단위법선벡터를 $\mathbf{N} = \mathbf{T}'/|\mathbf{T}'|$으로 정의하였으므로, **6** 에 의하여

$$\mathbf{T}' = |\mathbf{T}'|\mathbf{N} = \kappa v \mathbf{N}$$

이고, 방정식 **5** 는

7 $$\boxed{\mathbf{a} = v'\mathbf{T} + \kappa v^2 \mathbf{N}}$$

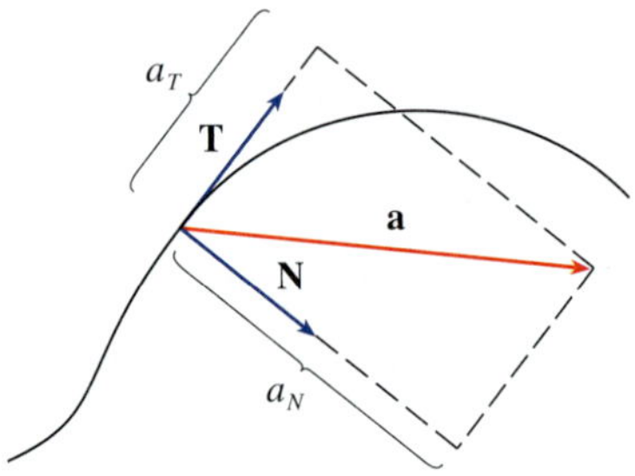

그림 7

이 된다. 가속도의 접선 및 법선성분을 a_T와 a_N으로 나타내면

$$\mathbf{a} = a_T\mathbf{T} + a_N\mathbf{N}$$

이고, 여기에서

8 $$a_T = v' \text{ 이고 } a_N = \kappa v^2$$

이다. 이 같은 분해를 그림 7에서 볼 수 있다.

공식 **7** 의 의미를 살펴보자. 먼저 주목할 수 있는 것은 종법선벡터 **B**가 없다는 것이다. 즉, 물체가 공간에서 어떻게 움직이든 가속도는 항상 **T**와 **N**이 만드는 평면(접촉평면)에 놓인다는 것이다(**T**는 운동의 방향을 지시하며, **N**은 곡선이 구부러지는 방향을 제시해준다). 다음으로 가속도벡터의 접선성분은 속력의 변화율인 v'이라는 점이다. 그리고 법선성분은 속력의 제곱과 곡률의 곱인 κv^2이다. 이것은 차 안에 타고 있는 승객들을 상상해보면 이해가 될 것이다. 즉, 길이 급격하게 구부러져 있다는 것은 곡률의 값이 크다는 것을 의미하므로 운동에 직교하는 가속도 성분(가속도의 법선성분)도 크며, 따라서 승객은 차문 반대쪽으로 밀려 내던져질 것이다. 속력을 2배로 하면 a_N은 4배만큼 증가하게 된다.

방정식 **8** 에서 가속도의 접선성분과 법선성분을 나타내는 식을 얻었지만, $\mathbf{r}$, $\mathbf{r}'$, $\mathbf{r}''$

으로 나타나는 식을 얻는 것이 바람직하다. 이를 위하여 $\mathbf{v} = v\mathbf{T}$와 식 7의 $\mathbf{a}$의 내적을 구하면

$$\begin{aligned}\mathbf{v} \cdot \mathbf{a} &= v\mathbf{T} \cdot (v'\mathbf{T} + \kappa v^2\mathbf{N}) \\ &= vv'\mathbf{T} \cdot \mathbf{T} + \kappa v^3\mathbf{T} \cdot \mathbf{N} \\ &= vv' \qquad (\mathbf{T} \cdot \mathbf{T} = 1\text{이고 } \mathbf{T} \cdot \mathbf{N} = 0\text{이므로})\end{aligned}$$

이므로 다음과 같다.

9 $$a_T = v' = \frac{\mathbf{v} \cdot \mathbf{a}}{v} = \frac{\mathbf{r}'(t) \cdot \mathbf{r}''(t)}{|\mathbf{r}'(t)|}$$

12.3절의 정리 10에서 주어진 곡률공식을 이용하면

10 $$a_N = \kappa v^2 = \frac{|\mathbf{r}'(t) \times \mathbf{r}''(t)|}{|\mathbf{r}'(t)|^3}|\mathbf{r}'(t)|^2 = \frac{|\mathbf{r}'(t) \times \mathbf{r}''(t)|}{|\mathbf{r}'(t)|}$$

를 얻는다.

예제 7 질점이 위치함수 $\mathbf{r}(t) = \langle t^2, t^2, t^3\rangle$으로 움직인다. 가속도의 접선 및 법선성분을 구하여라.

풀이

$$\begin{aligned}\mathbf{r}(t) &= t^2\,\mathbf{i} + t^2\,\mathbf{j} + t^3\,\mathbf{k} \\ \mathbf{r}'(t) &= 2t\,\mathbf{i} + 2t\,\mathbf{j} + 3t^2\,\mathbf{k} \\ \mathbf{r}''(t) &= 2\,\mathbf{i} + 2\,\mathbf{j} + 6t\,\mathbf{k} \\ |\mathbf{r}'(t)| &= \sqrt{8t^2 + 9t^4}\end{aligned}$$

따라서 방정식 9에 의하여 접선성분은

$$a_T = \frac{\mathbf{r}'(t) \cdot \mathbf{r}''(t)}{|\mathbf{r}'(t)|} = \frac{8t + 18t^3}{\sqrt{8t^2 + 9t^4}}$$

이다.

$$\mathbf{r}'(t) \times \mathbf{r}''(t) = \begin{vmatrix} \mathbf{i} & \mathbf{j} & \mathbf{k} \\ 2t & 2t & 3t^2 \\ 2 & 2 & 6t \end{vmatrix} = 6t^2\,\mathbf{i} - 6t^2\,\mathbf{j}$$

이므로, 방정식 10에 의하여 법선성분은

$$a_N = \frac{|\mathbf{r}'(t) \times \mathbf{r}''(t)|}{|\mathbf{r}'(t)|} = \frac{6\sqrt{2}\,t^2}{\sqrt{8t^2 + 9t^4}}$$

이다. ■

■ 케플러의 행성운동법칙

이제 이 장의 내용이 케플러의 행성운동법칙을 증명하는 데 어떻게 이용되는가를 보

임으로써 미분적분학의 커다란 업적 중의 하나를 설명한다. 덴마크의 천문학자 브라헤(Tycho Brahe)가 천체관측을 연구한 지 20년 만에 독일의 수학자이자 천문학자인 케플러(Johannes Kepler, 1571~1630)는 다음의 세 법칙을 공식화하였다.

케플러의 법칙

1. 행성은 태양을 한 초점으로 하는 타원궤도를 따라 태양 주위를 공전한다.
2. 태양과 행성을 연결하는 선분은 동일한 시간 동안에 동일한 넓이를 갖는 부분을 통과한다.
3. 행성의 공전주기의 제곱은 그 궤도의 장축의 길이의 세제곱에 비례한다.

뉴턴은 1687년 그의 저서《프린키피아》(Principia Mathematica)에서 이들 세 법칙이 자신의 두 법칙(제2운동법칙과 만유인력의 법칙)을 통하여 증명됨을 보였다. 아래에서 케플러의 첫 번째 법칙을 증명해보자. 나머지 법칙은 힌트와 함께 연습문제로 남긴다.

행성에 대한 태양의 인력은 다른 천체에 의하여 미치는 힘에 비하여 너무 크기 때문에, 태양과 그 주위를 공전하는 행성을 제외한 우주의 모든 물체는 무시할 수 있다. 태양을 원점으로 하는 좌표계를 이용하고, $\mathbf{r} = \mathbf{r}(t)$를 행성의 위치벡터로 둔다(마찬가지로 $\mathbf{r}$은 지구 주위를 운동하는 달이나 위성 또는 별 주위를 운동하는 혜성의 위치벡터가 될 수도 있다). 속도벡터는 $\mathbf{v} = \mathbf{r}'$이고 가속도벡터는 $\mathbf{a} = \mathbf{r}''$이다. 다음의 뉴턴의 법칙을 사용한다. 여기에서 $\mathbf{F}$는 행성에 작용하는 태양의 인력(중력), m과 M은 각각 행성과 태양의 질량, G는 지구 중력상수, $r = |\mathbf{r}|$ 그리고 $\mathbf{u} = (1/r)\mathbf{r}$은 $\mathbf{r}$방향의 단위벡터이다.

$$\text{운동의 제2법칙: } \mathbf{F} = m\mathbf{a}$$

$$\text{중력법칙: } \mathbf{F} = -\frac{GMm}{r^3}\mathbf{r} = -\frac{GMm}{r^2}\mathbf{u}$$

먼저 행성이 한 평면 위를 움직인다는 것을 보인다. 뉴턴의 두 법칙에서 $\mathbf{F}$에 관한 식을 같다고 놓으면

$$\mathbf{a} = -\frac{GM}{r^3}\mathbf{r}$$

이므로 $\mathbf{a}$는 $\mathbf{r}$과 평행임을 안다. 따라서 $\mathbf{r} \times \mathbf{a} = \mathbf{0}$이다. 12.2절의 정리 3의 공식 5를 이용하면

$$\begin{aligned}\frac{d}{dt}(\mathbf{r} \times \mathbf{v}) &= \mathbf{r}' \times \mathbf{v} + \mathbf{r} \times \mathbf{v}' \\ &= \mathbf{v} \times \mathbf{v} + \mathbf{r} \times \mathbf{a} = \mathbf{0} + \mathbf{0} = \mathbf{0}\end{aligned}$$

이다. 따라서 다음을 얻는다.

$$\mathbf{r} \times \mathbf{v} = \mathbf{h}$$

여기서 $\mathbf{h}$는 상수벡터이다($\mathbf{h} \neq \mathbf{0}$, 즉 $\mathbf{r}$과 $\mathbf{v}$가 평행이 아니라고 가정해도 된다). 이것은 벡터 $\mathbf{r} = \mathbf{r}(t)$가 t의 모든 값에 대하여 $\mathbf{h}$와 수직이므로 행성은 항상 원점을 지나 $\mathbf{h}$에 수

직인 평면 위에 놓여 있음을 의미한다. 따라서 행성의 궤도는 평면곡선이다.

케플러의 첫 번째 법칙을 증명하기 위하여 벡터 $\mathbf{h}$를 아래와 같이 다시 나타낸다.

$$\begin{aligned}\mathbf{h} &= \mathbf{r} \times \mathbf{v} = \mathbf{r} \times \mathbf{r}' = r\mathbf{u} \times (r\mathbf{u})' \\ &= r\mathbf{u} \times (r\mathbf{u}' + r'\mathbf{u}) = r^2(\mathbf{u} \times \mathbf{u}') + rr'(\mathbf{u} \times \mathbf{u}) \\ &= r^2(\mathbf{u} \times \mathbf{u}')\end{aligned}$$

따라서 다음과 같다.

$$\begin{aligned}\mathbf{a} \times \mathbf{h} &= \frac{-GM}{r^2}\mathbf{u} \times (r^2\mathbf{u} \times \mathbf{u}') = -GM\,\mathbf{u} \times (\mathbf{u} \times \mathbf{u}') \\ &= -GM[(\mathbf{u} \cdot \mathbf{u}')\mathbf{u} - (\mathbf{u} \cdot \mathbf{u})\mathbf{u}'] \qquad \text{(11.4절의 정리 11의 성질 6에 의하여)}\end{aligned}$$

그런데 $\mathbf{u} \cdot \mathbf{u} = |\mathbf{u}|^2 = 1$이고 $|\mathbf{u}(t)| = 1$이므로 12.2절의 정리 4로부터 $\mathbf{u} \cdot \mathbf{u}' = 0$이다. 따라서

$$\mathbf{a} \times \mathbf{h} = GM\,\mathbf{u}'$$

이고 $$(\mathbf{v} \times \mathbf{h})' = \mathbf{v}' \times \mathbf{h} + \mathbf{v} \times \mathbf{h}' = \mathbf{v}' \times \mathbf{h} = \mathbf{a} \times \mathbf{h} = GM\,\mathbf{u}'$$

이다. 이 방정식의 양변을 적분하면,

11 $$\mathbf{v} \times \mathbf{h} = GM\,\mathbf{u} + \mathbf{c}$$

를 얻는다. 여기에서 $\mathbf{c}$는 상수벡터이다.

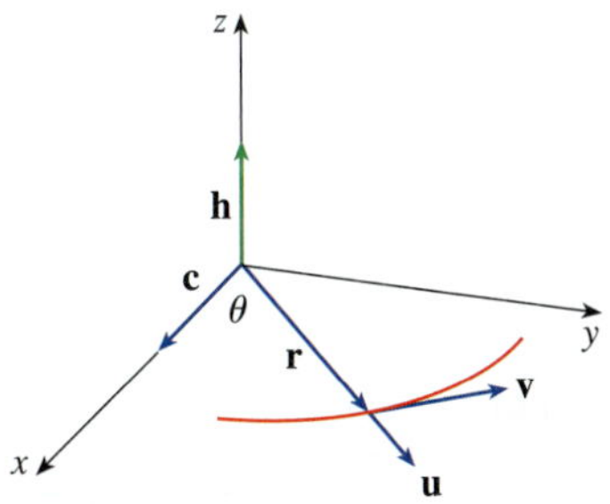

그림 8

여기에서 표준기저벡터 $\mathbf{k}$가 벡터 $\mathbf{h}$의 방향을 가리키도록 좌표축을 선택하는 것이 편리하다. 그러면 행성은 xy평면 위를 운동한다. $\mathbf{v} \times \mathbf{h}$와 $\mathbf{u}$가 모두 $\mathbf{h}$에 수직이므로, 방정식 11은 $\mathbf{c}$가 xy평면 위에 놓여 있음을 보여준다. 이것은 그림 8에서 보는 것과 같이 벡터 $\mathbf{i}$가 $\mathbf{c}$의 방향으로 놓이도록 x축과 y축을 선택할 수 있음을 의미한다.

θ를 $\mathbf{c}$와 $\mathbf{r}$ 사이의 각이라 하면, (r, θ)는 행성의 극좌표이다. 방정식 11로부터 $c = |\mathbf{c}|$일 때

$$\begin{aligned}\mathbf{r} \cdot (\mathbf{v} \times \mathbf{h}) &= \mathbf{r} \cdot (GM\,\mathbf{u} + \mathbf{c}) = GM\,\mathbf{r} \cdot \mathbf{u} + \mathbf{r} \cdot \mathbf{c} \\ &= GMr\,\mathbf{u} \cdot \mathbf{u} + |\mathbf{r}||\mathbf{c}|\cos\theta = GMr + rc\cos\theta\end{aligned}$$

를 얻는다. 따라서 $e = c/(GM)$일 때

$$r = \frac{\mathbf{r} \cdot (\mathbf{v} \times \mathbf{h})}{GM + c\cos\theta} = \frac{1}{GM}\,\frac{\mathbf{r} \cdot (\mathbf{v} \times \mathbf{h})}{1 + e\cos\theta}$$

이다. 그런데 $h = |\mathbf{h}|$일 때

$$\mathbf{r} \cdot (\mathbf{v} \times \mathbf{h}) = (\mathbf{r} \times \mathbf{v}) \cdot \mathbf{h} = \mathbf{h} \cdot \mathbf{h} = |\mathbf{h}|^2 = h^2$$

이므로

$$r = \frac{h^2/(GM)}{1 + e\cos\theta} = \frac{eh^2/c}{1 + e\cos\theta}$$

이고, $d = h^2/c$이라 두면, 방정식

12 $$r = \frac{ed}{1 + e\cos\theta}$$

를 얻는다. 방정식 **12**가 나타내는 것은 초점이 원점에 있고, 이심률이 e인 원뿔곡선의 극방정식이다. 행성의 궤도는 폐곡선이므로 원뿔곡선은 타원이 되어야 함을 안다.

이것으로 케플러의 첫 번째 법칙이 유도되었다. 이 절의 응용 프로젝트에서 두 번째 법칙과 세 번째 법칙을 유도할 것이다. 이들 세 법칙의 증명은 이 장에서의 방법이 어떤 자연의 법칙을 설명하는 데 강력한 도구가 됨을 보여준다.

12.4 연습문제

1. 아래 표는 질점들이 매끄러운 곡선을 따라 공간을 움직일 때 좌표를 나타낸 것이다.

(a) t의 구간 [0, 1], [0.5, 1], [1, 2], [1, 1.5]에서의 평균속도를 구하여라.

(b) $t = 1$에서 질점의 속도와 속력을 구하여라.

t	x	y	z
0	2.7	9.8	3.7
0.5	3.5	7.2	3.3
1.0	4.5	6.0	3.0
1.5	5.9	6.4	2.8
2.0	7.3	7.8	2.7

2. 다음 그림은 시간이 t일 때 위치벡터 $\mathbf{r}(t)$를 따라 움직이는 질점의 경로를 나타낸다.

(a) $2 \leqslant t \leqslant 2.4$일 때 질점의 평균속도를 나타내는 벡터를 그려라.

(b) $1.5 \leqslant t \leqslant 2$일 때 질점의 평균속도를 나타내는 벡터를 그려라.

(c) 속도벡터 $\mathbf{v}(2)$를 구하여라.

(d) 벡터 $\mathbf{v}(2)$를 근사적으로 그리고, $t = 2$일 때 질점의 속도를 어림잡아 계산하여라.

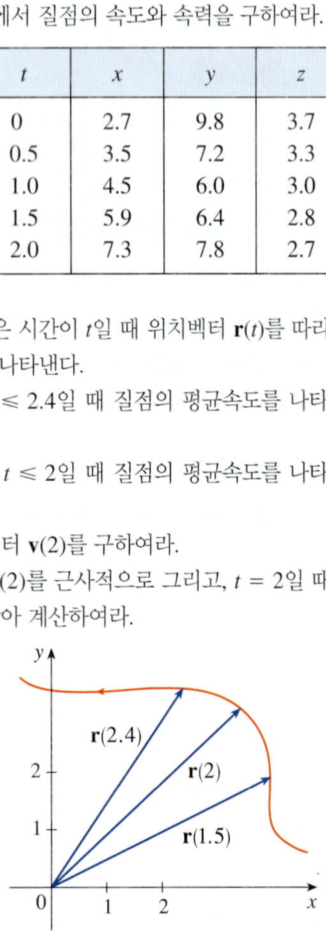

3-5 다음의 주어진 위치함수에 대한 질점의 속도, 가속도와 속력을 구하여라. 질점의 경로를 그리고, 주어진 점에서의 속도벡터와 가속도벡터를 그려라.

3. $\mathbf{r}(t) = \langle -\frac{1}{2}t^2, t \rangle, \quad t = 2$

4. $\mathbf{r}(t) = 3\cos t\,\mathbf{i} + 2\sin t\,\mathbf{j}, \quad t = \pi/3$

5. $\mathbf{r}(t) = t\,\mathbf{i} + t^2\mathbf{j} + 2\mathbf{k}, \quad t = 1$

6-8 다음 주어진 위치함수에 대한 질점의 속도, 가속도와 속력을 구하여라.

6. $\mathbf{r}(t) = \langle t^2 + t, t^2 - t, t^3 \rangle$

7. $\mathbf{r}(t) = \sqrt{2}\,t\,\mathbf{i} + e^t\,\mathbf{j} + e^{-t}\,\mathbf{k}$

8. $\mathbf{r}(t) = e^t(\cos t\,\mathbf{i} + \sin t\,\mathbf{j} + t\,\mathbf{k})$

9-10 주어진 가속도, 초기속도, 출발점을 가지는 질점의 속도와 위치벡터를 구하여라.

9. $\mathbf{a}(t) = 2\,\mathbf{i} + 2t\,\mathbf{k}, \quad \mathbf{v}(0) = 3\,\mathbf{i} - \mathbf{j}, \quad \mathbf{r}(0) = \mathbf{j} + \mathbf{k}$

10. $\mathbf{a}(t) = \sin t\,\mathbf{i} + 2\cos t\,\mathbf{j} + 6t\,\mathbf{k}, \quad \mathbf{v}(0) = -\mathbf{k},$
$\mathbf{r}(0) = \mathbf{j} - 4\,\mathbf{k}$

11. (a) 주어진 가속도, 초기속도, 출발점을 가지는 질점의 위치벡터를 구하여라.

(b) 질점의 경로를 그래프로 그려라.

$$\mathbf{a}(t) = 2t\,\mathbf{i} + \sin t\,\mathbf{j} + \cos 2t\,\mathbf{k}, \quad \mathbf{v}(0) = \mathbf{i}, \quad \mathbf{r}(0) = \mathbf{j}$$

12. 질점의 위치함수가 $\mathbf{r}(t) = \langle t^2, 5t, t^2 - 16t \rangle$로 주어졌을 때 속력이 최소가 되는 것은 언제인가?

13. 크기가 20N인 힘이 질량 4kg인 물체에 xy평면에서 수직, 위쪽으로 작용한다. 물체가 초기속도 $\mathbf{v}(0) = \mathbf{i} - \mathbf{j}$로 원점을 출발한다고 할 때, 시간 t에서의 위치함수와 속력을 구하여라.

14. 포탄이 앙각 60°, 초기속도 200m/s로 발사되었다. (a) 포탄의 도달거리, (b) 최고상승고도, (c) 탄착지점에서의 속력을 구하여라.

15. 공을 지면에서 45°각도로 던졌다. 공이 90m 밖에 떨어졌다면 공의 초기속도는 얼마인가?

16. 권총이 36°각도로 발사되었다. 포탄의 최고높이가 500m일 때 초기속도는 얼마인가?

17. 길이가 500m, 높이가 15m인 성벽으로 보호되어 있는 정사각형 모양의 중세도시가 있다. 당신이 공격군의 지휘관이고 이 도시의 성벽에 100m까지만 접근할 수 있다고 하자. 당신은 성곽 위로 뜨거운 돌을 발사하여 도시를 불지를 계획을 가지고 있다(초기 속력 80m/s). 투석기를 설치할 때 각도를 얼마로 조정하라고 명령해야 하는가? (돌의 경로는 벽에 수직이라고 가정하여라.)

18. 공을 원점에서 동쪽으로(x축의 양의 방향으로) 던졌다. 초기 속도는 $50\mathbf{i} + 80\mathbf{k}$ m/s이고, 공의 회전에 의해서 남쪽 방향으로 4m/s^2의 가속도가 생겼다. 그 가속도벡터는 $\mathbf{a} = -4\mathbf{j} - 32\mathbf{k}$이다. 공은 어디에 떨어지겠는가? 또 그때의 속력은 얼마인가?

19. 질점의 위치함수가 $\mathbf{r}(t)$이고, $\mathbf{r}'(t) = \mathbf{c} \times \mathbf{r}(t)$일 때, 이 질점의 경로를 그려라(단, $\mathbf{c}$는 상수벡터).

20-21 가속도벡터의 접선 및 법선성분을 구하여라.

20. $\mathbf{r}(t) = (t^2 + 1)\,\mathbf{i} + t^3\,\mathbf{j}, \quad t \geq 0$

21. $\mathbf{r}(t) = \cos t\,\mathbf{i} + \sin t\,\mathbf{j} + t\,\mathbf{k}$

---

22. 주어진 점에서 가속도벡터의 접선성분과 법선성분을 구하여라.

$$\mathbf{r}(t) = \ln t\,\mathbf{i} + (t^2 + 3t)\,\mathbf{j} + 4\sqrt{t}\,\mathbf{k}, \quad (0, 4, 4)$$

23. 가속도 $\mathbf{a}$의 크기는 10cm/s^2이다. 그림을 이용하여 $\mathbf{a}$의 접선성분과 법선성분을 추정하여라.

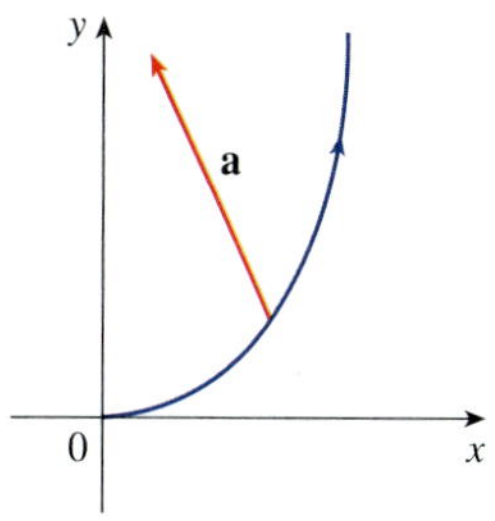

24. 우주선의 위치함수는

$$\mathbf{r}(t) = (3 + t)\,\mathbf{i} + (2 + \ln t)\,\mathbf{j} + \left(7 - \frac{4}{t^2 + 1}\right)\mathbf{k}$$

이고, 우주정거장의 좌표는 (6, 4, 9)이다. 선장은 우주정거장으로 항해하려고 한다. 언제 엔진의 가동을 중지하면 되겠는가?

응용프로젝트 | 케플러의 법칙

케플러는 시간과 행성의 위치에 관한 어마어마한 양의 데이터를 기초로 하여 다음 행성의 운동에 대한 세 법칙에 대해서 서술하였다.

케플러의 법칙

1. 행성은 태양을 한 초점으로 하는 타원궤도를 따라 태양 주위를 공전한다.
2. 태양과 행성을 연결하는 선분은 동일한 시간 동안에 동일한 넓이를 갖는 부분을 통과한다.
3. 행성의 공전주기의 제곱은 그 궤도의 장축의 길이의 세제곱에 비례한다.

케플러는 천문학 데이터를 가지고 분석하여 세 법칙을 공식화하였기 때문에 이 법칙들이 성립하는 이유와 서로 어떻게 관련이 있는지 알 수가 없었다. 그러나 뉴턴은 《프린키피아》(1687)에서 제2운동법칙과 만유인력의 법칙으로부터 케플러의 세 법칙을 유도하는 방법을

(계속)

설명하였다. 12.4절에서 벡터함수의 미분적분을 이용하여 제1법칙을 증명하였다. 이 프로젝트에서는 제2법칙과 제3법칙을 증명하고, 몇 가지 중요한 주제에 대해서 다루게 된다.

1. 케플러의 제2법칙을 증명하기 위하여 다음의 단계를 거쳐야 한다. 기호는 12.4절에서의 제1법칙의 증명에서와 같다. 특히 $\mathbf{r} = (r\cos\theta)\mathbf{i} + (r\sin\theta)\mathbf{j}$의 극좌표를 이용하여라.

(a) $\mathbf{h} = r^2 \dfrac{d\theta}{dt}\mathbf{k}$임을 보여라.

(b) $r^2 \dfrac{d\theta}{dt} = h$임을 유도하여라.

(c) 그림과 같이 $A = A(t)$를 시간구간 $[t_0, t]$에서 반지름벡터 $\mathbf{r} = \mathbf{r}(t)$가 스치고 지나간 넓이라 할 때,

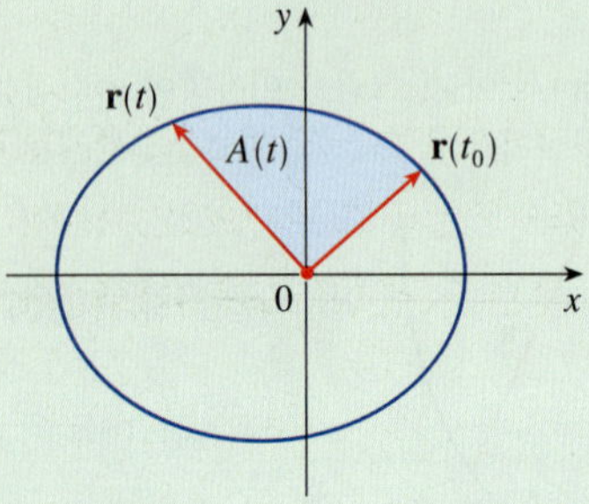

$$\frac{dA}{dt} = \frac{1}{2}r^2\frac{d\theta}{dt}$$

임을 보여라.

(d) $\dfrac{dA}{dt} = \frac{1}{2}h =$ 상수임을 유도하여라. 이것은 스치고 지나간 넓이의 변화율이 상수라는 것을 말하는 것으로, 케플러 제2법칙의 증명이다.

2. T를 태양에 대한 혹성의 주기, 즉 그 타원궤도를 한 번 도는 데 걸리는 시간이라고 하자. 타원의 장축 및 단축의 길이를 $2a$와 $2b$라 할 때,

(a) 문제 1(d)를 이용하여 $T = 2\pi ab/h$임을 보여라.

(b) $\dfrac{h^2}{GM} = ed = \dfrac{b^2}{a}$임을 보여라.

(c) (a)와 (b)를 이용하여 $T^2 = \dfrac{4\pi^2}{GM}a^3$임을 보여라.

이것이 케플러 제3법칙의 증명이다. [비례상수 $4\pi^2/(GM)$은 혹성과 무관함에 주목하여라.]

3. 지구궤도의 주기는 약 365.25일이다. 이 사실과 케플러의 제3법칙을 이용하여 지구궤도의 장축의 길이를 구하여라. 여기서 태양의 질량 $M = 1.99 \times 10^{30}$kg과 중력상수 $G = 6.67 \times 10^{-11}\text{N}\cdot\text{m}^2/\text{kg}^2$이 필요하다.

4. 적도 위의 주어진 위치 위에 인공위성을 고정시키기 위해서 지구궤도 안에 인공위성이 들어가도록 하는 것이 가능하다. 이러한 인공위성에 필요한 고도를 계산하여라. 지구의 질량은 5.98×10^{24}kg, 반지름은 6.37×10^6m이다(Arthur C. Clarke가 1945년 이 아이디어를 처음으로 제안한 이후 이 궤도를 지구정지궤도(Clarke Geosynchronous Orbit)라고 부른다. 처음으로 이러한 인공이성이 발사된 것은 1963년에 발사된 *Syncom II*이다).

이변수함수는 모래언덕의 표면과 같은 모양을 묘사할 수 있다. 등산객이 여러 다른 방향에서 등반할 때 고도의 변화율을 편도함수를 사용하여 계산한다.
SeppFriedhuber / E+ / Getty Images

13 편도함수

Partial Derivatives

지금까지는 일변수함수의 미분적분학을 다루었다. 그러나 실제 세계에서 물리적 양은 종종 2개 이상의 변수에 의해 결정된다. 그래서 이 장에서는 다변수함수에 관심을 갖고 미분적분학의 기본 개념을 이러한 함수로 확장하고자 한다.

13.1 다변수함수

이 절에서는 다음의 네 가지 관점에서 2개 이상 변수의 함수를 공부한다.

- 서술적 관점 (문장을 사용한 설명을 이용)
- 수치적 관점 (표를 이용)
- 대수적 관점 (공식을 이용)
- 시각적 관점 (그래프 또는 등위곡선을 이용)

■ 이변수함수

주어진 시간에 지표면상 한 점에서의 온도 T는 그 점의 경도 x와 위도 y에 의존한다. 따라서 온도 T는 x, y의 이변수함수 또는 (x, y)의 함수로 생각할 수 있다. 이러한 함수의 의존성을 $T = f(x, y)$로 나타낸다.

원기둥의 부피 V는 반지름 r과 높이 h에 의존한다. 사실 $V = \pi r^2 h$이다. V는 r과 h의 함수이고 $V(r, h) = \pi r^2 h$로 쓴다.

> **정의** **이변수함수**(function of two variables) f는 집합 D의 실수의 각 순서쌍 (x, y)에 단 하나의 실수를 대응시키는 규칙으로 $f(x, y)$와 같이 나타낸다. 집합 D는 f의 **정의역**(domain)이고 **치역**(range)은 f가 취하는 실숫값들의 집합이다. 즉 $\{f(x, y) \mid (x, y) \in D\}$이다.

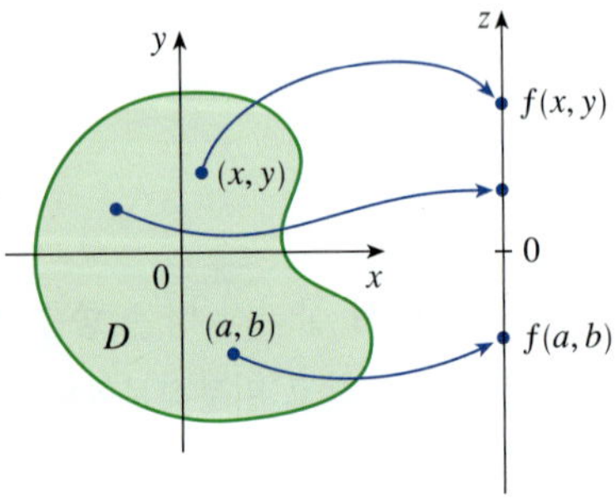

그림 1

일반적인 점 (x, y)에서 f에 의해 정해진 값을 명확히 표시하기 위해 종종 $z = f(x, y)$로 쓴다. 변수 x와 y는 **독립변수**이고 z는 **종속변수**이다. [이것과 일변수함수에 대한 $y = f(x)$ 표기법을 비교하여라.]

이변수함수는 $\mathbb{R}^2$의 부분집합을 정의역으로 하고 $\mathbb{R}$의 부분집합을 치역으로 하는 함수이다. 이러한 함수의 표시법 중 하나는 xy평면의 부분집합으로 묘사되는 정의역 D에서의 화살도표법이다(그림 1 참조). 여기서 정의역 D는 xy평면의 부분집합이고 치역은 z축으로 나타낸 실수축의 수집합이다. 예를 들어, $f(x, y)$가 D 모양을 하는 편평한 금속판 위의 점 (x, y)에서 온도를 나타낸다고 하면 z축은 기록된 온도를 나타내는 온도계와 같다.

예제 1 다음 함수들의 정의역을 구하고 $f(3, 2)$를 계산하여라.

(a) $f(x, y) = \dfrac{\sqrt{x + y + 1}}{x - 1}$ (b) $f(x, y) = x \ln (y^2 - x)$

풀이

(a) $$f(3, 2) = \frac{\sqrt{3 + 2 + 1}}{3 - 1} = \frac{\sqrt{6}}{2}$$

f의 식은 분모가 0이 아니고 제곱근 안이 음이 아닐 때 정의된다. 그래서 f의 정의역은

$$D = \{(x, y) \mid x + y + 1 \geqslant 0,\ x \neq 1\}$$

이다. 부등식 $x + y + 1 \geqslant 0$ 즉 $y \geqslant -x - 1$은 점들이 직선 $y = -x - 1$ 위와 그 위쪽에 있다는 것이고, 반면에 $x \neq 1$은 직선 $x = 1$ 위의 점들은 정의역에서 제외되어야 함을 뜻한다(그림 2 참조).

(b) $$f(3, 2) = 3 \ln(2^2 - 3) = 3 \ln 1 = 0$$

$\ln(y^2 - x)$는 오직 $y^2 - x > 0$, 즉 $x < y^2$일 때 정의되므로 f의 정의역은 $D = \{(x, y) \mid x < y^2\}$이다. 이것은 포물선 $x = y^2$의 왼쪽에 있는 점들의 집합이다(그림 3 참조).

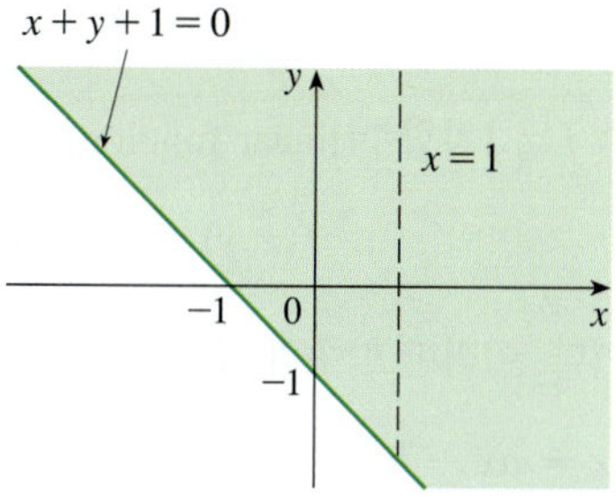

그림 2 $f(x, y) = \dfrac{\sqrt{x + y + 1}}{x - 1}$의 정의역

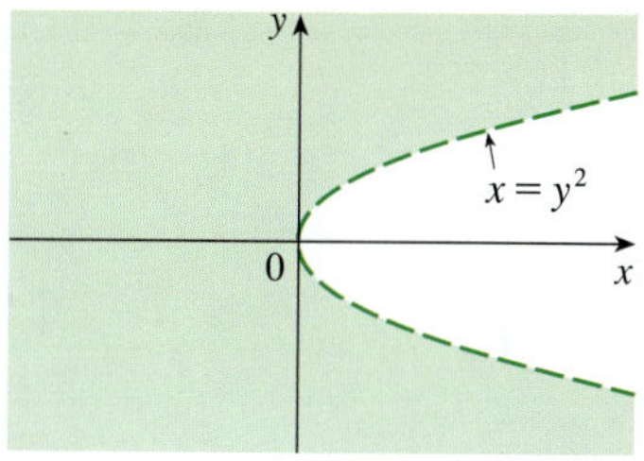

그림 3 $f(x, y) = x \ln(y^2 - x)$의 정의역 ■

예제 2 $g(x, y) = \sqrt{9 - x^2 - y^2}$의 정의역과 치역을 구하여라.

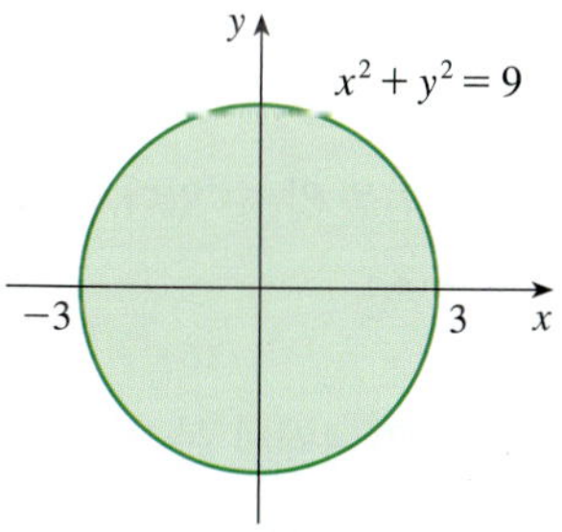

그림 4
$g(x, y) = \sqrt{9 - x^2 - y^2}$의 정의역

풀이 g의 정의역은 중심이 $(0, 0)$이고 반지름이 3인 원판

$$D = \{(x, y) \mid 9 - x^2 - y^2 \geqslant 0\} = \{(x, y) \mid x^2 + y^2 \leqslant 9\}$$

이다(그림 4 참조). g의 치역은

$$\left\{z \mid z = \sqrt{9 - x^2 - y^2},\ (x, y) \in D\right\}$$

이다. z는 제곱근값이므로 $z \geqslant 0$이다. 또한 $9 - x^2 - y^2 \leqslant 9$이므로

$$\sqrt{9 - x^2 - y^2} \leqslant 3$$

이다. 따라서 치역은

$$\{z \mid 0 \leqslant z \leqslant 3\} = [0, 3]$$

이다. ■

■ 그래프

이변수함수의 움직임을 나타내는 또 다른 방법으로 그래프를 생각해보자.

> **정의** f가 정의역이 D인 이변수함수이면, f의 **그래프**는 $\mathbb{R}^3$에서 $(x, y) \in D$이고 $z = f(x, y)$인 모든 점 (x, y, z)의 집합이다.

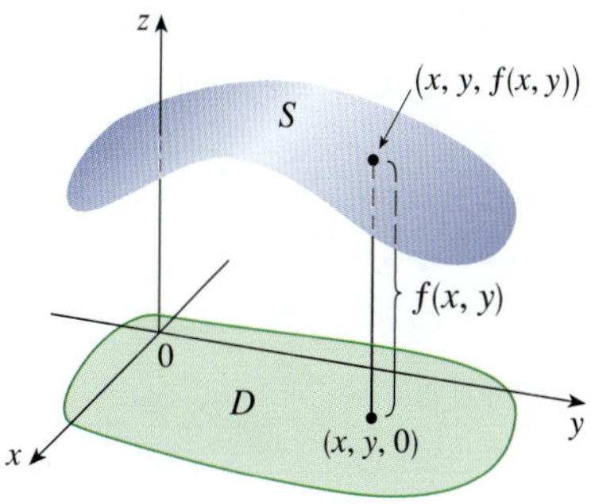

그림 5

이변수함수의 그래프는 방정식이 $z = f(x, y)$인 곡면 S이다. f의 곡면 S를 xy평면에

있는 정의역 D의 위쪽 또는 아래쪽에 바로 놓이게 하여 표시할 수 있다(그림 5 참조).

예제 3 함수 $f(x, y) = 6 - 3x - 2y$의 그래프를 그려라.

풀이 f의 그래프는 평면을 나타내는 방정식 $z = 6 - 3x - 2y$ 즉 $3x + 2y + z = 6$이다. 이 평면을 그리기 위하여 먼저 각 축과의 교점을 구한다. 방정식에서 $y = z = 0$으로 놓으면 x축과의 교점 $x = 2$를 얻는다. 같은 방법으로 y축과의 교점 $y = 3$, z축과의 교점 $z = 6$을 얻는다. 이것으로 제1팔분공간에 놓여 있는 그래프의 부분을 그릴 수 있다(그림 6 참조). ■

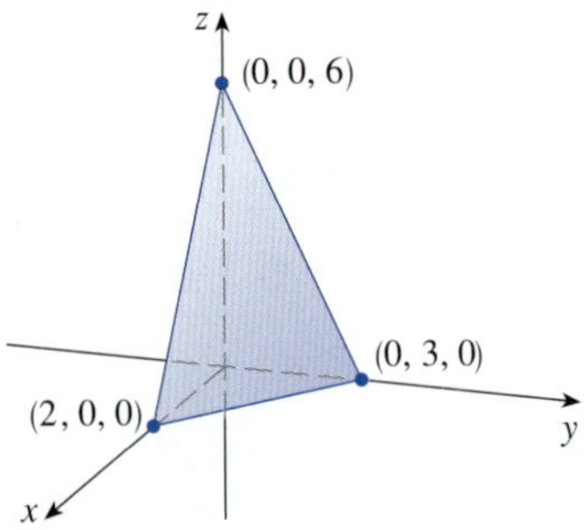

그림 6

예제 3의 함수 f는 **1차함수**(linear funcion)라 불리는 함수

$$f(x, y) = ax + by + c$$

의 특별한 경우이다. 이러한 함수의 그래프는 방정식이

$$z = ax + by + c \qquad \text{또는} \qquad ax + by - z + c = 0$$

인 평면이다. 일변수의 1차함수들이 일변수 미적분학에서 중요한 것처럼 이변수의 1차함수들은 다변수 미적분학에서 중추적인 역할을 한다.

예제 4 $g(x, y) = \sqrt{9 - x^2 - y^2}$의 그래프를 그려라.

풀이 예제 2를 통해 g의 정의역이 중심이 $(0, 0)$이고 반지름이 3인 원판임을 알았다. 그래프의 방정식은 $z = \sqrt{9 - x^2 - y^2}$이다. 양변을 제곱하면 $z^2 = 9 - x^2 - y^2$ 즉 $x^2 + y^2 + z^2 = 9$이고, 이것은 원점을 중심으로 하고 반지름이 3인 구임을 알 수 있다. 그러나 $z \geqslant 0$이므로 g의 그래프는 바로 이 구의 상반부이다(그림 7 참조). ■

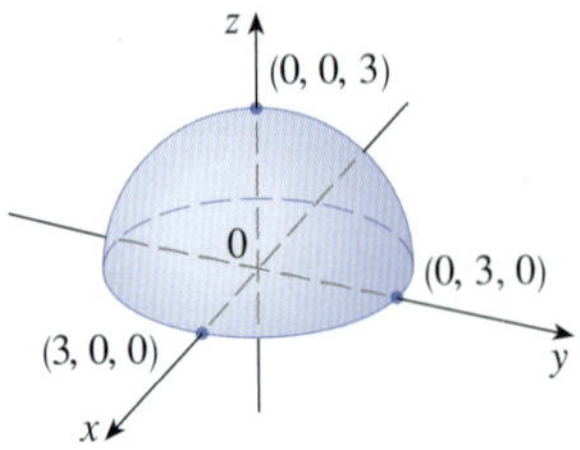

그림 7
$g(x, y) = \sqrt{9 - x^2 - y^2}$의 그래프

NOTE 구 전체는 x와 y에 관한 하나의 함수로 나타낼 수 없다. 예제 4에서 본 것 같이 구 $x^2 + y^2 + z^2 = 9$의 상반부는 함수 $g(x, y) = \sqrt{9 - x^2 - y^2}$으로 나타낼 수 있고, 하반부는 함수 $h(x, y) = -\sqrt{9 - x^2 - y^2}$으로 나타낼 수 있다.

예제 5 $h(x, y) = 4x^2 + y^2$의 정의역과 치역을 구하고 그래프를 그려라.

풀이 실수의 모든 가능한 순서쌍 (x, y)에 대해 $h(x, y)$가 정의되므로 정의역은 $\mathbb{R}^2$, 즉 xy평면이다. h의 치역은 음이 아닌 모든 실수의 집합 $[0, \infty)$이다. ($x^2 \geqslant 0$, $y^2 \geqslant 0$, 그래서 모든 x, y에 대해 $h(x, y) \geqslant 0$임에 주목하여라.) 그래프 h의 방정식은 타원형의 포물면인 $z = 4x^2 + y^2$이며 11.6절 예제 4에서 그렸다. 수평방향의 자취는 타원이고, 수직방향의 자취는 포물선이다(그림 8 참조).

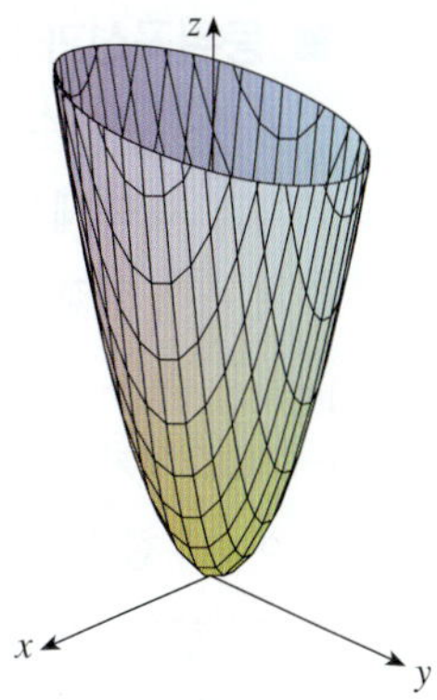

그림 8
$h(x, y) = 4x^2 + y^2$의 그래프

이변수함수의 그래프를 그릴 수 있는 프로그램이 많이 있다. 어떤 프로그램은 수직평면 $x = k$나 $y = k$ 등에 대해 같은 간격을 따라 그림을 그린다.

그림 9는 컴퓨터에 의해 만들어진 여러 함수들의 그래프들이다. 여러 방향에서 관찰 가능하도록 그래프를 회전시킴으로써 더 좋은 그래프를 볼 수 있다. (a)와 (b)에서 f의 그래프는 원점 주위를 제외한 xy평면에 매우 가깝고 평평하다. 이것은 x 또는 y가 클 때 $e^{-x^2-y^2}$이 매우 작기 때문이다.

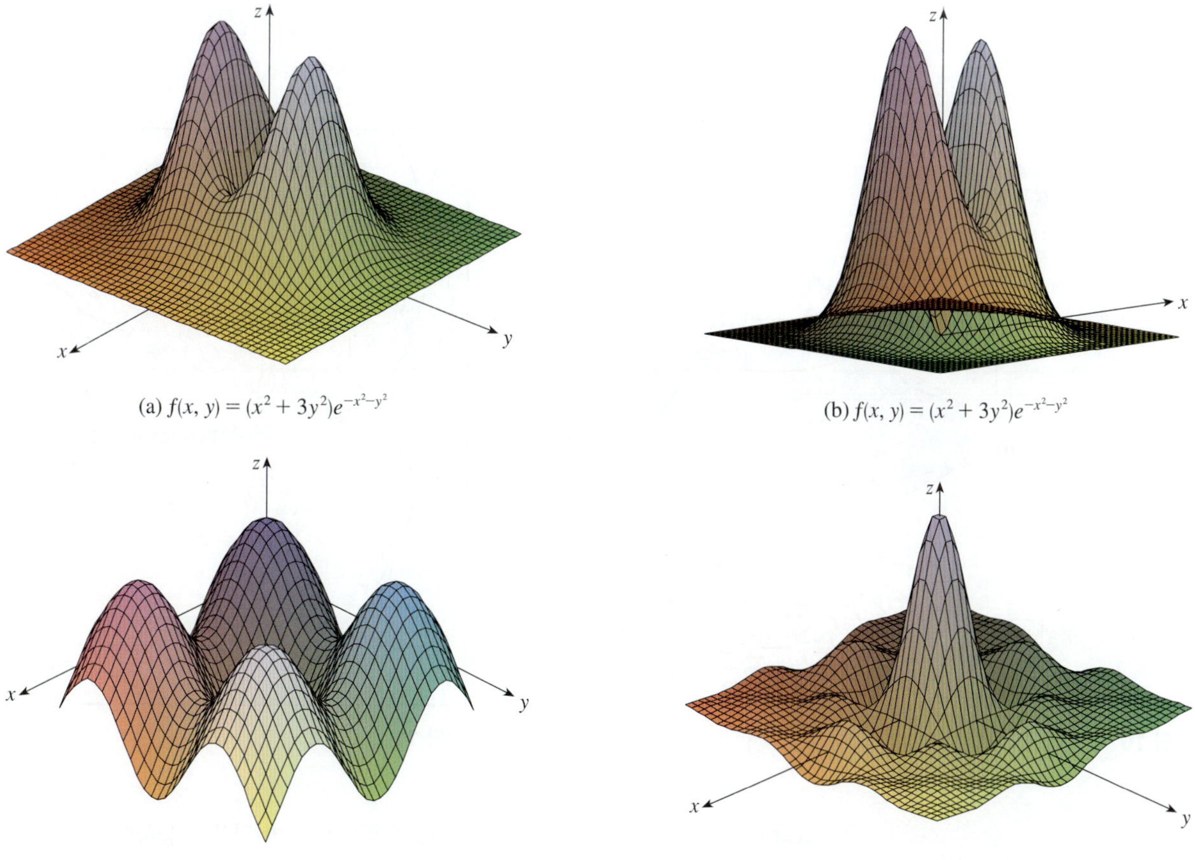

(a) $f(x, y) = (x^2 + 3y^2)e^{-x^2-y^2}$

(b) $f(x, y) = (x^2 + 3y^2)e^{-x^2-y^2}$

(c) $f(x, y) = \sin x + \sin y$

(d) $f(x, y) = \dfrac{\sin x \sin y}{xy}$

그림 9

■ 등위곡선과 등고선 지도

지금까지는 함수를 가시화하는 데 화살도표법과 그래프 두 가지가 있었다. 또 다른 한 가지는 지도 제작자들에게 빌려온 것으로 등고선(contour lines) 또는 등위곡선을 구성하기 위해 일정한 높이의 점들을 연결한 경로지도이다.

정의 k가 (f의 치역 안에 있는) 상수일 때 방정식 $f(x, y) = k$를 만족하는 곡선을 이변수함수 f의 **등위곡선**(level curve)이라 한다.

등위곡선 $f(x, y) = k$는 함수 f가 주어진 값 k를 갖는 정의역의 모든 점의 집합이다. 다시 말해, f의 그래프가 (xy평면의 위 또는 아래에서) 높이 k를 갖는 xy평면 안의 곡선이다. 등위곡선을 모아놓은 것을 **등고선 지도**(contour map)라고 한다. 등위곡선 $f(x, y) = k$에서 k의 간격이 일정할 때 가상 살 묘사된 등고선 지도를 얻을 수 있으므로 따로 명시하지 않는 한 같은 간격이라 가정한다.

그림 10은 등위곡선과 수평자취 사이의 관계를 보여준다. 등위곡선 $f(x, y) = k$는 수평면 $z = k$에서 xy평면으로 투영한 f의 그래프의 자취들이다. 그래서 함수의 등위곡선을 그리고 정해진 높이만큼 곡면을 들어올려진 것으로 등위곡선을 시각화하면 이 그래프의 모양을 머릿속으로 형상화할 수 있을 것이다. 등위곡선들이 서로 인접해 있는 곳의 곡면은 가파르고 멀리 떨어져 있는 곳은 다소 평평하다.

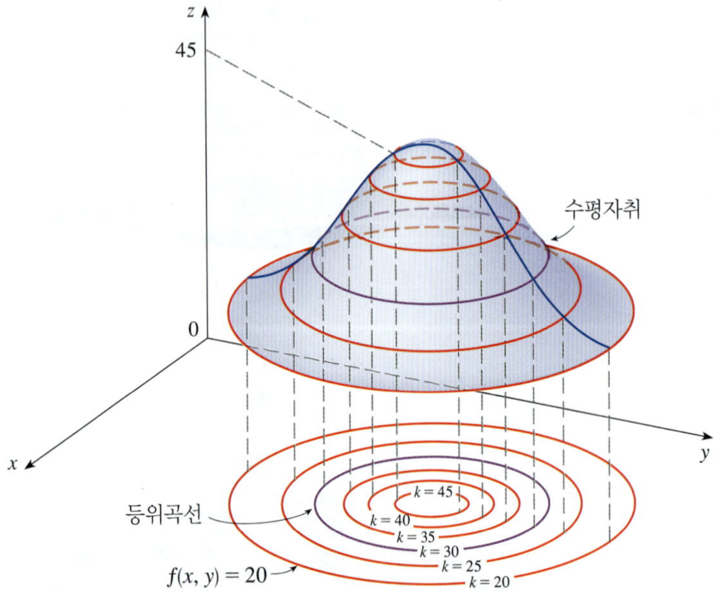

그림 10

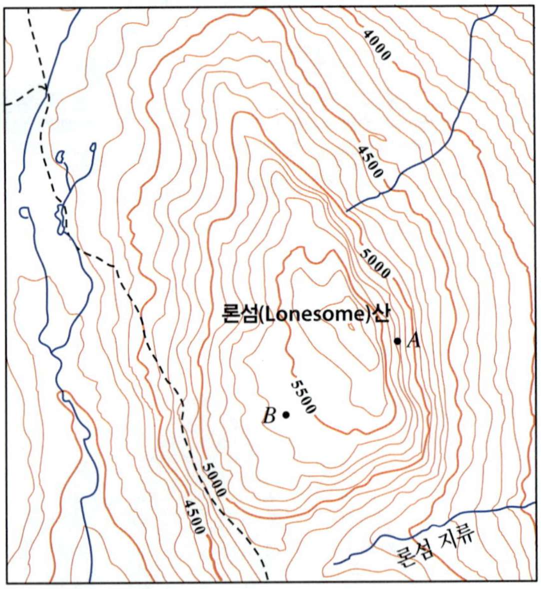

그림 11

예제 6 함수 f의 등고선 지도가 그림 12에 주어졌다. 이것을 이용하여 $f(1, 3)$과 $f(4, 5)$의 값을 구하여라.

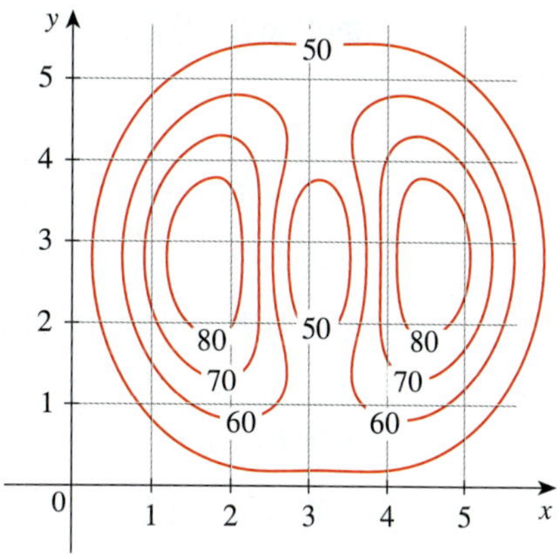

그림 12

풀이 점 (1, 3)은 z값이 70과 80인 등위곡선들 사이에서 등위곡선 70에 가깝게 있다. 따라서

$$f(1, 3) \approx 73$$

비슷하게

$$f(4, 5) \approx 56$$

이라 추정할 수 있다. ■

예제 7 $k = -6, 0, 6, 12$에 대하여 함수 $f(x, y) = 6 - 3x - 2y$의 등위곡선을 그려라.

풀이 이 함수의 등위곡선은

$$6 - 3x - 2y = k \qquad \text{즉} \qquad 3x + 2y + (k - 6) = 0$$

이다. 이 등위곡선은 기울기가 $-\frac{3}{2}$인 직선족이다. $k = -6, 0, 6, 12$ 각각에 대한 등위곡선은 $3x + 2y - 12 = 0$, $3x + 2y - 6 = 0$, $3x + 2y = 0$, $3x + 2y + 6 = 0$이다. 이 곡선들의 그래프는 그림 13에 그려져 있다. 이들 등위곡선은 f의 그래프가 평면이기 때문에 같은 간격으로 평행한 직선들이다(그림 13 참조).

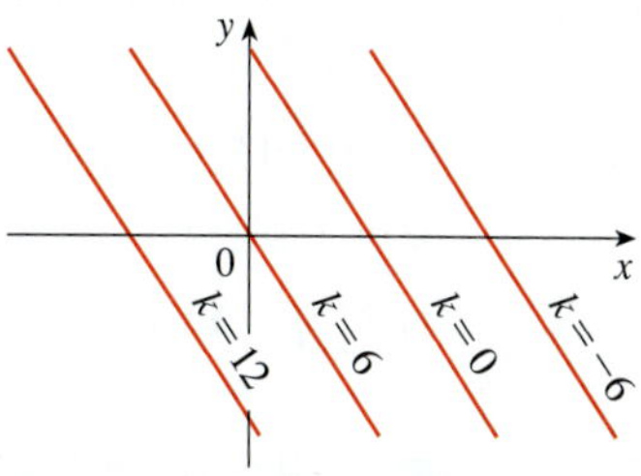

그림 13
$f(x, y) = 6 - 3x - 2y$의 등고선 지도

■

예제 8 다음 함수의 등위곡선들을 그려라.

$$g(x, y) = \sqrt{9 - x^2 - y^2}, \qquad k = 0, 1, 2, 3$$

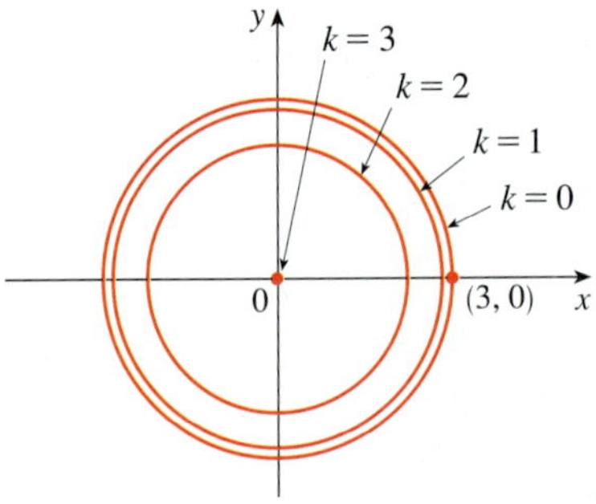

그림 14 $g(x, y) = \sqrt{9 - x^2 - y^2}$의 등고선 지도

풀이 등위곡선은

$$\sqrt{9 - x^2 - y^2} = k \qquad 즉 \qquad x^2 + y^2 = 9 - k^2$$

이다. 이것은 중심이 (0, 0)이고 반지름 $\sqrt{9 - k^2}$인 원의 모임이다. $k = 0, 1, 2, 3$일 때 등위곡선은 그림 14와 같다. 등위곡선을 들어올려서 곡면을 만들고 그림 7에 있는 g의 그래프(반구)와 비교하여라. ■

예제 9 함수 $h(x, y) = 4x^2 + y^2 + 1$의 등위곡선을 그려라.

풀이 등위곡선은

$$4x^2 + y^2 + 1 = k \qquad 즉 \qquad \frac{x^2}{\frac{1}{4}(k - 1)} + \frac{y^2}{k - 1} = 1$$

이다. $k > 1$이므로 반축이 $\frac{1}{2}\sqrt{k - 1}$과 $\sqrt{k - 1}$인 타원의 모임이다. 그림 15(a)는 등위곡선을 컴퓨터로 그린 h의 등고선 지도를 나타낸다. 그림 15(b)는 이러한 등위곡선을 h의 그래프(타원형의 포물면)만큼 들어올려 등위곡선이 수평방향의 자취가 되도록 그린 것이다.

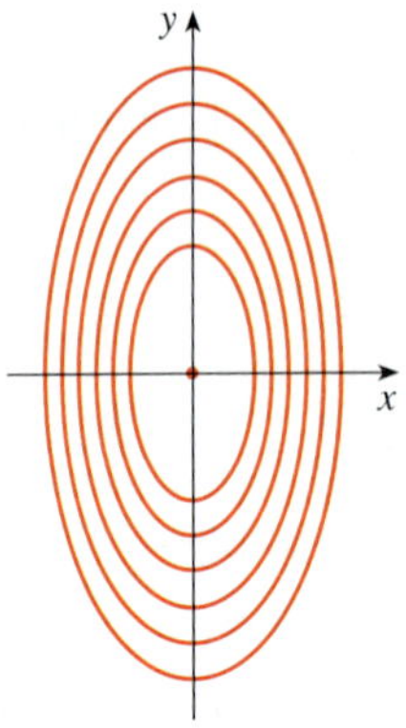

(a) 등고선 지도

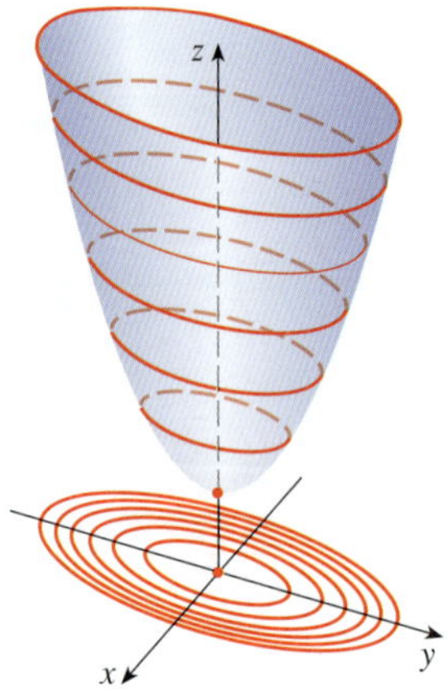

(b) 등위곡선을 들어올리면 수평자취가 된다. ■

그림 15 $h(x, y) = 4x^2 + y^2 + 1$의 그래프는 등위곡선을 들어 올려서 만든다.

그림 16은 컴퓨터가 그린 그래프와 그에 대응하는 등위곡선을 나타낸 것이다. (c)를 보면 등위곡선이 원점 근처에서 몰려있는 것을 볼 수 있다. 이런 사실은 (d)에서 그래프가 원점 근처에서 아주 가파르다는 것과 일치한다.

■ 삼변수 이상의 함수

삼변수함수(function of three variables) f는 정의역 $D \subset \mathbb{R}^3$ 안의 각 순서쌍 (x, y, z)에 유일한 실수 $f(x, y, z)$를 대응시키는 규칙이다. 예를 들면 지표면의 한 지점에서의 온도 T는 그 지점의 경도 x, 위도 y, 시간 t에 의존하며 $T = f(x, y, t)$로 쓸 수 있다.

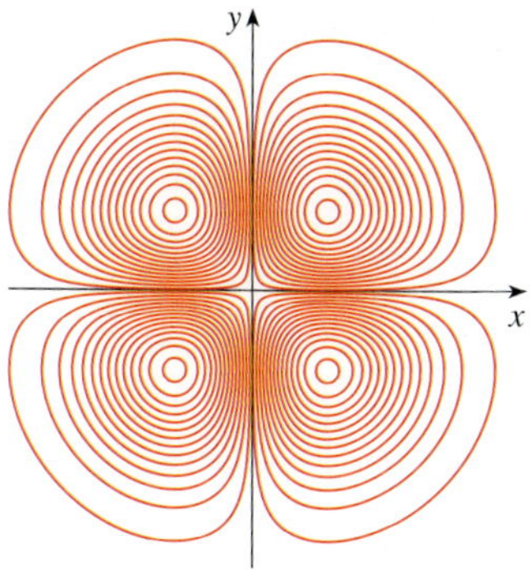

(a) $f(x, y) = -xye^{-x^2-y^2}$의 등위곡선

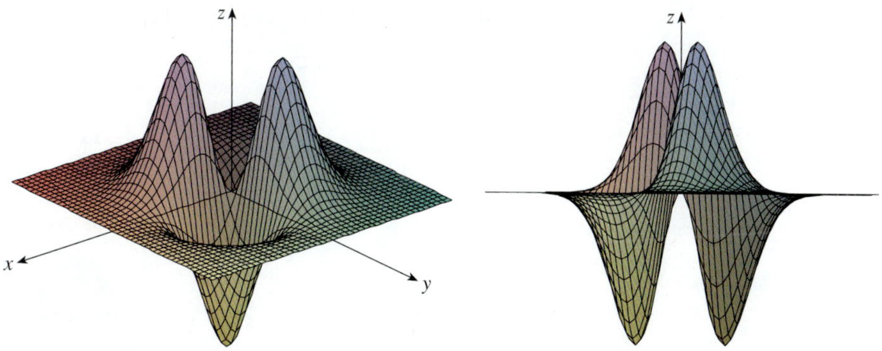

(b) $f(x, y) = -xye^{-x^2-y^2}$을 두 방향으로 보기

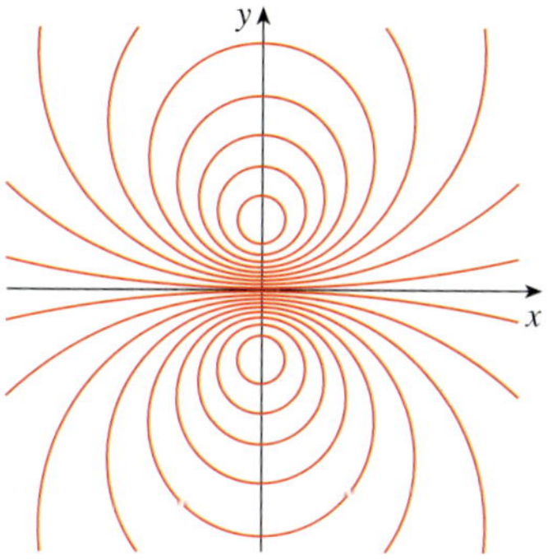

그림 16 (c) $f(x, y) = \dfrac{-3y}{x^2 + y^2 + 1}$의 등위곡선

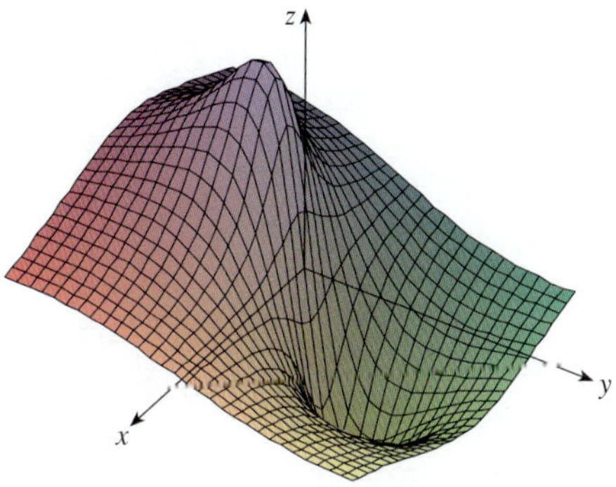

(d) $f(x, y) = \dfrac{-3y}{x^2 + y^2 + 1}$

예제 10 함수 $f(x, y, z) = \ln(z - y) + xy \sin z$의 정의역을 구하여라.

$$f(x, y, z) = \ln(z - y) + xy \sin z$$

풀이 $f(x, y, z)$에 대한 식은 $z - y > 0$에서만 정의된다. 따라서 f의 정의역은

$$D = \{(x, y, z) \in \mathbb{R}^3 \mid z > y\}$$

이다. 이것은 평면 $z = y$의 위쪽에 놓여 있는 모든 점들로 구성된 **반-공간**(half-space)이다. ■

삼변수함수의 그래프가 사차원 공간에 있으므로 그래프로 가시화하는 것은 불가능하다. 그렇지만 상수 k에 대해 방정식이 $f(x, y, z) = k$인 곡면, 즉 **등위곡면**(level surface)을 조사함으로써 f의 구조를 살펴볼 수 있다. 만약 점 (x, y, z)가 등위곡면을 따라 움직이면 $f(x, y, z)$의 값은 일정하다.

예제 11 다음 함수의 등위곡면을 구하여라.

$$f(x, y, z) = x^2 + y^2 + z^2$$

풀이 등위곡면은 $x^2 + y^2 + z^2 = k$ (단 $k \geq 0$)이다. 이것은 반지름 $\sqrt{k}$인 구들의 모임

이다(그림 17 참조). 그러므로 원점을 중심으로 하는 각 구 위의 점 (x, y, z)에서의 값 $f(x, y, z)$는 일정하다.

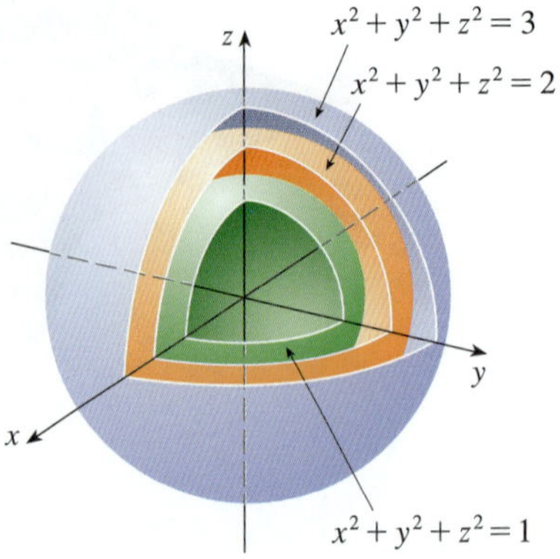

그림 17

예제 12 다음 함수의 등위곡면을 묘사하여라.

$$f(x, y, z) = x^2 - y - z^2$$

풀이 등위곡면은 쌍곡포물면 $x^2 - y - z^2 = \text{k}$ 즉 $y = x^2 - z^2 - k$, 이다. 그림 18은 $k = -5, 0, 5$일 때의 등위곡면을 나타낸다.

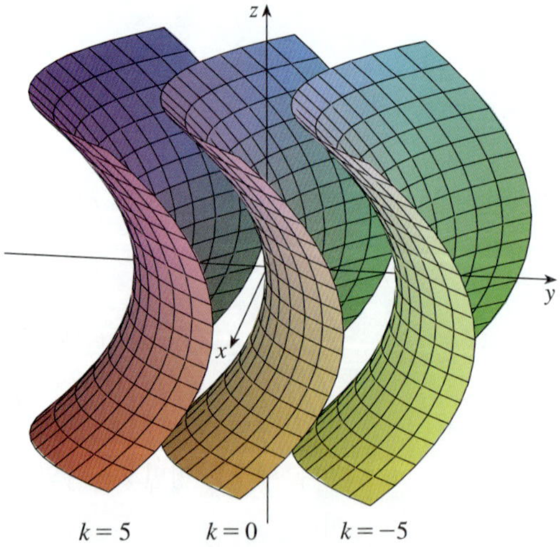

그림 18

임의의 개수의 변수를 갖는 함수에 대해서도 생각할 수 있다. ***n*변수함수**(function of n variables)는 n개의 실수 순서쌍 $(x_1, x_2, \ldots, x_n)$이 한 실숫값 $z = f(x_1, x_2, \ldots, x_n)$에 대응하는 규칙이다. 이러한 n개의 순서쌍 전체의 집합을 $\mathbb{R}^n$으로 표기한다. 한 예로, 만약 어떤 회사가 음식을 만드는 데 n개의 재료를 쓸 때, c_i가 i번째 재료의 단위비용이고 재료의 단위가 x_i만큼 쓰일 때 재료의 총 비용 C는 n변수 $(x_1, x_2, \ldots, x_n)$의 함수이다.

1 $$C = f(x_1, x_2, \ldots, x_n) = c_1x_1 + c_2x_2 + \cdots + c_nx_n$$

함수 f는 정의역이 $\mathbb{R}^n$의 부분집합인 실숫값 함수이다. 때로는 함수를 좀 더 간단히 나타내기 위해 벡터표기법을 이용한다. 만약 $\mathbf{x} = \langle x_1, x_2, \ldots, x_n \rangle$이면 $f(x_1, x_2, \ldots,$

x_n) 대신 $f(\mathbf{x})$로 쓴다. 이러한 표기법으로 식 [1]에서 정의된 함수를 다음과 같이 다시 쓸 수 있다.

$$f(\mathbf{x}) = \mathbf{c} \cdot \mathbf{x}$$

단 $\mathbf{c} = \langle c_1, c_2, \ldots, c_n \rangle$이고 $\mathbf{c} \cdot \mathbf{x}$는 V_n의 벡터 $\mathbf{c}$와 $\mathbf{x}$의 내적이다.

$\mathbb{R}^n$의 점 $(x_1, x_2, \ldots, x_n)$과 V_n의 위치벡터 $\mathbf{x} = \langle x_1, x_2, \ldots, x_n \rangle$ 사이의 일대일 대응을 생각하면 $\mathbb{R}^n$의 부분집합에서 정의된 함수 f는 다음 세 가지 관점에서 생각할 수 있다.

1. n개의 실변수 $x_1, x_2, \ldots, x_n$의 함수로서
2. $\mathbb{R}^n$상의 한 점 $(x_1, x_2, \ldots, x_n)$의 함수로서
3. 단일벡터함수 $\mathbf{x} = \langle x_1, x_2, \ldots, x_n \rangle$의 함수로서

이상의 세 가지 관점 모두가 유용함을 알게 될 것이다.

13.1 연습문제

1. $f(x, y) = x^2y/(2x - y^2)$일 때 다음을 구하여라.

(a) $f(1, 3)$ (b) $f(-2, -1)$

(c) $f(x + h, y)$ (d) $f(x, x)$

2. $g(x, y) = x^2 \ln(x + y)$라 할 때

(a) $g(3, 1)$의 값을 구하여라.

(b) g의 정의역을 구하고 그려보아라.

(c) g의 치역을 구하여라.

3. $F(x, y, z) = \sqrt{y} - \sqrt{x - 2z}$일 때

(a) $F(3, 4, 1)$을 구하여라.

(b) F의 정의역을 찾고 설명하여라.

4-10 다음 함수의 정의역을 찾고 그림으로 나타내어라.

4. $f(x, y) = \sqrt{x - 2} + \sqrt{y - 1}$

5. $q(x, y) = \sqrt{x} + \sqrt{4 - 4x^2 - y^2}$

6. $g(x, y) = \ln(x^2 + y^2 - 9)$

7. $g(x, y) = \dfrac{x - y}{x + y}$

8. $p(x, y) = \dfrac{\sqrt{xy}}{x + 1}$

9. $f(x, y) = \sin^{-1}(x + y)$

10. $f(x, y, z) = \sqrt{4 - x^2} + \sqrt{9 - y^2} + \sqrt{1 - z^2}$

11. 인체의 표면적 S에 대한 모델은 다음 함수식으로 주어진다.

$$S = f(w, h) = 0.0072w^{0.425}h^{0.725}$$

w는 몸무게(단위는 kg), h는 키(단위는 cm)이고, S는 제곱미터로 측정했다.

(a) $f(73, 178)$의 값을 구하고 해석하여라.

(b) 각자 자신의 표면적을 계산해보아라.

12. 바다에서 파도의 높이 h는 바람의 속력 v와 바람이 그 속도로 불고 있는 시간 t의 길이에 따라 변한다. 함수 $h = f(v, t)$의 값이 표 1에 미터 단위로 기록되어 있다.

(a) $f(40, 15)$의 값은? 이것의 의미는 무엇인가?

(b) $h = f(30, t)$의 의미는 무엇인가? 이 함수의 움직임을 설명하여라.

(c) $h = f(v, 30)$의 의미는 무엇인가? 이 함수의 움직임을 설명하여라.

표 1 바람의 속도와 지속시간에 따른 파도의 높이

지속시간(hour)

바람속도(km/h) v \ t	5	10	15	20	30	40	50
20	0.6	0.6	0.6	0.6	0.6	0.6	0.6
30	1.2	1.3	1.5	1.5	1.5	1.6	1.6
40	1.5	2.2	2.4	2.5	2.7	2.8	2.8
60	2.8	4.0	4.9	5.2	5.5	5.8	5.9
80	4.3	6.4	7.7	8.6	9.5	10.1	10.2
100	5.8	8.9	11.0	12.2	13.8	14.7	15.3
120	7.4	11.3	14.4	16.6	19.0	20.5	21.1

13-17 다음 함수의 그래프를 그려라.

13. $f(x, y) = y$

14. $f(x, y) = 10 - 4x - 5y$

15. $f(x, y) = \sin x$

16. $f(x, y) = x^2 + 4y^2 + 1$

17. $f(x, y) = \sqrt{4 - 4x^2 - y^2}$

---

18. 다음 주어진 식에 맞는 그래프를 찾고 그 이유를 설명하여라.

(a) $f(x, y) = \dfrac{1}{1 + x^2 + y^2}$ (b) $f(x, y) = \dfrac{1}{1 + x^2y^2}$

(c) $f(x, y) = \ln(x^2 + y^2)$ (d) $f(x, y) = \cos\sqrt{x^2 + y^2}$

(e) $f(x, y) = |xy|$ (f) $f(x, y) = \cos(xy)$

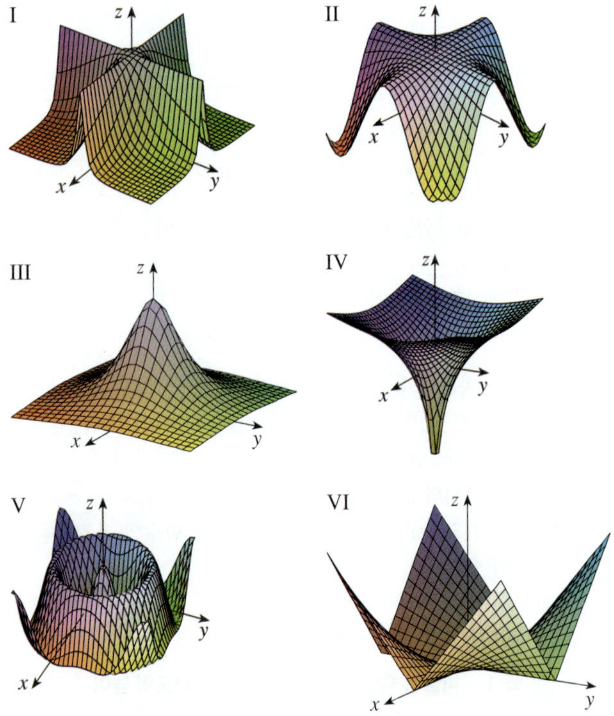

19. 함수 f의 등고선 지도가 제시되어 있다. 이것을 이용하여 $f(-3, 3)$과 $f(3, -2)$를 계산하여라. 그래프 모양에 대해 무엇을 말할 수 있는가?

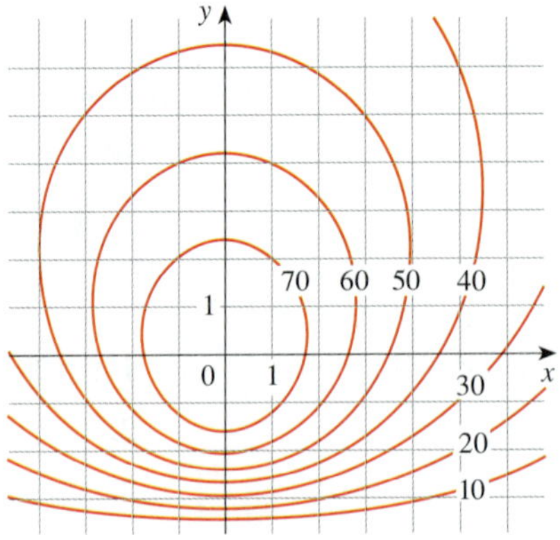

20. 다음 두 개의 등고선 지도가 있다. 함수 f의 그래프는 원뿔 모양에 대한 것이고 다른 함수 g의 그래프는 포물면에 대한 것이다. 어느 것이 어느 것인가? 그 이유는 무엇인가?

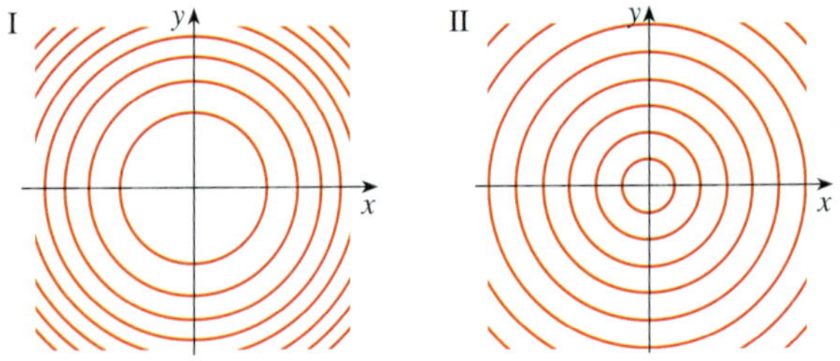

21. 사람의 체질량지수(BMI)는 다음과 같이 정의된다.

$B(m, h) = \dfrac{m}{h^2}$, 여기에서 m은 몸무게(kg), h는 신장(m)

등고선 $B(m, h) = 18.5$, $B(m, h) = 25$, $B(m, h) = 30$, $B(m, h) = 40$을 그려 보아라. 대략적으로 체질량지수가 18.5 이하이면 저체중, 18.5와 25 사이이면 정상, 25와 30 사이이면 과체중, 그리고 30이 넘으면 비만으로 판정한다. 정상적인 체질량지수의 영역에 색칠하여라. 몸무게가 62kg, 키가 152cm인 사람은 어느 범주에 속하겠는가?

22-25 함수의 등고선 지도가 제시되어 있다. 이것을 이용하여 함수 f의 그래프를 대강 그려라.

22.

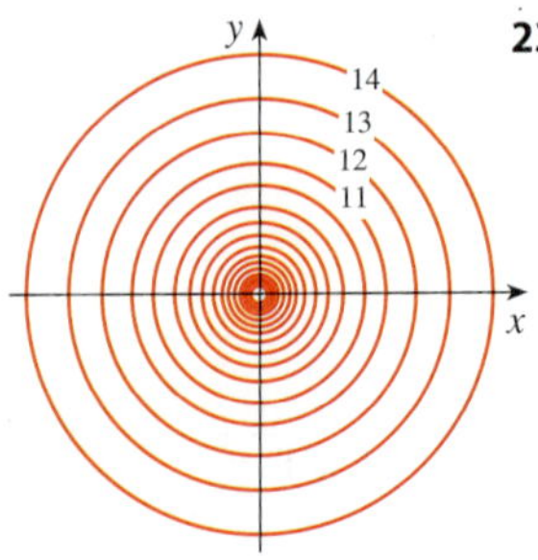

23.

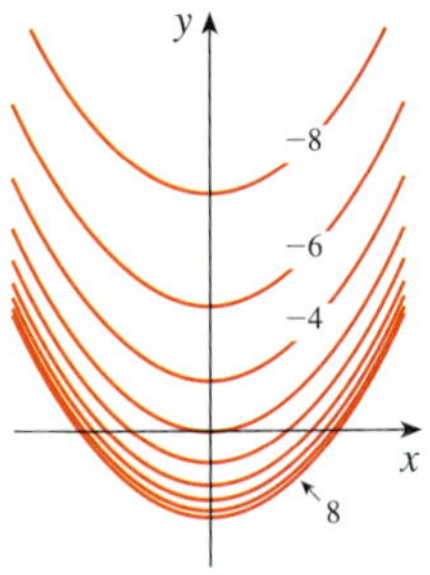

24.

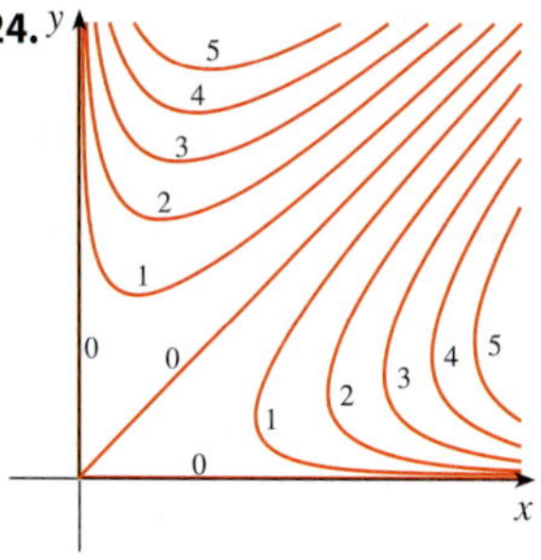

25.

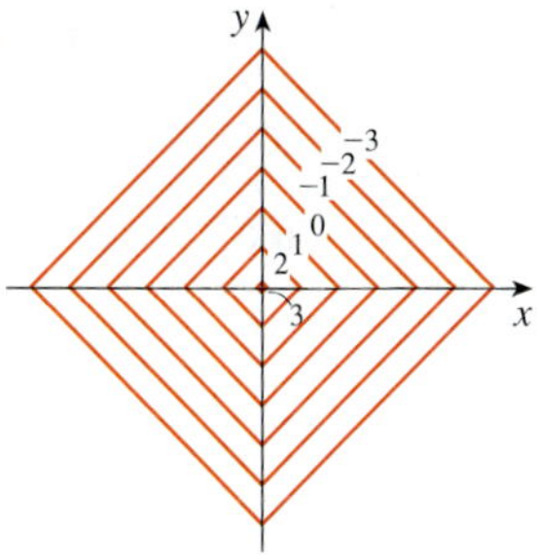

26-30 여러 등위곡선을 보이면서 함수의 등고선 지도를 그려라.

26. $f(x, y) = x^2 - y^2$

27. $f(x, y) = \sqrt{x} + y$

28. $f(x, y) = \ln(x^2 + 4y^2)$

29. $f(x, y) = ye^x$

30. $f(x, y) = y - \arctan x$

31-32 등고선 지도와 함수의 그래프를 그리고 그 둘을 비교하여라.

31. $f(x, y) = x^2 + 9y^2$

32. $f(x, y) = \sqrt{36 - 9x^2 - 4y^2}$

33. xy평면에 위치한 얇은 금속판은 점 (x, y)에서 온도 $T(x, y)$를 갖는다. T의 등위곡선들을 등온선이라 부른다. 온도함수가

$$T(x, y) = \frac{100}{1 + x^2 + 2y^2}$$

으로 주어질 때 약간의 등온선을 그려라.

34-35 여러 정의역과 방향으로 함수의 그래프를 컴퓨터로 그려보아라. 만약 등위곡선을 만들 수 있다면 같은 함수의 경로선을 그려보고 그 그래프와 비교하여라.

34. $f(x, y) = xy^2 - x^3$ (원숭이 안장)

35. $f(x, y) = e^{-(x^2+y^2)/3}(\sin(x^2) + \cos(y^2))$

36-37 다음 함수의 등위곡면을 그려보아라.

36. $f(x, y, z) = 2y - z + 1$

37. $g(x, y, z) = x^2 + y^2 - z^2$

38. 함수 g의 그래프를 함수 f로부터 어떻게 구할 수 있는지 설명하여라.
(a) $g(x, y) = f(x, y) + 2$
(b) $g(x, y) = 2f(x, y)$
(c) $g(x, y) = -f(x, y)$
(d) $g(x, y) = 2 - f(x, y)$

39. 여러 정의역과 방향으로 함수 $f(x, y) = 3x - x^4 - 4y^2 - 10xy$의 그래프를 그려보아라. "봉우리와 계곡"이 잘 보이는 것을 출력하여라. 함수가 최댓값을 가진다고 말할 수 있는가? "극댓값"과 "극솟값"을 그래프의 어느 지점이라고 할 수 있는가?

40. 여러 정의역과 방향으로 함수 $f(x, y) = \dfrac{x + y}{x^2 + y^2}$의 그래프를 그려보아라. 함수의 움직임을 제한하여 논의해보자. x, y값이 둘 다 커지면 어떻게 되는가? (x, y)가 원점으로 접근할 때는 어떻게 되는가?

41. 함수족 $f(x, y) = e^{cx^2+y^2}$을 컴퓨터를 이용하여 조사해보아라. 그래프 모양이 c값에 따라 어떻게 변하는가?

42. 곡면족 $z = x^2 + y^2 + cxy$를 컴퓨터를 이용하여 조사해보아라. 특히 이차곡면에서 다른 곡면으로 변화시키기 위해서는 c의 값을 결정할 수 있어야 한다.

13.2 극한과 연속성

■ 이변수함수의 극한

x와 y가 0에 접근할 때[점 (x, y)가 원점에 접근할 때] 다음 함수들의 움직임을 비교해보자.

$$f(x, y) = \frac{\sin(x^2 + y^2)}{x^2 + y^2} \text{와} \qquad g(x, y) = \frac{x^2 - y^2}{x^2 + y^2}$$

표 1과 2는 원점 근처의 점 (x, y)에 대한 소수 셋째 자리까지 $f(x, y)$와 $g(x, y)$의 값을 나타낸 것이다. (두 함수 모두 원점에서는 정의되지 않는 것에 주목하여라.)

표 1 $f(x, y)$의 값

$x \backslash y$	−1.0	−0.5	−0.2	0	0.2	0.5	1.0
−1.0	0.455	0.759	0.829	0.841	0.829	0.759	0.455
−0.5	0.759	0.959	0.986	0.990	0.986	0.959	0.759
−0.2	0.829	0.986	0.999	1.000	0.999	0.986	0.829
0	0.841	0.990	1.000		1.000	0.990	0.841
0.2	0.829	0.986	0.999	1.000	0.999	0.986	0.829
0.5	0.759	0.959	0.986	0.990	0.986	0.959	0.759
1.0	0.455	0.759	0.829	0.841	0.829	0.759	0.455

표 2 $g(x, y)$의 값

$x \backslash y$	−1.0	−0.5	−0.2	0	0.2	0.5	1.0
−1.0	0.000	0.600	0.923	1.000	0.923	0.600	0.000
−0.5	−0.600	0.000	0.724	1.000	0.724	0.000	−0.600
−0.2	−0.923	−0.724	0.000	1.000	0.000	−0.724	−0.923
0	−1.000	−1.000	−1.000		−1.000	−1.000	−1.000
0.2	−0.923	−0.724	0.000	1.000	0.000	−0.724	−0.923
0.5	−0.600	0.000	0.724	1.000	0.724	0.000	−0.600
1.0	0.000	0.600	0.923	1.000	0.923	0.600	0.000

(x, y)가 $(0, 0)$에 접근할 때 $f(x, y)$의 값은 1에 접근하는 반면에 $g(x, y)$의 값은 어떤 값에도 접근하지 않고 있다. 수치적 사실에 근거한 이러한 추측은 맞는 것으로 판명되며

$$\lim_{(x, y)\to(0, 0)} \frac{\sin(x^2 + y^2)}{x^2 + y^2} = 1 \text{이고} \qquad \lim_{(x, y)\to(0, 0)} \frac{x^2 - y^2}{x^2 + y^2} \text{은 존재하지 않는다}$$

고 한다. 일반적으로 점 (x, y)가 f의 정의역 내에 있는 어떠한 경로를 따라 점 (a, b)에 접근할 때 $f(x, y)$의 값이 수 L로 접근하는 것을 나타내기 위하여 표기법

$$\lim_{(x, y)\to(a, b)} f(x, y) = L$$

을 사용한다. 다시 말해서, 점 (a, b)와 같지는 않지만 점 (a, b)에 충분히 가까운 점 (x, y)를 잡으면 $f(x, y)$의 값을 원하는 만큼 L에 가까운 값으로 만들 수 있음을 뜻한다.

■ 극한이 존재하지 않음을 보이기

일변수함수의 경우, x가 a에 접근할 때 단지 두 가지 접근 방향, 즉 왼쪽에서 또는 오른쪽에서 접근하는 경우만 있다. 2장에서 $\lim_{x\to a^-} f(x) \neq \lim_{x\to a^+} f(x)$이면 $\lim_{x\to a} f(x)$가 존재하지 않는다고 했다.

이변수함수의 경우에는 이 상황이 그렇게 간단하지 않다. 왜냐하면 (x, y)가 정의역 f 안에 있는 한 어떠한 방법으로든 무수히 많은 방향에서(그림 1 참조) (x, y)가 (a, b)에 접근하기 때문이다.

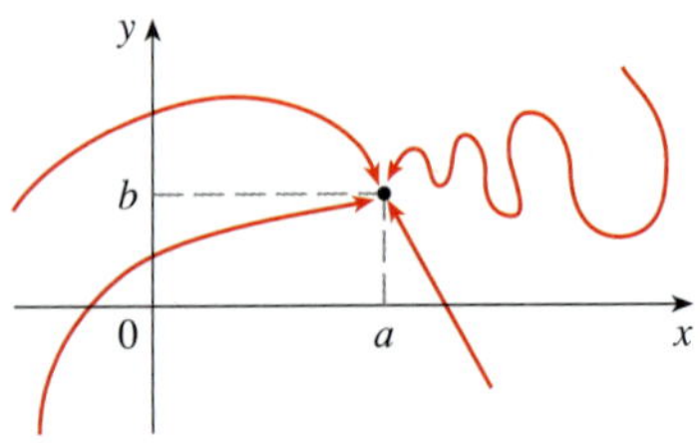

그림 1

만약 극한이 존재하면, (x, y)가 (a, b)에 접근하는 방법에 상관없이 $f(x, y)$는 같은 극한을 가져야 한다. 따라서 만약 접근하는 데 두 개의 다른 경로를 발견할 수 있고 $f(x, y)$가 다른 극한을 가지면 $\lim_{(x, y)\to(a, b)} f(x, y)$는 존재하지 않는다.

> C_1 경로를 따라서 $(x, y) \to (a, b)$일 때 $f(x, y) \to L_1$이고
> C_2 경로를 따라서 $(x, y) \to (a, b)$일 때 $f(x, y) \to L_2$이고, $L_1 \neq L_2$이면
> $\lim_{(x, y)\to(a, b)} f(x, y)$는 존재하지 않는다.

예제 1 $\displaystyle\lim_{(x,y)\to(0,0)} \frac{x^2 - y^2}{x^2 + y^2}$이 존재하지 않음을 보여라.

풀이 $f(x, y) = (x^2 - y^2)/(x^2 + y^2)$이라 하자. 먼저 x축을 따라 $(0, 0)$으로 접근시켜보자. 그러면 $y = 0$이 되어 모든 $x \neq 0$에 대해 $f(x, 0) = x^2/x^2 = 1$이 되므로

$$f(x, y) \to 1 \qquad (x\text{축을 따라 } (x, y) \to (0, 0)\text{일 때})$$

이다. 이제 $x = 0$이라 두고 y축을 따라 접근시켜보자. 그러면 모든 $y \neq 0$에 대해 $f(0, y) = \dfrac{-y^2}{y^2} = -1$이 되어

$$f(x, y) \to -1 \qquad (y\text{축을 따라 } (x, y) \to (0, 0)\text{일 때})$$

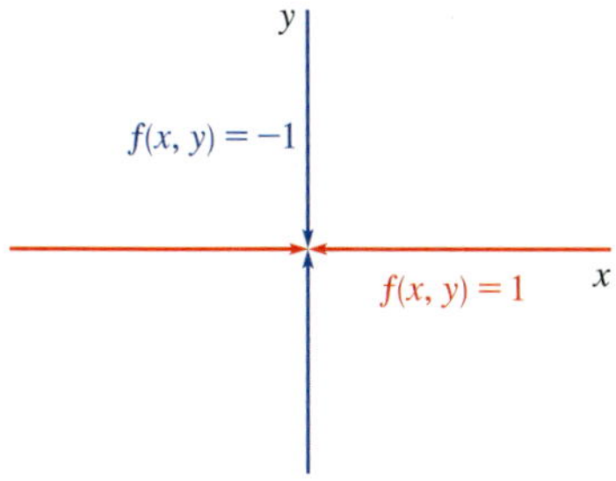

그림 2

이다(그림 2 참조). f는 서로 다른 두 직선을 따라 두 개의 서로 다른 극한을 가지므로 주어진 식은 극한을 가지지 않는다. (이 사실은 이 절의 첫 부분에서 수치적 증거를 기초로 해서 제기했던 추측을 확인시켜주는 것이다.) ■

예제 2 $f(x, y) = \dfrac{xy}{x^2 + y^2}$일 때 $\displaystyle\lim_{(x,y)\to(0,0)} f(x, y)$가 존재하는가?

풀이 $y = 0$일 때 $f(x, 0) = 0/x^2 = 0$이다. 그러므로

$$f(x, y) \to 0 \qquad (x\text{축을 따라 } (x, y) \to (0, 0)\text{일 때})$$

$x = 0$일 때 $f(0, y) = 0/y^2 = 0$이다. 그래서

$$f(x, y) \to 0 \qquad (y\text{축을 따라 } (x, y) \to (0, 0)\text{일 때})$$

비록 축을 따라 동일한 극한을 얻었지만, 주어진 극한이 0이라는 것은 아니다. 이제 직선 $y = x$를 따라 $(0, 0)$에 접근하자. 모든 $x \neq 0$에 대해

$$f(x, x) = \frac{x^2}{x^2 + x^2} = \frac{1}{2}$$

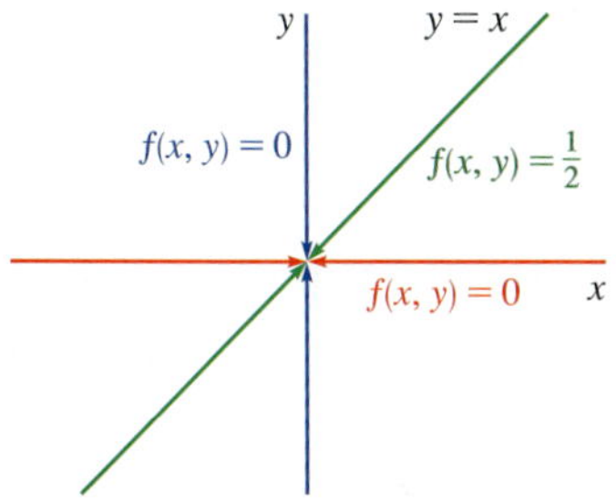

그림 3

이다. 그러므로

$$f(x, y) \to \tfrac{1}{2} \qquad (\text{직선 } y = x\text{를 따라 } (x, y) \to (0, 0)\text{일 때})$$

이다(그림 3 참조). 다른 경로에 따라 다른 극한을 취하므로 주어진 극한은 존재하지 않는다. ■

그림 4는 예제 2에 대해 다른 시각을 보여주고 있다. 직선 $y = x$ 위에 생기는 산등성이는 원점을 제외한 이 직선상의 모든 점 (x, y)에 대해 $f(x, y) = \frac{1}{2}$을 만족한다는 것을 말하고 있다.

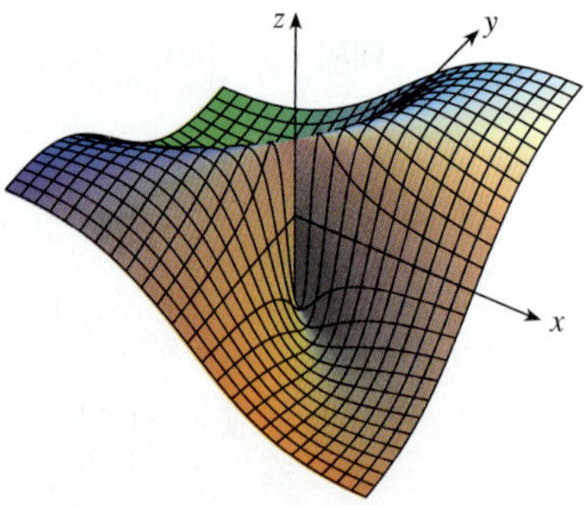

그림 4
$f(x, y) = \dfrac{xy}{x^2 + y^2}$

예제 3 $f(x, y) = \dfrac{xy^2}{x^2 + y^4}$일 때 $\lim_{(x, y)\to(0, 0)} f(x, y)$가 존재하는가?

그림 5는 예제 3의 함수의 그래프이다. 포물선 $x = y^2$ 위쪽에 있는 산등성이를 주목하여라.

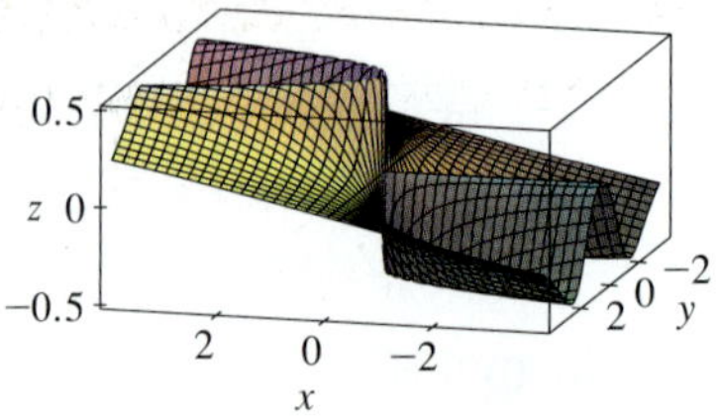

그림 5

풀이 예제 2의 풀이를 생각하면서 원점을 지나는 축이 아닌 직선을 따라 $(x, y) \to (0, 0)$으로 하자. 이제 $y = mx$이고 기울기 $m \neq 0$이면

$$f(x, y) = f(x, mx) = \frac{x(mx)^2}{x^2 + (mx)^4} = \frac{m^2x^3}{x^2 + m^4x^4} = \frac{m^2x}{1 + m^4x^2}$$

따라서 $\quad f(x, y) \to 0 \quad$ (직선 $y = mx$를 따라 $(x, y) \to (0, 0)$일 때)

이므로 원점을 지나는 축이 아닌 모든 직선을 따라 f는 같은 극한을 갖는다. 그러나 주어진 극한이 0인 것은 아니다. 왜냐하면 만약 포물선 $x = y^2$을 따라 $(x, y) \to (0, 0)$일 때,

$$f(x, y) = f(y^2, y) = \frac{y^2 \cdot y^2}{(y^2)^2 + y^4} = \frac{y^4}{2y^4} = \frac{1}{2}$$

따라서 $\quad f(x, y) \to \frac{1}{2} \quad$ (포물선 $x = y^2$을 따라 $(x, y) \to (0, 0)$일 때)

다른 경로를 따를 때 다른 극한값을 취하므로 주어진 극한은 존재하지 않는다. ■

■ 극한의 성질

일변수함수와 같이 이변수함수의 극한을 계산하는 것은 극한의 성질을 사용하면 꽤 간단해진다. 2.3절에서 나열된 극한 법칙들은 이변수함수로 확장될 수 있다. 극한이 존재한다고 가정하면 이 법칙들은 다음과 같은 말로 나타낼 수 있다.

합의 법칙 **1.** 합의 극한은 극한의 합과 같다.

차의 법칙 **2.** 차의 극한은 극한의 차와 같다.

상수배의 법칙 **3.** 함수의 상수배의 극한은 극한의 상수배와 같다.

곱의 법칙 **4.** 곱의 극한은 극한의 곱과 같다.

몫의 법칙 **5.** 몫의 극한은 극한의 몫과 같다(단, 분모의 극한은 0이 아님).

다음의 극한에 관한 식이 성립함을 알 수 있다(연습문제 38).

1 $\quad \lim_{(x, y)\to(a, b)} x = a \qquad \lim_{(x, y)\to(a, b)} y = b \qquad \lim_{(x, y)\to(a, b)} c = c$

이변수의 다항식함수(polynomial function of two variables, 간단히 다항식)는 $cx^m y^n$ 형태들의 합이다. 단 c는 상수이고, m과 n은 양의 정수이다. **유리함수**(rational function)는 다항식들의 분수식이다. 예를 들어

$$p(x, y) = x^4 + 5x^3y^2 + 6xy^4 - 7y + 6$$

은 다항식이다. 반면에

$$q(x, y) = \frac{2xy + 1}{x^2 + y^2}$$

은 유리함수이다.

극한법칙과 1을 이용하여 모든 다항함수 p의 극한은 직접 대입법으로 구할 수 있다.

2 $$\lim_{(x, y)\to(a, b)} p(x, y) = p(a, b)$$

비슷하게 모든 유리함수 $q(x, y) = p(x, y)/r(x, y)$의 극한도 (a, b)가 q의 정의역에 있을 때 구할 수 있다.

3 $$\lim_{(x, y)\to(a, b)} q(x, y) = \lim_{(x, y)\to(a, b)} \frac{p(x, y)}{r(x, y)} = \frac{p(a, b)}{r(a, b)} = q(a, b)$$

예제 4 $\displaystyle\lim_{(x, y)\to(1, 2)} (x^2y^3 - x^3y^2 + 3x + 2y)$를 구하여라.

풀이 $f(x, y) = x^2y^3 - x^3y^2 + 3x + 2y$가 다항식이므로, 모든 점에서 연속이다. 따라서 극한은 직접 대입법으로 구할 수 있다.

$$\lim_{(x, y)\to(1, 2)} (x^2y^3 - x^3y^2 + 3x + 2y) = 1^2 \cdot 2^3 - 1^3 \cdot 2^2 + 3 \cdot 1 + 2 \cdot 2 = 11$$ ■

예제 5 극한이 존재하면 $\displaystyle\lim_{(x, y)\to(-2, 3)} \frac{x^2y + 1}{x^3y^2 - 2x}$을 구하여라.

풀이 $f(x, y) = (x^2y + 1)/(x^3y^2 - 2x)$는 유리함수이고 $(-2, 3)$이 f의 정의역에 있으므로(분모가 0이 되지 않음) 직접 대입법으로 다음과 같이 극한을 구할 수 있다.

$$\lim_{(x, y)\to(-2, 3)} \frac{x^2y + 1}{x^3y^2 - 2x} = \frac{(-2)^2(3) + 1}{(-2)^3(3)^2 - 2(-2)} = -\frac{13}{68}$$ ■

■ 연속성

일변수의 **연속함수**의 극한값 계산은 직접 값을 대입하여 쉽게 얻을 수 있다. 왜냐하면 연속함수를 정의하는 성질은 $\lim_{x\to a} f(x) = f(a)$이기 때문이다. 이변수의 연속함수도 역시 직접 값을 대입함으로써 정의할 수 있다.

4 정의 이변수함수 f가 (a, b)에서 **'연속이다'**라는 것은

$$\lim_{(x, y)\to(a, b)} f(x, y) = f(a, b)$$

일 때를 말한다. 만약 D 내의 모든 점 (a, b)에서 연속이면 f는 D상에서 **연속이다**라고 한다.

연속성의 직관적인 의미는 점 (x, y)가 작은 양만큼 변하면 $f(x, y)$의 값도 작은 양만큼 변한다는 것이다. 이것은 연속함수의 그래프인 곡면에 어떠한 구멍 또는 갈라진 틈이 없다는 것을 의미한다.

이미 다항식 함수의 극한을 직접 대입법으로 계산할 수 있음을 보았다(식 **2**). 연속성의 정의에 따라 **모든 다항식은 $\mathbb{R}^2$에서 연속이다**. 마찬가지로 식 **3**은 **모든 유리함수가 정의역에서 연속임**을 보여준다. 일반적으로 극한의 성질을 사용하면 연속함수의 합, 차이, 곱 및 몫이 해당 영역에서 연속적임을 알 수 있다.

예제 6 함수 $f(x, y) = \dfrac{x^2 - y^2}{x^2 + y^2}$은 어디에서 연속인가?

풀이 함수 f는 $(0, 0)$에서 정의되지 않기 때문에 $(0, 0)$에서는 불연속이다. 이 함수 f는 유리함수이기 때문에 정의역인 집합 $D = \{(x, y) \mid (x, y) \neq (0, 0)\}$에서 연속이다. ■

예제 7 함수 g를 다음과 같이 정의하자.

$$g(x, y) = \begin{cases} \dfrac{x^2 - y^2}{x^2 + y^2}, & (x, y) \neq (0, 0) \\ 0, & (x, y) = (0, 0) \end{cases}$$

g는 $(0, 0)$에서 정의는 되지만 $\lim_{(x, y) \to (0, 0)} g(x, y)$가 존재하지 않기 때문에 불연속이다(예제 1 참조). ■

그림 6은 예제 8에서의 연속함수의 그래프이다.

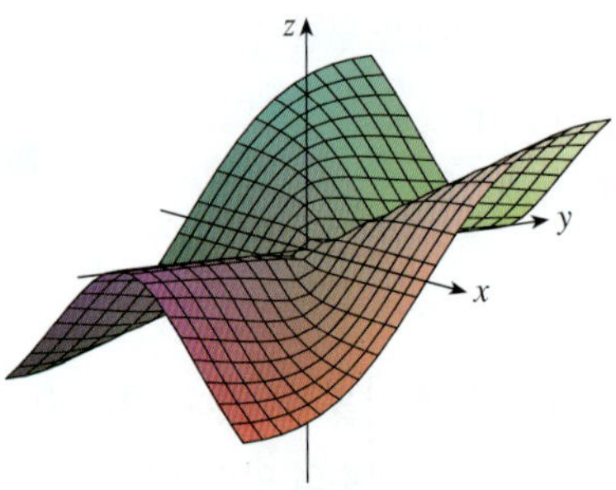

그림 6

예제 8 $f(x, y) = \begin{cases} \dfrac{3x^2 y}{x^2 + y^2}, & (x, y) \neq (0, 0) \\ 0, & (x, y) = (0, 0) \end{cases}$

이라 하자. $(x, y) \neq (0, 0)$일 때 f는 유리함수이므로 연속인 것을 알고 있다. 또

$$\lim_{(x, y) \to (0, 0)} f(x, y) = \lim_{(x, y) \to (0, 0)} \frac{3x^2 y}{x^2 + y^2} = 0 = f(0, 0)$$

이다. 그러므로 f는 $(0, 0)$에서 연속이고 $\mathbb{R}^2$상에서 연속이다. ■

일변수함수와 마찬가지로 합성은 두 연속함수를 결합하여 세 번째 함수를 구하는 또 다른 방법이다. 만약 f가 이변수의 연속함수이고 g가 f의 치역에서 정의된 일변수의 연속함수이면, $h(x, y) = g(f(x, y))$로 정의되는 합성함수 $h = g \circ f$ 또한 연속함수이다.

예제 9 함수 $h(x, y) = e^{-(x^2+y^2)}$은 어디에서 연속인가?

풀이 함수 $f(x, y) = x^2 + y^2$은 다항식이므로 $\mathbb{R}^2$에서 연속이다. 모든 t의 값에서 함수 $g(t) = e^{-t}$가 연속이므로 합성함수

$$h(x, y) = g(f(x, y)) = e^{-(x^2+y^2)}$$

도 $\mathbb{R}^2$에서 연속이다. 함수 h의 그래프는 그림 7과 같다.

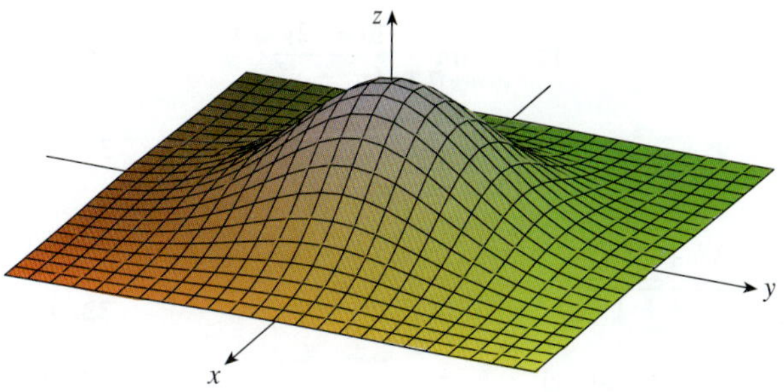

그림 7
함수 $h(x, y) = e^{-(x^2+y^2)}$은 모든 점에서 연속이다.

예제 10 함수 $h(x, y) = \arctan(y/x)$는 어디서 연속인가?

풀이 함수 $f(x, y) = y/x$는 유리함수이다. 따라서 직선 $x = 0$상의 점을 제외하고 연속이다. 함수 $g(t) = \arctan t$는 모든 점에서 연속이다. 그래서 합성함수

$$g(f(x, y)) = \arctan(y/x) = h(x, y)$$

는 $x = 0$을 제외한 모든 점에서 연속이다. 그림 8의 그래프는 y축 위쪽의 h의 그래프에서 갈라진 틈을 보여준다.

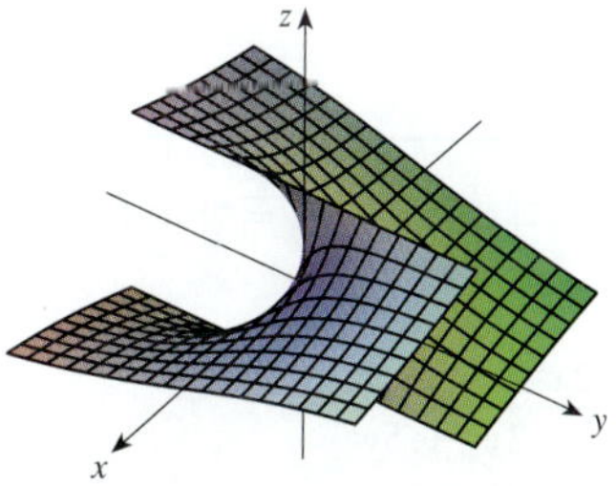

그림 8
함수 $h(x, y) = \arctan(y/x)$는 $x = 0$에서 불연속이다.

13.2 연습문제

1. $\displaystyle\lim_{(x,y)\to(3,1)} f(x, y) = 6$이라 가정하자. $f(3, 1)$의 값에 대해 무엇이라 할 수 있는가? 만약 f가 연속이면 $f(3, 1)$은 무엇인가?

2. $(x, y) \to (0, 0)$일 때 $f(x, y) = \dfrac{x^2y^3 + x^3y^2 - 5}{2 - xy}$의 극한값을 추정하기 위해 원점 가까이에 있는 (x, y)에 대한 $f(x, y)$의 수치적 값의 표를 이용하여라. 다음으로 예측이 왜 맞는지 설명하여라.

3-8 극한을 구하여라.

3. $\displaystyle\lim_{(x,y)\to(3,2)} (x^2y^3 - 4y^2)$

4. $\displaystyle\lim_{(x,y)\to(-3,1)} \frac{x^2y - xy^3}{x - y + 2}$

5. $\displaystyle\lim_{(x,y)\to(2,-1)} \frac{x^2y + xy^2}{x^2 - y^2}$

6. $\displaystyle\lim_{(x,y)\to(\pi,\pi/2)} y\sin(x - y)$

7. $\displaystyle\lim_{(x,y)\to(3,2)} e^{\sqrt{2x-y}}$

8. $\displaystyle\lim_{(x,y)\to(1,1)} \left(\frac{x^2y^3 - x^3y^2}{x^2 - y^2}\right)$

9-12 극한이 존재하지 않음을 보여라.

9. $\displaystyle\lim_{(x,y)\to(0,0)} \frac{y^2}{x^2 + y^2}$

10. $\displaystyle\lim_{(x,y)\to(0,0)} \frac{(x + y)^2}{x^2 + y^2}$

11. $\displaystyle\lim_{(x,y)\to(0,0)} \frac{x^2 + xy^2}{x^4 + y^2}$

12. $\displaystyle\lim_{(x,y)\to(0,0)} \frac{y^2\sin^2 x}{x^4 + y^4}$

13-21 다음 극한이 존재하면 구하고, 아니면 존재하지 않음을 보여라.

13. $\lim_{(x, y)\to(-1, -2)} (x^2y - xy^2 + 3)^3$

14. $\lim_{(x, y)\to(\pi, 1/2)} e^{xy} \sin xy$

15. $\lim_{(x, y)\to(2, 3)} \dfrac{3x - 2y}{4x^2 - y^2}$

16. $\lim_{(x, y)\to(0, 0)} \dfrac{xy^2 \cos y}{x^2 + y^4}$

17. $\lim_{(x, y)\to(0, 0)} \dfrac{x^3 - y^3}{x^2 + xy + y^2}$

18. $\lim_{(x, y)\to(0, 0)} \dfrac{x^2 + y^2}{\sqrt{x^2 + y^2 + 1} - 1}$

19. $\lim_{(x, y, z)\to(6, 1, -2)} \sqrt{x + z} \cos(\pi y)$

20. $\lim_{(x, y, z)\to(0,0,0)} \dfrac{xy + yz}{x^2 + y^2 + z^2}$

21. $\lim_{(x, y, z)\to(0, 0, 0)} \dfrac{xy + yz^2 + xz^2}{x^2 + y^2 + z^4}$

22-24 조임정리를 이용하여 극한을 구하여라.

22. $\lim_{(x, y)\to(0, 0)} xy \sin \dfrac{1}{x^2 + y^2}$

23. $\lim_{(x, y)\to(0, 0)} \dfrac{xy}{\sqrt{x^2 + y^2}}$

24. $\lim_{(x, y)\to(0, 0)} \dfrac{xy^4}{x^4 + y^4}$

25. 컴퓨터를 이용하여 함수의 그래프를 그리고 극한값이 존재하지 않는 이유를 설명하여라.

$$\lim_{(x, y)\to(0, 0)} \frac{2x^2 + 3xy + 4y^2}{3x^2 + 5y^2}$$

26-27 $h(x, y) = g(f(x, y))$와 h가 연속인 점의 집합을 구하여라.

26. $g(t) = t^2 + \sqrt{t}, \quad f(x, y) = 2x + 3y - 6$

27. $g(t) = t + \ln t, \quad f(x, y) = \dfrac{1 - xy}{1 + x^2y^2}$

28. 함수 $f(x, y) = e^{1/(x-y)}$의 그래프를 그리고 불연속인 점을 관찰한 후 공식을 사용해 설명하여라.

29-35 함수가 연속인 점들의 집합을 구하여라.

29. $F(x, y) = \dfrac{xy}{1 + e^{x-y}}$

30. $F(x, y) = \cos\sqrt{1 + x - y}$

31. $F(x, y) = \dfrac{1 + x^2 + y^2}{1 - x^2 - y^2}$

32. $G(x, y) = \sqrt{x} + \sqrt{1 - x^2 - y^2}$

33. $G(x, y) = \ln(1 + x - y)$

34. $f(x, y, z) = \arcsin(x^2 + y^2 + z^2)$

35. $f(x, y) = \begin{cases} \dfrac{x^2y^3}{2x^2 + y^2}, & (x, y) \neq (0, 0) \\ 1, & (x, y) = (0, 0) \end{cases}$

36-37 극좌표를 이용하여 극한을 구하여라. [만약 $(r, \theta)(r \geqslant 0)$가 점 (x, y)의 극좌표이면 $(x, y) \to (0, 0)$일 때 $r \to 0^+$임에 유의하여라.]

36. $\lim_{(x, y)\to(0, 0)} \dfrac{x^3 + y^3}{x^2 + y^2}$

37. $\lim_{(x, y)\to(0, 0)} (x^2 + y^2) \ln(x^2 + y^2)$

38. 1의 극한식을 증명하여라.

39. 다음 함수의 그래프를 그리고 연속성을 논하여라.

$$f(x, y) = \begin{cases} \dfrac{\sin xy}{xy}, & xy \neq 0 \\ 1, & xy = 0 \end{cases}$$

40. $f(\mathbf{x}) = |\mathbf{x}|$로 정의된 함수 f가 $\mathbb{R}^n$상에서 연속임을 밝혀라. [힌트: $|\mathbf{x} - \mathbf{a}|^2 = (\mathbf{x} - \mathbf{a}) \cdot (\mathbf{x} - \mathbf{a})$]

13.3 편도함수

■ 이변수함수의 편도함수

일반적으로 f가 두 변수 x와 y의 함수이면, y를 고정하는 동안, 즉 $y = b$ (b는 상수)로 일정할 때 오직 x만 변한다고 가정하자. 그러면 실제로 단지 일변수 x만의 함수를 생각할 수 있다. 즉, $g(x) = f(x, b)$. 만일 g가 a에서 도함수를 가지면, **(a, b)에서 x에 관한**

***f*의 편도함수**(partial derivative)라고 하고 $f_x(a, b)$로 표시한다.

1 $$f_x(a, b) = g'(a) \qquad [\text{단}, g(x) = f(x, b)]$$

도함수의 정의에 의해

$$g'(a) = \lim_{h \to 0} \frac{g(a + h) - g(a)}{h}$$

이므로, 식 **1**은

2 $$f_x(a, b) = \lim_{h \to 0} \frac{f(a + h, b) - f(a, b)}{h}$$

가 된다. 이와 마찬가지로 **(a, b)에서 y에 관한 f의 편도함수** $f_y(a, b)$는 x가 $x = a$로 일정할 때 함수 $G(y) = f(a, y)$의 b에서 도함수를 다음과 같이 구하여 얻는다.

3 $$f_y(a, b) = \lim_{h \to 0} \frac{f(a, b + h) - f(a, b)}{h}$$

만약 등식 **2**와 **3**에서 점 (a, b)를 변하도록 하면 f_x와 f_y는 이변수함수가 된다.

4 정의 f가 이변수함수이면, **편도함수**는 다음과 같이 정의된 함수 f_x와 f_y이다.

$$f_x(x, y) = \lim_{h \to 0} \frac{f(x + h, y) - f(x, y)}{h}$$

$$f_y(x, y) = \lim_{h \to 0} \frac{f(x, y + h) - f(x, y)}{h}$$

편도함수에 대한 다른 표기법이 많이 있다. 예를 들어, f_x 대신 f_1 또는 $D_1 f$(첫 번째 변수에 관한 미분을 나타내기 위해) 또는 $\partial f/\partial x$로 쓸 수 있다. 그러나 여기서 $\partial f/\partial x$는 미분의 비로 해석되어서는 안 된다.

편도함수의 표기법 $z = f(x, y)$이면,

$$f_x(x, y) = f_x = \frac{\partial f}{\partial x} = \frac{\partial}{\partial x} f(x, y) = \frac{\partial z}{\partial x} = f_1 = D_1 f = D_x f$$

$$f_y(x, y) = f_y = \frac{\partial f}{\partial y} = \frac{\partial}{\partial y} f(x, y) = \frac{\partial z}{\partial y} = f_2 = D_2 f = D_y f$$

편도함수를 계산하기 위해서 해야 할 일은 x에 관한 편도함수는 y를 고정하여 얻는 단일변수함수 g의 도함수라는 사실을 식 **1**로부터 기억하는 것이다. 따라서 다음과 같은 규칙을 가진다.

$z = f(x, y)$의 편도함수를 구하기 위한 규칙

1. f_x를 구하기 위해서 y를 상수로 보고 $f(x, y)$를 x에 관해 미분한다.
2. f_y를 구하기 위해서 x를 상수로 보고 $f(x, y)$를 y에 관해 미분한다.

예제 1 $f(x, y) = x^3 + x^2y^3 - 2y^2$일 때 $f_x(2, 1)$과 $f_y(2, 1)$을 구하여라.

풀이 y를 상수로 간주하고 x에 관해 미분하면

$$f_x(x, y) = 3x^2 + 2xy^3$$

을 얻는다. 그래서

$$f_x(2, 1) = 3 \cdot 2^2 + 2 \cdot 2 \cdot 1^3 = 16$$

이다. x를 상수로 간주하고 y에 관해 미분하면

$$f_y(x, y) = 3x^2y^2 - 4y$$

$$f_y(2, 1) = 3 \cdot 2^2 \cdot 1^2 - 4 \cdot 1 = 8$$

을 얻는다. ■

예제 2 $f(x, y) = \sin\left(\dfrac{x}{1 + y}\right)$일 때 $\dfrac{\partial f}{\partial x}$와 $\dfrac{\partial f}{\partial y}$를 계산하여라.

풀이 일변수함수에 대한 연쇄법칙을 이용하여 다음을 얻는다.

$$\frac{\partial f}{\partial x} = \cos\left(\frac{x}{1+y}\right) \cdot \frac{\partial}{\partial x}\left(\frac{x}{1+y}\right) = \cos\left(\frac{x}{1+y}\right) \cdot \frac{1}{1+y}$$

$$\frac{\partial f}{\partial y} = \cos\left(\frac{x}{1+y}\right) \cdot \frac{\partial}{\partial y}\left(\frac{x}{1+y}\right) = -\cos\left(\frac{x}{1+y}\right) \cdot \frac{x}{(1+y)^2}$$ ■

■ 편도함수의 해석

편도함수의 기하학적 해석을 위해서 방정식 $z = f(x, y)$가 곡면 S(f의 그래프)를 나타낸다고 하자. 만약 $f(a, b) = c$이면 점 $P(a, b, c)$는 S상에 놓인다. 수직면 $y = b$가 S를 가로지를 때 얻는 곡선 C_1에 관심을 둔다(다시 말해서, C_1은 평면 $y = b$에서 S의 자취이다). 마찬가지로 수직면 $x = a$는 곡선 C_2에서 S를 가로지른다. 두 곡선 C_1과 C_2는 점 P를 통과한다(그림 1 참조).

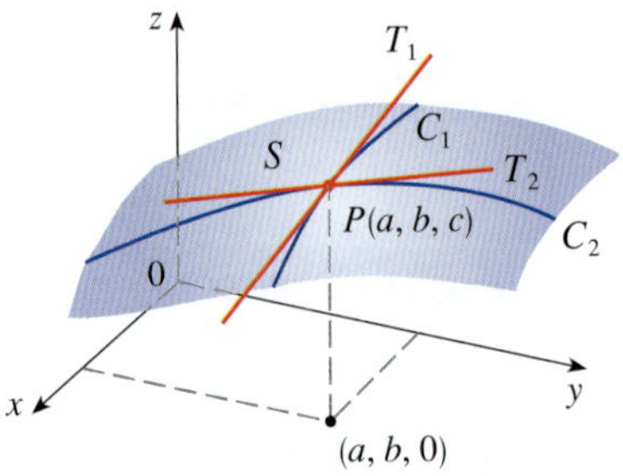

그림 1 (a, b)에서 편도함수는 C_1과 C_2의 접선의 기울기이다.

곡선 C_1이 함수 $g(x) = f(x, b)$의 그래프임을 주목하면 P에서 이것의 접선 T_1의 기울기는 $g'(a) = f_x(a, b)$이다. 곡선 C_2는 함수 $G(y) = f(a, y)$의 그래프이며 P에서 그것의 접선 T_2의 기울기는 $G'(b) = f_y(a, b)$이다.

따라서 편미분계수 $f_x(a, b)$와 $f_y(a, b)$는 기하학적으로 $y = b$와 $x = a$의 평면에서 S의 자취 C_1과 C_2에 대한 점 $P(a, b, c)$에서 접선의 기울기로 해석할 수 있다.

예제 3 $f(x, y) = 4 - x^2 - 2y^2$일 때 $f_x(1, 1)$과 $f_y(1, 1)$을 구하고 기울기로써 이들 수

를 해석하여라.

풀이

$$f_x(x, y) = -2x \qquad f_y(x, y) = -4y$$

$$f_x(1, 1) = -2 \qquad f_y(1, 1) = -4$$

이다. f의 그래프는 포물면 $z = 4 - x^2 - 2y^2$이고 수직면 $y = 1$은 포물면 $z = 2 - x^2$에서 포물면을 가로지른다(앞의 설명에서처럼, 그림 2에서 C_1으로 나타낸다). 점 (1, 1, 1)에서 이 포물선에 대한 접선의 기울기는 $f_x(1, 1) = -2$이다(접선은 양의 x 방향으로 아래로 기울어진다). 비슷하게 평면 $x = 1$이 포물면과 만나는 곡선 C_2는 포물선 $z = 3 - 2y^2$, $x = 1$이고 (1, 1, 1)에서 접선의 기울기는 $f_y(1, 1) = -4$이다(그림 3 참조).

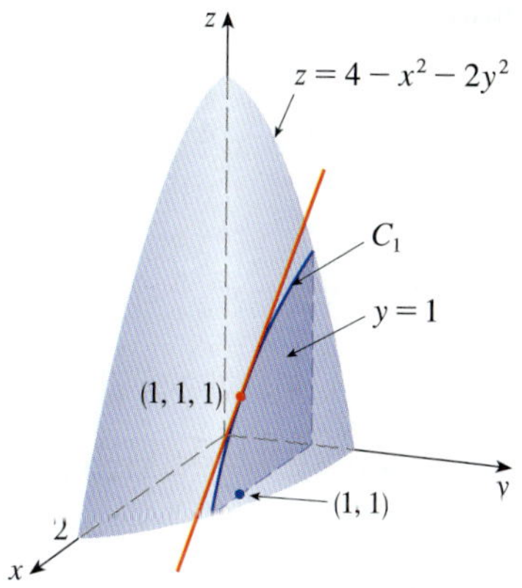

그림 2

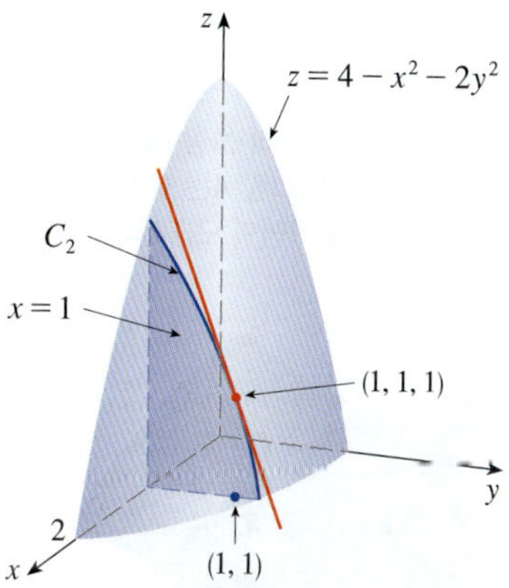

그림 3 ■

편도함수는 역시 **변화율**로 해석되기도 한다. $z = f(x, y)$이면 $\partial z/\partial x$는 y가 일정할 때 x에 관한 z의 변화율을 나타내고, 마찬가지로 $\partial z/\partial y$는 x가 일정할 때 y에 관한 z의 변화율을 나타낸다.

예제 4 13.1절의 연습문제 21에서 체질량지수는 다음과 같이 정의하였다.

$$B(m, h) = \frac{m}{h^2}$$

$m = 64$kg, $h = 1.68$m인 젊은이의 B의 편미분계수를 계산하고 설명하여라.

풀이 h를 상수로 취급하고, m에 관하여 미분한다.

$$\frac{\partial B}{\partial m}(m, h) = \frac{\partial}{\partial m}\left(\frac{m}{h^2}\right) = \frac{1}{h^2}$$

그러므로

$$\frac{\partial B}{\partial m}(64, 1.68) = \frac{1}{(1.68)^2} \approx 0.35\ (\text{kg/m}^2)/\text{kg}$$

이다. 이것은 몸무게가 $m = 64$kg이고, 신장이 $h = 1.68$m일 때의 체질량계수의 변화율이다. 즉 신장의 변화 없이 체중이 예를 들어 1kg 증가하면 체질량지수가 약 0.35 증가하는 것이다.

이번에는 m을 상수로 취급하고, h에 관하여 미분한다.

$$\frac{\partial B}{\partial h}(m, h) = \frac{\partial}{\partial h}\left(\frac{m}{h^2}\right) = m\left(-\frac{2}{h^3}\right) = -\frac{2m}{h^3}$$

그러므로

$$\frac{\partial B}{\partial h}(64, 1.68) = -\frac{2 \cdot 64}{(1.68)^3} \approx -27\ (\text{kg/m}^2)/\text{m}$$

이다. 이것은 몸무게가 $m = 64$kg이고, 신장이 $h = 1.68$m일 때의 체질량계수의 변화율이다. 즉 체중의 변화 없이 키가 예를 들어 1cm 자라면 체질량지수가 약 $27(0.01) = 0.27$ 감소하는 것이다. ■

몇몇 프로그램은 세 변수의 음함수로 정의된 곡면을 그려준다. 그림 4는 예제 5의 방정식으로 정의된 곡면의 모습이다.

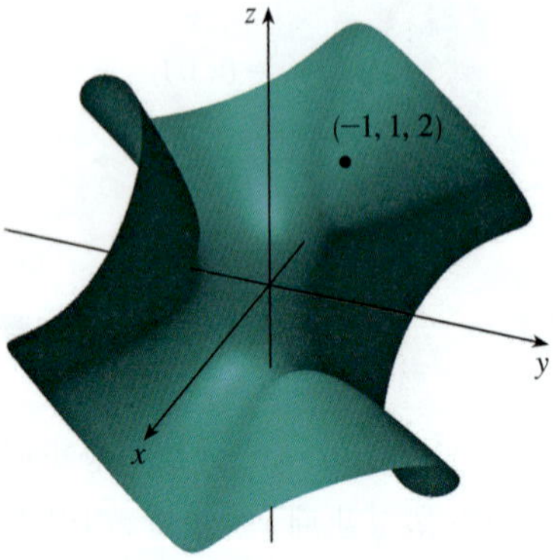

그림 4

예제 5 z가 다음의 방정식으로 x와 y에 대해 음함수적으로 정의되었을 때 $\partial z/\partial x$와 $\partial z/\partial y$를 구하여라.

$$x^3 + y^3 + z^3 + 6xyz + 4 = 0$$

그리고 점 $(-1, 1, 2)$에서 두 편도함수의 값을 구하여라.

풀이 $\partial z/\partial x$를 구하기 위해 y를 상수로 취급하고 z를 (x의) 함수로 생각하여 x에 관하여 음함수적으로 미분하면

$$3x^2 + 3z^2\frac{\partial z}{\partial x} + 6yz + 6xy\frac{\partial z}{\partial x} = 0$$

이다. 이를 $\partial z/\partial x$에 대해 풀면

$$\frac{\partial z}{\partial x} = -\frac{x^2 + 2yz}{z^2 + 2xy}$$

를 얻는다. 비슷하게 y에 관해 음함수 미분법을 쓰면

$$\frac{\partial z}{\partial y} = -\frac{y^2 + 2xz}{z^2 + 2xy}$$

이다. 점 $(-1, 1, 2)$는 방정식 $x^3 + y^3 + z^3 + 6xyz + 4 = 0$을 만족시키므로 이 방정식으로 정의되는 곡면 위의 점이다. 이 점에서 편도함수의 값을 구하면 다음과 같다.

$$\frac{\partial z}{\partial x} = -\frac{(-1)^2 + 2 \cdot 1 \cdot 2}{2^2 + 2(-1) \cdot 1} = -\frac{5}{2}, \quad \frac{\partial z}{\partial y} = -\frac{1^2 + 2(-1) \cdot 2}{2^2 + 2(-1) \cdot 1} = \frac{3}{2}$$ ■

■ 삼변수 이상의 함수

편도함수는 셋 또는 그 이상의 변수에 대한 함수에 대해서도 역시 정의된다. 예를 들어, f가 x, y, z의 삼변수함수이면 x에 관한 편도함수는

$$f_x(x, y, z) = \lim_{h \to 0} \frac{f(x + h, y, z) - f(x, y, z)}{h}$$

로 정의된다. 이것은 y와 z를 상수로 하고, $f(x, y, z)$를 x에 관해 미분함으로써 구해진다.

만약 $w = f(x, y, z)$이면 $f_x = \partial w/\partial x$는 y와 z가 일정할 때 x에 관한 w의 변화율로 해석될 수 있다. 그러나 f의 그래프는 사차원 공간에 놓이기 때문에 기하학적으로 해석할 수 없다.

일반적으로 u가 n변수함수 $u = f(x_1, x_2, \ldots, x_n)$이면 이것의 i번째 변수 x_i에 관한 편도함수는

$$\frac{\partial u}{\partial x_i} = \lim_{h \to 0} \frac{f(x_1, \ldots, x_{i-1}, x_i + h, x_{i+1}, \ldots, x_n) - f(x_1, \ldots, x_i, \ldots, x_n)}{h}$$

이고, 또한
$$\frac{\partial u}{\partial x_i} = \frac{\partial f}{\partial x_i} = f_{x_i} = f_i = D_i f$$

로 쓴다.

예제 6 $f(x, y, z) = e^{xy} \ln z$일 때 f_x, f_y, f_z를 구하여라.

풀이 y와 z를 상수로 유지하고 x에 관해 미분하면

$$f_x = ye^{xy} \ln z$$

를 얻는다. 마찬가지 방법으로

$$f_y = xe^{xy} \ln z \text{이고} \qquad f_z = \frac{e^{xy}}{z}$$

이다. ■

■ 고계 편도함수

f가 이변수함수이면 f_x와 f_y 또한 이변수함수이다. 그리고 그들의 편도함수 $(f_x)_x$, $(f_x)_y$, $(f_y)_x$, $(f_y)_y$를 생각할 수 있고 이것들을 f의 **2계 편도함수**(second partial derivative)라 부른다. 만약 $z = f(x, y)$이면 다음 표기법을 사용한다.

$$(f_x)_x = f_{xx} = f_{11} = \frac{\partial}{\partial x}\left(\frac{\partial f}{\partial x}\right) = \frac{\partial^2 f}{\partial x^2} = \frac{\partial^2 z}{\partial x^2}$$

$$(f_x)_y = f_{xy} = f_{12} = \frac{\partial}{\partial y}\left(\frac{\partial f}{\partial x}\right) = \frac{\partial^2 f}{\partial y\, \partial x} = \frac{\partial^2 z}{\partial y\, \partial x}$$

$$(f_y)_x = f_{yx} = f_{21} = \frac{\partial}{\partial x}\left(\frac{\partial f}{\partial y}\right) = \frac{\partial^2 f}{\partial x\, \partial y} = \frac{\partial^2 z}{\partial x\, \partial y}$$

$$(f_y)_y = f_{yy} = f_{22} = \frac{\partial}{\partial y}\left(\frac{\partial f}{\partial y}\right) = \frac{\partial^2 f}{\partial y^2} = \frac{\partial^2 z}{\partial y^2}$$

따라서 f_{xy}(또는 $\partial^2 f/\partial y \partial x$) 표기법은 먼저 x에 관해 미분하고 다음으로 y에 관해 미분하는 것이고, 반면 f_{yx}는 반대 순서로 계산한다.

예제 7 $f(x, y) = x^3 + x^2y^3 - 2y^2$의 2계 편도함수를 구하여라.

풀이 예제 1에서 구한 것은

$$f_x(x, y) = 3x^2 + 2xy^3 \qquad f_y(x, y) = 3x^2y^2 - 4y$$

이다. 그러므로

$$f_{xx} = \frac{\partial}{\partial x}(3x^2 + 2xy^3) = 6x + 2y^3 \qquad f_{xy} = \frac{\partial}{\partial y}(3x^2 + 2xy^3) = 6xy^2$$

$$f_{yx} = \frac{\partial}{\partial x}(3x^2y^2 - 4y) = 6xy^2 \qquad f_{yy} = \frac{\partial}{\partial y}(3x^2y^2 - 4y) = 6x^2y - 4$$

이다. ■

예제 7에서 $f_{xy} = f_{yx}$를 주목하자. 이것은 항상 일치하지 않는다. 실제 문제에서 만나는 대부분의 함수에 대해 f_{xy}와 f_{yx}는 일치하는 것으로 판명된다. 프랑스 수학자 클레로(Alexis Clairaut, 1713~1765)에 의해 발견된 다음 정리는 $f_{xy} = f_{yx}$라고 주장할 수 있는 조건을 제시한다.

클레로

클레로는 수학 신동이었다. 그는 10세에 미분적분학 교과서에서 로피탈 정리를 읽었고, 13세 때 프랑스과학학술원에 기하학에 관한 논문을 제출하였다. 18세에 공간곡선의 미분적분학을 포함한 삼차원 해석기하학에 대한 최초의 체계적인 논문(*Recherches sur les courbes à double courbure*)을 발표하였다.

클레로 정리(Clairaut's Theorem) f를 점 (a, b)를 포함하는 원판 D에서 정의된 함수라 하자. 만약 함수 f_{xy}와 f_{yx}가 D에서 연속이면

$$f_{xy}(a, b) = f_{yx}(a, b)$$

이다.

3계 이상의 편도함수도 정의될 수 있다. 예를 들어

$$f_{xyy} = (f_{xy})_y = \frac{\partial}{\partial y}\left(\frac{\partial^2 f}{\partial y\, \partial x}\right) = \frac{\partial^3 f}{\partial y^2\, \partial x}$$

이고 클레로 정리를 이용하여 함수들이 연속이면 $f_{xyy} = f_{yxy} = f_{yyx}$임을 알 수 있다.

예제 8 $f(x, y, z) = \sin(3x + yz)$일 때 f_{xxyz}를 구하여라.

풀이

$$f_x = 3\cos(3x + yz)$$

$$f_{xx} = -9\sin(3x + yz)$$

$$f_{xxy} = -9z\cos(3x + yz)$$

$$f_{xxyz} = -9\cos(3x + yz) + 9yz\sin(3x + yz)$$

■

■ 편미분방정식

편도함수는 어떤 물리적 법칙을 표현할 때 이용하는 **편미분방정식**에 필요하다. 예를 들어 다음 편미분방정식

$$\frac{\partial^2 u}{\partial x^2} + \frac{\partial^2 u}{\partial y^2} = 0$$

을 라플라스(Pierre Laplace, 1749~1827)의 이름을 따서 **라플라스 방정식**(Laplace's equation)이라 한다. 이 방정식의 해는 **조화함수**(harmonic functions)라 한다. 이 조화함수는 열전도, 유체 흐름, 전자의 전위 문제를 해결하는 데 중요한 역할을 한다.

예제 9 함수 $u(x, y) = e^x \sin y$가 라플라스 방정식의 해임을 보여라.

풀이 먼저 이 방정식 풀이에 필요한 2계 편도함수를 구하자.

$$u_x = e^x \sin y \qquad u_y = e^x \cos y$$

$$u_{xx} = e^x \sin y \qquad u_{yy} = -e^x \sin y$$

그러면

$$u_{xx} + u_{yy} = e^x \sin y - e^x \sin y = 0$$

이 된다. 따라서 u는 라플라스 방정식을 만족한다. ■

파동식(wave equation)

$$\frac{\partial^2 u}{\partial t^2} = a^2 \frac{\partial^2 u}{\partial x^2}$$

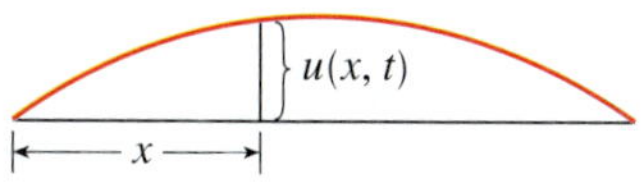

그림 5

은 파형의 움직임을 표현하는 데 사용된다. 이때 파형으로는 파도에 의한 파랑, 소리의 음파, 빛의 파동, 또는 진동하는 줄을 따라 이동하는 파 등이 있다. 예를 들어 $u(x, t)$가 줄의 왼쪽 끝에서부터 거리가 x이고 시간이 t일 때 진동하는 바이올린 현의 변위를 나타낸다고 하면(그림 5 참조), $u(x, t)$는 파동식을 만족한다. 이 식에서 상수 a는 현의 밀도와 장력에 좌우된다.

예제 10 함수 $u(x, t) = \sin(x - at)$가 파동식을 만족함을 보여라.

풀이

$$u_x = \cos(x - at) \qquad u_t = -a\cos(x - at)$$

$$u_{xx} = -\sin(x - at) \qquad u_{tt} = -a^2 \sin(x - at) = a^2 u_{xx}$$

따라서 u는 파동식을 만족한다. ■

삼변수함수와 관련된 편미분방정식은 또한 과학 분야와 공학 분야에서 매우 중요하다. 삼차원 라플라스 방정식은

5
$$\frac{\partial^2 u}{\partial x^2} + \frac{\partial^2 u}{\partial y^2} + \frac{\partial^2 u}{\partial z^2} = 0$$

이고 이 방정식이 사용되는 분야로는 지구물리학이 있다. $u(x, y, z)$가 지점 (x, y, z)에서 자기장의 세기를 나타낸다고 하면, $u(x, y, z)$는 식 **5**를 만족한다. 자기장의 세기는 철성분이 풍부한 광물의 분포를 나타내므로 암반의 서로 다른 유형과 단층을 반영한다.

13.3 연습문제

1. 북반부에 있는 한 지역에서의 온도 T(°C)는 경도 x, 위도 y, 시간 t에 의존한다. 그래서 $T = f(x, y, t)$로 쓸 수 있다. 1월 1일부터 매 시각마다 측정한다.

(a) 편도함수 $\partial T/\partial x$, $\partial T/\partial y$, $\partial T/\partial t$의 의미는 무엇인가?

(b) 호놀룰루는 경도 158°W이고 위도 21°N이다. 1월 1일 오전 9시, 바람에 더운 공기가 북동쪽으로 불고 있다. 그래서 서쪽과 남쪽의 공기는 따뜻하고 북쪽과 동쪽의 공기는 더 선선하다. $f_x(158, 21, 9)$, $f_y(158, 21, 9)$, $f_t(158, 21, 9)$가 양인가 또는 음인가? 설명하여라.

2-3 그래프가 다음과 같이 주어진 함수 f의 편도함수들의 부호를 결정하여라.

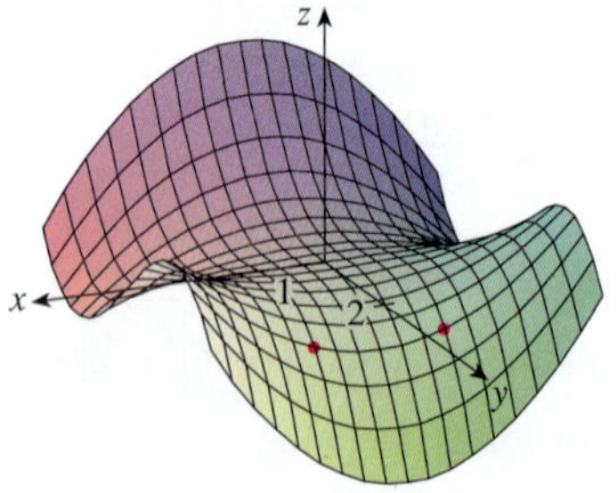

2. (a) $f_x(1, 2)$ (b) $f_y(1, 2)$

3. (a) $f_x(-1, 2)$ (b) $f_y(-1, 2)$

4. $f(x, y) = 16 - 4x^2 - y^2$일 때 $f_x(1, 2)$와 $f_y(1, 2)$를 구하고 기울기로 이들 수를 해석하여라. 손이나 컴퓨터로 그래프를 그려서 설명하여라.

5-24 다음 함수의 1계 편도함수를 구하여라.

5. $f(x, y) = x^4 + 5xy^3$

6. $g(x, y) = x^3 \sin y$

7. $g(x, t) = e^{xt}$

8. $z = \ln(x + t^2)$

9. $f(x, y) = ye^{xy}$

10. $g(x, y) = (x^2 + xy)^3$

11. $g(x, y) = y(x + x^2y)^5$

12. $f(x, y) = \dfrac{ax + by}{cx + dy}$

13. $w = \dfrac{e^v}{u + v^2}$

14. $u(r, \theta) = \sin(r \cos\theta)$

15. $R(p, q) = \tan^{-1}(pq^2)$

16. $f(x, y) = x^y$

17. $F(x, y) = \int_y^x \cos(e^t)\, dt$

18. $f(x, y, z) = x^3yz^2 + 2yz$

19. $w = \ln(x + 2y + 3z)$

20. $w = y \tan(x + 2z)$

21. $p = \sqrt{t^4 + u^2 \cos v}$

22. $u = x^{y/z}$

23. $h(x, y, z, t) = x^2y \cos(z/t)$

24. $u = \sqrt{x_1^2 + x_2^2 + \cdots + x_n^2}$

25-27 지시된 편도함수를 구하여라.

25. $R(s, t) = te^{s/t}$; $R_t(0, 1)$

26. $f(x, y) = y \sin^{-1}(xy)$; $f_y\left(1, \frac{1}{2}\right)$

27. $f(x, y, z) = x^{yz}$; $f_z(e, 1, 0)$

28-29 음함수 미분법을 이용하여 $\partial z/\partial x$와 $\partial z/\partial y$를 구하여라.

28. $x^2 + 2y^2 + 3z^2 = 1$

29. $e^z = xyz$

30-31 $\partial z/\partial x$와 $\partial z/\partial y$를 구하여라.

30. (a) $z = f(x) + g(y)$ (b) $z = f(x + y)$

31. (a) $z = f(x)g(y)$ (b) $z = f(xy)$
(c) $z = f(x/y)$

32-35 모든 2계 편도함수를 구하여라.

32. $f(x, y) = x^4y - 2x^3y^2$

33. $f(x, y) = \ln(ax + by)$

34. $z = \dfrac{y}{2x + 3y}$

35. $v = \sin(s^2 - t^2)$

36-37 클레로 정리, 즉 $u_{xy} = u_{yx}$가 성립함을 증명하여라.

36. $u = x^4y^3 - y^4$

37. $u = \cos(x^2y)$

38-42 지시된 편도함수를 구하여라.

38. $f(x, y) = x^4y^2 - x^3y$; f_{xxx}, f_{xyx}

39. $f(x, y, z) = e^{xyz^2}$; f_{xyz}

40. $g(r, s, t) = e^r \sin(st)$; g_{rst}

41. $W = \sqrt{u + v^2}$; $\dfrac{\partial^3 W}{\partial u^2\, \partial v}$

42. $w = \dfrac{x}{y + 2z}$; $\dfrac{\partial^3 w}{\partial z\, \partial y\, \partial x}$, $\dfrac{\partial^3 w}{\partial x^2\, \partial y}$

43-44 정의 **4**를 이용하여 $f_x(x, y)$와 $f_y(x, y)$를 구하여라.

43. $f(x, y) = xy^2 - x^3y$ **44.** $f(x, y) = \dfrac{x}{x + y^2}$

---

45. $f(x, y, z) = xy^2z^3 + \arcsin(x\sqrt{z})$일 때 f_{xzy}를 구하여라. [힌트: 고계 미분 중 어느 것이 가장 쉬운가?]

46-47 f_x와 f_y를 구하여라. 또 이들 사이의 관계를 볼 수 있는 정의역과 방향에서 f, f_x, f_y의 그래프를 그려라.

46. $f(x, y) = \dfrac{y}{1 + x^2y^2}$ **47.** $f(x, y) = x^2y^3$

---

48. 다음 주어진 각 함수가 파동식 $u_{tt} = a^2u_{xx}$의 해가 됨을 보여라.
(a) $u = \sin(kx)\sin(akt)$
(b) $u = t/(a^2t^2 - x^2)$
(c) $u = (x - at)^6 + (x + at)^6$
(d) $u = \sin(x - at) + \ln(x + at)$

49. 다음 함수 중 라플라스 방정식 $u_{xx} + u_{yy} = 0$의 해가 되는 것은?
(a) $u = x^2 + y^2$ (b) $u = x^2 - y^2$
(c) $u = x^3 + 3xy^2$ (d) $u = \ln\sqrt{x^2 + y^2}$
(e) $u = \sin x \cosh y + \cos x \sinh y$
(f) $u = e^{-x}\cos y - e^{-y}\cos x$

50. 열전도 방정식 함수 $u = e^{-\alpha^2k^2t}\sin kx$가 열전도 방정식 $u_t = \alpha^2u_{xx}$의 해가 됨을 보여라.

51. 확산 방정식(The Diffusion Equation) 다음은 확산 방정식이다.

$$\frac{\partial c}{\partial t} = D\frac{\partial^2 c}{\partial x^2}$$

여기서 D는 확산 계수로 양의 상수이다. 물체를 통과하는 열, 오염의 근원지부터의 거리 x와 시점 t에서의 오염원의 집중 정도 또는 새로운 서식지의 외래종의 침입 등의 확산 등을 설명한다. 함수

$$c(x, t) = \frac{1}{\sqrt{4\pi Dt}}e^{-x^2/(4Dt)}$$

가 확산 방정식의 해가 됨을 보여라.

52. 저항값 R_1, R_2, R_3를 갖는 세 도선이 병렬로 연결된 전기회로에서 생기는 총 저항값 R은 식

$$\frac{1}{R} = \frac{1}{R_1} + \frac{1}{R_2} + \frac{1}{R_3}$$

로 주어진다. 이때 $\partial R/\partial R_1$을 구하여라.

53. 이상기체법칙(Ideal Gas Law) 절대온도 T, 압력 P, 부피 V에서 이상기체의 질량이 m으로 고정되어 있을 때 기체법칙은 $PV = mRT$이다. 여기서 R은 기체상수이다.

(a) $\dfrac{\partial P}{\partial V}\dfrac{\partial V}{\partial T}\dfrac{\partial T}{\partial P} = -1$임을 증명하여라.

(b) $T\dfrac{\partial P}{\partial T}\dfrac{\partial V}{\partial T} = mR$임을 증명하여라.

54. 판데르발스 방정식(Van der Waals Equation) P는 압력, V는 부피, T는 가스의 온도라 할 때, 가스 n몰당 **판데르발스 방정식**은

$$\left(P + \frac{n^2a}{V^2}\right)(V - nb) = nRT$$

이다. 상수 R은 보편기체상수이고 a, b는 양의 상수인데 어떤 특정 가스의 성질을 특징짓는 상수이다. $\partial T/\partial P$와 $\partial P/\partial V$를 계산하여라.

55. T는 온도(°C), v는 바람속도(km/h)일 때 체감추위지수가 함수 $W = 13.12 + 0.6215T - 11.37v^{0.16} + 0.3965Tv^{0.16}$을 만족한다. $T = -15$°C, $v = 30$km/h일 때 실제온도가 1°C 하강하면 겉보기 온도 W는 얼마만큼 떨어질 것인가? 만약 바람속도가 1km/h 빨라지면 어떻게 될까?

56. 인체의 표면적은 일반적으로 다음의 함수로 주어진다.

$$S = f(w, h) = 0.0072w^{0.425}h^{0.725}$$

여기서 w는 체중(kg), h는 키(cm)이고 S의 단위는 m^2이다. 편도함수를 구하고 설명하여라.

(a) $\dfrac{\partial S}{\partial w}(73, 178)$ (b) $\dfrac{\partial S}{\partial h}(73, 178)$

57. 도마뱀이 1km를 이동하는 데 소요되는 평균 에너지 E(kcal)는 다음과 같다.

$$E(m, v) = 2.65m^{0.66} + \frac{3.5m^{0.75}}{v}$$

여기서 m은 도마뱀의 무게(g)이고, v는 속도(km/h)이다. $E_m(400, 8)$과 $E_v(400, 8)$을 계산하고, 설명하여라.

Source: C. Robbins, *Wildlife Feeding and Nutrition*, 2ed. (San Diego: Academic Press, 1993).

58. 타원면 $4x^2 + 2y^2 + z^2 = 16$은 한 타원에서 평면 $y = 2$를 가로지른다. 점 (1, 2, 2)에서 이 타원에서의 접선에 대한 매개변수방정식을 구하여라.

59. 편도함수 $f_x(x, y) = x + 4y$, $f_y(x, y) = 3x - y$를 갖는 함수 f가 존재한다면 믿겠는가?

60. 삼각형의 세 각 A, B, C의 대변을 a, b, c라 할 때 코사인 법칙의 음함수 미분법을 사용하여 $\partial A/\partial a$, $\partial A/\partial b$, $\partial A/\partial c$를 구하여라.

61. 클레로 정리를 사용하여 f의 3계 편도함수가 연속일 때, $f_{xyy} = f_{yxy} = f_{yyx}$임을 보여라.

62. $f(x, y) = \sqrt[3]{x^3 + y^3}$일 때 $f_x(0, 0)$을 구하여라.

13.4 접평면과 선형근사

일변수 미분적분학에서 가장 중요한 개념은 미분가능한 함수의 그래프상의 한 점으로 향해 초점을 맞추고 급격히 확대할 때 그래프는 그것의 접선과 구별할 수 없게 된다는 것이다. 따라서 그 함수의 근사식으로 1차함수를 이용할 수 있다(3.8절 참조). 여기서 그런 아이디어를 삼차원으로 발전시킨다. 미분가능한 이변수함수의 그래프인 곡면상의 한 점에 초점을 맞추어 확대해보면 곡면은 더욱더 평면(그것의 접평면)과 닮게 보인다. 그래서 이 함수를 이변수함수의 선형함수로 근사시킬 수 있다. 또한 이변수 이상의 함수에 대한 미분으로 이 아이디어를 확장시킬 수 있다.

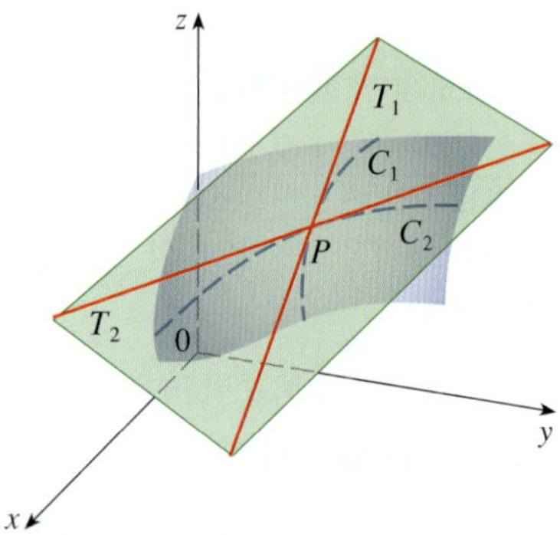

그림 1
접평면은 접선 T_1과 T_2를 포함한다.

■ 접평면

곡면 S가 방정식 $z = f(x, y)$를 만족한다고 하자. 단 f는 연속인 1계 편도함수를 가진다. $P(x_0, y_0, z_0)$를 S상의 점이라 하자. 앞 절에서처럼 C_1과 C_2를 곡면 S와 수직면 $y = y_0$와 $x = x_0$가 교차함으로써 얻는 곡선이라 하자. 그러면 점 P는 C_1과 C_2상에 놓인다. T_1과 T_2를 점 P에서 C_1과 C_2에 대한 접선이라 하자. 그러면 P에서 S에 대한 **접평면**(tangent plane)은 접선 T_1과 T_2를 포함하는 평면으로 정의된다(그림 1 참조).

13.6절에서 알게 되겠지만, 만약 C가 곡면 S상에 있고 P를 통과하는 또 다른 곡선이면, P에서 그 접선 또한 접평면 안에 놓이게 된다. 그러므로 P에서 S에 대한 접평면은 S상에 있고 P를 통과하는 곡선에 대한 P에서의 가능한 모든 접선으로 이루어진 것으로 생각할 수 있다. P에서의 접평면은 점 P 근방에서 곡면 S에 가장 가까이 근접한 평면이다.

11.5절의 식 [7]에서 알고 있듯이, 점 $P(x_0, y_0, z_0)$를 통과하는 평면은

$$A(x - x_0) + B(y - y_0) + C(z - z_0) = 0$$

형태의 방정식을 가진다. C로 나누고 $a = -A/C$, $b = -B/C$라 둠으로써 다음 형태로 다시 쓸 수 있다.

[1] $$z - z_0 = a(x - x_0) + b(y - y_0)$$

만약 식 [1]이 P에서 접평면을 의미하면, 평면 $y = y_0$와의 교선은 접선 T_1임에 틀림없다. 식 [1]에서 $y = y_0$로 놓으면 다음과 같다.

$$z - z_0 = a(x - x_0) \qquad y = y_0$$

그리고 이것을 기울기 a의 직선의 방정식(점-기울기 형)으로 알고 있다. 그런데 13.3절에서 접선 T_1의 기울기는 $f_x(x_0, y_0)$라고 알고 있다. 그러므로 $a = f_x(x_0, y_0)$이다.

이와 마찬가지로 식 [1]에서 $x = x_0$로 놓으면 $z - z_0 = b(y - y_0)$를 얻으며, 이것은 접선 T_2를 의미하고, 따라서 $b = f_y(x_0, y_0)$이다.

접평면의 방정식과 접선의 방정식

$$y - y_0 = f'(x_0)(x - x_0)$$

사이에는 유사한 점이 있다.

[2] **접평면 방정식** f가 연속인 편도함수를 가질 때 점 $P(x_0, y_0, z_0)$에서 곡면 $z = f(x, y)$에 대한 접평면의 방정식은

$$z - z_0 = f_x(x_0, y_0)(x - x_0) + f_y(x_0, y_0)(y - y_0)$$

이다.

예제 1 점 (1, 1, 3)에서 타원포물면 $z = 2x^2 + y^2$에 대한 접평면을 구하여라.

풀이 $f(x, y) = 2x^2 + y^2$이라 하자. 그러면

$$f_x(x, y) = 4x \qquad f_y(x, y) = 2y$$
$$f_x(1, 1) = 4 \qquad f_y(1, 1) = 2$$

이다. 식 2 에 의해 (1, 1, 3)에서의 접평면의 방정식은 다음과 같다.

$$z - 3 = 4(x - 1) + 2(y - 1)$$

즉

$$z = 4x + 2y - 3$$

■

그림 2(a)는 타원포물면과 예제 1에서 구한 (1, 1, 3)에서 접평면을 보여준다. (b)와 (c)에서는 함수 $f(x, y) = 2x^2 + y^2$의 정의역을 축소하여 점 (1, 1, 3)으로 향해 초점을 맞추고 급격히 확대한다. 확대하면 할수록 그래프는 더욱더 평평하게 보이고 접평면에 더욱더 근접하고 있음을 보여준다.

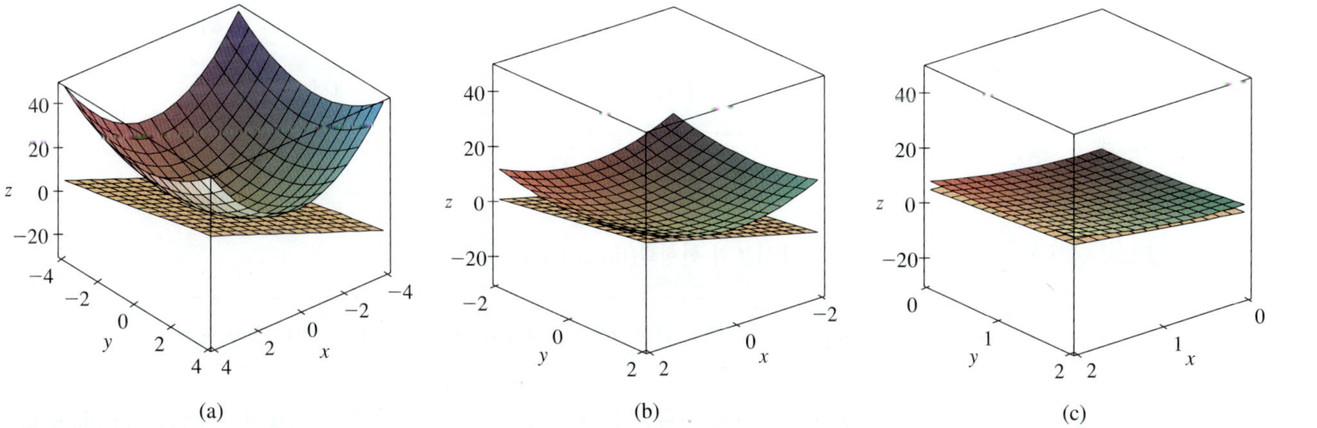

그림 2 타원포물면 $z = 2x^2 + y^2$은 (1, 1, 3)으로 향해 초점을 맞추고 확대할 때 접평면과 일치하는 것으로 보인다.

그림 3에서 함수 $f(x, y) = 2x^2 + y^2$의 등고선 지도상의 점 (1, 1)로 초점을 맞추고 급격히 확대하면서 이 느낌이 확신으로 바뀐다. 확대하면 할수록 등위곡선들은 평면의 특징인 같은 위치의 평행선들처럼 보인다.

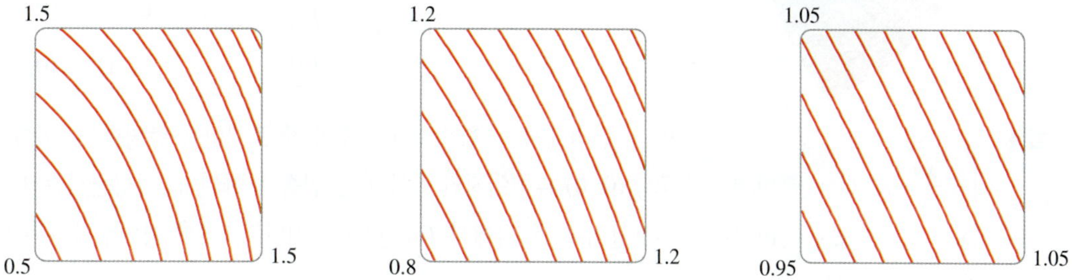

그림 3 $f(x, y) = 2x^2 + y^2$의 경로지도상의 점 (1, 1)로 초점을 맞춘 근방에서의 확대

■ 선형근사

예제 1에서 점 (1, 1, 3)에서 함수 $f(x, y) = 2x^2 + y^2$의 그래프에 대한 접평면의 방정식이 $z = 4x + 2y - 3$임을 알았다. 그러므로 그림 2와 3에서 (x, y)가 (1, 1)에 가까이 있을 때, 이변수의 1차함수

$$L(x, y) = 4x + 2y - 3$$

은 $f(x, y)$의 좋은 근사이다. 함수 L을 (1, 1)에서 f의 **선형화**라 하고 근사

$$f(x, y) \approx 4x + 2y - 3$$

을 (1, 1)에서 f의 **선형근사** 또는 **접평면근사**라 한다.

예를 들어 점 (1.1, 0.95)에서 선형근사는

$$f(1.1, 0.95) \approx 4(1.1) + 2(0.95) - 3 = 3.3$$

이고, 이것은 실제값 $f(1.1, 0.95) = 2(1.1)^2 + (0.95)^2 = 3.3225$에 아주 가깝다. 그러나 (2, 3)과 같이 (1, 1)에서 더 떨어진 점을 잡으면, 더 이상 좋은 근사를 갖지 못한다. 사실 $L(2, 3) = 11$인 반면에 $f(2, 3) = 17$이다.

일반적으로 **2**로부터 점 $(a, b, f(a, b))$에서 이변수함수의 그래프에 대한 접평면의 방정식이

$$z = f(a, b) + f_x(a, b)(x - a) + f_y(a, b)(y - b)$$

임을 안다. 그래프가 이 접평면인 1차함수는, 다시 말해서

3 $$L(x, y) = f(a, b) + f_x(a, b)(x - a) + f_y(a, b)(y - b)$$

는 (a, b)에서 f의 **선형화**(linearization)라 부르고 근사

4 $$f(x, y) \approx f(a, b) + f_x(a, b)(x - a) + f_y(a, b)(y - b)$$

는 (a, b)에서 f의 **선형근사**(linear approximation) 또는 **접평면근사**(tangent plane approximation)라 부른다.

f가 연속인 1계 편도함수를 가질 때 곡면 $z = f(x, y)$에 대한 접평면을 정의하였다. 만약 f_x와 f_y가 연속이 아니면 어떻게 되는가? 그림 4는 그런 함수를 보여준다. 그 방정식은

$$f(x, y) = \begin{cases} \dfrac{xy}{x^2 + y^2}, & (x, y) \neq (0, 0) \\ 0, & (x, y) = (0, 0) \end{cases}$$

이다. 원점에서 이 함수의 편도함수가 존재함을 증명할 수 있다. 따라서 $f_x(0, 0) = 0$이고 $f_y(0, 0) = 0$이지만 f_x와 f_y는 연속은 아니다. 선형근사는 $f(x, y) \approx 0$이지만 직선 $y = x$상의 모든 점에서 $f(x, y) = \frac{1}{2}$이다. 그래서 이변수함수는 비록 그것의 편도함수가

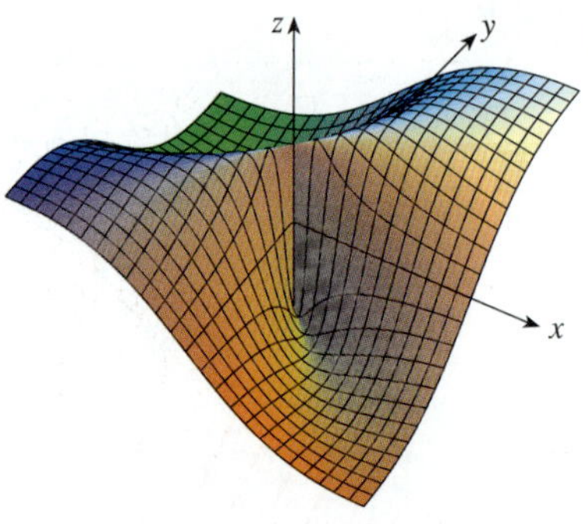

그림 4

$$f(x, y) = \begin{cases} \dfrac{xy}{x^2 + y^2}, & (x, y) \neq (0, 0) \\ 0, & (x, y) = (0, 0) \end{cases}$$

둘 다 존재한다고 하더라도 연속적으로 행동하지 않는 경우가 있다. 그러한 것을 방지하기 위해 미분가능한 이변수함수의 개념을 공식화하고자 한다.

일변수함수 $y = f(x)$에 대해 x가 a에서 $a + \Delta x$까지 변할 때 y의 증분은

$$\Delta y = f(a + \Delta x) - f(a)$$

로 정의되었음을 상기한다. 3장에서 만약 f가 a에서 미분가능하면

이것은 3.4절의 식 7이다.

5 $$\Delta y = f'(a)\,\Delta x + \varepsilon\,\Delta x \qquad (\text{단, } \Delta x \to 0\text{일 때 } \varepsilon \to 0\text{이다})$$

임을 보였다.

이제 이변수함수 $z = f(x, y)$를 생각하고, x가 a에서 $a + \Delta x$로 변하고 y가 b에서 $b + \Delta y$로 변한다고 하자. 그러면 z의 상응하는 **증분**(increment)은

6 $$\Delta z = f(a + \Delta x, b + \Delta y) - f(a, b)$$

이다. 따라서 증분 Δz는 (x, y)가 (a, b)에서 $(a + \Delta x, b + \Delta y)$로 변할 때 f값의 변화를 나타낸다. 5와 유사하게 이변수함수의 미분가능성을 다음과 같이 정의한다.

7 정의 $z = f(x, y)$일 때, 만약 Δz가

$$\Delta z = f_x(a, b)\,\Delta x + f_y(a, b)\,\Delta y + \varepsilon_1\,\Delta x + \varepsilon_2\,\Delta y$$

형으로 표현될 수 있다면 f는 (a, b)에서 **미분가능**(differentiable)이다.
단 $(\Delta x, \Delta y) \to (0, 0)$일 때 ε_1과 $\varepsilon_2 \to 0$이다.

정의 7은, 미분가능한 함수는 (x, y)가 (a, b)에 가까이 있을 때 선형근사 4가 좋은 근사인 그런 함수임을 말한다. 다시 말해서, 접평면은 접점 가까이에서 f의 그래프에 잘 근접한다.

다음 정리는 미분가능성에 대한 편리한 충분조건을 제공한다.

8 정리 만약 (a, b)에서 편도함수 f_x, f_y가 존재하고 (a, b)에서 연속이면, f는 (a, b)에서 미분가능이다.

그림 5는 예제 2의 f의 그래프와 f의 선형화 L을 보여준다.

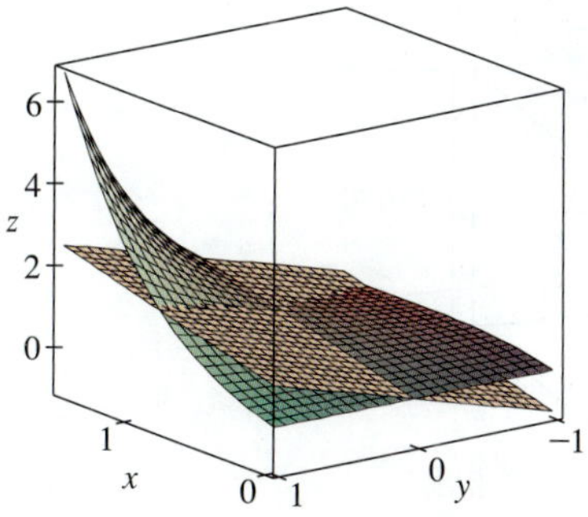

그림 5

예제 2 $f(x, y) = xe^{xy}$가 $(1, 0)$에서 미분가능임을 보이고 선형화를 구하고, 그것을 이용하여 $f(1.1, -0.1)$의 근삿값을 구하여라.

풀이 편도함수들은

$$f_x(x, y) = e^{xy} + xye^{xy} \qquad f_y(x, y) = x^2e^{xy}$$
$$f_x(1, 0) = 1 \qquad f_y(1, 0) = 1$$

이다. f_x, f_y는 연속함수이다. 그래서 정리 8에 의해 미분가능이다. 선형화는

$$L(x, y) = f(1, 0) + f_x(1, 0)(x - 1) + f_y(1, 0)(y - 0)$$
$$= 1 + 1(x - 1) + 1 \cdot y = x + y$$

이고, 대응하는 선형근사는

$$xe^{xy} \approx x + y$$

이다. 따라서 $$f(1.1, -0.1) \approx 1.1 - 0.1 = 1$$

이다. 이것을 실제값 $f(1.1, -0.1) = 1.1e^{-0.11} \approx 0.98542$와 비교하여라. ■

■ 미분

미분가능한 일변수함수 $y = f(x)$에 대해 미분 dx를 독립변수로 정의하였다. 즉, dx는 실숫값으로 주어졌다. 그러면 y의 미분은

9 $$dy = f'(x)\,dx$$

로 정의되었다(3.8절 참조). 그림 6은 증분 Δy와 미분 dy 사이의 관계를 보여준다. x가 $dx = \Delta x$ 양에 따라 변할 때, Δy는 곡선 $y = f(x)$의 높이의 변화를 의미하고 dy는 접선의 높이의 변화를 의미한다.

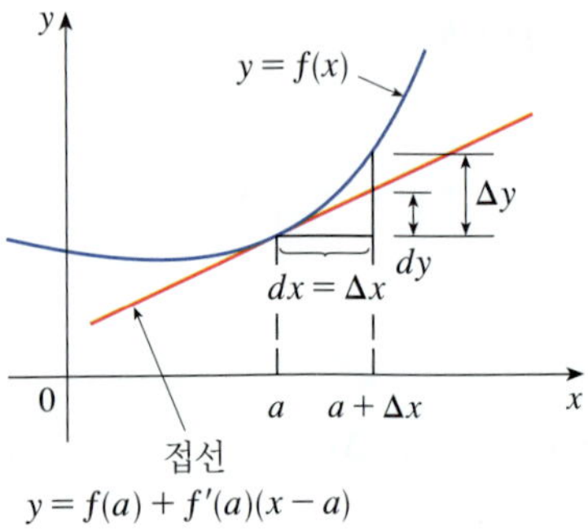

그림 6

미분가능한 이변수함수 $z = f(x, y)$에 대해 **미분** dx와 dy가 독립변수가 되도록 정의한다. 즉, 그것에 임의의 값을 주어도 된다. 그러면 **미분** dz는, 또는 **전미분**(total differential)이라고 부르는데, 다음과 같이 정의한다.

10 $$dz = f_x(x, y)\,dx + f_y(x, y)\,dy = \frac{\partial z}{\partial x}dx + \frac{\partial z}{\partial y}dy$$

(식 **9**와 비교하여라.) 때때로 dz 대신 표기법 df를 사용한다.

만약 식 **10**에서 $dx = \Delta x = x - a$, $dy = \Delta y = y - b$를 취하면 z의 미분은

$$dz = f_x(a, b)(x - a) + f_y(a, b)(y - b)$$

이다. 그래서 미분의 표기법에서 선형근사 **4**를 다음과 같이 쓸 수 있다.

$$f(x, y) \approx f(a, b) + dz$$

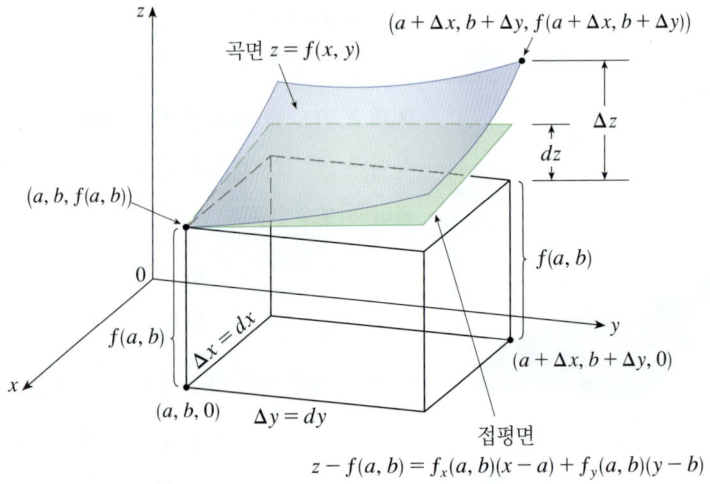

그림 7

그림 7은 그림 6의 상응하는 삼차원 모형으로, 미분 dz와 증분 Δz의 기하학적 해석을 보여준다. (x, y)가 (a, b)에서 $(a + \Delta x, b + \Delta y)$까지 변화할 때, dz는 접평면의 높이의 변화를 의미하고, 반면에 Δz는 곡면 $z = f(x, y)$의 높이의 변화를 의미한다.

예제 3에서 (2, 3, 13) 근처에 접평면은 곡면 $z = x^2 + 3xy - y^2$의 좋은 근사이기 때문에 dz는 Δz에 가깝다(그림 8 참조).

예제 3

(a) $z = f(x, y) = x^2 + 3xy - y^2$일 때 미분 dz를 구하여라.

(b) x가 2에서 2.05까지 변하고 y가 3에서 2.96까지 변할 때 Δz의 값과 dz의 값을 비교하여라.

풀이

(a) 정의 **10**으로부터 dz를 구할 수 있다.

$$dz = \frac{\partial z}{\partial x}dx + \frac{\partial z}{\partial y}dy = (2x + 3y)\,dx + (3x - 2y)\,dy$$

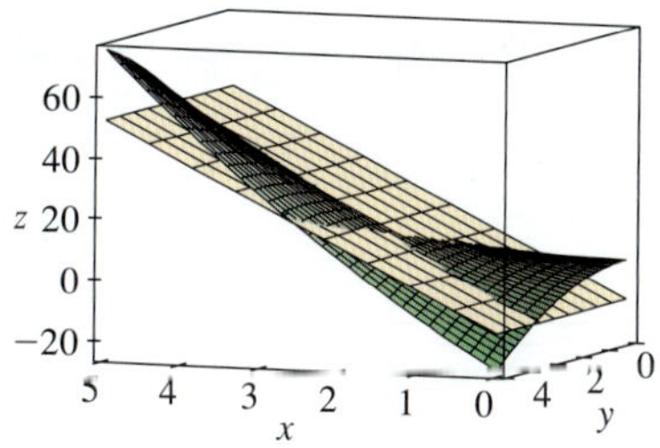

그림 8

(b) $x = 2$, $dx = \Delta x = 0.05$, $y = 3$, $dy = \Delta y = -0.04$로 하면

$$dz = [2(2) + 3(3)]0.05 + [3(2) - 2(3)](-0.04) = 0.65$$

이다. z의 증분은

$$\begin{aligned}\Delta z &= f(2.05, 2.96) - f(2, 3)\\ &= [(2.05)^2 + 3(2.05)(2.96) - (2.96)^2] - [2^2 + 3(2)(3) - 3^2]\\ &= 0.6449\end{aligned}$$

이다. $\Delta z \approx dz$임을 주목하여라. 그러나 dz가 계산하기 더 쉽다. ■

■ 삼변수 이상의 함수

선형근사, 미분가능성, 미분이 비슷한 방법으로 셋 이상의 변수함수에 대해 정의될 수 있다. 미분가능한 함수는 정의 **7**에서와 비슷한 표현으로 정의된다. 그러한 함수에 대한 **선형근사**는

$$f(x, y, z) \approx f(a, b, c) + f_x(a, b, c)(x - a) + f_y(a, b, c)(y - b) + f_z(a, b, c)(z - c)$$

이고, 선형화 $L(x, y, z)$는 이 식의 우변이다.

만약 $w = f(x, y, z)$이면 w의 **증분**은

$$\Delta w = f(x + \Delta x, y + \Delta y, z + \Delta z) - f(x, y, z)$$

이다. **미분** dw는 독립변수인 미분 dx, dy, dz의 항들로 다음과 같이 정의된다.

$$dw = \frac{\partial w}{\partial x}dx + \frac{\partial w}{\partial y}dy + \frac{\partial w}{\partial z}dz$$

예제 4 각각 0.2cm 이내의 정확도로 직육면체의 길이 75cm, 폭 60cm, 높이 40cm를 측정하였다.

(a) 상자의 부피를 측정값에 따라 계산할 때 미분을 사용하여 최대허용오차를 구하여라.

(b) 측정된 치수들의 최대오차가 0.2cm일 때 계산된 부피의 최대측정오차는 얼마인가?

풀이

(a) 상자의 길이, 폭, 높이가 각각 x, y, z이면, 부피는 $V = xyz$이다. 그래서

$$dV = \frac{\partial V}{\partial x}dx + \frac{\partial V}{\partial y}dy + \frac{\partial V}{\partial z}dz = yz\,dx + xz\,dy + xy\,dz$$

이다. $|\Delta x| \leq \varepsilon$, $|\Delta y| \leq \varepsilon$, $|\Delta z| \leq \varepsilon$이므로 부피의 최대오차를 구하기 위해 $dx = \varepsilon$, $dy = \varepsilon$, $dz = \varepsilon$, $x = 75$, $y = 60$, $z = 40$을 대입하면 다음과 같다.

$$\Delta V \approx dV = (60)(40)\varepsilon + (75)(40)\varepsilon + (75)(60)\varepsilon = 9900\varepsilon$$

따라서 계산된 부피의 최대오차는 각 측정의 오차보다 약 9900배 더 크다.

(b) 측정된 수치들의 최대오차가 $\varepsilon = 0.2$cm라 하면, $dV = 9900(0.2) = 1980$이므로 각 치수의 측정에서 단지 0.2cm의 오차는 부피를 계산하는 데 1980cm^3만큼의 오차를 가져온다. 이것은 오차가 큰 것처럼 보이지만 상자 부피의 약 1%에 지나지 않는다. ■

13.4 연습문제

1-2 함수 f의 그래프가 다음과 같다. 주어진 점에서 곡면 $z = f(x, y)$의 접평면의 방정식을 구하여라.

1. $f(x, y) = 16 - x^2 - y^2$ **2.** $f(x, y) = y^2 \sin x$

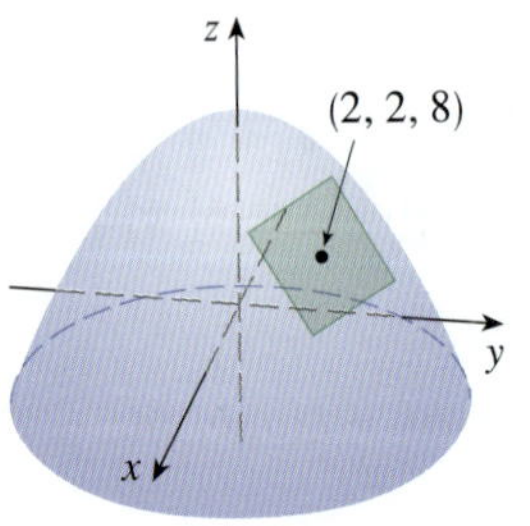

$z = 16 - x^2 - y^2$

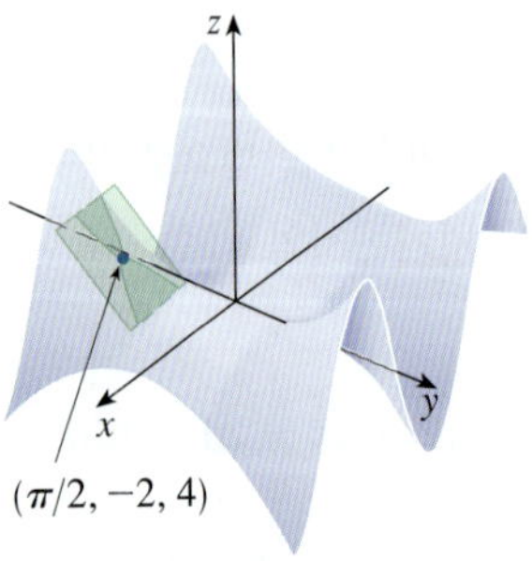

$z = y^2 \sin x$

3-6 주어진 점에서 곡면에 대한 접평면의 방정식을 구하여라.

3. $z = 2x^2 + y^2 - 5y$, $(1, 2, -4)$

4. $z = e^{x-y}$, $(2, 2, 1)$

5. $z = 2\sqrt{y}/x$, $(-1, 1, -2)$

6. $z = x\sin(x + y)$, $(-1, 1, 0)$

7. 곡면 $z = x^2 + xy + 3y^2$의 그래프를 그리고 점 $(1, 1, 5)$에서의 접평면을 그려라. (곡면과 접평면 둘 다 잘 보이는 정의역과 방향을 골라라.) 그런 후 곡면과 접평면이 구별되지 않을 때까지 확대하여라.

T **8.** 점 $\left(\frac{\pi}{3}, \frac{\pi}{6}, \frac{7}{4}\right)$에서 함수 $f(x, y) = \dfrac{1 + \cos^2(x - y)}{1 + \cos^2(x + y)}$의 그래프와 접평면의 그래프를 그려라. (편도함수를 계산하는 데 컴퓨터를 사용하여라.) 그런 다음 곡면과 접평면을 구별할 수 없을 때까지 확대하여라.

9-13 주어진 점에서 함수가 왜 미분가능한지 설명하여라. 또 그 점에서 함수의 선형화 $L(x, y)$를 구하여라.

9. $f(x, y) = x^3y^2$, $(-2, 1)$

10. $f(x, y) = 1 + x\ln(xy - 5)$, $(2, 3)$

11. $f(x, y) = x^2e^y$, $(1, 0)$

12. $f(x, y) = 4\arctan(xy)$, $(1, 1)$

13. $f(x, y) = y + \sin(x/y)$, $(0, 3)$

14-15 점 $(0, 0)$에서 선형근사식이 주어진 식과 같음을 보여라.

14. $e^x\cos(xy) \approx x + 1$ **15.** $\dfrac{y - 1}{x + 1} \approx x + y - 1$

16. 미분가능한 함수 f가 $f(2, 5) = 6$, $f_x(2, 5) = 1$, $f_y(2, 5) = -1$일 때 선형근사식을 이용하여 $f(2.2, 4.9)$의 값을 추정하여라.

17. (1, 1)에서 함수 $f(x, y) = 1 - xy\cos\pi y$의 선형근사를 구하고, 그것을 이용하여 $f(1.02, 0.97)$의 근삿값을 구하여라. f와 f의 접평면을 그려서 설명하여라.

18. (3, 2, 6)에서 함수 $f(x, y, z) = \sqrt{x^2 + y^2 + z^2}$의 선형근사를 구하고, 그것을 이용하여 $\sqrt{(3.02)^2 + (1.97)^2 + (5.99)^2}$의 근삿값을 구하여라.

19-24 다음의 미분을 구하여라.

19. $m = p^5q^3$

20. $z = x\ln(y^2 + 1)$

21. $z = e^{-2x}\cos 2\pi t$

22. $H = x^2y^4 + y^3z^5$

23. $w = xze^{-y^2-z^2}$

24. $R = \alpha\beta^2\cos\gamma$

---

25. $z = 5x^2 + y^2$이고 (x, y)가 (1, 2)에서 (1.05, 2.1)로 변할 때 Δz와 dz의 값을 비교하여라.

26. $z = x^2 - xy + 3y^2$이고 (x, y)가 $(3, -1)$에서 $(2.96, -0.95)$로 변할 때 Δz와 dz의 값을 비교하여라.

27. 사각형의 길이와 폭이 각각 최대 0.1cm의 오차범위 내에서 30cm와 24cm로 측정되었다. 사각형의 넓이를 계산하는 데 미분을 이용하여 최대오차를 구하여라.

28. 지름 8cm이고 높이 12cm인 닫힌 주석 캔의 두께가 0.04cm일 때, 미분을 이용하여 주석의 양을 구하여라.

29. 원기둥의 반지름이 1m이고 높이가 4m이다. 각 수치의 최대허용오차가 εm라 하자.

(a) 원기둥의 부피를 계산할 때 최대측정오차가 얼마인지 미분을 이용하여 구하여라.

(b) 1m^3 이내로 부피가 정확해야 한다면 ε의 가능한 최댓값은 얼마인가?

30. 다음 그림에서 요요 줄의 장력을 T라 하고 요요의 질량을 m, 중력가속도가 g일 때 $T = \dfrac{mgR}{2r^2 + R^2}$을 만족한다. R이 3cm에서 3.1cm로 증가하고 r이 0.7cm에서 0.8cm로 증가할 때 장력의 변화를 미분을 이용하여 구하여라. 장력이 증가하는가, 감소하는가?

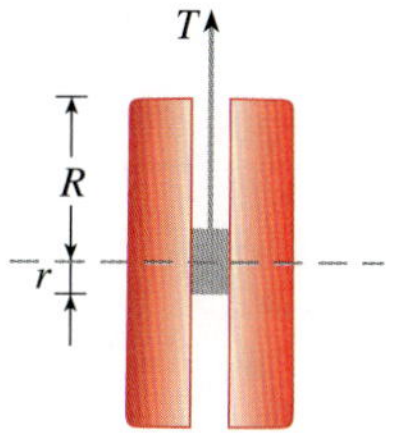

31. 만약 R이 저항 R_1, R_2, R_3의 병렬로 연결된 세 저항기의 총 저항이면

$$\frac{1}{R} = \frac{1}{R_1} + \frac{1}{R_2} + \frac{1}{R_3}$$

이다. Ω으로 측정된 저항이 $R_1 = 25\Omega$, $R_2 = 40\Omega$, $R_3 = 50\Omega$이고 각 경우에 0.5%만큼의 오차가 있을 때, R의 최대오차를 구하여라.

13.5 연쇄법칙

일변수함수에서 합성함수의 미분인 연쇄법칙을 상기하자. f, g가 미분가능일 때 만약 $y = f(x)$이고 $x = g(t)$이면, y는 t에 관해 간접적으로 미분가능한 함수이고

$$\frac{dy}{dt} = \frac{dy}{dx}\frac{dx}{dt}$$

이다.

■ 연쇄법칙: 경우 1

이변수 이상의 함수에 대한 연쇄법칙은 여러 가지 형태가 있으며 그 각각은 합성함수를 미분하는 법칙을 제공한다. 첫 번째 설명(정리 1)은 $z = f(x, y)$이고, 차례로 변수 x, y가 변수 t의 함수인 경우를 다룬다. 이것은 z가 t의 간접적인 함수 $z = f(g(t), h(t))$임을 의미하고 연쇄법칙은 t의 함수로서의 z를 미분하는 공식을 제공한다. f가 미분가능(13.4절의 정의 7)이라 가정한다. 이것은 f_x와 f_y가 연속인 경우이다(13.4절의 정리 8).

1 연쇄법칙(경우 1) $z = f(x, y)$가 x와 y에 관해 미분가능한 함수라 하고 $x = g(t)$와 $y = h(t)$가 t의 미분가능한 함수라 하자. 그러면 z는 t의 미분가능한 함수이고

$$\frac{dz}{dt} = \frac{\partial f}{\partial x}\frac{dx}{dt} + \frac{\partial f}{\partial y}\frac{dy}{dt}$$

이다.

증명 t에서 Δt의 변화는 x와 y에서 Δx와 Δy의 변화를 가져온다. 이들은 차례로 z에서 Δz만큼 변화시키고, 13.4절의 정의 7로부터

$$\Delta z = \frac{\partial f}{\partial x}\Delta x + \frac{\partial f}{\partial y}\Delta y + \varepsilon_1 \Delta x + \varepsilon_2 \Delta y$$

를 얻는다. 단 $(\Delta x, \Delta y) \to (0, 0)$일 때 $\varepsilon_1 \to 0$, $\varepsilon_2 \to 0$이다. [만약 함수 ε_1과 ε_2가 $(0, 0)$에서 정의되지 않으면, $(0, 0)$에서 ε_1과 ε_2를 0이라고 정의할 수 있다.] 이 식의 양변을 Δt로 나누면 다음과 같다.

$$\frac{\Delta z}{\Delta t} = \frac{\partial f}{\partial x}\frac{\Delta x}{\Delta t} + \frac{\partial f}{\partial y}\frac{\Delta y}{\Delta t} + \varepsilon_1 \frac{\Delta x}{\Delta t} + \varepsilon_2 \frac{\Delta y}{\Delta t}$$

이제 $\Delta t \to 0$이라 하면, $\Delta x = g(t + \Delta t) - g(t) \to 0$이다. 왜냐하면 g가 미분가능이므로 연속이기 때문이다. 마찬가지로 $\Delta y \to 0$이다. 이것은 차례로 $\varepsilon_1 \to 0$이고 $\varepsilon_2 \to 0$임을 의미한다. 따라서

$$\begin{aligned}
\frac{dz}{dt} &= \lim_{\Delta t \to 0} \frac{\Delta z}{\Delta t} \\
&= \frac{\partial f}{\partial x} \lim_{\Delta t \to 0} \frac{\Delta x}{\Delta t} + \frac{\partial f}{\partial y} \lim_{\Delta t \to 0} \frac{\Delta y}{\Delta t} + \left(\lim_{\Delta t \to 0} \varepsilon_1\right) \lim_{\Delta t \to 0} \frac{\Delta x}{\Delta t} + \left(\lim_{\Delta t \to 0} \varepsilon_2\right) \lim_{\Delta t \to 0} \frac{\Delta y}{\Delta t} \\
&= \frac{\partial f}{\partial x}\frac{dx}{dt} + \frac{\partial f}{\partial y}\frac{dy}{dt} + 0 \cdot \frac{dx}{dt} + 0 \cdot \frac{dy}{dt} \\
&= \frac{\partial f}{\partial x}\frac{dx}{dt} + \frac{\partial f}{\partial y}\frac{dy}{dt}
\end{aligned}$$

이다. ■

미분 정의와 유사한 점이 있다.

$$dz = \frac{\partial z}{\partial x}dx + \frac{\partial z}{\partial y}dy$$

종종 $\partial f/\partial x$ 대신에 $\partial z/\partial x$를 사용하므로 연쇄법칙은 다음처럼 나타낼 수도 있다.

$$\frac{dz}{dt} = \frac{\partial z}{\partial x}\frac{dx}{dt} + \frac{\partial z}{\partial y}\frac{dy}{dt}$$

예제 1 $x = \sin 2t$, $y = \cos t$일 때 $z = x^2y + 3xy^4$이면 $t = 0$일 때 dz/dt를 구하여라.

풀이 연쇄법칙에 의해

$$\frac{dz}{dt} = \frac{\partial z}{\partial x}\frac{dx}{dt} + \frac{\partial z}{\partial y}\frac{dy}{dt}$$

$$= (2xy + 3y^4)(2\cos 2t) + (x^2 + 12xy^3)(-\sin t)$$

이다. t의 식으로 x와 y를 대체할 필요는 없다. 간단히 $t = 0$일 때 $x = \sin 0 = 0$이고 $y = \cos 0 = 1$이다. 그러므로

$$\left.\frac{dz}{dt}\right|_{t=0} = (0 + 3)(2\cos 0) + (0 + 0)(-\sin 0) = 6$$

이다. ■

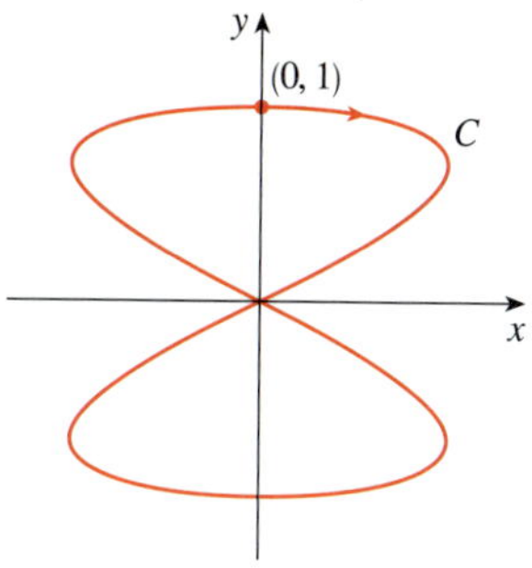

그림 1 $x = \sin 2t,\ y = \cos t$의 곡선

예제 1의 도함수는 매개변수방정식 $x = \sin 2t,\ y = \cos t$로 표현되는 곡선 C를 따라 점 (x, y)가 움직일 때 t에 대한 z의 변화율로 해석될 수 있다(그림 1 참조). 특히 $t = 0$일 때 점 (x, y)는 $(0, 1)$이고 $dz/dt = 6$은 $(0, 1)$을 지나면서 곡선 C를 따라 움직일 때 증가율이다. 예를 들어, 만약 $z = T(x, y) = x^2y + 3xy^4$이 점 (x, y)에서 온도를 나타낸다면, 합성함수 $z = T(\sin 2t, \cos t)$는 곡선 C 위의 점에서 온도를 나타내고 그 도함수 dz/dt는 온도가 이 곡선 C를 따라 변할 때의 변화율을 나타낸다.

예제 2 이상기체 1몰의 압력 P(단위는 킬로파스칼), 부피(단위는 리터), 온도(단위는 켈빈) 사이의 관계식이 방정식 $PV = 8.31T$로 주어졌다. 온도가 300K이고 0.1K/s의 비율로 증가하며, 부피가 100L이고 0.2L/s의 비율로 증가하고 있을 때 압력 P의 변화율을 구하여라.

풀이 만약 t가 초단위로 흐르는 시간을 나타내면, 주어진 순간에 $T = 300,\ dT/dt = 0.1,\ V = 100,\ dV/dt = 0.2$를 갖는다.

$$P = 8.31\frac{T}{V}$$

이므로 연쇄법칙에 의해

$$\frac{dP}{dt} = \frac{\partial P}{\partial T}\frac{dT}{dt} + \frac{\partial P}{\partial V}\frac{dV}{dt} = \frac{8.31}{V}\frac{dT}{dt} - \frac{8.31T}{V^2}\frac{dV}{dt}$$

$$= \frac{8.31}{100}(0.1) - \frac{8.31(300)}{100^2}(0.2) = -0.04155$$

이다. 압력은 약 0.042kPa/s 정도의 비율로 감소하고 있다. ■

■ 연쇄법칙: 경우 2

이제 다음 상황을 생각해보자. $z = f(x, y)$이고 x와 y는 각각 s와 t의 이변수함수로 $x = g(s, t),\ y = h(s, t)$이다. 그러면 z는 간접적으로 s와 t의 함수이고 $\partial z/\partial s$와 $\partial z/\partial t$를 구하고자 한다. $\partial z/\partial t$ 계산에서 s를 고정하고 t에 관해 z의 도함수를 계산하자. 정리 [1]을 적용하여

$$\frac{\partial z}{\partial t} = \frac{\partial z}{\partial x}\frac{\partial x}{\partial t} + \frac{\partial z}{\partial y}\frac{\partial y}{\partial t}$$

를 얻을 수 있다. $\partial z/\partial s$에 대해서도 비슷하게 할 수 있다. 그래서 연쇄법칙에 대한 다음 정리를 증명하였다.

> **2 연쇄법칙(경우 2)** $x = g(s, t)$, $y = h(s, t)$가 s와 t의 미분가능한 함수이고 $z = f(x, y)$는 x와 y의 미분가능한 함수이면
>
> $$\frac{\partial z}{\partial s} = \frac{\partial z}{\partial x}\frac{\partial x}{\partial s} + \frac{\partial z}{\partial y}\frac{\partial y}{\partial s} \qquad \frac{\partial z}{\partial t} = \frac{\partial z}{\partial x}\frac{\partial x}{\partial t} + \frac{\partial z}{\partial y}\frac{\partial y}{\partial t}$$
>
> 이다.

예제 3 $z = e^x \sin y$, $x = st^2$, $y = s^2t$일 때 $\partial z/\partial s$와 $\partial z/\partial t$를 구하여라.

풀이 연쇄법칙(경우 2)을 적용하면

$$\frac{\partial z}{\partial s} = \frac{\partial z}{\partial x}\frac{\partial x}{\partial s} + \frac{\partial z}{\partial y}\frac{\partial y}{\partial s} = (e^x \sin y)(t^2) + (e^x \cos y)(2st)$$

$$\frac{\partial z}{\partial t} = \frac{\partial z}{\partial x}\frac{\partial x}{\partial t} + \frac{\partial z}{\partial y}\frac{\partial y}{\partial t} = (e^x \sin y)(2st) + (e^x \cos y)(s^2)$$

원한다면 $x = st^2$, $y = s^2t$를 대입하여 $\partial z/\partial s$와 $\partial z/\partial t$를 s와 t로만 다음과 같이 나타낼 수 있다.

$$\frac{\partial z}{\partial s} = t^2 e^{st^2} \sin(s^2t) + 2ste^{st^2} \cos(s^2t)$$

$$\frac{\partial z}{\partial t} = 2ste^{st^2} \sin(s^2t) + s^2e^{st^2} \cos(s^2t)$$ ■

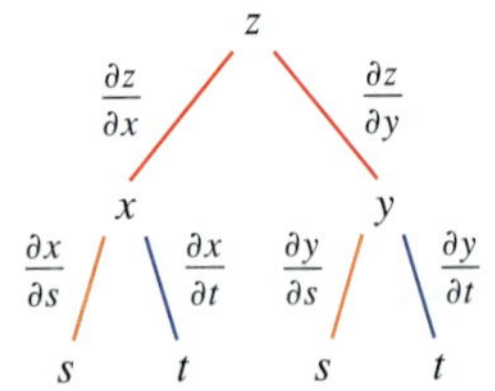

그림 2

연쇄법칙의 경우 2는 세 가지 변수를 포함하고 있는데, s와 t는 **독립**변수이고, x와 y는 **중간**변수, 그리고 z는 **종속**변수이다. 정리 2는 각각의 중간변수가 한 개의 항으로 되어 있으며 각 항은 1차원 연쇄법칙과 유사함을 알 수 있다(3.4절 식 2 참조).

연쇄법칙을 기억하기 위해 그림 2의 **수형도**를 그리는 것이 도움이 된다. z가 x, y의 함수임을 알 수 있도록 종속변수 z에서 중간변수 x, y까지 가지로 연결한다. 그 다음 x, y로부터 독립변수 s, t까지 가지로 연결한다. 각각의 가지에 대응하는 편도함수를 쓴다. $\partial z/\partial s$를 구하기 위해 z로부터 s까지 각각의 경로를 따라 편도함수를 곱하고 다시 합한다.

$$\frac{\partial z}{\partial s} = \frac{\partial z}{\partial x}\frac{\partial x}{\partial s} + \frac{\partial z}{\partial y}\frac{\partial y}{\partial s}$$

마찬가지로 $\partial z/\partial t$는 z부터 t까지 경로를 이용하여 구한다.

■ 연쇄법칙: 일반적인 경우

이제 일반적인 경우를 생각하자. 종속변수 u는 n개의 중간변수 $x_1, \ldots, x_n$의 함수이고,

이들은 순서대로 m개의 독립변수 $t_1, \ldots, t_m$의 함수이다. 각각의 중간변수에 대한 n개의 항이 있음에 주의하여라. 증명은 경우 1과 비슷하다.

3 연쇄법칙(일반적인 경우) u는 n개의 변수 $x_1, x_2, \ldots, x_n$의 미분가능한 함수이고 각각의 x_j는 m개의 변수 $t_1, t_2, \ldots, t_m$의 미분가능한 함수라고 하자. 그러면 u는 $t_1, t_2, \ldots, t_m$의 함수이고, 각 $i = 1, 2, \ldots, m$에 대해

$$\frac{\partial u}{\partial t_i} = \frac{\partial u}{\partial x_1}\frac{\partial x_1}{\partial t_i} + \frac{\partial u}{\partial x_2}\frac{\partial x_2}{\partial t_i} + \cdots + \frac{\partial u}{\partial x_n}\frac{\partial x_n}{\partial t_i}$$

이다.

예제 4 $w = f(x, y, z, t)$, $x = x(u, v)$, $y = y(u, v)$, $z = z(u, v)$, $t = t(u, v)$인 경우에 대한 연쇄법칙을 적어라.

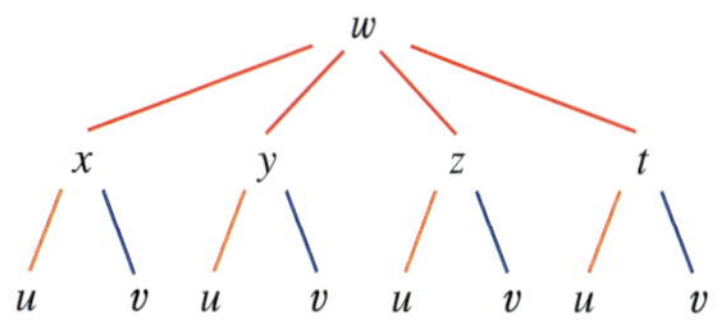

그림 3

풀이 정리 3에 $n = 4$와 $m = 2$를 적용하자. 그림 3은 이에 대한 수형도이다. 가지에 대한 도함수를 적지는 않았지만 어떤 가지가 y에서 u로 향한다면 그 가지에 대한 편도함수는 $\partial y/\partial u$이다. 이 수형도의 도움을 받아서 이제 다음과 같이 연쇄법칙을 나타낼 수 있다.

$$\frac{\partial w}{\partial u} = \frac{\partial w}{\partial x}\frac{\partial x}{\partial u} + \frac{\partial w}{\partial y}\frac{\partial y}{\partial u} + \frac{\partial w}{\partial z}\frac{\partial z}{\partial u} + \frac{\partial w}{\partial t}\frac{\partial t}{\partial u}$$

$$\frac{\partial w}{\partial v} = \frac{\partial w}{\partial x}\frac{\partial x}{\partial v} + \frac{\partial w}{\partial y}\frac{\partial y}{\partial v} + \frac{\partial w}{\partial z}\frac{\partial z}{\partial v} + \frac{\partial w}{\partial t}\frac{\partial t}{\partial v}$$ ■

예제 5 $x = rse^t$, $y = rs^2e^{-t}$, $z = r^2 s \sin t$이고 $u = x^4y + y^2z^3$이면, $r = 2$, $s = 1$, $t = 0$일 때 $\partial u/\partial s$의 값을 구하여라.

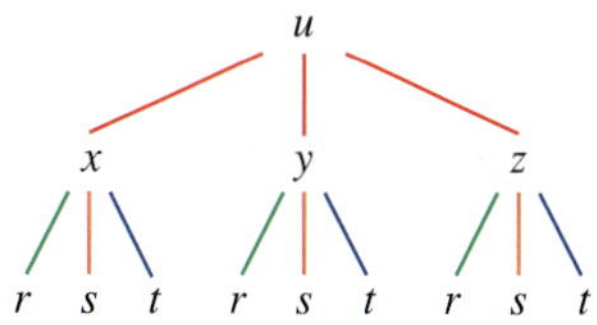

그림 4

풀이 그림 4의 수형도를 이용하여 다음을 얻는다.

$$\frac{\partial u}{\partial s} = \frac{\partial u}{\partial x}\frac{\partial x}{\partial s} + \frac{\partial u}{\partial y}\frac{\partial y}{\partial s} + \frac{\partial u}{\partial z}\frac{\partial z}{\partial s}$$

$$= (4x^3y)(re^t) + (x^4 + 2yz^3)(2rse^{-t}) + (3y^2z^2)(r^2 \sin t)$$

$r = 2$, $s = 1$, $t = 0$일 때 $x = 2$, $y = 2$, $z = 0$이므로

$$\frac{\partial u}{\partial s} = (64)(2) + (16)(4) + (0)(0) = 192$$ ■

예제 6 $g(s, t) = f(s^2 - t^2, t^2 - s^2)$이고 f가 미분가능일 때, g는 다음 방정식을 만족함을 보여라.

$$t\frac{\partial g}{\partial s} + s\frac{\partial g}{\partial t} = 0$$

풀이 $x = s^2 - t^2$이고 $y = t^2 - s^2$이라 하자. 그러면 $g(s, t) = f(x, y)$이고 연쇄법칙은 다음과 같다.

$$\frac{\partial g}{\partial s} = \frac{\partial f}{\partial x}\frac{\partial x}{\partial s} + \frac{\partial f}{\partial y}\frac{\partial y}{\partial s} = \frac{\partial f}{\partial x}(2s) + \frac{\partial f}{\partial y}(-2s)$$

$$\frac{\partial g}{\partial t} = \frac{\partial f}{\partial x}\frac{\partial x}{\partial t} + \frac{\partial f}{\partial y}\frac{\partial y}{\partial t} = \frac{\partial f}{\partial x}(-2t) + \frac{\partial f}{\partial y}(2t)$$

따라서

$$t\frac{\partial g}{\partial s} + s\frac{\partial g}{\partial t} = \left(2st\frac{\partial f}{\partial x} - 2st\frac{\partial f}{\partial y}\right) + \left(-2st\frac{\partial f}{\partial x} + 2st\frac{\partial f}{\partial y}\right) = 0$$

이다. ■

예제 7 만약 $z = f(x, y)$가 연속인 2계 편도함수를 갖고 $x = r^2 + s^2$, $y = 2rs$일 때, 다음을 구하여라.

(a) $\partial z/\partial r$ (b) $\partial^2 z/\partial r^2$

풀이

(a) 연쇄법칙에 의해

$$\frac{\partial z}{\partial r} = \frac{\partial z}{\partial x}\frac{\partial x}{\partial r} + \frac{\partial z}{\partial y}\frac{\partial y}{\partial r} = \frac{\partial z}{\partial x}(2r) + \frac{\partial z}{\partial y}(2s)$$

(b) (a)의 식에 곱 법칙을 이용하면 다음을 얻는다.

$$\boxed{4} \quad \frac{\partial^2 z}{\partial r^2} = \frac{\partial}{\partial r}\left(2r\frac{\partial z}{\partial x} + 2s\frac{\partial z}{\partial y}\right) = 2\frac{\partial z}{\partial x} + 2r\frac{\partial}{\partial r}\left(\frac{\partial z}{\partial x}\right) + 2s\frac{\partial}{\partial r}\left(\frac{\partial z}{\partial y}\right)$$

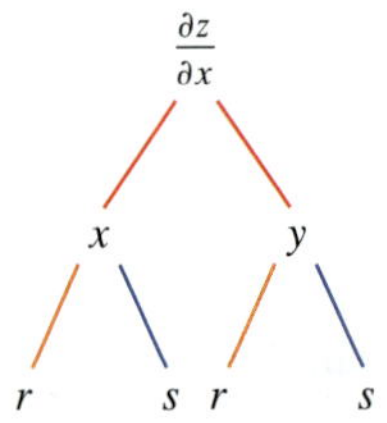

그림 5

그러나 연쇄법칙을 다시 이용하면(그림 5 참조),

$$\frac{\partial}{\partial r}\left(\frac{\partial z}{\partial x}\right) = \frac{\partial}{\partial x}\left(\frac{\partial z}{\partial x}\right)\frac{\partial x}{\partial r} + \frac{\partial}{\partial y}\left(\frac{\partial z}{\partial x}\right)\frac{\partial y}{\partial r} = \frac{\partial^2 z}{\partial x^2}(2r) + \frac{\partial^2 z}{\partial y\,\partial x}(2s)$$

$$\frac{\partial}{\partial r}\left(\frac{\partial z}{\partial y}\right) = \frac{\partial}{\partial x}\left(\frac{\partial z}{\partial y}\right)\frac{\partial x}{\partial r} + \frac{\partial}{\partial y}\left(\frac{\partial z}{\partial y}\right)\frac{\partial y}{\partial r} = \frac{\partial^2 z}{\partial x\,\partial y}(2r) + \frac{\partial^2 z}{\partial y^2}(2s)$$

를 얻는다. 이들 식을 식 4에 대입하고 혼합된 이계도함수의 등식을 이용하여

$$\frac{\partial^2 z}{\partial r^2} = 2\frac{\partial z}{\partial x} + 2r\left(2r\frac{\partial^2 z}{\partial x^2} + 2s\frac{\partial^2 z}{\partial y\,\partial x}\right) + 2s\left(2r\frac{\partial^2 z}{\partial x\,\partial y} + 2s\frac{\partial^2 z}{\partial y^2}\right)$$

$$= 2\frac{\partial z}{\partial x} + 4r^2\frac{\partial^2 z}{\partial x^2} + 8rs\frac{\partial^2 z}{\partial x\,\partial y} + 4s^2\frac{\partial^2 z}{\partial y^2}$$

를 얻는다. ■

■ 음함수 미분

연쇄법칙은 3.5절과 13.3절에서 소개한 바 있는 음함수 미분법을 좀 더 완벽하게 설명하는 데 이용될 수 있다. $F(x, y) = 0$형의 방정식이 x의 미분가능한 함수로써 y를 음함수적으로 정의한다고 하자. 즉, f의 정의역에 있는 모든 x에 대하여 $F(x, f(x)) = 0$일 때 $y = f(x)$이다. 만약 F가 미분가능이면, x에 관해 식 $F(x, y) = 0$의 양변을 미분하는 데 연쇄법칙의 경우 1을 적용할 수 있다. x와 y가 둘 다 x의 함수이므로 다음을 얻는다.

$$\frac{\partial F}{\partial x}\frac{dx}{dx} + \frac{\partial F}{\partial y}\frac{dy}{dx} = 0$$

그러나 $dx/dx = 1$이고, 만약 $\partial F/\partial y \neq 0$이면 dy/dx에 관하여 풀면 다음을 얻는다.

5 $$\frac{dy}{dx} = -\frac{\dfrac{\partial F}{\partial x}}{\dfrac{\partial F}{\partial y}} = -\frac{F_x}{F_y}$$

이 식을 유도하기 위하여 $F(x, y) = 0$은 y를 x의 음함수로 정의한다고 가정하였다. 고급 미적분학에서 증명된 **음함수 정리**(implicit function theorem)는 이 가정이 타당하다는 조건을 제공한다. 이 정리는 다음과 같다. 만약 F가 (a, b)를 포함하는 원판상에서 정의되고 $F(a, b) = 0$, $F_y(a, b) \neq 0$이며 F_x와 F_y가 원판상에서 연속이면, 점 (a, b) 근방에서 방정식 $F(x, y) = 0$은 x의 함수로써 y를 정의한다. 그리고 이 함수의 편도함수는 식 **5**에 의해 주어진다.

예제 8 $x^3 + y^3 = 6xy$일 때 y'을 구하여라.

풀이 주어진 식을 다음과 같이 쓸 수 있다.

$$F(x, y) = x^3 + y^3 - 6xy = 0$$

따라서 식 **5**에 의해

예제 8의 풀이를 3.5절 예제 2와 비교하여라.

$$\frac{dy}{dx} = -\frac{F_x}{F_y} = -\frac{3x^2 - 6y}{3y^2 - 6x} = -\frac{x^2 - 2y}{y^2 - 2x}$$

이다. ■

이제 함수 $z = f(x, y)$가 방정식 $F(x, y, z) = 0$에 의해 음함수적으로 주어졌다고 하자. 이것은 f의 정의역에 있는 모든 (x, y)에 대해 $F(x, y, f(x, y)) = 0$임을 의미한다. 만약 F와 f가 미분가능이면, 다음과 같이 식 $F(x, y, z) = 0$을 미분하기 위해 연쇄법칙을 이용할 수 있다.

$$\frac{\partial F}{\partial x}\frac{\partial x}{\partial x} + \frac{\partial F}{\partial y}\frac{\partial y}{\partial x} + \frac{\partial F}{\partial z}\frac{\partial z}{\partial x} = 0$$

한편 $\dfrac{\partial}{\partial x}(x) = 1$이고 $\dfrac{\partial}{\partial x}(y) = 0$

이다. 그래서 이 식은

$$\frac{\partial F}{\partial x} + \frac{\partial F}{\partial z}\frac{\partial z}{\partial x} = 0$$

이 된다. 만약 $\partial F/\partial z \neq 0$이면 $\partial z/\partial x$에 대해 풀어 식 6에서 첫 번째 공식을 얻는다. $\partial z/\partial y$에 대한 공식도 비슷한 방법으로 얻는다.

6

$$\frac{\partial z}{\partial x} = -\frac{\dfrac{\partial F}{\partial x}}{\dfrac{\partial F}{\partial z}} = -\frac{F_x}{F_z} \qquad \frac{\partial z}{\partial y} = -\frac{\dfrac{\partial F}{\partial y}}{\dfrac{\partial F}{\partial z}} = -\frac{F_y}{F_z}$$

다시 한 번, **음함수 정리**의 설명은 가정이 타당하다는 조건을 제공한다. 만약 F가 (a, b, c)를 포함하는 구 안에서 정의되고 $F(a, b, c) = 0$, $F_z(a, b, c) \neq 0$, F_x, F_y, F_z가 구 안의 모든 점에서 연속이면, (a, b, c)의 근방에서 방정식 $F(x, y, z) = 0$은 x, y의 함수로 써 z를 정의하고 이 함수는 6에 의해 주어지는 편도함수를 갖는 미분가능한 함수이다.

예제 9 $x^3 + y^3 + z^3 + 6xyz + 4 = 0$일 때 $\dfrac{\partial z}{\partial x}$와 $\dfrac{\partial z}{\partial y}$를 구하여라.

풀이 $F(x, y, z) = x^3 + y^3 + z^3 + 6xyz + 4$라 하자. 식 6에 의해

예제 9의 풀이를 13.3절의 예제 5와 비교하여라.

$$\frac{\partial z}{\partial x} = -\frac{F_x}{F_z} = -\frac{3x^2 + 6yz}{3z^2 + 6xy} = -\frac{x^2 + 2yz}{z^2 + 2xy}$$

$$\frac{\partial z}{\partial y} = -\frac{F_y}{F_z} = -\frac{3y^2 + 6xz}{3z^2 + 6xy} = -\frac{y^2 + 2xz}{z^2 + 2xy}$$

이다. ■

13.5 연습문제

1-2 dz/dt를 두 가지 방법, 즉 연쇄법칙을 사용하는 것과 x와 y에 대한 식 z를 t의 함수로 표현하는 것으로 구하여라. 답이 일치하는가?

1. $z = x^2y + xy^2$, $x = 3t$, $y = t^2$

2. $z = xye^y$, $x = t^2$, $y = 5t$

3-6 연쇄법칙을 이용하여 dz/dt 또는 dw/dt를 구하여라.

3. $z = xy^3 - x^2y$, $x = t^2 + 1$, $y = t^2 - 1$

4. $z = \sin x \cos y$, $x = \sqrt{t}$, $y = 1/t$

5. $z = \sqrt{1 + xy}$, $x = \tan t$, $y = \arctan t$

6. $w = xe^{y/z}$, $x = t^2$, $y = 1 - t$, $z = 1 + 2t$

7-8 $\partial z/\partial s$와 $\partial z/\partial t$를 두 가지 방법, 즉 연쇄법칙을 사용하는 것과 x와 y에 대한 식 z를 t와 s의 함수로 표현하는 것으로 구하여라. 답이 일치하는가?

7. $z = x^2 + y^2$, $x = 2s + 3t$, $y = s + t$

8. $z = x^2 \sin y$, $x = s^2t$, $y = st$

9-12 연쇄법칙을 이용하여 $\partial z/\partial s$와 $\partial z/\partial t$를 구하여라.

9. $z = (x - y)^5$, $x = s^2t$, $y = st^2$

10. $z = \tan^{-1}(x^2 + y^2)$, $x = s\ln t$, $y = te^s$

11. $z = \ln(3x + 2y)$, $x = s\sin t$, $y = t\cos s$

12. $z = (\sin\theta)/r$, $r = st$, $\theta = s^2 + t^2$

13. f가 미분가능하며 $p(t) = (g(t), h(t))$이고

$$g(2) = 4,\ g'(2) = -3,\ h(2) = 5,\ h'(2) = 6,$$
$$f_x(4, 5) = 2,\ f_y(4, 5) = 8$$

일 때 $p'(2)$를 구하여라.

14-15 수형도를 이용하여 주어진 경우에 대한 연쇄법칙을 적어라. 모든 함수는 미분가능하다고 가정한다.

14. $u = f(x, y),\quad x = x(r, s, t),\ y = y(r, s, t)$

15. $T = F(p, q, r),\quad p = p(x, y, z),\ q = q(x, y, z),$
$r = r(x, y, z)$

16-18 연쇄법칙을 이용하여 지시된 값에서 편도함수들의 값을 구하여라.

16. $z = x^4 + x^2y,\quad x = s + 2t - u,\quad y = stu^2;$

$$\frac{\partial z}{\partial s},\ \frac{\partial z}{\partial t},\ \frac{\partial z}{\partial u}\quad (s = 4,\ t = 2,\ u = 1)$$

17. $w = xy + yz + zx,\quad x = r\cos\theta,\quad y = r\sin\theta,\quad z = r\theta;$

$$\frac{\partial w}{\partial r},\ \frac{\partial w}{\partial \theta}\quad (r = 2,\ \theta = \pi/2)$$

18. $N = \dfrac{p + q}{p + r},\quad p = u + vw,\quad q = v + uw,\quad r = w + uv;$

$$\frac{\partial N}{\partial u},\ \frac{\partial N}{\partial v},\ \frac{\partial N}{\partial w}\quad (u = 2,\ v = 3,\ w = 4)$$

19-22 식 5를 이용하여 dy/dx를 구하여라.

19. $y\cos x = x^2 + y^2$

20. $\cos(xy) = 1 + \sin y$

21. $\tan^{-1}(x^2y) = x + xy^2$

22. $e^y\sin x = x + xy$

23-26 식 6을 이용하여 $\partial z/\partial x$와 $\partial z/\partial y$를 구하여라.

23. $x^2 + 2y^2 + 3z^2 = 1$

24. $x^2 - y^2 + z^2 - 2z = 4$

25. $e^z = xyz$

26. $yz + x\ln y = z^2$

27. 점 (x, y)의 온도가 섭씨 °C로 측정된 $T(x, y)$이다. 벌레가 t초 후에 위치가 $x = \sqrt{1 + t}$, $y = 2 + \frac{1}{3}t$가 되도록 움직인다. 단 x, y는 센티미터로 측정된다. 온도함수가 $T_x(2, 3) = 4$와 $T_y(2, 3) = 3$을 만족한다. 3초 후에 벌레의 경로에서 온도가 얼마나 빨리 오르는가?

28. 염도가 35ppm인 바다를 통하여 전달되는 소리의 속도는 다음 방정식으로 표현된다.

$$C = 1449.2 + 4.6T - 0.055T^2 + 0.00029T^3 + 0.016D$$

단, C는 소리의 속도(m/s)이고, T는 온도(°C), D는 바다의 깊이(m)를 나타낸다. 스쿠버다이버가 바다 속으로 천천히 잠수하기 시작했다. 다이버의 깊이와 시간에 따른 주위의 수온이 다음 그래프에 기록되어 있다. 20분 동안 잠수하면서 다이버가 체험한 바다를 통과하는 소리의 속도의 (시간에 관한) 변화율을 추정하여라. 단위는 무엇인가?

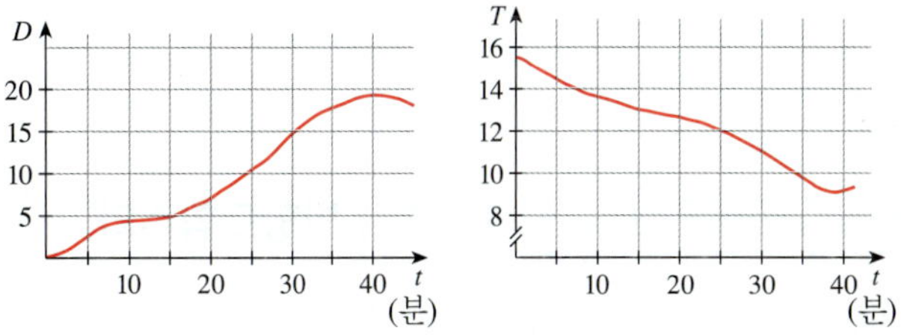

깊이 수온

29. 상자의 길이 ℓ, 폭 w, 높이 h가 시간에 따라 변한다. 어떤 순간에 $\ell = 1$m, $w = h = 2$m이고 ℓ과 w는 2m/s의 비율로 증가하는 반면 h는 3m/s의 비율로 감소한다. 그 순간에 다음 양들의 변화율을 구하여라.

(a) 부피

(b) 겉넓이

(c) 대각선의 길이

30. 이상기체 1몰의 압력은 0.05kPa/s의 비율로 증가하고 온도는 0.15K/s의 비율로 증가한다. 예제 2의 식을 이용하여 압력이 20kPa이고 온도가 320K일 때 부피의 변화율을 구하여라.

31. 삼각형의 한 변은 3cm/s 비율로 증가하고 다른 변은 2cm/s 비율로 감소하고 있다. 삼각형의 넓이는 일정하게 고정되어 있다고 가정하자. 첫 번째 변의 길이가 20cm이고 다른 변이 30cm, 그 사이의 각이 $\pi/6$일 때 그 사이의 각의 변화율은 무엇인가?

32. 주어진 모든 함수는 미분가능하다고 가정한다.
$z = f(x, y)$, $x = r\cos\theta$, $y = r\sin\theta$일 때 (a) $\partial z/\partial r$과 $\partial z/\partial\theta$를 구하고 (b) 다음을 보여라.

$$\left(\frac{\partial z}{\partial x}\right)^2 + \left(\frac{\partial z}{\partial y}\right)^2 = \left(\frac{\partial z}{\partial r}\right)^2 + \frac{1}{r^2}\left(\frac{\partial z}{\partial \theta}\right)^2$$

33-36 주어진 모든 함수는 연속인 2계 편도함수를 갖는다고 가정한다.

33. $z = f(x + at) + g(x - at)$ 형태의 모든 함수가 파동방정식

$$\frac{\partial^2 z}{\partial t^2} = a^2\frac{\partial^2 z}{\partial x^2}$$

의 해임을 보여라. [힌트: $u = x + at$, $v = x - at$]

34. $z = f(x, y)$, $x = r^2 + s^2$, $y = 2rs$일 때 $\partial^2 z/\partial r\partial s$를 구하여라. (예제 7과 비교하여라.)

35. $z = f(x, y)$, $x = r\cos\theta$, $y = r\sin\theta$일 때 (a) $\partial z/\partial r$, (b) $\partial z/\partial\theta$, (c) $\partial^2 z/\partial r\,\partial\theta$를 구하여라.

36. $z = f(x, y)$, $x = r\cos\theta$, $y = r\sin\theta$일 때 다음을 보여라.

$$\frac{\partial^2 z}{\partial x^2} + \frac{\partial^2 z}{\partial y^2} = \frac{\partial^2 z}{\partial r^2} + \frac{1}{r^2}\frac{\partial^2 z}{\partial \theta^2} + \frac{1}{r}\frac{\partial z}{\partial r}$$

37. 음함수 형식으로 정의된 방정식 $F(x, y, z) = 0$에서 세 변수 x, y, z를 다른 두 변수에 대하여 정리하여 $z = f(x, y)$, $y = g(x, z)$, $x = h(y, z)$라고 하자. 만약 F가 미분가능하고 F_x, F_y, F_z가 영이 아니면 $\dfrac{\partial z}{\partial x}\dfrac{\partial x}{\partial y}\dfrac{\partial y}{\partial z} = -1$임을 보여라.

13.6 방향도함수와 기울기 벡터

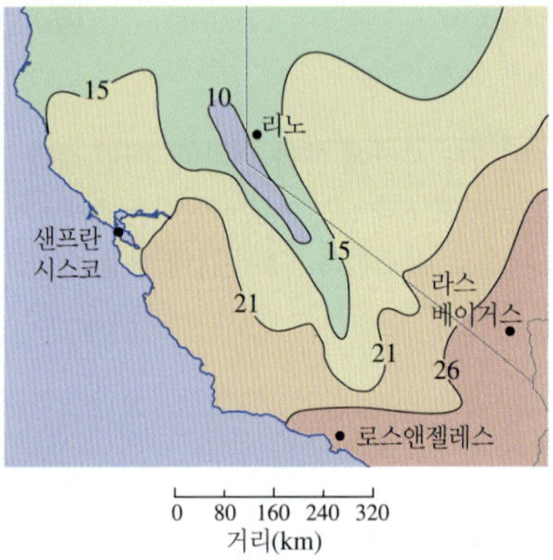

그림 1

그림 1의 기상도는 10월의 어느 날 오후 3시의 캘리포니아주와 네바다주에 대한 온도 함수 $T(x, y)$의 등고선 지도를 보여주고 있다. 등위곡선(또는 등온선)은 온도가 같은 지역을 연결한다. 리노와 같은 위치에서 편도함수 T_x는 리노에서 동쪽으로 여행할 때 거리에 관한 온도의 변화율이고, T_y는 북쪽으로 여행할 때 온도의 변화율이다. 그러나 남동쪽으로(라스베이거스 방향) 또는 어떤 다른 방향으로 여행할 때 온도의 변화율을 알고자 하면 어떻게 될까? 이 절에서는 모든 방향에서 둘 이상 변수함수의 변화율을 구할 수 있도록 하는 소위 **방향도함수**라 부르는 도함수의 한 유형을 소개한다.

■ 방향도함수

$z = f(x, y)$이면 편도함수 f_x와 f_y는 다음과 같이 정의됨을 상기하자.

1

$$f_x(x_0, y_0) = \lim_{h\to 0}\frac{f(x_0 + h, y_0) - f(x_0, y_0)}{h}$$

$$f_y(x_0, y_0) = \lim_{h\to 0}\frac{f(x_0, y_0 + h) - f(x_0, y_0)}{h}$$

그리고 x방향과 y방향에서, 즉 단위벡터 $\mathbf{i}$와 $\mathbf{j}$의 방향에서 z의 변화율을 나타낸다.

이제 임의의 단위벡터 $\mathbf{u} = \langle a, b\rangle$ 방향으로 (x_0, y_0)에서의 z의 변화율을 구해보자(그림 2 참조). 이를 위해 방정식 $z = f(x, y)$인 곡면 S(f의 그래프)를 생각하고 $z_0 = f(x_0, y_0)$라 하자. 그러면 점 $P(x_0, y_0, z_0)$는 S상에 놓인다. $\mathbf{u}$방향으로 P를 지나는 xy평면에 수직인 평면은 곡선 C에서 S를 가로지른다(그림 3 참조). P에서 C에 대한 접선 T의 기울기는 $\mathbf{u}$방향으로의 z의 변화율이다.

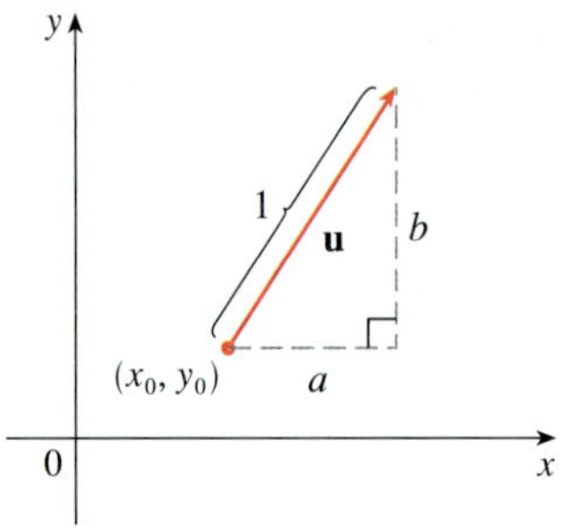

그림 2 단위벡터 $\mathbf{u} = \langle a, b\rangle$

만약 $Q(x, y, z)$가 C상의 또 다른 점이고 P'과 Q'이 xy평면상으로 P와 Q를 투사한 점이라면, 벡터 $\overrightarrow{P'Q'}$는 $\mathbf{u}$에 평행이고, 따라서 어떤 실수 h에 대해

$$\overrightarrow{P'Q'} = h\mathbf{u} = \langle ha, hb\rangle$$

이다. 그러므로 $x - x_0 = ha$, $y - y_0 = hb$이므로 $x = x_0 + ha$, $y = y_0 + hb$이고

$$\frac{\Delta z}{h} = \frac{z - z_0}{h} = \frac{f(x_0 + ha, y_0 + hb) - f(x_0, y_0)}{h}$$

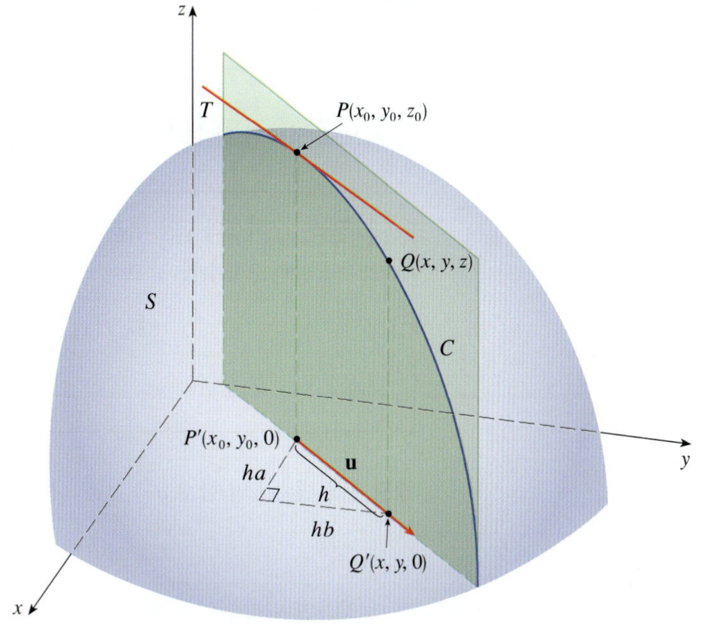

그림 3

이다. 만약 $h \to 0$일 때 극한을 취하면 **u**방향에 대한(거리에 관한) z의 변화율을 얻는다. 이것을 **u**방향에 대한 f의 방향도함수라고 부른다.

2 정의 단위벡터 $\mathbf{u} = \langle a, b \rangle$ 방향에 대한 (x_0, y_0)에서 다음의 극한이 존재할 때 f의 **방향도함수**(directional derivative)는

$$D_{\mathbf{u}} f(x_0, y_0) = \lim_{h \to 0} \frac{f(x_0 + ha, y_0 + hb) - f(x_0, y_0)}{h}$$

이다.

정의 2와 식 1을 비교해보면 $\mathbf{u} = \mathbf{i} = \langle 1, 0 \rangle$일 때 $D_{\mathbf{i}} f = f_x$이고 $\mathbf{u} = \mathbf{j} = \langle 0, 1 \rangle$일 때 $D_{\mathbf{j}} f = f_y$임을 알 수 있다. 다시 말해서 x와 y에 관한 f의 편도함수는 방향도함수의 특별한 경우이다.

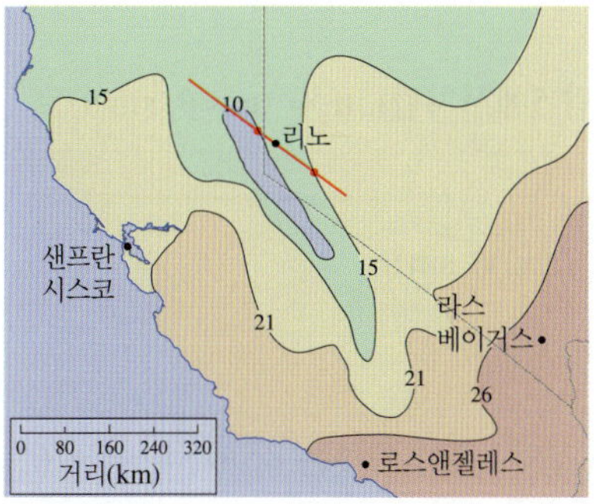

그림 4

예제 1 그림 1의 기상도를 이용하여 리노에서 남동쪽으로 이동할 때 온도함수의 방향도함수의 값을 추정하여라.

풀이 리노에서 남동쪽으로 직선을 긋는 것으로 시작한다[$\mathbf{u} = (\mathbf{i} - \mathbf{j})/\sqrt{2}$ 방향, 그림 4 참조].

이 직선이 $T = 10$과 $T = 15$인 등온선과 만나는 점들 사이의 온도의 평균변화율로 방향도함수 $D_{\mathbf{u}} T$의 근삿값을 구해보자. 리노의 남동쪽 지점의 온도는 $T = 15°\text{C}$이고 북서쪽은 $T = 10°\text{C}$이다. 이 두 지점 사이의 거리는 약 120km로 보인다. 따라서 남동쪽 방향으로의 온도변화는 다음과 같다.

$$D_{\mathbf{u}}T \approx \frac{15 - 10}{120} = \frac{1}{24} \approx 0.04°\text{C/km}$$ ■

식으로 정의된 함수의 방향도함수를 계산할 때 일반적으로 다음 정리를 이용한다.

3 정리 f가 x와 y의 미분가능한 함수이면, f는 모든 단위벡터 $\mathbf{u} = \langle a, b\rangle$ 방향으로의 방향도함수를 갖고

$$D_{\mathbf{u}}f(x, y) = f_x(x, y)\,a + f_y(x, y)\,b$$

이다.

증명 단일변수 h의 함수 g를

$$g(h) = f(x_0 + ha, y_0 + hb)$$

로 정의하면 도함수의 정의에 의해

4 $$g'(0) = \lim_{h\to 0}\frac{g(h) - g(0)}{h} = \lim_{h\to 0}\frac{f(x_0 + ha, y_0 + hb) - f(x_0, y_0)}{h} = D_{\mathbf{u}}f(x_0, y_0)$$

이다. 한편 $x = x_0 + ha$, $y = y_0 + hb$로 두면, $g(h) = f(x, y)$로 쓸 수 있다. 그래서 연쇄법칙(13.5절의 정리 1)에 의해 다음을 얻는다.

$$g'(h) = \frac{\partial f}{\partial x}\frac{dx}{dh} + \frac{\partial f}{\partial y}\frac{dy}{dh} = f_x(x, y)\,a + f_y(x, y)\,b$$

이제 $h = 0$으로 두면, $x = x_0$, $y = y_0$이고

5 $$g'(0) = f_x(x_0, y_0)\,a + f_y(x_0, y_0)\,b$$

이다. 식 4와 5를 비교해보면 다음을 알 수 있다.

$$D_{\mathbf{u}}f(x_0, y_0) = f_x(x_0, y_0)\,a + f_y(x_0, y_0)\,b$$ ■

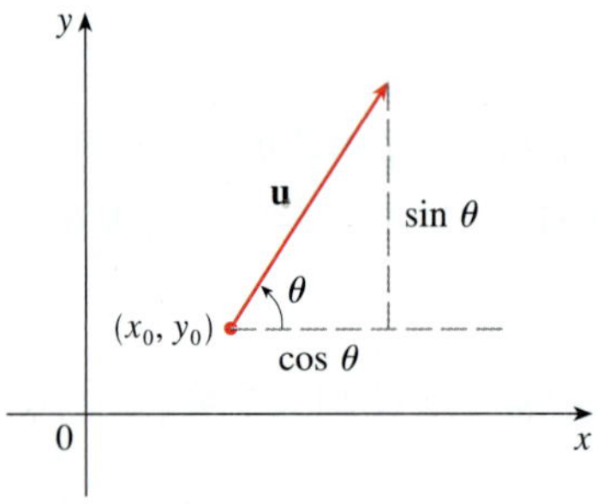

그림 5 단위벡터 $\mathbf{u} = \langle\cos\theta, \sin\theta\rangle$

만약 단위벡터 $\mathbf{u}$가 양의 x축과 각 θ를 이루면(그림 5에서처럼), $\mathbf{u} = \langle\cos\theta, \sin\theta\rangle$로 쓸 수 있고, 정리 3의 식은

6 $$D_{\mathbf{u}}f(x, y) = f_x(x, y)\cos\theta + f_y(x, y)\sin\theta$$

가 된다.

예제 2 $f(x, y) = x^3 - 3xy + 4y^2$이고 단위벡터 $\mathbf{u}$와 양의 x축이 이루는 각 θ가 $\theta = \pi/6$일 때 방향도함수 $D_{\mathbf{u}}f(x, y)$를 구하여라. $D_{\mathbf{u}}f(1, 2)$의 값은 얼마인가?

풀이 식 6에 의해

예제 2에서 방향도함수 $D_{\mathbf{u}} f(1, 2)$는 $\mathbf{u}$ 방향으로의 z의 변화율을 나타낸다. 이것은 곡면 $z = x^3 - 3xy + 4y^2$과 그림 6에 보인 $\mathbf{u}$방향으로 $(1, 2, 0)$을 통과하는 수직면이 교차하여 만드는 곡선에 대한 접선의 기울기이다.

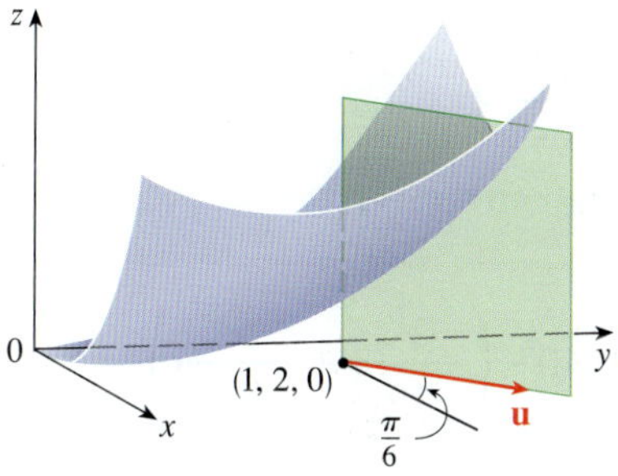

그림 6

$$D_{\mathbf{u}} f(x, y) = f_x(x, y) \cos \frac{\pi}{6} + f_y(x, y) \sin \frac{\pi}{6}$$
$$= (3x^2 - 3y) \frac{\sqrt{3}}{2} + (-3x + 8y) \frac{1}{2}$$
$$= \tfrac{1}{2}\left[3\sqrt{3}x^2 - 3x + \left(8 - 3\sqrt{3}\right)y\right]$$

이다. 그러므로 다음과 같다.

$$D_{\mathbf{u}} f(1, 2) = \tfrac{1}{2}\left[3\sqrt{3}(1)^2 - 3(1) + \left(8 - 3\sqrt{3}\right)(2)\right] = \frac{13 - 3\sqrt{3}}{2}$$ ■

■ 기울기 벡터

정리 3으로부터 방향도함수는 두 벡터의 내적으로 쓸 수 있다.

7
$$D_{\mathbf{u}} f(x, y) = f_x(x, y)\, a + f_y(x, y)\, b$$
$$= \langle f_x(x, y), f_y(x, y) \rangle \cdot \langle a, b \rangle$$
$$= \langle f_x(x, y), f_y(x, y) \rangle \cdot \mathbf{u}$$

이 내적에서 첫 번째 벡터는 방향도함수에서뿐만 아니라 다른 많은 상황에서도 나타난다. 그래서 f의 기울기 벡터(f의 *gradient*)라는 특별한 이름을 붙이고, **grad** f 또는 ∇f로 표기하며 'del f'라 읽는다.

8 정의 f가 두 변수 x와 y의 함수이면, f의 **기울기 벡터**는 벡터함수 ∇f이고 다음과 같이 정의된다.

$$\nabla f(x, y) = \langle f_x(x, y), f_y(x, y) \rangle = \frac{\partial f}{\partial x}\mathbf{i} + \frac{\partial f}{\partial y}\mathbf{j}$$

예제 3 $f(x, y) = \sin x + e^{xy}$이면,

$$\nabla f(x, y) = \langle f_x, f_y \rangle = \langle \cos x + ye^{xy}, xe^{xy} \rangle \text{이고}$$
$$\nabla f(0, 1) = \langle 2, 0 \rangle \text{이다.}$$ ■

기울기 벡터에 대한 이 표기법을 사용해서 방향도함수에 대한 식 7을 다음과 같이 다시 쓸 수 있다.

9
$$D_{\mathbf{u}} f(x, y) = \nabla f(x, y) \cdot \mathbf{u}$$

이것은 $\mathbf{u}$ 위에 기울기 벡터를 정사영시킨 것으로 $\mathbf{u}$방향으로의 함수 f의 방향도함수를 나타낸다.

예제 4 함수 $f(x, y) = x^2y^3 - 4y$의 점 $(2, -1)$에서 벡터 $\mathbf{v} = 2\mathbf{i} + 5\mathbf{j}$의 방향으로의 방향도함수를 구하여라.

예제 4의 기울기 벡터 $\nabla f(2, -1)$이 시작점 $(2, -1)$과 함께 그림 7에 제시되었다. 방향도함수의 방향을 제시하는 벡터 $\mathbf{v}$도 주어졌다. 이 두 벡터는 f의 그래프의 경로도면 위에 덧붙여졌다.

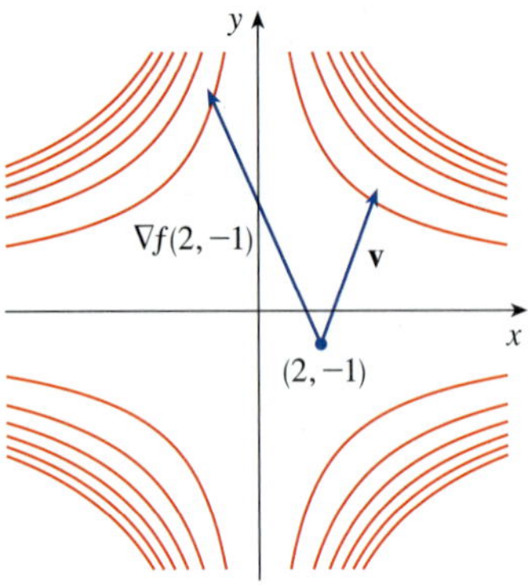

그림 7

풀이 먼저 $(2, -1)$에서 기울기 벡터를 계산한다.

$$\nabla f(x, y) = 2xy^3\,\mathbf{i} + (3x^2y^2 - 4)\,\mathbf{j}$$

$$\nabla f(2, -1) = -4\,\mathbf{i} + 8\,\mathbf{j}$$

$\mathbf{v}$는 단위벡터가 아님을 주의하여라. $|\mathbf{v}| = \sqrt{29}$ 이므로 $\mathbf{v}$방향으로의 단위벡터는

$$\mathbf{u} = \frac{\mathbf{v}}{|\mathbf{v}|} = \frac{2}{\sqrt{29}}\,\mathbf{i} + \frac{5}{\sqrt{29}}\,\mathbf{j}$$

이다. 그러므로 식 9 에 의해 다음을 얻는다.

$$D_{\mathbf{u}}f(2, -1) = \nabla f(2, -1) \cdot \mathbf{u} = (-4\,\mathbf{i} + 8\,\mathbf{j}) \cdot \left(\frac{2}{\sqrt{29}}\,\mathbf{i} + \frac{5}{\sqrt{29}}\,\mathbf{j}\right)$$

$$= \frac{-4 \cdot 2 + 8 \cdot 5}{\sqrt{29}} = \frac{32}{\sqrt{29}}$$ ■

■ 삼변수함수

같은 방법으로 삼변수함수에 대한 방향도함수를 정의할 수 있다. 즉 $D_{\mathbf{u}}f(x, y, z)$는 단위벡터 $\mathbf{u}$의 방향으로 함수의 변화율로 해석할 수 있다.

10 정의 다음의 극한이 존재할 때 (x_0, y_0, z_0)에서 단위벡터 $\mathbf{u} = \langle a, b, c \rangle$ 방향에 대한 f의 **방향도함수**는

$$D_{\mathbf{u}}f(x_0, y_0, z_0) = \lim_{h \to 0} \frac{f(x_0 + ha, y_0 + hb, z_0 + hc) - f(x_0, y_0, z_0)}{h}$$

이다.

만약 벡터 표기법을 사용하면 방향도함수의 두 정의(2 와 10)를 다음과 같이 간결하게 쓸 수 있다.

11
$$D_{\mathbf{u}}f(\mathbf{x}_0) = \lim_{h \to 0} \frac{f(\mathbf{x}_0 + h\mathbf{u}) - f(\mathbf{x}_0)}{h}$$

단, $n = 2$이면 $\mathbf{x}_0 = \langle x_0, y_0 \rangle$이고 $n = 3$이면 $\mathbf{x}_0 = \langle x_0, y_0, z_0 \rangle$이다. 이것은 타당하다. 왜냐하면, 벡터 $\mathbf{u}$방향으로 $\mathbf{x}_0$를 통과하는 직선의 벡터방정식은 $\mathbf{x} = \mathbf{x}_0 + t\mathbf{u}$(11.5절의 식 1)로 주어지고, 따라서 $f(\mathbf{x}_0 + h\mathbf{u})$는 이 직선상의 점에서 f의 값을 나타내기 때문이다.

만약 $f(x, y, z)$가 미분가능하고 $\mathbf{u} = \langle a, b, c \rangle$이면, 정리 3 의 증명에 쓰였던 방법을 이용하여 다음을 증명할 수 있다.

12
$$D_{\mathbf{u}}f(x, y, z) = f_x(x, y, z)\,a + f_y(x, y, z)\,b + f_z(x, y, z)\,c$$

삼변수함수에 대한 ∇f 또는 **grad** f로 표기되는 **기울기 벡터**는

$$\nabla f(x, y, z) = \langle f_x(x, y, z), f_y(x, y, z), f_z(x, y, z) \rangle$$

또는 간단히

13 $$\nabla f = \langle f_x, f_y, f_z \rangle = \frac{\partial f}{\partial x}\mathbf{i} + \frac{\partial f}{\partial y}\mathbf{j} + \frac{\partial f}{\partial z}\mathbf{k}$$

이다. 그러면 이변수함수처럼 방향도함수에 대한 식 **12**는 다음과 같이 쓸 수 있다.

14 $$D_{\mathbf{u}} f(x, y, z) = \nabla f(x, y, z) \cdot \mathbf{u}$$

예제 5 $f(x, y, z) = x \sin yz$일 때 (a) f의 기울기 벡터를 구하여라.
(b) $\mathbf{v} = \mathbf{i} + 2\mathbf{j} - \mathbf{k}$ 방향으로 $(1, 3, 0)$에서의 f의 방향도함수를 구하여라.

풀이

(a) f의 기울기 벡터는

$$\begin{aligned}\nabla f(x, y, z) &= \langle f_x(x, y, z), f_y(x, y, z), f_z(x, y, z) \rangle \\ &= \langle \sin yz, xz \cos yz, xy \cos yz \rangle\end{aligned}$$

이다.

(b) $(1, 3, 0)$에서 $\nabla f(1, 3, 0) = \langle 0, 0, 3 \rangle$이다. $\mathbf{v} = \mathbf{i} + 2\mathbf{j} - \mathbf{k}$ 방향으로 단위벡터는

$$\mathbf{u} = \frac{1}{\sqrt{6}}\mathbf{i} + \frac{2}{\sqrt{6}}\mathbf{j} - \frac{1}{\sqrt{6}}\mathbf{k}$$

이다. 그러므로 식 **14**에 의해

$$\begin{aligned}D_{\mathbf{u}} f(1, 3, 0) &= \nabla f(1, 3, 0) \cdot \mathbf{u} \\ &= 3\mathbf{k} \cdot \left(\frac{1}{\sqrt{6}}\mathbf{i} + \frac{2}{\sqrt{6}}\mathbf{j} - \frac{1}{\sqrt{6}}\mathbf{k} \right) \\ &= 3\left(-\frac{1}{\sqrt{6}} \right) = -\sqrt{\frac{3}{2}}\end{aligned}$$

이다. ■

■ 방향도함수의 최대화

이변수 또는 삼변수함수의 주어진 점에서 모든 가능한 방향도함수를 생각해보자. 이것은 모든 가능한 방향에서 f의 변화율을 제공한다. 그러면 다음과 같은 질문을 생각할 수 있다. 어떤 방향에서 f가 가장 빠르게 변하고 변화율의 최댓값은 무엇인가? 이 대답은 다음 정리로 주어진다.

15 정리 f가 이변수 또는 삼변수의 미분가능한 함수라고 하자. 그러면 방향도함수 $D_{\mathbf{u}} f(\mathbf{x})$의 최댓값은 $|\nabla f(x)|$이고, 이것은 기울기 벡터 $\nabla f(\mathbf{x})$와 벡터 $\mathbf{u}$의 방향이 일치할 때 나타난다.

증명 11.3절의 정리 3을 사용하면 식 9와 14로부터 다음을 얻는다.

$$D_{\mathbf{u}} f = \nabla f \cdot \mathbf{u} = |\nabla f||\mathbf{u}| \cos\theta = |\nabla f| \cos\theta$$

이때 θ는 ∇f와 $\mathbf{u}$ 사이의 각이다. $\cos\theta$의 최댓값이 1이고, $\theta = 0$일 때 나타난다. 그러므로 $D_{\mathbf{u}} f$의 최댓값은 $|\nabla f|$이고, $\theta = 0$일 때이다. 즉, ∇f와 $\mathbf{u}$의 방향이 일치할 때이다. ■

예제 6

(a) $f(x, y) = xe^y$일 때, 점 $P(2, 0)$에서 점 $Q\left(\frac{1}{2}, 2\right)$ 방향으로 점 P에서의 f의 변화율을 구하여라.

(b) 어느 방향에서 f는 최대 변화율을 가지는가? 변화율의 최댓값은 얼마인가?

풀이

(a) 먼저 기울기 벡터를 계산하면

$$\nabla f(x, y) = \langle f_x, f_y \rangle = \langle e^y, xe^y \rangle$$

$$\nabla f(2, 0) = \langle 1, 2 \rangle$$

이다. $\overrightarrow{PQ} = \left\langle -\frac{3}{2}, 2 \right\rangle$ 방향의 단위벡터는 $\mathbf{u} = \left\langle -\frac{3}{5}, \frac{4}{5} \right\rangle$이고 따라서 P부터 Q 방향으로 f의 변화율은

$$D_{\mathbf{u}} f(2, 0) = \nabla f(2, 0) \cdot \mathbf{u} = \langle 1, 2 \rangle \cdot \left\langle -\frac{3}{5}, \frac{4}{5} \right\rangle = 1$$

이다.

(b) 정리 15에 따라서 기울기 벡터 $\nabla f(2, 0) = \langle 1, 2 \rangle$ 방향으로 f가 가장 빨리 증가한다. 최대 변화율은

$$|\nabla f(2, 0)| = |\langle 1, 2 \rangle| = \sqrt{5}$$

이다. ■

(2, 0)에서 예제 6의 함수는 기울기 벡터 $\nabla f(2, 0) = \langle 1, 2 \rangle$ 방향으로 가장 빠르게 증가한다. 그림 8로부터 이 벡터는 (2, 0)을 통과하는 등위곡선에 수직인 것에 주목하여라. 그림 9는 f의 그래프와 기울기 벡터를 보여준다.

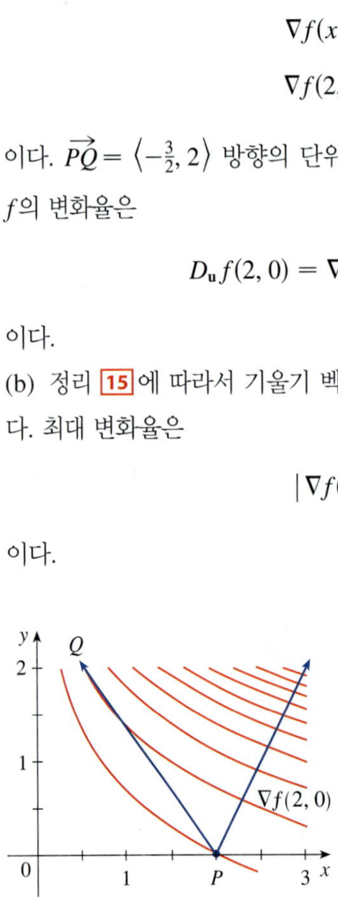

그림 8

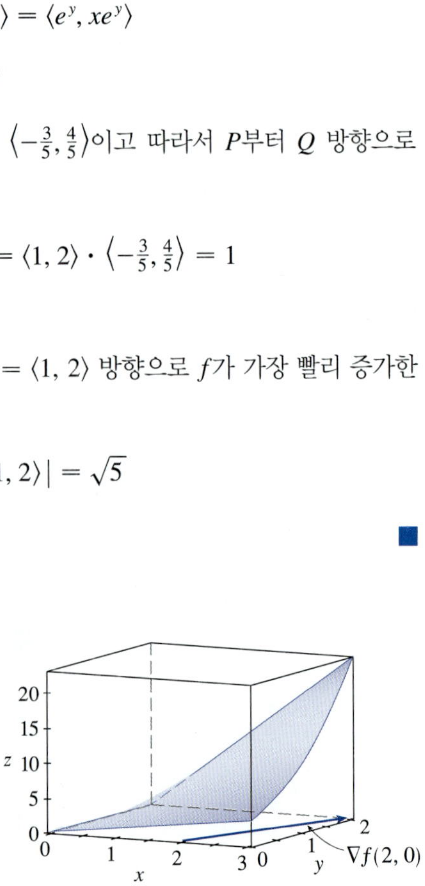

그림 9

■ 등위곡면에 대한 접평면

S가 방정식 $F(x, y, z) = k$인 곡면이라 하자. 즉, S는 삼변수함수 F의 등위곡면이다. 그리고 $P(x_0, y_0, z_0)$를 곡면 S상의 점이라 하자. C는 S상에 있고 점 P를 통과하는 임의의 곡선이라 하자. 12.1절에서 의해서 C는 연속벡터함수 $\mathbf{r}(t) = \langle x(t), y(t), z(t)\rangle$로 표현될 수 있다. 그리고 t_0는 P에 상응하는 매개변수값이라 하자. 즉 $\mathbf{r}(t_0) = \langle x_0, y_0, z_0\rangle$라 두자. C가 S상에 있으므로 임의의 점 $(x(t), y(t), z(t))$는 S의 방정식을 만족한다. 즉,

16 $$F(x(t), y(t), z(t)) = k$$

이다. 만약 x, y, z가 t의 미분가능한 함수이고 F 또한 미분가능이면, 연쇄법칙을 이용하여 식 **16**의 양변을 다음과 같이 미분할 수 있다.

17 $$\frac{\partial F}{\partial x}\frac{dx}{dt} + \frac{\partial F}{\partial y}\frac{dy}{dt} + \frac{\partial F}{\partial z}\frac{dz}{dt} = 0$$

그러나 $\nabla F = \langle F_x, F_y, F_z\rangle$이고 $\mathbf{r}'(t) = \langle x'(t), y'(t), z'(t)\rangle$이므로 식 **17**은 내적을 이용하여 다음과 같이 쓸 수 있다.

$$\nabla F \cdot \mathbf{r}'(t) = 0$$

특히 $t = t_0$일 때 $\mathbf{r}(t_0) = \langle x_0, y_0, z_0\rangle$이며, 따라서

18 $$\nabla F(x_0, y_0, z_0) \cdot \mathbf{r}'(t_0) = 0$$

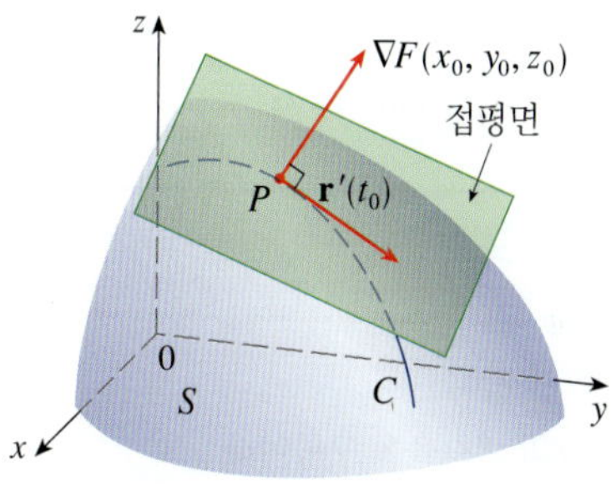

그림 10

이다. 식 **18**은 P에서 기울기 벡터 $\nabla F(x_0, y_0, z_0)$는 P를 통과하는 S상이 임의의 곡선 C에 대한 접선벡터 $\mathbf{r}'(t_0)$에 수직임을 말한다(그림 10 참조). 그러므로 $\nabla F(x_0, y_0, z_0) \neq \mathbf{0}$이면 점 $P(x_0, y_0, z_0)$**에서 등위곡면** $F(x, y, z) = k$**의 접평면**을 P를 통과하고 법선벡터 $\nabla F(x_0, y_0, z_0)$를 갖는 평면으로 정의하는 것은 당연한 일이다. 평면의 표준방정식(11.5절의 식 **7**)을 사용하여 이 접평면의 식을 다음과 같이 쓸 수 있다.

19 $$F_x(x_0, y_0, z_0)(x - x_0) + F_y(x_0, y_0, z_0)(y - y_0) + F_z(x_0, y_0, z_0)(z - z_0) = 0$$

P에서 곡면 S의 **법선**(normal line)은 P를 통과하고 접평면에 수직인 직선이다. 그러므로 법선의 방향은 기울기 벡터 $\nabla F(x_0, y_0, z_0)$로 주어지며 따라서 11.5절의 식 **3**에 의해 법선의 대칭방정식은

20 $$\frac{x - x_0}{F_x(x_0, y_0, z_0)} = \frac{y - y_0}{F_y(x_0, y_0, z_0)} = \frac{z - z_0}{F_z(x_0, y_0, z_0)}$$

이다.

예제 7 다음 타원면의 점 $(-2, 1, -3)$에서의 접평면과 법선의 방정식을 구하여라.

$$\frac{x^2}{4} + y^2 + \frac{z^2}{9} = 3$$

그림 11은 예제 7의 타원면, 접평면, 법선을 보여준다.

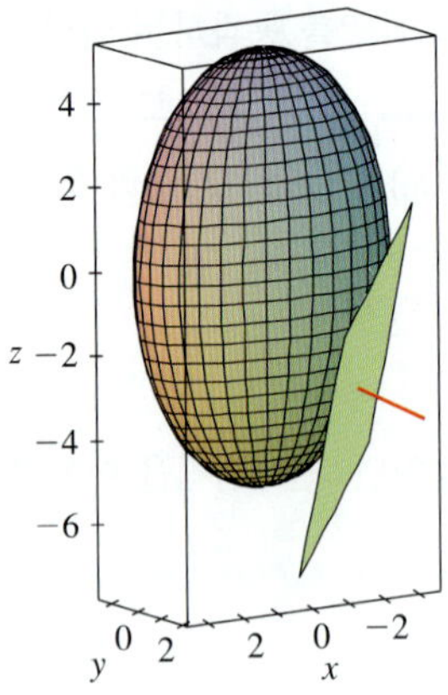

그림 11

풀이 이 타원면은 함수

$$F(x, y, z) = \frac{x^2}{4} + y^2 + \frac{z^2}{9}$$

의 $k = 3$으로 하는 등위곡면이다. 그러므로

$$F_x(x, y, z) = \frac{x}{2} \qquad F_y(x, y, z) = 2y \qquad F_z(x, y, z) = \frac{2z}{9}$$

$$F_x(-2, 1, -3) = -1 \qquad F_y(-2, 1, -3) = 2 \qquad F_z(-2, 1, -3) = -\tfrac{2}{3}$$

이다. 그러면 식 **19**에 의해 점 $(-2, 1, -3)$에서 접평면의 방정식은

$$-1(x + 2) + 2(y - 1) - \tfrac{2}{3}(z + 3) = 0$$

이고, 간단히 하면 $3x - 6y + 2z + 18 = 0$이다.

식 **20**에 의해 법선의 대칭방정식은

$$\frac{x + 2}{-1} = \frac{y - 1}{2} = \frac{z + 3}{-\frac{2}{3}}$$

이다. ■

13.6 연습문제

1. 다음은 11월의 어느 날 오전 6시의 기압(mb) 등고선이다. 아이오와주 북동쪽의 중심기압은 972mb이다. K(네브라스카주의 키어니)로부터 S(아이오와주의 수시티)까지의 거리는 300km이다. 키어니에서 수시티 방향으로 기압함수의 방향도함수 값을 추정하여라. 그 방향도함수의 단위는 무엇인가?

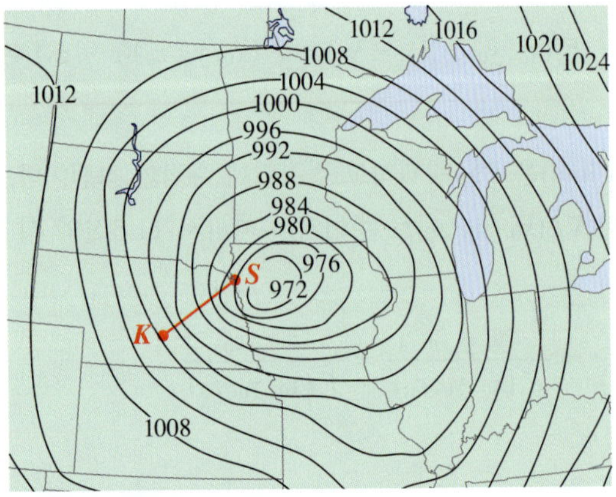

2-4 각 θ가 가리키는 방향에 있는 주어진 점에서 함수 f의 방향도함수를 구하여라.

2. $f(x, y) = xy^3 - x^2$, $(1, 2)$, $\theta = \pi/3$

3. $f(x, y) = y\cos(xy)$, $(0, 1)$, $\theta = \pi/4$

4. $f(x, y) = \arctan(xy)$, $(2, -3)$, $\theta = 3\pi/4$

5-7

(a) f의 기울기 벡터를 구하여라.

(b) 점 P에서 기울기 벡터를 구하여라.

(c) 벡터 $\mathbf{u}$의 방향으로 P에서 f의 변화율을 구하여라.

5. $f(x, y) = x^2e^y$, $P(3, 0)$, $\mathbf{u} = \frac{1}{5}(3\mathbf{i} - 4\mathbf{j})$

6. $f(x, y) = x^2 \ln y$, $P(3, 1)$, $\mathbf{u} = -\frac{5}{13}\mathbf{i} + \frac{12}{13}\mathbf{j}$

7. $f(x, y, z) = x^2yz - xyz^3$, $P(2, -1, 1)$, $\mathbf{u} = \langle 0, \frac{4}{5}, -\frac{3}{5} \rangle$

8-11 벡터 $\mathbf{v}$의 방향으로 주어진 점에서 함수의 방향도함수를 구하여라.

8. $f(x, y) = e^x \sin y$, $(0, \pi/3)$, $\mathbf{v} = \langle -6, 8 \rangle$

9. $g(s, t) = s\sqrt{t}$, $(2, 4)$, $\mathbf{v} = 2\mathbf{i} - \mathbf{j}$

10. $f(x, y, z) = x^2y + y^2z$, $(1, 2, 3)$, $\mathbf{v} = \langle 2, -1, 2 \rangle$

11. $f(x, y, z) = xy^2 \tan^{-1}z$, $(2, 1, 1)$, $\mathbf{v} = \langle 1, 1, 1 \rangle$

12. 그림을 이용하여 $D_{\mathbf{u}} f(2, 2)$를 추정하여라.

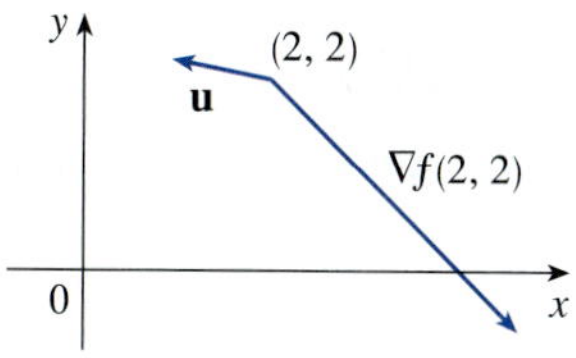

13-15 점 P에서 점 Q 방향으로 점 P에서의 방향도함수를 구하여라.

13. $f(x, y) = x^2y^2 - y^3, \quad P(1, 2), \quad Q(-3, 5)$

14. $f(x, y) = \sqrt{xy}, \quad P(2, 8), \quad Q(5, 4)$

15. $f(x, y, z) = xy - xy^2z^2, \quad P(2, -1, 1), \quad Q(5, 1, 7)$

16-19 주어진 점에서의 f의 최대 변화율을 구하고, 그 값을 갖는 방향을 구하여라.

16. $f(x, y) = 5xy^2, \quad (3, -2)$

17. $f(x, y) = \sin(xy), \quad (1, 0)$

18. $f(x, y, z) = x \ln(yz), \quad (1, 2, \frac{1}{2})$

19. $f(p, q, r) = \arctan(pqr), \quad (1, 2, 1)$

20. 가장 급격히 감소하는 방향

(a) 기울기 벡터의 반대 방향으로, 즉 $-\nabla f(\mathbf{x})$ 방향으로 미분 가능한 함수 f의 값이 가장 급격히 감소함을 보여라.

(b) (a)의 결과를 이용하여 점 $(2, -3)$에서 함수 $f(x, y) = x^4y - x^2y^3$의 값이 가장 빨리 감소하는 방향을 구하여라. 감소율은 얼마인가?

21. 함수 $f(x, y) = x^2 + y^2 - 2x - 4y$가 가장 빨리 변하는 방향이 $\mathbf{i} + \mathbf{j}$가 되는 점을 모두 구하여라.

22. 금속 공의 온도 T는 원점인 중심에서부터의 거리에 반비례한다. 점 $(1, 2, 2)$에서 온도는 120°C이다.

(a) $(1, 2, 2)$에서 $(2, 1, 3)$ 방향으로 온도의 변화율을 구하여라.

(b) 공의 어느 지점에서나 온도가 가장 크게 증가하는 곳은 원점에서 그 점까지의 벡터라는 것을 보여라.

23. T의 단위는 °C이고 x, y, z의 단위는 미터라고 할 때, 주어진 점 (x, y, z)에서 온도는 $T(x, y, z) = 200e^{-x^2-3y^2-9z^2}$이다.

(a) 점 $P(2, -1, 2)$에서 $(3, -3, 3)$ 방향으로 온도의 변화율을 구하여라.

(b) 점 P에서 어느 방향으로 온도가 가장 빠르게 증가하는가?

(c) 점 P에서 최대 변화율을 구하여라.

24. 공간의 적당한 영역에 걸쳐 전위 V가 $V(x, y, z) = 5x^2 - 3xy + xyz$로 주어졌다고 하자.

(a) $P(3, 4, 5)$에서 벡터 $\mathbf{v} = \mathbf{i} + \mathbf{j} - \mathbf{k}$ 방향으로 전위의 변화율을 구하여라.

(b) P에서 어느 방향으로 V가 가장 빨리 변하는가?

(c) P에서 최대 변화율은 얼마인가?

25. f를 연속편도함수를 갖는 이변수함수라 하고 점 $A(1, 3)$, $B(3, 3)$, $C(1, 7)$, $D(6, 15)$를 생각하자. A에서 벡터 $\overrightarrow{AB}$의 방향으로 f의 방향도함수는 3이고 A에서 벡터 $\overrightarrow{AC}$의 방향으로 방향도함수는 26이다. A에서 벡터 $\overrightarrow{AD}$의 방향으로 방향도함수를 구하여라.

26-29 지정한 점에서 주어진 곡면에 대한 (a) 접평면과 (b) 법선의 방정식을 구하여라.

26. $2(x - 2)^2 + (y - 1)^2 + (z - 3)^2 = 10, \quad (3, 3, 5)$

27. $xy^2z^3 = 8, \quad (2, 2, 1)$

28. $xy + yz + zx = 5, \quad (1, 2, 1)$

29. $x + y + z = e^{xyz}, \quad (0, 0, 1)$

30. $f(x, y) = xy$일 때 기울기 벡터 $\nabla f(3, 2)$를 구하고, 그것을 이용하여 점 $(3, 2)$에서 등위곡선 $f(x, y) = 6$의 접선을 구하여라. 등위곡선, 접선, 기울기 벡터의 개형을 그려라.

31. 점 (x_0, y_0, z_0)에서 타원면 $x^2/a^2 + y^2/b^2 + z^2/c^2 = 1$에 대한 접평면의 방정식이

$$\frac{xx_0}{a^2} + \frac{yy_0}{b^2} + \frac{zz_0}{c^2} = 1$$

임을 증명하여라.

32. 점 (x_0, y_0, z_0)에서 타원포물면 $z/c = x^2/a^2 + y^2/b^2$에 대한 접평면의 방정식이

$$\frac{2xx_0}{a^2} + \frac{2yy_0}{b^2} = \frac{z + z_0}{c}$$

임을 증명하여라.

33. 타원면 $x^2 + y^2 + 2z^2 = 1$의 어느 점에서 평면 $x + 2y + z = 1$과 평행한 접평면을 가지는가?

34. 접평면이 평면 $z = x + y$에 평행한 쌍곡면 $x^2 - y^2 - z^2 = 1$ 위에는 점들이 존재하는가?

35. 포물면 $3x^2 + 2y^2 + z^2 = 9$와 구 $x^2 + y^2 + z^2 - 8x - 6y - 8z + 24 = 0$은 점 $(1, 1, 2)$에서 접함을 보여라. (이는 이 점에서 포물면과 구가 공통 접평면을 가짐을 뜻한다.)

36. 구 $x^2 + y^2 + z^2 = r^2$의 모든 법선은 구의 중심을 지남을 보여라.

37. 점 $(1, 1, 2)$에서 포물면 $z = x^2 + y^2$의 법선은 포물면의 어느 점에서 다시 만나는가?

38. 곡면 $\sqrt{x} + \sqrt{y} + \sqrt{z} = \sqrt{c}$에 대한 임의의 접평면의 x절편, y절편, z절편의 합이 상수임을 보여라.

39. 제1팔분공간의 점에서 곡면 $xyz = 1$에 접하는 평면으로 자른 사각뿔은 모두 같은 부피를 가짐을 보여라.

40. 포물면 $z = x^2 + y^2$과 타원면 $4x^2 + y^2 + z^2 = 9$가 교차하여 만든 곡선상의 점 $(-1, 1, 2)$에서의 접선에 대한 매개변수방정식을 구하여라.

41. 나선 $\mathbf{r}(t) = \langle \cos \pi t, \sin \pi t, t \rangle$와 포물면 $z = x^2 + y^2$은 어느 점에서 만나는가? 나선과 포물면 사이의 교각은 얼마인가? (나선의 접선벡터와 포물면의 접평면 사이의 각을 의미한다.)

42. 주어진 점에서 $f(x, y)$의 방향도함수가 단위벡터 $\mathbf{u}$와 $\mathbf{v}$에 의해 정해진 두 개의 평행하지 않은 방향으로 알려져 있다고 하자. 이 점에서 ∇f를 구하는 것이 가능한가? 그렇다면 어떻게 구할 것인가?

13.7 최댓값과 최솟값

극댓값과 극솟값

4장에서 공부했듯이 도함수의 주요한 사용은 최댓값과 최솟값(극값)을 찾는 것이다. 이 절에서는 이변수함수의 최댓값과 최솟값을 찾는 데 편도함수를 어떻게 사용하는지를 배운다. 특히 예제 5에서는 일정한 양의 판지가 있을 때 뚜껑 없는 판지 상자의 부피를 최대로 하는 방법을 배우게 된다.

그림 1의 f의 그래프를 보면 언덕과 계곡을 볼 수 있다. 여기에는 $f(a, b)$가 주변의 $f(x, y)$의 값보다 더 큰 값을 갖는 두 점 (a, b)가 있는데, 이 두 점을 f의 **극댓값**이라 한다. 이 두 값 중에서 더 큰 값을 **최댓값**이라 한다. 마찬가지로 $f(a, b)$가 주변의 값보다 더 작을 때 f는 두 개의 **극솟값**을 가진다. 이 두 값 중에서 더 작은 값을 **최솟값**이라 한다.

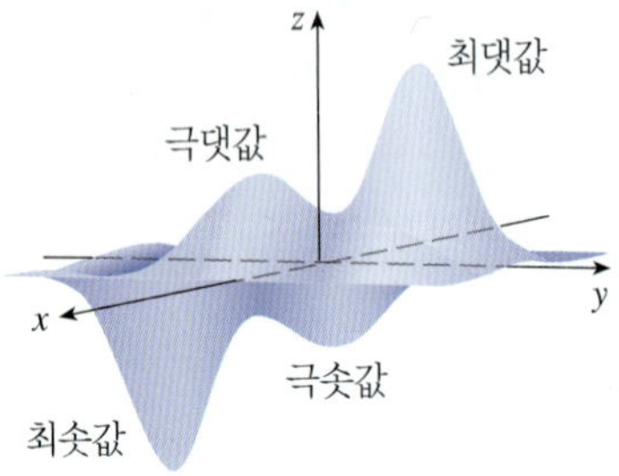

그림 1

> **1 정의** (a, b) 근방에 있는 모든 (x, y)에 대해 $f(x, y) \le f(a, b)$이면 이변수함수 f는 (a, b)에서 **극대**이다. [이것은 중심이 (a, b)인 어떤 원판 내의 모든 점 (x, y)에 대해 $f(x, y) \le f(a, b)$를 의미한다.] 값 $f(a, b)$는 **극댓값**(local maximum value)이라 부른다. 만약 (a, b) 근방에 있는 모든 (x, y)에 대해 $f(x, y) \ge f(a, b)$이면, f는 (a, b)에서 **극소**이고 $f(a, b)$는 **극솟값**(local minimum value)이다.

페르마 정리(4.1절)는 일변수함수의 경우 f가 c에서 극댓값이나 극솟값을 갖고 $f'(c)$가 존재하면 $f'(c) = 0$을 말하고 있다. 다음 정리는 이변수함수에 대해서 비슷한 결과를 말해준다.

정리 2의 결론은 기울기 벡터의 표기법으로 $\nabla f(a, b) = \mathbf{0}$이다.

> **2 정리** 만약 f가 (a, b)에서 극값(극댓값 또는 극솟값)을 가지며 1계 편도함수가 (a, b)에서 존재하면 $f_x(a, b) = 0$, $f_y(a, b) = 0$이다.

증명 $g(x) = f(x, b)$라 하자. 만약 f가 (a, b)에서 극값을 가지면 g는 a에서 극값을 가지며 따라서 페르마 정리(4.1절의 정리 4 참조)에 의해 $g'(a) = 0$이다. 그런데 $g'(a) = f_x(a, b)$(13.3절의 식 1 참조)이고, 따라서 $f_x(a, b) = 0$이다. 같은 방법으로 페르마 정리를 $G(y) = f(a, y)$에 적용하면 $f_y(a, b) = 0$을 얻는다. ■

만약 접평면(13.4절의 식 2)의 방정식에서 $f_x(a, b) = 0$, $f_y(a, b) = 0$으로 두면 $z = z_0$를 얻는다. 따라서 정리 2를 기하학적으로 해석하면 f의 그래프가 극값을 갖는 점에서 접평면을 가질 때, 그 접평면은 수평이 된다는 것이다.

$f_x(a, b) = 0$, $f_y(a, b) = 0$ 또는 이러한 편도함수들 중 하나가 존재하지 않는 그러한 점 (a, b)를 f의 **임계점**(critical point 또는 stationary point)이라 부른다. 정리 2는 f가 (a, b)에서 극값을 가지면 (a, b)는 f의 임계점임을 뜻한다. 그렇지만 일변수의 미분적분학에서와 같이 모든 임계점에서 극값을 갖는 것은 아니다. 임계점에서 함수는 극대, 극소이거나 아무것도 아닐 수도 있다.

예제 1 $f(x, y) = x^2 + y^2 - 2x - 6y + 14$이면

$$f_x(x, y) = 2x - 2 \qquad f_y(x, y) = 2y - 6$$

이다. 이러한 편도함수는 $x = 1$, $y = 3$에서 0이다. 따라서 임계점은 $(1, 3)$이다. 완전제곱에 의해 다음을 얻는다.

$$f(x, y) = 4 + (x - 1)^2 + (y - 3)^2$$

$(x - 1)^2 \geqslant 0$이고 $(y - 3)^2 \geqslant 0$이므로 x와 y의 모든 값에 대해 $f(x, y) \geqslant 4$를 얻는다. 그러므로 $f(1, 3) = 4$는 극솟값이며 사실 최솟값이 된다. 그림 2에서 보는 바와 같이 꼭짓점 $(1, 3, 4)$를 갖는 타원포물면인 f의 그래프로부터 이러한 사실이 기하학적으로 확인된다. ■

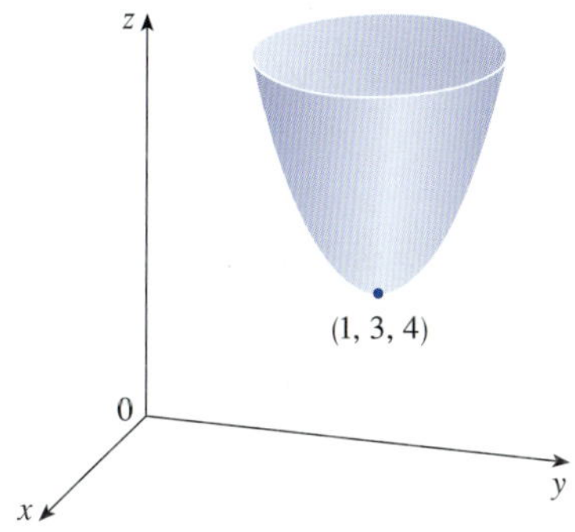

그림 2 $z = x^2 + y^2 - 2x - 6y + 14$

예제 2 $f(x, y) = y^2 - x^2$의 극값을 구하여라.

풀이 $f_x = -2x$, $f_y = 2y$이므로 유일한 임계점은 $(0, 0)$이다. x축 위의 모든 점은 $y = 0$임에 주목하면, $f(x, y) = -x^2 < 0$ $(x \neq 0)$이다. 한편, y축 위의 모든 점은 $x = 0$이다. 그러므로 $f(x, y) = y^2 > 0$ $(y \neq 0)$이다. 따라서 중심 $(0, 0)$을 갖는 모든 원판은 함수 f가 양이 되기도 하고 음이 되기도 하는 점들을 포함한다. 그러므로 $f(0, 0) = 0$은 f에 대한 극값이 될 수 없고, 따라서 f는 어떠한 극값도 갖지 않는다. ■

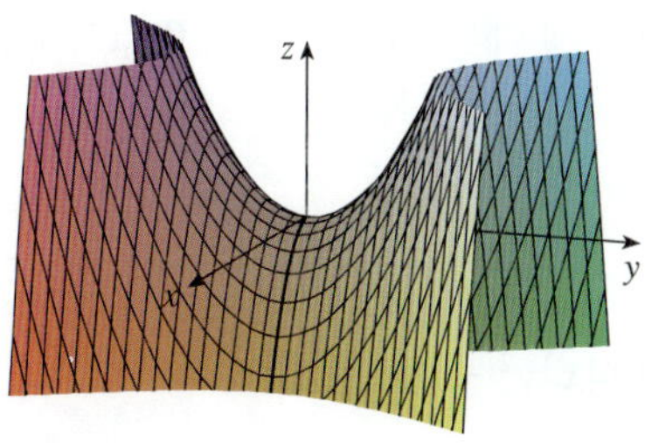

그림 3 $z = y^2 - x^2$

예제 2는 임계점에서 함수가 반드시 최댓값 또는 최솟값을 가질 필요가 없다는 사실을 예시하고 있다. 그림 3은 어떻게 이것이 가능한지 보여준다. f의 그래프는 쌍곡포물면 $z = y^2 - x^2$이고, 이것은 원점에서 수평의 접평면($z = 0$)을 가진다. $f(0, 0) = 0$은 x축 방향에서는 최대이나 y축 방향에서는 최소라는 것을 알 수 있다.

일변수함수의 경우 $f'(c) = 0$인 임계수 c는 극댓값 또는 극솟값에 해당하거나 둘 다 아닐 수도 있다. 이변수함수에서도 비슷한 상황이 일어난다. (a, b)가 $f_x(a, b) = 0$, $f_y(a, b) = 0$인 함수 f의 임계점이면 $f(a, b)$는 극댓값 또는 극솟값이 되거나 아무것도 아닐 수도 있다. 마지막의 경우 (a, b)를 f의 **안장점**(saddle point)이라 부른다. 이 이름은 그림 3의 원점 근처의 모양으로부터 제안되었다. 일반적으로 안장점에서 함수의 그래프는 실제 안장을 닮지 않았을 수도 있지만, 그래프는 그 점에서의 접평면을 지난다.

임계점에서 함수가 극값을 갖는지 안 갖는지 결정할 수 있는 것이 필요하다. 이 절의

산길이 안장 모양이다. 어떤 방향으로 등반하는 사람에게 안장점은 경로에서 가장 낮은 점인 반면에 다른 방향으로 여행하는 사람에게는 가장 높은 점이다.

끝부분에 증명된 다음의 판정법은 일변수함수에 대한 이계도함수 판정법과 유사하다.

3 이계도함수 판정법 중심 (a, b)로 하는 원판에서 f의 2계 편도함수가 연속이고 $f_x(a, b) = 0$, $f_y(a, b) = 0$ [즉, (a, b)는 f의 임계점]이라 하며

$$D = D(a, b) = f_{xx}(a, b)f_{yy}(a, b) - [f_{xy}(a, b)]^2$$

이라 하자.

(a) $D > 0$이고 $f_{xx}(a, b) > 0$이면, $f(a, b)$는 극솟값이다.

(b) $D > 0$이고 $f_{xx}(a, b) < 0$이면, $f(a, b)$는 극댓값이다.

(c) $D < 0$이면, (a, b)는 f의 안장점이다.

NOTE 1 $D = 0$이면 판정법은 어떠한 정보도 제공하지 않는다. f는 (a, b)에서 극대 또는 극소를 갖든지, 혹은 (a, b)는 f의 안장점일 수도 있다.

NOTE 2 D에 관한 공식을 잘 기억하기 위해 행렬식으로 쓰면 도움이 된다.

$$D = \begin{vmatrix} f_{xx} & f_{xy} \\ f_{yx} & f_{yy} \end{vmatrix} = f_{xx}f_{yy} - (f_{xy})^2$$

예제 3 $f(x, y) = x^4 + y^4 - 4xy + 1$의 극값과 안장점을 구하여라.

풀이 첫째로 임계점을 찾는다.

$$f_x = 4x^3 - 4y \qquad f_y = 4y^3 - 4x$$

이러한 편도함수를 똑같이 0으로 놓으면 다음 식을 얻는다.

$$x^3 - y = 0 \qquad y^3 - x = 0$$

이 식을 풀기 위해 첫째 식으로부터 $y = x^3$을 둘째 식에 대입하면

$$0 = x^9 - x = x(x^8 - 1) = x(x^4 - 1)(x^4 + 1) = x(x^2 - 1)(x^2 + 1)(x^4 + 1)$$

이 된다. 따라서 세 개의 실근 $x = 0, 1, -1$이 있다. 세 개의 임계점은 $(0, 0)$, $(1, 1)$, $(-1, -1)$이다.

다음으로 2계 편도함수와 $D(x, y)$를 계산한다.

$$f_{xx} = 12x^2 \qquad f_{xy} = -4 \qquad f_{yy} = 12y^2$$
$$D(x, y) = f_{xx}f_{yy} - (f_{xy})^2 = 144x^2y^2 - 16$$

$D(0, 0) = -16 < 0$이므로 이계도함수 판정법 (c)로부터 원점은 안장점이다. $D(1, 1) = 128 > 0$, $f_{xx}(1, 1) = 12 > 0$이므로 판정법 (a)로부터 $f(1, 1) = -1$은 극솟값이다. 이와 같이 $D(-1, -1) = 128 > 0$, $f_{xx}(-1, -1) = 12 > 0$이므로 $f(-1, -1) = -1$도 역시 극솟값이다.

f의 그래프를 그림 4에서 볼 수 있다. ■

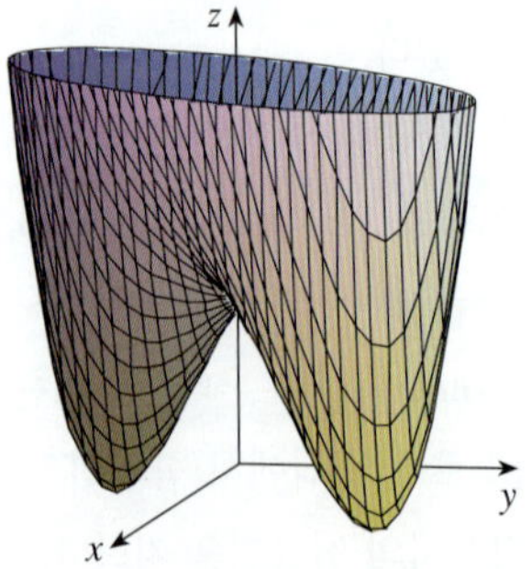

그림 4 $z = x^4 + y^4 - 4xy + 1$

예제 3의 함수 f에 대한 등고선 지도를 그림 5에서 볼 수 있다. $(1, 1)$, $(-1, -1)$의 근방에서의 등위곡선은 계란 모양이고 $(1, 1)$ 또는 $(-1, -1)$로부터 멀어지면 모든 방향에서 f의 값은 증가한다. 한편 $(0, 0)$의 근방에서의 등위곡선은 쌍곡선을 닮았다. 그들은 원점에서 멀어질 때(원점에서 함수 f의 값은 1), f의 값은 어떤 방향에서는 감소하고 어떤 방향에서는 증가함을 나타낸다. 따라서 등고선 지도는 예제 3에서 구한 최솟값과 안장점이 있음을 보여준다.

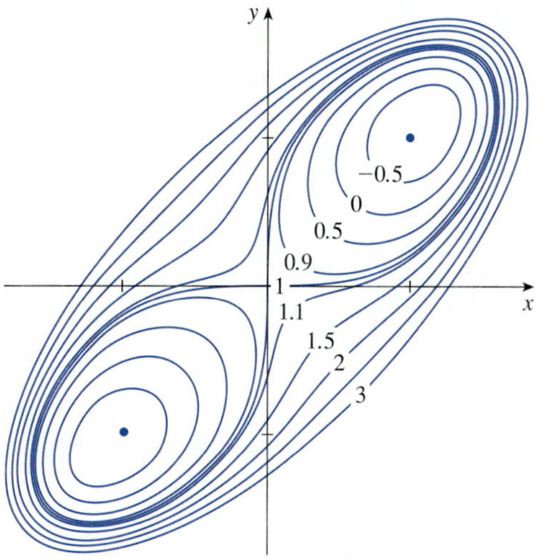

그림 5

예제 4 점 $(1, 0, -2)$와 평면 $x + 2y + z = 4$ 사이의 최단거리를 구하여라.

풀이 임의의 점 (x, y, z)에서 $(1, 0, -2)$까지의 거리는

$$d = \sqrt{(x-1)^2 + y^2 + (z+2)^2}$$

이다. 그런데 만약 (x, y, z)가 평면 $x + 2y + z = 4$ 위에 있다면, $z = 4 - x - 2y$이고 $d = \sqrt{(x-1)^2 + y^2 + (6-x-2y)^2}$을 얻는다. 더 간단한 식

$$d^2 = f(x, y) = (x-1)^2 + y^2 + (6-x-2y)^2$$

을 최소화하여 d의 최솟값을 구한다. 연립방정식

$$f_x = 2(x-1) - 2(6-x-2y) = 4x + 4y - 14 = 0$$

$$f_y = 2y - 4(6-x-2y) = 4x + 10y - 24 = 0$$

을 풀면 유일한 임계점은 $\left(\frac{11}{6}, \frac{5}{3}\right)$이다. $f_{xx} = 4$, $f_{xy} = 4$, $f_{yy} = 10$이므로

$$D(x, y) = f_{xx}f_{yy} - (f_{xy})^2 = 24 > 0\text{이고} \qquad f_{xx} > 0$$

이다. 따라서 이계도함수 판정법에 의해 f는 $\left(\frac{11}{6}, \frac{5}{3}\right)$에서 극솟값을 갖는다. 직관적으로 극솟값이 실제로 최솟값이라는 것을 알 수 있다. 왜냐하면 $(1, 0, -2)$에 가장 가까운 주어진 평면상의 한 점이 틀림없이 존재하기 때문이다. 만약 $x = \frac{11}{6}$이고 $y = \frac{5}{3}$이면

예제 4도 역시 벡터를 이용하여 풀 수 있다. 11.5절의 방법과 비교하여라.

$$d = \sqrt{(x-1)^2 + y^2 + (6-x-2y)^2} = \sqrt{\left(\tfrac{5}{6}\right)^2 + \left(\tfrac{5}{3}\right)^2 + \left(\tfrac{5}{6}\right)^2} = \tfrac{5}{6}\sqrt{6}$$

이다. 점 $(1, 0, -2)$에서 평면 $x + 2y + z = 4$까지의 최단거리는 $\frac{5}{6}\sqrt{6}$이다. ■

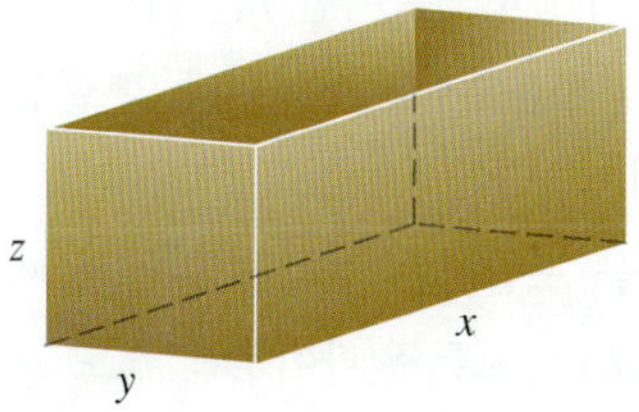

그림 6

예제 5 뚜껑이 없는 직육면체 모양의 상자를 12m^2 넓이의 판지로 만들려고 한다. 이 상자의 부피의 최댓값을 구하여라.

풀이 그림 6처럼 상자의 길이, 폭, 높이를 x, y, z라 하자(단위 m). 그러면 상자의 부피는

$$V = xyz$$

이다. 상자의 네 옆면과 바닥면의 넓이가

$$2xz + 2yz + xy = 12$$

라는 사실을 이용하여 V를 x와 y의 이변수함수로 표현할 수 있다. z에 관해 이 식을 풀면 $z = (12 - xy)/[2(x + y)]$를 얻고, V에 대한 식은

$$V = xy\frac{12 - xy}{2(x + y)} = \frac{12xy - x^2y^2}{2(x + y)}$$

이다. 편도함수를 계산하면

$$\frac{\partial V}{\partial x} = \frac{y^2(12 - 2xy - x^2)}{2(x + y)^2} \qquad \frac{\partial V}{\partial y} = \frac{x^2(12 - 2xy - y^2)}{2(x + y)^2}$$

이다. 만약 V가 최대이면 $\partial V/\partial x = \partial V/\partial y = 0$이다. 그러나 $x = 0$ 또는 $y = 0$이면 $V = 0$이므로 다음의 연립방정식을 풀어야 한다.

$$12 - 2xy - x^2 = 0 \qquad 12 - 2xy - y^2 = 0$$

이것들은 $x^2 = y^2$이고 $x = y$이다. (이 문제에서 x와 y는 모두 양수임에 주의하여라.) 두 식에 $x = y$를 대입하면 $12 - 3x^2 = 0$을 얻으며 이것은 $x = 2$, $y = 2$, $z = (12 - 2 \cdot 2)/[2(2 + 2)] = 1$을 나타낸다.

이계도함수 판정법을 이용하여 이것이 V의 극댓값을 제공하는 것을 보일 수 있고, 또는 이 문제의 물리적 본성으로부터 V의 임계점에서 생겨야만 하는 최대 부피값이 있다고 간단히 주장할 수 있다. 따라서 $x = 2$, $y = 2$, $z = 1$일 때 최대 부피값은 $V = 2 \cdot 2 \cdot 1 = 4$이다. 그러므로 상자의 최대 부피는 4m^3이다. ■

■ 최댓값과 최솟값

일변수함수와 같이 이변수함수 f의 최댓값과 최솟값은 f가 정의역에서 취하는 가장 큰 값과 가장 작은 값이다.

4 정의 (a, b)를 이변수함수 f의 정의역 D에 속하는 점이라 하자.

- D의 모든 점 (x, y)에 대해 $f(a, b) \geqslant f(x, y)$이면 $f(a, b)$는 f의 **최댓값**이다.
- D의 모든 점 (x, y)에 대해 $f(a, b) \leqslant f(x, y)$이면 $f(a, b)$는 f의 **최솟값**이다.

일변수함수에 대한 극값 정리는 만약 f가 폐구간 $[a, b]$에서 연속이면 f는 최댓값과 최솟값을 갖는다는 것이다. 4.1절의 폐구간법에 의하여 임계점에서뿐만 아니라 양 끝점 a, b에서 f의 값을 계산하여 최댓값과 최솟값을 구하였다.

이변수함수도 비슷한 방법이 있다. 폐구간이 그 끝점을 포함하는 것처럼 $\mathbb{R}^2$에서 **폐집합**(closed set)은 모든 경계점을 포함한다. [중심이 (a, b)인 모든 원판이 D의 점도 포함하고 또한 D에 속하지 않는 점도 포함할 때 점 (a, b)를 D의 경계점이라 한다.] 예를

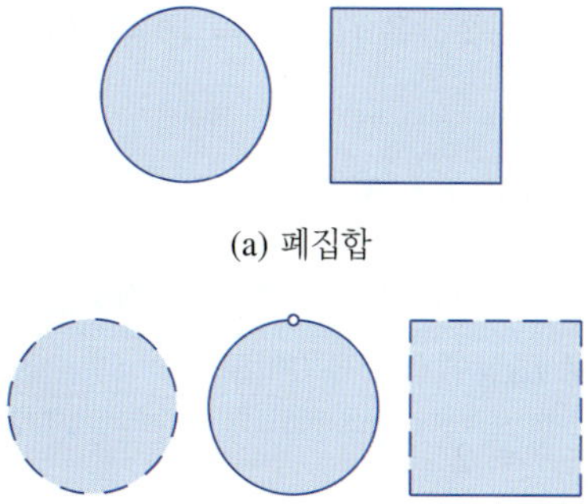

(a) 폐집합

(b) 폐집합이 아닌 집합

그림 7

들어, 원판

$$D = \{(x, y) \mid x^2 + y^2 \leqslant 1\}$$

은 원 $x^2 + y^2 = 1$ 위와 내부의 모든 점으로 구성된 폐집합이다. 왜냐하면 그것은 모든 경계점(원 $x^2 + y^2 = 1$ 위의 점)을 포함하기 때문이다. 그러나 만약 경계선의 한 점이라도 빠지면 그 집합은 폐집합이 아니다(그림 7 참조).

$\mathbb{R}^2$에서 **유계집합**(bounded set)은 어떤 원판 안에 포함되는 집합이다. 다시 말해 그것은 크기에서 유한이다. 그러면 폐집합과 유계집합의 용어를 사용하여 이차원에서 극값 정리를 다음과 같이 말할 수 있다.

> **5 이변수함수에 대한 극값 정리** $\mathbb{R}^2$상의 유계인 폐집합 D에서 f가 연속이면 f가 D 안의 어떤 점 (x_1, y_1)과 (x_2, y_2)에서 최댓값 $f(x_1, y_1)$과 최솟값 $f(x_2, y_2)$를 갖는다.

정리 5에 의해 보장된 극값을 구하기 위하여 다음을 주의하여야 한다. 정리 2에 의하여 만약 f가 (x_1, y_1)에서 극값을 가지면 (x_1, y_1)은 임계점 또는 D의 경계점이다. 따라서 다음과 같이 폐구간법이 확장된다.

> **6** 유계인 폐집합 D에서 연속함수 f의 최댓값과 최솟값을 구하기 위하여
> 1. D의 f의 임계점에서 f의 값을 구하여라.
> 2. D의 경계 위에서 f의 값을 구하여라.
> 3. 1과 2로부터 가장 큰 값은 최댓값이고, 가장 작은 값은 최솟값이다.

예제 6 사각형 $D = \{(x, y) \mid 0 \leqslant x \leqslant 3, 0 \leqslant y \leqslant 2\}$에서 함수 $f(x, y) = x^2 - 2xy + 2y$의 최댓값과 최솟값을 구하여라.

풀이 f는 다항식이므로 유계인 폐집합 D상에서 연속이다. 따라서 정리 5는 최댓값과 최솟값이 있다고 말해준다. 6의 단계 1을 따라 먼저 임계점을 찾는다. 임계점은

$$f_x = 2x - 2y = 0$$

$$f_y = -2x + 2 = 0$$

일 때 생기며, 유일한 임계점은 (1, 1)이다. 이 점은 D에 있고 f의 값은 $f(1, 1) = 1$이다.

단계 2에서 그림 8에 표시된 네 개의 선분 L_1, L_2, L_3, L_4로 구성되는 D의 경계 위에서 f의 값을 조사한다. L_1상에서 $y = 0$이고

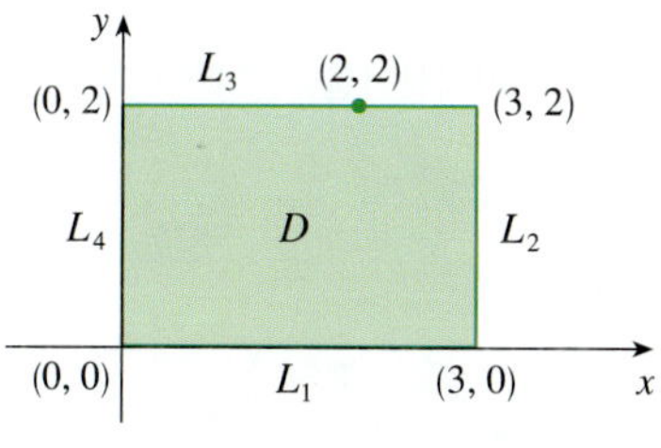

그림 8

$$f(x, 0) = x^2 \qquad 0 \leqslant x \leqslant 3$$

이다. 이것은 x의 증가함수이고, 최솟값은 $f(0, 0) = 0$, 최댓값은 $f(3, 0) = 9$이다. L_2상에서 $x = 3$이고

$$f(3, y) = 9 - 4y \qquad 0 \leqslant y \leqslant 2$$

이다. 이것은 y의 감소함수이고, 최댓값은 $f(3, 0) = 9$, 최솟값은 $f(3, 2) = 1$이다. L_3상에서 $y = 2$이고

$$f(x, 2) = x^2 - 4x + 4 \qquad 0 \leq x \leq 3$$

이다. 4장의 방법에 의해 또는 간단히 $f(x, 2) = (x - 2)^2$에 따라 이 함수의 최솟값이 $f(2, 2) = 0$, 최댓값은 $f(0, 2) = 4$임을 안다. 끝으로 L_4상에서 $x = 0$이고

$$f(0, y) = 2y \qquad 0 \leq y \leq 2$$

이고, 최댓값 $f(0, 2) = 4$, 최솟값 $f(0, 0) = 0$이다. 따라서 경계상에서 최솟값은 0이고 최댓값은 9이다.

단계 3에서 임계점에서의 값 $f(1, 1) = 1$과 이러한 값들을 비교하여 D상에서 f의 최댓값은 $f(3, 0) = 9$이고 최솟값은 $f(0, 0) = f(2, 2) = 0$이라 결론짓는다. 그림 9는 f의 그래프이다. ■

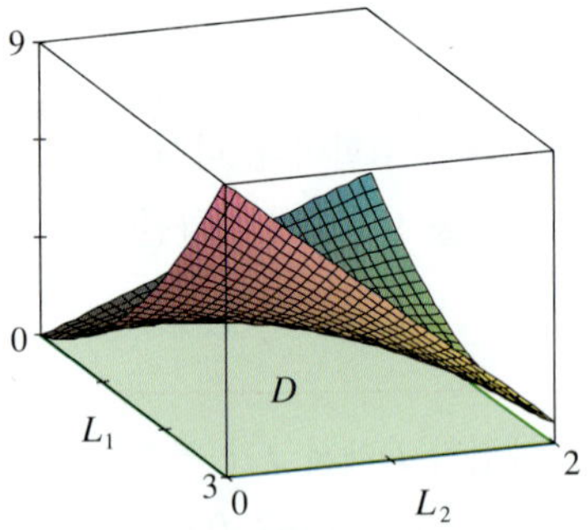

그림 9 $f(x, y) = x^2 - 2xy + 2y$

13.7 연습문제

1. (1, 1)이 연속인 이계도함수를 갖는 함수 f의 임계점이라 하자. 각 경우에 있어 f에 대해 무엇을 알 수 있는가?

(a) $f_{xx}(1, 1) = 4, \quad f_{xy}(1, 1) = 1, \quad f_{yy}(1, 1) = 2$

(b) $f_{xx}(1, 1) = 4, \quad f_{xy}(1, 1) = 3, \quad f_{yy}(1, 1) = 2$

2. 그림에 있는 등위곡선을 이용하여 $f(x, y) = 4 + x^3 + y^3 - 3xy$의 임계점의 위치와 이 점들에서 f가 안장점 또는 극댓값 또는 극솟값을 갖는지를 예측하고 이유를 설명하여라. 다음으로 이계도함수 판정법을 이용하여 이러한 예측을 확인하여라.

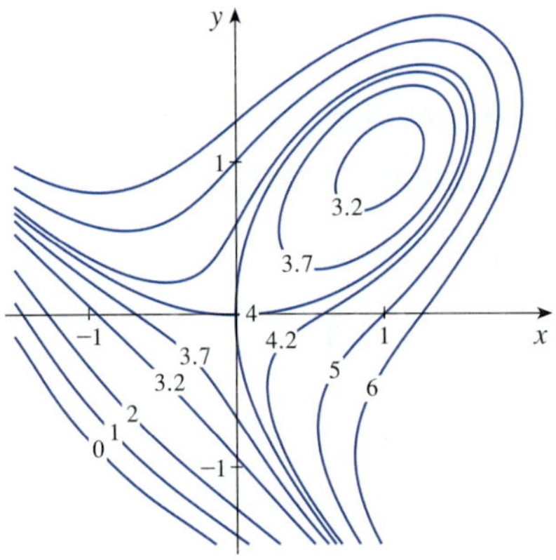

3-13 주어진 함수의 극댓값, 극솟값, 안장점을 구하여라. 만약 삼차원 그래프를 그릴 수 있는 소프트웨어가 있다면 함수의 중요한 부분이 드러날 수 있게 정의역과 방향을 정하여 함수의 그래프를 그려라.

3. $f(x, y) = x^2 + xy + y^2 + y$

4. $f(x, y) = 2x^2 - 8xy + y^4 - 4y^3$

5. $f(x, y) = (x - y)(1 - xy)$

6. $f(x, y) = y(e^x - 1)$

7. $f(x, y) = y\sqrt{x} - y^2 - 2x + 7y$

8. $f(x, y) = x^3 - 3x + 3xy^2$

9. $f(x, y) = x^4 - 2x^2 + y^3 - 3y$

10. $f(x, y) = xy - x^2y - xy^2$

11. $f(x, y) = (6x - x^2)(4y - y^2)$

12. $f(x, y) = e^x \cos y$

13. $f(x, y) = y^2 - 2y \cos x, \quad -1 \leq x \leq 7$

14. $f(x, y) = x^2 + 4y^2 - 4xy + 2$는 무한히 많은 임계점을 갖고 각 임계점에서 $D = 0$임을 보여라. 또 각 임계점에서는 극솟값(최솟값)을 갖게 됨을 보여라.

15-17 그래프나 등위곡선, 혹은 둘 다 이용하여 함수의 극댓값과 극솟값, 안장점을 추정하여라. 그리고 미적분학을 사용하여 이 값을 정확하게 찾아라.

15. $f(x, y) = x^2 + y^2 + x^{-2}y^{-2}$

16. $f(x, y) = (x - y)e^{-x^2-y^2}$

17. $f(x, y) = \sin x + \sin y + \sin(x + y)$,
$0 \leq x \leq 2\pi, \quad 0 \leq y \leq 2\pi$

T 18-20 f의 임계점을 소수 셋째 자리까지 정확하게 찾아라(예제 4 처럼). 임계점들을 분류하고 만약 있다면 가장 높거나 가장 낮은 점 들을 찾아라.

18. $f(x, y) = x^4 + y^4 - 4x^2y + 2y$

19. $f(x, y) = x^4 + y^3 - 3x^2 + y^2 + x - 2y + 1$

20. $f(x, y) = 20e^{-x^2-y^2} \sin 3x \cos 3y, \quad |x| \leq 1, |y| \leq 1$

21-25 집합 D상에서 f의 최댓값과 최솟값을 구하여라.

21. $f(x, y) = x^2 + y^2 - 2x$, D는 세 점 $(2, 0), (0, 2), (0, -2)$로 둘러싸인 삼각형 모양의 경계를 포함하는 영역이다.

22. $f(x, y) = x^2 + y^2 + x^2y + 4$,
$D = \{(x, y) \mid |x| \leq 1, |y| \leq 1\}$

23. $f(x, y) = x^2 + 2y^2 - 2x - 4y + 1$,
$D = \{(x, y) \mid 0 \leq x \leq 2, 0 \leq y \leq 3\}$

24. $f(x, y) = xy^2$, $D = \{(x, y) \mid x \geq 0, y \geq 0, x^2 + y^2 \leq 3\}$

25. $f(x, y) = 2x^3 + y^4$, $D = \{(x, y) \mid x^2 + y^2 \leq 1\}$

---

26. 일변수함수에서 연속함수가 두 개의 극댓값을 갖고 극솟값은 가지지 않는 것은 불가능하다. 그러나 이변수함수에서 그러한 함수는 존재한다. 함수

$$f(x, y) = -(x^2 - 1)^2 - (x^2y - x - 1)^2$$

이 두 개의 임계점만을 가지지만 그 임계점 둘 다 극댓값이 됨을 보여라. 컴퓨터를 이용하여 그것이 가능한지를 보여줄 수 있는 정의역과 방향을 선택하여 그래프를 그려라.

27. 점 $(2, 0, -3)$과 평면 $x + y + z = 1$ 사이의 최단거리를 구하여라.

28. 원뿔 $z^2 = x^2 + y^2$에서 점 $(4, 2, 0)$에 가장 가까운 점을 구하여라.

29. 원점에 가장 가까운 곡면 $y^2 = 9 + xz$ 위의 점을 구하여라.

30. 합이 100이고 곱이 최대가 되는 세 양수를 구하여라.

31. 반지름이 r인 구에 내접하는 가장 큰 직육면체의 부피를 구하여라.

32. 부피가 1000cm^3인 최소 겉넓이를 갖는 상자의 치수(길이, 폭, 높이)를 구하여라.

33. 좌표면을 세 면으로 하고 평면 $x + 2y + 3z = 6$에 하나의 꼭짓점을 갖는 제1팔분공간 안에서 가장 큰 직육면체 상자의 부피를 구하여라.

34. 12변의 길이의 합이 상수 c일 때 최대 부피를 갖는 상자의 치수(길이, 폭, 높이)를 구하여라.

35. 뚜껑이 없는 판지 상자의 부피를 $32{,}000\text{cm}^3$로 하기로 되어 있다. 판지의 양을 가장 적게 사용하는 치수(길이, 폭, 높이)를 구하여라.

36. 직육면체 모양의 빌딩을 열손실이 최소가 되게 디자인하려고 한다. 동쪽과 서쪽의 열손실은 하루당 10units/m^2 비율이고 북쪽과 남쪽의 열손실은 하루당 8units/m^2, 바닥의 열손실은 하루당 1unit/m^2, 지붕의 열손실은 하루당 5units/m^2 비율이다. 각 벽은 길이가 30m 이상이어야 하고 높이는 4m 이상이어야 하며 부피는 정확히 4000m^3가 되어야 한다.

(a) 벽의 길이에 대한 함수로써 열손실의 정의역을 구하고 스케치하여라.

(b) 열손실을 최소화하는 치수를 구하여라. (임계점과 정의역의 경계점 모두를 체크하여라.)

(c) 벽의 길이에 대한 제약이 없어진다면 열손실이 더 적은 건물을 설례할 수 있겠는가?

37. 직육면체 상자의 대각선의 길이가 L일 때 가능한 최대부피는 얼마인가?

38. 대립유전자 A, B, O가 혈액형의 네 가지 유형 A(AA 또는 AO), B(BB 또는 BO), O(OO), AB를 결정한다. 하디-바인 베르크 법칙에서 A, B, O일 확률이 p, q, r일 때, 두 개의 다른 대립유전자가 나타날 확률이 $P = 2pq + 2pr + 2rq$라고 한다. $p + q + r = 1$일 때 P가 기껏해야 $\frac{2}{3}$임을 보여라.

발견프로젝트 | 2차근사식과 임계점

10장에서 논의한 일변수함수의 테일러 다항식의 근사식을 두 개 혹은 더 많은 개수의 변수의 함수로 확장할 수 있다. 이변수함수의 2차근사식을 조사하고 그것을 이용하여 임계점을 분류함으로써 이계도함수 판정법에 대한 이해를 도우려고 한다.

점 (a, b)에서 이변수함수 f의 선형화를 13.4절에서

$$L(x, y) = f(a, b) + f_x(a, b)(x - a) + f_y(a, b)(y - b)$$

라고 했다. L의 그래프는 $(a, b, f(a, b))$에서 곡면 $z = f(x, y)$의 접평면이고 선형근사는 $f(x, y) \approx L(x, y)$임을 상기하여라. 선형화 L을 또한 점 (a, b)에서 함수 f의 **1차 테일러 다항식**이라고 부른다.

1. f가 (a, b)에서 연속인 2계 편도함수라면 (a, b)에서 f의 **2차 테일러 다항식**은

$$Q(x, y) = f(a, b) + f_x(a, b)(x - a) + f_y(a, b)(y - b) + \tfrac{1}{2}f_{xx}(a, b)(x - a)^2 + f_{xy}(a, b)(x - a)(y - b) + \tfrac{1}{2}f_{yy}(a, b)(y - b)^2$$

이고 근사 $f(x, y) \approx Q(x, y)$를 (a, b)에서 f의 **2차근사식**이라고 부른다. Q가 (a, b)에서 f의 같은 1계와 2계 편도함수를 가지는 것을 증명하여라.

2. (a) $(0, 0)$에서 $f(x, y) = e^{-x^2-y^2}$의 1차와 2차 테일러 다항식 L과 Q를 구하여라.
(b) f, L, Q의 그래프를 그리고 L과 Q가 얼마나 f에 잘 근사하는지 설명하여라.

3. (a) $(1, 0)$에서 $f(x, y) = xe^y$의 1차와 2차 테일러 다항식 L과 Q를 구하여라.
(b) $(0.9, 0.1)$에서 L과 Q, f의 값을 비교하여라.
(c) f, L, Q의 그래프를 그리고 L과 Q가 얼마나 f에 잘 근사하는지 설명하여라.

4. 2계도함수 판정법을 사용하지 않고 그래프를 포물면으로 정의함으로써 다항식 $f(x, y) = ax^2 + bxy + cy^2$의 행동을 분석한다.
(a) 완전제곱으로 만들기를 함으로써 $a \neq 0$이면

$$f(x, y) = ax^2 + bxy + cy^2 = a\left[\left(x + \frac{b}{2a}y\right)^2 + \left(\frac{4ac - b^2}{4a^2}\right)y^2\right]$$

임을 보여라.
(b) $D = 4ac - b^2$일 때 $D > 0$, $a > 0$이면 f가 $(0, 0)$에서 극솟값을 가짐을 보여라.
(c) $D > 0$, $a < 0$이면 f가 $(0, 0)$에서 극댓값을 가짐을 보여라.
(d) $D < 0$이면 f가 $(0, 0)$에서 안장점을 가짐을 보여라.

5. (a) f가 연속이고 2계 편도함수를 가지며 $f(0, 0) = 0$이고 $(0, 0)$에서 임계점을 가진다. $(0, 0)$에서 f의 2차 테일러 다항식 Q를 식으로 나타내어라.
(b) 문제 4에서부터 Q에 대한 어떤 결론을 낼 수 있겠는가?
(c) 2차근사식 $f(x, y) \approx Q(x, y)$의 시각에서 볼 때 (b)에서 제안하는 것이 f에 대한 무엇인가?

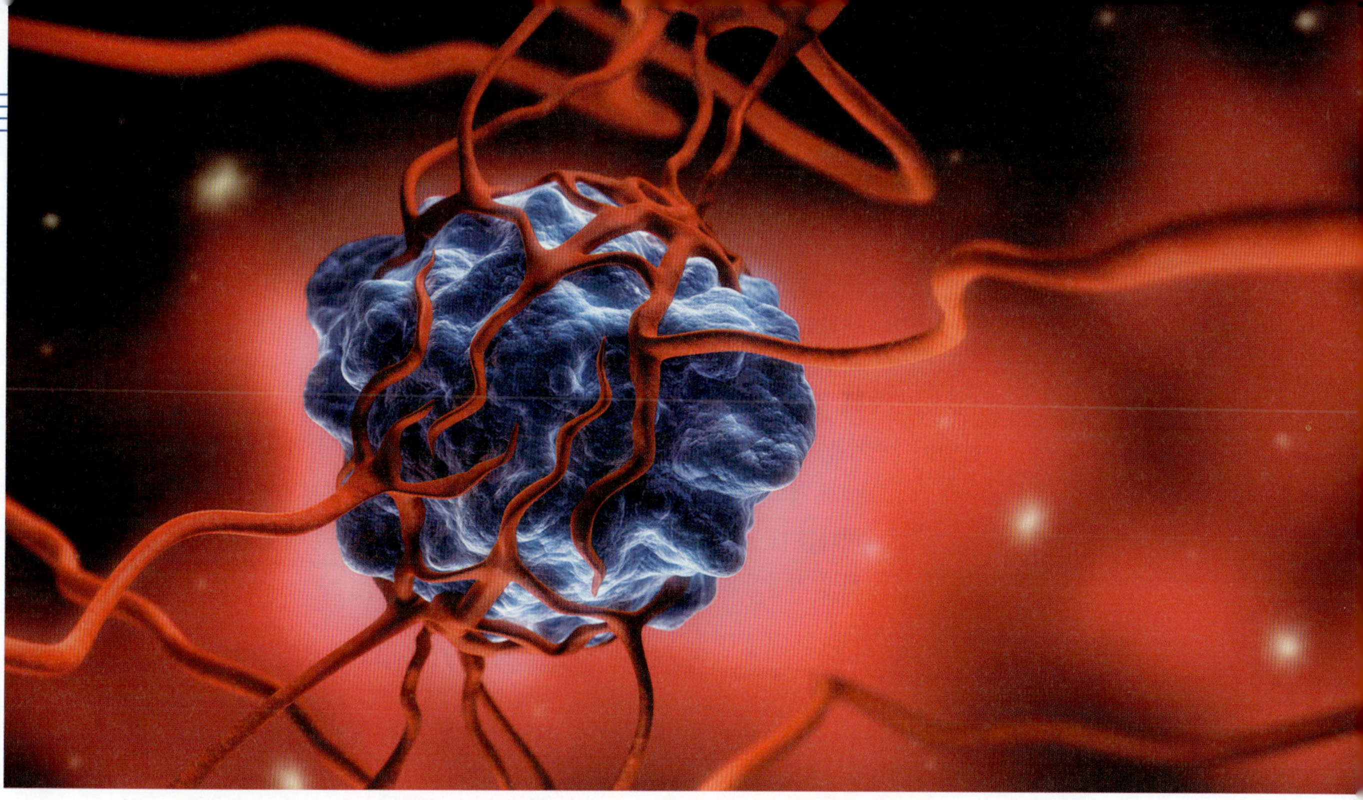

그림과 같은 종양덩어리는 '울퉁불퉁한 구'로 모델화된다. 14.7절의 연습문제 30에서 이와 같은 곡면으로 둘러싸인 입체의 부피를 구한다.

peterschreiber.media/Shutterstock.com

14 다중적분
Multiple Integrals

이 장에서는 정적분의 개념을 이변수 또는 삼변수함수의 이중적분, 삼중적분으로 확장한다. 이것은 6장과 8장에 다루었던 것보다 더 일반적인 영역의 부피, 질량, 무게중심을 계산하는 데 이용된다. 또한 두 확률 변수가 포함된 경우의 확률을 계산하는 데 이중적분을 이용한다.

어떤 영역의 이중적분의 계산은 극좌표계를 이용하면 유용하다. 유사하게 삼차원 공간에서 두 새로운 좌표계, 즉 원기둥좌표(또는 원주좌표)와 구면좌표를 소개한다. 이 원기둥좌표와 구면좌표를 이용하면 어떤 입체 영역의 공통부분에서 삼중적분을 더 쉽게 계산할 수 있다.

14.1 직사각형 위에서 이중적분

넓이 문제를 해결하기 위해 정적분을 정의한 것과 똑같은 방법으로, 이제 입체의 부피를 구하고, 이러한 과정에서 자연스럽게 이중적분의 정의가 필요하게 된다.

■ 정적분의 복습

우선 일변수함수의 정적분에 관한 기본적인 내용을 상기하자. 함수 $f(x)$가 $a \leq x \leq b$에서 정의되었을 때 구간 $[a, b]$를 n개의 폭이 같은 부분 구간으로 나눈다. 이런 구간 중 하나를 $[x_{i-1}, x_i]$라 하면 $\Delta x = (b - a)/n$이다. 임의의 점 x_i^*를 구간 $[x_{i-1}, x_i]$에서 선택하고 리만합을 구한다.

1 $$\sum_{i=1}^{n} f(x_i^*)\,\Delta x$$

$n \to \infty$일 때 리만합의 극한을 취하여 함수 f의 a에서 b까지의 정적분

2 $$\int_a^b f(x)\,dx = \lim_{n\to\infty} \sum_{i=1}^{n} f(x_i^*)\,\Delta x$$

를 얻는다. 특히 $f(x) \geq 0$인 경우에 리만합은 그림 1에 근사적인 직사각형의 넓이들의 합으로 설명할 수 있으며, $\int_a^b f(x)\,dx$는 a에서 b까지의 곡선 $y = f(x)$ 아래의 넓이를 나타낸다.

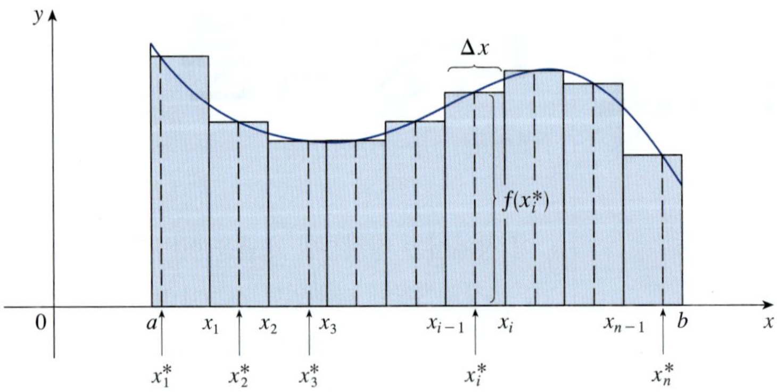

그림 1

■ 부피와 이중적분

다음의 폐직사각형에서 정의된 이변수함수를 생각한다.

$$R = [a, b] \times [c, d] = \{(x, y) \in \mathbb{R}^2 \mid a \leq x \leq b,\ c \leq y \leq d\}$$

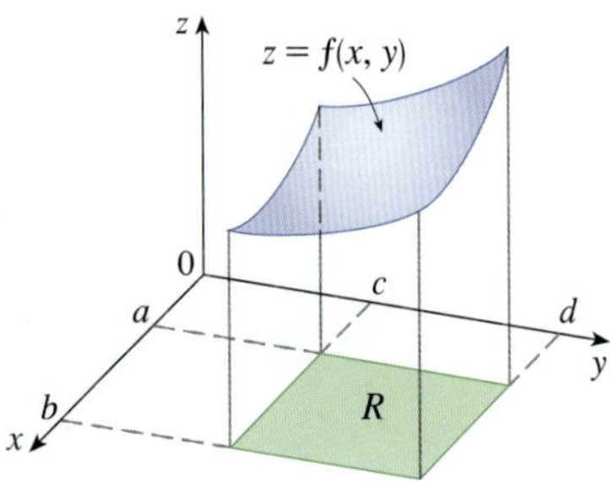

그림 2

먼저 $f(x, y) \geq 0$이라 가정한다. f의 그래프는 방정식 $z = f(x, y)$의 곡면이다. S를 R 위에 있고 f의 그래프 아래에 놓인 입체라 하자. 즉,

$$S = \{(x, y, z) \in \mathbb{R}^3 \mid 0 \leq z \leq f(x, y),\ (x, y) \in R\}$$

이다(그림 2 참조). S의 부피를 구하는 것이 목표다.

첫 번째 단계는 직사각형 R을 부분 직사각형들로 나누는 것이다. 구간 $[a, b]$를 같은

폭 $\Delta x = (b - a)/m$의 m개의 부분 구간 $[x_{i-1}, x_i]$로 나누고 구간 $[c, d]$를 같은 폭 $\Delta y = (d - c)/n$의 n개의 부분 구간 $[y_{j-1}, y_j]$로 나누면서 R을 부분 직사각형으로 나눈다. 그림 3에서와 같이 이들 부분 구간의 끝점을 지나는 좌표축과 평행한 선을 그려 각각의 넓이가 $\Delta A = \Delta x \Delta y$인 부분 직사각형을 만든다.

$$R_{ij} = [x_{i-1}, x_i] \times [y_{j-1}, y_j] = \{(x, y) \mid x_{i-1} \leq x \leq x_i,\ y_{j-1} \leq y \leq y_j\}$$

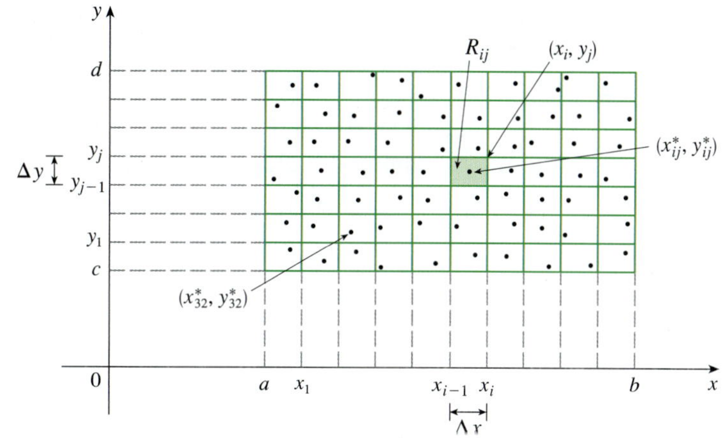

그림 3
R을 부분 직사각형으로 분할한다.

만약 각 R_{ij}에서 하나의 **표본점**(sample point) (x_{ij}^*, y_{ij}^*)를 택하면 각 R_{ij} 위에 놓인 S의 성분들은 그림 4와 같이 밑변이 R_{ij}이고 높이가 $f(x_{ij}^*, y_{ij}^*)$인 얇은 직육면체 상자(또는 '기둥')로 근사될 수 있다. 이 상자의 부피는 밑변 사각형의 넓이에 상자의 높이를 곱한 것이다.

$$f(x_{ij}^*, y_{ij}^*)\, \Delta A$$

만약 모든 R_{ij}에 대해 이러한 절차를 반복하고 대응되는 직육면체 상자의 부피들을 더하면 S의 부피 V에 근사된다(그림 5 참조).

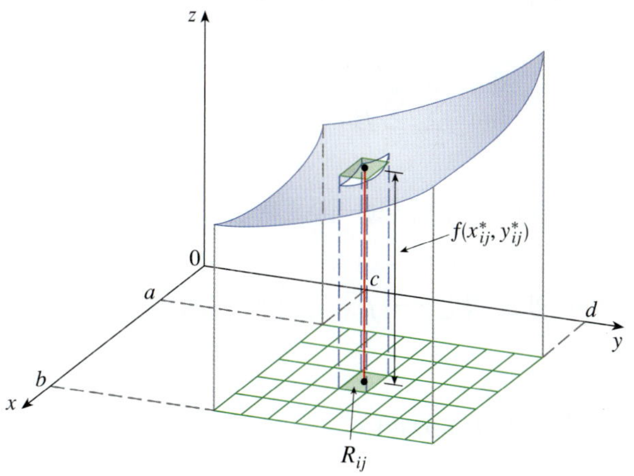

그림 4

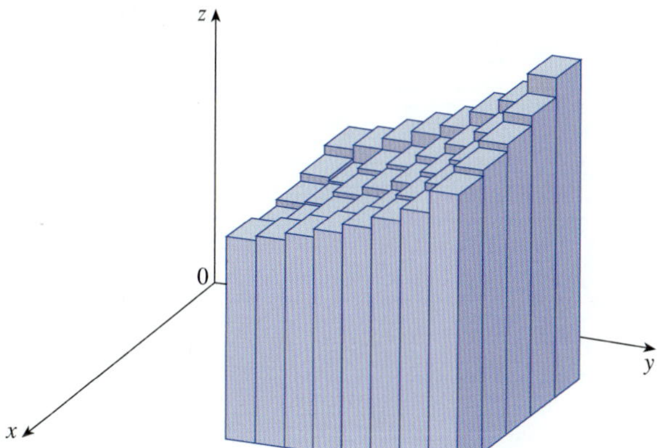

그림 5

3

$$V \approx \sum_{i=1}^{m} \sum_{j=1}^{n} f(x_{ij}^*, y_{ij}^*) \,\Delta A$$

이 이중합은 각 부분 직사각형에 대해 선택한 점에서 f의 값을 계산하고 부분 직사각형의 넓이를 곱하여 더한다는 것을 뜻한다.

직관적으로 **3**에 주어진 근사는 m과 n이 더 커질수록 더욱더 좋게 된다. 그래서 다음 식을 얻을 수 있다.

식 **4**에서 이중극한의 의미는 [(x_{ij}^*, y_{ij}^*)를 어떻게 선택하든] m과 n을 충분히 크게 잡으면 부피 V에 원하는 만큼 가깝게 이중합을 만들 수 있다는 것이다.

4

$$V = \lim_{m,\,n \to \infty} \sum_{i=1}^{m} \sum_{j=1}^{n} f(x_{ij}^*, y_{ij}^*) \,\Delta A$$

식 **4**를 이용하여, 직사각형 R 위에 있고 f의 그래프 아래에 놓인 입체 S의 부피를 정의한다(이 정의는 6.2절에서의 부피에 대한 공식과 일치함을 알 수 있다).

식 **4**에 나타난 극한의 형태는 부피를 구하는 데뿐만 아니라, 비록 f가 양의 함수가 아니더라도 다양한 상황에서도 자주 생긴다. 그래서 다음과 같이 정의한다.

정의 **5**와 일변수함수 식 **2**가 유사함에 주목하여라.

5 정의 직사각형 R 위의 f에 대한 **이중적분**(double integral)은 다음 식의 극한이 존재하는 경우이다.

$$\iint_R f(x, y)\, dA = \lim_{m,\,n \to \infty} \sum_{i=1}^{m} \sum_{j=1}^{n} f(x_{ij}^*, y_{ij}^*) \,\Delta A$$

이중적분을 정의하는 데 있어 R을 동일한 크기의 부분 직사각형으로 분할하였지만, 동일하지 않은 크기의 부분 직사각형 R_{ij}를 사용하기도 했다. 하지만 이런 경우에는 반드시 R_{ij}의 변의 길이들이 0에 접근함을 확인해야 한다.

정의 **5**의 극한이 존재하면 f를 **적분가능**(integrable)이라고 한다. 모든 연속함수 f는 적분가능하다. 사실 f가 불연속함수일지라도 충분히 좋은 함수이면 정의 **5**의 극한이 존재함을 증명할 수 있다. 특별히, f가 유계[즉, 모든 $(x, y) \in R$에 대하여 $|f(x, y)| \le M$인 상수 M이 존재한다]이고, f가 매끄러운 곡선의 유한개 점을 제외하고 연속이면 f는 R 위에서 적분가능이다.

표본점 (x_{ij}^*, y_{ij}^*)은 부분 직사각형 R_{ij}에서 임의로 선택될 수 있다. 그러나 만약 R_{ij}의 위쪽 오른편 구석점으로 선택한다면[다시 말해 그림 3에서 (x_i, y_j)], 이중적분에 대한 식은 다음과 같이 더 간단히 표현된다.

6

$$\iint_R f(x, y)\, dA = \lim_{m,\,n \to \infty} \sum_{i=1}^{m} \sum_{j=1}^{n} f(x_i, y_j) \,\Delta A$$

정의 **4**와 **5**를 비교하여, 부피를 다음과 같이 이중적분으로 쓸 수 있다.

$f(x, y) \geq 0$이면 직사각형 R 위에 있고, 곡면 $z = f(x, y)$ 아래에 놓인 입체의 부피 V는 다음과 같다.

$$V = \iint_R f(x, y)\, dA$$

정의 **5**에서 합

$$\sum_{i=1}^{m}\sum_{j=1}^{n} f(x_{ij}^*, y_{ij}^*)\,\Delta A$$

를 **이중리만합**(double Riemann sum)이라 부르고 이중적분의 값에 대한 근사로 사용한다. (일변수의 함수에 대한 [1]의 리만합과 얼마나 유사한지 주목하여라.) 만약 f가 양의 함수이면, 이중리만합은 그림 5와 같이 기둥들의 부피의 합을 나타내며, f의 그래프 아래의 부피에 대한 하나의 근사이다.

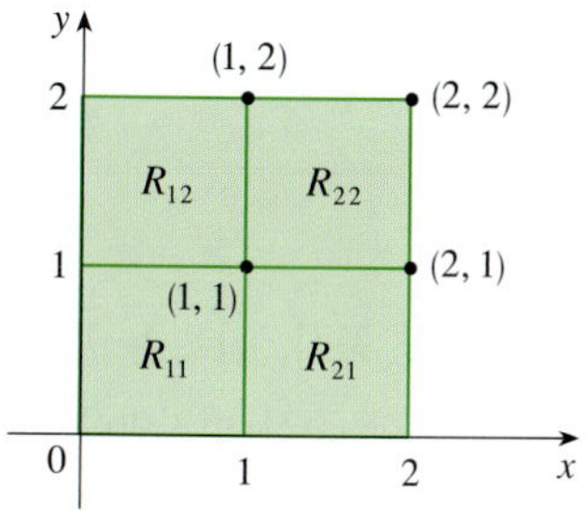

그림 6

예제 1 타원포물면 $z = 16 - x^2 - 2y^2$ 아래에 있고, 정사각형 $R = [0, 2] \times [0, 2]$ 위에 놓인 입체의 부피를 추정하여라. R을 네 개의 정사각형으로 분할하고 각 정사각형 R_{ij}의 위쪽 오른편 구석점을 표본점으로 택하여라. 입체와 근사 직사각형 상자들을 그려라.

풀이 정사각형들은 그림 6을 보아라. 포물면은 $f(x, y) = 16 - x^2 - 2y^2$의 그래프이고, 각 정사각형의 넓이 ΔA는 1이다. $m = n = 2$일 때 리만합으로 부피를 근사시키면

$$\begin{aligned}V &\approx \sum_{i=1}^{2}\sum_{j=1}^{2} f(x_i, y_j)\,\Delta A\\ &= f(1, 1)\,\Delta A + f(1, 2)\,\Delta A + f(2, 1)\,\Delta A + f(2, 2)\,\Delta A\\ &= 13(1) + 7(1) + 10(1) + 4(1) = 34\end{aligned}$$

이다. 이것은 그림 7에 표시된 근사 직사각형 상자의 부피이다. ■

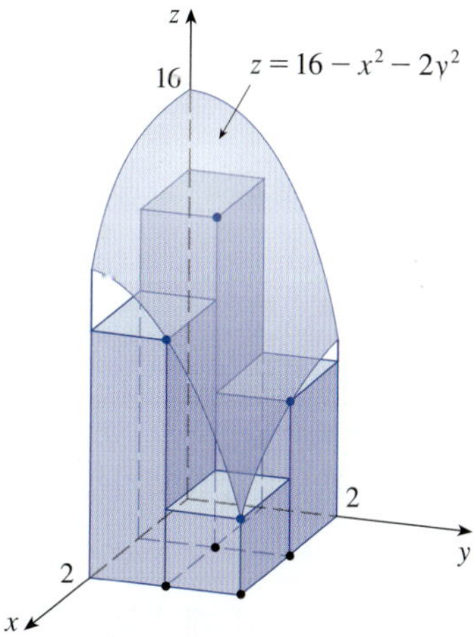

그림 7

만약 정사각형의 수를 늘리면, 예제 1의 부피에 대한 더 좋은 근사를 얻는다. 그림 8은 기둥들이 더욱더 실제 입체인 것 같이 보이도록 어떻게 움직이는가를 보여준다. 16, 64, 256개의 정사각형을 사용할 때 대응하는 근사는 더욱더 정확해진다. 예제 7에서 실제 부피가 48임을 보일 수 있다.

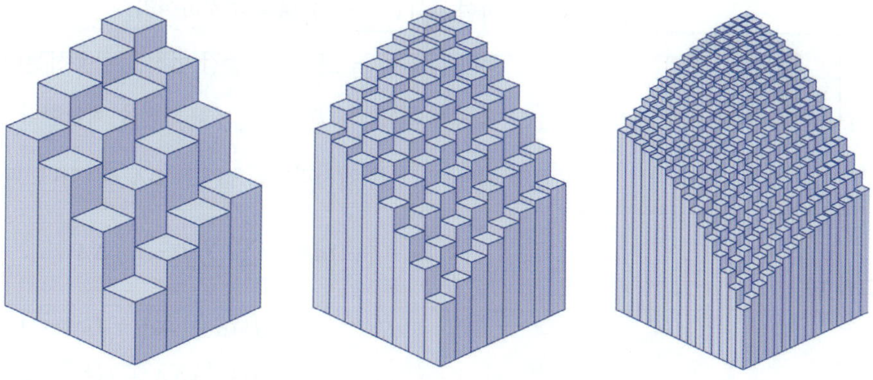

(a) $m = n = 4$, $V \approx 41.5$ (b) $m = n = 8$, $V \approx 44.875$ (c) $m = n = 16$, $V \approx 46.46875$

그림 8
$z = 16 - x^2 - 2y^2$ 아래의 부피에 대한 리만합 근사는 m과 n이 증가할 때 더욱더 정확해진다.

예제 2 $R = \{(x, y) \mid -1 \leq x \leq 1, -2 \leq y \leq 2\}$일 때 다음 적분을 구하여라.

$$\iint_R \sqrt{1 - x^2}\, dA$$

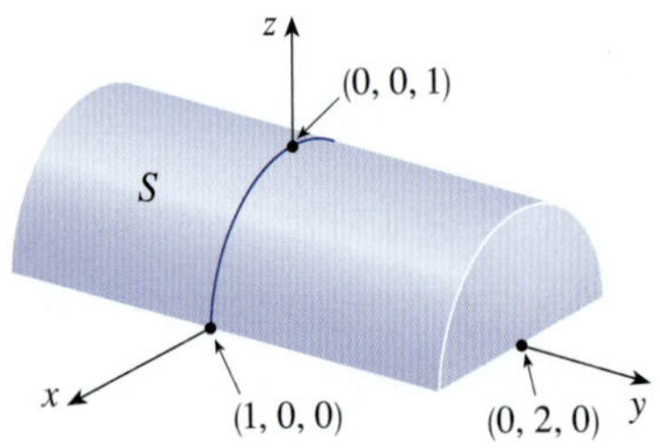

그림 9

풀이 정의 5를 이용하여 직접 적분값을 구하기는 어렵다. 그러나 $\sqrt{1-x^2} \geqslant 0$이기 때문에 적분을 입체의 부피로 해석하여 구할 수 있다. $z = \sqrt{1-x^2}$이라 놓으면 $x^2 + z^2 = 1$이고 $z \geqslant 0$이므로 주어진 이중적분은 원기둥 $x^2 + z^2 = 1$과 직사각형 R로 둘러싸인 입체의 부피를 나타낸다(그림 9 참조). S의 부피는 반지름 1이고 높이가 4인 원기둥의 부피를 구하여 반으로 나누면,

$$\iint_R \sqrt{1-x^2}\, dA = \tfrac{1}{2}\pi(1)^2 \times 4 = 2\pi$$

이다. ■

■ 중점 법칙

단일적분을 근사시키는 데 사용했던 방법들(중점 법칙, 사다리꼴 공식, 심프슨 공식)은 모두 이중적분에서도 유사하다. 여기서는 오직 이중적분에 대한 중점 법칙만을 생각해보자. 이것은 이중적분에 근사시키기 위해 R_{ij}에서 표본점 (x_{ij}^*, y_{ij}^*)으로 R_{ij}의 중심 $(\bar{x}_i, \bar{y}_j)$가 선택된 이중리만합을 사용한다는 것이다. 다시 말해, $\bar{x}_i$는 $[x_{i-1}, x_i]$의 중점이고 $\bar{y}_j$는 $[y_{j-1}, y_j]$의 중점이다.

이중적분에 대한 중점 법칙

$$\iint_R f(x, y)\, dA \approx \sum_{i=1}^{m} \sum_{j=1}^{n} f(\bar{x}_i, \bar{y}_j)\, \Delta A$$

단, $\bar{x}_i$는 $[x_{i-1}, x_i]$의 중점이고 $\bar{y}_j$는 $[y_{j-1}, y_j]$의 중점이다.

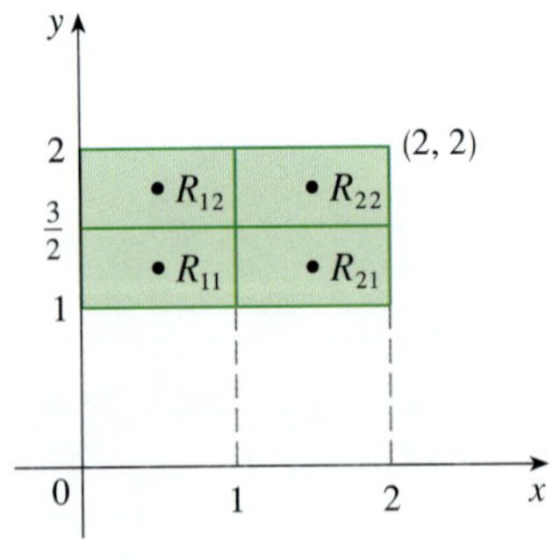

그림 10

예제 3 $R = \{(x, y) \mid 0 \leqslant x \leqslant 2,\ 1 \leqslant y \leqslant 2\}$이고 $m = n = 2$일 때 중점 법칙을 이용하여 $\iint_R (x - 3y^2)\, dA$를 추정하여라.

풀이 $m = n = 2$를 갖고 중점 법칙을 사용하는데, 그림 10에서 보인 네 개의 부분 직사각형의 중심에서 $f(x, y) = x - 3y^2$을 계산한다. 그래서 $\bar{x}_1 = \frac{1}{2}$, $\bar{x}_2 = \frac{3}{2}$, $\bar{y}_1 = \frac{5}{4}$, $\bar{y}_2 = \frac{7}{4}$이다. 각 부분 직사각형의 넓이는 $\Delta A = \frac{1}{2}$이다. 따라서

$$\begin{aligned}
\iint_R (x - 3y^2)\, dA &\approx \sum_{i=1}^{2} \sum_{j=1}^{2} f(\bar{x}_i, \bar{y}_j)\, \Delta A \\
&= f(\bar{x}_1, \bar{y}_1)\, \Delta A + f(\bar{x}_1, \bar{y}_2)\, \Delta A + f(\bar{x}_2, \bar{y}_1)\, \Delta A + f(\bar{x}_2, \bar{y}_2)\, \Delta A \\
&= f\left(\tfrac{1}{2}, \tfrac{5}{4}\right) \Delta A + f\left(\tfrac{1}{2}, \tfrac{7}{4}\right) \Delta A + f\left(\tfrac{3}{2}, \tfrac{5}{4}\right) \Delta A + f\left(\tfrac{3}{2}, \tfrac{7}{4}\right) \Delta A \\
&= \left(-\tfrac{67}{16}\right)\tfrac{1}{2} + \left(-\tfrac{139}{16}\right)\tfrac{1}{2} + \left(-\tfrac{51}{16}\right)\tfrac{1}{2} + \left(-\tfrac{123}{16}\right)\tfrac{1}{2} \\
&= -\tfrac{95}{8} = -11.875
\end{aligned}$$

그러므로 다음을 얻는다.

$$\iint_R (x - 3y^2)\, dA \approx -11.875$$

■

사각형 수	중점 법칙 근삿값
1	−11.5000
4	−11.8750
16	−11.9687
64	−11.9922
256	−11.9980
1024	−11.9995

NOTE 예제 5에서 이중적분을 계산하는 효과적인 방법을 학습하는데, 이로부터 예제 3의 정확한 값이 -12임을 알게 된다(이중적분을 입체의 부피로 해석하는 것은 함수 f가 양수값 함수일 때만 가능하다. 예제 3에서 함수 f는 양수 함수가 아니므로 적분값은 부피가 아니다. 예제 5와 6에서는 양수 함수가 아닌 함수의 적분을 부피를 이용해서 해석하는 방법을 논의할 것이다). 그림 10의 각 부분 사각형을 더 잘게 나누고 중점 법칙을 이용해서 구한 근삿값이 옆의 표에 나타나 있다. 사각형을 잘게 나눌수록 근삿값이 정확한 값 -12로 수렴함을 알 수 있다.

■ 반복적분

적분의 정의로부터 직접적으로 단일적분을 계산하는 것은 어렵지만 미분적분학의 기본 정리를 이용하면 훨씬 쉽게 풀 수 있다. 이 절에서는 이중적분을 반복적분으로 표현하는 법과 두 개의 단일적분을 계산함으로써 이중적분을 계산한다.

f가 직사각형 $R = [a, b] \times [c, d]$상에서 적분가능한 이변수함수라 하자. x를 고정하고 $f(x, y)$를 $y = c$에서 $y = d$까지 y에 관하여 적분하는 것을 의미하는 기호로 $\int_c^d f(x, y)\,dy$를 사용한다. 이 절차는 y에 **관한 편적분**이라 불린다(편미분과 유사함에 주목하여라). 이제 $\int_c^d f(x, y)\,dy$는 x의 값에 의존하는 수이므로 x의 함수로 정의할 수 있다.

$$A(x) = \int_c^d f(x, y)\,dy$$

함수 A를 $x = a$에서 $x = b$까지 x에 관하여 적분을 하면,

7 $$\int_a^b A(x)\,dx = \int_a^b \left[\int_c^d f(x, y)\,dy \right] dx$$

식 **7**의 우변의 적분을 **반복적분**(iterated integral)이라 부른다. 흔히 괄호 [ ]를 생략하여

8 $$\int_a^b \int_c^d f(x, y)\,dy\,dx = \int_a^b \left[\int_c^d f(x, y)\,dy \right] dx$$

로 쓴다. 이것은 먼저 c에서 d까지 y에 관하여 적분한 다음에 a에서 b까지 x에 관하여 적분하는 것을 의미한다.

비슷하게, 반복적분

9 $$\int_c^d \int_a^b f(x, y)\,dx\,dy = \int_c^d \left[\int_a^b f(x, y)\,dx \right] dy$$

는 먼저 $x = a$에서 $x = b$까지 (y를 고정하고) x에 관하여 적분한 다음에 그 결과인 y의 함수를 $y = c$에서 $y = d$까지 y에 관하여 적분하는 것을 의미한다. 두 식 **8**과 **9**에서 안에 있는 적분을 먼저 한 다음 밖에 있는 적분을 한다는 것에 주의하여라.

예제 4 반복적분을 계산하여라.

(a) $\displaystyle\int_0^3 \int_1^2 x^2 y\,dy\,dx$ (b) $\displaystyle\int_1^2 \int_0^3 x^2 y\,dx\,dy$

풀이 (a) x를 상수로 간주하여 계산하면 다음과 같다.

$$\int_1^2 x^2 y\, dy = \left[x^2 \frac{y^2}{2} \right]_{y=1}^{y=2} = x^2\left(\frac{2^2}{2}\right) - x^2\left(\frac{1^2}{2}\right) = \tfrac{3}{2}x^2$$

따라서 앞에서 논의한 함수 A는 이 예제에서는 $A(x) = \frac{3}{2}x^2$이다. 이제 x의 함수 $A(x)$를 0에서 3까지 적분하면 다음과 같다.

$$\int_0^3 \int_1^2 x^2 y\, dy\, dx = \int_0^3 \left[\int_1^2 x^2 y\, dy \right] dx = \int_0^3 \tfrac{3}{2}x^2\, dx = \frac{x^3}{2}\bigg]_0^3 = \frac{27}{2}$$

(b) 여기서는 먼저 x에 관하여 적분한다.

$$\int_1^2 \int_0^3 x^2 y\, dx\, dy = \int_1^2 \left[\int_0^3 x^2 y\, dx \right] dy = \int_1^2 \left[\frac{x^3}{3} y \right]_{x=0}^{x=3} dy$$

$$= \int_1^2 9y\, dy = 9\,\frac{y^2}{2}\bigg]_1^2 = \frac{27}{2}$$

■

예제 4에서 x 또는 y 중 어느 것을 먼저 적분해도 같은 답을 얻게 된다. 일반적으로 식 **8** 과 **9** 에서의 두 반복적분은 항상 같다는 것이 밝혀져 있다(정리 **10** 참조). 즉, 적분의 순서는 아무 상관이 없다(이것은 혼합된 편도함수의 등식에 대한 클레로 정리와 비슷하다).

다음 정리는 이중적분을 (양쪽 순서의) 반복적분으로 표현함으로써 이중적분을 계산하기 위한 실질적인 방법을 제공한다.

정리 **10**은 이탈리아 수학자 푸비니(Guido Fubini, 1879~1943)의 이름을 따서 명명되었다. 그는 1907년에 이 정리의 가장 일반적인 경우를 증명하였다. 그러나 연속함수의 경우는 거의 백 년 전에 프랑스 수학자 코시에 의해 알려졌다.

10 푸비니 정리(Fubini's Theorem) f가 직사각형 $R = \{(x, y) \mid a \le x \le b,\ c \le y \le d\}$상에서 연속이면 다음 식이 성립한다.

$$\iint_R f(x, y)\, dA = \int_a^b \int_c^d f(x, y)\, dy\, dx = \int_c^d \int_a^b f(x, y)\, dx\, dy$$

더 일반적으로 만약 f가 R상에서 유계이고, f가 오직 유한개의 매끄러운 곡선상에서 불연속이며, 반복적분이 존재한다면 이 식이 성립한다.

푸비니 정리에 대한 증명을 소개하기에는 너무 어렵지만 $f(x, y) \ge 0$인 경우에 왜 이 정리가 참인가를 적어도 직관적으로 설명할 수는 있다. 만약 f가 양이면 이중적분 $\iint_R f(x, y)\, dA$는 R 위에 놓이고 곡면 $z = f(x, y)$ 아래에 놓인 입체 S의 부피 V로 해석할 수 있다. 그러나 6.2절에 부피에 대한 또 다른 공식이 있다. 다시 말해

$$V = \int_a^b A(x)\, dx$$

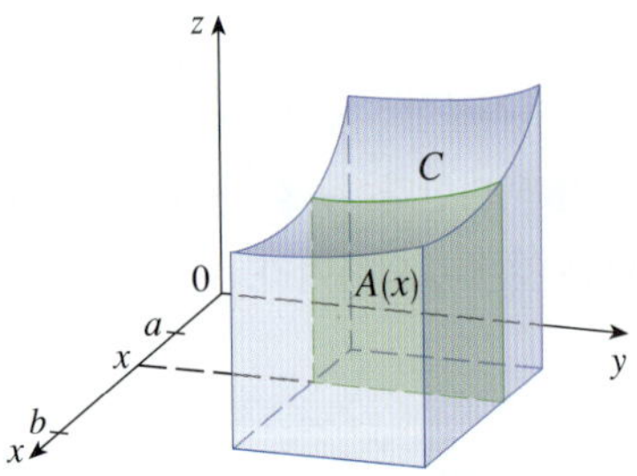

그림 11

단 $A(x)$는 x축과 수직으로 x를 지나는 평면과 S의 절단면의 넓이이다. 그림 11로부터 $A(x)$는 x가 상수이고 $c \le y \le d$일 때 방정식이 $z = f(x, y)$인 곡선 C 아래의 넓이이다. 그러므로

$$A(x) = \int_c^d f(x, y)\, dy$$

이고, 다음을 얻는다.

$$\iint_R f(x, y)\, dA = V = \int_a^b A(x)\, dx = \int_a^b \int_c^d f(x, y)\, dy\, dx$$

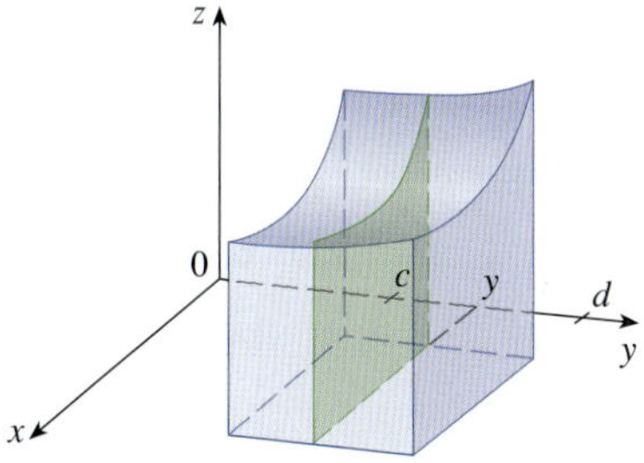

그림 12

비슷한 방법으로 그림 12에서와 같이 y축에 수직인 절단면을 이용하여

$$\iint_R f(x, y)\, dA = \int_c^d \int_a^b f(x, y)\, dx\, dy$$

임을 보일 수 있다.

예제 5에서 음수가 답인 것에 주의하여라. 이상한 점은 없다. 예제의 함수 f는 양의 함수가 아니다. 그래서 그 적분은 부피를 나타내지 않는다. 그림 13으로부터 f가 R상에서 항상 음인 것을 알 수 있다. 그래서 적분값은 f의 그래프 위와 R 아래에 놓인 부피의 음수이다.

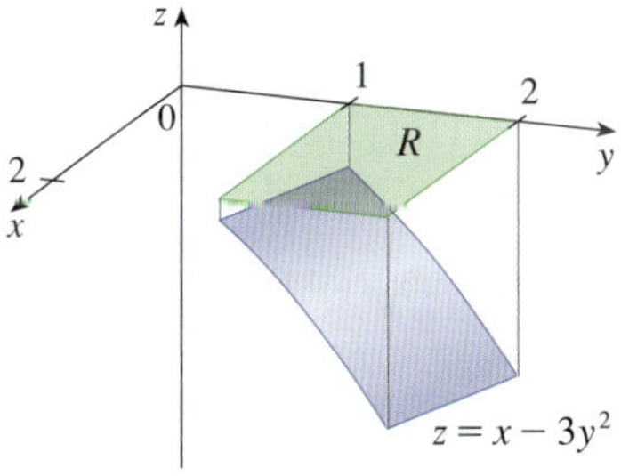

그림 13

예제 5 $R = \{(x, y) \mid 0 \leq x \leq 2,\ 1 \leq y \leq 2\}$일 때 이중적분 $\iint_R (x - 3y^2)\, dA$를 계산하여라. (예제 3과 비교하여라.)

풀이 1 푸비니 정리에 의해 다음과 같다.

$$\iint_R (x - 3y^2)\, dA = \int_0^2 \int_1^2 (x - 3y^2)\, dy\, dx = \int_0^2 \Big[xy - y^3\Big]_{y=1}^{y=2} dx$$

$$= \int_0^2 (x - 7)\, dx = \frac{x^2}{2} - 7x \Big]_0^2 = -12$$

풀이 2 다시 푸비니 정리를 적용한다. 그러나 이번에는 먼저 x에 관하여 적분하면 다음을 얻는다.

$$\iint_R (x - 3y^2)\, dA = \int_1^2 \int_0^2 (x - 3y^2)\, dx\, dy = \int_1^2 \left[\frac{x^2}{2} - 3xy^2\right]_{x=0}^{x=2} dy$$

$$= \int_1^2 (2 - 6y^2)\, dy = 2y - 2y^3 \Big]_1^2 = -12$$

양의 함숫값과 음의 함숫값을 동시에 갖는 함수 f에 대해 $\iint_R f(x, y)\, dA$는 부피의 차 $V_1 - V_2$이다. 단 V_1은 R의 위와 f의 그래프 아래에 놓인 부분의 부피이고, V_2는 R의 아래와 f의 그래프 위에 놓인 부분의 부피이다. 예제 6에서 적분값이 0이라는 사실은 두 부피 V_1과 V_2가 같다는 것을 의미한다(그림 14 참조).

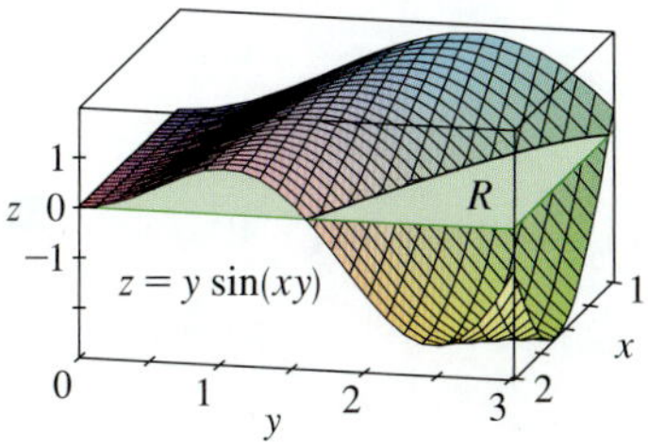

그림 14

예제 6 $R = [1, 2] \times [0, \pi]$일 때 $\iint_R y \sin(xy)\, dA$를 계산하여라.

풀이 1 먼저 x에 관하여 적분하면 다음을 얻는다.

$$\iint_R y \sin(xy)\, dA = \int_0^\pi \int_1^2 y \sin(xy)\, dx\, dy$$

$$= \int_0^\pi y \left[-\frac{1}{y} \cos(xy)\right]_{x=1}^{x=2} dy$$

$$= \int_0^\pi (-\cos 2y + \cos y)\, dy$$

$$= -\tfrac{1}{2} \sin 2y + \sin y \Big]_0^\pi = 0$$

NOTE 예제 6에서 적분 순서를 바꾸어 y에 관해 먼저 적분하면

$$\iint_R y \sin(xy)\, dA = \int_1^2 \int_0^\pi y \sin(xy)\, dy\, dx$$

이다. 그러나 이러한 순서로 하면 부분적분을 두 번 해야 하므로 예제의 방법보다 어렵다. 그러므로 이중적분을 계산할 때는 적분 순서를 현명하게 선택해야 한다.

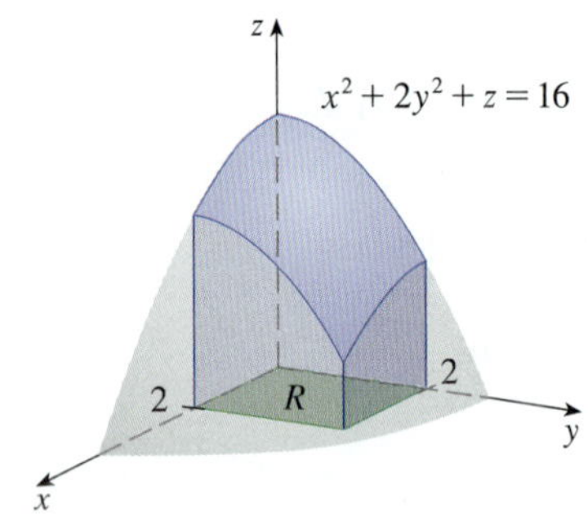

그림 15

예제 7 타원포물면 $x^2 + 2y^2 + z = 16$과 평면 $x = 2$, $y = 2$, 그리고 세 좌표평면으로 둘러싸인 입체 S의 부피를 구하여라.

풀이 먼저 S가 평면 $z = 16 - x^2 - 2y^2$ 밑에 그리고 정사각형 $R = [0, 2] \times [0, 2]$ 위에 있음을 볼 수 있다(그림 15 참조). 이 입체는 예제 1에서 다루었지만 여기서는 푸비니 정리를 이용하여 이중적분을 구하고자 한다. 따라서 다음과 같이 이 입체의 부피 S를 구할 수 있다.

$$\begin{aligned} V &= \iint_R (16 - x^2 - 2y^2)\,dA = \int_0^2 \int_0^2 (16 - x^2 - 2y^2)\,dx\,dy \\ &= \int_0^2 \Big[16x - \tfrac{1}{3}x^3 - 2y^2x\Big]_{x=0}^{x=2} dy \\ &= \int_0^2 \left(\tfrac{88}{3} - 4y^2\right) dy = \Big[\tfrac{88}{3}y - \tfrac{4}{3}y^3\Big]_0^2 = 48 \end{aligned}$$

■

$f(x, y)$가 오직 x만의 함수와 오직 y만의 함수의 곱으로 인수분해될 수 있는 특별한 경우에는 f의 이중적분은 특별히 단순한 형으로 쓸 수 있다. 구체적으로, $f(x, y) = g(x)h(y)$이고 $R = [a, b] \times [c, d]$라 하면 푸비니 정리에 의해

$$\iint_R f(x, y)\,dA = \int_c^d \int_a^b g(x)h(y)\,dx\,dy = \int_c^d \left[\int_a^b g(x)h(y)\,dx\right] dy$$

이다. 내부의 적분에서 y는 상수이다. 그래서 $h(y)$는 상수이고 $\int_a^b g(x)\,dx$가 상수이므로 다음과 같이 쓸 수 있다.

$$\int_c^d \left[\int_a^b g(x)h(y)\,dx\right] dy = \int_c^d \left[h(y)\left(\int_a^b g(x)\,dx\right)\right] dy = \int_a^b g(x)\,dx \int_c^d h(y)\,dy$$

그러므로 이 경우에 f의 이중적분은 두 개의 단일적분의 곱으로 쓸 수 있다.

11 $$\iint_R g(x)h(y)\,dA = \int_a^b g(x)\,dx \int_c^d h(y)\,dy \quad \text{단, } R = [a, b] \times [c, d]$$

예제 8의 함수 $f(x, y) = \sin x \cos y$는 R 상에서 양수이다. 그래서 적분은 R 위에 놓이고 그림 16에 보이는 f의 그래프 아래에 놓여 있는 입체의 부피를 나타낸다.

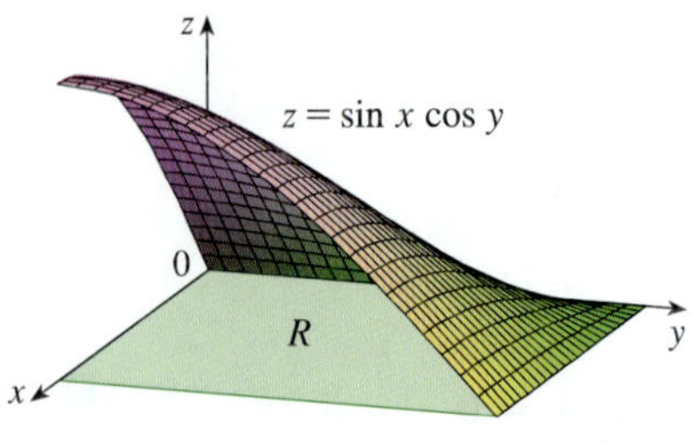

그림 16

예제 8 $R = [0, \pi/2] \times [0, \pi/2]$이고 $f(x, y) = \sin x \cos y$이면 f의 이중적분은 식 **11**에 의하여 다음과 같다.

$$\begin{aligned} \iint_R \sin x \cos y\,dA &= \int_0^{\pi/2} \sin x\,dx \int_0^{\pi/2} \cos y\,dy \\ &= \Big[-\cos x\Big]_0^{\pi/2} \Big[\sin y\Big]_0^{\pi/2} = 1 \cdot 1 = 1 \end{aligned}$$

■

14.1 연습문제

1. (a) 곡면 $z = xy$ 아래에 놓이고 직사각형

$$R = \{(x, y) \mid 0 \le x \le 6, 0 \le y \le 4\}$$

위에 놓인 입체의 부피를 추정하여라. $m = 3, n = 2$로 하고 각 부분 직사각형의 위쪽 오른편 끝점을 표본점으로 하여 리만합을 사용하여라.

(b) 중점 법칙을 이용하여 (a)의 입체의 부피를 추정하여라.

2. (a) $m = n = 2$일 때 리만합을 이용하여 $\iint_R xe^{-xy}\, dA$의 값을 추정하여라. 단 $R = [0, 2] \times [0, 1]$이다. 표본점으로 위쪽 오른편 구석을 잡아라.

(b) 중점 법칙을 이용하여 (a)의 적분값을 추정하여라.

3. 등고선 지도가 정사각형 $R = [0, 4] \times [0, 4]$상에서의 함수 f에 대해 제시되었다.

(a) $m = n = 2$일 때 중점 법칙을 이용하여 $\iint_R f(x, y)\, dA$의 값을 추정하여라.

(b) f의 평균값을 추정하여라.

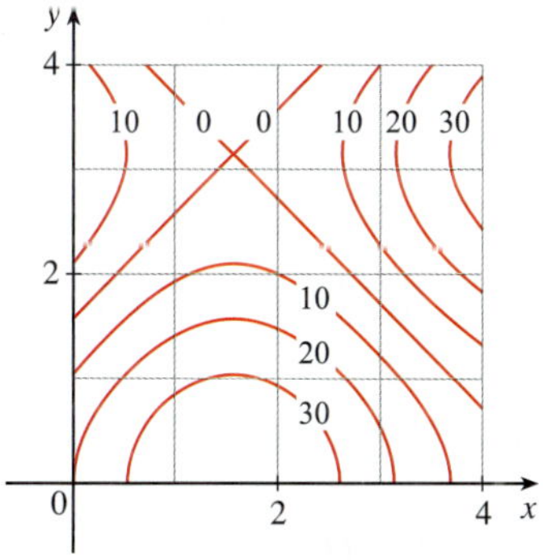

4-5 입체의 부피로 간주하여 이중적분을 계산하여라.

4. $\iint_R \sqrt{2}\, dA$, $\quad R = \{(x, y) \mid 2 \le x \le 6, -1 \le y \le 5\}$

5. $\iint_R (4 - 2y)\, dA$, $\quad R = [0, 1] \times [0, 1]$

6. $R = [0, 4] \times [0, 2]$일 때, 이중적분 $\iint_R \sqrt{9 - y^2}\, dA$는 입체의 부피를 나타낸다. 입체를 그려보아라.

7-8 $\int_0^2 f(x, y)\, dx$와 $\int_0^3 f(x, y)\, dy$를 구하여라.

7. $f(x, y) = x + 3x^2y^2$ **8.** $f(x, y) = y\sqrt{x + 2}$

9-16 다음의 반복적분을 계산하여라.

9. $\int_1^4 \int_0^2 (6x^2y - 2x)\, dy\, dx$ **10.** $\int_0^1 \int_1^2 (x + e^{-y})\, dx\, dy$

11. $\int_{-3}^3 \int_0^{\pi/2} (y + y^2 \cos x)\, dx\, dy$

12. $\int_1^3 \int_1^5 \dfrac{\ln y}{xy}\, dy\, dx$ **13.** $\int_1^4 \int_1^2 \left(\dfrac{x}{y} + \dfrac{y}{x}\right) dy\, dx$

14. $\int_0^3 \int_0^{\pi/2} t^2 \sin^3\phi\, d\phi\, dt$ **15.** $\int_0^1 \int_0^1 v(u + v^2)^4\, du\, dv$

16. $\int_0^1 \int_0^1 \sqrt{s + t}\, ds\, dt$

17-20 다음의 이중적분을 계산하여라.

17. $\iint_R x \sec^2 y\, dA$, $\quad R = \{(x, y) \mid 0 \le x \le 2, 0 \le y \le \pi/4\}$

18. $\iint_R \dfrac{xy^2}{x^2 + 1}\, dA$, $\quad R = \{(x, y) \mid 0 \le x \le 1, -3 \le y \le 3\}$

19. $\iint_R x \sin(x + y)\, dA$, $\quad R = [0, \pi/6] \times [0, \pi/3]$

20. $\iint_R ye^{-xy}\, dA$, $\quad R = [0, 2] \times [0, 3]$

21-22 부피가 반복적분으로 주어지는 다음의 입체를 그려라.

21. $\int_0^1 \int_0^1 (4 - x - 2y)\, dx\, dy$

22. $\int_{-2}^2 \int_{-1}^3 (4 - x^2)\, dy\, dx$

23-24 다음 그림은 곡면과 xy평면 위의 직사각형 R을 보여준다.

(a) 곡면 아래와 R 위에 놓인 입체의 부피를 반복적분으로 나타내어라.

(b) 반복적분을 계산하여 입체의 부피를 구하여라.

23.

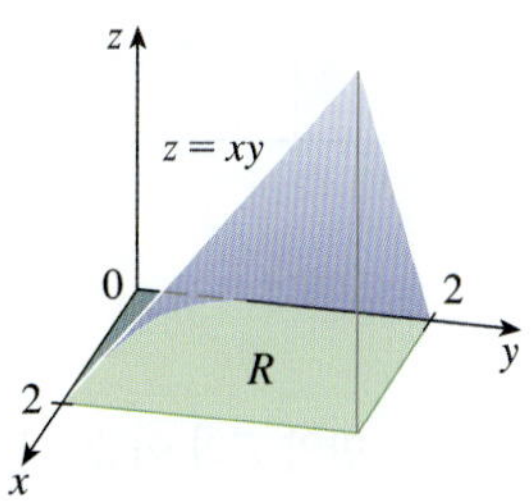

24.

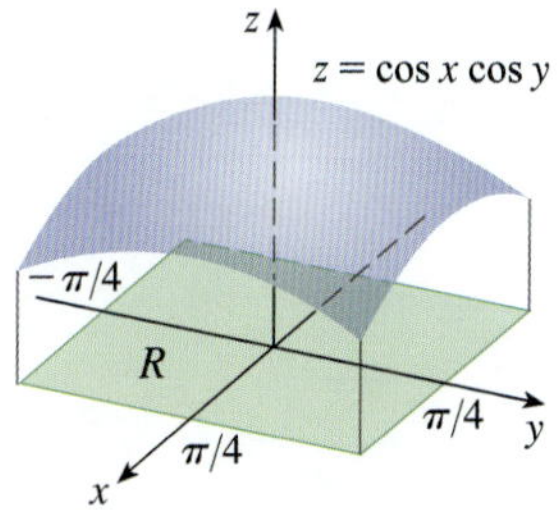

25. 평면 $4x + 6y - 2z + 15 = 0$ 아래에 놓이고 직사각형

$$R = \{(x, y) \mid -1 \le x \le 2, -1 \le y \le 1\}$$

위에 놓인 입체의 부피를 구하여라.

26. 타원포물면 $x^2/4 + y^2/9 + z = 1$ 아래에 놓이고 직사각형 $R = [-1, 1] \times [-2, 2]$ 위에 놓인 입체의 부피를 구하여라.

27. 곡면 $z = 1 + x^2ye^y$과 평면 $z = 0$, $x = \pm 1$, $y = 0$, $y = 1$로 둘러싸인 입체의 부피를 구하여라.

28. 포물면 $z = 2 + x^2 + (y-2)^2$과 평면 $z = 1$, $x = 1$, $x = -1$, $y = 0$, $y = 4$로 둘러싸인 입체의 부피를 구하여라.

T **29.** $R = [0, 1] \times [0, 1]$일 때, CAS를 이용하여 $\iint_R x^5y^3e^{xy}\,dA$의 참값을 구하여라. 또한 CAS를 이용하여 부피가 주어진 적분에 해당하는 입체를 그려라.

30-31 주어진 직사각형 R에서 다음 함수 f의 평균값을 구하여라.

30. $f(x, y) = x^2y$,
R은 네 개의 꼭짓점 $(-1, 0)$, $(-1, 5)$, $(1, 5)$, $(1, 0)$을 가진다.

31. $f(x, y) = e^y\sqrt{x + e^y}$, $R = [0, 4] \times [0, 1]$

32-33 대칭성을 이용하여 다음의 이중적분을 계산하여라.

32. $\displaystyle\iint_R \frac{xy}{1 + x^4}\,dA$, $R = \{(x, y) \mid -1 \leqslant x \leqslant 1, 0 \leqslant y \leqslant 1\}$

33. $\displaystyle\iint_R (1 + x^2\sin y + y^2\sin x)\,dA$, $R = [-\pi, \pi] \times [-\pi, \pi]$

---

34. (a) 푸비니 정리와 클레로 정리는 어떤 방식에서 유사한가?
(b) $f(x, y)$가 $[a, b] \times [c, d]$에서 연속이고

$$g(x, y) = \int_a^x \int_c^y f(s, t)\,dt\,ds \text{ (단, } a < x < b,\ c < y < d)$$

라고 할 때, $g_{xy} = g_{yx} = f(x, y)$가 성립함을 증명하여라.

14.2 일반 영역 위의 이중적분

단일적분에서는 적분하려는 영역이 항상 구간이다. 그러나 이중적분에서는 직사각형의 영역뿐만 아니라 보다 일반적인 모양의 영역에서 함수를 적분하고자 한다.

■ 일반 영역

그림 1과 같이 더 일반적인 영역 D를 생각해보자. 영역 D가 그림 2처럼 어떤 직사각형의 영역 R 안에 포함됨을 의미하는 유계 영역이라 할 때, D 위에서 f를 적분하기 위해 정의역을 R로 하는 새로운 함수 F를 다음과 같이 정의한다.

1
$$F(x, y) = \begin{cases} f(x, y), & (x, y) \in D \\ 0, & (x, y) \in R,\ (x, y) \notin D \end{cases}$$

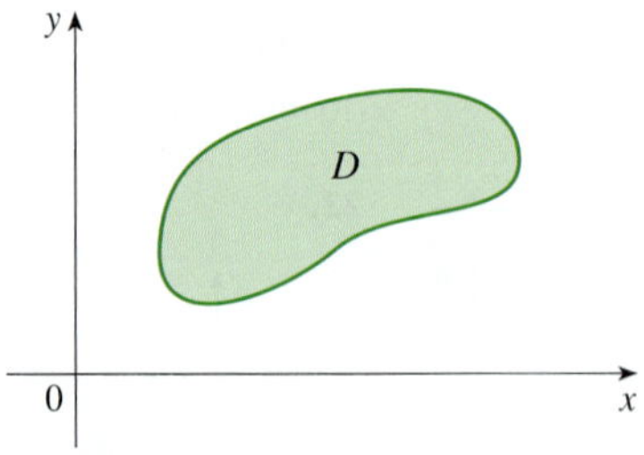

그림 1

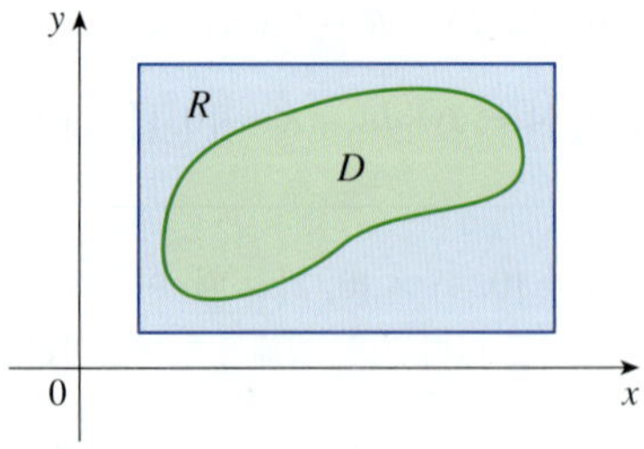

그림 2

만약 F의 이중적분이 R 위에서 존재하면, **D 위에서 f의 이중적분**을 다음과 같이 정의한다.

2 $\displaystyle\iint_D f(x, y)\,dA = \iint_R F(x, y)\,dA$ (단, F는 식 **1**에 의해 주어진다.)

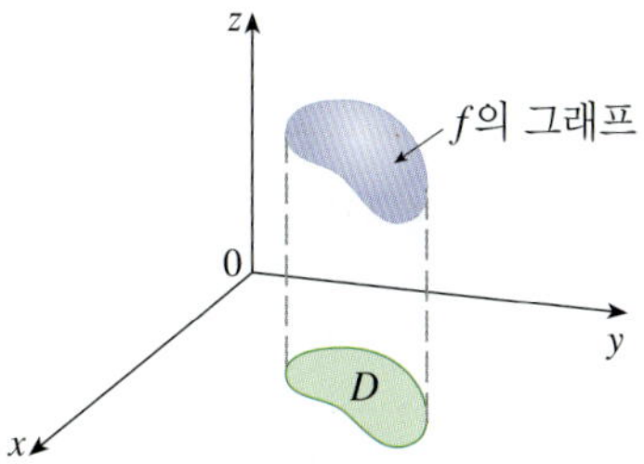

그림 3

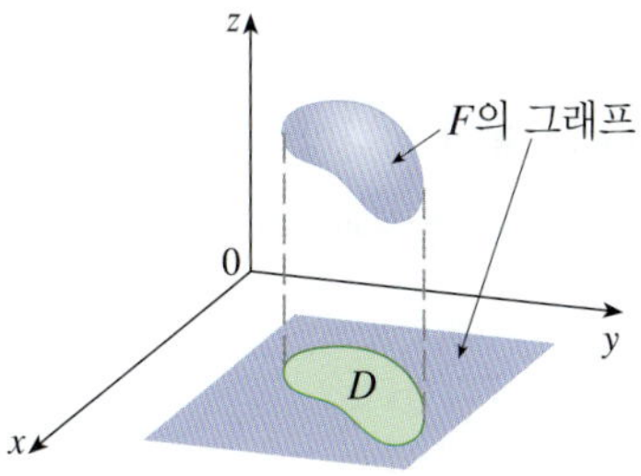

그림 4

정의 [2]는 R이 직사각형 영역이고 $\iint_R F(x, y)\,dA$가 14.1절에서 이미 정의되었으므로 잘 정의된 것이다. 사용한 방법은 $(x, y) \notin D$일 때 $F(x, y) = 0$이므로 합리적이어서 적분에 어떠한 영향을 미치지 않는다. 이것은 D를 포함하는 직사각형 영역 R이 무엇이든 간에 상관이 없음을 의미한다.

$f(x, y) \geq 0$인 경우는 여전히 $\iint_D f(x, y)\,dA$를 D 위에 놓여 있고 곡면 $z = f(x, y)$ (f의 그래프) 아래에 놓인 입체의 부피로 해석할 수 있다. 그림 3과 4에서 f와 F의 그래프를 비교하고 $\iint_R F(x, y)\,dA$가 F의 그래프 아래의 부피라는 사실을 기억함으로써 이러한 해석이 타당함을 알 수 있다.

그림 4는 역시 F가 D의 경계점들에서 불연속일 것 같이 보인다. 그럼에도 불구하고 만약 f가 D상에서 연속이고 D의 경계곡선이 어느 정도 예측 가능하게(이 개념은 이 책의 수준을 벗어남) $\iint_R F(x, y)\,dA$가 존재한다. 그러므로 $\iint_D f(x, y)\,dA$가 존재함을 보일 수 있다. 특히, 이것은 다음과 같은 영역에서 그러하다.

평면의 영역 D는 x에 관해 두 개의 연속함수 사이에 놓여 있을 때 **형태 I**(type I)이라고 한다. 즉

$$D = \{(x, y) \mid a \leq x \leq b,\ g_1(x) \leq y \leq g_2(x)\}$$

이다. 단, g_1과 g_2는 $[a, b]$상에서 연속이다. 형태 I의 예를 그림 5에서 볼 수 있다.

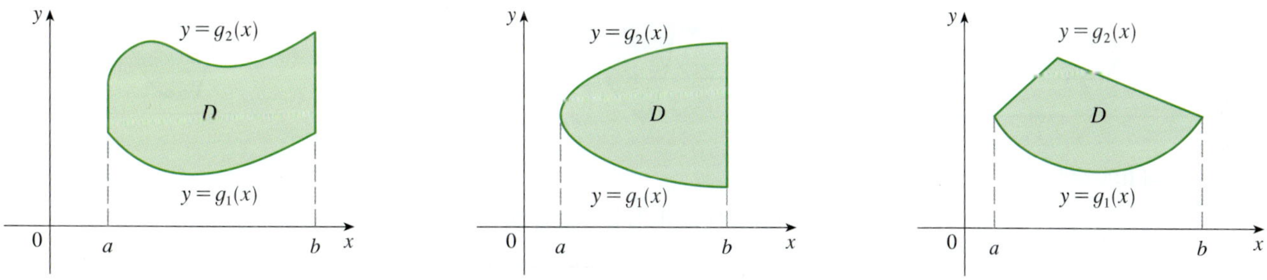

그림 5 형태 I의 영역

NOTE 형태 I의 영역에서 함수 g_1과 g_2는 연속이어야 하지만 하나의 식으로 정의될 필요는 없다. 예를 들어 그림 5의 세 번째 그림에서 g_2는 조각마다 연속으로 정의된 함수이다.

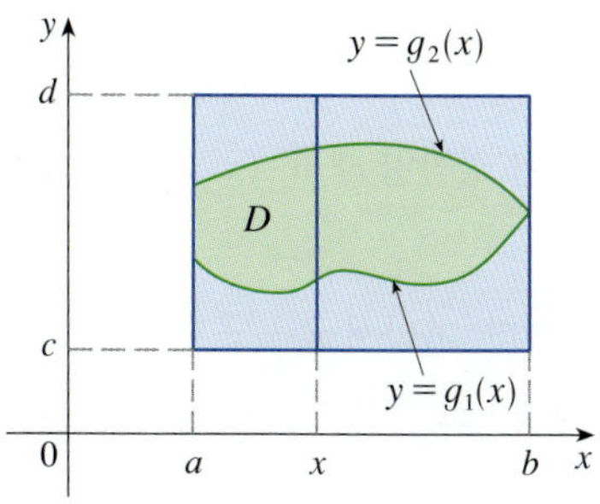

그림 6

D가 형태 I의 영역인 경우 $\iint_D f(x\ y)\,dA$를 계산하기 위해 그림 6처럼 D를 포함하는 직사각형 $R = [a, b] \times [c, d]$를 선택하고 F를 식 [1]에 의해 주어진 함수라 한다. 즉 F는 D상에서 f와 같고 D의 밖에서는 0이다. 그러면 푸비니 정리에 의해 다음을 얻는다.

$$\iint_D f(x, y)\,dA = \iint_R F(x, y)\,dA = \int_a^b \int_c^d F(x, y)\,dy\,dx$$

$y < g_1(x)$ 또는 $y > g_2(x)$인 (x, y)에 대해 $F(x, y) = 0$이다. 왜냐하면 (x, y)가 D의 밖에 놓이기 때문이다. 따라서 $g_1(x) \leq y \leq g_2(x)$인 (x, y)에 대하여 $F(x, y) = f(x, y)$이므로

$$\int_c^d F(x, y)\,dy = \int_{g_1(x)}^{g_2(x)} F(x, y)\,dy = \int_{g_1(x)}^{g_2(x)} f(x, y)\,dy$$

이다. 따라서 이중적분을 반복적분으로 계산할 수 있는 다음 공식을 얻는다.

> **3** f가 형태 I인 영역 $D = \{(x, y) \mid a \leq x \leq b,\ g_1(x) \leq y \leq g_2(x)\}$상에서 연속함수이면
>
> $$\iint_D f(x, y)\, dA = \int_a^b \int_{g_1(x)}^{g_2(x)} f(x, y)\, dy\, dx$$
>
> 이다.

3의 오른편의 적분은 내부의 적분에서 x를 $f(x, y)$에서뿐만 아니라 적분한계 $g_1(x)$와 $g_2(x)$에서도 상수로 간주한 것을 제외하고는 앞 절에서 공부한 것과 비슷한 반복적분이다.

또한 다음과 같이 나타낼 수 있는 **형태 II**인 평면 영역을 생각한다.

$$D = \{(x, y) \mid c \leq y \leq d,\ h_1(y) \leq x \leq h_2(y)\}$$

단, h_1과 h_2는 연속함수이다. 이러한 영역의 세 가지 예가 그림 7에 제시되었다.

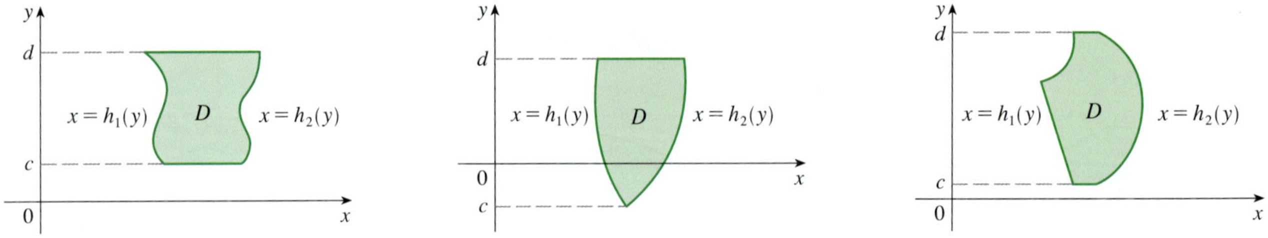

그림 7 형태 II의 영역

3을 확립하기 위해 사용하였던 것과 같은 방법으로 다음 식을 보일 수 있다.

> **4** f가 형태 II인 영역 $D = \{(x, y) \mid c \leq y \leq d,\ h_1(y) \leq x \leq h_2(y)\}$상에서 연속함수이면
>
> $$\iint_D f(x, y)\, dA = \int_c^d \int_{h_1(y)}^{h_2(y)} f(x, y)\, dx\, dy$$
>
> 이다.

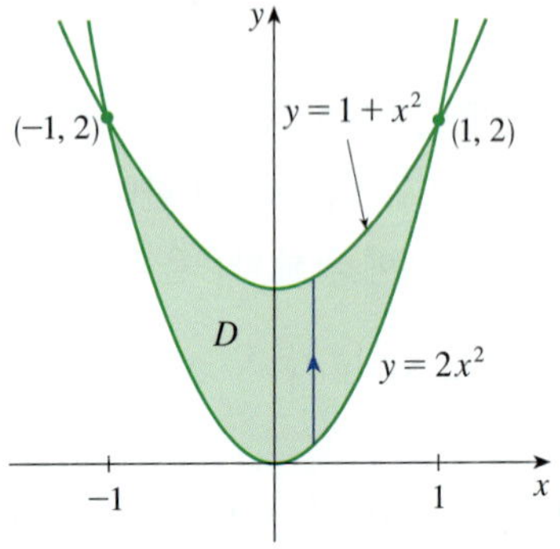

그림 8

예제 1 D가 포물선 $y = 2x^2$과 $y = 1 + x^2$에 의해 유계된 영역일 때 $\iint_D (x + 2y)\, dA$를 계산하여라.

풀이 포물선은 $2x^2 = 1 + x^2$일 때 교차한다. 즉 $x^2 = 1$이다. 따라서 $x = \pm 1$이다. 그림 8에 그려진 영역 D는 형태 II인 영역이 아닌 형태 I인 영역이고 다음과 같이 쓸 수 있다.

$$D = \{(x, y) \mid -1 \leq x \leq 1,\ 2x^2 \leq y \leq 1 + x^2\}$$

아래의 경계는 $y = 2x^2$이고 위의 경계는 $y = 1 + x^2$이므로 식 **3**에 의해 다음과

같다.

$$\iint_D (x + 2y)\, dA = \int_{-1}^{1} \int_{2x^2}^{1+x^2} (x + 2y)\, dy\, dx$$

$$= \int_{-1}^{1} \Big[xy + y^2\Big]_{y=2x^2}^{y=1+x^2} dx$$

$$= \int_{-1}^{1} [x(1 + x^2) + (1 + x^2)^2 - x(2x^2) - (2x^2)^2]\, dx$$

$$= \int_{-1}^{1} (-3x^4 - x^3 + 2x^2 + x + 1)\, dx$$

$$= -3\frac{x^5}{5} - \frac{x^4}{4} + 2\frac{x^3}{3} + \frac{x^2}{2} + x\Big]_{-1}^{1} = \frac{32}{15}$$ ■

NOTE 예제 1처럼 이중적분을 세울 때 그림을 그리는 것은 필수적이다. 종종 그림 8처럼 수직화살표를 그리는 것이 도움이 된다. 그러면 내부의 적분에 대한 적분한계를 그림으로 나타낼 수 있다. 다시 말해, 화살표는 적분의 하단을 제공하는 아래의 경계 $y = g_1(x)$에서 출발하여 적분의 상단을 제공하는 위의 경계 $y = g_2(x)$에서 끝난다. 형태 II인 영역에 대해서는 화살표를 왼쪽 경계로부터 오른쪽 경계까지 수평으로 그린다.

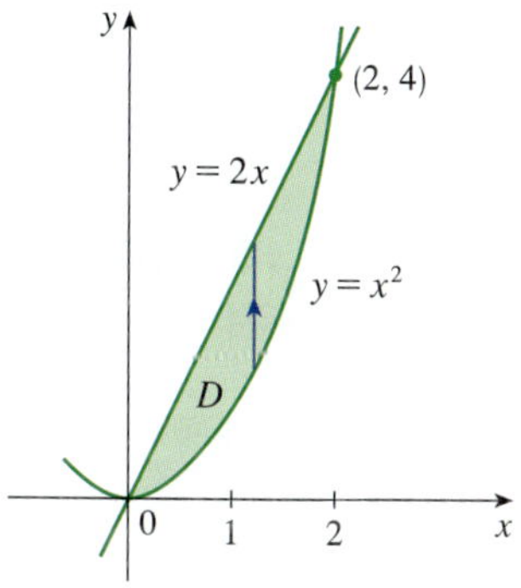

그림 9
형태 I 영역인 D

예제 2 포물면 $z = x^2 + y^2$ 아래에 있고, 직선 $y = 2x$와 포물선 $y = x^2$으로 둘러싸인 xy평면에 있는 영역 D 위에 있는 입체의 부피를 구하여라.

풀이 1 그림 9에서 D는 형태 I이고 다음과 같다.

$$D = \{(x, y) \mid 0 \le x \le 2,\ x^2 \le y \le 2x\}$$

따라서 $z = x^2 + y^2$ 아래에 있고 D 위에 있는 부피는 다음과 같다.

$$V = \iint_D (x^2 + y^2)\, dA = \int_0^2 \int_{x^2}^{2x} (x^2 + y^2)\, dy\, dx$$

$$= \int_0^2 \left[x^2 y + \frac{y^3}{3}\right]_{y=x^2}^{y=2x} dx$$

$$= \int_0^2 \left[x^2(2x) + \frac{(2x)^3}{3} - x^2x^2 - \frac{(x^2)^3}{3}\right] dx$$

$$= \int_0^2 \left(-\frac{x^6}{3} - x^4 + \frac{14x^3}{3}\right) dx$$

$$= -\frac{x^7}{21} - \frac{x^5}{5} + \frac{7x^4}{6}\Big]_0^2 = \frac{216}{35}$$

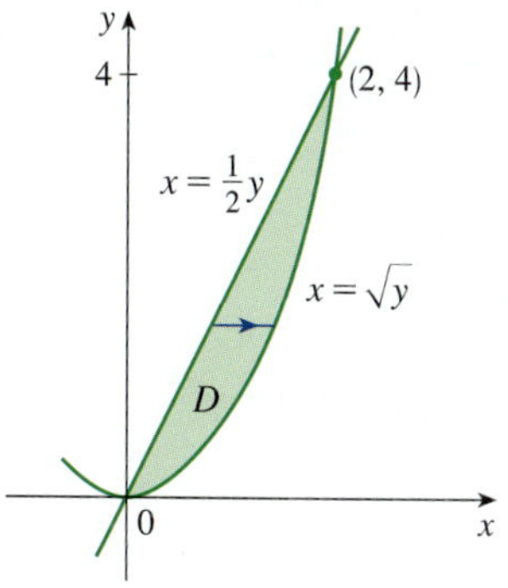

그림 10
형태 II 영역인 D

풀이 2 그림 10에서 D는 다음과 같이 형태 II 영역으로 또한 쓸 수 있다.

$$D = \{(x, y) \mid 0 \le y \le 4,\ \tfrac{1}{2}y \le x \le \sqrt{y}\}$$

그러므로 V는 다음과 같이 구할 수도 있다.

$$V = \iint_D (x^2 + y^2)\,dA = \int_0^4 \int_{\frac{1}{2}y}^{\sqrt{y}} (x^2 + y^2)\,dx\,dy$$

$$= \int_0^4 \left[\frac{x^3}{3} + y^2x\right]_{x=\frac{1}{2}y}^{x=\sqrt{y}} dy = \int_0^4 \left(\frac{y^{3/2}}{3} + y^{5/2} - \frac{y^3}{24} - \frac{y^3}{2}\right) dy$$

$$= \tfrac{2}{15}y^{5/2} + \tfrac{2}{7}y^{7/2} - \tfrac{13}{96}y^4\Big]_0^4 = \tfrac{216}{35}$$ ■

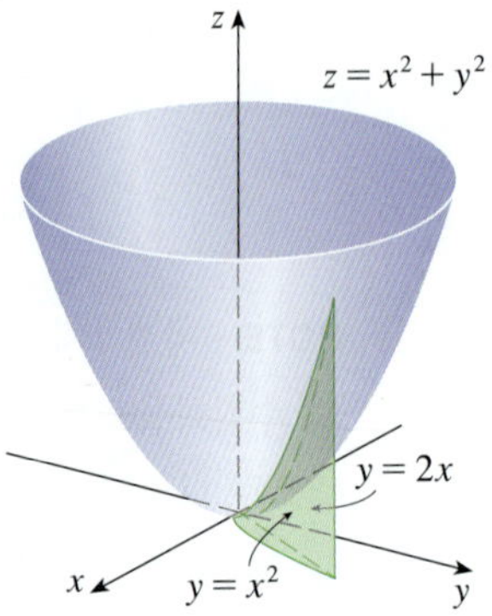

그림 11

그림 11은 예제 2에서 부피를 계산한 입체를 보여준다. 이 입체는 xy평면 위와 포물면 $z = x^2 + y^2$ 아래에 있고, 평면 $y = 2x$와 포물기둥 $y = x^2$ 사이에 놓여 있다.

예제 3 직선 $y = x - 1$과 포물선 $y^2 = 2x + 6$에 의해 유계된 영역 D에 대해 $\iint_D xy\,dA$를 구하여라.

풀이 영역 D는 그림 12에 그려져 있다. 다시 D는 형태 I과 형태 II 둘 다 되지만 형태 I의 영역의 설명은 아래 경계가 두 부분으로 이루어져 있기 때문에 더 복잡하다. 그러므로 D를 형태 II의 영역으로 표현하는 편이 낫다.

$$D = \left\{(x, y) \mid -2 \leq y \leq 4,\ \tfrac{1}{2}y^2 - 3 \leq x \leq y + 1\right\}$$

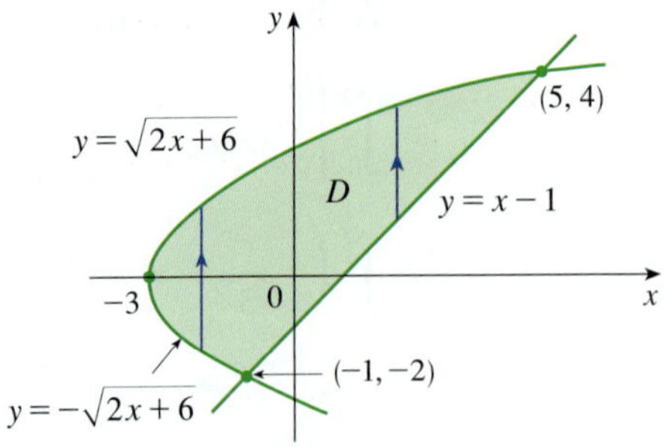

(a) 형태 I의 영역 D

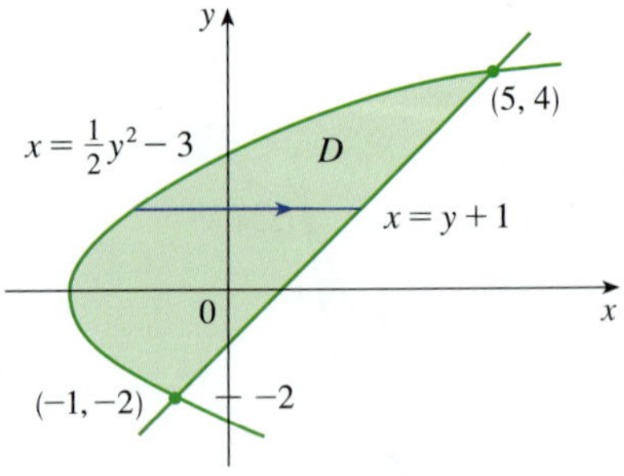

(b) 형태 II의 영역 D

그림 12

그러면 **4**에 의해

$$\iint_D xy\, dA = \int_{-2}^{4}\int_{\frac{1}{2}y^2-3}^{y+1} xy\, dx\, dy = \int_{-2}^{4}\left[\frac{x^2}{2}y\right]_{x=\frac{1}{2}y^2-3}^{x=y+1} dy$$

$$= \frac{1}{2}\int_{-2}^{4} y\left[(y+1)^2 - \left(\tfrac{1}{2}y^2-3\right)^2\right] dy$$

$$= \frac{1}{2}\int_{-2}^{4}\left(-\frac{y^5}{4} + 4y^3 + 2y^2 - 8y\right) dy$$

$$= \frac{1}{2}\left[-\frac{y^6}{24} + y^4 + 2\frac{y^3}{3} - 4y^2\right]_{-2}^{4} = 36$$

예제 3에서 D를 그림 12(a)를 사용하여 형태 I의 영역으로 표현하면 다음을 얻는다.

$$g_1(x) = \begin{cases} -\sqrt{2x+6}, & -3 \leqslant x \leqslant -1 \\ x-1, & -1 < x \leqslant 5 \end{cases}$$

$$\iint_D xy\, dA = \int_{-3}^{-1}\int_{-\sqrt{2x+6}}^{\sqrt{2x+6}} xy\, dy\, dx + \int_{-1}^{5}\int_{x-1}^{\sqrt{2x+6}} xy\, dy\, dx$$

그러나 이것은 예제 3의 풀이 방법보다 더 많은 계산이 필요하다.

예제 4 평면 $x + 2y + z = 2$, $x = 2y$, $x = 0$, $z = 0$에 의해 유계된 사면체의 부피를 구하여라.

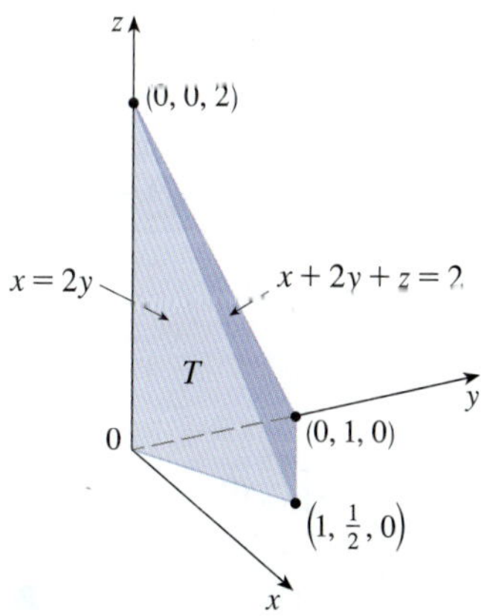

그림 13

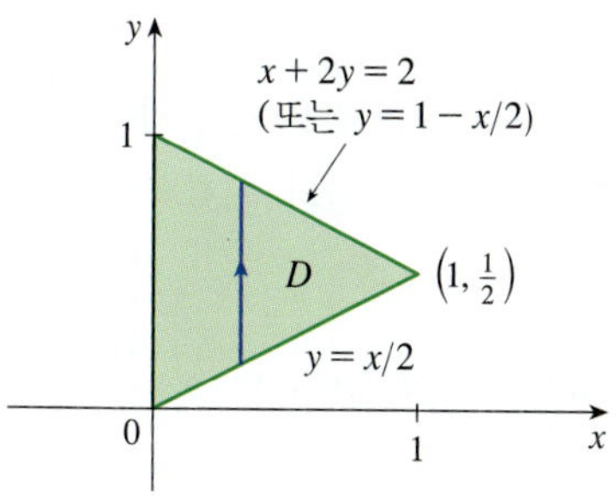

그림 14

풀이 이와 같은 질문은 두 개의 그림을 그리는 것이 좋다. 하나는 삼차원 입체이고 또 다른 하나는 이 입체가 놓이는 평면의 영역 D이다. 그림 13은 좌표평면 $x = 0$, $z = 0$, 수직 평면 $x = 2y$, 평면 $x + 2y + z = 2$에 의해 유계된 사면체 T를 보여준다. 평면 $x + 2y + z = 2$는 직선 $x + 2y = 2$에서 xy평면(방정식은 $z = 0$)과 교차하므로 T는 직선 $x = 2y$, $x + 2y = 2$, $x = 0$에 의해 유계된 xy평면에서의 삼각형 영역 D 위에 놓여 있음을 알 수 있다(그림 14 참조).

평면 $x + 2y + z = 2$를 $z = 2 - x - 2y$로 쓸 수 있으므로 구하는 부피는 함수 $z = 2 - x - 2y$의 그래프 아래와

$$D = \{(x, y) \mid 0 \leqslant x \leqslant 1,\ x/2 \leqslant y \leqslant 1 - x/2\}$$

위에 놓여 있는 것이다. 그러므로 다음과 같다.

$$V = \iint_D (2 - x - 2y)\, dA$$

$$= \int_0^1 \int_{x/2}^{1-x/2} (2 - x - 2y)\, dy\, dx$$

$$= \int_0^1 \left[2y - xy - y^2\right]_{y=x/2}^{y=1-x/2} dx$$

$$= \int_0^1 \left[2 - x - x\left(1 - \frac{x}{2}\right) - \left(1 - \frac{x}{2}\right)^2 - x + \frac{x^2}{2} + \frac{x^2}{4}\right] dx$$

$$= \int_0^1 (x^2 - 2x + 1)\, dx = \frac{x^3}{3} - x^2 + x\Big]_0^1 = \frac{1}{3}$$

■ 적분 순서 바꾸기

푸비니의 정리에 의해 이중적분을 두 가지 다른 순서의 반복적분으로 나타낼 수 있다. 때때로 한 순서를 택한 풀이 방법이 다른 순서의 풀이 방법보다 계산이 매우 어려울 수도 있고, 심지어 계산이 불가능할 수도 있다. 다음 예제는 계산이 불가능한 반복적분의 적분 순서를 어떻게 바꾸는지 보여준다.

예제 5 반복적분 $\int_0^1 \int_x^1 \sin(y^2)\,dy\,dx$를 구하여라.

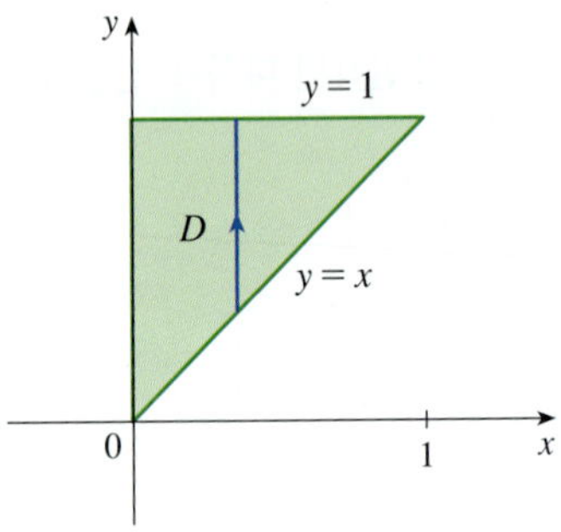

그림 15
형태 I의 영역 D

풀이 주어진 그대로 이 적분을 계산하려면, 먼저 $\int \sin(y^2)\,dy$를 계산해야 한다. 그런데 $\int \sin(y^2)\,dy$는 초등함수가 아니기 때문에 유한개의 항에 대한 적분을 구하는 것은 불가능하다. 그래서 적분 순서를 바꾸어야 하는데, 주어진 반복적분을 이중적분으로 바꾸면 된다. **3**을 거꾸로 사용하면 다음과 같이 된다.

$$\int_0^1 \int_x^1 \sin(y^2)\,dy\,dx = \iint_D \sin(y^2)\,dA$$

$$\text{단, } D = \{(x, y) \mid 0 \leq x \leq 1,\ x \leq y \leq 1\}$$

그림 15에 이 영역 D가 그려져 있다. 그런 다음 그림 16으로부터 D를 다음과 같이 고쳐 쓴다.

$$D = \{(x, y) \mid 0 \leq y \leq 1,\ 0 \leq x \leq y\}$$

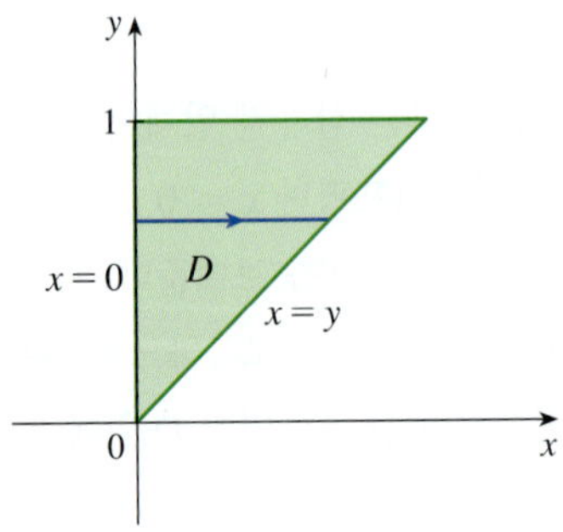

그림 16
형태 II의 영역 D

이렇게 하면 **4**를 사용해서 이중적분을 반복적분으로 적분 순서를 바꾸어서 나타낼 수 있다.

$$\begin{aligned}\int_0^1 \int_x^1 \sin(y^2)\,dy\,dx &= \iint_D \sin(y^2)\,dA \\ &= \int_0^1 \int_0^y \sin(y^2)\,dx\,dy = \int_0^1 \Big[x\sin(y^2)\Big]_{x=0}^{x=y} dy \\ &= \int_0^1 y\sin(y^2)\,dy = -\tfrac{1}{2}\cos(y^2)\Big]_0^1 = \tfrac{1}{2}(1 - \cos 1)\end{aligned}$$ ■

■ 이중적분의 성질

다음에서 적분은 모두 존재한다고 가정한다. 영역 D가 직사각형일 경우 처음 세 성질은 5.2절에서와 같은 방법으로 증명할 수 있다. 일반 영역일 경우는 정의 **2**를 사용하여 이중적분의 성질을 유도한다.

5 $$\iint_D [f(x, y) + g(x, y)]\,dA = \iint_D f(x, y)\,dA + \iint_D g(x, y)\,dA$$

6 $$\iint_D cf(x, y)\,dA = c\iint_D f(x, y)\,dA \quad (c\text{는 상수})$$

만약 D 안에 있는 모든 (x, y)에 대해 $f(x, y) \geq g(x, y)$이면 다음과 같다.

7 $$\iint_D f(x, y)\,dA \geq \iint_D g(x, y)\,dA$$

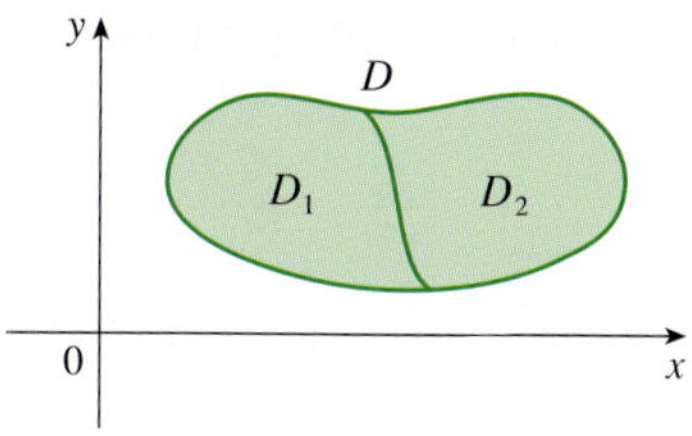

그림 17

이중적분에 대한 다음 성질은 $\int_a^b f(x)\,dx = \int_a^c f(x)\,dx + \int_c^b f(x)\,dx$로 주어지는 단일적분의 성질과 유사하다.

D_1과 D_2가 이들의 경계를 제외하고 겹치지 않을 때 $D = D_1 \cup D_2$이면(그림 17 참조)

8 $$\iint_D f(x, y)\,dA = \iint_{D_1} f(x, y)\,dA + \iint_{D_2} f(x, y)\,dA$$

성질 **8**은 형태 I과 형태 II가 아니면서 형태 I 또는 형태 II 영역의 합집합으로 표시되는 영역 위의 이중적분을 계산하는 데 사용된다. 그림 18은 이러한 영역에 대한 예를 보여준다(연습문제 42, 43 참조).

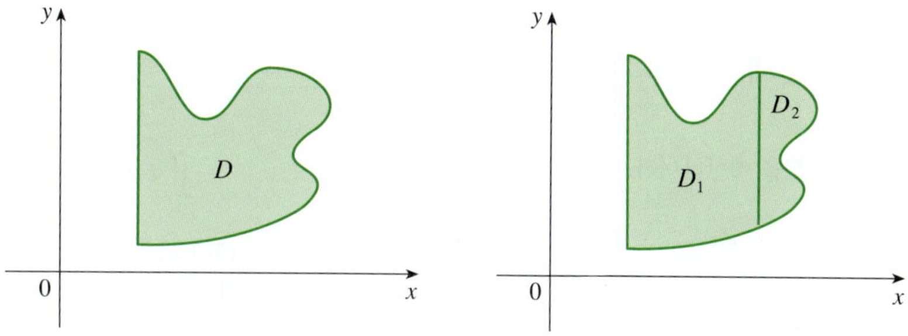

그림 18

(a) 형태 I도 형태 II도 아닌 D

(b) $D = D_1 \cup D_2$, D_1은 형태 I, D_2는 형태 II

적분에 대한 다음 성질은 영역 D상의 상수 함수 $f(x, y) = 1$을 적분하면 D의 넓이 $A(D)$를 얻는다는 것이다.

9 $$\iint_D 1\,dA = A(D)$$

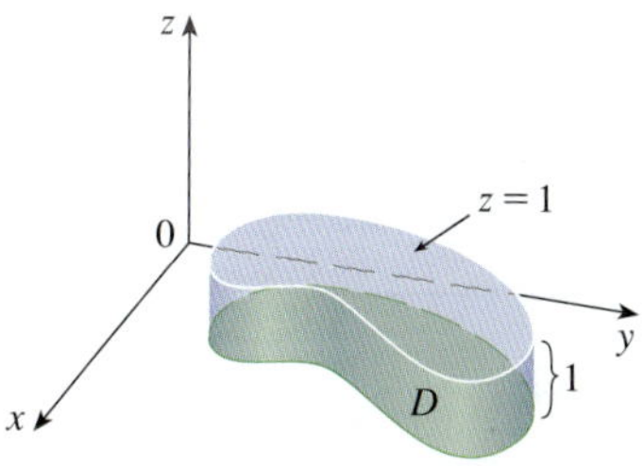

그림 19
밑면이 D이고 높이가 1인 기둥면

그림 19는 식 **9**가 왜 성립하는가를 보여준다. 밑면이 D이고 높이가 1인 기둥면은 부피 $A(D) \cdot 1 = A(D)$를 갖지만 역시 그 부피를 $\iint_D 1\,dA$로 쓸 수 있다.

끝으로 성질 **6**, **7**, **9**를 조합하여 다음 성질을 증명할 수 있다.

10 D 안에 있는 모든 (x, y)에 대하여 $m \le f(x, y) \le M$이면

$$m \cdot A(D) \le \iint_D f(x, y)\,dA \le M \cdot A(D)$$

이다.

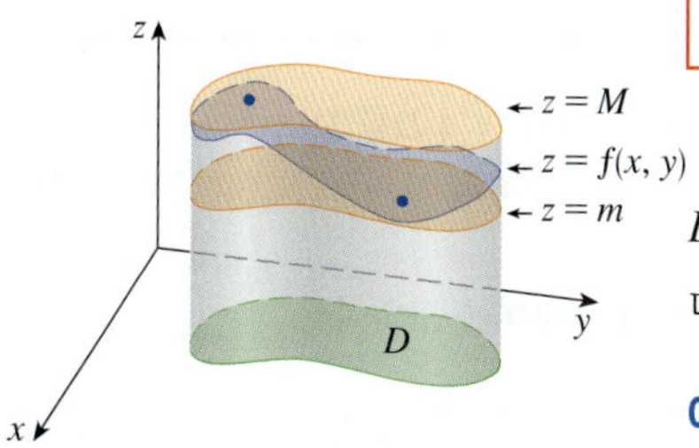

그림20

그림 20은 $m > 0$인 경우에 성질 **10**을 설명한다. $z = f(x, y)$의 그래프 아래 있고 D 위에 있는 입체의 부피는 밑면이 D이고 높이가 m과 M인 기둥면의 부피의 사잇값이다. (단일적분에서 유사한 성질을 설명하는 5.2절의 그림 17과 비교하여라.)

예제 6 D가 중심이 원점이고 반지름이 2인 원판일 때 성질 **10**을 이용하여 적분 $\iint_D e^{\sin x \cos y}\,dA$를 추정하여라.

풀이 $-1 \leqslant \sin x \leqslant 1$, $-1 \leqslant \cos y \leqslant 1$이므로 $-1 \leqslant \sin x \cos y \leqslant 1$이다. 지수함수는 증가함수이므로

$$e^{-1} \leqslant e^{\sin x \cos y} \leqslant e^{1} = e$$

이다. $m = e^{-1} = 1/e$, $M = e$, 성질 **10**에서 $A(D) = \pi(2)^2$을 사용하여

$$\frac{4\pi}{e} \leqslant \iint_D e^{\sin x \cos y}\, dA \leqslant 4\pi e$$

를 얻는다. ■

14.2 연습문제

1-4 다음 반복적분을 계산하여라.

1. $\int_1^5 \int_0^x (8x - 2y)\, dy\, dx$

2. $\int_0^2 \int_0^{y^2} x^2 y\, dx\, dy$

3. $\int_0^1 \int_0^y x e^{y^3}\, dx\, dy$

4. $\int_0^{\pi/2} \int_0^x x \sin y\, dy\, dx$

5-6

(a) 주어진 함수 f와 영역 D에 대한 이중적분 $\iint_D f(x, y)\, dA$를 반복적분으로 나타내어라.

(b) 반복적분을 계산하여라.

5. $f(x, y) = 2y$

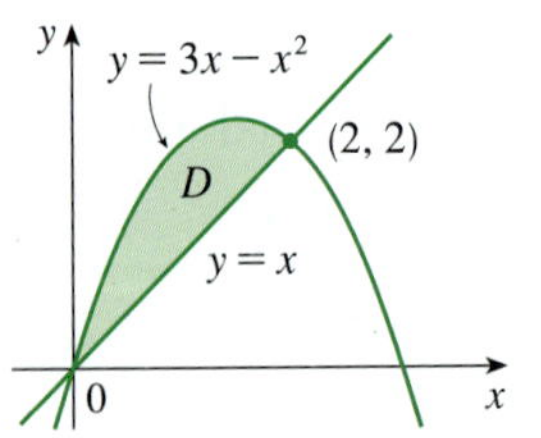

6. $f(x, y) = x + y$

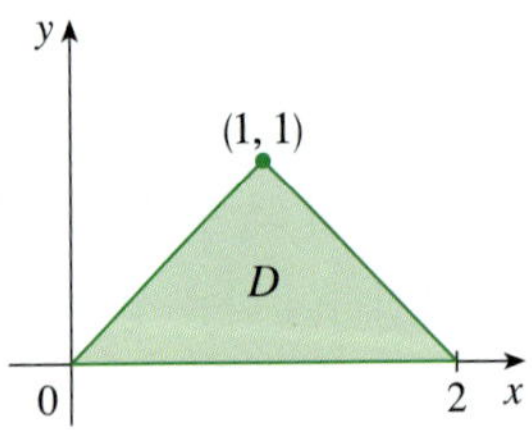

7-8 다음 이중적분을 계산하여라.

7. $\iint_D \frac{y}{x^2 + 1}\, dA$, $D = \{(x, y) \mid 0 \leqslant x \leqslant 4, 0 \leqslant y \leqslant \sqrt{x}\}$

8. $\iint_D e^{-y^2}\, dA$, $D = \{(x, y) \mid 0 \leqslant y \leqslant 3, 0 \leqslant x \leqslant y\}$

9. 다음 영역의 예를 그려보아라.

(a) 형태 II가 되지 않는 형태 I

(b) 형태 I이 되지 않는 형태 II

10. 다음 D를 형태 I, 형태 II의 영역으로 표현하고 두 가지 방법으로 이중적분을 계산하여라.

$\iint_D x\, dA$, D는 직선 $y = x$, $y = 0$, $x = 1$에 의해 둘러싸인 영역

11-13 다음 이중적분의 두 가지 적분 순서를 구하고 더 쉬운 순서를 이용하여 이중적분을 계산하여라. 그리고 쉬운 이유를 설명하여라.

11. $\iint_D y\, dA$, D는 $y = x - 2$, $x = y^2$에 의해 유계된 영역

12. $\iint_D y^2 e^{xy}\, dA$, D는 $y = x$, $y = 4$, $x = 0$에 의해 유계된 영역

13. $\iint_D \sin^2 x\, dA$, D는 $y = \cos x$, $0 \leqslant x < \pi/2$, $y = 0$, $x = 0$에 의해 유계된 영역

14-17 다음 이중적분을 계산하여라.

14. $\iint_D x \cos y\, dA$, D는 $y = 0$, $y = x^2$, $x = 1$에 의해 유계된 영역

15. $\iint_D y^2\, dA$, D는 꼭짓점 $(0, 1)$, $(1, 2)$, $(4, 1)$을 갖는 삼각형 영역

16. $\iint_D (2x - y)\, dA$, D는 원점이 중심이고 반지름이 2인 원에 의해 유계된 영역

17. $\iint_D y\, dA$, D는 꼭짓점이 $(0, 0)$, $(1, 1)$, $(4, 0)$인 삼각형 영역

18-19 그림은 곡면과 xy평면 위의 영역 D를 보여준다.

(a) 곡면 아래 있고 D 위에 있는 입체의 부피를 반복적분으로 나타내어라.

(b) 반복적분을 계산하여 입체의 부피를 구하여라.

18.

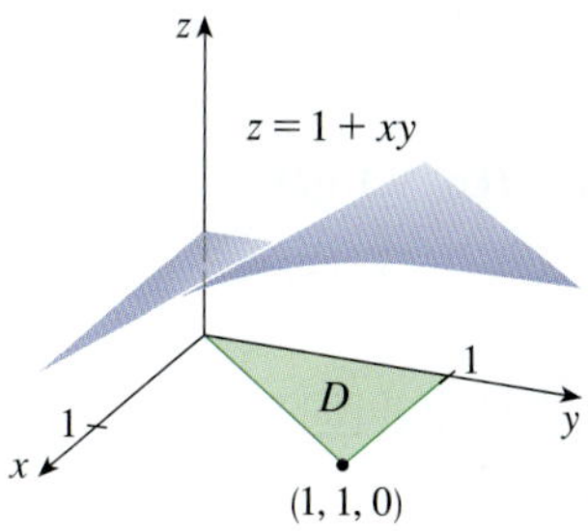

19.

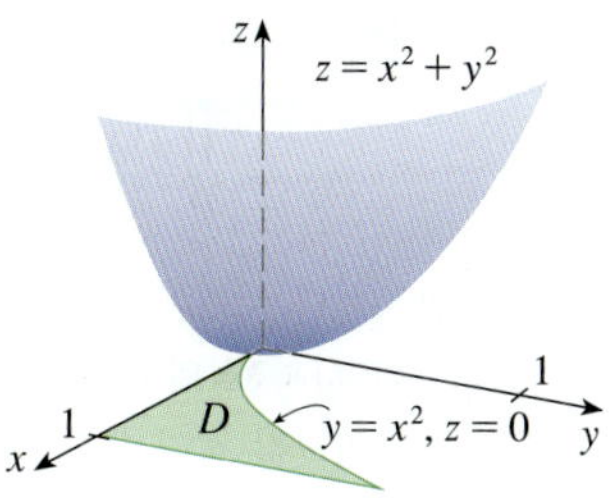

20-24 다음 입체의 부피를 구하여라.

20. 평면 $3x + 2y - z = 0$ 아래에 놓이고 포물선 $y = x^2$, $x = y^2$에 의해 유계된 영역 위에 놓인 입체

21. 곡면 $z = xy$ 아래에 놓이고 꼭짓점 $(1, 1)$, $(4, 1)$, $(1, 2)$인 삼각형 영역 위에 놓인 입체

22. 좌표평면들과 평면 $2x + y + z = 4$로 둘러싸인 사면체

23. 기둥면 $z = x^2$, $y = x^2$과 $z = 0$, $y = 4$로 둘러싸인 입체

24. 원기둥 $x^2 + y^2 = 1$과 제1팔분공간에 있는 평면 $y = z$, $x = 0$, $z = 0$에 의해 유계된 입체

25. 그래프를 이용하여 곡선 $y = x^4$과 $y = 3x - x^2$이 만나는 점의 x좌표를 추정하여라. D가 이 곡선들에 의해 유계된 영역이라고 할 때, $\iint_D x\, dA$를 추정하여라.

26-27 두 부피의 차이를 이용하여 다음 입체의 부피를 구하여라.

26. 포물기둥 $y = 1 - x^2$, $y = x^2 - 1$과 평면 $x + y + z = 2$, $2x + 2y - z + 10 = 0$으로 둘러싸인 입체

27. 평면 $z = 3$ 아래, 평면 $z = y$위와 포물기둥 $y = x^2$과 $y = 1 - x^2$ 사이에 놓인 입체

28-30 다음 반복적분에 의해 주어진 부피를 갖는 입체를 그려라.

28. $\int_0^1 \int_0^{1-x} (1 - x - y)\, dy\, dx$ **29.** $\int_0^3 \int_0^y \sqrt{9 - x^2}\, dx\, dy$

30. $\int_{-2}^2 \int_{-1}^{3-x^2} e^{-y}\, dy\, dx$

T 31-33 CAS를 사용하여 다음 입체의 부피의 참값을 구하여라.

31. 곡면 $z = x^3y^4 + xy^2$ 아래에 놓이고 $x \geqslant 0$에서 곡선 $y = x^3 - x$와 $y = x^2 + x$에 의해 유계된 영역 위에 놓인 입체

32. $z = 1 - x^2 - y^2$과 $z = 0$에 의해 둘러싸인 입체

33. $z = x^2 + y^2$과 $z = 2y$에 의해 둘러싸인 입체

34-37 적분의 영역을 그리고 적분의 순서를 바꾸어라.

34. $\int_0^2 \int_{x^2}^4 f(x, y)\, dy\, dx$ **35.** $\int_0^{\pi/2} \int_{\sin x}^1 f(x, y)\, dy\, dx$

36. $\int_1^2 \int_0^{\ln x} f(x, y)\, dy\, dx$ **37.** $\int_0^1 \int_{\arctan x}^{\pi/4} f(x, y)\, dy\, dx$

38-41 적분순서를 바꾸어 적분을 계산하여라.

38. $\int_0^1 \int_{3y}^3 e^{x^2}\, dx\, dy$ **39.** $\int_0^1 \int_{\sqrt{x}}^1 \sqrt{y^3 + 1}\, dy\, dx$

40. $\int_0^2 \int_{y/2}^1 y \cos(x^3 - 1)\, dx\, dy$ **41.** $\int_0^8 \int_{\sqrt[3]{y}}^2 e^{x^4}\, dx\, dy$

42-43 D를 형태 I 또는 형태 II의 영역의 합집합으로 표현하고 다음 적분을 계산하여라.

42. $\iint_D x^2\, dA$ **43.** $\iint_D y\, dA$

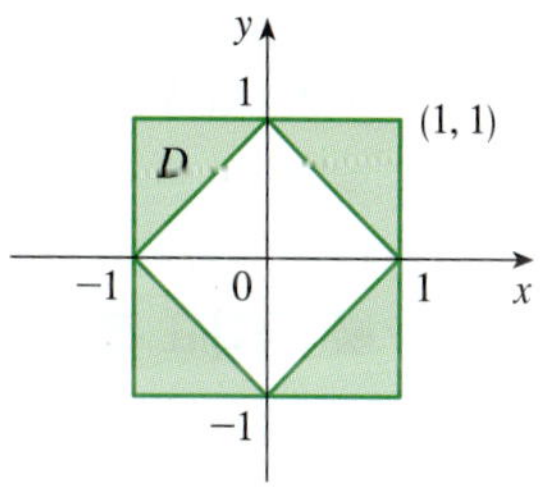

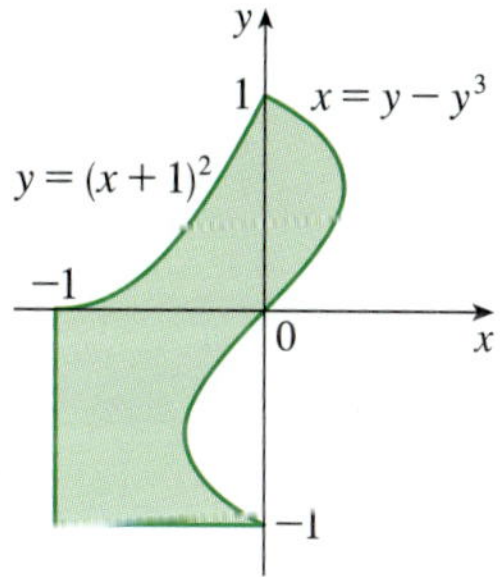

44-45 성질 10을 사용하여 다음 적분값을 추정하여라.

44. $\iint_S \sqrt{4 - x^2y^2}\, dA$, $S = \{(x, y) \mid x^2 + y^2 \leqslant 1, x \geqslant 0\}$

45. $\iint_T \sin^4(x + y)\, dA$, T는 직선 $y = 0$, $y = 2x$, $x = 1$에 의해 둘러싸인 삼각형

46-47 영역 D 위에서 함수 f의 평균값을 찾아라.

46. $f(x, y) = xy$,
D는 꼭짓점 $(0, 0)$, $(1, 0)$, $(1, 3)$으로 이루어진 삼각형

47. $f(x, y) = x\sin y$,
D는 곡선 $y = 0$, $y = x^2$, $x = 1$에 의해 둘러싸인 영역

48. 성질 10을 증명하여라.

49. 영역 D에서 이중적분을 계산할 때, 다음과 같이 반복적분의 합으로 나타난다고 하자.

$$\iint_D f(x, y)\, dA = \int_0^1 \int_0^{2y} f(x, y)\, dx\, dy + \int_1^3 \int_0^{3-y} f(x, y)\, dx\, dy$$

영역 D를 그리고, 위의 이중적분의 순서를 바꾸어 반복적분으로 표현하여라.

50-52 대칭성 또는 기하적인 관점을 이용하여 다음 이중적분을 계산하여라.

50. $\iint_D (x+2)\,dA,\ D = \{(x, y) \mid 0 \le y \le \sqrt{9-x^2}\}$

51. $\iint_D \sqrt{R^2 - x^2 - y^2}\,dA,$

D는 중심이 원점이고 반지름이 R인 원판

52. $\iint_D (2x+3y)\,dA,\ D$는 $0 \le x \le a,\ 0 \le y \le b$인 직사각형

53. 이중적분의 평균값 정리 이중적분의 평균값 정리란 f가 형태 I 또는 형태 II인 영역 D에서 연속함수이면 D 안의 점 (x_0, y_0)이 존재하여

$$\iint_D f(x, y)\,dA = f(x_0, y_0)\,A(D)$$

를 만족한다는 것이다.
극값정리(13.7절의 8)와 이 절의 성질 10을 이용하여 이중적분의 평균값 정리를 증명하여라.

14.3 극좌표에서 이중적분

영역 R이 원점을 중심으로 하는 원판 모양일 때 이중적분 $\iint_R f(x, y)\,dA$를 계산하여보자. 이런 경우 직교좌표에서 R을 표현하는 것은 다소 복잡하다. 일반적으로 R이 극좌표로 더 쉽게 표현되는 영역이면, 이중적분을 극좌표로 바꾸어 계산하는 것이 쉬울 때가 많다.

■ 극좌표 복습

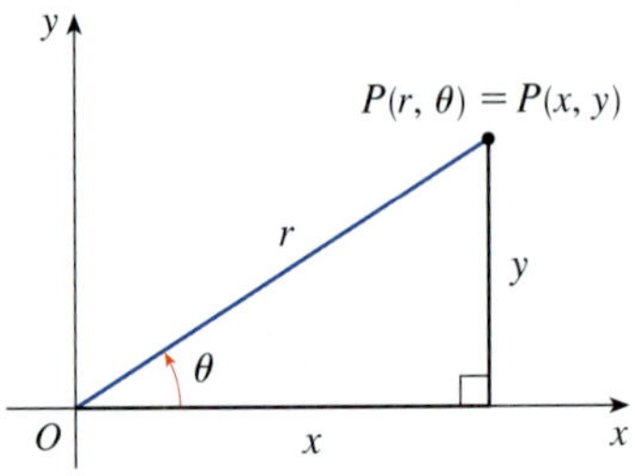

그림 1

극좌표는 9.3절에서 소개되었다. 그림 1로부터 어떤 점의 극좌표 (r, θ)는 다음 방정식에 의해 직교좌표 (x, y)와 관계가 있음을 알고 있다.

$$r^2 = x^2 + y^2 \qquad x = r\cos\theta \qquad y = r\sin\theta$$

특히 원점이 중심인 원의 방정식을 극좌표로 나타내면 매우 간단해진다. 방정식 $r = 1$은 단위원이며 이 원에 의해 둘러싸인 영역은 그림 2(a)에 있다. 그림 2(b)는 관습적으로 극좌표로 표현되는 다른 영역을 보여준다.

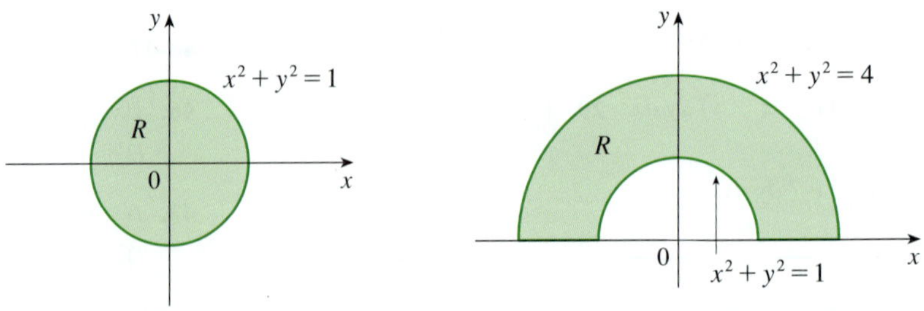

그림 2 (a) $R = \{(r, \theta) \mid 0 \le r \le 1, 0 \le \theta \le 2\pi\}$ (b) $R = \{(r, \theta) \mid 1 \le r \le 2, 0 \le \theta \le \pi\}$

극좌표로 표현하기 알맞은 다른 곡선은 9.3절의 표 1을 참고할 수 있다.

■ 극좌표에서의 이중적분

그림 2에 있는 영역들은 그림 3에서 보는 **극장방형**(polar rectangle)

$$R = \{(r, \theta) \mid a \leq r \leq b, \alpha \leq \theta \leq \beta\}$$

의 특수한 경우이다. R이 극장방형일 때 $\iint_R f(x, y)\, dA$를 계산하기 위하여 구간 $[a, b]$를 같은 폭 $\Delta r = (b - a)/m$의 m개 부분 구간 $[r_{i-1}, r_i]$로 나누고 구간 $[\alpha, \beta]$를 같은 폭 $\Delta\theta = (\beta - \alpha)/n$의 n개 부분 구간 $[\theta_{j-1}, \theta_j]$로 나눈다. 다음으로 원 $r = r_i$와 사선 $\theta = \theta_j$는 그림 4와 같이 극장방형 R을 소극장방형 R_{ij}로 분할한다.

그림 4를 14.1절의 그림 3과 비교하여라.

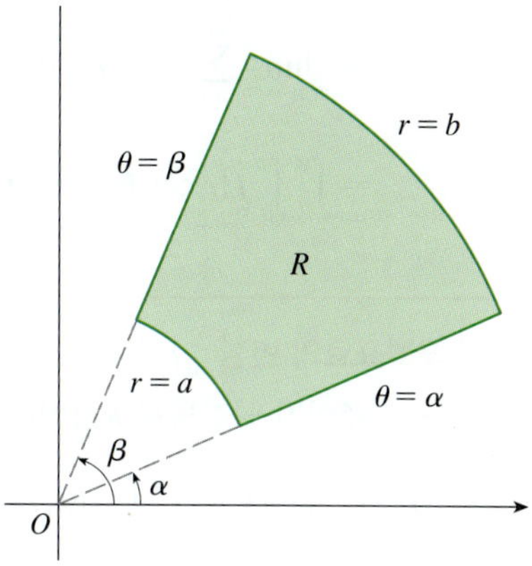

그림 3 극장방형

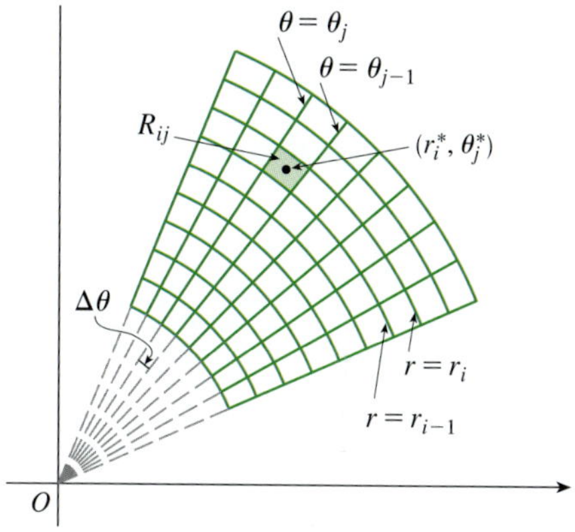

그림 4 R의 부분 극장방형으로 분할

부분 극장방형

$$R_{ij} = \{(r, \theta) \mid r_{i-1} \leq r \leq r_i, \theta_{j-1} \leq \theta \leq \theta_j\}$$

의 중심은 극좌표로

$$r_i^* = \tfrac{1}{2}(r_{i-1} + r_i) \qquad \theta_j^* = \tfrac{1}{2}(\theta_{j-1} + \theta_j)$$

이다. 반지름이 r이고 중심각이 θ인 부채꼴의 넓이는 $\frac{1}{2}r^2\theta$라는 사실을 이용하여 R_{ij}의 넓이를 계산한다. 중심각이 $\Delta\theta = \theta_j - \theta_{j-1}$인 두 부채꼴의 넓이의 차로서 R_{ij}의 넓이는

$$\begin{aligned}\Delta A_i &= \tfrac{1}{2}r_i^2\,\Delta\theta - \tfrac{1}{2}r_{i-1}^2\,\Delta\theta = \tfrac{1}{2}\,(r_i^2 - r_{i-1}^2)\,\Delta\theta \\ &= \tfrac{1}{2}(r_i + r_{i-1})(r_i - r_{i-1})\,\Delta\theta = r_i^*\,\Delta r\,\Delta\theta\end{aligned}$$

임을 알 수 있다.

이중적분 $\iint_R f(x, y)\, dA$를 직사각형 분할로 정의했지만 연속함수 f에 대해서는 극장방형을 사용하여도 항상 같은 답을 얻는다. R_{ij}의 중심에 대한 직교좌표는 $(r_i^* \cos\theta_j^*, r_i^* \sin\theta_j^*)$이다. 그래서 전형적인 리만합은

$$\boxed{1} \quad \sum_{i=1}^{m}\sum_{j=1}^{n} f(r_i^* \cos\theta_j^*, r_i^* \sin\theta_j^*)\,\Delta A_i = \sum_{i=1}^{m}\sum_{j=1}^{n} f(r_i^* \cos\theta_j^*, r_i^* \sin\theta_j^*)\, r_i^*\,\Delta r\,\Delta\theta$$

이다. 만약 $g(r, \theta) = rf(r\cos\theta, r\sin\theta)$로 쓰면, 식 $\boxed{1}$의 리만합은

$$\sum_{i=1}^{m}\sum_{j=1}^{n} g(r_i^*, \theta_j^*)\,\Delta r\,\Delta\theta$$

가 되는데, 이것은 이중적분

$$\int_{\alpha}^{\beta}\int_{a}^{b} g(r, \theta)\, dr\, d\theta$$

에 대한 리만합이다. 그러므로 다음과 같다.

$$\begin{aligned}\iint_R f(x, y)\, dA &= \lim_{m, n\to\infty}\sum_{i=1}^{m}\sum_{j=1}^{n} f(r_i^* \cos\theta_j^*, r_i^* \sin\theta_j^*)\,\Delta A_i \\ &= \lim_{m, n\to\infty}\sum_{i=1}^{m}\sum_{j=1}^{n} g(r_i^*, \theta_j^*)\,\Delta r\,\Delta\theta = \int_{\alpha}^{\beta}\int_{a}^{b} g(r, \theta)\, dr\, d\theta \\ &= \int_{\alpha}^{\beta}\int_{a}^{b} f(r\cos\theta, r\sin\theta)\, r\, dr\, d\theta\end{aligned}$$

2 이중적분의 극좌표로의 변환 f가 $0 \leqslant a \leqslant r \leqslant b$, $\alpha \leqslant \theta \leqslant \beta$, $0 \leqslant \beta - \alpha \leqslant 2\pi$로 주어진 극장방형 R상에서 연속이면

$$\iint_R f(x, y)\, dA = \int_{\alpha}^{\beta}\int_{a}^{b} f(r\cos\theta, r\sin\theta)\, r\, dr\, d\theta$$

이다.

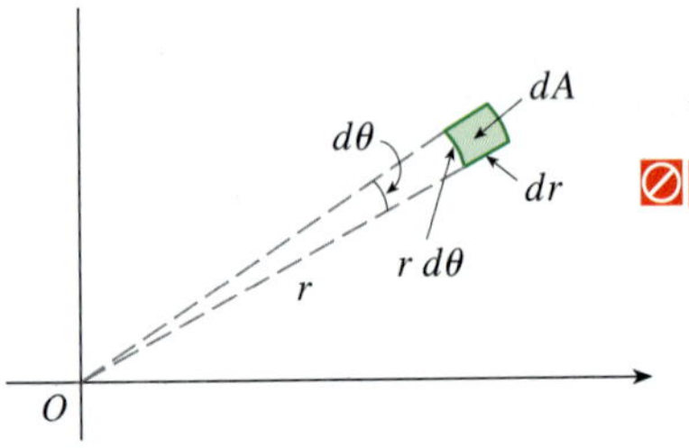

그림 5

2의 식은 이중적분에서 $x = r\cos\theta$, $y = r\sin\theta$로 하고, r과 θ에 대한 적분의 구간을 이용하며, dA를 $r\, dr\, d\theta$로 대신하여 직교좌표에서 극좌표로 변환한 것을 나타낸다. 2의 식 우변에 첨가된 인자 r을 잊지 않도록 조심해야 한다. 이것을 기억하는 고전적인 방법은 그림 5에서 볼 수 있다. 여기서 '무한소' 극장방형은 치수가 $r\, d\theta$와 dr인 보통의 직사각형으로 간주될 수 있고, 그러므로 '넓이'는 $dA = r\, dr\, d\theta$이다.

예제 1 R은 $x^2 + y^2 = 1$과 $x^2 + y^2 = 4$에 의해 유계된 위쪽 반평면에 있는 영역일 때 $\iint_R (3x + 4y^2)\, dA$를 계산하여라.

풀이 영역 R은

$$R = \{(x, y) \mid y \geqslant 0,\ 1 \leqslant x^2 + y^2 \leqslant 4\}$$

이다. 이것은 그림 2(b)에 표시된 반환이고, 극좌표로 나타내면 $1 \leqslant r \leqslant 2$, $0 \leqslant \theta \leqslant \pi$이다. 그러므로 공식 2에 의해 다음과 같다.

$$\begin{aligned}\iint_R (3x + 4y^2)\, dA &= \int_0^{\pi}\int_1^2 [3(r\cos\theta) + 4(r\sin\theta)^2]\, r\, dr\, d\theta \\ &= \int_0^{\pi}\int_1^2 (3r^2\cos\theta + 4r^3\sin^2\theta)\, dr\, d\theta \\ &= \int_0^{\pi}\Big[r^3\cos\theta + r^4\sin^2\theta\Big]_{r=1}^{r=2} d\theta = \int_0^{\pi} (7\cos\theta + 15\sin^2\theta)\, d\theta\end{aligned}$$

$$= \int_0^{\pi} \left[7\cos\theta + \tfrac{15}{2}(1 - \cos 2\theta) \right] d\theta$$

$$= 7\sin\theta + \frac{15\theta}{2} - \frac{15}{4}\sin 2\theta \Big]_0^{\pi} = \frac{15\pi}{2}$$ ■

여기에 삼각항등식

$$\sin^2\theta = \tfrac{1}{2}(1 - \cos 2\theta)$$

를 사용한다. 삼각함수의 적분에 대해서는 7.2절을 참조하여라.

예제 2 다음 이중적분을 계산하여라.

$$\int_{-1}^{1} \int_{0}^{\sqrt{1-x^2}} (x^2 + y^2)\, dy\, dx$$

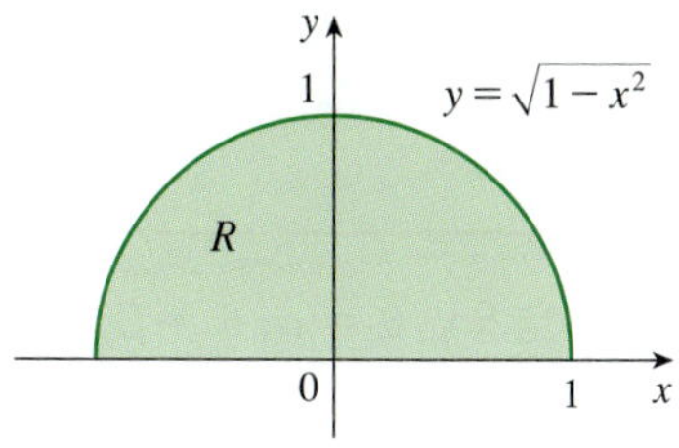

그림 6

풀이 문제의 반복적분은 영역 R이 그림 6에 표시된 것과 같이

$$R = \left\{(x, y) \mid -1 \le x \le 1, 0 \le y \le \sqrt{1 - x^2}\right\}$$

일 때 R에서의 이중적분이다. 이 영역은 반원이므로 다음과 같이 극좌표로 간단히 표현된다.

$$R = \left\{(r, \theta) \mid 0 \le \theta \le \pi, 0 \le r \le 1\right\}$$

따라서 다음의 적분값을 얻는다.

$$\int_{-1}^{1} \int_{0}^{\sqrt{1-x^2}} (x^2 + y^2)\, dy\, dx = \int_0^{\pi} \int_0^1 (r^2)\, r\, dr\, d\theta$$

$$= \int_0^{\pi} \left[\frac{r^4}{4} \right]_{r=0}^{r=1} d\theta = \frac{1}{4} \int_0^{\pi} d\theta = \frac{\pi}{4}$$ ■

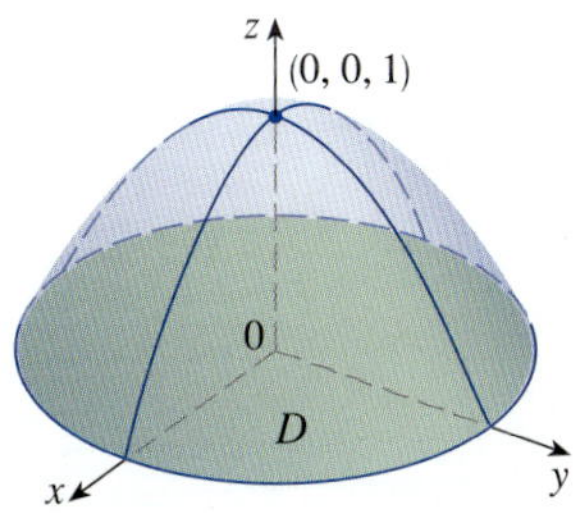

그림 7

예제 3 평면 $z = 0$과 포물면 $z = 1 - x^2 - y^2$으로 둘러싸인 입체의 부피를 구하여라.

풀이 $z = 0$을 포물면의 방정식에 대입하면 $x^2 + y^2 = 1$이 된다. 이것은 이 평면이 원 $x^2 + y^2 = 1$로 된 포물면과 교차하므로 이 입체는 포물면의 아래에 그리고 $x^2 + y^2 \le 1$로 주어지는 원판 D 위에 있음을 의미한다[그림 7과 2(a) 참조]. 극좌표로 나타내면 D는 $0 \le r \le 1$, $0 \le \theta \le 2\pi$가 된다. $1 - x^2 - y^2 = 1 - r^2$이므로 이 입체의 부피는 다음과 같다.

$$V = \iint_D (1 - x^2 - y^2)\, dA = \int_0^{2\pi} \int_0^1 (1 - r^2)\, r\, dr\, d\theta$$

$$= \int_0^{2\pi} d\theta \int_0^1 (r - r^3)\, dr = 2\pi \left[\frac{r^2}{2} - \frac{r^4}{4} \right]_0^1 = \frac{\pi}{2}$$ ■

예제 3에서 극좌표 대신에 직교좌표를 사용했다면 이 입체의 부피는 다음과 같다.

$$V = \iint_D (1 - x^2 - y^2)\, dA = \int_{-1}^{1} \int_{-\sqrt{1-x^2}}^{\sqrt{1-x^2}} (1 - x^2 - y^2)\, dy\, dx$$

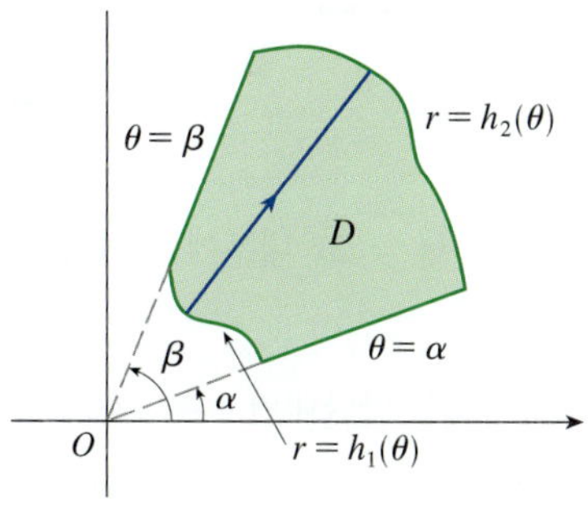

그림 8 $D = \{(r, \theta) \mid \alpha \le \theta \le \beta, h_1(\theta) \le r \le h_2(\theta)\}$

이 경우 $\int (1 - x^2)^{3/2} dx$를 구해야 하기 때문에 부피 계산이 쉽지 않음을 알 수 있다.

그림 8에서 보는 더 복잡한 형태의 영역에 대해서도 지금까지 다루었던 것을 확장할 수 있다. 이 영역은 14.2절에서 생각한 형태 II인 직사각형 영역과 비슷하다. 사실 이 절

의 식 2와 14.2절의 식 4를 결합하여 다음 식을 얻는다.

> **3** f가 극영역
>
> $$D = \{(r, \theta) \mid \alpha \leqslant \theta \leqslant \beta,\ h_1(\theta) \leqslant r \leqslant h_2(\theta)\}$$
>
> 상에서 연속이면
>
> $$\iint_D f(x, y)\, dA = \int_\alpha^\beta \int_{h_1(\theta)}^{h_2(\theta)} f(r\cos\theta, r\sin\theta)\, r\, dr\, d\theta$$
>
> 이다.

특히 이 식에서 $f(x, y) = 1$, $h_1(\theta) = 0$, $h_2(\theta) = h(\theta)$로 놓으면 $\theta = \alpha$, $\theta = \beta$, $r = h(\theta)$에 의해 유계된 영역 D의 넓이는

$$A(D) = \iint_D 1\, dA = \int_\alpha^\beta \int_0^{h(\theta)} r\, dr\, d\theta$$

$$= \int_\alpha^\beta \left[\frac{r^2}{2}\right]_0^{h(\theta)} d\theta = \int_\alpha^\beta \tfrac{1}{2}[h(\theta)]^2\, d\theta$$

이고, 이것은 9.4절의 식 3과 일치한다.

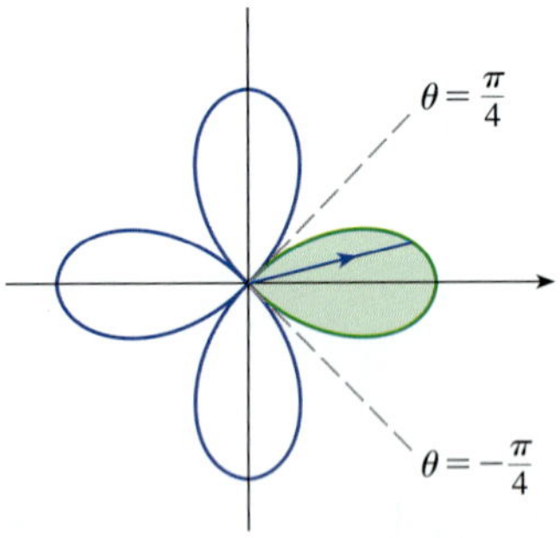

그림 9

예제 4 4엽장미 $r = \cos 2\theta$의 한 개의 닫힌곡선이 둘러싼 내부의 넓이를 이중적분을 이용하여 구하여라.

풀이 그림 9에 있는 곡선의 그림으로부터 닫힌곡선이 둘러싼 영역은

$$D = \{(r, \theta) \mid -\pi/4 \leqslant \theta \leqslant \pi/4,\ 0 \leqslant r \leqslant \cos 2\theta\}$$

이다. 그래서 넓이는

$$A(D) = \iint_D dA = \int_{-\pi/4}^{\pi/4} \int_0^{\cos 2\theta} r\, dr\, d\theta$$

$$= \int_{-\pi/4}^{\pi/4} \left[\tfrac{1}{2}r^2\right]_0^{\cos 2\theta} d\theta = \frac{1}{2}\int_{-\pi/4}^{\pi/4} \cos^2 2\theta\, d\theta$$

$$= \frac{1}{4}\int_{-\pi/4}^{\pi/4} (1 + \cos 4\theta)\, d\theta = \frac{1}{4}\left[\theta + \tfrac{1}{4}\sin 4\theta\right]_{-\pi/4}^{\pi/4} = \frac{\pi}{8}$$

이다. ■

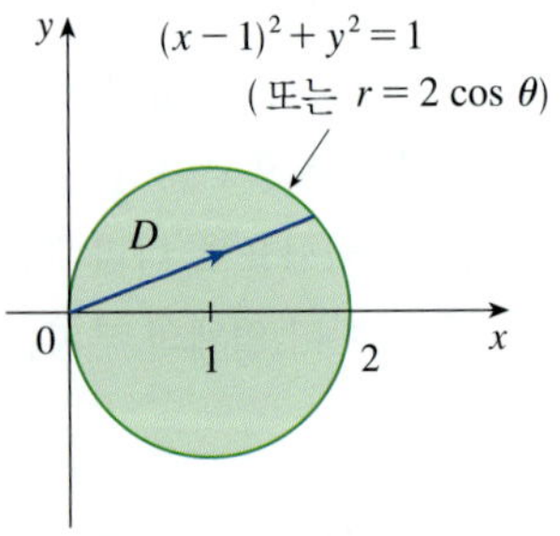

그림 10

예제 5 포물면 $z = x^2 + y^2$ 아래, xy평면 위, 원기둥 $x^2 + y^2 = 2x$ 내부에 놓여 있는 입체의 부피를 구하여라.

풀이 입체는 경계원의 방정식이 $x^2 + y^2 = 2x$, 완전제곱식으로 나타내면

$$(x - 1)^2 + y^2 = 1$$

인 원판 D 위쪽에 놓여 있다(그림 10과 11 참조).

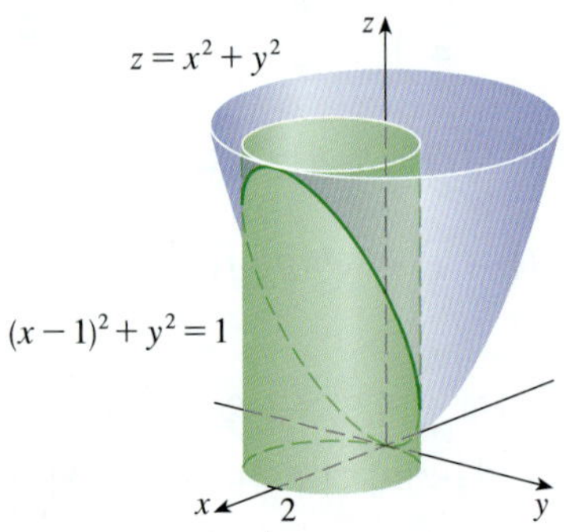

그림 11

극좌표에서는 $x^2 + y^2 = r^2$이고 $x = r\cos\theta$이다. 그래서 경계원의 방정식 $x^2 + y^2 = 2x$는 $r^2 = 2r\cos\theta$ 즉 $r = 2\cos\theta$가 된다. 따라서 원판 D는

$$D = \left\{(r, \theta) \mid -\pi/2 \leqslant \theta \leqslant \pi/2, 0 \leqslant r \leqslant 2\cos\theta\right\}$$

이고, 식 **3**에 의해 다음을 얻는다.

$$V = \iint_D (x^2 + y^2)\, dA = \int_{-\pi/2}^{\pi/2} \int_0^{2\cos\theta} r^2\, r\, dr\, d\theta = \int_{-\pi/2}^{\pi/2} \left[\frac{r^4}{4}\right]_0^{2\cos\theta} d\theta$$

$$= 4\int_{-\pi/2}^{\pi/2} \cos^4\theta\, d\theta = 8\int_0^{\pi/2} \cos^4\theta\, d\theta = 8\int_0^{\pi/2} \left(\frac{1 + \cos 2\theta}{2}\right)^2 d\theta$$

$$= 2\int_0^{\pi/2} \left[1 + 2\cos 2\theta + \tfrac{1}{2}(1 + \cos 4\theta)\right] d\theta$$

$$= 2\left[\tfrac{3}{2}\theta + \sin 2\theta + \tfrac{1}{8}\sin 4\theta\right]_0^{\pi/2} = 2\left(\frac{3}{2}\right)\left(\frac{\pi}{2}\right) = \frac{3\pi}{2}$$ ■

14.3 연습문제

1-4 영역 R이 다음과 같이 주어졌을 때, 극좌표 또는 직교좌표 중 어느 것을 이용할 것인지를 결정하고 f가 R상에서 임의의 연속함수일 때 $\iint_R f(x, y)\, dA$를 반복적분으로 나타내어라.

1.

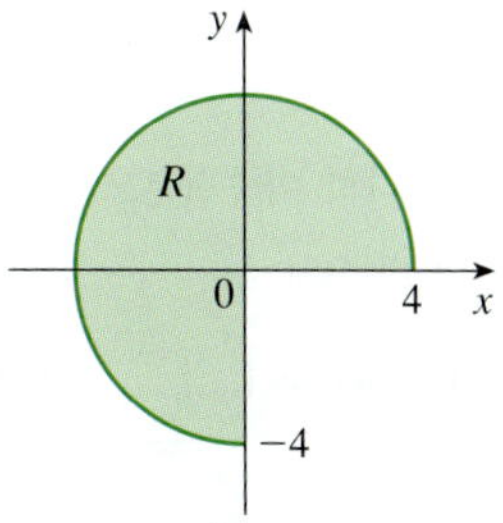

2.

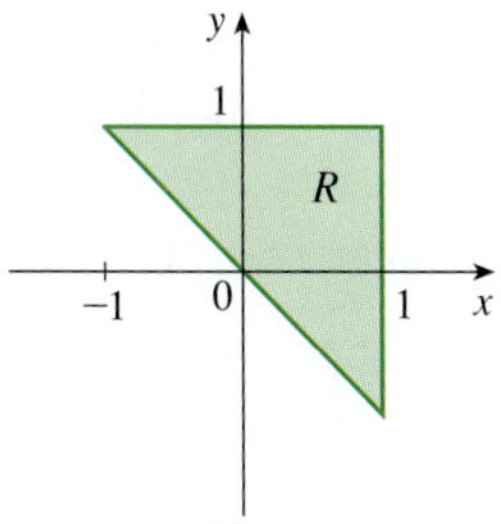

3.

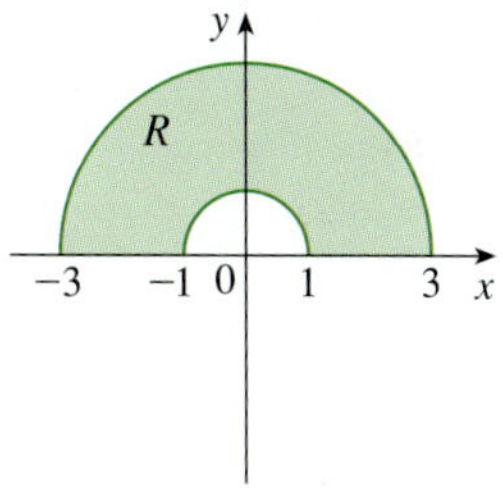

4.

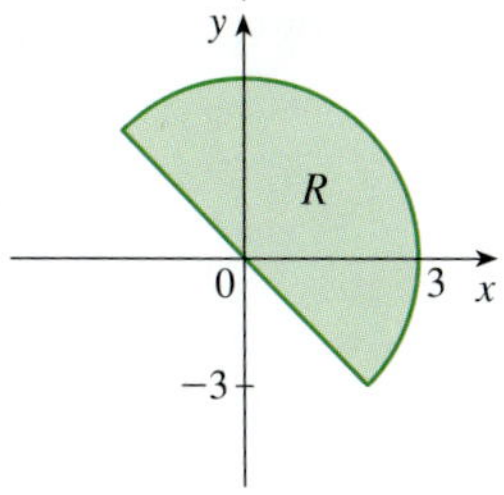

5-6 적분에 의해 주어진 영역을 그리고 적분을 계산하여라.

5. $\displaystyle\int_{\pi/4}^{3\pi/4} \int_1^2 r\, dr\, d\theta$

6. $\displaystyle\int_{\pi/2}^{\pi} \int_0^{2\sin\theta} r\, dr\, d\theta$

7-10 다음의 주어진 적분을 극좌표로 바꾸어 계산하여라.

7. $\iint_D x^2 y\, dA$, D는 원점이 중심이고, 반지름이 5인 원의 상반

8. $\iint_R \sin(x^2 + y^2)\, dA$, R은 원점이 중심이고 반지름이 1과 3인 두 원 사이에 있는 영역 중 제1사분면에 있는 영역

9. $\displaystyle\iint_R \frac{y^2}{x^2 + y^2}\, dA$, R은 두 원 $x^2 + y^2 = a^2$과 $x^2 + y^2 = b^2$ $(0 < a < b)$ 사이에 놓인 영역

10. $\iint_D e^{-x^2-y^2}\, dA$, D는 반원 $x = \sqrt{4 - y^2}$과 y축에 의해 유계된 영역

11-14 이중적분을 이용하여 영역 D의 넓이를 구하여라.

11.

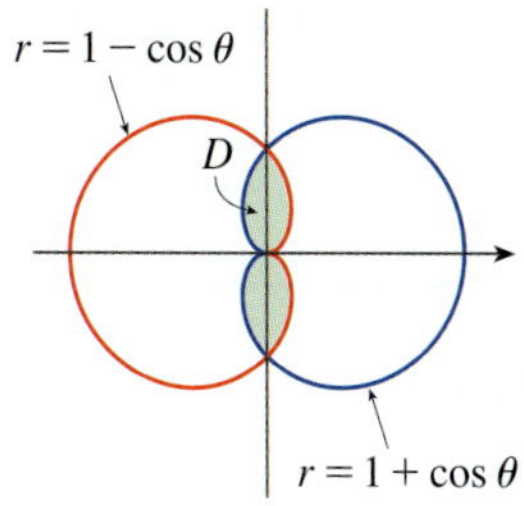

12.

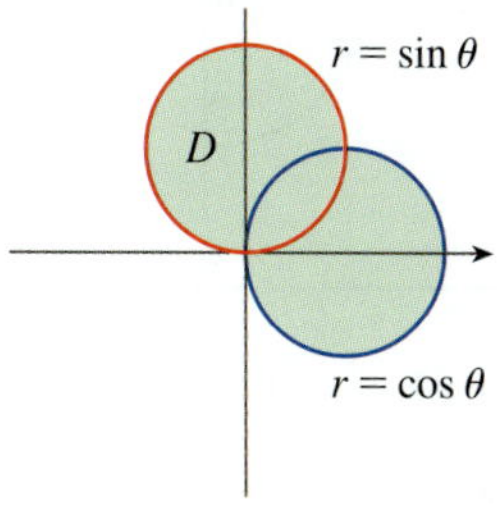

13. D는 제1사분면에 있는 장미 $r = \sin 3\theta$의 곡선에 의해 둘러싸인 고리의 내부

14. D는 원 $(x-1)^2+y^2=1$의 내부와 원 $x^2+y^2=1$의 외부에 있는 영역

15-16

(a) 곡면 아래와 영역 D 위에 있는 입체의 부피를 극좌표를 이용하여 반복적분으로 나타내어라.

(b) 반복적분을 계산하여 입체의 부피를 구하여라.

15.

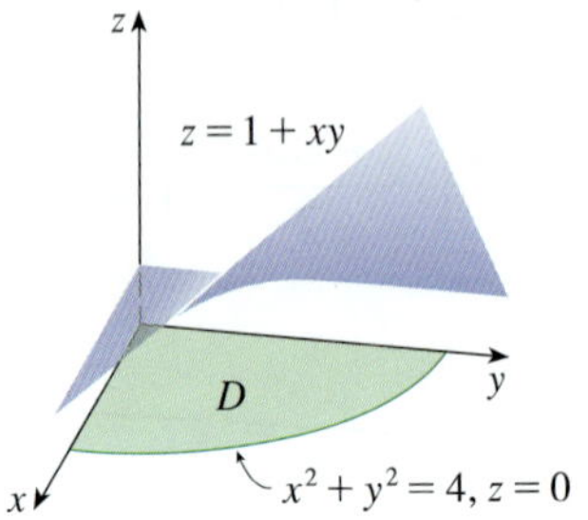

16.

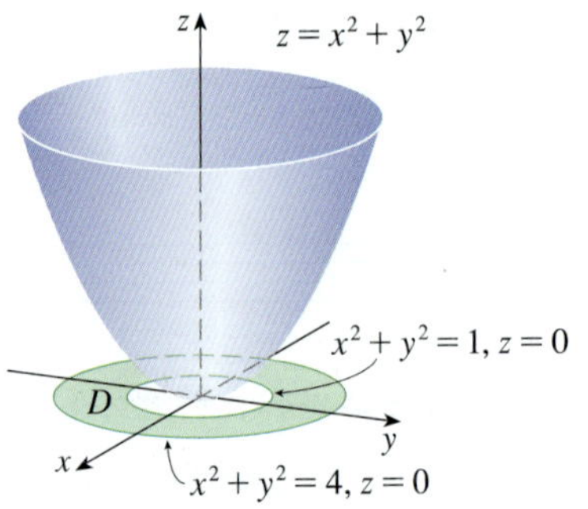

17-18

(a) 주어진 함수의 그래프 아래와 영역 D 위에 있는 입체의 부피를 극좌표를 이용하여 반복적분으로 나타내어라.

(b) 반복적분을 계산하여 입체의 부피를 구하여라.

17. $f(x,y)=y$

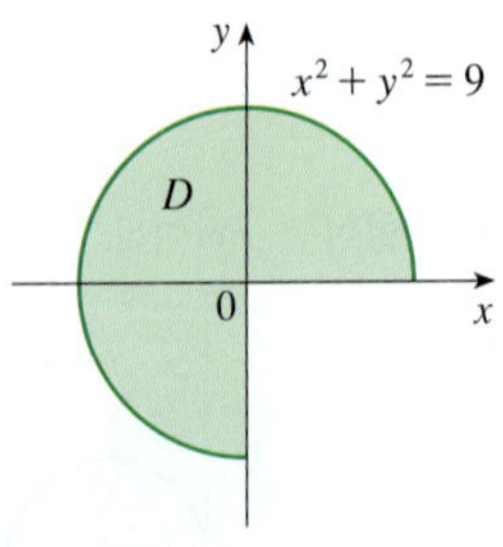

18. $f(x,y)=xy^2$

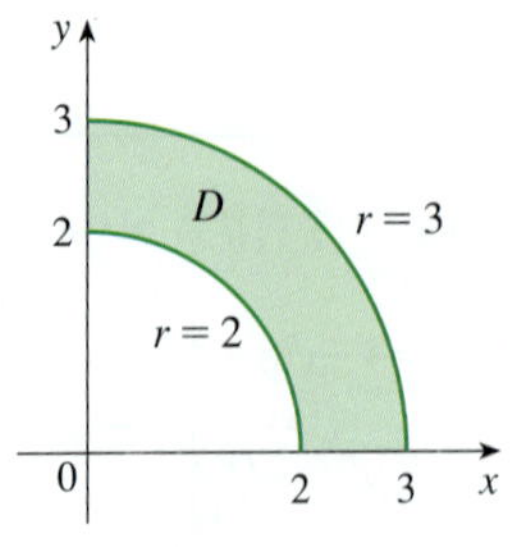

19-24 극좌표를 이용하여 다음 입체의 부피를 구하여라.

19. 포물면 $z=x^2+y^2$ 아래, 원판 $x^2+y^2\le 25$ 위에 놓인 입체

20. 평면 $2x+y+z=4$ 아래, 원판 $x^2+y^2\le 1$ 위에 놓인 입체

21. 구 $x^2+y^2+z^2=16$의 내부와 원기둥 $x^2+y^2=4$의 외부에 놓인 입체

22. 반지름 a인 구

23. 원뿔 $z=\sqrt{x^2+y^2}$ 위에 놓이고 구면 $x^2+y^2+z^2=1$ 아래에 놓인 입체

24. 원기둥 $x^2+y^2=4$의 내부와 타원면 $4x^2+4y^2+z^2=64$의 내부에 놓인 입체

---

25. (a) 반지름 r_1인 원기둥 모양의 드릴을 반지름이 r_2인 구의 중심을 통과하는 구멍을 뚫는 데 사용하였다. 이때 남아 있는 반지 모양 입체의 부피를 찾아라.

(b) (a)의 입체 부피를 반지의 높이 h를 이용하여 표현하여라. 이 부피는 r_1, r_2가 아니라 오직 h에만 종속되어 있다.

26-28 극좌표로 변환하여 다음의 반복적분을 계산하여라.

26. $\displaystyle\int_0^2\int_0^{\sqrt{4-x^2}} e^{-x^2-y^2}\,dy\,dx$

27. $\displaystyle\int_0^{1/2}\int_{\sqrt{3}y}^{\sqrt{1-y^2}} xy^2\,dx\,dy$

28. $\displaystyle\int_0^2\int_0^{\sqrt{2x-x^2}} \sqrt{x^2+y^2}\,dy\,dx$

---

29. 수영장은 지름이 10m인 원형이다. 깊이는 동서 직선을 따라 일정하고 남쪽 끝의 1m부터 북쪽 끝의 2m까지 선형으로 증가한다. 이 수영장 안의 물의 부피를 계산하여라.

30. 고리 모양의 영역 $a^2\le x^2+y^2\le b^2$ $(0<a<b)$에서 함수 $f(x,y)=\dfrac{1}{\sqrt{x^2+y^2}}$의 평균값을 찾아라.

31. 극좌표를 이용하여 다음의 합을 하나의 이중적분으로 합쳐보아라. 그리고 그 이중적분을 계산하여라.

$$\int_{1/\sqrt{2}}^{1}\int_{\sqrt{1-x^2}}^{x} xy\,dy\,dx+\int_{1}^{\sqrt{2}}\int_{0}^{x} xy\,dy\,dx+\int_{\sqrt{2}}^{2}\int_{0}^{\sqrt{4-x^2}} xy\,dy\,dx$$

32. (a) (전평면 $\mathbb{R}^2$ 위에서) 이상적분

$$\begin{aligned} I &= \iint_{\mathbb{R}^2} e^{-(x^2+y^2)}\,dA \\ &= \int_{-\infty}^{\infty}\int_{-\infty}^{\infty} e^{-(x^2+y^2)}\,dy\,dx \\ &= \lim_{a\to\infty}\iint_{D_a} e^{-(x^2+y^2)}\,dA \end{aligned}$$

를 정의한다. 단 D_a는 반지름이 a이고 원점이 중심인 원판이다. 다음을 밝혀라.

$$\int_{-\infty}^{\infty}\int_{-\infty}^{\infty} e^{-(x^2+y^2)}\,dA=\pi$$

(b) (a)에서의 이상적분과 동치인 정의는

$$\iint_{\mathbb{R}^2} e^{-(x^2+y^2)}\, dA = \lim_{a\to\infty} \iint_{S_a} e^{-(x^2+y^2)}\, dA$$

이다. 단 S_a는 꼭짓점이 $(\pm a, \pm a)$인 정사각형이다. 이것을 이용하여

$$\int_{-\infty}^{\infty} e^{-x^2}\, dx \int_{-\infty}^{\infty} e^{-y^2}\, dy = \pi$$

임을 밝혀라.

(c) $\int_{-\infty}^{\infty} e^{-x^2}\, dx = \sqrt{\pi}$를 추론하여라.

(d) $t = \sqrt{2}\, x$로 변수변환하여

$$\int_{-\infty}^{\infty} e^{-x^2/2}\, dx = \sqrt{2\pi}$$

임을 밝혀라(이것은 확률과 통계학에 대한 기본결과이다).

14.4 곡면의 넓이

15.6절에서 매개변수곡면(parametric surface)이라 부르는 더 일반적인 곡면의 넓이를 구한다. 15.6절을 학습할 계획이라면 이 절은 생략해도 무방하다.

이 절에서는 이중적분을 이용하여 곡면의 넓이를 계산한다. 8.2절에서는 회전곡면과 같은 매우 특별한 형태의 곡면의 넓이를 일변수함수의 적분으로 구하였다. 여기서는 이변수함수의 그래프인 방정식 $z = f(x, y)$를 갖는 곡면의 넓이를 구한다.

f가 연속인 편도함수를 갖는 함수일 때 $z = f(x, y)$로 표현되는 곡면을 S라고 하자. 논의를 간단히 하기 위해 $f(x, y) \geqslant 0$이고 f의 정의역 D는 직사각형이라 가정한다. D를 작은 직사각형 R_{ij}로 분할하면 R_{ij}의 넓이는 $\Delta A = \Delta x \Delta y$이다. (x_i, y_j)를 R_{ij}의 꼭짓점 중에서 원점에 가장 가까운 점이라 할 때 $P_{ij}(x_i, y_j, f(x_i, y_j))$는 점 (x_i, y_j) 바로 위에 있는 S 위의 점이다(그림 1 참조). 점 P_{ij}에서 S의 접평면은 P_{ij} 근방에서는 S에 근사적으로 접근한다. 따라서 R_{ij} 바로 위에 있는 이 접평면의 부분(평행사변형)의 넓이 ΔT_{ij}는 R_{ij} 바로 위에 있는 S의 부분 넓이 ΔS_{ij}의 근삿값이다. 그러므로 합 $\Sigma\Sigma\Delta T_{ij}$는 S의 전체 넓이의 근삿값이고, D의 직사각형 분할이 수를 늘리면 S의 넓이에 더 가까이 접근한 것이다. 따라서 S의 **곡면의 넓이**(surface area) $A(S)$를 다음과 같이 정의한다.

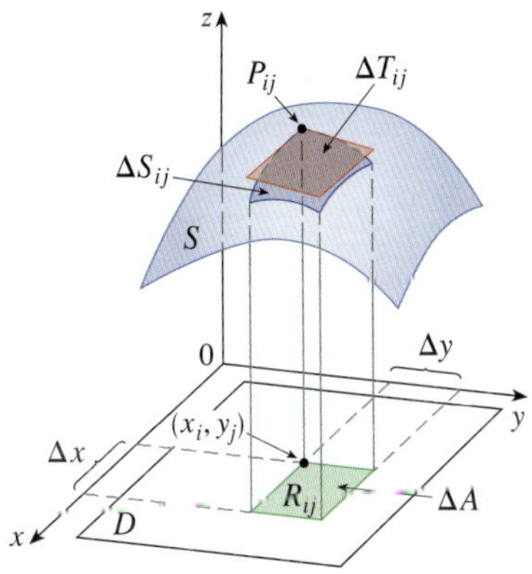

그림 1

$$\boxed{1} \qquad A(S) = \lim_{m,\, n\to\infty} \sum_{i=1}^{m} \sum_{j=1}^{n} \Delta T_{ij}$$

식 $\boxed{1}$보다 계산이 편리한 공식을 찾아보자. 꼭짓점 P_{ij}를 시작점으로 하고 넓이 ΔT_{ij}를 갖는 평행사변형의 두 변을 따라 놓인 벡터를 **a**, **b**라 하자(그림 2 참조). 그러면 $\Delta T_{ij} = |\mathbf{a} \times \mathbf{b}|$이다. 13.3절로부터 $f_x(x_i, y_j)$, $f_y(x_i, y_j)$는 P_{ij}를 지나고 방향이 **a**, **b**인 접선의 기울기이다. 따라서

$$\mathbf{a} = \Delta x\, \mathbf{i} + f_x(x_i, y_j)\, \Delta x\, \mathbf{k}$$
$$\mathbf{b} = \Delta y\, \mathbf{j} + f_y(x_i, y_j)\, \Delta y\, \mathbf{k}$$

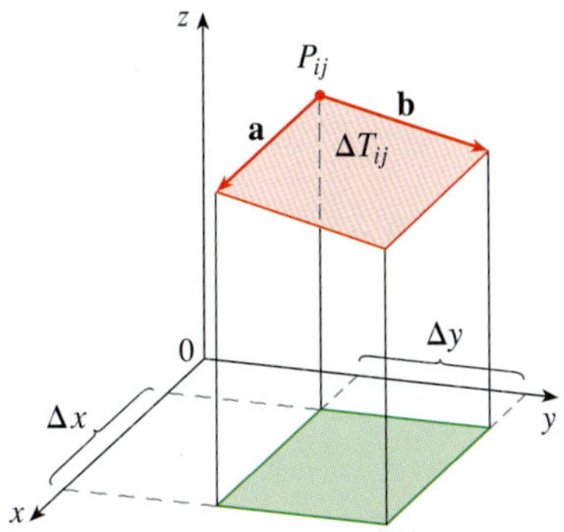

그림 2

이고

$$\mathbf{a} \times \mathbf{b} = \begin{vmatrix} \mathbf{i} & \mathbf{j} & \mathbf{k} \\ \Delta x & 0 & f_x(x_i, y_j)\, \Delta x \\ 0 & \Delta y & f_y(x_i, y_j)\, \Delta y \end{vmatrix}$$
$$= -f_x(x_i, y_j)\, \Delta x\, \Delta y\, \mathbf{i} - f_y(x_i, y_j)\, \Delta x\, \Delta y\, \mathbf{j} + \Delta x\, \Delta y\, \mathbf{k}$$
$$= [-f_x(x_i, y_j)\mathbf{i} - f_y(x_i, y_j)\mathbf{j} + \mathbf{k}]\, \Delta A$$

이므로 $$\Delta T_{ij} = |\mathbf{a} \times \mathbf{b}| = \sqrt{[f_x(x_i, y_j)]^2 + [f_y(x_i, y_j)]^2 + 1}\, \Delta A$$

이다. 정의 1 로부터

$$A(S) = \lim_{m,n\to\infty} \sum_{i=1}^{m} \sum_{j=1}^{n} \Delta T_{ij}$$

$$= \lim_{m,n\to\infty} \sum_{i=1}^{m} \sum_{j=1}^{n} \sqrt{[f_x(x_i, y_j)]^2 + [f_y(x_i, y_j)]^2 + 1}\, \Delta A$$

이고 이중적분의 정의로부터 다음 공식을 얻는다.

2 f_x, f_y가 연속일 때 식 $z = f(x, y)$, $(x, y) \in D$로 표현되는 곡면의 넓이는

$$A(S) = \iint_D \sqrt{[f_x(x, y)]^2 + [f_y(x, y)]^2 + 1}\, dA$$

이다.

공식 3 과 8.1절에서 논의한 호의 길이 공식 사이의 유사성에 주목하여라.

$$L = \int_a^b \sqrt{1 + \left(\frac{dy}{dx}\right)^2}\, dx$$

15.6절에서 이 공식이 앞에서 논의한 회전체의 넓이 공식과 일치함을 보일 것이다. 편도함수를 사용하는 표기법으로 쓰면 공식 2 는 다음과 같이 쓸 수 있다.

3
$$A(S) = \iint_D \sqrt{1 + \left(\frac{\partial z}{\partial x}\right)^2 + \left(\frac{\partial z}{\partial y}\right)^2}\, dA$$

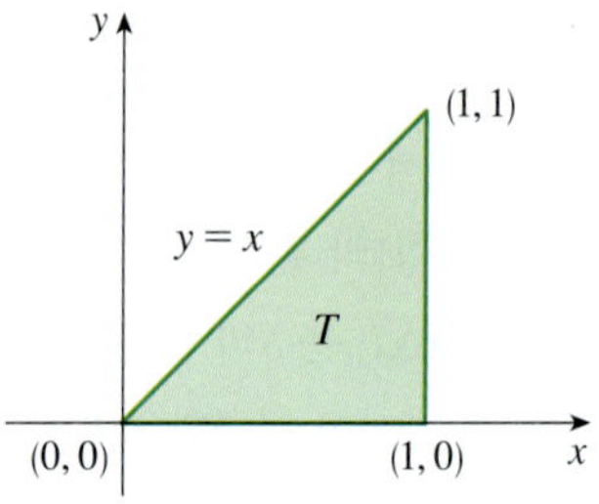

그림 3

예제 1 세 꼭짓점이 (0, 0), (1, 0), (1, 1)인 삼각형 영역 T 위의 곡면 $z = x^2 + 2y + 2$의 넓이를 구하여라.

풀이 그림 3의 영역 T는 다음과 같이 쓸 수 있다.

$$T = \{(x, y) \mid 0 \leqslant x \leqslant 1,\ 0 \leqslant y \leqslant x\}$$

$f(x, y) = x^2 + 2y + 2$로 하고, 공식 2 를 적용하면 다음을 얻는다.

$$A = \iint_T \sqrt{(2x)^2 + (2)^2 + 1}\, dA = \int_0^1 \int_0^x \sqrt{4x^2 + 5}\, dy\, dx$$

$$= \int_0^1 x\sqrt{4x^2 + 5}\, dx = \tfrac{1}{8} \cdot \tfrac{2}{3}(4x^2 + 5)^{3/2}\Big]_0^1 = \tfrac{1}{12}\left(27 - 5\sqrt{5}\right)$$

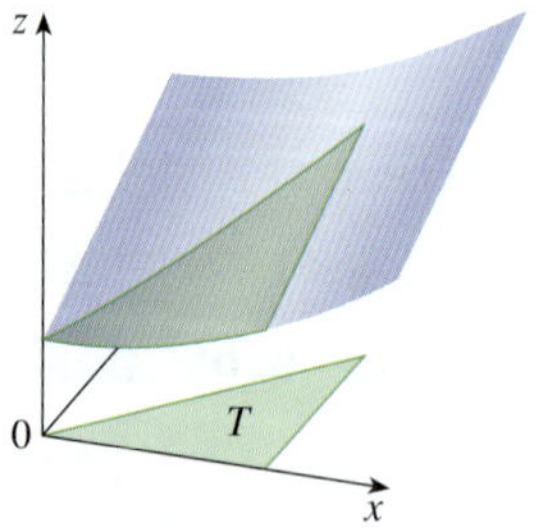

그림 4

그림 4는 위에서 계산한 곡면의 넓이를 나타낸 것이다. ■

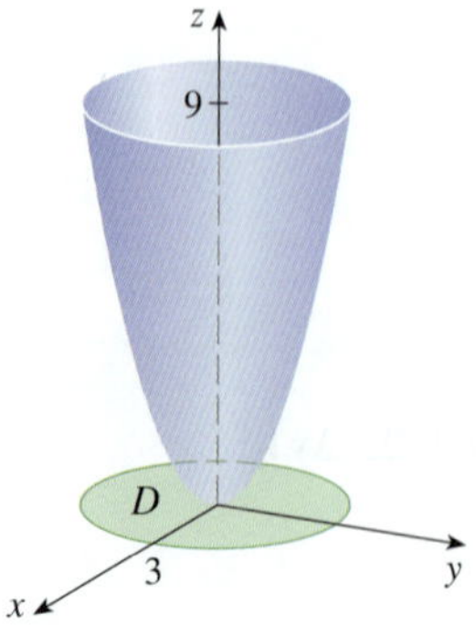

그림 5

예제 2 평면 $z = 9$ 아래에 놓여 있는 포물면 $z = x^2 + y^2$ 부분의 넓이를 구하여라.

풀이 평면과 포물면은 원 $x^2 + y^2 = 9$, $z = 9$에서 만난다. 따라서 구하려는 포물면의 부분은 반지름 3인 원판 위에 있는 부분이다(그림 5 참조). 공식 3 을 이용하면

$$A = \iint_D \sqrt{1 + \left(\frac{\partial z}{\partial x}\right)^2 + \left(\frac{\partial z}{\partial y}\right)^2}\, dA = \iint_D \sqrt{1 + (2x)^2 + (2y)^2}\, dA$$

$$= \iint_D \sqrt{1 + 4(x^2 + y^2)}\, dA$$

이다. 이를 극좌표로 변환하면 다음을 얻는다.

$$A = \int_0^{2\pi} \int_0^3 \sqrt{1 + 4r^2}\, r\, dr\, d\theta = \int_0^{2\pi} d\theta \int_0^3 \tfrac{1}{8}\sqrt{1 + 4r^2}\,(8r)\, dr$$

$$= 2\pi\left(\tfrac{1}{8}\right)\tfrac{2}{3}(1 + 4r^2)^{3/2}\Big]_0^3 = \frac{\pi}{6}\left(37\sqrt{37} - 1\right)$$

■

14.4 연습문제

1-2 영역 D 위에 놓인 곡면의 표시된 부분의 넓이를 구하여라.

1.

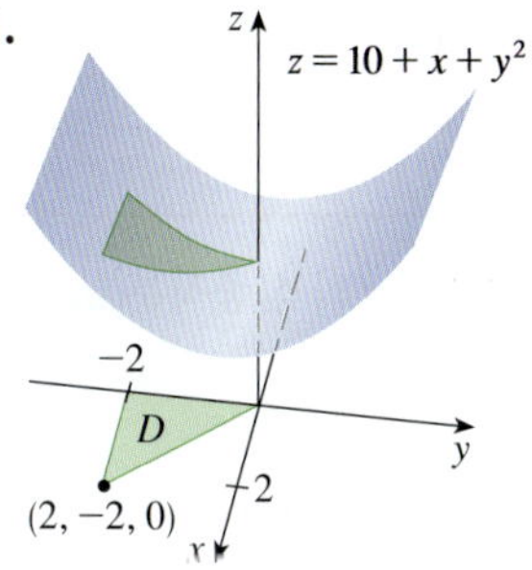

2.

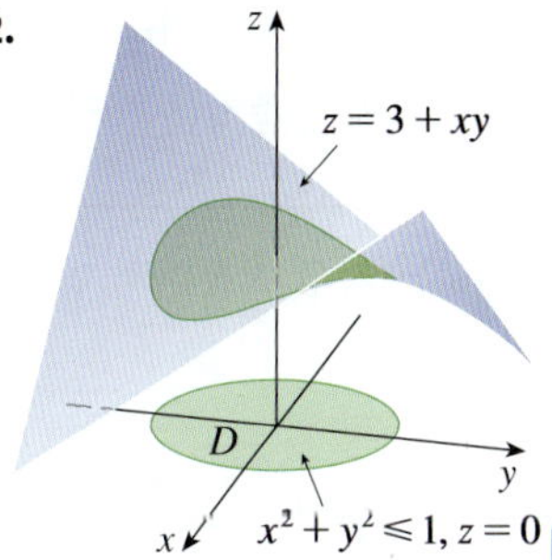

3-10 다음 곡면의 넓이를 구하여라.

3. 직사각형 $[1, 4]\times[2, 6]$ 위에 놓인 평면 $5x + 3y - z + 6 = 0$

4. 제1팔분공간 안에 놓인 평면 $3x + 2y + z = 6$

5. 꼭짓점이 $(0, 0)$, $(2, 0)$, $(2, 4)$인 삼각형 위에 놓인 곡면 $2y + 4z - x^2 = 5$

6. 평면 $z = -2$ 위에 놓인 포물면 $z = 1 - x^2 - y^2$

7. 원기둥 $x^2 + y^2 = 1$과 $x^2 + y^2 = 4$ 사이에 놓인 쌍곡포물면 $z = y^2 - x^2$

8. 원기둥 $x^2 + y^2 = 1$ 안에 놓인 곡면 $z = xy$

9. 평면 $z = 1$ 위에 놓인 구면 $x^2 + y^2 + z^2 = 4$

10. 원기둥 $x^2 + y^2 = ax$의 안과 xy평면 위에 놓인 구면 $x^2 + y^2 + z^2 = a^2$

11. (a) 이중적분의 중점 법칙(14.1절 참조)을 이용하여 정사각형 $[0, 1] \times [0, 1]$ 위에 놓인 포물면 $z = x^2 + y^2$의 일부인 곡면의 넓이를 계산하여라.

T (b) CAS를 이용하여 (a)에서의 곡면 넓이의 근삿값을 소수 넷째 자리까지 구하여라. 그리고 그 값을 (a)의 결과와 비교하여라.

T **12.** CAS를 이용하여 곡면 $z = 1 + 2x + 3y + 4y^2$, $1 \le x \le 4$, $0 \le y \le 1$의 정확한 넓이를 구하여라.

T **13.** CAS를 이용하여 원판 $x^2 + y^2 \le 1$ 위에 놓인 곡면 $z = 1 + x^2y^2$의 넓이를 소수 넷째 자리까지 구하여라.

14. 넓이 $A(D)$를 가지는 xy평면의 영역 D를 평면 $z = ax + by + c$로 사영한 부분의 넓이가 $\sqrt{a^2 + b^2 + 1}\, A(D)$임을 보여라.

15. 포물면 $y = x^2 + z^2$을 평면 $y = 25$로 잘랐을 때 유한한 부분의 넓이를 구하여라. [힌트: 곡면을 xz평면으로 사영시켜보아라.]

14.5 삼중적분

일변수함수에 대한 정적분과 이변수함수에 대한 이중적분을 정의한 것과 같이 삼변수함수에 대한 삼중적분을 정의할 수 있다.

■ 직육면체 위에서의 삼중적분

먼저 f가 직육면체상에 정의된 가장 간단한 경우를 다루어보자.

1 $$B = \left\{(x, y, z) \mid a \le x \le b,\ c \le y \le d,\ r \le z \le s\right\}$$

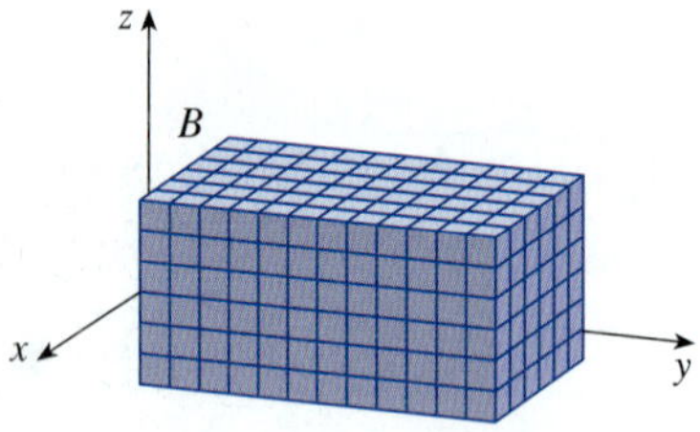

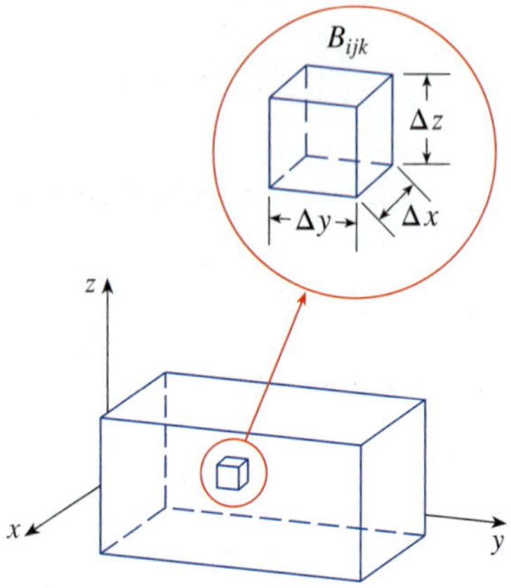

그림 1

첫 단계는 B를 부분 직육면체로 분할하는 것이다. 구간 $[a, b]$를 같은 폭 Δx의 l개 부분 구간 $[x_{i-1}, x_i]$, $[c, d]$를 폭 Δy의 m개 부분 구간, 그리고 $[r, s]$를 폭 Δz의 n개 부분 구간으로 분할한다. 이러한 부분 구간의 끝점을 지나고 좌표평면과 평행한 평면은 직육면체 B를 그림 1에서 보이는 lmn개의 부분 직육면체

$$B_{ijk} = [x_{i-1}, x_i] \times [y_{j-1}, y_j] \times [z_{k-1}, z_k]$$

로 분할한다. 각 부분 직육면체의 부피는 $\Delta V = \Delta x \Delta y \Delta z$이다.

그러면 **삼중 리만합**(triple Riemann sum)은 다음과 같다.

2
$$\sum_{i=1}^{l} \sum_{j=1}^{m} \sum_{k=1}^{n} f(x_{ijk}^*, y_{ijk}^*, z_{ijk}^*)\, \Delta V$$

단 표본점 $(x_{ijk}^*, y_{ijk}^*, z_{ijk}^*)$는 B_{ijk}에 속한다. 이중적분의 정의(14.1절 **5**)와 비슷하게 **2**에 있는 삼중 리만합의 극한으로써 삼중적분을 정의한다.

3 정의 다음 극한이 존재하는 경우 직육면체 영역 B 위에서 f의 **삼중적분**(triple integral)은

$$\iiint_B f(x, y, z)\, dV = \lim_{l, m, n \to \infty} \sum_{i=1}^{l} \sum_{j=1}^{m} \sum_{k=1}^{n} f(x_{ijk}^*, y_{ijk}^*, z_{ijk}^*)\, \Delta V$$

이다.

또 f가 연속이면 삼중적분은 항상 존재한다. 부분 직육면체에 있는 임의의 점을 표본점으로 택할 수 있다. 그래서 점 (x_i, y_j, z_k)를 표본점으로 택하면 삼중적분에 대한 더 간단한 식을 얻는다.

$$\iiint_B f(x, y, z)\, dV = \lim_{l, m, n \to \infty} \sum_{i=1}^{l} \sum_{j=1}^{m} \sum_{k=1}^{n} f(x_i, y_j, z_k)\, \Delta V$$

이중적분과 마찬가지로 삼중적분을 계산하는 실제적인 방법은 다음과 같이 삼중적분을 반복적분으로 표현하는 것이다.

4 삼중적분에 대한 푸비니 정리

f가 직육면체 $B = [a, b] \times [c, d] \times [r, s]$ 상에서 연속일 때

$$\iiint_B f(x, y, z)\, dV = \int_r^s \int_c^d \int_a^b f(x, y, z)\, dx\, dy\, dz$$

이다.

푸비니 정리의 우변에 있는 적분은 먼저 (y와 z를 고정하고) x에 관하여 적분하고, 다음에 (z를 고정하고) y에 관하여 적분하며, 끝으로 z에 관하여 적분하는 것을 의미한다. 푸비니 정리에는 적분가능한 다섯 가지 다른 순서가 있으며, 그것들은 모두 같은 값을

제공한다. 예를 들어, y, z, x의 순으로 각 변수에 관하여 차례차례 적분하면

$$\iiint_B f(x, y, z)\,dV = \int_a^b \int_r^s \int_c^d f(x, y, z)\,dy\,dz\,dx$$

이다.

예제 1 직육면체 $B = \{(x, y, z) \mid 0 \leqslant x \leqslant 1,\ -1 \leqslant y \leqslant 2,\ 0 \leqslant z \leqslant 3\}$일 때 삼중적분 $\iiint_B xyz^2\,dV$를 계산하여라.

풀이 여섯 가지 가능한 적분 순서 중에서 어느 것이든 사용할 수 있다. 적분 순서를 x, y, z의 순으로 택하면

$$\iiint_B xyz^2\,dV = \int_0^3 \int_{-1}^2 \int_0^1 xyz^2\,dx\,dy\,dz = \int_0^3 \int_{-1}^2 \left[\frac{x^2yz^2}{2}\right]_{x=0}^{x=1} dy\,dz$$

$$= \int_0^3 \int_{-1}^2 \frac{yz^2}{2}\,dy\,dz = \int_0^3 \left[\frac{y^2z^2}{4}\right]_{y=-1}^{y=2} dz$$

$$= \int_0^3 \frac{3z^2}{4}\,dz = \frac{z^3}{4}\bigg]_0^3 = \frac{27}{4}$$

이다. ■

■ 일반 영역 위에서의 삼중적분

이제 이중적분(14.2절의 [2])에 사용한 것과 거의 동일한 절차로 삼차원 공간(어떤 입체)의 **일반적인 유계영역 E 위에서의 삼중적분**을 정의한다. 식 [1]에 의해 주어진 형태의 직육면체 B 안에 영역 E가 있다고 하자. 그러면 F를 E상에서는 f와 일치하고 E 바깥에 있는 B 안의 점에 대해서는 0이라 하자. 정의에 의하여

$$\iiint_E f(x, y, z)\,dV = \iiint_B F(x, y, z)\,dV$$

이다. 이 적분 f가 연속이고 E의 경계가 '알맞게 매끄러운' 경우에 존재한다. 이 삼중적분은 본질적으로 이중적분의 성질과 같다(14.2절 성질 [5]~[8]).

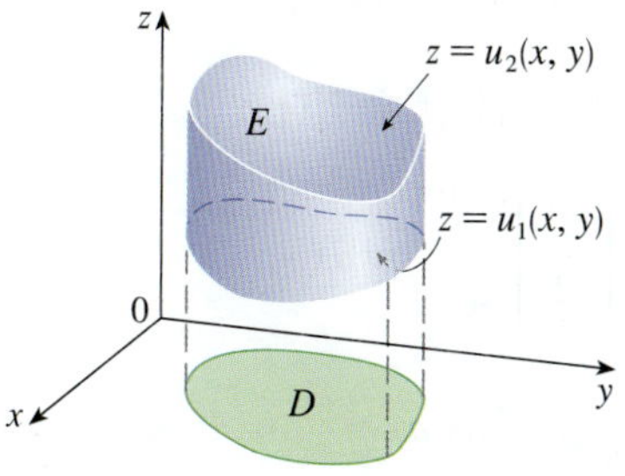

그림 2
형태 1의 입체 영역

연속함수 f와 간단한 형태의 영역에 초점을 두자. 두 개의 x, y에 대한 연속함수의 그래프 사이에 놓인 영역 E를 **형태 1**의 입체 영역이라 한다. 즉

[5] $$E = \{(x, y, z) \mid (x, y) \in D,\ u_1(x, y) \leqslant z \leqslant u_2(x, y)\}$$

단 D는 그림 2처럼 E의 xy평면에 대한 정사영이다. 입체 E의 위쪽 경계는 방정식 $z = u_2(x, y)$의 곡면이고 아래쪽 경계는 곡면 $z = u_1(x, y)$이다.

14.2절의 식 [3]을 유도했던 논의와 같은 방법으로 E가 식 [5]로 주어진 형태 1의 영역이면,

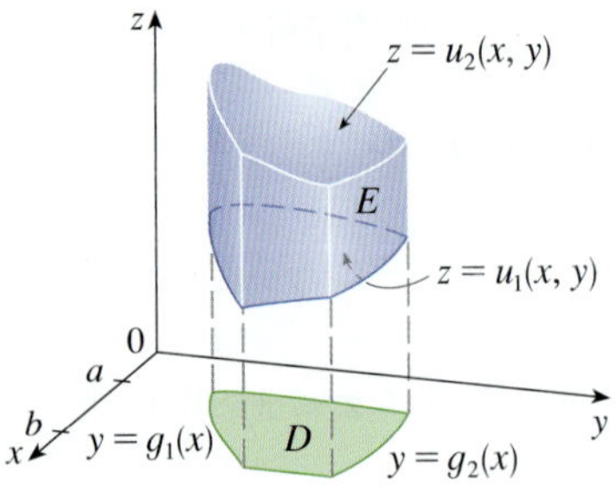

그림 3
정사영 D가 형태 I의 평면 영역인 형태 1의 입체 영역

6
$$\iiint_E f(x, y, z)\, dV = \iint_D \left[\int_{u_1(x, y)}^{u_2(x, y)} f(x, y, z)\, dz \right] dA$$

식 **6**의 우변에 있는 안쪽의 적분은 x와 y를 고정하고 그래서 $u_1(x, y)$와 $u_2(x, y)$를 상수로 간주하고 $f(x, y, z)$를 z에 관하여 적분하는 것을 의미한다.

특히 E의 xy평면으로의 정사영 D가 (그림 3처럼) 형태 I인 평면 영역이면

$$E = \{(x, y, z) \mid a \leqslant x \leqslant b,\ g_1(x) \leqslant y \leqslant g_2(x),\ u_1(x, y) \leqslant z \leqslant u_2(x, y)\}$$

이고, 식 **6**은 다음과 같이 된다.

7
$$\iiint_E f(x, y, z)\, dV = \int_a^b \int_{g_1(x)}^{g_2(x)} \int_{u_1(x, y)}^{u_2(x, y)} f(x, y, z)\, dz\, dy\, dx$$

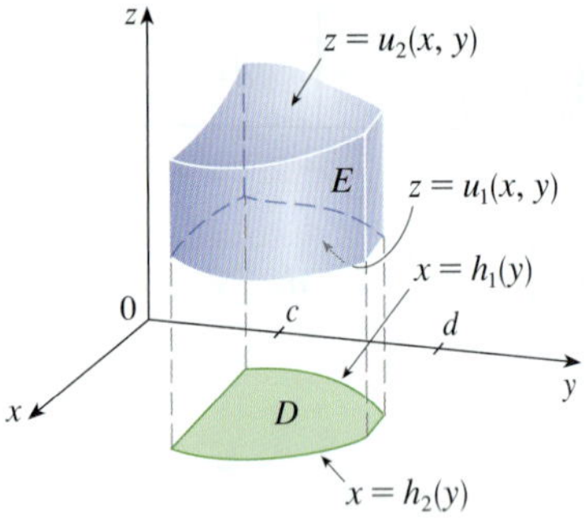

그림 4
형태 II의 정사영을 갖는 다른 형태 1의 입체 영역

한편 D가 (그림 4처럼) 형태 II인 평면 영역이면

$$E = \{(x, y, z) \mid c \leqslant y \leqslant d,\ h_1(y) \leqslant x \leqslant h_2(y),\ u_1(x, y) \leqslant z \leqslant u_2(x, y)\}$$

이고, 식 **6**은 다음과 같이 된다.

8
$$\iiint_E f(x, y, z)\, dV = \int_c^d \int_{h_1(y)}^{h_2(y)} \int_{u_1(x, y)}^{u_2(x, y)} f(x, y, z)\, dz\, dx\, dy$$

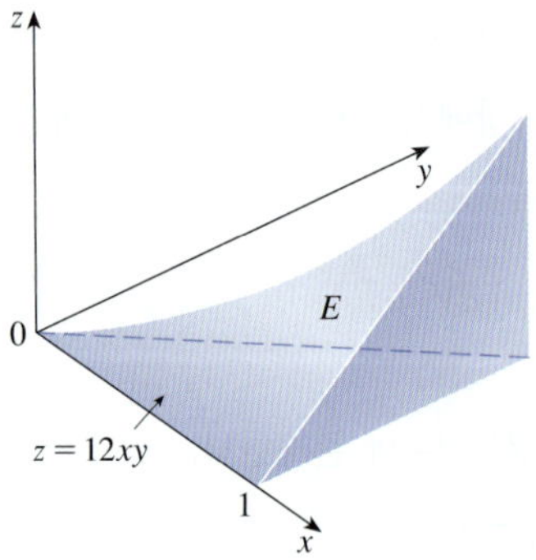

그림 5

예제 2 E가 제1팔분공간에서 곡면 $z = 12xy$와 평면 $y = x$, $x = 1$로 유계된 입체일 때 삼중적분 $\iiint_E z\, dV$ 를 계산하여라.

풀이 삼중적분을 설정할 때 입체 영역 E(그림 5 참조)와 xy평면에 대한 정사영 D(그림 6 참조)로 두 개의 그림을 그리는 것이 현명하다. 입체 아래쪽 경계는 평면 $z = 0$이고 위쪽 경계는 곡면 $z = 12xy$이다. 그래서 식 **7**에서 $u_1(x, y) = 0$ 및 $u_2(x, y) = 12xy$를 사용한다. E의 정사영은 그림 6에 표시된 삼각형 영역이고

9
$$E = \{(x, y, z) \mid 0 \leqslant x \leqslant 1, 0 \leqslant y \leqslant x, 0 \leqslant z \leqslant 12xy\}$$

이다. E가 형태 1의 입체 영역이므로 적분을 다음과 같이 계산할 수 있다.

$$\iiint_E z\, dV = \int_0^1 \int_0^x \int_0^{12xy} z\, dz\, dy\, dx = \int_0^1 \int_0^x \left[\frac{z^2}{2} \right]_{z=0}^{z=12xy} dy\, dx$$

$$= \tfrac{1}{2} \int_0^1 \int_0^x (12xy)^2\, dy\, dx = 72 \int_0^1 \int_0^x x^2 y^2\, dy\, dx$$

$$= 72 \int_0^1 \left[x^2 \frac{y^3}{3} \right]_{y=0}^{y=x} dx = 24 \int_0^1 x^5\, dx = 24 \left[\frac{x^6}{6} \right]_{x=0}^{x=1} = 4$$ ■

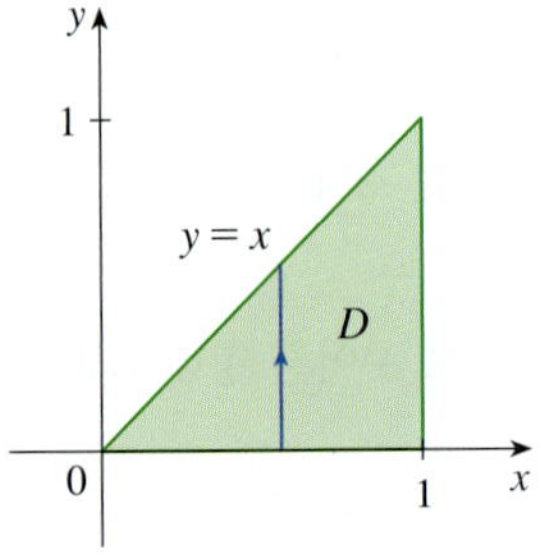

그림 6

그림 7은 z에 대해 먼저 적분하고, x, y에 대해 차례로 반복 삼중적분하면 예제 2의 입체

E가 어떻게 휩싸이는지 보여준다.

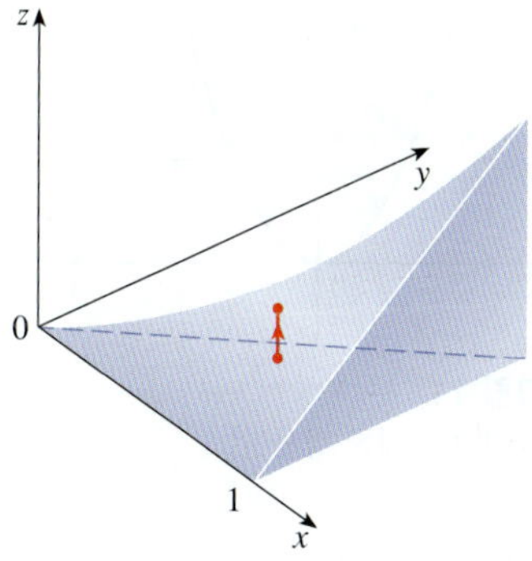

z는 0에서 xy까지 변하고 x, y는 상수이다.

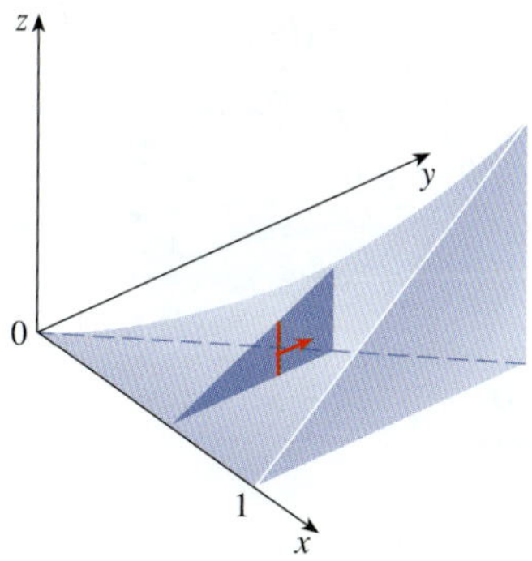

y는 0에서 x까지 변하고 x가 상수이다.

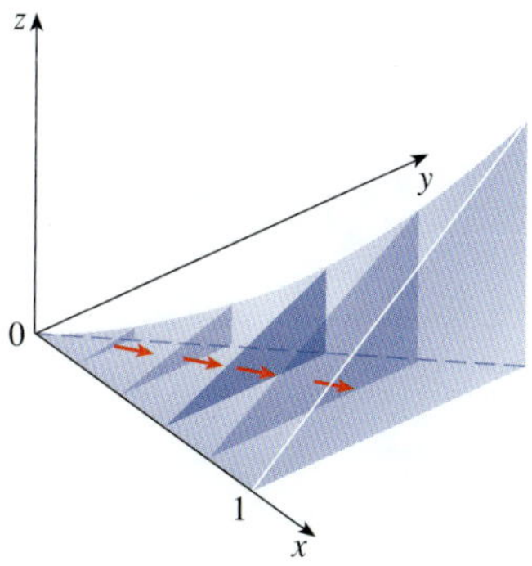

x는 0에서 1까지 변한다.

그림 7

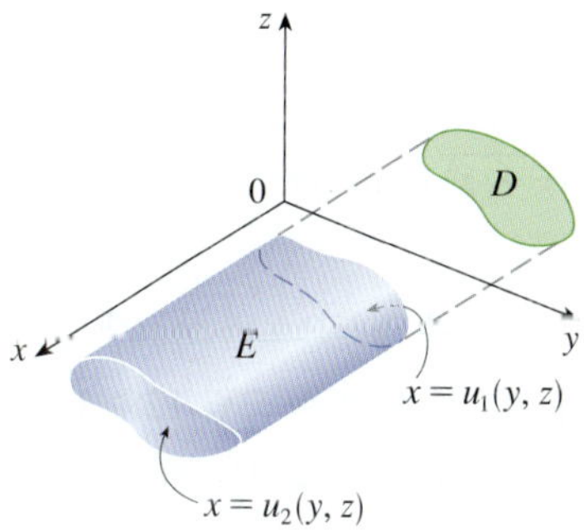

그림 8
형태 2의 영역

입체 영역 E가 아래의 형태일 때 **형태 2**의 영역이라 한다.

$$E = \{(x, y, z) \mid (y, z) \in D,\ u_1(y, z) \leqslant x \leqslant u_2(y, z)\}$$

단 D는 E의 yz평면에 대한 정사영이다(그림 8 참조). 뒤쪽 곡면은 $x = u_1(y, z)$이고 앞쪽 곡면은 $x = u_2(y, z)$이며,

10
$$\iiint_E f(x, y, z)\, dV = \iint_D \left[\int_{u_1(y, z)}^{u_2(y, z)} f(x, y, z)\, dx\right] dA$$

이다.

마지막으로, **형태 3**의 영역은 다음의 형태이다.

$$E = \{(x, y, z) \mid (x, z) \in D,\ u_1(x, z) \leqslant y \leqslant u_2(x, z)\}$$

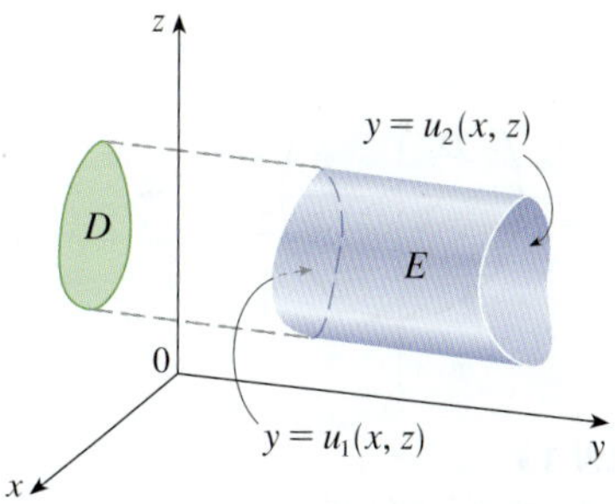

그림 9
형태 3의 영역

단, D는 E의 xz평면에 대한 정사영이고, $y = u_1(x, z)$는 왼쪽 곡면이며, $y = u_2(x, z)$는 오른쪽 곡면이다(그림 9 참조). 이 형태의 영역에 대해서는

11
$$\iiint_E f(x, y, z)\, dV = \iint_D \left[\int_{u_1(x, z)}^{u_2(x, z)} f(x, y, z)\, dy\right] dA$$

이다.

식 **10**과 **11** 각각에서 D가 형태 I인지 II인지에 의해 적분에 관해 두 가지 가능한 표현을 가질 수 있다(그리고 식 **7**과 **8**에 해당).

예제 3 포물면 $y = x^2 + z^2$과 평면 $y = 4$에 의해 유계된 영역을 E라 할 때 $\iiint_E \sqrt{x^2 + z^2}\, dV$를 계산하여라.

풀이 입체 E는 그림 10에서 볼 수 있다. 만약 E를 형태 1의 영역으로 간주하면 그것의 xy평면에 대한 정사영 D_1을 고려해야 한다. 정사영 D_1은 그림 11에서의 포물 영역이다(평면 $z = 0$에서의 $y = x^2 + z^2$의 궤적은 포물선 $y = x^2$이다).

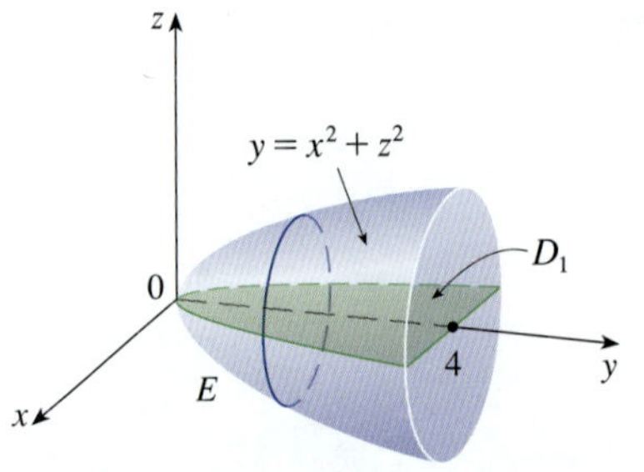

그림 10
적분 영역

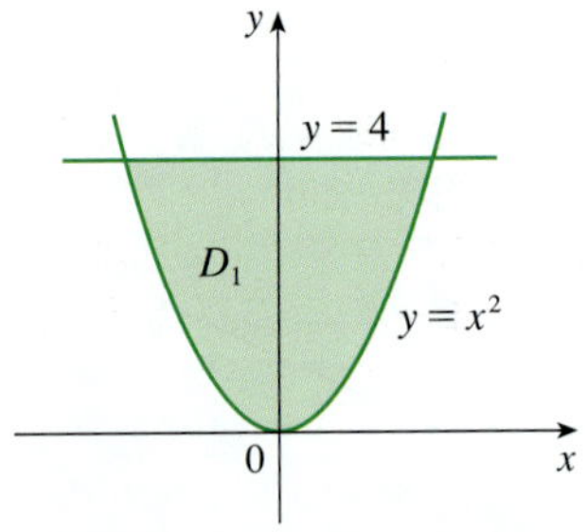

그림 11
xy평면에 대한 정사영

$y = x^2 + z^2$에서 $z = \pm\sqrt{y - x^2}$, 그래서 E의 아래쪽 경계곡면은 $z = -\sqrt{y - x^2}$이고 위쪽 경계곡면은 $z = \sqrt{y - x^2}$이다. 그러므로 형태 1의 영역으로서 E는

$$E = \left\{(x, y, z) \mid -2 \leqslant x \leqslant 2,\ x^2 \leqslant y \leqslant 4,\ -\sqrt{y - x^2} \leqslant z \leqslant \sqrt{y - x^2}\right\}$$

이고, 그래서 다음을 얻는다.

$$\iiint_E \sqrt{x^2 + z^2}\, dV = \int_{-2}^{2} \int_{x^2}^{4} \int_{-\sqrt{y-x^2}}^{\sqrt{y-x^2}} \sqrt{x^2 + z^2}\, dz\, dy\, dx$$

이 표현이 맞지만 계산하기는 매우 어렵다. 따라서 E를 다른 영역으로써 생각해보자. E를 형태 3 영역으로 보면 xz평면 위로의 정사영 D_3가 필요한데, 이는 그림 12와 13에서 보이는 원판 $x^2 + z^2 \leqslant 4$ 이다(평면 $y = 4$에서 $y = x^2 + z^2$의 자취는 원 $x^2 + z^2 = 4$이다).

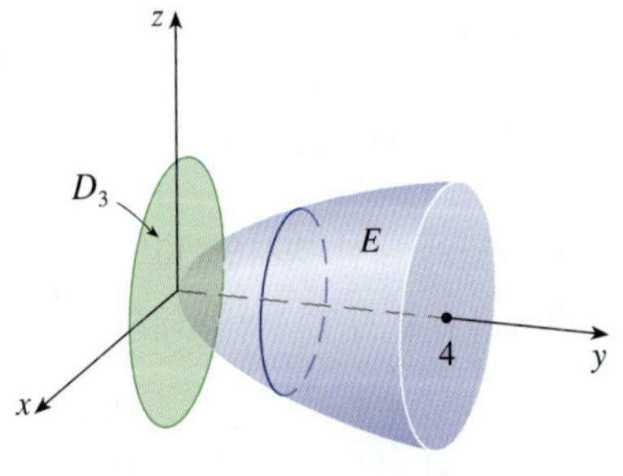

그림 12
적분 영역

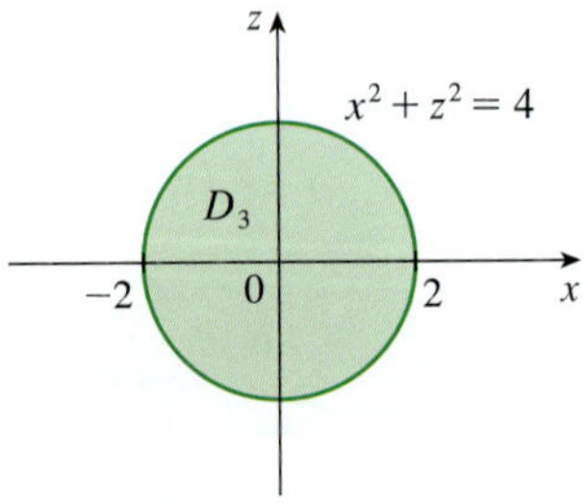

그림 13
xz평면에 대한 정사영

그러면 E의 왼쪽 경계는 포물면 $y = x^2 + z^2$이고 오른쪽 경계는 평면 $y = 4$이다. 그래서 식 **11** 에서 $u_1(x, z) = x^2 + z^2$, $u_2(x, z) = 4$로 취하면서 다음을 얻는다.

$$\iiint_E \sqrt{x^2 + z^2}\, dV = \iint_{D_3} \left[\int_{x^2+z^2}^{4} \sqrt{x^2 + z^2}\, dy\right] dA = \iint_{D_3} (4 - x^2 - z^2)\sqrt{x^2 + z^2}\, dA$$

비록 이 적분을

$$\int_{-2}^{2} \int_{-\sqrt{4-x^2}}^{\sqrt{4-x^2}} (4 - x^2 - z^2)\, \sqrt{x^2 + z^2}\, dz\, dx$$

⊘ 삼중적분을 계산하는 데 가장 어려운 단계는 적분 영역(예제 2의 식 9와 같은)에 대한 식을 설정하는 것이다. 안쪽의 적분에서 적분 한계는 많아야 이 변수를 포함하고, 중간의 적분에서 적분 한계는 많아야 하나의 변수를 포함하며, 바깥쪽의 적분에 대한 적분 한계는 상수임을 기억하여라.

로 쓸 수 있지만 xz평면에서 극좌표 $x = r\cos\theta$, $z = r\sin\theta$로 변환하는 것이 더 쉽다. 이것으로부터

$$\iiint_E \sqrt{x^2 + z^2}\, dV = \iint_{D_3} (4 - x^2 - z^2)\sqrt{x^2 + z^2}\, dA$$

$$= \int_0^{2\pi}\int_0^2 (4 - r^2)r\, r\, dr\, d\theta = \int_0^{2\pi} d\theta \int_0^2 (4r^2 - r^4)\, dr$$

$$= 2\pi\left[\frac{4r^3}{3} - \frac{r^5}{5}\right]_0^2 = \frac{128\pi}{15}$$

이다. ■

■ 적분 순서 바꾸기

삼중적분에 대한 푸비니 정리를 사용하면 삼중적분을 반복적분으로 표현할 수 있으며, 적분 순서는 여섯 가지가 있다. 주어진 반복적분을 다른 순서로 적분하는 것이 주어진 순서보다 더 쉬울 때 적분 순서를 바꾸는 것이 더 유리할 것이다. 다음 예제에서는 반복적분의 적분 순서를 바꾸는 과정을 살펴본다.

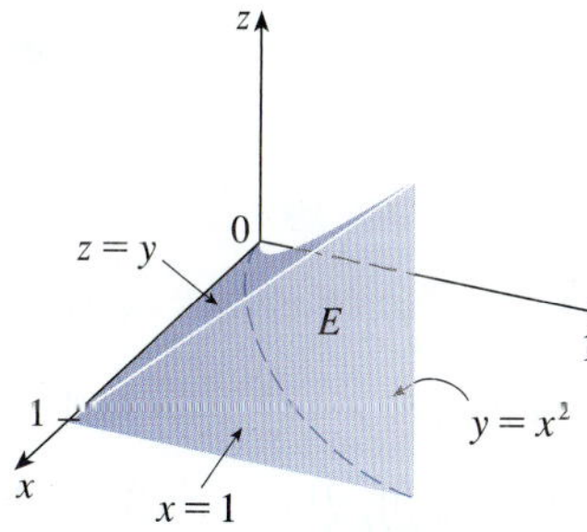

그림 14 입체 E

예제 4 반복적분 $\int_0^1\int_0^{x^2}\int_0^y f(x, y, z)\, dz\, dy\, dx$를 삼중적분으로 나타내어라. 그런 다음 그 삼중적분을 다음 순서의 반복적분으로 다시 나타내어라.

(a) x, z, y의 순서

(b) y, x, z의 순서

풀이 주어진 반복적분은 다음과 같이 삼중적분으로 나타낼 수 있다.

$$\int_0^1\int_0^{x^2}\int_0^y f(x, y, z)\, dz\, dy\, dx = \iiint_E f(x, y, z)\, dV$$

단, $E = \{(x, y, z) \mid 0 \leq x \leq 1,\ 0 \leq y \leq x^2,\ 0 \leq z \leq y\}$이다. E의 표현을 보면 형태 1의 영역이므로 E가 아랫면 $z = 0$과 윗면 $z = y$ 사이에 있고 xy평면으로의 정사영은 그림 14와 15에서처럼 $\{(x, y) \mid 0 \leq x \leq 1,\ 0 \leq y \leq x^2\}$이다. 따라서 E는 평면 $z = 0$, $x = 1$, $y = z$와 포물기둥 $y = x^2$ (또는 $x = \sqrt{y}$)으로 둘러싸인 입체이다.

그림 14에 의해 세 개의 좌표평면에 대한 정사영은 다음과 같다(그림 15 참조).

$$xy\text{평면에 대한 정사영:}\quad D_1 = \{(x, y) \mid 0 \leq x \leq 1,\ 0 \leq y \leq x^2\}$$
$$= \{(x, y) \mid 0 \leq y \leq 1,\ \sqrt{y} \leq x \leq 1\}$$

$$yz\text{평면에 대한 정사영:}\quad D_2 = \{(y, z) \mid 0 \leq y \leq 1,\ 0 \leq z \leq y\}$$
$$= \{(y, z) \mid 0 \leq z \leq 1,\ z \leq y \leq 1\}$$

$$xz\text{평면에 대한 정사영:}\quad D_3 = \{(x, z) \mid 0 \leq x \leq 1,\ 0 \leq z \leq x^2\}$$
$$= \{(x, z) \mid 0 \leq z \leq 1,\ \sqrt{z} \leq x \leq 1\}$$

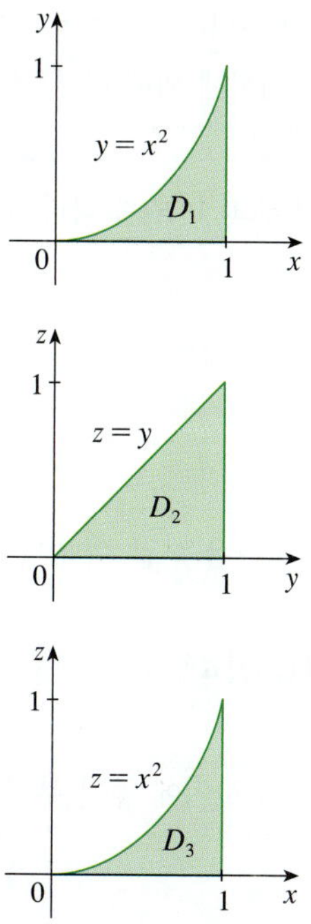

그림 15 E의 정사영

(a) x, z, y의 순서로 적분하기 위해 E를 형태 2의 영역으로 생각해야 한다. 여기서 뒤

쪽 경계는 곡면 $x = \sqrt{y}$이고 앞쪽 경계는 평면 $x = 1$이다. yz평면으로의 정사영은 D_2가 된다. E를 다음과 같이 쓸 수 있다.

$$E = \{(x, y, z) \mid 0 \leq y \leq 1, 0 \leq z \leq y, \sqrt{y} \leq x \leq 1\}$$

따라서
$$\iiint_E f(x, y, z)\, dV = \int_0^1 \int_0^y \int_{\sqrt{y}}^1 f(x, y, z)\, dx\, dz\, dy$$

가 된다.

(b) y, x, z의 순서로 적분하기 위해 E를 형태 3의 영역으로 생각해야 한다. 여기서 왼쪽 경계는 평면 $y = z$이고 오른쪽 경계는 곡면 $y = x^2$이다. xz평면으로의 정사영은 D_3가 된다. E를 다음과 같이 쓸 수 있다.

$$E = \{(x, y, z) \mid 0 \leq z \leq 1, \sqrt{z} \leq x \leq 1, z \leq y \leq x^2\}$$

따라서
$$\iiint_E f(x, y, z)\, dV = \int_0^1 \int_{\sqrt{z}}^1 \int_z^{x^2} f(x, y, z)\, dy\, dx\, dz$$

가 된다. ■

■ 삼중적분의 응용

$f(x) \geq 0$인 경우 단일적분 $\int_a^b f(x)\, dx$는 a에서 b까지의 곡선 $y = f(x)$ 아래의 넓이였고, $f(x, y) \geq 0$인 경우 이중적분 $\iint_D f(x, y)\, dA$는 D 위에 놓이고 곡면 $z = f(x, y)$ 아래에 놓인 부분의 부피였다. 삼중적분에 대해서도 $f(x, y, z) \geq 0$일 때 $\iiint_E f(x, y, z)\, dV$는 어떤 사차원 물체의 '초부피'(hypervolume)인데 눈에 보이도록 나타낼 수는 없다. (E는 바로 f의 정의역이고 f의 그래프는 사차원 공간 안에 놓임을 기억하여라.) 그럼에도 불구하고 삼중적분 $\iiint_E f(x, y, z)\, dV$는 x, y, z와 $f(x, y, z)$의 물리적 해석에 의해 다른 물리적 상황에서 다르게 해석될 수 있다.

E의 모든 점에서 $f(x, y, z) = 1$인 특별한 경우 삼중적분은 E의 부피 $V(E)$를 나타낸다.

12
$$V(E) = \iiint_E dV$$

예를 들어 식 **6**에서 $f(x, y, z) = 1$로 두면 형태 1의 영역의 경우에 다음을 알 수 있다.

$$\iiint_E 1\, dV = \iint_D \left[\int_{u_1(x, y)}^{u_2(x, y)} dz \right] dA = \iint_D [u_2(x, y) - u_1(x, y)]\, dA$$

그리고 14.2절로부터 이것은 곡면 $z = u_1(x, y)$와 곡면 $z = u_2(x, y)$ 사이에 놓인 부피를 나타낸다.

예제 5 평면 $x + 2y + z = 2$, $x = 2y$, $x = 0$, $z = 0$에 의해 유계된 사면체 영역 T의 부피를 삼중적분을 이용하여 구하여라.

풀이 사면체 T와 xy평면에 대한 정사영 D가 그림 16, 17에 있다. T의 아래쪽 경계는 평면 $z = 0$이고, 위쪽 경계는 평면 $x + 2y + z = 2$, 즉 $z = 2 - x - 2y$이다.

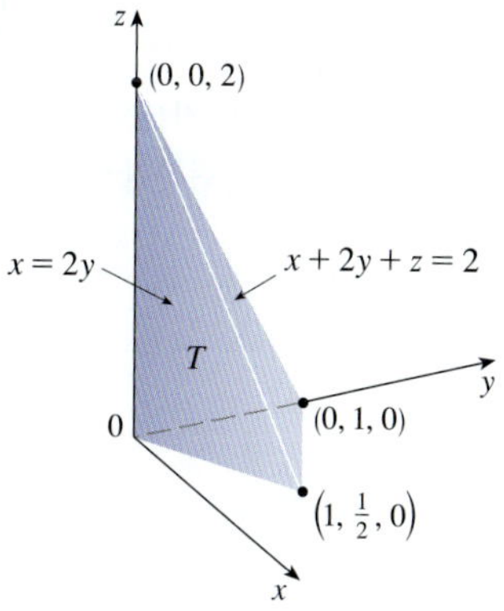

그림 16

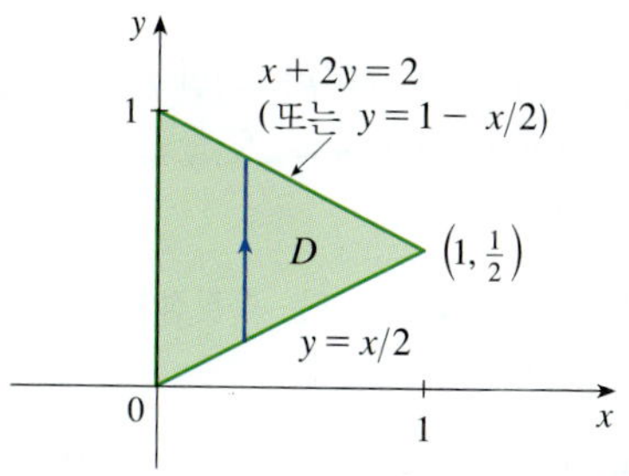

그림 17

그러므로 14.2절의 예제 4에서와 같은 계산에 의해

$$V(T) = \iiint_T dV = \int_0^1 \int_{x/2}^{1-x/2} \int_0^{2-x-2y} dz\, dy\, dx$$

$$= \int_0^1 \int_{x/2}^{1-x/2} (2 - x - 2y)\, dy\, dx = \tfrac{1}{3}$$

이다(부피를 계산하는 데 꼭 삼중적분을 사용할 필요는 없다. 단지 하나의 계산 방법일 뿐이다). ■

14.5 연습문제

1. 예제 1에서의 적분을 y, z, x의 순으로 각 변수에 관하여 적분하여 계산하여라.

2. 세 가지 다른 순서의 적분을 사용하여

$$E = \{(x, y, z) \mid 0 \leqslant x \leqslant 2, 0 \leqslant y \leqslant 1, 0 \leqslant z \leqslant 3\}$$

일 때 삼중적분 $\iiint_E (xy + z^2)\, dV$를 계산하여라.

3-5 다음 반복적분을 계산하여라.

3. $\int_0^2 \int_0^{z^2} \int_0^{y-z} (2x - y)\, dx\, dy\, dz$

4. $\int_1^2 \int_0^{2z} \int_0^{\ln x} xe^{-y}\, dy\, dx\, dz$

5. $\int_0^{\pi/2} \int_0^{2x} \int_0^{x+z} \cos(x - 2y + z)\, dy\, dz\, dx$

6-7

(a) 주어진 함수 f와 입체영역 E에 대하여 삼중적분 $\iiint_E f(x, y, z)\, dV$를 반복적분으로 나타내어라.

(b) 반복적분을 계산하여라.

6. $f(x, y, z) = x$

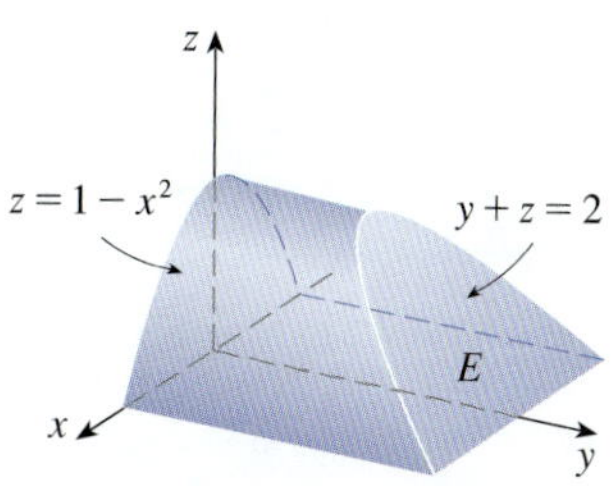

7. $f(x, y, z) = xy$

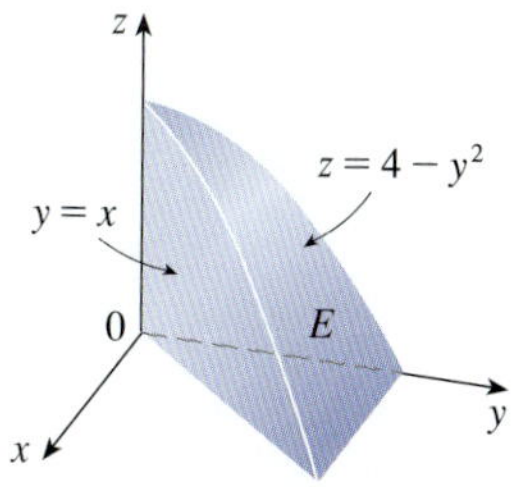

8-13 다음 삼중적분을 계산하여라.

8. $\iiint_E y\,dV$, 단,
$E = \{(x, y, z) \mid 0 \le x \le 3, 0 \le y \le x, x - y \le z \le x + y\}$

9. $\iiint_E e^{z/y}\,dV$, 단,
$E = \{(x, y, z) \mid 0 \le y \le 1, y \le x \le 1, 0 \le z \le xy\}$

10. $\iiint_E (1/x^3)\,dV$, 단,
$E = \{(x, y, z) \mid 0 \le y \le 1, 0 \le z \le y^2, 1 \le x \le z + 1\}$

11. $\iiint_E 6xy\,dV$, 단, E는 평면 $z = 1 + x + y$ 아래에 놓이고 xy 평면에서 곡선 $y = \sqrt{x}$, $y = 0$, $x = 1$에 의해 유계된 영역 위에 놓인 영역

12. $\iiint_T y^2\,dV$, 단, T는 꼭짓점이 (0, 0, 0), (2, 0, 0), (0, 2, 0), (0, 0, 2)인 사면체

13. $\iiint_E x\,dV$, 단, E는 포물면 $x = 4y^2 + 4z^2$과 평면 $x = 4$에 의해 유계된 영역

14-15 삼중적분을 이용하여 주어진 입체의 부피를 구하여라.

14. 좌표면과 평면 $2x + y + z = 4$에 의해 둘러싸인 사면체

15. 원기둥 $y = x^2$과 두 평면 $z = 0$, $y + z = 1$에 의해 둘러싸인 입체

16. (a) 제1팔분공간에서 원기둥 $y^2 + x^2 = 1$이 평면 $y = x$, $x = 1$에 의해 잘린 쐐기모양의 부피를 삼중적분으로 표현하여라.

T (b) 적분표나 CAS를 이용하여 (a)의 삼중적분의 정확한 값을 구하여라.

17-18 부피가 다음 반복적분으로 주어지는 입체를 그려라.

17. $\int_0^1 \int_0^{1-x} \int_0^{2-2z} dy\,dz\,dx$

18. $\int_0^2 \int_0^{2-y} \int_0^{4-y^2} dx\,dz\,dy$

19-20 영역 E가 주어진 곡면들로 유계된 입체일 때, 적분 $\iiint_E f(x, y, z)\,dV$를 여섯 가지 다른 방법의 반복적분으로 표현하여라.

19. $y = 4 - x^2 - 4z^2$, $y = 0$

20. $y = x^2$, $z = 0$, $y + 2z = 4$

21. 그림은 다음 적분에 대한 적분 영역을 보여준다.

$$\int_0^1 \int_{\sqrt{x}}^1 \int_0^{1-y} f(x, y, z)\,dz\,dy\,dx$$

이 적분을 다섯 가지 다른 순서의 동치인 반복적분으로 다시 표현하여라.

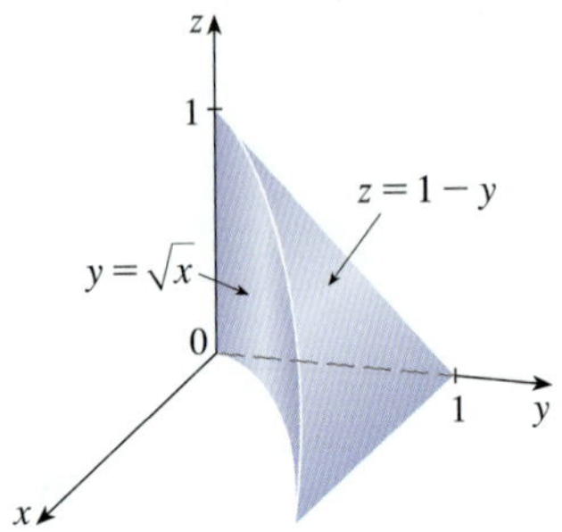

22. 주어진 반복적분과 같은 다섯 가지 다른 반복적분을 표현하여라.

$$\int_0^1 \int_y^1 \int_0^y f(x, y, z)\,dz\,dx\,dy$$

23. 다음 삼중적분을 기하적 해석과 대칭성만을 사용하여 계산하여라.

$$\iiint_C (4 + 5x^2yz^2)\,dV$$

단, C는 원기둥 영역 $x^2 + y^2 \le 4$, $-2 \le z \le 2$

24-25 주어진 밀도함수 ρ를 갖는 입체 E의 질량과 질량 중심을 구하여라.

24. E는 xy평면 위와 포물면 $z = 1 - x^2 - y^2$ 아래에 놓인 입체; $\rho(x, y, z) = 3$

25. E는 $0 \le x \le a$, $0 \le y \le a$, $0 \le z \le a$에 의해 주어진 정육면체; $\rho(x, y, z) = x^2 + y^2 + z^2$

발견프로젝트 | 초구(hyperspheres)의 부피

이 프로젝트에서 n차원 공간에 있는 초구로 둘러싸인 부분의 부피를 구하는 공식을 알아보자. $\mathbb{R}^3$에서 반지름이 r이고 중심이 원점인 초구의 방정식은 다음과 같다.

$$x_1^2 + x_2^2 + x_3^2 + \cdots + x_n^2 = r^2$$

$V_n(r)$을 초구의 부피라 하자. $\mathbb{R}^2$에서 초구는 원이고 $\mathbb{R}^3$에서 초구는 구이다.

1. 이중적분과 삼각치환, 적분표 공식 64번을 사용하여 $\mathbb{R}^2$에서 반지름이 r인 원의 넓이를 구하여라.
2. 삼중적분과 삼각치환을 사용하여 $\mathbb{R}^3$에서 반지름이 r인 구의 부피 $V_3(r)$을 구하여라.
3. 4중적분을 사용하여 $\mathbb{R}^4$에서 반지름이 r인 초구의 (4차원) 부피 $V_4(r)$을 구하여라. (삼각치환과 $\int \sin^n x\, dx$ 또는 $\int \cos^n x\, dx$의 점화식을 이용하여라.)
4. n중적분을 사용하여 $\mathbb{R}^n$에서 반지름이 r인 초구에 의해 둘러싸인 부피를 구하여라. [힌트: n이 짝수일 때와 홀수일 때 공식이 다르다.]
5. $\mathbb{R}^n$에서 단위초구의 부피 $V_n(1)$이 n이 증가하면 0에 근접함을 증명하여라.

14.6 원기둥좌표로 나타낸 삼중적분

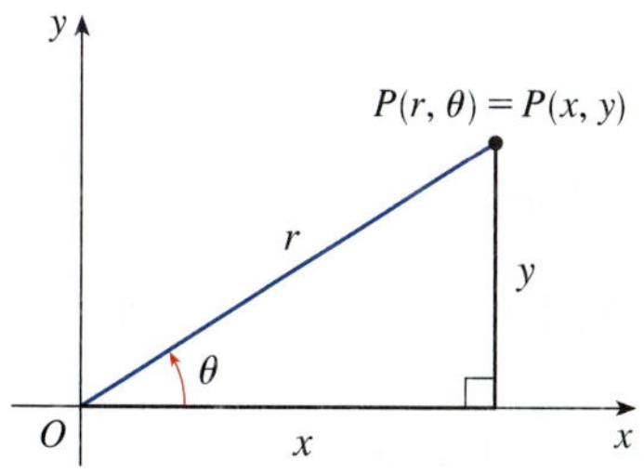

그림 1

평면기하학에서 극좌표계를 이용하면 어떤 곡선과 영역을 더 편리하게 설명할 수 있다(9.3절 참조). 극좌표와 직교좌표 사이의 관계는 그림 1로부터 알 수 있다. 점 P의 직교좌표가 (x, y)이고 극좌표가 (r, θ)이면 그림으로부터

$$x = r\cos\theta \qquad y = r\sin\theta$$

$$r^2 = x^2 + y^2 \qquad \tan\theta = \frac{y}{x}$$

이다.

삼차원 공간에서 일반적으로 어떤 곡면과 입체를 편리하게 설명해주는 극좌표와 유사한 **원기둥좌표**(또는 원주좌표)라 불리는 좌표계가 있다. 우리는 어떤 삼중적분은 원기둥 좌표로 더 쉽게 계산된다는 것을 알게 될 것이다.

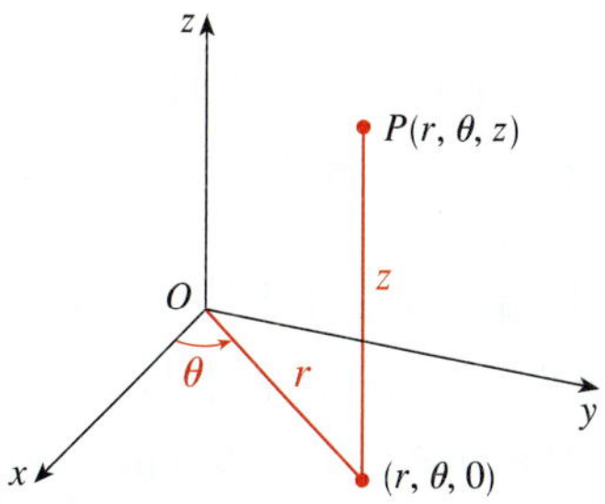

그림 2
원기둥좌표

■ 원기둥좌표계

원기둥좌표계(cylindrical coordinate system)에서는 삼차원 공간의 점 P를 순서쌍 (r, θ, z)로 나타낸다. 이때 r과 θ는 xy평면에 대한 P의 사영의 극좌표이고 z는 xy평면에서 P까지의 방향이 주어진 거리이다(그림 2 참조).

원기둥좌표를 직교좌표로 변환시키려면

1 $$x = r\cos\theta \qquad y = r\sin\theta \qquad z = z$$

를 이용하고, 직교좌표를 원기둥좌표로 변환시키려면

2 $$r^2 = x^2 + y^2 \qquad \tan\theta = \frac{y}{x} \qquad z = z$$

를 이용한다.

예제 1

(a) 원기둥좌표 $(2, 2\pi/3, 1)$인 점을 그리고, 직교좌표를 구하여라.

(b) 직교좌표 $(3, -3, -7)$인 점의 원기둥좌표를 구하여라.

풀이

(a) 원기둥좌표 $(2, 2\pi/3, 1)$인 점이 그림 3에 그려져 있다. 식 **1** 로부터, 직교좌표는

$$x = 2\cos\frac{2\pi}{3} = 2\left(-\frac{1}{2}\right) = -1$$

$$y = 2\sin\frac{2\pi}{3} = 2\left(\frac{\sqrt{3}}{2}\right) = \sqrt{3}$$

$$z = 1$$

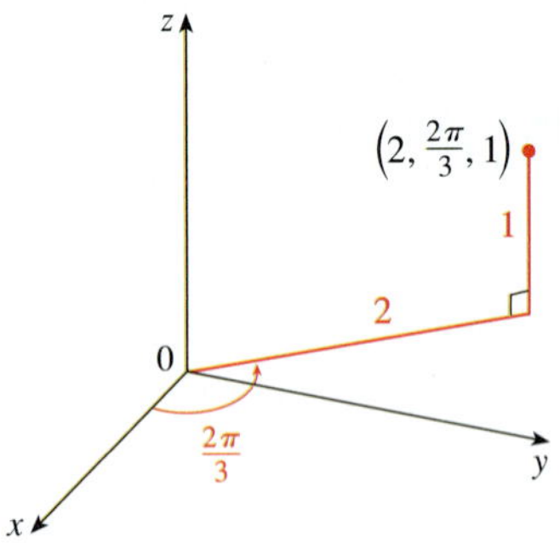

그림 3

이다. 따라서 그 점의 직교좌표는 $(-1, \sqrt{3}, 1)$이다.

(b) 식 **2** 에서 θ가 xy평면의 제4사분면에 있는 것을 주목하면

$$r = \sqrt{3^2 + (-3)^2} = 3\sqrt{2}$$

$$\tan\theta = \frac{-3}{3} = -1\text{이므로} \qquad \theta = \frac{7\pi}{4} + 2n\pi$$

$$z = -7$$

을 얻는다. 따라서 원기둥좌표 중 하나는 $(3\sqrt{2}, 7\pi/4, -7)$이고 다른 하나는 $(3\sqrt{2}, -\pi/4, -7)$이다. 극좌표의 경우와 마찬가지로, 무수히 많은 선택의 여지가 있다. ■

원기둥좌표계는 z축에 관하여 대칭인 문제에 유용하다. 예를 들면, 방정식이 $x^2 + y^2 = c^2$인 원기둥의 축은 z축이다. 원기둥좌표계에서 원기둥은 아주 간단한 방정식 $r = c$로 표시된다(그림 4 참조). 이것이 '원기둥좌표'라는 이름이 붙은 이유이다. 방정식 $\theta = c$의 그래프는 원점을 지나는 수직평면이고(그림 5 참조), 방정식 $z = c$의 그래프는 수평평면이다(그림 6 참조).

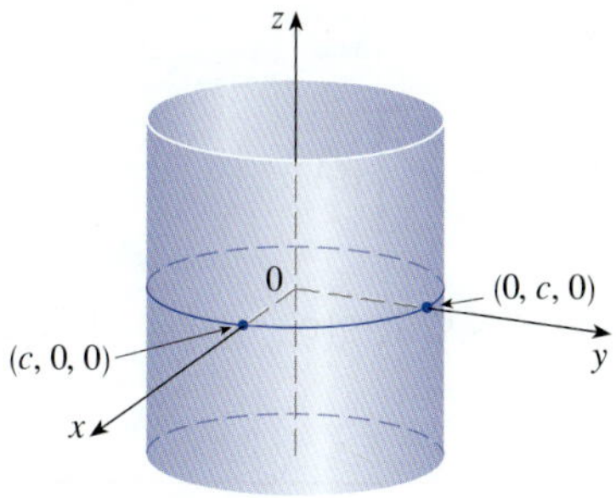

그림 4
원기둥 $r = c$

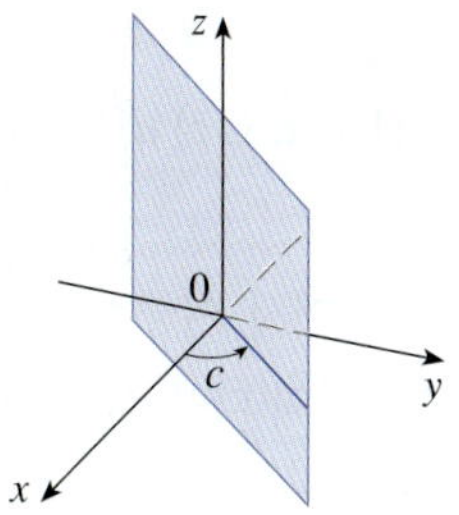

그림 5
수직평면 $\theta = c$

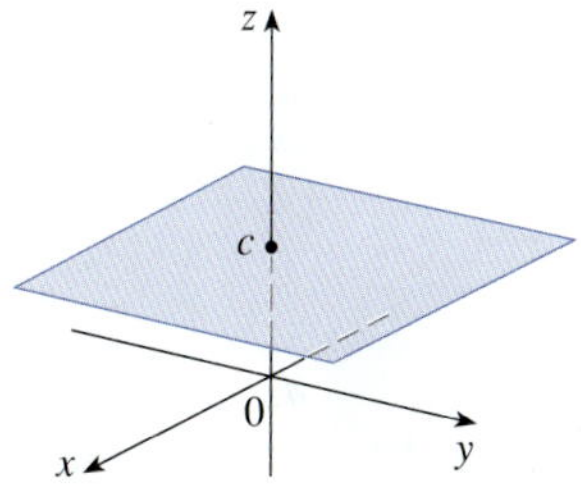

그림 6
수평평면 $z = c$

예제 2 원기둥좌표에서 방정식이 $z = r$인 곡면을 설명하여라.

풀이 방정식을 살펴보면 곡면의 모든 점의 z값 또는 높이는 그 점에서 z축까지의 거리 r과 같다. θ가 없으므로 θ의 값이 마음대로 변한다. 따라서 평면 $z = k(k > 0)$ 위의 임의의 수평자취는 반지름이 k인 원이다. 따라서 이들 자취로부터 곡면이 원뿔면임을 알 수 있다. 이러한 예상은 방정식을 직교좌표계로 변환하여 확인할 수 있다. 2 의 첫 번째 방정식으로부터

$$z^2 = r^2 = x^2 + y^2$$

을 얻는다. 방정식 $z^2 = x^2 + y^2$(11.6절의 표 1과 비교)은 z축이 축인 원뿔면임을 알 수 있다(그림 7 참조). ■

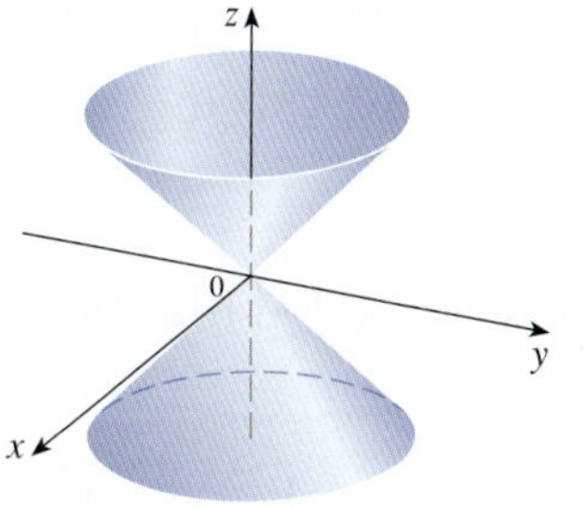

그림 7
원뿔면 $z = r$

■ 원기둥좌표에서 삼중적분 계산

영역 E는 xy평면에 대한 정사영 D가 극좌표로 쉽게 표현되는 형태 1의 영역이라 하자(그림 8 참조). 특히 f가 연속함수이고

$$E = \{(x, y, z) \mid (x, y) \in D,\ u_1(x, y) \leq z \leq u_2(x, y)\}$$

라 하자. 단 D는 극좌표로

$$D = \{(r, \theta) \mid \alpha \leq \theta \leq \beta,\ h_1(\theta) \leq r \leq h_2(\theta)\}$$

와 같이 주어진다.

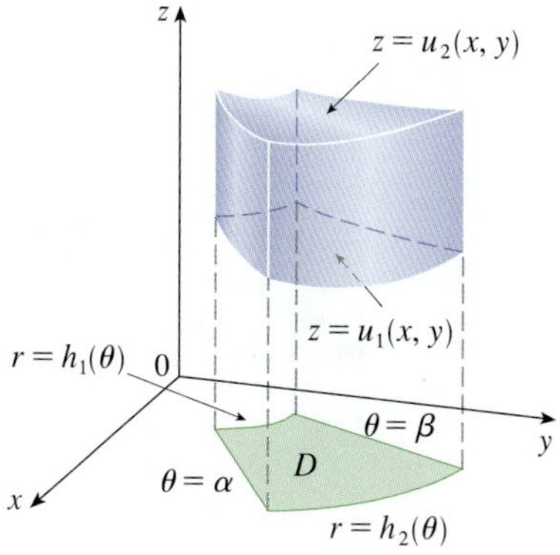

그림 8

14.6절의 식 6 으로부터

$$\boxed{3} \qquad \iiint_E f(x, y, z)\, dV = \iint_D \left[\int_{u_1(x, y)}^{u_2(x, y)} f(x, y, z)\, dz \right] dA$$

임을 알 수 있고 극좌표에서 이중적분을 계산하는 방법을 알고 있다. 실제로 식 3과 14.3절의 식 3을 결합하여 다음 식을 얻는다.

$$\boxed{4} \qquad \iiint_E f(x, y, z)\, dV = \int_\alpha^\beta \int_{h_1(\theta)}^{h_2(\theta)} \int_{u_1(r\cos\theta,\, r\sin\theta)}^{u_2(r\cos\theta,\, r\sin\theta)} f(r\cos\theta, r\sin\theta, z)\, r\, dz\, dr\, d\theta$$

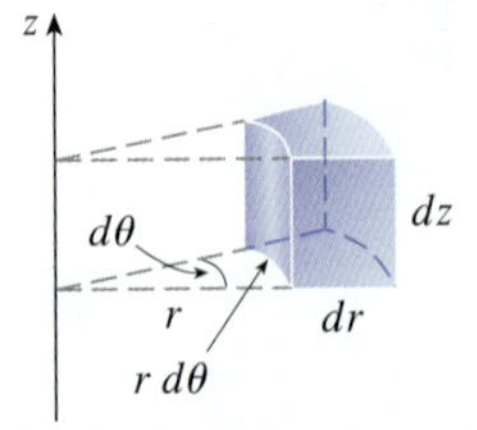

그림 9
원기둥좌표에서 부피원소
$dV = r\, dz\, dr\, d\theta$

공식 4가 **원기둥좌표에서 삼중적분에 대한 공식**이다. 이것은 $x = r\cos\theta$, $y = r\sin\theta$, $z = z$로 하고 z, r, θ에 대한 알맞은 적분한계를 이용하고 dV를 $r\, dz\, dr\, d\theta$로 바꾸어서 삼중적분을 직교좌표에서 원기둥좌표로 전환한 것이다(그림 9는 이것을 기억하는 방법을 보여준다). E가 원기둥좌표로 쉽게 설명되는 입체 영역일 때, 특히 함수 $f(x, y, z)$가 식 $x^2 + y^2$을 포함할 때 이 공식을 사용하는 것이 좋다.

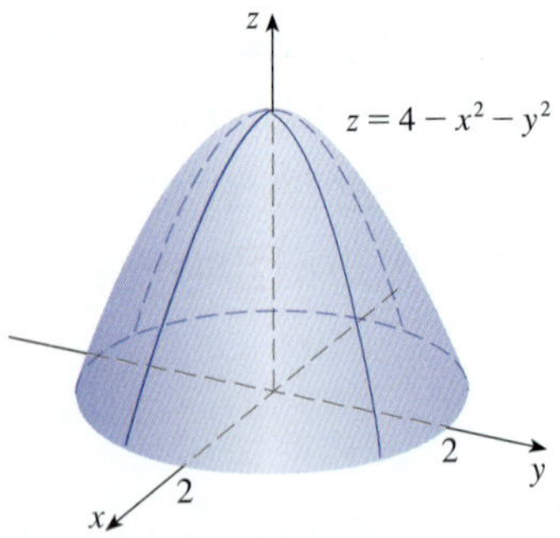

그림 10

예제 3 E가 xy평면 위와 포물면 $z = 4 - x^2 - y^2$ 아래에 놓인 입체일 때 $\iiint_E x^2\, dV$를 구하여라(그림 10 참조).

풀이 E가 z축에 대해 대칭이므로 원기둥좌표를 사용하자. 포물면 $z = 4 - x^2 - y^2 = 4 - (x^2 + y^2)$은 원기둥좌표로 $z = 4 - r^2$이므로 원기둥좌표를 사용하는 것이 적절하다. 포물면은 xy평면과 원 $r^2 = 4$ 즉 $r = 2$에서 만나므로 E의 xy평면으로의 정사영은 원판 $r \leqslant 2$이다. 따라서 영역 E는

$$\{(r, \theta, z) \mid 0 \leqslant \theta \leqslant 2\pi,\ 0 \leqslant r \leqslant 2,\ 0 \leqslant z \leqslant 4 - r^2\}$$

이고 식 4로부터 다음을 얻는다.

$$\begin{aligned}
\iiint_E x^2\, dV &= \int_0^{2\pi} \int_0^2 \int_0^{4-r^2} (r\cos\theta)^2\, r\, dz\, dr\, d\theta \\
&= \int_0^{2\pi} \int_0^2 (r^3\cos^2\theta)](4 - r^2)\, dr\, d\theta \\
&= \int_0^{2\pi} \cos^2\theta\, d\theta \int_0^2 (4r^3 - r^5)\, dr \\
&= \tfrac{1}{2}\Big[\theta + \tfrac{1}{2}\sin 2\theta\Big]_0^{2\pi} \Big[r^4 - \tfrac{1}{6}r^6\Big]_0^2 \\
&= \tfrac{1}{2}(2\pi)\big(16 - \tfrac{32}{3}\big) = \tfrac{16}{3}\pi
\end{aligned}$$

■

그림 11은 z, r, θ순으로 적분할 때 예제 3의 영역 E가 어떻게 휩싸이는지 보여준다.

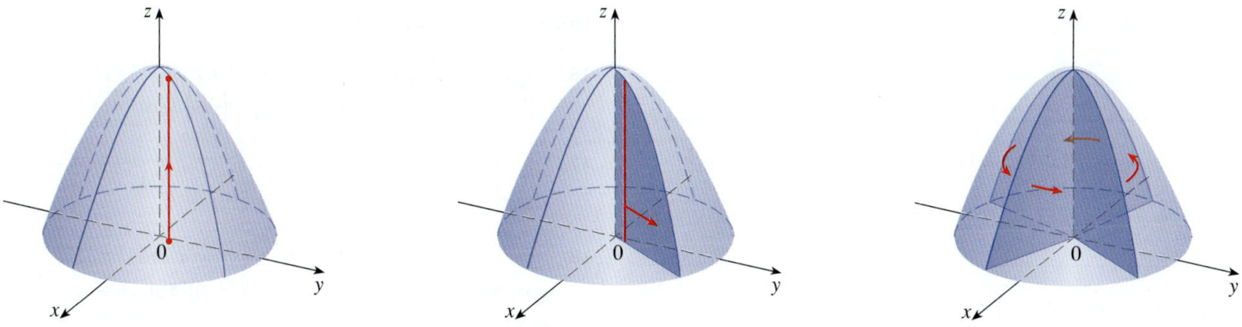

z는 0에서 $4 - r^2$까지 변하고 r과 θ가 상수이다.

r은 0에서 2까지 변하고 θ는 상수이다.

θ는 0에서 2π까지 변한다.

그림 11

예제 4 $\int_{-2}^{2} \int_{-\sqrt{4-x^2}}^{\sqrt{4-x^2}} \int_{\sqrt{x^2+y^2}}^{2} (x^2 + y^2)\, dz\, dy\, dx$를 계산하여라.

풀이 이 반복적분은 다음 입체 영역 위에서의 삼중적분이다.

$$E = \left\{(x, y, z) \mid -2 \leqslant x \leqslant 2,\ -\sqrt{4 - x^2} \leqslant y \leqslant \sqrt{4 - x^2},\ \sqrt{x^2 + y^2} \leqslant z \leqslant 2\right\}$$

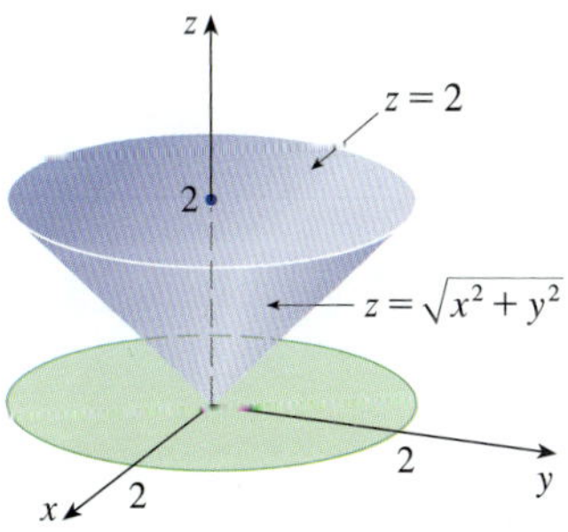

그림 12

그리고 E의 xy평면 위로의 정사영은 원판 $x^2 + y^2 \leqslant 4$이다. E의 아래쪽 곡면은 원뿔 $z = \sqrt{x^2 + y^2}$이고, 위쪽 곡면은 평면 $z = 2$이다(그림 12 참조). 이 영역은 원기둥좌표에서 훨씬 간단하게 설명된다.

$$E = \left\{(r, \theta, z) \mid 0 \leqslant \theta \leqslant 2\pi,\ 0 \leqslant r \leqslant 2,\ r \leqslant z \leqslant 2\right\}$$

그러므로 다음과 같다.

$$\begin{aligned}
\int_{-2}^{2} \int_{-\sqrt{4-x^2}}^{\sqrt{4-x^2}} \int_{\sqrt{x^2+y^2}}^{2} (x^2 + y^2)\, dz\, dy\, dx &= \iiint_E (x^2 + y^2)\, dV \\
&= \int_0^{2\pi} \int_0^2 \int_r^2 r^2\, r\, dz\, dr\, d\theta \\
&= \int_0^{2\pi} d\theta \int_0^2 r^3(2 - r)\, dr \\
&= 2\pi\left[\tfrac{1}{2}r^4 - \tfrac{1}{5}r^5\right]_0^2 = \tfrac{16}{5}\pi
\end{aligned}$$

■

14.6 | 연습문제

1-2 다음 원기둥좌표의 점을 그리고, 이 점의 직교좌표를 구하여라.

1. (a) $(5, \pi/2, 2)$
(b) $(6, -\pi/4, -3)$

2. (a) $(2, 5\pi/6, 1)$
(b) $(8, -2\pi/3, 5)$

3-4 다음 직교좌표를 원기둥좌표로 바꾸어라.

3. (a) $(4, 4, -3)$ (b) $(5\sqrt{3}, -5, \sqrt{3})$

4. (a) $(0, -2, 9)$ (b) $(-1, \sqrt{3}, 6)$

5-6 다음 방정식으로 주어진 곡면을 말로 설명하여라.

5. $r = 2$ **6.** $\theta = \pi/6$

7-8 다음 방정식으로 주어진 곡면이 어떠한 곡면인지 밝혀라.

7. $r^2 + z^2 = 4$ **8.** $r = 2\sin\theta$

9-10 주어진 방정식을 원기둥좌표의 방정식으로 나타내어라.

9. (a) $x^2 - x + y^2 + z^2 = 1$ (b) $z = x^2 - y^2$

10. (a) $2x^2 + 2y^2 - z^2 = 4$ (b) $2x - y + z = 1$

11-12 다음 부등식이 나타내는 입체를 그려라.

11. $r^2 \leqslant z \leqslant 8 - r^2$

12. $0 \leqslant \theta \leqslant \pi/2,\ r \leqslant z \leqslant 2$

13. 길이가 20cm, 내부 반지름이 6cm, 외부 반지름이 7cm인 원통셸을 적절한 좌표계를 이용하여 부등식으로 나타내어라. 원통셸에 대하여 좌표계를 어떻게 배치했는지 설명하여라.

14-15 부피가 다음 적분에 의해 주어지는 입체를 그리고 적분을 계산하여라.

14. $\displaystyle\int_{\pi/2}^{3\pi/2}\int_0^3\int_{r^2}^9 r\,dz\,dr\,d\theta$ **15.** $\displaystyle\int_0^2\int_0^{2\pi}\int_0^r r\,dz\,d\theta\,dr$

16-21 원기둥좌표를 이용하여라.

16. $\iiint_E \sqrt{x^2+y^2}\,dV$를 계산하여라. 단 E는 원기둥 $x^2 + y^2 = 16$의 내부와 평면 $z = -5$와 $z = 4$ 사이에 놓인 영역

17. $\iiint_E (x + y + z)\,dV$를 계산하여라. 단 E는 제1팔분공간에서 포물면 $z = 4 - x^2 - y^2$ 아래에 놓인 영역

18. $\iiint_E x^2\,dV$를 계산하여라. 단 E는 원기둥 $x^2 + y^2 = 1$의 안쪽에 놓여 있으면서 평면 $z = 0$의 위쪽과 원뿔면 $z^2 = 4x^2 + 4y^2$의 아래쪽에 놓인 영역

19. 원뿔면 $z = \sqrt{x^2+y^2}$과 구면 $x^2 + y^2 + z^2 = 2$에 의해 둘러싸인 입체의 부피를 구하여라.

20. (a) 포물면 $z = 24 - x^2 - y^2$과 원뿔면 $z = 2\sqrt{x^2+y^2}$ 사이에 놓인 영역 E의 부피를 구하여라.

(b) E의 무게중심(밀도가 일정한 경우의 질량 중심)을 구하여라.

21. (a) 원기둥 $r = a\cos\theta$가 원점이 중심이고 반지름이 a인 구면을 잘랐을 때 생기는 입체의 부피를 구하여라.

(b) 그래핑 기능을 이용하여 (a)의 입체와 원기둥, 구면을 같은 화면에 그려보아라.

22-23 원기둥좌표로 변환하여 다음 적분을 구하여라.

22. $\displaystyle\int_{-2}^{2}\int_{-\sqrt{4-y^2}}^{\sqrt{4-y^2}}\int_{\sqrt{x^2+y^2}}^{2} xz\,dz\,dx\,dy$

23. $\displaystyle\int_{-3}^{3}\int_0^{\sqrt{9-x^2}}\int_0^{9-x^2-y^2} \sqrt{x^2+y^2}\,dz\,dy\,dx$

발견프로젝트 | 세 원기둥의 교차부분

다음 그림은 같은 길이를 가지고 서로 직각으로 만나는 세 원기둥에 의해 둘러싸인 입체이다. 이 프로젝트에서 부피를 구해보고 원기둥들이 다른 길이를 가질 때 모양이 어떻게 바뀌는지 알아보고자 한다.

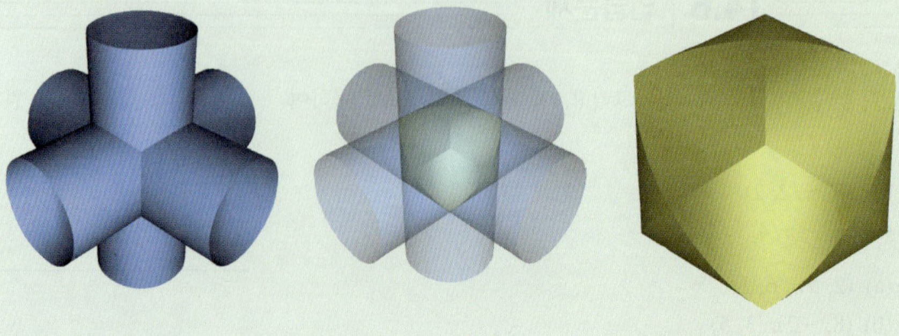

1. 세 원기둥 $x^2 + y^2 = 1$, $x^2 + z^2 = 1$, $y^2 + z^2 = 1$에 의해 둘러싸인 입체를 그려보아라. 좌표축의 위치를 표시하고 해당하는 원기둥의 방정식으로 각 면에 레이블을 지정하여라.
2. 문제 1의 입체의 부피를 구하여라.
3. [T] CAS를 이용하여 입체의 변을 그려보아라.
4. 첫 번째 원기둥의 반지름이 1과 다르면 문제 1의 입체는 어떻게 달라지는가? 손이나 컴퓨터로 그려보아라.
5. 첫 번째 원기둥이 $x^2 + y^2 = a^2$ $(a < 1)$일 때, 입체의 부피를 이중적분으로 표현하되 계산은 하지 마라. 만약 $a > 1$이면 어떻게 되겠는가?

14.7 구면좌표로 나타낸 삼중적분

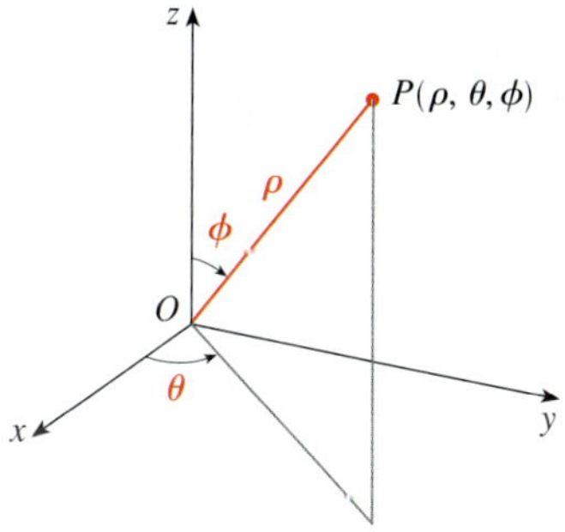

그림 1
구면좌표로 나타낸 점

삼차원 공간에서 다른 하나의 유용한 좌표계로 **구면좌표계**가 있다. 이것은 구면 또는 원뿔면에 의해 유계된 영역 위에서의 삼중적분의 계산을 더 단순화한다.

■ 구면좌표계

공간에서 점 P의 **구면좌표**(spherical coordinates) (ρ, θ, ϕ)를 그림 1에서 볼 수 있다. 여기에서 $\rho = |OP|$는 원점에서 P까지의 거리이고, θ는 원기둥좌표에서와 같은 각, 또 ϕ는 양이 z축과 선분 OP 사이의 각이다. 또한

$$\rho \geqslant 0 \qquad 0 \leqslant \phi \leqslant \pi$$

임을 주목하여라. 구면좌표계는 원점에 관하여 대칭인 문제에 특히 유용하다. 예를 들면 중심이 원점이고, 반지름이 c인 구면은 간단한 방정식 $\rho = c$를 가진다(그림 2 참조). 이것이 '구면'좌표라는 이름이 붙은 이유이다. 방정식 $\theta = c$의 그래프는 수직 반평면(그림 3 참조)이고, 방정식 $\phi = c$는 z축을 축으로 갖는 반원뿔면을 나타낸다(그림 4 참조).

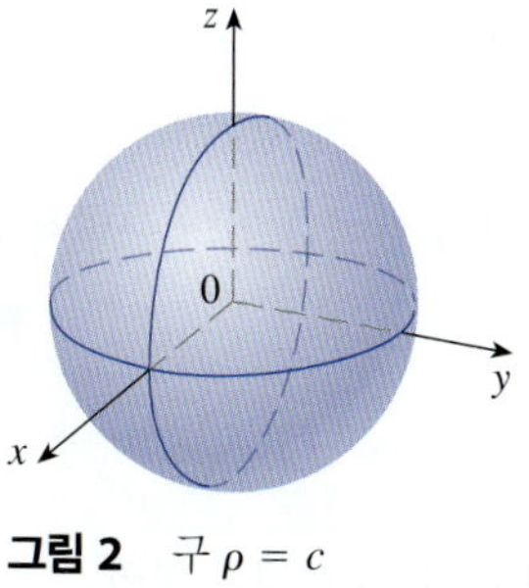

그림 2 구 $\rho = c$

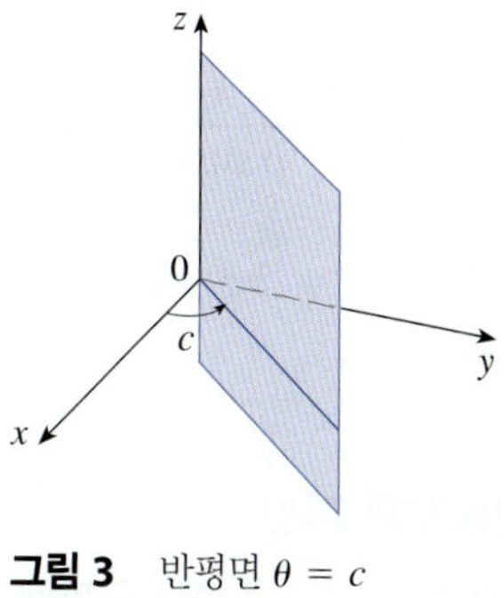

그림 3 반평면 $\theta = c$

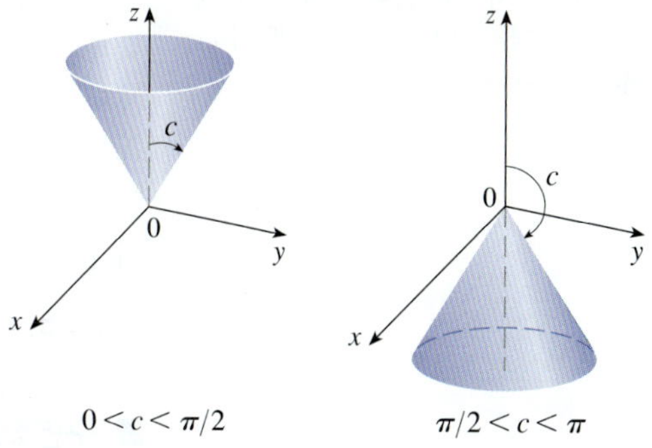

그림 4 반원뿔면 $\phi = c$

직교좌표와 구면좌표 사이의 관계는 그림 5를 보면 알 수 있다. 삼각형 OPQ와 OPP'으로부터

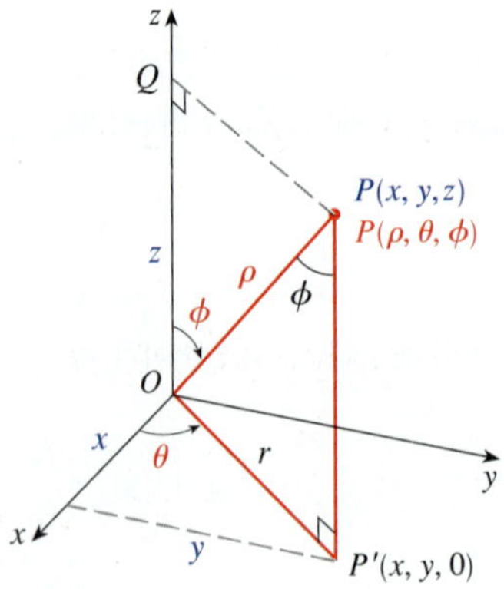

그림 5

$$z = \rho \cos \phi \qquad r = \rho \sin \phi$$

를 얻는다. 그러나 $x = r \cos \theta$, $y = r \sin \theta$이므로 구면좌표에서 직교좌표로 변환하려면 다음 방정식을 사용한다.

1 $$x = \rho \sin \phi \, \cos \theta \qquad y = \rho \sin \phi \, \sin \theta \qquad z = \rho \cos \phi$$

또한 거리공식으로부터

2 $$\rho^2 = x^2 + y^2 + z^2$$

이다. 이 방정식을 이용하면 직교좌표를 구면좌표로 변환할 수 있다.

예제 1 구면좌표계에서 점 $(2, \pi/4, \pi/3)$가 주어져 있다. 직교좌표를 구하여라.

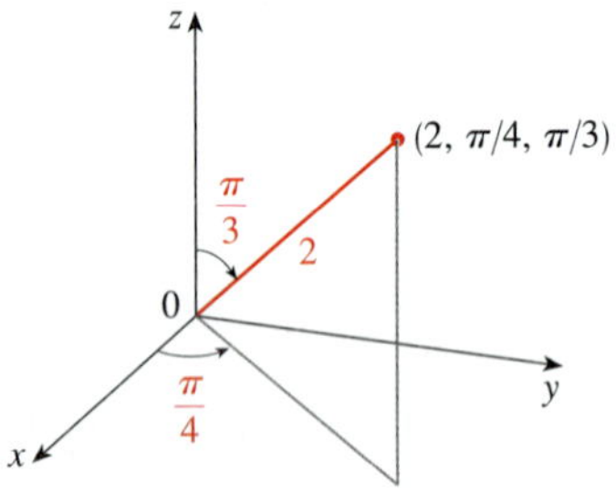

그림 6

풀이 그림 6과 같이 점을 표시한 후, 식 **1**로부터

$$x = \rho \sin \phi \, \cos \theta = 2 \sin \frac{\pi}{3} \cos \frac{\pi}{4} = 2\left(\frac{\sqrt{3}}{2}\right)\left(\frac{1}{\sqrt{2}}\right) = \sqrt{\frac{3}{2}}$$

$$y = \rho \sin \phi \, \sin \theta = 2 \sin \frac{\pi}{3} \sin \frac{\pi}{4} = 2\left(\frac{\sqrt{3}}{2}\right)\left(\frac{1}{\sqrt{2}}\right) = \sqrt{\frac{3}{2}}$$

$$z = \rho \cos \phi = 2 \cos \frac{\pi}{3} = 2\left(\tfrac{1}{2}\right) = 1$$

을 얻는다. 따라서 점 $(2, \pi/4, \pi/3)$의 직교좌표는 $(\sqrt{3/2}, \sqrt{3/2}, 1)$이다.

예제 2 점 $(0, 2\sqrt{3}, -2)$가 직교좌표로 주어져 있다. 이 점의 구면좌표를 구하여라.

풀이 식 **2**로부터

$$\rho = \sqrt{x^2 + y^2 + z^2} = \sqrt{0 + 12 + 4} = 4$$

가 얻어지므로, 방정식 **1**에 의하여

$$\cos \phi = \frac{z}{\rho} = \frac{-2}{4} = -\frac{1}{2} \qquad \phi = \frac{2\pi}{3}$$

$$\cos \theta = \frac{x}{\rho \sin \phi} = 0 \qquad \theta = \frac{\pi}{2}$$

이다($y = 2\sqrt{3} > 0$이므로 $\theta \neq 3\pi/2$임을 주목하여라.) 따라서 주어진 점의 구면좌표는 $(4, \pi/2, 2\pi/3)$이다. ■

> **주의** 구면좌표에 대해서는 표준적인 표현이 정해져 있지 않다. 물리학 분야의 대부분의 책을 보면 θ와 ϕ의 의미가 바뀌어 있고 ρ 대신 r을 사용하고 있다.

■ 구면좌표에서 삼중적분 계산

구면좌표계에서 직육면체의 대응 부분은 **구면쐐기**(spherical wedge) 형태의 영역

$$E = \left\{(\rho, \theta, \phi) \mid a \leqslant \rho \leqslant b, \ \alpha \leqslant \theta \leqslant \beta, \ c \leqslant \phi \leqslant d\right\}$$

이다. 여기서 $a \geqslant 0$, $\beta - \alpha \leqslant 2\pi$이고 $d - c \leqslant \pi$이다. 입체를 작은 직육면체로 분할

하여 삼중적분을 정의하였지만, 입체를 작은 구면쐐기들로 분할해도 항상 같은 결과를 얻는다는 것을 보일 수 있다. 따라서 E를 같은 간격의 구 $\rho = \rho_i$, 반평면 $\theta = \theta_j$와 반원뿔면 $\phi = \phi_k$에 의해 더 작은 구면쐐기 E_{ijk}로 분할한다. 그림 7에서 E_{ijk}는 세 변의 길이가 $\Delta\rho$, $\rho_i\,\Delta\phi$(반지름이 ρ_i이고 각이 $\Delta\phi$인 호), $\rho_i \sin\phi_k\,\Delta\theta$(반지름이 $\rho_i \sin\phi_k$이고 각이 $\Delta\theta$인 호)인 직육면체와 거의 같다. 따라서 E_{ijk}의 부피의 근삿값은

$$\Delta V_{ijk} \approx (\Delta\rho)(\rho_i\,\Delta\phi)(\rho_i \sin\phi_k\,\Delta\theta) = \rho_i^2 \sin\phi_k\,\Delta\rho\,\Delta\theta\,\Delta\phi$$

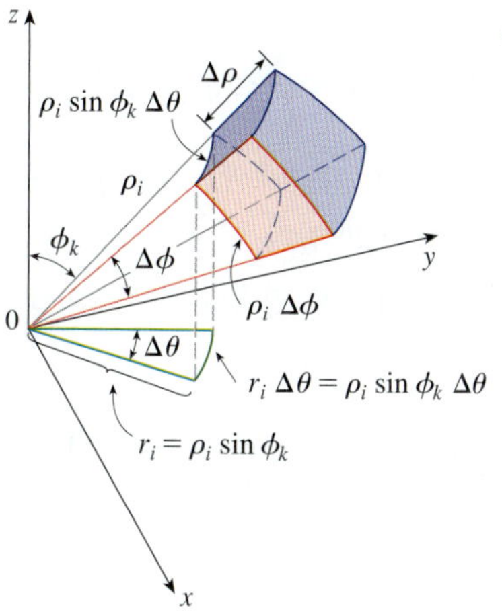

(a) 구면쐐기

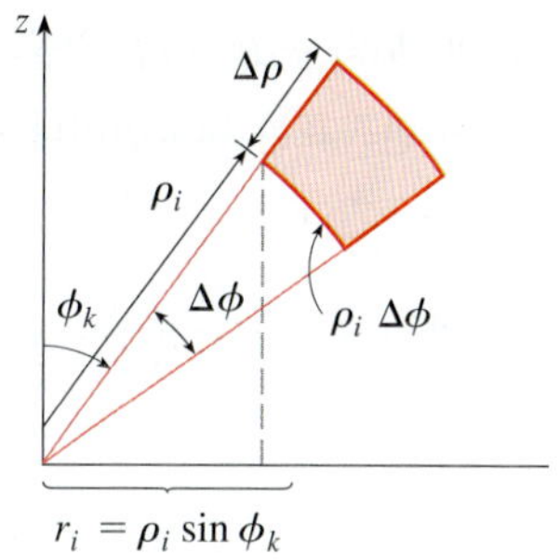

(b) 측면도

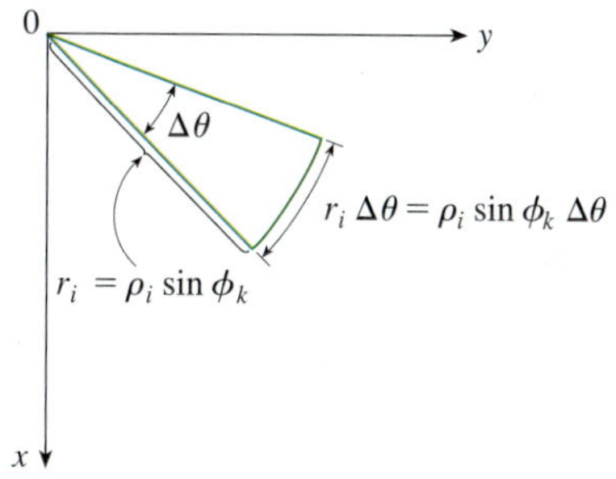

(c) 평면도

그림 7

이다. 실제로 평균값 정리로부터 E_{ijk}의 정확한 부피는

$$\Delta V_{ijk} = \tilde{\rho}_i^2 \sin\tilde{\phi}_k\,\Delta\rho\,\Delta\theta\,\Delta\phi$$

임을 보일 수 있다. 여기서 $(\tilde{\rho}_i, \tilde{\theta}_j, \tilde{\phi}_k)$는 E_{ijk}의 적당한 점이다. $(x_{ijk}^*, y_{ijk}^*, z_{ijk}^*)$를 이 점의 직교좌표라 하면

$$\iiint_E f(x, y, z)\,dV = \lim_{l,m,n\to\infty} \sum_{i=1}^{l} \sum_{j=1}^{m} \sum_{k=1}^{n} f(x_{ijk}^*, y_{ijk}^*, z_{ijk}^*)\,\Delta V_{ijk}$$

$$= \lim_{l,m,n\to\infty} \sum_{i=1}^{l} \sum_{j=1}^{m} \sum_{k=1}^{n} f(\tilde{\rho}_i \sin\tilde{\phi}_k \cos\tilde{\theta}_j, \tilde{\rho}_i \sin\tilde{\phi}_k \sin\tilde{\theta}_j, \tilde{\rho}_i \cos\tilde{\phi}_k)\,\tilde{\rho}_i^2 \sin\tilde{\phi}_k\,\Delta\rho\,\Delta\theta\,\Delta\phi$$

이다. 그러나 이 합은 함수

$$F(\rho, \theta, \phi) = f(\rho \sin\phi\,\cos\theta, \rho \sin\phi\,\sin\theta, \rho\cos\phi)\,\rho^2 \sin\phi$$

에 대한 리만합이다. 따라서 다음의 **구면좌표 삼중적분에 대한 공식**을 얻는다.

3 $$\iiint_E f(x, y, z)\,dV = \int_c^d \int_\alpha^\beta \int_a^b f(\rho \sin\phi\,\cos\theta, \rho \sin\phi\,\sin\theta, \rho\cos\phi)\,\rho^2 \sin\phi\,d\rho\,d\theta\,d\phi$$

여기서 E는 다음과 같이 주어진 구면쐐기이다.

$$E = \{(\rho, \theta, \phi) \mid a \leqslant \rho \leqslant b,\ \alpha \leqslant \theta \leqslant \beta,\ c \leqslant \phi \leqslant d\}$$

공식 **3**은

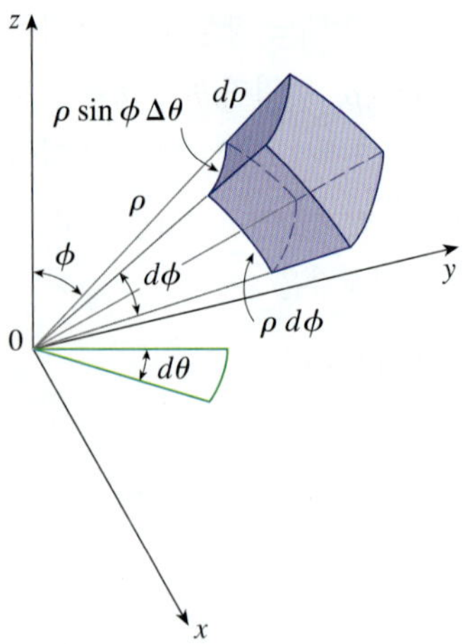

그림 8
구면좌표에서 부피원소
$dV = \rho^2 \sin\phi\, d\rho\, d\theta\, d\phi$

$$x = \rho \sin\phi \cos\theta \qquad y = \rho \sin\phi \sin\theta \qquad z = \rho \cos\phi$$

로 쓰고 적절한 적분한계를 이용하며 dV를 $\rho^2 \sin\phi\, d\rho\, d\theta\, d\phi$로 대체하여 삼중적분을 직교좌표로부터 구면좌표에 변환시킨 것을 말해 준다. 이것은 그림 8에서 설명된다.

이 공식은

$$E = \{(\rho, \theta, \phi) \mid \alpha \leqslant \theta \leqslant \beta,\ c \leqslant \phi \leqslant d,\ g_1(\theta, \phi) \leqslant \rho \leqslant g_2(\theta, \phi)\}$$

와 같은 좀 더 일반적인 구면 영역으로까지 확장될 수 있다. 이 경우에 공식은 ρ에 관한 적분한계가 $g_1(\theta, \phi)$와 $g_2(\theta, \phi)$인 것을 제외하고는 공식 **3**과 같다.

일반적으로 구면좌표는 원뿔면이나 구면과 같은 곡면이 적분 영역의 경계를 이룰 때의 삼중적분에 사용된다.

예제 3 B가 단위공 $B = \{(x, y, z) \mid x^2 + y^2 + z^2 \leqslant 1\}$일 때 $\iiint_B e^{(x^2+y^2+z^2)^{3/2}}\, dV$를 계산하여라.

풀이 B의 경계가 구이므로 구면좌표를 이용하여

$$B = \{(\rho, \theta, \phi) \mid 0 \leqslant \rho \leqslant 1,\ 0 \leqslant \theta \leqslant 2\pi,\ 0 \leqslant \phi \leqslant \pi\}$$

이다. 더욱이 $$x^2 + y^2 + z^2 = \rho^2$$

이기 때문에 구면좌표가 적합하다. 따라서 **3**에 의해 다음과 같다.

$$\begin{aligned}\iiint_B e^{(x^2+y^2+z^2)^{3/2}}\, dV &= \int_0^{\pi} \int_0^{2\pi} \int_0^1 e^{(\rho^2)^{3/2}} \rho^2 \sin\phi\, d\rho\, d\theta\, d\phi \\ &= \int_0^{\pi} \sin\phi\, d\phi \int_0^{2\pi} d\theta \int_0^1 \rho^2 e^{\rho^3}\, d\rho \\ &= \Big[-\cos\phi\Big]_0^{\pi} (2\pi) \Big[\tfrac{1}{3} e^{\rho^3}\Big]_0^1 = \tfrac{4}{3}\pi(e-1)\end{aligned}$$ ■

NOTE 예제 3의 적분을 구면좌표를 이용하지 않고 직교좌표에서 반복적분으로 구하면 다음과 같으나 계산하기는 매우 어렵다.

$$\int_{-1}^{1} \int_{-\sqrt{1-x^2}}^{\sqrt{1-x^2}} \int_{-\sqrt{1-x^2-y^2}}^{\sqrt{1-x^2-y^2}} e^{(x^2+y^2+z^2)^{3/2}}\, dz\, dy\, dx$$

14.7 연습문제

1-2 다음 구면좌표의 점을 그리고, 이 점의 직교좌표를 구하여라.

1. (a) $(2, 3\pi/4, \pi/2)$ (b) $(4, -\pi/3, \pi/4)$

2. (a) $(5, \pi/2, \pi/3)$ (b) $(6, 0, 5\pi/6)$

3-4 다음 직교좌표를 구면좌표로 바꾸어라.

3. (a) $(3, 3, 0)$ (b) $(1, -\sqrt{3}, 2\sqrt{3})$

4. (a) $(0, 4, -4)$ (b) $(-2, 2, 2\sqrt{6})$

5-6 다음 방정식으로 주어진 곡면을 말로 설명하여라.

5. $\phi = 3\pi/4$ **6.** $\rho^2 - 3\rho + 2 = 0$

7-8 다음 방정식으로 주어진 곡면이 어떠한 곡면인지 밝혀라.

7. $\rho \cos \phi = 1$ **8.** $\rho = \cos \phi$

9-10 다음 방정식을 구면좌표의 방정식으로 나타내어라.

9. (a) $x^2 + y^2 + z^2 = 9$ (b) $x^2 - y^2 - z^2 = 1$

10. (a) $z = x^2 + y^2$ (b) $z = x^2 - y^2$

11-12 다음 부등식이 나타내는 입체를 그려라.

11. $\rho \leqslant 1,\ 0 \leqslant \phi \leqslant \pi/6,\ 0 \leqslant \theta \leqslant \pi$

12. $1 \leqslant \rho \leqslant 3,\ 0 \leqslant \phi \leqslant \pi/2,\ \pi \leqslant \theta \leqslant 3\pi/2$

13. 구 $x^2 + y^2 + z^2 = 4z$의 내부와 원뿔면 $z = \sqrt{x^2 + y^2}$의 외부에 놓인 입체의 부피를 구면좌표를 사용한 부등식으로 나타내어라.

14-15 다음 적분으로 주어지는 부피를 가지는 입체를 그리고 적분을 계산하여라.

14. $\int_0^{\pi/6} \int_0^{\pi/2} \int_0^3 \rho^2 \sin \phi \ d\rho\, d\theta\, d\phi$

15. $\int_0^{\pi/4} \int_0^{2\pi} \int_0^{\sec \phi} \rho^2 \sin \phi \ d\rho\, d\theta\, d\phi$

16-17 다음 그림의 입체를 적분 영역으로 하는 임의의 연속함수 $f(x, y, z)$의 적분을 원기둥좌표나 구면좌표를 사용한 삼중적분으로 나타내어라.

16.

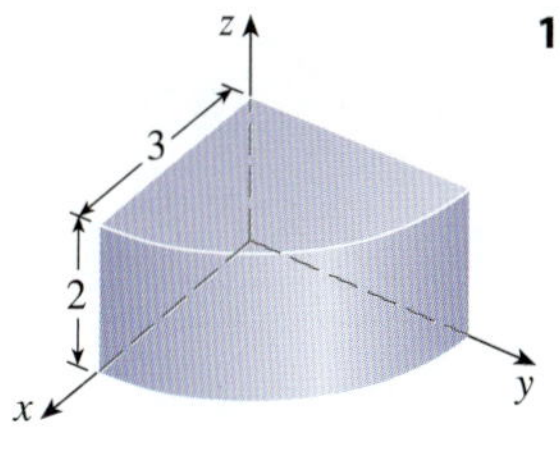

17.

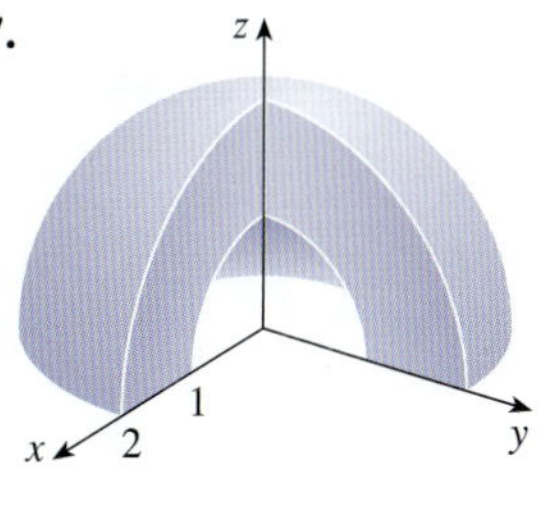

18-23 구면좌표를 이용하여라.

18. $\iiint_B (x^2 + y^2 + z^2)^2 dV$를 구하여라. 단 B는 중심이 원점이고 반지름이 5인 공이다.

19. $\iiint_E (x^2 + y^2)\, dV$를 구하여라. 단 E는 두 구 $x^2 + y^2 + z^2 = 4$, $x^2 + y^2 + z^2 = 9$ 사이에 놓여 있다.

20. $\iiint_E xe^{x^2+y^2+z^2}\, dV$를 구하여라. 단 E는 제1팔분공간상에 있는 단위구 $x^2 + y^2 + z^2 \leqslant 1$의 부분이다.

21. 원뿔면 $\phi = \pi/6$와 $\phi = \pi/3$ 사이에 놓여 있는 공 $\rho \leqslant a$의 부분의 부피를 구하여라.

22. (a) 원뿔면 $\phi = \pi/3$ 위와 구면 $\rho = 4 \cos \phi$ 아래에 있는 입체의 부피를 구하여라.
(b) (a)의 입체의 무게중심을 구하여라.

23. 구 $x^2 + y^2 + z^2 = 4$ 안에 있고, xy평면 위와 원뿔 $z = \sqrt{x^2 + y^2}$ 아래에 놓이는 입체의 부피를 구하여라.

24-26 원기둥좌표나 구면좌표 중 더 적절한 좌표계를 사용하여라.

24. 원뿔면 $z = \sqrt{x^2 + y^2}$ 위와 구면 $x^2 + y^2 + z^2 = 1$ 아래에 놓인 입체 E의 부피와 무게중심을 구하여라.

25. 밑면의 반지름이 a, 높이가 h이며 밀도가 상수인 원기둥이 있다.
(a) 이 원기둥의 축에 대한 관성모멘트를 구하여라.
(b) 이 입체의 밑면의 지름에 관한 관성모멘트를 구하여라.

26. E가 포물면 $z = x^2 + y^2$ 위와 평면 $z = 2y$ 아래에 놓인 입체일 때 $\iiint_E z\, dV$를 구하여라. 적분값을 구하기 위해 적분표나 CAS를 사용하여라.

27-28 다음 적분을 구면좌표로 변환하여 계산하여라.

27. $\int_0^1 \int_0^{\sqrt{1-x^2}} \int_{\sqrt{x^2+y^2}}^{\sqrt{2-x^2-y^2}} xy\, dz\, dy\, dx$

28. $\int_{-2}^2 \int_{-\sqrt{4-x^2}}^{\sqrt{4-x^2}} \int_{2-\sqrt{4-x^2-y^2}}^{2+\sqrt{4-x^2-y^2}} (x^2 + y^2 + z^2)^{3/2}\, dz\, dy\, dx$

29. 그래핑 도구를 이용하여 반지름이 3이고 높이가 10인 원기둥 위에 반구가 덮인 사일로를 그려라. (사일로는 식품 저장고를 말하는데, 반구와 원기둥 모양이 붙어 있는 모양의 통이다.)

30. 곡면 $\rho = 1 + \frac{1}{5} \sin m\theta \sin n\phi$는 종양 모델로 사용된다. $m = 6$, $n = 5$일 때 "울퉁불퉁한 구" 모양은 다음과 같다. CAS를 이용하여 둘러싸고 있는 부피를 구하여라.

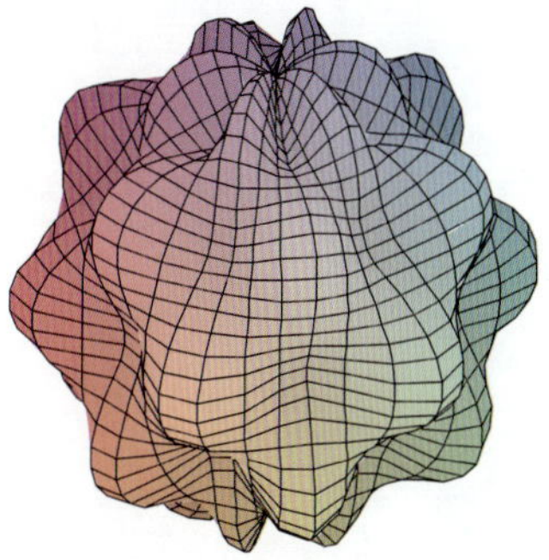

31. $\int_{-\infty}^{\infty} \int_{-\infty}^{\infty} \int_{-\infty}^{\infty} \sqrt{x^2 + y^2 + z^2}\ e^{-(x^2+y^2+z^2)}\, dx\, dy\, dz = 2\pi$를 보여라. (이상 삼중적분은 구의 반지름을 한없이 크게 했을 때 구체의 삼중적분의 극한으로 정의된다).

벡터장은 중력, 전기 및 자기, 유체 흐름과 같은 다양한 현상을 모델링하는 데 사용된다. 예를 들면 허리케인은 공간의 각 지점에서 속도 벡터를 설명하는 함수로 모델링할 수 있다. 그런 다음 벡터미적분을 사용하여 순환, 비틀림(회전), 흐름(유량) 또는 바람의 팽창 및 압축(발산)과 같은 양과 이러한 양들 사이의 관계를 계산할 수 있다.

15 벡터미분적분학

Vector Calculus

이 장에서는 벡터장의 미분적분학을 연구한다. (벡터장은 공간 내의 점에 벡터를 대응시키는 함수이다.) 특히, 물체가 곡선을 따라 이동할 때 힘의 장에 의해 행해진 일을 구하는 데 이용되는 선적분을 정의한다. 그리고 곡면을 지나는 유체 흐름의 비율을 구하는 데 이용되는 면적분을 정의한다. 이들 새로운 형태의 적분과 이미 배운 일변수 함수의 적분, 이중적분, 삼중적분과의 연관성은 미분적분학의 기본정리의 고차원적인 정리에 해당하는 그린 정리, 스토크스 정리와 발산정리에 의하여 설명된다.

15.1 벡터장

■ 평면영역 $\mathbb{R}^2$과 공간영역 $\mathbb{R}^3$에서의 벡터장

그림 1의 벡터들은 샌프란시스코만 지역에서 표면으로부터 10m 지점 위의 풍속과 풍향을 나타내는 공기 속도벡터들이다. (a)에서 얼핏 보아 가장 큰 화살표가 금문교를 가로질러 만으로 들어오는 바람이 생길 때 최고 풍속이라는 것을 알 수 있다. (b)는 12시간 전의 매우 다른 바람 형태를 보여주고 있다. 우리는 공기 속의 모든 점에 대하여 풍속 벡터를 상상할 수 있다. 이것은 **속도벡터장**(velocity vector field)의 한 예이다.

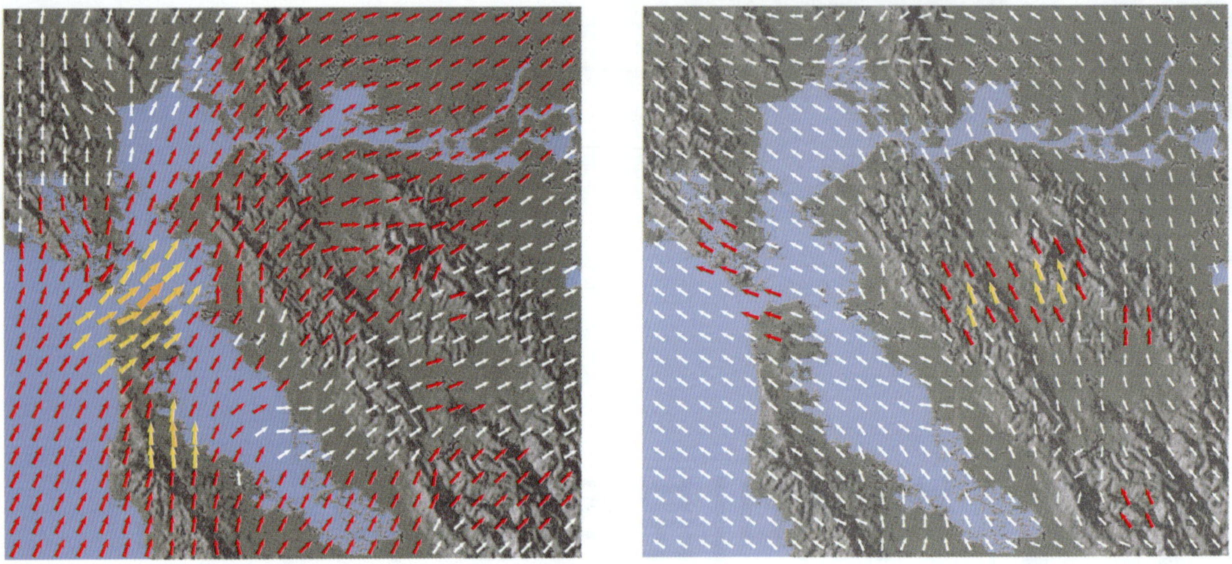

(a) 오후 6시　　(b) 오전 6시

그림 1 특정 봄날에 샌프란시스코만의 바람 모형을 나타내는 속도벡터장

속도벡터장의 다른 예는 그림 2에 있는 해류와 에어포일(비행기 날개의 단면 모양)을 지나가는 공기의 흐름 등이다.

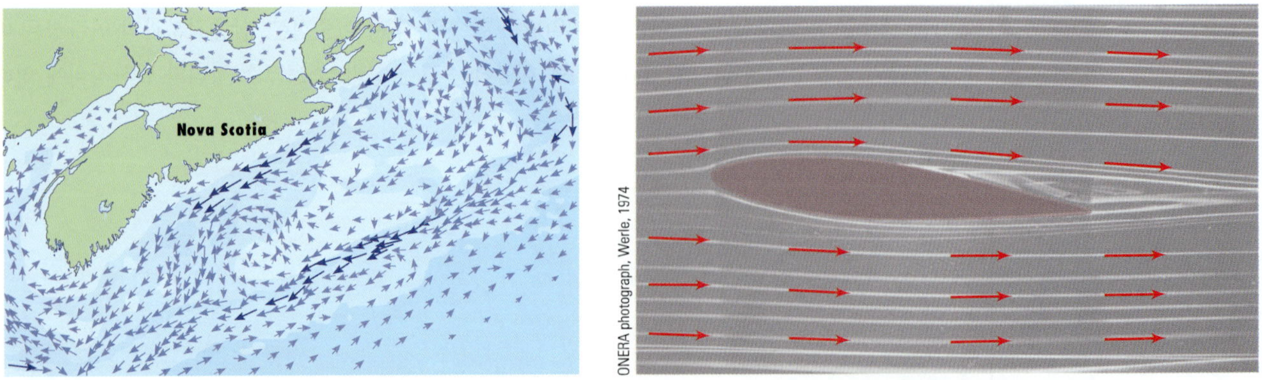

(a) 노바스코샤 연안 해류　　(b) 에어포일 경사면을 지나는 공기의 흐름

그림 2 속도벡터장

힘의 장(force field)이라 불리는 벡터장의 다른 형태는 어떤 영역에 있는 각각의 점에 힘 벡터를 대응시키는 것이다. 그 예로는 앞으로 예제 4에서 보게 될 중력장이 있다.

일반적으로 벡터장은 정의역이 $\mathbb{R}^2$(혹은 $\mathbb{R}^3$)에 속하는 어떤 점들의 집합이고, 치역이 V_2(혹은 V_3)에 속하는 어떤 벡터들의 집합인 함수이다.

1 정의 D를 $\mathbb{R}^2$(평면 영역)의 부분집합이라 하자. $\mathbb{R}^2$상의 **벡터장**(vector field)은 D에 속하는 각각의 점 (x, y)에 대하여, 이차원 벡터 $\mathbf{F}(x, y)$를 대응시키는 함수 $\mathbf{F}$이다.

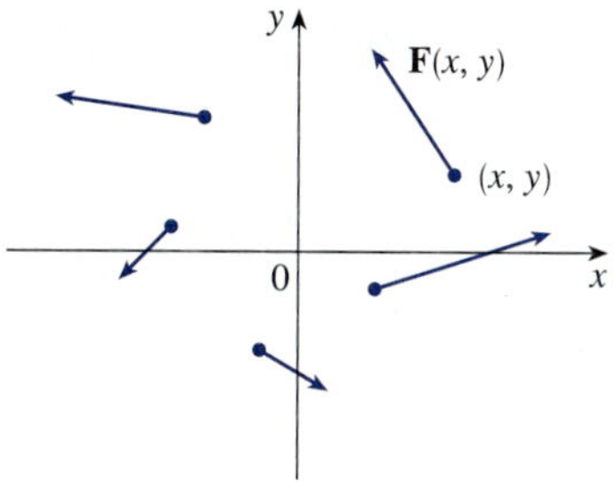

그림 3 $\mathbb{R}^2$상의 벡터장

벡터장을 그리는 가장 좋은 방법은 점 (x, y)를 시작점으로 하는 벡터 $\mathbf{F}(x, y)$를 나타내는 화살표를 그리는 것이다. 물론 모든 점 (x, y)에 대하여 그리는 것은 불가능하지만, 그림 3과 같이 D에 속하는 몇 개의 대표적인 점에 대하여 화살표를 그림으로써 $\mathbf{F}$의 적절한 자취를 얻을 수 있다. $\mathbf{F}(x, y)$가 이차원 벡터이므로 **성분함수** P와 Q로 다음과 같이 쓸 수 있다.

$$\mathbf{F}(x, y) = P(x, y)\,\mathbf{i} + Q(x, y)\,\mathbf{j} = \langle P(x, y), Q(x, y)\rangle$$

혹은 간단하게
$$\mathbf{F} = P\,\mathbf{i} + Q\,\mathbf{j}$$

와 같이 쓸 수 있다. P와 Q는 이변수의 스칼라함수들이고, 간혹 이들을 벡터장과 구분하기 위하여 **스칼라장**(scalar field)이라 부른다.

2 정의 E가 $\mathbb{R}^3$의 부분집합이라 하자. $\mathbb{R}^3$상의 벡터장은 E에 속하는 각각의 점 (x, y, z)에 대하여, 삼차원 벡터 $\mathbf{F}(x, y, z)$를 대응시키는 함수 $\mathbf{F}$이다.

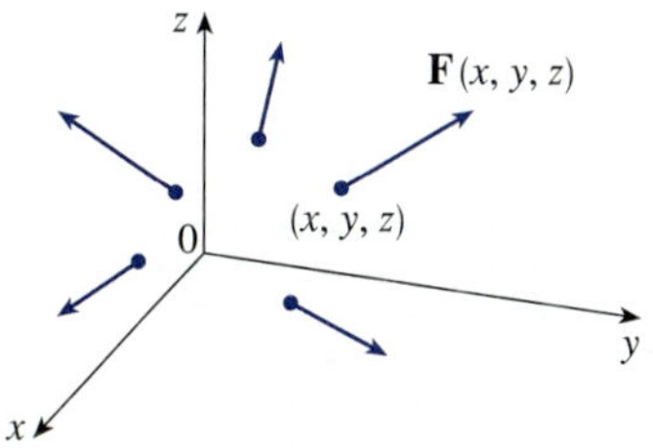

그림 4 $\mathbb{R}^3$상의 벡터장

$\mathbb{R}^3$ 위의 벡터장 $\mathbf{F}$는 그림 4와 같이 그려진다. $\mathbf{F}$를 $\mathbf{F}$의 성분함수 P, Q, R로 표시할 수 있다.

$$\mathbf{F}(x, y, z) = P(x, y, z)\,\mathbf{i} + Q(x, y, z)\,\mathbf{j} + R(x, y, z)\,\mathbf{k}$$

12.1절에 있는 벡터함수들처럼 벡터장의 연속성을 정의할 수 있고, $\mathbf{F}$가 연속이 되기 위한 필요충분조건은 P, Q, R이 연속인 것임을 보일 수 있다.

간혹 점 (x, y, z)를 위치벡터 $\mathbf{x} = \langle x, y, z\rangle$와 동일시하고 $\mathbf{F}(x, y, z)$ 대신에 $\mathbf{F}(\mathbf{x})$로 쓴다. 이때 $\mathbf{F}$는 벡터 $\mathbf{x}$에 대하여, 벡터 $\mathbf{F}(\mathbf{x})$를 대응시키는 함수가 된다.

예제 1 $\mathbb{R}^2$상의 벡터장이

$$\mathbf{F}(x, y) = -y\,\mathbf{i} + x\,\mathbf{j}$$

로 정의되었다. 그림 3과 같이 몇 개의 벡터 $\mathbf{F}(x, y)$를 그려서 $\mathbf{F}$를 나타내어라.

풀이 $\mathbf{F}(1, 0) = \mathbf{j}$이므로, 그림 5와 같이 점 $(1, 0)$에서 시작하는 벡터 $\mathbf{j} = \langle 0, 1\rangle$을 그린다. $\mathbf{F}(0, 1) = -\mathbf{i}$이므로, 점 $(0, 1)$에서 시작하는 벡터 $\langle -1, 0\rangle$을 그린다. 이 방법을 계속하여 $\mathbf{F}(x, y)$의 몇몇 다른 대푯값을 표와 같이 구한 다음 그림 5와 같이 벡터장을 나

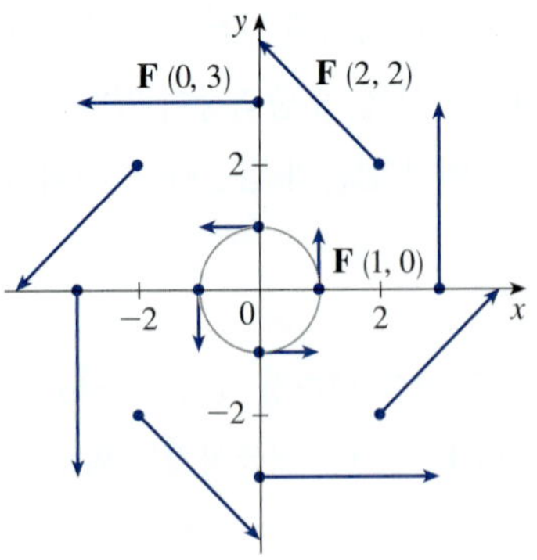

그림 5 $\mathbf{F}(x, y) = -y\,\mathbf{i} + x\,\mathbf{j}$

타내는 여러 개의 대표적 벡터를 그린다.

(x, y)	$\mathbf{F}(x, y)$	(x, y)	$\mathbf{F}(x, y)$
$(1, 0)$	$\langle 0, 1\rangle$	$(-1, 0)$	$\langle 0, -1\rangle$
$(2, 2)$	$\langle -2, 2\rangle$	$(-2, -2)$	$\langle 2, -2\rangle$
$(3, 0)$	$\langle 0, 3\rangle$	$(-3, 0)$	$\langle 0, -3\rangle$
$(0, 1)$	$\langle -1, 0\rangle$	$(0, -1)$	$\langle 1, 0\rangle$
$(-2, 2)$	$\langle -2, -2\rangle$	$(2, -2)$	$\langle 2, 2\rangle$
$(0, 3)$	$\langle -3, 0\rangle$	$(0, -3)$	$\langle 3, 0\rangle$

그림 5에 나타난 각 화살표는 원점이 중심인 원에 접한다. 이것을 확인하기 위해서 위치벡터 $\mathbf{x} = x\,\mathbf{i} + y\,\mathbf{j}$와 벡터 $\mathbf{F}(\mathbf{x}) = \mathbf{F}(x, y)$의 내적을 구한다.

$$\mathbf{x} \cdot \mathbf{F}(\mathbf{x}) = (x\,\mathbf{i} + y\,\mathbf{j}) \cdot (-y\,\mathbf{i} + x\,\mathbf{j}) = -xy + yx = 0$$

이것은 $\mathbf{F}(x, y)$가 위치벡터 $\langle x, y\rangle$에 수직이며, 원점이 중심이고, 반지름 $|\mathbf{x}| = \sqrt{x^2 + y^2}$을 갖는 원에 접함을 보여준다. 또한

$$|\mathbf{F}(x, y)| = \sqrt{(-y)^2 + x^2} = \sqrt{x^2 + y^2} = |\mathbf{x}|$$

가 되므로 벡터 $\mathbf{F}(x, y)$의 크기는 원의 반지름과 같다. ■

컴퓨터 대수시스템을 이용하면 이차원 또는 삼차원에서 벡터장을 그릴 수 있다. 따라서 손으로 직접 그리는 것보다 더 좋은 벡터장의 자취를 제공해준다. 왜냐하면 대단히 많은 대표 벡터들을 그릴 수 있기 때문이다. 그림 6은 예제 1의 벡터장의 컴퓨터 그림을 보여주고 있다. 그림 7과 8은 두 개의 다른 벡터장을 보여주고 있다. 컴퓨터가 벡터들의 길이를 너무 길지 않도록 줄이지만 그들의 실제 길이에 비례하도록 한다는 점을 주목하기 바란다.

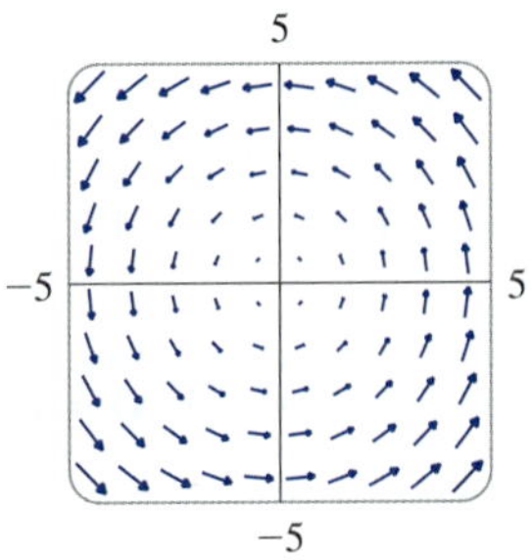

그림 6
$\mathbf{F}(x, y) = \langle -y, x\rangle$

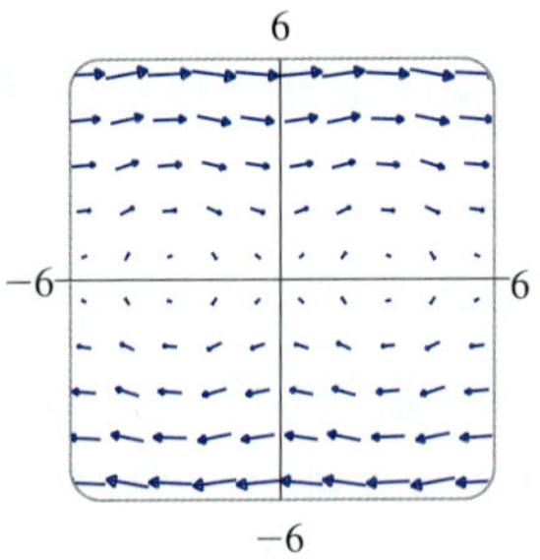

그림 7
$\mathbf{F}(x, y) = \langle y, \sin x\rangle$

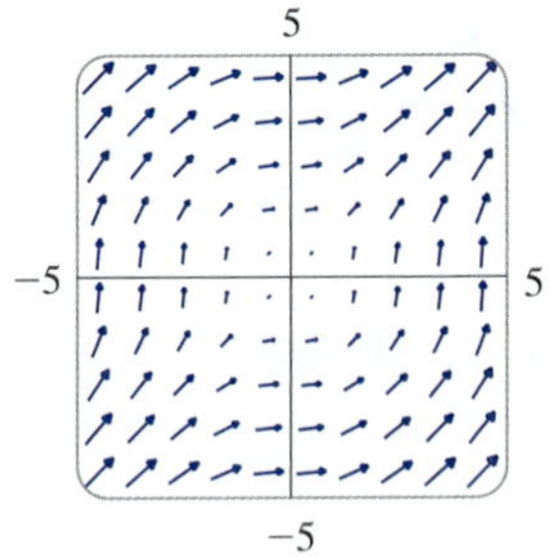

그림 8
$\mathbf{F}(x, y) = \langle \ln(1 + y^2), \ln(1 + x^2)\rangle$

예제 2 $\mathbb{R}^3$상의 주어진 벡터장 $\mathbf{F}(x, y, z) = z\,\mathbf{k}$를 그림으로 나타내어라.

풀이 대강의 그림이 그림 9에 그려져 있다. 모든 벡터들은 수직이고, xy평면 위쪽에서는 점 위쪽으로 향하고, xy평면 아래쪽에서는 점 아래쪽으로 향하고 있다. 벡터의 크기는 xy평면으로부터의 거리에 비례한다.

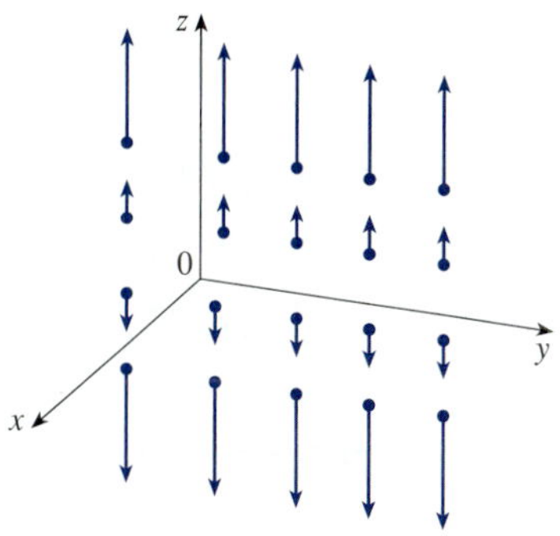

그림 9
$\mathbf{F}(x, y, z) = z\,\mathbf{k}$

예제 2의 벡터장은 특히 간단한 식이기 때문에 직접 그릴 수 있다. 그러나 대부분의 삼차원 벡터장들은 실제적으로 직접 스케치하기에 불가능하므로, 컴퓨터의 도움이 필요하다. 그림 10, 11, 12는 그러한 예들을 보여주고 있다. 그림 10과 11의 벡터장들은 식이 유사하지만, 그림 11의 모든 벡터는 y성분이 모두 -2이기 때문에 일반적으로 y축의 음의 방향을 가리키고 있다. 그림 12의 벡터장이 속도장을 나타낸다면 질점은 위로 휩쓸려 올라가게 되고, 위에서 보면 z축 둘레로 시계 방향으로 나선형 운동을 하고 있다.

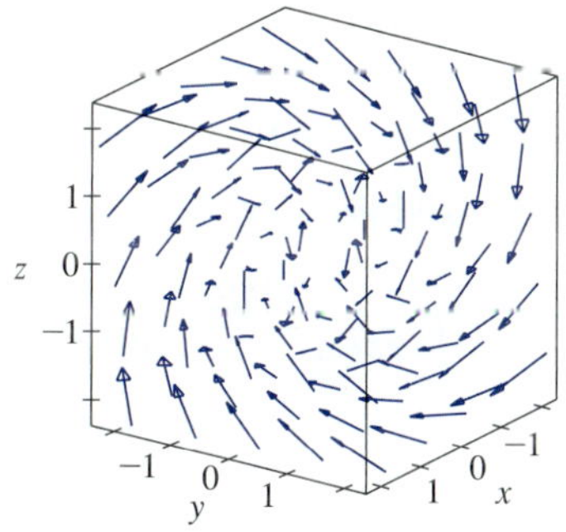

그림 10
$\mathbf{F}(x, y, z) = y\,\mathbf{i} + z\,\mathbf{j} + x\,\mathbf{k}$

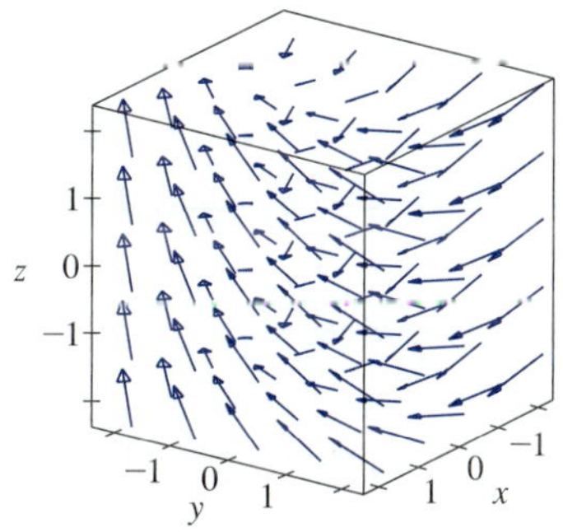

그림 11
$\mathbf{F}(x, y, z) = y\,\mathbf{i} - 2\,\mathbf{j} + x\,\mathbf{k}$

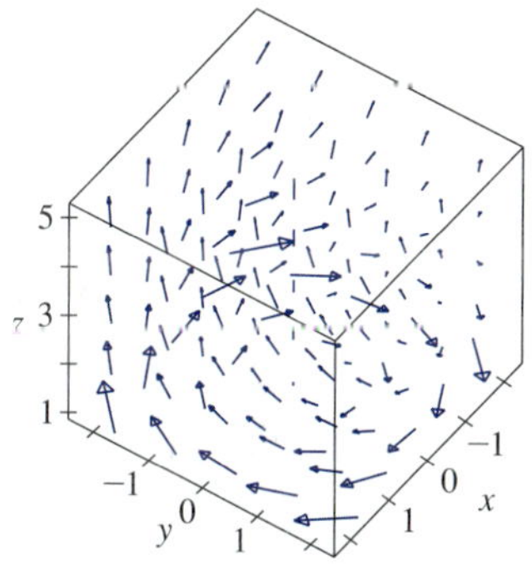

그림 12
$\mathbf{F}(x, y, z) = \dfrac{y}{z}\,\mathbf{i} - \dfrac{x}{z}\,\mathbf{j} + \dfrac{z}{4}\,\mathbf{k}$

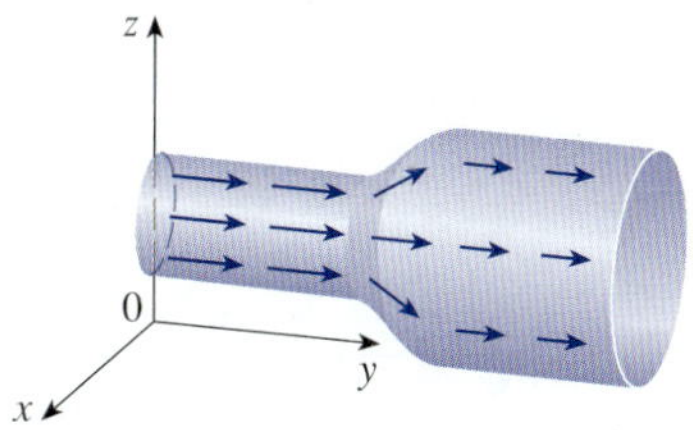

그림 13 유체에서의 속도장

예제 3 어떤 관 속을 따라 정상적으로 흐르는 유체를 생각하고 $\mathbf{V}(x, y, z)$를 점 (x, y, z)의 속도벡터라 하자. 이때 $\mathbf{V}$는 정의역 E(관의 내부)에 있는 각각의 점 (x, y, z)에 대하여 하나의 벡터를 대응시킨다. 따라서 $\mathbf{V}$는 $\mathbb{R}^3$상의 벡터장이고 이를 **속도장**(velocity field)이라 부른다. 가능한 속도장이 그림 13에 설명되어 있다. 임의의 주어진 점의 속력은 화살표의 길이로 표시된다.

또한 속도장은 물리학의 다른 영역에서도 일어난다. 예를 들면, 예제 1에 나오는 벡터장은 바퀴의 반시계 방향으로 회전하는 것을 설명하는 속도장으로 이용될 수 있다. 그림 1과 2에서 속도장의 다른 예들을 볼 수 있다. ■

예제 4 뉴턴의 중력 법칙에 의하면, 질량이 각각 m, M인 두 물체 사이에서 생기는 중력의 크기는

$$|\mathbf{F}| = \frac{mMG}{r^2}$$

이다. 여기에서 r은 두 물체 간의 거리이고, G는 중력상수이다. (이것은 역제곱 법칙의 한 예이다. 1.2절 참조.) 질량 M을 갖는 물체가 $\mathbb{R}^3$의 원점에 위치해 있다고 가정하자. (예를 들면, M은 지구의 질량이고, 원점은 지구의 중심에 둘 수도 있다.) 질량 m인 물체의 위치벡터를 $\mathbf{x} = \langle x, y, z \rangle$로 하면 $r = |\mathbf{x}|$가 되고, 따라서 $r^2 = |\mathbf{x}|^2$이 된다. 이 두 번째 물체에 미치는 중력은 원점을 향해 작용하며 이 방향에서 단위벡터는

$$-\frac{\mathbf{x}}{|\mathbf{x}|}$$

이다. 그러므로 $\mathbf{x} = \langle x, y, z \rangle$에서 물체에 미치는 중력은

3 $$\mathbf{F}(\mathbf{x}) = -\frac{mMG}{|\mathbf{x}|^3}\mathbf{x}$$

이다. [물리학자들은 종종 $\mathbf{x}$ 대신 기호 $\mathbf{r}$을 이용한다. 그래서 식 **3** 이 $\mathbf{F} = -(mMG/r^3)\mathbf{r}$로 쓰이는 경우를 볼 수 있다.] 방정식 **3** 에 주어진 함수는 공간에 속하는 모든 점 $\mathbf{x}$에 대하여 벡터[힘 $\mathbf{F}(\mathbf{x})$]를 대응시키기 때문에 벡터장의 예가 되며, 이를 **중력장**(gravitational field)이라 부른다.

식 **3** 은 중력장을 표시하는 간편한 방법이지만 $\mathbf{x} = x\,\mathbf{i} + y\,\mathbf{j} + z\,\mathbf{k}$와 $|\mathbf{x}| = \sqrt{x^2 + y^2 + z^2}$을 이용해서 성분함수로 나타낼 수도 있다. 즉,

$$\mathbf{F}(x, y, z) = \frac{-mMGx}{(x^2 + y^2 + z^2)^{3/2}}\,\mathbf{i} + \frac{-mMGy}{(x^2 + y^2 + z^2)^{3/2}}\,\mathbf{j} + \frac{-mMGz}{(x^2 + y^2 + z^2)^{3/2}}\,\mathbf{k}$$

중력장 $\mathbf{F}$가 그림 14에 그려져 있다.

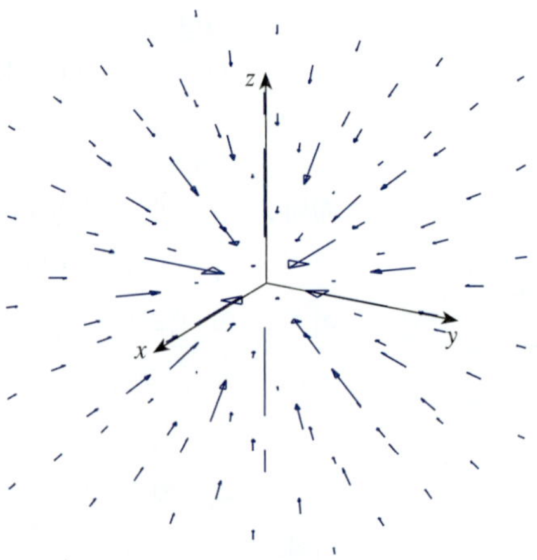

그림 14
중력장

■

예제 5 전하 Q가 원점에 위치해 있다고 가정하자. 쿨롱의 법칙(Coulomb's Law)에 의하면 이 전하 Q에 의하여 위치벡터 $\mathbf{x} = \langle x, y, z \rangle$를 갖는 점 (x, y, z)에 있는 점전하 q에 미치는 전기력 $\mathbf{F}(\mathbf{x})$는

$$\boxed{4} \qquad \mathbf{F}(\mathbf{x}) = \frac{\varepsilon q Q}{|\mathbf{x}|^3}\mathbf{x}$$

이다. 여기에서 ε은 상수(이용된 단위에 의존한다)이다. 같은 부호의 전하일 경우에 $qQ > 0$가 되고 힘은 반발한다. 다른 부호의 전하일 경우에 $qQ < 0$이 되고 힘은 끌어당긴다. 식 3과 4 사이에 유사점이 있음을 주의해야 한다. 이들 두 벡터장은 **힘의 장**(force field)의 예이다.

전기력 $\mathbf{F}$를 생각하는 대신에 종종 물리학자들은 단위 전하당 힘 즉,

$$\mathbf{E}(\mathbf{x}) = \frac{1}{q}\mathbf{F}(\mathbf{x}) = \frac{\varepsilon Q}{|\mathbf{x}|^3}\mathbf{x}$$

을 생각한다. 이때 $\mathbf{E}$는 $\mathbb{R}^3$상의 벡터장으로 Q의 **전기장**(electric field)이라 부른다. ■

■ 기울기 장

f가 두 변수의 스칼라함수이면 13.6절로부터 기울기(gradient) ∇f(또는 grad f)는

$$\nabla f(x, y) = f_x(x, y)\,\mathbf{i} + f_y(x, y)\,\mathbf{j}$$

임을 안다. 따라서 ∇f는 실로 $\mathbb{R}^2$상의 벡터장이며 **기울기 벡터장**(gradient vector field)이라 부른다. 같은 방법으로, f가 세 변수의 스칼라함수이면, f의 기울기는

$$\nabla f(x, y, z) = f_x(x, y, z)\,\mathbf{i} + f_y(x, y, z)\,\mathbf{j} + f_z(x, y, z)\,\mathbf{k}$$

로 주어지는 $\mathbb{R}^3$상의 벡터장이다.

예제 6 $f(x, y) = x^2y - y^3$의 기울기 벡터장을 구하여라. f의 등고선 지도와 함께 기울기 벡터장을 그려라. 이들은 어떻게 관련되는가?

풀이 기울기 벡터장은 다음과 같이 주어진다.

$$\nabla f(x, y) = \frac{\partial f}{\partial x}\mathbf{i} + \frac{\partial f}{\partial y}\mathbf{j} = 2xy\,\mathbf{i} + (x^2 - 3y^2)\,\mathbf{j}$$

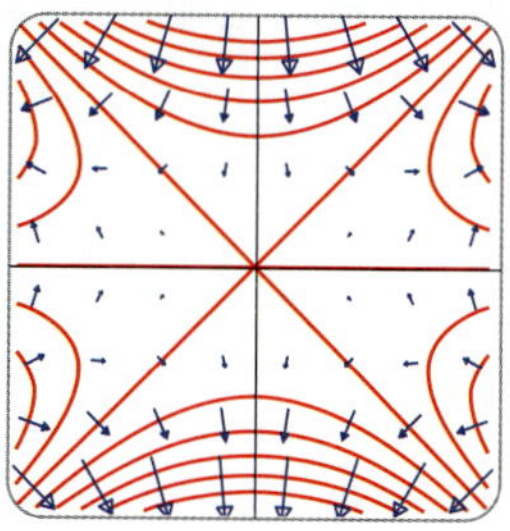

그림 15

그림 15는 기울기 벡터장과 함께 f의 등고선 지도를 보여주고 있다. 주목할 만한 것은 기울기 벡터가 13.6절에서 예상했던 것처럼 등위곡선과 수직이다. 또한 등위곡선들이 서로 가까운 곳에서는 기울기 벡터들이 길고, 멀리 떨어져 있는 곳에서는 짧다는 것도 주목하여라. 그것은 기울기 벡터의 길이가 f의 방향도함수 값이고 가까운 등위곡선들은 경사가 가파른 그래프를 암시하기 때문이다. ■

벡터장 $\mathbf{F}$가 어떤 스칼라함수의 기울기일 때, 즉 $\mathbf{F} = \nabla f$가 되는 함수 f가 존재할 때 이 $\mathbf{F}$를 **보존적 벡터장**(conservative vector field)이라 부른다. 이 경우에 f를 $\mathbf{F}$에 대한 **잠재적 함수**(potential function)라고 부른다.

모든 벡터장이 보존적 벡터장이 되는 것은 아니지만 그러한 벡터장은 물리학에서 자주 나타난다. 예를 들면, 예제 4에 나오는 중력장 $\mathbf{F}$는 보존적 벡터장이다. 왜냐하면 함수를

$$f(x, y, z) = \frac{mMG}{\sqrt{x^2 + y^2 + z^2}}$$

라 정의할 때

$$\begin{aligned}\nabla f(x, y, z) &= \frac{\partial f}{\partial x}\mathbf{i} + \frac{\partial f}{\partial y}\mathbf{j} + \frac{\partial f}{\partial z}\mathbf{k} \\ &= \frac{-mMGx}{(x^2 + y^2 + z^2)^{3/2}}\mathbf{i} + \frac{-mMGy}{(x^2 + y^2 + z^2)^{3/2}}\mathbf{j} + \frac{-mMGz}{(x^2 + y^2 + z^2)^{3/2}}\mathbf{k} \\ &= \mathbf{F}(x, y, z)\end{aligned}$$

가 되기 때문이다. 15.3절과 15.5절에서 주어진 벡터장이 보존적인지 아닌지를 판별하는 방법을 배울 것이다.

15.1 연습문제

1-6 그림 5 또는 그림 9와 같이 도형을 그려서 벡터장 **F**의 개형을 그려라.

1. $\mathbf{F}(x, y) = \mathbf{i} + \frac{1}{2}\mathbf{j}$

2. $\mathbf{F}(x, y) = \mathbf{i} + \frac{1}{2}y\,\mathbf{j}$

3. $\mathbf{F}(x, y) = -\frac{1}{2}\mathbf{i} + (y - x)\,\mathbf{j}$

4. $\mathbf{F}(x, y) = \dfrac{y\,\mathbf{i} + x\,\mathbf{j}}{\sqrt{x^2 + y^2}}$

5. $\mathbf{F}(x, y, z) = \mathbf{i}$

6. $\mathbf{F}(x, y, z) = -y\,\mathbf{i}$

7-9 I~III의 그림에 벡터장을 짝짓고, 선택한 이유를 밝혀라.

7. $\mathbf{F}(x, y) = \langle x, -y \rangle$

8. $\mathbf{F}(x, y) = \langle y, y + 2 \rangle$

9. $\mathbf{F}(x, y) = \langle \sin y, \cos x \rangle$

I

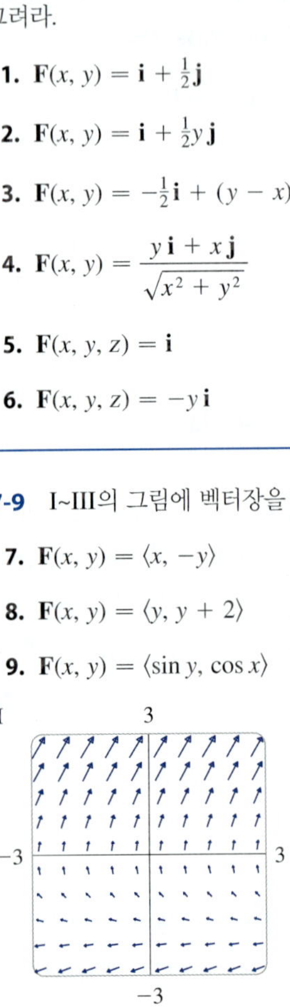

II

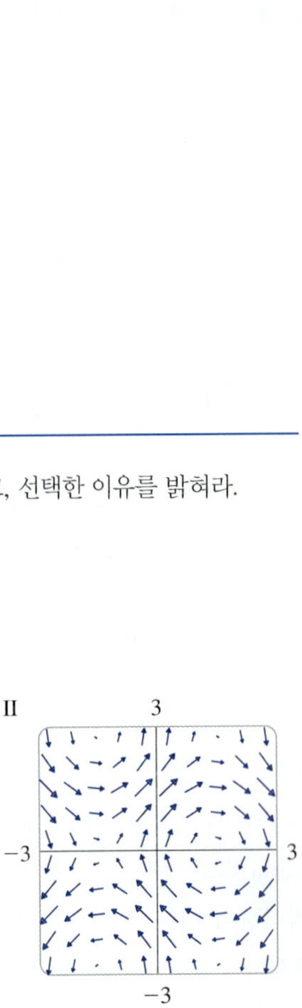

III

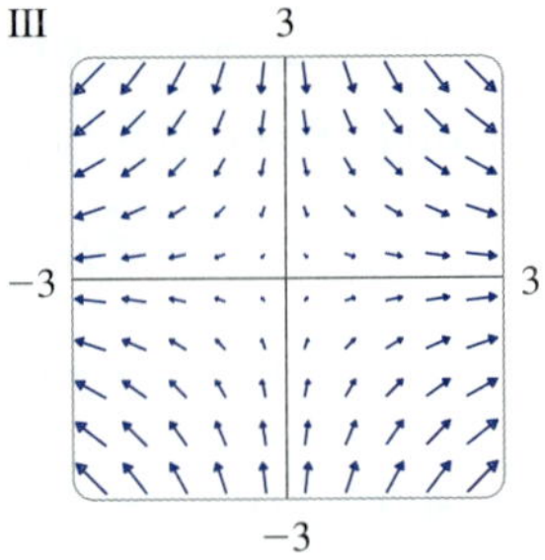

10-13 I~IV의 그림에 $\mathbb{R}^3$상의 벡터장을 짝짓고, 선택한 이유를 밝혀라.

10. $\mathbf{F}(x, y, z) = \mathbf{i} + 2\mathbf{j} + 3\mathbf{k}$

11. $\mathbf{F}(x, y, z) = \mathbf{i} + 2\mathbf{j} + z\,\mathbf{k}$

12. $\mathbf{F}(x, y, z) = x\,\mathbf{i} + y\,\mathbf{j} + 3\,\mathbf{k}$

13. $\mathbf{F}(x, y, z) = x\,\mathbf{i} + y\,\mathbf{j} + z\,\mathbf{k}$

I

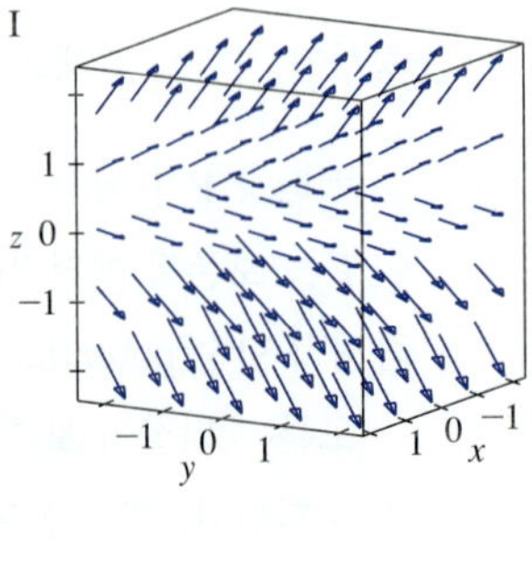

II

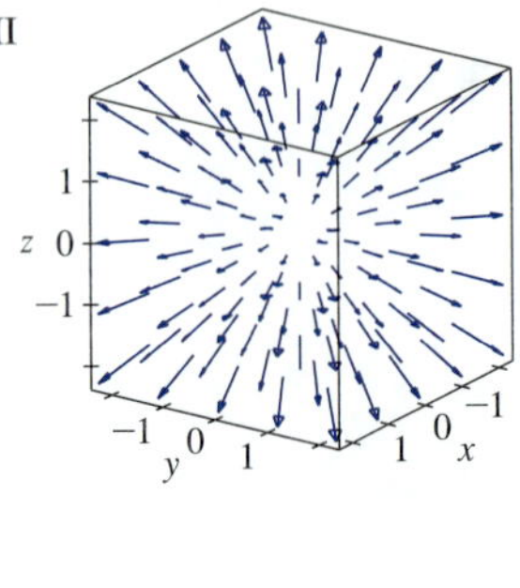

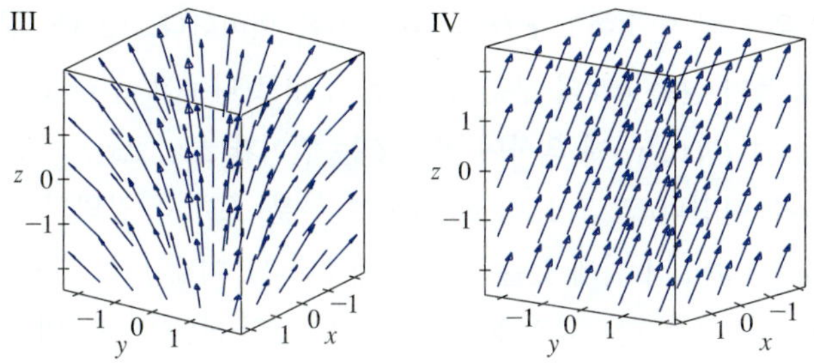

14. 소프트웨어를 이용하여 벡터장

$$\mathbf{F}(x, y) = (y^2 - 2xy)\,\mathbf{i} + (3xy - 6x^2)\,\mathbf{j}$$

를 도면화하여라. $\mathbf{F}(x, y) = \mathbf{0}$를 만족하는 점 (x, y)의 집합을 찾아 나타낸 도면을 설명하여라.

15-16 f의 기울기 벡터장을 구하여라.

15. $f(x, y) = y \sin(xy)$

16. $f(x, y, z) = \sqrt{x^2 + y^2 + z^2}$

17-18 f의 기울기 벡터장 ∇f를 구하고 그것을 그려라.

17. $f(x, y) = \frac{1}{2}(x - y)^2$

18. $f(x, y) = \frac{1}{2}(x^2 - y^2)$

19-22 기울기 벡터장의 그림(I~IV)과 함수를 짝짓고, 선택한 이유를 밝혀라.

19. $f(x, y) = x^2 + y^2$

20. $f(x, y) = x(x + y)$

21. $f(x, y) = (x + y)^2$

22. $f(x, y) = \sin\sqrt{x^2 + y^2}$

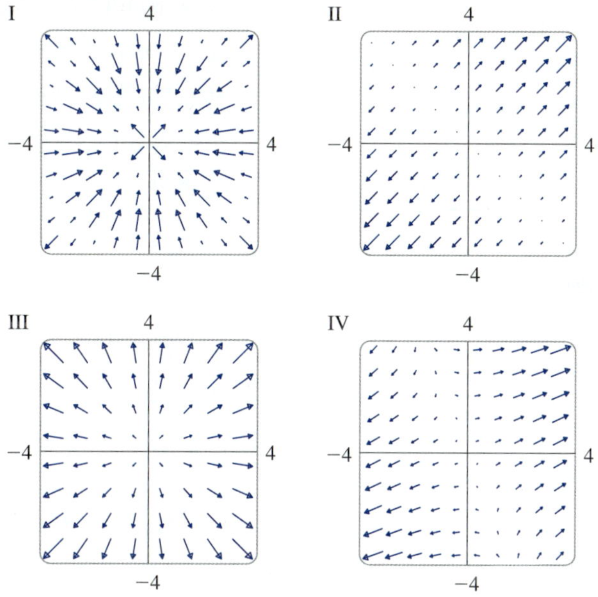

23-24 f의 등고선 지도와 함께 f의 기울기 벡터장을 그려라. 이들이 서로 어떻게 연관되어 있는지 설명하여라.

23. $f(x, y) = \ln(1 + x^2 + 2y^2)$

24. $f(x, y) = \cos x - 2 \sin y$

25. 한 입자가 속도장 $\mathbf{V}(x, y) = \langle x^2, x + y^2 \rangle$에 따라 움직인다. 입자가 시각 $t = 3$일 때 점 $(2, 1)$에 있다면 $t = 3.01$에서의 입자의 위치를 추정하여라.

15.2 선적분

이 절에서는 구간 $[a, b]$에서 적분하는 대신에 곡선 C 위에서 적분하는 것을 제외하고는 일변수 적분과 유사한 적분을 정의한다. 용어상으로 곡선적분(curve integral)이 더 적절할 수도 있으나, 이러한 적분을 **선적분**이라 부른다. 선적분은 19세기 초에 유체 흐름, 힘, 전기, 자기력과 관련된 문제를 풀기 위해서 창안되었다.

■ 평면에서의 선적분

매개방정식

$$\boxed{1} \qquad x = x(t) \qquad y = y(t) \qquad a \leqslant t \leqslant b$$

혹은 벡터방정식 $\mathbf{r}(t) = x(t)\,\mathbf{i} + y(t)\,\mathbf{j}$로 주어진 평면곡선 C를 생각하고, C가 매끄러

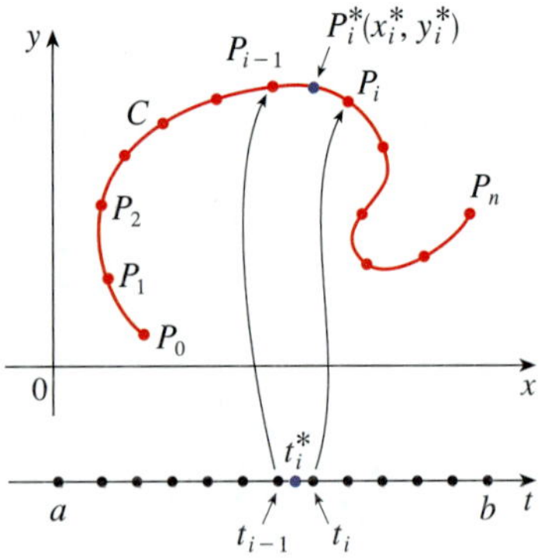

그림 1

운 곡선이라 가정하자[이것은 $\mathbf{r}'$이 연속이고 $\mathbf{r}'(t) \neq \mathbf{0}$인 것을 의미한다. 12.3절 참조]. 매개변수 구간 $[a, b]$를 폭이 같은 n개의 부분 구간 $[t_{i-1}, t_i]$로 나누고 $x_i = x(t_i)$, $y_i = y(t_i)$라 하면, 대응하는 점 $P_i(x_i, y_i)$에 의하여 곡선 C는 길이가 $\Delta s_1, \Delta s_2, \ldots, \Delta s_n$인 n개의 부분 호로 나누어진다(그림 1 참조). i번째 부분 호에서 임의의 점 $P_i^*(x_i^*, y_i^*)$를 선택한다(이것은 $[t_{i-1}, t_i]$ 위에 있는 점 t_i^*에 대응된다). 이제 f가 그 정의역이 곡선 C를 포함하는 임의의 이변수함수이면 점 (x_i^*, y_i^*)에서 f의 값을 계산하여 부분 호의 길이 Δs_i를 곱하고, 리만합과 유사한 형태의 합

$$\sum_{i=1}^{n} f(x_i^*, y_i^*)\,\Delta s_i$$

를 만든다. 이때 이 합들의 극한을 취하고 일변수함수의 적분과 유사하게 다음을 정의할 수 있다.

2 정의 f가 방정식 1과 같이 주어진 매끄러운 곡선 C 위에서 정의될 때, **C 위에서 f의 선적분**(line integral)은 극한이 존재하는 경우에 아래와 같이 정의된다.

$$\int_C f(x, y)\,ds = \lim_{n\to\infty} \sum_{i=1}^{n} f(x_i^*, y_i^*)\,\Delta s_i$$

9.2절에서 C의 길이는

$$L = \int_a^b \sqrt{\left(\frac{dx}{dt}\right)^2 + \left(\frac{dy}{dt}\right)^2}\,dt$$

임을 배웠다. 유사한 형태의 추론으로 f가 연속함수일 때, 정의 2에 나오는 극한은 항상 존재하고 다음 공식이 선적분을 구하는 데 이용될 수 있음을 밝혀낼 수 있다.

$$\textbf{3} \qquad \int_C f(x, y)\,ds = \int_a^b f(x(t), y(t))\sqrt{\left(\frac{dx}{dt}\right)^2 + \left(\frac{dy}{dt}\right)^2}\,dt$$

매개변수 t가 a에서 b까지 증가할 때 곡선 C가 단 한 번 그려진다면, 선적분의 값은 그 곡선의 매개변수방정식의 표현에 무관하다.

호의 길이 함수 s는 12.3절에서 언급했다.

$s(t)$가 $\mathbf{r}(a)$와 $\mathbf{r}(t)$ 사이의 C의 길이라면

$$\frac{ds}{dt} = |\mathbf{r}'(t)| = \sqrt{\left(\frac{dx}{dt}\right)^2 + \left(\frac{dy}{dt}\right)^2}$$

이다(12.3절 식 7 참조). 식 3을 기억하는 방법은 매개변수 t로 모든 것을 표시하는 것이다. x와 y를 매개변수방정식을 이용하여 t로 나타내고 ds를

$$ds = \sqrt{\left(\frac{dx}{dt}\right)^2 + \left(\frac{dy}{dt}\right)^2}\,dt$$

와 같이 쓰자.

NOTE C가 $(a, 0)$과 $(b, 0)$을 연결하는 선분인 특별한 경우에는 x를 매개변수로 이용하면 C의 매개방정식을 아래와 같이 쓸 수 있다($x = x$, $y = 0$, $a \leq x \leq b$). 그러면 식 **3**은

$$\int_C f(x, y)\, ds = \int_a^b f(x, 0)\, dx$$

가 되고, 따라서 이 선적분은 이 경우에 보통의 일변수함수의 적분으로 변형된다.

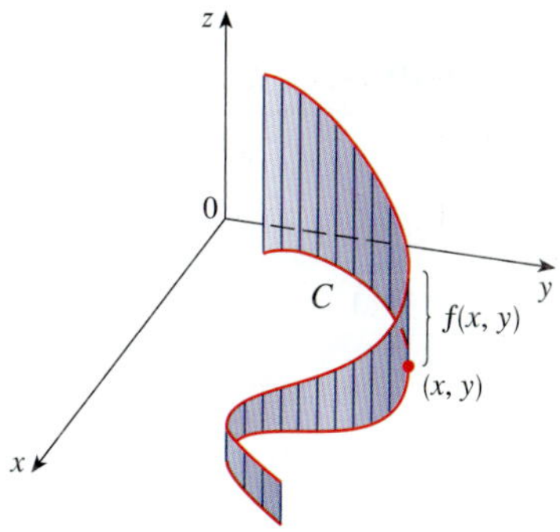

그림 2

일변수함수의 적분에서와 같이 양의 값을 갖는 함수의 선적분은 넓이로 해석될 수 있다. 실제로 $f(x, y) \geq 0$이면 $\int_C f(x, y)\, ds$는 그림 2에서 밑이 C이고, 점 (x, y) 위의 높이가 $f(x, y)$인 '울타리' 혹은 '커튼'의 한 측면의 넓이를 표시한다.

예제 1 곡선 C가 단위원 $x^2 + y^2 = 1$의 상반부일 때, $\int_C (2 + x^2y)\, ds$를 구하여라.

풀이 식 **3**을 사용하려면 C를 나타내는 매개변수방정식을 먼저 구해야 한다. 단위원은 매개변수방정식

$$x = \cos t \qquad y = \sin t$$

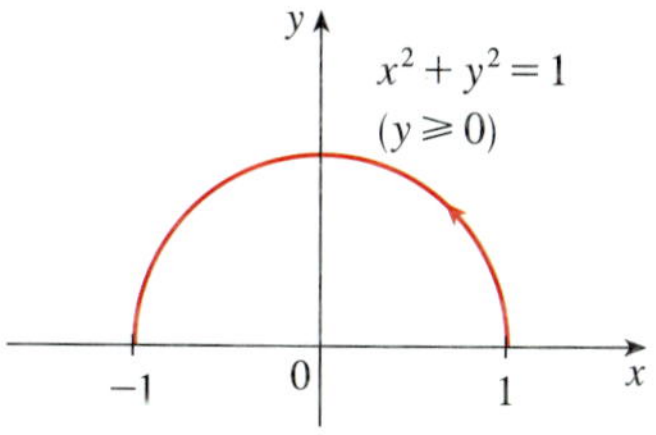

그림 3

로 표시되고, 이 원의 상반부는 매개변수 구간 $0 \leq t \leq \pi$에 의하여 나타난다(그림 3 참조). 그러므로 식 **3**에 의하여

$$\begin{aligned}\int_C (2 + x^2y)\, ds &= \int_0^{\pi} (2 + \cos^2 t \sin t) \sqrt{\left(\frac{dx}{dt}\right)^2 + \left(\frac{dy}{dt}\right)^2}\, dt \\ &= \int_0^{\pi} (2 + \cos^2 t \sin t)\sqrt{\sin^2 t + \cos^2 t}\, dt \\ &= \int_0^{\pi} (2 + \cos^2 t \sin t)\, dt = \left[2t - \frac{\cos^3 t}{3}\right]_0^{\pi} \\ &= 2\pi + \tfrac{2}{3}\end{aligned}$$

■

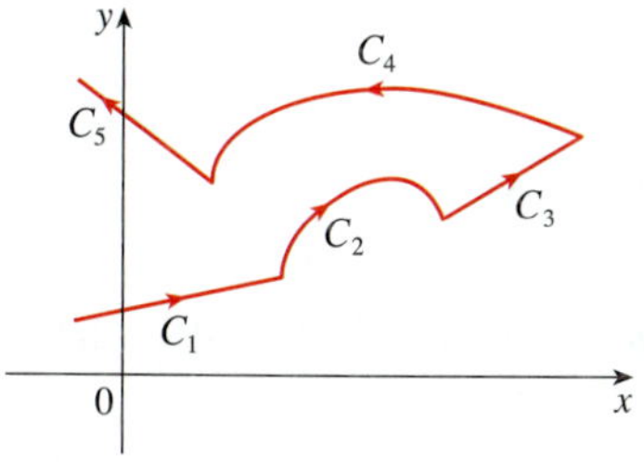

그림 4 조각적으로 매끄러운 곡선

이제 C가 **조각적으로 매끄러운 곡선**(piecewise-smooth curve)이라 가정하자. 즉, C가 그림 4와 같이 C_{i+1}의 시작점이 C_i의 끝점이 되는 유한개의 매끄러운 곡선 $C_1, C_2, \ldots, C_n$의 합집합으로 이루어진다. 이때 C 위에서 f의 선적분을 C의 각각의 매끄러운 조각 위에서 f의 선적분들의 합으로 정의한다.

$$\int_C f(x, y)\, ds = \int_{C_1} f(x, y)\, ds + \int_{C_2} f(x, y)\, ds + \cdots + \int_{C_n} f(x, y)\, ds$$

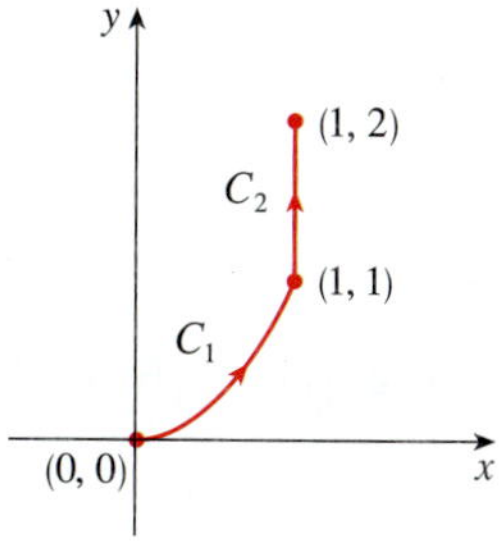

그림 5 $C = C_1 \cup C_2$

예제 2 C가 $(0, 0)$에서 $(1, 1)$까지 포물선 $y = x^2$의 호 C_1과 $(1, 1)$에서 $(1, 2)$까지의 세로 선분 C_2의 합으로 이루어질 때, $\int_C 2x\, ds$를 구하여라.

풀이 그림 5는 곡선 C의 그림이다. C_1은 x를 변수로 갖는 함수의 그래프이므로 x를 매개변수로 택할 수 있고, C_1에 대한 매개변수방정식은

$$x = x \qquad y = x^2 \qquad 0 \leq x \leq 1$$

이 된다. 그러므로 다음과 같다.

$$\begin{aligned}\int_{C_1} 2x\,ds &= \int_0^1 2x\sqrt{\left(\frac{dx}{dx}\right)^2 + \left(\frac{dy}{dx}\right)^2}\,dx \\ &= \int_0^1 2x\sqrt{1+4x^2}\,dx \\ &= \tfrac{1}{4}\cdot\tfrac{2}{3}(1+4x^2)^{3/2}\Big]_0^1 = \frac{5\sqrt{5}-1}{6}\end{aligned}$$

C_2 위에서 y를 매개변수로 택할 때 C_2에 대한 매개변수방정식은

$$x = 1 \qquad y = y \qquad 1 \leqslant y \leqslant 2$$

가 되고, $$\int_{C_2} 2x\,ds = \int_1^2 2(1)\sqrt{\left(\frac{dx}{dy}\right)^2 + \left(\frac{dy}{dy}\right)^2}\,dy = \int_1^2 2\,dy = 2$$

가 된다. 그러므로 다음과 같다.

$$\int_C 2x\,ds = \int_{C_1} 2x\,ds + \int_{C_2} 2x\,ds = \frac{5\sqrt{5}-1}{6} + 2$$ ■

■ x 또는 y에 관한 선적분

정의 **2**에서 Δs_i를 $\Delta x_i = x_i - x_{i-1}$ 또는 $\Delta y_i = y_i - y_{i-1}$로 대치하면 다른 두 개의 선적분을 얻는다. 이들은 **x (또는 y)에 관한 C 위에서 f의 선적분**이라 부른다.

4 $$\int_C f(x, y)\,dx = \lim_{n\to\infty}\sum_{i=1}^{n} f(x_i^*, y_i^*)\,\Delta x_i$$

5 $$\int_C f(x, y)\,dy = \lim_{n\to\infty}\sum_{i=1}^{n} f(x_i^*, y_i^*)\,\Delta y_i$$

방정식 **4**와 **5**에 있는 선적분과 원래의 $\int_C f(x, y)\,ds$를 구별하고자 할 때에는 원래의 선적분을 **호의 길이에 관한 선적분**이라 부른다.

아래 공식은 x와 y에 관한 선적분은 매개변수 t로 나타냄으로써 계산될 수 있음을 보여준다. 즉 $x = x(t)$, $y = y(t)$, $dx = x'(t)\,dt$, $dy = y'(t)\,dt$이다.

6 $$\int_C f(x, y)\,dx = \int_a^b f(x(t), y(t))\,x'(t)\,dt$$
$$\int_C f(x, y)\,dy = \int_a^b f(x(t), y(t))\,y'(t)\,dt$$

x와 y에 관한 선적분이 동시에 나타날 때가 자주 있다(예를 들어 식 **13**과 같이). 이런 경우 관례적으로 간략하게 다음과 같이 쓴다.

$$\int_C P(x, y)\,dx + \int_C Q(x, y)\,dy = \int_C P(x, y)\,dx + Q(x, y)\,dy$$

선적분을 시작할 때, 때때로 가장 어려운 것은 기하학적 설명이 주어진 곡선에 대한 매개변수 표시이다. 특히 선분을 매개변수화시킬 경우가 종종 있는데, 시점이 $\mathbf{r}_0$이고 종점이 $\mathbf{r}_1$인 선분의 벡터 표현을

7 $$\mathbf{r}(t) = (1 - t)\mathbf{r}_0 + t\,\mathbf{r}_1 \qquad 0 \leq t \leq 1$$

으로 암기해 사용하는 것이 편리하다(11.5절의 방정식 **4** 참조).

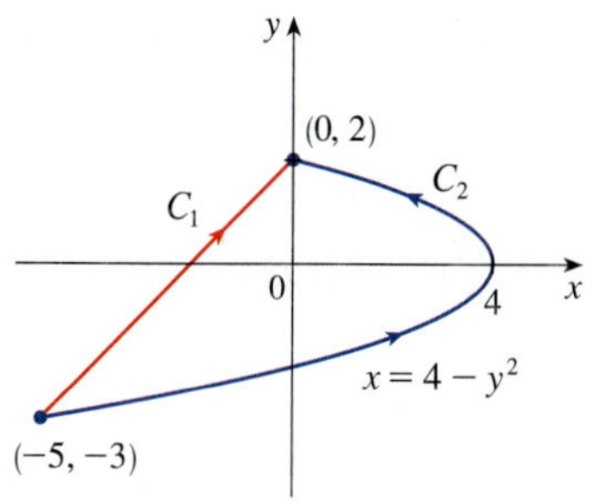

그림 6

예제 3 다음 두 개의 다른 경로 C를 따라 $\int_C y^2\,dx + x\,dy$를 구하여라.

(a) $C = C_1$은 $(-5, -3)$에서 $(0, 2)$까지의 선분

(b) $C = C_2$는 $(-5, -3)$에서 $(0, 2)$까지의 포물선 $x = 4 - y^2$의 호(그림 6 참조)

풀이

(a) 선분에 대한 매개방정식은

$$x = 5t - 5 \qquad y = 5t - 3 \qquad 0 \leq t \leq 1$$

이다. ($\mathbf{r}_0 = \langle -5, -3\rangle$과 $\mathbf{r}_1 = \langle 0, 2\rangle$일 때의 방정식 **7**을 이용한다.) 이때 $dx = 5\,dt$, $dy = 5\,dt$이고 식 **6**에 의하여

$$\int_{C_1} y^2\,dx + x\,dy = \int_0^1 (5t - 3)^2(5\,dt) + (5t - 5)(5\,dt)$$

$$= 5\int_0^1 (25t^2 - 25t + 4)\,dt$$

$$= 5\left[\frac{25t^3}{3} - \frac{25t^2}{2} + 4t\right]_0^1 = -\frac{5}{6}$$

를 얻는다.

(b) 포물선이 y의 함수이므로, y를 매개변수로 택할 수 있고, C_2를 매개방정식

$$x = 4 - y^2 \qquad y = y \qquad -3 \leq y \leq 2$$

로 쓸 수 있다. 이때 $dx = -2y\,dy$이고, 식 **6**에 의하여

$$\int_{C_2} y^2\,dx + x\,dy = \int_{-3}^2 y^2(-2y)\,dy + (4 - y^2)\,dy$$

$$= \int_{-3}^2 (-2y^3 - y^2 + 4)\,dy$$

$$= \left[-\frac{y^4}{2} - \frac{y^3}{3} + 4y\right]_{-3}^2 = 40\tfrac{5}{6}$$

를 얻는다. ■

끝점이 똑같은 두 개의 곡선일지라도 예제 4의 (a)와 (b)의 답이 다름을 주목하자. 일반적으로 선적분의 값은 곡선의 끝점에 의존하는 것이 아니라 경로에 의존한다. (적분이 경로에 독립인 조건에 대해서는 15.3절을 참조하여라.)

예제 3의 답은 곡선의 방향에 좌우된다는 사실에 주목하자. $-C_1$을 (0, 2)에서 (−5, −3)까지의 선분으로 표시할 때, 매개변수방정식

$$x = -5t \qquad y = 2 - 5t \qquad 0 \leqslant t \leqslant 1$$

을 이용하면,
$$\int_{-C_1} y^2\,dx + x\,dy = \tfrac{5}{6}$$

를 얻을 수 있다.

일반적으로 주어진 매개방정식 $x = x(t)$, $y = y(t)$, $a \leqslant t \leqslant b$는 매개변수 t의 증가에 대응하는 양의 방향으로 곡선 C의 **방향**(orientation)을 결정한다. [그림 7 참조(여기에서 시작점 A는 매개변수값 $t = a$에 대응하고 끝점 B는 $t = b$에 대응한다.)]

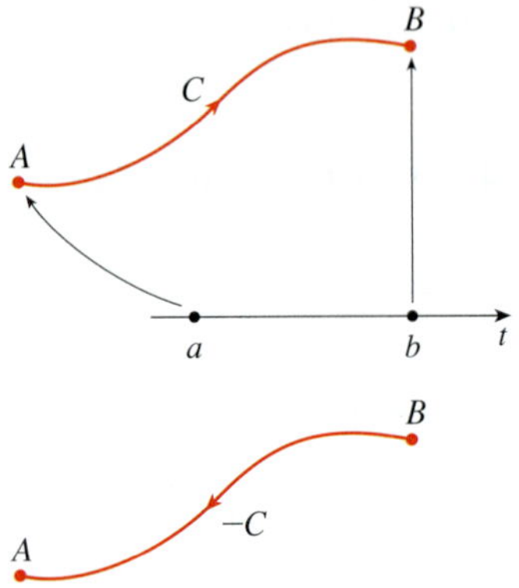

그림 7

$-C$가 C와 똑같은 점으로 구성되지만 반대 방향(그림 7에서 시작점 B로부터 끝점 A까지)을 갖는 곡선이라 하면

$$\int_{-C} f(x, y)\,dx = -\int_C f(x, y)\,dx \qquad \int_{-C} f(x, y)\,dy = -\int_C f(x, y)\,dy$$

를 얻는다. 그러나 호의 길이에 관하여 적분하면 곡선의 방향을 반대로 하더라도 선적분의 값은 변하지 않는다.

$$\int_{-C} f(x, y)\,ds = \int_C f(x, y)\,ds$$

이것은 C의 방향이 반대로 될 때 Δx_i와 Δy_i와 부호는 변하지만 항상 Δs_i는 양수가 되기 때문이다.

■ 공간의 선적분

이제 C가 매개방정식

$$x = x(t) \qquad y = y(t) \qquad z = z(t) \qquad a \leqslant t \leqslant b$$

또는 벡터방정식 $\mathbf{r}(t) = x(t)\,\mathbf{i} + y(t)\,\mathbf{j} + z(t)\,\mathbf{k}$에 의하여 주어진 매끄러운 공간곡선(space curve)이라 가정하여라. f가 C를 포함하는 어떤 영역상에서 연속인 삼변수함수일 때, **C 위에서 f의 선적분**을 평면곡선과 유사한 방법으로 정의한다.

$$\int_C f(x, y, z)\,ds = \lim_{n\to\infty} \sum_{i=1}^{n} f(x_i^*, y_i^*, z_i^*)\,\Delta s_i$$

식 3과 유사한 공식을 이용하여 이 값을 계산한다. 즉,

8 $$\int_C f(x, y, z)\,ds = \int_a^b f(x(t), y(t), z(t))\sqrt{\left(\frac{dx}{dt}\right)^2 + \left(\frac{dy}{dt}\right)^2 + \left(\frac{dz}{dt}\right)^2}\,dt$$

식 3과 8에 있는 적분은 좀 더 간결한 벡터 표시로 쓸 수 있다.

$$\int_a^b f(\mathbf{r}(t))\,|\mathbf{r}'(t)|\,dt$$

특히 $f(x, y, z) = 1$인 경우에

$$\int_C ds = \int_a^b |\mathbf{r}'(t)|\, dt = L$$

을 얻는다. 여기에서 L은 곡선 C의 길이다(12.3절의 식 **3** 참조).

또한 C 위에서 x, y, z에 관한 선적분도 정의될 수 있다. 예를 들면 다음과 같다.

$$\int_C f(x, y, z)\, dz = \lim_{n\to\infty} \sum_{i=1}^{n} f(x_i^*, y_i^*, z_i^*)\, \Delta z_i$$

$$= \int_a^b f(x(t), y(t), z(t))\, z'(t)\, dt$$

그러므로 평면의 선적분과 같이 모든 것(x, y, z, dx, dy, dz)을 매개변수 t로 나타냄으로써 아래와 같은 형태의 적분값을 계산한다.

9 $$\int_C P(x, y, z)\, dx + Q(x, y, z)\, dy + R(x, y, z)\, dz$$

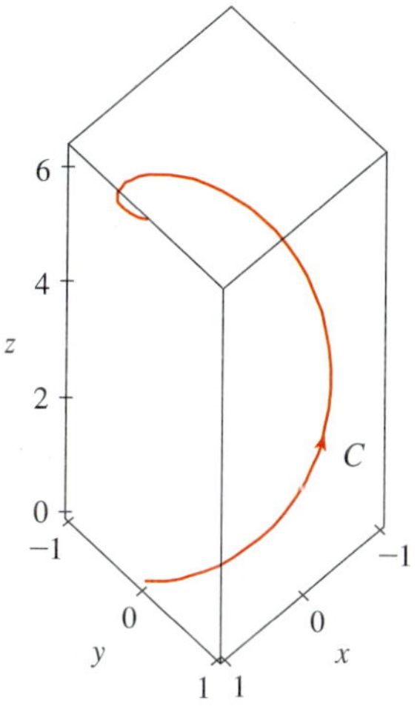

그림 8

예제 4 C가 방정식 $x = \cos t$, $y = \sin t$, $z = t$, $0 \leqslant t \leqslant 2\pi$에 의하여 주어진 원주나선이라 할 때, $\int_C y \sin z\, ds$를 구하여라(그림 8 참조).

풀이 식 **8**에 의하여 다음을 얻는다.

$$\int_C y \sin z\, ds = \int_0^{2\pi} (\sin t) \sin t \sqrt{\left(\frac{dx}{dt}\right)^2 + \left(\frac{dy}{dt}\right)^2 + \left(\frac{dz}{dt}\right)^2}\, dt$$

$$= \int_0^{2\pi} \sin^2 t \sqrt{\sin^2 t + \cos^2 t + 1}\, dt = \sqrt{2} \int_0^{2\pi} \tfrac{1}{2}(1 - \cos 2t)\, dt$$

$$= \frac{\sqrt{2}}{2}\left[t - \tfrac{1}{2}\sin 2t\right]_0^{2\pi} = \sqrt{2}\,\pi$$ ■

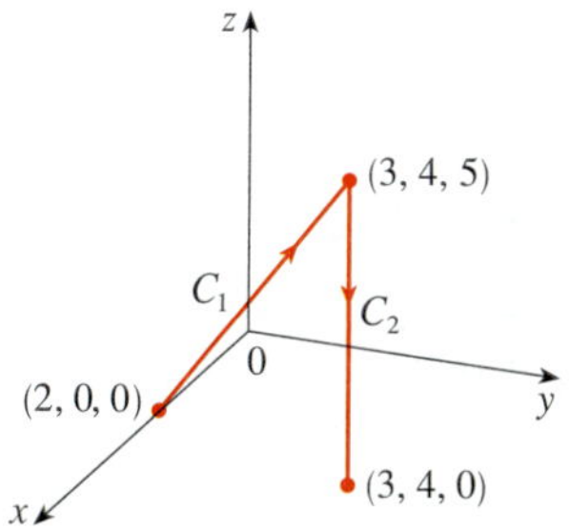

그림 9

예제 5 C가 (2, 0, 0)에서 (3, 4, 5)까지의 선분 C_1을 지나 (3, 4, 5)에서 (3, 4, 0)까지의 세로 선분 C_2로 구성될 때, $\int_C y\, dx + z\, dy + x\, dz$를 구하여라.

풀이 그림 9는 곡선 C의 그림을 나타낸다. 방정식 **7**을 이용하면 C_1은

$$\mathbf{r}(t) = (1 - t)\langle 2, 0, 0\rangle + t\langle 3, 4, 5\rangle = \langle 2 + t, 4t, 5t\rangle$$

로 쓰거나 매개방정식 형태인

$$x = 2 + t \qquad y = 4t \qquad z = 5t \qquad 0 \leqslant t \leqslant 1$$

로 쓴다. 따라서

$$\int_{C_1} y\, dx + z\, dy + x\, dz = \int_0^1 (4t)\, dt + (5t)4\, dt + (2 + t)5\, dt$$

$$= \int_0^1 (10 + 29t)\, dt = 10t + 29\frac{t^2}{2}\Bigg]_0^1 = 24.5$$

이다. 마찬가지로 C_2는

$$\mathbf{r}(t) = (1 - t)\langle 3, 4, 5\rangle + t\langle 3, 4, 0\rangle = \langle 3, 4, 5 - 5t\rangle$$

혹은 $x = 3 \quad y = 4 \quad z = 5 - 5t \quad 0 \leqslant t \leqslant 1$

의 형태로 쓸 수 있다. 이때 $dx = 0 = dy$이므로

$$\int_{C_2} y\,dx + z\,dy + x\,dz = \int_0^1 3(-5)\,dt = -15$$

이고, 이들 적분의 값을 모두 합하면,

$$\int_C y\,dx + z\,dy + x\,dz = 24.5 - 15 = 9.5$$

를 얻는다. ■

■ 벡터장의 선적분: 일

변화하는 힘 $f(x)$가 x축을 따라 a에서 b까지 한 질점을 움직이는 데 하는 일은 $W = \int_a^b f(x)\,dx$임을 6.4절에서 다루었다. 그 다음 11.3절에서 일정한 힘 $\mathbf{F}$가 공간의 한 점 P에서 또 다른 점 Q까지 물체를 움직이는 데 하는 일은 $W = \mathbf{F} \cdot \mathbf{D}$임을 알았다. 여기에서 $\mathbf{D} = \overrightarrow{PQ}$는 변위벡터이다.

이제 15.1절의 예제 4에서 나오는 중력장이나 15.1절의 예제 5에 나오는 전기장과 같이 $\mathbf{F} = P\,\mathbf{i} + Q\,\mathbf{j} + R\,\mathbf{k}$를 $\mathbb{R}^3$상의 연속인 힘의 장이라 가정한다. ($\mathbb{R}^2$상의 힘의 장은 $R = 0$이고 P와 Q는 x, y에만 의존하는 특수한 경우로 간주될 수 있다.) 매끄러운 곡선 C를 따라 질점이 이동할 때 이 힘이 한 일을 그림 10을 참조하여 계산하여 보자.

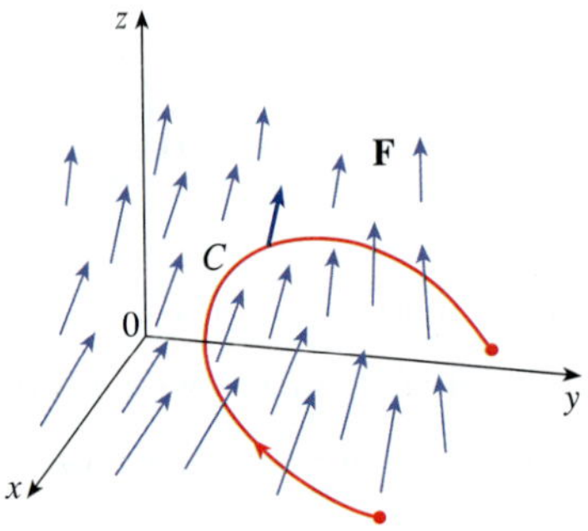

그림 10

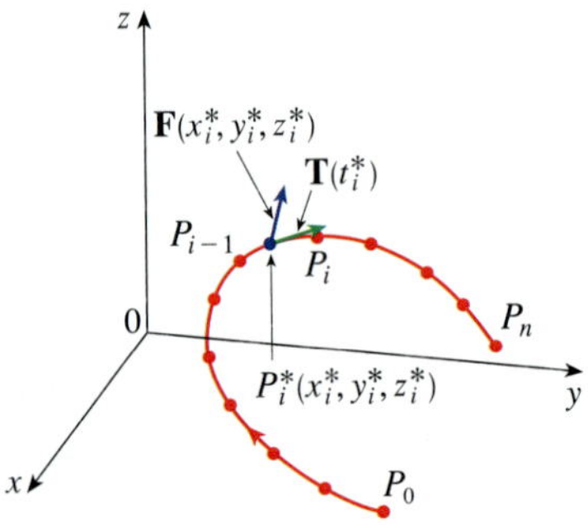

그림 11

매개변수 구간 $[a, b]$를 폭이 같은 부분 구간들로 등분함으로써 C를 Δs_i인 부분 호 $P_{i-1}P_i$들로 나눈다(이차원의 경우에 대하여 그림 1, 삼차원의 경우에 대하여 그림 11을 참조하여라). 매개변수값 t_i^*에 대응하는 i번째 부분 호 위의 점 $P_i^*(x_i^*, y_i^*, z_i^*)$를 택하자. Δs_i가 작으면 질점이 곡선을 따라 P_{i-1}에서 P_i까지 움직일 때 그 질점은 근사적으로 점 P_i^*에서의 단위접선벡터 $\mathbf{T}(t_i^*)$의 방향으로 나갈 것이다. 그러므로 이 질점을 P_{i-1}에서 P_i까지 움직이는 데 힘 $\mathbf{F}$가 하는 일은 대략

$$\mathbf{F}(x_i^*, y_i^*, z_i^*) \cdot [\Delta s_i\,\mathbf{T}(t_i^*)] = [\mathbf{F}(x_i^*, y_i^*, z_i^*) \cdot \mathbf{T}(t_i^*)]\,\Delta s_i$$

이고, C를 따라 움직이는 데 힘이 하는 일의 총량은 대략

10 $$\sum_{i=1}^{n} [\mathbf{F}(x_i^*, y_i^*, z_i^*) \cdot \mathbf{T}(x_i^*, y_i^*, z_i^*)]\,\Delta s_i$$

이다. 여기에서 $\mathbf{T}(x, y, z)$는 C 위의 점 (x, y, z)에서의 단위접선벡터이다. 직관적으로 이들 근삿값들은 n이 더 커질수록 참값에 가까운 좋은 값이 될 수 있다. 그러므로 **10**에 있는 리만합의 극한으로 힘의 장 $\mathbf{F}$가 하는 일 W를 정의한다. 즉,

11 $$W = \int_C \mathbf{F}(x, y, z) \cdot \mathbf{T}(x, y, z)\, ds = \int_C \mathbf{F} \cdot \mathbf{T}\, ds$$

이다. 방정식 **11**은 일이 힘의 접선성분의 호의 길이에 관한 선적분임을 말해준다.

곡선 C가 벡터방정식 $\mathbf{r}(t) = x(t)\,\mathbf{i} + y(t)\,\mathbf{j} + z(t)\,\mathbf{k}$로 주어지면, $\mathbf{T}(t) = \mathbf{r}'(t)/|\mathbf{r}'(t)|$가 되고 방정식 **8**을 이용하면 방정식 **11**을

$$W = \int_a^b \left[\mathbf{F}(\mathbf{r}(t)) \cdot \frac{\mathbf{r}'(t)}{|\mathbf{r}'(t)|} \right] |\mathbf{r}'(t)|\, dt = \int_a^b \mathbf{F}(\mathbf{r}(t)) \cdot \mathbf{r}'(t)\, dt$$

형태로 다시 쓸 수 있다. 위의 마지막 선분은 $\int_C \mathbf{F} \cdot d\mathbf{r}$로 줄여서 쓸 수 있고, 물리학의 다른 영역에서도 종종 나타난다. 그러므로 임의의 연속벡터장의 선적분에 대한 정의를 아래와 같이 한다.

12 정의 $\mathbf{F}$는 벡터함수 $\mathbf{r}(t)$, $a \leqslant t \leqslant b$로 주어진 매끄러운 곡선 C 위에서 정의된 연속벡터장이라 하자. 이때 **C 위에서 $\mathbf{F}$의 선적분**은

$$\int_C \mathbf{F} \cdot d\mathbf{r} = \int_a^b \mathbf{F}(\mathbf{r}(t)) \cdot \mathbf{r}'(t)\, dt = \int_C \mathbf{F} \cdot \mathbf{T}\, ds$$

이다.

정의 **12**를 이용할 때 $\mathbf{F}(x(t), y(t), z(t))$를 줄여서 $\mathbf{F}(\mathbf{r}(t))$로 나타낸 것임을 기억하여라. 그러므로 $\mathbf{F}(x, y, z)$에 $x = x(t)$, $y = y(t)$, $z = z(t)$를 대입하여 $\mathbf{F}(\mathbf{r}(t))$를 쉽게 구할 수 있다. 또한, 형식적으로 $d\mathbf{r} = \mathbf{r}'(t)\, dt$로 쓸 수도 있다.

예제 6 질점이 사분원 $\mathbf{r}(t) = \cos t\,\mathbf{i} + \sin t\,\mathbf{j}$, $0 \leqslant t \leqslant \pi/2$를 따라 움직이는 데 힘의 장

$$\mathbf{F}(x, y) = x^2\,\mathbf{i} - xy\,\mathbf{j}$$

가 하는 일을 구하여라.

그림 12는 힘의 장과 예제 6의 곡선을 나타낸다. 힘의 장이 곡선을 따라 움직이는 질점의 운동을 방해하기 때문에 힘이 한 일은 음수이다.

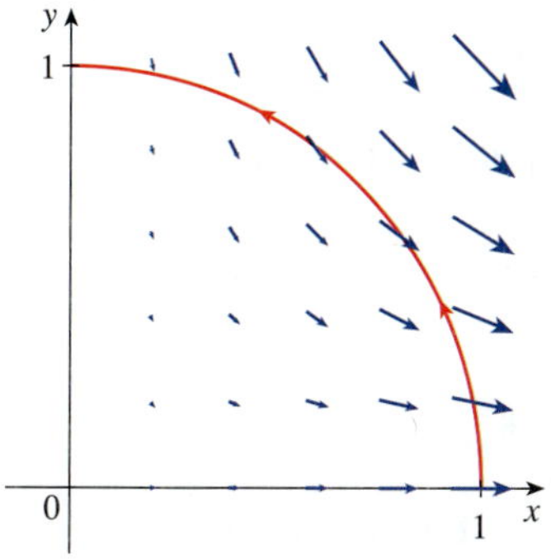

그림 12

풀이 $x = \cos t$이고 $y = \sin t$이므로

$$\mathbf{F}(\mathbf{r}(t)) = \cos^2 t\,\mathbf{i} - \cos t \sin t\,\mathbf{j}$$

와

$$\mathbf{r}'(t) = -\sin t\,\mathbf{i} + \cos t\,\mathbf{j}$$

를 얻는다. 그러므로 힘이 하는 일은

$$\int_C \mathbf{F} \cdot d\mathbf{r} = \int_0^{\pi/2} \mathbf{F}(\mathbf{r}(t)) \cdot \mathbf{r}'(t)\, dt = \int_0^{\pi/2} (-\cos^2 t \sin t - \cos^2 t \sin t)\, dt$$

$$= \int_0^{\pi/2} (-2\cos^2 t \sin t)\, dt = 2\,\frac{\cos^3 t}{3}\bigg]_0^{\pi/2} = -\frac{2}{3}$$

이다. ■

NOTE 비록 $\int_C \mathbf{F} \cdot d\mathbf{r} = \int_C \mathbf{F} \cdot \mathbf{T}\, ds$이고, 방향이 거꾸로 되었을 때 호의 길이에 관한 적분이 변하지 않더라도

$$\int_{-C} \mathbf{F} \cdot d\mathbf{r} = -\int_C \mathbf{F} \cdot d\mathbf{r}$$

은 성립한다. 왜냐하면 C가 $-C$로 교체될 때 단위접선벡터 $\mathbf{T}$가 반대부호의 단위접선벡터로 교체되기 때문이다.

그림 13은 예제 7의 비틀린 3차곡선 C와 C 위의 세 점에 작용하는 세 벡터를 보여준다.

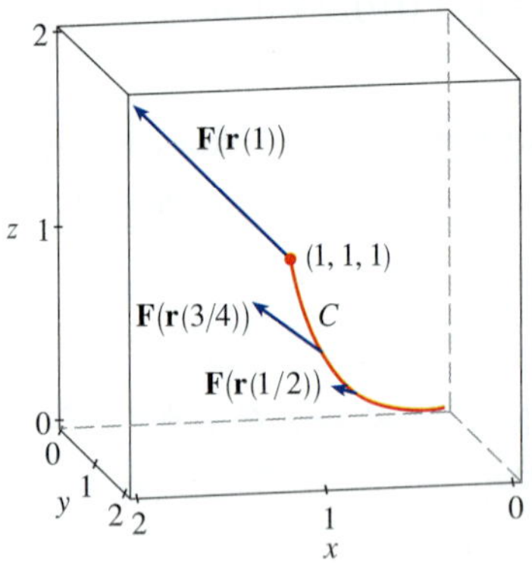

그림 13

예제 7 $\mathbf{F}(x, y, z) = xy\,\mathbf{i} + yz\,\mathbf{j} + zx\,\mathbf{k}$이고 C가 비틀린 3차곡선(twisted cubic curve)

$$x = t \qquad y = t^2 \qquad z = t^3 \qquad 0 \leqslant t \leqslant 1$$

에 의하여 주어진 곡선일 때, $\int_C \mathbf{F} \cdot d\mathbf{r}$을 구하여라.

풀이 먼저

$$\mathbf{r}(t) = t\,\mathbf{i} + t^2\,\mathbf{j} + t^3\,\mathbf{k}$$

$$\mathbf{r}'(t) = \mathbf{i} + 2t\,\mathbf{j} + 3t^2\,\mathbf{k}$$

$$\mathbf{F}(\mathbf{r}(t)) = t^3\,\mathbf{i} + t^5\,\mathbf{j} + t^4\,\mathbf{k}$$

를 얻는다. 따라서 다음을 알 수 있다.

$$\int_C \mathbf{F} \cdot d\mathbf{r} = \int_0^1 \mathbf{F}(\mathbf{r}(t)) \cdot \mathbf{r}'(t)\, dt$$

$$= \int_0^1 (t^3 + 5t^6)\, dt = \frac{t^4}{4} + \frac{5t^7}{7}\bigg]_0^1 = \frac{27}{28}$$ ■

마지막으로 벡터장의 선적분과 스칼라장의 선적분 사이의 관계에 주목하자. $\mathbb{R}^3$ 위의 벡터장 $\mathbf{F}$가 방정식 $\mathbf{F} = P\,\mathbf{i} + Q\,\mathbf{j} + R\,\mathbf{k}$의 형태로 주어진다고 가정하자. 정의 **12**를 이용해서 C를 따라 움직이는 벡터장 $\mathbf{F}$의 선적분을 계산한다.

$$\int_C \mathbf{F} \cdot d\mathbf{r} = \int_a^b \mathbf{F}(\mathbf{r}(t)) \cdot \mathbf{r}'(t)\, dt$$

$$= \int_a^b (P\,\mathbf{i} + Q\,\mathbf{j} + R\,\mathbf{k}) \cdot (x'(t)\,\mathbf{i} + y'(t)\,\mathbf{j} + z'(t)\,\mathbf{k})\, dt$$

$$= \int_a^b \Big[P(x(t), y(t), z(t))\, x'(t) + Q(x(t), y(t), z(t))\, y'(t) + R(x(t), y(t), z(t))\, z'(t)\Big]\, dt$$

그러나 이 마지막 적분은 **9**에 있는 선적분과 같다. 그러므로

$$\int_C \mathbf{F} \cdot d\mathbf{r} = \int_C P\, dx + Q\, dy + R\, dz \qquad \text{여기서 } \mathbf{F} = P\,\mathbf{i} + Q\,\mathbf{j} + R\,\mathbf{k}$$

를 얻는다. 예를 들면,

$$\mathbf{F}(x, y, z) = y\,\mathbf{i} + z\,\mathbf{j} + x\,\mathbf{k}$$

일 때, 예제 6에서 나오는 적분 $\int_C y\, dx + z\, dy + x\, dz$는 $\int_C \mathbf{F} \cdot d\mathbf{r}$로 표현될 수 있다.

$\mathbb{R}^2$에서도 비슷한 결과를 얻는다. $\mathbf{F} = P\,\mathbf{i} + Q\,\mathbf{j}$일 때

13 $$\int_C \mathbf{F} \cdot d\mathbf{r} = \int_C P\,dx + Q\,dy$$

이다.

15.2 연습문제

1-4 C가 주어진 평면곡선일 때 선적분을 구하여라.

1. $\int_C y\,ds, \quad C: x = t^2, \quad y = 2t, \quad 0 \leq t \leq 3$

2. $\int_C xy^4\,ds, \quad C$는 원 $x^2 + y^2 = 16$의 오른쪽 반원이다.

3. $\int_C (x^2y + \sin x)\,dy$,
C는 $(0, 0)$에서 (π, π^2)까지의 포물선의 호이다.

4. $\int_C (x + 2y)\,dx + x^2\,dy$

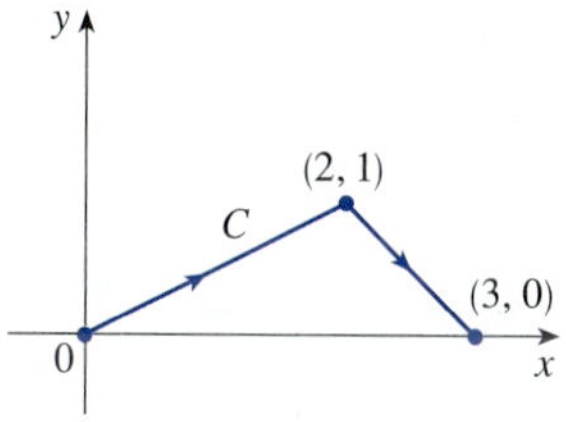

5-10 C가 주어진 공간곡선일 때 선적분을 구하여라.

5. $\int_C x^2y\,ds$,
$C: x = \cos t, \quad y = \sin t, \quad z = t, \quad 0 \leq t \leq \pi/2$

6. $\int_C xe^{yz}\,ds, \quad C$는 $(0, 0, 0)$에서 $(1, 2, 3)$까지의 선분이다.

7. $\int_C xye^{yz}\,dy, \quad C: x = t, y = t^2, z = t^3, 0 \leq t \leq 1$

8. $\int_C z\,dx + xy\,dy + y^2\,dz$,
$C: x = \sin t, \quad y = \cos t, \quad z = \tan t, \quad -\pi/4 \leq t \leq \pi/4$

9. $\int_C y\,dx + z\,dy + x\,dz$,
$C: x = \sqrt{t}, \quad y = t, \quad z = t^2, \quad 1 \leq t \leq 4$

10. $\int_C z^2\,dx + x^2\,dy + y^2\,dz$,
C는 $(1, 0, 0)$에서 $(4, 1, 2)$까지의 선분이다.

11. $\mathbf{F}$가 아래 그림에 나타난 벡터장이라 하자.
(a) C_1이 점 $(-3, -3)$으로부터 점 $(-3, 3)$까지의 세로 선분일 때, $\int_{C_1} \mathbf{F} \cdot d\mathbf{r}$의 값이 양수, 음수 또는 0인지 결정하여라.
(b) C_2가 반지름이 3이고, 중심이 원점인 원의 둘레를 반시계 방향으로 도는 곡선일 때 $\int_{C_2} \mathbf{F} \cdot d\mathbf{r}$의 값이 양수, 음수 또는 0인지 결정하여라.

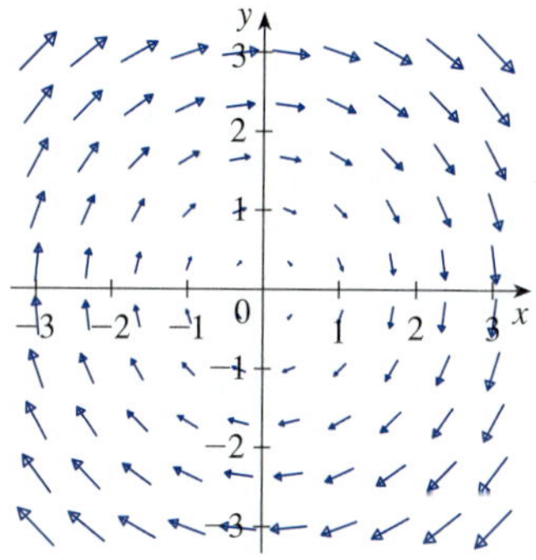

12-13 C가 벡터함수 $\mathbf{r}(t)$에 의해 주어질 때 선적분 $\int_C \mathbf{F} \cdot d\mathbf{r}$를 구하여라.

12. $\mathbf{F}(x, y) = xy^2\,\mathbf{i} - x^2\,\mathbf{j}$,
$\mathbf{r}(t) = t^3\,\mathbf{i} + t^2\,\mathbf{j}, \quad 0 \leq t \leq 1$

13. $\mathbf{F}(x, y, z) = \sin x\,\mathbf{i} + \cos y\,\mathbf{j} + xz\,\mathbf{k}$,
$\mathbf{r}(t) = t^3\,\mathbf{i} - t^2\,\mathbf{j} + t\,\mathbf{k}, \quad 0 \leq t \leq 1$

T **14-15** 계산기를 이용하여 선적분을 소수 넷째 자리까지 정확하게 계산하여라.

14. $\mathbf{F}(x, y) = \sqrt{x + y}\,\mathbf{i} + (y/x)\,\mathbf{j}$이고, C는

$$\mathbf{r}(t) = \sin^2 t\,\mathbf{i} + \sin t \cos t\,\mathbf{j}, \ \pi/6 \leq t \leq \pi/3$$

로 주어질 때 $\int_C \mathbf{F} \cdot d\mathbf{r}$

15. C가 매개방정식 $x = t^2, y = t^3, z = \sqrt{t}, 1 \leq t \leq 2$로 주어질 때, $\int_C xy \arctan z\,ds$

16. (a) $\mathbf{F}(x, y) = e^{x-1}\,\mathbf{i} + xy\,\mathbf{j}$이고, C는 $\mathbf{r}(t) = t^2\,\mathbf{i} + t^3\,\mathbf{j}, 0 \leq t \leq 1$로 주어졌을 때 $\int_C \mathbf{F} \cdot d\mathbf{r}$을 구하여라.
(b) 그래핑 계산기나 컴퓨터를 이용하여 C와 $t = 0, 1/\sqrt{2}, 1$에 해당하는 벡터장의 벡터의 그래프를 그려 (a)를 실제로 보여라(그림 13과 같이).

T **17.** C가 매개변수방정식 $x = e^{-t} \cos 4t, \ y = e^{-t} \sin 4t, \ z = e^{-t}$,

$0 \leq t \leq 2\pi$로 주어진 곡선일 때 $\int_C x^3y^2z\,ds$의 정확한 값을 구하여라.

18. (a) 반시계 방향으로 움직이는 원 $x^2 + y^2 = 4$ 위를 질점이 한 번 움직일 때 힘의 장 $\mathbf{F}(x, y) = x^2\,\mathbf{i} + xy\,\mathbf{j}$가 한 일을 구하여라.

(b) 같은 화면상에 힘의 장과 원의 그래프를 그려보아라. 그래프를 이용하여 (a)에서 답한 것을 설명하여라.

19. 힘의 장 $\mathbf{F}(x, y) = x\,\mathbf{i} + (y + 2)\,\mathbf{j}$가 사이클로이드

$$\mathbf{r}(t) = (t - \sin t)\,\mathbf{i} + (1 - \cos t)\,\mathbf{j},\ 0 \leq t \leq 2\pi$$

의 반원형의 한 호를 따라 물체를 움직이는 데 하는 일을 구하여라.

20. 힘의 장 $\mathbf{F}(x, y, z) = \langle x - y^2, y - z^2, z - x^2\rangle$이 점 (0, 0, 1)로부터 (2, 1, 0)까지의 선분을 따라 질점을 움직이는 데 하는 일을 구하여라.

21. 질량이 m인 물체의 시각 t에서의 위치는 다음과 같다.

$$\mathbf{r}(t) = at^2\,\mathbf{i} + bt^3\,\mathbf{j},\ \ 0 \leq t \leq 1$$

(a) 시각 t에서 물체에 작용하는 힘은 무엇인가?

(b) 구간 $0 \leq t \leq 1$의 시간 동안 힘이 한 일은?

22. 72.5kg인 사람이 반지름이 6m인 건초창고를 에워싼 나선형 계단 위로 11kg인 페인트통을 들어옮긴다. 건초창고가 높이 27m이고 사람이 세 바퀴를 완전히 돌아야 한다면, 중력과 반대 방향으로 사람이 꼭대기까지 올라가는 데 하는 일은 얼마인가?

23. (a) 힘의 장이 상수일 때 단위원 $x^2 + y^2 = 1$을 따라 질점이 한 바퀴 도는 데 한 일이 0임을 보여라.

(b) k가 상수이고 $\mathbf{x} = \langle x, y\rangle$일 때 힘의 장은 $\mathbf{F}(\mathbf{x}) = k\mathbf{x}$에 대해서도 (a)의 주장은 참인가?

24. C가 벡터함수 $\mathbf{r}(t)(a \leq t \leq b)$에 의해 주어진 매끄러운 곡선이고, $\mathbf{v}$가 상수벡터일 때 다음을 보여라.

$$\int_C \mathbf{v} \cdot d\mathbf{r} = \mathbf{v} \cdot [\mathbf{r}(b) - \mathbf{r}(a)]$$

25. C가 벡터함수 $\mathbf{r}(t)(a \leq t \leq b)$에 의해 주어진 매끄러운 곡선일 때 다음을 보여라.

$$\int_C \mathbf{r} \cdot d\mathbf{r} = \tfrac{1}{2}\left[|\mathbf{r}(b)|^2 - |\mathbf{r}(a)|^2\right]$$

26. 어떤 물체가 그림에서 보는 곡선 C를 따라 (1, 2)에서 (9, 8)까지 움직인다. 힘의 장 $\mathbf{F}$에서 벡터 길이는 축의 눈금에 의해서 눈금만큼 뉴턴 단위로 측정된다. 힘 $\mathbf{F}$가 물체에 한 일을 추정하여라.

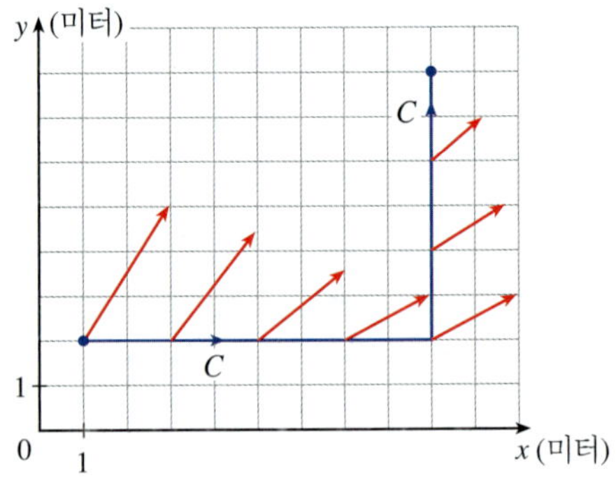

15.3 선적분의 기본정리

5.3절로부터 미분적분학의 기본정리 2는

1
$$\int_a^b F'(x)\,dx = F(b) - F(a)$$

와 같이 표현될 수 있음을 상기하자. 여기에서 F'은 $[a, b]$상에서 연속이다. 식 **1**로부터 a와 b에서의 F의 값만 알면 F'을 $[a, b]$에서 적분할 수 있게 된다. 이 절에서 이와 유사한 결과를 선적분에 대해 공식화한다.

■ 선적분에 대한 기본정리

이변수 혹은 삼변수함수 f의 기울기 벡터 ∇f를 생각할 때, 아래 정리는 선적분에 대한 기본정리로 간주할 수 있다.

2 정리 C는 벡터함수 $\mathbf{r}(t)$, $a \leq t \leq b$에 의하여 주어진 매끄러운 곡선이라 하자. f는 기울기 벡터 ∇f가 C 위에서 연속인 이변수 혹은 삼변수의 미분가능한 함수라 하자. 그러면 다음이 성립한다.

$$\int_C \nabla f \cdot d\mathbf{r} = f(\mathbf{r}(b)) - f(\mathbf{r}(a))$$

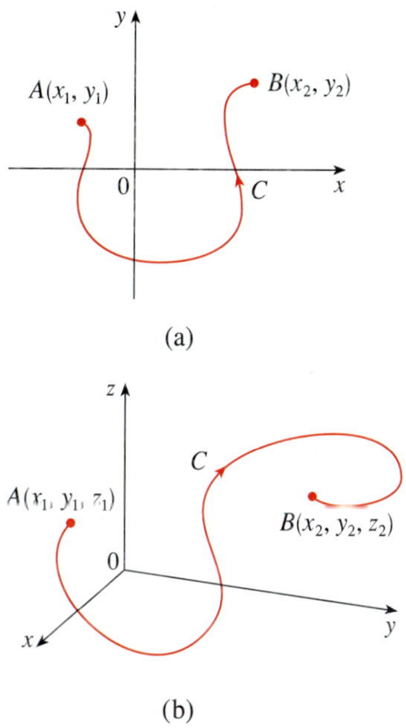

그림 1

NOTE 1 정리 2는 보존적 벡터장(잠재적 함수 f의 기울기 벡터장)의 선적분은 C의 끝점에서 f의 함숫값을 구하여 간단히 계산할 수 있음을 의미한다. 사실 정리 2는 ∇f의 선적분이 f의 순변화량임을 말해준다. f가 이변수함수이고 그림 1(a)와 같이 C가 시작점 $A(x_1, y_1)$과 끝점 $B(x_2, y_2)$를 갖는 평면곡선이라 하면, 정리 2는

$$\int_C \nabla f \cdot d\mathbf{r} = f(x_2, y_2) - f(x_1, y_1)$$

이 된다. f가 삼변수함수이고 그림 1(b)와 같이 C가 시작점 $A(x_1, y_1, z_1)$과 끝점 $B(x_2, y_2, z_2)$를 연결하는 공간곡선이면

$$\int_C \nabla f \cdot d\mathbf{r} = f(x_2, y_2, z_2) - f(x_1, y_1, z_1)$$

이 성립한다.

NOTE 2 정리 2의 가정하에 C_1과 C_2가 동일한 시작점과 끝점을 가진 매끄러운 곡선이면 다음이 식을 얻는다.

$$\int_{C_1} \nabla f \cdot d\mathbf{r} = \int_{C_2} \nabla f \cdot d\mathbf{r}$$

f가 삼변수함수인 경우에 대해 정리 2를 증명한다.

정리 2의 증명 15.2절의 정의 12를 이용하면

$$\begin{aligned}
\int_C \nabla f \cdot d\mathbf{r} &= \int_a^b \nabla f(\mathbf{r}(t)) \cdot \mathbf{r}'(t)\, dt \\
&= \int_a^b \left(\frac{\partial f}{\partial x}\frac{dx}{dt} + \frac{\partial f}{\partial y}\frac{dy}{dt} + \frac{\partial f}{\partial z}\frac{dz}{dt} \right) dt \\
&= \int_a^b \frac{d}{dt} f(\mathbf{r}(t))\, dt \qquad \text{(연쇄법칙에 의하여)} \\
&= f(\mathbf{r}(b)) - f(\mathbf{r}(a))
\end{aligned}$$

를 얻는다. 마지막 단계는 미분적분학의 기본정리(방정식 1)로부터 나온다. ■

NOTE 3 비록 매끄러운 곡선에 대하여 정리 2를 증명했더라도, 조각적으로 매끄러운 곡선에 대해서도 정리 2는 성립한다. 이것은 C를 유한개의 매끄러운 곡선으로 나누어, 각각의 곡선을 따라서 생기는 적분을 합하면 증명된다.

예제 1 중력장

$$\mathbf{F}(\mathbf{x}) = -\frac{mMG}{|\mathbf{x}|^3}\mathbf{x}$$

가 조각적으로 매끄러운 곡선 C를 따라 점 (3, 4, 12)에서 점 (2, 2, 0)까지 질량 m인 질점을 움직이는 데 하는 일을 구하여라(15.1절의 예제 4 참조).

풀이 15.1절로부터 $\mathbf{F}$가 보존적 벡터장임을 안다. 즉,

$$f(x, y, z) = \frac{mMG}{\sqrt{x^2 + y^2 + z^2}}$$

로 두면 $\mathbf{F} = \nabla f$가 된다. 그러므로 정리 **2**에 의하여 한 일은

$$\begin{aligned} W &= \int_C \mathbf{F} \cdot d\mathbf{r} = \int_C \nabla f \cdot d\mathbf{r} \\ &= f(2, 2, 0) - f(3, 4, 12) \\ &= \frac{mMG}{\sqrt{2^2 + 2^2}} - \frac{mMG}{\sqrt{3^2 + 4^2 + 12^2}} = mMG\left(\frac{1}{2\sqrt{2}} - \frac{1}{13}\right) \end{aligned}$$

이다. ■

■ 경로의 독립성

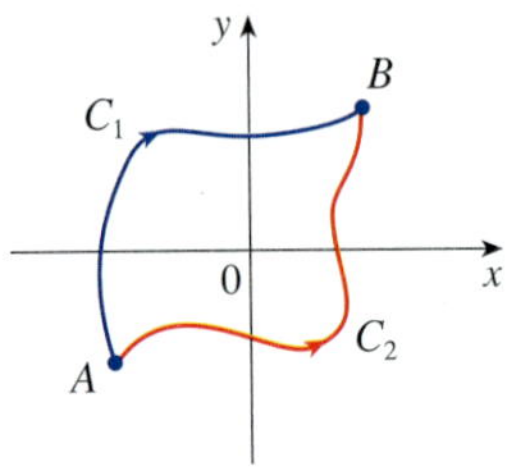

그림 2 $\int_{C_1} \nabla f \cdot d\mathbf{r} = \int_{C_2} \nabla f \cdot d\mathbf{r}$

C_1과 C_2가 똑같이 시작점 A와 끝점 B를 가지는 두 개의 조각적으로 매끄러운 곡선[**경로**(path)라 부른다]이라고 가정하자. 15.2절의 예제 3으로부터 $\int_{C_1} \mathbf{F} \cdot d\mathbf{r} \neq \int_{C_2} \mathbf{F} \cdot d\mathbf{r}$임을 안다. 그러나 정리 **2**의 결과에 의하여 ∇f가 연속이기만 하면

$$\int_{C_1} \nabla f \cdot d\mathbf{r} = \int_{C_2} \nabla f \cdot d\mathbf{r}$$

이 성립함을 알 수 있다(그림 2 참조). 다시 말하면, 보존적 벡터장의 선적분은 곡선의 시작점과 끝점에만 의존한다는 뜻이다.

일반적으로 $\mathbf{F}$가 정의역 D를 갖는 연속벡터장이고, 시작점과 끝점이 같은 임의의 두 개의 경로 C_1, C_2에 대하여 $\int_{C_1} \mathbf{F} \cdot d\mathbf{r} = \int_{C_2} \mathbf{F} \cdot d\mathbf{r}$이면 선적분 $\int_C \mathbf{F} \cdot d\mathbf{r}$은 **경로에 독립**(independent of path)이라 말한다. 이 용어를 쓰면 보존적 벡터장의 선적분은 경로에 독립이라고 말할 수 있다.

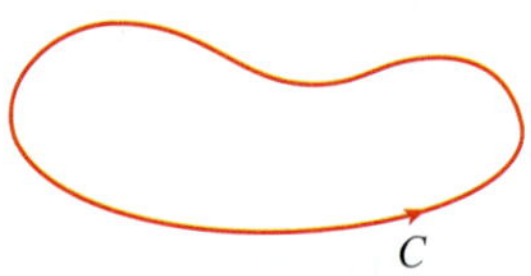

그림 3 닫힌 곡선

한 곡선의 시작점과 끝점이 같을 경우, 즉 $\mathbf{r}(b) = \mathbf{r}(a)$ (그림 3)일 때 **닫힌**(closed) **곡선**이라 한다. $\int_C \mathbf{F} \cdot d\mathbf{r}$이 D에서 경로에 독립이고, C가 D에 속하는 임의의 닫힌 경로이면 C 위의 임의의 두 점 A, B를 잡고 C를 A에서 B까지의 경로 C_1과 B에서 A까지의 경로 C_2로 구성된 것으로 생각할 수 있다(그림 4). 이때 C_1과 $-C_2$는 똑같은 시작점과 끝점을 갖기 때문에 다음 결과를 얻는다.

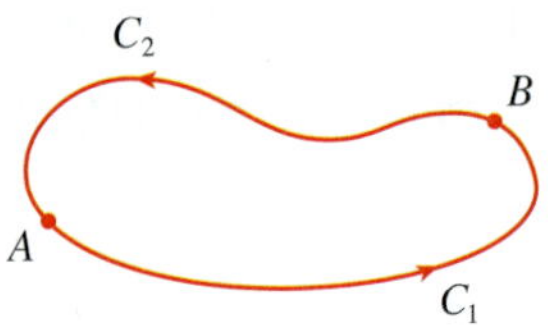

그림 4

$$\int_C \mathbf{F} \cdot d\mathbf{r} = \int_{C_1} \mathbf{F} \cdot d\mathbf{r} + \int_{C_2} \mathbf{F} \cdot d\mathbf{r} = \int_{C_1} \mathbf{F} \cdot d\mathbf{r} - \int_{-C_2} \mathbf{F} \cdot d\mathbf{r} = 0$$

역으로, 곡선 C가 D에 속하는 닫힌 경로일 때 언제나 $\int_C \mathbf{F} \cdot d\mathbf{r} = 0$이 성립한다면,

아래와 같이 경로에 독립임을 밝힐 수 있다. D에 속하는 A에서 B까지의 임의의 두 경로 C_1, C_2를 택하고, C를 C_1과 $-C_2$로 구성된 곡선으로 정의한다. 그러면

$$0 = \int_C \mathbf{F} \cdot d\mathbf{r} = \int_{C_1} \mathbf{F} \cdot d\mathbf{r} + \int_{-C_2} \mathbf{F} \cdot d\mathbf{r} = \int_{C_1} \mathbf{F} \cdot d\mathbf{r} - \int_{C_2} \mathbf{F} \cdot d\mathbf{r}$$

이다. 따라서 $\int_{C_1} \mathbf{F} \cdot d\mathbf{r} = \int_{C_2} \mathbf{F} \cdot d\mathbf{r}$이 된다. 그러므로 다음 정리를 증명한 셈이다.

> **3 정리** $\int_C \mathbf{F} \cdot d\mathbf{r}$이 D에서 경로에 독립일 필요충분조건은 D에 속하는 임의의 닫힌 경로 C에 대하여 $\int_C \mathbf{F} \cdot d\mathbf{r} = 0$인 것이다.

보존적 벡터장 $\mathbf{F}$의 선적분은 경로에 독립이므로 닫힌 경로에 대하여 $\int_C \mathbf{F} \cdot d\mathbf{r} = 0$이 된다. 물리적 설명은(15.1절에 나오는 중력장 혹은 전기장과 같은) 보존적 힘의 장이 닫힌 경로를 따라 물체를 움직일 때 하는 일은 0이라는 것이다.

아래 정리는 경로에 독립인 벡터장은 오직 보존적 벡터장뿐임을 밝혀준다. 아래 정리는 평면곡선에 대하여 서술하고 증명하지만, 공간곡선에 대해서도 유사한 이론이 있다. D가 **열린**(open) **영역**이라 하자. 즉, D에 속하는 임의의 점 P에 대하여 D에 완전히 포함되는 중심 P를 갖는 원판(disk)이 존재한다고 가정하자. (따라서 D는 어떠한 경계점도 포함하지 않는다.) 덧붙여 D가 **연결**(connected) **영역**이라고 가정하자. 이것은 D에 속하는 임의의 두 점이 D에 포함되는 어떤 경로에 의하여 연결될 수 있다는 것을 의미한다.

> **4 정리** $\mathbf{F}$가 열린 연결영역 D상에서 연속인 벡터장이라 가정하자. $\int_C \mathbf{F} \cdot d\mathbf{r}$이 D에서 경로에 독립이면, $\mathbf{F}$는 D상에서 보존적 벡터장이다. 즉 $\nabla f = \mathbf{F}$가 되는 함수 f가 존재한다.

증명 $A(a, b)$를 D에 속하는 고정점이라 하자. 원하는 잠재적 함수 f를 D에 속하는 임의의 점 (x, y)에 대하여

$$f(x, y) = \int_{(a,b)}^{(x,y)} \mathbf{F} \cdot d\mathbf{r}$$

로 정의한다. $\int_C \mathbf{F} \cdot d\mathbf{r}$은 경로에 독립이므로 (a, b)에서 (x, y)까지의 경로 C에 관계없이 $f(x, y)$를 계산할 수 있다. D가 열린 영역이므로 D에 포함되는 중심 (x, y)인 원판이 존재한다. $x_1 < x$인 원판에 속하는 임의의 점 (x_1, y)를 택하고 C를 (a, b)에서 (x_1, y)까지의 경로 C_1과 (x_1, y)에서 (x, y)까지의 수평선분 C_2로 구성하자(그림 5). 그러면

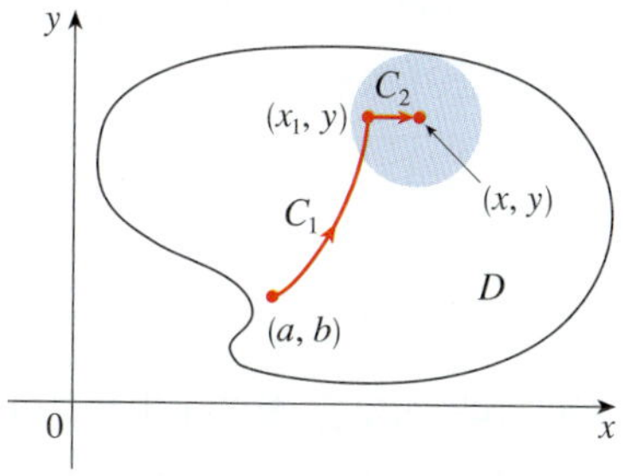

그림 5

$$f(x, y) = \int_{C_1} \mathbf{F} \cdot d\mathbf{r} + \int_{C_2} \mathbf{F} \cdot d\mathbf{r} = \int_{(a,b)}^{(x_1,y)} \mathbf{F} \cdot d\mathbf{r} + \int_{C_2} \mathbf{F} \cdot d\mathbf{r}$$

이다. 이들 적분의 첫 번째 항은 x에 의존하지 않으므로

$$\frac{\partial}{\partial x} f(x, y) = 0 + \frac{\partial}{\partial x} \int_{C_2} \mathbf{F} \cdot d\mathbf{r}$$

이 됨에 주목하자. 만일 $\mathbf{F} = P\,\mathbf{i} + Q\,\mathbf{j}$이면,

$$\int_{C_2} \mathbf{F} \cdot d\mathbf{r} = \int_{C_2} P\,dx + Q\,dy$$

이다. C_2 위에서 y는 상수이므로 $dy = 0$이다. 매개변수 $t(x_1 \leqslant t \leqslant x)$를 이용하면 5.3절의 미적분학의 기본 정리 1에 의하여,

$$\frac{\partial}{\partial x} f(x, y) = \frac{\partial}{\partial x} \int_{C_2} P\,dx + Q\,dy = \frac{\partial}{\partial x} \int_{x_1}^{x} P(t, y)\,dt = P(x, y)$$

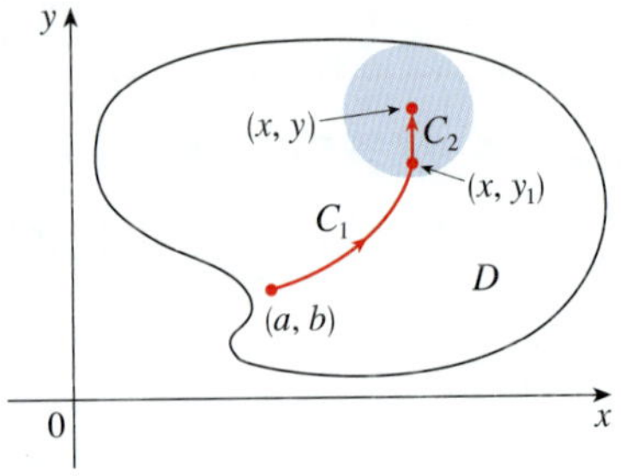

그림 6

를 얻는다. 유사한 방법으로, 수직적분(그림 6 참조)을 이용하면,

$$\frac{\partial}{\partial y} f(x, y) = \frac{\partial}{\partial y} \int_{C_2} P\,dx + Q\,dy = \frac{\partial}{\partial y} \int_{y_1}^{y} Q(x, t)\,dt = Q(x, y)$$

를 얻는다. 따라서

$$\mathbf{F} = P\,\mathbf{i} + Q\,\mathbf{j} = \frac{\partial f}{\partial x}\mathbf{i} + \frac{\partial f}{\partial y}\mathbf{j} = \nabla f$$

이다. 그러므로 $\mathbf{F}$는 보존적이다. ■

보존적 벡터장과 잠재적 함수

벡터장 $\mathbf{F}$가 보존적인지의 여부를 어떻게 결정할 수 있는가 하는 질문이 남는다. 또 $\mathbf{F}$가 보존적 벡터장임을 알았다면 잠재적 함수 f는 어떻게 찾을 수 있을까?

$\mathbf{F} = P\,\mathbf{i} + Q\,\mathbf{j}$가 보존적임이 알려져 있다고 가정하자. 여기에서 P와 Q는 연속인 1계 편도함수를 갖는다. 이때 $\mathbf{F} = \nabla f$, 즉

$$P = \frac{\partial f}{\partial x} \text{와} \qquad Q = \frac{\partial f}{\partial y}$$

를 만족시키는 함수 f가 존재한다. 그러므로 클레로 정리에 의하여 다음이 성립한다.

$$\frac{\partial P}{\partial y} = \frac{\partial^2 f}{\partial y\,\partial x} = \frac{\partial^2 f}{\partial x\,\partial y} = \frac{\partial Q}{\partial x}$$

5 정리 $\mathbf{F}(x, y) = P(x, y)\,\mathbf{i} + Q(x, y)\,\mathbf{j}$가 보존적 벡터장이고 P와 Q는 정의역 D상에서 연속인 1계 편도함수를 갖는다면 D 전역에서 다음이 성립한다.

$$\frac{\partial P}{\partial y} = \frac{\partial Q}{\partial x}$$

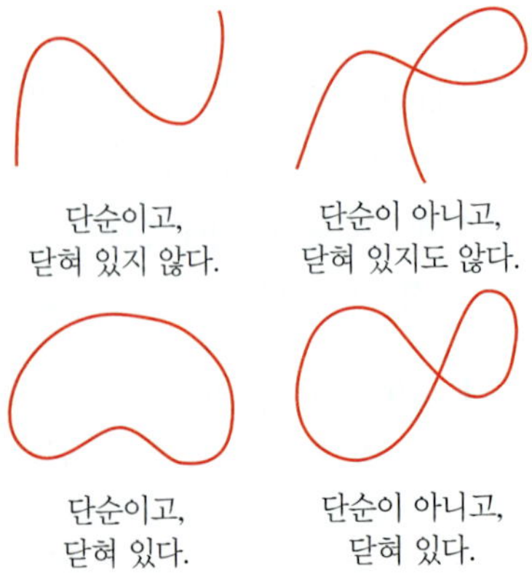

그림 7 곡선의 형태

정리 5의 역은 특수한 형태의 영역에 대해서만 성립한다. 이것을 설명하기 위하여 우선 필요한 개념이 **단순곡선**(simple curve), 즉 양 끝점 사이의 어떤 곳에서도 서로 교차하는 점이 없는 곡선이다. [그림 7 참조, 단순 닫힌곡선은 $\mathbf{r}(a) = \mathbf{r}(b)$가 되지만 $a < t_1 < t_2 < b$일 때 $\mathbf{r}(t_1) \neq \mathbf{r}(t_2)$가 된다.]

정리 4에서는 열린 연결영역이 필요하다. 다음 정리에는 좀더 강한 조건이 필요하다. 평면에서 **단순연결 영역**(simply-connected region)은 D 안에 있는 모든 단순 닫힌 곡선이 D 안에 있는 점들만을 둘러싸고 있는 연결 영역 D를 뜻한다. 다시 말하면, 그림 8로부터 주목할 점은 직관적으로 단순연결 영역은 구멍을 포함하지 않고 두 개의 부분으로 분리되지 않는다고 말할 수 있다.

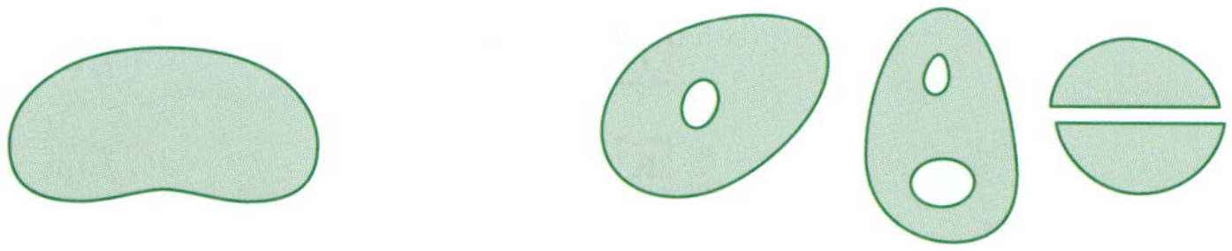

그림 8 단순연결 영역 단순연결이 아닌 영역

단순연결 영역으로 이제 $\mathbb{R}^2$상의 벡터장이 보존적임을 증명하는 데 편리한 방법을 주는 정리 5의 부분적인 역을 설명할 수 있다. 증명은 그린 정리의 한 결과로써 다음 절에서 다룬다.

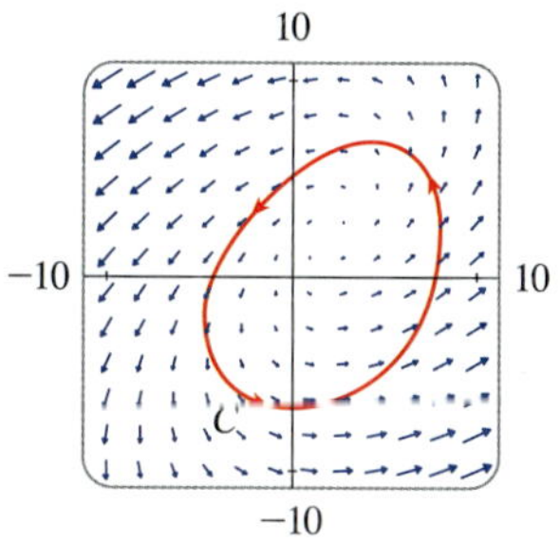

그림 9

그림 9와 10은 각각 예제 2(a)와 (b)의 벡터장을 보여준다. 그림 9의 벡터들은 모두 닫힌곡선 C 위에서 출발하며 C와 같이 동일한 방향을 가리킨다. 따라서 $\int_C \mathbf{F} \cdot d\mathbf{r} > 0$인 것과 같이 보이므로 $\mathbf{F}$는 보존적이지 않다. 예제 2(a)의 계산은 이러한 생각을 확고하게 해준다. 그림 10에 있는 곡선 C_1과 C_2 근방에서 몇몇 벡터들은 그 곡선들과 동일한 방향을 가리키며, 반면에 다른 벡터들은 반대 방향을 가리킨다. 따라서 모두 닫힌 경로 주위에서의 선적분 값이 0인 것 같이 보인다. 예제 2(b)는 $\mathbf{F}$가 실제로 보존적임을 보여준다.

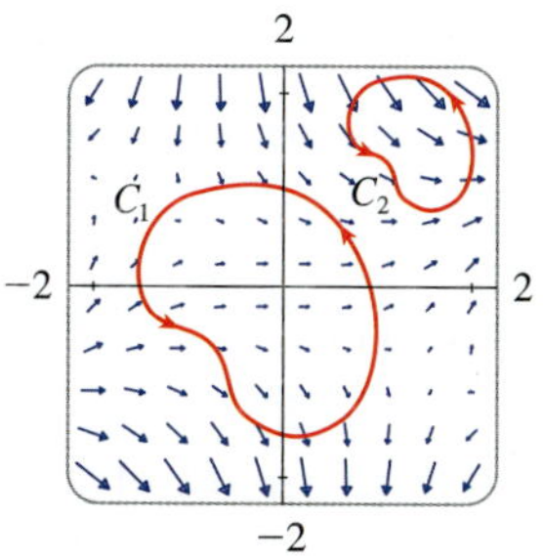

그림 10

6 정리 $\mathbf{F} = P\,\mathbf{i} + Q\,\mathbf{j}$는 열린 단순연결 영역의 D상의 벡터장이고, P와 Q는 연속인 1계 편도함수를 갖고 D상에서

$$\frac{\partial P}{\partial y} = \frac{\partial Q}{\partial x}$$

가 성립한다고 가정하자. 그러면 $\mathbf{F}$는 보존적 벡터장이다.

예제 2 다음 벡터장이 보존적인지 아닌지를 결정하여라.

(a) $\mathbf{F}(x, y) = (x - y)\,\mathbf{i} + (x - 2)\,\mathbf{j}$

(b) $\mathbf{F}(x, y) = (3 + 2xy)\,\mathbf{i} + (x^2 - 3y^2)\,\mathbf{j}$

풀이

(a) $P(x, y) = x - y$이고 $Q(x, y) = x - 2$라 하자. 그러면

$$\frac{\partial P}{\partial y} = -1 \qquad \frac{\partial Q}{\partial x} = 1$$

이다. $\partial P/\partial y \neq \partial Q/\partial x$이므로 정리 5에 의하여 $\mathbf{F}$는 보존적이지 않다.

(b) $P(x, y) = 3 + 2xy$이고 $Q(x, y) = x^2 - 3y^2$이라 하자. 그러면

$$\frac{\partial P}{\partial y} = 2x = \frac{\partial Q}{\partial x}$$

이다. 또한 $\mathbf{F}$의 정의역은 열린 단순연결 영역인 평면 전체($D = \mathbb{R}^2$)이다. 그러므로 정리 6을 적용하면 $\mathbf{F}$가 보존적이라는 결론이 나온다. ■

예제 2(b)에서 정리 6에 의하여 $\mathbf{F}$가 보존적임을 밝혔지만, $\mathbf{F} = \nabla f$가 되는 (잠재적) 함수 f를 구하는 방법을 제시하지는 않는다. 정리 4의 증명은 f를 구하는 방법에 대한

실마리를 준다. 다음 예제에서와 같이 '편적분법'을 이용한다.

예제 3 $\mathbf{F}(x, y) = (3 + 2xy)\,\mathbf{i} + (x^2 - 3y^2)\,\mathbf{j}$일 때, $\mathbf{F} = \nabla f$를 만족하는 함수 f를 구하여라.

풀이 예제 2(b)에서 $\mathbf{F}$가 보존적임을 보였기 때문에 $\nabla f = \mathbf{F}$가 되는 함수 f가 존재한다. 즉,

$$\boxed{7} \qquad f_x(x, y) = 3 + 2xy$$

$$\boxed{8} \qquad f_y(x, y) = x^2 - 3y^2$$

식 $\boxed{7}$을 x에 대하여 적분하면,

$$\boxed{9} \qquad f(x, y) = 3x + x^2y + g(y)$$

를 얻는다. 적분상수는 x에 관한 상수, 즉 $g(y)$라 정의한 y의 함수임을 주목하자. 이번에는 식 $\boxed{9}$의 양변을 y에 대하여 미분하자.

$$\boxed{10} \qquad f_y(x, y) = x^2 + g'(y)$$

식 $\boxed{8}$과 식 $\boxed{10}$을 비교하면,

$$g'(y) = -3y^2$$

이 됨을 알 수 있다. y에 대하여 적분하면,

$$g(y) = -y^3 + K$$

를 얻는다. 여기에서 K는 상수이다. 이것을 식 $\boxed{9}$에 대입하면 원하는 잠재적 함수

$$f(x, y) = 3x + x^2y - y^3 + K$$

를 얻는다. ■

예제 4 C가 $\mathbf{r}(t) = e^t \sin t\,\mathbf{i} + e^t \cos t\,\mathbf{j}$, $0 \leqslant t \leqslant \pi$에 의해 주어지고

$$\mathbf{F}(x, y) = (3 + 2xy)\,\mathbf{i} + (x^2 - 3y^2)\,\mathbf{j}$$

일 때 선적분 $\int_C \mathbf{F} \cdot d\mathbf{r}$을 구하여라.

풀이 1 예제 2(b)로부터 $\mathbf{F}$가 보존적임을 알고 있고 따라서 정리 $\boxed{2}$를 이용할 수 있다. 예제 3에서 $\mathbf{F}$의 잠재적 함수 $f(x, y) = 3x + x^2y - y^3$ ($K = 0$ 선택)을 찾았다. 정리 $\boxed{2}$를 적용하기 위해 C의 시작점과 끝점을 알아야 한다. 즉 $\mathbf{r}(0) = (0, 1)$이고 $\mathbf{r}(\pi) = (0, -e^\pi)$이다. 그러면

$$\int_C \mathbf{F} \cdot d\mathbf{r} = \int_C \nabla f \cdot d\mathbf{r} = f(0, -e^\pi) - f(0, 1) = e^{3\pi} - (-1) = e^{3\pi} + 1$$

을 얻는다. 이 방법은 15.2절에서 배웠던 선적분을 구하는 직접적인 방법보다 더 간단하다.

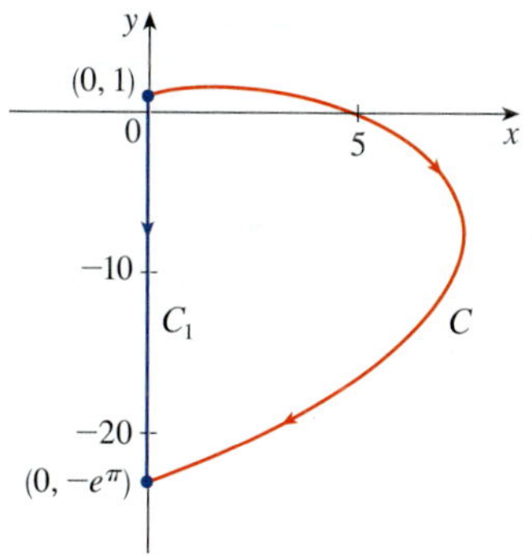

그림 11

풀이 2 **F**가 보존적이므로 $\int_C \mathbf{F} \cdot d\mathbf{r}$이 경로에 독립임을 알 수 있다. C를 C와 같은 시작점과 끝점을 갖는 다른(더 간단한) 곡선 C_1으로 바꾸자. 그림 11에서와 같이 C_1은 (0, 1)에서 (0, $-e^{\pi}$)까지의 선분이다. C_1이

$$\mathbf{r}(t) = -t\mathbf{j} \qquad -1 \leq t \leq e^{\pi}$$

로 표현되므로 다음을 얻는다.

$$\int_C \mathbf{F} \cdot d\mathbf{r} = \int_{C_1} \mathbf{F} \cdot d\mathbf{r} = \int_{-1}^{e^{\pi}} \mathbf{F}(\mathbf{r}(t)) \cdot \mathbf{r}'(t)\, dt$$

$$= \int_{-1}^{e^{\pi}} (3\mathbf{i} - 3t^2\mathbf{j}) \cdot (-\mathbf{j})\, dt$$

$$= \int_{-1}^{e^{\pi}} 3t^2\, dt = t^3 \Big]_{-1}^{e^{\pi}} = e^{3\pi} + 1$$

■

$\mathbb{R}^3$상에서 벡터장 **F**가 보존적인지 아닌지 결정하는 기준은 15.5절에서 주어진다. 한편, 다음 예는 $\mathbb{R}^3$상의 벡터장에 대한 잠재적 함수를 구하는 방법이 $\mathbb{R}^2$상의 벡터장에 대한 잠재적 함수를 구하는 방법과 같다는 것을 보여준다.

예제 5 $\mathbf{F}(x, y, z) = y^2\,\mathbf{i} + (2xy + e^{3z})\,\mathbf{j} + 3ye^{3z}\,\mathbf{k}$일 때, $\nabla f = \mathbf{F}$가 되는 함수 f를 구하여라.

풀이 이러한 함수 f가 존재한다면,

11 $$f_x(x, y, z) = y^2$$

12 $$f_y(x, y, z) = 2xy + e^{3z}$$

13 $$f_z(x, y, z) = 3ye^{3z}$$

이 된다. 식 **11**을 x에 대하여 적분하면,

14 $$f(x, y, z) = xy^2 + g(y, z)$$

를 얻는다. 여기에서 $g(y, z)$는 x에 관한 상수이다. 이때 식 **14**를 y에 대하여 미분하면,

$$f_y(x, y, z) = 2xy + g_y(y, z)$$

를 얻을 수 있고, 식 **12**와 비교하면,

$$g_y(y, z) = e^{3z}$$

이 된다. 그러므로 $g(y, z) = ye^{3z} + h(z)$이고, 식 **14**를 아래와 같이 쓸 수 있다.

$$f(x, y, z) = xy^2 + ye^{3z} + h(z)$$

마지막으로, z에 대하여 미분하고 식 **13**과 비교하면 $h'(z) = 0$을 얻는다. 그러므로 $h(z) = K$ (상수)가 된다. 원하는 함수는

$$f(x, y, z) = xy^2 + ye^{3z} + K$$

이다. 또한, $\nabla f = \mathbf{F}$는 쉽게 증명된다. ■

15.3 연습문제

1. 다음 그림은 곡선 C와 기울기가 연속인 함수 f의 등고선 지도를 보여주고 있다. $\int_C \nabla f \cdot d\mathbf{r}$을 구하여라.

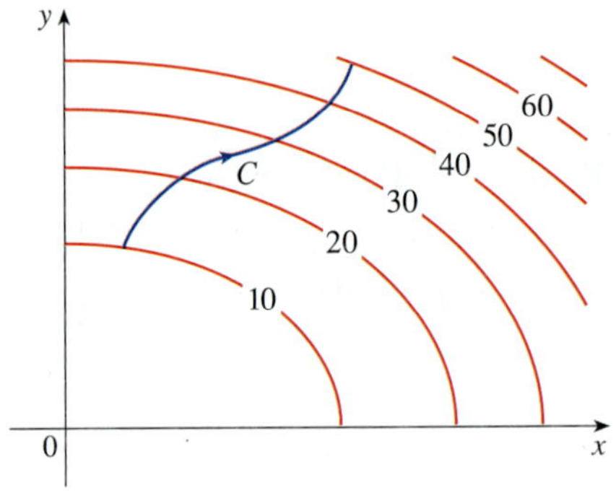

2. 연속인 기울기를 갖는 함수 f의 값의 표가 주어져 있다. C가 다음의 매개변수방정식을 가질 때 $\int_C \nabla f \cdot d\mathbf{r}$을 구하여라.

$$x = t^2 + 1 \qquad y = t^3 + t \qquad 0 \leqslant t \leqslant 1$$

x \ y	0	1	2
0	1	6	4
1	3	5	7
2	8	2	9

3-6 $\mathbf{F}$가 보존적인지 아닌지 결정하여라. 만약 보존적이라면 $\mathbf{F} = \nabla f$가 되는 함수 f를 구하여라.

3. $\mathbf{F}(x, y) = (xy + y^2)\,\mathbf{i} + (x^2 + 2xy)\,\mathbf{j}$

4. $\mathbf{F}(x, y) = y^2 e^{xy}\,\mathbf{i} + (1 + xy)e^{xy}\,\mathbf{j}$

5. $\mathbf{F}(x, y) = (ye^x + \sin y)\,\mathbf{i} + (e^x + x\cos y)\,\mathbf{j}$

6. $\mathbf{F}(x, y) = (y^2\cos x + \cos y)\,\mathbf{i} + (2y\sin x - x\sin y)\,\mathbf{j}$

7. 다음 그림은 벡터장 $\mathbf{F}(x, y) = \langle 2xy, x^2 \rangle$과 점 $(1, 2)$에서 점 $(3, 2)$까지 연결된 세 개의 곡선을 보여주고 있다.

(a) $\int_C \mathbf{F} \cdot d\mathbf{r}$이 세 개 곡선 모두에 대하여 같은 값을 가지는 이유를 설명하여라.

(b) 공통값은 얼마인가?

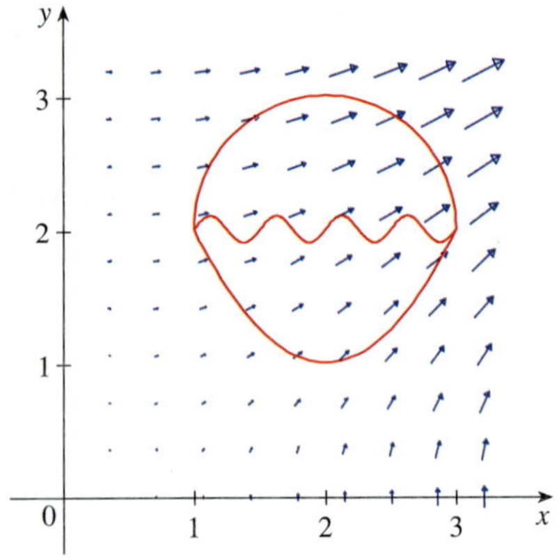

8. $\mathbf{F}(x, y) = (3x^2 + y^2)\,\mathbf{i} + 2xy\,\mathbf{j}$이고 C는 다음의 곡선이라 하자.

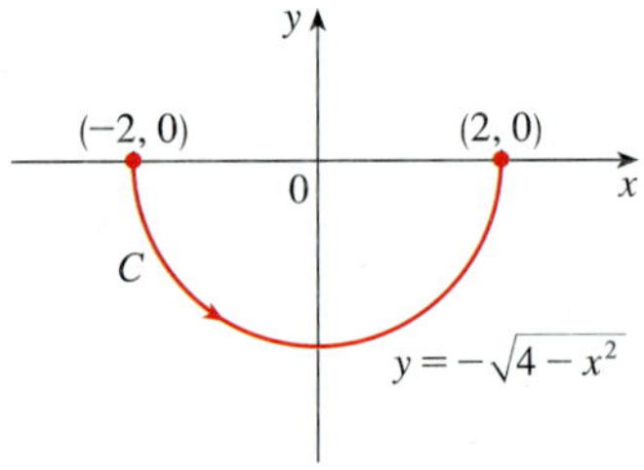

(a) $\int_C \mathbf{F} \cdot d\mathbf{r}$을 직접 계산하여라.

(b) $\mathbf{F}$가 보존적임을 보이고 $\mathbf{F} = \nabla f$가 되는 함수 f를 구하여라.

(c) 정리 2를 사용하여 $\int_C \mathbf{F} \cdot d\mathbf{r}$을 계산하여라.

(d) C를 같은 시작점과 끝점을 갖는 더 간단한 곡선으로 대체하여 $\int_C \mathbf{F} \cdot d\mathbf{r}$을 계산하여라.

9. $f(x, y, z) = xy^2z + x^2$이고 곡선 C는 $x = t^2$, $y = e^{t^2-1}$, $z = t^2 + t$, $-1 \leqslant t \leqslant 1$로 주어질 때 $\int_C \nabla f \cdot d\mathbf{r}$을 계산하여라.

10-13 (a) $\mathbf{F} = \nabla f$가 되는 함수 f를 구하고, (b) (a)를 이용해서 주어진 곡선 C 위에서 선적분 $\int_C \mathbf{F} \cdot d\mathbf{r}$을 구하여라.

10. $\mathbf{F}(x, y) = \langle 2x, 4y \rangle$,
C는 $(4, -2)$부터 $(1, 1)$까지 쌍곡선 $x = y^2$의 호이다.

11. $\mathbf{F}(x, y) = x^2y^3\,\mathbf{i} + x^3y^2\,\mathbf{j}$,
C: $\mathbf{r}(t) = \langle t^3 - 2t, t^3 + 2t \rangle$, $0 \leqslant t \leqslant 1$

12. $\mathbf{F}(x, y, z) = 2xy\,\mathbf{i} + (x^2 + 2yz)\,\mathbf{j} + y^2\,\mathbf{k}$,
C는 $(2, -3, 1)$에서 $(-5, 1, 2)$까지의 선분이다.

13. $\mathbf{F}(x, y, z) = yze^{xz}\,\mathbf{i} + e^{xz}\,\mathbf{j} + xye^{xz}\,\mathbf{k}$,
C: $\mathbf{r}(t) = (t^2 + 1)\,\mathbf{i} + (t^2 - 1)\,\mathbf{j} + (t^2 - 2t)\,\mathbf{k}$,
$0 \leqslant t \leqslant 2$

14. 다음 선적분이 경로에 독립적임을 보이고 적분값을 계산하여라.

$$\int_C 2xe^{-y}\,dx + (2y - x^2e^{-y})\,dy$$

C는 (1, 0)에서 (2, 1)까지의 어떤 경로이다.

15. 질점을 어떤 한 점에서 다른 한 점으로 이동하는 힘의 장 $\mathbf{F}$에 대하여 최소한의 일의 양을 요구하는 곡선을 정한다고 가정하자. 먼저 $\mathbf{F}$가 보존적인지 아닌지를 확인하고 실로 그것이 참임을 밝히는 방법을 결정한다. 어떻게 요청에 대답하겠는가?

16. 힘의 장 $\mathbf{F}(x, y) = x^3\,\mathbf{i} + y^3\,\mathbf{j}$가 $P(1, 0)$에서 $Q(2, 2)$까지 물체를 움직이는 데 하는 일을 구하여라.

17-18 그림에서 보여주는 벡터장이 보존적인가? 설명하여라.

17.

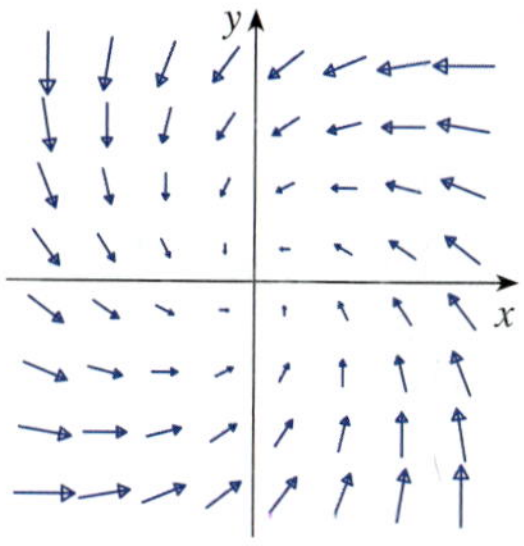

18.

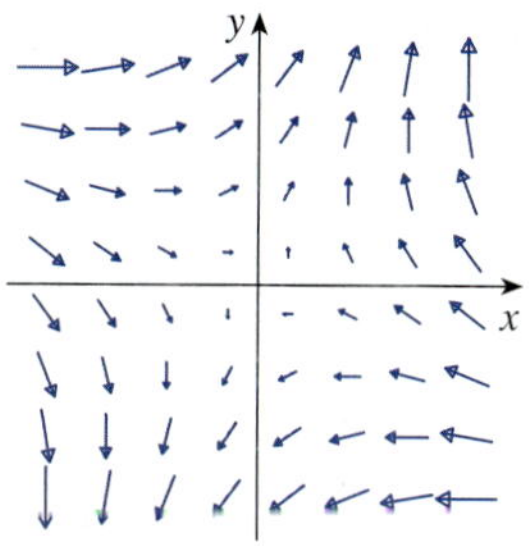

19. $f(x, y) = \sin(x - 2y)$일 때 $\mathbf{F} = \nabla f$라 하자. 닫혀있지 않고 방정식을 만족하는 곡선 C_1, C_2를 구하여라.

(a) $\int_{C_1} \mathbf{F} \cdot d\mathbf{r} = 0$ (b) $\int_{C_2} \mathbf{F} \cdot d\mathbf{r} = 1$

20. 벡터장 $\mathbf{F} = P\,\mathbf{i} + Q\,\mathbf{j} + R\,\mathbf{k}$가 보존적이고, P, Q, R이 연속인 1계 편도함수를 가질 때

$$\frac{\partial P}{\partial y} = \frac{\partial Q}{\partial x} \qquad \frac{\partial P}{\partial z} = \frac{\partial R}{\partial x} \qquad \frac{\partial Q}{\partial z} = \frac{\partial R}{\partial y}$$

임을 보여라.

21-23 주어진 집합이 (a) 열린, (b) 연결, (c) 단순연결인지 아닌지를 결정하여라.

21. $\{(x, y) \mid 0 < y < 3\}$

22. $\{(x, y) \mid 1 < |x| < 2\}$

23. $\{(x, y) \mid 1 \leqslant x^2 + y^2 \leqslant 4,\ y \geqslant 0\}$

24. $\mathbf{F}(x, y) = \dfrac{-y\,\mathbf{i} + x\,\mathbf{j}}{x^2 + y^2}$로 두자.

(a) $\partial P/\partial y = \partial Q/\partial x$임을 보여라.

(b) $\int_C \mathbf{F} \cdot d\mathbf{r}$이 경로에 독립이 아님을 보여라. [힌트: (1, 0)에서 (−1, 0)까지 원 $x^2 + y^2 = 1$의 상반부와 하반부를 각각 C_1, C_2라 할 때, $\int_{C_1} \mathbf{F} \cdot d\mathbf{r}$과 $\int_{C_2} \mathbf{F} \cdot d\mathbf{r}$을 계산하여라.] 이것은 정리 6 에 모순이 되는가?

15.4 그린 정리

그린 정리는 단순 닫힌곡선 둘레를 도는 선적분과 그 곡선으로 경계를 이루는 평면영역에 대한 이중적분 사이의 관계를 말해준다.

■ 그린 정리

그림 1에서와 같이 C를 단순 닫힌곡선이라 하고 D를 C에 의하여 유계된 영역이라고 가정한다(D가 C 내부의 모든 점과 C의 모든 점으로 구성되어 있다고 가정한다). 그린 정리를 기술할 때는 단순 닫힌곡선 C의 **양의 방향**을 C가 **반시계 방향**으로 한 번 선회한 것을 나타내기로 한다. 따라서 C가 벡터함수 $\mathbf{r}(t)$, $a \leqslant t \leqslant b$로 주어지는 경우 C를 선회할 때 영역 D는 항상 왼쪽에 있다(그림 2 참조).

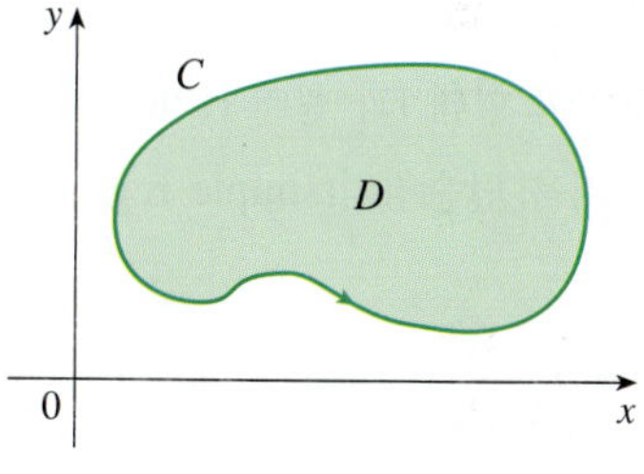

그림 1

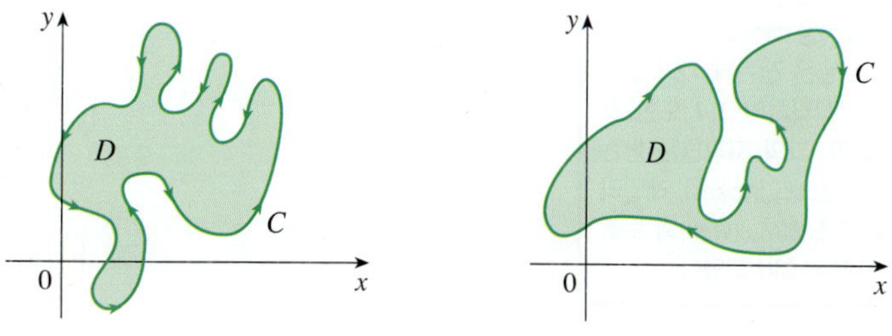

그림 2 (a) 양의 방향 (b) 음의 방향

그린 정리 C는 평면에 놓인 양의 방향을 갖는 조각적으로 매끄러운 단순닫힌 곡선이라 하고, D는 C에 의하여 유계된 영역이라 하자. P와 Q가 D를 포함하는 열린 영역 위에서 연속인 편도함수를 가지면

$$\int_C P\,dx + Q\,dy = \iint_D \left(\frac{\partial Q}{\partial x} - \frac{\partial P}{\partial y}\right) dA$$

이다.

$\mathbf{F} = P\,\mathbf{i} + Q\,\mathbf{j}$라 놓으면 이 식의 좌변을 $\int_C \mathbf{F} \cdot d\mathbf{r}$로 표현할 수 있다.

NOTE 표기

$$\oint_C P\,dx + Q\,dy \qquad \text{또는} \qquad \oint_C P\,dx + Q\,dy$$

는 때때로 선적분이 닫힌 곡선 C의 양의 방향을 이용해서 계산됨을 보여주고자 쓰는 표기법이다. D의 양의 방향인 경계곡선에 대한 또 다른 표기는 ∂D이다. 따라서 그린 정리의 식은

1
$$\iint_D \left(\frac{\partial Q}{\partial x} - \frac{\partial P}{\partial y}\right) dA = \int_{\partial D} P\,dx + Q\,dy$$

로 쓸 수 있다.

그린 정리는 이중적분에 대한 미적분학의 기본정리의 유사 정리로 간주되어야 한다. 방정식 **1**을 아래 방정식으로 서술된 미적분학의 기본 정리 2

$$\int_a^b F'(x)\,dx = F(b) - F(a)$$

와 비교하여 보자. 두 경우 모두 그 방정식의 좌변에는 도함수(F', $\partial Q/\partial x$, $\partial P/\partial y$)를 포함하는 적분이 존재한다. 그리고 두 경우 모두 우변에는 정의역의 **경계** 위에서만 이 최초의 함수(F, Q, P)의 값을 포함한다. (일차원의 경우에 정의역은 경계점이 두 점 a, b만으로 구성된 구간 $[a, b]$이다.)

그린 정리를 일반적으로 증명하기란 쉽지 않지만, 영역이 형태 I과 형태 II인(14.2절 참조) 특수한 경우에 대하여 증명할 수 있다. 이러한 영역을 **단순영역**(simple regions)이라 부른다.

그린

그린 정리는 영국 과학자 그린(George Green, 1793~1841)의 이름을 따서 명명되었다. 그는 9세 때부터 부친의 빵 가게에서 온종일 일을 하였고, 도서관의 책으로 수학을 독학하였다. 1828년 그는 《전자기 이론에 대한 수학적 분석의 응용에 대한 에세이》라는 소책자를 비공개적으로 발표했다. 그러나 100부만 인쇄되었고, 대부분 친구들에게 보내졌다. 이 소책자에는 그린 정리로 알고 있는 것과 같은 내용의 정리가 포함되어 있었다. 그러나 당시에는 널리 알려지지 않았다. 결국 40세 때 그린은 케임브리지 대학 학부로 들어갔지만 졸업 후 4년만에 죽었다. 1846년에 윌리엄 톰슨(켈빈경)은 그린의 에세이의 한 부를 찾아내 중요성을 깨닫고 그것을 다시 출판했다. 그린은 전기와 자기의 수학적 이론을 공식화하려고 시도한 최초의 사람이었다. 그의 저작물은 톰슨(Thomson), 스토크스(Stokes), 레일리(Rayleigh)와 맥스웰(Maxwell)의 보조적 전자기이론의 기초가 되었다.

D가 단순영역인 경우에 대한 그린 정리의 증명 다음 식들이 성립함을 밝힘으로써 그린 정리를 증명하여 보자.

2
$$\int_C P\,dx = -\iint_D \frac{\partial P}{\partial y}\,dA$$

3
$$\int_C Q\,dy = \iint_D \frac{\partial Q}{\partial x}\,dA$$

D를 형태 I의 영역

$$D = \{(x, y) \mid a \leqslant x \leqslant b,\ g_1(x) \leqslant y \leqslant g_2(x)\}$$

로 나타내어 방정식 **2**를 증명한다. 여기서 g_1, g_2는 연속함수이므로 아래와 같이 방정식 **2**의 우변에 있는 이중적분을 계산한다.

4 $$\iint_D \frac{\partial P}{\partial y}\, dA = \int_a^b \int_{g_1(x)}^{g_2(x)} \frac{\partial P}{\partial y}(x, y)\, dy\, dx = \int_a^b [P(x, g_2(x)) - P(x, g_1(x))]\, dx$$

여기서 마지막 단계는 미적분학의 기본정리로부터 나온다.

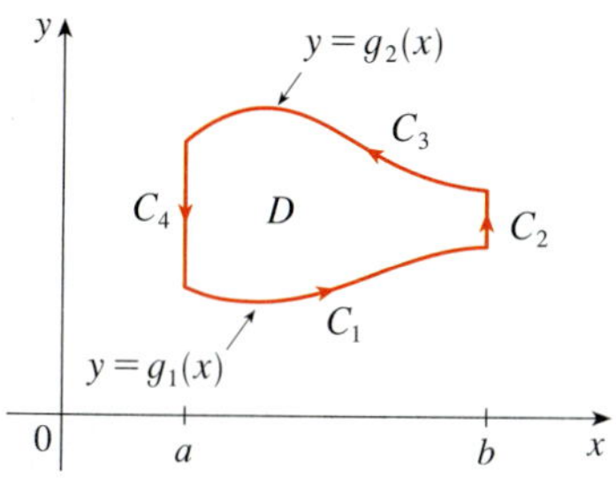

그림 3

방정식 **2**의 좌변을 그림 3에서와 같이 네 개의 곡선 C_1, C_2, C_3, C_4의 합집합으로 C를 나누어 계산하자. C_1 위에서 x를 매개변수로 택하고, 매개변수방정식을 $x = x$, $y = g_1(x)$, $a \leqslant x \leqslant b$로 쓰자. 따라서

$$\int_{C_1} P(x, y)\, dx = \int_a^b P(x, g_1(x))\, dx$$

이다. C_3가 오른쪽에서 왼쪽으로 움직이면 $-C_3$는 왼쪽에서 오른쪽으로 움직임을 알 수 있다. 따라서 $-C_3$를 매개변수방정식 $x = x$, $y = g_2(x)$, $a \leqslant x \leqslant b$로 쓸 수 있다. 그러므로

$$\int_{C_3} P(x, y)\, dx = -\int_{-C_3} P(x, y)\, dx = -\int_a^b P(x, g_2(x))\, dx$$

이다. C_2 혹은 C_4 위에서(그들 각각은 한 개의 점으로 축소될 수도 있다) x는 상수이다. 그러므로 $dx = 0$이고

$$\int_{C_2} P(x, y)\, dx = 0 = \int_{C_4} P(x, y)\, dx$$

이다. 따라서

$$\begin{aligned}\int_C P(x, y)\, dx &= \int_{C_1} P(x, y)\, dx + \int_{C_2} P(x, y)\, dx + \int_{C_3} P(x, y)\, dx + \int_{C_4} P(x, y)\, dx \\ &= \int_a^b P(x, g_1(x))\, dx - \int_a^b P(x, g_2(x))\, dx\end{aligned}$$

이다. 이 식을 방정식 **4**의 식과 비교하면,

$$\int_C P(x, y)\, dx = -\iint_D \frac{\partial P}{\partial y}\, dA$$

임을 알 수 있다. 방정식 **3**은 D를 형태 II 영역의 식으로 나타내면 똑같은 방법으로 증명될 수 있다. 그러면 방정식 **2**와 **3**을 합하여 그린 정리를 얻는다. ■

예제 1 C가 $(0, 0)$에서 $(1, 0)$까지, $(1, 0)$에서 $(0, 1)$까지, $(0, 1)$에서 $(0, 0)$까지의 선분들로 구성된 삼각형의 곡선일 때 $\int_C x^4\, dx + xy\, dy$를 구하여라.

풀이 주어진 선적분을 삼각형의 세 변을 따라 각각 분리된 세 개의 적분으로 나누어 계

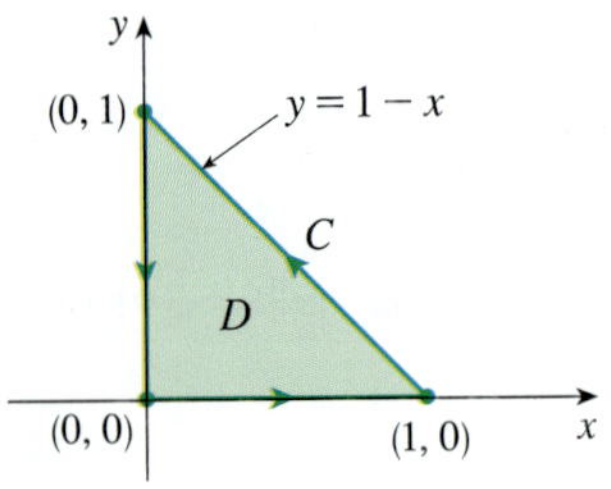

그림 4

산하는 15.2절의 방법으로 구할 수도 있지만, 그린 정리를 이용하여 구하여 보자. C에 의하여 둘러싸인 영역 D는 단순하고, C는 양의 방향을 갖는다(그림 4 참조). $P(x, y) = x^4$과 $Q(x, y) = xy$로 둘 때

$$\int_C x^4\,dx + xy\,dy = \iint_D \left(\frac{\partial Q}{\partial x} - \frac{\partial P}{\partial y}\right) dA = \int_0^1 \int_0^{1-x} (y - 0)\,dy\,dx$$

$$= \int_0^1 \left[\tfrac{1}{2}y^2\right]_{y=0}^{y=1-x} dx = \tfrac{1}{2}\int_0^1 (1 - x)^2\,dx$$

$$= -\tfrac{1}{6}(1 - x)^3\Big]_0^1 = \tfrac{1}{6}$$

을 얻는다. ■

예제 2 C가 원 $x^2 + y^2 = 9$일 때 $\oint_C (3y - e^{\sin x})\,dx + \left(7x + \sqrt{y^4 + 1}\right) dy$를 구하여라.

풀이 C에 의하여 유계된 영역 D는 원판 $x^2 + y^2 \leqslant 9$이다. 따라서 그린 정리를 적용한 후에 극좌표로 치환하자.

$$\oint_C (3y - e^{\sin x})\,dx + \left(7x + \sqrt{y^4 + 1}\right) dy$$

$$= \iint_D \left[\frac{\partial}{\partial x}\left(7x + \sqrt{y^4 + 1}\right) - \frac{\partial}{\partial y}(3y - e^{\sin x})\right] dA$$

$$= \int_0^{2\pi}\int_0^3 (7 - 3)\,r\,dr\,d\theta = 4\int_0^{2\pi} d\theta \int_0^3 r\,dr = 36\pi$$ ■

극좌표계를 이용하는 대신에 D가 반지름 3인 원판이라는 사실을 이용하여

$$\iint_D 4\,dA = 4 \cdot \pi(3)^2 = 36\pi$$

를 얻을 수 있다.

예제 1과 2에서 이중적분은 선적분보다 더 쉽게 구할 수 있음을 알 수 있었다. (예제 2를 선적분으로 계산해 보면 알 수 있다.) 그런데 때때로 선적분을 구하는 것이 더 쉬울 수 있고 그린 정리가 역방향으로 이용되곤 한다. 예를 들면, 곡선 C 위에서 $P(x, y) = Q(x, y) = 0$이라 하면 영역 D 내부에서 P와 Q의 값이 어떻게 부여되든지, 그린 정리에 의하여

$$\iint_D \left(\frac{\partial Q}{\partial x} - \frac{\partial P}{\partial y}\right) dA = \int_C P\,dx + Q\,dy = 0$$

이 된다.

■ 그린 정리로 넓이 구하기

그린 정리의 역방향에 대한 또 다른 응용은 넓이 계산이다. D의 넓이가 $\iint_D 1\,dA$이므로 P와 Q를

$$\frac{\partial Q}{\partial x} - \frac{\partial P}{\partial y} = 1$$

이 되도록 선택하고 싶다. 여러 가지 가능성이 존재한다.

$$P(x, y) = 0 \qquad P(x, y) = -y \qquad P(x, y) = -\tfrac{1}{2}y$$
$$Q(x, y) = x \qquad Q(x, y) = 0 \qquad Q(x, y) = \tfrac{1}{2}x$$

이때 그린 정리에 따라 D의 넓이에 대하여 아래 공식이 유도된다.

5
$$A = \oint_C x\,dy = -\oint_C y\,dx = \tfrac{1}{2}\oint_C x\,dy - y\,dx$$

예제 3 타원 $\dfrac{x^2}{a^2} + \dfrac{y^2}{b^2} = 1$에 의하여 둘러싸인 넓이를 구하여라.

풀이 타원은 매개변수방정식 $x = a\cos t$, $y = b\sin t$, $0 \leqslant t \leqslant 2\pi$를 갖는다. 식 **5**의 세 번째 공식을 이용하면

$$A = \tfrac{1}{2}\int_C x\,dy - y\,dx$$
$$= \tfrac{1}{2}\int_0^{2\pi} (a\cos t)(b\cos t)\,dt - (b\sin t)(-a\sin t)\,dt$$
$$= \frac{ab}{2}\int_0^{2\pi} dt = \pi ab$$

를 얻는다. ■

■ 그린 정리의 확장

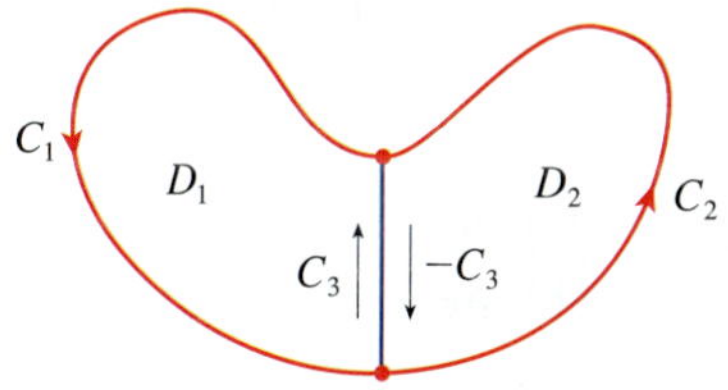

그림 5

비록 D가 단순일 경우에만 그린 정리를 증명했지만, 이제 D가 단순영역들의 유한개 합집합인 경우로 정리를 확장할 수 있다. 예를 들면, D가 그림 5와 같은 영역일 때, $D = D_1 \cup D_2$로 쓸 수 있다. 여기에서 D_1과 D_2는 둘 다 단순영역들이다. D_1의 경계는 $C_1 \cup C_3$이고, D_2의 경계는 $C_2 \cup (-C_3)$이다. 따라서 D_1과 D_2에 그린 정리를 각각 적용하면,

$$\int_{C_1 \cup C_3} P\,dx + Q\,dy = \iint_{D_1} \left(\frac{\partial Q}{\partial x} - \frac{\partial P}{\partial y}\right) dA$$

$$\int_{C_2 \cup (-C_3)} P\,dx + Q\,dy = \iint_{D_2} \left(\frac{\partial Q}{\partial x} - \frac{\partial P}{\partial y}\right) dA$$

를 얻는다. 이들 두 개의 방정식을 합하면 C_3와 $-C_3$ 위에서 선적분이 상쇄되어

$$\int_{C_1 \cup C_2} P\,dx + Q\,dy = \iint_{D} \left(\frac{\partial Q}{\partial x} - \frac{\partial P}{\partial y}\right) dA$$

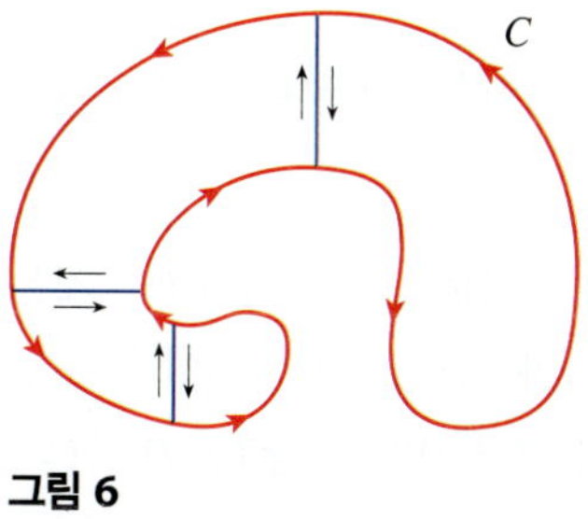

그림 6

를 얻는다. 이것은 $D = D_1 \cup D_2$에 대한 그린 정리이다. 왜냐하면 이 영역의 경계는 $C = C_1 \cup C_2$이기 때문이다.

똑같은 논리로 단순영역들의 유한개의 합집합(그림 6 참조)에 대하여 그린 정리가 작용될 수 있다.

예제 4 C가 원 $x^2 + y^2 = 1$과 $x^2 + y^2 = 4$ 사이의 상반부 평면에 있는 반고리 모양의 영역 D의 경계일 때, $\oint_C y^2\,dx + 3xy\,dy$를 구하여라.

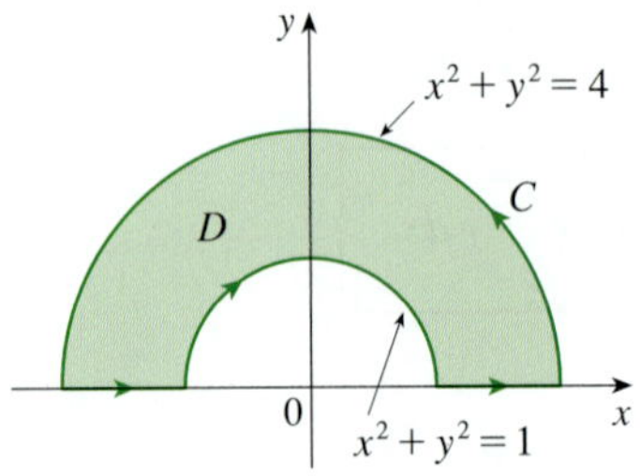

그림 7

풀이 비록 D가 단순영역이 아니지만, y축이 두 개의 단순영역(그림 7 참조)으로 나눈다. 극좌표로 표시하면,

$$D = \{(r, \theta) \mid 1 \leqslant r \leqslant 2,\ 0 \leqslant \theta \leqslant \pi\}$$

로 쓸 수 있다. 그러므로 그린 정리에 의하여

$$\begin{aligned}\oint_C y^2\,dx + 3xy\,dy &= \iint_D \left[\frac{\partial}{\partial x}(3xy) - \frac{\partial}{\partial y}(y^2)\right] dA \\ &= \iint_D y\,dA = \int_0^\pi \int_1^2 (r\sin\theta)\,r\,dr\,d\theta \\ &= \int_0^\pi \sin\theta\,d\theta \int_1^2 r^2\,dr = \Big[-\cos\theta\Big]_0^\pi \Big[\tfrac{1}{3}r^3\Big]_1^2 = \frac{14}{3}\end{aligned}$$

를 얻는다. ■

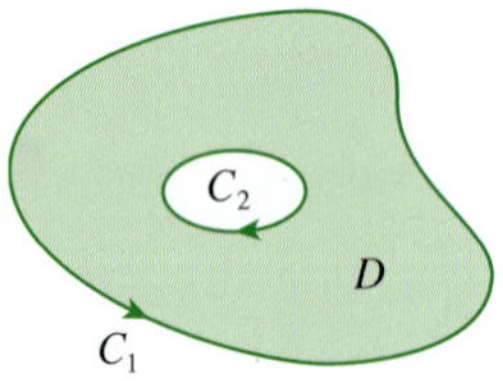

그림 8

그린 정리는 구멍이 있는 영역, 즉 단순연결이 아닌 영역으로 확장하여 적용할 수 있다. 그림 8에 나타난 영역 D의 경계 C는 두 개의 단순 닫힌곡선 C_1과 C_2로 구성됨을 관찰하여라. 이들 경계곡선들이 영역 D가 곡선 C를 따라 움직일 때, 왼쪽에 있도록 방향이 주어진다고 가정하자. 그러면 양의 방향은 외부원 C_1에 대하여 반시계 방향이지만, 내부 원 C_2에 대하여 시계 방향이다. 그림 9와 같이 직선에 의하여 D를 두 영역 D'과 D''의 각각에 그린 정리를 적용하면

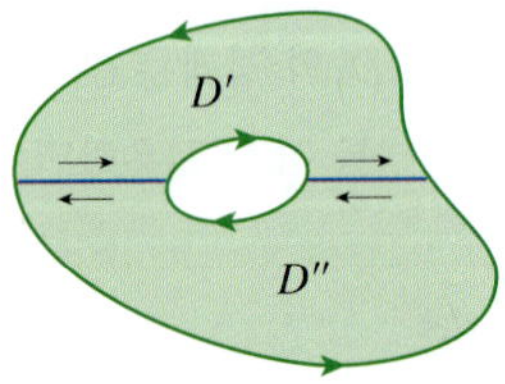

그림 9

$$\begin{aligned}\iint_D \left(\frac{\partial Q}{\partial x} - \frac{\partial P}{\partial y}\right) dA &= \iint_{D'} \left(\frac{\partial Q}{\partial x} - \frac{\partial P}{\partial y}\right) dA + \iint_{D''} \left(\frac{\partial Q}{\partial x} - \frac{\partial P}{\partial y}\right) dA \\ &= \int_{\partial D'} P\,dx + Q\,dy + \int_{\partial D''} P\,dx + Q\,dy\end{aligned}$$

를 얻는다. 공통경계선을 따른 선적분은 서로 반대 방향이므로 상쇄되고

$$\iint_D \left(\frac{\partial Q}{\partial x} - \frac{\partial P}{\partial y}\right) dA = \int_{C_1} P\,dx + Q\,dy + \int_{C_2} P\,dx + Q\,dy = \int_C P\,dx + Q\,dy$$

를 얻는다. 이것은 영역 D(단순연결 영역이 아닌)에 대한 그린 정리이다.

예제 5 $\mathbf{F}(x, y) = (-y\,\mathbf{i} + x\,\mathbf{j})/(x^2 + y^2)$일 때, 원점을 둘러싸는 모든 단순 닫힌 경로에 대하여 $\int_C \mathbf{F} \cdot d\mathbf{r} = 2\pi$임을 밝혀라.

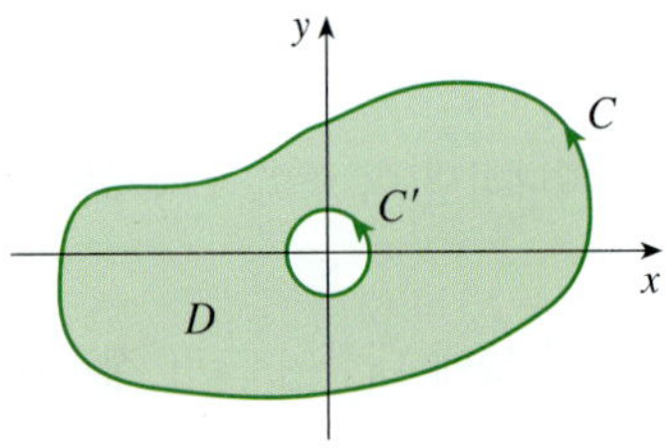

그림 10

풀이 C가 원점을 둘러싸는 임의의 닫힌 경로이므로 주어진 적분을 직접 계산하는 것은 어렵다. 따라서 C'을 중심이 원점이고 반지름이 a인 반시계 방향을 갖는 원이라 하자. 여기서 C'이 C에 포함될 수 있을 만큼 작은 값의 a를 택한다(그림 10 참조). D를 C와 C'에 의하여 유계된 영역이라 하자. 이때 양의 방향인 그의 경계는 $C \cup (-C')$이다. 따

라서 위에서 다룬 일반적 그린 정리에 의하여

$$\int_C P\,dx + Q\,dy + \int_{-C'} P\,dx + Q\,dy = \iint_D \left(\frac{\partial Q}{\partial x} - \frac{\partial P}{\partial y}\right) dA$$

$$= \iint_D \left[\frac{y^2 - x^2}{(x^2 + y^2)^2} - \frac{y^2 - x^2}{(x^2 + y^2)^2}\right] dA = 0$$

을 얻는다. 그러므로

$$\int_C P\,dx + Q\,dy = \int_{C'} P\,dx + Q\,dy$$

즉,

$$\int_C \mathbf{F} \cdot d\mathbf{r} = \int_{C'} \mathbf{F} \cdot d\mathbf{r}$$

이다. 이제 후자의 적분은 $\mathbf{r}(t) = a\cos t\,\mathbf{i} + a\sin t\,\mathbf{j}$, $0 \leqslant t \leqslant 2\pi$로 주어진 매개변수 방정식을 이용하면 쉽게 계산된다. 그러므로 다음을 얻을 수 있다.

$$\int_C \mathbf{F} \cdot d\mathbf{r} = \int_{C'} \mathbf{F} \cdot d\mathbf{r} = \int_0^{2\pi} \mathbf{F}(\mathbf{r}(t)) \cdot \mathbf{r}'(t)\,dt$$

$$= \int_0^{2\pi} \frac{(-a\sin t)(-a\sin t) + (a\cos t)(a\cos t)}{a^2\cos^2 t + a^2\sin^2 t}\,dt = \int_0^{2\pi} dt = 2\pi \quad \blacksquare$$

15.4 연습문제

1-2 두 가지 방법 (a) 직접적으로, (b) 그린 정리를 이용해서 선적분을 구하여라.

1. $\oint_C y^2\,dx + x^2 y\,dy$, C는 꼭짓점이 (0, 0), (5, 0), (5, 4), (0, 4)인 직사각형이다.

2. $\oint_C xy\,dx + x^2 y^3\,dy$, C는 (0, 0), (1, 0), (1, 2)를 꼭짓점으로 갖는 삼각형이다.

3-7 그린 정리 이용해서 주어진 곡선의 양의 방향을 따라서 선적분을 구하여라.

3. $\int_C ye^x\,dx + 2e^x\,dy$, C는 꼭짓점이 (0, 0), (3, 0), (3, 4), (0, 4)인 직사각형이다.

4. $\int_C x^2 y^2\,dx + y\tan^{-1}y\,dy$, C는 꼭짓점이 (0, 0), (1, 0), (1, 3)인 삼각형이다.

5. $\int_C \left(y + e^{\sqrt{x}}\right)dx + (2x + \cos y^2)\,dy$, C는 포물선 $y = x^2$과 $x = y^2$에 의하여 둘러싸인 영역의 경계이다.

6. $\int_C y^4\,dx + 2xy^3\,dy$, C는 $x^2 + 2y^2 = 2$인 타원이다.

7. $\int_C y^3\,dx - x^3\,dy$, C는 $x^2 + y^2 = 4$인 원이다.

8-18 그린 정리를 이용하여 $\int_C \mathbf{F} \cdot d\mathbf{r}$을 구하여라. (정리를 적용하기 전에 곡선의 방향을 확인하여라.)

8. $\int_C (3 + e^{x^2})\,dx + (\tan^{-1}y + 3x^2)\,dy$

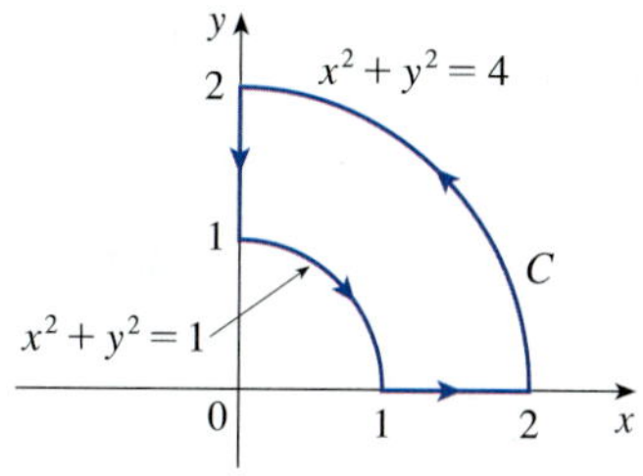

9. $\mathbf{F}(x, y) = \langle y\cos x - xy\sin x,\ xy + x\cos x\rangle$, C는 (0, 0)에서 (0, 4), (2, 0), (0, 0)으로 향하는 삼각형이다.

10. $\mathbf{F}(x, y) = \langle y - \cos y,\ x\sin y\rangle$, C는 $(x - 3)^2 + (y + 4)^2 = 4$의 시계 방향인 원이다.

T **11.** CAS를 이용하여 선적분과 이중적분을 계산하여 그린 정리를 보여라.

$$P(x, y) = x^3 y^4, \quad Q(x, y) = x^5 y^4$$

C는 $(-\pi/2, 0)$에서 $(\pi/2, 0)$까지는 선분이고, $(\pi/2, 0)$에서

$(-\pi/2, 0)$까지는 곡선를 따른다.

12. 그린 정리를 이용하여 질점이 x축을 따라 원점에서 $(1, 0)$까지, 또 선분을 따라 $(0, 1)$까지 움직이고, 또다시 y축을 따라 원점까지 움직일 때 힘 $\mathbf{F}(x, y) = x(x + y)\,\mathbf{i} + xy^2\,\mathbf{j}$가 하는 일을 구하여라.

13. 식 5에 나오는 공식을 이용하여 사이클로이드 $x = t - \sin t$, $y = 1 - \cos t$의 한 반원형 영역의 넓이를 구하여라.

14. (a) C가 점 (x_1, y_1)에서 점 (x_2, y_2)까지 연결하는 선분일 때

$$\int_C x\,dy - y\,dx = x_1y_2 - x_2y_1$$

임을 보여라.

(b) 다각형의 꼭짓점이 반시계 방향의 순서로 (x_1, y_1), (x_2, y_2), $\ldots$, (x_n, y_n)과 같이 나열되었다고 하면, 다각형의 넓이는

$$A = \tfrac{1}{2}[(x_1y_2 - x_2y_1) + (x_2y_3 - x_3y_2) + \cdots + (x_{n-1}y_n - x_ny_{n-1}) + (x_ny_1 - x_1y_n)]$$

임을 보여라.

(c) $(0, 0)$, $(2, 1)$, $(1, 3)$, $(0, 2)$, $(-1, 1)$을 꼭짓점으로 갖는 오각형의 넓이를 구하여라.

15. $\mathbf{F}$가 예제 5에 나오는 벡터장일 때, 원점을 통과하지 않거나 원점을 둘러싸고 있지 않는 임의의 단순 닫힌 경로에 대하여 $\int_C \mathbf{F}\cdot d\mathbf{r} = 0$임을 보여라.

15.5 회전과 발산

이 절에서는 벡터장에서 실행될 수 있고 유체의 흐름과 전자기학에 대한 벡터 해석의 응용에서 기본적인 역할을 하는 두 가지 연산을 정의한다. 각 연산은 미분법과 유사하지만, 하나는 벡터장이 되고, 다른 하나는 스칼라장이 된다.

■ 회전

$\mathbf{F} = P\,\mathbf{i} + Q\,\mathbf{j} + R\,\mathbf{k}$가 $\mathbb{R}^3$상의 벡터장이고 P, Q, R의 편도함수들이 모두 존재하면, $\mathbf{F}$의 **회전**(curl)은 아래와 같이 $\mathbb{R}^3$상의 벡터장으로 정의된다.

1
$$\text{curl}\,\mathbf{F} = \left(\frac{\partial R}{\partial y} - \frac{\partial Q}{\partial z}\right)\mathbf{i} + \left(\frac{\partial P}{\partial z} - \frac{\partial R}{\partial x}\right)\mathbf{j} + \left(\frac{\partial Q}{\partial x} - \frac{\partial P}{\partial y}\right)\mathbf{k}$$

기억하기 쉽도록, 연산자 표기를 이용하여 식 1을 다시 쓰기로 하자. 벡터미분연산자 ∇('델')을 다음과 같이 도입하자.

$$\nabla = \mathbf{i}\frac{\partial}{\partial x} + \mathbf{j}\frac{\partial}{\partial y} + \mathbf{k}\frac{\partial}{\partial z}$$

이것은 f의 기울기를 얻기 위하여 스칼라함수에 적용할 때 의미를 갖는다.

$$\nabla f = \mathbf{i}\frac{\partial f}{\partial x} + \mathbf{j}\frac{\partial f}{\partial y} + \mathbf{k}\frac{\partial f}{\partial z} = \frac{\partial f}{\partial x}\mathbf{i} + \frac{\partial f}{\partial y}\mathbf{j} + \frac{\partial f}{\partial z}\mathbf{k}$$

∇을 성분 $\partial/\partial x$, $\partial/\partial y$, $\partial/\partial z$를 가지는 벡터로 생각하면, ∇과 벡터장 $\mathbf{F}$의 형식적인 벡터곱을 아래와 같이 생각할 수 있다.

$$\nabla \times \mathbf{F} = \begin{vmatrix} \mathbf{i} & \mathbf{j} & \mathbf{k} \\ \dfrac{\partial}{\partial x} & \dfrac{\partial}{\partial y} & \dfrac{\partial}{\partial z} \\ P & Q & R \end{vmatrix}$$

$$= \left(\frac{\partial R}{\partial y} - \frac{\partial Q}{\partial z}\right)\mathbf{i} + \left(\frac{\partial P}{\partial z} - \frac{\partial R}{\partial x}\right)\mathbf{j} + \left(\frac{\partial Q}{\partial x} - \frac{\partial P}{\partial y}\right)\mathbf{k}$$

$$= \text{curl } \mathbf{F}$$

이와 같이 정의 1을 기억하는 가장 쉬운 방법의 기호적 표현은 아래와 같다.

2 $$\text{curl } \mathbf{F} = \nabla \times \mathbf{F}$$

예제 1 $\mathbf{F}(x, y, z) = xz\,\mathbf{i} + xyz\,\mathbf{j} - y^2\,\mathbf{k}$일 때, curl $\mathbf{F}$를 구하여라.

풀이 식 2를 이용하면,

$$\text{curl } \mathbf{F} = \nabla \times \mathbf{F} = \begin{vmatrix} \mathbf{i} & \mathbf{j} & \mathbf{k} \\ \dfrac{\partial}{\partial x} & \dfrac{\partial}{\partial y} & \dfrac{\partial}{\partial z} \\ xz & xyz & -y^2 \end{vmatrix}$$

$$= \left[\frac{\partial}{\partial y}(-y^2) - \frac{\partial}{\partial z}(xyz)\right]\mathbf{i} - \left[\frac{\partial}{\partial x}(-y^2) - \frac{\partial}{\partial z}(xz)\right]\mathbf{j}$$

$$+ \left[\frac{\partial}{\partial x}(xyz) - \frac{\partial}{\partial y}(xz)\right]\mathbf{k}$$

$$= (-2y - xy)\,\mathbf{i} - (0 - x)\,\mathbf{j} + (yz - 0)\,\mathbf{k}$$

$$= -y(2 + x)\,\mathbf{i} + x\,\mathbf{j} + yz\,\mathbf{k}$$

를 얻는다. ■

T 대부분의 컴퓨터 대수시스템에는 벡터장의 회전과 발산을 계산하는 명령어가 있다. 여러분이 CAS를 사용할 수 있으면, 이 절의 예제와 연습문제의 답을 이 명령어를 사용해서 확인해보기 바란다.

삼변수함수 f의 기울기는 $\mathbb{R}^3$상의 벡터장임을 배웠다. 따라서 이것의 회전을 계산할 수 있다. 아래 정리는 기울기 벡터장의 회전이 $\mathbf{0}$이라는 것을 말해준다.

3 정리 f가 연속인 2계 편도함수를 갖는 삼변수함수일 때,

$$\text{curl}(\nabla f) = \mathbf{0}$$

이다.

증명 클레로 정리에 의하여 다음을 얻을 수 있다.

11.4절로부터 알고 있는 것과 유사함에 주목하자. 모든 삼차원 벡터 $\mathbf{a}$에 대하여 $\mathbf{a} \times \mathbf{a} = \mathbf{0}$이다.

$$\operatorname{curl}(\nabla f) = \nabla \times (\nabla f) = \begin{vmatrix} \mathbf{i} & \mathbf{j} & \mathbf{k} \\ \dfrac{\partial}{\partial x} & \dfrac{\partial}{\partial y} & \dfrac{\partial}{\partial z} \\ \dfrac{\partial f}{\partial x} & \dfrac{\partial f}{\partial y} & \dfrac{\partial f}{\partial z} \end{vmatrix}$$

$$= \left(\frac{\partial^2 f}{\partial y\,\partial z} - \frac{\partial^2 f}{\partial z\,\partial y}\right)\mathbf{i} + \left(\frac{\partial^2 f}{\partial z\,\partial x} - \frac{\partial^2 f}{\partial x\,\partial z}\right)\mathbf{j} + \left(\frac{\partial^2 f}{\partial x\,\partial y} - \frac{\partial^2 f}{\partial y\,\partial x}\right)\mathbf{k}$$

$$= 0\,\mathbf{i} + 0\,\mathbf{j} + 0\,\mathbf{k} = \mathbf{0}$$ ■

보존적 벡터장에서는 $\mathbf{F} = \nabla f$가 성립하므로, 정리 3은

$$\mathbf{F}\text{가 보존적일 때, } \operatorname{curl} \mathbf{F} = \mathbf{0}$$

이라고 고쳐 말할 수 있다. 이것은 벡터장이 보존적 벡터장이 아님을 증명하는 방법을 제시한다.

예제 2 벡터장 $\mathbf{F}(x, y, z) = xz\,\mathbf{i} + xyz\,\mathbf{j} - y^2\,\mathbf{k}$가 보존적이지 않음을 보여라.

풀이 예제 1에서

$$\operatorname{curl} \mathbf{F} = -y(2 + x)\,\mathbf{i} + x\,\mathbf{j} + yz\,\mathbf{k}$$

임을 보였다. 이것은 $\operatorname{curl} \mathbf{F} \neq \mathbf{0}$임을 의미한다. 따라서 이 예제 앞의 설명에 따르면 $\mathbf{F}$는 보존적이지 않다. ■

정리 3의 역은 일반적으로 성립하지 않지만, 아래 정리는 $\mathbf{F}$가 모든 곳에서 정의될 때 역도 성립함을 말해준다. (좀 더 일반적으로 정의역이 단순연결, 즉 '구멍이 없으면' 역이 성립한다.) 정리 4는 15.3절의 정리 6의 삼차원 유사정리이다. 이것을 증명하려면 스토크스 정리(Stokes' Theorem)가 필요하므로, 15.8절의 마지막에서 다룬다.

4 정리 $\mathbf{F}$가 $\mathbb{R}^3$상에서 정의된 벡터장이고, 이 성분함수들이 연속인 편도함수를 갖고 $\operatorname{curl} \mathbf{F} = \mathbf{0}$이면 $\mathbf{F}$는 보존적 벡터장이다.

예제 3

(a) $\mathbf{F}(x, y, z) = y^2z^3\,\mathbf{i} + 2xyz^3\,\mathbf{j} + 3xy^2z^2\,\mathbf{k}$가 보존적 벡터장임을 보여라.

(b) $\mathbf{F} = \nabla f$가 되는 함수 f를 구하여라.

풀이

(a) $\mathbf{F}$의 회전을 계산하여 보자.

$$\operatorname{curl} \mathbf{F} = \nabla \times \mathbf{F} = \begin{vmatrix} \mathbf{i} & \mathbf{j} & \mathbf{k} \\ \dfrac{\partial}{\partial x} & \dfrac{\partial}{\partial y} & \dfrac{\partial}{\partial z} \\ y^2z^3 & 2xyz^3 & 3xy^2z^2 \end{vmatrix}$$

$$= (6xyz^2 - 6xyz^2)\,\mathbf{i} - (3y^2z^2 - 3y^2z^2)\,\mathbf{j} + (2yz^3 - 2yz^3)\,\mathbf{k}$$

$$= \mathbf{0}$$

curl $\mathbf{F} = \mathbf{0}$이고 $\mathbf{F}$는 정의역이 $\mathbb{R}^3$이므로, 정리 4에 의하여 $\mathbf{F}$는 보존적 벡터장이다.

(b) f를 구하는 방법은 15.3절에서 주어졌다. 그래서

5 $$f_x(x, y, z) = y^2z^3$$

6 $$f_y(x, y, z) = 2xyz^3$$

7 $$f_z(x, y, z) = 3xy^2z^2$$

을 얻는다. 식 5를 x에 관하여 적분하면,

8 $$f(x, y, z) = xy^2z^3 + g(y, z)$$

를 얻는다. 식 8을 y에 관하여 미분하면, $f_y(x, y, z) = 2xyz^3 + g_y(y, z)$가 되고, 식 6과 비교하면 $g_y(y, z) = 0$이 된다. 따라서 $g(y, z) = h(z)$이고

$$f_z(x, y, z) = 3xy^2z^2 + h'(z)$$

가 된다. 그러면 식 7에 의하여 $h'(z) = 0$을 얻으므로

$$f(x, y, z) = xy^2z^3 + K$$

이다. ■

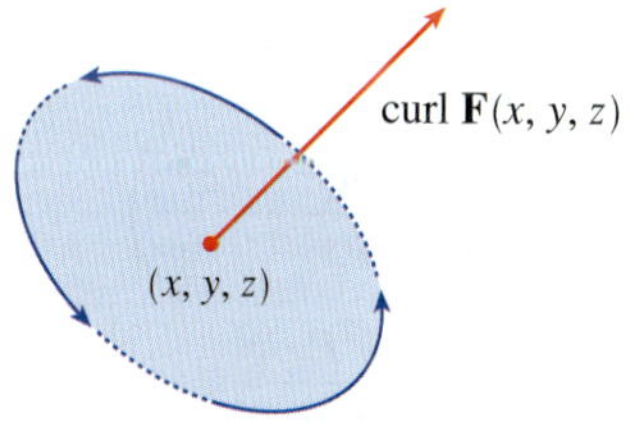

그림 1

회전이라고 이름을 붙인 이유는 회전벡터가 회전과 관계 있기 때문이다. 또 다른 관계는 $\mathbf{F}$가 유체 흐름(15.1절의 예제 3 참조)에서 속도장을 나타낼 때 생긴다. 유체에서 (x, y, z) 근처 질점들은 curl $\mathbf{F}(x, y, z)$의 방향을 가리키는 축에 대해 회전하려는 경향이 있고, 이 회전벡터의 길이는 질점들이 얼마나 빨리 축 둘레를 돌려고 하는가를 가늠하는 척도이다(그림 1 참조). 한 점 P에서 curl $\mathbf{F} = \mathbf{0}$이면, 유체는 이 점 P에서 회전하지 않으므로 $\mathbf{F}$를 점 P에서 **비회전적**(irrotational)이라 부른다. curl $\mathbf{F} = \mathbf{0}$이면, 작은 바퀴가 유체와 함께 움직이지만 축에 의해 회전하지 않는다. curl $\mathbf{F} \neq \mathbf{0}$이면 바퀴는 축에 의해 회전한다.

■ 발산

$\mathbf{F} = P\,\mathbf{i} + Q\,\mathbf{j} + R\,\mathbf{k}$가 $\mathbb{R}^3$상의 벡터장이고 $\partial P/\partial x$, $\partial Q/\partial y$, $\partial R/\partial z$가 존재할 때, **$\mathbf{F}$의 발산**(divergence)은

9 $$\text{div}\,\mathbf{F} = \frac{\partial P}{\partial x} + \frac{\partial Q}{\partial y} + \frac{\partial R}{\partial z}$$

로 정의된 삼변수함수이다. ($\mathbf{F}$가 $\mathbb{R}^2$에서 벡터장이면 div $\mathbf{F}$는 삼변수의 경우와 비슷하게 이변수함수이다.) curl $\mathbf{F}$가 벡터장이지만 div $\mathbf{F}$는 스칼라장임을 알 수 있다. 기울기 연산자 $\nabla = (\partial/\partial x)\,\mathbf{i} + (\partial/\partial y)\,\mathbf{j} + (\partial/\partial z)\,\mathbf{k}$에 의하여 $\mathbf{F}$의 발산을 기호표시법으로 ∇과 $\mathbf{F}$의 내적으로 쓸 수 있다.

10 $$\text{div}\,\mathbf{F} = \nabla \cdot \mathbf{F}$$

예제 4 $\mathbf{F}(x, y, z) = xz\,\mathbf{i} + xyz\,\mathbf{j} - y^2\,\mathbf{k}$일 때, div **F**를 구하여라.

풀이 발산의 정의(방정식 **9** 혹은 **10**)에 의하여

$$\text{div}\,\mathbf{F} = \nabla \cdot \mathbf{F} = \frac{\partial}{\partial x}(xz) + \frac{\partial}{\partial y}(xyz) + \frac{\partial}{\partial z}(-y^2) = z + xz$$

를 얻는다. ■

F가 $\mathbb{R}^3$에서 벡터장이면, curl **F**도 $\mathbb{R}^3$에서 벡터장이다. 그러므로 curl **F**의 발산을 계산할 수 있다. 다음 정리는 결과가 0임을 보여준다.

11 정리 $\mathbf{F} = P\,\mathbf{i} + Q\,\mathbf{j} + R\,\mathbf{k}$가 $\mathbb{R}^3$에서 벡터이고, P, Q, R이 연속인 2계 편도함수를 가지면

$$\text{div curl}\,\mathbf{F} = 0$$

이다.

증명 발산과 회전의 정의를 이용하면,

스칼라 삼중곱 $\mathbf{a} \cdot (\mathbf{a} \times \mathbf{b}) = 0$과 유사함을 주목하자.

$$\begin{aligned}
\text{div curl}\,\mathbf{F} &= \nabla \cdot (\nabla \times \mathbf{F}) \\
&= \frac{\partial}{\partial x}\left(\frac{\partial R}{\partial y} - \frac{\partial Q}{\partial z}\right) + \frac{\partial}{\partial y}\left(\frac{\partial P}{\partial z} - \frac{\partial R}{\partial x}\right) + \frac{\partial}{\partial z}\left(\frac{\partial Q}{\partial x} - \frac{\partial P}{\partial y}\right) \\
&= \frac{\partial^2 R}{\partial x\,\partial y} - \frac{\partial^2 Q}{\partial x\,\partial z} + \frac{\partial^2 P}{\partial y\,\partial z} - \frac{\partial^2 R}{\partial y\,\partial x} + \frac{\partial^2 Q}{\partial z\,\partial x} - \frac{\partial^2 P}{\partial z\,\partial y} \\
&= 0
\end{aligned}$$

을 얻는다. 왜냐하면 클레로 정리에 의하여 항들의 쌍끼리 서로 제거되기 때문이다. ■

예제 5 $\mathbf{F}(x, y, z) = xz\,\mathbf{i} + xyz\,\mathbf{j} - y^2\,\mathbf{k}$가 다른 벡터장의 회전으로 쓸 수 없다는 것, 즉 어떤 벡터장 **G**에 대해서도 $\mathbf{F} \neq \text{curl}\,\mathbf{G}$인 것을 보여라.

풀이 예제 4에서

$$\text{div}\,\mathbf{F} = z + xz$$

를 보였다. 그러므로 $\text{div}\,\mathbf{F} \neq 0$이다. 만일 $\mathbf{F} = \text{curl}\,\mathbf{G}$가 참이라면 정리 **11**에 의하여

$$\text{div}\,\mathbf{F} = \text{div curl}\,\mathbf{G} = 0$$

이 되고, 이것은 $\text{div}\,\mathbf{F} \neq 0$에 모순이다. 그러므로 **F**는 다른 벡터장의 회전이 아니다. ■

div **F**의 이러한 설명에 대한 근거는 발산 정리의 결과로서 15.9절의 마지막 부분에서 설명될 것이다.

또 발산이란 이름을 붙인 이유는 유체 흐름의 내용에서 이해될 수 있다. $\mathbf{F}(x, y, z)$가 유체(혹은 가스)의 속도일 때 $\text{div}\,\mathbf{F}(x, y, z)$는 단위 부피당 점 (x, y, z)로부터 흐르는 유

체(혹은 가스)의 질량의 순변화율(시간에 관한)을 나타낸다. 다른 말로 div $\mathbf{F}(x, y, z)$는 점 (x, y, z)로부터 발산하는 유체의 경향을 측정한다. div $\mathbf{F} = 0$일 때, $\mathbf{F}$를 **압축불가능**이라 부른다.

또 다른 미분연산자는 기울기 벡터장 ∇f의 발산을 계산할 때 일어난다. f가 삼변수 함수일 때

$$\text{div}(\nabla f) = \nabla \cdot (\nabla f) = \frac{\partial^2 f}{\partial x^2} + \frac{\partial^2 f}{\partial y^2} + \frac{\partial^2 f}{\partial z^2}$$

를 얻고, 이 표현은 흔히 $\nabla^2 f$로 줄여 쓴다. 연산자

$$\nabla^2 = \nabla \cdot \nabla$$

를 **라플라스 연산자**(Laplace operator)라 부른다. 왜냐하면 **라플라스 방정식**(Laplace's equation)

$$\nabla^2 f = \frac{\partial^2 f}{\partial x^2} + \frac{\partial^2 f}{\partial y^2} + \frac{\partial^2 f}{\partial z^2} = 0$$

과의 관계 때문이다. 또한 성분으로 된 벡터장

$$\mathbf{F} = P\,\mathbf{i} + Q\,\mathbf{j} + R\,\mathbf{k}$$

에 라플라스 연산자 ∇^2을 적용할 수도 있다. 즉,

$$\nabla^2 \mathbf{F} = \nabla^2 P\,\mathbf{i} + \nabla^2 Q\,\mathbf{j} + \nabla^2 R\,\mathbf{k}$$

■ 그린 정리의 벡터형식

회전과 발산 연산자들은 그린 정리를 앞으로의 학습에서 유용하게 쓸 수 있는 형태로 다시 기술할 수 있게 해준다. C를 경계곡선으로 하는 평면영역 D와 함수 P, Q가 그린 정리의 가정을 만족한다고 가정하자. 이때 벡터장 $\mathbf{F} = P\,\mathbf{i} + Q\,\mathbf{j}$를 생각한다. 이 벡터장의 선적분은

$$\oint_C \mathbf{F} \cdot d\mathbf{r} = \oint_C P\,dx + Q\,dy$$

이고, $\mathbf{F}$를 $\mathbb{R}^3$에서의 벡터장으로 생각하면 세 번째 성분이 0이므로 회전은

$$\text{curl}\,\mathbf{F} = \begin{vmatrix} \mathbf{i} & \mathbf{j} & \mathbf{k} \\ \dfrac{\partial}{\partial x} & \dfrac{\partial}{\partial y} & \dfrac{\partial}{\partial z} \\ P(x, y) & Q(x, y) & 0 \end{vmatrix} = \left(\frac{\partial Q}{\partial x} - \frac{\partial P}{\partial y}\right)\mathbf{k}$$

이다. 그러므로

$$(\text{curl}\,\mathbf{F}) \cdot \mathbf{k} = \left(\frac{\partial Q}{\partial x} - \frac{\partial P}{\partial y}\right)\mathbf{k} \cdot \mathbf{k} = \frac{\partial Q}{\partial x} - \frac{\partial P}{\partial y}$$

이고, 그린 정리에 있는 방정식을 다음의 벡터 형식으로 쓸 수 있다.

12

$$\oint_C \mathbf{F} \cdot d\mathbf{r} = \oint_C \mathbf{F} \cdot \mathbf{T}\, ds = \iint_D (\text{curl } \mathbf{F}) \cdot \mathbf{k}\, dA$$

방정식 **12** 는 C를 따라 움직이는 벡터장 $\mathbf{F}$의 접선성분의 선적분은 C에 의해 둘러싸인 영역 D상에서 $\mathbf{F}$의 회전 curl $\mathbf{F}$의 수직성분의 이중적분으로 나타낼 수 있음을 말해준다. 이제 $\mathbf{F}$의 법선성분에 관한 유사한 공식을 유도하여 보자.

C가 벡터방정식

$$\mathbf{r}(t) = x(t)\,\mathbf{i} + y(t)\,\mathbf{j} \qquad a \leqslant t \leqslant b$$

에 의하여 주어질 때, 단위 접선벡터(12.2절 참조)는

$$\mathbf{T}(t) = \frac{x'(t)}{|\mathbf{r}'(t)|}\,\mathbf{i} + \frac{y'(t)}{|\mathbf{r}'(t)|}\,\mathbf{j}$$

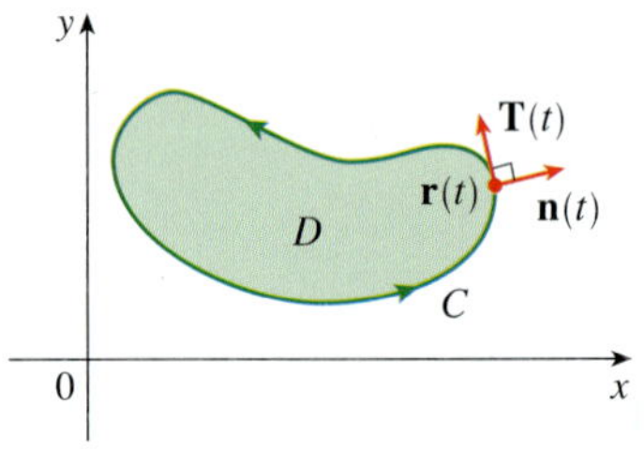

그림 2

이다. C에 대한 바깥쪽으로의 단위 접선벡터가

$$\mathbf{n}(t) = \frac{y'(t)}{|\mathbf{r}'(t)|}\,\mathbf{i} - \frac{x'(t)}{|\mathbf{r}'(t)|}\,\mathbf{j}$$

로 주어짐을 증명할 수 있다(그림 2 참조). 그러면 15.2절의 식 **3** 으로부터 그린 정리를 이용하면,

$$\begin{aligned}\oint_C \mathbf{F} \cdot \mathbf{n}\, ds &= \int_a^b (\mathbf{F} \cdot \mathbf{n})(t)\,|\mathbf{r}'(t)|\, dt \\ &= \int_a^b \left[\frac{P(x(t), y(t))\, y'(t)}{|\mathbf{r}'(t)|} - \frac{Q(x(t), y(t))\, x'(t)}{|\mathbf{r}'(t)|} \right] |\mathbf{r}'(t)|\, dt \\ &= \int_a^b P(x(t), y(t))\, y'(t)\, dt - Q(x(t), y(t))\, x'(t)\, dt \\ &= \int_C P\, dy - Q\, dx = \iint_D \left(\frac{\partial P}{\partial x} + \frac{\partial Q}{\partial y} \right) dA\end{aligned}$$

를 얻는다. 그러나 이 이중적분에서 피적분함수는 $\mathbf{F}$의 발산이다. 따라서 다음과 같은 그린 정리의 제2벡터형식을 얻는다.

13

$$\oint_C \mathbf{F} \cdot \mathbf{n}\, ds = \iint_D \text{div } \mathbf{F}(x, y)\, dA$$

이 식의 설명은 C 위에서 $\mathbf{F}$의 법선성분의 선적분은 C에 의하여 둘러싸인 영역 D에서 $\mathbf{F}$의 발산의 이중적분과 같다는 것을 말해준다.

15.5 연습문제

1-5 주어진 벡터장의 (a) 회전, (b) 발산을 구하여라.

1. $\mathbf{F}(x, y, z) = xy^2z^2\,\mathbf{i} + x^2yz^2\,\mathbf{j} + x^2y^2z\,\mathbf{k}$

2. $\mathbf{F}(x, y, z) = xye^z\,\mathbf{i} + yze^x\,\mathbf{k}$

3. $\mathbf{F}(x, y, z) = \dfrac{\sqrt{x}}{1+z}\,\mathbf{i} + \dfrac{\sqrt{y}}{1+x}\,\mathbf{j} + \dfrac{\sqrt{z}}{1+y}\,\mathbf{k}$

4. $\mathbf{F}(x, y, z) = \ln(2y + 3z)\,\mathbf{i} + \ln(x + 3z)\,\mathbf{j} + \ln(x + 2y)\,\mathbf{k}$

5. $\mathbf{F}(x, y, z) = \langle e^x \sin y, e^y \sin z, e^z \sin x\rangle$

6-7 아래의 xy평면에 그려진 벡터장 $\mathbf{F}$에 대하여 다음에 답하여라. (즉, $\mathbf{F}$는 z와 독립이고 $\mathbf{F}$의 z성분은 0이다.)
(a) 발산 $\mathbf{F}$가 양수인가, 음수인가, 0인가? 설명하여라.
(b) curl $\mathbf{F} = \mathbf{0}$인지 결정하여라. 만약 아니라면 점 P에서 회전 $\mathbf{F}$는 어느 방향을 가리키는가?

6.

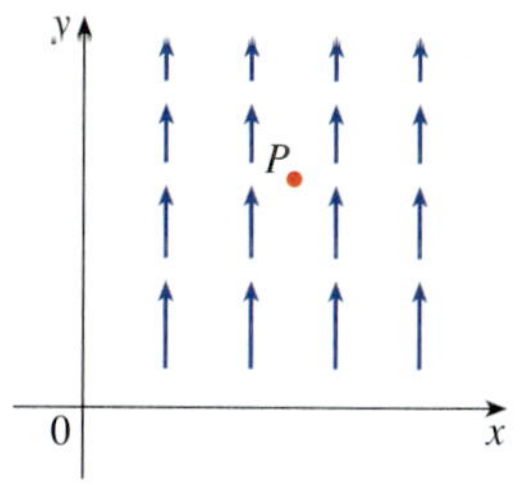

7.

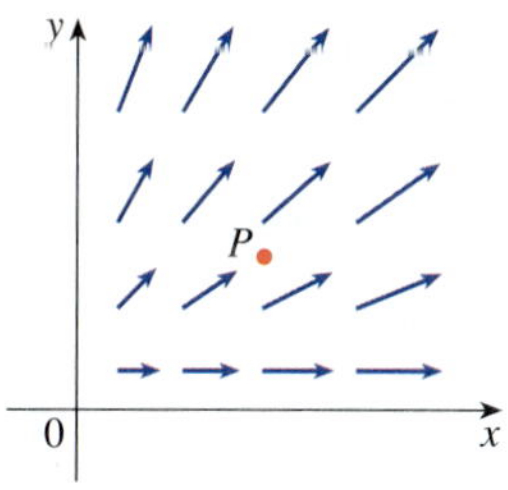

8. (a) $f(x, y, z) = \sin xyz$에 대해 식 3이 성립함을 확인하여라.
(b) $\mathbf{F}(x, y, z) = xyz^2\mathbf{i} + x^2yz^3\mathbf{j} + y^2\mathbf{k}$에 대해 식 11이 성립함을 확인하여라.

9. f는 스칼라장이고 $\mathbf{F}$는 벡터장이라 하자. 다음 각 표현이 의미가 있는지 설명하여라. 만약 그렇지 않다면 왜 그런지 설명하고 그렇다면 스칼라장인지 벡터장인지를 설명하여라.
(a) curl f (b) grad f
(c) div $\mathbf{F}$ (d) curl(grad f)
(e) grad $\mathbf{F}$ (f) grad(div $\mathbf{F}$)
(g) div(grad f) (h) grad(div f)
(i) curl(curl $\mathbf{F}$) (j) div(div $\mathbf{F}$)
(k) (grad f) $\times$ (div $\mathbf{F}$) (l) div(curl(grad f))

10-12 벡터장이 보존적인지 아닌지 결정하여라. 만약 보존적이면 $\mathbf{F} = \nabla f$를 만족하는 함수 f를 구하여라.

10. $\mathbf{F}(x, y, z) = \langle 2xy^3z^2, 3x^2y^2z^2, 2x^2y^3z\rangle$

11. $\mathbf{F}(x, y, z) = \langle \ln y, (x/y) + \ln z, y/z\rangle$

12. $\mathbf{F}(x, y, z) = yz^2e^{xz}\,\mathbf{i} + ze^{xz}\,\mathbf{j} + xyze^{xz}\,\mathbf{k}$

13. curl $\mathbf{G} = \langle x \sin y, \cos y, z - xy\rangle$인 $\mathbb{R}^3$의 벡터장 $\mathbf{G}$가 존재하는가? 설명하여라.

14. f, g, h가 미분가능한 함수일 때,

$$\mathbf{F}(x, y, z) = f(x)\,\mathbf{i} + g(y)\,\mathbf{j} + h(z)\,\mathbf{k}$$

인 형태의 벡터장이 비회전적임을 보여라.

15. $\mathbf{F}(x, y, z) = f(y, z)\,\mathbf{i} + g(x, z)\,\mathbf{j} + h(x, y)\,\mathbf{k}$인 형태의 벡터장이 압축불가능임을 보여라.

16-22 적절한 편도함수가 존재하고 연속임을 가정할 때 아래 항등식을 증명하여라. f가 스칼라장이고 $\mathbf{F}$, $\mathbf{G}$가 벡터장일 때, $f\,\mathbf{F}$, $\mathbf{F}\cdot\mathbf{G}$, $\mathbf{F}\times\mathbf{G}$는 아래와 같이 정의되는 벡터장이다.

$$(f\,\mathbf{F})(x, y, z) = f(x, y, z)\,\mathbf{F}(x, y, z)$$
$$(\mathbf{F}\cdot\mathbf{G})(x, y, z) = \mathbf{F}(x, y, z)\cdot\mathbf{G}(x, y, z)$$
$$(\mathbf{F}\times\mathbf{G})(x, y, z) = \mathbf{F}(x, y, z)\times\mathbf{G}(x, y, z)$$

16. div$(\mathbf{F} + \mathbf{G})$ = div $\mathbf{F}$ + div $\mathbf{G}$

17. curl$(\mathbf{F} + \mathbf{G})$ = curl $\mathbf{F}$ + curl $\mathbf{G}$

18. div$(f\,\mathbf{F}) = f$ div $\mathbf{F} + \mathbf{F}\cdot\nabla f$

19. curl$(f\,\mathbf{F}) = f$ curl $\mathbf{F} + (\nabla f)\times\mathbf{F}$

20. div$(\mathbf{F}\times\mathbf{G}) = \mathbf{G}\cdot$ curl $\mathbf{F} - \mathbf{F}\cdot$ curl $\mathbf{G}$

21. div$(\nabla f \times \nabla g) = 0$

22. curl(curl $\mathbf{F}$) = grad(div $\mathbf{F}$) $- \nabla^2\mathbf{F}$

23-24 $\mathbf{r} = x\,\mathbf{i} + y\,\mathbf{j} + z\,\mathbf{k}$, $r = |\mathbf{r}|$이라 하자.

23. 다음 항등식을 증명하여라.
(a) $\nabla\cdot\mathbf{r} = 3$ (b) $\nabla\cdot(r\mathbf{r}) = 4r$
(c) $\nabla^2 r^3 = 12r$

24. $\mathbf{F} = \mathbf{r}/r^p$일 때, div $\mathbf{F}$를 구하여라. div $\mathbf{F} = 0$이 되는 p값이 존재하는가?

25. 방정식 13의 형태로 된 그린 정리를 이용하여 그린의 **제1항등식**

$$\iint_D f\nabla^2 g\, dA = \oint_C f(\nabla g)\cdot\mathbf{n}\, ds - \iint_D \nabla f\cdot\nabla g\, dA$$

를 증명하여라. 여기에서 D와 C는 그린 정리의 가정을 만족하고, f와 g의 적당한 편도함수가 존재하고 연속이다. (양 $\nabla g\cdot\mathbf{n} = D_\mathbf{n}\, g$가 선적분에서 일어난다. 이것은 법선벡터 $\mathbf{n}$방향으로의 방향도함수이고, g의 **법선도함수**로 정의된다.)

26. 이 문제는 회전벡터와 회전 사이의 관계를 설명한다. B는 z축에 관하여 회전하는 단단한 물체이다. 회전은 벡터 $\mathbf{w} = \omega \mathbf{k}$에 의해 묘사될 수 있다. 여기에서 ω는 B의 각속력, 즉 B에 속하는 임의의 점 P의 접선속력을 회전축으로부터의 거리 d로 나눈 것이다. $\mathbf{r} = \langle x, y, z \rangle$는 P의 위치벡터로 두자.

(a) 그림에서 각도 θ를 생각하여 B의 속도장이 $\mathbf{v} = \mathbf{w} \times \mathbf{r}$에 의해 주어짐을 보여라.

(b) $\mathbf{v} = -\omega y \mathbf{i} + \omega x \mathbf{j}$임을 보여라.

(c) $\operatorname{curl} \mathbf{v} = 2\mathbf{w}$임을 보여라.

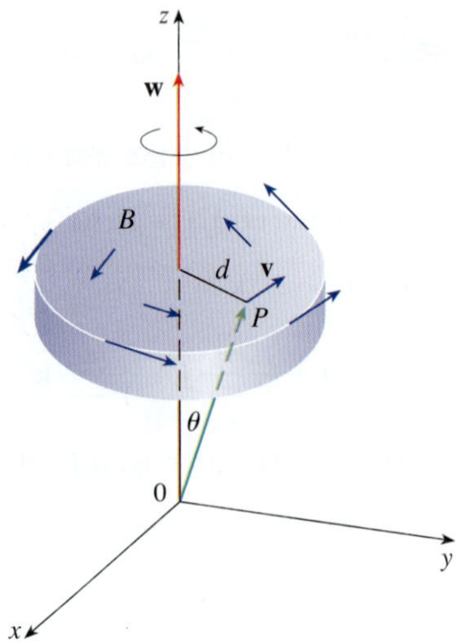

15.6 매개변수곡면과 그 넓이

지금까지 특별한 형태의 곡면, 즉 원주면, 2차곡면, 이변수함수의 그래프, 삼변수함수의 등위곡면 등을 다루었다. 이제 매개변수곡면이라 불리는 더 일반적인 곡면을 표현하는 데 벡터함수를 사용하고 그 넓이를 계산하자. 그리고 일반적인 곡면의 넓이 공식을 얻고 그것이 특별한 곡면에 어떻게 적용되는지 알아보자.

■ 매개변수곡면

단 하나의 매개변수 t의 벡터함수 $\mathbf{r}(t)$에 의하여 공간곡선을 묘사하는 것과 같은 방법으로, 두 개의 매개변수 u, v의 벡터함수 $\mathbf{r}(u, v)$에 의하여 곡면을 묘사할 수 있다. 벡터값을 갖는 함수

1 $$\mathbf{r}(u, v) = x(u, v)\,\mathbf{i} + y(u, v)\,\mathbf{j} + z(u, v)\,\mathbf{k}$$

가 uv평면에 속하는 영역 D상에서 정의된다고 가정하자. 따라서 $\mathbf{r}$의 성분 x, y, z는 정의역 D를 갖는 이변수 u, v의 함수이다. (u, v)가 D상에서 움직일 때

2 $$x = x(u, v) \qquad y = y(u, v) \qquad z = z(u, v)$$

를 만족하는 $\mathbb{R}^3$ 안에 속하는 모든 점 (x, y, z)들의 집합을 **매개변수곡면**(parametric surface) S라 하고 방정식 **2**를 S의 **매개변수방정식**(parametric equation)이라 부른다. u, v를 선택할 때마다 S의 점이 결정된다. 다시 말해서 곡면 S는 (u, v)가 영역 D 위를 움직일 때 위치벡터 $\mathbf{r}(u, v)$의 종점에 의하여 그려진다(그림 1 참조).

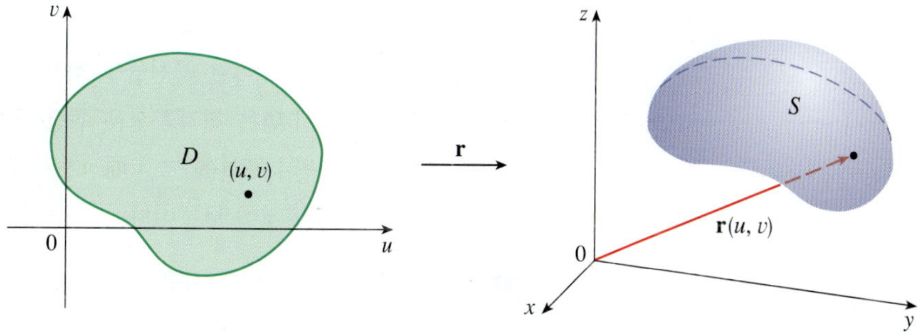

그림 1
매개변수곡면

예제 1 벡터방정식 $\mathbf{r}(u, v) = 2\cos u\,\mathbf{i} + v\,\mathbf{j} + 2\sin u\,\mathbf{k}$를 갖는 곡면을 확인하고 그려라.

풀이 이 곡면에 대한 매개변수방정식은

$$x = 2\cos u \qquad y = v \qquad z = 2\sin u$$

이다. 따라서 곡면 위에 임의의 점 (x, y, z)에 대해,

$$x^2 + z^2 = 4\cos^2 u + 4\sin^2 u = 4$$

를 얻는다. 이것은 xz평면(즉, y는 상수)에 평행한 수직 단면곡선이 모두 반지름이 2인 원임을 의미한다. $y = v$이고 y축을 축으로 하는 반지름 2를 갖는 원기둥이다(그림 2 참조). ■

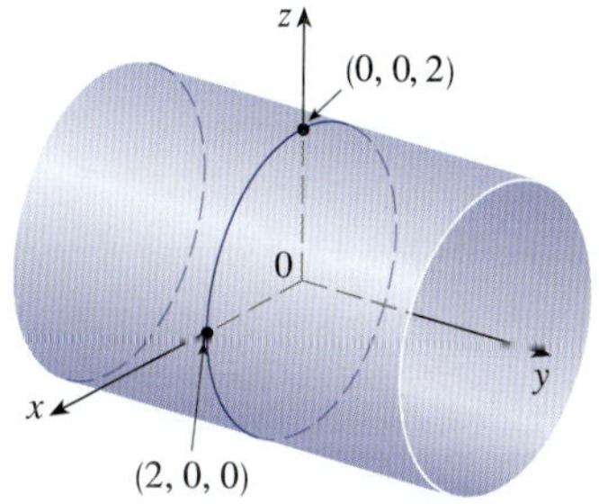

그림 2

예제 1에서 매개변수 u와 v에 대한 제약조건이 없으므로 전체 원기둥을 얻었다. 가령 $0 \leqslant u \leqslant \pi/2$, $0 \leqslant v \leqslant 3$으로써 매개변수 정의역에 의해 u와 v가 제한된다면 $x \geqslant 0$, $z \geqslant 0$, $0 \leqslant y \leqslant 3$이 되고 그림 3에서 설명된 길이 3을 가지는 $\frac{1}{4}$쪽 원기둥이 된다.

매개변수곡면 S가 벡터함수 $\mathbf{r}(u, v)$에 의해 주어진다면, S 위에 놓이는 2개의 유용한 곡선족이 존재한다. 하나의 족은 u가 상수이고, 다른 족은 v가 상수이다. 이들 족은 uv평면에서 수직과 수평선에 대응된다. 만약 u를 $u = u_0$로 놓고 상수로 생각하면 $\mathbf{r}(u_0, v)$는 하나의 매개변수 v의 벡터함수가 되고 S상에 놓인 곡선 C_1을 정의한다(그림 4 참조).

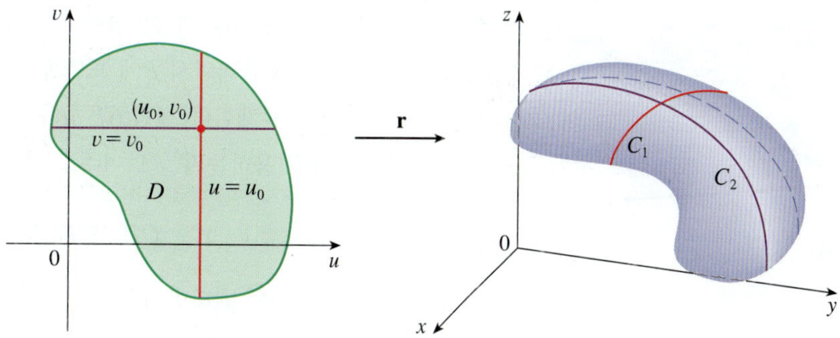

그림 4

마찬가지로, v를 $v = v_0$로 놓고 상수로 생각하면 $\mathbf{r}(u, v_0)$에 의해 주어지는 S에 놓여 있는 곡선 C_2를 얻는다. 이런 곡선들을 **격자곡선**(grid curves)이라 부른다(예제 1에서, 가령 u를 상수로 해서 얻은 격자곡선은 수평선이고, v가 상수인 격자곡선은 원이 된다). 사실 컴퓨터로 매개변수곡면을 그릴 때, 다음 예제와 같이 이런 격자곡선들을 도면에 그려넣어 곡면을 그리는 것이 보통이다.

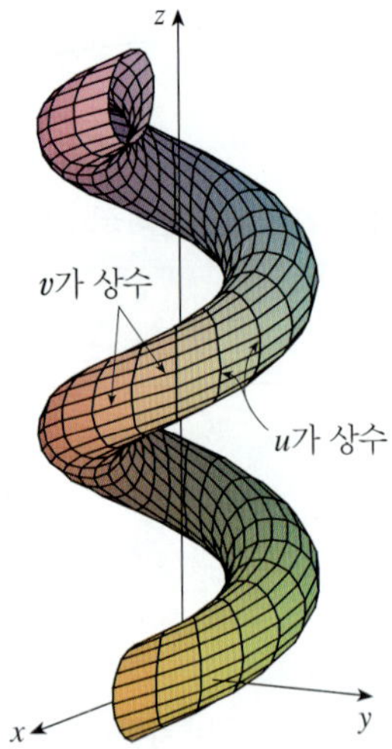

그림 5

예제 2 컴퓨터 대수시스템을 사용하여 곡면

$$\mathbf{r}(u, v) = \langle (2 + \sin v) \cos u, (2 + \sin v) \sin u, u + \cos v \rangle$$

를 그래프로 그려라. u가 상수인 격자곡선은 무엇인가? v가 상수인 격자곡선은?

풀이 그림 5는 매개변수 정의역 $0 \leqslant u \leqslant 4\pi$, $0 \leqslant v \leqslant 2\pi$를 갖는 곡면 부분을 그래프로 나타낸 것이다. 그것은 나선 모양의 관이다. 격자곡선을 확인하기 위해 매개변수방정식으로 나타내면

$$x = (2 + \sin v) \cos u \qquad y = (2 + \sin v) \sin u \qquad z = u + \cos v$$

를 얻는다. 만약 v가 상수이면, $\sin v$와 $\cos v$도 상수이다. 따라서 매개변수방정식은 12.1절 예제 4의 나선과 닮았다. 그래서 v가 상수인 격자곡선은 그림 5에서 나선곡선이다. 이로부터 u가 상수인 격자곡선은 그림으로 나타내면 원처럼 보이는 곡선들임이 틀림없다는 사실을 이끌어 낼 수 있다. 이 주장을 뒷받침하는 또 다른 증거는 u가 $u = u_0$인 상수라면 방정식 $z = u_0 + \cos v$는 z값이 $u_0 - 1$에서 $u_0 + 1$까지 변하는 것을 보여주고 있다는 것이다. ■

예제 1과 2에는 벡터방정식이 주어져 있고 대응하는 매개변수곡면의 그래프를 그리도록 하고 있다. 그러나 다음 예제들에서는 주어진 곡면을 나타내는 벡터함수를 찾는 것을 도전해 볼 만한 문제가 주어져 있다. 이 장의 나머지 부분에서는 종종 벡터함수를 정확하게 찾을 필요가 있을 것이다.

예제 3 위치벡터 $\mathbf{r}_0$인 점 P_0를 지나고 두 개의 평행하지 않은 벡터 $\mathbf{a}$와 $\mathbf{b}$를 품는 평면을 나타내는 벡터함수를 구하여라.

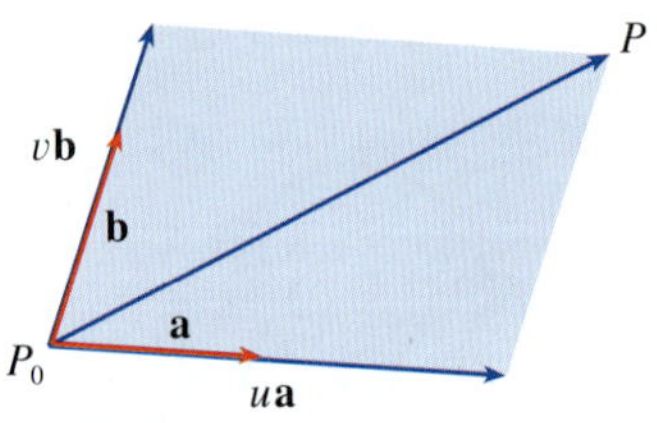

그림 6

풀이 만약 P가 평면의 임의의 한 점이라면 P_0에서 $\mathbf{a}$방향으로 어느 정도 움직이고 $\mathbf{b}$방향으로 또 어느 정도 움직여서 P에 도달할 수 있다. 그래서 $\overrightarrow{P_0P} = u\mathbf{a} + v\mathbf{b}$를 만족하는 스칼라 u와 v가 존재한다(그림 6은 u와 v가 양수인 경우에 대해 평행사변형 법칙으로 이것이 어떻게 작용하는지를 보여주고 있다). 만약 $\mathbf{r}$이 P의 위치벡터이면,

$$\mathbf{r} = \overrightarrow{OP_0} + \overrightarrow{P_0P} = \mathbf{r}_0 + u\mathbf{a} + v\mathbf{b}$$

가 된다. 그래서 평면의 벡터방정식은

$$\mathbf{r}(u, v) = \mathbf{r}_0 + u\mathbf{a} + v\mathbf{b}$$

로 쓸 수 있다. 단 u, v는실수이다.

만약 $\mathbf{r} = \langle x, y, z \rangle$, $\mathbf{r}_0 = \langle x_0, y_0, z_0 \rangle$, $\mathbf{a} = \langle a_1, a_2, a_3 \rangle$, $\mathbf{b} = \langle b_1, b_2, b_3 \rangle$이면, 점 $(x_0\ y_0, z_0)$

를 지나는 평면의 매개변수방정식은

$$x = x_0 + ua_1 + vb_1 \qquad y = y_0 + ua_2 + vb_2 \qquad z = z_0 + ua_3 + vb_3$$

로 쓸 수 있다. ■

예제 4 구면 $x^2 + y^2 + z^2 = a^2$을 매개변수로 나타내어라.

풀이 구면은 구면좌표계에서 단순표시 $\rho = a$를 가진다. 따라서 구면좌표계에서 매개변수로써 각 ϕ와 θ를 택하자(14.7절 참조). 그러면 구면좌표계로부터 직교좌표(14.7절의 식 [1])로 전환하는 방정식에 $\rho = a$를 대입하면, 구면의 매개변수방정식은

$$x = a \sin\phi \cos\theta \qquad y = a \sin\phi \sin\theta \qquad z = a \cos\phi$$

이다. 대응되는 벡터방정식은

$$\mathbf{r}(\phi, \theta) = a \sin\phi \cos\theta \, \mathbf{i} + a \sin\phi \sin\theta \, \mathbf{j} + a \cos\phi \, \mathbf{k}$$

이고 $0 \leq \phi \leq \pi$, $0 \leq \theta \leq 2\pi$이다. 따라서 매개변수 정의역은 직사각형 $D = [0, \pi] \times [0, 2\pi]$이다. ϕ가 상수인 격자곡선은 일정한 위도(적도를 포함한)로 원을 이룬다. θ가 상수인 격자곡선은 북극과 남극을 연결하는 자오선(반원)이다(그림 7 참조).

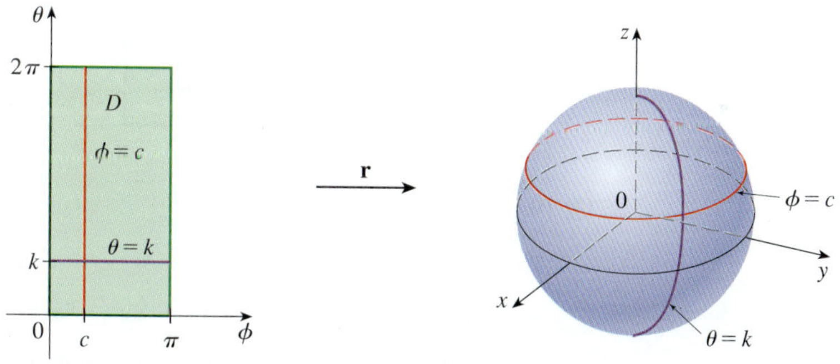

그림 7 ■

NOTE 구면에서 격자곡선은 위도와 경도를 나타내는 곡선임을 예제 4에서 알 수 있다. 일반 매개변수곡면의 경우 격자곡선에 의해 지도가 실제로 만들어지며 격자곡선은 위도와 경도를 나타내는 직선과 유사하다. u와 v에 특정한 값을 주어(그림 5와 같은) 매개변수곡면에 있는 한 점을 나타내는 것은 이 점에 대해 위도와 경도를 제시하는 것과 같다.

매개변수곡면의 활용 중의 하나는 컴퓨터 그래픽이다. 그림 8은 구의 식 $x^2 + y^2 + z^2 = 1$을 z에 관하여 풀고 위와 아래 부분의 반구를 분리하여 그린 것이다. 컴퓨터에 의해 사용된 사각 격자 시스템 때문에 구의 일부분이 빠져서 나타난다. 그림 9는 예제 4의 매개변수방정식을 사용하여 컴퓨터로 그린 더 나은 그림이다.

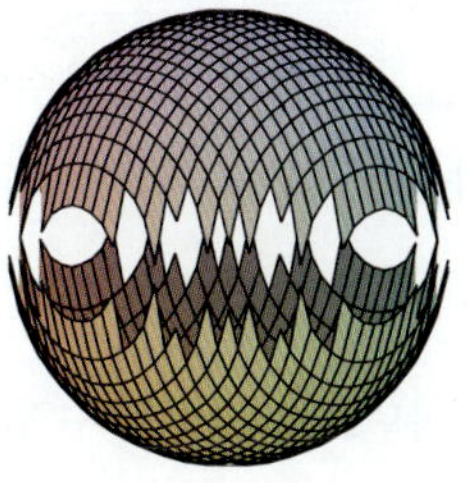

그림 8

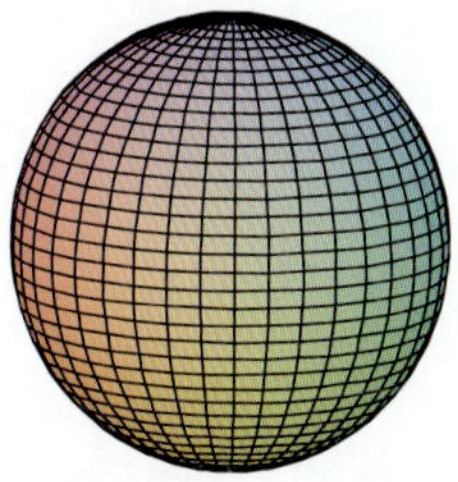

그림 9

예제 5 원기둥

$$x^2 + y^2 = 4 \qquad 0 \leq z \leq 1$$

을 매개변수로 나타내어라.

풀이 원기둥은 원기둥좌표에서 단순하게 $r = 2$로 표시된다. 따라서 원기둥좌표계에서 매개변수 θ와 z를 택하자. 이때 원기둥의 매개방정식은

$$x = 2\cos\theta \qquad y = 2\sin\theta \qquad z = z$$

이다. 여기에서 $0 \leq \theta \leq 2\pi$, $0 \leq z \leq 1$이다. 벡터로

$$\mathbf{r}(\theta, z) = 2\cos\theta\,\mathbf{i} + 2\sin\theta\,\mathbf{j} + z\,\mathbf{k}$$

와 같이 쓸 수 있고 벡터함수 $\mathbf{r}$은 매개변수 정의역

$$D = \{(\theta, z) \mid 0 \leq \theta \leq 2\pi, 0 \leq z \leq 1\}$$

을 그림 10에서 보는 것과 같이 원기둥으로 사상한다.

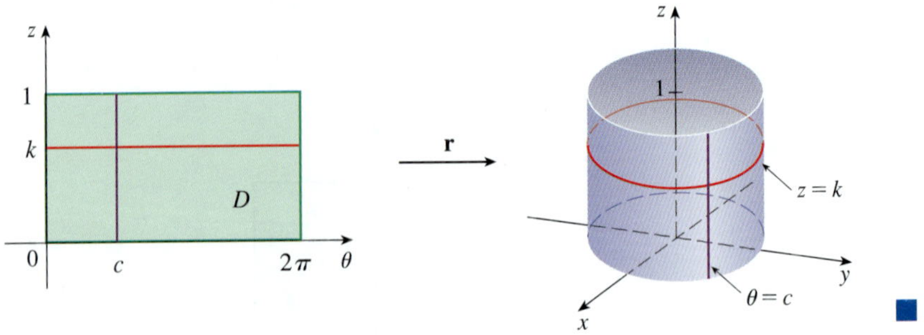

그림 10

예제 6 타원포물면 $z = x^2 + 2y^2$을 매개변수로 나타내는 벡터함수를 구하여라.

풀이 x, y를 매개변수로 생각하면, 매개변수방정식은 간단하게

$$x = x \qquad y = y \qquad z = x^2 + 2y^2$$

이고, 벡터방정식은

$$\mathbf{r}(x, y) = x\,\mathbf{i} + y\,\mathbf{j} + (x^2 + 2y^2)\,\mathbf{k}$$

이다. ■

일반적으로 곡면이 x, y의 함수의 그래프에 의하여 주어지면, 즉 $z = f(x, y)$ 같은 형태의 방정식을 가지면 그 곡면은 항상 x, y를 매개변수로 택하여 매개변수방정식이

$$x = x \qquad y = y \qquad z = f(x, y)$$

인 매개변수곡면으로 간주할 수 있다.

곡면의 매개변수 표현(매개변수화라 부른다)은 유일하지 않다. 다음 예는 원뿔을 매개변수화하는 두 가지 방법을 보여주고 있다.

예제 7 곡면 $z = 2\sqrt{x^2 + y^2}$, 즉 원뿔 $z^2 = 4x^2 + 4y^2$의 위쪽 반에 대한 매개변수방정식을 구하여라.

어떤 목적에서는 예제 7의 풀이 1과 2의 매개변수 표현이 모두 좋지만 풀이 2가 어떤 상황에서는 더 좋을지 모른다. 만약 $z = 1$인 평면 아래에 놓인 원뿔의 부분만 관심이 있다면, 풀이 2에서 해야 하는 일은 매개변수 정의역을

$$0 \leqslant r \leqslant \tfrac{1}{2},\ 0 \leqslant \theta \leqslant 2\pi$$

로 바꾸는 것뿐이다.

풀이 1 한 가지 가능한 매개변수 표현은 x, y를 매개변수로 선택함으로써 얻을 수 있다.

$$x = x \qquad y = y \qquad z = 2\sqrt{x^2 + y^2}$$

따라서 벡터방정식은

$$\mathbf{r}(x, y) = x\,\mathbf{i} + y\,\mathbf{j} + 2\sqrt{x^2 + y^2}\,\mathbf{k}$$

이다.

풀이 2 다른 매개변수 표현은 극좌표 r과 θ를 매개변수로 선택함으로써 얻어진다. 원뿔 위의 한 점 (x, y, z)는 $x = r\cos\theta$, $y = r\sin\theta$, $z = 2\sqrt{x^2 + y^2} = 2r$을 만족한다. 따라서 원뿔의 벡터방정식은

$$\mathbf{r}(r, \theta) = r\cos\theta\,\mathbf{i} + r\sin\theta\,\mathbf{j} + 2r\,\mathbf{k}$$

이다. 단 $r \geqslant 0$이고 $0 \leqslant \theta \leqslant 2\pi$이다. ■

■ 회전곡면

회전곡면(surface of revolution)은 매개변수로 내타낼 수 있다. 가령, $f(x) \geqslant 0$인 곡선 $y = f(x)$, $a \leqslant x \leqslant b$를 x축으로 회전해서 얻은 곡면 S를 고려해 보자. 그림 11에서 θ는 회전각이다. 만일 (x, y, z)가 S 위의 점이면

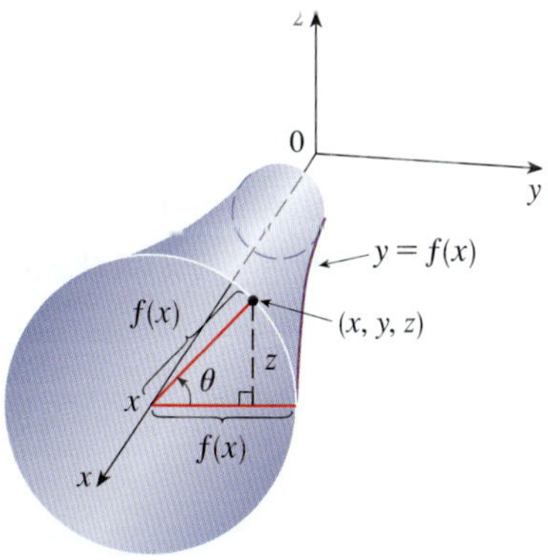

그림 11

3 $$x = x \qquad y = f(x)\cos\theta \qquad z = f(x)\sin\theta$$

이다. 따라서 x와 θ를 매개변수로 해서 방정식 **3**을 S의 매개변수방정식으로 간주하자. 매개변수 정의역은 $a \leqslant x \leqslant b$와 $0 \leqslant \theta \leqslant 2\pi$로 주어진다.

예제 8 곡선 $y = \sin x$, $0 \leqslant x \leqslant 2\pi$를 x축으로 회전해서 생기는 곡면에 대한 매개변수방정식을 구하여라. 이들 방정식을 사용해서 회전곡면의 그래프를 그려라.

풀이 방정식 **3**으로부터 매개변수방정식은

$$x = x \qquad y = \sin x\cos\theta \qquad z = \sin x\sin\theta$$

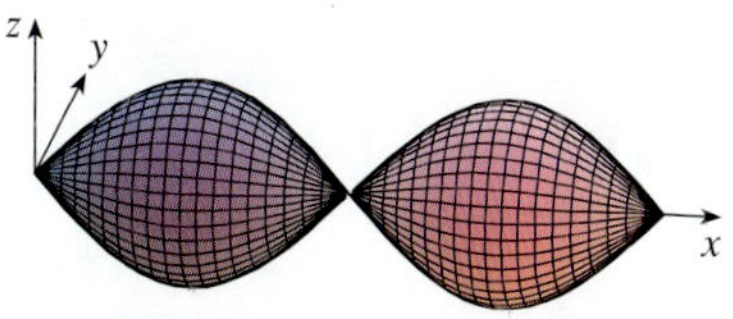

그림 12

이고, 매개변수 정의역은 $0 \leqslant x \leqslant 2\pi$, $0 \leqslant \theta \leqslant 2\pi$이다. 컴퓨터를 사용해서 이들 방정식을 그리면 그림 12의 그래프를 얻는다. ■

방정식 **3**을 수정하여 y축 또는 z축에 대하여 회전하여 얻어지는 곡면을 나타낼 수도 있다.

■ 접평면

이제 위치벡터 $\mathbf{r}(u_0, v_0)$인 점 P_0에서 벡터함수

$$\mathbf{r}(u, v) = x(u, v)\,\mathbf{i} + y(u, v)\,\mathbf{j} + z(u, v)\,\mathbf{k}$$

에 의해 주어진 매개변수곡면 S의 접평면(tangent plane)을 구해보자. u가 $u = u_0$인 상수라 하면, $\mathbf{r}(u_0, v)$는 매개변수 v만의 벡터함수가 되고 S 위에 놓여 있는 격자곡선 C_1을 정의한다(그림 13 참조). P_0에서의 C_1의 접선벡터 $\mathbf{r}_v$는 v에 관한 $\mathbf{r}$의 편도함수를 계산함으로써 얻어진다. 즉,

4
$$\mathbf{r}_v = \frac{\partial x}{\partial v}(u_0, v_0)\,\mathbf{i} + \frac{\partial y}{\partial v}(u_0, v_0)\,\mathbf{j} + \frac{\partial z}{\partial v}(u_0, v_0)\,\mathbf{k}$$

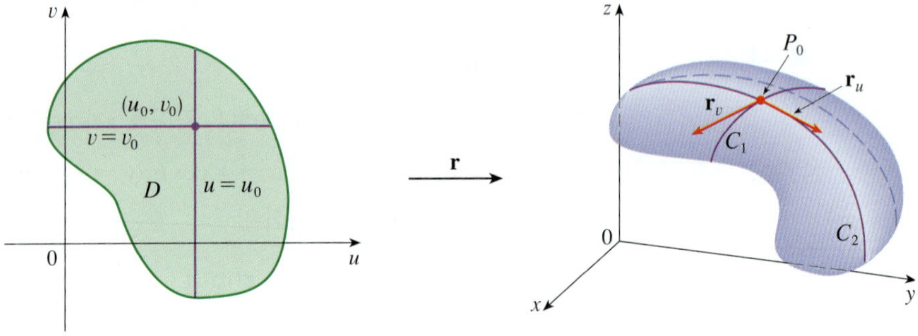

그림 13

같은 방법으로, v가 $v = v_0$인 상수라 하면, S에 놓여 있는 $\mathbf{r}(u, v_0)$에 의하여 주어진 격자곡선 C_2를 얻고, P_0에서 이것의 접선벡터는

5
$$\mathbf{r}_u = \frac{\partial x}{\partial u}(u_0, v_0)\,\mathbf{i} + \frac{\partial y}{\partial u}(u_0, v_0)\,\mathbf{j} + \frac{\partial z}{\partial u}(u_0, v_0)\,\mathbf{k}$$

이다. 법선벡터 $\mathbf{r}_u \times \mathbf{r}_v$가 $\mathbf{0}$이 아니면, 곡선 S를 **매끄러운**(smooth) 곡면이라 정의한다. (이 곡면은 '모서리'를 갖고 있지 않다.) 매끄러운 곡면의 경우, **접평면**은 접선벡터 $\mathbf{r}_u$와 $\mathbf{r}_v$를 포함하고 법선벡터가 $\mathbf{r}_u \times \mathbf{r}_v$인 평면이다.

그림 14는 예제 9의 곡면과 점 (1, 1, 3)에서 접평면의 그래프이다.

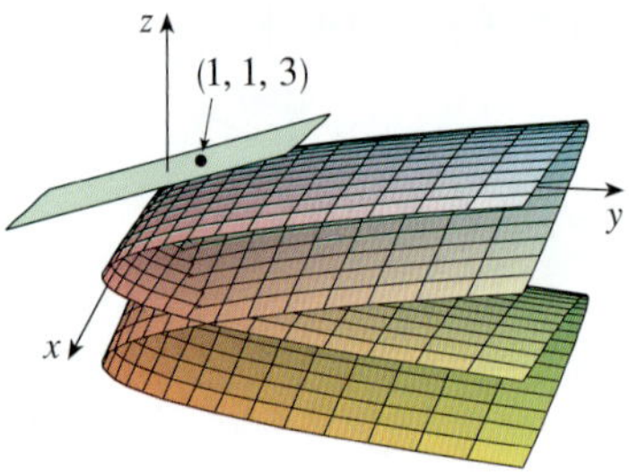

그림 14

예제 9 점 (1, 1, 3)에서 매개변수방정식 $x = u^2$, $y = v^2$, $z = u + 2v$로 주어지는 곡면에 대한 접평면을 구하여라.

풀이 우선 접선벡터를 계산하면

$$\mathbf{r}_u = \frac{\partial x}{\partial u}\mathbf{i} + \frac{\partial y}{\partial u}\mathbf{j} + \frac{\partial z}{\partial u}\mathbf{k} = 2u\,\mathbf{i} + \mathbf{k}$$

$$\mathbf{r}_v = \frac{\partial x}{\partial v}\mathbf{i} + \frac{\partial y}{\partial v}\mathbf{j} + \frac{\partial z}{\partial v}\mathbf{k} = 2v\,\mathbf{j} + 2\,\mathbf{k}$$

이다. 따라서 법선벡터는

$$\mathbf{r}_u \times \mathbf{r}_v = \begin{vmatrix} \mathbf{i} & \mathbf{j} & \mathbf{k} \\ 2u & 0 & 1 \\ 0 & 2v & 2 \end{vmatrix} = -2v\,\mathbf{i} - 4u\,\mathbf{j} + 4uv\,\mathbf{k}$$

이다. 점 (1, 1, 3)은 매개변수값 $u = 1$과 $v = 1$에 대응됨을 주목하여라. 그러므로 법선벡터는

$$-2\,\mathbf{i} - 4\,\mathbf{j} + 4\,\mathbf{k}$$

이다. 그러므로 (1, 1, 3)에서 접평면은

$$-2(x-1) - 4(y-1) + 4(z-3) = 0$$

즉
$$x + 2y - 2z + 3 = 0$$

이다. ■

■ 곡면의 넓이

이제 방정식 [1]에 의하여 주어진 일반 매개변수곡면의 넓이를 정의하자. 단순하게 매개변수 정의역 D가 직사각형인 곡면 S를 생각하고 D를 부분 사각형 R_{ij}로 분할한다. R_{ij}의 아래 왼쪽 모서리를 (u_i^*, v_j^*)로 택하자(그림 15 참조).

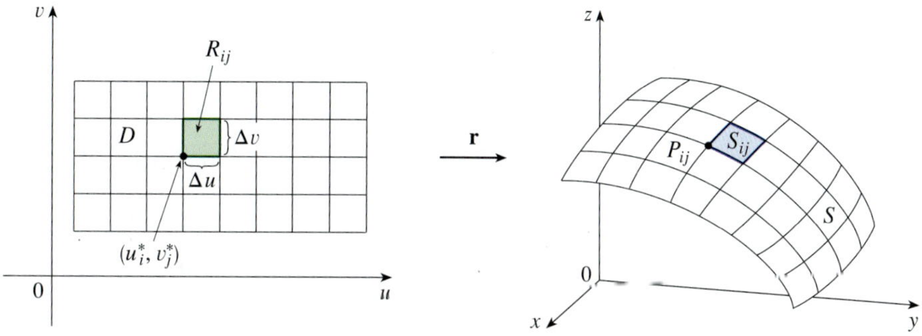

그림 15
부분 직사각형 R_{ij}의 상은 조각 S_{ij}이다.

R_{ij}에 대응하는 곡면 S의 부분 S_{ij}를 조각(patch)이라 부르고 이것의 모서리점 중 하나를 위치벡터가 $\mathbf{r}(u_i^*, v_j^*)$인 점 P_{ij}로 잡는다. 방정식 [5]와 [4]에 의하여 주어진 것과 같이

$$\mathbf{r}_u^* = \mathbf{r}_u(u_i^*, v_j^*), \qquad \mathbf{r}_v^* = \mathbf{r}_v(u_i^*, v_j^*)$$

를 P_{ij}에서의 접선벡터라 하자.

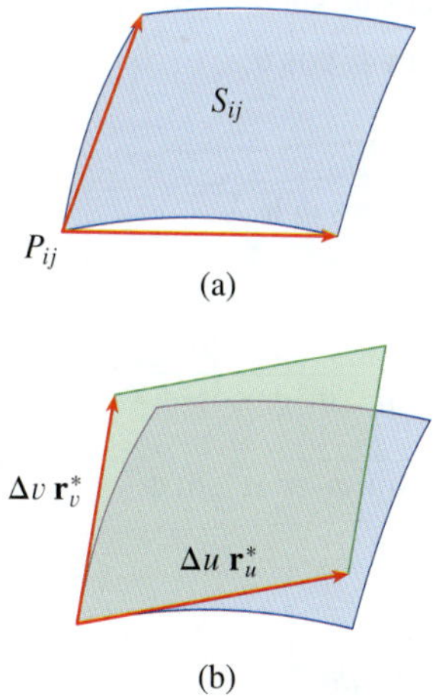

그림 16
조각을 평행사변형에 근사시키기

그림 16(a)는 P_{ij}에서 만나는 한 조각의 두 모서리가 벡터에 의해 어떻게 근사되는지를 보여준다. 이들 벡터들은 편도함수에 의해 근사될 수 있기 때문에 차례로 $\Delta u\, \mathbf{r}_u^*$와 $\Delta v\, \mathbf{r}_v^*$에 의해 근사될 수 있다. 따라서 벡터 $\Delta u\, \mathbf{r}_u^*$와 $\Delta v\, \mathbf{r}_v^*$에 의해 결정되는 평행사변형에 의하여 S_{ij}를 근사시킨다. 이 평행사변형은 그림 16(b)에 나타나 있고, P_{ij}에서의 S의 접평면에 포함된다. 이 평행사변형의 넓이는

$$|(\Delta u\, \mathbf{r}_u^*) \times (\Delta v\, \mathbf{r}_v^*)| = |\mathbf{r}_u^* \times \mathbf{r}_v^*|\, \Delta u\, \Delta v$$

이다. 따라서 S의 넓이에 대한 근삿값은

$$\sum_{i=1}^{m} \sum_{j=1}^{n} |\mathbf{r}_u^* \times \mathbf{r}_v^*|\, \Delta u\, \Delta v$$

이다. 직관적으로, 부분 직사각형의 수를 증가시키면 근삿값은 참값에 더 가까운 값을 갖는다는 것을 알 수 있고, 이중합은 이중적분 $\iint_D |\mathbf{r}_u \times \mathbf{r}_v|\, du\, dv$에 대한 리만합임을 알게 된다. 이로부터 아래의 정의가 유도된다.

6 정의 매끄러운 매개변수곡면 S가 방정식

$$\mathbf{r}(u, v) = x(u, v)\,\mathbf{i} + y(u, v)\,\mathbf{j} + z(u, v)\,\mathbf{k} \qquad (u, v) \in D$$

에 의하여 주어지고 S가 매개변수 정의역 D 전체를 움직이는 (u, v)에 따라 단 한 번 덮어진다면, S의 **곡면의 넓이**(surface area)는

$$A(S) = \iint_D |\mathbf{r}_u \times \mathbf{r}_v|\, dA$$

이다. 여기에서

$$\mathbf{r}_u = \frac{\partial x}{\partial u}\mathbf{i} + \frac{\partial y}{\partial u}\mathbf{j} + \frac{\partial z}{\partial u}\mathbf{k} \qquad \mathbf{r}_v = \frac{\partial x}{\partial v}\mathbf{i} + \frac{\partial y}{\partial v}\mathbf{j} + \frac{\partial z}{\partial v}\mathbf{k}$$

이다.

예제 10 반지름이 a인 구의 곡면의 넓이를 구하여라.

풀이 예제 4에 의하여 매개변수 표현은

$$x = a \sin\phi \,\cos\theta \qquad y = a\sin\phi \,\sin\theta \qquad z = a\cos\phi$$

이고, 여기에서 매개변수 정의역은

$$D = \{(\phi, \theta) \mid 0 \leqslant \phi \leqslant \pi,\ 0 \leqslant \theta \leqslant 2\pi\}$$

이다. 우선 접선벡터의 벡터곱을 계산하면

$$\mathbf{r}_\phi \times \mathbf{r}_\theta = \begin{vmatrix} \mathbf{i} & \mathbf{j} & \mathbf{k} \\ \dfrac{\partial x}{\partial \phi} & \dfrac{\partial y}{\partial \phi} & \dfrac{\partial z}{\partial \phi} \\ \dfrac{\partial x}{\partial \theta} & \dfrac{\partial y}{\partial \theta} & \dfrac{\partial z}{\partial \theta} \end{vmatrix} = \begin{vmatrix} \mathbf{i} & \mathbf{j} & \mathbf{k} \\ a\cos\phi\,\cos\theta & a\cos\phi\,\sin\theta & -a\sin\phi \\ -a\sin\phi\,\sin\theta & a\sin\phi\,\cos\theta & 0 \end{vmatrix}$$

$$= a^2\sin^2\phi\,\cos\theta\,\mathbf{i} + a^2\sin^2\phi\,\sin\theta\,\mathbf{j} + a^2\sin\phi\,\cos\phi\,\mathbf{k}$$

이고, $0 \leqslant \phi \leqslant \pi$에 대하여 $\sin\phi \geqslant 0$이므로

$$|\mathbf{r}_\phi \times \mathbf{r}_\theta| = \sqrt{a^4\sin^4\phi\,\cos^2\theta + a^4\sin^4\phi\,\sin^2\theta + a^4\sin^2\phi\,\cos^2\phi}$$
$$= \sqrt{a^4\sin^4\phi + a^4\sin^2\phi\,\cos^2\phi} = a^2\sqrt{\sin^2\phi} = a^2\sin\phi$$

이다. 그러므로 정의 6에 의하여 구면의 넓이는

$$A = \iint_D |\mathbf{r}_\phi \times \mathbf{r}_\theta|\, dA = \int_0^{2\pi}\int_0^{\pi} a^2 \sin\phi\, d\phi\, d\theta$$

$$= a^2\int_0^{2\pi} d\theta \int_0^{\pi}\sin\phi\, d\phi = a^2(2\pi)2 = 4\pi a^2$$

이다. ■

■ 함수 그래프의 곡면의 넓이

(x, y)가 D에 속하고 f는 연속인 편도함수를 갖는다고 하자. 방정식 $z = f(x, y)$로 주어지는 곡면 S의 특수한 경우에 대하여 x, y를 매개변수로 택하자. 매개방정식은

$$x = x \qquad y = y \qquad z = f(x, y)$$

이고, 따라서

$$\mathbf{r}_x = \mathbf{i} + \left(\frac{\partial f}{\partial x}\right)\mathbf{k} \qquad \mathbf{r}_y = \mathbf{j} + \left(\frac{\partial f}{\partial y}\right)\mathbf{k}$$

이고

7 $$\mathbf{r}_x \times \mathbf{r}_y = \begin{vmatrix} \mathbf{i} & \mathbf{j} & \mathbf{k} \\ 1 & 0 & \dfrac{\partial f}{\partial x} \\ 0 & 1 & \dfrac{\partial f}{\partial y} \end{vmatrix} = -\frac{\partial f}{\partial x}\mathbf{i} - \frac{\partial f}{\partial y}\mathbf{j} + \mathbf{k}$$

이다. 따라서

8 $$|\mathbf{r}_x \times \mathbf{r}_y| = \sqrt{\left(\frac{\partial f}{\partial x}\right)^2 + \left(\frac{\partial f}{\partial y}\right)^2 + 1} = \sqrt{1 + \left(\frac{\partial z}{\partial x}\right)^2 + \left(\frac{\partial z}{\partial y}\right)^2}$$

이고, 정의 **6**에 나오는 곡면의 넓이 공식은 다음과 같이 된다.

9 $$A(S) = \iint_D \sqrt{1 + \left(\frac{\partial z}{\partial x}\right)^2 + \left(\frac{\partial z}{\partial y}\right)^2}\, dA$$

방정식 **9**에서 곡면의 넓이 공식과 8.1절에서 호의 길이 공식

$$L = \int_a^b \sqrt{1 + \left(\frac{dy}{dx}\right)^2}\, dx$$

의 유사성에 주목하여라.

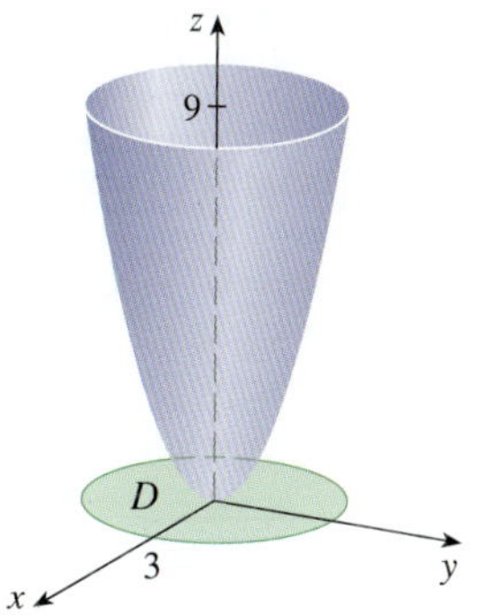

그림 17

예제 11 평면 $z = 9$ 아래에 놓인 포물면 $z = x^2 + y^2$의 부분의 넓이를 구하여라.

풀이 평면은 포물면과 원 $x^2 + y^2 = 9$, $z = 9$에서 교차한다. 그러므로 주어진 곡면은 원점이 중심이고, 반지름이 3인 원판 D 위에 놓여 있다(그림 17 참조). 식 **9**를 이용하면 다음과 같고

$$A = \iint_D \sqrt{1 + \left(\frac{\partial z}{\partial x}\right)^2 + \left(\frac{\partial z}{\partial y}\right)^2}\, dA$$

$$= \iint_D \sqrt{1 + (2x)^2 + (2y)^2}\, dA = \iint_D \sqrt{1 + 4(x^2 + y^2)}\, dA$$

극좌표로 바꾸면 다음을 얻는다.

$$A = \int_0^{2\pi} \int_0^3 \sqrt{1 + 4r^2}\, r\, dr\, d\theta = \int_0^{2\pi} d\theta \int_0^3 r\sqrt{1 + 4r^2}\, dr$$

$$= 2\pi\left(\tfrac{1}{8}\right)\tfrac{2}{3}(1 + 4r^2)^{3/2}\Big]_0^3 = \frac{\pi}{6}\left(37\sqrt{37} - 1\right)$$ ■

곡면의 넓이에 대한 정의 [6]이 일변수 미적분학의 곡면의 넓이 공식(8.2절의 [4])과 일치되는 것인지 의문이 남는다.

곡선 $y = f(x)$, $a \leqslant x \leqslant b$를 x축에 대하여 회전시켜 얻은 곡면 S를 생각하자. 여기에서 $f(x) \geqslant 0$이고 f'은 연속이다. 방정식 [3]으로부터 S의 매개변수방정식은

$$x = x \qquad y = f(x)\cos\theta \qquad z = f(x)\sin\theta \qquad a \leqslant x \leqslant b \qquad 0 \leqslant \theta \leqslant 2\pi$$

임을 알고 있다. S의 곡면의 넓이를 계산하기 위하여, 접선벡터

$$\mathbf{r}_x = \mathbf{i} + f'(x)\cos\theta\,\mathbf{j} + f'(x)\sin\theta\,\mathbf{k}$$

$$\mathbf{r}_\theta = -f(x)\sin\theta\,\mathbf{j} + f(x)\cos\theta\,\mathbf{k}$$

가 필요하다. 따라서

$$\begin{aligned}\mathbf{r}_x \times \mathbf{r}_\theta &= \begin{vmatrix} \mathbf{i} & \mathbf{j} & \mathbf{k} \\ 1 & f'(x)\cos\theta & f'(x)\sin\theta \\ 0 & -f(x)\sin\theta & f(x)\cos\theta \end{vmatrix} \\ &= f(x)f'(x)\,\mathbf{i} - f(x)\cos\theta\,\mathbf{j} - f(x)\sin\theta\,\mathbf{k}\end{aligned}$$

이고, $f(x) \geqslant 0$이므로

$$\begin{aligned}|\mathbf{r}_x \times \mathbf{r}_\theta| &= \sqrt{[f(x)]^2[f'(x)]^2 + [f(x)]^2\cos^2\theta + [f(x)]^2\sin^2\theta} \\ &= \sqrt{[f(x)]^2[1 + [f'(x)]^2]} = f(x)\sqrt{1 + [f'(x)]^2}\end{aligned}$$

이다. 그러므로 S의 넓이는

$$\begin{aligned}A &= \iint_D |\mathbf{r}_x \times \mathbf{r}_\theta|\,dA \\ &= \int_0^{2\pi}\int_a^b f(x)\sqrt{1 + [f'(x)]^2}\,dx\,d\theta \\ &= 2\pi\int_a^b f(x)\sqrt{1 + [f'(x)]^2}\,dx\end{aligned}$$

이다. 이것은 바로 일변수 미적분학에서 회전곡면의 넓이를 정의하기 위하여 사용된 공식(8.2절의 [4])이다.

15.6 연습문제

1-2 점 P와 Q가 주어진 곡면 위에 있는지 확인하여라.

1. $\mathbf{r}(u, v) = \langle u + v, u - 2v, 3 + u - v\rangle$
$P(4, -5, 1)$, $Q(0, 4, 6)$

2. $\mathbf{r}(u, v) = \langle 1 + u - v, u + v^2, u^2 - v^2\rangle$
$P(1, 2, 1)$, $Q(2, 3, 3)$

3-4 주어진 벡터방정식을 갖는 곡면을 설명하여라.

3. $\mathbf{r}(u, v) = (u + v)\,\mathbf{i} + (3 - v)\,\mathbf{j} + (1 + 4u + 5v)\,\mathbf{k}$

4. $\mathbf{r}(s, t) = \langle s\cos t, s\sin t, s\rangle$

5-7 컴퓨터를 이용하여 매개변수곡면의 그래프를 그려라. 인쇄 결과를 가지고 u가 상수인 격자곡선과 v가 상수인 격자곡선을 표시하여라.

5. $\mathbf{r}(u, v) = \langle u^2, v^2, u + v \rangle$,
$-1 \leq u \leq 1,\ -1 \leq v \leq 1$

6. $\mathbf{r}(u, v) = \langle u^3, u \sin v, u \cos v \rangle$,
$-1 \leq u \leq 1,\ 0 \leq v \leq 2\pi$

7. $x = \sin v, \quad y = \cos u \sin 4v, \quad z = \sin 2u \sin 4v$,
$0 \leq u \leq 2\pi,\ -\pi/2 \leq v \leq \pi/2$

8-13 그래프 I~VI을 갖는 방정식을 선택하고 그 이유를 밝혀라. 어느 격자곡선족들이 u가 상수이고 v가 상수인지를 나타내어라.

8. $\mathbf{r}(u, v) = u \cos v\,\mathbf{i} + u \sin v\,\mathbf{j} + v\,\mathbf{k}$

9. $\mathbf{r}(u, v) = uv^2\,\mathbf{i} + u^2v\,\mathbf{j} + (u^2 - v^2)\,\mathbf{k}$

10. $\mathbf{r}(u, v) = (u^3 - u)\,\mathbf{i} + v^2\,\mathbf{j} + u^2\,\mathbf{k}$

11. $x = (1 - u)(3 + \cos v) \cos 4\pi u$,
$y = (1 - u)(3 + \cos v) \sin 4\pi u$,
$z = 3u + (1 - u) \sin v$

12. $x = \cos^3 u \cos^3 v, \quad y = \sin^3 u \cos^3 v, \quad z = \sin^3 v$

13. $x = \sin u, \quad y = \cos u \sin v, \quad z = \sin v$

I
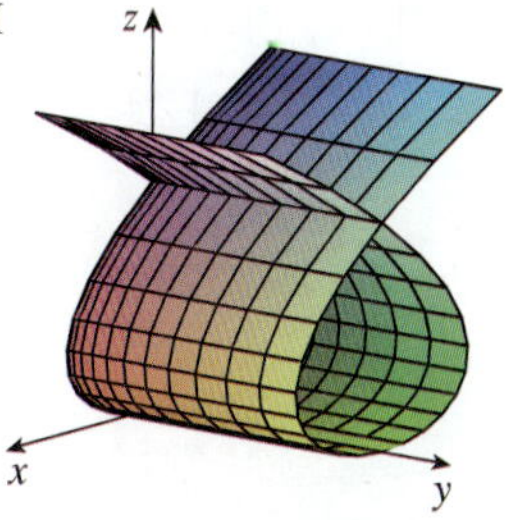

II
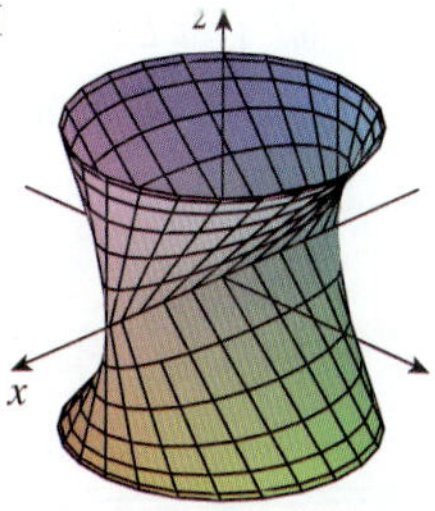

III
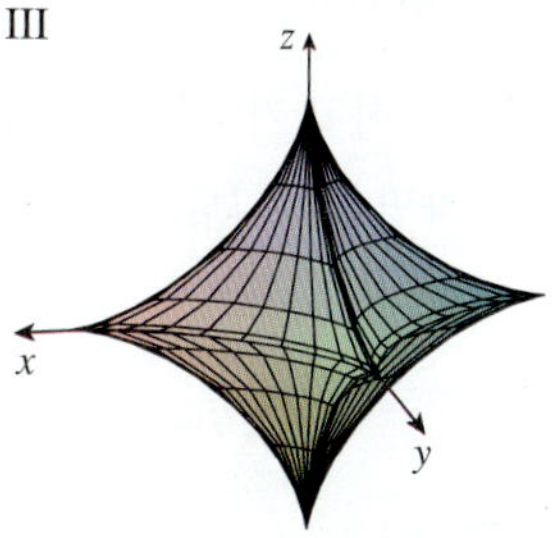

IV
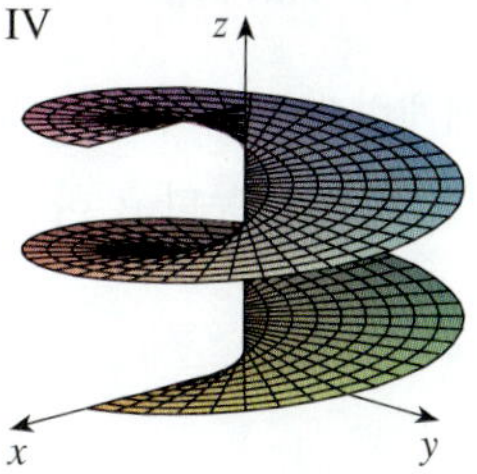

V
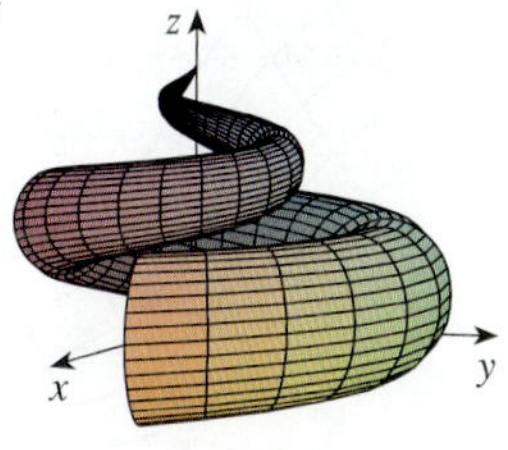

VI
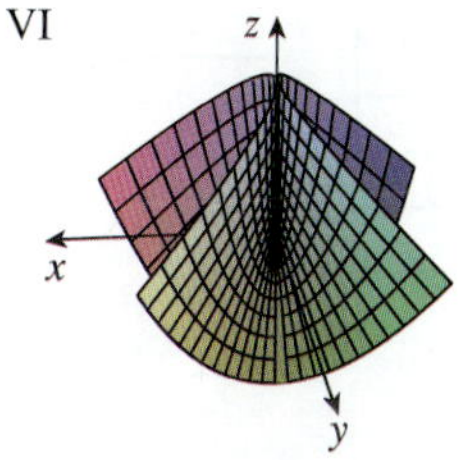

14-18 다음 곡면에 대한 매개변수방정식을 구하여라.

14. 원점을 지나고 벡터 $\mathbf{i} - \mathbf{j}$와 $\mathbf{j} - \mathbf{k}$를 포함하는 평면

15. 점 $(0, -1, 5)$를 지나고 벡터 $\langle 2, 1, 4 \rangle$와 $\langle -3, 2, 5 \rangle$를 포함하는 평면

16. yz평면 앞에 있는 쌍곡면 $4x^2 - 4y^2 - z^2 = 4$의 부분

17. 원뿔면 $z = \sqrt{x^2 + y^2}$ 위에 놓여 있는 구면 $x^2 + y^2 + z^2 = 4$의 부분

18. 평면 $z = 0$과 $z = 3\sqrt{3}$ 사이에 놓여 있는 구 $x^2 + y^2 + z^2 = 36$의 부분

19. 곡선 $y = 1/(1 + x^2)$, $-2 \leq x \leq 2$을 x축에 대하여 회전시켜 얻은 곡면의 매개변수방정식을 구하고 그것을 이용하여 곡면을 그려보아라.

20. 다음 매개변수방정식

$$x = 2\cos\theta + r\cos(\theta/2)$$
$$y = 2\sin\theta + r\cos(\theta/2)$$
$$z = r\sin(\theta/2)$$
$$-\tfrac{1}{2} \leq r \leq \tfrac{1}{2}, \qquad 0 \leq \theta \leq 2\pi$$

을 가지는 곡면을 **뫼비우스 띠**라고 부른다. 여러 각도에서 바라본 이 곡면의 그래프를 그려보아라. 특이한 점은 무엇인가?

21-22 주어진 점에서 매개변수곡면에 대한 접평면의 방정식을 구하여라.

21. $x = u + v, \quad y = 3u^2, \quad z = u - v; \quad (2, 3, 0)$

22. $\mathbf{r}(u, v) = u \cos v\,\mathbf{i} + u \sin v\,\mathbf{j} + v\,\mathbf{k}; \quad u = 1,\ v = \pi/3$

23-24 주어진 점에서 매개변수곡면에 대한 접평면의 방정식을 구하여라. 그 곡면과 접평면을 그려보아라.

23. $\mathbf{r}(u, v) = u^2\,\mathbf{i} + 2u \sin v\,\mathbf{j} + u \cos v\,\mathbf{k}; \quad u = 1,\ v = 0$

24. $\mathbf{r}(u, v) = (1 - u^2 - v^2)\,\mathbf{i} - v\,\mathbf{j} - u\,\mathbf{k}; \quad (-1, -1, -1)$

25-31 주어진 곡면의 넓이를 구하여라.

25. 제1팔분공간 안에 놓여 있는 평면 $3x + 2y + z = 6$의 부분

26. 원기둥 $x^2 + y^2 = 3$의 안쪽에 놓이는 평면 $x + 2y + 3z = 1$의 부분

27. $0 \leq x \leq 1$, $0 \leq y \leq 1$에서의 곡면 $z = \frac{2}{3}(x^{3/2} + y^{3/2})$

28. 원기둥 $x^2 + y^2 = 1$ 내부에 속하는 곡면 $z = xy$의 부분

29. 평면 $y = 0$, $y = 2$, $z = 0$, $z = 2$ 사이에 놓여 있는 곡면 $x = z^2 + y$의 부분

30. 원기둥 $x^2 + z^2 = 16$ 안에 놓여 있는 포물면 $y = x^2 + z^2$의 부분

31. 매개변수방정식 $x = u^2$, $y = uv$, $z = \frac{1}{2}v^2$, $0 \leq u \leq 1$, $0 \leq v \leq 2$를 갖는 곡면

---

32. $x^2 + y^2 \leq R^2$에서 곡면 S의 방정식이 $z = f(x, y)$이고, $|f_x| \leq 1$, $|f_y| \leq 1$이라면 $A(S)$에 대하여 무엇을 말할 수 있겠는가?

T **33.** CAS를 사용하여 곡면 $z = 1 + 2x + 3y + 4y^2$, $1 \leq x \leq 4$, $0 \leq y \leq 1$의 정확한 넓이를 구하여라.

34. (a) 매개변수방정식 $x = au\cos v$, $y = bu\sin v$, $z = u^2$, $0 \leq u \leq 2$, $0 \leq v \leq 2\pi$을 가지는 곡면의 넓이에 대한 이중적분의 식을 구하여라.

(b) 매개변수를 제거하여 이 곡면이 타원포물면임을 보이고 이 곡면의 넓이에 대한 또다른 이중적분의 식을 구하여라.

(c) (a)의 매개변수방정식에서 $a = 2$, $b = 3$일 때 이 곡면의 그래프를 그려보아라.

T (d) $a = 2$, $b = 3$일 때 컴퓨터 대수시스템을 이용하여 곡면의 넓이를 소수 넷째 자리까지 구하여라.

35. (a) 매개변수방정식

$$x = a\sin u\cos v,\ y = b\sin u\sin v,\ z = c\cos u,$$
$$0 \leq u \leq \pi,\ 0 \leq v \leq 2\pi$$

가 타원체를 나타냄을 보여라.

(b) (a)의 매개변수방정식에서 $a = 1$, $b = 2$, $c = 3$일 때 타원면의 그래프를 그려보아라.

(c) (b)의 타원면의 곡면 넓이에 대한 이중적분의 식을 구하여라.

36. 포물면 $z = x^2 + y^2$ 안에 놓여 있는 구면 $x^2 + y^2 + z^2 = 4z$의 부분의 넓이를 구하여라.

37. 원기둥 $x^2 + y^2 = ax$ 안에 놓여 있는 구 $x^2 + y^2 + z^2 = a^2$의 부분의 넓이를 구하여라.

15.7 면적분

면적분과 곡면 넓이와의 관계는 선적분과 호의 길이와의 관계와 많은 점에서 같다. f를 그 정의역이 곡면 S를 포함하는 삼변수함수라고 가정하자. 이제 S 위에서 f의 면적분을 $f(x, y, z) = 1$일 경우에 면적분의 값이 곡면 S의 넓이와 같아지도록 정의할 것이다. 우선 매개변수곡면으로 시작하여 S가 이변수함수의 그래프로 주어진 특별한 경우를 다루기로 한다.

■ 매개변수곡면

곡면 S가 벡터방정식

$$\mathbf{r}(u, v) = x(u, v)\,\mathbf{i} + y(u, v)\,\mathbf{j} + z(u, v)\,\mathbf{k} \qquad (u, v) \in D$$

를 갖는다고 가정하자. 먼저 매개변수 정의역 D를 직사각형이라 하고 가로와 세로의 길이가 Δu와 Δv인 부분 직사각형 R_{ij}로 나눈다고 하자. 그러면 곡면 S는 그림 1에서와 같이 조각 S_{ij}들로 나누어진다.

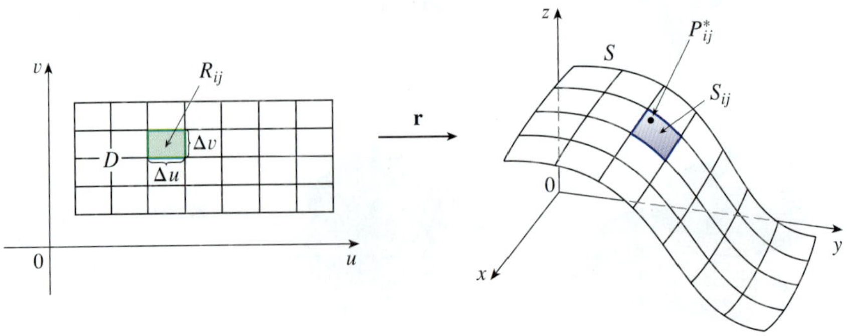

그림 1

각 조각 위의 점 P_{ij}^*에서의 f의 값을 구하고 각 조각의 넓이 ΔS_{ij}를 곱하여 더하면

$$\sum_{i=1}^{m} \sum_{j=1}^{n} f(P_{ij}^*)\, \Delta S_{ij}$$

와 같은 형태의 리만합이 된다. 조각들의 수를 증가시키고 극한을 취하여 **곡면 S 위의 f의 면적분**(surface integral)을 다음과 같이 정의한다.

1
$$\iint_S f(x, y, z)\, dS = \lim_{m, n \to \infty} \sum_{i=1}^{m} \sum_{j=1}^{n} f(P_{ij}^*)\, \Delta S_{ij}$$

선적분의 정의(15.2절의 **2**)와 유사하고 이중적분의 정의(14.1절의 **5**)와도 유사함에 주목하자.

식 **1**에 있는 면적분을 계산하기 위하여 조각의 넓이 ΔS_{ij}를 접평면 위의 근사 평행사변형의 넓이로 근사시킨다. 15.6절에서의 곡면 넓이에 관한 설명에서 근사식

$$\Delta S_{ij} \approx |\mathbf{r}_u \times \mathbf{r}_v|\, \Delta u\, \Delta v$$

가 만들어진다. 여기서

$$\mathbf{r}_u = \frac{\partial x}{\partial u}\mathbf{i} + \frac{\partial y}{\partial u}\mathbf{j} + \frac{\partial z}{\partial u}\mathbf{k} \qquad \mathbf{r}_v = \frac{\partial x}{\partial v}\mathbf{i} + \frac{\partial y}{\partial v}\mathbf{j} + \frac{\partial z}{\partial v}\mathbf{k}$$

는 S_{ij}의 한 모서리에서의 접선벡터들이다. 만일 성분들이 연속이고 $\mathbf{r}_u$와 $\mathbf{r}_v$가 D의 내부에서 $\mathbf{0}$도 아니고 평행도 아니면, 디욱이 D가 직사각형이 아닐 때에도, 정의 **1**로부터

(u, v)가 D 전역을 휩쓸고 지나갈 때 곡면이 단지 한 번 덮인다고 가정하자. 면적분 값은 그것에 사용된 매개변수화에 종속적이지 않다.

2
$$\iint_S f(x, y, z)\, dS = \iint_D f(\mathbf{r}(u, v))\, |\mathbf{r}_u \times \mathbf{r}_v|\, dA$$

임을 보일 수 있다. 이것은 다음 선적분에 대한 공식과 비교된다. 즉

$$\int_C f(x, y, z)\, ds = \int_a^b f(\mathbf{r}(t))\, |\mathbf{r}'(t)|\, dt$$

또한
$$\iint_S 1\, dS = \iint_D |\mathbf{r}_u \times \mathbf{r}_v|\, dA = A(S)$$

임을 주목하여라.

공식 **2**는 면적분을 매개변수 정의역 D상의 이중적분으로 바꾸어 계산할 수 있게 해준다. 이 공식을 이용할 때, $f(\mathbf{r}(u, v))$는 $f(x, y, z)$의 식에 $x = x(u, v)$, $y = y(u, v)$, $z = z(u, v)$를 대입하여 얻게 됨을 기억하여라.

예제 1 S가 단위 구면 $x^2 + y^2 + z^2 = 1$일 때 면적분 $\iint_S x^2\, dS$를 계산하여라.

풀이 15.6절의 예제 4와 같이, 매개변수 표현

$$x = \sin\phi\, \cos\theta \qquad y = \sin\phi\, \sin\theta \qquad z = \cos\phi \qquad 0 \leqslant \phi \leqslant \pi \qquad 0 \leqslant \theta \leqslant 2\pi$$

즉 $$\mathbf{r}(\phi, \theta) = \sin\phi \cos\theta\,\mathbf{i} + \sin\phi \sin\theta\,\mathbf{j} + \cos\phi\,\mathbf{k}$$

를 이용하자. 15.6절의 예제 10과 같이 계산하면,

$$|\mathbf{r}_\phi \times \mathbf{r}_\theta| = \sin\phi$$

가 된다. 그러므로 공식 **2**에 의하여 다음을 얻는다.

여기서 다음 항등식을 사용한다.

$$\cos^2\theta = \tfrac{1}{2}(1 + \cos 2\theta)$$

$$\sin^2\phi = 1 - \cos^2\phi$$

이 항등식을 사용하는 대신에 적분표의 공식 64번과 67번을 사용해도 된다.

$$\begin{aligned}\iint_S x^2\,dS &= \iint_D (\sin\phi\,\cos\theta)^2\,|\mathbf{r}_\phi \times \mathbf{r}_\theta|\,dA \\ &= \int_0^{2\pi}\int_0^{\pi} \sin^2\phi\,\cos^2\theta\,\sin\phi\,d\phi\,d\theta = \int_0^{2\pi}\cos^2\theta\,d\theta\int_0^{\pi}\sin^3\phi\,d\phi \\ &= \int_0^{2\pi}\tfrac{1}{2}(1+\cos 2\theta)\,d\theta\int_0^{\pi}(\sin\phi - \sin\phi\,\cos^2\phi)\,d\phi \\ &= \tfrac{1}{2}\Big[\theta + \tfrac{1}{2}\sin 2\theta\Big]_0^{2\pi}\Big[-\cos\phi + \tfrac{1}{3}\cos^3\phi\Big]_0^{\pi} = \frac{4\pi}{3}\end{aligned}$$

■

■ 그래프

$z = g(x, y)$로 주어진 곡면 S의 방정식은 매개변수방정식

$$x = x \qquad y = y \qquad z = g(x, y)$$

로 주어진 매개변수곡면으로 표현할 수 있고

$$\mathbf{r}_x = \mathbf{i} + \left(\frac{\partial g}{\partial x}\right)\mathbf{k} \qquad \mathbf{r}_y = \mathbf{j} + \left(\frac{\partial g}{\partial y}\right)\mathbf{k}$$

이다. 따라서

3 $$\mathbf{r}_x \times \mathbf{r}_y = -\frac{\partial g}{\partial x}\mathbf{i} - \frac{\partial g}{\partial y}\mathbf{j} + \mathbf{k}$$

이고 $$|\mathbf{r}_x \times \mathbf{r}_y| = \sqrt{\left(\frac{\partial z}{\partial x}\right)^2 + \left(\frac{\partial z}{\partial y}\right)^2 + 1}$$

이다. 그러므로 이 경우 식 **2**는

4 $$\iint_S f(x, y, z)\,dS = \iint_D f(x, y, g(x, y))\sqrt{\left(\frac{\partial z}{\partial x}\right)^2 + \left(\frac{\partial z}{\partial y}\right)^2 + 1}\,dA$$

가 된다.

S를 yz평면이나 xz평면 위로 투영하는 것이 더욱 편리할 때 유사한 공식이 적용된다. 예를 들면, S가 방정식 $y = h(x, z)$를 갖는 곡면이고 D가 S의 xz평면 위에 내린 정사영이면

$$\iint_S f(x, y, z)\,dS = \iint_D f(x, h(x, z), z)\sqrt{\left(\frac{\partial y}{\partial x}\right)^2 + \left(\frac{\partial y}{\partial z}\right)^2 + 1}\,dA$$

이다.

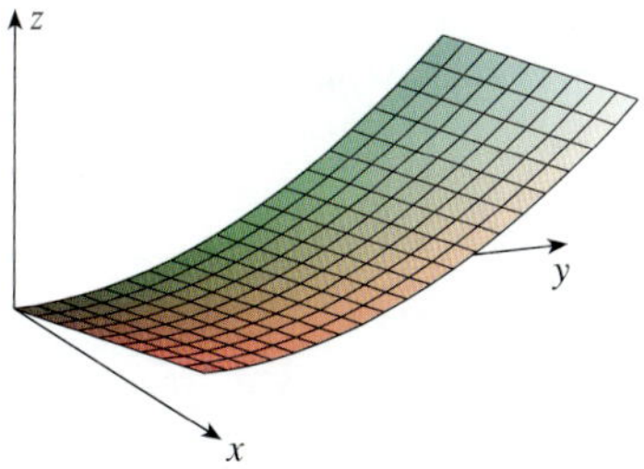

그림 2

예제 2 S가 곡면 $z = x + y^2$, $0 \leq x \leq 1$, $0 \leq y \leq 2$일 때, $\iint_S y\, dS$를 구하여라(그림 2 참조).

풀이 $\dfrac{\partial z}{\partial x} = 1$, $\dfrac{\partial z}{\partial y} = 2y$이므로, 공식 **4** 에 의하여 다음과 같다.

$$\begin{aligned}\iint_S y\, dS &= \iint_D y\sqrt{1 + \left(\frac{\partial z}{\partial x}\right)^2 + \left(\frac{\partial z}{\partial y}\right)^2}\, dA \\ &= \int_0^1 \int_0^2 y\sqrt{1 + 1 + 4y^2}\, dy\, dx \\ &= \int_0^1 dx\, \sqrt{2}\int_0^2 y\sqrt{1 + 2y^2}\, dy \\ &= \sqrt{2}\left(\tfrac{1}{4}\right)\tfrac{2}{3}(1 + 2y^2)^{3/2}\Big]_0^2 = \frac{13\sqrt{2}}{3}\end{aligned}$$

■

만약 S가 조각적으로 매끄러운 곡면이라면, 즉 매끄러운 곡면이면서 경계를 따라서만 서로 교차하는 $S_1, S_2, \ldots, S_n$의 유한 합집합이라면, S 위에서 f의 면적분은 다음과 같이 정의된다.

$$\iint_S f(x, y, z)\, dS = \iint_{S_1} f(x, y, z)\, dS + \cdots + \iint_{S_n} f(x, y, z)\, dS$$

예제 3 곡면 S의 옆면 S_1은 원기둥 $x^2 + y^2 = 1$에 의하여 주어지고, 바닥 S_2는 평면 $z = 0$상의 원판 $x^2 + y^2 \leq 1$이며, 윗면 S_3는 S_2 위쪽에 놓여 있는 평면 $z = 1 + x$의 부분이라 할 때, $\iint_S z\, dS$를 구하여라.

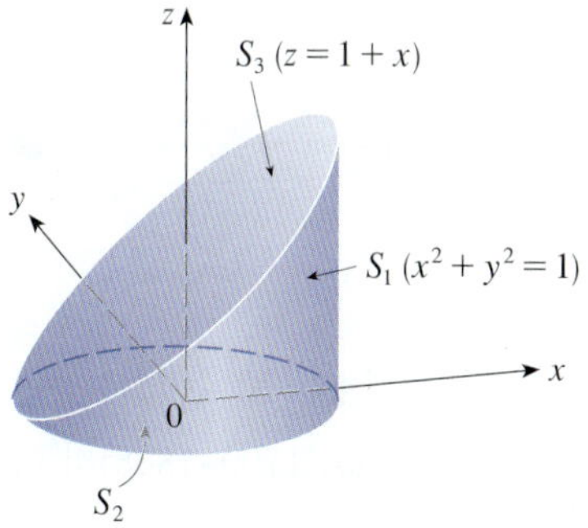

그림 3

풀이 곡면 S가 그림 3에 나타나 있다(S를 좀 더 잘 보기 위하여 축의 평소 위치를 변화시켰다). S_1에 대하여 θ와 z를 매개변수로 이용하면(15.6절의 예제 5 참조), 매개변수방정식은

$$x = \cos\theta \qquad y = \sin\theta \qquad z = z$$

가 된다. 여기에서 $0 \leq \theta \leq 2\pi$, $0 \leq z \leq 1 + x = 1 + \cos\theta$이다. 그러므로

$$\mathbf{r}_\theta \times \mathbf{r}_z = \begin{vmatrix} \mathbf{i} & \mathbf{j} & \mathbf{k} \\ -\sin\theta & \cos\theta & 0 \\ 0 & 0 & 1 \end{vmatrix} = \cos\theta\, \mathbf{i} + \sin\theta\, \mathbf{j}$$

이고 $$|\mathbf{r}_\theta \times \mathbf{r}_z| = \sqrt{\cos^2\theta + \sin^2\theta} = 1$$

이다. 따라서 S_1의 면적분은

$$\iint_{S_1} z\,dS = \iint_D z\,|\mathbf{r}_\theta \times \mathbf{r}_z|\,dA$$
$$= \int_0^{2\pi}\int_0^{1+\cos\theta} z\,dz\,d\theta = \int_0^{2\pi} \tfrac{1}{2}(1+\cos\theta)^2\,d\theta$$
$$= \tfrac{1}{2}\int_0^{2\pi}\left[1 + 2\cos\theta + \tfrac{1}{2}(1+\cos 2\theta)\right]d\theta$$
$$= \tfrac{1}{2}\left[\tfrac{3}{2}\theta + 2\sin\theta + \tfrac{1}{4}\sin 2\theta\right]_0^{2\pi} = \frac{3\pi}{2}$$

이다. S_2가 평면 $z = 0$에 속하므로

$$\iint_{S_2} z\,dS = \iint_{S_2} 0\,dS = 0$$

을 얻는다. 윗부분 곡면 S_3는 단위 원판 D 위에 놓여 있는 평면 $z = 1 + x$의 부분이다. 따라서 공식 **4**에 $g(x, y) = 1 + x$를 대입하고 극좌표로 바꿈으로써,

$$\iint_{S_3} z\,dS = \iint_D (1+x)\sqrt{1 + \left(\frac{\partial z}{\partial x}\right)^2 + \left(\frac{\partial z}{\partial y}\right)^2}\,dA$$
$$= \int_0^{2\pi}\int_0^1 (1 + r\cos\theta)\sqrt{1+1+0}\,r\,dr\,d\theta$$
$$= \sqrt{2}\int_0^{2\pi}\int_0^1 (r + r^2\cos\theta)\,dr\,d\theta = \sqrt{2}\int_0^{2\pi}\left(\tfrac{1}{2} + \tfrac{1}{3}\cos\theta\right)d\theta$$
$$= \sqrt{2}\left[\frac{\theta}{2} + \frac{\sin\theta}{3}\right]_0^{2\pi} = \sqrt{2}\,\pi$$

를 얻는다. 그러므로 다음과 같다.

$$\iint_S z\,dS = \iint_{S_1} z\,dS + \iint_{S_2} z\,dS + \iint_{S_3} z\,dS$$
$$= \frac{3\pi}{2} + 0 + \sqrt{2}\,\pi = \left(\tfrac{3}{2} + \sqrt{2}\right)\pi$$

■

■ 유향곡면

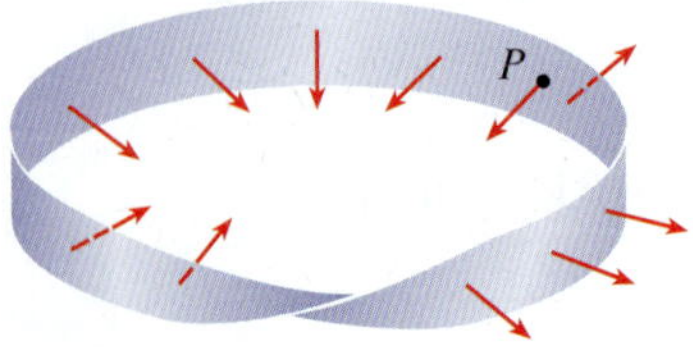

그림 4 뫼비우스 띠

벡터장의 면적분을 정의하기 위하여 그림 4의 뫼비우스 띠처럼 방향을 줄 수 없는 곡면을 제외할 필요가 있다. [독일 기하학자 뫼비우스(August Möpbius, 1790~1868)의 이름을 따서 명명되었다.] 긴 직사각형의 종이띠를 그림 5와 같이 반을 꼬아서 짧은 모서리를 붙이면 뫼비우스 띠를 만들 수 있다. 개미가 점 P에서 출발하여 뫼비우스 띠를 따라 기어간다면, 띠의 다른 면(즉, 반대 방향에 있음을 가리키는 위쪽의 면)에 도착할 것이다. 그 다음에 개미가 똑같은 방향으로 계속 기어갈 때, 모서리를 넘어가지 않고 똑같은 점 P에 되돌아올 것이다(뫼비우스 띠를 만들어서 띠의 중간을 연필로 그어보아라). 그러므로 뫼비우스 띠는 실제로 한 면만 가진다. 15.6절의 연습문제 20은 매개변수방정식을 사용하여 뫼비우스 띠의 그래프를 그리는 문제를 다루고 있다.

그림 5
뫼비우스 띠 만들기

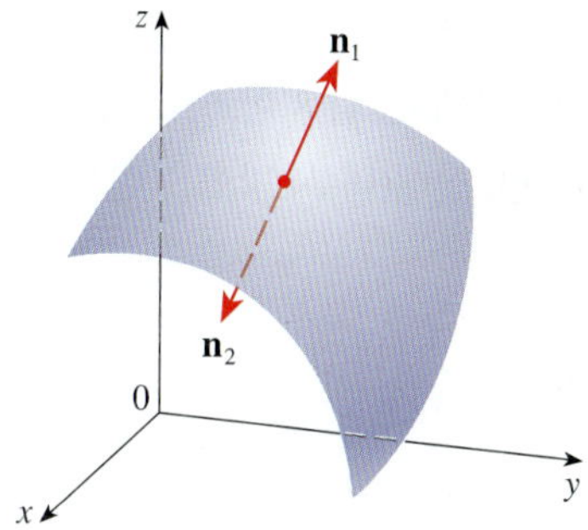

그림 6

이제부터 가향(orientable, 양면)곡면만 다루자. S 위의 모든 점(경계점은 제외) (x, y, z)에서 접평면을 갖는 곡면에서 출발한다. (x, y, z)에서 두 개의 단위 법선벡터 $\mathbf{n}_1$과 $\mathbf{n}_2 = -\mathbf{n}_1$이 존재한다(그림 6 참조).

$\mathbf{n}$이 S 위에서 연속적으로 변하도록, 이러한 모든 점 (x, y, z)에서 단위 법선벡터 $\mathbf{n}$을 택할 수 있으면, S를 **유향곡면**(oriented surface)이라 부르고 $\mathbf{n}$의 정해진 선택은 S에 **방향**(orientation)을 제공해준다. 임의의 가향곡면에 대하여 두 가지 가능한 방향이 존재한다(그림 7 참조).

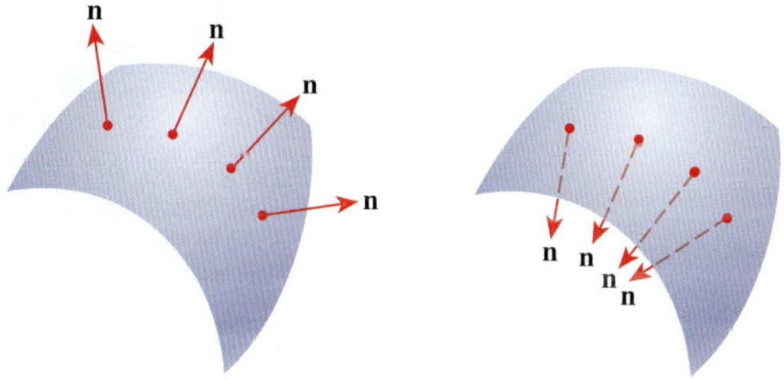

그림 7
유향곡면의 두 가지 방향

g의 그래프에 의해 주어진 곡면 $z = g(x, y)$에 대하여 방정식 **3**을 이용하여 자연스러운 방향은 다른 단위 법선벡터를 구하면

$$\textbf{5} \qquad \mathbf{n} = \frac{-\dfrac{\partial g}{\partial x}\mathbf{i} - \dfrac{\partial g}{\partial y}\mathbf{j} + \mathbf{k}}{\sqrt{1 + \left(\dfrac{\partial g}{\partial x}\right)^2 + \left(\dfrac{\partial g}{\partial y}\right)^2}}$$

임을 알 수 있다. $\mathbf{k}$성분이 양이므로 단위 법선벡터의 방향은 곡면의 위쪽이다.

S가 벡터함수 $\mathbf{r}(u, v)$에 의하여 매개변수방정식 형태로 주어진 매끄러운 가향곡면이면, 이 곡면은 자동으로 단위 법선벡터

$$\textbf{6} \qquad \mathbf{n} = \frac{\mathbf{r}_u \times \mathbf{r}_v}{|\mathbf{r}_u \times \mathbf{r}_v|}$$

의 방향을 갖고 반대 방향은 $-\mathbf{n}$으로 주어진다. 예를 들면 15.6절의 예제 4에서 구면 $x^2 + y^2 + z^2 = a^2$에 대한 매개변수 표현은

$$\mathbf{r}(\phi, \theta) = a \sin\phi \cos\theta\, \mathbf{i} + a \sin\phi \sin\theta\, \mathbf{j} + a \cos\phi\, \mathbf{k}$$

임을 알았다. 이때 15.6절의 예제 10에서

$$\mathbf{r}_\phi \times \mathbf{r}_\theta = a^2 \sin^2\phi \cos\theta \, \mathbf{i} + a^2 \sin^2\phi \sin\theta \, \mathbf{j} + a^2 \sin\phi \cos\phi \, \mathbf{k}$$

와
$$|\mathbf{r}_\phi \times \mathbf{r}_\theta| = a^2 \sin\phi$$

를 구하였다. 따라서 $\mathbf{r}(\phi, \theta)$에 의하여 도입된 방향은 단위 법선벡터

$$\mathbf{n} = \frac{\mathbf{r}_\phi \times \mathbf{r}_\theta}{|\mathbf{r}_\phi \times \mathbf{r}_\theta|} = \sin\phi \cos\theta \, \mathbf{i} + \sin\phi \sin\theta \, \mathbf{j} + \cos\phi \, \mathbf{k} = \frac{1}{a} \mathbf{r}(\phi, \theta)$$

에 의하여 정의된다. $\mathbf{n}$은 위치벡터와 똑같은 방향, 즉 구의 외부(그림 8 참조)를 가리킨다. $\mathbf{r}_\theta \times \mathbf{r}_\phi = -\mathbf{r}_\phi \times \mathbf{r}_\theta$이므로 매개변수의 순서를 바꾸면, 반대(내부) 방향을 얻을 수 있다(그림 9 참조).

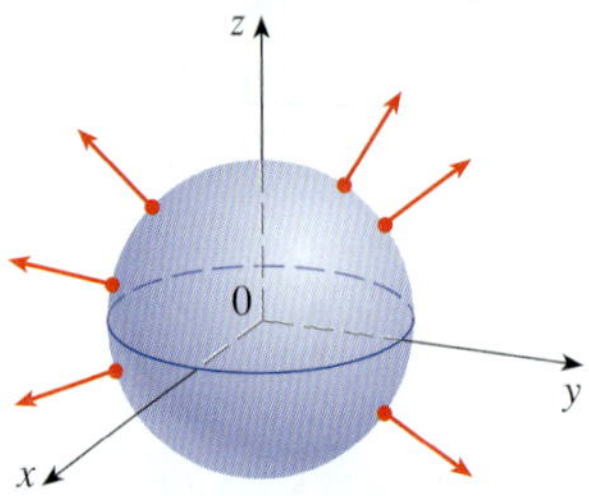

그림 8 양의 방향

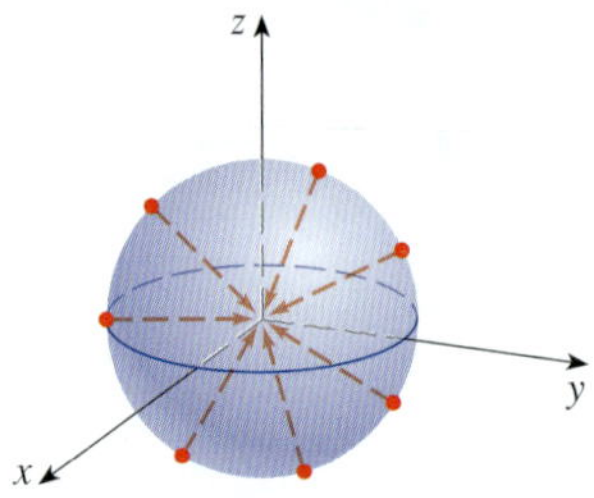

그림 9 음의 방향

닫힌 곡면(closed surface), 즉 입체영역 E의 경계인 곡면에 대하여, **양의 방향**(positive orientation)이 E의 외부로 향하는 법선벡터의 방향이고 내부로 향하는 법선벡터의 방향은 음의 방향이 됨을 약속한다(그림 8과 9 참조).

■ 벡터장의 면적분

S가 단위 법선벡터 $\mathbf{n}$을 가지는 유향곡면이고 밀도 $\rho(x, y, z)$와 속도장 $\mathbf{v}(x, y, z)$를 가지는 유체가 S를 통하여 흐른다고 가정하자. (조류를 가로지르는 높은 어망처럼 S를 유체 흐름을 방해하지 않는 가상적인 곡면으로 생각하자.) 이때 단위 넓이당 흐름의 비율(단위 시간당 질량)은 $\rho\mathbf{v}$이다(그림 10 참조).

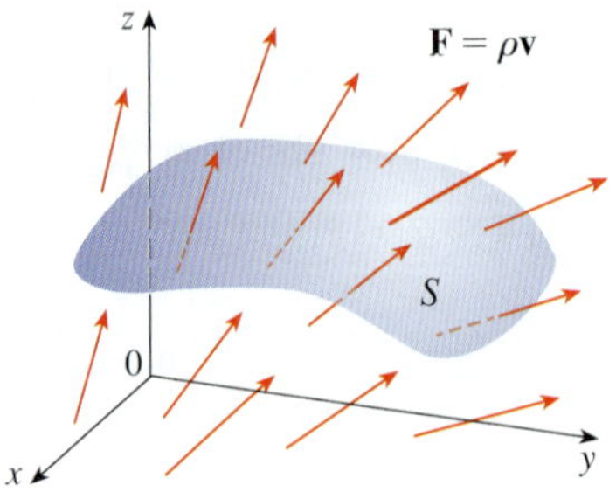

그림 10

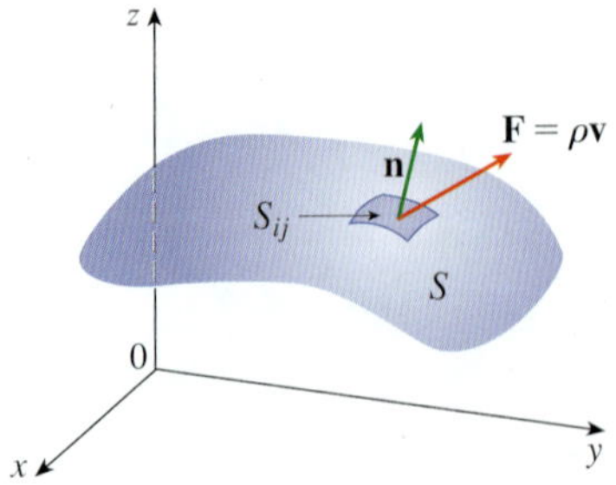

그림 11

S를 그림 11(그림 1과 비교)과 같이 작은 조각 S_{ij}로 분할하면, S_{ij}는 거의 평면이고 단위 시간당 법선 $\mathbf{n}$의 방향으로 S_{ij}를 통과하는 유체의 질량은 양

$$(\rho\mathbf{v} \cdot \mathbf{n})A(S_{ij})$$

에 의하여 근사시킬 수 있다. 여기서 ρ, $\mathbf{v}$, $\mathbf{n}$은 S_{ij}의 적당한 점에서 구해진다. (단위벡터 $\mathbf{n}$의 방향에서 벡터 $\rho\mathbf{v}$의 성분은 $\rho\mathbf{v}\cdot\mathbf{n}$임을 상기하자.) 이들 양을 합하고 극한을 취하면 정의 1에 의하여 S 위의 함수 $\rho\mathbf{v}\cdot\mathbf{n}$의 면적분은

7 $$\iint_S \rho\mathbf{v}\cdot\mathbf{n}\,dS = \iint_S \rho(x, y, z)\mathbf{v}(x, y, z)\cdot\mathbf{n}(x, y, z)\,dS$$

이고, 이것은 물리학적으로 S를 통과하는 흐름의 비율로 해석된다.

$\mathbf{F} = \rho\mathbf{v}$로 쓰면, $\mathbf{F}$는 또한 $\mathbb{R}^3$상의 벡터장이고 식 7의 적분은

$$\iint_S \mathbf{F}\cdot\mathbf{n}\,dS$$

가 된다. $\mathbf{F}$가 $\rho\mathbf{v}$가 아닐 때에도, 이러한 형태의 면적분은 물리학에서 자주 발견되는데, S상에서의 $\mathbf{F}$의 **면적분**(혹은 **유량적분**, flux integral)이라 부른다.

8 정의 $\mathbf{F}$가 단위 법선벡터 $\mathbf{n}$을 가지는 유향곡면 S상에서 정의된 연속 벡터장이면, **S상에서 $\mathbf{F}$의 면적분**은

$$\iint_S \mathbf{F}\cdot d\mathbf{S} = \iint_S \mathbf{F}\cdot\mathbf{n}\,dS$$

이다. 또한 이 적분을 S를 통과하는 $\mathbf{F}$의 **유량**(flux)이라고 부른다.

요컨내, 성의 8은 S상에서 벡터장의 면적분이 S에서 그 법선 성분의 면적분(앞에서 정의된 것)과 같다는 것을 말해준다.

S가 벡터함수 $\mathbf{r}(u, v)$로 주어지면, $\mathbf{n}$은 식 6에 의하여 주어지고, 정의 8과 식 2에 의하여

$$\iint_S \mathbf{F}\cdot d\mathbf{S} = \iint_S \mathbf{F}\cdot\mathbf{n}\,dS = \iint_S \mathbf{F}\cdot\frac{\mathbf{r}_u\times\mathbf{r}_v}{|\mathbf{r}_u\times\mathbf{r}_v|}\,dS$$

$$= \iint_D \left[\mathbf{F}(\mathbf{r}(u, v))\cdot\frac{\mathbf{r}_u\times\mathbf{r}_v}{|\mathbf{r}_u\times\mathbf{r}_v|}\right]|\mathbf{r}_u\times\mathbf{r}_v|\,dA$$

를 얻는다. 여기서 D는 매개변수 정의역이다. 따라서 다음과 같다.

식 9를 15.2절의 정의 12에서 벡터장의 선적분을 구할 때 사용한 유사 표현과 비교하여라.

$$\int_C \mathbf{F}\cdot d\mathbf{r} = \int_a^b \mathbf{F}(\mathbf{r}(t))\cdot\mathbf{r}'(t)\,dt$$

9 $$\iint_S \mathbf{F}\cdot d\mathbf{S} = \iint_D \mathbf{F}\cdot(\mathbf{r}_u\times\mathbf{r}_v)\,dA$$

식 9는 S의 방향이 식 6처럼 $\mathbf{r}_u\times\mathbf{r}_v$에 의해 도입되었다고 가정한다. 반대 방향에 대해서는 -1을 곱하면 된다.

예제 4 단위 구면 $x^2 + y^2 + z^2 = 1$을 통과하는 벡터장 $\mathbf{F}(x, y, z) = z\,\mathbf{i} + y\,\mathbf{j} + x\,\mathbf{k}$의 유량을 구하여라.

그림 12는 단위 구면 위의 점들에서 예제 4의 벡터장 $\mathbf{F}$를 나타낸다.

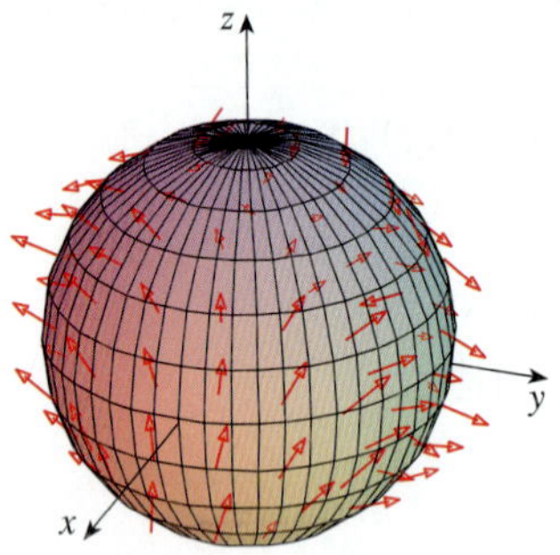

그림 12

풀이 매개변수 표현

$$\mathbf{r}(\phi, \theta) = \sin\phi\,\cos\theta\,\mathbf{i} + \sin\phi\,\sin\theta\,\mathbf{j} + \cos\phi\,\mathbf{k} \qquad 0 \leqslant \phi \leqslant \pi \qquad 0 \leqslant \theta \leqslant 2\pi$$

를 이용하면, $\mathbf{F}(\mathbf{r}(\phi, \theta)) = \cos\phi\,\mathbf{i} + \sin\phi\,\sin\theta\,\mathbf{j} + \sin\phi\,\cos\theta\,\mathbf{k}$

가 되고, 15.6절의 예제 10으로부터

$$\mathbf{r}_\phi \times \mathbf{r}_\theta = \sin^2\phi\,\cos\theta\,\mathbf{i} + \sin^2\phi\,\sin\theta\,\mathbf{j} + \sin\phi\,\cos\phi\,\mathbf{k}$$

를 얻는다. (이 벡터의 방향이 구면의 바깥 방향임을 확인할 수 있다.) 그러므로

$$\mathbf{F}(\mathbf{r}(\phi, \theta)) \cdot (\mathbf{r}_\phi \times \mathbf{r}_\theta) = \cos\phi\,\sin^2\phi\,\cos\theta + \sin^3\phi\,\sin^2\theta + \sin^2\phi\,\cos\phi\,\cos\theta$$

가 되고, 공식 **9**에 의하여 유량은

$$\begin{aligned}\iint_S \mathbf{F} \cdot d\mathbf{S} &= \iint_D \mathbf{F} \cdot (\mathbf{r}_\phi \times \mathbf{r}_\theta)\,dA \\ &= \int_0^{2\pi}\int_0^{\pi} (2\sin^2\phi\,\cos\phi\,\cos\theta + \sin^3\phi\,\sin^2\theta)\,d\phi\,d\theta \\ &= 2\int_0^{\pi} \sin^2\phi\,\cos\phi\,d\phi \int_0^{2\pi} \cos\theta\,d\theta + \int_0^{\pi} \sin^3\phi\,d\phi \int_0^{2\pi} \sin^2\theta\,d\theta \\ &= 0 + \int_0^{\pi} \sin^3\phi\,d\phi \int_0^{2\pi} \sin^2\theta\,d\theta \qquad \left(\int_0^{2\pi} \cos\theta\,d\theta = 0 \text{이므로}\right) \\ &= \frac{4\pi}{3}\end{aligned}$$

이다. 이는 예제 1의 계산과 같다. ■

예를 들어, 예제 4에 나오는 벡터장이 밀도 1인 유체 흐름을 나타내는 벡터장이면, 답 $4\pi/3$는 단위 시간당 질량의 단위로 단위 구면을 통과하는 흐름의 비율을 나타낸다.

곡면 S가 그래프 $z = g(x, y)$로 주어진 경우에는 x와 y를 매개변수라 생각하고 식 **3**을 이용하여

$$\mathbf{F} \cdot (\mathbf{r}_x \times \mathbf{r}_y) = (P\,\mathbf{i} + Q\,\mathbf{j} + R\,\mathbf{k}) \cdot \left(-\frac{\partial g}{\partial x}\mathbf{i} - \frac{\partial g}{\partial y}\mathbf{j} + \mathbf{k}\right)$$

로 나타낼 수 있다. 따라서 공식 **9**는

10
$$\iint_S \mathbf{F} \cdot d\mathbf{S} = \iint_D \left(-P\frac{\partial g}{\partial x} - Q\frac{\partial g}{\partial y} + R\right) dA$$

가 된다. 이 공식은 S의 위쪽 방향을 가정한다. 아래쪽 방향에 대하여는 -1을 곱한다. S가 $y = h(x, z)$ 또는 $x = k(y, z)$에 의하여 주어진다면, 유사한 공식을 얻을 수 있다 (연습문제 20, 21 참조).

예제 5 $\mathbf{F}(x, y, z) = y\,\mathbf{i} + x\,\mathbf{j} + z\,\mathbf{k}$이고 S가 포물면 $z = 1 - x^2 - y^2$과 평면 $z = 0$

에 의하여 둘러싸인 입체영역 E의 경계일 때, $\iint_S \mathbf{F} \cdot d\mathbf{S}$를 구하여라.

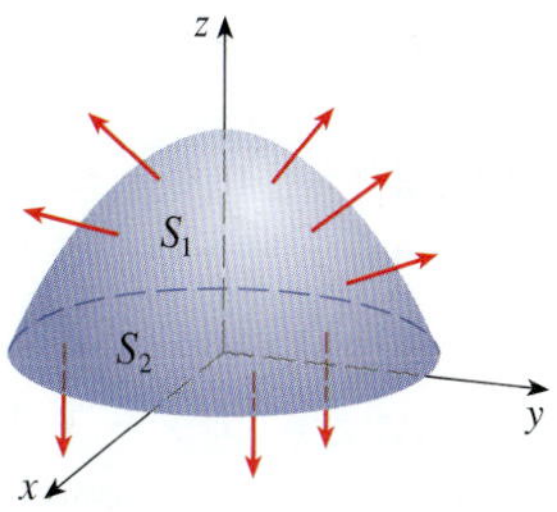

그림 13

풀이 S는 포물면인 위 곡면 S_1과 원인 밑바닥 곡면 S_2로 구성된다(그림 13 참조). S가 닫힌 곡면이므로 양의(외부로) 방향의 약속을 이용할 수 있다. 이것은 S_1은 위쪽으로 방향을 가지고 있고, D는 xy평면에 내린 S_1의 정사영으로 원판 $x^2 + y^2 \leqslant 1$임을 뜻하므로 공식 **10**을 이용할 수 있다. S_1 위에서

$$P(x, y, z) = y \qquad Q(x, y, z) = x \qquad R(x, y, z) = z = 1 - x^2 - y^2$$

이고,

$$\frac{\partial g}{\partial x} = -2x \qquad \frac{\partial g}{\partial y} = -2y$$

이므로,

$$\begin{aligned}
\iint_{S_1} \mathbf{F} \cdot d\mathbf{S} &= \iint_D \left(-P\frac{\partial g}{\partial x} - Q\frac{\partial g}{\partial y} + R\right) dA \\
&= \iint_D [-y(-2x) - x(-2y) + 1 - x^2 - y^2]\, dA \\
&= \iint_D (1 + 4xy - x^2 - y^2)\, dA \\
&= \int_0^{2\pi}\int_0^1 (1 + 4r^2\cos\theta\,\sin\theta - r^2)\, r\, dr\, d\theta \\
&= \int_0^{2\pi}\int_0^1 (r - r^3 + 4r^3\cos\theta\,\sin\theta)\, dr\, d\theta \\
&= \int_0^{2\pi} \left(\tfrac{1}{4} + \cos\theta\,\sin\theta\right) d\theta = \tfrac{1}{4}(2\pi) + 0 = \frac{\pi}{2}
\end{aligned}$$

를 얻는다. 원판 S_2는 아래쪽 방향을 가지므로, 단위 접선벡터는 $\mathbf{n} = -\mathbf{k}$이고, S_2 위에서 $z = 0$이므로

$$\iint_{S_2} \mathbf{F} \cdot d\mathbf{S} = \iint_{S_2} \mathbf{F} \cdot (-\mathbf{k})\, dS = \iint_D (-z)\, dA = \iint_D 0\, dA = 0$$

을 얻는다. 마지막으로 정의에 의하여 $\iint_S \mathbf{F} \cdot d\mathbf{S}$는 S의 두 부분 S_1과 S_2 위에서 $\mathbf{F}$의 면적분의 합으로 계산된다.

$$\iint_S \mathbf{F} \cdot d\mathbf{S} = \iint_{S_1} \mathbf{F} \cdot d\mathbf{S} + \iint_{S_2} \mathbf{F} \cdot d\mathbf{S} = \frac{\pi}{2} + 0 = \frac{\pi}{2}$$ ■

15.7 연습문제

1. S를 평면 $x = \pm 1$, $y = \pm 1$, $z = \pm 1$로 둘러싸인 상자의 경계면이라 하자. 상자의 각 면을 정사각형 조각으로 나누어 각 정사각형을 S_{ij}라 하고, 점 P_{ij}^*를 정사각형의 중심으로 택하여 $\iint_S \cos(x + 2y + 3z)\, dS$의 근삿값을 정의 **1**을 이용하여 구하여라.

2. H를 $x^2 + y^2 + z^2 = 50$, $z \geqslant 0$인 반구면이라 하자. 그리고 f는 $f(3, 4, 5) = 7$, $f(3, -4, 5) = 8$, $f(-3, 4, 5) = 9$, $f(-3, -4, 5) = 12$인 연속함수라고 가정하자. H를 네 조각으로 나누어서 $\iint_H f(x, y, z)\, dS$의 값을 추정하여라.

3-12 면적분을 계산하여라.

3. $\iint_S (x + y + z)\,dS$, S는 매개방정식 $x = u + v$, $y = u - v$, $z = 1 + 2u + v$, $0 \leqslant u \leqslant 2$, $0 \leqslant v \leqslant 1$을 가지는 평행사변형

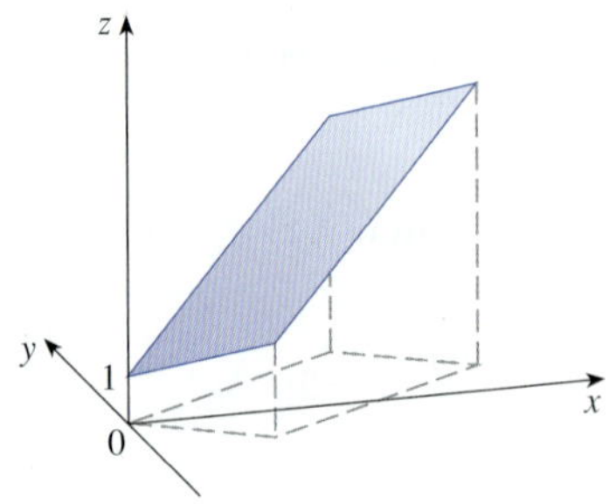

4. $\iint_S y\,dS$, S는 벡터방정식 $\mathbf{r}(u, v) = \langle u \cos v, u \sin v, v \rangle$, $0 \leqslant u \leqslant 1$, $0 \leqslant v \leqslant \pi$를 가지는 나선곡면이다.

5. $\iint_S x^2yz\,dS$, S는 직사각형 $[0, 3] \times [0, 2]$ 위에 놓인 평면 $z = 1 + 2x + 3y$의 부분

6. $\iint_S xz\,dS$, S는 제1팔분공간에 놓인 평면 $2x + 2y + z = 4$의 부분

7. $\iint_S x\,dS$, S는 꼭짓점이 $(1, 0, 0)$, $(0, -2, 0)$, $(0, 0, 4)$인 삼각형 영역

8. $\iint_S z^2\,dS$, S는 $0 \leqslant x \leqslant 1$로 주어진 포물면 $x = y^2 + z^2$의 부분

9. $\iint_S y^2z^2\,dS$, S는 $0 \leqslant y \leqslant 5$로 주어진 원뿔면 $y = \sqrt{x^2 + z^2}$의 부분

10. $\iint_S x\,dS$, S는 $y = x^2 + 4z$, $0 \leqslant x \leqslant 1$, $0 \leqslant z \leqslant 1$인 곡면

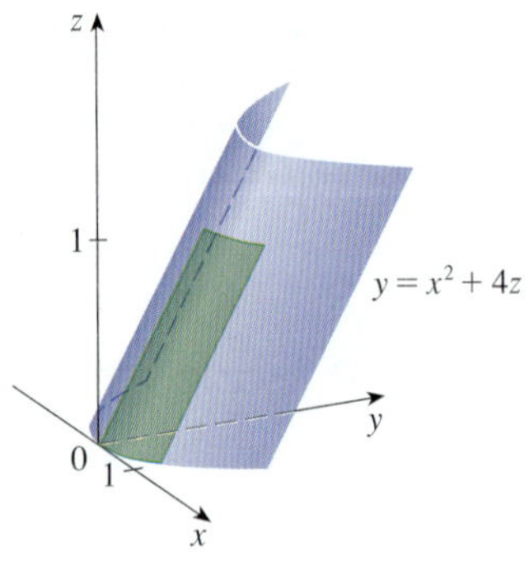

11. $\iint_S (x^2z + y^2z)\,dS$, S는 반구면 $x^2 + y^2 + z^2 = 4$, $z \geqslant 0$

12. $\iint_S (x + y + z)\,dS$, S는 평면 $y = 0$과 $y = 2$ 사이에 놓여 있는 반원기둥 $x^2 + z^2 = 1$, $z \geqslant 0$의 부분

13-19 주어진 벡터장 $\mathbf{F}$와 주어진 유향곡면 S에 대하여 면적분 $\iint_S \mathbf{F} \cdot d\mathbf{S}$를 구하여라. 즉 닫힌 곡면의 양의 방향(외부 쪽으로의 방향)을 이용하여 S를 통과하는 $\mathbf{F}$의 유량을 구하여라.

13. $\mathbf{F}(x, y, z) = ze^{xy}\,\mathbf{i} - 3ze^{xy}\,\mathbf{j} + xy\,\mathbf{k}$, S는 위쪽 방향을 가지는 연습문제 3의 평행사변형이다.

14. $\mathbf{F}(x, y, z) = xy\,\mathbf{i} + yz\,\mathbf{j} + zx\,\mathbf{k}$, S는 정사각형 $0 \leqslant x \leqslant 1$, $0 \leqslant y \leqslant 1$ 위에 놓여 있는 포물면 $z = 4 - x^2 - y^2$의 부분이고 위쪽 방향을 가진다.

15. $\mathbf{F}(x, y, z) = -x\,\mathbf{i} - y\,\mathbf{j} + z^3\,\mathbf{k}$, S는 평면 $z = 1$과 $z = 3$ 사이에 있는 원뿔면 $z = \sqrt{x^2 + y^2}$의 부분이고 아래쪽을 향한다.

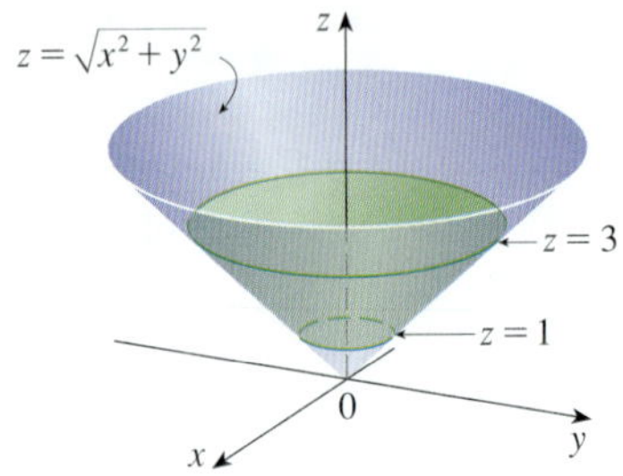

16. $\mathbf{F}(x, y, z) = x\,\mathbf{i} + y\,\mathbf{j} + z^2\,\mathbf{k}$, S는 중심이 원점이고 반지름이 1인 구면

17. $\mathbf{F}(x, y, z) = x\,\mathbf{i} + 2y\,\mathbf{j} + 3z\,\mathbf{k}$, S는 꼭짓점이 $(\pm 1, \pm 1, \pm 1)$인 정육면체

18. $\mathbf{F}(x, y, z) = x^2\,\mathbf{i} + y^2\mathbf{j} + z^2\,\mathbf{k}$, S는 반원주면 입체 $0 \leqslant z \leqslant \sqrt{1 - y^2}$, $0 \leqslant x \leqslant 2$의 경계

19. $\mathbf{F}(x, y, z) = y\,\mathbf{i} + (z - y)\,\mathbf{j} + x\,\mathbf{k}$, S는 꼭짓점이 $(0, 0, 0)$, $(1, 0, 0)$, $(0, 1, 0)$, $(0, 0, 1)$인 사면체의 표면

---

20. S가 $y = h(x, z)$에 의하여 주어지고 $\mathbf{n}$이 왼쪽으로 향하는 단위 법선벡터인 경우(보통의 방법으로 축들을 그릴 때)에 대하여 공식 **10**과 유사한 $\iint_S \mathbf{F} \cdot d\mathbf{S}$에 대한 공식을 구하여라.

21. S가 $x = k(y, z)$에 의하여 주어지고 $\mathbf{n}$이 앞쪽으로 향하는 단위 법선벡터인 경우(일반적으로 축들을 그렸을 때 보는 사람을 향하여)에 대하여 공식 **10**과 유사한 $\iint_S \mathbf{F} \cdot d\mathbf{S}$에 대한 공식을 구하여라.

22. 바닷물은 1025kg/m^3의 밀도를 가지고 속도장 $\mathbf{v} = y\,\mathbf{i} + x\,\mathbf{j}$로 흐른다. 여기서 x, y, z는 단위가 미터이고 속도 $\mathbf{v}$의 성분은 초당 미터의 단위를 가진다. 반구면 $x^2 + y^2 + z^2 = 9$, $z \geqslant 0$를 통하여 바깥쪽으로 흘러나가는 흐름의 비율을 구하여라.

23. 가우스 법칙을 이용하여 전기장이

$$\mathbf{E}(x, y, z) = x\,\mathbf{i} + y\,\mathbf{j} + 2z\,\mathbf{k}$$

일 때, 반구 입체 $x^2 + y^2 + z^2 \leqslant a^2$, $z \geqslant 0$에 포함되어 있는 전하를 구하여라.

24. 전도율 $K = 6.5$인 물질 내부의 점 (x, y, z)에서의 온도는

$u(x, y, z) = 2y^2 + 2z^2$이다. 원주곡면 $y^2 + z^2 = 6$, $0 \le x \le 4$를 통과하여 내부로 전달되는 열흐름의 비율을 구하여라.

25. 전도력 K를 가지는 공에서 어느 한 점에서의 온도는 공의 중심으로부터 거리에 반비례한다. 공의 중심에서 반지름 a를 가지는 구면 S를 따라 가로지르는 열흐름의 비율을 구하여라.

26. $\mathbf{F}$를 역제곱 장이라 하자. 즉 어떤 상수 c와 $\mathbf{r} = x\,\mathbf{i} + y\,\mathbf{j} + z\,\mathbf{k}$에 대하여 $\mathbf{F}(\mathbf{r}) = c\mathbf{r}/|\mathbf{r}|^3$이다. 중심이 원점인 구면 S를 가로지르는 $\mathbf{F}$의 유량은 S의 반지름에 대해 독립임을 보여라.

15.8 스토크스 정리

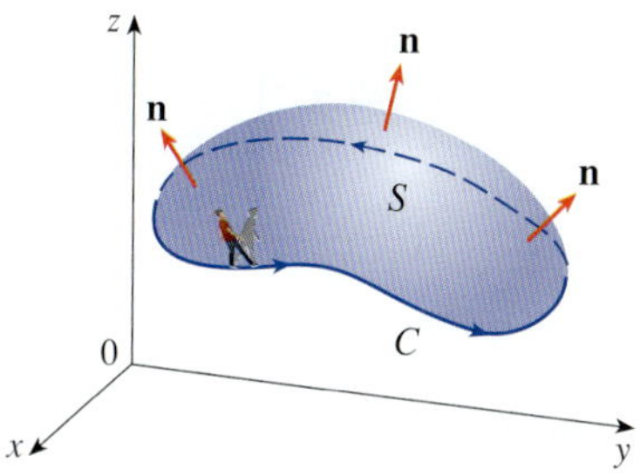

그림 1

> **스토크스**
>
> 스토크스 정리는 아일랜드 수리물리학자 스토크스(George Stokes, 1819~1903)경의 이름에서 유래되었다. 스토크스는 뉴턴과 같은 직위의 케임브리지 대학의 수학과 교수였으며, 빛과 유체의 흐름에 관한 연구로 유명하다. 스토크스 정리라고 부르는 정리는 실제로는 켈빈(Kelvin)경으로 알려진 스코틀랜드 물리학자 톰슨(William Thomson, 1824~1907)경에 의해 발견되었다. 스토크스는 1850년에 톰슨과의 편지에 의해 이 정리를 배웠으며 1854년 케임브리지 대학의 시험문제를 통하여 학생들에게 증명을 물었다. 그러나 학생들 중 몇 명이나 그 문제를 해결하였는지는 알 수 없다.

스토크스 정리는 고차원적인 그린 정리로 간주할 수 있다. 그린 정리가 평면영역 D상의 이중적분이 이 영역의 평면 경계곡선상의 선적분과 관계가 있음을 설명해주는 반면, 스토크스 정리는 곡면 S상의 면적분이 S의 경계곡선(이것은 공간곡선이다)상의 선적분과 관계가 있음을 설명해준다. 그림 1은 단위 법선벡터 $\mathbf{n}$을 가지는 유향곡면을 나타낸다. S의 방향은 그림에서 나타난 **경계곡선 C의 양의 방향**을 유도해낸다. 이것은 머리를 $\mathbf{n}$의 방향으로 하고, C 주위를 양의 방향으로 걸을 때, 곡면이 항상 왼쪽에 있음을 의미한다.

> **스토크스 정리(Stokes' Theorem)** S를 양의 방향을 가지는 단순, 닫힌, 조각적으로 매끄러운 경계곡선 C에 의하여 유계된 조각적으로 매끄러운 유향곡면이라 하자. $\mathbf{F}$가 벡터장으로 이것의 성분들이 S를 포함하는 $\mathbb{R}^3$에 속하는 열린 영역상에서 연속인 편도함수를 가진다고 하자. 그러면 다음과 같다.
>
> $$\int_C \mathbf{F} \cdot d\mathbf{r} = \iint_S \operatorname{curl} \mathbf{F} \cdot d\mathbf{S}$$

$$\int_C \mathbf{F} \cdot d\mathbf{r} = \int_C \mathbf{F} \cdot \mathbf{T}\, ds \text{이고} \qquad \iint_S \operatorname{curl} \mathbf{F} \cdot d\mathbf{S} = \iint_S \operatorname{curl} \mathbf{F} \cdot \mathbf{n}\, dS$$

이므로, 스토크스 정리는 $\mathbf{F}$의 접선성분의 S의 경계곡선상에서의 선적분이 $\mathbf{F}$의 회전의 법선성분의 면적분과 같다는 것을 의미한다.

유향곡면 S의 양의 방향인 경계곡선은 자주 ∂S로 쓰인다. 따라서 스토크스 정리는

1
$$\iint_S \operatorname{curl} \mathbf{F} \cdot d\mathbf{S} = \int_{\partial S} \mathbf{F} \cdot d\mathbf{r}$$

로 표현될 수 있다. 스토크스 정리, 그린 정리, 미분적분학의 기본정리 사이에는 유사성이 있다. 앞에서와 같이, 식 **1**의 좌변에는 도함수를 포함하는 적분(curl $\mathbf{F}$는 $\mathbf{F}$의 일종의 도함수임을 상기하자)이 존재하고, 우변은 S의 **경계** 위에서 $\mathbf{F}$값에만 관련된다.

사실상, 특수한 경우로 S가 위쪽 방향을 가진 평평하고 xy평면에 놓인 평평한 곡면이면 단위 법선은 $\mathbf{k}$이고 면적분은 이중적분이 되고 스토크스 정리는

$$\int_C \mathbf{F} \cdot d\mathbf{r} = \iint_S \operatorname{curl} \mathbf{F} \cdot d\mathbf{S} = \iint_S (\operatorname{curl} \mathbf{F}) \cdot \mathbf{k}\, dA$$

가 된다. 이것은 정확하게 15.5절의 식 **12**에서 주어진 그린 정리의 벡터 형태이다. 따

라서 그린 정리는 실제로 스토크스 정리의 특수한 경우임을 알 수 있다.

비록 아주 일반적인 경우 스토크스 정리의 증명은 너무 어려울 수 있지만 S가 함수의 그래프이고 $\mathbf{F}$, S, C에 알맞은 조건이 주어질 때 증명이 가능하다.

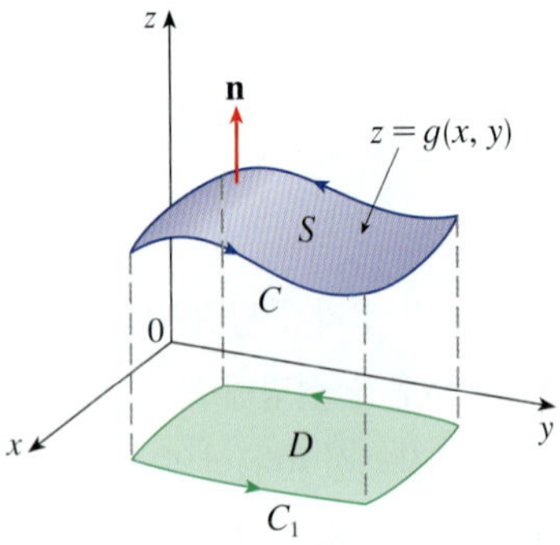

그림 2

스토크스 정리의 특수한 경우에 대한 증명 S의 방정식이 $z = g(x, y)$, $(x, y) \in D$라 가정하자. 여기서 g는 연속인 2계 편도함수를 가지는 함수이고, D는 C에 대응하는 경계곡선 C_1을 갖는 단순 평면 영역이다. S의 방향이 위쪽이면, C의 양의 방향은 C_1의 양의 방향과 대응된다(그림 2 참조). 또한 $\mathbf{F} = P\,\mathbf{i} + Q\,\mathbf{j} + R\,\mathbf{k}$이고, P, Q, R의 편도함수가 연속이라 가정하자.

S가 함수의 그래프이므로 $\mathbf{F}$ 대신에 curl $\mathbf{F}$를 대치하여 15.7절의 공식 **10**에 적용할 수 있다. 그 결과는 다음과 같다.

2
$$\iint_S \operatorname{curl} \mathbf{F} \cdot d\mathbf{S}$$
$$= \iint_D \left[-\left(\frac{\partial R}{\partial y} - \frac{\partial Q}{\partial z} \right) \frac{\partial z}{\partial x} - \left(\frac{\partial P}{\partial z} - \frac{\partial R}{\partial x} \right) \frac{\partial z}{\partial y} + \left(\frac{\partial Q}{\partial x} - \frac{\partial P}{\partial y} \right) \right] dA$$

여기에서 P, Q, R의 편도함수는 점 $(x, y, g\,(x, y))$에서 계산된다. C_1의 매개변수 표현이

$$x = x(t) \qquad y = y(t) \qquad a \leqslant t \leqslant b$$

이면, C의 매개변수 표현은

$$x = x(t) \qquad y = y(t) \qquad z = g(x(t), y(t)) \qquad a \leqslant t \leqslant b$$

가 된다. 이것과 연쇄법칙을 이용하면 아래와 같이 선적분을 계산할 수 있다.

$$\begin{aligned}
\int_C \mathbf{F} \cdot d\mathbf{r} &= \int_a^b \left(P \frac{dx}{dt} + Q \frac{dy}{dt} + R \frac{dz}{dt} \right) dt \\
&= \int_a^b \left[P \frac{dx}{dt} + Q \frac{dy}{dt} + R \left(\frac{\partial z}{\partial x} \frac{dx}{dt} + \frac{\partial z}{\partial y} \frac{dy}{dt} \right) \right] dt \\
&= \int_a^b \left[\left(P + R \frac{\partial z}{\partial x} \right) \frac{dx}{dt} + \left(Q + R \frac{\partial z}{\partial y} \right) \frac{dy}{dt} \right] dt \\
&= \int_{C_1} \left(P + R \frac{\partial z}{\partial x} \right) dx + \left(Q + R \frac{\partial z}{\partial y} \right) dy \\
&= \iint_D \left[\frac{\partial}{\partial x} \left(Q + R \frac{\partial z}{\partial y} \right) - \frac{\partial}{\partial y} \left(P + R \frac{\partial z}{\partial x} \right) \right] dA
\end{aligned}$$

여기에서 마지막 단계는 그린 정리를 이용했다. 이때 연쇄법칙을 다시 이용하고, P, Q, R이 x, y, z의 함수이고, z가 x, y의 함수임을 기억하면

$$\int_C \mathbf{F} \cdot d\mathbf{r} = \iint_D \left[\left(\frac{\partial Q}{\partial x} + \frac{\partial Q}{\partial z}\frac{\partial z}{\partial x} + \frac{\partial R}{\partial x}\frac{\partial z}{\partial y} + \frac{\partial R}{\partial z}\frac{\partial z}{\partial x}\frac{\partial z}{\partial y} + R\frac{\partial^2 z}{\partial x\,\partial y} \right) - \left(\frac{\partial P}{\partial y} + \frac{\partial P}{\partial z}\frac{\partial z}{\partial y} + \frac{\partial R}{\partial y}\frac{\partial z}{\partial x} + \frac{\partial R}{\partial z}\frac{\partial z}{\partial y}\frac{\partial z}{\partial x} + R\frac{\partial^2 z}{\partial y\,\partial x} \right) \right] dA$$

를 얻는다. 이 이중적분에 포함된 네 개의 항은 소거되고 나머지 여섯 개의 항을 정리하면 식 **2**의 우변과 일치한다. 그러므로 다음과 같다.

$$\int_C \mathbf{F} \cdot d\mathbf{r} = \iint_S \text{curl}\,\mathbf{F} \cdot d\mathbf{S}$$

예제 1 $\mathbf{F}(x, y, z) = -y^2\,\mathbf{i} + x\,\mathbf{j} + z^2\,\mathbf{k}$이고 C는 평면 $y + z = 2$와 원기둥 $x^2 + y^2 = 1$이 만나서 생기는 교차곡선일 때, $\int_C \mathbf{F} \cdot d\mathbf{r}$을 구하여라. (위에서 볼 때 C는 반시계 방향이다.)

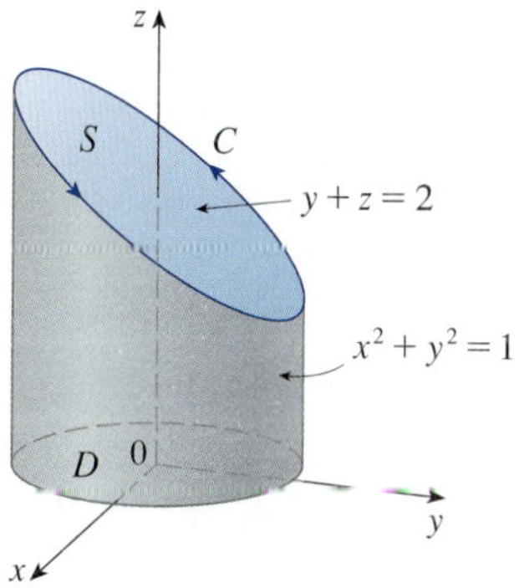

그림 3

풀이 곡선 C(타원)는 그림 3에 나타나 있다. 비록 $\int_C \mathbf{F} \cdot d\mathbf{r}$을 직접 구할 수 있더라도, 스토크스 정리를 이용하는 것이 더 쉽다. 우선 다음 계산을 한다.

$$\text{curl}\,\mathbf{F} = \begin{vmatrix} \mathbf{i} & \mathbf{j} & \mathbf{k} \\ \dfrac{\partial}{\partial x} & \dfrac{\partial}{\partial y} & \dfrac{\partial}{\partial z} \\ -y^2 & x & z^2 \end{vmatrix} = (1 + 2y)\,\mathbf{k}$$

스토크스 정리에 의해 경계가 C인 (유향이며 조각적으로 매끄러운) 어떤 곡면이라도 선택할 수 있다. C를 경계로 하는 곡면이 여러 개 있지만 가장 편리한 선택은 C에 의하여 유계된 평면 $y + z = 2$에 속하는 타원의 영역을 S로 택하는 것이다. S의 방향이 위쪽으로 향할 때 C는 양의 방향이 유도된다. xy평면 위에 내린 S의 정사영 D는 원판 $x^2 + y^2 \leq 1$이다. 따라서 $z = g(x, y) = 2 - y$와 15.7절의 **10**을 이용하면

$$\begin{aligned} \int_C \mathbf{F} \cdot d\mathbf{r} &= \iint_S \text{curl}\,\mathbf{F} \cdot d\mathbf{S} = \iint_D (1 + 2y)\,dA \\ &= \int_0^{2\pi}\int_0^1 (1 + 2r\sin\theta)\,r\,dr\,d\theta \\ &= \int_0^{2\pi} \left[\frac{r^2}{2} + 2\frac{r^3}{3}\sin\theta \right]_0^1 d\theta = \int_0^{2\pi} \left(\tfrac{1}{2} + \tfrac{2}{3}\sin\theta \right) d\theta \\ &= \tfrac{1}{2}(2\pi) + 0 = \pi \end{aligned}$$

를 얻는다.

NOTE 스토크스 정리에 의해 경계곡선 C 위에서의 $\mathbf{F}$값만 알면 면적분을 간단하게 계산할 수 있다. 이것은 똑같은 경계곡선 C를 갖는 또 다른 유향곡면이 있으면 면적분의 값이 같다는 것을 의미한다. 일반적으로, S_1과 S_2가 같은 방향을 가진 경계곡선 C를 갖는 유향곡면이고, 둘 다 스토크스 정리의 가정을 만족하면

$$\iint_{S_1} \text{curl}\,\mathbf{F}\cdot d\mathbf{S} = \int_C \mathbf{F}\cdot d\mathbf{r} = \iint_{S_2} \text{curl}\,\mathbf{F}\cdot d\mathbf{S} \tag{3}$$

가 성립한다. 이 사실을 이용하면 어떤 곡면 위에서는 적분하는 데 어려움이 있지만 다른 곡면 위에서의 적분이 쉬울 때 유용하게 이용할 수 있다.

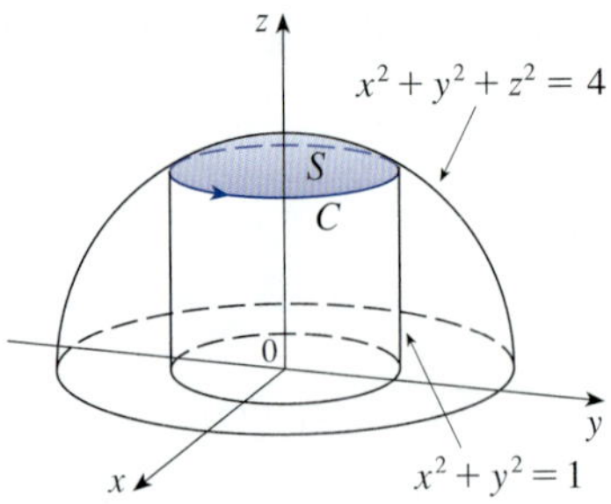

그림 4

예제 2 스토크스 정리를 이용하여 $\mathbf{F}(x, y, z) = xz\,\mathbf{i} + yz\,\mathbf{j} + xy\,\mathbf{k}$이고 S는 원기둥 $x^2 + y^2 = 1$의 내부에 있고 xy평면 위에 놓여 있는 구면 $x^2 + y^2 + z^2 = 4$의 부분(그림 4 참조)일 때, 적분 $\iint_S \text{curl}\,\mathbf{F}\cdot d\mathbf{S}$를 계산하여라.

풀이 1 경계곡선 C를 구하기 위하여 방정식 $x^2 + y^2 + z^2 = 4$와 $x^2 + y^2 = 1$을 푼다. 두 식을 빼면, $z^2 = 3$을 얻고 $z > 0$이므로 $z = \sqrt{3}$이다. 따라서 C는 방정식 $x^2 + y^2 = 1$, $z = \sqrt{3}$에 의하여 주어지는 원이다. C의 벡터방정식은

$$\mathbf{r}(t) = \cos t\,\mathbf{i} + \sin t\,\mathbf{j} + \sqrt{3}\,\mathbf{k} \qquad 0 \leqslant t \leqslant 2\pi$$

이고, 따라서 $$\mathbf{r}'(t) = -\sin t\,\mathbf{i} + \cos t\,\mathbf{j}$$

이다. 또한 $$\mathbf{F}(\mathbf{r}(t)) = \sqrt{3}\cos t\,\mathbf{i} + \sqrt{3}\sin t\,\mathbf{j} + \cos t\sin t\,\mathbf{k}$$

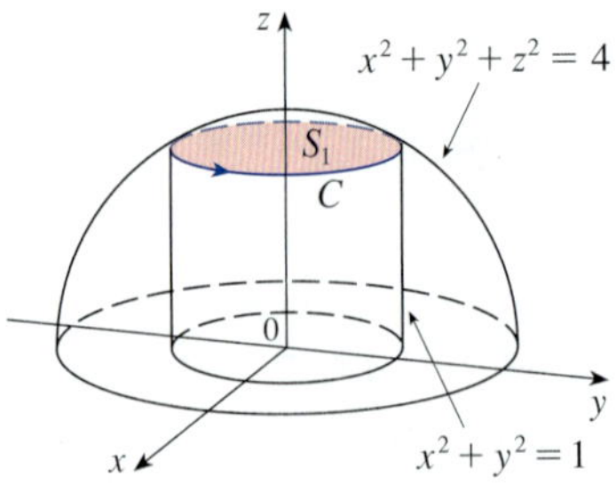

그림 5

를 얻는다. 그러므로 스토크스 정리에 의하여 다음과 같다.

$$\begin{aligned}\iint_S \text{curl}\,\mathbf{F}\cdot d\mathbf{S} &= \int_C \mathbf{F}\cdot d\mathbf{r} = \int_0^{2\pi} \mathbf{F}(\mathbf{r}(t))\cdot\mathbf{r}'(t)\,dt \\ &= \int_0^{2\pi} \left(-\sqrt{3}\cos t\sin t + \sqrt{3}\sin t\cos t\right) dt = \sqrt{3}\int_0^{2\pi} 0\,dt = 0\end{aligned}$$

풀이 2 S_1을 그림 5에서와 같이 평면 $z = \sqrt{3}$ 위의 원기둥 $x^2 + y^2 = 1$ 내부의 원판이라 하자. S_1과 S가 곡선 C를 같은 경계로 가지므로 스토크스 정리에 의해 다음을 얻는다.

$$\iint_S \text{curl}\,\mathbf{F}\cdot d\mathbf{S} = \iint_{S_1} \text{curl}\,\mathbf{F}\cdot d\mathbf{S}$$

S_1이 평행한 평면의 일부이므로 위쪽 법선벡터는 $\mathbf{k}$이다. $\text{curl}\,\mathbf{F} = (x - y)\,\mathbf{i} + (x - y)\,\mathbf{j}$이므로

$$\begin{aligned}\iint_S \text{curl}\,\mathbf{F}\cdot d\mathbf{S} &= \iint_{S_1} \text{curl}\,\mathbf{F}\cdot d\mathbf{S} = \iint_{S_1} \text{curl}\,\mathbf{F}\cdot\mathbf{n}\,dS \\ &= \iint_{S_1} [(x - y)\,\mathbf{i} + (x - y)\,\mathbf{j}]\cdot\mathbf{k}\,dS = \iint_{S_1} 0\,dS = 0\end{aligned}$$

이다. ■

이제 스토크스 정리를 이용하여 회전벡터의 의미를 알아보자. C가 방향이 있는 닫힌 곡선이고, $\mathbf{v}$가 유체 흐름에서 속도장을 나타낸다고 가정하자. 선적분

$$\int_C \mathbf{v} \cdot d\mathbf{r} = \int_C \mathbf{v} \cdot \mathbf{T}\, ds$$

를 생각하고, $\mathbf{v} \cdot \mathbf{T}$는 단위 접선벡터 $\mathbf{T}$의 방향에 대한 $\mathbf{v}$의 성분임을 기억하자. 이는 $\mathbf{v}$의 방향이 $\mathbf{T}$의 방향에 가까울수록 $\mathbf{v} \cdot \mathbf{T}$의 값이 커진다는 것을 의미한다(일반적으로 $\mathbf{v}$와 $\mathbf{T}$가 반대 방향을 가리키면 $\mathbf{v} \cdot \mathbf{T}$가 음수임을 기억하라). 따라서 $\int_C \mathbf{v} \cdot d\mathbf{r}$은 C방향과 같은 방향으로 C를 따라 움직이는 유체의 성향 정도를 나타내는 측도이고, C를 따르는 $\mathbf{v}$의 **순환**(circulation)이라 정의한다(그림 6 참조).

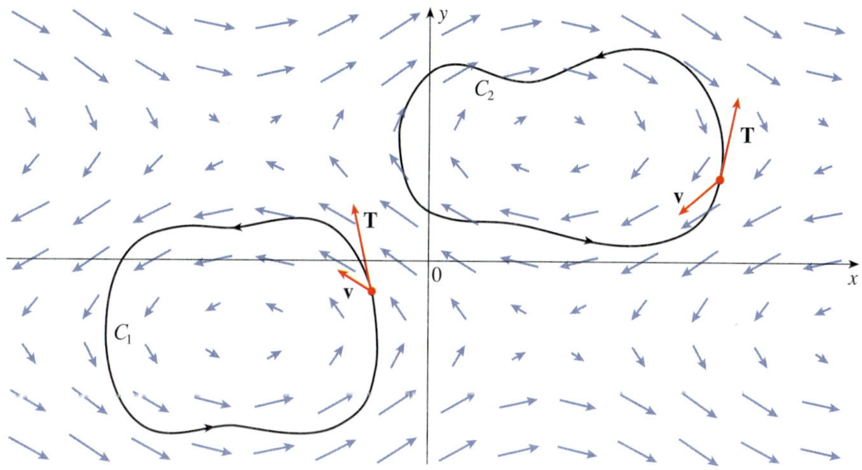

그림 6

$\int_{C_1} \mathbf{v} \cdot d\mathbf{r} > 0$, 양의 순환

$\int_{C_2} \mathbf{v} \cdot d\mathbf{r} < 0$, 음의 순환

이제 $P_0(x_0, y_0, z_0)$를 유체 내의 점이라 하고, S_a를 중심이 P_0이고 반지름이 a인 작은 원판이라 하자. 그러면 curl $\mathbf{F}$가 연속이므로 S_a상의 모든 점 P에 대하여 $(\text{curl }\mathbf{F})(P) \approx (\text{curl }\mathbf{F})(P_0)$이다. 그러므로 스토크스 정리를 이용하면 경계원 C_a를 따르는 순환에 대한 아래 근삿값을 얻는다.

$$\int_{C_a} \mathbf{v} \cdot d\mathbf{r} = \iint_{S_a} \text{curl }\mathbf{v} \cdot d\mathbf{S} = \iint_{S_a} \text{curl }\mathbf{v} \cdot \mathbf{n}\, dS$$

$$\approx \iint_{S_a} \text{curl }\mathbf{v}(P_0) \cdot \mathbf{n}(P_0)\, dS = \text{curl }\mathbf{v}(P_0) \cdot \mathbf{n}(P_0)\pi a^2$$

그림 7과 같이 유체 속의 한 점 P에 놓여 있는 작은 노가 달린 바퀴를 생각하자. 회전축이 curl $\mathbf{v}$와 평행할 때, 이 바퀴는 가장 빠르게 회전한다.

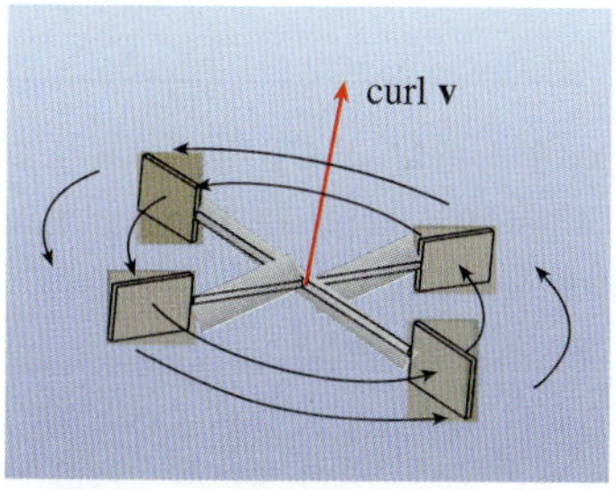

그림 7

이 근삿값은 $a \to 0$일 때 참값에 더욱 가깝고,

4 $$\text{curl }\mathbf{v}(P_0) \cdot \mathbf{n}(P_0) = \lim_{a \to 0} \frac{1}{\pi a^2} \int_{C_a} \mathbf{v} \cdot d\mathbf{r}$$

을 얻는다. 방정식 **4**는 회전과 순환 사이의 관계를 제시해준다. 이는 curl $\mathbf{v} \cdot \mathbf{n}$이 $\mathbf{n}$축에 관한 유체의 회전하는 효과의 측도임을 보여준다. 회전하는 효과는 curl $\mathbf{v}$에 평행인 축에 관한 경우일 때 최대가 된다.

마지막으로 스토크스 정리는 15.5절의 정리 **4**($\mathbb{R}^3$상의 모든 점에서 curl $\mathbf{F} = \mathbf{0}$이면, $\mathbf{F}$는 보존적이다)를 증명하는 데 이용할 수 있다. 앞에서 다룬 내용(15.3절의 정리 **3**과 **4**)으로부터 모든 닫힌 경로 C에 대하여 $\int_C \mathbf{F} \cdot d\mathbf{r} = 0$이면 $\mathbf{F}$가 보존적임을 안다. 주어진 C에 대하여 경계가 C인 유향곡면 S를 구할 수 있다고 가정하자(이것은 구할 수 있

지만 증명은 어려운 이론을 요구한다). 그러면 스토크스 정리에 의하여

$$\int_C \mathbf{F} \cdot d\mathbf{r} = \iint_S \operatorname{curl} \mathbf{F} \cdot d\mathbf{S} = \iint_S \mathbf{0} \cdot d\mathbf{S} = 0$$

을 얻는다. 단순하지 않은 곡선은 몇 개의 단순곡선으로 나뉠 수 있고, 이들 단순곡선을 따른 적분들은 모두 0이므로 이들 적분을 합하면, 임의의 닫힌 곡선 C에 대하여 $\int_C \mathbf{F} \cdot d\mathbf{r} = 0$을 얻는다.

15.8 연습문제

1. 아래 그림은 원판 D와 반구면 H, 포물면 P의 부분을 나타내고 있다. $\mathbf{F}$는 $\mathbb{R}^3$상에서 각 성분이 연속인 편도함수를 갖는 벡터장이라고 가정하자.

$$\iint_D \operatorname{curl} \mathbf{F} \cdot d\mathbf{S} = \iint_H \operatorname{curl} \mathbf{F} \cdot d\mathbf{S} = \iint_P \operatorname{curl} \mathbf{F} \cdot d\mathbf{S}$$

인 이유를 설명하여라.

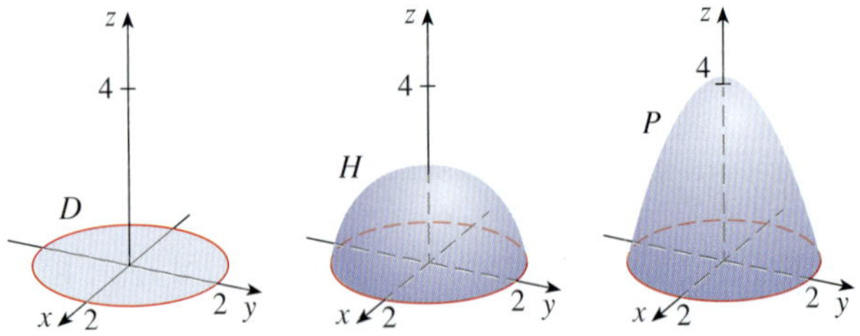

2-4 스토크스 정리를 이용하여 $\iint_S \operatorname{curl} \mathbf{F} \cdot d\mathbf{S}$를 구하여라.

2. $\mathbf{F}(x, y, z) = x^2 \sin z\,\mathbf{i} + y^2\,\mathbf{j} + xy\,\mathbf{k}$,
S는 위쪽을 향하는 xy평면 위의 포물면 $z = 1 - x^2 - y^2$

3. $\mathbf{F}(x, y, z) = \tan^{-1}(x^2yz^2)\,\mathbf{i} + x^2y\,\mathbf{j} + x^2z^2\,\mathbf{k}$,
S는 양의 x축을 향하는 원뿔 $x = \sqrt{y^2 + z^2},\ 0 \leqslant x \leqslant 2$

4. $\mathbf{F}(x, y, z) = e^{xy}\,\mathbf{i} + e^{xz}\,\mathbf{j} + x^2z\,\mathbf{k}$,
S는 xz평면의 오른쪽에 놓여 있는 타원체 $4x^2 + y^2 + 4z^2 = 4$의 반이고 양의 y축 방향을 가진다.

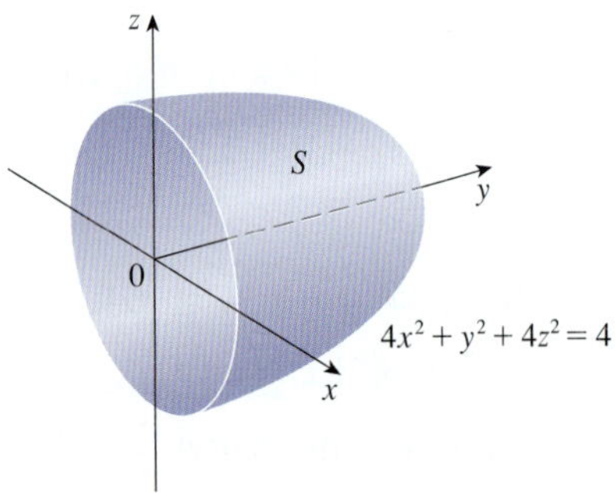

5-9 스토크스 정리를 이용하여 $\int_C \mathbf{F} \cdot d\mathbf{r}$을 구하여라. 각 경우에 C는 위에서 볼 때 반시계 방향을 가진다.

5. $\mathbf{F}(x, y, z) = (x + y^2)\,\mathbf{i} + (y + z^2)\,\mathbf{j} + (z + x^2)\,\mathbf{k}$,
C는 $(1, 0, 0)$, $(0, 1, 0)$, $(0, 0, 1)$을 꼭짓점으로 하는 삼각형

6. $\mathbf{F}(x, y, z) = 2y\,\mathbf{i} + xz\,\mathbf{j} + (x + y)\,\mathbf{k}$,
C는 평면 $z = y + 2$와 원기둥 $x^2 + y^2 = 1$이 교차하는 곡선

7. $\mathbf{F}(x, y, z) = \langle -yx^2, xy^2, e^{xy} \rangle$,
C는 원점이 중심이고 반지름이 2인 xy평면 위의 원

8. $\mathbf{F}(x, y, z) = ze^x\,\mathbf{i} + (z - y^3)\,\mathbf{j} + (x - z^3)\,\mathbf{k}$,
C는 원점에서 볼 때 시계 방향을 갖는 $y^2 + z^2 = 4$, $x = 3$인 원

9. $\mathbf{F}(x, y, z) = x^2y\,\mathbf{i} + x^3\,\mathbf{j} + e^z \tan^{-1}z\,\mathbf{k}$,
C는 매개방정식이 $x = \cos t$, $y = \sin t$, $z = \sin t$, $0 \leqslant t \leqslant 2\pi$로 주어지는 곡선

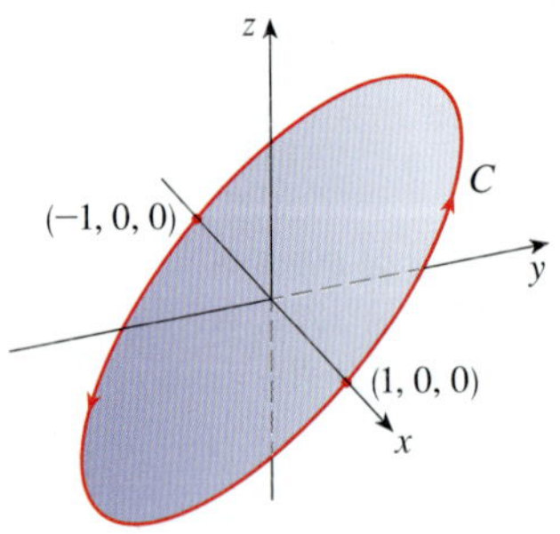

10. (a) $\mathbf{F}(x, y, z) = x^2 z\,\mathbf{i} + xy^2\,\mathbf{j} + z^2\,\mathbf{k}$이고 C는 평면 $x + y + z = 1$과 원기둥 $x^2 + y^2 = 9$가 교차할 때 생기는 곡선으로 위에서 볼 때 C의 방향이 반시계 방향이라 하자. 스토크스 정리를 이용하여 $\int_C \mathbf{F} \cdot d\mathbf{r}$을 구하여라.

(b) 곡선 C를 볼 수 있게 선택된 정의역을 가지는 평면과 원기둥, 그리고 위의 (a)에서 여러분이 사용한 곡면을 그려라.

(c) C에 대한 매개변수방정식을 구하고 그것을 사용하여 C를 그려라.

11-12 주어진 벡터장 **F**와 곡면 S에 대하여 스토크스 정리가 성립함을 증명하여라.

11. $\mathbf{F}(x, y, z) = -y\,\mathbf{i} + x\,\mathbf{j} - 2\,\mathbf{k}$,
S는 원뿔면 $z^2 = x^2 + y^2$, $0 \le z \le 4$이고 아래쪽 방향을 가진다.

12. $\mathbf{F}(x, y, z) = y\,\mathbf{i} + z\,\mathbf{j} + x\,\mathbf{k}$,
S는 $x^2 + y^2 + z^2 = 1$, $y \geqslant 0$인 반구면이고 방향은 양의 y축 방향이다.

13. C를 평면 $x + y + z = 1$에 놓여 있는 매끄러운 단순 닫힌곡선이라고 하자. 다음 선적분 $\int_C z\,dx - 2x\,dy + 3y\,dz$는 C에 의해 둘러싸인 영역의 넓이에 의존하고 C의 모양이나 평면에서 그것의 위치에 의존하지 않음을 보여라.

14. 입자가 원점에서 점 (1, 0, 0), (1, 2, 1), (0, 2, 1)까지 선분을 따라 이동하고 힘의 장 $\mathbf{F}(x, y, z) = z^2\,\mathbf{i} + 2xy\,\mathbf{j} + 4y^2\,\mathbf{k}$의 영향 아래 원점으로 돌아간다. 한 일을 구하여라.

15. S가 구면이고 **F**가 스토크스 정리의 가정을 만족할 때, $\iint_S \operatorname{curl} \mathbf{F} \cdot d\mathbf{S} = 0$임을 밝혀라.

15.9 발산정리

15.5절에서 그린 정리를 벡터를 이용하여

$$\int_C \mathbf{F} \cdot \mathbf{n}\, ds = \iint_D \operatorname{div} \mathbf{F}(x, y)\, dA$$

로 다시 표기했다. 여기에서 C는 평면영역 D의 양의 방향을 갖는 경계곡선이다. 이 정리를 $\mathbb{R}^3$의 벡터장으로 확장하고자 하면, 다음을 추측할 수 있다.

$$\boxed{1} \qquad \iint_S \mathbf{F} \cdot \mathbf{n}\, dS = \iiint_E \operatorname{div} \mathbf{F}(x, y, z)\, dV$$

여기에서 S는 입체영역 E의 경계곡면이다. 적당한 가정하에서 방정식 [1]이 참임이 판명되는데, 이것을 발산정리라 부른다. 이것이 그린 정리, 스토크스 정리와 비슷한 점은 영역의 경계 위에서 원래함수 **F**의 적분과 영역 위에서 함수의 미분(div **F**)의 적분이 관련 있다는 것이다.

이 단계에서 14.5절에 나오는 삼중적분을 구할 수 있는 여러 가지 형태의 영역을 복습하고, 형태 1, 2, 3을 동시에 만족하는 영역 E에 대하여 발산정리를 설명하고 증명한다. 그리고 이러한 영역을 **단순입체 영역**이라 부른다. (예를 들면, 타원면에 의하여 유계된 영역이나 직육면체는 단순입체 영역이다.) E의 경계는 닫힌 곡면이고 15.7절에서 소개된 양의 방향에 대한 약속을 이용한다. 즉, 양의 방향은 외부 쪽으로 향하는 방향이다. 다시 말해, 단위 법선벡터 **n**은 E로부터 외부 쪽으로 향한다.

발산정리는 독일의 위대한 수학자 가우스(Karl Friendrich Gauss, 1777~1855)의 이름을 따서 가우스 정리라고도 부른다. 그는 정전기학을 연구하는 동안 이 정리를 발견했다. 동유럽에서는 발산정리가 소련 수학자 오스트로그라드스키(Mikhail Ostrogradsky, 1801~1862)의 이름을 따서 오스트로그라드스키 정리로 알려져 있다. 그는 1826년에 이 결과를 발표했다.

발산정리(Divergence Theorem) E는 경계곡면 S가 양(외부 쪽)의 방향을 갖는 단순입체 영역이라 하자. **F**는 그 성분함수들이 E를 포함하는 열린 영역상에서 연속인 편도함수를 갖는 벡터장이라 하자. 그러면 다음이 성립한다.

$$\iint_S \mathbf{F} \cdot d\mathbf{S} = \iiint_E \operatorname{div} \mathbf{F}\, dV$$

따라서 발산정리는 주어진 조건 아래, E의 경계곡면을 가로지르는 $\mathbf{F}$의 유량은 E 위에서 $\mathbf{F}$의 발산의 삼중적분과 같음을 말해준다.

증명 $\mathbf{F} = P\,\mathbf{i} + Q\,\mathbf{j} + R\,\mathbf{k}$라 하자. 그러면

$$\operatorname{div} \mathbf{F} = \frac{\partial P}{\partial x} + \frac{\partial Q}{\partial y} + \frac{\partial R}{\partial z}$$

이므로

$$\iiint_E \operatorname{div} \mathbf{F}\, dV = \iiint_E \frac{\partial P}{\partial x}\, dV + \iiint_E \frac{\partial Q}{\partial y}\, dV + \iiint_E \frac{\partial R}{\partial z}\, dV$$

이다. $\mathbf{n}$이 S의 외부 쪽으로 향하는 단위 법선이면, 발산정리의 좌변에 있는 면적분은

$$\iint_S \mathbf{F} \cdot d\mathbf{S} = \iint_S \mathbf{F} \cdot \mathbf{n}\, dS = \iint_S (P\,\mathbf{i} + Q\,\mathbf{j} + R\,\mathbf{k}) \cdot \mathbf{n}\, dS$$

$$= \iint_S P\,\mathbf{i} \cdot \mathbf{n}\, dS + \iint_S Q\,\mathbf{j} \cdot \mathbf{n}\, dS + \iint_S R\,\mathbf{k} \cdot \mathbf{n}\, dS$$

이다. 그러므로 발산정리를 증명하려면 다음 세 가지 방정식만 증명하면 충분하다.

2 $$\iint_S P\,\mathbf{i} \cdot \mathbf{n}\, dS = \iiint_E \frac{\partial P}{\partial x}\, dV$$

3 $$\iint_S Q\,\mathbf{j} \cdot \mathbf{n}\, dS = \iiint_E \frac{\partial Q}{\partial y}\, dV$$

4 $$\iint_S R\,\mathbf{k} \cdot \mathbf{n}\, dS = \iiint_E \frac{\partial R}{\partial z}\, dV$$

방정식 **4**를 증명하기 위하여 E가 형태 1 영역인 사실을 이용한다.

$$E = \{(x, y, z) \mid (x, y) \in D,\ u_1(x, y) \leqslant z \leqslant u_2(x, y)\}$$

여기서 D는 E의 xy평면 위로의 정사영이다. 14.6절의 방정식 **6**에 의하여

$$\iiint_E \frac{\partial R}{\partial z}\, dV = \iint_D \left[\int_{u_1(x, y)}^{u_2(x, y)} \frac{\partial R}{\partial z}(x, y, z)\, dz \right] dA$$

를 얻는다. 그러므로 미적분학의 기본정리에 의하여

5 $$\iiint_E \frac{\partial R}{\partial z}\, dV = \iint_D \left[R\big(x, y, u_2(x, y)\big) - R\big(x, y, u_1(x, y)\big) \right] dA$$

가 된다.

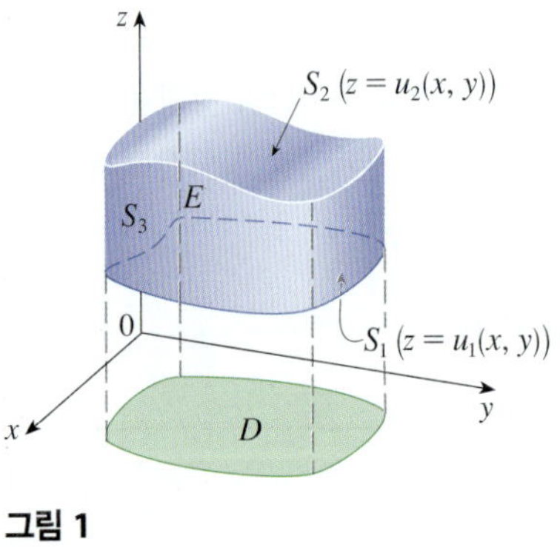

그림 1

경계곡면 S는 세 부분으로 구성된다. 밑바닥 곡면 S_1, 위 곡면 S_2, D의 경계곡선 위에 놓이는 수직곡면 S_3이다(그림 1 참조, 구면의 경우처럼 S_3는 나타나 보이지 않을 수도 있다). S_3에서 $\mathbf{k}$는 수직이고 $\mathbf{n}$은 수평이기 때문에 $\mathbf{k} \cdot \mathbf{n} = 0$임을 주목하자. 따라서

$$\iint_{S_3} R\,\mathbf{k} \cdot \mathbf{n}\, dS = \iint_{S_3} 0\, dS = 0$$

이다. 그러므로 수직곡면이 존재하는지의 여부에 상관없이

$$\boxed{6} \qquad \iint_S R\,\mathbf{k}\cdot\mathbf{n}\,dS = \iint_{S_1} R\,\mathbf{k}\cdot\mathbf{n}\,dS + \iint_{S_2} R\,\mathbf{k}\cdot\mathbf{n}\,dS$$

가 성립한다.

S_2의 방정식은 $z = u_2(x, y)$, $(x, y) \in D$이고 외부 쪽 방향의 법선 $\mathbf{n}$은 위로 향한다. 따라서 15.7절의 방정식 $\boxed{10}$ ($\mathbf{F}$에 $R\,\mathbf{k}$를 대입한다)으로부터

$$\iint_{S_2} R\,\mathbf{k}\cdot\mathbf{n}\,dS = \iint_D R(x, y, u_2(x, y))\,dA$$

를 얻는다. S_1상에서는 $z = u_1(x, y)$가 되지만 여기서의 외부 쪽 방향의 법선 $\mathbf{n}$은 아래쪽으로 향한다. 그래서 -1을 곱하면

$$\iint_{S_1} R\,\mathbf{k}\cdot\mathbf{n}\,dS = -\iint_D R(x, y, u_1(x, y))\,dA$$

를 얻는다. 그러므로 식 $\boxed{6}$에 의하여

$$\iint_S R\,\mathbf{k}\cdot\mathbf{n}\,dS = \iint_D \left[R(x, y, u_2(x, y)) - R(x, y, u_1(x, y))\right] dA$$

가 된다. 식 $\boxed{5}$와 비교하면,

$$\iint_S R\,\mathbf{k}\cdot\mathbf{n}\,dS = \iiint_E \frac{\partial R}{\partial z}\,dV$$

발산정리의 증명 방법은 그린 정리의 증명 방법과 유사하다.

를 얻는다. 식 $\boxed{2}$와 $\boxed{3}$은 E에 대한 표현이 형태 2 혹은 형태 3 영역인 경우를 이용하여 유사한 방법으로 증명된다. ■

예제 1 단위 구면 $x^2 + y^2 + z^2 = 1$상의 벡터장 $\mathbf{F}(x, y, z) = z\,\mathbf{i} + y\,\mathbf{j} + x\,\mathbf{k}$의 유량을 구하여라.

풀이 우선 $\mathbf{F}$의 발산을 계산한다.

$$\operatorname{div}\mathbf{F} = \frac{\partial}{\partial x}(z) + \frac{\partial}{\partial y}(y) + \frac{\partial}{\partial z}(x) = 1$$

단위 구면 S는 $x^2 + y^2 + z^2 \leqslant 1$에 의하여 주어지는 단위 구 B의 경계이다. 따라서 발산정리를 이용하면 유량은

예제 1의 해를 15.7절 예제 4의 해와 비교하여라.

$$\iint_S \mathbf{F}\cdot d\mathbf{S} = \iiint_B \operatorname{div}\mathbf{F}\,dV = \iiint_B 1\,dV = V(B) = \tfrac{4}{3}\pi(1)^3 = \frac{4\pi}{3}$$

가 된다. ■

예제 2 $\mathbf{F}(x, y, z) = xy\,\mathbf{i} + \left(y^2 + e^{xz^2}\right)\mathbf{j} + \sin(xy)\,\mathbf{k}$이고, S는 포물기둥 $z = 1 - x^2$과 평면 $z = 0$, $y = 0$과 $y + z = 2$에 의하여 유계된 영역 E의 곡면(그림 2 참조)일 때

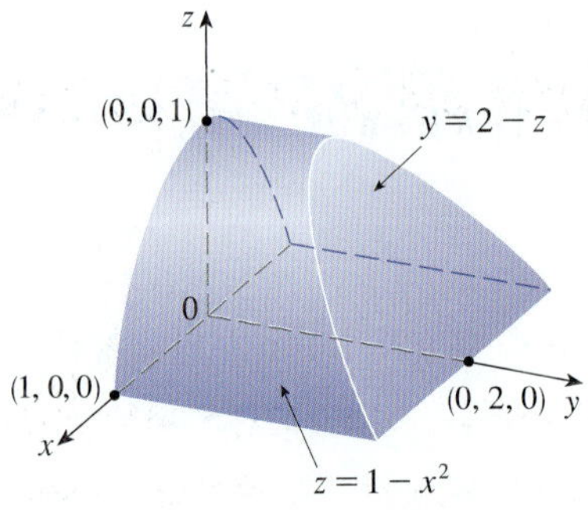

그림 2

$\iint_S \mathbf{F} \cdot d\mathbf{S}$를 구하여라.

풀이 주어진 면적분을 직접 구하는 것은 매우 어렵다.(S의 네 부분에 대응하는 네 개의 면적분을 구해야만 한다.) 더욱이 $\mathbf{F}$의 발산은 $\mathbf{F}$ 자체보다 훨씬 덜 복잡하다.

$$\text{div}\,\mathbf{F} = \frac{\partial}{\partial x}(xy) + \frac{\partial}{\partial y}\left(y^2 + e^{xz^2}\right) + \frac{\partial}{\partial z}(\sin xy) = y + 2y = 3y$$

그러므로 발산정리를 이용하여 주어진 면적분을 삼중적분으로 바꾼다. 이 삼중적분을 구하는 가장 쉬운 방법은 E를 형태 3 영역

$$E = \left\{(x, y, z) \mid -1 \leq x \leq 1,\ 0 \leq z \leq 1 - x^2,\ 0 \leq y \leq 2 - z\right\}$$

로 나타내는 것이다. 그러면 다음과 같다.

$$\iint_S \mathbf{F} \cdot d\mathbf{S} = \iiint_E \text{div}\,\mathbf{F}\, dV = \iiint_E 3y\, dV$$

$$= 3\int_{-1}^{1}\int_0^{1-x^2}\int_0^{2-z} y\, dy\, dz\, dx = 3\int_{-1}^{1}\int_0^{1-x^2} \frac{(2-z)^2}{2}\, dz\, dx$$

$$= \frac{3}{2}\int_{-1}^{1}\left[-\frac{(2-z)^3}{3}\right]_0^{1-x^2} dx = -\frac{1}{2}\int_{-1}^{1}\left[(x^2+1)^3 - 8\right] dx$$

$$= -\int_0^1 (x^6 + 3x^4 + 3x^2 - 7)\, dx = \frac{184}{35}$$ ■

비록 단순입체 영역에 대해서만 발산정리를 증명했더라도, 유한개의 단순입체 영역의 합 집합인 영역에 대하여 증명될 수 있다. (이 과정은 15.4절에서 그린 정리를 확장할 때 이용했던 것과 유사하다.)

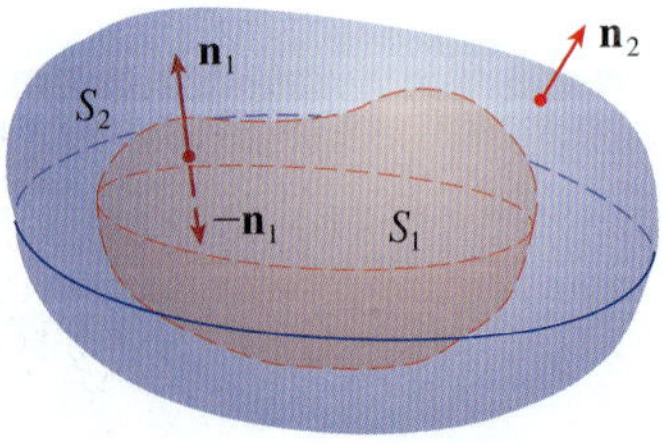

그림 3

예를 들면, 단순곡면 S_1과 S_2(여기에서 S_1은 S_2에 포함된다) 사이에 놓여 있는 영역 E를 생각하자. $\mathbf{n}_1$과 $\mathbf{n}_2$는 S_1과 S_2의 외부로 향하는 법선벡터라 하자. 그러면 E의 경계곡면은 $S = S_1 \cup S_2$이고 이것의 법선벡터는 S_1상에서는 $\mathbf{n} = -\mathbf{n}_1$이고, S_2상에서는 $\mathbf{n} = \mathbf{n}_2$이다(그림 3 참조). S에 발산정리를 적용하면,

7
$$\iiint_E \text{div}\,\mathbf{F}\, dV = \iint_S \mathbf{F} \cdot d\mathbf{S} = \iint_S \mathbf{F} \cdot \mathbf{n}\, dS$$

$$= \iint_{S_1} \mathbf{F} \cdot (-\mathbf{n}_1)\, dS + \iint_{S_2} \mathbf{F} \cdot \mathbf{n}_2\, dS$$

$$= -\iint_{S_1} \mathbf{F} \cdot d\mathbf{S} + \iint_{S_2} \mathbf{F} \cdot d\mathbf{S}$$

를 얻는다. ■

발산정리의 또 다른 응용은 유체 흐름이다. $\mathbf{v}(x, y, z)$를 상수밀도 ρ를 갖는 유체의 속도장이라 하자. 그러면 $\mathbf{F} = \rho\mathbf{v}$는 단위 넓이당 흐름의 비율이다. 만일 $P_0(x_0, y_0, z_0)$가 유체 내의 한 점이고, B_a는 중심이 P_0이고 반지름이 매우 작은 값 a인 공일 때, div $\mathbf{F}$가

연속이므로 B_a에 속하는 모든 점에 대하여 div $\mathbf{F}(P) \approx$ div $\mathbf{F}(P_0)$이다. 경계구면 S_a 위에서 유량을 근사적으로 계산하면 다음과 같다.

$$\iint_{S_a} \mathbf{F} \cdot d\mathbf{S} = \iiint_{B_a} \operatorname{div} \mathbf{F}\, dV \approx \iiint_{B_a} \operatorname{div} \mathbf{F}(P_0)\, dV = \operatorname{div} \mathbf{F}(P_0) V(B_a)$$

이 근삿값은 $a \to 0$일 때 참값에 더 가까워지고

8
$$\operatorname{div} \mathbf{F}(P_0) = \lim_{a \to 0} \frac{1}{V(B_a)} \iint_{S_a} \mathbf{F} \cdot d\mathbf{S}$$

를 암시한다. 방정식 **8**은 div $\mathbf{F}(P_0)$가 P_0에서 단위 부피당 외부로 향하는 유량의 순비율임을 말해준다. (이것이 **발산**이라 이름 붙인 이유이다.) div $\mathbf{F}(P) > 0$이면, 순흐름은 P 근방에서 외부로 향하고, P를 **용출점**(source)이라 부른다. div $\mathbf{F}(P) < 0$일 때 순흐름은 P 근방에서 내부로 향하고, P를 **흡입점**(sink)이라 부른다.

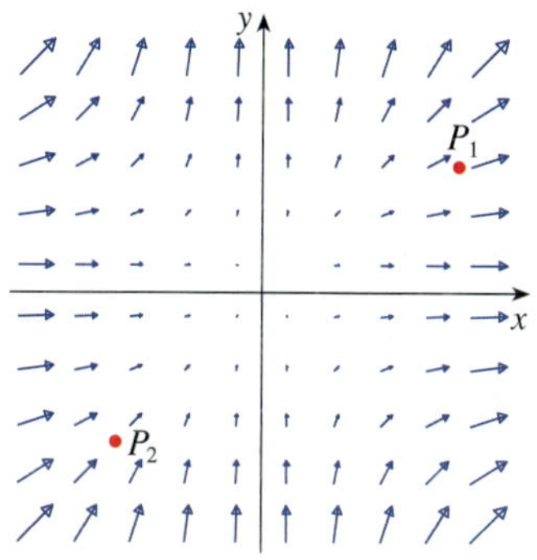

그림 4 벡터장 $\mathbf{F} = x^2\mathbf{i} + y^2\mathbf{j}$

그림 4에서 벡터장은 P_1 가까이에서 출발하는 벡터보다 P_1 가까이에서 끝나는 벡터들이 더 짧다. 그래서 순흐름은 P_1 가까이에서 외부로 향하므로 div $\mathbf{F}(P_1) > 0$이고 P_1은 용출점이다. 한편 P_2 근방에서 들어오는 화살이 나가는 화살보다 더 길다. 여기서 순흐름은 안쪽으로 향하므로 div $\mathbf{F}(P_2) < 0$이고 P_2는 흡입점이다. $\mathbf{F}$에 대한 식을 사용하여 이러한 사실을 알 수 있다. $\mathbf{F} = x^2\mathbf{i} + y^2\mathbf{j}$이기 때문에 div $\mathbf{F} = 2x + 2y$이고 $y > -x$일 때 양이 된다. 그래서 직선 $y = -x$ 위쪽의 점들은 용출점이고, 아래쪽의 점들은 흡입점이다.

15.9 연습문제

1-2 영역 E상에서 벡터장 $\mathbf{F}$에 대해 발산정리가 사실임을 증명하여라.

1. $\mathbf{F}(x, y, z) = 3x\,\mathbf{i} + xy\,\mathbf{j} + 2xz\,\mathbf{k}$,
E는 평면 $x = 0$, $x = 1$, $y = 0$, $y = 1$, $z = 0$, $z = 1$에 의해 유계된 정육면체

2. $\mathbf{F}(x, y, z) = \langle z, y, x \rangle$,
E는 $x^2 + y^2 + z^2 \leq 16$인 입체 공

3-10 발산정리를 이용하여 면적분 $\iint_S \mathbf{F} \cdot d\mathbf{S}$, 즉 S를 통과하는 $\mathbf{F}$의 유량을 계산하여라.

3. $\mathbf{F}(x, y, z) = xye^z\,\mathbf{i} + xy^2z^3\,\mathbf{j} - ye^z\,\mathbf{k}$,
S는 좌표면과 평면 $x = 3$, $y = 2$, $z = 1$에 의해 유계된 상자의 표면이다.

4. $\mathbf{F}(x, y, z) = 3xy^2\,\mathbf{i} + xe^z\,\mathbf{j} + z^3\,\mathbf{k}$,
S는 원기둥 $y^2 + z^2 = 1$과 평면 $x = -1$, $x = 2$에 의해 둘러싸인 입체의 표면이다.

5. $\mathbf{F}(x, y, z) = xe^y\,\mathbf{i} + (z - e^y)\,\mathbf{j} - xy\,\mathbf{k}$,
S는 타원면 $x^2 + 2y^2 + 3z^2 = 4$이다.

6. $\mathbf{F}(x, y, z) = e^y \tan z\,\mathbf{i} + x^2y\,\mathbf{j} + e^x \cos y\,\mathbf{k}$,
S는 곡면 $z = 2 - x - y^3$, $-1 \leq x \leq 1$, $-1 \leq y \leq 1$ 아래에 있고 xy평면 위에 놓이는 입체의 표면이다.

7. $\mathbf{F}(x, y, z) = (2x^3 + y^3)\,\mathbf{i} + (y^3 + z^3)\,\mathbf{j} + 3y^2z\,\mathbf{k}$,
S는 포물면 $z = 1 - x^2 - y^2$과 xy평면으로 둘러싸인 입체의 표면이다.

8. $\mathbf{F}(x, y, z) = (xy + 2xz)\,\mathbf{i} + (x^2 + y^2)\,\mathbf{j} + (xy - z^2)\,\mathbf{k}$,
S는 원기둥 $x^2 + y^2 = 4$와 평면 $z = y - 2$, $z = 0$으로 둘러싸인 입체의 표면이다.

9. $\mathbf{F}(x, y, z) = (xy - z^2)\,\mathbf{i} + x^3\sqrt{z}\,\mathbf{j} + (xy + z^2)\,\mathbf{k}$,
S는 다음 그림과 같이 기둥면 $x = y^2$과 평면 $x + z = 1$, $z = 0$으로 둘러싸인 입체의 표면이다.

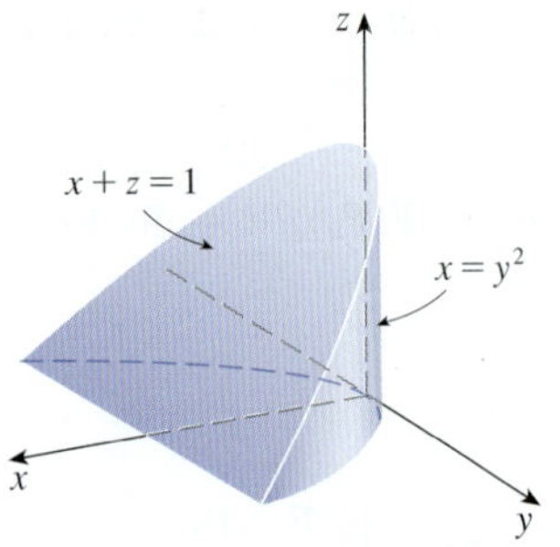

10. $\mathbf{F} = |\mathbf{r}|^2\mathbf{r}$ (여기서 $\mathbf{r} = x\,\mathbf{i} + y\,\mathbf{j} + z\,\mathbf{k}$),
S는 원점이 중심이고 반지름이 R인 구면이다.

---

11. 발산정리를 이용하여

$$\mathbf{F}(x, y, z) = z^2x\,\mathbf{i} + \left(\tfrac{1}{3}y^3 + \tan^{-1}z\right)\mathbf{j} + (x^2z + y^2)\,\mathbf{k}$$

이고, S는 $x^2 + y^2 + z^2 = 1$의 상반구면일 때, $\iint_S \mathbf{F} \cdot d\mathbf{S}$를 구하여라. [힌트: S가 닫힌 곡면이 아님을 유의하자. 우선 S_1과 S_2 상의 적분들을 각각 계산하여 S_1은 원판 $x^2 + y^2 \leq 1$로 아래쪽 방향이고, $S_2 = S \cup S_1$이다.]

12. $\mathbf{F}(x, y, z) = z\,\text{tna}^{-1}(y^2)\,\mathbf{i} + z^3\ln(x^2 + 1)\,\mathbf{j} + z\,\mathbf{k}$라 하자. 평면 $z = 1$ 위에 있고 위쪽 방향을 향하는 포물면 $x^2 + y^2 + z = 2$의 부분을 가로지르는 $\mathbf{F}$의 유량을 구하여라.

13. 벡터장 $\mathbf{F}$는 아래에 주어져 있다. 이 절에서 유도된 발산의 해석을 사용하여 P_1, P_2에서 div $\mathbf{F}$가 양인지 음인지 결정하여라.

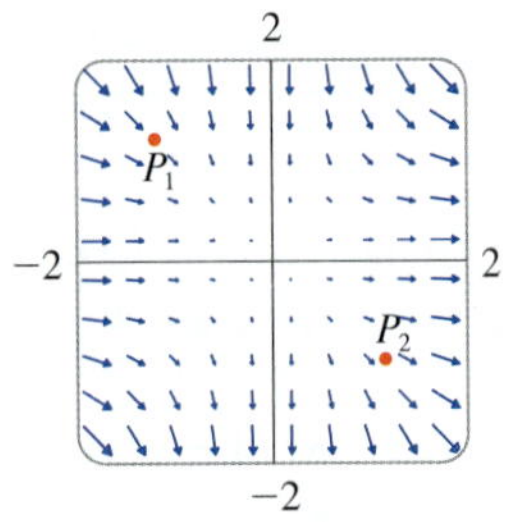

14-15 다음 벡터장을 그린 다음 div $\mathbf{F}$가 양인지 음인지 추측하여라. 그리고 추측을 확인하기 위해 div $\mathbf{F}$를 계산하여라.

14. $\mathbf{F}(x, y) = \langle xy, x + y^2 \rangle$ **15.** $\mathbf{F}(x, y) = \langle x^2, y^2 \rangle$

---

16. 전기장 $\mathbf{E}(\mathbf{x}) = \dfrac{\varepsilon Q}{|\mathbf{x}|^3}\mathbf{x}$에 대하여 div $\mathbf{E} = 0$임을 증명하여라.

17. 발산정리를 사용하여 $\iint_S (2x + 2y + z^2)\,dS$를 계산하여라.
여기서 S는 구 $x^2 + y^2 + z^2 = 1$이다.

18-22 S와 E가 발산정리의 조건들을 만족하고 스칼라함수들과 벡터장의 성분들이 연속인 2계 편도함수를 가진다고 가정할 때, 다음 항등식을 증명하여라.

18. $\iint_S \mathbf{a} \cdot \mathbf{n}\,dS = 0$, 여기서 $\mathbf{a}$는 상수 벡터

19. $V(E) = \frac{1}{3}\iint_S \mathbf{F} \cdot d\mathbf{S}$, 여기서 $\mathbf{F}(x, y, z) = x\,\mathbf{i} + y\,\mathbf{j} + z\,\mathbf{k}$

20. $\iint_S \text{curl}\,\mathbf{F} \cdot d\mathbf{S} = 0$ **21.** $\iint_S D_{\mathbf{n}} f\,dS = \iiint_E \nabla^2 f\,dV$

22. $\iint_S (f\nabla g) \cdot \mathbf{n}\,dS = \iiint_E (f\nabla^2 g + \nabla f \cdot \nabla g)\,dV$

---

23. S와 E는 발산정리의 조건을 만족하고 f는 연속인 편도함수를 갖는 스칼라함수라 가정하자.

$$\iint_S f\mathbf{n}\,dS = \iiint_E \nabla f\,dV$$

임을 증명하여라. 벡터함수의 면적분과 삼중적분은 각 성분함수를 적분하여 얻은 벡터들이다. [힌트: 발산정리를 $\mathbf{F} = f\mathbf{c}$에 적용하여 시작하여라. 여기서 $\mathbf{c}$는 임의의 상수벡터이다.]

연습문제 해답

1장

연습문제 1.1

1. 예

5. 예 **6.** 아니오 **7.** 예 **9.** 아니오

11. 아니오 **13.** 예, $[-3, 2]$, $[-3, -2) \cup [-1, 3]$

15. (a) 13.8°C (b) 1990 (c) 1910, 2000 (d) $[13.5, 14.4]$

16.

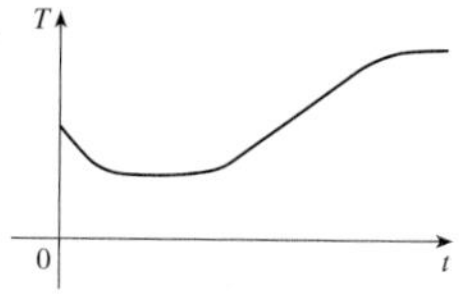

17. (a) 500 MW; 730 MW (b) 오전 4시; 정오; 예

19.

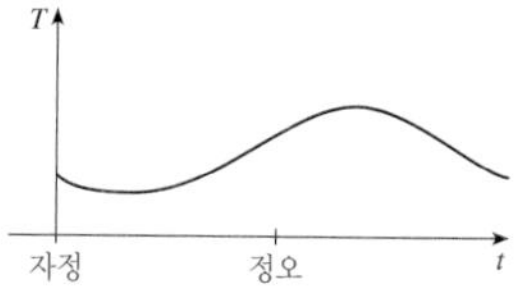

20.

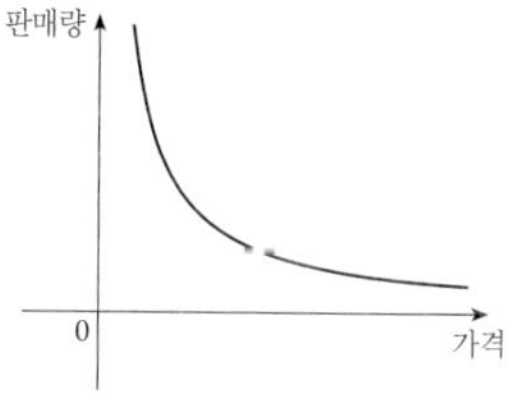

22. (a)

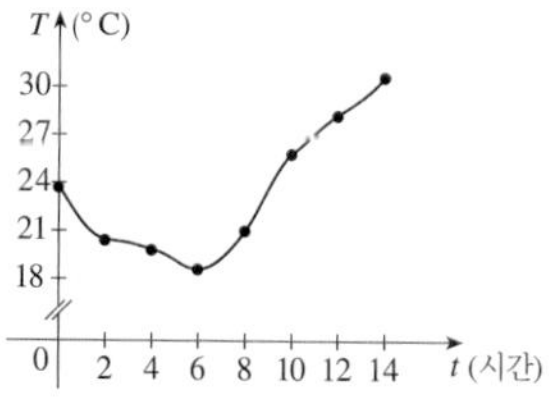

(b) 23°C

23. $12, 16, 3a^2 - a + 2, 3a^2 + a + 2, 3a^2 + 5a + 4,$
$6a^2 - 2a + 4, 12a^2 - 2a + 2, 3a^4 - a^2 + 2,$
$9a^4 - 6a^3 + 13a^2 - 4a + 4, 3a^2 + 6ah + 3h^2 - a - h + 2$

24. $-3 - h$ **25.** $-1/(ax)$

26. $(-\infty, -3) \cup (-3, 3) \cup (3, \infty)$

27. $(-\infty, \infty)$ **29.** $(-\infty, 0) \cup (5, \infty)$

30. $[-2, 2]$, $[0, 2]$ **31.** 11, 0, 2

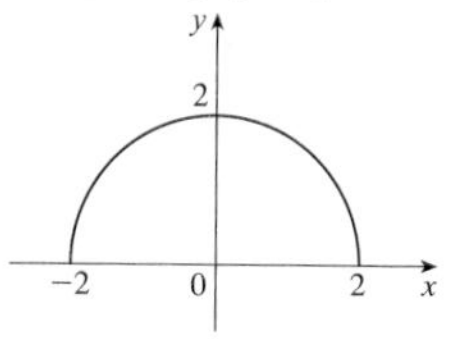

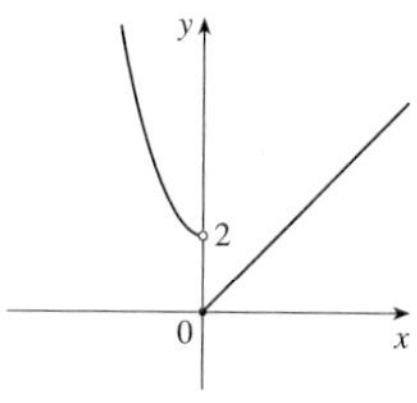

33.

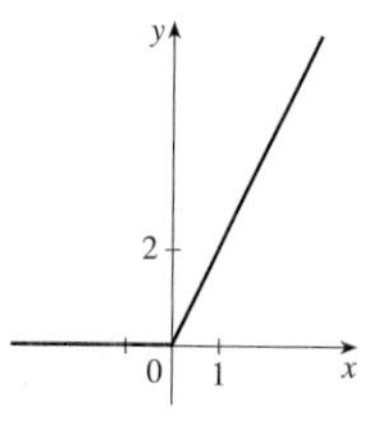

34.

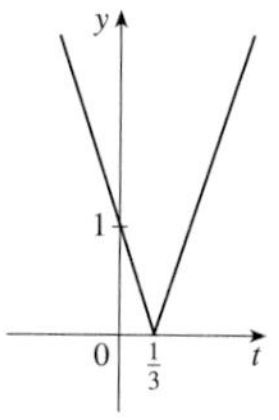

36.

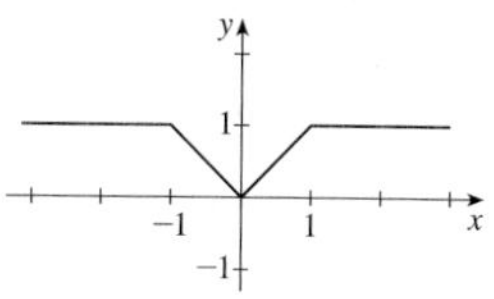

37. $f(x) = \frac{5}{2}x - \frac{11}{2}, 1 \le x \le 5$ **38.** $f(x) = 1 - \sqrt{-x}$

40. $f(x) = \begin{cases} -x + 3, & 0 \le x \le 3 \\ 2x - 6, & 3 < x \le 5 \end{cases}$

42. $A(L) = 10L - L^2, 0 < L < 10$

43. $A(x) = \sqrt{3}x^2/4, x > 0$ **44.** $S(x) = x^2 + (8/x), x > 0$

45. $V(x) = 4x^3 - 64x^2 + 240x, 0 < x < 6$

47. $F(x) = \begin{cases} 15(40 - x), & 0 \le x < 40 \\ 0, & 40 \le x \le 65 \\ 15(x - 65), & x > 65 \end{cases}$

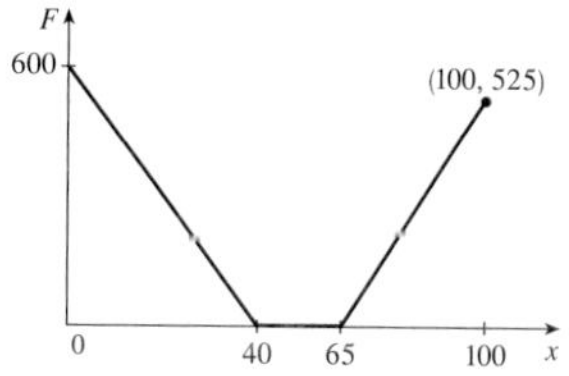

48. f: 기함수, g: 우함수

50. (a)

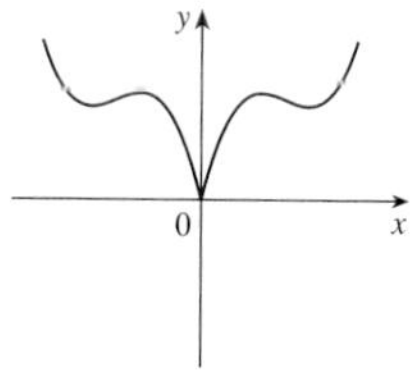

(b)

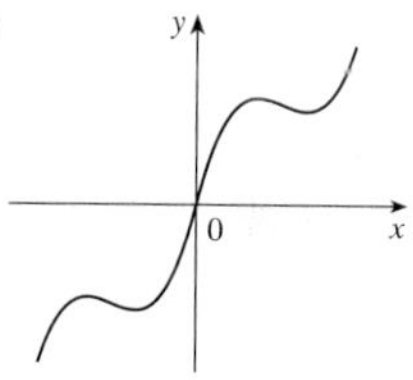

52. 기함수 **53.** 둘 다 아님 **55.** 우함수

연습문제 1.2

1. (a) 3차 다항식 (b) 삼각함수 (c) 거듭제곱함수
(d) 지수함수 (e) 대수함수 (f) 로그함수

3. (a) h (b) f (c) g

5. $\{x \mid x \ne \pi/2 + 2n\pi\}$, n은 정수

7. (a) $y = 2x + b$,
여기서 b는 y절편

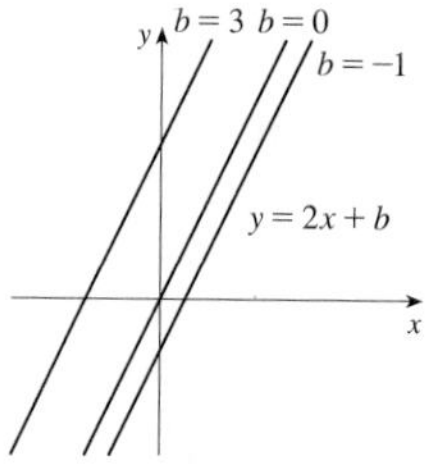

(b) $y = mx + 1 - 2m$,
여기서 m은 기울기

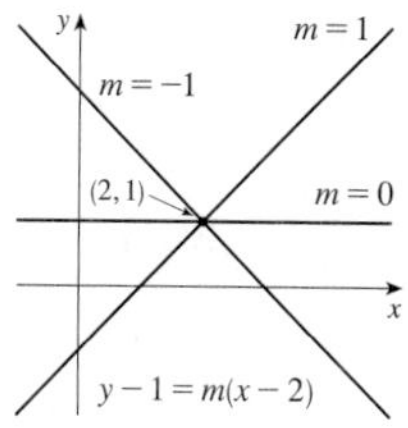

(c) $y = 2x - 3$

8. $f(x) = 2x^2 - 12x + 18$

10. $f(x) = -3x(x+1)(x-2)$

12. (a) 8.34, 1살이 많아질 때마다 복용량(mg)의 변화
(b) 8.34mg

13. (a)

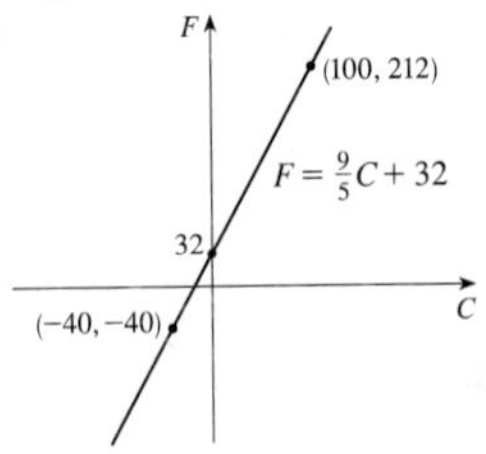

(b) $\frac{9}{5}$, 1°C 바뀔 때마다 화씨(°F)의 변화; 32, 0°C일 때 화씨 온도

16. (a) $P = 0.1d + 1.05$ (b) 59.5m

18. (a) 8 (b) 4 (c) 605,000W; 2,042,000W; 9,454,000W

20. (a) 코사인 (b) 선형

23. (a) 선형 모델이 적합하다. (b)의 그래프 참조
(b) $y = 1124.86x + 60{,}119.86$

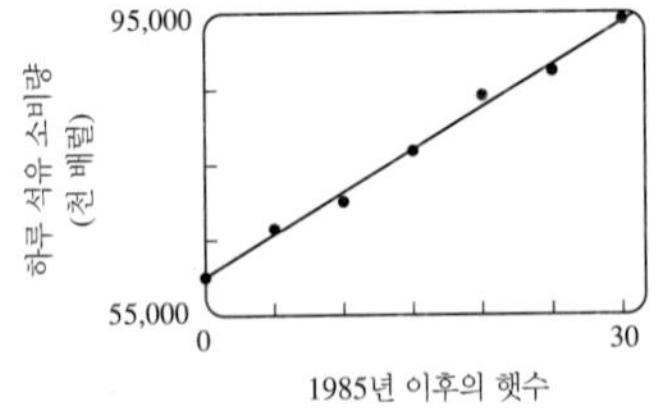

(c) 하루 석유 소비량(천 배럴): 79,242와 96,115

연습문제 1.3

1. (a) $y = f(x) + 3$ (b) $y = f(x) - 3$ (c) $y = f(x-3)$
(d) $y = f(x+3)$ (e) $y = -f(x)$ (f) $y = f(-x)$
(g) $y = 3f(x)$ (h) $y = \frac{1}{3}f(x)$

2. (a) 3 (b) 1 (c) 4 (d) 5 (e) 2

3. (a)

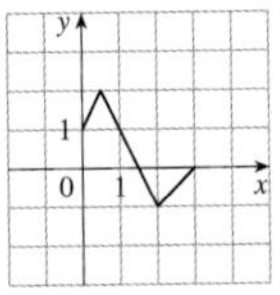

(b)

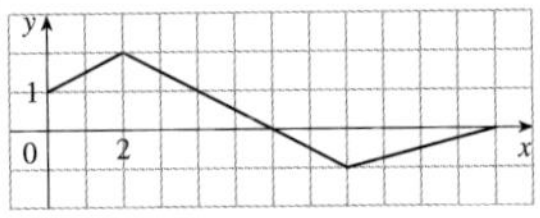

(c)

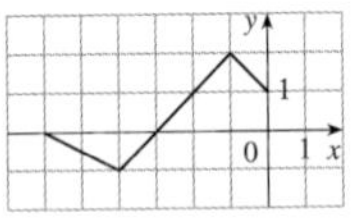

(d)

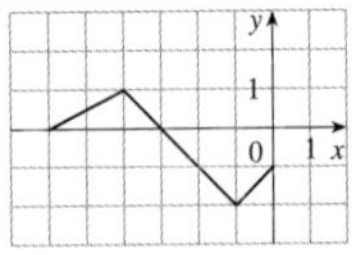

5. $y = -\sqrt{-x^2 - 5x - 4} - 1$

9. (a) $(f+g)(x) = \sqrt{25 - x^2} + \sqrt{x+1}, [-1, 5]$
(b) $(f-g)(x) = \sqrt{25 - x^2} - \sqrt{x+1}, [-1, 5]$
(c) $(fg)(x) = \sqrt{-x^3 - x^2 + 25x + 25}, [-1, 5]$
(d) $(f/g)(x) = \sqrt{\dfrac{25 - x^2}{x+1}}, (-1, 5]$

11. (a) $(f \circ g)(x) = x + 5, (-\infty, \infty)$
(b) $(g \circ f)(x) = \sqrt[3]{x^3 + 5}, (-\infty, \infty)$
(c) $(f \circ f)(x) = (x^3 + 5)^3 + 5, (-\infty, \infty)$
(d) $(g \circ g)(x) = \sqrt[9]{x}, (-\infty, \infty)$

12. (a) $(f \circ g)(x) = \dfrac{1}{\sqrt{x+1}}, (-1, \infty)$
(b) $(g \circ f)(x) = \dfrac{1}{\sqrt{x}} + 1, (0, \infty)$
(c) $(f \circ f)(x) = \sqrt[4]{x}, (0, \infty)$
(d) $(g \circ g)(x) = x + 2, (-\infty, \infty)$

14. (a) $(f \circ g)(x) = \dfrac{2}{\sin x}, \{x \mid x \neq n\pi\}$, n은 정수
(b) $(g \circ f)(x) = \sin\left(\dfrac{2}{x}\right), \{x \mid x \neq 0\}$
(c) $(f \circ f)(x) = x, \{x \mid x \neq 0\}$
(d) $(g \circ g)(x) = \sin(\sin x), \mathbb{R}$

15. $(f \circ g \circ h)(x) = 3\sin(x^2) - 2$

17. $(f \circ g \circ h)(x) = \sqrt{x^6 + 4x^3 + 1}$

19. $g(x) = 2x + x^2, f(x) = x^4$

21. $g(x) = \sqrt[3]{x}, f(x) = x/(1+x)$

22. $g(t) = t^2, f(t) = \sec t \tan t$

23. $h(x) = \sqrt{x}, g(x) = x - 1, f(x) = \sqrt{x}$

24. $h(t) = \cos t, g(t) = \sin t, f(t) = t^2$

25. (a) 6 (b) 5 (c) 5 (d) 3

26. (a) 4 (b) 3 (c) 0 (d) 존재하지 않음;
$f(6) = 6$은 g의 정의역에 있지 않다. (e) 4 (f) −2

27. (a) $r(t) = 60t$ (b) $(A \circ r)(t) = 3600\pi t^2$; 시간에 따른 원의 넓이 함수

28. (a) $s = \sqrt{d^2 + 36}$ (b) $d = 30t$
(c) $(f \circ g)(t) = \sqrt{900t^2 + 36}$; 정오로부터 흐른 시간에 따른 배와 등대 사이의 거리

29. (a)

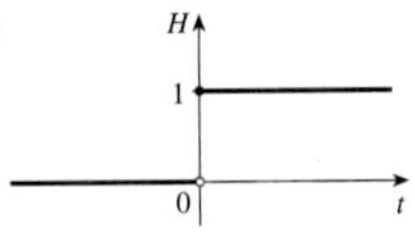

(b)

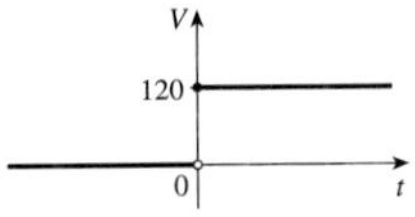

$V(t) = 120H(t)$

(c)

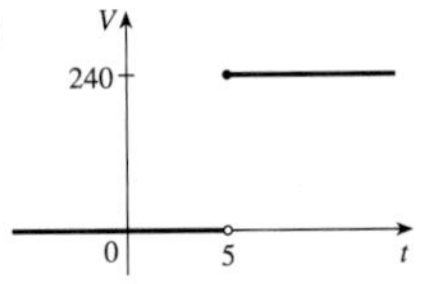

$V(t) = 240H(t-5)$

30. 예; $m_1 m_2$

32. (a) $f(x) = x^2 + 6$ (b) $g(x) = x^2 + x - 1$

연습문제 1.4

2. (a) $f(x) = b^x, b > 0$ (b) $\mathbb{R}$ (c) $(0, \infty)$
(d) 각각 4(c), 4(b), 4(a) 참조

3.

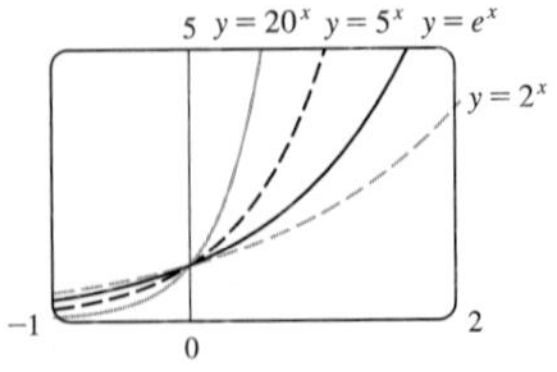

$x \to -\infty$일 때 0에 가까이 가고 (0, 1)을 항상 지나는 증가함수이다. 밑이 클수록 증가율은 더 빨라진다.

4.

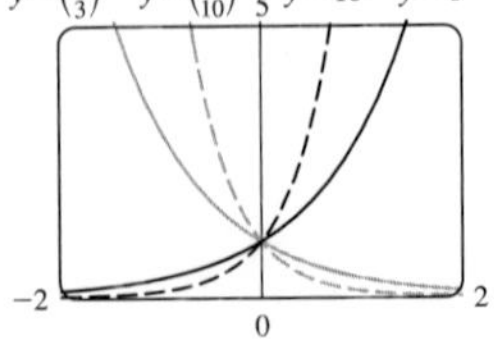

밑이 1보다 큰 함수는 증가하고 밑이 1보다 작으면 감소한다. 후자는 전자를 y축에 대하여 대칭시킨 것이다.

5.

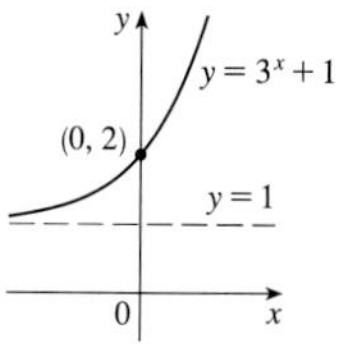

7.

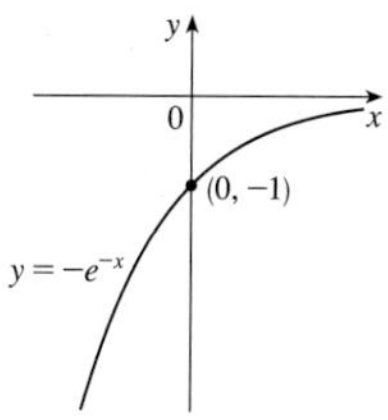

9. (a) $y = e^x - 2$ (b) $y = e^{x-2}$ (c) $y = -e^x$
(d) $y = e^{-x}$ (e) $y = -e^{-x}$

10. (a) $(-\infty, -1) \cup (-1, 1) \cup (1, \infty)$ (b) $(-\infty, \infty)$

12. $f(x) = 3 \cdot 2^x$

16. (a) (c)의 그래프 참조
(b) $f(t) = 36.89301 \cdot (1.06614)^t$
(c)

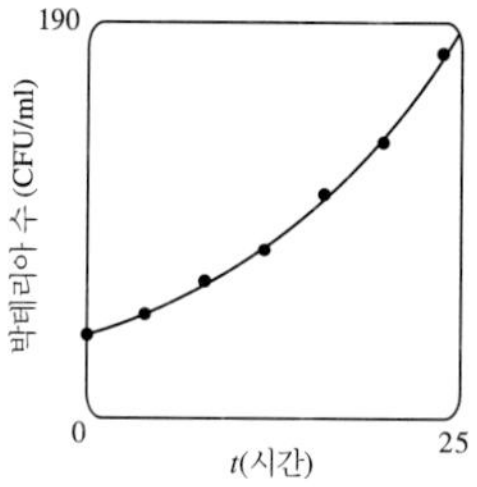

약 10.87시간

17. (a) 32,000 (b) $y = 500 \cdot 2^{2t}$ (c) ≈ 1260 (d) 3.82h

19. 최솟값은 a이고 a가 증가함에 따라 그래프는 y축 근처에서 더 평평해진다.

연습문제 1.5

1. 아니오 **3.** 아니오 **5.** 예 **7.** 예 **9.** 예 **11.** 아니오
13. 아니오 **15.** (a) 6 (b) 3 **17.** 0

19. $F = \frac{9}{5}C + 32$; 섭씨온도 C에 대한 화씨온도 F에 대한 공식; $[-273.15, \infty)$

21. $f^{-1}(x) = \sqrt{1-x}$ **22.** $g^{-1}(x) = (x-2)^2 - 1, x \geqslant 2$

24. $y = 1 - \ln x$

27. $f^{-1}(x) = \frac{1}{4}(x^2 - 3), x \geqslant 0$

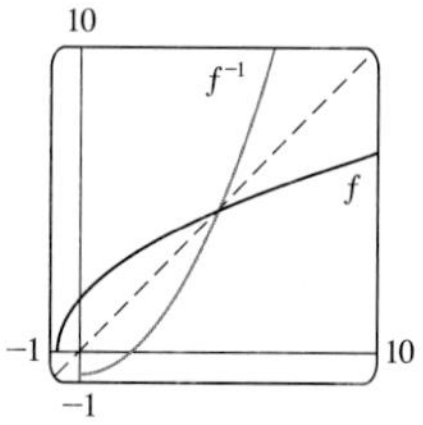

29.

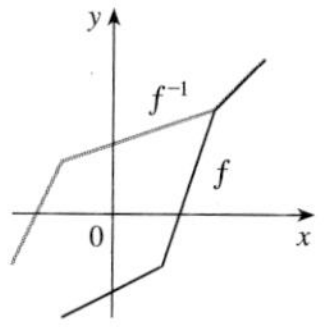

31. (a) $f^{-1}(x) = \sqrt{1 - x^2}, 0 \leqslant x \leqslant 1$; f^{-1}와 f는 같은 함수.
(b) 제1사분면에 있는 사분원

32. (a) 4 (b) -4 (c) $\frac{1}{2}$

34. (a) 1 (b) -2 (c) -4

36. (a) $2 \log_{10} x + 3 \log_{10} y + \log_{10} z$
(b) $4 \ln x - \frac{1}{2}\ln(x+2) - \frac{1}{2}\ln(x-2)$

38. (a) $\log_{10} 2$ (b) $\ln \dfrac{ac^3}{b^2}$

40. (a) 1.430677 (b) 0.917600

41.

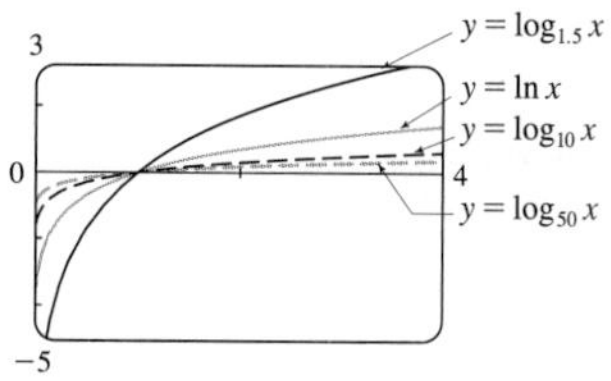

$x \to 0^+$일 때 그래프가 $-\infty$로 접근하고 항상 (1, 0)을 지나는 증가함수이다. 밑이 클수록 증가율은 더 작아진다.

43. 약 335,544km

44. (a)

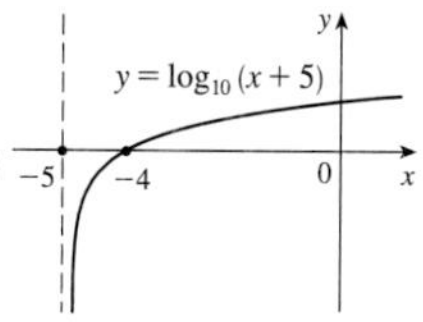

(b)

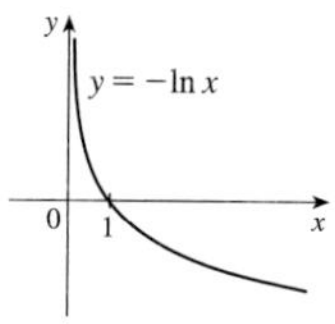

46. (a) $(0, \infty)$; $(-\infty, \infty)$ (b) e^{-2}
(c)

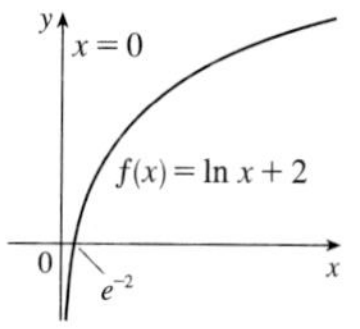

48. (a) $\frac{1}{4}(e^3 - 2) \approx 4.521$ (b) $\frac{1}{2}(3 + \ln 12) \approx 2.742$

50. (a) $0 < x < 1$ (b) $x > \ln 5$

52. (a) $(\ln 3, \infty)$ (b) $f^{-1}(x) = \ln(e^x + 3)$; $\mathbb{R}$

55. (a) $f^{-1}(n) = (3/\ln 2)\ln(n/100)$; 박테리아 개체수가 n이 되는 데 걸리는 시간 (b) 약 26.9시간 후

56. (a) π (b) $\pi/6$

58. (a) $\pi/4$ (b) $\pi/2$

59. (a) $5\pi/6$ (b) $\pi/3$

62. $x/\sqrt{1+x^2}$

63.

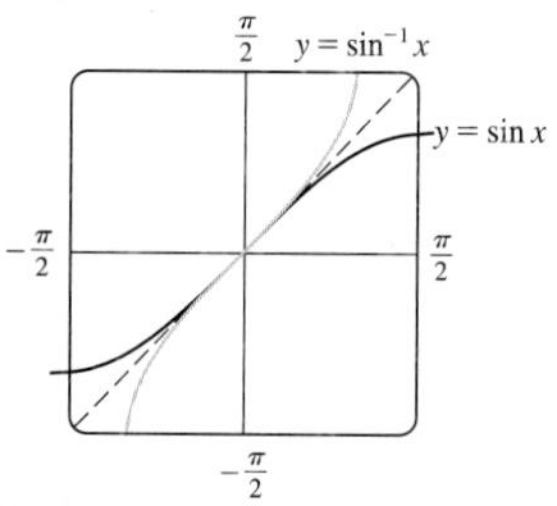

두 번째 그래프는 첫 번째 그래프를 $y = x$에 관해 대칭한 것이다.

65. $\left[-\frac{2}{3}, 0\right]$, $[-\pi/2, \pi/2]$

2장

연습문제 2.1

2. (a) (i) 2 (ii) 1.111111 (iii) 1.010101 (iv) 1.001001
(v) 0.666667 (vi) 0.909091 (vii) 0.990099 (viii) 0.999001
(b) 1 (c) $y = x - 3$

3. (a) (i) -40m/s (ii) -39.4m/s (iii) -39.3m/s
(b) -39m/s

4. (a) (i) 8.9m/s (ii) 9.9m/s (iii) 13.9m/s (iv) 14.9m/s
(b) 8.9m/s

5. (a) 0, 1.7321, -1.0847, -2.7433, 4.3301, -2.8173, 0, -2.1651, -2.6061, -5, 3.4202; 아니오 (c) -31.4

연습문제 2.2

1. 예

3. (a) $\lim_{x\to-3} f(x) = \infty$는 x가 -3은 아니면서 -3에 충분히 가까워질 때 $f(x)$의 값이 충분히 커진다는 것을 의미한다.

(b) $\lim_{x\to4^+} f(x) = -\infty$는 x가 4보다 큰 값에서 4에 충분히 가까워질 때 $f(x)$의 값이 충분히 큰 음의 값을 가진다는 것을 의미한다.

5. (a) 2 (b) 1 (c) 4 (d) 존재하지 않는다 (e) 3

7. (a) $-\infty$ (b) ∞ (c) ∞ (d) $-\infty$ (e) ∞
(f) $x = -7, x = -3, x = 0, x = 6$

9. $a = 0$을 제외한 모든 a에 대해 $\lim_{x\to a} f(x)$가 존재한다.

10. (a) -1 (b) 1 (c) 존재하지 않는다

12.

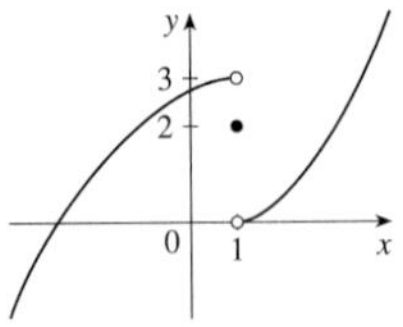

13.

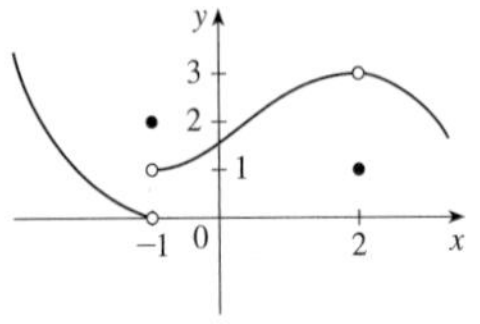

14. $\frac{1}{2}$ 16. ∞ **18.** ∞ **19.** $-\infty$ **21.** $-\infty$

22. $-\infty$ **24.** $x = -2$ **26.** $-\infty$; ∞

28. $x \approx \pm0.90, \pm2.24$; $x = \pm\sin^{-1}(\pi/4), \pm(\pi - \sin^{-1}(\pi/4))$

29. $m \to \infty$

연습문제 2.3

3. -13 **4.** 6 **5.** 존재하지 않는다 **7.** $\frac{5}{7}$ **8.** $\frac{9}{2}$

10. -6 **12.** $\frac{1}{6}$ **13.** $-\frac{1}{9}$ **15.** 1 **17.** $\frac{1}{128}$

18. $-\frac{1}{2}$ **20.** $3x^2$ **21.** (a), (b) $\frac{2}{3}$ **24.** 7 **27.** 8

29. -4 **31.** 존재하지 않는다

33. (a)

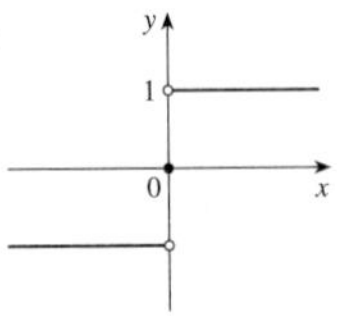

(b) (i) 1
(ii) -1
(iii) 존재하지 않는다
(iv) 1

34. (a) (i) 5 (ii) -5 (b) 존재하지 않는다
(c)

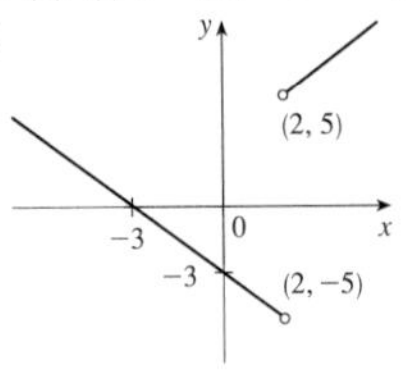

35. 7

37. (a) (i) -2 (ii) 존재하지 않는다 (iii) -3
(b) (i) $n - 1$ (ii) n (c) a는 정수가 아니다

40. 8

연습문제 2.4

1. $\lim_{x\to4} f(x) = f(4)$

3. (a) $-4, -2, 2, 4$; $f(-4)$는 정의되지 않고 $a = -2, 2, 4$일 때 $\lim_{x\to a} f(x)$는 존재하지 않는다.
(b) -4, 둘 다 아니다; -2, 왼쪽; 2, 오른쪽; 4, 오른쪽

4. (a) 1 (b) 1, 3 (c) 3

6.

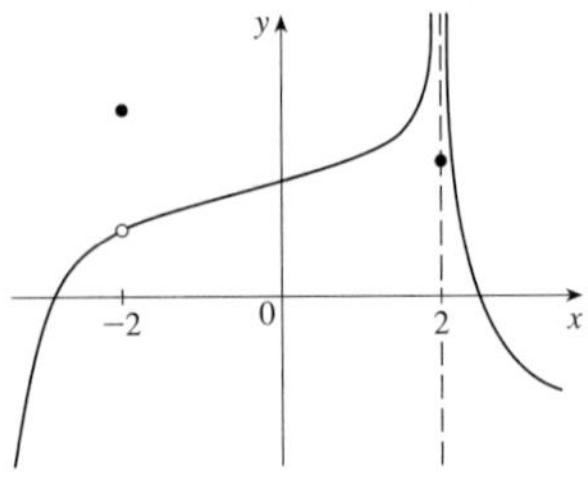

7.

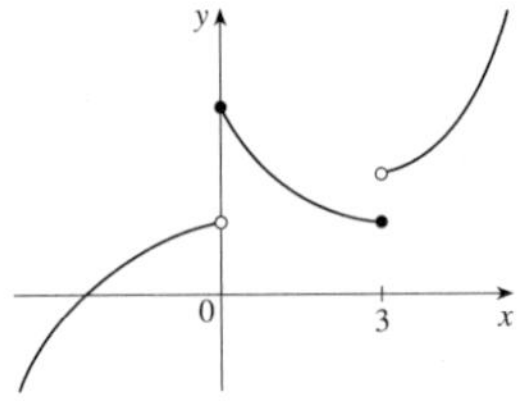

14. $f(-2)$는 정의되지 않는다.

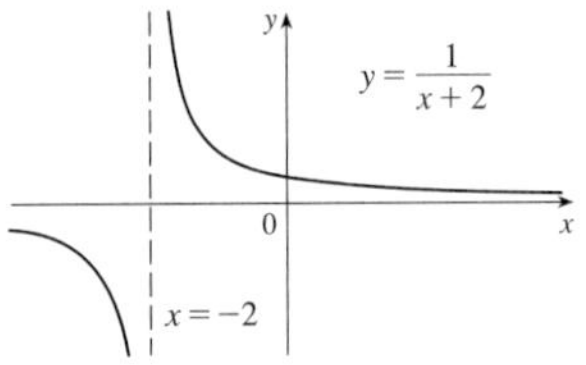

15. $\lim_{x\to-1} f(x)$는 존재하지 않는다.

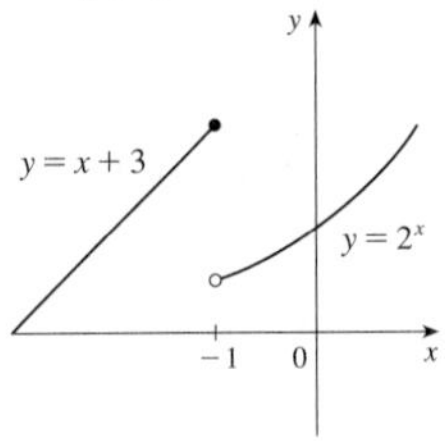

17. $\lim_{x\to0} f(x) \neq f(0)$

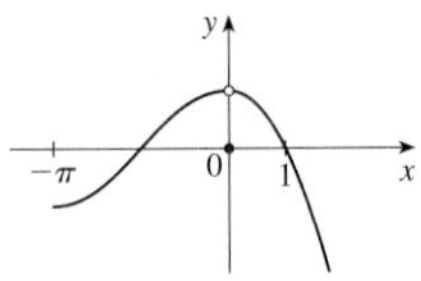

18. (b) $f(3) = \frac{1}{6}$로 정의 **20.** $(-\infty, \infty)$ **21.** $(-\infty, 0) \cup (0, \infty)$

23. $(-1, 1)$ **24.** $(-\infty, -1] \cup (0, \infty)$

26. $x = \dfrac{\pi}{2} + 2n\pi$, n은 모든 정수

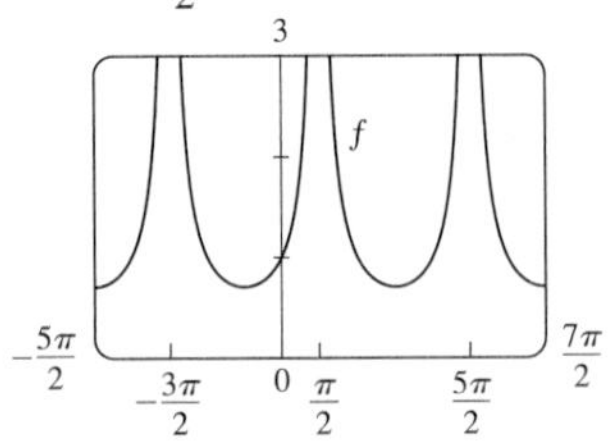

30. -1, 오른쪽 **31.** 0, 오른쪽; 1, 왼쪽

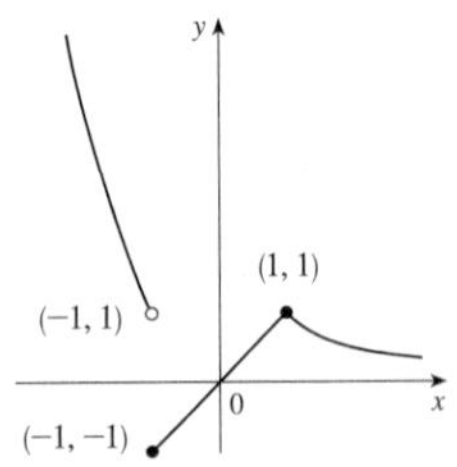

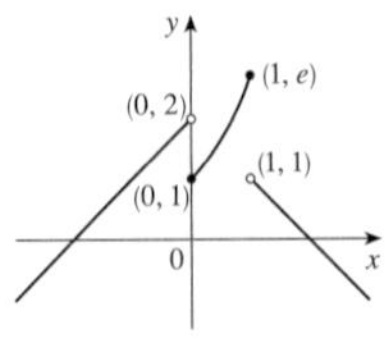

33. $\frac{2}{3}$ **34.** 4

41. (b) (0.86, 0.87) **43.** (b) 70.347 **52.** 없다

연습문제 2.5

1. (a) x가 커질수록, $f(x)$는 5에 가까워진다.
(b) x가 음으로 커질수록, $f(x)$는 3에 가까워진다.

3. (a) -2 (b) 2 (c) ∞ (d) $-\infty$
(e) $x = 1$, $x = 3$, $y = -2$, $y = 2$

4.

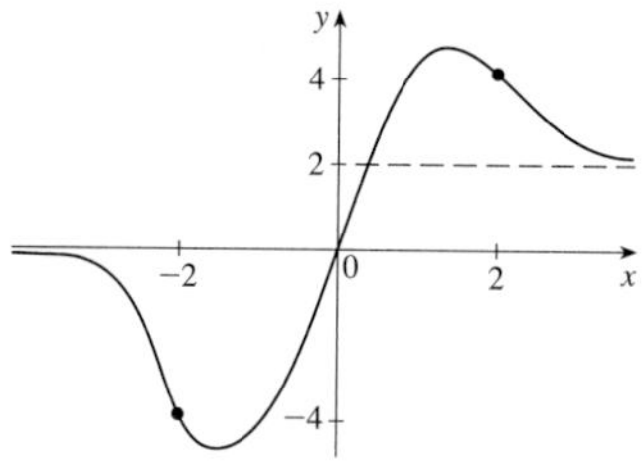

5.

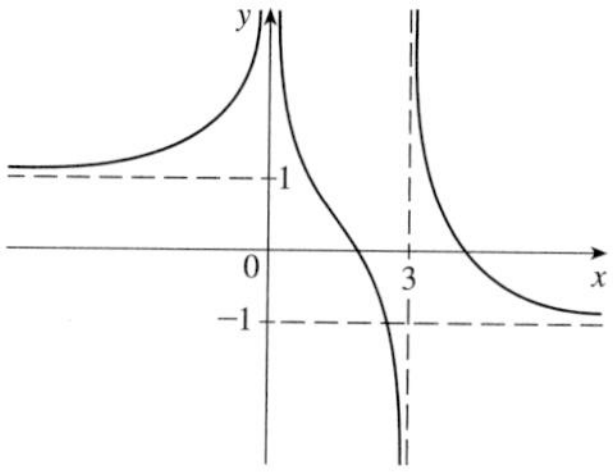

7.

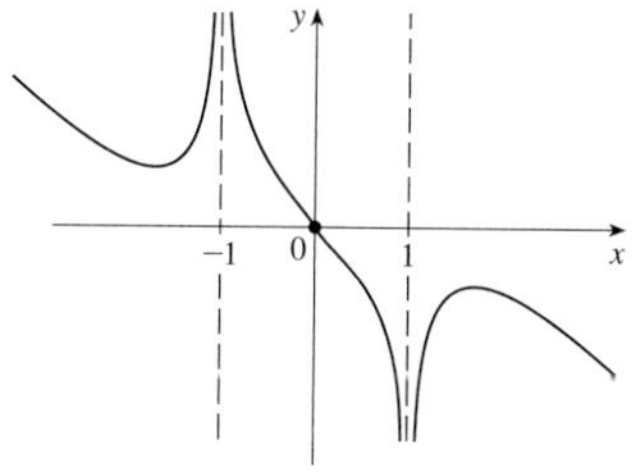

8. 0 **9.** $\frac{2}{5}$ **11.** $\frac{4}{5}$ **12.** 0 **13.** $-\frac{1}{3}$ **14.** -1

16. $\dfrac{\sqrt{3}}{4}$ **18.** -2 **19.** $-\infty$ **21.** 0 **22.** $\frac{1}{2}(a-b)$

24. $-\infty$ **26.** 0 **28.** $-\frac{1}{2}$ **29.** 0 **31.** ∞

32. (a) (i) 0 (ii) $-\infty$ (iii) ∞ (b) ∞

(c)

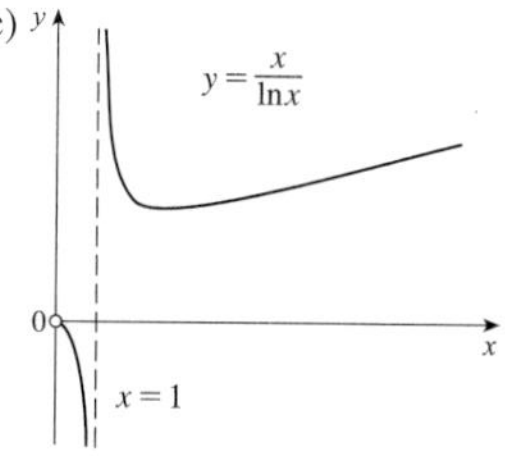

33. (a), (b) $-\frac{1}{2}$ **34.** $y = 4$, $x = -3$

35. $y = 2$; $x = -2$, $x = 1$ **39.** (a) 0 (b) $\pm\infty$

41. $f(x) = \dfrac{2-x}{x^2(x-3)}$ **42.** (a) $\frac{5}{4}$ (b) 5

43. $-\infty$, $-\infty$

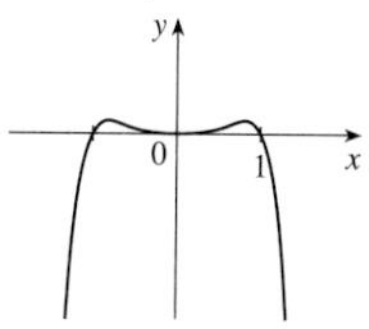

45. $-\infty$, ∞

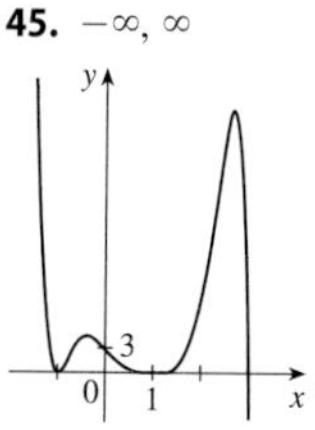

46. (a) 0 (b) 무수히 많은 점근선을 가진다.

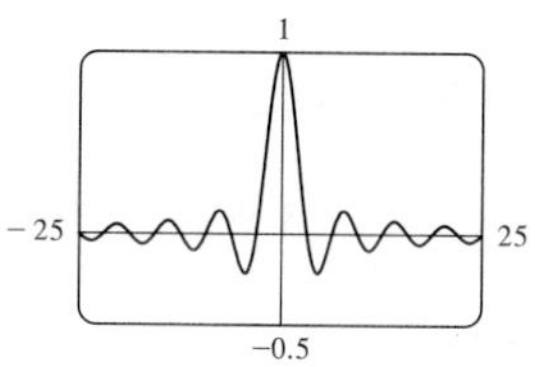

47. 5

연습문제 2.6

1. (a) $\dfrac{f(x)-f(3)}{x-3}$ (b) $\displaystyle\lim_{x\to 3}\frac{f(x)-f(3)}{x-3}$

3. (a) 1 (b) $y = x - 1$ (c)

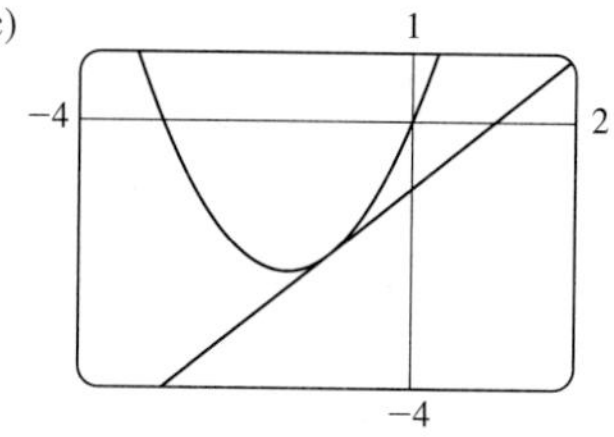

4. $y = 7x - 17$ **6.** $y = -5x + 6$

9. (a) 2.5초 (b) 24.5m/s

11. $-2/a^3$m/s; -2m/s; $-\frac{1}{4}$m/s; $-\frac{2}{27}$m/s

12. (a) 오른쪽: $0 < t < 1$ 그리고 $4 < t < 6$; 왼쪽: $2 < t < 3$;
움직이지 않을 때: $1 < t < 2$ 그리고 $3 < t < 4$

(b)

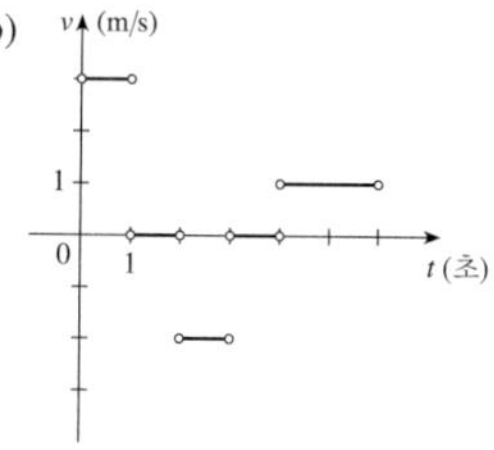

14. $g'(0)$, 0, $g'(4)$, $g'(2)$, $g'(-2)$

16. $\frac{2}{5}$ **18.** $\frac{5}{9}$ **20.** $4a - 5$

21. $-\dfrac{2a}{(a^2+1)^2}$ **22.** $y = -\frac{1}{2}x + 3$ **24.** $y = 3x - 1$

25. (a) $-\frac{3}{5}$; $y = -\frac{3}{5}x + \frac{16}{5}$ (b)

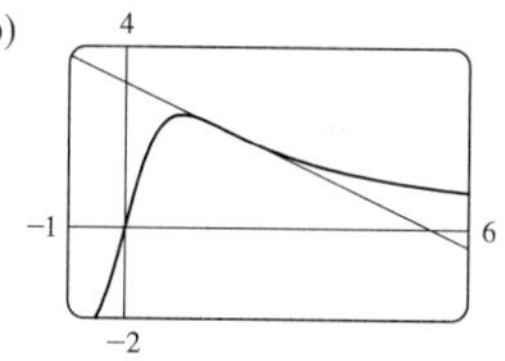

27. $f(2) = 3$; $f'(2) = 4$

28. 32m/s; 32m/s

30.

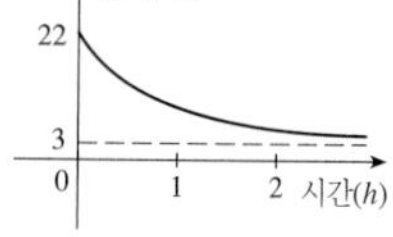

더 높다.

31.

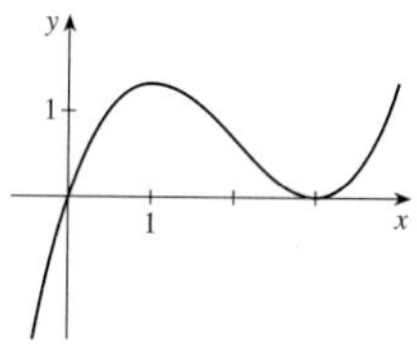

32.

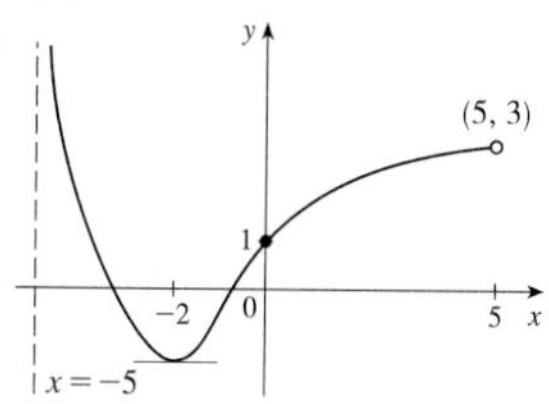

34. $f(x) = \sqrt{x}$, $a = 9$ **36.** $f(x) = x^6$, $a = 2$

37. $f(x) = \tan x$, $a = \pi/4$

38. (a) (i) \$20.25/단위 (ii) \$20.05/단위 (b) \$20/단위

41. (a) 물의 온도에 따른 산소용해도의 변화율; (mg/L)/°C
(b) $S'(16) \approx -0.25$; 온도가 16°C를 넘으면 산소용해도가 0.25(mg/L)/°C의 속도로 감소한다.

42. (a) 단위: (g/dL)/h: (i) -0.015 (ii) -0.012 (iii) -0.012 (iv) -0.011 (b) -0.012 (g/dL)/h; 2시간 후 혈중알콜농도는 0.012 (g/dL)/h의 속도로 감소한다.

43. 존재하지 않는다.

45. (a)

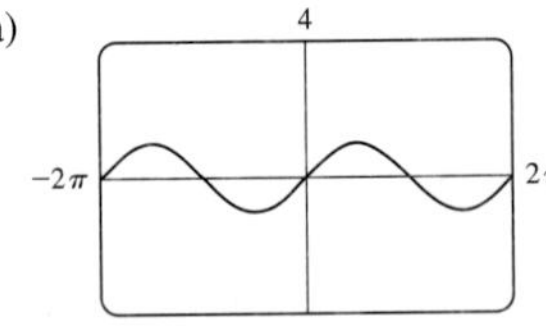

기울기는 1로 보인다.

(b)

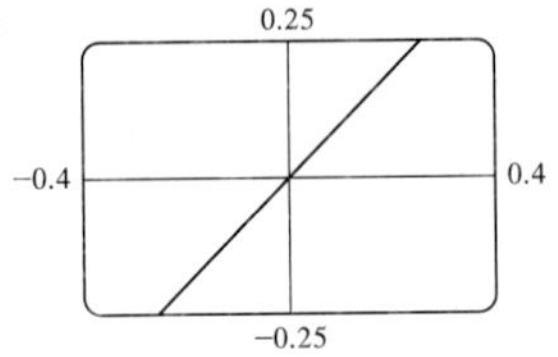

예

(c)

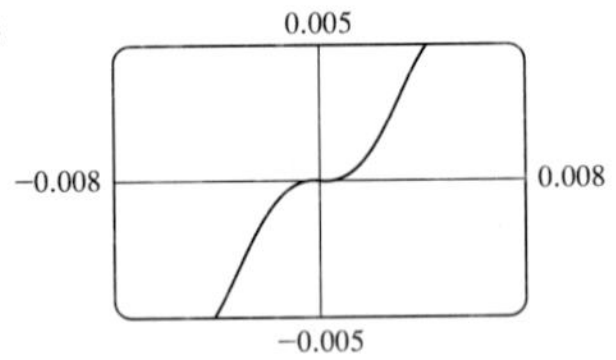

예; 0

연습문제 2.7

1. (a) 0.5 (b) 0 (c) -1 (d) -1.5
(e) -1 (f) 0 (g) 1 (h) 1

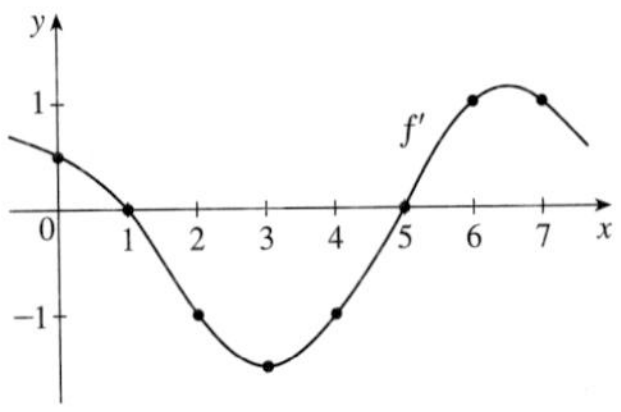

2. (a) II (b) IV (c) I (d) III

5.

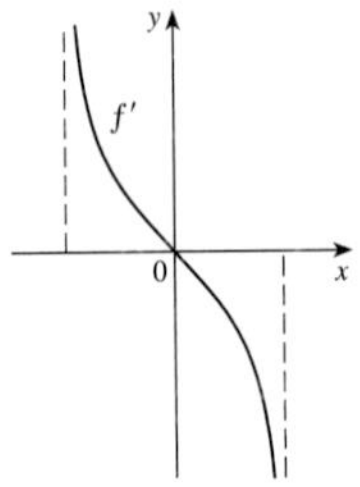

7.

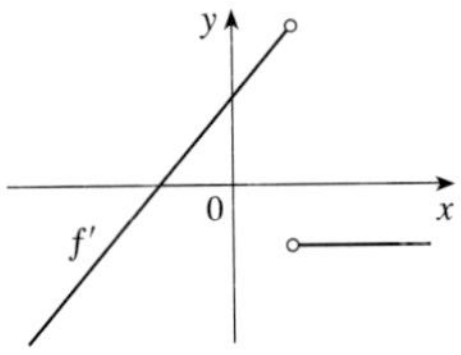

8.

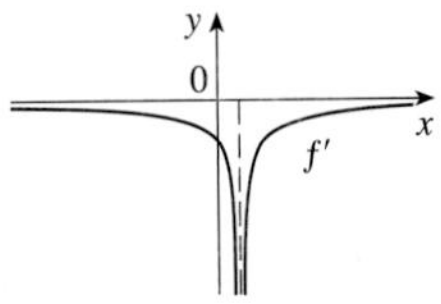

9. (a) 시간의 변화에 따른 충전되는 비율의 순간변화율

(b)

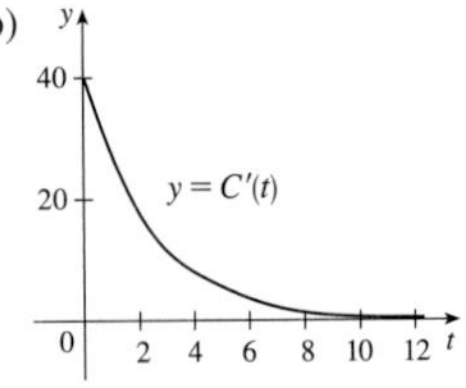

충전되는 비율의 변화율은 감소하고 0에 가까워진다.

10.

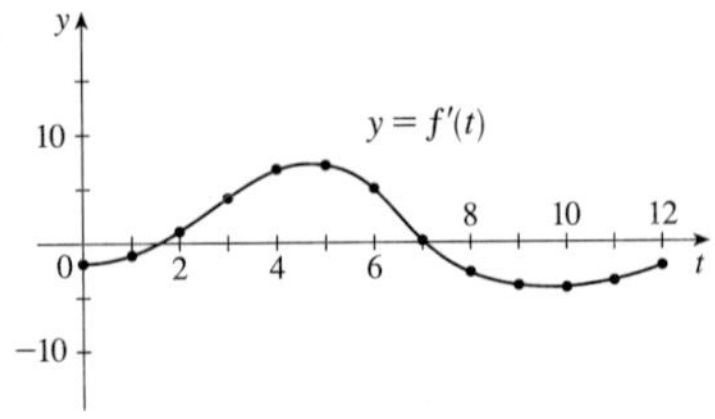

$t \approx 5.25$일 때

12.

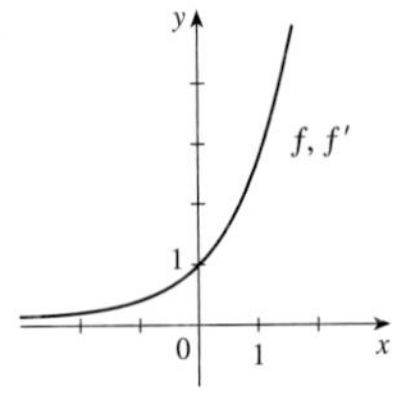

$f'(x) = e^x$

14. (a) 0, 1, 2, 4 (b) -1, -2, -4 (c) $f'(x) = 2x$

16. $f'(x) = 3$, $\mathbb{R}$, $\mathbb{R}$ **17.** $f'(t) = 5t + 6$, $\mathbb{R}$, $\mathbb{R}$

18. $A'(p) = 12p^2 + 3$, $\mathbb{R}$, $\mathbb{R}$

19. $f'(x) = -\dfrac{2x}{(x^2-4)^2}$, $(-\infty, -2) \cup (-2, 2) \cup (2, \infty)$, $(-\infty, -2) \cup (-2, 2) \cup (2, \infty)$

20. $g'(u) = -\dfrac{5}{(4u-1)^2}$, $\left(-\infty, \frac{1}{4}\right) \cup \left(\frac{1}{4}, \infty\right)$, $\left(-\infty, \frac{1}{4}\right) \cup \left(\frac{1}{4}, \infty\right)$

22. $f'(x) = -\dfrac{1}{2(1+x)^{3/2}}$, $(-1, \infty)$, $(-1, \infty)$

23. (a)

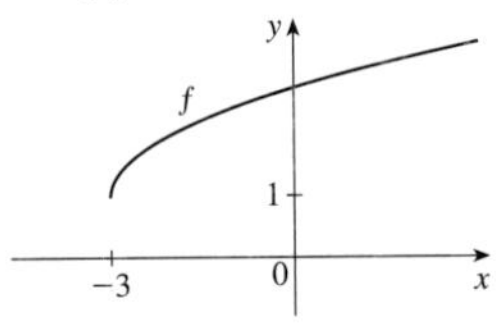

(b), (d)

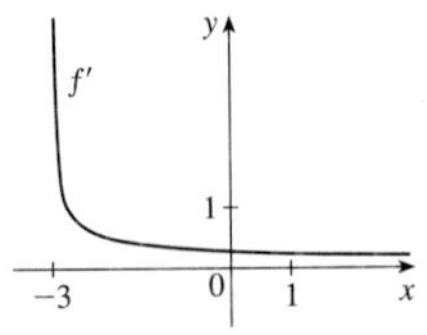

(c) $f'(x) = \dfrac{1}{2\sqrt{x+3}}$, $[-3, \infty)$, $(-3, \infty)$

25.

t	14	21	28	35	42	49
$H'(t)$	0.57	0.43	0.33	0.29	0.14	0.5

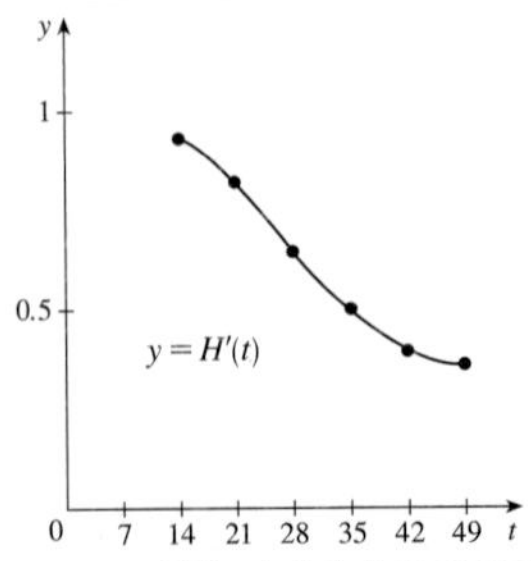

26. (a) 태양 전지판에서 생산되는 전력의 비율의 변화율, 단위는 연간 퍼센트포인트
(b) 2022년 1월 1일 태양 전지판에서 생산되는 전력의 비율은 연간 3.5퍼센트포인트씩 증가했다.

27. -4 (첨점); 0 (불연속)

29.

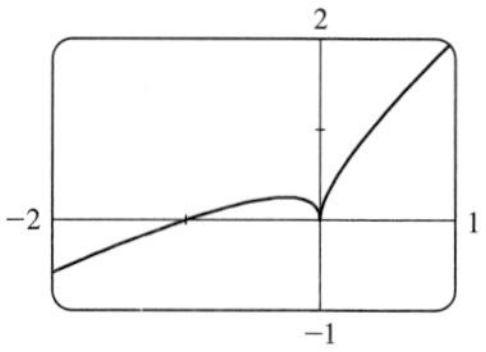

−1에서 미분가능
0에서 미분 불가능

30. $f''(1)$ **31.** $a = f, b = f', c = f''$

32. a = 가속도, b = 속도, c = 위치

33. $6x + 2; 6$

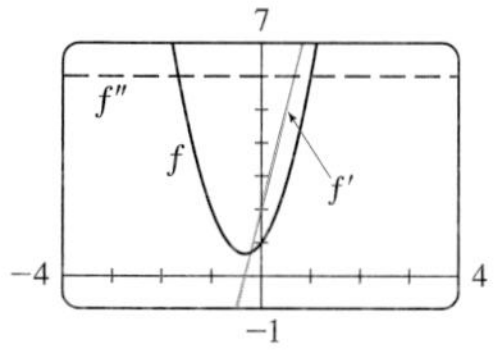

35.

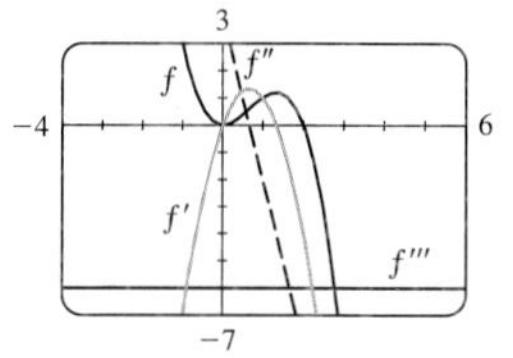

$f'(x) = 4x - 3x^2,$
$f''(x) = 4 - 6x,$
$f'''(x) = -6,$
$f^{(4)}(x) = 0$

37. (a) $\frac{1}{3}a^{-2/3}$

38. $f'(x) = \begin{cases} -1, & x < 6 \\ 1, & x > 6 \end{cases}$

또는 $f'(x) = \dfrac{x-6}{|x-6|}$

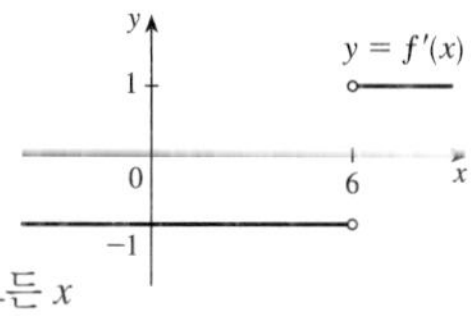

40. (a)

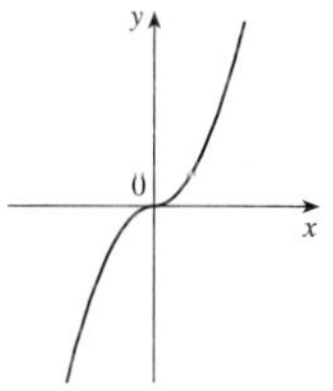

(b) 모든 x
(c) $f'(x) = 2|x|$

43. (a) $-1, 1$ (b)

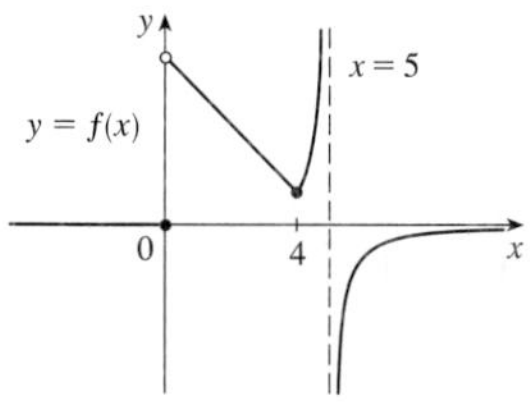

(c) 0, 5 (d) 0, 4, 5

44. (a)

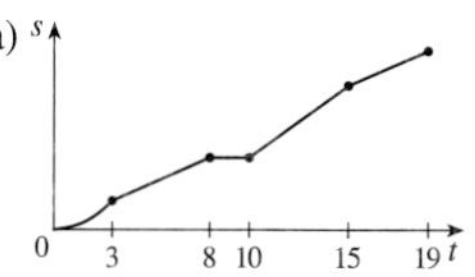

(b)

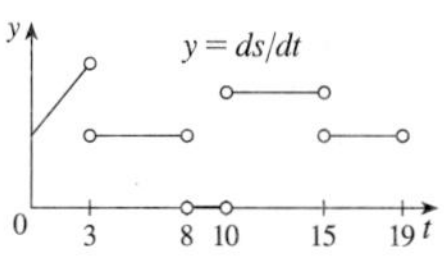

3장

연습문제 3.1

1. (a) e는 $\lim_{h \to 0} \dfrac{e^h - 1}{h} = 1$을 만족하는 수이다.

(b) $0.99, 1.03; 2.7 < e < 2.8$

3. $g'(x) = 4$ **5.** $f'(x) = 75x^{74} - 1$

6. $f'(t) = -2e^t$ **8.** $W'(v) = -5.4v^{-4}$

9. $f'(x) = \frac{3}{2}x^{1/2} - 3x^{-4}$ **10.** $s'(t) = -\dfrac{1}{t^2} - \dfrac{2}{t^3}$

11. $y' = 2 + 1/(2\sqrt{x})$ **12.** $g'(x) = -\frac{1}{2}x^{-3/2} + \frac{1}{4}x^{-3/4}$

14. $f'(x) = 4x^3 + 9x^2$ **16.** $y' = 3e^x - \frac{4}{3}x^{-4/3}$

17. $f'(x) = 3 + 2x$ **19.** $j'(x) = 2.4x^{1.4}$

23. $P'(w) = 3\sqrt{w} - \frac{1}{2}w^{-1/2} - 2w^{-3/2}$

25. $dy/dx = 2tx + t^3; dy/dt = x^2 + 3t^2x$

27. $y = 4x - 1$ **29.** $y = \frac{1}{2}x + 2$

30. 접선: $y = 2x + 2$; 법선: $y = -\frac{1}{2}x + 2$

32. $f'(x) = 4x^3 - 6x^2 + 2x$

34. (a)

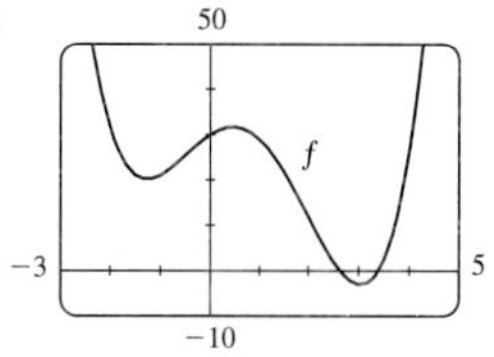

(c) $4x^3 - 9x^2 - 12x + 7$

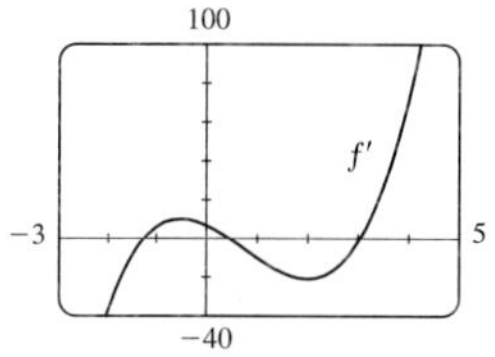

35. $f'(x) = 2 - \frac{15}{4}x^{-1/4}, f''(x) = \frac{15}{16}x^{-5/4}$

37. (a) $v(t) = 3t^2 - 3, a(t) = 6t$ (b) 12m/s^2

(c) $a(1) = 6\text{m/s}^2$

38. 4.198; 12살에 물고기의 길이는 연평균 4.198cm의 속도로 증가하고 있다.

39. (a) $V = 5.3/P$

(b) -0.00212; 25°C에서 압력에 대한 부피의 순간변화율; m^3/kPa

41. $(-3, 37), (1, 5)$ **43.** $y = 3x - 3, y = 3x - 7$

44. $y = -2x + 3$ **45.** $(\pm 2, 4)$ **48.** $P(x) = x^2 - x + 3$

50. $y = \frac{3}{16}x^3 - \frac{9}{4}x + 3$

51. 아니오

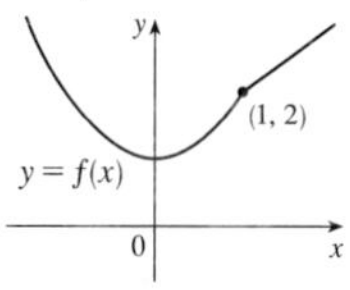

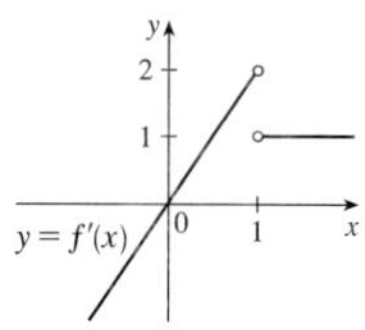

52. (a) 3 또는 −3에서 미분 불가능

$f'(x) = \begin{cases} 2x, & |x| > 3 \\ -2x, & |x| < 3 \end{cases}$

(b)

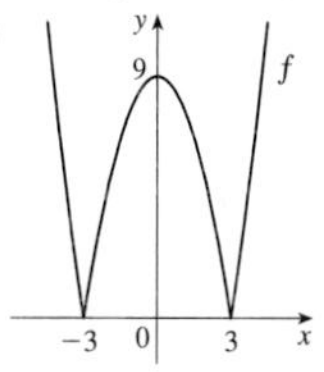

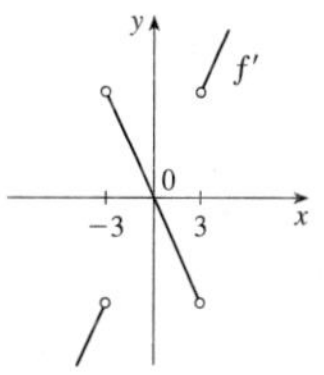

53. $y = 2x^2 - x$ **54.** $a = -\frac{1}{2}, b = 2$ **55.** $-\frac{1}{3}$

57. $m = 4, b = -4$ **58.** 1000 **59.** $\left(0, -\frac{1}{4}\right)$ **60.** 3; 1

연습문제 3.2

1. $1 - 2x + 6x^2 - 8x^3$ **3.** $y' = 24x^2 + 40x + 6$

4. $y' = e^x(x^3 + 3x^2)$ **6.** $f'(x) = e^x(3x^2 + x - 5)$

7. $y' = \dfrac{1-x}{e^x}$ **9.** $g'(t) = \dfrac{-17}{(5t+1)^2}$

10. $f'(t) = \dfrac{-10t^3 - 5}{(t^3 - t - 1)^2}$ **11.** $y' = \dfrac{3 - 2\sqrt{s}}{2s^{5/2}}$

13. $J'(u) = -\left(\dfrac{1}{u^2} + \dfrac{2}{u^3} + \dfrac{3}{u^4}\right)$

14. $H'(u) = 2u - 1$ **16.** $V'(t) = \dfrac{3t + 2e^t + 4te^t}{2\sqrt{t}}$

17. $y' = e^p\left(1 + \frac{3}{2}\sqrt{p} + p + p\sqrt{p}\right)$

19. $f'(t) = \dfrac{-2t - 3}{3t^{2/3}(t-3)^2}$ **20.** $f'(x) = \dfrac{xe^x(x^3 + 2e^x)}{(x^2 + e^x)^2}$

22. $f'(x) = \dfrac{2cx}{(x^2 + c)^2}$ **23.** $e^x(x^2 + 2x)$; $e^x(x^2 + 4x + 2)$

25. $\dfrac{-x^2 - 1}{(x^2 - 1)^2}$; $\dfrac{2x^3 + 6x}{(x^2 - 1)^3}$ **27.** $y = \frac{3}{4}x - \frac{1}{4}$

29. $y = -\frac{1}{3}x + \frac{5}{6}$; $y = 3x - \frac{5}{2}$

31. (a) $y = \frac{1}{2}x + 1$ (b)

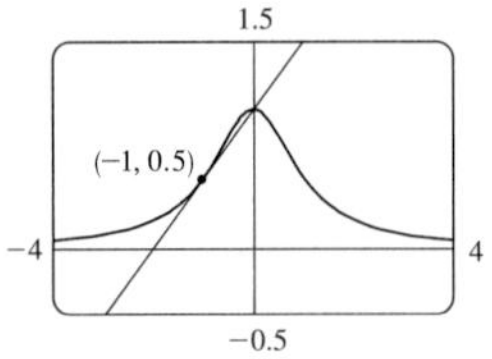

32. (a) $e^x(x^3 + 3x^2 - x - 1)$

(b)

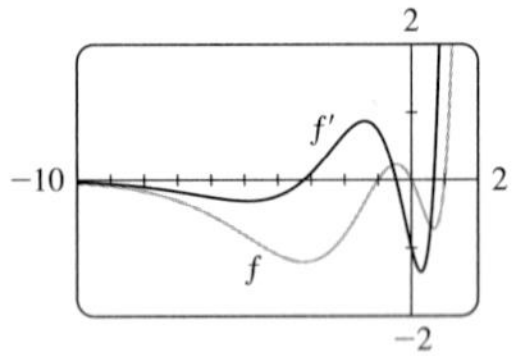

33. $\frac{1}{4}$ **35.** (a) -16 (b) $-\frac{20}{9}$ (c) 20 **37.** 7

38. $y = -2x + 18$ **40.** (a) 3 (b) $-\frac{7}{12}$

41. (a) $y' = xg'(x) + g(x)$ (b) $y' = \dfrac{g(x) - xg'(x)}{[g(x)]^2}$

(c) $y' = \dfrac{xg'(x) - g(x)}{x^2}$

42. 2개, $\left(-2 \pm \sqrt{3}, \frac{1}{2}\left(1 \mp \sqrt{3}\right)\right)$

45. $\dfrac{0.0021}{(0.015 + [S])^2}$; 기질 S의 농도에 대한 효소 반응 속도의 변화율

46. (c) $3e^{3x}$

48. $f'(x) = (x^2 + 2x)e^x$, $f''(x) = (x^2 + 4x + 2)e^x$,
$f'''(x) = (x^2 + 6x + 6)e^x$, $f^{(4)}(x) = (x^2 + 8x + 12)e^x$,
$f^{(5)}(x) = (x^2 + 10x + 20)e^x$; $f^{(n)}(x) = [x^2 + 2nx + n(n-1)]e^x$

연습문제 3.3

1. $f'(x) = 3\cos x + 2\sin x$ **2.** $y' = 2x - \csc^2 x$

4. $h'(\theta) = \theta(\theta\cos\theta + 2\sin\theta)$

5. $y' = \sec\theta\,(\sec^2\theta + \tan^2\theta)$

7. $f'(\theta) = \theta\cos\theta - \cos^2\theta + \sin\theta + \sin^2\theta$

9. $H'(t) = -2\sin t\cos t$ **10.** $f'(\theta) = \dfrac{1}{1 + \cos\theta}$

11. $y' = \dfrac{2 - \tan x + x\sec^2 x}{(2 - \tan x)^2}$

13. $f'(w) = \dfrac{2\sec w\tan w}{(1 - \sec w)^2}$ **14.** $y' = \dfrac{(t^2 + t)\cos t + \sin t}{(1 + t)^2}$

15. $f'(\theta) = \frac{1}{2}\sin 2\theta + \theta\cos 2\theta$

21. $y = x + 1$ **22.** $y = 2x + 1$

24. (a) $y = 2x$ (b) $\frac{3\pi}{2}$

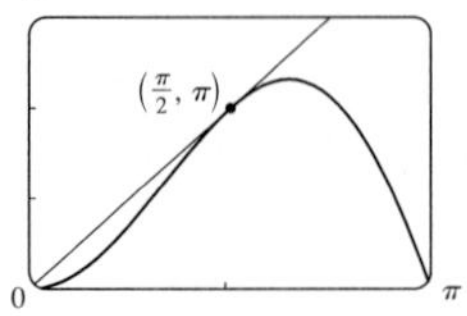

25. (a) $\sec x\tan x - 1$

26. $\dfrac{\theta\cos\theta - \sin\theta}{\theta^2}$; $\dfrac{-\theta^2\sin\theta - 2\theta\cos\theta + 2\sin\theta}{\theta^3}$

28. (a) $f'(x) = (1 + \tan x)/\sec x$ (b) $f'(x) = \cos x + \sin x$

30. $(2n + 1)\pi \pm \frac{1}{3}\pi$, n은 정수

32. (a) $v(t) = 8\cos t$, $a(t) = -8\sin t$

(b) $4\sqrt{3}$, -4, $-4\sqrt{3}$; 왼쪽

33. 3m/rad **34.** $\frac{5}{3}$ **35.** 3 **37.** 0 **38.** 2

40. $-\frac{3}{4}$ **41.** $\frac{1}{2}$ **43.** $-\frac{1}{4}$ **45.** $-\sqrt{2}$

46. $-\cos x$ **48.** $A = -\frac{3}{10}$, $B = -\frac{1}{10}$

49. (a) $\sec^2 x = \dfrac{1}{\cos^2 x}$ (b) $\sec x\tan x = \dfrac{\sin x}{\cos^2 x}$

(c) $\cos x - \sin x = \dfrac{\cot x - 1}{\csc x}$ **51.** 1

연습문제 3.4

1. $dy/dx = -12x^3(5 - x^4)^2$ **3.** $dy/dx = -\sin x\cos(\cos x)$

4. $\dfrac{dy}{dx} = \dfrac{e^{\sqrt{x}}}{2\sqrt{x}}$ **5.** $f'(x) = 10x(2x^3 - 5x^2 + 4)^4(3x - 5)$

6. $f'(x) = \dfrac{5}{2\sqrt{5x + 1}}$ **8.** $g'(t) = \dfrac{-4}{(2t + 1)^3}$

9. $f'(\theta) = -2\theta\sin(\theta^2)$ **11.** $g'(x) = e^{x^2 - x}(2x - 1)$

13. $y' = xe^{-3x}(2 - 3x)$ **15.** $f'(t) = e^{at}(b\cos bt + a\sin bt)$

16. $F'(x) = 4(4x + 5)^2(x^2 - 2x + 5)^3(11x^2 - 4x + 5)$

17. $y' = \dfrac{1}{2\sqrt{x}\,(x + 1)^{3/2}}$ **18.** $y' = (\sec^2\theta)\,e^{\tan\theta}$

20. $g'(u) = \dfrac{48u^2(u^3 - 1)^7}{(u^3 + 1)^9}$ **22.** $r'(t) = \dfrac{(\ln 10)10^{2\sqrt{t}}}{\sqrt{t}}$

24. $H'(r) = \dfrac{2(r^2 - 1)^2(r^2 + 3r + 5)}{(2r + 1)^6}$

26. $F'(t) = e^{t\sin 2t}(2t\cos 2t + \sin 2t)$

28. $G'(x) = -C(\ln 4)\dfrac{4^{C/x}}{x^2}$

29. $f'(x) = 2x\sin x\sin(1 - x^2) + \cos x\cos(1 - x^2)$

31. $F'(t) = \dfrac{t\sec^2\sqrt{1 + t^2}}{\sqrt{1 + t^2}}$

33. $y' = 4x\sin(x^2 + 1)\cos(x^2 + 1)$

35. $g'(x) = \dfrac{e^x}{(1 + e^x)^2}\cos\left(\dfrac{e^x}{1 + e^x}\right)$

36. $f'(t) = -\sec^2(\sec(\cos t))\sec(\cos t)\tan(\cos t)\sin t$

37. $f'(x) = 4x\sin(x^2)\cos(x^2)e^{\sin^2(x^2)}$

38. $y' = -8x(\ln 3)\sin(x^2)\,3^{\cos(x^2)}(3^{\cos(x^2)} - 1)^3$

39. $y' = -\dfrac{\pi\cos(\tan\pi x)\sec^2(\pi x)\sin\sqrt{\sin(\tan\pi x)}}{2\sqrt{\sin(\tan\pi x)}}$

41. $y' = -3\cos 3\theta\sin(\sin 3\theta)$;
$y'' = -9\cos^2(3\theta)\cos(\sin 3\theta) + 9(\sin 3\theta)\sin(\sin 3\theta)$

43. $y = (\ln 2)x + 1$ **45.** $y = -x + \pi$

47. (a) $y = \frac{1}{2}x + 1$ (b)

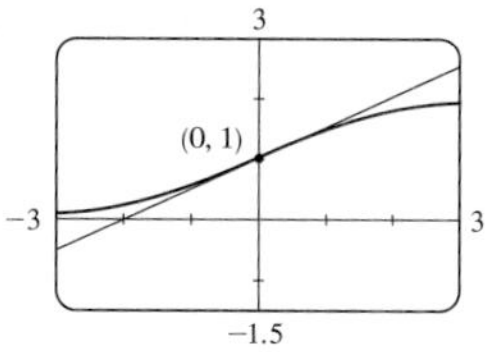

48. (a) $f'(x) = \dfrac{2 - 2x^2}{\sqrt{2 - x^2}}$

49. $((\pi/2) + 2n\pi, 3)$, $((3\pi/2) + 2n\pi, -1)$, n은 정수

51. 24 **52.** (a) 30 (b) 36

53. (a) $\frac{1}{4}$ (b) -2 (c) $-\frac{1}{2}$ **54.** $-\frac{1}{6}\sqrt{2}$

55. (a) $F'(x) = e^x f'(e^x)$ (b) $G'(x) = e^{f(x)} f'(x)$

56. 120 **58.** 96

60. $-2^{50} \cos 2x$ **61.** $v(t) = \frac{5}{2}\pi \cos(10\pi t)$ cm/s

63. (a) $\dfrac{dB}{dt} = \dfrac{7\pi}{54} \cos \dfrac{2\pi t}{5.4}$ (b) 0.16

64. $v(t) = 2e^{-1.5t}(2\pi \cos 2\pi t - 1.5 \sin 2\pi t)$

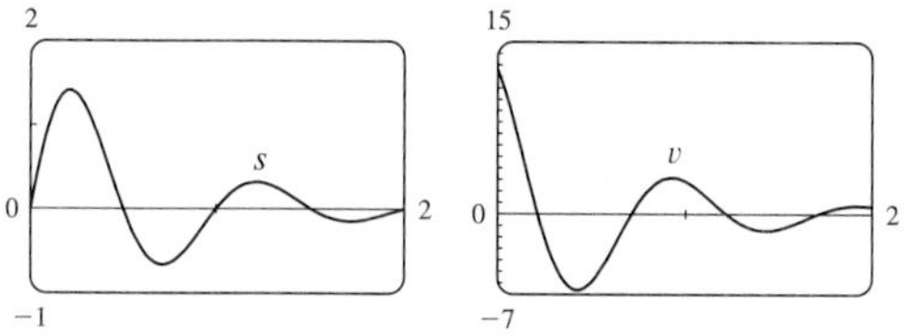

66. dv/dt는 시간에 따른 속도의 변화율;
dv/ds는 변위에 따른 속도의 변화율

연습문제 3.5

1. (a) $y' = \dfrac{10x}{3y^2}$ (b) $y = \sqrt[3]{5x^2 - 7}$, $y' = \dfrac{10x}{3(5x^2 - 7)^{2/3}}$

3. (a) $y' = -\sqrt{y}/\sqrt{x}$ (b) $y = (1 - \sqrt{x})^2$, $y' = 1 - 1/\sqrt{x}$

5. $y' = \dfrac{2y - x}{y - 2x}$ **6.** $y' = -\dfrac{2x(2x^2 + y^2)}{y(2x^2 + 3y)}$

7. $y' = \dfrac{x(x + 2y)}{2x^2y + 4xy^2 + 2y^3 + x^2}$ **9.** $y' = \dfrac{2 - \cos x}{3 - \sin y}$

11. $y' = -\dfrac{\cos(x + y) + \sin x}{\cos(x + y) + \sin y}$ **12.** $y' = \dfrac{2x + y \sin x}{\cos x - 2y}$

14. $y' = -\dfrac{2e^y + ye^x}{2xe^y + e^x}$ **16.** $y' = \dfrac{1 - 8x^3\sqrt{x + y}}{8y^3\sqrt{x + y} - 1}$

17. $y' = \dfrac{y(y - e^{x/y})}{y^2 - xe^{x/y}}$ **19.** $-\frac{16}{13}$

20. $x' = \dfrac{-2x^4y + x^3 - 6xy^2}{4x^3y^2 - 3x^2y + 2y^3}$ **22.** $y = x$

24. $y = \dfrac{1}{\sqrt{3}}x + 4$ **25.** $y = \frac{3}{4}x - \frac{1}{2}$ **27.** $y = x + \frac{1}{2}$

28. $y = -\frac{9}{13}x + \frac{40}{13}$

29. (a) $y = \frac{9}{2}x - \frac{5}{2}$ (b)

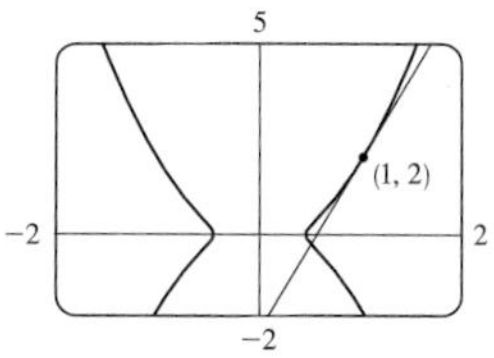

30. $-1/(4y^3)$ **32.** $\dfrac{\cos^2 y \cos x + \sin^2 x \sin y}{\cos^3 y}$ **34.** $1/e^2$

36. $(x_0x/a^2) - (y_0y/b^2) = 1$

40.

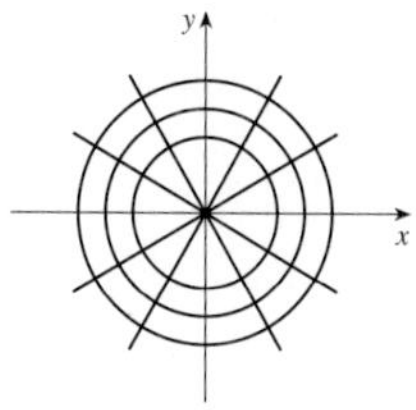

41.

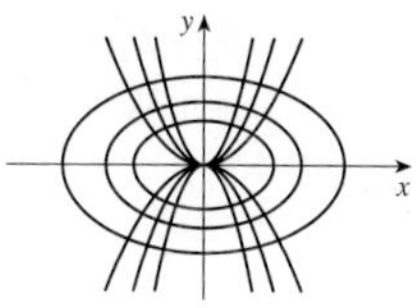

44. $(\pm\sqrt{3}, 0)$ **45.** $(-1, -1)$, $(1, 1)$

47. 2단위

연습문제 3.6

1. 미분 형태가 가장 간단하기 때문

4. $f'(x) = \dfrac{\cos(\ln x)}{x}$ **5.** $f'(x) = -\dfrac{1}{x}$ **7.** $g'(x) = \dfrac{1}{x} - 2$

9. $F'(t) = \ln t \left(\ln t \cos t + \dfrac{2 \sin t}{t}\right)$

11. $y' = \dfrac{2x + 3}{(x^2 + 3x) \ln 8}$ **12.** $F'(s) = \dfrac{1}{s \ln s}$

14. $T'(z) = 2^z\left(\dfrac{1}{z \ln 2} + \ln z\right)$ **15.** $y' = \dfrac{-10x^4}{3 - 2x^5}$

16. $y' = \dfrac{-x}{1 + x}$ **18.** $h'(x) = e^{x^2}(2x^2 + 1)$

19. $y' = \dfrac{a}{x} - \ln b$

23. $y' = (2 + \ln x)/(2\sqrt{x})$; $y'' = -\ln x/(4x\sqrt{x})$

24. $y' = \tan x$; $y'' = \sec^2 x$

25. $f'(x) = \dfrac{2x - 1 - (x - 1)\ln(x - 1)}{(x - 1)[1 - \ln(x - 1)]^2}$; $(1, 1 + e) \cup (1 + e, \infty)$

27. $f'(x) = \dfrac{2(x - 1)}{x(x - 2)}$; $(-\infty, 0) \cup (2, \infty)$ **29.** 2

31. $y = 3x - 9$ **33.** $\cos x + 1/x$ **35.** 7

36. $y' = (x^2 + 2)^2(x^4 + 4)^4\left(\dfrac{4x}{x^2 + 2} + \dfrac{16x^3}{x^4 + 4}\right)$

38. $y' = \sqrt{\dfrac{x - 1}{x^4 + 1}}\left(\dfrac{1}{2x - 2} - \dfrac{2x^3}{x^4 + 1}\right)$

39. $y' = x^x(1 + \ln x)$

40. $y' = x^{\sin x}\left(\dfrac{\sin x}{x} + \ln x \cos x\right)$

42. $y' = (\cos x)^x(-x \tan x + \ln \cos x)$

43. $y' = \dfrac{(2x^{\ln x})\ln x}{x}$ **45.** $y' = \dfrac{2x}{x^2 + y^2 - 2y}$

47. $f^{(n)}(x) = \dfrac{(-1)^{n-1}(n - 1)!}{(x - 1)^n}$ **51.** $f'(x) = \dfrac{5}{\sqrt{1 - 25x^2}}$

52. $y' = \dfrac{1}{2x\sqrt{x - 1}}$ **53.** $y' = \dfrac{2 \tan^{-1}x}{1 + x^2}$

55. $h'(x) = \dfrac{\arcsin x}{x} + \dfrac{\ln x}{\sqrt{1 - x^2}}$ **57.** $f'(z) = \dfrac{2ze^{\arcsin(z^2)}}{\sqrt{1 - z^4}}$

59. $h'(t) = 0$ **60.** $y' = \sin^{-1}x$

62. $y' = \dfrac{a}{x^2 + a^2} + \dfrac{a}{x^2 - a^2}$ **63.** $1 - \dfrac{x \arcsin x}{\sqrt{1 - x^2}}$ **69.** $\frac{1}{2}$

연습문제 3.7

1. (a) $dV/dt = 3x^2\, dx/dt$ (b) $2700\text{cm}^3/\text{s}$ **2.** $48\text{cm}^2/\text{s}$

3. $128\pi\ \text{cm}^2/\text{min}$ **4.** $3/(25\pi)$ m/min

5. (a) $-\frac{3}{8}$ (b) $\frac{8}{3}$

7. (a) 비행기의 고도는 2km이고 속도는 800km/h이다.
(b) 비행기가 기지에서 3km 떨어져 있을 때 비행기에서 기지까지의 거리의 증가율
(c) 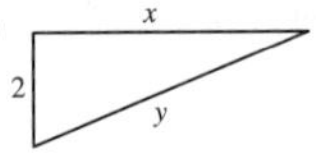

(d) $y^2 = x^2 + 4$
(e) $800/3\sqrt{5}$ km/h

9. (a) 장대의 높이(6m), 사람의 키(2m), 사람의 속도(1.5m/s)
(b) 남자가 기둥에서 10m 떨어져 있을 때 그림자 끝이 움직이는 속도
(c) 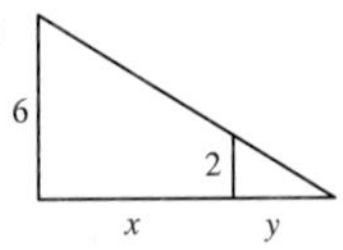

(d) $\dfrac{6}{2} = \dfrac{x + y}{y}$ (e) $\frac{9}{4}$ m/s

10. 78km/h **11.** $8064/\sqrt{8,334,400} \approx 2.79$ m/s
13. -1.6cm/min
15. $(10,000 + 800,000\pi/9) \approx 2.89 \times 10^5$ cm^3/min
17. $\frac{10}{3}$cm/min **18.** $4/(3\pi) \approx 0.42$m/min
20. $150\sqrt{3}$ cm^2/min **21.** ≈ 20.3m/s **23.** $-\frac{1}{2}$rad/s
24. 80cm^3/min **25.** $\frac{107}{810} \approx 0.132\ \Omega$/s **26.** ≈ 87.2km/h
27. $\sqrt{7}\,\pi/21 \approx 0.396$m/min
29. (a) 120ms/s (b) ≈ 0.107rad/s
30. $\frac{10}{9}\pi$ km/min **32.** $1650/\sqrt{31} \approx 296$km/h
33. $\frac{7}{4}\sqrt{15} \approx 6.78$m/s

연습문제 3.8

1. $L(x) = 16x + 23$
4. $\sqrt{1 - x} \approx 1 - \frac{1}{2}x$;
$\sqrt{0.9} \approx 0.95$,
$\sqrt{0.99} \approx 0.995$

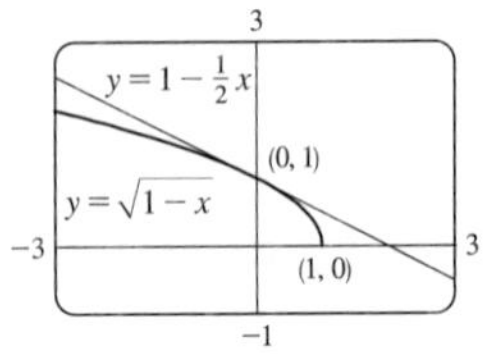

6. $-0.731 < x < 0.731$ **9.** $dy = 5e^{5x}dx$ **11.** $dy = \dfrac{-1}{(1 + 3u)^2}\,du$
13. $dy = \cot\theta\, d\theta$ **15.** (a) $dy = \frac{1}{10}e^{x/10}\,dx$ (b) 0.01
17. (a) $dy = \dfrac{x}{\sqrt{3 + x^2}}\,dx$ (b) -0.05
18. $\Delta y = 1.25$, $dy = 1$

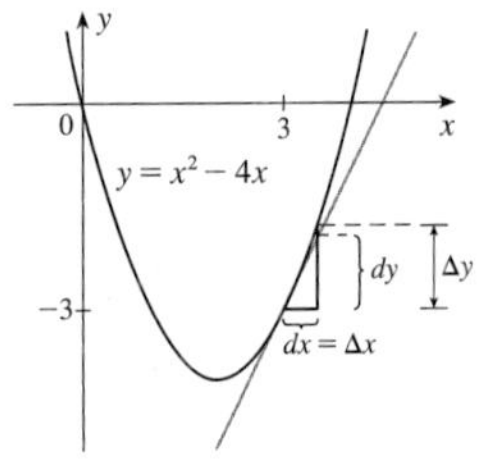

19. $\Delta y \approx 0.34$, $dy = 0.4$

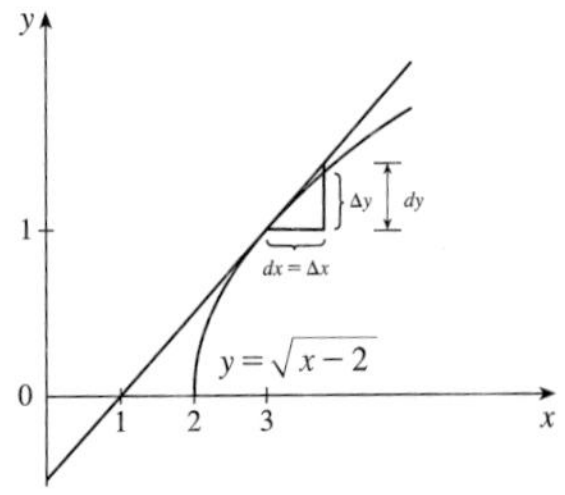

21. $\Delta y \approx 0.1655$, $dy = 0.15$; $\Delta y \approx 0.0306$, $dy = 0.03$; 예
23. $\Delta y \approx -0.012539$, $dy = -0.0125$;
$\Delta y \approx -0.002502$, $dy = -0.0025$; 예
25. 15.968 **27.** 1.1
32. (a) 270cm^3, 0.01, 1% (b) 36cm^2, $0.00\overline{6}$, $0.\overline{6}$%
33. (a) $84/\pi \approx 27$cm^2; $\frac{1}{84} \approx 0.012 = 1.2\%$
(b) $1764/\pi^2 \approx 179$cm^3; $\frac{1}{56} \approx 0.018 = 1.8\%$
35. (a) $2\pi rh\,\Delta r$ (b) $\pi(\Delta r)^2 h$
38. (a) 4.8, 5.2 (b) 너무 크다.

연습문제 3.9

1. (a) 0 (b) 1 **3.** (a) $\frac{13}{5}$ (b) $\frac{1}{2}(e^5 + e^{-5}) \approx 74.20995$
5. (a) 1 (b) 0 **6.** $\frac{13}{2}e^x - \frac{3}{2}e^{-x}$ **7.** $\dfrac{x^2 - 1}{2x}$
22. $\operatorname{sech} x = \frac{3}{5}$, $\sinh x = \frac{4}{3}$, $\operatorname{csch} x = \frac{3}{4}$, $\tanh x = \frac{4}{5}$, $\coth x = \frac{5}{4}$
24. (a) 1 (b) -1 (c) ∞ (d) $-\infty$ (e) 0 (f) 1
(g) ∞ (h) $-\infty$ (i) 0 (j) $\frac{1}{2}$
30. $f'(x) = 3\sinh 3x$ **32.** $h'(x) = 2x\cosh(x^2)$
34. $G'(t) = \dfrac{t^2 + 1}{2t^2}$ **36.** $f'(x) = \dfrac{\operatorname{sech}^2\sqrt{x}}{2\sqrt{x}}$
38. $y' = \operatorname{sech}^3 x - \operatorname{sech} x \tanh^2 x$
40. $g'(t) = \coth\sqrt{t^2 + 1} - \dfrac{t^2}{\sqrt{t^2 + 1}}\operatorname{csch}^2\sqrt{t^2 + 1}$
42. $f'(x) = \dfrac{-2}{\sqrt{1 + 4x^2}}$ **44.** $y' = \sec\theta$
46. $G'(u) = \dfrac{1}{\sqrt{1 + u^2}}$ **48.** $y' = \sinh^{-1}(x/3)$
51. (a) 0.3572 (b) 70.34°
52. (b) $y = 2\sinh 3x - 4\cosh 3x$
54. $\left(\ln\left(1 + \sqrt{2}\right), \sqrt{2}\right)$

4장

연습문제 4.1

1. 최솟값: 함수의 전체 영역에서 가장 작은 함숫값;
c에서 극솟값: c 근방의 x에 대해 가장 작은 함숫값
2. s에서 최댓값, r에서 최솟값, c에서 극댓값, b와 r에서 극솟값, a와 d에서 아무것도 아님
4. 최댓값 $f(4) = 5$; 극댓값 $f(4) = 5$와 $f(6) = 4$;
극솟값 $f(2) = 2$와 $f(1) = f(5) = 3$
6. 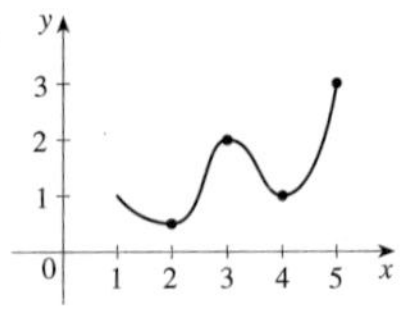

8. 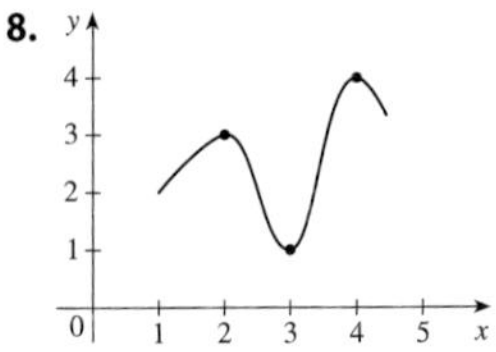

10. (a) 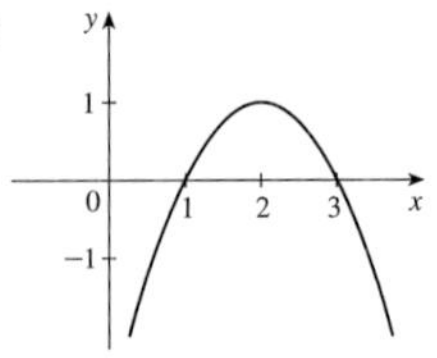

(b) 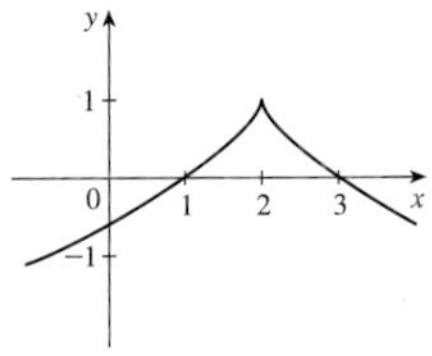

(c)

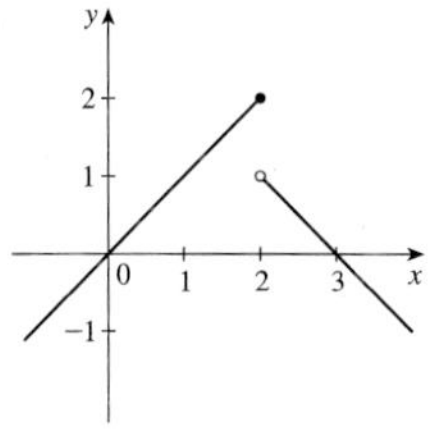

12. (a)

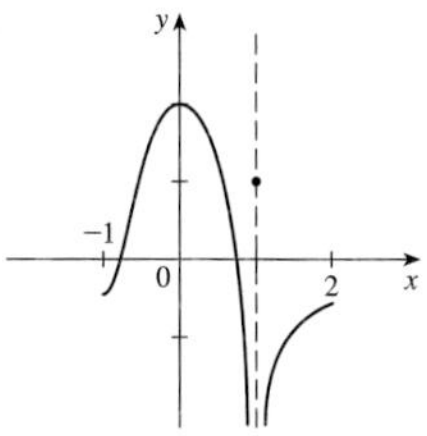

(b)

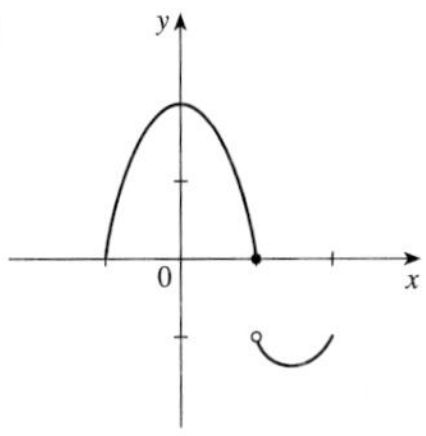

14. 최댓값 $f(-1) = 5$ **15.** 최댓값 $f(1) = 1$

16. 최솟값 $f(0) = 0$

17. 최댓값 $f(\pi/2) = 1$; 최솟값 $f(-\pi/2) = -1$

19. 최댓값 $f(2) = \ln 2$ **21.** 최댓값 $f(0) = 1$

23. 최솟값 $f(1) = -1$; 극솟값 $f(0) = 0$ **24.** $-\frac{1}{6}$

25. $-4, 0, 2$ **27.** $0, 2$ **28.** $-1, 2$ **29.** $0, \frac{4}{9}$

31. $0, \frac{8}{7}, 4$ **33.** $n\pi$ (n은 정수) **35.** $1/\sqrt{e}$ **37.** 10

39. $f(2) = 16, f(5) = 7$ **40.** $f(-1) = 8, f(2) = -19$

41. $f(-2) = 33, f(2) = -31$ **43.** $f(0.2) = 5.2, f(1) = 2$

45. $f(4) = 4 - \sqrt[3]{4}, f(\sqrt{3}/9) = -2\sqrt{3}/9$

47. $f(\pi/6) = \frac{3}{2}\sqrt{3}, f(\pi/2) = 0$

49. $f(e^{1/2}) = 1/(2e), f(\frac{1}{2}) = -4 \ln 2$

51. $f(1) = \ln 3, f(-\frac{1}{2}) = \ln \frac{3}{4}$

53. $f\left(\dfrac{a}{a+b}\right) = \dfrac{a^a b^b}{(a+b)^{a+b}}$

55. $\approx 3.9665°C$

57. 1월 1일 이후 약 4.1개월

연습문제 4.2

1. 아니오 **3.** 예; ≈ 3.8

5. 1 **7.** π

9. f는 $(-1, 1)$에서 미분 불가능 **11.** 1

12. $3/\ln 4$ **14.** 1; 예

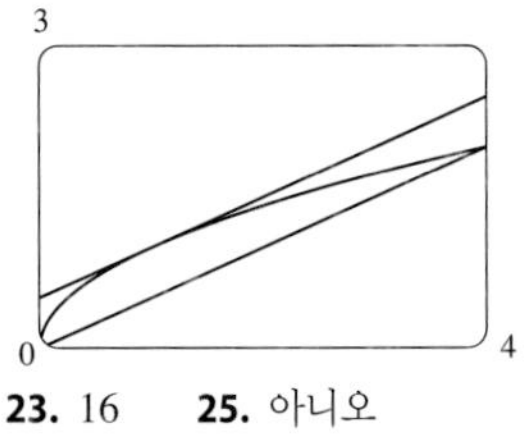

16. f는 3에서 불연속 **23.** 16 **25.** 아니오

연습문제 4.3

1. (a) $(1, 3), (4, 6)$ (b) $(0, 1), (3, 4)$ (c) $(0, 2)$
(d) $(2, 4), (4, 6)$ (e) $(2, 3)$

3. (a) 증가감소 판정법 (b) 오목성 판정법
(c) 오목성이 변하는 점을 찾아라.

5. (a) $(0, 1), (3, 5)$에서 증가; $(1, 3), (5, 6)$에서 감소
(b) $x = 1, x = 5$에서 극대; $x = 3$에서 극소

6. (a) 3, 5 (b) 2, 4, 6 (c) 1, 7

9. $(-\infty, 4), (6, \infty)$에서 증가; $(4, 5), (5, 6)$에서 감소;
극댓값 $f(4) = 8$; 극솟값 $f(6) = 12$

11. $(0, \pi/4), (5\pi/4, 2\pi)$에서 증가; $(\pi/4, 5\pi/4)$에서 감소;
극댓값 $f(\pi/4) = \sqrt{2}$; 극솟값 $f(5\pi/4) = -\sqrt{2}$

13. $(1, \infty)$에서 위로 오목; $(-\infty, 1)$에서 아래로 오목; 변곡점 $(1, -7)$

15. $(0, \pi/4), (3\pi/4, \pi)$에서 위로 오목; $(\pi/4, 3\pi/4)$에서 아래로 오목;
변곡점 $(\pi/4, \frac{1}{2}), (3\pi/4, \frac{1}{2})$

17. $(-\sqrt{5}, \sqrt{5})$에서 위로 오목; $(-\infty, -\sqrt{5}), (\sqrt{5}, \infty)$에서 아래로 오목;
변곡점 $(\pm\sqrt{5}, \ln 10)$

19. (a) $(-1, 0), (1, \infty)$에서 증가; $(-\infty, -1), (0, 1)$에서 감소
(b) 극댓값 $f(0) = 3$; 극솟값 $f(\pm 1) = 2$
(c) $(-\infty, -\sqrt{3}/3), (\sqrt{3}/3, \infty)$에서 위로 오목;
$(-\sqrt{3}/3, \sqrt{3}/3)$에서 아래로 오목; 변곡점 $(\pm\sqrt{3}/3, \frac{22}{9})$

21. (a) $(1, \infty)$에서 증가; $(0, 1)$에서 감소 (b) 극솟값 $f(1) = 0$
(c) $(0, \infty)$에서 위로 오목; 변곡점 없음

23. (a) $(-\frac{1}{2}, \infty)$에서 증가; $(-\infty, -\frac{1}{2})$에서 감소
(b) 극솟값 $f(-\frac{1}{2}) = -\dfrac{1}{2e}$
(c) $(-1, \infty)$에서 위로 오목; $(-\infty, -1)$에서 아래로 오목;
변곡점 $\left(-1, -\dfrac{1}{e^2}\right)$

25. 극댓값 $f(1) = 2$; 극솟값 $f(0) = 1$

28. (a) f는 2에서 극댓값을 갖는다.
(b) f는 6에서 수평접선을 갖는다.

30. (a)

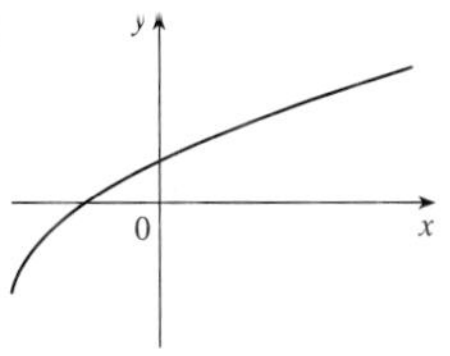

(b)

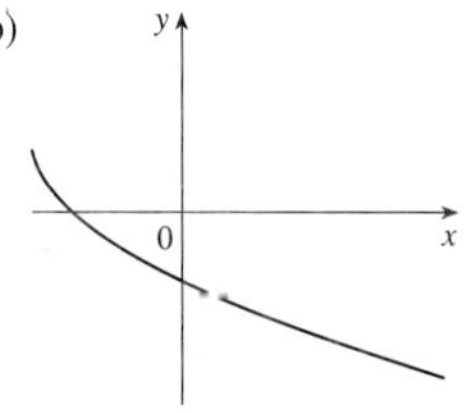

31.

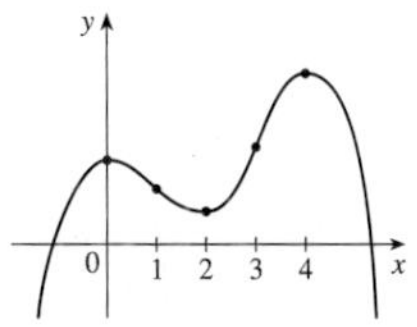

33.

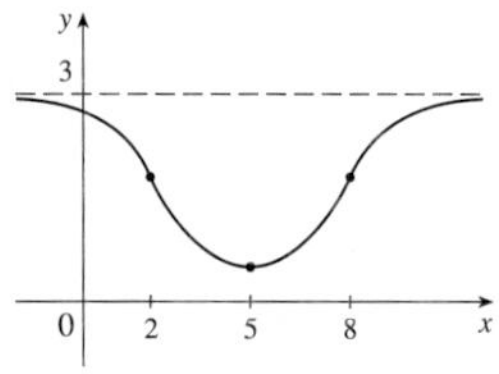

35. (a) $(0, 2), (4, 6), (8, \infty)$에서 증가;
$(2, 4), (6, 8)$에서 감소
(b) $x = 2, 6$에서 극대; $x = 4, 8$에서 극소
(c) $(3, 6), (6, \infty)$에서 위로 오목;
$(0, 3)$에서 아래로 오목 (d) 3
(e) 오른쪽 그래프 참조

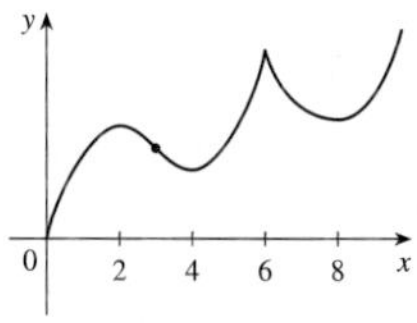

36. (a) $(-\infty, 0), (2, \infty)$에서 증가;
$(0, 2)$에서 감소
(b) 극댓값 $f(0) = 4$; 극솟값 $f(2) = 0$
(c) $(1, \infty)$에서 위로 오목;
$(-\infty, 1)$에서 아래로 오목;
변곡점 $(1, 2)$
(d) 오른쪽 그래프 참조

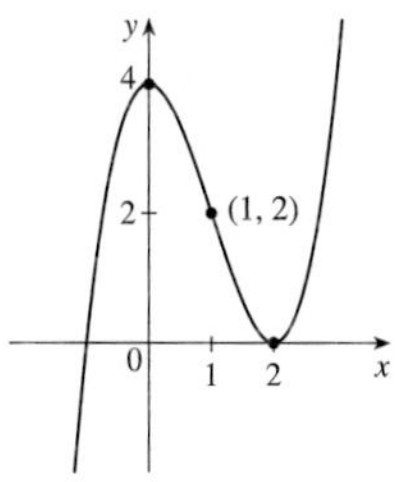

37. (a) $(-2, 0), (2, \infty)$에서 증가; $(-\infty, -2), (0, 2)$에서 감소
(b) 극댓값 $f(0) = 3$; 극솟값 $f(\pm 2) = -5$
(c) $\left(-\infty, -\dfrac{2}{\sqrt{3}}\right), \left(\dfrac{2}{\sqrt{3}}, \infty\right)$에서 위로 오목;

$\left(-\frac{2}{\sqrt{3}}, \frac{2}{\sqrt{3}}\right)$에서 아래로 오목; 변곡점 $\left(\pm\frac{2}{\sqrt{3}}, -\frac{13}{9}\right)$

(d)

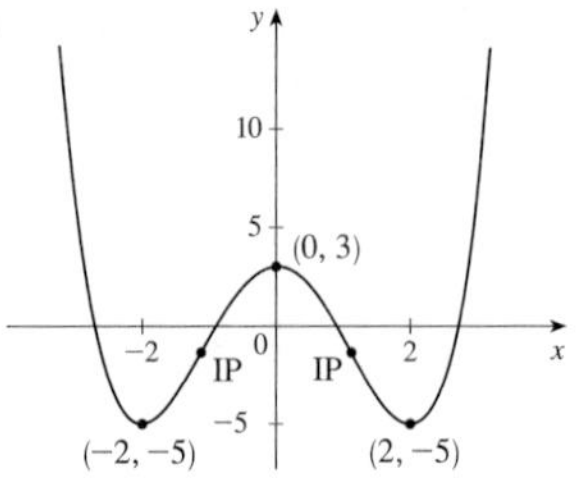

38. (a) $(2, \infty)$에서 증가; $(-\infty, 2)$에서 감소
(b) 극솟값 $f(2) = -4$
(c) $(-\infty, 0)$, $\left(\frac{4}{3}, \infty\right)$에서 위로 오목;
$\left(0, \frac{4}{3}\right)$에서 아래로 오목; 변곡점 $(0, 12)$, $\left(\frac{4}{3}, \frac{68}{27}\right)$
(d) 오른쪽 그래프 참조

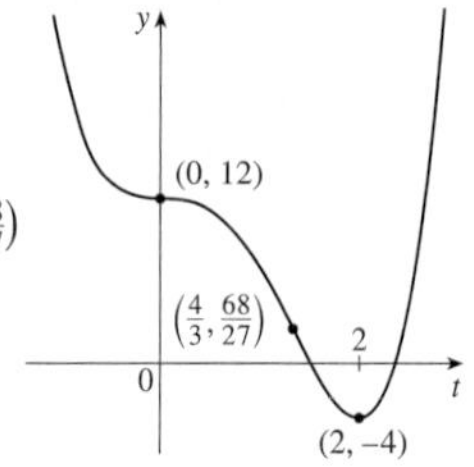

41. (a) $(-\infty, 4)$에서 증가;
$(4, 6)$에서 감소
(b) 극댓값 $F(4) = 4\sqrt{2}$
(c) $(-\infty, 6)$에서 아래로 오목;
변곡점 없음
(d) 오른쪽 그래프 참조

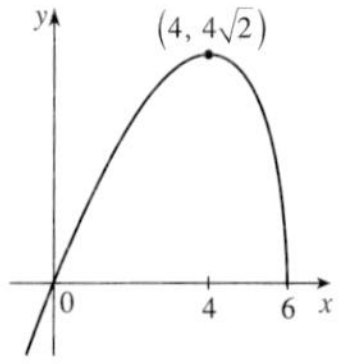

44. (a) $(\pi, 2)$에서 증가;
$(0, \pi)$에서 감소
(b) 극솟값 $f(\pi) = -1$
(c) $(\pi/3, 5\pi/3)$에서 위로 오목;
$(0, \pi/3)$, $(5\pi/3, 2\pi)$에서 아래로 오목;
변곡점 $\left(\pi/3, \frac{5}{4}\right)$, $\left(5\pi/3, \frac{5}{4}\right)$
(d) 오른쪽 그래프 참조

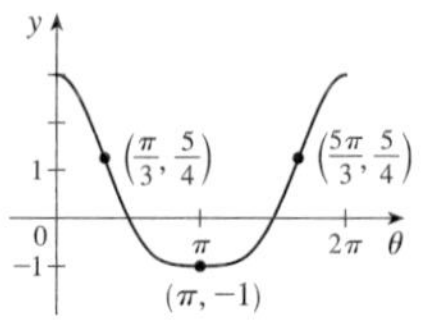

46. (a) 수직점근선 $x = 0$;
수평점근선 $y = 1$
(b) $(0, 2)$에서 증가;
$(-\infty, 0)$, $(2, \infty)$에서 감소
(c) 극댓값 $f(2) = \frac{5}{4}$
(d) $(3, \infty)$에서 위로 오목;
$(-\infty, 0)$, $(0, 3)$에서 아래로 오목; 변곡점 $\left(3, \frac{11}{9}\right)$
(e) 오른쪽 그래프 참조

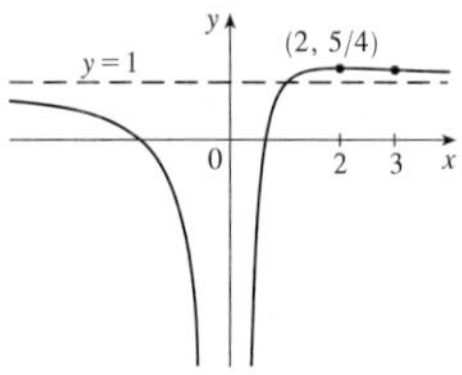

47. (a) 수직점근선 $x = 0$;
수평점근선 $y = 1$
(b) $(-\infty, 0)$, $(0, \infty)$에서 증가
(c) 없음
(d) $(-\infty, 0)$, $(0, 1)$에서 위로 오목;
$(1, \infty)$에서 아래로 오목;
변곡점 $(1, 1/e^2)$
(e) 오른쪽 그래프 참조

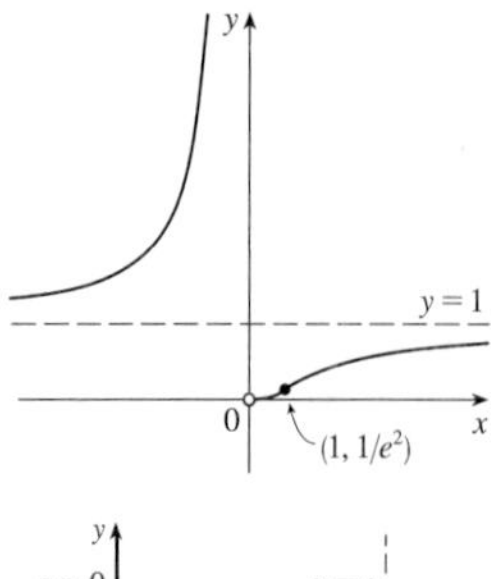

50. (a) 수직점근선 $x = 0$, $x = e$
(b) $(0, e)$에서 감소
(c) 없음
(d) $(0, 1)$에서 위로 오목;
$(1, e)$에서 아래로 오목; 변곡점 $(1, 0)$
(e) 오른쪽 그래프 참조

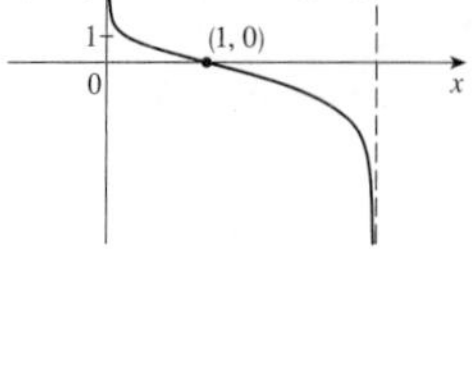

52. f는 모든 $c > 0$에 대해 $(-\infty, \infty)$에서 위로 오목하다. c가 증가함에 따라 최소점은 원점에서 멀어진다.

54. (a) $f(1) = \sqrt{2}$는 극댓값이자 최댓값이다. 극솟값, 최솟값은 없다.
(b) $\frac{1}{4}(3 - \sqrt{17})$

56. (b) $(0, 0.85)$, $(1.57, 2.29)$에서 아래로 오목; $(0.85, 1.57)$, $(2.29, \pi)$에서 위로 오목; 변곡점 $(0.85, 0.74)$, $(1.57, 0)$, $(2.29, -0.74)$

58. $(-\infty, -0.6)$, $(0.0, \infty)$에서 위로 오목; $(-0.6, 0.0)$에서 아래로 오목

60. (a) 증가율이 처음에는 매우 작으며 $t \approx 8$에서 최대로 증가한 다음, 0으로 감소한다.
(b) $t = 8$일 때 (c) $(0, 8)$에서 위로 오목; $(8, 18)$에서 아래로 오목
(d) $(8, 350)$

61. $D(t)$를 시간에 대한 적자 규모의 함수라 하면, 연설 당시 $D'(t) > 0$이지만 $D''(t) < 0$이다.

65. $f(x) = \frac{1}{9}(2x^3 + 3x^2 - 12x + 7)$

연습문제 4.4

1. (a) 부정형 (b) 0 (c) 0
(d) ∞, $-\infty$, 또는 존재하지 않는다 (e) 부정형

3. (a) $-\infty$ (b) 부정형 (c) ∞

5. $\frac{9}{4}$ **6.** 1 **8.** 6 **12.** 2 **14.** $\frac{1}{4}$ **16.** 0 **18.** $-\infty$

20. $-\frac{1}{3}$ **22.** 3 **24.** 2 **26.** 1 **28.** 1 **30.** $1/\ln 3$

32. 0 **34.** 0 **36.** a/b **38.** $\frac{1}{24}$ **40.** π **42.** $\frac{5}{3}$

44. 0 **46.** $-2/\pi$ **48.** $\frac{1}{2}$ **50.** $\frac{1}{2}$ **52.** 0 **54.** 1

56. e^{-2} **58.** $1/e$ **60.** 1 **62.** e^4

64. e^3 **66.** 0 **68.** $\frac{1}{4}$ **72.** 1 **78.** $\frac{1}{2}$

80. (a) 한 가지 예: $f(x) = 7/x^2$, $g(x) = 1/x^2$
(b) 한 가지 예: $f(x) = 7 + (1/x^2)$, $g(x) = 1/x^2$

81. (a) 0

연습문제 4.5

1. (a) 11, 12 (b) 11.5, 11.5 **3.** 10, 10 **5.** $\frac{9}{4}$

6. 25m × 25m **8.** $N = 1$

9. (a)

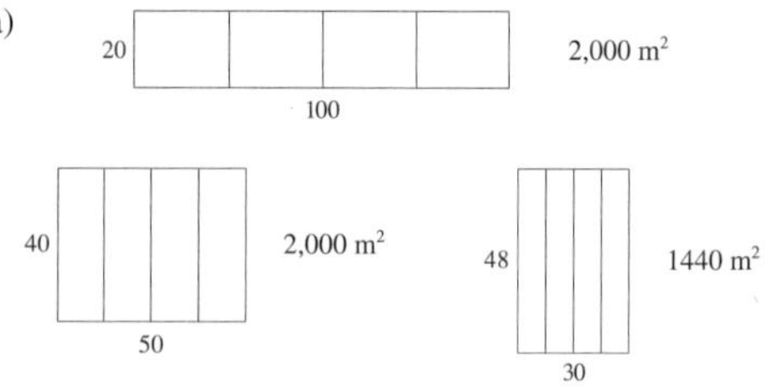

(b)

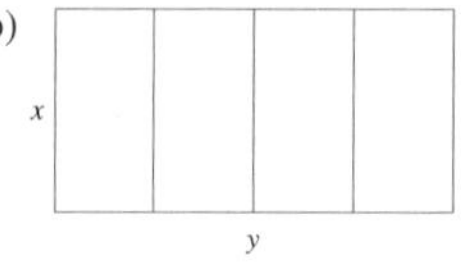

(c) $A = xy$ (d) $5x + 2y = 300$ (e) $A(x) = 150x - \frac{5}{2}x^2$
(f) 2250m^2

12. 4000cm^3 **13.** 45cm × 45cm × 90cm.

15. $\left(-\frac{6}{5}, \frac{3}{5}\right)$ **16.** $\left(-\frac{1}{3}, \pm\frac{4}{3}\sqrt{2}\right)$ **18.** 한 변의 길이가 $\sqrt{2}\,r$인 정사각형

20. $L/2$, $(\sqrt{3}\,L)/4$ **21.** 밑변 $\sqrt{3}\,r$, 높이 $3r/2$

24. $4\pi r^3/(3\sqrt{3})$ **25.** $\pi r^2(1 + \sqrt{5})$

28. 30cm **30.** $V = 2\pi R^3/(9\sqrt{3})$ **33.** $E^2/(4r)$

35. B로 바로 이동

37. 강한 광원으로부터 $10\sqrt[3]{3}/(1+\sqrt[3]{3}) \approx 5.91$m

39. $(a^{2/3}+b^{2/3})^{3/2}$ **41.** $2\sqrt{6}$

43. (b) (i) \$342,491; \$342.49/개; \$389.74/개 (ii) 400 (iii) \$320/개

46. (a) $p(x) = 500 - \frac{1}{8}x$ (b) \$250 (c) \$310

51. 9.35m **54.** $x = 15$cm **55.** $\pi/6$

57. A에서 거리가 $5 - 2\sqrt{5} \approx 0.53$인 지점 **58.** $\frac{1}{2}(L+W)^2$

59. (a) B에서 약 5.1km (b) C는 B와 가깝다; C는 D와 가깝다;
$W/L = \sqrt{25+x^2}/x$, 여기서 $x = |BC|$
(c) ≈ 1.07; 그런 값은 없음 (d) $\sqrt{41}/4 \approx 1.6$

연습문제 4.6

1. (a) $F(x) = 6x$ (b) $G(t) = t^3$

3. (a) $H(q) = \sin q$ (b) $F(x) = e^x$

5. $F(x) = 2x^2 + 7x + C$ **6.** $F(x) = \frac{1}{2}x^4 - \frac{2}{9}x^3 + \frac{5}{2}x^2 + C$

7. $F(x) = 4x^3 + 4x^2 + C$ **9.** $G(x) = 12x^{1/3} - \frac{3}{4}x^{8/3} + C$

10. $F(x) = 2x^{3/2} - \frac{3}{2}x^{4/3} + C$ **12.** $F(t) = \frac{4}{3}t^{3/2} - 8\sqrt{t} + 3t + C$

13. $F(x) = \frac{2}{5}\ln|x| + \frac{3}{x} + C$

15. $G(t) = 7e^t - e^3t + C$

17. $F(\theta) = -2\cos\theta - 3\sec\theta + C$

20. $F(x) = 2^x/\ln 2 + 4\cosh x + C$

22. $F(x) = 2e^x - 3x^2 - 1$

24. $f(x) = 4x^3 + Cx + D$ **26.** $f(x) = \frac{1}{5}x^5 + 4x^3 - \frac{1}{2}x^2 + Cx + D$

27. $f(x) = \frac{1}{3}x^3 + 3e^x + Cx + D$

29. $f(t) = 2t^3 + \cos t + Ct^2 + Dt + E$

31. $f(x) = 2x^4 + \ln x - 5$ **33.** $f(t) = 4\arctan t - \pi$

34. $f(x) = 3x^{5/3} - 75$ **36.** $f(t) = \tan t + \sec t - 2 - \sqrt{2}$

38. $f(x) = -x^2 + 2x^3 - x^4 + 12x + 4$

39. $f(\theta) = -\sin\theta - \cos\theta + 5\theta + 4$

41. $f(x) = 2x^2 + x^3 + 2x^4 + 2x + 3$

43. $f(x) = e^x + 2\sin x - \frac{2}{\pi}(e^{\pi/2} + 4)x + 2$

45. $f(x) = -\ln x + (\ln 2)x - \ln 2$ **47.** 8 **49.** b

50.

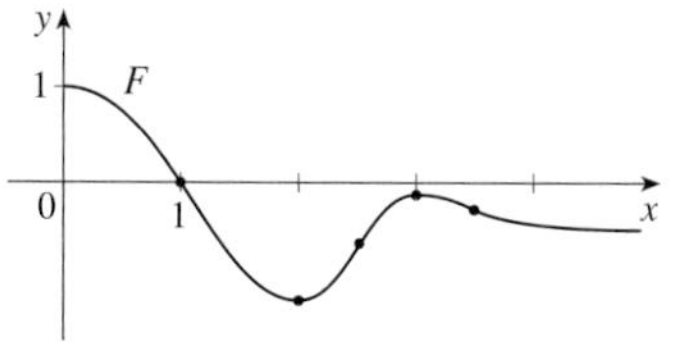

51.

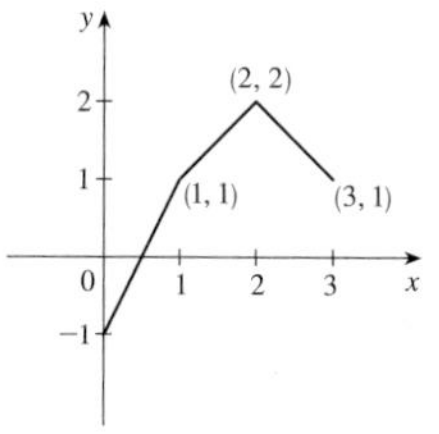

52.

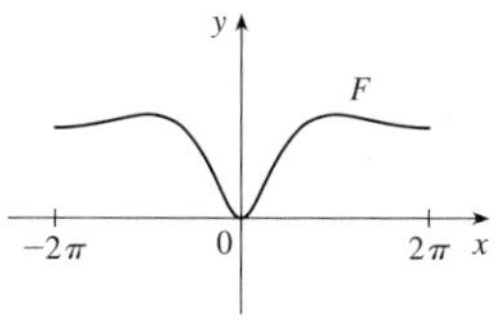

54. $s(t) = 2\sin t - 4\cos t + 7$ **55.** $s(t) = \frac{1}{3}t^3 + \frac{1}{2}t^2 - 2t + 3$

56. $s(t) = -\sin t + \cos t + \frac{8}{\pi}t - 1$

58. (a) $s(t) = 450 - 4.9t^2$ (b) $\sqrt{450/4.9} \approx 9.58$초
(c) $-9.8\sqrt{450/4.9} \approx -93.9$m/s (d) 약 9.09초

61. 81.6m **62.** \$742.08 **64.** $\frac{130}{11} \approx 11.8$초

66. 1.79m/s^2 **68.** 62,500km/h$^2 \approx 4.82$m/s^2

5장

연습문제 5.1

3. (a) 8, 6.875 (b) 5, 5.375

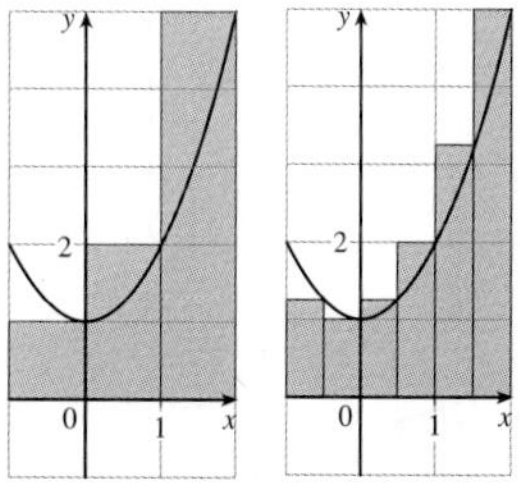

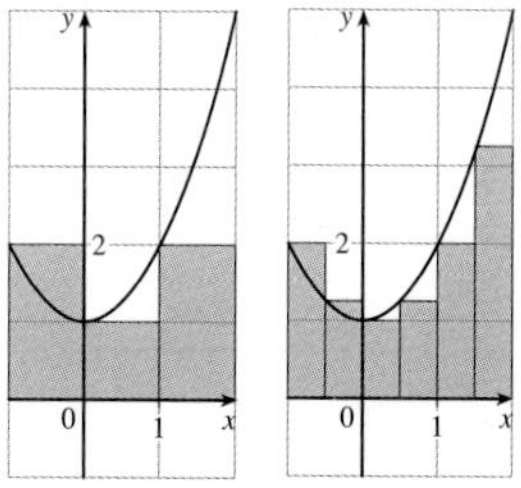

(c) 5.75, 5.9375

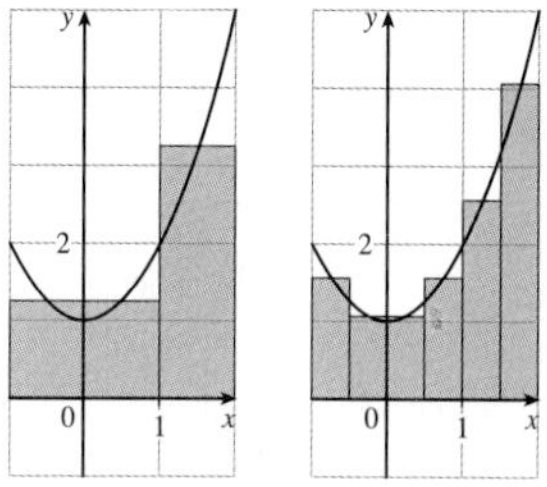

(d) M_6

4. $n = 2$: 상합 = 24, 하합 = 8

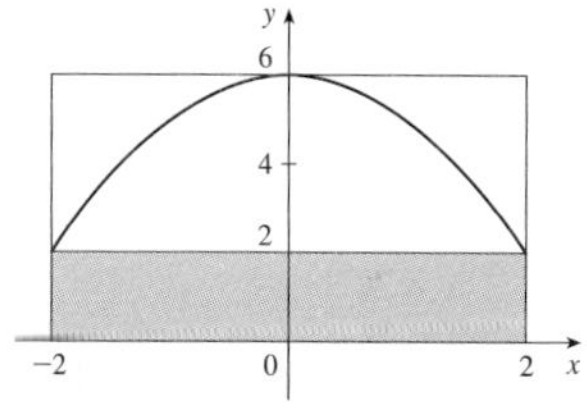

$n = 4$: 상합 = 22, 하합 = 14

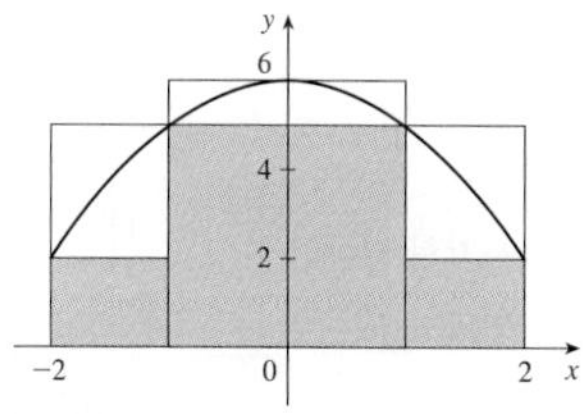

$n = 8$: 상합 = 20.5, 하합 = 16.5

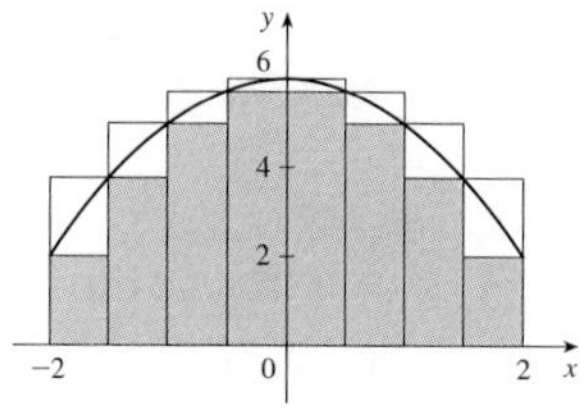

6. 10.55m, 13.65m **7.** 63.2L, 70L **8.** 39m

10. $\lim_{n\to\infty}\sum_{i=1}^{n}[2 + \sin^2(\pi i/n)] \cdot \dfrac{\pi}{n}$

13. 0에서 2까지 $y = \dfrac{1}{1+x}$ 그래프 아래 영역

14. 0에서 $\pi/4$까지 $y = \tan x$ 그래프 아래 영역

16. (a) $L_n < A < R_n$

17. (a) 왼쪽: 0.8100, 0.7937, 0.7904;
오른쪽: 0.7600, 0.7770, 0.7804
(b)

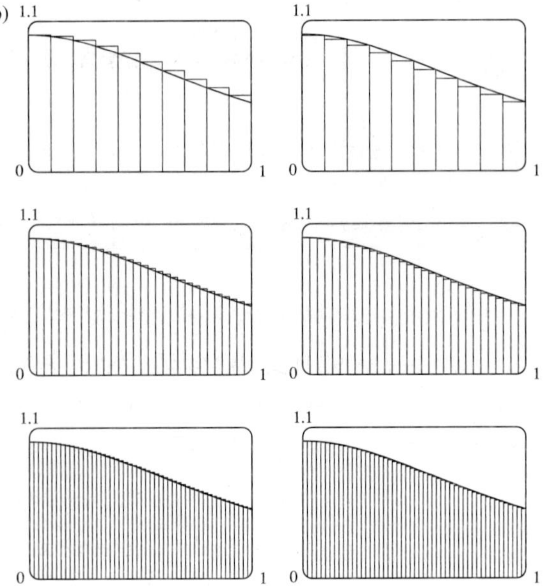

18. (a) $\lim_{n\to\infty} \frac{64}{n^6} \sum_{i=1}^{n} i^5$ (b) $\frac{n^2(n+1)^2(2n^2+2n-1)}{12}$ (c) $\frac{32}{3}$

19. $\sin b$, 1

연습문제 5.2

1. -10
리만합은 x축 위 두 직사각형 넓이의 합에서 x축 아래 세 직사각형 넓이의 합을 뺀 값을 나타낸다. 즉, x축에 대한 직사각형의 순 넓이이다.

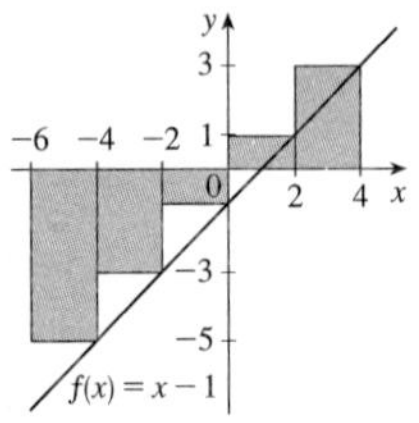

3. $-\frac{49}{16}$
리만합은 x축 위의 두 직사각형 넓이의 합에서 x축 아래의 네 직사각형 넓이의 합을 뺀 값을 나타낸다.

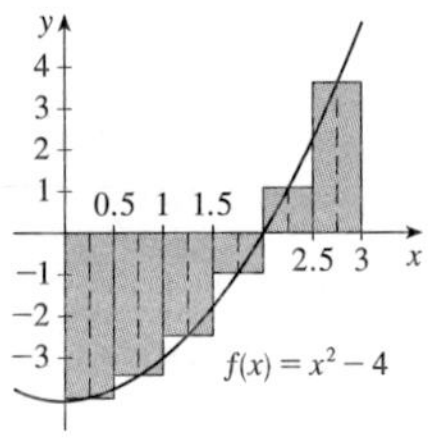

4. (a) 4 (b) 2 (c) 6
5. 아래 $= -64$; 위 $= 16$ **6.** 168
8. 10.2857 **9.** 0.3186 **10.** 0.3181, 0.3180
12. $\int_0^1 \frac{e^x}{1+x}\,dx$ **13.** $\int_2^7 (5x^3 - 4x)\,dx$
14. $-\frac{40}{3}$ **16.** $\lim_{n\to\infty} \sum_{i=1}^{n} \sqrt{4 + (1 + 2i/n)} \cdot \frac{2}{n}$
18. 6 **19.** $\frac{57}{2}$ **20.** 208 **21.** $-\frac{3}{4}$
22. (a) 4 (b) 10 (c) -3 (d) 0 (e) 6 (f) -4
23. (a) 18
25. $\frac{35}{2}$ **26.** $\frac{25}{4}$ **27.** $3 + \frac{9}{4}\pi$
30. $\lim_{n\to\infty} \sum_{i=1}^{n} \left(\sin \frac{5\pi i}{n}\right) \frac{\pi}{n} = \frac{2}{5}$ **32.** 0 **33.** 3
35. $e^5 - e^3$ **36.** $\int_{-1}^{5} f(x)\,dx$ **37.** 122

39. $B < E < A < D < C$ **40.** 15
45. $0 \leqslant \int_0^1 x^3\,dx \leqslant 1$ **46.** $\frac{\pi}{12} \leqslant \int_{\pi/4}^{\pi/3} \tan x\,dx \leqslant \frac{\pi}{12}\sqrt{3}$
47. $0 \leqslant \int_0^2 xe^{-x}\,dx \leqslant 2/e$ **51.** $\int_1^2 \arctan x\,dx$
55. $\int_0^1 x^4\,dx$

연습문제 5.3

1. 한 과정은 다른 과정이 수행하는 작업을 거꾸로 한다. 미적분의 기본 정리를 참조하여라.
2. (a) 0, 2, 5, 7, 3 (d)
(b) (0, 3)
(c) $x = 3$

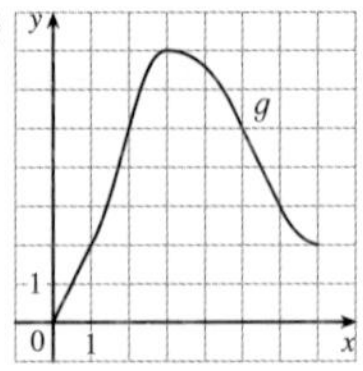

3. (a) $g(x) = 3x$
5.

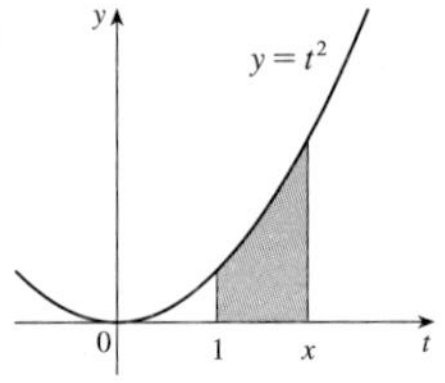

(a), (b) x^2

7. $g'(x) = \sqrt{x + x^3}$ **9.** $g'(w) = \sin(1 + w^3)$
10. $F'(x) = -\sqrt{1 + \sec x}$ **11.** $h'(x) = xe^x$
12. $y' = \frac{3(3x+2)}{1 + (3x+2)^3}$ **14.** $y' = -\frac{1}{2}\tan\sqrt{x}$
15. 3.75

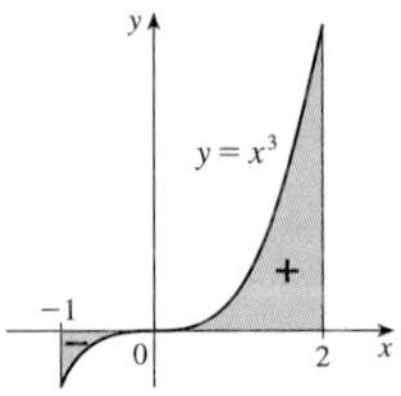

17. -2

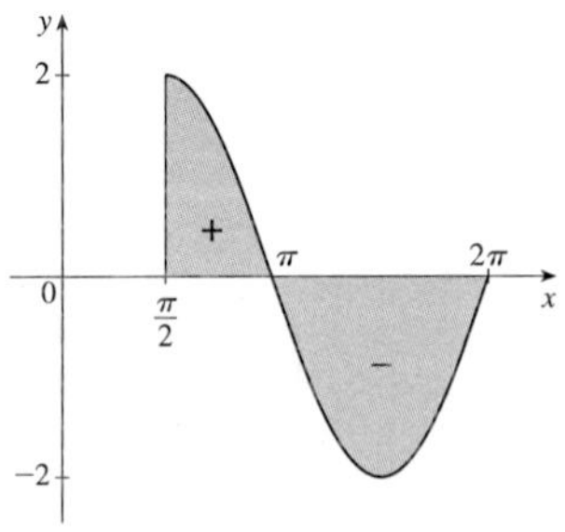

19. $\frac{26}{3}$ **20.** 2 **21.** $\frac{52}{3}$ **22.** $\frac{512}{15}$ **24.** -1
26. $-\frac{37}{6}$ **27.** $\frac{82}{5}$ **28.** $8 + \ln 3$ **30.** 1
31. $\frac{15}{4}$ **34.** $\frac{1}{e+1} + e - 1$ **36.** $4\pi/3$ **37.** $\frac{15}{\ln 2}$
39. 0 **40.** $\frac{16}{3}$ **41.** $\frac{32}{3}$ **42.** $\frac{243}{4}$ **43.** 2
45. 함수 $f(x) = x^{-4}$는 구간 $[-2, 1]$에서 연속이 아니므로 FTC2를 적용할 수 없다.
46. 함수 $f(\theta) = \sec\theta\tan\theta$는 구간 $[\pi/3, \pi]$에서 연속이 아니므로 FTC2를 적용할 수 없다.
48. $g'(x) = \frac{-2(4x^2-1)}{4x^2+1} + \frac{3(9x^2-1)}{9x^2+1}$

49. $F'(x) = 2xe^{x^4} - e^{x^2}$

51. $y' = \sin x \ln(1 + 2\cos x) + \cos x \ln(1 + 2\sin x)$

54. $y = e^4 x - 2e^4$ **56.** 1 **58.** 29

59. (a) $-2\sqrt{n}$, $\sqrt{4n-2}$, $n > 0$은 정수

(b) $(0, 1)$, $\left(-\sqrt{4n-1}, -\sqrt{4n-3}\right)$, $\left(\sqrt{4n-1}, \sqrt{4n+1}\right)$, $n > 0$은 정수 (c) 0.74

60. (a) 1과 5에서 극댓값; 3과 7에서 극솟값

(b) $x = 9$

(c) $\left(\frac{1}{2}, 2\right)$, $(4, 6)$, $(8, 9)$

(d) 오른쪽 그래프 참조

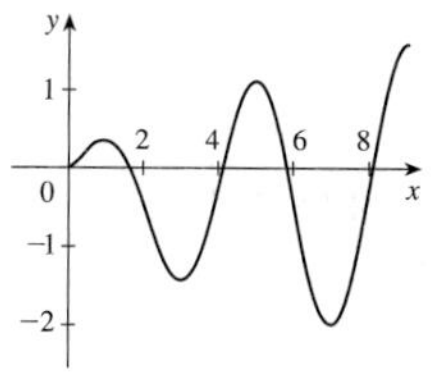

61. $\frac{7}{10}$ **68.** $f(x) = x^{3/2}$, $a = 9$

연습문제 5.4

4. $x^3 + 2x^2 + x + C$ **5.** $\frac{1}{2}x^2 + \sin x + C$

7. $\frac{1}{2.3}x^{2.3} + 2x^{3.5} + C$ **8.** $5x + \frac{2}{9}x^3 + \frac{3}{16}x^4 + C$

9. $\frac{2}{3}u^3 + \frac{9}{2}u^2 + 4u + C$ **10.** $\ln|x| + 2\sqrt{x} + x + C$

12. $e^x + \ln|x| + C$ **14.** $-\cos x + \cosh x + C$

16. $\theta + \tan\theta + C$

18. $\sin x + \frac{1}{4}x^2 + C$

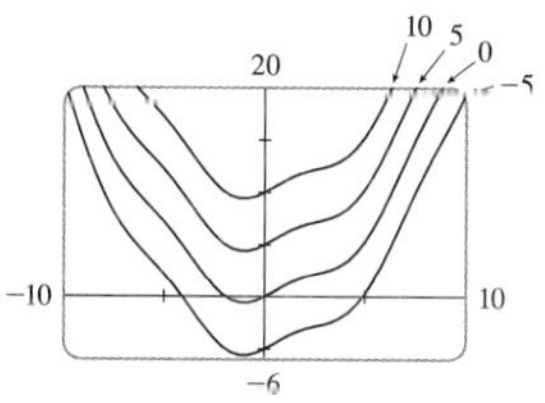

20. $-\frac{10}{3}$ **21.** 505.5 **22.** -2 **24.** $20 + \ln 3$

25. 36 **26.** $8/\sqrt{3}$ **28.** $\frac{55}{63}$ **29.** $\frac{3}{4} - 2\ln 2$

31. $2\sinh 2$ **33.** $1 + \pi/4$

35. $\pi/3$ **37.** $\pi/6$ **38.** -3.5 **40.** ≈ 1.36 **41.** $\frac{4}{3}$

42. 5세~10세 사이의 아이 몸무게(kg) 증가량

43. 처음 2시간(120분) 동안 기름이 새어 나온 양(리터)

44. 판매량이 1000개에서 5000개로 늘어날 때 소득의 증가량

45. 처음 30분 동안 운동하는 동안의 총 심장박동수

46. 뉴턴-미터(또는 줄)

49. (a) $v(t) = \frac{1}{2}t^2 + 4t + 5$ m/s (b) $416\frac{2}{3}$m

51. 2.3km **52.** $58,000

53. 12.1m/s **55.** 5443박테리아 **56.** 332.6 기가와트-시간

연습문제 5.5

1. $\frac{1}{2}\sin 2x + C$ **3.** $\frac{2}{9}(x^3 + 1)^{3/2} + C$

5. $\frac{1}{4}\ln|x^4 - 5| + C$ **6.** $2\sin\sqrt{t} + C$

7. $-\frac{1}{3}(1 - x^2)^{3/2} + C$ **8.** $-\frac{1}{4}e^{-t^4} + C$

10. $-(3/\pi)\cos(\pi t/3) + C$ **11.** $\frac{1}{4}\ln|4x + 7| + C$

12. $\ln|1 + \sin\theta| + C$ **13.** $-\frac{1}{4}\cos^4\theta + C$

15. $\dfrac{1}{1 - e^u} + C$ **17.** $\frac{2}{3}\sqrt{3ax + bx^3} + C$

18. $\frac{1}{3}(\ln x)^3 + C$ **20.** $\frac{1}{4}\tan^4\theta + C$

21. $\dfrac{1}{12}\left(x^2 + \dfrac{2}{x}\right)^6 + C$ **23.** $\dfrac{2}{15}(2 + 3e^r)^{5/2} + C$

25. $\ln|\tan\theta| + C$ **26.** $\frac{1}{3}(\arctan x)^3 + C$

28. $-\dfrac{1}{\ln 5}\cos(5^t) + C$ **29.** $\frac{1}{5}\sin(1 + 5t) + C$

30. $-\frac{2}{3}(\cot x)^{3/2} + C$ **32.** $\frac{1}{3}\sinh^3 x + C$

34. $-\ln(1 + \cos^2 x) + C$ **35.** $\ln|\sin x| + C$

37. $\ln|\sin^{-1}x| + C$ **38.** $\tan^{-1}x + \frac{1}{2}\ln(1 + x^2) + C$

40. $\frac{1}{40}(2x + 5)^{10} - \frac{5}{36}(2x + 5)^9 + C$

41. $\frac{1}{8}(x^2 - 1)^4 + C$ **43.** $-e^{\cos x} + C$

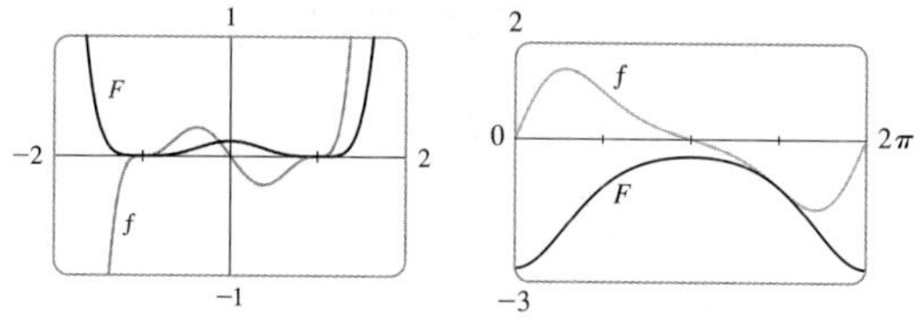

44. $2/\pi$ **47.** $2/\sqrt{3} - 1$ **48.** $e - \sqrt{e}$

50. 0 **52.** 3 **53.** $\frac{1}{3}(2\sqrt{2} - 1)a^3$ **55.** $\frac{16}{15}$ **56.** 2

58. $\ln(e + 1)$ **59.** $\frac{1}{6}$ **60.** $\sqrt{3} - \frac{1}{3}$ **62.** 6π

63. 세 넓이가 모두 같다. **65.** $\approx$4512L

66. $\dfrac{5}{4\pi}\left(1 - \cos\dfrac{2\pi t}{5}\right)$ L

67. $C_0(1 - e^{-30r/V})$; 투석 치료 30분 후에 혈액에서 제거된 요소의 총량

68. 5 **71.** $\pi^2/4$

6장

연습문제 6.1

1. (a) $\int_0^2 (2x - x^2)\,dx$ (b) $\frac{4}{3}$

2. (a) $\int_{-1}^1 (e^y - y^2 + 2)\,dy$ (b) $e - (1/e) + \frac{10}{3}$

3. 8 **4.** $\int_0^1 (3^x - 2^x)\,dx$ **6.** $\int_1^2 (-x^2 + 3x - 2)\,dx$

8. $\frac{23}{6}$ **9.** $\ln 2 - \frac{1}{2}$ **11.** $\frac{9}{2}$ **12.** $\frac{8}{3}$ **14.** 72

15. $\frac{32}{3}$ **17.** 4 **18.** 9 **20.** $\frac{1}{2}$ **21.** $6\sqrt{3}$

23. $\frac{13}{5}$ **24.** $(4/\pi) - \frac{1}{2}$ **26.** $\ln 2$

27. (a) 39 (b) 15 **28.** $\frac{1}{6}\ln 2$ **30.** $\frac{5}{2}$

32. $\frac{3}{2}\sqrt{3} - 1$ **34.** 0, 0.896; 0.037

35. -1.11, 1.25, 2.86; 8.38 **36.** 2.80123 **38.** 0.25142

39. $12\sqrt{6} - 9$ **41.** 4232cm^2

43. (a) 12일($t \approx 11.26$) (b) 18일($t \approx 17.18$)

(c) 706 (세포 수/mL) · 일

46. $\frac{24}{5}\sqrt{3}$ **48.** $4^{2/3}$ **49.** ± 6 **50.** $\frac{32}{27}$

연습문제 6.2

1. (a)

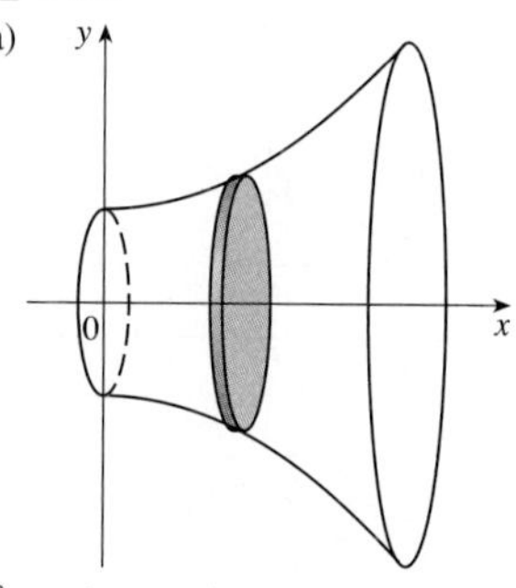

(b) $\int_0^3 \pi(x^4 + 10x^2 + 25)\,dx$ (c) $1068\pi/5$

2. (a)

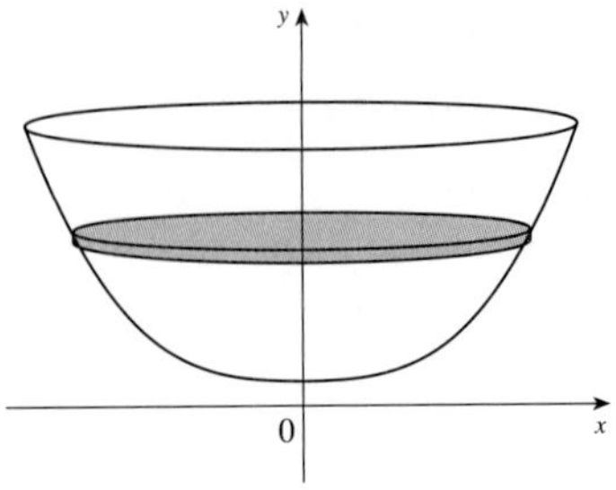

(b) $\int_1^9 \pi(y-1)^{2/3}\,dy$ (c) $96\pi/5$

3. $\int_1^3 \pi(\ln x)^2\,dx$ **4.** $\int_0^2 \pi(8y-y^4)\,dy$

5. $\int_0^{\pi} \pi[(2+\sin x)^2-4]\,dx$

7. $26\pi/3$

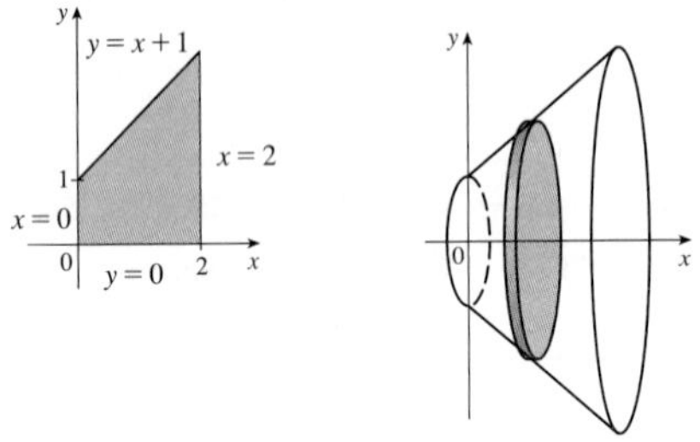

9. 162π

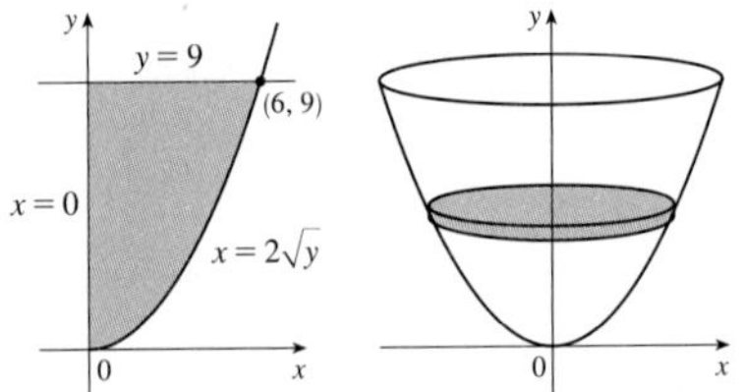

10. $8\pi/3$

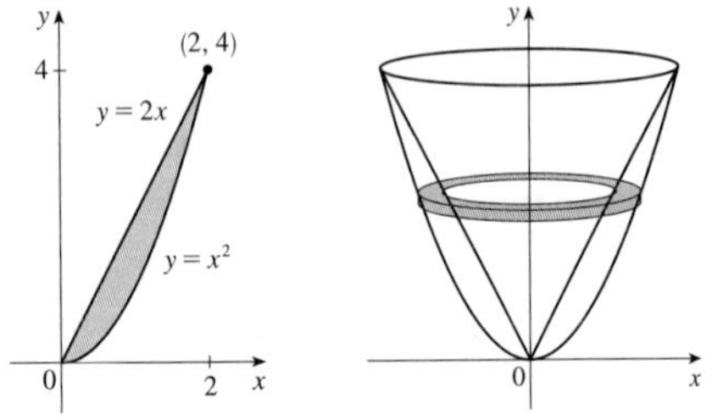

11. $5\pi/14$

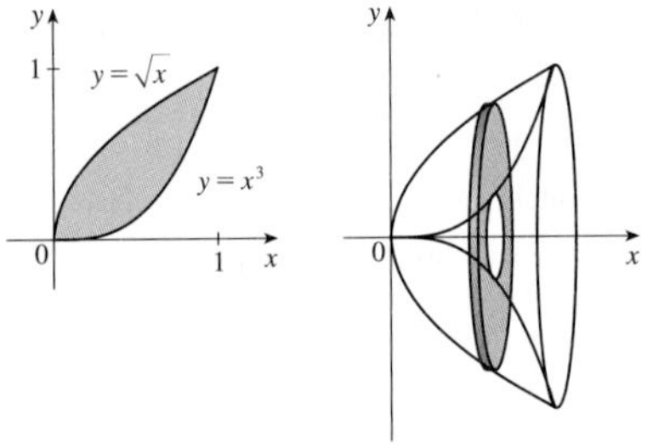

13. $11\pi/30$

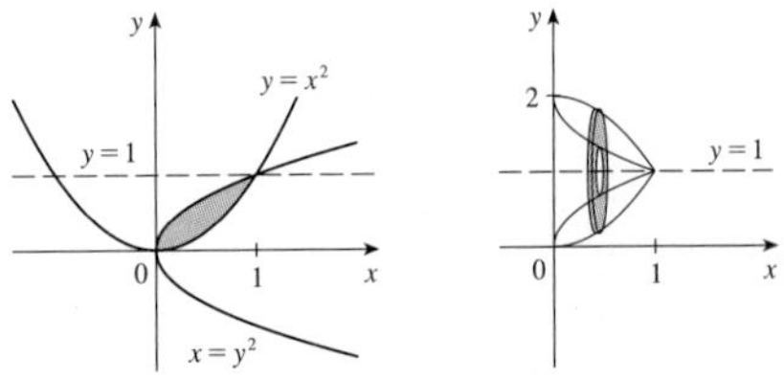

14. $2\pi\left(\frac{4}{3}\pi - \sqrt{3}\right)$

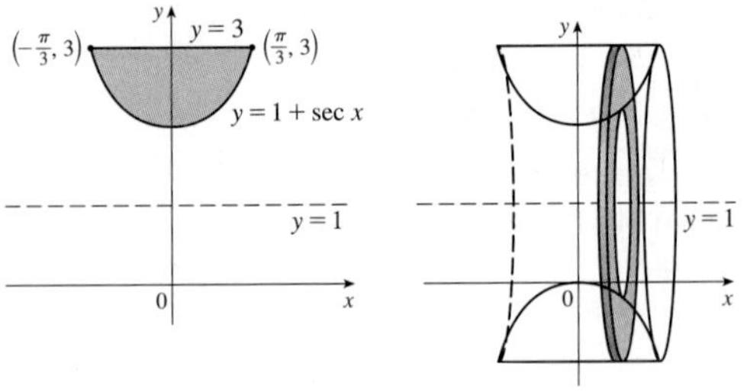

16. $3\pi/5$

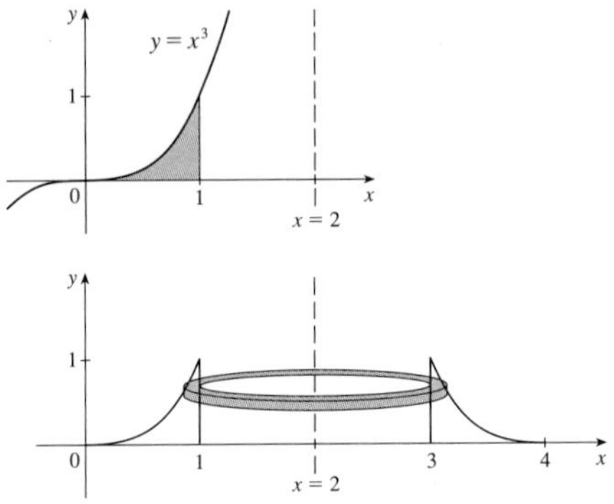

18. $10\sqrt{2}\,\pi/3$

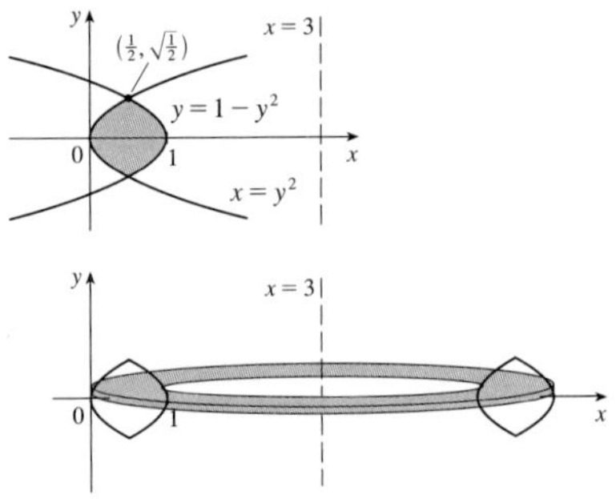

19. $\pi/3$ **22.** $\pi/3$ **23.** $13\pi/45$ **25.** $\pi/3$ **27.** $17\pi/45$

28. (a) $2\pi\int_0^1 e^{-2x^2}\,dx \approx 3.75825$

(b) $2\pi\int_0^1 \left(e^{-2x^2}+2e^{-x^2}\right)dx \approx 13.14312$

29. (a) $2\pi\int_0^2 8\sqrt{1-x^2/4}\;dx \approx 78.95684$

(b) $2\pi\int_0^1 8\sqrt{4-4y^2}\;dy \approx 78.95684$

30. $-4.091,\ -1.467,\ 1.091;\ 89.023$ **32.** $\frac{11}{8}\pi^2$

34. 영역 $0 \le x \le \pi/2,\ 0 \le y \le \sin x$를 x축으로 회전시킨 입체

36. 영역 $0 \le x \le 1,\ x^3 \le y \le x^2$을 x축으로 회전시킨 입체

38. 1110cm^3 **39.** (a) 196 (b) 838

40. $\frac{1}{3}\pi r^2 h$ **42.** $\pi h^2\left(r - \frac{1}{3}h\right)$ **43.** $\frac{2}{3}b^2 h$

45. 10cm^3 **46.** 24 **48.** $\frac{1}{3}$ **50.** $4\pi/15$

51. (a) $8\pi R\int_0^r \sqrt{r^2-y^2}\,dy$ (b) $2\pi^2 r^2 R$

53. $\displaystyle\int_0^4 \frac{2}{\sqrt{3}}\,y\sqrt{16-y^2}\,dy = \frac{128}{3\sqrt{3}}$ **56.** $\frac{5}{12}\pi r^3$

57. $8\int_0^r \sqrt{R^2-y^2}\,\sqrt{r^2-y^2}\,dy$

연습문제 6.3

1. 원둘레 $= 2\pi x$, 높이 $= x(x-1)^2$; $\pi/15$

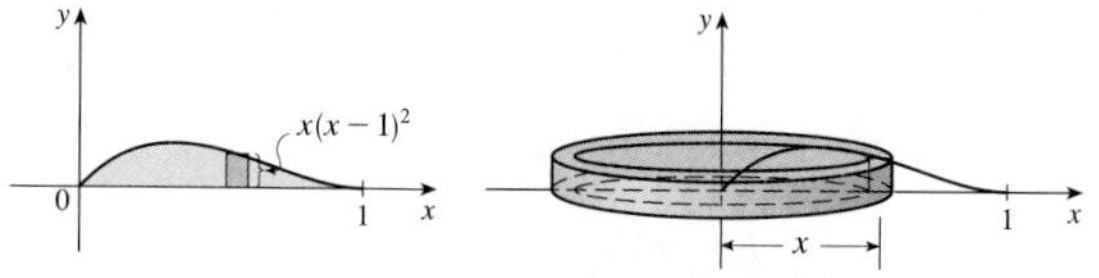

2. (a) $\int_0^{\sqrt{\pi/2}} 2\pi x\cos(x^2)\,dx$ (b) π **5.** $\int_1^2 2\pi x\ln x\,dx$

6. $\int_0^{\pi/2} 2\pi(3-y)\sin y\,dy$ **8.** $128\pi/5$ **9.** 6π

11. $\frac{2}{3}\pi(27-5\sqrt{5})$ **12.** 4π **13.** 192π **15.** $16\pi/3$

16. $384\pi/5$

18. (a)

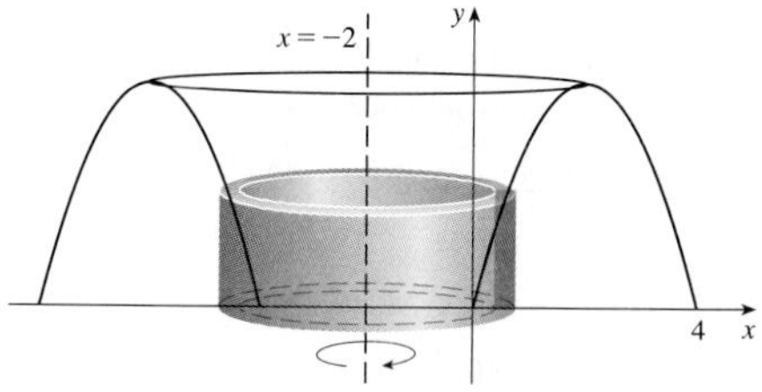

(b) $\int_0^4 2\pi(x+2)(4x-x^2)\,dx$ (c) $256\pi/3$

20. $264\pi/5$ **21.** $8\pi/3$ **22.** $13\pi/3$

23. (a) $2\pi\int_0^2 x^2e^{-x}\,dx$ (b) 4.06300

26. (a) $\int_0^{\pi} 2\pi(4-y)\sqrt{\sin y}\,dy$ (b) 36.57476 **27.** 3.68

29. 영역 $0 \le y \le x^4$, $0 \le x \le 3$을 y축으로 회전시킨 입체

31. 0, 2.175; 14.45

33. (a) $\int_0^1 2\pi x\left(\dfrac{1}{1+x^2}-\dfrac{x}{2}\right)dx$ (b) $\pi\left(\ln 2-\frac{1}{3}\right)$

35. (a) $\int_0^{1/2} 2\pi(x+2)(x^2-x^3)\,dx$ (b) $59\pi/480$

37. 8π **38.** $4\sqrt{3}\pi$ **39.** $4\pi/3$

41. $117\pi/5$ **43.** $\frac{4}{3}\pi r^3$ **44.** $\frac{1}{3}\pi r^2 h$

7장

연습문제 7.1

3. $\frac{1}{2}te^{2t}-\frac{1}{4}e^{2t}+C$ **4.** $-\frac{1}{10}x\cos 10x+\frac{1}{100}\sin 10x+C$

5. $\frac{1}{2}w^2\ln w-\frac{1}{4}w^2+C$

7. $(x^2+2x)\sin x+(2x+2)\cos x-2\sin x+C$

8. $x\cos^{-1}x-\sqrt{1-x^2}+C$

11. $-t\cot t+\ln|\sin t|+C$ **13.** $x(\ln x)^2-2x\ln x+2x+C$

15. $\frac{1}{10}e^{3x}\sin x+\frac{3}{10}e^{3x}\cos x+C$ **16.** $\frac{1}{13}e^{2\theta}(2\sin 3\theta-3\cos 3\theta)+C$

17. $z^3e^z-3z^2e^z+6ze^z-6e^z+C$

20. $\dfrac{3}{\ln 3}-\dfrac{2}{(\ln 3)^2}$ **22.** $2\cosh 2-\sinh 2$

23. $\frac{4}{5}-\frac{1}{5}\ln 5$ **25.** $-\pi/4$ **28.** $\frac{1}{2}\ln 2-\frac{1}{2}$

30. $-\frac{1}{2}(1+\cosh\pi)=-\frac{1}{4}(2+e^{\pi}+e^{-\pi})$ **31.** $-\frac{1}{2}-\pi/4$

33. $\frac{1}{2}(x^2-1)\ln(1+x)-\frac{1}{4}x^2+\frac{1}{2}x+\frac{3}{4}+C$

35. $-\frac{1}{2}xe^{-2x}-\frac{1}{4}e^{-2x}+C$

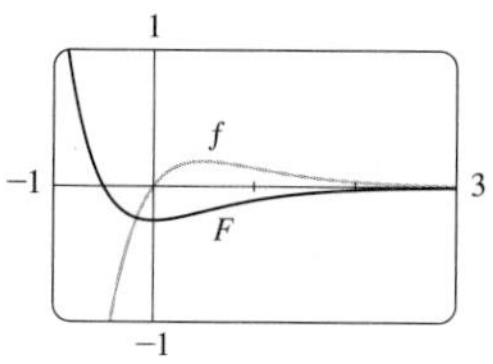

37. $\frac{1}{3}x^2(1+x^2)^{3/2}-\frac{2}{15}(1+x^2)^{5/2}+C$

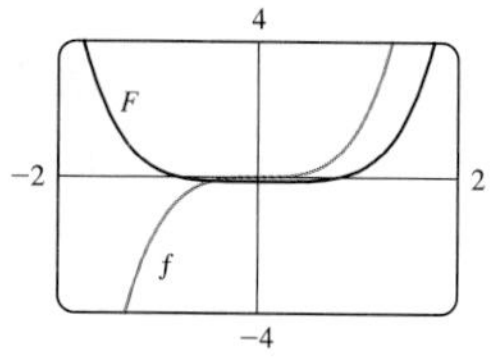

40. (b) $\frac{2}{3}, \frac{8}{15}$ **45.** $\frac{16}{3}\ln 2-\frac{29}{9}$

47. −1.75119, 1.17210; 3.99926 **49.** $4-8/\pi$

51. (a) $2\pi\left(2\ln 2-\frac{3}{4}\right)$ (b) $2\pi[(\ln 2)^2-2\ln 2+1]$

53. $2-e^{-t}(t^2+2t+2)$m **55.** 2

56. (b) $-\dfrac{\ln x}{x}-\dfrac{1}{x}+C$

연습문제 7.2

1. $\frac{1}{5}\cos^5 x-\frac{1}{3}\cos^3 x+C$ **3.** $\frac{1}{210}$

4. $-\frac{1}{14}\cos^7(2t)+\frac{1}{5}\cos^5(2t)-\frac{1}{6}\cos^3(2t)+C$

5. $\pi/4$ **7.** $\pi/16$ **9.** $\frac{2}{7}(\cos\theta)^{7/2}-\frac{2}{3}(\cos\theta)^{3/2}+C$

10. $\frac{1}{4}\sec^4 x+C$ **12.** $\ln|\sin x|-\frac{1}{2}\sin^2 x+C$ **13.** $\frac{1}{2}\sin^4 x+C$

15. $\frac{1}{3}\sec^3 x+C$ **17.** $\tan x-x+C$

18. $\frac{1}{9}\tan^9 x+\frac{2}{7}\tan^7 x+\frac{1}{5}\tan^5 x+C$

19. $\frac{1}{3}\sec^3 x-\sec x+C$ **21.** $\frac{1}{8}\tan^8 x+\frac{1}{3}\tan^6 x+\frac{1}{4}\tan^4 x+C$

22. $\frac{1}{4}\sec^4 x-\tan^2 x+\ln|\sec x|+C$ **23.** $\frac{1}{2}\sin 2x+C$

25. $-\frac{1}{4}-\ln\left(\sqrt{2}/2\right)$ **26.** $\sqrt{3}-\frac{1}{3}\pi$

27. $\frac{22}{105}\sqrt{2}-\frac{8}{105}$ **29.** $\ln|\csc x-\cot x|+C$

30. $-\frac{1}{6}\cos 3x-\frac{1}{26}\cos 13x+C$ **31.** $\frac{1}{15}$

33. $-1/(2t)+\frac{1}{4}\sin(2/t)+C$ **35.** $\frac{1}{2}\sqrt{2}$

36. $\frac{1}{4}t^2-\frac{1}{4}t\sin 2t-\frac{1}{8}\cos 2t+C$

38. $x\tan x-\ln|\sec x|-\frac{1}{2}x^2+C$ **39.** $\csc x+\cot x+C$

41. $\frac{1}{4}x^2-\frac{1}{4}\sin(x^2)\cos(x^2)+C$

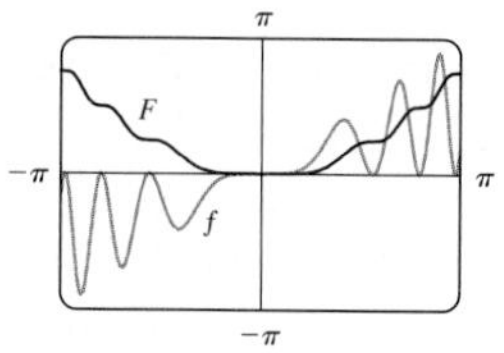

43. $\frac{1}{6}\sin 3x-\frac{1}{18}\sin 9x+C$

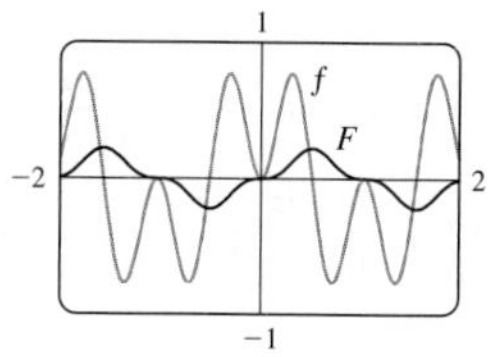

45. $\frac{1}{8}\left(\sqrt{2}-7I\right)$ **47.** 0 **49.** $\frac{1}{2}\pi-\frac{4}{3}$

51. $\pi^2/4$ **52.** $\pi\left(2\sqrt{2}-\frac{5}{2}\right)$ **53.** $s=(1-\cos^3\omega t)/(3\omega)$

연습문제 7.3

1. (a) $x=\tan\theta$ (b) $\int\tan^3\theta\sec\theta\,d\theta$

3. (a) $x=\sqrt{2}\sec\theta$ (b) $\int 2\sec^3\theta\,d\theta$

4. $-\sqrt{1-x^2}+\frac{1}{3}(1-x^2)^{3/2}+C$ **6.** $\sqrt{4x^2-25}-5\sec^{-1}\left(\frac{2}{5}x\right)+C$

7. $\frac{1}{15}(16+x^2)^{3/2}(3x^2-32)+C$ **9.** $\dfrac{1}{3}\dfrac{(x^2-1)^{3/2}}{x^3}+C$

11. $\dfrac{1}{\sqrt{2}a^2}$ **12.** $\frac{2}{3}\sqrt{3} - \frac{3}{4}\sqrt{2}$ **14.** $\frac{1}{12}$

15. $\frac{1}{6}\sec^{-1}(x/3) - \sqrt{x^2 - 9}/(2x^2) + C$ **17.** $\frac{1}{16}\pi a^4$

19. $\sqrt{x^2 - 7} + C$ **20.** $\ln\left|(\sqrt{1 + x^2} - 1)/x\right| + \sqrt{1 + x^2} + C$

21. $\frac{9}{500}\pi$ **23.** $\ln\left|\sqrt{x^2 + 2x + 5} + x + 1\right| + C$

25. $4\sin^{-1}\left(\dfrac{x - 1}{2}\right) + \frac{1}{4}(x - 1)^3\sqrt{3 + 2x - x^2}$
$- \frac{2}{3}(3 + 2x - x^2)^{3/2} + C$

26. $\frac{1}{2}(x + 1)\sqrt{x^2 + 2x} - \frac{1}{2}\ln\left|x + 1 + \sqrt{x^2 + 2x}\right| + C$

30. $\frac{1}{6}(\sqrt{48} - \sec^{-1} 7)$ **32.** $\frac{3}{8}\pi^2 + \frac{3}{4}\pi$

34. $2\pi^2 Rr^2$ **35.** $r\sqrt{R^2 - r^2} + \pi r^2/2 - R^2 \arcsin(r/R)$

연습문제 7.4

1. (a) $\dfrac{A}{x - 3} + \dfrac{B}{x + 5}$ (b) $\dfrac{A}{x - 2} + \dfrac{B}{(x - 2)^2} + \dfrac{Cx + D}{x^2 + 2}$

2. (a) $\dfrac{A}{x} + \dfrac{B}{x - 1} + \dfrac{C}{x - 2}$

(b) $\dfrac{A}{x} + \dfrac{B}{2x - 1} + \dfrac{C}{(2x - 1)^2} + \dfrac{Dx + E}{x^2 + 3} + \dfrac{Fx + G}{(x^2 + 3)^2}$

3. (a) $\dfrac{A}{x} + \dfrac{B}{x - 1} + \dfrac{Cx + D}{x^2 + 1} + \dfrac{Ex + F}{(x^2 + 1)^2}$

(b) $1 + \dfrac{A}{x - 2} + \dfrac{B}{x + 3}$ **5.** $\ln|x - 1| - \ln|x + 4| + C$

6. $\frac{1}{2}\ln|2x + 1| + 2\ln|x - 1| + C$ **7.** $2\ln\frac{3}{2}$

9. $-\dfrac{1}{a}\ln|x| + \dfrac{1}{a}\ln|x - a| + C$

11. $\frac{1}{2}x^2 + x + \ln|x - 1| + C$ **12.** $\frac{27}{5}\ln 2 - \frac{9}{5}\ln 3$ (또는 $\frac{9}{5}\ln\frac{8}{3}$)

13. $\frac{1}{2} - 5\ln 2 + 3\ln 3$ (또는 $\frac{1}{2} + \ln\frac{27}{32}$)

14. $\dfrac{1}{4}\left[\ln|t + 1| - \dfrac{1}{t + 1} - \ln|t - 1| - \dfrac{1}{t - 1}\right] + C$

15. $\ln|x - 1| - \frac{1}{2}\ln(x^2 + 9) - \frac{1}{3}\tan^{-1}(x/3) + C$

16. $\frac{5}{2} - \ln 2 - \ln 3$ (또는 $\frac{5}{2} - \ln 6$)

17. $-2\ln|x + 1| + \ln(x^2 + 1) + 2\tan^{-1}x + C$

19. $\frac{1}{2}\ln(x^2 + 1) + \tan^{-1}x - \frac{1}{2}\tan^{-1}(x/2) + C$

20. $\frac{1}{2}\ln(x^2 + 2x + 5) + \frac{3}{2}\tan^{-1}\left(\dfrac{x + 1}{2}\right) + C$

22. $\frac{1}{3}\ln|x - 1| - \frac{1}{6}\ln(x^2 + x + 1) - \dfrac{1}{\sqrt{3}}\tan^{-1}\dfrac{2x + 1}{\sqrt{3}} + C$

23. $\frac{1}{4}\ln\frac{8}{3}$

25. $2\ln|x| + \frac{3}{2}\ln(x^2 + 1) + \frac{1}{2}\tan^{-1}x + \dfrac{x}{2(x^2 + 1)} + C$

26. $\frac{7}{8}\sqrt{2}\tan^{-1}\left(\dfrac{x - 2}{\sqrt{2}}\right) + \dfrac{3x - 8}{4(x^2 - 4x + 6)} + C$

28. $2\tan^{-1}\sqrt{x - 1} + C$

29. $-2\ln\sqrt{x} - \dfrac{2}{\sqrt{x}} + 2\ln(\sqrt{x} + 1) + C$

30. $\frac{3}{10}(x^2 + 1)^{5/3} - \frac{3}{4}(x^2 + 1)^{2/3} + C$

32. $2\sqrt{x} + 3\sqrt[3]{x} + 6\sqrt[6]{x} + 6\ln\left|\sqrt[6]{x} - 1\right| + C$

33. $4\ln\left|\sqrt{x} - 2\right| - 2\ln\left|\sqrt{x} - 1\right| + C$

35. $\ln\dfrac{(e^x + 2)^2}{e^x + 1} + C$

36. $\ln|\tan t + 1| - \ln|\tan t + 2| + C$

38. $x - \ln(e^x + 1) + C$

40. $\left(x - \frac{1}{2}\right)\ln(x^2 - x + 2) - 2x + \sqrt{7}\tan^{-1}\left(\dfrac{2x - 1}{\sqrt{7}}\right) + C$

42. $\frac{1}{2}\ln\left|\dfrac{x - 2}{x}\right| + C$ **46.** $-1 + \frac{11}{3}\ln 2$

48. $t = \ln\dfrac{10{,}000}{P} + 11\ln\dfrac{P - 9000}{1000}$

50. $\dfrac{1}{a^n(x - a)} - \dfrac{1}{a^n x} - \dfrac{1}{a^{n-1}x^2} - \cdots - \dfrac{1}{ax^n}$

연습문제 7.5

약어: C, 수렴; D, 발산

1. (a), (c) 무한불연속이므로 (b), (d) 무한 구간이므로

2. $\frac{1}{2} - 1/(2t^2)$; 0.495, 0.49995, 0.4999995; 0.5

3. 1 **4.** $\frac{1}{2}$ **6.** D **7.** 2 **9.** $-\frac{1}{4}$ **10.** $\frac{11}{6}$

12. $\frac{1}{2}$ **14.** 0 **15.** D **17.** D **19.** ln 2

20. $-\frac{1}{4}$ **21.** D **22.** $-\pi/8$ **24.** 2

26. D **27.** $\frac{32}{3}$ **29.** D **30.** $\frac{9}{2}$ **32.** D **33.** $-\frac{1}{4}$

35. $-2/e$

36. $1/e$

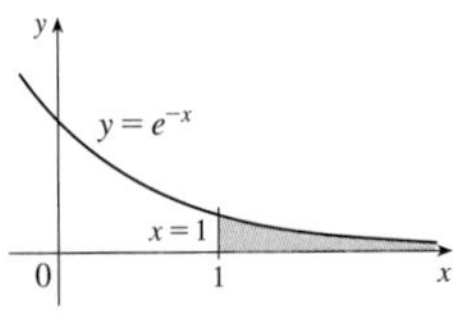

37. $\frac{1}{2}\ln 2$

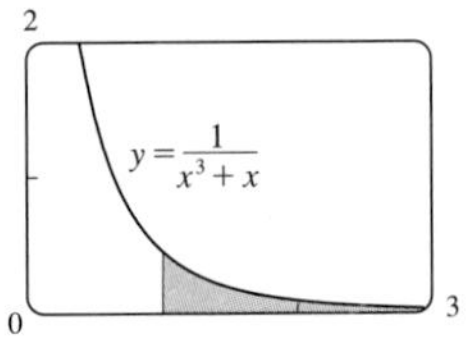

38. 무한 넓이

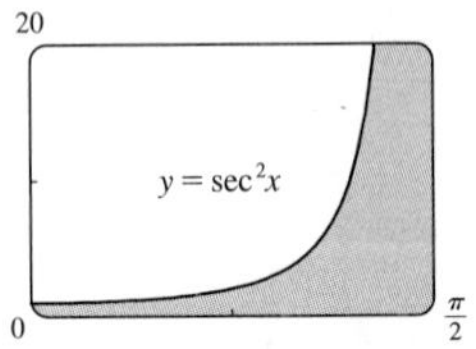

40. (a)

t	$\int_1^t [(\sin^2 x)/x^2]\,dx$
2	0.447453
5	0.577101
10	0.621306
100	0.668479
1,000	0.672957
10,000	0.673407

적분값이 수렴하는 것으로 보인다.

(c)

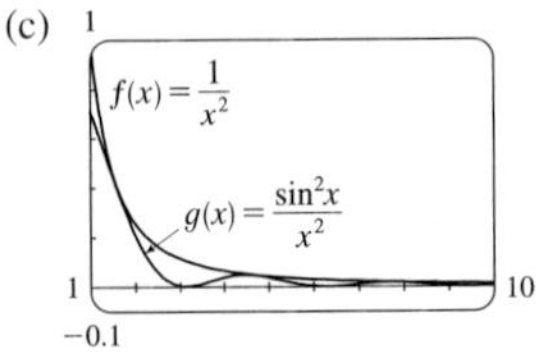

41. C **43.** D **45.** D **47.** D **48.** π

49. $p < 1$, $1/(1 - p)$ **51.** $p > -1$, $-1/(p + 1)^2$

54. π **55.** $\sqrt{2GM/R}$ **59.** 1000

63. $C = 1$; ln 2 **64.** 아니오

8장

연습문제 8.1

1. $4\sqrt{5}$ **3.** $\int_0^2 \sqrt{1 + 9x^4}\, dx$ **5.** $\int_1^4 \sqrt{1 + \left(1 - \frac{1}{x}\right)^2}\, dx$

6. $\int_0^{\pi/2} \sqrt{1 + \cos^2 y}\, dy$ **7.** $2\sqrt{3} - \frac{2}{3}$ **8.** $\frac{5}{3}$ **9.** $\frac{59}{24}$

11. $\frac{1}{2}\left[\ln(1\sqrt{3}) - \ln(\sqrt{2} - 1)\right]$ **12.** $\ln(\sqrt{2} + 1)$

13. $\frac{32}{3}$ **16.** $\ln 3 - \frac{1}{2}$ **18.** $\sqrt{2} + \ln(1 + \sqrt{2})$ **20.** 10.0556

23. 1.0054 **24.** 15.498085; 15.374568

26. 6 **28.** $s(x) = \frac{2}{27}\left[(1 + 9x)^{3/2} - 10\sqrt{10}\right]$

30. $s(x) = 2\sqrt{2}\left(\sqrt{1 + x} - 1\right)$ **31.** 209.1m

32. 62.55cm **33.** 지상에서 ≈7.42m **37.** 12.4

연습문제 8.2

1. (a) $\int_1^8 2\pi\sqrt[3]{x}\sqrt{1 + \frac{1}{9}x^{-4/3}}\, dx$ (b) $\int_1^2 2\pi y\sqrt{1 + 9y^4}\, dy$

2. (a) $\int_0^{\ln 3} \pi(e^x - 1)\sqrt{1 + \frac{1}{4}e^{2x}}\, dx$ (b) $\int_0^1 2\pi y \sqrt{1 + \frac{4}{(2y + 1)^2}}\, dy$

4. (a) $\int_1^8 2\pi x \sqrt{1 + \frac{16}{x^4}}\, dx$ (b) $\int_{1/2}^4 \frac{8\pi}{y}\sqrt{1 + \frac{16}{y^4}}\, dy$

5. (a) $\int_0^{\pi/2} 2\pi x\sqrt{1 + \cos^2 x}\, dx$

(b) $\int_1^2 2\pi \sin^{-1}(y - 1)\sqrt{1 + \frac{1}{2y - y^2}}\, dy$

7. $\frac{1}{27}\pi\left(145\sqrt{145} - 1\right)$ **9.** $\frac{1}{6}\pi\left(17\sqrt{17} - 5\sqrt{5}\right)$

10. $\pi\sqrt{5} + 4\pi \ln\left(\frac{1 + \sqrt{5}}{2}\right)$ **12.** $\frac{21}{2}\pi$ **13.** $\frac{3712}{15}\pi$

15. $\int_{-1}^1 2\pi e^{-x^2}\sqrt{1 + 4x^2 e^{-2x^2}}\, dx$; 11.0753

16. $\int_0^1 2\pi(y + y^3)\sqrt{1 + (1 + 3y^2)^2}\, dy$; 13.5134

17. $\int_1^4 2\pi y\sqrt{1 + [2y + (1/y)]^2}\, dy$; 286.9239

18. $\frac{1}{4}\pi\left[4\ln(\sqrt{17} + 4) - 4\ln(\sqrt{2} + 1) - \sqrt{17} + 4\sqrt{2}\right]$

23. (a) $2\pi\left[b^2 + \frac{a^2 b \sin^{-1}(\sqrt{a^2 - b^2}/a)}{\sqrt{a^2 - b^2}}\right]$

(b) $2\pi a^2 + \frac{2\pi ab^2}{\sqrt{a^2 - b^2}} \ln \frac{a + \sqrt{a^2 - b^2}}{b}$

26. $4\pi^2 r^2$

연습문제 8.3

1. (a) 915.5kg/m² (b) 8340N (c) 2502N

2. 31136N **4.** $\approx 2.36 \times 10^7$N **5.** 470,400N

6. 1793kg **9.** ≈9450N **11.** (a) ≈314N (b) ≈353N

13. (a) 4.9×10^4N (b) $\approx \times 10^5$N

(c) $\approx 4.2 \times 10^5$N (d) 3.9×10^6N

연습문제 8.4

1. \$21,104 **2.** \$140,000; \$60,000 **4.** \$11,332.78

5. $p = 25 - \frac{1}{30}x$; \$1500 **6.** \$6.67 **8.** \$55,735

10. (a) 3800 (b) \$324,900

12. $\frac{2}{3}(16\sqrt{2} - 8) \approx$ \$9.75백만

14. \$65,230.48 **16.** $\frac{(1 - k)(b^{2-k} - a^{2-k})}{(2 - k)(b^{1-k} - a^{1-k})}$ **18.** ≈6.59L/min

9장

연습문제 9.1

1. $(2, \frac{1}{3})$, (0, 1), (0, 3), (2, 9), (6, 27)

3.

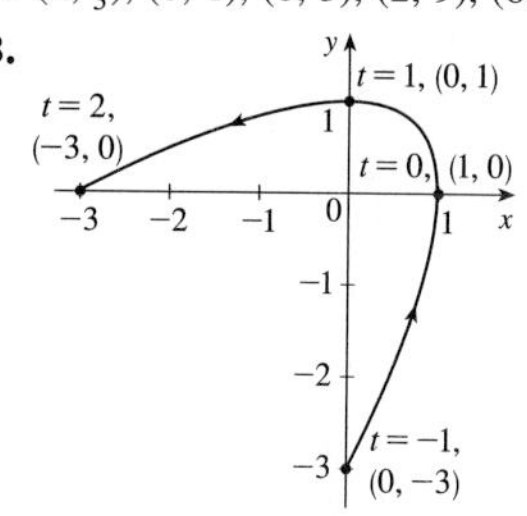

5.

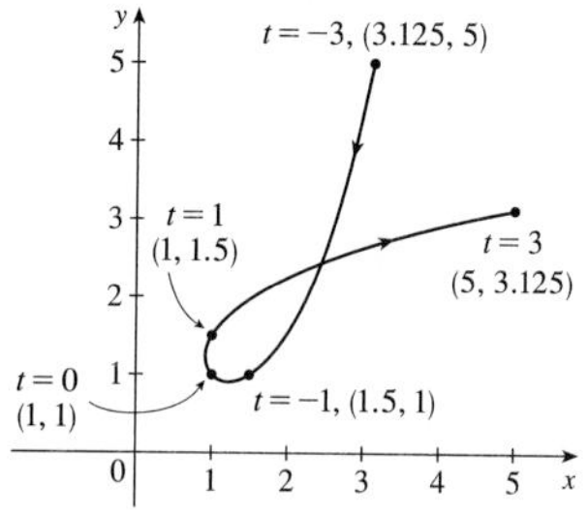

7. (a)

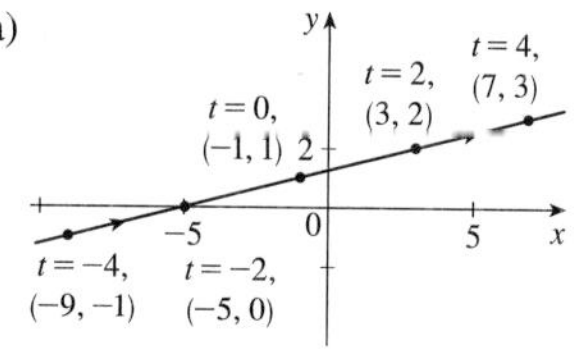

(b) $y = \frac{1}{4}x + \frac{5}{4}$

8. (a)

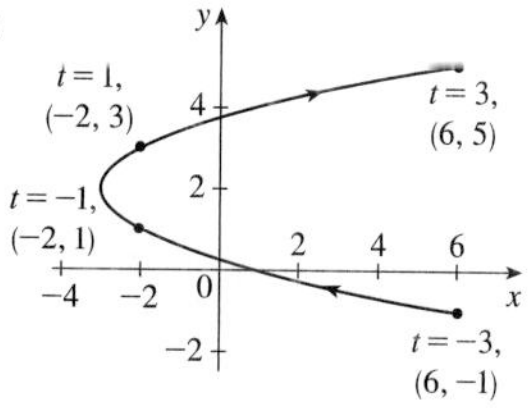

(b) $x = y^2 - 4y + 1$, $-1 \le y \le 5$

10. (a)

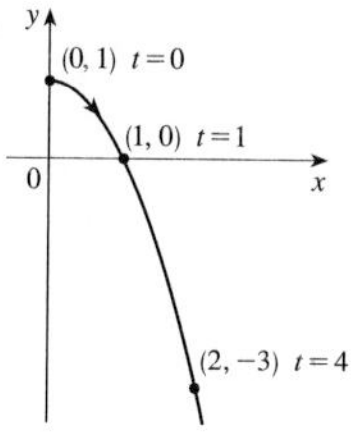

(b) $y = 1 - x^2$, $x \ge 0$

11. (a) $x^2 + y^2 = 9$, $y \ge 0$ (b)

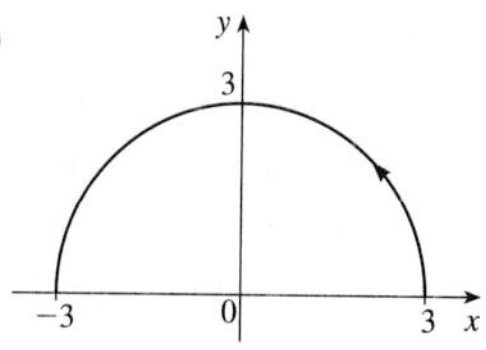

12. (a) $y = 1/x^2$, $0 < x \le 1$ (b)

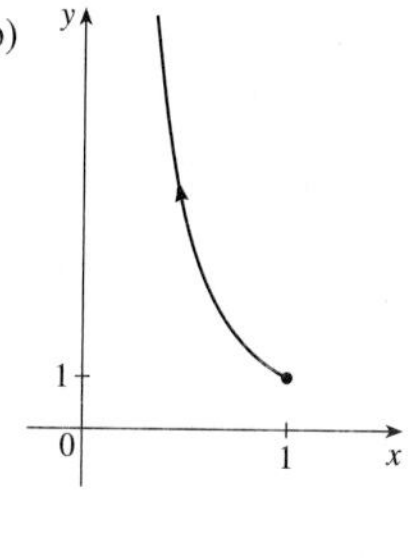

13. (a) $y = 1/x,\ x > 0$ (b)

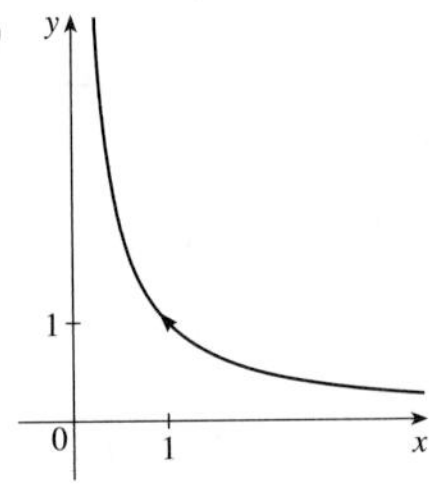

15. (a) $y = e^{x/2},\ x \geqslant 0$ (b)

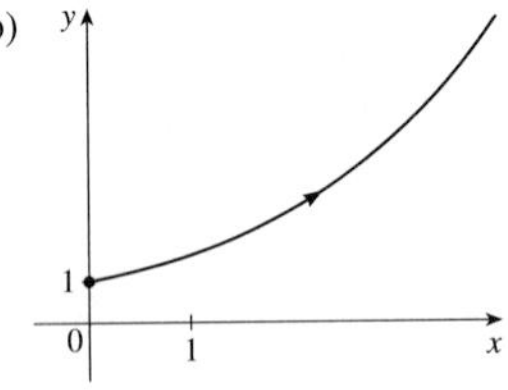

16. (a) $x + y = 1,\ 0 \leqslant x \leqslant 1$ (b)

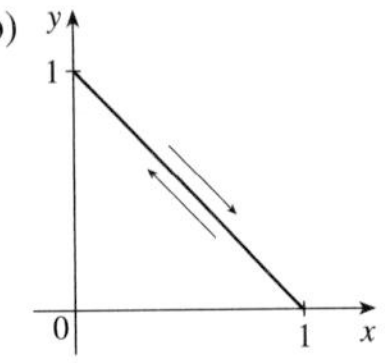

18. 2π초; 시계 방향

20. 원 $(x-5)^2 + (y-3)^2 = 4$를 따라 반시계 방향으로 $(3, 3)$에서 $(7, 3)$까지 움직인다.

21. 타원 $(x^2/25) + (y^2/4) = 1$을 따라, $(0, -2)$에서 시작해 시계 방향으로 3번 움직여 $(0, -2)$에서 끝난다.

22. $1 \leqslant x \leqslant 4$와 $2 \leqslant y \leqslant 3$로 이루어진 직사각형

24.

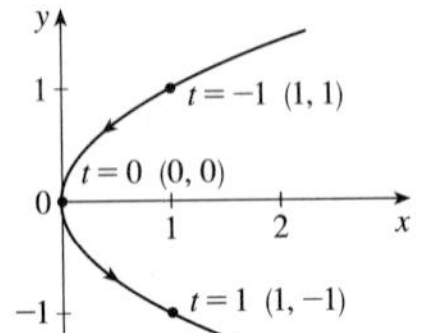

25.

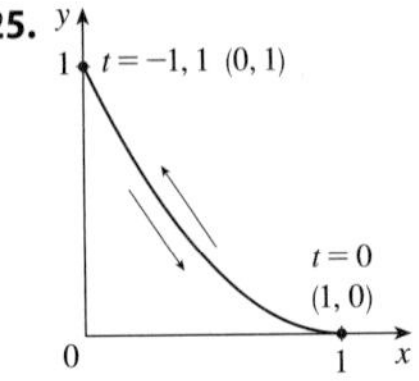

27.

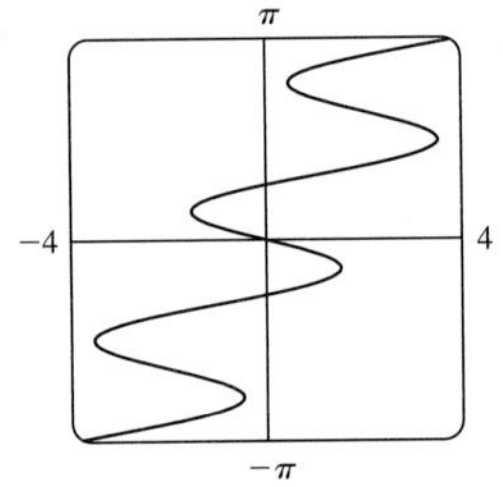

28. (b) $x = -2 + 5t,\ y = 7 - 8t,\ 0 \leqslant t \leqslant 1$

29. (a) $x = 2\cos t,\ y = 1 - 2\sin t,\ 0 \leqslant t \leqslant 2\pi$

(b) $x = 2\cos t,\ y = 1 + 2\sin t,\ 0 \leqslant t \leqslant 6\pi$

(c) $x = 2\cos t,\ y = 1 + 2\sin t,\ \pi/2 \leqslant t \leqslant 3\pi/2$

32. (b)

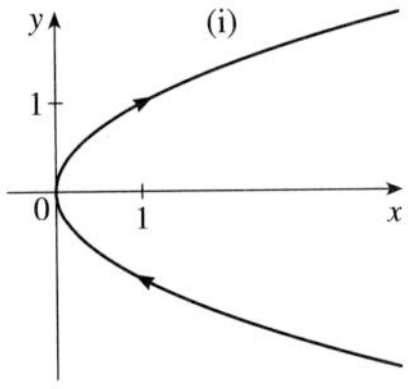

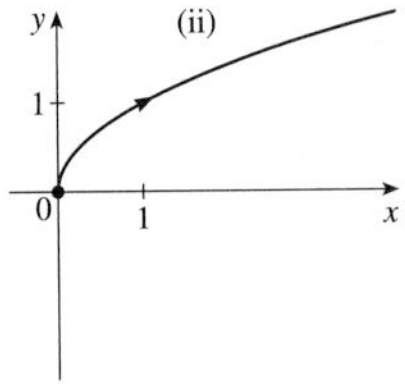

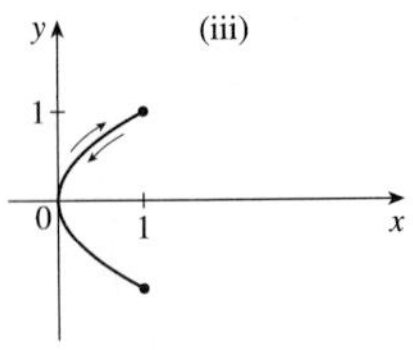

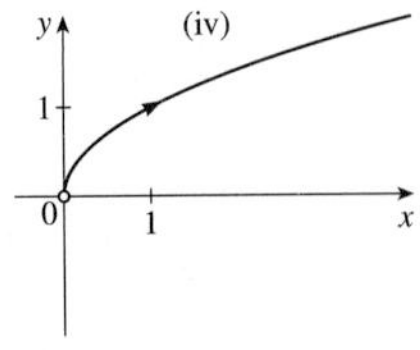

35.

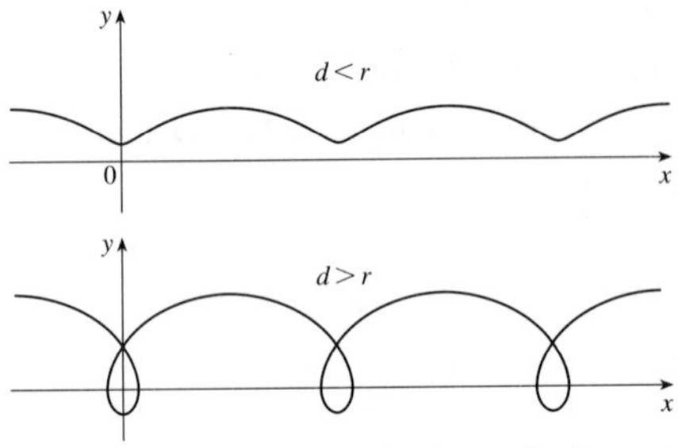

36. $x = a\cos\theta,\ y = b\sin\theta;\ (x^2/a^2) + (y^2/b^2) = 1$, 타원

37.

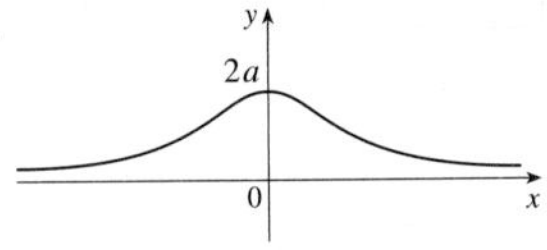

40. $c = 0$일 때 첨점이 생긴다. $c > 0$인 경우 c가 커질수록 크기가 커지는 고리가 있다.

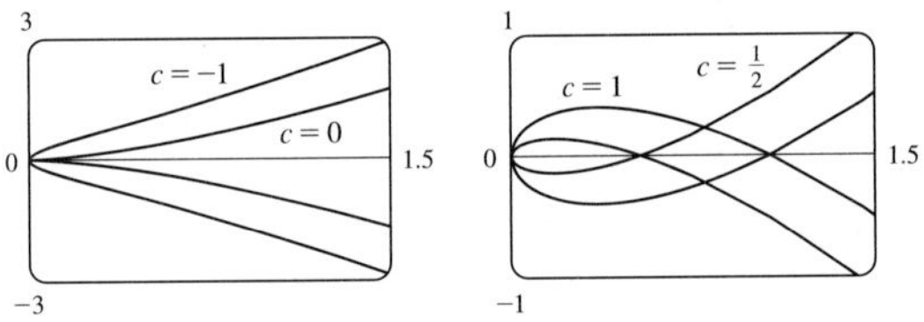

41. 곡선은 대략 직선 $y = x$를 따르고 a가 1.4와 1.6 사이일 때(더 정확하게는 $a > \sqrt{2}$일 때) 고리가 생기기 시작한다. a가 커질수록 고리의 크기가 커진다.

42. n이 커질수록 진동수가 커지고, a와 b는 너비와 높이를 결정한다.

연습문제 9.2

1. $6t^2 + 3,\ 4 - 10t,\ \dfrac{4 - 10t}{6t^2 + 3}$

2. $e^t(t+1),\ 1 + \cos t,\ \dfrac{1 + \cos t}{e^t(t+1)}$ **3.** $\ln 2 - \frac{1}{4}$

4. $y = -x$ **6.** $y = \frac{1}{2}x + \frac{3}{2}$ **8.** $y = -x + \frac{5}{4}$

10. $y = 3x + 3$

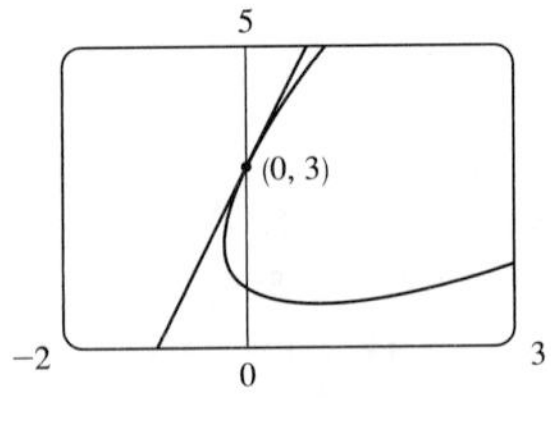

12. $\dfrac{2t+1}{2t},\ -\dfrac{1}{4t^3},\ t < 0$

13. $e^{-2t}(1-t),\ e^{-3t}(2t-3),\ t > \frac{3}{2}$

14. $\dfrac{t+1}{t-1},\ \dfrac{-2t}{(t-1)^3},\ 0 < t < 1$

16. $(0, -3)$에서 수평접선, $(\pm 2, -2)$에서 수직접선

17. $(\frac{1}{2}, -1)$과 $(-\frac{1}{2}, 1)$에서 수평접선, 수직접선은 없다.

19. $(0.6, 2);\ (5 \cdot 6^{-6/5},\ e^{6^{-1/5}})$

20.

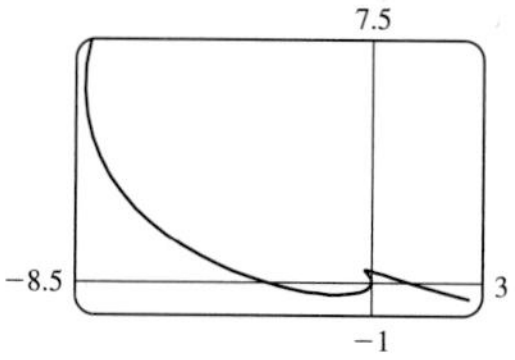

22. $y = x,\ y = -x$

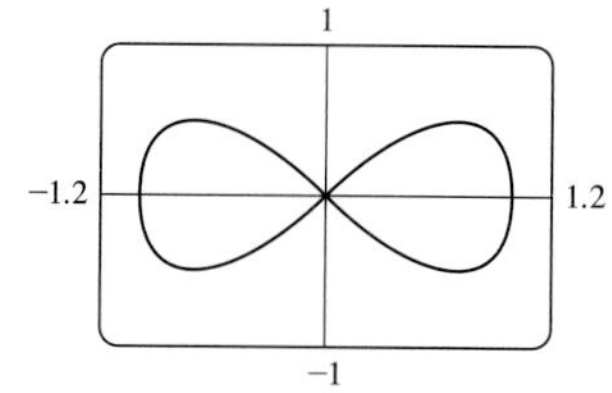

23. (a) $d \sin\theta/(r - d\cos\theta)$ **25.** $\frac{24}{5}$

27. $\frac{4}{3}$ **29.** πab **32.** $\frac{2}{3}(10\sqrt{10} - 1)$

34. $\frac{1}{2}\sqrt{2} + \frac{1}{2}\ln(1 + \sqrt{2})$

35. $\sqrt{2}\,(e^{\pi} - 1)$

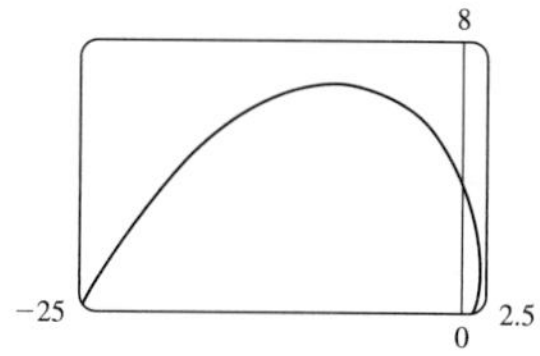

37. 16.7102

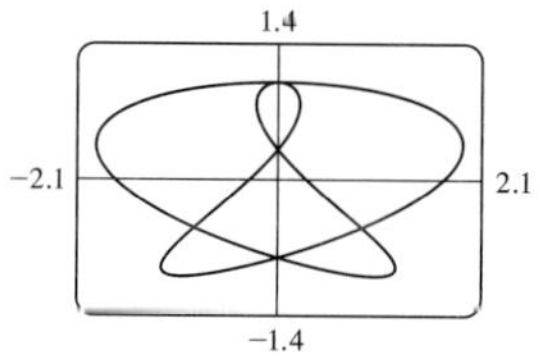

39. $6\sqrt{2}, \sqrt{2}$ **41.** $\sqrt{293} \approx 17.12$ m/s

43. $\sqrt{5}\,e \approx 6.08$ m/s

45. (a) $t \in [0, 4\pi]$

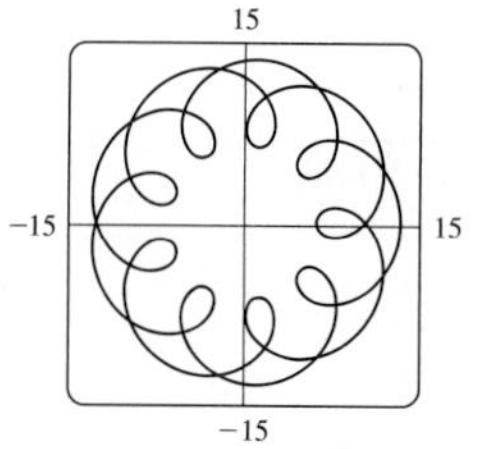

(b) 294

47. $\frac{3}{8}\pi a^2$ **49.** $\int_0^{\pi/2} 2\pi t \cos t\,\sqrt{t^2 + 1}\,dt \approx 4.7394$

50. $\int_0^1 2\pi e^{-t}\sqrt{1 + 2e^t + e^{2t} + e^{-2t}}\,dt \approx 10.6705$

51. $\frac{2}{1215}\pi(247\sqrt{13} + 64)$ **52.** $\frac{6}{5}\pi a^2$

54. $\frac{24}{5}\pi(949\sqrt{26} + 1)$ **59.** $\frac{1}{4}$

연습문제 9.3

1. (a)

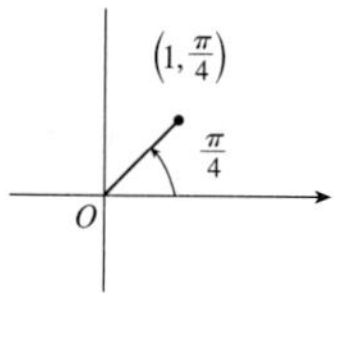

$(1, 9\pi/4), (-1, 5\pi/4)$

(b)

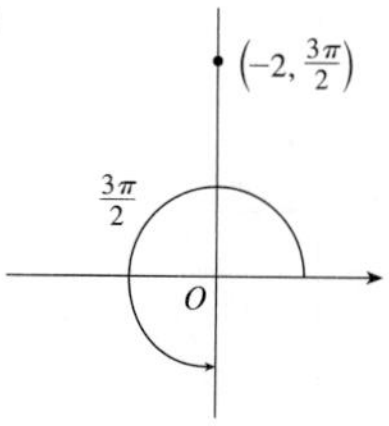

$(2, \pi/2), (-2, 7\pi/2)$

(c)

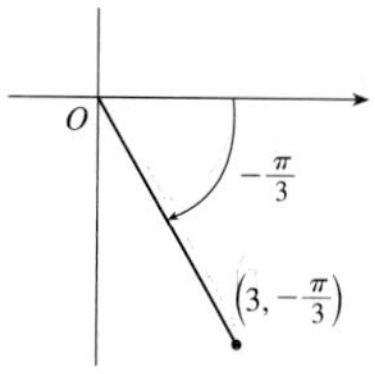

$(3, 5\pi/3), (-3, 2\pi/3)$

3. (a)

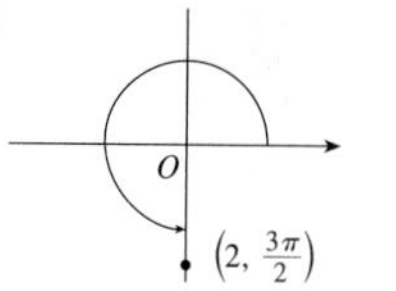

$(0, -2)$

(b)

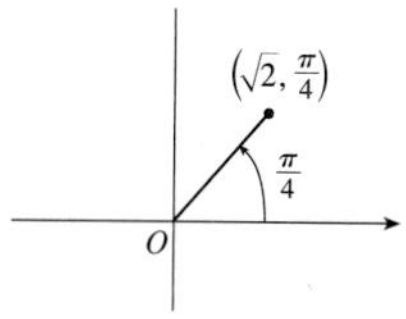

$(1, 1)$

(c)

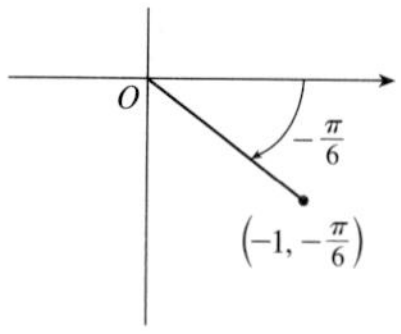

$(-\sqrt{3}/2, 1/2)$

4. (a) (i) $(4\sqrt{2}, 3\pi/4)$ (ii) $(-4\sqrt{2}, 7\pi/4)$

(b) (i) $(6, \pi/3)$ (ii) $(-6, 4\pi/3)$

6.

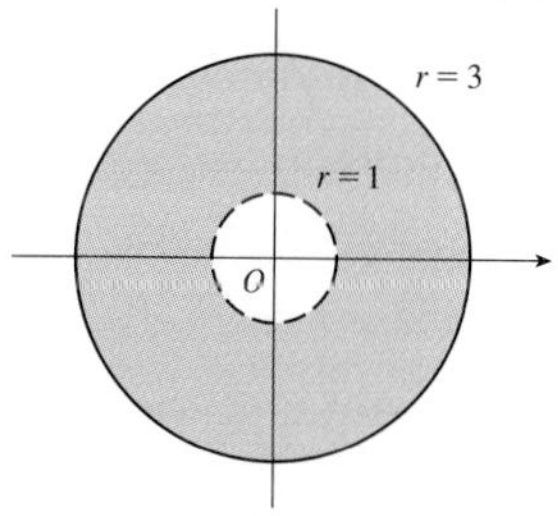

7.

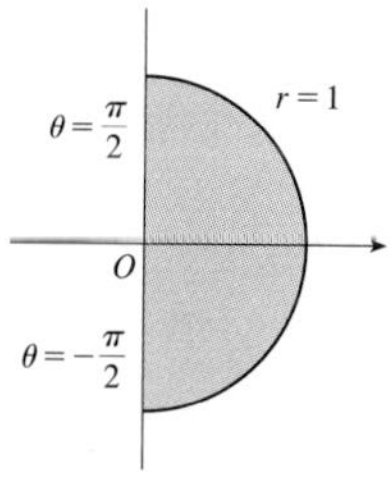

8.

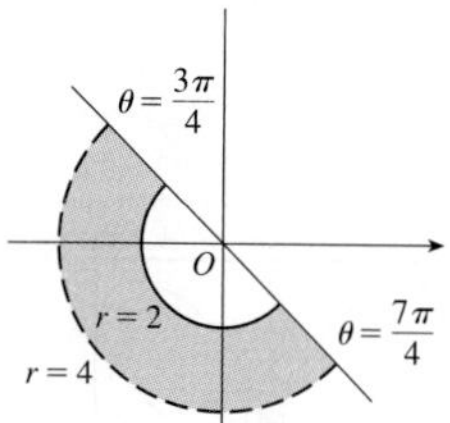

10. $2\sqrt{7}$ **11.** $x^2 + y^2 = 5$; 원, 중심 O, 반지름 $\sqrt{5}$

12. $x^2 + y^2 = 5x$; 원, 중심 $(5/2, 0)$, 반지름 $5/2$

14. $x^2 - y^2 = 1$; 쌍곡선, 중심 O, x축 위에 초점

15. $r = \sqrt{7}$ **17.** $\theta = \pi/3$ **18.** $r = 4\sin\theta$

19. (a) $\theta = \pi/6$ (b) $x = 3$

21.

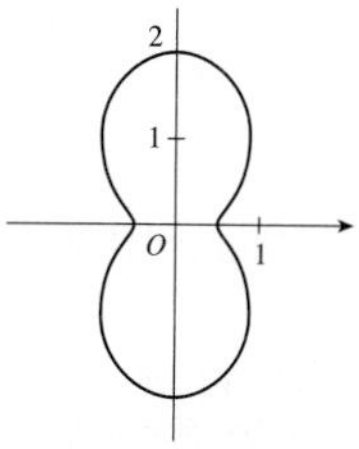

23.

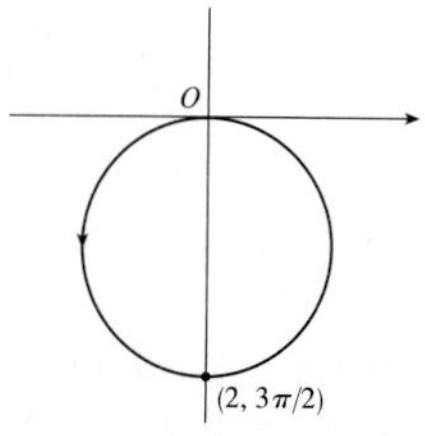

25.

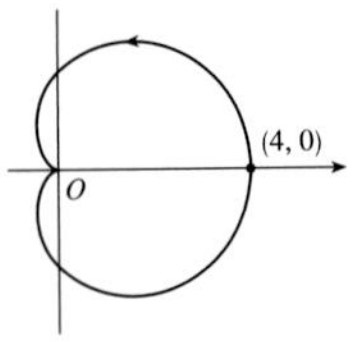

26.

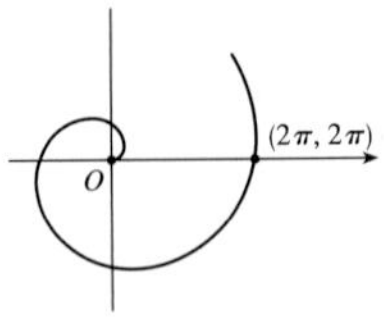

28.

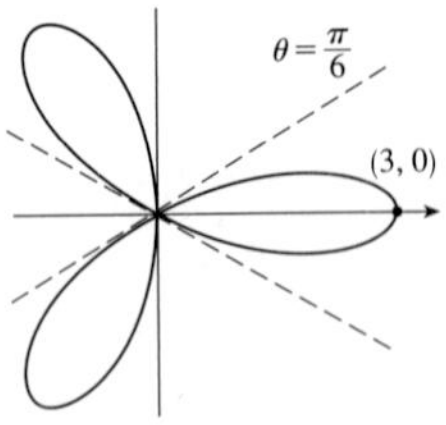

29.

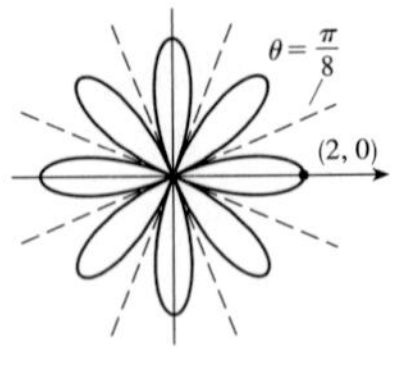

31.

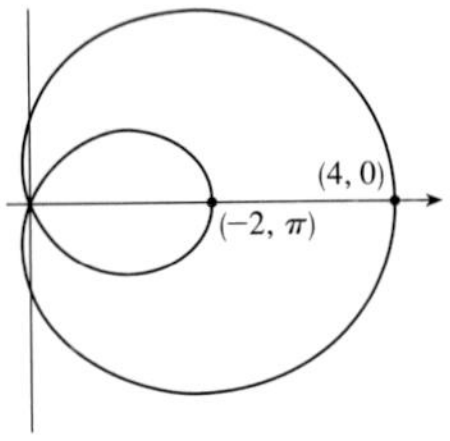

33.

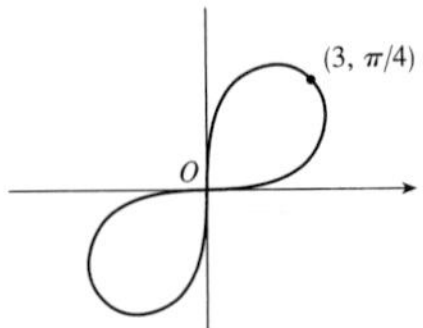

36.

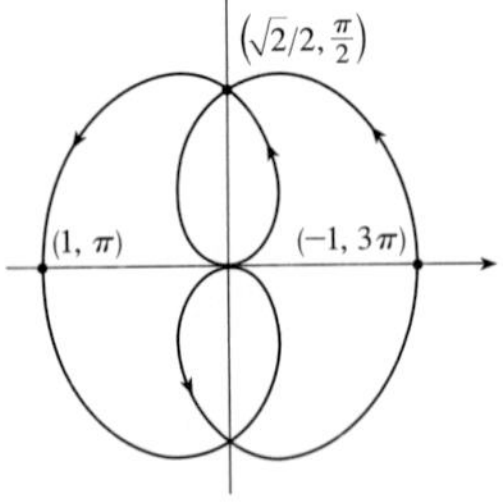

38.

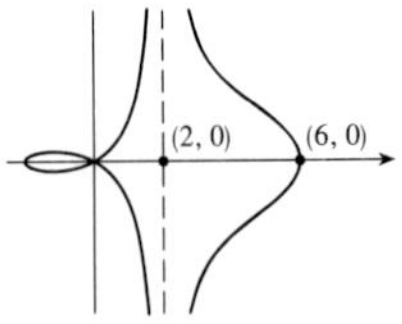

40.

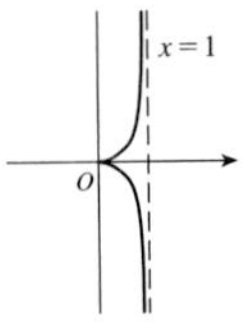

42. 중심 $(b/2, a/2)$, 반지름 $\sqrt{a^2 + b^2}/2$

44.

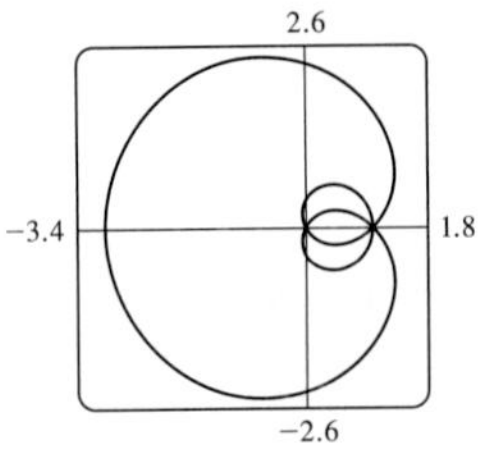

46.

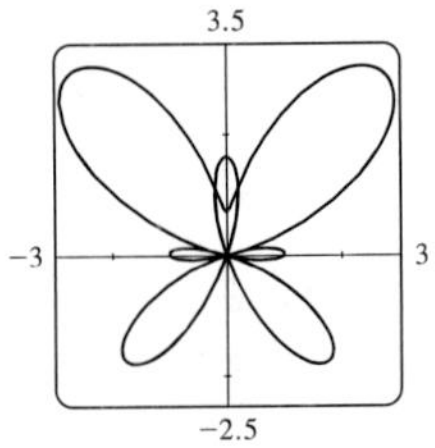

48.

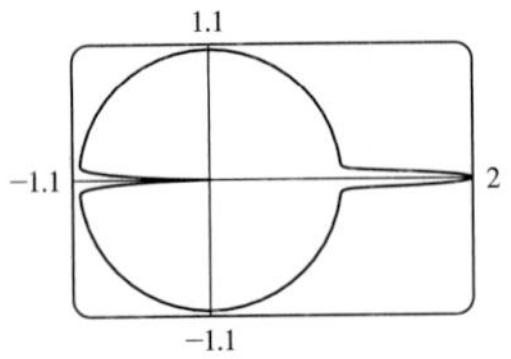

50. 각 $\pi/6$, $\pi/3$만큼 반시계 방향으로 회전, 원점에 대해 α만큼 반시계 방향으로 회전

51. $c = 0$일 때 곡선은 원이 된다. c가 커질수록 왼쪽은 평평해지고 $0.5 < c < 1$일 때 움푹 패인 부분이 생긴다. $c = 1$일 때 뾰족한 부분이 있고 $c > 1$일 때 고리가 생긴다.

연습문제 9.4

1. $\pi^2/8$ **3.** $\pi/2$ **5.** $\frac{1}{2}$ **6.** $\frac{41}{4}\pi$

7. 4π **8.** 11π

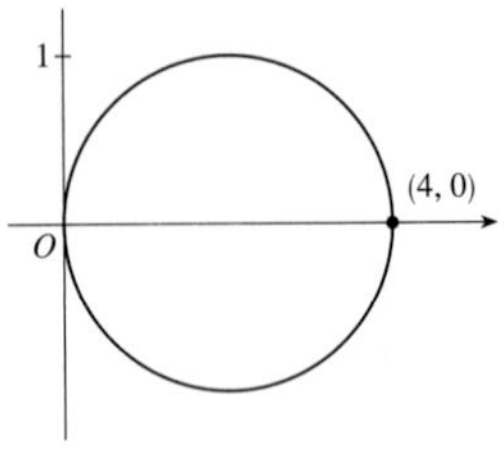

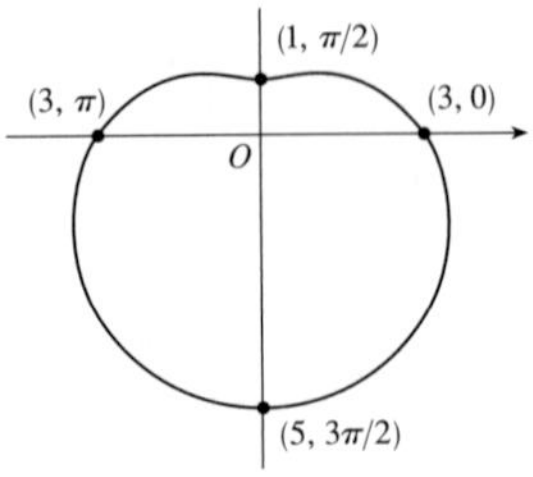

9. $\frac{9}{2}\pi$

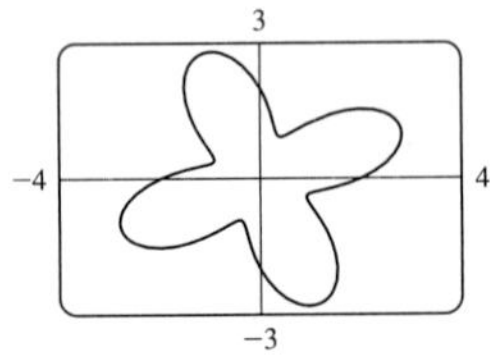

10. $\frac{3}{2}\pi$

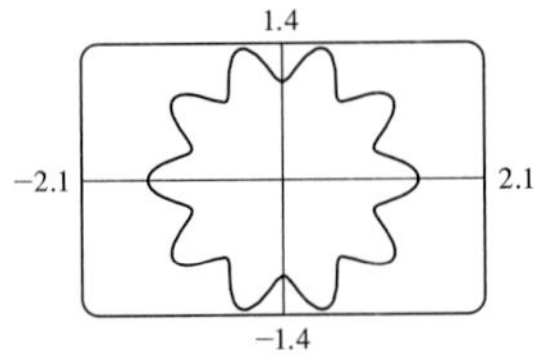

11. $\frac{4}{3}\pi$ **13.** $\frac{1}{16}\pi$ **14.** $\pi - \frac{3}{2}\sqrt{3}$ **16.** $\frac{4}{3}\pi + 2\sqrt{3}$

17. $4\sqrt{3} - \frac{4}{3}\pi$ **18.** π **20.** $\frac{9}{8}\pi - \frac{9}{4}$ **22.** $\frac{1}{2}\pi - 1$

23. $-\sqrt{3} + 2 + \frac{1}{3}\pi$ **24.** $\frac{1}{4}(\pi + 3\sqrt{3})$

25. $(\frac{1}{2}, \pi/6)$, $(\frac{1}{2}, 5\pi/6)$와 극점

27. $(1, \theta)$ 여기서 $\theta = \pi/12, 5\pi/12, 13\pi/12, 17\pi/12$
그리고 $(-1, \theta)$ 여기서 $\theta = 7\pi/12, 11\pi/12, 19\pi/12, 23\pi/12$

28. $(1, \pi/6)$, $(1, 5\pi/6)$, $(1, 7\pi/6)$, $(1, 11\pi/6)$

29. $\pi/8$ **31.** $\theta \approx 0.89, 2.25$에서 교차; 넓이 ≈ 3.46

32. 2π **33.** $\frac{8}{3}[(\pi^2 + 1)^{3/2} - 1]$ **34.** $6\sqrt{2} + 12$

35. $\frac{16}{3}$ **37.** $\int_{\pi}^{4\pi} \sqrt{\cos^2(\theta/5) + \frac{1}{25}\sin^2(\theta/5)}\, d\theta$

38. $1/\sqrt{3}$ **39.** $-\pi$

42. $(0, 0)$ [극점], $(1, \pi/2)$에서 수평접선;
$(1/\sqrt{2}, \pi/4)$, $(1/\sqrt{2}, 3\pi/4)$에서 수직접선

43. $(\frac{3}{2}, \pi/3)$, $(0, \pi)$ [극점], $(\frac{3}{2}, 5\pi/3)$에서 수평접선;
$(2, 0)$, $(\frac{1}{2}, 2\pi/3)$, $(\frac{1}{2}, 4\pi/3)$에서 수직접선

45. (b) $2\pi(2 - \sqrt{2})$

연습문제 9.5

1. $(0, 0)$, $(0, 2)$, $y = -2$

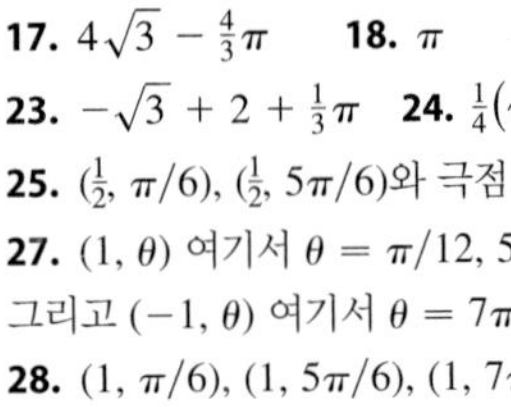

2. $(0, 0)$, $\left(-\frac{5}{12}, 0\right)$, $x = \frac{5}{12}$

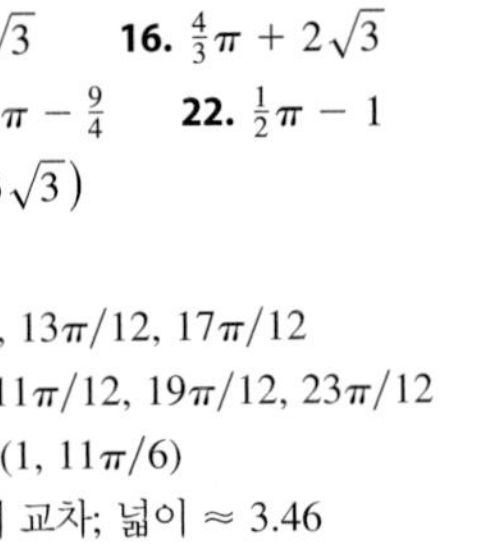

3. (3, −1), (7, −1), $x = -1$

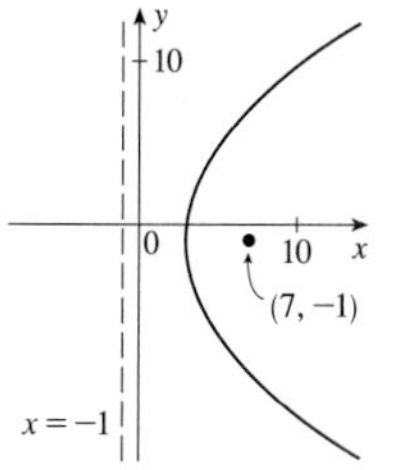

4. (4, −3), $\left(\frac{7}{2}, -3\right)$, $x = \frac{9}{2}$

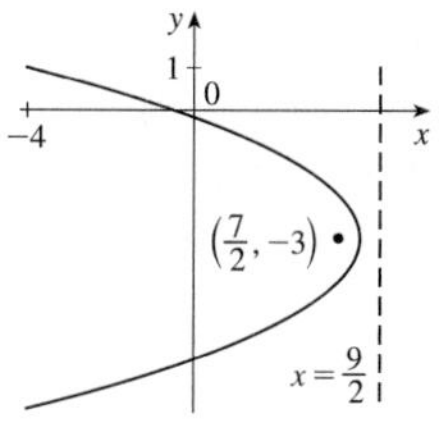

5. $x = -y^2$, 초점 $\left(-\frac{1}{4}, 0\right)$, 준선 $x = \frac{1}{4}$

7. (0, ±5), (0, ±3)

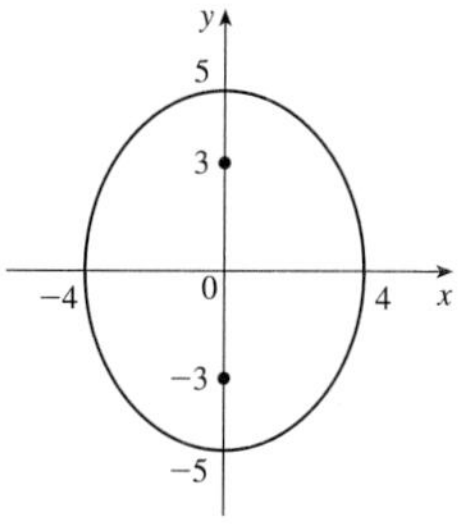

8. (±3, 0), $(\pm\sqrt{6}, 0)$

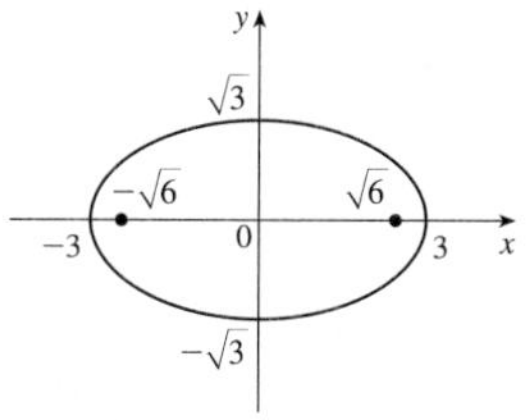

9. (±5, 1), $(\pm\sqrt{21}, 1)$

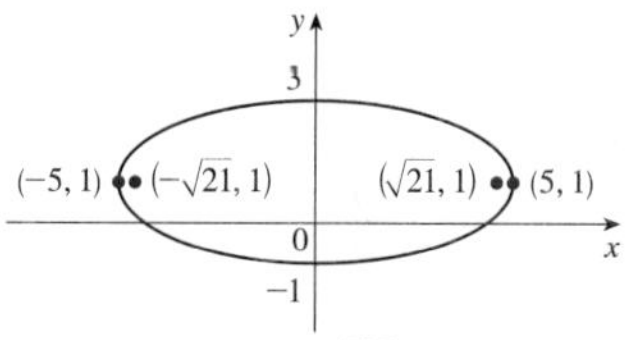

10. $\frac{x^2}{4} + \frac{y^2}{9} = 1$, 초점 $(0, \pm\sqrt{5})$

12. (0, ±5), $(0, \pm\sqrt{34})$, $y = \pm\frac{5}{3}x$

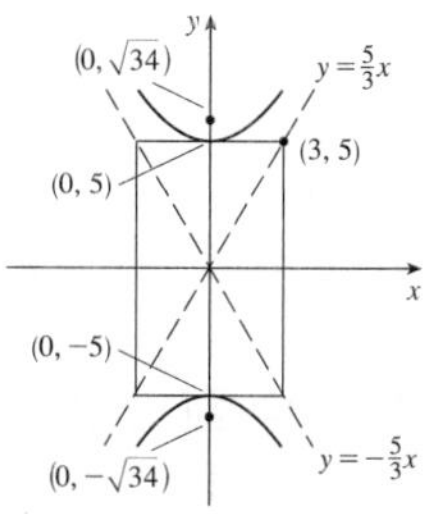

13. (±10, 0), $(\pm 10\sqrt{2}, 0)$, $y = \pm x$

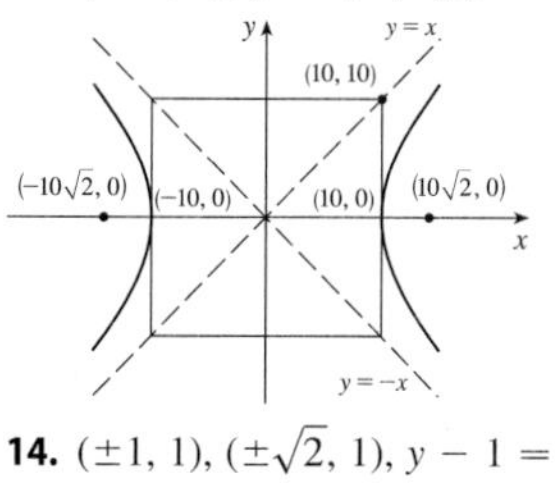

14. (±1, 1), $(\pm\sqrt{2}, 1)$, $y - 1 = \pm x$

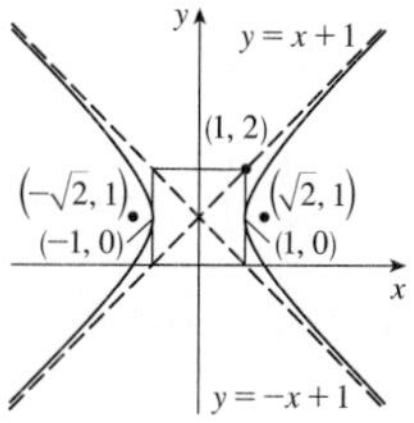

15. $\frac{x^2}{9} - \frac{y^2}{9} = 1$; $(\pm 3\sqrt{2}, 0)$, $y = \pm x$

17. 쌍곡선, (±1, 0), $(\pm\sqrt{5}, 0)$

18. 타원, $(\pm\sqrt{2}, 1)$, (±1, 1)

19. 포물선, (1, −2), $\left(1, -\frac{11}{6}\right)$

20. $y^2 = 4x$ **21.** $y^2 = -12(x + 1)$

22. $(y + 1)^2 = -\frac{1}{2}(x - 3)$

24. $\frac{x^2}{25} + \frac{y^2}{21} = 1$ **25.** $\frac{x^2}{12} + \frac{(y - 4)^2}{16} = 1$

26. $\frac{(x + 1)^2}{12} + \frac{(y - 4)^2}{16} = 1$ **27.** $\frac{x^2}{9} - \frac{y^2}{16} = 1$

29. $\frac{(y - 1)^2}{25} - \frac{(x + 3)^2}{39} = 1$ **30.** $\frac{x^2}{9} - \frac{y^2}{36} = 1$

31. $\frac{x^2}{3{,}763{,}600} + \frac{y^2}{3{,}753{,}196} = 1$

33. (a) $\frac{1.30x^2}{10{,}000} + \frac{5.83y^2}{100{,}000} = 1$ (b) ≈ 399km

35. (a) 타원 (b) 쌍곡선 (c) 없다

38. $\frac{b^2c}{a} + ab\ln\left(\frac{a}{b + c}\right)$ 여기서 $c^2 = a^2 + b^2$ **40.** $(0, 4/\pi)$

10장

연습문제 10.1

약어: C, 수렴; D, 발산

1. (a) 수열은 순서가 있는 수의 목록이다. 정의역이 양의 정수 집합인 함수로 정의할 수도 있다.
(b) n이 커질수록 a_n이 8에 가까워진다.
(c) n이 커질수록 a_n도 커진다.

2. 0, 7, 26, 63, 124 **3.** 6, 11, 20, 37, 70 **4.** 1, $-\frac{1}{4}$, $\frac{1}{9}$, $-\frac{1}{16}$, $\frac{1}{25}$

5. −1, 1, −1, 1, −1 **6.** −1, $\frac{2}{3}$, $-\frac{1}{3}$, $\frac{2}{15}$, $-\frac{2}{45}$

7. 1, 3, 7, 15, 31 **8.** 2, $\frac{2}{3}$, $\frac{2}{5}$, $\frac{2}{7}$, $\frac{2}{9}$ **10.** $a_n = 1/(2n)$

11. $a_n = -3\left(-\frac{2}{3}\right)^{n-1}$ **12.** $a_n = (-1)^{n+1}\frac{n^2}{n + 1}$

14. 0.4286, 0.4615, 0.4737, 0.4800, 0.4839, 0.4865, 0.4884, 0.4898, 0.4909, 0.4918; 예; $\frac{1}{2}$

15. 0.5000, 1.2500, 0.8750, 1.0625, 0.9688, 1.0156, 0.9922, 1.0039, 0.9980, 1.0010; 예; 1 **16.** 0 **17.** 2

18. D **19.** 0 **20.** 1 **23.** D

25. 0 **26.** 0 **27.** D **29.** 0 **31.** 0

32. 1 **33.** e^2 **35.** ln 2 **36.** $\pi/2$ **38.** D

40. D **41.** D **43.** $\pi/4$ **44.** D

47. (a) 1060, 1123.60, 1191.02, 1262.48, 1338.23 (b) D

48. (b) 5734 **49.** $-1 < r < 1$

52. 감소; 예 **53.** 단조가 아님; 아니오

54. 증가; 예

55. 2 **56.** $\frac{1}{2}(3 + \sqrt{5})$ **57.** (b) $\frac{1}{2}(1 + \sqrt{5})$

연습문제 10.2

1. (a) 수열은 순서가 있는 수의 목록이고 급수는 수열의 합이다.
(b) 수열의 부분합이 수렴하면 급수는 수렴하고, 수렴하지 않으면 급수가 발산한다.

3. 2

5. 1, 1.125, 1.1620, 1.1777, 1.1857, 1.1903, 1.1932, 1.1952; C

6. 0.8415, 1.7508, 1.8919, 1.1351, 0.1762, −0.1033, 0.5537, 1.5431; D

8. 0.5, 0.55, 0.5611, 0.5648, 0.5663, 0.5671, 0.5675, 0.5677; C

9. −2, −1.33333, −1.55556, −1.48148, −1.50617, −1.49794, −1.50069, −1.49977, −1.50008, −1.49997; 수렴, 합 = −1.5

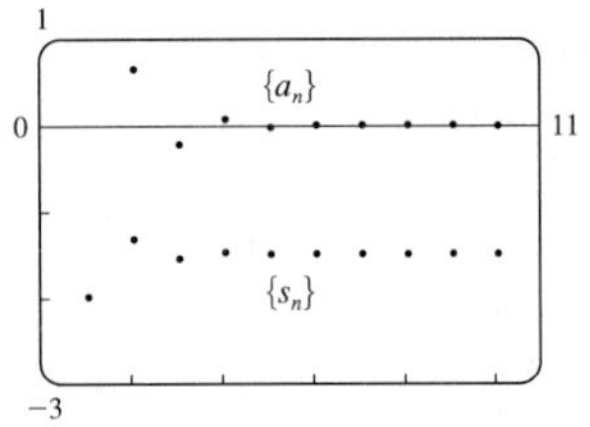

11. 0.44721, 1.15432, 1.98637, 2.88080, 3.80927, 4.75796, 5.71948, 6.68962, 7.66581, 8.64639; 발산

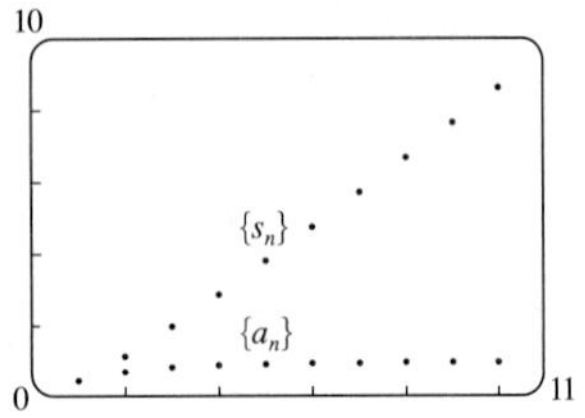

13. (a) 예 (b) 아니오 **14.** $-\frac{3}{2}$ **15.** $\frac{11}{6}$

17. D **19.** $\frac{400}{9}$ **20.** $\frac{1}{7}$ **21.** D **22.** D **23.** $\frac{2}{3}$

24. D **25.** 9 **26.** D **27.** $\dfrac{\sin 100}{1 - \sin 100} \approx -0.336$

29. D **31.** D

33. (b) 1 (c) 2

(d) 0을 제외하고 유한소수로 나타나는 모든 유리수

35. $\frac{8}{9}$ **36.** $\frac{838}{333}$ **37.** 45,679/37,000

38. $-\dfrac{1}{5} < x < \dfrac{1}{5}$; $\dfrac{-5x}{1 + 5x}$

39. $-1 < x < 5$; $\dfrac{3}{5 - x}$

40. $x > 2$ 또는 $x < -2$; $\dfrac{x}{x - 2}$ **42.** $x < 0$; $\dfrac{1}{1 - e^x}$

44. 1 **46.** $a_1 = 0$, $a_n = \dfrac{2}{n(n + 1)}$ $(n > 1)$, 합 = 1

47. (a) 125mg; 131.25mg

(b) $Q_{n+1} = 100 + 0.25Q_n$ (c) $133.\overline{3}$mg

48. (a) 157.875mg; $\frac{3000}{19}(1 - 0.05^n)$ (b) $\frac{3000}{19} \approx 157.895$mg

49. (a) $S_n = \dfrac{D(1 - c^n)}{1 - c}$ (b) 5 **50.** $\frac{1}{2}(\sqrt{3} - 1)$

54. $\dfrac{1}{n(n + 1)}$ **55.** 급수는 발산한다.

61. (a) $0, \frac{1}{9}, \frac{2}{9}, \frac{1}{3}, \frac{2}{3}, \frac{7}{9}, \frac{8}{9}, 1$

63. (a) $\frac{1}{2}, \frac{5}{6}, \frac{23}{24}, \frac{119}{120}$; $\dfrac{(n + 1)! - 1}{(n + 1)!}$ (c) 1

연습문제 10.3

1. C

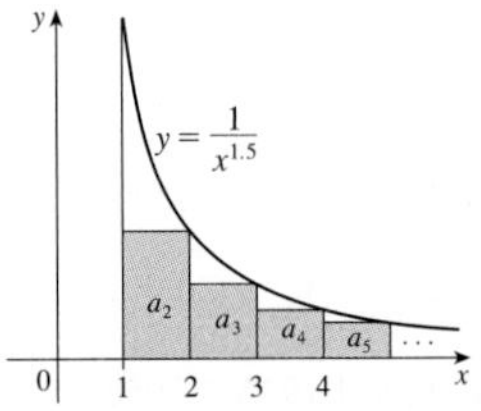

3. C **4.** D **5.** D **6.** C **8.** C **9.** C

10. D **11.** C **12.** C **13.** D **14.** D **15.** C

16. C **17.** f는 항상 양의 값을 가지지도 않고 감소하지도 않는다.

19. $p > 1$ **21.** $(1, \infty)$ **24.** $b < 1/e$

연습문제 10.4

1. (a) 아무것도 아니다 (b) C **3.** (c) **4.** C **5.** D

6. C **7.** D **9.** C **10.** C **12.** D

14. D **15.** C **16.** D **17.** C **19.** D

21. C **22.** C **23.** C **24.** D **25.** C **31.** 예

연습문제 10.5

약어: AC, 절대수렴; CC, 조건부 수렴

1. (a) 항이 교대로 양수와 음수인 급수

(b) $0 < b_{n+1} \leqslant b_n$이고 $\lim_{n\to\infty} b_n = 0$, 여기서 $b_n = |a_n|$

(c) $|R_n| \leqslant b_{n+1}$

4. C **6.** D **7.** C **9.** C **11.** D

13. C **14.** C **15.** C

16. (a) $\Sigma|a_n|$이 수렴하면 급수 Σa_n이 수렴한다.

(b) Σa_n은 수렴하지만 $\Sigma|a_n|$은 발산하면 급수 Σa_n이 조건부 수렴한다.

(c) 절대수렴한다.

17. CC **18.** CC **19.** AC **20.** AC **22.** CC

23. −0.5507 **25.** 작다. **27.** p는 음의 정수가 아니다.

28. $\{b_n\}$은 감소하지 않는다. **29.** (b) $\displaystyle\sum_{n=2}^{\infty} \frac{(-1)^n}{n \ln n}$; $\displaystyle\sum_{n=1}^{\infty} \frac{(-1)^{n-1}}{n}$

연습문제 10.6

1. (a) D (b) C

3. AC **4.** D **5.** AC **7.** AC **8.** D

9. AC **11.** AC **12.** AC **13.** D **14.** AC

15. AC **17.** CC **19.** AC **20.** D

22. AC **23.** D **24.** AC **26.** (a)와 (d)

연습문제 10.7

1. $\Sigma_{n=0}^{\infty} c_n(x - a)^n$ 형태의 급수, 여기서 x는 변수이고 a와 c_n은 상수

3. 1, $[-1, 1)$ **5.** 1, $(-1, 1)$ **6.** 5, $(-5, 5)$

8. 3, $[-3, 3)$ **9.** 1, $[-1, 1)$ **11.** ∞, $(-\infty, \infty)$

12. 4, $[-4, 4]$ **13.** $\frac{1}{4}$, $\left(-\frac{1}{4}, \frac{1}{4}\right]$ **15.** 2, $[-2, 2)$

16. 1, $[1, 3]$ **18.** 2, $[-4, 0)$ **19.** ∞, $(-\infty, \infty)$

21. 1, $[-1, 1)$ **22.** b, $(a - b, a + b)$ **23.** 0, $\left\{\frac{1}{2}\right\}$

24. $\frac{1}{5}$, $\left[\frac{3}{5}, 1\right]$ **26.** ∞, $(-\infty, \infty)$ **29.** 아니오

연습문제 10.8

1. 10 **3.** $\displaystyle\sum_{n=0}^{\infty} (-1)^n x^n$, $(-1, 1)$ **4.** $\displaystyle\sum_{n=0}^{\infty} x^{2n}$, $(-1, 1)$

5. $2\displaystyle\sum_{n=0}^{\infty} \frac{1}{3^{n+1}} x^n$, $(-3, 3)$ **7.** $\displaystyle\sum_{n=0}^{\infty} \frac{(-1)^n x^{4n+2}}{2^{4n+4}}$, $(-2, 2)$

8. $-\dfrac{1}{2} - \displaystyle\sum_{n=1}^{\infty} \frac{(-1)^n 3x^n}{2^{n+1}}$, $(-2, 2)$

9. $\displaystyle\sum_{n=0}^{\infty} \left(-1 - \frac{1}{3^{n+1}}\right) x^n$, $(-1, 1)$

11. (a) $\displaystyle\sum_{n=0}^{\infty} (-1)^n (n + 1) x^n$, $R = 1$

(b) $\dfrac{1}{2}\displaystyle\sum_{n=0}^{\infty} (-1)^n (n + 2)(n + 1) x^n$, $R = 1$

(c) $\dfrac{1}{2}\displaystyle\sum_{n=2}^{\infty} (-1)^n n(n - 1) x^n$, $R = 1$

13. $\displaystyle\sum_{n=0}^{\infty} (-1)^n 4^n (n + 1) x^{n+1}$, $R = \frac{1}{4}$

14. $\sum_{n=0}^{\infty}(2n+1)x^n,\ R=1$ **15.** $\ln 5-\sum_{n=1}^{\infty}\frac{x^n}{n5^n},\ R=5$

17. $\sum_{n=0}^{\infty}(-1)^n x^{2n+2},\ R=1$

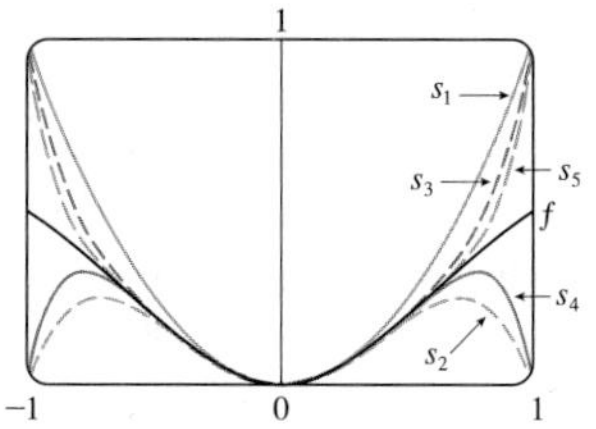

19. $\sum_{n=0}^{\infty}\frac{2x^{2n+1}}{2n+1},\ R=1$

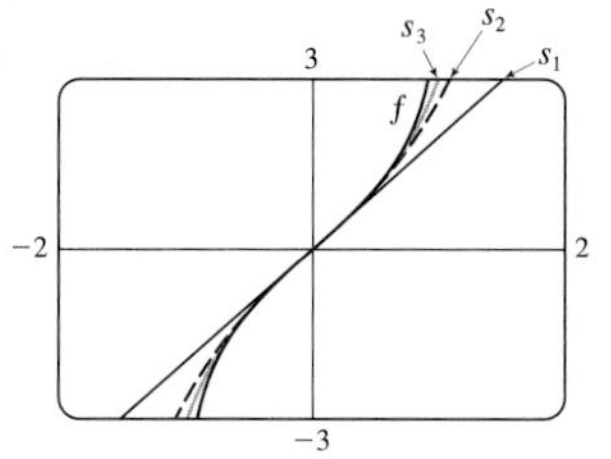

21. $C+\sum_{n=0}^{\infty}\frac{t^{8n+2}}{8n+2},\ R=1$

23. $C+\sum_{n=1}^{\infty}(-1)^{n-1}\frac{x^{n+3}}{n(n+3)},\ R=1$

25. 0.19740

27. (a) $(-\infty,\infty)$

(b), (c)

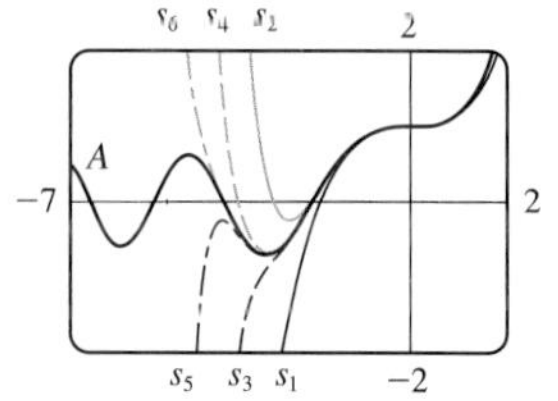

29. $(-1,1),\ f(x)=(1+2x)/(1-x^2)$ **30.** $[-1,1],[-1,1),(-1,1)$

연습문제 10.9

1. $b^8=f^{(8)}(5)/8!$ **3.** $\sum_{n=0}^{\infty}(n+1)x^n,\ R=1$

4. $x+x^2+\frac{1}{2}x^3+\frac{1}{6}x^4$

5. $2+\frac{1}{12}(x-8)-\frac{1}{288}(x-8)^2+\frac{5}{20{,}736}(x-8)^3$

7. $\frac{1}{2}+\frac{\sqrt{3}}{2}\left(x-\frac{\pi}{6}\right)-\frac{1}{4}\left(x-\frac{\pi}{6}\right)^2-\frac{\sqrt{3}}{12}\left(x-\frac{\pi}{6}\right)^3$

8. $\sum_{n=0}^{\infty}(n+1)x^n,\ R=1$ **10.** $\sum_{n=0}^{\infty}(-1)^n\frac{x^{2n}}{(2n)!},\ R=\infty$

12. $\sum_{n=0}^{\infty}\frac{(\ln 2)^n}{n!}x^n,\ R=\infty$ **13.** $\sum_{n=0}^{\infty}\frac{x^{2n+1}}{(2n+1)!},\ R=\infty$

14. $50+105(x-2)+92(x-2)^2+42(x-2)^3+10(x-2)^4+(x-2)^5,\ R=\infty$

15. $\ln 2+\sum_{n=1}^{\infty}(-1)^{n+1}\frac{1}{n2^n}(x-2)^n,\ R=2$

17. $\sum_{n=0}^{\infty}\frac{2^n e^6}{n!}(x-3)^n,\ R=\infty$

18. $\sum_{n=0}^{\infty}\frac{(-1)^{n+1}}{(2n+1)!}(x-\pi)^{2n+1},\ R=\infty$

19. $\sum_{n=0}^{\infty}(-1)^n\frac{2^{2n+1}}{(2n+1)!}(x-\pi)^{2n+1},\ R=\infty$

21. $1-\frac{1}{4}x-\sum_{n=2}^{\infty}\frac{3\cdot 7\cdot\cdots\cdot(4n-5)}{4^n\cdot n!}x^n,\ R=1$

23. $\sum_{n=0}^{\infty}(-1)^n\frac{(n+1)(n+2)}{2^{n+4}}x^n,\ R=2$

25. $\sum_{n=0}^{\infty}(-1)^n\frac{1}{2n+1}x^{4n+2},\ R=1$

26. $\sum_{n=0}^{\infty}(-1)^n\frac{2^{2n}}{(2n)!}x^{2n+1},\ R=\infty$

29. $\frac{1}{2}x+\sum_{n=1}^{\infty}(-1)^n\frac{1\cdot 3\cdot 5\cdot\cdots\cdot(2n-1)}{n!\,2^{3n+1}}x^{2n+1},\ R=2$

30. $\sum_{n=1}^{\infty}(-1)^{n+1}\frac{2^{2n-1}}{(2n)!}x^{2n},\ R=\infty$

33. $\sum_{n=0}^{\infty}(-1)^n\frac{1}{(2n)!}x^{4n},\ R=\infty$

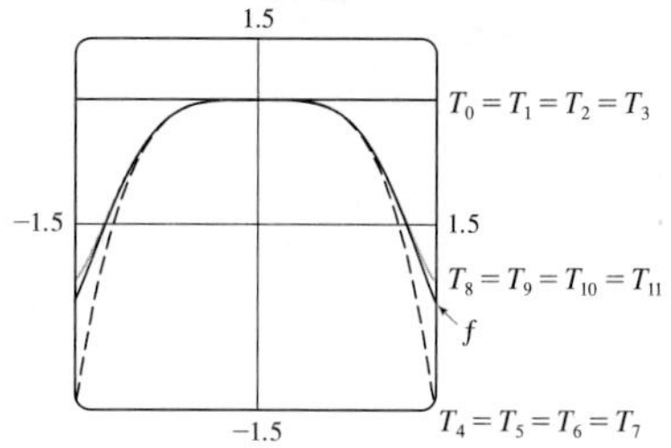

35. $\sum_{n=1}^{\infty}\frac{(-1)^{n-1}}{(n-1)!}x^n,\ R=\infty$

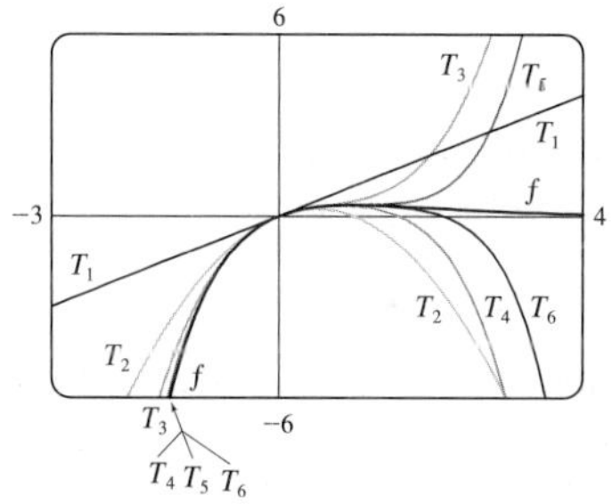

37. 0.99619

38. (a) $1+\sum_{n=1}^{\infty}\frac{1\cdot 3\cdot 5\cdot\cdots\cdot(2n-1)}{2^n n!}x^{2n}$

(b) $x+\sum_{n=1}^{\infty}\frac{1\cdot 3\cdot 5\cdot\cdots\cdot(2n-1)}{(2n+1)2^n n!}x^{2n+1}$

39. $C+\sum_{n=0}^{\infty}\binom{\frac{1}{2}}{n}\frac{x^{3n+1}}{3n+1},\ R=1$

40. $C+\sum_{n=1}^{\infty}(-1)^n\frac{1}{2n(2n)!}x^{2n},\ R=\infty$

42. $\frac{1}{2}$ **43.** $\frac{1}{120}$ **44.** $\frac{3}{5}$

45. $1-\frac{3}{2}x^2+\frac{25}{24}x^4$ **46.** $1+\frac{1}{6}x^2+\frac{7}{360}x^4$

48. $x-\frac{2}{3}x^4+\frac{23}{45}x^6$ **49.** e^{-x^4} **50.** $\tan^{-1}(x/2)$

51. $1/e$ **53.** $\ln\frac{8}{5}$ **55.** e^3-1 **57.** $\frac{203!}{101!}$

11장

연습문제 11.1

1. $(4,0,-3)$ **2.** $C\,;A$

4. y축과 평행하고 y축으로부터 4만큼 떨어져 있는 직선; yz평면과 평행하고 yz평면보다 4만큼 앞에 있는 평면

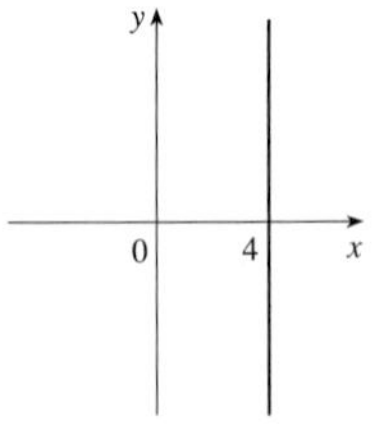

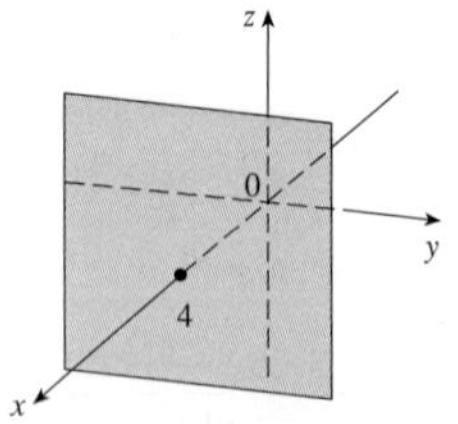

5. xy평면에서 직선 $y = 2 - x$, $z = 0$과 만나는 수직면

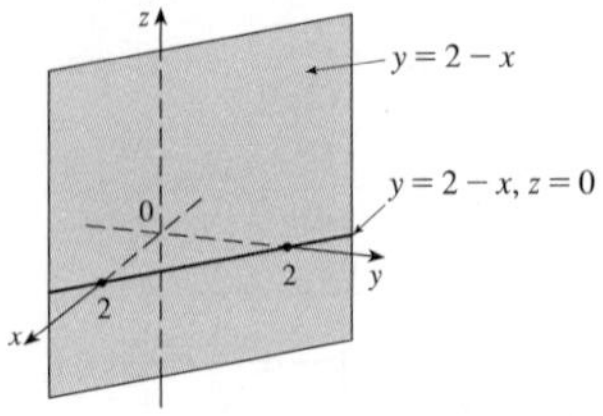

7. 6

9. $|PQ| = 6$, $|QR| = 2\sqrt{10}$, $|RP| = 6$; 이등변삼각형

11. (a) 아니오 (b) 예

13. $(x + 3)^2 + (y - 2)^2 + (z - 5)^2 = 16$;
$(y - 2)^2 + (z - 5)^2 = 7$, $x = 0$ (원)

14. $(x - 3)^2 + (y - 8)^2 + (z - 1)^2 = 30$

15. $(-4, 0, 1)$, 5 **16.** $\left(\frac{1}{2}, -1, 0\right)$, $\sqrt{3}/2$

18. (a) $(x + 1)^2 + (y - 4)^2 + (z - 5)^2 = 25$
(b) $(x + 1)^2 + (y - 4)^2 + (z - 5)^2 = 1$
(c) $(x + 1)^2 + (y - 4)^2 + (z - 5)^2 = 16$

19. xy평면에서 2단위 아래에 있는 수평면

21. 평면 $y = 1$ 위 또는 오른쪽에 있는 모든 점으로 구성된 절반 공간

22. 수직평면 $x = -1$과 $x = 2$ 위와 두 평면 사이의 모든 점

24. 평면 $z = -1$에 포함되고, 반지름이 2이고 z축에 중심이 있는 원의 모든 점

25. 중심축이 x축이고 반지름이 5인 원기둥과 그 내부의 모든 점

26. 반지름이 2이고 중심이 (0, 0, 0)인 구의 모든 점

28. 반지름이 각각 1과 $\sqrt{5}$이고 중심이 (0, 0, 0)인 구 위와 그 사이의 모든 점

30. 좌표축을 따라 모서리가 있고 원점과 (3, 3, 3)에 꼭짓점이 있는 정육면체 위 또는 내부의 모든 점

31. $0 < x < 5$ **33.** $r^2 < x^2 + y^2 + z^2 < R^2$

34. (a) (2, 1, 4) (b)

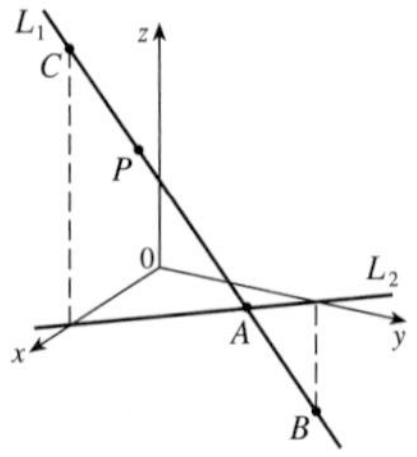

35. $14x - 6y - 10z = 9$; AB에 수직인 평면

37. $2\sqrt{3} - 3$

연습문제 11.2

1. (a) 스칼라 (b) 벡터 (c) 벡터 (d) 스칼라

3. $\overrightarrow{AB} = \overrightarrow{DC}$, $\overrightarrow{DA} = \overrightarrow{CB}$, $\overrightarrow{DE} = \overrightarrow{EB}$, $\overrightarrow{EA} = \overrightarrow{CE}$

4. (a)

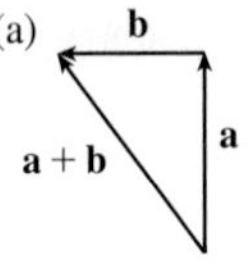

(b)

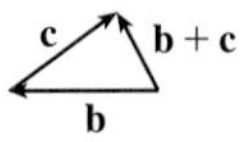

(c)

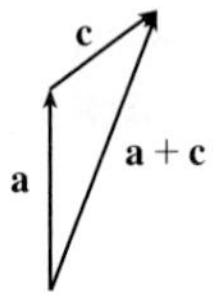

(d)

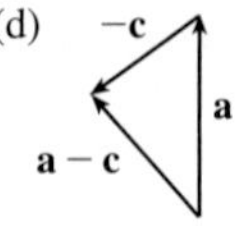

(e)

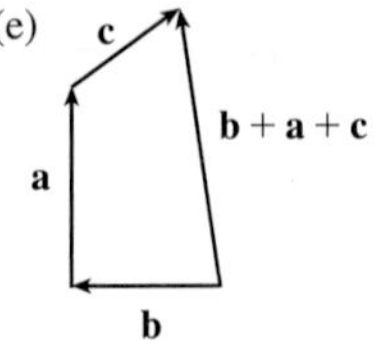

(f)

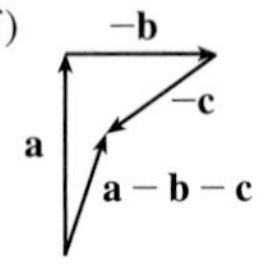

6. $\mathbf{c} = \frac{1}{2}\mathbf{a} + \frac{1}{2}\mathbf{b}$, $\mathbf{d} = \frac{1}{2}\mathbf{b} - \frac{1}{2}\mathbf{a}$

7. $\mathbf{a} = \langle 3, 1 \rangle$

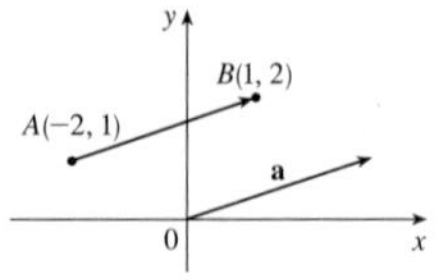

8. $\mathbf{a} = \langle -1, 4 \rangle$

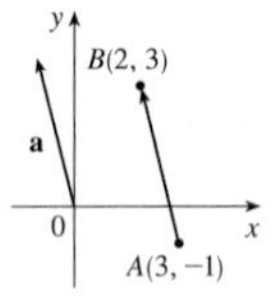

9. $\mathbf{a} = \langle -3, 5, -4 \rangle$

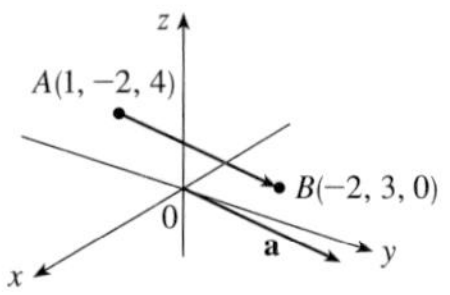

10. $\langle 5, 2 \rangle$

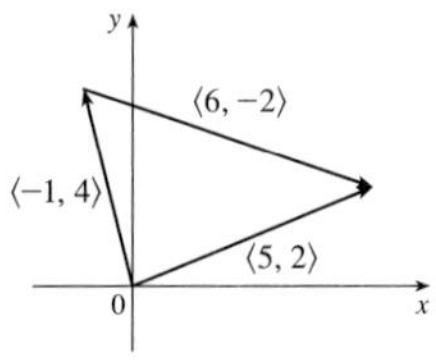

11. $\langle 3, 8, 1 \rangle$

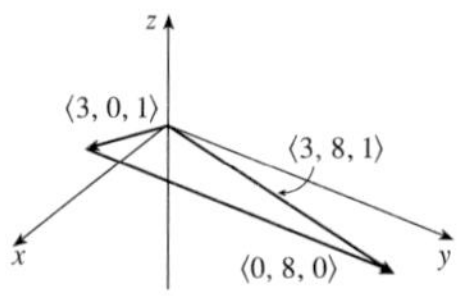

12. $\langle 6, 3 \rangle$, $\langle 6, 14 \rangle$, 5, 13

13. $6\,\mathbf{i} - 3\,\mathbf{j} - 2\,\mathbf{k}$, $20\,\mathbf{i} - 12\,\mathbf{j}$, $\sqrt{29}$, 7

14. $\left\langle \dfrac{3}{\sqrt{10}}, -\dfrac{1}{\sqrt{10}} \right\rangle$ **15.** $\frac{8}{9}\mathbf{i} - \frac{1}{9}\mathbf{j} + \frac{4}{9}\mathbf{k}$ **17.** 60°

19. $\langle -2\sqrt{3}, 2 \rangle$ **20.** ≈15.32m/s, ≈12.86m/s

21. $100\sqrt{7} \approx 264.6$N, ≈139.1°

22. $\approx -177.39\,\mathbf{i} + 211.41\,\mathbf{j}$, $\approx 177.39\,\mathbf{i} + 138.59\,\mathbf{j}$;
≈275.97N, ≈225.11N

23. ≈26.1N **24.** ≈N 41.6° W, ≈237.3km/h

25. $\pm(\mathbf{i} + 4\,\mathbf{j})/\sqrt{17}$ **26.** $\mathbf{0}$

28. (a), (b)

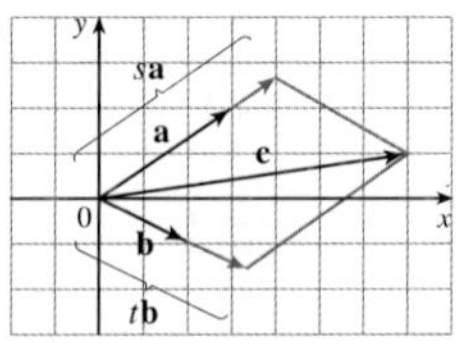

(d) $s = \frac{9}{7}$, $t = \frac{11}{7}$

29. 반지름 1, 중심 (x_0, y_0, z_0)인 구

연습문제 11.3

1. (b), (c), (d)가 의미가 있다. **3.** −3.6 **4.** 19

7. $14\sqrt{3}$ **8.** $\mathbf{u} \cdot \mathbf{v} = \frac{1}{2}$, $\mathbf{u} \cdot \mathbf{w} = -\frac{1}{2}$

12. $\cos^{-1}\left(\dfrac{17}{13\sqrt{2}}\right) \approx 22°$ **13.** $\cos^{-1}\left(-\frac{5}{6}\right) \approx 146°$

14. $\cos^{-1}\left(\dfrac{-2}{3\sqrt{70}}\right) \approx 95°$ **15.** 48°, 75°, 57°

17. (a) 직교 (b) 둘 다 아니다. (c) 평행 (d) 직교

18. 예 **20.** $(\mathbf{i} - \mathbf{j} - \mathbf{k})/\sqrt{3}$ $\left[\text{또는 } (-\mathbf{i} + \mathbf{j} + \mathbf{k})/\sqrt{3}\right]$

21. ≈36.9° **22.** (0, 0)에서 0°, (1, 1)에서 ≈8.1°

24. $\frac{4}{9}, \frac{1}{9}, \frac{8}{9}$; 63.6°, 83.6°, 27.3°

25. $3/\sqrt{14}, -1/\sqrt{14}, -2/\sqrt{14}$; 36.7°, 105.5°, 122.3°

26. $1/\sqrt{3}, 1/\sqrt{3}, 1/\sqrt{3}$; 54.7°, 54.7°, 54.7° **28.** $4, \left\langle -\frac{20}{13}, \frac{48}{13} \right\rangle$

29. $\frac{1}{9}, \left\langle \frac{4}{81}, \frac{7}{81}, -\frac{4}{81} \right\rangle$ **30.** $-7/\sqrt{19}, -\frac{21}{19}\mathbf{i} + \frac{21}{19}\mathbf{j} - \frac{7}{19}\mathbf{k}$

32. $\langle 0, 0, -2\sqrt{10} \rangle$ 또는 $\langle s, t, 3s - 2\sqrt{10} \rangle$, $s, t \in \mathbb{R}$ 형태의 모든 벡터

34. 144J **35.** $2400 \cos(40°) \approx 1839$J

36. $\frac{13}{5}$ **38.** $\approx 54.7°$

연습문제 11.4

1. $15\,\mathbf{i} - 10\,\mathbf{j} - 3\,\mathbf{k}$ **2.** $14\,\mathbf{i} + 4\,\mathbf{j} + 2\,\mathbf{k}$

3. $-\frac{3}{2}\mathbf{i} + \frac{7}{4}\mathbf{j} + \frac{2}{3}\mathbf{k}$

5. $(3t^3 - 2t^2)\,\mathbf{i} + (t^2 - 3t^4)\,\mathbf{j} + (2t^4 - t^3)\,\mathbf{k}$

7. $\mathbf{0}$ **8.** $\mathbf{i} + \mathbf{j} + \mathbf{k}$

9. (a) 스칼라 (b) 의미 없음 (c) 벡터
(d) 의미 없음 (e) 의미 없음 (f) 스칼라

11. 6; 페이지 안쪽 **13.** $\langle -7, 10, 8 \rangle, \langle 7, -10, -8 \rangle$

14. $\left\langle -\frac{1}{3\sqrt{3}}, -\frac{1}{3\sqrt{3}}, \frac{5}{3\sqrt{3}} \right\rangle, \left\langle \frac{1}{3\sqrt{3}}, \frac{1}{3\sqrt{3}}, -\frac{5}{3\sqrt{3}} \right\rangle$

21. 20 **23.** (a) $\langle -10, 11, 3 \rangle$ (b) $\frac{1}{2}\sqrt{230}$

24. (a) $\langle 12, -1, 17 \rangle$ (b) $\frac{1}{2}\sqrt{434}$

25. 9 **26.** 16 **28.** $10.8 \sin 80° \approx 10.6$ N·m

29. ≈ 417N **30.** 60°

31. (b) $\sqrt{97/3}$ **33.** (a) 아니오 (b) 아니오 (c) 예

연습문제 11.5

1. (a) 참 (b) 거짓 (c) 참 (d) 거짓
(e) 거짓 (f) 참 (g) 거짓 (h) 참 (i) 참
(j) 거짓 (k) 참

2. $\mathbf{r} = (-\mathbf{i} + 8\,\mathbf{j} + 7\,\mathbf{k}) + t\left(\frac{1}{2}\mathbf{i} + \frac{1}{3}\mathbf{j} + \frac{1}{4}\mathbf{k}\right)$;
$x = -1 + \frac{1}{2}t, y = 8 + \frac{1}{3}t, z = 7 + \frac{1}{4}t$

4. $\mathbf{r} = (5\,\mathbf{i} + 7\,\mathbf{j} + \mathbf{k}) + t(3\,\mathbf{i} - 2\,\mathbf{j} + 2\,\mathbf{k})$;
$x = 5 + 3t, y = 7 - 2t, z = 1 + 2t$

5. $x = 8t, y = -t, z = 3t$; $x/8 = -y = z/3$

6. $x = 12 - 19t, y = 9, z = -13 + 24t$;
$(x - 12)/(-19) = (z + 13)/24, y = 9$

8. $x = -6 + 2t, y = 2 + 3t, z = 3 + t$;
$(x + 6)/2 = (y - 2)/3 = z - 3$

10. 예

11. (a) $(x - 1)/(-1) = (y + 5)/2 = (z - 6)/(-3)$
(b) $(-1, -1, 0), \left(-\frac{3}{2}, 0, -\frac{3}{2}\right), (0, -3, 3)$

13. $\mathbf{r}(t) = (6\mathbf{i} - \mathbf{j} + 9\mathbf{k}) + t(\mathbf{i} + 7\mathbf{j} - 9\mathbf{k}), 0 \leq t \leq 1$

14. 꼬임 **15.** $(4, -1, -5)$ **16.** $5x + 4y + 6z = 29$

17. $-x + 2y + 3z = 3$

19. $4x - y + 5z = -4$

20. $2x - y + 3z = -0.2$ 즉 $10x - 5y + 15z = -1$

22. $x + y + z = 2$ **23.** $5x - 3y - 8z = -9$

25. $8x + y - 2z = 31$ **26.** $x - 2y - z = -3$

28. $3x - 8y - z = -38$

29.

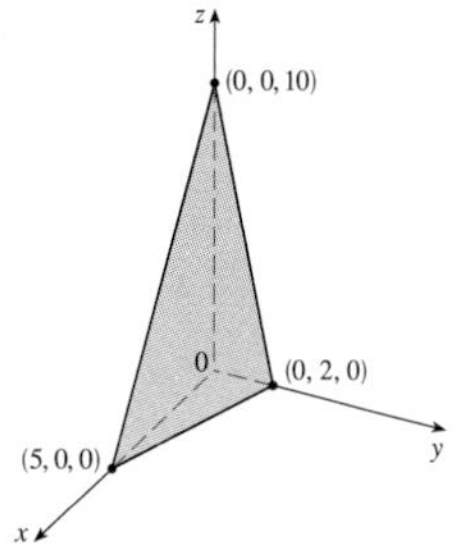

30.

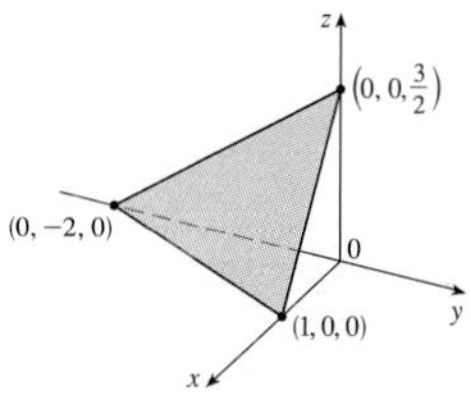

31. $(-2, 6, 3)$ **32.** $\left(\frac{2}{5}, 4, 0\right)$ **34.** $1, 0, -1$

36. 수직 **37.** 둘 다 아님, $\cos^{-1}\left(-\frac{1}{\sqrt{6}}\right) \approx 114.1°$

38. 평행

39. (a) $x = 1, y = -t, z = t$ (b) $\cos^{-1}\left(\frac{5}{3\sqrt{3}}\right) \approx 15.8°$

41. $x = 1, y - 2 = -z$ **42.** $x + 2y + z = 5$

43. $(x/a) + (y/b) + (z/c) = 1$

45. $x = 3t, y = 1 - t, z = 2 - 2t$

46. P_2와 P_3는 평행, P_1과 P_4는 일치

48. $\frac{18}{7}$ **50.** $5/\left(2\sqrt{14}\right)$ **54.** $1/\sqrt{6}$ **55.** $13/\sqrt{69}$

56. (a) $x = 325 + 440t, y = 810 - 135t, z = 561 + 38t, 0 \leq t \leq 1$
(b) 아니오

연습문제 11.6

1. (a) 포물선
(b) z축에 평행한 모선을 갖는 포물기둥
(c) x축에 평행한 모선을 갖는 포물기둥

2. 반지름 2인 원기둥

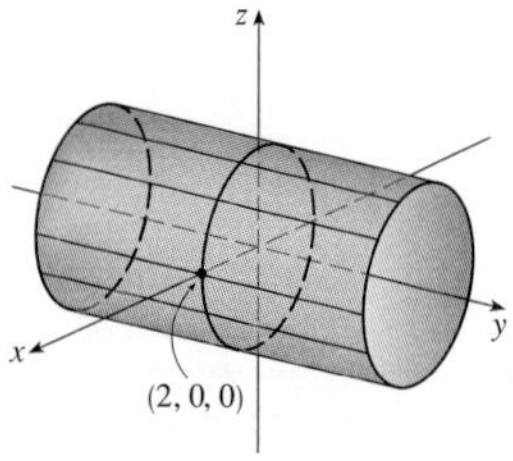

4. 쌍곡기둥

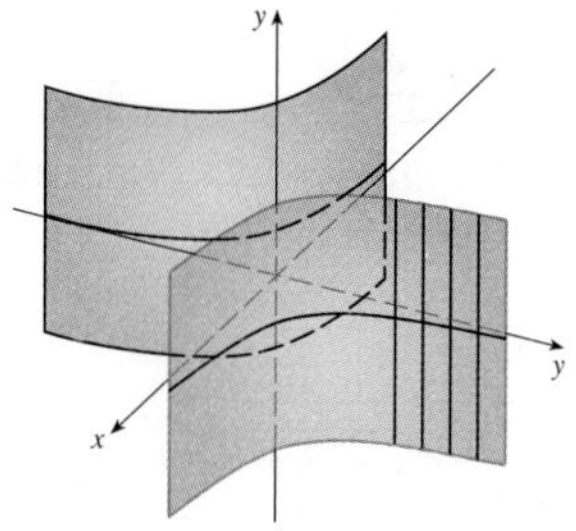

6. $z = \cos x$

8. (a) $x = k, y^2 - z^2 = 1 - k^2$, 쌍곡선 $(k \neq \pm 1)$;
$y = k, x^2 - z^2 = 1 - k^2$, 쌍곡선 $(k \neq \pm 1)$;
$z = k, x^2 + y^2 = 1 + k^2$, 원
(b) y축을 중심으로 회전한 쌍곡면
(c) 음의 y 방향으로 1만큼 평행이동한 쌍곡면

9. x축을 축으로 하는 타원포물면

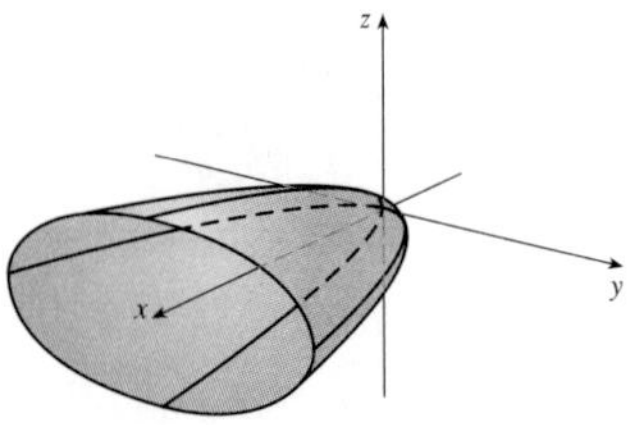

10. x축을 축으로 하는 타원뿔

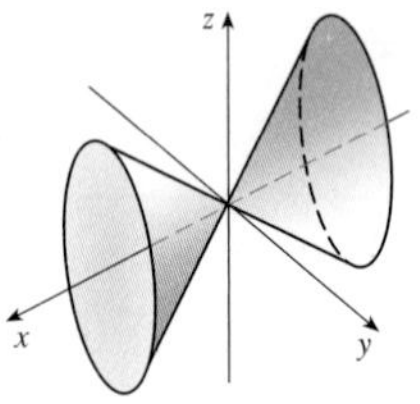

12. x축을 축으로 하는 일엽쌍곡면

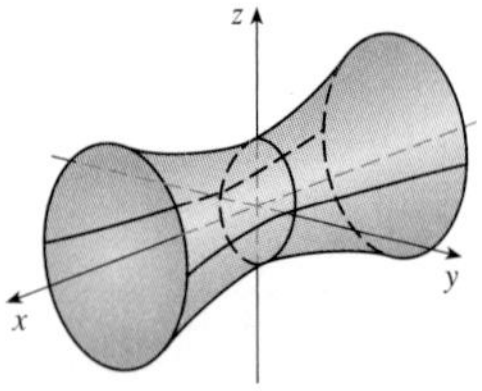

13. 타원면

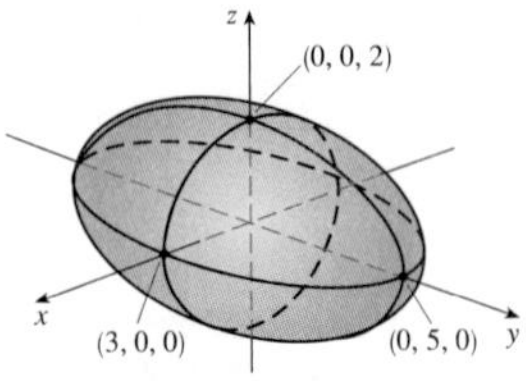

15. 쌍곡포물면

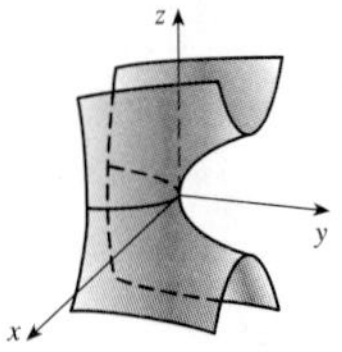

16. VII **18.** II **20.** VI **22.** VIII

24. 원형 포물면

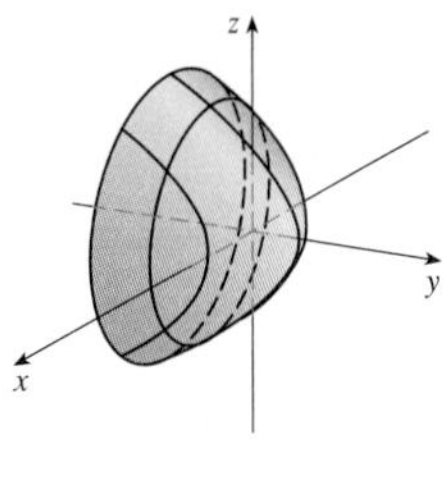

26. $y^2 = x^2 + \dfrac{z^2}{9}$

y축을 축으로 하는 타원뿔

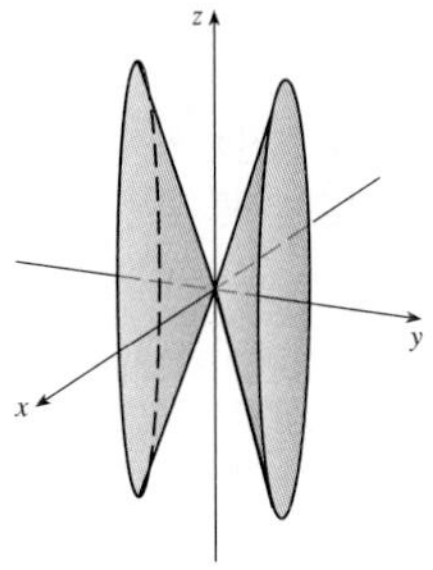

28. $z = (x - 1)^2 + (y - 3)^2$

꼭짓점이 (1, 3, 0)이고 축이 직선

$x = 1$, $y = 3$에 수직인

원형 포물면

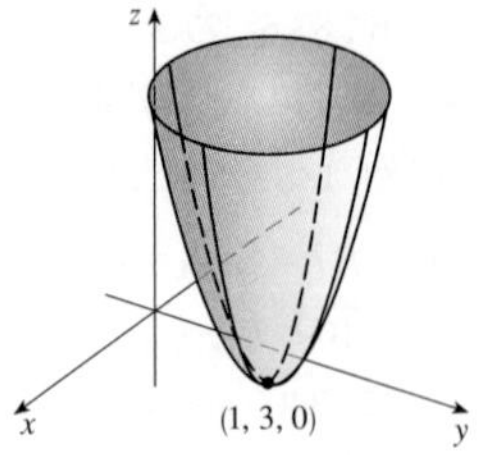

29. $\dfrac{(x-2)^2}{5} - \dfrac{y^2}{5} + \dfrac{(z-1)^2}{5} = 1$

중심이 (2, 0, 1)이고 축이

$x = 2$, $z = 1$에 수직인

일엽쌍곡면

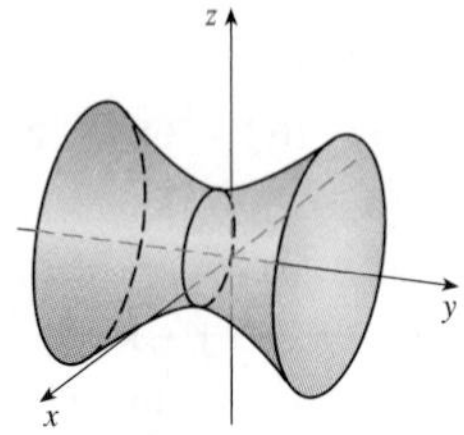

30.

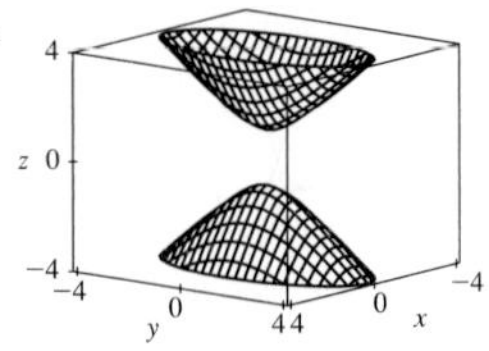

31.

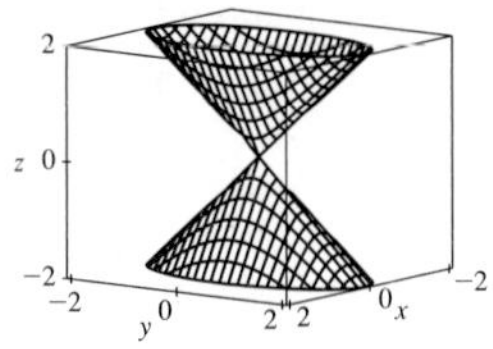

32.

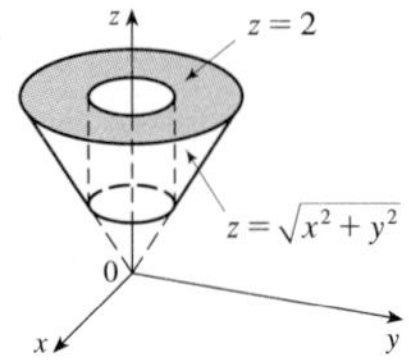

33. $x = y^2 + z^2$ **34.** $-4x = y^2 + z^2$, 포물면

35. (a) $\dfrac{x^2}{(6378.137)^2} + \dfrac{y^2}{(6378.137)^2} + \dfrac{z^2}{(6356.523)^2} = 1$

(b) 원 (c) 타원

12장

연습문제 12.1

1. $(-1, 3)$ **3.** $\mathbf{i} + \mathbf{j} + \mathbf{k}$ **4.** $\langle -1, \pi/2, 0 \rangle$

5.

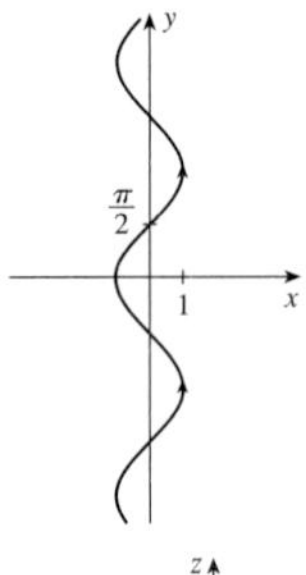

6.

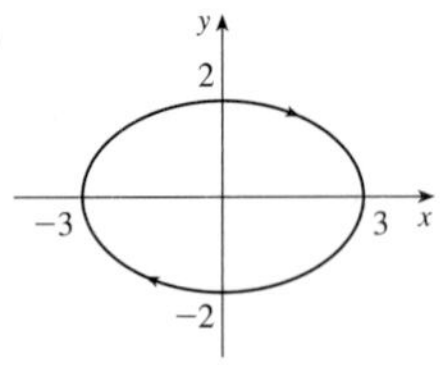

8.

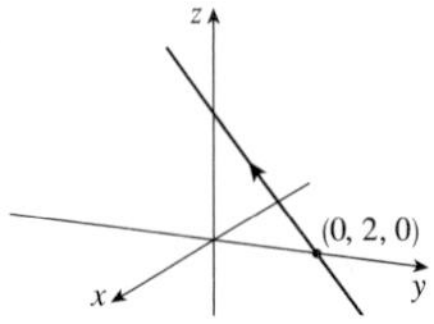

11.

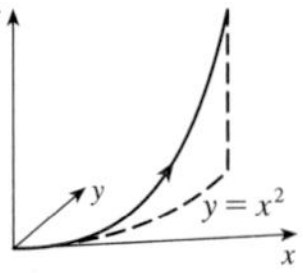

12.

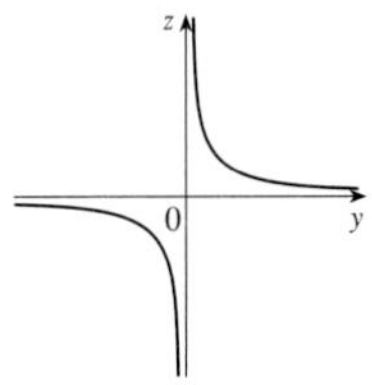

14.

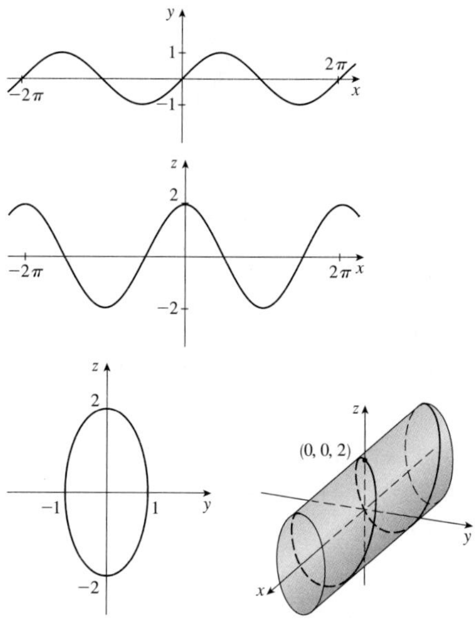

16. $\langle -2 + 7t, 1 + t, -3t \rangle$, $0 \leq t \leq 1$;
$x = -2 + 7t$, $y = 1 + t$, $z = -3t$, $0 \leq t \leq 1$

17. $\langle 3.5 - 1.7t, -1.4 + 1.7t, 2.1 \rangle$, $0 \leq t \leq 1$;
$x = 3.5 - 1.7t$, $y = -1.4 + 1.7t$, $z = 2.1$, $0 \leq t \leq 1$

18. II **20.** V **22.** IV **24.** $y = 4$ **25.** $z = -y$

26.

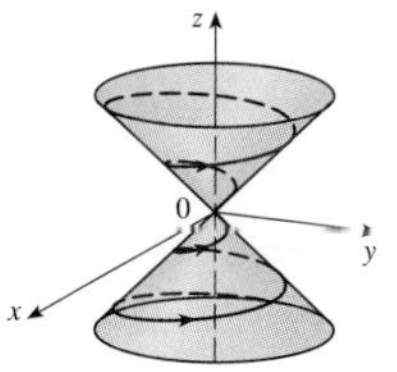

27. $y = e^{x/2}$, $z = e^x$, $z = y^2$

28. (0, 0, 0), (1, 0, 1)

29.

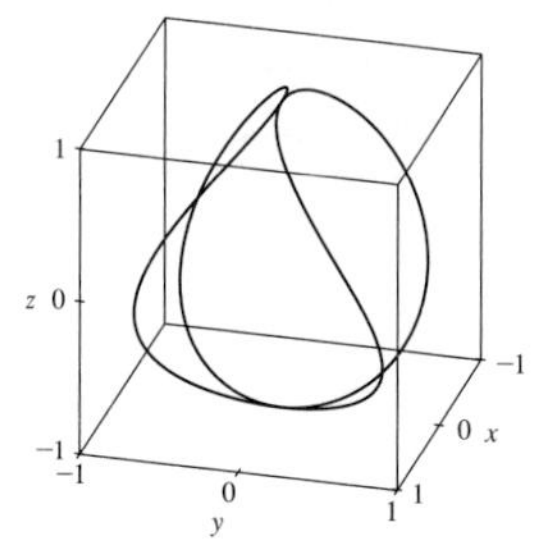

30.

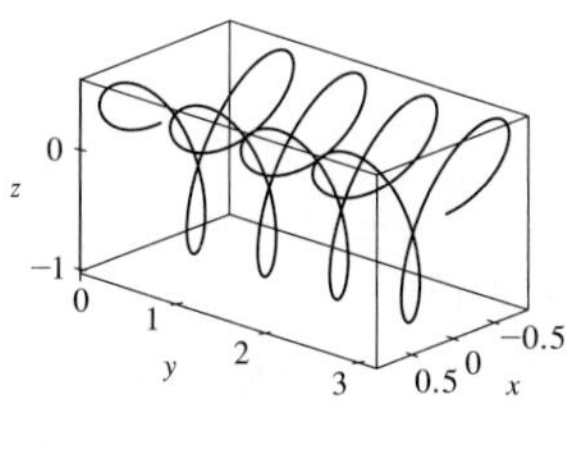

31.

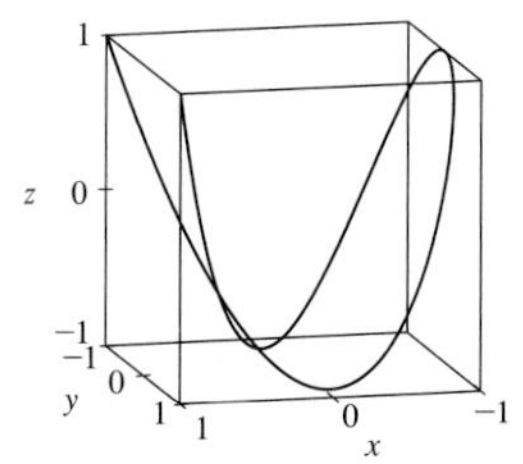

32.

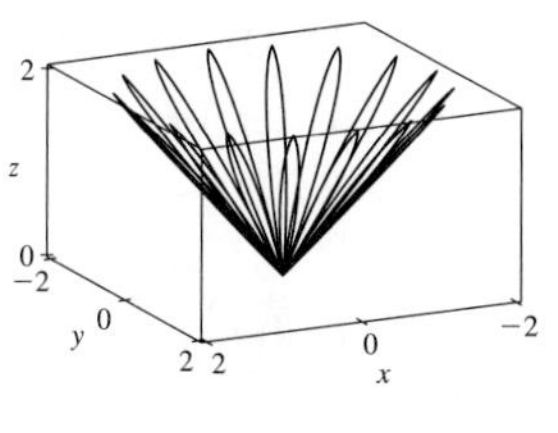

35. $\mathbf{r}(t) = t\,\mathbf{i} + \frac{1}{2}(t^2 - 1)\,\mathbf{j} + \frac{1}{2}(t^2 + 1)\,\mathbf{k}$

36. $\mathbf{r}(t) = \cos t\,\mathbf{i} + \sin t\,\mathbf{j} + \cos 2t\,\mathbf{k}$, $0 \leq t \leq 2\pi$

37. $x = 2\cos t$, $y = 2\sin t$, $z = 4\cos^2 t$, $0 \leq t \leq 2\pi$

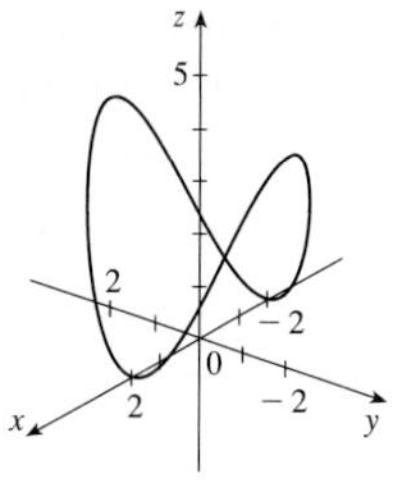

연습문제 12.2

1. (a)

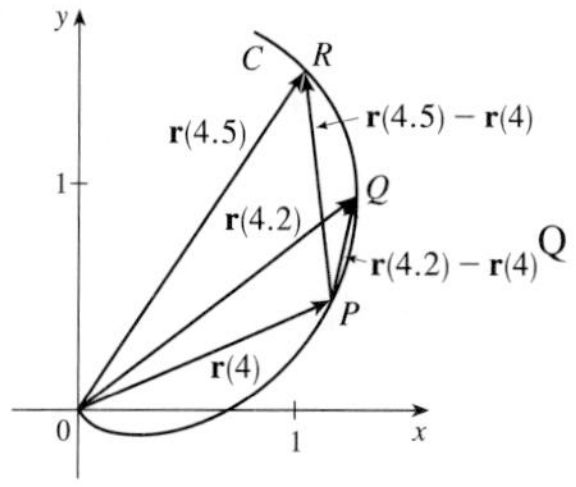

(b), (d)

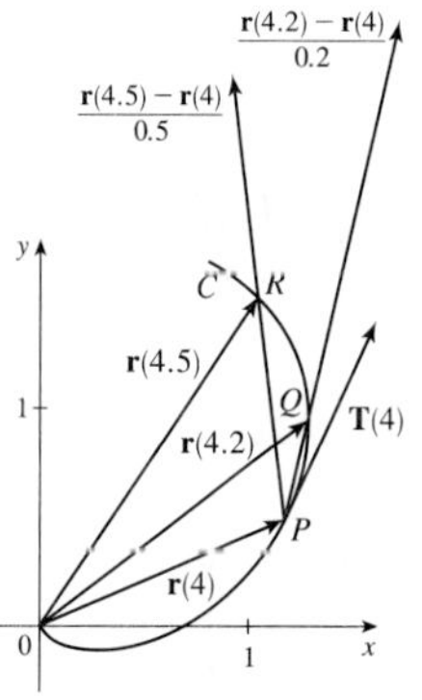

(c) $\mathbf{r}'(4) = \lim_{h \to 0} \dfrac{\mathbf{r}(4 + h) - \mathbf{r}(4)}{h}$; $\mathbf{T}(4) = \dfrac{\mathbf{r}'(4)}{|\mathbf{r}'(4)|}$

2. (a), (c)

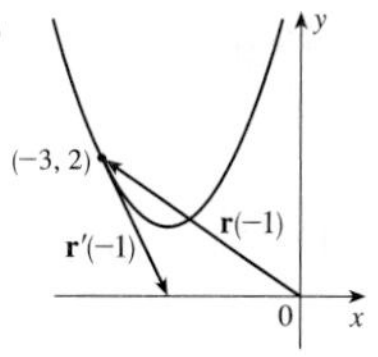

(b) $\mathbf{r}'(t) = \langle 1, 2t \rangle$

3. (a), (c)

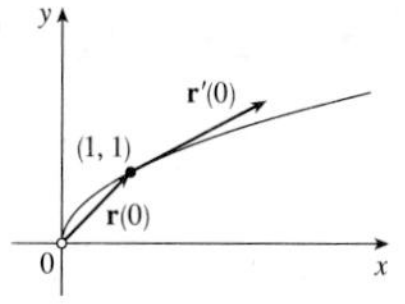

(b) $\mathbf{r}'(t) = 2e^{2t}\,\mathbf{i} + e^t\,\mathbf{j}$

4. (a), (c)

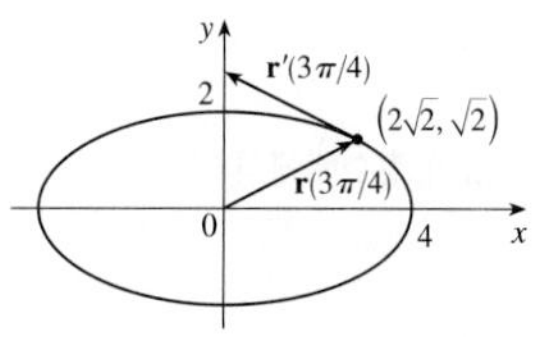

(b) $\mathbf{r}'(t) = 4\cos t\,\mathbf{i} + 2\sin t\,\mathbf{j}$

5. $\mathbf{r}'(t) = \left\langle \dfrac{1}{2\sqrt{t - 2}}, 0, -\dfrac{2}{t^3} \right\rangle$

6. $\mathbf{r}'(t) = 2t\,\mathbf{i} - 2\,t\sin(t^2)\,\mathbf{j} + 2\sin t\cos t\,\mathbf{k}$

7. $\mathbf{r}'(t) = (t\cos t + \sin t)\,\mathbf{i} + e^t(\cos t - \sin t)\,\mathbf{j} + (\cos^2 t - \sin^2 t)\,\mathbf{k}$

8. $\mathbf{r}'(t) = \mathbf{b} + 2t\mathbf{c}$ **10.** $\left\langle \frac{2}{7}, \frac{3}{7}, \frac{6}{7} \right\rangle$ **12.** $\frac{3}{5}\,\mathbf{j} + \frac{4}{5}\,\mathbf{k}$

13. $\langle 3/\sqrt{34}, 3/\sqrt{34}, -4/\sqrt{34} \rangle$

15. $\langle 4t^3, 1, 2t\rangle$, $\langle 4/\sqrt{21}, 1/\sqrt{21}, 2/\sqrt{21}\rangle$, $\langle 12t^2, 0, 2\rangle$, $\langle 2, 16t^3, -12t^2\rangle$

17. $x = 2 + 2t,\ y = 4 + 2t,\ z = 1 + t$

18. $x = 1 - t,\ y = t,\ z = 1 - t$

20. $\mathbf{r}(t) = (3 - 4t)\,\mathbf{i} + (4 + 3t)\,\mathbf{j} + (2 - 6t)\,\mathbf{k}$

22. $x = t,\ y = 1 - t,\ z = 2t$

23. $x = -\pi - t,\ y = \pi + t,\ z = -\pi t$

25. $66°$ **26.** $2\,\mathbf{i} - 4\,\mathbf{j} + 32\,\mathbf{k}$

27. $(\ln 2)\,\mathbf{i} + (\pi/4)\,\mathbf{j} + \frac{1}{2}\ln 2\,\mathbf{k}$

28. $t^2\mathbf{i} + t^3\mathbf{j} + \left(\frac{2}{3}t^{3/2} - \frac{2}{3}\right)\mathbf{k}$

33. $2t\cos t + 2\sin t - 2\cos t\sin t$ **34.** 35

연습문제 12.3

1. (a) $2\sqrt{21}$ **2.** $10\sqrt{10}$ **3.** $e - e^{-1}$ **4.** $\frac{1}{27}(13^{3/2} - 8)$

5. 18.6833 **6.** 10.3311 **7.** 42

8. (a) $s(t) = \sqrt{26}(t - 1)$;

$$\mathbf{r}(t(s)) = \left(4 - \frac{s}{\sqrt{26}}\right)\mathbf{i} + \left(\frac{4s}{\sqrt{26}} + 1\right)\mathbf{j} + \left(\frac{3s}{\sqrt{26}} + 3\right)\mathbf{k}$$

(b) $\left(4 - \dfrac{4}{\sqrt{26}}, \dfrac{16}{\sqrt{26}} + 1, \dfrac{12}{\sqrt{26}} + 3\right)$

10. $(3\sin 1, 4, 3\cos 1)$

12. (a) $\dfrac{1}{\sqrt{5}}\langle 2, \sin t, \cos t\rangle$, $\langle 0, \cos t, -\sin t\rangle$ (b) $1/(5t)$

13. (a) $\dfrac{1}{\sqrt{1 + 4t^2}}\langle 1, 2t, 0\rangle$, $\dfrac{1}{\sqrt{1 + 4t^2}}\langle -2t, 1, 0\rangle$

(b) $2/(1 + 4t^2)^{3/2}$

14. (a) $\dfrac{1}{\sqrt{1 + 5t^2}}\langle 1, t, 2t\rangle$, $\dfrac{1}{\sqrt{5 + 25t^2}}\langle -5t, 1, 2\rangle$

(b) $\sqrt{5}/(1 + 5t^2)^{3/2}$

16. $\dfrac{\sqrt{6}}{2(3t^2 + 1)^2}$ **17.** $\frac{1}{7}\sqrt{19/14}$ **18.** $12x^2/(1 + 16x^6)^{3/2}$

19. $e^x|x + 2|/[1 + (xe^x + e^x)^2]^{3/2}$

21. $\left(-\frac{1}{2}\ln 2, 1/\sqrt{2}\right)$; 0에 가까워진다. **22.** (a) P (b) 1.3, 0.7

23. a는 $y = f(x)$, b는 $y = \kappa(x)$

24. $\kappa(t) = \dfrac{6\sqrt{4\cos^2 t - 12\cos t + 13}}{(17 - 12\cos t)^{3/2}}$

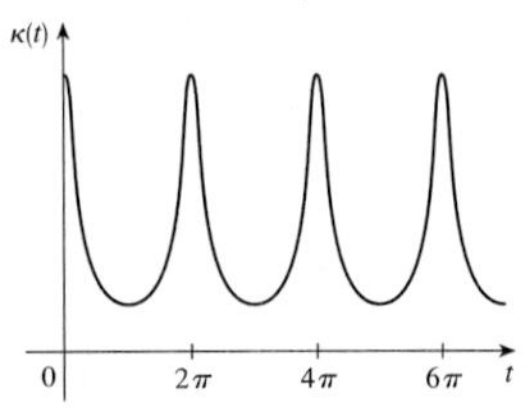

2π의 정수배에서 가장 크다.

26. $\left\langle \frac{2}{3}, \frac{2}{3}, \frac{1}{3} \right\rangle$, $\left\langle -\frac{1}{3}, \frac{2}{3}, -\frac{2}{3} \right\rangle$, $\left\langle -\frac{2}{3}, \frac{1}{3}, \frac{2}{3} \right\rangle$

27. $x - 2z = -4\pi,\ 2x + z = 2\pi$

28. $\left(x + \frac{5}{2}\right)^2 + y^2 = \frac{81}{4}$, $x^2 + \left(y - \frac{5}{3}\right)^2 = \frac{16}{9}$

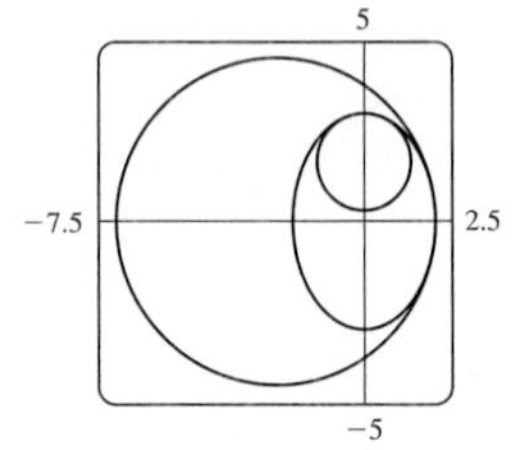

29. $(-1, -3, 1)$

30. $2x + y + 4z = 7,\ 6x - 8y - z = -3$

33. (b) $\mathbf{r}_e(t) = -\cos t\,\mathbf{i} - \sin t\,\mathbf{j} + t\,\mathbf{k}$

(c) $\mathbf{r}_e(t) = -4t^3\,\mathbf{i} + \left(3t^2 + \frac{1}{2}\right)\mathbf{j}$ 또는 $y_e = \frac{1}{2} + 3(x/4)^{2/3}$

연습문제 12.4

1. (a) $1.8\,\mathbf{i} - 3.8\,\mathbf{j} - 0.7\,\mathbf{k}$, $2.0\,\mathbf{i} - 2.4\,\mathbf{j} - 0.6\,\mathbf{k}$, $2.8\,\mathbf{i} + 1.8\,\mathbf{j} - 0.3\,\mathbf{k}$, $2.8\,\mathbf{i} + 0.8\,\mathbf{j} - 0.4\,\mathbf{k}$

(b) $2.4\,\mathbf{i} - 0.8\,\mathbf{j} - 0.5\,\mathbf{k}$, 2.58

3. $\mathbf{v}(t) = \langle -t, 1\rangle$
$\mathbf{a}(t) = \langle -1, 0\rangle$
$|\mathbf{v}(t)| = \sqrt{t^2 + 1}$

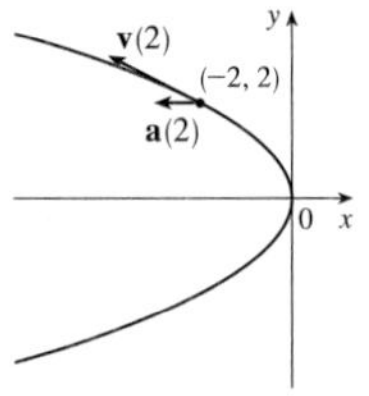

4. $\mathbf{v}(t) = -3\sin t\,\mathbf{i} + 2\cos t\,\mathbf{j}$
$\mathbf{a}(t) = -3\cos t\,\mathbf{i} - 2\sin t\,\mathbf{j}$
$|\mathbf{v}(t)| = \sqrt{5\sin^2 t + 4}$

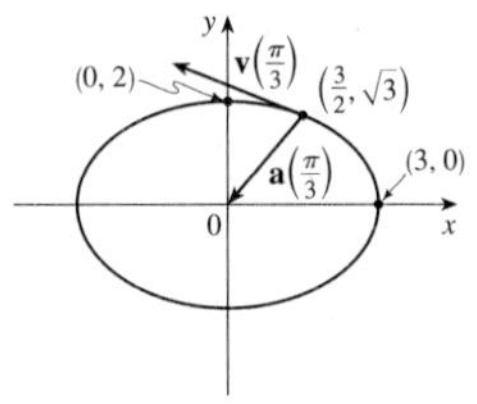

5. $\mathbf{v}(t) = \mathbf{i} + 2t\,\mathbf{j}$
$\mathbf{a}(t) = 2\,\mathbf{j}$
$|\mathbf{v}(t)| = \sqrt{1 + 4t^2}$

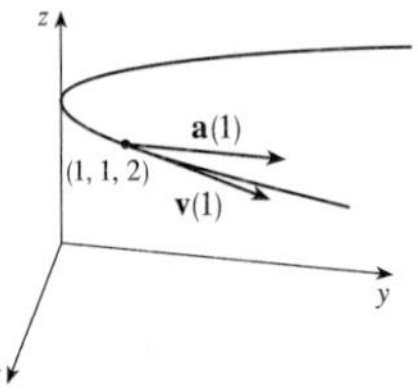

6. $\langle 2t + 1, 2t - 1, 3t^2\rangle$, $\langle 2, 2, 6t\rangle$, $\sqrt{9t^4 + 8t^2 + 2}$

7. $\sqrt{2}\,\mathbf{i} + e^t\,\mathbf{j} - e^{-t}\,\mathbf{k}$, $e^t\,\mathbf{j} + e^{-t}\,\mathbf{k}$, $e^t + e^{-t}$

8. $e^t\,[(\cos t - \sin t)\,\mathbf{i} + (\sin t + \cos t)\,\mathbf{j} + (t + 1)\,\mathbf{k}]$, $e^t\,[-2\sin t\,\mathbf{i} + 2\cos t\,\mathbf{j} + (t + 2)\mathbf{k}]$, $e^t\sqrt{t^2 + 2t + 3}$

9. $\mathbf{v}(t) = (2t + 3)\,\mathbf{i} - \mathbf{j} + t^2\,\mathbf{k}$,
$\mathbf{r}(t) = (t^2 + 3t)\,\mathbf{i} + (1 - t)\,\mathbf{j} + \left(\frac{1}{3}t^3 + 1\right)\mathbf{k}$

11. (a) $\mathbf{r}(t) = \left(\frac{1}{3}t^3 + t\right)\mathbf{i} + (t - \sin t + 1)\,\mathbf{j} + \left(\frac{1}{4} - \frac{1}{4}\cos 2t\right)\mathbf{k}$

(b)

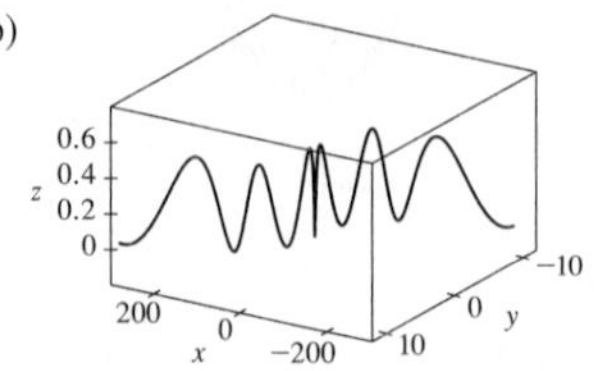

12. $t = 4$

13. $\mathbf{r}(t) = t\,\mathbf{i} - t\,\mathbf{j} + \frac{5}{2}t^2\,\mathbf{k}$, $|\mathbf{v}(t)| = \sqrt{25t^2 + 2}$

14. (a) ≈3535m (b) ≈1531m (c) 200m/s

15. ≈30m/s **16.** ≈198m/s

17. $13.0° < \theta < 36.0°$, $55.4° < \theta < 85.5°$

18. $(250, -50, 0)$; $10\sqrt{93} \approx 96.4\text{m/s}$

19. 경로는 원점을 지나고 **c** 방향인 직선 위에 중심이 있고 **c**에 수직인 평면에 놓여 있는 원에 포함된다.

20. $\dfrac{4 + 18t^2}{\sqrt{4 + 9t^2}}, \dfrac{6t}{\sqrt{4 + 9t^2}}$ **21.** 0, 1 **22.** $\dfrac{7}{\sqrt{30}}, \sqrt{\dfrac{131}{30}}$

23. 4.5cm/s^2, 9.0cm/s^2 **24.** $t = 1$

13장

연습문제 13.1

1. (a) $-\frac{3}{7}$ (b) $\frac{4}{5}$ (c) $\dfrac{(x + h)^2 y}{2(x + h) - y^2}$ (d) $\dfrac{x^2}{2 - x}$

2. (a) $9\ln 4$ (b) $\{(x, y) \mid y > -x\}$

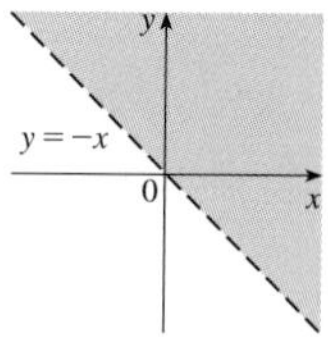

(c) $\mathbb{R}$

3. (a) 1 (b) $\{(x, y, z) \mid z \leq x/2, y \leq 0\}$, xz평면의 오른쪽에 있는 평면 $z = x/2$ 위에 있거나 그 아래에 있는 점

4. $\{(x, y) \mid x \geq 2, y \geq 1\}$

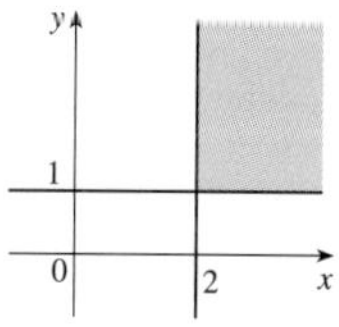

5. $\left\{(x, y) \mid x^2 + \frac{1}{4}y^2 \leq 1, x \geq 0\right\}$

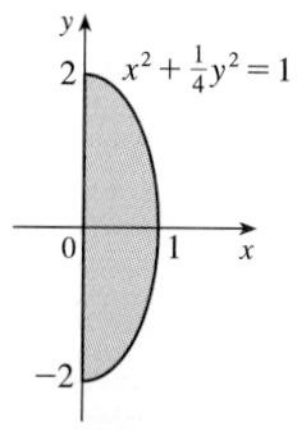

7. $\{(x, y) \mid y \neq -x\}$

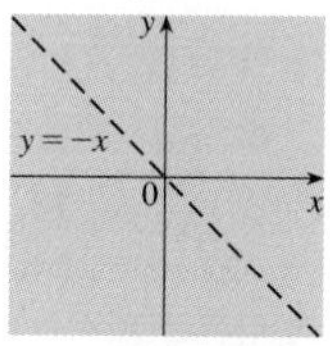

8. $\{(x, y) \mid xy \geq 0, x \neq -1\}$

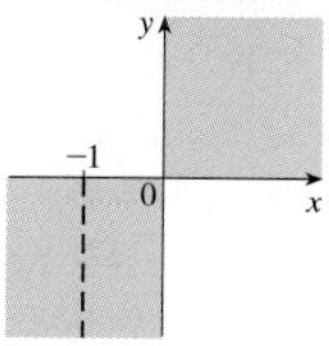

10. $\{(x, y, z) \mid -2 \leq x \leq 2, -3 \leq y \leq 3, -1 \leq z \leq 1\}$

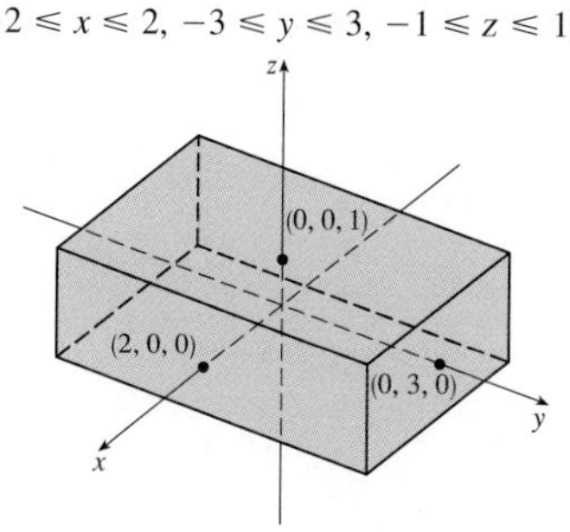

11. (a) $\approx 1.90\text{m}^2$; 키 178cm, 몸무게 73kg인 사람의 표면적은 약 1.90m^2이다.

12. (a) 2.4; 40km/h의 바람이 바다에서 15시간 동안 불면 약 2.4m의 파도가 생성된다.

(b) $f(30, t)$는 바람이 30km/h의 속도로 t시간 동안 불었을 때, 시간 t에 따라 생성되는 파도의 높이의 함수이다.

(c) $f(v, 30)$은 바람이 v의 속도로 30시간 동안 불었을 때, 속도 v에 따라 생성되는 파도의 높이의 함수이다.

13. $z = y$, x축을 지나는 평면

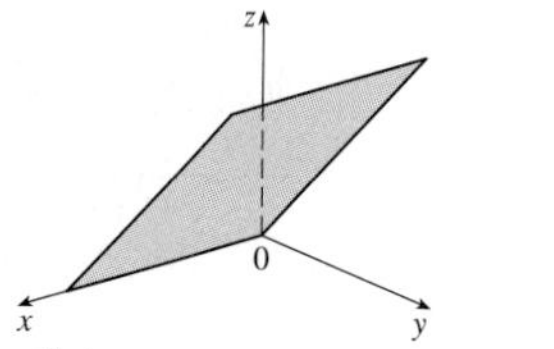

14. $4x + 5y + z = 10$, 평면

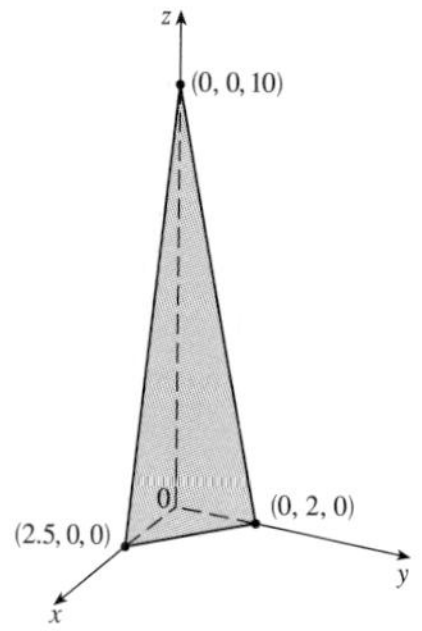

15. $z = \sin x$, 기둥면

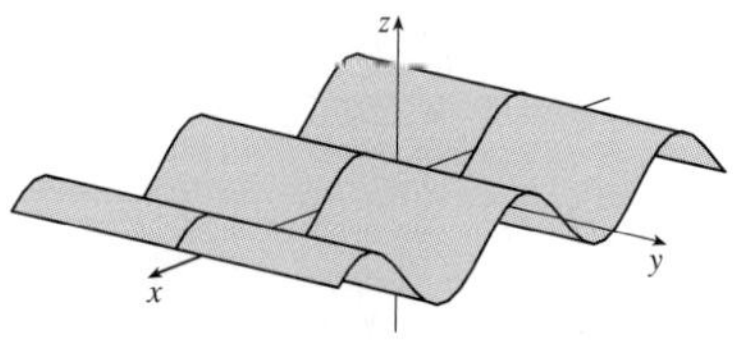

16. $z = x^2 + 4y^2 + 1$, 타원포물면

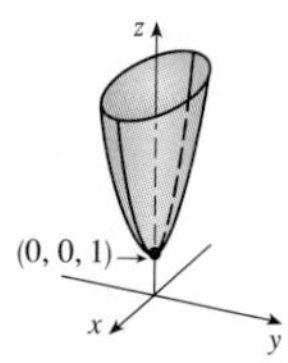

17. $z = \sqrt{4 - 4x^2 - y^2}$, 타원면의 위쪽 절반

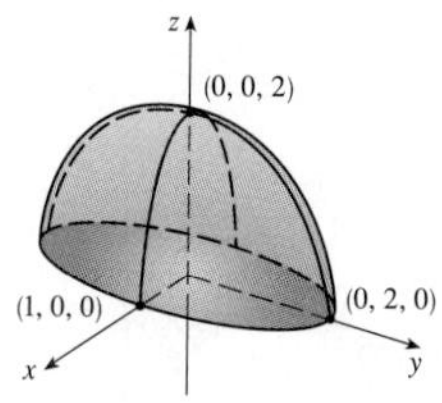

19. ≈ 56, ≈ 35

21.

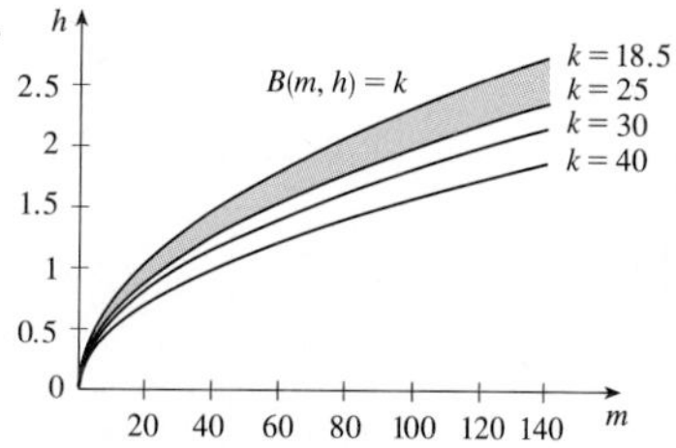

아니오

22.

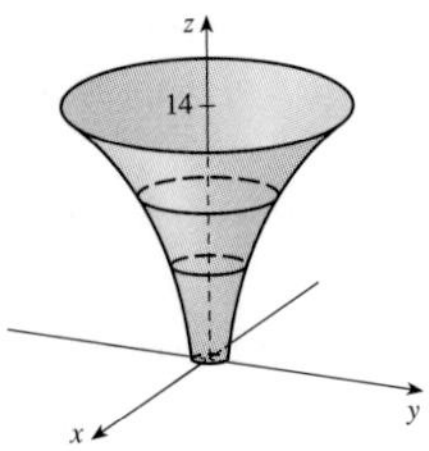

24.

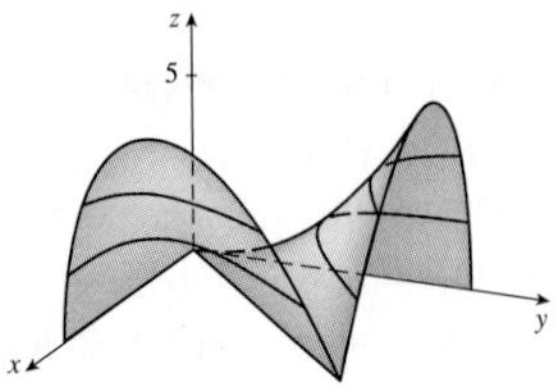

26. $x^2 - y^2 = k$

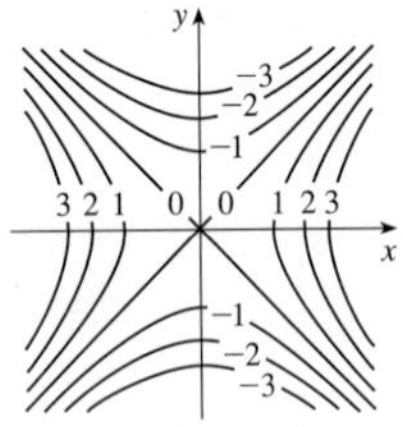

27. $y = -\sqrt{x} + k$

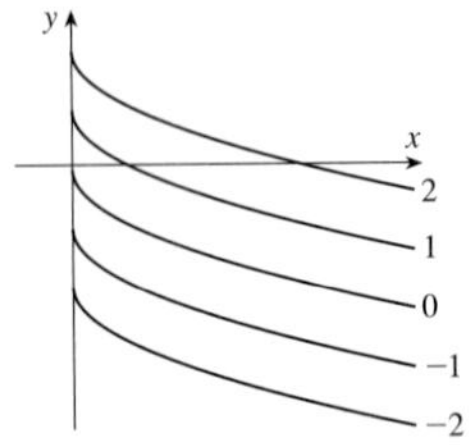

29. $y = ke^{-x}$

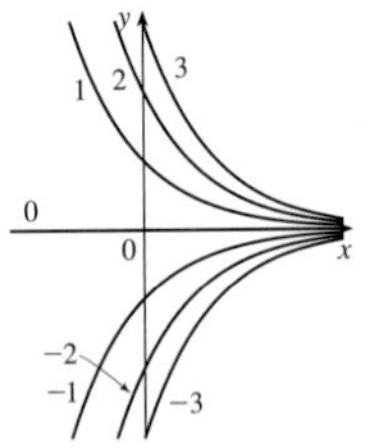

31. $x^2 + 9y^2 = k$

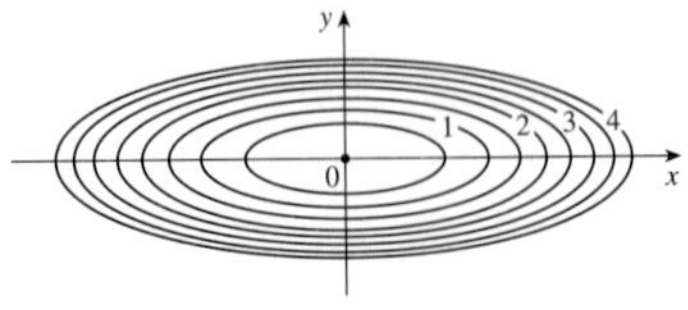

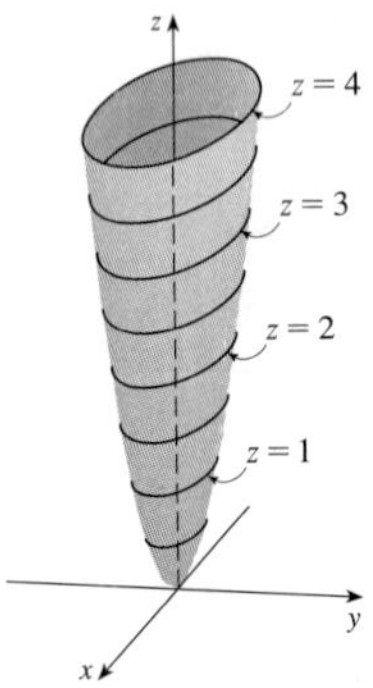

33.

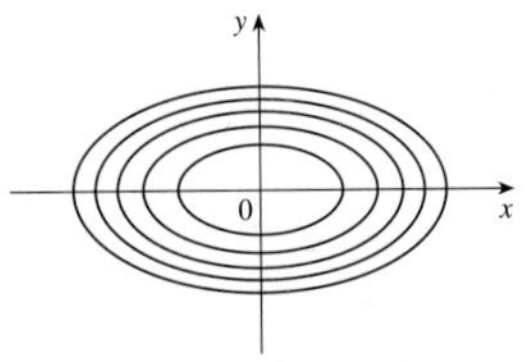

34.

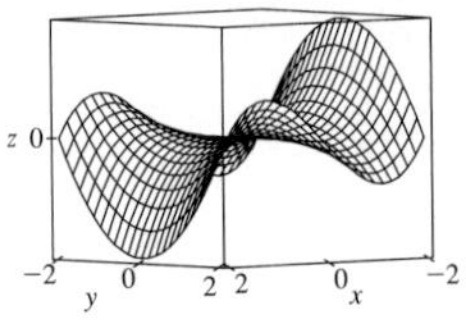

35.

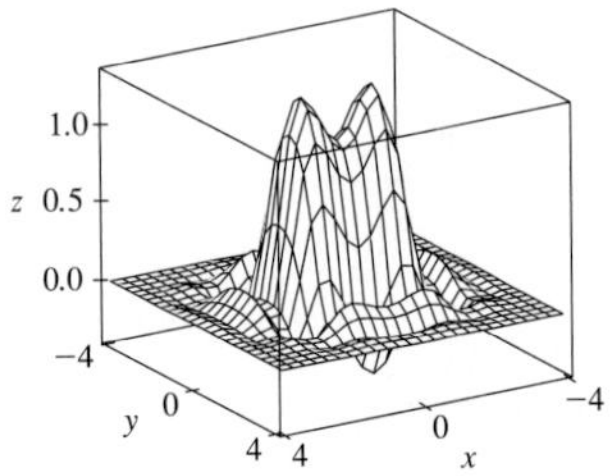

36. 평행한 평면족

37. $k = 0$: 축이 z축인 원뿔;

$k > 0$: 축이 z축인 일엽 쌍곡선족;

$k < 0$: 축이 z축인 이엽 쌍곡선족

38. (a) f의 그래프를 위로 2만큼 평행이동

(b) f의 그래프를 세로로 2배 늘인 것

(c) f의 그래프를 xy평면에 대해 대칭

(d) f의 그래프를 xy평면에 대해 대칭시킨 다음 위로 2만큼 평행이동

39.

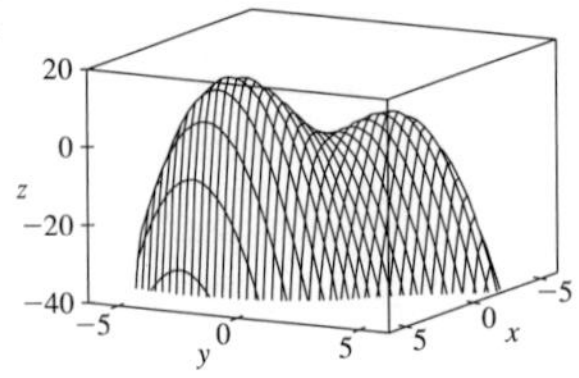

f는 약 15를 최댓값으로 갖는 것으로 보인다. 극대점은 두 개 있지만 극소점은 없다.

40.

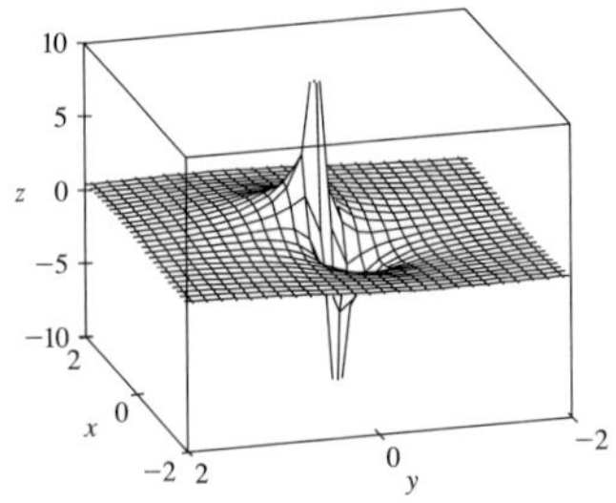

x, y가 커지면 함숫값은 0에 접근한다. (x, y)가 원점에 접근할 때 f는 접근 방향에 따라 $\pm\infty$ 또는 0에 접근한다.

41. $c = 0$이면 그래프는 기둥면이다. $c > 0$일 때 등위곡선은 타원이다. 원점을 떠나면 그래프가 위쪽으로 구부러지고 c가 증가하면 더 가팔라진다. $c < 0$일 때 등위곡선은 쌍곡선이다. 그래프는 y 방향에서는 위로 올라가고 xy평면에 가까울수록 내려가고 x 방향에서는 $(0, 0, 1)$ 근처에서 안장 모양으로 나타난다.

42. $c = -2, 0, 2$

연습문제 13.2

1. 말할 수 없다; f가 연속이면 $f(3, 1) = 6$ **2.** $-\frac{5}{2}$

3. 56 **4.** -6 **6.** $\pi/2$ **8.** $-\frac{1}{2}$ **13.** 125

15. 0 **16.** 존재하지 않음 **18.** 2 **19.** -2

21. 존재하지 않음 **22.** 0 **24.** 0

25. 그래프는 함수가 다른 선을 따라가면 다른 숫자에 접근함을 보여준다.

26. $h(x, y) = (2x + 3y - 6)^2 + \sqrt{2x + 3y - 6}$;

$\{(x, y) \mid 2x + 3y \geqslant 6\}$

28. 직선 $y = x$를 따라 **29.** $\mathbb{R}^2$

31. $\{(x, y) \mid x^2 + y^2 \neq 1\}$ **32.** $\{(x, y) \mid x^2 + y^2 \leqslant 1, x \geqslant 0\}$

34. $\{(x, y, z) \mid x^2 + y^2 + z^2 \leqslant 1\}$

35. $\{(x, y) \mid (x, y) \neq (0, 0)\}$ **36.** 0

연습문제 13.3

1. (a) 위도와 시간이 고정되었을 때 경도에 따른 기온의 변화율, 위도에만 따른 변화율, 시간에만 따른 변화율

(b) 양, 음, 양

3. (a) 음 (b) 음

4. $f_x(1, 2) = -8 = C_1$의 기울기, $f_y(1, 2) = -4 = C_2$의 기울기

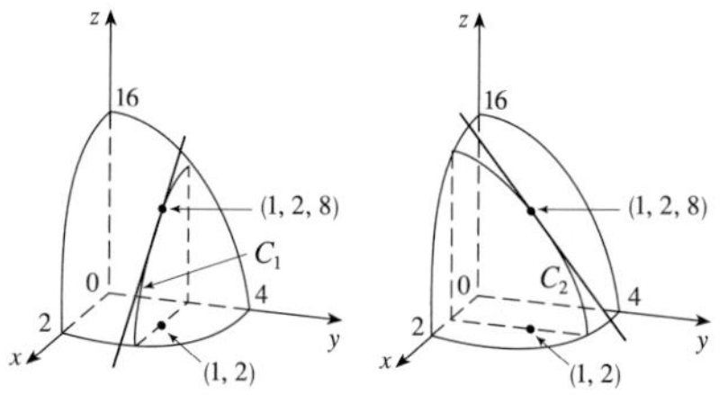

5. $f_x(x, y) = 4x^3 + 5y^3, f_y(x, y) = 15xy^2$

6. $g_x(x, y) = 3x^2 \sin y, g_y(x, y) = x^3 \cos y$

8. $\dfrac{\partial z}{\partial x} = \dfrac{1}{x + t^2}, \dfrac{\partial z}{\partial t} = \dfrac{2t}{x + t^2}$

9. $f_x(x, y) = y^2 e^{xy}, f_y(x, y) = e^{xy} + xye^{xy}$

11. $g_x(x, y) = 5y(1 + 2xy)(x + x^2y)^4$,
$g_y(x, y) = 5x^2y(x + x^2y)^4 + (x + x^2y)^5$

12. $f_x(x, y) = \dfrac{(ad - bc)y}{(cx + dy)^2}, f_y(x, y) = \dfrac{(bc - ad)x}{(cx + dy)^2}$

15. $R_p(p, q) = \dfrac{q^2}{1 + p^2q^4}, R_q(p, q) = \dfrac{2pq}{1 + p^2q^4}$

17. $F_x(x, y) = \cos(e^x), F_y(x, y) = -\cos(e^y)$

18. $f_x = 3x^2yz^2, f_y = x^3z^2 + 2z, f_z = 2x^3yz + 2y$

19. $\partial w/\partial x = 1/(x + 2y + 3z), \partial w/\partial y = 2/(x + 2y + 3z)$,
$\partial w/\partial z = 3/(x + 2y + 3z)$

21. $\partial p/\partial t = 2t^3/\sqrt{t^4 + u^2 \cos v}$,
$\partial p/\partial u = u \cos v/\sqrt{t^4 + u^2 \cos v}$,
$\partial p/\partial v = -u^2 \sin v/\left(2\sqrt{t^4 + u^2 \cos v}\right)$

23. $h_x = 2xy \cos(z/t), h_y = x^2 \cos(z/t)$,
$h_z = (-x^2y/t) \sin(z/t), h_t = (x^2yz/t^2) \sin(z/t)$

24. $\partial u/\partial x_i = x_i/\sqrt{x_1^2 + x_2^2 + \cdots + x_n^2}$

25. 1 **28.** $\dfrac{\partial z}{\partial x} = -\dfrac{x}{3z}, \dfrac{\partial z}{\partial y} = -\dfrac{2y}{3z}$

29. $\dfrac{\partial z}{\partial x} = \dfrac{yz}{e^z - xy}, \dfrac{\partial z}{\partial y} = \dfrac{xz}{e^z - xy}$

30. (a) $f'(x), g'(y)$ (b) $f'(x + y), f'(x + y)$

32. $f_{xx} = 12x^2y - 12xy^2, f_{xy} = 4x^3 - 12x^2y = f_{yx}, f_{yy} = -4x^3$

34. $z_{xx} = \dfrac{8y}{(2x + 3y)^3}, z_{xy} = \dfrac{6y - 4x}{(2x + 3y)^3} = z_{yx}$,
$z_{yy} = -\dfrac{12x}{(2x + 3y)^3}$

35. $v_{ss} = 2 \cos(s^2 - t^2) - 4s^2 \sin(s^2 - t^2)$,
$v_{st} = 4st \sin(s^2 - t^2) = v_{ts}, v_{tt} = -2 \cos(s^2 - t^2) - 4t^2 \sin(s^2 - t^2)$

38. $24xy^2 - 6y, 24x^2y - 6x$ **39.** $(2x^2y^2z^5 + 6xyz^3 + 2z)e^{xyz^2}$

41. $\frac{3}{4}v(u + v^2)^{-5/2}$ **42.** $4/(y + 2z)^3, 0$

43. $f_x(x, y) = y^2 - 3x^2y, f_y(x, y) = 2xy - x^3$

45. $6yz^2$

47.

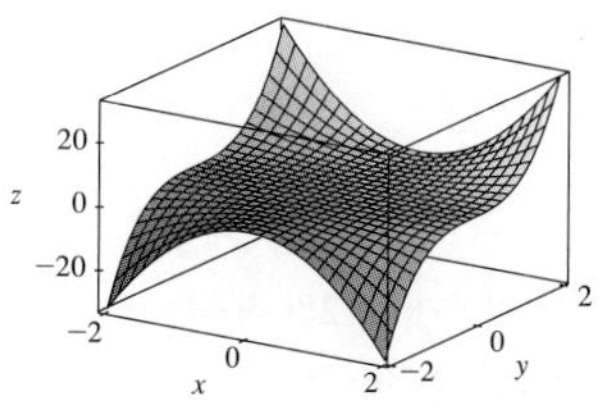

$f(x, y) = x^2y^3$

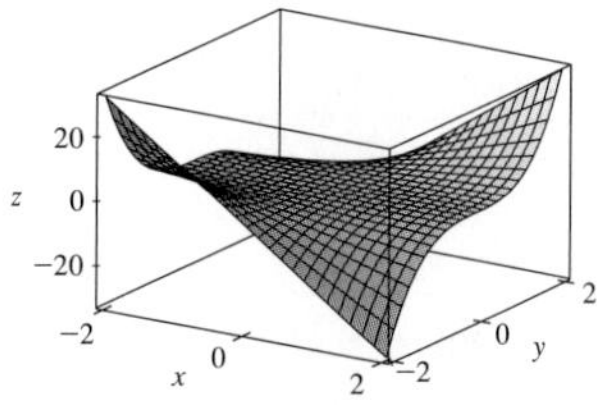

$f_x(x, y) = 2xy^3$

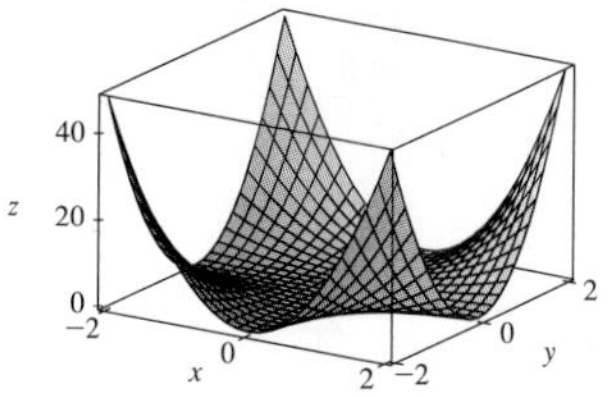

$f_y(x, y) = 3x^2y^2$

52. R^2/R_1^2

54. $\dfrac{\partial T}{\partial P} = \dfrac{V - nb}{nR}, \dfrac{\partial P}{\partial V} = \dfrac{2n^2a}{V^3} - \dfrac{nRT}{(V - nb)^2}$

56. (a) ≈ 0.0035; 키가 178cm이고 몸무게가 73kg인 사람의 경우, 체중이 증가하면 표면적이 약 $0.0035\text{m}^2/\text{kg}$의 속도로 증가한다. (b) ≈ 0.0145; 키가 178cm이고 몸무게가 73kg인 사람의 경우, 키가 증가하면 (체중의 변화 없이) 표면적이 약 $0.0145\text{m}^2/\text{kg}$의 속도로 증가한다.

58. $x = 1 + t, y = 2, z = 2 - 2t$ **59.** 아니오

연습문제 13.4

1. $z = -4x - 4y + 24$ **3.** $z = 4x - y - 6$

4. $z = x - y + 1$ **5.** $z = -2x - y - 3$

6. $x + y + z = 0$

7.

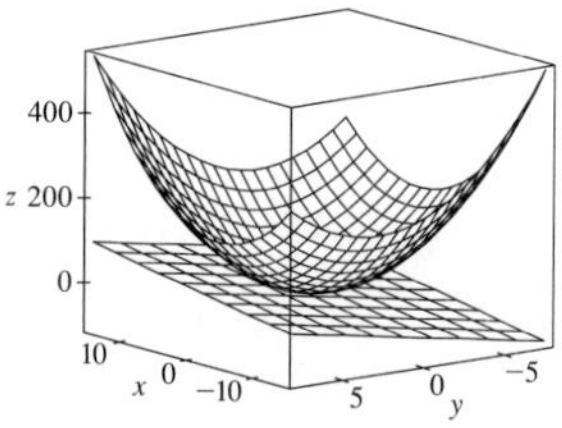

8.

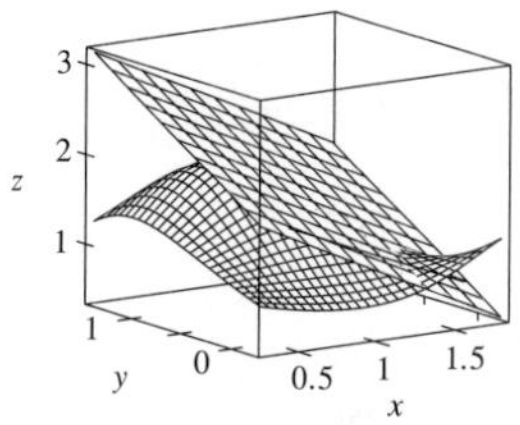

9. $12x - 16y + 32$ **10.** $6x + 4y - 23$

11. $2x + y - 1$ **12.** $2x + 2y + \pi - 4$ **16.** 6.3

18. $\frac{3}{7}x + \frac{2}{7}y + \frac{6}{7}z$; 6.9914 **19.** $dm = 5p^4q^3\,dp + 3p^5q^2\,dq$

21. $dz = -2e^{-2x} \cos 2\pi t\,dx - 2\pi e^{-2x} \sin 2\pi t\,dt$

22. $dH = 2xy^4\,dx + (4x^2y^3 + 3y^2z^5)dy + 5y^3z^4\,dz$

24. $dR = \beta^2 \cos \gamma\,d\alpha + 2\alpha\beta \cos \gamma\,d\beta - \alpha\beta^2 \sin \gamma\,d\gamma$

25. $\Delta z = 0.9225, dz = 0.9$ **27.** 5.4cm^2 **28.** 16cm^3

29. (a) $5.89\pi\varepsilon\text{m}^3$ (b) $\approx 0.0015\text{m} \approx 0.15\text{cm}$

30. $\approx -0.0165mg$; 감소 **31.** $\frac{1}{17} \approx 0.059\Omega$

연습문제 13.5

1. $36t^3 + 15t^4$ **3.** $2t(y^3 - 2xy + 3xy^2 - x^2)$

4. $\dfrac{1}{2\sqrt{t}} \cos x \cos y + \dfrac{1}{t^2} \sin x \sin y$

6. $e^{y/z}[2t - (x/z) - (2xy/z^2)]$

7. $\partial z/\partial s = 10s + 14t$, $\partial z/\partial t = 14s + 20t$

9. $\partial z/\partial s = 5(x - y)^4(2st - t^2)$, $\partial z/\partial t = 5(x - y)^4(s^2 - 2st)$

11. $\dfrac{\partial z}{\partial s} = \dfrac{3 \sin t - 2t \sin s}{3x + 2y}$, $\dfrac{\partial z}{\partial t} = \dfrac{3s \cos t + 2 \cos s}{3x + 2y}$

12. $\dfrac{\partial z}{\partial s} = -\dfrac{t \sin \theta}{r^2} + \dfrac{2s \cos \theta}{r}$, $\dfrac{\partial z}{\partial t} = -\dfrac{s \sin \theta}{r^2} + \dfrac{2t \cos \theta}{r}$

13. 42

14. $\dfrac{\partial u}{\partial r} = \dfrac{\partial u}{\partial x}\dfrac{\partial x}{\partial r} + \dfrac{\partial u}{\partial y}\dfrac{\partial y}{\partial r}$, $\dfrac{\partial u}{\partial s} = \dfrac{\partial u}{\partial x}\dfrac{\partial x}{\partial s} + \dfrac{\partial u}{\partial y}\dfrac{\partial y}{\partial s}$,
$\dfrac{\partial u}{\partial t} = \dfrac{\partial u}{\partial x}\dfrac{\partial x}{\partial t} + \dfrac{\partial u}{\partial y}\dfrac{\partial y}{\partial t}$

15. $\dfrac{\partial T}{\partial x} = \dfrac{\partial T}{\partial p}\dfrac{\partial p}{\partial x} + \dfrac{\partial T}{\partial q}\dfrac{\partial q}{\partial x} + \dfrac{\partial T}{\partial r}\dfrac{\partial r}{\partial x}$,
$\dfrac{\partial T}{\partial y} = \dfrac{\partial T}{\partial p}\dfrac{\partial p}{\partial y} + \dfrac{\partial T}{\partial q}\dfrac{\partial q}{\partial y} + \dfrac{\partial T}{\partial r}\dfrac{\partial r}{\partial y}$,
$\dfrac{\partial T}{\partial z} = \dfrac{\partial T}{\partial p}\dfrac{\partial p}{\partial z} + \dfrac{\partial T}{\partial q}\dfrac{\partial q}{\partial z} + \dfrac{\partial T}{\partial r}\dfrac{\partial r}{\partial z}$

16. 1582, 3164, −700 **17.** 2π, -2π

18. $\frac{5}{144}$, $-\frac{5}{96}$, $\frac{5}{144}$ **19.** $\dfrac{2x + y \sin x}{\cos x - 2y}$

21. $\dfrac{1 + x^4y^2 + y^2 + x^4y^4 - 2xy}{x^2 - 2xy - 2x^5y^3}$

23. $-\dfrac{x}{3z}$, $-\dfrac{2y}{3z}$ **25.** $\dfrac{yz}{e^z - xy}$, $\dfrac{xz}{e^z - xy}$

27. 2°C/s **28.** 분당 ≈−0.33m/s

29. (a) $6\text{m}^3/\text{s}$ (b) $10\text{m}^2/\text{s}$ (c) 0m/s

30. ≈−0.27L/s **31.** $-1/(12\sqrt{3})$ rad/s

32. (a) $\partial z/\partial r = (\partial z/\partial x) \cos \theta + (\partial z/\partial y) \sin \theta$,
$\partial z/\partial \theta = -(\partial z/\partial x)\, r \sin \theta + (\partial z/\partial y)\, r \cos \theta$

34. $4rs\dfrac{\partial^2 z}{\partial x^2} + (4r^2 + 4s^2)\dfrac{\partial^2 z}{\partial x\, \partial y} + 4rs\dfrac{\partial^2 z}{\partial y^2} + 2\dfrac{\partial z}{\partial y}$

연습문제 13.6

1. ≈−0.08mb/km **3.** $\sqrt{2}/2$ **4.** $5\sqrt{2}/74$

7. (a) $\langle 2xyz - yz^3, x^2z - xz^3, x^2y - 3xyz^2 \rangle$
(b) $\langle -3, 2, 2 \rangle$ (c) $\frac{2}{5}$

8. $\dfrac{4 - 3\sqrt{3}}{10}$ **9.** $7/(2\sqrt{5})$ **10.** 1

13. $-\frac{56}{5}$ **14.** $\frac{2}{5}$ **15.** $-\frac{18}{7}$ **16.** $20\sqrt{10}$, $\langle 20, -60 \rangle$

17. 1, $\langle 0, 1 \rangle$ **20.** (b) $\langle -12, 92 \rangle$, $-4\sqrt{538}$

21. 직선 $y = x + 1$ 위에 있는 모든 점 **22.** (a) $-40/(3\sqrt{3})$

24. (a) $32/\sqrt{3}$ (b) $\langle 38, 6, 12 \rangle$ (c) $2\sqrt{406}$

25. $\frac{327}{13}$

26. (a) $x + y + z = 11$ (b) $x - 3 = y - 3 = z - 5$

27. (a) $x + 2y + 6z = 12$ (b) $x - 2 = \dfrac{y - 2}{2} = \dfrac{z - 1}{6}$

29. (a) $x + y + z = 1$ (b) $x = y = z - 1$

30. $\langle 2, 3 \rangle$, $2x + 3y = 12$

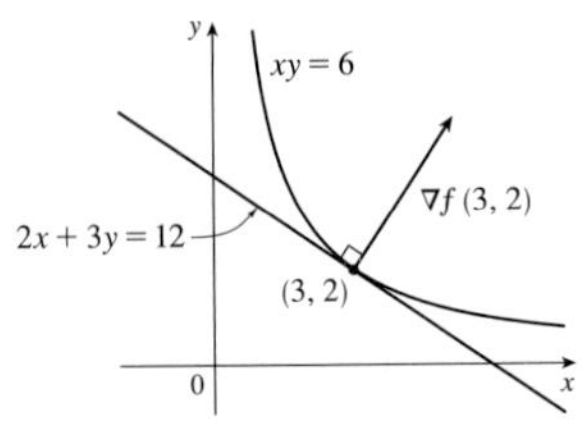

34. 아니오 **37.** $\left(-\frac{5}{4}, -\frac{5}{4}, \frac{25}{8}\right)$

40. $x = -1 - 10t$, $y = 1 - 16t$, $z = 2 - 12t$

41. $(-1, 0, 1)$; ≈7.8°

42. $\mathbf{u} = \langle a, b \rangle$, $\mathbf{v} = \langle c, d \rangle$일 때, $af_x + bf_y$, $cf_x + df_y$가 알려져 있다. 따라서 f_x, f_y를 연립방정식으로 풀 수 있다.

연습문제 13.7

1. (a) f는 (1, 1)에서 극솟값을 갖는다.
(b) f는 (1, 1)에서 안장점을 갖는다.

2. (1, 1)에서 극솟값, (0, 0)에서 안장점

3. 극솟값 $f\left(\frac{1}{3}, -\frac{2}{3}\right) = -\frac{1}{3}$

4. 극솟값 $f(-2, -1) = -3$, $f(8, 4) = -128$, (0, 0)에서 안장점

5. (1, 1), (−1, −1)에서 안장점

7. 극댓값 $f(1, 4) = 14$

8. 극댓값 $f(-1, 0) = 2$, 극솟값 $f(1, 0) = -2$, (0, ±1)에서 안장점

9. 극댓값 $f(0, -1) = 2$, 극솟값 $f(\pm 1, 1) = -3$,
(0, 1), (±1, −1)에서 안장점

10. 극댓값 $f\left(\frac{1}{3}, \frac{1}{3}\right) = \frac{1}{27}$, (0, 0), (1, 0), (0, 1)에서 안장점

12. 없음

13. 극솟값 $f(0, 1) = f(\pi, -1) = f(2\pi, 1) = -1$,
$(\pi/2, 0)$, $(3\pi/2, 0)$에서 안장점

15. 극솟값 $f(1, \pm 1) = f(-1, \pm 1) = 3$

17. 극댓값 $f(\pi/3, \pi/3) = 3\sqrt{3}/2$,
극솟값 $f(5\pi/3, 5\pi/3) = -3\sqrt{3}/2$, (π, π)에서 안장점

18. 극솟값 $f(0, -0.794) \approx -1.191$,
$f(\pm 1.592, 1.267) \approx -1.310$, (±0.720, 0.259)에서 안장점,
가장 낮은 점 (±1.592, 1.267, −1.310)

19. 극댓값 $f(0.170, -1.215) \approx 3.197$,
극솟값 $f(-1.301, 0.549) \approx -3.145$, $f(1.131, 0.549) \approx -0.701$,
(−1.301, −1.215), (0.170, 0.549), (1.131, −1.215)에서 안장점,
가장 높거나 낮은 점 없음

21. 최댓값 $f(0, \pm 2) = 4$, 최솟값 $f(1, 0) = -1$

22. 최댓값 $f(\pm 1, 1) = 7$, 최솟값 $f(0, 0) = 4$

23. 최댓값 $f(0, 3) = f(2, 3) = 7$, 최솟값 $f(1, 1) = -2$

25. 최댓값 $f(1, 0) = 2$, 최솟값 $f(-1, 0) = -2$

26.

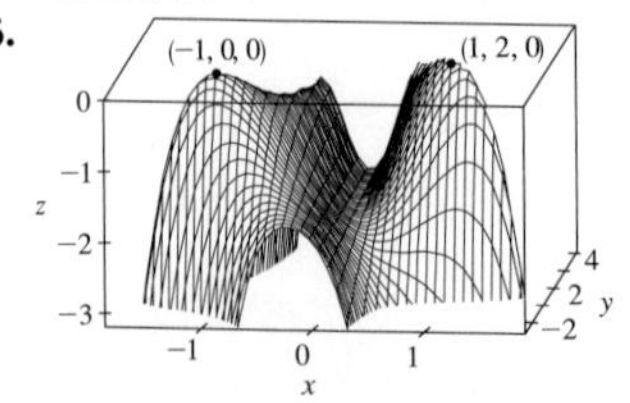

27. $2/\sqrt{3}$ **28.** $(2, 1, \sqrt{5})$, $(2, 1, -\sqrt{5})$ **30.** $\frac{100}{3}, \frac{100}{3}, \frac{100}{3}$

31. $8r^3/(3\sqrt{3})$ **33.** $\frac{4}{3}$ **34.** 변의 길이가 $c/12$인 정육면체

35. 밑면은 변의 길이가 40cm인 정사각형, 높이는 20cm

37. $L^3/(3\sqrt{3})$

14장

연습문제 14.1

1. (a) 288 (b) 144 **2.** (a) 0.990 (b) 1.151

3. (a) ≈ 248 (b) ≈ 15.5

4. $24\sqrt{2}$ **5.** 3 **7.** $2 + 8y^2,\ 3x + 27x^2$

9. 222 **10.** $\frac{5}{2} - e^{-1}$ **11.** 18

13. $\frac{15}{2}\ln 2 + \frac{3}{2}\ln 4$ 즉 $\frac{21}{2}\ln 2$ **14.** 6

15. $\frac{31}{30}$ **17.** 2 **18.** $9\ln 2$

19. $\frac{1}{2}(\sqrt{3} - 1) - \frac{1}{12}\pi$ **20.** $\frac{1}{2}e^{-6} + \frac{5}{2}$

21.

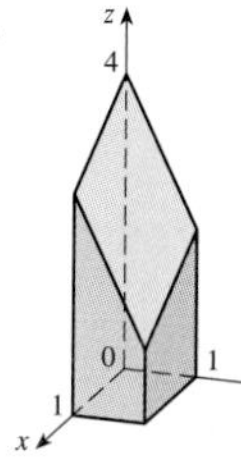

22.

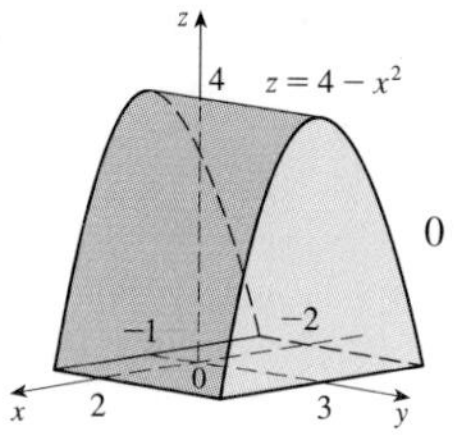

23. (a) $\int_0^2 \int_0^2 xy\,dx\,dy$ (b) 4

25. 51 **26.** $\frac{166}{27}$ **27.** $\frac{8}{3}$ **28.** $\frac{64}{3}$

30. $\frac{5}{6}$ **32.** 0

연습문제 14.2

1. $\frac{868}{3}$ **3.** $\frac{1}{6}(e - 1)$ **5.** (a) $\int_0^2 \int_x^{3x-x^2} 2y\,dy\,dx$ (b) $\frac{56}{15}$

7. $\frac{1}{4}\ln 17$ **8.** $\frac{1}{2}(1 - e^{-9})$

9. (a)

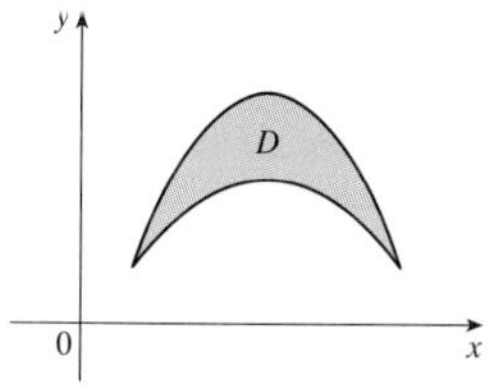

(b)

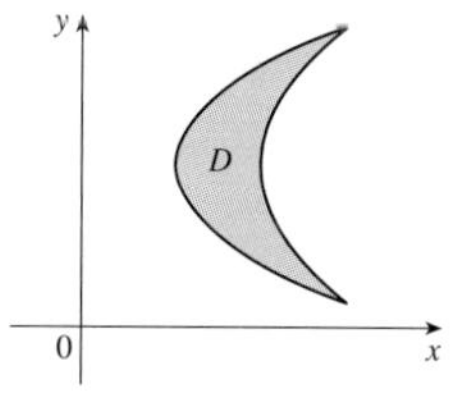

10. 형태 I: $D = \{(x, y) \mid 0 \le x \le 1,\ 0 \le y \le x\}$,
형태 II: $D = \{(x, y) \mid 0 \le y \le 1,\ y \le x \le 1\}$; $\frac{1}{3}$

11. $\int_0^1 \int_{-\sqrt{x}}^{\sqrt{x}} y\,dy\,dx + \int_1^4 \int_{x-2}^{\sqrt{x}} y\,dy\,dx = \int_{-1}^2 \int_{y^2}^{y+2} y\,dx\,dy = \frac{9}{4}$

13. $\int_0^1 \int_0^{\cos^{-1}y} \sin^2 x\,dx\,dy = \int_0^{\pi/2} \int_0^{\cos x} \sin^2 x\,dy\,dx = \frac{1}{3}$

14. $\frac{1}{2}(1 - \cos 1)$ **15.** $\frac{11}{3}$ **16.** 0

18. (a) $\int_0^1 \int_0^y (1 + xy)\,dx\,dy$ (b) $\frac{5}{8}$ **20.** $\frac{3}{4}$

21. $\frac{31}{8}$ **22.** $\frac{16}{3}$ **23.** $\frac{128}{15}$ **24.** $\frac{1}{3}$

25. 0, 1.213; 0.713 **26.** $\frac{64}{3}$

27. $\dfrac{10}{3\sqrt{2}}$ 또는 $\dfrac{5\sqrt{2}}{3}$

28.

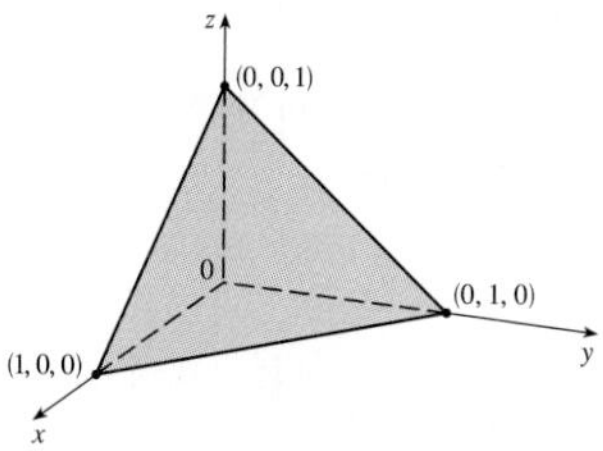

29.

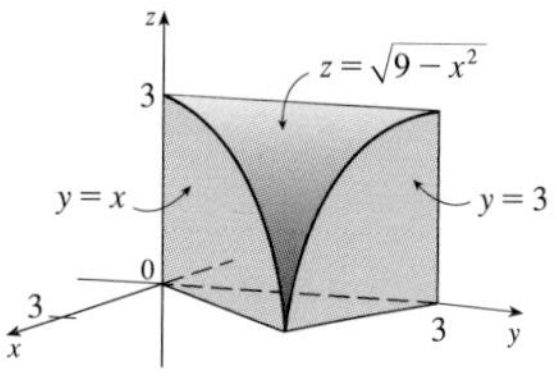

31. 13,984,735,616/14,549,535 **32.** $\pi/2$

35.

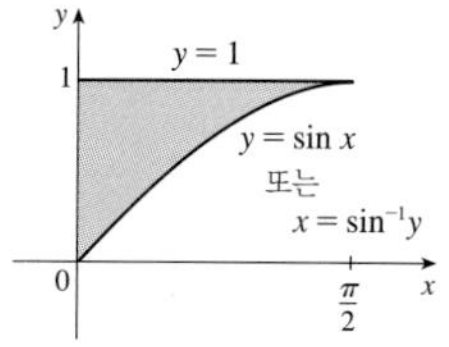

$\int_0^1 \int_0^{\sin^{-1}y} f(x, y)\,dx\,dy$

36.

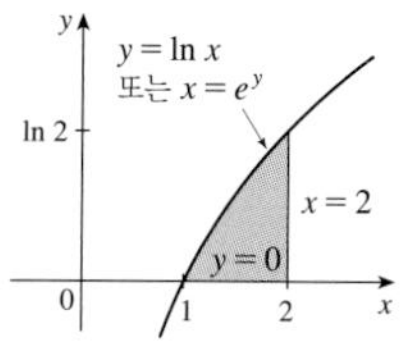

$\int_0^{\ln 2} \int_{e^y}^2 f(x, y)\,dx\,dy$

38. $\frac{1}{6}(e^9 - 1)$ **39.** $\frac{2}{9}(2\sqrt{2} - 1)$ **42.** 1

44. $\dfrac{\sqrt{3}}{2}\pi \le \iint_S \sqrt{4 - x^2y^2}\,dA \le \pi$

46. $\frac{3}{4}$ **50.** 9π **52.** $a^2b + \frac{2}{3}ab^2$

연습문제 14.3

1. $\int_0^{3\pi/2} \int_0^4 f(r\cos\theta, r\sin\theta)\,r\,dr\,d\theta$

3. $\int_0^{\pi} \int_1^3 f(r\cos\theta, r\sin\theta)\,r\,dr\,d\theta$

5.

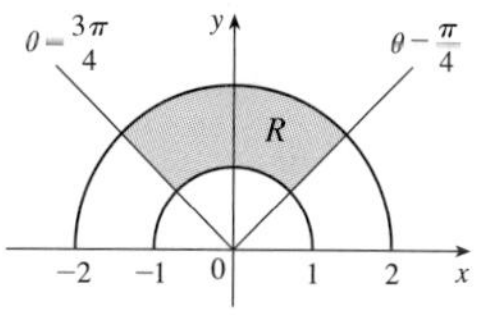

$3\pi/4$

7. $\frac{1250}{3}$ **8.** $(\pi/4)(\cos 1 - \cos 9)$

10. $(\pi/2)(1 - e^{-4})$ **11.** $\dfrac{3\pi}{2} - 4$ **12.** $\dfrac{3\pi}{8} + \dfrac{1}{4}$ **13.** $\pi/12$

15. (a) $\int_0^{\pi/2} \int_0^2 (r + r^3\cos\theta\sin\theta)\,dr\,d\theta$ (b) $\pi + 2$

17. (a) $\int_0^{3\pi/2} \int_0^3 r^2\sin\theta\,dr\,d\theta$ (b) 9

19. $\frac{625}{2}\pi$ **20.** 4π **22.** $\frac{4}{3}\pi a^3$

23. $(\pi/3)(2 - \sqrt{2})$ **24.** $(8\pi/3)(64 - 24\sqrt{3})$

26. $(\pi/4)(1 - e^{-4})$ **27.** $\frac{1}{120}$

29. $38\pi\ \text{m}^3$ **30.** $2/(a + b)$ **31.** $\frac{15}{16}$

연습문제 14.4

1. $\frac{13}{3}\sqrt{2}$ **3.** $12\sqrt{35}$ **4.** $3\sqrt{14}$

6. $(\pi/6)(13\sqrt{13} - 1)$ **7.** $(\pi/6)(17\sqrt{17} - 5\sqrt{5})$

8. $(2\pi/3)(2\sqrt{2} - 1)$ **10.** $a^2(\pi - 2)$

11. (a) ≈ 1.83 (b) ≈ 1.8616

12. $\frac{45}{8}\sqrt{14} + \frac{15}{16}\ln\left[(11\sqrt{5} + 3\sqrt{70})/(3\sqrt{5} + \sqrt{70})\right]$

13. 3.3213 **15.** $(\pi/6)(101\sqrt{101} - 1)$

연습문제 14.5

1. $\frac{27}{4}$ **3.** $\frac{16}{15}$ **4.** $\frac{5}{3}$

6. (a) $\int_{-1}^1 \int_0^{1-x^2} \int_0^{2-z} x\,dy\,dz\,dx$ (b) 0

8. $\frac{27}{2}$ **10.** $\pi/8 - \frac{1}{3}$ **11.** $\frac{65}{28}$

12. $\frac{8}{15}$ **13.** $16\pi/3$ **14.** $\frac{16}{3}$ **15.** $\frac{8}{15}$

16. (a) $\int_0^1\int_0^x\int_0^{\sqrt{1-y^2}} dz\,dy\,dx$ (b) $\frac{1}{4}\pi - \frac{1}{3}$

17.

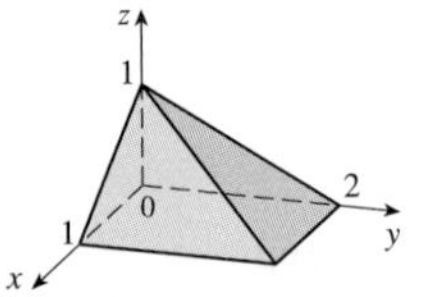

19. $\int_{-2}^{2}\int_0^{4-x^2}\int_{-\sqrt{4-x^2-y}/2}^{\sqrt{4-x^2-y}/2} f(x, y, z)\,dz\,dy\,dx$

$= \int_0^4\int_{-\sqrt{4-y}}^{\sqrt{4-y}}\int_{-\sqrt{4-x^2-y}/2}^{\sqrt{4-x^2-y}/2} f(x, y, z)\,dz\,dx\,dy$

$= \int_{-1}^{1}\int_0^{4-4z^2}\int_{-\sqrt{4-y-4z^2}}^{\sqrt{4-y-4z^2}} f(x, y, z)\,dx\,dy\,dz$

$= \int_0^4\int_{-\sqrt{4-y}/2}^{\sqrt{4-y}/2}\int_{-\sqrt{4-y-4z^2}}^{\sqrt{4-y-4z^2}} f(x, y, z)\,dx\,dz\,dy$

$= \int_{-2}^{2}\int_{-\sqrt{4-x^2}/2}^{\sqrt{4-x^2}/2}\int_0^{4-x^2-4z^2} f(x, y, z)\,dy\,dz\,dx$

$= \int_{-1}^{1}\int_{-\sqrt{4-4z^2}}^{\sqrt{4-4z^2}}\int_0^{4-x^2-4z^2} f(x, y, z)\,dy\,dx\,dz$

20. $\int_{-2}^{2}\int_{x^2}^{4}\int_0^{2-y/2} f(x, y, z)\,dz\,dy\,dx$

$= \int_0^4\int_{-\sqrt{y}}^{\sqrt{y}}\int_0^{2-y/2} f(x, y, z)\,dz\,dx\,dy$

$= \int_0^2\int_0^{4-2z}\int_{-\sqrt{y}}^{\sqrt{y}} f(x, y, z)\,dx\,dy\,dz$

$= \int_0^4\int_0^{2-y/2}\int_{-\sqrt{y}}^{\sqrt{y}} f(x, y, z)\,dx\,dz\,dy$

$= \int_{-2}^{2}\int_0^{2-x^2/2}\int_{x^2}^{4-2z} f(x, y, z)\,dy\,dz\,dx$

$= \int_0^2\int_{-\sqrt{4-2z}}^{\sqrt{4-2z}}\int_{x^2}^{4-2z} f(x, y, z)\,dy\,dx\,dz$

21. $\int_0^1\int_{\sqrt{x}}^1\int_0^{1-y} f(x, y, z)\,dz\,dy\,dx = \int_0^1\int_0^{y^2}\int_0^{1-y} f(x, y, z)\,dz\,dx\,dy$

$= \int_0^1\int_0^{1-z}\int_0^{y^2} f(x, y, z)\,dx\,dy\,dz = \int_0^1\int_0^{1-y}\int_0^{y^2} f(x, y, z)\,dx\,dz\,dy$

$= \int_0^1\int_0^{1-\sqrt{x}}\int_{\sqrt{x}}^{1-z} f(x, y, z)\,dy\,dz\,dx = \int_0^1\int_0^{(1-z)^2}\int_{\sqrt{x}}^{1-z} f(x, y, z)\,dy\,dx\,dz$

22. $\int_0^1\int_y^1\int_0^y f(x, y, z)\,dz\,dx\,dy = \int_0^1\int_0^x\int_0^y f(x, y, z)\,dz\,dy\,dx$

$= \int_0^1\int_z^1\int_y^1 f(x, y, z)\,dx\,dy\,dz = \int_0^1\int_0^y\int_y^1 f(x, y, z)\,dx\,dz\,dy$

$= \int_0^1\int_0^x\int_z^x f(x, y, z)\,dy\,dz\,dx = \int_0^1\int_z^1\int_z^x f(x, y, z)\,dy\,dx\,dz$

23. 64π **24.** $\frac{3}{2}\pi, (0, 0, \frac{1}{3})$

25. a^5, $(7a/12, 7a/12, 7a/12)$

연습문제 14.6

1. (a)

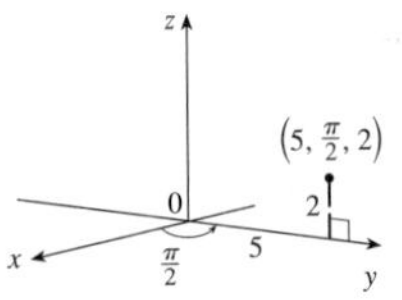

$(0, 5, 2)$

(b)

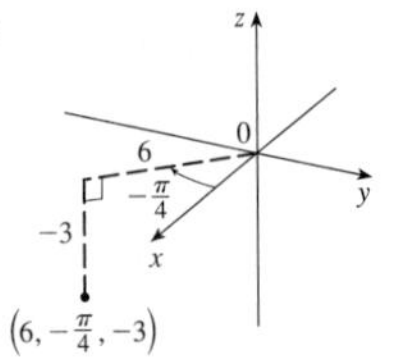

$(3\sqrt{2}, -3\sqrt{2}, -3)$

3. (a) $(4\sqrt{2}, \pi/4, -3)$ (b) $(10, -\pi/6, \sqrt{3})$

5. 반지름이 2이고 축이 z축인 원기둥

7. 구, 반지름 2, 원점이 중심

9. (a) $z^2 = 1 + r\cos\theta - r^2$ (b) $z = r^2\cos 2\theta$

11.

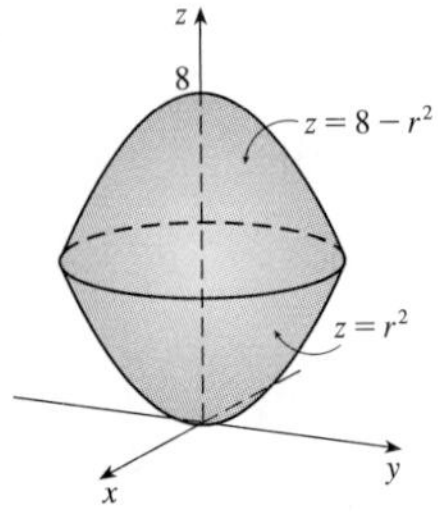

13. 원기둥좌표: $6 \leqslant r \leqslant 7$, $0 \leqslant \theta \leqslant 2\pi$, $0 \leqslant z \leqslant 20$

14.

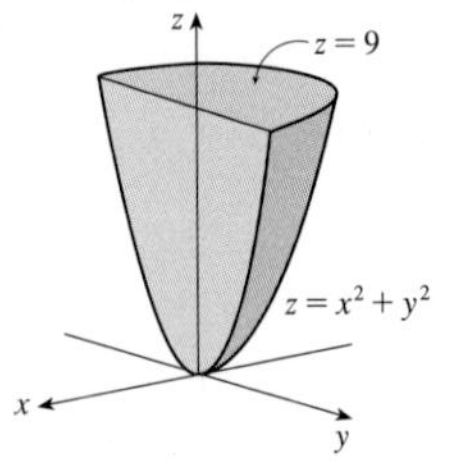

$\frac{81}{4}\pi$

16. 384π **17.** $\frac{8}{3}\pi + \frac{128}{15}$ **18.** $2\pi/5$ **19.** $\frac{4}{3}\pi(\sqrt{2} - 1)$

20. (a) $\frac{512}{3}\pi$ (b) $(0, 0, \frac{23}{2})$

22. 0

연습문제 14.7

1. (a)

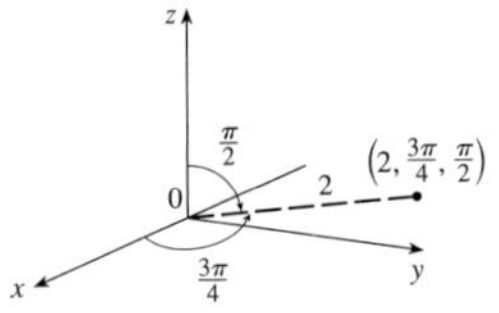

$(-\sqrt{2}, \sqrt{2}, 0)$

(b) $(4, -\frac{\pi}{3}, \frac{\pi}{4})$

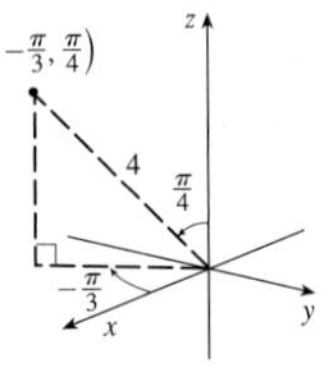

$(\sqrt{2}, -\sqrt{6}, 2\sqrt{2})$

3. (a) $(3\sqrt{2}, \pi/4, \pi/2)$ (b) $(4, -\pi/3, \pi/6)$

5. 원뿔 아래쪽 절반 **7.** 수평면

9. (a) $\rho = 3$ (b) $\rho^2(\sin^2\phi\cos 2\theta - \cos^2\phi) = 1$

11.

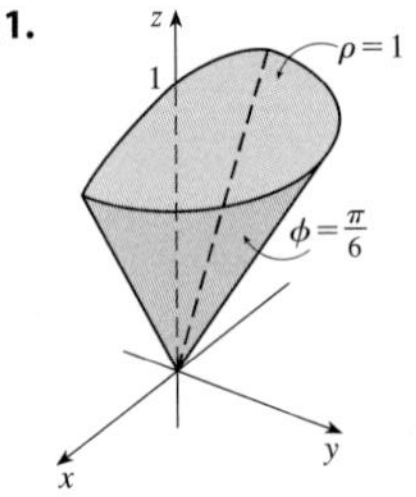

12.

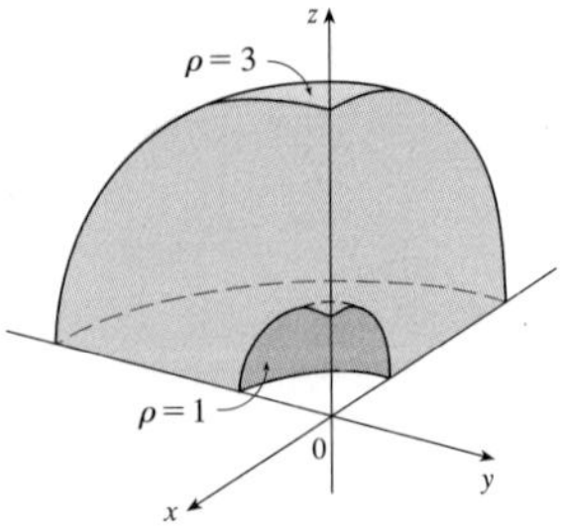

13. $\pi/4 \leqslant \phi \leqslant \pi/2$, $0 \leqslant \rho \leqslant 4\cos\phi$

14.

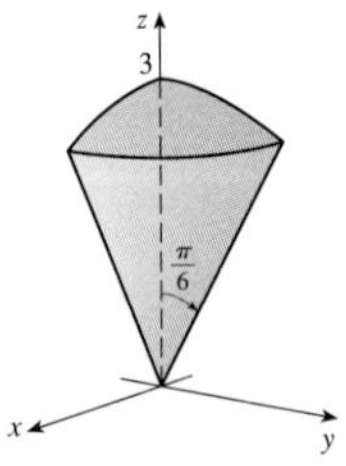

$(9\pi/4)(2 - \sqrt{3})$

16. $\int_0^{\pi/2}\int_0^3\int_0^2 f(r\cos\theta, r\sin\theta, z)\,r\,dz\,dr\,d\theta$

18. $312{,}500\pi/7$ **19.** $1688\pi/15$ **20.** $\pi/8$

21. $(\sqrt{3} - 1)\pi a^3/3$ **22.** (a) 10π (b) $(0, 0, 2.1)$

24. $\frac{1}{3}\pi(2 - \sqrt{2}), (0, 0, 3/[8(2 - \sqrt{2})])$

25. (a) $\pi K a^4 h/2$ (K는 밀도) (b) $\pi K a^2 h(3a^2 + 4h^2)/12$

26. $5\pi/6$ **27.** $(4\sqrt{2} - 5)/15$ **28.** $4096\pi/21$

29.

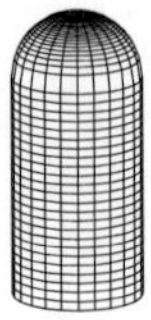

30. $136\pi/99$

15장

연습문제 15.1

1.

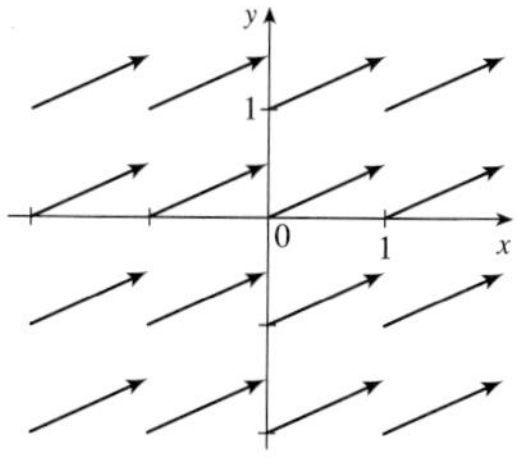

2.

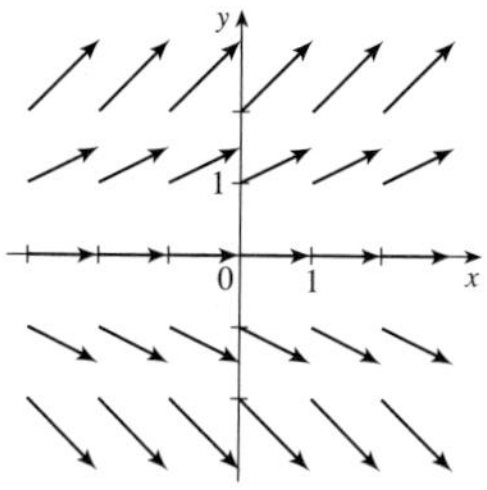

3.

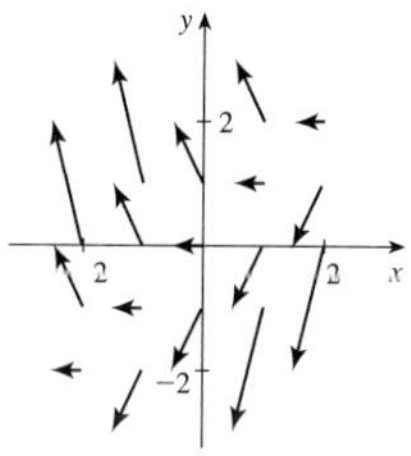

4.

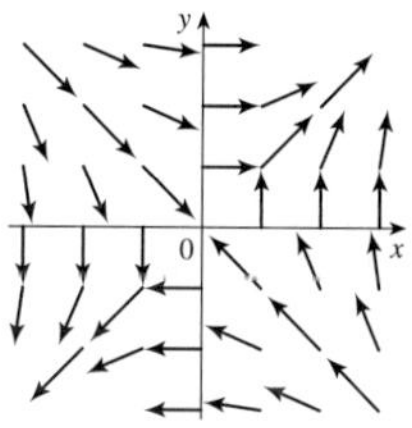

5.

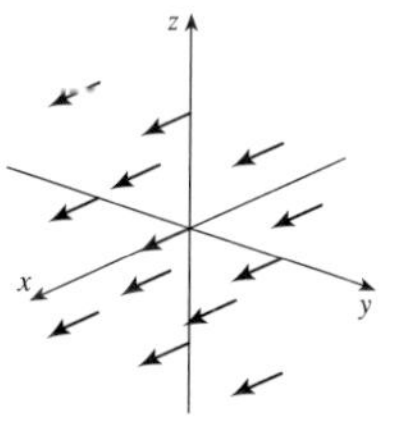

6.

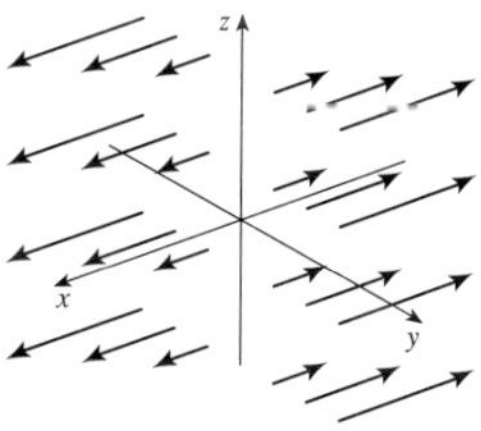

7. III **8.** I **9.** II

14.

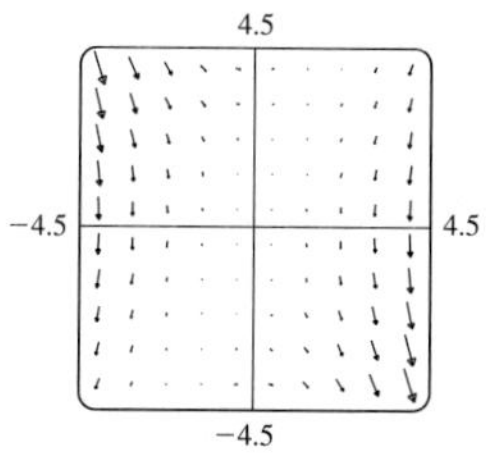

직선 $y = 2x$

15. $\nabla f(x, y) = y^2 \cos(xy)\,\mathbf{i} + [xy\cos(xy) + \sin(xy)]\,\mathbf{j}$

16. $\nabla f(x, y, z) = \dfrac{x}{\sqrt{x^2+y^2+z^2}}\mathbf{i} + \dfrac{y}{\sqrt{x^2+y^2+z^2}}\mathbf{j} + \dfrac{z}{\sqrt{x^2+y^2+z^2}}\mathbf{k}$

17. $\nabla f(x, y) = (x - y)\,\mathbf{i} + (y - x)\,\mathbf{j}$

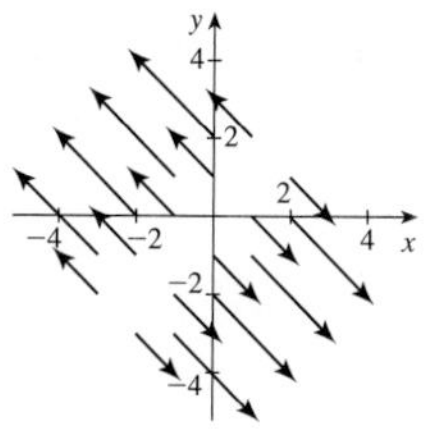

19. III **21.** II **23.**

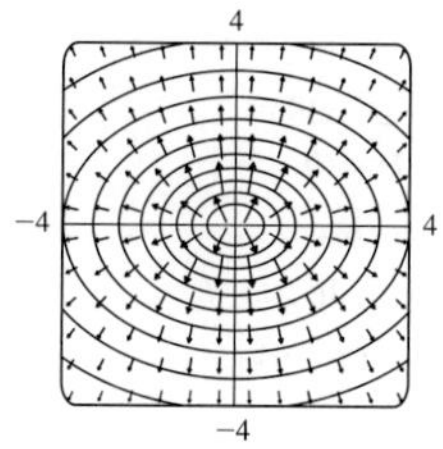

25. (2.04, 1.03)

연습문제 15.2

1. $\frac{4}{3}(10^{3/2} - 1)$ **2.** 1638.4 **3.** $\frac{1}{3}\pi^6 + 2\pi$ **4.** $\frac{5}{2}$

5. $\sqrt{2}/3$ **6.** $\frac{1}{12}\sqrt{14}(e^6 - 1)$ **7.** $\frac{5}{2}(e - 1)$

8. $\pi/2 - \frac{1}{6}\sqrt{2}$ **10.** $\frac{35}{3}$

11. (a) 양수 (b) 음수 **12.** $\frac{1}{20}$

13. $\frac{6}{5} - \cos 1 - \sin 1$ **14.** 0.5424 **15.** 94.8231

16. (a) $\frac{11}{8} - 1/e$ (b)

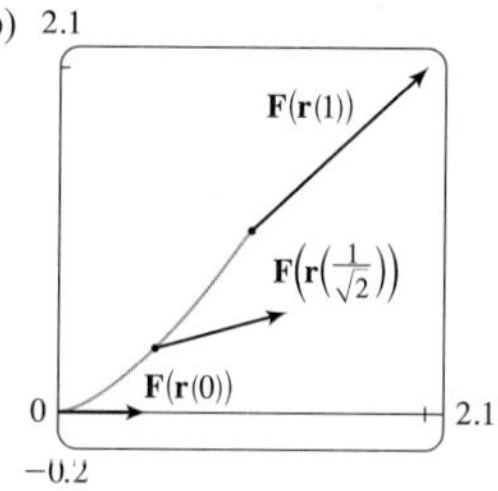

17. $\frac{172{,}704}{5{,}632{,}705}\sqrt{2}(1 - e^{-14\pi})$ **19.** $2\pi^2$ **20.** $\frac{7}{3}$

21. (a) $2ma\,\mathbf{i} + 6mbt\,\mathbf{j},\ 0 \leqslant t \leqslant 1$ (b) $2ma^2 + \frac{9}{2}mb^2$

22. $\approx 2.26 \times 10^4$J **23.** (b) 예 **26.** $\approx$22J

연습문제 15.3

1. 40 **3.** 보존적이지 않다.

4. $f(x, y) = ye^{xy} + K$ **5.** $f(x, y) = ye^x + x\sin y + K$

6. $f(x, y) = y^2 \sin x + x\cos y + K$

7. (b) 16 **8.** (a) 16 (b) $f(x, y) = x^3 + xy^2 + K$

10. (a) $f(x, y) = x^2 + 2y^2$ (b) -21

11. (a) $f(x, y) = \frac{1}{3}x^3y^3$ (b) -9

12. (a) $f(x, y, z) = x^2y + y^2z$ (b) 30

13. (a) $f(x, y, z) = ye^{xz}$ (b) 4 **14.** $4/e$

15. 어떤 곡선을 정하든 상관없다.

16. $\frac{31}{4}$ **17.** 아니오

21. (a) 예 (b) 예 (c) 예

23. (a) 아니오 (b) 예 (c) 예

연습문제 15.4

1. 120 **2.** $\frac{2}{3}$ **3.** $4(e^3 - 1)$ **4.** $-\frac{9}{5}$ **5.** $\frac{1}{3}$

7. -24π **8.** 14 **9.** $-\frac{16}{3}$ **10** 4π

11. $\frac{1}{15}\pi^4 - \frac{4144}{1125}\pi^2 + \frac{7{,}578{,}368}{253{,}125} \approx 0.0779$

12. $-\frac{1}{12}$ **13.** 3π **14.** (c) $\frac{9}{2}$

연습문제 15.5

1. (a) $\mathbf{0}$ (b) $y^2z^2 + x^2z^2 + x^2y^2$

2. (a) $ze^x\,\mathbf{i} + (xye^z - yze^x)\,\mathbf{j} - xe^z\,\mathbf{k}$ (b) $y(e^z + e^x)$

3. (a) $-\dfrac{\sqrt{z}}{(1+y)^2}\mathbf{i} - \dfrac{\sqrt{x}}{(1+z)^2}\mathbf{j} - \dfrac{\sqrt{y}}{(1+x)^2}\mathbf{k}$

(b) $\dfrac{1}{2\sqrt{x}(1+z)} + \dfrac{1}{2\sqrt{y}(1+x)} + \dfrac{1}{2\sqrt{z}(1+y)}$

5. (a) $\langle -e^y \cos z, -e^z \cos x, -e^x \cos y \rangle$
(b) $e^x \sin y + e^y \sin z + e^z \sin x$
6. (a) 음수 (b) curl $\mathbf{F} = \mathbf{0}$
10. $f(x, y, z) = x^2y^3z^2 + K$
11. $f(x, y, z) = x \ln y + y \ln z + K$
12. 보존적이지 않다. **13.** 아니오

연습문제 15.6

1. P: 예; Q: 아니오
3. 벡터 $\langle 1, 0, 4 \rangle$, $\langle 1, -1, 5 \rangle$를 포함하고 $(0, 3, 1)$을 지나는 평면
4. z축을 축으로 하는 원뿔
5.

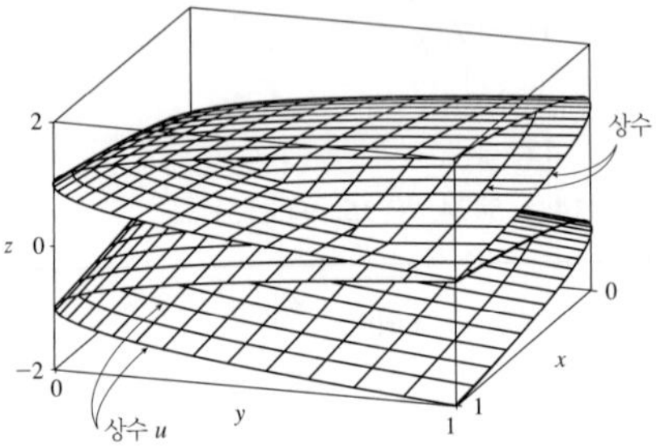

6.

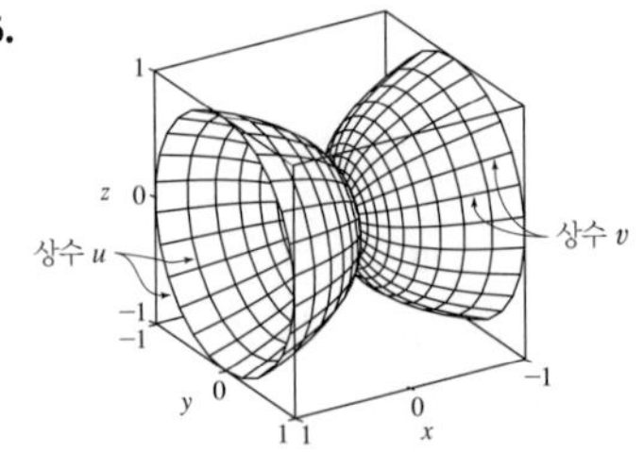

7.

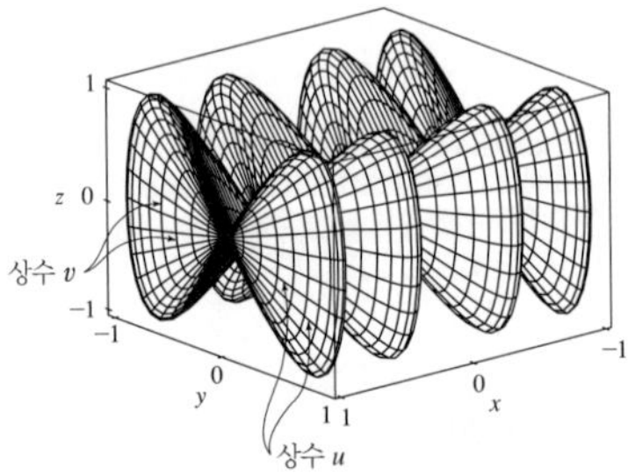

8. IV **10.** I **12.** III
14. $x = u, y = v - u, z = -v$
16. $y = y, z = z, x = \sqrt{1 + y^2 + \frac{1}{4}z^2}$
17. $x = 2 \sin\phi \cos\theta, y = 2 \sin\phi \sin\theta,$
$z = 2 \cos\phi, 0 \leq \phi \leq \pi/4, 0 \leq \theta \leq 2\pi$
[또는 $x = x, y = y, z = \sqrt{4 - x^2 - y^2}, x^2 + y^2 \leq 2$]
18. $x = 6 \sin\phi \cos\theta, y = 6 \sin\phi \sin\theta, z = 6 \cos\phi,$
$\pi/6 \leq \phi \leq \pi/2, 0 \leq \theta \leq 2\pi$
19. $x = x, y = \dfrac{1}{1 + x^2} \cos\theta, y = \dfrac{1}{1 + x^2} \sin\theta,$
$-2 \leq x \leq 2, 0 \leq \theta \leq 2\pi$

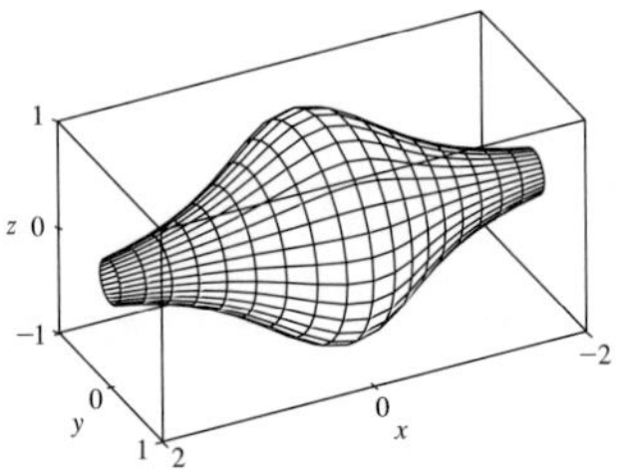

21. $3x - y + 3z = 3$ **22.** $\dfrac{\sqrt{3}}{2}x - \dfrac{1}{2}y + z = \dfrac{\pi}{3}$
23. $-x + 2z = 1$ **25.** $3\sqrt{14}$ **26.** $\sqrt{14}\pi$
27. $\frac{4}{15}(3^{5/2} - 2^{7/2} + 1)$ **28.** $(2\pi/3)(\sqrt{2} - 1)$
30. $(\pi/6)(65^{3/2} - 1)$ **31.** 4 **32.** $\pi R^2 \leq A(S) \leq \sqrt{3}\,\pi R^2$
33. $\frac{45}{8}\sqrt{14} + \frac{15}{16}\ln\left[\left(11\sqrt{5} + 3\sqrt{70}\right)/\left(3\sqrt{5} + \sqrt{70}\right)\right]$
35. (b)

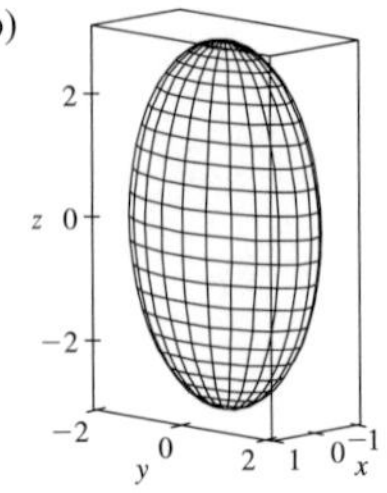

(c) $\int_0^{2\pi}\int_0^{\pi} \sqrt{36 \sin^4 u \cos^2 v + 9 \sin^4 u \sin^2 v + 4 \cos^2 u \sin^2 u}\, du\, dv$
36. 4π **37.** $2a^2(\pi - 2)$

연습문제 15.7

1. ≈ -6.93 **2.** 900π **3.** $11\sqrt{14}$ **4.** $\frac{2}{3}(2\sqrt{2} - 1)$
5. $171\sqrt{14}$ **7.** $\sqrt{21}/3$ **8.** $(\pi/120)(25\sqrt{5} + 1)$
10. $\frac{7}{4}\sqrt{21} - \frac{17}{12}\sqrt{17}$ **11.** 16π **13.** 4
14. $\frac{713}{180}$ **16.** $\frac{8}{3}\pi$ **17.** 48 **18.** $2\pi + \frac{8}{3}$
20. $\iint_S \mathbf{F} \cdot d\mathbf{S} = \iint_D [P(\partial h/\partial x) - Q + R(\partial h/\partial z)]\, dA,$
여기서 $D = S$의 xz평면으로의 정사영
23. $\frac{8}{3}\pi a^3 \varepsilon_0$ **24.** 1248π

연습문제 15.8

5. -1 **7.** 8π **9.** $\pi/2$
10. (a) $(81\pi)/2$ (b)

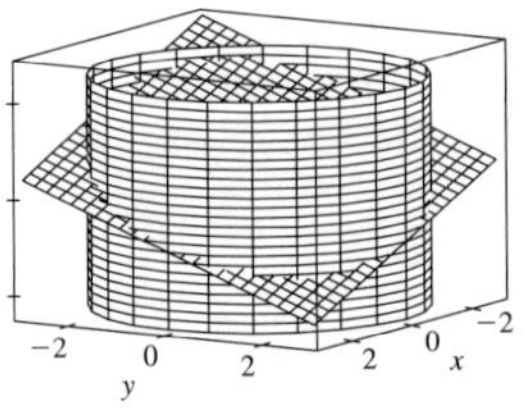

(c) $x = 3 \cos t, y = 3 \sin t,$
$z = 1 - 3(\cos t + \sin t),$
$0 \leq t \leq 2\pi$

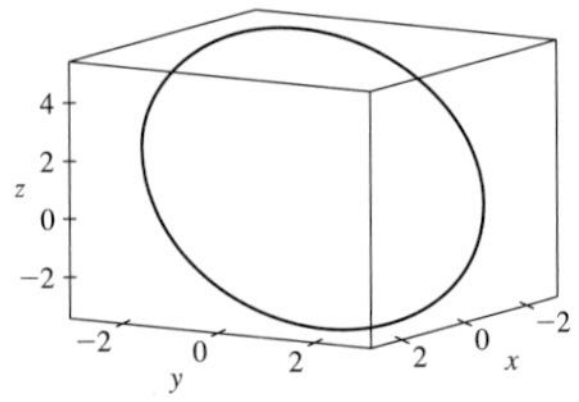

11. -32π **12.** $-\pi$ **14.** 3

연습문제 15.9

1. $\frac{9}{2}$ **2.** $(256\pi)/3$ **3.** $\frac{9}{2}$ **4.** $(9\pi)/2$ **5.** 0
7. π **11.** $(13\pi)/20$ **13.** P_1에서 음, P_2에서 양
14. 제1, 2사분면에서는 div $\mathbf{F} > 0$; 제3, 4사분면에서는 div $\mathbf{F} < 0$

찾아보기

▶▶ ㅅ ◀◀

■ 수학교재편찬위원회

고희정 곽민석 김성근 김익성 박기섭 박상돈 박은희 배재국
신동화 윤기현 이광연 이성철 정다래 조성훈 최상일 최일규

핵심 미분적분학 제9판

Calculus: Metric Version 9E Early Transcendentals

지은이 James Stewart · Daniel Clegg · Saleem Watson
옮긴이 수학교재편찬위원회
펴낸이 조경희
펴낸곳 경문사
펴낸날 2021년 3월 2일 9판 1쇄
2026년 3월 2일 9판 5쇄
등 록 1979년 11월 9일 제1979-000023호
주 소 04057, 서울특별시 마포구 와우산로 174
전 화 (02) 332-2004 팩스 (02) 336-5193
이메일 kyungmoon@kyungmoon.com

값 42,000원

ISBN 979-11-6073-412-6

참고자료 3쪽

특수 함수

거듭제곱 함수 $f(x) = x^a$

(i) $f(x) = x^n$, n은 양의 정수

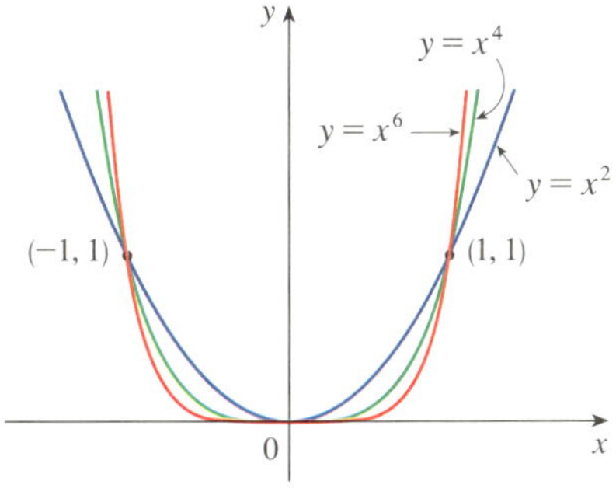

n이 짝수일 때

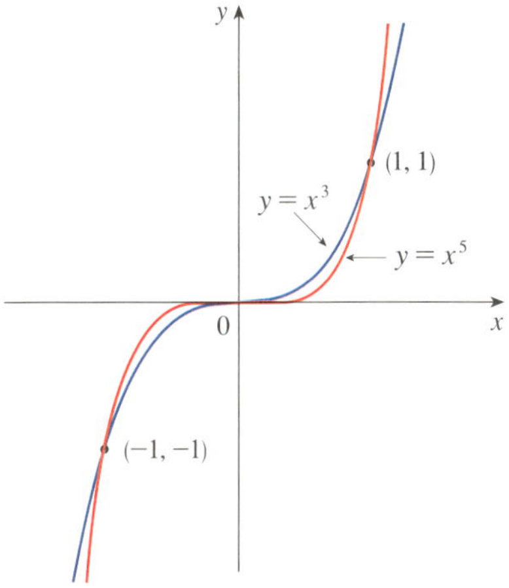

n이 홀수일 때

(ii) $f(x) = x^{1/n} = \sqrt[n]{x}$, n은 양의 정수

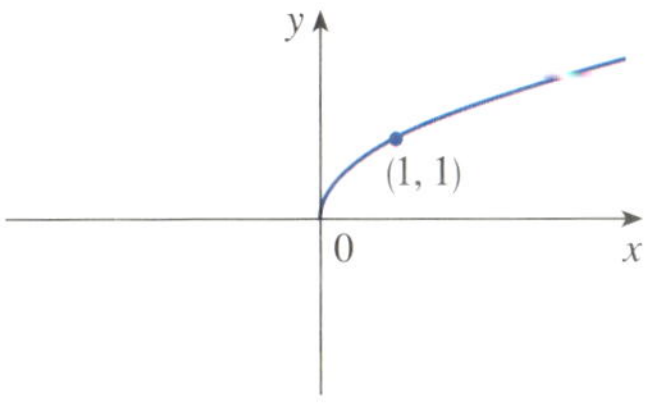

$f(x) = \sqrt{x}$

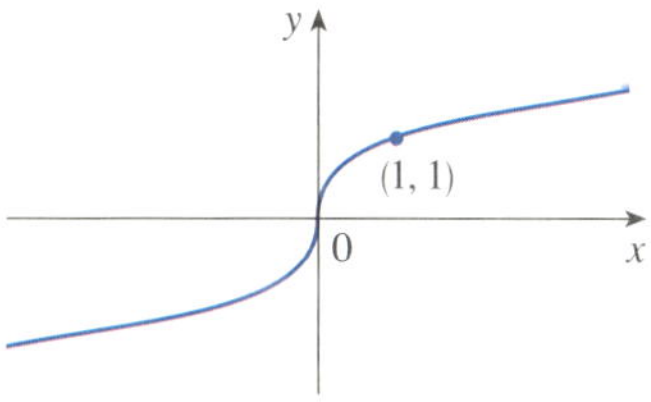

$f(x) = \sqrt[3]{x}$

(iii) $f(x) = x^{-1} = \dfrac{1}{x}$

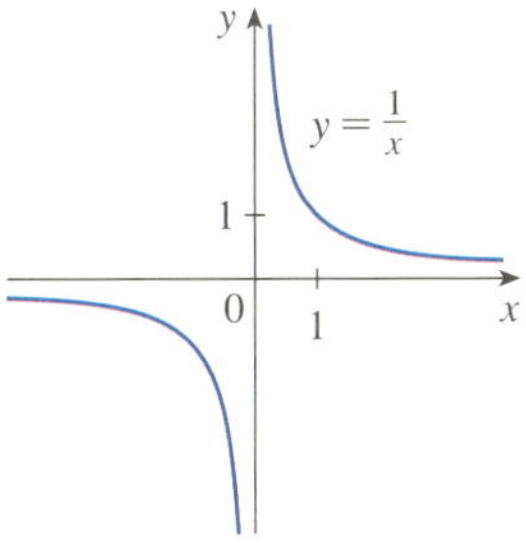

역삼각함수

$\arcsin x = \sin^{-1}x = y \iff \sin y = x, -\dfrac{\pi}{2} \leqslant y \leqslant \dfrac{\pi}{2}$

$\arccos x = \cos^{-1}x = y \iff \cos y = x, 0 \leqslant y \leqslant \pi$

$\arctan x = \tan^{-1}x = y \iff \tan y = x, -\dfrac{\pi}{2} < y < \dfrac{\pi}{2}$

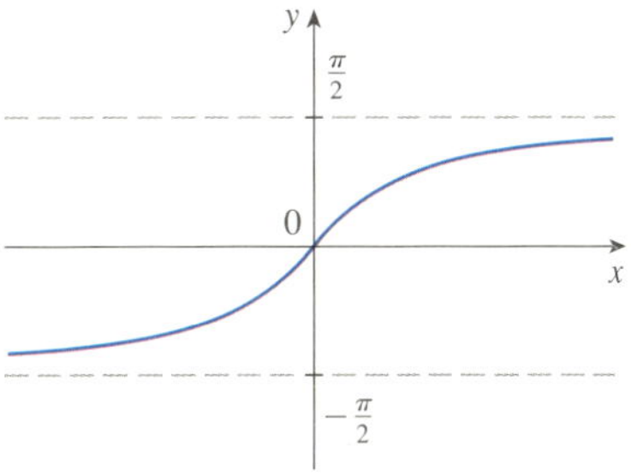

$y = \tan^{-1}x = \arctan x$

$$\lim_{x \to -\infty} \tan^{-1}x = -\frac{\pi}{2}$$

$$\lim_{x \to \infty} \tan^{-1}x = \frac{\pi}{2}$$

참고자료 4쪽

특수 함수

지수와 로그함수

$\log_b x = y \iff b^y = x$

$\ln x = \log_e x$, 여기서 $\ln e = 1$

$\ln x = y \iff e^y = x$

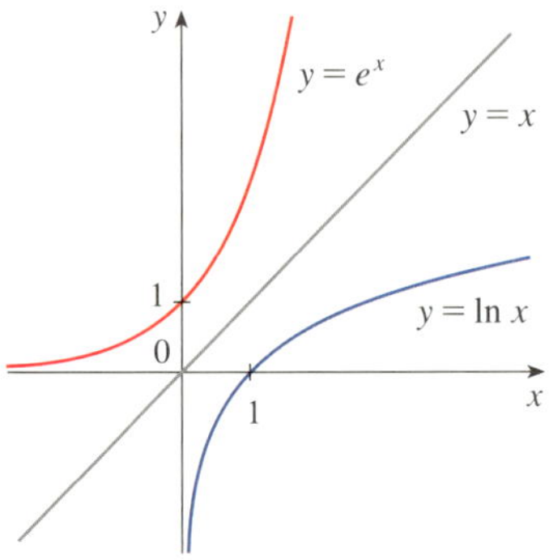

소거 방정식

$\log_b(b^x) = x \qquad b^{\log_b x} = x$

$\ln(e^x) = x \qquad e^{\ln x} = x$

로그법칙

1. $\log_b(xy) = \log_b x + \log_b y$

2. $\log_b\left(\dfrac{x}{y}\right) = \log_b x - \log_b y$

3. $\log_b(x^r) = r\log_b x$

$\lim_{x\to-\infty} e^x = 0 \qquad \lim_{x\to\infty} e^x = \infty$

$\lim_{x\to0^+} \ln x = -\infty \qquad \lim_{x\to\infty} \ln x = \infty$

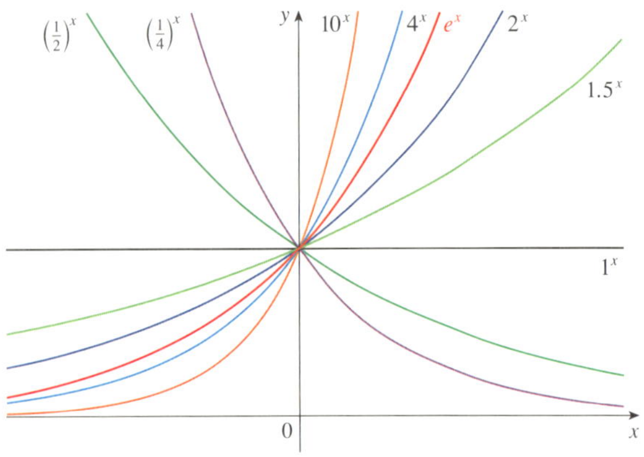

지수함수

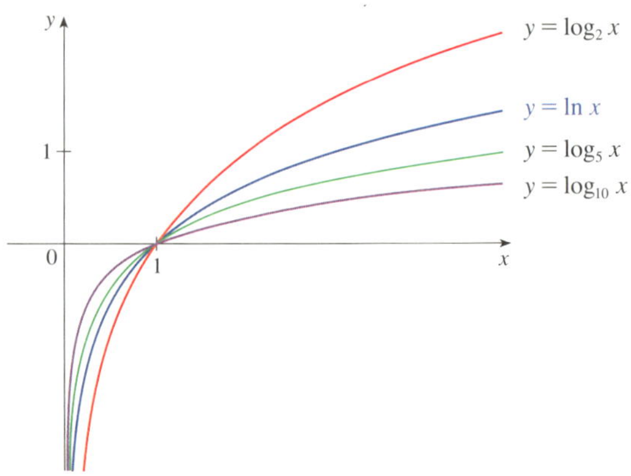

로그함수

쌍곡선함수

$\sinh x = \dfrac{e^x - e^{-x}}{2} \qquad \operatorname{csch} x = \dfrac{1}{\sinh x}$

$\cosh x = \dfrac{e^x + e^{-x}}{2} \qquad \operatorname{sech} x = \dfrac{1}{\cosh x}$

$\tanh x = \dfrac{\sinh x}{\cosh x} \qquad \coth x = \dfrac{\cosh x}{\sinh x}$

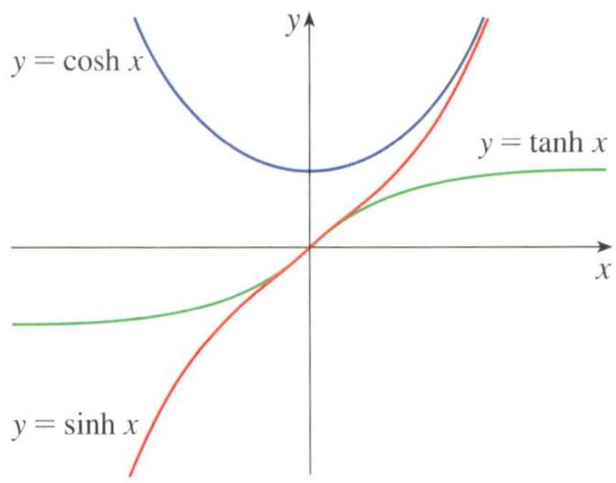

역쌍곡선함수

$y = \sinh^{-1}x \iff \sinh y = x \qquad \sinh^{-1}x = \ln\left(x + \sqrt{x^2 + 1}\right)$

$y = \cosh^{-1}x \iff \cosh y = x,\quad y \geqslant 0 \qquad \cosh^{-1}x = \ln\left(x + \sqrt{x^2 - 1}\right)$

$y = \tanh^{-1}x \iff \tanh y = x \qquad \tanh^{-1}x = \frac{1}{2}\ln\left(\dfrac{1 + x}{1 - x}\right)$

미분법

일반공식

1. $\frac{d}{dx}(c) = 0$

2. $\frac{d}{dx}[cf(x)] = cf'(x)$

3. $\frac{d}{dx}[f(x) + g(x)] = f'(x) + g'(x)$

4. $\frac{d}{dx}[f(x) - g(x)] = f'(x) - g'(x)$

5. $\frac{d}{dx}[f(x)g(x)] = f(x)g'(x) + g(x)f'(x)$ (곱 법칙)

6. $\frac{d}{dx}\left[\frac{f(x)}{g(x)}\right] = \frac{g(x)f'(x) - f(x)g'(x)}{[g(x)]^2}$ (몫 법칙)

7. $\frac{d}{dx}f(g(x)) = f'(g(x))g'(x)$ (연쇄법칙)

8. $\frac{d}{dx}(x^n) = nx^{n-1}$ (거듭제곱 법칙)

지수와 로그함수

9. $\frac{d}{dx}(e^x) = e^x$

10. $\frac{d}{dx}(b^x) = b^x \ln b$

11. $\frac{d}{dx}\ln|x| = \frac{1}{x}$

12. $\frac{d}{dx}(\log_b x) = \frac{1}{x \ln b}$

삼각함수

13. $\frac{d}{dx}(\sin x) = \cos x$

14. $\frac{d}{dx}(\cos x) = -\sin x$

15. $\frac{d}{dx}(\tan x) = \sec^2 x$

16. $\frac{d}{dx}(\csc x) = -\csc x \cot x$

17. $\frac{d}{dx}(\sec x) = \sec x \tan x$

18. $\frac{d}{dx}(\cot x) = -\csc^2 x$

역삼각함수

19. $\frac{d}{dx}(\sin^{-1}x) = \frac{1}{\sqrt{1 - x^2}}$

20. $\frac{d}{dx}(\cos^{-1}x) = -\frac{1}{\sqrt{1 - x^2}}$

21. $\frac{d}{dx}(\tan^{-1}x) = \frac{1}{1 + x^2}$

22. $\frac{d}{dx}(\csc^{-1}x) = -\frac{1}{x\sqrt{x^2 - 1}}$

23. $\frac{d}{dx}(\sec^{-1}x) = \frac{1}{x\sqrt{x^2 - 1}}$

24. $\frac{d}{dx}(\cot^{-1}x) = -\frac{1}{1 + x^2}$

쌍곡선함수

25. $\frac{d}{dx}(\sinh x) = \cosh x$

26. $\frac{d}{dx}(\cosh x) = \sinh x$

27. $\frac{d}{dx}(\tanh x) = \operatorname{sech}^2 x$

28. $\frac{d}{dx}(\operatorname{csch} x) = -\operatorname{csch} x \coth x$

29. $\frac{d}{dx}(\operatorname{sech} x) = -\operatorname{sech} x \tanh x$

30. $\frac{d}{dx}(\coth x) = -\operatorname{csch}^2 x$

역쌍곡선함수

31. $\frac{d}{dx}(\sinh^{-1}x) = \frac{1}{\sqrt{1 + x^2}}$

32. $\frac{d}{dx}(\cosh^{-1}x) = \frac{1}{\sqrt{x^2 - 1}}$

33. $\frac{d}{dx}(\tanh^{-1}x) = \frac{1}{1 - x^2}$

34. $\frac{d}{dx}(\operatorname{csch}^{-1}x) = -\frac{1}{|x|\sqrt{x^2 + 1}}$

35. $\frac{d}{dx}(\operatorname{sech}^{-1}x) = -\frac{1}{x\sqrt{1 - x^2}}$

36. $\frac{d}{dx}(\coth^{-1}x) = \frac{1}{1 - x^2}$

적분표

기본형

1. $\displaystyle\int u\,dv = uv - \int v\,du$

2. $\displaystyle\int u^n\,du = \frac{u^{n+1}}{n+1} + C, \quad n \neq -1$

3. $\displaystyle\int \frac{du}{u} = \ln|u| + C$

4. $\displaystyle\int e^u\,du = e^u + C$

5. $\displaystyle\int b^u\,du = \frac{b^u}{\ln b} + C$

6. $\displaystyle\int \sin u\,du = -\cos u + C$

7. $\displaystyle\int \cos u\,du = \sin u + C$

8. $\displaystyle\int \sec^2 u\,du = \tan u + C$

9. $\displaystyle\int \csc^2 u\,du = -\cot u + C$

10. $\displaystyle\int \sec u\,\tan u\,du = \sec u + C$

11. $\displaystyle\int \csc u\,\cot u\,du = -\csc u + C$

12. $\displaystyle\int \tan u\,du = \ln|\sec u| + C$

13. $\displaystyle\int \cot u\,du = \ln|\sin u| + C$

14. $\displaystyle\int \sec u\,du = \ln|\sec u + \tan u| + C$

15. $\displaystyle\int \csc u\,du = \ln|\csc u - \cot u| + C$

16. $\displaystyle\int \frac{du}{\sqrt{a^2 - u^2}} = \sin^{-1}\frac{u}{a} + C, \quad a > 0$

17. $\displaystyle\int \frac{du}{a^2 + u^2} = \frac{1}{a}\tan^{-1}\frac{u}{a} + C$

18. $\displaystyle\int \frac{du}{u\sqrt{u^2 - a^2}} = \frac{1}{a}\sec^{-1}\frac{u}{a} + C$

19. $\displaystyle\int \frac{du}{a^2 - u^2} = \frac{1}{2a}\ln\left|\frac{u+a}{u-a}\right| + C$

20. $\displaystyle\int \frac{du}{u^2 - a^2} = \frac{1}{2a}\ln\left|\frac{u-a}{u+a}\right| + C$

$\sqrt{a^2 + u^2}$, $a > 0$을 포함

21. $\displaystyle\int \sqrt{a^2 + u^2}\,du = \frac{u}{2}\sqrt{a^2 + u^2} + \frac{a^2}{2}\ln\left(u + \sqrt{a^2 + u^2}\right) + C$

22. $\displaystyle\int u^2\sqrt{a^2 + u^2}\,du = \frac{u}{8}(a^2 + 2u^2)\sqrt{a^2 + u^2} - \frac{a^4}{8}\ln\left(u + \sqrt{a^2 + u^2}\right) + C$

23. $\displaystyle\int \frac{\sqrt{a^2 + u^2}}{u}\,du = \sqrt{a^2 + u^2} - a\ln\left|\frac{a + \sqrt{a^2 + u^2}}{u}\right| + C$

24. $\displaystyle\int \frac{\sqrt{a^2 + u^2}}{u^2}\,du = -\frac{\sqrt{a^2 + u^2}}{u} + \ln\left(u + \sqrt{a^2 + u^2}\right) + C$

25. $\displaystyle\int \frac{du}{\sqrt{a^2 + u^2}} = \ln\left(u + \sqrt{a^2 + u^2}\right) + C$

26. $\displaystyle\int \frac{u^2\,du}{\sqrt{a^2 + u^2}} = \frac{u}{2}\sqrt{a^2 + u^2} - \frac{a^2}{2}\ln\left(u + \sqrt{a^2 + u^2}\right) + C$

27. $\displaystyle\int \frac{du}{u\sqrt{a^2 + u^2}} = -\frac{1}{a}\ln\left|\frac{\sqrt{a^2 + u^2} + a}{u}\right| + C$

28. $\displaystyle\int \frac{du}{u^2\sqrt{a^2 + u^2}} = -\frac{\sqrt{a^2 + u^2}}{a^2 u} + C$

29. $\displaystyle\int \frac{du}{(a^2 + u^2)^{3/2}} = \frac{u}{a^2\sqrt{a^2 + u^2}} + C$

적분표

$\sqrt{a^2 - u^2}$, $a > 0$을 포함

30. $\displaystyle \int \sqrt{a^2 - u^2}\, du = \frac{u}{2}\sqrt{a^2 - u^2} + \frac{a^2}{2}\sin^{-1}\frac{u}{a} + C$

31. $\displaystyle \int u^2\sqrt{a^2 - u^2}\, du = \frac{u}{8}(2u^2 - a^2)\sqrt{a^2 - u^2} + \frac{a^4}{8}\sin^{-1}\frac{u}{a} + C$

32. $\displaystyle \int \frac{\sqrt{a^2 - u^2}}{u}\, du = \sqrt{a^2 - u^2} - a\ln\left|\frac{a + \sqrt{a^2 - u^2}}{u}\right| + C$

33. $\displaystyle \int \frac{\sqrt{a^2 - u^2}}{u^2}\, du = -\frac{1}{u}\sqrt{a^2 - u^2} - \sin^{-1}\frac{u}{a} + C$

34. $\displaystyle \int \frac{u^2\, du}{\sqrt{a^2 - u^2}} = -\frac{u}{2}\sqrt{a^2 - u^2} + \frac{a^2}{2}\sin^{-1}\frac{u}{a} + C$

35. $\displaystyle \int \frac{du}{u\sqrt{a^2 - u^2}} = -\frac{1}{a}\ln\left|\frac{a + \sqrt{a^2 - u^2}}{u}\right| + C$

36. $\displaystyle \int \frac{du}{u^2\sqrt{a^2 - u^2}} = -\frac{1}{a^2 u}\sqrt{a^2 - u^2} + C$

37. $\displaystyle \int (a^2 - u^2)^{3/2}\, du = -\frac{u}{8}(2u^2 - 5a^2)\sqrt{a^2 - u^2} + \frac{3a^4}{8}\sin^{-1}\frac{u}{a} + C$

38. $\displaystyle \int \frac{du}{(a^2 - u^2)^{3/2}} = \frac{u}{a^2\sqrt{a^2 - u^2}} + C$

$\sqrt{u^2 - a^2}$, $a > 0$을 포함

39. $\displaystyle \int \sqrt{u^2 - a^2}\, du = \frac{u}{2}\sqrt{u^2 - a^2} - \frac{a^2}{2}\ln\left|u + \sqrt{u^2 - a^2}\right| + C$

40. $\displaystyle \int u^2\sqrt{u^2 - a^2}\, du = \frac{u}{8}(2u^2 - a^2)\sqrt{u^2 - a^2} - \frac{a^4}{8}\ln\left|u + \sqrt{u^2 - a^2}\right| + C$

41. $\displaystyle \int \frac{\sqrt{u^2 - a^2}}{u}\, du = \sqrt{u^2 - a^2} - a\cos^{-1}\frac{a}{|u|} + C$

42. $\displaystyle \int \frac{\sqrt{u^2 - a^2}}{u^2}\, du = -\frac{\sqrt{u^2 - a^2}}{u} + \ln\left|u + \sqrt{u^2 - a^2}\right| + C$

43. $\displaystyle \int \frac{du}{\sqrt{u^2 - a^2}} = \ln\left|u + \sqrt{u^2 - a^2}\right| + C$

44. $\displaystyle \int \frac{u^2\, du}{\sqrt{u^2 - a^2}} = \frac{u}{2}\sqrt{u^2 - a^2} + \frac{a^2}{2}\ln\left|u + \sqrt{u^2 - a^2}\right| + C$

45. $\displaystyle \int \frac{du}{u^2\sqrt{u^2 - a^2}} = \frac{\sqrt{u^2 - a^2}}{a^2 u} + C$

46. $\displaystyle \int \frac{du}{(u^2 - a^2)^{3/2}} = -\frac{u}{a^2\sqrt{u^2 - a^2}} + C$

적분표

$a + bu$를 포함

47. $\displaystyle\int \frac{u\,du}{a+bu} = \frac{1}{b^2}\left(a + bu - a\ln|a+bu|\right) + C$

48. $\displaystyle\int \frac{u^2\,du}{a+bu} = \frac{1}{2b^3}\left[(a+bu)^2 - 4a(a+bu) + 2a^2\ln|a+bu|\right] + C$

49. $\displaystyle\int \frac{du}{u(a+bu)} = \frac{1}{a}\ln\left|\frac{u}{a+bu}\right| + C$

50. $\displaystyle\int \frac{du}{u^2(a+bu)} = -\frac{1}{au} + \frac{b}{a^2}\ln\left|\frac{a+bu}{u}\right| + C$

51. $\displaystyle\int \frac{u\,du}{(a+bu)^2} = \frac{a}{b^2(a+bu)} + \frac{1}{b^2}\ln|a+bu| + C$

52. $\displaystyle\int \frac{du}{u(a+bu)^2} = \frac{1}{a(a+bu)} - \frac{1}{a^2}\ln\left|\frac{a+bu}{u}\right| + C$

53. $\displaystyle\int \frac{u^2\,du}{(a+bu)^2} = \frac{1}{b^3}\left(a + bu - \frac{a^2}{a+bu} - 2a\ln|a+bu|\right) + C$

54. $\displaystyle\int u\sqrt{a+bu}\,du = \frac{2}{15b^2}(3bu - 2a)(a+bu)^{3/2} + C$

55. $\displaystyle\int \frac{u\,du}{\sqrt{a+bu}} = \frac{2}{3b^2}(bu - 2a)\sqrt{a+bu} + C$

56. $\displaystyle\int \frac{u^2\,du}{\sqrt{a+bu}} = \frac{2}{15b^3}(8a^2 + 3b^2u^2 - 4abu)\sqrt{a+bu} + C$

57. $\displaystyle\int \frac{du}{u\sqrt{a+bu}} = \frac{1}{\sqrt{a}}\ln\left|\frac{\sqrt{a+bu}-\sqrt{a}}{\sqrt{a+bu}+\sqrt{a}}\right| + C \quad (a > 0\text{일 때})$

$\displaystyle\qquad = \frac{2}{\sqrt{-a}}\tan^{-1}\sqrt{\frac{a+bu}{-a}} + C \quad (a < 0\text{일 때})$

58. $\displaystyle\int \frac{\sqrt{a+bu}}{u}\,du = 2\sqrt{a+bu} + a\int \frac{du}{u\sqrt{a+bu}}$

59. $\displaystyle\int \frac{\sqrt{a+bu}}{u^2}\,du = -\frac{\sqrt{a+bu}}{u} + \frac{b}{2}\int \frac{du}{u\sqrt{a+bu}}$

60. $\displaystyle\int u^n\sqrt{a+bu}\,du = \frac{2}{b(2n+3)}\left[u^n(a+bu)^{3/2} - na\int u^{n-1}\sqrt{a+bu}\,du\right]$

61. $\displaystyle\int \frac{u^n\,du}{\sqrt{a+bu}} = \frac{2u^n\sqrt{a+bu}}{b(2n+1)} - \frac{2na}{b(2n+1)}\int \frac{u^{n-1}\,du}{\sqrt{a+bu}}$

62. $\displaystyle\int \frac{du}{u^n\sqrt{a+bu}} = -\frac{\sqrt{a+bu}}{a(n-1)u^{n-1}} - \frac{b(2n-3)}{2a(n-1)}\int \frac{du}{u^{n-1}\sqrt{a+bu}}$

적분표

삼각함수

63. $\int \sin^2 u\, du = \frac{1}{2}u - \frac{1}{4}\sin 2u + C$

64. $\int \cos^2 u\, du = \frac{1}{2}u + \frac{1}{4}\sin 2u + C$

65. $\int \tan^2 u\, du = \tan u - u + C$

66. $\int \cot^2 u\, du = -\cot u - u + C$

67. $\int \sin^3 u\, du = -\frac{1}{3}(2 + \sin^2 u)\cos u + C$

68. $\int \cos^3 u\, du = \frac{1}{3}(2 + \cos^2 u)\sin u + C$

69. $\int \tan^3 u\, du = \frac{1}{2}\tan^2 u + \ln|\cos u| + C$

70. $\int \cot^3 u\, du = -\frac{1}{2}\cot^2 u - \ln|\sin u| + C$

71. $\int \sec^3 u\, du = \frac{1}{2}\sec u \tan u + \frac{1}{2}\ln|\sec u + \tan u| + C$

72. $\int \csc^3 u\, du = -\frac{1}{2}\csc u \cot u + \frac{1}{2}\ln|\csc u - \cot u| + C$

73. $\int \sin^n u\, du = -\frac{1}{n}\sin^{n-1}u \cos u + \frac{n-1}{n}\int \sin^{n-2}u\, du$

74. $\int \cos^n u\, du = \frac{1}{n}\cos^{n-1}u \sin u + \frac{n-1}{n}\int \cos^{n-2}u\, du$

75. $\int \tan^n u\, du = \frac{1}{n-1}\tan^{n-1}u - \int \tan^{n-2}u\, du$

76. $\int \cot^n u\, du = \frac{-1}{n-1}\cot^{n-1}u - \int \cot^{n-2}u\, du$

77. $\int \sec^n u\, du = \frac{1}{n-1}\tan u \sec^{n-2}u + \frac{n-2}{n-1}\int \sec^{n-2}u\, du$

78. $\int \csc^n u\, du = \frac{-1}{n-1}\cot u \csc^{n-2}u + \frac{n-2}{n-1}\int \csc^{n-2}u\, du$

79. $\int \sin au \sin bu\, du = \frac{\sin(a-b)u}{2(a-b)} - \frac{\sin(a+b)u}{2(a+b)} + C$

80. $\int \cos au \cos bu\, du = \frac{\sin(a-b)u}{2(a-b)} + \frac{\sin(a+b)u}{2(a+b)} + C$

81. $\int \sin au \cos bu\, du = -\frac{\cos(a-b)u}{2(a-b)} - \frac{\cos(a+b)u}{2(a+b)} + C$

82. $\int u \sin u\, du = \sin u - u \cos u + C$

83. $\int u \cos u\, du = \cos u + u \sin u + C$

84. $\int u^n \sin u\, du = -u^n \cos u + n\int u^{n-1}\cos u\, du$

85. $\int u^n \cos u\, du = u^n \sin u - n\int u^{n-1}\sin u\, du$

86. $\int \sin^n u \cos^m u\, du = -\frac{\sin^{n-1}u \cos^{m+1}u}{n+m} + \frac{n-1}{n+m}\int \sin^{n-2}u \cos^m u\, du$

$= \frac{\sin^{n+1}u \cos^{m-1}u}{n+m} + \frac{m-1}{n+m}\int \sin^n u \cos^{m-2}u\, du$

역삼각함수

87. $\int \sin^{-1}u\, du = u\sin^{-1}u + \sqrt{1-u^2} + C$

88. $\int \cos^{-1}u\, du = u\cos^{-1}u - \sqrt{1-u^2} + C$

89. $\int \tan^{-1}u\, du = u\tan^{-1}u - \frac{1}{2}\ln(1+u^2) + C$

90. $\int u\sin^{-1}u\, du = \frac{2u^2-1}{4}\sin^{-1}u + \frac{u\sqrt{1-u^2}}{4} + C$

91. $\int u\cos^{-1}u\, du = \frac{2u^2-1}{4}\cos^{-1}u - \frac{u\sqrt{1-u^2}}{4} + C$

92. $\int u\tan^{-1}u\, du = \frac{u^2+1}{2}\tan^{-1}u - \frac{u}{2} + C$

93. $\int u^n \sin^{-1}u\, du = \frac{1}{n+1}\left[u^{n+1}\sin^{-1}u - \int \frac{u^{n+1}\,du}{\sqrt{1-u^2}}\right], \quad n \neq -1$

94. $\int u^n \cos^{-1}u\, du = \frac{1}{n+1}\left[u^{n+1}\cos^{-1}u + \int \frac{u^{n+1}\,du}{\sqrt{1-u^2}}\right], \quad n \neq -1$

95. $\int u^n \tan^{-1}u\, du = \frac{1}{n+1}\left[u^{n+1}\tan^{-1}u - \int \frac{u^{n+1}\,du}{1+u^2}\right], \quad n \neq -1$

(계속)

적분표

지수로그함수

96. $\int ue^{au}\,du = \frac{1}{a^2}(au - 1)e^{au} + C$

97. $\int u^n e^{au}\,du = \frac{1}{a}u^n e^{au} - \frac{n}{a}\int u^{n-1}e^{au}\,du$

98. $\int e^{au}\sin bu\,du = \frac{e^{au}}{a^2 + b^2}(a\sin bu - b\cos bu) + C$

99. $\int e^{au}\cos bu\,du = \frac{e^{au}}{a^2 + b^2}(a\cos bu + b\sin bu) + C$

100. $\int \ln u\,du = u\ln u - u + C$

101. $\int u^n \ln u\,du = \frac{u^{n+1}}{(n+1)^2}[(n+1)\ln u - 1] + C$

102. $\int \frac{1}{u\ln u}\,du = \ln|\ln u| + C$

쌍곡선함수

103. $\int \sinh u\,du = \cosh u + C$

104. $\int \cosh u\,du = \sinh u + C$

105. $\int \tanh u\,du = \ln\cosh u + C$

106. $\int \coth u\,du = \ln|\sinh u| + C$

107. $\int \operatorname{sech} u\,du = \tan^{-1}|\sinh u| + C$

108. $\int \operatorname{csch} u\,du = \ln\left|\tanh\tfrac{1}{2}u\right| + C$

109. $\int \operatorname{sech}^2 u\,du = \tanh u + C$

110. $\int \operatorname{csch}^2 u\,du = -\coth u + C$

111. $\int \operatorname{sech} u\tanh u\,du = -\operatorname{sech} u + C$

112. $\int \operatorname{csch} u\coth u\,du = -\operatorname{csch} u + C$

$\sqrt{2au - u^2}$, $a > 0$을 포함

113. $\int \sqrt{2au - u^2}\,du = \frac{u-a}{2}\sqrt{2au - u^2} + \frac{a^2}{2}\cos^{-1}\left(\frac{a-u}{a}\right) + C$

114. $\int u\sqrt{2au - u^2}\,du = \frac{2u^2 - au - 3a^2}{6}\sqrt{2au - u^2} + \frac{a^3}{2}\cos^{-1}\left(\frac{a-u}{a}\right) + C$

115. $\int \frac{\sqrt{2au - u^2}}{u}\,du = \sqrt{2au - u^2} + a\cos^{-1}\left(\frac{a-u}{a}\right) + C$

116. $\int \frac{\sqrt{2au - u^2}}{u^2}\,du = -\frac{2\sqrt{2au - u^2}}{u} - \cos^{-1}\left(\frac{a-u}{a}\right) + C$

117. $\int \frac{du}{\sqrt{2au - u^2}} = \cos^{-1}\left(\frac{a-u}{a}\right) + C$

118. $\int \frac{u\,du}{\sqrt{2au - u^2}} = -\sqrt{2au - u^2} + a\cos^{-1}\left(\frac{a-u}{a}\right) + C$

119. $\int \frac{u^2\,du}{\sqrt{2au - u^2}} = -\frac{(u+3a)}{2}\sqrt{2au - u^2} + \frac{3a^2}{2}\cos^{-1}\left(\frac{a-u}{a}\right) + C$

120. $\int \frac{du}{u\sqrt{2au - u^2}} = -\frac{\sqrt{2au - u^2}}{au} + C$